昆虫生殖系统

嵇保中　刘曙雯　曹丹丹　编著

献给童年、故乡和那些在父母身边的日子，因为他们给了我追逐梦想的勇气！

科学出版社
北　京

内 容 简 介

本书介绍了昆虫纲各目（螳䗛目 Mantophasmatodea 除外）雌、雄生殖系统形态及其胚后发育、代表性种类的精子和卵子发生等内容。本书应用的资料可远溯至 19 世纪中叶，较为全面地反映了昆虫生殖系统研究的全貌。全书共 30 章，除半翅目异翅亚目和同翅亚目各自独立成章外，其余各章均按目设立。每章采用概论与代表性种类介绍相结合的方式，在介绍各目生殖系统及其胚后发育共性特点的同时，分别介绍各目代表性种类生殖系统及其胚后发育特征，以便读者能通过具体实例加深理解。全书共采用图片 4200 余幅，力争通过图文并用，方便读者的学习和使用。

本书可供相关专业师生、专业技术人员及昆虫学爱好者阅读参考。

图书在版编目（CIP）数据

昆虫生殖系统/嵇保中、刘曙雯、曹丹丹编著. —北京：科学出版社，2014.6

ISBN 978-7-03-040757-3

Ⅰ. ①昆… Ⅱ. ①嵇… ②刘… ③曹… Ⅲ. ①昆虫-生殖器官-研究 Ⅳ. ①Q965

中国版本图书馆 CIP 数据核字（2014）第 111178 号

责任编辑：矫天扬 王海光 / 责任校对：陈玉凤

责任印制：吴兆东 / 封面设计：北京铭轩堂广告设计有限公司

科 学 出 版 社 出版

北京东黄城根北街 16 号

邮政编码：100717

http://www.sciencep.com

北京厚诚则铭印刷科技有限公司印刷

科学出版社发行 各地新华书店经销

*

2014 年 6 月第 一 版 开本：787 × 1092 1/16

2025 年 6 月第十一次印刷 印张：68 3/4

字数：1 630 000

定价：320.00 元

（如有印装质量问题，我社负责调换）

前　言

昆虫生殖系统一直是昆虫形态学、昆虫分类学、昆虫生理学等领域研究的重要内容，各分支学科从不同的角度进行理解和阐述。1956 年丹麦昆虫学家 Soren Ludvig Tuxen 邀请全世界 35 位昆虫学家编写 *Taxonomist's Glossary of Genitalia in Insects*，该书在 1969 年再版，周尧、刘思孔、谢卫平 1993 年将该书译成中文出版，并将该书中名定为《昆虫外生殖器在分类上的应用》。该书对昆虫纲主要各目外生殖器形态进行了较为系统的总结评价。加拿大昆虫学家 Ryuichi Matsuda 1976 年出版 *Morphology and Evolution of the Insect Abdomen*，系统介绍了昆虫结构进化原理、腹部形态、生殖系统形态及其胚后发育。美国昆虫学家 Reginald Frederick Chapman 1969 年出版 *The Insects: Structure and Function*，该书在 1998 年出版第 4 版，对昆虫内生殖器和发育生物学有专门章节论述。美国昆虫学家 Robert Evans Snodgrass 在 1935 年出版的昆虫形态学名著 *Principles of Insect Morphology* 中，对昆虫生殖系统也有专门章节叙述。20 世纪 70 年代以来，这方面的知识尚未进行系统总结。国内昆虫生殖系统方面的知识散见于普通昆虫学、昆虫分类学等书籍及相关论文中。

本书介绍昆虫纲各目 (螳䗛目 Mantophasmatodea 除外) 雌、雄生殖系统形态、胚后发育过程中的形态与组织学、代表性种类精子和卵子发生等内容，全书应用的资料可远溯至 19 世纪中叶，较为全面地反映了昆虫生殖系统研究的全貌。在内容结构上，本书采用概论与代表性种类相结合的方式，在介绍各目生殖系统及胚后发育共性特点的同时，分别介绍各目代表性种类的具体特征，以便读者能够通过具体实例加深理解。全书共采用图片 4200 余幅，力争通过图文并用，方便读者的学习和使用。作者在认真核对、理解所采用图片和标准原有含义的基础上，对图片分别采取引用、修改或重绘等方式处理，同时对标注进行确认、调整或增加。

在本书的筹备和写作过程中，南京林业大学昆虫生理生化实验室许忠祥、张凯博士帮助收集资料，冀士琳、刘佳佳、杨锦锦、张新慰、赵正萍、王丽平硕士参加图片处理工作，各自分工如下：纺足目 Embioptera、脉翅目 Neuroptera、膜翅目 Hymenoptera (冀士琳); 等翅目 Isoptera、双翅目 Diptera (刘佳佳); 蜉蝣目 Ephemeroptera、螳螂目 Mantodea、蛩蠊目 Grylloblattodea、缨翅目 Thysanoptera、半翅目同翅亚目 Hemiptera Suborder Homoptera、捻翅目 Strepsiptera (杨锦锦); 石蛃目 Archaeognatha、革翅目 Dermaptera、缺翅目 Zoraptera、虱目 Phthiraptera、半翅目异翅亚目 Hemiptera Suborder Heteroptera、毛翅目 Trichoptera (张新慰); 蜻蜓目 Odonata、襀翅目 Plecoptera、鞘翅目 Coleoptera (赵正萍); 衣鱼目 Zygentoma、竹节虫目 Phasmatodea、啮虫目 Psocoptera、广翅目 Megaloptera、蛇蛉目 Raphidioptera、鳞翅目 Lepidoptera、长翅目 Mecoptera (王丽平)。那些共同奋斗的时光，是我们记忆中的珍藏。值此书稿初成之际，谨表示诚挚的谢意！

在尽量理解和尊重原文作者意图的前提下，作者对昆虫生殖系统相关构造及其名称进行了适当的统一和规范，以便进一步深入研究和使用时参考。相关构造及名称的统一和规范遵循以下基本原则：①功能对应性原则：对不同昆虫类群中具有相同或相近功能的生殖器官进行归类与比较；②器官关联性原则：以特定器官作为生殖系统构造划分的参照；③雌雄参照性原则：作为相同种类雌、雄生殖系统结构上比较的参考。这些思考是否恰当，有待实践检验。昆虫生殖系统研究虽然取得了不小的成绩，但就种类繁多的昆虫纲整体而言，面临的任务依然相当繁重。提炼不同类群生殖系统形态构造及其发生的一般规律，进而揭示结构功能机制及演化特点，仍然需要更加广泛深入的研究，需要一代代学人持续不懈的努力。

由于语言的限制，本书采用的主要为中、英文资料，存在资料完整性方面的局限。本书内容涉及面较广，所使用的资料时间跨度较大，限于知识水平，疏漏之处一定很多，恳请批评指正。

稽保中

2013 年 1 月 17 日于南京　紫金山麓

目　录

第1章　石蛃目 Archaeognatha

1.1　概　　论

1.1.1　雄性内生殖器

雄虫精巢由数支精巢管构成，石蛃属 *Machilis*、*Machiloides*、*Neomachilellus* 每精巢有 3 支精巢管，精巢管汇入 1 个共同的输出管。*Machilinus* 每精巢有 4 支精巢管。精巢后接输精管，输精管多少蜷曲，或为狭长的双管，左右输精管可不愈合，分别进入阳茎，开口于 1 对生殖孔，有时有很短的射精管，有时输精管具有 5 个 1 组的横向连管。石蛃属每侧输精管的大部分为双管状，两管之间有横管相连。*Machilinus* 输精管复杂，有高度盘旋的附睾、贮精囊及管状部分。管状部分自第 10 腹节沿消化道下方回旋前伸，可达第 2 腹节。两组精巢和输精管通过射精管合并，在阳茎上以生殖孔开口于第 9 腹节（图 1-1）。

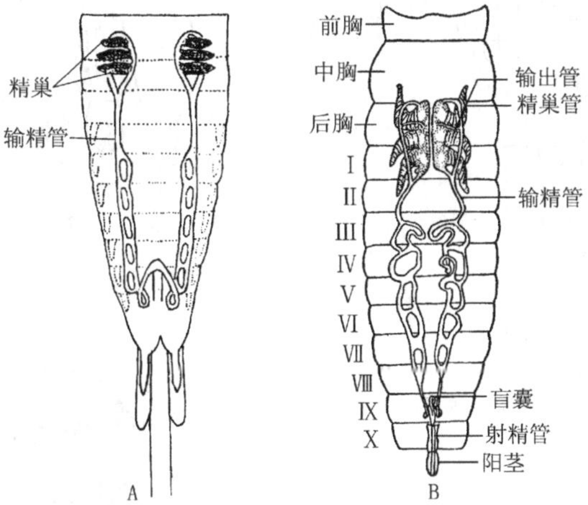

图 1-1　石蛃目雄性内生殖器

A. 石蛃属；B. *Petrobius* sp.；Ⅰ～Ⅹ为第 1～10 腹节（A. Matsuda，1976；B. 蔡邦华，1956）

1.1.2　雄性外生殖器

腹部 11 节，第 1～4 腹节形态上较相似，腹板退化成三角形或更小。生殖前节（第 1～7 腹节）腹板横向明显分节，有些腹板具有 1 对侧腹片 laterosternite。通常每腹节腹面都具有 1 对附器，即板状的基肢片 coxite 和腹板刺突 stylet，刺突也称为附肢，不分节，上有刚毛。但化石单尾目 Monura 的刺突却有分节现象，所以这些附肢可能与胸足同源，但有些类群中也存在个别附肢缺失的现象。基肢片后缘刺突内侧常具有 1 或 2 对伸缩囊

eversible abdominal vesicle，伸缩囊通常位于第 2～7 腹节。虫体末端具有 1 对侧尾须和 1 根中尾丝。第 10 腹节缩短无附肢，第 11 腹节小且侧生 1 对尾须，背板向后延伸成细长的中尾丝。

外生殖器一般着生于第 8、9 腹节 (生殖节)，第 8、9 腹节腹面各生有 1 对基肢片和腹板刺突，在基肢片内侧形成 2 对生殖突，称为阳基侧突。雄性外生殖器短，由第 9 腹节的阳茎和第 8、9 腹节的阳基侧突构成，有些种类仅在第 9 腹节形成阳基侧突或无阳

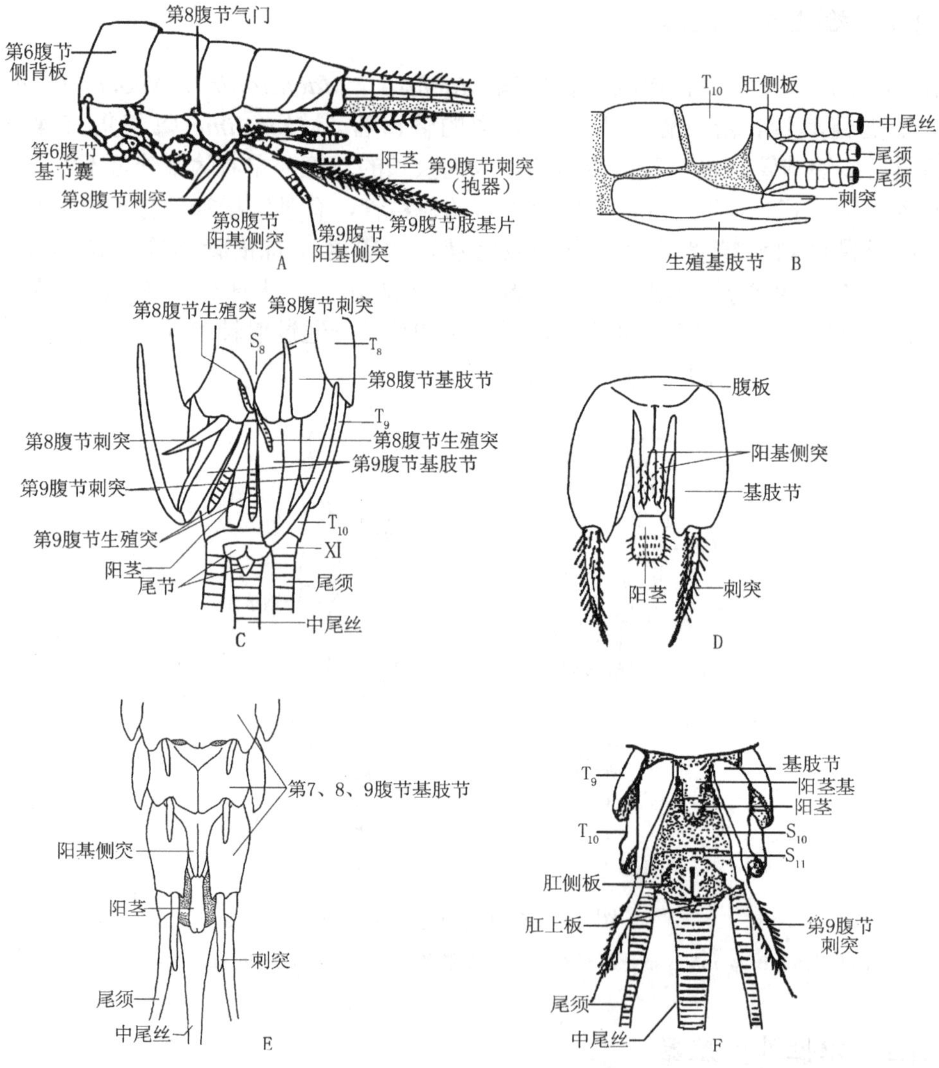

图 1-2 石蛃目雄性外生殖器

A. 雄虫腹部后段侧腹视；B、C. 石蛃属雄虫腹部末端侧、腹视；D. *Petrobius* sp.雄性外生殖器；E. *Petrobius maritimus* 雄虫腹部末端腹视；F. *Nesomachilis maoricus* 雄虫腹部末端腹视；T_8～T_{10} 为第 8～10 腹节背板；S_8～S_{11} 为第 8～11 腹节腹板；XI为第 11 腹节 (A. Weber and Weidner，1974；B. 参考 Steinmann and Zombori，1981 图重绘；C. 参考蔡邦华，1956 图重绘；D. Richards 等，1978；E. Tuxen，1969；F. Snodgrass，1935)

基侧突。生殖孔位于阳茎端或近端部的腹侧，呈梨形或椭圆形。管状的阳茎来源于体壁外突，突出在第 9 腹板后缘的薄膜内，包括阳茎基和阳茎端两部分。阳茎附近着生有第 9 腹节的附肢，每 1 生殖肢包括 1 块大而扁的基肢节和前端的细长可活动的刺突。有些种类在第 9 腹节基肢节基部的中间角上，生出 1 对短小的生殖突包围阳茎。

石蛃科的一些种类，阳茎紧密位于基肢节骨片中间基角侧面的 1 对肢节内突 endite 上。阳茎端由带有原始中间阳茎的基肢节骨片联合形成。阳茎最初是成对的，由若虫期 2 个初生阳茎叶联合形成，2 个初生阳茎叶整体上等同于其他昆虫的阳茎原基。石蛃属的阳茎原基在低龄若虫的生殖腔内存在，独立于第 9 腹节附肢而发育。短而没有分开的输出管道的末端部分，最初为初生阳茎叶基部之间的浅凹陷，代表射精管。在若虫期，壶腹末端为盲端，每壶腹后面有阳茎芽。管道与阳茎原基之间的这种关系说明阳茎原基最初是成对的。第 9 腹节基肢节的肢节内突不与阳茎联合。阳茎的起源独立于第 9 腹节的构造表明阳茎叶属于第 10 腹节 (图 1-2)。

1.1.3　雌性内生殖器

每卵巢有 5～7 支无滋式卵巢管，似按体节排列，分别位于虫体两侧。卵巢管从侧面汇入输卵管，2 个输卵管汇入生殖腔。生殖腔短，开口于第 7 或第 8 腹节后端。有或无受精囊，附腺单个或成对 (图 1-3)。

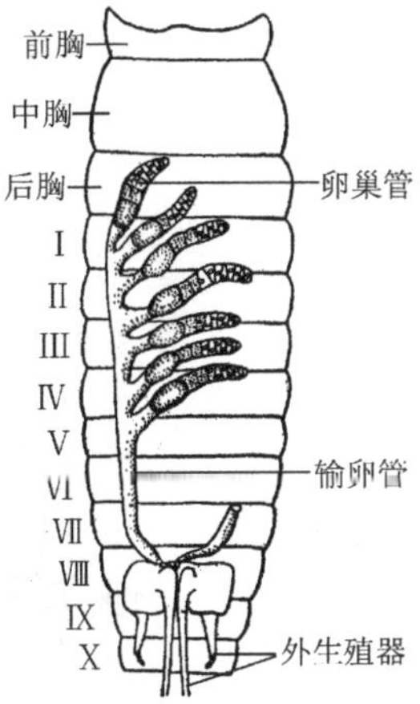

图 1-3　*Petrobius* sp. 雌性内生殖器 (蔡邦华，1956)

I～X 为第 1～10 腹节

1.1.4　雌性外生殖器

腹部 11 节，第 1～4 腹节形态较相似，腹板退化成三角形或更小，生殖前节 (第 1～7 腹节) 腹板横向明显分节，有些腹板具有 1 对侧腹片。通常在每腹节腹面具有 1 对附肢，即板状的基肢片和腹板刺突。腹板刺突不分节，但化石单尾目的刺突有分节现象，所以这些附肢与胸足可能同源，但有些类群中也存在个别附肢缺失的现象。有些石蛃的基肢片和腹板愈合为基腹板 coxosternum，生殖前节的基肢片上常常生有 1～2 对伸缩囊。伸缩囊通常位于第 2～7 腹节，功能与呼吸和水分吸收有关。石蛃的身体末端具有 1 对侧尾须和 1 根中尾丝。第 10 腹节缩短无附肢，第 9 腹节短小并只有 1 对多节的侧尾须，背板延长为长而多节的中尾丝，通常中尾丝的长度超过体长之半，不短于侧尾丝。第 8、9 腹节为生殖节，腹面的基肢片分别连接 1 对长而有环纹的生殖突，这 2 对生殖突构成雌

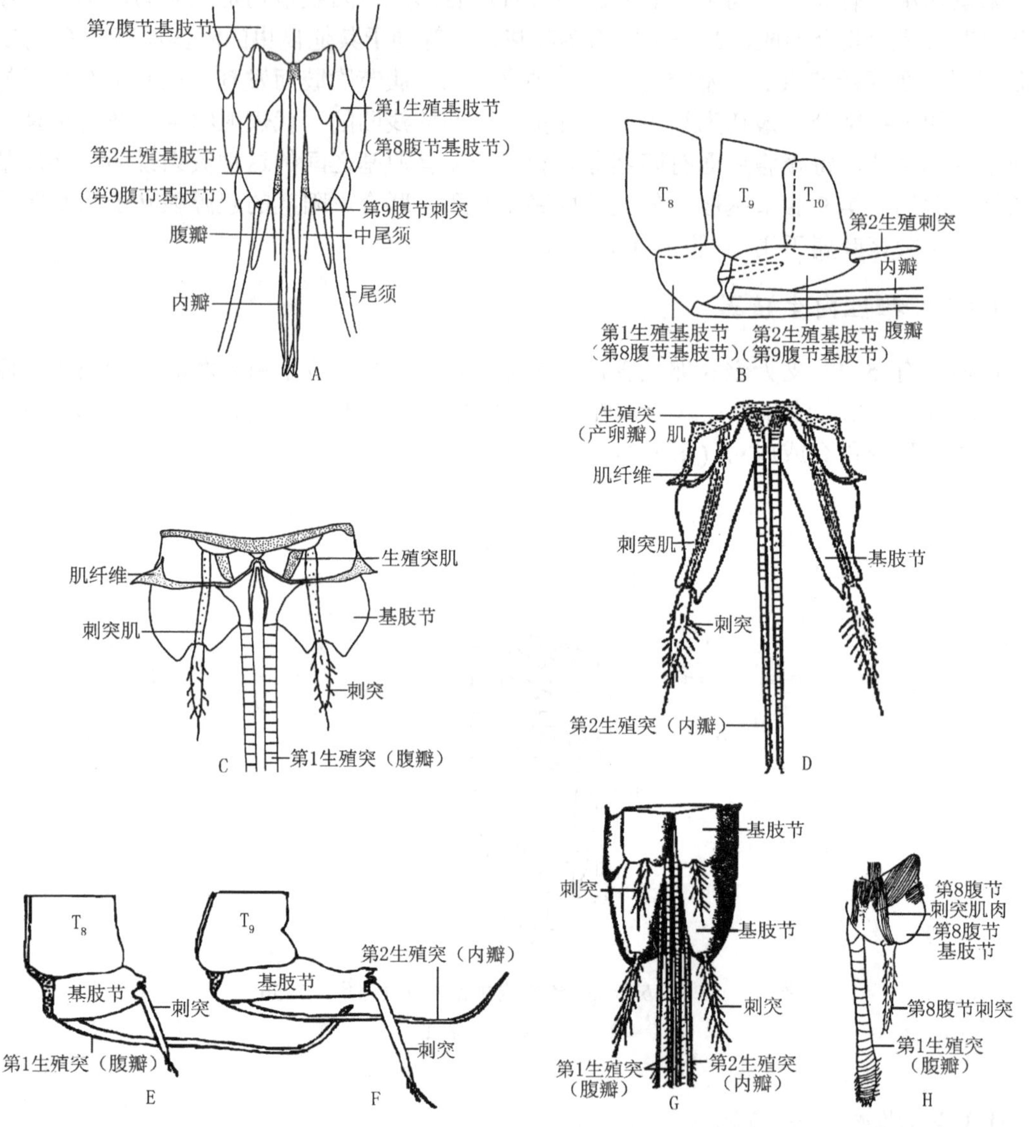

图 1-4　石蛃目雌性外生殖器

A、B. *Petrobius maritimus* 雌虫腹部末端腹、侧视；C、D. *Nesomachilis maoricus* 第 1、第 2 生殖肢背视；E、F. *Machilis* sp.右侧生殖肢及其支持机构侧视；G. *Machilis* sp.腹部末端及产卵器；H. *Praemachiloides* sp.第 1 生殖突及相关构造；T_8～T_{10} 为第 8～10 腹节背板（A. Tuxen，1969；B. 参考 Tuxen，1969 图重绘；C. 参考 Snodgrass，1935 图重绘；D～F. Snodgrass，1935；G. Richards 等，1978；H. 施凡维奇，1958）

性产卵管 (个别属仅第 9 腹节上有产卵管)。产卵管多节，具刚毛，可分为细长的初级型和较粗短并具有掘土刺及掘土爪的次级型。生殖孔位于第 8 腹节腹板。石蛃雄虫用阳茎分泌出丝体，丝体的一端固定在地面，另一端通过其腹部的举起而翘于空中。丝体中有 3～4 个精滴，雌体举起腹部而与丝体接触，并用雌性产卵管获取精滴。这种外部授精的方法在陆生节肢动物中是较为原始的。有些种类很少或未见雄虫，可能存在孤雌生殖现象。成虫期仍蜕皮，蜕皮时受精囊内膜及其内的精滴会一起脱掉，雌虫须在两次蜕皮间重新获得精滴才能产出受精卵。卵受精后，雌体便用其柔韧敏感的产卵管寻找石缝或石块的低洼处进行产卵，当找到合适场所后，雌体首先用产卵管清洁石块低洼处，产卵后将卵用小块土壤或瓦砾掩盖。

石蛃科前生殖节的下表面有 3 个骨片，即小的三角形中间骨片，此为真正的腹板；2 个较大的侧面骨片，可能是痕迹性附肢的基肢节 coxopodite。每对基肢节在腹板后方的中部联合，每 1 基肢节具有的附肢称为刺突，刺突可动，基部由起源于支持基片的肌肉控制。雌性生殖节的基肢节是游离的骨片或扁平的叶，腹部骨片缺。每 1 基肢节具有端生的刺突，但此外还有细长的生殖突 gonapophysis，生殖突起源于基部的中角。4 支生殖突紧密联系形成产卵器的杆。因为生殖前节没有生殖突，所以生殖突可能是通过特别发育形成。根据它们所处位置判断，它们具有基节内叶 coxal endite 的性质。生殖突的活动主要由基肢节的肌肉控制，并牵引生殖节相应背板的活动。有时第 2 生殖突基部或整体愈合，但第 1 生殖突总是彼此分开的，明显具有独立活动的能力 (图 1-4)。

1.2　石蛃科 Machilidae

1.2.1　高丽韩蛃 *Coreamachilis coreanus* Mendes

雌性外生殖器：腹节具鳞，可外翻的伸缩囊第 2～4 腹节各 2 对，第 1、6、7 腹节各 1 对。第 5 腹节腹板钝角，其刺突长约为基肢片之半。第 7 腹节腹板中部后端缘愈合而外突，突出部分长于基肢片后缘。产卵管次级型，约与第 9 腹节刺突等长。第 8 腹节具前产卵管，分 28～30 节，除基节外有刚毛分布，第 11～28 节有强壮的黑色掘土刺。第

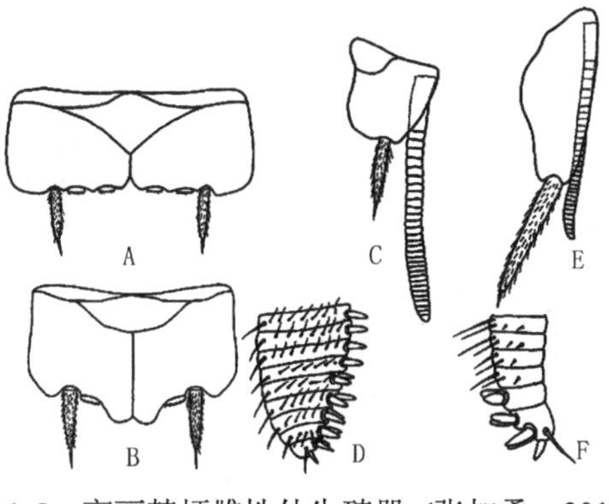

图 1-5　高丽韩蛃雌性外生殖器 (张加勇，2010)

A．第 5 腹节腹板；B．第 7 腹节腹板；C．第 8 腹节基肢节及前 (腹) 产卵瓣；D．前 (腹)产卵瓣端节；E．第 9 腹节基肢节及后产卵瓣；F．后产卵瓣端节

9 腹节具后产卵管，分 30～32 节，端节倒数 4 节具强壮的掘土刺。后产卵管比前产卵管略长，端节有特化的感觉器，基肢片具 3～5 根刺状刚毛（图 1-5）。

1.2.2 宋氏韩蛃 *Coreamachilis songi* Zhang

雄性外生殖器：雄性外生殖器完全被第 9 腹节基肢片覆盖。第 1～7 腹板上各有 1 对可外翻的伸缩囊。第 5 腹节腹板钝角，刺突约为基肢片长度之半。第 7 腹节中间后缘无愈合突起，第 9 腹节腹片上有阳茎和阳基侧突，其长度几乎与该腹片等长。阳基侧突明显分节，分 1+7 节，上有细刚毛。阳茎和阳基侧突近等长，阳茎开口大，梨形，周围有毛序分布。基肢片后缘处无刺状刚毛（图 1-6）。

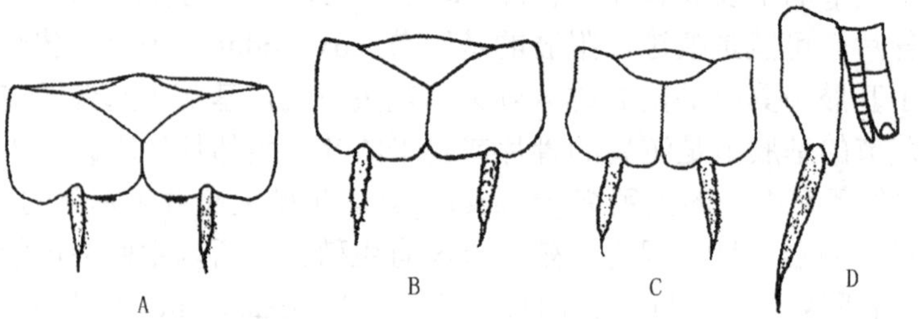

图 1-6　宋氏韩蛃雄性外生殖器

A～C. 第 5、7、8 腹节腹板；D. 第 9 腹节基肢节及外生殖器（雄性阳茎和阳基侧突）(A～C. 张加勇，2005；D. 参考张加勇，2005 图重绘)

1.2.3 周氏周蛃 *Lepismachilis* (*Zhoumachilis*) *zhoui* Zhang

雄性外生殖器：可外翻的伸缩囊第 2～5 腹节腹板各有 2 对，第 1、6、7 腹板各有 1 对。第 5 腹节腹板钝角，刺突约为基肢片长的 0.61 倍。第 7 腹节中间后缘无愈合突起，第 9 腹节腹片上有阳茎和阳基侧突，其位置与该腹片近等长。阳基侧突明显分节，分 1+7 节，上有刚毛。阳茎和阳基侧突几乎等长，阳茎开口大，圆形。基肢片后缘有 5 支刺状刚毛（图 1-7）。

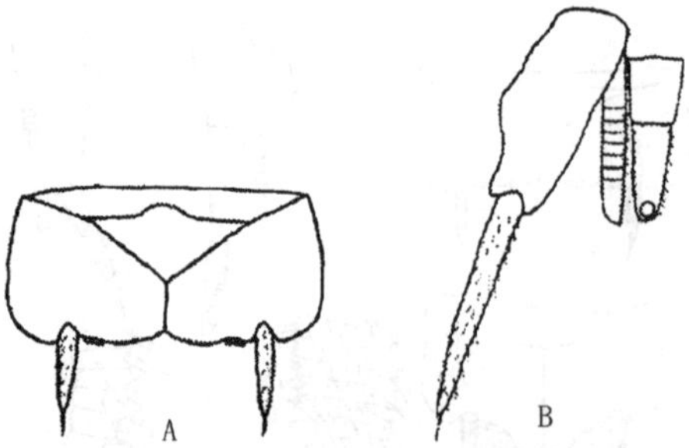

图 1-7　周氏周蛃雄性外生殖器（张加勇，2005）

A. 第 5 腹节腹板；B. 第 9 腹节基肢节及外生殖器（雄性阳茎和阳基侧突）

雌性外生殖器：可外翻的伸缩囊第 2～5 腹节腹板各有 2 对，第 1、6、7 腹板各有 1

对。第 5 腹节腹板钝角，刺突约为基肢片长的 0.60。第 7 腹节腹板中部后端缘愈合并外突，其突出部分长于基肢片后缘。产卵管初级型，其长略超第 9 腹节的刺突端刺。在第 8 腹节上有前产卵管，分 74 节，除基部 3~4 节外其余都有刚毛，刚毛长度约与前产卵管宽等长。第 9 腹节上有后产卵管，分 64~66 节，只在端部的 23~25 节有短小刚毛。后产卵管略长于前产卵管。基肢片上有 3~5 支刚毛 (图 1-8)。

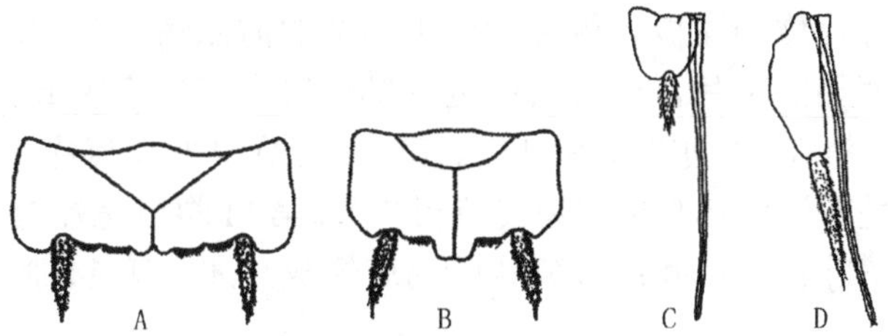

图 1-8　周氏周蛃雌性外生殖器 (张加勇，2005)

A. 第 5 腹节腹板；B. 第 7 腹节腹板；C. 第 9 腹节基肢节及后 (内) 产卵瓣；D. 第 8 腹节基肢节及前 (腹) 产卵瓣

1.2.4 *Machilis variabilis* Say

雄性外生殖器：第 9 腹节的侧面下方有 1 对大的三角形的具刺突骨片，该骨片可能是附肢的基节遗迹，在该骨片的基部之间，发生 1 个小的中间生殖出口管道，通常称为阳茎。阳茎基部两侧各有 1 对多节的肢节内叶突起。阳茎不是功能上的插入器官，交配时雌雄双方最初头部相对，然后雄虫停留在阳茎挤压出的丝附近，跟随雌虫转半圈，直到雌虫与丝平行，产卵器对着附着点，然后雄虫分泌出几滴精子在丝上。雄虫用触角接触雌虫背部，触角上装载有来自丝上的精子，将精子转移到雌虫的产卵器。受精完成后，雌虫离开 (图 1-9)。

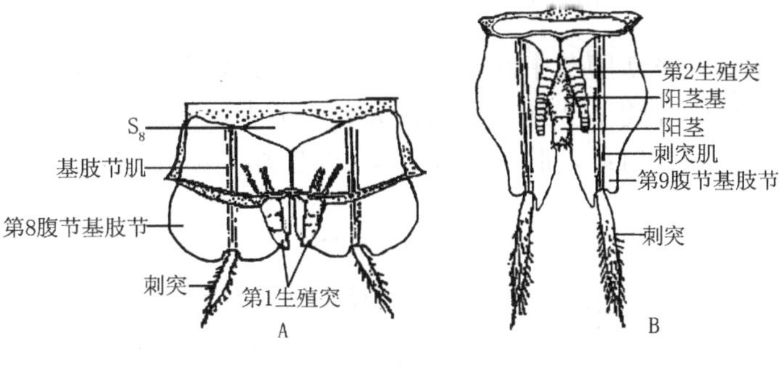

图 1-9　*Machilis variabilis* 雄性外生殖器 (Snodgrass，1935)

A. 第 8 腹节腹视；B. 第 9 腹节基肢节和阳茎背视；S_8 为第 8 腹节腹板

1.2.5　*Neomachilis halophilis* Silvestri

雌性外生殖器：第 1 腹节缺少刺突。每节具有成对的伸缩囊，刺突位于伸缩囊的侧后缘。后部腹板有退化趋势。背面和腹面的节间关系相同，每节覆盖后 1 节的前部，相邻节之间借折叠在后 1 节前内脊上的节间膜连续。背板、基肢节和腹板彼此分开。第 8、9 腹节缺乏伸缩囊，但存在生殖突。第 8 腹节具有中间的基片，该骨片不同程度地与侧面有明显分割，该骨片称为腹板。侧腹片位于同节的前侧角。刺突起源于基肢节后缘。第 9 腹节腹板缺少明显的中片，中片可能为基部边缘中间狭窄区域。生殖突起源于同节的后、侧缘和腹区。第 8、9 腹节均有刺突。第 10 腹节缺少基腹片。侧视，第 10 腹节背板与侧缘的膜质折叠前端的第9腹节基肢节相关节。第11腹节尾端有中丝，侧面有尾须；在下表面有软的瓣状叶包裹肛孔；该瓣状叶为肛侧板，属于第 11 腹节腹板 (图 1-10)。

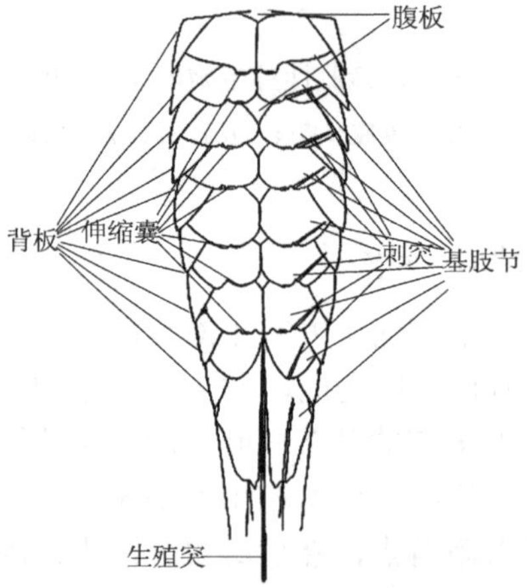

图 1-10　*Neomachilis halophilis* 雌性腹部构造和外生殖器 (Matsuda，1957)

1.2.6　尹氏跃蛃 *Pedetontinus yinae* Zhang

雄性外生殖器：第 7 腹节中间后缘无愈合突起，仅第 9 腹节腹片上有阳茎和阳基侧突，其位置位于该腹片的 1/ 2 处。阳基侧突分 1+6 节，上有刚毛。阳茎和阳基侧突近等长，阳茎开口小，端开口；基肢片后缘有 4～5 支刺状刚毛 (图 1-11)。

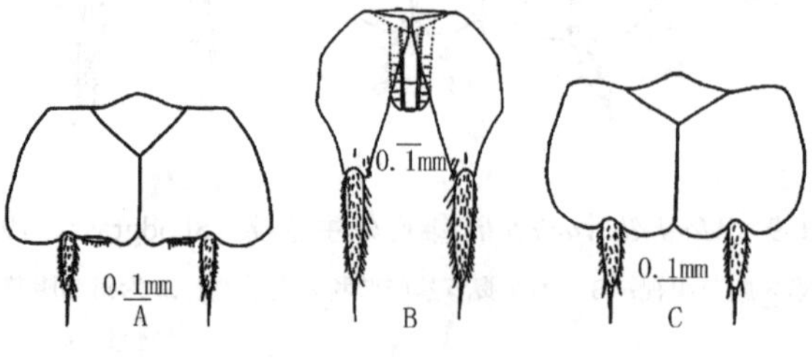

图 1-11　尹氏跃蛃雄性外生殖器 (张加勇等，2005)

A. 第 7 腹节腹板；B. 第 9 腹节基肢节及外生殖器 (阳茎和阳基侧突)；C. 第 8 腹节腹板

雌性外生殖器：第 7 腹节腹板中部后端缘愈合而外突，突出部分长于基肢片后缘。产卵管初级型，其长度略超第 9 腹节的刺突端刺。在第 8 腹节上有前产卵管，41～43 节，除基部 3～4 节外其余都有刚毛，刚毛的长度约与前产卵管宽等长。第 9 腹节上有后产卵管，41～45 节，只在端部的 23～25 节有短小刚毛。后产卵管略长于前产卵管。基肢片上有 3～5 支刺状刚毛 (图 1-12)。

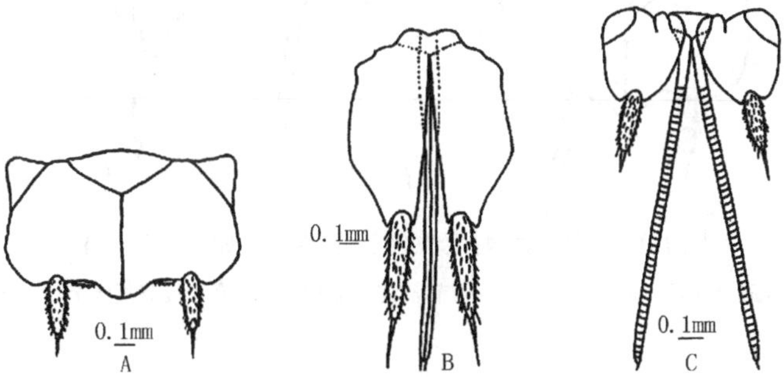

图 1-12　尹氏跃蛃雌性外生殖器 (张加勇等，2005)

A. 第 7 腹节腹板；B. 第 9 腹节基肢节及后产卵瓣；C. 第 8 腹节基肢节及前产卵瓣

1.2.7　浙江跳蛃 *Pedetontus* (*Verheffilis*) *zhejiangensis* Xue *et* Yin

雄性外生殖器：第 1、6、7 腹板上各有 1 对可以外翻的伸缩囊；第 2～5 腹节腹板上各有 2 对。第 5 腹节腹板为锐角，其后端达同节基肢片之半，刺突约为基肢片长的 3/4。第 5 腹节中间后缘无愈合突起，仅在第 9 腹节腹片上有阳茎和阳基侧突，其位置位于该腹片的 1/2 处略长些。阳基侧突分 1+8 节，上有刚毛。阳茎和阳基侧突近等长。阳茎开口小，端开口。基肢片后缘处有 4～5 支刺状刚毛，有时中部外侧也具 1 支。第 9 基肢片内后角钝圆裂开 (图 1-13)。

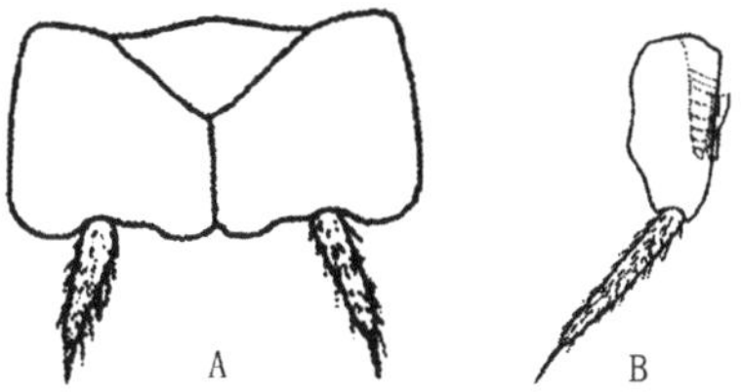

图 1-13　浙江跳蛃雄性外生殖器

A. 第 8 腹节腹板；B. 第 9 腹节基肢节及外生殖器 (雄性阳茎和阳基侧突) (A.张加勇，2005；B. 参考张加勇，2005 图重绘)

雌性外生殖器：第 1、6、7 腹板上各有 1 对可以外翻的伸缩囊，第 2～5 腹节腹板上各有 2 对。第 5 腹节腹板为锐角，其后端达同节基肢片之半，刺突约为基肢片长的 3/4。第 7 腹节腹板中部后端缘愈合而外突，突出部分长于基肢片后缘。产卵管初级型，其长略超第 9 腹节的刺突端刺。在第 8 腹节上有前产卵管，60～75 节，除基部 3～4 节外其余都有刚毛，刚毛长约与前产卵管宽等长。第 9 腹节上有后产卵管，64～78 节，仅端部的 23～25 节有短小刚毛。后产卵管略长于前产卵管，基肢片上有 3～5 支刺状刚毛 (图 1-14)。

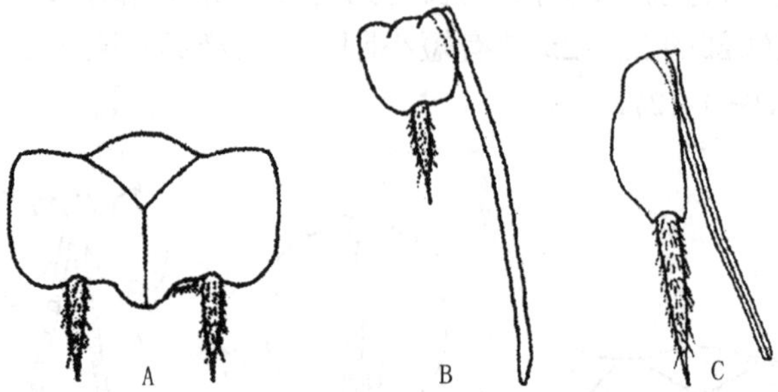

图 1-14 浙江跳蛃雌性外生殖器 (张加勇，2005)

A. 第 8 腹节腹板；B. 第 8 腹节基肢节及前产卵瓣；C. 第 9 腹节基肢节及后产卵瓣

第 2 章　衣鱼目 Zygentoma

2.1　概　　论

2.1.1　雄性内生殖器

每精巢有 3～4 对短管状精巢管，位于第 1～4 腹节，显示出按体节排列的痕迹，整体呈栉齿状。在幼虫期精巢管按体节排列更为明显，发育到中期以后即不与体节相吻合。输精管较长而蜷曲。衣鱼属的精巢管在前部腹节大致按体节排列并通入输精管，在幼期的个体中，每侧的输精管单独向外开口。毛衣鱼科的精巢管众多，有 1 对长袋状的贮精囊。两侧输精管愈合或不愈合，由射精管通入阳茎。射精管贯穿阳茎，发育良好，但并不作为交配器使用 (图 2-1)。

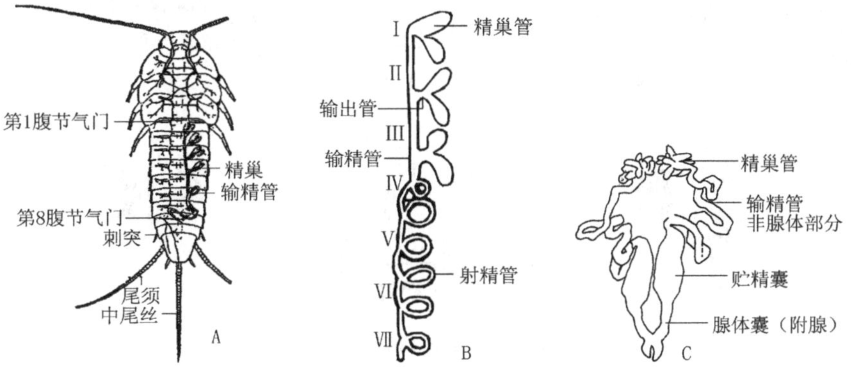

图 2-1　衣鱼目雄性内生殖器

A. 西洋衣鱼；B. 衣鱼幼虫；C. *Trichatelura manni*；Ⅰ～Ⅶ为第 1～7 腹节 (A. Weber and Weidner，1974；B. Richards 等，1978；C. Matsuda，1976)

2.1.2　雄性外生殖器

腹部 11 节，第 11 腹节背板向后延伸形成中尾丝，或称端丝 filum terminale，其两侧生有尾须 1 对。第 11 腹节的腹片在肛孔侧面近尾须基部可见 1 对肛侧板。有些成虫，端丝下有 1 小突起，即肛上瓣 valvula supra-analis，被认为属于第 12 腹节的一部分。第 9 腹节附肢颇为发达，每一生殖附肢或生殖突具有大而扁平的肢基片 coxopodite 和细长的端部刺突。刺突可动，受肢基片肌肉的控制。第 9 腹节的刺突明显延长，与抱器同源。有些种类，第 9 腹节肢基片基部的中角发出 1 对短的生殖肢，紧紧环抱阳茎；这对短的生殖肢不分节，可活动，为阳基侧突；它可能和生殖前节的可翻出的囊同源，来源于第 9 腹节附肢，它们与其他昆虫的阳基侧突或抱器不同源。Snodgrass (1957) 认为大多数目昆虫中存在的阳基侧突是由原始阳茎瓣分化而成的，而不是来源于腹节的附肢。

阳基侧突之间为不分节的阳茎，顶端扩展成棒状，末端开裂，有鬃毛覆被。生殖孔被包围在众多的感器中。在阳茎的侧腹面具有腺毛区，可分泌 1 种丝状物质，为传递精包（荚）之用。成虫的阳茎单管状，具有简单的隆起或脊，属于第 9 腹节腹板的外长物，也有人认为是由第 10 腹节的骨片形成。管状阳茎着生在生殖腔壁的衍生物上，其基部骨化，但阳茎基没有复杂的次生构造。单管状的阳茎由成对的阳茎原基（原始的阳茎叶）愈合而成，原始的阳茎叶有时不完整分开。生殖孔一般以单孔的形式开口于阳茎端部，但衣鱼属生殖孔有单孔或双孔的情况。阳茎没有插入（交配）器官的机能，精子以精包的方式间接输送。如衣鱼属的雄虫在雌虫存在时将精包释放在地上，雄虫在雌虫上方纺丝，然后左右摇摆腹部，使雌虫的活动被限制，然后雌虫被引导到精包上，雌虫将精包拈入生殖道内（图 2-2）。

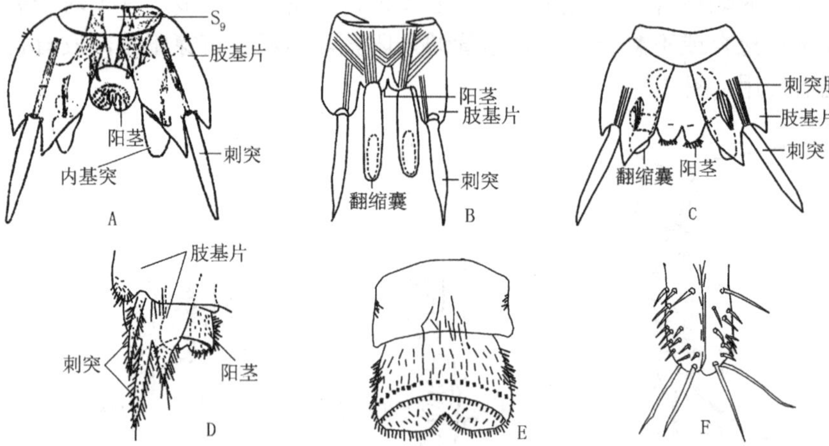

图 2-2　衣鱼目雄性外生殖器

A. *Lepisma saccharina*；B. *Lepidospora* sp.；C. 衣鱼属；D. *Ctenolepisma* sp.第 8、9 腹节腹视；E. 阳茎；F. 阳具末端；S_9 为第 9 腹节腹板（A. Matsuda，1976；B、C. 参考施凡维奇，1958 图重绘；D～F. 参考郑乐怡和归鸿，1999 图重绘）

2.1.3　雄性外生殖器胚后发育

衣鱼属胚胎初期有 10 个腹节，随后在胚胎期又分化出第 11 腹节。第 11 腹节腹板小，位于肛孔前方，背板特化为中背突（尾丝）和侧突，侧突发育成为尾须。在胚胎后期第 10、11 腹板退化消失，而尾须和中尾丝的原基在胚胎后期继续生长，成为肛孔上方不成对的肛上叶 supraanal lobe 和肛孔腹侧面成对的肛下叶 subanal lobe。Heymons 称这些构造为尾节 telson，认为它们属于第 12 腹节的遗迹。

斑衣鱼 *Thermobia* sp. 胚胎时期的第 10、11 腹节间有节间沟分隔，第 11 腹节具有自己的神经节。3 个围肛叶（肛背叶、2 个肛下叶）和尾须分化都在胚胎后期完成，这与衣鱼属的情况相同。第 10、11 腹节的腹板在胚胎后期消失。有的种类，成虫也存在肛下叶，但在不同种类中由于前面腹节退化程度不同，肛下叶不同程度地前移。

毛衣鱼 *Ctenolepisma* 第 8 龄时，第 9 腹节腹板中缝基部出现阳茎原基。直到 11 龄，原基一直为微小二叶状。第 9 腹节腹板上的中缝在第 2 龄开始出现，随虫龄增加而逐渐加深，雄虫较雌虫明显。斑衣鱼的阳茎和产卵器背瓣起源于第 9 腹节基肢节和肛侧板之间，位于节间膜前缘的中叶，发育主要在 8～12 龄完成。总体上看，阳茎原基起源于第 9 腹节腹板的中缝，大致位于第 9 腹节腹板的中后部。阳茎原基或者明显分为 2 个，或者为 1 个，在其端部有缝，保留其成对的祖征。衣鱼属的基节突 coxal process (阳茎侧突) 位于第 8 腹节肢基片的内缘，表明第 8、9 腹节肢基片基部内侧突起在起源上与阳茎是相互独立的 (图 2-3)。

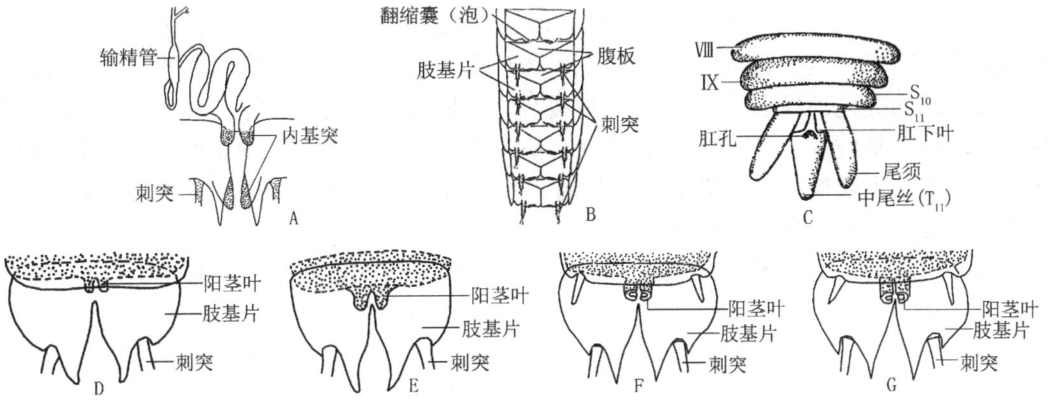

图 2-3　衣鱼目雄性外生殖器的幼期形态

A、C. *Lepisma saccharina* (A. 幼龄若虫；C. 胚胎末期后腹部)；B. *Petrobius brevistylis* 6 龄若虫腹部腹视；D～G. 灰衣鱼 8、10、11、12 龄若虫腹部末端构造及阳茎；T_{11} 为第 11 腹节背板；S_{10}、S_{11} 为第 10、11 腹节腹板；Ⅷ、Ⅸ为第 8、9 腹节 (A. 参考 Matsuda，1976 图重绘；B、C. Matsuda，1976；D～G. 参考 Snodgrass，1957 图重绘)

2.1.4　雌性内生殖器

通常每卵巢有 5 支卵巢管，少数为 7 支。卵巢管无滋式，每侧卵巢整体呈栉齿状，

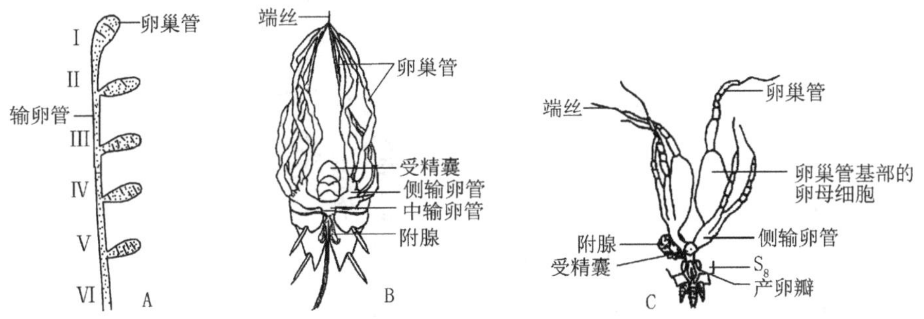

图 2-4　衣鱼目雌性内生殖器

A. 衣鱼幼虫；B. *Thermobia domestica*；C. *Trichatelura manni*；S_8 为第 8 腹节腹板；Ⅰ～Ⅵ为第 1～6 腹节 (A. 参考 Richards 等，1978 图重绘；B、C. Matsuda，1976)

卵巢管在发育初期大多按体节排列，于发育中逐渐消失；成虫期则不按体节排列。卵巢管基部的输出管 5~7 对，其末端着生于输卵管上，输卵管较短，两侧的输卵管在第 8 腹节汇合，生殖腔极短或无。在衣鱼属中，由于卵巢管通入输卵管的部分缩短，它们的排列开始由 2 列变为扇形。但在性未成熟的衣鱼属个体中，卵巢管也具有按体节排列的情况。卵巢管之间的输卵管常进一步缩短，使卵巢管呈束状排列代之以体节排列或扇状排列。衣鱼的 2 个侧输卵管相互交叉，无生殖腔，两侧输卵管于第 8 腹板后方的生殖孔汇合 (图 2-4)。

2.1.5 雌性外生殖器

腹部 11 节，第 11 腹节背板向后延伸形成细长的中尾丝，其两侧生有尾须。第 8、9 腹节组成生殖节，这些腹节变形的腹节附器形成产卵器复合体的基部部分。衣鱼目昆虫产卵器是原始类型的代表。腹部第 8、9 腹节的腹板已退化消失，各有 1 对相当于侧板的基肢片，每一基肢片前端着生有 1 刺突，基部内侧着生 1 根细长的生殖突，4 支生殖突合成产卵器。生殖突可能相当于肢基片的内叶。有些种类的产卵器，第 2 对生殖突 (属于第 9 腹节) 在基部或整体愈合。

第 8 腹节的第 1 生殖基节 first gonocoxa (载瓣片 valvifer、基肢片) 同生殖前节的附

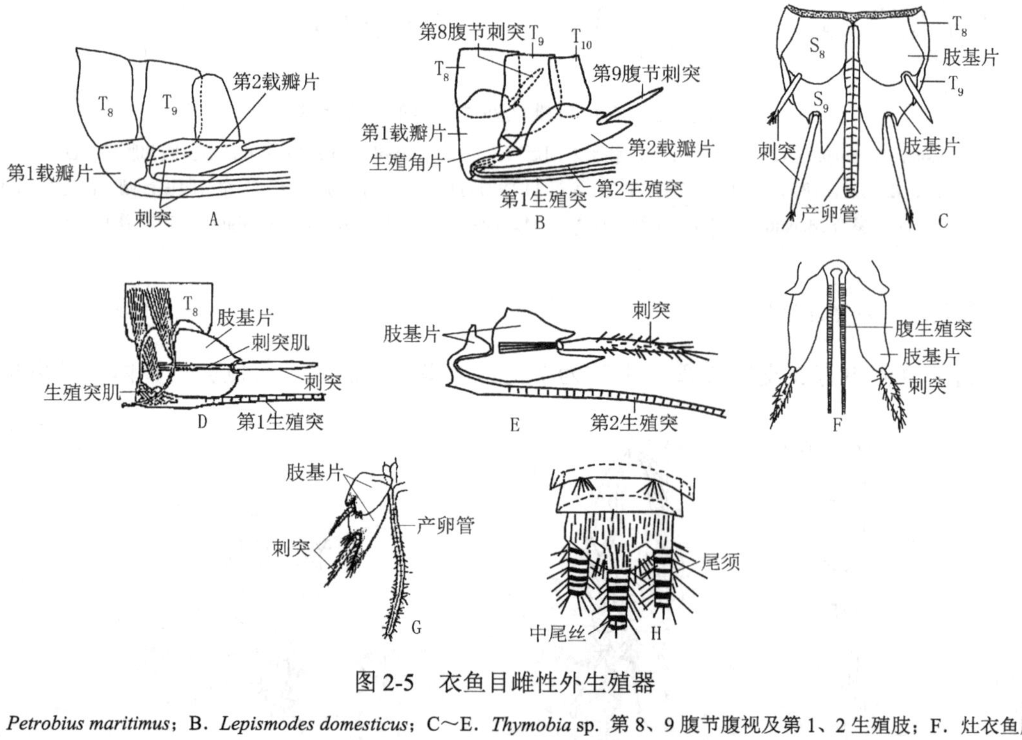

图 2-5　衣鱼目雌性外生殖器

A. *Petrobius maritimus*；B. *Lepismodes domesticus*；C~E. *Thymobia* sp. 第 8、9 腹节腹视及第 1、2 生殖肢；F. 灶衣鱼腹部末端腹视；G、H. *Ctenolepisma* sp.第 8、9 腹节的产卵器及第 9、10 腹节背视；T_8~T_{10} 为第 8~10 腹节背板；S_8、S_9 为第 8、9 腹节腹板 (A. 参考 Matsuda，1976 图重绘；B. Tuxen，1969；C、E. 参考 Snodgrass，1935 图重绘；D. Snodgrass，1935；F. 参考 Steinmann and Zombori，1981 图重绘；G. 郑乐怡和归鸿，1999；H. 参考郑乐怡和归鸿，1999 图重绘)

器同源。同时，第 8 腹节还具有刺突 (第 1 生殖刺突 first gonostylus) 和中央的前生殖突或称为第 1 生殖突 first gonopophysis (腹瓣)。第 9 腹节具有 2 对生殖基节 second gonocoxa 和后生殖突或称为第 2 生殖突 second gonopophysis。第 1、2 生殖突 4 支共同形成延长而突出的产卵器，它们与生殖前节可翻出的囊泡突起同源。第 1、2 生殖突中空具双环节，并有牵缩肌附着于其基部。产卵器上不生鳞片，但顶端由鬃毛覆被。

衣鱼科和毛衣鱼科的产卵器是由 1 附加骨片联合成的复合体。这块骨片称为外生殖角片或瓣间片 gonangulum，它将第 2 生殖基节连接于第 1 生殖突和第 9 背板上，并且它是从第 2 生殖基节的前背角发生的，用于协调产卵器各部分的活动。斑衣鱼的后对生殖肢愈合形成背瓣，前对 (腹瓣) 保持分隔，因此产卵器由 3 支产卵瓣组成，背瓣的每 1 个叶上有突出的脊，脊贯穿叶的整个腹面，嵌入腹瓣背面相应的槽内，产卵器的外表与有翅昆虫的产卵器相似。衣鱼属和斑衣鱼的前产卵瓣与 1 个三角板相关节，称为生殖瓣间片，该片影响 2 对生殖肢的活动。斑衣鱼的生殖瓣间片由第 2 生殖基腹片 (内瓣、第 9 基腹片) 发育而成 (图 2-5)。

2.1.6　雌性外生殖器胚后发育

毛衣鱼的后生殖突 posterior gonopophysis 原基 (产卵瓣原基) 在第 8 龄若虫出现，是微小的成对叶状物，位于第 9 腹板缝基部的节间膜上，类似于阳茎的原基。但雌、雄虫原基的形态及中缝的发育程度不同，可资区别。进入第 10 龄，前 (腹) 生殖突从第 8、9 腹节的节间膜开始发育。13 龄时 2 个背部 (后部) 生殖突原基 (叶) 愈合。在成虫期，2 个背部 (后部) 生殖突与 2 个腹部 (前部) 生殖突连锁。

斑衣鱼的背 (后) 产卵瓣起源与阳茎相同，即起源于第 9 腹节基肢节和肛侧板之间，位于节间膜前缘，最初的原基是单一不成对的。随后，腹 (前) 产卵瓣以成对的中叶形式出现在第 8、9 腹节基肢节之间、节间膜的前缘。衣鱼属的 2 对产卵瓣原基的起源方式与毛衣鱼、斑衣鱼类似，但原基出现更早，在第 5 龄就已出现 (图 2-6)。

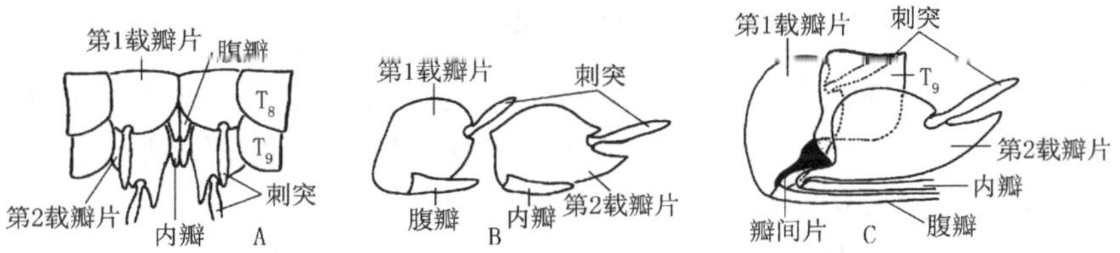

图 2-6　*Lepismodes domesticus* 雌性外生殖器胚后发育 (Scudder，1961)

A. 低龄雌虫外生殖器腹视；B. 低龄雌虫外生殖器内视；C. 高龄雌虫外生殖器内视；T_8、T_9 为第 8、9 腹节背板

2.2　毛衣鱼科 Lepidotrichidae

2.2.1　吉氏毛衣鱼 *Tricholepidion gertschi* Wygodzinsky

雄性内生殖器： 每侧精巢有许多囊泡状精巢管，精巢管分别着生于输精管前段，输精管后段裸露部分蜷曲一段后进入大型棒状的贮精囊内，贮精囊后端进入膨胀扭曲的射

精管，射精管末端经阳茎开口于体外 (图 2-7)。

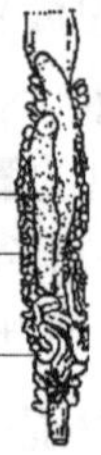

图 2-7　吉氏毛衣鱼雄性内生殖器 (郑乐怡和归鸿，1999)

雌性外生殖器：产卵器侧扁，片状，由 2 对产卵瓣组成，其中第 8 腹节的生殖突形成腹瓣，第 9 腹节的生殖突 (内瓣) 形成背瓣。所有的生殖突基部游离，不成对愈合。背、腹瓣的每侧以榫-槽机构 olistheter 联系，能彼此滑行。腹面榫-槽机构的沟 aulax 位于腹瓣的背缘。背面榫-槽机构的榫 rhachis 位于背瓣的腹缘。每个产卵瓣表面的大部分 (外表面和内表面) 具有刻纹，顶端部分矛状而尖锐。在腹瓣中部，具有斜的背面纹和直的腹面纹 (图 2-8)。

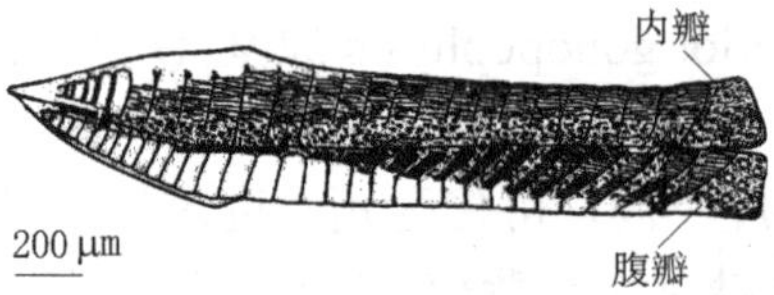

图 2-8　吉氏毛衣鱼雌性外生殖器 (参考 Matushkina，2011 图重绘)

示产卵器内表面的微刻，黑点表示具有圆顶状 (丘形) 感器的部位

2.3　衣鱼科 Lepismatidae

2.3.1　*Ctenolepisma campbelli* Barnhart

雄性内生殖器：每侧精巢有 6 支精巢管，精巢管通过基部的输出管分别着生在输精管前段，也有的 1 对精巢管形成共同的基部输出管，然后着生在输精管上。输精管中后段裸露，近中段膨大形成梭形贮精囊。输精管自贮精囊发出后，细长弯曲，后端进入膨大扭曲的射精管，两侧的射精管末端分别开口于外生殖器 (图 2-9)。

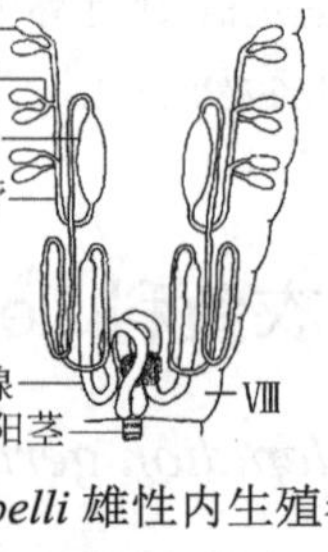

图 2-9　*Ctenolepisma campbelli* 雄性内生殖器 (Barnhart，1961)

Ⅷ为第 8 腹节

雌性内生殖器：每卵巢有 5 支卵巢管。卵巢管无滋式。每卵巢管通过卵巢管柄着生在侧输卵管前段。侧输卵管后段裸露，开口于生殖腔前端。卵巢管含有许多大小不同的卵室，最大的位于柄部，向端部渐小，卵巢管渐尖进入端丝。卵巢管的端丝成束状附着于近胸部。受精囊长囊形，中部有缢缩，位于第 7、8 腹节腹侧。精子进入受精囊的途径可能是第 8 腹节腹板下方的管道开口，称为精子容器 (纳精囊) sperm receptacle。雌虫很可能通过第 8 腹节腹板的上下活动拈起并保持精包 (图 2-10)。

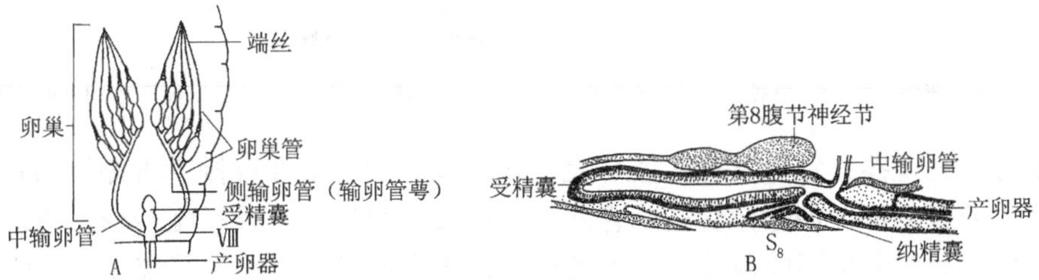

图 2-10 *Ctenolepisma campbelli* 雌性内生殖器 (Barnhart，1961)

A. 雌性内生殖系统整体；B. 雌虫腹部末端矢切；S_8 为第 8 腹节腹板；Ⅷ为第 8 腹节

2.3.2 *Ctenolepisma urbana* Slabaugh

雄性外生殖器：第 8 腹节腹板完整，后缘侧角有 1 对较细长的刺突。第 9 腹节腹板两侧分别有 1 对近三角形骨片，骨片内侧角尖刺状，外侧角有 1 对长而发达的刺突。该骨片可能是附肢基片的遗迹，而不属于真正的第 9 腹节腹板。两侧骨片中间有 1 短管状、2 节的阳茎，基节属于生殖腔的外长物，端节属于真正的阳茎部分。阳茎用于排出精包，没有交配插入功能。这与雄性排出精包由雌虫拈取，两性不进行交配接触有关 (图 2-11)。

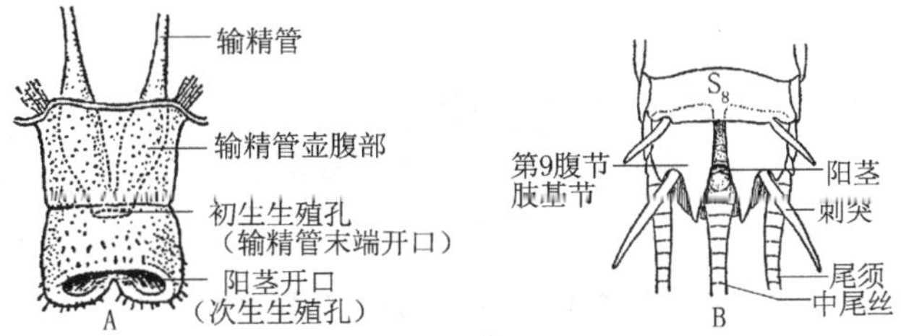

图 2-11 *Ctenolepisma urbana* 雄性外生殖器 (Snodgrass，1957)

A. 阳茎；B. 腹部末端腹面观；S_8 为第 8 腹节腹板

2.3.3 糖衣鱼 *Lepisma saccharinum* Linnaeus

雄性内生殖器：精巢有 6 支精巢管，精巢管并列于输精管前段，每对精巢管通过基部的输出管通入输精管，输精管中后段裸露，膨大形成纺锤形贮精囊，贮精囊向后一段膨大形成棒状的附腺，附腺下端接入膨大扭曲的射精管。两侧的射精管汇入很短的单射精管，然后与第 8 腹节后缘的阳茎端连接 (图 2-12)。

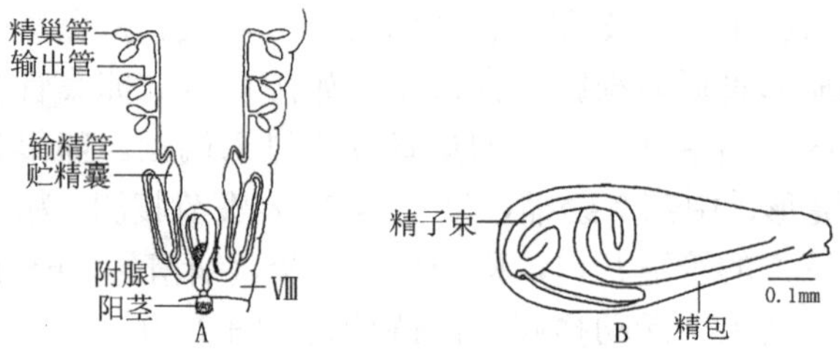

图 2-12　糖衣鱼雄性生殖系统和精包

A. 雄性生殖系统；B. 精包；Ⅷ为第 8 腹节（A. Barnhart，1961；B. 参考郑乐怡和归鸿，1999 图重绘）

雌性内生殖器：每卵巢有 5 支卵巢管，卵巢管的基部并行排列于侧输卵管上，几乎占据侧输卵管大部，侧输卵管基部裸露部分细短。受精囊大致呈哑铃形，末端与两侧的侧输卵管一起汇入生殖腔前端。生殖腔很短，末端连接于产卵管基部（图 2-13 A、B）。

雌性外生殖器：第 8 腹节背板覆盖第 1 生殖突基节（第 1 载瓣片）的背部。第 8 腹节的生殖突基节形状类似于生殖前节的基节，其背面后部具有生殖刺突，腹面近中线处有 1 生殖突。生殖突基部有膜质区与其外侧的基节相连。生殖突内侧附着于细长三角形骨片基部，该骨片为瓣间片。后面，瓣间片附着于第 9 腹节背板，腹面则与第 2 生殖突基节（第 2 载瓣片）联系。第 2 生殖突基节背面 1/3 处有明显凹槽，构成腹面的关节。第 2 生殖突基节的生殖刺突比第 1 生殖突基节的生殖刺突长。在逐渐变细的第 2 生殖突基节的顶部生出 1 个凹槽 notch。2 对生殖突相当短，伸出第 2 生殖刺突之外不远（图 2-13 C）。

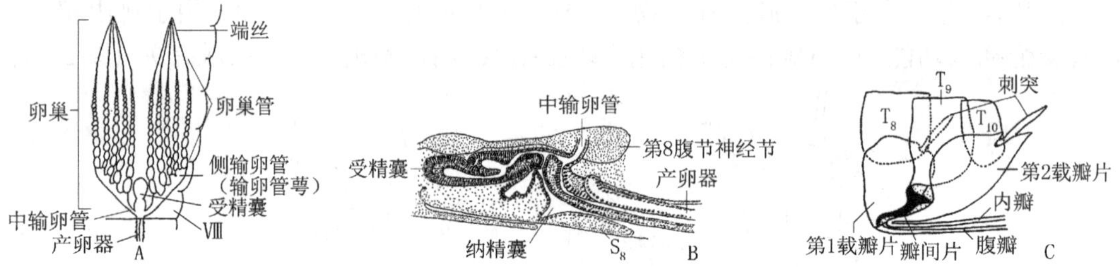

图 2-13　糖衣鱼雌性生殖系统

A. 雌性内生殖器；B. 雌性内生殖器输出系统；C. 雌性外生殖器；T_8～T_{10} 为第 8～10 腹节背板；S_8 为第 8 腹节腹板；Ⅷ为第 8 腹节（A、B. Barnhart，1961；C. Scudder，1961）

第3章　蜉蝣目 Ephemeroptera

3.1　概　　论

3.1.1　雄性内生殖器

精巢近圆柱形、纺锤形或近扁平，端部圆、钝尖或尖，位于消化道的背侧或腹侧，其位置和相关构造在稚虫期间基本稳定，高龄稚虫已完成精巢发育，可从第6腹节伸展到胸部或第1腹节前缘。亚成虫期，精巢管内容物已完全排入输精管内，到成虫期精巢管已萎缩。每精巢有多支精巢管，精巢管着生在输精管前段。精巢管短，球形或近圆柱形，直接与输精管相连，不形成输出管。同种的不同个体或不同发育季节，精巢管数目均有变化，同一个体两侧精巢的精巢管数目也有差异 (表3-1)。不同精巢管之间的长度、大小相近。整个精巢有围膜覆盖，围膜透明无色，与各精巢管相连，邻近的精巢管紧密贴合。

表 3-1　3种蜉蝣高龄稚虫每精巢的精巢管数目

种类	样本数	右侧精巢		左侧精巢	
		范围/支	平均/支	范围/支	平均/支
双翅蜉蝣 (第1代)	7	250～331	276	271～307	289
双翅蜉蝣 (第2代)	11	234～295	259	221～306	275
Ecdyonurus torrentis (第1种群)	5	139～172	155	120～196	146
E. torrentis (第2种群)	3	148～163	158	132～170	141
Paraleoptophlebia submarginata	9	245～334	279	252～289	268

精巢管内充满生殖细胞，端细胞 (Verson's 细胞) 不发育，精原细胞球形，位于精巢管的顶端；精原细胞区下方为精母细胞区，精母细胞包藏在生精囊内，每生精囊含16个精母细胞。初期的精子细胞圆形，细胞核中位，发育以后变成椭圆形，细长，细胞核半月形。成熟精子逐渐拉长，附着于生精囊壁上。此时，生精囊壁通常已破碎解体，但精子依然保持成群排列。生精囊解体时间不一，精巢管内可发现游离的精母细胞或处于前精子阶段的生精囊。排空的生精囊随成熟精子一同排出。

雄性内生殖器的输出系统始终成对，Palmen 认为这是更加特化的末端不成对的输出系统的祖先类型。输精管为中胚层起源，简单管状，没有形成附睾。大多数种类2条输精管分别开口于射精管，但 *Polymitarcys* 2条输精管发生接合。蜉蝣科种类输精管后部扩大形成贮精囊，贮精囊在与射精管接合前形成1支单管。输精管前段着生精巢管，后段裸露。前段的管壁直接与各精巢管开口相连，进而汇入中心管道。裸露的后段简单管状，从前段精巢管着生处延伸到第9腹节后缘。在第7～9腹节处，输精管膨大形成贮精囊，贮精囊圆形或细长，后段可能有分隔。贮精囊及其管道的形态与内容物的含量有关。精子在虫体内逐步向后移动，自身没有表现出显著的活动性。管道的壁由内层上皮细胞和外层的环肌组成。在亚成虫期，管道后段出现几束肌肉，帮助精液输送。每侧输精管分别通入同侧的射精管，射精管为外胚层起源，两侧射精管分别开口于阳茎叶的后壁。

扁蜉属的精巢由许多束状的精巢管组成，精巢管沿输精管排列，位于第 3～6 腹节，精巢位于消化道的背侧面。输精管后部膨大形成贮精囊。在 *Chloeon*、四节蜉属和溪颏蜉属，每个输精管进入同侧阳茎的基部，继续向后接入狭窄的射精管，射精管通过阳茎全长，开口于阳茎顶端。蜉蝣属成虫的雄性生殖孔位于阳茎基部。蜉蝣目昆虫无雄性附腺。多数种类两侧的射精管保持分离，但 *Polymitarcus virgo* 的射精管在阳茎基部有一段接合，推测其他一些种类，其两侧输精管在向外开口前也存在这样的接合部，接合部具有副贮精囊 accessory seminal vesicle 的功能。

蜉蝣具有节肢动物中的非典型精子，精子具有杆状甚至圆形的头部 (细裳蜉科)，相对很小，尤其在宽基蜉属、细蜉属和河花蜉属。某些科的精子具有二型或多型现象，根据染色特征可将精子分为两类：较小而容易染色的精子，约占总数的 75%；较大而不容易染色的精子，约占 25%。有些种类的精子进一步分成不同形态类型。细裳蜉科具有无鞭毛精子。精子的多型现象可能是典型的双倍体精子发生的结果，不着色的精子可能相当于其他昆虫的无核精子 apyrene 或二倍体 (或多倍体) 超核精子 hyperpyrene，易着色精子可能相当于真核精子。细裳蜉科的无鞭毛精子可能类似于其他科的前精子甚至精原细胞，虽然所检查的精子是从 1 日龄雄虫生精囊内采集的，而此时雄虫已经处于等待婚飞阶段，但也有一些昆虫的精子成熟是在进入雌虫体内以后完成的，细裳蜉科是否属于类似情况尚需研究确认。根据外形和头部长度等，不同蜉蝣类群的精子可分为 4 类：①杆状细长的精子，具有相对较短的头部 (3～8μm) 和 1 个明显的尾部 (短丝蜉科除外)，尾部长一般为头部的 2 倍或 3～5 倍。这类精子存在 2 种类型：小的容易染色的精子，在蜉蝣属和埃蜉属中占 75%～80%，短丝蜉科和河花蜉属中达到 90%以上；另一类精子很难着色，具有杆状、纺锤形、圆形、不规则的细长形等不同形态，如短丝蜉科、Polymitarcidae、蜉蝣科和河花蜉科。②杆状细长的精子，具有相对长的头部 (5～15μm) 和 2 倍或 3～5 倍于头部长度的鞭状部，存在不易着色的精子，但通常很少，如四节蜉科。③杆状的精子，具有更短或更长的头部和与头部等长或更短的鞭状部。所有精子形态和大小一致，存在不着色的精子，如寡脉蜉科、扁蜉科、Arthropleinae、小蜉科、细蜉科。④精子圆形或近球形，没有任何可见的鞭状部，不着色的精子存在，数量相对较多。两种类型的精子形态相同，头部中间有透明区，如细裳蜉科。

3.1.2　雄性内生殖器胚后发育

初孵稚虫只有成对的细长生殖细胞群，生殖细胞群包括数百个生殖细胞，位于幼虫第 2 腹节，没有明显的精巢。4 龄稚虫出现 2 个细长、近圆柱形、白色透明的精巢，位于前 3～4 腹节，精巢前端可伸入后胸。低龄稚虫精巢表面颗粒状，精巢管不明显。第 5～7 龄稚虫，精巢上局部出现精巢管。第 10 龄时，除顶部外整个精巢都分化出精巢管。精巢表面的精巢管细小，背视不明显。精巢管内充满初期的精原细胞和包囊细胞，形成精原细胞发生区。生精囊甚至在更低龄的稚虫 (水生种类在秋季开始时) 即开始形成。除端部的精原细胞发生区外，还可观察到基部的精母细胞发生区，该区域含有精母细胞和没有被囊包被的精原细胞。输精管原基是从精巢发出延伸到第 9 腹节后缘的 1 对实心线(生殖索)，在第 9 腹节后方与 1 对中空的壶腹相连。贮精囊和射精管在低龄稚虫期不发生。处于中等龄期的稚虫，精巢位于胸部和第 1～5 或 1～6 腹节。位于腹部的精巢上均发生精巢管分化。精巢管粗短或细长，背视清晰。输精管变化不大，在第 8、9 腹节出现贮精囊。但输精管和贮精囊内没有成熟精子。贮精囊与位于第 9 腹节腹板后方节间区的阳茎叶原基联系。阳茎叶原基成对，彼此明显分开。射精管不可见。高龄稚虫 (约 13 龄) 精巢发育完成，精巢上全部精巢管清晰可见，精巢管内充满生精囊，生精囊内含精母细胞。端区消失，含有初期精原细胞的生精囊收缩为顶端 1 个薄层。输精管没有变化，但输精管和贮精囊内出现成熟精子。贮精囊位于第 7～9 腹节，宽度为输精管的 3～4 倍。阳茎原基合并为具有 2 叶的单一器官。第 9 腹节出现明显的射精管。老熟稚虫 (亚成虫前的末龄稚虫) 精巢萎缩，生精囊解体，精巢管内充满成熟前的精子、精子及精子细胞的混合体，成熟精子逐渐移入输精管和贮精囊，胸部和前部腹节的精巢排空，转化为几乎不可辨的膜质结构。在亚成虫蜕皮前几小时，精子细胞逐渐消失，精巢管和输精管内充满成熟精子。有些种类，精巢管几乎全部解体，所有精子进入输精管和贮精囊内。亚成虫蜕皮前输精管相当膨大，充满精液的贮精囊宽度为输精管的 7～9 倍，从第 7 腹节前沿伸到阳茎叶的后壁。射精管内也充满精子。阳茎已经基本具备成虫期的形态，具有充分发育的臂和明显分开的叶。亚成虫期和成虫期，腹部的精巢管逐渐解体，射精管稍扩大。成虫婚飞期间，贮精囊内的精子不会完全排尽。

溪颏蜉属和扁蜉属的低龄稚虫，在第 9 腹节腹板后缘可发现实心体的生殖索 (输精管原基)，其末端呈壶腹状。每侧的生殖索位于同侧的阳茎基部。早期稚虫的阳茎是实心的，没有射精管。在随后的发育中，2 个阳茎叶端部背面表皮内陷形成射精管管道，射精管管道穿过阳茎全长，与射精管壶腹建立联系。在阳茎的进一步生长中，射精管长度增加。在

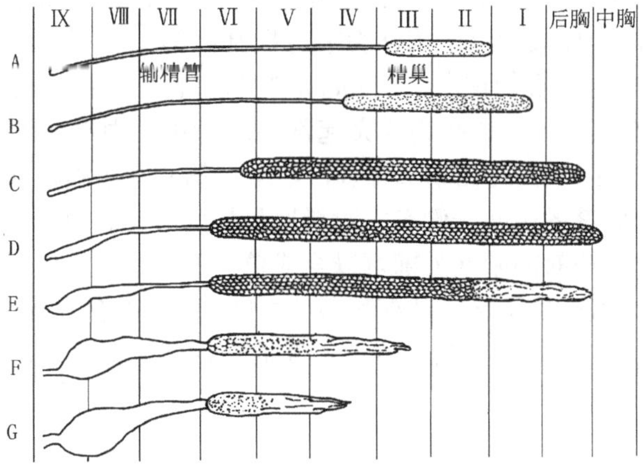

图 3-1　蜉蝣目雄性内生殖器的幼期形态 (Soldán，1979b)

A. 2～6 龄稚虫；B. 5～10 龄稚虫；C. 10～15 龄稚虫；D. 高龄稚虫，约 15 龄；E. 老龄稚虫，亚成虫蜕皮前 2 龄；F. 老熟稚虫，亚成虫蜕皮前几小时；G. 亚成虫期；Ⅰ～Ⅸ为第 1～9 腹节

扁蜉属，射精管的狭窄管道与输精管宽的末端相对。射精管衬有几丁质内膜，表明射精管与输精管在来源上的明显区别，即输精管为中胚层起源，而射精管为外胚层起源 (图 3-1)。

3.1.3 雄性外生殖器

腹部有 9 个完整腹节，第 10 腹节腹板退化，第 11 腹节仅存 3 块骨片：背中部的肛上板和 1 对位于腹面的肛侧板。肛上板末端通常具有中尾丝 filum terminale、telofilun，肛侧板上着生细长多节的尾须。雄性外生殖器位于第 9 腹节腹板后部基肢片后缘，1 对阳茎位于两侧的抱器之间。第 9 腹节腹板发达，形成雄性下生殖板 hypandrium。第 9 腹节腹板侧面可能含有胚胎期的附肢痕迹，但不发达。第 9 腹节腹板常划分为前部的方形腹片和后部横条形基肢片，因为该骨片后缘两侧分别着生 1 个针突 (抱器或铗)，也称为具铗片 styliger plate。两侧抱器基部的基肢片常向中间延展，成为第 9 腹板后缘的连续横形骨片，遮盖阳茎的基部。有时两侧的基肢片通过中部裂缝分开，每侧的基肢片可各自活动，外观上似为针突基部的 1 节。1 对抱器也称尾铗 forceps，或称为生殖刺突 gonostylus，从基肢片后缘生出，抱器属于第 9 腹节的刺突 stylus，相当于缨尾目昆虫的腹部附肢。原始的刺突 (如缨尾目的针突) 为 1 节，其基部嵌入基肢片的刺突肌。蜉蝣的抱器常多于 1 节，但只第 1 节内具有肌肉。肌肉一般起源于第 9 腹节腹板后缘基肢片的侧面。有些属的基肢片中间被分割，基肢片可部分活动 (如埃蜉属和四节蜉科)，但这可能属于次生的情况，因为虽然基肢片的侧面 (含有针突肌肉) 可自由活动，但基肢片的中部依然与腹板愈合。基肢片及附生的刺突呈现多样性变化，具有分类学价值。在交配过程中，雄虫的尾须也具有保持雌虫体位的作用。

不同种类中，成对的阳茎形态和大小有变异，常具有次生构造。阳茎常为 1 对小型的扁锥状突起，起源于第 9 腹节腹板，位于第 10 腹节腹面基部的膜质上。雄性具有成对的阳茎，是与雌性具有 2 个分隔的产卵孔相适应的。每 1 个阳茎又可被表面的缝分成两部分，射精管通过每 1 阳茎叶。阳茎一般由骨杆支撑，骨杆称为阳茎 (横) 杆 penial bar。有些属 (如蜉蝣属)，骨杆成为位于第 9 腹节背板基部的 1 对臂。四节蜉科无阳茎，其他属中存在 2 个阳茎完全愈合的现象。*Chloeon* 的阳茎整体退化，而其他类群的阳茎很发达，着生有附属的钩或突起，这些钩或突起常高度骨化，固着在阳茎的不同位置。在扁蜉属和蜉蝣属中，2 个阳茎彼此在基部愈合，附着在第 9 腹节腹板和肛侧板基部之间的横褶上。扁蜉属的每个阳茎的中间一侧有 1 对增厚骨化的杆，蜉蝣属每个阳茎顶端稍呈二叶状，在腹侧有 1 个钩。成对的阳茎外部可以合成单一的管，但其中射精管仍保持分离。射精管短，形成宽的开口缝，位于钩的基部和阳茎之间。阳茎瓣有时有骨片，呈尖状或钩状，称为阳茎端突 titillator。生殖孔 1 对，位于第 9 腹节后缘抱器之间，是 1 对阳茎的末端开口 (图 3-2)。

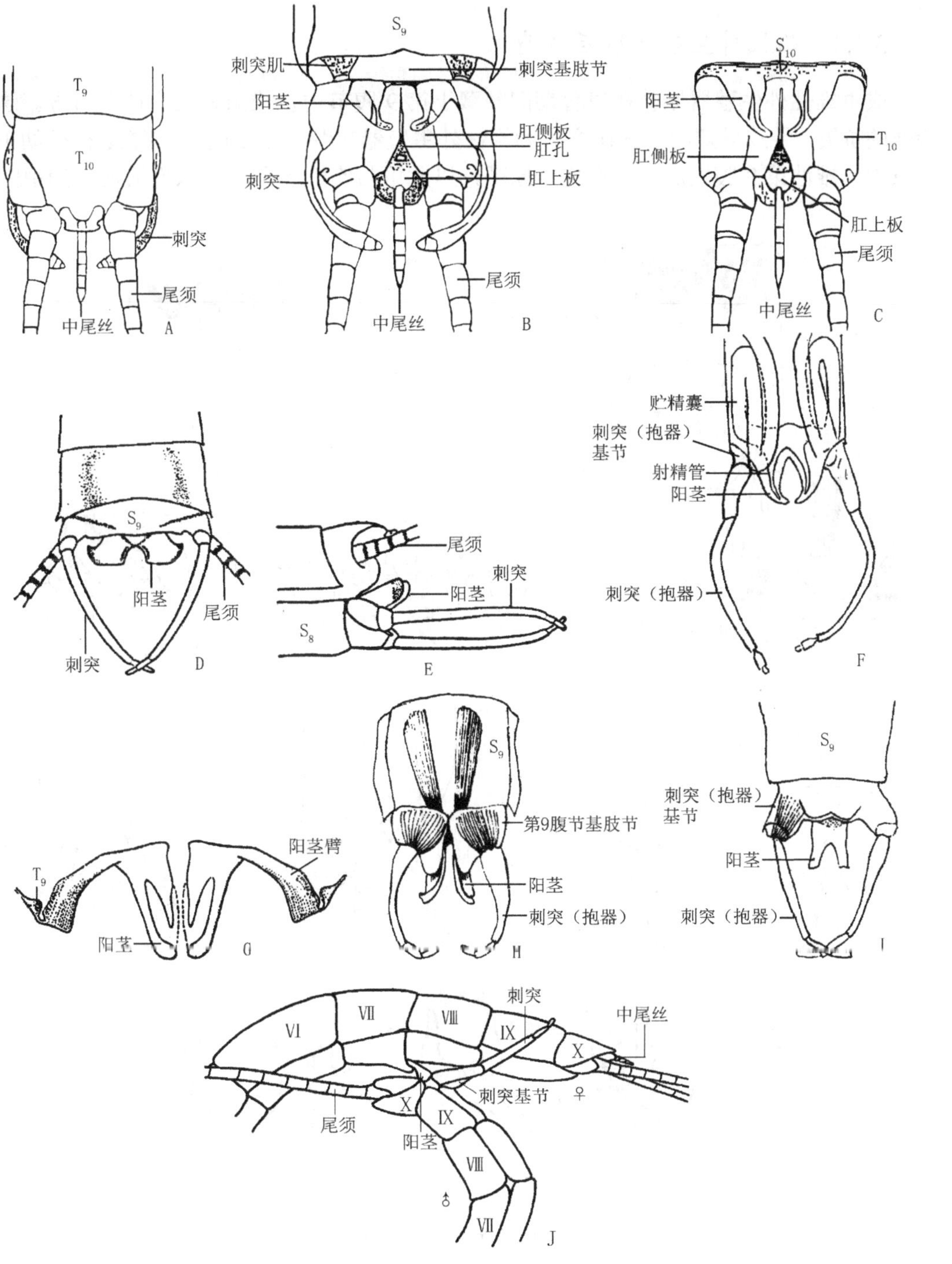

图 3-2 蜉蝣雄性外生殖器

A～C. *Hexagenia* sp.雄虫腹部末端（A、B. 背、腹视；C. 腹视，第 9 腹节除去）；D、E. *Stenonema vicarium* 雄虫腹部末端腹、侧视；F. *Hexagenia limbata* 腹部末端背视；G. *Ephemera* sp.阳茎支持机构腹视；H. *Blasturus nebulosus* 雄性外生殖器腹视；I. *Iron humeralis* 雄性外生殖器腹视；J. *Parameletus chelifer* 外生殖器在交配中的位置侧视；T_9、T_{10} 为第 9、10 腹节背板；S_8～S_{10} 为第 8～10 腹节腹板；Ⅵ～Ⅹ为第 6～10 腹节（A～C. Snodgrass，1935；D～E. Tuxen，1969；F～I. Matsuda，1976；J. Brinck，1957）

3.1.4　雄性外生殖器胚后发育

成虫雄性外生殖器原基在发育期间隐藏于第 9 腹节内，成虫期突出伸向后方。这样特殊的位置，导致早期的一些研究认为雄性外生殖器起源于第 10 腹节腹板。在很幼小的稚虫中，雄性第 9 腹板后缘具有抱器原基，以此可与雌性区别。稚虫抱器通常为中空分

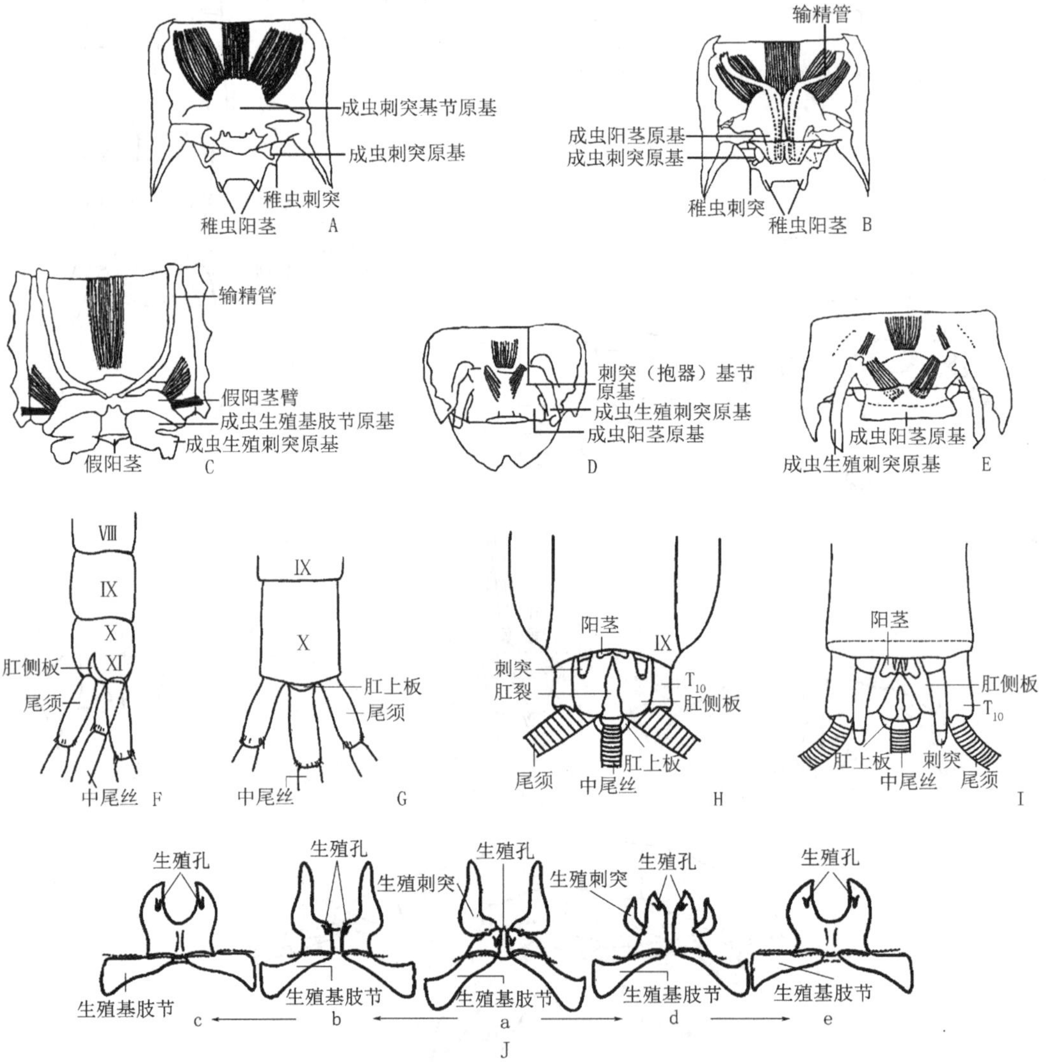

图 3-3　蜉蝣雄性外生殖器的幼期形态

A. *Oligoneuriella rhenana* 幼龄稚虫第 9 腹节腹视；B. *Oligoneuriella rhenana* 高龄稚虫第 9 腹节背视内面观；C. *Cloeon dipterum* 高龄稚虫雄性外生殖器原基；D、E. *Caenis macrura* 稚虫、高龄稚虫雄性外生殖器原基背视内面观；F、G. *Ephemera vulgate* 第 1 阶段稚虫腹部末端腹侧视、背视；H、I. *Ephemera vulgate* 半大稚虫、成熟稚虫腹视；J. 蜉蝣目昆虫阳茎两种可能的进化途径（a-b-c 途径和 a-d-e 途径）；T_{10}为第 10 腹节背板；Ⅷ～Ⅺ为第 8～11 腹节（A～E. 参考 Matsuda，1976 图重绘；F～I. 参考 Brinck，1957 图重绘；J. Birket-Smith，1971）

节的指状结构，位于第 9 腹节后缘。稚虫期，抱器不分节或分节较少。有些属 (如蜉蝣属) 的稚虫具有明显的基节和端节，另一些属 (如 *Callibaetis*) 的抱器直到末龄稚虫期才出现。稚虫的阳茎仅为 1 对短而简单的叶，位于第 9、10 腹节生殖腔的基部，为略呈圆锥形的中空外突物。在第 9 腹板游离的后缘和肛侧板基部之间形成雄性生殖腔，生殖腔的基部附着 1 对外胚层起源的外长物，即阳茎原基。幼龄稚虫的阳茎是相互分开的实心构造，没有与射精管连通。在较大的稚虫，阳茎叶在第 9 腹节腹板后节间区以外长物的形式出现。这些分开的器官芽在成虫期有时合并成单一器官，但射精管保持分立。在充分发育的扁蜉属和蜉蝣属稚虫，阳茎原基彼此靠近。其他蜉蝣中，阳茎原基基部多少愈合。阳茎原基简单，在整个发育过程中，阳茎没有分裂形成不同部分的迹象。扁蜉属阳茎的中间杆和蜉蝣属阳茎腹面的钩在较高龄稚虫中出现，是阳茎壁的简单外长物，与高等昆虫的阳基侧突不同。阳茎许多部分的快速分化很可能发生在亚成虫期。成虫期，阳茎原基可次生地成为不可动的阳茎外长物，Walker (1922) 称之为阳基侧突。阳茎被 1 个或多或少发育的骨片所支撑。蜉蝣属的阳茎骨片似乎是 1 对侧面附着于第 9 腹节背板下角的臂状骨片，其他属的阳茎骨片可以合并为一，有时似乎仅为阳茎侧区的扩展。

四节蜉科的稚虫和成虫阳茎缺，抱器原基形成假阳茎，假阳茎支持输精管后部。细蜉科稚虫外生殖器并不分化，在低龄稚虫期，成虫基肢片、抱器、阳茎原基即合并为一体。扁蜉属的抱器原基在很小的稚虫期就可识别，蜉蝣属的抱器在第 8、9 龄稚虫才可辨识，有些属抱器到末龄稚虫才出现。早期稚虫的单节抱器变为 2 节，基部的 1 节属于第 9 腹节的基肢节，而端部 1 节相当于刺突。在进一步生长过程中，端节上出现环沟 circular furrows、annuli，进行次生分节。环沟不断加深形成成虫抱器的分节。雄性生殖孔位于第 9 腹节腹板尾端，也有人认为，生殖孔最初位于第 10 腹节腹板上，次生性前移到第 9 腹节腹板 (图 3-3)。

3.1.5 雌性内生殖器

卵巢近成熟时充满整个腹腔。每卵巢有多支卵巢管，卵巢管沿两侧输卵管的前段排列。卵巢管无滋式，稚虫期卵巢管可前伸达第 1 腹节。随着稚虫的发育，卵在输卵管内堆积，到亚成虫和成虫期，大量成熟卵堆积使输卵管膨胀成为 1 对大的袋囊。在卵移送到输卵管后，卵巢管退化。管状的两侧输卵管沿中部向后延伸，在第 7 腹节彼此紧密靠近，开口于第 7 腹节后部 1 个浅的生殖腔 (前庭腔) 内，生殖腔位于第 7、8 腹节腹板之间。大多数蜉蝣两侧的输卵管分别开口，但细裳蜉科、小蜉属和寡脉蜉 *Oligoneuriella* 的一些种类，两侧输卵管的末端存在不同程度的愈合，以单孔开口于生殖腔。细裳蜉科具有发达的中输卵管。细蜉科无生殖孔，卵通过腹部破裂排出体外。扁蜉属的生殖腔腹面以第 7 腹节腹板后方的瓣状外长物为界，这个瓣状外长物也称为卵瓣 egg valve。通过腹部卵瓣或下生殖板的延伸在第 7、8 腹节腹板之间形成生殖腔，即输卵管开口 (生殖孔) 周围浅的腔室。受精囊小型，开口于生殖腔的背壁。大多数蜉蝣目昆虫缺少真正的受精囊，可能是由于 2 个生殖孔分开及卵在雌虫体外受精的原因。

Brinck (1957) 对输卵管开口部位归纳如下：①生殖孔向外开口于未变化的节间区域，第 7 腹节腹板不向后延伸或稍延伸，如四节蜉科、蜉蝣科等；②第 7 腹节腹板向后延伸形成下生殖板，下生殖板形成生殖腔，生殖孔开口于其中，如扁蜉科；③下生殖板覆盖生殖腔，生殖腔前部内陷形成袋状的精液容器（受精囊），容器的部分内腔可作为交配囊，如扁蜉科、短丝蜉科、小蜉科；④下生殖板短，覆盖袋状的生殖腔后段，生殖腔后段沿开口方向稍收缩，没有受精囊（精液容器），如寡脉蜉；⑤下生殖板缺或不发达，生殖腔前段形成的袋囊具有较窄的开口，第 8 腹节前缘强骨化，形成在产卵中具有重要作用的三角形骨片，如小裳蜉科（褐蜉蝣科）；⑥下生殖板发达，侧输卵管开口于中输卵管，中输卵管向后开口于下生殖板的端部，下生殖板端部管状，具有端生的生殖孔，其中 *Hagenulus* 的下生殖板强烈后延，生殖孔移向背面，如小裳蜉科（褐蜉蝣科）。⑤和⑥两类形成了非生殖突起源的产卵器。蜉蝣目没有生殖突起源的产卵器。

3.1.6　雌性内生殖器胚后发育

扁蜉属和溪颏蜉属低龄稚虫输卵管伸展到第 7 腹节后缘，距离中线甚远，末端壶腹状。在随后的发育中，末端的壶腹部向中线靠近，最终直接向外开口。扁蜉属受精囊在较高龄稚虫才出现，由生殖腔前段（卵瓣或下生殖板）与输卵管开口之间的区域背壁内陷而成。扁蜉属的卵瓣起源于第 7、8 腹节腹板的节间区域，高龄稚虫开始出现。

3.1.7　雌性外生殖器

第 9 腹节腹板的后端为肛下板，多数种类无产卵器，没有附腺。2 条输卵管分别开口于第 7 腹节后端。第 10 腹节背板后端两侧生有 2 支尾须，尾须多节，一般为体长的 2～3 倍。中尾丝（端丝 terminal filament）1 支，相当于第 11 腹节背板的延伸，但多数种类消失。从外形上，腹部末端有长尾丝 2 或 3 支，总称尾丝 caudal filaments。

泥蜉科、蜉蝣科等，成对的输卵管开口于第 7 腹节后缘节间膜的外面。在原始的扁蜉科，第 7 腹节腹板后缘生出 1 个下生殖板或卵瓣，并形成 1 个生殖腔。生殖孔开口于生殖腔内。生殖腔壁内侧内陷可形成囊状的受精囊和交配囊。细裳蜉科的一些种类，生殖腔具有略狭的开口，同第 8 腹节腹板的骨化区相对应。有些细裳蜉，侧输卵管联合成 1 条共同的输卵管，开口于下生殖板管状端部的顶端。扁蜉科雌虫的下生殖板覆盖第 8 腹节一半以上，下生殖板下方具有明显的空间，Brinck (1957) 称之为生殖腔前段（前庭 vestibule）。输卵管在几丁质片侧面分别开口于生殖腔前段。在输卵管前壁的结合处，有

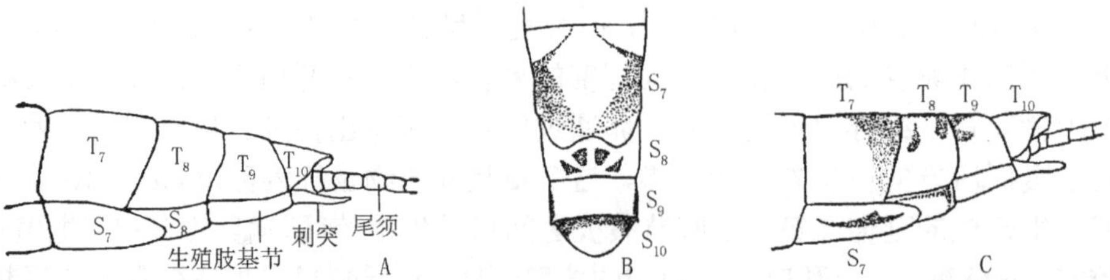

图 3-4　蜉蝣雌性外生殖器

A. 雌虫腹部末端侧视；B、C. *Stenonema vicarium* 雌虫腹部末端腹、侧视；T_7～T_{10} 为第 7～10 腹节背板；S_7～S_{10} 为第 7～10 腹节腹板（A. Steinmann and Zombori，1981；B、C. Tuxen，1969）

1 个受精囊及另 1 个扁平的囊 flat pouch (扁囊)，受精囊开口缝状，位于扁囊的下方。受精囊卵形，由柔软组织构成。扁囊很薄，相对较硬，因此也被称为骨片，覆盖在生殖腔前段之上 (图 3-4)。

3.1.8　雌性外生殖器胚后发育

幼期的蜉蝣目稚虫就可区分雌雄，雄性稚虫第 9 腹节腹板具有抱器或刺突原基，而雌虫没有刺突的踪迹。在胚后发育过程中第 8、9 腹节腹板上没有产卵器原基出现。卵瓣在较高龄稚虫第 7、8 腹节节间区域出现，随着卵瓣的出现，在第 7、8 腹节腹板之间形成 1 个小的封闭空间，即生殖腔，输卵管开口于其中。类似构造在 *Heptagenia venosa*、*Siphlurus alternatus*、*Leptophlebia betteni* 中也存在。

3.2　Oniscigastridae

3.2.1　*Oniscigaster distans* Eaton

雄性外生殖器： 第 9 腹节腹板发达，近方形，后缘凹入，凹入处连接弧形基肢片，基肢片两侧分别着生 1 不分节的长锥形刺突 (退化的抱器)，后缘中部并列 1 对短管状阳茎。阳茎背面有 1 对发达的肛侧板，肛上板位于肛侧板后上方。腹部末端有 1 对发达的尾须和 1 支中尾丝，均细长多节 (图 3-5)。

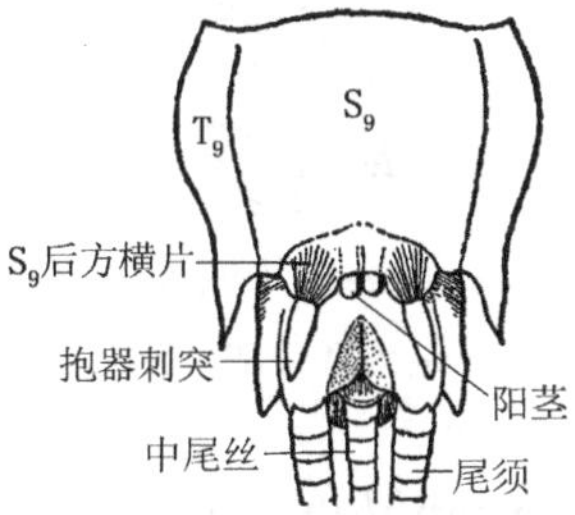

图 3-5　*Oniscigaster distans* 雄性若虫腹部末端腹视 (Snodgrass，1957)

T_9 为第 9 腹节背板；S_9 为第 9 腹节腹板

3.3　细裳蜉科 Leptophlebiidae

3.3.1　*Blasturus nebulosus* (Walker)

雄性外生殖器： 第 9、10 腹节发达，第 9 腹节腹板大，方形，后缘三角形突出，与后部的基肢片明显分开；基腹片 1 对，三角形，分别位于第 9 腹节腹板后部两侧，基腹片外侧分别生有 1 支 3 节的突起，此为抱器。这些突起一般被认为是多节的刺突，也可能仅末端 1 节代表刺突，其他各节为第 9 腹节基肢片 coxites 次生形成。阳茎 1 对，大型管状，内侧缘向外弧曲。肛上板发育较弱，中尾丝存在。尾须长而多节，肛侧板未几丁质化，大部分或整体膜质，被第 10 腹节背板覆盖，没有明显的第 10 腹节腹板 (图 3-6)。

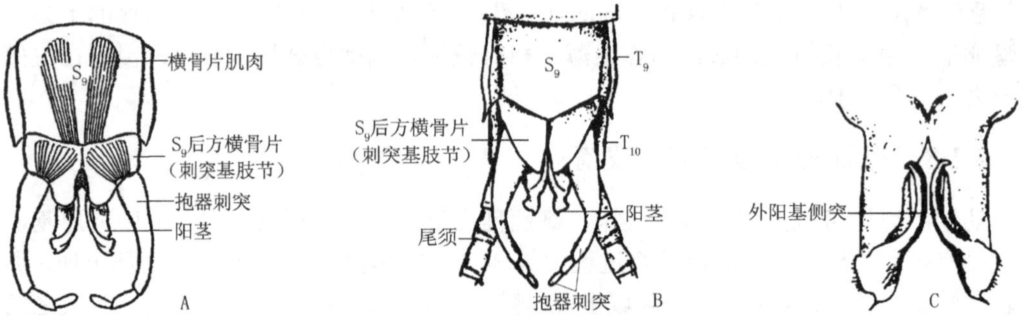

图 3-6　*Blasturus nebulosus* 雄性外生殖器

A. 腹部末端腹面内视；B. 腹部末端腹视；C. 阳茎腹视；T_9、T_{10}为第 9、10 腹节背板；S_9为第 9 腹节腹板（A. Snodgrass，1957；B、C. Walker，1922）

3.3.2 *Habrophlebiodes betteni* (Needham)

雄性外生殖器：第 10 腹节腹板发达，后缘中部凹陷，后端大型二齿状。阳茎 1 对，内缘平直，外缘弓出，约呈肾形，末端向外扭曲；阳茎从第 10 腹节腹板后缘发出，每侧阳茎与同侧的射精管通连 (图 3-7)。

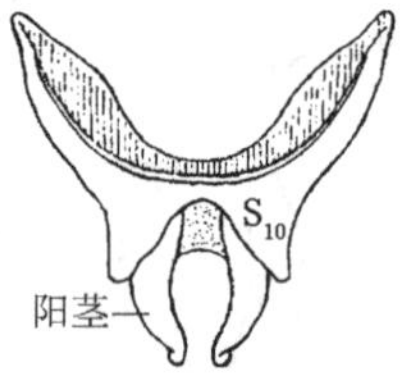

图 3-7　*Habrophlebiodes betteni* 雄性外生殖器 (Snodgrass，1957)

S_{10}为第 10 腹节腹板

3.3.3 弯拟细裳蜉 *Paraleptophlebia cincta* (Retzius)

雄性外生殖器：尾铗基节的基部膨大，在背面形成 1 个瘤突后向腹面弯曲，末 2 节短小；阳茎基部愈合，端部的内侧后突呈尖锐状，外侧具 1 突起，阳茎叶的腹面隆起成脊状，向前方延伸后又向侧面延伸成突起；下生殖板的中央强烈凹陷 (图 3-8)。

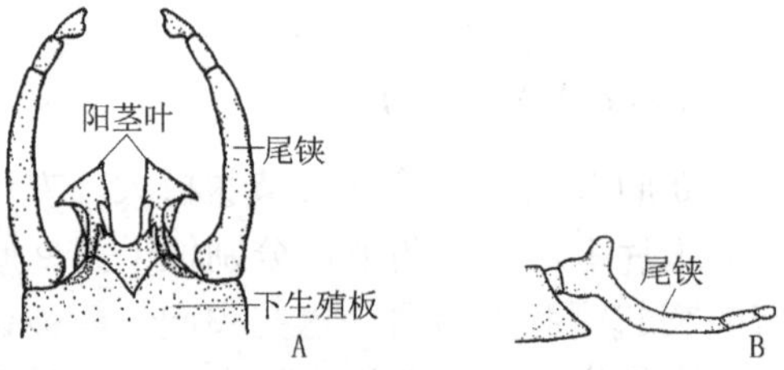

图 3-8　弯拟细裳蜉雄性外生殖器 (周长发和郑乐怡，2003a)

A. 外生殖器腹视；B. 尾铗侧视

3.3.4　*Paraleptophlebia spinosa* Ueno

雄性外生殖器：阳茎二叶状，基半部结合，在腹面形成宽阔骨片和勺形凹陷，该凹陷称为阳茎腔 penis pocket，腔的后缘强烈骨化，内表面覆盖暗色表皮。阳茎叶整体向背面弯曲，使顶端部分呈直立状。2 阳茎叶后端尖锐，弯向后侧面。射精管开口于阳茎叶顶端基部。阳茎叶上方为细长多节的尾须，下方为 1 对抱器，抱器 4 节，第 2 节最长 (图 3-9)。

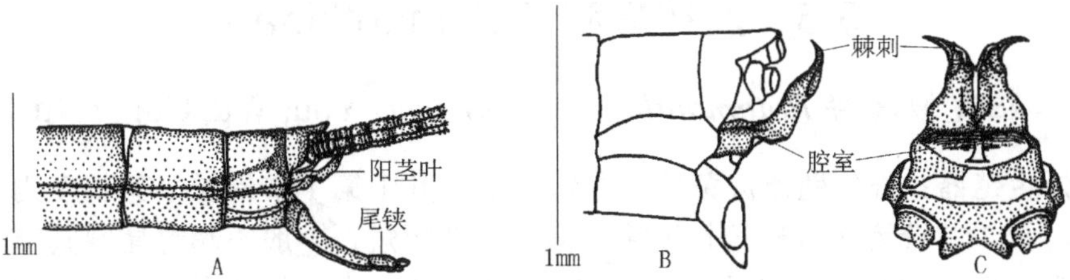

图 3-9　*Paraleptophlebia spinosa* 雄性外生殖器 (Takemon，2000)

A．腹部末节侧视；B、C．阳茎叶侧、腹视

雌性外生殖器：下生殖板退化，仅为第 7 腹板后缘中部的舌状突起。生殖孔有不透明膜覆盖，外部不可见。前庭腔近方形，两侧的输卵管开口于中部。连接前庭腔和输卵管的管道狭窄，每次只能容许 1 粒卵通过。前庭腔内没有受精囊、交配囊等构造 (图 3-10)。

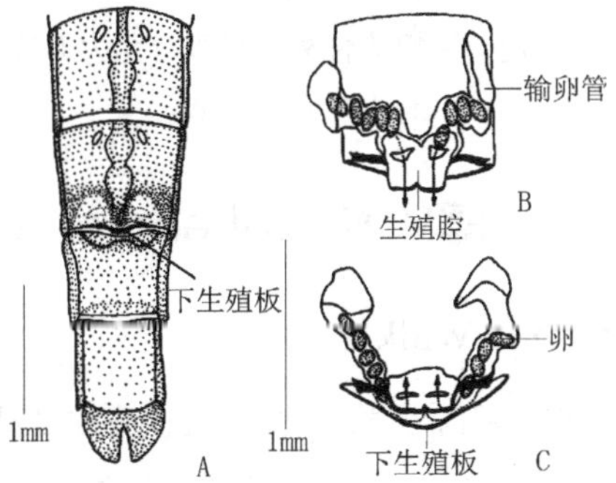

图 3-10　*Paraleptophlebia spinosa* 雌性外生殖器 (Takemon，2000)

A．腹部腹视；B．第 7 腹节后端输卵管和生殖腔开口背视，其他组织已移除；C．生殖腔后视；图 B、C 中箭头表示卵通过输卵管出口排入前庭腔的方向

3.4　多脉蜉科 Polymitarcyidae

3.4.1　*Campsurus decoloratus* (Hagen)

雄性外生殖器：阳茎大型，起源于第 10 腹节腹板，每侧的阳茎与同侧的射精管连通，阳茎上有钩状次生构造，阳茎端部外弯而尖锐 (图 3-11)。

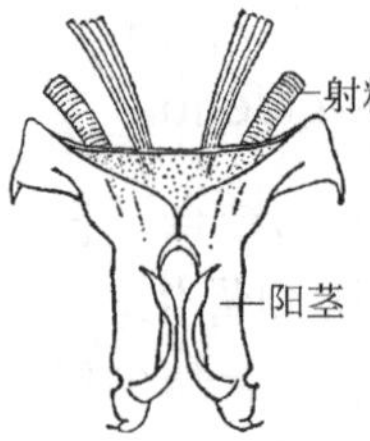

图 3-11　*Campsurus decoloratus* 雄性外生殖器 (Snodgrass，1957)

3.5　河花蜉科 Potamanthidae

3.5.1　福建似溪蜉 *Potamanthodes fujianensis* You, Wu, Gui *et* Xu

雄性外生殖器： 外生殖器淡黄色。尾铗 3 节，其中第 1 节最长，其长度为末 2 节之和的 3 倍，第 3 节较第 2 节稍长且顶端平截。阳茎粗短，一般不超过尾铗基节之半。第 9 腹节腹板后缘中央略凹陷，2 阳茎叶形成“V”形结构，在后缘外不愈合，顶端外侧尖锐 (图 3-12)。

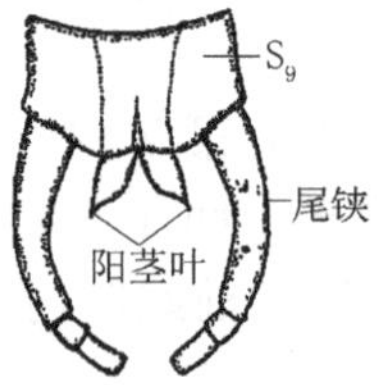

图 3-12　福建似溪蜉雄性外生殖器 (尤大寿等，1982)

S_9 为第 9 腹节腹板

3.6　蜉蝣科 Ephemeridae

3.6.1　*Ephemera simulans* Walker

雄性外生殖器： 抱器 1 对，起源于第 9 腹节腹板后面的基肢片，基肢片每侧发出 1

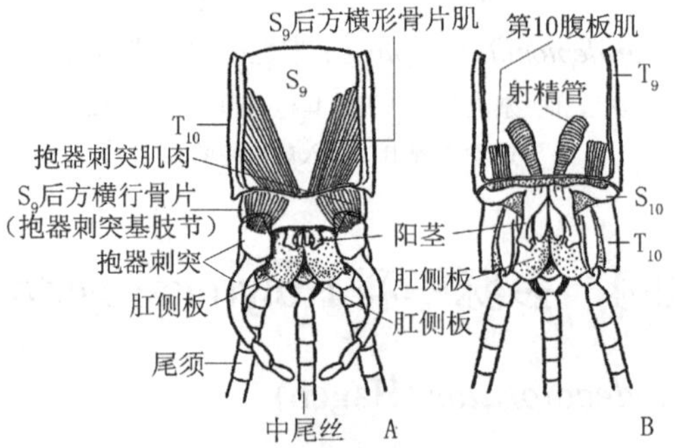

图 3-13　*Ephemera simulans* 雄性外生殖器 (Snodgrass，1957)

A. 腹部末端腹视；B. 腹部末端腹视，横行骨片除去以展示着生阳茎的第 10 腹节腹板；T_9、T_{10} 为第 9、10 腹节背板；S_9、S_{10} 为第 9、10 腹节腹板

束肌肉，附着于抱器基部第 1 节，控制抱器的活动。抱器 4 节，第 2 节最长，向外弓出。阳茎 1 对，位于抱器中部第 9 腹节基肢片后缘，每侧的射精管与同侧的阳茎连通。肛侧板 1 对，基部愈合，端部大型叶状，位于阳茎背面；肛上板舌状，位于肛侧板后背面。尾须 1 对、中尾丝 1 支，细长多节，位于腹部末端 (图 3-13)。

3.6.2　*Ephemera vulgata* Linnaeus

雄性外生殖器：第 9 腹节腹板发达，形成下生殖板，通过横缝划分为腹片和后部的基肢片，基肢片的后缘两侧分别着生 1 支 5 节的抱器，第 3 节最长，向外弓出。第 1 节具肌肉，控制抱器的活动。阳茎 1 对，管状，两侧的阳茎着生在第 9 腹节腹板后方的横形骨片 (属于第 10 腹节) 上，每侧射精管开口于同侧阳茎的中部，开口内侧分别有 1 支强劲而尖锐的内钩 (图 3-14)。

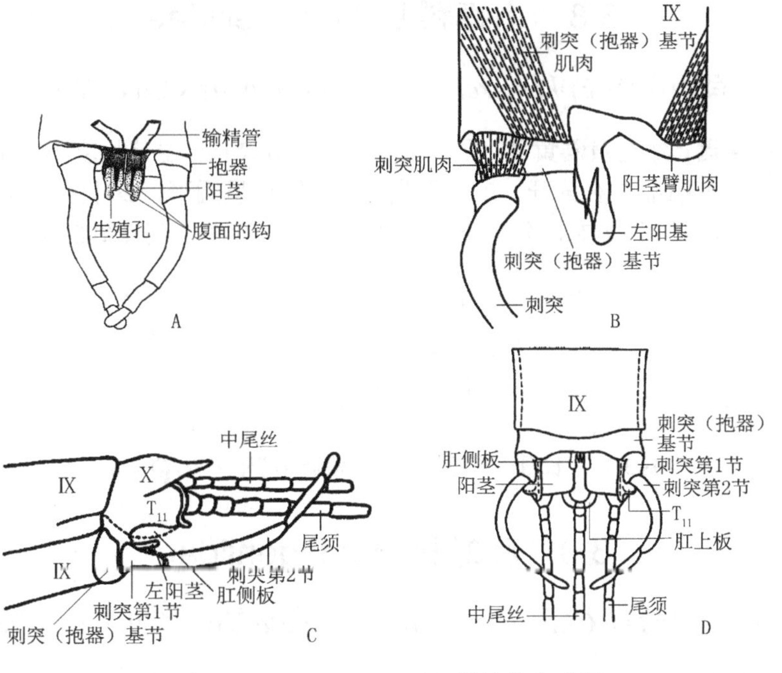

图 3-14　*Ephemera vulgata* 雄性外生殖器

A. 腹部末端及雄性外生殖器；B. 雄性外生殖器肌肉及相关构造腹视，右侧阳茎和阳茎臂、左侧刺突 (抱器) 基节及针突除去； C、D. 雄虫腹部末端侧、腹视； T_{11} 为第 11 腹节背板；Ⅸ、Ⅹ为第 9、10 腹节 (A. Qadri，1940；B、C. Brinck，1957；D. Matsuda，1976)

3.7　毛蜉科 Tricorythidae

3.7.1　*Tricorythodes fallax* Traver

雄性外生殖器：第 9 腹节腹板发达，梯形，后半略窄；后方的基肢片较宽短，后缘凸出，中间小凹缺。两侧的阳茎基部愈合，顶端分支状，每侧的射精管分别开口于阳茎分支端部。横形骨片后缘两侧分别发出 1 支抱器 (刺突)，抱器不分节，中部向外弓出 (图 3-15)。

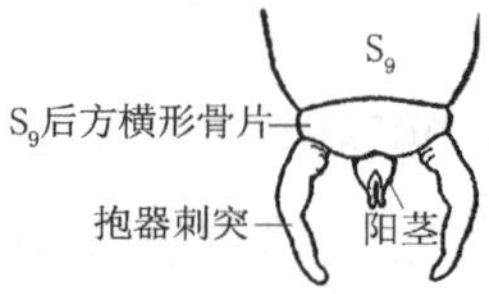

图 3-15　*Tricorythodes fallax* 雄性外生殖器 (Snodgrass，1957)

S_9 为第 9 腹节腹板

3.8　小蜉科 Ephemerellidae

3.8.1　长白山小蜉 *Ephemerella changbaishanensis* Su *et* You

雄性外生殖器：外生殖器黄色，尾铗 3 节，第 2 节最长，端节长度不及宽度的 2 倍，略长于基节。阳茎端部左右分开，2 叶顶端略尖，侧缘呈圆形，2 叶间呈“V”形缺刻，基部并合，阳茎腹面具刺 17 支，分布于左右叶的顶端，背面无刺 (图 3-16)。

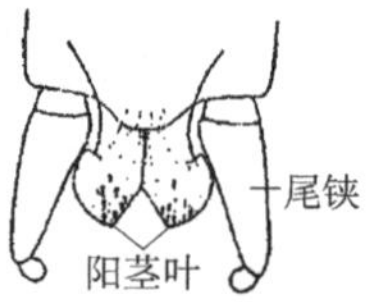

图 3-16　长白山小蜉雄性外生殖器 (苏翠荣等，1988)

3.9　扁蜉科 Heptageniidae

3.9.1　红斑似动蜉 *Cinygmina rubromaculata* You, Wu, Gui *et* Xu

雄性外生殖器：外生殖器黄色，尾铗 4 节，第 2 节最长，第 3 节长于端节，3、4 节之和约为第 2 节的 1/3，基节顶端向内突出。阳茎叶左右分开，每叶又分 2 小叶，内小叶大于外小叶，后者的一部分常被下生殖板遮盖，2 叶间的“U”形缺刻腹视不明显，在背面可见，其中还有 1 小叶；叶上无刺，阳茎叶基部有 1 对相距较远的几丁质薄板 (图 3-17)。

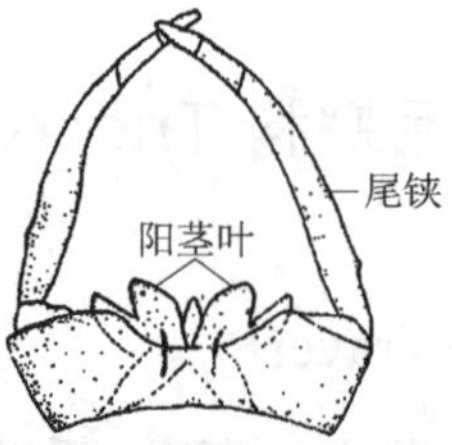

图 3-17　红斑似动蜉雄性外生殖器 (尤大寿等，1981)

3.9.2　宜兴似动蜉 *Cinygmina yixingensis* Wu *et* You

雄性外生殖器：外生殖器淡黄色，尾铗 4 节，第 2 节最长，第 3 节略比端节长，3、4 节之和约为第 2 节的 1/3。2 阳茎叶左右分开，中间有 1“U”形缺刻。在缺刻中间有 1 棒状小叶，每阳茎叶又分 2 小叶，外叶大于内叶，阳茎叶基部有 1 对几丁质薄板（图 3-18）。

图 3-18　宜兴似动蜉雄性外生殖器（吴钿等，1986）

3.9.3　扁蚴蜉 *Ecdyonurus* sp.

雄性内生殖器：具有 1 对生殖管道，每生殖管道分别向外开口。无附腺。精巢细长梭形，白色，位于消化道背面两侧。每精巢后端发出细而短的输精管，输精管后段膨大形成椭球形的贮精囊，贮精囊末端逐渐细缩形成 1 个长漏斗形射精管，通向同侧阳茎后端的生殖孔开口。在稚虫到亚成虫转变期，由于精子转移到贮精囊，贮精囊膨胀成椭球形，而精巢缩小，输精管缩短（图 3-19 A）。

雌性内生殖器：卵巢为大型圆柱状，在亚成虫和成虫期卵巢充满卵，几乎占据整个体腔。每侧卵巢前端细缩形成端丝，固着于前胸背面。两侧的卵巢伸展到腹部后侧边缘进入具肌肉的输卵管，经卵瓣上的生殖孔分别向外开口。稚虫近成熟时，卵巢充满卵而明显扩大，位于胸部至第 7 腹节。有翅成虫卵巢占据胸、腹部的整个体腔，输卵管则变得非常短且较膨胀（图 3-19 B）。

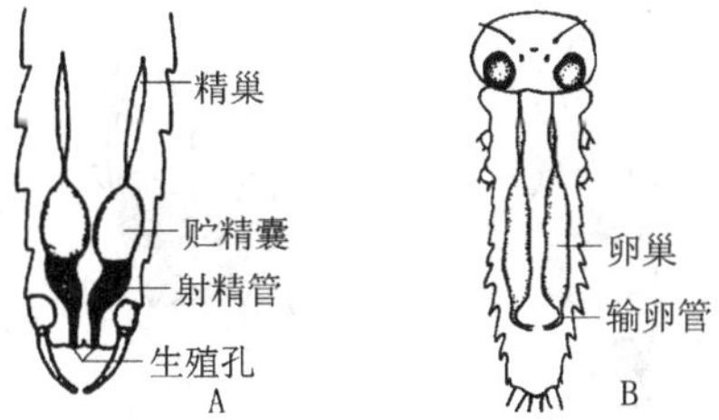

图 3-19　扁蚴蜉雌、雄内生殖器

A. 雄性内生殖器；B. 雌性内生殖器（A. 嵇保中等，2011；B. 郑乐怡和归鸿，1999）

3.9.4　*Epeorus ikanonis* Takahashi

雄性内生殖器：未交配的雄虫具有 1 对萎缩的精巢和膨大的输精管，萎缩的精巢细管状，位于每侧内生殖器的顶端，后部的输精管细缩，然后膨大呈长袋囊状，后段略细缩，分别连接于同侧的射精管，两侧射精管基部之间有横管联系。射精管细直，前段略粗，后段经同侧的阳茎叶分别开口于体外（图 3-20 A）。

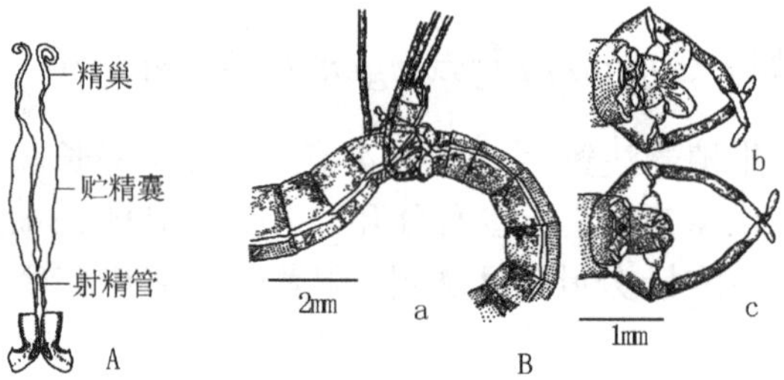

图 3-20　*Epeorus ikanonis* 雄性生殖系统 (Takemon，1990)

A. 雄性内生殖器；B. 雄性外生殖器 (a. 独栖雄虫腹部末节背视；b. 配对期间腹部末端腹视；c. 交配雄虫腹部末端背视)

雄性外生殖器：阳茎叶扁平，向后侧面伸展；阳茎叶的背面由薄的几丁质膜构成，整个射精管的后部也存在几丁质膜，但腹侧的部分几丁质化程度更强。阳茎叶基部的凹陷内有 1 对棘。射精管的末端封闭在每个阳茎叶的前缘。阳茎基半部腹面有纵向缝隙，缝隙上有白色软组织封闭。阳茎叶两侧有 1 大型 5 节的抱器。交配期间雄虫用 1 对抱器抓握雌虫第 8 腹节，阳茎上侧朝下插入前庭，插入深度达到扁囊下方受精囊的前部。插入后，阳茎叶基部向背面弯曲；阳茎叶的每一半内转，2 叶纵向呈双层状；每个射精管的末端在阳茎叶边缘折叠缝上有小的缝隙开口；由于阳茎弯曲和阳茎叶扭转，侧面的 1 对棘突出，腹侧的缝隙加宽 (图 3-20 B)。

雌性内生殖器：卵巢有多数卵巢管，卵巢管基部着生于输卵管前段，输卵管后段裸露，膨大呈长囊状，内部充满成熟卵。产卵前输卵管内充满卵而伸展到第 8 腹节，产卵后仅输卵管后部剩余少量卵。两侧的输卵管分别从几丁质片两侧开口于前庭腔，在两侧输卵管前壁的结合部有受精囊和扁囊各 1 个，受精囊通过扁囊下方的缝隙向外开口。受精囊卵形，较软；扁囊较薄，较硬，也被称为前庭腔盖片 (图 3-21 C～F)。

雌性外生殖器：第 7 腹节中部发出的下生殖板略呈四边形，覆盖到第 8 腹节中后部。

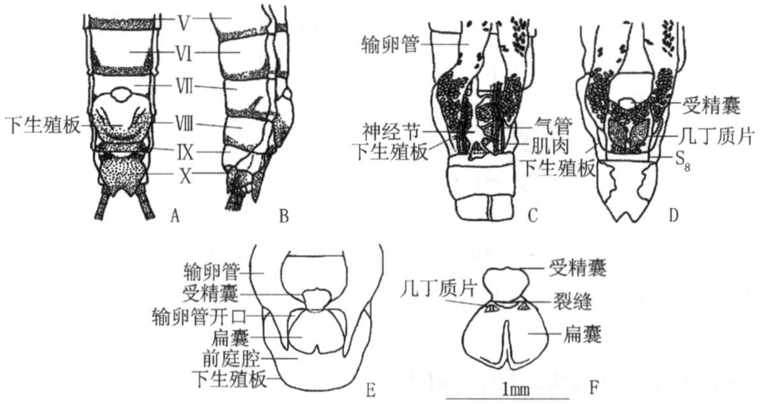

图 3-21　*Epeorus ikanonis* 雌性生殖系统

A、B. 雌虫腹部腹、侧视；C. 雌虫腹部末端背视，背板已除去；D. 雌虫腹部末端背视，第 8 腹节腹板和遗腹卵除去；E. 受精囊腹视；F. 扁囊腹视；S_8 为第 8 腹节腹板；V～X 为第 5～10 腹节 (A～D. Takemon，1990；E、F. 参考 Takemon，1990 图重绘)

下生殖板形成的内部空腔称为前庭腔，前庭腔内有较大的扁囊和较小的受精囊，两侧的输卵管开口于前庭腔基部扁囊两侧。扁囊端部二叶状，基部有 2 枚几丁质片 (图 3-21)。

3.9.5　*Heptagenia* sp.

雄性内生殖器：精巢上有许多束状的精巢管，精巢管排列在输精管前段，位于第 3～6 腹节。每精巢通过基部的输出管开口于中间公共的输出管。成虫精巢管萎缩，着生精巢管的输精管前段也萎缩变细。输精管后段膨大形成长形袋囊状，表明成虫前精子发生已经完成，进入成虫期后精液已经转移贮存于此。在第 9 腹节后部，两侧的输精管弯向腹中部，接入同侧细缩的射精管，每侧的射精管开口于同侧阳茎的顶端 (图 3-22 A)。

雄性外生殖器：第 9 腹节腹板分为前部的腹片和后部的基肢片，基肢片中间深裂，分为 2 片，中裂的两侧近中部具有几丁质杆，对阳茎起支撑作用。阳茎位于 2 个半片的顶端，呈丘状，稍凸出于基肢片后缘。基肢片后缘两侧各连接 1 支 3 节的抱器，抱器向端部渐尖 (图 3-22 A、B)。

雌性内生殖器：卵巢近成熟时位于第 2～7 腹节，每个卵巢有多支卵巢管，卵巢管排列在输卵管前段，输卵管位于消化道背侧；在第 7 腹节后部两侧输卵管接近，开口于第 7、8 腹板之间的浅腔，即前庭腔。前庭腔的腹面以瓣状的节间外长物为界，该节间外长物称为卵瓣。受精囊蘑菇形，开口于前庭腔背壁 (图 3-22 C)。

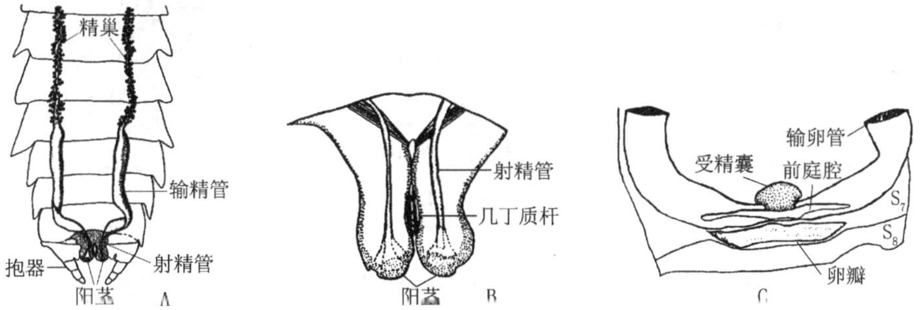

图 3-22　*Heptagenia* sp.生殖系统 (Qadri，1940)

A．雄性内生殖器；B．体长 5.5mm 雄若虫的阳茎；C．雌性内生殖器；S_7、S_8 为第 7、8 腹节腹板

3.10　短丝蜉科 Siphlonuridae

3.10.1　短丝蜉 *Siphlonurus* sp.

雄性内生殖器：精巢扭曲长囊状，分列腹腔两侧，位于第 1～6 腹节。精巢由许多精巢管组成，精巢管排列于输精管前段。精巢管圆球形，覆盖在输精管前段表面。精巢表面有被膜，前端端丝短，附着于第 1 腹节前端。亚成虫期之前，精巢管中的内含物已经排入输精管。成虫期，精巢管已经萎缩难以观察。输精管分为着生精巢管的前段和裸露的后段，呈简单管状，外形随内容物含量而异。随着内容物逐步排出，前部首先出现萎缩。输精管不盘曲形成附睾，末端分化出不明显的贮精囊，但精子贮存在输精管内，以输精管后段（包括不明显的贮精囊）为主要贮存场所。每侧输精管开口于同侧的射精管，射精管内壁具几丁质内衬，两侧的射精管分别开口于体外（图 3-23 A、B）。

雌性内生殖器：卵巢 1 对，彼此分离。卵巢含有许多无滋式卵巢管，卵巢管排列于输卵管前段背侧，每卵巢管通过基部的卵巢管柄开口于中心的输卵管前段管腔。稚虫期，卵巢管前端超过第 1 腹节，后部达到第 6、7 腹节，卵巢管覆盖输卵管；亚成虫期和成虫期，由于大量卵的进入，输卵管膨大呈袋囊状，输卵管充满腹部达第 7、8 腹节，有时甚至向前伸入胸部（如细蜉属）。卵排入输卵管后，卵巢管萎缩成为不易辨别的膜质残基。输卵管从侧面转向中部第 7 腹节下方，开口（生殖孔）位于第 7 腹节的后部。输卵管后段裸露部分位于第 6 腹节中部到第 7 腹节，前端宽阔，向后逐渐细缩，两侧的输卵管分别开口于第 7 腹节下生殖板内侧的前庭腔内。受精囊大型，位于第 7 腹节背面，开口于前庭腔。受精囊基部前庭腔背面有 1 对角状的交配囊（图 3-23 C）。

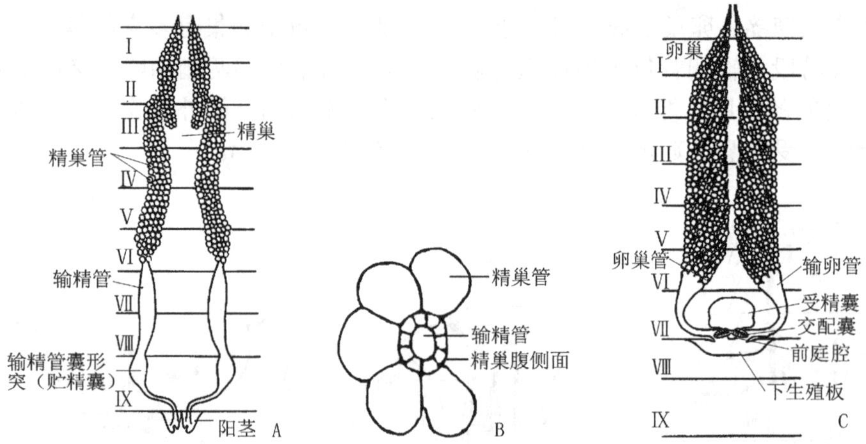

图 3-23　短丝蜉 *Siphlonurus* sp. 雌、雄内生殖器（Brinck，1957）

A．雄性内生殖器；B．成熟精巢横切；C．雌性内生殖器；Ⅰ～Ⅸ为第 1～9 腹节

3.11　四节蜉科 Baetidae

3.11.1　*Callibaetis ferrugineus* (Walsh)

雄性外生殖器：第 9 腹节腹板发达，分为前部方形的腹片和后部横条状的基肢片，基肢片两侧发出 3 节的抱器，基肢片与抱器（针突）第 1 节之间有肌肉联系，控制抱器的活动。阳茎 1 对，从来源于第 10 腹节的横形骨片上发出，2 阳茎管外侧和横形骨片后缘骨化，形成“L”形骨化带，Walker 称为阳基侧突。肛侧板 1 对，发达，位于第 10 腹节背板腹面；肛上板末段平截，中尾丝较细小。尾须 1 对，长而多节（图 3-24）。

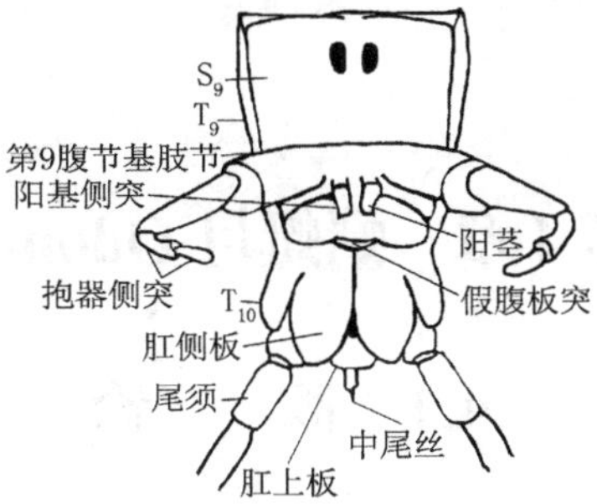

图 3-24　*Callibaetis ferrugineus* 雄虫腹部末端腹视 (Walker，1922)

T_9、T_{10} 为第 9、10 腹节背板；S_9 为第 9 腹节腹板

第4章　蜻蜓目 Odonata

4.1　概　　论

4.1.1　雄性内生殖器

精巢细长管状，向后延伸达数个腹节。精巢由许多圆形的精巢管（小叶 lobule）组成。Tillyard (1917) 认为位于背方的精巢管内充满了圆形的精子细胞；位于中部的精巢管中充满未成熟的精子；而位于腹面、距消化道最近的精巢管，充满成熟或近成熟的细长形精子。蜓属的精巢位于第 4～8 腹节，各精巢有多数球状裂片状精巢管，输精管短而细窄，均通至背侧面的贮精囊中，大量的精子辐射状相聚成球状的精包 sperm-capsule，精包外包裹着黏液，以便交配前从第 9 腹节转运到第 2 腹节的次生交配器中。Srivastava 对红蜻属精巢组织学研究表明，同一精巢管中所有生殖细胞类似，代表精子发生的一个阶段，不同的精巢管含有不同发育阶段的精子。每 1 个精巢管，精子成熟时通过小管（输出管）进入精巢中部的公共管道（输精管）。输精管向后通入位于第 9 腹节的贮精囊，此贮精囊可能与其他目昆虫由成对输精管膨大形成的贮精囊同源。贮精囊组织构造与输精管类似，可能属于中胚层起源。日蟌蜓属输精管的中部有 1 个明显的膨胀部，被认为是功能上的贮精囊。成对的附腺接入输精管，可视为输精管末端的外长物，贮精囊则可认为以附腺形式存在。在对其他蜻蜓的研究中没有发现附腺。生殖孔开口于第 9 腹节中部贮精囊的下方，侧面被生殖板起源的 1 对抱器所掩蔽。生殖孔将已经凝结为精包的精子通过腹部前曲送入第 2 腹节腹面的次生交配器。贮精囊腹壁有不明显的射精管道，管道外部开口于第 9 腹节腹面中部。George (1929) 观察到色蟌属第 9 腹节阳茎瓣原基之间表皮内陷，最终与贮精囊汇合，形成成虫的射精管道（图 4-1）。

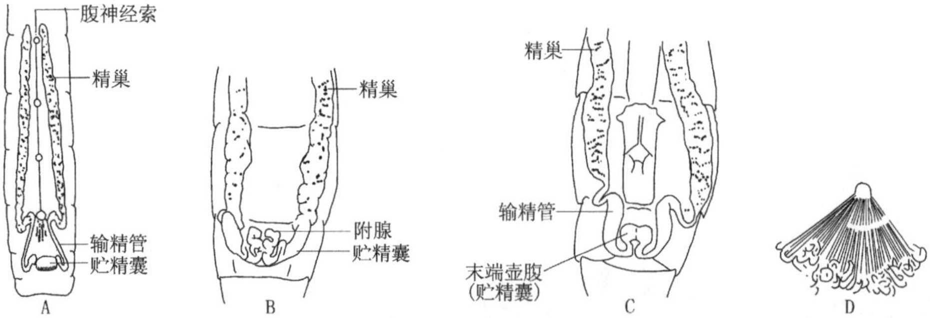

图 4-1　蜻蜓目雄性内生殖器

A．蜓属；B．*Epiophlebia superstes*；C．*Davidius namus*；D．*Davidius namus* 的精包（精子束 spermiozeugma）(A．参考蔡邦华，1956 图重绘；B～D．参考 Matsuda，1976 图重绘)

4.1.2　雄性外生殖器

腹部细长，10 节，腹部末端另有 2 个痕迹性环节，即原第 11 和 12 腹节。典型的腹节构造是背板卷成圆筒形，背板两侧以薄膜与腹板相连。多数腹节的腹板为背板侧缘所包被，外表不可见。雄性腹部第 2、3 腹节腹板变化很大，形成复杂的外生殖器官，统称为交配器，雌虫与之发生交配。交配器是次生构造，雄性真正的生殖孔仍旧开口在第 9 腹节退化的外生殖器上。外生殖器在第 9 腹节腹面有 1 小的开口即生殖道 genital meatus，生殖道被骨化的环褶包围，环褶是阳茎的痕迹器官，它的两侧被 2 个瓣状的阳茎侧叶或生殖突 gonapophyses 掩盖，阳茎侧叶与雌性产卵器的背瓣同源，而细小的三角形骨片则是雌性产卵器内瓣的同源物。阳茎瓣为不发达的生殖肢，与其他目昆虫的阳茎不同源。色蟌科阳茎瓣的端部有刺突 stylus，蜻蜓目其他类群雄虫则缺乏刺突。交配器包括阳茎囊 penis vesicle、前钩片 (有的缺)、后钩片、阳茎、交配器前片等。第 2 腹节腹板前端有 1 凹窝，称为生殖窝 genital fossa，交配器位于窝中；第 1、2 腹节围绕生殖窝的体壁产生附叶，附叶的形态在不同种类之间变化很大。交配器含有向外开口的腔，即阳茎囊 (精子纳器 sperm receptacle、精子囊 vesicula spermalis)，位于窝的后方，为第 3 腹节腹板前部发育而成。阳茎囊前有前、后钩片，阳茎弯缩于阳茎囊与钩片之间，钩片在雌雄交合时有保持产卵管位置的功能。交配器用于贮存精包，并将精包转交给雌虫。

束翅亚目的交配器前面有 1 大的瓣，称为前腹片 lamina anterior，占据第 2 腹节腹片前面大部，通常深裂。与这个瓣片相连的是 2 个大而特殊的瓣，称为前钩突 hamuli anteriores。在两钩间深陷入腹片凹窝的即生殖窗 fenestra，其中有 1 个不明显的突起，称为棒形片 lamina batilliformis；另有 1 个很长而弯曲呈箭状的阳茎 (束翅亚目型阳茎 Zygopteraous pennis)，常称为舌状器 ligula。阳茎是真正的插入器官，位于第 2 腹节，被前片 anterior lamina (第 2 腹节腹板的延伸) 所覆盖。束翅亚目型阳茎一般由 3 节组成，第 1 节长而骨化，称为杆 shaft，向后弯曲，有时在侧面有 2 排短刺；第 2 节半膜质，常有 1 内褶和 1 端褶；第 3 节 (端节) 完全膜质，通常端部具形状各异的叶突。在第 3 腹节腹板最前面的部分为 1 扁平的烧瓶状 flask-like 阳茎囊 (精子纳器、精子囊)，用于射精前贮存精包，它盖住束翅亚目型阳茎的前端部分。阳茎的第 1 节长于第 2 节并且不与阳茎囊相连。

阳茎是弯曲、高度骨化的构造，其基部与形状不定的框架、1 列钩状突和 1 个腺体囊联系。框架 frames 和钩状突 hamuli 及联系这些构造的背腹肌，控制阳茎在交配时的活动。阳茎腹面为膨胀的膜质构造，可作水平移动。膜的弹性使之可作为精包输送期间的通道。末端有 1 个与精子替代有关的构造，即阳茎头 penis head。阳茎头在种间变化很大，Waage (1984、1986) 将阳茎头形态分为 4 类。①丝蟌型：阳茎头是 1 个撞锤状构造，没有顶端的附器或棘 (与精子替代有关的构造)；②绿蟌型：阳茎头为翼状构造，腹侧面有棘；③色蟌型：阳茎头侧面具有角状附器，附器上有棘覆盖；④Argia-Ischnura 型：阳茎头末端具有 1 个 (*Argia*) 或 2 个 (*Ischnura*) 顶端弯曲的附器，附器上有棘覆盖。除上述 4 种主要类型外，还存在一些中间类型，如 *Hetaerina* 的阳茎头，2 个短的不明显弯曲的附器具有翼状末端，似乎介于色蟌型和绿蟌型之间。

差翅亚目的前腹片不甚发达，前钩突也不太突起。蜻科前钩突近缺，但后钩突通常很明显，箭蜓科和蜻科尤为发达。腹片凹窝 (生殖窗) 中的突起几乎消失。束翅亚目型阳茎的长杆在差翅亚目也退化为 1 短的舌状突，并恰好覆盖差翅亚目型阳茎 anisopterous pennies 中间的反曲部分。该反曲部分非常骨化，整体起源于第 3 腹节，基部通常是 1 个长颈瓶状的精子囊 vesicula spermalis，附着在第 3 腹节的最前面部分。这个器官的端节在功能上是 1 个阳茎，向前延伸到舌状突，然后向后弯曲。它通常置于其自身基部表面的凹陷中。差翅亚目的阳茎由 3 节组成，第 1、2 节骨化强，呈圆管状，第 1 节基部与精囊直接相连。第 1 节通常长于第 2 节，阳茎在第 1 节端部或第 2 节处发生强烈反折。第 1 节端部背面通常有 1 突起，形态各异。第 2、3 腹节腹板 (前腹片) 和背板 (生殖叶 genital lobe) 相对延伸覆盖阳茎。阳茎是 1 个精子贮存器官 (精囊)，与束翅亚目的阳茎囊同源。休止时阳茎折叠，精子贮存在阳茎各节形成的管道内，管道有 2 个向外的开口。在交配期间，阳茎第 1 节膨大，第 2、3、4 节充分伸展。第 4 节明显具有种间变化，可能与其具有精子转移功能有关。第 4 节上附着有不同的膨胀叶和其他构造，如侧叶、端叶、内叶、鞭状体 flagellum 和冠突 cornua。在精子转移过程中可能通过冠突、侧叶、端叶锚定精子贮存器官的入口，通过鞭状体、中突和冠突移动受精囊内已有的精子，通过中叶穿透交配囊、挤压贮存的精子使其远离受精场所。除上述构造外，还有一些外生殖窗型结构，可能在交配活动中起引导雌虫的作用。如耳形突 oreillets，其结构形状似人耳，位于生殖窗的两侧，从第 2 腹节背板突出。这些器官在差翅亚目有些科中可能退化或消失，也可能为具有同样功能的其他形式构造所代替。当某种雄虫具有这种结构时，同种雌虫也同时存在更小或更退化的相应结构。蜻总科的第 2 腹节背板后腹部扩大形成 1 清晰的叶，称为生殖叶 genital lobe。生殖叶可能在交尾中起导引雌虫的作用，使它能对准雄虫的外生殖器。

Pfau (1971) 认为有 3 种非同源次生阳茎构造用作功能性交配插入器官：即束翅亚目的唇舌 ligula、间翅亚目 (日蟌蜓属) 的后钩突和差翅亚目的精囊。由于生殖孔和交配器分离，交配前雄虫需将精包通过输精管输送到第 2、3 腹节腹面的交配器官中。雄虫将腹部弯曲，使第 9 腹节上的生殖开口对准第 2 腹节的生殖窝，将第 9 腹节生殖腔内的精包转移到第 2 腹节的生殖窝内。交配时，雌性常被握持于雄虫上肛附器间，雌虫被雄虫握持后，即屈伸腹端生殖器达雄虫第 2 腹节下方，与雄虫前部的次生外生殖器形成联合体，完成交配受精过程。雄性豆娘用上肛附器从上部握住雌性前胸之后方，下肛附器压于前胸背板上。将生殖孔向次生阳基弯曲，并使阳茎囊获得精包。此后，雌性将腹部末端向雄性第 2 腹节弯曲，完成受精 (包) 过程。雄性蜻蜓次生阳茎内的精包转移在握住雌性之前进行，在握持雌性前雄性弯曲腹部，使第 9 腹节的生殖孔对接于 (次生) 阳茎上的阳茎囊口，精包由生殖孔输入阳茎囊。交配时，雄虫以上肛附器挟持雌虫的颈部，下肛附器紧压于后头上，雌虫腹端前弯而与雄虫的交合器接合，精包得以从阳茎囊输入雌体。

腹部末端一般有 2 组肛附器：位于肛孔上方两侧的上肛附器 superior anal appendage 和位于肛孔下方的内肛附器 inferior anal appendage。雄虫肛附器发达，便于交配时摄握雌虫。上肛附器被认为是由尾须发育形成，内肛附器为第 11 腹节腹板变化形成。蜻蜓内肛附器 1 个，位于肛孔上方。豆娘内肛附器 2 个，位于肛孔下方，在肛孔周围有 3 个小突起，为第 12 腹节之背板变化形成，三者之中位于肛孔上方中央者为肛上片 lamina supra-analis，两侧者为肛下片 lamina infra-analis (图 4-2)。

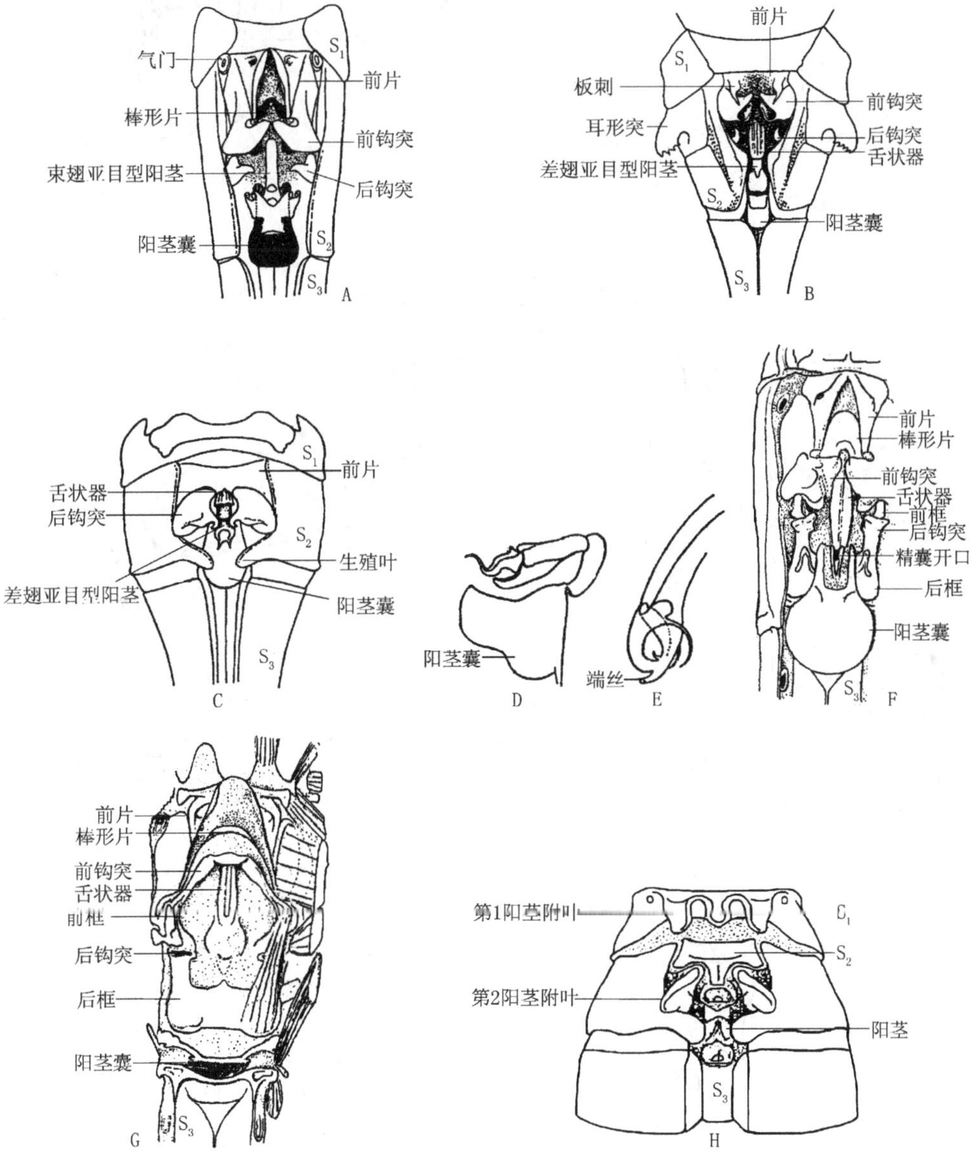

图 4-2　蜻蜓目雄性外生殖器

A. 束翅亚目雄性副外生殖器；B. 晏蜓科 (贮精囊外翻)；C. 蜻科 (贮精囊向外翻出)；D. 箭蜓亚科的差翅亚目型阳茎 (位于第 3 腹节)；E. 束翅亚目型阳茎 (位于第 2 腹节)；F、G. *Calopteryx virgo* 雄性副外生殖器背、腹视；H～J. *Plathemis lydia* 雄性外生殖器 (H. 腹基部，示副外生殖器；I. 第 2 腹节次生阳茎侧视；J. 腹部末端腹视，示第 9 腹节 2 块瓣状骨片之间的真正生殖孔)；K～N. 1 种春蜓雄性副外生殖器和腹部末端 (K. 雄性副外生殖器整体侧视；L. 前片和钩片；M. 阳茎；N. 腹部末端)；O. 1 种蜻科雄虫腹部末端；P～R. 大蜓属雄虫腹部末端侧、腹、背视；T_1～T_3、T_9、T_{10} 为第 1～3、9、10 腹节背板；S_1～S_3、S_9～S_{11} 为第 1～3、9～11 腹节腹板 (A～E. Tuxen，1969；F、G. Matsuda，1976；H～J. 参考 Snodgrass，1935 图重绘；K～O. 郑乐怡和归鸿，1999；P～R. 参考蔡邦华，1956 图重绘)

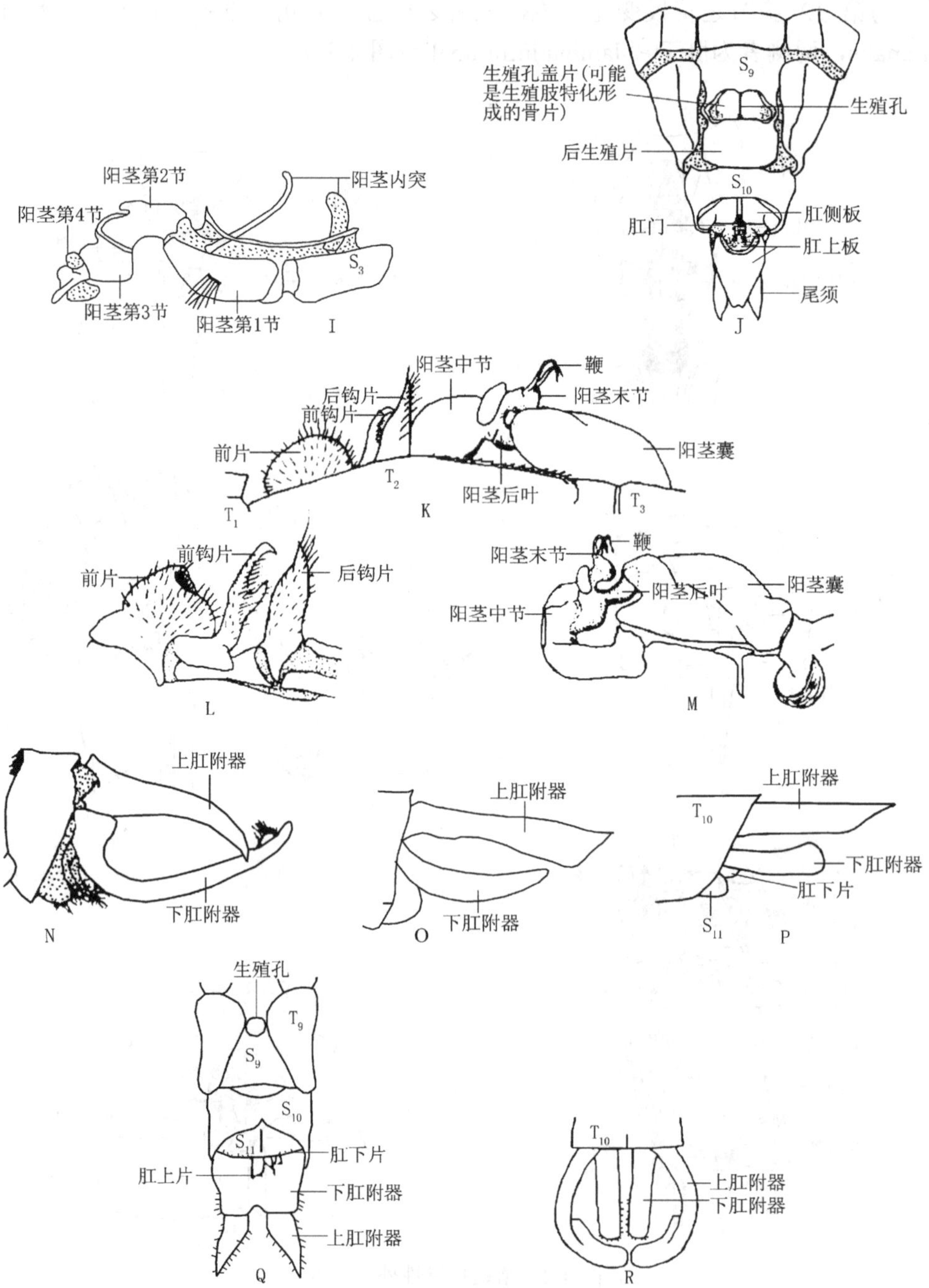

图 4-2 (续)

4.1.3　雄性外生殖器胚后发育

成对的阳茎瓣原基起源于第 9 腹节腹板，因此在发育早期难以分辨雌雄。其后，阳茎原基发育为具有刺突的阳茎瓣。生殖孔位于第 9 腹节腹板中部之后。红蟌属、色蟌属、蜓属和伟蜓属在倒数第 3 龄稚虫期，第 2、3 腹节的次生交配器开始发育，初期为第 2、3 腹节腹板出现不成对的细胞群，不久，细胞群发育为两侧对称的结构。Backhoff 认为次生的交配器不是附肢起源的，因为在胚胎发育期间这些腹节的附肢很不发达，在胚胎发育期间消失。

4.1.4 雌性内生殖器

卵巢一般位于消化道两侧，是长而成对的管，纵贯腹基部至第 7、8 腹节。卵巢由许多紧密连接的细长无滋卵巢管 (卵线 egg string) 构成，卵巢管紧密排列，有较厚的鞘包裹。两侧卵巢管的端丝合并为 1 共同的悬带，附着于后胸背板下方。古蜓科的卵巢管呈念珠状，卵巢管分为端丝、生殖区和成熟区。每侧卵巢管的基部开口于输卵管，2 支输卵管很短，开口入第 8 腹节袋状受精囊中，位于受精囊背侧面的 1 对附腺也连接到受精囊上。受精囊在第 8、9 腹节分界处开口于产卵瓣基部。受精囊一般具有成对的受精囊腺，但日蟌属缺受精囊。受精囊腺附着在生殖腔上。附腺有时明显 (如绿色蟌属)，开口于产卵瓣之间 (第 8、9 腹节腹板之间) 的生殖孔 (图 4-3)。

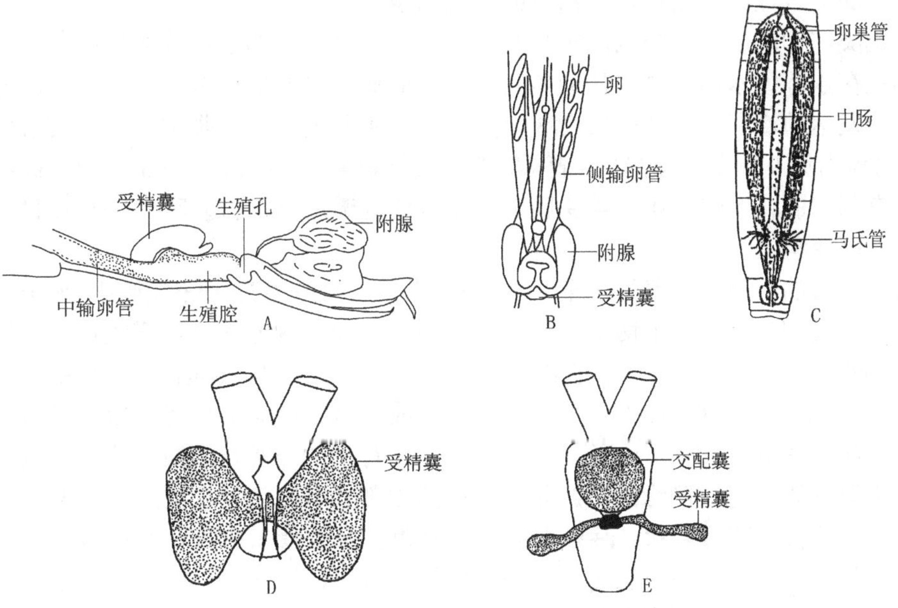

图 4-3 蜻蜓目雌性内生殖器及输出管道

A．柳条绿色蟌；B、C．*Petalura gigantean*；D．*Crocothemys erythraea*；E．*Sympetrum striolatum* (A～C．参考 Matsuda，1976 图重绘；D～E．参考 Córdoba-Aguilar 等，2003 图重绘)

4.1.5 雌性内生殖器胚后发育

色蟌属的中输卵管由位于第 8 腹节的侧输卵管末端愈合而成，起源于前 (腹) 产卵瓣之间的表皮凹陷，与中输卵管汇合后再形成前部的受精囊。附腺由第 9 腹节前部区域的 2 个凹陷发育而成，生殖腔可能由第 8 腹节的表皮凹陷产生。

4.1.6　雌性外生殖器

雌性外生殖器包括精子贮存、受精器官和产卵器。精子贮存和受精器官位于第 8、9 腹节。束翅亚目雌虫的精子贮存器官袋囊状，其功能是保持精子活力，包括交配囊和受精囊。交配囊腹面连通生殖腔前部，背面连通受精囊。生殖腔上有 2 个骨片，骨片具有包埋的钟形感器，其主要功能是在受精期间，经过第 8 腹神经节将卵存在的信息传递给精子贮存器官，诱导精子贮存器官肌肉的收缩活动和贮存精子的释放。精子贮存器官与阳茎头存在形态对应关系，精子贮存器官的复杂性也因阳茎类型而增加，如丝螅型阳茎头的雄虫，其雌虫没有固定形状的受精囊，只有 1 个大的交配囊。色螅型阳茎头的雄虫，其雌虫具有 2 个扩大的弯曲交配囊管。有些种类受精囊数量有变化，如 *Calopteryx haemorrhoidalis* 一般有 2 个受精囊，但有时为 1 个。差翅亚目雌虫的精子贮存和受精器官比束翅亚目的复杂，包括交配囊、1 对受精囊管、生殖腔的开口、1 对侧生的生殖腔纵向排列骨片等。这些构造的功能和排列与束翅亚目的类似。差翅亚目的精子贮存器官形态和体积方面变化很大，存在 2 个极端类型：①具有小的精子贮存和长而窄的受精囊；②具有大的汇合性的受精囊，受精囊贮存能力也大。

蜻蜓类产卵场所，可分为产于植物体内、外两类。产卵于植物体内的，卵形较长，产卵部位在水际或水面下之叶片或茎秆上。有时雌虫偕同雄虫沉没水中产卵。这些类群具有较为发达的产卵器，产卵器由 3 对产卵瓣或生殖突组成，腹瓣由第 8 腹节腹板端缘形成，内瓣由第 9 腹节腹板形成。背瓣叶状，后端有刺突。Hakim (1964) 和 Sharov (1966) 认为具有刺突的背瓣代表属于第 9 腹节内瓣上的载瓣片，如均翅亚目，差翅亚目的蜻科、古蜓科、蜓亚科。

束翅亚目的产卵器由着生在第 8、9 腹节上的 3 对生殖突 (腹侧突起) 构成，前方和中央的产卵瓣细长，适宜于切割，构成钻孔器 terebra，侧方的产卵瓣较宽薄，先端各具 1 尖钉突起，或司触觉作用。生殖孔开口于第 8、9 腹节之间的腹面。日螅蜓属的产卵器由成对的前 (腹)、中 (内)、侧 (背) 产卵瓣组成，腹瓣近端部具有 1 段锯齿状边缘，基部固着于瓣基片 basivalvulae (第 1 载瓣片) 上，每侧的瓣基片与瓣间片相关联，瓣间片又与位于第 9 腹节背板侧缘的背瓣相连。内瓣端部具有较为复杂的齿，内瓣和腹瓣联合成针状产卵器杆。背瓣叶状，后端有刺突。背瓣占第 9 腹节大部，从两侧包裹前、中瓣形成的针状产卵器杆，外观呈鞘状。每个背瓣具有前、后 2 个内突供肌肉附着。生殖孔位于腹瓣基部下方或第 9 腹节前缘。

Synlestes 具有军刀状的腹瓣，该瓣着生在第 8 腹节不大的载瓣片上。背瓣宽大，占第 9 腹节整个长度，背瓣属于第 9 腹节并深入第 10 腹节上。背瓣的下缘稍微有齿，其末端各有 1 个刺突。1 对内瓣隐藏在背瓣之间，内瓣与腹瓣相似，但不具齿。内瓣和背瓣着生在相当于其他昆虫第 2 载瓣片的小骨片上。*Synlestes* 的卵椭圆形，产在水生植物茎内。产卵时用腹瓣刺穿茎的表面，用内瓣的齿扩大已获得的腔，并在腔内产卵 3~4 粒，而有些种类只产 1 粒，然后产卵器拔出，又在第 1 次产卵位置附近重复若干次。1 种雌性溪螅，常在流水颇急的溪边，停在露出水面腐枝上的污物中，有时在水下停留数分钟，才又露出水面。当雌虫露出水面，有时有雄虫飞来，用腹末与雌虫前翅连接，然后雌虫

顺着腐枝向下爬行，拖住雄虫腹部，潜入水中产卵，直到淹及雄虫胸部，雄虫才将雌虫拉出水面。这样的产卵行为可反复多次。潜入水中的成虫，体表可见有 1 层银白色物，这是因为成虫体表有许多微细刚毛，水受刚毛阻隔，不能与皮肤直接接触，更不能堵塞气门，这样形成 1 层薄的空气层，以维持成虫潜入水中呼吸之需。豆娘中有很多种类，雄性用腹末肛附器与雌性前胸相连，雌虫停在水边草上产卵，雄虫对它起保护作用。

产卵在物体表面的种类，如春蜓科、蜓科及差翅亚目多数种类，卵呈球形，自由滴落水面或附着物体表面。在静水水体用“点水”方式产卵的蜻科蜻蜓，产卵时常见雄虫在雌虫上方盘旋，对雌虫加以保护，如有另外的雄虫侵入，它会与之搏斗驱赶。赤蜻属及四角伪蜻属的卵以胶条联合，附着于水中枝条间，称为卵索。这些类群的产卵器部分或完全退化，产卵瓣无锯齿。大蜓亚科的腹瓣异常肥大，背瓣仅余痕迹。其余科中，仅腹瓣保留，但极度萎缩，只呈现 2 个极小的鳞状突起，形成所谓的阴门瓣 valvula vulvae。蜓科第 10 腹节的腹面有 1 多少特化的多刺板，称为齿板 dentigerous plate。齿板上具有密的小刺或后缘具有 1 排粗刺。在长尾蜓属，齿板呈现突出的双叉状；短痣蜓属，齿板的边缘有 4 个粗刺，其功能是在产卵时，固定腹部末端，帮助产卵瓣刺入。

产卵器的演化趋势是产卵瓣减少，首先是刺突退化，其次是背瓣退化，然后是内瓣退化，而腹瓣是最常见的组成部分。最原始的产卵方式是在地表缝隙等基质上产卵，这种原始的产卵方式在古蜓科中仍然可见，产卵器具有完整的背瓣、内瓣和腹瓣。在植物内产卵的蜻蜓，其产卵瓣发生许多变化，形成典型的产卵瓣构造。次生性植物体外产卵的种类，多数情况下在飞行中产卵，仅以腹部末端与水面接触。有的将腹瓣深入多石的河底产卵，还有的将卵产在水底植物上，将卵用块状或带状的黏液分泌物黏结起来。有些种类，肛附器 anal appendage 在产卵时也起作用，也被视为生殖器官的组成部分(图 4-4)。

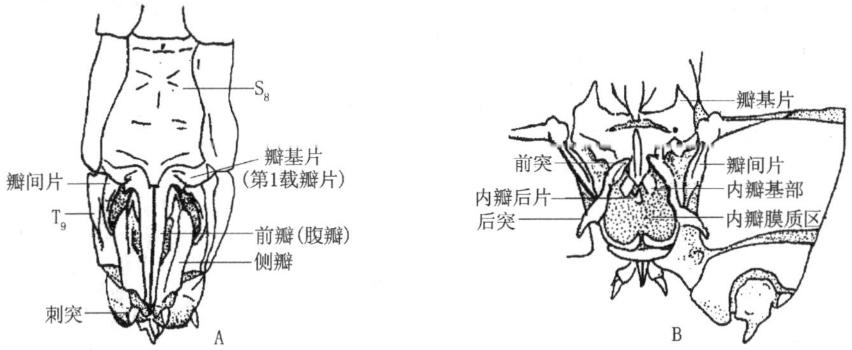

图 4-4　蜻蜓目雌性外生殖器

A、B. *Epiophlebia superstes* 腹视、内部观；C、D. 蜻科、晏蜓科腹视；E. *Tetracanthagyna* sp.侧视；F. *Aeschna grandis*；G. *Synlestes* sp.；H. 大蜓属；I. 春蜓亚科；J. Libellulinae；K. *Tetragoneuria cynosura* 之卵索；L. 蜓属雌虫腹部末端侧视；M. 马大头属背视；N. 蜓属腹视；O. 丝蟌属背视；P、Q. 大蜓属、黄丝蟌属侧视；R. 差翅亚目雌虫腹部末端侧视；T_8～T_{10}为第 8～10 腹节背板；S_8、S_{11}为第 8、11 腹节腹板；X 为第 10 腹节 (A、B. Matsuda，1976；C～E. Tuxen，1969；F～K. 施凡维奇，1958；L. 蔡邦华，1956；M、O、Q. 参考 Steinmann and Zombori，1981 图重绘；N、P. Steinmann and Zombori，1981；R. 参考 Weber and Weidner，1974 图重绘)

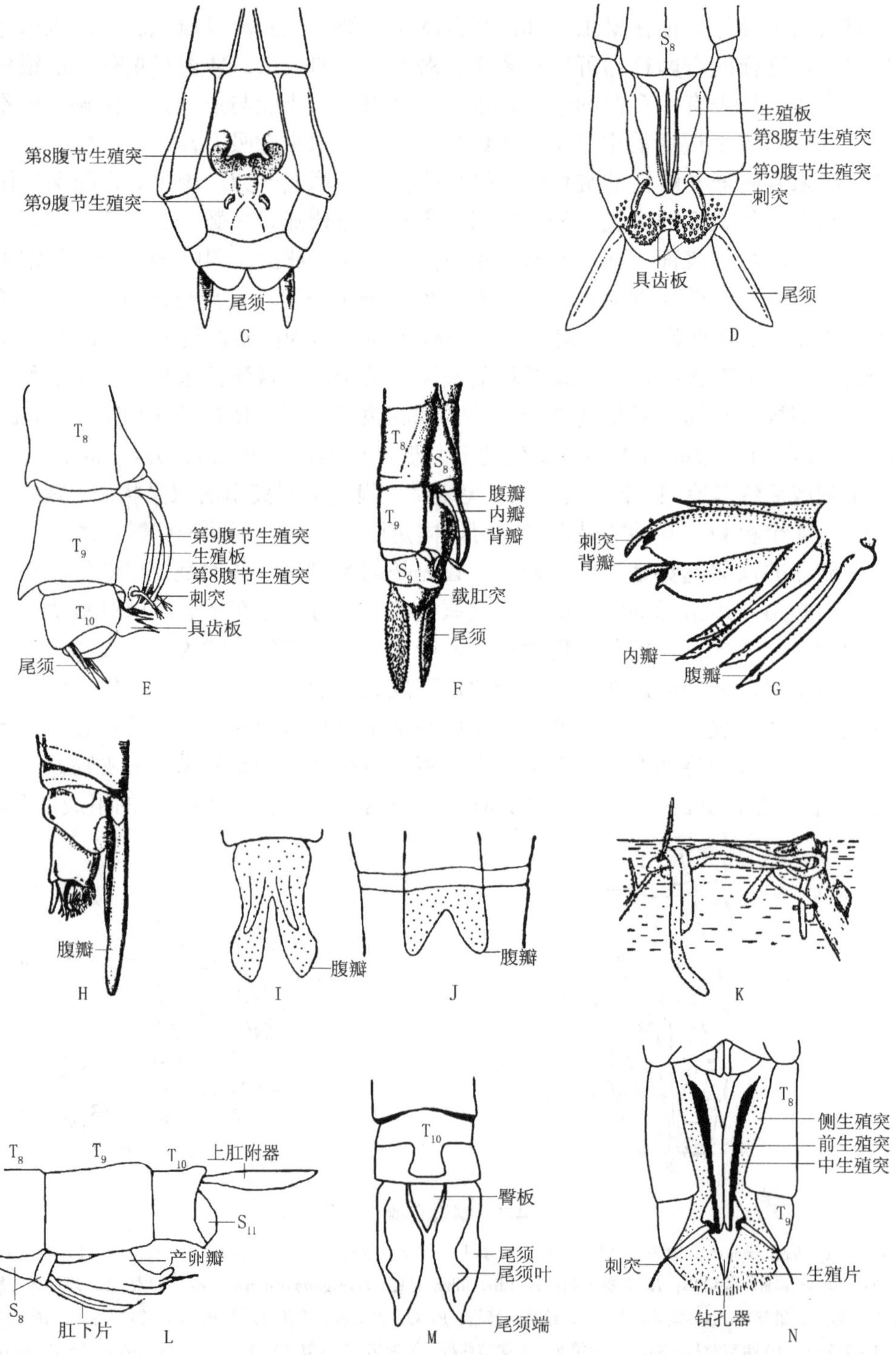
第8腹节生殖突
第9腹节生殖突
尾须
C
S_8
生殖板
第8腹节生殖突
第9腹节生殖突
刺突
具齿板
尾须
D
T_8
T_9
T_{10}
第9腹节生殖突
生殖板
第8腹节生殖突
刺突
具齿板
尾须
E
T_8
S_8
T_9
S_9
腹瓣
内瓣
背瓣
载肛突
尾须
F
刺突
背瓣
内瓣
腹瓣
G
腹瓣
H
腹瓣
I
腹瓣
J
K
T_8
T_9
T_{10}
上肛附器
S_{11}
产卵瓣
S_8
肛下片
L
T_{10}
臀板
尾须
尾须叶
尾须端
M
T_8
侧生殖突
前生殖突
中生殖突
T_9
刺突
生殖片
钻孔器
N

图 4-4 (续)

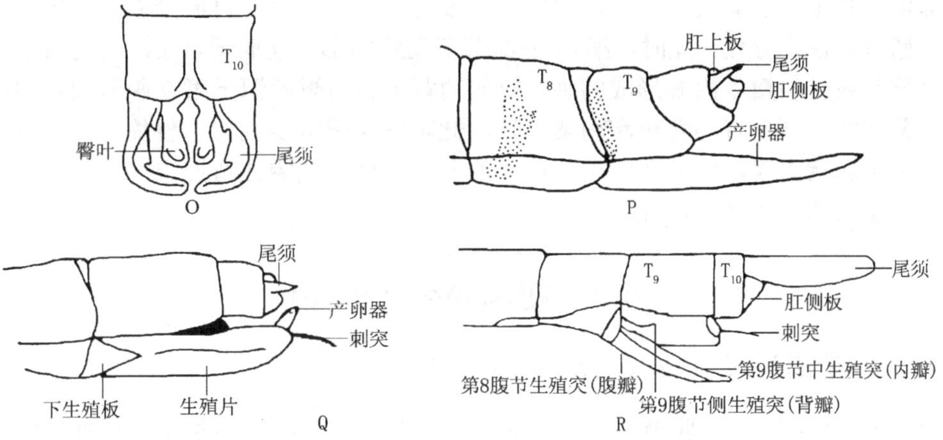

图 4-4 (续)

4.1.7　雌性外生殖器胚后发育

色蟌属初龄稚虫背瓣的成虫盘为第 9 腹节腹板中部两侧的表皮突起，其随后 1 龄稚

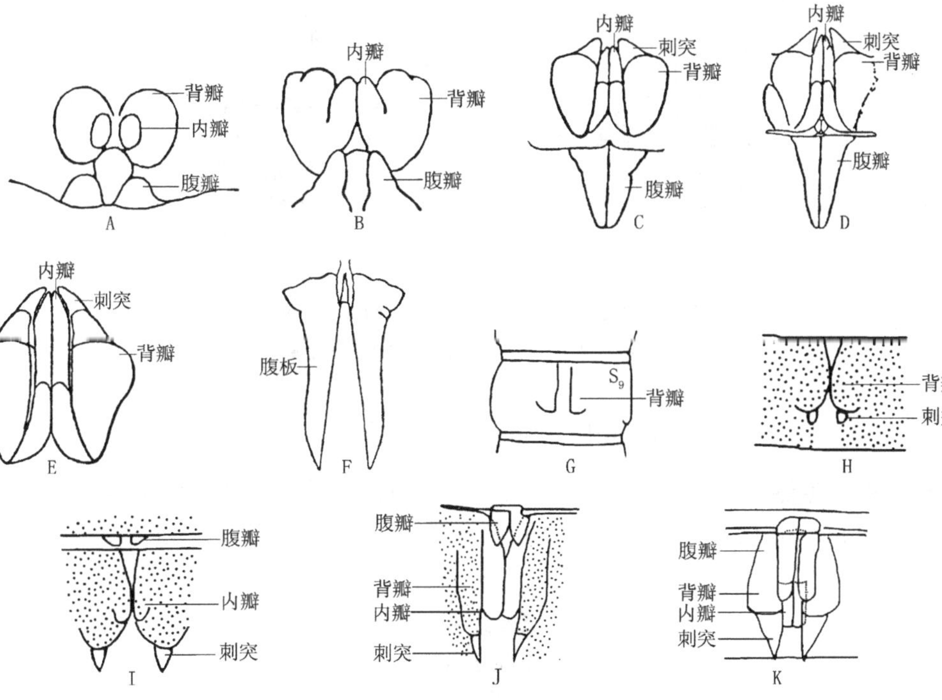

图 4-5　蜻蜓目雌性外生殖器的幼期形态

A～F. *Aeschna grandis* 产卵器胚后发育 (A. 2 龄稚虫；B. 3 龄稚虫；C. 5 龄稚虫，腹产卵瓣向后折转；D. 6 龄稚虫；E. 7 龄稚虫的内瓣和背瓣；F. 7 龄稚虫的腹瓣)；G～K. *Agrion pulchellum* 产卵器胚后发育 (G. 侧瓣出现；H. 侧瓣末端出现针突；I. 前瓣、中瓣出现；J. 前、中、侧瓣明显，中瓣发达；K. 前、侧瓣发达，中瓣退化)；S_9 为第 9 腹节腹板 (A～F. 参考施凡维奇，1958 图重绘；G～K. 参考 Matsuda，1976 图重绘)

虫产卵瓣原基上出现刺突。此时，生殖原基没有分化。随后，背瓣分裂分化出内瓣，标志着生殖原基性别分化。此时，第 8、9 腹节节间膜中部出现腹瓣，腹瓣在内瓣下方下发育，背瓣包被由腹瓣、内瓣形成的刺。蜓属的背瓣和内瓣起源于第 9 腹节成对的卵圆形原基。最初的原基发育与背瓣和内瓣一致，此阶段背瓣缺少刺突。整体上，腹瓣在第 8 腹节上呈突起状出现，内瓣和背瓣在第 9 腹节上出现。刺突在背瓣末端上分出。整个过程与其他昆虫的相似 (图 4-5)。

4.2　蜓科 Aeshnidae

4.2.1　帝王蜻蜓 *Anax imperator* Leach

雌性外生殖器：第 9 腹节侧背片发达，左右两侧各覆盖腹板约 1/3，雌性外生殖器位于第 9 腹节腹面中央。第 8 腹节腹板后方有 1 对横条状产卵器基片，基片下缘连接 1 对腹瓣，腹瓣中部向背方弯曲，端缘内侧有锯齿，整体与内瓣紧密贴合。背瓣发达，侧视为大型骨片，前部细缩，其余部分略呈矩形，后端下角有 1 发达的刺突，刺突顶端有刚毛 (图 4-6)。

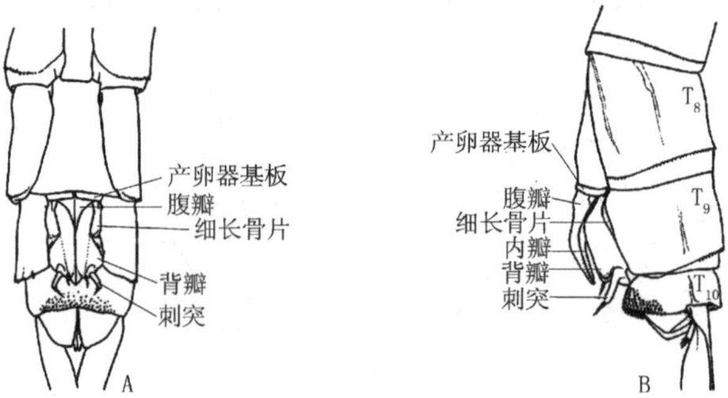

图 4-6　帝王蜻蜓雌性外生殖器 (Matushkina，2008)

A. 腹视；B. 侧视；T_8～T_{10} 为第 8～10 腹节背板

4.2.2　*Anax tumorifer* McLachlan

雄性外生殖器：发育不全，位于第 9 腹节腹面基半部。内生殖器经第 9 腹节腹面生殖道 genital meatus 向外开口，开口的下方两侧各有 1 个骨化瓣或称生殖突。生殖突腹视

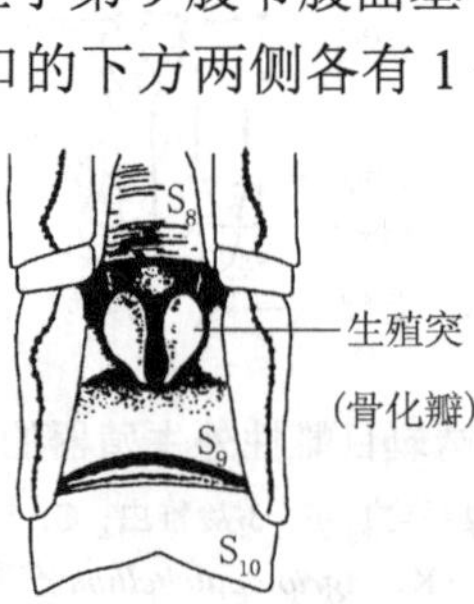

图 4-7　*Anax tumorifer* 雄性外生殖器 (Tuxen，1969)

S_8～S_{10} 为第 8～10 腹节腹板

近椭圆形，覆盖开口。该生殖突与雌性外生殖器的侧瓣或生殖突同源 (图 4-7)。

4.2.3　艾赫蜓 *Hemianax ephippiger* (Burmeister)

雌性外生殖器： 第 1 载瓣片位于第 8 腹节腹板后缘两侧，内面观 (除去产卵瓣的腹视) 2 载瓣片相互分离，每载瓣片前缘凹缺，两前角尖锐，后缘平直。第 1 载瓣片后缘与腹瓣接合。腹瓣尖角形，基部最宽，向末端急尖而上弯，末端尖锐。第 2 载瓣片发达，位于第 9 腹节腹板腹面中间，约呈长三角形，基部内侧与内瓣基部接合。第 9 腹节背板发达，明显分化出前背片，前背片两端向侧下方和侧后方延伸，形成分支的产卵器基片和侧背片，侧背片下端与第 2 载瓣片连接。第 9 腹节腹板大部分膜质，仅内瓣基部下方有 1 三角形小骨片，每第 2 载瓣片下方有 1 横条形骨片。第 9 腹节后缘下角、第 2 载瓣片后端中部附近有 1 指状生殖刺突 (图 4-8)。

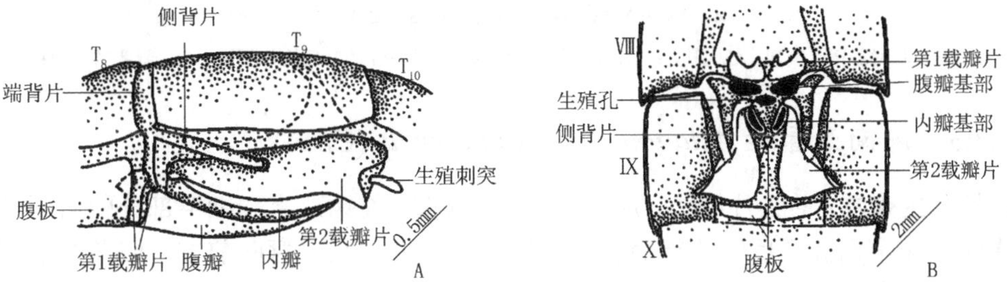

图 4-8　艾赫蜓雌性外生殖器 (Hakim，1964)

A. 侧视；B. 腹视；T_8～T_{10}为第 8～10 腹节背板；Ⅷ～X为第 8～10 腹节

4.3　春蜓科 Gomphidae

4.3.1　汉森安春蜓 *Amphigomphus hansoni* Chao

雄性外生殖器： 交合器前钩片末端分为 2 支，前支后弯，其长度约为后支的 2 倍。后钩片锥状，其尖端前弯。阳茎囊末端中央圆形隆起，周缘呈马蹄形薄片状突出；后叶缺如。末节颇长，上下扁，其末端背方具刺状突起 1 对，鞭颇长。上肛附器黄色，末端腹方具 1 丛黑色小刺。上肛附器长度约为下肛附器的 2 倍，颇直，仅末端稍外折。下肛附器褐色。下肛附器 2 支向后分歧的角度甚大，上弯 (图 4-9)。

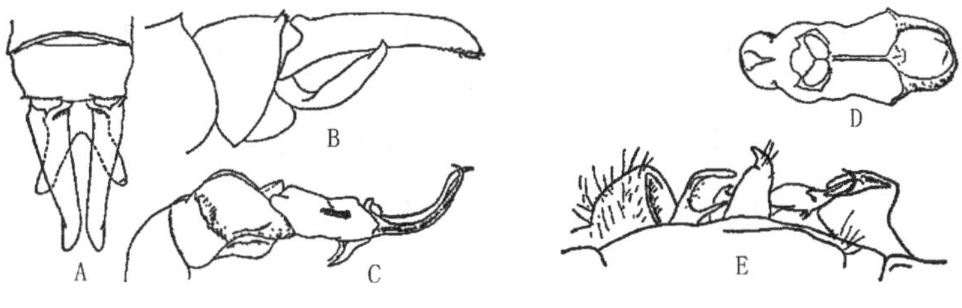

图 4-9　汉森安春蜓雄性外生殖器 (赵修复，1990)

A、B. 肛附器背、侧视；C. 阳茎中节及末节侧视；D、E. 交配器腹、侧视

4.3.2 双条异春蜓 *Anisogomphus bivittatus* Selys

雄性外生殖器：肛附器黑色。2 上肛附器平行，腹方都有黑色突起。下肛附器中央凹陷阔而深，2 支向后分歧的角度甚大。前钩片较后钩片短，末端钩曲。后钩片末端前方鸟喙状突出，内方或内后方不同程度膨大，呈叶片状。阳茎囊末端边缘突出，马蹄形，甚薄。阳茎末端粗大，无鞭 (图 4-10)。

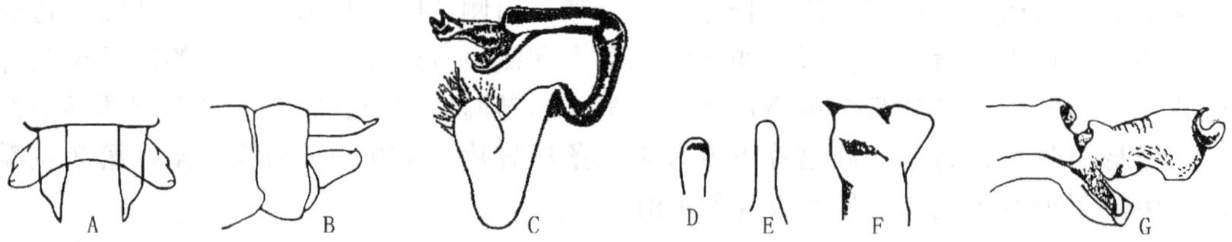

图 4-10 双条异春蜓雄性外生殖器 (赵修复，1990)

A、B. 肛附器背、侧视；C. 阳茎；D、E. 前钩片内侧、外侧视；F. 后钩片侧视；G. 阳茎末端侧视

4.3.3 海南亚春蜓 *Asiagomphus hainanensis* (Chao)

雄性外生殖器：前钩片细小，形状简单，末端圆。前钩片末端细窄部分的后面凹入，其侧缘约有 4 个锯齿。后钩片阔而长，末端粗大，鸟喙状，弯向前方。阳茎基节不膨大呈球形，通常有某种形状的角状突。末节末端尖。阳茎后叶两侧各具 1 纵脊，脊的上、下方各具 1 甚深凹陷。上肛附器一般较细，末端尖，基部较接近；后视副叶较窄。下肛附器凹陷深阔，分出的 2 支与上肛附器向后分歧的方向相同，但较后者稍长 (图 4-11)。

图 4-11 海南亚春蜓雄性外生殖器及相关构造 (赵修复，1990)

A、B. 肛附器背、侧视；C. 前钩片及后钩片；D. 阳茎末端；E. 交配器

4.3.4 双纹缅春蜓 *Burmagomphus arvalis* (Needham)

雄性外生殖器：上肛附器黑色，两者互相平行或分歧，基部相距甚远，末端斜截，腹方具 1 强脊。下肛附器与上肛附器等长或稍短，中央凹陷较浅或深，2 支向后分歧，末端向上弯曲。前钩片甚小，指状，末端具毛丛。后钩片大，扁平，前缘末端具 1 小钩，并具 1 列长毛朝向内方。阳茎囊末端隆起，呈马蹄形。阳茎中节背面膜质凹陷部分两侧各具 1 片叶状构造。阳茎末节颇大，其长度至少达中节之半，腹面基方具 1 突起，末端平截，具 1 甚长的鞭 (图 4-12)。

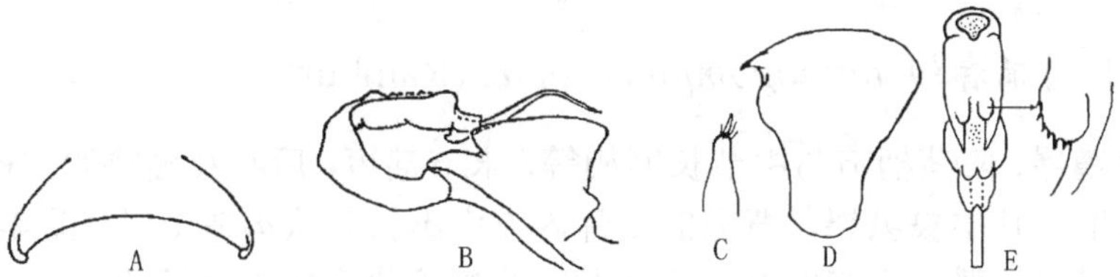

图 4-12　双纹缅春蜓雄性外生殖器及相关构造 (赵修复，1990)

A．下肛附器；B．阳茎；C、D．前、后钩片侧视；E．阳茎末端腹视及部分放大

4.3.5　戴氏戴春蜓陕西亚种 *Davidius davidi shaanxiensis* Zhu,Yan *et* Li

雄性外生殖器：肛附器比第 10 腹节短。上肛附器背视向后方强度分歧，末端尖锐，中央部分生出 1 支，弯向下方。下肛附器比上肛附器短，末端钝圆，背面有 1 乳突。前钩片末端分裂甚深，2 支等长，但前支更粗。后钩片粗壮，端部镰刀状钩曲，末端尖锐。阳茎末节末端盘状，无鞭，通常有后叶 (图 4-13)。

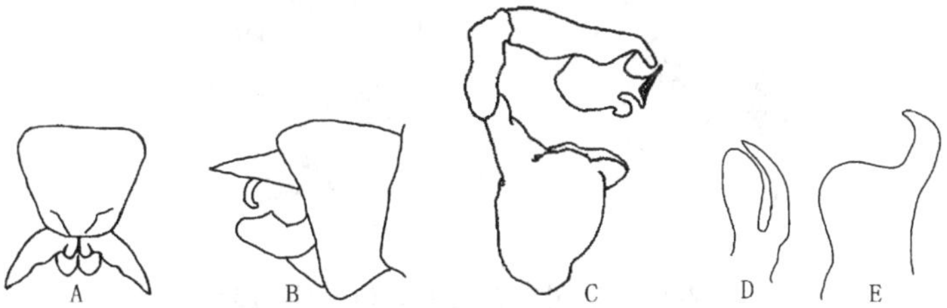

图 4-13　戴氏戴春蜓陕西亚种雄性外生殖器 (参考赵修复，1990 图重绘)

A、B．雄性末节及肛附器背、侧视；C．阳茎；D．前钩片；E．后钩片

4.3.6　深山闽春蜓 *Fukienogomphus prometheus* (Lieftinck)

雄性外生殖器：上肛附器牙黄色，其末端、内方、四边形的齿和基部外方尖齿末端黑色。上肛附器基部扁阔，中部以后尖尖细，末端尖锐稍钩曲。上肛附器基部内缘具方形齿，朝向下方，外侧亦具 1 齿，朝向下外方。下肛附器黑色。下肛附器向后分歧的角度甚大，其长度不及上肛附器之半。前钩片细长，稍向后倾斜，其长度约与后钩片相等。后钩片基部粗大，末端钝圆，具短钩，朝向内方。阳茎末节甚短，侧视，后叶宽度几达末节 2 倍或 2 倍以上 (图 4-14)。

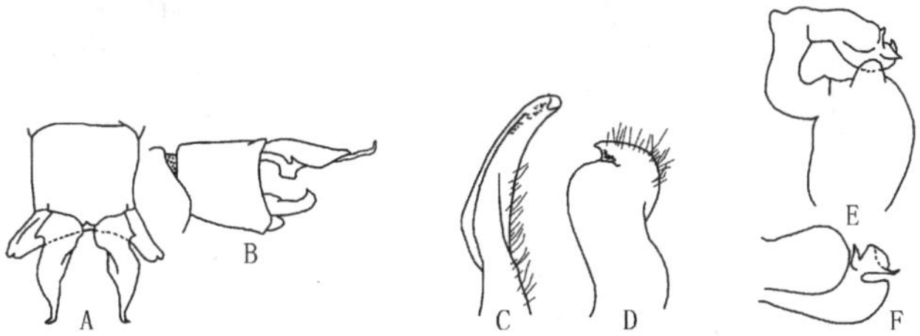

图 4-14　深山闽春蜓雄性外生殖器 (赵修复，1990)

A、B．肛附器背、侧视；C．前钩片侧视；D．后钩片前视；E、F．阳茎、阳茎末端侧视

4.3.7　小团扇春蜓 *Ictinogomphus rapax* (Rambur)

雄性外生殖器：阳茎柄节与中节长度相等，末节甚短，后叶及鞭缺如。末节分作背、腹 2 片，腹方的 1 片中央纵裂，背方的 1 片内方生出长刺状构造 1 对 (图 4-15A~G)。

雌性外生殖器：雌虫无产卵器，第 8 腹节腹板演化形成 1 对长的下生殖板，下生殖板基部愈合，端部二叉状，每分叉呈三角形，顶端稍尖锐，伸达第 10 腹节腹板前沿。第 9 腹节的生殖刺突消失 (图 4-15 H)。

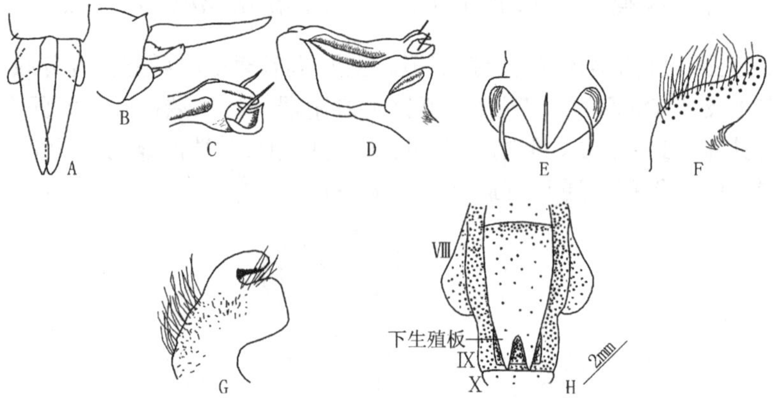

图 4-15　小团扇春蜓雌、雄外生殖器

A、B. 肛附器背、侧视；C. 阳茎末端侧视，稍斜；D. 阳茎；E. 阳茎末端腹视；F. 后钩片；G. 前钩片；H. 雌虫生殖节内视；Ⅷ～Ⅹ为第 8～10 腹节 (A～G. 参考赵修复，1990 图重绘；H. 参考 Hakim，1964 图重绘)

4.3.8　凶猛春蜓 *Labrogomphus torvus* Needham

雄性外生殖器：阳茎春蜓型，前钩片甚短小，长度不及后钩片长度之半，末端钝圆。后钩片长方形，基部与末端近等宽，后缘末端具鸟喙状钩曲。上肛附器黄色，互相平行，末端尖锐，内缘在基方 1/3 处腹面具 1 齿，齿的尖端黑色，朝向腹方。下肛附器黑色，春蜓型 (图 4-16)。

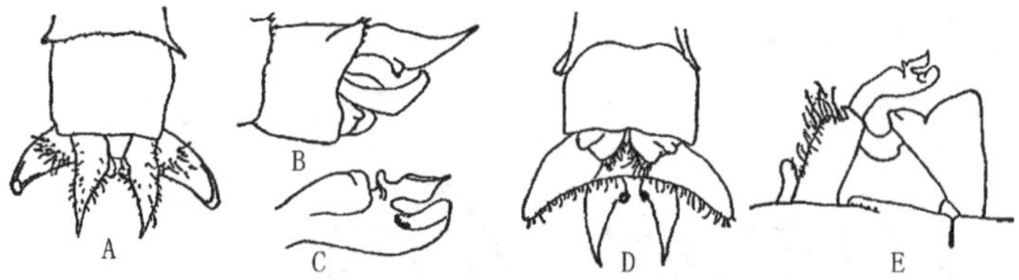

图 4-16　凶猛春蜓雄性外生殖器 (赵修复，1990)

A、B、D. 肛附器背、侧、腹视；C. 阳茎末端；E. 前、后钩片及阳茎

4.3.9　台湾环尾春蜓 *Lamelligomphus formosanus* (Matsumura)

雄性外生殖器： 上肛附器互相平行，末端向下方钩曲，在弯曲处的腹方有许多微细小齿。下肛附器 2 支互相靠拢，长度超过上肛附器末端，包在上肛附器外方。侧视，上、下肛附器之间围成 1 个圆腔。前钩片末端分 2 支，前支钩曲，后支拇指状，较短 (图 4-17)。

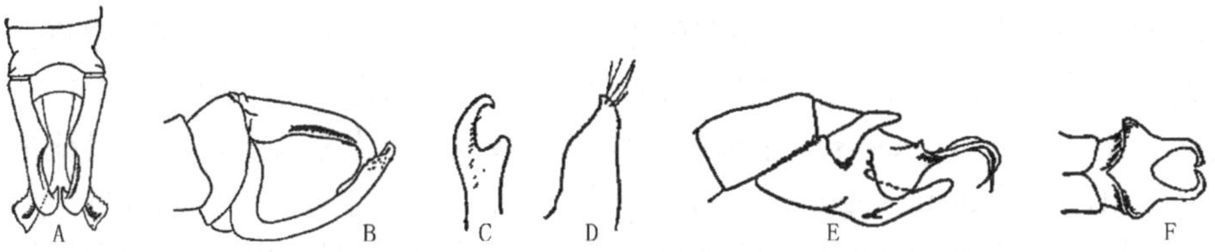

图 4-17　台湾环尾春蜓雄性外生殖器 (赵修复，1990)

A、B. 肛附器背、侧视；C、D. 前、后钩片侧视；E. 阳茎末端侧视；F. 阳茎末节腹视

4.3.10　双峰弯尾春蜓 *Melligomphus ardens* (Needham)

雄性外生殖器： 腹部有明显的 10 个腹节和第 11、12 腹节的残迹。第 2 腹节有耳形突，第 2、3 腹节腹面有外生殖器官，第 7~9 腹节更加扩大，腹部末端的肛附器甚长。外生殖器官统称为交配器 copulatory apparatus，主要构造为生在膜质凹陷上的阳茎，这个凹陷称生殖窝。生殖窝为膜质凹陷，周围有前片、后片 posterior lamina 和两侧的支架将其加固。阳茎鞘位于膜的后方。前片大型，占据第 2 节腹面前方 1/3。它的前方部分平坦，骨化程度较弱，前端有两处向前延伸与前 1 节腹板的相似构造相连。后方部分强骨化，凸出，生有微突和毛；后缘“V”形缺刻，边缘不整齐，中央浅裂，称前片裂 cleft of the anterior lamina。后片大型，占据第 2 腹节腹面后方 2/3，骨化微弱，中央缢缩，两侧甚扩大。支架 supporting framework、anterior portions of framework 是生殖窝两侧的 1 对骨片，位于前片与后片之间。支架骨片长形，腹面稍凸，它的亚端部生出 1 个分支，伸向中部背方，支持阳茎鞘的基部。支架骨片的腹面有 1 条低横脊，前钩片 anterior hamule 基部后缘与这条横脊连接，支架骨片的后端凹入，与后片的前伸部分共同形成 1 个关节窝，后钩片 posterior hamule 接在这个窝上。阳茎鞘基部生在生殖窝的薄膜上，末端汤匙状。基部五边形，中央有 1 条阔浅槽。基部前端与左右 2 支架骨片向中背方分出的分支相连，基部的后侧角与 1 块细长骨片相连。后钩片基部后缘即连接在这块骨片的外端。前钩片长形，后方与支架骨片的低横脊相连，向中间的一方与前片侧缘相连，后方部分的腹面生有 1 个很长的突起，突起有 1 长柄，末端分为 2 支。2 支的长短不同，末端均尖锐。前方的分支末端钩曲，其长度约为后方分支的 1 倍，约与柄部长度相等。后钩片粗大，着生在由支架骨片与后片之间形成的关节窝上，长短与前钩片相若，末端尖，多毛，向中间的一面和末端的毛更多。

第 3 腹节腹板分化为两部分，后方部分是 1 块细长骨片，它的两侧内方各有 1 个甚大圆形内骨，前方部分为阳茎，连接在上述骨片平截的前端。阳茎构造包含下述几部分。

阳茎囊（精囊）为粗大强度骨化的构造，背面膜质，膜质的后方有 1 块小骨片。这块小骨片再通过 1 对小骨片与后片向后方伸展的部分相连。阳茎囊腹视基部窄，末端渐宽，两端角稍突出，端缘中央稍分裂。阳茎囊内充满液体，液体在阳茎各节相通，但与腹部体腔不通。当阳茎囊背面膜质部分上的小骨片受力时，将使膜质部分内陷，从而使阳茎囊内的液体受压，流向阳茎末节，使阳茎昂举。阳茎的茎节 stem 呈“L”形，着生在阳茎囊背面薄膜的前方，它的末端有 1 个圆型薄膜，薄膜有 1 个窄的开孔，称为基导管 proximal meatus。茎节可能是 1 个复合节。阳茎的中节 median segment 短，与茎节垂直，端部扩大。扩大的部分骨化程度弱，后方生有 1 个大型构造，称为后叶 posterior lobe，也称为阳茎端褶 preputial fold、prepuse。中节的前面有 1 条纵沟，背方有 1 对强度骨化的构造，末节由此生出。末节 distal segment、glans 末端分为 2 瓣，每瓣有 1 条弯曲的鞭状体，亦称为冠突。端导管 distal meatus 生在 2 瓣之间深处。第 9 腹节腹板基部一半强骨化，端

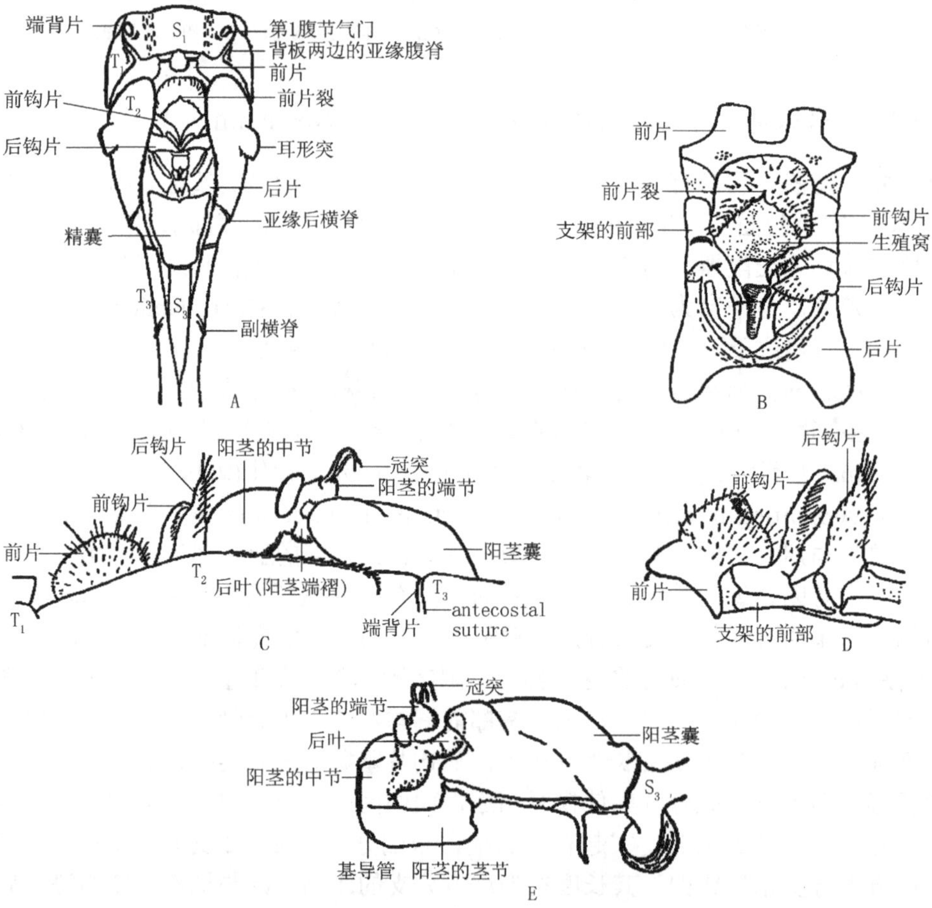

图 4-18　双峰弯尾春蜓雄性外生殖器（赵修复，1990）

A. 第 1～3 腹节腹视；B. 第 1～3 腹节腹视，阳茎及右钩片除去；C. 交配器侧视；D. 前、后钩片；E. 阳茎侧视；T_1～T_3 为第 1～3 腹节背板；S_1、S_3 为第 1、3 腹节腹板

部一半弱骨化。基方骨化的部分端缘叶状分裂，分居于 1 对椭圆形骨片两侧。这 1 对骨片称为下生殖瓣 valvule。下生殖瓣遮盖雄性生殖孔。生殖孔口由 1 个环形骨片保护。

雄性上肛附器和下肛附器发达。上肛附器甚长，其长度超过第 10 腹节的 2 倍，端半部向下方弯曲，背视略呈波状，末端的腹面锯齿状。下肛附器基部有 1 段向腹方弯曲，然后分出 2 支向后方生长，逐渐弯向背方。2 个分支的长度比上肛附器稍长，末端尖。各支亚端部背方有 1 个微小的齿，亚端部内方还有 1 个颇大的低脊状突。这个突起的位置约与上肛附器的末端相对，上生许多细毛。雄性第 11 腹节腹板分成 2 块颇大的骨片，着生在第 10 腹节的腹缘和侧缘上。雄性第 12 腹节背板和腹板形成 1 块肛上片和 1 对肛下片，它们的骨化程度弱，上生许多细毛。肛上片与下肛附器基部前面相连接。肛下片 2 块，着生在两块 2 分的腹板 bipartite sternites 上。肛孔生在肛上片与肛下片之间 (图 4-18)。

雌性外生殖器：雌性腹部末节较短，包含肛附器、背中附器及第 11、12 腹节的退化遗迹。第 8 腹节腹板大，长方形，侧缘波状，基方有 1 条短低中纵脊，亚端部有 1 个低的突起，端方有 1 对下生殖板 subgenital plate，其长度约为第 9 腹节长度的 2/5。下生殖板的 2 块骨片称为产卵管瓣 anterior processes，可能与腹瓣异名。第 9 节腹节腹板阔，基方凹入，与前 1 节腹板之间有 1 块甚大的半圆形薄膜。雌性生殖孔生在这个薄膜上，为下生殖板所遮盖。距该节腹板末端约 1/3 处，有 1 条低弧形脊，腹板在脊的端方有甚窄的薄膜。这个膜质部分的中央缢缩。这条脊很可能是 Tillyard (1917) 所称之产卵管中突的退化遗迹。产卵管中突亦称内生殖瓣 inner valve 或内瓣 second valvulae。第 10 腹节腹板横方形，末端平截，不凹陷。雌性肛附器为 1 对长锥形构造，生在背肛器背方两侧，比第 10 腹节背板稍长。背中附器 median dorsal appendage 亦称肛上板 supra-anal plate，是 1 块半圆形骨片，背方凸，约为肛附器长度之半。两分的第 11 腹节腹板 bipartite 11th sternite 是 1 对颇大的骨片，腹视呈三角形。第 12 腹节背板和腹板退化遗迹形成肛上片和肛下片。肛上片 superior anal lamina 弱骨化，着生在背中附器腹面。肛下片 inferior anal lamina 分成 2 片，着生在第 11 腹节腹板上，超出第 11 腹节腹板后方。

4.3.11　刀日春蜓 *Nihonogomphus cultratus* Chao *et* Wang

雄性外生殖器：上、下肛附器均橘黄色，上肛附器的末端有 3 个黑色小齿。阳茎囊末端生有 3 个囊状突起，中央的囊状突起较两侧的小，末端生有许多黑毛，两侧的囊状突起橘黄色。3 个突起之间为 2 条凹槽，阳茎的 2 鞭置于槽内；阳茎的后叶水果刀状，前钩片的前支镰刀状钩曲，后支缺如。后钩片囊状，末端呈角状突，向中部方向钩曲。

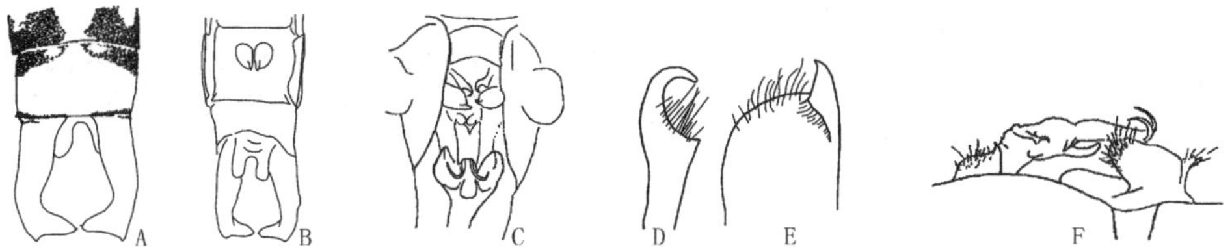

图 4-19　刀日春蜓雄性外生殖器 (赵修复，1990)

A、B. 腹部末端及肛附器背、腹视；C. 交配器腹视；D、E. 前、后钩片；F. 阳茎及后钩片侧视

上肛附器外侧缘有 3 个黑色圆形小齿，背视，上肛附器末端向中间的方向呈三角形扩大，它的末端有 1 个小黑齿。下肛附器长度约为上肛附器的 1/3 (图 4-19)。

4.3.12　棘角蛇纹春蜓 *Ophiogomphus spinicornis* Selys

雄性外生殖器：上、下肛附器黄色，后者末端黑褐色。上肛附器背视微弯曲，括号状，末端钝圆，侧视末端弧形下弯。下肛附器几乎与上肛附器等长，或稍短，2 支很靠拢，互相平行，侧视中央的 1 段粗厚，末端尖细，向背方钩曲，或基背方有 1 齿状突。前钩片黑色，末端分叉，前支细长而钩曲，后支甚短。后钩片大部分黄色，侧视简单锥形，末端尖，或端部延伸甚长，钩曲状，多少有点扭曲，末端平秃。阳茎褐色，阳茎囊末端突出的 2 片大部分黄色。阳茎后叶甚细，末节基方两侧各具 1 小刺，末端具颇长的鞭 1 对 (图 4-20)。

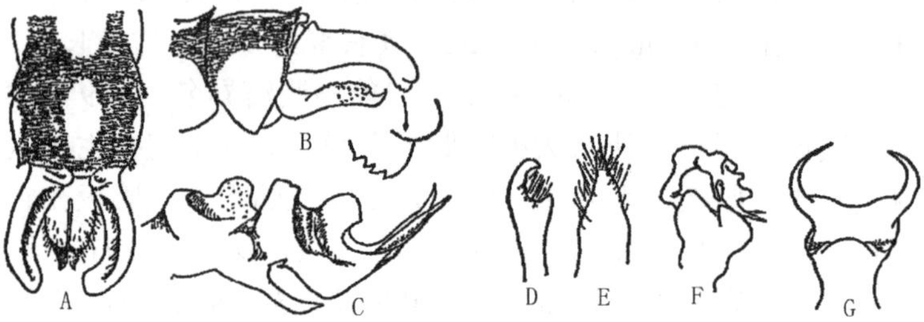

图 4-20　棘角蛇纹春蜓雄性外生殖器 (赵修复，1990)

A、B. 肛附器背、侧视；C. 阳茎末端侧视；D、E. 前、后钩片；F. 阳茎；G. 阳茎末端腹视

4.3.13　具突东方春蜓 *Orientogomphus armatus* Chao *et* Xu

雄性外生殖器：上肛附器浅褐色，向末端色渐浅，端部几呈白色，末端的 1 点黑色。上肛附器背视微弱弧形弯曲，2 个上肛附器呈括号状，侧视末端尖，弯向下方。下肛附器黑色，下肛附器的 2 支向后方分歧，长度侧视约为上肛附器之半。前钩片末端向内方钩曲，后缘呈明显肩状突出。后钩片末端微弱或强度向前方钩曲。阳茎囊膨大，端缘两侧薄片状突出。后叶缺如，鳞状瓣薄片状，突出甚长。阳茎末节端缘背方具鞭 1 对，腹方中央突出颇长 (图 4-21)。

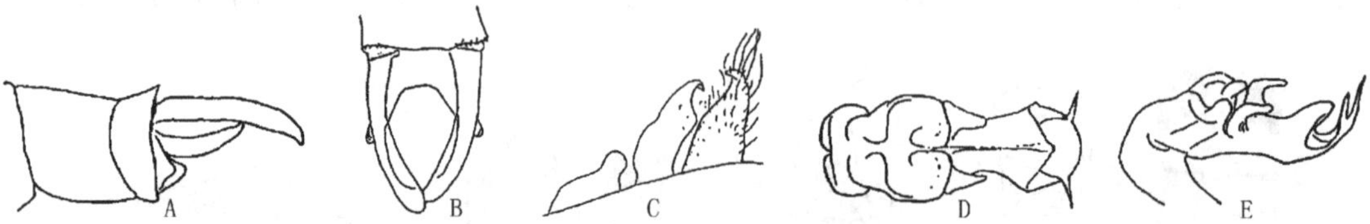

图 4-21　具突东方春蜓雄性外生殖器 (赵修复，1990)

A. 腹部末端侧视；B. 肛附器背视；C. 前、后钩片侧视；D、E. 阳茎中节和末节腹视、斜侧视

4.3.14 镰状刀春蜓 *Scalmogomphus falcatus* Chao

雄性外生殖器：上、下肛附器橘红色。上肛附器互相平行，末端扩大，向内下方弯曲。下肛附器比上肛附器稍短，2 支靠拢，互相平行，亚基部背方具齿突。前钩片比后钩片长，基部两侧缘几乎平行，前钩片前支比基部稍长，弯成镰刀状，末端钩曲。后支缺如，后缘的末端呈肩状，很尖。阳茎囊末端薄板状延伸甚长，形成 1 个凹槽以接纳阳茎末节，阳茎末节末端无鞭，阳茎后叶长度约与后叶基部处阳茎宽度相等，侧视刀状(图 4-22)。

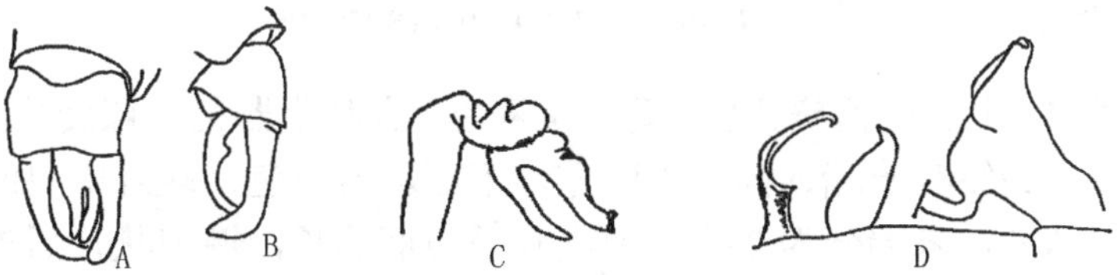

图 4-22 镰状刀春蜓雄性外生殖器 (赵修复，1990)

A、B. 肛附器背、侧视；C. 阳茎的部分；D. 交配器

4.3.15 折尾施春蜓 *Sieboldius deflexus* (Chao)

雄性外生殖器：肛附器黑色。前钩片细长，末端圆弧形钩曲，后侧面凹陷。后钩片粗大，末端多刺多毛，外侧方近末端处生 1 突起，突起基部粗大，末端突然细小，折向内方，与突起基部几呈直角。阳茎囊粗大，其余各节细长，后叶甚大，腹视呈匙状，其背面中线具 1 隆脊，末节杯状，基部较细，末端开扩甚大，背面明显长于腹面 (图 4-23)。

图 4-23 折尾施春蜓雄性外生殖器 (赵修复，1990)

A、B. 肛附器背、侧视； F、C. 前、后钩片；D. 阳茎侧视；E. 阳茎末端；G. 交配器

4.3.16 三尖华春蜓 *Sinogomphus orestes* (Lieftinck)

雄性外生殖器：上肛附器牙黄色，末端暗色，状如手指，2 个上肛附器的基部相距甚远，基部腹方具 1 尖齿；大多数种类 2 个上肛附器互相平行，但有的种类向后方收敛或分歧。下肛附器黑色，2 支背面中央各有 1 个甚大黄斑。下肛附器的长度约为上肛附器之半，下肛附器 2 支端缘甚斜，呈开张甚大的"V"字形，2 支之间的缺刻甚阔。前钩片小，构造简单。后钩片甚大，向后倾斜，通常亚端部缢缩，末端钩曲。阳茎囊末端突出，马蹄形。阳茎末节长，中央狭细，末端具短鞭 1 对 (图 4-24)。

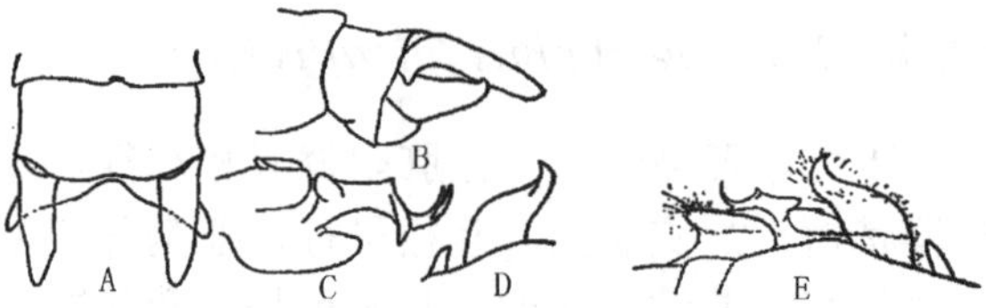

图 4-24　三尖华春蜓雄性外生殖器 (赵修复，1990)

A、B. 肛附器背、侧视；C. 阳茎侧视；D. 前、后钩片侧视；E. 交配器

4.3.17　锤角春蜓 *Stylogomphus shirozui* Asahina

雄性外生殖器：上肛附器橘黄色，基方黑褐色，上肛附器稍带螺旋状，先转向外侧，后转向内侧上方，最终其末端朝向上外侧方。下肛附器黑色，端缘中央凹陷甚浅，但甚阔。前钩片除有柄外，末端分为 2 支，前支几乎与柄等长，镰刀状，后支甚短，约为前支长度的 1/6，内方近末端处具 1 钝齿。前钩片末端分为 2 支，后钩片粗大，末端内方具多数短刺，末端外方具 1 粗大的钩状构造。阳茎的后叶甚大，末节末端圆盘状，无鞭 (图 4-25)。

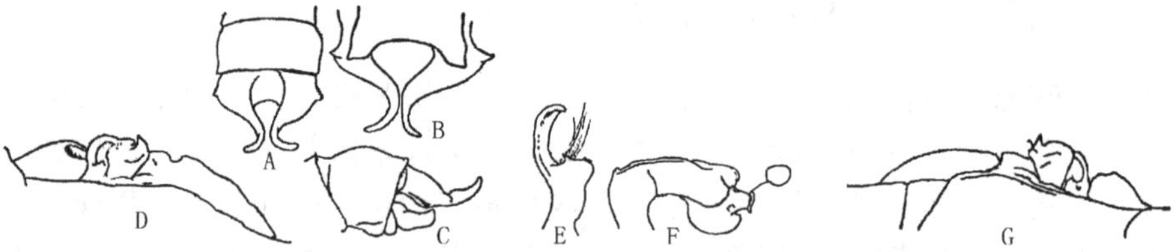

图 4-25　锤角春蜓雄性外生殖器 (赵修复，1990)

A～C. 肛附器背、腹、侧视；D. 交配器侧视；E. 前钩片侧视；F. 阳茎侧视；G. 交配器

4.3.18　黄足扩腹春蜓 *Stylurus flavipes* (Charpentier)

雄性外生殖器：上肛附器黑色，背视末端通常斜截形，端半部腹方常具几个弱齿，背侧方具微弱黄色纵纹。下肛附器黄色，仅末端黑色。下肛附器的 2 支与上肛附器近等长，分歧的角度也相近。前钩片甚小，指状，通常向后方倾斜，部分为后钩片所遮盖。后钩片黄色，末端黑色。后钩片比前钩片长 1 倍以上，通常窄长，末端向前方圆弧

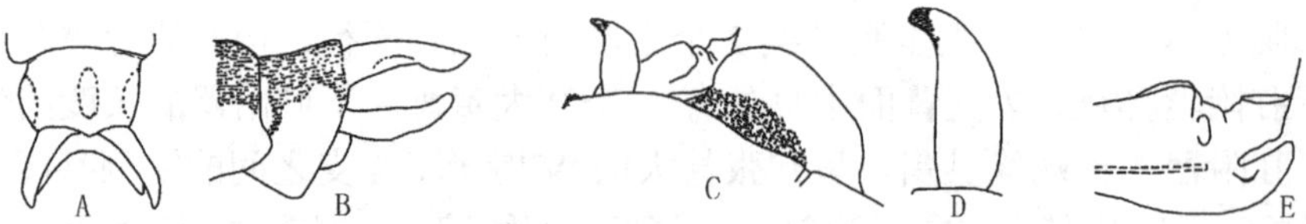

图 4-26　黄足扩腹春蜓雄性外生殖器 (赵修复，1990)

A、B. 肛附器背、侧视；C. 交配器；D. 后钩片；E. 阳茎末端

形弯曲。阳茎春蜓型，阳茎囊甚大，球状鼓胀，侧视呈圆形囊状或三角形，阳茎囊背方大部分黄色，基方黑色，中节腹面侧方及后叶末端浅褐色，末端接纳阳茎末节的凹槽甚浅，后叶与末节等长。阳茎末节通常似杯状，具 1 条短鞭 (图 4-26)。

4.4　蜻科 Libellulidae

4.4.1　粗腰蜻蜓 *Acisoma panorpoides panorpoides* Rambur

雄性外生殖器： 前片 (第 2 腹节腹板前部) 中等骨化，下缘中部深凹，背面具有短毛，后缘具有细长毛；钩片前部宽波曲，具毛；顶端尖锐具棘，与后基部之间有深裂分开；后面基部侧视渐尖，背视平截；生殖叶黑色，顶端稍平截，边缘锯齿状，有短硬棘；精囊 (阳茎囊) 黑色，骨化，散布一些细长棘，中背面骨化程度弱，有细齿；阳茎基节和中节分界明显；侧叶长，矩形，与中突沿内侧愈合，前端缘具刚毛；中突演变为 3 对叶，每叶均具有密集而尖锐的刚毛状长棘。端叶小，近方形，膨胀而多棘 (图 4-27)。

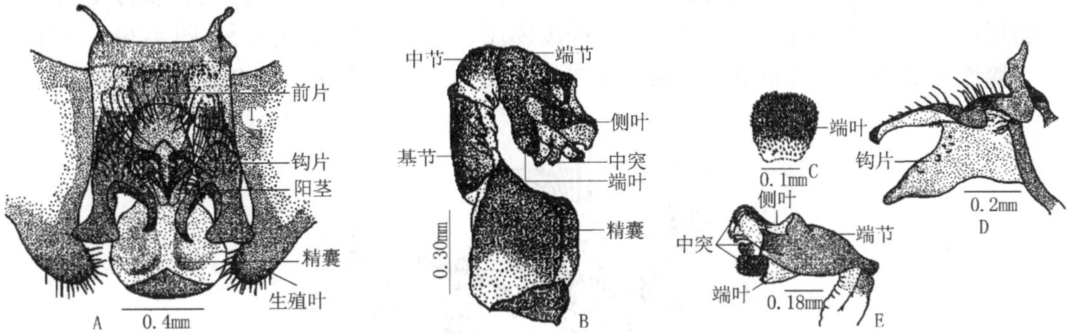

图 4-27　粗腰蜻蜓雄性外生殖器 (Kirti and Singh, 2004)

A. 整体；B. 阳茎侧视；C. 端叶背视；D. 钩片侧视；E. 阳茎末节侧视；T_2 为第 2 腹节背板

4.4.2　*Brachydiplax sobrina* (Rambur)

雄性外生殖器： 侧视大而显著，前片 (第 2 腹节腹板前部) 高度骨化，后缘深裂形

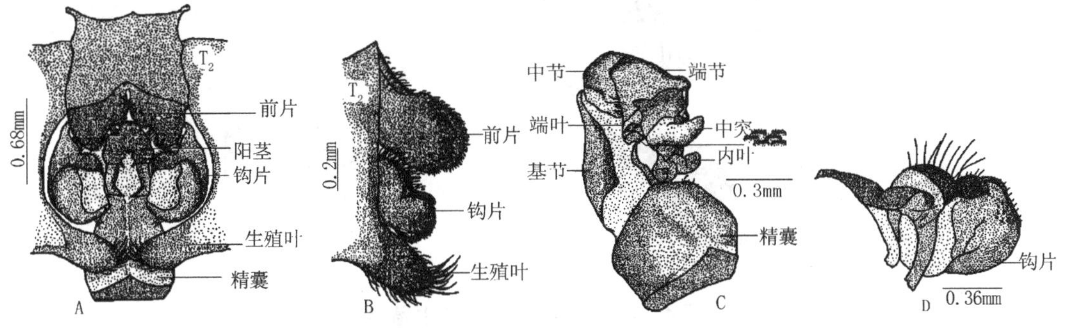

图 4-28　*Brachydiplax sobrina* 雄性外生殖器 (Kirti and Singh, 2004)

A、B. 雄性外生殖器整体、侧视；C. 阳茎侧视；D. 钩片侧视；T_2 为第 2 腹节背板

成 2 个匙状叶，边缘具有不明显的小刚毛，叶与虫体大致呈直角。钩片匙形，前钩短，向内方弯曲，后基部宽而发达；生殖叶（瓣）顶端平截，前端具有 1 丛短硬、末端上指的刚毛；精囊（阳茎囊）膨大，瓶状，前部侧面有少量刚毛；阳茎基节和中节分界明显，侧叶不明显，骨化很弱；中突角状膨大，具有 1 对内叶及与之垂直的中间角状叶，内叶顶端圆形而渐尖，指向外上方；各叶状突起的表面均有许多带倒刺的刺毛；端叶小，具有尖锐的棘（图 4-28）。

4.4.3 黄翅蜻 *Brachythemis contaminata* (Fabricius)

雄性外生殖器：前片（第 2 腹节腹板前部）小而扁平，拱形，背面和后缘分散有小刚毛，每侧近后缘有 1 丛较长刚毛。钩片很小，后基部钝圆，前钩明显蜷曲，指向背内方；具有长而硬的毛，后缘内侧表面有几排很小的棘；生殖叶（瓣）宽大，具有许多硬的棘刺；精囊（阳茎囊）膨大，烧瓶状，亚端部有细毛；阳茎中节和基节愈合，端节小，具有 1 对大而扁平骨化的球形侧叶，侧叶内表面有许多分支的刚毛；侧叶环抱着"C"形的套，套内有鞭和冠突，鞭二叉状，每分支末端有倒刺；冠突新月形，具有许多分支的毛，毛的端部指向末端；端叶顶端二叶状，高度膨胀，具有多分支的刚毛（图 4-29 A～F）。

雌性外生殖器：产卵器极度退化，成为 1 对刺突，分别位于第 9 腹节腹板两侧，第

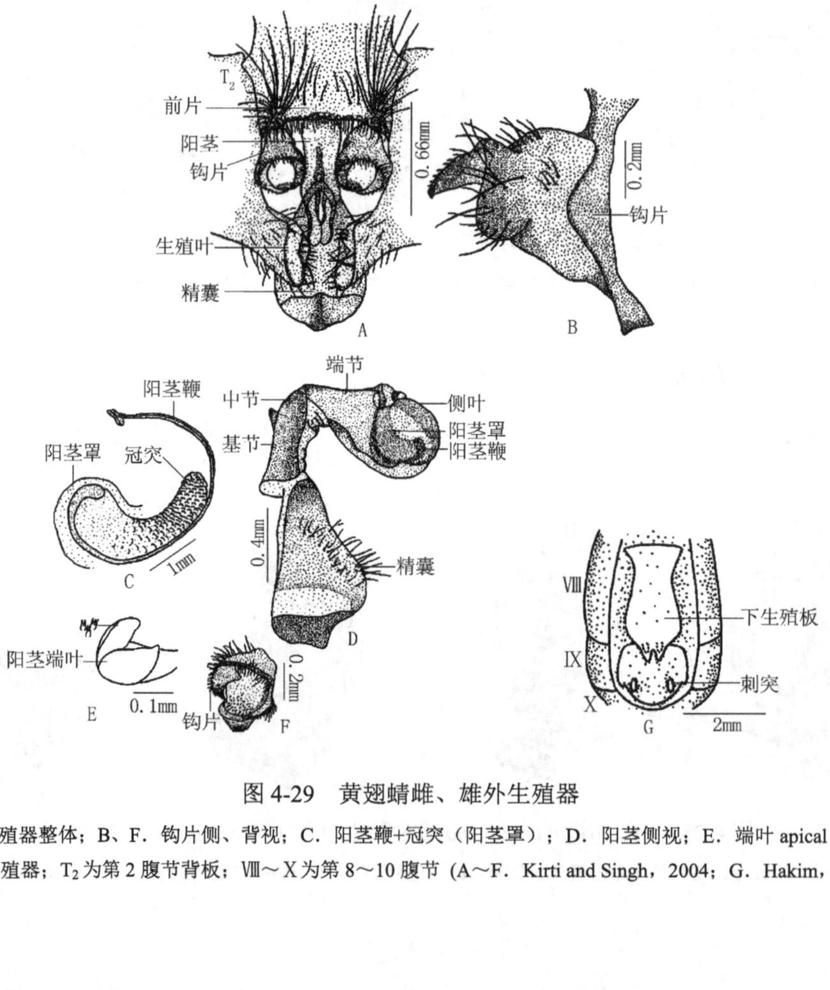

图 4-29　黄翅蜻雌、雄外生殖器

A. 雄性外生殖器整体；B、F. 钩片侧、背视；C. 阳茎鞭+冠突（阳茎罩）；D. 阳茎侧视；E. 端叶 apical lobe；G. 雌性外生殖器；T_2为第 2 腹节背板；Ⅷ～Ⅹ为第 8～10 腹节（A～F. Kirti and Singh，2004；G. Hakim，1964）

8 腹节腹板向后扩展形成下生殖板，后缘收缩形成 2 个三角形突起，突起尖端伸达第 9 腹节腹板前段 1/3 (图 4-29 G)。

4.4.4　*Bradinopyga geminata* (Rambur)

雄性外生殖器：外生殖器小而不明显，前片 (第 2 腹节腹板前部) 扁，顶端宽凹，后缘有许多小刚毛，背面也有小刚毛稀疏分布；钩片小，前钩强烈蜷曲，后面的基部稍呈三角形，后角前端具有很多小的硬刚毛，位于前钩片中部的硬刚毛中等长；生殖瓣宽，端缘微凹，与腹部平面呈直角，具有坚硬中等长度的刚毛；精囊 (阳茎囊) 烧瓶状，每侧有一些小的尖锐刚毛；阳茎中节和基节分界明显，侧叶大而扁平，顶端宽圆；中突演变为 1 个膨胀叶，顶端圆球形，具有指下下方的棘，是侧视在侧叶之外唯一可见的部分；端叶大，高度膨胀，多棘，二叶状 (图 4-30)。

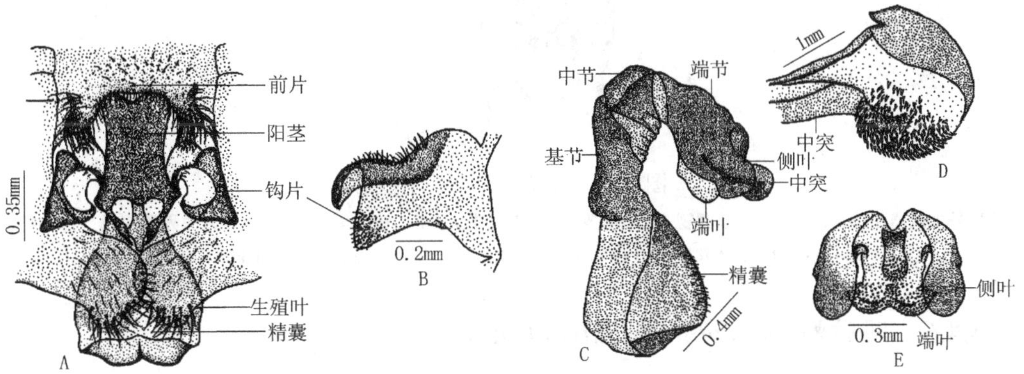

图 4-30　*Bradinopyga geminata* 雄性外生殖器 (Kirti and Singh，2004)

A．雄性外生殖器整体；B．钩片侧视；C．阳茎侧视；D．中突端部；E．侧叶和端叶；T_2 为第 2 腹节背板

4.4.5　红蜻 *Crocothemis servilia* (Drury)

雄性外生殖器：前片 (第 2 腹节腹板前部) 扁，明显拱形，刚毛整体较短小，但后缘的刚毛较长；钩片细长，前钩细长，明显弯向内后方，后基部有深的裂缝分开；后基部延长超过前钩，侧视叶状，上面观平截；钩的基半部刚毛长或细长，近端部内侧有少数很细的小刚毛；生殖叶 (瓣) 延长，顶端宽圆，有长的细毛；阳茎囊小球形，被有细长毛，背面的毛排列成“U”形；阳茎端节长度为中节与基节长度之和，中节与基节分界明显；侧叶小而扁平，中突延长形成膨胀构造，该构造在不膨胀时顶端呈三叶状，较宽，膨胀时能显著伸出小的侧叶之外；端叶高度膨胀，萎缩时顶端呈匙形；侧视多棘刺，具有尖锐的刚毛 (图 4-31 A～E)。

雌性外生殖器：产卵器极度退化，成为 1 对刺突，分别位于第 9 腹节腹板两侧，第 8 腹节腹板向后扩展，形成 1 个位于中间的舌状突起，突起末端伸达第 9 腹节腹板的 2/3，紧邻刺突。第 9 腹节腹板向后延伸覆盖第 10 腹节腹板 (图 4-31 F)。

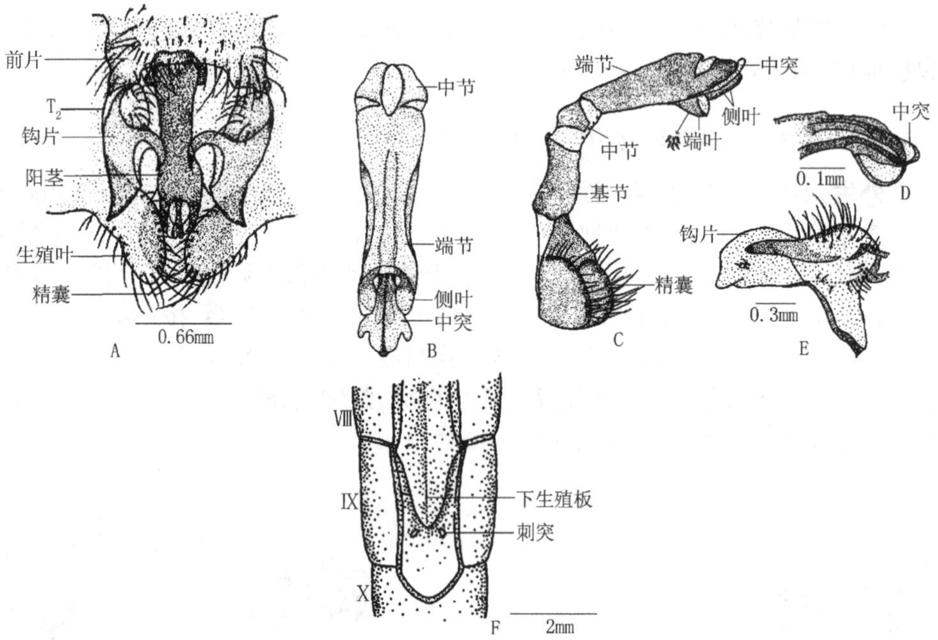

图 4-31　红蜻雌、雄外生殖器

A．雄性外生殖器整体；B．阳茎末节背视；C．阳茎侧视；D．中突；E．钩片侧视；F．雌性外生殖器腹视；T_2为第 2 腹节背板；Ⅷ～Ⅹ为第 8～10 腹节（A～E．Kirti and Singh，2004；F．Hakim，1964）

4.4.6　网脉蜻 *Neurothemis fulvia* (Drury)

雄性外生殖器：前片（第 2 腹节腹板前部）扁，有深而宽的波状边缘，边缘有长毛，

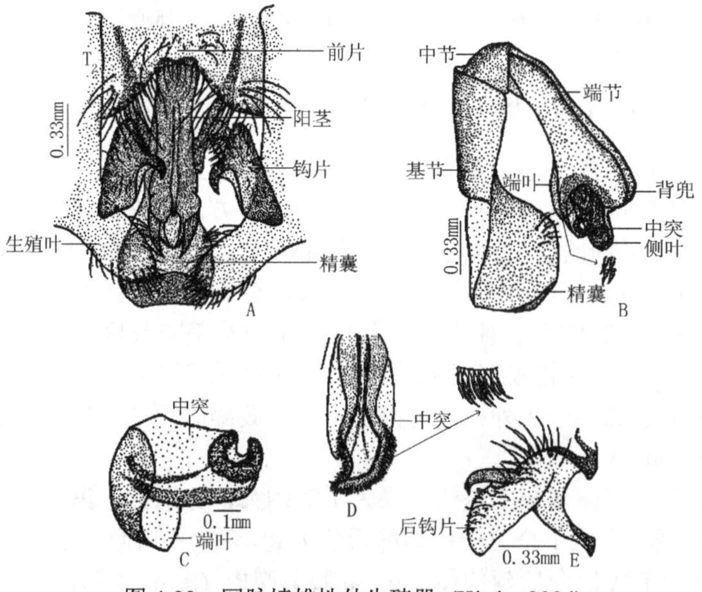

图 4-32　网脉蜻雄性外生殖器（Kirti，2004）

A．雄性外生殖器整体；B．阳茎侧视；C．中突＋端叶侧视；D．中突背视；E．钩片侧视；T_2为第 2 腹节背板

背面也有少量长毛；钩片在前钩和基部之间有深裂缝分开，有细长毛，前钩镰刀状弯曲，末端有黑色棘刺，棘刺指向内下方；基部突出于前钩后缘之外，侧视平截，上面观叶状；生殖叶 (瓣) 窄卵形，被中等长度的稀疏刚毛；精囊 (阳茎囊) 短球形，中部侧面具有短刚毛，其中有 1 丛更接近每侧的顶端；阳茎中节和基节分界明显，中节长度约为中节与基节长度之和，端节基部细，向端部逐渐增宽，端节末端达到休止时精囊的中部；背兜发达，侧叶中等长，细长而扁平，顶端圆；中突中部延伸形成膨胀叶，端缘具有许多单个长刚毛，基部有许多毛瘤；端叶膨胀多毛，毛指向端部 (图 4-32)。

4.4.7　狭腹灰蜻 *Orthetrum sabina* (Drury)

雌性外生殖器：产卵器极度退化，成为 1 对刺突，分别位于第 9 腹节腹板前部 1/3 处的两侧；第 8 腹节腹板后缘略凹，中间缺刻，不向后延伸；第 9 腹节腹板约呈半圆形，后端宽平，略内凹 (图 4-33)。

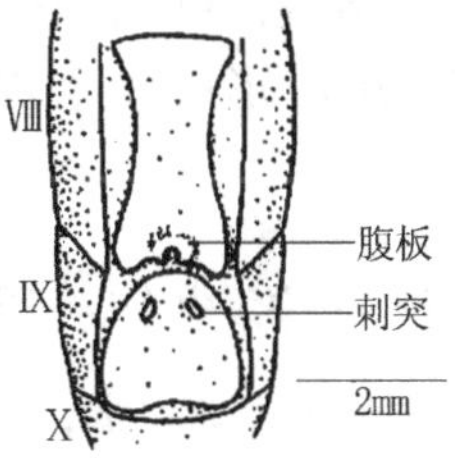

图 4-33　狭腹灰蜻雌性外生殖器 (Hakim，1964)

Ⅷ～Ⅹ为第 8～10 腹节

4.4.8　黄蜻 *Pantala flavescens* Fabricius

雄性外生殖器：前片 (第 2 腹节腹板前部) 突出，中部深裂形成 2 个舌状叶，叶上有细长刚毛；钩片基部小而不明显，前钩小而内弯，次端部外表面形成月牙形的中间突起，从上部可见；生殖叶 (瓣) 短小而圆，散布有小刚毛；精囊 (阳茎囊) 宽而膨大，背

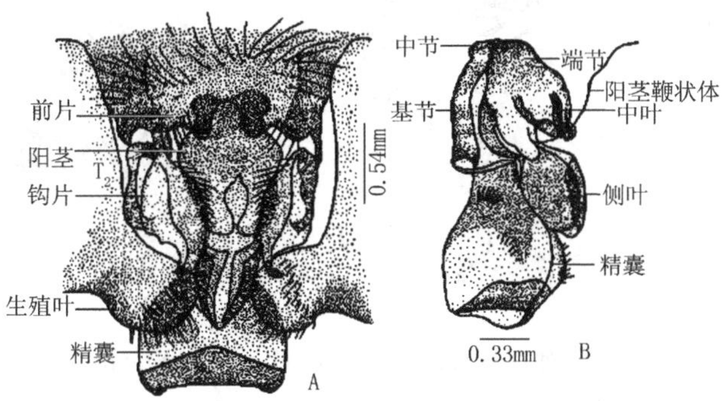

图 4-34　黄蜻雄性外生殖器 (Kirti and Singh，2004)

A. 雄性外生殖器整体；B. 阳茎侧视；C. 端叶背视；D. 阳茎鞭瓣 flagellar flap；E. 阳茎端节背视；F. 钩片侧视；G. 倒刺；T_2 为第 2 腹节背板

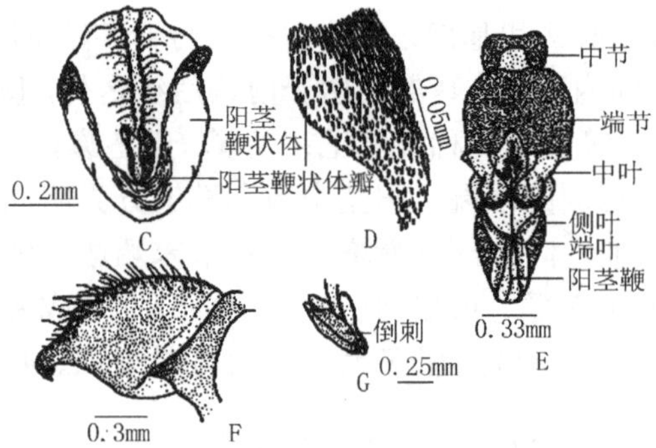

图 4-34 (续)

侧面散布有细小刚毛，在前侧面月牙形的脊上有少量尖锐硬刚毛；阳茎端节很宽，近方形，与中节愈合，与基节紧密并列；侧叶大而扁平，叶状，明显骨化，呈镶边状隐藏在端叶内，通过窄长的茎部与阳茎端节结合，叶的顶端达休止状精囊的中部；鞭很长，末端有倒刺，休止时位于阳茎瓣之间；端叶形成 1 个背面外翻构造，具有 1 对骨化多刺的鞭状瓣 (图 4-34)。

4.4.9　溪神蜻蜓 *Potamarcha congener* (Rambur)

雄性外生殖器：前片 (第 2 腹节腹板前部) 宽，后缘细齿状，背面散布有黑色小齿，边缘有中等长度的刚毛；钩片具有向后扩展的后基部，前钩小，强烈弯曲，有小刚毛；生殖叶 (瓣) 小，圆形，有几排紧密排列的小棘状刚毛；精囊 (阳茎囊) 大而细长，烧瓶状，每侧近前端具有 1 丛刚毛；阳茎中节和基节不愈合，侧叶不明显，与端叶愈合，端叶二叶状，多棘刺；中突高度膨胀，具有 1 对弱而不骨化的鞭状冠突，冠突形状多变，无棘刺，形成带状构造蜷曲成管状，留下纵向裂缝如开口 (图 4-35)。

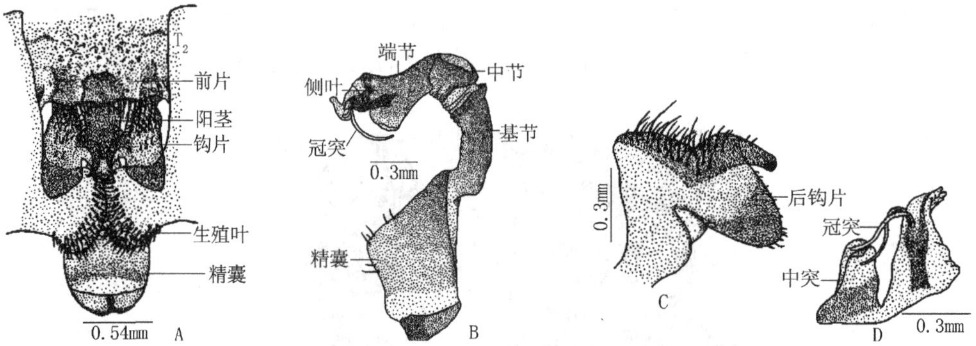

图 4-35　溪神蜻蜓雄性外生殖器 (Kirti and Singh，2004)

A. 雄性外生殖器整体；B. 阳茎侧视；C. 钩片侧视；D. 中突；T_2为第 2 腹节背板

4.4.10　*Selysiothemis nigra* (Van der Linden)

雄性外生殖器： 前片 (第 2 腹节腹板前部) 扁，侧视勉强可见，宽而浅凹，表面散布有许多中等长度的毛，后缘毛更密。钩片缺乏明显的基部，顶端形成内卷的黑色钩。生殖叶 (瓣) 小，后缘直，具有细柔刚毛。精囊 (阳茎囊) 小球形，中背面具有细小分散的刚毛。阳茎端节与中节分界明显，侧叶宽扁，掩盖中突。中突具有高度骨化的中间骨片和 1 对分开的球状内叶，内叶上具有分支刚毛。端叶不太膨胀，中等骨化。侧叶和中叶内表面也有许多分叉的刚毛 (图 4-36)。

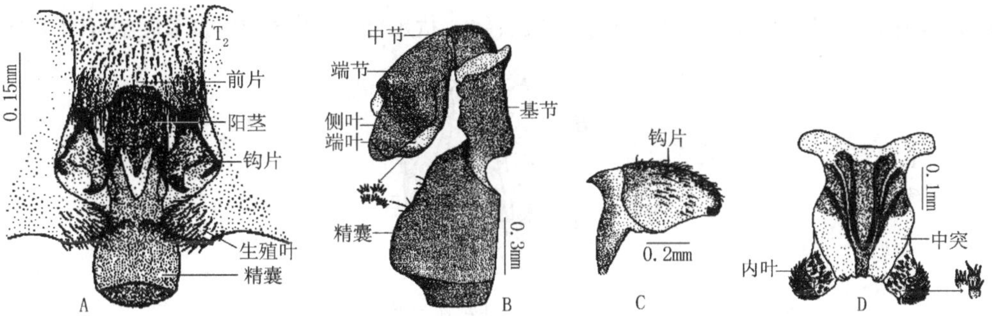

图 4-36　*Selysiothemis nigra* 雄性外生殖器 (Kirti and Singh，2004)

A．雄性外生殖器整体；B．阳茎侧视；C．钩片侧视；D．中突背视；T_2 为第 2 腹节背板

4.4.11　云斑蜻 *Tholymis tillarga* (Fabricius)

雄性外生殖器： 前片 (第 2 腹节腹板前部) 兜状突出，下缘浅凹，被多数细长毛。钩片基部界限不清晰，前钩长而发达，密生长毛。生殖叶 (瓣) 宽，顶部稍收窄呈矩形，

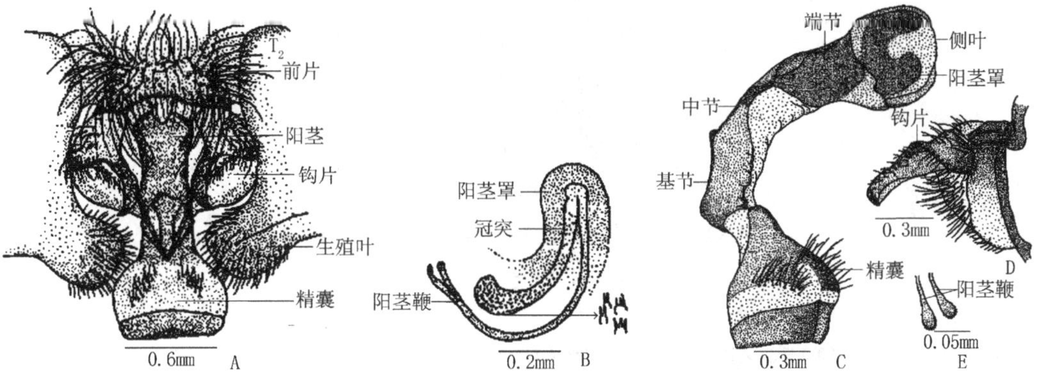

图 4-37　云斑蜻雄性外生殖器 (Kirti and Singh，2004)

A．雄性外生殖器整体；B．阳茎罩（阳茎鞭+冠突）；C．阳茎侧视；D．钩片侧视；E．阳茎鞭端部形态；T_2 为第 2 腹节背板

被中等长度的毛。精囊（阳茎囊）小，烧瓶状，中背面两侧有刚毛。阳茎中等长，端节楔形，愈合。侧叶大，扁平，末端愈合形成"C"形的阳茎末端部分，其中隐藏 1 支长的鞭和 1 对多刺的冠突 bristled cornua；鞭末端二叉状，分叉长度占 1/4；每叉的末端宽扁匙形，端缘有锯齿。冠突全长具分支的棘，顶端部位的棘指向基部（倒刺状），端叶膨胀多棘，具有重叠的锯齿状边缘的鳞片（图 4-37）。

4.4.12 *Tramea basilaris* (Palisot de Beauvois)

雌性外生殖器： 产卵器极退化，成为 1 对隐约可见的刺突，位于下生殖板后端两侧。下生殖板由第 8 腹节腹板向后扩展形成，前部较窄，向后渐扩展，后端二叶状，伸达第 9 腹节腹板后缘，中间倒"V"形缺刻。第 9 腹节腹板后部舌状延伸，超出第 10 腹节腹板（图 4-38）。

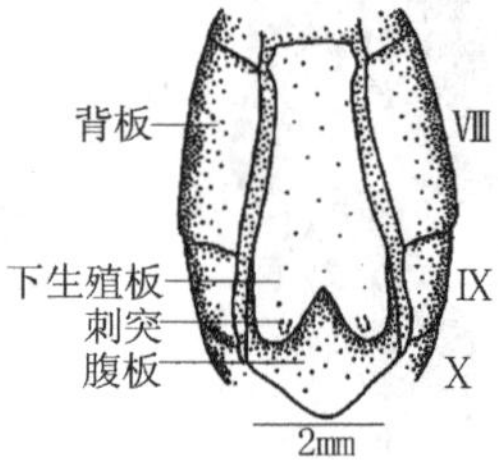

图 4-38　*Tramea basilaris* 雌性外生殖器（Hakim，1964）

VIII～X 为第 8～10 腹节

4.4.13 灰脉蜻蜓 *Trithemis pallidinervis* (Kirby)

雌性外生殖器： 产卵器极退化，成为 1 对刺突，分别位于第 9 腹节腹板近中部的两侧。第 8 腹节腹板中间收窄，后部扩宽呈坛状，两下角凹入形成尖角形缺刻，后缘平，略内凹，不向第 9 腹节腹板延伸。第 9 腹节腹板后端钝圆，向后延伸覆盖第 10 腹节腹板（图 4-39）。

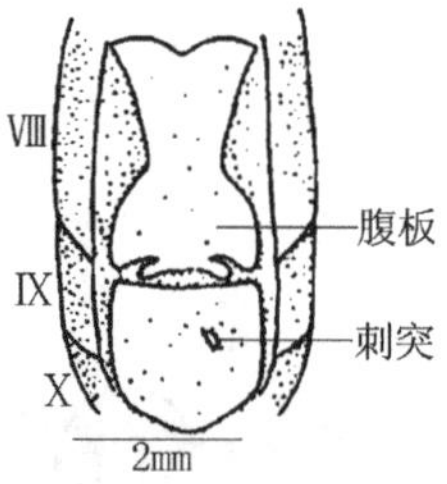

图 4-39　灰脉蜻蜓雌性外生殖器（Hakim，1964）

VIII～X 为第 8～10 腹节

4.4.14 纤腰蜻蜓 *Zyxomma petiolatum* Rambur

雄性外生殖器： 前片（第 2 腹节腹板前部）扁，边缘稍凹，背面具有细长毛；钩片基部小，前钩发达，前钩上有小到中等长度棘；生殖瓣小而阔，端缘稍呈波形，具有小而密的棘刺；精囊（阳茎囊）烧瓶状，宽而中度骨化，中部背面两侧具有细长毛。阳茎中等，端节愈合，侧叶大而扁平，阳茎休止时 2 侧叶在阳茎顶端汇合，长的鞭状体和 1

对冠突隐藏在“C”形套内。鞭状体整体 2 分支，每分支末端有 1 个大的倒钩，每分支外表有螺旋扭曲的膜。冠突顶部稍加宽且多棘，棘尖锐，指向端部，但在顶端部位，棘呈倒刺状指向基部。端叶不显著而多棘 (图 4-40)。

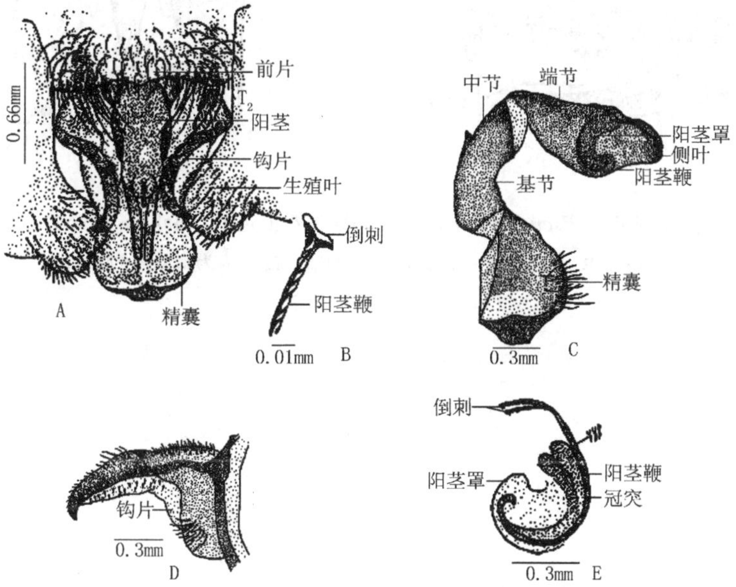

图 4-40 纤腰蜻蜓雄性外生殖器 (Kirti and Singh，2004)

A. 雄性外生殖器整体；B. 阳茎鞭端部；C. 阳茎侧视；D. 钩片侧视；E. 阳茎罩 housing（阳茎鞭+冠突 cornua）；T_2为第 2 腹节背板

4.5 蟌科 Coenagrionidae

4.5.1 *Pseudagrion decorum* (Rambur)

雌性外生殖器：第 1 载瓣片位于第 8 腹节腹面后缘中部，两前侧角鸟喙状突出，前缘中部缺刻；第 1 载瓣片基部与同侧的腹瓣接合，腹瓣侧视尖角形，稍呈弧形上弯，近末端有锯齿状刻痕，末端尖锐。第 2 载瓣片位于第 9 腹节腹面中部，发达，侧视长三角形，后端中部凹陷，基部与内瓣接合；内瓣侧视尖角形，略呈弧形上弯，末端尖锐。第 9 腹节前背片发达，两端向侧方延伸，形成横条状产卵器基片，基片与前背片之间有膜质连接。前背片向侧下方发出侧背片 1 支，侧背片后端与第 2 载瓣片连接。第 9 腹节后缘侧下方、第 2 载瓣片后视中部附近有生殖刺突 gonostylus 1 枚；第 9 腹节腹板大部膜质，仅内瓣基部下方有 1 三角形小骨片，第 2 载瓣片后端下方有 1 弧形横骨片 (图 4-41)。

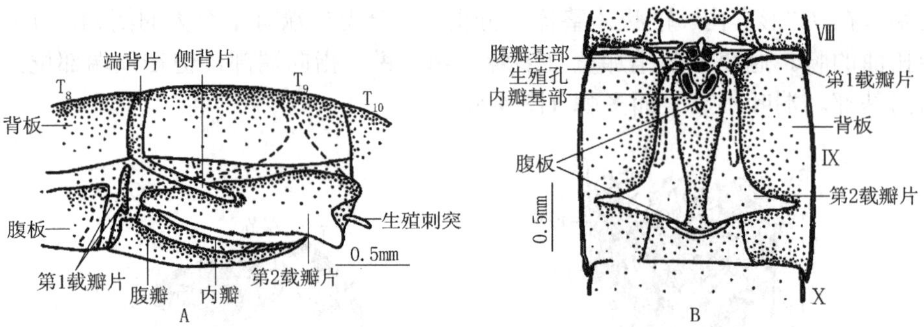

图 4-41　*Pseudagrion decorum* 雌性外生殖器 (Hakim，1964)

A. 侧视；B. 内视；Ⅷ～Ⅹ为第 8～10 腹节；T_8～T_{10} 为第 8～10 腹节背板

第 5 章 襀翅目 Plecoptera

5.1 概 论

5.1.1 雄性内生殖器

两侧精巢分开或前部相连，精巢管相互分开或紧密相连，但无公共被膜。两侧精巢相连的，其输精管前端接合成环，许多精巢管排列在环上，精巢管基部彼此分开。输精管前段着生精巢管，后段裸露，前段和后段均可在不同部位发生联系。原襀科、澳襀科和大襀科，至少有 6 个联系区域。卷襀属两侧输精管分开，精巢管集生于输精管前端。*Arcynopterx*、*Chloroperla* 两侧输精管分开，但精巢管沿输精管排列。*Capnia* 等的精巢管着生在输精管前部，输精管合并，但不成环。*Perla marginata* 高龄稚虫期出现雌雄同体，但精巢比卵巢更明显，生殖管前端具有小型卵巢管，卵巢管含有发育的卵。侧面的生殖管部分着生大的卵圆形精巢管。雄性器官发达的个体体内含有无滋式卵巢管，卵巢管内有 1 列 12～18 个卵母细胞。在羽化蜕皮形成成虫时，卵巢管退化。输精管后端常向头部弯曲形成贮精囊，贮精囊有分隔 (如 *Chloroperla*) 或整体愈合，贮精囊向后延伸与成对或不成对的射精管接合。叉襀属成虫不成对的射精管原基显著地前伸进入后胸，因此输精管移动空间很大。射精管开口于生殖腔或直接开口于阳茎。有些种类有附腺，成对的附腺位于内阳茎基部，但它们与那些由输精管末端壶腹部外长形成的附腺不同源 (图 5-1)。

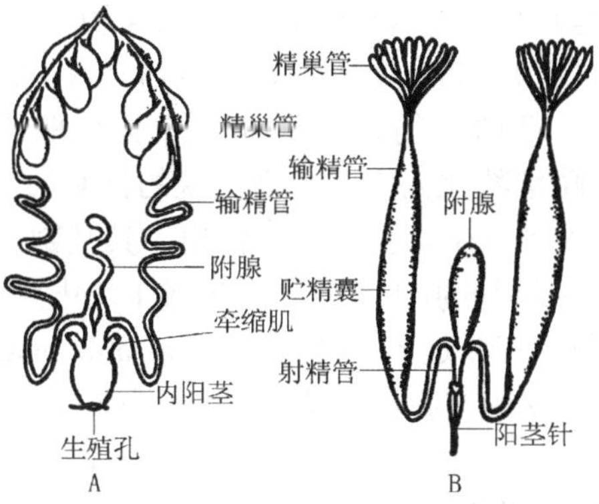

图 5-1 襀翅目雄性内生殖器

A. *Isoperla difformis*；B. *Leuctra hippopus*；C. *Diura bicaudata* 伸出的内阳茎；D. *Diura bicaudata* 内阳茎尾面观（A～C. Matsuda, 1976；D. 参考 Matsuda，1976 图重绘）

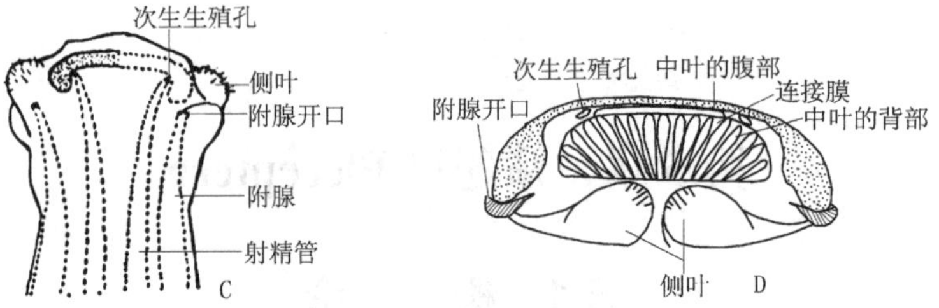

图 5-1 (续)

5.1.2 雄性内生殖器胚后发育

稚虫期，输精管在第 9 腹节后端汇合，然后进入膨大的壶腹部，与体壁内陷形成的射精管在第 9 腹节腹板后汇合。随着射精管的生长，尤其是叉䗛科，输精管与射精管的汇合点大幅前移，以致在末龄稚虫和成虫期，输精管在第 9 腹节急弯，沿中间射精管两侧伸向前部。绿石蝇 *Chloroperla* 的输精管末端合并，形成 1 短的中胚层管道，管道向后与射精管连接。附腺缺。

5.1.3 雄性外生殖器

腹部 10 节，除第 1 腹节背板较小外，其他各节通常形成完整的环。雄虫第 10 腹节变化较大，分裂或完整。䗛亚科第 10 腹节背板分裂形成的半背片特化形成 1 对弯曲、前伸的骨化突起，称为尾突 caudal process 或半背片突 hemitergite process。第 11 腹节分为 3 块骨片，背面中部的肛上板、1 对腹面的肛侧板 (肛下板)，大多数雄虫的这 3 块骨片特化为外生殖器构造，但一些类群的肛上叶退化。肛下叶基部一般着生 1 对多节的尾须，有的在尾须内侧有 1 对残余气管鳃。雄性外生殖器包括体外与交尾有关的外部构造和体内的阳茎，外部构造包括肛上突 supra-anal process 和肛下突 subanal process，前者由肛上板 (肛上叶) 特化而成，后者由肛侧板 (肛下叶) 特化形成。䗛亚科的肛下板为对称而扁宽的近三角形突起。钮䗛科的为 1 对向后前方弯曲的骨化突起，也称为生殖钩 genital hook。卷䗛科的侧端部特化为 1 对长而尖锐的针刺，基部愈合为 1 块，基部下方连接 1 对内刺 specillum，内刺从生殖孔向背后伸出，其基部与包括生殖管端部的 1 块骨质结构愈合，端部上弯。黑䗛科的肛下板复合体形成 1 块中融合板 fusion plate，同近三角形的肛下板相关节，板的前面有膜连接于牵缩板 retractable plate。背䗛科有单一或成对的阳茎端突 titillator，它们从第 9 腹节腹板近端部发生，小钩状、大而不分叉或二叉状 (下面 1 对细刺状，上面 1 对粗鞘状)。有时肛下板退化，不超过附着在须底节上的瓣状片。带䗛科肛下板不对称，分成几瓣或弯曲的叶状突起，左肛下板通常较小。叉䗛科肛下板形状多样，弯刀形或三角形分割成各种具齿、刺、鬃毛的骨片，端部有时扭曲。当肛下板分成两部分时，其上面的部分称为中间附器 intermediate appendage，下面 1 个称肛下板。

肛上板变化大，一般呈发达的突起，挂在从第 10 腹节背板延伸的顶端，有些科属肛上板缺或退化。许多叉䗛科种类，肛上板呈延长、强骨化的构造，也可能变成 1 个复杂的精子输送管，其上有齿、刺、骨棒等。大䗛科的肛上板位于第 10 腹节背板上，其基部可形成内杆，内杆前伸超过第 10 腹节背板基部边缘。肛侧板特化为交配钩，呈锋利的剑形。有些属第 10 腹节背板特化也很明显，包括形成缺刻和后缘。另一些种类，肛上板有膜质沟或腔囊与第10腹节背板分开（分为2个半背片），着生有2个生殖侧板 paragenital plate (大襀科) 和 2 个侧刺 stylet (Isogeninae)，针刺有时发育为复杂的附器着生在第 9 或第 10 腹节上 (*Arcynopteryx*)。一些种类无肛上板，或有一类似肛上板功能的生殖钩，用于交配时抓牢雌虫，阳茎能伸出且在尾须间向上弯曲，并插入雌性生殖导管中。有些类群具有阳茎，阳茎属于第 9 腹节腹板后的节间膜外长物，生殖孔开口于其末端。发生阳茎的节间膜则向体内陷入而形成生殖腔。大多数襀翅虫的阳茎为膜质，无骨化部分。一些类群，如襀科和绿襀科的阳茎特化较为明显，常有骨化的构造，或在阳茎的膜质部分具有刺区或鳞区 (同襀科)，或者具钩 (纽襀科)，或膜上有棒或板构成的骨架 (绿襀科)，或具非常骨化的管 (某些新襀属)。当肛上板作为 1 种精子输送器使用时，精子通常被转送到具有突起或变化的生殖腔中，生殖腔由肛侧板演变的盖板和附器合并而成。

阳茎包括阳茎封套 penis envelope、阳茎管 penis tube 和阳茎囊 penis sac，其中阳茎管及阳茎囊又合称为阳茎。阳茎封套是包被在阳茎外围的 1 层膜质套，有些种类的阳茎套上有刺，有的无阳茎套。大多数襀翅虫的阳茎管为膜质囊管，但新襀族的阳茎管骨化或弱骨化。阳茎管上常有骨化斑、骨片、刺及突起等构造。阳茎囊是收缩在阳茎管内的 1 个膜质管或囊。有些类群，阳茎囊从阳茎管内翻出后与阳茎管无明显的界限。在阳茎囊上常有各种形状的刺或骨片。许多襀翅目昆虫，阳茎以内阳茎形式存在，*Diura* 的内阳茎由端部骨化的中叶和侧叶组成。成对输精管通过内阳茎各自开口。在侧叶之后另有 1 对附加叶与附腺管相连，附腺位于内阳茎的基部。*Perlodes* 的内阳茎与 *Diura* 的类似。有些襀翅目昆虫内阳茎没有成对的生殖孔，如 *Arcynopterx* 的输精管端部合并，形成 1 个生殖孔。卷襀属合并的输精管通过骨化瓣向外开口，称为内刺 (阳茎针)。内阳茎发达程度差别甚大，不同类群 (次生) 生殖孔的位置也有变化。有些类群内阳茎发达，(次生) 生殖孔开口于第 7、8 腹节之间。有些种类内阳茎小，(次生) 生殖孔开口于第 8 腹节腹板后缘，通常有 1 下生殖板覆盖生殖孔。随着阳茎外部构造的退化而由内阳茎行使功能，通常的阳茎附属构造，如阳基侧突和其他构造消失。而第 10 腹节背板、尾须、肛上板、肛侧板等作为副交配器官，形态上发生许多变化。钮襀科、网襀科、带襀科等的雄性第 9 腹节腹板扩大或向后延形成下生殖板，有的类群则不明显。

尾须 1 至多节，基部偶有膨大和弯曲。叉襀科、卷襀科、背襀科的尾须 1 节，端部常有退化的第 2 节痕迹，某些叉襀属雄虫该节基部膨大，端部多少明显骨化，尖锐或具钩。叉襀科和卷襀科的一些种类，尾须特化为各种形状的外生殖器构造。刺襀科和扁襀科，尾须第 1 节长而特化，或着生有其他构造以辅助交尾。带襀科和刺襀属的尾须基部生有 1 突起，这个尾基肢片常和肛侧板紧密连接。*Malenka* 的尾须完全膜质，背面有 1 大而向内的突起，称为中基突 mesobasal lobe，该突起明显骨化并与第 10 腹节背板相连。

雄虫的腹部，特别是第 10 腹节，常形成一些与交尾有关的特殊构造，这些构造也是外生殖器的组成部分，如叉襀科、卷襀科等在第 10 腹节上形成各种各样的骨化突起。有的类群第 5~8 腹节背板上形成瘤突、叶突、隆突等特殊骨化构造，这些构造均与交配有关，如襟襀属的第 5 腹节背板发达，向后形成叶突，交配时第 6~9 腹节背板中部的膜区套叠，半背片突前伸在第 5 腹节背板形成的叶突下，将雌虫的下生殖板牢牢夹住。大多数种类在交尾前，雄虫先用腹部末端敲击基质产生鸣声，以此为信号向雌虫求偶，这种鸣声通信具有种的特异性 (图 5-2)。

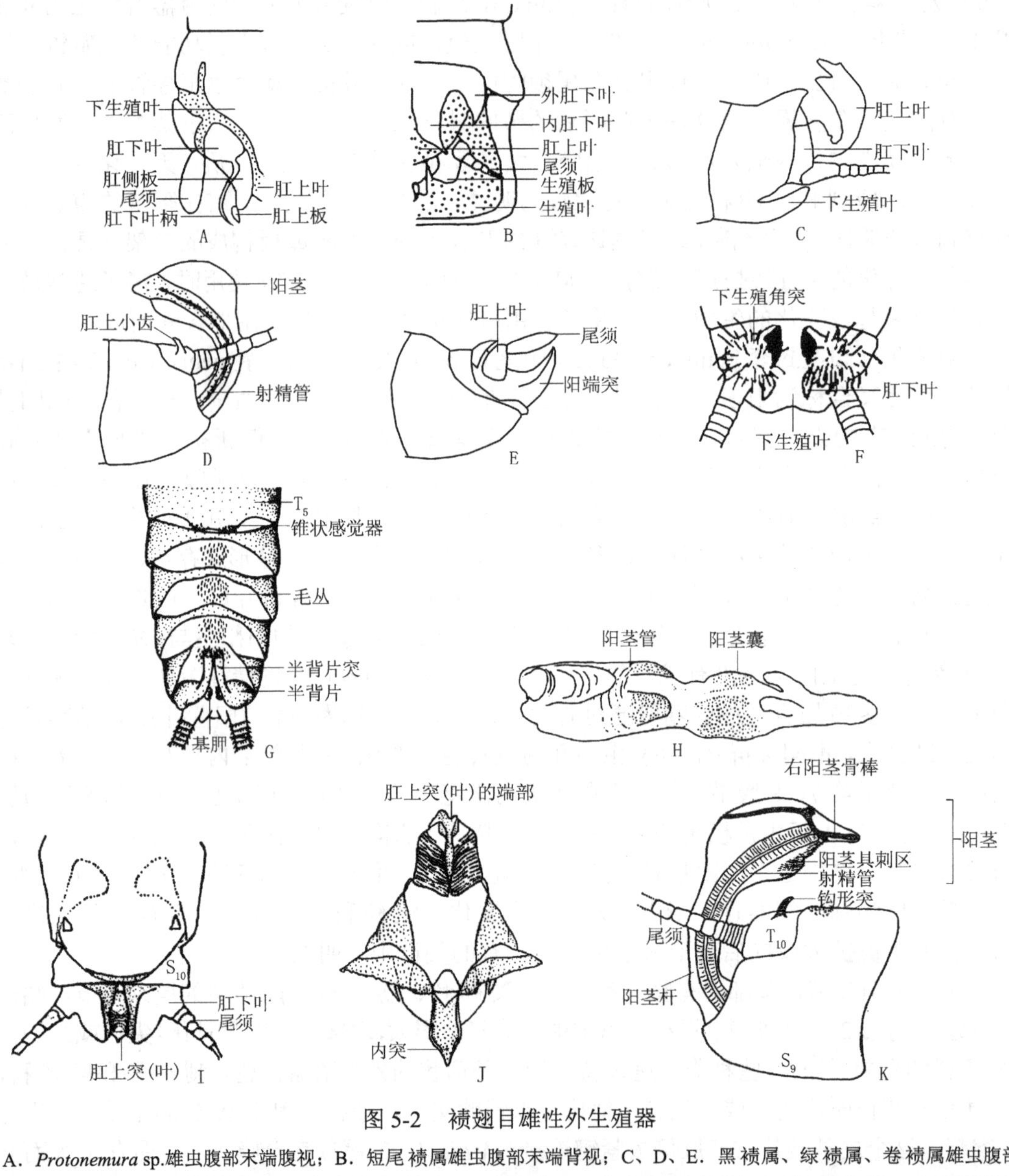

图 5-2　襀翅目雄性外生殖器

A. *Protonemura* sp.雄虫腹部末端腹视；B. 短尾襀属雄虫腹部末端背视；C、D、E. 黑襀属、绿襀属、卷襀属雄虫腹部末端侧视；F. *Dictogenis* sp.雄虫腹部末端背视；G. *Togoperla perpicta* 雄虫腹部末端背视；H. *Togoperla perpicta* 阳茎；I. *Pteronarcella badia* 雄虫腹部末端腹视；J. *Pteronarcella badia* 雄虫的肛上突；K. *Chloroperla* sp.雄虫腹部末端侧视；L. *Nemoura* sp.雄虫腹部末端侧视；M. *Rhabdiopteryx* sp.雄虫腹部末端背视；N. *Capnia* sp.雄虫腹部末端腹视；T_9、T_{10}为第 9、10 腹节背板；S_9、S_{10}为第 9、10 腹节腹板 (A、B. 参考 Steinmann and Zombori，1981 图重绘；C～E. 参考 Steinmann and Zombori，1981 图重绘；F. Steinmann and Zombori，1981；G～H. 郑乐怡和归鸿，1999；I～J. Matsuda，1976；K～N. Tuxen，1969)

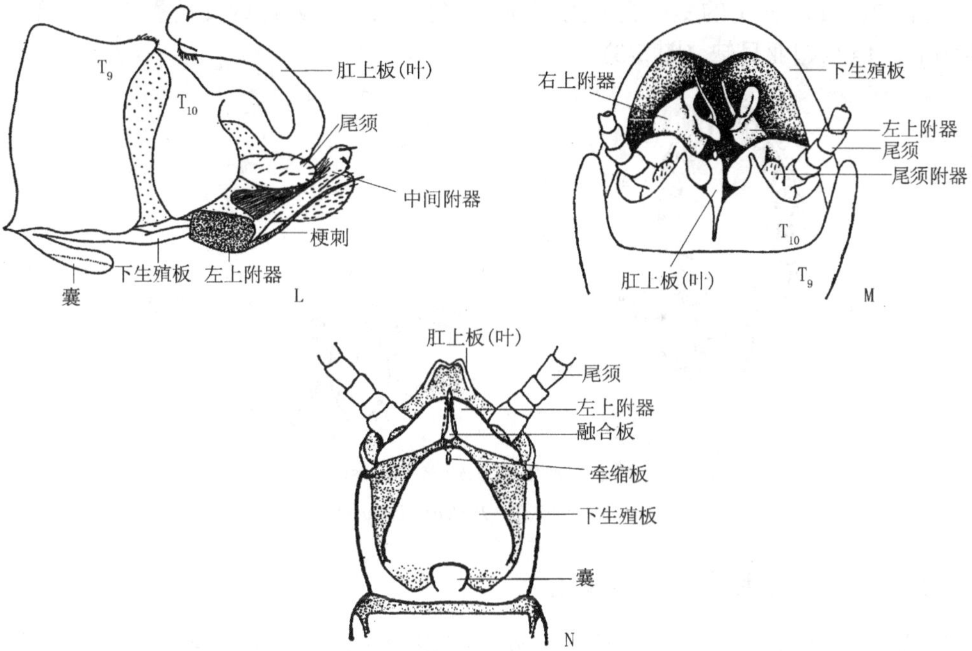

图 5-2 (续)

5.1.4 雄性外生殖器胚后发育

第 9 腹节向后延伸形成下生殖板。襀属和 *Amphinemoura* 胚后发育期间外部没有发现阳茎原基。低龄稚虫期，第 9 腹节腹板后部中间内陷向前延伸形成射精管。高龄稚虫肛上板 epiproct、supra-anal lobe 和肛侧板 paraproct、subanal lobe 出现。绿石蝇 *Chloroperla* 在第 9、10 腹节腹板之间形成生殖腔，生殖腔是 1 个头向延伸的细长管状构造，生殖腔前端有 1 对阳茎瓣原基 (原始的阳茎叶)，高龄稚虫的每 1 阳茎瓣被水平缝隙分成背瓣和腹瓣，中间射精管的开口位于这些瓣的基部。

5.1.5 雌性内生殖器

两侧卵巢分开或端部相连，分开被认为属于次生状态。每卵巢有数支无滋式卵巢管，卵巢管与输卵管相连。有的种类无中输卵管，侧输卵管直接开口于生殖腔。受精囊变化大，有的种类无受精囊。有的种类有附腺。两侧的侧输卵管常前端接合，使左右侧输卵管形成圈环。许多无滋式卵巢管沿侧输卵管排列，卵巢管基部分开。黑襀科和卷襀科两侧的侧输卵管次生地保持分开，没有联合成环。侧输卵管后端联合形成中输卵管，中输卵管与生殖腔连接。次生生殖孔或生殖瓣可能位于第 8 腹节腹板后延物或下生殖板的后缘 (同襀属等其他许多襀翅目昆虫)、第 8 腹节中部 (带襀科)、第 7 腹节腹板后延物的后缘 (叉襀科)。除黑襀科、澳襀科、纬襀科外，其他襀翅目昆虫均有受精囊。大多数襀翅目昆虫只有 1 个受精囊，通过受精囊管与生殖腔的前端相连。Brinck (1956) 认为叉襀属中，早期研究认为属于交配囊的构造属于受精囊的前部，只是已经与受精囊其他部分分开。*Taeniopteryx* 的受精囊分为两部分。附腺与受精囊体或受精囊导管结合，大襀科有附腺，但丝翅亚目缺 (图 5-3)。

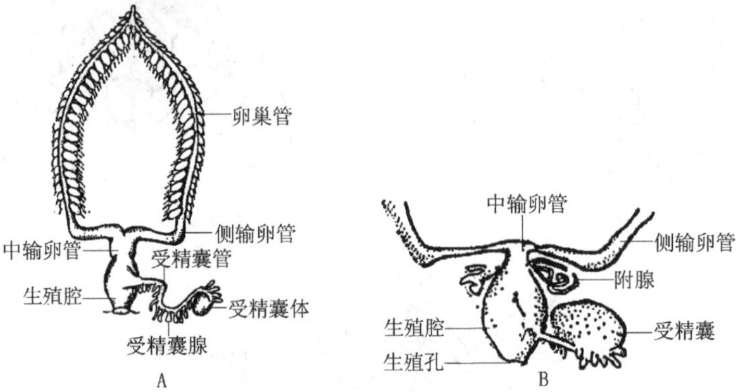

图 5-3　襀翅目雌性内生殖器 (Matsuda，1976)

A. *Arcynopteryx compacta*；B. *Perlodes dispar* 雌性内生殖器后段

5.1.6　雌性内生殖器胚后发育

叉襀属、*Amphinemoura*、*Chloroperla* 的低龄稚虫，成对的侧输卵管终止于第 7 腹节后缘。第 7 腹节腹板以后，在成对输卵管的壶腹部之间内陷形成中输卵管。第 8 腹节腹板中间内陷形成受精囊。在叉襀属 *Nemoura* 和 *Amphinemoura* 中，第 8 腹节腹板呈膜质套筒状，隐藏在第 7 腹节腹板形成的下生殖板内，生殖腔在第 7、8 腹节腹板之间形成。受精囊开口于生殖腔的背壁，位于初生生殖孔之后。叉襀属的交配囊也由生殖腔背壁发育而成。*Chloroperla* 通过第 8 腹节腹板中间体壁内陷形成中沟，随着中沟的逐步形成和缝合，形成伸展到第 8 腹节腹板后缘的中输卵管，生殖孔开口于第 8 腹节之后。*Chloroperla* 的下生殖板由第 8 腹节腹板伸展形成，与叉襀属、*Amphinemoura* 的第 7 腹节腹板形成的下生殖板不同源。

5.1.7　雌性外生殖器

腹部 10 节，除第 1 腹节背板较小外，其他各节通常形成完整的环。第 10 腹节背板略向后延伸形成 1 小叶突。肛上叶退化，肛下叶呈 1 对三角形叶突，大多数襀翅虫雌虫的第 8 腹节腹板后缘向后延伸形成各种形状的下生殖板，但有的种类下生殖板不明显。雌虫无外露的产卵器，其生殖孔位于第 8 腹节腹板近后缘中部，有时生殖孔边缘有一些骨化突起。当开口在第 7 腹节腹板后缘附近时，则第 7 腹节腹板后缘常生有向后的下生殖板 (叉襀科)，第 8 腹节腹板则多少变成膜质套入下生殖板内。当生殖孔在第 8 腹节腹板近后缘处时，下生殖板由第 8 腹节腹板形成。有时 (如卷襀属) 第 8 腹节腹板形成的下生殖板可能有侧裂的副瓣 accessory lobe。*Leuctra schmidi* 还有从第 7 腹节腹板后缘生出的 2 个指状突起。这些瓣被视为次生性变异。*Spaniocercoides* 的下生殖板是第 8 腹节腹板边缘发生的 1 对三角形板。生殖孔可能具有 1 中骨片 (带襀属) 或 2 块侧骨片 (阴道瓣 vaginal valves)。生殖腔外部可形成部分骨化的交配囊，其上有密的鬃毛斑 (襀科、网襀科、同襀科、绿襀科)。第 9 腹节腹板通常不特化，也可向后伸出至后生殖板 (上生殖板 supra-genital plate)，后生殖板可能相当大 (带襀科)，少数种类的后生殖板呈游离的刀状骨片 (*Udanocercia*)，它可能同真正的第 9 腹节腹板部分合并形成产卵器状的结构 (*Notonemoura*)。当第 8 腹节腹板退化时，第 9 腹节腹板会向前延伸 (同下生殖板一起)，以至于盖在生殖区膜质的部分 (叉襀属)。一些原始的属，第 10 腹节形成 1 个完整的环，环狭窄或腹面退化。在第 10 腹节腹板的后面有 1 对大的肛侧板，称为肛下瓣 sub-anal lobe 或肛下板 sub-anal plate。这些瓣多半简单，顶端圆形；有时可能端部伸长而略有变异。雌性尾须 1 至多节，尾基肢片常与肛侧板紧密合并。雌性的背板无变化，其上可能有 1 中背膜质条纹横在第 8、9 腹节背板上 (黑襀科)。第 10 腹节背板常稍后延，极少 (Leptoperlinae) 其顶端下弯成末端细刺。肛孔上方有 1 肛上板，通常同第 10 腹节背板向下褶转的边缘结合，有时构成 1 游离的薄骨片 (黑襀科) (图 5-4)。

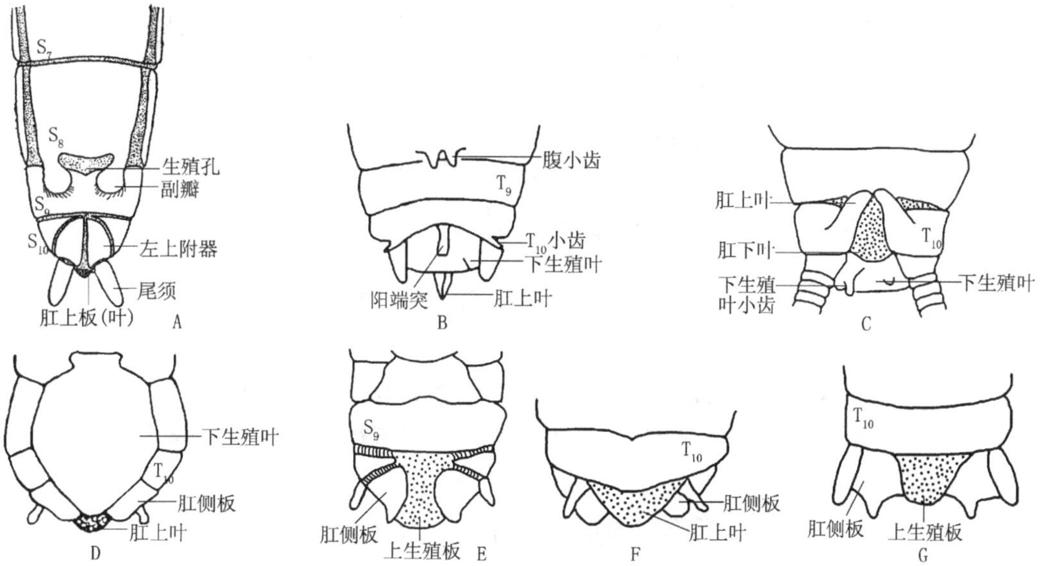

图 5-4　襀翅目雌性外生殖器

A. *Leuctra* sp.雌虫腹部末端腹视；B、C. 卷襀属、襀属雌虫腹部末端背视；D、E. *Taeniopteryx* sp.雌虫腹部末端腹、背视；F、G. *Protonemura* sp. 雌虫腹部末端腹、背视；T_9、T_{10} 为第 9、10 腹节背板；S_7～S_{10} 为第 7～10 腹节腹板 (A. Tuxen，1969；B～G. 参考 Steinmann and Zombori，1981 图重绘)

5.2　黑襀科 Capniidae

5.2.1　*Capnia vernalis* (Newport)

雄性外生殖器：第 8 腹节背板略向后延伸并突起，第 9、10 腹节背板中部凹陷成槽。第 9 腹板舌状后延。肛上片延长的 1 对骨片形成管状，上弯而前伸，盖于第 9、10 腹节背板之上。这个管状构造突起具有矛状末端，藏于第 9、10 腹节背板中部凹陷形成的扁平槽内，凹槽位于稍上举前伸的第 8 腹节背板之下。该管状构造为精液输送器 sperm conveyor，其基部有 1 横缝与肛上板其余部分分开，在边缘之下，有 1 个基部开口进入精子输送器的腔。从射精管开口起有 1 条沟，沟的侧面加厚，通过扁平的肛侧板之间，沿肛上片腹面到达精子输送器开口，精液沿精子沟从射精管进入精子输送器，通过输送器基部的开口。没有真正的阳茎，精子输送器行使阳茎的功能。肛侧板发达，位于尾须基部 (图 5-5)。

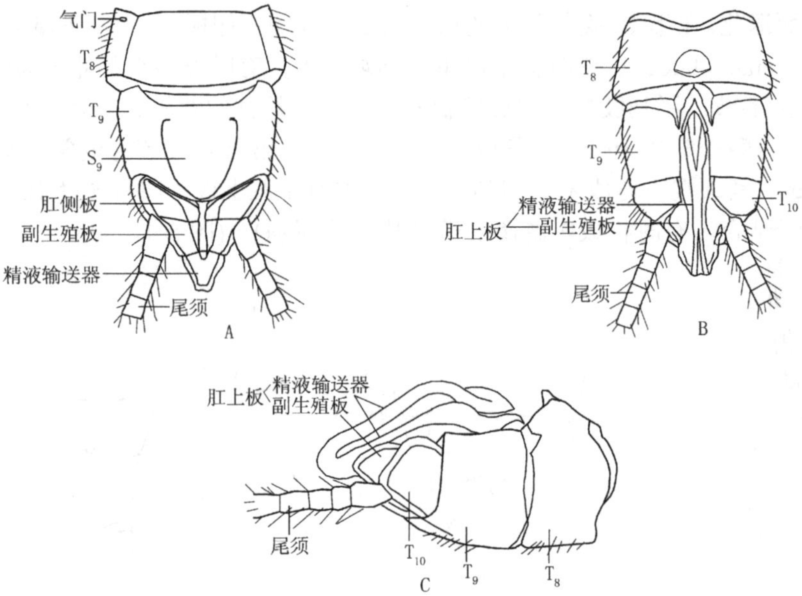

图 5-5　*Capnia vernalis* 腹部末节 (参考 Walker，1922 图重绘)

A. 背视；B. 腹视；C. 侧视；T_8～T_{10} 为第 8～10 腹节背板；S_9 为第 9 腹节腹板

5.3　卷襀科 Leuctridae

5.3.1　*Leuctra prima* Kempny

雄性内生殖器：每精巢有 9～10 支精巢管，精巢管集生在输精管顶端。输精管粗长管状，中后部略增粗形成贮精囊。附腺 1 支，棒状，顶端头状膨大，末端与两侧的贮精囊一起汇入射精管。射精管粗短，下端接入外生殖器 (图 5-6 B)。

雌性内生殖器：每卵巢有多支卵巢管，卵巢管着生在输卵管前段，输卵管后段裸露，粗短管状。受精囊球形，受精囊管不明显，基部与两侧的输卵管一起汇入生殖腔 (图 5-6 A)。

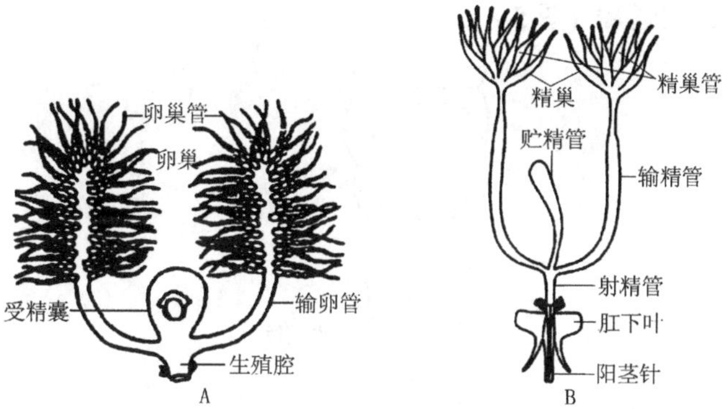

图 5-6　*Leuctra prima* 内生殖器（郑乐怡和归鸿，1999）

A. 雌性内生殖器；B. 雄性内生殖器

5.4　叉襀科 Nemouridae

5.4.1　双突倍叉襀 *Amphinemura didyma* Zhu *et* Yang

雄性外生殖器：肛下突长为宽的 2 倍，基半部宽大，顶端变窄，伸至肛上突基部，明显向背面弯曲。囊状突短于肛下突的一半，基部细，顶端粗圆。肛侧突 3 叶：内叶细长，大部分膜质，内侧缘有 1 细骨化条；中叶基部膨大，从近中部开始变细，骨化较强，顶端着生数支刚毛；外叶基部附着于中叶，形状与中叶类似，但较中叶短，外侧缘有 1 骨化条，顶端骨化强并有 1 列刚毛。肛上突背骨片基部窄，向顶端渐宽，顶端向两侧延伸，形成 2 个尖锐突起，突起的边缘着生短刺，侧臂在中部两侧各形成 1 个伸向腹面的突起。肛上突腹骨片高度骨化，龙骨上着生短刺（图 5-7）。

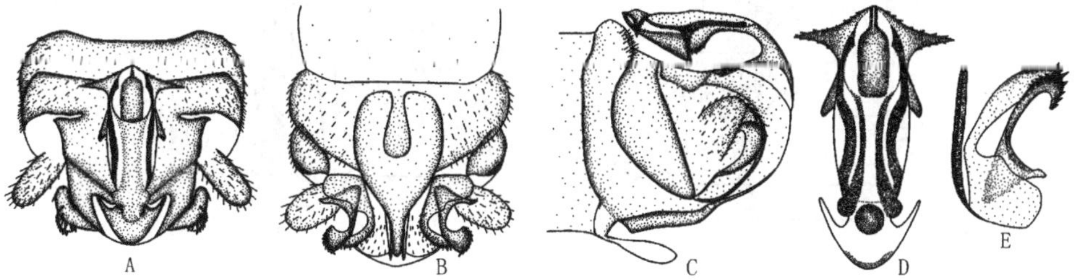

图 5-7　双突倍叉襀雄性外生殖器（祝芳和杨定，2002）

A~C. 雄性外生殖器背、腹、侧视；D. 肛上板；E. 肛侧板

5.4.2　*Amphinemoura* sp.

雌性外生殖器：第 7 腹节腹板向后延伸形成下生殖板，下生殖板覆盖第 8 腹节腹板基部约 1/3。雌性生殖孔位于第 7 腹节腹板后方，被下生殖板掩盖。第 8 腹节腹板成为膜质折叠，构成生殖腔的背壁。这种类型的雌性外生殖器称为叉襀 Nemouridae 型。下生殖板后缘有 1 对指状的阴道瓣（图 5-8）。

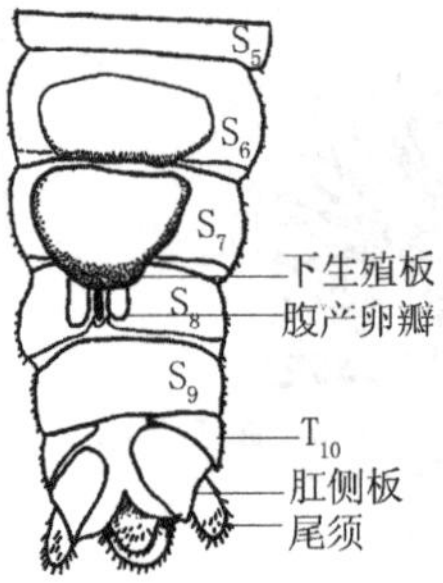

图 5-8 *Amphinemoura* sp.腹部腹视（Qadri，1940）

T_{10}为第 10 腹节背板；S_5～S_9为第 5～9 腹节腹板

5.4.3 *Nemoura cinerea* (Retzius)

雄性内生殖器：每精巢有 7 支精巢管，精巢管梭形，集生于输精管顶端。输精管长，精巢管近基部膨大形成前端的贮精囊，其后部发出的输精管细长弯曲，在第 9 腹节前段开始向前方伸展达后胸，该段输精管膨大形成后端的贮精囊。两侧输精管的末端在后胸

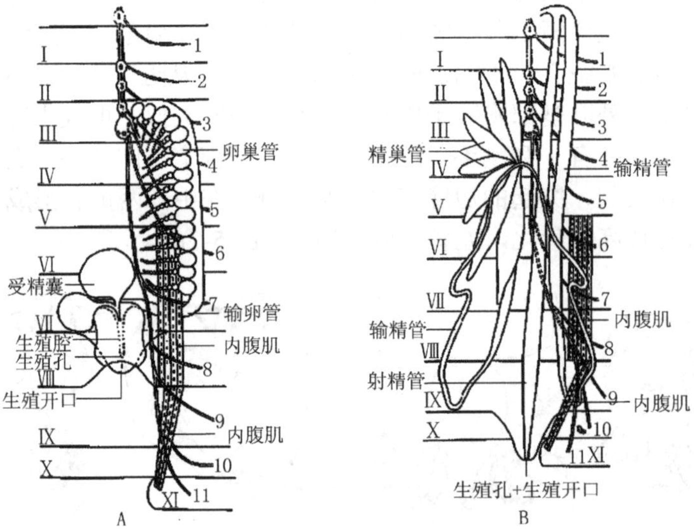

图 5-9 *Nemoura cinerea* 内生殖器（Brinck，1956）

A. 雌性内生殖器；B. 雄性内生殖器；Ⅰ～Ⅺ为第 1～11 腹节；1～10 为相应体节的神经节和侧神经

汇入射精管，射精管自后胸延伸至腹部末端，后段位于第 9 腹节腹板后延形成的下生殖板上，没有明显的生殖腔，生殖孔（初生和次生合并）开口于下生殖板后缘（图 5-9B）。

雌性内生殖器：卵巢位于第 3~7 腹节，每卵巢有卵巢管 16 支，卵巢管并列于侧输卵管上，约占侧输卵管纵向管道的全长。侧输卵管后段裸露部分从第 7 腹节前部开始，向内弯至第 7 腹节中部，两侧的侧输卵管汇入很短的中输卵管，中输卵管后行至第 8 腹

节中部接入生殖腔，即初生生殖孔位于第 8 腹节中部的生殖腔前端凹陷内壁。生殖腔约呈椭球形，位于第 7 腹节腹板后延形成的下生殖板上，前端与中输卵管接合处深凹，末端开口 (次生生殖孔) 于第 8 腹节腹板后缘的下生殖板上。受精囊管细短，着生于生殖腔前段，受精囊管上部二分叉，每分叉顶端分别着生 1 球形的受精囊体 (图 5-9A)。

5.4.4 *Protonemura trifurcata* Wu

雄性外生殖器：第 9 腹节腹板后延形成下生殖板，下生殖板后端弧形收窄，顶端尖锐；前缘正中处有 1 腹叶。尾须 1 对，指状不分节。肛上突发达而背弯，末端平截，亚端部背面有 1 刺突。肛下叶发达，基部宽阔，向端部弧曲，端部略平截，具毛 (图 5-10)。

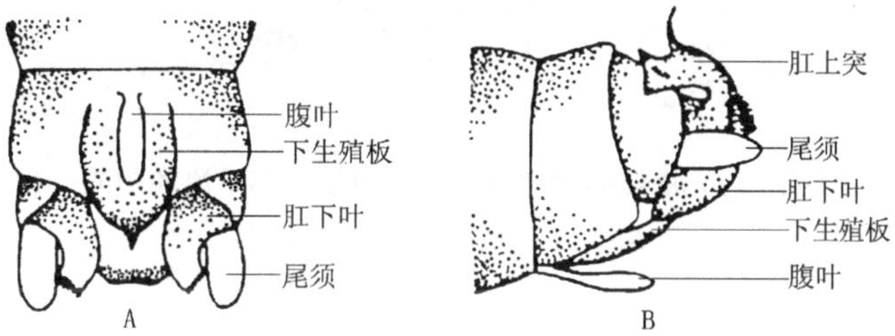

图 5-10　*Protonemura trifurcata* 雄虫腹部末端 (郑乐怡和归鸿，1999)

A. 腹视；B.侧视

5.5 大襀科 Pteronarcidae

5.5.1 *Pteronarcys proteus* Newman

雌性外生殖器：第 8、9 腹节环状，背、腹板在侧面结合。第 8 腹节腹板具 1 对细长突起，位于近后缘，可能为产卵瓣的痕迹。第 10 腹节背板发达，向后延伸覆盖肛上板基部，肛上板舌状。肛侧板大型，与尾须基部紧密愈合，外观上两者分界不清晰。尾须多节，底肢节 basipodite 发达，位于第 10 腹节背板后缘两侧 (图 5-11)。

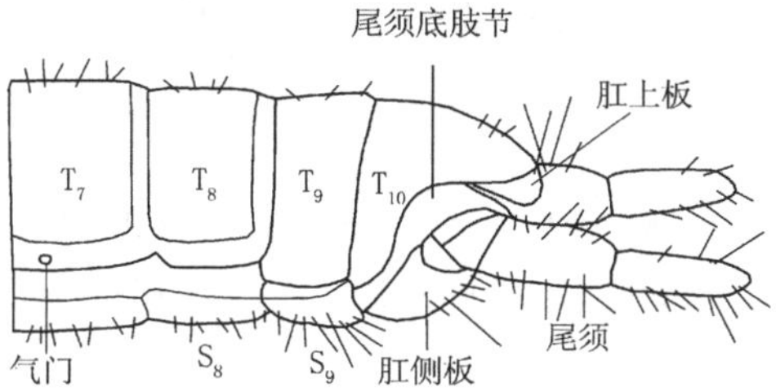

图 5-11　*Pteronarcys proteus* 腹部末节腹视 (参考 Walker，1919 图重绘)

T_7～T_{10}为第 7～10 腹节背板；S_8、S_9为第 8、9 腹节腹板

5.6　扁蜻科 Peltoperlidae

5.6.1　*Cryptoperla formosana* (Okamoto)

雄性外生殖器：肛上突退化，肛下叶三角形。第 9 腹节腹板后延形成下生殖板，下生殖板前缘正中处有 1 舌状突，后缘弧形宽阔。第 10 腹节腹板窄条状，被下生殖板覆盖。尾须第 1 节发达，前段内侧有长鬃毛，顶端内侧有端刺。阳茎粗短，末端四叶状 (图 5-12)。

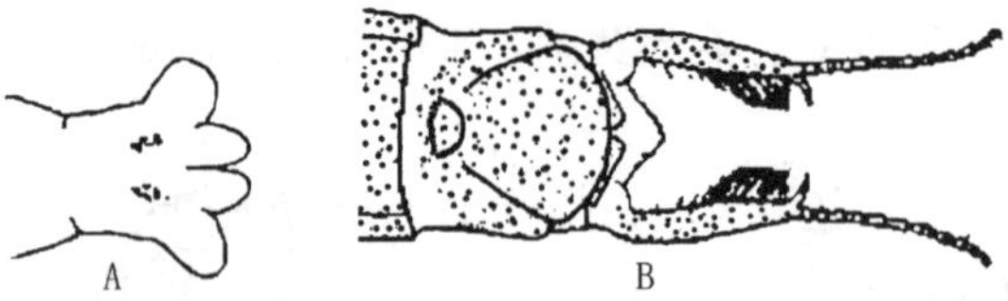

图 5-12　*Cryptoperla formosana* 雄性外生殖器 (参考郑乐怡和归鸿，1999 图重绘)

A. 阳茎；B. 雄虫腹部末端腹视

5.7　刺蜻科 Styloperlidae

5.7.1　胡氏刺蜻 *Styloperla wui* Chao

雄性外生殖器：第 9 腹节腹板后延形成下生殖板，前部中央有棕褐色刷毛丛。第 10 腹节腹板中部有"X"形骨片。肛上突退化为弱的扁平骨片。尾须第 1 节特化为长的基柄，顶端内侧有细长外弯的刺突，刺突末端尖锐，亚端部有小刺。阳茎管状，顶部稍收窄，末端弯曲，1 对射精管分别穿越阳茎管，开口于其端部 (图 5-13)。

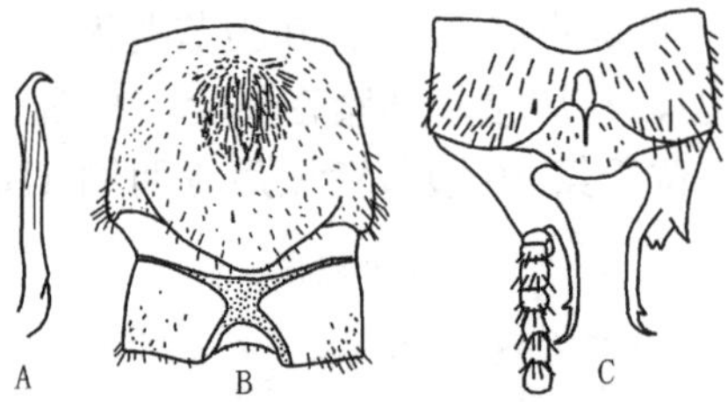

图 5-13　胡氏刺蜻雄性外生殖器 (参考郑乐怡和归鸿，1999 图重绘)

A. 阳茎；B. 雄性第 9、10 腹板；C. 雄虫腹部末端背视

5.8　蜻科 Perlidae

5.8.1　*Isogenus frontalis* Newman

雄性外生殖器：第 9 腹节腹板扩大形成下生殖板，下生殖板未分开，无刺突。在第

10 腹节背板区域，有 1 个深而狭窄的中间凹陷和肛上板。第 10 腹节背板因此被分成 2 个半背片，每 1 个半背片中尾角稍增厚，此处有小齿。第 10 腹节背板的内陷部分形成 1 个大型的伸向虫体前部的中突。肛上板分化形成腔囊 pocket，囊壁部分膜质，部分分化为分离的骨片，这些骨片可在自身肌肉的作用下活动。囊开口的每侧有 1 略呈三角形的骨片，Smith 称其为侧生殖片 para-genital plate。囊的口部，可见中间的几丁质钩 (交配钩) 和 1 对侧杆或刺突 stylus，Smith 称这些构造为中间和侧面刺突，它们都与 1 根强大的杆的基部联系。强大的杆形成囊的前界，与第 10 腹节背板中间突起的基部结合。交配钩或称中间针突，相当于其他种类的阳茎端突，形成细长的棘。肛侧板发达、几丁质化、与尾须的基部愈合 (图 5-14)。

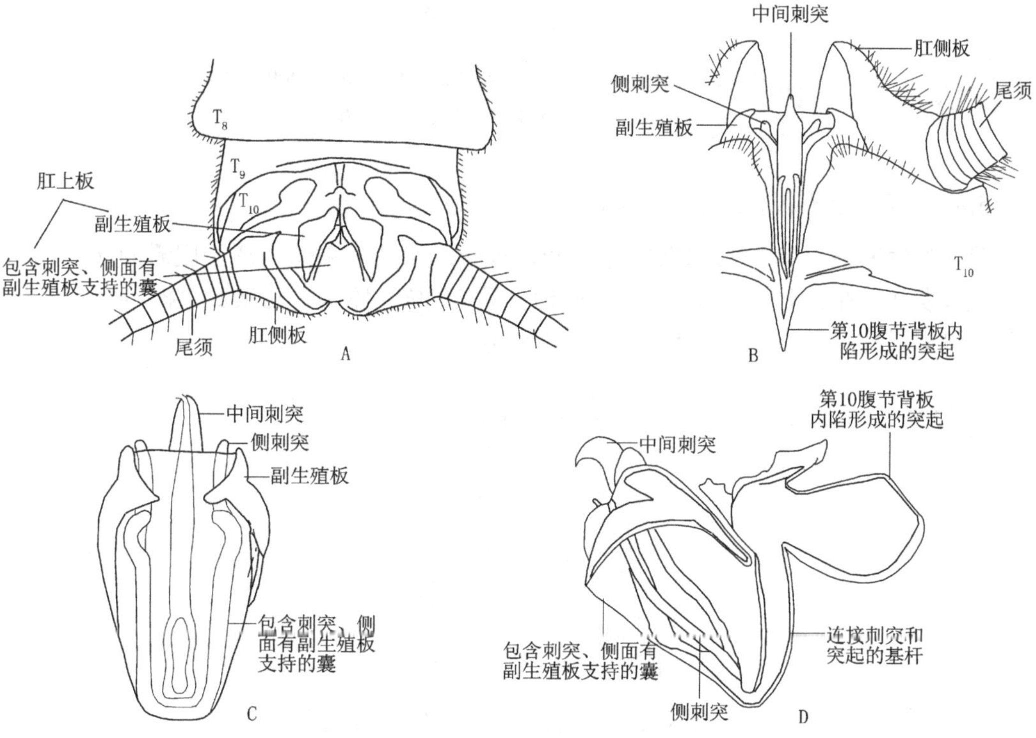

图 5-14 *Isogenus frontalis* 雄性外生殖器（参考 Walker，1992 图重绘）

A. 雄性腹部末端背尾视；B. 第 10 腹节和臀节背视；C. 肛上板腹视；D. 肛上板和腹突侧视；T_8～T_{10} 为第 8～10 腹节背板

5.8.2 双瘤新襀 *Neoperla bituberculata* Du

雄性外生殖器：第 7 腹节背板前缘正中处内凹，骨化的内凹两边与前伸的骨片形成“丫”形，背板中后部有隆起区，隆起区 2 后角形成 2 个向上的瘤突，隆起区后缘有锥状感器。第 8 腹节背板中部有 1 向上弯曲的骨化扁突，其末端钝圆、有小刺。第 9 腹节背板长条形。第 10 腹节背板分裂，半背片内端钝尖，半背片突的基部有 1 瘤突，端部尖锐。第 9 腹节腹板后延，末端尖。尾须黄褐色。阳茎套膜质，阳茎管骨化，向腹面微弯，在管的腹面近基部有 1 椭圆形膜区，膜区内有 1 条极小的骨片；管的中部有环纹，在背面近末端有小刺。阳茎囊管状，向腹面弯曲，基部略膨大，端部呈极细的骨化小管，囊上密生细长金黄褐色刺毛 (图 5-15)。

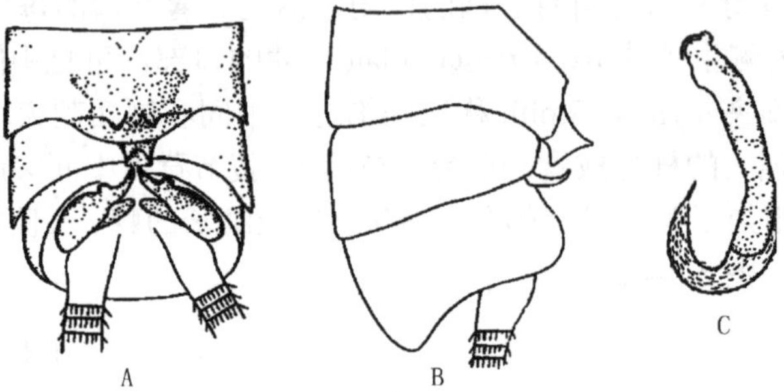

图 5-15　双瘤新襀雄性外生殖器 (杜予州，2000)

A、B. 雄性腹部末端背、侧视；C. 阳茎

5.8.3　*Perla lycorias* Newman

雌性外生殖器：第 8 腹节腹板略后延，顶端二叉状，被认为属于腹瓣的遗迹。第 9 腹节腹板发达，略后延覆盖第 10 腹节腹板。第 10 腹节环状，包裹肛上板、肛侧板和尾须。肛侧板发达，后端呈三角形突起 (图 5-16)。

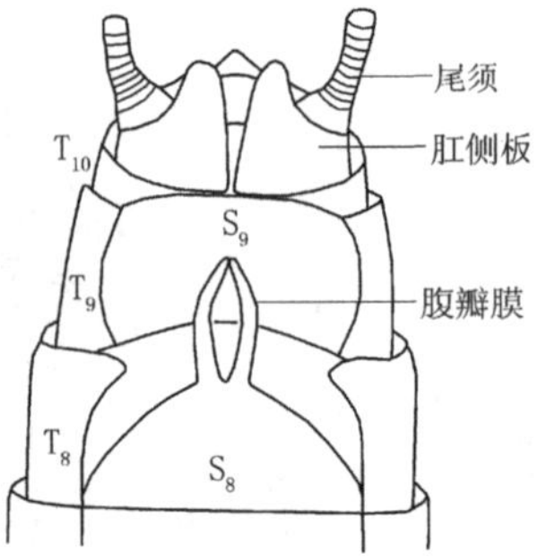

图 5-16　*Perla lycorias* 雌性外生殖器

T_8～T_{10} 为第 8～10 腹节背板；S_8、S_9 为第 8、9 腹节腹板 (参考 Walker，1919 图重绘)

5.8.4　*Perla marginata* (Panzer)

雌雄内生殖器 (同体现象)：两侧内生殖器前端结合成“U”形，卵巢位于第 2～3 腹节，处于“U”形环的结合部位。卵巢管数目 35～58 支。卵巢管由非细胞性、多折叠的固有膜 (基膜 basal lamina) 包被，分为 2 个区，即端部的生殖区和基部的卵黄发生区。说明至少有部分卵巢管是可育的。环形内生殖器的侧臂着生有许多球形的精巢管，侧臂后段裸露部分后延汇入公共的输出管 (图 5-17)。

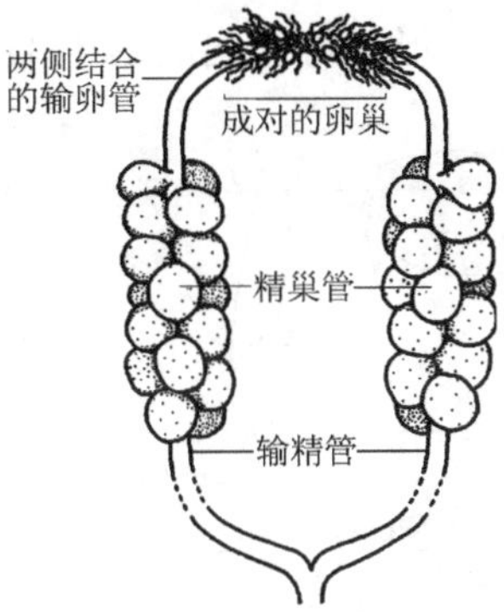

图 5-17　*Perla marginata* 雌、雄嵌体内生殖器 (Rościszewska 等，1999)

5.8.5　*Perla* sp.

雌性内生殖器：两侧卵巢管前端接合成"U"形，卵巢管多支，着生在"U"部位及两侧。两侧卵巢管裸露部分前段纺锤形膨大，后段细缩呈管状。受精囊体椭球形，着生在细短的受精囊管顶端，整体呈倒置的瓶状。受精囊管基部与两侧的输卵管一起汇入生殖腔顶端 (图 5-18)。

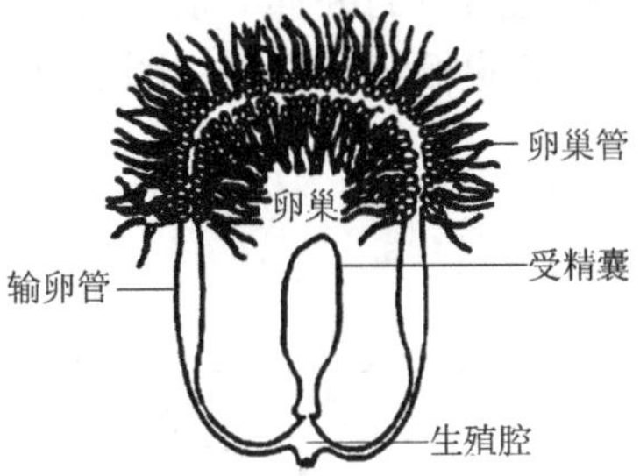

图 5-18　*Perla* sp.雌性内生殖器 (郑乐怡和归鸿，1999)

5.8.6　*Perla tristis* Hagen

雄性外生殖器：第 9 腹节腹板扩大形成下生殖板，无刺突。第 10 腹节两侧背板边缘在腹中线愈合，第 10 腹节背板向尾部延伸，整体环状，包裹肛上板、肛侧板和尾须基部。肛上板位于第 10 腹节背板后方，其下端形成 1 对发达的交配钩，交配钩相当于中间刺突或阳茎端突，交配时用于打开雌虫的生殖道。肛侧板发达，位于尾须基部。阳茎短管状，射精管开口于短管中部 (图 5-19)。

5.8.7　*Perlesta placida* (Hagen)

雄性内生殖器：精巢前端游离，位于第 1～5 腹节。每精巢有 18 支精巢管，精巢管末端头状，向基部渐细，并行排列于输精管前段。输精管后段游离，邻近精巢的部分 (约占输精管全长的 1/3) 明显变细，后部较粗，形成贮精囊。两侧贮精囊的基部有 1 短管状附腺，附腺顶端扭曲。附腺与输精管基部分别汇入同侧的射精管，射精管粗短，末端着生于生殖腔背面。生殖腔前半部球形，可伸出的后半部演变为交配器官 (图 5-20 A)。

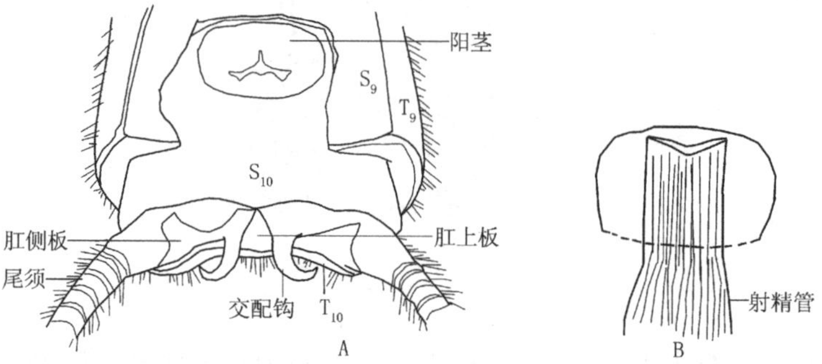

图 5-19　*Perla tristis* 雄性外生殖器（参考 Walker，1922 图重绘）

A. 腹部末节腹视，第 9 腹节部分切除以展示阳茎，第 10 腹节腹板没有与节间膜分开；B. 阳茎腹视；T_9、T_{10} 为第 9、10 腹节背板；S_9、S_{10} 为第 9、10 腹节腹板

雄性外生殖器：阳茎位于鞘内，鞘的开口即为生殖孔，生殖孔开口于第 9 腹节腹板后下方。阳茎背面骨化强，有许多强壮的棘，端部的棘弯曲成钩。阳茎中部两侧附着的肌肉控制阳茎的活动 (伸缩)。许多石蝇的阳茎有复杂的褶包裹，本身并不移动，交配期间通过液体压力使褶囊翻出，实现阳茎的外伸。肛下叶 1 对，末端形成骨化钩，具有交配钩的功能。下生殖板由第 9 腹节腹板演化而成 (图 5-20 B、C)。

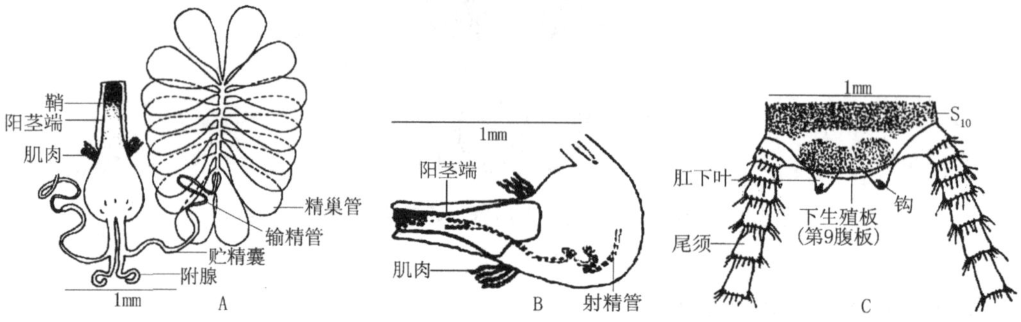

图 5-20　*Perlesta placida* 雄性生殖系统 (Stewart 等，1969)

A. 雄性交配器、左侧精巢、附属构造；B. 雄性交配器左侧视；C. 雄性腹部末端；S_{10} 为第 10 腹节腹板

雌性内生殖器：两侧卵巢前端联合呈"U"形，位于消化道上方。整个卵巢有 25～30 支卵巢管，卵巢管通过较粗的管腔开口于输卵管前段形成的"U"形管上，再分别通入"U"形管下段两侧的输卵管。卵巢管无滋式，分为卵巢管柄、卵黄区和生殖区。输卵管的后部在第 7～8 腹节处向下急弯，在前侧面通入中间袋状的交配囊。交配囊圆锥形，背面变窄，背面末端有 1 蜷曲的受精囊。交配囊腹面有生殖孔，生殖孔开口于第 8 腹节腹板凹痕后缘下方 (图 5-21 A～D)。

雌性外生殖器：第 8 腹节腹板后延形成下生殖板，下生殖板包括 1 对杆状而顶端平截的侧叶，两侧叶之间有圆形凹痕。交配时雄虫位于雌虫背面，腹部弯曲成"S"形，用肛下板的钩从左侧或右侧搜索雌虫下生殖板的叶，通过钩固定位置后，雄性肛下板之间的空间正处于雌性生殖孔开口的下方，这个空间成为引导阳茎插入的通道，阳茎从下生殖板 (第 9 腹节腹板) 后部翻出，向上弯曲，背向插入雌性生殖孔。插入后，雄性交配器官基部暴露，部分膨胀形成膜质球，与雌性生殖孔周围的腹板紧密接触，似乎起到封闭生殖孔的作用。交配期间雌雄成虫保持静止状态。交配结束后，雄虫继续位于雌虫体背，随雌虫一起行动，有时雄虫腹部也保持弯曲的交配姿势，间隔一段后，再次交配 (图 5-21 E)。

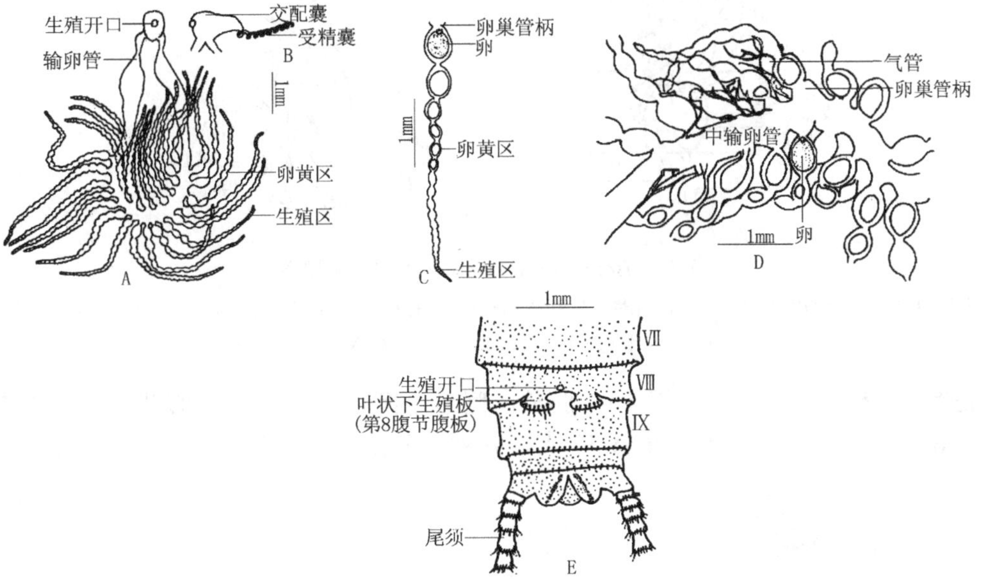

图 5-21　*Perlesta placida* 雌性生殖系统 (Stewart 等，1969)

A．整体构造原位腹视；B．交配囊右侧视；C．放大的单支卵巢管；D．卵巢管-中输卵管结合部放大；E．雌性外生殖器；Ⅶ～Ⅸ为第 7～9 腹节

5.9　网襀科 Perlodidae

5.9.1　*Isoperla grammatica* (Poda)

雄性内生殖器：精巢位于第 1～7 腹节，每精巢有 15 支精巢管。精巢管并列于输精管前段，输精管后段裸露部分始于第 7 腹节，后延至第 9 腹节，然后折向第 8 腹节前沿，与“人”字构造（可能为肌肉结缔组织）的 1 个侧支结合后汇入输精管下段 (贮精囊)，两侧输精管的末端并行着生于生殖腔顶端。附腺 1 对，短棒状，着生于生殖腔前段。生殖腔椭球形，位于第 9 腹节腹板延伸形成的下生殖板上，末端开口于第 9 腹节腹板末端、第 10 腹节腹板前缘 (图 5-22)。

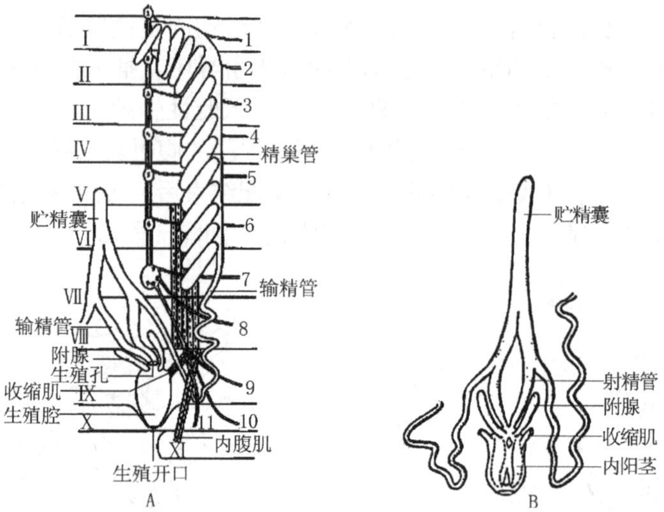

图 5-22　*Isoperla grammatica* 雄性内生殖器

A．雄性内生殖器及其在腹腔内的位置；B．雄性内生殖器各部分之间的着生关系；Ⅰ～Ⅺ为第 1～11 腹节；1～11 为所在腹节的神经节和侧神经（A．Brinck，1956；B．Matsuda，1976）

雌性内生殖器：卵巢位于第 1～7 腹节，侧输卵管前段位于 1～5 腹节，后段裸露部分位于 6～7 腹节。每卵巢有卵巢管 17 支，并列于侧输卵管前段。在第 7 腹节后部，侧

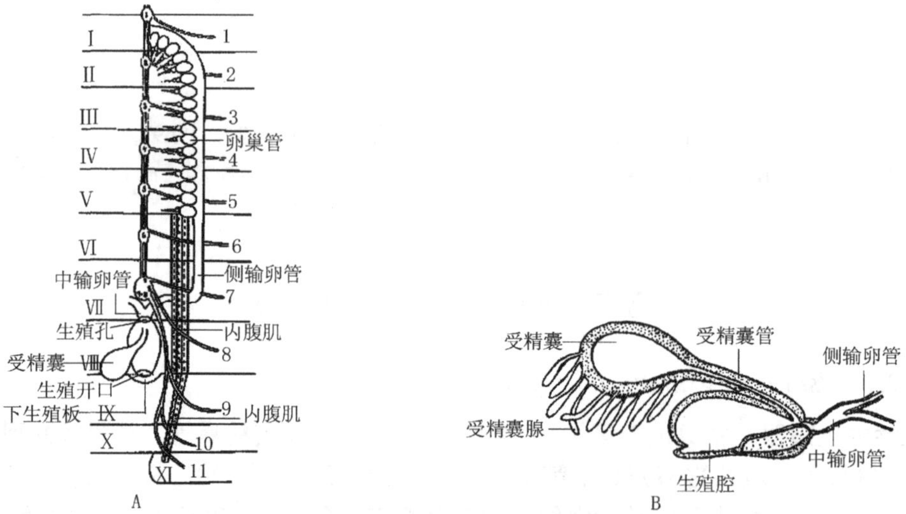

图 5-23　*Isoperla grammatica* 雌性内生殖器

A．雌性内生殖器及其在腹腔中的位置；B．雌性内生殖器各部分之间的着生关系；Ⅰ～Ⅺ为第 1～11 腹节；1～11 为所在腹节的神经节和侧神经（A．Brinck，1956；B．Matsuda，1976）

输卵管弯向腹中部，两侧的侧输卵管汇入粗短的中输卵管，中输卵管后端的开口，即初生生殖孔位于生殖腔前端内侧。生殖腔椭球形，位于第 8 腹节下生殖板的上方，末端开口于第 8 腹节后部。受精囊管粗短，着生在生殖腔前部，受精囊体倒梨形（图 5-23）。

5.9.2 *Isoperla* sp.

雄性外生殖器： 第 8～10 腹节环状，背板和腹板愈合。第 9 腹节腹板中部稍后延形成下生殖板。第 10 腹节背板后延与肛上板愈合。肛侧板发达，位于尾须基部，每肛侧板内侧突起形成交配钩。交配钩顶端略内弯 (图 5-24)。

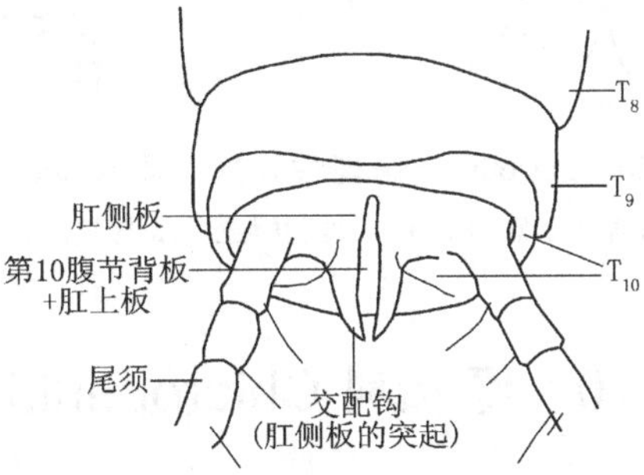

图 5-24　*Isoperla* sp.雄虫腹部末端腹视 (参考 Walker，1922 图重绘)

第 8～10 腹节环状，背板与腹板愈合；T_8～T_{10} 为第 8～10 腹节背板

5.9.3 *Perlodes microcephala* (Pictet)

雄性内生殖器： 两侧精巢前端联合成环，精巢管多枚，颗粒状，着生在输精管前段环形部位及两侧。输精管两侧的裸露部分长管状。附腺 1 支，短管状，位于两侧输精管之间。附腺基部与输精管基部一起汇入粗短的射精管，射精管接入外生殖器 (图 5-25)。

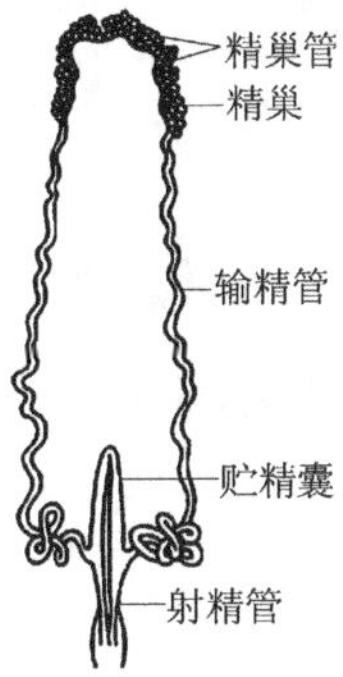

图 5-25　*Perlodes microcephala* 雄性内生殖器 (郑乐怡和归鸿，1999)

5.9.4 Perlodidae sp.

雌性外生殖器： 两侧的侧输卵管在第 7 腹节腹板后缘汇入中输卵管，中输卵管粗短，与受精囊管一起汇入生殖腔，生殖腔开口位于第 8 腹节中部。这种类型的雌性外生殖器称为绿襀Chloroperlidae 型。受精囊管较粗长，顶端着生椭球形受精囊体，受精囊体顶端近侧面发出 1 支细长扭曲的受精囊腺管。第 8 腹节腹板后缘中部凹陷，凹陷两侧分别有指状的附属突起 1 支 (图 5-26)。

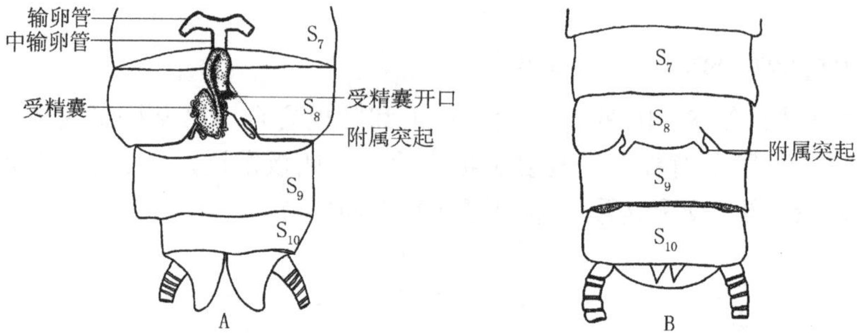

图 5-26　Perlodidae sp.雌性外生殖器 (Qadri，1940)

A．1 种网 襀雌性外生殖器内面观；B．另 1 种网 襀雌性腹部腹视；S_7～S_{10}为第 7～10 腹节腹板

5.10　绿襀科 Chloroperlidae

5.10.1　*Chloroperla* sp.

雄性外生殖器：阳茎隐藏于生殖腔基部，可外翻。阳茎由 1 对阳茎瓣组成，阳茎瓣分为背面和腹面部分，其基部封盖中间射精管的开口。射精管开口于阳茎瓣基部(图 5-27)。

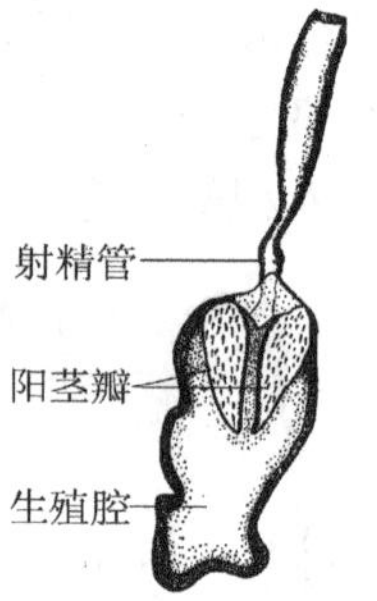

图 5-27　*Chloroperla* sp.雄性外生殖器 (Qadri，1940)

第 6 章　纺足目 Embioptera

6.1　概　　述

6.1.1　雄性内生殖器

精巢扁平细长，葡萄状，位于消化道两侧。每精巢由 5 个细长、近圆柱形精巢叶组成，精巢叶沿输精管纵向排列。每精巢叶含有许多圆形小囊。输精管后段有 1 膨大的贮精囊，输精管后部明显增厚，后端合并。附腺 1～2 对，其后为 1 支短而具有肌肉的射精管，射精管位于第 9、10 腹节。

6.1.2　雄性外生殖器

腹部背板 10 节，第 9 腹节背板缩短，沿基缘可具有 1 或 2 个表皮内突。第 10 腹节大，稍不对称。第 10 腹节背板和肛下叶发生显著变化，成为交配器官。阳茎不发达或无。阳茎可能属于内阳茎型，后部腹节特化形成交配器官。可见的第 10 腹节背板，可能由第 10 腹节背板和肛上板愈合而成。大多数雄虫第 10 腹节背板一般在中间或近中间裂开，形成左右各一的半背片。左半背片 left hemitergite 通常骨化较强，常向后突出形成左半背片突 left tergal process，它的端部常分开，形成 1 个背爪 dorsal talon 和薄的外面的亚腹缘 subventral flange，背爪与半背片内缘相连接。多数情况下，左背板突简单，只有背爪。右半背片 right hemitergite 常向后突出，形成右半背片突 right tergal process，其端部常分成背爪、亚腹凸或腹凸。通常这些右半背片突端部的发育程度小，在某些种类中，仅具 1 个或两者都缺。在右半背片突退化时，其功能可能由右半背片突向后移动所承担。有些属，这个半背片的中基缘发育成为 1 个中盖片 median flap，而肛上板的部分通常或全部不明显，中盖片在 *Dihybocercus* 特别突出，它具有 1 前结 anterior nodule，通常有微小刺毛和 1 个背开口 dorsal aperture，背开口为 1 小的指状凹陷囊的椭圆形开口，其功能不清楚。

根据着生在第 10 腹节背板中基缝的中骨片 median sclerite 的长度，在两半背片间的裂缝宽度可发生变化或几乎不存在。中骨片通常为横向骨片，有些科，如等尾丝蚁科和半脉丝蚁科，该骨片可能很大，其侧后缘同半背片内缘愈合。许多半脉丝蚁科种类，中骨片与 2 块半背片完全愈合，形成连续的板。有时只与左半背片部分联合，中骨片前伸到第 9 腹节背板下，供肌肉附着。在中盖片下，肛孔之上直接有 1 垫状物，似为肛上板，通常有 1 骨化延长区，与中盖片基角呈一定角度。左肛侧板 left paraproct 不同程度地发育，通常有 1 端爪或微型毛瘤，其内缘和基缘常愈合于下生殖板边上，显然此时它可能同左尾底肢节 left cercus basipodite 联合。右肛侧板 right paraproct 一般很小，不明显或同下生殖板侧面愈合。在奇丝科，左、右肛侧板可取代下生殖板的位置和功能。骨化的尾底肢节可能不明显，也可能同肛侧板或各尾须的基部愈合。在等尾丝科和奇丝科中，左尾基部大的特化区似乎来源于底肢节。

腹板常为 10 节，第 9 腹节腹板常不对称，中部延长形成下生殖板 subgenital plate、hypandrium，下生殖板覆盖射精管道，该板常向后突出在射精管下成为下生殖板突 hypandrium process，澳丝蚁科的下生殖板突为三角形骨片，与下生殖板完全分开。没有分离的基腹片 coxite 或针突。第 10 腹节腹板为 1 对小骨片或与第 9 腹节腹板愈合。肛下叶 sub-anal lobe 不对称且形态多变。射精管一般无鞘，许多种类的射精管末端被 1 骨化的阳茎状结构封闭。交配时，雄虫用上颚和 (或) 其不对称尾须作抱器，握持雌虫。

无论骨化或是肉质，围在射精管周围的组织在交配时必须翻出。由于交配的原因，雄性腹部末端形成向左的不对称性。许多种类的左尾特别不对称，这是由其作为抱住雌虫腹部左侧的 1 个抱器的功能所决定的。尾须 1 或 2 节，常较短，左右不对称。左尾须的基节可能简单，但正常情况它有 1 个或较多的瓣，其上面一般有密的微毛或小刺 echinulate。许多属中，该瓣发生在基部，可视为底肢节，由尾瓣演变而成。许多类群中，左尾须的端节可部分或全部并入基节，甚至在基部扩张。在澳丝蚁科中，该节呈球状，且有 1 大的圆形基部。左尾须的变化主要是在内表面形成叶 (突)，或 2 尾须节愈合作为棒状的抱器 (图 6-1)。

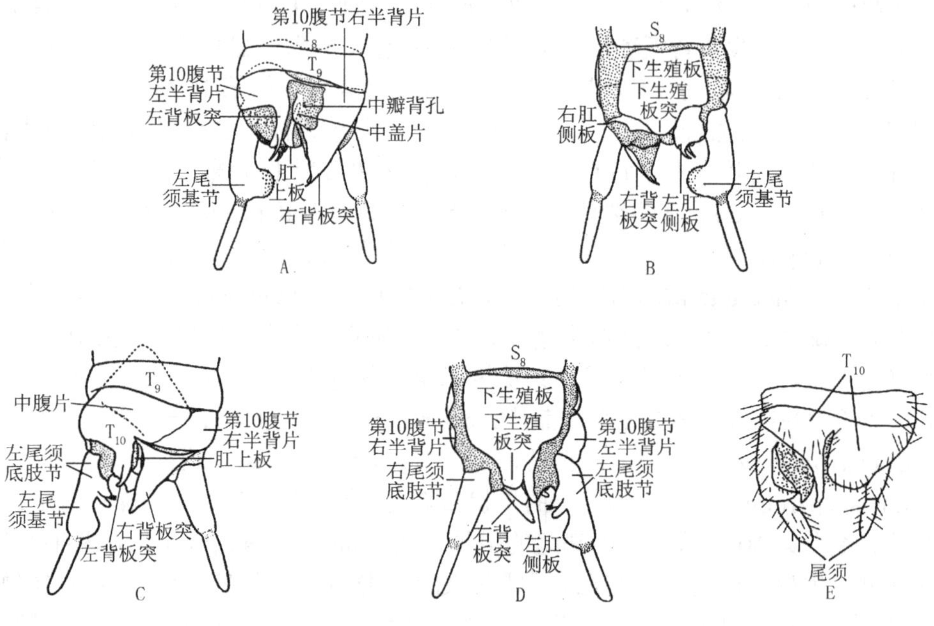

图 6-1　纺足目雄性外生殖器

A、B. 普通足丝蚁雄虫腹部末端背、腹视；C、D. 奇丝科雄虫腹部末端背、腹视；E. *Embia sabulosa* 雄虫腹部末端背视；T_8～T_{10} 为第 8～10 腹节背板；S_8 为第 8 腹节腹板 (A～D. Tuxen，1969；E. Matsuda，1976)

6.1.3　雌性内生殖器

卵巢栉齿状，每卵巢有 5 支较长的卵巢管。卵巢管无滋式，并列于侧输卵管前段，基部分别开口。在第 8 腹节腹板后半部有 1 横向裂缝，为生殖腔的开口。生殖腔短，并与 1 大型受精囊连接。受精囊位于生殖腔背壁。

6.1.4　雌性外生殖器

腹部圆筒形，背板 10 节，第 10 腹节背板可能由肛上叶和真正的第 10 腹节背板愈合而成。雌虫、两性若虫及少数雄虫的第 10 腹节背板完整，不分裂。腹板常为 10 节，有时雌虫第 1 腹节腹板不明显，雌成虫和两性若虫的第 10 腹节腹板分裂形成对称的 2 片，形成二叶状的肛侧板，有人认为肛侧板属于第 12 腹节。尾须 2 节，是仅存的第 11 腹节元素。雌成虫及两性若虫的尾须着生于第 11 腹节所形成之基板上。

雌虫没有产卵器。第 8 腹节背板和腹板简单，有些类群，第 8 腹节腹板可能侧面有瓣。这些瓣可能相当于第 1 载瓣片的芽体。生殖孔或阴门 vulva 位于第 8 腹节腹板后缘。附腺开口于缩减的第 9 腹节腹板前中部。许多种类的第 2 载瓣片不明显，但在第 8 腹板的后缘偶有横的骨化的垂片，可能与第 2 载瓣片同源。第 9 腹节背板简单，但第 9 腹节腹板可能在基部中间切入或在附腺的开口处凹入。第 10 腹节背板三角形，结构简单。在基部正下方有 1 稍骨化的生毛区，该区相当于肛上板。肛孔的两侧有 2 个大的三角形骨片，该骨片被视为肛侧板。尾须短，2 节。在尾须基部膜上的小骨片似乎为膜质多肉的尾底肢节 cercus-basipodite 的骨化部分 (图 6-2)。

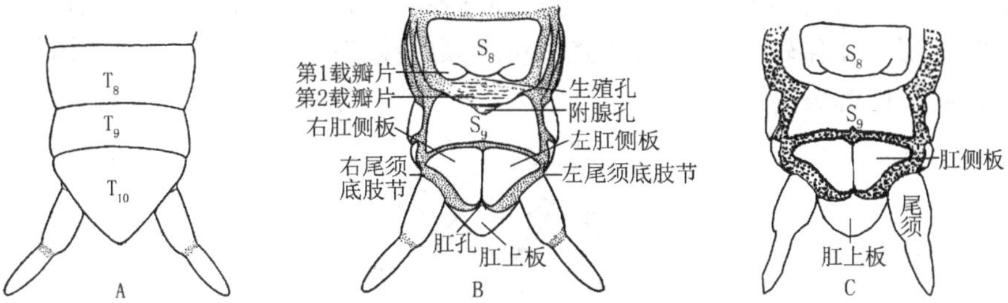

图 6-2　纺足目雌性外生殖器

A、B. 奇丝蚁科雌虫腹部末端背、腹视；C. 足丝蚁属雌性腹部末端腹视；T_8～T_{10} 为第 8～10 腹节背板；S_8、S_9 为第 8、9 腹节腹板 (A、B. Tuxen，1969；C. Steinmann and Zombori，1981)

6.2　正尾丝蚁科 Clothodidae

雄性外生殖器：腹部末节对称。第 10 腹节背板突不发达或为简短突起。肛侧板常相当骨化，但缺乏突起或小瘤。左右尾须的节数相同，无叶突或棘皮 (图 6-3)。

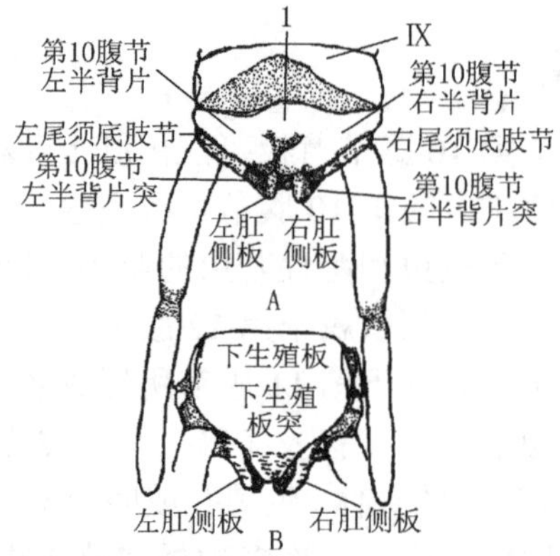

图 6-3　正尾丝蚁科雄虫腹部末端 (郑乐怡和归鸿，1999)

A. 背视；B. 腹视；1 为第 10 腹节两半背片近基部愈合形成的中骨片；IX为第 9 腹节

6.3　丝蚁科 Embiidae

雄性外生殖器：第 10 腹节背板中间分离达基部边缘，2 个半背片间由膜质区完全分开。每个半背片都有向后的突起，左边的突起较狭，骨化较强，形状变化较小；右边的突起常较宽，形状变化较大。左侧肛突和左尾须底肢节明显。左尾须基节内侧表面具棘刺，有时具明显的叶突 (图 6-4)。

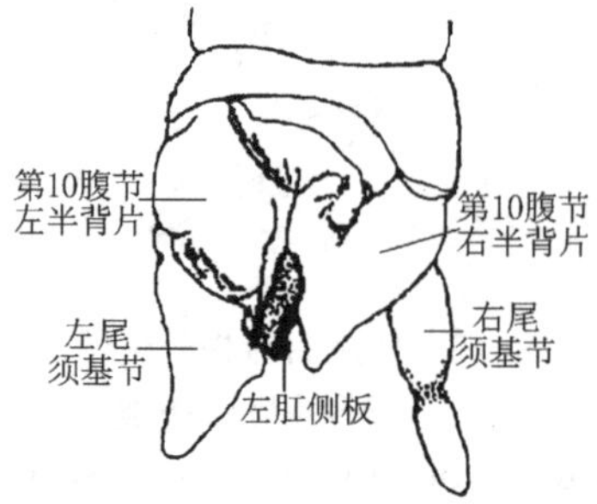

图 6-4　丝蚁科雄虫腹部末端背视 (郑乐怡和归鸿，1999)

6.3.1　*Embia major* (Imms)

雌性外生殖器：尾须 2 节，第 10 腹节背板大而下弯，覆盖并黏附于肛上片。第 7、

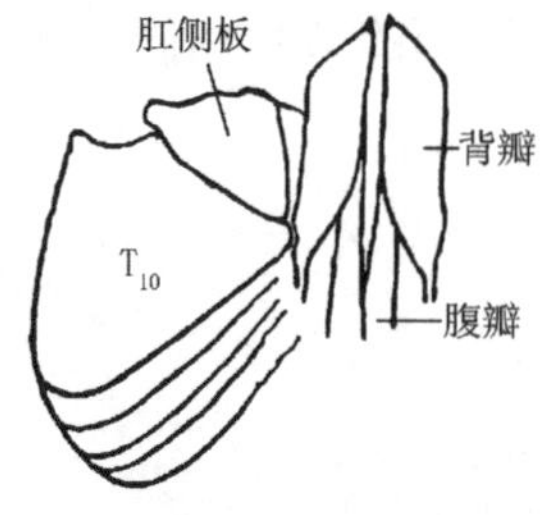

图 6-5　*Embia major* 腹部末节侧视 (Walker，1919)

T_{10} 为第 10 腹节背板

8 腹节腹板没有变化，第 7 腹节腹板不伸展形成下生殖板。肛侧板大型，未几丁质化，与发达的尾须基节不同。在第 10 腹节背板和肛侧板之间有背瓣和腹瓣各 1 对 (图 6-5)。

6.4　异尾丝蚁科 Notoligotomidae

雄性外生殖器：左尾须的 2 节部分或全部愈合，愈合节的表皮常有棘刺。常有翅，如无翅，则右尾须基节较细长，和端节相似，第 9 腹节腹板向后延伸形成下生殖板突 (图 6-6)。

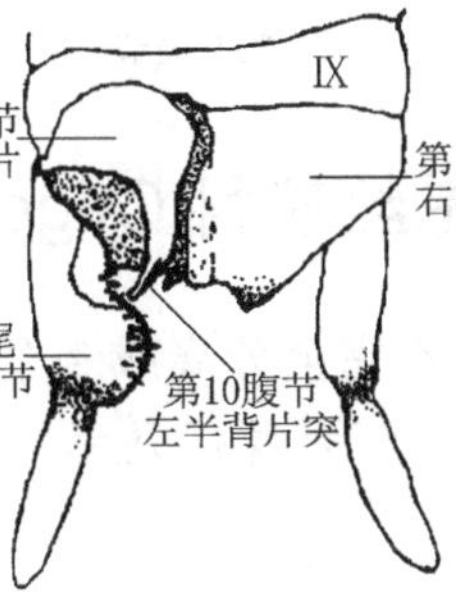

图 6-6　异尾丝蚁科雄虫腹部末端背视 (郑乐怡和归鸿，1999)

IX为第 9 腹节

6.5　澳丝蚁科 Australembiidae

雄性外生殖器：腹视第 9 腹节腹板右后缘的叶突为半分离的三角形。左尾须 1 节，右尾须基节很短，半球形 (图 6-7)。

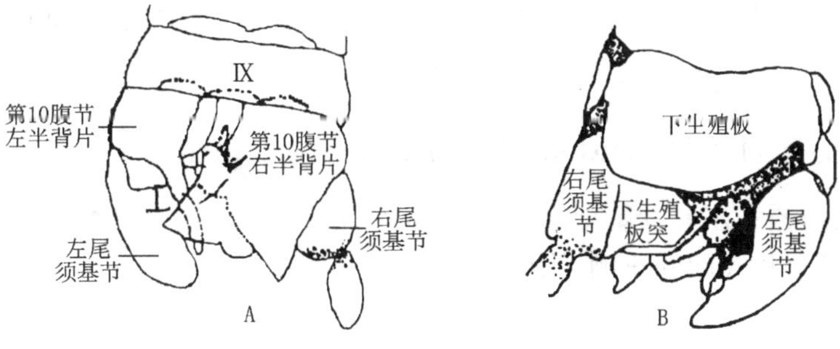

图 6-7　澳丝蚁科雄虫腹部末端 (郑乐怡和归鸿，1999)

A. 背视；B. 腹视；IX为第 9 腹节

6.6　异丝蚁科 Anisembiidae

雄性外生殖器：腹部末端变化大，简单到复杂，左尾须 2 节常愈合为 1 节，基节端部常有向内的突起，并带有棘刺 (图 6-8)。

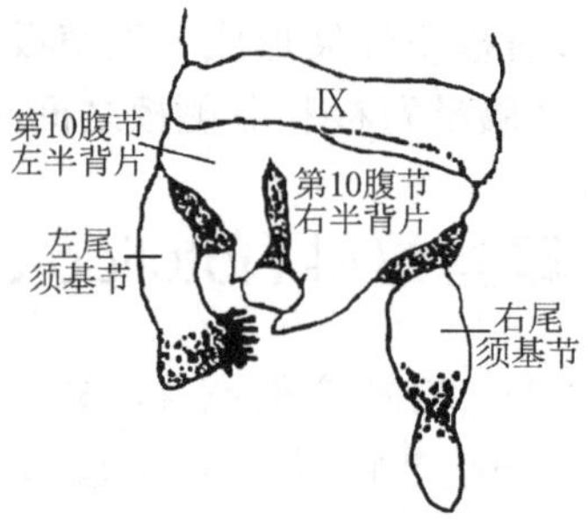

图 6-8　缺丝蚁科雄虫腹部末端背视 (郑乐怡和归鸿，1999)

Ⅸ为第 9 腹节

6.7　等尾丝蚁科 Oligotomidae

雄性外生殖器：第 10 腹节背板不完全分离成 2 个半背片，右半背片有 1 延长的后突和 1 个似片状的背中盖。左尾须第 1 节无棘状突起，第 2 节明显，细长似圆筒形。左尾须基部常有底肢节等结构 (图 6-9)。

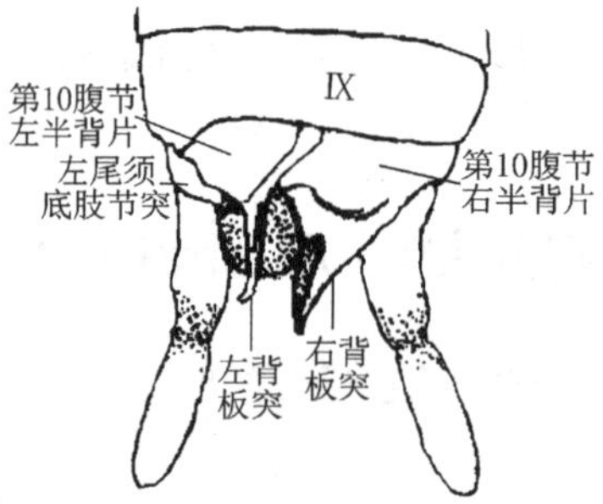

图 6-9　等尾丝蚁科雄虫腹部末端背视 (郑乐怡和归鸿，1999)

Ⅸ为第 9 腹节

6.7.1　婆罗洲丝蚁 *Aposthonia borneensis* (Hagen)

雄性外生殖器：左尾须基部简单，无环状的底肢节。左侧肛突钩刺状，明显，位于第 10 腹节左半背片突起的左侧 (图 6-10)。

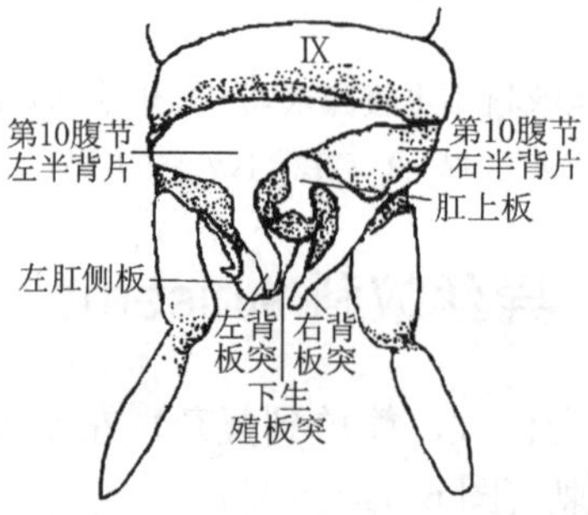

图 6-10　婆罗洲丝蚁雄虫腹部末端背视 (郑乐怡和归鸿，1999)

Ⅸ为第 9 腹节

6.7.2　海南丝蚁 *Aposthonia hainanensis* Lu

雄性外生殖器：第 10 腹节右半背片突起长，伸向左后方，基部宽，端部渐细，顶端二叉形；第 10 腹节的左半背片突起宽，匙形，弯向左侧，基部明显变狭，端部宽圆，右边缘弓形，左边缘似波浪形。下生殖板简单，其突起末端变狭，弯向左侧，端部圆锥形；左侧肛突明显，端部为粗壮的短钩，弯向左上方 (图 6-11)。

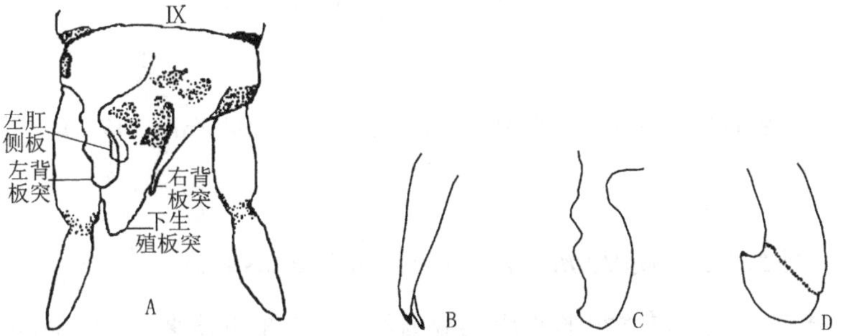

图 6-11　海南丝蚁雄性外生殖器

A. 腹部末端背视；B、C. 第 10 腹节右、左半背片突；D. 左肛侧板；IX为第 9 腹节 (A. 郑乐怡和归鸿，1999；B～D. 参考卢川川，1990 图重绘)

6.7.3　异色裸尾丝蚁 *Aposthonia varians* (Navas)

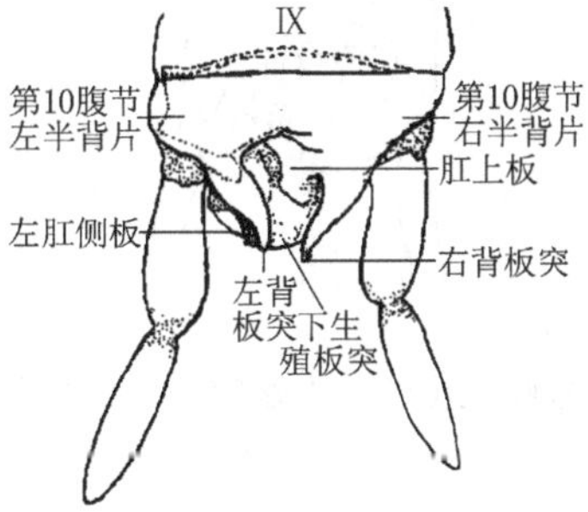

图 6-12　安顺丝蚁雄虫腹部末端背视 (郑乐怡和归鸿，1999)

IX为第 9 腹节

雄性外生殖器：第 10 腹节左右两半背片突起大小和形式相近，第 10 腹节左半背片突起近基部最宽，向端部渐细，表面平滑 (图 6-12)。

6.7.4　格林丝蚁 *Oligotoma greeniana* Enderlein

雄性外生殖器：第 10 腹节右半背片突起近端部外缘无小枝状突起；第 10 腹节左半背片突起基部宽，向端部渐细，端部左侧有凸缘，顶端右侧突起浅裂为二叉状，如鸟喙 (图 6-13)。

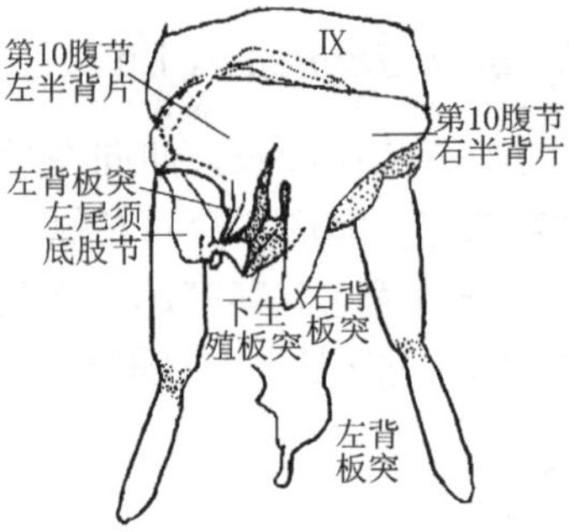

图 6-13　格林丝蚁雄虫腹部末端背视 (郑乐怡和归鸿，1999)

Ⅸ为第 9 腹节

6.7.5　枝突丝蚁 *Oligotoma humbertiana* (Saussure)

雄性外生殖器：第 10 腹节右半背片末端渐细，近端部的外缘有 1 明显的小枝状突起；第 10 腹节左半背片突起狭长，波形弯曲，端部浅裂二叉形 (图 6-14)。

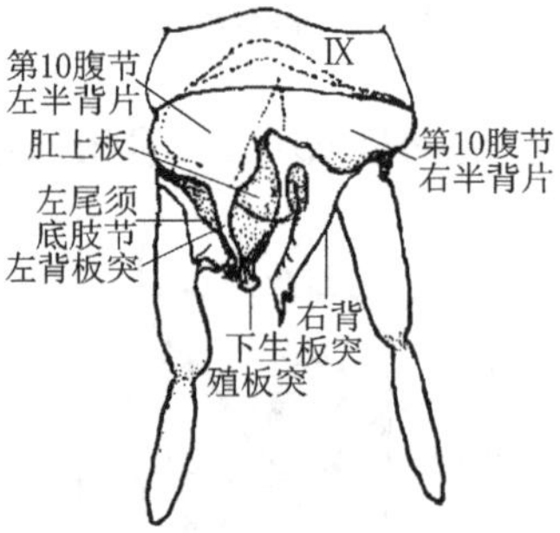

图 6-14　枝突丝蚁雄虫腹部末端背视 (郑乐怡和归鸿，1999)

Ⅸ为第 9 腹节

6.7.6　桑氏丝蚁 *Oligotoma saundersii* (Westwood)

雄性外生殖器：第 9 腹节腹板完整，无针突，左右不对称。尾须 2 节 (不包括底肢节)，两侧不对称。左侧肛突骨化强，大而明显，镰刀状弯曲，横过下生殖板的下方；第 10 腹节右半背片突起长，基部较宽，向端部渐细，近端部外缘有 1 小突起。第 10 腹节左半背片突向后伸延，基部稍缢缩，向端部渐细，顶端陡尖。左尾须的底肢节环形，腹面处最宽，向中间伸延。下生殖板向左后方扩伸，端部变狭，末端平截，在左端角处附有 1 硬化的钩镰形刺。左、右侧半背片突起前段在中线左侧汇合，说明在交配过程中，雌虫的腹部被雄虫从右侧抓握。无肛上板、肛侧板和阳茎，如存在，也为极退化的痕迹状 (图 6-15)。

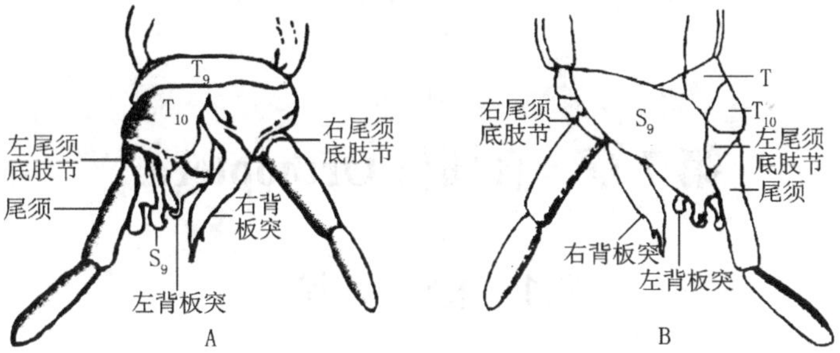

图 6-15　桑氏丝蚁雄虫腹部末端

A. 背视；B. 腹视；T_9、T_{10}为第 9、10 腹节背板；S_9为第 9 腹节腹板（A.参考 Walker，1922 图重绘；B. Walker，1922）

6.8　半脉丝蚁科 Teratembiidae

雄性外生殖器：第 10 腹节左、右两个半背片基部互相愈合成 1 个大的中骨片，该骨片向第 9 腹节的背片下方延伸。第 10 腹节的右半背片突和肛上板与右半背片完全分离，之间有 1 横向的膜质缝相隔。左侧肛突大，并与下生殖板的边缘愈合，常向后延伸，作为射精管的腹面支撑。左尾须底肢节和左尾须的基部愈合，并有 1 到数个小的中叶，其背面的端部有小的二分叉。左尾须的基节内表面无棘状突起。右尾须基部的腹面向前部延伸，其表面常骨化，端部常有叶状突起 (图 6-16)。

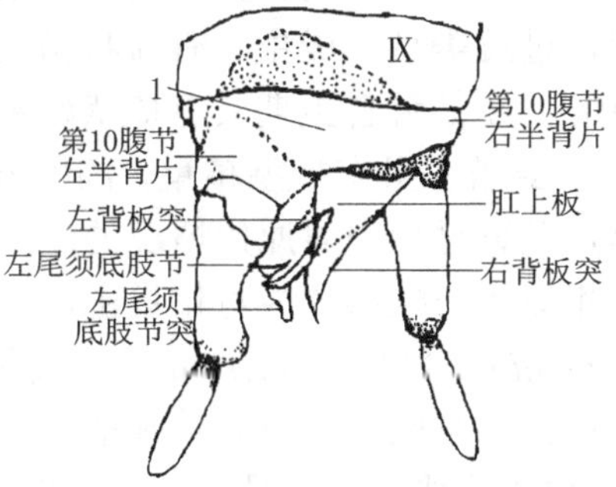

图 6-16　奇丝蚁科雄虫腹部末端背视 (郑乐怡和归鸿，1999)

1 为第 10 腹节两半背片近基部愈合形成的中骨片；Ⅸ为第 9 腹节

第 7 章　直翅目 Orthoptera

7.1　概　　论

7.1.1　雄性内生殖器

精巢栉齿状或葡萄状，输精管有时扭曲成线团状附睾，常膨大形成贮精囊。输精管开口于单射精管，单射精管外有肌肉鞘包被。附腺 1 对，每附腺有众多附腺管。附腺管基部开口于射精管顶端，附腺分泌物主要用于形成精包。蟋蟀总科和裂头蟋科单射精管管状，其他类群的宽短。射精管通过初生生殖孔开口于内阳茎腔 endophallus cavity，内阳茎腔由背阳茎叶与腹阳茎叶形成，有时也包括下生殖板。内阳茎腔的开口为阳茎口 phallotreme，即雄性次生生殖孔。螽斯总科有所谓前列腺 prostate gland，即射精管侧囊 ejaculatory vesicles，是 2 个球形囊，开口于邻近初生生殖孔的内阳茎内。蟋螽 *Ceuthophilus* 也有前列腺，但不成对。驼螽 *Neonetus* 的精巢被认为是螽亚目中的原始类型，由 60～70 支精巢管组成，精巢管基部彼此分离地着生于输精管上，精巢整体呈梳状。笨蝗 *Romalea* 也具有梳状精巢，其精巢管在输精管一定范围内并列。另一些种类精巢管基部形成共同输出管，输出管再通入输精管前端。还有的种类，精巢管基部彼此更加接近，呈辐射状排列。在上述类型之间还存在过渡类型。成虫具有梳状精巢的种类，若虫也具有梳状精巢。成虫具有中间类型精巢的，在低龄若虫期具有梳状精巢。蝗亚科、斑翅蝗亚科等的成虫具有辐射状精巢，其 2～3 龄若虫具有梳型精巢，高龄若虫具有中间类型精巢。因此认为，中间型和辐射型精巢是发育过程中对原始情况的逐渐偏离，即在 3 类精巢中，发育开始阶段，其精巢原基是相似的。蝗科的成对精巢密切贴合形成 1 个复合体，外被结缔组织形成的封套。但 *Opshomala* 和瘦蝗 *Leptysma* 的 2 枚精巢并不愈合为一，而是前后排列，有人认为这是对这些昆虫强烈收缩的细长体形的适应。蟋螽科的精巢被明显挤向尾部，导致第 8、9 腹节明显向外膨胀。附睾是每个输精管上螺旋盘曲的部分，附睾下端的输精管通向射精管。蟋蟀科的附睾只在部分穿越腹板肌肉的输精管上形成，可能具有贮精囊的功能。许多直翅目昆虫具有复杂的附睾，可能是管道螺旋型弯曲数量增加的结果。

螽斯总科的射精管一般较短，但蟋蟀科和蝗科的较长。与其他目昆虫类似，贮精囊由胚胎期末端壶腹部转化而成，壶腹上还发生附腺。蝗亚目的射精管为管状，其后端扩大成 1 射精囊 ejaculatory sac，该囊位于阳茎的腹面，通过 1 小的开口，即生殖孔，进入精包囊 spermatophore sac。有些亚科中，射精囊和精包囊形成 1 个大型公共腔，该腔的背部被认为相当于精包囊，公共腔的开口为 1 大的腹面缝，即阳茎口，阳茎口指向后下方，并且只有 1 对腹阳茎叶。另一些亚科公共腔的开口位于精包囊的背部，在阳茎端片游离部分之间开口，呈箭头状裂缝。精包囊和阳茎口之间的短管称为阳茎口管 phallotreme duct。有些类群具有 1 对腺体囊，腺体囊具有几丁质内衬，分别开口或通过 1 个共同的管道开口进入射精管，末端封闭在精包囊内。有时它只是 1 个简单的囊，可能与精包形成有关。

驼螽科除管状的附腺外，还存在发育良好的贮精囊，贮精囊开口于射精管。蝼蛄属也有较发达的贮精囊。蝗亚目具有功能上的贮精囊，但其外形特征与附腺难以区别，只可通过组织学和内部是否有精子加以区别。飞蝗属、沙漠蝗属、大足蝗属也报道存在含有精子的管状附腺与功能性贮精囊。直翅目不同类群附腺发育程度有变化，螽亚目的附腺通入输精管膨大的末端 (胚胎的末端壶腹部)。Onesto (1962) 通过大小和位置将附腺管分成 2 种主要类型，每一类可进一步分成 2～3 个亚类。第 1 类附腺管较大，位于腹面；第 2 类附腺管较短，位于背面和侧面。Gregory (1965) 发现蝗虫具有 4 种附腺：第 1 种是贮精囊，与其他腺管外部特征类似；其他 3 类附腺白色、透明或乳白色，取决于附腺管内的分泌物。直翅目的附腺和贮精囊都属于中胚层起源 (图 7-1)。

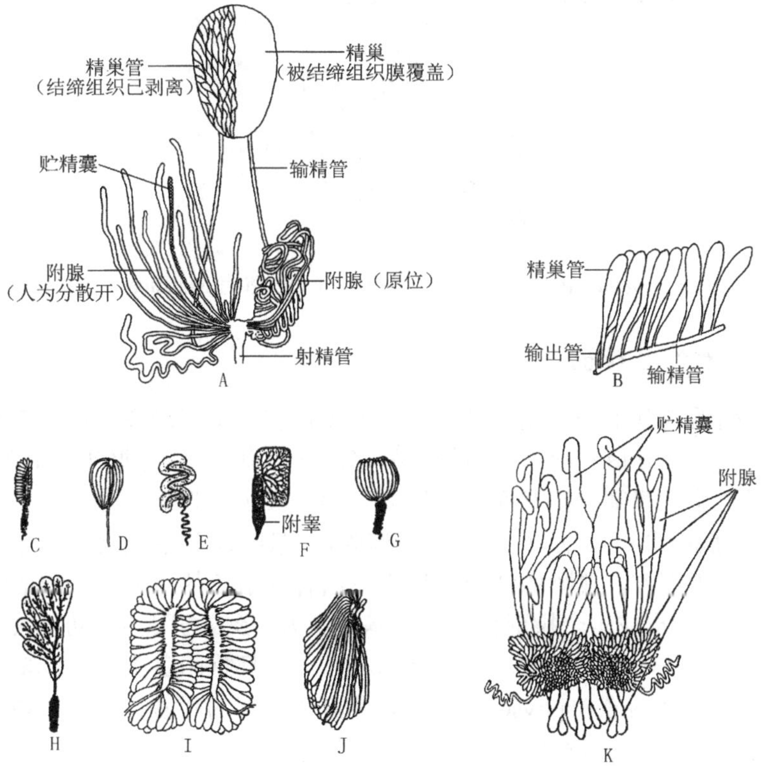

图 7-1 直翅目雄性内生殖器

A. 飞蝗属；B. 精巢管独立开口于输精管；C～J. 直翅目精巢的变化 (C. *Neonetus* sp.；D. 蟋蟀科 1 种；E. *Dolichopoda* sp.；F. 螽斯属；G. 疾灶螽属；H. 蝼蛄属；I. *Romalea* sp.；J. *Xanthippus* sp.)；K. *Troglophilus andreinii*；(A、B. Chapman，1998；C～K. Matsuda，1976)

7.1.2 雄性内生殖器胚后发育

家蟋蟀和裸蟋的 1 龄若虫，其输精管位于第 9 腹节腹板后缘，输精管末端在此进入中空的壶腹部。胚胎时期，壶腹部是第 10 腹节的体腔。此时中间射精管原基也存在，表现为阳茎叶基部之间的中间凹陷，壶腹部与射精管原基的前端相对。在随后的龄期中，左壶腹部逐渐大于右壶腹部，两壶腹部沿射精管前端逐渐靠近而弯向后上方，直至形成 1 个圈环。末龄若虫期，壶腹部壁上出现许多器官芽，为附腺原基，此时壶腹部已经汇合开口于射精管前端。蟋蟀 *Acheta* 的精包囊由合并的背阳茎叶中间内陷形成，形成时间为末龄若虫蜕皮期，精包囊开口于射精管开口缝隙的背面。蟋蟀 *Gryllus posticus* 的末龄若虫，射精管基部形成成对的烧瓶状腺体 lageniform gland。螽斯 *Leptophyes* 初龄若虫，阳茎叶之间出现中间内陷，标志着射精管开始发育，壶腹部末端位于射精管前端对面，停留于阳茎叶的基部，约在末龄若虫蜕皮期间，壶腹部的壁上开始附腺的发育，此时，输精管高度盘旋，射精管囊开始形成。飞蝗属初孵若虫具有代表射精管起源的中间内陷，输精管的壶腹部也在与螽斯 *Leptophyes* 相应的位置出现，若虫末期壶腹部上出现附腺，附腺发育开始时间明显早于其他类群 (图 7-2)。

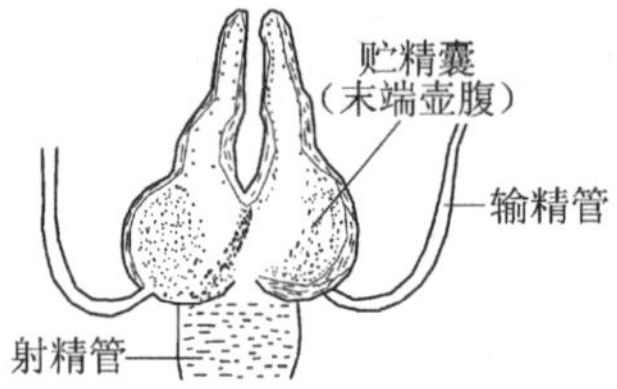

图 7-2　*Stenopelmatus fuscus* 若虫雄性内生殖器 (参考 Matsuda，1976 图重绘)

7.1.3　雄性外生殖器

雄性外生殖器具有 1 个射精管开口进入的生殖腔，阳基侧突从囊顶或囊壁上发生。阳茎大而显著，它的开口一般有宽而折叠的壁，一般有 1～2 对腹叶。阳茎端突 titillator 或阳基侧突最初位于腹部末端背面，它们的基部一般多少收缩，外观似乎与背面没有联系，有时几乎彻底隐藏不可见。由于第 9 腹节腹板的延长，将生殖区域从腹面移到后部，使阳茎位于肛侧板下方，典型的情况是位于突出骨片覆盖的下方，突出的骨片称为阳茎基背片，阳茎基背片形成 1 个拱形位于阳茎基的上方，形成与阳茎运动相关肌肉的起点。这个拱形常两侧延长形成 1 对臂，即枝脊 rami，部分环抱阳茎基部，或多或少向内延伸成为突起，称为内突 endopophyses，用于阳茎有关肌肉的附着。有时，内突可与阳茎基背片分开，形成多种形态 (螽斯科)。

雄性外生殖器基本构造包括阳茎基背片和阳茎复合体两部分，阳茎基背片覆盖在阳茎复合体上，位于肛上板之下，骨化较强，形状多变，通常是分离的突起，在阳茎背面形成衣领状，向阳茎腹面延伸进入 1 对枝脊。从枝脊上发生向内的突起供肌肉附着。这个骨片在螽斯类称为阳茎端突，蟋蟀类称为伪阳茎基背片 pseudepiphallus，蝗虫类称为阳茎基背片 epiphallus。阳茎基背片包括桥 bridge、锚状突 anchorae、前突 anterior projection、侧板 lateral plate、后突 posterior projection 和冠突 lophi 等几个部分。阳茎复合体包括阳茎端瓣 apical valve of penis、色带瓣 valve of cingulum、色带拱 valve of cingulum、色带基支 rami of cingulum、色带连片 zygoma、色带表皮内突 apodemes、阳茎基瓣 basal valve of penis、生殖孔突起 gonopore process 等部分。抱器的功能由特化的尾须替代，尾须短或中等长，不分节 (极个别例外，如蚤蝼 *Tridactylus*)。

螽亚目雄虫腹部第 7~9 腹节背板背面向后扩大形成游离的边缘或瓣，可能是由中央切入或延长形成的 1 对突起。第 9、10 腹节背板可能有 1 对背突或 1 对小的齿状突起。第 9 腹节背板上的突起伸向后方或腹面。第 10 腹节背板的突起伸向前方或背面，同第 9 腹节背板上的突起相对。第 10 腹节背板被 1 条弱的表皮中裂分成 2 块可动的骨片，带有大齿或突起。肛上板 epiproct 末端特化或不显著。肛侧板未变异或有肛侧板突起 paraproct process，这些突起可能特化而且具有钩或齿，在这种情况下，肛侧板代替了尾须，在交配过程中行使抱握作用。尾须不分节，具有感觉毛。尾须的基部有 1 小型骨片，为尾须基柄片或尾须的底肢节 cercal basipodite。螽亚目的雄性下生殖板由第 9 腹节腹板演变而成，它的端部常被 1 缺刻或凹入分成 2 瓣。某些螽亚目第 9 腹节端部形成的瓣上具有刺突 style，有些类群刺突退化或消失。驼螽科常缺少刺突，但在许多低龄若虫第 9 腹节基肢节具有刺突。少数情况下，下生殖板上具有一些其他类型的外长物。阳茎通常由柔软未骨化的阳茎叶 phallic lobe 或生殖叶 genital lobe 及其衍生物组成，包括 1 对背阳茎叶 dorsal phallic lobe、1 对腹阳茎叶 ventral phallic lobe、1 对侧阳茎叶 lateral phallic lobe (有时缺)。背叶较厚，位于阳茎口上方；腹叶宽帽状，位于阳茎口下方；侧叶位于阳茎口的两侧。所有上述阳茎叶包围内阳茎。背叶的上面部分下陷形成背腔，背腔的底部一般有 1 对柔软的圆形叶，成对的骨杆与圆形叶相联系，骨杆也可呈游离状突出。这些叶通常又再分成瓣。腹面瓣仍然保持柔软。所有的瓣有细小的阳茎毛 penial setae 或绒毛 pubescence 覆盖。背面瓣的背面具发达而骨化的基骨带或明显的骨片，通常具有游离而突出的突起。当阳茎叶翻出时可见。休止时，突起多少隐藏在阳茎端突腔 titillator cavity 内，这个腔位于背面瓣的背面，当阳茎翻出时，腔即消失不见。骨化区或上述骨片一般成对 (很少生在一起)，被称为阳茎端突。

蝗亚目胚胎第 9 对附肢和第 9 腹节腹板一起形成下生殖板原基，阳茎起源于胚胎第 10 腹节的腹部附肢，在末龄若虫蜕皮期间生殖构造发生了深刻变化，这些变化模糊了其与螽亚目生殖构造的同源关系。蝗亚目第 9 腹节腹板通常背面较短，并与第 10 腹节背板愈合。后者背面向后扩大形成 1 骨片，有明显的沟分界，并与肛上板相愈合。该骨片与肛上板在一起，似乎为 1 块板。也有将其称为肛上板或背肛板。第 10 腹节背板前部后缘背面有小的外长物，常成对或叉状，称为叉突 furcula。尾须有感觉毛及 1 尾须底肢片 basipodial plate。下生殖板由第 9 腹节腹板形成，形状变化多样，深裂成 2 瓣或每瓣再分裂成 2 或延长。无刺突。肛侧板一般很简单，很少出现特化。蚤蝼科肛侧板上常具端瓣，称为肛侧板叶，并有 1 钩状突起。下生殖板的游离端缘连续延伸成罩膜 pallium，这是 1 个弱的帽状膜质结构，当阳茎在缩回状态时，该罩膜盖住阳茎的一部分。菱蝗科的罩膜为 2 个大型、椭圆形纵骨片，称为罩膜骨片 pallial plate。罩膜侧面褶状部分进入外阳茎膜 (阳茎鞘 ectophallus)，通常位于阳茎基背片的基部和侧面。阳茎和阳茎基背片几乎充满了生殖囊 genital chamber，生殖腔顶部由肛侧板和后面的罩膜形成，侧壁和腹壁由下生殖板形成。阳茎基背片为 1 分开的骨片，位于阳茎体的前背部。阳茎基背片的侧骨片是 1 对小的分离骨片，每侧 1 块，也可能不明显或缺失。阳茎基背片一般后缘中间凹入，连接的横向部分称为弓 arcus，侧面部分称为侧片 laminae laterales，侧瓣的侧面多少呈臂状突起，称为阳茎基背片侧突 processus lateralis epiphalli，从阳茎基背片的前端突出 1 对角状突 curnua 或锚状突，侧面紧接着它的是另 1 个外长物，称为阳茎基背片球状突 bulbus epiphalli，其后缘通常也有 1 突起、1 饰突 (冠突) lophus，该突起可能不分裂或分为外 (侧) 耳状突 auricula 和内 (中) 乳状突 lobes papillatus，乳状突有时可再分成 1 个前叶 anterior lobe 和 1 个后叶 posterior lobe。

整个阳茎可分为阳茎体和较细的阳茎端两部分，外层的被膜为阳茎鞘膜 ectophallic membrane，其上生有骨片，其中最大的骨片称为鞘膜骨片 (色带 cingulum、鞘膜基片 tegula)，它的后面有 1 块横断部分称为横梁 (色带连片或后桥 pons posterior)，从这里发出 2 个指向前方的强硬表皮突，称为鞘膜骨片内突 (色带表皮内突 apodemes of cingulum)。鞘膜骨片有 2 个宽的指向腹后或腹面、有时甚至背向突出的突起，称为鞘膜骨片枝脊 (色带基支)，它包住阳茎端的基部，并可能在腹面愈合。横梁和表皮内突一起常呈"U"或"V"形。鞘膜骨片的形状变化很大。阳茎鞘膜在横梁的前面可向后突出成 1 游离而柔软的褶，称为基褶 basal fold，并盖在横梁的上面。有些亚科，1 个扁平的褶位于阳茎端基部的腹面，还多少位于侧面，称为腹叶 ventral lobe，当该叶不存在时，通常有 1 个发达的、从基褶每侧产生的 1 个侧叶，侧叶未扩展到阳茎端的下方。盖在阳茎腔上的膜称为内阳茎膜 endophallic membrane，也生有骨片，称为内阳茎骨片 endophallic sclerite，它们主要发生在精囊壁和阳茎口管壁上、内阳茎板或阳茎片 laminae phalli 和阳茎端瓣 aegeagus valve 等处。前者呈矢状位置，一部分位于精囊壁的侧面，向前端延伸成 1 扁的表皮内突，很少的部分愈合。从每个阳茎片上伸出上、下各 1 个骨化的分支，前者为生殖孔突，该突起位于贮精囊和射精囊的分界处，后者连接在阳茎端的腹面骨片上，称为弓臂 brachium。它通常较细、臂状，常呈弓形，然后形成"S"形弓弧的一部分，"S"形的其余部分由腹阳茎端片的 1 臂形成。阳茎端瓣 aedeagal valve 是阳茎口管角质膜的骨化部分，它有 1 对背

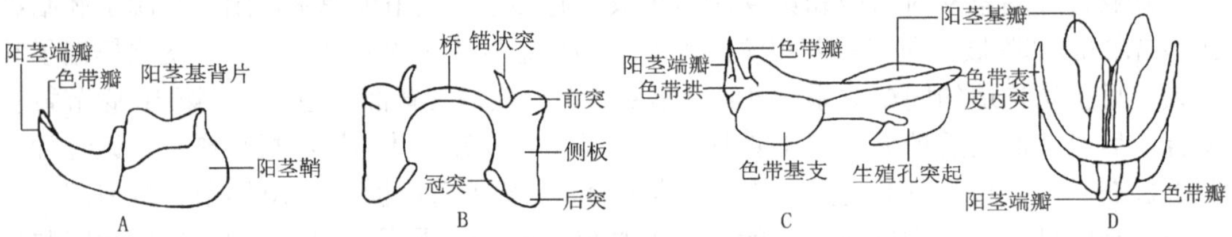

图 7-3　直翅目雄性外生殖器

A～D. 雄性外生殖器模式图 (A. 阳具复合体外观；B. 阳茎基背片；C. 阳具复合体侧视；D. 阳具复合体背视)；E. 蚱蜢腹部末端纵切；F、G. 蚱蜢、蟋蟀雄性外生殖器侧视；H. 螽斯腹部末端背视；I. 飞蝗属雄性外生殖器侧视；J. 蚱蜢腹部末端侧视；K. 飞蝗阳具复合体；L～N. 螽斯、蟋蟀、蝗虫的阳茎基背片；O. 螽亚目腹部末端侧视，阳茎外翻，可见阳茎端突腔；P. 蟋蟀腹部末端纵切；Q. 蝗虫腹部末端，线条示右上部的鞘膜骨片、左下部内阳茎片，包括游离的阳茎端瓣，点线示具有射精管的内阳茎腔；R. *Ceuthophilus gracilipes* 腹部末端纵切；S. *Stenopelmatus fuscus* 腹部末端背视；T. *Microcentrum retinerve* 雄性外生殖器后视；U. *Stenopelmatus fuscus* 阳茎背视；V. 蝗科腹部末端纵切，示阳茎囊内的器官；W. 蝗科的阳茎，阳茎的基部已除去；X、Y. 蝗科、锥头蝗科阳茎基背片背视；T_8～T_{10} 为第 8～10 腹节背板；S_{10} 为第 10 腹节腹板，Ⅶ、Ⅷ为第 7、8 腹节 (A～D. 袁锋，1996；E～J. Steinmann and Zombori，1981；K～N. 参考郑乐怡和归鸿，1999 图重绘；O、Q. Tuxen，1969；P. 参考 Tuxen，1969 图重绘；R、T～Y. Matsuda，1976；S. 参考 Matsuda，1976 图重绘)

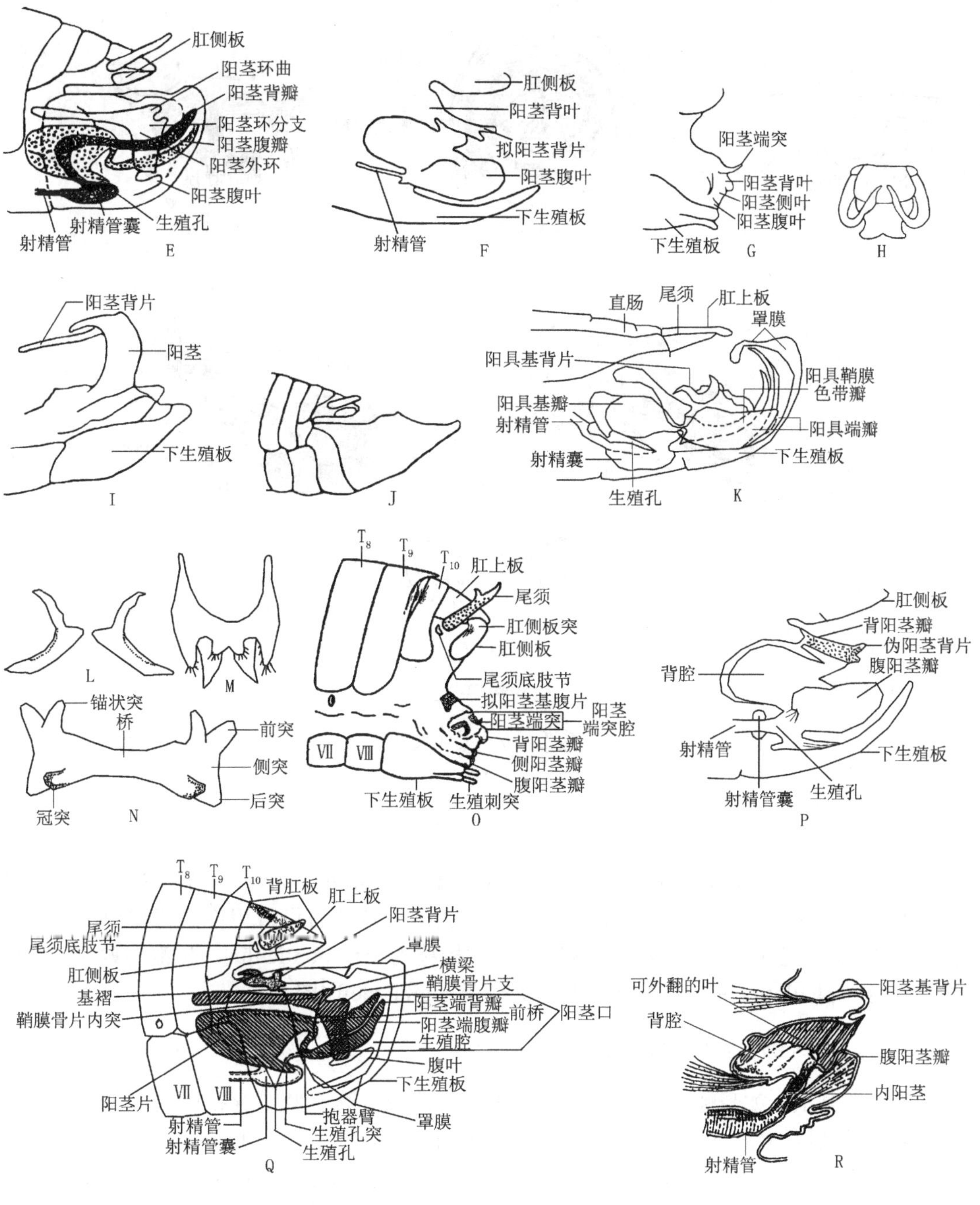
肛侧板
阳茎环曲
阳茎背瓣
阳茎环分支
阳茎腹瓣
阳茎外环
阳茎腹叶
射精管囊
生殖孔
射精管
E
肛侧板
阳茎背叶
拟阳茎背片
阳茎腹叶
下生殖板
射精管
F
阳茎端突
阳茎背叶
阳茎侧叶
阳茎腹叶
下生殖板
G
H
阳茎背片
阳茎
下生殖板
I
J
直肠
尾须
肛上板
罩膜
阳具基背片
阳具鞘膜
色带瓣
阳具基瓣
射精管
阳具端瓣
射精囊
下生殖板
生殖孔
K
L
M
锚状突
桥
前突
侧突
后突
冠突
N
T8
T9
T10
肛上板
尾须
肛侧板突
肛侧板
尾须底肢节
拟阳茎基腹片
阳茎端突
阳茎端突腔
背阳茎瓣
侧阳茎瓣
腹阳茎瓣
VII
VIII
下生殖板
生殖刺突
O
肛侧板
背阳茎瓣
伪阳茎背片
腹阳茎瓣
背腔
射精管
下生殖板
射精管囊
生殖孔
P
T8
T9
T10
背肛板
肛上板
阳茎背片
尾须
尾须底肢节
卓膜
肛侧板
横梁
鞘膜骨片支
基褶
阳茎端背瓣
前桥
阳茎口
鞘膜骨片内突
阳茎端腹瓣
生殖腔
腹叶
下生殖板
阳茎片
VII
VIII
射精管
抱器臂
罩膜
生殖孔突
射精管囊
生殖孔
Q
可外翻的叶
阳茎基背片
背腔
腹阳茎瓣
内阳茎
射精管
R

图 7-3 (续)

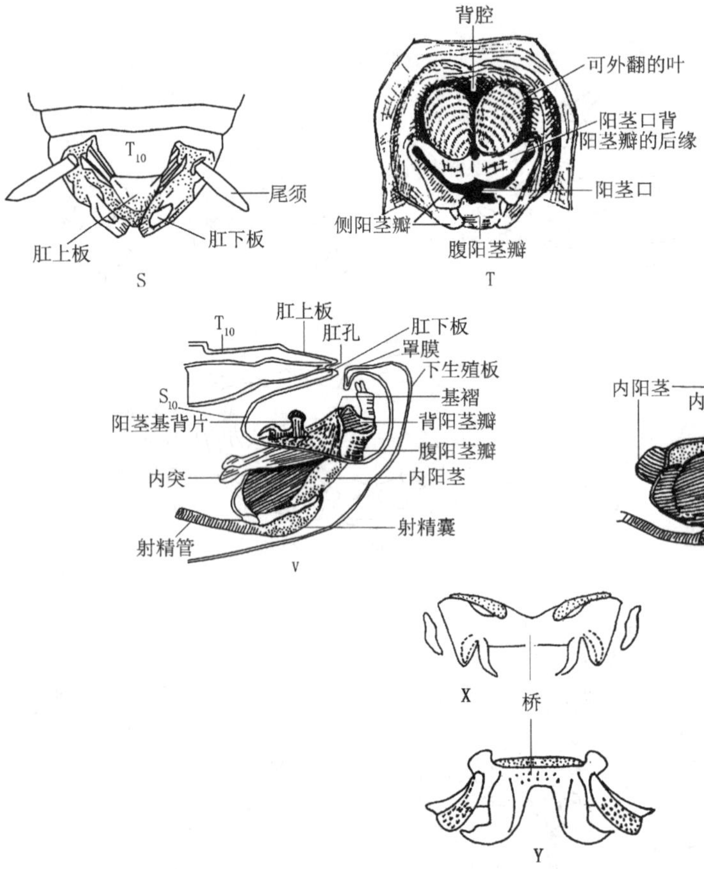

图 7-3 (续)

瓣 dorsal aedeagal valve (有时缺) 和 1 对腹瓣 ventral aedeagal valve。阳茎端瓣突出于阳茎端的顶端，成为游离的、通常细长的刺状片，腹瓣的基部与弓臂相连。背瓣至少在基部上方愈合，这一连接处通常骨化，这样形成的桥称为小桥 ponticulus。腹瓣不愈合，它们围于阳茎口 phallotreme，阳茎口为 1 矢状裂缝 sagital cleft (图 7-3)。

7.1.4　雄性外生殖器胚后发育

直翅类昆虫，如蛩蠊、蜚蠊、螳螂、螽斯等的雄虫第 9 腹节存在刺突。螽斯雄虫的刺突起源于腹板边缘，可能属于基腹片 coxosternum。直翅目昆虫的阳茎器官虽然在不同科具有多样化构造，但外生殖器可能均起源于 1 对初生原基。若虫期，初生阳茎叶一般位于第 9 腹节腹板后缘，似乎属于第 10 腹节。2 个初生阳茎叶，水平开裂形成 4 个次生阳茎叶，2 个为背面阳茎叶，2 个为腹面阳茎叶。这 4 个阳茎叶 phallomere 或者保持以阳茎叶方式包围生殖孔，或者通过不同方式结合形成复杂的复合生殖构造。直翅目生殖器官的发育开始于 1 对原基，说明直翅目昆虫与其他昆虫的外生殖器具有相同的起源。在后来的生长过程中，它们通过不同的发育路线，形成了与其他昆虫不对应的外生殖器构造。初生的阳茎叶可直接发育形成 1 对阳茎叶，虽然大多数情况是每阳茎叶分裂形成两部分，但所产生的 4 个阳茎叶也不形成典型的阳茎端和阳基侧突。

螽斯 *Leptophyes* 初龄若虫第 9 腹节腹板与肛侧板之间的生殖腔 genital cavity 基部，出现成对的阳茎叶原基，阳茎叶原基沿水平方向分化形成背叶和腹叶。同时，左、右背叶与相应一侧的腹叶彼此接近，在腹中线处开始愈合。第 9 腹节腹板开始变为下生殖板。某些螽斯亚目昆虫的阳茎原基由 2 个背叶、2 个腹叶和 2 个侧叶组成。其中 2 个背叶、2 个腹叶分别愈合形成 1 个复合背叶和 1 个复合腹叶，与 2 个侧叶一起，形成四叶状的阳茎。圆翅鸣螽属的阳茎由 9 叶组成。这种多叶的情况可能是在向 4 叶发育的早期阶段，阳茎叶再次分割的结果。蟋蟀科和蝗科 1 龄若虫生殖腔基部有成对阳茎叶，分为背叶和腹叶。田野蟋蟀属的背叶大部分联合，退化的腹叶位于生殖孔下方。在最后一次蜕皮时，联合的背叶内陷形成受精囊。田野蟋蟀属成虫的阳茎由 2 对背阳茎叶和 2 对腹阳茎叶直接发育形成。蝗科末龄若虫蜕皮时阳茎原基的变化很大，形成了许多新构造。从较宽的阳茎叶基部分化出横杆、内突、内侧叶等，膜上的 1 组骨片拱立于阳茎叶基部形成假腹板 (图 7-4)。

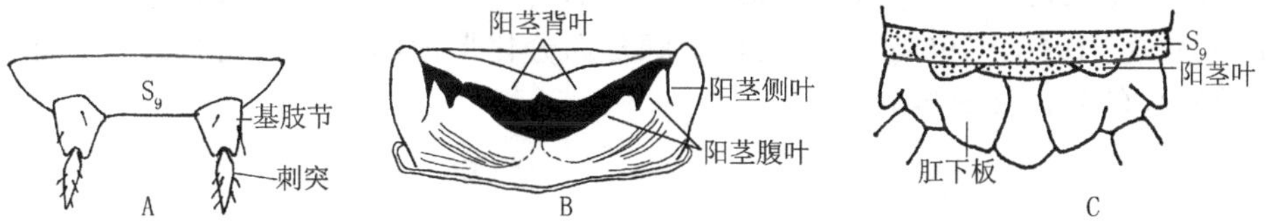

图 7-4　直翅目雄性外生殖器的幼期形态 (Matsuda，1976)

A. *Troglophilus* sp.低龄若虫腹部末端；B. *Cyphoderris monstrosa* 若虫阳茎后视；C. *Tachycines* sp.1 龄雄若虫腹部末端背视；S_9 为第 9 腹节腹板

7.1.5　雌性内生殖器

每卵巢有许多无滋式卵巢管，卵巢管着生于侧输卵管上，卵巢管端部汇合于虫体中线，形成端丝，两侧的端丝复合形成悬带。左右卵巢的内侧合并在一起，外侧各有 1 条侧输卵管，侧输卵管的前端膨大形成盲囊状附腺，能分泌黏液，使卵产出后黏附在物体上，或将卵粒黏在一起形成卵块。两侧的侧输卵管汇入中输卵管，中输卵管以生殖孔开口于生殖腔，生殖腔的背面着生受精囊。中输卵管开口于生殖腔的底部，而受精囊管开口于生殖腔的背壁，位于产卵瓣基片的桥的后方。有些亚科有 1 对腺状结构的囊，称为腺囊 glandular pouch，开口于生殖腔的前端。蝗科的侧输卵管侧位于卵巢萼的一侧，卵巢萼特别延长而膨大，可以贮放排出的卵，侧输卵管前端延长形成管状的腺体。Ander (1939) 根据外形和在输卵管上的着生方式，将卵巢分为两类：卵巢管基部着生点彼此分离，卵巢称为梳型；卵巢管具有 1 个共同的基部，卵巢称为束型 (丛生型)。螽斯总科一般为梳型卵巢，Ander 认为这是比较原始的类型。沙漠蝗 *Schistocera* 及其他蝗虫，2 个卵巢被连续的膜包被在一起。部分直翅目昆虫每卵巢的卵巢管数量：*Aeropadellus clavatus*、条纹草地蝗 2 支；中华剑角蝗 16 支；绿蝗 *Phymateus* sp.一侧 201 支，另一侧 192 支；蝗科 5 支；蟋蟀科 150～170 支；螽斯总科 15～30 支。许多蝗虫的不同地理型，卵巢管数量有明显差别。两侧的侧输卵管端部联合，螽斯科的侧输卵管端部实际上彼此平行排列，有结缔组织包裹，中输卵管很短。蝗亚目的生殖孔移向尾部，中输卵管在第 8 腹节腹板形成。蚱蜢 *Dissosteira* 的生殖囊为第 8 腹节腹板和前瓣基部之间的内长物，中输卵管长，从前瓣腹面进入生殖腔。螽斯科的生殖孔位置有向头部移动的趋势。蟋蟀科中输卵管短，开口在下生殖板基部后方，生殖孔位于下生殖板的上壁或内壁。在许多情况下，生殖囊是由下生殖板、腹面体壁和腹瓣之间的部分形成的。受精囊开口在生殖腔的背部，单个或成对，受精囊 (精液容器) 形状常有变化，有时具有腺附器 glandular appendix 或盲管 (有时为 2 个)。蝗虫的受精囊管着生于生殖腔前端，受精囊体肾形。螽斯科的受精囊为单一器官，蟋蟀科往往成叉状突出于体外，在尾端下部，形成 2 个葡萄形球体。受精囊管形态亦有变化，如蝼蛄属的颇长，而多数蝗虫的甚蜷曲。蝗科 (斑腿蝗亚科、Calliptaminae、刺胸蝗亚科、Ommexechinae、皱腹蝗亚科) 生殖腔前端有 1 对大的皱褶囊 plaited pocket，称为 Comstock-Kellog 腺，该腺体分泌物可能具有吸引雄虫聚集的功能。蟋蟀科附腺发达。螽斯科生殖腔有 1 管状物 (Fenard 称为 boyau)，行使附腺功能。蝗虫的附腺为每个侧输卵管顶端膨大延长的盲管。戟纹蝗 *Dociostaurus* 两侧的腺体联合形成前端扩展的环形附腺。癞蝗科的附腺短而直，其分泌物被认为用于覆盖卵囊 egg pod。Baccetti (1960、1966、1967) 认为这种附腺是新分化形成的器官，是对第 9 腹节腹板起源的附腺丧失的补偿 (图 7-5)。

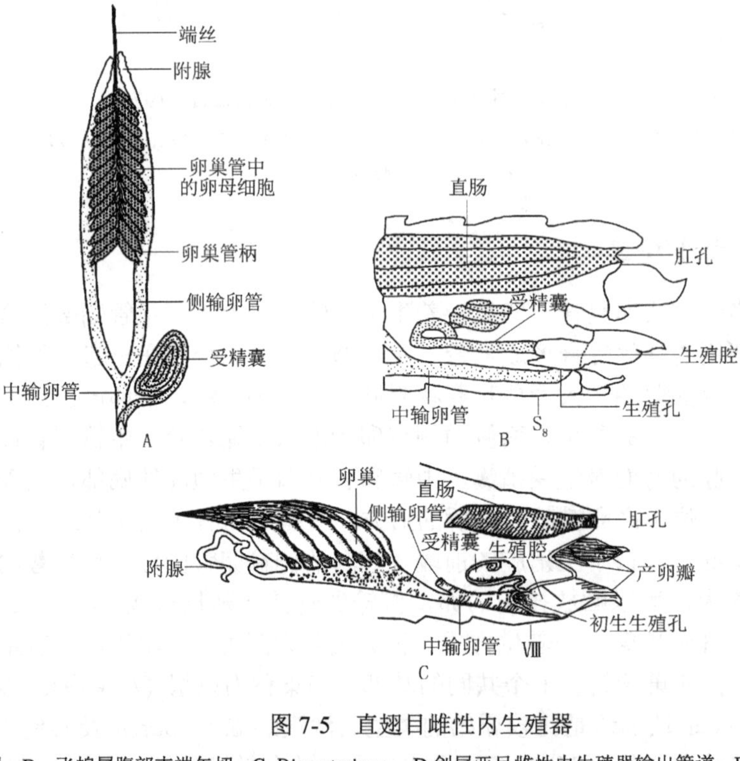

图 7-5　直翅目雌性内生殖器

A. 沙漠蝗属；B. 飞蝗属腹部末端矢切；C. *Dissosteria* sp.；D.剑尾亚目雌性内生殖器输出管道；E. 摩洛哥戟纹蝗；F. 红腿蝗 (A、B. Chapman，1998；C. Weber and Weidner，1974；D.参考 Matsuda，1976 图重绘；E、F. Matsuda，1976)

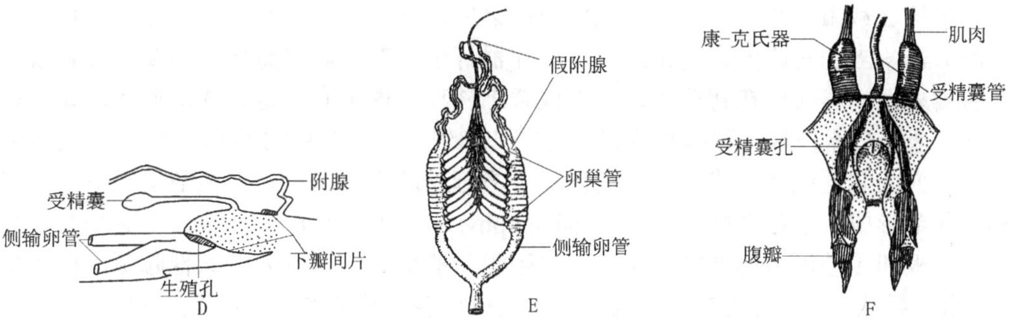

图 7-5 (续)

7.1.6　雌性内生殖器胚后发育

家蟋蟀和裸蟋的 3 龄若虫，输卵管原基出现在下生殖板基部，成对的侧输卵管壶腹部位于中输卵管两侧，这些壶腹部胚胎期为第 7 腹节体腔。短翅灶蟋第 7、8 腹节腹板之间的中输卵管内陷出现在 2 龄若虫期。美国画镜和宾夕法尼亚田野蟋蟀的中输卵管内陷在 6 龄若虫出现，表现为下生殖板背壁腹面增厚。家蟋蟀若虫期出现的中输卵管内陷位于第 8 腹节腹板的前部。家蟋蟀和短翅灶蟋的 3 龄若虫期第 8 腹节腹板出现形成受精囊的表皮内陷。美国画镜和宾夕法尼亚田野蟋蟀的受精囊原基在 6 龄若虫期出现。短翅灶蟋 2 龄若虫的第 9 腹节腹板出现附腺内陷，但很快消失，没有形成附腺。在对其他蟋蟀科昆虫的研究中，也没有发现附腺内陷的存在。

螽斯 *Leptophyes* 低龄若虫成对的输卵管末端以成对壶腹部的形式终止于第 7 腹节腹板后缘，位于中间中输卵管表皮内陷的两侧，其他位于第 8、9 腹节腹板后部的内陷分别形成受精囊和附腺，在低龄若虫期出现。草螽属的中输卵管内陷位于第 8 腹节腹板前部。蝗科的初孵若虫，中输卵管内陷开口于第 7、8 腹节腹板之间的节间膜或第 8 腹节腹板前部。在后续发育中，生殖孔逐渐位于第 8 腹节腹板的中、后部。这种生殖孔位置的改变缘于沿第 8 腹节腹板中线伸展的表皮沟槽的腹面封闭。受精囊内陷存在于第 8 腹节腹板或第 8 腹节腹板之后，开口于生殖腔。沙漠蝗 *Schistocera* 的受精囊和中输卵管内陷最初靠近，随后分开。飞蝗属的附腺表皮内陷位于第 9 腹节腹板，但保持不发育或仅缓慢生长，在飞蝗属和 *Colemania* 的成虫期保留痕迹状。沙漠蝗的附腺原基在 3 龄若虫期出现，保持不发育。Roonwal (1962) 认为这 1 痕迹状附腺原基出现在 1 龄若虫期。蝗科初孵若虫生殖孔位于第 7、8 腹节腹板之间的节间区，可与蟋蟀科、螽斯科、蜚蠊目、革翅目成虫生殖孔位置相比同，似乎是祖先特征的重现。这些内陷，尤其是中输卵管内陷，在蝗科出现得比其他科更早，与蝗科外生殖器原基出现较早相关。沙漠蝗的附腺 (假附腺 pseudocollateral gland) 由卵巢萼外长物 (侧输卵管端部) 形成。

7.1.7　雌性外生殖器

一般第 9 腹节的基肢节 coxopodite 没有分成内瓣和背瓣，虽然每 1 产卵瓣都明显分化出基部的载瓣片区域和末端的瓣突。有些科第 9 腹节腹板上也存在前、后瓣间片，瓣间片位于第 2 载瓣片和第 9 腹节背板的肌肉之间，或位于载瓣片之间。背瓣剑状，包裹整个产卵器，当 3 对产卵瓣均发达时，产卵器杆由 3 对产卵瓣组成，内瓣一般隐藏于背瓣和腹瓣之间。腹瓣可在背瓣的连锁沟或脊上移动。内瓣有时退化成痕迹状，如蝗科和蟋蟀科，这样产卵杆就由腹瓣和背瓣 2 对产卵瓣组成。螽亚目的第 8、9 腹节背板多少愈合，由它们的共同边缘形成 1 个硬的向后下方延伸的表皮内突，在多数情况下，该突起由第 9 腹节形成，称为背板表皮突 tergal apophysis 或端背突 acrotergite。其他背板、肛上板、肛侧板和尾须没有两性的区别。下生殖板可能包含腹板以外的其他起源，形状变化大，通常二瓣状。下生殖板的基部侧面有 1 块和它接近甚至愈合、也可能不显著的骨片，称为侧腹片 laterosternite，交配时，尾端部的齿夹住侧腹片，从而避免损坏柔软的侧膜。第 8 腹节上的气门片 spiracular sclerite 接近背板边缘，两性之间不同。螽亚目 3 对产卵瓣延长，产卵器杆剑状、马刀状或矛状。腹瓣上各有 2 条纵槽，背瓣和退化的内瓣上各有 1 个榫突，嵌接在腹瓣的槽内。通过载瓣片上肌肉的动作，产卵瓣可以前后滑动，刺入基质内产卵。产卵瓣 (生殖突 gonopaphyses) 有时多少有些退化。腹瓣属于第 8 腹节的腹生殖突，在近基部的外侧有 1 弱的骨片，称为产卵瓣基片 basivalvula，在原始的科中它可能发达。另外 2 对产卵瓣起源于第 9 腹节，最大的 1 对是背瓣，它通常位于内瓣的上背面。背瓣基部常有 1 载瓣片 (第 1 载瓣片 first valvifer)，它是由第 9 腹节腹板侧部延伸成的上内突 superior apophysis，内瓣的下缘也以同样方式形成短的下内突 inferior apophysis。蟋蟀科产卵器的内瓣退化呈膜质，背瓣与腹瓣的榫和槽匹配，使来自背瓣的榫可在腹瓣形成的槽内自由滑行。瓣间片与前瓣基部没有直接联系，但与第 9 腹节背板及第 1、2 载瓣片有联系。蟋蟀科背瓣基部特化，同产卵瓣细长的主要部分稍有分开的界线，它不能活动，称为第 2 载瓣片 second valvifer。背瓣基部 (在蟋蟀科为第 2 载瓣片) 背面连有 1 横骨片，称为上瓣间片 superior intervalvula，其上有 1 中间的矢状位置的小突起，这 1 骨片通常透过表皮可见。下内突与另 1 块横骨片相连接，称为下瓣间片 inferior intervalvula，其上可能有 1 箭头状突起。内瓣在蟋蟀中退化，基部背面愈合。它的共同部分只在后面骨化，称为产卵瓣桥 pons valvularum，它的前面部分膜质 (除腹缘外)，或只是中间骨化，成一棒状，将上瓣间片连于桥上。产卵瓣的腹缘形成内瓣枝脊，它们同下瓣间片相关联。腹瓣和内瓣以它的上、下缘的脊与槽相连接而相互固定。在螽斯科、沙螽科和蟋蟀科的背瓣全长以同样方式固定在腹瓣上，而在蟋蟀科和灶马科则同内瓣固定起来。在灶马科中，这个关节仅被背瓣的基半部 1 短舌状突所左右，其产卵瓣却是游离的。腹瓣或背瓣的顶端或两者可能特化有小齿、钝齿等。蟋蟀产卵器顶端常常形成 1 端器 terminal apparatus，端器具有种的特异性。树螽 *Scudderia* 具有 3 对发育良好的产卵瓣，每支腹瓣附着于小的第 1 载瓣片上，瓣间片不清晰，可能已经并入第 1 载瓣片，前面腹瓣基部与第 9 腹节背板的联系 (通过瓣间片) 缺。第 1 载瓣片直接与第 2 载瓣片关节，不经过瓣间片中间过渡。第 2 载瓣片简单，与背瓣基部的分化不清晰。内瓣紧贴、向上蜷曲于宽的背瓣之间。内瓣下缘较弱，一般形成窄的骨化枝脊 sclerotic ramus 加强，枝脊与前 (腹) 瓣间杆 anterior (ventral) intervavular bar 融合，前 (腹) 瓣间杆与第 2 载瓣片相连。从每 1 内瓣的枝脊 ramus 发出 1 骨化脊 sclerotic tongue 沿 2 个内瓣基部的侧壁向上伸展，与来自对面的脊在中间汇合，进而联合后部瓣间片 intervalvula。

蝗亚目的第 9 腹节背板一般背面比腹面短，第 10 腹节背板同肛上板一起形成背肛板。肛侧板简单。蚤蝼科没有钩状或瓣状生长物。尾须较简单，不如雄性那样特化。第 8 腹节腹板形成下生殖板，通常在其后缘中部延长成为 1 小突起，称为导卵器 egg guide，其位置直接与产卵器开口成一直线，突出于腹瓣基部之间，其形状有很大变化，引导卵由产卵孔进入产卵器的瓣间 (基) 空间。蝗亚目产卵器具有 1 对长的表皮突从背、腹瓣间角伸向前方，表皮突可能来源于第 1 载瓣片和第 9 腹节背突下部成分。蝗亚目的产卵器由 3 对产卵瓣组成，极少数种类产卵器退化消失。腹瓣锥状，其基端与瓣间内突 intervalvular apodeme 相连接。产卵瓣基片 basivavular sclerite 附着在腹瓣上。背瓣基部有 1 柔软的膜相连接，背瓣开始连接处有 1 块骨片，称为上瓣间片。从每一个产卵瓣的基部有 1 短的突起为上内突，到达下瓣间片 inferior intervalvula，上内突常被分成横向骨片和中骨片，位于内突之间。背瓣的基端大部分与瓣间内突 intervavuila apodeme 之间有关节相连。内瓣缩短，并有 1 短的游离部分，其顶端很柔软，而且 2 瓣相互愈合。连接膜可能部分骨化，即产卵瓣桥的中间部位愈合，在那儿同下瓣间片相连接。内瓣与腹瓣间有 1 短距离的具有槽的狭片相连接。载瓣片很难见到，产卵瓣基片由成对的骨片组成，有 1 大而扁平的侧产卵瓣基片 lateral basivalvular sclerite 盖住腹瓣大部和 1～2 个腹瓣基片。腹瓣基片位于产卵瓣腹面，1 个较大的在后面，1 个较小的在前面，并更靠近基部。前面 2 个前端汇合，共同形成 1 个"U"或"V"形桥。菱蝗科和蚤蝼科只有侧面的 1 对骨片存在。生殖腔是位于腹瓣基部和下生殖板基部之间 1 个凹陷部分。蚱蜢 *Dissosteira* 每 1 支腹瓣分化形成大的瓣基片 basivalvular sclerite、2 个窄的腹骨片 ventral sclerite 和细长的端叶 terminal lobe。端叶的顶部有 1 横凹痕，凹痕贴合在相应背瓣基部枝脊 basal ramus 下表面形成的突出基座上。背瓣端部上翘，下表面形成强的腹肋枝脊 ventral ramus 向前伸展。背瓣基部膨大，与同侧的侧瓣基部的背缘紧密铰合。因此，内突基部成为背瓣活动的支点。背瓣基部之间通过膜质体壁联合。短的内瓣从背瓣腹肋枝脊 ventral rami 之间膜质部分伸出 (图 7-6)。

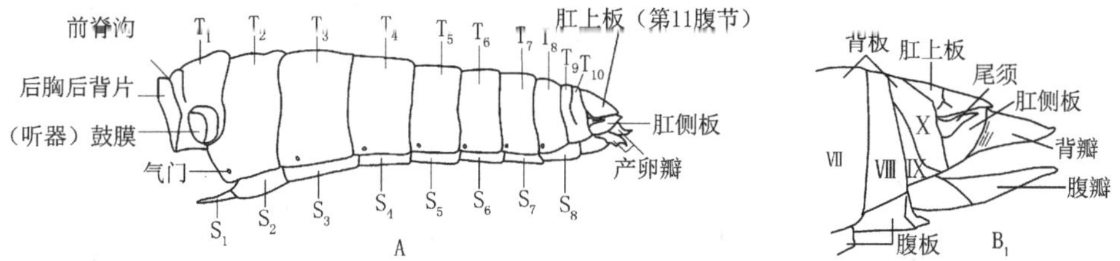

图 7-6　直翅目雌性外生殖器

A. *Nomadacris* sp.腹部侧视；B_1、B_2. 稻蝗腹部末端侧、后视 (背、腹瓣打开示内瓣和导卵器)；C_1、C_2. 油葫芦腹部末端侧视、产卵器基部放大；D. 腹部末端侧视；E. 螽斯产卵器横切；F、G. 蚱蜢、螽斯产卵器纵切；H. 螽亚目腹部末端侧视，左后产卵瓣近基部切除；I. 螽亚目腹部末端，从中平面视内部构造；J. 蝗亚目腹部末端侧视；K～O. 产卵器切面 (K、L. *Dolichopoda linderi*；M. 家蟋蟀；N. *Gryllacris abbreviata*；O. *Tettigonia viridissima*)；P～R. *Scudderia* sp.产卵器腹、背、侧视；T_1～T_{10} 为第 1～10 腹节背板；S_1～S_8 为第 1～8 腹节腹板；Ⅶ～Ⅹ为第 7～10 腹节 (A. Chapman，1998；B_1～C_2. 嵇保中等，2011；D、E. Gullan and Cranston，2005；F、G. Steinmann and Zombori，1981；H～J. Tuxen，1969；K～R. Matsuda，1976)

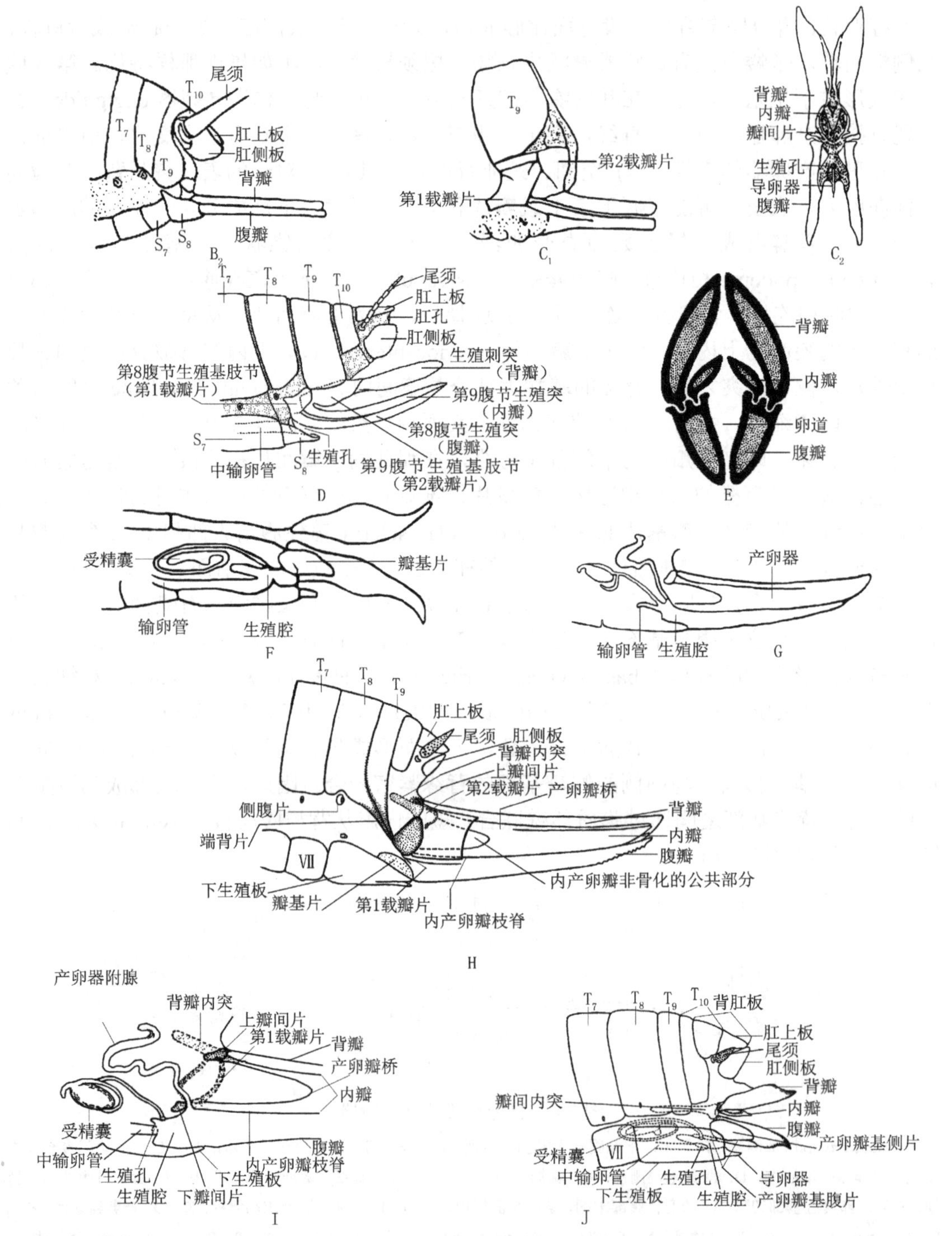
尾须
T_{10}
T_7
T_8
T_9
肛上板
肛侧板
背瓣
腹瓣
S_7
S_8
B_2
T_9
第2载瓣片
第1载瓣片
C_1
背瓣
内瓣
瓣间片
生殖孔
导卵器
腹瓣
C_2
T_7
T_8
T_9
T_{10}
尾须
肛上板
肛孔
肛侧板
生殖刺突
（背瓣）
第8腹节生殖基肢节
（第1载瓣片）
第9腹节生殖突
（内瓣）
第8腹节生殖突
（腹瓣）
S_7
中输卵管
S_8
生殖孔
第9腹节生殖基肢节
（第2载瓣片）
D
背瓣
内瓣
卵道
腹瓣
E
受精囊
瓣基片
输卵管
生殖腔
F
产卵器
输卵管
生殖腔
G
T_7
T_8
T_9
肛上板
尾须
肛侧板
背瓣内突
上瓣间片
第2载瓣片
产卵瓣桥
侧腹片
背瓣
内瓣
端背片
腹瓣
Ⅶ
内产卵瓣非骨化的公共部分
下生殖板
瓣基片
第1载瓣片
内产卵瓣枝脊
H
产卵器附腺
背瓣内突
上瓣间片
第1载瓣片
背瓣
产卵瓣桥
内瓣
受精囊
腹瓣
中输卵管
内产卵瓣枝脊
生殖孔
下生殖板
生殖腔
下瓣间片
I
T_7
T_8
T_9
T_{10}
背肛板
肛上板
尾须
肛侧板
背瓣
瓣间内突
内瓣
腹瓣
产卵瓣基侧片
受精囊
Ⅶ
中输卵管
生殖孔
导卵器
下生殖板
生殖腔
产卵瓣基腹片
J

图 7-6 (续)

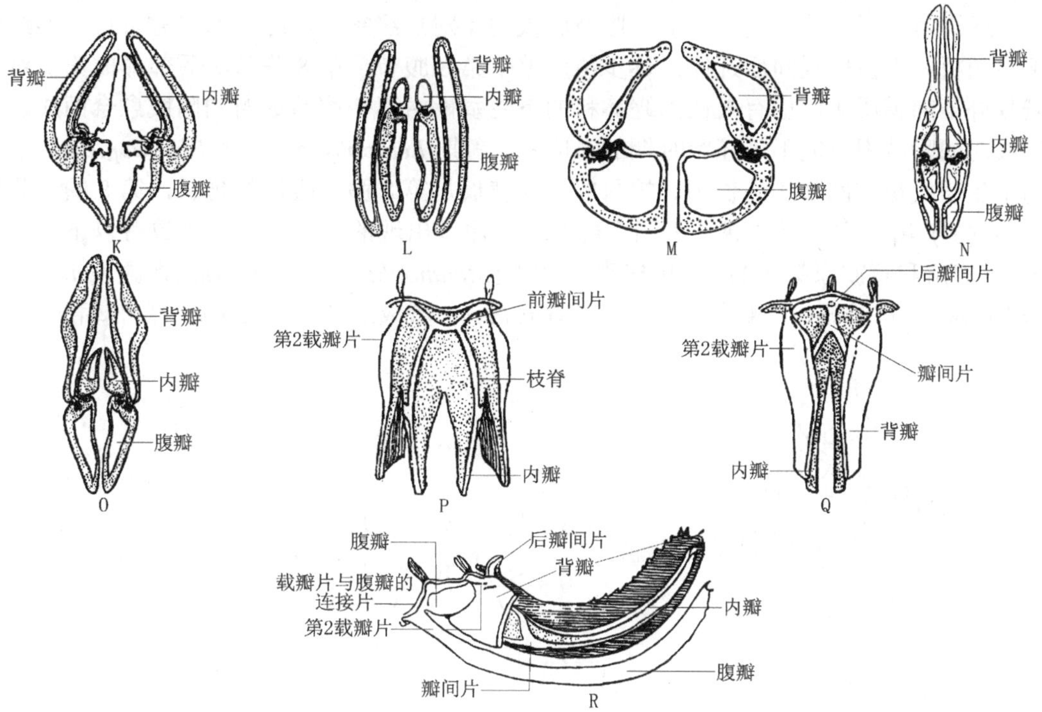

图 7-6 (续)

7.1.8　雌性外生殖器胚后发育

不同类群胚后发育过程中产卵瓣原基位置有变化，蟋蟀科的腹瓣原基彼此远离，位于第 8 腹节腹板后缘，后来逐渐接近中间虫体纵轴，形成腹瓣。疾灶螽属和沙螽 *Deinacrida* 的第 8 腹节腹板原基在胚胎发育早期阶段彼此远离。但蝗总科的原基紧靠虫体中间纵轴。Qadri (1940) 认为原基位置变化可能与受精囊形成时间差别有关，受精囊形成过程中可能牵拉原基朝向原始点。蟋蟀科等的腹瓣原基可能位于基节区域，但蝗科若虫的可能位于主腹区 primary sternal area，虽然它们都是胚胎附肢的衍生物。上述情况表明，虽然腹瓣原基的位置及其后续发育过程中的突起在不同直翅目类群中存在差异，但最终仍形成了同源结构腹瓣。直翅目的背瓣原基起源于第 9 腹节腹板后缘，而内瓣似乎起源于背瓣原基的中部外长物。蟋蟀科的瓣间片起源于两侧到相应的发育中的背瓣基部区域，为 1 个小圆锥形突起。随后，从腹瓣基部分化出第 1 载瓣片 (瓣基片)，并与瓣间片联合。瓣间片进一步与第 9 腹节背板及从第 9 腹节腹板分化形成的第 2 载瓣片形成关节。Scudder (1961) 指出蟋蟀科的瓣间片没有获得与腹瓣的直接关节。沙螽的第 1 载瓣片由腹瓣基部连续的骨片形成，Ramsay 称连续骨片为第 1 基肢片 coxite，这一区域膜质化并形成 2 块载瓣片，分别位于每侧的中部。第 1 载瓣片后来退化，每载瓣片上的斜缝表明腹瓣和第 1 载瓣片之间的最初边界。沙螽的第 2 载瓣片由含有基肢片元素的第 8 腹节腹板侧缘合并而成。螽斯 *Leptophyes* 的第 8 腹节腹板除侧面部分形成第 1 载瓣片外，其余全部膜质化。飞蝗属的第 8 腹节基肢片被 1 垂直沟槽分为侧瓣基片 lateral basivalvula 和腹瓣 (前瓣)。

蟋蟀属的下生殖板起源于第 7 腹节腹板的 1 对后缘褶，后缘褶水平愈合形成连续的下生殖板。下生殖板向后延伸，逐步覆盖整个第 8 腹节，第 8 腹节除后部形成第 1 对载瓣片外全部膜质化。也有人认为蟋蟀科的下生殖板由第 7 腹节成对的附肢愈合而成，这些成对的附肢很可能不是胚胎时期的对应物。螽斯 *Leptophyes*、蟋蟀 *Pholidoptera*、沙螽的下生殖板是节间膜的外长物。蝗科的下生殖板是第 8 腹节腹板的延长，第 8 腹节腹板在腹 (前) 瓣下方向后伸展。不同类群产卵瓣原基出现的时间不同，大致有以下几种情况：①腹瓣和背瓣原基在 1 龄若虫出现，如黑蝗 *Melanoplus*、螽斯 *Anabrus*、姬螽 *Metrioptera*、*Colemania*、蔗蝗属、飞蝗属、拟飞蝗 *Locustana*、戟纹蝗 *Dociostaurus* 等；②背瓣原基

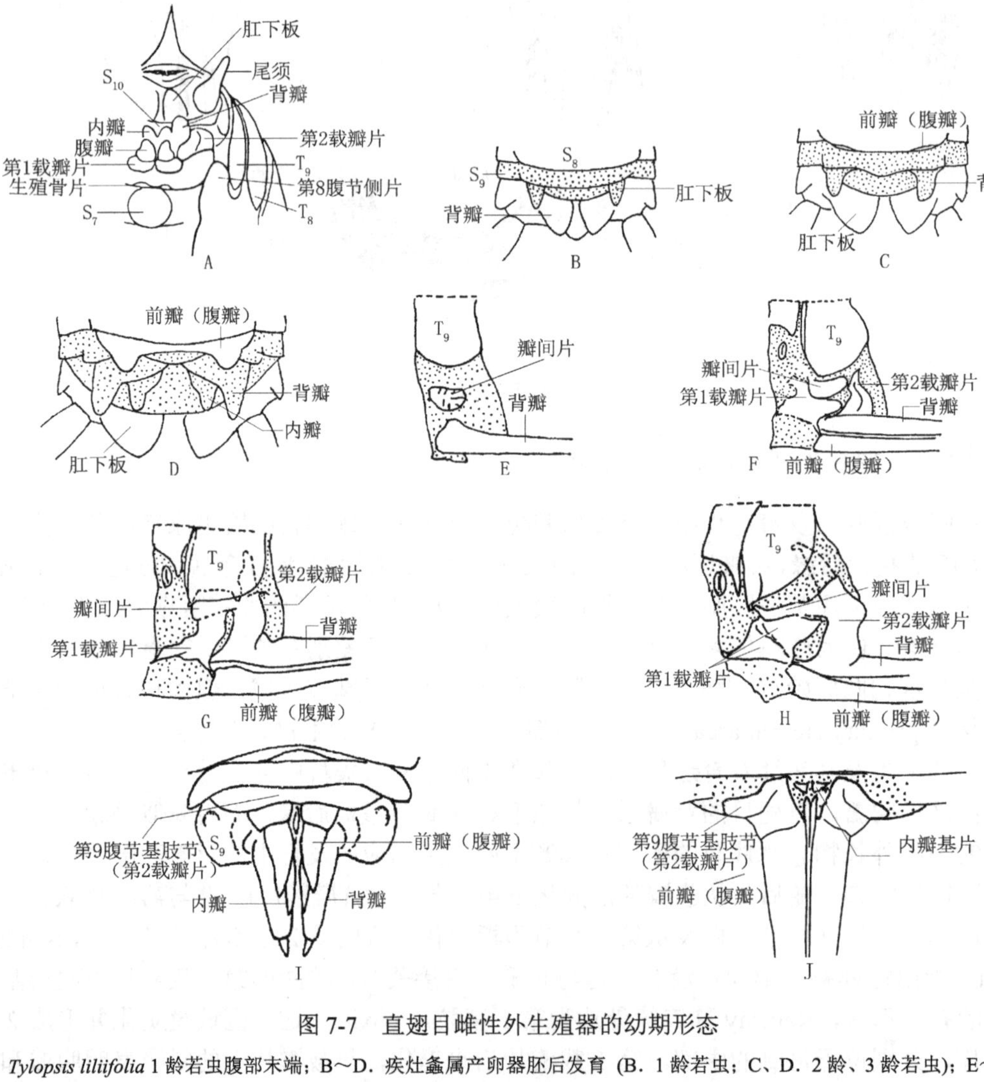

图 7-7　直翅目雌性外生殖器的幼期形态

A. *Tylopsis liliifolia* 1 龄若虫腹部末端；B～D. 疾灶螽属产卵器胚后发育 (B. 1 龄若虫；C、D. 2 龄、3 龄若虫)；E～J. 载瓣片和瓣间片胚后发育 (E. *Nemobius* sp.末龄若虫；F. 田野蟋蟀属末龄若虫；G. 斑蟋成虫；H. *Orocharis saltator* 成虫；I、J. *Deinacrida regosa* 4 龄、7 龄若虫)；T_8、T_9 为第 8、9 腹节背板；S_7～S_{10} 为第 7～10 腹节腹板 (A. 施凡维奇，1958；B～J. Matsuda，1976)

在第 1 龄若虫出现，腹瓣原基在 2 龄若虫出现，如沙螽 *Deinacrida*、田野蟋蟀属、飞蝗属等；③背瓣原基在第 1 龄若虫出现，腹瓣原基在 3 龄若虫出现，如疾灶螽属等；④背瓣和腹瓣原基在第 2 龄若虫出现，如蟋蟀 *Acheta*、裸蟋属等；⑤背瓣和腹瓣原基在第 3 龄若虫出现，如蝼蛄等；⑥背瓣和腹瓣原基在第 4 龄若虫出现，如蟋蟀 *Acheta* 等。上述第 1 种类型中，2 对产卵瓣原基均在 1 龄若虫期出现，可认为这些类群在胚胎发育期间，第 8、9 腹节附肢发育形成了产卵瓣原基。第 2、3 两种类型中，腹瓣不是胚胎腹部附肢的衍生物。第 4～6 类中，背瓣和腹瓣可能都与胚胎腹部附肢无关。原基替代时间的不同导致发育的异步性 (图 7-7)。

7.2　沙螽总科 Stenopelmatoidea

7.2.1　*Ceuthophilus lapidicola* Burmeister

雄性外生殖器：阳茎几乎整体膜质，仅基部表面稍几丁质化，狭窄的几丁质化区域在基部合并成单一骨片。休止时，阳茎的后壁内陷形成精包囊，射精管开口进入精包囊下部。上、下部通过细小的横褶分开。横褶上方有阳基侧突基部联合形成的骨片，骨片部分反转。精包囊开口以腹叶下面为界，腹叶稍几丁质化，有许多小刺。缩入时，腹叶下面形成 1 个深而横跨的囊。阳茎顶端有 1 对小的开口，开口有几丁质边缘，通入狭窄的管，管具有部分的腺体功能，衬里的表皮有柔毛。阳茎基部上方有大型钩状的阳茎基背片 (假腹板)，阳茎基背片的凹面形成 1 个鞘，以接纳缩回的阳茎。枝脊之间在腹面通过弱的几丁质化拱突相联系，但外表并不明显。内突大而显著。翻出时，阳茎从阳茎基

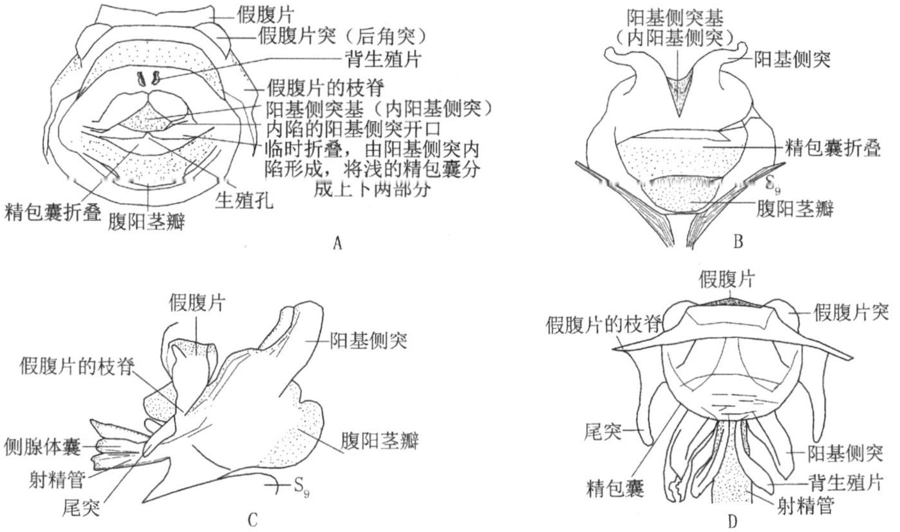

图 7-8　*Ceuthophilus lapidicola* 雄性外生殖器 (参考 Walker，1922 图重绘)

A. 阳茎后视，阳基侧突缩回；B. 阳茎后视，阳基侧突翻出，精包囊除去，腹叶遮盖生殖孔；C. 阳茎侧视，阳基侧突完全外翻；D. 阳茎背视，阳基侧突缩进，内部构造暴露；S_9 为第 9 腹节腹板

背片下面伸出，精包囊消失。阳基侧突膜质，位于背面末端，大型角状 cornua，仅基部沿中间表面弱骨化 (图 7-8)。

雌性外生殖器：产卵器杆基部近圆柱形，端部稍扁。背瓣重叠在另两对产卵瓣之上，内瓣隐藏于背瓣和腹瓣之间，长度约为背瓣的 2/3。背瓣和腹瓣近等长，相互之间没有榫-槽构造联系，内瓣和腹瓣之间存在榫-槽联系。腹瓣端部外缘有齿，两侧腹瓣沿腹中线紧密结合。瓣基片明显，几丁质化较弱，位于第 8 腹节腹板形成的较小下生殖板和产卵器杆基部之间。载瓣片近三角形，位于瓣基片、第 9 腹节背板下缘和背瓣基部之间，载瓣片的上角与背瓣基部形成关节。载瓣片的前背缘和前腹缘向内伸出强壮的脊，脊与背板间突起连接，背板间突起沿第 9 腹节背板前缘延伸一段距离后终止。背瓣的内脊在接近基部的位置接合，向端部两瓣稍分开，但在最基部 (包括上突 superior apophyses)，背瓣又通过小的上瓣间片联合，上瓣间片一般向下突出成为 1 个中间的垂直突起。上突是 1 个中等长度的三角形突起。下突向内弯曲，与下瓣间片结合，下瓣间片大而细长，箭头形。枝脊与宽的产卵瓣桥联系，穿过发达的瓣间膜，稍超过膜中部，它们的基部与下瓣间片在下突片后关节。枝脊端部与其他部分有明显的结合线分开。内瓣有明显的几丁质突起支撑，几丁质突起来源于背瓣内表面，在瓣间膜后缘相对部位向内伸出 (图 7-9)。

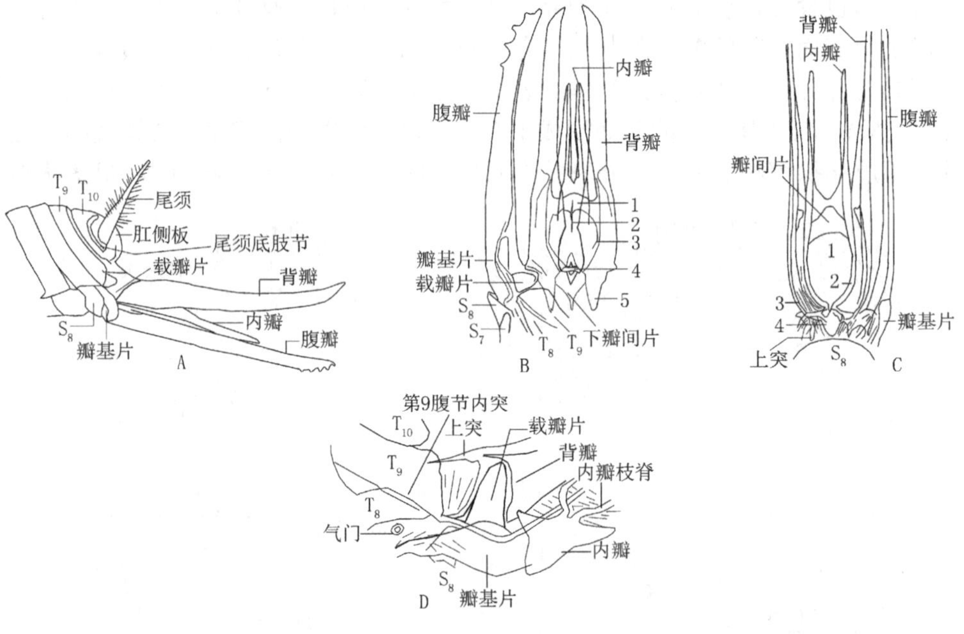

图 7-9　*Ceuthophilus lapidicola* 雌性外生殖器 (参考 Walker，1919 图重绘)

A. 腹部末节和产卵器侧视；B. 未发育成熟雌虫产卵器背视，左腹瓣外弯，右腹瓣未绘 (1. 瓣间片；2. 瓣间膜 intervalvular membrane；3. 内瓣枝脊；4. 上瓣间片；5. 上突)；C. 产卵器腹视 (1. 瓣间膜；2. 内瓣枝脊；3. 下内突 inferior apophysis；4. 下瓣间片)；D. 产卵瓣基部构造内视；T_8～T_{10} 为第 8～10 腹节背板；S_7、S_8 为第 7、8 腹节腹板

7.2.2　斯蒂芬岛沙螽 *Deinacrida rugosa* Buller

雌性外生殖器及胚后发育：1 龄若虫下生殖板未发育。第 8 腹节腹板比前 1 节的腹

板稍小，腹板后缘出现 1 个弱而宽的边缘凹痕，凹痕由 2 个稍扩大加厚的褶 (痕迹状附肢) 与腹板产生的不明显的分隔形成。第 9 腹节腹板小而窄，后部缩小形成 2 个基肢节，每基肢节包含 1 个宽而弯曲向中部伸展的基部，通过明显的褶与腹板分隔，形成 1 个近圆柱形的后突，突起上具有 1 端生圆锥形刺突，刺突上具有 4～5 支感觉毛。2 龄若虫下生殖板未发育。第 8 腹节腹板小而细，具有 1 对 2 节的宽圆锥形附肢，每 1 附肢起源于宽浅的基肢节 (第 1 载瓣片)，基肢节从第 8 腹节腹板的中线伸展到近侧缘。第 9 腹节腹板小，由于基肢节基部 (第 2 载瓣片) 生长而稍显退化，每 1 基肢节基部具有细长圆柱形附肢，即背瓣。附肢上具有端生的刺突。每附肢 (背瓣) 向中部伸展，其基部发生 1 个近圆柱形、局部分开的外长物，即中间生殖突 medial gonapophysis (内瓣)，内瓣和背瓣之间有明显的沟分开。刺突上具有感觉毛。3 龄若虫下生殖板未发育。与前 1 节相比，第 8 腹节腹板相当小，由于基肢节的扩大愈合使腹板进一步退化。附肢的基节明显，呈环状。端节长为宽的 2 倍，圆形，有时表面有环纹。第 9 腹节腹板退化成 1 个中片和 2 个侧片，侧片上出现内陷，内陷与突起发育过程中肌肉附着有关。基肢节相对大小增加，向侧面扩展，向后突起圆柱形，细长，具有端生的刺突。中生殖肢细长，通过 1 明显的沟与基肢节分隔。中生殖肢隐约可见，划分为短的基部和长而圆的端节。刺突上具有感觉毛。4 龄若虫第 7 腹节腹板后缘中部出现下生殖板的芽体，隐约呈二叶状折叠，芽体与第 7 腹节腹板之间有明显的分隔缝。第 8 腹节腹板进一步退化，基肢节扩大，两基肢节几乎完全愈合。每附肢的基节宽而呈圆柱形，端节相当长而渐尖，末端圆，基部出现再次分隔。第 9 腹节附肢中部和侧面残余的第 9 腹节腹板依然存在，侧面的腹片具有与肌肉附着内突相关的表面凹坑。基肢节大，后突进一步延长，刺突相对变小。中生殖肢相对延长，明显分成短的基节和细长渐尖的端节。刺突上具有感觉毛。第 8、9 腹节的附肢开始共同生长，出现产卵器原基。5 龄若虫下生殖板顶端微凹，超出第 8 腹节每侧基肢节之外，扩大形成 2 个尖锐的突起。下生殖板与第 7 腹节腹板后缘仍然有密切联系，但有明显的深缝分隔。第 8 腹节腹板侧区膜质，腹区退化而细长，基肢节大，两侧的基肢节几乎完全愈合。附肢的基节方形，端节极细长、渐尖、末端圆。第 9 腹节腹板也退化成 2 个侧片，每侧片具有表皮内突留下的内陷。基肢节发达，后突进一步延长，刺突退化成小的端部瘤突，每瘤突上具有几支显著的感觉毛。生殖肢的端节也显著延长、渐尖，末端圆形。基节通过 1 浅沟与基肢节分开。3 对产卵瓣现在已经形成 1 个长约 2mm 的明显的产卵器。6 龄若虫产卵器进一步增长。7 龄若虫下生殖板扩大，覆盖在第 8 腹节基肢节和腹瓣基部之上，后端微凹，形成 2 个锋利的尖端，侧面膜质。下生殖板通过膜质区与侧面完全分离，实际上下生殖板常部分隐藏在这个膜质褶内。第 8 腹节腹板区完全膜质化，在两侧基肢节之间有 1 对小的中片开始发育，这对小型中片称为瓣基片间片 inter-basivalvulae。基肢节被分开并与部分腹瓣的基部 (第 1 载瓣片) 愈合。腹瓣的基部方形，与快速伸展的端节出现不完全的分隔。两侧的端节长度近相等。第 9 腹节腹板退化成相对较小的侧片，每侧片表面具有表皮突形成留下的内陷。基节的中后部扩大。背瓣显著伸展，具有强的腹面纵脊和小的端斑片，斑片上约有 3 支明显的感觉毛，端斑片及感觉毛整体属于刺突的遗迹。生殖肢 (内瓣) 细长，基节多少呈方形，通过膜质沟与基肢节分隔。产卵器长 6～7mm，产卵器片已经相互紧密嵌合。8 龄若虫下生殖板更大，并进一步向侧面伸展。第 8 腹节基肢节 (第 1 载瓣片) 相对退化形成钝的侧面突起，突起邻近腹瓣完全愈合的基节和端节的基部。腹瓣极度延长，瓣基片间片继续在中部发展。第 9 腹节侧面具有表皮突内陷的腹板残片，与基肢节基部愈合形成复合的第 2 载瓣片，第 2 载瓣片位于内瓣和背瓣的后方和上方。内瓣和背瓣极大延长，但外部形态上与前 1 龄若虫的类似。出现横向基部增厚，将发育为杆状的瓣间片。刺突几乎完全与背瓣结合，端部感觉毛显著。内瓣进一步加长变细。基节和端节完全愈合，基部通过 1 沟彼此分开，与背瓣的基部则通过膜质区分开。产卵器长 12～13mm。9 龄若虫下生殖板更大，与第 7 腹节腹板等宽。第 8 腹节第 1 载瓣片相对退化，继续形成 1 个明显的侧面分隔突起，位于腹瓣基部，并成为腹瓣的一部分。腹瓣明显加长，瓣基片间片骨片愈合，形成 1 个横向的细长骨片。第 9 腹节腹板和第 2 载瓣片的基节成分愈合更加完全，其他部分类似于前 1 龄若虫。内瓣和背瓣几乎等长，但更细，分开几乎达基部。基部继续保持柔软易曲，但中部和侧面的骨化已经开始。背瓣长度明显增加，通过 1 明显的缝与第 2 载瓣片分开。没有刺突的痕迹。刺突已经彻底结合入背瓣。横向杆状的瓣基片间片以产卵瓣侧角之间基缘加厚的形式存在。产卵器长 21～22mm，与成虫的十分接近。成虫期下生殖板相对较大，后部顶端微凹，比若虫期的长。第 7 腹节腹板长度约为前 1 节腹板的 2 倍。第 8 腹节第 1 载瓣片退化成腹瓣侧面基角的突起，与腹瓣愈合，腹瓣强烈几丁质化、细长、渐尖，愈合的瓣基片间片的骨片形成 1 个中间的近环形骨片。第 9 腹节第 2 载瓣片与第 1 载瓣片形成强力关节。内瓣更短，相对更细，具有强烈的 2 条侧面纵向骨化，很可能与第 9 龄若虫的侧面骨化中间膜质相对应。背瓣大，高度几丁质化，渐尖稍弯曲。瓣间片形成 1 个强烈骨化的横杆，横杆位于产卵瓣基部之间。产卵器长 24～28mm (图 7-10)。

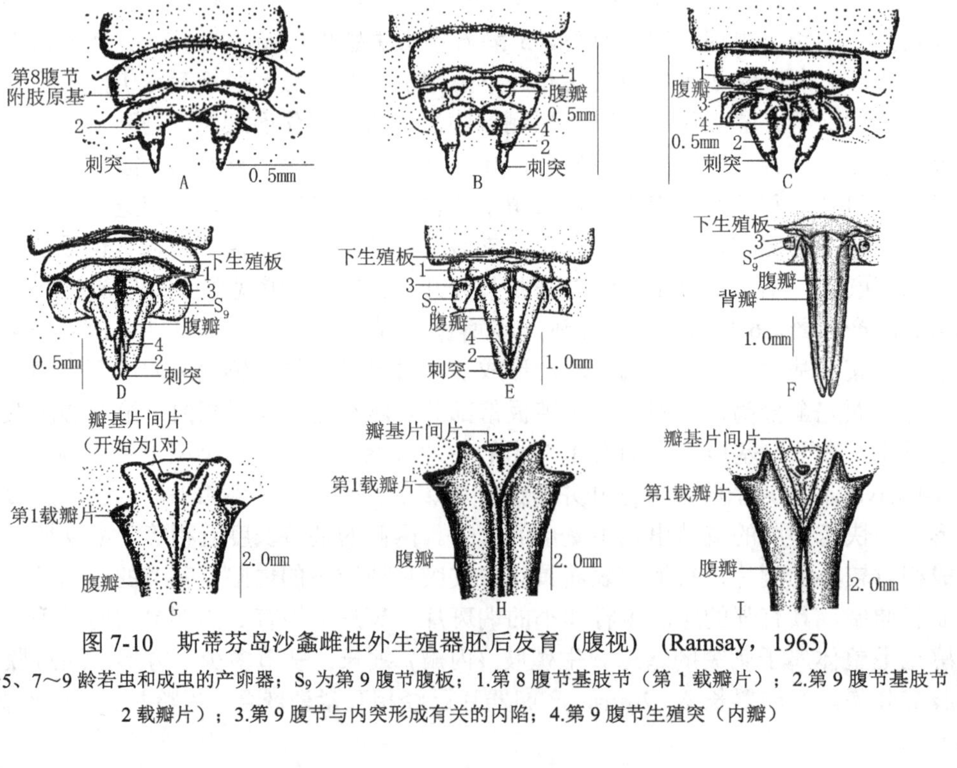

图 7-10　斯蒂芬岛沙螽雌性外生殖器胚后发育 (腹视)　(Ramsay，1965)

A～I. 1～5、7～9 龄若虫和成虫的产卵器；S_9 为第 9 腹节腹板；1.第 8 腹节基肢节（第 1 载瓣片）；2.第 9 腹节基肢节（第 2 载瓣片）；3.第 9 腹节与内突形成有关的内陷；4.第 9 腹节生殖突（内瓣）

7.3　原螽总科 Hagloidea

7.3.1　圆翅鸣螽 *Cyphoderris monstrosa* Uhler

雄性内生殖器：精巢大型囊状，有被膜。输精管细长弯曲，附腺 1 对，指状，位于两侧输精管基部内方，在每侧附腺的内侧上方，分别发出 1 支指状的贮精囊；输精管、附腺、贮精囊一起汇入下部的射精管 (图 7-11 B)。

雄性外生殖器：第 8～10 腹节背板退化为膜质，缩在第 7 腹节背板形成的腔内。第 8、9 腹节背板侧下方延伸部分几丁质化较强。尾须发达，管状。肛上板 1 对，较发达，位于尾须基部侧上方。肛侧板 1 对，乳突状，位于肛上板内侧。第 8 腹节腹板较退化，环状，与第 9 腹节腹板间有发达的节间膜连接。第 9 腹节腹板发达，腹面发出 1 弯舌状的交配突，交配突正面观二叉状，分叉之间有膜质相连。第 9 腹节腹板顶端具有 1 对较为发达的管状针突 (图 7-11 A、C～H)。

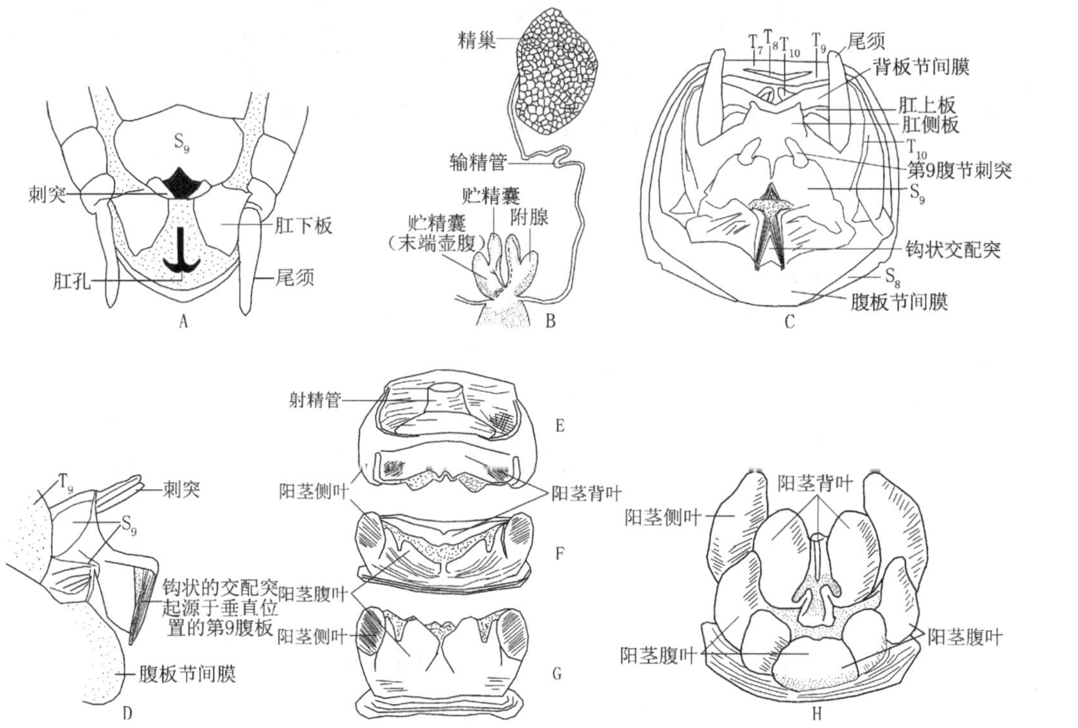

图 7-11　圆翅鸣螽雄性生殖系统

A. 腹部末端腹视；B. 雄性内生殖器；C. 腹部末端后视 (钩状的交配突起源于垂直位置的第 9 腹板)；D. 第 9 腹节腹板侧视，示交配突；E～G. 若虫雄性外生殖器原基背、后、腹视；H. 成虫雄性外生殖器；T_7～T_{10} 为第 7～10 腹节背板；S_8、S_9 为第 8、9 腹节腹板 (A、B. 参考 Matsuda，1976 图重绘；C、D. 参考 Walker，1922 图重绘；E～H. 参考施凡维奇，1958 图重绘)

7.4　螽斯总科 Tettigonioidea

7.4.1　雄性外生殖器

第 9 腹节形成的生殖板仅略伸长，交配器保留在末端的位置。阳茎主要为位于生殖孔周围的若干个叶片构成的领状物。螽斯科阳茎的侧叶退化，腹叶扩大，成为一般可见的唯一阳茎构造。螽斯科的精包构造复杂，精包体（主贮精囊）分为左右两半，壁由两层组成。颈由精包体分出，固定叶位于精包颈的基部。精包防护物（精护、护精体 spermatophylax）着生在精包体的下面和两侧，是 1 种大而有黏性的物质，有时借助于细长管（脚）与精包体连接。此外，还具有成对的中空的副精包体（附贮精囊）着生在精包体的后面。精包体内有 2 个腔，内含精子。2 条细长的管由精包体腔分出，它们接合成 1

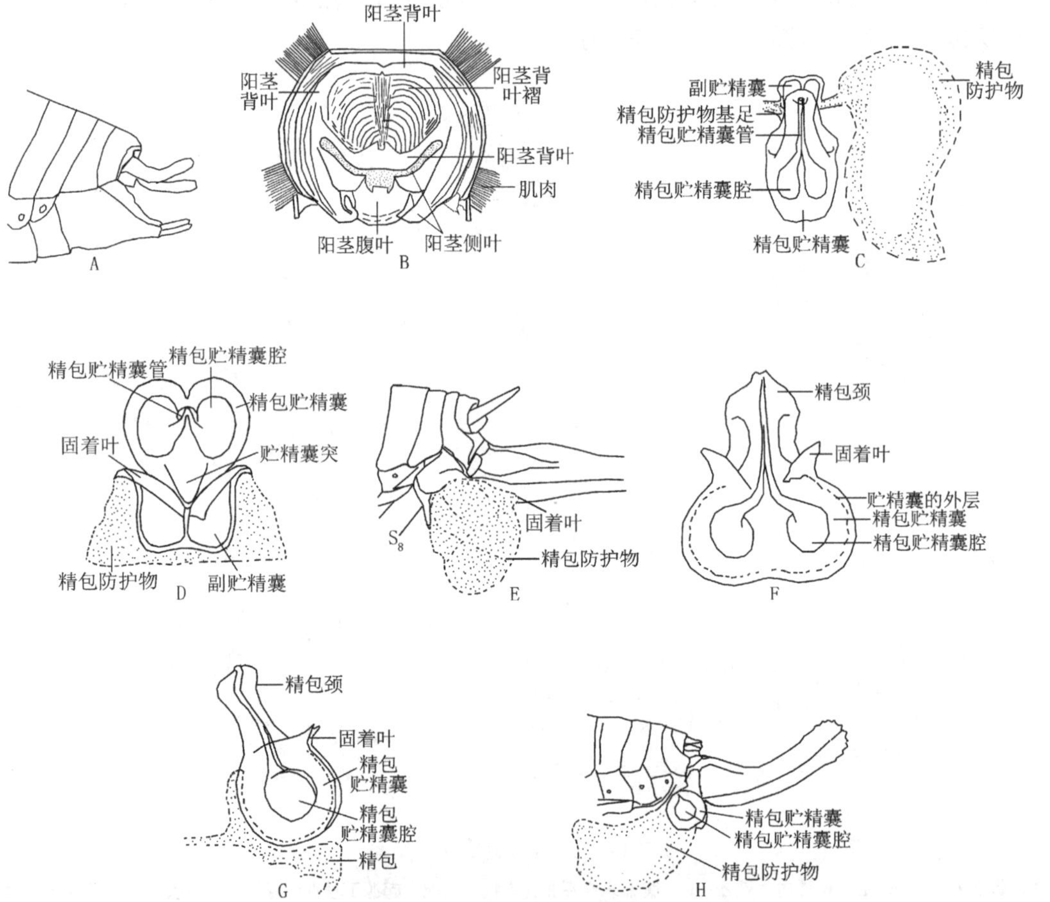

图 7-12　螽斯的雄性外生殖器和精包（参考施凡维奇，1958 图重绘）

A、B. *Microcentrum retinerve* 雄虫腹部末端侧视、雄性外生殖器后视；C. *Xiphidium fuscum* 精包背视，左侧的精包防护物未绘；D、E. *Tettigonia cantans* 精包（大部）和精包防护物（部分）、已受精雌虫腹部末端侧视；F~H. *Isophya acuminate* 精包（大部）背、侧视和已受精雌虫腹部末端侧视；S_8 为第 8 腹节腹板

条后，通过颈部并向外开口于精包颈末端。精包体的腔并不与副精包体的腔相通，在精包形成时，精子首先进入副精包体，而后再由副精包体进入精包体，但以后它们隔离开来。精包体能借收缩壁的压力将精子向外压出。很多螽斯在交配过程中雄虫传送复杂的精包粘贴到雌性生殖器外面。每个精包由精护 (护精体 spermatophylax) 和精包体 (精壶 sperm ampulla) 组成，交配时，雄性用尾须抱持雌性腹部末端，阳茎进入生殖腔，以后精包进入生殖腔，而阳茎拔出。精包不是整个都进入生殖腔，精包体和精护仍留在外面。当雄虫离开雌虫后，雌虫立刻开始取食精护，由于精护具有黏性并且十分坚固，其体积也很大，取食往往能持续几个小时。在此期间，精液流入受精囊。精护被取食殆尽后，精包的其余部分被雌虫拉出而抛弃。人为去除精护，雌性则会取食整个精包。因此，精护具有保护精子免受雌虫取食的功能。对于这种交配取食的适应性意义有 2 种假说：精护可作为 1 种保护精子的设施来阻止精包体在雄虫完全射精前被移动；精护可能作为父本的投资，增加该雄虫所授精的卵量 (图 7-12)。

7.4.2　雌性外生殖器

产卵器军刀形，两侧扁平而末端尖，有时上弯。外观可见上下配置的 2 对产卵瓣。其中下面 1 对为腹瓣，上面 1 对为背瓣。1 对内瓣包藏在腹瓣和背瓣之间。树螽 *Scudderia* 的 1 对内瓣退化为狭长膜质，仅下缘硬化。3 对产卵瓣之间借助滑缝互相关节，带有悬缘的沟沿腹瓣的上表面伸展，悬缘包住背瓣下表面上的轨状突，使产卵瓣能进行纵向移动。腹瓣和内瓣也以类似的方式结合 (图 7-13)。

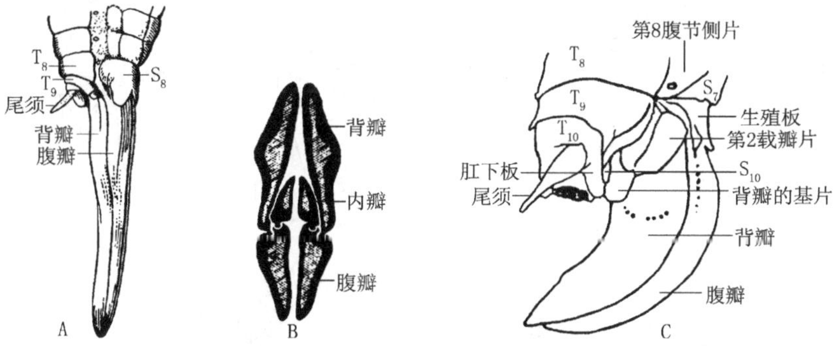

图 7-13　螽斯雌性外生殖器 (施凡维奇，1958)

A．绿螽斯 *Locusta* (*Tettigonia*) sp.雌虫腹部末端侧视；B．绿螽斯产卵器横切；C．*Tylopsis liliifolia* 产卵器侧视；T_8～T_{10} 为第 8～10 腹节背板；S_7、S_8、S_{10} 为第 7、8、10 腹节腹板

7.4.3　细草螽 *Conocephalus fasciatus* (De Geer)

雄性外生殖器：阳基侧突具有 1 对厚的肌肉脊，该肌肉脊起源于阳基侧突囊的底部和侧面。每个肌肉脊的边缘有几丁质杆，杆在前方相遇，向尾部方向分叉，沿脊的末端向外背部弯曲，以短棘的方式终止。杆表面有细棘。阳茎腹叶大型，向内折叠以容许精包囊的膨胀。阳基侧突囊和精包囊之间的分隔简单，没有几丁质化。端突 end apophyses 小，隐藏在阳茎下。侧腺体囊大型，具有几丁质衬里，开口于射精管。

末龄若虫尾须发达而多毛，第 9 腹节背板环形，不甚发达。第 10 腹节背板环绕尾须外侧，肛上板较发达，位于尾须中间。肛侧板 1 对，位于尾须基部内侧下方。第 9 腹节腹板 (下生殖板) 较发达，末端两侧有 1 对刺突。阳茎管状，阳基侧突轻微几丁质化，位于阳茎开口背缘，阳茎不可伸缩，在此阶段没有阳基侧突囊。阳茎腹叶被分成 1 个更大的外部和较小的内部，外部边缘明显几丁质化 (图 7-14G)。

雌性外生殖器：产卵器较粗壮，产卵瓣宽扁，瓣之间结合较紧密。背瓣和内瓣都通过榫-槽构造与腹瓣结合，槽位于腹瓣的边缘。瓣基片不明显，位于第 8 腹节腹板 (下生殖板) 和腹瓣基部间，具有 1 个扁平的腹面区域 (相当于瓣间片)，腹侧缘几丁质化。上瓣间片较大，具有 1 个明显的外部凹陷或窝，以及 1 个发达的中间突起，向下前方伸展。

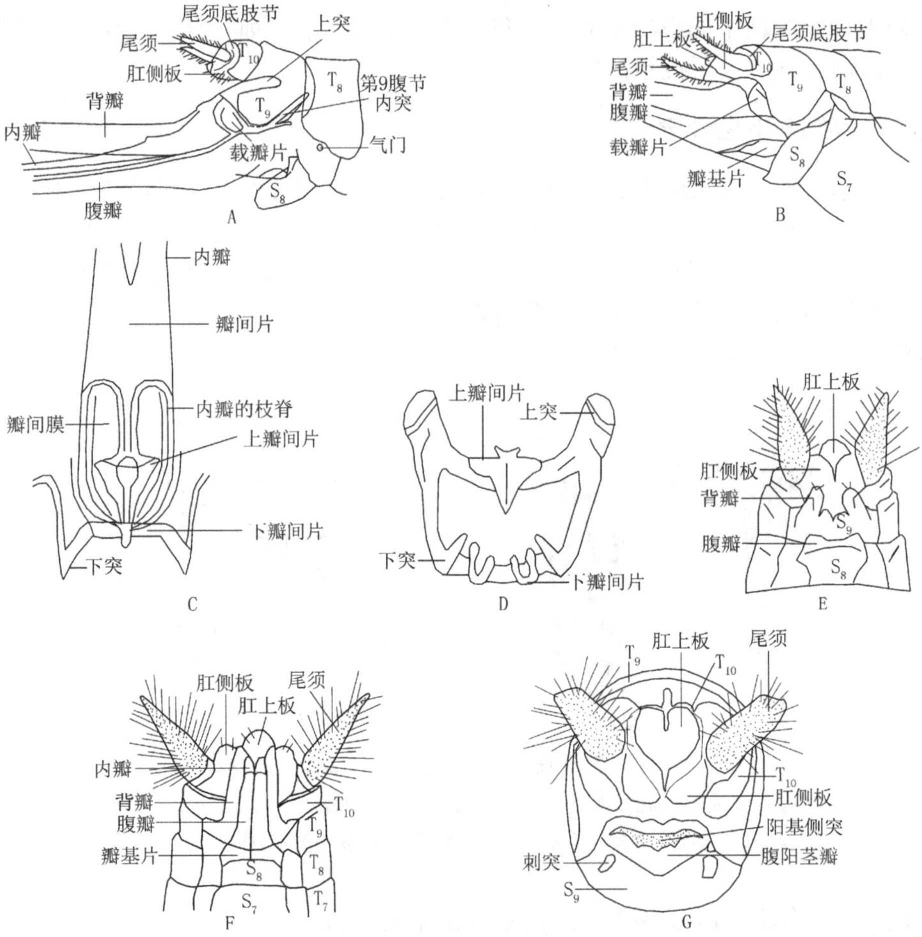

图 7-14　细草螽雌、雄外生殖器

A、B. 雌虫腹部末节和产卵器基部侧视、腹侧视；C. 上瓣间片和内瓣的连接背视；D. 产卵器基部前视；E、F. 体长 4mm、5mm 雌若虫腹部末节腹视；G. 末龄雄若虫腹部末端后视，示阳茎顶部稍几丁质化区域形成阳基侧突，位于横向生殖孔开口的内侧；T_7～T_{10} 为第 7～10 腹节背板；S_7、S_8 为第 7、8 腹节腹板 (A～F. 参考 Walker，1919 图重绘；G. 参考 Walker，1922 图重绘)

上瓣间片与背瓣密切关节。产卵瓣桥占整个瓣间膜长度之半，以细长的中突向端部伸展，在上骨片下侧接合，但不愈合。下瓣间片为细长横杆，其外端与内瓣的枝脊紧密关节，与上瓣间片的下突骨片关联不紧密。上瓣间片的下突骨片形成上弯的棘终止于关节之外。体长达 4mm 的若虫，第 8 腹节腹板后缘出现 1 对腹瓣原基突起，第 9 腹节腹板后缘出现 2 对产卵瓣原基，外侧 1 对较大，为背瓣原基；内侧 1 对较小，为内瓣原基。尾须之间肛上板、肛侧板清晰可见。体长 5mm 的若虫，背瓣长度接近肛侧板末端，内瓣和腹瓣明显增长，腹瓣基部出现明显的第 1 载瓣片 (瓣基片) (图 7-14A~F)。

7.4.4 *Leptophyes punctatissima* (Bosc)

雄性内生殖器：精巢大型，位于消化道两侧，处于第 3～4 腹节。输精管出现在精巢后端，高度盘曲，与许多附腺一起开口于中间的射精管前端。附腺有 2 类，第 1 类由较小的附腺管组成，成群地位于中间、第 2 类更大的附腺管的后方。第 2 类附腺管充满体腔后部大部分区域。1 对囊状的腺体开口在射精管的两侧，Walker 称之为侧腺囊 lateral glandular pouch，Snodgrass 称为射精管囊 vesicle of ejaculatory duct (图 7-15 B)。

雄性内生殖器胚后发育：低龄若虫，阳茎瓣基部的中间凹陷标志着射精管的起源。在射精管前端两侧、阳茎瓣基部上方，有 1 对壶腹。壶腹大，中间收缩。输精管从后端与壶腹交接，在低龄若虫期，输精管是实心的。在较高龄若虫，有 1 条沟跨过每个壶腹的中部，将壶腹分成前、后两部分。壶腹的这种分割似乎与雄性附腺的发育有关。雄性附腺在最后 1 次蜕皮时出现，从壶腹的壁上产生。在最后 1 次蜕皮时，输精管变得高度盘曲，射精管的囊从输精管的壁上发生。

雄性外生殖器：雄性下生殖板由第 9 腹节的基腹片形成，后部上弯，后缘多少平截。第 9 腹节腹板上无刺突。但在许多螽斯科种类中，具有发达的刺突。*Meconema* 及其近缘种，有些情况下，这些刺突与第 9 腹节腹板形成可动关节。交配器官弱骨化，由 1 对中间联合的背瓣及 1 对中间联合的腹瓣构成，薄的骨化片位于联合的背瓣的基部之上，可视为退化的阳茎基背片 (假腹片)。

雄性外生殖器胚后发育：体长约 5mm 的若虫，第 9 腹节腹板后部二叶状。这些后部的叶比腹板厚，似乎代表与相应腹板愈合过程中的第 9 腹节的附肢。第 9 腹节腹板缺刺突。雄性生殖腔形成于第 9 腹节腹板游离的后缘和肛侧板基部之间。1 对阳茎瓣附着于生殖腔基部。经过下一次蜕皮，阳茎瓣被内侧的水平裂缝分成背面和腹面两部分。在随后的发育阶段，阳茎瓣体积增加，每个阳茎瓣的背面部分变得比腹面部分更大。同时，左、右背面和相应的每侧腹面阳茎彼此接近，形成成虫的下生殖板 hypadrium (图 7-15 C)。

雌性内生殖器：卵巢位于消化道两侧。侧输卵管在第 7 腹节的消化道下方联合，中输卵管在下生殖板上开口。生殖腔形成于腹瓣复合的基部和下生殖板之间。受精囊开口于生殖腔背壁，开口部位位于中输卵管开口之后，再向后方，在后瓣基部之间，有 1 个不分支的附腺的开口。

雌性内生殖器胚后发育：幼龄若虫，成对的输卵管终止于第 7 腹节腹板后缘，以 1 对壶腹的方式位于中间的外胚层内陷两侧，外胚层内陷为中输卵管原基。在此阶段，若虫腹部后部区域中间具有 3 个外胚层内陷：1 个位于第 7 腹节腹板后方，发育形成中输卵管；

另外 2 个分别位于第 8 和第 9 腹节腹板后方，分别形成受精囊和附腺。中输卵管前端分成 2 个短分支，每分支位于成对的输卵管壶腹的一侧。这些壶腹扩大，位于中输卵管前部分支的腹侧面。中输卵管的后部延伸由外胚层起源的沟沿下生殖板的背中线进行背面缝合形成。第 8 腹节腹板后方的内陷以外胚层起源的沟背面缝合的方式向前生长，形成受精囊。末端的内陷属于第 9 腹节，形成不分支的附腺。高龄若虫的中输卵管前部短的分支与壶腹通过中间壁的分化而结合。生殖系统输出管的其他部分各自形成成虫期构造。

雌性外生殖器：产卵器由发达的腹瓣、内瓣和背瓣组成，侧扁。下生殖板位于产卵器基部下方，Walker、Ford、Snodgrass 认为其属于退化的第 8 腹节腹板，而 Chopard 认为它属于第 7、第 8 腹节腹板之间的节间膜外长物，Becker 认为它是由第 7 腹节附肢愈合而成。

雌性外生殖器胚后发育：体长约 8mm 的若虫，全部 3 对产卵瓣原基已经形成。第 9 腹节腹板着生有背瓣和内瓣原基，第 8 腹节腹板着生有腹瓣原基。在进一步发育过程中，第 8 腹板中部成为膜质，从第 7、8 腹节腹板的节间区之间出现的折叠，从下面超过第 8 腹节腹板。逐渐地整个第 8 腹节腹板除侧面外皆为膜质，侧面形成腹瓣原基或第 1 对载瓣片。因此，下生殖板显然不是第 8 腹节腹板形成的。第 8 腹节腹板侧面的每一边，被 Snodgrass 称为第 1 载瓣片，Walker 称为瓣基片，属于第 8 腹节的基腹片 (图 7-15 A)。

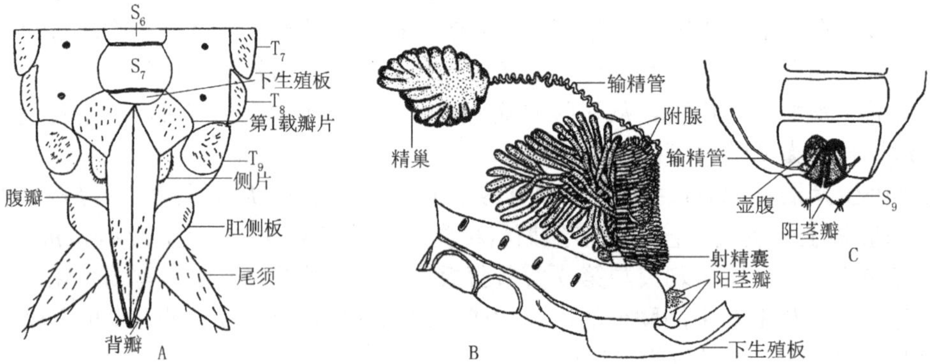

图 7-15 *Leptophyes punctatissima* 生殖系统 (Qadri，1940)

A. 成熟雌若虫腹部末节和产卵器腹视；B. 成虫雄性内生殖器；C. 体长 6.5mm 若虫腹部末节和外生殖器；T_7～T_9 为第 7～9 腹节背板；S_6、S_7、S_9 为第 6、7、9 腹节腹板

7.4.5 *Neduba carinata* Walker

雄性外生殖器：第 8、9 腹节背板背面窄条状，侧面延伸部分下端增宽，第 9 腹节背板两侧下端明显扩展并内弯，包于尾须下方两侧，与下生殖板形成的弯曲包被一起，构成腹部末端的骨架部分。尾须较发达，锥形。肛上板短舌状，位于尾须中央。肛上板两侧有 1 对指状下弯的肛侧板。第 9 腹节腹板形成较为发达的下生殖板，下生殖板末端两侧有 1 对刺突。阳茎基背片为膜质折叠，基部呈三棱状突起。中间突起由中间褶形成，突起的腹面几丁质化。两侧的突起由枝脊形成，枝脊的末端形成尖锐的端突。阳基侧突大型角状，具有细长上弯的顶端 (外阳基侧突) 和粗壮的基部 (内阳基侧突)。外阳基侧突由阳基侧突囊壁逐渐细缩形成，阳基侧突囊较大，底部稍几丁质化。精包囊紧邻阳基

侧突囊基部，相对较小。阳茎腹叶整体膜质，端部中央略凹入，凹入两侧的端部分别有 1 个指状的亚腹叶。侧腺体囊 1 对，相对较大，肾形，顶端经 1 管开口于射精管 (精包囊) (图 7-16)。

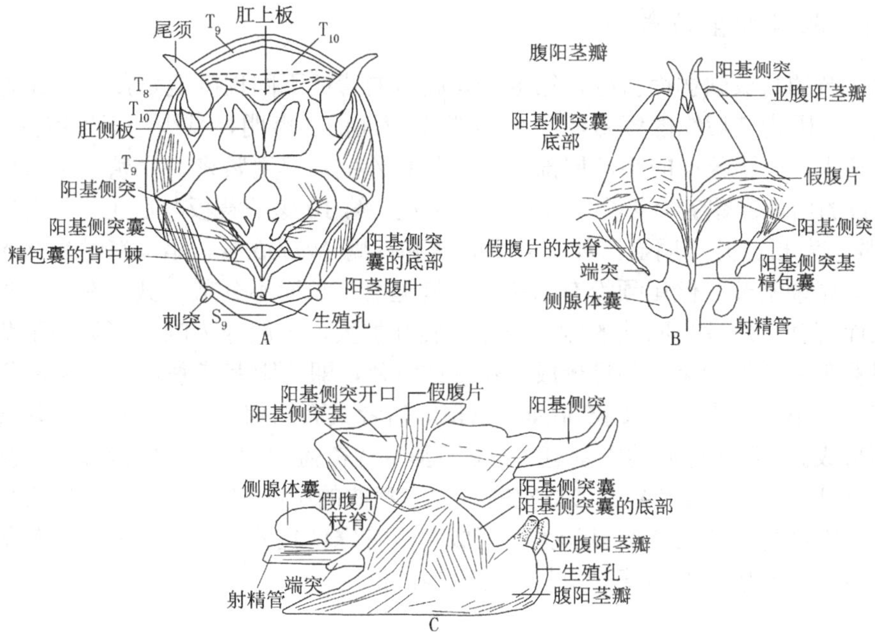

图 7-16 *Neduba carinata* 雄性外生殖器 (参考 Walker，1922 图重绘)

A. 腹部末端后视；B、C. 雄性外生殖器背、侧视；T_8～T_{10} 为第 8～10 腹节背板；S_9 为第 9 腹节腹板

7.4.6 欧亚片翅螽 *Phaneroptera falcata* (Poda)

雄性外生殖器：雄性肛上板宽大，尾须基部被其覆盖，尾须弧形弯曲，近端部明显加宽，然后渐窄，顶端呈刺状。下生殖板宽短，端部明显加宽，后缘中央具三角形凹口，鱼尾状 (图 7-17 A)。

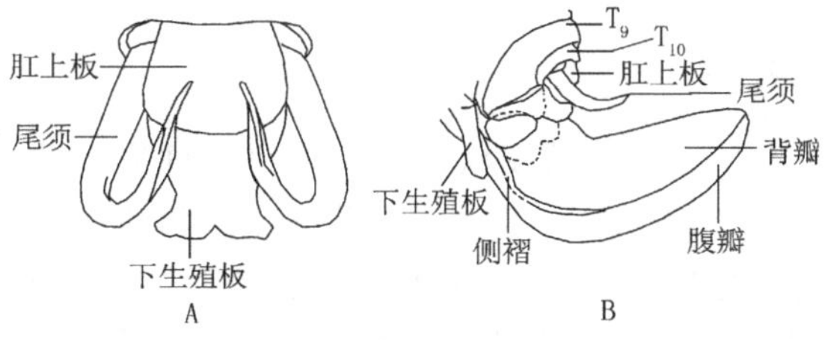

图 7-17 欧亚片翅螽 (参考中国科学院动物研究所，1986 图重绘)

A. 雄虫腹部末端背视；B. 雌虫腹部末端侧视；T_9、T_{10} 为第 9、10 腹节腹板

雌性外生殖器：尾须短锥状，其长略短于产卵瓣基部之宽。下生殖板短三角状，顶端钝圆。产卵瓣粗短，基部上缘呈钝角状弯曲，从此之后直到顶端几乎均直，具很小的

齿。下瓣基部的侧皱褶明显突出于下瓣的上缘之上，波状弯曲 (图 7-17 B)。

7.5　蟋蟀总科 Grylloidea

7.5.1　雄性外生殖器

后部腹节的背板软弱而折叠，第 8～10 腹节的背板不同程度地隐藏在套叠的第 7 腹节背板之下。因为其后缘的倾斜使第 8、9 腹节背面的长度明显减少。下生殖板 (第 9 腹节腹板) 发达，但比螽斯的小，尾部更窄，包裹外生殖器更紧密，生殖腔出口更小，无刺突。腹板的内表面覆盖有许多折叠的腺体上皮。第 10 腹节背板与肛上板不分割，有时与第 10 腹节背板分开不明显，如田野蟋蟀属和针蟋 *Nemobius*。尾须有时为 2 节，有 1 个小的外部尾须基节。但尾须没有演化成为抱握器，长而不分节，其上有长毛和感器。肛侧板长而可动。蟋蟀科阳茎的侧叶退化，腹叶扩大，一般成为唯一可见的阳茎构造。蟋蟀总科背阳茎叶很特化，并且形成 1 端片或背片，即伪阳茎背基片 (阳茎基背片)，其表皮突连接于小型的骨片及背腔 dorsal cavity，后者大而侧扁，精包柄和它的附着骨片在它的里面形成。田野蟋蟀属的阳茎有大的、阳基背片覆盖的背叶及柔软的腹叶，侧叶缺。骨化的阳茎基背片 (假腹片) 上形成宽的、再度弯曲的中叶和 2 个侧突，侧突再分为 2 个尖端。田野蟋蟀属的背腔明显膨大，形成存放特殊精包的囊。内阳茎腔由阳茎腹叶的邻近部分包围，直接与射精管开口相连 (图 7-18)。

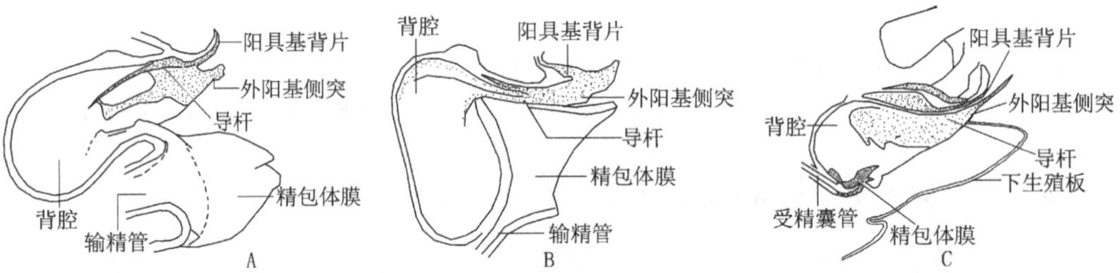

图 7-18　蟋蟀总科雄性外生殖器 (参考 Alexander and Otte，1967 图重绘)

A. *Miogryllus verticalis*；B. *Valerifictorus micado*；C. *Hapithus agitator*

7.5.2　雌性外生殖器

产卵器细长，有时扁平、剑状或镰状，但一般呈圆柱形，端部多少扩大，扩大的部分具齿。产卵器由 3 对产卵瓣组成，但内瓣显著退化。腹瓣和背瓣长而尖，并以滑缝相关节，它们的载瓣片也十分显著。内瓣是很小的舌状附器，在产卵时不起显著作用。生殖孔开口于第 8、9 腹节腹板之间的产卵瓣基部。第 8 腹节腹板为下生殖板，缩小并从下面遮盖着产卵器的基部。第 9 腹节背板具有带关节窝的悬骨褶。第 1 载瓣片的关节突进入第 9 腹节背板悬骨褶上的关节窝中。以这个关节窝为支点，第 1 载瓣片在这支点周围摆动。腹瓣开始于第 1 载瓣片的关节突的对面。载瓣片摆动时，则发生下列的运动：如果第 1 载瓣片的前端下降，腹瓣的基部应该向上和向后呈弧线移动，但因为产卵瓣和载瓣片连接的活动性及滑缝限制产卵瓣的活动，使腹瓣沿着背瓣向后移动。当第 1 载瓣片的前端上升 (后端下降) 时，则发生相反的运动，使腹瓣向前移动。第 2 载瓣片的上缘也具有关节突，这 1 关节突嵌入第 1 载瓣片后端的关节窝中，以致第 1 载瓣片后端上升 (前端下降) 时，将第 2 载瓣片及与其一起的内瓣和背瓣前拉。当第 1 载瓣片的后端下降时，则发生相反的运动。总之，第 1 载瓣片在悬骨关节上的摆动和在关节窝及关节突之间的工作导致腹瓣和背瓣前后运动，这种运动帮助卵从产卵器内通过。澳洲黑蟋蟀产卵器的卵道上常具有叠置的片状结构和松散而短的感器。这些感器在卵经过卵道时可提供卵的位置信息，而背瓣顶端的 1 簇大的感器可能感受卵产出的信息。另外，在澳洲黑蟋蟀等种类中，产卵器端部外表面有一些片状突起，其指向与内表面突起的方向相反，这些结构可能用于穿刺产卵基质及在产卵时固定产卵器的位置。

精包由卵形的精包体、精包颈和精包管组成。精包体壁分 3 层：中层厚，内、外层薄。精包颈部具有若干突起，精包管鞭状而细长。精包在生殖腔和背腔内形成，已形成精包的精包体位于腹叶之间，生殖板从下面支持精包体。螽斯科的精包由于雌性取食精包防护物而长久残留在雌虫生殖腔内，蟋蟀的相应过程已被其他适应所代替，如意大利蟋蟀雄虫后胸背板上有“汉氏腺”。交配时，雌虫舐食“汉氏腺”，直到交配结束为止。交配后雌性把精包拉出并啮食之。舐食“汉氏腺”的时间足够使精子流入受精囊内。如果雌虫过早停止舐食而离开，那么雄虫会追赶雌虫并强迫它重新舐食。如果雄虫已经离开，即使精包内充满精子，雌性也会取食精包。交配时，阳茎基背片的附器进入雌性的生殖

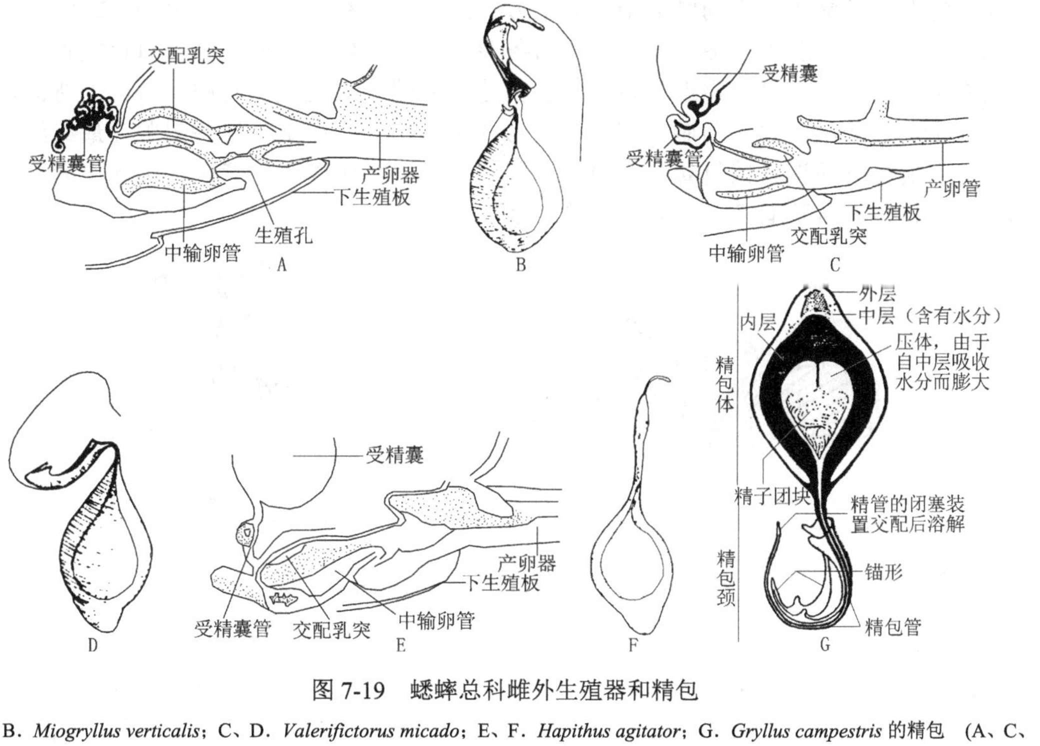

图 7-19　蟋蟀总科雌外生殖器和精包

A、B. *Miogryllus verticalis*；C、D. *Valerifictorus micado*；E、F. *Hapithus agitator*；G. *Gryllus campestris* 的精包 (A、C、E. 参考 Alexander and Otte，1967 图重绘；B、F. 参考 Alexander and Otte，1967 图重绘；G. Weber and Weidner，1974)

腔中，中突钩住生殖腔下壁，精包颈部的各个突起固着在生殖腔中，而精包管的末端进入受精囊孔。精包体留在体外。由于精包体的外层和中层膨胀，压缩薄的内层，使精液流出。精包管末端封闭，精子只能在精包管折断的情况下才能流出。但也可能精包管在受精囊内溶解释放精液 (图 7-19)。

7.5.3　家蟋蟀 *Acheta domesticus* (Linnaeus)

雄性内生殖器：精巢位于第 3～6 腹节消化道背侧，每精巢有许多紧密聚集的精巢管，这些精巢管集合而呈圆盘状。输精管后延并弯向前方，进入丛生的附腺。输精管与附腺结合后，从结合部发出射精管，射精管后延伸入 2 个袋囊状折叠，构成精包壶腹部的壶腹模 ampulla mold。壶腹模前部和背部是 1 个大的压缩腔 (背腔)，压缩腔内含有精包附着片和精包管的模具。精包模的 2 个腔分开，分隔的形态与方向与精包颈基部的弯曲一致。起源于压缩腔背壁的骨化导杆附着在侧壁，向后伸展到 (或超过) 阳茎基背片。在背面腔壁上的沟为精包管的模具，与导杆上腹面沟连续。中间的阳茎基背片和 2 个侧面的外阳基侧突 ectoparamere (阳茎复合体 phallic complex) 是雄性外生殖器骨化的部分。输精管的末端部分膨大，形成成虫的贮精囊。附腺由许多细管组成，这些细管紧密聚集在一起。位于中间和背面的附腺管比腹面和外围的稍细小。另有 1 对小的腺体囊开口于射精管两侧 (图 7-20 A)。

雄性内生殖器胚后发育：1 龄若虫，输精管位于第 9 腹节腹板后端，终止于中空的壶腹。每个末端壶腹位于同侧的阳茎瓣上方。射精管原基是位于阳茎瓣基部之间的中间内陷。壶腹位于阳茎瓣前端两侧。在随后各龄若虫中，内生殖器原基不对称发育，左壶腹比右侧的大，2 个紧密靠近的壶腹与射精管的前端一起向背面弯曲，再向上弯曲，形成 1 个圈。在末龄若虫，附腺以许多芽的形式出现在壶腹壁上，这些附腺芽最终结合。开口进入射精管前端。精包囊是在最后 1 次蜕皮期间，由联合的背阳茎瓣的中间部分内陷形成，精包囊从背面开口进入射精管 (图 7-20 B)。

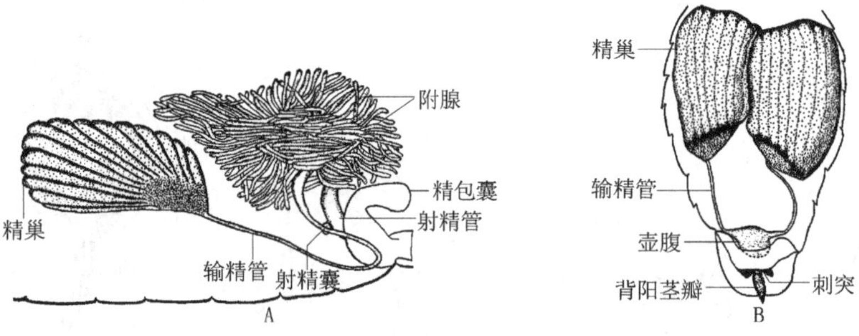

图 7-20　家蟋蟀雄性内生殖器 (Qadri，1940)

A. 雄性内生殖器；B. 5 龄若虫雄性内生殖器

雄性外生殖器：下生殖板由扩大的槽形第 9 腹节腹板形成，第 9 腹节腹板无刺突。交配器官附着在下生殖板内，交配器官的顶部有 1 个发达的骨片，该骨片称为阳茎基背片 (假腹片)。阳茎基背片的下面，有 1 对骨片，Walker 称为外阳基侧突。雄性生殖孔腹面以 1 对膜质叶为界，这对膜质叶称为腹阳茎瓣。雄性外生殖器的特点是存在 1 个大型囊，囊开口于射精管开口的背面。这个囊 Walker 称为精包囊，Snodgrass 称为背腔。在精包囊的侧面有 1 对骨片，Walker 称为内阳基侧突 endoparamere。另 1 对骨片，即枝脊，向下延伸，背离阳茎基背片，位于雄性器官基部的两侧 (图 7-21 A～C)。

雄性外生殖器胚后发育：1 龄若虫，成对的阳茎瓣原基附生在第 9、10 腹节腹板之间的生殖腔基部。在后续发育阶段，阳茎瓣体积增加，背面趋于联合。充分发育的若虫，阳茎瓣渐尖，分为背腹面。背瓣比腹瓣长很多，在中线区域大部分联合，这可能是精包囊形成的结果。腹面阳茎瓣膜质，痕迹状，位于生殖孔下面。在最后一次蜕皮期间，联合的背阳茎瓣内陷，形成精包囊。阳茎基背片的原基在高龄若虫中可见，为横向表皮带，位于联合的背瓣基部，在最后 1 次蜕皮期间的变化很大，联合的背阳茎瓣的中间部分内陷形成精包囊，许多骨片如外阳基侧突、内阳基侧突、枝脊等可能由背阳茎瓣的不同部分分化形成。阳茎基背片高度骨化，形成拱形，位于成虫雄性器官之上 (图 7-21 D)。

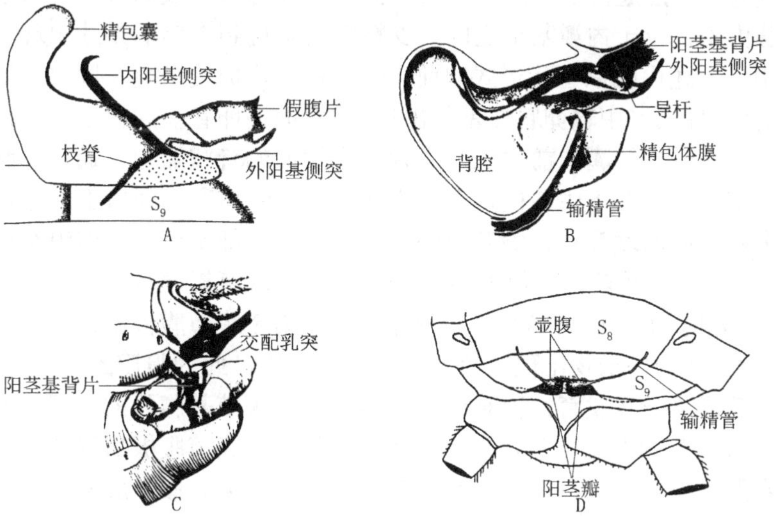

图 7-21　家蟋蟀雄性外生殖器及交配体位

A、B. 雄性外生殖器；C. 交配时雌、雄外生殖器体位；D. 2 龄若虫雄性外生殖器；S_8、S_9 为第 8、9 腹节腹板 (A、D. Qadri, 1940；B、C. Alexander and Otte，1967)

雌性内生殖器：每卵巢有多支紧密排列的卵巢管，卵巢管开口于两侧的侧输卵管，侧输卵管顶端膨大形成附腺。侧输卵管向后延伸到第 7 腹节下方汇入中输卵管。中输卵管在受精囊管开口附近进入生殖腔。2 个产卵器腹杆的基部组成生殖腔软的侧壁。生殖腔腹面被下生殖板封闭。受精囊由受精囊体和受精囊管两部分组成，受精囊体囊状，受精囊管细长盘曲，末端开口于生殖腔背壁。受精囊管在生殖腔开口处膨大呈囊状，膨大部位的内部形成交配乳突 copulatory papilla，交配乳突部分骨化，为雌性外生殖器中唯一的硬化构造。交配乳突平时皱缩，交配时翻出被雄虫阳茎复合体 (阳茎基背片和外阳基侧突) 握持，同时受精囊管与生殖腔联系的内腔开通 (图 7-22)。

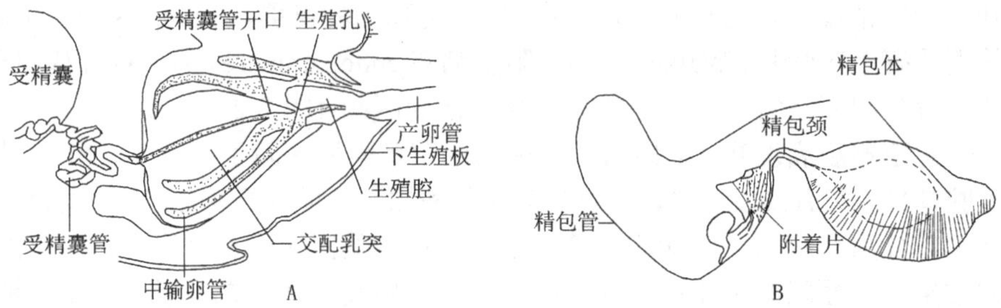

图 7-22　家蟋蟀雌性外生殖器和精包 (参考 Alexander and Otte，1967 图重绘)

A. 雌性外生殖器；B. 精包

雌性内生殖器胚后发育：在 1、2 龄若虫时，输卵管位于中线的后缘，第 7 腹节及其以后各节上没有外胚层起源的内陷。在第 3 龄，第 9 腹节腹板后缘出现内陷，即相当于蜚蠊科的附腺内陷，位于内瓣基部之间。受精囊内陷直到 3 龄后期才出现。在充分发育的 3 龄若虫中，上述内陷以管状形式向前生长，最终形成受精囊。同时，下生殖板基部出现外胚层增厚，标志着中输卵管原基的出现。成对的输卵管壶腹位于中间输卵管两侧。在进一步发育期间，受精囊向前生长，成为 1 个蜷曲的管状器官。通过外胚层沟的形成和背面缝合，中输卵管在下生殖板背面短距离生长。中输卵管开口于生殖腔的腹面。

雌性外生殖器胚后发育：1 龄若虫外生殖器原基外部不可见，但组织切片表明腹瓣和背瓣原基的存在。2 龄若虫，第 9 腹节腹板后缘出现背瓣原基，原基的内缘有内瓣原基，内瓣原基开始时为中间外长物。1、2 龄若虫时，第 8 腹节腹板不被中间缝分为 2 叶。2 龄若虫，1 对须状的外长物出现在第 8 腹节腹板后缘，此为腹瓣的前体。在蟋蟀科中，初期的腹瓣原基远离中线发育，很难认同其属于第 8 腹节基腹片的中间外长物，也不太可能与第 9 腹节后瓣同源。同时，1 对折叠出现在第 7 腹节腹板后缘两侧，这些折叠快速生长，联合形成单一骨片，位于第 8 腹节腹板下面，第 8 腹节腹板覆盖其基部。这些折叠仅为节间外长物，与胚胎发育期间第 7 对腹部附肢无关，胚胎期间的第 7 对腹部附肢在上述折叠出现之前已经丧失。在下 1 龄若虫，外生殖器发生区域的变化很大，掩饰了许多相关构造真正的起源模式。在第 9 腹节，背瓣和内瓣体积增加，吞并了位于它们基部的第 9 腹节腹板的中间部分。在背瓣两侧，第 9 腹节腹板的一小部分前侧区未与产卵瓣合并，保持到最后蜕皮，然后与第 1 对载瓣片的后缘愈合。同时，第 8 腹节腹板后缘出现中间凹陷，将第 8 腹节腹板分成 2 叶。随着该凹陷的出现，以前彼此远离的腹瓣，被拉向中线，位于内瓣下方。下生殖板在前 1 龄若虫时限于第 8 腹节腹板基部，现在向后生长覆盖整个第 8 腹节腹板，导致第 8 腹节腹板除后部外变为膜质，其后部形成了第 1 对载瓣片。腹瓣通过明显的结合机构，与这些载瓣片形成关节。第 8 腹节腹板以这种方式被新的下生殖板取代，下生殖板为第 7、8 腹节腹板节间区域的外长物。随后的发育主要为上述构造的生长。内瓣不发育，保持原基形式隐藏在高度发达的背瓣基部之间。腹瓣充分发育，形成产卵杆的腹部成分。第 8 腹节腹板的后部，即基部的支撑部分，与第 9 腹节腹板的前侧部愈合，形成第 1 对载瓣片 (图 7-23)。

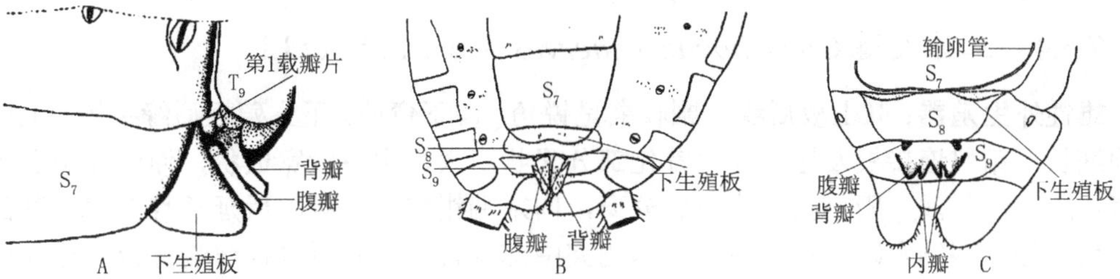

图 7-23 家蟋蟀雌性外生殖器及其幼期形态 (Qadri，1940)

A．雌性外生殖器侧视；B．3 龄雌若虫腹部末端腹视；C．2 龄雌若虫腹部末端腹视；T_9 为第 9 腹节背板；S_7～S_9 为第 7～9 腹节腹板

交配机制：交配时雌雄头部同向，雌虫位于雄虫背面，雄虫将中间的阳茎基背片插入产卵器基部和下生殖板之间。然后雌虫将包围受精囊管开口的交配乳突外翻进入生殖腔。雄虫用阳茎复合体 (阳茎基背片、外阳基侧突) 抓住翻入的交配乳突。此时，雄虫精包模中精包已经形成，精包模位于阳茎基背片下面。交配期间，外翻的交配乳突被雄虫的阳茎复合体握持，导杆 guiding rod、virga 将精包管插入受精囊口，精包管在受精囊管腔内伸展一段距离，这个过程历时很短 (约30s)，在此期间雌、雄个体保持不动。精包附着片前端中空的端部和受精囊的交配乳突渐尖的末端结合。有时，精包附着片的翼状部在产卵器柔软基部的侧面向上伸展，被下生殖板紧密握持。雌、雄外生殖器完成匹配后不久 (几秒)，交配完成，雌雄拆对。交配后，雄虫与雌虫保持接触。当成对逗留期间，雄虫形成另1个精包。在精包模里见到精包后不久，雄虫转身，开始再次求爱。一般认为精包模内的精包压力对雄虫求偶具有刺激作用。在雄虫开始再次求爱时，雌虫通过在地面拖拽腹部或者虫体的急剧弯曲、降低头部、用上颚咀嚼等动作擦掉旧的精包。有的种类精包管长度较短，不能穿越受精囊管到达受精囊体，直接将精液输入。交配管将精液释放进受精囊管腔后，精子迁移进入受精囊体。交配后受精囊的膨胀刺激产卵，蟋蟀成虫羽化几天后交配，交配后几分钟移动精包，再过几分钟后产卵。

家蟋蟀的精包由瓶状的壶腹部、狭窄的颈部、扁平的附着片和细长的精包管组成，附着片上具有不同刻纹的翼和钩，顶端发出长的鞭状精包管。壶腹内有 1 个含有精子的囊，1 个导管从精子囊伸出，通过颈和附着片区域进入精包管，开口可能位于精包管的末端。交配前精包由雄虫握持，精包的壶腹部分被壶腹模封闭，颈部横跨分隔进入背腔，骨片紧贴腔的腹面后壁，精包管背腔的沟与导杆一起伸展。精包的壶腹主要由蛋白质构成，基本构造包括 1 个薄的膜质外层、厚而坚韧的内层、内外层之间的排泄液 evacuating 层及衬在中部腔的内膜。壶腹的后端具有 1 个乳突，乳突含有更多的排泄液部分，也含有 1 个与壶腹腔完全隔离的小型精子囊。中心腔后端有 2 个压缩体，通过内膜与腔的前面含有精子的部分分开。根据 Khalifa，精包是通过渗透压机制排空的，壶腹强健的内层作用于分开 2 个不同渗透压液体的半透膜，即排泄液和压体膜。当管顶部的封口被挤压开时，压体膨大，对精液产生压力 (图 7-21 C、图 7-22 B)。

7.5.4　三脉戈蟋 *Gorochovius trinervus* Xie, Zheng *et* Li

雄性外生殖器：肛上板后缘急剧收缩呈锐角，向下弯曲。下生殖板后缘尖锐，上弯。尾须细长。精包连接板发达，前段骨化部分叉状膨大，中后段宽板状，伸达并覆于阳茎基背片之上，色浅。阳茎基背片左右分离，向末端钳状，两侧向后延长且上弯，基部具 2 尖齿。外阳茎侧突缺。左右内阳茎基侧突中部愈合。左右新月杆前端愈合。导向板骨化，后缘中央伸出 1 细杆直达两阳茎基背片之间。导向板与精包连接板骨化部分分离 (图 7-24)。

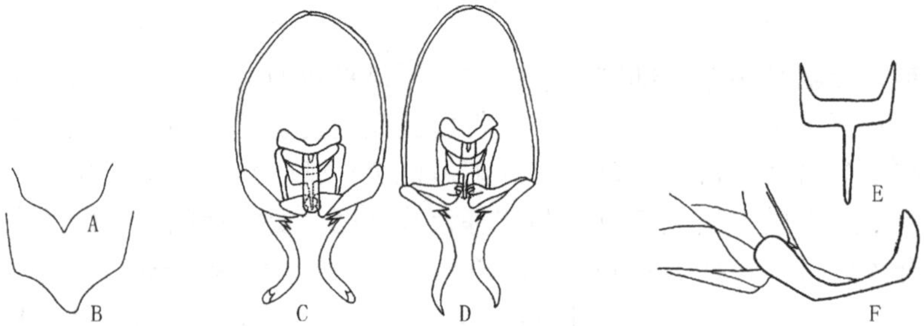

图 7-24　三脉戈蟋雄性外生殖器 (谢令德等，2004)

A. 雄性肛上板后段背视；B. 雄性下生殖板腹视；C、D. 雄性外生殖器背、腹视；E. 雄性导向板腹视；F. 雄性外生殖器侧视

7.5.5　斑蟋 *Gryllus assimilis* (Fabricius)

雄性外生殖器：阳茎具有背叶和腹叶，无侧叶。腹叶柔软，分为瓣状的两半，包围阳茎的入口。腹叶膨胀时为大型弯曲灰白色瓣，封盖 1 个凹陷，凹陷内是精包囊的壶腹部，壶腹部后为精包囊体。精包囊为发达的圆形腔，腔的顶部和底部由单条的几丁质带组成，几丁质带围绕囊的末端，以 1 对细长棘刺的方式突出于口的上方。当精包存在时，丝围绕囊的末端上弯，沿上表面中间向后，侧面膨大覆盖于底部之上，用于锚定其位置。囊顶部有 1 条狭窄的中间沟，其末端位于 2 个突出的棘之间，此为精包管形成的场所。阳茎基背片发达，末端伸出 1 对上弯的角突，角突中间下方有 1 发达的圆锥形外阳基侧突，外阳基侧突内侧有较发达的端缘凹陷的内阳基侧突。阳茎基背片两侧的枝脊发达，斜向下伸达阳茎腹叶下缘。精包囊圆球形，位于阳茎腹叶背面，精包囊背面中部有 1 发达的背中脊伸达阳茎基背片基部。成对的侧腺体囊，开口于射精管末端 (图 7-25)。

雌性外生殖器：第 8、9 腹节背板在中背线处很窄，第 9 腹节背板侧面明显扩大向腹面延伸。第 7 腹节腹板很大，但不向尾部伸出游离的瓣。第 8 腹节腹板形成 1 个小的下生殖板。第 10 腹节背板侧面很短，但背面更长，与肛上片愈合。肛侧板较长，几丁质化程度较高。尾须长、柔韧而渐尖，有许多毛和感器。第 2 载瓣片大，位于下生殖板上方，为 1 强壮突起，可能属于瓣基片的一部分。载瓣片内表面没有强烈的缘脊，但有强壮突

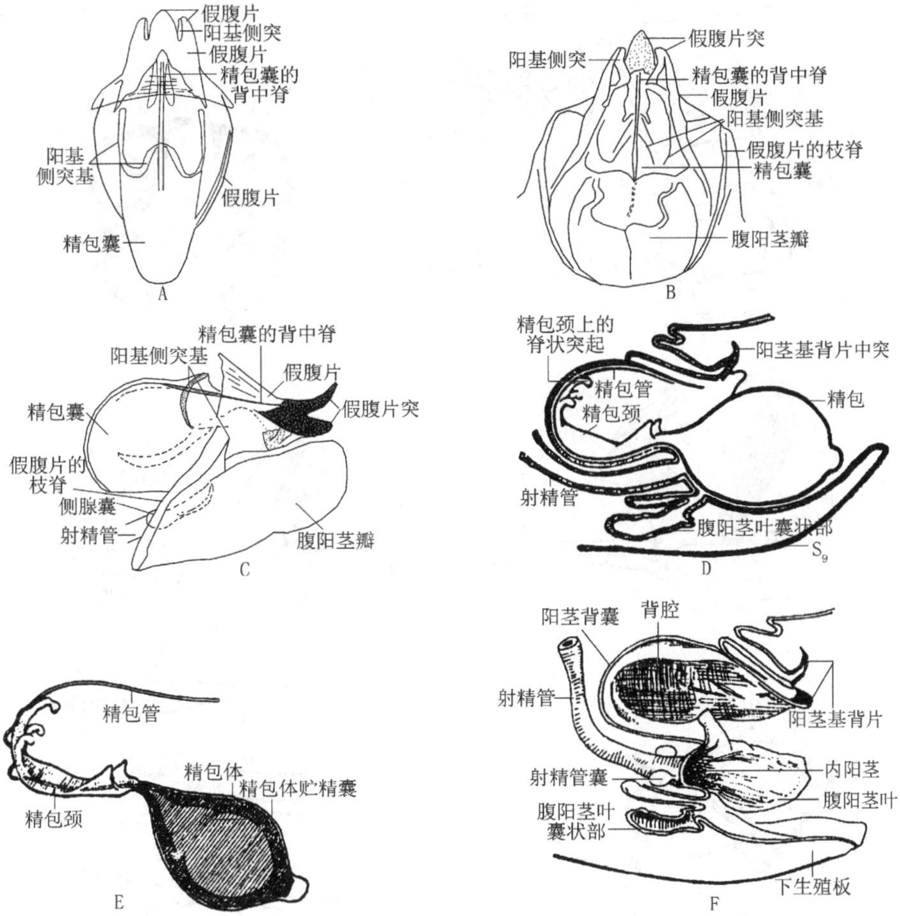

图 7-25　斑蟋雄性外生殖器

A. 阳茎背视，腹叶省略，体壁在假腹板前切开；B. 阳茎腹视，腹叶伸出部分除去，以便展示精包囊和假腹板下的构造；C. 阳茎侧视；D. 精包在雄性生殖器中的位置；E. 精包；F. 雄性外生殖器纵切；S_9 为第 9 腹节腹板（A、B. 参考 Walker，1922 图重绘；C. 参考 Walker，1922 图重绘；D、E. 施凡维奇，1958；F. Matsuda，1976)

起，突起内部伸向尾部背面，它的前背角通常与第 9 腹节背板突相联系，第 9 腹节背板突发达。第 8 腹节背板突类似，但弱化。腹瓣没有明显的瓣基片 (第 1 载瓣片缺)，但该区域界限明显，未几丁质化，被下生殖板覆盖，可能也被第 2 载瓣片腹面的突起覆盖。背瓣基部突然膨大，背瓣基部和部分愈合部之间为较大的上瓣间片。上瓣间片中部深陷成沟，形成 1 个头向的尖锐中间突起。上突和下突发达，下突之间有横杆联系，横杆属于下瓣间片。背瓣和腹瓣通过榫-槽构造紧密啮合，它们啮合的顶端通过特殊的构造锁定在一起，形成背瓣的突起，嵌入腹瓣形成的窝内。内瓣膜质，痕迹状，从上瓣间片下部向后伸出 (图 7-26)。

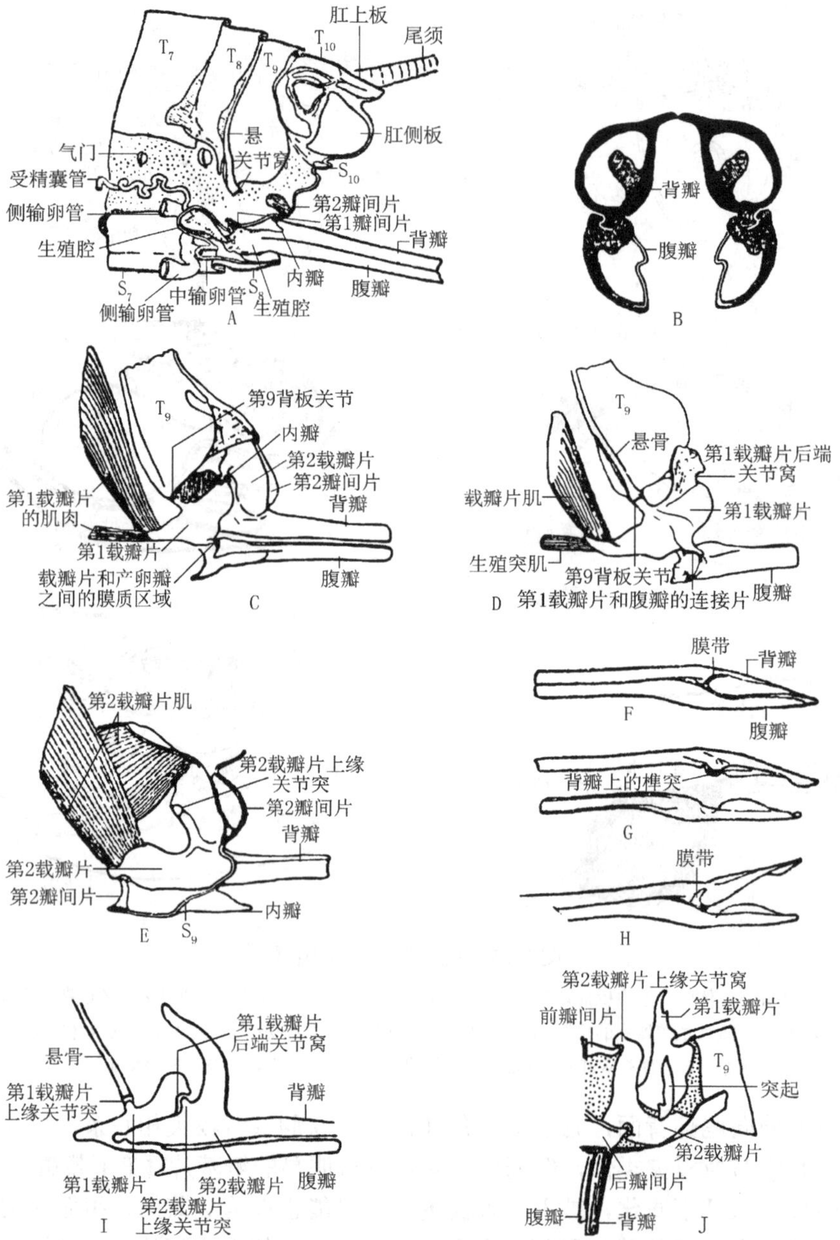

图 7-26　斑蟋雌性外生殖器

A. 腹部末端纵切；B. 产卵器横切；C. 产卵器基部；D. 第 1 载瓣片及相关构造；E. 第 2 载瓣片及相关构造；F. 已关闭的瓣端；G. 已移开的瓣端；H. 已张开的瓣端；I. 产卵瓣运动模式图；J. 载瓣片和瓣间片背视；　T_7～T_{10}为第 7～10 腹节背板；S_7～S_{10}为第 7～10 腹节腹板（A～I. 施凡维奇，1958；J. Matsuda，1976）

7.5.6　黑角树蟋 *Oecanthus nigricornis* (Walker)

雄性外生殖器：下生殖板（第 9 腹节腹板）发达，几乎遮盖阳茎腹叶全部。阳茎基背片具有 1 对锥形后伸突起。精包囊背中脊小，位于阳茎基背片下方。外阳基侧突宽圆，与内阳基侧突紧密联系。内阳基侧突为长的薄片，由精包囊每侧的体壁折叠形成，位于精包囊侧面，前伸几乎达到精包囊末端。内阳基侧突整体几丁质化，前端游离，每 1 个具有 1 细长而外突的刺。阳茎基背片两侧的枝脊发达，自阳茎基背片向前下方伸展，达到阳茎腹叶基部下缘。精包囊长而扁，囊的顶部明显宽于底部，开口倾斜。阳茎腹叶二裂状，围绕在阳茎叶的腹面两侧 (图 7-27)。

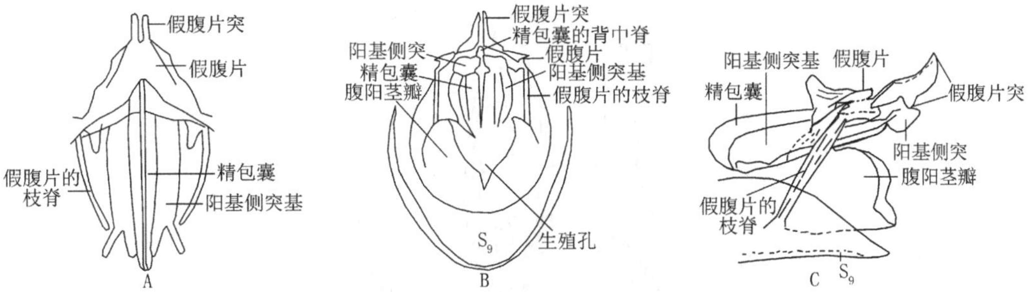

图 7-27 黑角树蟋雄性外生殖器（参考 Walker，1922 图重绘）

A. 背视；B. 后视；C. 侧视；S_9为第 9 腹节腹板

7.5.7 四点树蟀 *Oecanthus quadripunctatus* Beutenmuller

雌性外生殖器：第 8 腹节背板半环形，两侧向腹面和后方斜向延伸，第 8 腹节腹板突不发达。第 9 腹节背板宽大，第 9 腹节腹突发达。第 2 载瓣片长三角形，位于背瓣基部和第 9 腹节背板下缘之间。下生殖板 (第 8 腹节腹板) 较发达，遮盖腹瓣基部，腹瓣的瓣基片 (第 1 载瓣片) 缺。背瓣和腹瓣发达，紧密啮合。内瓣退化，隐藏于背、腹瓣之间。上突和下突发达，长锥形伸向虫体前方。若虫期背瓣、腹瓣和尾须细长发达，内瓣甚小，位于背、腹瓣之间 (图 7-28)。

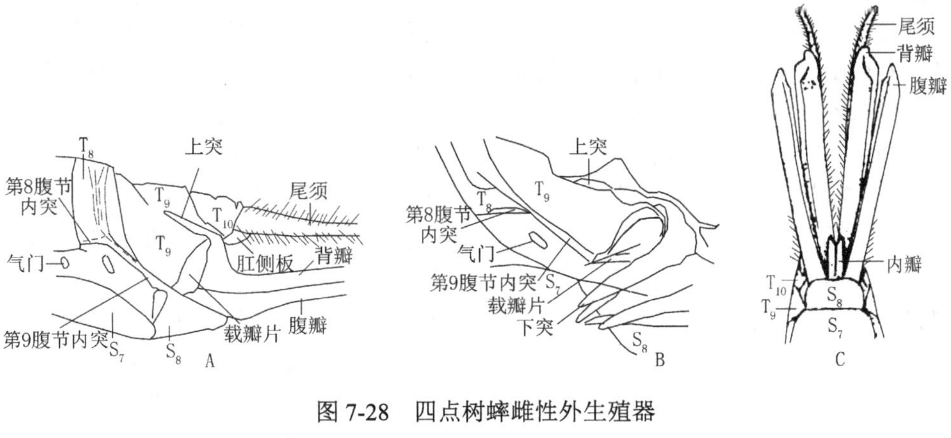

图 7-28 四点树蟀雌性外生殖器

A. 成虫腹部末节和产卵器基部侧视；B. 产卵器基部 (左侧) 内面观；C. 若虫腹部末节和产卵器腹视；T_8～T_{10}为第 8～10 腹节背板；S_7、S_8为第 7、8 腹节腹板（A、B. 参考 Walker，1919 图重绘；C. Walker，1919）

7.5.8　梁氏亮蟋 *Phaloria liangi* Xie et Zheng

雄性外生殖器：腹部末节腹向前弯。尾须黄褐色，被长纤毛。阳茎基背片膜质，两后侧臂骨质且端部分叉。阳茎基侧突骨化且具细齿。阳茎基外叶内缘具细齿。阳茎基内叶高度愈合，呈“H”形。阳茎端刺细长，前端分叉，后端伸达阳茎基外叶前端之间。新月杆细长且前端愈合 (图 7-29)。

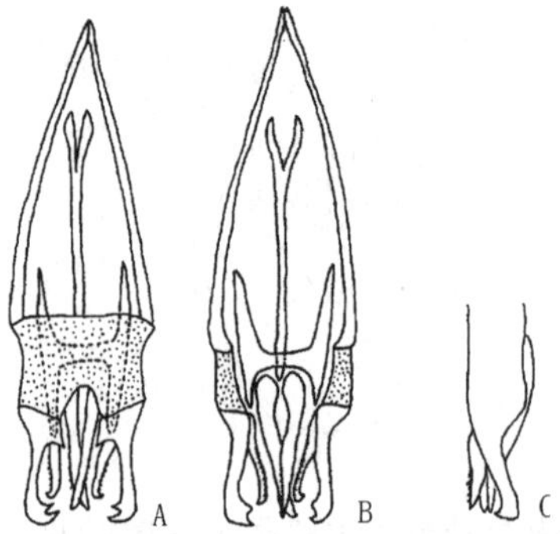

图 7-29　梁氏亮蟋雄性外生殖器 (谢令德和郑哲民，2003)

A. 背视；B. 腹视；C. 侧视

7.5.9　斗蟋 *Scapsipedes micado* Saussure

雄性内生殖器：精巢乳白色，约呈倒葫芦形，精巢前端尾状急尖，其端部有丝状悬带。精巢由多支精巢管盘曲组成，外被结缔组织形成的围膜。精巢管间充填疏松结缔组织，精巢管棍棒形，顶端钝圆，近后段最宽，基部细缩。输精管从精巢的腹部发出，沿体侧后延至第 7 腹节，近下端膨大形成球形贮精囊，贮精囊之后发出输精管，其末端与同侧的丛生附腺管末端一起汇入射精管。附腺管 2 丛，每丛有多支蜷曲的附腺管组成，附腺管乳白色或透明状。贮精囊有脂肪包被，位于附腺丛中。射精管宽短，下端为较膨大的射精囊，射精囊下接精包囊。射精囊与精包囊均包被在交配器内。精巢管的顶部主要为处于有丝分裂期的精原细胞，中部为处于减数分裂期的精母细胞，下部为处于减数分裂期的精母细胞和正在分化的精细胞。当精巢管下端的精子成熟时，上端部分的精母细胞再逐渐发育形成精子，结果使精巢管中、下段长度增加，成熟的精子总位于精巢管下端。在 1～3 龄若虫时，精巢管内仅含精原细胞。4 龄期开始分化形成精母细胞。5 龄时，精巢管内可见精子发生过程中的各期生殖细胞，即精原细胞、精母细胞、精细胞和精子 (图 7-30 A、B)。

雌性内生殖器：卵巢有许多卵巢管，外被结缔组织膜，卵巢管间充填着疏松结缔组织。卵巢随龄期的增加而逐渐增大，卵巢外膜的颜色也随之加深，2 龄若虫为白色，3 龄淡黄色，4 龄以后黄色。卵巢为中间膨大、两端内侧急尖的囊状，前端有丝状悬带附着于中胸背膈，后端发出较为粗短的输卵管。两侧的输卵管在第 7 腹节处分别通入生殖腔。受精囊管着生于生殖腔前端、两侧输卵管的中部。受精囊管细长弯曲，端部着生有肾形受精囊体。生殖腔后端狭窄，末端开口于产卵瓣基部。卵巢管无滋式，正在发育的卵巢管包括端丝和含有许多正在分裂的卵原细胞的原卵区，以及含有不同发育时期的卵母细胞的生长区。卵母细胞被包围在滤泡细胞形成的卵室内，随卵母细胞的生长发育，生长区延伸成一系列由小而大的卵室 (图 7-30 C、D)。

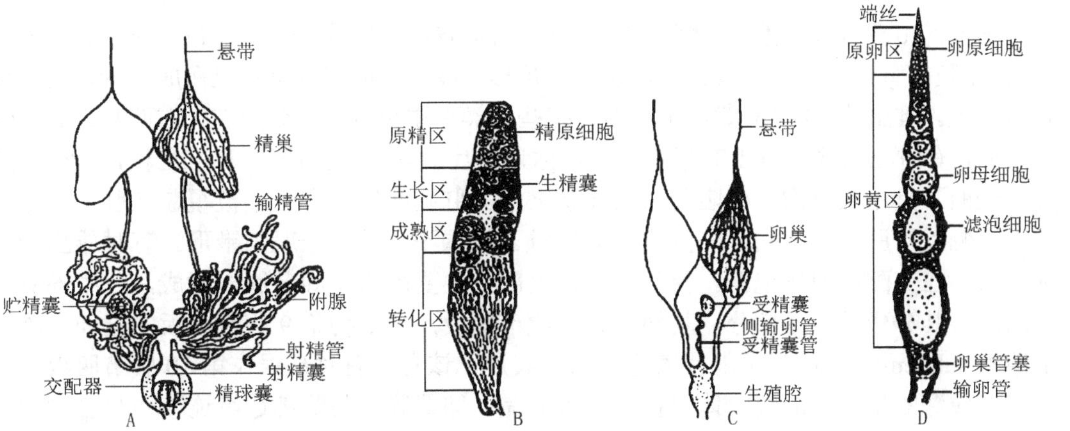

图 7-30　*Scapsipedes micado* 雌、雄内生殖器

A. 雄性内生殖器；B. 精巢管；C. 雌性内生殖器；D. 卵巢管 (A、B. 吴畏和赵云龙，2002；C、D. 吴畏和赵云龙，2001)

7.5.10　多突维蟋 *Valiatrella multiprotubera* Liu *et* Shi

雄性外生殖器：肛上板短，侧叶不明显，后缘内侧色较暗，有许多长毛和数个小突起。尾须长，黄色。下生殖板较宽短，端部较尖，略翘起。外生殖器骨化较强，端部稍不对称。阳茎基背片前缘具 1 片状突，端部背面具 1 对尖而背弯的小钩，腹面具 1 对较大而向腹面弯曲的钩，其上生 1 簇长毛。阳茎基外侧突稍骨化，囊形，位于阳茎基背片的近端部。导向杆较小，半膜质 (图 7-31)。

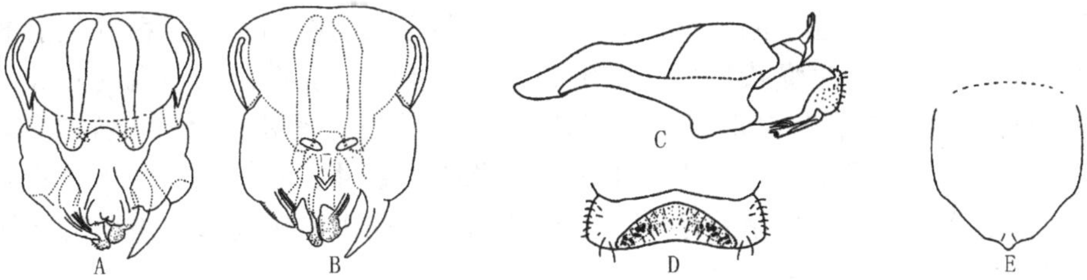

图 7-31　多突维蟋雄性外生殖器 (刘浩宇和石福明，2007)

A～C. 雄性外生殖器背、腹、侧视；D. 雄性肛上板背视；E. 雄性下生殖板腹视

7.6　蝗总科 Acridoidea

7.6.1　雄性外生殖器

第 9、10 腹节背板侧面愈合，中间分叉的附肢，即尾片（叉突）furcula，有时着生在第 10 腹节背板上。肛上板大型，通常三角形，最初有横缝分割；但在成虫期，这种分割常消失。雄虫第 10 腹节背板常较短，有些种类在中央分裂，分成左、右两片，其后缘常弯曲，有时在后缘具有 1 对指状突出，称为尾片。第 11 腹节背板称肛上板，一般三角形，表面常具中央纵沟，横隆起或具丘状突起。肛孔两侧，有一半被覆盖在肛上板之下的为肛侧板，肛侧板宽扁，外侧有 1 对尾须。尾须不分节，一般圆锥形。有时雄虫的尾须更大，在交配中用作抱器。腹部末端膨大部分主要由第 9 腹节腹板形成，近中部有细横沟，将其分成前后两部分，基部为第 9 腹节腹板，端部为第 9 腹节腹板的延伸，称下生殖板 subgenital plate，可能代表愈合的基腹片，该骨片有时被误作第 10 腹节腹板，其边缘形成深的生殖腔的边。体壁折叠形成的盖，即罩膜，与腹部边缘连续，与肛侧板一起不完整地隐藏在外生殖器内，虽然有些种类的阳茎很长，罩膜被上推进入 1 个圆锥体 conical form，阳茎的顶部外露。下生殖板包被阳茎复合体。阳茎复合体的构造特点是生殖孔背移，这种位移由第 9、10 腹节背板缩短和第 9 腹节腹板扩大引起。*Dissosteria* 和 *Melanoplus* 的第 9 腹节腹板向后伸展，上弯到背面，并将肛上板和肛侧板向前挤压。第 9 腹节腹板横分为两部分，其后部的末端移到背面，并在背面继续向上和向前伸展形成柔软的褶 (隔膜)，隔膜缘下垂到生殖腔中，关闭生殖腔开口。

雄性外生殖器主要由阳茎基背片和阳茎复合体组成。阳茎基背片位于阳茎复合体的前背部，形态结构变化较大，由桥、锚状体、前突、侧板、后突、冠突等部分组成。阳茎复合体包括阳茎端瓣、色带瓣、色带拱、色带基支、色带连片、色带表皮内突、阳茎基瓣、生殖孔突起等部分。阳茎的端部分为腹叶和背叶，背叶由近侧部和远侧部组成。近侧部的两侧骨化，作为肌肉着生用的 2 个长的表皮内突由近侧部向前伸展。圆筒形的远侧部末端具有 2 对突起。阳茎端的外孔与内阳茎宽大的腔相通，射精管从前面和下面进入内阳茎，并在该处呈囊状扩大。生殖腔壁的基褶在前面遮盖阳茎端的基部，基褶具有阳茎基背片。阳茎基背片是形状十分复杂、前缘具有 2 个小钩的骨片。当阳茎勃起时，下生殖板 (第 9 腹节腹板) 后一半向下折转，罩膜外翻并在阳茎端后面集合成褶，整个器官与阳茎基背片一起由生殖腔拉出。一般认为勃起是由生殖前节血淋巴的挤压所引起的，仅阳茎基背片某些肌肉具有辅助意义。

飞蝗阳茎端的腹叶很大，并且遮盖背叶。背叶上弯呈小管状，其末端有4个长突起，后面具有1个缝状的孔。交配时，雄性将腹部末端下弯到雌性腹部下方。阳茎基背片的前小钩将雌性生殖板拉直，尾须抱持生殖板的基部，阳茎端的背叶在产卵器腹瓣之间通过，并进入受精囊管。飞蝗的精包由2个腔和1个细长的精包管组成。第1个腔在交配时位于射精管的扩大部分，第2个腔位于内阳茎，精包管深入雌性的受精囊管内。精包内精子排放由内阳茎肌肉收缩引起并可继续18h。蝗科的阳茎大型圆锥形，分成阳茎基和阳茎端，含有高度发达的内阳茎，形成精泵，射精管开口于精泵中。阳茎基背片 (假腹片) 大型，一般位于阳茎基部的背面。阳茎位于肛侧叶下部的生殖腔内，生殖腔后壁为下生殖板直立的末端。背、腹叶的划分不清晰。阳茎可能主要由背叶发育而成，腹叶处于不发育状态。腹叶多少骨化，从阳茎内褶基部的生殖腔底部伸出。Walker (1922) 认为内阳茎腔骨片 endophallic plate 相当于背腔，膜质的腹区功能相当于精包囊。射精管通过末端的射精球开口于精包囊的腹面。在两囊之间的裂缝是真正的生殖孔。阳茎端形态多样，主要由背叶和腹叶组成，背叶分化形成高度特化的近端部部分和圆柱形端部，这些部分被阳茎口深深地撕裂，从阳茎口的壁上可伸出1～2对端突。内阳茎是1个大型侧生的扁平囊，有1窄道自阳茎口的缝隙向内导入。内阳茎的侧壁含有成对的内阳茎片。阳茎基背片(Walker 称为假腹片) 强骨化，位于肛侧叶下面的生殖腔内，生殖腔内后部为基褶。阳茎基背片呈桥形，由中间的桥和侧板组成，侧板宽窄不一，常有1对突起。飞蝗属的阳茎基背片起源于跨越阳茎叶的膜质部分，因此它的起源独立于阳茎，有人认为它起源于第10腹节 (图7-32)。

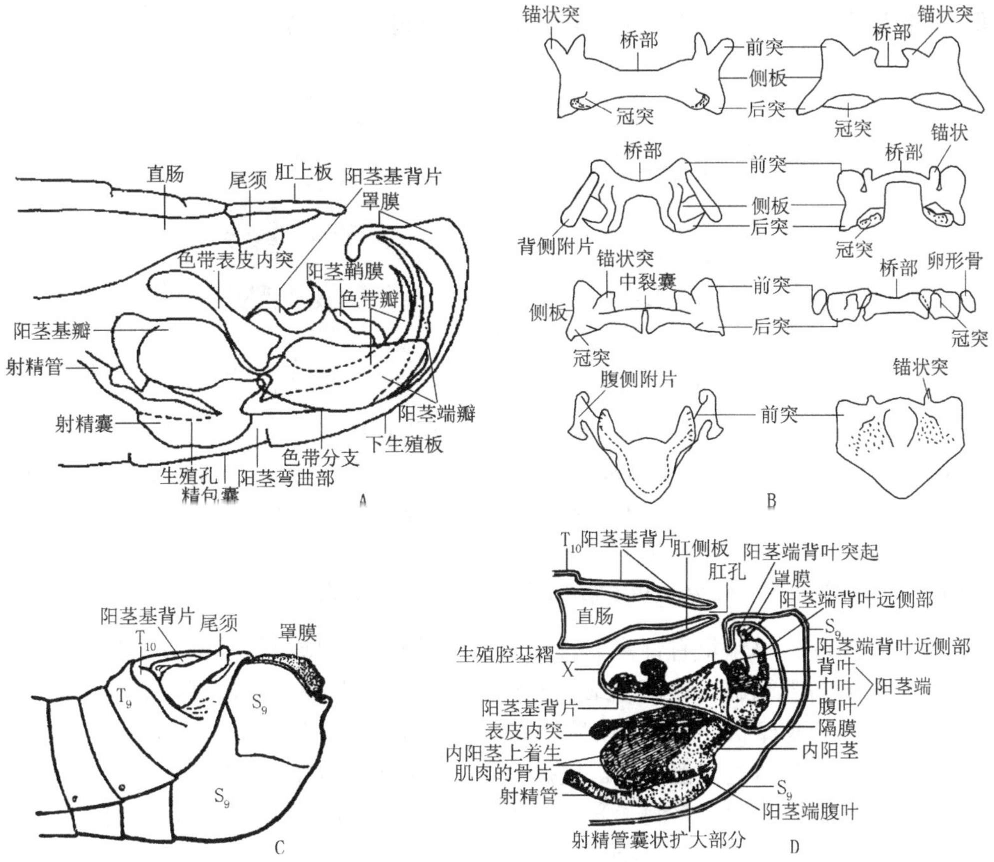

图 7-32　蝗虫雄性外生殖器

A．飞蝗阳茎复合体；B．阳茎基背片各部分示意；C．红足黑蝗 *Melanoplus femurrubrum* 的腹部末端；D．蝗虫科交配器模式图；T_9、T_{10}为第 9、10 腹节背板；S_9为第 9 腹节腹板；X为第 10 腹节 (A．蒋国芳和郑哲民，1998；B．参考蒋国芳等，1998 图重绘；C、D．施凡维奇，1958)

7.6.2　雌性外生殖器

肛上板和尾须构造一般较为简单。第 8 腹节腹板称为下生殖板，通常长大于宽，表面较平滑，或具隆脊，后缘一般平直，或具凹口。*Dissosteria* 的产卵器短，由 3 对产卵瓣组成，内瓣小，隐藏在腹瓣和背瓣之间。腹瓣和背瓣弯曲的外缘常具齿。产卵器基部腹面由第 8 腹节腹板从下方覆盖，第 11 腹节背板从上方覆盖（即被肛侧片和肛上片覆盖）。成虫期，第 9 腹节腹板退化。第 8 腹节腹板不仅形成腹瓣，而且形成生殖腔及导卵器突起之开端所具有的前瓣间片和后瓣间片。蝗虫科产卵器没有载瓣片，基肢片膜质，产卵器几乎完全由生殖突组成。背瓣短而强劲，末端尖而上弯；腹瓣稍弱于背瓣，与背瓣形状大致相同，尖端下弯。腹瓣有时分为 4 个骨片，其中 1 个为端骨片，其他 3 个配置于两侧和下面。1 对宽大的表皮内突始于产卵瓣基部。表皮内突可能由第 2 载瓣片发生，后端与背瓣可动地相关节。产卵瓣主要用于在土中开掘孔道。产卵器打开，腹瓣的末端下降，背瓣的末端上升，将土壤撑裂，同时将土壤向两侧挤压。导卵器突出在腹瓣基部之间，将生殖孔排出的卵向上送入产卵瓣之间的间隙中（图 7-33）。

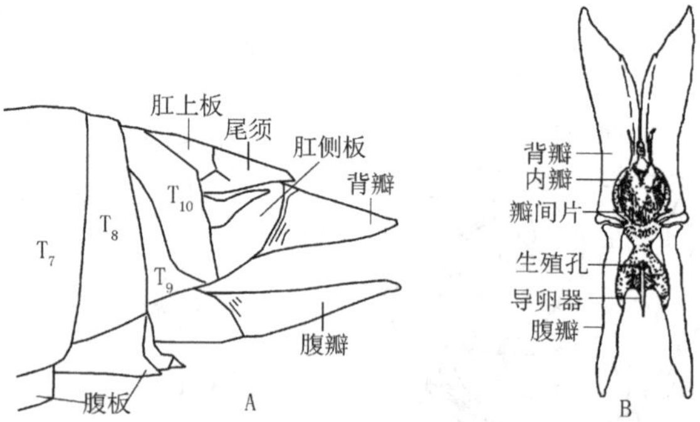

图 7-33　稻蝗雌性外生殖器

A．腹部末端诸节侧视；B．腹部末端后视，腹瓣和内瓣已撑开，示内瓣和导卵器；T_7～T_{10} 为第 7～10 腹节腹板（A．参考北京农业大学，1980 图重绘；B．北京农业大学，1980）

7.6.3　长额负蝗 *Atractomorpha lata* (Motschulsky)

雄性内生殖器：每精巢有许多卵圆形透明的精巢管，精巢管外部有围膜包裹。精巢管基部集生于输精管端部。输精管细长直管状，分别自两侧精巢后延，后段弯曲，膨大形成贮精囊。贮精囊棒状，白色。附腺 2 丛，每丛有 13 支长度色泽不同、细长蜷曲的附腺管，每侧附腺与贮精囊紧密缠绕。根据分泌物的特征将附腺管分为 4 类：① 3 对长而蜷曲的管，管末端钝，管内充满了乳状分泌物；② 1 对中等大小的管，管内充满白色分泌物；③ 1 对长管，具有棒状的前端，管内充满了黄色分泌物；④ 8 对长而蜷曲的管，具有钝的末端，管长度不同，管内充满透明的分泌物。附腺在射精管前端出现叉状突起，突起通过阳茎的肌肉壁向后，终止于生殖孔。阳茎有基片环绕阳茎基，阳茎基保护可伸缩的阳茎端，阳茎端在生殖孔顶部有 1 对棘（图 7-34）。

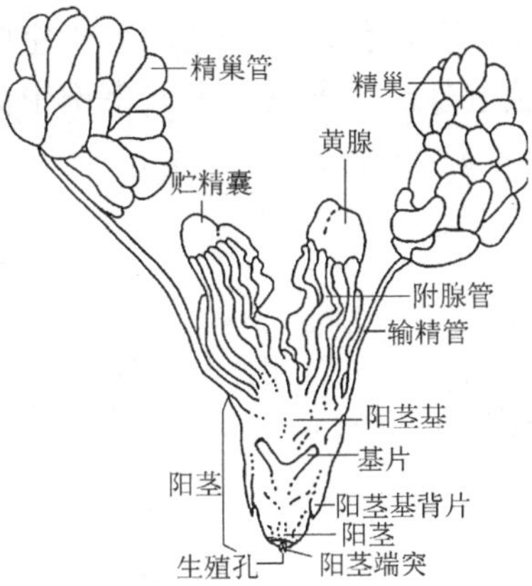

图 7-34　长额负蝗雄性内生殖器 (Muse，2002)

7.6.4　棉蝗 *Chondracris rosea rosea* (De Geer)

雄性外生殖器：第 9 腹节腹板极度延长，并向背面弯曲，包裹在雄虫外生殖器之外。第 9、10 腹节背板缩短，第 9 腹节的下生殖板被分为前、后两部分，后部分发达且上弯，其背面形成柔软的褶，即罩膜。罩膜内陷，与下生殖板形成生殖腔。第 11 腹节背板特化为 3 块小骨片，背面为肛上板，侧面的 2 块为肛侧板。第 11 腹节的附肢发育为尾须。阳茎是第 9 腹节腹板后的节间膜外长物，末端有生殖孔开口。第 9 腹节腹板扩大向后延伸形成下生殖板，发生阳茎的节间膜内陷，在下生殖板之上形成生殖腔，阳茎休止时缩在生殖腔内。阳茎基较发达，与阳茎间还有 1 较宽的膜质带。阳茎休止时，被罩膜覆盖。阳茎前肛上板之下的隔膜为基褶，阳茎基背片就位于其中。基褶与阳茎内突相连。当阳茎勃起时，下生殖板，即第 9 腹节腹板后面的一半向下折转，罩膜外翻，整个阳茎与阳茎基背片一起由生殖腔内拉出。阳茎基的主要结构为阳茎基背片，它位于肛上板之下的基褶上，平时常被肛上板和肛侧板覆盖。阳茎基背片构造较复杂，主要包括锚状突、冠突、侧板、横桥、阳茎基侧叶、阳基连片等。锚状突位于阳茎基背片两端，靠近阳茎复合体，其形体较大，略似三角形，背面中线内凹，末端尖细，向内略弯。冠突位于阳茎基背片两端，分别与锚状突相对，远离阳茎复合体。其形体较小，末端较钝，略外弯。冠突与基褶紧紧相连。锚状突与冠突相连部分为侧板。侧板较短，弧形。与两端突相连接部分为横桥。横桥较长，横桥两端的勺状骨片为阳茎侧叶，在靠近两端的一侧向外突出。在锚状突、冠突、横桥、侧板、侧叶组成的骨片两侧各有 1 卵圆形骨片，即阳茎连片。阳茎连片通过膜质与侧板相连，其骨质化程度较轻，半透明。

阳茎复合体由阳茎端瓣、色带瓣、色带连片、色带表皮内突、阳茎基瓣、色带拱、色带基支等部分组成。色带表皮内突与色带连片连接为一整体，“U”形。色带连片通过膜质连接在色带拱背面，色带表皮内突末端尖细，略向外张开。阳茎端瓣与色带瓣通过膜质构成管状结构，即阳茎端。阳茎的端部有 4 个突起，后面 1 对突起略前弯，并长于前面 1 对突起。阳茎端的外孔与内阳茎宽大的腔相通。内阳茎有着生在各骨片上的肌肉，内阳茎的腔用于形成精托 (包)。射精管从前面和下面进入内阳茎，并在该处呈囊状扩大。

阳茎基瓣位于阳茎复合体末端，乳白色，两瓣之间有 1 空腔，为射精管。阳茎复叶大，主要由隔膜构成，瓦片状，腹壁外凸，背壁内凹，端部中央内陷呈缺刻，基部有“山”字形骨化带 (图 7-35)。

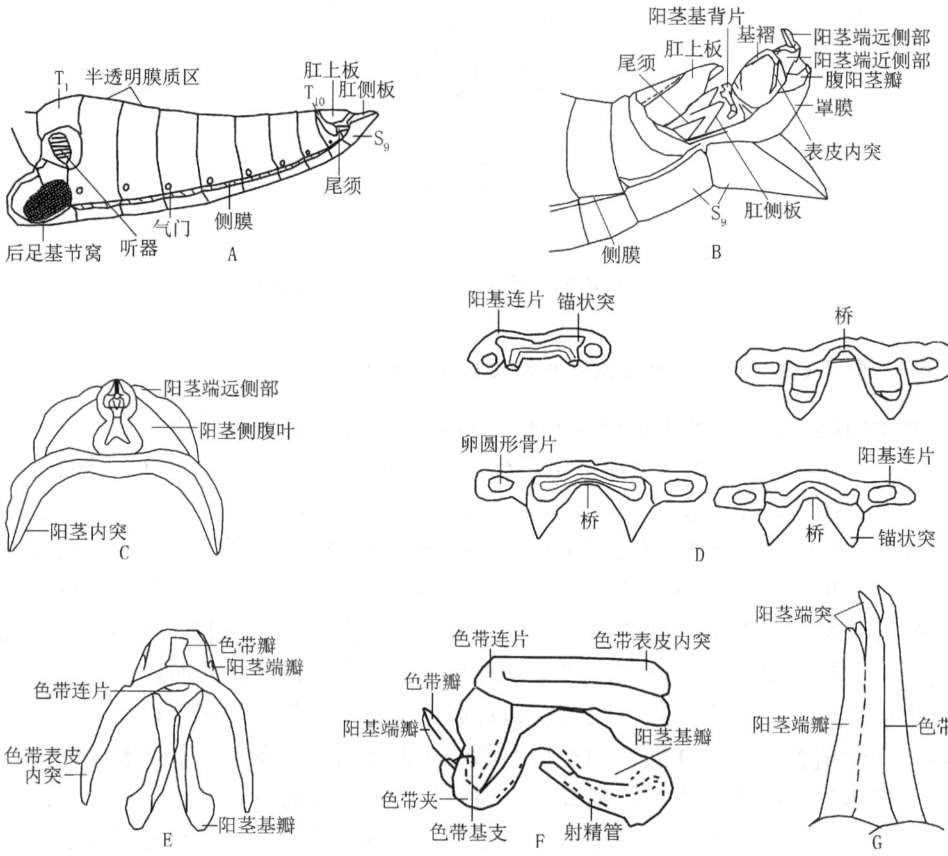

图 7-35　棉蝗雄性外生殖器

A. 腹部侧视；B. 腹末端侧视；C. 阳茎侧腹叶背视；D. 阳茎基背片；E. 阳茎复合体背视；F. 阳茎复合体侧视；G. 阳茎端侧视；T_1、T_{10}为第 1、10 腹节背板；S_9为第 9 腹节腹板 (A～C. 参考荣秀兰等，1992 图重绘；D～G. 参考吴刚等，2002 图重绘)

雌性外生殖器：第 8 腹节腹板较大，后缘中央有小的突起，即导卵器，伸入腹瓣之间。第 8、9 腹节上分别有由附肢和附器演化而来的雌性外生殖器。第 9、10 腹节的背板狭窄，呈弧形。第 11 腹节背板特化为 3 块小骨片，背面的 1 块为肛上板，侧面的 2 块为肛侧板。该节的附肢为尾须。产卵器由 3 对产卵瓣及 2 支侧生表皮内突组成。腹瓣由第 8 腹节附肢演化而成，构成产卵器的腹壁，通常由 4 块骨片组成，位于产卵瓣端部的为端骨片，锥状，末端坚硬，略向腹面弯曲。紧接端骨片之后、靠近产卵瓣内缘、形状略似香蕉的为内骨片。内骨片的另 1 端内凹，并与棒状骨片相嵌合。内骨片之外的三角形骨片为外骨片。外骨片大，盖住端骨片基部，在近端骨片部分较硬。棒状骨片与外骨片相连的一端膨大，另一端略粗大。左右两棒状骨片向内倾斜呈“八”字形。两瓣之间的膜质区域处，有 1 生殖孔与导卵器吻合。内瓣由第 9 腹节附肢演化而成，位于腹瓣和背瓣之间。内瓣小，不发达，末端尖，基部与前瓣间片相连。背瓣为第 9 腹节基肢片的外长物，发达，属于第 9 腹节的附属器官。背瓣构成产卵器的背壁，略呈锥形，锥形的外端尖、骨化程度高、向背面略弯。侧生表皮内突为 1 对扁平骨片，在靠近产卵瓣基部的一端有突起，中间稍宽，末端尖细。侧生表皮内突供肌肉着生。腹瓣和侧生表皮突之间由 2 个小骨片即侧内突基部骨片相连，其中一个小而圆，靠近侧生表皮内突；另一个略大，长卵圆形，位于近腹瓣基部。在 2 支侧生表皮内突的基部中间有 1 个略呈三角形的小表皮内突骨片，该骨片位于瓣间片正下方，常因膜折叠覆盖而不易见 (图 7-36)。

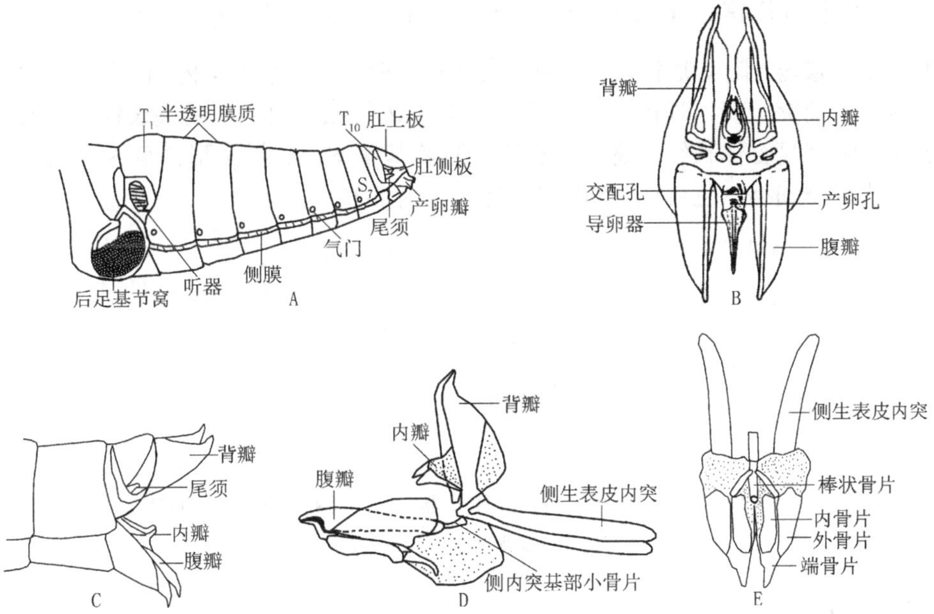

图 7-36　棉蝗雌性外生殖器

A. 雌虫腹部侧视；B、C. 腹末后、侧视；D. 产卵器侧视；E. 腹瓣腹视；T_1、T_{10} 为第 1、10 腹节背板 (A、D、E. 参考荣秀兰等，1992 图重绘；B. 雷朝亮和荣秀兰，2003；C. 参考雷朝亮和荣秀兰，2003 图重绘)

7.6.5　青藏雏蝗 *Chorthippus qingzangensis* Yin

雄性外生殖器：阳茎基背片桥状，拱起。锚状突顶尖，弯曲。前突向上突起，圆弧形。侧板边缘内凹。后突锐角形突起。冠突分为 2 叶，内冠突似蘑菇形，外冠突肾形。阳茎复合体长约为宽的 2.5 倍。阳茎基瓣 2 片，较窄，镰刀状。色带连片“U”形，达阳茎基瓣的 2/3 处，色带连片基部下缘深“U”形。色带瓣和阳茎端瓣各分为 2 瓣，锐刺形 (图 7-37)。

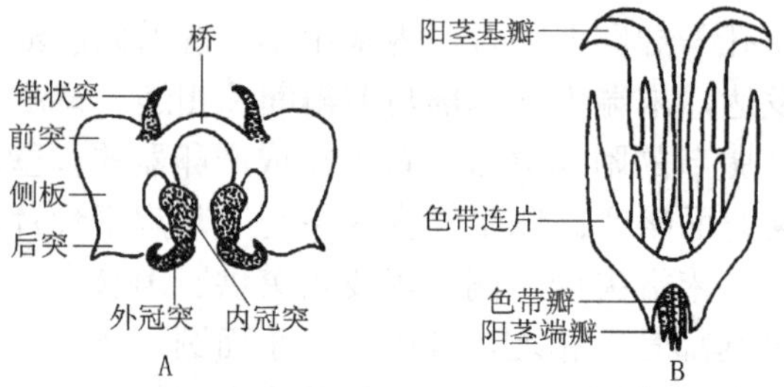

图 7-37　青藏雏蝗雄性外生殖器 (陈阿兰，2004)

A. 阳茎基背片；B. 阳茎复合体

7.6.6　苍山拟裸蝗 *Conophymacris canshanensis* Zheng *et* Mao

雄性外生殖器：阳茎基背片长为宽的 1.3 倍，桥身宽，中央稍内凹，呈倒“人”字形，锚状突锥形，前突上弯，顶钝圆，侧板横方形，边缘弧形内凹。后突长锥形，顶钝圆，冠突梯形。阳茎复合体长约为宽的 2.6 倍，阳茎基瓣宽，长椭圆形，分为 2 片，中间不相连。阳茎端瓣细小，色带连片“V”形，底宽 (图 7-38)。

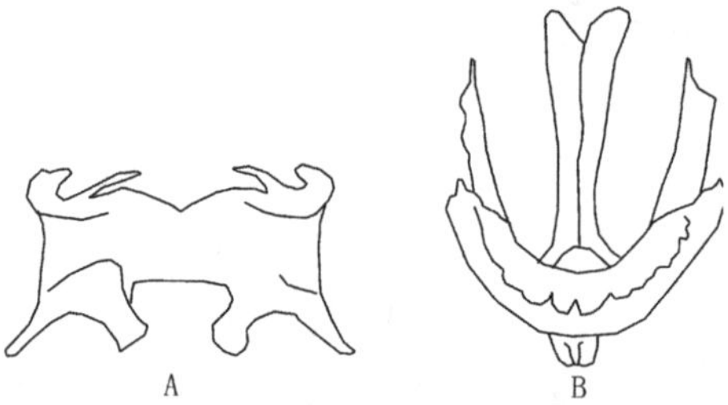

图 7-38　苍山拟裸蝗雄性外生殖器 (杨国辉和毛本勇，2003)

A. 阳茎基背片；B. 阳茎复合体

7.6.7　卡罗来纳蝗 *Dissosteira carolina* (Linnaeus)

雄性外生殖器：第 9 腹节背板中部略后突，部分覆盖第 10 腹节背板前面中部，第 10 腹节背板后部倒梯形，下缘弧形内凹，覆盖肛上板基部。肛上板三角形，尖端指向后方。肛侧板扁平锥状，位于肛上板两侧。尾须锥形，基部内侧有 1 小的尾须基片。下生殖板发达，上弯形成肛侧板后面覆盖生殖腔的罩膜。除去罩膜后，暴露出位于生殖腔后端的阳茎末端部分，由于腹部末端上弯，阳茎处于亚垂直位置。肛侧板下面，阳茎基背片为横向高度几丁质化复合骨片，当阳茎充分翻出时，阳茎基背片与生殖孔之间的距离较宽。阳茎基背片末端有 1 对指向腹末的弯钩状突起，背突 1 对，尖角状；腹突较发达，矛状。阳茎基背片下方有 1 马蹄形端突，端突下端在阳茎管上方形成端突拱，端突拱形的 2 臂已失去与阳茎基背片的联系，即枝脊的基部缺失，与拱形 2 臂相联系的是 1 对几丁质化的叶，位于阳茎侧面，在尾端的中线部位汇合。这些叶似乎属于枝脊的顶端部分。从阳茎顶部发生 1 对圆锥形隆起，隆起逐渐变成枝脊。与枝脊的上缘 (形态学的后缘) 连续的腹叶是 2 个细长近直立的瓣状突起，被有小的微刺。它们直立而紧贴，形成生殖孔的后界。它们的前部有 1 对阳茎背叶覆盖，背叶是二叶状的瓣，是阳茎顶部的伸展。阳茎腹叶内表面前面为阳基侧突的顶端 (外阳基侧突)。这些构造向腹面短距离伸展，然后向背面急弯，再次沿腹面头向伸展，膨大进入 1 对 2 叉的翼状骨片 (内阳基侧突)，该骨片位于下方内阳基侧突之间，它们具有强健的肌肉联系。内阳基侧突与射精管间有 1 小囊，小囊由内阳基侧突向内延伸形成，开口进入射精管，结合处的射精管腹面膨大。小囊和射精管腹面膨大似乎表明其属于精包囊的遗迹。内阳基侧突的伸展远超小囊的末端之外。阳茎顶端，包括枝脊，位于单一大型叶的凹面内，凹面叶可称为亚腹叶。它通过 1 个扁平的间隔，即下生殖囊 subgenital sac，与生殖腔底部分开，下生殖囊在阳茎下面向前方伸展 (图 7-39)。

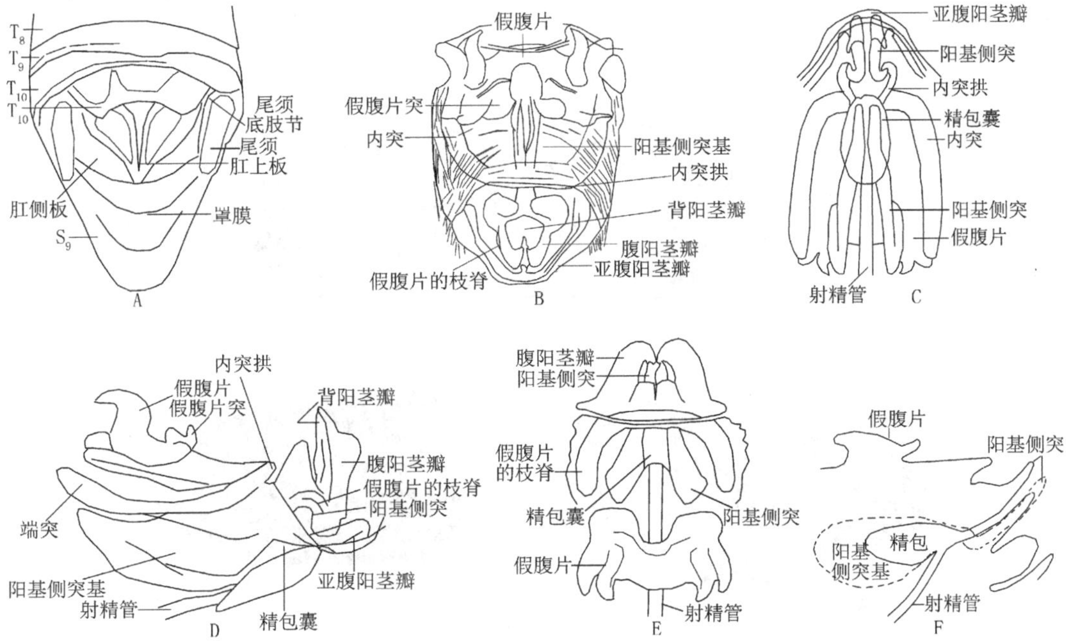

图 7-39　卡罗来纳蝗雄性外生殖器 (参考 Walker，1922 图重绘)

A. 雄性腹部末节背视；B. 雄性外生殖器背视；C. 雄性外生殖器腹视；D. 雄性外生殖器侧视；E. 雄性外生殖器背视；F. 雄性外生殖器中矢切面；T_8～T_{10} 为第 8～10 腹节背板；S_9 为第 9 腹节腹板

雌性内生殖器：每侧的卵巢管基部并列于侧输卵管前段，着生部位形成较为发达的卵巢萼。侧输卵管顶端连接有细长扭曲的附腺，侧输卵管后段自卵巢管着生部位起逐渐细缩，两侧的侧输卵管汇入中输卵管，中输卵管后端连接生殖腔，进而开口于体外 (图 7-40)。

雌性外生殖器：产卵器短，腹瓣和背瓣短瓣状，内瓣隐藏在腹瓣和背瓣之间。产卵器的基部被第 8 腹节腹板从下面覆盖，被第 11 腹节背板 (肛侧板和肛上板) 从上面覆盖。第 9 腹节腹板退化。没有载瓣片，成虫的肢基片膜质，因此产卵器几乎全由生殖突形成。腹瓣由端骨片和其他 3 块骨片组成，这是缺乏载瓣片的次生适应。产卵器的基部有 1 头

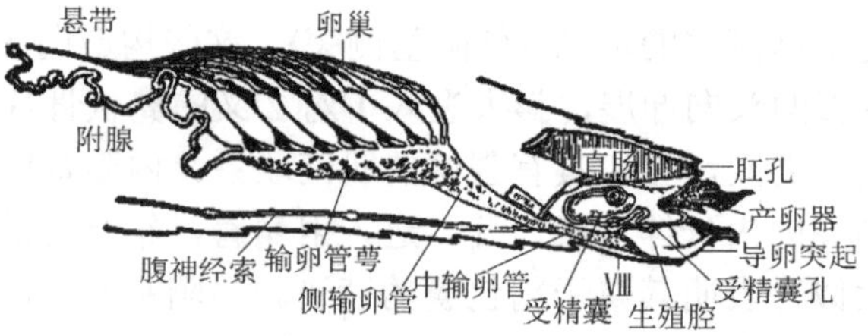

图 7-40　卡罗来纳蝗雌性内生殖器侧视 (北京农业大学，1981)

Ⅷ为第 8 腹节

向伸展的发达表皮内突，可能来源于第 2 载瓣片，是控制产卵器活动的主要肌肉着生点(图 7-41)。

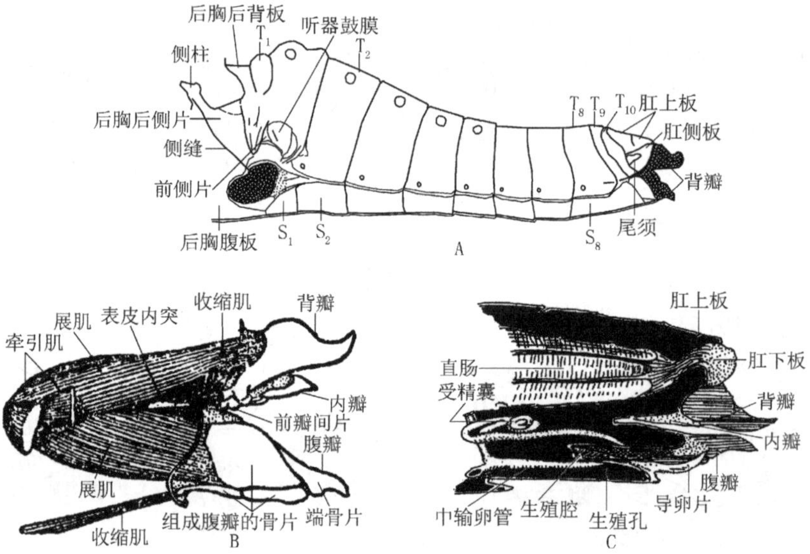

图 7-41　卡罗来纳蝗雌性外生殖器

A. 腹部侧视；B. 产卵瓣及其肌肉；C. 腹部末端纵切；T_1～T_{10}为第 1～10 腹节背板；S_1～S_{10}为第 1～10 腹节腹板 (A. 参考施凡维奇，1958 图重绘；B. 施凡维奇，1958；C. Matsuda，1976)

7.6.8　东亚飞蝗 *Locusta migratoria manilensis* (Meyen)

雄性内生殖器：两侧精巢紧密贴合，有共同被膜，膜外包被脂肪组织，整体呈黄色，长圆形，顶端中央微凹。每精巢有 250～350 支精巢管，精巢管梭形，基部由精巢管柄与输精管相连。两侧卵巢管的端丝前伸合并成 1 条丝状悬带，悬带细长透明，从精巢复合体腹面前下方发出，附着在第 2 对悬骨上。输精管与精巢腹面输出管结合部膨大呈球形，此后呈细管状向后延伸到第 7 腹节，末端与射精管前部相连。输精管下段膨大形成近球形贮精囊，贮精囊位于附腺丛中，乳白色细管状，顶端封闭，微膨大，弯曲成团，外被脂肪质膜。贮精囊后的输精管与附腺管末端一起汇入射精管。附腺为 2 丛细长弯曲成团的小管，每丛约 15 支，长度不一。射精管扁圆形，向后渐细，管壁厚。射精管末端较膨大的部分是射精囊和精包囊，射精囊较射精管微粗，长囊形，前端与射精管相接，后端通入精包囊。精包囊是位于射精管背面膨大成球形的囊状构造，囊壁薄，微透明呈条纹状，后端开口于生殖孔。射精囊与精球囊都包被在交配器内 (图 7-42 C、D)。

雌性内生殖器：卵巢无滋式，近梭形，两侧卵巢沿内侧贴合，整体扁平囊状。卵巢管柄的末端与侧输卵管相连，2 条侧输卵管后延汇入较粗的中输卵管，进而连接生殖腔。侧输卵管前端膨大形成长形囊状的附腺。附腺与侧输卵管外部分界不明显，但附腺内壁有许多纵褶，产卵期纵褶更显著，颜色更深红。附腺在产卵时分泌胶质，包围卵粒而成卵块。每卵巢有 25～30 支卵巢管，卵巢管排列整齐，尖端向前，外面被有脂肪质的黄色围膜。卵巢管近梭形，前端尖，有端丝，许多端丝汇合成为卵巢的悬带，悬带从复合体前端两侧附腺中间伸出，前伸附着在第 2 对悬骨上。卵巢管基部有细小的卵巢管柄，将产卵时，卵巢管柄内第 1 粒卵母细胞的下端有红色小点，随着第 1 粒卵母细胞逐渐发育长大，此红色小点逐渐增大，逐渐形成 1 个圆环围绕着卵巢管柄上部，颜色较前略淡。位于卵巢两侧的侧输卵管，在第 7 腹节处汇入较粗的中输卵管，中输卵管开口于生殖腔。受精囊管细长，着生于生殖腔顶端背侧，基段 (邻近生殖腔) 较粗，向端部渐细而弯曲，末端为肾形的受精囊体。生殖腔位于中输卵管末端，为初生生殖孔外面的管形腔，通过次生生殖孔开口于体外 (图 7-42 A、B)。

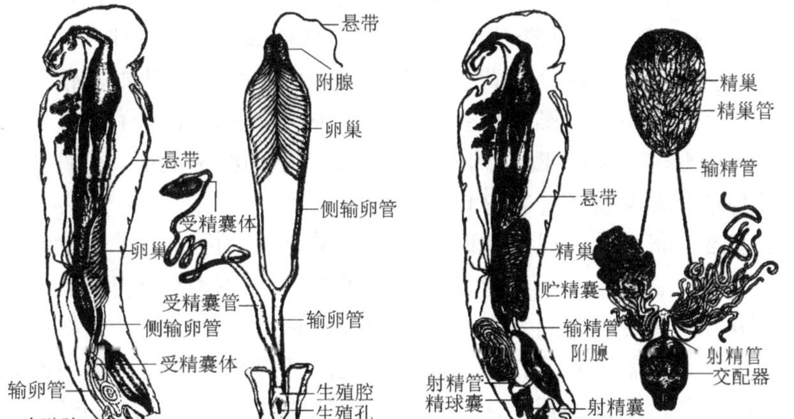

图 7-42　东亚飞蝗雌、雄生殖系统 (刘玉素和卢宝廉，1959)

A、B. 雌性生殖系统侧、背视；C、D. 雄性生殖系统侧、背视

7.6.9　非洲飞蝗 *Locusta migratoria migratorioides* (Reiche *et* Fairmaire)

雄性内生殖器：两侧的精巢贴合，位于第 4、5 腹节消化道背面。每精巢发出 1 支输精管，后延开口于中间射精管的前端。附腺由多支管组成，附腺管也开口于射精管前端。这些附腺管中有 1 对呈橘黄色，与精巢的色泽相同，有人认为其用于贮存精子(贮精囊)。在其他蝗虫中，也有类似的用于贮存精子的报道。中间的射精管沿第 9 腹节腹板腹面延伸，进入交配插入器官。在进入前，射精管膨大，外部包裹有强健肌肉，形成 Snodgrass 所称的射精囊 (图 7-43 B)。

雄性内生殖器胚后发育：新孵化若虫，阳茎瓣基部之间有 1 个中间凹陷，形成射精管。在凹陷前端两侧、阳茎瓣的基部，有 1 对壶腹。这些壶腹被 Else 和 Roonwal 描述为胚胎期间第 10 腹节体腔囊的遗迹。低龄若虫的输精管是 1 条实心管，与壶腹交接。附腺起源于壶腹的壁，发生在若虫末期。附腺与输精管一起开口进入射精管前端。

雄性外生殖器：第 9 腹节腹板特化形成下生殖板。下生殖板是 1 个高度发达的槽形构造，后缘圆形而上弯。交配器官具有膜质封套，由 1 对背阳茎瓣、1 对腹阳茎瓣组成，2 对阳茎瓣一起形成主要的插入器官或阳茎端。腹阳茎瓣大部分长度沿中线联合，背阳茎瓣基部也愈合在一起，形成通道样构造。阳茎端背面，有 1 横骨片，其末端前伸形成 1 对骨杆，称为端突。阳茎端的基部高度骨化，以翼状突起的方式前伸，Walker 称为内阳基侧突。阳茎基背片由一系列骨片组成，这些骨片附着在交配器官膜质悬垂的基部。

雄性外生殖器胚后发育： 1 龄若虫的第 9 腹节腹板后端二叶状，叶的基部有浅淡的横沟，该沟为第 9 腹节胚胎期附肢与腹板的愈合点。生殖腔腹面以第 9 腹节腹板的游离后缘为界，而位于肛侧板基部前面的膜质区域形成生殖腔背壁，Else 认为这个膜质区域属于第 10 腹节腹板。生殖腔基部有 1 对外胚层外长物，即阳茎瓣。在对异黑蝗的研究中，Else 也描述了类似的阳茎瓣，认为阳茎瓣属于第 10 腹节的胚胎期附肢。随后各龄若虫，阳茎瓣体积增加，每个阳茎瓣分化成为狭窄的后部和宽阔的基区。同时，1 对折叠出现在阳茎瓣基部的腹面，位于生殖腔的两侧，在阳茎下方中线处联合，该折叠将生殖腔分为背、腹两部分。成虫期在阳茎端基部形成折叠，Walker 称之为亚腹叶 subventral lobe。在若虫末期，每个阳茎瓣后端分成背、腹瓣，这种水平分裂的结果，使阳茎瓣分成背、腹两部分。在最后蜕皮期间，雄性外生殖器发生很大变化，出现了许多不同的构造，如横杆、端突、内阳基侧突从阳茎瓣宽阔的基部出现。膜质区域形成 1 组骨片称为假腹板，在阳茎瓣基部上方形成拱顶 (图 7-43 C～E)。

雌性内生殖器：卵巢沿中线彼此联合，位于消化道背面。每个侧输卵管前部形成附腺。两侧输卵管的后端汇入中输卵管，中输卵管开口于生殖腔的腹面。生殖腔位于产卵瓣基部和第 8 腹节腹板后缘之间。在中输卵管开口稍后方，有 1 个未知功能的盲囊的中间开口。受精囊由高度盘旋的管和末端的囊组成，开口在生殖腔背侧端部。

雌性内生殖器胚后发育：新孵化若虫，成对的输卵管位于第 7 腹节腹板后缘，它们的末端进入壶腹。同时，后面腹部区域有 3 个外胚层内陷，前面 1 个内陷为中输卵管原基，位于第 7 腹节腹板后节间区域。第 2 个位于第 8 腹节腹板后部，为受精囊原基。最后 1 个位于第 9 腹节腹板后缘，属于附腺原基。在随后的发育阶段，通过第 8 腹节腹板中线上沟的腹面缝合，使中输卵管从第 7 腹节腹板后缘向第 8 腹节腹板后缘伸展。第 8 腹节腹板后缘的内陷发育形成受精囊。第 9 腹节腹板后缘的内陷，保持不发育。

雌性外生殖器：下生殖板由第 8 腹节腹板形成，其后缘有 1 中间突起，即导卵器。产卵器由 3 对产卵瓣组成，其中内瓣较退化。2 支长的骨化杆与产卵瓣后部形成关节，沿背侧面向体腔内延伸。骨化杆被 Walker 称之为节间突，应属于表皮内突 (图 7-43 A)。

雌性外生殖器胚后发育：1 龄若虫第 9 腹节腹板后缘深度二叶状，这两个叶是背瓣的前体，此时内瓣不存在。第 8 腹节腹板后缘由于中间受精囊内陷的存在也呈二叶状，这两叶是第 1 载瓣片 (第 8 腹节生殖突基节 gonocoxite) 的原基，第 1 载瓣片进一步形成

腹瓣 (前瓣) 的基部。2 龄若虫的背瓣原基分开更深，内瓣以基部外长物的形式出现。第 8 腹节腹板的每 1 基腹片被 1 条垂直沟分成内部和侧部，内部形成腹瓣，而外面的部分形成它们的基片或第 1 载瓣片，也称为瓣基片。随后各龄若虫，第 1 对载瓣片与腹瓣从第 8 腹节腹板分开，彼此接近。第 8 腹节腹板向后生长，位于腹瓣基部之下，形成成虫的下生殖板。同时，背瓣体积迅速增加，大部分第 9 腹节腹板被合并入其生长的基部。内瓣相对不太发达。节间突在若虫最后 1 次蜕皮期间从背瓣和腹瓣基部之间的区域发生，因此属于节间突起。

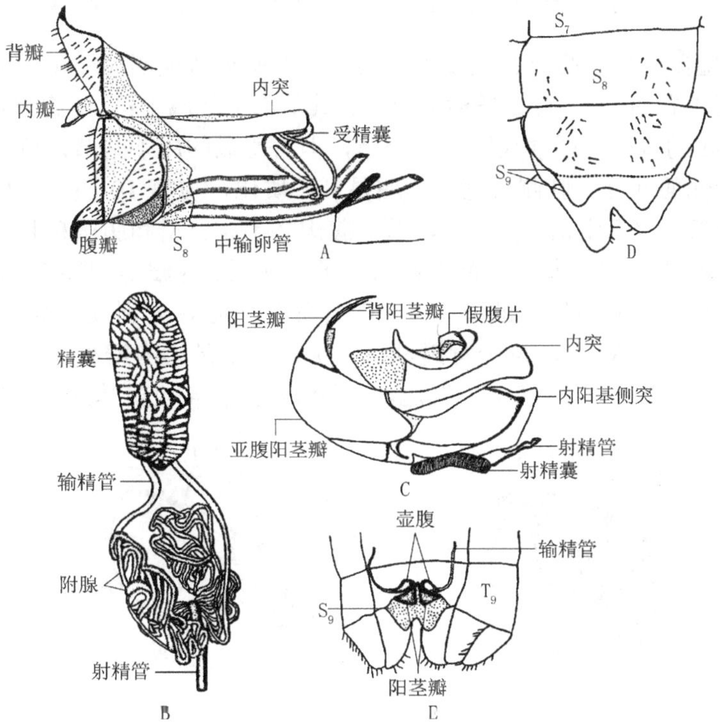

图 7-43 非洲飞蝗生殖系统 (Qadri，1940)

A. 雌性外生殖器；B. 雄性内生殖器；C. 雄若虫外生殖器侧视；D. 1 龄雄若虫腹部末端腹视；E. 1 龄雄若虫外生殖器内视；T_9 为第 9 腹节背板；S_7～S_9 为第 7～9 腹节腹板

7.6.10 双带黑蝗 *Melanoplus bivittatus* (Say)

雄性外生殖器：阳茎基背片发达，有锥形背突、囊状前突和弧形片状的后突各 1 对。阳茎背叶短，折叠在腹叶内，形成复合卷状，有 1 个强烈几丁质化的桥，连接背叶和内突的拱。在亚腹叶部位只有 1 对软而不规则的体壁折叠。内阳基侧突膨大的基部明显二叉状。外阳茎侧突较发达，末端尖刃形。精包囊较发达，位于内阳基侧突之间 (图 7-44)。

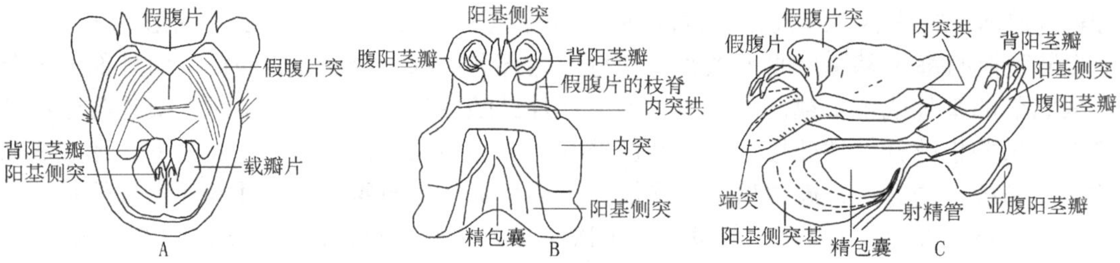

图 7-44　双带黑蝗雄性外生殖器（参考 Walker，1922 图重绘）

A．背视（部分原位）；B．背视，假阳茎除去，背、腹阳茎瓣分开以展示其与阳基侧突的关系；C．外生殖器矢切面

雌性外生殖器：第 8 腹节背板发达，第 9、10 腹节背板明显缩短，侧面下段愈合，节间沟未完全发育。肛上片有 2 条横缝分割，其基部可能属于第 11 腹节背板，端部为肛节或尾节 telson 的背板。尾须很短，不分节，但有明显的尾须基节，可能属于分开的第 11 腹节背板的侧面部分。肛侧板宽扁，明显几丁质化，与第 10 腹节背板侧缘未完全分开。第 8 腹节腹板（下生殖板）发达，遮盖腹瓣之半。背瓣和腹瓣粗壮，端部尖锐，略外弯。腹瓣端缘外侧有齿，基部之间有圆锥形的导卵器。内瓣小，隐藏于背、腹瓣之间。背、腹瓣之间每侧有 1 对发达的节间膜内突（表皮内突），分别发自背瓣和腹瓣的基部，伸向腹腔。产卵瓣桥“V”形，位于背瓣基部内侧，其上部为内瓣和上瓣间片，两侧通过枝脊与下瓣间片相连。下突 1 对，不发达。产卵瓣基部有 4 块瓣基片，第 1 瓣基片发达，

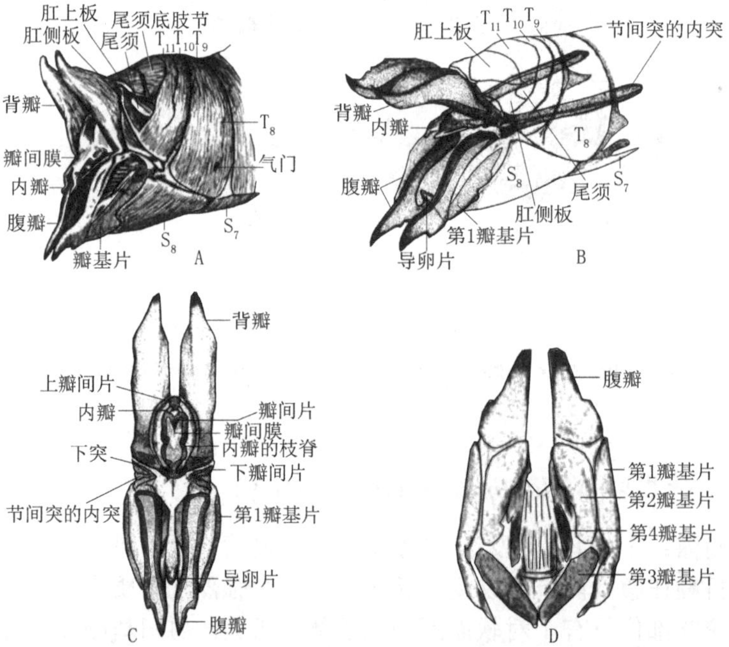

图 7-45　双带黑蝗雌性外生殖器（Walker，1919）

A．成虫腹部末节和产卵器后侧视；B．后背侧视；C．产卵器后视，产卵瓣分开；D．腹瓣腹视；T_8～T_{11} 为第 8～11 腹节背板；S_7、S_8 为第 7、8 腹节腹板

位于腹瓣与下生殖板之间 (图 7-45)。

7.6.11 端带稻蝗 *Oxya apicocingula* Ma

雄性外生殖器：肛上板狭长三角形，长度明显大于宽度，顶端角状突出。肛上板侧缘中部形成 2 个小突，基部中央凹陷，两侧缘亦凹陷。尾须圆锥形，顶尖，略斜切，其长度超过肛上板顶端。下生殖板顶端圆弧形，阳茎基背片外冠突之中部膨大，顶尖，内弯。内冠突较小，靠近外冠突。阳茎复合体的色带瓣板和阳茎端瓣短而粗，顶端圆形 (图 7-46 A～D)。

雌性外生殖器：腹部背板后下角无齿状突。背、腹瓣外缘均具钝齿。腹瓣腹面内缘具 2 对齿状突，外缘具 1 列长短不等的钝齿。下生殖板较长，后端宽平或具极不明显的刺状突。瓣基骨片外侧端部具 2 对小齿突。下生殖板无纵脊，后缘中央微凹陷 (图 7-46 E、F)。

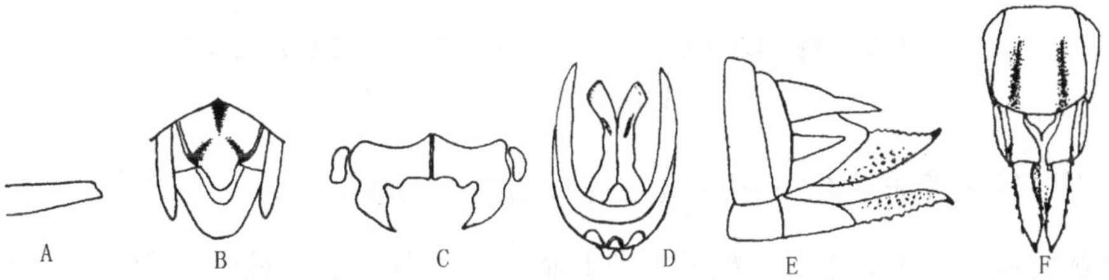

图 7-46 端带稻蝗雌、雄外生殖器 (李鸿昌和夏凯龄，2006)

A. 雄性尾须侧视；B. 雄性腹部末端背视；C. 阳茎基背片；D. 阳茎复合体；E. 雌性腹部末端侧视；F. 雌性腹部末端腹视

7.6.12 塞吉幽蝗 *Ognevia sergii* Ikonnikov

雄性外生殖器：腹部末节背板具短的叉突，叉突顶端呈圆形或尖形。肛上板三角形，

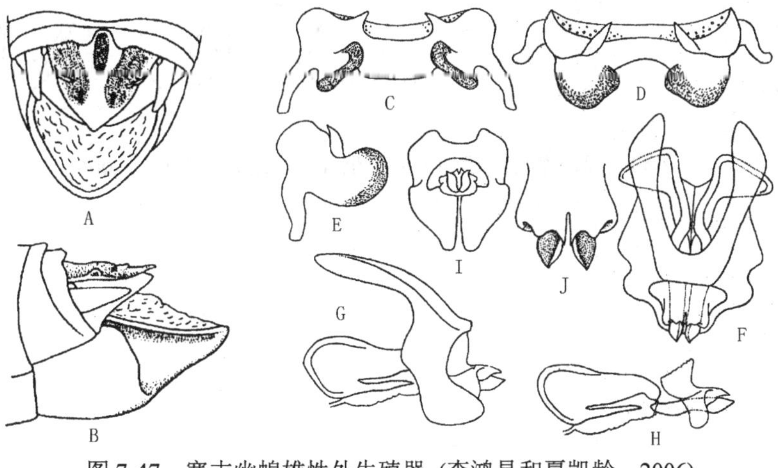

图 7-47 塞吉幽蝗雄性外生殖器 (李鸿昌和夏凯龄，2006)

A、B. 腹部末端背、侧视；C. 阳茎基背片背视；D、E. 阳茎基背面前、侧视； F. 阳茎复合体背视 (阳茎基背片、阳茎基背片膜已除去)；G. 阳茎复合体侧视；H. 阳茎复合体侧视 (色带基支、色带连片已除去)；I. 阳茎复合体后视；J. 阳茎端部背视

近基部处具 1 宽的中沟，于近顶端处具 2 个较弱的瘤突。肛上板的长度相等或为其近基部处之宽的 1.2 倍。侧视尾须略向内弯曲，圆锥形。尾须长度为其宽度的 2.0～2.4 倍。阳茎基背片具宽圆形的冠突。色带瓣和阳茎端瓣之顶端均呈尖形。生殖孔突起较长 (图 7-47)。

雌性外生殖器： 肛上板三角形，具微弱的中纵沟。尾须相同于雄性。下生殖板向后延长，其后缘中部处明显呈三角形 (图 7-48)。

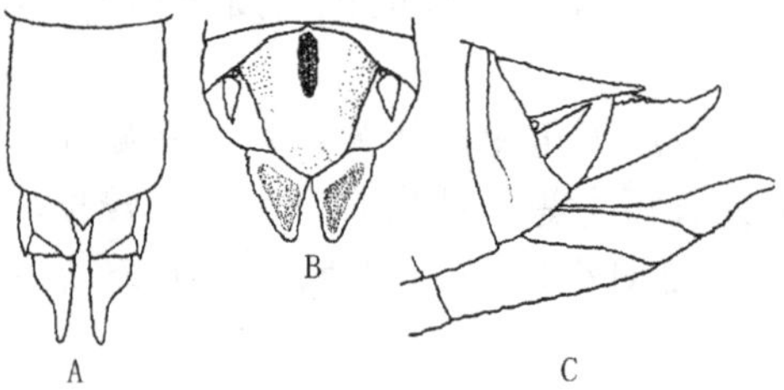

图 7-48　塞吉幽蝗雌性腹部末端 (李鸿昌和夏凯龄，2006)

A. 腹视；B. 背视；C. 侧视

7.6.13　周氏秦岭蝗 *Qinlingacris choui* Li, Feng *et* Wu

雄性外生殖器： 腹部末节背板后缘具长而宽的尾片，肛上板近三角形，中央纵沟于端半部明显扩大。尾须短，不超过肛上板之长度。阳茎基背片桥状，桥拱起。锚状突大，斜向内侧。后突宽，舌状，下端钝。冠突大，内缘稍卷起。色带表皮内突短于阳茎基瓣，色带连片平直 (图 7-49)。

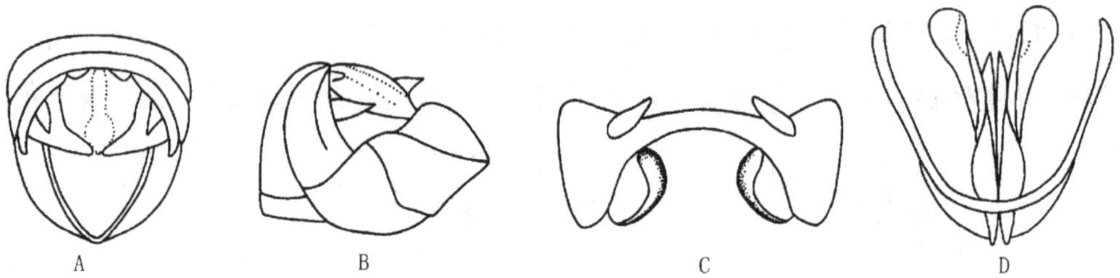

图 7-49　周氏秦岭蝗雄性外生殖器 (李鸿昌和夏凯龄，2006)

A、B. 腹部末端背、侧视；C. 阳茎基背片；D. 阳茎复合体

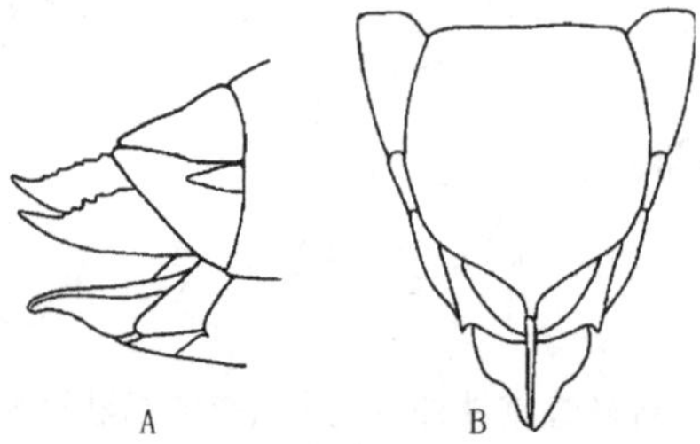

图 7-50　周氏秦岭蝗雌性腹部末端 (李鸿昌和夏凯龄，2006)

A. 侧视；B. 腹视

雌性外生殖器：下生殖板后缘中央呈三角形突出。产卵瓣表面具点刻。背瓣之上外缘具钝细的齿。腹瓣之下外缘亦具钝细齿，其端部及基部常无齿 (图 7-50)。

7.6.14　霍山蹦蝗 *Sinopodisma huoshana* Huang

雄性外生殖器：腹部末节背板后缘具小而圆形的尾片。肛上板三角形，基部两侧各具短的斜脊，在背面中央具纵沟，顶端具 2 短纵脊。尾须较狭长，内向弯曲，端部侧扁，顶端圆形。下生殖板为短锥形，顶端较尖。阳茎基背片桥的上侧平，下拱略弯 (图 7-51 A～E)。

雌性外生殖器：肛上板等边三角形，长宽近相等。尾须短锥形。上产卵瓣之上外缘具细齿。下产卵瓣后缘中央角形突出 (图 7-51 F)。

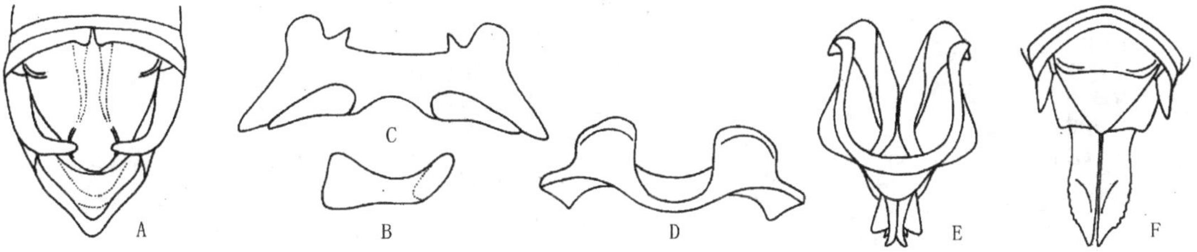

图 7-51　霍山蹦蝗雌、雄外生殖器 (李鸿昌和夏凯龄，2006)

A. 雄性腹部末端背视；B. 尾须；C. 阳茎基背片背面；D. 阳茎基背片后视；E. 阳茎复合体；F. 雌性腹部末端背视

7.7　蚱总科 Tetrigoidea

腹部 10 节，雄性有肛上板、尾须、下生殖板，无阳茎复合体。阳茎基背片近弯月形，中央突出，有小刺，与蝗总科的阳茎基背片不同源。雌性外生殖器有肛上板、尾须、产卵瓣和下生殖板 (图 7-52)。

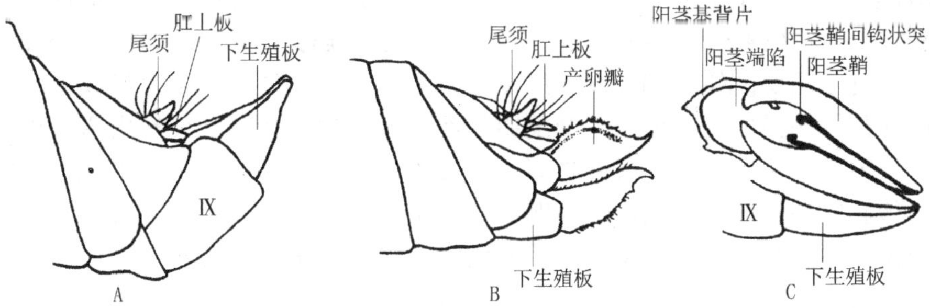

图 7-52　蚱腹部末端和雄性外生殖器 (梁铬球和郑哲民，1998)

A、B. 日本蚱雌 (B)、雄 (A) 虫腹部末端侧视；C. 钻形蚱雄性外生殖器；Ⅸ为第 9 腹节

7.7.1　*Acrydium ornatum* Say

雌性外生殖器：第 8 腹节背板中部狭窄，两侧呈马鞍形向腹面伸展，下缘宽大。第 9、10 腹节背板分开，第 10 腹节背板不完整地分割成中间和侧面区域。中间区域几丁质

化程度低，向尾部伸出 1 叶，该叶将第 11 腹节背板分成 2 个分离的侧片。第 11 腹节背板可能特化为肛上板基部 2 个小的倾斜骨片，以及尾须基部的另 2 个侧面骨片（尾须底肢节）。肛上片也呈现出 2 个侧面的几丁质化区域。尾须较小，棒状，感觉毛发达，具有明显的尾须底肢节。下生殖板（第 8 腹节腹板）较短，不达腹瓣基部。腹瓣的瓣基片（第 1 载瓣片）分为 2 块骨片，即侧片（第 1 瓣基片）和腹片。侧片较发达，位于腹瓣和下生殖板之间。腹片由第 2、3 瓣基片愈合形成，为 1 弯刀形骨片，位于侧片的内侧。第 2 载瓣片发达，位于第 9 腹节背板下缘和上瓣间片之间。背、腹瓣发达，马刀形，背瓣略弯曲，腹瓣内、外缘有齿。内瓣短杆状，隐藏于背、腹瓣之间。节间膜突起发达，分别从背瓣和腹瓣上侧两角发出，向腹腔内伸展（图 7-53）。

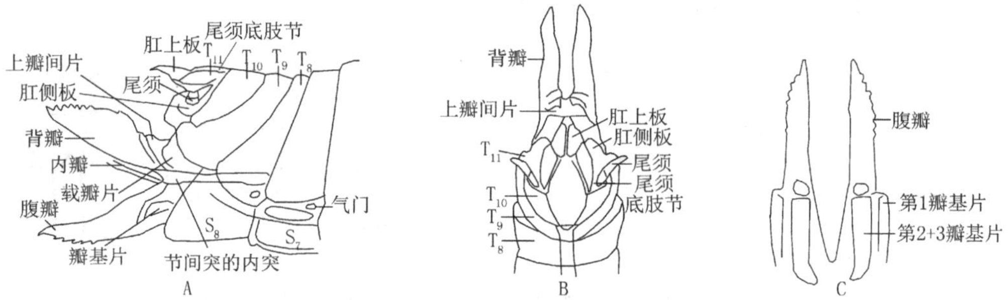

图 7-53　*Acrydium ornatum* 雌性外生殖器（参考 Walker，1919 图重绘）

A、B．腹部末节和产卵器侧、背视；C．腹瓣腹视；T_8～T_{11} 为第 8～11 腹节背板；S_7、S_8 为第 7、8 腹节腹板

7.8　蚤蝼总科 Tridactyloidea

7.8.1　*Ripipteryx carbonaria* Saussure

雄性外生殖器：第 9 腹节背板自背中部分开成 2 片，分列两侧。第 10 腹节背板和肛上板大型，第 10 腹节背板中间中后部有浅沟。第 9 腹节腹板形成 1 个大型稍凸的下生殖板，几乎完全与背板愈合。尾须简单，针状而多毛，具有明显的底肢节 basipodite。尾须下方有 1 个几丁质交配钩，钩起源于肛侧板，也可能由尾须基节发育形成。肛侧板内侧具有长的突起，明显成为交配钳。交配钳长而强壮，顶部加厚，突然内弯。精包囊扁平细长，位于阳茎基背片和阳茎顶部之间，由 2 个扁平囊组成，为背囊和腹囊，2 囊的后端连为一体。射精管的顶端宽，具有明显的几丁质化的壁，开口进入腹囊的前端。背囊有薄片覆盖，薄片侧缘几丁质化，薄片沿头向伸出 1 对细长的杆供肌肉着生，它的后端有 1 个小的骨片或更强几丁质化囊的顶端部分，该部分突出在生殖孔之上。背囊的顶部为阳茎基背片，但深深缩进以致整体上成为一个内部构造，后部暴露的部分几丁质化程度比前部隐藏的部分更强。侧面几丁质化的边缘也暴露于它们的基部，属于枝脊。背囊的底部为阳茎的顶端。似乎没有阳基侧突的迹象。侧腺体囊缺（图 7-54）。

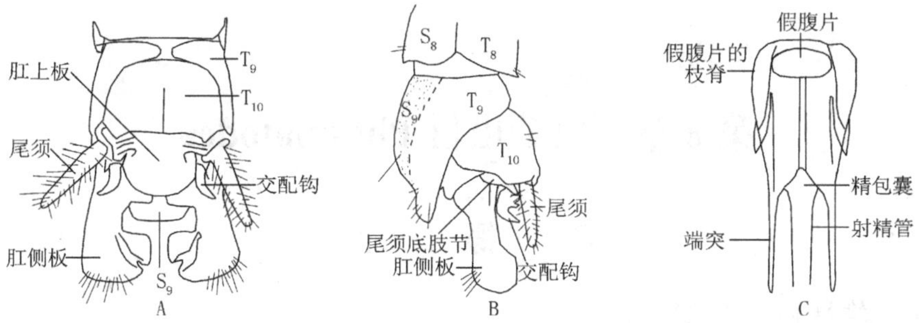

图 7-54　*Ripipteryx carbonaria* 雄性外生殖器（参考 Walker，1922 图重绘）

A、B. 腹部末节背、侧视；C. 阳茎背视；T_8～T_{10} 为第 8～10 腹节背板；S_8、S_9 为第 8、9 腹节腹板

7.8.2　*Ripipteryx forcipata* Saussure

雌性外生殖器：第 8 腹节背板沿背中线分成 2 个侧片，2 个侧片之间的体壁薄，向内折叠。第 9 腹节背板完整分为 2 个侧片，由于倾斜，原来的前、腹、后缘分别移到腹、后、背位，这些骨片的前背角以细长突起的方式头向伸展到第 8 腹节背板之下。第 10 腹节背板位于第 9 腹节背面，由 2 个狭长侧片向前延长形成的 1 对细长弯曲的杆组成，杆从第 9 腹节背板类似的突起之间穿过，达到第 8 腹节背板下，在第 8 腹节背板 2 个侧片之间接合。尾须短，圆柱形，不分节，具有稀疏细长感觉毛。肛上板半膜质而不分节。肛侧板属于第 9 腹节，2 节，显著延长，末节类似 1 对刺突或第 2 对尾须。除第 8 腹节外，均为腹板重叠在背板侧缘之上。第 8 腹节腹板形成下生殖板，但没有特别的变化，缺乏导卵器。瓣基片大，外观上类似于分裂的下生殖板。产卵器粗短，产卵瓣末端尖锐。背瓣的端部上弯，腹瓣具有末端锋利而下弯的钩和 1 个更短的外钩。载瓣片缺，而游离的几丁质杆存在，为 1 个显著的片状突起，从瓣间基角沿第 9 腹节背板腹缘伸展到第 8 腹节背板下一段距离。背瓣缺少明显的上突。上、下瓣间片小而简单。下瓣间片为细长横杆，外端分别与下突及内瓣的枝脊联系。内瓣的枝脊小，缺少瓣间膜 (图 7 55)。

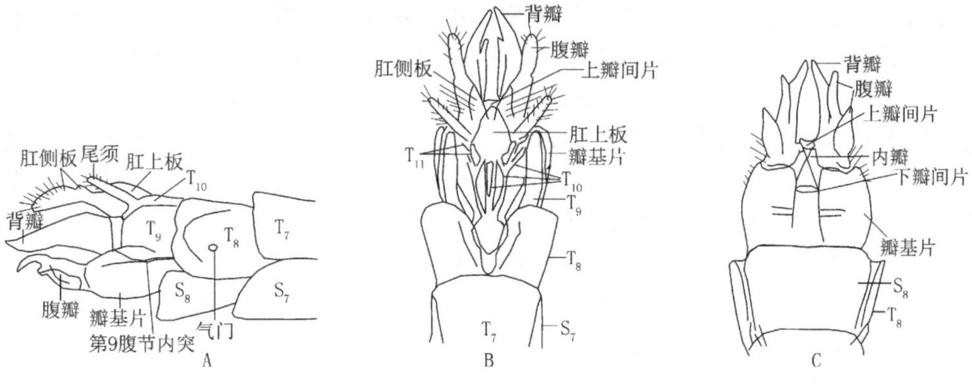

图 7-55　*Ripipteryx forcipata* 腹部末节和产卵器 (参考 Walker，1919 图重绘)

A. 侧视；B. 背视；C. 腹视；T_7～T_{11} 为第 7～11 腹节背板，S_7、S_8 为第 7、8 腹节腹板

第 8 章　竹节虫目 Phasmatodea

8.1　概　　论

8.1.1　雄性内生殖器

Bacillus、*Leptynia*、*Carausius* 的精巢为含有不同发育阶段精子的管状鞘 (单支精巢管), *Timema* 的每个精巢由纵向排列的一系列卵圆形精巢管 ovoidal follicle 组成。*Leptynia* 的输精管与前端形成的管状贮精囊相连。竹节虫附腺高度发达，*Leptynia* 有 3 对附腺，位于贮精囊之间。*Timema* 附腺数量相当多，大小各异。在 *Carausius* 和 *Clitumnus* 中，这些附腺可能属于中胚层起源。输精管合并区后有 1 支较长的射精管 (图 8-1)。

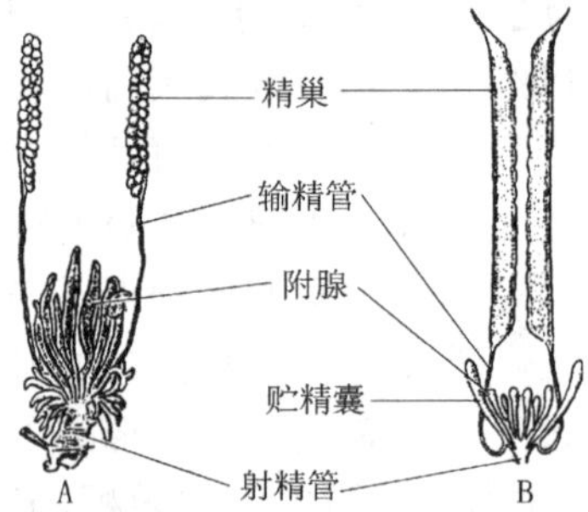

图 8-1　竹节虫雄性内生殖器 (Matsuda，1976)

A. *Timema californica*；B. *Leptynia attenuata*

8.1.2　雄性外生殖器

腹部一般 11 节，第 1 腹节与后胸紧密相连，第 1 腹节腹板消失，*Timema* 的第 1 腹节背板与后胸背板分离。第 10 腹节常发达，代表第 12 腹节的肛上板和肛侧板明显，Snodgrass (1937) 等将肛上叶 supra-anal lobe 称为肛上板 epiproct，将肛下叶 sub-anal lobe 称为肛侧板 paraproct，认为其属于第 11 腹节的构造，实际上第 11 腹节也退化，仅存尾须。因此，在竹节虫目中，第 12 腹节紧接在第 10 腹节之后。有些竹节虫的第 10 腹节腹板特化形成肛下犁突 vomer sub-analis，它从第 10 腹节腹板前缘水平地后伸，因具有特殊肌肉能够自由活动，交配时雄性将它伸入雌性第 7 腹节腹板的前盖器 praeopercular organ 内。这两个器官在昆虫纲中仅见于竹节虫目，Gunther 将肛下犁突称为阳茎附器，但似乎生殖道的任何部分都不穿过肛下犁突。尾须 1 对，不分节，有些种类尾须和肛节上有 1 对具齿的瓣，在交尾时也可起辅助作用，后者在有些种类中呈深裂的二叶状。

雄性外生殖器一般被延长的第 9 腹节腹板包裹，第 9 腹节腹板常分为前面的腹片与端部的下生殖板。雄性外生殖器的腹面和侧面被盖片 operculum (下生殖板 lamina subgenitalis、第 9 腹板) 盖住，阳茎不对称，阳茎叶有 4 枚，但上面的 2 枚常合并为一。多数情况下，阳茎叶 (尤其是下面的叶) 为膜质，一般只在阳茎叶基部发生小区域骨化。有时阳茎叶强烈骨化，常合并为两个大叶，即背叶和腹叶。少数情况下，阳茎叶合并为整体构造。Snodgrass 提出阳茎叶与螽斯科若虫阳茎叶的相似性，这 4 个阳茎叶可能代表成对的原始生殖叶，其基部一体，端部分裂，类似于蜚蠊目、直翅目和襀翅目 (绿襀科) 的情况，但竹节虫目缺乏针突 (图 8-2)。

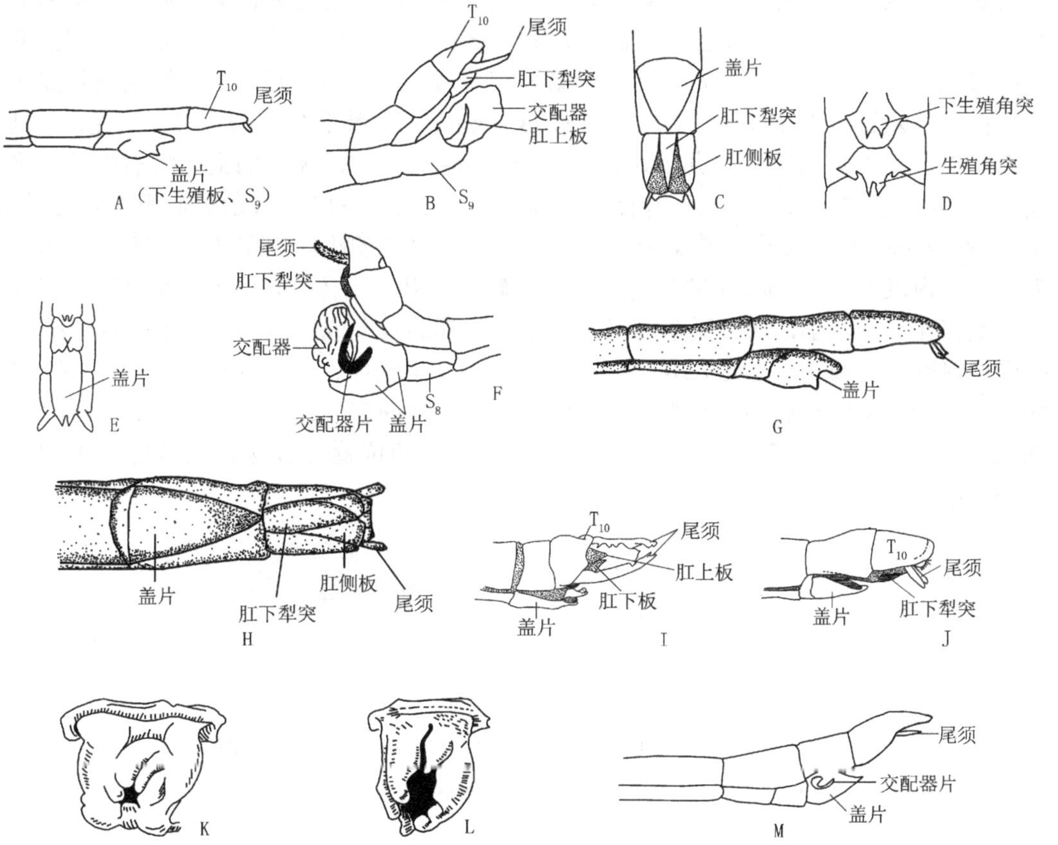

图 8-2　竹节虫目雄性外生殖器

A、B. *Calyndra*、*Gigantophasus* 腹部末端侧视；C、D. *Calyndra*、*Carausius* 腹部末端腹视；E. 蛸属部分腹部腹视；F. *Orxines maclotti* 腹部末端侧视，外生殖器暴露，交配器片通过膜褶可见；G、H. *Calynda laevis* 腹部末端侧视、腹视；I、J. *Timema californica*、*Anisomorpha buprestoides* 腹部末端侧视；K、L. *Anisomorpha buprestoides* 和 1 未知种类阳茎腹视；M. *Baculum pingliense* 腹部末端侧视；T_{10} 为第 10 腹节背板；S_8、S_9 为第 8、9 腹节腹板 (A～E. 参考 Steinmann and Zombori，1981 图重绘；F～H. 参考 Tuxen，1969 图重绘；I～L. 参考 Matsuda，1976 图重绘；M. 参考陈树椿和何允恒，2008 图重绘)

8.1.3　雄性外生殖器胚后发育

Cyphocrania 体长 30～45mm 的若虫，第 9 腹板后缘出现垫 pad，阳茎叶原基起源于垫之间。体长 60mm 的若虫原基出现，为膜质结构，位于发育中的下生殖板所形成的腔内，可辨别出小三角形的阳茎右下叶原基。体长 90mm 的若虫，由 4 个膜质的、不规则

的阳茎叶形成。

8.1.4　雌性内生殖器

雌虫每个卵巢有数量不等的无滋式卵巢管，并沿侧输卵管中部纵向分开排列。每卵巢含有的卵巢管数量：*Leptynia* 7～8 支，*Bacillus* 28～32 支，竹节虫属 *Diapheromera* 32～39 支。*Carausius* 胚胎期间有 25～30 个卵巢管原基，成虫期为 24～28 支。卵巢管端丝分别附着于背血管，没有联合成具鞘的悬带。狭窄的侧输卵管尾端在第 7 腹节腹板后缘接合，与中输卵管 (子宫) 相连，中输卵管开口于第 8 腹节腹板后，其背面有 1 交配囊。交配囊大，位于中输卵管上方，开口于第 8 腹节后、中输卵管开口上方的生殖腔前端。

孤雌生殖竹节虫 (印度竹节虫、*Bacillus rossii*、暗斑瘤胸蝻) 也存在交配囊，但基本没有功能。两性生殖的竹节虫，其交配囊作为精包库。*Calvisia* 的交配囊被中间水平缢缩分为前、后两部分。交配囊有多种腺体，最常见的是交配囊前侧壁的腺体。Archiphasminae 的许多属，其交配囊后部有 1 强烈骨化的距。生殖孔位于第 8 腹节腹板后下弯的内表面。*Carausius* 的生殖孔通过中输卵管开口于体外，位于受精囊管开口的下方。受精囊一般较小，通过受精囊管开口于交配囊的背壁或近后端。*Diapheromera* 成对的受精囊联合形成 1 个管道，开口于交配囊。由于中输卵管属于末端壶腹的延伸，受精囊管着生于中输卵管后端，从组织来源看，生殖腔或阴道 vagina 在竹节虫中并不存在。*Diapheromera* 的附腺有 1 个共同的柄，腺体形态和位置与蜚蠊目及其他昆虫的类似 (图 8-3)。

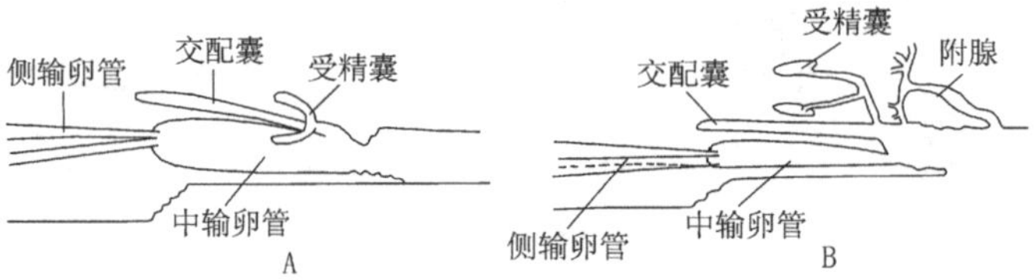

图 8-3　竹节虫目雌性生殖管道 (参考 Matsuda，1976 图重绘)

A. *Leptynia*；B. *Diapheromera*

8.1.5　雌性内生殖器胚后发育

Carausius 的初孵若虫，生殖孔开口于第 8 腹节腹板中部，是 1 个水平裂缝，其下为生殖腔。末端壶腹部的栓状外突与生殖腔前侧壁合并，形成重叠的双层管。进一步发育，背面的管形成交配囊，腹面的管成为中输卵管。受精囊在 3 龄若虫时开始分化，来源于交配囊的后端或生殖腔的背壁。交配囊的附腺也在此阶段形成，来源于交配囊的侧壁。第 9 腹节腹板内陷形成受精室 fertilization pocket，这种内陷与其他昆虫附腺形成时的内陷相当 (图 8-4)。

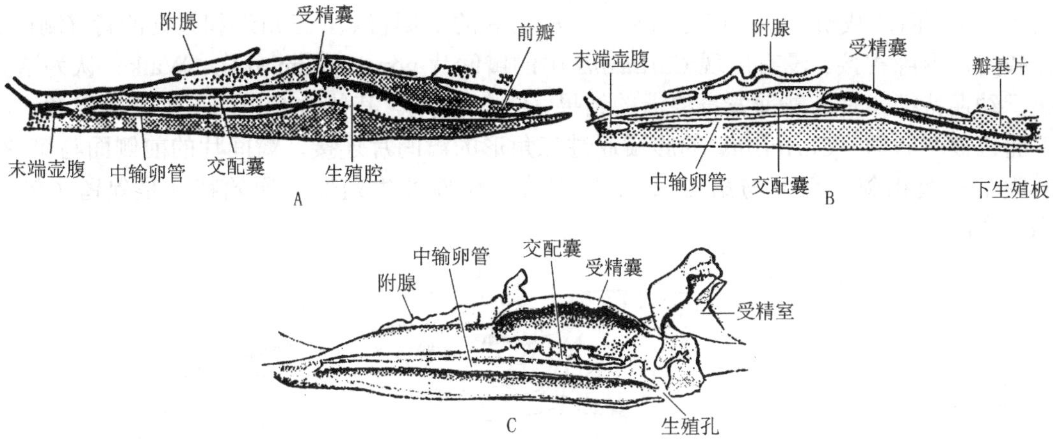

图 8-4 *Carausius morosus* 雌性生殖管道胚后发育 (Matsuda，1976)

A、B. 3、4 龄若虫末期；C. 成虫

8.1.6 雌性外生殖器

产卵器由 3 对小型产卵瓣组成，第 1 对为第 8 腹节的附肢，后 2 对由第 9 腹节长出，整个构造包藏在扩大的第 8 腹节腹板 (盖片、下生殖板) 内。腹瓣与第 1 载瓣片相连，内瓣和背瓣与第 2 载瓣片相连。第 1 载瓣片内有交配囊，中输卵管延伸进入第 8 腹节，该管即开口在第 1 载瓣片基部。在第 2 载瓣片间，可见延伸到第 9 腹节的另 1 个囊，Cappe 将此囊及交配囊的后部称为围阴腔 chamber perivulvaire。在许多种类中，交配囊本身具有 1 个功能尚不清楚的特殊构造。下生殖板常为舟形，其长短差别很大，如长腹瓣蛸属、足刺蛸属等，其下生殖板可长于腹端 3 节之和的 2～3 倍。长角枝蛸亚科中许多属，产卵瓣常超过下生殖板，形成产卵器。在 *Haaniella*、扁竹节虫属 *Heteropteryx* 等属中，其喙状产卵器与延伸的下生殖板可将卵产于土内或缝隙中。长角枝蛸亚科的许多属，盖片 (第 8 腹节腹板) 和生殖突有时共同形成复合产卵器，如内瓣愈合，同槽状的盖板一起组成 1 个很长的管，腹瓣位于管内。在 Heteronemiinae 亚科和 *Eubulides*、*Hemiplasta* 等属中，产卵瓣之间的结合更加紧密。

许多种类的第 7 腹节腹板后缘有前盖器，为深陷于第 7 腹节背面的囊，常具骨化的壁，平时被 1～2 个骨化的突起所覆盖，交配时用来握住雄性的肛下犁突 (犁骨 vomer)。来源于第 12 腹节的肛上片 lamina supra-analis (肛上板) 同样可能参与组成产卵器，它一般明显地同第 10 腹节背板分开，但也可同第 10 腹节背板结合，并同盖板一起形成 1 个喙状结构。Gunther (1970) 发现在一些竹节虫中，在下生殖板基部的每侧、接近第 9 腹节处有叶状或漏斗状附器 leaf or funnel-shaped appendge，其同源性及功能尚不清楚。Aschiphasminae 的许多属的内体 binnenkorper 是一个迷路构造，它在交尾囊后部极强骨化。在 *Presbistus* 中，这一构造甚至从交配囊的左面露出，为 1 个大而骨化的距，从生殖突的外面可见。

Timema 的雌性外生殖器表现出某些幼期特征，第 8 腹节腹板 (下生殖板) 仅稍微延长，覆盖腹瓣的基部，腹瓣细长柔韧，具有较宽的瓣基片 basivalvulae。第 9 腹节腹板横

条状，其侧面即载瓣片，具有与第 9 腹节相关联的幼期特点，三角形和柔韧的背 (侧) 瓣在载瓣片内缘相接。没有出现 *Carausius* 中的瓣间片 gonangulum 分化。Walker 认为这些属于幼期特征，是成熟前发育停滞的结果 (幼态持续)。其他竹节虫的下生殖板发达，从下面包被产卵器。*Carausius* 的腹瓣通过三角形的瓣间片连接，瓣间片的前侧面与第 8、9 腹节背板相邻，后面与第 2 载瓣片交接。雌性外生殖器的原始特征是保留了针突 (图 8-5)。

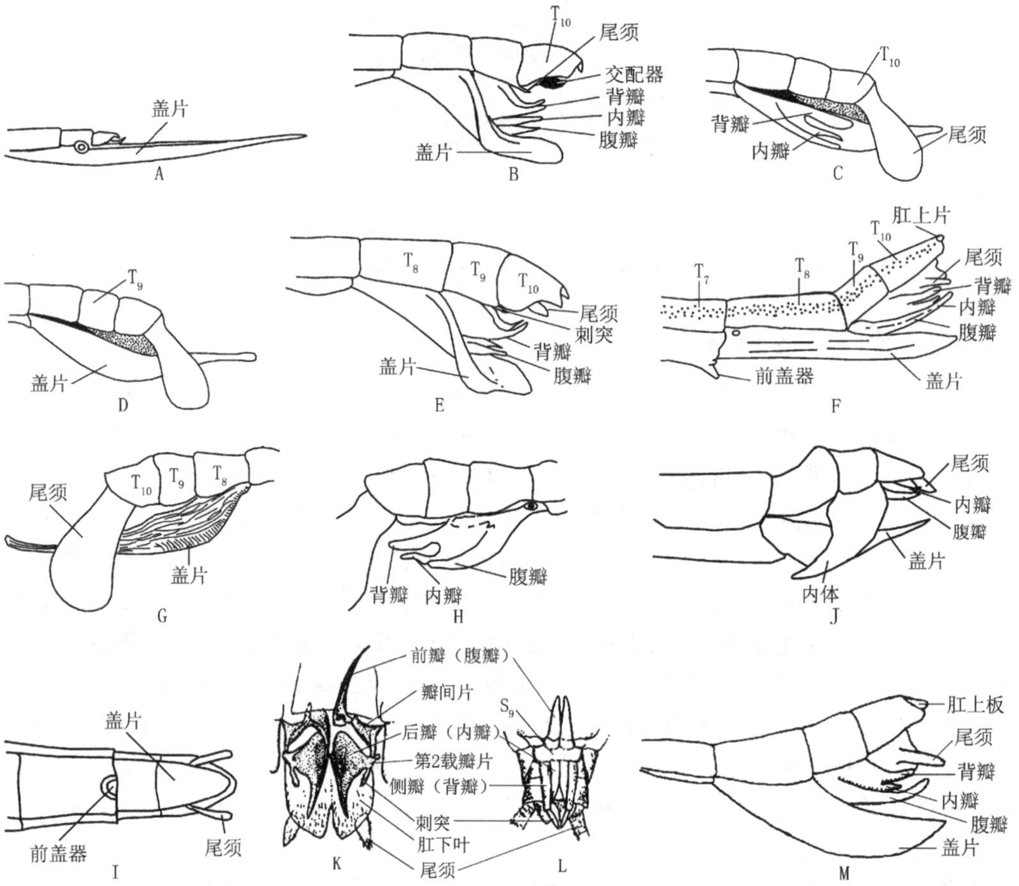

图 8-5　竹节虫目雌性外生殖器

A～G. 雌虫腹部末端侧视 (A. *Calyndra*；B. *Carausius*；C、D. *Gigantophasma*；E. *Carausius morosus*；F. *Baculum artemis*；G. *Gigantophasma bicolor*)；H. *Gigantophasma bicolor* 腹部末端侧视，盖片除去；I. *Trachythorax atrosignatus* 腹部末端腹视；J. *Presbistus peleus* 腹部末端侧视；K、L. *Carausius morosus*、*Timema californica* 产卵器腹视；M. *Baculum pingliense* 腹部末端侧视；T_7～T_{10} 为第 7～10 腹节背板；S_8、S_9 为第 8、9 腹节腹板 (A～D. 参考 Steinmann and Zombori，1981 图重绘；E. 参考施凡维奇，1958 图重绘；F～J. 参考 Tuxen，1969 图重绘；K、L. Matsuda，1976；M. 参考陈树椿等，2008 图重绘)

8.1.7　雌性外生殖器胚后发育

Carausius 成熟的胚胎阶段，第 9 腹节后端出现成对的产卵瓣原基。1 龄若虫的第 8 腹节腹板前半部出现横褶，第 8 腹节腹板进一步发育形成下生殖板 (盖片)。2 龄若虫第

8 腹节腹板后缘出现前瓣 (腹瓣) 原基。下一个阶段，下生殖板内发育形成生殖囊。第 9 腹节腹板两侧的侧后方开始上翘，出现针突原基。6 龄若虫产卵瓣出现成虫期特征，瓣间片 (亚基节 subcoxa) 形成。Cavallin (1970) 和 Kalusche (1972) 发现 *Carausius* 的下生殖板原基起源于胚胎末期第 7、8 腹节之间成对的外突 (图 8-6)。

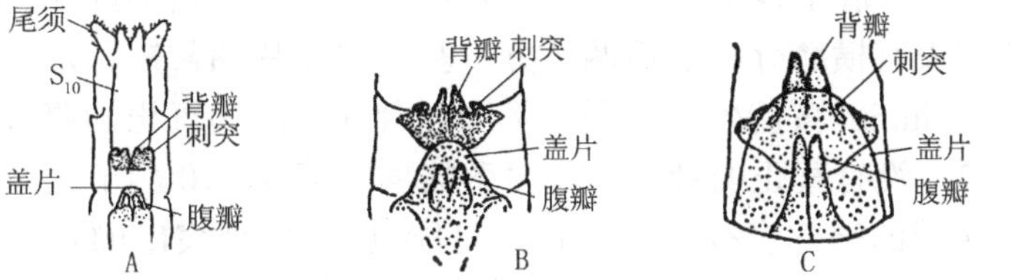

图 8-6 *Carausius morosus* 雌性外生殖器胚后发育 (施凡维奇，1958)

A～C. 3～5 龄若虫的生殖节；S_8、S_{10} 为第 8、10 腹节腹板

8.2 矮蛸科 Timematidae

8.2.1 *Timema californica* Scudder

雌性外生殖器：外生殖器具有“幼虫期”特征，属于退化无功能的构造，其发育停滞在若虫期阶段。第 8 腹节腹板形成的下生殖板舌状，覆盖腹瓣基部。腹瓣细长、柔韧，具有较宽的瓣基片。第 9 腹节较短，腹板水平状，其侧面部分 (载瓣片) 更大。背瓣柔韧，三角形，翼状，腹瓣的基部与载瓣片内缘紧密结合，腹瓣的顶端着生有发达的脊突，位于内瓣外侧，与内瓣基部愈合一段距离。背瓣和内瓣与腹瓣都没有联系。第 10 腹节背板背面相对较长，但腹侧面较窄。顶端稍超过肛上片之上，肛上片相对长而尖，弱几丁质化。尾须大而粗壮。肛侧板发达，位于尾须基部 (图 8-7)。

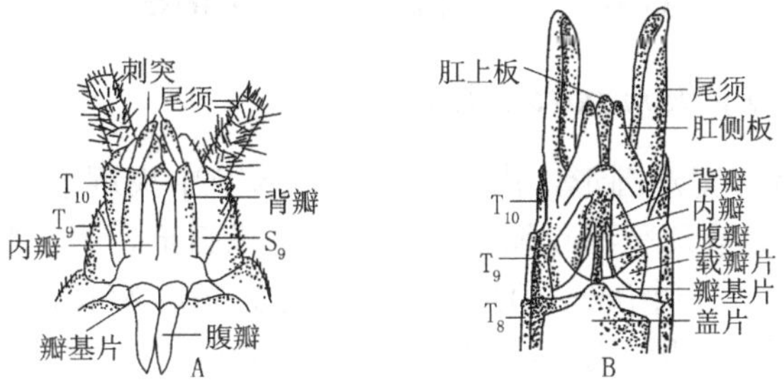

图 8-7 *Timema californica* 雌性外生殖器 (参考 Walker，1919 图重绘)

A、B. 腹部末节腹视、侧视；T_8～T_{10} 为第 8～10 腹节背板；S_8、S_9 为第 8、9 腹节腹板

8.3 拟䗛科 Pseudophasmatidae

8.3.1 二纹䗛 *Anisomorpha buprestoides* (Stoll)

雄性外生殖器：肛上板缺，肛侧板较发达，位于尾须基部内侧。尾须棒状，顶端尖狭。第 9 腹节腹板有横缝分成前后两部分，基部的骨片通常短，端部的骨片形成舌状的下生殖板 hypandrium，覆盖外生殖器。基部的骨片可能为真正的腹片，端部的骨片可能为联合的肢基节，没有真正的针突。外生殖器属于第 9、10 腹节的节间膜，处于第 9 背板之下，这个区域的端部多少几丁质化或可能具有 1 个突出的骨片，即亚肛部犁骨片 sub-anal vomer。大型第 10 腹节腹板也可能由于该腹节的次生性延长而成，原始的第 10 腹节腹板几乎整个被并入肛侧板的基部。外生殖器较短，陷在凹陷内，凹陷由环抱的下生殖板形成。外生殖器由背、腹两部分及柔韧的壁组成，背面明显几丁质化。射精管的开口多位于右侧膜质区域 (图 8-8)。

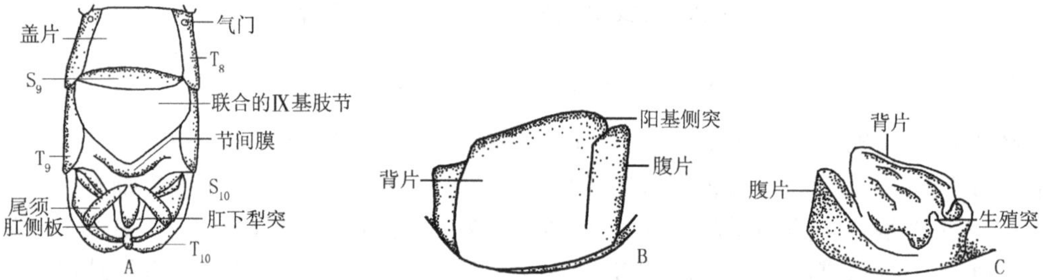

图 8-8 二纹䗛雄性外生殖器 (参考 Walker，1922 图重绘)

A．腹部末节腹视；B、C．阳茎背视、腹视；T_8～T_{10}为第 8～10 腹节背板；S_8～S_{10}为第 8～10 腹节腹板

8.4 叶䗛科 Phylliidae

8.4.1 同叶䗛 *Phyllium parum* Liu

雄性外生殖器：腹部宽椭圆形，由基部至第 4 腹节中央逐渐加宽，其侧缘斜直，第 5 腹节后端最宽，第 6 腹节几乎不收缩，第 7 腹节侧缘弧形，第 8 腹节明显变窄，第 8～10 腹节侧缘几乎斜直，共同构成三角形腹端。下生殖板较窄长，亚三角形，后端稍窄，约伸达臀节中央。尾须窄叶状，明显超过腹端 (图 8-9)。

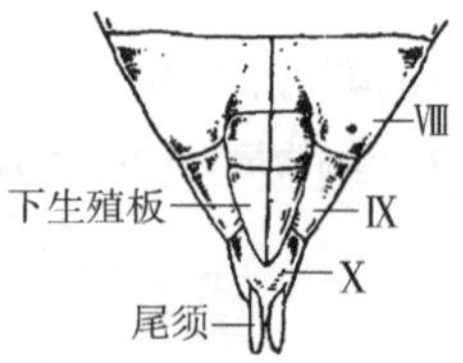

图 8-9 同叶䗛雄性腹部末节腹视 (刘胜利，1993)

Ⅷ～Ⅹ为第 8～10 腹节

8.4.2　珍叶䗛 *Phyllium rarum* Liu

雌性外生殖器：腹部宽披针形，由基部至第 4 腹节中央不断加宽，此后至末端逐渐均匀收缩，至少由第 7～10 腹节形成三角形的腹端。下生殖板约伸达臀节中央，产卵瓣较宽，略超过腹端。尾须刀状，末端钝，稍超过产卵瓣 (图 8-10)。

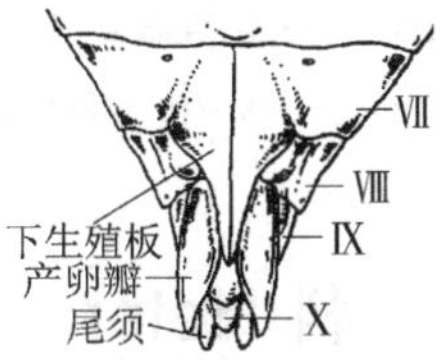

图 8-10　珍叶䗛雌性腹部末节腹视 (刘胜利，1993)
Ⅶ～Ⅹ为第 7～10 腹节

8.5　䗛科 Phasmatidae

8.5.1　崇信短肛棒䗛 *Baculum chongxinense* Chen *et* He

雌性外生殖器：腹部密被细颗粒突起，第 1～8 腹节背板中央有脊，第 9 腹节背板中央有纵沟，腹部远长于头胸部之和，以第 4～6 腹节最长，第 2、3 腹节次之，第 8 腹节最短，第 1、7 腹节几乎等长，第 3、4 腹节等长，第 9 腹节长于第 8 腹节，第 9 腹节背板后缘呈三角形凹入，两侧叶钝，稍比肛上板长。肛上板短，端部角状，背中有脊，第 6 腹节腹板后缘的中突不明显，下生殖板舟形，超过第 9 腹节背板侧叶，端部较尖。尾须圆柱形，端部略钝，略伸过肛上板 (图 8-11)。

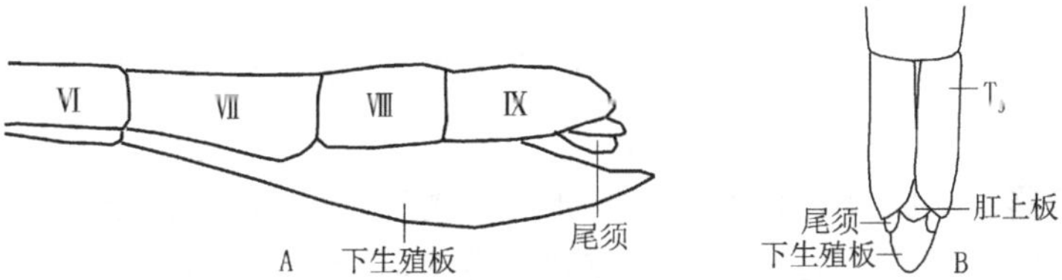

图 8-11　崇信短肛棒䗛雌性外生殖器 (参考陈树椿和何允恒，1991a 图重绘)
A．腹部 6～9 节侧视；B．臀节 (第 9 腹节) 背视；T_9 为第 9 腹节背板；Ⅵ～Ⅸ为第 6～9 腹节

8.5.2　博白长肛棒䗛 *Entoria bobaiensis* Chen

雌性外生殖器：腹部长于头胸部之和。腹部背面有 1 中脊。腹部第 2 节背板略短于第 3 节背板，但比端部 3 节中任 1 节均长。腹部第 5 节背板长于其后任一节背板，并长于端部 3 节之和，臀节背板稍长于第 9 腹节背板，后缘中央有三角形凹缘。下生殖板稍长于腹端 3 节背板之和，端部刚超过肛上板基部，中央向下突出，有明显中脊。尾须短，圆柱形，端尖 (图 8-12)。

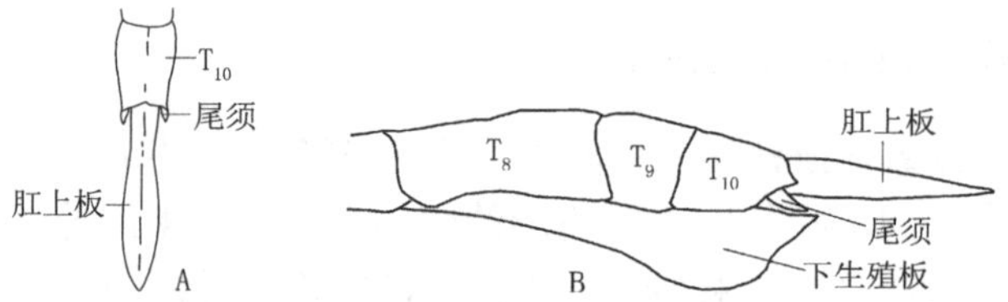

图 8-12　博白长肛棒蛸雌性外生殖器 (参考陈树椿，1986a 图重绘)

A. 臀节 (第 10 腹节) 背板及肛上板；B. 腹部 8～10 节和肛上板侧视；T_8～T_{10} 为第 8～10 腹节背板

8.6　异蛸科 Heteronemiidae

8.6.1　普通竹节虫 *Diapheromera femorata* (Say)

雄性外生殖器：肛上板小而膜质，肛侧板相当小，几乎未几丁质化。尾须短，不分节，行使抱器功能。第 9、10 腹节处于同一平面上，外生殖器处于腹面。第 9 腹节腹板分成两部分，基部的腹片形成 1 个短杆，端部的下生殖板形成杯状的外生殖器受纳囊 receptacle。外生殖器属于第 9、10 腹节的节间膜，位于第 9 腹节背板之下。这个区域的端部多少几丁质化或可能具有 1 个突出的骨片，即亚肛部犁骨片 (图 8-13)。

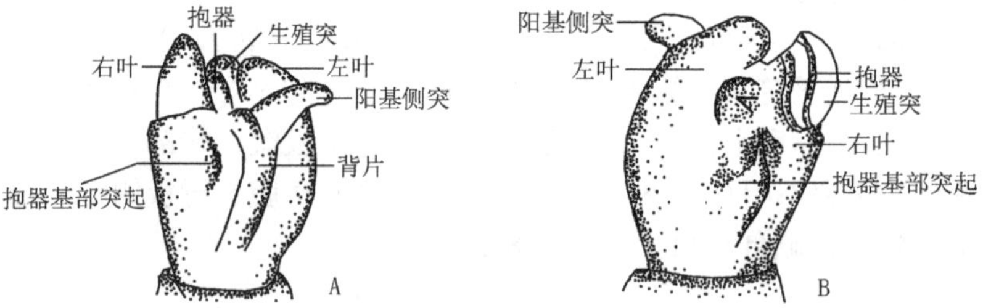

图 8-13　普通竹节虫阳茎 (参考 Walker，1922 图重绘)

A. 背视；B. 侧视

雌性外生殖器：产卵瓣大而柔韧。产卵器背腹扁平，向末端拱起。内瓣位于背瓣之间 (有些属位于背瓣背面)，通过类似的方式与背瓣联合。瓣间膜不发育，枝脊只是 1 个短的位于两侧的几丁质突起，在与背瓣结合部的角上，这些突起末端游离，没有上或下瓣间片的迹象。内瓣的下面具有 1 个很明显柔韧的脊，脊嵌合在腹瓣相对应的槽内，但这些部分柔软，不形成联合。背瓣的基部不拱行于下生殖板之上。肛上突发达，强几丁质化。在与下生殖板的角上具有小的突起，显然属于下突。没有载瓣片存在的迹象，但有小突起，这似乎属于第 9 腹节背板突的下端。瓣基片缺。下生殖板大型。第 10 腹节大，肛上片和肛侧板明显，但较小。尾须也相对较小 (图 8-14)。

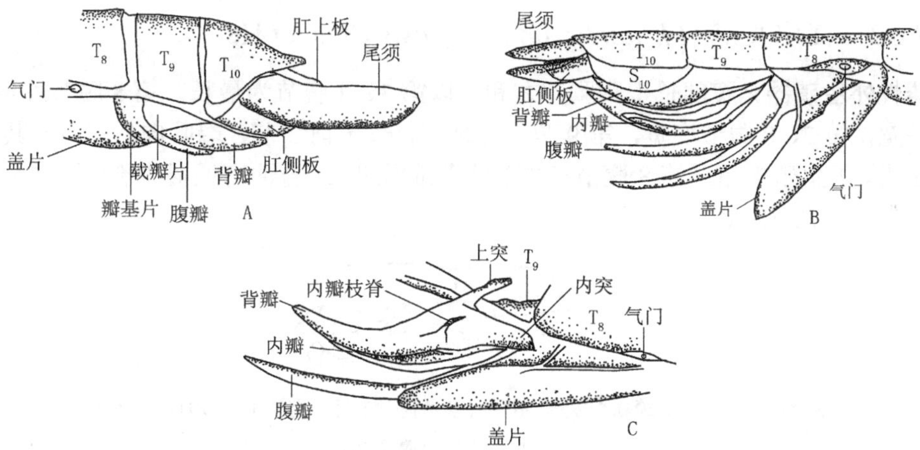

图 8-14　普通竹节虫雌性外生殖器 (参考 Walker，1919 图重绘)

A．腹部末节背侧视；B．产卵器侧视，第 9 腹节背板大部分被切除以展示上生殖突；C．产卵器背视；T_8～T_{10}为第 8～10 腹节背板；S_8、S_{10}为第 8、10 腹节腹板

8.6.2　双叶小异䗛 *Micadina bilobata* Liu *et* Cai

雄性外生殖器： 臀节后半部扁宽，明显向下倾斜，后缘亚平截，中央具切刻，其腹缘有弯齿。尾须圆筒形，稍向内弯曲，伸达臀节末端。下生殖板兜状，向后不超过第 9 腹节后端 (图 8-15)。

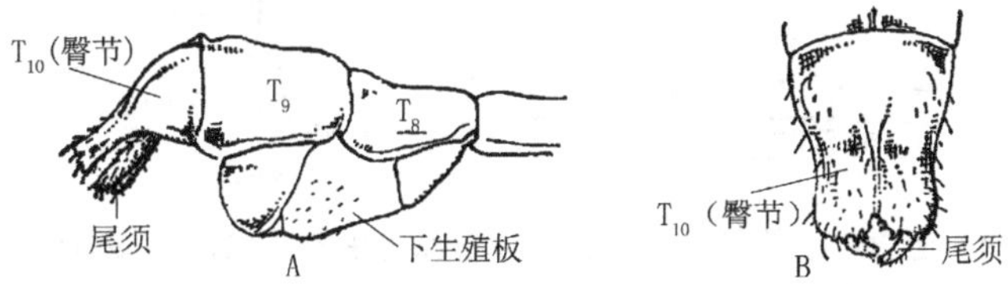

图 8-15　双叶小异䗛雄性外生殖器 (刘胜利和蔡保灵，1994)

A．腹部末端侧视；B．腹部末节背视；T_8～T_{10}为第 8～10 腹节背板

雌性外生殖器： 腹部基半部较粗，第 7 腹节以后明显窄缩，臀节端部中央具纵脊，后缘中央呈宽弧形凹入，两侧呈叶突状。尾须圆筒形，其末端稍尖，明显超过腹端。下生殖板较窄长，伸达第 9 腹节后缘，产卵瓣超过臀节中央 (图 8-16)。

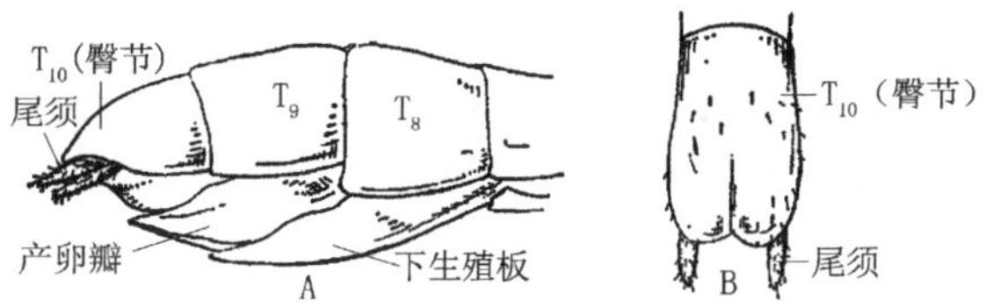

图 8-16　双叶小异䗛雌性外生殖器 (刘胜利和蔡保灵，1994)

A．腹部末端侧视；B．腹部末节背视；T_8～T_{10}为第 8～10 腹节背板

8.6.3 辽宁皮䗛 *Phraortes liaoningensis* Chen *et* He

雄性外生殖器：腹部长于头胸部之和，以第 3、4 腹节为最长，第 8 腹节最短。前 6 节约等宽，第 7、8 腹节变宽，第 9 腹节屋顶状，长于前 2 节，端叶向后渐窄，其内缘有许多小齿。下生殖板超过第 8 腹节，端缘呈浅弧形凹入，背面有明显中脊。尾须圆柱形，端半部向内弯曲 (图 8-17)。

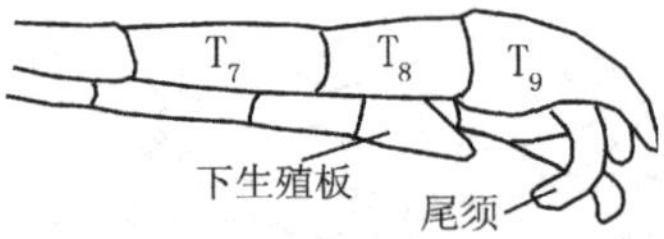

图 8-17 辽宁皮䗛雄性外生殖器 (参考陈树椿和何允恒，1991b 图重绘)

T_7～T_9 为第 7～9 腹节背板

雌性外生殖器：腹部明显长于头胸部之和，至端部数节渐窄，以第 4 腹节背板最长，第 2、3、5 腹节背板约等长、略短，第 8 腹节背板最短，第 7 腹节背板屋顶形，略短于后两节之和，第 9 腹节背板亦呈屋顶形，后端凹缘三角形，两侧叶成锐角。肛上板宽叶状，远超过第 9 腹节背板两侧叶，下生殖板舟形，端部略尖，稍超过肛上板。第 6 腹节腹板后缘的中突较扁，不超过腹板后缘。尾须圆柱形，端部略细，密被细毛，远长于下生殖板端部 (图 8-18)。

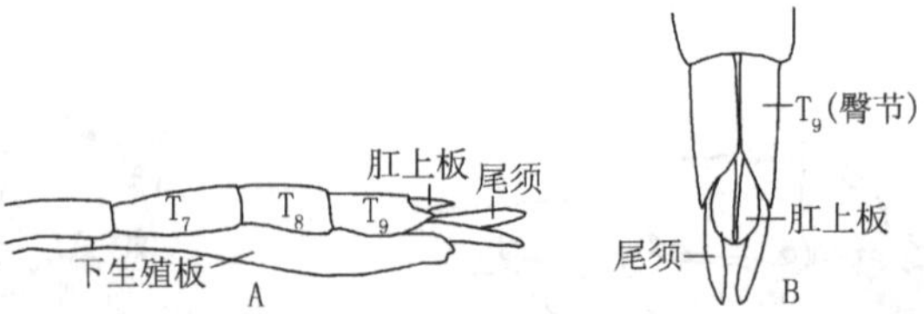

图 8-18 辽宁皮䗛雌性外生殖器 (参考陈树椿和何允恒，1991b 图重绘)

A. 第 6～9 腹节侧视；B. 臀节背视；T_7～T_9 为第 7～9 腹节背板

8.6.4 斑腿华枝䗛 *Sinophasma maculicruralis* Chen

雄性外生殖器：腹部稍扁，明显长于头胸部之和，末端 3 节膨大。第 8 背板后缘加宽，短于第 7 和第 9 腹节背板。第 9 腹节背板延长，前缘较窄，后缘加宽并向上突出，

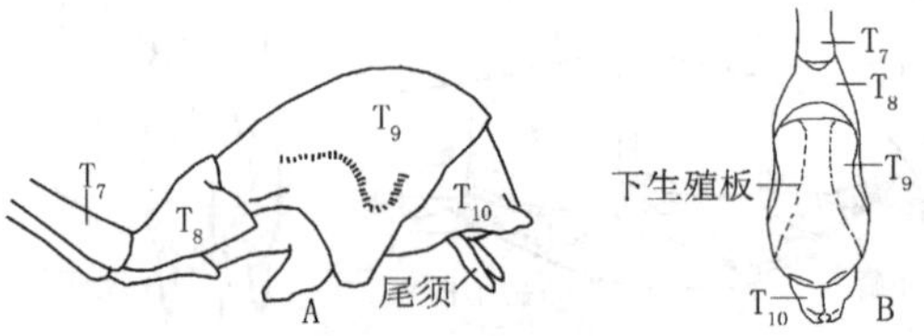

图 8-19 斑腿华枝䗛雄性外生殖器 (参考陈树椿，1986b 图重绘)

A、B. 第 7～10 腹节侧视、背视；T_7～T_{10} 为第 7～10 腹节背板

侧视向下突出呈宽瓣状。侧缘凹下，臀节明显短于第 8 和第 9 腹节，端部较窄，后缘中央缺刻弧形，两端成尖角突。每 1 个角突上有黑色小齿 5~6 枚。下生殖板梯形，侧面稍凹，后缘弧形，向内蜷曲。尾须直，明显超过臀节端部 (图 8-19)。

雌性外生殖器：第 7、8 腹节与臀节约等长，第 9 腹节稍短于第 8 腹节与臀节。臀节窄于第 8 腹节，背板两侧宽圆，后缘中央浅凹，肛上板露于臀节端叶间，不超过背板端部。第 8 腹板端部尖，伸达第 9 腹节中部。产卵器外露，超过第 9 腹节。第 7 腹节腹板后缘中央有褐色鳞片状突起 1 个。尾须直，圆柱形，超过臀节端部 (图 8-20)。

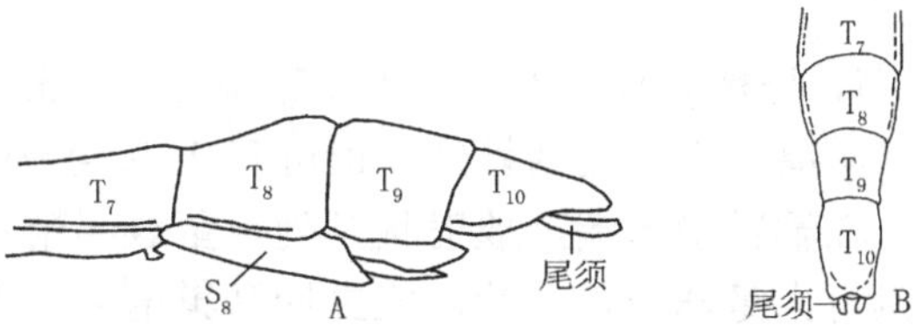

图 8-20　斑腿华枝䗛雌性外生殖器 (参考陈树椿，1986b 图重绘)

A、B. 第 7～10 腹节侧视、背视；T_7～T_{10} 为第 7～10 腹节背板

8.6.5　长翅瘤胸䗛 *Trachythorax longialatus* Cai

雌性外生殖器：腹部较粗壮，第 2~6 腹节逐渐加粗，第 7 腹节以后显著窄缩，腹端尖。臀节背板短于第 9 腹节背板，远短于第 8 腹节背板。第 7 腹节腹板后缘中央呈"U"形凹入，两侧具显著宽隆脊。腹瓣稍扁平，腹面基部中央具纵脊，末端呈弧形凹入。第 10 腹节背板亚三角形。尾须较直，圆筒状，末端稍钝，明显超过腹端 (图 8-21)。

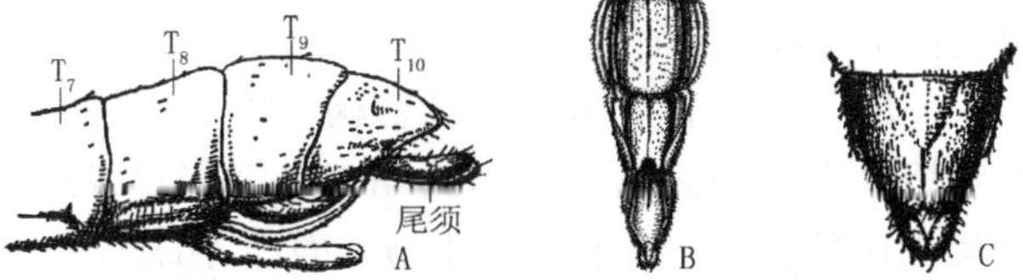

图 8-21　长翅瘤胸䗛雌性外生殖器 (蔡保灵，1989)

A、B. 腹部末节侧视、腹视；C. 第 10 腹节背板背视；T_7～T_{10} 为第 7～10 腹节背板

第 9 章　蜚蠊目 Blattaria

9.1　概　　论

9.1.1　雄性内生殖器

精巢位于第 5、6 腹节，每精巢有 4 支至数十支精巢管。精巢管球形或纺锤形，着生于输精管前段。精巢管可游离突出于输精管外，也可有 1 共同被膜。蜚蠊属每精巢有 4 支圆形或卵圆形精巢管，在输精管末端呈放射状排列。蜚蠊属精巢在末龄若虫期已达功能性成熟，精巢细长，具有大量球形精巢管，成虫期精巢退化。隐尾蠊属每个精巢由许多圆形精巢管组成，精巢管通过短柄连接在输精管上。*Leucophaea* 精巢球形，由许多支精巢管包被在 1 个共同膜鞘内形成，位于输精管前端。*Blaberus* 精巢外观桑葚形，两侧的输精管分别接入贮精囊。贮精囊袋状，位于射精管前端，有发达的附腺覆盖。Snodgrass 发现 3 种蜚蠊成对的贮精囊起源于射精管的前端，贮精囊与附腺形态明显不同。输精管向后开口于射精管，射精管位于附腺基部。射精管前部中胚层起源的部分，由输精管后端与射精管相连的壶腹部形成。附腺为中胚层起源，由许多附腺管构成，形成卵圆形小囊 utriculi 的附腺管群，整体位于射精管前端。附腺分泌物主要用于构成精包，但也具有聚集、防卫等功能。附腺管有两类：一类发自贮精囊管壁，另一类发自射精管前端。附腺集成大束，Hexley 称为蕈状腺 mushroom-shaped gland。Louis 和 Kumar (1971) 根据附腺管的长度将大蠊属和 *Blaberus* 的附腺分为 3 类：长管状附腺 (大附腺管 utriculi majore) 开口于射精球包埋上皮；中等和短的附腺管，开口于上皮中层。*Leucophaea*、*Nauphoeta* 和小蠊属不存在腺体大小的差别。有些附腺管具有精子库的功能，位于贮精囊腹面，与输精管在射精管上的开口处于相同高度。多种蜚蠊的大附腺管内贮存有大量尿酸，这些尿酸大部分在交配时被浇在精包上。在射精管下方，有 1 不成对的腺体，Miall 及 Denny 称为球腺 conglobate gland，球腺开口于外生殖器之叉状骨片上。Bordas 认为球腺有保护

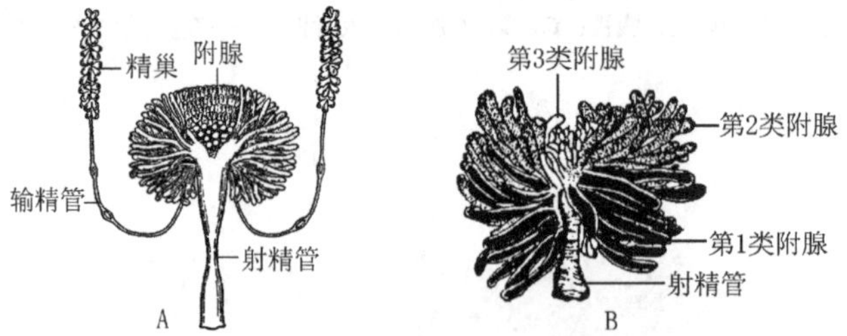

图 9-1　美洲大蠊雄性内生殖器

A. 大蠊属雄性内生殖器整体腹视；B. *Periplaneta americana* 3 种类型的附腺，输精管与精巢未绘 (A. Richards 等，1978；B. Matsuda，1976)

作用，能分泌挥发性碱液，与甲虫的臀腺 pygidial gland 相似。阳茎腺 phallic gland 是邻近射精管后端的小型腺体，开口在左阳茎叶基部，Van Wyk (1952) 认为球腺可能与阳茎腺同源。输精管后段愈合后通入射精管 (图 9-1)。

9.1.2　雄性内生殖器胚后发育

蜚蠊属的预若虫和 1 龄若虫及大蠊属的 1 龄若虫，可检查到位于第 9 腹节后部的输精管，输精管有 1 个末端中空的封闭囊，即位于第 10 腹节的末端壶腹部。壶腹部附着在侧面的阳茎瓣上，与中间射精管内陷的前端相对。在最后一次蜕皮时，壶腹部的壁生出器官芽，发育形成雄性附腺。同时，2 个壶腹部与射精管道前端交接。随着左阳茎瓣背、腹部之间的内陷，射精管开始形成球腺 (图 9-2)。

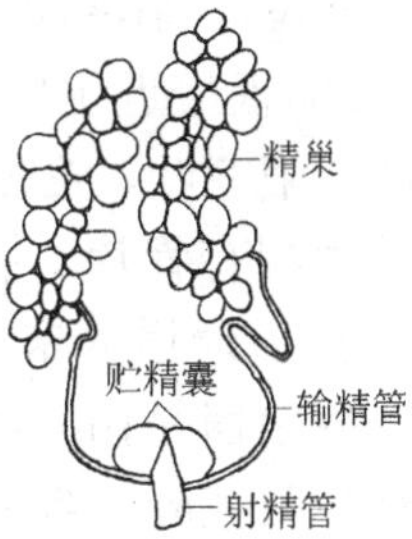

图 9-2　东方蜚蠊 6 龄若虫雄性内生殖器 (参考 Richards 等，1978 图重绘)

9.1.3　雄性外生殖器

腹部宽扁，可见 10 节。第 1 腹节短，第 8、9 腹节背板短并隐藏在第 7 腹节背板下。第 10 腹节退化，背板和侧板分别演变为肛上板和肛侧板。第 9 腹节腹板特化为下生殖板，其端部两侧有尾刺 1 对。肛上板基部两侧各有尾须 1 支，尾须多节或短而不分节。肛上板内面有肛孔，肛孔被 1 个肛上片和 2 个肛侧片包围。腹部背板和腹板之间，由上、下两块骨片包围。上面骨片为侧背片，下面骨片为侧腹片。许多雄虫具有背板腺，能分泌引诱雌虫的外激素，并在交配时被雌虫舐食。背板腺常开口于第 6、7 腹节背板上多毛的凹陷中，也可见于前后 5 个腹节背板上或其他腹节上。有些种类，雌、雄虫均有背板腺，甚至还有腹板腺，能分泌特殊气味的物质。

雄性外生殖器一般两侧不对称，阳茎和围阳茎结构不发达，整体位于背面的肛上板 supra-anal plate (第 10 腹节背板) 和腹面的下生殖板 (第 9 腹节腹板) 之间，通常从体外不可见，掀开或除去肛上板可见雄性外生殖器。下生殖板通常具有短的刺突 stylus，也称为尾刺或生殖肢 gonopod。雄性外生殖器由 3 个阳茎瓣或阳茎叶 phallomere 组成。右阳茎叶 right epiphallus、right phallomere 位于阳茎右侧的背面，扁平，多呈三角形。除姬蠊亚科和异爪蠊亚科右阳茎叶退化外，大多数蜚蠊的右阳茎叶具有 3 个尖锐突起，2 个向右的突起尖出，1 个向左的突起呈钩状。右阳茎叶的侧基部具有 2 块强大骨片，常为锯形、脊状或钩状，称为相对钩 opponente，其中 1 个能动，而不能动的 1 块支持着 1 个大的表皮突。左阳茎叶 left epiphallus、left phallomere 位于阳茎左侧背面，通常由 3 个角状突起组成，分别为阳茎端突 titillator、伪阳茎 pseudophallus 和尖瓣 acutolobus。3 个角状突起具有共同的基部，其中阳茎端突多向外弯曲。腹面的突起通常接近于射精管的开口，称为伪阳茎。而真正的阳茎在网翅目（蜚蠊目和螳螂目）中很少发达。1 块基骨片常与左阳茎叶分开。姬蠊亚科和异爪蠊亚科的左阳茎叶也退化。腹阳茎叶 ventral phallomere 也称下阳茎叶 hypophallus，为不成对的骨片，位于阳茎左侧腹面。蜚蠊的腹阳茎片简单，有时有 1 右基瓣，似乎表明腹阳茎叶最初为成对的形式。腹阳茎叶基部与左阳茎叶有 1 共同的内腔，射精管的开口（初生生殖孔、阳茎口 phallotreme）位于内腔背面近基部。

大多数网翅目（蜚蠊目和螳螂目）昆虫通过精包授精，以精包附着于雌性外生殖器。因此，很少种类具有真正的阳茎。仅姬蠊亚科和异爪蠊亚科有膜质的构造，生殖孔开口于其顶端而基部有 1 大的表皮突，表皮突是 1 个退化的腹阳茎片的遗迹。在姬蠊亚科中，阳茎游离的顶端有 1 刺状的阳茎端刺 virga，阳茎端刺的腹面基部有生殖孔。其他网翅目种类，无真正的阳茎。而左阳茎叶的腹突很接近生殖孔，并且高度特化，称之为伪阳茎。蜚蠊属阳茎由 3 个阳茎叶组成，包括左阳茎叶、右阳茎叶和腹阳茎叶（下阳茎叶）。射精管开口在宽的腹阳茎叶基部。阳茎叶周围有骨片、刺、钩、结节等构造。蜚蠊属缺少发育完整的内阳茎，Snodgrass 认为生殖出口通道的末端为内阳茎囊，因为此处有标志着阳茎内陷的骨化物。德国小蠊的雄性外生殖器是由左阳茎叶、中阳茎叶、右阳茎叶构成，其构造较为简单，没有腹阳茎叶而有中阳茎叶，各阳茎叶没有明显的分支（图 9-3）。

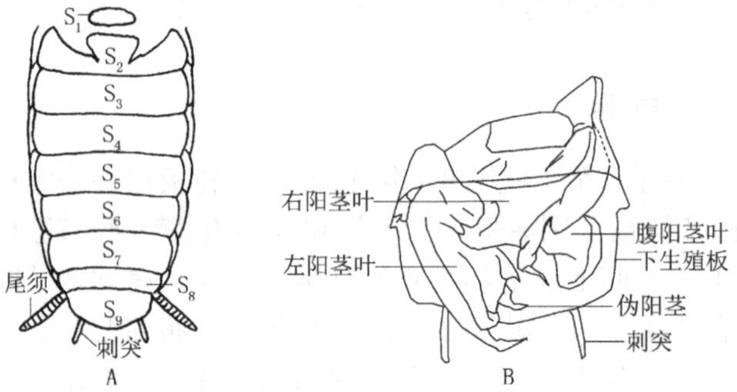

图 9-3　蜚蠊雄性外生殖器

A. 东方蜚蠊雄虫腹部腹视；B. 蜚蠊雄性外生殖器背视；S_1～S_9 为第 1～9 腹节腹板（A. 参考蔡邦华，1956 图重绘；B. 郑乐怡和归鸿，1999）

9.1.4　雄性外生殖器胚后发育

直翅类昆虫的外生殖器起源于 1 对初生原基。在若虫期，初生阳茎叶一般位于第 9 腹节腹板后缘，似乎属于第 10 腹节。2 个初生阳茎叶，水平分裂形成 4 个次生阳茎叶，即 2 个背面阳茎叶和 2 个腹面阳茎叶。4 个阳茎叶或者保持阳茎叶方式包围生殖孔，或通过不同方式结合形成复杂的复合构造。蜚蠊属和大蠊属新孵化若虫，初生阳茎叶位于生殖腔基部。然后，初生阳茎叶水平分裂形成 4 部分，它们是最初的背面阳茎叶、腹面阳茎叶，但左侧的 2 个阳茎叶合并，最终形成成虫的高度复杂的左阳茎叶。右阳茎叶有钩和棘，钩和棘重叠在阳茎叶上，基部与生殖腔壁上的骨片复合体联系。右阳茎叶及其附属构造为交配辅助器官。右阳茎腹叶构造较简单，位于生殖孔之下，可能用于协助操作 manipulate 精包。小蠊属、夏柏拉蜚蠊属、*Ectobius*、*Leucophaea* 等属的雄性外生殖器构造发生较大变化，只保留两部分：①不对称的阳茎片，陷入侧面的短囊中；②膜质的中间阳茎，内阳茎囊经阳茎向外开口。马德拉蜚蠊的左阳茎叶在 4 龄若虫出现，是第 9 腹节腹板上生殖腔壁的叶片状外长物。右阳茎叶在 6 龄若虫出现。膜质的中间阳茎由邻近射精管口的生殖腔壁外翻形成，与若虫期的情况可能不一致。东方蜚蠊 1 龄雄性若虫，第 9 腹节腹板发达，腹板后缘圆形，具有 1 对刺突。生殖腔形成于第 9 腹节腹板游离的后缘，膜质的第 10 腹节腹板与肛侧板的基部愈合。在第 9 腹节腹板后缘和膜质的第 10 腹节腹板之间形成生殖腔，第 10 腹节腹板与下生殖板融合。生殖腔中线处出现 1 对外胚层外长物，为最初的阳茎叶。在生殖腔基部，有 1 对外胚层起源的外长物，位于中线两侧。这些成对的外长物是雄性外生殖器内部构造的前体，也称为阳茎瓣。在阳茎瓣基部之间有 1 中间凹陷，为射精管原基。阳茎瓣从 1 龄开始就明显不对称，中间的射精管斜向前方。3 龄若虫，每个阳茎叶通过水平分裂形成背阳茎叶和腹阳茎叶，因此形成了 4 个阳茎叶包围射精管的开口。在随后的各龄若虫，雄性外生殖器的发育主要是上述构造的生长和变化。右背阳茎叶逐渐移向雄性生殖孔的背面，发育出许多附属的钩和突起。右腹阳茎叶移向生殖孔下面，保持简单状态。但左侧阳茎叶的再次分割，使左侧阳茎叶背、腹面不像右侧阳茎瓣的那样容易区分。在若虫期随后的发育过程中，右背阳茎叶位于生殖孔背部，发育形成一些钩和突，右腹阳茎叶下移到生殖孔下面，保持简单结构。左阳茎叶分化形成背、腹叶，但不及右侧阳茎叶发达。在预若虫 pronymph 及 1 龄若虫，输精管位于第 9 腹节后端，终止于 1 个中空封闭的囊，称为末端壶腹。此阶段的输精管是 1 条实心的索。每个壶腹位于侧面的阳茎瓣上，与射精管内陷的前端相对，但壶腹与射精管没有联系。在后续发育中，壶腹增大，射精管向前生长。在末龄蜕皮期间，壶腹壁以出芽方式发育成为雄性附腺。与此同时，2 个壶腹在射精管前端进一步靠近，并与射精管建立联系。球腺起源于射精管，是 1 个外胚层内陷，内陷位于左阳茎叶的背、腹部分 (图 9-4)。

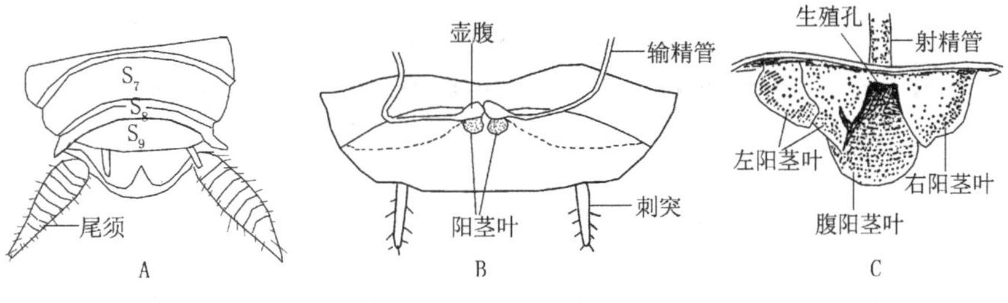

图 9-4　东方蜚蠊雄性生殖系统

A. 2 龄雄若虫腹部末端腹视；B. 2 龄雄若虫初生阳茎叶；C. 高龄雄若虫外生殖器；S_7～S_9 为第 7～9 腹节腹板 (A. 参考蔡邦华，1956 图重绘；B、C. 参考 Snodgrass，1957 图重绘)

9.1.5　雌性内生殖器

每卵巢有 6～20 支卵巢管，卵巢管无滋式，每卵巢的卵巢管数目：折翅蠊 *Diploptera*

6 支、蜚蠊属 8 支、硕蠊 *Leucophaea* 15～20 支、大蠊属 8 支。卵巢管前端的端丝附着于体壁和背隔上 (硕蠊)。侧输卵管短，开口于中输卵管。中输卵管通过生殖孔开口于生殖腔。受精囊 2 分支，1 个分支通常比另外 1 支粗厚，Snodgrass (1937) 认为粗厚的 1 支为真正的精液容器，另外 1 支为受精囊腺。但 Gupta (1948) 发现姬蠊属、大蠊属 2 个分支管内均含有精子，Lowson 和 Thomas (1970) 也确认大蠊属的 2 支管内都有精子存在。姬蠊属有 2 对受精囊，Snodgrass (1937) 指出在成虫期，受精囊先移到 1 个软的三角片区域，然后再开口。折翅蠊也具有 2 对明显的受精囊，分别开口于生殖腔的前部。这些蜚蠊每对受精囊由 1 支受精囊管和 1 支受精囊腺管组成。硕蠊有 2 个不分支的受精囊，而成对的受精囊腺在生殖腔内的开口位于受精囊管开口的后方。

附腺是成对的大型分支腺体，分别开口入生殖腔，分泌形成卵鞘的物质，如蛋白质和酚类，进而氧化形成醌类物质，再鞣化形成硬的卵鞘。附腺由着生在 1 个基管上的许多长管组成，由基管开口 (也可分别开口) 于生殖腔，左侧附腺常大于右侧。硕蠊有 3 支附腺，后 2 支成对、前 1 支单独开口于生殖腔 (交配囊)。卵生种类受精卵位于坚硬的卵鞘中，卵鞘由下生殖板夹持，常较长时期附着于母体腹端，而后选择较隐蔽的场所将卵鞘产下，卵在离体的卵鞘中发育。卵胎生种类，卵鞘膜质，薄而柔软，在母体生殖腔内滞留，胚胎从卵黄中吸取营养，从母体获得水分，当胚胎成熟后便从生殖腔内挤出，若虫脱离卵鞘从母体腹端爬出。胎生种类，类似卵胎生，但胚胎的营养和水分均从母体获得 (图 9-5)。

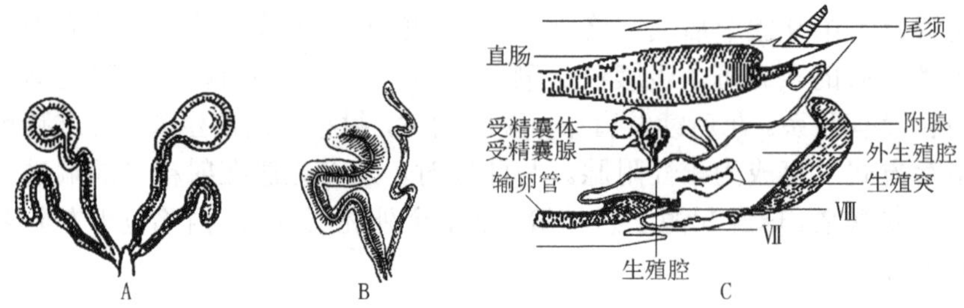

图 9-5　蜚蠊雌性内生殖器

A. 德国小蠊的受精囊；B. 东方蜚蠊的受精囊；C. 蜚蠊雌性内生殖器；Ⅶ、Ⅷ为第 7、8 腹节 (A、B. Matsuda，1976；C. Weber and Weidner，1974)

9.1.6　雌性内生殖器胚后发育

初孵化的东方蜚蠊若虫，在第 7 腹节腹板后缘的外胚层增厚形成中输卵管原基，成对的侧输卵管壶腹位于该原基两侧。第 8 腹节腹板后缘中间内陷形成受精囊原基，第 9 腹节腹板后缘内陷形成附腺原基。随后各龄若虫中，中输卵管的外胚层原基以短管形式进入前端，开口进入成对的侧输卵管壶腹。下生殖板的生长导致中输卵管向后延伸，中输卵管原基通过背面外胚层起源的沟的上表面缝合而延伸。受精囊原基由第 8 腹节腹板后缘的内陷逐渐发展，开口于前瓣基部之间。在进一步生长中，受精囊呈管状蜷曲。第 9 腹节后的中间内陷产生附腺，附腺内部的管道重复二分叉，通过短的中间管道开口于后瓣基部。德国小蠊 4 龄若虫中输卵管后的 2 对内陷发育为 4 个受精囊。Snodgrass (1933) 认为内陷的部位实际上是没有发生皱褶的第 8 腹节腹板。小蠊属的 2 龄若虫，其第 9 腹节腹板存在不成对的附腺内陷。美洲大蠊 3 龄若虫，受精囊由第 8 腹节腹板中间内陷形成。附腺由 2 龄若虫第 9 腹节腹板中间内陷形成。

9.1.7 雌性外生殖器

第 8、9 腹节 (生殖节) 隐藏在扩大的第 7 腹节内，第 8、9 腹节背板缩小，去掉第 7 腹节背板后可见。第 7 腹节背板下面突出的带有尾须的腹部末端为第 10 腹节背板。第 7 腹节背板扩大，分为前部和后部，后部由 2 个凸出的侧叶组成，2 个侧叶被柔软的薄膜沿中线连接，且能互相移动。第 7 腹节腹板为最末可见腹板，遮盖以后的腹板和产卵器。在第 7 腹节腹板与腹部其余部分之间形成宽大的生殖腔，产卵器成为隐蔽在生殖腔内的内部器官，初生生殖孔开口于生殖腔的前端，受精囊和附腺开口于生殖腔上面。第 8 腹节腹板的变化很大，曲折成两半成为着生于生殖腔前壁上的叶片，其上具有生殖孔。生殖腔的顶板上有 3 块骨片，其中中间的骨片具有受精囊孔，这些次生构造可能属于第 9 腹节腹板。位于生殖腔内的产卵器虽然还保留着腹瓣、背瓣和隐藏在背瓣之间微小内瓣及 2 对载瓣片，但发生了显著退化。

现代蜚蠊的产卵器被下生殖板隐藏，第 9 腹节的刺突消失。产卵器的背面常完全被肛上板 supra-anal plate (第 10 腹节背板) 遮盖，整体凹入呈船状结构，端部分开。第 7 腹节腹板 (下生殖板 subgenital plate) 构成大型生殖腔的底板，第 8、9 腹节腹板和肛下叶 sub-anal lobe 形成腔的顶板。生殖腔分为 2 室，较大的后室是卵鞘形成的场所。较小的前室承接中输卵管的开口，前室底部由每侧的侧腹片构成生殖囊，侧腹片属于弯曲的第 8 腹节腹板。蜚蠊前室底部的生殖囊可能相当于其他昆虫的交配囊，有些蜚蠊的受精囊开口于生殖囊的背壁。

外生殖器由腹面 3 对弯曲的瓣组成，其中 1 对位于第 8 腹节，另外 2 对位于第 9 腹节，分别称为腹瓣 (下瓣 valvulae inferiores)、内瓣和背瓣 (上瓣 valvulae superiores)，它们既不从虫体内伸出，也不构成真正意义上的产卵器，而只是部分骨化。内瓣较短，常被另外 2 对瓣所包裹。内瓣的基部有 1 个帽状片 pileolus，为第 8 腹节腹板的残迹。生殖孔开口于其下方的生殖腔内，生殖腔后面宽大部分为卵荚室。生殖孔最初位于第 7、8 腹节之间或第 7 腹节腹板后缘，受第 8 腹节腹板的影响生殖孔的位置会发生前移。卵在生殖腔内受精后，受精卵被排入卵荚室，再由附腺分泌物将受精卵包裹形成卵荚。多数种类在卵荚形成后 1～2 天从雌体脱落，有的种类 (如德国小蠊) 卵荚形成后一直由雌虫的尾端携带，直到若虫近孵化出时才脱落。随着 3 对产卵瓣的退化缩小，产卵瓣的支撑结构也发生很大变化。*Lamproblatta* 的第 1 载瓣片实际上属于瓣间片 gonangulum，因为第 1 载瓣片与侧背片 paratergite 关联，而侧背片为第 8、9 腹节退化背板的侧面延伸。而侧腹片则可视为第 9 腹节基肢片 coxite 或第 2 载瓣片的痕迹。*Lamproblatta* 的瓣间片已经失去了与前瓣基部的联系。许多蜚蠊的瓣间片与前瓣基部及侧背片愈合形成 1 个连续的桥。蜚蠊成对的第 8 腹节基腹片或瓣基片大，围成 1 个窄的承载受精囊的区域。内瓣和背瓣 (侧瓣) 基部由第 2 载瓣片支撑，第 2 载瓣片愈合形成环形的前拱 anterior arch，每个背瓣具有 1 个后叶 (图 9-6)。

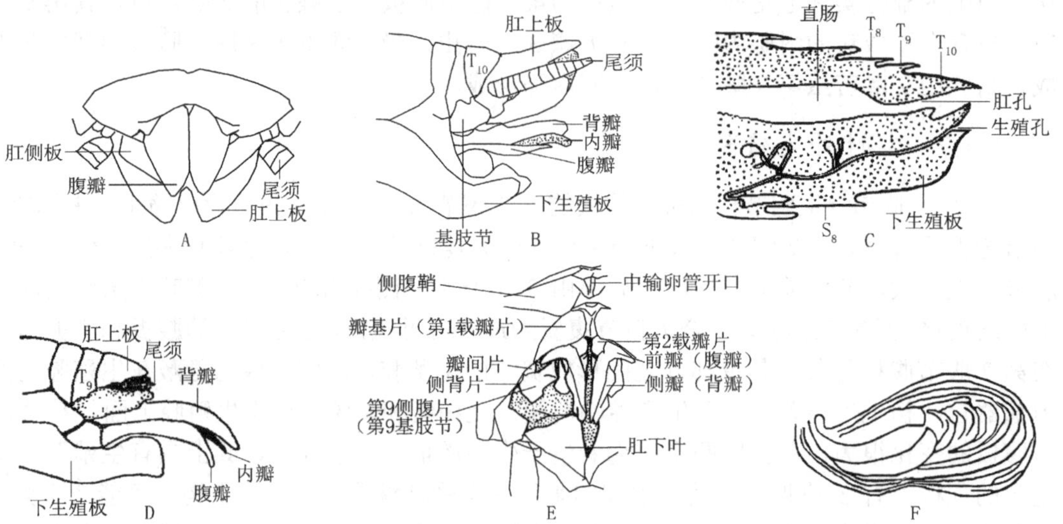

图 9-6　蜚蠊雌性外生殖器

A．蜚蠊属雌虫腹部末端腹视；B．*Uraloblatta* sp.雌虫腹部末端侧视；C．蜚蠊属雌虫腹部末端纵切；D．大蠊属雌虫腹部末端侧视；E．*Lamproblatta albipalpus* 雌性外生殖器腹视；F．德国蜚蠊的精包；T_8～T_{10} 为第 8～10 腹节背板；S_8 为第 8 腹节腹板（A．参考郑乐怡和归鸿，1999 图重绘；B．参考 Steinmann and Zombori，1981 图重绘；C、D．Steinmann and Zombori，1981；E．Matsuda，1976；F．南开大学等，1980）

9.1.8　雌性外生殖器胚后发育

蜚蠊属 3 龄若虫开始出现成对的前、后产卵瓣原基，分别位于第 8、9 腹节腹板中间裂缝的基部。侧瓣属于第 9 腹节的基肢片，发育出产卵瓣的形态，瓣上的刺突在末龄若虫蜕皮后蜕去。第 2、3 龄期，第 8 腹节腹板膜质，与第 7 腹节腹板套叠。同时，在第 7、8 腹节腹板的节间膜出现小的皱褶。3 龄时，小的皱褶发育为第 7 腹节腹板上的半圆形骨片，该骨片为下生殖板的原基。在进一步发育中，侧瓣获得它们真正的形态，针突在末龄若虫蜕皮期间生成。前、后瓣体积增大。同时，前瓣形成产卵器的腹杆，并与基部或第 1 对载瓣片形成活动的关节。

东方蜚蠊雌性 1 龄若虫第 9 腹节腹板后缘有 1 个微小凹陷，借此可与雄性 1 龄若虫区别。凹陷将第 9 腹节腹板后部分成两部分，每部分上有 1 个刺突。每部分代表 1 个侧瓣原基。在此阶段，后瓣不发达。1 龄若虫时，第 8 腹节腹板由窄带组成，该带骨化弱，不具有任何类似于第 9 腹节腹板上刺突的踪迹。第 8 腹节腹板后缘中部也产生开裂，将后部区域分成与第 9 腹节腹板相对应的两部分。在若虫早期，第 8、9 腹节的基肢片独立分化，在随后的发育中，它们形成产卵器的前、后产卵瓣。2 龄若虫时前、后瓣依然没有发育。但第 9 腹节腹板的中间开裂加深，标志着产卵器背瓣的形成。3 龄若虫，在中间开裂的基部两侧出现后瓣，即中间开裂的基部出现了中间的外长物。前瓣也以第 8 腹节基肢片外长物的形式出现在中间开裂的两侧，前瓣不是基肢片的简单改变，而是起源于基肢片、通过垂直沟的分裂形成 (图 9-7)。

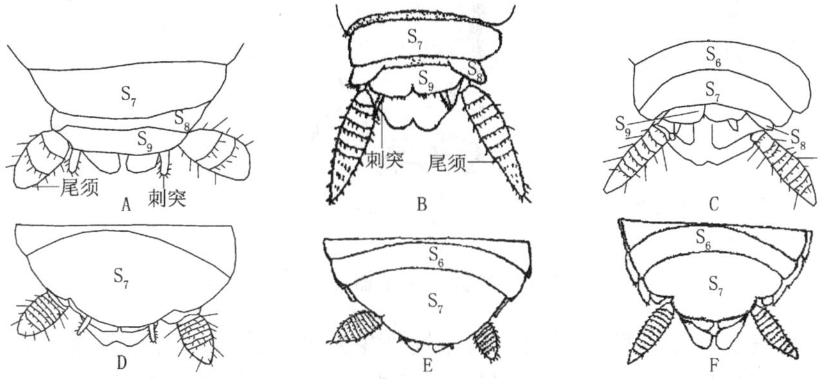

图 9-7　东方蜚蠊雌性若虫腹部末端腹视

A～F. 1～6 龄若虫；S_6～S_9 为第 6～9 腹节腹板 (A、C、D. 参考蔡邦华，1956 图重绘；B、E、F. 蔡邦华，1956)

9.2　隐尾蠊科 Cryptocercidae

9.2.1　点刻隐尾蠊 *Cryptocercus punctulatus* Scudder

雌性外生殖器： 第 7 腹节背板发达，向后延长位于其他腹节之上，其他腹节隐藏在第 7 腹节内。产卵器退化，产卵瓣和载瓣片几丁质化很弱，其内部联系更加简单。腹瓣、内瓣与其他蜚蠊若虫期的构造类似，背瓣呈现一些成熟形态，但异常简单。载瓣片、节间突与螳螂的类似。隐尾蠊产卵器的简单结构或可视为发育停滞的结果，或属于幼态持续，而不属于真正的原始特征 (图 9-8)。

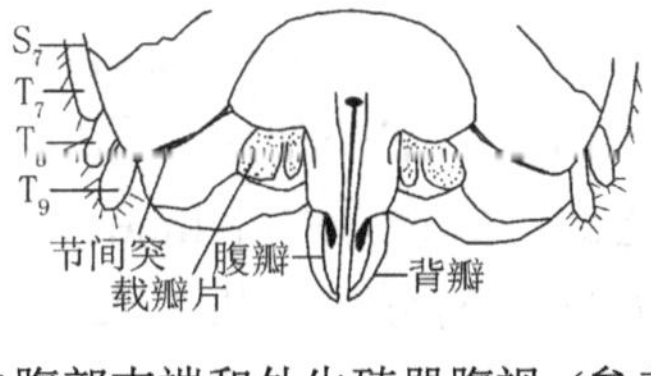

图 9-8　点刻隐尾蠊雌虫腹部末端和外生殖器腹视 (参考 Walker，1919 图重绘)

T_7～T_9 为第 7～9 腹节背板；S_7 为第 7 腹节腹板

9.3　蜚蠊科 Blattidae

9.3.1　东方蜚蠊 *Blatta orientalis* Linnaeus

雄性内生殖器： 精巢 1 对，每精巢有许多卵圆形的精巢管，精巢管沿输精管的前段排列。输精管粗短，向后端延伸开口于射精管及附腺的前端。附腺蘑菇形，由许多附腺管组成。一类附腺管为中等长度，另一类更长，位于外围。但在射精管前端腹面两侧，有大约 9 个小囊，用于贮存精子，可称为贮精囊。球形腺发达，功能不清楚。射精管开口于左阳茎片的背、腹部之间 (图 9-9)。

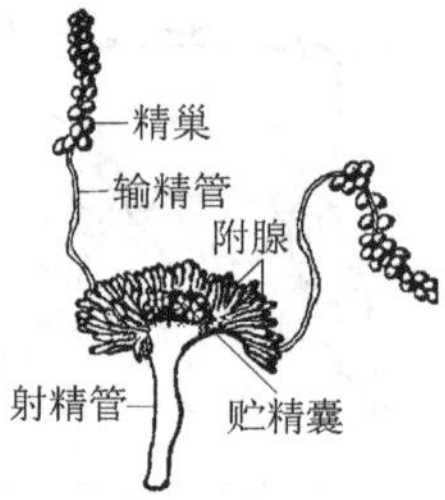

图 9-9　东方蜚蠊雄性内生殖器 (Richards 等，1978)

雄性外生殖器：第 9 腹节具有形成雄性外生殖器的附肢，第 9 腹板形成雄性下生殖板 hypandrium，下生殖板后缘有 1 对针突，可能属于雄性生殖肢的痕迹。下生殖板上方，有 1 对雄性外生殖器的内部构造，构造由一系列钩和突组成。第 10 腹节背板二叶状，形成雄性生殖腔的顶部。成对的肛侧板位于第 10 腹节背板下方。肛孔位于第 10 腹节背板和肛侧板之间的膜质区。雄性外生殖器起源于 2 对阳茎叶，2 对阳茎叶围绕雄性生殖孔排列，代表最初 1 对左或右阳茎叶的再次分割。右背面或腹面的阳茎叶分开较远，位于生殖孔的前背面或后腹面。左腹面和背面阳茎叶基部不同程度地愈合，由于雄性外生殖器的不对称发育，它们已经离开了原先的位置。复合的左侧背、腹叶位于雄性生殖缝的左侧。在蜚蠊属和大蠊属等，真正的阳茎或插入器官，不是独立存在的上述构造，射精管的膜质末端可能是功能上的阳茎器官。

雄性外生殖器由左、右和腹阳茎叶及相关的生殖孔组成。右阳茎叶包括锯齿状骨片 serrata 和镰状骨片 falax，镰状骨片位于生殖腔中部偏右，锯齿状骨片位于生殖腔中部，其左侧有 2 个尖锐的突起，右后侧有 1 个高度骨化的钩状构造。镰状骨片为单一骨片，位于侧面，与锯齿状骨片的右侧结合。左阳茎叶具有 5 个细长的构造：①阳茎端突 titillator 为细长的骨化叶，基部有钩，端部尖；②假阳茎 pseudopenis 位于阳茎端突的内侧，顶端球状弯曲；③中叶位于假阳茎的内侧，部分骨化；④尖叶 acutolobus 位于中叶下面，具有骨化的钩，内侧具有部分骨化的齿突；⑤内叶 inner lobe 较小，位于最内侧，后侧右端具有骨化的突起。腹阳茎叶为宽阔的勺形叶，从后表面向右侧突出。射精管通过雄性生殖孔通入生殖腔底部，雄性生殖孔位于腹阳茎叶基部的小型膜质隆起上 (图 9-10)。

交配期间外生殖器各部分构造的位置：雄虫感受雌虫的刺激后，展翅、伸腹、降低腹部使其与基质接触。同时，左阳茎片的阳茎端突节律性地从生殖腔伸出，追逐雌虫，常试图从前部后退到雌虫下方。接受交配的雌虫将移向雄虫，在雄虫后退的同时，雌虫用口器不断地接触雄虫腹部背板。当雌虫移动去“取食”雄虫第 1 腹节背板时，雌虫展开前庭腔。同时，雄虫伸出腹部，迅速抬起并将生殖节插入雌虫的前庭腔。左阳茎叶的钩状阳茎端突是抓牢产卵器并建立连接的最初器官。一旦建立连接，雄虫从雌虫下面转出，180°转移到相对的位置。然后，两性的腹部末节通过雄性生殖器官插入和第 7 腹节腹板叶之间的前庭腔而紧紧地钩在一起。交配期间，阳茎端突和左阳茎叶的尖叶分开很大距离，从原来的左侧移到右边，帮助腹阳茎叶抓住产卵器腹瓣的左瓣。内叶、中叶、左阳茎叶的假阳茎等将腹瓣的右瓣固定在左腹侧。假阳茎内侧有 1 个沟槽，腹瓣的右瓣置于

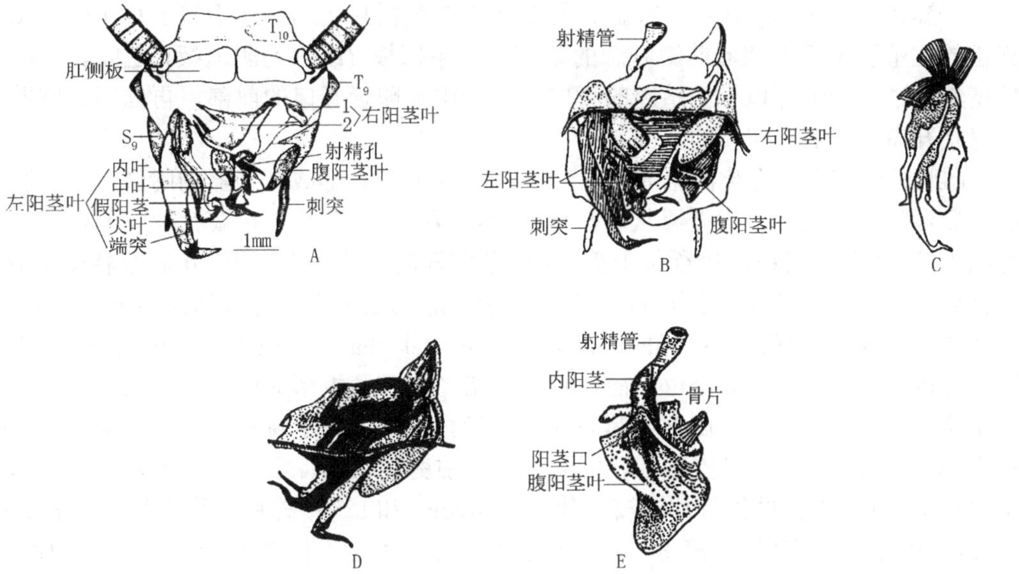

图 9-10　东方蜚蠊雄性外生殖器

A. 背视 (1. 镰状骨片；2. 锯齿状骨片)；B. 雄性外生殖器 (位于生殖室内)；C. 左阳茎叶；D. 右阳茎叶；E. 腹阳茎叶；T_9、T_{10}为第 9、10 腹节背板；S_9为第 9 腹节腹板 (A. Bao and Robinson，1990；B～E. Matsuda，1976)

沟槽中。腹阳茎片将腹瓣左瓣夹在其沟槽内，沟槽是通过端部边缘向上折叠形成的。锯齿的叉从内外两侧夹住腹瓣的右瓣，将瓣与左阳茎片的 3 个叶固定在一起。锯齿的钩从内部外侧抓住腹瓣的左瓣。这与腹阳茎叶、阳茎端突、尖叶有关。右阳茎叶的锯齿保持腹瓣从中部张开，使其他 2 对产卵瓣和生殖腔暴露。雄性生殖孔，与腹阳茎叶基部相关的膜一起，插入雌虫的生殖腔，生殖腔中具有雌虫的受精囊和生殖孔。产卵瓣的打开为精包从雄虫射精管成功地输送到雌虫腹部的受精囊乳突提供了条件 (图 9-11)。

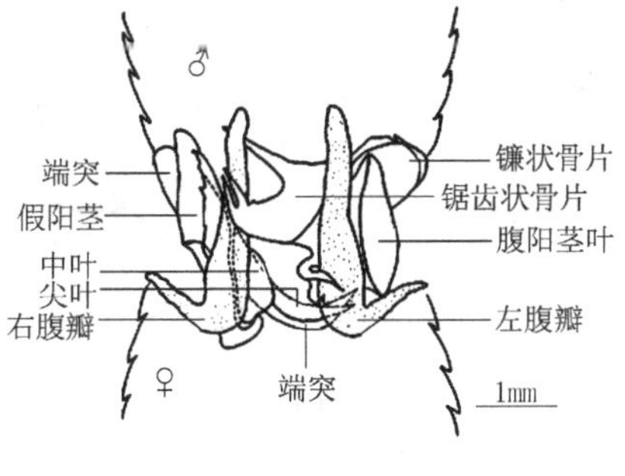

图 9-11　东方蜚蠊交配时雌雄外生殖器的位置 (背视) (Bao and Robinson，1990)

雌性内生殖器：卵巢位于第 3～5 腹节，每个卵巢由 8 支卵巢管组成，卵巢管前端结合在一起。成对的输卵管短阔，在第 7 腹节的消化道下方结合，开口在半环片的基部。半环片隐藏在庞大的第 7 腹节腹板下面。半环片也称为阴道片 vaginal plate，有人认为是第 7、8 腹板的节间外长物，也有人认为是退化的第 8 腹节腹板。第 7 腹节腹板为最末可见腹板，明显扩大。其后缘中间开裂以形成 1 对瓣状构造，在卵鞘 ootheca 由此向外排出时，瓣状结构起握持作用。被扩大的第 7 腹节腹板封闭的空间不属于真正的生殖腔，真正的生殖腔位于产卵器前瓣联合的基部和下生殖板 (或称为阴道板) 之间。二叶状的受精囊通过中间缝开口于生殖腔的背壁，处于中输卵管开口的前部，再向后，附腺的中间缝状开口位于后产卵瓣的基部。

雌性外生殖器：退化的第 8、9 腹节 (生殖节) 具有形成产卵器的附肢。第 7 腹节腹板向后延长，形成 2 个大型瓣状叶，瓣状叶隐藏在产卵器下。在瓣状叶背面，成对的裂片属于第 10 腹节背板。尾须位于第 10 腹节背板的基角之下。第 10 腹节背板下方有 1 对骨化的肛侧板，可能属于第 11 腹节的残余。肛孔位于成对的肛侧板和第 10 腹节背板之间的膜质区。前庭腔 vestibulum 和生殖室 genital chamber 由第 7～10 腹节腹板和第 9 腹节背板特化形成。产卵器位于前庭腔内，第 7 腹节腹板形成前庭腔底部。前庭腔前面有 1 个更小的生殖室，其底部由第 8 腹节腹板内陷形成。中输卵管通过生殖孔通入生殖室底部，受精囊通入生殖室顶部。附腺开口于前庭腔顶部、第 2 对载瓣片之间的基部。生殖室顶部有 1 对大的侧骨片或瓣基片 basivalvulae 和 1 个中骨片 (受精囊片 spermathecal plate)。这些骨片可能属于第 8、9 腹节之间的次生骨化。生殖室底部有 2 对骨片 (侧腹片 laterosternal shelves)，起源于第 8 腹节腹板。生殖孔位于侧腹片之间的膜上。前庭腔的顶部由愈合的第 9 腹节腹板和第 10 腹节组成，支持产卵器的基部。细长的侧背片 paratergite 位于前庭腔顶部边缘，起源于第 9 腹节背板。一些不规则的骨片，即第 9 腹节的侧腹片，位于前庭腔的顶部，骨片前端与第 1 载瓣片愈合，这些不规则的骨片属于第 9 腹节的腹板。产卵器结构基本对称，具有 2 对载瓣片和 3 对产卵瓣。腹瓣基部骨化，分得很开，与第 1 对载瓣片愈合。内瓣骨化，侧面起源于愈合得高度骨化的第 2 对载瓣片。背瓣大部膜质，基部扩展程度较低，整个基部构造 (包括产卵瓣和骨化环) 较为细长，起源于第 2 载瓣片，位于内瓣中部、腹瓣内方。第 2 载瓣片清楚但不显著，其侧面与膨大的第 9 背侧片关节 (图 9-12)。

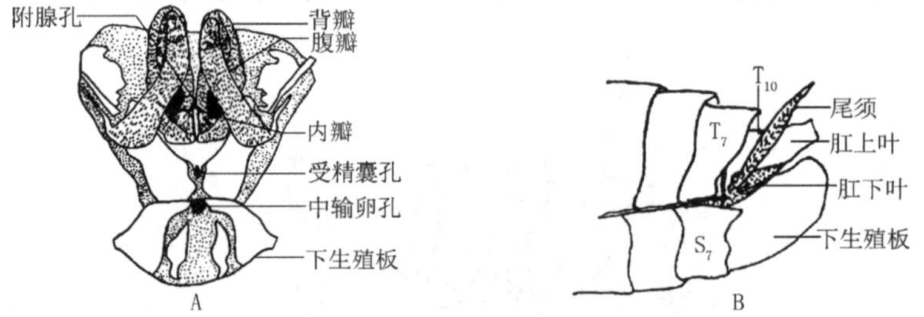

图 9-12　东方蜚蠊雌性生殖系统

A. 雌性外生殖器内面观；B. 雌性腹部末端侧视；C. 雌性生殖节纵切；D. 雌性外生殖器腹视；E. 生殖腔中部纵切；F. 产卵器侧视；T_6～T_{11} 为第 6～11 腹节背板；S_6～S_8 为第 6～8 腹节腹板 (A. Qadri，1940；B. Matsuda，1976；C、D. Bao and Robinson，1990；E. Hagan，1941；F. Marks and Lawson，1962)

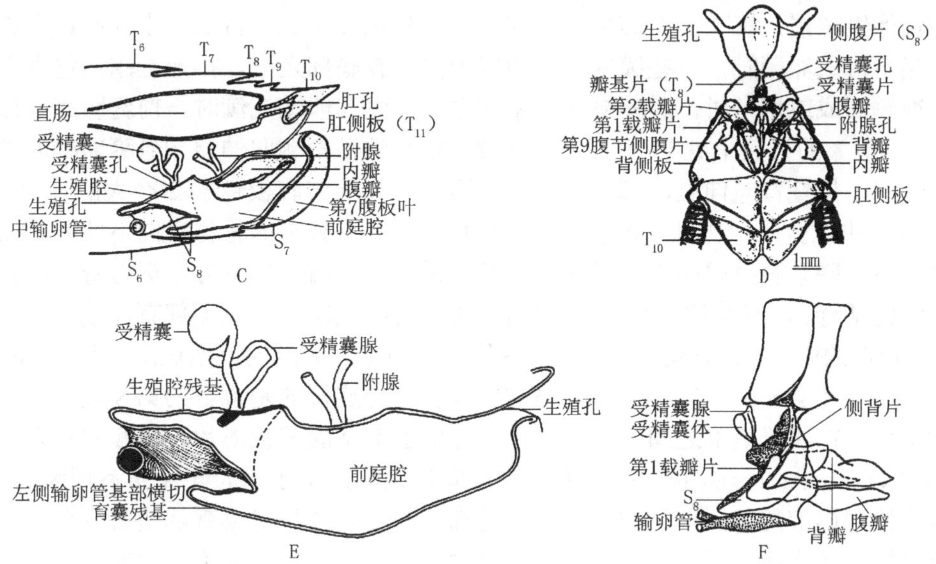

图 9-12 (续)

9.3.2　美洲大蠊 *Periplaneta americana* Linnaeus

雄性外生殖器：左阳茎叶有 4 个分支：第 1 分支位于阳茎的左侧，基部粗，向端部渐细，近端部由外向内急剧弧形收缩，向端部渐细，端部尖且上弯成小钩状；第 2 分支位于第 1 分支内侧，较粗短，端部膨大，略呈倒置的蘑菇状；第 3 分支位于第 2 分支右侧，较粗短，在近端部的内侧，突然呈弧形内陷，向端部渐变细，端部短而尖，略弯；第 4 分支位于第 3 分支基部，短小，长筒状，端部稍钝圆，边缘有小齿。右阳茎叶位于阳茎右侧，有 2 个分支：第 1 分支较粗大而扁，向内呈弧形弯曲，端部分叉较深呈"V" 字形，叉的两侧有锯齿；第 2 分支位于第 1 分支外侧，细短，腹部尖细，镰刀状。腹阳茎叶位于阳茎腹面，宽大而薄，基部稍窄，端部渐宽呈圆弧形片状上弯，一般由阳茎腹面弯向背面 (图 9-13)。

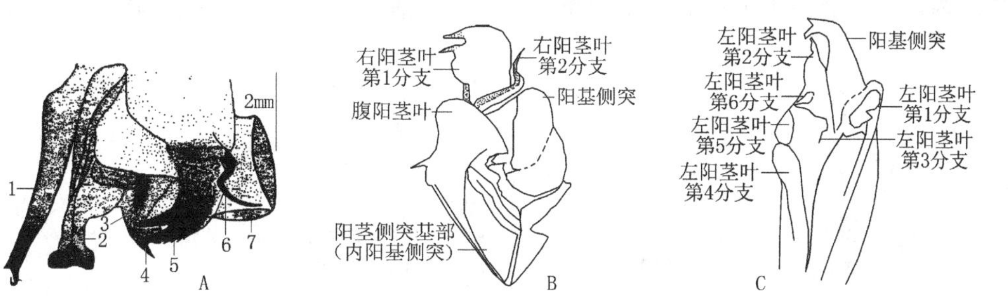

图 9-13　美洲大蠊雄性外生殖器

A. 整体背视 (1. 左阳茎叶第 1 分支；2. 左阳茎叶第 2 分支；3. 左阳茎叶第 4 分支；4. 左阳茎叶第 3 分支；5. 右阳茎叶第 1 分支；6. 右阳茎叶第 2 分支；7. 腹阳茎叶)；B. 右阳基侧突腹视；C. 左阳基侧突背视 (A. 费守华等，1997；B、C. 参考 Walker，1922 图重绘)

雌性外生殖器：第 7 腹节腹板由基部和 1 对骨化叶组成，背面和中部有许多膜质区连接，当不形成卵鞘时，这些膜内卷，伸展于前庭腔底部之上，拱形上翘，包裹产卵瓣末端。卵鞘形成或携带时，膜紧贴在卵鞘表面。在没有卵鞘充满时，前庭腔底部形成一系列折叠。最大的折叠呈纵向，位于中线两侧。较小的横褶侧向伸展到包裹卵鞘的侧膜，中部的一些小折叠背向伸展，部分包裹产卵器。第 8 腹节腹板包括 2 个大的骨片，2 骨片被 1 膜质中区分隔，生殖孔即位于膜质中区内。1 个狭窄的骨化桥向下伸展，在腹区的边缘之下，联系腹板内的 2 块骨化板。骨化桥位于腹瓣基部下方，标志着前庭腔和生殖室之间的结合，前庭腔位于后下方，生殖室位于前上方。生殖室顶部有 3 枚大型骨片：1 个为三角形的中片，具有受精管开口；另外 2 个为位于侧面的近四边形骨片，Snodgrass 称之为次生骨片 second sclerite。尾向与这些次生骨片连接的是愈合的第 8 腹节载瓣片或腹瓣的基部。在腹瓣基部之间，受精囊板尾部位于第 9 腹节载瓣片和前瓣间片之间。前庭腔器官 vestibular organ 位于受精囊板和瓣间片之间，是 1 个位于生殖室顶膜的"U"形管，具有伸向尾部的臂，环绕在产卵瓣的基部。前瓣间片与背瓣基部紧密愈合，两者之间仅可见短的腹面桥。后瓣间片支持产卵瓣的基部，与膜质的前庭腔顶部结合。肛侧板很大，位于顶部的尾端。

第 8、9 腹节背板在气门线下方向中间急弯。细长的侧背板向腹面扩展接近中线，中部部分愈合，内端完全愈合。愈合的侧背片与第 8 腹节载瓣片的前缘结合，中间部分与腹瓣的基部结合。1 个形状不规则的骨片，其侧面毗邻愈合的侧背片的内、后缘；前部与腹瓣基部的后缘结合；中部与第 2 载瓣片相关节。Snodgrass 认为该骨片属于第 9 腹节侧背片膨大的腹缘。腹瓣大，坚固骨化。产卵瓣基部构成生殖室第 2 骨片的基础，与第 2 骨片有疏松的背面关节。产卵瓣瓣身略呈马刀形，中线附近微凸。产卵瓣顶端钝，柔软易变形。静止状态时，腹瓣和背瓣的背、侧面嵌合很紧。腹瓣、背瓣的外缘重叠，两者之间通过部分区域的榫-槽机制连锁。背瓣大小接近腹瓣，也高度骨化，基部与第 9 腹节载瓣片愈合。第 9 腹节载瓣片翼形，瓣的基部有侧面突起。沿腹面边缘，产卵瓣基部中间伸展到前瓣间片，似乎只有 1 骨杆与瓣基部连接。背面，附肢基部通过 1 细长的桥相接，该细长的桥属于后瓣间片。内瓣位于连锁的腹瓣和背瓣之间，被连锁的腹瓣和背瓣所包围，与背瓣形成关节。内瓣是产卵瓣中最小的，仅侧缘、背表面、基部表面骨化 (图 9-14)。

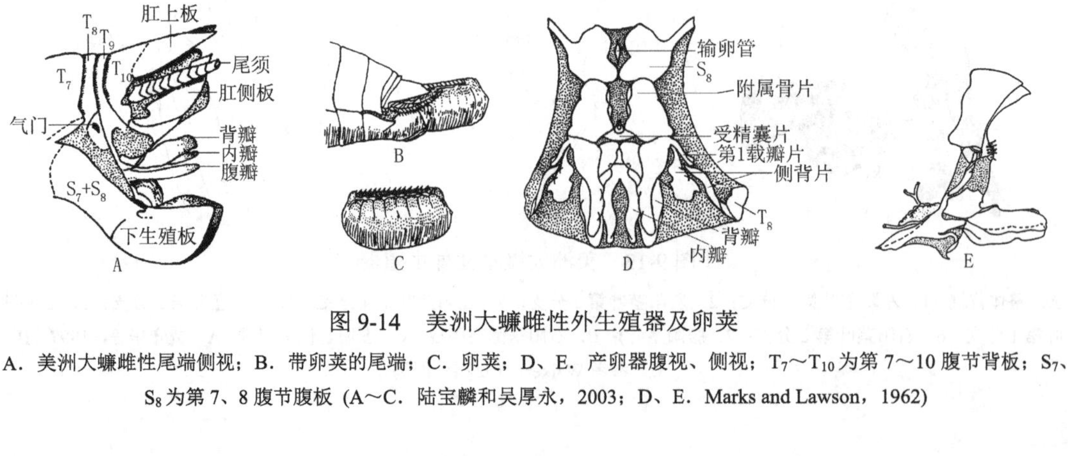

图 9-14　美洲大蠊雌性外生殖器及卵荚

A. 美洲大蠊雌性尾端侧视；B. 带卵荚的尾端；C. 卵荚；D、E. 产卵器腹视、侧视；T_7～T_{10}为第 7～10 腹节背板；S_7、S_8为第 7、8 腹节腹板 (A～C. 陆宝麟和吴厚永，2003；D、E. Marks and Lawson，1962)

9.3.3　澳洲大蠊 *Periplaneta australasiae* Fabricius

雄性外生殖器：左阳茎叶有 4 个分支：第 1 分支位于左侧，基部粗，向端部渐细，近端部约 1/5 处向内略呈直角弯曲，端部尖，近端部外侧有 1 较大的三角形突起，尖部稍弯；第 2 分支位于第 1 分支右侧，基部与第 3 分支相连，第 2 分支与第 3 分支均较短，略呈细锥状，稍弯；第 4 分支位于第 2、3 分支右侧，端部尖，平时折向横位。右阳茎叶有 2 个分支：第 1 分支较长，基部粗，向中部渐细，自中部到端部一致变细，端部尖，弧形弯曲，分支基部发出 1 骨化强、形状不规则、短小、内侧缘有钝齿的片状构造；第 2 分支位于第 1 分支腹面，很短，略呈圆片状，背视仅小部分可见。腹阳茎叶色淡，端部宽圆而薄，片状上弯，一般经阳茎的右下方弯向背部 (图 9-15)。

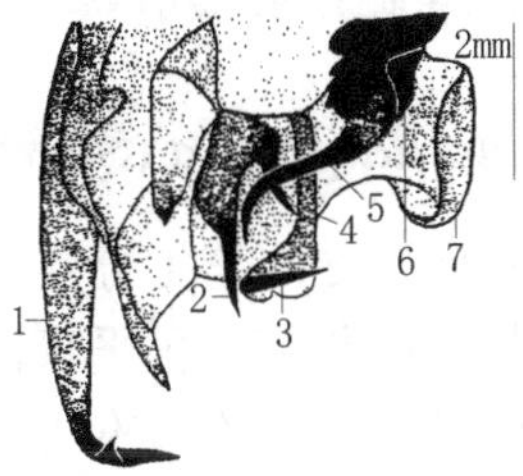

图 9-15　澳洲大蠊雄性外生殖器 (费守华等，1997)

1. 左阳茎叶第 1 分支；2. 左阳茎叶第 2 分支；3. 左阳茎叶第 4 分支；4. 左阳茎叶第 3 分支；5. 右阳茎叶第 1 分支；6. 右阳茎叶第 2 分支；7. 腹阳茎叶

9.3.4　褐斑大蠊 *Periplaneta brunnea* Burmeister

雄性外生殖器：肛上板宽短，基部宽，向端部渐收缩，边缘略平直，有时中部稍凹陷，其宽约为基部宽度的 2/3，后缘及侧缘均有许多小毛，基部两侧生尾须 1 对，胡萝卜状，由数节组成，各节上均生有多数细小感觉毛。下生殖板由基部两侧缘呈弧形略向内收缩，后缘宽约为基部宽度的 1/2，由后缘两侧向中部渐成浅凹陷，在下生殖板后缘两侧稍前部，着生尾刺 1 对，尾刺稍短，生有许多小细毛，端部比基部略细。雄性外生殖器位于肛上板和下生殖板之间，由左阳茎叶、右阳茎叶、腹阳茎叶 3 部分构成。左背阳茎叶有 4 个分支：第 1 分支位于左侧，基部粗，向端部渐细，中部向内略弯，在近端部约 1/5 处，向内弧形弯曲，端部尖并内弯，在近端部外侧有 1 较大的三角形突起，突起略向上弯；第 2 分支位于第 1 分支右侧，其基部与第 3 分支相连，短小尖细呈锥状；第 3 分支位于第 2 分支右侧，粗而长，基部与第 2 分支融合，基部粗，向端部渐细，从中部开始向内稍弧弯，近端部处急剧变细，端部小而尖；第 4 分支位于左阳茎叶基部，短而扁，端部钝圆，边缘有小锯齿。右阳茎叶有 2 个分支：第 1 分支位于左侧，较短，端部分叉，外侧分叉略似菜刀形，端部钝圆，其内侧缘不平整，内侧分叉略呈香蕉形，端部尖而上弯；第 2 分支位于第 1 分支腹面，由第 1 分支基部右下方伸出，较粗，约在近端部内侧开始向内弧形凹陷，向端部渐细，端部尖而内弯，平钩状。腹阳茎叶色淡，较宽大，基部稍窄，向端部渐宽大，端部薄圆而上弯，一般经阳茎的右下方弯向背面 (图 9-16)。

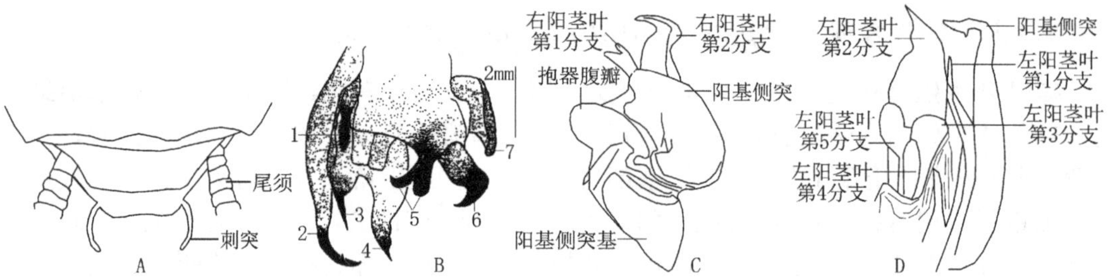

图 9-16　褐斑大蠊雄性外生殖器

A. 褐斑大蠊雄虫腹部末端背视；B. 外生殖器（背视）(1. 左阳茎叶第 4 分支；2. 左阳茎叶第 1 分支；3. 左阳茎叶第 2 分支；4. 左阳茎叶第 3 分支；5. 右阳茎叶第 1 分支；6. 右阳茎叶第 2 分支；7. 腹阳茎叶)；C. 右阳基侧突（腹视)；D. 左阳基侧突（背视）(A. 参考费守华，1998b 图重绘；B. 费守华等，1997；C、D. 参考 Walker，1922 图重绘)

9.3.5　黑胸大蠊 *Periplaneta fuliginosa* (Serville)

雄性外生殖器：左阳茎叶有 3 个分支：第 1 分支位于左侧，基部粗，向端部渐细，在近端部 1/4 处向内略呈直角弯曲，弯曲部分稍平直而长，端部尖，在弯曲部分离端部约 3/4 处外侧，有 1 较大的三角形突起；第 2 分支位于第 1 分支右侧，锥状而弧形弯曲，端部尖细，平时内折成横位；第 3 分支位于第 2 分支基部，细长锥状，端部尖细稍有弧形弯。右阳茎叶有 2 个形状、大小相近的分支，内侧的为第 1 分支，外侧的为第 2 分支。两分支均约从中部开始突然变细，向端部渐变细，向内弧形弯曲，端部尖细。第 1

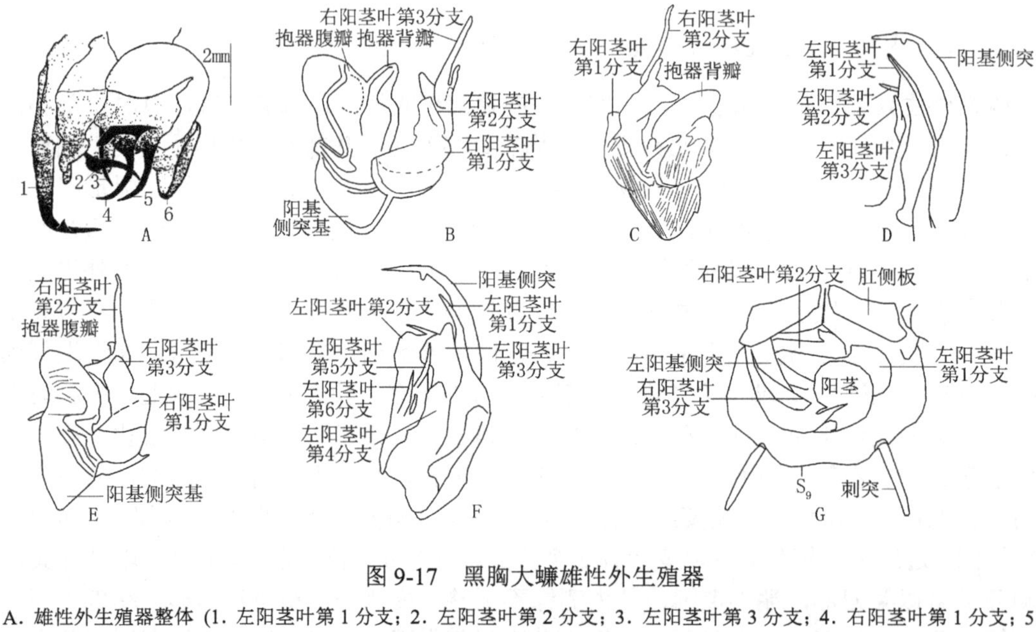

图 9-17　黑胸大蠊雄性外生殖器

A. 雄性外生殖器整体 (1. 左阳茎叶第 1 分支；2. 左阳茎叶第 2 分支；3. 左阳茎叶第 3 分支；4. 右阳茎叶第 1 分支；5. 右阳茎叶第 2 分支；6. 腹阳茎叶)；B. 右阳基侧突腹侧视，抱器背、腹瓣打开；C、E. 右阳基侧突背、腹视；D、F. 左阳基侧突（阳基侧突叶）侧、背视；G. 外生殖器背后视，第 9 腹节腹板强行压扁（A. 费守华等，1997；B～G. 参考 Walker，1922 图重绘)

分支近基部有 1 骨化强、颜色较深、短而向内呈横位伸展的小分支，其端部较钝。腹阳茎叶色淡，宽大而薄，基部稍窄，向端部渐宽，端部宽圆，片状上弯，平时腹阳茎叶由阳茎腹面经阳茎的右下方向背面弯曲 (图 9-17)。

9.3.6　日本大蠊 *Periplaneta japonica* Karny

雄性外生殖器：肛上板宽短，基部宽，向端部略呈内弧形收缩，后缘内凹，略呈平锅底状， 两侧角锥形，基部两侧具长尾须 1 对，深褐色，胡萝卜状，各节上生有许多小毛。下生殖板较肛上板稍长，基部宽，向端部呈弧形收缩，后缘浅弧形凹陷，表面及后缘生有小毛。后缘两侧有尾刺 1 对，细棒状，生有许多小毛。雄性外生殖器位于肛上板和下生殖板之间，左阳茎叶有 3 个分支：第 1 分支位于左侧，基部较粗，向端部渐细，在近端部 1/6 处向内呈直角弯曲，端部尖，在弯曲部分的近基部处又有 1 小弯曲，在基部的内侧有 1 小圆形突起，另在弯曲部分的中部外侧有三角形突起；第 2 分支位于第 1 分支右侧，短锥状，稍弧弯，在基部有 1 鹰嘴状小突起；第 3 分支位于阳茎基部，短小，稍扁，端部不尖，边缘有齿状突起。右阳茎叶有 2 个分支：第 1 分支略横位，基部粗，近中部内侧突然凹陷变细，向端部渐细，端部尖，向内上方弧弯；第 2 分支位于第 1 分支腹面，短而形状不规则，背视仅部分可见。腹阳茎叶色淡，宽大，基部稍窄，向端部渐宽，端部圆薄而上弯，平时由阳茎腹面经右下方向背面弯曲 (图 9-18)。

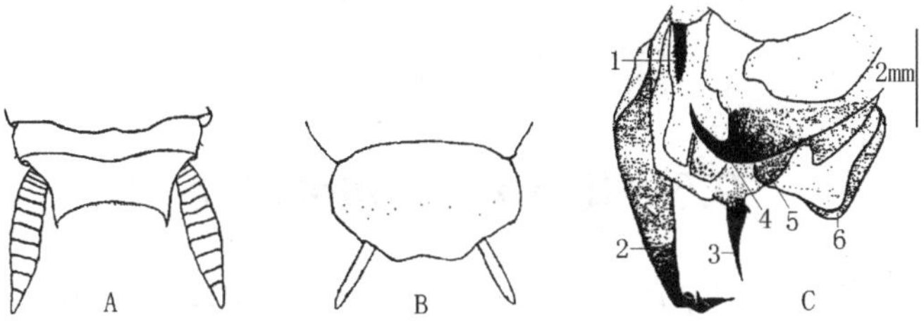

图 9-18　日本大蠊雄虫末端及外生殖器

A. 肛上板背视；B. 下生殖板腹视；C. 雄性外生殖器整体 (1. 左阳茎叶第 3 分支；2. 左阳茎叶第 1 分支；3. 左阳茎叶第 2 分支；4. 右阳茎叶第 1 分支；5. 右阳茎叶第 2 分支；6. 腹阳茎叶) (A. 费守华，1998b；B. 费守华等，1997)

9.4　地鳖蠊科 Polyphagidae

9.4.1　中华真地鳖 *Eupolyphaga sinensis* Walker

雄性内生殖器：精巢球形，乳白色，隐藏于附腺下方。输精管端部较细，纯白色，约在输精管 1/2 处，膨大形成梭形贮精囊。贮精囊壁较厚，乳白色。贮精囊下端的输精管较粗，乳白色。雄性附腺较发达，包裹在输精管、贮精囊和射精管周围，分为颜色不同的 3 部分：淡红色囊状部分位于贮精囊外侧，其外侧着生有开口于其内的乳白色半透明盲管；乳白色囊状部分位于膨大的贮精囊内侧，椭圆形，管壁较厚；白色具刺的囊状部分位于射精管两侧，外表布满白色刺突，整体呈花菜状，其内侧有 1 支附腺管与射精管相连，附腺管粗短，白色、半透明。位于外生殖器基部的射精管白色，向内与 2 条输精管相连，向外和外生殖器阳茎基部相通 (图 9-19 B)。

雌性内生殖器：每侧卵巢有 6 支卵巢管，卵巢管无滋式，分为端丝、卵巢管本部、卵巢管柄 3 部分。同一卵巢的 6 支端丝合并成悬带，附着在后胸背板与第 1 腹节之间的脂肪体上。6 条卵巢管柄基部汇合于较宽的卵巢管萼，其下连接于侧输卵管。两侧的侧输卵管汇入中输卵管，中输卵管很短，后端连接生殖腔，两者间外部形态区别不清晰。受精囊管开口于生殖腔前端，分别连接受精囊体及受精囊腺。受精囊腺极小，半透明，微黄，长棒状，端部具微绒毛。受精囊体球形、淡黄色，质地较硬。附腺位于生殖腔两侧，左右各 1 束，呈丛状多级分支，总管开口于生殖腔。左侧附腺发达，乳白色，分支短而直。右侧附腺不发达，透明，分支较少、多为二叉状，较短而扭曲 (图 9-19 A)。

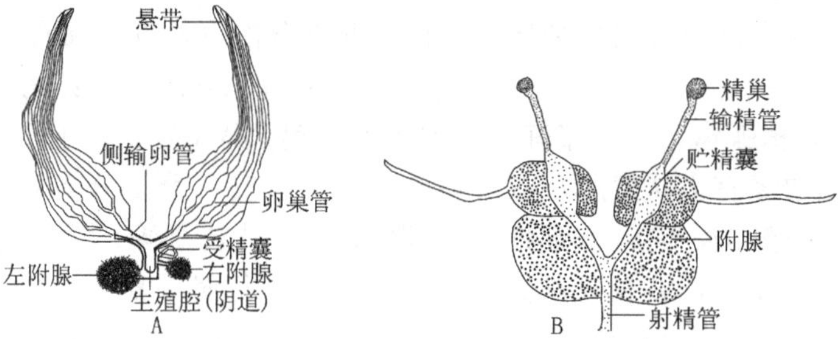

图 9-19　中华真地鳖内生殖器 (参考金涛等，2006 图重绘)

A. 雌性内生殖器；B. 雄性内生殖器

9.5　姬蠊科 Blattellidae

9.5.1　圆突卷翅蠊 *Anaplectoidea cylindrica* Wang *et* Feng

雄性外生殖器：肛上板对称，近三角状，后缘钝圆，肛侧板不相同，右肛侧板近端部具毛刷状结构。下生殖板不对称，2 个尾刺圆柱形，左尾刺明显长于右尾刺，尾刺间缘稍突出。钩状阳茎叶位于下生殖板左侧，具端前缺刻；中阳茎叶近端部和右阳茎叶具刷状结构 (图 9-20)。

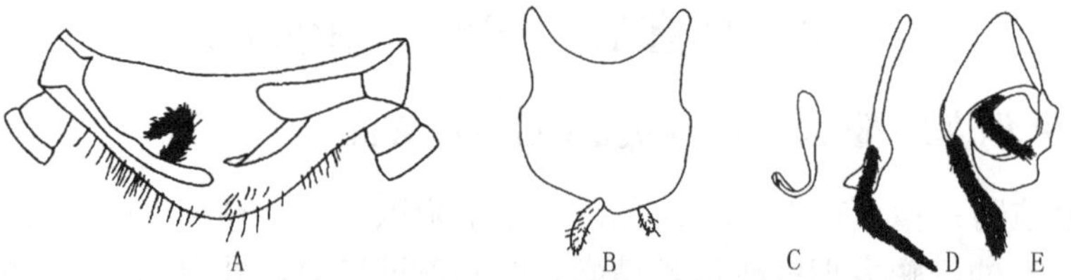

图 9-20　圆突卷翅蠊雄性外生殖器 (王宗庆，2006)

A. 肛上板背视；B. 下生殖板背视；C. 左阳茎叶；D. 中阳茎叶；E. 右阳茎叶

9.5.2 德国小蠊 *Blattella germanica* Linnaeus

雄性外生殖器：肛上板狭长，牛舌状，端部色淡，半透明，后缘缓弧形。肛上板基部两侧有鞭状长尾须 1 对。下生殖板左右不对称，右后缘有 1 凹档，基部两侧各有 1 叶片，为第 9 腹节侧叶，右叶末端远离凹档前缘，尾刺退化成 2 个多毛的小颗粒，右侧颗粒状尾刺明显较大 (图 9-21)。

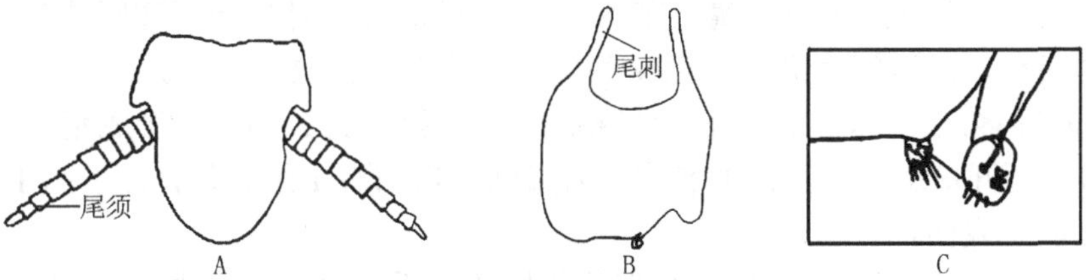

图 9-21 德国小蠊雄性腹部末端构造 (费守华，1998a)

A. 肛上板背视；B. 下生殖板腹视；C. 下生殖板尾刺放大

雄性外生殖器由左阳茎叶、中阳茎叶、右阳茎叶 3 部分组成。左阳茎叶基部粗，近基部内侧凹陷并变细至中部，中部开始明显变细，向端部渐变细，并弯成深钩状，呈“U”形，其端部又有 1 内弯的小钩。中阳茎叶位于阳茎中部，细长杆状，中部稍弯，近端部稍变粗，向端部渐细，在近端部约 1/5 处生有小的锥状突起。右阳茎叶较长，由基部到中部一致细长，从中部开始不规则地变粗，近端部渐变细，端部稍弯不尖 (图 9-22)。

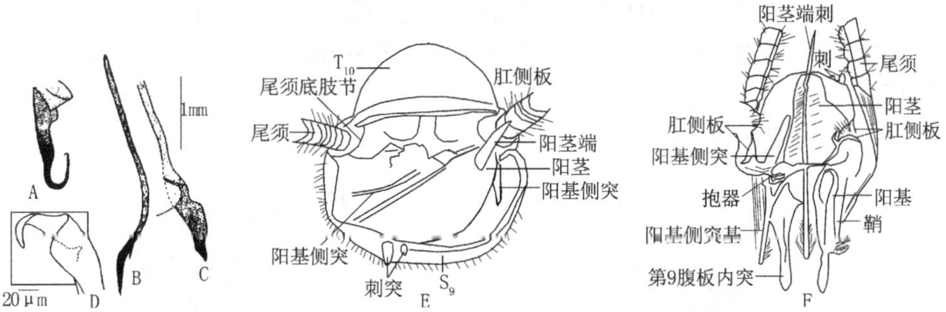

图 9-22 德国小蠊雄性外生殖器

A. 左阳茎叶；B. 中阳茎叶；C. 右阳茎叶；D. 左阳茎叶端部放大；E. 腹部末端后视，第 10 腹节背板的薄瓣被抬起，第 9 腹板被压下，以展示外生殖器；F. 外生殖器背视，示背板下面的构造，背板已移除，肛侧板被分开，钩状的左阳基侧突缩进鞘内；T_{10} 为第 10 腹节背板；S_9 为第 9 腹节腹板 (A～D. 费守华等，1997；E、F. 参考 Walker，1922 图重绘)

雌性外生殖器：第 7 腹节腹板中间的前突前伸到第 6 腹节腹板区域，前突的长度约达剩余腹板之半，腹板的边缘上卷，在侧线处向内急弯，缓慢降至后端，完整的腹板汤匙状，腹板后缘弯曲一段距离后进入前庭腔与膜质底部融合。在腹板折叠边缘的前部，前庭腔的底部有 1 个月牙形横褶。中线附近横褶最深，沿第 7 腹节腹板前缘和侧缘，横褶消失。横褶的前部具有 2 个大的三角形纵褶，纵褶起源于侧面，背面呈拱形，在中线处结合，环抱产卵瓣。这些褶的功能是作为模板使卵囊形成特定形态，卵囊形成后存放一段时间。侧褶的前部，前庭腔 (节间膜) 内陷于第 8 腹节腹板后缘之下，形成袋状的腔。前庭腔顶部向上伸展到膜质区内月牙形骨片的后缘，该膜质区属于第 8 腹节腹板。生殖孔开口于膜质的背面，膜质褶位于中部、生殖室前缘第 8 腹节腹板骨化部位的上方。

受精囊 4 枚，起源于 2 对分开的来源于第 7 腹节节间膜的皮下内陷，这些内陷位于中输卵管内陷之后，属于次生构造，与其他蜚蠊的受精囊不对应。它们开口进入邻近生殖孔的生殖叶上的沟内 (第 8 腹板)。生殖腔顶部含有一系列骨化褶，属于第 8 腹节腹板的残留。骨化不对称，在中线处常不完全。背面骨片大致对称、月牙形、骨化程度较高，其侧面与第 8、9 侧背片关节，属于第 8 腹节腹板后缘。月牙形后瓣间片紧邻背面第 8 腹节腹片的后缘，后瓣间片侧面与第 9 载瓣片愈合，后面与前瓣间片愈合形成基部的环形骨片。左附腺多次分支，附腺管长而呈指状。右附腺分支 2～3 次，形成蜷曲的附腺管。左、右附腺分别开口于内瓣基部的腔内。后瓣间片后部有 1 组骨片，位于第 10 腹节的中心、肛侧板的下表面。

愈合的第 8、9 腹节侧背片与第 8 腹节背板的联系几乎完全丧失，第 9 腹节侧背片与第 10 腹节比与第 8 腹节联系更紧密。第 9 腹节背板形成三角形背骨片，背骨片的腹角与愈合的第 8、9 腹节侧背片有膜质联系。第 8、9 腹节侧背片向腹面弯曲，与第 8 腹节腹板的背骨片、第 9 腹节腹板的载瓣片相关节。膨大的第 9 腹节侧腹片腹面部分已经与剩余部分分离，通过 1 狭窄的骨片带次生地附着在第 8 腹节的载瓣片 (第 1 载瓣片) 上。第 1 载瓣片三角形，侧面与位于第 8 腹板和第 1 载瓣片之间的关节点结合，后部与第 9 腹节的载瓣片 (第 2 载瓣片) 结合。第 1 载瓣片前缘与腹瓣的基部连续。腹瓣强烈骨化，仅基部与第 1 载瓣片结合。载瓣片与产卵瓣基部愈合，支持产卵瓣的瓣体。背瓣的基部沿着其与前瓣间片的愈合线稍加厚，它们的侧面也与第 2 载瓣片相关节。背瓣的瓣体大部膜质。内瓣骨化并与起源于后瓣间片腹缘的骨突相关节。第 2 载瓣片强烈骨化，与位于其背面后角的后瓣间片愈合；第 2 载瓣片与第 1 载瓣片、产卵瓣的基部相关节，形成基部的环形骨片 (图 9-23)。

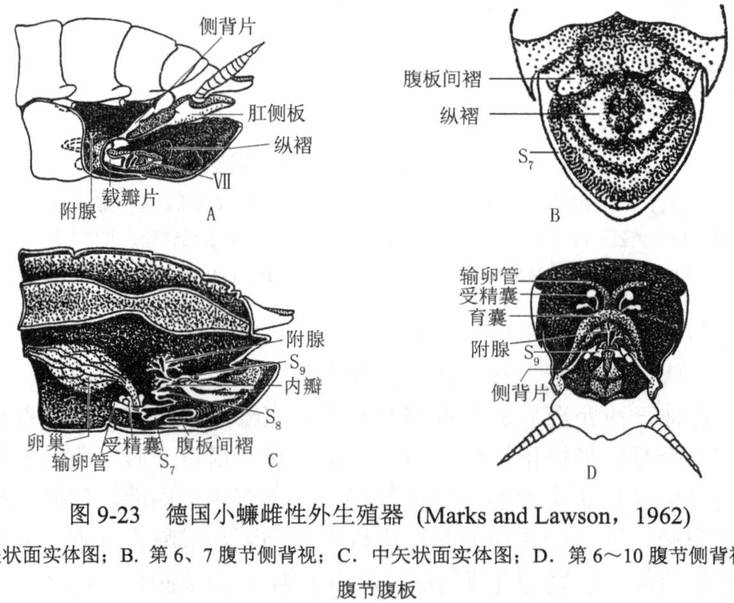

图 9-23　德国小蠊雌性外生殖器 (Marks and Lawson，1962)

A. 腹部末端旁矢状面实体图；B. 第 6、7 腹节侧背视；C. 中矢状面实体图；D. 第 6～10 腹节侧背视；S_7～S_9 为第 7～9 腹节腹板

9.5.3　隐刺拟歪尾蠊 *Episymploce quarta* (Bey-Bienko)

雄性外生殖器：肛上板不对称，左侧突出，后缘弧形，中部具 1 对刺突，左肛侧板较粗壮，黑色，右肛侧板端部具 1 对刺突。下生殖板不对称，左侧上翻呈筒状，密布小刺，端部具 1 大刺，左尾刺着生在沟槽中，右侧不上卷，右尾刺基部分叉呈 2 个锐刺，1 刺指向右侧缘隐于沟槽中，另外 1 刺上指肛上板，尾刺基部附近具 1 刺，下生殖板两侧各具 1 刺突，左侧刺突靠近基部，较细小，右侧刺突近中部较粗大且弯曲。钩状阳茎叶位于下生殖板左侧，端部钝圆 (图 9-24)。

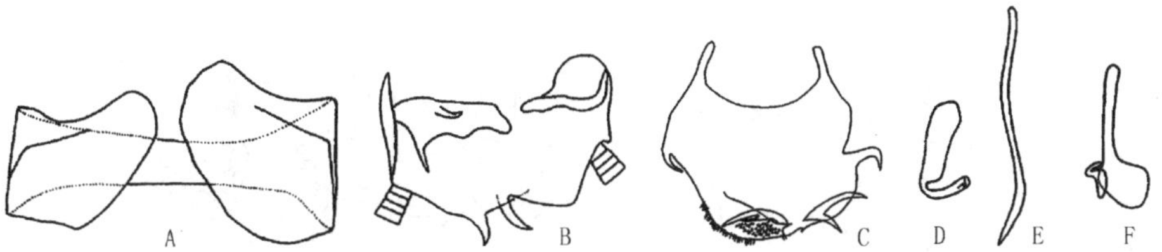

图 9-24　隐刺拟歪尾蠊雄性外生殖器 (王宗庆，2006)

A. 第 9 腹节背板腹视；B. 肛上板背视；C. 下生殖板背视；D. 左阳茎叶；E. 中阳茎叶；F. 右阳茎叶

9.5.4　黄缘拟截尾蠊 *Hemithyrsocera vittata* (Brunner)

雄性外生殖器：肛上板后缘平截，中部稍呈“V”形凹陷。右肛侧板端部具 1 个不规则骨片和 1 刺突，左肛侧板端部具 1 个弯曲刺突。尾须内侧各具 1 刺突。下生殖板左侧角上卷呈筒状，端部着生 1 簇小刺，后缘中部具“V”形凹陷，底部着生 1 外缘弧形的大型骨片，基部边缘具长刚毛，右侧近基部具 1 尾刺。钩状阳茎位于下生殖板左侧，中阳茎叶近中部分叉，端部尖锐，中阳茎叶附属骨片棒状，近端部略膨大，端部尖锐 (图 9-25)。

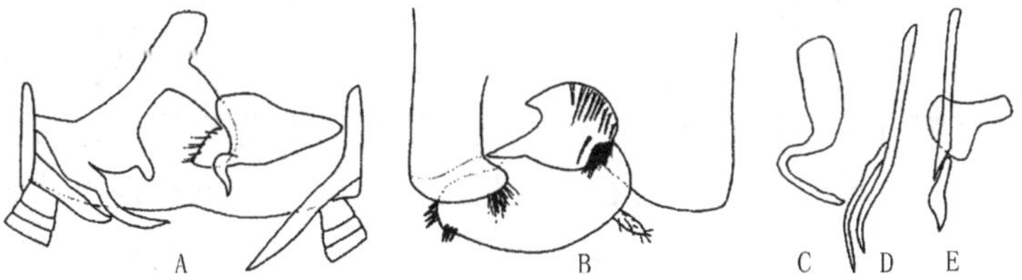

图 9-25　黄缘拟截尾蠊雄性外生殖器 (王宗庆，2006)

A. 肛上板背视；B. 下生殖板背视；C. 左阳茎叶；D. 中阳茎叶；E. 右阳茎叶

9.5.5　*Parcoblatta pensylvanica* (De Geer)

雄性外生殖器：第 9 腹节腹板稍不对称，肛侧板强烈不对称，每肛侧板被分成外面的钩和内面的叶。右侧的钩大型、强烈几丁质化，基部与第 10 腹节背板的边缘接合。左侧的钩细弱，很少几丁质化。左侧的叶更大。阳茎射精管细，阳茎端刺稍弯曲。左侧的阳基侧突没有显著的杆，杆退化为角形瓣，悬挂在囊的开口上方。左侧阳基侧突为可收缩的钩，短而粗壮，当收缩时，钩的弯端稍露出 (图 9-26)。

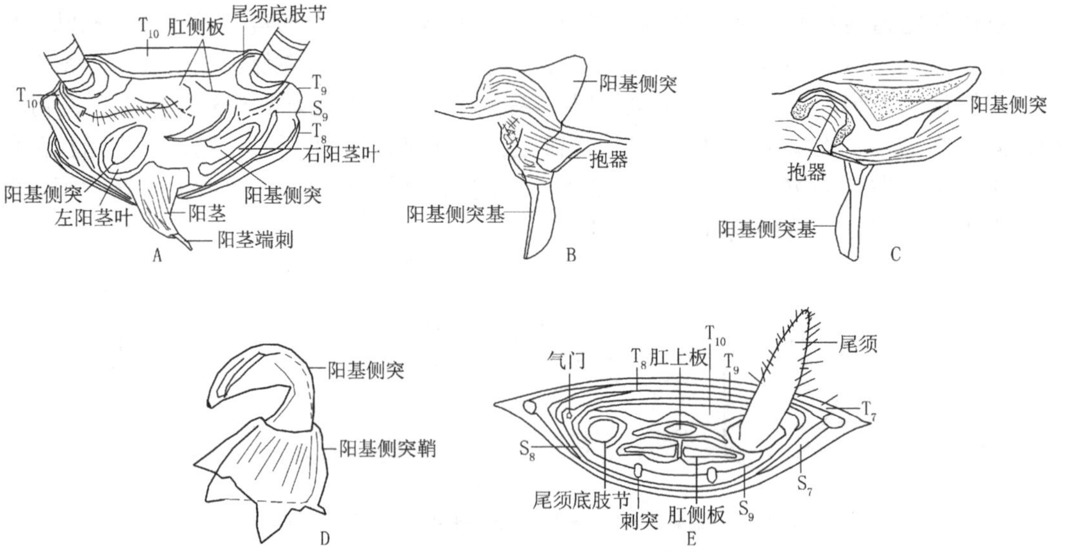

图 9-26　*Parcoblatta pensylvanica* 雄性外生殖器（参考 Walker，1922 图重绘）

A．腹部末端后视，第 9 腹节切去以展示外生殖器，左阳基侧突缩进，仅钩的末端外露，每个肛侧板具有 1 个交配钩，右侧的交配钩大而强几丁质化；B．右阳基侧突背视，抱器可能只用于肌肉附着；C．右阳基侧突腹视；D．左阳基侧突背视，部分从鞘内翻出；E．若虫腹部后视，示退化的肛上板痕迹

雌性外生殖器：腹瓣部分几丁质化，基部分开、膨大，通过弧形、几丁质化的带彼此相连，带两侧狭窄，通向后面的基部与 1 宽骨片结合。腹瓣被瓣基片紧密包裹，瓣基片的前侧角形成强壮突起，突起沿第 8、9 腹节之间的收缩部伸展到边缘。每瓣基片后面为较大型的载瓣片，载瓣片一般与腹瓣、背瓣基部相连，载瓣片与背板边缘之间有广泛的膜质区，膜质区有节间突穿过。载瓣片之间有 2 个大型骨片，骨片与背瓣的杆连续，从杆开始强烈地向外下方弯曲。背瓣基部简单，不膨大，背侧折叠，不规则，顶端二叶状，腹部平滑。背侧有明显的亚基突，但未几丁质化。在背瓣基部之后有 1 个相当大的不太清楚的几丁质化区域，供肌肉附着。这是几丁质的次生沉积，不代表确定的骨片。狭窄的几丁质带可能代表第 10 腹节腹板。成虫缺乏肛上片，但若虫存在肛上片的痕迹。肛侧板大型，宽平，背面强烈骨化。尾须具有一般的蜚蠊类型，底肢节 basipodite 在内侧发育。腹瓣细长，彼此紧密结合，位于背瓣形成的腔内，与背瓣结合紧密，与内瓣啮合很弱。顶端柔韧，稍膨大，缺少真正的瓣间膜，有 1 对腹基叶存在。但内瓣不与上瓣间片愈合，而是通过特殊的球窝关节与瓣间片联系。愈合的瓣基部的背面具有关节，关节嵌入上瓣横断部位的关节窝内。关节前方，愈合的瓣基部形成 1 个细而上弯的骨片，似乎是上瓣间片的一部分 (图 9-27)。

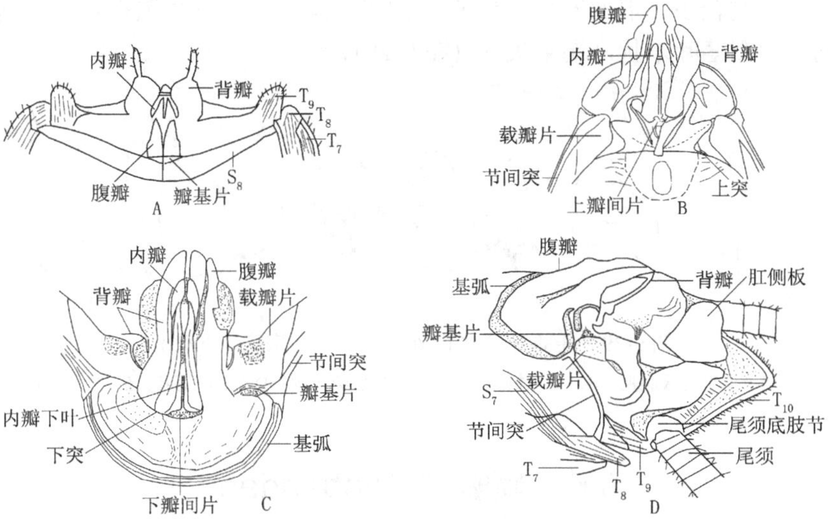

图 9-27　*Parcoblatta pensylvanica* 雌性外生殖器（参考 Walker，1919 图重绘）

A. 整体；B. 腹部末节腹侧视，第 7 腹节腹板已经移除；C. 产卵瓣下弯示背表面，右侧的背瓣已经移除；D. 上面观，产卵器移除，腹瓣和背瓣除基部外，其他部分省略；T_7～T_{10} 为第 7～10 腹节背板；S_7、S_8 为第 7、8 腹节腹板

9.5.6　和溪拟刺蠊 *Shelfordina hexiensis* Wang *et* Feng

雄性外生殖器： 肛上板短，对称，后缘近平直，两侧的肛侧板相似，片状骨片具刺突。下生殖板对称，近方形，下半部稍宽，后缘近平截，中部具 2 尾刺，间距约等于尾刺长，二者均直立，端半部后弯，外侧均具 1 指状突起。钩状阳茎叶位于右侧，钩状部细，不具端前缺刻；中阳茎叶近基部弯曲，端半部鞭状，具环形附属骨片和类似中阳茎叶的骨片，环形骨片端部长刺状，伸出下生殖板后缘；左阳茎叶小，片状（图 9-28）。

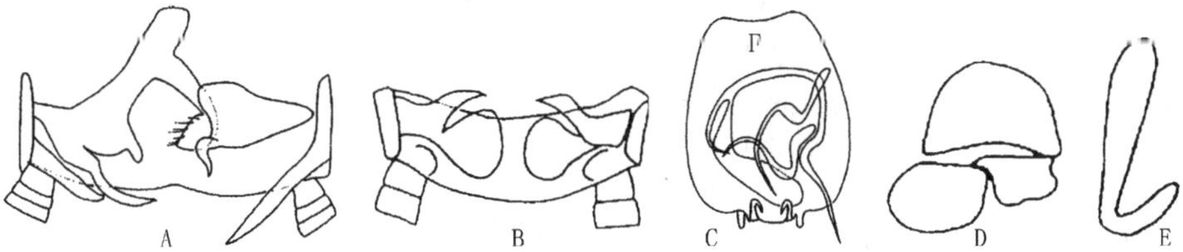

图 9-28　和溪拟刺蠊雄性外生殖器（王宗庆，2006）

A. 第 9 腹节背板腹视；B. 肛上板背视；C. 下生殖板背视；D. 左阳茎叶；E. 右阳茎叶；F. 中阳茎叶

9.5.7　矩歪尾蠊 *Symploce torchaceus* Feng

雄性外生殖器： 肛上板对称，近梯形，后缘近平直，左侧缘具 3 小刺，右侧缘具 2 小刺；左肛侧板尖锐刺状，近基部具 1 分支，端部尖锐二叉状；右肛侧板端部具许多小刺，近基部具 1 分支，鹿角状。下生殖板不对称，中部稍突出，右侧缘圆弧状，左侧缘端半部稍凹入，2 尾刺着生在端部，左尾刺宽大，形似火炬指向左上方，其基部外缘着

生 3 小刺；右尾刺较小，端部着生 3 锐刺。钩状阳茎叶位于下生殖板左侧，钩状部细，具端前缺刻；中阳茎叶矛状，端部尖锐 (图 9-29)。

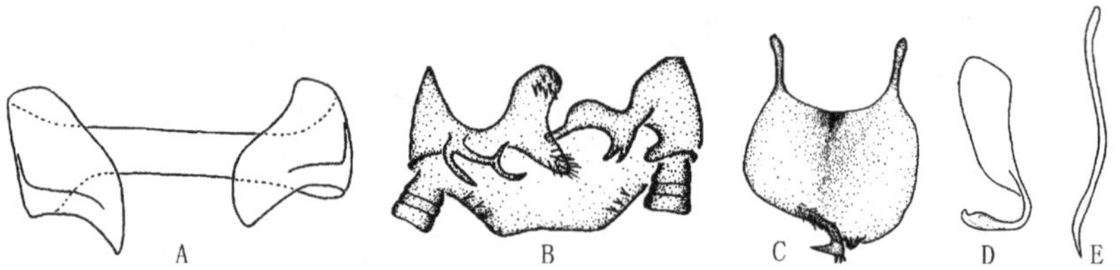

图 9-29　矩歪尾蠊雄性外生殖器 (王宗庆，2006)

A．第 9 腹节背板腹视；B．肛上板背视；C．下生殖板背视；D．左阳茎叶；E．中阳茎叶

9.6　硕蠊科 Blaberidae

9.6.1　*Blaberus atropos* (Stoll)

雄性外生殖器：第 9 腹节腹板稍不对称，刺突大小相似，分开很宽。肛侧板外部几丁质化和内部柔韧部分分别不明显，只有右侧的钩存在，但短钝而强烈弯曲。阳茎较发达，表面具深沟，沟表面近端部有多数微刺。沟内有 1 不规则几丁质突起，可能属于阳茎端刺的衍生物，射精管开口于阳茎基部。右侧阳基侧突与左侧的类似，由可外翻的钩组成，钩的鞘形成 1 个不规则的膜质突起，通过肛侧板下面长的膜质褶，该突起将左侧的突起与右侧的突起相联系。右侧突起小，是具几丁质边缘的不规则褶状构造。有时右侧阳基侧突重叠在左侧的上方 (图 9-30)。

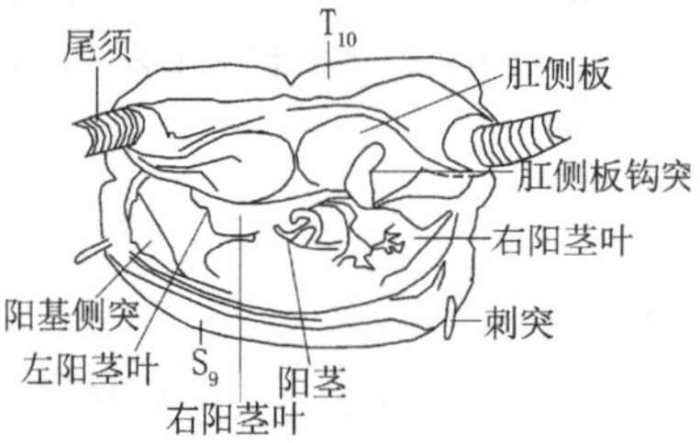

图 9-30　*Blaberus atropos* 雄性外生殖器腹部末端后视 (参考 Walker，1922 图重绘)

第 9 腹节腹板左右不对称，稍压下以展示外生殖器；第 10 腹节背板按透视法缩短；右阳基侧突为 1 长的交配钩，缩进鞘内；右阳基侧突叶以水平瓣的形式伸过左侧；T_{10} 为第 10 腹节背板；S_9 为第 9 腹节腹板

9.6.2　*Blaberus craniifer* Burmeister

雌性内生殖器：交配后新产下的精包具有尾部，球形、珍珠白色，清澈的胶状物质充满了前庭，将精包粘在生殖囊上。精包分成大小两部分，2 个精子导管从较大的部分发出，通向相对的受精囊开口。大部分蜚蠊，精包在雌虫体内保留时间不超过 24h，然后排出。而死人头蟑螂雌虫保留完整精包长达 5 天。卵鞘薄而透明，厚度有变化、暗色

到亮栗色，紧紧地罩在卵上。育囊内卵鞘中所有卵的卵孔端朝向左侧，卵鞘不完整，通过裂缝可见卵的卵孔端。新形成的卵鞘有 2/3 长度伸出育囊，为卵鞘完成的信号，标志着卵孵化的开始。即将孵化时，胚胎的前、中胸部分游离于卵鞘外，卵鞘的开口有利于育囊内胚胎的呼吸。雌虫有时会抛弃卵鞘，被抛弃的卵鞘很少能孵化 (图 9-31 A~C)。

雌性外生殖器：前庭腔和育儿囊大，生殖室小，在怀孕个体中几乎仅可辨识。中输卵管开口于月牙形骨片下方、支持生殖腔顶部的部分骨化的生殖褶上。受精囊 4 对，它们在输卵管的每侧进入生殖腔。每对受精囊后面的 1 支蜷曲、细长、不分支，前面的 1 支稀疏分支。附腺分别地进入生殖腔内，左侧附腺大，位于右侧附腺前面，两者都有主分支，主分支发出 4 个分离的腺体。愈合的第 8、9 腹节侧背片与第 9 腹节背板关节，第 9 腹节侧背片前缘腹面膨大与月牙形的第 8 腹节腹板关节。第 9 腹节侧背片不连续的腹面膨大与第 1 载瓣片愈合，尾部与第 2 载瓣片关节。第 1 载瓣片短宽，矩形，侧面与第 8 腹节腹板关节，中部与腹瓣基部愈合。腹瓣瓣体末端的 1/3 膜质，尖锐分叉，内缘有毛覆盖。内瓣基部骨化，端部膜质。背瓣基部宽阔，轻微骨化。在基部环形骨片中，“U”形前瓣间片中等骨化，侧面与拱形的第 2 载瓣片关节。后瓣间片与产卵瓣基部愈合，形成 1 短的中间桥，与内瓣相关节 (图 9-31 A、D、E)。

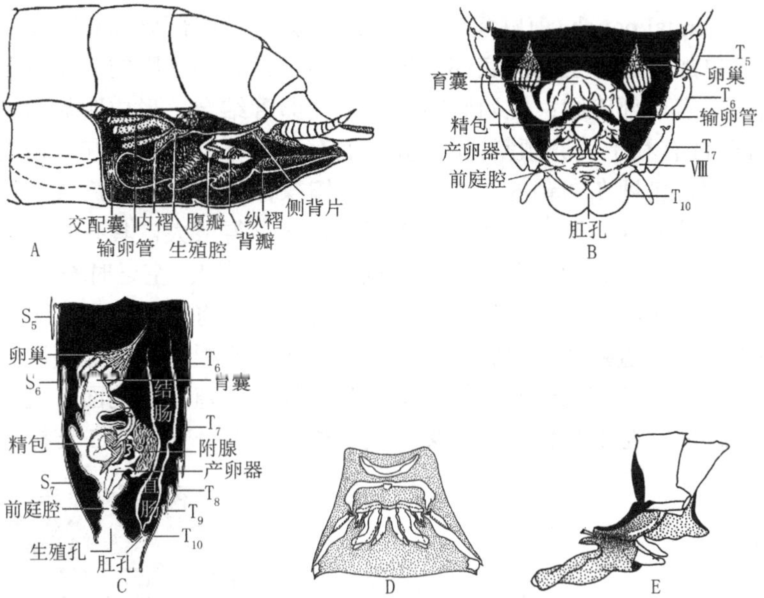

图 9-31　*Blaberus craniifer* 雌性生殖系统

A．雌虫腹部旁矢状面侧视；B．雌虫腹部纵切腹视，精包粘在生殖囊内的生殖孔上，生殖囊后腹壁已去除；C．雌虫腹部矢状切面侧视；D、E．产卵器腹视、侧视；T_5～T_{10} 为第 5～10 腹节背板；S_5～S_7 为第 5～7 腹节腹板；Ⅷ为第 8 腹节 (A、D、E．Marks and Lawson，1962；B、C．Nutting，1953)

9.6.3　刻点甲蠊 *Diploptera dytiscoides* (Serville)

雌性内生殖器：卵巢呈细长圆锥形，每卵巢有 6 支卵巢管。卵巢管无滋式，前端渐尖，直到生殖区和端丝。侧输卵管粗短，顶端稍膨大，形成卵巢萼；侧卵巢管通过基部的卵巢管柄与卵巢萼联系。侧输卵管管壁具肌肉，内腔衬有上皮，在输卵管内无卵母细胞时，上皮形成深褶。侧输卵管向后腹面短距离伸展，然后急弯向体中线，每侧的侧输卵管急弯向后，两侧的侧输卵管被包裹在 1 个共同的膜和肌肉内，但管腔相互独立。被包裹的侧输卵管通入中输卵管，中输卵管很短，位于前庭腔的壁内，具有光滑较厚的表皮层，可与侧输卵管区别。受精囊 1 对，简单管状，顶端稍膨大形成不明显的受精囊体；每受精囊从生殖囊顶部伸入腔内，位于输卵管插入形成突起的两侧。受精囊的肌肉壁包裹高的柱状具有表皮边缘的上皮细胞，腺体管腔较窄。侧位的受精囊腺盘绕在受精囊管上，基部着生在受精囊管后侧。受精囊腺管外观不规则，管腔狭窄。生殖囊顶部中后方有 2 个大的腺体，左侧为结晶状 crystalloid 腺体，该腺体具有持续分泌的特点，其腔内含有颗粒分泌物，可能是胚胎的营养器官。它的管道离开前庭腔后，增宽形成壶腹或库，然后迅速再次狭窄，向左分支 4 次形成 5 支管，管达到前庭表面。在表面每管再次分割形成总数为 10 支的管道，直接伸向血腔。邻近这个腺体的另一腺体与中间线呈直角，壁厚，腔封闭，管腔内具有粗壮的柱状细胞，末端开口在萼内，从萼上发出约 20 支长而狭窄的腺体管，腺体管彼此蜷曲纠结。产卵器的 6 支产卵瓣长度相近，其中 2 对产卵瓣基部更宽，端部渐窄直到光滑而圆的顶端。生殖腔延伸至外部开口，是生殖系统最大的部分，分为生殖囊 genital pouch（前庭囊或子宫）和前庭。这些部分都具有发达的肌肉，但子宫部分的肌肉更加发达。生殖腔底部扁平，后半部具有不规则的上皮折叠，前端边缘下弯，与下面的子宫顶部连续；生殖腔前端与中输卵管结合，形成明显的中间拱顶，当卵经此进入子宫时，有利于使卵倾斜；生殖腔背面有许多不同的腺体和受精囊突入体腔。卵受精、进入育囊、包埋在卵鞘内等过程由产卵瓣操作协调，产卵瓣位于腔内。来自雄虫的精包释放在生殖囊内。子宫与其他管道部分相比显得很大，具有发达的肌肉，内衬有低的圆锥形乳突，乳突具有细刚毛。孕卵期间子宫显著膨大，空乏时充满折叠（图 9-32）。

雌性外生殖器：卵胎生，具退化的产卵器。育囊大，将前庭腔和生殖室分开的节间褶存在，但不骨化。生殖腔顶部和底部膜质。第 8 腹节腹板的后部非膜质区域为月牙形骨片。生殖孔开口于生殖褶的表面。受精囊的开口位于生殖孔背侧面。受精囊棒状，围绕受精囊有管状蜷曲。左附腺较大，分叉 1 次，然后每 1 分支分成 5 支指状管；右附腺

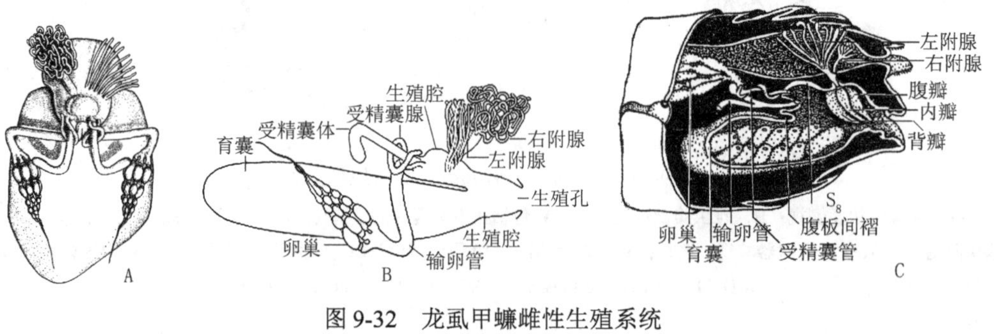

图 9-32　龙虱甲蠊雌性生殖系统

A、B．雌性内生殖器背视、侧视；C．雌性生殖系统；S_8 为第 8 腹节腹板（A、B．Hagan，1941；C．Marks and Lawson，1962）

为 1 群蜷曲的管，有 1 支更长，约达左侧管长度的 1/3。附腺管通过顶膜分别开口于内瓣基部的小型乳头状突起。第 9 腹节侧背片前部去骨化，直接与月牙形第 8 腹节腹部骨片连接。第 1 载瓣片中间窄，两端膨大，侧面与愈合的侧背片和第 8 腹节腹板疏松连接。第 1 载瓣片中间背面的羽状分支为其他膜质的腹瓣区域提供支持。载瓣片后部突起短，与基部环形骨片有膜质的侧面连接。产卵瓣很退化，内瓣内缘骨化。腹瓣和背瓣的大小和形态变化很大。后瓣间片膜质，难以确定位置。第 2 载瓣片痕迹状，位于基部环形骨片两侧 (图 9-32 C)。

9.6.4 马德拉蜚蠊 *Leucophaea maderae* (Fabricius)

雌性外生殖器：前庭腔底部的纵褶不明显，横褶更大，上下具有深褶皱。育囊向前扩展到第 8 腹节腹板下方，怀孕雌虫育囊可前伸到整个腹部。横 (节间) 褶的后缘为育囊的后界，通常具有 1 不规则的中间骨片。该骨片为第 8 腹节腹板的后缘，骨片上的腔是真正的生殖囊。生殖孔和受精囊开口于生殖囊上，生殖孔开口在节间生殖褶上，受精囊则开口在生殖孔的前上方。受精囊开口之后，1 个月牙形骨片支持生殖囊的顶部，属于第 8 腹节腹板后缘。第 1 载瓣片侧面与愈合的第 8、9 腹节侧背片相关节，中部则与基部环形骨片相关节。成对的受精囊蠕虫状，常位于生殖囊的外表面，通过网状的气管固定其在腹腔内的位置。受精囊腺大，分支状，疏松地位于体腔内。每侧有 1 个受精囊体和受精囊腺，受精囊体和受精囊腺常分别开口。右侧附腺由少数弯曲的附腺管组成，左侧的附腺管大，由两群组成，每群具有指状分支；附腺具有共同管道，管道开口于内瓣的基部。愈合的第 8、9 腹节侧背片与退化的第 9 腹节背板相关节，通过膜质部分附着在

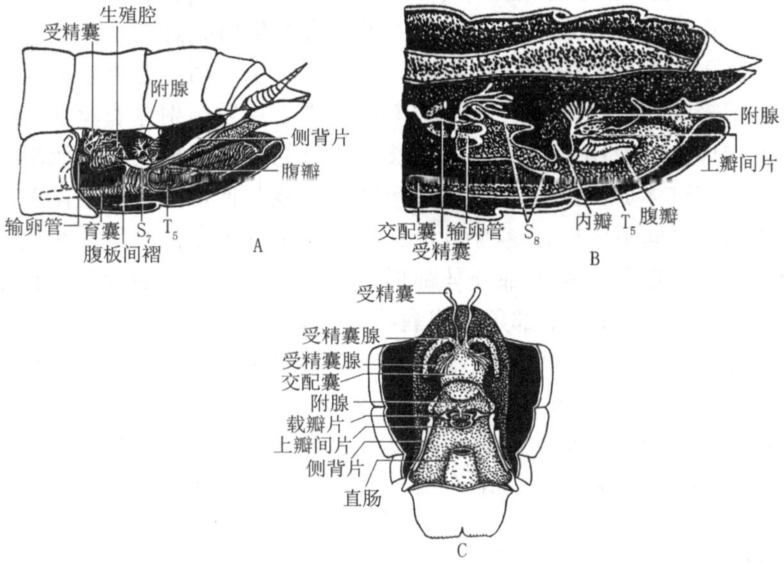

图 9-33　马德拉蜚蠊雌性外生殖器 (Marks and Lawson，1962)

A. 腹部末端旁矢状切面；B. 腹部末端中矢状切面；C. 第 6～10 腹节侧背视；T_5为第 5 腹节腹板；S_7、S_8为第 7、8 腹节背板

第 8 腹节。第 8 腹节侧背片腹面稍膨大。愈合的侧背片腹面与第 8 腹节腹板、第 1 载瓣片相关节；载瓣片约呈三角形，前端与腹瓣基部结合，背面与第 2 载瓣片结合。侧背片和第 8 腹节腹板的关节形成枢轴，通过该枢轴产卵器及相关膜质部分可作 180°旋转。雌虫未怀孕时，产卵瓣指向尾端，伸进前庭腔；雌虫怀孕时，产卵瓣紧密压缩在卵鞘和横褶之间，其端部伸在育囊内。

产卵瓣不发达，基部轻度骨化。腹瓣具有“Y”形基部，“Y”形的侧臂与载瓣片愈合，另一臂向前突出如刺。产卵瓣茎部细长，瓣体弯曲，中部边缘覆盖有长毛。产卵瓣膜质不对称的端叶在端部分叉。内瓣也不发达，基部与后瓣间片的关节膜质化，瓣体稍骨化。背瓣几乎不大于膜质的叶。背瓣基部与瓣间片的结合使瓣间片的臂伸展进入瓣体，并为瓣体提供支撑。前瓣间片稍弯曲，相当发达，与退化的第 2 载瓣片愈合。后瓣间片弯曲，侧面与载瓣片关节，位于前瓣间片弯曲之内。折叠的基部环形骨片呈 2 个马蹄形相互套叠 (图 9-33)。

9.6.5　金边土鳖 *Opisthoplatia orientalis* Burmeister

雄性内生殖器：精巢位于第 5 腹节两侧，埋在脂肪体中，表面附有大量微气管。精巢卵圆形，白色，半透明，被膜，其内有 22～25 支精巢管。精巢管弯曲囊状，白色半透明，基部由输出管与输精管相连。输精管白色细长，从体侧下延到直肠腹面，上伸通过附腺基部与贮精囊前端相连。贮精囊位于附腺丛中，白色卵圆形，外有被膜，其末端与射精管相通。附腺 96～112 支，菊花状，位于第 4、5 腹节射精管前端上方。附腺管状，将附腺和射精管的上部被膜剖开，可见附腺基部伸出许多小支管，这些小支管在下端汇合成 3～4 条总管，分别开口于靠近贮精囊的射精管上。附腺管的盲端蓝色，基部白色。射精管白色，位于直肠腹面，末端连于阳茎，进而通过生殖孔开口于体外 (图 9-34)。

雄性外生殖器：阳茎叶位于射精管两侧，右阳茎叶由于射精管末端肌肉膨大弯向右边，并上伸至射精管的 2/3 处再往下折回，在此处被 1 层发自射精管壁肌肉层的组织膜包裹，此膜也连着环腺。射精管内部有 1 细长棕黄色的几丁质棒，棒的始端有 2 片白色肌肉束，其末端也有许多肌纤维，在交配时帮助右阳茎叶伸出体外。右阳茎叶在射精管的 2/3 处折回的部分再向下延伸，逐渐膨大，末端有 1 棕黄色的几丁质小钩为交接器。左阳茎叶外形分为 4 个部分，第 1 部分马蹄形，内有棕黄色几丁质骨片，在第 1 部分的基部围有组织膜，使第 1 部分的下部延伸成囊状并与射精管末端相通；第 2 部分短柱状；第 3 部分似圆锥形；第 4 部分梭形，较细，其末端与第 1 部分的基部腹面相接，构成环形，称为环腺。第 2～4 部分由许多小管组成 (图 9-34 B、D)。

雌性内生殖器：卵巢外观似 1 串香蕉，位于第 5 腹节两侧，白色半透明。每卵巢有 20～30 支卵巢管。卵巢管无滋式，顶端有端丝，每卵巢的卵巢管端丝汇合成悬带，每侧卵巢的悬带顶端连接在第 2 腹节的脂肪体上。输卵管顶端与卵巢管相连处膨大形成卵巢萼，两侧的侧输卵管呈“S”形向后弯向腹中线，在中央汇入粗短的中输卵管。中输卵管开口于生殖腔背面。交配囊椭圆形，橙黄色，位于生殖腔背面，前端直接与中输卵管相连，剖开交配囊，内部有“U”形棕色骨化带及骨化的产卵器。孵化囊也称子宫，是由生殖腔

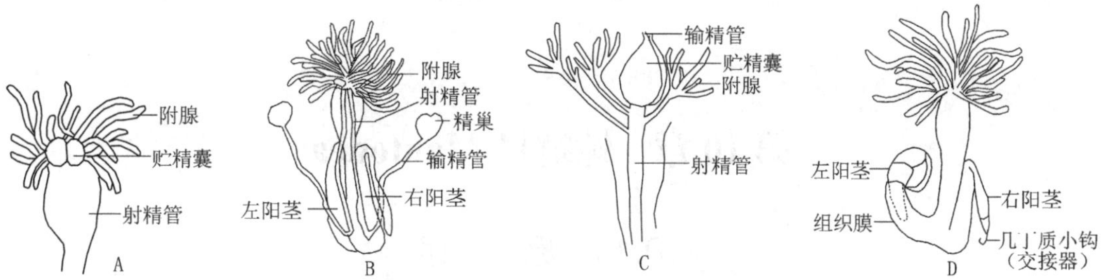

图 9-34　金边土鳖雄性生殖系统 (参考卢爱平和刘克，1984 图重绘)

A. 腹视；B. 背视；C. 剖开肌肉层和附腺基膜后的射精管，附腺大部分分支已经除去以展示基部；D. 射精管与外生殖器

腹面突起形成的弹性三角形囊，橙黄色，内壁为疏松网状结构，肌肉发达伸缩性极强。卵从卵巢排出受精后，在其内发育为胚胎，卵鞘也在其中形成。未交配时子宫位于第 3～5 腹节间，子代胚胎发育期间，子宫扩展，前端可伸至胸部，将消化道挤压于体侧左方，此时子宫壁薄如膜，半透明，透过囊壁可见卵鞘，生殖后子宫迅速缩回原状。生殖腔的其余部分宽短管状，白色，其前段连通交配囊和子宫，后部为生殖孔。交配囊背面前方，中输卵管入口处的两侧，着生棒状的受精囊，受精囊顶端略膨大，乳白色。受精囊体和受精囊管分化不明显。交配囊背面后方中央突起着生多分支盲管状乳白色的附腺，附腺共分 3 丛，每丛又不断分出小丛及小枝，分 160～180 支。3 丛附腺在基部汇合成 1 条总管，总管与交配囊相连。附腺向交配囊内分泌淡黄色分泌物，包围卵而形成卵鞘。卵鞘边排卵边形成，先排的卵位于孵化囊的最后端，每 2 粒卵重叠在一起，故卵鞘的形成是自后而前的。卵鞘后部卵也最先成熟，生殖时后部的幼虫最先孵化脱出 (图 9-35)。

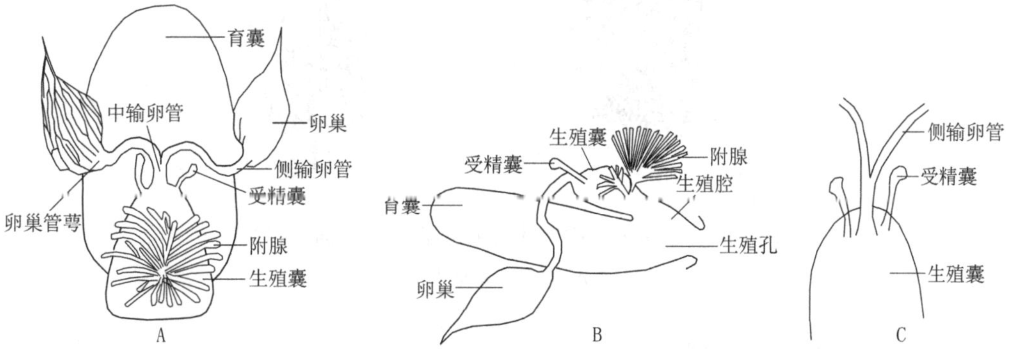

图 9-35　金边土鳖雌性内生殖器 (参考卢爱平和刘克，1984 图重绘)

A、B. 背视、侧视；C. 生殖囊腹面示输卵管和受精囊着生部位

第 10 章　螳螂目 Mantodea

10.1　概　　述

10.1.1　雄性内生殖器

精巢 1 对。大刀螳属雄虫，每精巢由许多包被在围鞘内的精巢管组成，输精管由精巢发出伸向尾部，中间有许多蜷曲回旋，逐渐靠近中线并伸向腹部末端神经节下方，然后进入二叶状膨大的射精管前端。Snodgrass (1937) 认为膨大部是复合的中胚层起源的壶腹部，此区域发出成对的球状贮精囊 globular seminal vesicle。螳螂属有 2 个贮精囊 seminal vesicle，其位置与大刀螳属的一致。贮精囊一般隐藏在附腺管中间。大刀螳属的附腺管长度不同，螳螂属有 2 种形状不同的附腺。Louis 和 Kumar (1971) 发现 3 种类型的附腺，其大小有明显差别。Snodgrass (1937) 曾描述的阳茎腺 phallic gland 位于附腺管群的后部、射精管的左侧，被分为几个不规则的小叶 lobule，端部渐细进入左阳茎叶 left phallomere，开口于左阳茎叶端部 (图 10-1)。

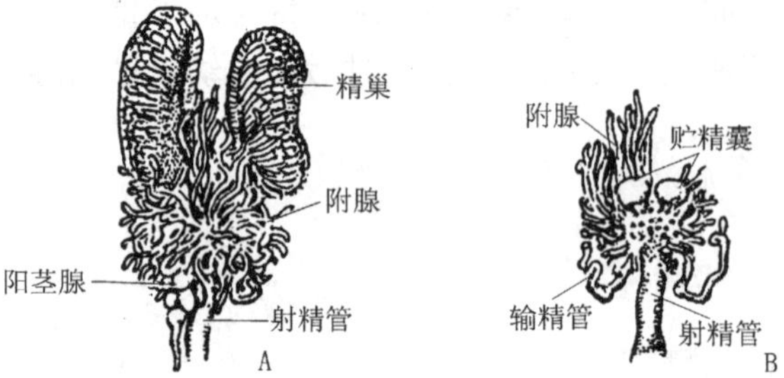

图 10-1　中华大刀螳雄性内生殖器 (Matsuda，1976)

A. 背视；B. 腹视

10.1.2　雄性外生殖器

腹部肥大，11 节，第 11 腹节退化，仅余 1 对附肢，即尾须 cerci。尾须锥状或棒状，有时呈扁平叶状，短而分节。雄性外生殖器不对称，具抱握作用。雄性下生殖板末端常具刺突 stylus。外生殖器包括右阳茎背片 right epiphallus、左阳茎背片、下阳茎片 hypophallus 和下生殖板，其中左阳茎背片和下阳茎片端突的骨化程度、形态特征及下生殖板的构造等可用于种类鉴定。腹部末端几节的背片缩短，生殖腔在上面形成较宽大的浅凹。第 9、10 腹节背板均未达第 9 腹节腹板末端。下生殖板由生殖腔凹形底部的第 9 腹节腹板延长形成，下生殖板的尾缘具有成对的刺突。阳茎位于生殖腔内，由形状不规则的阳茎背片 (阳茎叶 phallomere、阳茎瓣 penis valve) 组成，这些阳茎背片分为 3 个独立不对称的部分：右阳茎背片、左阳茎背片和下阳茎片，三者都环绕生殖孔。2 个阳茎背片位于生殖孔上方，左右各一。下阳茎片也称腹阳茎叶，位于生殖孔腹面。右阳茎背片一般处于其他阳茎片的背面，其基部延伸可完全跨越生殖腔的壁。许多种类成虫，阳茎背片可形成次生的叶和不同形状的突起，使构造变得异常复杂。下阳茎片通常简单，由于射精管开口于其基部膜质折叠，所以也将腹叶称为“阳茎”。阳茎背片的来源与蜚蠊的类似，属于第 9 腹节的生殖突 gonapophyses。阳茎背片为柔软的叶片，基部有来源于第 9 腹节的肌肉系统，外部具有小钩和脊。La Greca (1953～1954) 调查了 18 属螳螂，发现各个属的阳茎均由 3 个阳茎片 (2 个背片和 1 个腹片) 组成，这 3 个阳茎片与蜚蠊的阳茎片同源。螳螂的精子借助于精包输入雌体。精包由附腺的分泌物形成，也有人认为下阳茎片的凹陷处与精包形成有关。精包进入雌性的生殖腔后，精子由精包流入雌体 (图 10-2)。

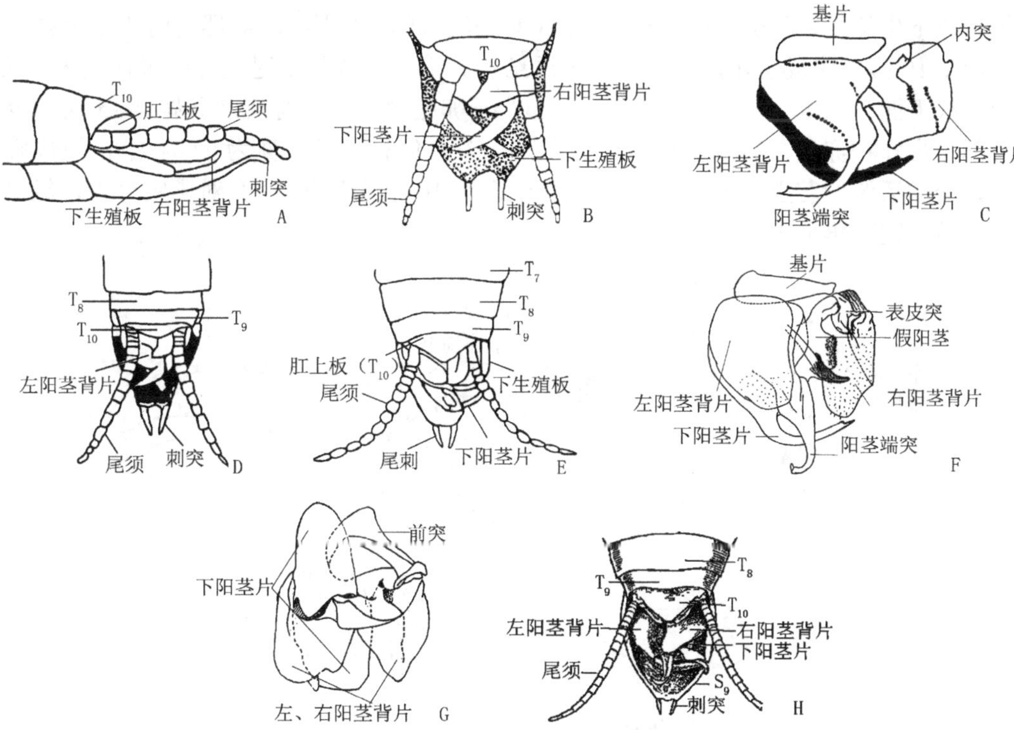

图 10-2　螳螂目雄性外生殖器

A、B. 雄虫腹部末端侧视、背视；C. *Polyspilota* sp.雄性外生殖器背视；D. *Mantis religiosa* 雄虫腹部末端背视；E. 一种螳螂雄虫腹部末端背视；F. 马达加斯加花岗岩螳螂雄性外生殖器背视；G. *Eremiaphila somalica* 雄性外生殖器；H. 中华大刀螂腹部末端背视；T_7～T_{10}为第 7～10 腹节背板；S_9为第 9 腹节腹板　(A～C. Steinmann and Zombori，1981；D. 蔡邦华，1956；E. 郑乐怡和归鸿，1999；F. Tuxen，1969；G. Matsuda，1976；H. Snodgrass，1935)

10.1.3　雌性内生殖器

Stagmomantis 每卵巢有 38 支无滋式卵巢管，侧输卵管后端汇合形成相当长的中输卵

管，生殖孔开口于第 8 腹板。受精囊由梨形受精囊体和受精囊管组成，开口于第 8 腹节腹板生殖孔上方。开口位于支撑侧瓣（背瓣）的第 9 腹节腹板前。附腺 1 对，发达，分泌物主要用于形成卵鞘。附腺水平位，开口于第 9 腹节腹板生殖腔中。螳螂属 *Mantis* 的附腺由 2 种解剖构造和组织学不同的腺体组成，第 1 种附腺管窄而多分支，汇合形成 1 个共同的输出管。第 2 种附腺管短而多分支、透明、顶端弯曲，开口于第 1 种腺体的共同输出管。Ito 认为制作卵荚的材料由第 1 种附腺管分泌，第 2 种附腺管分泌黏性物质使卵粘在一起并黏结在卵荚内。

10.1.4　雌性外生殖器

腹部通常背腹略扁，背板可见 10 节，第 11 腹节退化，仅余 1 对附肢，即尾须。尾须锥状或棒状，有时扁平叶状，短而分节。肛上板位于第 10 腹节背板下方，不与第 10 腹节背板愈合。随着肛上板前移到第 10 腹节背板下方，肛下板更加前移。雌虫第 7 腹节腹板形成下生殖板，后方裂开，包围着由 3 对瓣组成的产卵器，产卵器有时小部分露出。第 8、9、10 腹节腹板退化，部分形成膜质结构。第 8 腹节腹板退化并隐藏在扩大的第 7 腹节腹板下面。第 8、9 腹节背片缩短。卵产于卵鞘内，一般每雌产卵鞘 4～5 块，少数种类的雌虫守护卵鞘，直到若虫孵化。初孵化若虫包有胚膜，称为“前若虫”，很快脱去胚膜，变成活泼的若虫，悬丝扩散，丝由幼螳第 10 腹节腹板上 1 对乳突分泌，经第 1 次蜕皮后，则不再分泌丝质（图 10-3）。

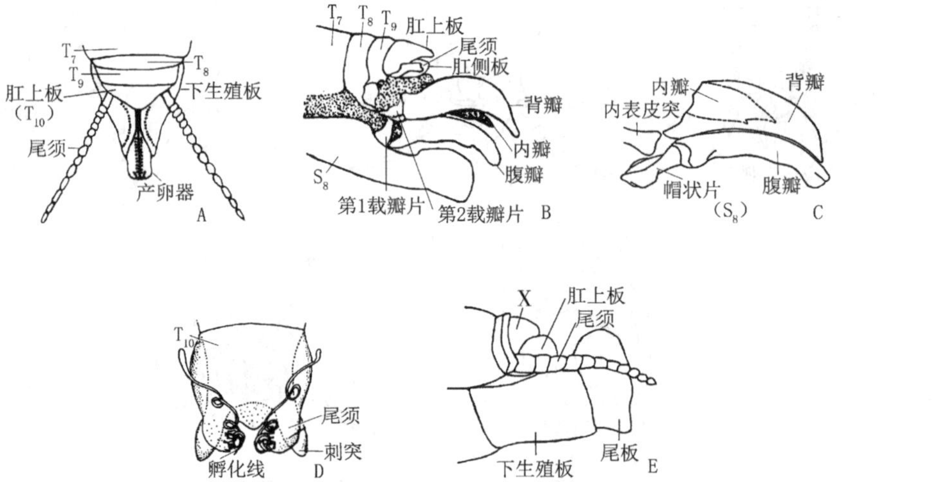

图 10-3　螳螂目雌性外生殖器

A．一种螳螂雌虫腹部末端背视；B．*Stagmomantis* sp.雌虫腹部末端侧视；C．马达加斯加花岗岩螳螂雌性外生殖器侧视；D．*Sphodromantis centralis* 腹部末端背视，示孵化线；E．雌虫腹部末端侧视；T_7～T_{10} 为第 7～10 腹节背板；S_8 为第 8 腹节腹板（A．郑乐怡和归鸿，1999；B．施凡维奇，1958；C．Tuxen，1969；D．Matsuda，1976；E．Steinmann and Zombori，1981）

10.2　攀螳科 Liturgusidae

10.2.1　*Ciulfina klassi* Holwell, Ginn *et* Herberstein

雄性内生殖器：精巢含有多支精巢管，精巢管外有结缔组织包被，结缔组织内含有气管。精巢中的精巢管也有结缔组织联系，结缔组织含有黄色色素。精巢管外和精巢管之间的结缔组织可能具有保护发育中的精子免受紫外线辐射伤害的功能。精巢管通过基膜与上皮鞘分开。精巢管含有处于不同发育阶段的精子，精子发生始于生殖区，精原细胞在生精囊内发育和增生。随着减数分裂和有丝分裂，含有精原细胞的生精囊退化，精原细胞分化成为精母细胞，进而形成精子细胞。精子细胞在接近输精管时，分化成为精子。发育成熟的精子经输精管到达贮精囊，输精管的上皮层较厚，但仅由 1 层细胞组成。上皮层有基膜 basal lamina 包裹，外部有围鞘包被。输精管的某些细胞可能具有腺体功能，其分泌物进入管腔。输精管的上皮含有小颗粒，可能是用于促进精子向精囊传输的润滑物质。贮精囊不属于输精管的膨大，而是与输精管分开的 1 对管道，位于附腺的后部。贮精囊和附腺开口于射精管。贮精囊的这种位置对精子排入射精管、进而形成精包可能较为重要。

附腺由多支短管组成，短管基部着生于射精管膨大的端部、邻近贮精囊的部位。附腺管之间形态不同，附腺上皮内的腺体细胞也有差异，有的腺体细胞具有大的细胞核，管腔内有紧密而丰富的分泌物。有的附腺管上皮层较薄，管腔内分泌物较少。许多直翅目昆虫产生可消费的精包，精包是可食用的结婚礼物。*Ciulfina klassi* 也产生类似的精包供雌虫交配后带走和消费，雄性附腺对精包形成可能具有重要作用。雄性附腺分泌物可能还有控制雌虫的生理和行为、减少对其他雄虫的接受性、刺激产卵及增加卵的受精等功能。

射精管细长，接受来自附腺的分泌物和贮精囊的精子，用于产生和排出精包。射精管有内、外上皮层，两者之间有横纹肌带。横纹肌可波状收缩产生蠕动，促使精子及精包沿射精管运动。射精管横切面可见内部上皮的系列折叠，导致横纹肌的收缩。上皮层有基膜包裹，基膜有指状突起。精包形成于射精管的中部，精包有表皮层包裹，含有附腺分泌物 (精液) 和精子 (图 10-4)。

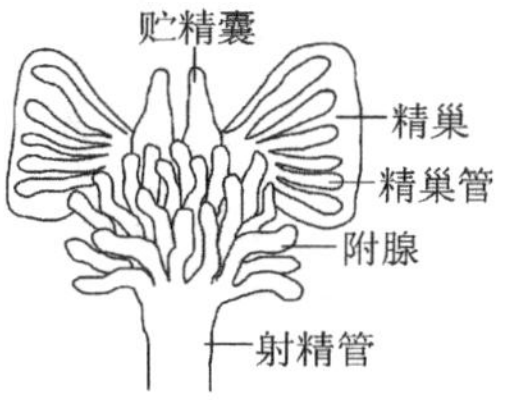

图 10-4　*Ciulfina klassi* 雄性内生殖器 (Winnick 等，2009)

输精管很短，图中未绘出

雄性外生殖器与生殖行为：雄性外生殖器不对称，交配时扭曲 90°插入以便打开雌虫外生殖器的开口、分开雌虫肛上板、产卵器复合体及下生殖板。雄性外生殖器由右阳茎背片和左阳茎复合体组成，左阳茎复合体包括左阳茎背片和下阳茎片。在 *Ciulfina baldersoni* 中，左阳茎复合体的腹侧面与雌虫外生殖器开口匹配，使雌虫背腹构造打开。右阳茎背片夹住雌虫的产卵器，它的主叶部分插入雌虫的生殖道。左阳茎背片与精包一起插入雌虫的生殖道。*Ciulfina* 螳螂体型小，移动快速，生活在澳大利亚北部地区，它们在树皮上活动。交配时雄螳悄悄接近雌螳，敏捷地爬到雌虫体上，立即插入外生殖器复合体。交配期间，它们将小而简单的精包插入雌虫生殖器开口。精包近球形，具有不明显突起，部分从雌虫体内露出。交配后雌虫用口器移出精包，将其取食。在交配开始 5min 内精子开始转移，交配约持续 40min，精包在雌体内附着约 47min，潜在的精子输送期可达 87min。

雌性内生殖器：每卵巢有 7～9 支无滋式卵巢管，每卵巢管分别着生于侧输卵管。成虫整个生殖期间都进行卵子发生，雌虫一生能产多个卵鞘。卵巢管通过端部的端丝固着于体腔内，各卵巢管的端丝并不愈合为一体。生殖区位于卵巢管的顶部，是卵巢生殖细胞 (卵原细胞) 的增生部位。卵黄区较长，自生殖区下方到卵巢管基部，卵母细胞在该区域通过摄取卵黄而增大，排列成排。卵巢管外鞘富有微气管，外鞘内有含菌细胞。发育中的卵母细胞可能从含菌体中获得含菌物质，实现共生菌的世代传递。外鞘内侧围绕卵巢管的无定形结构膜称为固有膜 tunica propria 或基膜。每个卵室有滤泡上皮包被，滤泡间组织将每个卵室分开。发育中的卵母细胞核，即生发泡 germinal vesicle，位于卵母细胞中心部位。卵巢管柄位于卵巢管基部，发育成熟的卵在进入侧输卵管前暂存于此。侧输卵管的大部着生卵巢管，仅基段约 1/6 裸出。侧输卵管圆形或椭圆形，包被在气管网内。侧输卵管下部有表皮质内衬，为外胚层起源，上部的起源还不清楚。两侧的侧输卵管汇合于中输卵管，中输卵管很短，后端通入球形的生殖腔。受精囊为外胚层起源，受精囊管略弯曲，着生于生殖腔中部一侧。受精囊体近球形，位于受精囊管顶端。受精囊体的上皮、外表面、围鞘多内陷，气管包埋在围鞘内。包裹围鞘的肌肉为横纹肌，横纹肌带包围基膜，基膜上具有指状内突。包围受精囊的肌肉使雌虫能控制精子的释放。受精囊腺缺，具有分泌作用的腺体细胞和大的液泡细胞分散在受精囊体外围上皮层内。当精子被输送到雌虫体内后，被贮存在受精囊体内，受精囊体具有表皮质内衬。雌虫具有成对的管状附腺，附腺有许多分支、薄的上皮层和大的管腔 (图 10-5)。

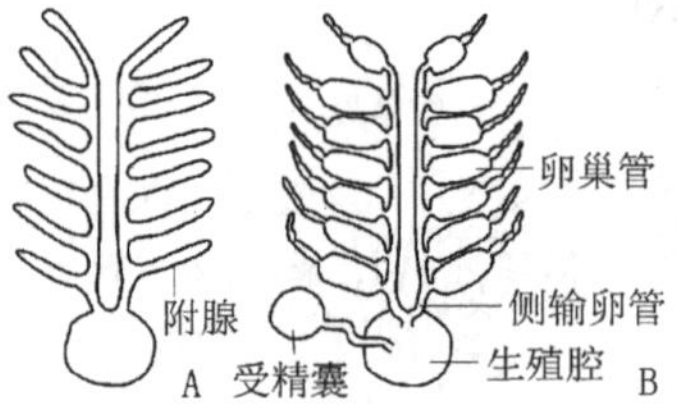

图 10-5　*Ciulfina klassi* 雌性内生殖器 (Winnick 等，2009)

A. 成对的附腺，位于卵巢的腹面；B. 卵巢和受精囊

10.3　螳科 Mantidae

10.3.1　卡罗来纳短翅螳 *Stagmomantis carolina* (Johannson)

雄性外生殖器：第 10 腹节背板取代肛上片，肛上片痕迹状。第 9 腹节腹板稍呈细长片状，对称，后缘具有大型刺突。成虫第 9 腹节腹板边缘不凹入，低龄若虫，则有深凹将 2 个基肢片分开，基肢片在各个阶段都与腹片愈合。外生殖器不对称，由 2 组阳茎片组成，阳茎片的相对位置与蜚蠊的相似。右侧阳茎片比左侧的小，左侧阳茎片稍重叠，除背面外，其他部分不发达。基腹片细长，基部二叉状，下面的分叉急弯，终止于 1 个小的高度几丁质化的腹面突起。而另一分叉终止在类似的突起上，该突起位于前一突起的上面。两者在交配时用作抱器，抱器的上方与背面片层状的瓣连续。左侧阳茎片的腹侧面有下阳茎片，呈二叉状。它似乎起源于背片下方，与背片紧密联系。阳茎片的内表面大部分膜质，有 2 个小而强几丁质化的骨片，骨片紧邻射精管开口处。射精管大型，在两阳茎片间穿过，阳茎片垂直地包裹在它周围。射精管开口在左阳茎片内部膜质的表面、2 个小的暗色内部骨片正下方。阳茎端痕迹状 (图 10-6)。

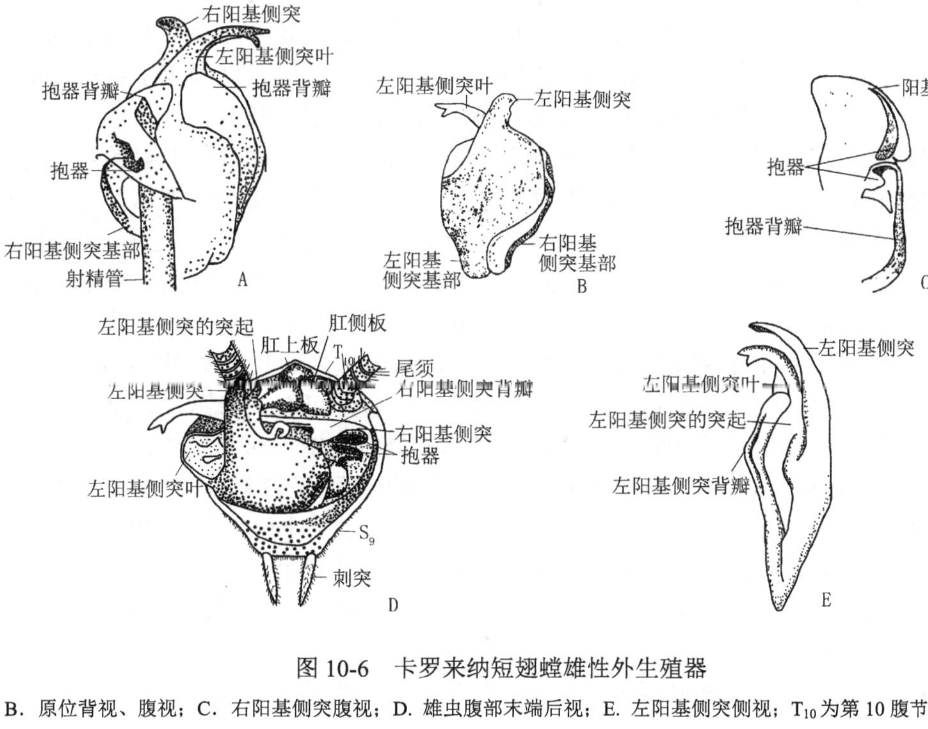

图 10-6　卡罗来纳短翅螳雄性外生殖器

A、B. 原位背视、腹视；C. 右阳基侧突腹视；D. 雄虫腹部末端后视；E. 左阳基侧突侧视；T_{10}为第 10 腹节背板；S_9为第 9 腹节腹板(A、D、E. 参考 Walker，1922 图重绘；B、C. Walker，1922)

雌性外生殖器：产卵器隐藏在下生殖板下，下生殖板由第 7 腹节腹板延伸而成。第 8、9 腹节背板明显缩小，与第 7 腹节及前面腹节相比，腹节侧面也向腹面扩展一小段距离。所以它们通过较宽的侧膜与腹板分开。第 8 腹节背板气门前面的侧背片 paratergite

向腹面伸展，转而向内，其后缘与第 9 腹节的载瓣片 (第 2 载瓣片) 关节。前缘与第 8 腹节的载瓣片 (第 1 载瓣片) 关节。第 1 载瓣片大型，强烈骨化，向腹面前方伸展。第 9 腹节背板有明显的侧背片，侧背片与第 8 腹节结合、向腹面延伸。第 9 腹节侧背片的腹缘向后扩展与第 2 载瓣片接合，第 2 载瓣片后部与内瓣关节，腹面与腹瓣关节，前部与第 1 载瓣片关节。在它的内缘，第 2 载瓣片与第 2 瓣间片 intervalvulae 关节。第 10 腹节背板侧面退化，但向后延长，伸于肛上片之上，取代了肛上片的位置。肛上片显著退化，弱几丁质化。肛侧板更大，弱几丁质化。气门位于背板上，靠近侧缘。尾须多节，各节稍扁平。瓣基片高度几丁质化，是产卵瓣中最坚固部分。在瓣基片上方是 1 个小的充分几丁质化的载瓣片，一般用于连接背、腹瓣。它只有 1 个突起，与前腹缘平行，延续为 1 个强壮的脊跨越侧膜区到达第 8、9 腹节的背板、节间沟的对面，在此膨大成为短阔的棘，因此与这 2 节的背板突连续。侧突是节间沟的增厚，外表具有明显的沟。

产卵瓣相对较大，形状不规则，除端部外明显骨化。端部膜质，几乎整体隐藏在兜状的构造内。兜状构造源于第 7 腹节腹板，与下生殖板不同源。在兜状构造覆盖下，黏附于 1 个二裂的骨片，二裂骨片重叠在生殖孔上方。这部分属于第 8 腹节腹板，与直翅目、竹节虫目的下生殖板同源。生殖孔位于 1 对中间的片状瓣之间。从瓣基部之间向前伸展有 1 个厚而具有几丁质边缘的褶，褶之上是 1 个小的受精囊开口。在自然状态，开口位于生殖孔上方。腹瓣大而细长，与基部分开一段距离，这个距离明显用于制作卵鞘的分泌物的出口。腹瓣与第 2 载瓣片的前背角相关节，通过膜质区与第 1 载瓣片前缘下部结合，结合的内缘骨化形成相对较硬的构造。背瓣之间紧密接合，在基部它们通过坚韧的表皮褶结合在一起，在褶的后方有 1 个大型上瓣间片，瓣间片将 2 瓣的基部与内瓣的基部紧密联合。它由 1 个粗壮的二叶横杆组成，横杆下面有 1 个薄的水平骨片相连。骨片具有 1 个中间突起，向前伸进体腔，突起上具有肌肉着生。背瓣大型，紧密匹配、整体隐藏于内瓣内，重叠在腹瓣之上，腹瓣和背瓣一起从生殖腔 (前庭腔 vestibulum) 的背部伸出，它们的端部弯曲，与第 2 载瓣片沿前缘关节，通过前、后瓣间片坚固地结合成一体。背瓣的瓣体部分除端部外全部骨化，基部与内瓣之间具有坚固的髁-窝关节，并通过 1 横骨片 (第 9 腹节腹板) 进行中向联系，这 1 骨片可能代表第 2 载瓣片的中间愈合。内瓣骨化程度较低，位于背瓣之间，其瓣体部分有轻度不对称现象，中等长，彼此紧密接合，没有环抱形成的卵排出的通道。在内瓣的侧面和背瓣之间有 1 个相当大的空间。像其他产卵瓣一样，它们呈叶状而具脊，与腹瓣通过 1 个轻微的榫-槽构造啮合，没有瓣间膜，也没有桥片 pons，但枝脊强烈几丁质化，与上瓣间片的横杆愈合。它们的前端位于水平骨片两侧的水平之下，似乎属于内陷的瓣间膜。在枝脊的末端和下瓣间片之间没有联系。1 对小的叶状物从位于内瓣间的下瓣间片向后突起。中输卵管在受精囊开口的下方进入生殖腔。第 8 腹板为小型带状骨片，位于生殖腔的前壁，与腹瓣的基部相对 (图 10-7)。

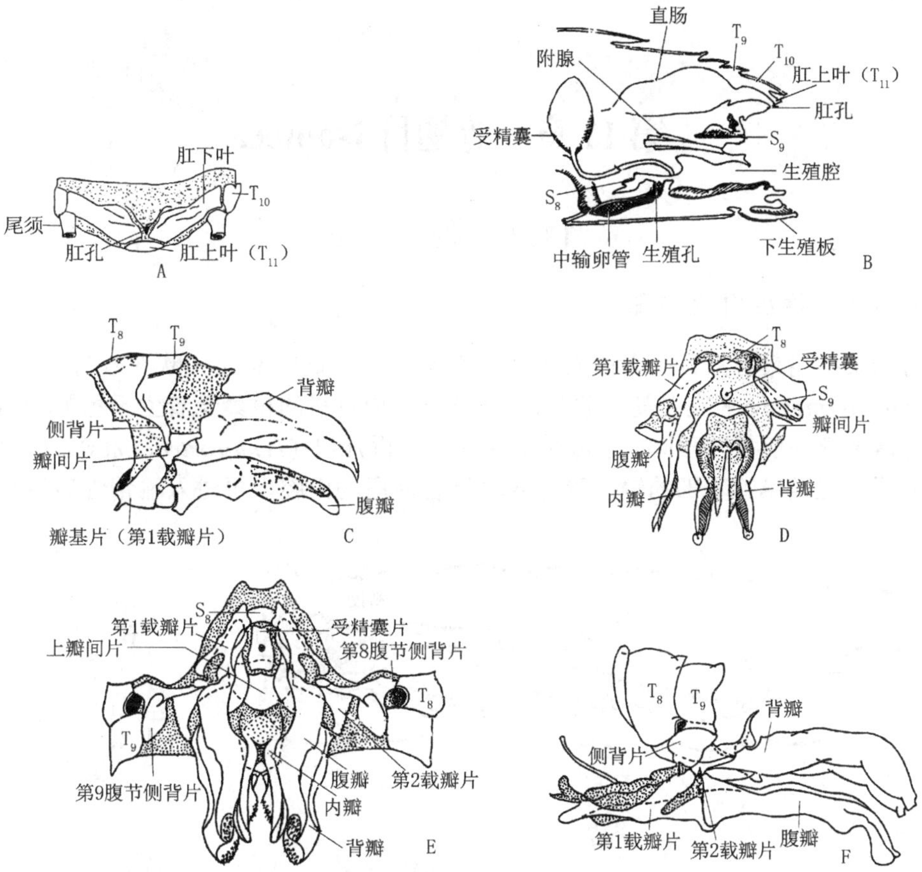

图 10-7　卡罗来纳短翅螳雌性外生殖器

A．腹部末端腹视；B．腹部末端矢切面；C、D．产卵器侧视、背视；E、F．产卵器腹视、侧视；T_8～T_{11}为第 8～11 腹节背板；S_8、S_9为第 8、9 腹节腹板（A～D．Matsuda，1976；E、F．Marks and Lawson，1962）

第11章 等翅目 Isoptera

11.1 概　　述

11.1.1 雄性内生殖器

每精巢的精巢管数目：古白蚁属 8～10 支；木白蚁属 9 支；欧洲散白蚁 8～9 支；*Tenuirostritermes* 6～8 支；美国散白蚁 7～9 支。白蚁科的精巢管着生于每侧输精管的前段，每精巢管基部各自开口，也可在基部联合后再开口 (*Tenuirostritermes*)。精巢管中产生的精子，经精巢管基部的输出管进入输精管前段的内腔，再进入输精管后段到达射精

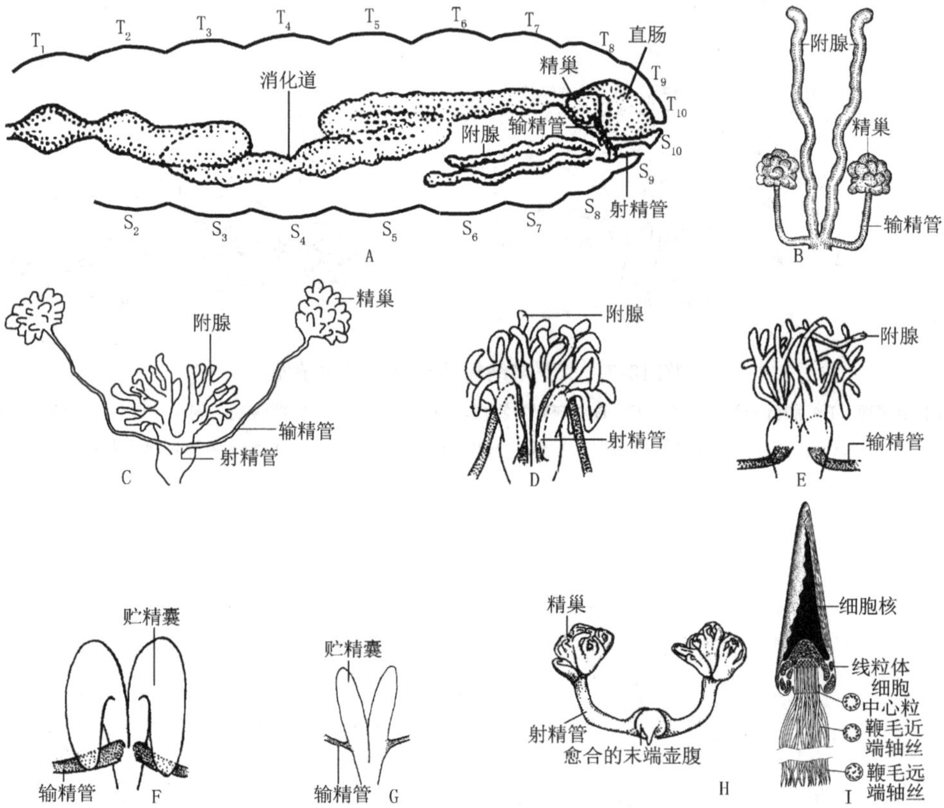

图 11-1　白蚁雄性内生殖器

A、B、C. 家白蚁、乳白蚁、古白蚁有翅雄虫；D. 澳洲达氏白蚁；E. 内华达湿木白蚁；F. *Porotermes planiceps*；G. 麻头堆砂白蚁；H. *Tenuirostritermes tenuirostris*；I. 澳洲达氏白蚁的精子；T_1～T_{10}为第 1～10 腹节背板；S_2～S_{10}为第 2～10 腹节腹板 (A. 李桂祥等，1989；B. 黄复生等，2000；C. 参考蔡邦华，1956 图重绘；D～H. Matsuda，1976；I. Baccetti 等，1978)

管、阳茎。输精管前段的内腔也称为精液输出管 spermatic tube。输精管后段为裸露的管道部分，一般结构简单，部分膨胀形成贮精囊。大白蚁属的输精管绕过附腺突起，开口于腹面成对的射精管内。动白蚁属、*Anacanthotermes*、家白蚁属、长鼻白蚁属、散白蚁属的输精管开口于贮精囊背面。射精管背面连接有囊状的附腺。一些较原始的种类，如澳白蚁属、动白蚁属、古白蚁属的附腺可能与蜚蠊的类似。较高等白蚁附腺缺，贮精囊常十分发达。有报道木白蚁属的贮精囊由中胚层起源的输精管壶腹部膨胀形成。贮精囊有 4 类。①澳白蚁型：为最原始的类型，附腺与蜚蠊的类似，由 2 丛附腺管组成，开口于成对的射精管末端。精子数量多，澳白蚁属没有蜚蠊那样成对的贮精囊。可能在低等等翅目昆虫中，附腺已替代了贮精囊的功能。②动白蚁型：贮精囊由 2 个基杆组成，每基杆上有许多指状的管，类似于蜚蠊和澳白蚁型中的附腺。动白蚁属和古白蚁属的指状管具有腺体分泌功能，其中不含有精子。刈草类白蚁属指状管管腔内含有精子。③鼻白蚁型：贮精囊成对细管状，无分支，起源于输精管前端，精子通常贮存在贮精囊内,如鼻白蚁科、木白蚁科、盲白蚁属等。④白蚁科型：没有附腺或贮精囊，精子贮存在输精管前端，直接移入射精管。推测白蚁科的末端壶腹 (端囊) terminal ampullae 在发育早期发生了愈合，停止了向附腺和贮精囊的分化 (图 11-1)。美洲散白蚁、黄颈木白蚁的精子发生始于幼虫期，5 龄幼虫的射精管内有成熟的精子存在（Grandi，1992; Dean 等，2004）。成虫羽化后，精巢等进一步发育。配对建巢后，附腺快速发育。附腺分泌液经交配输入雌虫体内，可能具有多种生理功能。高等白蚁的雄性附腺退化或缺失，表明其可能不存在交配后对精液组成方面的选择。精子形态多样，澳洲达氏白蚁的精子多鞭毛，头部呈箭状（图 11-1）；内华达动白蚁的精子钉状 pin-shaped、不能游动；黄颈木白蚁的精子细长，具有许多突起，也被认为没有游动能力；鼻白蚁科和白蚁科种类的精子球形、无鞭毛（Hartke and Baer，2011）。

11.1.2　雄性外生殖器

具翅或生殖蚁成虫腹部 10 节，第 11 腹节在成虫期退化，同第 10 腹节愈合，仅在胚胎期间存在。第 10 腹节背板形成肛上片 epiproct，也称肛上板 supra-anal plate、第 10 腹节臀板 decapygidium、臀板 pygidium。第 1 腹板消失或仅存痕迹，第 2～6 腹节腹板几乎相等而发达，第 7～10 腹节腹板与外生殖器相连。除食草蚁属 *Hodotermes* 和 *Macrohodotermes* 外，雄性第 7 腹节腹板与雌性的不同，既不扩大形成下阴片 hypogynium，也不能将第 8、9 腹节盖住。第 8 腹节腹板完整 (古白蚁属、澳白蚁属、土白蚁属) 或因第 9 腹节腹板的前伸插入而被分为 2 个侧片。第 9 腹节腹板狭长而完整，具有 1 对不分节的刺突，但有些类群缺刺突。第 10 腹节腹板中间分开形成 1 对肛侧片，其上着生 1～8 节的尾须。非洲草白蚁第 8、9 腹节节间膜上有 2 对骨片，即瓣基片 basivalvulae 和后面的次生中腹板 secondary medisternite。雄性生殖孔或射精管开口于第 9、10 腹节腹板之间的节间膜上，它通常直接开口在平的膜上。等翅目昆虫没有骨化的阳茎，但 *Stolotermes ruficeps* 和澳洲达氏白蚁等例外，这些种类的雄虫具有小型对称的阳茎叶。交配时雄性生殖孔周围的节间膜或射精管顶端附近的膜质区形成可外伸的阳茎，将精液输入雌虫的外生殖腔。交配后，外生殖腔内的精子经受精囊管转移到受精囊内。精子在受精囊内的贮存期较短，需要定期交配补充新的精子。非洲草白蚁的生殖孔开口于第 9 腹节腹板的微小尖头乳突上，乳突基部与射精管相连，很可能具有交配器的功能。类似的结构在象白蚁 *Rotunditermes rotundiceps* 中也存在。乳突可能是非骨化的交尾器，即膜质的阳茎。膜质的阳茎可能相当于其他昆虫阳茎（属于第 9 腹节腹板）的中叶 median lobe 或阳茎叶 pennis lobe，而外侧的 1 对阳基侧突完全消失。*Tenurostritermes tenuirostris* 的生殖孔位于内陷的膜质鞘内，膜质鞘可能代表 1 个小的能膨大的阳茎，生殖孔与短的肉质射精管相连，射精管的另端球形，称为射精球 ejaculatory bulb。左右两侧的输精管开口于射精球内。腹部末节腹板上还可能存在其他开口，如位于第 8 腹节腹板上萎缩的腺体 atrophied gland 的开口，第 9 腹节腹板后部的腹腺 sternal gland 开口，第 9、10 腹节腹板节间膜上的生殖孔 gonopore 开口，第 9 和第 10 腹节腹板后方节间膜上尾腺 caudal gland 的开口，但上述开口一般不会同时存在（图 11-2）。

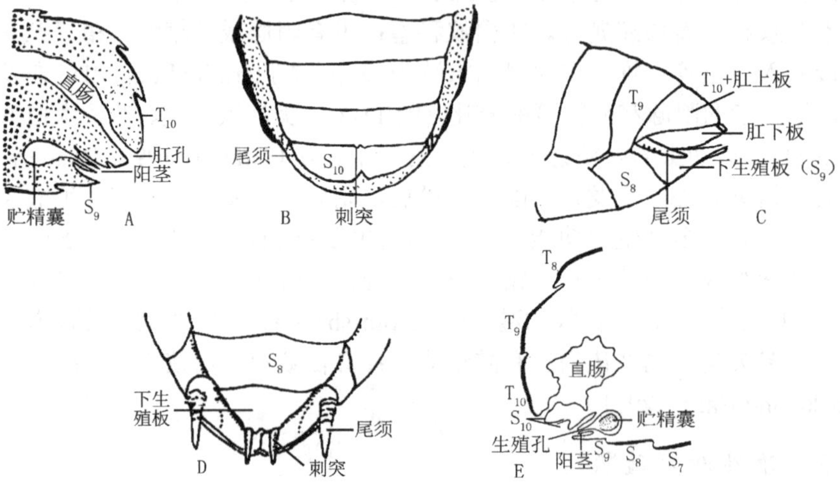

图 11-2　白蚁雄性外生殖器

A. 腹部末端腹视；B. 腹部末端纵切面；C、D. 澳洲达氏白蚁腹部末端侧、腹视；E. *Rotunditermes rotundiceps* 腹部末端纵切面；T_8～T_{10} 为第 8～10 腹节背板；S_7～S_{10} 为第 7～10 腹节腹板（A、B. Steinmann and Zombori，1981；C、D. Matsuda. 1976；E. Tuxen，1969）

11.1.3　雌性内生殖器

卵巢管 1 对，在成虫期大规模发育，导致腹部膨大形成膨腹蚁后。卵巢有多支卵巢管，通常低等白蚁卵巢管的数目少，高等白蚁多。如木白蚁属每卵巢有卵巢管 6～10 支、新白蚁属 14 支、古白蚁属 30～45 支、欧洲散白蚁 36～52 支、美国散白蚁 8～10 支、欧洲木白蚁 7～10 支、散白蚁属 30～79 支、家白蚁属 100～200 支、*Tenuirostritermes* 102～113 支、地白蚁属 2420 支、大白蚁属可达数千支。卵巢管数量随蚁后年龄而增加，蚁后的卵巢显著膨大，约呈圆筒形。卵巢上的卵巢管几乎都具有发育潜力，在卵巢的最前方，也可见成熟卵，但一般呈自基而端渐次发育的趋势。侧输卵管愈合形成很短的中输卵管，中输卵管通过初生生殖孔开口于生殖腔。木白蚁属的拟工蚁 pseudergate 侧输卵管（尾部）存在外胚层起源的部分，是中输卵管管壁内陷并向前扩展取代了中胚层起源的侧输卵管部分。

受精囊一般为弯曲的柱形盲囊，其大小和形态因种而异，已研究的种类多为弯曲圆柱形或肾形，但细腰湿木白蚁的为具长管二叶状，黄颈木白蚁的为球形，非洲草白蚁的为多叶丛生状，*Odontotermes obesus* 的为螺旋形。受精囊壁细胞可分泌黏多糖等以保持精子的活力。雌性分飞蚁的受精囊内没有精子，表明成虫分飞前在原巢内不交配。受精囊和交配囊间一般有骨化的受精囊管相连，受精囊管兼具导精管的功能，其内部结构可调节受精囊内精子的节约使用。台湾乳白蚁的受精囊肾形，经受精囊管开口于生殖腔背壁。受精囊弯折处将内腔分为大的端室和小的基室，基室与受精囊管相连（图 11-3）。端室和基室的内表面为薄壁表皮层，表皮形成许多指状内陷。交配后受精囊腔内含有大量球形精子和细菌。受精囊管腔细窄，有多层肌肉包被。肌肉可控制精子的进出。配对后 20 天、40 天受精囊内精子数量达到峰值，即受精囊内精子贮存时间和交配间隔约 20 天。原始白蚁有 2 个受精囊，受精囊的 2 个分支相连形成 1 个短的公共管，公共管向前开口于第 8、9 腹节腹板之间，受精囊开口位于邻近生殖孔的生殖腔前庭 vestibulum 盖片 (第 8 腹节腹板) 前部，即生殖腔的顶部。白蚁科和鼻白蚁科的受精囊开口可能后延，因为生殖腔前庭盖片形成强几丁质化的拱形覆盖。白蚁的附腺与螳螂的类似，大白蚁属和新白蚁属的附腺由 3 支管组成，其中 1 支萎缩。附腺管一般通过中间孔开口于第 9 腹节腹板或生殖腔前庭盖片的后方。高等类群由于第 8、9 腹节腹板区域缩减使附腺基部紧邻受精囊。等翅目昆虫附腺的功能还不太了解。成熟卵从输卵管排出，在生殖腔前端与精子结

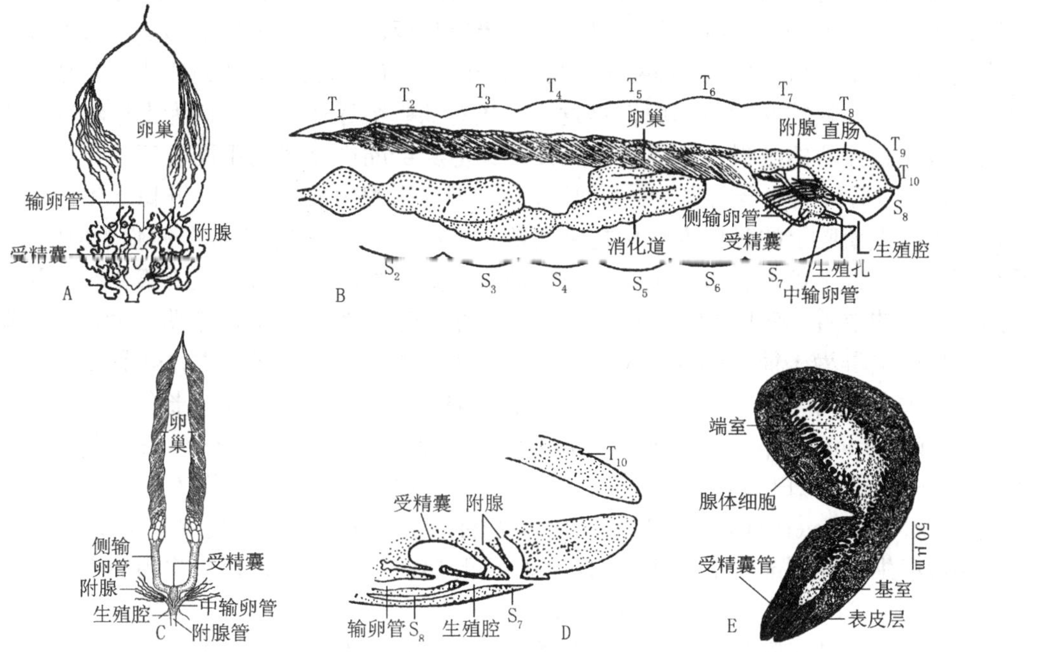

图 11-3　白蚁雌性内生殖器

A. 古白蚁有翅雌虫；B、C. 家白蚁有翅雌虫；D. 1 种古白蚁雌虫腹部后端的纵切面；E. 台湾乳白蚁的受精囊；T_1～T_{10}为第 1～10 腹节背板；S_2～S_8为第 2～8 腹节腹板（A. 蔡邦华，1956；B、C. 李桂祥等，1989；D. 施凡维奇，1958；E. Raina 等，2007）

合受精，然后排出体外。(次生) 生殖孔开口在第 7、8 腹节腹板之间的节间褶或第 8 腹节腹板 (古白蚁属)。木白蚁属 1 龄若虫在将要形成受精囊的部位，即第 8、9 腹节腹板间，发生膨大。拟工蚁受精囊近头部发育为 1 个细长的囊，附腺开口于第 9 和第 10 腹节腹板之间 (图 11-3)。

11.1.4　雌性外生殖器

第 7 腹节腹板明显扩展形成下生殖板 subgenital plate，也称为下阴片或生殖板 genital plate，下生殖板包被上方的生殖腔 (前庭腔)。第 8、9 腹节腹板狭窄，有时被分成 2 块，通常它们多少陷入第 7 腹节腹板内，形成生殖腔 genital cavity、genital chamber，也称为前庭腔。生殖腔底部由第 7、8 腹节腹板间的节间膜形成，顶端由第 8、9 腹节腹板形成，其向外的为次生生殖孔 (前庭孔 ostium vestibulare)。生殖腔包括两部分，1 个向外或向后开口的腔，称为生殖腔外室 (外前庭腔 outer vestibulum)，1 个扁而狭窄的内室 (内前庭腔 inner vestibulum)。有时外室很浅，外部完全为第 8、9 腹节腹板覆盖。澳洲达氏白蚁的第 9 腹节腹板和木白蚁 *Kalotermes durbanensis* 的第 9、10 腹节腹板与相应的背板侧缘愈合，在第 7、8 腹节腹板的节间膜上 (可能属于第 8 腹节腹板) 有 1 对狭窄骨片 (瓣基片)，在第 8、9 腹节腹板间有 1 中骨片或中腹片 medisternite，在它的后面有 1 类似的骨片，即第 2 中腹片 second medisternite。这些骨片可能相当于其他昆虫的腹瓣和背瓣的瓣间片。

少数种类具有产卵器，澳洲达氏白蚁的产卵器由 3 对软的几乎未骨化的产卵瓣组成，分别称为腹瓣、内瓣和背瓣。腹瓣属于第 8 腹节腹板，另外 2 对属于第 9 腹节腹板。瓣间片 gonangulum、侧腹片 laterosternite (第 9 腹节基肢节) 和第 9 腹节的侧背片完全愈合，形成 1 个桥。兵蚁第 9 腹节的内瓣不发达。成对的刺突存在。有人认为上述特征属于前成虫阶段发育停滞的结果。除澳白蚁属外，其他类群的产卵器均不同程度退化，在高等类群中，产卵器可能完全消失。中输卵管、受精囊、附腺由前向后依次开口于生殖腔上，中输卵管在生殖腔上的开口为雌性初生生殖孔，位于第 7、8 腹节腹板节间膜对应的位置，受精囊的开口位于第 8 腹节腹板上或在其后缘位置，附腺的开口则位于第 9 腹节腹板或其后缘对应的位置。有时受精囊和附腺的开口可能前移至第 7、8 腹节腹板间。受精囊的开口，原始类群为 1 简单的受精囊管开口，如木白蚁科等。高等类群，如异白蚁属、土白蚁属、大白蚁属、*Tenuirostritermes* 等，受精囊的开口演变成 1 个延长的沟，即受精囊沟 spermatic groove、spermathecal furrow，该沟可延伸到附腺的开口处。古白蚁属、大白蚁属、动白蚁属、土白蚁属等，在邻近受精囊沟开始处，生殖腔的底部有时形成 1 个褶，称为腹板间褶 intersternal fold，腹板间褶的后唇形成内室的端界。*Tenuirostermes tenuirostris* 生殖腔顶部有 2 个小“盲囊”的中间开口，第 1 个恰好位于生殖腔内的附腺开口前，处于第 8、9 腹节腹板节间内。第 2 个位于内室前端，处于受精囊开口的前面。异白蚁属和其他一些未特化的白蚁中，2 条输卵管没有合并形成中输卵管，具有各自的开口，形成 1 对初生生殖孔位于第 7、8 腹节腹板之间 (图 11-4)。

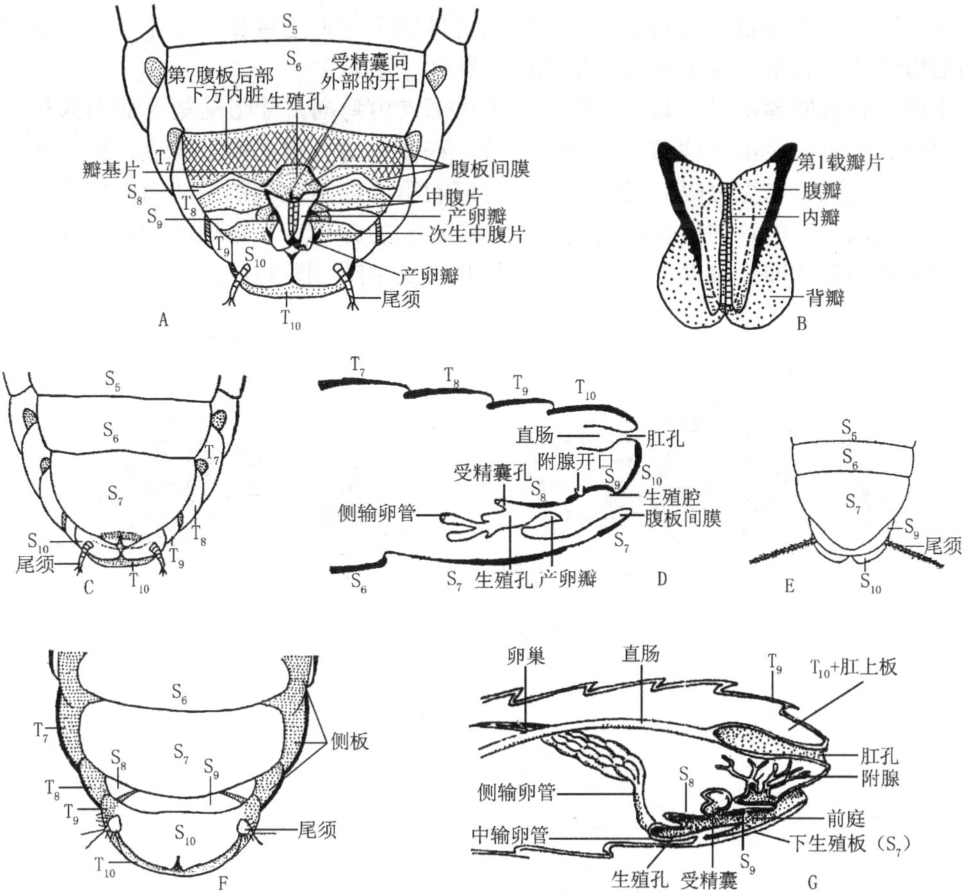

图 11-4　白蚁雌性外生殖器

A～D. 澳洲达氏白蚁 (A. 有翅雌虫腹部末端腹视；B. 有翅雌虫产卵瓣腹视；C. 有翅雌虫腹部末端腹视，下阴片除去；D. 有翅雌虫腹部末端纵切)；E. 罗夫顿古白蚁有翅雌虫腹部末端腹视；F. 胖土白蚁有翅雌虫腹部末端腹视；G. 欧洲木白蚁腹部末端腹视；T_7～T_{10}为第 7～10 腹节背板；S_5～S_{10}为第 5～10 腹节腹板 (A、B. 参考 Tuxen，1969 图重绘；C～F. Tuxen，1969；G. Matsuda，1976)

11.2　澳白蚁科 Mastotermitidae

11.2.1　澳洲达氏白蚁 *Mastotermes darwiniensis* Froggatt

雌性外生殖器： 产卵器完全包被在生殖腔内，产卵瓣退化，大部膜质。基部骨化环不完整，残留的背部骨片线形排列。第 9 腹节背板在气门线下方急速弯向中部，与第 8、9 腹节的侧背片联合体愈合。第 8、9 腹节侧背片复合体向中部扩展，与腹瓣基部愈合。第 8 腹节的载瓣片仅存腹瓣基部的骨化区。第 9 腹节侧背片游离的末端与愈合的瓣间片侧缘相关节。腹瓣发育较好，小型，被生殖腔 (下生殖板) 包裹。产卵瓣瓣身明显，仅轻微骨化。背瓣为小型膜质皱褶，一般存在关节。瓣间骨化环不完整，前瓣间片 intervalvula 稍骨化，与第 9 腹节载瓣片形成关节，在前缘支撑产卵瓣。后瓣间片倒“T”形，中心骨片稍分叉，附着于背瓣基部之间的膜上。侧面延伸的突起伸进背瓣后方生殖腔的背壁。内瓣与后瓣间片相关节，除 1 对关节基部外，整体膜质。

生殖腔腹板间褶明显，其边缘骨化，膜质部向内弯向月牙形的第 8 腹节腹板，生殖孔开口于腹缘中部。第 8 腹节腹板背缘中位，在受精囊孔前面向上伸展。受精囊孔位于前瓣间片的顶端。未见分隔的受精囊板，有可能第 8 腹节腹板的中间突起即代表受精囊板。节间膜从后瓣间片伸展到肛侧板。生殖腔顶部的骨片为 1 条连续的骨化线，该骨化线从生殖孔到后瓣间片，仅在受精囊和附腺开口处中断 (图 11-5)。

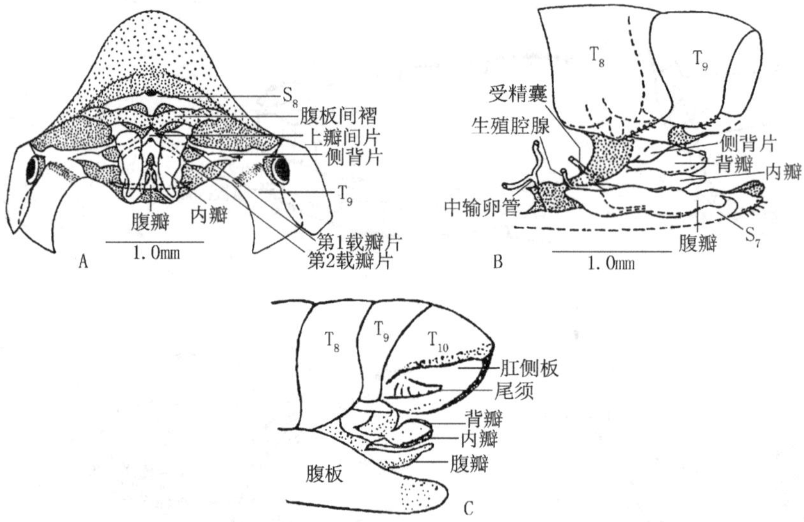

图 11-5　澳洲达氏白蚁雌性外生殖器

A、B. 产卵器腹、侧视；C. 腹部后端和拨开的各个附器；T_8～T_{10} 为第 8～10 腹节背板；S_7、S_8 为第 7、8 腹节腹板 (A、B. Marks and Lawson，1962；C. 施凡维奇，1958)

11.3　草白蚁科 Hodotermitidae

11.3.1　东方原白蚁 *Hodotermopsis orientalis* Li *et* Ping

雌性外生殖器：第 7 腹节腹板下方的第 8 腹节腹板后缘凹陷较深，腹瓣左右愈合，基部的第 1 载瓣片消失，它的基部细、近端部渐粗，再突然变细，成为“八”字形退化的

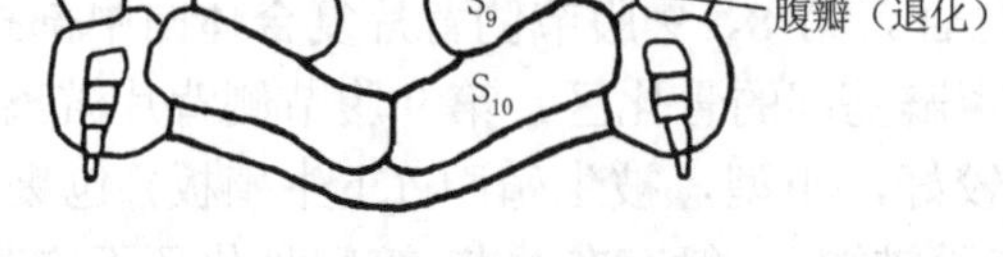

图 11-6　东方原白蚁雌虫外生殖器 (李参和平正明，1988)

S_8～S_{10} 为第 8～10 腹节腹板

骨片。第 9 腹节腹板分为 2 片，各呈三角形；第 2 载瓣片已退化成 1 小段骨片。基部与第 9 腹节腹板愈合，内瓣伸向前方，背瓣退化为 1 小块骨片，位于内瓣基部内向 (图 11-6)。

11.3.2　尤氏原白蚁 *Hodotermopsis yui* Li *et* Ping

雌性外生殖器：第 8 腹节腹板后缘中间凹陷浅，腹瓣基部较粗，愈近端部愈细；第 9 腹节腹板为长方形的两骨片，第 2 载瓣片退化为小段骨片，基部与第 9 腹节腹板愈合，内瓣基部粗，向末端愈细，背瓣退化成 1 小段与内瓣平行的长形骨片 (图 11-7)。

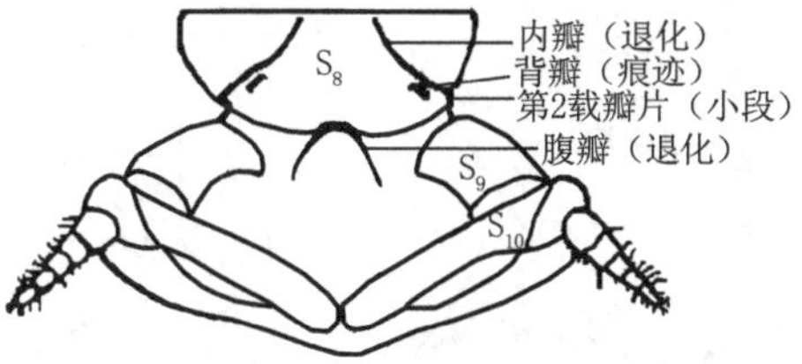

图 11-7　尤氏原白蚁雌虫外生殖器 (李参和平正明，1988)

S_8～S_{10} 为第 8～10 腹节腹板

11.3.3　*Termopsis angusticolis* (Hagen)

雄性外生殖器：腹部末端 3 节的背板与雌性的相似，稍弯向腹部尾端，侧面显著缩窄。第 10 腹节相当扩大，占据了肛上片的位置，真正的肛上片缺，未成为明显构造；肛侧板宽，稍扁平，未几丁质化；气门位于近腹部尾端第 10 腹节背板的边缘。尾须圆柱形，5 节；末节最长，可能为复合节。第 9 腹节腹板形成 1 个大型、不分割的下生殖板，下生殖板尾端边缘具有 1 对刺突。生殖腔小，没有几丁质化的成分。未发现任何形式的阳茎，仅有 1 个具有膜质壁的中间生殖缝隙 (孔)。缺少外部生殖器属于一种次生状况，祖先的外生殖器形式可能是不对称的，类似于蛩蠊的情况 (图 11-8)。

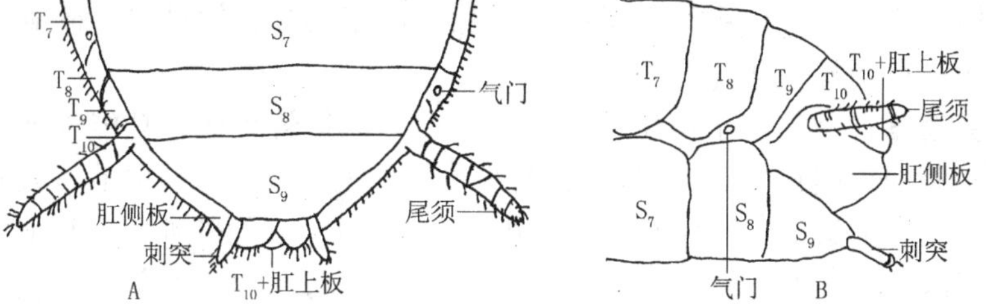

图 11-8　*Termopsis angusticolis* 雄虫腹部末节构造 (参考 Walker，1922 图重绘)

A．腹视；B．左侧视；T_7～T_{10} 为第 7～10 腹节背板；S_7～S_9 为第 7～9 腹节腹板

雌性外生殖器：第 8、9、10 腹节背板侧面缩窄，第 10 腹节背板矩形，向后延伸覆盖肛上板。肛侧板宽，近三角形，几丁质化不显著。尾须短，圆柱形，5 节，末节最长，可能为复合节。外生殖器和第 8、9 腹节腹面区域隐藏在生殖腔内，生殖腔下面由第 7

腹节腹板延长形成的下生殖板包被。去除第 7 腹节腹板，可见小型几丁质瓣重叠在生殖开口上，也覆盖 1 对扁平叶的基部。小型几丁质瓣为第 8 腹节腹板游离的后缘，1 对扁平叶则为腹瓣。扁平叶的两侧有 1 对骨片，骨片前缘增厚，为第 1 载瓣片，载瓣片未向侧面扩展，也不与第 8、9 腹节腹板结合。腹瓣后面有 1"V"形骨片，此为细长杆状的背瓣下突的遗迹，在下瓣间片处汇合。它们可能代表背瓣基部一部分，背瓣的其他部分及内瓣均退化消失。第 9、10 腹节的剩余部分被薄的几丁质表皮所覆盖 (图 11-9)。

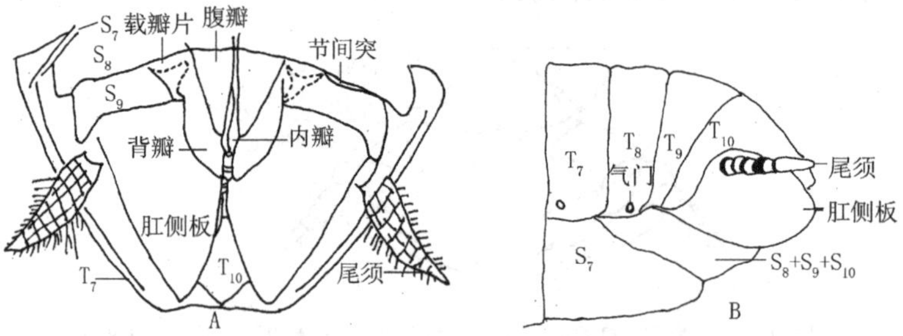

图 11-9　*Termopsis angusticolis* 雌虫腹部末节构造 (参考 Walker，1919 图重绘)

A．腹视，第 7 腹节腹板已除去；B．侧视；T_7～T_{10}为第 7～10 腹节背板；S_7～S_{10}为第 7～10 腹节腹板

11.4　鼻白蚁科 Rhinotermitidae

11.4.1　台湾乳白蚁 *Coptotermes formosanus* Shiraki

雄性内生殖器：精巢莲座状至松塔形，位于输精管的顶端，表面集生多支精巢管，精巢管数目随年龄增长而增多，但增多并不显著，故外形变化不大。有翅成虫每精巢一般有 9 支精巢管，精巢管椭球形，顶端略尖，精巢管之间相互分离，基部分别通过短的输出管着生在输精管前端。输精管粗长，前段略粗，向后渐细，末端着生在粗短的射精管两侧。附腺 1 对，细长弯曲管状，基部着生于生殖腔顶端，位于两侧输精管着生点之间。蚁王的精巢松塔形，精巢管数量明显增加，但精巢管、输精管、附腺、射精管的形态和联系方式没有明显变化 (图 11-10 B、C)。

雌性内生殖器：卵巢位于消化道背侧，由多支卵巢管组成，功能性卵巢管数目随年龄而增多。有翅雌成虫卵巢细长囊状，长度约占体长的 40%，卵巢顶端有较发达的端丝，端丝后部有非功能卵巢区，该区域约占卵巢全长的 5/6，表面的卵巢管丝状。非功能区基部为卵巢功能区，表面有发育的椭球形卵巢管。卵巢功能区基部着生于侧输卵管顶端，侧输卵管粗长，两侧的侧输卵管末端汇入中输卵管顶端。中输卵管粗短，后端连接生殖腔。弯曲短管状受精囊从生殖腔顶端一侧发出。生殖腔粗短，近开口处膨大呈球形，每侧发出 3 支细长管状的附腺。

有翅成虫每卵巢有卵巢管 8～9 支，卵巢管内含成熟卵 4～5 粒。1 年后，每卵巢的卵巢管平均 30 支，4 年时达 75 支。成熟蚁群，蚁后的卵巢长度占体长 70%～80%；功能性卵巢区明显向上延长，非功能卵巢区也饱满。两侧卵巢的端丝汇合形成 1 支悬带。

功能区的卵巢管数量明显增多，集生在卵巢表面，每卵巢管基部连接卵巢内部的中心输出管，中心输出管又与侧输卵管连通。侧输卵管粗长，两侧的侧输卵管汇入中输卵管顶端，中输卵管短阔，下端连接生殖腔。生殖腔顶端一侧发出弯曲短管状的受精囊；生殖腔后端膨大呈球形，球形两侧各有 3 支附腺（图 11-10 A）。

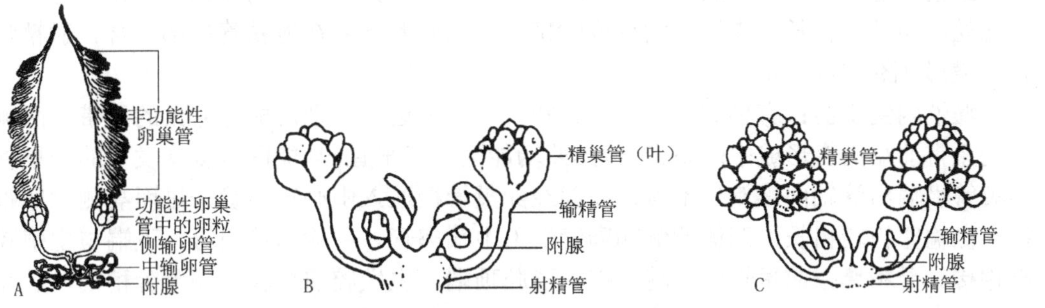

图 11-10 台湾乳白蚁生殖系统

A. 有翅雌成虫内生殖器；B. 有翅雄成虫内生殖器；C. 蚁王内生殖器(A. 陈镈尧等，1989b；B、C. 参考陈镈尧等，1989b 图重绘)

11.4.2 锥颚散白蚁 *Reticulitermes conus* Xia *et* Fan

雄性内生殖器：有翅雄成虫精巢椭球形，端丝较发达；输精管粗长，末端着生在宽短的射精管顶端两侧。附腺 1 对，扭曲粗管状，着生在射精管顶端，着生点位于两侧输精管之间（图 11-11 A)。

雌性内生殖器：有翅成虫卵巢近三棱形，应为初步发育的卵巢功能区；前端长管状延伸，似为待发育的卵巢非功能区；顶端细缩形成一侧的卵巢系带，两侧的卵巢系带合并形成中间系带。两侧的侧输卵管汇入中输卵管，中输卵管粗短，下端接入生殖腔。受精囊略呈梭形，着生在生殖腔顶端。生殖腔略细长，下端膨大呈球形。球形膨大部位上着生 4～5 支粗长扭曲的附腺管（图 11-11 B)。

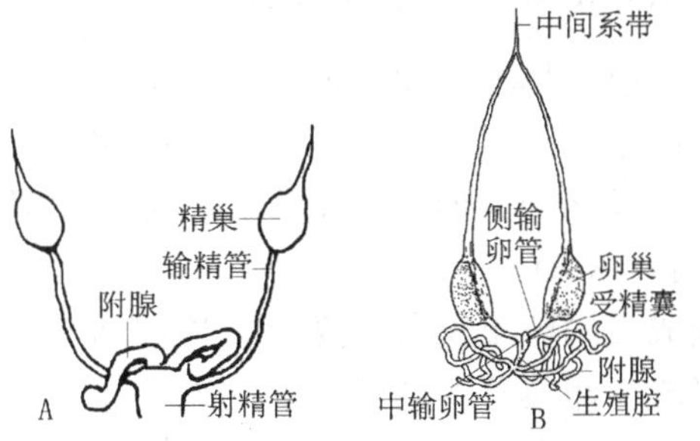

图 11-11 锥颚散白蚁内生殖器（陈镈尧和王可华，1990）

A. 雄性内生殖器；B. 雌性内生殖器

11.5　白蚁科 Termitidae

11.5.1　黄翅大白蚁 *Macrotermes barneyi* Light

雄性内生殖器： 有翅成虫的雄性内生殖器小，精巢棒状，两端稍尖，顶端有较粗长的端丝。输精管粗长，末端膨大形成贮精囊，两侧贮精囊在射精管端部汇合。射精管短阔，横形 (图 11-12 B)。

雌性内生殖器： 有翅成虫卵巢长囊状，端丝发达，分别形成每卵巢的系带，两侧卵巢的系带前端汇合形成中间系带。卵巢非功能区内缘平直，功能区有多支发育的卵巢管。卵巢管沿输出管轴向螺旋形附着，基部经卵巢管柄通入中心输出管，进而与侧输卵管连接。侧输卵管较粗长，两侧的侧输卵管汇入中输卵管。中输卵管粗短，下端与生殖腔顶端相接。受精囊扭曲短管状，着生在生殖腔顶端。生殖腔前部较中输卵管稍细，后端膨大呈球形，两侧分别发出细管状附腺 4 支。蚁后的卵巢明显膨大饱满，功能性卵巢区延长 (图 11-12 A、C)。

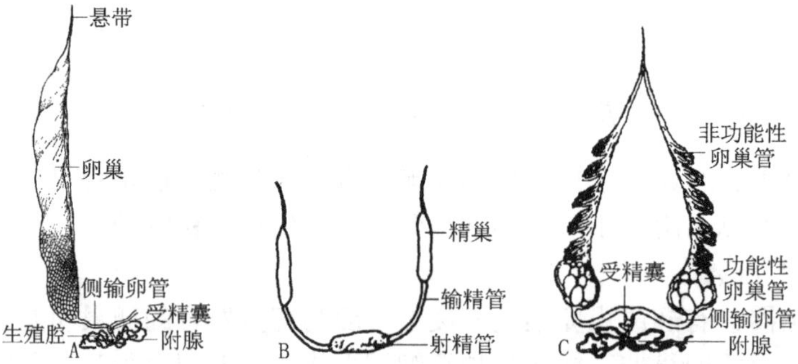

图 11-12　黄翅大白蚁雌、雄内生殖器 (陈镈尧和朱光宇，1991)

A. 蚁后；B. 雄成虫；C. 雌成虫

11.5.2　囱土白蚁 *Odontotermes fontanellus* Kemner

雄性内生殖器： 有翅成虫精巢约呈圆锥形，位于第 9 腹节两侧，乳白色，埋于脂肪体中，其表面有许多气管；精巢围鞘延伸形成较发达的端丝，精巢下端着生在输精管端部。输精管粗直长管状，下段略膨大形成贮精囊。两侧贮精囊的末端分别着生于横宽的射精管两侧。附腺缺 (图 11-13 B)。

雌性内生殖器： 有翅成虫的卵巢长条形囊状，外被结缔组织膜，位于消化道上方，由众多的无滋式卵巢管组成；卵巢分为端丝、非功能性卵巢区、功能性卵巢区。端丝粗长，每侧卵巢管的端丝汇合形成系带，两侧卵巢的系带相连形成中央系带 (悬带)；非功能性卵巢区内缘平直，外缘有微气管和结缔组织缠绕；功能性卵巢区大致呈圆锥形，具有发育的卵巢管 11～13 支，后端着生在侧输卵管顶端。侧输卵管较粗长，前段被卵巢管包围，后端在第 7 腹节腹板前汇入中输卵管。中输卵管较粗短，下端与很短的生殖腔连接，生殖腔顶端着生有 2～3 个螺旋的弯曲管状受精囊，大致位于中输卵管与附腺之间。附腺细长管状，每侧的附腺由 1 总管开口于生殖腔后缘的端部。附腺为盲管状多分支的细管，位于中输卵管和受精囊之间，由 1 总管开口于生殖腔后缘的端部，总管较短，2 分支，每分支上又着生很多长的细管，弯曲盘绕于末端体腔中，附腺管 8～13 支。成熟的蚁后在繁殖旺盛阶段每侧卵巢的功能性区域向上延伸扩大，发育的卵巢管有 2000～3000 支 (图 11-13 A)。

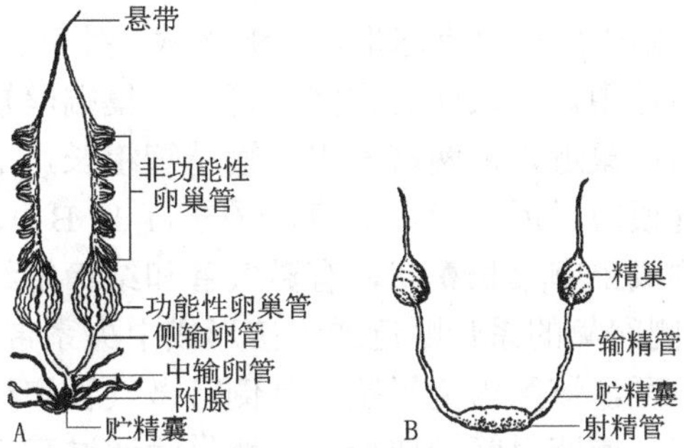

图 11-13　囟土白蚁有翅生殖蚁内生殖器 (陈镈尧和王可华，1990)

A. 雌性内生殖器；B. 雄性内生殖器

11.5.3　黑翅土白蚁 *Odontotermes formosanus* Shiraki

雄性内生殖器：有翅成虫精巢椭球形，乳白色，外被脂肪体，每精巢有 30～40 支精巢管，精巢下端通过精巢管柄与输精管相连。输精管上半部较细，下半部渐粗，左右输精管各与其上端的精巢相连，下端与贮精囊相接。贮精囊是连在输精管下面的 1 段膨大管道，两侧贮精囊末端汇入宽短的射精管。蚁王的精巢更加发达，其他各器官结构相同(图 11-14 A)。

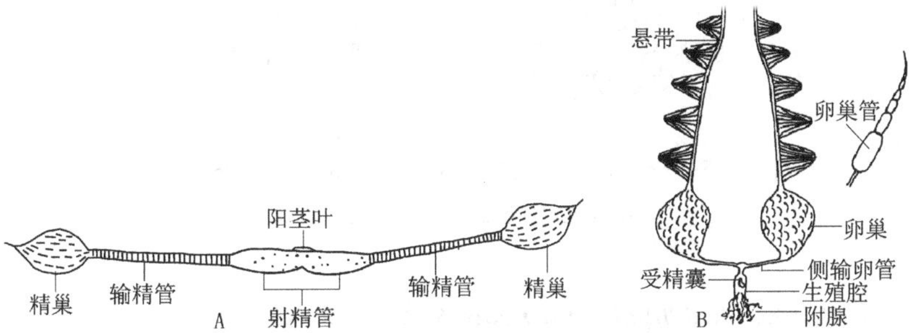

图 11-14　黑翅土白蚁分飞蚁内生殖器

A. 雄性内生殖器；B. 雌性内生殖器(A. 参考王维平等，2008 图重绘；B. 王维平等，2008)

雌性内生殖器：雌性分飞蚁的卵巢位于消化道两侧，乳白色，被脂肪体包被。卵巢由若干卵巢管组成，发育成熟的功能性卵巢管数量为 9～15 支，其余为未发育成熟的卵巢管。卵巢管上端连接悬带，下端的卵巢管柄与侧输卵管相连。侧输卵管上部细、下部渐粗。2 支侧输卵管下端与中输卵管相接。中输卵管下端开口于生殖腔，生殖腔开口于第 7、8 腹节腹板的节间膜区域。受精囊着生于生殖腔近前端，拇指状，基部稍细，向顶端渐粗；受精囊大小个体间有变化，顶端膨大弯曲或呈螺旋状。附腺着生于生殖腔下端，自生殖腔上发出 2 支附腺管，分支 4～6 级，形成交错的细管状附腺。蚁后的卵巢更加发达，其他各器官结构相同 (图 11-14 B)。

11.5.4 扬子扭白蚁 *Pericapritermes jangtsekiangensis* (Kemner)

雄性内生殖器：有翅雄成虫精巢近球形，内侧平截，外侧突出；位于第 8、9 腹节的两侧，乳白色，埋于脂肪体中，其表面有许多气管。精巢端丝较发达，基部着生在输精管顶端，端丝和输精管由精巢近内侧两端发出。输精管粗长，下段膨大不明显，末端着生于射精管两侧。射精管很短，近方形。附腺缺 (图 11-15 B)。

雌性内生殖器：有翅成虫卵巢长囊状，有微气管和结缔组织形成的外膜包被。卵巢顶端有较发达的系带，两侧卵巢的系带贴近或连接形成中央系带，前伸固定于中胸背侧。系带后方为非功能性卵巢区，该区内侧平整，外侧有微气管和结缔组织缠绕。功能性卵巢区位于卵巢的基部，该区域卵巢管椭球形，每卵巢管通过基部的卵巢管柄与卵巢中间的输出管联系，输出管进而与侧输卵管连通。侧输卵管较粗长，两侧的侧输卵管末端着生于中输卵管顶端。中输卵管粗短，下端与生殖腔连接。受精囊弯曲短管状，着生于生殖腔顶端。生殖腔粗短，近末端膨大呈球形，球形膨大上发出 2 支粗细相近的附腺管，附腺管再分支形成 8 支细长的管状附腺 (图 11-15 A)。

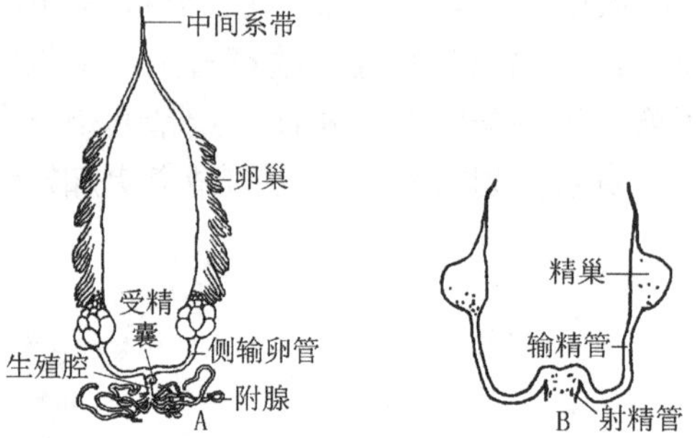

图 11-15 扬子扭白蚁内生殖器 (陈铸尧和王可华，1990)

A. 雌性内生殖器；B. 雄性内生殖器

11.5.5 *Tenuirostritermes tenuirostris* (Desneux)

雄性内生殖器：第 7 腹节腹板大小和形状与前部腹节的相同，第 8、9 腹节腹板完整，比第 7 腹节腹板小。第 7、8、9 腹节腹板全部骨化、具有色素、密生刚毛，第 9 腹节腹板上无刺突。外部生殖孔位于第 9、10 腹节腹板节间膜中部，开口位于内陷的膜鞘内。生殖孔与 1 个短的肌肉质的末端具有圆球的射精管连续，两侧的输精管开口在射精管圆球部分的前侧面，进入点位于稍背面。每个输精管的基部稍膨大形成 1 个大致呈三角形的腔，即贮精囊。输精管向侧背面延伸，并与精巢结合。精巢小，位于直肠的两侧。每精巢有 6~8 组精巢管 compound testicular lobe，每组含有 1~6 支精巢管，精囊管的基部联合开口于内腔，内腔相当于输出管，输出管进而通入输精管。每精巢管顶端游离，常内弯，偶尔分叉。输精管的上部，精子保持束状成群状态，但未包裹在生精囊内。精巢、输精管和雌虫的受精囊内可观察到精子，精子无鞭毛 (图 11-16 A)。

雌性内生殖器：雌性生殖腔通过第 8 和第 9 腹节的重叠，以及第 7 腹节腹板的延长形成。第 7 腹节腹板形成下生殖板。生殖腔底部由第 7 和第 8 腹节腹板之间扩大的节间膜形成，顶部由第 8 和第 9 腹节腹面组成。生殖腔分为外室和内室，前者较宽阔，开口于体外；后者较狭窄，其前端与输卵管相通。附腺开口于外室内部的背面，开口的腹面部分被第 8 腹节腹板形成的 2 个后伸的唇瓣所覆盖。由此向内延伸，在 2 唇瓣之间，出现 1 个高度几丁质化的沟，沟沿第 8 腹节腹板中腹线向内延伸，此为受精囊沟。受精囊沟起点下方，有第 7 和第 8 腹节腹板之间节间膜形成的折叠。内室背腹扁，侧面也受挤压。受精囊沟位于内室顶部。在上部，内室的侧缘是 2 个狭窄的骨化杆，可能属于瓣基片。

生殖腔有 2 个明显的盲囊，其一位于附腺导管开口的内下方、受精囊沟上方，这个囊的上壁形成左、右侧肌肉的附着点，肌肉连接于第 9 腹节腹板的外侧。该囊标志着第 8、9 腹节腹板的界限。第 2 个盲囊形成内室的前壁，在腹面，这个囊的前表面形成肌肉附着点，肌肉连接于第 7 腹节腹板的前缘。附腺基部分为前后 2 个主干，从主干上发出腺体支管，这些支管通常二分叉、多少盘旋。管道主干具有肌肉壁，支管则不具有。受精囊沟高度几丁质化，横切面约呈马蹄形，沿中线有狭窄的开口，增厚的内壁呈同心叠片状，与内室薄的几丁质内衬连续。沟背侧面被上皮层包被，上皮层着生于基膜上，基膜外又包被有肌肉壁。虽然该沟在若虫期就存在，但增厚的几丁质内衬直到成虫期才出现。沟后端开口进入外室，前端与受精囊导管连续，导管内衬光滑的几丁质壁，几丁质壁位于上皮层上，背面和侧面为肌肉外套封闭。受精囊体一般起源于导管的右角，向背面延伸。受精囊体一般具有厚壁内弯的盲端，内壁由几丁质化的指状突起组成，突起下方有致密层，在其下方为柱状细胞，具有分泌功能。这些构造附着于基膜上，基膜被肌肉膜包围。受精囊体的几丁质内衬具有 4~5μm 的细胞间通道，这些通道通向受精囊体壁的柱状上皮。若虫期没有指状几丁质突起和细胞间通道。内室前端与中输卵管连接，中输卵管与两侧的侧输卵管相通，侧输卵管向背面延伸，在消化道的上方与卵巢管连接。侧输卵管几乎贯穿腹部全长，终止于第 1、2 腹节。

卵巢管几乎着生于侧输卵管的全长，在输卵管表面螺旋状向前伸展，每卵巢有 408~450 支卵巢管，但婚飞时的有翅成虫每卵巢仅有 5~8 支功能性卵巢管。卵巢管有固有膜包被，顶端的固有膜包裹 3~4 个细长的上皮细胞，形成端丝。后部的固有膜与输卵管内衬上皮的基膜连续。包被卵巢管柄的固有膜在卵产出后形成折叠，可作为卵巢管已经产卵的标志。除固有膜外，卵巢管还包被有疏松的扁平细胞组成的上皮鞘，这些细胞基部与围绕输卵管的上皮连续。上皮鞘似乎向前伸展形成卵巢系带，两侧的卵巢系带一般保持分开到它们附着于后胸背面之前。卵巢管前部渐尖，无滋式。后部有发达的滤泡上皮。成熟的卵巢管一般包括端丝 terminal strand、生殖区、初期生长区、中部生长区、末端生长区，不同卵巢管各区域所占比例不同。端索紧接在端丝后方，是小型细胞构造的索，细胞排列成线形的 1 列，外面包裹有固有膜。生殖区位于端索之后，细胞拥挤。在未成熟的卵巢管中，细胞排列成线形；成熟的卵巢管中，卵巢管的直径增加，细胞在固有膜内随机排列。常有正在分裂的细胞。初期生长区的后部边界以小的圆形卵母细胞出现为标志，卵母细胞被更小的细长的上皮细胞包被。卵母细胞最初具有网状的染色质和小型细胞核；接着细胞核消失，染色质排列呈细线状，开始时呈弥散状，后来集中于核的一侧；再来，核含有更短更厚的染色质线，分布于整个核内；最后，核仁再次出现。这一系列的变化与典型的减数分裂进程相对应。中部生长区在初期生长区之后，卵母细胞体积迅速增加，发育中的卵母细胞拥挤在卵巢管内，单个或交错排列；每卵母细胞被上皮细胞形成的薄膜包被。末端生长区 terminal growth region 内许多卵母细胞排列成线形，被 1 个具有明显界限的滤泡上皮包被。卵室逐渐增大，卵壳逐渐形成 (图 11-16 B、C)。

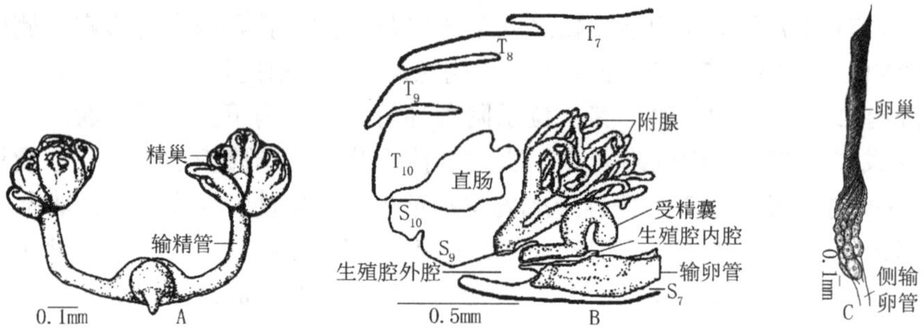

图 11-16　*Tenuirostritermes tenuirostris* 生殖系统 (Weesner，1955)

A．雄性内生殖器；B．幼期蚁后内生殖器；C．开始产卵的蚁后卵巢；T_7～T_{10}为第 7～10 腹节背板；S_7、S_9、S_{10}为第 7、9、10 腹节腹板

第12章　革翅目 Dermaptera

12.1　概　　论

12.1.1　雄性内生殖器

精巢长卵形、球形、肾形及豆荚形等，由相近的长形精巢管组成，精巢管包藏于上皮鞘中。蝠螋类的精巢管聚合呈草莓状，鼠螋类的精巢呈盘带状。球螋科、蠼螋科、肥螋科、苔螋科及鼠螋科每精巢具有 2 支精巢管，蝠螋的精巢结连成球形，每精巢有 16 支精巢管。输精管通常细长，从精巢基部发出，通向单一的贮精囊。贮精囊由两侧的末端壶腹愈合而成，其后接射精管。输精管和贮精囊均为中胚层起源。没有贮精囊起源的附腺。优博螋属的 2 对附腺存在于射精管，这些腺体在其他革翅目昆虫中的存在情况还不清楚。有些种类，如鼠螋，贮精囊端部有 1 盲囊，蝠螋类有 1 萎缩的管。许多种类的射精管为单一的长管，或有弯曲，伸入阳茎，无附腺。少数种类，如优博螋属、*Nala* 等属，射精管的前半部为双管，后半部汇合成较强几丁质化单管，双管的前中部汇合处附有细长的附腺。而某些种类则相反，射精管的前半部为单管，后半部为双管。一般射精管不成对的区域紧邻贮精囊，如 *Forficula*、肥螋属、蠼螋属等。射精管也称为阳茎端针，阳茎端针成对，或其中之一消失或痕迹状。在交配时进入雌性生殖器，引导排出的精包进入受精囊。交配后精包可被雌虫保持数月然后才受精。射精管后部发达程度与成对阳茎的退化程度有关。蠼螋属、肥螋属的基部不成对的部分二分叉，其后部的管道成对。一些原始的属，如丝尾螋属的一些种类，双阳茎俱发达，有功能，射精管的端部分叉，具有 1 对开口。因此，共有 4 个向外的开口。球螋属等双阳茎之一已萎缩退化，左射精管在发育时即萎缩，射精管不成对。*Forficula* 的左射精管在发育过程中萎缩，射精管也不成对。Ramamurthi (1958) 认为 *Forcipula*、*Liparia*、*Marava* 的射精管完全不成对。

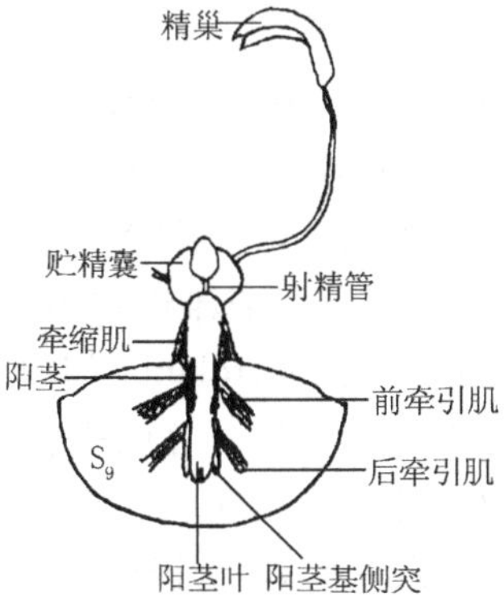

图 12-1　革翅目雄性内生殖器 (陈一心和马文珍，2004)

S_9 为第 9 腹节腹板

Spongiphora 的射精管开始为厚壁的曲管，然后是很发达的精泵，再后为弯曲的长管。*Hemimerus* 的射精管顶端为单管，只有 1 个向外的开口。阳茎的末端具有成对的可外翻的囊 (图 12-1)。

12.1.2 雄性内生殖器胚后发育

Forficula 的 1 龄若虫，输精管位于第 9 腹节后缘，开口于公共贮精囊 common seminal vesicle，公共贮精囊似由输精管末端壶腹愈合形成。射精管尚未出现。在后续发育中，每 1 阳茎与射精管连通，射精管由阳茎顶部背面外胚层内陷形成。每侧阳茎的射精管结合形成公共的射精管，早期的公共管是实心的，向上伸展到贮精囊的后端。然后，左阳茎叶的射精管随着左侧阳茎的退化而退化，射精管的退化首先是外部开口的丧失，然后逐渐由后端向前。在充分发育的若虫甚至成虫，左侧射精管的痕迹依然以右侧射精管盲管的形式存在。阳茎端刺 virga 由右侧射精管末端骨化形成，最终形成成虫单一的射精管。发育过程中没有出现雄性附腺。

环纹小肥螋的射精管前段成对，后段外观为单支，但具有成对的管道。发育过程与 *Forficula* 的不同。在倒数第 2 龄若虫期，射精管原基并不突出于第 9 腹节腹板之外，此时，输精管的公共末端壶腹 common terminal ampulla (愈合壶腹 fused ampulla) 保持与输出管原基的游离状态。随后，第 9 腹节腹板前缘外翻形成侧面生长物，标志着未来输出系统成对生长区域的开始。通过中部分裂，这个侧面生殖区形成 1 对管道，管道端部联合，中部分离。两端不久就与输精管公共壶腹及不成对的射精管原基建立联系。在最后 1 次蜕皮发生前，管道相当细长。管道有 2 条几丁质化的沟穿过，几丁质化的沟是未来真正射精管的前体。在后续发育中，成对区域形成 1 对靠近贮精囊基部的附腺。另 1 对附腺出现较迟，位于输出管单、双管结合部。输出系统成对区域的前体逐渐失去与输出系统的联系，发育成为强烈几丁质化的中空结构，突伸进体腔。它与第 9 腹节腹板的连续性相当清晰，成虫期依然保持。优博螋属的射精管与输精管建立联系的时间比 *Forficula* 的迟很多。蠼螋属的输精管在 3 龄形成，而 *Forficula* 的在 1 龄已经出现。因此，蠼螋属 2 阳茎中射精管与中胚层输精管的联系比 *Forficula* 的迟，但比优博螋的早。

12.1.3 雄性外生殖器

腹部通常长而扁平，一般 11 节，第 10 腹节背板具有成对的隆丘，第 11 腹节背板缩小称为肛上板 (臀板) pygidium，有时与第 10 腹节背板愈合而不能活动。第 1 腹节腹板常消失，第 9 腹节腹板延长形成下生殖板，后端常开裂为 2 叶。下生殖板显著扩大，位于第 10 腹节、肛下板、假尾须的下方，形成雄性生殖腔的腹壁。尾须 1 对，坚硬如铗，雄虫尾铗大且形状复杂，常分为长铗型 macrolabia 和短铗型 cyclolabia。尾铗用于捕食、防卫或交尾时的抱握作用，有时也用于清洁身体或折叠后翅。

雄性外生殖器包含阳茎、阳茎叶、阳茎端刺和阳基侧突，位于下生殖板 (第 9 腹节腹板) 上方的生殖腔内。第 9 腹节腹板扩大，并在第 10 腹节与尾铗 forcep 或尾须 cercis 的基部下面伸向后方，形成生殖腔的腹壁。典型情况下，在第 9 腹节腹板的后部，有 1 向前指的半环形突起，该突起的边缘骨化，称为中腹突 manubrium。中腹突位于贮精囊后面近背面。射精道通过中腹突之上并有联系组织附着。蟹螋科的中腹突显著延长，输精管也附着其上。中腹突短者，如球螋属，射精管从其上通过。阳茎两侧常几丁质化，也称为前阳基侧突 proparamere。阳茎后接阳茎叶，或称中叶、端叶、生殖叶，由于端部多呈袋囊状，休止时内陷，故也称为阳茎端囊 preputial sac，阳茎叶内含阳茎端刺。阳茎后端两侧各有 1 突起物，称为阳基侧突或后阳基侧突，多与阳茎有明显的分界，其端部或有 1 附器，称为感觉叶。阳基侧突形成阳茎两侧的支撑。与交配方式相适应，阳基侧突的形态和大小都有变化。如 Karschiellinae 的阳基侧突为小的端部突起，常呈二裂状；Nesogastrinae 的阳基侧突细长。阳基侧突基部有侧骨片支撑，侧骨片可由前、后片组成。

雄性外生殖器具有单阳茎叶或双阳茎叶，一般认为双阳茎叶为较原始类群所具有，如大尾螋科、蠼螋科。单阳茎叶类则出现在较进化的类群，如球螋科等。单阳茎叶类的外生殖器多近圆筒形，阳茎叶位于外生殖器中部，后端直向后伸，位于两阳茎基侧突之间。双阳茎叶类的外生殖器总体近"V"形或盾形，少数呈叉形，阳茎叶成双，分别位于阳茎后部，其长度、大小、形状及走向，因种类而异。相同种类，甚至同一个体的 2 个阳茎叶亦可能不同。有些种类虽属双阳茎叶类，但其中 1 支阳茎叶已缩短退化，丧失功能。蠼螋科的多数种类，休止时一阳茎叶直向前，另一阳茎叶折向后。大尾螋科的多数种类，双阳茎叶均直向后。阳茎叶中常有几丁质细齿、颗粒、片状体，囊壁常有小齿突、颗粒状表皮突、刺毛等。阳茎叶最明显的改变是左阳茎叶失去功能，最终整个左阳茎叶退化消失。球螋总科 (包括蠼螋科、垫跗蠼螋科、球螋科) 左阳茎叶整体消失。*Hemimerus* 的阳茎显然是通过初生阳茎叶的中瓣合并形成的，这与其他目的昆虫相同。

阳茎端刺实际上属于射精管的几丁质化，延伸入阳茎叶中，多呈细管状，其长度、数量及形状因种类而异。阳茎端刺的基部常有 1 膨大的囊形物，称为肾形囊 reniform vesicle 或基囊 basal vesicle，囊壁常有几丁质化的螺旋内膜以加固，阳茎端刺的基部两侧或有骨片，有的骨片带齿，骨片常与阳茎端刺愈合。阳茎端刺的开口数目因种类不同而异，丝尾螋属的许多种类，双阳茎叶内各有 2 支阳茎端刺，共有 4 个开口。阳基侧突形状多样，有的甚至分叉呈鹿角形。有些种类阳基侧突虽然形态简单，但附有小突起。形态复杂的，变化多发生在阳基侧突的内侧和端部，外缘的曲度通常较平稳，多平直、弧曲或微凹，仅少数种类外缘深凹陷、有缺刻或突起。Blandicinae、Esphalmeninae、Pyragrinae 雄性外生殖器的主体由侧面向前扩展，所以阳基侧突的基部处于阳茎瓣基部的反面。习惯上称阳基侧突节为"后阳基侧突"metaparamere，而支持它的侧骨片称"前阳基侧突"。

Parisopsalis spryi 具有较原始的外生殖器，它有 2 个向后指的阳茎叶或端叶 penis lobe or distal lobe，2 个阳茎叶可能都是功能性的，2 个阳茎叶紧密靠近，交配时能同时伸进雌虫的生殖囊内。每个阳茎叶后部凹陷成阳茎端囊，囊壁上有 1 小的齿板 toothed plate，其上生有许多细的几丁质突起，在交配时，几丁质突起抓住雌虫的外生殖腔壁。在阳茎端囊前端有 1 个向后指的角质管或阳茎端刺，交配时阳茎端囊外翻，竖起的阳茎端刺直接进入雌虫外生殖腔，引导排出的精包进入受精囊。每 1 阳茎的侧面有阳基侧突支持，其前部与后侧片 posterior lateral sclerite 相关联。外生殖器还由 1 对前侧片 anterior lateral sclerite 和中骨片 median sclerite 加强，这些骨片也用于附着肌肉 (图 12-2)。

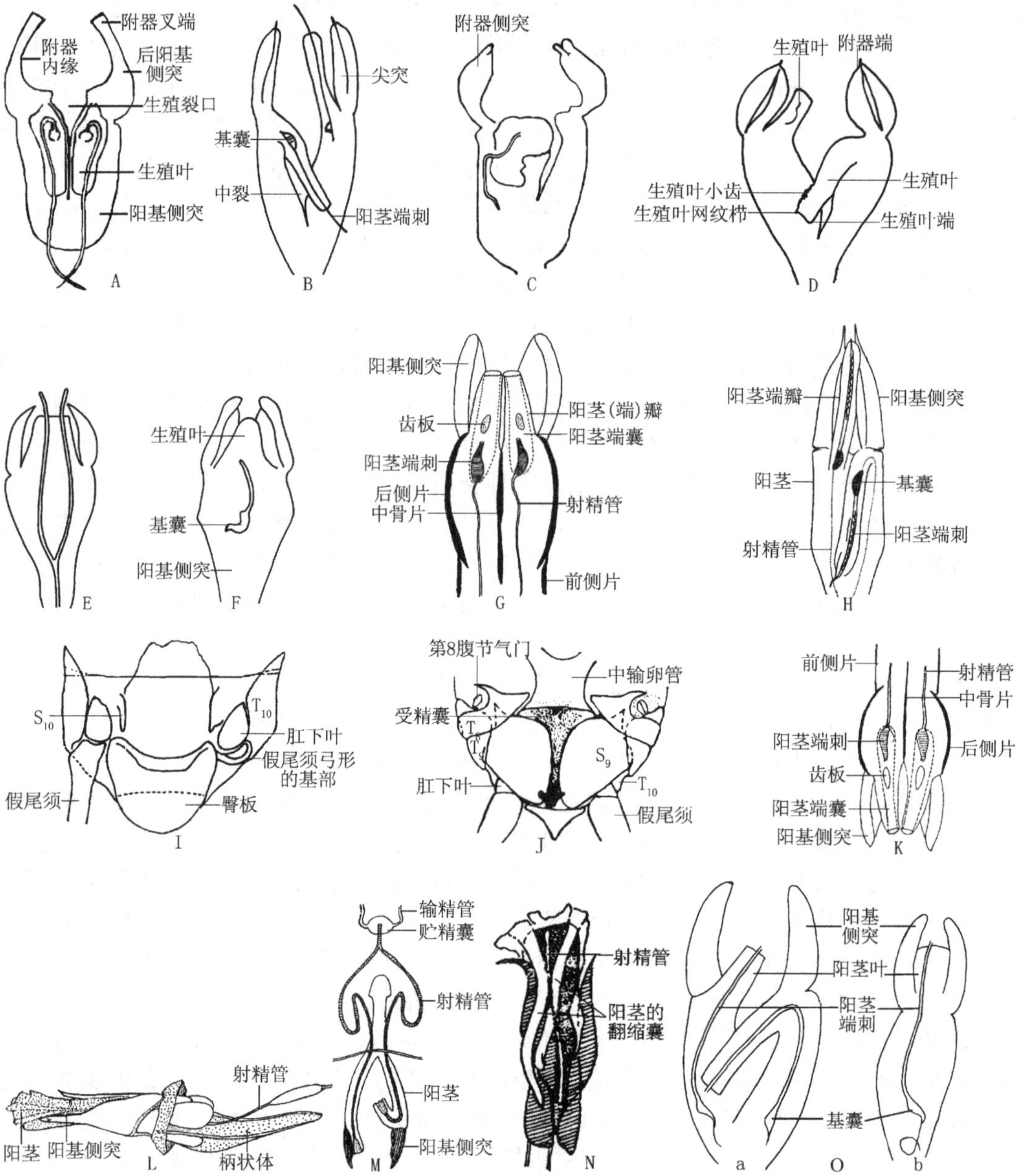

图 12-2　革翅目雄性外生殖器

A. 丝尾螋属；B. 蠼螋属；C. 卡西螋属；D. *Euborella*；E. 鼠螋属；F. 球螋属；G. *Parisopsalis spryi*；H. *Nala intermedia*；I. *Hemimerus talpoides* 雄虫腹部末端腹视；J. *Arixenia* 雄虫腹部末端腹视；K. *Parisopsalis spryi* 雄性外生殖器背视；L. *Hemimerus vicinus* 雄性外生殖器侧视；M. Labiduroidea 型雄性外生殖器；N. *Hemimerus vicinus* 的阳茎；O. 革翅目雄性外生殖器的类型 (a. 双阳茎叶类；b. 单阳茎叶类)；T_8～T_{10} 为第 8～10 腹节背板；S_9、S_{10} 为第 9、10 腹节腹板 (A～F. 参考 Steinmann and Zombori，1981 图重绘；G、H. Tuxen，1969；I～N. Matsuda，1976；O. 陈一心和马文珍，2004)

12.1.4　雄性外生殖器胚后发育

Forficula 的 1 龄若虫，生殖腔位于第 9 腹节腹板的后缘和肛侧板基部之间，生殖腔内部有 1 对小的外胚层起源的外长物，即阳茎叶。阳茎叶附着在生殖腔的基部，两阳茎叶彼此远离。3 龄若虫期，每个阳茎叶顶部分化形成近中间部分和侧面部分，两部分的基部联合。侧面部分是阳基侧突原基，而中间部分为阳茎原基。后续发育中，阳基侧突原基 (2 个外侧的叶) 体积增加，与阳茎原基 (2 个位于中间的叶) 分开。左侧阳茎叶开始出现退化趋势，而右侧阳茎叶快速发育，或多或少占据 2 个阳基侧突之间的整个空间。在充分发育的若虫中，右侧阳茎叶异常发达，而左侧的阳茎叶极端退化。左阳茎叶 (左侧中叶) 在成虫期完全消失。因此，成虫的阳茎主要由若虫期的右侧阳茎原基发育形成。左侧和右侧阳基侧突的情况与阳茎不同，是均等发育的。整个发育期间，第 9 腹节没有刺突的痕迹。

蠼螋属成对的外生殖器原基 (初生阳茎叶) 在 1 龄若虫时出现。3 龄时，阳茎基部为单支，端部为双支，每 1 端部分支由 1 枚阳茎叶和 1 枚阳基侧突组成。同侧的射精管穿过阳茎全长。左阳茎没有退化，保持 2 个生殖孔。与蠼螋属、*Forficula* 相比，优博螋属阳茎器官在倒数第 2 龄若虫期出现，位于第 9 腹节腹板内部的中区。左阳茎叶在成虫期退化，单一射精管穿过阳茎 (右叶)。*Hemimerus* 3 龄若虫出现下生殖板，下生殖板由第 9 腹节腹板延伸而成。中腹突杆 manubrial bar 在成虫期出现，但中腹突杆的雏形在 4 龄若虫时已经以第 9 腹节腹板前伸区域的形式出现。这个前伸区域的侧缘骨化形成中腹突杆。4 龄若虫时，第 9 腹节腹板后的节间区出现 1 对阳茎叶 (初生阳茎叶)，阳茎叶近顶部分叉，每叶的侧部为阳基侧突原基，近中部为阳茎叶原基 (图 12-3)。

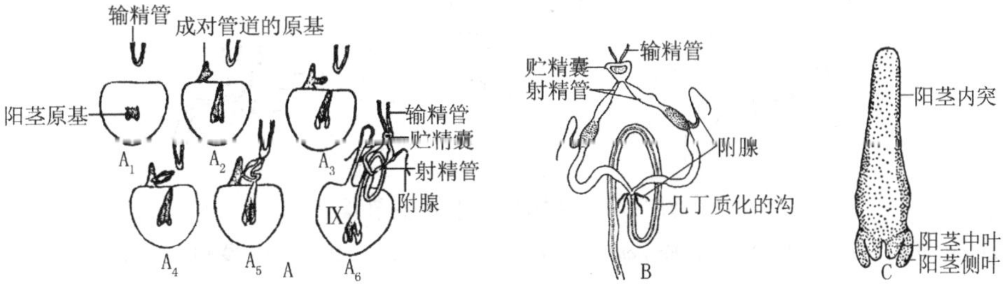

图 12-3　雄性外生殖器的幼期形态

A. *Euborellia annulipes* 雄性外生殖器胚后发育过程；B. 雄性输出管道的幼期形态；C. 滨海肥螋末龄若虫的阳茎 (A、B. Matsuda，1976；C. Snodgrass，1957)

12.1.5　雌性内生殖器

卵巢分别位于消化道两侧，卵巢管多滋式，伴随每 1 卵母细胞的只有 1 个滋养细胞，这是从相联系的细胞群中成对分离的结果。卵巢管的排列方式有两类：沿侧输卵管排成 3 列及沿侧输卵管排成 1 列或集于端部。*Forficula* 的卵巢具有 3 排为数众多的多滋式卵巢管，卵巢管沿侧输卵管按一定间隔分布。每卵巢的卵巢管数目：蠼螋属、肥螋属 5 支；

*Hemimerus*10～12 支或 8～9 支；*Marava*1 支；鼠螋类 8～12 支，每 1 成熟的卵巢管仅有 1 个卵室；玛苔螋属 1 支；欧洲球螋卵巢管众多，在侧输卵管上排列成 3 行；蠼螋属和肥螋属每卵巢有 5 排卵巢管；蝠螋的卵巢管极短，仅有 1 粒发育卵，胎生。*Hemimerus* 的种类营卵胎生，实施血腔授精，但卵母细胞在卵巢内进行成熟发育和受精。卵巢管的端丝细长，各卵巢管的端丝聚合成 1 共同的悬带，向前伸展附着于围心隔膜上。输卵管短，两侧输卵管汇合于中输卵管，中输卵管后端连接生殖腔，生殖腔的内表有时有许多内向的毛。输卵管粗细各异，蝠螋类的细长棘状；鼠螋类在近生殖腔处膨大。革翅目昆虫不存在第 9 腹节起源的附腺。

球螋属和肥螋属的受精囊位于生殖腔背侧，通过 1 弯曲的细管和 1 较粗的短管开口于生殖腔。球螋属的受精囊弯曲成马蹄形，囊壁有螺旋形内膜加固。有些种类受精囊有多个开口，通过多支导管通达受精囊体，如 *Diplatys macrocephalus* 的受精囊通过 4 支盘曲缠绕的细管分别开口于生殖腔。欧洲蠼螋有 1 骨化的受精囊和在生殖腔背面发生的螺旋加厚。受精囊为第 1 螺旋环，但末后 1 环直接朝向身体的左侧。当交尾时，竖立的阳茎瓣插入生殖腔，受精囊开口的位置正好能接受阳茎端刺的尖端。*Diplatys macrocephalus* 雄虫有 2 对阳茎端刺，雌性有 4 个受精囊的开口，开口通到分支的导管，导管末端通入 10 个受精囊。生殖腔开口于第 7 腹节腹板基部中后方的生殖孔。第 7 腹节腹板扩大后延形成下生殖板，第 8、9 腹节腹板退化 (图 12-4)。

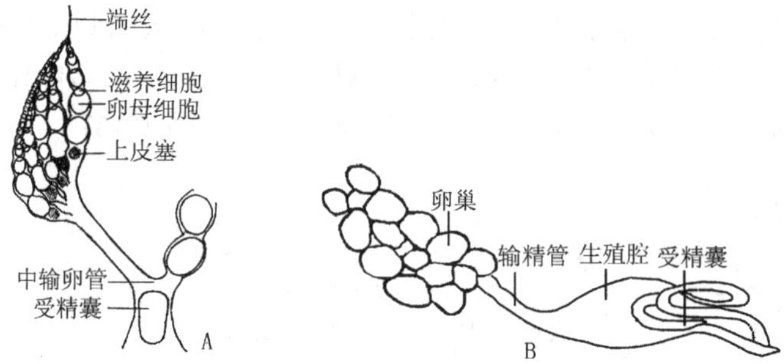

图 12-4　革翅目雌性内生殖器

A. *Anisolabis littorea*（右侧已除去）；B. *Forficula auricularis* (A. Matsuda，1976；B. 参考陈一心和马文珍，2004 图重绘)

12.1.6　雌性内生殖器胚后发育

Forficula 1 龄雌性若虫未发现中输卵管和受精囊原基的踪迹，在后续龄期，出现 2 个中间内陷，前 1 个位于第 7 腹节腹板后缘，为中输卵管原基；后面的内陷位于第 8 腹节腹板后方，为受精囊原基。后续发育中，成对的输卵管壶腹开口于中间输卵管的两侧。受精囊稍盘曲，由于第 8 腹节腹板的退化而接近中间的输卵管。第 9 腹节腹板后部与直翅目和其他有翅昆虫附腺内陷的相应位置，没有发现附腺内陷的踪迹。

12.1.7 雌性外生殖器

雌虫腹部通常 9 节，7 节可见，第 8、9 腹节被第 7 腹节覆盖或短缩退化。革翅目营半地下生活，产卵器逐渐退化，多隐藏在第 7 腹节腹板 (下生殖板) 下。*Forficula* 的第 7 腹节腹板延长形成下生殖板，构成生殖腔的底壁。生殖腔的背壁为第 8、9 腹节腹板的膜质化。在卡西螋科、大尾螋科 (绒螋亚科除外)、Allostethinae、蠼螋亚科的一些种类，可见逐渐痕迹化的产卵器，这些痕迹器官称为生殖突 gonapophyses。第 9 腹节腹板常开裂为 2 叶，尾须 1 对，通常较直，形态较简单，两侧对称，坚硬如铗，在交配时常用于雄性腹部的支撑。原革翅总科的一些种类，尤其是筒螋科、棘螋科的一些种类，具有产卵器。*Kalocrania* 第 8、9 腹节成对的生殖突虽然退化，但仍清晰可辨，它们很可能与其他目昆虫的类似结构同源。推测原始的革翅目昆虫普遍存在产卵器，在进化早期发生了产卵器的退化和消失 (图 12-5)。

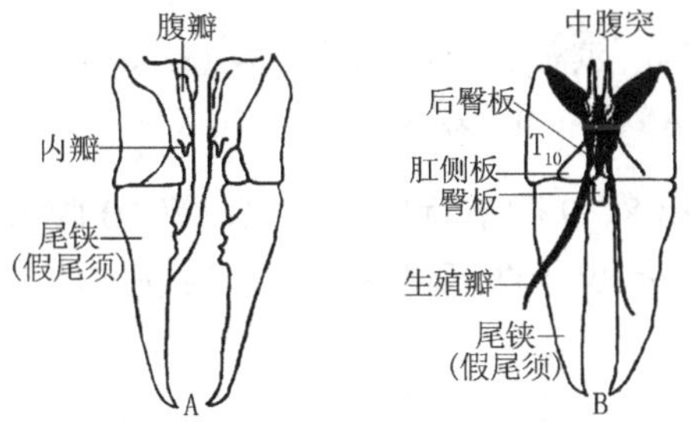

图 12-5 革翅目雌性外生殖器

A. *Kalocrania* sp.雌虫腹部末端腹视；B. 肥螋属雌虫腹部末端腹视；T_{10} 为第 10 腹节背板 (A. Matsuda，1976；B. Steinmann and Zombori，1981)

12.1.8 雌性外生殖器胚后发育

Forficula 的发育过程中缺乏产卵器的踪迹。早期若虫的性别分化难以辨别。较为高龄的若虫，雌虫第 7 腹节腹板比第 8、9 腹节腹板更为发达，可用于雌雄若虫的区分，延伸的第 7 腹节腹板形成雌虫的下生殖板。*Forficula* 的初龄和随后各龄若虫，均没有产卵器原基存在的踪迹。随着第 7 腹节腹板的生长，第 8、9 腹节腹板逐渐变为膜质，套叠在第 7 腹节内。Crampton、Walker 及其他学者认为革翅目缺乏产卵器属于次生特征，因为低等的革翅目昆虫 (球螋总科) 具有发达的产卵器，产卵器由 2 瓣组成。

12.2 肥螋科 Anisolabididae

12.2.1 滨海肥螋 *Anisolabis maritima* (Bonelli)

雄性外生殖器：阳茎 1 对，着生在基板上，基板位于第 10 腹节腹板前方、第 9 腹节腹板上方生殖腔的薄膜上。第 9 腹节腹板后端无刺突。雄性外生殖器整体呈叉状，位于基部、伸向虫体前方的内突相当于叉柄，内突骨片上有阳茎肌肉附着。内突后方连接有

1 对位于内侧的细长阳茎和位于外侧的 1 对骨化阳基侧突，分别相当于若虫期的内侧阳茎叶和外侧阳茎叶。每侧阳茎贴在阳基侧突内面，阳基侧突端部 1/3 处形成弯折，形成阳茎端部的弯折点。交配时左阳茎弯向基部，表明两侧的阳茎存在一定程度构造和功能的分化。每侧输精管的下端接入 1 个公共的囊 (贮精囊)，射精管从囊的下端发出，两侧射精管并行一段后分开。射精管肌肉发达，穿过同侧阳茎，开口于阳茎末端可外翻的囊 (图 12-6)。

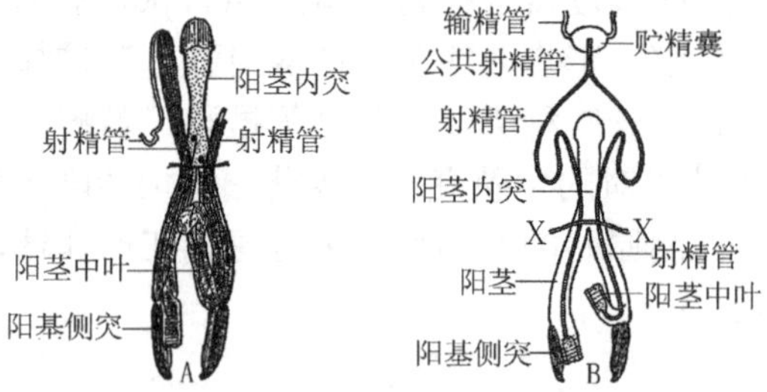

图 12-6　滨海肥螋雄性外生殖器 (Snodgrass，1957)

A. 整体；B. 双阳茎和相关管道；X 为第 10 腹节

雌性腹部末端构造：第 8、9 腹节背板较退化，第 10 腹节背板发达。第 8、9 腹节腹板横条状。肛侧板大型，肛孔位于两肛侧板之间。尾须发达，第 11 腹节背板方形，位于尾须基部之间 (图 12-7)。

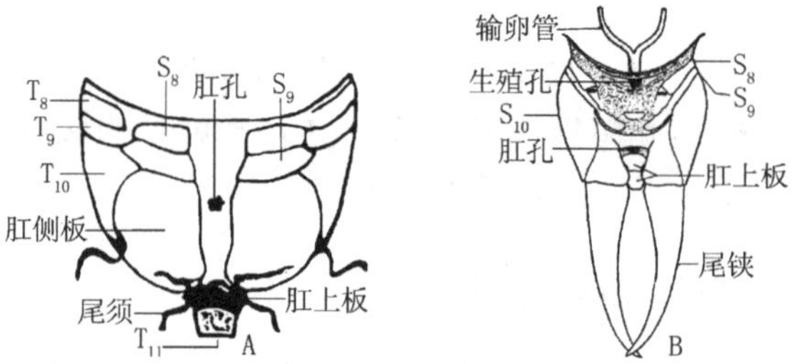

图 12-7　滨海肥螋雌虫腹部末端构造

A. 雌性腹部末端腹视，第 7 腹节腹板已经除去；B. 腹部末端腹视；T_8～T_{11} 为第 8～11 腹节背板；S_8～S_{10} 为第 8～10 腹节腹板 (A. Walker，1919；B. Tuxen，1969)

12.3　球螋科 Forficulidae

12.3.1　黄氏张球螋 *Anechura huangi* Zhang *et* Yang

雄性外生殖器：腹末背板阔，表面平，侧外角外突，后缘中部直。臀板大，明显外露，圆锥形，顶部尖。尾铗侧观波曲，基部较宽，向后渐渐收缩并弓形弯曲，基部内缘表面有点状小突起，顶表有 1 短纵脊，纵脊消失处尾铗变圆，渐下弯；近端部内缘下边有 1 小刺突，尾铗分叉，向后 1 支短小，向上 1 支粗长，垂直翘起，顶端弓形弯回，指向内后侧。亚末腹板后缘钝圆。雄性外生殖器阳基侧突较短 (图 12-8)。

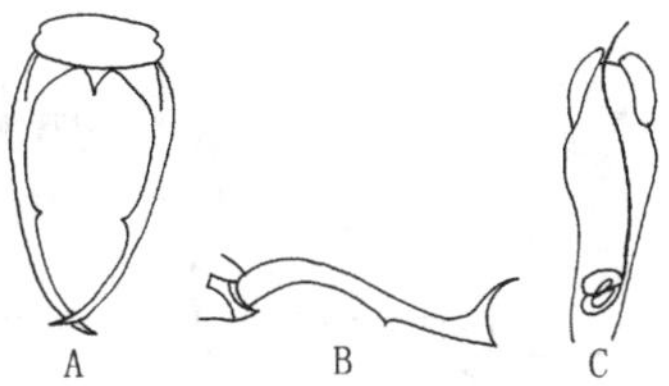

图 12-8　黄氏张球螋雄性外生殖器 (参考张晓春和杨集昆，1994 图重绘)

A. 雄性尾铗；B. 尾铗侧视；C. 雄性外生殖器

12.3.2　欧洲球螋 *Forficula auricularia* Linnaeus

雄性内生殖器：每精巢有 2 支细长的精巢管，两精巢管彼此分开，外部有被膜。输精管细长，从精巢基部发出，向后开口于公共贮精囊，公共贮精囊另端发出射精管。射精管邻近公共贮精囊部位略膨大，有 1 短而细小分叉的盲管，为一侧射精管退化的遗迹。另外 1 支射精管附着在阳茎内突上，然后穿过阳茎，末端终止于骨化的阳茎端刺，阳茎端刺可从阳茎鞘内翻出 (图 12-9)。

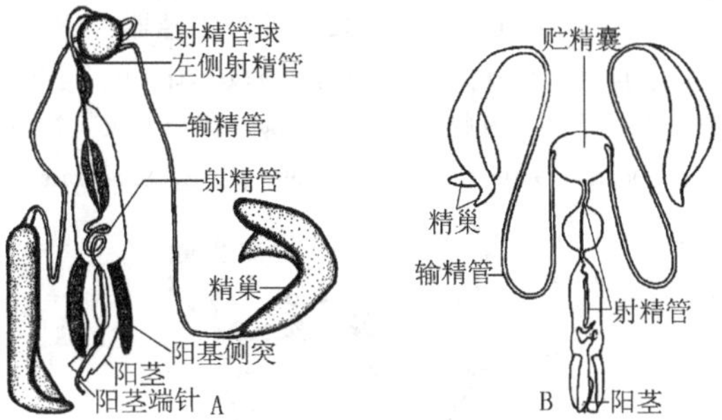

图 12-9　欧洲球螋雄性内生殖器

A. Qadri，1940；B. Richards 等，1978

雄性外生殖器：单阳茎型，只有一侧的阳茎叶发育为成虫期功能性阳茎，另一侧的阳茎叶在成虫期退化。成虫的阳茎由右侧阳茎叶发育形成，若虫期存在的左侧阳茎叶在成虫期退化消失。阳茎基部为发达的骨化内突，伸向虫体前方。内突后端伸出体外的部分为阳基侧突和阳茎端囊公共的基部，基部末端两侧分别为骨化的阳基侧突，其顶端尖锐而内弯。两阳基侧突内侧为骨化的阳茎端，阳茎端内陷形成内囊，射精管末端即开口于内囊底部。两侧的输精管末端分别连接于公共的囊 (贮精囊)，射精管从囊的下端发出，下行一段后形成 2 个射精管分支，其中 1 支形成退化的盲管，另外 1 支为功能性射精管，末端开口于阳茎内囊 (图 12-10)。

雌性内生殖器：卵巢位于消化道背侧，每卵巢有许多卵巢管，卵巢管沿输卵管前段排列，输卵管后段游离、细长。两侧的输卵管后端联合形成 1 个短阔的中间输卵管，进而开口于第 7 腹节腹面。生殖腔位于第 7 腹节向后延伸和膜质的第 8、9 腹节腹板之间。生殖腔的背壁有受精囊开口，该开口位于中输卵管开口之后 (图 12-11)。

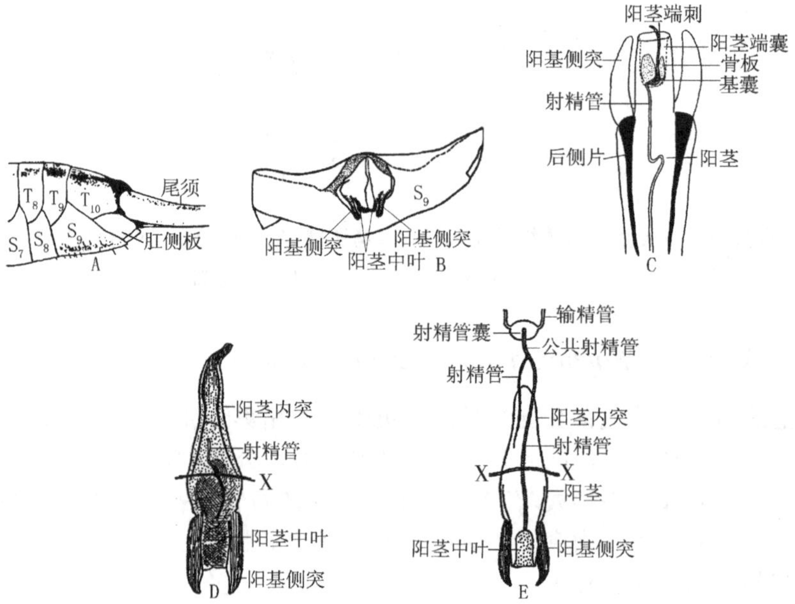

图 12-10　欧洲球螋雄性外生殖器

A．雄虫腹部末节侧视；B．老熟若虫的雄性外生殖器；C．雄性外生殖器整体；D．成虫的雄性外生殖器；E．仅具有 1 个功能性射精管的雄性外生殖器；T_8～T_{10}为第 8～10 腹节背板；S_7～S_9为第 7～9 腹节腹板；X 为第 10 腹节（A．Walker，1922；B．Qadri，1940；C．Tuxen，1969；D、E．Snodgrass，1957）

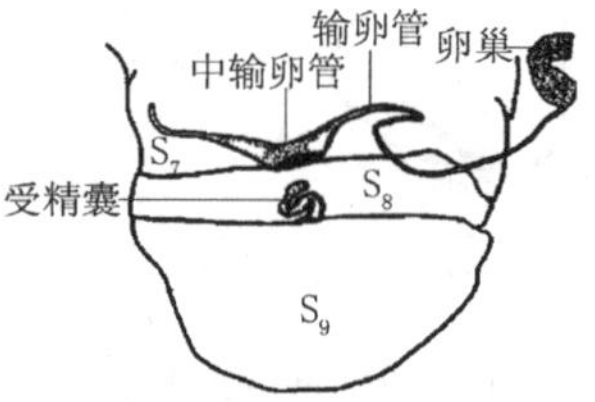

图 12-11　欧洲球螋中期若虫雌性内生殖器（Qadri，1940）

S_7～S_9为第 7～9 腹节腹板

雌性外生殖器：第 8、9、10 腹节的背板愈合，但遗留分节痕迹。第 11 腹节背板方

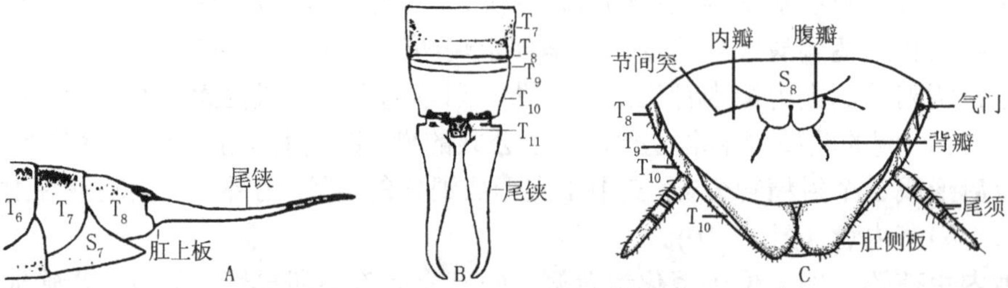

图 12-12　欧洲球螋雌性外生殖器

A、B．雌性腹部末节侧、背视；C．雌性腹部末节腹视，第 7 腹节腹板已经除去；T_6～T_{11}为第 6～11 腹节背板；S_7、S_8为第 7、8 腹节腹板(A、B. Walker，1919；C. 参考 Walker，1919 图重绘)

形，位于第 10 腹节背板后部两尾铗之间。尾铗发达，向端部渐尖，末端略内弯。第 8、9 腹节腹板缩小，隐藏在很大的第 7 腹节腹板内。第 8、9 腹节腹板弱几丁质化，腹板分成为 2 个侧片，Verhoeff 认为侧片代表基肢片。产卵器占据中部空间，腹瓣片状，位于第 8 腹节腹板后缘中部；背瓣较细长，位于腹瓣背面 (图 12-12)。

12.4　鼠螋科 Hemimeridae

12.4.1　*Hemimerus hanseni* Sharp

雄性内生殖器：每精巢有 2 支精巢管，精巢管细长管状、扭曲，两精巢管基部并列于输精管顶端。输精管细长，末端膨大形成近肾形贮精囊。两侧贮精囊下端的输精管汇合着生于球形囊上，在输精管着生点附近有 1 短管，可能是射精管前端的盲管或中胚层附腺。射精管从球形囊另端发出，两侧射精管并行一段后，进入 2 个并列的球形射精囊，自射精管囊发出后并行一段，穿过阳茎后，两侧的射精管分别开口于阳茎端部 (图 12-13 A)。

雄性外生殖器：单阳茎型，阳茎位于两侧的阳基侧突中间，阳基侧突约在基部 1/3 处形成弯折，端部部分向末端渐尖而弯曲。阳茎和阳基侧突基部为 1 发达的内突，伸向虫体前方，内突上附着控制阳茎活动的肌肉。两侧的输精管在并行前略膨大形成梭形的贮精囊，在贮精囊后部，两侧的输精管并行进入下端球形囊内，射精管从囊的另端发出，并行至阳茎内突部位后分开，两射精管穿过阳茎，分别开口于端部的阳茎内囊上 (图 12-13 B、C)。

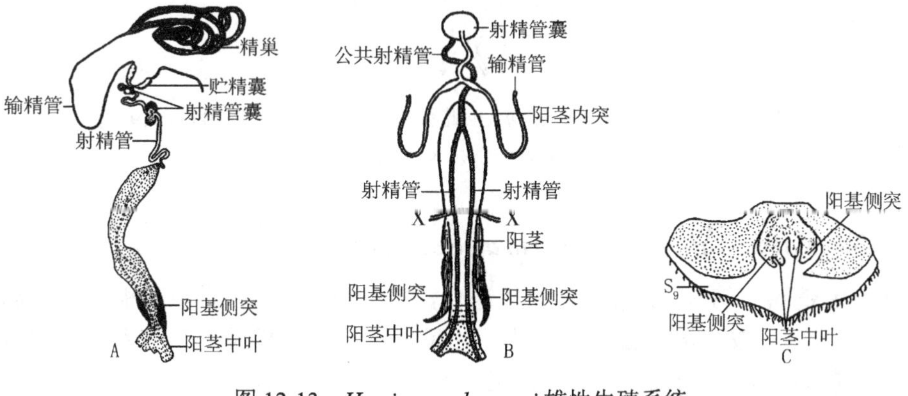

图 12-13　*Hemimerus hanseni* 雄性生殖系统

A. 雄性内生殖器；B. 雄性外生殖器，示单一的阳茎和 2 支射精管；C. 若虫的雄性外生殖器；S_9 为第 9 腹节腹板；X 为第 10 腹节 (A. Qadri，1940；B、C. Snodgrass，1957)

12.5　大尾螋科 Pygidicranidae

12.5.1　云盔螋 *Cranopygia yunnanea* Bey-Bienko

雄性外生殖器：阳基侧突较短小，顶端钝叉形，阳茎端刺基部稍弯，端部尖叉状 (图 12-14)。

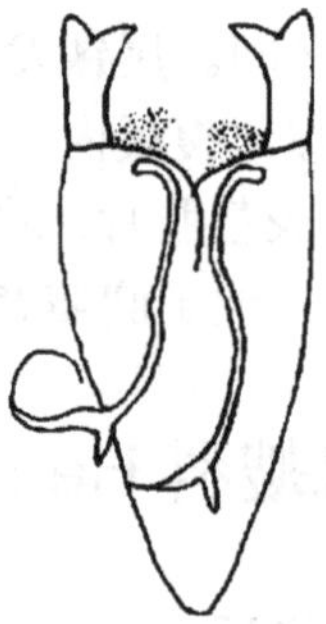

图 12-14　云盔蝮雄性外生殖器 (陈一心和马文珍，2004)

12.5.2　*Echinosoma occidentale* Bormans

雌性外生殖器：第 9 腹节腹板发达，后缘中部凹入，两侧指状突出。第 10 腹节背板发达，肛侧板发达，约呈三角形。背瓣粗短，约呈指状，位于腹瓣基部；腹瓣细长，末端尖细 (图 12-15)。

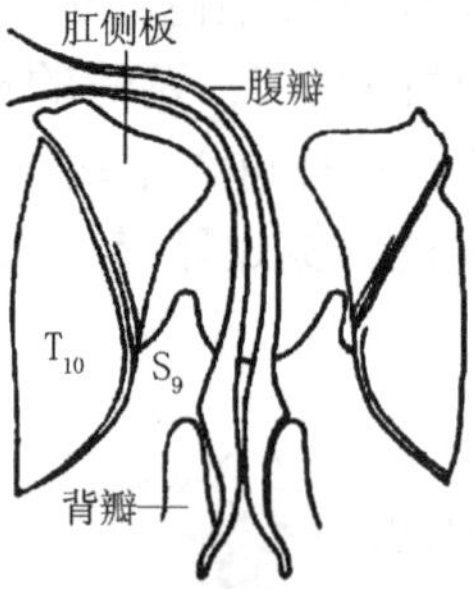

图 12-15　*Echinosoma occidentale* 雌性外生殖器腹视 (Walker，1919)

T_{10} 为第 10 腹节背板；S_9 为第 9 腹节腹板

12.5.3　*Kalocrania marmoricrura* (Serville)

雌性外生殖器：第 8、9 腹节背板较退化，窄条状；第 10 腹节背板发达。第 8、9、10 腹节腹板舌状，较发达。肛上板发达，约呈方形。肛侧板发达，三角形；第 11 腹节背板发达，末端缺刻，位于腹末上方。尾须发达 (图 12-16)。

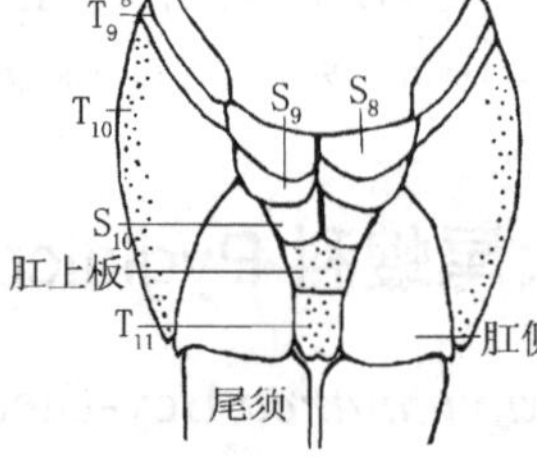

图 12-16　*Kalocrania marmoricrura* 雌性外生殖器 (参考 Walker，1919 图重绘)

T_8～T_{11} 为第 8～11 腹节背板；S_8～S_{10} 为第 8～10 腹节腹板

12.6　丝尾螋科 Diplatyidae

12.6.1　长刺丝尾螋 *Diplatys popovi* Bey-Bienko

雄性外生殖器：雄性外生殖器较宽大，心脏形，阳茎端刺叉形，细长，末端尖，阳茎基侧突较长，端部尖，内侧接近端部有 1 较大内突 (图 12-17)。

图 12-17　长刺丝尾螋雄性外生殖器 (陈一心和马文珍，2004)

12.7　苔螋科 Spongiphoridae

12.7.1　南京纳苔螋 *Auchenomus javanus* (Bormans)

雄性外生殖器：阳茎相对较小，阳茎端刺基部强度弯曲，阳茎基侧突细长而尖，阳茎叶较宽，端部圆 (图 12-18)。

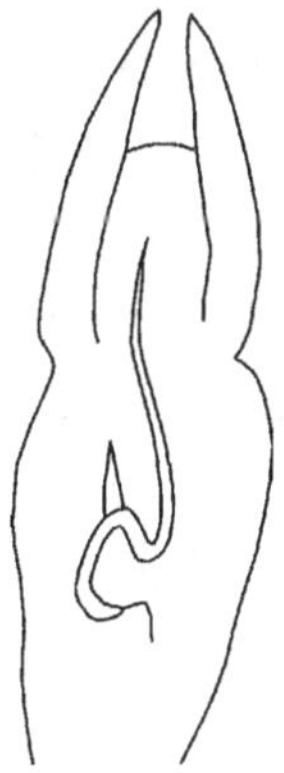

图 12-18　南京纳苔螋雄性外生殖器 (陈一心和马文珍，2004)

第 13 章　蛩蠊目 Grylloblattodea

13.1　概　　论

13.1.1　雄性内生殖器

精巢管状，位于消化道一侧，不规则盘曲，与前后盘曲的输精管相连。从输精管与射精管连接点 (第 9 腹节) 开始，发出 2 对前伸的管状腺体。Snodgrass 称为附腺，但内侧的 1 对可能与其他目昆虫的贮精囊同源 (图 13-1)。

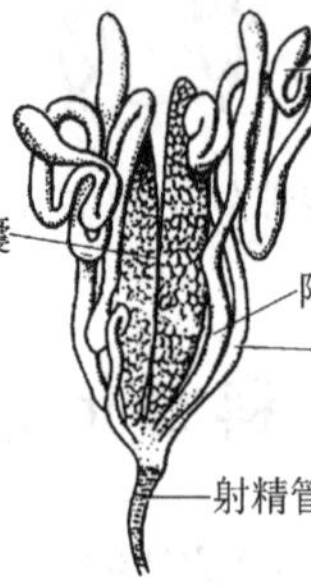

图 13-1　*Grylloblatta campodeiformis* 雄性内生殖器 (Matsuda，1976)

13.1.2　雄性外生殖器

腹部 10 节，第 11 腹节演化为肛上板和成对的肛侧板。雄性第 9 腹板大，着生 1 对不对称的生殖基节 (基肢节 coxite)，生殖基节与第 9 腹板形成可活动的关节，其端部有 1 可活动的刺突 stylus，生殖基节内有肌肉着生，但刺突无肌肉。生殖基节和刺突为第 9 腹节的附肢，相当于缨尾目中第 9 腹节的基节板和刺突，它们与阳茎器官没有解剖学上的联系。生殖基节后为由 1 对阳茎叶组成的交配器，左阳茎叶膜质，是 1 个延长蜷曲的囊状突起，可因血淋巴压力作用向外翻出；右阳茎叶是 1 个短而钝的突起，端部有大的主交尾片 principal copulatory sclerite 和 2 块副交尾片 accessory copulatory sclerite。第 1 副交尾片和第 2 副交尾片彼此相连，在第 10 背板右腹侧伸出不对称的臂附着在第 2 副交尾片上。生殖孔开口于右阳茎叶的内缘或成对阳茎叶之间，接近阳茎叶基部。第 10 腹节具有 1 对尾须，丝状，8～10 节。成虫的阳茎叶由若虫第 9 腹板后部中间的 1 对原始阳茎叶演变而成，在此过程中，原始阳茎叶不再分裂，形成成虫的 2 个不对称的阳茎叶 phallomere (图 13-2)。

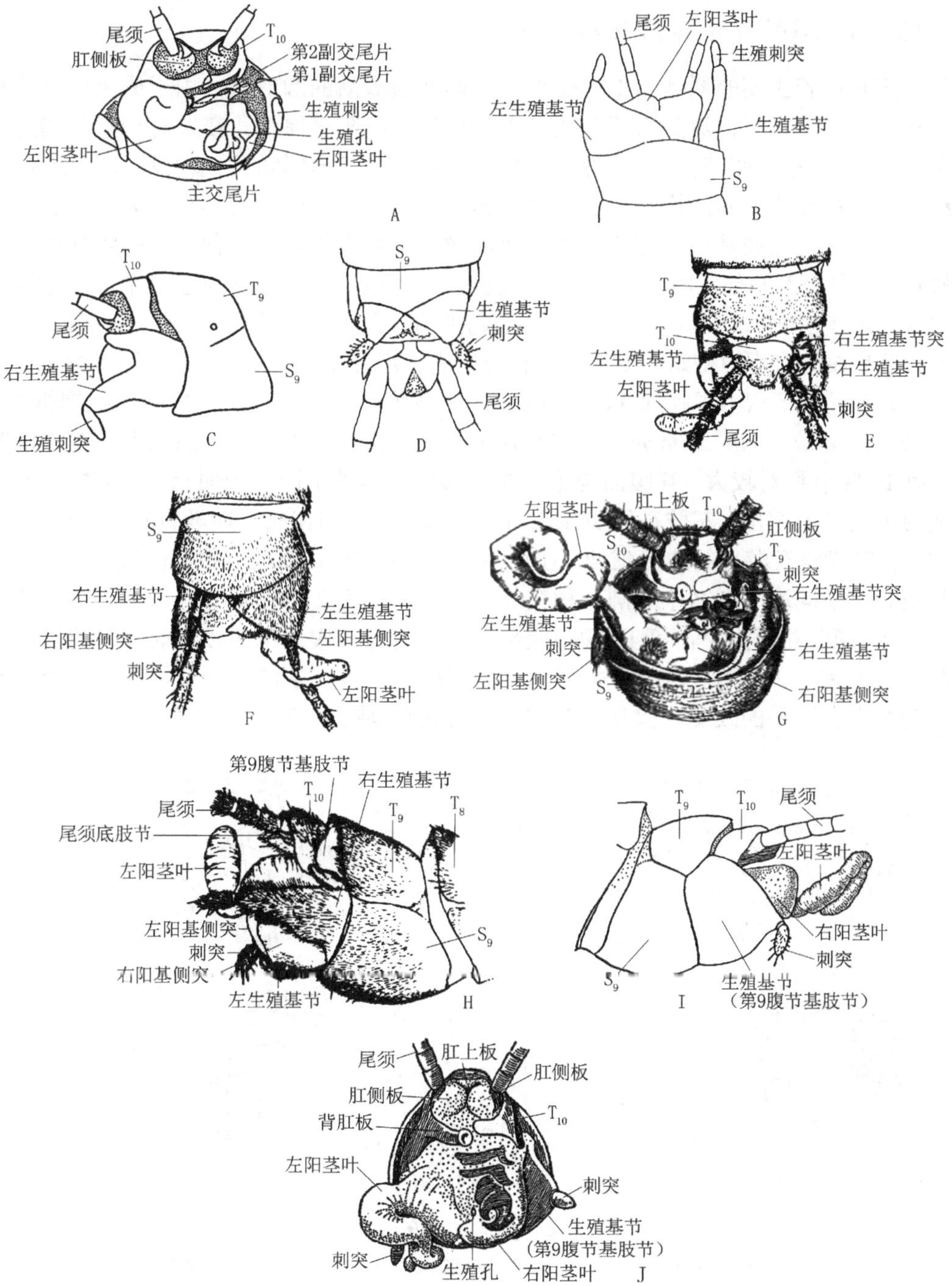

图 13-2　*Grylloblatta campodeiformis* 雄性外生殖器

A～C. 雄虫腹部末端后、腹、侧视；D. 雄虫腹部末端腹视；E～H. 雄虫腹部末端背、腹、腹后、侧视实体图；I、J. 雄虫腹部末端左侧视、后视；T_8～T_{10}为第 8～10 腹节背板；S_9、S_{10}为第 9、10 腹节腹板 (A～C. Tuxen，1969；D. Snodgrass，1935；E～H. Walker，1922；I～J. Snodgrass，1957)

13.1.3 雄性外生殖器胚后发育

阳茎叶在若虫期的原基为 1 对位于第 9 腹节腹板后的圆形叶。由于成虫器官直接从这些初生阳茎叶发育，这些阳茎叶相当于其他昆虫的阳茎原基。在发育初期，初生阳茎叶明显之前，在第 9 腹节上，出现骨片的刺突。最初的那些对称的生殖突基节 gonocoxae，在继续发育中形成不同的构造。若虫第 9 腹节腹面，出现成对的具有针突的基肢节，划分出宽的基区，左肢基节较右边的大。前部横向区域为腹板。这种腹板的明显划分类似于蜉蝣目。基肢节基部之间的成对凸起可能为最初的阳茎叶。成虫期基肢节左右不对称更加明显，阳茎也由 2 个形态、大小不同的阳茎叶组成。根据阳茎叶二叶状情况判断，似可认定在胚后发育过程中初始的阳茎叶没有发生进一步分化。左阳茎叶具有可外翻的管，右阳茎叶具有几块形状不规则骨片，近基部有 1 明显的突起，交配时可能行使抱握机能。

Grylloblatta campodeiformis 的雄性若虫，两侧基肢节大小和形态相近。在低龄若虫期，第 10 腹节相对较大，其腹面与第 9 腹节腹面基本处于同一平面上。肛上板和肛侧板比成虫期的长而突出。左肢基片明显比右侧的大，右侧的在成虫期没有刺突。第 10 背板对称，腹侧缘没有游离的边缘延伸。在这些边缘之间为第 10 腹节腹部区域，该区域小而呈膜质。在节间膜上有 2 个卵圆形稍突起的区域，此为 2 个生殖叶的原基。在高龄若虫期，第 10 腹节相对更小，第 10 腹节腹部区域因为背板腹侧缘的接近而几乎消失。肛上板和肛侧板减小。生殖区域处于垂直位。生殖叶长，被 1 条斜缝分开。第 9 腹板、肢基片、刺突没有明显的改变，但其不对称性稍有增加 (图 13-3)。

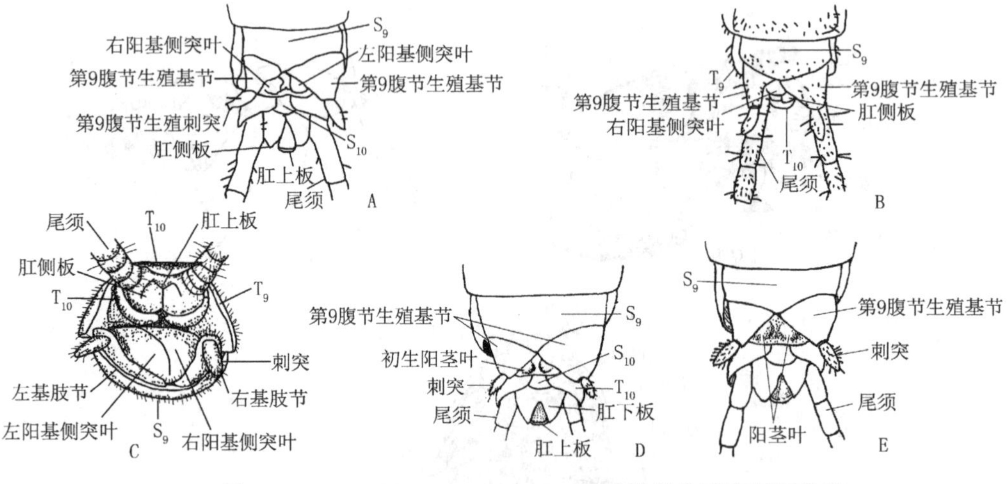

图 13-3 *Grylloblatta campodeiformis* 雄性外生殖器胚后发育

A、B. 发育中期若虫和成熟若虫腹部末端腹视；C. 成熟若虫腹部末端后视；D. 雄性若虫末端腹节腹视；E. 发育中期若虫腹部末端腹视；T_9、T_{10} 为第 9、10 腹节背板；S_9、S_{10} 为第 9、10 腹节腹板 (A～C. 参考 Walker，1922 图重绘；D. Matsuda，1976；E. Snodgrass，1957)

13.1.4 雌性外生殖器

腹部 10 节，第 11 腹节为肛上板和成对的肛侧板。雌虫产卵器发达，剑状，由 3 对产卵瓣组成，长而伸出体外。第 8 腹板稍退化，着生腹瓣。第 9 腹板很退化，着生内瓣和背瓣。3 对产卵瓣均较发达，背瓣最长。瓣间片为小三角形骨片，将腹瓣与第 9 背板侧突下端及背瓣联系起来。腹瓣与瓣基片 basivalvula (第 1 载瓣片) 关节，又与第 8 腹板关节。沿第 1 载瓣片侧壁背缘有部分膜质化的沟槽，内瓣下缘嵌入其中。较短的内瓣也嵌合在背瓣凹面，通过体壁皱褶联系。背瓣的背侧基角 dorsal lateral basal angle 上凸，上凸基部侧面小的槽口与瓣间片背角关节。背瓣的腹侧基角 ventrolateral basal angle 中向延长形成 1 对细长弯曲的杆 (前突)，进而在中线愈合。

雌性外生殖器的原始特征是缺少下生殖板。腹瓣前面为具有小的中部后突的第 8 腹节腹板。生殖孔开口于顶端微凹的第 8 腹节腹板后缘，与腹瓣基部相接。附着在腹瓣基部的三角形骨片，即瓣间片 gonangulum，其背部与第 9 腹节背板前腹角及第 2 生殖基节相连。它的腹面与内瓣腹面相接，其背面延长成为 1 对背产卵瓣 (生殖板 gonoplac)。背瓣部分覆盖内瓣。雌性若虫的背瓣末端有生殖刺突 gonostylus。背瓣具有 1 个能向后拉长的内瓣基节。内瓣的腹缘嵌合在腹瓣背脊上的沟槽内，呈滑槽式装置。背瓣位于产卵器的两侧。腹瓣基部分离，但内瓣基部有连接膜，背瓣近基部处也有连接膜。生殖孔开口于背瓣基部 (图 13-4)。

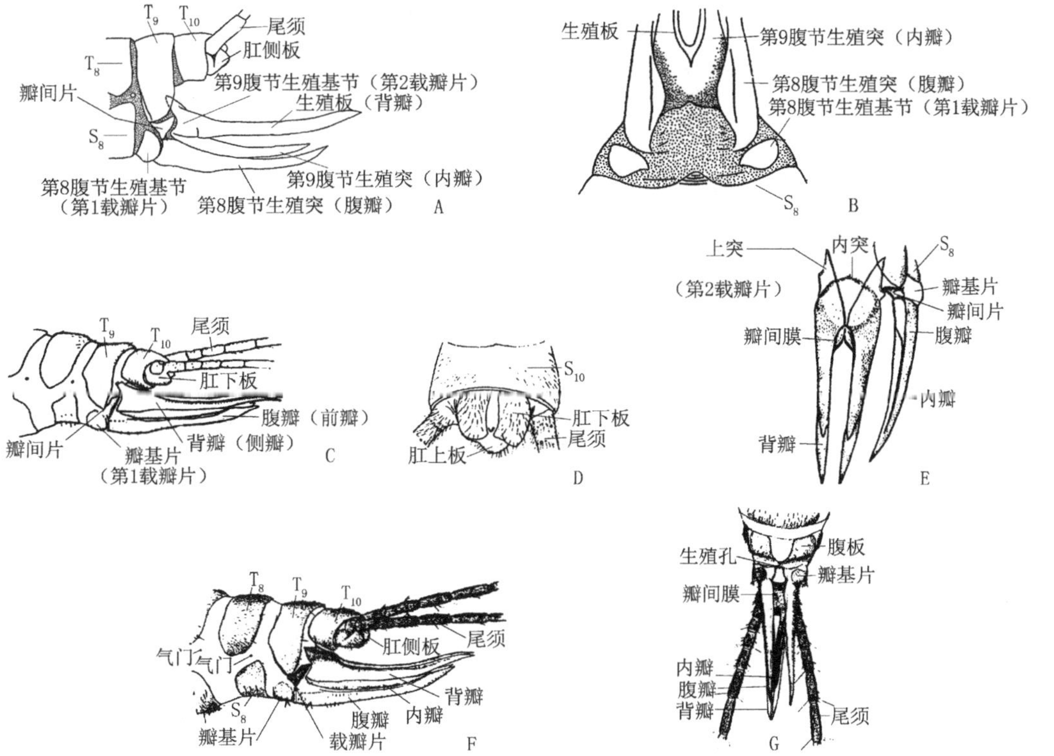

图 13-4　*Grylloblatta campodeiformis* 雌性外生殖器

A、B. 雌虫腹部末端侧、腹视；C、D. 雌虫腹部末端侧、后视；E. 产卵瓣及相关构造背视；F、G. 腹部末端和外生殖器侧、腹视；T_8～T_{10} 为第 8～10 腹节背板；S_8、S_{10} 为第 8、10 腹节腹板 (A、B. Tuxen，1969；C～E. Matsuda，1976；F、G. Walker，1919)

13.1.5 雌性外生殖器胚后发育

接近发育成熟的雌若虫，第 8 腹节腹板与成虫的类似，但几丁质化较弱。腹瓣从腹板后缘发出，为近圆柱形突起，顶端钝尖。瓣基片明显有横沟划分。背瓣和内瓣也呈近圆柱形，内瓣也像腹瓣样尖锐，背瓣顶端具有发达的刺突，没有瓣间膜的痕迹。成虫期的瓣间膜可能由内瓣基部前后腹板区域中间部分发育形成。腹板的其余部分 (前侧区) 形成载瓣片和背瓣的基部 (后侧区形成) (图 13-5)。

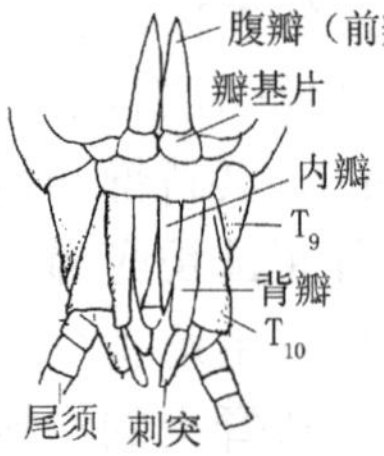

图 13-5 *Grylloblatta campodeiformis* 雌性若虫腹部末端腹视 (Matsuda，1976)

T_9、T_{10} 为第 9、10 腹节背板

第 14 章　缺翅目 Zoraptera

14.1　概　　论

14.1.1　雄性内生殖器

每侧精巢具有成对的精巢管，输精管前段从成对的精巢 (管) 发出，较短。两侧输精管前段接近，汇入共同的贮精囊 (基囊)。输精管后段细长单管状，从贮精囊另侧发出，向后伸展，末端通入较为粗短的射精管前端。附腺 1 对，发达长锥形，基部通过短的附腺管着生在射精管顶端，着生点位于两侧输精管基部之间 (图 14-4、图 14-6)。

14.1.2　雄性外生殖器

雄性有翅或无翅，无翅雄虫有 2 种个体：1 种类似有翅雄虫，是具有外生殖器的强壮个体；另外 1 种是弱的有额腺的雄性个体，类似于白蚁的兵蚁。这些雄性具有相同的外生殖器，生殖器官十分简单，但仍有繁殖能力。腹部 10 节，前 8 节相似，各节宽短，后 2 节背板后缘中央可向后突出，各背板两侧常着生对称刚毛。第 8 腹节腹板前缘深凹，后端中央有数支粗毛。雄虫第 9 腹节背板后缘中央有棒状突出，末节背板后缘中央成一片状结构，位于第 9 腹节棒状突之下。腹部末节的腹面有时露出钩形雄性外生殖器。尾须卵圆形或乳头状，位于腹末两侧，不分节，稀布长毛。有人认为尾须属于第 11 腹节。第 10 腹节后方具有分离的圆锥形部分，推断此圆锥形部分属于肛上叶 (第 12 腹节)，它已经与第 10 腹节愈合。

腹部背板上的次生器官：第 8 腹节背板上具 1 瓣；第 9 腹节背板上也有 1 游离的瓣，瓣上有刚毛；第 10、11 腹节背板上有指向上方的瓣 (中指状突 median finger-like process 或爪形突 uncus)。第 8 腹节有 1～2 块下生殖板 subgenital plate，可能有 1 中缺刻。许多种类的雄性其第 8 腹板 (下生殖板 hypandrium) 之后没有腹板，当第 8 腹板延伸时，后端突出呈 2 或 3 瓣，其中 1 个呈钩状，1 对瓣可与螳螂的阳茎叶 phallic lobe、penis valva (生殖瓣 valve、抱器 clasping organ) 比同。钩状瓣的基部为外生殖器的开口，其顶端有 1 钩状的后爪突 postuncus。在基内方有 1 蹬状片 (马蹬形基板 horseshoe-shaped basal plate)，在某些种类中不完全。有些种类外生殖器结构更为复杂，*Zorotypus zinnermani* 有 1 个暗色的中心体 central body，它连有 1 管，由腹面向前延伸，几乎形成 1 个完整的弓形，其末端呈 1 未骨化的囊，是为贮精囊。1 个马蹄形骨片 horseshoe-shape sclerite 位于中心体下方，并在中心体侧面具 1 稍骨化的板，其末端呈尖锐突起。1 个中杆 median rod 从中心体的背部伸展成 1 复杂的板，即 2 对侧瓣。还有 1 基板。2 个弓形结构是由 1 对带有侧瓣的杆形成的，其末端终止于中心体(图 14-1)。

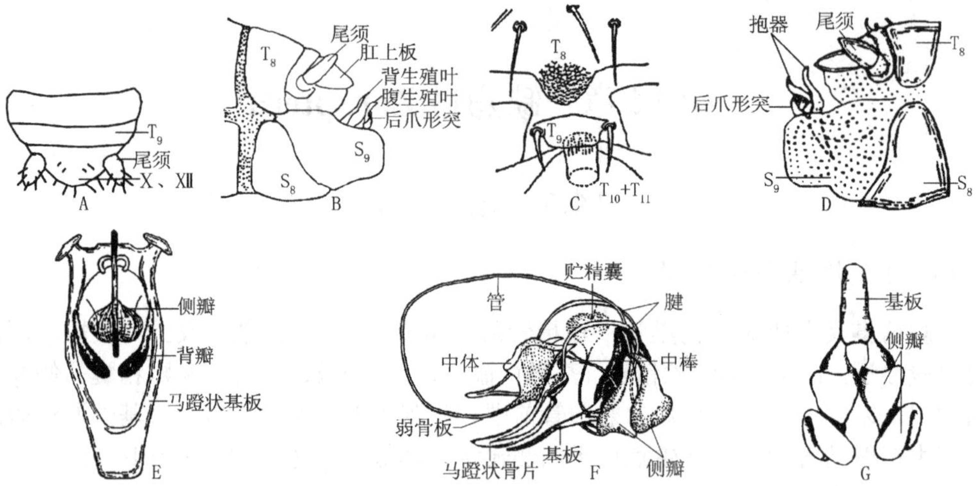

图 14-1　缺翅目雄性外生殖器

A．*Zorotypus hubbardi* 雄虫腹部末端背视；B．缺翅虫属雄虫腹部末端侧视；C．*Zorotypus delamarei* 雄虫第 8～11 腹节背板背视；D．*Zorotypus hubbardi* 雄虫腹部末端侧视；E、F．*Zorotypus synderi*、*Zorotypus zimermani* 雄性外生殖器背、侧视；G．*Zorotypus zimermani* 由 1 对侧瓣和基板构成的复合体腹视；T_8～T_{11} 为第 8～11 腹节背板；S_8、S_9 为第 8、9 腹节腹板；X、XII为第 10、12 腹节（A．参考 Matsuda，1976 图重绘；B．参考 Steinmann and Zombori，1981 图重绘；C～G．Tuxen，1969）

14.1.3　雌性内生殖器

卵巢 1 对，每卵巢有 4 或 5 支无滋式卵巢管，受精囊以 1 条细长的管道与生殖腔相连。*Zorotypus hubbardi* 每卵巢有 4～8 支卵巢管，以 6 支为常见。侧输卵管合并后通入中输卵管。受精囊通过长管与后部管道相连，生殖腔短（图 14-2）。

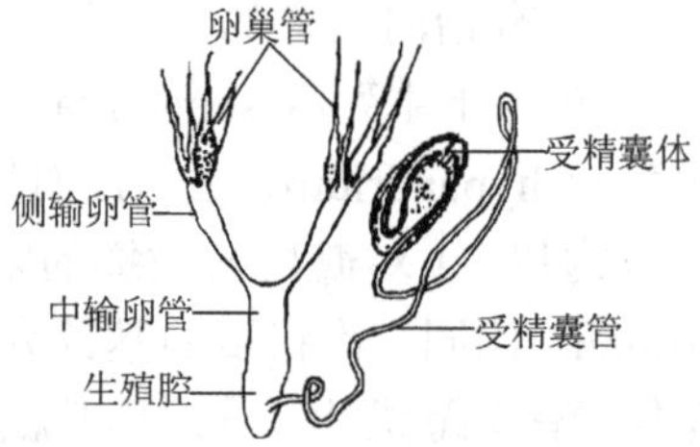

图 14-2　*Zorotypus hubbardi* 雌性内生殖器（Matsuda，1976）

14.1.4　雌性外生殖器

腹部 10 节，前 8 节相似，各节宽短，最后 2 节背板后缘中央可向后突出，各背板两侧常着生对称刚毛，第 8 腹板前缘深凹，后端中央有数支粗毛，尾须卵圆形或乳头形，不分节，着生长毛。雌性有翅或无翅，生殖突简单。第 8、9、10 腹节背板正常，第 9 腹节背板稍退化。除第 8 腹节腹板形成下生殖板外（下阴板 hypogynium），所有的腹板正常。有认为成虫第 10 腹节尾须属于第 11 腹节。第 10 腹节后方具有分离的圆锥形部分，推断其属于肛上叶 (第 12 腹节)，它已经与真正的第 10 腹节愈合。*Zorotypus brasiliensis* 的雌性外生殖器由环绕生殖孔的几对叶组成，Delamare- Deboutteville (1970) 认为这是退化的产卵瓣的基部。这些结构包括成对的前叶 lobi antici、侧叶 lobi laterales、亚侧叶 lobi sublaterales、生殖孔下方的聚合叶 convegentes、不成对的中叶 lobus medianus、成对的后叶 lobi postici、生殖孔的下叶 lobi inferi (图 14-3)。

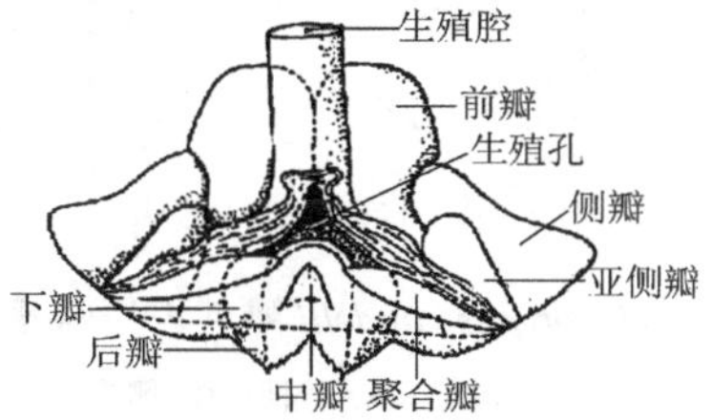

图 14-3 *Zorotypus brasiliensis* 雌性外生殖器 (Tuxen，1969)

14.2 *Zorotypus caudelli* Karny

雄性内生殖器：精巢 1 对，位于腹腔背面。每精巢有 2 支细长香蕉形精巢管，输精管从精巢基部发出，指向虫体前腹面，自前而后逐渐增粗，后部与附腺后段结合形成贮精囊-附腺复合体。复合体为大型心形囊状构造。两侧附腺管前段紧密贴合，呈螺旋管游离于贮精囊-附腺复合体之外。射精管从复合体另端发出，射精管短管，中段明显膨大呈椭球形，末端与外生殖器连接 (图 14-4)。

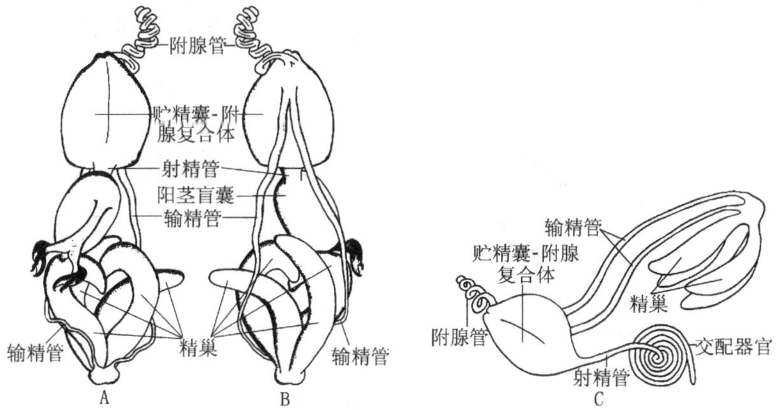

图 14-4 *Zorotypus caudelli* 雄性内生殖器

A. 背视；B. 腹视；C. 侧视； (A、B. Dallai 等，2011；C. Dallai 等，2012)

雌性内生殖器：每卵巢有 5～6 支无滋式卵巢管，卵巢管顶端有端丝，基部的卵巢管柄分别着生在大型的卵巢萼上。侧输卵管粗短，两侧的侧输卵管汇入中输卵管，中输卵管下端连接生殖腔。受精囊管细长扭曲、缠绕成团，基部着生在生殖腔前端，顶端膨大形成椭球形受精囊体。附腺缺 (图 14-5)。

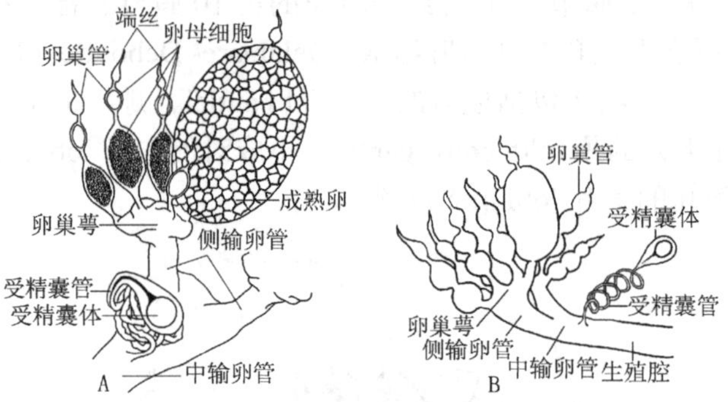

图 14-5　*Zorotypus caudelli* 雌性内生殖器 (Dallai 等，2012)

A. 背视；B. 侧视

14.3　*Zorotypus hubbardi* Caudell

雄性内生殖器：每精巢有 2 个小型水滴状精巢管，在精巢管内，生精囊含有 8 个初生精母细胞，说明精原细胞形成生精囊后经过 3 次分裂。处于粗线期，尤其是弥散期的细胞最为常见，说明这 2 个阶段在减数分裂相中时间最长。起源于同一生精囊的精子聚集在一起，形成精子束。每生精囊含 32 个精子。精巢管具有短柄或输出管，两侧的输出管基部靠近，着生在大型扁球形或长袋囊状贮精囊上。贮精囊由管状输精管膨胀形成，输精管后段单管状，细长，由贮精囊另端发出，在与贮精囊连接处略膨大，向后逐渐细缩，末端与附腺一起着生于射精管顶端。每侧精巢有附腺 3 支，约呈尖椒形，基部宽阔，通过短的附腺管与射精管顶端联系。射精管较粗短，没有射精管球 (图 14-6)。

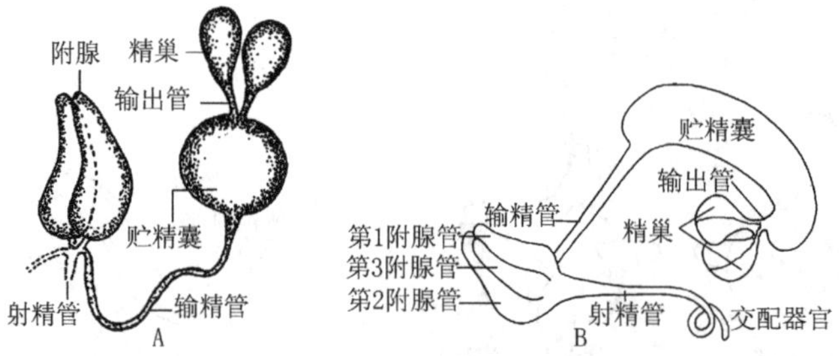

图 14-6　*Zorotypus hubbardi* 雄性内生殖器

背视，左侧精巢除去 (A. Kuznetsova 等，2002；B. Dallai 等，2012)

雄性外生殖器：第 8 腹节腹板后延扩大形成下生殖板。第 9 腹节背板缩短，第 9 腹节腹板退化呈膜质叶，具有角状突起。第 10 腹节背板与肛上板、肛侧板愈合，尾须短而不分节。阳茎主要由 2 个不对称突起组成，左侧的为细长阳茎端突 titillator，相当于蜚蠊、螳螂的左阳茎叶。右侧的大型叶状，具有 1 个亚顶端的背钩 (图 14-7)。

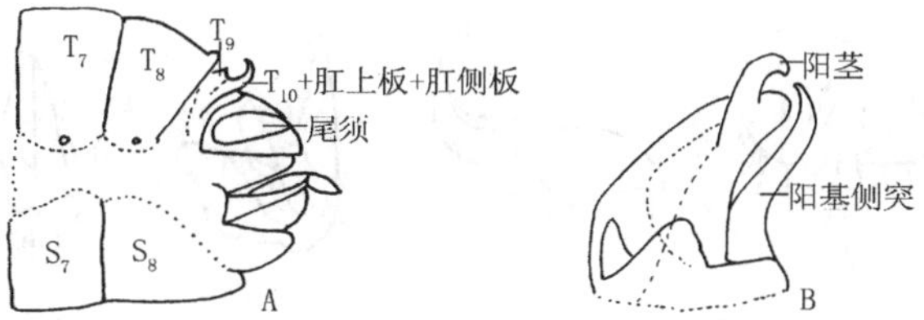

图 14-7　*Zorotypus hubbardi* 雄性外生殖器 (参考 Walker，1922 图重绘)

A．腹部末端左侧视；B．外生殖器背视；T_7～T_{10} 为第 7～10 腹节背板；S_7、S_8 为第 7、8 腹节腹板

雌性内生殖器：同一个体两侧卵巢的卵巢管数目有变化，4～6 支，常见 6 支。卵巢管无滋式，每卵巢管端部通过 15～20 个细胞线形排列形成的端丝附着于体壁内侧。卵巢管分化为生殖区和卵黄发生区，卵黄发生区含 4～5 个卵室，排成 1 纵行，从顶部到基部发育程度逐渐加强。卵室内每个卵母细胞有 1 层滤泡细胞包被，卵巢管内无滋养细胞。卵巢管基部的卵巢管柄着生于发达的卵巢萼上，卵巢管之间彼此独立，约呈梳状构造。卵巢管梳状 comb-shaped 着生被认为比束状 cluster-shaped 或串状 bunchy-shaped 更原始。卵巢管中，从减数分裂前期到弥散期的卵母细胞连续发育阶段均可发现。卵巢管的顶部有约 10 个端丝细胞和处于粗线期的卵母细胞。在弥散期，卵母细胞大小增加许多倍，成熟的雌虫每卵巢管中具有一些发育中的卵母细胞和 1 个大的具壳卵。1 次似乎只成熟 1 粒卵。侧输卵管较粗短，两侧侧输卵管汇入较为粗长的中输卵管。受精囊体卵圆形，受精囊管细长扭曲，基部和中段稍膨大，着生于生殖腔前端 (图 14-8)。

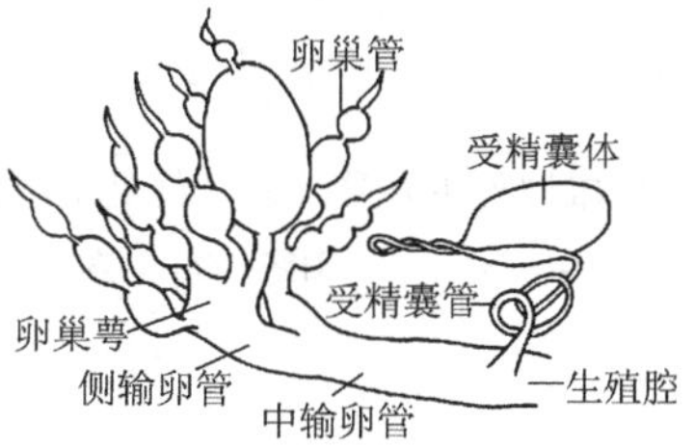

图 14-8　*Zorotypus hubbardi* 雌性内生殖器侧视 (Dallai 等，2012)

14.4　墨脱缺翅虫 *Zorotypus medoensis* Huang

雄性外生殖器：腹部背板狭窄，有对称刚毛。第 9 腹节背板后缘中央有棒状突起，两侧着生对称刚毛，第 10 腹节背板中央有 1 勺状结构，位于第 9 腹节棒状突起之下，其两侧各生短毛 1 枚。腹部末端两侧有 1 对乳头状尾须，上面疏生刚毛，其末端的 5 枚刚毛较粗大。第 8 腹节腹板前缘凹陷深而宽，后部中央有 4 支粗刚毛，排成梯形。雄虫外生殖器主要包括钩形突和阳茎，钩形突弧形片状，一端钩形，露出腹尾，中部扩大。另一端变窄，藏在腹内；阳茎弯曲管状，一端延长，逐渐细尖。另一端分叉，为不对称结构 (图 14-9)。

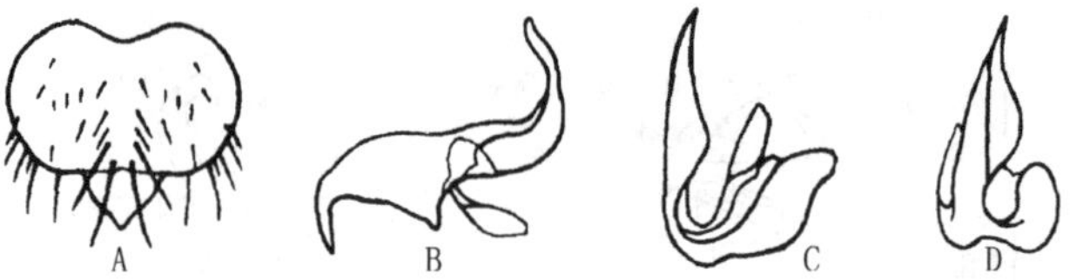

图 14-9　墨脱缺翅虫雄性外生殖器 (黄复生，1976)

A. 雄性第 8 腹节腹板；B. 雄性外生殖器钩形突；C. 阳茎；D. 阳茎的上旋转

14.5　中华缺翅虫 *Zorotypus sinensis* Huang

雄性外生殖器：腹部前 8 节构造相似，背板横窄形，两侧有对称刚毛。第 9 腹节背板后缘中央有棒状突出，两侧有数支对称刚毛。最后 1 节背板后缘中央有 1 片状结构，位于第 9 腹节棒状突之下，其两侧分别着生长短毛 2 支。第 8 腹节腹板后部中央 4 支毛排列呈弧形。腹部末端两侧有 1 对乳头状尾须，不分节，尾须稀布刚毛，端部有 5 枚粗而长的刚毛。腹部末节的腹面有时露出钩形的外生殖器，阳茎先端不延长，并突然收缩成针状 (图 14-10)。

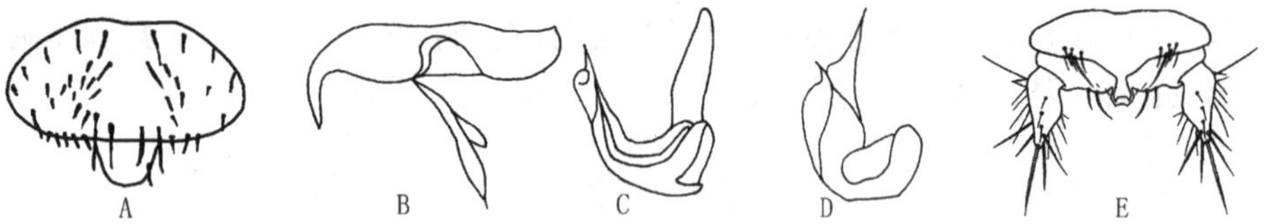

图 14-10　中华缺翅虫雄性外生殖器 (参考黄复生，1974、1976 图重绘)

A. 雄性第 8 腹节腹板；B. 外生殖器钩形突；C. 阳茎；D. 阳茎的上旋转；E. 尾须及腹末 2 节背视

第 15 章　啮虫目 Psocoptera

15.1　概　　论

15.1.1　雄性内生殖器

雄性内生殖器由成对的精巢、输精管和 1 个泡囊构造 vesicular apparatus 组成，泡囊构造是贮精囊和附腺被膜体，其侧壁与射精管相连。精巢多数有 1～3 支精巢管，如为 3 支，则在输精管上分开排列。精巢管基部明显分开或共柄，推断单支精巢管的精巢可能是共柄的 3 支精巢管愈合或没有分化的结果。Wong 和 Thornton (1968) 认为单管精巢为原始类型。精巢管球形、纺锤形、卵圆形等，每精巢的精巢管数量：小啮虫亚目 1 支；粉啮虫亚目 1 或 3 支；啮虫亚目 1 或 3 支；*Caecilioides* 一般 4 支。输精管沿两侧后延，可达第 9 腹节，然后靠近中部，转向虫体前方，形成 1 个圆圈后进入泡囊构造。狭啮属、*Amphigerontia* 的输精管向后逐渐膨胀形成壶腹部，Klier (1956) 称为小贮精囊，具有分泌功能。Wong 和 Thornton (1968) 发现在 5 种啮虫亚目中存在这种膨胀构造。有些啮虫亚目 (狭啮属、*Philotarsus*) 的泡囊构造极度扩大，由 4 个并排的管组成，有环肌、纵肌包被。每侧的外侧管和内侧管构成一个功能单位，两侧的两个功能单位一起开口于射精管。内侧管通过缢缩形成 2～3 个分节，输精管由顶端侧面进入。因此，内侧管与输精管

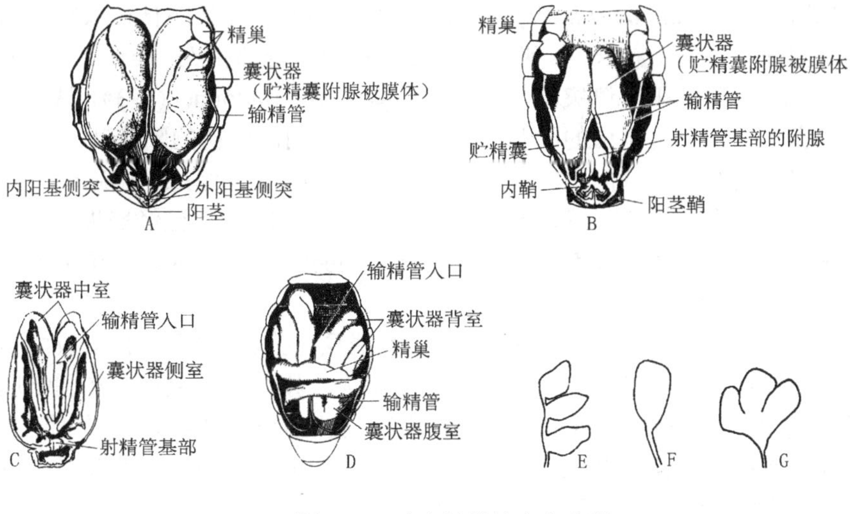

图 15-1　啮虫目雄性内生殖器

A. 痣斑狭啮雄性内生殖器；B、C. *Stenopsocus stigmaticus* 雄性内生殖器和囊状附器腔；D. 粉茶蛀虫雄性内生殖器；E～G. 精巢类型 (E. *Stenopsocus immaculatus*；F. *Ectopsocus lepnevae*；G. *Metylophorus nebulosus*) (A. 郑乐怡和归鸿，1999；B～G. Matsuda，1976)

末端的壶腹部同源。外侧管可能与附腺同源。*Trogium* 的泡囊构造分为对称的两半，每一半有相互串联的背、腹腔。附腺进入背腔，射精管与腹腔相连。背腔有贮存精子和分泌的功能，腹腔只有分泌功能。根据输精管进入背腔的情况分析，啮虫亚目的背腔可能与内侧管同源。啮虫亚目的射精管没有肌肉鞘，简单地通过牵缩肌进行伸展。*Trogium*、*Myopsocus*、*Lepinotus* 有纵肌，可调节用于精包形成的分泌物的通行。输精管上的贮精囊及内侧管产生 4 种分泌物，主要用于保持精子的活力；外侧管产生 2 种分泌物，用于形成精包鞘 (图 15-1)。

15.1.2 雄性外生殖器

下生殖板 hypandrium 可能由第 9 腹节腹板形成，第 8 腹节腹板也可能参与它的形成。在不同类群中，下生殖板发生不同特化，一般较简单，但也可能有突起、齿刻或各种内骨。姬啮虫属的下生殖板上着生有成对的带有针突的基肢节 coxopodite (抱器)，这种情况可能代表一种幼期状态，属于幼态持续。下生殖板围成包含阳茎体 phallosome 的生殖腔 atrium genital。阳茎不成对，位于下生殖板背面，阳基侧突完整。

交配器或阳茎体大多由外阳基侧突 external paramere、内阳基侧突 internal paramere 和中茎 median penis 组成。外阳基侧突是位于侧面的棒状构造，基部常愈合形成阳茎架。原始的种类中，内阳基侧突近中部处与外阳基侧突相连接而端部游离，但更多的为部分与外阳基侧突相愈合，另外的部分相互愈合，因而形成 1 内端喙。有些类群上述构造发生变化：阳基侧突能活动而形似钩，如蛾啮虫亚科。其他的啮虫科阳茎架可能相当简单，形成单一的片。窃啮虫亚目的某些科 (书蠹科) 的阳茎形成 1 沟，成为真正的交配管的形式，但在蛾啮虫科及 Electrentomorpha 的几个属中消失，只见 2 个外阳基侧突形成 1 宽的"Y"形骨架。*Nothoentomum*、*Phallopsocus* 的则由 1 端部二分叉的杆构成复杂的骨架，而阳基侧突近基部愈合为 1 狭长片。狭啮属 2 对阳基侧突基部相连，具有 1 箭状骨片 (阳茎基)；*Philotarsus* 每侧的阳基侧突与骨化的阳茎基关节。Badonnel (1934) 认为内、外阳基侧突可能相当于异翅亚目昆虫的阳茎和阳基侧突，它们由原初的阳茎叶 phallic lobe 纵裂形成。狭啮属和其他啮虫目昆虫的阳茎由阳茎鞘 phallotheca 组成，阳茎鞘是阳茎基的延伸，阳茎鞘的内壁称为内阳茎基鞘 endotheca。姬啮虫属的阳茎已经丧失，射精管直接对外开口。阳茎丧失可能由于发育停止 (幼态持续 neoteny)，与等翅目昆虫阳茎丧失的情况类似。

阳茎的肉质瓣 (狭义) 生有骨质的乳突，排列成层，为覆毛区 radula 或内阳茎。内阳茎可能有内骨、钩或毛状延伸而形成刷，常不对称，如在外啮虫属。在围啮属它可能有特殊的骨化突起。肛上板 (背臀瓣) 形成钩形突，交配时有一定作用。有时肛侧片有 1 短距，肛侧板常具有毛点群。肛上片可能另带有距、钩或瘤；第 10 腹节背板可能有 1 端栉 (围啮属、外啮虫属) 或骨质装饰物 (图 15-2)。

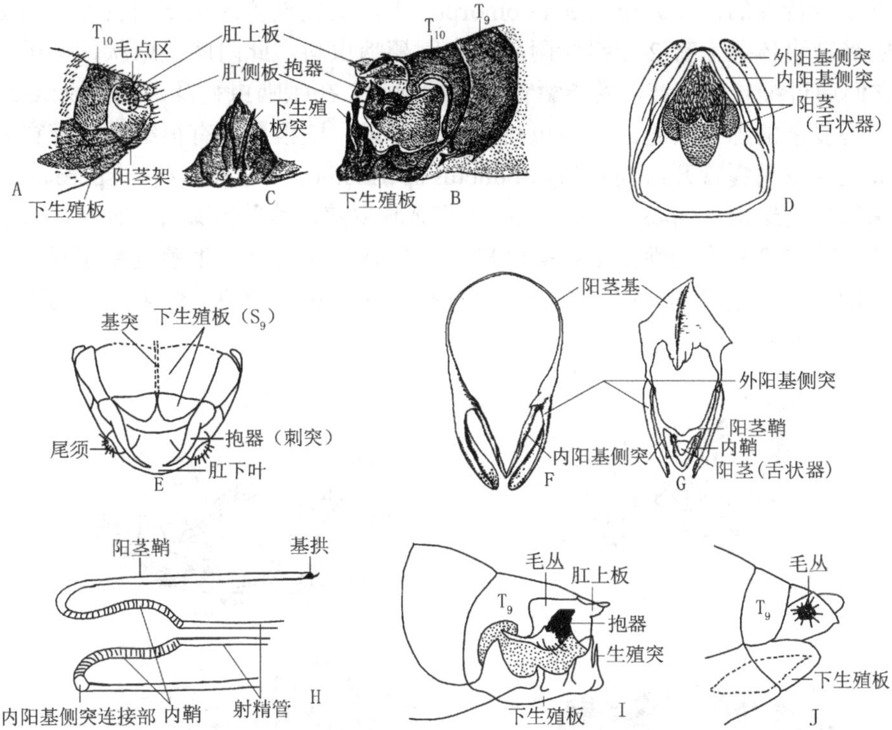

图 15-2　啮虫目雄性外生殖器

A. *Mesopsocus laticeps* 雄虫腹部末端侧视；B. *Psocus bipunctatus* 雄虫腹部末端侧视；C. 同 B，下生殖板后视；D. *Caecilius* sp.雄性生殖突背视，封闭阳茎体；E. *Lachesilla forcepeta* 雄虫腹部末端腹视；F. *Stenopsocus stigmaticus* 雄性外生殖器腹视；G. *Philotarsus flaviceps* 雄性外生殖器腹视；H. *Stenopsocus* 的阳茎；I. 啮虫属雄虫腹部末端侧视；J. 斑啮虫属雄虫腹部末端侧视；T_9、T_{10} 为第 9、10 腹节背板；S_9 为第 9 腹节腹板（A～D. Tuxen，1969；E、H. 参考 Matsuda，1976 图重绘；F、G. Matsuda，1976；I、J. 参考 Steinmann and Zombori，1981 图重绘）

15.1.3　雌性内生殖器

每卵巢有 3～5 支多滋式卵巢管。粉啮虫亚目和小啮虫亚目每卵巢有 5 支卵巢管。啮虫亚目一般 3～4 支。*Trichopsocus* 4 支卵巢管端丝联合形成悬带，书虱属 5 支卵巢管前端具有细长的端丝，然后结合形成悬带，悬带附着于第 2 腹节的背膈上。侧输卵管短，末端开口于中输卵管的背侧面，其近旁有 1 简单的交配囊。受精囊球状。附腺有 1～4 个小囊，小囊各以 1 小管与 1 公共管相通。狭啮属的生殖孔位于第 7、8 腹节腹板的节间区域，生殖腔没有充分形成，其他类群也没有发育完整的生殖腔。也有将中输卵管向后伸展部分称为生殖腔的，但将受精囊前部区域称为生殖腔并不确切。该区域属于中输卵管，而生殖腔（阴道）则指受精囊后部区域。土虱属、书虱属的次生生殖孔（阴门 vulva）通过生殖腔后端开口于第 8 腹节腹板后缘。狭啮属中输卵管不向后伸展，初生生殖孔和受精囊开口于生殖腔。*Lepinotus* 生殖腔背壁有乳突，乳突前端有很小的孔与狭窄的受精囊管相连。受精囊管短，盘旋卷曲、再向前上升盘旋、最后加宽形成漏斗状进入受精囊体。除毛啮虫科外，多数科受精囊体有精致的壁，在受精囊管的着生处，受精囊体的壁上呈现凹凸不平或特殊的褶纹。在 Electretomorpha 中，受精囊体的壁横向收缩分为 2 室。书啮虫科的受精囊体壁上有 2 个盘状附腺。在圆翅啮虫科，此附腺呈蕈状，位于受精囊体外侧，它们通过细导管相连。受精囊管长而螺旋状，在蛾啮虫科及部分 Electrentomorpha 中，有一些复杂的腺体突起。毛啮虫科受精囊体短，壁很厚，有很细的腺管穿入。第 9 腹节腹板上的受精囊管开口 opening of ductus spermathecae 也称为精孔 spermapore，周围常有特殊的骨化结构。*Liposcelis divergens* 营孤雌生殖，其受精囊管前伸，开口于较大的受精囊体。其受精囊像两性生殖种类一样发育良好，说明单性生殖是新起源的。啮虫目没有第 9 腹节腹板起源的附腺。卵大多由肛孔分泌物集成卵块，黏附于基物表面，并常在其上纺丝 (图 15-3)。

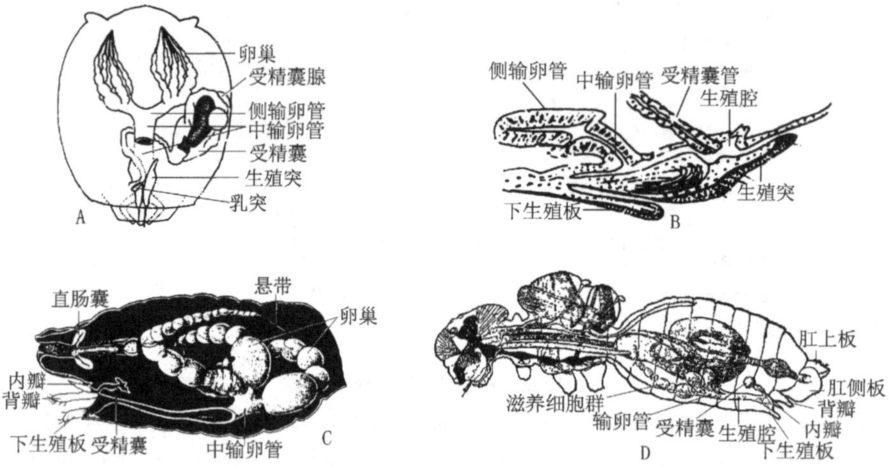

图 15-3　啮虫目雌性内生殖器

A、B. *Lepinotus patruelis* 雌性内生殖器、生殖管道纵切；C. 痣斑狭啮雌性内生殖器；D. 1 种有翅雌虫，示生殖器的位置 (A、B. Matsuda，1976；C. 郑乐怡和归鸿，1999；D. Weber and Weidner，1974)

15.1.4　雌性外生殖器

第 7 或第 8 腹节腹板延伸形成下生殖板，下生殖板可能延长成 1 中舌 (导卵器 egg guide) 或成 2 侧突。生殖突 gonapophyses 位于下生殖板形成的生殖腔内，发育形成产卵器。狭啮属、外啮虫属、*Lepinotus* 的受精囊开口于第 8 腹节的腔内，位于第 7、8 腹节腹板之间的生殖孔之后。产卵器包括第 8 腹节的腹瓣、第 9 腹节的内瓣和背瓣。腹瓣通常刺状，有时可增阔而成瓣状，并有骨质棒连接于第 8 腹节背板。背瓣通常肉质延长，有时尖形或 2 裂。内瓣 (外生殖瓣 valvae externae) 卵形、方形或长三角形耳状，有时有向后延伸的次生瓣。蛾啮虫科和 Electrentomorpha 的一些科明显呈双瓣型，后瓣有时二分叉。常见 1～2 对瓣退化或完全消失。腹瓣 (前瓣) 如存在，则通过骨杆与第 8 腹节两侧联系，如曼氏外啮虫、昧啮属。推断外啮虫属的瓣间片可能与前瓣 (腹瓣) 基部、第 9 腹节背板侧背片 paratergite、背瓣的基部相关节。*Ectopsocus briggsi* 缺前瓣，第 9 腹节的内瓣常为肥厚的延长叶，并与背瓣共用 1 骨化杆 (图 15-4)。

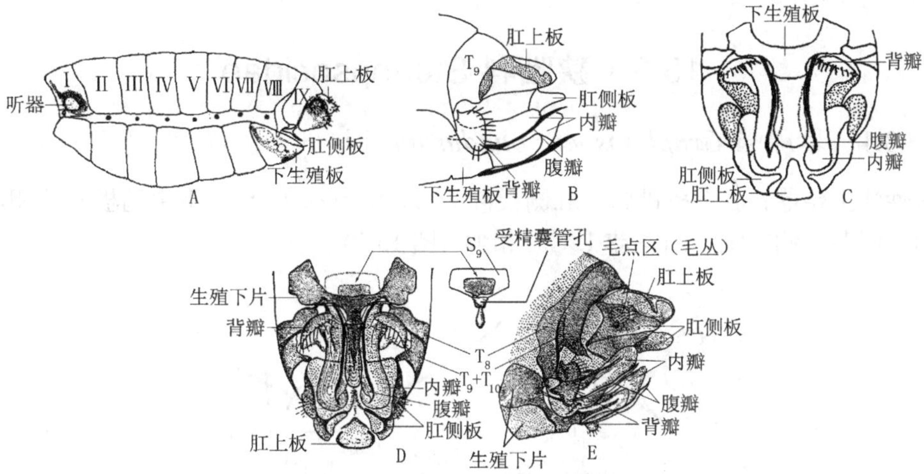

图 15-4　啮虫目雌性外生殖器

A. 膨突狭啮腹部侧视；B、C. *Metylophorus* 雌虫腹部末端侧、腹视；D、E. *Metylophorus nebulosus* 雌虫腹部末端侧、腹视；T_8～T_{10} 为第 8～10 腹节背板；S_9 为第 9 腹节腹板；Ⅰ～Ⅸ为第 1～9 腹节（A. 郑乐怡和归鸿，1999；B. 参考 Steinmann and Zombori，1981 图重绘；C. Steinmann and Zombori，1981；D、E. Tuxen，1969）

15.2　单啮科 Caeciliidae

15.2.1　小眼单啮 *Caecilius minutoculus* Li

雄性外生殖器：肛上板扁，半圆形，宽约为长的 2.63 倍。肛侧板圆三角形，毛点约 17 个。阳茎环封闭，阳茎球向内突出。侧突粗钝。下生殖板无骨化，半圆形 (图 15-5)。

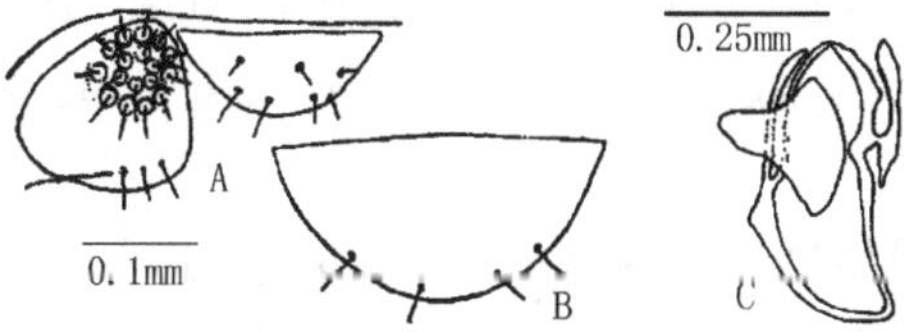

图 15-5　小眼单啮雄性外生殖器 (李法圣，1991a)

A．肛上板及肛侧板；B．下生殖板；C．阳茎环；A、B 为同一尺度

15.2.2　多斑单啮 *Caecilius multimaculatus* Li

雌性外生殖器：亚生殖板骨化淡，“八”字形，末端尖。肛上板馒头形。肛侧板长椭圆形，毛点约 11 个。生殖突退化，腹瓣长，背瓣和外瓣均缩小。受精囊球形 (图 15-6)。

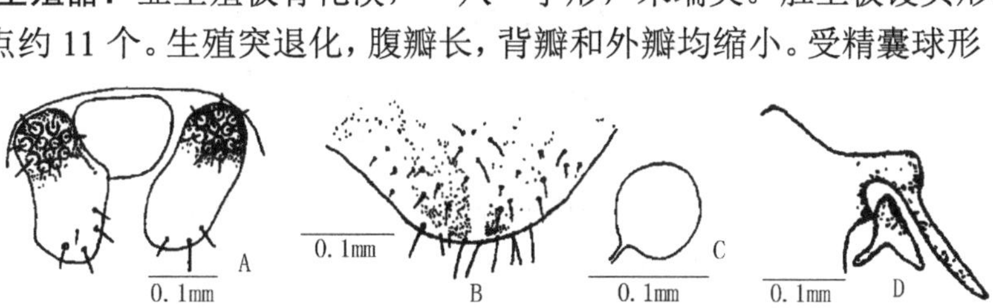

图 15-6　多斑单啮雌性外生殖器 (李法圣，1991a)

A．肛上板和肛侧板；B．下生殖板；C．受精囊；D．生殖突；　A、B、D 为同一尺度

15.3 狭啮科 Stenopsocidae

15.3.1 琴雕啮 *Graphopsocus panduratus* Li

雄性外生殖器：肛上板锥状。肛侧板椭圆形，毛点约 15 个。下生殖板骨化粗壮，弧形弯曲。阳茎环侧突细，阳茎球 1 对且相似（图 15-7）。

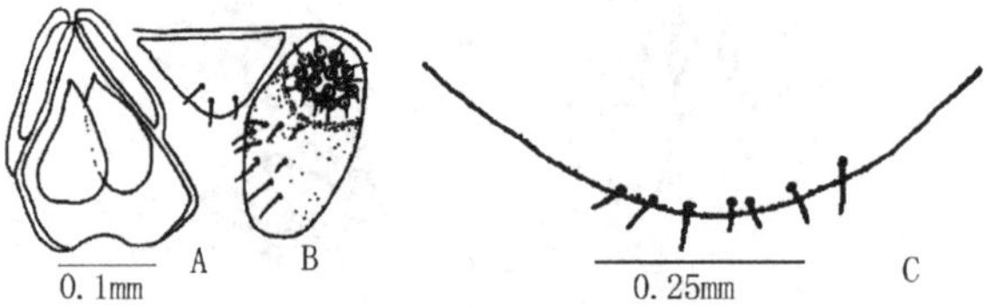

图 15-7 琴雕啮雄性外生殖器（李法圣，1989）

A. 阳茎环；B. 肛上板和肛侧板；C. 下生殖板；A、B 为同一尺度

雌性外生殖器：肛上板淡色，舌状。肛侧板近方形，毛点约 23 个。亚生殖板骨化，指状，基部连在一起。生殖突腹瓣粗大，顶端突出。背瓣基部钩突。受精囊提琴形，近上部缢缩（图 15-8）。

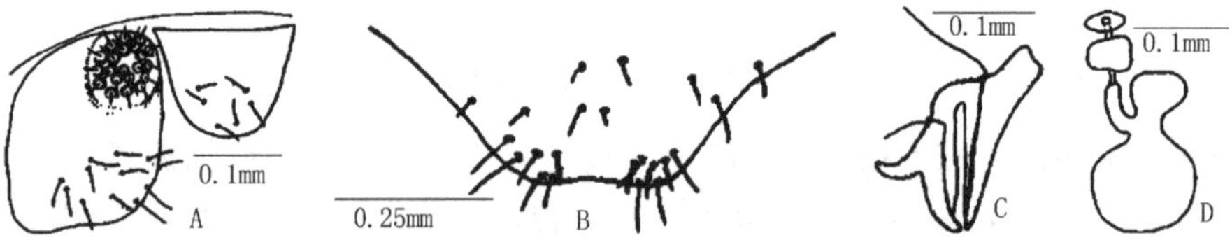

图 15-8 琴雕啮雌性外生殖器（李法圣，1989）

A. 肛上板和肛侧板；B. 下生殖板；C. 生殖突；D. 受精囊

15.3.2 耳痣犸啮 *Matsumuraiella auriformis* Li

雄性外生殖器：肛上板圆锥形，长约为宽的 3/4；肛侧板端方圆，毛点约 36 个，内侧角有锥突。下生殖板骨化靴状。阳茎环侧突粗大，端圆。阳茎球 1 对，长大（图 15-9）。

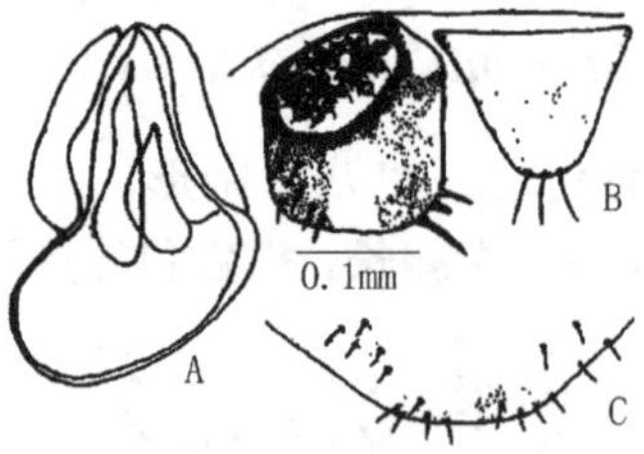

图 15-9 耳痣犸啮雄性外生殖器（李法圣，1989）

A. 阳茎环；B. 肛上板和肛侧板；C. 下生殖板；A、B、C 为同一尺度

雌性外生殖器：肛侧板近圆形，毛点约 31 个，内侧顶角具长毛和锥突。肛上板半圆形。生殖突腹瓣粗壮，基部扩大。背瓣粗短。外瓣端圆。下生殖板骨化粗壮。受精囊梨

形 (图 15-10)。

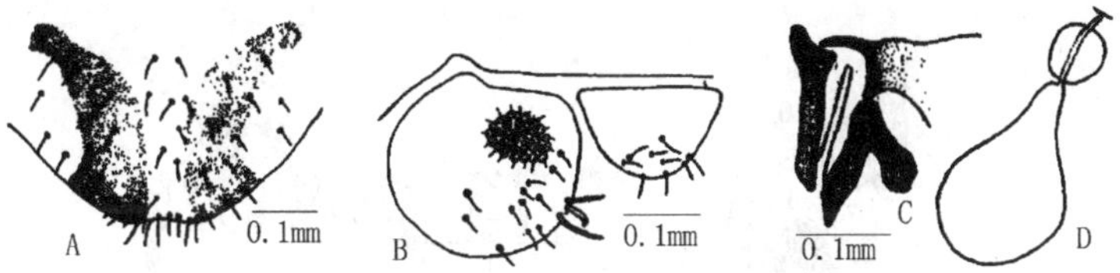

图 15-10　耳痣鸦啮雌性外生殖器 (李法圣，1989)

A. 下生殖板；B. 肛上板和肛侧板；C. 生殖突；D. 受精囊；C、D 为同一尺度

15.3.3　横带狭啮 *Stenopsocus zonatus* Li

雄性外生殖器：肛侧板近圆形，毛点约 35 个。肛上板近钝锥形。下生殖板骨化呈“八”字形弧弯。阳茎环封闭，两侧突加粗，阳茎球一长一短 (图 15-11)。

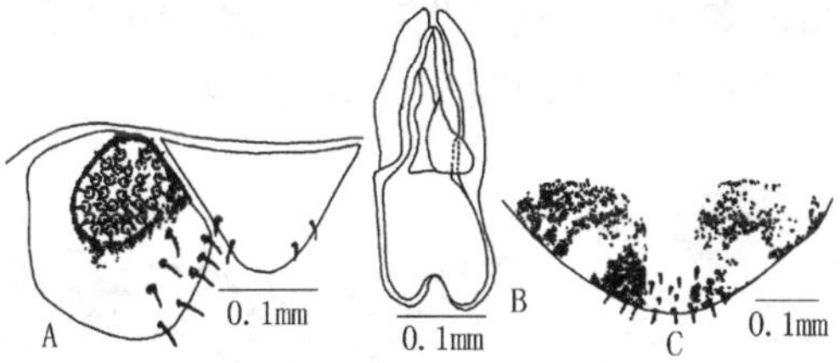

图 15-11　横带狭啮雄性外生殖器

A. 肛上板和肛侧板；B. 阳茎环；C. 下生殖板 (A、C. 李法圣，1989；B. 参考李法圣，1989 图重绘)

雌性外生殖器：肛侧板近椭圆形，宽阔，毛点约 30 个。肛上板淡色，未骨化。下生殖板骨化，“八”字形，边较整齐。生殖突腹部细尖，背瓣基部扩大，半月形。受精囊长稍大于宽 (图 15-12)。

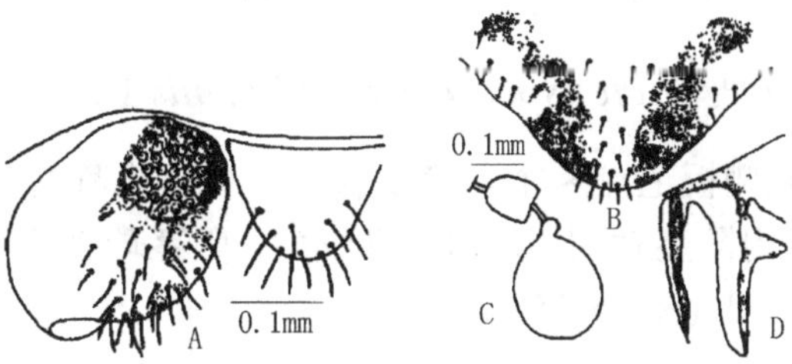

图 15-12　横带狭啮雌性外生殖器 (李法圣，1989)

A. 肛上板和肛侧板；B. 下生殖板；C. 受精囊；D. 生殖突；B、C、D 为同一尺度

15.4　双啮科 Amphipsocidae

15.4.1　角痣冠啮 *Kodamaius cerastigmus* Li

雄性外生殖器：肛上板半圆形。肛侧板不规则形，内侧端部具粗糙区，深褐色，毛

点约 32 个。下生殖板骨化粗壮，基部连接，端部向两侧弯曲。阳茎环封闭，阳茎球骨化(图 15-13)。

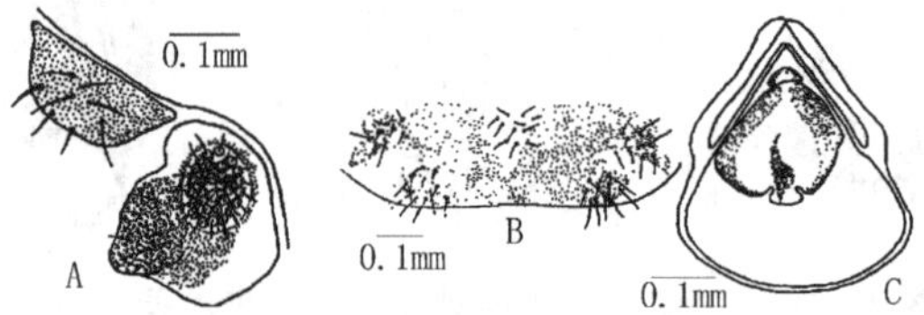

图 15-13　角痣冠啮雄性外生殖器 (李法圣，1991b)

A. 肛上板和肛侧板；B. 下生殖板；C. 阳茎环

15.4.2　松树冠啮 *Kodamaius pini* Li

雌性外生殖器：肛上板锥状，端圆。肛侧板近方形，边缘具长毛，毛点约 25 个。下生殖板骨化基部膨大，端顶变细呈指状。生殖突背瓣、腹瓣均细长，端部尖锐，背瓣基部膨大明显。外瓣仅剩 1 长刚毛，周围膜质 (图 15-14)。

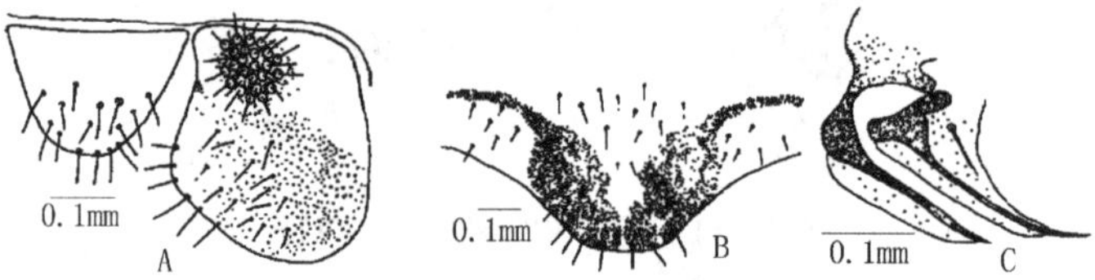

图 15-14　松树冠啮雌性外生殖器 (李法圣，1991b)

A. 肛上板和肛侧板；B. 下生殖板；C. 生殖突

15.5　外啮科 Ectopsocidae

15.5.1　背筐邻外啮 *Ectopsocopsis corbiformis* Li

雄性外生殖器：肛侧板毛点 8 个。第 9 背板骨化框也称交合器，基部突出，左宽右细，框基粗大。阳茎环内阳茎封闭，外阳茎端细尖。阳茎球骨化不规则，尾片末端细尖。下生殖板后缘具 2 个突出 (图 15-15)。

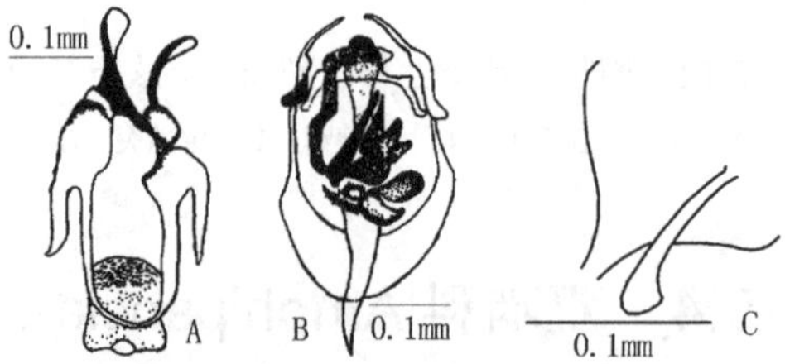

图 15-15　背筐邻外啮雄性外生殖器 (李法圣，1993)

A. 第 9 腹节背板骨化的交合器；B. 阳茎；C. 下生殖板突出

雌性外生殖器：肛上板半圆，端部具 2 长刚毛。肛侧板内侧具 1 角突，毛点 8 个。

下生殖板骨化“八”字形较直，末端膨大明显。生殖突仅剩外瓣，每个具长刚毛 4 支，生殖孔后具 2 块骨片 (图 15-16)。

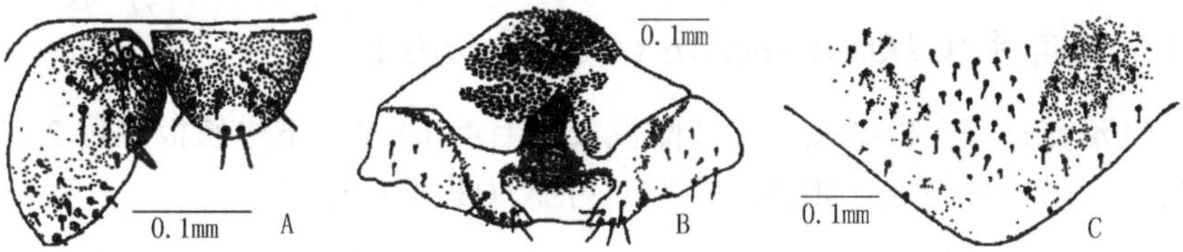

图 15-16　背篚邻外啮雌性外生殖器 (李法圣，1993)

A. 肛上板和肛侧板；B. 生殖突；C. 下生殖板

15.6　围啮科 Peripsocidae

15.6.1　单齿围啮 *Peripsocus haplacanthus* Li

雄性外生殖器：肛上板三角形，第 9 腹节背板后缘中央具 14 个齿。肛侧板梨形，毛点约 31 个。下生殖板简单，无骨化区。阳茎环封闭，阳茎球骨化，“蝙蝠”形，两侧单齿 (图 15-17)。

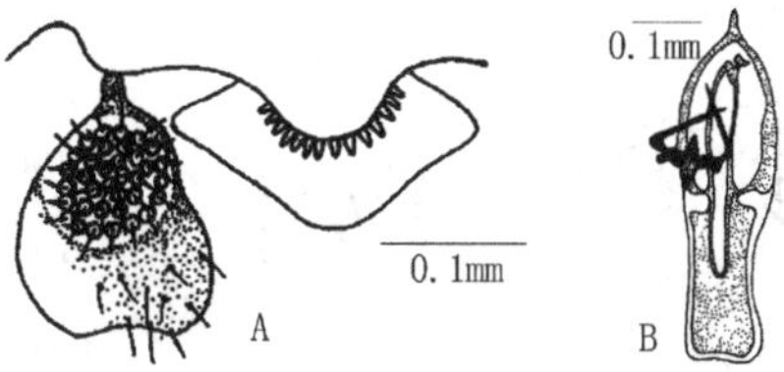

图 15-17　单齿围啮雄性外生殖器 (李法圣，1993)

A. 肛上板和肛侧板；B. 阳茎环

雌性外生殖器：肛上板近梯形。肛侧板半圆形，毛点约 31 个。下生殖板后突长，中央凹入，骨化“八”字形，向两侧弧弯；生殖突腹瓣细长而尖，背瓣宽阔，端内侧具 1 指突，端具刚毛。外瓣近球形，具柄，外缘具刚毛 (图 15-18)。

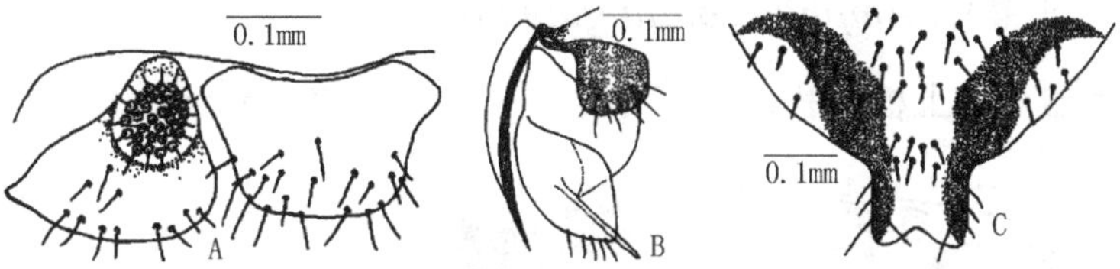

图 15-18　单齿围啮雌性外生殖器 (李法圣，1993)

A. 肛上板和肛侧板；B. 生殖突；C. 下生殖板

15.7　叉啮科 Pseudocaeciliidae

15.7.1　细角异啮 *Heterocaecilius stenokeratis* Li

雄性外生殖器：肛上板半圆形，肛侧板长，毛点 10 个。下生殖板后角 2 对细尖，外侧者外缘具齿。阳茎环封闭，阳茎球 1 对，杆状 (图 15-19)。

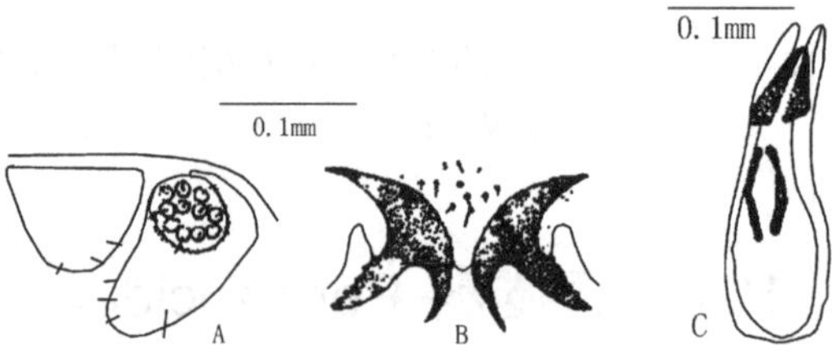

图 15-19　细角异啮雄性外生殖器 (李法圣，1993)

A. 肛上板和肛侧板；B. 下生殖板后端突；C. 阳茎环；A、B 为同一尺度

雌性外生殖器：肛上板高半圆形。肛侧板近方形，毛点 10 个。下生殖板后缘中央 2 叶突，内侧具 4 根长毛，骨化末端尖。生殖突腹瓣细尖，具叶。被瓣端尖，具毛内侧突出宽的叶。外瓣椭圆，具粗长刚毛 (图 15-20)。

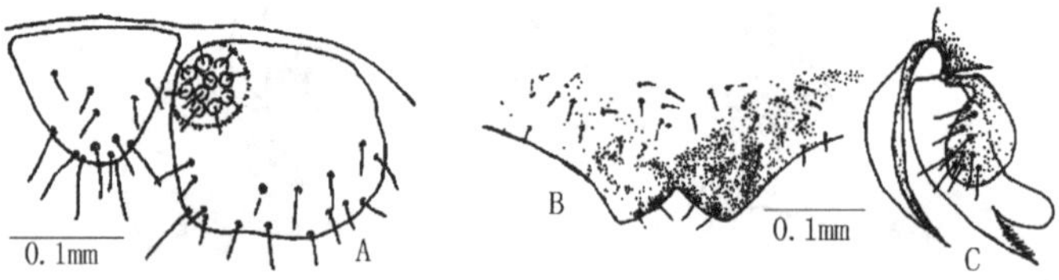

图 15-20　细角异啮雌性外生殖器 (李法圣，1993)

A. 肛上板和肛侧板；B. 亚生殖板；C. 生殖突；B、C 为同一尺度

15.8　啮科 Psocidae

15.8.1　贵阳暮啮 *Amphigerontia guiyangica* Li

雌性外生殖器：肛上板锥状，基部骨化。肛侧板短宽，毛点区大。下生殖板后突较

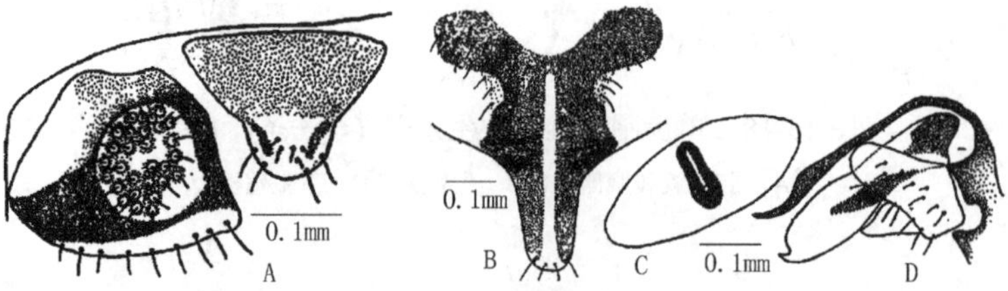

图 15-21　贵阳暮啮雌性外生殖器 (李法圣，1990)

A. 肛上板和肛侧板；B. 下生殖板；C. 生殖孔及其骨化；D. 生殖突；C、D 为同一尺度

长，端圆，基部不缢缩。骨化后突分 2 叉，基端加宽，横突向两侧斜伸。生殖突背瓣宽长，末端具尖，腹瓣细长，长于背瓣，外瓣横形，段短，后突角状。生殖孔板骨化，“鞋底”形 (图 15-21)。

15.8.2　松邻蓓啮 *Blastopsocidus pini* Li

雄性外生殖器： 肛上板倒锥形，端宽基窄。肛侧板长，不规则形，末端鸟头状，毛点区大。下生殖板侧视后突粗大，侧突膨大，对称。后视中突“葫芦”状、端尖。阳茎开放，阳基侧突分叉 (图 15-22)。

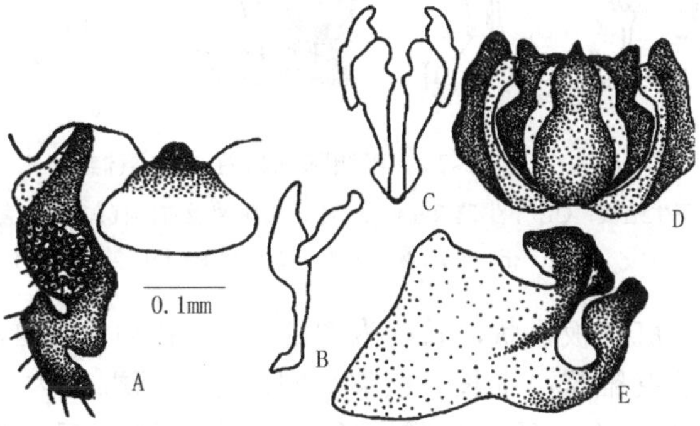

图 15-22　松邻蓓啮雄性外生殖器 (李法圣，1990)

A. 肛上板和肛侧板；B. 阳基侧突侧视；C. 阳基侧突；D、E. 下生殖板后、侧视；A～E 为同一尺度

雌性外生殖器： 肛上板高丘状，高约为宽的 2/3。肛侧板三角形，端指状，毛点密集。

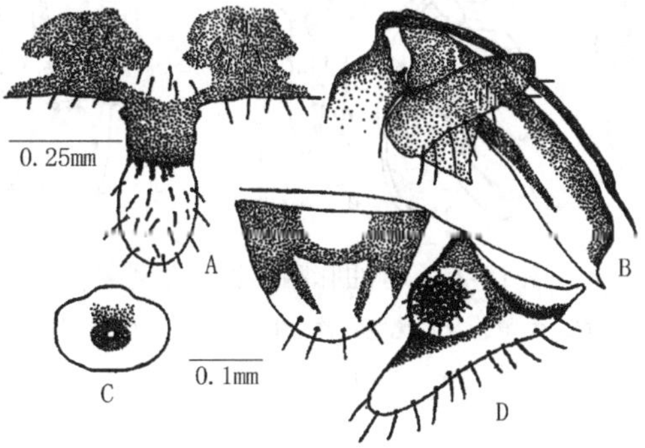

图 15-23　松邻蓓啮雌性外生殖器 (李法圣，1990)

A. 下生殖板；B. 生殖突；C. 生殖孔板及骨化；D. 肛上板和肛侧板；A～C 为同一尺度

下生殖板后突长，头状，端半膜质无色，基半骨化，骨化两侧胀大。生殖突背瓣宽长，端尖。腹瓣细长，尖，约与背瓣等长。外瓣横长，后突三角形，端尖。生殖孔板骨化圆形 (图 15-23)。

15.8.3　普通昧啮 *Meytalophorus plebius* Li

雄性外生殖器： 肛上板近梯形。肛侧板端分 2 叶，具长角突，毛点约 25 个。下生殖板不对称，共有 7 个突出，左侧 2 个，基部 1 个，中叶 2 个，端具齿，右侧 1 个。中叶近基有 1 角突。阳茎环封闭，颈短，近中两侧具小角突出 (图 15-24)。

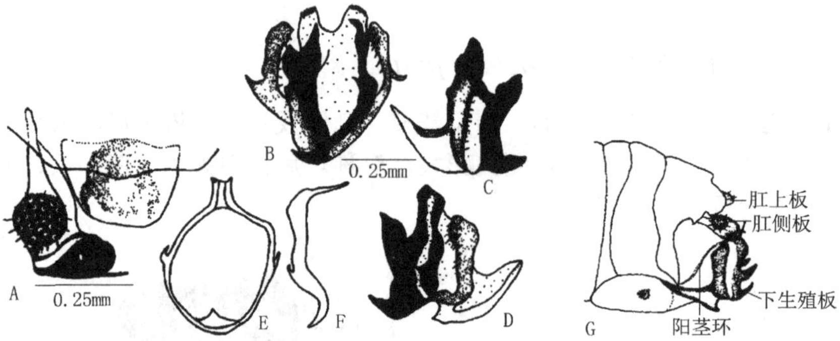

图 15-24　普通昧啮雄性外生殖器

A. 肛上板和肛侧板；B. 下生殖板；C. 下生殖板左侧视；D. 下生殖板右侧视；E. 阳茎环；F. 阳茎环侧视；G. 腹端侧视 (A～F. 李法圣，1989；G. 郑乐怡和归鸿，1999)

雌性外生殖器：肛上板舌状，长约为宽的 4/5。肛侧板长锥状，毛点约 37 个。下生殖板后突长，骨化后突锥状，细长。横突弧向左弯，两端膨大。生殖突背瓣狭长，末端膨大，具骨化条。腹瓣细长，端钝。外瓣横长，具后突，端圆。受精囊孔口骨化 (图 15-25)。

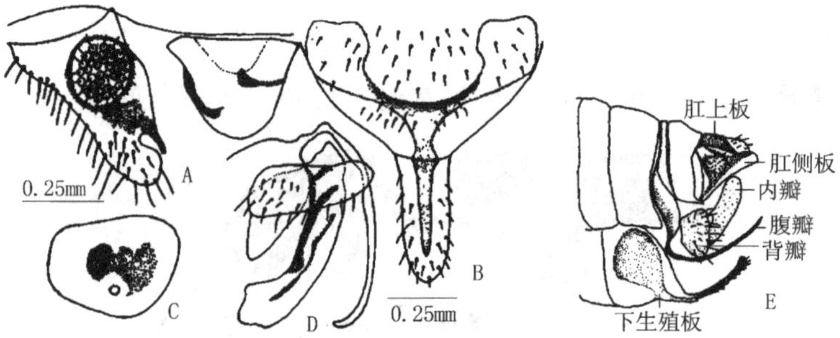

图 15-25　普通昧啮雌性外生殖器

A. 肛上板和肛侧板；B. 下生殖板；C. 生殖孔及骨化区；D. 生殖突；E. 腹端侧视 (A～D. 李法圣，1989；E. 郑乐怡和归鸿，1999)

15.8.4　松新蓓啮 *Neoblaste pinicola* Li

雄性外生殖器：肛上板近六角形，宽为长的 2 倍。肛侧板端膨大，顶端具角突，毛点区大。下生殖板骨化强，有 4 个角突，两侧端头状膨大，中央 2 个较小。阳基侧突分开，基部膜质连接 (图 15-26)。

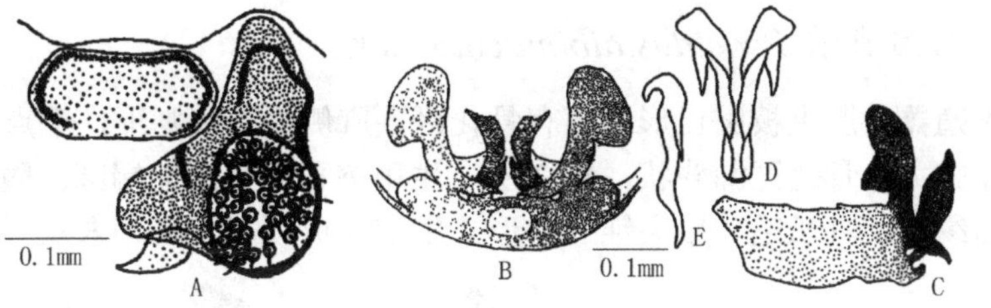

图 15-26 松新蓓啮雄性外生殖器 (李法圣，1990)

A. 肛上板和肛侧板；B. 下生殖板后视；C. 下生殖板侧视；D. 阳基侧突；E. 阳基侧突侧视；B～E 为同一尺度

15.8.5 粗茎触啮 *Psococerastis stulticaulis* Li

雄性外生殖器：肛上板半圆形，宽为长的 2 倍。肛侧板端具角突，毛点约 35 个。下生殖板不对称，两侧缘具锯齿。阳茎环封闭，粗状，侧视近中具角突 (图 15-27)。

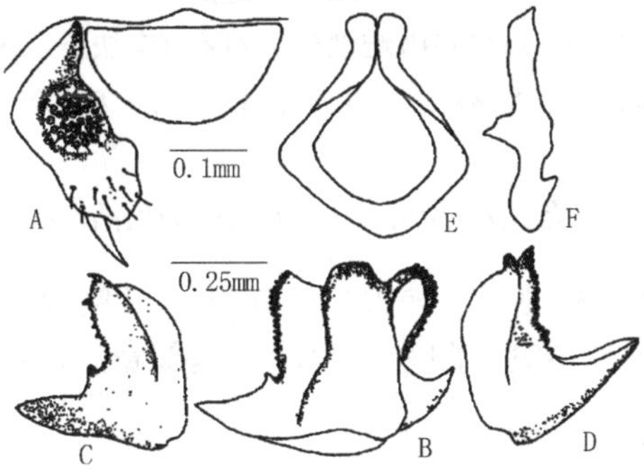

图 15-27 粗茎触啮雄性外生殖器 (李法圣，1989)

A. 肛上板和肛侧板；B. 下生殖板；C. 下生殖板左侧视；D. 下生殖板右侧视；E. 阳茎环；F. 阳茎环侧视；B～F 为同一尺度

雌性外生殖器：肛上板钝锥状，褐色骨化。肛侧板宽三角形，毛点约 38 个。下生殖板后突短，稍扩大，骨化呈音叉形，膜突前部色淡。生殖突背瓣宽阔，端尖。腹瓣细长而尖。外瓣横长，后突三角形。生殖孔口骨化 (图 15-28)。

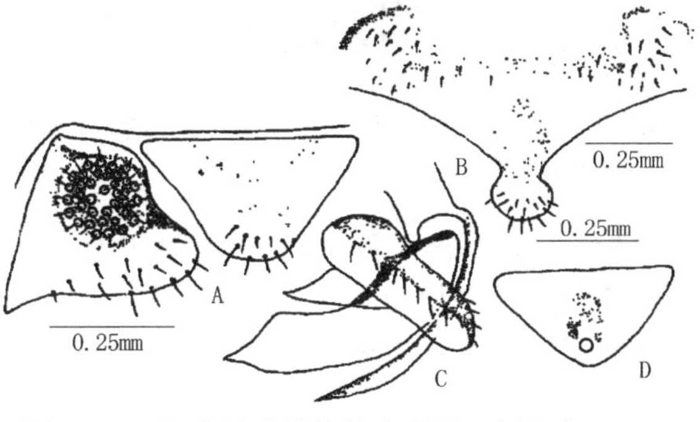

图 15-28 粗茎触啮雌性外生殖器 (李法圣，1990)

A. 肛上板和肛侧板；B. 下生殖板；C. 生殖突；D. 受精囊孔口及骨化区；A、C 为同一尺度

15.8.6　白斑肖啮 *Psocidus albimaculatus* Li

雌性外生殖器：肛上板圆丘形，内有骨化区。肛侧板不规则形，毛点分成 2 组。下生殖板后突端膨大，骨化区漏斗状，分 2 层。生殖突背瓣宽阔，端圆。腹瓣细长而尖。外瓣横长，后缘平、具长毛，后突钝三角形。生殖孔板顶部平直、末端圆 (图 15-29)。

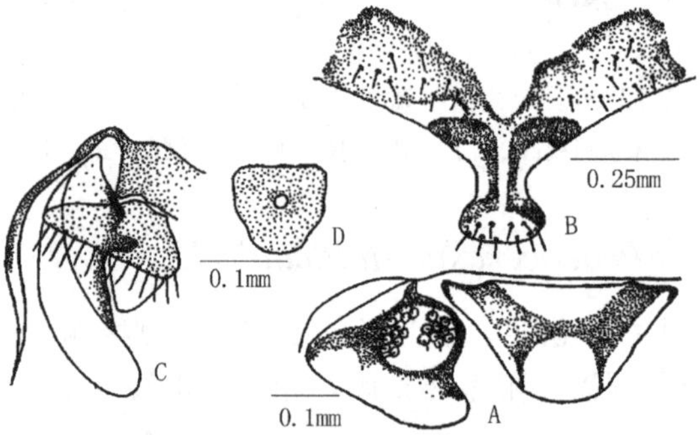

图 15-29　白斑肖啮雌性外生殖器 (李法圣，1990)

A. 肛上板和肛侧板；B. 下生殖板；C. 生殖突；D. 生殖孔及其骨化；C、D 为同一尺度

15.8.7　斗形麻啮 *Trichadenotecnum infundibularis* Li

雄性外生殖器：肛上板两侧直，端突出，帽状。肛侧板哑铃形，末端角突尖，毛点约 29 个。下生殖板对称，具中突。阳茎环封闭，基部宽厚。第 9 腹节背板侧突指状，端骨化深 (图 15-30)。

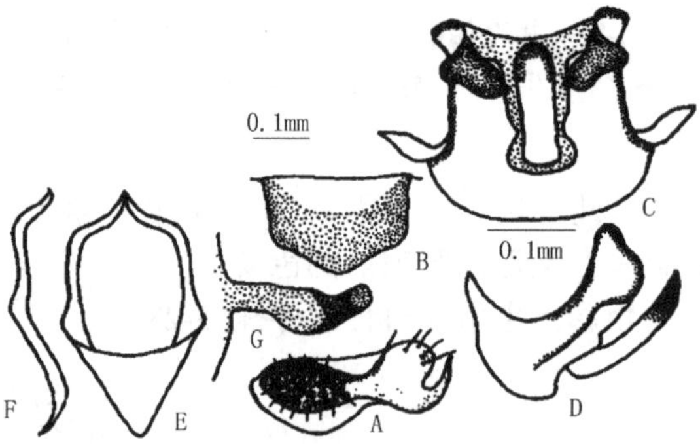

图 15-30　斗形麻啮雄性外生殖器 (李法圣，1989)

A. 肛侧板；B. 肛上板；C. 下生殖板；D. 下生殖板侧视；E. 阳茎环；F. 阳茎环侧视；G. 第 9 腹节背板侧突

雌性外生殖器：肛上板锥状，基部浅骨化。肛侧板喇叭形，毛点约 32 个。下生殖板漏斗状，后突长，平截，骨化基部两块最大。生殖突背瓣短宽，末端细尖。腹瓣短尖。外瓣横长，后突宽短。受精囊孔口骨化 (图 15-31)。

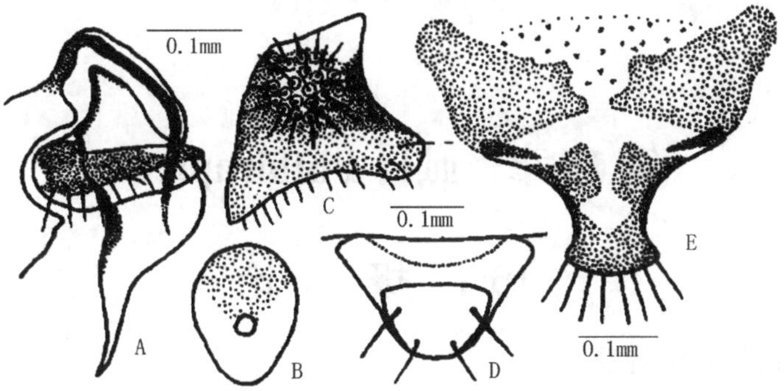

图 15-31　斗形麻啮雌性外生殖器 (李法圣，1989)

A. 生殖突；B. 受精囊孔及其骨化区；C. 肛侧板；D. 肛上板；E. 下生殖板

第16章　虱目 Phthiraptera

16.1 概　　论

16.1.1　雄性内生殖器

大多数钝角亚目，每精巢有 3 支长圆形精巢管，精巢管位于细长的输精管上。丝角亚目和象虱亚目每精巢有 2 支精巢管，精巢管基部有结缔组织支持其与输精管连接，精巢管输出管的端部彼此分离。精巢管长卵形或梨形。输精管与二叶状的囊形附器末端经弯曲的射精管通向外部。虱亚目每精巢由成对的锥形或水滴状精巢管组成，每精巢有输精管相连，输精管后方膨大为贮精囊，2 个贮精囊汇入射精管。射精管的远端连接阳茎，在贮精囊与输精管相连的一端有 1 个附腺。虱亚目每精巢有 2 支精巢管，与丝角亚目的类似，精巢管基部联合。细长的输精管与管状的贮精囊相接，或直接与射精管相连。

Eomenacanthus 的囊形附器 (囊状器) vesicular apparatus 由成对的中叶和侧叶组成，这 4 个叶很可能与啮虫目中形成囊形附器的 4 个叶同源，囊形附器中叶顶端部分的功能为精子库，其他部分则行使腺体功能。长虱属的囊形附器有 6 个叶，分别为成对的前、中、侧叶，Schmutz 称前对为贮精囊 seminal vesicles，其内部与中叶连接。因此，贮精囊和中叶都与啮虫目囊形附器的中叶同源，侧叶可能与其他目昆虫的附腺同源。长虱属囊形附器的前叶为精液积累区，有 3 个分泌区域。长虱属和 *Eomenacanthus* 的侧叶和中叶结合、开口于射精管。牛羽虱属囊形附器外观由 1 对叶组成，每 1 叶端部缢缩形成小叶，输精管进入小叶内与之连接。因此牛羽虱属囊形附器实际由 4 个腔组成，4 个腔分别对应于长虱属的前、中叶。毛羽虱属的情况与牛羽虱属类似，囊形附器也仅由中叶组成，但叶的端部没有缢缩。显然，毛羽虱属与牛羽虱属的侧叶已经丧失。毛羽虱属的贮精囊位于射精管基部。囊形附器退化及伴随的分泌活性下降与丝角亚目、钝角亚目、象虱亚目 (原食毛目) 不形成精包有关。人虱属、血虱属、虱亚目的输精管都与黄瓜状的贮精囊相连。虱亚目的贮精囊可能与人虱属、血虱属的二叶状囊形附器同源。人虱属、血虱属囊形附器的侧叶已经明显丧失。射精管紧接在囊形附器之后，为适应精子输送的需要，其构造已经发生变化。毛羽虱属的射精管内壁有特殊的瓣以防止精液反流。牛羽虱属在射精管基部有精泵，通过该区域发达的壁肌的收缩，可以使精液快速射出。*Neophilopterus* 的射精管端部形成膨胀的壶腹部 (图 16-1)。

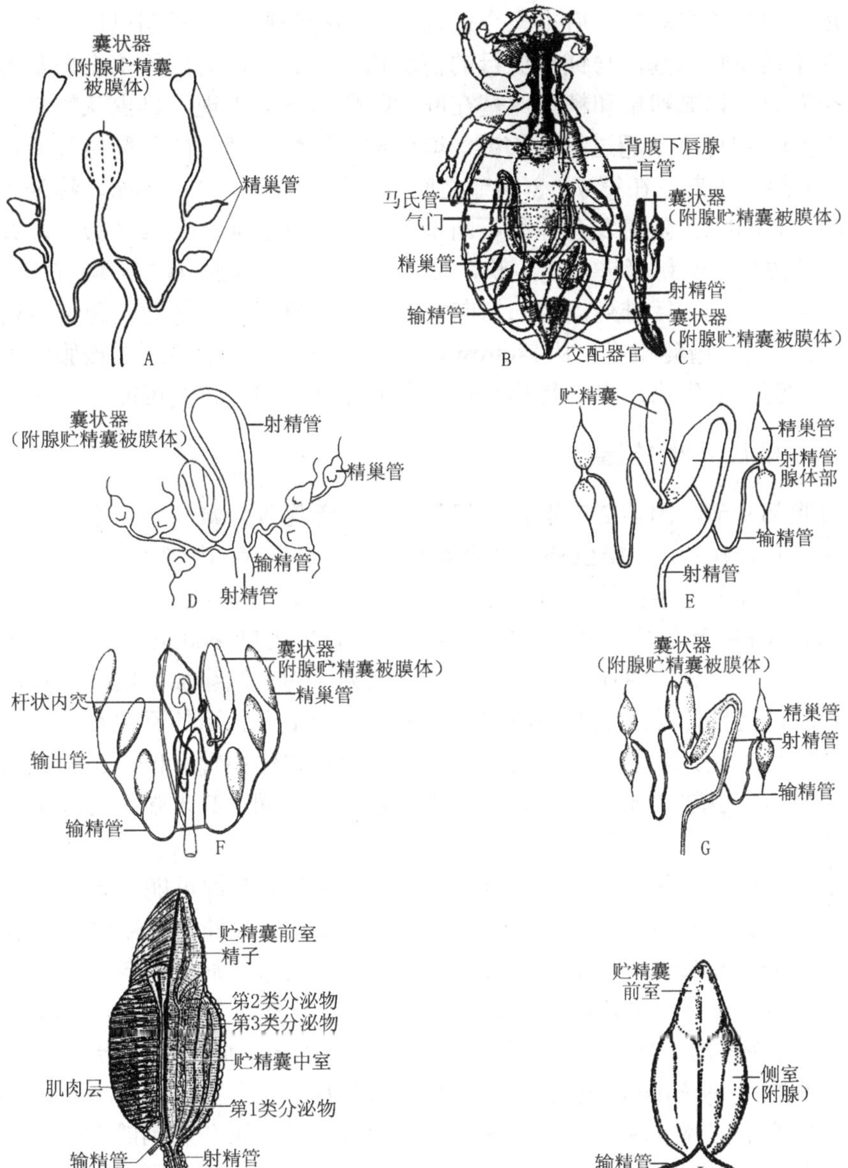

图 16-1　虱目雄性内生殖器

A. *Physostomum diffusum*; B. 1 种钝角亚目; C. 1 种细角亚目; D. 1 种钝角亚目; E. 1 种丝角亚目; F. *Menopon titan*; G. *Goniodes cervinicornis*; H、I. *Columbicola columbae* 囊状器内、外面观; (A. 参考蔡邦华，1956 图重绘; B、C. Weber and Weidner，1974; D、E. 参考郑乐怡和归鸿，1999 图重绘; F～I. Matsuda，1976)

16.1.2　雄性内生殖器胚后发育

长虱属的雄性生殖道的外胚层部分 (贮精囊和射精管) 起源于共同的皮下原基，皮下原基由低龄若虫第 9、10 腹节腹板表面内陷形成。2 个贮精囊起源于每侧增厚的皮下原基前部。原基的其他部分发育形成射精管、阳茎及阳茎基板。长羽虱属、圆羽虱属最初出现的皮下原基是成对的，后来愈合成为 1 个马蹄形原基。长羽虱属、姬鸟虱属胚胎时期具有 3 个精巢管原基，与钝角亚目的情况相同。其中，前部的 1 个原基萎缩，只有后面的 2 个发育。体虱卵巢和精巢原基在胚胎孵化前 24h 出现，雄虫从精巢发出 1 支生殖索 (输精管)，但伸展不超过第 4 腹节。壶腹部和雄性生殖道的外胚层起源部分胚胎时期不可见。1 龄若虫期，在第 7、8 腹节之间的边缘出现囊，Piotrowski 称为中胚层壶腹 mesodermal ampullae，随着发育体积不断增大，它们逐渐前移到第 7 腹节，并与输精管接合。2 龄若虫期，输精管进一步生长，形成管腔，并与壶腹 (贮精囊) 在近端部结合。贮精囊长，黄瓜形，并行排列，前部指向背面。具有盲端的射精管起源于生殖囊 genital pouch 的中部，与贮精囊相连。从 Piotrowsk 的描述判断，所谓中胚层壶腹既不是胚胎时期中胚层体腔囊的衍生物，也不是输精管末端的分化产物，它们可能是外胚层起源的。

16.1.3 雄性外生殖器

虱亚目腹部 9 节，因前 2 节退化，仅见 7 节。无尾须。雄虫腹末端钝圆且上弯，因而生殖孔和肛孔似在背面。雄虫外生殖器结构复杂，圆锥状，内藏式，位于腹后部体内，交配时后部伸出体外。雄虫外生殖器由阳基内突 (基板)、阳基侧突、阳茎端、生殖孔及假阳茎 pseudopenis 等部分组成。有的种类还有明显的内叶 endomere，位于阳茎端的背面。有的甚为发达，如恩兰虱属，其内叶甚至增大成为在侧缘加厚的硬化片。阳基内突棒状或长片状，是雄性外生殖器的前部。阳基侧突为 1 对长形的硬化片，其前端与阳基内突末端侧方相关联。阳茎端呈不同形状的膜质或强硬化小管，位于生殖囊或阳基内突内。假阳茎为“Y”形或“V”形硬化结构，位于阳基侧突之间，其末端有时伸出于腹末端背面的生殖孔外。

雄性副外交配器少见。偶尔 (如角羽虱属) 下生殖板端部可能延长成为端部游离、充分骨化的棒或瓣，称为下生殖突 subgenital process。雄性外生殖器包括 1 扁平棒状内骨即基内突 basal apodeme，向前伸入腹腔内，基内突的每 1 后侧角与 1 个骨化的阳基侧突相关联或愈合。还有 1 生殖囊 genital sac (阳茎囊) 与基内突相关联。Cummings (1916) 将生殖囊 (阳茎囊) 的骨化部分分为两区：端区包括阳茎、成对的抱器端突 telomere 和不成对的阳基腹突 hypomere；基区包括各种内突骨片，有些属 (如 *Saemundssonia*) 在基区囊部形成坚实的间体 mesosome。生殖囊 (阳茎囊) 在生殖孔周围的部分骨化形成管状阳茎，并由阳茎支柱 statumen penis、stat (人虱属) 或较多的骨化区 (*Colpocephalum*) 所支持。有些属 (*Myursidea*) 生殖孔围有骨化区，实际上没有形成管状阳茎。基区，通常位于阳茎基侧突背面或部分位于阳茎基侧突窝内，常有关节同它相连，或者直接同它愈合的是 1 对骨片，称阳茎内体 endomere。阳茎内体可能合并或在阳茎背面形成 1 扁平板状结构 (阳茎内体板 endomeral plate) 或成较尖的结构 (伪阳茎 pseudopenis)。有些种类的生殖囊 (阳茎囊) 整体骨化，其端区骨化部分处于基区内，成为第 2 对结构，即抱器端突 telemere，处于阳茎两侧或直接位于阳茎内体内，阳茎的腹面可能有 1 不成对的骨片，称为阳基腹突 hypomere。抱器端突和阳基腹突二者可能同阳茎愈合。除这些骨片外，还有其他背、腹骨片，属于阳茎内体。如前面不成对的腹骨片称为下阳茎内体 lower endomere，1 个相似的背骨片称为前背阳茎内体 antero-dorsal endomere，罕见的与阳茎内体板相似的另外 1 不成对的腹骨片位于阳茎腹面。

钝角亚目、丝角亚目 (原食毛目) 腹部 11 节，由于第 1、2 腹节，第 8、9 腹节常愈合，或第 1 腹节与后胸愈合，第 9 腹节不易见，一般仅见 8~9 腹节，无尾须。肛孔开口于腹末端。两性都有由体壁内陷形成的生殖室，雄性生殖室位于腹末端节，开口于肛孔下方。雄性外生殖器 (阳茎及阳基侧突) 不用时隐藏在鞘内，结构复杂，包括基板、阳基侧突、内体、阳茎等结构。丝角亚目的雄性外生殖器一般较钝角亚目的更加特化，特化包括基板的延长、阳茎内突的消失等。钝角亚目、丝角亚目 (原食毛目) 的阳茎有 4 类。①长虱型：阳茎骨化，位于基板端部，阳茎鞘和内阳茎基鞘 endotheca 缺；阳茎内突 endoapramere 可能发生合并。②牛羽虱型：具有内阳茎基鞘管，管收缩在体腔内。③毛羽虱型：阳茎

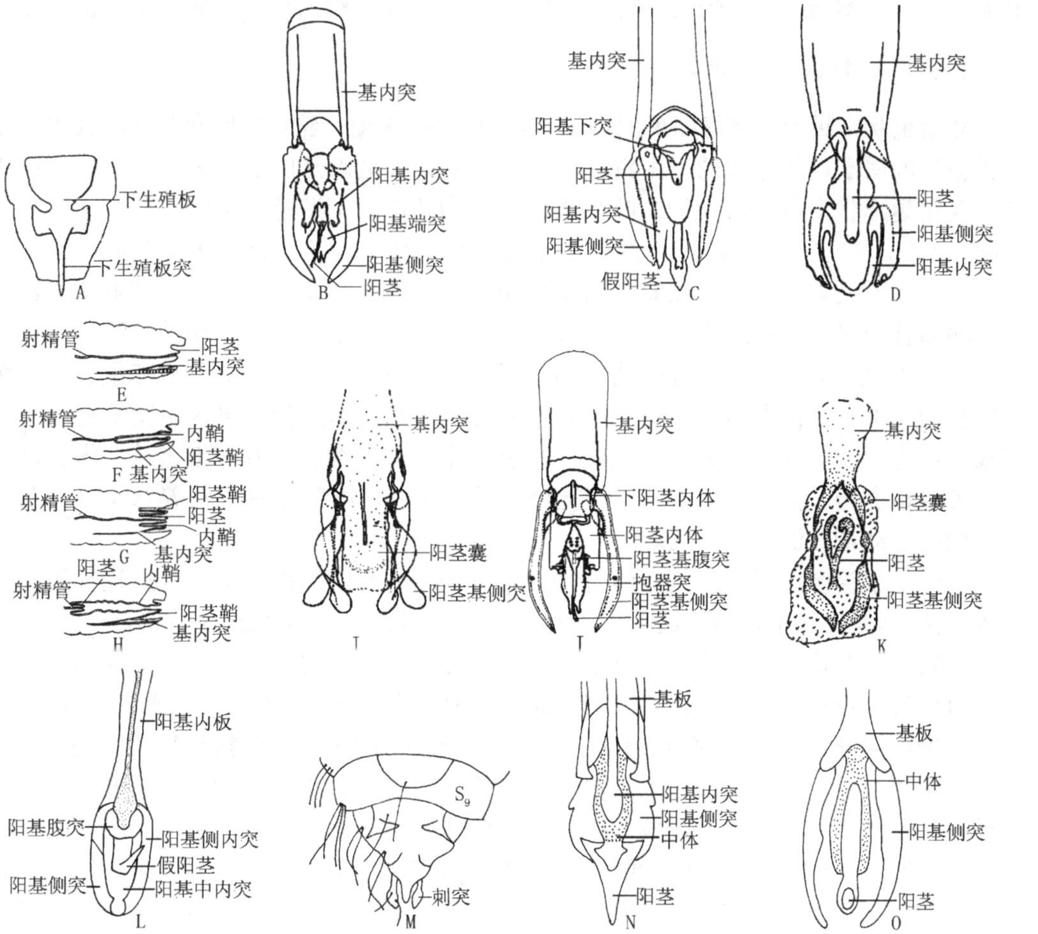

图 16-2 虱目雄性外生殖器

A. *Oxylipeurus* sp.雄虫下生殖板腹视；B～D. 雄性外生殖器背视 (B. *Philopterus acanthus*；C. *Phthirpediculus propitheci*；D. *Pedicinus rhesi*)；E～H. 食毛亚目雄性外生殖器类型 (E. 长虱型；F. 牛羽虱型；G. 毛羽虱型；H. *Eomenacanthus* 型)；I～K. *Menopon gallinae*、*Saemundssonia* sp.、*Haematopinus suis* 雄性外生殖器；L、M. 圆羽虱属雄性外生殖器背、腹视；N、O. 鳞虱属、毛虱属雄性外生殖器；S_9为第 9 腹节腹板 (A. Tuxen，1969；B～H. Matsuda，1976；I～K. 郑乐怡和归鸿，1999；L～O. 参考 Steinmann and Zombori，1981 图重绘)

基 (外壁为阳茎鞘 phallotheca，内壁为内阳茎基鞘) 伸出，环绕结构匀称的阳茎。④ *Eomenacanthus* 型：属于毛羽虱型的亚型，具有多种构造的阳茎，阳茎与同目内其他类群的不同源 (图 16-2)。

16.1.4 雄性外生殖器胚后发育

人虱属 1 龄若虫期，第 8、9 腹节腹板之间出现生殖囊，这个位置可能与其他昆虫第 9、10 腹节腹板边缘相当，因为在此发育阶段，人虱属若虫腹部的末节为第 9 腹节。随着发育的进程，生殖囊移向第 8 腹节腹板前部隆起脊。在第 1 次蜕皮时，生殖囊背壁出现 2 个突起，它们是初生阳茎叶，也称为 Piotrowski 尾足。2 龄若虫期，2 个初生阳茎叶末端愈合。2 次蜕皮时，2 个初生阳茎叶之间出现阳茎，而初生阳茎叶成为阳基侧突原基。

16.1.5 雌性内生殖器

卵巢束状，钝角亚目每卵巢的卵巢管数目为 3～5 支，丝角亚目为 5 支，其中 3 支的种类被认为属于退化形成的次生特征。卵通过输卵管进入开口于第 8 腹节腹板后的生殖腔。受精囊形状多变化，常为二叶状或成对，均开口于生殖腔。生殖腔开口于腹末端第 7 腹节腹面。有些种类卵巢管基部有 1 个囊状含菌体。钝角亚目有 1 对附腺，其分泌物能将卵粘在羽毛或绒毛上。虱亚目的每侧卵巢管 5 支，5 支卵巢管汇入侧输卵管，进而与中输卵管相接，然后通入生殖腔。每输卵管各有 1 支附腺，有具柄的交配囊，无受精囊，因此雌虫频繁交配。部分种类中肠壁或肠道中有含菌体，老熟雌虫卵巢管内含菌体中生存的共生细菌由卵传给后代。卵巢管多滋式，虱的卵巢管生殖区中发生由 6 个细胞组成的细胞群，其中 1 个为卵母细胞，其余 5 个为滋养细胞。滋养细胞从血淋巴液中吸取营养供给卵母细胞。卵室壁细胞 (滤泡细胞) 对卵母细胞也具有营养意义，但是在虱中它们的活动期比滋养细胞迟。

每侧卵巢管合并后进入侧输卵管，但 *Eurymetopus* 有时卵巢管分别与侧输卵管结合。钝角亚目、丝角亚目中输卵管进入生殖腔前常作"U"形弯曲。Heberdey (1931) 称中输卵管为"生殖腔"，而真正的生殖腔是位于受精囊后方的不成对的输出管，但在钝角亚目、丝角亚目中没有形成这样的输出管。Heberdey (1931) 认为下生殖板是第 7 腹节腹板的延伸，因此中输卵管开口于第 7 腹节腹板的前端。这种异常的生殖孔位置显然是中输卵管强烈弯曲的结果。受精囊单一或分为 2 瓣，通常为薄壁囊，伸出细的骨化管，开口于生殖腔背壁。开口常围有 1 较骨化区域。在受精囊体基部 (与受精囊管结合部)，通常为 1 特化区域，称为萼 calyx，常强骨化而有刻纹。受精囊有 2 种类型。①两侧对称型：受精囊体由管状的二叉状支囊组成，如长虱属。②辐射对称型：受精囊体蘑菇状，受精囊管长，其前端为腺管，如羽虱 *Docophorus*。Heberdey (1931) 认为在食毛目钝角亚目、丝角亚目中不存在第 9 腹节起源的附腺。虱亚目受精囊一般弱硬化，在大多属中不明显，有时表现为体内硬化的小袋状结构，而由细小的硬化小管连接生殖腔。生殖腔向后伸展，没有形成"U"形弯曲，受精囊管开口于生殖腔前背壁。阴虱属的受精囊由梨形的受精囊体和长的受精囊管组成，受精囊管进入生殖腔的前背壁。人虱属没有受精囊，尽管缺少受精囊这个分界标志，中间输出管的后部，即此处称为"生殖腔"的区域，应由第 8、9 腹节之间的腹板内陷形成。人虱属的附腺为中输卵管的外长物，在位置上与阴虱属的附腺不同，很可能不同源 (图 16-3)。

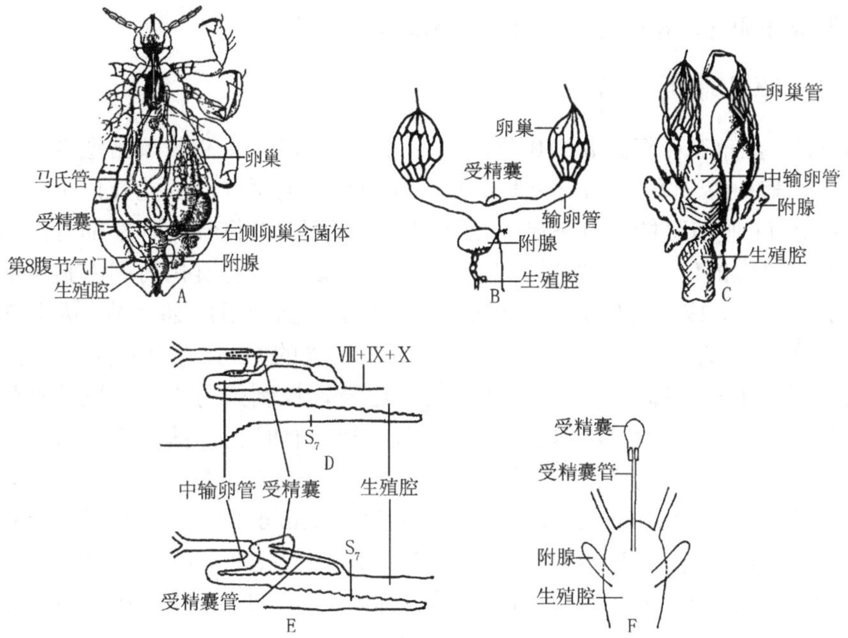

图 16-3　虱目雌性内生殖器

A．1 种虱亚目雌虫；B．1 种丝角亚目；C．人虱；D～F．雌性内生殖器输出管道[D、E．食毛亚目，示 2 个侧生 (D) 和辐射状 (E) 受精囊；F．1 种虱亚目]；S_7 为第 7 腹节腹板 (A．Weber and Weidner，1974；B．参考郑乐怡和归鸿，1999 图重绘；C～F．Matsuda，1976)

16.1.6　雌性内生殖器胚后发育

长羽虱属和圆羽虱属的低龄若虫出现 5 叶状的卵巢原基，每 1 卵巢呈丝状向后伸展，此为侧输卵管原基 (生殖索)。2 个侧输卵管又与后部的输出系统建立联系。在第 4 腹节腹面发生 2 对表皮增厚，并逐渐愈合形成马蹄形原基，原基的后缘与体表保持联系。从原基的前部产生成对的盲腔，逐渐发育形成“子宫”。Piotrowsk (1961) 认为 Nussbaum 所说的“子宫”实际上是壶腹。从体中部背面，2 个前侧原基和 2 个位于后面的中部原基开始发育，前侧原基获得腔并通过愈合形成马蹄形附腺，中部原基通过愈合形成受精囊。同时，体中部不成对的内陷发育形成生殖腔。Nussbaum 所称的生殖腔实际上属于子宫 (中输卵管)。鼠羽虱属输出系统原基开始时为不成对的位于第 8 腹节腹板中部的皮下内陷，由此内陷向背部通过次生外翻形成附腺，向前发展形成无管腔线状构造，即输卵管。Heberdey (1931) 认为上述附腺实际上是贮精囊。人虱属每卵巢由 5 支卵巢管组成，这种情况在卵孵化前 24h 已经出现。卵巢管基部联合成生殖索 (侧输卵管)，可延伸到第 6 腹节。缺乏中胚层起源的壶腹构造。人虱属的 1 龄若虫，第 7 腹节后部中线处出现不成对的皮下内陷，相当于其他昆虫的中输卵管内陷。后来，另外 1 个不成对的皮下内陷在第

8、9 腹节间出现，向前生长。第 7 腹节后部 2 个腹肌板 ventral muscle plate 之间，出现 2 个输卵管壶腹。Piotrowsk 称为中胚层壶腹。在第 1 次蜕皮后，每壶腹出现管腔，并与输卵管连接。2 龄若虫期，侧输卵管与壶腹接合，壶腹发育成为杯形。3 龄若虫期，中胚层壶腹联合形成输卵管，输卵管的后部突出形成附腺原基。

16.1.7　雌性外生殖器

钝角亚目、丝角亚目腹部 8～10 节，第 1、2 腹节和第 8、9 腹节常愈合，或第 1 腹节与后胸愈合，第 9 腹节不易见，一般仅见 8～9 腹节。无尾须。肛孔开口于腹部末端。啮毛虱属成虫第 11 腹节可能是肛下叶，肛上叶可能为第 12 腹节。两性都有由体壁内陷形成的生殖室，雌性的位于第 8 腹节，生殖孔开口于该室，生殖孔两侧由腹末端节腹板或侧板形成的生殖突，或称阴门瓣、抱器瓣，无产卵器。虱亚目腹部 9 节，因前 2 节退化，仅见 7 节。无尾须。雌虫腹部末端分叉，肛门开口于叉的中间，生殖孔开口于肛门之前，生殖孔的两侧有 1 对生殖突，产卵时用以握持毛发，控制卵的位置。雌性外生殖器包括下生殖板和生殖肢，下生殖板主要为第 8 腹节腹板，有时也包括第 7 腹节腹板。生殖肢是成对的硬化叶或片，位于第 8、9 腹节腹面两侧，一般第 8 腹节的较为明显，并常具有 1 列成簇的刚毛，第 9 腹节的较弱，也称为生殖叶 genital lobe，有时其末端具有 1 刺状刚毛，称为生殖刚毛 genital setae。生殖孔 (阴门) 为硬化的瓣状的痕迹，横贯于第 8 腹节生殖肢间，形状各异，但后缘呈细锯齿状，称为瓣縌 valvular fimbria。生殖孔前面的 1 个或多个腹板可能骨化 (如果多于 1 块，通常愈合在一起)，形成下生殖板。生殖孔位于端部或背部，下生殖板向腹节的后腹缘延伸。生殖腔入口处的褶在侧面可能延长为相当发达的瓣 (生殖突 gonapophyses)，在兽羽虱科的这些瓣代表第 9 腹节侧板。生殖节以后各节腹面的各种瓣或瘤代表相应腹节的生殖突 (图 16-4)。

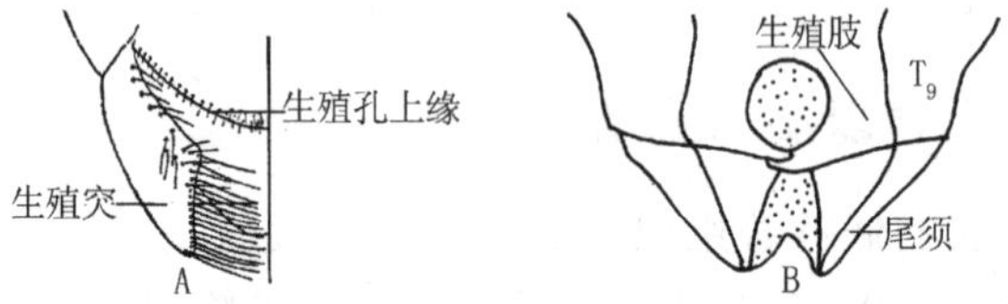

图 16-4　虱目雌性外生殖器

A. 毛虱科 1 种，雌性交配器 (左半侧) 腹视；B. 虱属雌虫腹部末端背视；T_9 为第 9 腹节背板 (A. Tuxen，1969；B. 参考 Steinmann and Zombori，1981 图重绘)

16.2　短角鸟虱科 Menoponidae

16.2.1　褐马鸡短角鸟虱 *Menopon mantchuricum* Sun, Liu *et* Han

雄性外生殖器： 阳茎基板上有叶片形细齿区，阳茎短，阳茎侧突长，有关节，端部刀状。阳茎中内片较长，后端宽而平截，长方形，其上亦有许多细齿 (图 16-5)。

图 16-5　褐马鸡短角鸟虱雄性外生殖器 (孙建华等，1998)

16.2.2　*Myrsidea shirakii* Uchida

雄性外生殖器：阳茎器官可分为基板 basal plate (基突 basal apodeme、阳茎基 phallobase)、阳基侧突 (外阳基侧突 external parameres)、中体 mesomere (阳茎 aedeagus，内阳基侧突 internal parameres)。基片支撑阳茎体 phallosome 的前部和侧缘，基片和基突之间以生殖腔的膜为界。阳基侧突为 1 对袋囊状骨片，基部与基片末端的后腹部相关节。阳基侧突有时与基片及中体愈合。中体是弧形骨片，位于阳茎体的中后部区域、阳基侧突之间。中体一般由单一的骨片组成，支撑内阳茎开口的背、侧缘，基部与基片的后背端相关节。中体和基片可以愈合。内阳茎开口的腹缘有 1 对骨片，称为腹片 ventral plate，位于内阳茎的永久翻出部分，它们可能属于次生性骨片，由内阳茎的膜发育而成 (图 16-6)。

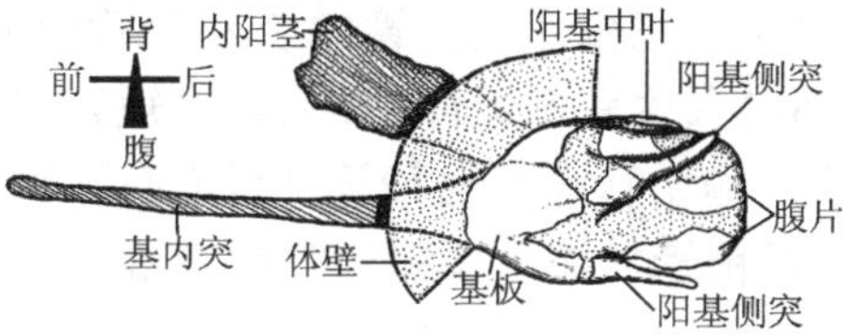

图 16-6　*Myrsidea shirakii* 阳茎体腹侧面观 (Yoshizawa and Johnson，2006)

16.3　长角鸟虱科 Philopteride

16.3.1　角雉雷鸟虱 *Lagopoecus tragopani* Liu

雄性外生殖器：阳基侧突短，端部渐细，刀状，其端部有 1 微毛。阳茎长，基部两侧各有 2 外毛孔穴。中体长，加厚处无齿 (图 16-7)。

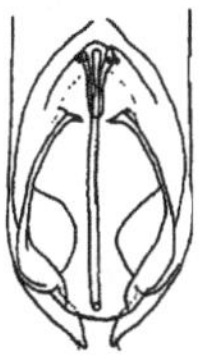

图 16-7　角雉雷鸟虱雄性外生殖器 (刘思孔，1989)

16.4　甲胁虱科 Hoplopleuridae

16.4.1　麝鼠甲胁虱 *Hoplopleura ondatraria* Teng

雄性外生殖器：阳茎侧突外侧弧度明显，后部渐窄。伪阳茎侧缘略呈角突，后侧缘有明显的锯齿，端部较长而渐细 (图 16-8)。

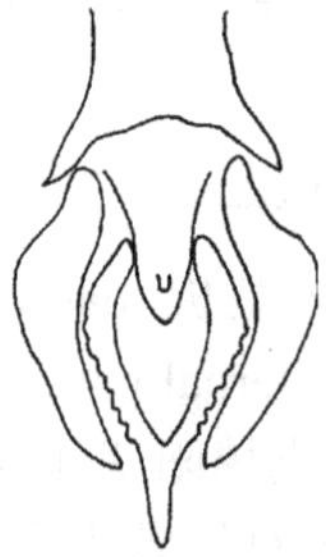

图 16-8　麝鼠甲胁虱雄性外生殖器 (邓国藩，1980)

16.5　虱科 Pediculidae

16.5.1　人虱 *Pediculus humanus* Linnaeus

雄性内生殖器：每精巢有 2 支宽梭形精巢管，2 支精巢管分列于输精管顶端两侧呈"丫"状。输精管粗直，自精巢下部向虫体后方延伸，在后端与短棒状的附腺结合后弯向前方，形成 1 对略膨大的复射精管。输精管与复射精管结合部有盲管状突起，可能属于附腺。复射精管末端着生于细直单射精管顶端，单射精管的末端与阳茎相连 (图 16-9 A)。

雄性外生殖器：阳茎基内突发达，前端宽扁，后端狭窄，伸向虫体前方。伪阳茎刺状，位于基内突后缘，伪阳茎两侧近基部另有小刺状阳基侧突。阳茎囊基部短管状，末端膨大，末端上角有细管状的阳茎。阳茎顶端稍弯曲。阳茎支柱发达，中部小分支，位于阳茎囊外侧、阳茎的下方 (图 16-9 B、C)。

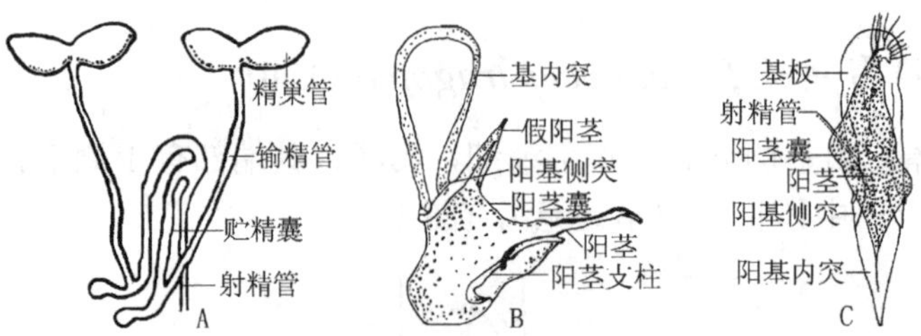

图 16-9　人虱雄性生殖系统

A. 雄性内生殖器；B. 雄性外生殖器侧视；C. 雄性外生殖器背视 (A、B. 郑乐怡和归鸿，1999；C. Matsuda，1976)

雌性内生殖器：每卵巢有 5 支多滋式卵巢管，卵巢管基部集生于侧输卵管顶端形成的输卵管萼上。侧输卵管粗短，后端与同侧附腺一起汇入中输卵管膨大的头状顶端，中输卵管后部与生殖腔连接，两者之间的分界不清晰。无受精囊 (图 16-10)。

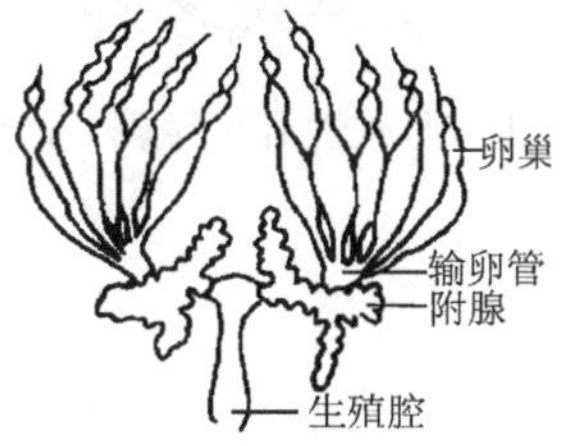

图 16-10 人虱雌性内生殖器 (郑乐怡和归鸿，1999)

16.6 多板虱科 Polyplacidae

16.6.1 岩松鼠新血虱 *Neohaematopinus rupestis* Chin

雄性外生殖器：基内突较为细长。阳基侧突约为基内突 2/3，近末端内侧凹入，钩状。假阳茎末端背面具 2 行鳞状小突 (图 16-11)。

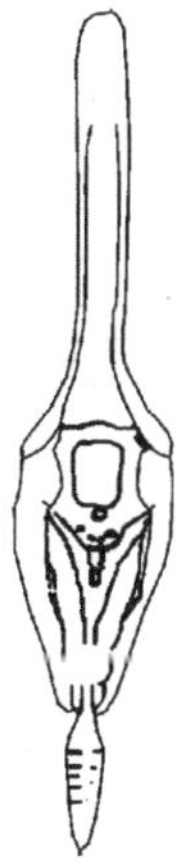

图 16-11 岩松鼠新血虱雄性外生殖器(参考金大雄，1985 图重绘)

16.7 马虱科 Ratemiidae

16.7.1 亚洲马虱 *Ratemia asiatica* Chin

雄性外生殖器：生殖片竖琴状，2 臂粗长，前端钝。外生殖器的基内突及阳茎侧突粗壮，后者中部内缘突出，末端钝。阳茎端较长，其末端约达阳茎侧突之内缘。假阳茎亦粗壮，呈钝角三角形，2 臂亦粗，前端钝。几未骨化，仅末端稍强 (图 16-12)。

图 16-12　亚洲马虱雄性外生殖器　(金大雄，1981)

第 17 章　缨翅目 Thysanoptera

17.1　概　　论

17.1.1　雄性内生殖器

精巢一般椭球形。缺翅蓟马属每精巢有 4 个室，4 室之间彼此头尾叠置。带蓟马属精巢位于两侧，中间通过纤维组织联系。通常精巢较长，其后连接的输精管较短，后端膨大形成贮精囊，可能属于中胚层起源。附腺通常 1 对，球形。但泥蓟马属、简管蓟马属有 2 对附腺。花蓟马属的射精球邻接于附腺之后，可能为中胚层起源。

17.1.2　雄性内生殖道胚后发育

花蓟马属 1 龄若虫，输精管与第 9 腹节腹板背面或第 10 腹节前缘的体壁相连，每 1 输精管止于实心的壶腹。因此，壶腹很可能是在胚胎期间形成的，属于中胚层起源。壶腹位于发育中的外生殖器原基背面，外生殖器原基在 2 龄若虫期开始形成。在 2 龄若虫后期，射精管原基从外生殖器原基不成对的基部，携带壶腹与附腺原基，沿头部方向分化进入血腔。在尾部，射精管原基细胞开始与外生殖器原基内层细胞分离，这种管道的阳茎内部发育成为连接管 ductus conjunctus。后来，射精管和连接管通过内腔联系。内腔经初生生殖孔向外开口。在 2 龄若虫后期，附腺原基从壶腹前壁向头部方向外突。预蛹期每个腺体出现小的管腔，但尚未与射精管相连。蛹期，管腔进一步拓展。预成虫期，附腺开口于射精球或输精管后部。简管蓟马属第 1 对附腺在预蛹早期从生殖壶腹前壁出现，第 2 对附腺起源于愈合后壶腹的腹侧面，在第 1 对形成后出现。4 支附腺的管腔向尾部开口于射精管下面。

17.1.3　雄性外生殖器

下生殖板由第 9 腹节腹板延伸形成，下生殖板上形成生殖腔。阳茎从第 9 腹节基部突出，当休止时，全部包被在生殖腔内。花蓟马属和简管蓟马属的阳茎由阳茎基、阳茎鞘、内阳茎鞘、伪阳茎端刺构成。内阳茎鞘不用时缩进阳茎鞘内，伪阳茎端刺固着于内阳茎鞘的顶部，阳茎口 (次生生殖孔) 开在其末端 (简管蓟马属) 或背面 (花蓟马属)。有些种类，如纹蓟马属，有 2 对阳基侧突 (背突和腹突)，它们可能与啮虫目的 2 对阳基侧突同源。 (次生) 生殖孔位于第 9、10 腹节之间。

锯尾亚目的交配器官基部，由不同分支的微弯曲的骨棒组成，在躯干部附着有能翻出的膜质囊。多数情况下，有各种弱骨化的硬脊或附器，在许多高度特化的类型 (管尾亚目) 中，其末端明显有强骨质的棒或短而钝圆的分叉 (伪阳茎端刺 pseudovirga)，射精管开口于它的顶端。锯尾亚目最原始的阳茎类型见于纹蓟马科，黑蓟马属和纹蓟马属的雄性交配器官有 1 复杂的、近锚状骨化的基部 (围雄生殖节 periandrium)，由此伸出的 2

对附肢 [背阳基侧突和腹阳基侧突 (下阳体 hypophallus)] 及 1 个不成对的附器 (阳茎器 aedeagus)，从基部附着在它上面的是 1 膜囊状上阳体 epiphallus，其上有不同骨化加厚和小的齿状附器，在囊内穿过射精管，终止于不同骨化程度的顶端。囊膨大时，可能抵达或超过其他结构的顶端。中央不成对的附器称为阳茎器，是 1 个简单、微微上弯、侧扁的骨棒，其顶端变狭，常尖锐或稍圆而背面有细沟，这部分被包围在阳基侧突和下阳体之中。前面较短的 1 个接近阳茎近背面，成为背阳基侧突 dorsal paramere，而腹阳基侧突 ventral paramere 比较明显，基部可能很宽，侧面齿状或锯状，其端部能超过其他部分，它们的顶端尖锐或稍呈钩状。腹阳基侧突基部加厚处有 1 组固定刺毛，它们在多数纹蓟马属和黑蓟马属中相当显著。少数种类 (盲蓟马)，阳基侧突比中央的阳茎短得多。主要的膜质囊 (上阳体 epiphallus)，在横纹蓟马中有 2 骨质棒加固，在其顶端有双重强骨化的钩，伸向后方。

在锯尾亚目其他类型中 (蓟马科和异蓟马科)，阳茎器、阳基侧突、上阳体均发达，但阳基侧突部分极退化。围雄生殖节环状或双环状。背阳基侧突消失，腹阳基侧突发达，端尖或呈钩状，有时有侧齿甚至有鹿角状附器 (赤带蓟马)。阳茎简单。带蓟马属上阳体的骨化部分背视呈鱼尾状，花蓟马属上阳体狭而简单。有时囊的骨质加厚非常退化 (指蓟马属、狭蓟马属、硬蓟马属)，管孔位于近腹面或背面，而不在端部。齿蓟马属的射精管有带状结构加固，在整个长度清晰可见。

蓟马科的雄虫外生殖器基部几丁质化部分称阳茎基 (围雄生殖节)，由此伸出阳茎 (端) 和阳基侧突，阳茎 (端) 呈向后而少许上弯的细槽，端部尖或钝。系自阳茎 (端) 基部和阳基侧突的是阳基背片 epiphallus，即膜囊。膜囊内的射精管终止在端部。阳茎基背片多变，表面有几丁质增厚物和小齿。蓟马科的背阳基侧突缺，仅有 3 个附肢，1 个中阳茎 (端) 和 2 个侧腹面的阳基侧突。纹蓟马科有 2 对阳基侧突，基部甚突出，背面的 1 对短，腹面的 1 对长，在侧部有齿或锯齿，其形状因种类不同而异。

管尾亚目基部的阳茎基退化为小板，通常有 1 基环 annulus，它显然是围雄生殖节退化的遗迹。侧面可见 1 对短而略尖的板，生有 2～3 支刺毛，在基部同另外 1 对合并，这些小的板属于阳基侧突，至少与锯尾亚目腹阳基侧突具刺毛的基部同源。随后为 1 延长的船形骨化部分，它可称为舟形片 navicula，腹面凹入，较明显骨化，背面较短，多数部分骨化 (如皮蓟马属)。有些属 (敏蓟马属) 的舟形片膜质。如果膜囊 vesicle 及伪阳茎端刺不突出，就折叠在舟形片内。舟形片顶端钝或圆形，但灵蓟马属的顶端尖锐。

管尾亚目阳茎的绝大部分能翻出膜囊 (阳茎基背片)，阳茎基背片上呈现有斜纹，形成羽状结构。在阳茎基背片的顶端 (与锯尾亚目的上阳茎一致) 为阳茎 (端)，其端部简单，叉状、杆状或抹刀形。射精管开口在阳茎端部。阳茎 (端) 上可见不同长度简单或二分叉的几丁质结构，但在多数皮蓟马族中呈棒状或匙状，这个端棒称为伪阳茎端刺，其末端有射精管的开口。敏蓟马属、光蓟马属和长蓟马属膜囊的背面顶端 (假阳茎端刺的上面) 有骨质黄色的尖而螺旋扭曲的硬刺 (图 17-1)。

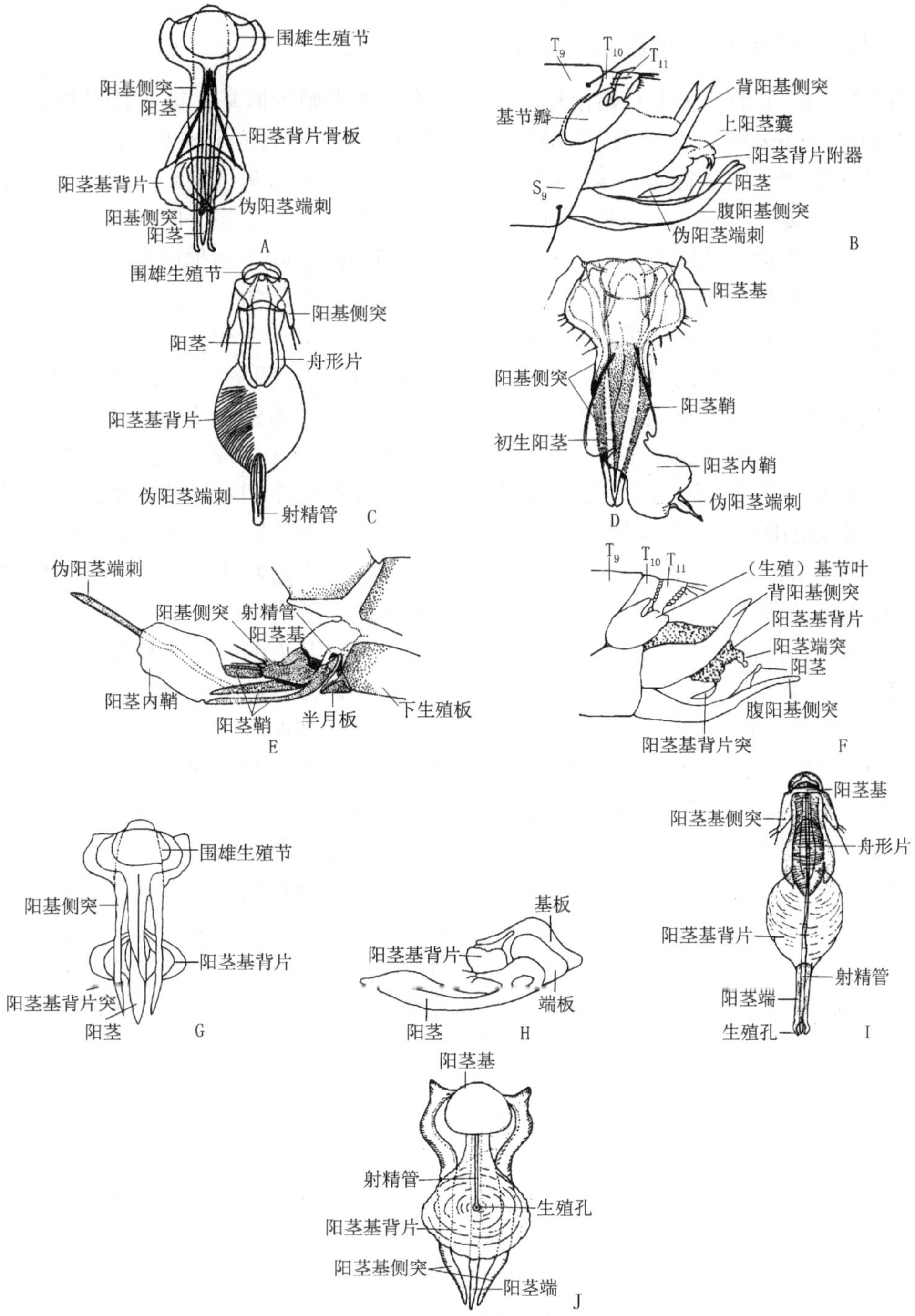

图 17-1　缨翅目雄性外生殖器

A. *Taeniothrips pallidivestis* 阳茎；B. *Aeolothrips* sp.腹部末端侧视；C. 稻管蓟马阳茎；D. *Fankliniella fusca*；E. 毛蕊简管蓟马；F. 蓟马属腹部末端侧视；G. *Thaeniothrips* sp.交配器官腹视；H. 滑蓟马属交配器官侧视；I. 管尾亚目；J. 锯尾亚目；T_9～T_{11}为第 9～11 腹节背板；S_9为第 9 腹节腹板（A～C. Tuxen，1969；D～E. Matsuda，1976；F～H. Steinmann and Zombori，1981；I、J. 韩运发，1997）

17.1.4 雄性外生殖器胚后发育

花蓟马属的 2 龄若虫期开始出现不成对的雄性外生殖器原基，第 9 腹节腹板表皮形成环沟 circular groove，生殖原基卵圆形，为环沟环绕，横向位于该节后部 2/3 位置。输精管末端壶腹位于原基背面。第 9 腹节腹板表皮位于生殖原基近头部，沿阳茎原基下面向后伸长，最终发育成下生殖板。同时，生殖原基带着壶腹下陷、向前方下生殖板上发育。此时原基后缘的细胞增殖，向后生长，形成初始阳茎叶。到预蛹期，整个原基位于第 9 腹节腹板的囊 pocket 内。原基的背侧缘接近端部，每侧的初生生殖孔位于阳茎鞘原基的高度，而原基的基部形成阳茎基。在化蛹蜕皮后不久，在初生生殖孔水平上，生殖原基的尾部表面出现横沟，横沟在阳茎鞘原基上方和两初生阳茎叶下方之间向前方陷入，此时 2 初生阳茎叶仅可见顶部。在第 1 条横沟下方又形成另外 2 条沟，与第 1 条横沟垂直，每条沟分别位于初生阳茎叶的顶部。随着上述 3 条沟的加深，将阳茎侧叶与中叶分开。同时，3 个阳茎叶均与上部的阳茎鞘分开。下面的 3 个阳茎叶体积增加，形成中间的骨片 (原始的阳茎) 和两侧的阳基侧突。预蛹期，内阳茎鞘从生殖原基的背面向阳茎基的腹面和头部方向缩入，在阳茎鞘的脊发生的背面缝合过程中，阳茎腔的长度向后延伸。蛹后期和预成虫期，伪阳茎端刺隐藏入内阳茎鞘的腔内。

简管蓟马属的成虫阳茎原基在若虫孵化后即出现，其上的阳茎叶从 2 龄若虫后期开始发育，2 个初生阳茎叶开始向尾部生长进入生殖腔。阳茎叶最接近的部分发育为阳茎基。在化蛹初期，初生阳茎叶发生愈合，但小的“S”形管腔在两愈合管之间保持空腔状态。管腔为连接管，是射精管后部的延伸。伪阳茎端刺是由连接管前部和侧面的细胞群发育形成的。中间的背沟 (沿初生阳茎叶的联合缝形成) 延长，在生殖腔背壁下沿中线愈合，如此形成的管即为内阳茎腔 endothecal cavity。内阳茎腔的外壁分裂形成表皮，进而形成阳茎鞘的背片。在化蛹期间，阳茎基侧壁的外长物形成阳基侧突。上述情况表明：花蓟马属的阳茎鞘、内阳茎鞘、伪阳茎端刺的发生与阳茎基有关，独立于初生阳茎叶发育，初生阳茎叶发育为阳基侧突。但简管蓟马属阳茎鞘、内阳茎鞘、伪阳茎端刺基本是由初生阳茎叶愈合发育而成，阳基侧突是后来形成的，其形成与初生阳茎叶无关。

17.1.5 雌性内生殖器

卵巢管无滋式，大部分缨翅目昆虫每卵巢有 4 支卵巢管，由最初的单一卵巢原基分化而成。呆蓟马属卵巢有 5 支卵巢管。卵巢管的端丝结合形成悬带，悬带附着于唾腺上。侧输卵管短，分列于两侧，末端汇入中输卵管，中输卵管又与生殖腔联系。受精囊管开口于生殖腔的前背壁，在受精囊前的中间输出管为形态学意义上的中输卵管。简管蓟马属的受精囊管具有壶腹，壶腹内含有蜷曲的精子。在多饰管蓟马属中也存在这样的壶腹。*Caudothrips* 的受精囊管具有泵的机制，泵由壶腹、瓣、肌肉质管壁等组成，具有调节精子流动的功能。第 9 腹节起源的公共附腺 common accessory gland 只存在于那些有瓣状产卵器的缨翅目昆虫中。花蓟马属的附腺及其管道具有 2 层结构：薄的内部上皮层和由栅栏状分泌细胞组成的外层。公共附腺通过与后瓣基区愈合的乳突向体外开口 (图 17-2)。

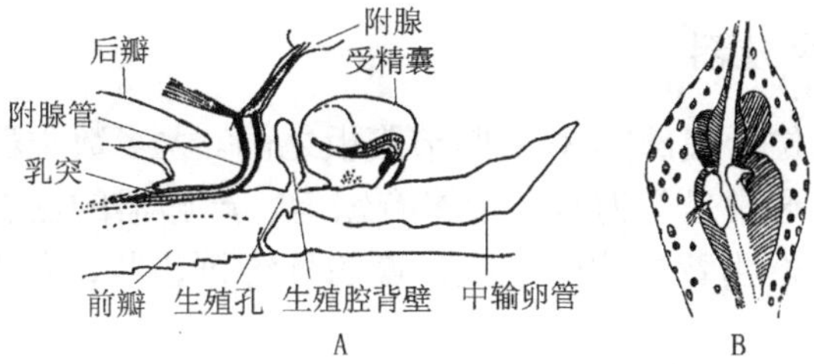

图 17-2　缨翅目雌性内生殖器 (Matsuda，1976)

A. *Frankliniella fusca* 雌性内生殖器输出系统；B. *Caudothrips buffani* 受精囊的瓣室

17.1.6　雌性内生殖器胚后发育

缨翅目内生殖器的发育主要在胚后发育的下半段进行，与低等的不完全变态昆虫相比，发育开始期一般更延迟，相关结构出现较晚，发育速度较快，这些形状类似于完全变态昆虫。花蓟马属 1、2 龄若虫，每个侧输卵管原基 (生殖索) 与第 7 腹节表皮的卵巢原基相连。在泥蓟马属 2 龄若虫也有这种联系结构。简管蓟马属 2 龄若虫期，侧输卵管向后止于第 7、8 腹节之间连接部表皮。在后端附着点建立之后，侧输卵管原基的后端向中部迁移，细胞分裂，每侧形成 1 扩大的壶腹。Heming (1970a) 认为壶腹可能为中胚层起源，但 Davis (1961) 则认为可能属于外胚层起源，他观察到壶腹是在预蛹期突然出现的。花蓟马属和泥蓟马属，在预蛹蜕皮后不久，第 7 腹节腹板表皮出现中输卵管原基内陷。简管蓟马属则通过皮下细胞和侧输卵管壶腹后端细胞的分化形成。中输卵管原基与同侧的壶腹愈合，并在第 7 腹节临时性开口，随着第 8 腹节腹纵沟的形成，开口移至第 8 腹节。

花蓟马属的第 8 腹节腹纵沟明显退化，在蛹期发育的生殖腔可能通过含有前瓣原基基部的生殖室 genital pocket 扩展形成。生殖室占据中输卵管后部或者扩展与中输卵管愈合。中输卵管管腔此时开口于尾部背面，通过初生生殖孔进入生殖腔，生殖腔通过生殖孔向外开口。泥蓟马属的生殖腔在化蛹蜕皮后随着第 8 腹节表皮上的纵沟发育而形成，纵沟通过腹缘愈合形成扁平管，继续向前伸展进入第 7 腹节，使生殖腔位于中输卵管后端的背面。花蓟马属和泥蓟马属的生殖腔原基均占据中输卵管后端。简管蓟马属没有瓣式产卵器，第 8 腹节纵沟腹缘在腹面相接并愈合，中输卵管延伸到第 8 腹节腹板之上。Heming (1970a) 将延伸区域称为辅助输卵管 secondary oviduct。

花蓟马属 2 龄若虫期，第 8 腹节前部表皮、前瓣原基之间出现受精囊原基内陷。在蛹期，受精囊生长、获得管腔、向生殖腔背面倾斜，最终以腹面的头部方向开口于生殖腔端部。泥蓟马属的受精囊原基在 2 龄若虫后期起源于第 8 腹节。在预蛹初期，前瓣原基的基部腔室内伸出受精囊原基。在蛹期，受精囊原基与生殖腔前端相连。简管蓟马属受精囊的发育开始于预蛹期第 8 腹节腹板的后缘，最终受精囊管开口进入第 8 腹节腹板生殖腔的背壁。花蓟马属和泥蓟马属的附腺起源于第 9 腹节腹板的成虫盘，位于后 (内) 瓣原基之间。花蓟马属的原基在 2 龄若虫可见，而泥蓟马属的原基则在预蛹期出现。简管蓟马属不形成附腺。

17.1.7　雌性外生殖器

锯尾亚目的生殖孔位于腹部第 8、9 腹节腹板之间。大多数类群的产卵器由 2 对几丁质化的淡黄色瓣组成，通常呈马刀状，边缘有锯齿。产卵器的左右瓣内侧微微张开，形成卵下行的通道。产卵器由背、腹瓣组成，瓣的外缘锯齿状，但背瓣之一 (左瓣) 光滑

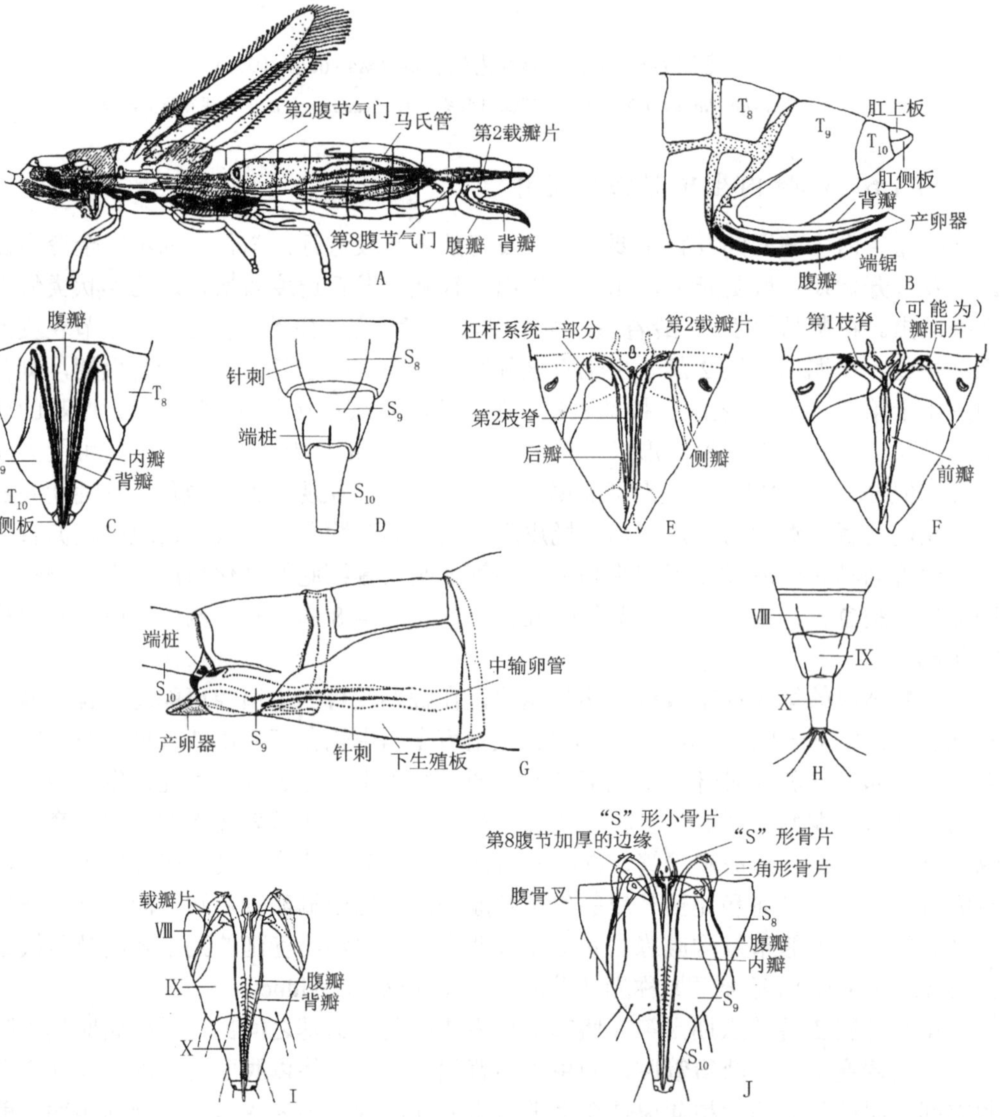

图 17-3　缨翅目雌性外生殖器

A. 1 种锯尾亚目雌虫侧面透视；B、C. 呆蓟马属腹部末端侧、腹视；D. *Haplothrips* sp.腹部末端腹视；E、F. *Frankliniella fusca* 腹部末端腹视；G. 毛蕊筒管蓟马腹部末端侧视；H. 管尾亚目，腹部末节背视，第 10 腹节形成产卵管；I. 锯尾亚目腹部末节腹视，示产卵器；J. 1 种呆蓟马腹部末端腹视；T_8～T_{10} 为第 8～10 腹节背板；S_8～S_{10} 为第 8～10 腹节腹板；Ⅷ～Ⅹ为第 8～10 腹节 (A. Weber and Weidner，1974；B、C. Steinmann and Zombori，1981；D、J. Tuxen，1969；E～G. Matsuda，1976；H、I. 韩运发，1997)

无锯齿。产卵瓣扁长镰形，凹边硬化。瓣基部与形状大小不同的板，即载瓣片相连。产卵瓣结合牢固，背向或腹向弯曲，只能沿纵轴滑动，端部尖锐，并有锯齿指向后方。大腿蓟马科的产卵器较原始，骨化弱，不太弯曲。极少类群中，产卵器为可伸缩的膜质。产卵器通过复杂的杠杆 lever 系统附着在虫体上，蓟马科杠杆系统的联系关系：下瓣（腹瓣）基部呈明显强骨化的突起，连接于微尖的基部，此角关联 1 个小的、略呈"S"形的骨片，大部分位于第 7 腹节内，在这对骨片内有另外 1 块较小的形状相似的骨片，上瓣（内瓣）以 1 叉状片同第 8 腹节牢固连接，也同大型瓶状的腹骨叉相连接。上瓣另一侧的端部连接 1 个三角形中间弱骨化的小片。下瓣只能在 1 固定点上旋转，上瓣可借三角形的连接骨片在一定范围内移动。

花蓟马属的前瓣每侧均有骨片支持，称为第 2 瓣间片，该骨片在第 9 腹节背板两侧增厚，与前瓣基部关节，可能是瓣间片与侧背板 paratergum 愈合的产物。花蓟马属的后瓣由第 2 载瓣片支持，第 2 载瓣片又与第 9 腹节的骨化增厚部位（即瓣间片）关节。通过与载瓣片的联系，瓣间片相当于其他昆虫的侧瓣（背瓣）。在每个后瓣上，有 1 纵贯全长的腹部纵脊，其前部形成羽状突起。这种脊突与前瓣的背脊配套，使每侧的瓣能纵向滑行。每侧瓣前端的骨突成为第 2 载瓣片的支点，使附着于前侧角的后瓣能在前瓣上前后滑动。

管尾亚目的生殖孔位于第 8、9 腹板间，产卵器为细柔可翻缩的斜槽状构造。产卵瓣包括第 8、9 腹节内 2 根弯曲的几丁质化针状物，第 9 腹节内的 1 个几丁质化的黑色纵棒，此为产卵瓣（生殖突）退化的遗迹，外部器官则完全消失。管状的第 10 腹节为卵下行的通道。简管蓟马属的产卵器是 1 个简单的鳃盖构造，没有直接相关的肌肉组织。产卵器埋藏在下生殖板上、第 8 腹节腹板背面，缩在第 9 腹节的产卵器鞘内。产卵器鞘的背壁头向与中输卵管底壁相连。次生（外）生殖孔位于第 8、9 腹节（锯尾亚目）之间或第 9、10 腹节（管尾亚目）之间（图 17-3）。

17.1.8　雌性外生殖器胚后发育

花蓟马属的产卵瓣发育开始于 2 龄若虫期，前瓣原基起源于第 8 腹节腹板表皮的成虫盘 imaginal disk，成虫盘分列于受精囊原基侧面。稍后，后瓣原基起源于 1 对类似的第 9 腹节腹板成虫盘，成虫盘位于附腺原基两侧。在蛹期，随着生殖腔的扩大和生殖区的前移，后瓣移到前面更为背面的位置，位于前瓣原基上方。第 9 腹节腹板侧面表皮出现成对的加厚，进而发育形成瓣间片 gonangulum。蛹中期，第 9 腹节腹板已形成的握持产卵瓣的折叠两侧表皮增厚，形成第 2 载瓣片。泥蓟马属产卵瓣原基在 2 龄若虫期出现，位于第 8、9 腹节腹板。简管蓟马属的前瓣原基在第 1 龄蛹期出现，位于受精囊原基的两侧。这些原基朝中部相向生长，随后合并，在 2 阶段蛹期发育成"U"形。简管蓟马属的第 9 腹节不形成后瓣。

17.2　纹蓟马科 Aeolothripidae

17.2.1　纹蓟马 *Aeolothrips* sp.

雄性外生殖器：第 9 腹节环绕外生殖器基部，背阳基侧突和腹阳基侧突从第 9 腹节后方下部发出，背阳基侧突基半部粗大，端半部狭窄下弯，末端尖锐。腹阳基侧突由基部向端部逐渐收窄，中部弧形上弯，也称为下阳体，可能由第 9 腹节以后的部分形成，但与背阳基侧突不同源。阳茎侧视位于腹阳基侧突之间，前段上弯，末端尖削。上阳茎囊后端上角拇指状突出，末端有 1 对角状下弯的拟阳茎端刺。上阳茎囊腹侧有 1 前弯的管状突起 (图 17-4)。

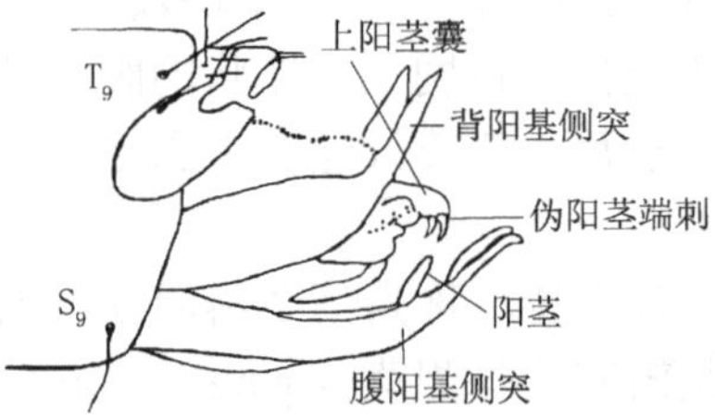

图 17-4　1 种纹蓟马 *Aeolothrips* sp.雄性外生殖器侧视

T_9为第 9 腹节背板；　S_9为第 9 腹节腹板 (郑乐怡和归鸿，1999)

17.3　蓟马科 Thripidae

17.3.1　谷泥蓟马 *Limothrips cerealium* Haliday

雌性生殖系统胚后发育： 2 龄幼虫的卵巢原基 1 对，每原基为很小的梨形，外部有脂肪体包被，位于第 5 腹节背面表皮下方，2 原基紧密相对。没有卵巢管和端丝的分化，卵巢原基后端急剧收缩，但侧输卵管原基尚未发育。产卵器和生殖系统的外胚层成分起源于第 7、8、9 腹节腹板两侧的器官芽，在 2 龄幼虫早期，这些器官芽部位上皮细胞没有分化的迹象。最初，第 9 腹节腹板背面出现皮下增生，接着第 7 腹节腹板后部 1/3 出现增生，第 8 腹节腹板后部 2/3 出现皮细胞增生。这些增生逐渐分化形成中间纵沟和两侧的侧瓣 lip，侧瓣最终发育为产卵器的前 (腹) 瓣，中沟则为受精囊发育的起点。同时，第 9 腹节腹板上的器官芽向后发出 1 对侧腹叶 lateroventral lobe，为产卵器后 (内) 瓣的原基。预蛹期，卵巢宽卵圆形，前部出现端丝，两侧卵巢的端丝结合，前伸到第 4 腹节，附着于脂肪体上。卵巢管尚未分化形成。前滤泡组织 prefollicular tissue 出现，分散在卵原细胞间。隐现蛹期 pharate pupa，卵巢体积约增加 1 倍，约在前部 1/3 出现卵巢管的分化，初生卵母细胞出现。侧输卵管 (生殖索) 依然为实心线状，但后端在预蛹初期即增生形成 1 对生殖壶腹 genital ampullae，生殖壶腹为实心的梨形构造，与第 7 腹节腹板中间向内生长的中输卵管原基紧密联系。在隐现蛹期，生殖壶腹开始出现内腔。预蛹早期，第 7、8、9 腹节腹板上的器官芽开始显现成虫生殖系统的特征，器官芽勉强可辨，腹板间的界限模糊。第 7 腹节腹板内侧出现小型有管腔的厚壁内陷，沿壶腹之间前伸，此为中输卵管原基。在随后的发育中，中输卵管原基及其中管腔的体积逐渐增大，与生殖索壶腹的联系更紧密，其后部开口已经扩展为短的中间沟。中间沟开口后部为明显增厚的第 8 腹节腹板上皮细胞，增厚的上皮向背面反折形成腔室，腔室的侧壁增厚形成向后伸出第 8 腹节腹板的前 (腹) 瓣的基部，腔的前部向前伸出受精囊原基，受精囊原基小型内腔通入前瓣之间。腔的背壁与中间折叠的第 9 腹节腹板连续，第 9 腹节腹板折叠的前部发出实心外长物，此为早期的附腺原基。而折叠的侧壁则形成后（内）瓣的基部。到隐现蛹期，2 对产卵瓣的末端已经伸出腔外。整个上述阶段，产卵瓣为圆形或卵圆形实心杆，或仅有 1 点空腔，彼此之间全长分开。受精囊原基小型，形态和位置变化不大。附腺原基明显增长，前端后弯，内部出现管腔。管腔向后开口于后瓣基部前面的圆锥形突起上，前面后弯部分的管腔稍膨大，开始分化出附腺管和附腺囊。蛹初期，除最后端外，卵巢其他部位已经完成卵巢管的分化，卵巢管基部出现 1~2 粒较大的卵母细胞，单层滤泡细胞包围卵母细胞形成卵室。隐现成虫初期，卵巢管分化完成。中输卵管原基显著前伸，导致侧输卵管原基缩短。蛹初期，生殖壶腹与中输卵管原基连接并逐渐融为一体。侧输卵管原基增粗并分化出管腔，最后侧输卵管全长出现管腔。蛹初期，中输卵管原基长度增加，壁变薄，管腔加大，与壶腹腔建立了联系。预蛹期出现的第 7 腹节器官芽中间沟的侧壁腹面缝合，导致中输卵管后部开口向背面弯曲，与第 8 腹节腹板上的器官芽形成的生殖腔相遇。受精囊原基通过短管与生殖腔前部联系。蛹后期，中输卵管与生殖腔结合，结合部位的腹壁为薄壁的中输卵管成分，背壁为更厚的生殖腔成分。受精

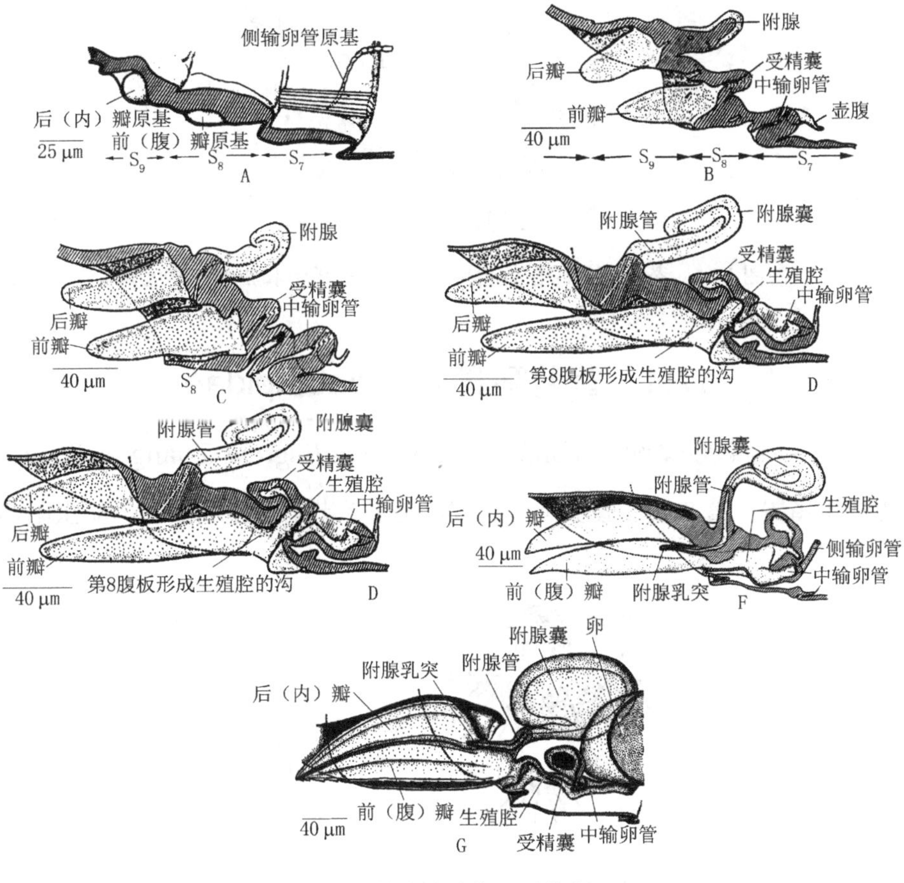

图 17-5 谷泥蓟马雌性生殖系统胚后发育 (Davies，1961)

A. 2 龄幼虫末期；B. 幼龄预蛹；C. 预蛹；D. 幼龄蛹；E. 高龄蛹；F. 隐现成虫；G. 成虫；S_7~S_9为第 7~9 腹节腹板

囊管开口于生殖腔的最前端，开口后部的生殖腔成为退化的交配囊，受精囊内腔出现管状和球状区域，管壁逐渐变薄为单层细胞。蛹初期，附腺原基已经分化出空心的囊和实心的管。蛹期管的长度增加近 1 倍，囊的体积稍有增加。蛹初期，附腺原基的细胞依然分裂增殖，但随后细胞停止分裂，附腺壁变为单层细胞。蛹期发生的主要变化是完成了卵巢管的分化、生殖腔的形成及附腺的进一步分化。在隐现成虫期，各部分构造进一步向成虫期状态演化，但卵巢管依然保持幼期状态，在蛹末期，侧输卵管才获得管腔。初羽化成虫卵巢的大小和构造与蛹末期的并没有明显区别，随后的发育包括：因为卵母细胞的卵黄沉积，侧输卵管充满成熟卵而膨胀，中输卵管和生殖腔体积扩大，出现很薄的上皮细胞层和精致的表皮内衬，附腺囊膨大，充满细颗粒状内容物，产卵器及基部骨片鞣化和骨化，生殖系统发育完成 (图 17-5)。

17.3.2　茶黄蓟马 *Scritothrips dorsalis* Hood

雄性外生殖器：下生殖板发达，几乎覆盖全部雄性外生殖器，仅阳茎管末端少许外露。腹阳基侧突 1 对，发达，伸达下生殖板后缘。背阳基侧突退化，牛角状，位于阳茎基两侧。阳茎基中部膨大，顶端收窄形成阳茎。围雄生殖节退化成围片，位于阳茎基部 (图 17-6)。

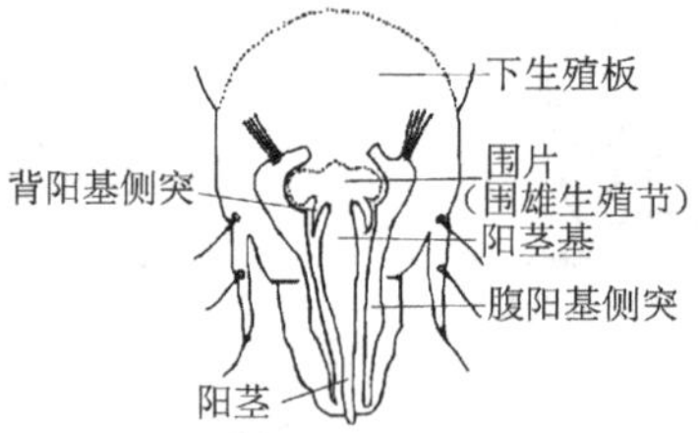

图 17-6　茶黄蓟马雄性外生殖器背视 (郑乐怡和归鸿，1999)

17.4　管蓟马科 Phlaeothripidae

17.4.1　车八岭剪管蓟马 *Psalidothrips chebalingicus* Zhang *et* Tong

雄性外生殖器：第 8 腹节腹板具腹腺域，位于该节前缘呈弯曲状。雄虫阳茎基鞘端尖锐 (图 17-7)。

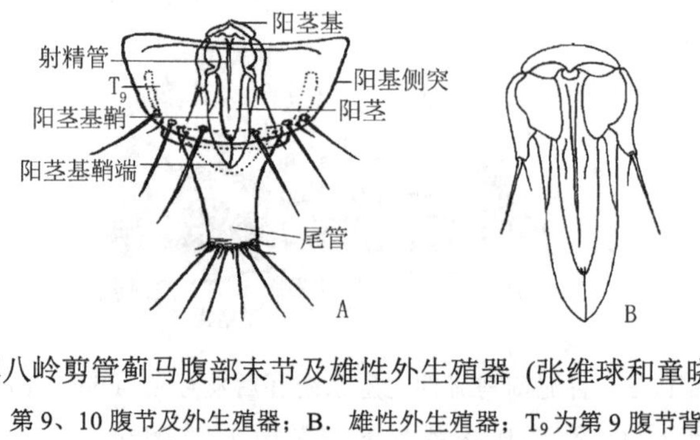

图 17-7　车八岭剪管蓟马腹部末节及雄性外生殖器 (张维球和童晓立，1997)

A. 第 9、10 腹节及外生殖器；B. 雄性外生殖器；T_9 为第 9 腹节背板

17.4.2　稻简管蓟马 *Haplothrips aculeatus* (Fabricius)

雄性外生殖器： 围雄生殖节退化成窄环形围片，环绕阳茎基部。阳茎基退化为 1 横向骨片，其后缘中部呈舌状突起。阳茎发达，管状，包裹在阳茎基鞘内。背阳基侧突指状，末端有刺毛，基部着生在阳茎基鞘腹面两侧。上阳茎囊球形，末端发出 1 支粗短的拟阳茎端刺，射精管开口于拟阳茎端刺近端部 (图 17-8)。

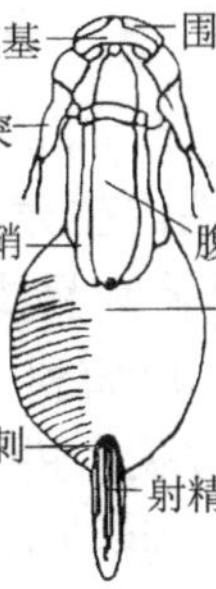

图 17-8　稻简管蓟马雄性外生殖器 (郑乐怡和归鸿，1999)

17.4.3　剪管蓟马 *Psalidothrips* sp.

雄性外生殖器： 围雄生殖节退化成 2 块围片，位于阳茎基部。阳茎基横片状，阳茎管状，向端部渐尖，整体位于阳茎基鞘内。背阳基侧突中部内侧有齿，后段管状，末端具刚毛。下生殖板发达，盖及整体阳茎和阳茎基鞘大部。在下生殖板后端有 1 舌状的感觉板。第 10 腹节管状，末端具刚毛 (17-9)。

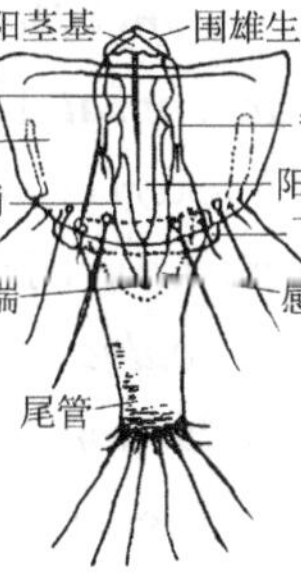

图 17-9　剪管蓟马 *Psalidothrips* sp.雄性外生殖器 (郑乐怡和归鸿，1999)

T_9 为第 9 腹节背板

第18章　半翅目异翅亚目 Hemiptera Suborder Heteroptera

18.1　概　　论

18.1.1　雄性内生殖器

Pendergrast (1957) 将异翅亚目雄性内生殖器归为 3 类：①没有射精球，输精管长，联合形成 1 简单的射精管，每精巢精巢管数目少 (1～2 支)，附腺缺或仅具有小而囊状的附腺 (水蝽)，如黾蝽科、宽肩黾蝽科、尺蝽科、水蝽科、膜蝽科等；②没有射精球，每精巢精巢管 4～7 支，管状的附腺可能较长，进入射精管顶端，如潜水蝽科、盖蝽科、负子蝽科、蝎蝽科、仰蝽科、固头蝽科、划蝽科、蟾蝽科、蜍蝽科等；③雄性内生殖器总体较短，射精球的构造在各科之间基本一致，中胚层附腺存在 (皮蝽属例外)，外胚层附腺或存在，每精巢精巢管数目一般 6～8 支，如跳蝽科、滨蝽科、姬猎蝽科、猎蝽科、瘤蝽科、花蝽科、臭虫科、扁蝽科、短喙蝽科、长蝽科、跷蝽科、红蝽科、缘蝽科、皮蝽科、网蝽科、蝽科、土蝽科、龟蝽科等。

Woodward (1950) 等注意到在多数研究的种类中，精巢管与卵巢管的数目相等。精巢具有或多或少纵向排列的精巢管，精巢管包埋在围鞘内。黾蝽次目每精巢有精巢管 1～2 支，蝎蝽次目 4～7 支，其余大多数种类 5～8 支，以 7 支较常见。Matsuda (1976) 认为这可能反映出该亚目昆虫的原始特征，7 支精巢管可能由胚胎 2～8 节每节的 1 个原基发育形成。每精巢的精巢管数量：*Hebrus ruficeps*、*Hydrometra stagnorum*、无突水蝽、*Piesma quadratus*、*Sphaerodema rusticum*、*Velia caprai* 1 支；*Berytinus minor*、*Blaptostethoides pacificus*、*Buchananiella whitei*、*Calisius hackeri*、*Cardiastethus aridimpressus*、*Cardiastethus fulvescens*、*Cardiastethus minutus*、*Gerris lacustris*、*Hebrus pusillus*、细角花蝽、淡翅小花蝽、*Plochiocorella elongate* 2 支；*Banasa calva*、*Banasa dimidiata*、*Carventus elongatus*、*Chiastoplonia minuta*、*Mormidea quinqueluteum*、*Psallus* (*Apocremnus*) *betuleti*、*Psallus* (*Hylopsallus*) *perrisi*、*Psallus* (*Hylopsallus*) *wagneri*、*Psallus* (*Hylopsallus*) *variabilis*、*Psallus* (*Mesopsallus*) *ambiguus*、*Psallus* (*Phylidea*) *quercus*、*Psallus* (*Psallus*) *vittatus*、*Psallus* (*Psallus*) *falleni*、*Thyanta perditor* 3 支；*Aelia acuminata*、欧原花蝽、*Brachystethus rubromaculatus*、*Carventus australis*、*Discocephalessa humilis*、*Edessa meditabunda*、*Mononyx terrestris*、*Oebalus poecilus*、*Oebalus ypsilongriseus*、*Thyanta calceata*、*Thyanta custator* 4 支；*Alitocoris schraderi*、*Aneurus angulatus*、*Aneurus robustus*、*Aradus cinnamomeus*、*Arictus monteithi*、*Cosmopepla bimaculata*、*Drakiessa confusa*、*Drakiessa hackeri*、*Drakiessa tertia*、*Edessa bifida*、*Euricoris australicus*、*Murgantia histrionica*、*Neuroctenus proximus*、*Paracarventus woodwardi*、*Podops inuncta*、*Scirrhocoris mirabilis*、*Termitaradus australiensis* 5 支；*Acledra hilare*、*Adevoplitus longicomis*、*Antiteuchus tripterus*、*Aneurus laevis*、*Arvelius albopunctatus*、*Chlorochroa uhleri*、*Coenus delius*、*Euschistus euschistoides*、*Euschistus heros*、*Euschistus ictericus*、*Euschistus inflatus*、*Euschistus servus*、*Euschistus tristigmus*、*Euschistus variolarius*、*Euthyrhynchus floridanus*、*Holcostethus limbolarius*、大田鳖、稻绿蝽、*Prosympiestus constrictus*、*Prosympiestus subparallelus*、*Rhopalimorpha obscura*、*Rhytidolomia saucia*、*Rhytidolomia senilis*、*Thyanta casta* 6 支；*Acanthaspis petax*、*Acanthaspis vidua*、*Acanthaspis vitticollis*、*Acanthosoma haemorrhoidale*、*Aelia americana*、*Aepophilus bonnairei*、*Androclus pictus*、*Apateticus crocatus*、*Australmeida derricki*、*Brochymena quadripustulata*、温带臭虫、*Chlorocoris complanatus*、*Coreus marginatus*、*Dysdercus fasciatus*、*Ectrichodia barbicornis*、*Ectomocoris cruciger*、*Ectomocoris maculicrus*、*Eugubinus annulatus*、*Lisarda vandenplasi*、*Lisarda vandenplasi*、*Loxa flavicollis*、*Loxa viridis*、短毛迷缘蝽、*Nularda nobilata*、丝光小长蝽、*Oncocephalus subspinosus*、*Perillus bioculatus*、*Pisilus tipuliformis*、*Platycarenus umbractulatus*、*Platymeris horrida*、*Platymeris rufipes*、*Podisus maculiventris*、*Rhopalus subrufus*、*Saldula saltatoria*、*Sehirus bicolor*、*Stiretrus anchorago*、*Tetroxia nigrispinosa*、*Thodelmus addahensis*、*Trichopepla semivittata*、*Xylocoris afer* 7 支；*Dinocoris rufitarsus* 8 支。

每侧的精巢管分组或各自通过输出管着生于输精管端部，一些水生种类，如蝎蝽属，每精巢的精巢管明显分为 2 组，每组所包含的精巢管数量不同，2 组精巢管有各自独立的结缔组织分隔开。输精管是主要由上皮细胞组成的简单管状构造，通常有环肌包被，后端可能明显增厚。有些异翅亚目昆虫，输精管端部、中部或基部可膨大形成贮精囊。缺乏附腺的种类，部分贮精囊上皮细胞具有腺体分泌功能。另一些种类（如大仰蝽属）没有贮精囊，精液分布在输精管管腔内。两侧的输精管汇入射精管，许多类群中，射精管前端有膨大的射精球。射精球为外胚层起源，但相关的肌肉、输精管和中胚层附腺属于中胚层起源。射精球背壁的侧面外长物形成的附腺属于外胚层起源。射精球构造至少包括外部的囊状上皮（包裹层），囊状上皮与射精管连接，上皮细胞分泌的几丁质形成内膜，后部形成联系射精管与阳茎端的管。上皮和内膜之间有 2 层细胞，这些细胞的分泌产物进入射精球中央管腔。输精管和附腺在射精球近前端通入。射精球后部，2 层细胞直径逐渐缩小。射精球内容物经射精管进入后部的阳茎。有些科射精球构造较复杂，前部的囊状上皮并不覆盖到中心的腹面，只是对背面形成相当程度的包裹，腹面部分通过厚的肌纤维包裹。当外胚层附腺存在时，它们开口于射精球的背囊。有时背囊可形成大型盲管，外胚层附腺可能位于盲管内。水蝽或水黾总科等没有射精球，射精管的前端有 1 发达的肌肉套。射精管为简单的薄壁管道，进入阳茎的基部，该处在许多类群中常有一些结构相当复杂的构造，与调节进入阳茎的体液压力有关。射精管具有与射精球包裹层连续的上皮细胞，内衬则是射精球疏松内膜的延续，通常与上皮分开，形成运送精子和中胚层附腺分泌物的中心管。衬里的上皮细胞和中间层向后延续达阳茎端。外胚层附腺分泌物和射精球的包裹上皮位于中心管的外部。绿蝽属的射精管由中胚层和外胚层起源的两部分组成，输精管与中胚层附腺合并形成中胚层起源的射精管，是精子和中胚层附腺分泌物的最初出口。外胚层起源射精管的末端与阳茎相连。跳蝽 *Saldula* 射精球为外胚层起源，有 3 层：最外面的覆盖层与射精管连续，其内膜向后形成横跨阳茎端的管；覆盖层和内膜下方是 2 个有分泌能力的层，内层形成供精液和分泌物通行的管道。突角长蝽属的射精球由 2 层上皮组成，内层与附腺连续，分泌物与精子分别贮存。

生殖管道端段两侧常着生有各种腺体，蝎蝽次目中常具有长管状外胚层起源的腺体，黾蝽次目中多不发达或缺，陆生类群中则可同时具有中胚层起源和外胚层起源的腺体，或包围于输精管及射精管外面，或以管道通入射精管端段构造中。中胚层附腺多附着在每侧输精管的基部，常位于输精管进入射精球的入口之前。附腺与输精管并列后共同进入射精球，其内容物并不进入输精管，但常通过共同的肌肉封套或围膜将附腺与输精管包裹。中胚层起源的部分由输精管末端壶腹发育而成，姬猎蝽属的这些中胚层起源部分形成含有共生菌的囊，囊开口进入射精球。臭虫属的中胚层起源部分包括几个分支管和囊。除中胚层附腺外，雄虫还有其他 3 种附腺：①不成对的外胚层附腺，从射精管前端向前伸展，如潜蝽 *Naucoris*；②1 组管状外胚层腺，与每侧的射精球相连，这种附腺在同翅亚目并不存在，可视为异翅亚目重新起源的附腺；③亚生殖腺 subgenital gland，腺体结合形成 1 短的公共管，经过第 8 腹节和生殖囊 genital capsule 之间膜的腹中线上的孔向外开口。该附腺 Bonhag 和 Wick (1953) 称为亚生殖腺，相当于 Thouvenin (1965) 的腹腺 uradenia，Thouvenin (1965) 发现腹腺存在于长蝽总科、红蝽总科、缘蝽总科雌雄成虫第 7～10 腹节，其功能与生殖系统无关 (图 18-1)。

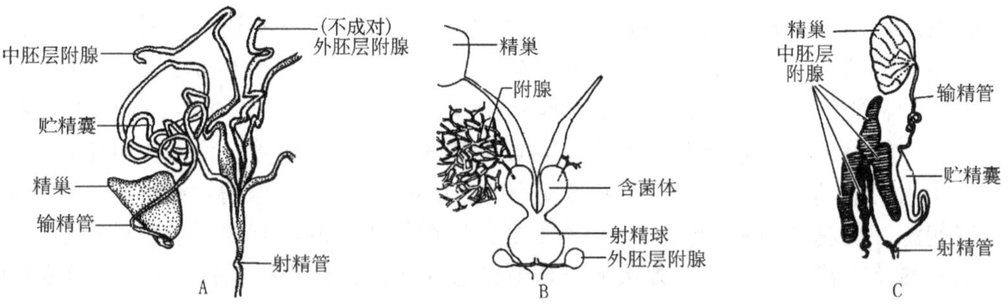

图 18-1　半翅目异翅亚目雄性内生殖器 (Matsuda，1976)

A. *Ranatra cimicoides*；B. *Nabis lativentris*；C. 猎蝽科 1 种

18.1.2　雄性内生殖器胚后发育

低龄若虫期，输精管终止于末端壶腹。在此后的发育中，末端壶腹开口于中间的射精管，射精管由发育中的初生阳茎叶基部之间的内陷发育而成。成对的附腺起源于输精管壶腹的壁，属于中胚层起源。雄性生殖道中胚层起源部分由单一原基发育形成。附腺有外胚层起源的情况出现。如潜蝽 *Naucoris* 的第 3 对附腺由前部射精管延续发育而成，属于外胚层起源。盾蝽 *Chrysocoris* 成对的附腺起源于输精管壶腹状末端，属于中胚层起源。但不成对的中间附腺和 2 对外胚层附腺则由射精管前端发育而成。异翅亚目的输精管属于中胚层起源，射精管可能中胚层起源，也可外胚层起源，外胚层和中胚层起源的附腺均在发育期间完成形态发生。

18.1.3 雄性外生殖器

大部分头喙亚目的下生殖板 subgenital plate、hypandrium 由第 9 腹节基肢片延伸而成。下生殖板上形成生殖囊，阳茎器官生于生殖囊内。许多异翅亚目成虫的下生殖板顶端二叶状，说明起源上是成对的。蟾蝽科的下生殖板顶端与右阳基侧突愈合。第 8 腹节可呈简单的狭环状正常暴露在外，或被后伸于其下的第 7 腹节腹板所遮盖而外观不可见。大多数类群的第 9 腹节腹、侧面向后上方扩展，约成 1 筒状或碗状的构造，称生殖囊或生殖节 pygofer、pygophore，其端方有 1 开口，向内陷入成 1 空腔，称生殖室 genital chamber，生殖室的底部开口为阳茎伸出之处。生殖囊开口在不交配时被位于开口边缘前方并向后延伸的载肛突所覆盖。生殖节上着生 1 对可以活动的骨化附器，呈片状、钩状、小杆状、块状、不规则形状等，或着生于生殖室底部而突伸于外，或着生于生殖囊口外的后缘处，或着生于生殖节的背方两侧，称为抱器 clasper、阳基侧突 paramere 或生殖刺突 gonostylus，交配时起握持或支撑的作用。异翅亚目的抱器是上生殖片腹侧壁形成的成对扩展，其发达程度有变化，通常不对称。有些类群的抱器是第 9 腹节附肢，与刺突同源。盲蝽科、花蝽科等左右抱器不对称，臭虫科、花蝽科某些属一侧的抱器消失。抱器不对称常伴有腹部后端形状的不对称。奇蝽科等则无抱器。除抱器外，生殖腔侧壁上尚可有一些成对的附器，多呈薄片状，称为上片 superior lamina 或下片 inferior lamina 等。生殖腔底部以隔膜与前方的体腔分隔。

阳茎为 1 圆筒形构造，斜悬于生殖腔底部大孔中，阳茎基部与隔膜相连。阳茎由 3 个部分组成，由基部向端部依次为阳茎基、阳茎鞘和内阳茎。阳茎基 phallobase、basal apparatus、articulatory apparatus 为阳茎最基部的骨化构造。半翅亚目最原始的阳茎基为 1 上方开口的简单槽状构造，其基部及上方的开口均与体腔直接相通，后来上方的开口被隔膜所封闭，槽基端开口四周骨化成半环状杆，半环的 2 个末端由 1 横梁联结，称为基桥 ponticulus basilaris，整个构造呈 1 马蹬状结构，常称为蹬骨片 stape。此构造所包围的隔膜上的开口，称为基孔 basal foramen。基孔亦渐被膜质遮蔽，只留下射精管和一些次生的与阳茎膨胀有关构造的进口，体液不易直接流入。牵引阳茎使之在生殖囊内外伸缩的伸肌和缩肌一端着生于生殖囊内壁，伸肌的另一端着生在蹬骨片的两端或由此伸出而末端膨大成圆片状的头状突 capitate process (蕈状突 mushroom process) 上，缩肌的另一端则多直接着生在蹬骨片上。阳茎体 phallosoma 或阳茎鞘 phallotheca 位于阳茎基的端部，为 1 短筒状结构，全部或部分骨化。有些类群中呈不整齐的筒状或碗状等构造。阳茎鞘是阳茎在未交配时外观可见的主要部分，内阳茎缩入其中。异翅亚目的阳茎 (体或鞘) 可称为阳茎端 aedeagus，这与头喙亚目的情况类似。内阳茎 endosoma 位于阳茎鞘端方，休止时缩入阳茎鞘内，可为 1 简单的膜质管，或分为膜质的系膜 conjunctivum 和其端方的阳茎端 (囊) vesica。系膜为柔软的膜质管，内阳茎缩入阳茎鞘主要是因为系膜的折叠皱缩所造成，系膜构造简单，但壁上也可能有一些刺、棘状附器等着生。阳茎端则多少有些骨化，形状和构造多样，有时相当复杂，由各式膜质和骨化的构造组成，但也可能十分简单，仅为 1 个小突起状的构造。休止时，内阳茎缩在阳茎鞘和阳茎基形成的管内，阳茎端常保持原有的完整性，不再翻转。阳茎孔一般开口于阳茎端近顶处，在管道上常形成内阳茎精液囊。异翅亚目的不同类群，内阳茎的构造存在很大差别，最简单者仅为1简单的膜。有些类群中，整个内阳茎很短，虽构造复杂，但没有基部的筒状系膜部分，在这种情况下，内阳茎与其前方的阳茎端同义（如盲蝽科），失去其伸缩功能。

1对输精管汇入射精管，穿过生殖室底部隔膜进入阳茎基的基孔，经整个阳茎，开口于内阳茎的端部，此开口为初生生殖孔 primary gonopore，为精液的实际排出口。射精管在阳茎内部穿行的部分也称为精液导管 seminal duct。而由内阳茎收缩形成的阳茎端的开孔称为次生生殖孔 secondary gonopore，有时阳茎端在次生生殖孔端方仍继续延长，形成生殖孔突 gonopore process。在有系膜的种类中，系膜中段的精液导管常发生折曲和加粗，并可伴有成对的骨化翼状结构，称为翼 wing 骨片等，一般认为可能与精液贮存或促进精液向前推动有关，称为精泵 ejaculatory reservoir、sperm reservoir。精泵基方的系膜称基系膜 basiconjunctivum，端方者称为端系膜 disticonjunctivum。准备交配时，借附着于阳茎基上的肌肉的作用，使整个阳茎转动到便于伸出生殖囊的位置。体液经腹部肌肉

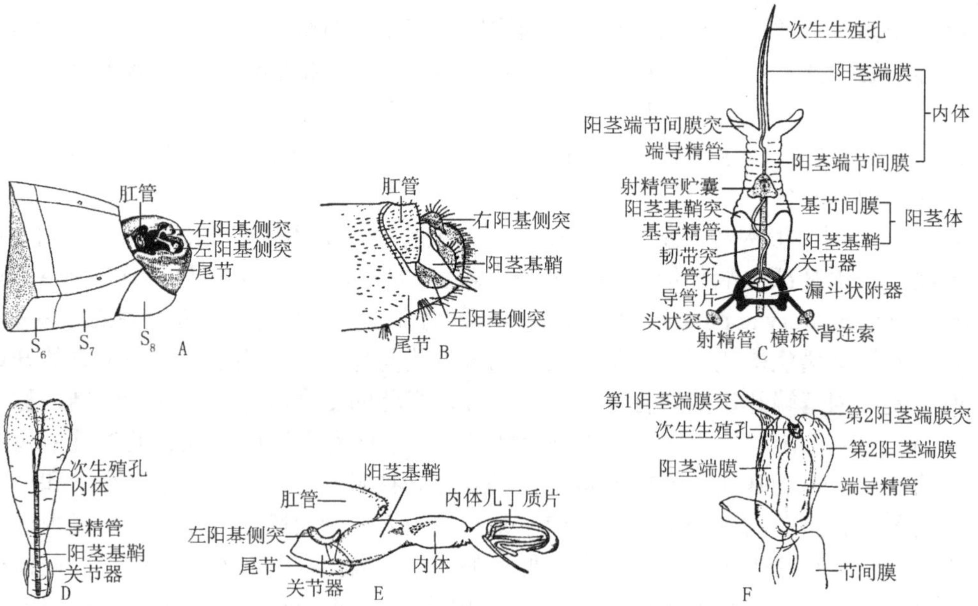

图 18-2　半翅目异翅亚目雄性外生殖器

A．横带红长蝽臀节，阳茎未从生殖囊内伸出；B．*Harpocera thoracica* 臀节，阳茎伸出；C．阳茎模式；D．姬蝽科1种阳体和内阳茎；E．龟蝽科1种阳茎内体的几丁质片；F．盲蝽科1种阳茎端膜突和次生生殖孔；G．毛膜盲蝽不对称的阳茎基侧突；H、I．乳草蝽雄性腹部末节侧视和阳茎；J．*Helopeltis* sp.的阳茎；K．阳茎构造模式；L．精泵；M．长蝽科阳茎侧视，已展开；N．雄虫腹部末端背侧视；O．雄虫腹部末端纵切面模式；P．仰泳蝽属交配器官侧视；Q．阳茎细部模式；R．*Oncopeltus* sp.雌雄外生殖器交配状态（1．勃起液囊 erection fluid resevoir；2．勃起液泵 erection fluid pump）；S．*Naucoris cimicoides* 阳茎、阳基侧突、向背面反折的第9腹板末端背视；T．*Euschistus servis* 腹部末端背视；U、W．南瓜缘蝽腹部末端背视、阳基侧突；V．*Euschistus variolarius* 阳基侧突；X．*Hesperolabops picta* 腹部末端背视；Y．*Notonecta variabilis* 第9腹节、载肛突、阳茎左侧视；T_9～T_{11}为第9～11腹节背板；S_6～S_9为第6～9腹节腹板；Ⅷ、Ⅸ为第8、9腹节（A～G．Tuxen，1969；H～J．Matsuda，1976；K～N．郑乐怡和归鸿，1999；O～Q．参考 Steinmann and Zombori，1981 图重绘；R．Chapman，1998；S～Y．Snodgrass，1957）

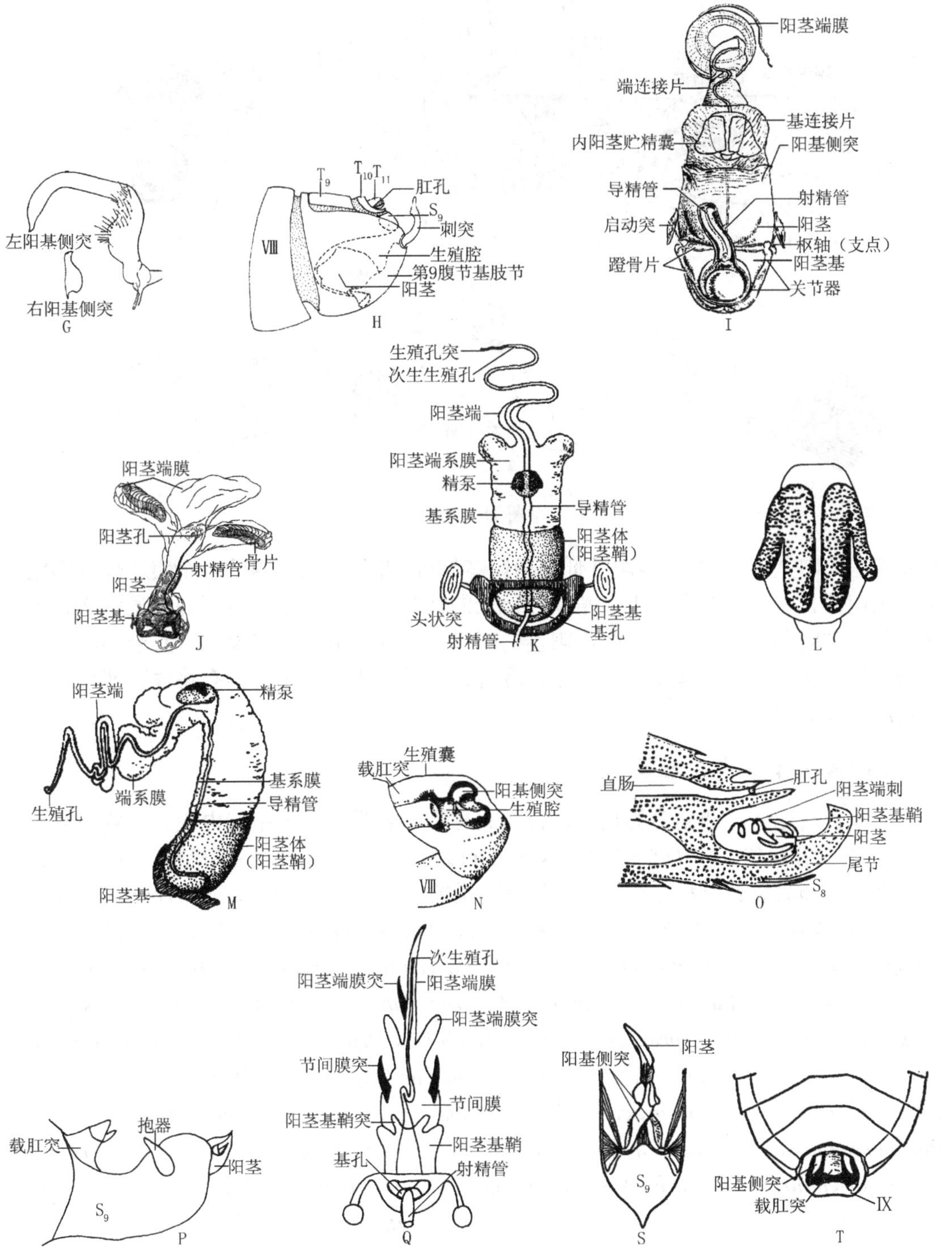
左阳基侧突
右阳基侧突
G
T_9
T_{10}
T_{11}
肛孔
S_9
刺突
Ⅷ
生殖腔
第9腹节基肢节
阳茎
H
阳茎端膜
端连接片
基连接片
内阳茎贮精囊
阳基侧突
导精管
射精管
启动突
阳茎
枢轴（支点）
蹬骨片
阳茎基
关节器
I
生殖孔突
次生生殖孔
阳茎端
阳茎端系膜
精泵
基系膜
导精管
阳茎体
（阳茎鞘）
阳茎基
头状突
基孔
射精管
K
阳茎端膜
阳茎孔
骨片
射精管
阳茎
阳茎基
J
L
阳茎端
精泵
基系膜
端系膜
导精管
生殖孔
阳茎体
（阳茎鞘）
阳茎基
M
生殖囊
载肛突
阳基侧突
生殖腔
Ⅷ
N
直肠
肛孔
阳茎端刺
阳茎基鞘
阳茎
尾节
S_8
O
次生殖孔
阳茎端膜突
阳茎端膜
阳茎端膜突
节间膜突
节间膜
阳茎基鞘突
阳茎基鞘
基孔
射精管
Q
抱器
载肛突
阳茎
S_9
P
阳茎
阳基侧突
S_9
S
阳基侧突
载肛突
IX
T

图 18-2 (续)

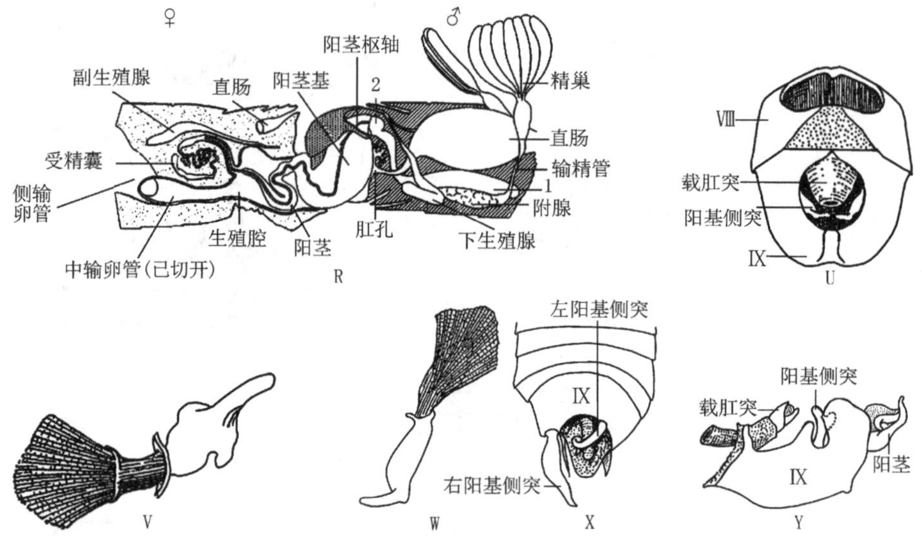

图 18-2 (续)

的作用压入阳茎的内腔，使内阳茎伸出于阳茎鞘外，并使内阳茎内的各个膜质部分膨胀，阳茎因而伸长，并顶开覆盖于生殖室开口上的载肛突，伸出于生殖囊外。黾蝽次目等阳茎基与体腔间比较畅通的类型中，阳茎的膨胀依靠体腔液的直接泵入。其余类群中，常在阳茎的基孔处形成一些复杂的构造，围绕在射精管末端周围，具有将体腔液泵入阳茎的功用 (图 18-2)。

18.1.4　雌性内生殖器

卵巢管端滋式，卵巢管的端丝联合形成悬带，悬带附着于中胸内壁。多数类群每卵巢有 2～8 支卵巢管，多为 5～7 支。Kerkis (1926) 曾提出同种昆虫每精巢的精巢管数目与每卵巢的卵巢管数目相等。部分种类每卵巢的卵巢管数目：*Glochocoris* sp.、*Halovella* sp.、*Stronglovelia* sp. 2 支；*Arictus tasmani*、*Arictus monteithi*、*Carventus elongatus*、*Chiastoplonia minuta*；*Scotinophaga* sp. 3 支；*Carventus australis* 4 支；*Aneurus angulatus*、*Aneurus avenius*、*Aneurus crenulatus*、*Aneurus robustus*、*Aneurus sinensis*、*Aphodius consentaneous*、*Aradus depressus*、*Drakiessa confusa*、*Drakiessa hackeri*、*Drakiessa tertia*、*Euricoris australicus*、*Euricoris gloriosus*、*Hebrus pusillus*、大田鳖、*Mezira scabrosa*、*Mezira verrucigera*、*Neuroctenus gracilis*、*Neuroctenus proximus*、*Neophloeobia montrouzieri*、*Paracarventus woodwardi*、*Scirrhocoris mirabilis* 5 支；*Aradus cinnamoneus*、*Aradus crenatus*、*Aradus orientalis*、*Calisius hackeri*、*Prosympiestus constrictus*、*Prosympiestus subparallelus* 6 支；*Acanthaspis petax*、*Acanthaspis vidua*、*Acanthaspis vitticollis*、温带臭虫、*Eugubinus annulatus*、*Lisarda vandenplasi*、*Lopodytes quadrispinosus*、*Nularda nobilata*、*Perillus bioculatus*、*Platymeris horrida*、*Platymeris rufipes*、*Podisus nigrispinus*、*Rhaphidosoma occidentalis*、荔枝蝽、*Tetroxia nigrispinosa*、*Thodelmus addahensis* 7 支；*Elasmucha* sp. 17 支。每侧卵巢开口于侧输卵管，两侧的侧输卵管汇入中输卵管，中输卵管与生殖腔相连，

生殖腔位于第 8 腹节腹板尾端或上方。不同类群生殖腔发育程度存在差异，大致可分为 4 类。①缘蝽型：生殖腔膨大呈囊状，膨大区域称为生殖腔 gynatrium、genital chamber，生殖腔的功能可能类似于其他昆虫的交配囊，如缘蝽科。②长蝽型：生殖腔狭窄，开口于产卵器前、后瓣基部之间，如长蝽科。③盲蝽型：生殖腔短，与前瓣腹面和下生殖板 (第 7 腹节腹板) 之间的狭窄空间相连。Davis (1955) 称这个狭窄空间为前庭腔，如盲蝽科。④花蝽型：有 2 个生殖孔，开口于第 8、9 腹节之间的为产卵孔，交配孔位于前面腹节的腹板之间，如花蝽科。

(次生) 生殖孔内为生殖管道中由外胚层组成的生殖腔复合体 gynatrial complex，开始的部分较短宽，也称为阴道 vagina 或前庭 vestibulum，其后的部分结构上可有以下分化。①多数类群中，在生殖腔与中输卵管交界处的背方伸出 1 盲管，为受精囊管 spermathecal duct、seminal receptacle，受精囊管的长短不一，端部常多少膨大，称为球部，其上有时有突起，在球部基方的受精囊管特化为具有阀门的管状构造，称为"泵"，其两端常有帽状构造，称基簷 proximal flange 与端簷 distal flange，供肌肉附着，可能与驱出管中贮存的精液有关。②在臭虫次目等类群中，生殖孔向内为 1 膨大的腔室，称生殖腔或交配囊 bursa copulatrix，输卵管由背面进入其中。生殖腔有时向前扩伸成 1 宽阔的盲囊，称贮精室 seminal depository 或伪受精囊 pseudospermatheca，其上常有 1 个或 1 对由骨化细环围绕的腺体区域，称环腺 ring gland，周边的细环称环骨片 ring sclerite。在此种类型中，上述第 1 种类型中的受精囊退化，常成 1 根细小的管状残留构造，称受精囊腺或称蚓状腺 vermiform gland。一般认为受精囊贮存精子的职能由交配囊或贮精室所代替。③在黾蝽次目和一些细蝽次目中，输卵管的末端扩大形成生殖腔，由此向背方伸出 1 个囊状构造，Andersen 称之为交配囊 gynatrial sac，其前方有 1 环状骨片。细长的受精囊管基部进入交配囊，进口处的腹方又有 1 盘曲的细管贴附于中输卵管的背面，前行不久后进入中输卵管，此构造称导精管 (受孕管 fecundation canal)。贮存于受精囊管中的精液能于卵排出时经导精管排入中输卵管使之受精。

异翅亚目昆虫交配时，雄虫的生殖囊常发生不同程度的转动，以便雌虫的产卵器顺利插入雄虫生殖囊的开口。在雌虫产卵器插入生殖囊后，阳茎沿产卵瓣裂隙进入雌虫生殖孔，阳茎的末端进入雌体生殖管道的深度因种类而异，深者可以进达受精囊管的端部。阳茎各部分上的棘刺及充分膨胀的膜囊常呈倒刺状，具有维持交配状态的作用。除少数类群外，精液一般贮存于受精囊中。异翅亚目交配时是否产生精包，明确的报道不多。Ambrose 和 Vennison (1990) 认为多数类群均产生精包。推测是否以精包授精可能与阳茎构造有关，交配时内阳茎深达受精囊管深处的种类，可能为直接授精，而仅达交配囊或生殖腔前端的种类则可能为精包授精。

受精囊开口于生殖腔的前背壁，形态与组织学在不同类群中均有较大变化。同翅亚目中存在的第 9 腹节起源的公共附腺 common accessory gland，在异翅亚目中已经消失。受精囊通常由受精囊管、受精囊体组成，受精囊管连接生殖腔与受精囊体，受精囊体上皮细胞外侧包被有分泌细胞。有些类群的受精囊已完全消失，有些类群的受精囊已经失去了最初的贮精功能，改由一些新的构造所取代，发生取代现象的类群如猎蝽科、瘤蝽科、臭虫科、花蝽科、网蝽科等。臭虫科没有受精囊，精子被注射进入内囊 internal pouch

或中间贮精器 mesospermalege，注射点即外部贮精器 ectospermalege 位于腹部背面，在不同的种类中变化很大。进化程度比较高的种类注射点更加确定，常位于第 3、4 腹节的后缘。进入内囊的精子最终通过血淋巴迁移到位于侧输卵管基部的精子窠 seminal conceptacle 或假受精囊。注射点和内囊一起被称为柏氏器 Berlese's organ 或利氏器 Ribaga's organ。仓花蝽属也没有受精囊，假受精囊位于每个侧输卵管的基部，有些种类的柏氏器位于第 7、8 腹节背板的边缘，另一些种类的柏氏器位于第 2、3 腹节背板之间。大多数花姬蝽亚科为血腔授精 haemocoelic insemination，交配时阳茎刺穿生殖腔壁，精子被注射进入血腔，然后精子自发聚集在卵巢管柄的基部。姬蝽亚科和一些其他花姬蝽亚科种类，没有假受精囊。受精囊成为蠕虫状腺体 vermiform gland，其功能不清楚。精子自发聚集在输卵管和卵巢基部。盲蝽科在交配期间，大部分注射的精子被生殖腔前部的盲囊 diverticulum 接收，盲囊起源于生殖腔前壁类似背板的部分，Davis 称其为贮精室，认为该构造可能起源于第 8 腹节腹板，不可能与其他异翅亚目昆虫生殖腔前背壁起源的受精囊同源。猎蝽总科的红猎蝽属和锥蝽属的精子接收器官为成对的腺体，腺体开口于生殖腔腹侧面。Carayon (1954) 称该腺体为假受精囊。假受精囊存在于猎蝽科、瘤蝽科、Pachynomidae 等。网蝽科的受精囊 saccus seminalis 成对，起源于侧输卵管基部，属于外胚层起源。它们的位置与猎蝽科的假受精囊一致，Drake 和 Davis (1960) 认为这两种构造很可能同源。

Livingstone (1967) 发现菊网蝽属的受精囊具有分泌功能，而没有精子贮藏库的功能，称为受精囊腺。Vianaidinae 似乎没有任何受精囊器官，精子在侧输卵管积累。五脊长头网蝽有 1 短而蜷曲的受精囊，位于每侧输卵管侧面，为中胚层起源。驼蝽科没有受精囊

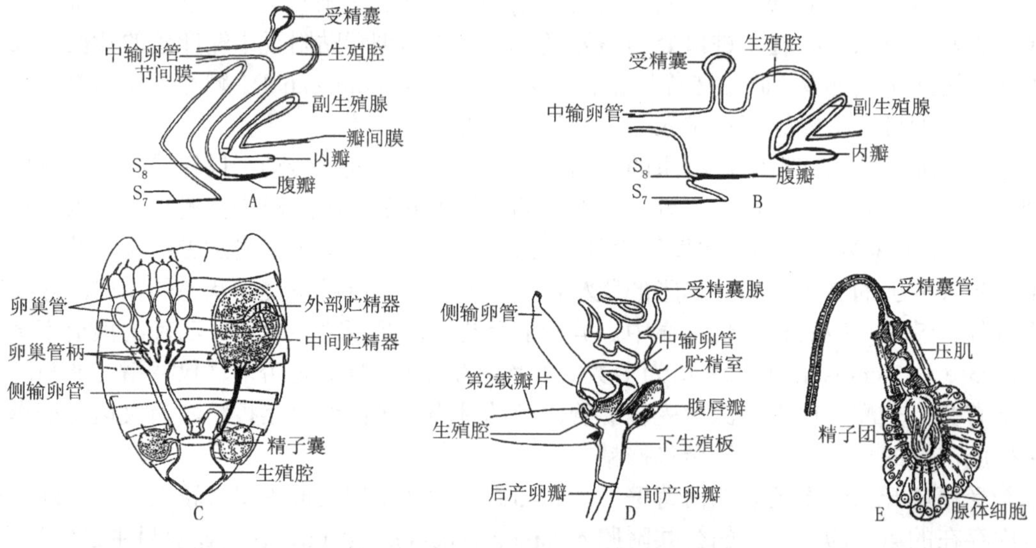

图 18-3　半翅目异翅亚目雌性内生殖器

A、B. 雌虫生殖节的类型 (A. 长蝽型；B. 缘蝽型)；C. 臭虫科的副生殖系统和授精过程；D. *Miris dolabratus* 腹部后端的矢切面；E. 条蝽属的受精囊，示压肌及腺体化的囊壁；S_7、S_8 为第 7、8 腹节腹板 (A～D. Matsuda，1976；E. 北京农业大学等，1981)

和附腺，精子自发积累在卵巢管柄部。短足蝽 *Joppeicus* 有退化的受精囊，位于生殖腔背壁，但精子仍自发积累在卵巢管柄部。扁蝽 *Aneurus* 有退化的受精囊，精子位于中输卵管后部膨大处。长蝽 Oxycareninae 的受精囊没有精子贮存功能，有些属没有受精囊。受精囊的功能被中间输卵管背面特殊的囊所取代，这种构造与假受精囊不同源。盲蝽科生殖腔前有 1 大型囊状构造，Kullenberg 称前囊 vordere sack，Davis (1955) 称贮精室，其功用尚不太清楚。盲蝽等生殖腔背壁，常有成对的圆环状骨化脊，其内部的组织似有分泌功能 (图 18-3)。

18.1.5 雌性内生殖器胚后发育

棉红蝽属的雌性内生殖器主要由前、后内陷形成，前内陷位于第 7、8 腹节腹板的节间区，发育形成中输卵管；后内陷位于 8、9 腹节腹板之间，发育形成受精囊和生殖腔。3 龄若虫期，中胚层起源的侧输卵管原基沿第 7 腹节腹板后缘形成膨胀的壶腹。4 龄初，后部内陷发生。几小时后，前部内陷开始发育，其端部位于末端壶腹之间。4 龄末期，受精囊原基开始从后部内陷的前背部出现。5 龄时，前部内陷向前发育为侧输卵管的外胚层部分。后部内陷迅速发育，尤其是侧面发育更快，包围前部内陷的基部。5 龄若虫中期，受精囊的盲囊的原基在生殖腔基部出现，之后迅速生长。此时，生殖腔端腺 parietovaginal gland 也可见。5 龄末期，生殖腔和输卵管原基加速发育。后来，侧输卵管的外胚层部分与中胚层壶腹结合。

潜蝽 *Naucoris* 外胚层起源的内生殖道通过 2 个内陷形成。Rawat (1939) 认为后部的内陷 (受精囊内陷) 起源于 1 对瓣的基部之间，但没有观察到不成对输卵管前部的分裂，因此潜蝽 *Naucoris* 成虫的侧输卵管可能为中胚层起源。盾蝽 *Chrysocoris* 雌性内生殖道由 2 个内陷形成，与潜蝽的情况相同，短的侧输卵管整体为中胚层起源。盾蝽的受精囊管独立于受精囊体起源，受精囊管起源于生殖腔顶部的外突。3 龄若虫期，管状附腺由中输卵管的前侧端发育而成，中输卵管起源于第 7 腹节后方的节间膜。5 龄时，中输卵管原基与生殖腔 gynatrium 结合。上述情况表明，异翅亚目雌性内生殖器的外胚层管道起源于 2 个内陷，中胚层起源的侧输卵管末端膨胀形成末端壶腹。棉红蝽属成虫期侧输卵管端部为外胚层起源，*Naucoris* 和 *Chrysocoris* 的成虫期侧输卵管则为整体中胚层起源。

18.1.6 雌性外生殖器

第 7 腹节腹板形成小型下生殖板，包围产卵器的基部。第 8 腹节腹板退化，一般仅为第 1 载瓣片基部的体壁皱褶。被下生殖板包被的生殖室也常相应退化为生殖孔下面的小囊 pocket。大多数异翅亚目的产卵器退化或痕迹状，那些具有退化产卵器的种类，中输卵管开口于 1 个宽阔的生殖腔。产卵器发育良好时，如跳蝽 *Pentacora*，每侧的腹瓣通过外部的分支与第 1 载瓣片连接。内部 (后) 分支连接瓣间片的侧面与第 9 腹节背板的前侧角。异翅亚目的第 1 载瓣片和瓣间片均独立地与腹瓣的基部连接，瓣间片位于第 1 载瓣片之下，这种情况导致第 1 载瓣片异常增大。许多异翅亚目瓣间片后边的腹角与第 2 载瓣片背缘中点附近相关节。Dupuis (1963、1970) 认为产卵瓣与体壁之间通过 4 个分支建立联系：①腹瓣前部分支，与第 1 载瓣片联系；②腹瓣后部分支，与节间膜或瓣间片联系；③内瓣前部分支，与第 2 载瓣片联系；④第 2 载瓣片的后部分支，表现为载瓣片之间的连接膜。

雌性外生殖器即产卵器由第 8、9 腹节的生殖附肢（生殖突）构成，生殖突基节形成载瓣片，载瓣片内侧向后伸出的生殖突形成产卵瓣，起源于第 8 腹节的分别称为第 1 载瓣片与腹瓣，第 9 腹节的为第 2 载瓣片与内瓣。典型的产卵器为针状，第 1 载瓣片一般较大，位于产卵瓣两侧，外观呈鞘状，前部或全部被第 7 腹节腹板遮盖，其后端与第 8 腹节侧背片相连。第 1 载瓣片与腹瓣相连，后者为 1 狭长骨片，向后渐尖，位于载瓣片内侧，腹瓣内侧背缘有 1 细长且具凹槽的骨化杆（第 1 骨化杆、第 1 枝脊 ramus 或腓骨片 fibula），此杆常向前伸，与瓣间片的前端相接。沿内瓣的腹缘为具棱起的第 2 骨化杆（第 2 枝脊），与第 1 骨化杆嵌合。在第 1 载瓣片背方偏后处，有 1 多少呈长方形、三角形或狭带状的骨片，称"瓣间片"，其前端与第 2 骨化杆相连，后端与第 9 腹节侧背片前端相连，具有维系产卵器与第 8、9 腹节运动一致性的功能。第 2 载瓣片常小于第 1 载瓣片，位于第 1 载瓣片的后方和背侧，同时亦位于瓣间片的背后方。其前方为呈锐角向后弯曲的狭片状内瓣，第 2 载瓣片与产卵瓣之间借第 2 骨化杆联系，沿载瓣片的前缘伸向产卵瓣，沿其边缘延伸直至末端，此骨化杆又全长与第 1 骨化杆相互嵌合成一体，一同伸向腹瓣，并沿其内缘伸达后端，从而将腹瓣和内瓣紧密联系在一起。内瓣叠附于腹瓣内缘背侧，与之平行。第 2 载瓣片后端可与第 9 腹节侧背片的背缘相连。在许多类群中第 1 载瓣片与第 8 腹节侧背片完全愈合。在蝽次目以外的大多数类群中，于第 2 载瓣片的端部常着生 1 小片状构造，发达程度不一，称背瓣。有人认为此构造可能与基肢片的刺突同源，而称之为伪刺突 styloid。在蝎蝽次目和细蝽次目的许多科和猎蝽科中，此构造常发达呈长鞘状，包被于产卵瓣外。蝽次目中此构造缺。第 8、9 腹节的侧背片可与其前方生殖前节的腹板相似，结构正常，成大的三角形片，但在许多类群中，有多种变形，成为位于产卵瓣后侧方的各式小骨片，借助第 8 腹节侧背片的气门位置可以辨认。

2 对产卵瓣的左右部分完全分开，或只左右腹瓣分开，内瓣全长在背面有膜质相连，或 2 对产卵瓣的左、右部分各自全长相连。内瓣或位于腹瓣背方，或位于后者的内侧，可沿联系腹瓣、内瓣的第 2 骨化杆上的凹槽和细棱嵌合装置（榫-槽机构）前后滑动，刺穿基质而产卵。产卵时，卵在其包围的空间中通过。产卵于植物组织或其他物体内的种类，其产卵器披针形，瓣间片前缘有支撑杆，且强烈骨化，产卵瓣末端常有锯齿。产卵于物体表面的种类，如蝽总科、红蝽科、扁蝽科、臭虫科、尺蝽科、划蝽科、盖蝽科、膜蝽科等，有片状产卵器。瓣间片前缘支撑杆退化，常完全膜状或缺失。第 1 载瓣片和第 8、9 腹节侧背片常发达外露，骨化很强，起保护生殖孔的功用。但 2 对产卵瓣均高度退化，成平置的片状，骨化很弱，甚至成膜质，2 个腹瓣可不在中线接触，内瓣常左右愈合为一，多完全隐于发达的载瓣片和侧背片之下。内瓣甚至可消失不见。第 2 载瓣片有时亦很退化减弱。雌性生殖孔开口于第 8、9 腹节之间的节间膜上。在进行创伤式授精的臭虫、花蝽等科中，雌虫腹部体表的一定位置具有供阳茎（或抱器）刺穿的部位，位于腹面或背面，体节和部位亦因种类而异。Carayon 统称之为外部贮精器 ectospermalege，在臭虫中则称为利氏器或柏氏器。其构造由体表的 1 浅凹发展成漏斗状深沟（在花蝽科称为脐 omphalus），直至成为 1 细管状，向内通向体腔，称为交配管 copulatory tube（图 18-4）。

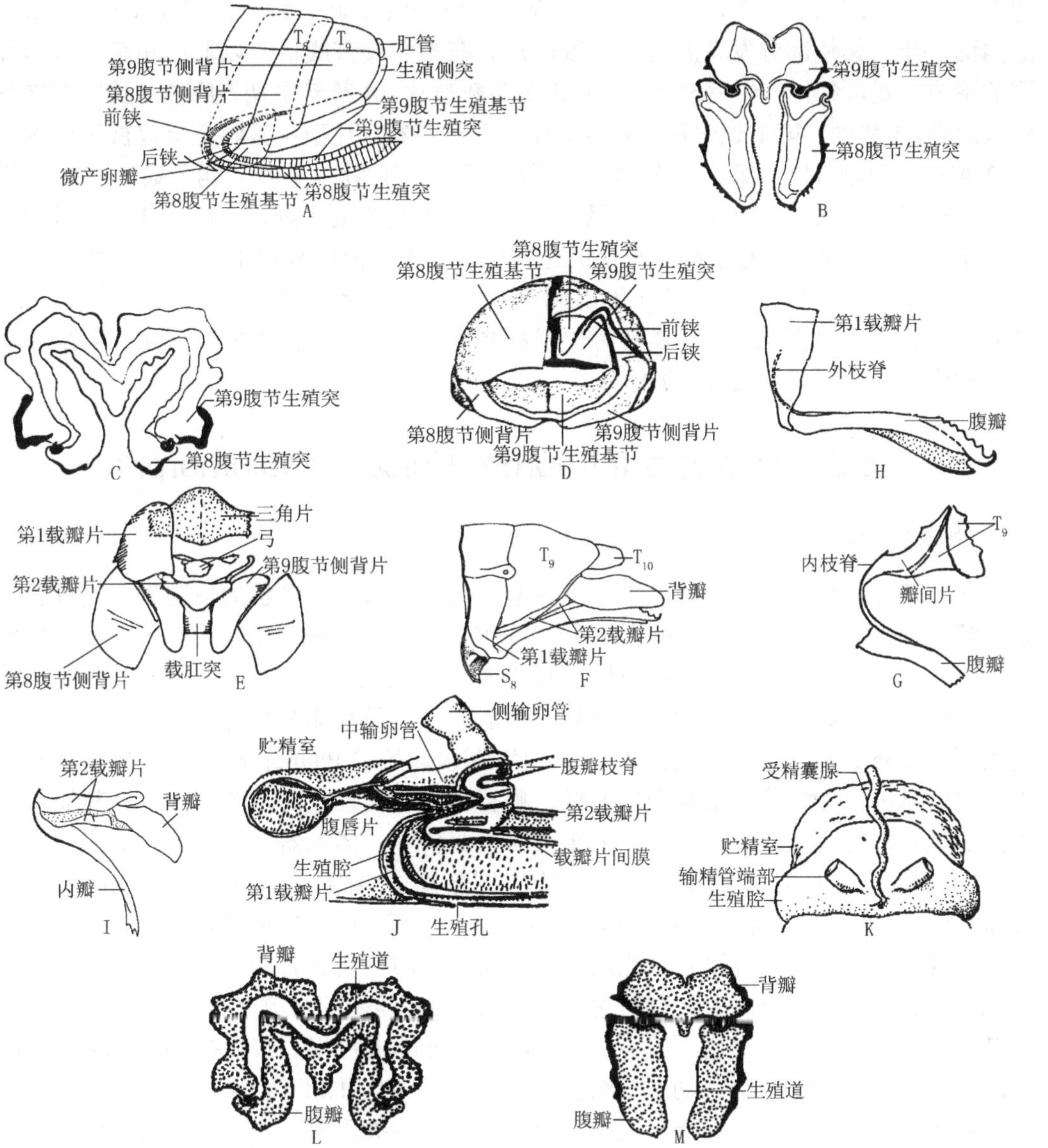

图 18-4　半翅目异翅亚目雌性外生殖器

A. 腹部末端及产卵器侧视；B. *Naucoris cimicoides* 产卵器横切，示第 8、9 腹节生殖突的连锁机构和生殖突在背中线愈合；C. 横带红长蝽产卵器横切，示第 8 生殖突腹节愈合；D. *Pyrrhocoris* sp.雌虫腹部末端下视，示板型生殖器；E. *Euschistus tristigmatus*；F～I. 跳蝽 *Pentacora ligata* (F. 腹部末端侧视；G. 腹瓣与第 8 腹节联系方式；H. 腹瓣和第 1 载瓣片；I. 内瓣、背瓣及第 2 载瓣片)；J. *Lygus lineoralis*；K. 盲蝽科雌虫生殖囊背视；L、M. 产卵器横切 (L. 大长蝽属；M. 潜蝽属)；T_8～T_{10} 为第 8～10 腹节背板；S_8 为第 8 腹节腹板 (A～D. Tuxen，1969；E～J. Matsuda，1976；K. 郑乐怡和归鸿，1999；L、M. Steinmann and Zombori，1981)

18.1.7　雌性外生殖器胚后发育

盾蝽 *Chrysocoris* 的 2 龄若虫，第 8、9 腹节腹板中间各有 1 纵向凹陷。3 龄若虫时，随着中间纵向凹陷的加深，第 8 腹节腹板后部被分成 2 叶。每个前瓣 (腹瓣) 起源于叶的内面，叶的其他部分发育成为第 1 载瓣片。在第 9 腹节腹板，以前瓣和第 1 载瓣片相同的形成方式，分化产生后瓣 (内瓣) 和第 2 载瓣片。4 龄若虫期，后瓣沿长轴方向与内瓣膜愈合。5 龄时，第 1 载瓣片发育为大型三角形结构，几乎从腹面完全包被生殖构造。第 2 载瓣片原基 (位于第 9 腹节的较小后瓣) 联合形成次生腹片。角盲蝽属 3 龄若虫，成对的原基分别出现在第 8、9 腹节腹板的后缘。直到 5 龄末期，它们一直保持缓慢的发育状态。5 龄末期时，部分构造开始快速分化，腹瓣、内瓣和第 1、2 载瓣片形成。5 龄若虫期，在第 2 载瓣片顶部分化出刺突。棉红蝽属具有侧瓣，前瓣以类似于盾蝽 *Chrysocoris* 的方式开始发育，3 龄时位于第 9 腹节腹板中间分割的叶最初为侧瓣原基，后来向中间发育形成后瓣 (内瓣)。

18.2　奇蝽次目 Infraorder Enicocephalomorpha

18.2.1　概论

雄性外生殖器可分为两类。①迷蝽科型：第 9 腹节形成管状的生殖囊，具有长大的管状载肛突。阳茎始终伸出，骨化强，在原始的 Murphyellinae 中，可看出阳茎体与内阳茎的分化，内阳茎可翻出。在多数种类中，只有 1 骨化管状构造。阳茎基部向两侧平伸，阳茎与阳茎基形成一个统一构造，相互间不能活动。阳基侧突常宽大，基部直接与阳茎的横列基部外端相连，可以活动。②奇蝽科型：在较原始的 Phallopiratinae 和 Phthirocorinae 中，生殖囊可分为相当于第 9 腹节背板、侧背片和腹板性质的几个部分，在其他亚科中逐渐变成完整的环状或管状。在上述 2 个原始亚科中，插入器官的背方由 1 片状构造，即上片 supradistal plate 组成，侧方及腹方则分别由 1 对基片 proximal plate 和下片 infradistal plate 构成，其中基片的基部多少呈基肢节状。以上构造愈合并包围形成供精包通过的管道。插入器基部没有分化出一般异翅亚目阳茎所具有的阳茎基。有些种类，基片和下片愈合成为 1 个位于腹方的腹片 ventral plate，其基部与第 9 腹节腹板接触或关节。阳基侧突在原始类群中发达，但不能活动，与背方的上片相关节。在 Enicocephalinae 和 Alienatinae 中，则呈退化或幼态持续状，各部分呈芽状并相互愈合而不能活动。载肛突与雄性外生殖器成 1 紧凑构造，其中生殖囊腹后方中央形成 1 个不能活动的伸向背方的插入器导片 guide，可能由基片和下片愈合形成，次生生殖孔开口于其末端。雌性外生殖器构造简单，退化状，可能与其在土中产卵的习性有关。迷蝽科仍具有载瓣片及产卵瓣组成的典型产卵器，奇蝽科的 Enicocephalinae 和 Alienatinae，产卵器进一步退化，仅生殖孔周围残留隐约的痕迹。

18.3　鞭蝽次目 Infraorder Dipsocoromorpha

18.3.1　概论

多数种类第 7 腹节腹板不形成下生殖板，第 8 腹节两侧对称至明显不对称，背板和腹板分离，侧背片可与主背片分离而呈复杂的附器状。生殖囊在栉蝽科中两侧对称，在其他类群中稍不对称至强烈不对称，侧方并具可动的附器状构造。左右阳基侧突均直接与阳茎基相关节。载肛突 (第 10＋11 腹节) 在毛角蝽科中不对称，常极复杂，生有形状奇特而可动的附器，在其他科中则结构简单。Emsley (1969) 认为鞭蝽次目阳茎包括阳茎基、阳茎系膜和阳茎端 3 个部分。Stys (1970) 认为鞭蝽型雄性外生殖器的祖征有：第 8 腹节背板与腹板分离及该节侧背片的保留、第 9 腹节侧背片的保留、阳基侧突与阳茎基直接关节等。新征态形状为：第 8 或第 8、9 腹节侧背片伸长成抱器状附器、第 9 腹节侧背片并可与第 8 或第 10 腹节相关节、第 8～11 腹节及左右阳基侧突趋于强烈不同形、载肛突可具极发达的附器。第 7 腹节腹板多数成 1 大型下生殖板，包在外生殖器下面。栉蝽科的部分属具有较典型的产卵器，但在多数类群中常骨化极弱，各部分缩小，成瓣状或质地软弱的小片，或互不联系，或全无，或有极大变形等，明显呈退化趋势。

18.4　黾蝽次目 Infraorder Gerromorpha

18.4.1　概论

阳茎构造相对原始。阳茎基简单，“U”形片状或向上开口的水槽状。阳茎依靠腹部肌肉收缩造成的体液压力而膨胀，阳茎基部缺乏与此机能相关的构造。阳茎内外的射精管均为简单管 (水蝽科的除外)，无特化的泵状结构或附器。阳基侧突与阳茎基直接接触，在许多科呈退化趋势。水蝽科等低等类群具有发达的典型针状产卵器，有背瓣。尺蝽科和黾蝽科的产卵器常骨化减弱，或成膜质构造而左、右产卵瓣不相并合。膜蝽科的产卵器外观呈片状。雌虫生殖腔背面有 1 前突的袋状构造，称交配囊，其顶端发出极细长的受精囊管，受精囊管具有腺体性质。交配后精子贮存在这 2 个构造中。在交配囊和中输卵管之间另有 1 多次弯曲的细管状导精管 (受孕管) 相连，卵子排出时，贮存的精子经导精管进入中输卵管在生殖腔前端的开口而使卵受精。

18.4.2　水蝽科 Mesoveliidae

18.4.2.1　*Mesovelia furcata* Mulsant *et* Rey

雄性内生殖器：每精巢有 1 支球形精巢管，输精管从精巢管腹面中间发出。输精管前段细管状，后段膨大形成长囊状贮精囊，两侧贮精囊与射精管前端汇合。附腺 2 对，着生于射精管前端膨大的射精球背面，其中 1 对尖椒形，另外 1 对弯角形。射精管除前端膨大形成射精球外，其余部分粗管状 (图 18-5 A)。

受精囊：受精囊体椭球形，腹面开口于生殖腔中部，外部有脂肪体组织包被。受精囊腺和导精管从受精囊体顶端侧角并列发出，受精囊腺粗长管状，多次盘曲；导精管螺旋管状，邻近另一侧的螺旋，其口径逐渐细缩；导精管另一侧着生于生殖腔前端邻近中输卵管开口处 (图 18-5 B)。

雌性外生殖器：第 7 腹节腹板前缘中线处有 1 前伸突起，第 8 腹节侧背板与第 1 载瓣片 (第 1 生殖突基节) 完全愈合。腹瓣细长、骨化、部分纵裂、腹侧面有锯齿。骨化杆相互连锁，瓣间片前突扁阔。第 2 载瓣片 (第 2 生殖突基节) 细长、宽扁、骨化，背

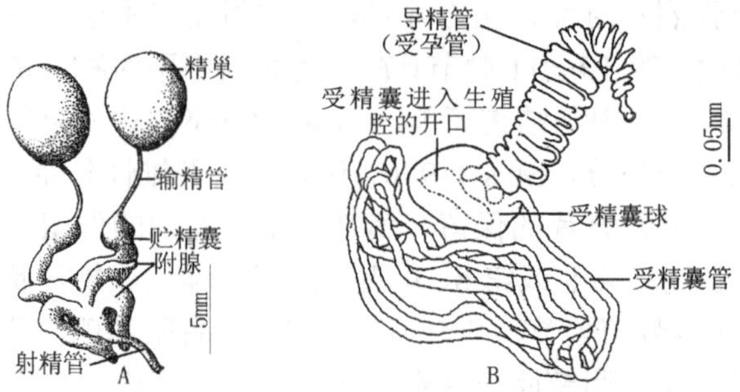

图 18-5　*Mesovelia furcata* 雄性内生殖器和受精囊 (Pendergrast，1957)

A. 雄性内生殖器；B. 受精囊

缘稍增厚。内瓣细长、骨化，除端部外其他部分联合有锯齿。背瓣三角形、骨化，附着于第 2 载瓣片，背部和腹部边缘稍向中部弯曲。中位的受精囊具有附属的导精管 (图 18-6)。

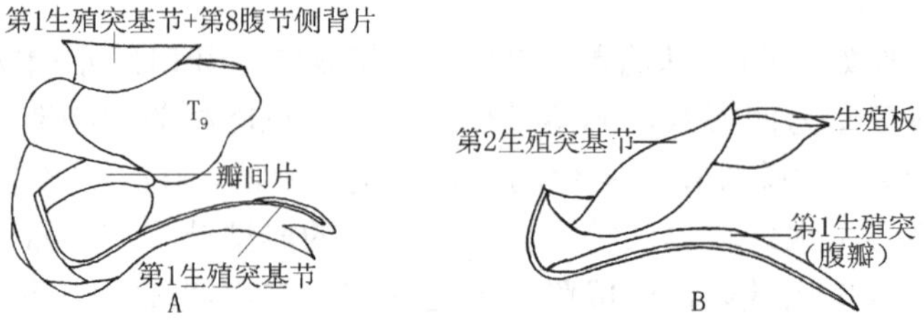

图 18-6　*Mesovelia furcata* 雌性外生殖器及相关构造(参考 Scudder，1959 图重绘)

A、B. 雌性第 1、2 生殖突基节与相关构造；T_9 为第 9 腹节背板

18.4.3　膜蝽科 Hebridae

18.4.3.1　*Hebrus pusillus* (Fallén)

雄性内生殖器： 每精巢有 2 支大型精巢管，2 精巢管基部广泛结合，从头至尾呈尖塔形。精巢外有中胚层起源的外鞘，每精巢管也具有类似起源的内鞘。精巢的输出管有环肌形成的闭合机制。精巢输出管、输精管及输精管膨大形成的贮精囊均中胚层起源，也称为初生输出系统。这些管道缺少表皮质内衬，管壁细胞单核，有基膜包被，并有环肌包围。输精管和贮精囊的管壁细胞双核，管壁的环肌纤维鞘不发达，管后端有强劲的括约肌封闭。射精管属于次生输出系统，成虫射精管从两侧贮精囊汇合处开始，前段膨胀并两次弯曲后进入后段直管部分，进一步开口于外生殖器。射精管全长具有表皮内衬，其直管部分更粗壮，管腔更大，上皮更厚，但肌肉鞘不显著 (图 18-7)。

雄性内生殖器胚后发育： 1 龄若虫，每精巢原基位于第 3、4 腹节的背侧面，已出现 2 支精巢管，每精巢管含 20～30 个精原细胞，其中有 1～3 个精原细胞在 1 龄若虫末期变得明显。2 龄若虫中期，1～2 个含有早期初生精母细胞的生精囊出现，在随后的若虫期和成虫期，精母细胞继续形成。第 1 次减数分裂发生在隐现或新蜕皮的 4 龄若虫，4

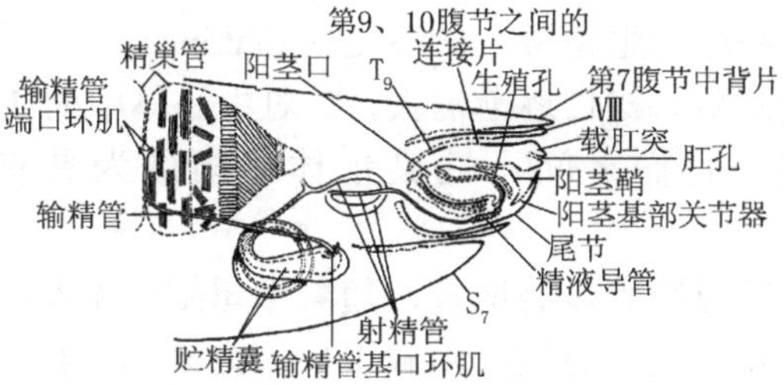

图 18-7　*Hebrus pusillus* 雄性内生殖器 (Heming-van Battum and Heming，1989)

T_9为第 9 腹节背板；S_7为第 7 腹节腹板；Ⅷ为第 8 腹节

龄后期精子细胞出现。5 龄若虫和隐现成虫期，含有精母细胞和精子细胞的生精囊随精子发生而迅速聚集，出现密集或筒状的头部集生阶段。成虫羽化后，精巢管基部外围，成熟精子束尚未出现。

1 龄若虫，每个初生输出管原基 (生殖索) 细线状，从每个精巢原基向尾部伸展到小型生殖壶腹，生殖壶腹位于第 9 腹节腹部的表皮上。3 龄若虫，每壶腹逐渐向前侧面移动到第 7 腹节腹板。生殖索全长出现管腔，管腔是由管道细胞轴向分隔形成，这种分隔起始于输出管前端和壶腹后端。4 龄若虫，每壶腹与向前生长的射精管原基接触，并立即开始伸长和蜷曲。隐现成虫期，它被单个中胚层细胞包围，随后出现肌肉，但比成虫期的短而细。成虫羽化后，它的细胞继续增生和分化。射精管在 2 龄若虫开始发生，最初为第 9 腹节腹板后部中间的外胚层内陷，位于初生阳茎叶基部之间，在随后的胚后发育期间不断延长和分化。

精子发生：精巢管生殖区顶部含有 1～5 个精原干细胞 stem spermatogonia，精原干细胞被内鞘的中胚层细胞包围，但没有明显的端细胞 apical cell 和顶端复合体 apical complex。每个精原干细胞周期性地进行有丝分裂，产生与自身类似的另一个细胞和不定性精原细胞 indefinitive spermatogonium。同时，内鞘细胞有丝分裂形成的 2～3 个胞囊细胞，包围不定性精原细胞，将其隔离为最初的特定精原细胞 definitive spermatogonium。精原细胞随后开始同步的 3 次不完全分裂，产生同一细胞系的 8 个相互联系的初生精母细胞，初生精母细胞包被在一个共同的膜内，膜由胞囊细胞变薄形成。在精原细胞第 2、3 次分裂和 2 次减数分裂期间，同步性的维持可能是通过细胞分裂末期纺锤体微管 spindle microtubule 的保持和压缩形成的多融合体 polyfusome，多融合体伸展通过姐妹精原细胞的环道 ring canal，从而阻止了姐妹细胞之间完全的细胞质分裂 cytokinesis。新形成的生精囊球形，伸展横跨精巢管的生殖区。它的 8 个初生精母细胞，玫瑰花形排列。有丝分裂完成后，精母细胞开始增长，染色体开始进入减数分裂前期。

减数分裂期染色体的移动和构造：细线期 leptonema，复制的染色体端区 (端粒) telomere 附着于核膜，移动到邻近 2 对细胞中心粒 (中心体) centrioles 核膜的一侧，2 个染色体保持分开呈圈状伸展到核质，在保持到粗线期 pachynema 核的一侧形成花束状 bouquet 结节。同源染色体配对 synapsis 形成二价染色体可能在偶线期 zygonema 发生，在粗线期、双线期 diplonema 交叉，除交叉点外，同源染色体分开。此阶段后期，常染色体 autosomes 开始伸开，进入伸展、弥散期。低日龄成虫，每个精巢管的 1/3～1/2 充满含有该发育阶段精母细胞的生精囊。在终变期 diakinesis，二价染色体再次缩短，密度不断增加，全长向核膜黏附。核仁逐渐消失，2 对中心体中的 1 对移动到相对的一极，纺锤形微管开始聚集在它们之间，性染色体逐渐成为具有常染色体的等固缩体 isopycnotic。

减数分裂期间初生精母细胞显著增长，随着精母细胞不断扩大，以及前后形成的同源细胞所增加的压力，每个生精囊逐渐由扁平扩大为楔形。精细胞分化形成精子的过程称为精子形成或精细胞变态 spermiogenesis。*Hebrus pusillus* 雄虫精子形成发生于生精囊内 32 个细胞时期，最初出现在末期Ⅱ (telophaseⅡ)，精子细胞覆盖有细胞质，每个精子细胞随之变成圆形，核膜再次出现，线粒体聚集在核的后部形成 1 个大的葱头状副核。同时，它的轴丝开始从核后面的中心粒长出，高尔基体逐渐分泌出顶体前颗粒。从精子细胞延长开始，副核分裂为 2 个圆形线粒体衍生物，衍生物位于中心粒的两侧，开始向尾部延长，与轴丝密切相关，并形成疏松螺旋。同时，顶体前颗粒前部与精子细胞核相关，开始向侧面移动。随着精子细胞继续延长，它的核开始收缩，核染色质凝聚，基部开始向中心粒靠近。精子细胞成为中间粗两端细的桶状，最终分化形成细长的精子。在此之前，精子细胞头部开始细长，高尔基复合体从顶体颗粒分开，顶体颗粒向后移动到头部之前，在那里分化为长的顶体。含有 32 个圆形、新形成精子细胞的生精囊楔形或月牙形，这与含有初生精母细胞的生精囊类似。从精子形成开始，精子细胞和包围的生精囊膜开始增长，所有精子细胞的核集中于生精囊末端精巢管外围。分化完成后，产生的精子束逐渐呈环形方向沿精巢管外围朝向基部，其长轴在右角朝向精巢管。每个精子的细胞质大部分以小滴状遗留在所形成精子的末端，然后退化。

雄性外生殖器：腹部 10 节，第 10、11 腹节愈合为载肛突。第 8 腹节中背片 mediotergite 背视不可见，第 7 腹节腹板没有头向的中腹突，而中背片和腹板后缘分别向内弯曲形成狭窄的圆柱形腔室，生殖节休止时即藏于腔室内。第 8～10 腹节和阳茎休止时彼此套叠藏于第 7 腹节内，背视被第 7 腹节中背片遮盖。第 8 腹节较小，明显骨化，休止时向前套叠进第 7 腹节，后侧面有 1 对小型气门，前缘背面凹入。在此下方后肠变窄进入生殖节，而腹面它的前内脊 antecosta 头向延伸成为 2 个宽的突起，供生殖节肌肉附着。第 8 腹节后缘与第 7 腹节的类似，向内反折骨化形成圆柱形翻边，向前与节间膜连续。第 9 腹节船形，一般称为上生殖片 pygophore。它的背板退化成为 1 个狭窄而骨化的桥，位于载肛突前部，而它的后背面向前腹面内陷形成生殖囊，生殖囊内含阳茎。上生殖片的侧面和腹面外壁光滑、圆柱形、黄色、具有厚的表皮，但它向后的斜面扁平、暗色、密生刚毛。生殖节向前缩进第 7 腹节后，上生殖片从后面关闭了开口。第 7、8、9 腹节之间的连接膜 conjunctival 使交配期间上生殖片能相对腹部作 180°纵向旋转。

阳茎由基部的关节附器 articulatory apparatus 或阳茎基，1 对大而对称的抱器或阳基侧突，1 个位于基部的、稍骨化的阳茎鞘或阳茎端和 1 个端部的突出的内体 endosoma 或内阳茎 endophallus 组成，阳茎不用时包藏在上生殖片内。基部关节构造“U”形，悬垂在生殖腔的膜壁或隔膜上，前部和背面开口于体腔。阳茎基附着在阳茎鞘的基缘，背面与抱器的一侧相关节。抱器为对称构造，贴在阳茎鞘基部侧面。抱器具有厚而骨化的表皮，悬垂在生殖腔的壁上，基部形成 2 个突起。前部突起为使抱器向前中部弯曲的肌肉附着点，后部突起与阳茎基的一端形成关节。抱器端部略呈“S”形，末端呈前中部方向弯曲的钩。阳茎鞘膜质管状，稍骨化，在腹中线折叠，含有多褶的内阳茎。内阳茎膨伸时，阳茎鞘稍膨大。阳茎鞘基部每侧有 1 个膜质区域，邻近阳茎基。内阳茎长度约为阳茎鞘的 4 倍，是交配时实际进入雌虫产卵器和交配囊的部分。休止时，内阳茎折叠在阳茎鞘内。交配时，阳茎鞘从上生殖片向尾端伸出，内阳茎基部管状的系膜部分 conjunctiva，位于产卵器杆的部位，系膜端部的阳茎端膜，进入雌虫的交配囊。阳茎端膜膨胀突出形成 5~7 个膜质的外翻部分 evagination 或角状器 cornui，它的端部表皮加厚骨化成为 2~6 个泡囊状 vesicular 骨片。阳茎端膜的端叶具有指向端部的微刺 microtrichia。阳茎端膜含有 2 个骨化的丝 thread，Cobben 称为内阳茎骨化杆 endosomal strut，这些丝起源于收缩的阳茎端膜近盲端的壁，无论端膜收缩或膨胀，这些丝总是蜷曲在端膜内。但它们实际位于体腔外，能从阳茎端顶部伸出而不破坏阳茎端膜囊。内阳茎不用时折叠在阳茎鞘内，阳茎鞘缩入上生殖片封闭形成的生殖囊时，基部垂直转动 180°，使它的端部指向虫体头部，腹部指向背面。囊泡状的角状器 vesicular cornui 具有厚而多褶的表皮，表皮上有骨片。在收缩的阳茎的中心部位是管腔，管腔内含有内阳茎骨化杆。射精管末端通过初生生殖孔进入阳茎腔，交配时，内阳茎经阳茎鞘口翻出，内阳茎折叠伸直，初生生殖孔被带到内阳茎的端部，同时拉直了后部的射精管。第 10、11 腹节合并形成的载肛突以不同方式附着在腹部。前端，载肛突的底部形成生殖囊膜质的顶，当阳茎外翻时，载肛突相对于上生殖片向背面弯曲。末端在肛孔下方，载肛突具有骨化的肛孔盖 anal lid，肛孔盖柔顺地附着在载肛突上，通过载肛突基角的肌肉收缩可抬起以关闭肛孔。载肛突骨化并密被长毛，直肠开口于载肛突端部外方，直肠有括约肌封闭，括约肌通过细的肌纤维与载肛突顶部联系 (图 18-8)。

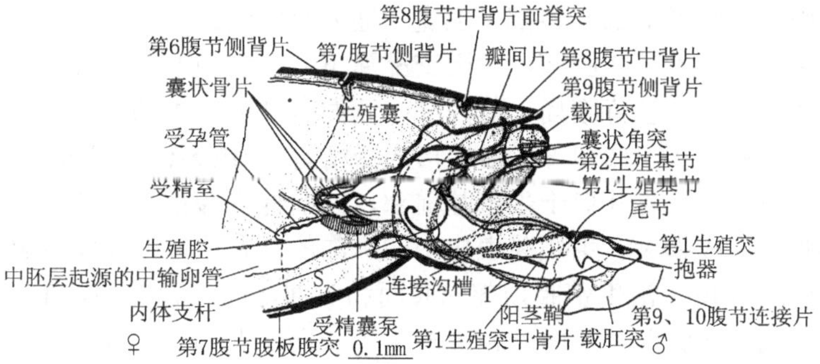

图 18-8　*Hebrus pusillus* 雌、雄外生殖器在交配中的位置 (Heming-van Battum and Heming，1989)

S_7 为第 7 腹节腹板；1. 第 1 生殖突中棘

阳茎胚后发育：2 龄若虫出现阳茎原基，最初为第 9 腹板后部 1 对小的表皮增厚，即初生阳茎叶。3 龄若虫期，每阳茎叶纵裂形成中间的阳基中叶 mesomere 和侧面的阳基侧突 (抱器)，然后该节后部腹面表皮形成的生殖囊内陷将上述 4 个叶的基部向前带入第 9 腹节。在此过程中，阳基侧突向侧面移位，与生殖囊壁密切联系。在隐现 4 龄若虫期，阳基中叶开始在中线彼此愈合，形成阳茎原基 primordium，这一过程从基部腹面开始，中间的阳茎管原基部位尚未发育。阳茎原基最终分化成为除抱器外的阳茎各个部分。阳茎原基在 4～5 龄期间继续增殖，逐渐获得成虫期特征。隐现成虫期，这些折叠的表面沉积成虫表皮，使那些在成虫期硬化的部分骨化，包括阳茎基、阳茎鞘、泡囊状骨片，内阳茎骨化杆的表皮也在此时形成。5 龄时阳茎原基的盲端和前端生出单个大型毛原细胞，这些细胞在成虫羽化完成表皮骨化后退化。在整个分化过程中，阳茎原基的顶部朝向后端，成虫羽化后，它的基部垂直旋转 180°指向前方。

雌性内生殖器：每卵巢有 5 支端滋式卵巢管，卵巢管有疏松合胞体的外膜，外膜具有微气管和肌纤维，内侧具有基膜或固有膜，基膜内有卵巢管内鞘 inner ovariolar sheath 紧密包裹卵巢管。卵巢管内鞘形成横向分隔，将营养室顶部和端丝基部分开。每卵巢的 5 支端丝前伸愈合形成悬带，悬带通过短的肌纤维附着于中胸背板前缘。卵巢管后部，内鞘与前滤泡细胞在卵巢管内的柄部连续。内生殖器中中胚层起源的输出管道部分称为初生输出系统，如输出管、侧输卵管和中输卵管。卵巢管柄开口于侧输卵管顶部。侧输卵管和中输卵管均有内纵肌和外环肌包被，但缺少表皮内衬。次生输出系统指体壁内陷形成的外胚层起源的输出管道，包括中输卵管后部外胚层起源部分、受精室、生殖腔、导精管 (受孕管)、交配囊、受精囊泵 (体)、受精囊管、生殖囊，其中导精管、交配囊、受精囊泵、受精囊管组成生殖腔复合体 gynatrial complex。除外胚层起源的中输卵管部分，其他部分均由第 8 腹节腹板发育而成，从 1 龄若虫起开始发育。输出管从背面进入生殖腔，经产卵器基部向外开口。生殖腔壁大部分具有薄而柔韧折叠的表皮，表皮腹面两侧与第 1 载瓣片的腹缘连续，代表第 8 腹节弯曲的腹板。后部，生殖腔壁向背面弯曲达产卵器前部 2/3 以上，两侧向侧面伸展到产卵器骨化杆以外。生殖腔和交配囊后部的表皮有腺体上皮包裹。每个腺体分泌单元具有 1 个末端横位的腺体细胞和 1 个小的导管细胞。腺体细胞的细胞质具有液泡，细胞间有分泌腔，内衬长的微绒毛。管道的端器 end apparatus 突入腔内。管道前部开口部位加宽，通入交配囊。

生殖腔前端头向伸入第 7 腹节，位于交配囊下方，前腹面与中输卵管后部外胚层起源部分的末端连接。生殖腔背腹扁、前段窄、侧面有许多膨大的肌纤维、底部具有后向的短绒毛，它的前端覆盖中输卵管，后端形成受精室 fertilization chamber，受精室内含有导精管前端开口。交配囊开口于生殖腔前部，向前伸入腹部，位于生殖腔上方，并通过囊壁表面的肌肉形成膨大。生殖腔表皮中间纵沟的前背面起源于交配囊的底部，向尾部伸展到它的后唇瓣 lip，沿生殖腔顶部向腹面和头部弯曲到近前端。在它的交配囊底部起源部位，沟的底部向腹面和前面外翻形成 1 个长而蜷曲的管，在产卵器基部的前面和右侧进入血淋巴。这个管为受精囊 (腺)，交配囊底部的沟为受精囊泵，沟位于生殖腔顶部的部分为导精管 (受孕管)。管状的受精囊 (腺) 比虫体长，紧密盘曲，包埋在产卵器前部的脂肪体内。每受精囊腺单元中，管道的端器大，近球形，管道末端膨大，然后进入腺体细胞分泌腔。整个受精囊蜷曲部分均有肌纤维附着。受精囊球 (体) 缺或不发达。已受精雌虫，受精囊 (体) 含有纵向排列的精子，精子的头部占有受精囊管基部 1～2 个圈，精子的鞭毛指向端部。精子可以紧密堆积，也可疏松存在于受精囊腔内，浸浴在腺体细胞的分泌液中。受精囊泵具有将精子从交配囊移动到受精囊的功能，泵月牙形，位于交配囊底部的沟内，泵的前端宽而扁平，表皮骨化，背面呈环状，为厚的上皮包埋。随着沟后部的加深，这些骨化区域彼此向中间靠近形成泵的唇瓣，而其底部的表皮加厚，柔韧而有弹性，侧面向一侧折叠。雌虫交配囊复合体的第 3 个组成部分是受孕管 (导精管)，受孕管稍弯曲而厚壁，位于生殖腔顶部，是由啮合的表皮骨化环生形成整体具有条纹特征的沟。沟腔的腹面有缝隙，全长开口于生殖腔，具有未骨化的内衬，内衬表皮与腔壁的骨化环之间连续。沟的背面全长包被在厚的细胞层中。受孕管头向开口进入受精室，顶部膨胀成为厚而宽阔的弹性表皮垫，垫与受精囊泵类似，可能具有弹性蛋白。后部，受孕管通过交配囊下面到达它的后唇瓣，向中间和背面弯曲，通过一个公共开口进入受精囊体和受精囊泵。在进入受精囊体和受精囊泵之前，它的腹面裂缝向背面弯曲 150°，与受精囊泵连续 (图 18-9)。

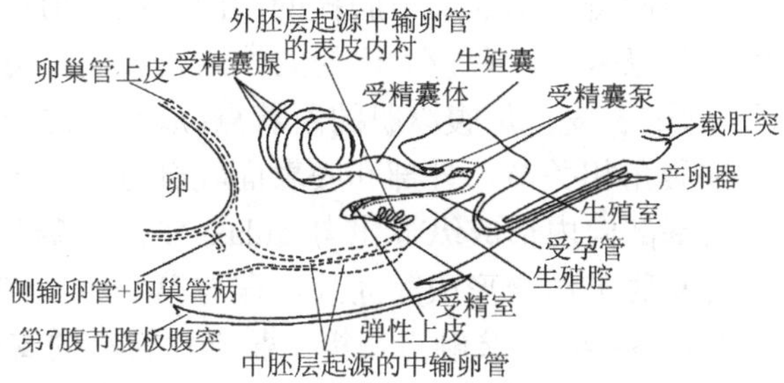

图 18-9　*Hebrus pusillus* 雌虫腹部末端矢切 (Heming-van Baitum and Heming，1986)

卵子发生：卵巢管由端部的滋养室 (trophic chamber、tropharium) 和基部的生长区组成，生长区在成虫羽化后开始发育。滋养室分为 2 个区。1 区细胞位于端丝基部，细胞分裂常见，以补充滋养细胞。1 区基部，细胞停止分裂，在 2 区顶部开始扩大成滋养细胞，邻近的滋养细胞聚集形成滋养芯 trophic core。滋养室基部有中胚层起源的前滤泡细胞 prefollicular cell 组成的宽柄，柄内含有初生卵母细胞。新羽化成虫，卵母细胞几乎没有细胞质，每 1 卵母细胞通过前端的营养索与滋养芯联系。随着卵黄发生前期 previtellogenic stage 的生长，卵母细胞由后而前顺次发育，发育中的卵母细胞向后部推进，更深入地进入前滤泡细胞。狭窄的营养索继续将每个卵母细胞与顶端的滋养芯细胞质联系，到卵黄摄取开始时营养索断裂。在卵母细胞进行卵黄发生前生长的同时，滤泡细胞也在增生，到卵黄发生开始，滤泡细胞增生停止。卵黄摄取开始时，相邻滤泡细胞之间出现空隙，小球形的卵黄体开始出现在邻近滤泡细胞顶部的卵母细胞卵质周围。这些卵黄体联合形成大的卵黄体，卵母细胞很快将其包埋吞噬。随着卵母细胞的生长，滤泡细胞扩大成为立方形。由于卵母细胞生长超过滤泡细胞的生长速度，滤泡细胞出现扁平化。卵母细胞生长完成后，相邻滤泡细胞之间的空隙关闭，卵母细胞周围的滤泡细胞随卵母细胞一起顺序下行，卵母细胞表面出现薄的卵黄膜、固体的卵壳及卵壳前部的卵孔。生发泡 (初级卵母细胞的细胞核) germinal vesicle 扩大，移动到卵的侧面，在侧面停留待产。卵产出时，破坏了后端的滤泡细胞，向尾端移动进入卵巢管柄及侧输卵管、中输卵管。被破坏的滤泡细胞在卵巢管基部萎缩形成黄体 corpus luteum，然后退化，黄体被收缩的固有膜包围。产卵雌虫滤泡退化形成的碎片进入并存留在侧输卵管和中输卵管腔内。有些衰老雌虫含有 1 个或多个正被吸收的卵母细胞，这些卵母细胞卵黄发生通常已经开始。卵母细胞被吸收 (卵吸) 的最初迹象为滤泡细胞端部的液泡内出现卵黄，后来滤泡细胞吞满卵黄，侵占了滤泡细胞前面原卵母细胞占有的空间。

雌性外生殖器：腹部 10 节，背视产卵器被第 8 腹节中腹板遮盖。第 9 腹节外观为 2 个小型具刚毛的叶，位于载肛突两侧，主要部分为 2 个短而强骨化的侧背板，位于第 8 腹节内。第 9 腹节腹中线部位头向延伸形成产卵器鞘的顶，后部骨化。头部方向，它的腹面膜质柔韧，形成内瓣。它的侧壁膜质纵向折叠，位于产卵器两侧。外壁上具有前部骨化的内瓣骨化杆。更后部为内瓣基节和瓣间片。第 8 腹节中背片的后缘向腹部前方弯曲，在中线部位通过表皮带与载肛突的背板结合。雌虫的载肛突小，而且第 10 和 11 腹节可能愈合。其腹面一般形成肛孔盖，以关闭肛孔。第 8 腹节从下方唯一可见的是大型第 1 载瓣片，第 1 载瓣片背面两侧与第 8 腹节腹板的侧面连续，前缘向内形成 1 个伸展的前脊凸缘，供肌肉着生。凸缘基部，有较大块的柔性结膜表皮，将第 7 腹节腹板尾部与第 1 载瓣片的边缘结合，这个表皮也是腹纵肌的附着点。成对的腹瓣着生于第 8 腹节，在近中部与第 1 载瓣片的前腹角相关节，外部和腹表面轻微骨化而平滑，具有分叉、钉状和钟状感器。腹瓣的外表基部向内形成纵骨化沟 aulax 作为腹瓣背面的骨化杆，骨化杆向背面和后面弯曲，与第 9 腹节结合形成瓣间片。在与第 9 腹节侧背板愈合处，每个瓣间片腹面与第 2 载瓣片的背缘接触。接触点是第 2 载瓣片转动的支点 fulcrum。腹瓣大部通过广泛的双层纵向弯曲的表皮连续，彼此在中线愈合。2 层表皮弯曲而未骨化，常彼此愈合。上表皮光滑，形成产卵器腔的底板，其前部与生殖囊弯曲的顶部连续。下表

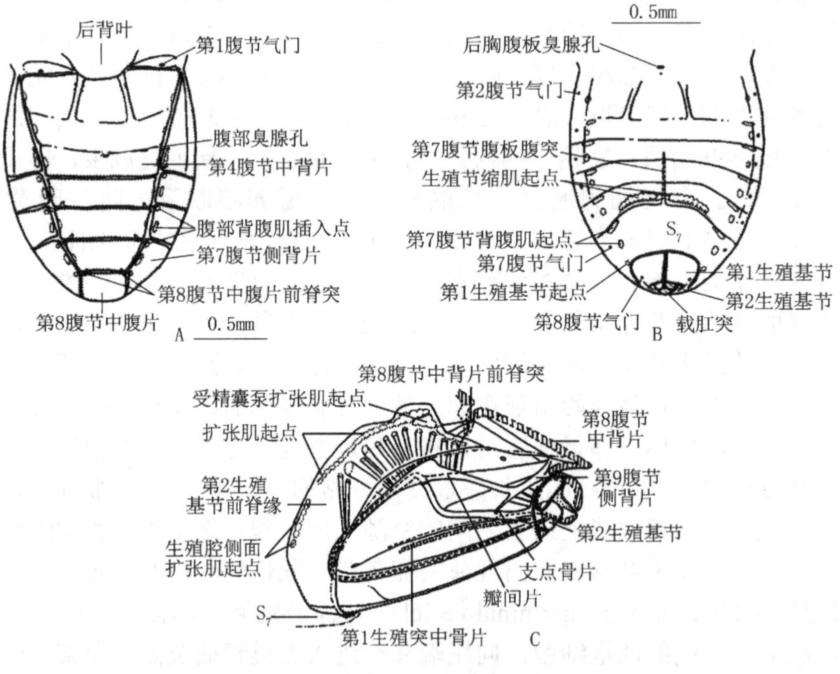

图 18-10 *Hebrus pusillus* 雌虫腹部及雌性外生殖器 (Heming-van Baitum and Heming，1986)

A、B. 腹部背、腹视；C. 产卵器休止时的位置；S_7 为第 7 腹节腹板

皮基部光滑，端部有密集排列的前向的棘。侧面纵向排列的表皮之内的折叠每侧有长的骨片加强。内瓣由内在的第 9 腹节残基形成，稍骨化，腹部外表光滑，具有分叉或钉状

感器。内瓣腹缘有纵向骨化的舌形突出 tongue (榫)，突出与腹瓣的沟嵌合，在它的下方形成 1 个滑动的连锁机制，允许 2 瓣纵向滑行。突出的基部和内侧形成内瓣腹面的骨化杆，骨化杆一般包含在有沟槽的腹瓣背面的骨化杆内。当腹瓣背面骨化杆在后部加宽失去沟槽以后，内瓣腹面的骨化杆才离开腹瓣背面的骨化杆，成为瓣间片。然后，内瓣腹面的骨化杆向腹侧弯曲，作为第 2 载瓣片。2 个载瓣片的后部加宽成为具有刚毛的叶，从腹部末端下方突出，位于载肛突的两侧。如果这些叶是可动的，位于第 2 载瓣片的后端，则构成背瓣。否则，则属于载瓣片 (图 18-10)。

18.4.3.2　*Hebrus ruficeps* (Thomson)

雄性内生殖器：每精巢有 2 支精巢管，精巢管桃形，两精巢管基部对生呈二叶状，通过各自的输出管并列于输精管顶端。输精管前段细，中段膨大形成细长管状的贮精囊，后段再度细缩接入细管状的射精管 (图 18-11)。

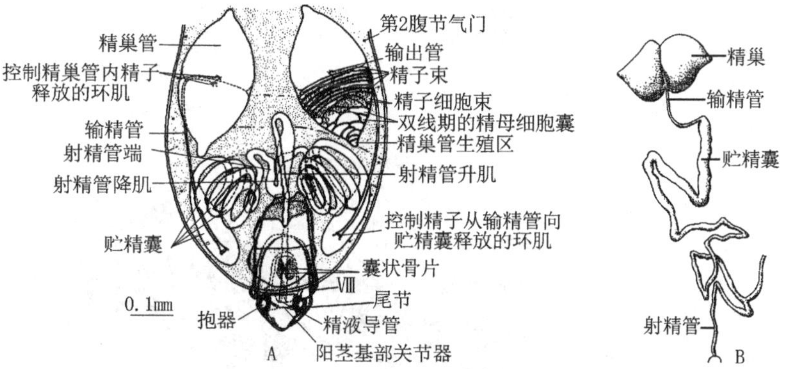

图 18-11　*Hebrus ruficeps* 雄性内生殖器

A. 内生殖器在体腔内的位置；B. 雄性内生殖器离体状，一侧的精巢和输精管已除去；Ⅷ为第 8 腹节 (A. Heming-van Battum and Heming，1989；B. Pendergrast，1957)

雌性内生殖器：每卵巢有 5 支端滋式卵巢管，端丝短而细。卵巢管基部着生在较发达的卵巢萼上，侧输卵管粗短，两侧的侧输卵管汇入粗短的中输卵管，中输卵管下端接入生殖腔。受精囊管基段细长，着生在生殖腔顶端；中段膨大呈香蕉形，称为受精囊管球；端段细长，顶端与椭球形受精囊体连接。生殖腔前段短管状，后段膨大 (图 18-12 B)。

受精囊：受精囊体前段膨大呈发达直管形，后段弯曲呈“C”形，末端开口于生殖腔中部。受精囊腺粗长管状，自受精囊体前端螺旋 2 圈后发出。导精管从受精囊体后段弯曲部发出，直管状，另一端开口于生殖腔前部邻近中输卵管开口处 (图 18-12 A)。

雌性外生殖器：第 9 腹节背板没有形成肛盖，第 8 腹节侧背板与第 1 载瓣片愈合。产卵瓣部分骨化，细长，具有骨化而连锁的骨化杆。瓣间片前突部分骨化，第 9 腹节侧背片和第 2 载瓣片方形，骨化，大小近相等。第 9 腹节侧背板仅后部骨化，背瓣缺。受精囊中位，有导精管 (图 18-13)。

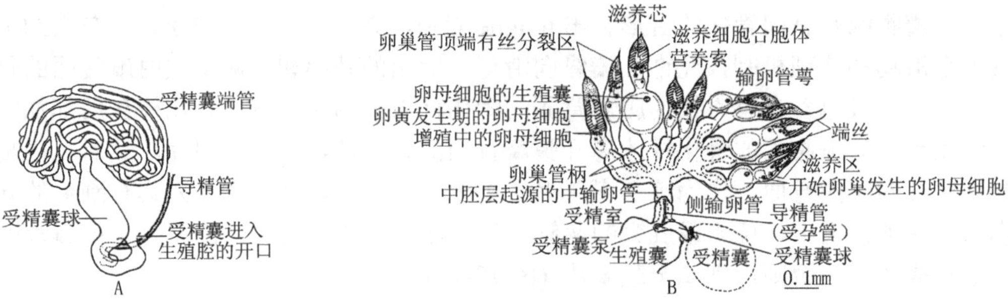

图 18-12　*Hebrus ruficeps* 雌性内生殖器和受精囊

A. 受精囊；B. 雌性内生殖器；(A. Heming-van Baitum and Heming，1986；B. Pendergrast，1957)

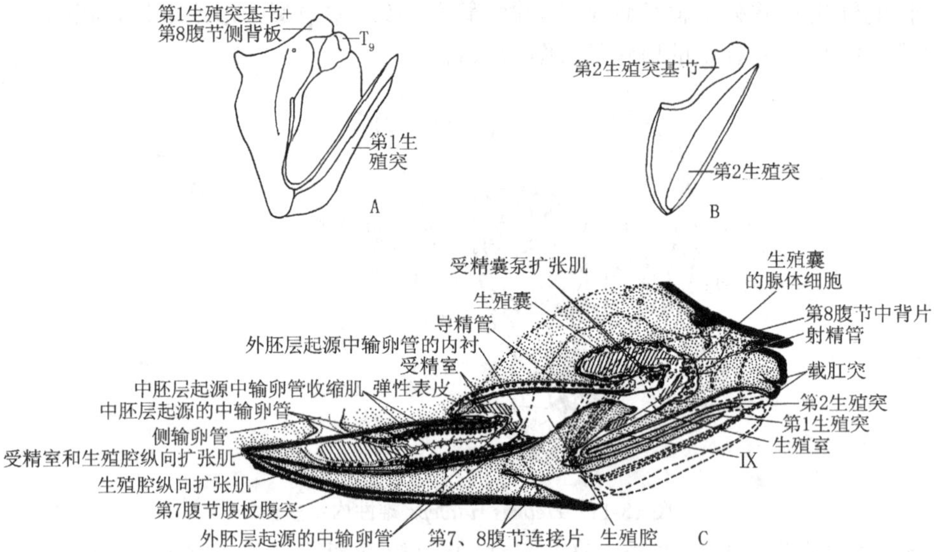

图 18-13　*Hebrus ruficeps* 雌性外生殖器

A、B. 第 1、2 生殖突基节及相关构造；C. 内生殖器输出管道和产卵器中间矢切；T_9为第 9 腹节背板；IX为第 9 腹节 (A、B. 参考 Scudder，1959 图重绘；C. Heming-van Baitum and Heming，1986)

18.4.4　尺蝽科 Hydrometridae

18.4.4.1　*Hydrometra stagnorum* (Linnaeus)

雄性内生殖器：每精巢有 1 支长椒形精巢管，输精管从精巢管较宽的基端发出，前段细，后部约 2/3 长度膨大形成贮精囊，贮精囊向后部渐细缩，后端汇入略膨大的射精管前端 (图 18-14 D)。

受精囊：受精囊体心形，腹面开口于生殖腔基段膨大增粗部位的顶端。受精囊腺与导精管从受精囊体顶端一侧并列发出，受精囊腺细长管状，多次弯曲折叠。导精管除基段外，其余部分螺旋管状，它端着生于生殖腔管状段前端邻近中输卵管开口处 (图 18-14 C)。

雌性外生殖器：第 9 腹节背板形成肛盖，第 7 腹节腹板前缘中线有突起。第 8 腹节侧背板腹面与第 1 载瓣片完全联合。腹瓣小，三角形，骨化。骨化杆位于产卵瓣基部的小部分骨化，相互连锁，其他部分膜质。第 2 载瓣片方形，后部骨化，前部突起与内瓣相连，几乎完全膜质。背瓣缺。受精囊中位，有导精管 (图 18-14 A、B)。

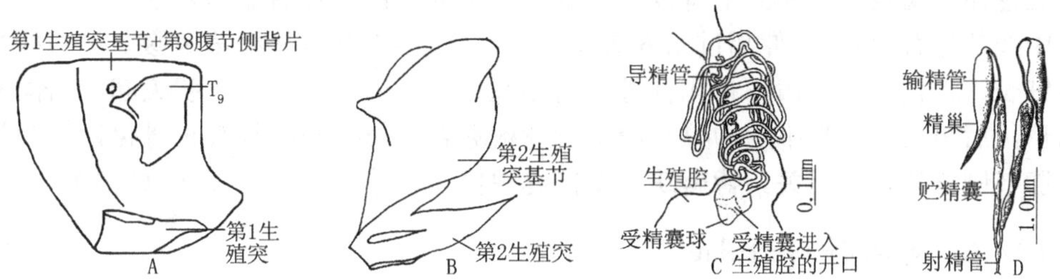

图 18-14　*Hydrometra stagnorum* 生殖系统

A、B. 第 1、2 生殖突基节及相关构造；C. 受精囊；D. 雄性内生殖器；T_9 为第 9 腹节背板 (A、B. Scudder，1959；C、D. Pendergrast，1957)

18.4.5　宽肩蝽科 Veliidae

18.4.5.1　*Velia caprai* (Tamanini)

雄性内生殖器：每精巢有 1 支椭球形精巢管，精巢管一端圆钝，另一端尖突。输精管从精巢管中部发出，前段细，中段膨大形成长茄形贮精囊，后段再细缩。两侧输精管末端接入膨大的射精管前端。射精管前段约 4/5 长度膨大，后段细缩接入外生殖器 (图 18-15 A)。

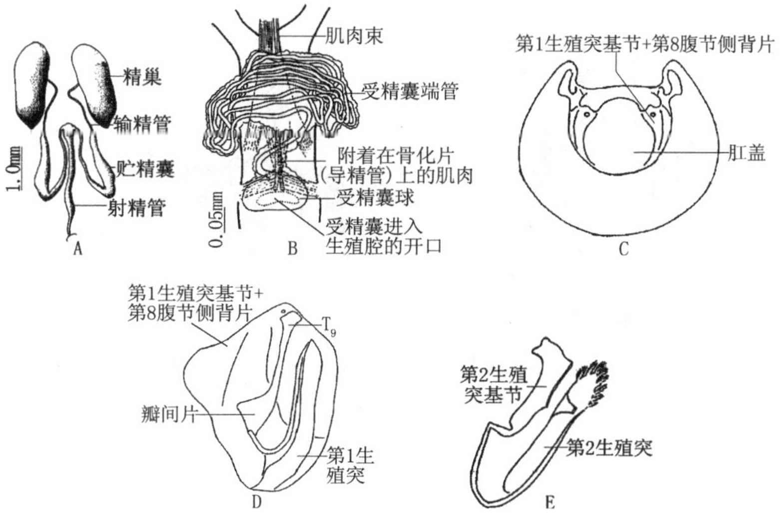

图 18-15　*Velia caprai* 生殖系统 (Scudder，1959)

A. 雄性内生殖器；B. 受精囊；C. 雌虫腹部末节后视；D、E. 第 1、2 生殖突基节及相关构造；T_9 为第 9 腹节背板

受精囊：受精囊体位于生殖腔后部，椭圆形半球状，腹面开口于生殖腔。受精囊腺

从受精囊体顶部中间发出，粗长管状，整体包裹在脂肪组织内。受精囊体内部开口上缘发出 2 支骨片构成骨化的导精管，前行并开口于生殖腔前端邻近中输卵管开口处 (图 18-15 B)。

雌性外生殖器：第 9 腹节背板形成肛盖，部分覆盖腹部后端和外生殖器。第 7 腹节腹板中线部位有突起，前伸超过第 6 腹节腹板前缘。第 1 载瓣片和第 8 腹节侧背板愈合，腹瓣细长、骨化、有锯齿。骨化杆骨化而相互连锁。内瓣端部有矛状突起，瓣间片约呈三角形，后角后突，与小型的第 9 腹节侧背板愈合。第 2 载瓣片细长骨化，与瓣间片、第 9 腹节侧背片紧密相关。背瓣缺。受精囊中位，有导精管 (图 18-15 C～E)。

18.4.6 黾蝽科 Gerridae

18.4.6.1 *Gerris lacustris* (Linnaeus)

雄性内生殖器：每侧精巢由 2 支分开的精巢管组成，精巢管长形囊状，顶端有端丝，同侧 2 精巢管的端丝联合形成悬带。精巢管中部发出细而短的输出管，2 输出管汇入输精管。输精管前段细，近中段膨胀形成长囊状贮精囊，末段膨大形成输精管的腺体部。两侧输精管的腺体部汇入射精管。射精管前段膨大，与射精管腺体部一起呈“Y”形。射精管下段细缩，接入生殖节 (图 18-16 A)。

受精囊：受精囊体 (受精囊球 spermathecal bulb)、受精囊腺 (受精囊端管 apical tube of the spermatheca)、导精管 (受孕管) 包埋在脂肪体和微气管组织中。受精囊体开口于生殖腔中部。受精囊腺从囊体端部发出，为极长而蜷曲的细管，蜷曲成团。导精管从受精囊体发出，初为直管状，经 1 椭球形受精囊泵 spermathecal pump 后，成为螺旋管状，末端开口于生殖腔前部邻近中输卵管开口处 (图 18-16 B)。

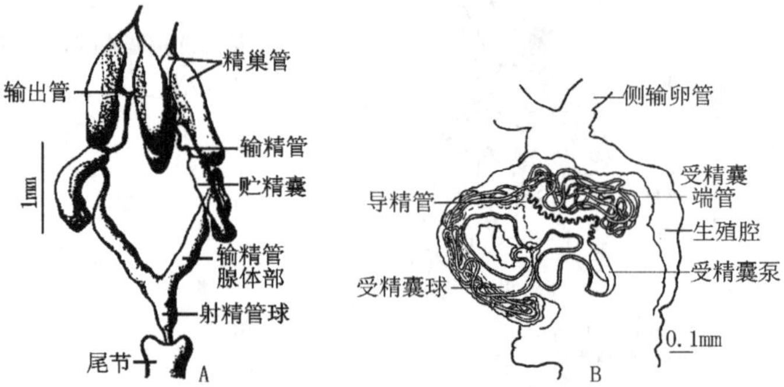

图 18-16 *Gerris lacustris* 雄性内生殖器和受精囊 (Pendergrast，1957)

A. 雄性内生殖器；B. 受精囊

18.4.6.2 *Gerris najas* De Geer

雌性外生殖器：第 7 腹节腹板突起长，第 9 腹节背板不形成肛盖，内瓣没有羽毛状突起，第 1 载瓣片的突起小而窄，第 2 载瓣片和背瓣缺 (图 18-17)。

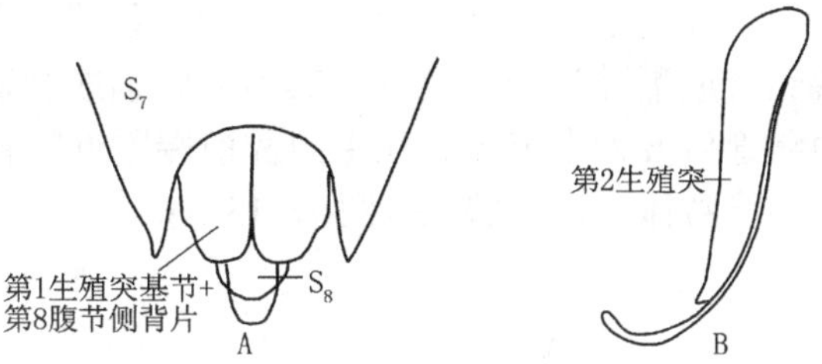

图 18-17　*Gerris najas* 雌性外生殖器（参考 Scudder，1959 图重绘）

A. 雌虫腹部末节腹视；B. 第 2 生殖突；S_7、S_8 为第 7、8 腹节腹板

18.5　蝎蝽次目 Infraorder Nepomorpha

18.5.1　概论

雄性生殖囊两侧对称或不对称，在不对称的种类中，腹部生殖前节中的后部数节亦常相应地变形，左右不对称。阳基侧突常骨化很弱或缺。阳茎鞘一般骨化极弱，可完全为膜质。内阳茎可有阳茎端的分化，阳茎端可有各种骨化构造。阳茎基部的基骨片常多少愈合，形成腹片。导精管缺乏用于驱动精子的泵状结构或加粗部分。

18.5.2　负子蝽科 Belostomatidae

18.5.2.1　田鳖 *Kirkaldyia deyrollei* (Vuillefroy)

雄性内生殖器： 精巢约呈球形，位于第 2 腹节两侧。精巢外面有极薄的结缔组织包被，包被内有 6 支蜷曲的精巢管。精巢后端中央稍凹，输精管由此伸出，多曲折，外面有许多脂肪体与气管包围，至第 3 腹节前缘处膨大成贮精囊。贮精囊末端稍细，其外侧有附腺开口。两侧贮精囊末端汇入射精管，射精管短直，末端开口于阳茎基部。附腺 1 对，长丝状，开口于贮精囊基部，紧贴于贮精囊与输精管壁，外面有结缔组织膜 (图 18-18 A)。

雌性内生殖器： 每卵巢有 5 支卵巢管。卵巢管顶端有短的端丝，左右 2 卵巢的端丝组成 1 条悬带，附着于脂肪体上。悬带由许多平行纵列的结缔组织细胞组成，端丝由内外 2 层细胞构成，外层细胞连接于卵巢管膜的外层 (卵巢管鞘)，内层细胞位于腔内，形成 1 条较细而中空的管。端丝下方连于卵巢管端部，整个卵巢管包有卵巢管膜，膜分为内外 2 层，外层为卵巢管鞘或卵巢管外膜，由 1 层鞘细胞构成，与端丝的外层直接相连，但较薄。内层为固有膜，由外方 1 层胶原纤维与内方 1 层扁平细胞组成，甚薄，无皱褶。在卵巢管顶端处，固有膜折向内方，紧贴于卵巢管，在卵巢管顶端中央与端丝的内层相连。端丝下方为长圆柱形的原卵区，原卵区后方为生长区，内含发育中的卵室，向下渐粗。卵巢管内最后 1 个卵室的末端紧贴着 1 团细胞，是为上皮栓，向后突入卵巢管柄内。生长区后方为卵巢管柄，卵巢管柄甚长，前部的上皮无褶突，细胞甚狭长，行局部分泌，细胞顶端的原生质成块脱落，进入腔内，最初尚保持球形，不久即破裂，内含物互相混合，充满于卵巢管柄、侧输卵管与中输卵管的腔内，有时在生殖腔内也有少量存在。后半部的上皮形成许多排列十分紧密的环状褶突，位于褶突顶端的细胞也行局部分泌。同侧 5 支卵巢管柄的末端结合成漏斗形的卵巢萼，其后方收缩成侧输卵管。左、右侧输卵管汇入中输卵管，中输卵管后方为生殖腔。在生殖腔前端附近的背面有 1 条细长的受精囊，平时蜷曲成团，包在脂肪体内。附腺缺 (图 18-18 B)。

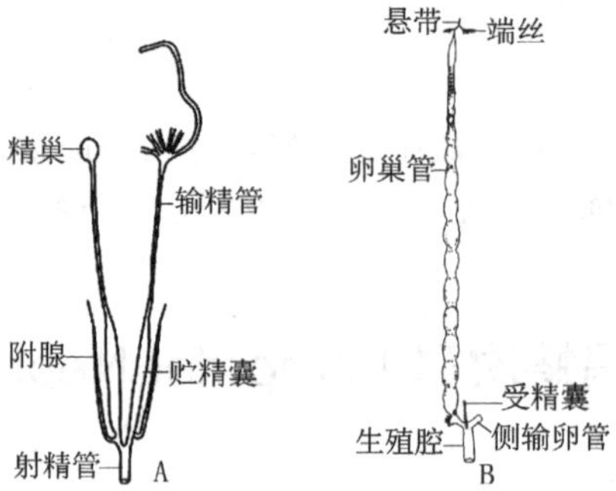

图 18-18　田鳖内生殖器 (参考孙少轩，1965 图重绘)

A．雄性内生殖器；B．雌性内生殖器

18.5.2.2　印度田鳖 *Sphaerodema rusticum* (Fabricius)

雄性内生殖器：精巢约呈肾形，基部有较发达的萼状结构。每精巢有 1 支细长盘曲的精巢管，精巢管外有被膜，前段细，后段膨大形成贮精囊，贮精囊下段的输精管细缩后汇入射精管略膨大的前端 (图 18-19 A)。

受精囊：受精囊开口于生殖腔一侧，整体长管状，前部为受精囊体和受精囊腺复合的管状构造，内腔贮存精液，管壁细胞兼具分泌功能。邻近开口处的管腔外部有肌肉，控制精液的进出 (图 18-19 B)。

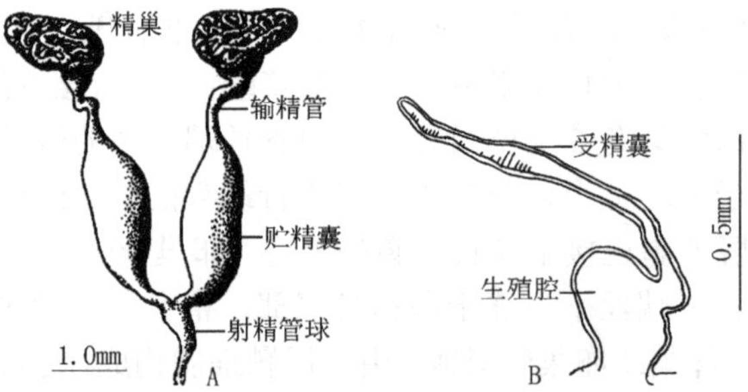

图 18-19　印度田鳖雄性内生殖器和受精囊

A. 雄性内生殖器；B. 受精囊 (A. Pendergrast，1957；B. 参考 Pendergrast，1957 图重绘)

18.5.3　蝎蝽科 Nepidae

18.5.3.1　*Nepa cinerea* Linnaeus

雌性外生殖器：第 7 腹节腹板向后延伸，包被外生殖器。第 8 腹节侧背板细长，突出于腹部末端之外，形成呼吸管 siphon。第 9 腹节侧背板很小，细长，与第 9 腹节背板不分开。第 1 载瓣片方形，前背角前伸形成长而宽的突起。腹瓣长而宽，骨化。骨化的骨化杆达腹瓣背缘的 2/3。瓣间片三角形，骨化，与第 9 腹节侧背片后部愈合。内瓣细长、骨化、基部愈合。第 2 骨化杆沿内瓣基部 2/3 伸展，与第 1 骨化杆连锁。第 2 载瓣片 (第 2 生殖突基节) 细长，后半背弯，两侧载瓣片之间通过中间的骨化桥联系。背瓣骨化，针状。受精囊 1 个，中位 (图 18-20)。

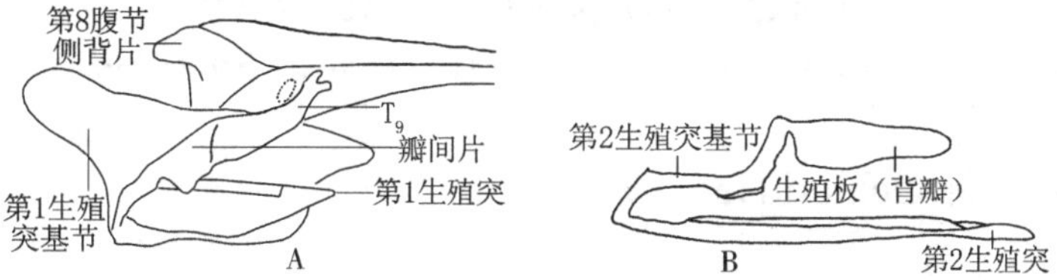

图 18-20　*Nepa cinerea* 雌性外生殖器(Scudder，1959)

A、B. 雌性第 1、2 生殖突基节及相关构造；T_9 为第 9 腹节背板

18.5.4　蟾蝽科 Gelastocoridae

18.5.4.1　*Mononyx terrestris* Kevan

雄性内生殖器：每精巢有 4 支很长、有共同被膜的精巢管，被膜顶端有长管伸出，向基部渐粗，近基部螺旋蜷曲后导入输精管，输精管前段缠绕盘曲呈附睾状，后段粗直管状。附腺 1 对，附腺体有近 10 对盲管状分支，分支基部汇入萼部，经附腺管与输精管末端一起汇入复射精管。复射精管短粗，下端接入单射精管螺旋膨大的前端 (图 18-21)。

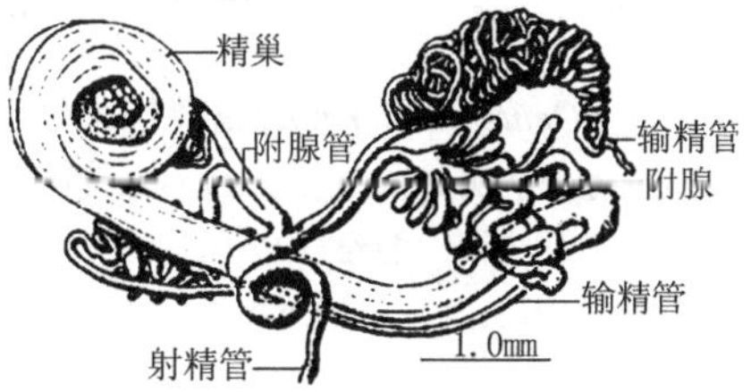

图 18-21　*Mononyx terrestris* 雄性内生殖器 (Pendergrast，1957)

18.5.4.2　*Nertha grandicollis* Germar

雌性外生殖器：第 8 腹节侧背板游离于第 1 载瓣片，三棱形，后角突出。腹瓣指状、骨化，比背瓣大。骨化杆和瓣间片的前突膜质，瓣间片的后突与部分骨化的第 9 腹节侧背板愈合。第 2 载瓣片小，三角形，部分骨化。内瓣在中线部位联合，形成基节间膜，未形成瓣状的后突。背瓣骨化，细长，矩形，相互之间不联合。受精囊中位 (图 18-22)。

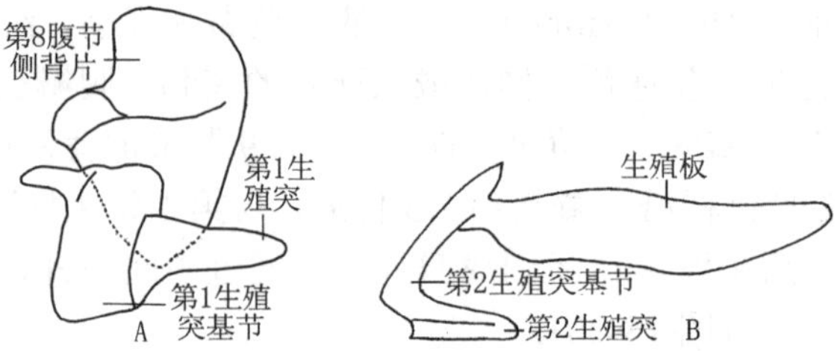

图 18-22　*Nertha grandicollis* 雌性外生殖器

A、B. 雌性第 1、2 生殖突基节及相关构造（A. Scudder，1959；B. 参考 Scudder，1959 图重绘）

18.5.5　蜍蝽科 Ochteridae

18.5.5.1　*Ochterus marginatus* (Latreille)

雌性外生殖器：第 7 腹节腹板后延，后缘中部锯齿状。第 8 腹节侧背板不与第 1 载瓣片愈合，明显与第 8 腹节背板分开，第 8 腹节背板在中背部分为 2 片，第 8 腹节侧背板前腹角细长伸出。第 9 腹节侧背板方形，弱骨化。第 1 载瓣片方形，具有大型指状前突。腹瓣三角形，骨化。骨化杆骨化而相互连锁，第 1 骨化杆较直，沟较浅。瓣间片前突细长骨化。第 2 载瓣片细长，后背缘骨化，除顶端外其余部分与第 9 腹节侧背片腹缘愈合。背瓣矩形，受精囊 1 个，中位（图 18-23）。

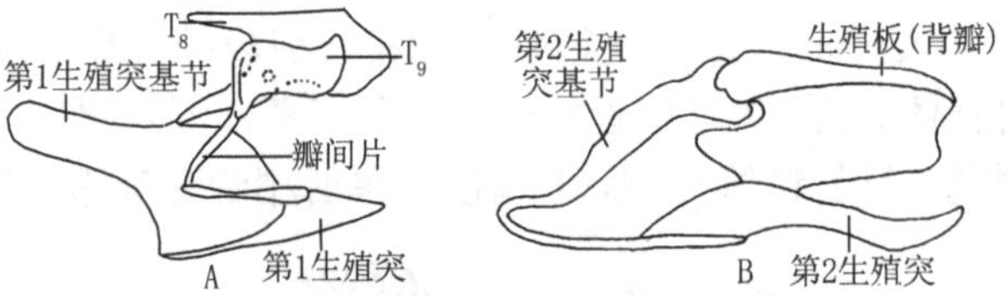

图 18-23　*Ochterus marginatus* 雌性外生殖器

A、B. 雌性第 1、2 生殖突基节及相关构造；T_8、T_9 为第 8、9 腹节背板（A. Scudder，1959；B. 参考 Scudder，1959 图重绘）

18.5.6　划蝽科 Corixidae

18.5.6.1　*Sigara dorsalis* (Leach)

雌性外生殖器：第 8 腹节背板在中线处分开，第 8 腹节侧背板大型，有气门。第 8 腹节腹板多少不分开。腹瓣指状，具针状构造。瓣间片前突存在，第 2 载瓣片可能膜质，与内瓣愈合。内瓣很大，在肛孔下方汇合，但不在中线愈合。背瓣缺。受精囊 1 个，中位（图 18-24）。

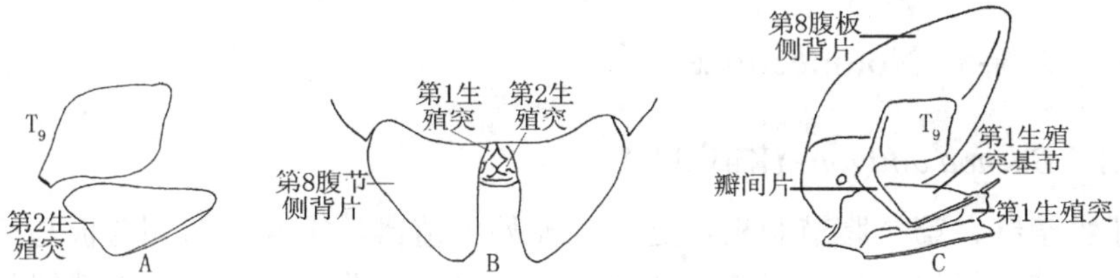

图 18-24 *Sigara dorsalis* 雌性外生殖器 (参考 Scudder，1959 图重绘)

A．第 2 生殖突及相关构造；B．腹部末端腹视；C．第 1 生殖突及相关构造；T_9 为第 9 腹节背板

18.5.7 潜蝽科 Naucoridae

18.5.7.1 *Ilyocoris cimicoides* (Linnaeus)

雌性外生殖器：第 8 腹节侧背板大型，宽扁，游离于第 1 载瓣片。第 1 载瓣片约三角形，具有宽的前背突。腹瓣骨化，具有明显的沟状骨化杆，瓣间片前突宽扁骨化。内瓣细长骨化，端部具有短钝棘，具有明显的带脊的骨化杆。第 2 载瓣片扁而狭，背瓣扁阔，与第 8 腹节侧背板近相等。受精囊 1 个，中位 (图 18-25)。

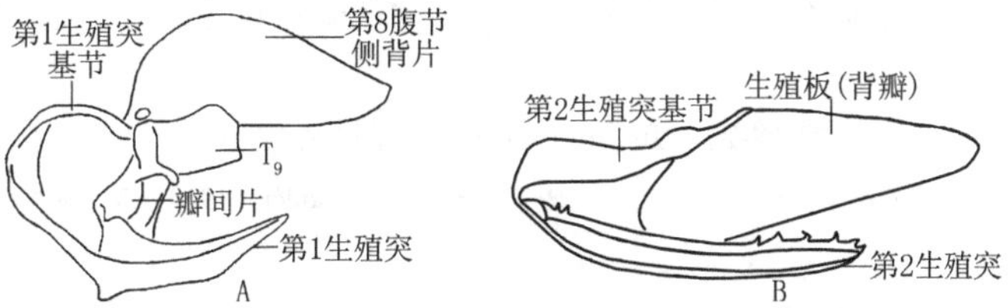

图 18-25 *Ilyocoris cimicoides* 雌性外生殖器(Scudder，1959)

A、B. 雌性第 1、2 生殖突基节及相关构造；T_9 为第 9 腹节背板

18.5.8 盖蝽科 Aphelocheiridae

18.5.8.1 *Aphelocheirus montandoni* Horvath

雌性外生殖器：第 8 腹节侧背板宽扁，不与第 1 载瓣片愈合。第 1 载瓣片方形，前背部有细长突起；腹瓣短，三角形，几乎与第 9 腹节侧背板愈合。瓣间片前突明显缺，内瓣很小，相互愈合，没有骨化杆。第 2 载瓣片很小，细长。背瓣扁，几乎与第 9 腹节侧背板等大。受精囊 1 个，中位 (图 18-26)。

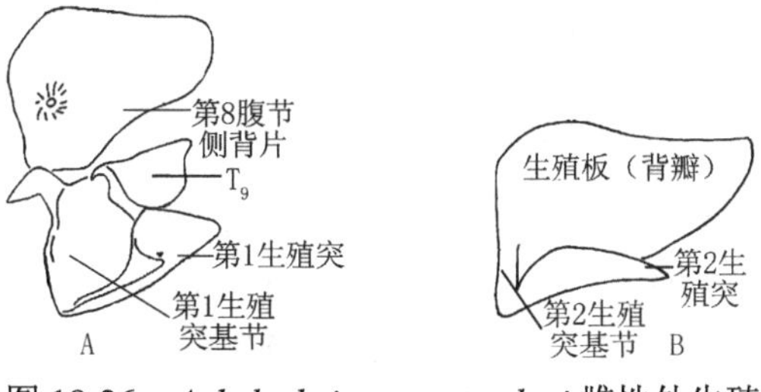

图 18-26 *Aphelocheirus montandoni* 雌性外生殖器

A、B. 雌性第 1、2 生殖突基节及相关构造；T_9 为第 9 腹节背板 (A. 参考 Scudder，1959 图重绘；B. Scudder，1959)

18.5.9 仰蝽科 Notonectidae

18.5.9.1 *Buenoa antigone* (Kirkaldy)

雌性外生殖器：第 7 腹节腹板后延，包被外生殖器。第 8 腹节侧背板与第 1 载瓣片愈合，第 8 腹节气门位于第 1 载瓣片背缘。第 9 腹节侧背板膜质，第 1 载瓣片三角形，后缘膨大，高度骨化，前背角前伸成为突起。腹瓣高度骨化，细长弯曲、顶端具棘。骨化杆缺，瓣间片三角形，高度骨化，后部与第 9 腹节侧背板愈合，两侧的瓣间片向背面延伸，在中线处汇合。第 2 载瓣片膜质，内瓣短，在基部联合，膜质而具齿。背瓣分开，短针状。受精囊 1 个，中位 (图 18-27)。

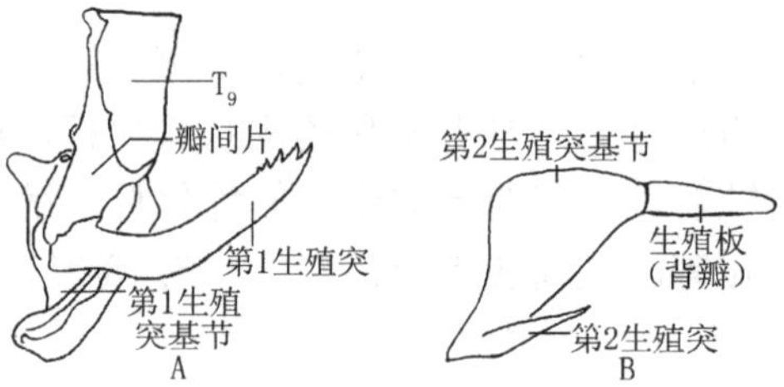

图 18-27　*Buenoa antigone* 雌性外生殖器

A、B. 雌性第 1、2 生殖突基节及相关构造；T_9为第 9 腹节背板 (A. Scudder，1959；B. 参考 Scudder，1959 图重绘)

18.5.9.2 *Notonecta glauca* (Linnaeus)

雌性外生殖器：第 7 腹节腹板后延，部分包被外生殖器。第 8 腹节侧背板大而明显，第 8 腹节气门靠近第 1 载瓣片。第 9 腹节侧背板小，与第 9 腹节背板不分开。第 1 载瓣片近三角形，前缘增厚，无突起。腹瓣宽而骨化，端部具棘。第 1 骨化杆不清晰，瓣间片三角形，骨化。内瓣骨化，由 2 个分离的骨片组成。背瓣分开，针状。受精囊 1 个，中位 (图 18-28)。

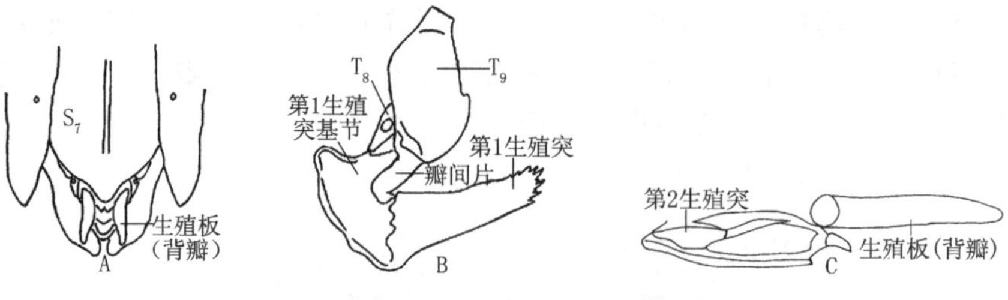

图 18-28　*Notonecta glauca* 雌性外生殖器

A. 雌虫腹部末端；B、C. 第 1、2 生殖突基节；T_8、T_9为第 8、9 腹节背板；S_7为第 7 腹节腹板；(A、B. Scudder，1959；C. 参考 Scudder，1959 图重绘)

18.5.10　固蝽科 Pleidae

18.5.10.1　*Plea atomaria* Pallas

雌性外生殖器：腹板在中线处形成龙骨状突起，第 8 腹节腹板大型，包被外生殖器。第 7 腹节侧背板向后方伸出，第 8 腹节侧腹板较大，不与第 1 载瓣片愈合。第 9 腹节侧背板较第 8 腹节侧背板小，不与第 9 腹节背板分开。第 1 载瓣片近三角形，比第 8 腹节侧背板大，前缘无突起。腹瓣宽而骨化，端部有骨化齿。第 1 骨化杆不清晰，瓣间片前突缺。第 2 载瓣片月牙形，内瓣比腹瓣小很多，瓣之间联合。背瓣针状，相互分离。受精囊 1 个，中位 (图 18-29)。

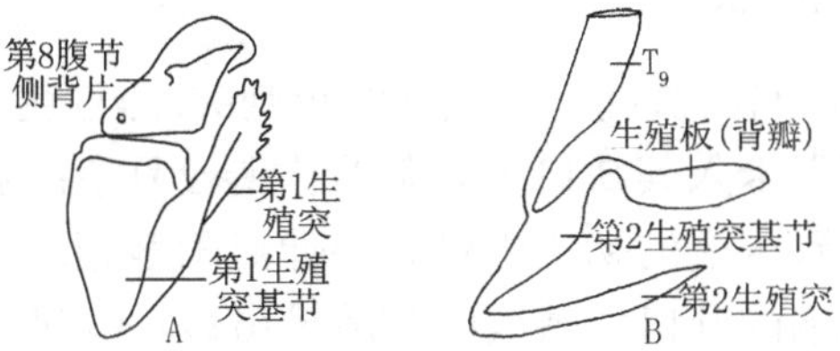

图 18-29　*Plea atomaria* 雌性外生殖器(Scudder，1959)

A、B. 雌性第 1、2 生殖突基节及相关构造；T_9为第 9 腹节背板

18.5.11　蚤蝽科 Helotrephidae

18.5.11.1　*Nelotrephes usingeri* China

雌性外生殖器：第 8 腹节侧背板不与第 1 载瓣片愈合，与第 8 腹节背板不分开。第 1 载瓣片和腹瓣三角形，骨化，大小近相等。第 1 骨化杆和瓣间片前突膜质，第 2 载瓣片小，细长，矩形，部分骨化。第 9 腹节侧背板与瓣间片后突愈合，瓣间片附着在第 2 载瓣片基部。第 2 骨化杆近膜质，内瓣骨化，背面联合，边缘向腹面弯曲呈圆锥形，顶端游离。背瓣大型，骨化，游离，近针形。受精囊中位 (图 18-30)。

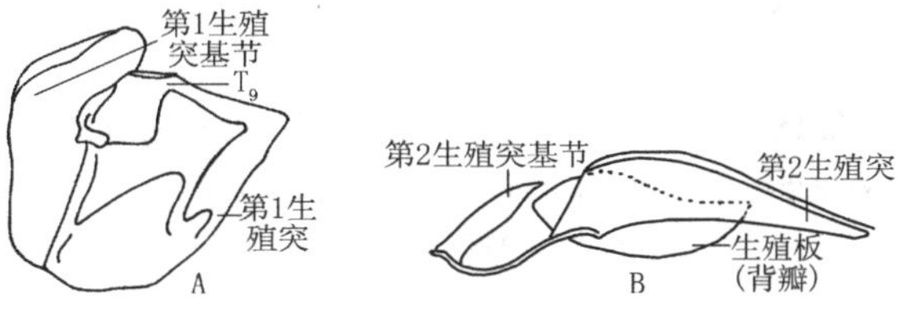

图 18-30　*Nelotrephes usingeri* 雌性外生殖器(参考 Scudder，1959 图重绘)

A、B. 雌性第 1、2 生殖突基节及相关构造；T_9为第 9 腹节背板

18.6 细蝽次目 Infraorder Leptopodomorpha

18.6.1 概论

雄虫第 8 腹节完整环状，暴露在外，背、腹面均明显可见。左右阳基侧突对称，着生处不与阳茎基直接接触。有些类群阳茎构造较复杂。雌虫第 7 腹节腹板向后扩展遮盖产卵器基部，形成下生殖板。雌虫生殖腔囊状，腔壁有一周缘具骨化环的环腺。受精囊基部细管状，端部膨大成扁圆形囊状。产卵器发达程度不同，内瓣顶端着生发达的片状背瓣，常有毛，包裹于腹瓣和内瓣两侧。

18.6.2 跳蝽科 Saldidae

雄虫第2、3腹节侧背片间的摄握器有成列的短刺突。雄性生殖囊后缘具1叉状突起，称下生殖板，交配时产卵器卡入其缺口中。阳茎构造较复杂：射精管具球形泵状构造；阳茎内的射精管粗短，以致末端的初生生殖孔不伸出阳茎鞘之外。内阳茎的前端部分变成坚硬的细丝状管，其末端的开口为精液的实际排出口，Cobben 称其为生殖孔丝 filum gonopori，可盘旋多次成螺旋状。产卵器发达，产卵瓣具锯齿。

18.6.2.1 *Pentacora ligata* (Say)

雌性外生殖器：腹瓣、内瓣及其载瓣片发达，形成产卵器本体，而着生在第 2 载瓣片端部短而宽的背瓣则作为产卵器的外鞘。腹瓣轴由产卵瓣的基部分出，它借助于不大的骨片与第 9 腹节背片的突起连接，即属于第 8 腹节的腹瓣与第 9 腹节产生了次生联系。内瓣的背缘在大部分长度上，借助于狭的薄膜而互相连接 (图 18-31)。

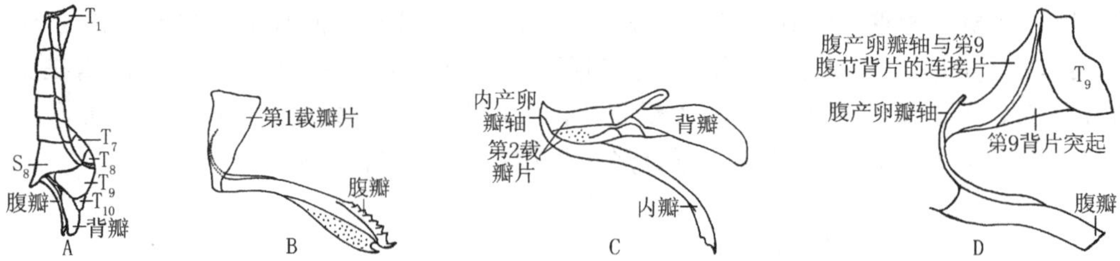

图 18-31　*Pentacora ligata* 腹部及雌性外生殖器

A．腹部侧视；B．腹瓣和第 1 载瓣片；C．内瓣和第 2 载瓣片；D．腹瓣基部；T_1、T_7～T_{10} 为第 1、7～10 腹节背板；S_8 为第 8 腹节腹板 (A．施凡维奇，1958；B～D．参考施凡维奇，1958 图重绘)

18.6.2.2 *Salda littoralis* (Linnaeus)

雌性外生殖器：第 8 腹节侧背板与第 1 载瓣片紧密结合，第 9 腹节侧背板与第 9 腹节背板不分开。腹瓣细长骨化、顶端背缘有锯齿，产卵瓣部分纵裂，中间有膜质联系。骨化杆骨化而相互连锁。内瓣骨化，除端部外其他部分联合，末端平截。瓣间片前突短，宽扁。第 2 载瓣片细长骨化，背缘增厚。背瓣宽扁骨化，基部之间通过骨化的中间突起联合，其余部分通过膜质联合。受精囊 1 个，中位 (图 18-32)。

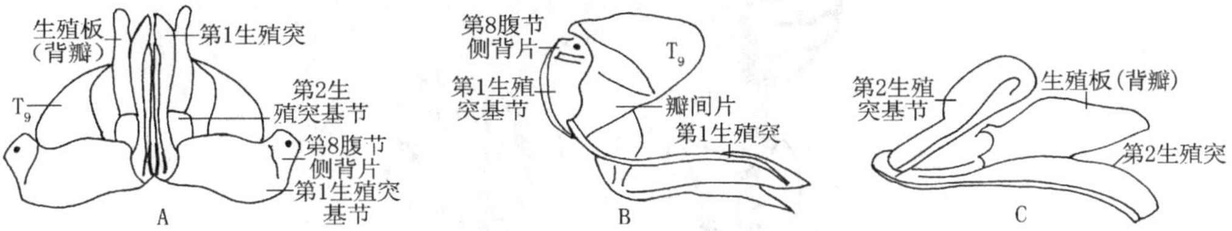

图 18-32　*Salda littoralis* 雌性外生殖器(参考 Scudder，1959 图重绘)

A、B、C. 雌虫腹部末端和第 1、2 生殖突基节相关构造；T_9 为第 9 腹节背板

18.6.2.3　*Saldula saltatoria* (Linnaeus)

雄性内生殖器：每精巢有 7 支精巢管，分成 2 组，每组 3～4 支，并列于输精管顶端，2 组精巢管基部外观愈合 (可能有被膜)。输精管自 2 组精巢管愈合部下侧发出，前段较细，向基部渐粗，后段膨大形成长囊状贮精囊，贮精囊后端略细缩，两侧的输精管汇入射精管前端的射精球。附腺 1 对，长囊状，基部略细缩后接入射精球 (图 18-33 A)。

受精囊：受精囊管细长弯折，从生殖腔发出，外部有肌肉，顶端着生芒果形受精囊体和相关的瓣阀机构。受精囊体壁含有分泌细胞，在受精囊体下侧有肌肉包裹的瓣膜构造，控制精液进出 (图 18-33 B、C)。

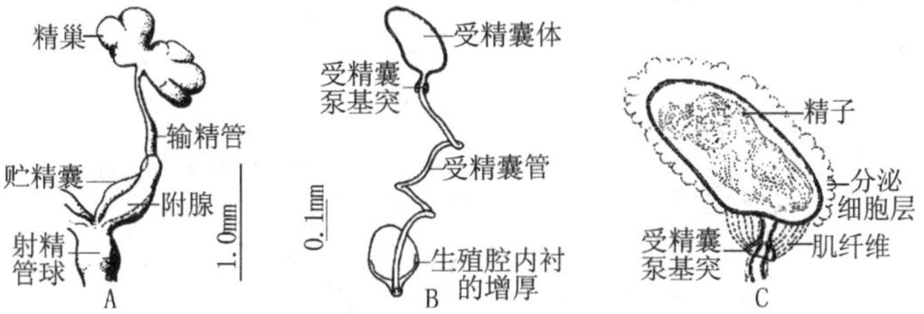

图 18-33　*Saldula saltatoria* 雄性内生殖器和受精囊 (Pendergrast，1957)

A. 雄性内生殖器，左侧精巢和附腺除去；B. 受精囊整体；C. 受精囊体和受精囊泵

18.6.3　滨蝽科 Aepophilidae

18.6.3.1　*Aepophilus bonnairei* (Signoret)

雄性内生殖器：精巢管棒状，基部形成细缩的精巢管柄。每精巢有 7 支精巢管，分成 2 组，每组 3～4 支，集生于输精管顶端的萼上，精巢管外部似有膜包被。输精管前段略膨大，形成稍弯曲、不甚明显的贮精囊，其余部分细管状。两侧输精管末端汇入射精球。附腺 1 对，囊状，基部着生于射精球，射精球与附腺基部之间分界不清晰 (图 18-34)。

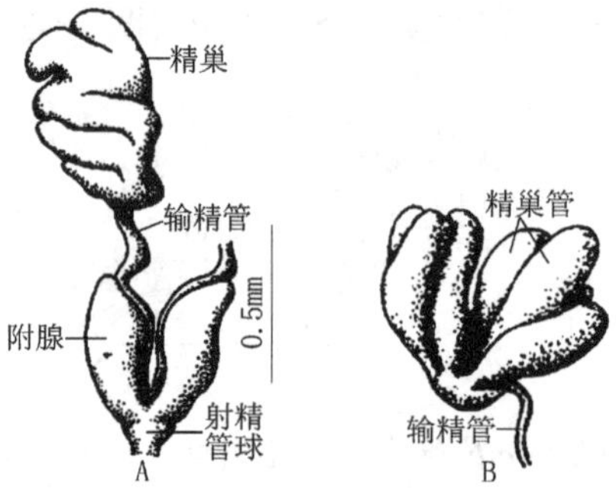

图 18-34　*Aepophilus bonnairei* 雄性内生殖器 (Pendergrast，1957)

A. 整体，右侧精巢已除去；B. 精巢放大示精巢管

18.6.4　细蝽科 Leptopodidae

18.6.4.1　*Valleriola greeni* Distant

雌性外生殖器：第 7 腹节腹板后延包被外生殖器，第 8 腹节侧背板与第 1 载瓣片愈合，但各自的骨片依然清晰。第 9 腹节侧背板后端圆。腹瓣三角形，骨化，部分纵裂。骨化杆骨化而相互连锁，瓣间片前突短，部分骨化。第 2 载瓣片细长，部分骨化。内瓣扁平，部分骨化。背瓣部分骨化，宽扁，彼此不联合。受精囊中位，生殖腔壁形成菱形骨片包围受精囊开口 (图 18-35)。

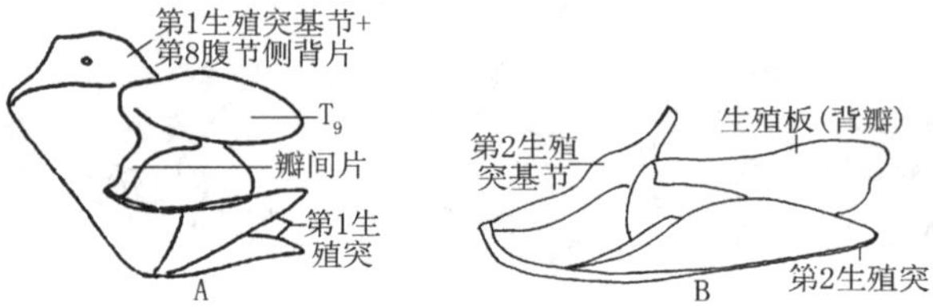

图 18-35　*Valleriola greeni* 雌性外生殖器(参考 Scudder，1959 图重绘)

A、B. 雌性第 1、2 生殖突基节及相关构造；T_9 为第 9 腹节背板

18.7　臭虫次目 Infraorder Cimicomorpha

18.7.1　概论

雄虫阳基侧突与阳茎基不直接接触。阳茎内的射精管简单，无泵式结构。雌虫中与受精囊同源的构造退化成细小的盲管，开口于生殖腔的背面，称为受精囊腺或蚓状腺。生殖腔前方常出现成对或单一的囊状构造，用以贮存精液。

18.7.2　猎蝽科 Reduviidae

18.7.2.1　狭臀土猎蝽 *Coranus stenopygus* Putshkov

雄性外生殖器：乳白色，长椭球形，两侧对称。阳茎鞘背片较大，边缘红褐色。阳茎鞘背片突端部较细，淡褐色。阳茎体的腹面两侧各有 1 条红褐色斑纹。雄性生殖节后缘中央突起短，端部中心稍凹，基部两侧各具 1 短刺。抱器细长，稍弯曲 (图 18-36)。

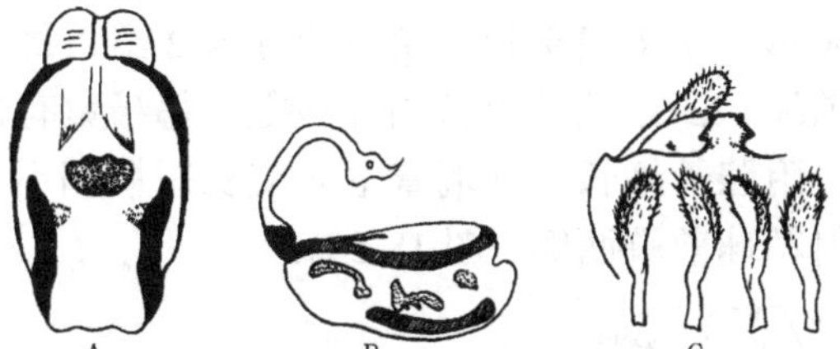

图 18-36　狭臀土猎蝽雄性外生殖器 (路进生和彩万志，1989)

A、B．阳茎腹、侧视；C．雄虫生殖节后视及抱器不同侧面

18.7.2.2　*Ectomocoris maculicrus* (Fairmaire)

雄性内生殖器：精巢无色，细长带状。每精巢有 7 支精巢管，精巢管外无被鞘。输精管中部螺旋蜷曲，后部直管型膨大，两者一起构成贮精囊。成对的中胚层附腺大型，附腺管粗长弯曲，顶端着生 4 支膨大弯曲短管构成的附腺体，其中 2 支短角状，另外 2 支粗长弯曲。附腺和贮精囊末端着生在射精球前端。射精管很短，射精球外观不明显，但切片表明射精管前端有类似于典型射精球的复合构造 (图 18-37)。

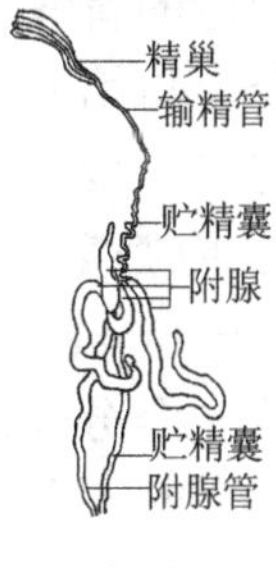

图 18-37　*Ectomocoris maculicrus* 雄性内生殖器 (保留一侧器官且后部省略)　(Louis and Kumar，1973)

18.7.2.3　*Lisarda vandenplasi* Schouteden

雄性内生殖器：每精巢有 7 支精巢管，精巢管香蕉形，外部无被膜。精巢管大致分成 2 组，基部顺次排列在输精管前段。精巢后部的输精管膨大形成长管形贮精囊。附腺 1 对，每侧附腺的附腺管粗直管状，顶端收缩扭曲后着生 4～5 支膨胀弯曲、大小不等的管状附腺体。附腺管和输精管基部着生于射精球前端 (图 18-38)。

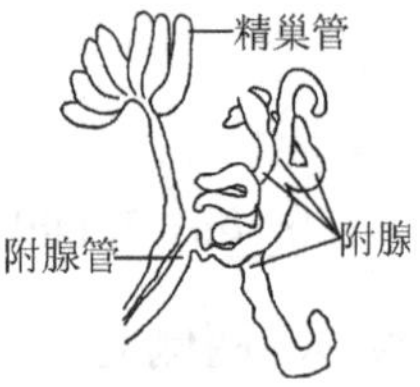

图 18-38　*Lisarda vandenplasi* 雄性内生殖器 (Louis and Kumar，1973)

18.7.2.4　*Platymeris horrida* Stål

雄性内生殖器：每精巢有 7 支精巢管，精巢管分为 2 组，每组精巢管基部通过共同的输出管连接于输精管前端，2 组的输出管相互独立。每精巢有白色疏松的被膜，打开被膜可见细长的精巢管。附腺管细长，顶端着生 4 支长短粗细不等的管状附腺体。附腺管和输精管基部着生于射精球前端两侧 (图 18-39)。

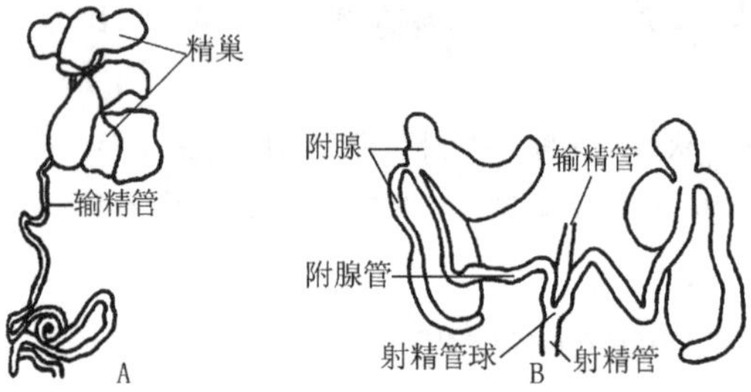

图 18-39　*Platymeris horrida* 雄性内生殖器 (Louis and Kumar，1973)

A. 精巢和输精管；B. 附腺及其管道

18.7.2.5　*Rhodnius prolixus* Stål

雌性外生殖器：第 7 腹节腹板后缘向背面和内部折叠成脊，供肌肉着生。第 1 载瓣片完全与第 8 腹节侧背板愈合，愈合构造的背缘没有功能性的第 8 腹节气门。第 9 腹节侧背板大，圆形，不在后部中线处汇合，与第 9 腹节背板不分开。腹瓣短，三角形，几乎完全膜质。骨化杆骨化、短而相互连锁。瓣间片前突膜质。第 2 载瓣片细长骨化，与瓣间片后突腹端关节，约达全长的 1/3。内瓣宽扁，前部中间有中突。内瓣顶端合并，基部通过生殖基节间膜 inter-gonocoxal membrane 联系。背瓣宽扁，外形类似合并的内瓣，除前端外其他部分联合，与第 2 载瓣片完全分开。生殖腔大型囊状，中间着生有受精囊腺，1 对侧生的指状假受精囊存在。环片缺 (图 18-40)。

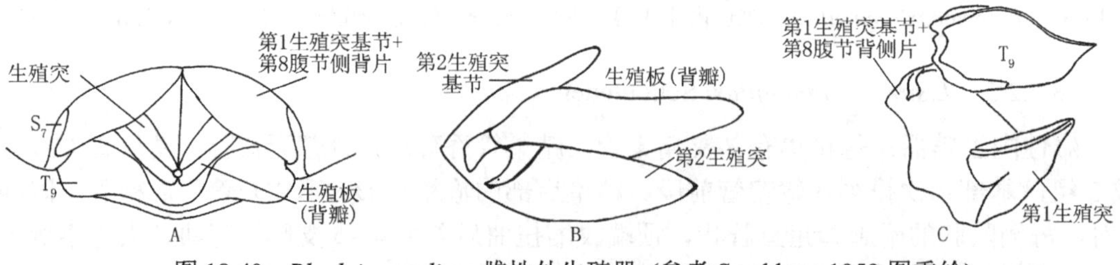

图 18-40　*Rhodnius prolixus* 雌性外生殖器 (参考 Scudder，1959 图重绘)

A. 雌虫腹部末节腹视；C、B. 第 1、2 生殖突基节及相关构造；T_9 为第 9 腹节背板；S_7 为第 7 腹节腹板

18.7.3　盲蝽科 Miridae

18.7.3.1　雄性外生殖器

第 9 腹节膨大伸长，成为两侧不对称的生殖囊 pygophore，其基部向背方开口，称生殖囊开口，开口的两侧各生 1 枚阳基侧突，或称抱器。左右阳基侧突形状不对称，一般左侧者大，弯曲成钩状或镰状；右侧者短小，较直，多呈两侧大致平行但不甚规则的狭片状。开口的边缘在阳基侧突着生处附近有小形突起，常成指状。阳基侧突基半的主体部分称为阳基侧突体部，为阳基侧突中最粗的部分，体部的内侧常略膨大或加粗而向内侧突出，此部分称为感觉叶 sensory lobe，在左阳基侧突中常较明显。右阳基侧突体部基方外侧常折弯成 1 角度，称为基域 basal region。阳基侧突端半的部分较体部狭细，称为杆部 shaft of paramere，常弯曲，在左阳基侧突中较为长大，与体部长度相近，在右阳基侧突中则狭细而短小，明显短于体部。杆部的端部多不同程度地扩大并变形，称为端突 hypophysis。有时右阳基侧突的杆部和端突连续成一体，统称为端部 distal portion of right paramere。

阳茎基包括以下构造：马蹬形的蹬骨片，包围阳茎底部，由其背方两侧端各伸出 1 根韧带，与位于生殖囊内壁上的蘑菇形骨片相连，称为头状突。阳茎鞘约呈短筒形，向端常扩大，全部骨化或骨化不均匀，顶端成叶片状，并展开约呈喇叭状，边缘常形成形状固定的卷边或突起，称为阳茎鞘片状突 tab。阳茎端为位于阳茎鞘端方并被阳茎鞘包围或半包围的构造，盲蝽亚科的阳茎端主要由宽大且可在体液的压力作用下膨胀展开的膜囊 membranous sac 组成，膜囊常分为相互连通的几个膜叶 membranous lobe，平时膜囊缩成 1 团，被阳茎鞘的顶部所包围，膨胀时各膜叶依次展开。膜囊上常具有刷状、针状、钩状、锉状、梳状、片状骨化附器 sclerotized appendage，按性质可分为 2 类：源自阳茎端基部并相对游离的细长骨化附器，常为针状或刺状，称为针突 apicule；着生于膜叶表面，或为膜叶表面骨化而成，统称为膜叶骨化附器或膜叶附器 lobal sclerite、lobal appendage。在阳茎端与阳茎鞘之间有时可以辨出贴附于阳茎鞘端部展开部分内面的系膜，系膜与阳茎端二者共同组成内阳茎；系膜可以翻转缩入阳茎鞘或伸出，阳茎端则不能翻缩，只能膨胀或收缩。阳茎内射精管（精液导管 seminal duct）较粗，管上具骨化的环纹，用以保持管腔的圆筒形状，开口于阳茎端上，称为次生生殖孔。次生生殖孔被阳茎端的膜叶所包围，孔口周围形成具迷纹的骨化孔缘。阳茎内射精管的亚端部常有壶腹状的膨大部分，休止时，阳茎内射精管螺旋折叠收缩于其中。雄虫第 10 腹节（或第 10 与第 11 腹节）组成载肛突，盲蝽亚科中载肛突的左壁常发达，向腹方扩展成各式的瓣片状，伸达左阳基侧突着生处，遮盖生殖囊开口，外观成为雄性外生殖器的 1 个组成部分（图 18-41 A～C）。

18.7.3.2　雌性外生殖器

产卵器发达，第 1 载瓣片与第 8 腹节侧背片相连，瓣间片消失。无背瓣。生殖腔前方伸出大型袋状贮精构造，称贮精室。盲蝽亚科中，雌性生殖孔进入体内不远即为交配囊，交配囊为 1 宽大囊状构造，囊的后端或底部即为产卵器基端 2 对产卵瓣的弯转处，在此处的前方中央有一些多少骨化的构造，紧密叠成 1 组复合结构，常与体轴成垂直方向，总称为“交配囊后壁”，包括以下构造：位于背侧最前方的 1 对瓣状骨片称为侧叶，一般较大而显著，有时在中央愈合为一，成横带状或三角形大片。其腹方的 1 对瓣状骨片称为支间片 inter-ramal lobe，常较侧叶为小，较少在中央愈合，其表面有时被微毛。在侧叶和支间片的后方或后腹方为 1 大型的片状构造，称为骨化杆间骨片 inter-ramal sclerite。在交配囊后壁的中纵线上，有 2 种单个略隆起的构造，圆形、梭形、帽状、水滴状，其 1 位于背侧，称为背结构 dorsal structure，常位于 2 个侧叶之间；另 1 位置偏于腹方，常突出于支间片的中线上，称为中突 median process。背结构与中突在有些种类中均可能缺失。环骨片为位于交配囊前方背面袋状贮精室背面基方的成对环状骨化构造，长方形、亚圆形或三角形，可能是 1 种腺体的骨化边缘。环骨片所在的部位又称为贮精室的背唇片 dorsal labiate plate (图 18-41 D)。

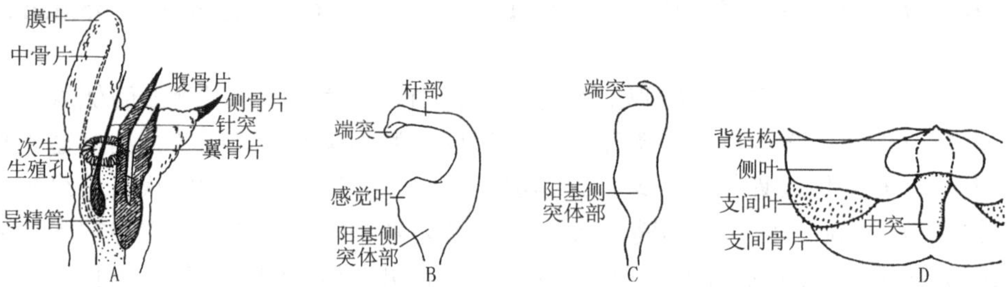

图 18-41　后丽盲蝽属雌、雄外生殖器 (郑乐怡等，2004)

A. 阳茎端；B. 左阳基侧突；C. 右阳基侧突；D. 交配囊后壁

18.7.3.3　*Adelphocoris seticornis* (Fabricius)

雄性内生殖器：每精巢有 7 支长条形精巢管，中间的精巢管较大，外侧的较小。精巢管通过细短的输出管着生在输精管前端。输精管直管状，末段膨大形成贮精囊。外胚层附腺 2 对，外侧附腺粗长发达，中间有缢缩，缢缩两侧的附腺管粗细相同；内侧附腺细长，近基部缢缩，缢缩后段椭球形，前段细管状。附腺和贮精囊基部均开口于射精管前端的射精管球 (图 18-42)。

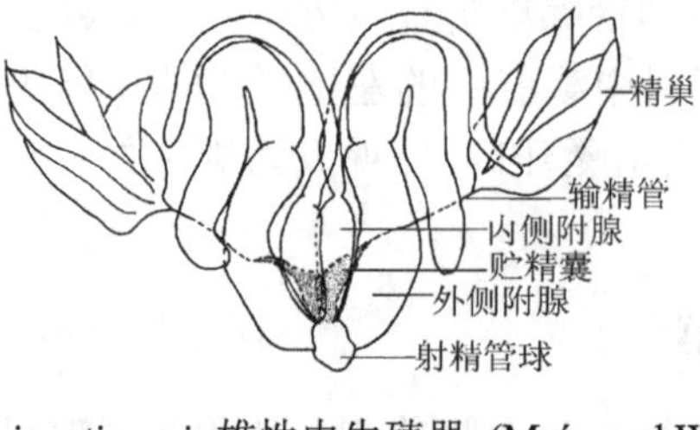

图 18-42　*Adelphocoris seticornis* 雄性内生殖器 (Mróz and Wojciechowski，2011)

18.7.3.4　绿后丽盲蝽 *Apolygus lucorum* (Meyer-Dür)

雄性外生殖器：雄性生殖囊开口左侧在左阳基侧突着生处前方有 1 略呈三角形而末端不甚尖锐的小突起。载肛突左壁淡黄褐色，一色光滑，扩张成下俯的片状，后端宽圆。左阳基侧突杆部相对较短，端部较粗大，略呈鹅头状，顶端中央呈扁片状伸出。阳茎端缺针突，翼状骨片发达，长三角形，腹骨片片状，位于翼状骨片腹方，基部与之合生，其端缘 (或前缘) 呈骨化嵴状，外观呈色深的细条状，露出于翼状骨片前方，并与其端缘平行。侧骨片尖角状，较简单。亚侧骨片不显。导精管亚端部壶状膨大 (图 18-43)。

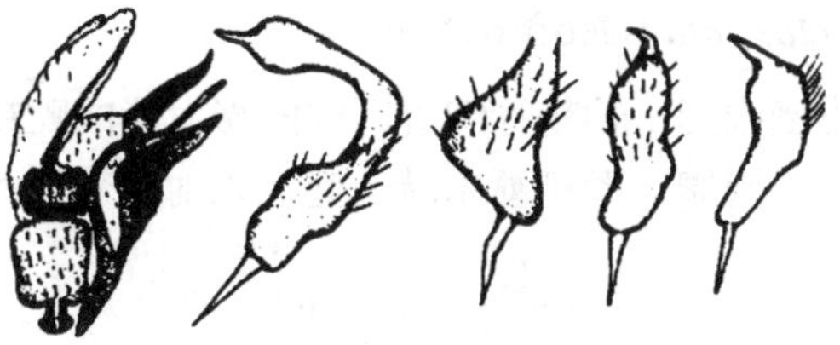

图 18-43　绿后丽盲蝽雄性外生殖器 (郑乐怡等，2004)

A. 阳茎端；B、C. 左阳基侧突；D、E. 右阳基侧突

18.7.3.5　*Calocoris norvegicus* (Gmelin)

雌性外生殖器：第 7 腹节腹板在中线处常形成 1 个小的瓣状下生殖板，第 8 腹节侧背板与第 1 载瓣片完全愈合，失去其独立骨片的地位。第 9 腹节侧背板大，后部圆形。腹瓣和内瓣长，骨化，有时有小锯齿。内瓣基部常球形。骨化杆骨化，位于产卵瓣基部。瓣间片前突细长而骨化。第 2 载瓣片宽长而骨化、背缘增厚形成 2 个增厚的横脊，1 个横脊位于与瓣间片后突关节处，另外 1 个靠近基部。背瓣小，背内角弯曲形成向前的突起。生殖室具有不同厚度和骨化程度及成对的环片，具有 1 个腹囊，称为贮精室。受精囊腺中位 (图 18-44)。

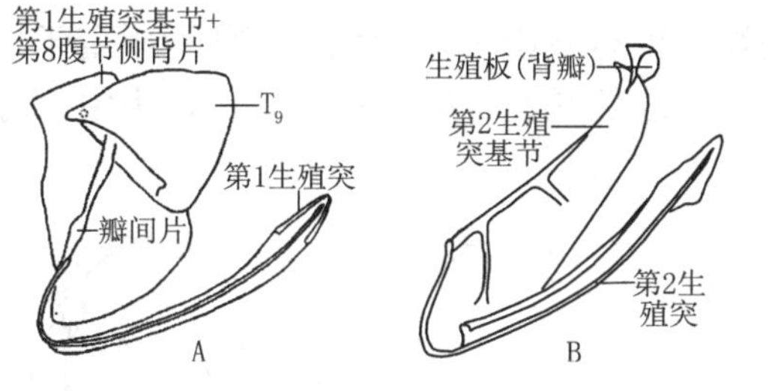

图 18-44　*Calocoris norvegicus* 雌性外生殖器 (Scudder，1959)

A、B. 雌性第 1、2 生殖突基节及相关构造；T_9 为第 9 腹节背板

18.7.3.6　*Myrmecoris gracilis* (Sahlberg)

雄性内生殖器：精巢椭球形，下接粗直的输精管，输精管后半逐渐膨大形成贮精囊。外侧附腺粗壮扭曲，内侧附腺较细，基段膨大呈椭球形，其余部分管状。贮精囊和内、外侧附腺的基部一起开口于射精管顶端的射精管球 (图 18-45)。

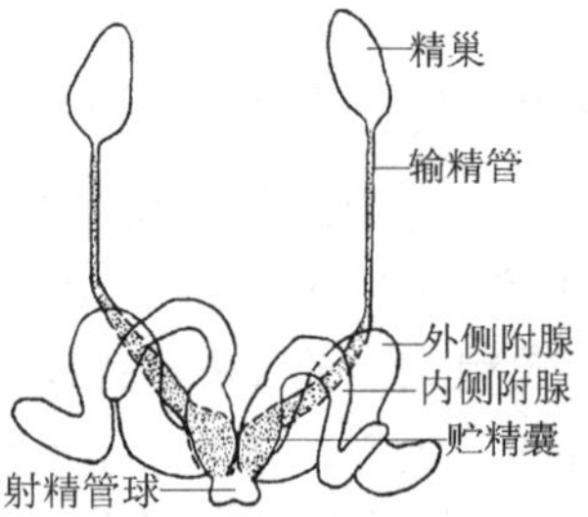

图 18-45 *Myrmecoris gracilis* 雄性内生殖器 (Mróz，2011)

18.7.3.7 *Notostira elongata* (Geoffroy)

雄性内生殖器：精巢倒锥形。输精管细直，末段膨大形成贮精囊。外侧附腺粗长弯曲，内侧附腺较小，前段弯折。附腺、贮精囊末端一起汇入射精管顶端的射精管球 (图 18-46)。

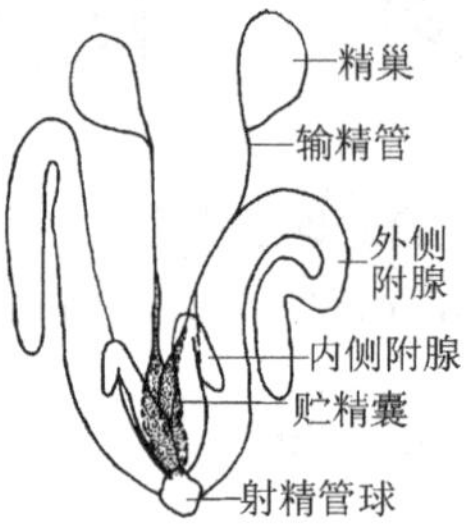

图 18-46 *Notostira elongata* 雄性内生殖器 (Mróz，2011)

18.7.3.8 吕氏植盲蝽 *Phytocoris lui* Xu *et* Zheng

雄性外生殖器：雄虫生殖囊开口周缘无突起。右阳基侧突背面具齿，端部骨化，上指。左阳基侧突弯曲成直角，具少许微齿。感觉叶轻度突出，杆部短，其中部侧扁，端部膨大，背腹压扁，端突侧扁。阳茎端次生生殖孔右侧具 1 侧膜囊，基部表面轻度骨化。次生生殖孔腹面上方具 1 骨化的片状小突起。导精管基部轻微膨大。主腹叶 2 叶，轻度分开，左叶大，上表面端部密布微齿 (未膨胀)。梳状板附着于主膜叶上，位于次生生殖孔端方，中央凹陷呈槽状，左侧具齿，端半密布 6 齿，齿尖，骨化强。基部具 2 齿，骨化弱 (图 18-47)。

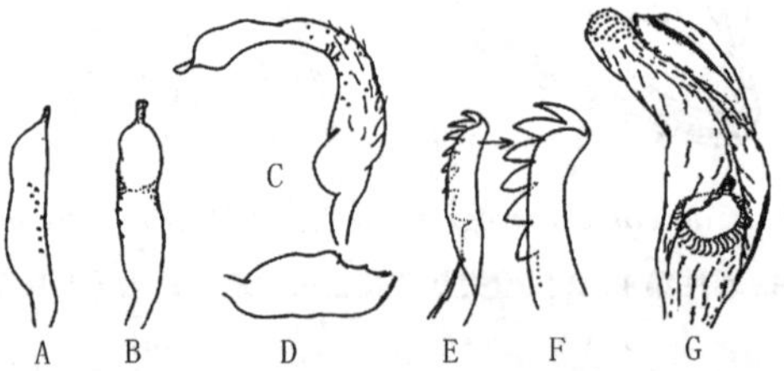

图 18-47 吕氏植盲蝽雄性外生殖器 (郑乐怡等，2004)

A、B. 右阳基侧突；C. 左阳基侧突；D. 左阳基侧突感觉叶；E、F. 梳状板；G. 阳茎端

18.7.3.9　河南杂盲蝽 *Psallus henanensis* Li *et* Liu

雄性外生殖器：生殖囊下倾，圆锥形，较大。阳茎端 (膜) 细长，"C"形，端部有具齿状构造，具 4 枚刺突。阳茎端膜上的生殖孔大，卵圆形，位置近端部。左阳基侧突舟形，右阳基侧突端部平截，具 2 枚突起。阳茎鞘骨化，稍弯曲，端部渐尖 (图 18-48)。

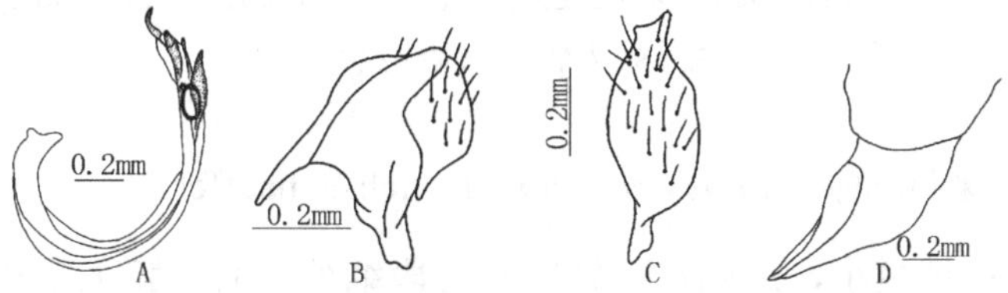

图 18-48　河南杂盲蝽雄性外生殖器 (李晓明和刘国卿，2007)

A. 阳茎端；B. 左阳基侧突；C. 右阳基侧突；D. 阳茎鞘

18.7.3.10　*Psallus* (*Hylopsallus*) *variabilis* (Fallén)

雄性内生殖器：每精巢有 3 支精巢管，精巢管香蕉形，基部稍细缩，精巢管之间紧密贴合，有公共膜包被。每精巢 3 支精巢管集生于输精管顶端，输精管较细长，基部膨大形成贮精囊。输精管和贮精囊的粗细与发育阶段有关，初羽化雄虫，输精管细而直，贮精囊不明显。外胚层附腺 2 对，外侧 1 对粗壮扭曲，内侧 1 对较细长。附腺和贮精囊末端一起开口于射精管前端的射精管球。另有 1 对小型背面中间附腺 dorsal medial gland 位于 2 贮精囊汇合部，属于中胚层附腺，也开口于射精管球，在组织切片中可见 (图 18-49)。

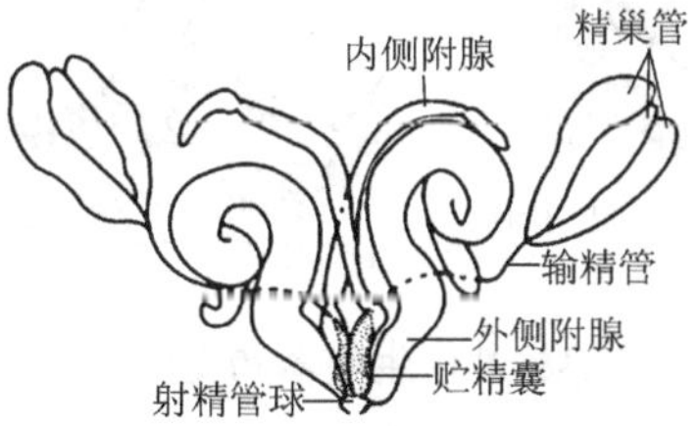

图 18-49　*Psallus* (*Hylopsallus*) *variabilis* 雄性内生殖器 (Mróz，2012)

18.7.4　网蝽科 Tingidae

18.7.4.1　*Corythucha heidemanni* Drake

雌性外生殖器：第 7 腹节腹板向后延伸形成下生殖板。腹瓣除背面和前端外，其他表面区域有刻痕和脊。2 腹瓣内缘相互重叠。腹瓣有骨化杆、基片、叶等构造插入支撑，骨化杆由第 1 载瓣片延长骨化形成。第 1 载瓣片矩形，后缘中部叶状。腹瓣中部有脊，脊腹面的沟内嵌有内瓣。2 个内瓣基部联合，细长，末端尖，与腹瓣之间有榫-槽机制联合，可相互滑行。第 2 载瓣片长方形，位于腹瓣侧背面。其基部紧贴在腹瓣骨化杆的后部。第 2 载瓣片末端为退化的背瓣 (图 18-50)。

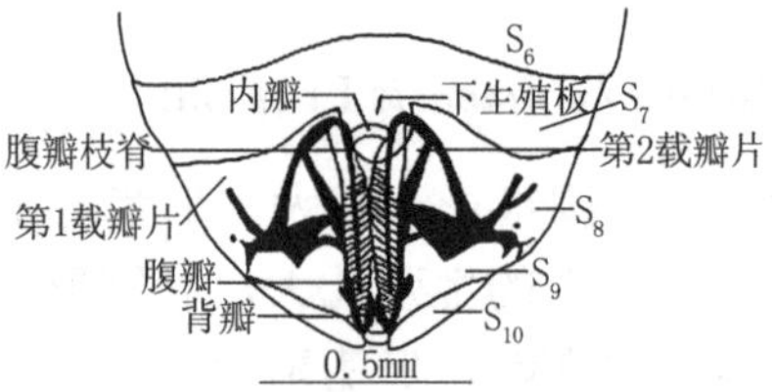

图 18-50　*Corythucha heidemanni* 雌性外生殖器腹视 (Feldman and Bailey，1952)

S_6～S_{10}为第 6～10 腹节腹板

18.7.4.2　宽点裸菊网蝽 *Tingis ampliata* (Herrich-Schaeffer)

雄性内生殖器：精巢小，近圆形。输精管前段细缩，后段膨大形成长梭形贮精囊。贮精囊后端细缩，末端着生于射精球前端两侧。附腺 1 对，大型弯曲囊状，前端球囊形，近末端略细缩，接入射精球前端背面输精管基部后方。射精球苹果形，基部收缩进入射精管，基部背面有 1 对球囊状外胚层附腺 (图 18-51 A)。

受精囊：受精囊 1 对，圆球形，基部通过 1 短管开口于生殖腔顶部两侧输卵管之间的区域，受精囊管外部被有肌肉，控制精液的进出。受精囊体和受精囊腺复合为一体，壁细胞行使分泌功能 (图 18-51 B)。

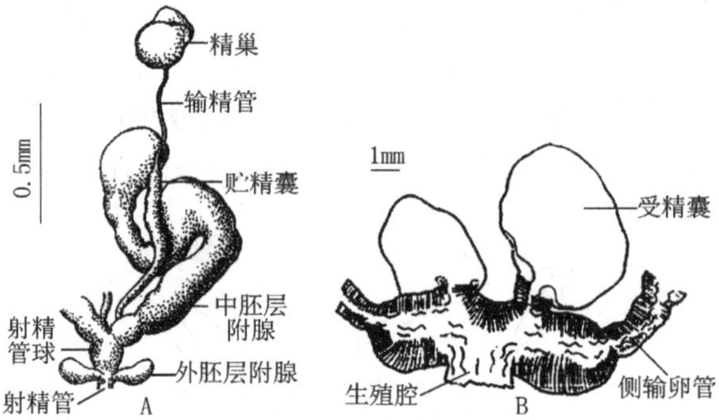

图 18-51　宽点裸菊网蝽雄性内生殖器和受精囊 (Pendergrast，1957)

A. 雄性内生殖器；B. 受精囊

18.7.4.3　*Tingis reticulata* Herrich-Schaeffer

雌性外生殖器：第 7 腹节腹板中线后缘附有小型三角形骨片，重叠在外生殖器基部。第 8 腹节侧背板与第 1 载瓣片背缘愈合，但两者之间各自的骨片依然可辨。第 9 腹节侧背板大而显著，产卵瓣细长骨化，有锯齿。腹瓣基部联合，末端具有细锯齿边缘。内瓣之间联合但未形成脊。第 1 载瓣片后腹面稍突出，第 2 载瓣片月牙形，后部彼此分开。背瓣存在，每瓣由 2 个分离的骨片组成。瓣间片与第 9 腹节侧背板仅前角愈合，瓣间片前突细长，后突与第 9 腹节侧背板分开，相当宽扁。瓣间片在背角处与第 1 载瓣片、第 8 腹节侧背片愈合。骨化杆骨化且相互连锁。生殖室后壁有简单环片。真正的中位受精囊缺，成对的囊状假受精囊位于生殖室前部 (图 18-52)。

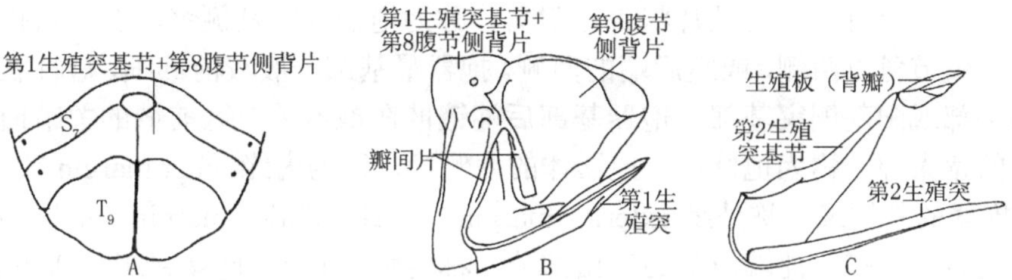

图 18-52　*Tingis reticulata* 雌性外生殖器

A. 雌虫腹部末端腹视；B、C. 第 1、2 生殖突基节及相关构造；T_9为第 9 腹节背板；S_7为第 7 腹节腹板 (A. Scudder，1959；B、C. 参考 Scudder，1959 图重绘)

18.7.5　姬蝽科 Nabidae

18.7.5.1　雄性内生殖器

每精巢一般有 7 支精巢管。输精管 1 对，细长，基部位于前贮液囊内侧，其前端为精巢组织。射精管球后端的射精管为伸长的细管，此管经阳茎通向生殖孔。射精管穿过隔膜进入生殖腔后，在阳茎内形成延长的细管，此细管实质上属于阳茎内的射精管部分，也称精液导管。射精球为近球形肌肉囊，射精管膨大的前端形成贮精囊。后对附腺 posterior paired gland 位于射精球背方两侧，2 个附腺囊的前端膨大呈囊状，基半部细管状，2 细管的末端汇合而开孔于射精球的背后方。前对附腺 anterior paired gland 白色，为多分支的小细管，围绕着前贮液囊，其基部的总管开口于前贮液囊的前域。前贮液囊 anterior reservoir 是位于贮精囊两侧的 1 个长囊，此长囊与贮精囊相对应，并紧靠其上缘。贮精囊 vesicula 2 个，基部合并开口于射精球前端 (图 18-53)。

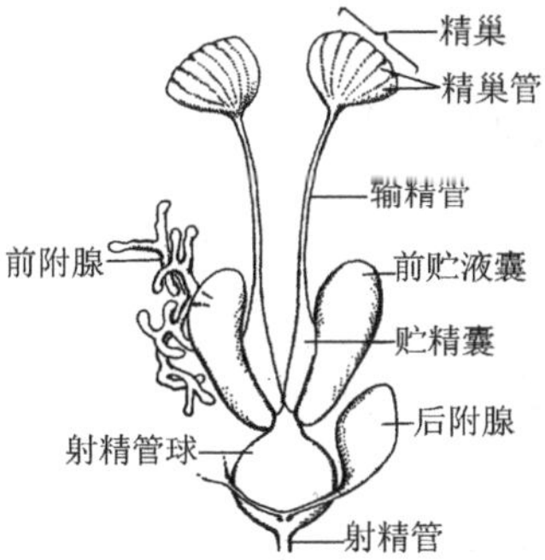

图 18-53　姬蝽雄性内生殖器 (前、后附腺各省略一侧)　(任树芝，1998)

18.7.5.2　雄性外生殖器

第 9 腹节骨化强，似头盔状，称为生殖节或尾节 pygophore，其背方的体壁陷入形成陷窝，称为生殖囊，阳茎位于此囊底部，末端向外开口于生殖囊的背面，内端与射精管相接。生殖囊后侧的内壁具有片状附器，它的上端缘与生殖囊后端缘紧靠，其附器两侧的上缘各具 1 列或多列硬刚毛，称为艾氏器 Ekblom’s organ 或称为刚毛列，或称为发音刚毛列。生殖节上有 1 对可动片状骨化附器，称为抱器或阳基侧突，左、右抱器对称，分别位于生殖节背方两侧，或腹后端的两侧。抱器最基部一般较前部细，短柱状或柄状，称为抱器基部或阳基侧突基部，抱器基部后端镶嵌在抱器关节区前域的关节臼中；抱器基部之前的宽大部分称为抱器体，抱器体的内侧缘，称为内缘 inner margin 或上缘 upper margin；抱器的外侧缘，称外缘 exterior margin 或下缘 inferior margin；抱器的前端向外侧的折弯区域，即抱器前端内侧的突出部分，称为舌突 hypophyse 或叶突 lobe。

阳茎基部骨化较强的部分，称为阳茎基或称为基片 basal plate，为蹬状支架骨片，成为阳茎的底座，其两侧各伸出 1 骨化片称头状突，是阳茎提肌的着生处。阳茎基的前方为轻度骨化的阳茎鞘或阳茎体 endosoma，内阳茎通常缩在阳茎鞘内，一般扭曲盘绕。内阳茎的端部骨化较强，呈宽环状的部分称为阳茎端。阳茎端之后的长形囊状部分，柔软膜质，称为系膜。内阳茎的基部细弯的长管为处于阳茎内部的射精管部分，也称为精液导管。当内阳茎膨胀时，有些种类内阳茎上出现各种形状的膜质囊突，称为系膜囊突 conjunctival saccular process or conjunctival lobe，简称囊突 saccular process 或称支囊突。

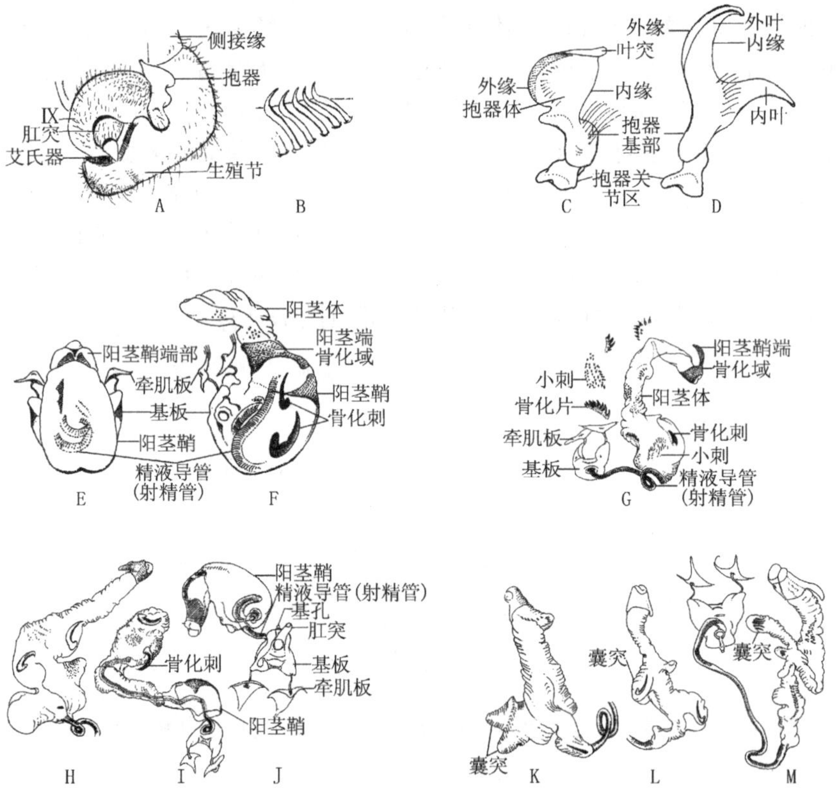

图 18-54　姬蝽雄性内生殖器 (任树芝，1998)

A、B. 小翅姬蝽雄虫生殖节背侧视、雄虫生殖节艾氏器的部分刚毛；C、D. 兴安姬蝽、角肩高姬蝽雄虫抱器外形；E. 小翅姬蝽阳茎背视；F. 类原姬蝽阳茎侧视，向前翻出一部分；G、H. 红斑狭姬蝽、暗色姬蝽阳茎，示膨胀状态及骨化刺；I. 暗色姬蝽阳茎，示外翻状态；J. 泛希姬蝽阳茎，阳茎体在阳茎囊内；K、L、M. 黑纹捺姬蝽、华姬蝽、泛希姬蝽阳茎，示膨胀状态及骨化刺；IX为第 9 腹节

内阳茎系膜表面一般具有稀疏或浓密的小刺，称为骨针 sclerotized spine，若为片状则称为骨化片 sclerotized plate，或简称为骨化构造。

内阳茎以其外形及有无囊突，分为有囊突内阳茎和无囊突内阳茎。无囊突内阳茎外形较规则，表面的刺小而隐约，骨化构造少而简单，如棒姬蝽属、狭姬蝽属的部分种类。有囊突内阳茎一般外形不规则，其强烈的骨化刺数目少或缺，通常有 2 个强烈的骨化刺，内阳茎表面布有稀疏或浓密的小微刺，如姬蝽属的多数种类 (图 18-54)。

18.7.5.3　雌性内生殖器

生殖囊腔 genital chamber 位于中输卵管后面，呈近扁平的囊状构造，其表面有轻微皱纹。第 7 腹节腹板后缘节间膜成为生殖腔前壁的一部分，生殖腔后壁由产卵瓣基部组成，主要为腹瓣的基部。生殖腔也称为阴道或贮精室，可分为两部分，输卵管入口前方区域称为前叶 anterior lobe，前叶之后的区域称为后叶 posterior lobe；中输卵管前端分为左右两侧的侧输卵管，侧输卵管的前端略膨大区称为漏斗状器官 infundibulum (卵巢萼)，卵巢管柄后端与漏斗状器官前端相接，卵巢管柄的前方为卵巢；在中输卵管与侧输卵管之间，有 1 细而弯曲的蠕虫状腺 vemiform gland 或称为受精囊腺 spermathecal gland。在生殖腔前叶的背面前方或中域的两侧有 1 或 2 个腔，此腔称为骨化环 sclerotized ring，或称为腺腔 gland cavity，又称为壁腺 gland parietes。骨化环的形状及着生的部位因种类各异。生殖腔后叶构造一般较简单，有的种类分化出前盲囊 anterior diverticulum 和背盲囊 dorsal diverticulum (图 18-55)。

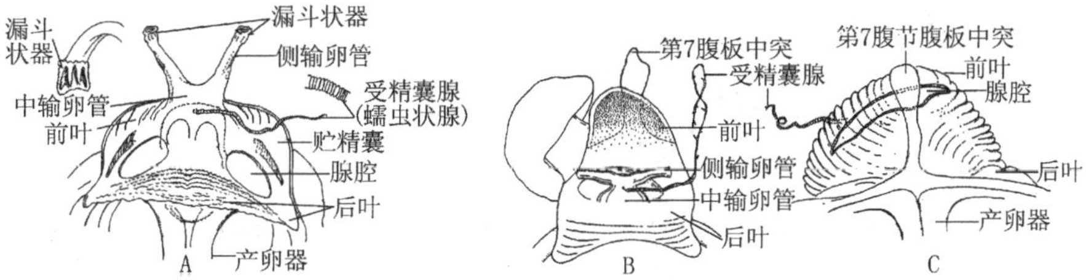

图 18-55　姬蝽雌性生殖腔 (任树芝，1998)

A、B、C. 泛希姬蝽、长腹掠姬蝽、源海姬蝽雌虫生殖腔背视

18.7.5.4　雌性外生殖器

第 7 腹节通常缩入，外面不易见，其前缘中央突出，称为中突，也称为生殖突 genital apophysis。产卵器由第 8、9 腹节附肢形成，其生殖突基节的部分形成载瓣片，载瓣片内侧向后伸出的生殖突形成产卵瓣，位于第 8 腹节的称为腹瓣，位于第 9 腹节的称为内瓣。左右 2 个产卵瓣紧密嵌合，2 对产卵瓣在体腹面中央处靠拢，形成强烈骨化的长锥状产卵器。载瓣片发达，形成包围着产卵瓣的护鞘称为产卵器鞘 stylus。腹瓣端半部的内、外侧具有若干突起，通常排列整齐，呈单行，其侧缘具小而显著的锯齿状突。内瓣外侧具有许多排列均匀而规则的横脊纹，其侧缘一般呈现出微小锯齿突或呈微波缘 (图 18-56)。

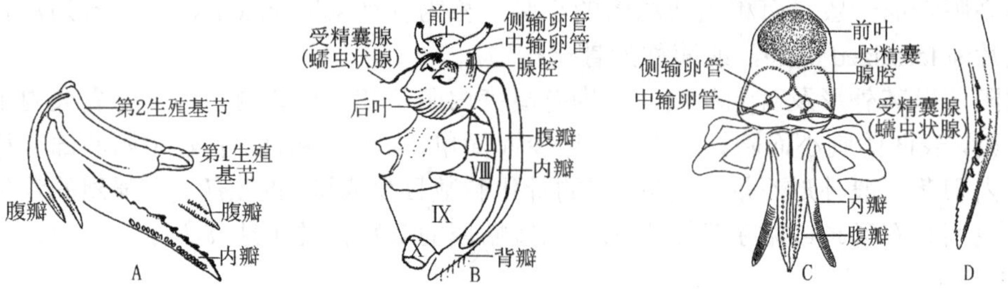

图 18-56　姬蝽雌性外生殖器 (任树芝，1998)

A. 山高姬蝽雌虫腹部背侧视；B. 塞姬蝽第 2 生殖节及有关部分；C. 黄缘捺姬蝽雌虫生殖腔、产卵器及附器 (背视)；D. 黄缘捺姬蝽第 2 产卵瓣侧视；Ⅶ～Ⅸ为第 7～9 腹节

18.7.5.5　日本高姬蝽 *Gorpis japonicus* Kerzhner

雄性外生殖器：腹部第 7 腹节腹板前缘中央具长突，顶端略弯。抱器中部宽阔，外叶顶端钝，内叶顶端尖锐。阳茎基部有 3 个形状各异的骨化刺，表面基半部的小刺浓密而显著 (图 18-57)。

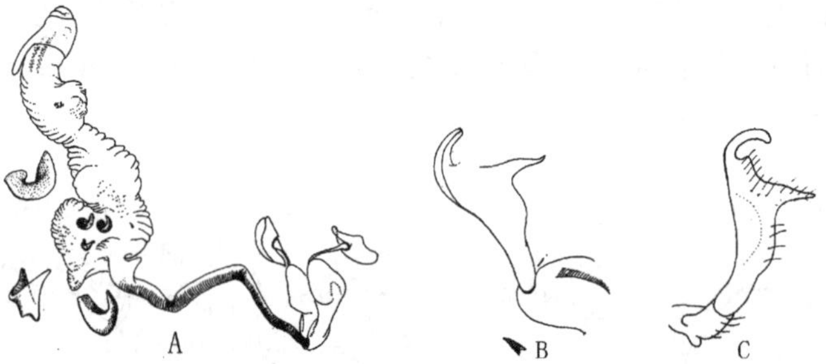

图 18-57　日本高姬蝽雄性外生殖器 (任树芝，1998)

A. 阳茎，示膨胀状态和骨化刺；B、C. 抱器

18.7.5.6　美希姬蝽 *Himacerus pulchellus* Ren et Hsiao

雄性外生殖器：抱器光亮，呈棕色。基半部粗壮，向端部渐狭，顶端尖削，近中部

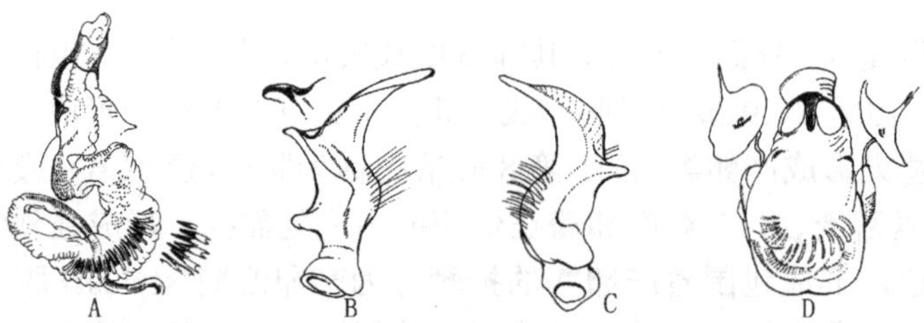

图 18-58　美希姬蝽雄性外生殖器 (任树芝，1998)

A. 阳茎膨胀状态及骨化刺；B. 抱器内侧视；C. 抱器外侧视；D. 阳茎休止状态背视

外侧有 1 显著指状突。抱器基部内侧具有显著纵沟缝，此沟缝的另侧具有 1 突起。阳茎休止状态背面观呈长椭圆形，隐约可见内部骨化刺列及部分导精管的轮廓。当剥开阳茎鞘，即膨胀呈长囊状，中部弯折，满布较密的微小刺突，基半部具 2 列骨化刺，由 35 个褐色骨化刺组成 (图 18-58)。

18.7.5.7　原姬蝽 *Nabis ferus* (Linnaeus)

雄性外生殖器：抱器前半部显著大于基半部 (前半部长 0.35mm，基半部长 0.21mm)，内缘前端舌突为鸟喙状，由外侧面观察，抱器近中部具有 1 显著突出构造，它的基部较宽。生殖节背面亚端缘左右两侧各具有 1 列刚毛列 (艾氏器)，每列由 45～46 根刚毛组成，刚毛呈单行排列。阳茎的导精管细长，阳茎前半部细缩，表面被有浓密小刺突，基半部膨大，具有 2 个骨化刺 (前方的小于后方)。阳茎基部细，与导精管接连处有 1 小囊突 (图 18-59)。

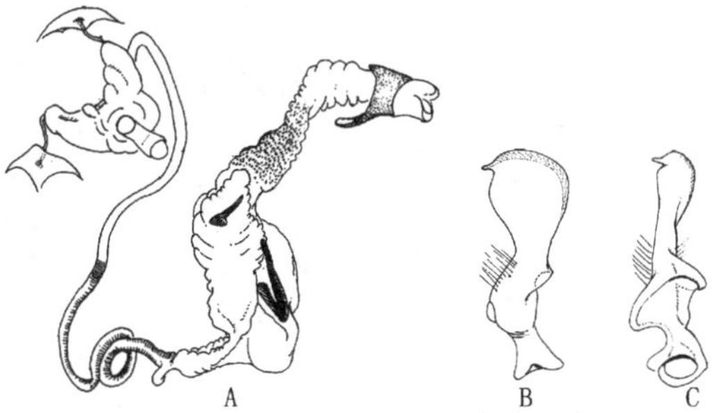

图 18-59　原姬蝽雄性外生殖器 (任树芝，1998)

A．阳茎膨胀状态；B、C．抱器不同侧面侧视

雌性外生殖器：第 8 腹节侧背板小，三角形，腹面与第 1 载瓣片结合。第 9 腹节侧背板大型，第 1 载瓣片三角形，背前角伸出成扁平突起，背面与第 9 腹节侧背板愈合。

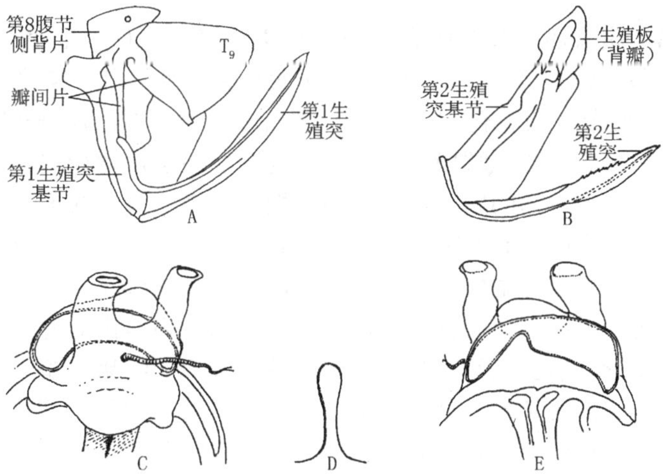

图 18-60　原姬蝽雌性外生殖器及相关构造

A、B．第 1、2 生殖突基节及相关构造；C．雌虫生殖腔背视；D．雌虫第 7 腹节腹板中突；E．雌虫生殖腔腹视；T_9为第 9 腹节背板　(A、B．参考 Scudder，1959 图重绘；C、D．任树芝，1998)

腹瓣细长骨化，端部背缘有小锯齿。第 1 骨化杆骨化，沿腹瓣端半部到内表面、背缘的基半部。瓣间片前突骨化，宽扁。第 2 载瓣片宽扁，沿背缘骨化增厚。第 2 骨化杆骨化，与第 1 骨化杆相互连锁，位于内瓣基半部的腹缘和端半部的外缘。内瓣细长，背缘有粗锯齿。背瓣短，紧密附着在第 2 载瓣片的端部，背、腹缘内弯形成完整的船形构造。真正的中位受精囊和假受精囊缺，生殖腔具有贮精室。生殖腔具有 1 个大的骨化环，第 7 腹节腹板中突的长度为该腹板长的 1/2，前端钝圆 (图 18-60)。

18.7.5.8　角带花姬蝽 *Prostemma hilgendorffi* Stein

雄性外生殖器： 抱器位于腹部腹面亚末端两侧，呈宽镰刀状。生殖节亚端部的刚毛列由丛生的多根淡色亮硬刚毛组成 (4～5 列刚毛组成)，排成弧形。阳茎短，相对导精管粗，阳茎表面具有排列均匀的小刺突 (图 18-61)。

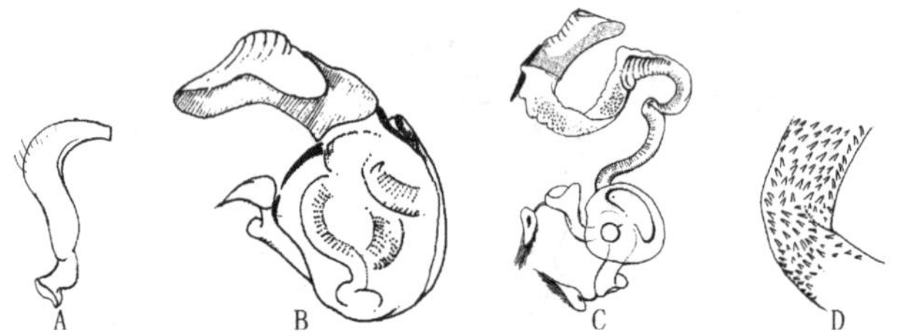

图 18-61　角带花姬蝽雄性外生殖器 (任树芝，1998)

A. 雄虫抱器；B. 阳茎侧视；C. 阳茎，示膨胀状态；D. 阳茎后半部，示小刺

18.7.6　花蝽科 Anthocoridae

18.7.6.1　雄性外生殖器

腹部 11 节，第 8 腹节环状或近环状，第 9 腹节特化变形，称为生殖节 genital segment 或尾节。第 10、11 腹节成为极短小的管状，位于腹部背面的端部，包围肛孔，也称为“肛管”anal tube。第 10 腹节一般骨化较强，第 11 腹节则多骨化微弱，平时隐缩于第 10 腹节中。腹部后端向左弯曲，造成端段数节的背板与腹板错位，背板向右腹方移动，腹板向左背方移动，左方背腹板间的膜质部分移向背面，右方的移向腹面。不对称的程度在不同类群中有所不同，或仅第 8 腹节不对称，或第 7、8 两腹节均不对称，或第 5～8 腹节均不对称。雄虫生殖节及外生殖器左右不对称，此节常变形成 1 碗状或管状构造，腹面成碗底状，背面比较平坦，节的背方近端部有 1 开口，阳茎由此开口中伸出。此构造为第 9 腹节膨大、变形、腹板向端方延伸、并在背方开口的结果。整个构造又称为生殖囊，囊内为 1 空腔，称为生殖室，其中有雄性生殖管道的端部及阳茎等，因而将开口称为生殖囊开口或生殖室开口 opening or aperture of genital capsule (genital chamber)。生殖囊外形可向后渐尖，或向后略加宽的管状等，第 10、11 腹节所形成的小型“肛管”着生于生殖囊基部背面，外观常成 1 小瓣状构造遮盖在生殖囊开口背面。在生殖囊开口旁各有 1 对或 1 个阳基侧突，或称抱器，其基部肌肉着生在生殖室内壁上。大部分花蝽类仅左

侧有阳基侧突，右侧的已退化消失，这种退化现象与腹部末端强烈弯曲同时出现。阳基侧突多为弯曲而末端尖削的片状或镰状，其上常有 1 凹沟，或一侧边缘折成檐状而形成 1 纵槽。

除花蝽亚科外，阳基侧突在交配时用作插入器，上有沟槽。阳茎鞘膜质，内阳茎简单，生殖囊开口与阳基侧突基部相对，交配时内阳茎可顺此沟槽进入雌性次生生殖管道或血腔。具有创伤授精 traumatic insemination 习性的种类，常以其尖锐的阳基侧突尖端刺破雌虫体壁，而狭细的内阳茎即沿阳基侧突上的凹沟导入雌体内。但在若干类群中，可出现次生性生殖管道，即在雌虫产卵器基部前方第 7、8 腹节节间膜上有 1 小管状构造，或体壁内陷成 1 短管，称交配管，其端部有盲囊，交配时接受雄虫的内阳茎 (或阳基侧突和内阳茎)，精子穿过交配管管壁进入血腔。卵在卵巢管中受精，卵壳上无精孔。

生殖囊内部前方以 1 隔膜与其前方的体腔隔断，射精管穿过此隔膜进入生殖囊。在进入孔周围为 1 马镫状骨片，位于隔膜上，为阳茎的最基部，称为阳茎基，由此向两侧各伸出 1 骨化片，用以附着专司阳茎活动的肌肉，肌肉的远端着生在生殖囊的内壁上。阳茎基常不对称。阳茎的基半部在异翅亚目中一般为骨化的圆筒状构造，称为阳茎体或阳茎鞘，在花蝽中多骨化很弱或几为膜质，构造简单。阳茎体的端方为内阳茎，多数花蝽的内阳茎为 1 膜质管，不用时套缩在阳茎鞘内，交尾时由于体液的压力，使内阳茎伸出阳茎鞘外。射精管穿过隔膜进入生殖囊以后，此段的管道也称为精液导管，精液导管全长穿行于内阳茎中，其末端的生殖孔 gonopore 位于内阳茎顶端的膜上，交尾时，精子由此排出。内阳茎膨胀伸出时，即将其中的精液导管随之拉直并带出体外。齿股花蝽族的雄性个体，在第 3、4 或第 5 腹节腹板中央有 1 个或 1 对小孔，孔的周围或两孔之间常有长毛，此孔为腹部 1 种特殊腺体的开口，孔内为 1 细管，引向 1 对相当大的囊状腺体，大约占第 3～5 腹节的范围，两腺体对称，常呈椭圆形或近圆形。整个构造属于外胚层性质，为腹部腹面体壁陷入、表皮细胞发生分化成为分泌细胞而形成。此构造由 Carayon (1954) 发现，称为腹腺，已知普遍存在于齿股花蝽族，由此开口排出的腹腺分泌物可能与吸引雌虫有关 (图 18-62)。

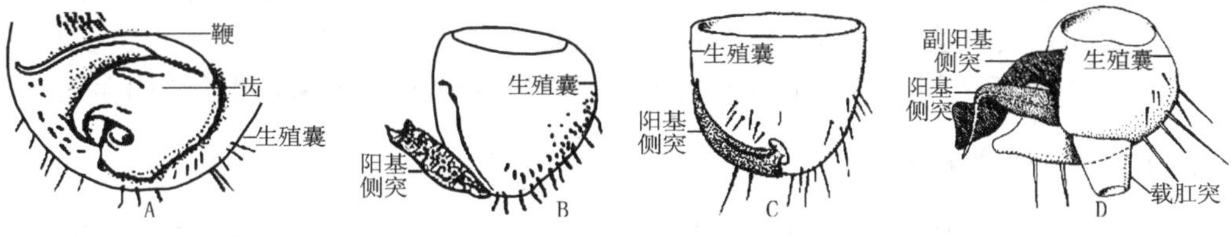

图 18-62　花蝽雄性生殖囊和阳基侧突 (卜文俊和郑乐怡，2001)

A. 南方小花蝽；B. 江畸拟刷花蝽；C. 黑头叉胸花蝽；D. 小镰花蝽

18.7.6.2　正常授精与创伤授精

正常授精即雄虫外生殖器通过雌虫的生殖孔进入雌体，排出的精子在雌虫的生殖管道中经过。这种方式仅存在于毛唇花蝽科，其雄虫的阳基侧突不具穿刺作用，内阳茎膨胀时成分支的膜质囊，交配时起到支撑雌虫生殖腔，以利精子从生殖孔中排出。雌虫的生殖管道正常，不具其他辅助器。创伤授精或血腔授精，在雌雄交配时，雄虫的阳茎不经过雌虫的正常生殖孔进入雌体，而是用尖锐的阳基侧突端部或用阳茎精液导管的尖锐末端 (细角花蝽科) 刺穿雌虫身体表面的某一部位或某一区域体壁，阳茎沿阳基侧突上的沟槽，进入雌体，排出精子。实施这一行为包括在雌体上造成创伤的过程，称为“创伤授精”。在授精过程中精子通过被刺穿的某一部分体壁而不是经过正常的雌虫生殖管道进入雌体，这些精子经过一段在体腔 (血腔) 中移动的过程，然后进入某些位于输卵管附近的次生构造，再经输卵管管壁组织，主动向卵巢运动，使尚位于卵巢生长区的卵细胞受精。这一过程包含精子在血腔内的移动阶段，也称为“血腔授精”。交配时雌虫身体被刺穿部位常较固定并出现一些结构上的变化，或该处体壁变薄，或下凹成 1 凹坑，外观常成为 1 颜色较淡的圆斑、缝隙，或疤痕状，坑壁加厚，但坑底的组织则薄。这些部位的体壁内方常有中胚层起源的小体状构造，小体内常有若干吞噬细胞及富含液泡的细胞存在。在许多种类中，在输卵管或卵巢小管处也有类似的小体状构造，与前述的小体共同称为纳精器 seminal conceptacle，单一或成对，外观上常为输卵管基部或卵巢管的膨大部分，或成为与之相连的囊状物。纳精器内的组织间有或无腔隙，亦可为合胞体。细角花蝽科的纳精器位于输卵管基部内面，由表皮组织演变形成，属于外胚层性质。其余类群的位于卵巢及生殖管道处的纳精器多由卵巢管围鞘中的血细胞性质的组织形成，属于中胚层性质。精子进入血腔后，即游向纳精器，聚集在其周围，逐渐穿入纳精器组织，在其中聚集，并由纳精器组织逐渐移入输卵管组织中，此时精子并不进入输卵管管腔，而是在输卵管壁的组织中，向卵巢方向移动，直至达到卵巢管，使尚位于卵巢管中的卵细胞受精。如纳精器位于卵巢管上，则精子直接由此侵入卵巢管使卵受精。因此，雌虫生殖腔和输卵管中均无任何精子的踪迹。原有的雌虫生殖孔、生殖腔和输卵管在这种授精方式中完全不起作用，这些器官只保留了与产卵有关的功能，它们在授精方面的功能已被上述新出现的次生性构造所代替，后者也被称为“副生殖系统 paragenital system”。

细角花蝽科的体壁刺穿部位位于第 6、7 腹节腹板之间偏右处，该处体壁极薄，交配时，直接由阳茎精液导管的尖锐末端刺穿该处，阳基侧突并不参与穿透过程。仓花蝽属的体壁刺穿部位或位于腹部右侧第 8、9 腹节之间，呈固定的圆斑状，或位于腹部背面第 2、3 腹节之间，大而呈螺旋形，其下具有纳精器。黄色花蝽的刺穿部位虽也位于腹部背面第 2、3 腹节背板之间，但整个右半区域均可被雄虫刺穿，无纳精器的结构存在。

18.7.6.3　交配管授精

雌虫第 7、8 腹节腹板之间的节间膜上，产卵孔前方不远处，有 1 根或 1 对陷入的小管，称交配管。原花蝽族的交配管多位于中央，甚长，有时具横纹。小花蝽族的交配管则常偏于一侧，较短小，可分为较粗厚的基段和薄而细的端段。刷花蝽族则具有 1 对很短的交配管。交配管的远端与 1 囊状构造 (精袋 spermatic pocket) 相连，精袋常向位于背侧的输卵管基部伸出 1 对组织索 (导精索) 相接。不存在“纳精器”构造。授精时，由于交配管口不需要刺穿，雄虫阳基侧突常不具有穿刺作用，仅通过其上的沟槽起导引阳茎进入交配管的作用。小花蝽族及其邻近属的螺旋形阳基侧突，可能依靠其上的鞭部 flagellum 对沿螺旋底部的沟槽伸来的内阳茎起引导作用。精子进入精袋后，不再穿入血腔，而由精袋进入导精索，并由此直接进入与之相连的输卵管壁，因此在授精过程中，精子不经过血腔，亦不经过纳精器等构造。目前已知原花蝽族、齿股花蝽族、刷花蝽族和小花蝽族的授精方式均属于此种类型。

18.7.6.4　受精的中间类型

沟胸花蝽族 *Brachysteles* 和 *Buchananiella* 的一些种类，具有介乎典型血腔授精和交配管型授精之间的中间类型。在第 7 腹节腹板中央，有 1 深色脐状凹陷，称为脐，凹入呈短管状，管壁加厚，与交配管相当，管底为扁圆形囊状构造，称为精袋，精袋中央发出 1 条实心的组织索，称导精索 conducting cordon，位于生殖腔与精袋之间。导精索远端与位于输精管基部或卵巢管上的纳精器相接。在未经交配的雌体中，脐管的开口封闭，授精时，被雄虫刺穿，大量精子进入精袋中，渐渐进入导精索，沿中轴前移至索的前端与纳精器相接处，由此穿入纳精器，沿与后者相接的输卵管壁入卵巢。精子离开精袋后，不直接进入血腔，而是通过连接精袋与纳精器的组织索（导精索）进入纳精器。

18.7.6.5　雌性外生殖器

第 8 腹节背板完整，腹板退化，在各侧成 1 个三角形片，位于产卵器两侧。产卵器针状，由第 8、9 腹节生殖肢成分组成。第 8 腹节成分包括片状的第 1 载瓣片和细狭的腹瓣各 1 对。第 9 腹节成分包括第 2 载瓣片和内瓣各 1 对。各对产卵瓣左右愈合或部分愈合，腹瓣、内瓣之间又背腹向相互嵌合，与载瓣片在基部以很细而有弹性的骨化小杆 fibula 相连，平时外侧被载瓣片包围。产卵时产卵瓣向腹方移动，离开载瓣片的包围，以便插入物体产卵。产卵瓣的腹缘可有锯齿列，以便刺入物体产卵。在许多种类中，第 2 载瓣片末端有 1 短小附器，称为刺突 stylus 或伪刺突 styloides 或第 3 载瓣片不等。

产卵器发达的种类往往将卵产在物体内部，而不发达的种类则产卵于物体表面。雌虫生殖孔开口于产卵器基部，产卵时，卵经生殖孔进入产卵瓣包围形成的孔道，经过产卵器而产出。生殖孔前端进入体内外胚层性质的生殖管道，包括 1 个囊状生殖腔或阴道。生殖腔在营正常授精方式的毛唇花蝽科中相当宽大，而在其他类群中体积较小，生殖腔背面两侧有输卵管末端通入，在背面中央两输卵管入口之间有 1 很大的圆形腺体区域，周围的界限形成骨化的细线状，此腺体称为阴道壁腺 parieto-vaginal gland。在生殖腔背面中央，壁腺的后方有 1 细长而呈蚯蚓状的腺体开口进入，称为“蠕虫状腺”，一般认为是受精囊 spermatheca 退化形成的构造（图 18-63）。

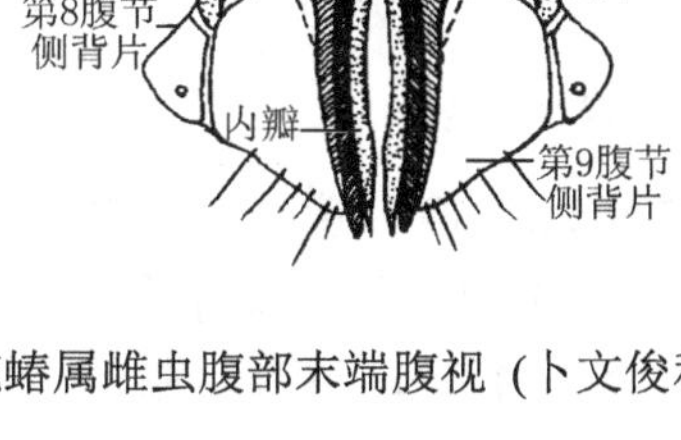

图 18-63 原花蝽属雌虫腹部末端腹视（卜文俊和郑乐怡，2001）

18.7.6.6 欧原花蝽 *Anthocoris nemorum* (Linnaeus)

雄性内生殖器：每精巢有 4 支球形精巢管，精巢管沿腹部侧缘排成 1 线，大小略有差异。精巢管 2 支 1 组，通过短的输出管着生于输精管端部。输精管前段膨大形成梭形贮精囊，后段细管状。两侧输精管末端合并后着生于射精球前端。附腺 1 对，附腺体由多次分支的短盲管组成，盲管基部集生于球形的附腺囊，附腺下段的附腺管在贮精囊末端部位与输精管下段并列拼合，内部分开，外部有共同被膜。附腺管下端着生于射精球前端背面、射精管末端后方。射精球后端细缩进入射精管 (图 18-64)。

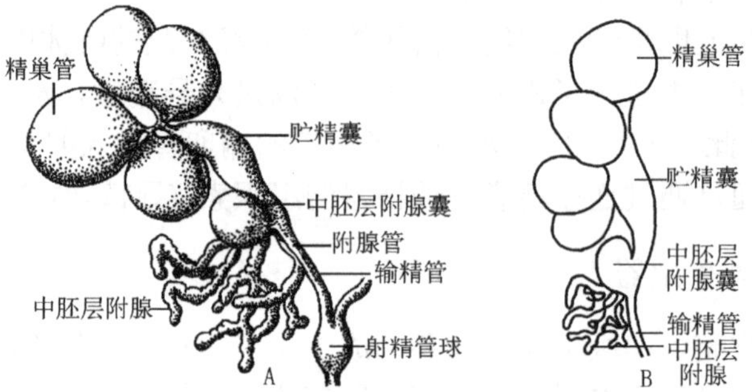

图 18-64 欧原花蝽雄性内生殖器 (Pendergrast，1957)

A．精巢管分开，内生殖器右侧部分已除去；B．精巢管原位状态

雌性外生殖器：第 7 腹节腹板在中线处稍后突，第 8 腹节侧背片三角形，游离于第 1 载瓣片。第 9 腹节侧背片后端圆形，腹面靠近第 2 载瓣片处有纵裂。第 9 腹节侧背片与第 1 载瓣片部分愈合。第 1 载瓣片前背角突出。腹瓣长，骨化，端半部背缘有不规则锯齿。腹瓣似部分纵裂，中部愈合。骨化杆骨化，沿产卵瓣边缘伸展而连锁。瓣间片前突细长而骨化。第 2 载瓣片长，宽而背缘骨化增厚。内瓣长、骨化、端部背腹缘有细锯齿。背瓣小而骨化，有中间突起。中位的受精囊缺 (图 18-65)。

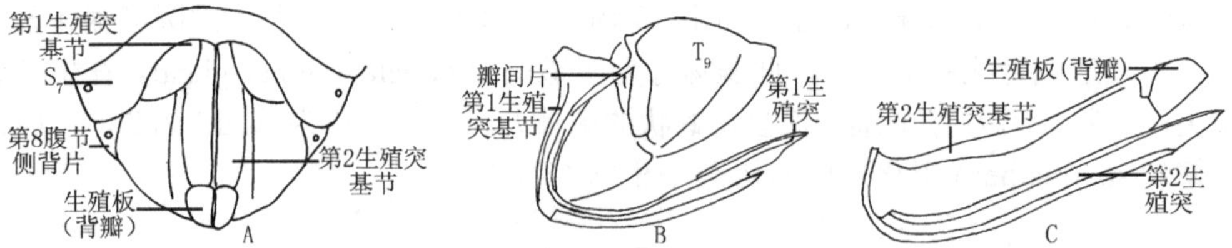

图 18-65 欧原花蝽雌性外生殖器 (参考 Scudder，1959 图重绘)

A．雌性腹部末端腹视；B、C．第 1、2 生殖突基节及相关构造；T_9 为第 9 腹节背板；S_7 为第 7 腹节腹板

18.7.6.7 *Australmeida derricki* (Gross)

雄性内生殖器：每精巢有 7 支球形精巢管，每侧精巢的精巢管通过各自的输出管集生在输精管顶端，整体呈花束状。输精管除前端精巢管着生部位外，其余部分整体膨大形成发达的长形袋囊状贮精囊。附腺 1 对，每侧附腺的附腺体较发达，二分支管状，基

部合并后进入椭球形附腺囊。附腺囊基部的附腺管不明显，与贮精囊细缩的末端一起汇入射精球前部。射精球后端发出 1 支细的射精管 (图 18-66)。

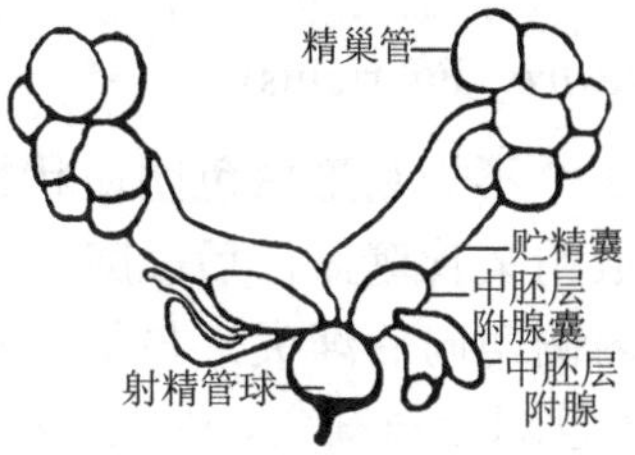

图 18-66　*Australmeida derricki* 雄性内生殖器 (Postle 等，1988)

18.7.6.8　*Blaptostethoides pacificus* (Herring)

雄性内生殖器：每精巢有 2 个近相等的不规则形白色精巢管，精巢管着生于输精管前端，输精管除前段外，其余部分膨大形成腊肠状贮精囊，贮精囊有浅的横向折叠。附腺体 3～4 叶，位于角状附腺囊的后端。附腺管细长，贴在射精球表面下弯，与贮精囊末端一起进入射精球。射精球弯曲长管状，整体呈“？”形，位于腹部右侧，前弯然后向后急弯。射精球管道具有光滑透明的外层和暗色波纹状的内层，后部的射精管在右端进入生殖囊 (图 18-67)。

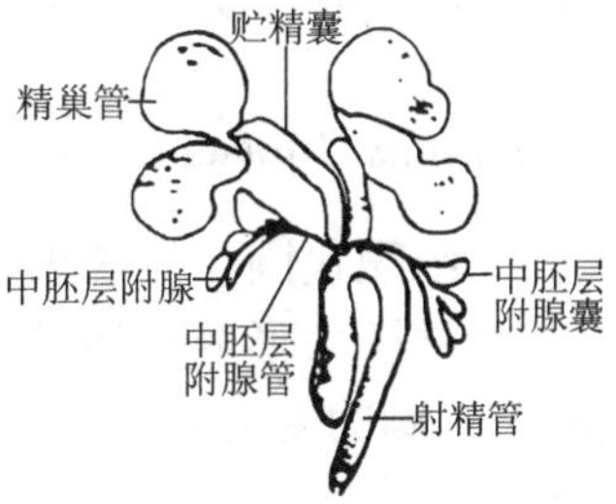

图 18-67　*Blaptostethoides pacificus* 雄性内生殖器 (Postle 等，1988)

18.7.6.9　*Cardiastethus minutus* Poppius

雄性内生殖器：每精巢有 2 支精巢管。精巢管椭球至长圆筒形，通过短的输出管并入输精管顶端。输精管前半段纤细，后半段膨大形成香蕉形贮精囊。附腺管粗短，其顶端并列半球形的附腺囊和附腺体，两者“8”形。附腺管与贮精囊末端一起汇入同侧的复射

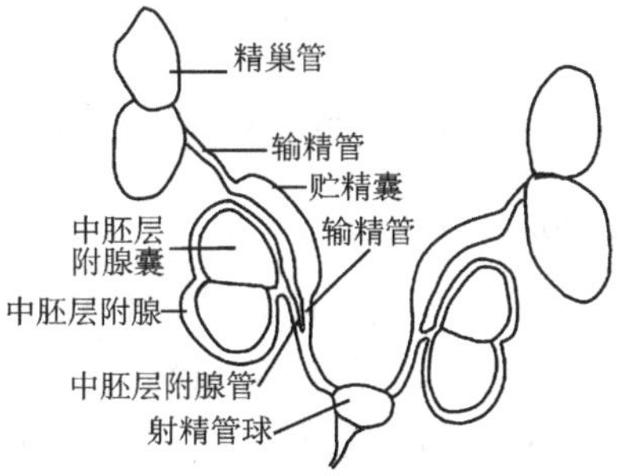

图 18-68　*Cardiastethus minutus* 雄性内生殖器 (参考 Postle and Woodward，1988 图重绘)

精管。复射精管较发达，两侧复射精管的后端分别接入射精管球。射精管球梨形，前部较宽，向后渐尖细，然后进入射精管 (图 18-68)。

18.7.6.10　*Lyctocoris campestris* (Fabricius)

雄性内生殖器：每精巢有 2 个不规则形白色团块状精巢管，每精巢管通过输出管着生在输精管前段，输精管前段被精巢管遮盖，后段膨大形成多角形奶油色的贮精囊，每个贮精囊外侧有明显的侧叶，内侧角向后渐尖，与复射精管结合。复射精管宽短，后部与卵圆形的射精管球连接。射精管球后部渐尖，进入单射精管。附腺 1 对，附腺管粗短，着生于射精管顶端两侧，附腺囊发达，大型圆球状，其外侧后方发出几支盘旋蜷曲的附腺管 (图 18-69)。

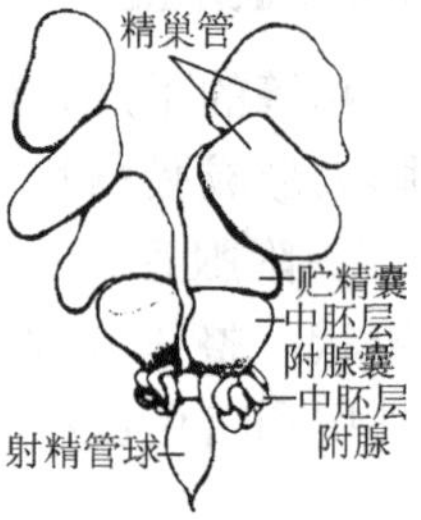

图 18-69　*Lyctocoris campestris* 雄性内生殖器 (Postle and Woodward，1988)

18.7.6.11　淡翅小花蝽 *Orius tantillus* (Motschulsky)

雄性内生殖器：精巢被大量白色组织包围。每精巢有 2 支近球形精巢管，精巢管着生在输精管前端。输精管较细短，后端膨大形成球形贮精囊。附腺 1 对，球形，与贮精囊并列。贮精囊和附腺基部一起汇入同侧的复射精管。复射精管长度约为输精管的 2 倍，两侧的复射精管分别汇入射精管球顶端。射精球位于腹部右侧，具横纹，腊肠状，后端发出单射精管 (图 18-70)。

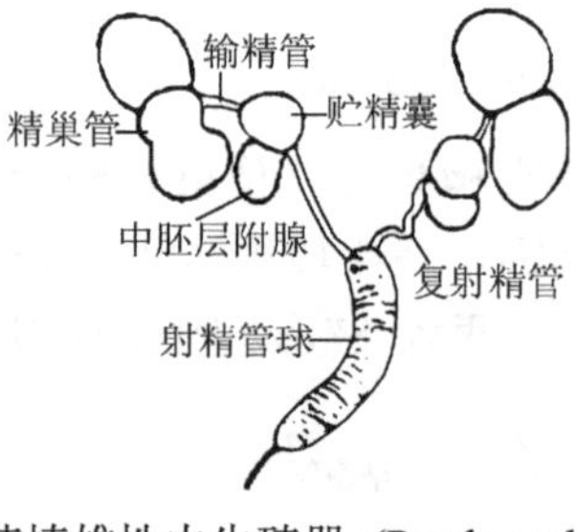

图 18-70　淡翅小花蝽雄性内生殖器 (Postle and Woodward，1988)

18.7.6.12　*Plochiocorella elongata* Poppius

雄性内生殖器：每精巢有 2 个不规则形团块状白色精巢管，精巢管通过输出管着生在输精管前段。输精管前段细，后段膨大形成贮精囊。贮精囊腊肠状，末端细缩，通入具有横纹的精液导管前端，再进入后部的射精管球。射精管球长椭圆形，有横纹。附腺 2 对，附腺整体棒状，向顶端渐粗，附腺体大致球形，与附腺囊之间有不明显的缢缩。基部的附腺管进入精液导管，然后进入射精管球。射精管球经射精管开口于体外 (图 18-71)。

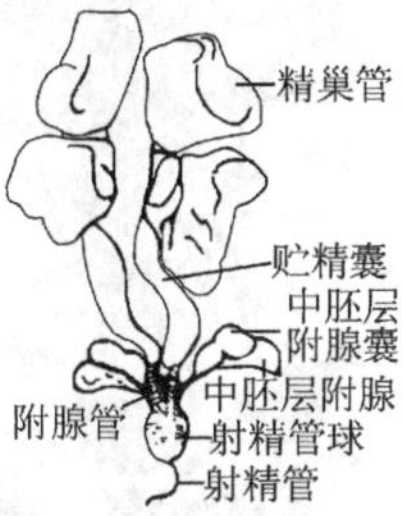

图 18-71　*Plochiocorella elongata* 雄性内生殖器 (Postle and Woodward，1988)

18.7.6.13　*Xylocoris afer* (Reuter)

雄性内生殖器： 每精巢有 7 个近相等的不规则团块状白色精巢管，精巢管中部稍内凹，发出输出管连接于输精管上，输精管整体被精巢管覆盖。复射精管弯曲、奶油色，中间表面内凹，几乎整体位于精巢管下面。复射精管进入射精管球顶端，射精管球前端近球形，向后明显变窄进入单射精管。附腺 1 对，每附腺顶端有二分叉的管状附腺体，其基部连接球形膨大的附腺囊，附腺囊基部的附腺管短，不明显，与贮精囊末端汇合后进入射精管球 (图 18-72)。

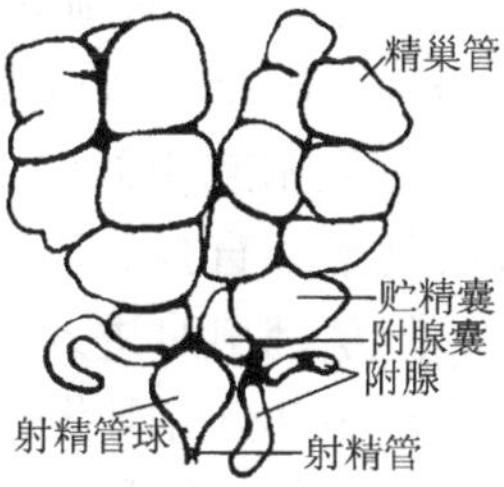

图 18-72　*Xylocoris afer* 雄性内生殖器 (Postle and Woodward，1988)

18.7.7　臭虫科 Cimicidae

18.7.7.1　温带臭虫 *Cimex lectularius* Linnaeus

雄性内生殖器： 精巢大型扇状，大部分位于第 3～5 腹节腹腔内，有许多微气管缠绕以保持其在腹腔内的位置。每精巢有 7 支精巢管。精巢管通过基部的输出管连接输精管，输精管部分膨大形成管状贮精囊。贮精囊后部的输精管再次细窄，进入中间的射精管球 ejaculatory pump。射精管球后接单射精管，单射精管再与交配插入器官相接。附腺由几个分支管组成，分支管外观类似于马氏管，管的基部侧面开口与附腺囊相连。附腺囊薄壁椭圆形，紧贴于每个贮精囊之侧。每附腺囊后方渐狭窄，形成 1 管道进入输精管侧面的射精球。每精巢基部有 1 小球形或梨形器官，通过结缔组织附着于精巢上，此为含菌体 mycetome，内含立克次体属共生微生物 (图 18-73)。

雄性外生殖器： 第 9 腹节形成球形生殖囊，外生殖器位于其中。外生殖器包括抱器和插入器官。生殖后节形成 1 个短管，称为载肛突，位于生殖囊背方。多数异翅亚目昆虫抱器发达，Bonhag 和 Wick (1953) 认为这些抱器由刺突演变而成，因此称为生殖刺突

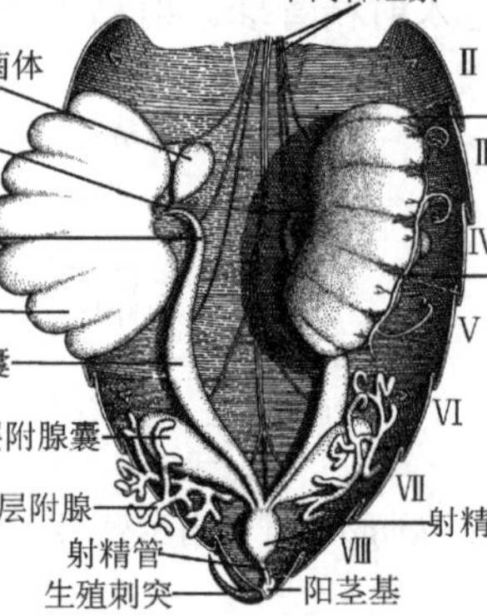

图 18-73　温带臭虫雄性内生殖器背视(Davis，1956)

左侧精巢外拉以显示含菌体；Ⅱ～Ⅷ为第 2～8 腹节

gonostyle。温带臭虫右生殖刺突消失。左生殖刺突为起源于腹节顶端的爪状附肢，静止时，爪状顶端指向前方，附肢位于深沟内。沟沿第 9 腹节腹板左侧缘伸展。在这一腹节的右侧缘也可见到轻微的沟。生殖刺突基部有 1 沟槽向顶部伸展，几达顶点。该沟邻近腹面，到达生殖刺突的外缘。生殖刺突基部的背面，第 10 腹节可辨。第 10 腹节形成 1 个完整的骨化环，环包被含有肛孔的小室。在生殖刺突基部与第 10 腹节之间有 1 个狭窄而不明显的前腔，即生殖腔。插入器官或阳茎一般分化成基部起支持作用的阳茎基和 1 个可伸长的管，即阳茎端 (鞘)。交配时生殖刺突伸展，稍微移向尾部、转向腹面。在这个位置，它的轴线与第 9 腹节的轴线几乎成直角。当生殖刺突伸展时，沟槽的基部与阳茎对面的生殖刺突一起伸展，因此，阳茎翻出时进入沟槽，进而导入生殖刺突顶部。阳茎包括基部囊状的阳茎基和可伸展的末端部分 (阳茎鞘)。阳茎基有骨化带支撑，骨化带位于阳茎基的左腹侧面，与生殖囊后缘结合。在囊状阳茎基的顶部有 1“U”形骨片，它的臂向前方伸展。这个骨片为蹬骨片。阳茎鞘窄长管状，壁不骨化，静止时缩入囊状阳茎基内，可能通过液体压力外伸 (图 18-74)。

雌性内生殖器：每卵巢有 7 支卵巢管，各卵巢管的端丝联合形成悬带，悬带附着于前部体壁上，使卵巢悬于腹腔内。卵巢管端滋式，其端部由滋养细胞形成端室，其下为生殖区，再次为生长区。滋养细胞发出细胞质构成的营养索，经过生殖区到达每个成熟发育的卵细胞。卵巢管后方变窄，形成卵巢管柄。卵巢管柄汇入侧输卵管，两侧卵巢的侧输卵管向后汇入很短的中输卵管。侧输卵管的基部，邻近其与中输卵管的连接点，有 1 个耳状突起，称为贮精囊。中输卵管开口于生殖腔，在中输卵管与生殖腔之间无明显分界。第 8、9 腹节的生殖基肢节之间的膜伸展形成生殖腔的壁。卵巢附近有含菌体，但含菌体与卵巢的联系不像与精巢那样密切，雌虫的含菌体与脂肪体结合紧密。贮精囊壁为 1 层上皮细胞，内部含有 1 群类似于柏氏器内侧的拟血细胞，细胞之间有间隙，但贮精囊没有内腔，通过实心的组织桥与侧输卵管连接。该贮精囊具有接受和贮存从柏氏器迁移来的精子的功能，与其他昆虫的贮精囊不同源。当交配过程中精子注射进入柏氏器后，精子迁移到柏氏器外周，在外围聚集后，通过聚集点柏氏器组织开裂将精子释放入体腔内。在交配后 2～4h，体腔内出现大量精子，贮精囊内可见有精子迁入，4h 后，许

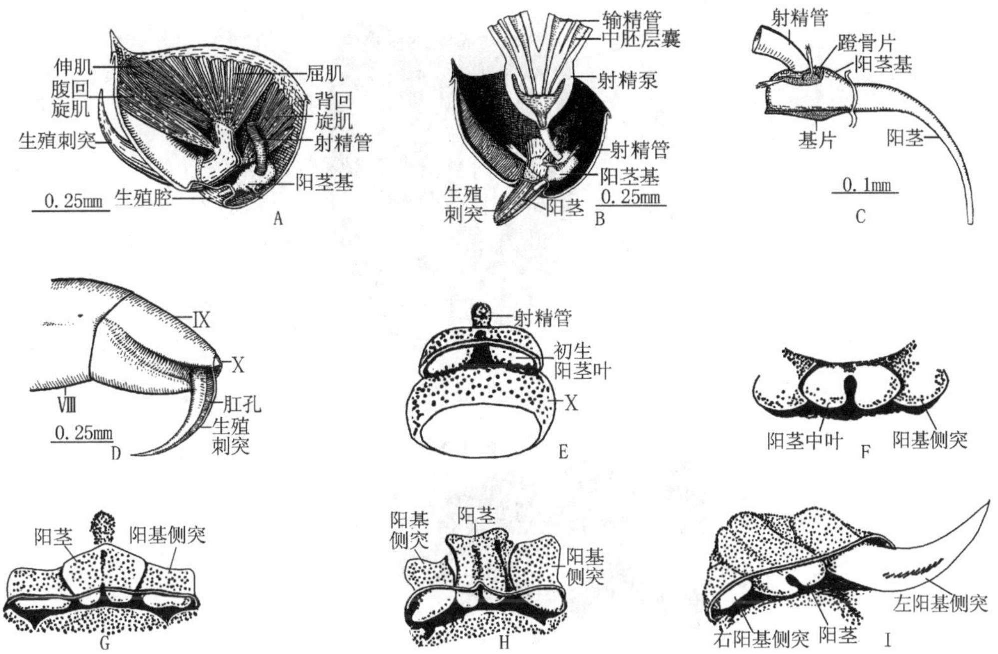

图 18-74　温带臭虫雄性外生殖器

A. 雄性生殖囊背视，示生殖刺突的肌肉；B. 雄性生殖囊背视，示阳茎、外伸的生殖刺突、射精泵额切面 frontal section；C. 阳茎左侧视，阳茎端伸出；D. 雄虫腹部末端左侧视，生殖刺突伸出；E～I. 雄性若虫腹部末端腹视（E. 倒数第 2 龄雄性若虫；F. 倒数第 2 龄雄性若虫后期；G. 末龄雄性若虫；H. 末龄雄性若虫后期；I. 末龄雄性若虫末期）；Ⅷ～Ⅹ为第 8～10 腹节（A～D. Davis，1956；E～I. Snodgrass，1957）

多精子已经进入贮精囊，精子在拟血细胞间随机分布。几天后，贮精囊内精子定向成弧形束状，精子束彼此平行、头部同向排列，精子以这种方式贮藏，并逐渐通过组织桥移出，通过精子通道细胞移向侧输卵管，当上行到达卵巢管柄后，精子聚集在上皮栓的下部，有些精子通过上皮栓，分散于滤泡上皮和连接组织鞘之间。

精子由贮精囊向外迁移很大程度上受成虫吸血的影响，一次吸食后 24h，精子通道细胞间充满向卵巢移动的精子。在此后几天中，通道细胞间精子逐渐减少。如再次吸食，则又会出现精子移动高峰。吸食后 3 天开始产卵。吸食和精子迁移的结果是产卵时精子大量到达卵巢；产卵停止则精子迁移也停止。侧输卵管含有特殊的细胞网，将精子迁徙到卵巢管中，这种精子迁移只在成虫吸食后发生。卵黄沉积基本完成的卵通过输卵管和滤泡上皮细胞时，上皮细胞塞破裂，精子进入完成受精（图 18-75）。

雌性外生殖器：产卵器基部支持结构为 1 对骨片，即分别位于第 8、9 腹节的第 1 和第 2 载瓣片。第 8、9 腹节的侧背片和第 1 载瓣片近方形，大小相近。第 8 腹节侧背片和第 1 载瓣片不紧密愈合，第 1 载瓣片与第 9 腹节侧背片部分愈合。产卵瓣是 1 对载瓣片伸展形成的突起，分别称为腹瓣和内瓣。腹瓣为短圆锥形突起，细分支状，使腹瓣与第 1 载瓣片的中部前角结合。腹瓣之间通过 1 膜质表皮结合，膜质表皮是腹瓣之间膜质腹板区域的延续。第 1 骨化杆部分骨化，瓣间片前突缺。第 2 载瓣片侧面与背板愈合，它们的中缘与产卵器重叠。内瓣退化，为小的扁平突起，通过细短的分支与第 2 载瓣片

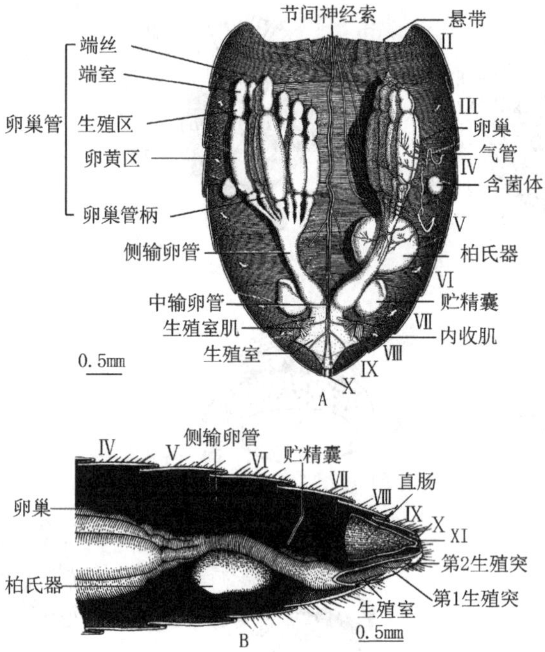

图 18-75　温带臭虫雌性内生殖器 (Davis，1956)

A．雌性内生殖器背视，右侧卵巢处于原位，左侧卵巢拉开以展示卵巢管；B．雌虫腹部末端矢切面侧视；Ⅱ～Ⅺ为第 2～11 腹节

前缘结合。内瓣位于背面腹瓣的后缘，两者之间没有常见的滑行槽沟式连锁机制。第 2 骨化杆勉强可辨，不与第 1 骨化杆连锁。背瓣不可辨，它们可能已经成为第 2 载瓣片后

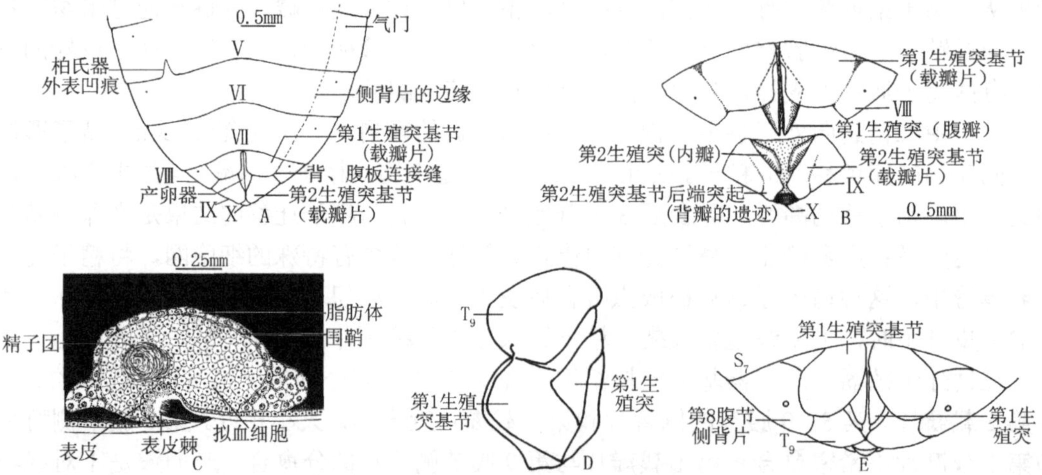

图 18-76　温带臭虫雌性外生殖器

A．雌虫腹部末端腹视；B．雌性生殖节和外生殖器背视；C．柏氏器纵切面侧视；D．第 1 生殖突基节及相关构造；E．雌虫腹部末端腹视；T_9为第 9 腹节背板；S_7为第 7 腹节腹板；Ⅴ～Ⅹ为第 5～10 腹节 (A～C. Davis，1956；D、E. 参考 Scudder，1959 图重绘)

端的突起。中位的受精囊缺 (图 18-76 A、B、D、E)。

柏氏器：第 5 腹节腹侧片的右后缘有 1 凹痕，凹痕基部的结膜上有 1 浅的表皮囊，囊的内侧为一群类似拟血细胞包围，细胞外有围鞘，围鞘外又有脂肪体细胞层包被。柏氏器表皮囊的底部衬有密集的细棘，囊表皮比结膜周围的表皮厚。表皮囊内侧细胞群排列疏松，以致表皮囊的形态受内部饱满程度影响，饱满时将柏氏器向外侧挤压成扁平形，不受压力时，柏氏器为半球形。柏氏器没有内腔，内部为 1 群细胞充满，这群细胞与血细胞类似，称为拟血细胞 hemocytoid cell。包围柏氏器的拟血细胞形态随雌虫繁殖状态而变化，未交配的雌虫，拟血细胞约呈卵圆形，有许多细胞间隙。在成虫胚后发育期间，拟血细胞有丝分裂活跃。交配时，雄虫的生殖刺突刺穿柏氏器的表皮囊，精液由此输入。精子群进入拟血细胞几小时后，精子团开始扩散，精子逐渐通过细胞间隙到达柏氏器的外围，然后精子开始聚集，在拟血细胞和结缔组织间形成 1 层。在大量精子聚集的区域，柏氏器的壁破裂，成群的精子流出。Carayon (1953) 发现仓花蝽属的柏氏器分化形成 2 叶，1 叶接受精液，另外 1 叶负责释放精液进入体腔 (图 18-76)。

18.8　蝽次目 Infraorder Pentatomomorpha

18.8.1　概论

雄虫腹部后端及外生殖器构造左右对称。阳茎鞘常强骨化，精液导管具有各种泵式构造。内阳茎常有多种分化。雌虫受精囊发达，末端多膨大成囊状，并具檐状构造，产卵器多数成片状。

18.8.2　短喙蝽科 Dysodiidae

18.8.2.1　*Aneurus laevis* (Fabricius)

雄性内生殖器：精巢约呈塔形，每精巢有 6 支精巢管，集生在输精管前段。输精管粗直，没有膨大形成贮精囊。附腺 2 对，扭曲粗管状，与输精管中部发生贴合，两者通过外鞘包裹在一起，两者的末端 (分别) 着生于射精管球前端。射精管球约呈哑铃形，前半略大于后半，后半细缩进入较为粗直的射精管。射精管球一般由 3 层组成，前

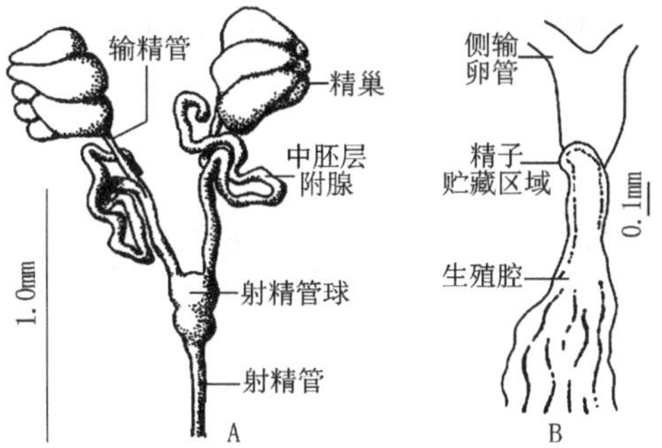

图 18-77　*Aneurus laevis* 雄性内生殖器和受精囊 (Pendergrast，1957)

A. 雄性内生殖器；B. 受精囊

段内衬的上皮有厚的肌纤维层包围，后段该层消失 (图 18-77 A)。

受精囊：没有专门的受精囊，在生殖腔和中输卵管结合处，生殖腔外突形成 1 短盲管，为精子贮存区域，该区域也具有分泌细胞，行使受精囊和受精囊腺的功能 (图 18-77 B)。

18.8.2.2 *Dysodius crenulatus* Stål

雌性外生殖器：第 7 腹节腹板深裂几达基部，第 9 腹节侧背板比第 8 腹节侧背板大，第 1 载瓣片三角形，与第 8 腹节侧背板紧密联系但不愈合，腹瓣骨化，有锯齿。骨化杆长，骨化，折角尖锐、相互连锁。第 2 载瓣片月牙形，后部游离，不紧密附着于第 9 腹节侧背板上。瓣间片前突细长，背角处有大型突起。背瓣缺，受精囊中位 (图 18-78)。

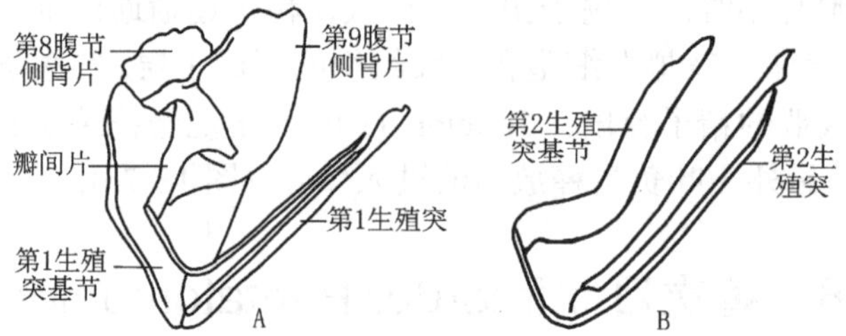

图 18-78 *Dysodius crenulatus* 雌性外生殖器(参考 Scudder，1959 图重绘)

A、B. 雌性第 1、2 生殖突基节及相关构造

18.8.3 扁蝽科 Aradidae

18.8.3.1 *Aradus cinnamomeus* Panzer

雄性内生殖器：精巢大型椭球状，每精巢有 5 支精巢管。输精管膨胀扭曲，约在中部形成囊状、基部盘旋的贮精囊。两侧的输精管末端分别着生于射精球前端。附腺 1 对，膨胀扭曲短管状。每侧附腺管基部分别着生于射精管球前端。射精管球发达，下端收缩进入射精管 (图 18-79 A)。

受精囊：受精囊管从生殖腔顶端发出，粗长稍弯曲。顶端着生受精囊体，受精囊体壁细胞具有分泌功能，在受精囊体和受精囊管结合处，有肌肉包裹的瓣膜构造 (受精囊泵)，该构造在邻近受精囊管和受精囊体两端分别有 2 个突起 (泵的基缘和端缘)，为控制肌肉的附着点，肌肉收缩控制精液的进出 (图 18-79 B)。

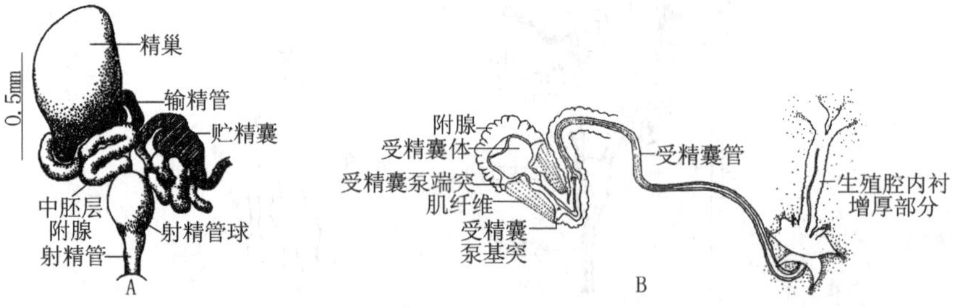

图 18-79 *Aradus cinnamomeus* 雄性内生殖器和受精囊 (Pendergrast，1957)

A. 雄性内生殖器；B. 受精囊

18.8.3.2 *Aradus depressus* (Fabricius)

雌性外生殖器：第 7 腹节腹板部分深裂，第 8 腹节侧背板大型，突出于腹部末端之外，不与第 1 载瓣片愈合。第 9 腹节侧背板小于第 1 载瓣片。腹瓣细长、骨化，瓣间片前突细长。2 对骨化杆倾斜，相互连锁。内瓣细长，端部高度骨化，有细毛覆盖，顶端二叉或三叉状。第 2 载瓣片常在后部背面中线结合，部分骨化，细长，与第 9 腹节侧背片紧密联系。背瓣缺，受精囊中位，受精囊管进入生殖囊的开口处常有“M”形骨片（图 18-80）。

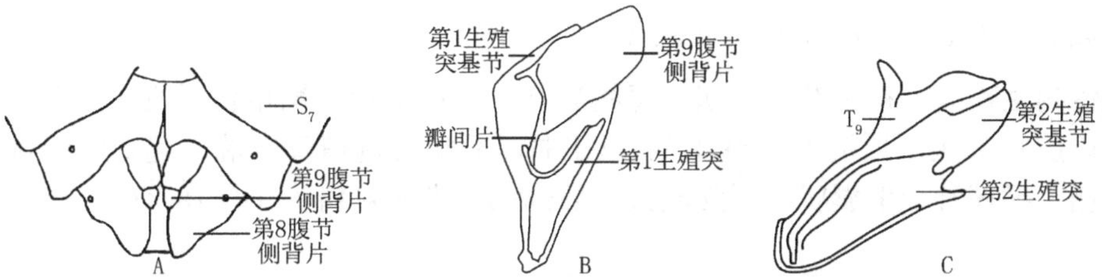

图 18-80 *Aradus depressus* 雌虫腹部末端及第 1、2 生殖突（参考 Scudder，1959 图重绘）

A．雌性腹部末端腹视；B、C．第 1、2 生殖突基节及相关构造；T_9 为第 9 腹节背板；S_7 为第 7 腹节腹板

18.8.3.3 *Arictus monteithi* Kormilev

雄性内生殖器：精巢椭球形，前端较宽，向基端稍细。输精管从基端发出，长管状，略膨大形成不发达的贮精囊。附腺长管状，前段膨大增粗，基部与输精管一起着生于射精管球前端两侧，射精管球侧后方有 1 椭球形射精管覆囊 investing sac（图 18-81）。

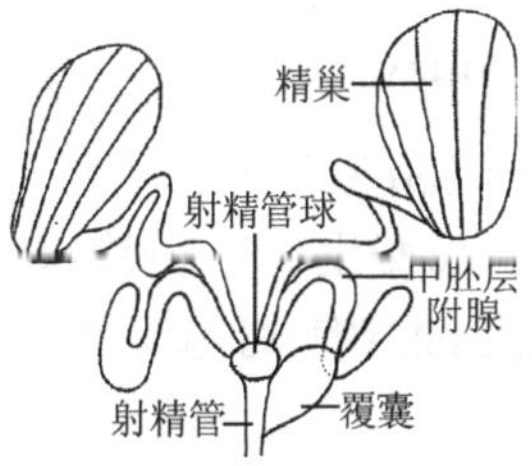

图 18-81 *Arictus monteithi* 雄性内生殖器（Kumar，1967）

18.8.3.4 *Carventus australis* Kormilev

雄性内生殖器：精巢椭球形，每精巢有 4 支精巢管。输精管前段膨胀形成短棒状贮精囊，贮精囊下端与附腺汇合后，两侧的输精管进一步汇入公共的输精管后段，后段的末端着生于射精管前端膨大形成的射精管覆囊的中后部，射精管覆囊后端细缩进入射精管。附腺辣椒形，中间弯曲。在输精管末端着生点有 1 小型射精管球（图 18-82）。

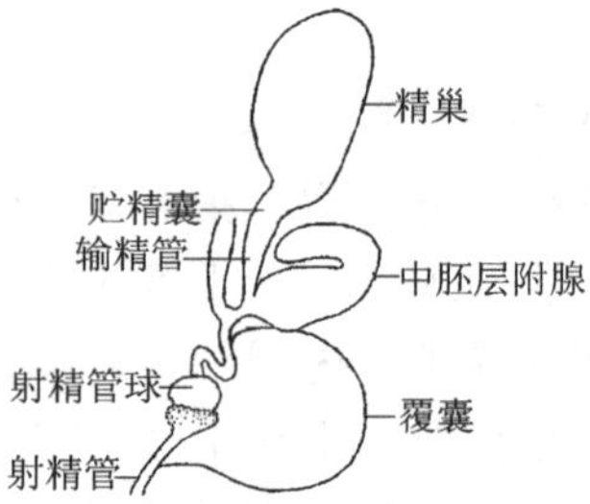

图 18-82 *Carventus australis* 雄性内生殖器 (参考 Kumar，1967 图重绘)

18.8.3.5 *Drakiessa hackeri* (Drake)

雄性内生殖器：精巢花生果状，每精巢有 5 支精巢管。输精管后段膨大形成梭形贮精囊。附腺粗管状，顶端尖，整体“N”形扭曲，后端与输精管末端一起着生于射精管球前端两侧。射精管球串囊状，后囊较大，后部细缩进入射精管 (图 18-83)。

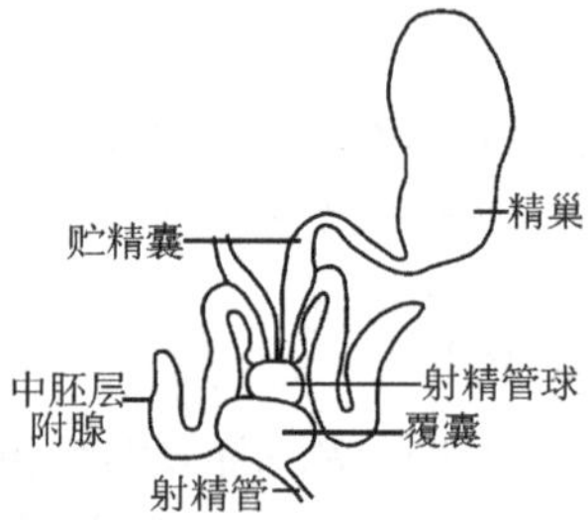

图 18-83 *Drakiessa hackeri* 雄性内生殖器 (Kumar，1967)

18.8.3.6 *Mezira australis* Kormilev

雄性内生殖器：精巢近球形，输精管整体膨大形成贮精囊。附腺长囊状，前段约 2/3 膨大弯曲，基段细缩，与输精管一起着生于射精管覆囊顶端两侧。射精管覆囊大型椭球形，横列，射精管从覆囊近后缘发出。射精球小型，位于覆囊背面附腺管基部 (图 18-84)。

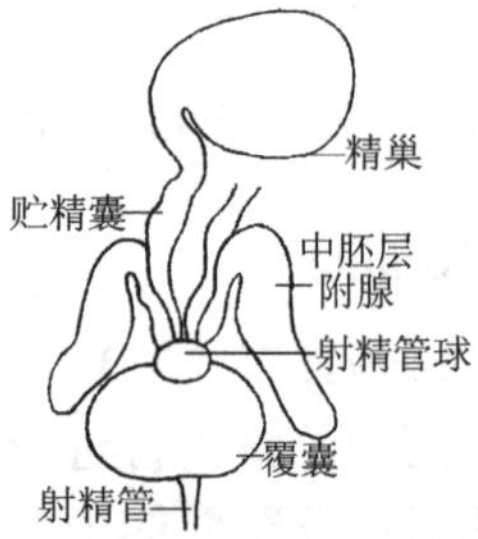

图 18-84 *Mezira australis* 雄性内生殖器 (Kumar，1967)

18.8.3.7 *Neuroctenus proximus* (Walker)

雄性内生殖器：精巢椭球形，每精巢有 5 支精巢管。输精管细长，整体略膨胀形成不甚明显的贮精囊。附腺粗长管状，基部略收缩，与输精管基部一起着生在射精管覆囊前端下侧。射精管覆囊大型，偏于一侧。射精管球小，位于覆囊侧面附腺管基部 (图 18-85)。

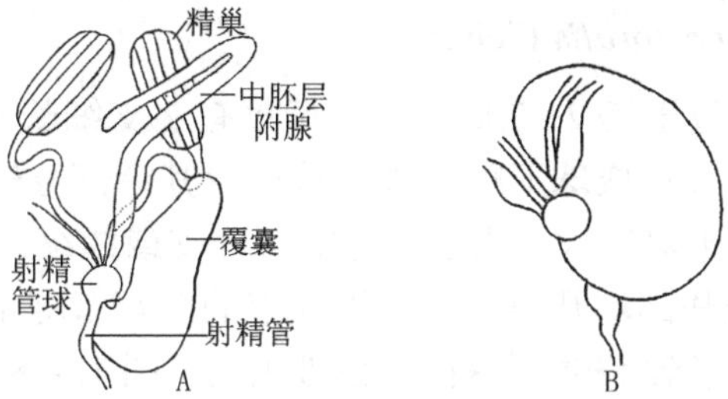

图 18-85　*Neuroctenus proximus* 雄性内生殖器和覆囊(Kumar，1967)

A. 雄性内生殖器；B. 覆囊

18.8.3.8　*Scirrhocoris mirabilis* Kormilev

雄性内生殖器：精巢不规则长囊状，每精巢有 5 支精巢管。输精管整体膨大形成贮精囊。附腺粗管状，呈"N"形弯曲，基部与输精管基部汇合后着生于射精管球前端两侧。射精管球串囊状，中部有缢缩或扭曲，后端细缩进入射精管 (图 18-86)。

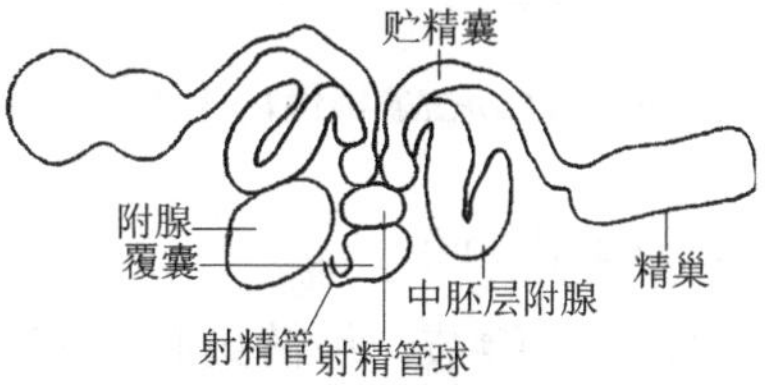

图 18-86　*Scirrhocoris mirabilis* 雄性内生殖器 (Kumar，1967)

18.8.4　印蝽科 Leotichidae

18.8.4.1　*Leotichus speluncerum* China

雌性外生殖器：第 8 腹节侧背板与第 1 载瓣片完全愈合，第 9 腹节侧背板后端圆形，彼此分开。腹瓣宽，近三角形，高度骨化。骨化杆骨化而相互连锁，瓣间片前突细长骨化。内瓣细长骨化，背瓣细长，矩形，彼此不联合。受精囊中位，具有附属的导精管 (图 18-87)。

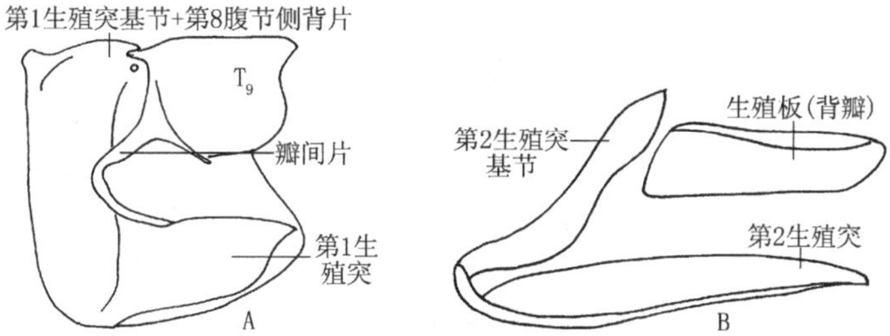

图 18-87　*Leotichus speluncerum* 雌性外生殖器(Scudder，1959)

A、B. 雌性第 1、2 生殖突基节及相关构造；T_9为第 9 腹节背板

18.8.5 跷蝽科 Berytidae

18.8.5.1 *Apoplymus pectoralis* Fieber

雄性内生殖器：精巢位于第 2~7 腹节，每精巢有 2 支细长而顶端尖细的精巢管，精巢管基部、输精管顶端膨大形成球形贮精囊，输精管其余部分较粗直。附腺 2 对，均为中胚层附腺，其中外侧的 1 对较大，粗壮，顶端有分支或缢缩。内侧附腺 4~5 支，直管丛生状。附腺、输精管的基部均开口于射精管前端的射精管球上。射精管球后部一侧发育短管状侧囊。雄性内生殖器整体包裹在无色被膜内 (图 18-88)。

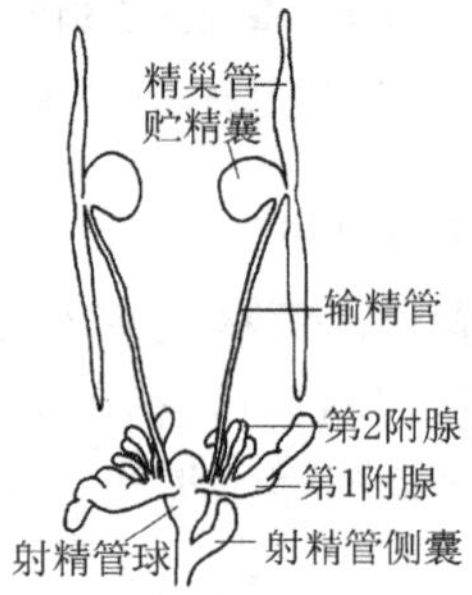

图 18-88　*Apoplymus pectoralis* 雄性内生殖器 (Grozeva，1995)

18.8.5.2 *Berytinus clavipes* (Fabricius)

雄性内生殖器：精巢位于第 2~3 腹节，每精巢有 2 支椭球形精巢管，精巢管基部细缩并列着生于射精管顶端膨大的水滴状贮精囊端部。贮精囊向后逐渐细缩进入输精管，输精管粗直管状，约在中部向一侧发出长茄状第 1 附腺，两侧输精管基部分别着生在射精管前端膨大的椭球形射精管球上，输精管基部着生区域丛生有短管状的第 2 附腺。射精管球下方细缩进入射精管，射精管前部一侧发出短管状射精管侧囊。雄性内生殖器整体包裹在红色被膜内 (图 18-89)。

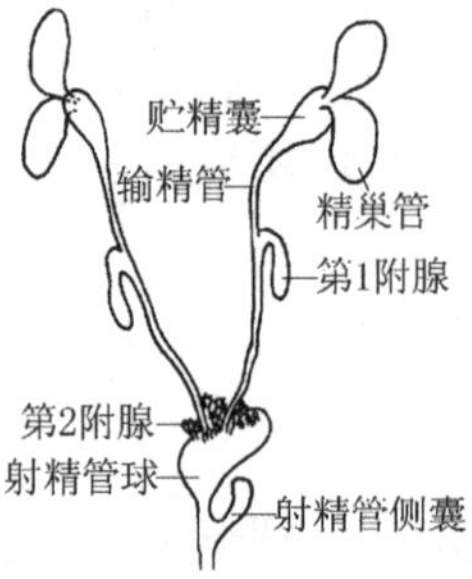

图 18-89　*Berytinus clavipes* 雄性内生殖器 (Grozeva，1995)

18.8.5.3 *Beryrinus distinguendus* (Ferrari)

雄性内生殖器：精巢位于第 2~3 腹节，每精巢有 2 支椭球形精巢管，2 支精巢管基部贴合整体呈花生果形，着生于射精管顶端膨大的水滴状贮精囊端部。贮精囊向后逐渐细缩进入输精管，输精管较粗短，约在中部向一侧发出长茄状第 1 附腺，两侧输精管基部分别着生在射精管前端膨大的倒圆锥形射精管球上，输精管基部着生区域丛生有短管状的第 2 附腺。射精管球下方细缩，一侧发出短管状射精管侧囊。射精管球和射精管侧囊的下方细缩进入射精管。雄性内生殖器整体包裹在红色被膜内 (图 18-90)。

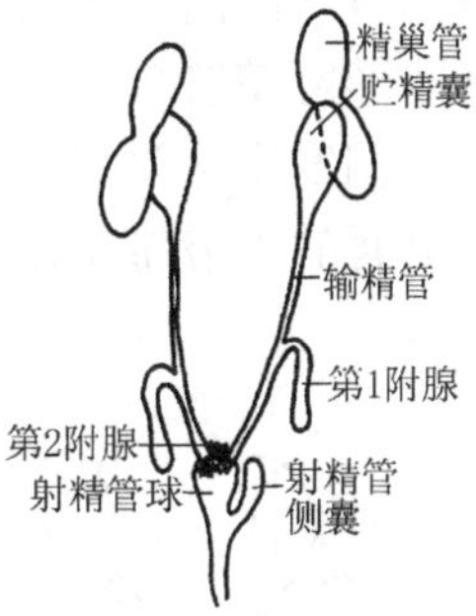

图 18-90　*Beryrinus distinguendus* 雄性内生殖器 (Grozeva，1995)

18.8.5.4　*Berytinus minor* (Herrich-Schaeffer)

雄性内生殖器：每精巢有 2 支椭球形精巢管，精巢管并列于输精管顶端膨大的倒梨形贮精囊上。贮精囊下段细缩形成输精管的细管部分，输精管末端着生于射精球顶端。附腺 2 对，每侧的 2 支附腺中 1 支弯曲短管状，附着于输精管中部；另外 1 支为多分支短管状，着生于射精管球顶端射精管基部后方。射精管球椭球形，覆盖射精管球基部的上皮层连续向前，在背面形成 1 长囊。射精管球的前端由小型细胞层组成。在长囊的基部后方，射精管球通常形成复合构造，前区的单细胞层构成衬里上皮，衬里上皮又被 2 个或更多的表面层包被。囊的基部可视为围绕衬里上皮的折叠，它的腹壁产生中间上皮，它的背部形成外层上皮 (图 18-91 A、C)。

受精囊：受精囊管从生殖腔发出，粗长扭曲，顶端着生大型椭球形受精囊体，受精囊体外壁腺体细胞行使分泌功能。在受精囊体与受精囊管结合部，有发达的肌肉包裹的受精囊泵，泵具有 1 对较为发达的端突，通过肌肉收缩控制精液的进出 (图 18-91 B)。

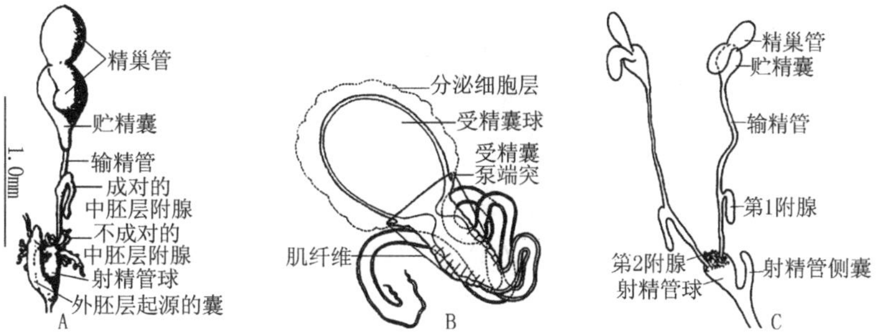

图 18-91　*Berytinus minor* 雄性内生殖器和受精囊

A、C. 雄性内生殖器；B. 受精囊 (A、B. Pendergrast，1957；C. Grozeva，1995)

18.8.5.5　*Berytinus montivagus* (Meyer-Dür)

雄性内生殖器：精巢位于第 2～3 腹节，每精巢有 2 支大型椭球形精巢管，2 支精巢管基部贴合整体呈花生果形，着生于射精管顶端膨大的梭形贮精囊端部。贮精囊向后细缩进入输精管，输精管较粗短，约在中下部向一侧发出长茄状第 1 附腺，两侧输精管基部分别着生在射精管前端膨大的小球形射精管球上，输精管基部着生区域丛生有短管状的第 2 附腺。射精管球下方细缩，一侧发出大型囊状的射精管侧囊，射精管侧囊顶端膨大，后部渐细。射精管球和射精管侧囊的下方细缩进入射精管。雄性内生殖器整体包裹在红色被膜内 (图 18-92)。

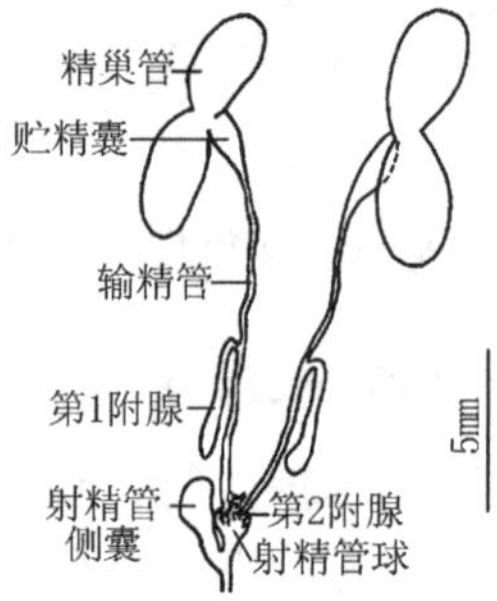

图 18-92　*Berytinus montivagus* 雄性内生殖器 (Grozeva，1995)

18.8.5.6　*Gumpsocoris punctipes* (Gennar)

雄性内生殖器：精巢位于第 2～6 腹节，有橘黄色被膜。每精巢有 1 支细长的精巢管，精巢管顶端尖削，基部着生于射精管顶端膨大的梭形贮精囊端部。贮精囊向后细缩进入输精管，输精管较粗长，基部有 1 小段合并后着生于射精管前端膨大的射精管球上。第 1 附腺大型，弯曲囊状；第 2 附腺端部球形，基部收缩成细管，第 1、2 附腺贴生于输精管基部两侧，基部着生于射精管前端膨大的射精管球上，射精管球下方细缩进入射精管 (图 18-93)。

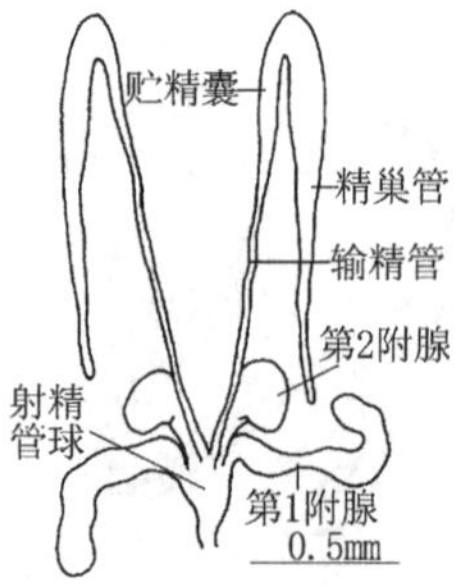

图 18-93　*Gumpsocoris punctipes* 雄性内生殖器 (Grozeva，1995)

18.8.5.7　*Metacanthus meridionalis* (Costa)

雄性内生殖器：精巢位于第 2～6 腹节，有橘黄色被膜。每精巢有 1 支细长的精巢管，精巢管顶端尖削，基部着生于射精管顶端膨大的水滴状贮精囊端部。贮精囊向后细缩进入输精管，输精管较粗长，两侧输精管分别着生于射精管前端膨大形成的扁平囊状的射精管球上。第 1 附腺大型，主支大型弯曲囊状；在主支近基部有 3～4 支管状的侧支。第 2 附腺长管状，顶端球形，第 1、2 附腺贴生于输精管基部两侧，基部着生于射精管球上，射精管球下方细缩进入射精管 (图 18-94)。

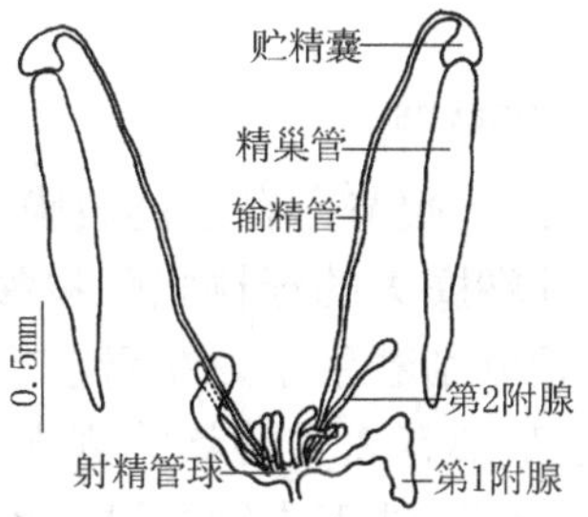

图 18-94　*Metacanthus meridionalis* 雄性内生殖器 (Grozeva，1995)

18.8.5.8　*Metacanthus tenellus* Stål

雄性内生殖器：精巢位于第 2～6 腹节，有橘黄色被膜。每精巢有 1 支细长的精巢管，精巢管顶端尖削，着生于射精管顶端膨大的梭形贮精囊端部。贮精囊向后细缩进入输精管，输精管较粗长，两侧输精管基部一小段汇合后着生于射精管前端膨大形成的椭球形射精管球上。第 1 附腺大型，主支大型弯曲囊状；在主支近基部有 3 支管状的侧支。第 2 附腺椭球形囊状，基部细缩成管状，顶端球形，第 1、2 附腺分别着生于射精管球前、后部，射精管球下方细缩进入射精管 (图 18-95)。

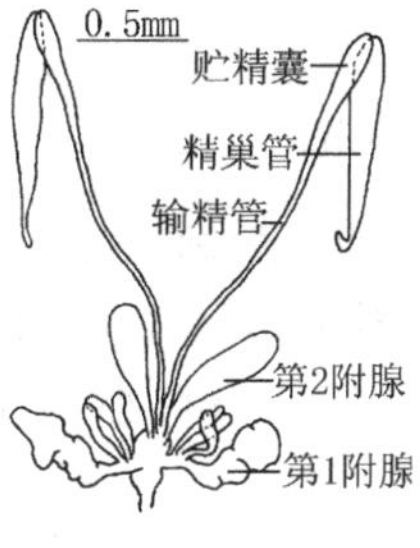

图 18-95　*Metacanthus tenellus* 雄性内生殖器 (Grozeva，1995)

18.8.5.9　*Metatropis rufescens* (Herrich-Schaeffer)

雌性外生殖器：产卵器粗短有锯齿，瓣间片前突与产卵瓣及第 9 腹节侧背片平行，外观上呈后移状。第 2 载瓣片较大，月牙形。环片存在 (图 18-96)。

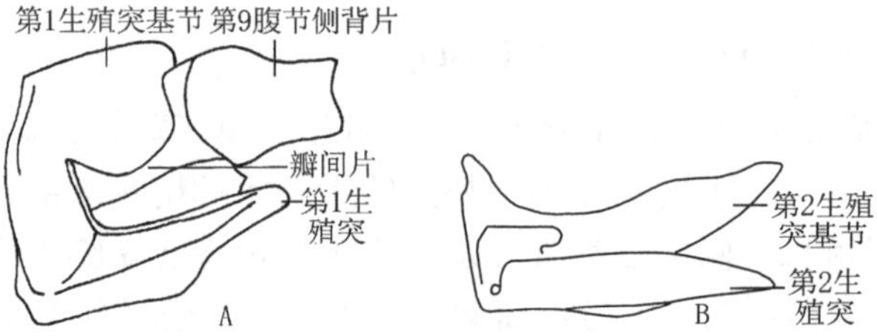

图 18-96 *Metatropis rufescens* 雌性外生殖器(参考 Scudder，1959 图重绘)

A、B. 雌性第 1、2 生殖突基节

18.8.5.10 *Neides tipulurius* Linnaeus

雄性内生殖器：精巢位于第 2～7 腹节，有红色被膜。每精巢有 1 支细长的精巢管，精巢管顶端尖削，着生于射精管顶端膨大的球棒状贮精囊端部。贮精囊向后细缩进入输精管，输精管较粗长，两侧输精管分别着生于射精管前端膨大形成的射精管球两侧。附腺大型，主支大型泡囊状，主支近基部有 3 支管状的侧支，侧支顶端球形，基部细管状。附腺着生于射精管球前端一侧，射精管球下方细缩进入射精管（图 18-97）。

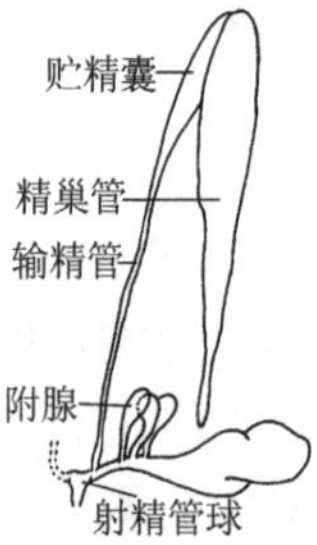

图 18-97 *Neides tipulurius* 雄性内生殖器（Grozeva，1995）

18.8.6 长蝽科 Lygaeidae

18.8.6.1 *Beosus maritimus* (Scopoli)

雄性外生殖器：阳茎鞘色深，腹面和基部更强壮，无突起。系膜粗短，顶端背叶大，具有成对次生侧叶。射精囊完整，阳茎端具有 1 对细长而渐尖的侧叶，位于射精囊侧面，每叶具有深色的中线贯穿基部和近端部，另有小的次生背叶和腹叶。1 组 3 个背叶位于

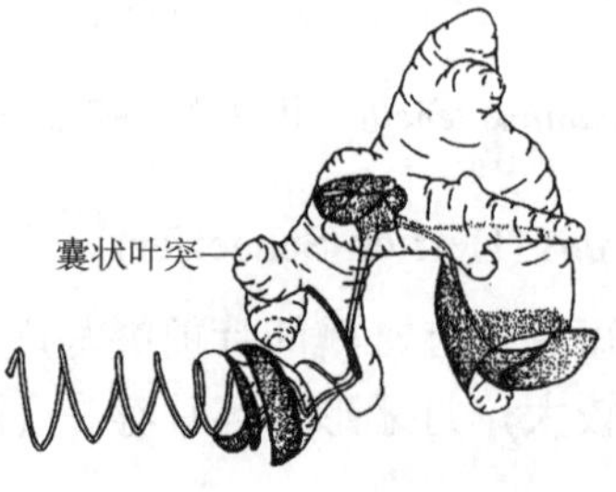

图 18-98 *Beosus maritimus* 的阳茎（Ashlock，1957）

短管区域末端，1 个指向背面，2 个位于稍基部，指向侧面。背叶之外逐渐狭窄进入螺旋状突起，从中间背叶基部到螺旋状突起基部，有杆状骨片。螺旋状突起基部脊状，第 1 圈无色，后 2 圈色深，生殖孔突盘旋 5 圈，厚度均匀。次生生殖孔稍扩展 (图 18-98)。

18.8.6.2 *Blissus leucopterus* (Say)

雄性外生殖器：阳茎鞘色素中等，无突起。系膜中等长，端部具有 1 对短的腹叶。射精囊完整，射精囊体通常扁平。阳茎端基部具有 1 对粗壮的叶，每叶具有宽而扁平的骨片，构成叶的游离端部。背部 1 对细杆状骨片从叶骨片的基部伸展到环片的基部，环片沿背表面狭窄地开口，但端部有狭窄的完整区域。端缘腹面尖锐，伸展到次端部区域，斜到右侧，继续形成 1 条细的深色线。次端部区域扁平圆形，反映不出内部射精管 3 次螺旋，顶端在生殖孔突基部形成短管状区域。生殖孔突无色，纤细，形成约 20 圈。次生生殖孔不扩大 (图 18-99)。

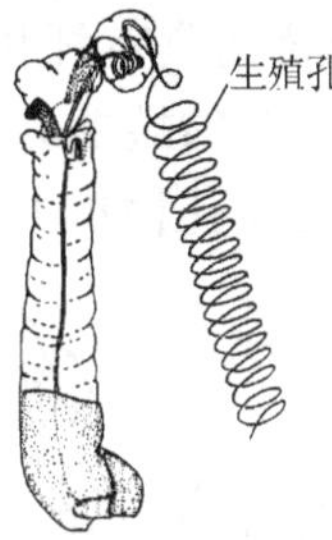

图 18-99 *Blissus leucopterus* 的阳茎 (Ashlock，1957)

18.8.6.3 *Cymus angustatus* Stål

雄性外生殖器：阳茎鞘色深，侧突稍尖，顶端游离。系膜细长，无突起。射精囊明显退化，射精囊体和射精囊颈与阳茎端射精管之间没有分化。内阳茎系膜短，具有 2 个不成对稍侧位的腹叶，射精管明显增厚，稍蜷曲，次生生殖孔强烈扩大，末端尖 (图 18-100)。

图 18-100 *Cymus angustatus* 的阳茎 (Ashlock，1957)

18.8.6.4 *Drymus unus* (Say)

雄性外生殖器：阳茎鞘色素中等，没有突起。系膜短，中等粗壮，无叶状突起。射精囊完整而正常，阳茎端基部腹面具有 1 个深色而顶端宽圆的叶状突。螺旋状突起色深，盘旋 2 圈以上。生殖孔突继续盘旋 4 圈，向端部厚度逐渐增加。次生生殖孔稍扩大 (图 18-101)。

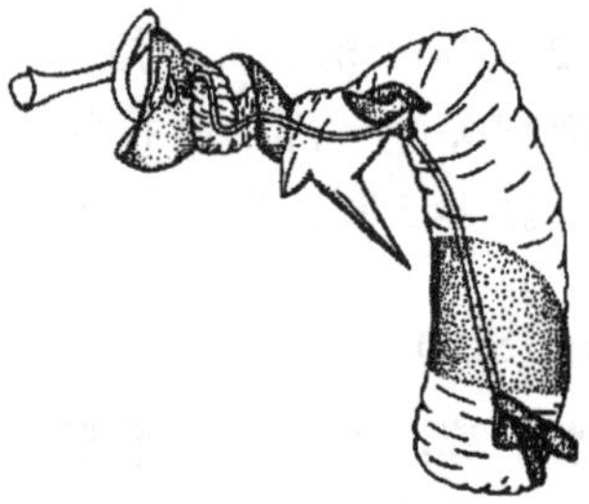

图 18-101　*Drymus unus* 的阳茎 (Ashlock，1957)

18.8.6.5　*Emblethis vicarius* Horvath

雄性外生殖器：阳茎鞘色浅，基部和腹面更强壮。系膜较短，近端部有 1 对短的背叶，第 2 对端部的背叶通过膨胀的脊联系，比近端部的 1 对更长。射精囊完整而正常，阳茎端带有 1 对长而渐尖的叶，位于射精囊近基部。每个叶具有细长的侧叶、中间深色的杆、腹面可膨胀的联系脊。直管区域背面具有杆状骨片，管状区域向背面急弯稍蜷曲。螺旋状突起从管状蜷曲开始，延续到更宽的蜷曲处。至少有 1 圈无色，剩余部分有色。生殖孔突螺旋 5 圈，厚度均匀。次生生殖孔稍扩大 (图 18-102)。

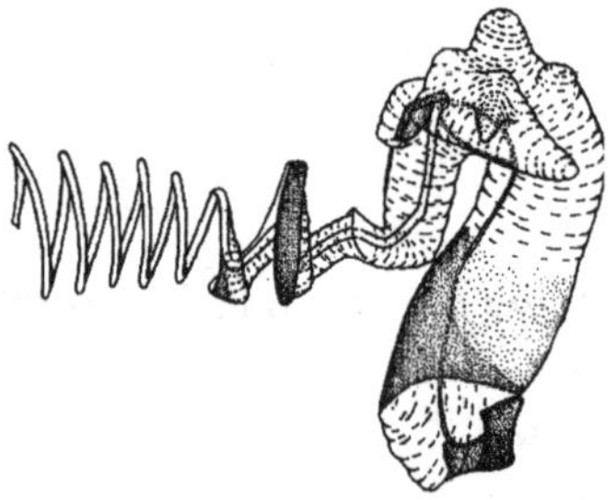

图 18-102　*Emblethis vicarius* 的阳茎 (Ashlock，1957)

18.8.6.6　*Gastrodes grossipes* (De Geer)

雌性外生殖器：第 7 腹节腹板一般分裂至基部，第 8 腹节侧背板三角形，与第 1 载瓣片分开。产卵器骨化，第 1 载瓣片多少三角形，细长而有锯齿的腹瓣位于第 1 载瓣片的腹面。第 1 和第 2 骨化杆长杆状，角尖锐，相互连锁。腹瓣和内瓣纵向联合，腹瓣仅达全长 2/3。瓣间片前突宽扁，第 2 载瓣片月牙形，稍扁平，后端游离，与瓣间片后突腹端在中线部位关节。内瓣骨化有锯齿，中位的受精囊存在，背瓣缺 (图 18-103)。

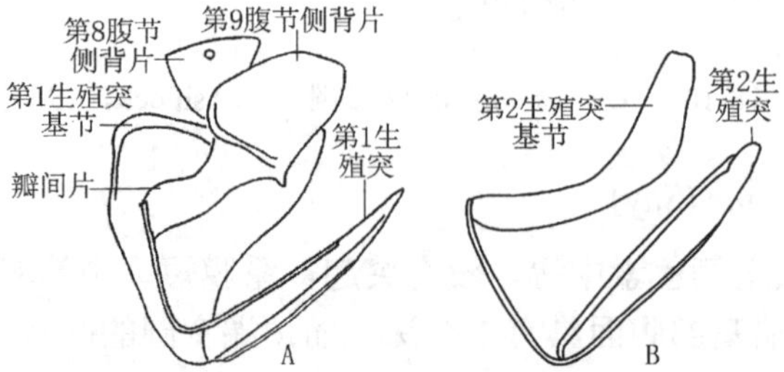

图 18-103　*Gastrodes grossipes* 雌性外生殖器 (参考 Scudder，1959 图重绘)

A、B. 第 1、2 生殖突基节

18.8.6.7　*Henestaris laticeps* (Curtis)

雄性外生殖器：阳茎鞘色素中等，无突起。系膜长度中等，无突起。射精囊完整而正常，翼突宽。阳茎端基部有叶 1 对，嵌入背侧面，稍弯向基部。其后为管状紧密蜷曲无突起的区域，螺旋状突起无色，位于更宽的管状蜷曲之上。环片位于顶端不膨伸部分，生殖孔突短，渐尖。次生生殖孔稍扩大 (图 18-104)。

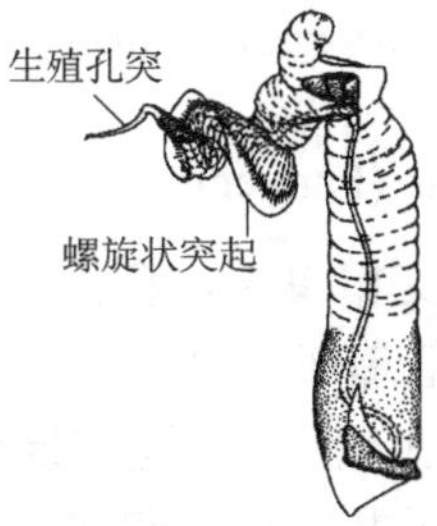

图 18-104　*Henestaris laticeps* 的阳茎 (Ashlock，1957)

18.8.6.8　*Hypogeocoris piceus* (Say)

雄性外生殖器：阳茎鞘有 4 对骨片，背面的 1 对呈平行四边形，腹面的 1 对不规则形，向顶端和背面伸展接近背面骨片，类似于侧面突起，但并不游离。其他骨片色浅，无突起。系膜短而粗壮，顶端背面有 1 对短叶。射精囊完整而正常，翼突异常宽大。阳茎端膜基部有 1 对长而弯曲的叶，向腹面和基部延伸。在螺旋状突起基部有 1 个短的管状蜷曲没有突起的区域。螺旋状突起窄，位于粗壮的管状突起前端，第 1 个蜷曲色较深，中部有 1 个伸展的突起。生殖孔突蜷曲 20 次以上，第 5 圈直径增加，此后狭窄，直径较均匀 (图 18-105)。

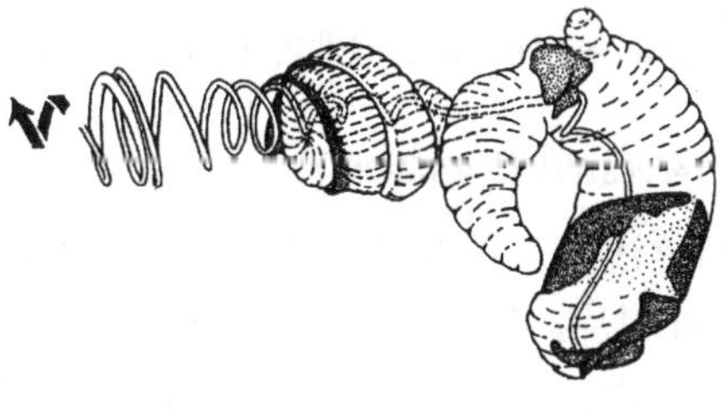

图 18-105　*Hypogeocoris piceus* 的阳茎 (Ashlock，1957)

18.8.6.9　*Kleidocerys franciscanus* Stål

雄性外生殖器：阳茎鞘色素中等，没有突起。系膜中等长，端部有 5 叶：1 个背叶、2 个位于基部的小侧叶、另外 1 对腹叶。射精囊完整而正常，阳茎端延伸 1 小段距离。顶端有 2 背叶和 1 个腹叶。螺旋状突起从阳茎端伸出，无色，约形成 5 个螺旋蜷曲，蜷曲端部的生殖孔突继续螺旋约 13 圈，次生的生殖孔不扩大 (图 18-106)。

图 18-106　*Kleidocerys franciscanus* 的阳茎 (Ashlock，1957)

18.8.6.10　*Kleidocerys resedae* (Panzer)

雄性内生殖器：每精巢有 7 支精巢管，精巢管相互贴合，顶端分开较明显。精巢整体呈手指并拢微曲的掌状。精巢管基部着生于膨大球形贮精囊上，贮精囊另端发出粗直的输精管。附腺 1 对，弯管状，在输精管近基部约 1/3 处汇入输精管，汇合部分较输精管前段增粗，推测内部构造应属于共同外鞘包裹下的 2 支独立管，两侧的输精管和附腺管末端分别开口于射精管球中后部，附腺管末端开口位于输精管后方。射精管球倒葫芦形，前段近球形，后段较小，大致为圆柱形，末端进一步细缩接入较粗的射精管 (图 18-107)。

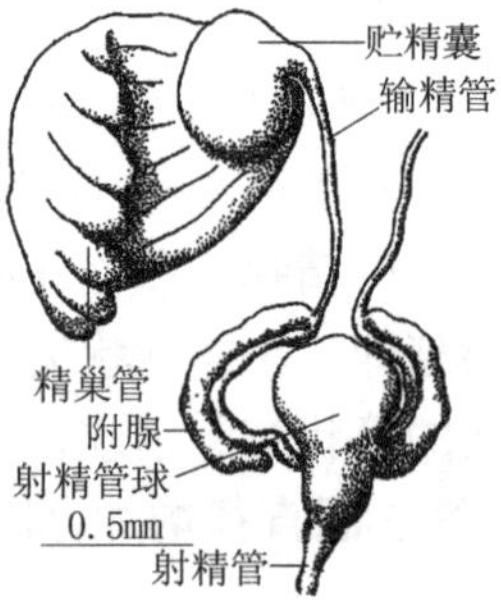

图 18-107　*Kleidocerys resedae* 雄性内生殖器 (Pendergrast，1957)

18.8.6.11　*Ligyrocoris sylvestris* (Linnaeus)

雄性外生殖器：阳茎鞘色浅，基部和腹面更强壮，无突起。系膜粗壮，从基部到端部有许多指向基部的棘：1 对侧片，每骨片具有 1 个小棘，1 排 6 个小的背棘；侧面成对的骨片，每骨片具有 3 个棘；腹面的骨片具有 4 个棘；亚端部有叶状突起，每突起具有大小 2 个棘。射精囊完整而正常，阳茎端基部管状，无叶状突起，螺旋状突起色深，盘

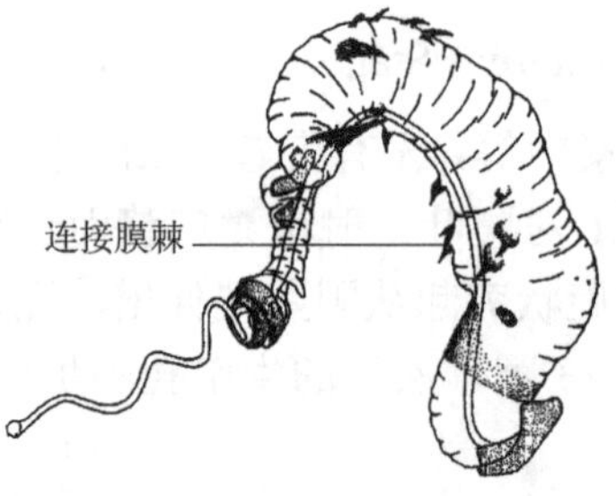

图 18-108　*Ligyrocoris sylvestris* 的阳茎 (Ashlock，1957)

旋 2.5 圈，生殖孔突盘旋 3 圈，次生生殖孔稍扩展 (图 18-108)。

18.8.6.12　*Macroparius thymi* Wolff

雄性内生殖器：每精巢有 7 支相互贴合的精巢管，精巢管基部汇合于粗短的输出管，输出管着生于输精管端部膨大形成的贮精囊中部一侧。输精管前段膨大形成长椭球形贮精囊，中段细管状，基部约 1/4 与附腺管基部共鞘，末端着生于射精管球前端。附腺 1 对，每侧附腺顶端的附腺体指状分叉，分叉基部有 1 个不发达的附腺囊，附腺囊下端连接直管状的附腺管，附腺管基段与输精管基段形成共鞘构造，外部有共同鞘包裹，内部两管贴合，管腔分开。附腺管末端着生于射精管球前端，着生点位于输精管着生点的后方。射精管球长囊状，后段逐渐细缩进入射精管 (图 18-109)。

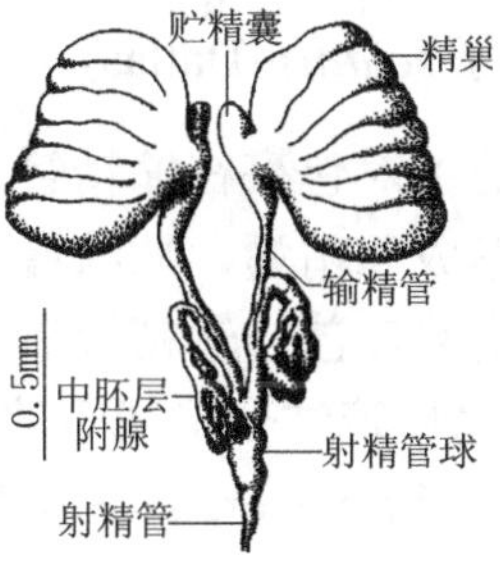

图 18-109　*Macroparius thymi* 雄性内生殖器 (Pendergrast，1957)

18.8.6.13　*Myodocha serripes* (Olivier)

雄性外生殖器：阳茎鞘色浅，腹面和基部更强壮，无突起。内阳茎中等长，中部有单个背叶，顶端有 2 个小的侧叶和 1 个背叶。射精囊完整而正常，阳茎端基区管状，具有 5 个叶，成对的侧叶位于深色的射精囊基部，基部有短的小骨片，第 2 对更小的叶突指向背面和端部，另有 1 个指向顶端的腹叶。螺旋状突起色深，开始于腹面的单个螺旋状突起，盘旋约 2 圈以上，生殖孔突起继续盘旋 2 圈，第 1 圈厚度增加，末圈变窄。次生生殖孔稍扩展 (图 18-110)。

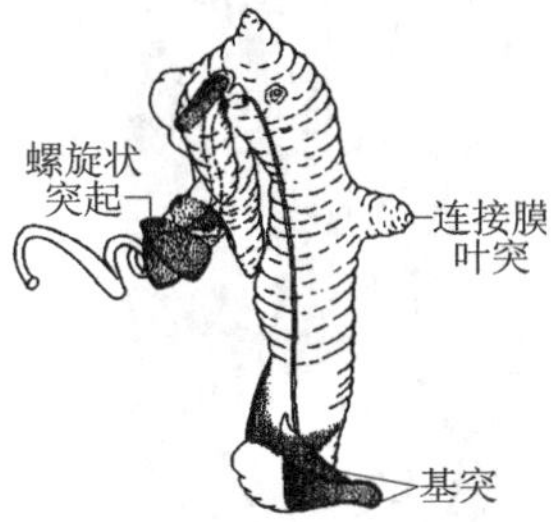

图 18-110　*Myodocha serripes* 的阳茎 (Ashlock，1957)

18.8.6.14　*Oedancala dorsalis* (Say)

雄性外生殖器：阳茎鞘色深，与基部的附器愈合，无突起，顶端狭窄。系膜极细长，构成阳茎的大部。基半部直径较小，无叶状突起。中部稍扭曲，端半部较粗，在中部前方的背面具有 1 对短叶状突起，另外 1 对背突邻近端部。端部的腹面叶状突起使顶端呈二叉状。射精囊退化，射精囊体圆形，射精囊颈与阳茎端射精管没有分化，翼突缺，阳茎端短管状 (图 18-111)。

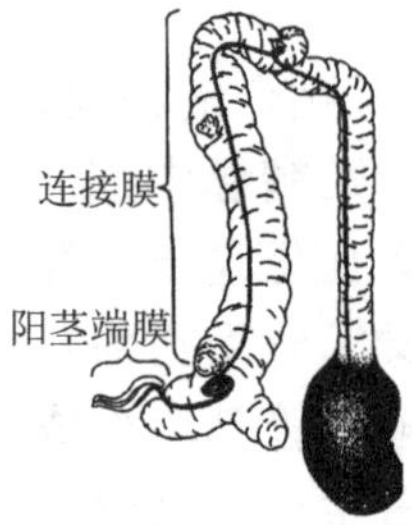

图 18-111　*Oedancala dorsalis* 的阳茎 (Ashlock，1957)

18.8.6.15　乳草蝽 *Oncopeltus fasciatus* (Dallas)

雄性内生殖器：中胚层附腺是 1 对包裹在输精管后端的附腺，腺体组织泡囊状，中间有腺体导管。输精管前端膨大形成贮精囊，贮精囊后部，输精管渐尖而成窄管，输精管的管状部分局部范围有中胚层附腺覆盖。输精管后端向中间伸展进入附腺内部，在达到环褶 perivasal folds 前，两侧的输精管结合形成短的公共输精管 common duct。与雄性内生殖器紧密相关的 1 对棒状器官 clavate organ 为下生殖腺 subgenital gland，每个下生殖腺前端膨大、中间弯曲、自前而后逐渐细缩，两侧的下生殖腺管末端结合形成公共管，开口于生殖囊和第 8 腹节之间的中腹线上。下生殖腺的分泌物不进入射精管，而是直接排出体外。有人认为该腺体属于特殊的含菌体。精巢 1 对，每精巢有 7 支精巢管，精巢管通过基部的输出管着生在输精管端部膨大的贮精囊顶端，精巢管呈并列状，有公共膜包被。精巢管包括前端的生殖区和不同发育阶段生精囊组成的区域。贮精囊卵形，后部细缩进入输精管，两侧输精管后端汇入射精管，进而通过外生殖器向外开口 (图 18-112)。

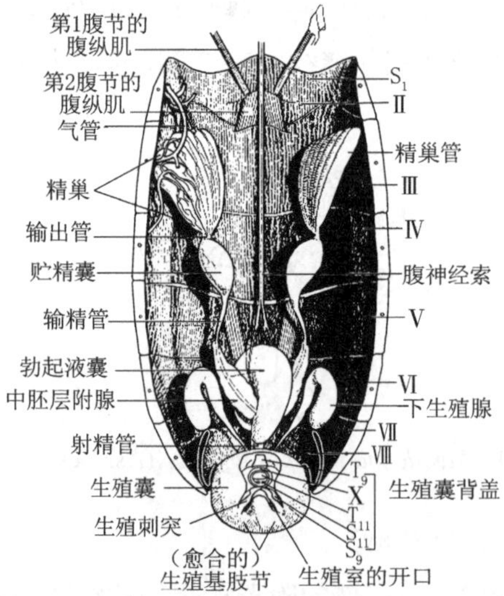

图 18-112　乳草蝽雄性内生殖器 (Bonhag and Wick，1953)

T_9、T_{11} 为第 9、11 腹节背板；S_1、S_9、S_{11} 为第 1、9、11 腹节腹板；Ⅱ～Ⅷ、Ⅹ为第 2～8、10 腹节

雄性外生殖器：生殖囊为雄虫腹部末端的球形构造，内含 1 对生殖刺突和交配插入器官。休止时，生殖囊缩入环状的第 8 腹节内，第 8 腹节又缩在第 7 腹节内。生殖囊的背面包括第 9 腹节和退化的生殖节后部成分（第 10、11 腹节），生殖囊的腹面和侧面由生殖基肢节 gonocoxopodite 愈合而成。生殖基肢节具有小型可活动的抱器，称为生殖刺突。生殖刺突受生殖基肢节肌肉的控制。第 9 腹节背、腹板退化，生殖室由生殖基肢节腹面愈合和第 9 腹节腹面前部的内陷形成，完全包被复杂的阳茎器官。载肛突显著退化，第 10、11 腹节环状，斜向位于生殖囊端部，肛孔向上方开口。生殖囊背面构造的前部有连接线，阳茎上伸时，生殖囊背面部分可陷入生殖室。生殖基肢节的前背缘与第 9 腹节腹板愈合形成生殖囊前端开口的骨化环。生殖囊纵切面上，背面部分为水平状骨片，由第 9、10、11 腹节构成，它的下表面构成生殖室的顶部，腔内含有直肠管及相关的肌肉、神经、气管等。生殖室的侧壁从生殖基肢节头向伸展骨化形成 1 对细臂环抱阳茎基，称为阳茎枢轴 phallic pivot。阳茎枢轴的臂与阳茎基关节构造，即每侧的蹬骨片相关节。在生殖囊壁肌的控制下，阳茎基在蹬骨片上可前、后转动。在生殖室的两侧，从背面到阳茎枢轴，都有生殖室壁局部骨化形成的骨片，其中通过短柄附着在蹬骨片上的骨片称为阳茎基前动突 promotor apodeme of the phallobase。阳茎细长，由帽状的基区（阳茎基）和管状的端部（阳茎端）组成，休止时，阳茎端缩在阳茎基内。阳茎基附着在生殖室壁高度分化的区域，即关节器 articulatory apparatus 上。关节器位于生殖室底部，与阳茎基紧密关联，最显著的关联部分为蹬骨片，蹬骨片环绕薄壁的隔膜，背侧角与阳茎枢轴的臂关节。关节器的隔膜将阳茎腔与血淋巴隔开，但允许精液经射精管进入阳茎端。隔膜中间区域有 1 个骨化杆 ductifer，2 个小管借骨化杆通过隔膜。其中背侧小管 dorsal canaliculus 将射精管内精液输送到内阳茎，腹侧小管 ventral canaliculus 与射精管并行，开口在阳茎基腔内，有人认为输送的为阳茎勃起液。骨化杆的下面有 1 个半透明的囊，通过 1 对分支管开口于阳茎基的腔内。囊的前端有 1 小的开口 stoma，开口有唇瓣覆盖。骨化杆和半透明囊包被在射精管后端球状体内，该球状体也称为勃起泵。去除关节器后，可见蹬骨片的腹面部分形成宽的膈片 shelf，膈膜附着在膈片的内缘，结果，膈膜从蹬骨片的背面横向部分斜向腹面，骨化杆也斜向腹面，形成 1 对足状突起 footlike process。腹侧小管开口于骨化杆的足状突起间，背侧小管开口于内阳茎。半透明囊的后开口位于骨化杆的足状突起侧面。勃起泵内的勃起液通过上述开口进入阳茎腔内。阳茎基杯状，宽阔的开口附着阳茎端，阳茎端缩进阳茎基后，阳茎基的末端指向前方。但勃起时，阳茎基弯向阳茎枢轴臂，使不能蜷曲的阳茎端对准生殖囊向外的开口。阳茎基壁不均匀骨化，侧壁稍厚，形成 1 对不甚明显的骨片。侧面，阳茎基的端缘稍上举形成 1 对阳基侧突。有些异翅亚目昆虫，阳基侧突扩大，形成显著的侧面附肢。阳茎端的骨化程度较阳茎基低，分化为 2 个主要区域，基部称为连接系膜；端部称为囊。乳草蝽的基部连接系膜被环褶分成系膜基部 basiconjunctiva 和系膜端部 disticonjunctiva。系膜后方为细长蜷曲的囊，向末端逐渐尖削，此为阳茎端的囊状部。在系膜和囊的结合部，有环状骨片，称为轮形骨片 cricoid sclerite。系膜腔内有 1 特殊构造，侧视如静止状态的天鹅，腔内有精液，故认为其属于精液的临时贮存场所，成为内阳茎贮精囊 endophallic sperm reservoir。阳茎系膜的深褶深入内阳茎贮精囊的侧面和腹面，固定内阳茎贮精囊的位置，同时还通过透明的组织带固定在关节器上。内阳茎贮精囊分化出头状区、颈区、体部和翼区。内阳茎是从背侧小管伸出的窄管，经阳茎基，形成阳茎端的鞭状构造。内阳茎从内阳茎贮精囊伸出的部分比通入内阳茎贮精囊的部分更粗，内阳茎末端被阳茎囊外壁覆盖。乳草蝽的射精管呈复杂的拐形 crozier-shaped，前端扩大呈钩状，后端特化为泵。射精管不仅为阳茎输送精液，对阳茎的勃起也有重要作用。活体雄虫射精管半透明，充满勃起液 erection fluid。输精管前的射精管弯曲形成勃起液囊，剥开勃起液囊外壁可见附腺。勃起液囊前端为管状区域，管状区域前端为近球形的勃起液泵，勃起液泵具有 1 对起源于生殖囊壁的扩张肌。射精管腔内有附腺罩膜 mantle of accessory gland、纳精囊 receptacle、导精管 sperm conduct、并行管 parallel canal 和囊。

阳茎鞘色深，具有 1 对侧生的指向背面的突起，突起圆形，顶端游离。系膜短而粗壮，中部具有 1 对中等高度的侧叶，顶端具有 1 个背叶。射精囊完整，未愈合。阳茎端基部管状，基部 1 对侧叶向腹面伸展；环片完整，位于中部，在端区的基部形成尖突。端区扁平，膜质，蜷曲而有细皱折。内表面色深，顶端渐细进入射精管。生殖孔突起相对平直，粗细均匀。次生生殖孔扩大，具有长的端突 (图 18-113)。

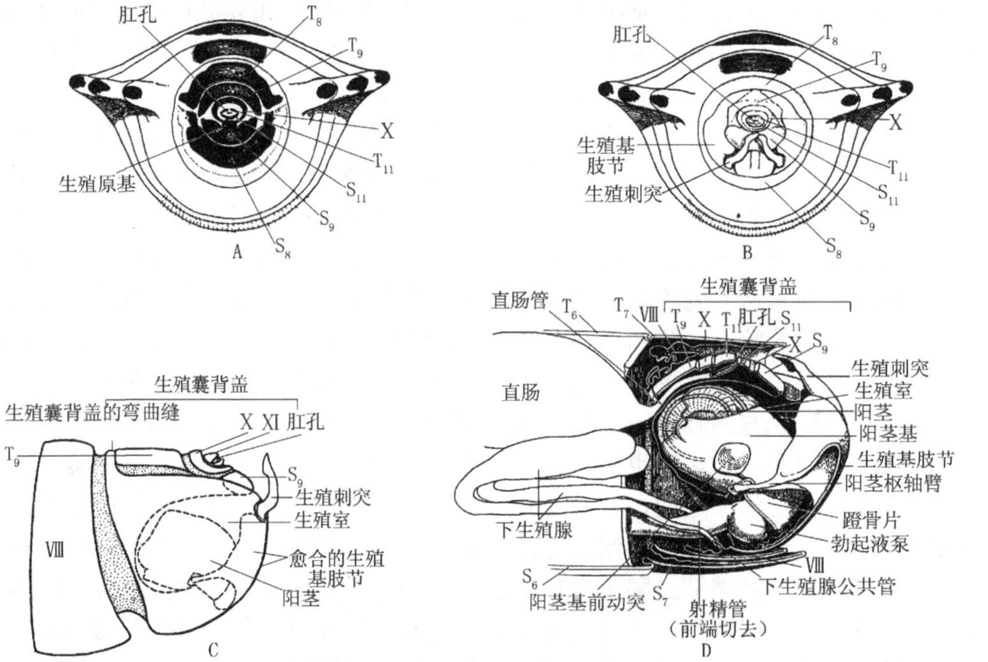

图 18-113　乳草蝽雄性外生殖器

A．5 龄雄若虫腹部末端尾视；B．5 龄雄若虫腹部末端尾视，第 8～11 腹节体壁除去以展示发育中的成虫生殖囊；C．生殖囊；D．雄性生殖囊矢切，阳茎缩回；E．射精管矢切面（1．附腺罩膜；2．附腺上皮；3．附腺核芯；4．外层鳞片状上皮；5．基膜；6．附腺腔内分泌液；7．输精管公共管；8．勃起液泵；9．囊的后部开口；10．腹侧小管；11．背侧小管；12．围管皱褶)；F．附腺和相关构造腹视，附腺腹叶去除；G．射精管背侧视，部分管壁切除以展示内部附腺；H．雄性生殖囊矢切，阳茎伸出；I．阳茎侧视，右壁部分去除；J．阳茎前视，勃起液泵腹壁部分去除以展示内部构造；K．阳茎；L．关节器内视，阳茎基壁去除；M．内阳茎贮精囊后视；T_6～T_9、T_{11} 为第 6～9、11 腹节背板；S_6～S_9、S_{11} 为第 6～9、11 腹节腹板；Ⅷ、Ⅹ、Ⅺ为第 8、10、11 腹节（A～J、L、M．Bonhag and Wick，1953；K．Ashlock，1957；）

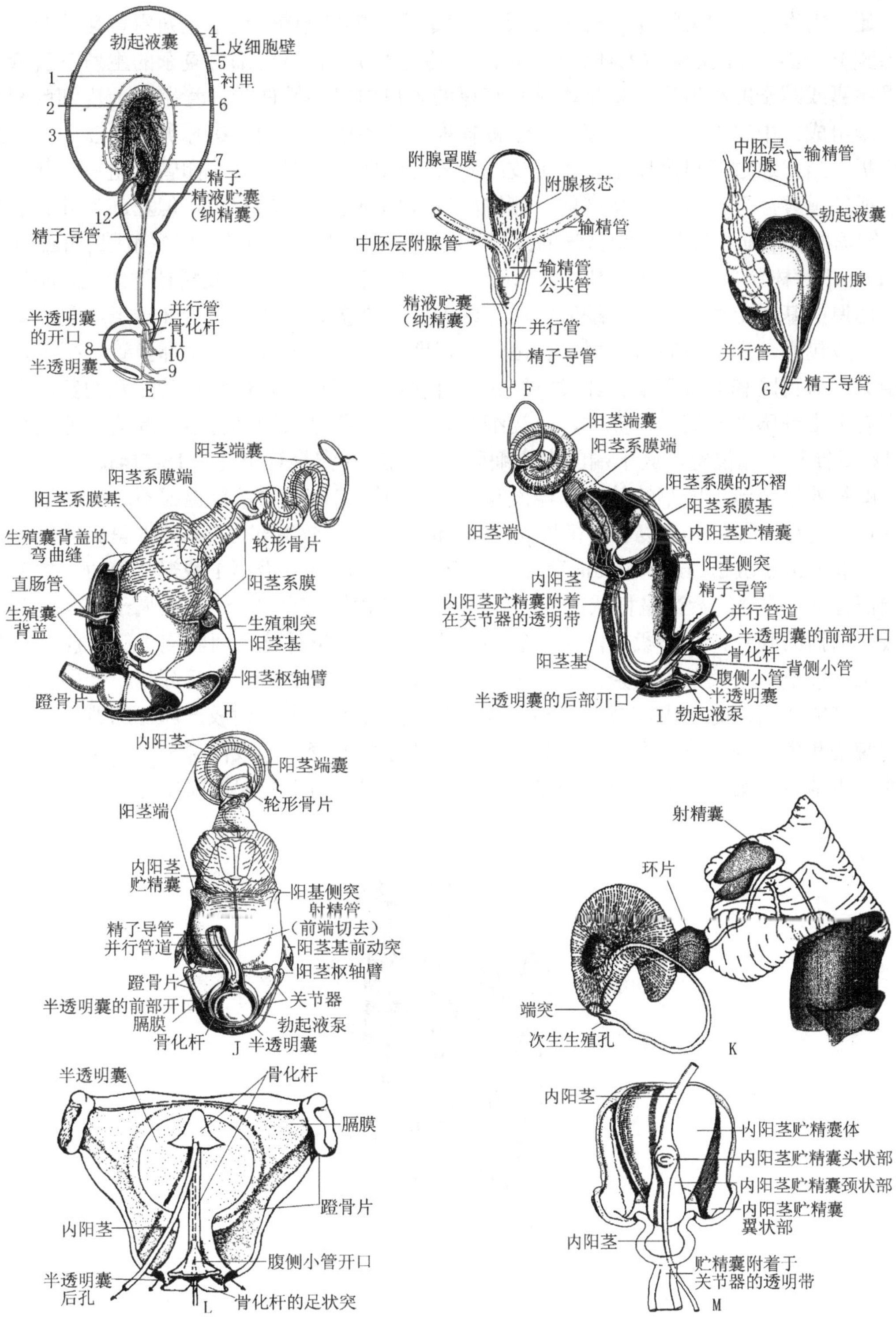
勃起液囊
4
上皮细胞壁
5
衬里
1
2
6
3
7
精子
精液贮囊
（纳精囊）
12
精子导管
半透明囊
的开口
并行管
骨化杆
11
8
10
半透明囊
9
E
附腺罩膜
附腺核芯
输精管
中胚层附腺管
输精管
公共管
精液贮囊
（纳精囊）
并行管
精子导管
F
中胚层
附腺
输精管
勃起液囊
附腺
并行管
G
精子导管
阳茎端囊
阳茎系膜端
阳茎系膜基
生殖囊背盖的
弯曲缝
轮形骨片
直肠管
阳茎系膜
生殖囊
背盖
生殖刺突
阳茎基
阳茎枢轴臂
蹬骨片
H
阳茎端囊
阳茎系膜端
阳茎系膜的环褶
阳茎系膜基
阳茎端
内阳茎贮精囊
阳基侧突
内阳茎
精子导管
内阳茎贮精囊附着
在关节器的透明带
并行管道
半透明囊的前部开口
骨化杆
阳茎基
背侧小管
腹侧小管
半透明囊
半透明囊的后部开口
I
勃起液泵
内阳茎
阳茎端囊
轮形骨片
阳茎端
内阳茎
贮精囊
阳基侧突
射精管
（前端切去）
精子导管
并行管道
阳茎基前动突
阳茎枢轴臂
蹬骨片
关节器
半透明囊的前部开口
膈膜
勃起液泵
骨化杆
J
半透明囊
射精囊
环片
端突
次生生殖孔
K
半透明囊
骨化杆
膈膜
蹬骨片
内阳茎
腹侧小管开口
半透明囊
后孔
L
骨化杆的足状突
内阳茎
内阳茎贮精囊体
内阳茎贮精囊头状部
内阳茎贮精囊颈状部
内阳茎贮精囊
翼状部
内阳茎
贮精囊附着于
关节器的透明带
M

图 18-113 (续)

雌性内生殖器：环腺 ringed glands 是 1 对逗点状的细胞垫，位于生殖室背囊的两侧，环腺狭窄、边缘骨化，也称为环骨片。环腺的功能不明。背囊前部为复杂的生殖室盲管，即受精囊或精子贮存器官。受精囊是具有厚的表皮内衬的蜷曲管，管壁由上皮细胞和分泌细胞组成。中输卵管短而厚壁，位于侧输卵管和生殖室之间。中输卵管上皮和内衬形成纵折，当卵通过时可膨胀增粗。上皮细胞外有纵肌和环肌。侧输卵管较粗短，前端膨大形成卵巢萼，萼内常贮存待产卵。侧输卵管大部属于中胚层起源，但基部为外胚层起源。侧输卵管的肌肉鞘比中输卵管的薄，外层为环肌，内层为纵肌。副生殖腺 paragenital gland 为 1 对棒状器官，分别开口于产卵器的基部、第 2 载瓣片和腹瓣枝脊之间。副生殖腺壁由厚的基膜上的单层上皮细胞组成，细胞间有许多共生体，共生体球形成包囊或小型不形成包囊。副生殖腺可能属于含菌体。每卵巢有 7 支卵巢管，每卵巢管包括端丝、生殖区、卵黄区和卵巢管柄。卵巢管壁包括外鞘和内层封套，在卵巢管成熟的卵母细胞后端有上皮细胞群封闭，产卵时，上皮细胞塞破裂，卵进入卵巢管柄。此后，原倒数第 2 卵室下行到末端位置，其下端的上皮细胞群形成新的卵巢管塞 (图 18-114)。

雌性外生殖器：乳草蝽的产卵器没有背瓣，腹瓣和内瓣的发育也很不对称。第 1 载瓣片近三角形，位于第 8 腹节侧背片 paratergite 下部，后缘中部内凹，前部呈膜质前伸。腹瓣枝脊 ramus of the first valvula 背面附着于第 9 腹节背板，沿第 1 载瓣片膜质区的前缘向腹面延伸，枝脊的背半呈杆状，伸入腹瓣。腹瓣和内瓣部分愈合，腹瓣属于第 8 腹节，构成产卵器的腹片，腹瓣柔软，仅在某些关节或支持部位骨化。内瓣属于第 9 腹节，基部与第 9 腹节背板关节，其余部分被第 1 载瓣片覆盖。第 2 载瓣片月牙形，伸向内瓣枝脊，当产卵器活动时，内瓣枝脊滑到腹瓣枝脊的凹面内。内瓣构成产卵器的背片。产卵器的腹瓣和内瓣基部彼此愈合，当交配产卵时产卵器下弯，形成内部空腔直接与生殖室连通。生殖室由第 9 腹节腹板在产卵瓣基部内陷而成，用于交配期间接受阳茎。当不进

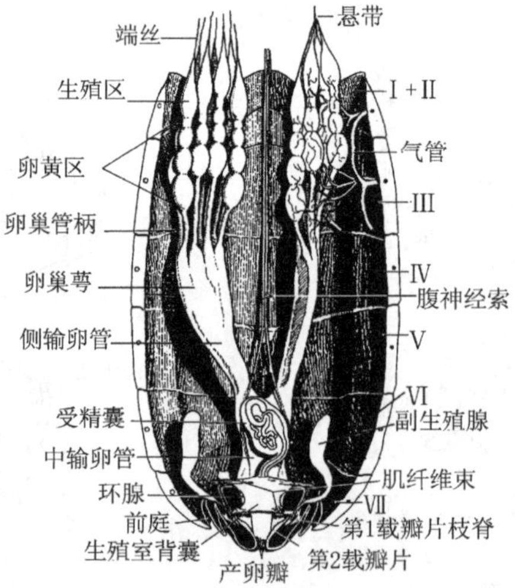

图 18-114　乳草蝽雌性生殖系统背视 (Bonhag and Wick，1953)

Ⅰ～Ⅶ为第 1～7 腹节

行交配或产卵时，生殖室凹入。生殖室前端与中输卵管联系，后端与产卵瓣形成的内管相通。生殖室有 2 对肌肉控制的背囊，背视背囊约呈梯形 (图 18-115)。

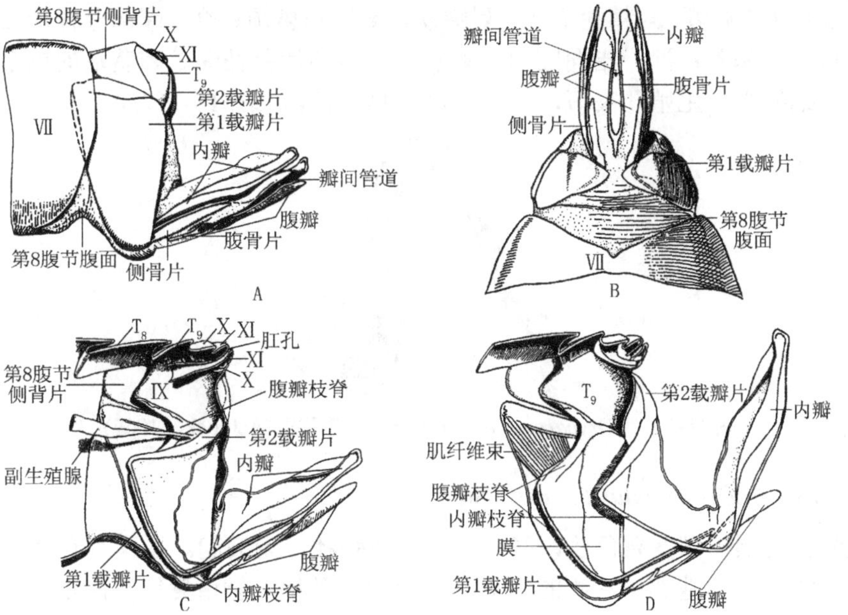

图 18-115　乳草蝽雌性外生殖器 (Bonhag and Wick，1953)

A. 产卵器左侧腹侧视；B. 产卵器腹视；C. 产卵器矢切，生殖室去除；D. 产卵器矢切，第 2 载瓣片和产卵瓣拉开；T_8、T_9 为第 8、9 腹节背板；VII、IX～XI为第 7、9～11 腹节

18.8.6.16　*Orsillus depressus* (Mulsant *et* Rey)

雄性外生殖器：阳茎鞘色素中等，无突起。内阳茎细长，无突起，近端部有环片。端部到环片及弯曲的腹面之间有细皱折。射精囊及囊体退化，翼突背面愈合。阳茎端复杂，不对称，从基部到顶端的组成为：位于背侧面的单一的叶，指向右侧深色的环绕阳茎端的环片，指向左侧和背面的侧叶，扁平圆形的亚顶端区域，基部深色区域，围绕扁平区域的短窄管，整体均匀增厚的游离生殖突及其蜷曲稍扩大的次生生殖孔 (图 18-116)。

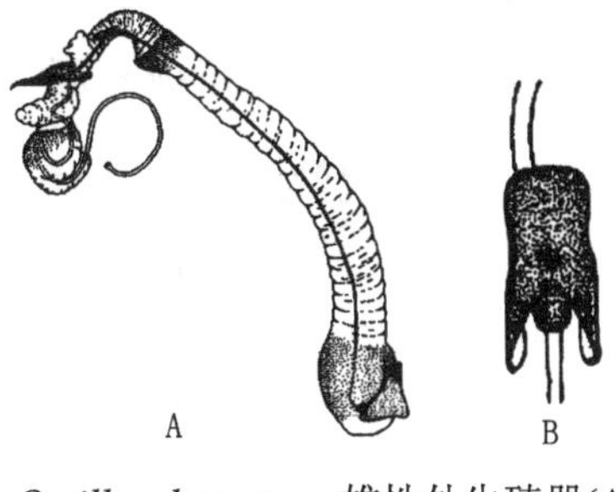

图 18-116　*Orsillus depressus* 雄性外生殖器(Ashlock，1957)

A. 阳茎；B. 射精囊 ejaculatory reservoir

18.8.6.17　*Oxycarenus hyalinipennis* (Costa)

雄性外生殖器：阳茎鞘色深，侧突圆形而游离。系膜细长，无突起。基部 1/3 稍皱褶，顶端 2/3 中度皱褶。射精囊退化，翼突缺，囊体和囊颈愈合，端部分开形成翼突状。阳茎端有短叶，基部色深，指向腹面。紧邻其后的环片色稍深。阳茎端的剩余部分细长不蜷曲，有细皱褶。生殖孔突短，无色，位于膜质管内 (图 18-117)。

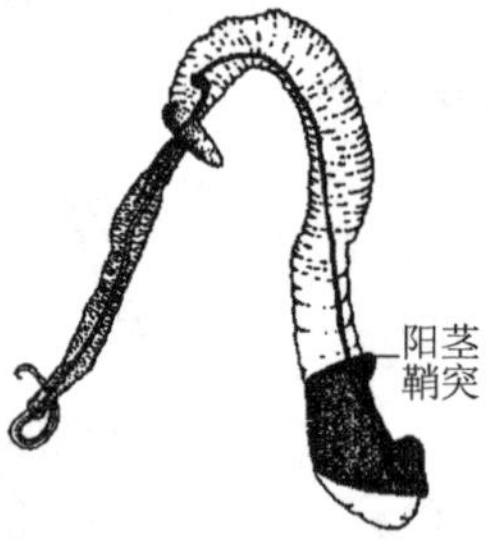

图 18-117　*Oxycarenus hyalinipennis* 的阳茎 (Ashlock，1957)

18.8.6.18　*Pachybrachius linearis* (Stål)

雄性外生殖器：阳茎鞘色浅，基部和腹面更强壮，无突起。系膜具有 2 个大型亚端部的背棘，背棘指向基部，左侧的单支，右侧的二叉状。射精囊完整而正常。阳茎端具有 2 个指向顶端和背面的侧叶，向腹面弯曲。左侧的侧叶位于更基部，每侧叶具有 1 排背棘，侧叶之外的管状部到螺旋状突起下部均具有 1 排小棘 (图 18-118)。

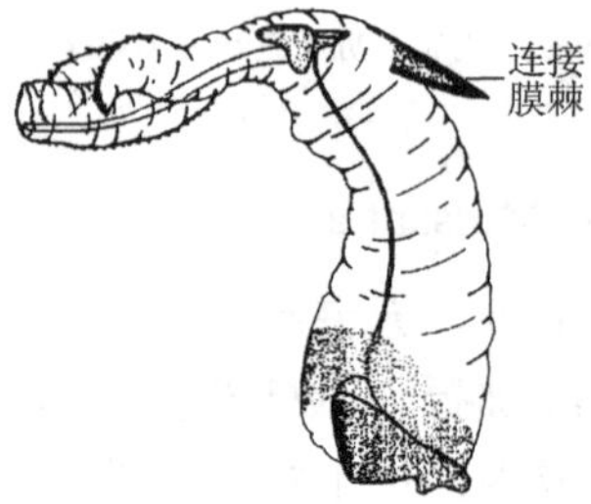

图 18-118　*Pachybrachius linearis* 的阳茎 (Ashlock，1957)

18.8.6.19　*Pamphantus elegantulus* Stål

雄性外生殖器：阳茎鞘色较浅，具有的骨片形成外观一致、但顶端不游离的侧突。

图 18-119　*Pamphantus elegantulus* 的阳茎 (Ashlock，1957)

系膜中等长，粗壮，无突起。射精囊完整而正常，阳茎端基部稍膨胀，具有 1 对细长的向背面伸展的叶，从叶发出疏松螺旋的窄管。生殖孔突螺旋 4 次，此后直径增加。次生生殖孔直径未扩大 (图 18-119)。

18.8.6.20　*Zeridoneus costalis* (Van Duzee)

雄性外生殖器：阳茎鞘色浅，腹面和基部强壮，无突起。系膜全长具有分散的棘：1 对侧生叶状突位于顶端下方，每叶状突具有 2 个端棘；1 对位于亚端部扁平突起，每突起末端有 5 个棘；1 对位于端部腹面的头状突起，每突起端部具有小棘。射精囊完整而正常，阳茎端基部管状，无叶状突起 (图 18-120)。

图 18-120　*Zeridoneus costalis* 的阳茎 (Ashlock，1957)

18.8.7　皮蝽科 Piesmidae

18.8.7.1　*Piesma maculate* (Laporte)

雌性外生殖器：第 7 腹节腹板深裂至基部，第 9 腹节侧背板和第 1 载瓣片大小近相等，第 8 腹节侧背板较小。产卵瓣短阔，无锯齿 (图 18-121)。

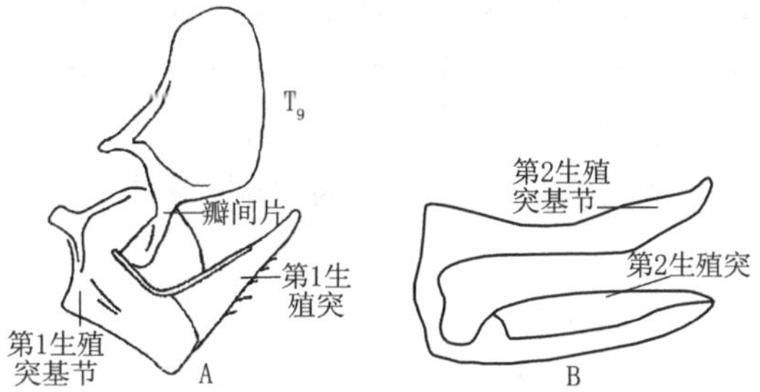

图 18-121　*Piesma maculate* 雌性外生殖器(Scudder，1959)

A、B. 雌性第 1、2 生殖突基节及相关构造；T_9为第 9 腹节背板

18.8.7.2　*Piesma quadratus* (Fieber)

雄性内生殖器：精巢大型球状，下段渐细缩进入粗短的输精管，输精管下端着生于射精管球前端两侧。射精管球倒梨形，向后渐细缩进入粗短的射精管，基部 1 表皮质囊向上伸展覆盖到输精管基部 (图 18-122 A)。

受精囊：受精囊管基段扭曲管状，端段基部粗，很长，呈管状盘旋。受精囊体椭球形，位于受精囊管顶端，即盘旋管的中心部位，外表有腺体组织包被 (图 18-122 B)。

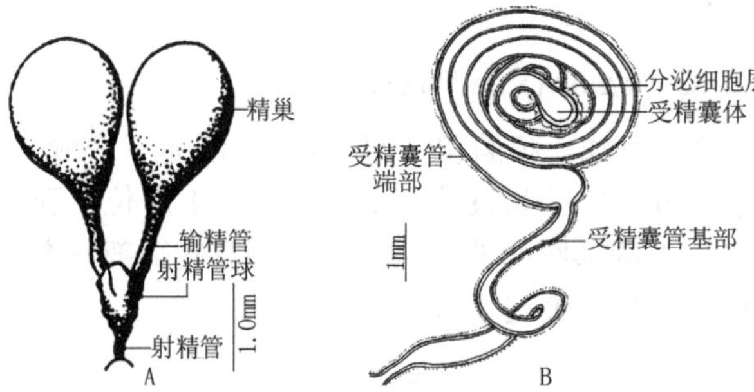

图 18-122　*Piesma quadratus* 雄性内生殖器和受精囊 (Pendergrast，1957)

A. 雄性内生殖器；B. 受精囊

18.8.8　红蝽科 Pyrrhocoridae

18.8.8.1　*Dysdercus fasciatus* Signoret

雄性内生殖器：每精巢有 7 支精巢管，精巢管贴合，有公共被膜，精巢整体长椭球形。精巢基部收缩后连接在输精管前端膨大形成的贮精囊顶端。贮精囊圆锥形，前端宽大，向后渐细缩形成管状输精管。贮精囊后部的输精管仅前段小部分裸露，其余部分与附腺形成共膜构造，构造内的输精管和附腺管分别开口于射精管球基部。附腺 1 对，每侧附腺由 6～7 支汇合在一起的短管组成，各管缠绕在一起，通过围膜附着在输精管基部，短管基部汇入附腺管。射精管球倒葫芦形，前半大型球囊状，后半圆柱形，末端渐细缩进入膨大扭曲的射精管 (图 18-123 A)。

受精囊：受精囊管较粗短，顶端着生椭球形受精囊体，囊体壁细胞行使分泌功能。受精囊体外部有肌肉包裹，内部与受精囊管结合部内陷，使囊体呈伞形。受精囊体与受精囊管结合部有发达肌肉包裹形成的受精囊泵，泵的基突发达，端突缺，控制肌肉一端着生在基突上，另端着生在受精囊体壁上。肌肉收缩控制精液的进出 (图 18-123 B)。

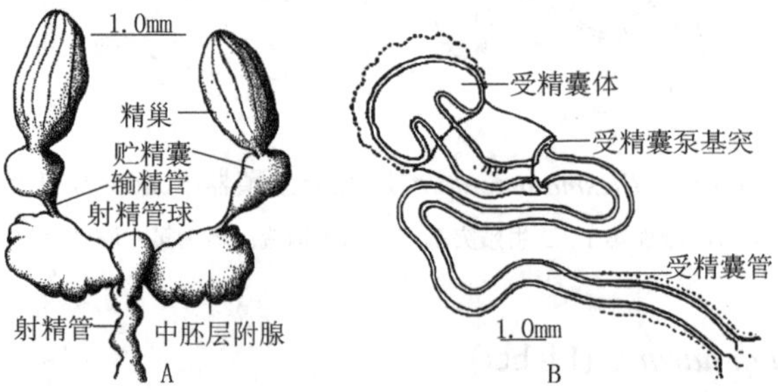

图 18-123　*Dysdercus fasciatus* 雄性内生殖器和受精囊 (Pendergrast，1957)

A. 雄性内生殖器；B. 受精囊

雌性外生殖器：第 8 腹节侧背片小，三角形，不与第 1 载瓣片愈合。第 9 腹节侧背片大，后部几乎连续。第 1 载瓣片圆形，具有前背突。腹瓣膜质瓣状，腹面有膜联合。骨化杆短、骨化、稍弯曲，相互连锁。瓣间片前突细长，第 2 载瓣片宽扁，后端圆形，顶端向腹面弯曲，在中线愈合，形成 1 个"M"形构造。第 2 载瓣片沿第 9 腹节侧背片的腹缘与第 9 腹节侧背片愈合。内瓣膜质瓣状，部分与载瓣片膜愈合。背瓣缺。受精囊中位。生殖腔大型，后部背面有囊 (图 18-124)。

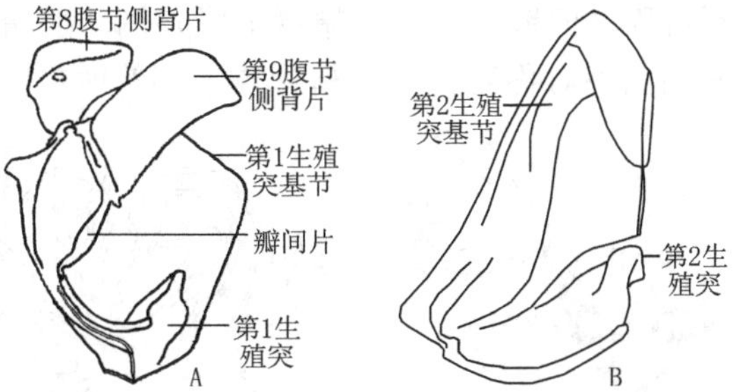

图 18-124　*Dysdercus fasciatus* 雌性外生殖器

A、B. 雌性第 1、2 生殖突基节及相关构造 (A. Scudder，1959；B. 参考 Scudder，1959 图重绘)

18.8.9　蛛缘蝽科 Alydidae

18.8.9.1　*Alydus calcaratus* (Linnaeus)

雌性外生殖器：第 8 腹节侧背板三角形，游离于第 1 载瓣片之外。第 9 腹节侧背板大而方形。第 1 载瓣片后突，腹瓣暴露的部分骨化，其余部分仅部分骨化。第 1 骨化杆缺，瓣间片前突仅为浅淡的骨化痕迹。第 2 载瓣片宽、骨化、船形、后部愈合。内瓣骨化、较短，与第 2 载瓣片愈合。第 2 骨化杆和背瓣缺，第 2 载瓣片基部骨化膨大，在中线处愈合形成完整而复杂的生殖腔支持构造。受精囊中位 (图 18-125)。

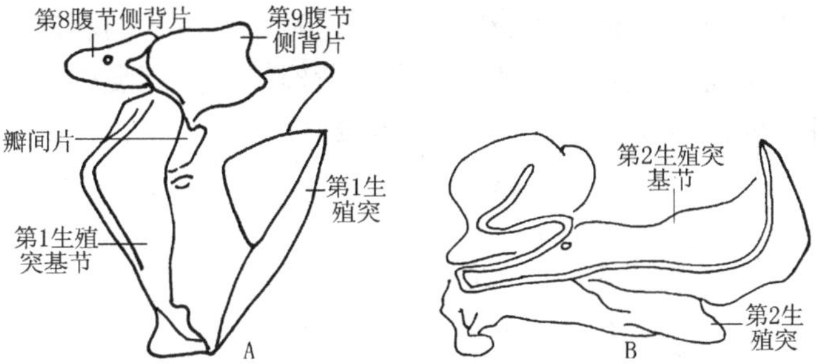

图 18-125　*Alydus calcaratus* 雌性外生殖器(参考 Scudder，1959 图重绘)

A、B. 雌性第 1、2 生殖突及相关构造

18.8.10　缘蝽科 Coreidae

18.8.10.1　*Coreus marginatus* Linnaeus

雄性内生殖器：每精巢有 7 支精巢管，精巢管前部分开较明显，基段汇合，有共同被膜。精巢整体呈掌状，基部着生于射精管顶端。射精管前段膨大形成长囊状弯曲的贮精囊，基部着生在扁球形射精球顶端。附腺 1 对，每侧附腺由多支短盲管组成，两侧的盲管数目和分布范围不对称，但皆并列于贮精囊下段外侧。射精管球偏于一侧，使两侧的输精管在射精管球前端呈不对称着生，射精管球下部的射精管较粗壮 (图 18-126 A)。

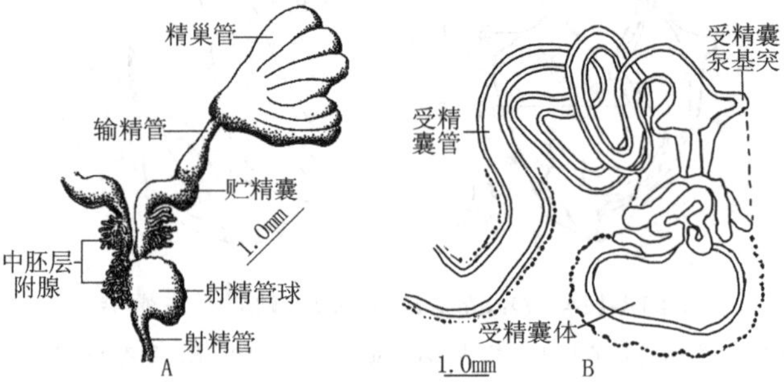

图 18-126　*Coreus marginatus* 雄性内生殖器和受精囊 (Pendergrast，1957)

A. 雄性内生殖器 (左侧已除去)；B. 受精囊

受精囊：受精囊管较粗短，基部开口于生殖腔，顶端着生椭球形受精囊体，囊体与囊管结合部位具有发达肌肉包裹的受精囊泵。受精囊泵无端突，肌肉一端着生在基突上，另端着生在受精囊体与受精囊管结合部扭曲的受精囊管外侧 (图 18-126 B)。

雌性外生殖器：第 7 腹节腹板深裂，但不达基部。第 9 腹节侧背片大型，后端圆。第 8 腹节侧背片小，三角形，与第 1 载瓣片分开。第 1 载瓣片大，前缘弧形，中部有突起。腹瓣细长骨化，具有短的斜角和骨化杆。瓣间片前突短、扁平，具有明显的前部突起。第 2 载瓣片宽扁，在瓣间片后突腹面末端形成枢轴，与第 9 腹节侧背片愈合。第 2 骨化杆骨化，与第 1 骨化杆连锁。内瓣基部细长，端部增宽，与相对的内瓣形成圆筒状构造。第 2 载瓣片基部有小型骨片。环片存在。背瓣缺。受精囊中位。在腹瓣和第 1 载瓣片之间有 1 小球形囊附着在膜质区域 (图 18-127)。

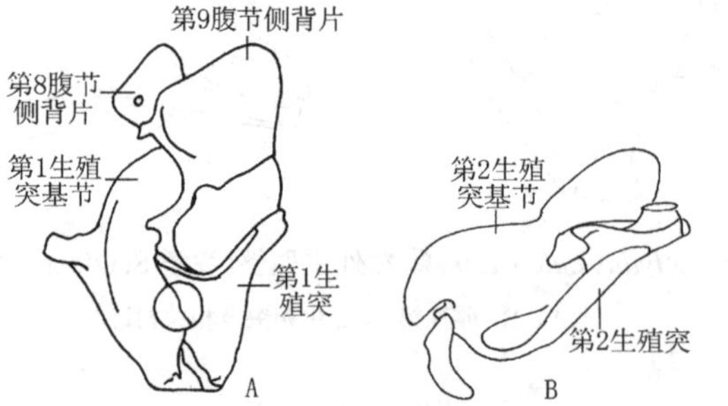

图 18-127　*Coreus marginatus* 雌性外生殖器(参考 Scudder，1959 图重绘)

A、B. 雌性第 1、2 生殖突基节及相关构造

18.8.10.2　*Myrmus miriformis* (Fallén)

雄性内生殖器：每精巢有 7 支精巢管，精巢管有公共被膜，精巢整体呈玉兰花苞形，基部着生在贮精囊顶端。输精管前段膨大形成长茄形贮精囊，自前向后逐渐细缩，末端着生在射精管球前端。附腺 1 对，每侧附腺短管状，通过围膜包裹贴合在输精管下段，基部着生在射精管球前端。射精管球圆形，射精管由下端发出 (图 18-128 A)。

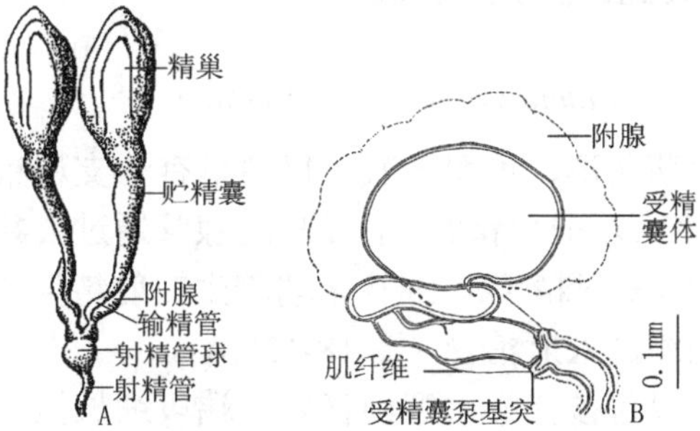

图 18-128　*Myrmus miriformis* 雄性内生殖器和受精囊 (Pendergrast，1957)

A. 雄性内生殖器；B. 受精囊

受精囊：受精囊管粗壮，外部有肌肉包被，顶端有大型球状受精囊体，囊体与囊管结合部有发达肌肉包被的受精囊泵，受精囊泵基突发达，基突与囊体之间的受精囊管扭曲折叠，包藏在肌肉内，肌肉一端着生于基突，另端着生于受精囊体外壁 (图 18-128 B)。

18.8.11　姬缘蝽科 Rhopalidae

18.8.11.1　*Rhopalus subrufus* (Gmelin)

雄性内生殖器：每精巢有 7 支精巢管，精巢管紧密贴合，有围膜包裹，精巢整体呈芒果形。精巢管基部集生在球形贮精囊上，输精管除顶端形成小球形贮精囊外，其余部分直管状，侧输精管的末端着生于射精管球顶端。附腺 1 对，每侧附腺短棒状，顶端稍膨大，通过围膜包被贴合在输精管上，基部着生在射精管球顶端输精管基部后方。射精管球倒梨形，前端宽大，后段渐细缩进入射精管 (图 18-129 A)。

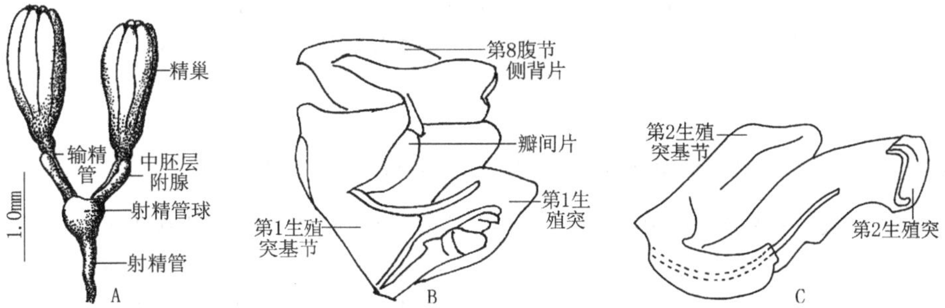

图 18-129　*Rhopalus subrufus* 生殖系统

A. 雄性内生殖器；B、C. 雌性第 1、2 生殖突；T_9 为第 9 腹节背板 (A. Pendergrast，1957；B、C. 参考 Scudder，1959 图重绘)

雌性外生殖器：第 7 腹节腹板不分裂，位于瓣间片背角的端突大而前伸，骨化杆向角部倾斜而相互连锁。第 1 骨化杆圆、骨化，腹面通过膜质联系，形成不同的折叠，带有特征性“U”形骨片。第 2 载瓣片短宽、骨化、基部有膨大的宽骨片，在后部中线接合。内瓣宽、骨化，位于第 2 载瓣片背面，外表面有骨化杆，骨化杆端部结合。背瓣缺。受精囊中位 (图 18-129 B、C)。

18.8.12 同蝽科 Acanthosomatidae

18.8.12.1 *Acanthosoma haemorrhoidale* (Linnaeus)

雄性内生殖器：精巢菊花形，顶端平截，每精巢有 7 支精巢管，输精管从精巢底部伸出，前段约 2/3 长度略膨大形成贮精囊，后部与附腺管通过公共膜形成球形囊状构造，该构造下部露出 1 段细管 (复射精管)，细管末端着生在射精管球前端两侧。射精管球倒梨形，前端宽，向后渐细缩进入射精管 (图 18-130 A)。

受精囊：受精囊管基段包被在膨大螺旋管内，端段细长扭曲，受精囊管顶端为弯曲袋囊形的受精囊泵和受精囊体。受精囊泵包裹在肌肉鞘内，基突和端突存在。受精囊体基段杯状，端段盲管状，包裹在脂肪体组织内 (图 18-130 B)。

雌性外生殖器：第 8、9 腹节侧背片后部连续，第 8 腹节侧背片明显大于第 9 腹节侧背片。第 2 载瓣片后部连续，瓣间片前突短阔，2 对骨化杆骨化而相互连锁，骨化杆具有膜质的瓣，第 1、2 骨化杆同侧的瓣相对，形成不完整的囊。背瓣缺 (图 18-130 C)。

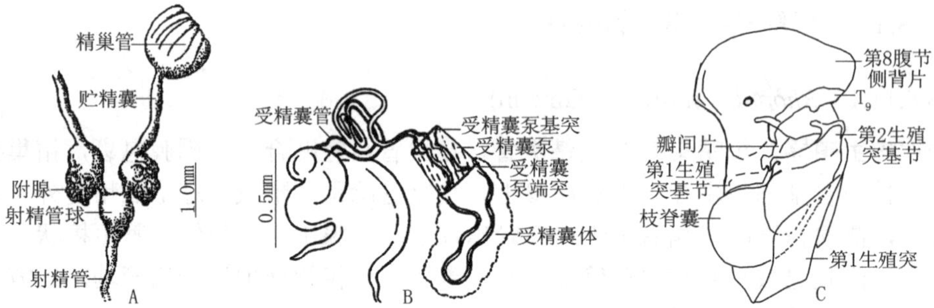

图 18-130 *Acanthosoma haemorrhoidale* 生殖系统

A. 雄性内生殖器；B. 受精囊；C. 雌性外生殖器右侧内视；T_9 为第 9 腹节背板 (A、B. Pendergrast，1957；C. 参考 Scudder，1959 图重绘)

18.8.12.2 黑线板同蝽 *Lindbergicoris nigrolineatus* Liu *et* Ding

雄性外生殖器：生殖囊后缘波曲，中央略微突出，后缘两侧具褐色的小齿突，两侧角略突出，其末端内壁具褐色毛丛，生殖囊后缘及侧角后缘具 1 列褐色的长毛。阳基侧突简单，窄叶状，其端部明显较尖锐并向外弯曲。阳茎端较骨化，系膜腹侧突明显可见，膜质 (图 18-131)。

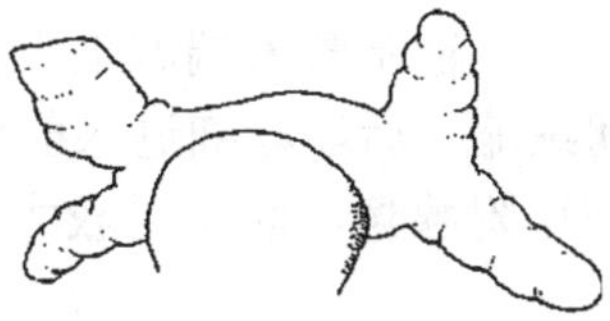

图 18-131　黑线板同蝽的阳茎系膜腹侧突 (刘国卿和丁丹，2008)

18.8.12.3　*Rhopalimorpha obscura* (Cumber)

雄性内生殖器：精巢圆球形，每精巢有 6 支精巢管，包被在公共膜内。输精管前段向下逐渐增粗，在中部形成长颈状贮精囊。输精管下段与附腺短管形成泡囊状共鞘构造，通过 1 膜鞘将附腺短管和输精管末端包裹在一起。输精管末端着生在射精管球前部两侧。射精管球较发达，近球形，下段细缩接入射精管。射精球小，梭形，缺乏外胚层囊 (图 18-132)。

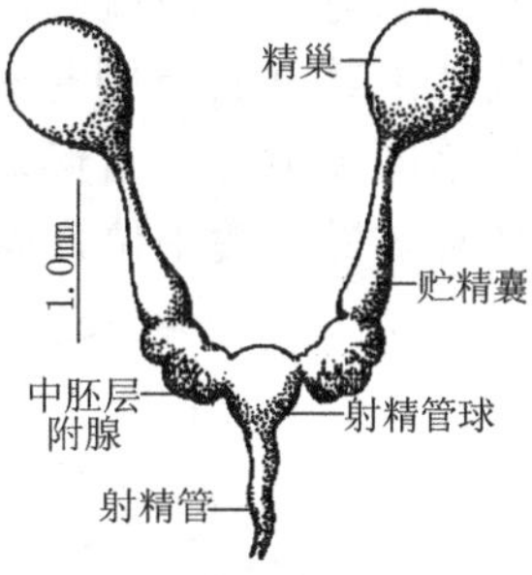

图 18-132　*Rhopalimorpha obscura* 雄性内生殖器 (Pendergrast，1957)

18.8.13　土蝽科 Cydnidae

18.8.13.1　*Sehirus bicolor* (Linnaeus)

雄性内生殖器：每精巢有 7 支精巢管，精巢管指状，并生呈掌状，前部分界较明显，有公共膜包被。基部汇入萼状输精管端部。输精管前段稍膨大，形成弯曲的贮精囊。后

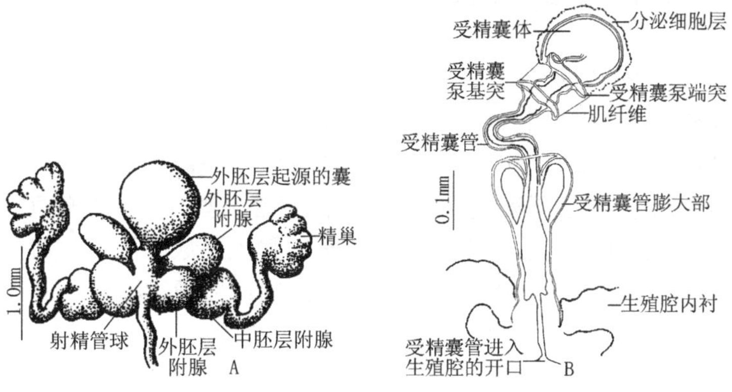

图 18-133　*Sehirus bicolor* 雄性内生殖器和受精囊 (Pendergrast，1957)

A. 雄性内生殖器；B. 受精囊

段球状膨大，与附腺形成共鞘构造。输精管末端着生于射精管球前端下方。射精管球约呈倒置鸭梨形，前端较宽，中间细缩，后端渐细进入射精管。射精管球前端发出 1 大型球状外胚层囊，两侧有 2 对外胚层附腺囊，前 1 对较大，长椭圆形；后 1 对近球形 (图 18-133 A)。

受精囊：受精囊管基部粗壮，有明显的膨大部。上段细管状，端部着生有受精囊泵和受精囊体，受精囊泵圆管形，基突和端突发达。受精囊体近球形，有发达的腺体组织包被 (图 18-133 B)。

18.8.13.2　*Sehirus luctuosus* Mulsant *et* Rey

雌性外生殖器：第 7 腹节腹板完整，没有分裂。第 8 腹节侧背板延伸至肛孔之上，腹面与第 1 载瓣片游离。第 9 腹节侧背板宽扁，几乎在肛孔下方的中线汇合。第 1 载瓣片大而圆，前背角延伸突出。腹瓣小，瓣状，有膜质相连。第 1 和第 2 骨化杆骨化而弯曲，瓣间片前突细长，第 2 载瓣片细长弯曲，后端圆，在第 9 腹节侧背板下端的中线汇合、扩大并向背面弯曲。第 2 载瓣片沿第 9 腹节侧背板腹缘与第 9 腹节侧背板结合，内瓣膜质、瓣状，部分与第 2 载瓣片节间膜愈合。背瓣缺。生殖腔大型囊状，在第 8 腹节内有背囊，背囊的后壁有成对的环片。受精囊中位，有管道开口于背囊 (图 18-134)。

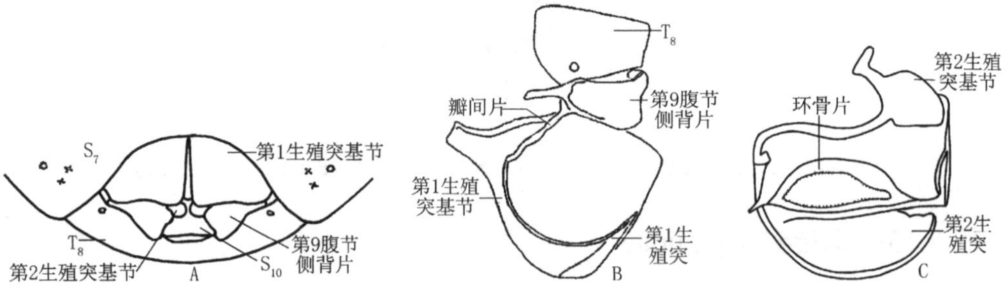

图 18-134　*Sehirus luctuosus* 雌性外生殖器 (参考 Scudder，1959 图重绘)

A. 雌虫腹部末端腹视；B、C. 第 1、2 生殖突基节及相关构造内视；T_8 为第 8 腹节背板；S_7 、S_{10} 为第 7、10 腹节腹板

18.8.14　龟蝽科 Plataspididae

18.8.14.1　*Coptosoma* sp.

雄性内生殖器：精巢大型扁囊状，由 7 支精巢管组成，外被公共膜。精巢管基部集生于输精管端部萼状的贮精囊侧面。输精管细长管状，扭曲折叠，基部与中胚层附腺管汇合 (形成复射精管) 后着生于射精管球的前端。附腺大型，由 1 团宽短的附腺管组成。外胚层附腺 1 对，着生于射精管球中部背面，基部膨大形成附腺囊，前段形成弯曲的附腺管。射精管球椭球形，末端连接于射精管前端侧面。射精管粗短 (图 18-135)。

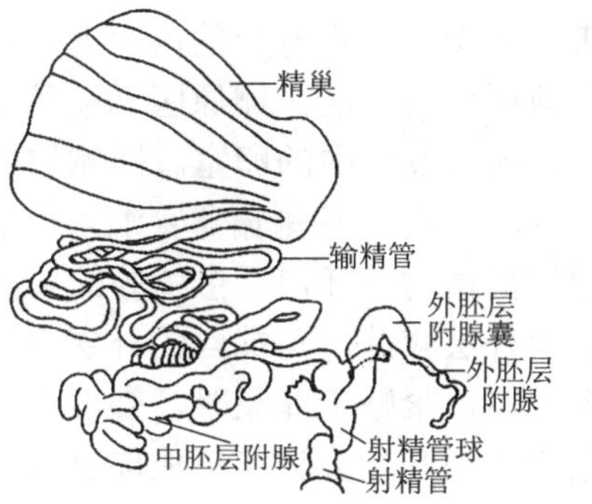

图 18-135　*Coptosoma* sp.雄性内生殖器（右侧已除去）(Pendergrast，1957)

18.8.15　盾蝽科 Scutelleridae

18.8.15.1　*Sphaerocoris annulus* (Fabricius)

雄性内生殖器：精巢长袋囊状，顶端宽而平截，基部稍细缩尖出，输精管从基端内方一侧发出，与精巢之间呈肘状弯折。输精管整体略膨大，形成不显著的贮精囊，前段和中间有明显弯折，末端着生于射精球前端。附腺附着于输精管基部，外胚层附腺从射精管球前端发出，呈膨胀弯折管状，与中胚层附腺一起缠绕成团。射精管球不甚发达，偏向一侧，后部发出较粗壮的射精管（图 18-136 A)。

受精囊：受精囊管两端细管状，中部膨大呈球形。受精囊管顶端着生受精囊泵，受精囊泵基突和端突存在，受精囊泵前端为 1 管状的受精囊体（图 18-136 B)。

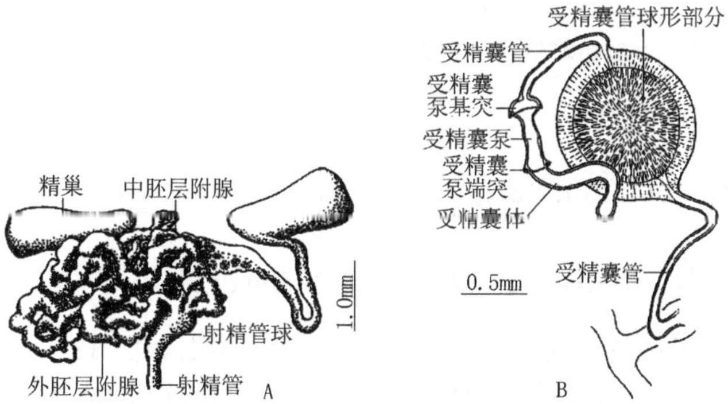

图 18-136　*Sphaerocoris annulus* 雄性内生殖器和受精囊 (Pendergrast，1957)

A. 雄性内生殖器；B. 受精囊

18.8.16　荔蝽科 Tessaratomidae

18.8.16.1　荔枝蝽 *Tessaratoma papillosa* Drury

雌性内生殖器：每卵巢有 7 支卵巢管，卵巢外面有许多微气管缠绕，整体呈中间粗两端稍细的梭形。新羽化成虫，卵巢管平直透明，无卵室。越冬成虫的卵巢管白色，葫芦形，可见 1～2 个卵室。开始产卵的雌虫，卵巢绿色或淡黄色，几乎充满整个腹腔。两侧卵巢的端丝汇合形成悬带，固着于中胸背板的内突上。卵巢管可分为卵巢管本部和卵巢管柄，卵巢管本部包括卵原区和生长区，卵原区为端丝下方略成膨圆的部分，外形似一小型卵室，其后为生长区，内含发育中的卵室。同侧的 7 条卵巢管柄末端汇入漏斗状的卵巢萼，其后连接侧输卵管，左右 2 条侧输卵管汇入中输卵管，中输卵管较短，开口于生殖腔。受精囊坛状，通过受精囊管开口于生殖腔的背面。

卵巢管端滋式，卵巢管膜外层较薄，与端丝的外层直接相连；内层为固有膜，在卵巢管顶端处，固有膜平折向内方，紧贴于卵巢管。初羽化时，卵巢管内部组织尚未完全分化，呈实心状。以后卵巢管组织开始分化，形成原卵区和生长区，端部滋养细胞的原生质产生星芒状突起，向原卵区中心汇合形成滋养芯，其后端发出数条分支即滋养索，滋养索通过卵室前端中央进入正在发育的各级卵室。卵巢管内第 1 个卵室的下端紧贴着 1 团细胞，为上皮栓，有堵塞卵巢管的作用。卵管柄为卵巢管的最下端部分，呈透明管状，卵管柄壁的内层细胞原生质内具许多空泡，卵管柄内有大量的液体存在。因此，卵管柄内层细胞可能有分泌功能 (图 18-137)。

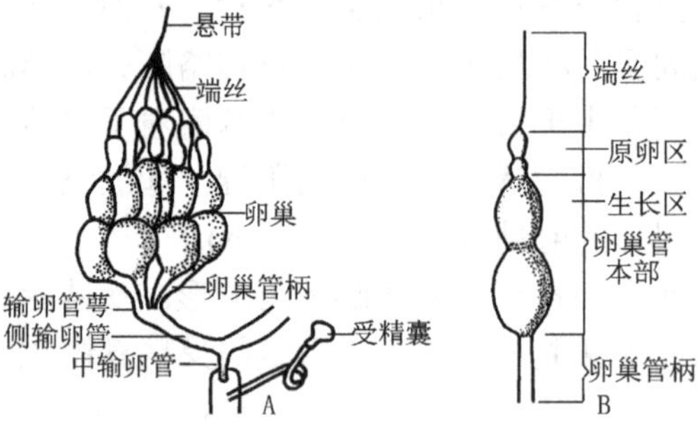

图 18-137　荔枝蝽雌性内生殖器 (参考刘雨芳和古德祥，1998 图重绘)

A. 整体；B. 卵巢管构造

18.8.17　蝽科 Pentatomidae

18.8.17.1　三带阔头蝽 *Acesines trifasciatus* Xiong *et* Liu

雄性外生殖器：雄虫生殖囊如图 18-138 A 所示。抱器如图 18-138 C、D 所示。阳茎系膜中叶短，锥形，侧叶背支基部肥大，端部成羊角状变曲。腹支短，宽粗，末端渐尖，中交合板愈合成筒状，端部斜截，基部腹面向内凹弯 (图 18-138)。

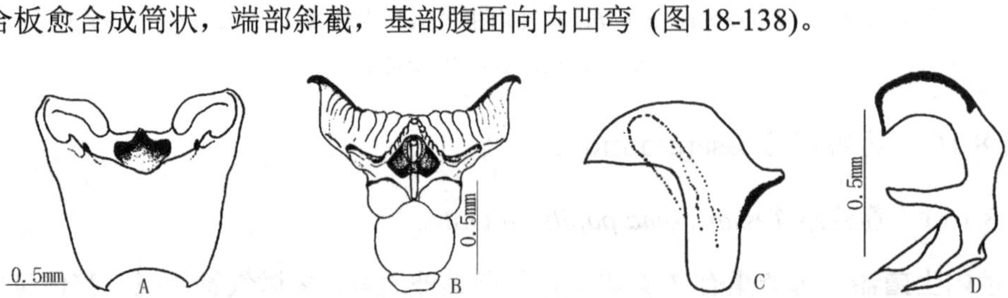

图 18-138　三带阔头蝽雄性外生殖器 (熊江和刘强，1995)

A. 雄虫生殖囊；B. 阳茎；C、D. 抱器

18.8.17.2　*Aelia acuminata* (Linnaeus)

雄性内生殖器： 每精巢有 4 支精巢管，包裹在公共膜内，精巢约呈芒果形，基部肘状弯曲。输精管粗短，约在中间呈“之”字形弯折将输精管分成前后 2 段，后段较短，基部与指状分支的附腺一起汇入复射精管。两侧复射精管末端分别着生于射精管球前端。射精管球较发达，两侧着生有多支短管状外胚层附腺，其中前端第 1 支附腺特别发达，多次弯折，顶端再次发出多支指状短管。射精管球两侧的其余外胚层附腺细管状。射精管粗壮 (图 18-139)。

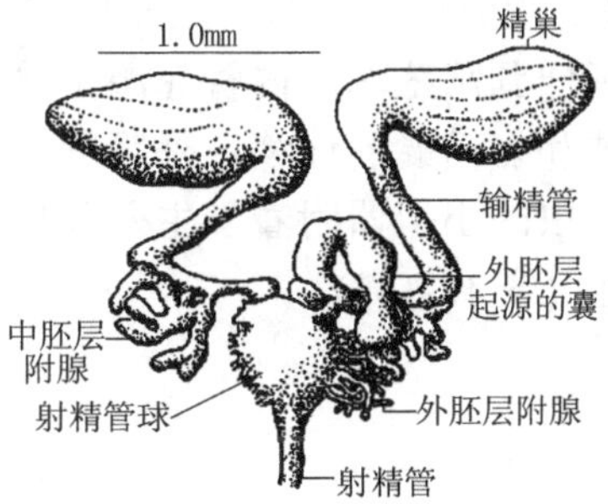

图 18-139　*Aelia acuminata* 雄性内生殖器 (Pendergrast，1957)

18.8.17.3　*Carpocoris fuscispina* Boheman

雄性内生殖器： 精巢长袋囊状，2 精巢基部并列于输精管顶端。输精管后段略膨胀，形成不明显的贮精囊。输精管基部着生于射精管球前端。附腺较发达，弯曲管状，缠绕成团，基部着生于输精管基部。射精管球发达，椭球形，中部每侧发出 1 大型外胚层起源的长袋囊状侧囊，基部发出另外 1 支外胚层附腺管，管上着生多次分支、相互缠绕的外胚层附腺。射精管球后端进入粗壮的射精管 (图 18-140)。

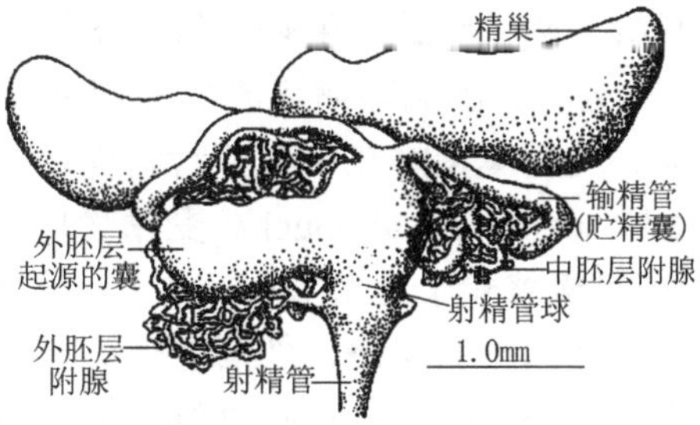

图 18-140　*Carpocoris fuscispina* 雄性内生殖器 (Pendergrast，1957)

18.8.17.4　二点益蝽 *Perillus bioculatus* (Fabricius)

雄性内生殖器： 精巢橘红色，略呈方形，每精巢有 7 支精巢管，精巢管通向输精管。输精管橘红色，从精巢后延一段后膨大形成贮精囊。贮精囊外覆盖有脂肪体，向后接入腹面射精管球前部中间。附腺高度蜷曲，进入贮精囊后端。精子和中胚层附腺分泌物一起进入腹面射精管球。射精管球背面部分 (背射精管球) 为形成射精管外壁细胞的延伸。

射精囊附着于背射精管球，由 3 个相互联系的叶组成。2 个侧叶延伸跨过射精管球的前背面，中叶每侧的突起大小取决于雄虫的日龄。射精囊的 1 个中叶覆盖背射精管球的中部到插入的外胚层附腺处。肌肉质的射精管球腹面部分 (腹射精管球) 位于背面部分正下方。带有 1 对结节的骨片附着于腹面部分的背表面，结节位于中囊的下方，与侧囊平齐。6 个小的结节位于骨片的两侧、中间囊的腹面。中间囊的侧缘似乎与骨片的边缘有联系。1 个外胚层壶腹插入背射精管球的两侧，位于侧射精囊下方，通入背、腹射精管球壁之间。每个壶腹可发生多达 4 支外胚层附腺，这些外胚层附腺可再分支，延伸进入血腔。有些外胚层附腺可再次分叉形成 5 支以上。外胚层附腺的产物进入背射精管球，贮存在射精囊复合体内。从背、腹射精管球向后延伸形成双管状射精管，1 个位于另外 1 个的内腔，从射精管球基部延伸到阳茎端。内管起源于输精管、精囊、腹射精管球联系的组织，而外管是背射精管球和射精囊的连续，外管壁上有纤毛排列。雄虫将精液直接输送到受精囊管。交配时，雄虫的小抱器附着于生殖腔板上的结节，阳茎端和射精管打开，直接与受精囊管开口接触 (图 18-141)。

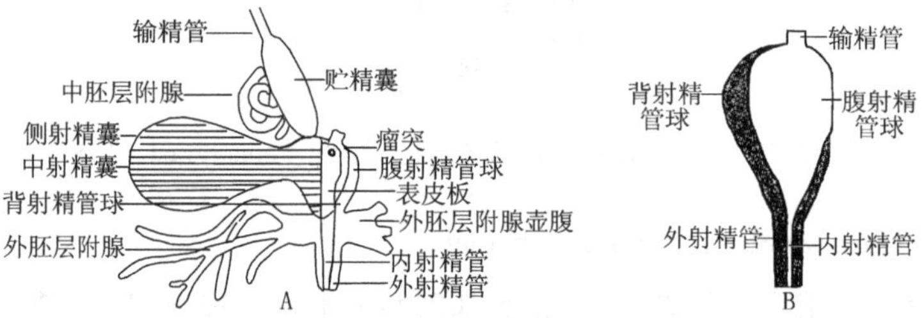

图 18-141　二点益蝽雄性内生殖器 (参考 Adams，2001 图重绘)

A. 射精管球及相关构造背视，右侧的射精囊移除，斜纹区域为射精囊复合体；B. 射精管球矢切面，示背、腹射精管球的排列，白色区域为背、腹射精管球之间的空间，供外胚层附腺释放内容物

雌性内生殖器：每卵巢有 7 支端滋式卵巢管，卵巢管的端丝形成悬带，悬带插入前胸腹板突上。卵巢管基部开口于侧输卵管，侧输卵管连接于中输卵管前端。附腺带状，环绕侧输卵管与中输卵管结合部。包围侧输卵管的附腺管可多达 30 支，附腺管上还存在另外 3 个或 3 个以上的分支。受精囊紧贴在中输卵管背面，包括受精囊管表皮内衬、汇集管 duct assembly、受精囊体 spermathecal pouch、受精囊球。受精囊管末端从背面连接在阴道板 vaginal plate 上，阴道板终止于结节 tubercle 上，结节位于产卵器末端上方的生殖腔壁背面。受精囊管从插入点向腹面盘绕，然后前伸。在此，受精囊管终止于受精囊萼，但受精囊管外部的多孔部分 cellular portion 继续向前伸展，形成高度折叠的受精囊体外壁。受精囊体向后开口。高度骨化的汇集管位于囊体的中部，刚好紧贴受精囊萼。汇集管形成受精囊的内壁，封闭受精囊的前端。汇集管后端封闭，前端开放，具有阀门的功能，其前端能从受精囊萼移开，打开受精囊管通向受精囊体的通道。当阀门打开让物质进入受精囊管或受精囊管延伸部分时，物质也能从受精囊体内排出。当汇集管紧贴受精囊萼时，受精囊管延伸部与受精囊管接触。受精囊管延伸部分通过汇集管全长。受精囊管壁与汇集管 (套管) 管壁之间有空隙。最内层是受精囊管延伸部分，其外套有汇集管 (套管)，汇集管外包被有受精囊体的壁。在从汇集管 (套管) 抽出后，受精囊管延

伸部分在进入受精囊球复合体前，呈 180°角折向背面。受精囊球复合体位于中输卵管背面紧邻附腺处或位于受精囊体的前端。受精囊球复合体由翻卷的受精囊球凸缘和受精囊球组成。凸缘由前、后两片组成。淡黄色受精囊球附着于凸缘上 (图 18-142)。

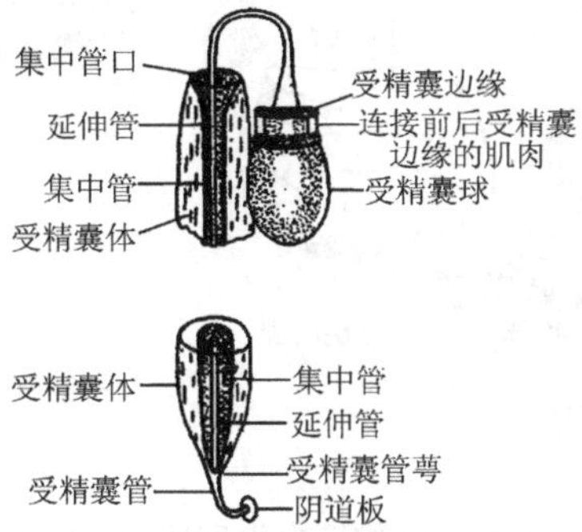

图 18-142　二点益蝽的受精囊 (Adams，2001)

18.8.17.5　*Piezodorus lituratus* (Fabricius)

雄性内生殖器：精巢腰果状，精巢基部着生于粗短的输精管顶端。附腺 1 对，退化，分支短管状，基部着生于输精管近基部。输精管基部着生于射精管球前端中间。射精管球前端向两侧发出 1 对大型胃囊状外胚层附腺囊，附腺囊下端和内侧发出许多分支细管状外胚层附腺管。射精管粗壮，从射精管球下端发出 (图 18-143)。

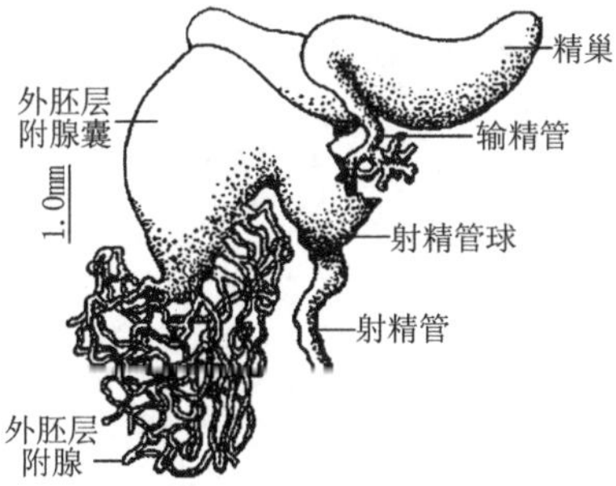

图 18-143　*Piezodorus lituratus* 雄性内生殖器 (Pendergrast，1957)

18.8.17.6　*Podops inuncta* (Fabricius)

雄性内生殖器：每精巢有 5 支精巢管，精巢管长囊状，相互贴合，有公共膜包被，精巢整体呈掌状。精巢管顺次着生于输精管前段，输精管从精巢下角伸出，与精巢接触处膨大形成萼状贮精囊。附腺附着于输精管下段 (形成共鞘构造)，细长管状反复扭曲缠绕成团。输精管和附腺末端着生于射精管球前端。射精管球长锥形，前端最宽，向后渐细，入射精管。前端两侧分别发出 1 大型外胚层附腺囊，囊的后缘发出扭曲成团的外胚层附腺管 (图 18-144 A)。

受精囊：受精囊管基段细缩，中部梭形长管状，有肌肉包被，前段细缩，顶端有发达的梨形受精囊体和受精囊泵，复合体有发达的肌肉外被。受精囊泵具有发达的基突和端突（图 18-144 B）。

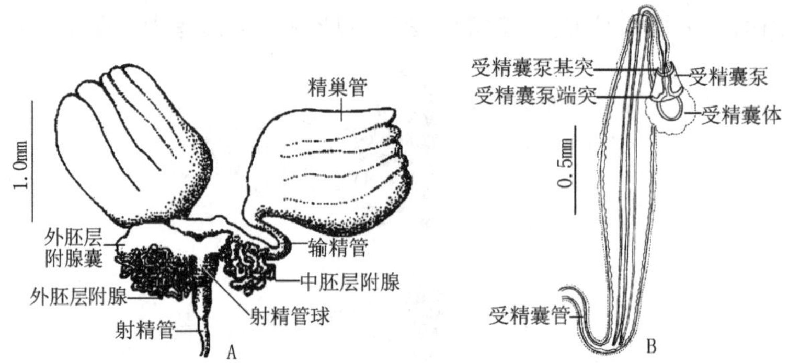

图 18-144　*Podops inuncta* 雄性内生殖器和受精囊（Pendergrast，1957）

A. 雄性内生殖器；B. 受精囊

第19章　半翅目同翅亚目 Hemiptera Suborder Homoptera

19.1　概　　论

19.1.1　雄性内生殖器

每精巢的精巢管形成1个紧密的公共被膜体或位于1个柄上，也有中间类型。*Carineta* 精巢大体呈球形，球形精巢在蝉科也普遍存在。每精巢的精巢管数量：温室白粉虱、槭树绵粉蚧、白蜡虫、桑盾蚧、瑞木短痣蚜 1 支；球蚜属、国槐木虱 2 支；环肖棘斑蚜、*Tuberculatus* (*Tuberculoides*) *neglectus*、棉蚜、山毛榉叶蚜、*Drepanosiphon*、*Sogata orizicola*、短头叶蝉属 3 支；毛刻斑蚜、短绵斑蚜、*Myzocallis* (*Lineomyzocallis*) *walshii* 4 支；粉毛蚜 5 支；斑衣蜡蝉、缘纹广翅蜡蝉、缘蛾蜡蝉、*Oeclidius* pr. *nanus*、*Agallia constricta* 6 支；圆角蝉属 6～8 支；黑圆角蝉 6～20 支；八点广翅蜡蝉 12 支；恶性席瓢蜡蝉 18 支；圆冠叶蝉属 28～35 支；尖胸沫蝉属 35 支。

精巢管内生精囊最终形成的精子数量取决于精原细胞分裂的次数，对特定物种而言相当稳定。许多介壳虫存在异染色质染色体 heterochromatic chromosomes 退化，即带有 X 染色体的次级精母细胞退化，使每个精母细胞只形成 2 个精子，每个生精囊内只有 32 个精子。介壳虫的精子缺乏典型的细胞器，核变成 1 个电子不透明的核芯，没有明显的边界膜。线粒体衍生物缺，但精子中同质的 homogenous 细胞质可能含有呼吸代谢功能的酶类。每个精子在接近染色质中心区域的螺旋面上含有 45～50 支微管，微管长达精子全长，可能与精子的运动有关，代替了典型轴丝的功能。32 个精子可能分成约 16 个 1 组的 2 束。每 1 束包裹在膜质鞘内，生精囊壁退化。许多种昆虫精子束的鞘不比精子长，如粉蚧属精子束的鞘仅存在于精子束的中部区域，鞘的头、尾部呈螺旋状，片盾蚧属的鞘与精子等长，束内的精子按同一方向排列，精子束的运动通常直到进入雌体后才发生，导致精子束鞘的破裂释放出精子。输精管末端常膨大形成贮精囊，它们不是由输精管末端壶腹直接转变而成，这与低等半变态类昆虫不同，虽然有些头喙亚目昆虫的贮精囊似乎代表膨大的末端壶腹。“附腺”位置在不同属间有差异，长沫蝉属附腺位于贮精囊近中部，小绿叶蝉属的附腺位于贮精囊的侧面。长沫蝉属的附腺似乎与小绿叶蝉属的贮精囊同源。同翅亚目附腺一般很发达，但附腺的功能还缺乏研究。每 1 贮精囊向后与复射精管中的 1 支结合，复射精管后延与单射精管结合。单射精管前端常膨大。Kunze (1959) 称殃叶蝉属射精管末端膨大部分为精泵。Maillet (1959) 发现头喙亚目有些科贮精囊内游动精子的聚集现象。蜡蝉总科存在精包。

蚧科每侧的精巢一般由 1 个精巢鞘组成。紫胶虫属精巢发育过程中退化，贮精囊 (假精巢) 代替精巢贮存精子束。蚜总科中球蚜属具有 2 个小型精巢管，开口到相应的输精管，还具有十分发达的成对附腺。*Drepanosiphon* 每精巢有 3 支精巢管，阳茎端部有 1 退化的附腺，位于射精管与成对附腺的出口之间。小绿叶蝉属的精巢彼此接近，外观似

1 复合构造。每精巢呈球形，由许多并排的线纹组成。粉毛蚜每精巢有 5 支多少呈放射状排列的精巢管，精巢管汇聚入输出管。木虱属的输精管末端膨大形成贮精囊，它们愈合形成单一的器官。射精管的肌肉器官变为具瓣的泵。粉虱科和某些蚧科具有发达的附腺，不发生贮精囊的愈合。但紫胶虫属未发现附腺存在。木虱科和粉虱科射精管的基部演变为精泵，精液通过泵前壁上强烈几丁质化的 2 个孔进入窄的泵腔，位于几丁质化的外壁和腺体组织的外壁之间。通过腺体组织的压迫阻止精液的返流。射精管通入 2 节的阳茎，弹性塞起瓣的作用。*Hemiodoecus* 精巢单管状，宽纺锤形，向后渐窄，与短的输精管结合。输精管转向前，膨大形成贮精囊。贮精囊前端变窄，进入 1 个公共管道 common duct (射精管)。附腺长带状，也与公共管道相接 (图 19-1)。

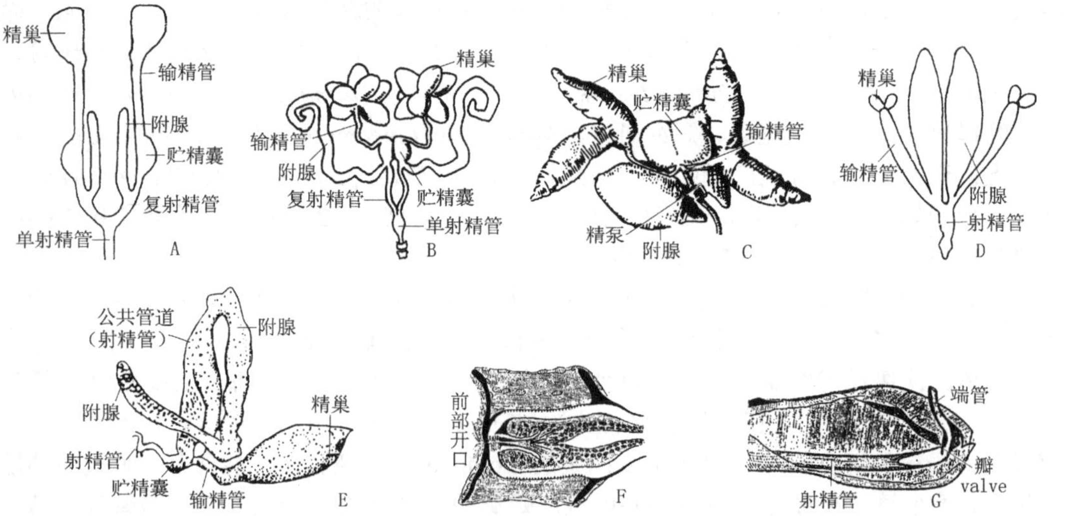

图 19-1　半翅目同翅亚目雄性内生殖器 (Matsuda，1976)

A. *Philaenus leucophthalmus*；B. *Empoasca plebejus*；C. 苹果木虱；D. 落叶松球蚜；E. *Hemiodoecus veitchi*；F、G. *Psylla foersteri* 的精子输送机制 (F. 精泵；G. 阳茎后端)

19.1.2　雄性内生殖器胚后发育

草地沫蝉的初孵若虫，出现精巢和伸达第 9 腹节的输精管 (生殖索)。在第 9 腹节腹板上有 1 条沟，它代表将要发育形成射精管的区域。输精管后端是厚壁管状的末端壶腹，之后射精管内陷发育并位于输精管后端之间。从管状壶腹前端产生附腺原基。3 龄若虫期，输精管管腔发育，附腺原基稍前方部位，输精管稍扩宽，扩宽的区域成为贮精囊。倒数第 2 龄和末龄若虫期，输精管与射精管建立联系。成虫期，射精管前部分叉达到附腺基部。上述发育情况表明：贮精囊和附腺属于中胚层起源。显然，贮精囊不是由输精管末端壶腹部分化形成的。射精管为外胚层起源。但长沫蝉的附腺起源于侧面射精管原基末端，属于外胚层起源。低龄同翅亚目昆虫 (如片角叶蝉属)，雄性生殖道由 1 对输精管 (其前端与精巢相连) 和 1 对皮下细胞起源的末端管道 (此时不与输精管相连) 组成。随后，体壁起源的实心内长物发育形成末端不成对的公共 (单) 射精管，在前端它与皮下细胞起源的成对管道的盲端相接，不久便形成管腔。此后不久，成对的皮下细胞起源的管道，通过全长的水平收缩，形成 2 对管道，分别为背面的 1 对附腺管和腹面的射精管。在发育后期，成对的射精管与输精管汇合。从输精管末端发育形成贮精囊。上述情况表明：附腺是外胚层起源的，不成对和成对的射精管起源上有分别，但都属于外胚层起源。

小绿叶蝉属 3 龄若虫，输精管原基扩展到第 9 腹节腹板。每输精管末端膨大形成贮精囊。因此，贮精囊为中胚层起源。成对的射精管、射精管球和附腺由外胚层壶腹分化形成，雄虫外胚层壶腹与雌虫第 8 腹节不成对的壶腹类似。3 龄若虫后期和 4 龄若虫初期，初生阳茎叶基部之间出现内陷，管腔与射精球腔融合。因此，小绿叶蝉属的附腺属于外胚层起源，这与片角叶蝉属相同。但小绿叶蝉属的附腺原基不成对，而片角叶蝉属的成对。蜡蝉 *Pyrilla* 和片角叶蝉属的射精管起源于初生阳茎叶之间的内陷，它向前伸展，接触输精管的末端壶腹，输精管壶腹在低龄若虫期就已经存在，属于输精管的延伸部分。附腺起源于末端壶腹，因此属于中胚层起源，这与长沫蝉属相同。

叶蝉科若虫 2 龄末至 3 龄初期，第 9 腹节腹板后方阳基侧突基部之间，有 1 个体壁凹陷，为未来的生殖孔。体壁凹陷继续作为实心的皮下细胞索位于体内，延伸一段距离，当接近第 8 腹节腹板后缘的时候，实心索的末端部分出现空腔，腔壁在细胞结构上类似于下表皮。因此，清晰地揭示了管道的皮下起源。这些管道前端为盲端。在向前发育过程中，管道由 1 对变为 2 对，背面和腹面各 1 对，分别为成对的附腺和射精管。皮下细胞的实心索的末端获得腔以后，将发育成为不成对的公共 (单) 射精管。在此阶段，输精管和精巢也是成对的，并得到很好的发育。输精管后部很膨大，具有大型的腔。前部几乎为实心状，逐渐变细。在第 6 腹节区域，它们与实心的精巢连续。沿生殖原基 (精巢和输精管) 中部的边际，有 1 个垂直的中胚层起源的组织带，该带在第 9 腹节区域扩展到下生殖板的基部。基板的原基在此阶段也可辨识。在邻近阳基侧突叶的基部，有皮下细胞的分化，该分化向中间线伸展，在发育中的射精管下部发育，将形成基板。阳基侧突叶进一步发育形成位于第 9 腹节的盲囊。下生殖板基部的盲囊也较明显。附腺和成对的射精管形成，两者起源于同 1 对皮下管道，后来整个长度沿水平方向逐渐收缩，首先变成哑铃形，然后哑铃的两端分开，结果原来 1 对管道成为 2 对，背面和腹面各 1 对，分别为附腺和成对的射精管。此时，射精管还没有与输精管连通。

裸粉虱属的若虫，精巢是内生殖器的唯一构造，位于第 6、7 腹节之间。化蛹后，精巢内表面形成输精管。羽化前，精巢向前迁移，进入第 5、6 腹节。结果将输精管向前拉动，其后端位于第 8 腹节而不是第 9 腹节。位于第 7、8 腹节的输精管部分特别膨大，形成贮精囊。贮精囊向后与射精管结合。公共 (单) 射精管通过第 9 腹节中间纵裂而发育，通过初生阳茎叶划界。约在第 9 腹节中部有 1 对射精管，它们起源于公共 (单) 射精管。稍后，从每 1 射精管的末端发育形成附腺。因此，裸粉虱属的射精管和附腺都是外胚层起源。与头喙亚目比较，射精管和附腺出现的时间明显延后。木虱属 3 龄若虫，通过位于初生阳茎叶之间生殖穴的内陷形成射精管。从射精管原基的前端分化形成精泵，射精管不发生二分叉的现象。附腺由输精管末端壶腹分化形成，因此属于中胚层起源 (图 19-2)。

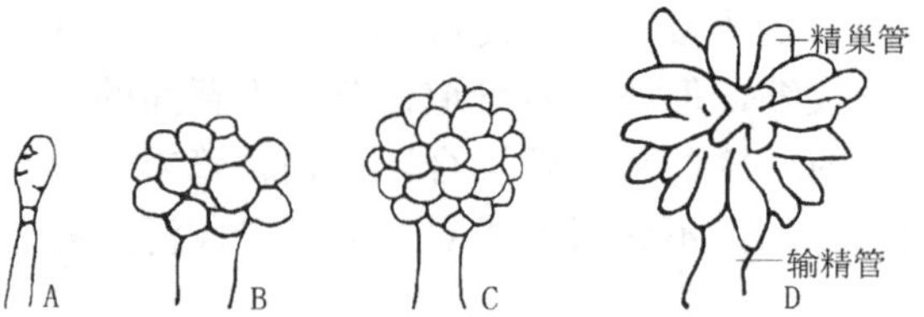

图 19-2　苹果木虱精巢胚后发育 (Matsuda，1976)

A～C. 精巢管原基出现与发育；D. 精巢管与输精管形成

19.1.3　雄性外生殖器

头喙亚目腹部 11 节，第 8、9 腹节形成外生殖器。生殖前节构造简单，生殖后节形成肛管及其附属构造。木虱、蚜虫和雌性介壳虫腹部前 3 节常分节不清，腹部可见节不多于 9 节。无尾须。雄性外生殖器包括尾节和生殖囊内的交配器官。尾节由第 9 腹节背板、侧板和腹板组成，在尾节形成的生殖囊内的交配构造包括阳茎、连索 connective 及阳基侧突。大部分头喙亚目昆虫，第 8 腹节腹面明显退化，第 9 腹节背侧面发达，向后外侧的扩展部分形成生殖囊 pygophore (生殖铗 genital capsule)，第 9 腹节称为生殖节。下生殖板从腹面封闭生殖腔，下生殖板很可能是第 9 腹节肢基片愈合的产物。

大多数蜡蝉总科的第 9 腹节背板、腹板和侧板愈合形成 1 环，称为尾节 pygofer，其背后方有 1 较深凹刻以嵌入肛管 anal tube。腹面也常有明显凹刻。尾节侧面向后延伸形成尾节瓣 pygofer lobe，是 2 个向后平伸的板，形状多样 (三角形、梯形、半圆形等)，形成生殖铗的底板，尾节瓣形成生殖铗的侧壁。蝉科的下生殖板 hypandrium 由第 8 腹节腹板扩展形成，船形，从下方覆盖生殖节。生殖囊背面为尾节背板及其后的肛管所覆盖。肛管由第 10 腹节形成，末端载有第 11 腹节，即肛刺突 anal style。肛刺突有 3～4 块骨片，称为肛瓣 anal valve。有些类群的第 9、10 腹节间 (即肛管的基部) 有骨化横带，称为肛领 anal collar。肛管、肛瓣及肛领均有不同形状的骨化突 appendage。下生殖板和尾节瓣一般具毛。

许多头喙亚目昆虫交配器官由中间的阳茎和两侧的阳茎侧突组成，阳茎着生于相对简单的基片，即阳茎基上，位于生殖铗中央，是 1 个部分骨化的交配插入器官，由基部的阳茎基和端部管状的阳茎端构成，阳茎端含有可外翻的内阳茎。内阳茎 endophallus 为阳茎端的内管。射精管端部的开口为 (初生) 生殖孔，阳茎口 phallotreme 为内阳茎缩回阳茎端管后形成的开口。阳茎基的某些部分一般与阳茎端愈合成整体。阳茎端内腔也称为阳茎腔 genital atrium，阳茎腔的基缘称为腔边 atrial rim。腔边有时背面形成单一或成对的突起或表皮内突 apodeme，腹面也会延伸形成端前腔 pretrium。有些科的阳茎端包在 1 个由阳茎基形成的略呈管状的阳茎鞘 penis-sheath、theca、periandrium 中，或者阳茎端很退化，其功能由阳茎鞘取代。蝉科的阳茎鞘包被 1 复杂而可伸缩的膜质构造阳茎端膜 vesica。阳茎端膜上有骨化刺或突起。阳茎端的基部以腔边或端前腔与连索相关联，阳茎基一般高度骨化且形状多样。连索两侧与刺突 styles 或阳基侧突相关节，刺突或阳基侧突为稍延长的、可动的骨化突起。在叶蝉类，上述构造位于下生殖板的背面，末端部向后，被下生殖板所隐盖。大多数蜡蝉总科没有下生殖板，自尾部可见刺突。有些小叶蝉 typhlocybids 和殃叶蝉 euscelids 的刺突外形似人腿，其端部称为足 foot，足的内端角称为踵 heel，足的外基角称为前尖 anterior point，外端角称为后尖 posterior point，踵和后尖之间的端线称为底 base。

在飞虱科，有 1 横壁或生殖隔膜 genital phragm (膈 diaphragm、阳茎托 aedeagus brace) 将生殖腔一分为二，前腔中包容阳茎器。狭窄的后腔向后开口，刺突位于后腔中。刺突基部穿过生殖膈的腹孔与连索相连，阳茎器则可由膈的背孔伸出，位于肛管下方。小绿叶蝉属和其他头喙亚目昆虫有阳基侧突 2 对，大多数蝉科没有阳基侧突，下生殖板、生殖瓣、刺突和连索也均消失，尾节为 1 完整的环。粉虱属的阳基侧突发育良好，分列于阳茎两侧。阳茎和阳基侧突外露，起源于下生殖板后缘。蚧总科雄虫腹部末端有 1 突出的雄性外生殖器，由阳茎鞘包裹简单的阳茎组成，阳茎与阳茎鞘通过基杆 basal rod 愈合在一起。阳茎鞘形成腹面纵裂，阳茎由此伸出。蚜总科具有管状的阳茎和理论上的位于第 9 腹节的阳基侧突。很可能由于发育停止，阳茎和阳基侧突有不同程度退化 (图 19-3)。

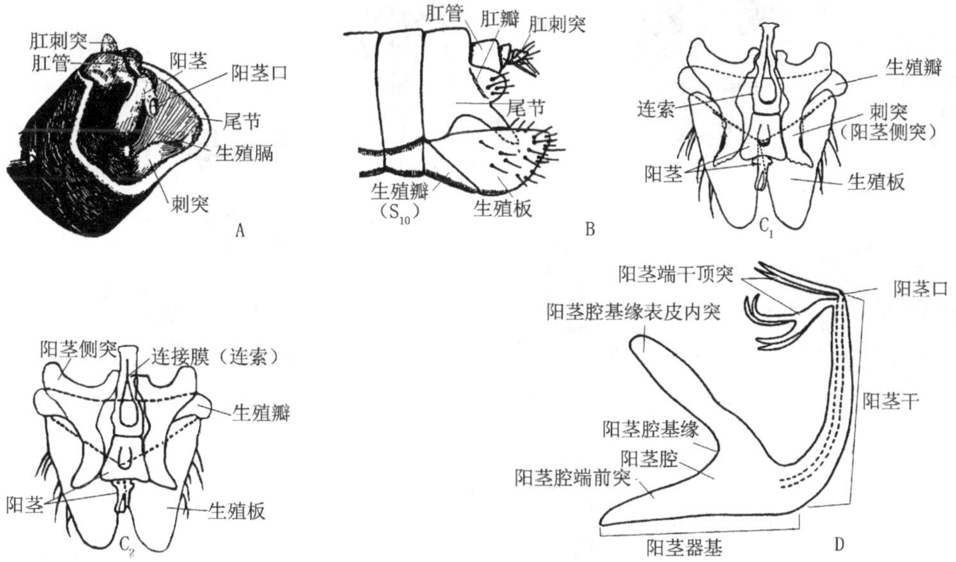

图 19-3　半翅目同翅亚目雄性外生殖器

A．*Javesella pellucid* 雄性生殖囊及肛管左后视；B．*Graphocraerus ventralis* 雄虫腹部末端左侧视；C_1、C_2．*Jassargus flori* 雄性生殖囊 (C_1．背视，背面部分除去；C_2．腹视)；D．*Typhlocyba lanternae* 阳茎左侧视；E．*Erythroneura parvula* 左生殖刺突背视；F．苹果木虱腹部末端左侧视，加点部位为膜质部分，阳茎处于交配位置；G．苹果木虱腹部末端纵切，示控制阳茎、载肛突、尾铗的肌肉，阳茎处于静止状态；H．粉虱属腹部末端；I．*Asterolecanium ungulatum* 阳茎鞘腹视；J．粗额蚜属腹部末端腹视；K. *Stictocephala bubalus* 阳茎、阳基侧突腹视；L_1、L_2. *Megameles* sp.腹部侧视、腹部末端后视；M. *Perigrinus maidis* 腹部末端后视；N_1、N_2．*Poblicia fuliginosa* 腹部末端侧视、腹面透视 (示阳基内突和阳茎内突在体内前端汇合)；O. *Philaenus spumarius* 雄性外生殖器；P、Q．*Tibicina septendecim*、*Aulacizes irrorata* 腹部末端侧视；R. *Matsucoccus bisetosus* 阳茎和阳茎鞘；S．中国梨木虱雄虫腹部末端侧视；T_8～T_{11} 为第 8～11 腹节背板；S_9、S_{10} 为第 9、10 腹节腹板；Ⅸ、Ⅹ为第 9、10 腹节 (A～C_1、D～J．Tuxen，1969；K～N_2．Snodgrass，1957；O～R．Matsuda，1976；S、C_2．郑乐怡和归鸿，1999)

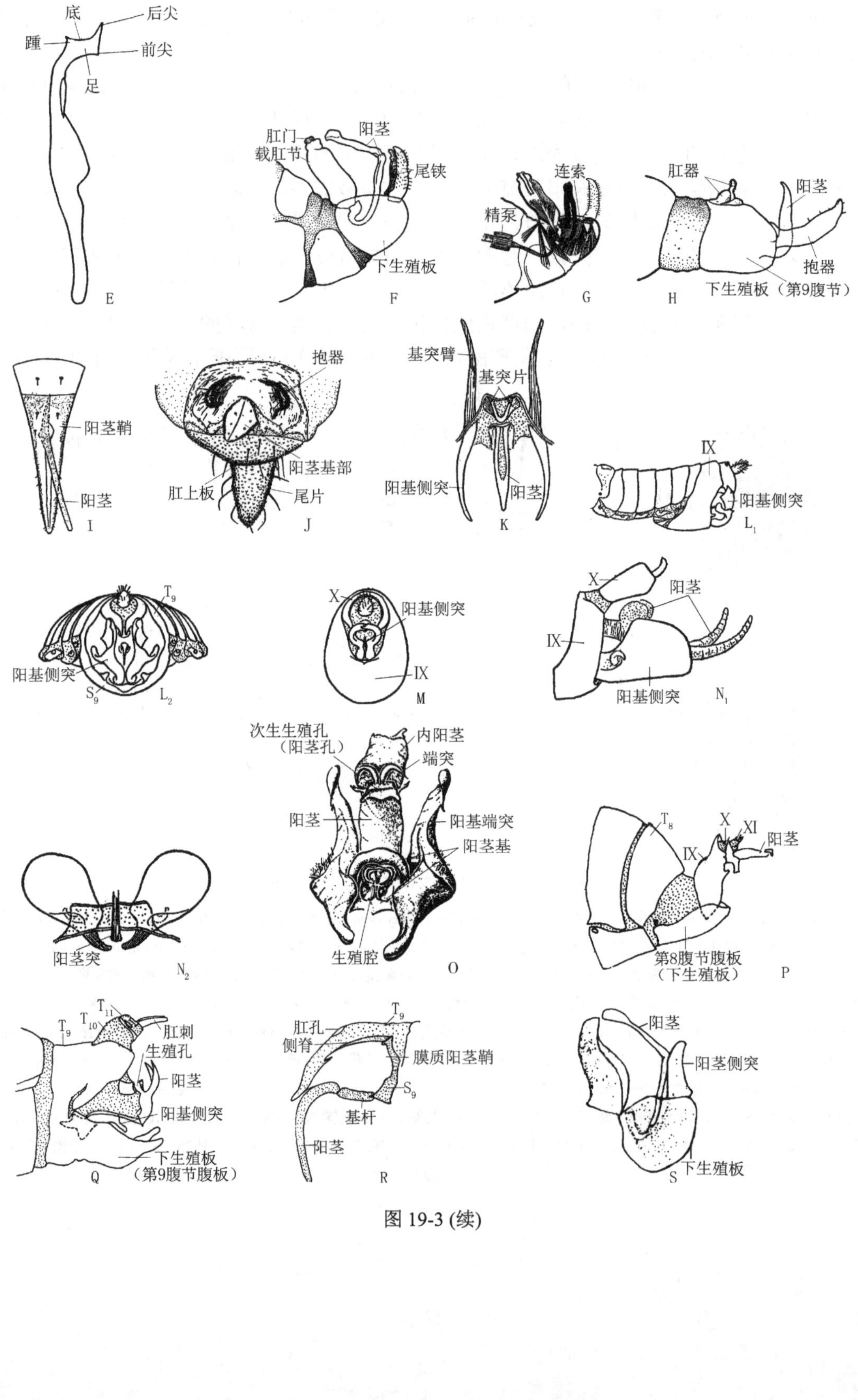
底
后尖
踵
前尖
足
E
肛门
阳茎
载肛节
尾铗
下生殖板
F
连索
精泵
G
肛器
阳茎
抱器
下生殖板（第9腹节）
H
阳茎鞘
阳茎
I
抱器
阳茎基部
肛上板
尾片
J
基突臂
基突片
阳基侧突
阳茎
K
IX
阳基侧突
L_1
T_9
阳基侧突
S_9
L_2
X
阳基侧突
IX
M
X
阳茎
IX
阳基侧突
N_1
阳茎突
N_2
次生生殖孔
（阳茎孔）
内阳茎
端突
阳茎
阳基端突
阳茎基
生殖腔
O
T_8
X
XI
阳茎
IX
第8腹节腹板
（下生殖板）
P
T_9
T_{10}
T_{11}
肛刺
生殖孔
阳茎
阳基侧突
下生殖板
（第9腹节腹板）
Q
T_9
肛孔
侧脊
膜质阳茎鞘
S_9
基杆
阳茎
R
阳茎
阳茎侧突
下生殖板
S

图 19-3 (续)

19.1.4　雄性外生殖器胚后发育

片角叶蝉属 2 龄后期和 3 龄初期若虫，成对的下生殖板原基与第 9 腹节腹板平齐。在下生殖板上面，第 9 腹节产生另外 1 对小的叶状突起，即初生阳茎叶。在阳茎叶基部之间有 1 凹穴 depression，为将来的生殖孔。每阳茎叶纵向分开，使起源时的 1 对变为 2 对，内部的 1 对通过愈合形成单一的器官，即阳茎。外面的 1 对发育成为阳基侧突。草地沫蝉初龄若虫的第 9 腹节腹板上有 1 条位于中间的纵沟。1 龄若虫后期，初始阳茎原基出现。除下生殖板原基外，在中间纵沟两侧还有初始阳茎原基。3 龄若虫期，阳茎叶下部产生阳基侧突，通过背缝的愈合形成 1 个中位的阳茎。这样使阳茎叶之间的纵向开裂发育为管状的插入器官。与草地沫蝉同属的其他种类，如长沫蝉，也发现初始阳茎叶分为 2 对，并形成阳茎和阳基侧突的情况。第 9 腹节成对的叶形成下生殖板。小绿叶蝉属 1、2 龄若虫期，初生阳茎叶原基为小的圆形叶，位于第 9 腹节浅凹内，腹面有成对的下生殖板原基覆盖。大的外胚层壶腹位于每 1 初生阳茎叶基部。3 龄若虫期，由初生阳茎叶分化形成内叶 (中裂球、间体 mesomere)。4 龄若虫，侧面原基进一步分化形成 2 对阳基侧突：中间和侧面各 1 对。内叶背腹缘愈合，形成阳茎原基。成虫期，中间的阳茎和 2 对阳基侧突出现。

白杨片角叶蝉和和芒果额氏叶蝉若虫 2 龄末期和 3 龄初期，第 10 或 11 腹节容易辨别，第 10 腹节与前节相比显得很小，两节之间的节间膜大。第 9 腹节腹板很短，但向后伸出进入 1 对三角形片状附肢，其间没有缝。三角片状附肢除端部外，沿中缘紧密接触。这些附肢的基部彼此连续，与第 9 腹节腹板平接无缝。这些附肢为未来的下生殖板。在这个板片上方，第 9 腹节具有另外 1 对小的叶状突起，每个突起位于中线的一侧，腹视被板片遮盖。这些突起将发育成为阳基侧突。在阳基侧突突起的基部之间，有 1 个体壁凹陷，为未来的生殖孔。在此阶段，第 9 腹节腹板后部，从背面到下生殖板基部，有 1 个深的体壁内陷，该内陷向前伸展进入第 8 腹节区域。第 9 腹节的皮下组织在腹板区相当增厚。下生殖板共同的基部呈隔板状、中空的外长物或第 9 腹节腹区的盲囊。盲囊后面有 1 对附肢。阳基侧突叶也为 1 对皮下组织盲囊，位于下生殖板稍上方。因此，此时第 9 腹节腹板具有 2 对外长物，1 对位于外侧，为下生殖板盲囊；另外 1 对位于内侧，为阳基侧突叶盲囊。

胸喙亚目的木虱科，其第 9 腹节腹面为下生殖板。肛锥 anal cone 和阳茎 (端) 从下生殖板上面的开口相联系，因此阳茎和阳基侧突基部远离。这两种结构的异常位置导致在羽化为成虫期间，阳基侧突发生 90°旋转，阳茎发生 180°旋转。阳茎二节状，这种独特的肘状构造使交配时阳茎能伸展和置于雌虫第 9 腹节腹面。木虱亚科初生阳茎叶在 2 龄若虫生殖腔出现。3 龄若虫期，每叶分裂成为中叶和侧叶，两侧的中叶愈合形成阳茎，侧叶发育为阳基侧突。因此，木虱亚科外生殖器发育过程基本与头喙亚目相同。蜡粉虱属 4 龄若虫期，成对的阳基侧突原基起源于生殖腔的背壁。阳茎由阳基侧突原基之间的不成对原基发育而成 (图 19-4)。

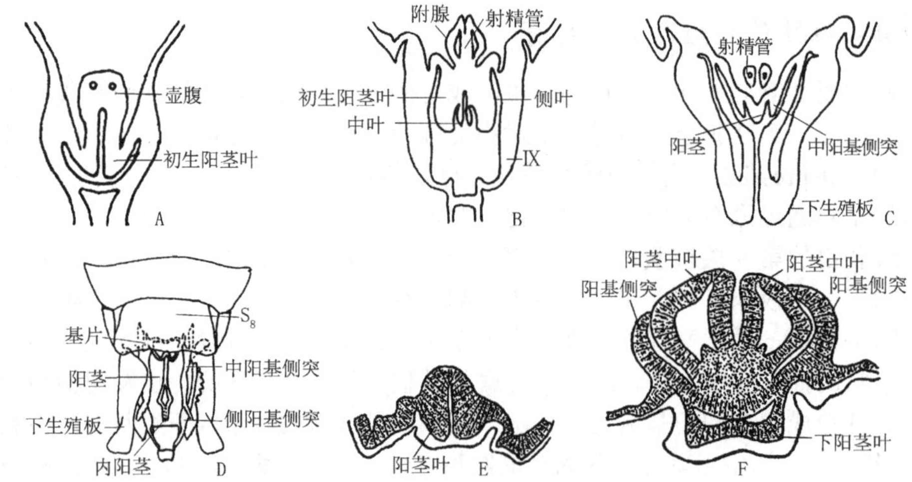

图 19-4　半翅目同翅亚目雄性外生殖器的幼期形态

A～D. 蚕豆微叶蝉雄性外生殖器胚后发育 (A、B、C. 第 2、3、4 阶段；D. 成虫期形态)；E、F. *Philaenus spumarius* 幼龄若虫阳茎叶纵 (水平) 切面、较高龄期若虫阳茎叶分化形成阳茎中叶和阳基侧突；S_8为第 8 腹节腹板；IX为第 9 腹节 (A～D. Matsuda，1976；E、F. Snodgrass，1957)

19.1.5　雌性内生殖器

雌性内生殖器由成对的卵巢、侧输卵管、中输卵管 (子宫)、受精囊 (少数种类缺，如胎生的蚜科)、成对的附腺组成。头喙亚目的卵巢管为端滋式，每卵巢的卵巢管数目变化较大，从叶蝉属、蒿小叶蝉属的 3 支到蝉科的 70～80 支。Pesson (1951) 报道蝉科的卵巢管数量有 100～150 支。这些卵巢管包裹在 1 共同膜鞘内，膜鞘与输精管前端连续。魔蝉属中输卵管与生殖腔相连，贮精囊通过 1 个窄的颈部进入生殖腔。生殖腔向后伸展，通过位于第 8 腹节腹板的内瓣之间的产卵孔开口于体外，卵即通过该孔产出。附腺 1 对，起源于生殖腔延伸形成的颈的基部，附腺盘绕成圈。中间较大的管状附腺 (后附腺) 开口于后部的生殖孔。因此，魔蝉属的交配孔和产卵孔是分开的，这可与许多鳞翅目双孔类昆虫比同。许多蝉科和其他头喙亚目昆虫中存在 2 个生殖孔，在蝉科中 *Tettigarcta* 和 *Tettigades* 有 1 个生殖孔，殃叶蝉属缺少前面的生殖孔，唯一的生殖孔开口于内瓣的基部。魔蝉属在相应位置上有 2 组附腺。小绿叶蝉属中 Helms (1968) 称为纳精囊 spermatozoal pouches 在位置上对应于 Kunze 所描述的殃叶蝉属的受精囊，后续研究证明小绿叶蝉属的纳精囊在形态和功能上均属于受精囊。

胸喙亚目卵巢管端滋式，侧输卵管短，结合于中输卵管，中输卵管与其后的生殖腔相连。绵蚜属每卵巢有 4 支卵巢管，二叉蚜属有 5 支，葡萄根瘤蚜的无翅孤雌生殖蚜，每卵巢的卵巢管数量根据情况而变化，从 1～2 支到 30 支不等。而在产越冬卵的葡萄根瘤蚜有翅雌虫中，总共只有 1 支不成对的卵巢管，另 1 卵巢已经萎缩，不成对的输出管顶端生有 1 不成对的卵巢管 (卵巢)。葡萄根瘤蚜和苹果绵蚜所产的唯一的冬卵很大并且几乎占据着整个虫体，产卵后雌虫死亡。某些卵胎生蚜虫只有 1 个功能性卵巢，卵巢内只有 1 支卵巢管。以第 1 阶段幼虫作为分散虫态的种类可能也有大量的卵巢管，介壳虫每卵巢有几百支卵巢管。蚧科每卵巢管由单独的卵原基发育而成，而不被结合进中胚层。因此，蚧科成虫有许多小型卵巢管不规则地着生在侧输卵管上。吹绵蚧属的卵巢位于两侧，端部联合形成 1 个圈。少数昆虫，卵母细胞在卵巢内受精。1 种介壳虫 *Aspidiotus* 也是如此，精子附着在中输卵管内增生的细胞上，然后迁移到卵巢管柄。

木虱科每卵巢由 1 束玫瑰花形的卵巢管组成，卵巢管汇聚入卵巢萼，卵巢萼着生于侧输卵管上。木虱 *Psylla alni* 每卵巢的卵巢管数目 40～50 支；黄杨木虱约为 15 支；苹木虱为 8～9 支很短的卵巢管。粉虱科的卵巢在发育之初为含菌体 mycetome 所覆盖，但不久延伸出来并进一步发育。在大部分发育期间，卵巢管葡萄状，单个附着于侧输卵管上。初羽化的成虫，卵巢管为束状丛生。胎生的蚜科昆虫，其附腺和受精囊缺。但卵生的雌虫除个别种类外，均具有受精囊。附腺 2 支，分列于生殖腔两侧。蚧科具有受精囊。吹绵蚧属的受精囊开口于生殖腔，开口位于两输卵管汇合点后方附近。糖粉蚧属的也开口于生殖腔前部。糖粉蚧属有 3 支发育良好的附腺，均附着于生殖腔，1 个位于腹面，2 个分列于两侧。苹木虱的生殖腔附生有受精囊和 3 支附腺，3 支附腺中后面的 1 支可能与许多其他昆虫中第 9 腹节腹板起源的附腺同源。粉虱属的受精囊开口于生殖孔背壁，生殖孔位于生殖突 gonapophyses 基部之间。*Hemiodoecus* 每卵巢有 5～6 支卵巢管；*Xenophyes* 每卵巢有 2 支卵巢管。卵巢管端滋式。侧输卵管短，中输卵管甚短，两者包裹在粗厚的肌纤维外套内。生殖腔具有几丁质内衬，可资识别。生殖腔下部经产卵器与外部连通，上面，生殖腔开口进入侧生殖腔囊。简单的卵圆形受精囊通过肌质的受精囊管与生殖腔背壁联系 (图 19-5)。

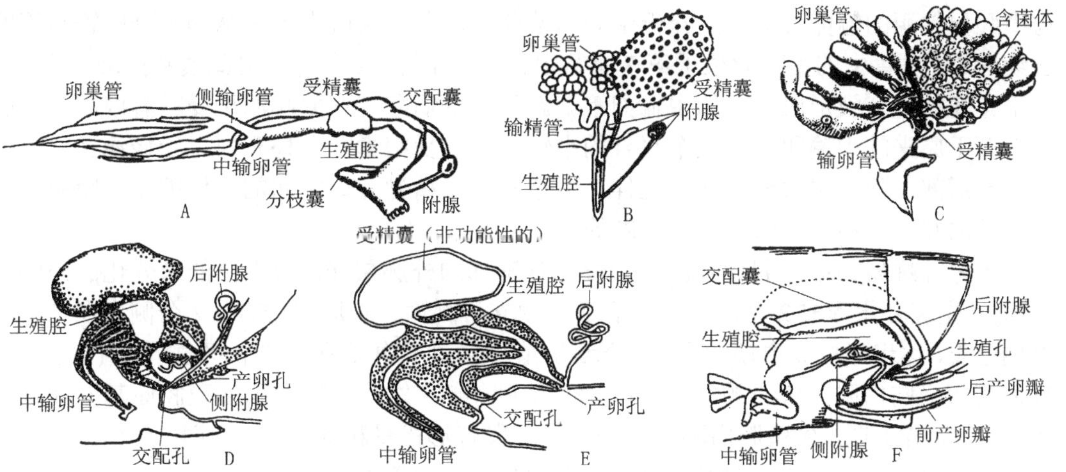

图 19-5　半翅目同翅亚目雌性内生殖器

A. *Empoasca plebejus*；B. 苹果木虱；C. *Aleurodes brassicae*；D、E. 十七年蝉；F. *Empoasca plebejus* 后部腹节，示内生殖器输出系统和外生殖器；G. 褐缘蛾蜡蝉、八点广翅蜡蝉、斑衣蜡蝉及象蜡蝉雌性生殖系统模式 (图 G 中的标注：1. 肛管；2、3、4、5. 第 10、9、8、7 腹节背板；6. 生殖腔后部；7. 产卵孔；8. 交配孔；9. 交配囊管；10. 交配囊；11. 骨饰 sclerotized ornamentation；12. 卵巢管；13. 侧输卵管；14. 悬带；15. 输卵管腺；16. 中输卵管；17. 卵巢；18. 受精囊腺；19. 受精囊泵；20. 受精囊支囊；21. 受精囊管；22. 受精孔；23. 受精囊；24. 交配囊管；25. 外膜；26. 内膜；27. 生殖腔前部；28. 生殖骨片；29. 背瓣；30. 内瓣；31. 腹瓣；32. 内生殖瓣和内生殖突；33. 生殖腔附腺；34、35、36. 八点广翅蜡蝉、斑衣蜡蝉、中华彩象蜡蝉；37. 缘蛾蜡蝉) (A～C、F. Matsuda，1976；D、E. 参考 Matsuda，1976 图重绘；G. 林江等，2011b)

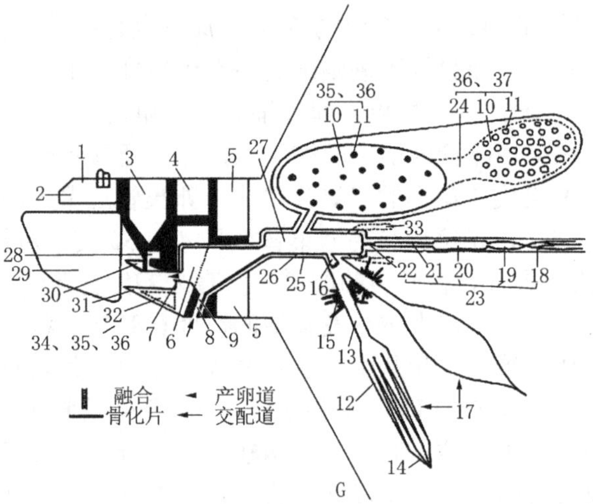

图 19-5 (续)

19.1.6 雌性内生殖器胚后发育

长沫蝉若虫期，侧输卵管伸展至第 6 腹节。外胚层起源的生殖管道部分起源于 3 个内陷：第 1 个为中输卵管内陷，其后部达第 7 腹节，前端分叉，形成 1 对具盲端的导管；第 2 个内陷后部伸达第 8 腹节，为受精囊原基；第 3 个内陷位于第 9 腹节后部，为附腺原基。在发育过程中，中输卵管起源 (第 1 内陷) 的开口被覆盖，它的前臂向前伸展，与中胚层起源的输卵管汇合，介于中间的壁分裂，在每侧形成 1 个从卵巢到中输卵管的连续通道。发育中的受精囊位于第 7 腹节中输卵管上面，2 个构造彼此紧密接触。最终，介于其间的壁分裂形成次生的中输卵管。新生的中输卵管背壁起源于受精囊内陷，其腹壁起源于原来的中输卵管。这个复合的中输卵管经受精囊孔向外开口。受精囊孔位于第 8 腹节后部。随着中输卵管向后延伸，生殖腔与受精囊开口之间的区域缩短。附腺保持其向外的开口，不与受精囊或生殖腔的开口融合。

小绿叶蝉属的中输卵管起源于腹瓣原基基部的外胚层壶腹 (中空的未分化的外胚层组织)，壶腹分化形成 2 个侧支，之后 2 个侧支与侧输卵管原基结合。2 个侧支在 5 龄若虫期分裂，逐步形成成虫期的中输卵管。生殖腔起源于腹瓣原基到中间输卵管 (壶腹) 原基之间的横向内陷。成对的纳 (受) 精囊由中输卵管外壁上的内陷生殖腔原基向前延伸形成。2 龄若虫期，生殖腔内陷的左侧面外翻发育形成受精囊。5 龄后期，整个第 8 腹节的内陷形成了成虫期分支的囊。单一的中间附腺起源于内瓣原基之间的内陷。小绿叶蝉属的雌性内生殖道起源于 3 个原基，由于长沫蝉属和小绿叶蝉属外胚层起源的中输卵管在与中胚层起源的侧输卵管结合前已经形成分支，最后形成的成虫期侧输卵管末端很可能是外胚层起源的。

在第 7 腹节体壁侧面，成对的外胚层细胞群出现 1h 后，二叉蚜属的中间输卵管原基明显可辨。类似在小绿叶蝉属中观察到的壶腹，在每细胞群的前侧面形成。随后，每个壶腹向前伸展，与每侧的侧输卵管结合。在中间输卵管分化的同时，第 8、9 腹节腹面节间区域的生殖腔内陷出现，它与中间输卵管原基结合，最终发育为连续的管腔。木虱属

4 龄若虫期，生殖原基前端出现纵向的裂缝 (竖裂 vertical cleft)，裂缝的背部分化形成受精囊，腹面部分为未来的中输卵管。

19.1.7　雌性外生殖器

头喙亚目腹部 11 节，生殖前节构造简单，生殖后节形成肛管及其附属构造。木虱、蚜虫和雌性介壳虫腹部前 3 节常分节不清，腹部可见节不多于 9 节。无尾须。雌性一般第 8、9 腹节形成产卵器，有 3 对产卵瓣，第 2 对产卵瓣常愈合。蚧虫和蚜虫雌虫一般无瓣状产卵器。头喙亚目，第 7 腹板 (最后 1 节腹板) 后缘常切入或有缺刻。第 9 腹节背板形成尾节，其侧面部分是早期学者所称的“侧瓣”valvulae laterales，但并不是产卵器的侧瓣 lateral valve。肛管位于尾节后背面，具有肛刺突。产卵器位于尾节腹面的槽内，由 3 对长方形的瓣组成，1 对从第 8 腹节生出，2 对从第 9 腹节生出。产卵瓣基部连接于载瓣片，第 1、2 载瓣片均成对，分别为第 8、9 腹板的残余。飞虱第 8 腹节载瓣片腹视为 2 个瓣，位于产卵器基部两侧，称为侧叶 lateral lobe。有时在侧叶基部可见有 1 个不成对的小骨片，属于第 7 腹节腹片，称为生殖鳞 (小片) genital scale、ecaille genitale。第 9 腹节腹板形成的后 1 对产卵瓣 (侧产卵瓣 lateral valves、背瓣) 自两侧包被其余 2 对产卵瓣 (锯 saw)，常称为锯鞘 saw-case。产卵器的锯片部分由 2 对略呈马刀形的骨片组成，外面 1 对属于第 8 腹节生殖突 (前瓣、腹瓣)，内面 1 对 (中瓣或内瓣)，出自第 9 腹节载瓣片 (第 2 载瓣片) 的前部。内瓣一般至少基部愈合。锯片部分有时只指内瓣。内瓣端部常为齿状。蚁蜡蝉科没有产卵器。有些蜡蝉产卵瓣短阔，不呈剑状。

蝉总科雌虫有 3 对产卵瓣，适于将卵产在植物组织中。雄虫第 9 腹节形成生殖囊 genital capsule，或称为尾节，第 10、11 腹节形成肛管和肛刺突，侧面常有瓣，称为尾节瓣，有的第 9 腹节腹板明显，形成三角形或半圆形的生殖瓣 genital valve，后面有 1 对下生殖板。魔蝉属中，Snodgrass 称第 1 载瓣片为瓣间片。瓣间片与前瓣基部、第 9 腹节背板的前侧突、第 2 载瓣片相关节。由于第 8 腹节腹侧部的大幅度退化，真正的第 1 载瓣片 (第 8 腹节基肢片)，即通常与瓣间片相关联的部分，已经退化消失。在第 9 腹节背板腹缘之间有 1 深凹，凹陷内藏有产卵器大部和第 9 腹节膜质腹面区域。第 2 载瓣片的基部露于第 9 腹节背板前腹角之下。背瓣内表面愈合。内瓣内下缘彼此联系、可动，内瓣联合形成的杆构成凸缘，腹瓣可通过凸缘自由移动。在 4 个产卵瓣 (腹瓣和内瓣) 之间，有 1 个封闭通道用于卵的输送。背瓣 1 对，位于内瓣的末端，包裹产卵器的端部，具有明显的针突。大叶蝉属产卵器的每个腹瓣基部由第 1 载瓣片支撑，第 1 载瓣片端部又与四边形骨片 (瓣间片) 相联系。瓣间片联系第 9 腹节背板的腹缘和第 2 载瓣片。第 2 载瓣片又和内瓣相联系。大叶蝉属和 *Amblydisca* 均保留明显的第 1 载瓣片，它们比魔蝉属更为原始。可能许多头喙亚目，其第 8 腹节腹板退化或丧失，产卵器大部分外露。第 7 腹节腹板延长形成的下生殖板短，仅覆盖产卵器基部。

木虱总科雌虫有 3 对产卵瓣，包在背腹两生殖板内。背生殖板上有肛门及肛环。雄虫第 9 腹节大，形成下生殖板，第 10 腹节形成载肛突，末端有肛孔开口。载肛突后有膝状的阳茎和 1 对铗 forcep，即阳茎侧突。蚜总科雌虫腹部 9 节，第 5 或第 6 腹节或第 5、6 腹节间有 1 对腹管 corniculus，腹部末节背板和腹板分别形成尾片 cauda 和尾板，雌虫一般无产卵器。粉虱总科雌虫腹部第 9 腹节背板有 1 凹入，称皿状孔 vasiform orifice，中间有小的第 10 腹节背板，称盖片 operculum，以及 1 管状的舌状突 (肛下片 lingula)。雌虫有 3 片产卵瓣。蚧总科雌虫无翅，体圆形、椭圆形或圆球形。3 个体段常愈合。雌虫无产卵器 (图 19-6)。

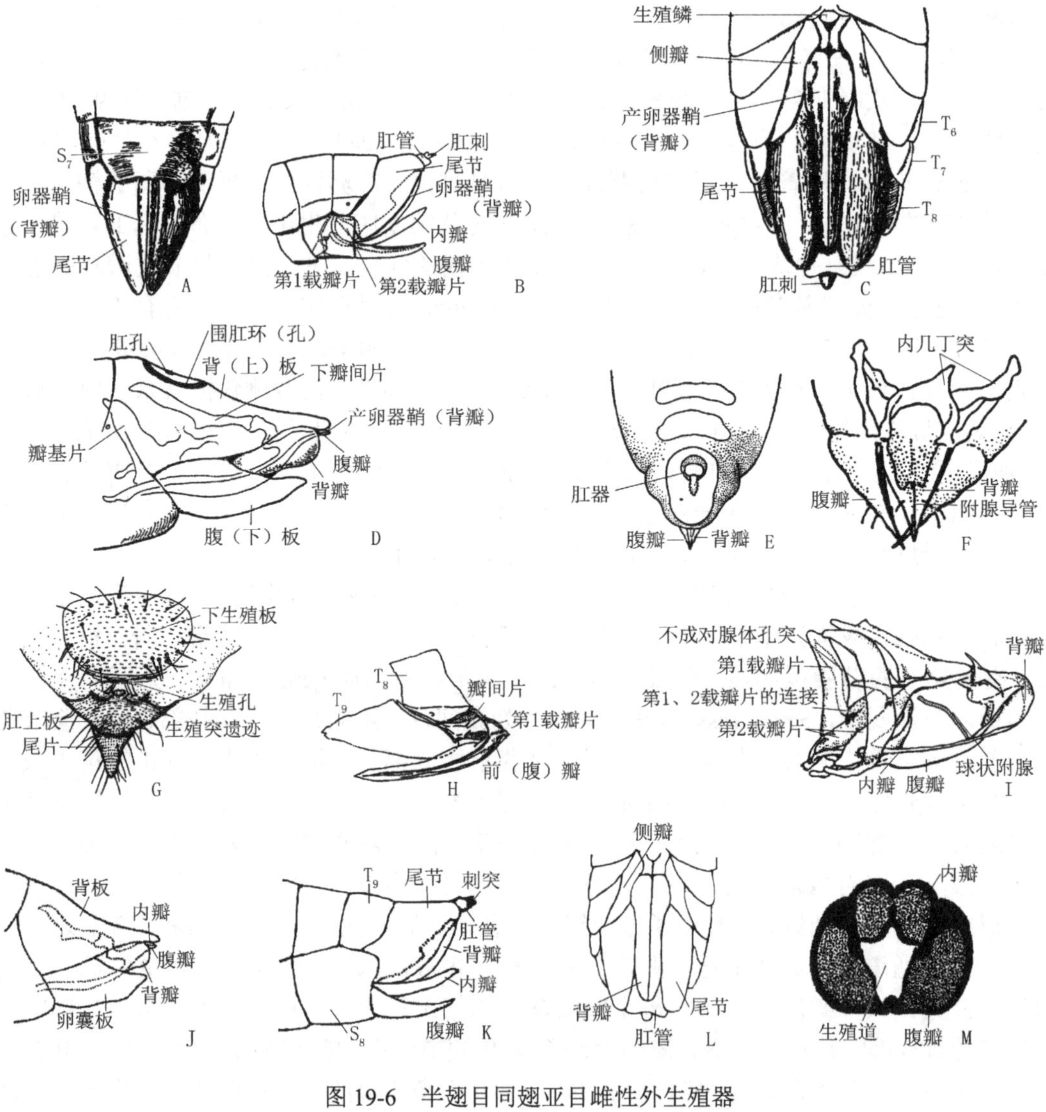

图 19-6　半翅目同翅亚目雌性外生殖器

A、B. *Athysanus argentarius* 腹部末端腹视、左侧视 (产卵瓣人为分开)； C. *Delphax crassicornis* 腹部末端腹视；D. 苹果木虱腹部末端左侧视，内骨骼透视；E、F. *Aleyrodes* sp.腹部末端背视、斜腹视；G. *Metopeurum fuscoviride* 腹部末端腹视；H. 大青叶蝉；I. *Psylla crataegi*；J、K. 木虱属、顶带叶蝉属腹部末端侧视；L. 飞虱属腹部末端腹视；M. *Magicicada* sp. 产卵器横切；T_6～T_9 为第 6～9 腹节背板；S_7、S_8 为第 7、8 腹节腹板 (A～G. Tuxen，1969；H、I. Matsuda，1976；J～M. Steinmann and Zombori，1981)

19.1.8　雌性外生殖器胚后发育

长沫蝉属 1 龄雌若虫第 9 腹节腹板存在类似雄虫的中间纵沟，这纵沟两侧以成对的产卵器原基为界。第 8 腹节也可见到类似的沟，沟的两侧分列 1 对前瓣原基。临近 1 龄末期，第 9 腹节腹板上的原基分为 2 对，分别为内瓣原基和侧瓣（背瓣）原基。2 龄若虫时，第 8 腹板上的原基也分支，内叶发育形成前瓣（腹瓣），侧叶保持不发育，最终成为瓣基片 basivalvulae。3 龄末期，第 9 腹节上的内瓣背缘逐渐向中部偏离，最后愈合形成覆舟形构造。末龄若虫，前（腹）瓣和内瓣通过脊和沟相互连锁。长沫蝉属的其他种类，产卵瓣的发育模式基本相同。耳叶蝉属的产卵瓣发育过程也没有本质差别，至少耳叶蝉属和长沫蝉属第 9 腹节的 2 对产卵瓣是通过初生的 1 对产卵瓣纵裂形成的。木虱属产卵瓣的起源还不清晰。低龄若虫期，在第 8 腹节后缘出现内陷，进而形成生殖腔 genital pocket。不久，从生殖腔前背面产生成对的背叶，这些背叶起源于第 9 腹节。生殖腔和背叶一起构成生殖器原基，之后从生殖原基的背叶分化出产卵器背瓣和后瓣（内瓣）；腹瓣则由初生的生殖腔分化形成。这 3 对产卵瓣显然与头喙亚目的同源。

19.2　蜡蝉总科 Fulgoroidea

19.2.1　雄性外生殖器

雄虫第 9 腹节发达，形成生殖囊；或背腹板完全愈合，成为尾节；第 9 腹节的背面后缘刻陷，着生由第 10 腹节形成的肛管。有些种类第 9 腹板后面生有 1 对生殖板 genital plate，也称为生殖刺突 genital style 或阳基侧突，在交配时起抱器的作用。阳茎包括基部的阳茎基片和端部的阳茎鞘（图 19-7）。

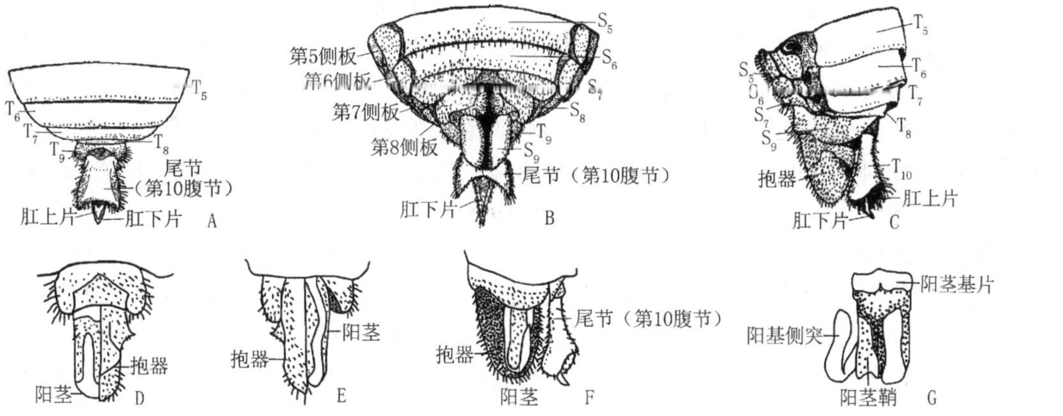

图 19-7　斑衣蜡蝉雄性外生殖器

A～C. 腹部末端背、腹、侧视；D～F. 腹部末节背、腹、侧视；G. 阳茎；T_5～T_{10} 为第 5～10 腹节背板；S_5～S_9 为第 5～9 腹节腹板(A～C. 周尧等，1985；D～G. 参考周尧等，1985 图重绘)

19.2.2　雌性外生殖器

雌性第 8、9 腹节腹板通常各分为左右 2 瓣，第 8 腹节腹板上生有 1 对突起，称为腹瓣，第 9 腹节腹板上生有 2 对突起，称为内瓣及背瓣 (锯鞘)。腹瓣和内瓣常包在生殖囊内，背瓣露在生殖囊外。卵产在植物表面的种类，产卵瓣不发达。

19.2.3　蜡蝉科 Fulgoridae

19.2.3.1　斑衣蜡蝉 *Lycorma delicatula* (White)

雄性内生殖器：两侧精巢有共同被膜，整体近囊状，囊的背面拱起，腹面凹入，呈“半月”形。每精巢有 6 支精巢管，精巢管外被 1 层结缔组织薄膜，膜内含有色素，故精巢管外观呈鲜红色。精巢管基部至端部渐细尖，中部弧形，呈“香蕉状”。各精巢管互相分离，精巢管基部与输精管相连。输精管细长，后半部稍膨大成为贮精囊。贮精囊为缠绕盘旋的管状构造，其外覆被淡橘红色围膜，前端与输精管相接处较细。贮精囊的末端略收细，伸出薄膜外，开口于射精管前端两侧，与射精管连接部分明显较粗。射精管管壁较厚，基部 1/ 3 较粗，中部变细，在端部与阳茎连接处膨大，形成 1 个球形的囊状结构，末端连于阳茎的基部。输精管与射精管汇合处有 1 对长而蜷曲的附腺，初羽化时附腺较为细短，无色透明，性成熟时明显增长，按其粗细与色泽可分为 5 段。端部第 1 段细而透明；第 2 段最长，端半部颇细，基半部增粗，为附腺各段中最粗者，前后两部分均为乳白色不透明；第 3 段较前段稍细，透明；第 4 段稍增粗，乳白色半透明；第 5 段粗细与前段相似，暗黄色 (图 19-8 B)。

雌性内生殖器：每卵巢有 14 支卵巢管，卵巢管端滋式，顶端有 1 条细短的端丝，端丝汇合形成悬带。初羽化时卵巢管较短，除端部小型的原卵区外，几乎全部为卵巢管柄。产卵期卵巢管明显增长。同侧的 14 支卵巢管柄集生于漏斗形卵巢萼，卵巢萼后方缩小形成短的侧输卵管，侧输卵管基部着生 1 圈密集的侧输卵管附腺，侧输卵管附腺乳白色、半透明，末端封闭。两侧的侧输卵管汇合于中输卵管，中输卵管后方连接生殖腔顶端侧下方，生殖腔经生殖孔开口于体外。生殖腔前端一侧发出直管状受精囊管，受精囊管顶端着生近“S”形膨大的受精囊体，受精囊体末端发出 2 支细长蜷曲的管状受精囊腺，初羽化时受精囊腺较为细短，性成熟时增长 (图 19-8 A)。

雌性外生殖器：腹瓣前连接片骨化，剑状，中部略弯曲，近端部有 3 齿，背缘略内凹，基部与第 1 载瓣片连接。前腓骨针状，极细长。第 1 载瓣片骨化较强，向腹部末端骨化程度越高，腹面及侧面常有大量细刚毛，端部内侧有 1 近三角形的内生殖瓣，其骨化程度较高，外侧着生大量细刚毛；在内生殖瓣背面着生有较发达的内生殖突，片状，端部钝圆，基部与前连接片愈合，端部裂开。第 1 载瓣片靠近前连接片区域有 1 透明膜褶，较窄，呈缝状。膜褶内侧为阔三角形骨化板，骨化程度较高。内瓣较大，侧视棒锤状，左右 2 瓣在近基部愈合，至端部逐渐分开，通常二者在内部相互连锁。后连接片骨化，外缘圆弧形，基部与生殖骨片后端连接。后腓骨直线型，骨化较强，腹缘连有薄膜。生殖骨片极小，短棒状，背缘隆起，腹缘凹入，呈倒“V”状，腹缘与后阴道末端相连。

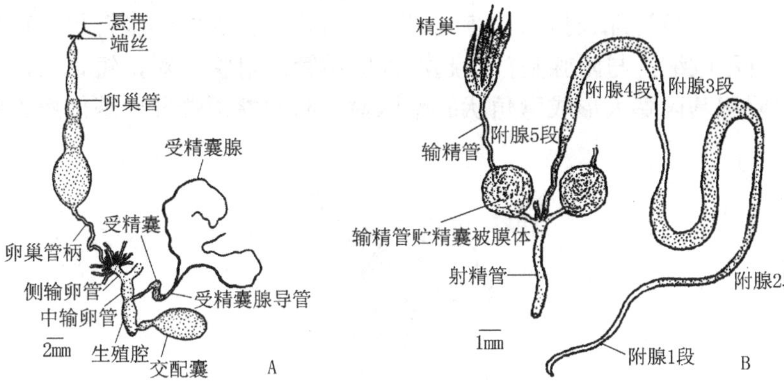

图 19-8　斑衣蜡蝉内生殖器 (孙少轩，1966)

A. 雌性内生殖器；B. 雄性内生殖器

背瓣大，每瓣近梯形，其基缘背端部与第 2 载瓣片相连；外侧有细刚毛，中部刚毛分布稀疏，较细短，但端缘、背缘及腹缘的刚毛分布稠密；其端部 1/2 半透明膜质，基部骨化，背缘骨化强烈，略向下包卷。背瓣背缘基部衍生出 1 长条状的骨片，为背瓣后叶，基部与背瓣背缘基部愈合，端部向腹面弯曲。交配囊管着生于生殖腔近基部开口处，交配囊管较粗，管壁加厚。交配囊管顶端着生有大型椭球形交配囊。交配囊内膜透明，上部着生有大量的褐色鳞片状上皮细胞骨化片，外膜皮质，有白色鳞片状上皮细胞骨化片。生殖腔腹面有细长弯曲的交配管，交配管经生殖孔开口于体外 (图 19-9)。

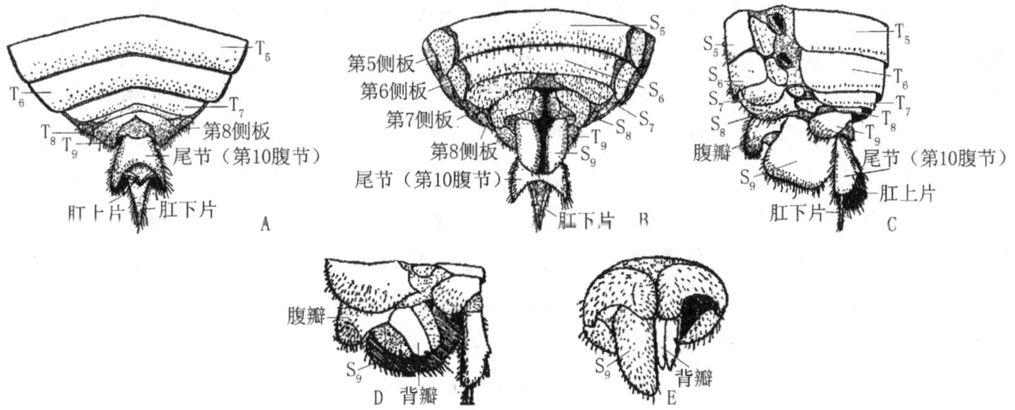

图 19-9　斑衣蜡蝉雌性外生殖器 (周尧等，1985)

A～C. 腹部末端背、腹、侧视；D、E. 腹部末节和产卵器侧、腹视；T_5～T_9 为第 5～9 腹节背板；S_5～S_9 为第 5～9 腹节腹板

19.2.4　广翅蜡蝉科 Ricaniidae

19.2.4.1　缘纹广翅蜡蝉 *Ricania marginalis* (Walker)

雄性内生殖器：精巢具有橘黄色或橘红色围鞘，每精巢有 6 支香蕉形精巢管，精巢管聚生在输精管顶端。精原细胞和精母细胞位于精巢管顶部，精巢管中部和基部充满精

细胞和成熟精子。输精管细长扭曲，缠绕成团，后段增粗形成膨胀管状的贮精囊，贮精囊后段的输精管稍收缩，与附腺基部一起汇入射精管。附腺 1 对，短管状，位于射精管前端两侧，每附腺基段膨大形成弯角状的附腺囊，附腺囊顶端发出基部螺旋状的附腺管(图 19-10)。

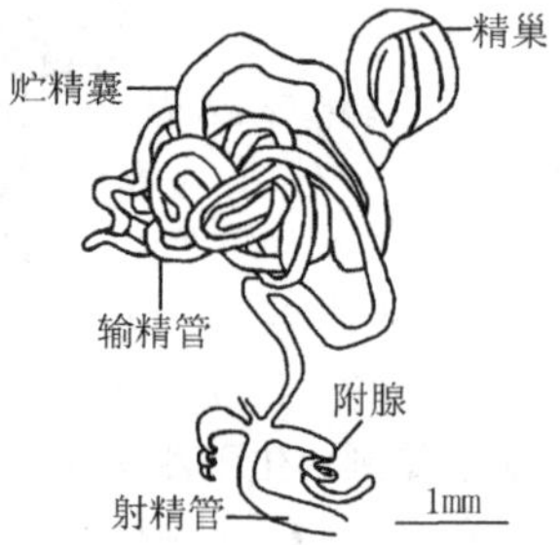

图 19-10　缘纹广翅蜡蝉雄性内生殖器 (参考 Tian 等，2006 图重绘)

19.2.5　飞虱科 Delphacidae

19.2.5.1　雄性外生殖器

腹部 11 节。雄性外生殖器由第 9 腹节特化而成，第 9 腹节背板、腹板与侧膜骨化成 1 完整的环形节，称为生殖节 genital segment 或尾节。尾节的后端向后下方的开口称为尾节后开口，外生殖器各部的构造即藏于其中。背视，尾节的背缝深度凹陷形成臀陷 anal emargination of pygofer，臀节 (第 10 腹节) 即从中伸出。尾节后开口的两侧称侧缘，而侧缘在腹面的连接部分称腹缘，腹缘中部称腹中突 medioventral process。侧缘端部与背缘相交的角称背侧角 laterodorsal angle，或称臀角。在尾节开口的内域中间偏腹方有 1 桥形骨片称为膈，膈由第 9、10 腹节节间膜形成，骨化或微骨化，膈的上缘称为背缘，若其中有突起称为膈突 armature of diaphragm。膈将生殖腔分割成两部分，阳茎从膈的背孔中伸出，另在膈的腹面中央有 1 孔称为膈孔 orifice、foramen of diaphragm，由此孔伸出阳基侧突。阳茎通常管状，有的具齿或刺，生殖孔位于末端，在其基部有骨片与臀节的基部相连接，此骨片称为悬片或悬器 suspensorium。阳基侧突 1 对，也称抱器，分列于尾节开口的两侧。每阳基侧突分内缘、外缘、基角、内端角等部位，基部藏于生殖腔内，各与 1 细长的骨片相连，此骨片称为连索，连索再与阳茎基端部的支撑管 support tube 或护鞘 sheath 连接，另在支撑管末端与连索连接处常延伸突出且略膨大的部分，称为支撑架 support bridge，此为射精管的支撑器。第 10 腹节也称臀节，属于生殖后节。臀节一般为环状或衣领状，有或无臀刺突 anal spinose process，如有则从臀节端侧角 lateroapical angle 伸出。臀节自尾节的臀陷中伸出，肛孔开口于其末端。在肛孔腹面，即臀节的端部中央，生有 1 个大型片状突起，称为臀突 anal style，臀突为第 11 腹节的衍生物。臀节的腹缘另生 1 对突起常为刺状，称为臀刺突，臀节的背面基部则与外生殖器中的支撑片相连接。

19.2.5.2　雌性外生殖器

第 7 腹节腹板后缘深凹 (背板正常)，第 8、9 腹节构成长大生殖节，产卵器甚长，即藏于生殖节腹面的纵沟内。产卵器腹瓣由第 8 腹节附肢演化形成，着生于第 1 载瓣片上；内瓣和背瓣由第 9 腹节附肢演化而来，着生于第 2 载瓣片上。第 1、2 载瓣片各自形成 1 对侧叶，分置于产卵瓣两侧。背瓣形成产卵管鞘，包围于腹瓣及内瓣外，通常腹视为夹于 2 对载瓣片侧叶间的管状体，产卵管鞘腹面有 1 纵缝，其内即为内瓣，内瓣的背面端半具齿列，锯齿状。有时在产卵瓣的基部有 1 不成对的骨片称为生殖小片，属于第 7 腹节。在生殖节的背后方生有臀节及臀突，但臀节简单无臀刺突 (图 19-11)。

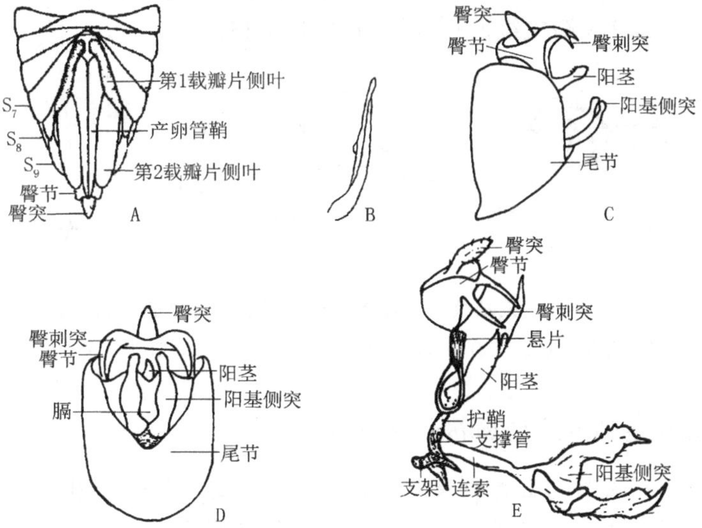

图 19-11　飞虱雌、雄外生殖器

A. 雌虫腹部末端腹视；B. 内产卵瓣；C、D. 雄虫腹部末节侧、后视；E. 雄性外生殖器；S_7～S_9 为第 7～9 腹节腹板 (A、B. 葛钟麟等，1984；C～E. 丁锦华，2006)

19.2.5.3　条翅梯顶飞虱 *Arcofacies strigatipennis* Ding

雄性外生殖器：雄虫臀节短，环状，侧视背侧角向后伸出。尾节后视后开口长大于宽，侧、腹缘交接处具 1 小型突起，侧视腹缘长于背缘，后缘凹入，腹侧角宽阔突出。

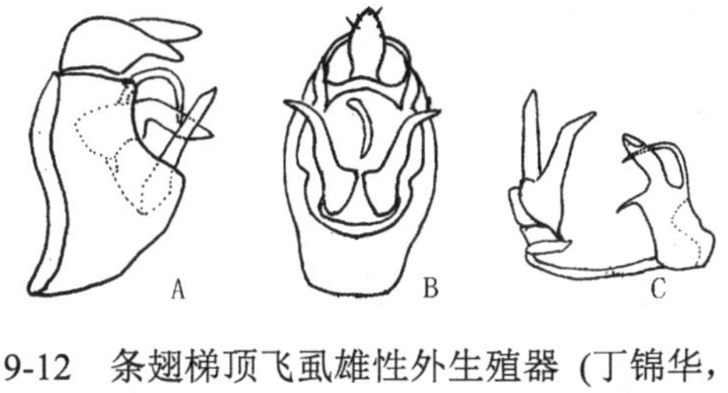

图 19-12　条翅梯顶飞虱雄性外生殖器 (丁锦华，2006)

A、B. 雄虫生殖节侧、后视；C. 阳茎与阳基侧突

阳茎宽扁，近长方形，端部狭窄呈大拇指状，背、腹缘各具 1 刺状突起，腹缘的粗短，背缘的细长，向腹面弯曲，性孔位于端背面。阳基侧突呈倒八字形岔离，基部较粗，内基角突出，端部细长，顶端向外侧翻转 (图 19-12)。

19.2.5.4　长刺纹翅飞虱 *Cemus changchias* Kuoh

雄性外生殖器：臀节端侧角显著肿大，其上所生臀刺突刺形，细长稍弯曲。臀突中等大。生殖节开口狭长，背侧角略成角状突出，侧缘微刻凹，腹中突方形，端缘中央浅凹，呈二圆瓣状。腹中突两侧各有 1 微隆起钝角状突起，膈中域隆起，背缘微凹，中央深切凹入。阳茎长大侧扁，略弯，端部背面生有 1 鞭节，逆向基方伸出，其中部略扩展，端部后渐尖细，且向背右方扭曲，在中部背面具 1 刺状突起，弯向右下方，扭曲成钩状。阳基侧突宽长，端部 1/3 渐尖细而折向外方 (图 19-13)。

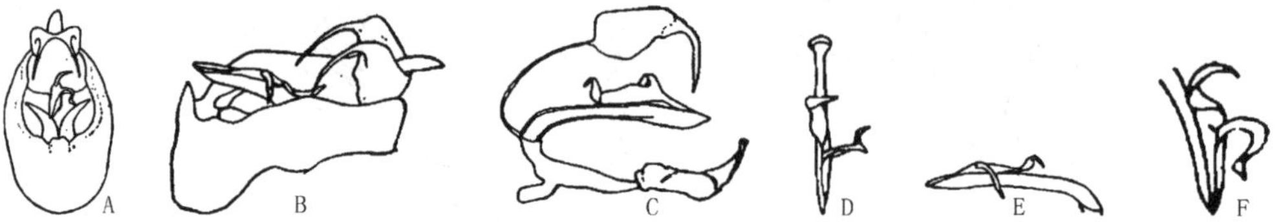

图 19-13　长刺纹翅飞虱雄性外生殖器 (葛钟麟，1981)

A. 雄性生殖节；B. 臀节、生殖节侧视；C. 臀节、阳茎、阳基侧突侧视；D、E. 阳茎背、侧视；F. 阳茎端半背侧视

19.2.5.5　扭旋茎刺飞虱 *Crispina tortilla* Kuoh

雄性外生殖器：臀节的 2 臀刺突宽刺状，基部宽离。生殖节开口的腹缘，具有二齿状腹中突。膈背缘宽凹，中央成小切刻。阳茎略弯稍侧扁，端部背面逆生 1 鞭节，鞭节宽片状，端部具 3 刺，均向阳茎右腹方折曲，另在阳茎端部腹面偏左侧逆生 1 短粗刺，右侧有 1 较长狭片状突起，突起近基部呈齿状突出。阳基侧突狭长，扭旋略呈“S”形 (图 19-14)。

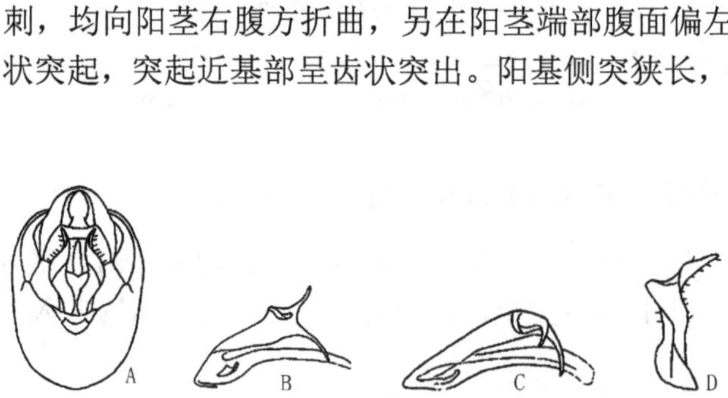

图 19-14　扭旋茎刺飞虱雄性外生殖器 (葛钟麟，1982)

A. 雄虫臀节、生殖节后视；B. 阳茎侧腹视；C. 阳茎侧视；D. 阳基侧突侧视

19.2.5.6　灰飞虱 *Laodelphax striatellus* Fallén

雄性外生殖器：雄虫臀节短，端侧角膨大，各自向腹面伸出 1 根短小的刺突。尾节腹面拱突，后视后开口宽大于长，侧缘凹缺，不完整，背侧角稍向中部伸出，侧视腹缘

明显长于背缘。膈相当宽，背缘中部隆起，膈面色深而骨化，中域拱凸，侧视明显突出在后缘的外面。阳茎侧扁，管状，背缘呈弧形弯曲，基部 3/4 很宽，端部 1/4 骤然向背面收窄，后渐向顶端变尖细，性孔位于离顶端 1/4 的下缘。悬片长卵圆形，向腹面收窄，背面具较长的背柄与臀节相连。阳基侧突短小，后视似鸟形 (图 19-15)。

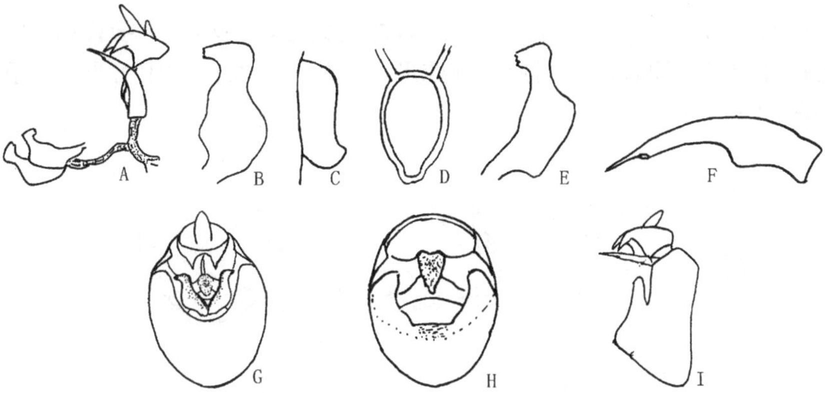

图 19-15　灰飞虱雄性外生殖器 (丁锦华，2006)

A. 臀节、阳茎和阳基侧突右侧视；B. 阳基侧突侧视；C. 膈突侧视；D. 悬片；E. 阳基侧突后侧视；F. 阳茎右侧视；G. 雄性生殖节后视；H. 尾节，示膈；I. 雄性生殖节侧视

雌性内生殖器：每侧卵巢有卵巢管 11～17 支，平均 14 支。卵巢管分为生殖区和生长区两部分，顶端有端丝，各端丝聚合成束，基部具卵巢管柄，各柄与侧输卵管相接。侧输卵管中间缢缩，两端膨大，椭圆形。左右侧输卵管汇入中输卵管，其后端与生殖腔相连。受精囊黄色，受精囊管不明显，基半段形成粗管状稍弯曲受精囊体，着生于生殖腔顶端一侧。受精囊体向顶端渐尖细，形成丝状、顶端球形的受精囊腺。交配囊体扁椭圆形，交配囊管直管状，着生于中输卵管末端，已交配雌虫可透视略呈黄色的精包 (图 19-16)。

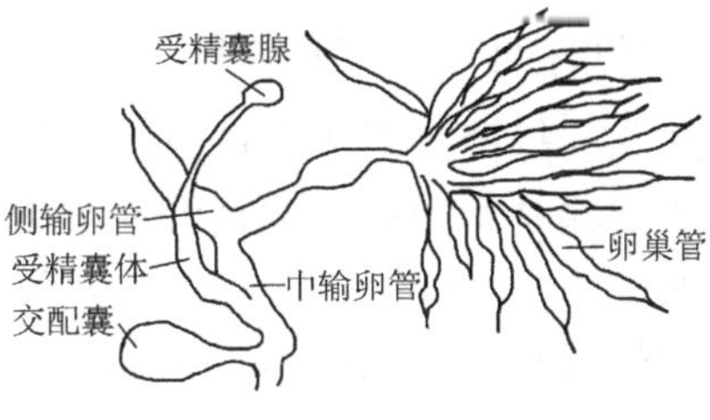

图 19-16　灰飞虱雌性内生殖器 (参考徐秀媛和丁锦华，1990 图重绘)

19.2.5.7　褐飞虱 *Nilaparvata lugens* (Stål)

雄性外生殖器：雄虫臀节陷入尾节凹陷内，端侧角分离，各自伸出 1 根长的刺状突。尾节后面观，后开口宽大于长，侧、腹缘完整无突起。膈宽，中域骨化，背缘中部均匀弧凹。阳茎管状，长形，端部约 1/3 收细并上翘，顶端尖，性孔位于中偏端方的一侧，其下方有 5 个微齿。悬片柄部狭长，腹环椭圆形。阳基侧突大，内缘近基部深刻凹陷，

内端角向内前方伸出，呈 1 狭长的尖角形 (图 19-17 A～F)。

雌性内生殖器：每卵巢的卵巢管数目个体间变异较大，一般每侧 24～33 支。卵巢管前端有极细的端丝。卵巢管的长度因发育日龄而异，发育初期的卵巢管有明显的卵巢管柄。各卵巢管柄连接于侧输卵管。侧输卵管自卵巢发育 2 级时开始膨大，其中部明显缢缩。侧输卵管明显膨大的前半部称卵巢萼。2 支侧输卵管汇入中输卵管。中输卵管前端着生 1 弯钩状的受精囊，其上半部在初羽化时即呈黄色，尖端有 1 细管和 1 个小的薄膜状囊。交配囊位于中输卵管近末端处，圆球形，交配后在交配囊中可见梨形乳白色较透明的精包 (图 19-17 G)。

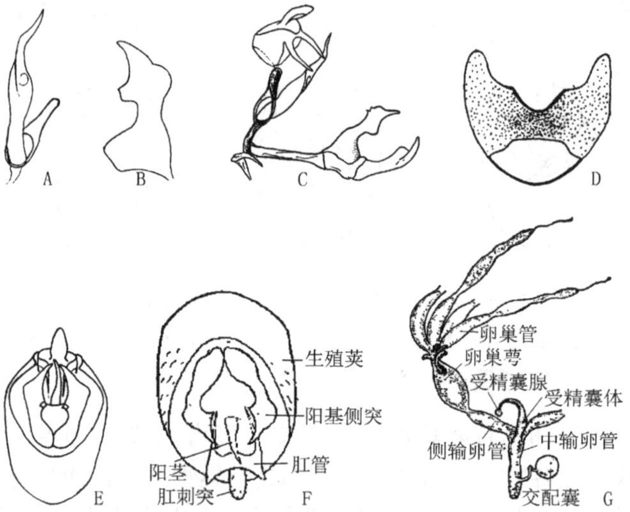

图 19-17　褐飞虱生殖系统

A．阳茎右侧和悬片；B．阳基侧突；C．臀节、悬片、阳茎和阳基侧突左侧视；D．膈；E．雄性生殖节后视；F．雄性生殖节背视；G．雌性内生殖器 (A～E．丁锦华，2006；F．北京农业大学等，1980；G．陈若篪等，1979)

19.2.5.8　玉米飞虱 *Peregrinus maidis* Ashmead

雄性内生殖器：精巢淡红色，每精巢有 4 支球形精巢管，精巢管基部细缩形成输出管，每精巢的 4 支输出管集生于输精管顶端。输精管前半膨胀形成贮精囊，后半较粗而弯曲，末端与附腺管一起汇入中间的射精管。附腺 1 对，管状而局部膨胀呈球形。性成熟雄虫的附腺体积膨大，充满后胸和整个腹腔，外膜薄而易破裂，内容物乳白色 (图 19-18)。

雌性内生殖器：每卵巢平均有 16 支卵巢管，每卵巢卵巢管的端丝汇合成悬带，两侧卵巢的悬带结合形成中悬带，中悬带附着于胸部脂肪体上。卵巢内含发育中的卵母细胞和成熟卵，基部通过卵巢管柄分别着生于卵巢萼上，卵巢萼后接侧输卵管。侧输卵管较细长，常因卵的进入出现不同部位的膨胀。两侧的侧输卵管汇入粗短的中输卵管。中输卵管后接生殖腔，生殖腔经产卵孔开口于体外。在两侧侧输卵管汇合点之间，中输卵管前端着生有粗短的受精囊管，受精囊管顶端着生有长囊状受精囊体，受精囊体上发出管

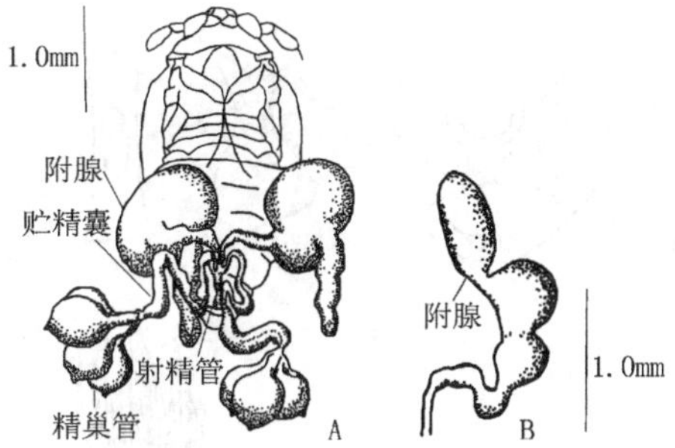

图 19-18　玉米飞虱雄性内生殖器 (参考 Tsai and Perrier，1993 图重绘)

A．整体；B．幼期成虫的雄性附腺

状受精囊腺，受精囊腺基部和端段膨大，中间细管状。交配囊体球形，交配囊颈粗短，开口于中输卵管下端 (图 19-19)。

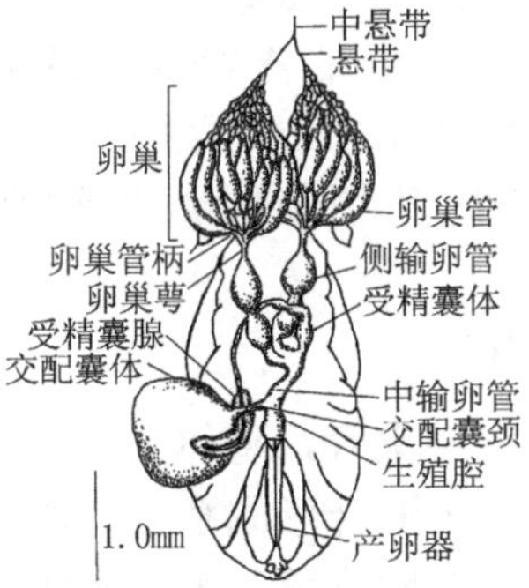

图 19-19　玉米飞虱雌性内生殖器 (参考 Tsai and Perrier，1993 图重绘)

19.2.5.9　白背飞虱 *Sogatella furcifera* (Horväth)

雄性外生殖器：雄虫臀节端侧角位于中部两侧，各自向腹面伸出 1 根中等粗长的刺状突起。尾节后开口宽卵圆形，宽约等于长，具 1 小锥形腹中突。膈背缘中部具 1 宽"U"形突起。阳茎顶端尖细并明显下弯，腹侧观，左侧齿列具齿 18 枚，右侧 12～14 枚，两齿列基部分离。悬片长方形，中部孔洞长椭圆形。阳基侧突基部很宽，向端部骤然收缩，端部叉状，外叉宽，顶端钝圆，内叉较窄，顶端尖，二叉长度大致相等 (图 19-20 A～F)。

雌性内生殖器：卵巢管数目在个体间变异大，每卵巢有 10～18 支。卵巢管顶端有细端丝。侧输卵管中间膨大，形似长囊，两侧的侧输卵管汇入中输卵管。中输卵管上部生出 1 个弯钩形的杏黄色受精囊。交配囊位于生殖腔下半部，椭圆形，有时可透视到乳白色的精包 (图 19-20 G)。

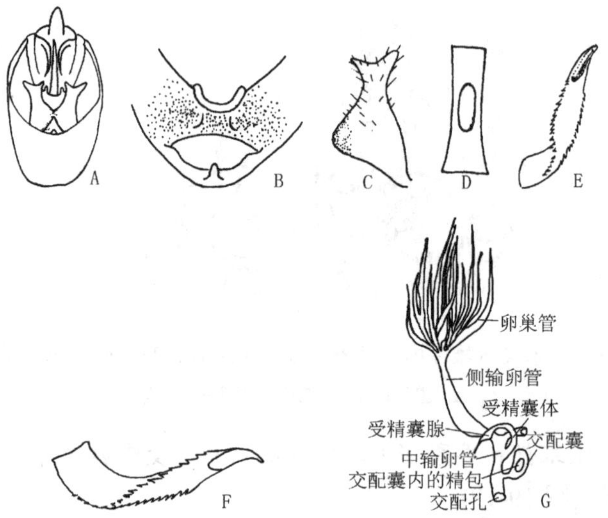

图 19-20　白背飞虱生殖系统

A. 雄虫生殖节后视；B. 膈；C. 阳基侧突；D. 悬片；E. 阳茎腹侧视；F. 阳茎左侧视；G. 雌性内生殖器 (A～F. 丁锦华，2006；G. 参考吕万明，1980 图重绘)

19.2.5.10　*Sogata orizicola* Muir

雄性内生殖器：每精巢有 3 支精巢管，整体呈三叶状。精巢管黄白色、不透明，略呈披针形，端丝细长，每精巢的端丝汇合形成系带。每精巢精巢管偶见 4 支。4 龄若虫初期，内生殖器发育成熟，大部为脂肪物质包裹，脂肪包被随发育进程而消失。精巢下方的输精管不透明，细长淡黄色。输精管分段收缩而呈串珠状。输精管下方膨大形成不透明的贮精囊。在贮精囊与射精管结合处，有 1 对花生形乳白色附腺。射精管半透明，具有厚壁肌肉，其后部为高度骨化的阳茎 (图 19-21 B)。

雌性内生殖器：卵巢纺锤形，每卵巢有 14 支半透明的卵巢管。卵巢管端滋式，有端丝，各卵巢管的端丝合并形成系带。端丝下部为披针形生殖区，生殖区后为卵黄区。每卵巢管通常含有 4 个正在发育成熟的黄白色不透明卵。在若虫和初羽化成虫期存在的包裹生殖系统的脂肪物质，在成虫羽化后几天消失。成熟卵在羽化后 5～10 天出现，但交配可在成熟卵出现之前发生。侧输卵管 1 对，半透明。侧输卵管和中输卵管之间有收缩区，呈串珠状。中输卵管半透明，后端与产卵器相接。产卵器不用时包藏在第 9 腹节腹部的沟内，产卵前产卵器下降，与腹部形成一定角度，此时，产卵器处于穿刺产卵的位置。受精囊细长，开口于生殖腔前端，位于侧输卵管与中输卵管结合处下方。受精囊体淡黄色，受精囊腺梨形，附着于受精囊体端部。受精囊腺与受精囊体之间有收缩区，收缩区内有颗粒状物质形成的不透明塞将受精囊腺与受精囊体分隔。交配囊球形，开口于生殖腔，开口处位于受精囊开口的下方。交配囊体黄白色，不透明 (图 19-21 A)。

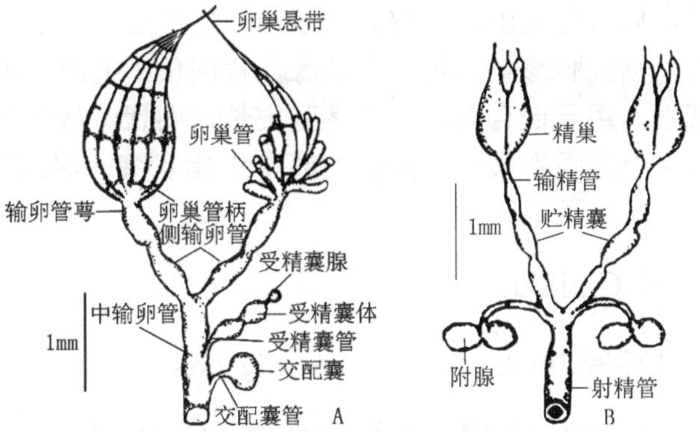

图 19-21　*Sogata orizicola* 内生殖器 (McMillian，1963)

A. 雌性内生殖器；B. 雄性内生殖器

19.2.5.11　扎兰屯长突飞虱 *Stenocranus zalantunensis* Ding *et* Hu

雄性外生殖器：雄虫臀节大，端缘横截，端侧角位于两侧，各自向腹面伸出 1 根粗壮的臀刺突，侧视臀刺突位于后缘中偏上方，另在基缘具 1 对粗壮的刺状突起。尾节侧视背缘极短，腹缘长，后基角着生阳基侧突处凹入呈半圆形。膈宽，背缘宽凹。阳茎细长，管状。阳茎鞘侧扁，豆荚形，顶端尖细。阳基侧突基半部宽，内缘直，端半部骤然收细，并向顶端逐渐变细，内缘近中部有 1 短柱形突起 (图 19-22)。

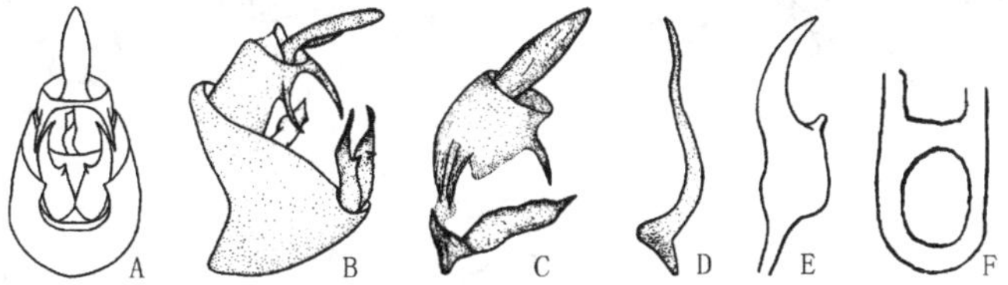

图 19-22　扎兰屯长突飞虱雄性外生殖器 (丁锦华，2006)

A、B. 雄性生殖节后、侧视；C. 臀节和阳茎鞘；D. 阳茎；E. 阳基侧突；F. 悬片

19.2.5.12　长刺匙顶飞虱 *Tropidocephala longispina* Ding

雄性外生殖器：雄虫臀节宽大，紧密插入尾节的背陷内，腹视自上而下稍扩宽，拱

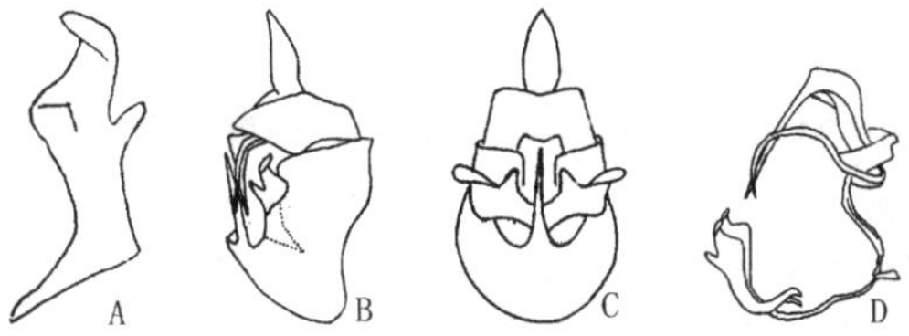

图 19-23　长刺匙顶飞虱雄性外生殖器 (丁锦华，2006)

A. 阳基侧突；B、C. 雄性生殖节侧、后视；D. 阳茎和阳基侧突侧视

门小，侧视近斜方形，后腹角突出，臀突大，矛形。尾节后开口小，心脏形，腹中突长刺状，伸达臀节基部，侧视腹缘斜，稍长于背缘，背侧角不突出。阳茎细长弯曲，阳茎基宽，腹面形成 1 凹槽，用于嵌合阳茎，阳茎基突长，刺状，从端部腹向伸出。阳基侧突呈钝角岔离，外缘中上方强烈拱凸，内缘中部具 1 指状突，端部明显向侧方翻折 (图 19-23)。

19.2.6　菱蜡蝉科 Cixiidae

19.2.6.1　田旋花麦蜡蝉 *Hyalesthes obsoletus* Signoret

雌性外生殖器：第 8 腹节的生殖突基节 gonocoxa 约呈椭圆形，弱骨化。每个生殖突基节腹面或多或少与四边形的骨片联系，四边形骨片前端尖，称为内生殖基叶 endogonocoxal lobe。四边形骨片有退化的膜质第 8 腹节生殖突 gonapophysis。生殖突内

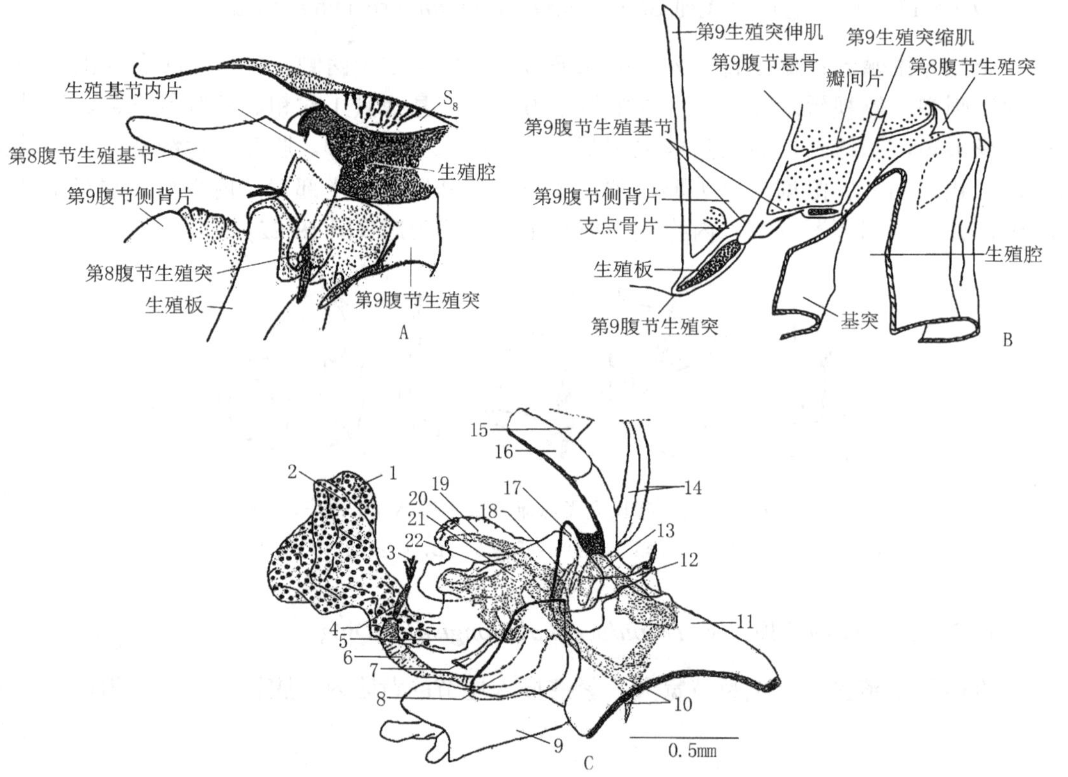

图 19-24　田旋花麦蜡蝉雌性外生殖器及交配状态

A、B. 雌性外生殖器腹视和内部左侧视；C. 交配中雌、雄外生殖器的位置，阴影部分为雄性外生殖器 [图 C 中的标注：1. 交配囊；2. 交配囊骨化点；3. 受精囊腺；4. 受精囊泵 spermathecal pump；5. 交配囊管；6. 受精囊膨大部 diverticulum ductus of the spermatheca (受精囊体)；7. 中输卵管；8. 受精囊管；9. 雄虫肛管；10. 连索的下垂构造 tectiform structure of the connective；11. 尾节；12. 第 8 腹节生殖突；13. 雄虫生殖刺突；14. 生殖板；15. 雌虫肛管；16. 第 9 腹节侧背片；17. 第 8 腹节生殖基节；18. 尾节左侧突；19. 生殖腔后部；20. 围雄突起 periandrium process；21. 阳茎；22. 生殖腔前部]；S_8 为第 8 腹节腹板(A、C. Sforza and Bourgoin，1998；B. 参考 Sforza and Bourgoin，1998 图重绘)

侧，第 8 腹节生殖突的前叉突 fibula 短，不显著。后部，第 9 腹节生殖突基节杆状。第 9 腹节生殖突短、膜质，内缘不愈合。生殖板 gonoplacs (背瓣) 为 2 个不包裹生殖突的圆形骨片。蜡腺区宽，封闭生殖区后方。内部，第 9 腹节生殖突基节被支轴 fulcrum 分成前、后两部分，前部分具有第 9 腹节生殖突，后部发育形成生殖板。每侧有 2 个强壮的突起供第 9 腹节生殖突伸、缩肌附着。第 9 腹节生殖基节 gonocoxa 的背面到前部，生殖棱 gonangulum 为细杆状骨片，其前部与第 8 腹节生殖突结合 (图 19-24 A、B)。

外胚层起源的生殖道复合体：外胚层起源的生殖道通过初生生殖孔经扩大的前庭向外开口。前庭前端以 1 个短的三角形骨片为限，后端则以多少呈四边形的骨片 (基突) 为限。前庭宽泛地开口入后部的生殖腔，生殖腔前部为宽的交配囊管，开口进入交配囊。生殖腔前段接纳受精囊和中输卵管。受精囊分成受精囊孔 orificium receptaculi (位于腹侧面)、受精囊管 ductus receptaculi、宽而长的盲管 diverticulum ductus、短的中杆 pars intermedialis 和表皮质管的端腺 glandula apicalis。交配囊壁上有小型骨化装饰物，它们是直径 15μm 的圆形构造，外围有骨化环。环的中部表面有微细凹痕，呈小白点状。交配期间，雄虫外生殖器翻出，阳茎端和阳茎基一起插入雌虫的生殖腔。阳茎基突起位于生殖腔的背面 (生殖腔后部)，阳茎端进入生殖腔前段，但不进入交配囊。雄虫的生殖刺突 gonostyli 插入雌虫的生殖突之间。与生殖构造一起，尾节的侧突也插入前庭腔内，更长的左突起达到生殖腔的后背部 (图 19-24)。

19.2.7 阁蜡蝉科 Kinnaridae

19.2.7.1 *Oeclidius* pr. *nanus* van Duzee

雄性内生殖器：每精巢有 6 支精巢管，外有黄白色被膜。精巢管约呈梭形，顶端尖，基部稍细缩。精巢管没有特殊的输出管，每侧精巢的精巢管略细缩的基部集生于输精管顶端。输精管上段甚短，在紧邻精巢管基部膨大形成球形贮精囊，贮精囊下段的输精管细缩，与附腺管一起汇入复射精管。附腺长茄形，不分成腔室，顶端较粗，中间收缩，基段向基部细缩，通过 1 短管连接在复射精管前端。复射精管上段螺旋状扭曲，内容物红色；下段直管状，内容物无色。两侧的复射精管大致平行，沿腹部延伸，末端连接于单射精管，单射精管开口于阳茎 (图 19-25)。

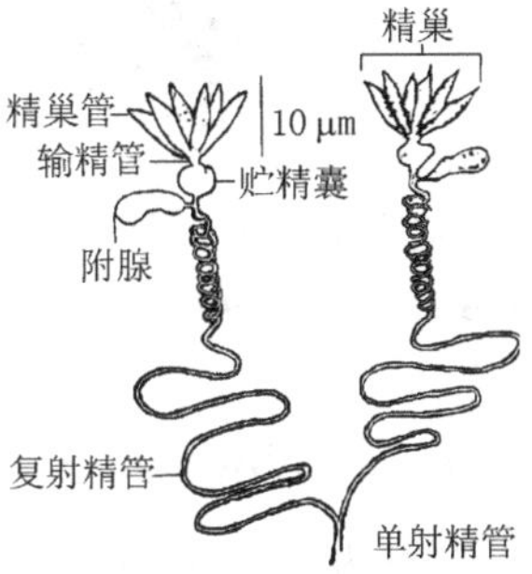

图 19-25 *Oeclidius* pr. *nanus* 雄性内生殖器背视 (Kuznetsova 等，2006)

19.2.8　扁蜡蝉科 Tropiduchidae

19.2.8.1　雌性外生殖器

笠扁蜡蝉族雌性第 8 腹节的 2 个第 1 载瓣片 (生殖突基节) 插入第 8 腹节侧背片腹面下方，第 8 腹节侧背片上具有第 8 腹节气门。第 1 载瓣片多少呈矩形，着生有腹瓣 (第 8 腹节生殖突)。腹瓣强烈骨化，背腹缘有小齿。第 9 腹节生殖突基节 (第 2 载瓣片) 生有 2 个突起，即第 9 腹节的前生殖突 anterior gonapophyses (内瓣) 和后背部的生殖板 gonoplac (背瓣)。第 9 腹节生殖突的内侧缘愈合，明显退化，但骨化。生殖板 (背瓣) 为 2 个厚而多少膜质的叶，无齿。在生殖板 (背瓣) 和第 9 腹节生殖突之间有 1 个几丁质叶，称为生殖针突 gonospiculum (内瓣中突 mediocephalic process 或内瓣基内突)，似乎是体壁的骨化内陷，即生殖板前壁内部向后扩展及愈合的第 9 腹节生殖突后壁向前扩展的产物。*Caffrommatissus* 的雌虫只有 1 个生殖孔，位于第 8、9 腹节生殖突之间。其外胚层管道形成 1 个大型的位于背面的交配囊，该囊直接开口于生殖腔。生殖腔具有侧面分支的前部，前部发出位于前腹面的中输卵管及位于顶端的受精囊。生殖腔后部通过生殖孔向外开口。笠扁蜡蝉属雌虫，产卵和交配的生殖道分开，交配管道由交配孔经过薄壁的交配囊管直接进入交配囊，交配囊通过开口于生殖腔的宽开口与产卵管道结合。生殖腔分为带有中输卵管、受精囊的前部，以及膨大的通过产卵孔向外开口的后部。由交配管道开口到交配囊有 1 直的沟槽，沟槽沿交配囊的前壁到生殖腔前部。傲扁蜡蝉属雌虫构造与笠扁蜡蝉属的类似，但产卵道的构造与交配管道构造之间只通过 1 薄膜管联系，该管称为导精管 spermoductus，连接交配囊基部与生殖腔中部。交配囊管开口在紧邻交配囊基部处进入导精管 (图 19-26)。

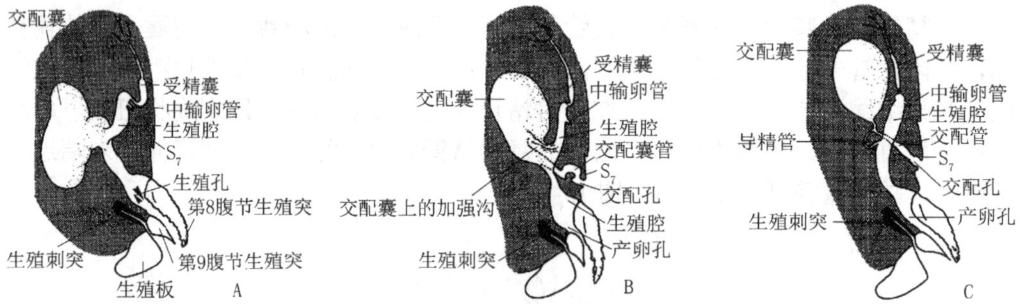

图 19-26　扁蜡蝉科雌性外生殖器 (旁矢状面纵切) (Bourgoin and Huang，1991)

A. *Caffrommatissus trimaculatus*；B. *Trypetimorpha* sp.；C. *Ommatissus* sp.；S_7 为第 7 腹节腹板

19.2.8.2　鳖扁蜡蝉 *Cixiopsis punctatus* Matsumura

雌性外生殖器：背视圆柱形，肛上板和肛侧板较短，不超过侧面肛管的腹面末端。腹瓣锯状，强烈骨化，背缘有 10～12 齿，另有一些明显的小齿排成 6 个短斜排，腹缘有 11～15 齿。基部侧面具有 5～7 齿组成的斜排。内瓣三角形，两产卵瓣内侧缘愈合，显著退化但骨化明显，末端尖锐而不愈合。生殖针突侧面平，稍短于三角形骨片中间的长度。背瓣 (生殖板) 粗壮，内缘多少膜质化，上缘主要由粗壮而渐尖的杆组成，杆的末端伸达边缘。近边缘处下弯，有 7 枚近垂直内曲的齿。生殖孔位于第 8、9 腹节生殖突之间，交配与产卵共用同一生殖道。第 8 腹节的生殖突基节为 1 近矩形的骨化板。背视，交配囊大型，通过细的交配囊管开口于生殖腔。中输卵管开口于生殖腔的前腹面，受精囊开口于生殖腔的顶端。受精囊包括受精囊孔 (受精囊管开口)、受精囊管、盲管、中杆、端腺 (受精囊腺)。端腺 (受精囊腺) 明显分成 2 个长管 (图 19-27)。

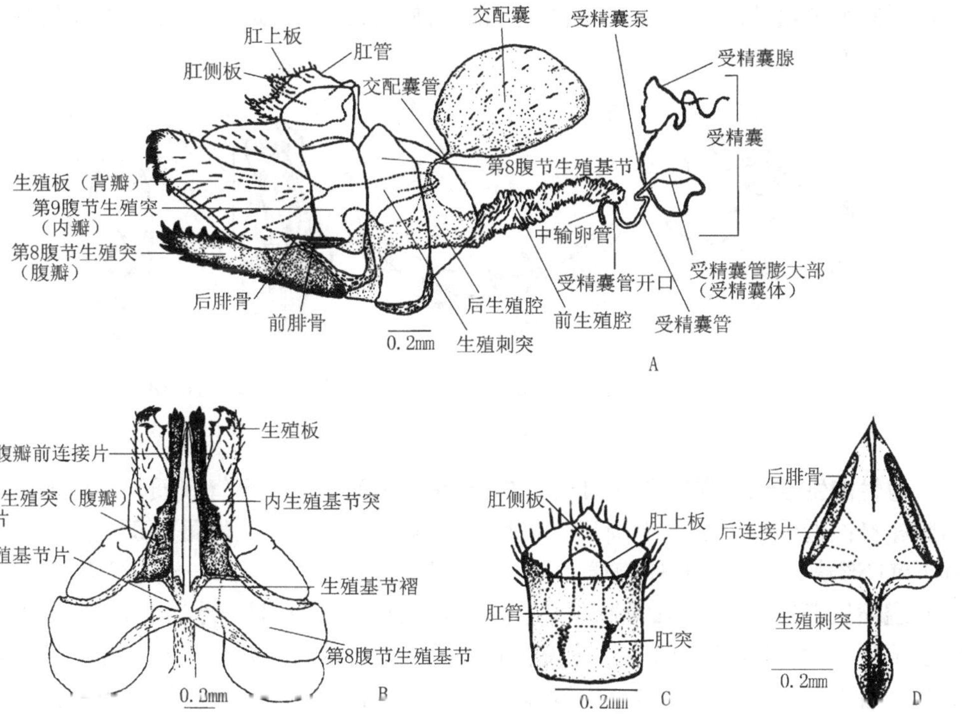

图 19-27　鳖扁蜡蝉雌性外生殖器 (Wang and Liang，2006)

A、B. 雌性外生殖器侧、腹视；C. 肛节背视；D. 第 9 腹节生殖突腹视

19.2.9　瓢蜡蝉科 Issidae

19.2.9.1　恶性席瓢蜡蝉 *Sivaloka damnosus* Chou *et* Lu

雄性内生殖器：精巢近球形，其外被有橘黄色围膜。每精巢有精巢管 18 支。输精管 2 支，较细，仅在与精巢连接处较粗。贮精囊粗壮，外被薄膜，在膜内呈“S”形折叠，一端与输精管相连接，另一端与射精管基部相连接。射精管基部较细，中部细长弓形弯曲，端部极度膨大呈“茄形”，末端与阳茎相接。附腺 2 支，极长，在体腔内盘绕成团状；其基部较粗，与贮精囊、射精管相互连接，中部至端部粗细不均，末端附着于射精管近端部。

雄性外生殖器：肛节背视卵圆形，长大于宽，近端部侧缘圆滑，端缘较平直。肛孔位于近基部，肛上板短，背缘弧形，肛下板指状突出。尾节背面短，腹面相对长，侧视前缘和后缘在中部分别向内凹入，前者凹入深。背缘近中部有 1 圆锥形突起，后缘背端角圆，略突出。腹视腹端缘略凹入。阳茎浅“U”形，腹视其从中部起 2 裂叶，侧瓣端缘钝圆，外侧缘近端部锯齿状。内阳茎位于两侧瓣之间，基部管状，然后分 2 瓣，近中部两侧缘有 1 对短的剑状突起，近基部有 1 对钩形长突起，其端部指向阳茎端部。背瓣膜质透明，侧视近圆锥形，明显向上凸起。腹瓣腹视端缘钝圆，不裂叶，中部弧形突出。抱器侧视近三角形，腹缘较平直，背缘角状突出；端缘斜，外侧近背缘处具 1 长刺状突起，尾向观突出的端部尖锐并向腹向弯曲；前缘波形，在近顶部处具 1 齿状突起，其端部钝圆 (图 19-28)。

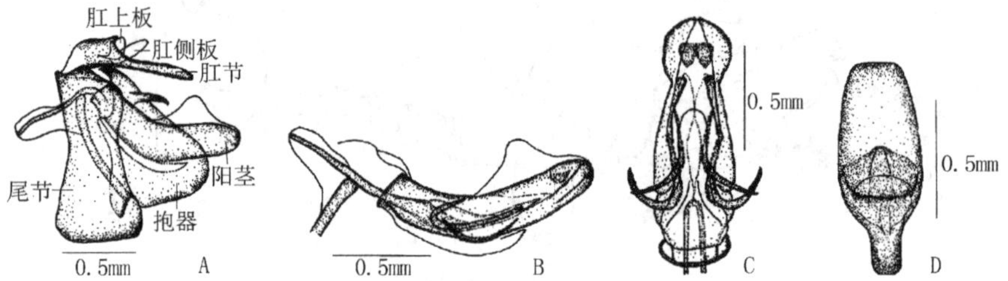

图 19-28　恶性席瓢蜡蝉雄性外生殖器 (孟瑞等，2010)

A. 雄性外生殖器侧视；B、C. 阳茎侧、腹视；D. 雄性肛节背视

雌性内生殖器：交配孔开口于第 7、8 腹节之间。交配囊管膜质，圆筒形，端部与生殖腔相接；近中部有 2 个半圆形骨化片，通常其腹面相接，背面分离，侧视骨化片端部具近“U”形缺刻。交配囊体膜质，位于生殖腔后段上方，基部与端部极度膨大近球形，中间缢缩呈细管状，囊体的端部相对大，其上面常有环状骨化小片，基部相对小，无“骨化装饰物”。生殖腔常弯曲，分前段和后段，后段前端与生殖骨片桥相连；前段弯曲，端部分别着生输卵管及受精囊。中输卵管开口于生殖腔前段近端部的腹面，粗短。侧输卵管 1 对，较长，基部有 1 圈密集的乳白色细管，小管末端封闭，其长度不一，也称为侧输卵管附腺。每卵巢有 9 支卵巢管，卵巢管端滋式。受精囊位于生殖腔前端，受精囊孔粗短，受精囊管细长，端部有 2 个囊，位于基部一侧的囊为受精囊支囊管 (受精副囊)，其后的囊为受精囊泵 (受精主囊)。在受精囊泵 (受精主囊) 端部生有 2 支细长受精囊腺，在体内弯曲缠绕并附着于交配囊表面 (图 19-29 F)。

雌性外生殖器：肛节背视卵圆形，长大于宽，近端部侧缘圆滑，端缘中部略突出。肛孔位于肛节近基部，肛上板短，背缘弧形，肛下板指状突出。侧视第 8 腹节侧背板狭长，第 9 腹节侧背板小，近椭圆形。生殖角片近长方形，位于 2 个载瓣片之间，腹缘角连接腹瓣，背缘连接第 9 腹节侧背板。生殖前节 (第 7 腹节) 腹端缘明显向后突出，端缘中央深凹。腹瓣宽大，骨化。侧视前连接片部位近长方形，端缘斜，在近背端缘角处有 1 三角形突起，腹缘角向外翻卷，具 3 小齿。背缘前腓骨处强骨化，腹缘骨化程度较背缘略低。第 1 载瓣片大，与腹瓣通过膜质相连，两者之间有 1 细长膜褶，在其与腹瓣腹缘基部连接处的内生殖瓣片状，略骨化，外缘弧形弯曲。内生殖突位于内生殖瓣上方，叶状，膜质，基部内侧紧贴腹瓣。内瓣基部愈合，侧视后连接片部位长刀状，背缘平滑稍弯曲，端缘腹侧角形突出，腹缘后腓骨处强骨化。腹视其呈三角形，腹缘向外翻折，后腓骨基部细，向前延伸与第 2 载瓣片、背瓣相连接。第 2 载瓣片较狭长，背侧紧贴生殖角片，腹侧与背瓣相连。生殖骨片桥位于内瓣基部愈合处的下方，侧视近长方形，其前缘斜，背缘直，腹缘基侧角向前突出且向背面弧形弯曲，腹缘端侧角向下延伸，三角形，末端尖锐，与生殖腔后段连接。背瓣大，基中部明显隆起且骨化，近端部膜质透明。侧视近方形，端缘弧形弯曲，前缘、背缘近平直，腹缘波形。背视其基部膜质，左、右两瓣愈合，然后呈“叉状”分开，中域纵向浅内凹 (图 19-29 A～E)。

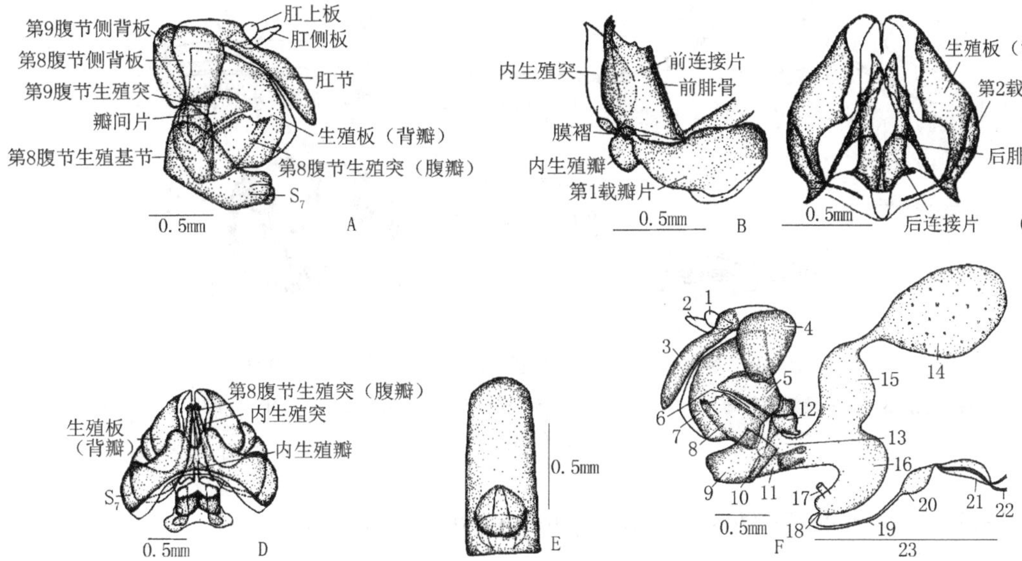

图 19-29　恶性席瓢蜡蝉雌性生殖系统 (孟瑞等，2010)

A. 雌性外生殖器侧视；B. 腹瓣侧腹视；C. 内瓣、背瓣腹视；D. 雌性外生殖器腹视；E. 雌性肛节背视；F. 雌性内生殖器侧视[图 F 中的标注：1. 肛上板；2. 肛侧板；3. 肛节；4. 第 9 腹节侧背片；5. 第 9 腹节生殖突；6. 产卵孔；7. 生殖板 (背瓣)；8. 第 8 腹节生殖突；9. 第 7 腹节腹板；10. 交配孔；11. 交配管；12. 生殖骨片桥 gonospiculum bridge；13. 生殖腔后部 posterior vagina；14. 第 2 交配囊；15. 第 1 交配囊；16. 生殖腔前部 anterior vagina；17. 中输卵管；18. 受精囊孔；19. 受精囊管；20. 受精囊膨大部 diverticulum ductus of the spermatheca (受精囊体)；21. 受精囊泵；22. 受精囊腺；23. 受精囊]；S_7 为第 7 腹节腹板

19.3　蝉总科 Cicadoidea

19.3.1　黑蚱蝉 *Cryptotympana atrata* Fabricius

雌性外生殖器：第 8 腹节背板较发达，腹板退化，隐藏在第 7 腹节下面生殖腔的深处，其上生有生殖孔。第 9 腹节背板很大，向两侧扩展覆盖肛上板、肛侧板和第 2 载瓣片。第 1 载瓣片侧视近方形，其上着生有 1 对腹瓣，腹瓣端部箭状，两侧有锯齿。第 1

载瓣片后缘与第 9 腹节背板下延的前侧面关节，内表面的 1 个小型骨片与腹瓣的基部连续。第 2 载瓣片细长片状，背缘中部有突起，大部分隐藏在突出的第 9 腹节背板下部，其基部与端部分别与内瓣、背瓣基部连续。1 对内瓣彼此联合形成 1 个强壮的产卵器中杆，通过每侧的 2 个榫突与位于两侧的腹瓣内侧的凹槽相啮合，使内瓣可在两腹瓣之间滑行。同时，两侧的腹瓣在下侧中线部位也有榫-槽机制连锁。内瓣、腹瓣包围形成产卵道。背瓣短棒状，多毛，其腹面形成凹槽，即产卵器鞘，可容纳休止状态下产卵器杆的端部。产卵时，腹瓣和内瓣从鞘内抽出，通过两侧腹瓣的先后滑动和内瓣的跟进，逐渐插入组织内产卵 (图 19-30)。

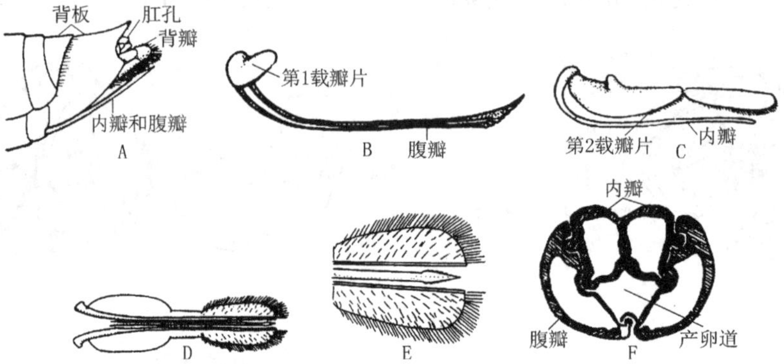

图 19-30　黑蚱蝉雌性外生殖器 (雷朝亮和荣秀兰，2003)

A. 腹部末端侧视；B. 腹瓣及第 1 载瓣片；C. 内瓣、第 2 载瓣片和背瓣；D. 原位状态的产卵器；E. 产卵器末端放大；F. 产卵器横切

19.3.2　十七年蝉 *Magicicada septendecim* (Linnaeus)

雌性外生殖器：第 7 腹节背板与前几节的类似，第 7 腹节的腹板从下面包围产卵器基部。第 8 腹节背板发达，其腹板隐藏在第 7 腹节下面生殖腔的深处，腹板上有生殖孔。受精囊开口于生殖腔上面。第 1 载瓣片上的腹瓣很长，末端扩大，具齿。第 1 载瓣片与第 8 腹节的次生联系完全被与第 9 腹节的次生联系所代替。第 9 腹节背板很大，在它的下面隐藏着肛上板和肛侧板。第 2 载瓣片发达，内瓣由第 2 载瓣片的前端分出，背瓣由第 2 载瓣片的后端分出。内瓣很长，两侧内瓣愈合成不成对的复合内瓣。背瓣短宽，覆有细毛，作为产卵器末端的外鞘。腹瓣借助于滑行关节与复合内瓣关节。滑行关节的轨状突起位于复合内瓣上，滑行关节的沟槽位于腹瓣上。控制第 1 载瓣片和腹瓣运动的有 4 束肌肉，将第 1 载瓣片和腹瓣连接起来。这些肌肉能使整个产卵器上升和下降，使产卵器由外鞘抽出和插入。肌肉的交替收缩，使第 1 载瓣片在第 9 腹节背板的关节突左右摆动，引起腹瓣沿内瓣前后滑动。蝉产卵前停在树枝的下面，将产卵器由外鞘中抽出并斜靠树枝，以交替推动的方法将产卵瓣插入树枝内，然后将产卵器抽出并再次插入。结果在木质部内出现了由 2 个腔组成的小巢。其中每 1 个腔内产卵 2 列，每列 6～7 粒，即 1 个小巢内共有卵 24～25 粒。之后蝉沿树枝略向上爬，又进行同样的工作。这样重复若干次以完成产卵 (图 19-31)。

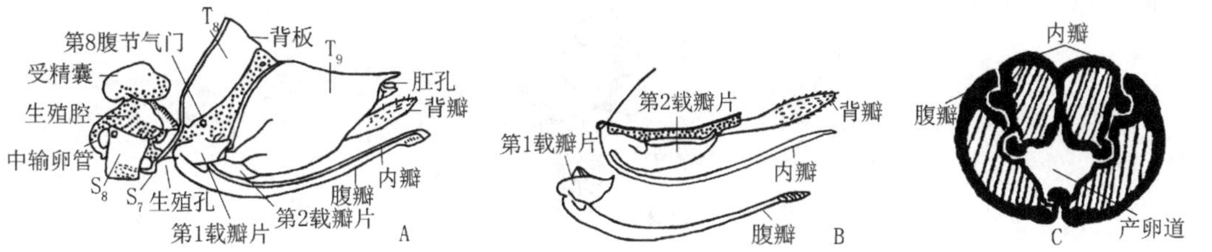

图 19-31 十七年蝉的雌性外生殖器

A. 腹部末端侧视，最后 1 节已拉开，示产卵器、生殖腔和受精囊；B. 产卵器分离后的情形；C. 产卵器（去背瓣）的横切面；T_8、T_9为第 8、9 腹节背板；S_7、S_8为第 7、8 腹节腹板(A、B. 参考 Snodgrass，1935 图重绘；C. Snodgrass，1935)

19.3.3 鸣鸣蝉 *Oncotympana maculaticollis* Motschulsky

雄性内生殖器：精巢球形，外部无鞘。每精巢有多支球形精巢管，精巢管通过输出管集生于每侧的输精管前段。精原细胞和精母细胞位于精巢管的外层，精巢管的中部和基部充满精细胞和成熟精子。精子发生始于低龄若虫期，末龄若虫和新羽化成虫的精巢内很少发生减数分裂。每个精母细胞形成 4 个精子，精子尾部的轴丝具有 9+9+2 微管构造。输精管发达，盘旋扭曲，后部略膨大形成贮精囊。附腺 1 对，发达，粗长管状，多次盘旋扭曲，每侧附腺的末端与贮精囊管一起汇入复射精管。复射精管短，后段稍收缩。两侧的复射精管汇入球状膨大的单射精管前端（图 19-32）。

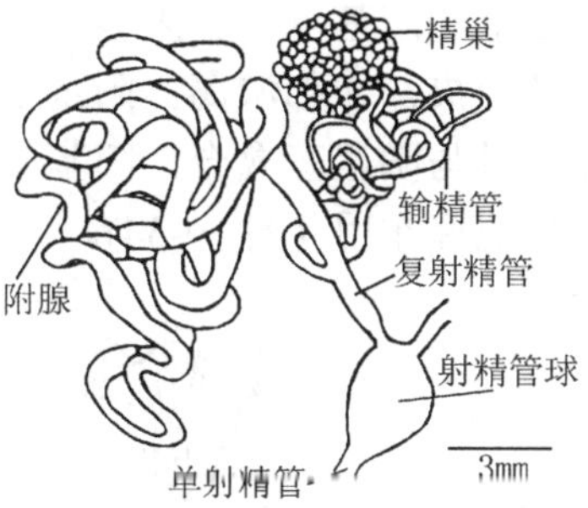

图 19-32 鸣鸣蝉雄性内生殖器（参考 Tian 等，2006 图重绘）

19.4 沫蝉总科 Cercopoidea

19.4.1 鞘圆沫蝉 *Lepyronia coleopterata* (Linnaeus)

雄性内生殖器：精巢椭球形，每精巢有许多球形的精巢管。精巢管通过输出管开口于输精管前段。精原细胞和精母细胞位于精巢管的外层，精子细胞和成熟精子位于精巢管的中间和基部。精子尾部的轴丝为 9+9+2 微管构造。输精管细长扭曲，后段近基部膨大形成纺锤形贮精囊，贮精囊后部另有一小段细缩的输精管。附腺 1 对，粗长管状，每侧附腺的末端与输精管末端一起汇入同侧的复射精管。复射精管较短，前端粗，向后渐细缩，两侧的复射精管汇入单射精管前部的球形膨大区域（图 19-33）。

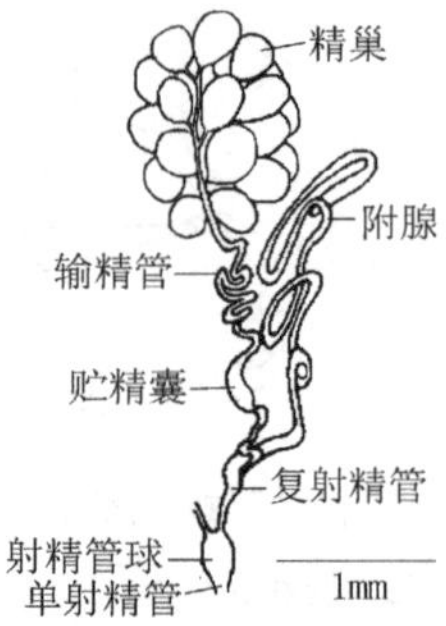

图 19-33 鞘圆沫蝉雄性内生殖器 (Tian 等，2006)

19.5 叶蝉总科 Cicadelloidea

19.5.1 雄性外生殖器

腹部 10 节，腹视，通常雄虫可见 6 节，雌虫 5 节。第 9 腹节背板延长尖削，向下包折，多呈圆锥状，称为尾节。第 10 腹节背板多小型，嵌接于尾节背面深凹的切刻内，其末端连接 1 小型管状突起，称为臀管。雄虫第 8 腹节腹板后常连接 1 块三角形骨板，一般称为瓣或基瓣，为退化的第 9 腹节腹板。瓣有时与尾节愈合而缺如。瓣后着生 1 对长形骨片，称为板或下生殖板，向后延伸承接于尾节下。雄性外生殖器隐藏在尾节形成的生殖囊内，主要包括阳茎基、阳茎和阳基侧突。阳茎基位于基瓣上，与阳基侧突连接，其上着生阳茎。阳茎伸向生殖囊中央，端部游离。阳茎上常生有突起物，称为阳茎突，亦伸向生殖囊中央。阳茎基部有时与阳茎基愈合。阳基侧突为成对的突出物，分列于阳茎基及阳茎的两侧，在交配时起抱握作用 (图 19-34)。

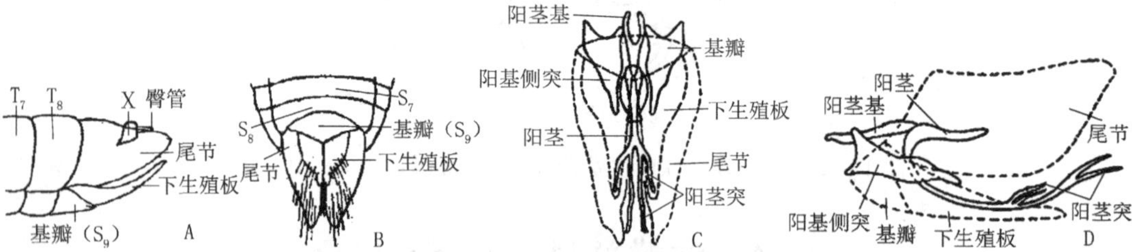

图 19-34 叶蝉雄性外生殖器 (葛钟麟，1966)

A. *Polyamia* sp.雄虫腹部末端侧视；B. *Chlorotettix* sp.雄虫腹部末端腹视；C、D. *Chlorotettix dentatus* 雄虫腹部末端腹、侧视；T_7、T_8 为第 7、8 腹节背板；S_7～S_9 为第 7～9 腹节腹板；X 为第 10 腹节

19.5.2 雌性外生殖器

雌虫腹面末端构造较为简单，尾节包折至腹面，中央相接成 1 纵缝，嵌藏产卵器。产卵器由 3 对产卵瓣组成，着生在第 7 腹节腹板之后，大型、剑状。其中内瓣端部多有锯齿状突起。3 对产卵瓣嵌合置于尾节腹面 (图 19-35)。

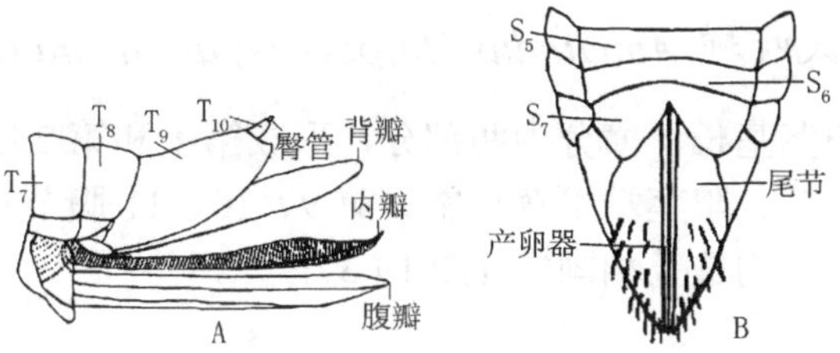

图 19-35　叶蝉雌性外生殖器 (葛钟麟，1966)

A. *Putoniessa nigra* 雌虫腹部末节侧视；B. *Chlorotettix* sp.雌虫腹部末端腹视；T_7～T_{10} 为第 7～10 腹节背板；S_5～S_7 为第 5～7 腹节腹板

19.5.3　*Agallia constricta* van Duzee

雄性内生殖器：每精巢有 6 支卵形的精巢管，通常白色，有时黄色。精巢管基部共同着生于输精管端部。输精管壁薄，发自精巢中心部位，其末端膨大形成贮精囊。低日龄成虫贮精囊不显著，成熟后具有显著的贮精囊，其中的精子头部结合成群，鞭毛自由活动。贮精囊末端结合形成 1 短的薄壁射精管，射精管终止于阳茎端的生殖孔。附腺从贮精囊与射精管的结合部位发出，细长管状，透明，通常白色，有时黄色。附腺端部稍加宽，附腺壁具鞘，分别与贮精囊基部及射精管连接 (图 19-36 A)。

雌性内生殖器：每卵巢有 6 支卵巢管，卵巢管端滋式。卵巢管包括端丝、原卵区、生长区、卵巢管柄。每卵巢 6 支卵巢管的端丝联合形成悬带，悬带附着于脂肪体上。卵巢管后部汇入卵巢萼，产卵前卵常贮存在卵巢萼中。卵巢萼后端与侧输卵管联系，侧输卵管与厚壁的中输卵管连接，在连接点后面附近，中输卵管形成 1 个肘状弯曲，其上覆盖有环肌。中输卵管与生殖腔相连。受精囊开口于生殖腔的前段，低日龄雌虫受精囊空乏，紧贴在肘状部位和附腺开口之间的中输卵管侧壁上，难以发现。已经交配的雌虫，受精囊明显膨大，除前端外，整体依然附着在中输卵管上，有时可通过透明的管壁透视内部的精包。附腺 2 类，1 类为单支粗长管，1 类为 1 对细长管，2 类附腺均开口于生殖腔 (图 19-36 B)。

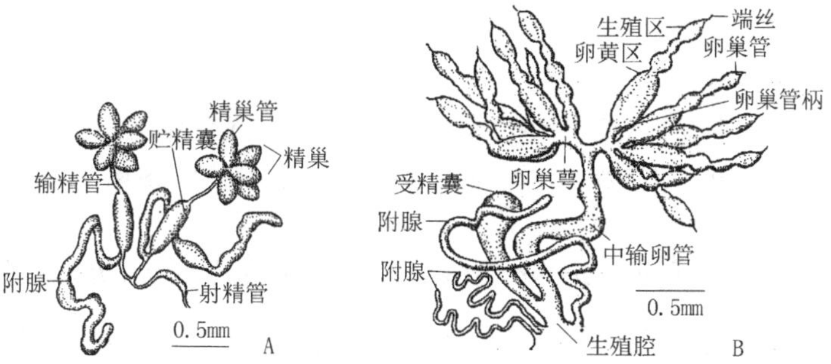

图 19-36　*Agallia constricta* 内生殖器 (Fernandez and Black，1965)

A. 雄性内生殖器；B. 雌性内生殖器

19.5.4 芒果额氏叶蝉 *Amritodus* (*Idiocerus*) *atkinsoni* (Lethierry)

雄性外生殖器：阳茎基长，横分为两部分，形成第 1 和第 2 阳茎基。在第 9 腹节上有明显的抱器和长的附叶。阳茎端发育正常。第 9、10、11 腹节背板较发达。交配时，雌、雄外生殖器通过特定构造互相固定 (图 19-37)。

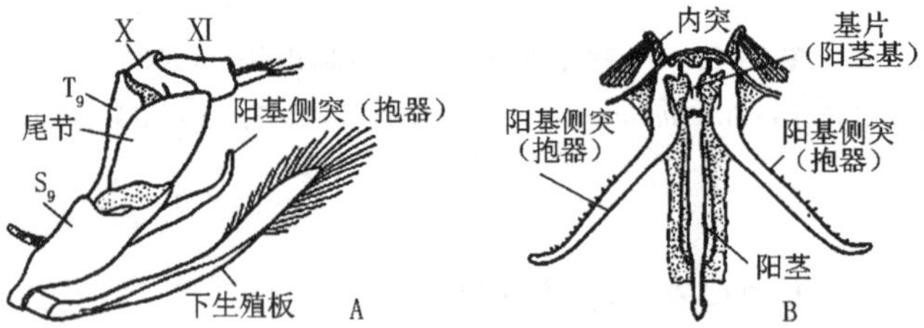

图 19-37 芒果额氏叶蝉雄性外生殖器 (Snodgrass，1957)

A. 第 9、10 腹节和下生殖板侧视；B. 阳茎构造腹视；T_9 为第 9 腹节背板；S_9 为第 9 腹节腹板；X、XI为第 10、11 腹节

19.5.5 叉尾条大叶蝉 *Atkinsoniella furipygofera* Yang *et* Meng

雄性外生殖器：尾节侧瓣背缘近端部 1/3 处背向呈角状突出，端缘呈圆角状突出，使尾节端背部看似叉状，中、端部背侧区着生长短粗刚毛。尾节腹突基部宽，上生粗刚毛数支，自中部向背面弧弯，端部尖削，末端伸达尾节背缘。下生殖板基部宽，端部 2/5 背翘，板面斜生 1 列粗刚毛，其外侧区及端部板面密生细刚毛。阳茎基部稍宽，基腹角延伸成细钩状与阳茎腹突相关节，中部略向腹面弯曲，端部又稍反弯向背面。阳茎腹突端半部向背面圆弧形弯曲，末端尖齿状，亚端部背面与阳茎关节处角状突出，中部腹面凹凸不平。连索"Y"形。阳基侧突略成"S"形，端部稍弯曲 (图 19-38)。

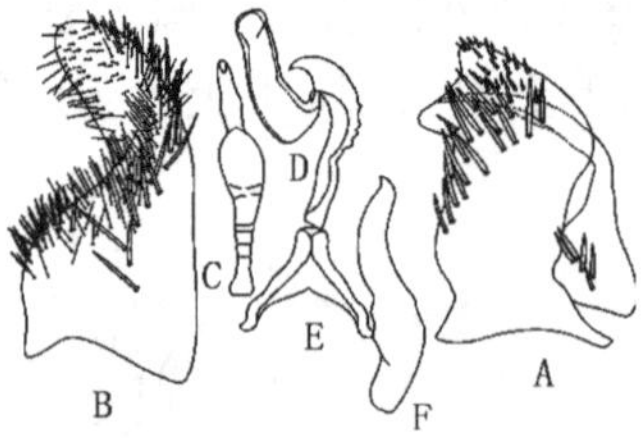

图 19-38 叉尾条大叶蝉雄性外生殖器 (杨茂发等，2011)

A. 尾节侧视；B. 下生殖板；C、D. 阳茎和阳茎腹突腹、侧视；E. 连索；F. 阳基侧突

19.5.6 尖凹大叶蝉 *Bothrogonia* (*Obothrogonia*) *acuminata* Yang *et* Li

雄性外生殖器：腹端棕褐至暗褐色，生殖板外缘凸出，生殖囊突在其凸出前即被覆盖，其基部膨大，中部弧弯，端部向后直伸而渐尖。阳基侧突粗壮，基部尖削，端部弯曲而尖向内，阳茎短粗而上弯 (图 19-39 B～D)。

雌性外生殖器：第 7 腹节腹板深凹，2 叶渐变窄，尖端向内突，超过尾节中部。第 7

腹节腹板大部黄色，仅基部黑色，尾节也多为黄色，其内侧及产卵器为黑色，二者约等长 (图 19-39 A)。

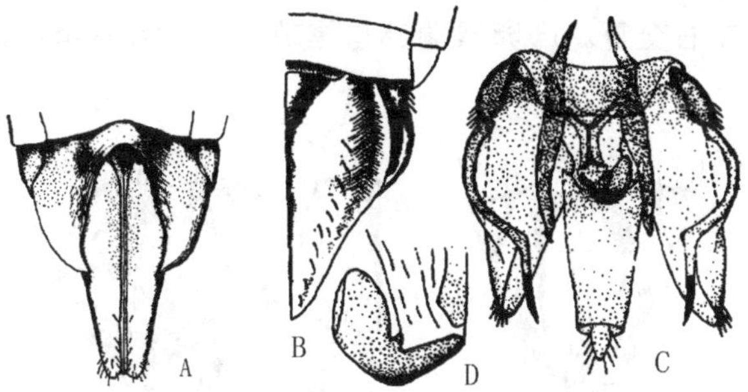

图 19-39　尖凹大叶蝉雌、雄外生殖器 (杨集昆和李法圣，1980)

A. 雌虫腹部末端腹视；B. 雄虫腹部末端右半腹视；C. 雄虫腹部末端去生殖板腹视，示生殖铗突、阳基侧突及阳茎等；D. 阳茎侧视

19.5.7　滇凹大叶蝉 *Bothrogonia* (*Obothrogonia*) *diana* Kuoh

雄性外生殖器：生殖节基瓣短小，横长方形。下生殖板宽大，中央具有 1 列 8 支刺毛。尾节端部生有 7 支刺毛，腹缘具刺突，刺突的基部露于下生殖板外，外缘生有 6 支刺毛，整个刺突呈波状扭曲，末端弯折，于近末端处的腹缘生有 4 个小齿突。阳茎基宽"Y"形，阳茎粗短，于中部成直角弯向背方，末端向背方折曲，背面中央具中纵隆脊，生殖孔开口于末端腹面。阳基侧突狭长，超过阳茎长，末端折转 (图 19-40 B～F)。

雌性外生殖器：第 7 腹节腹板后缘两侧区向后延伸甚长，几乎为尾节长的 3/5，后缘中央成窄"U"形深凹，延伸部的端部折向中方，末端平截但具齿突 (图 19-40 A)。

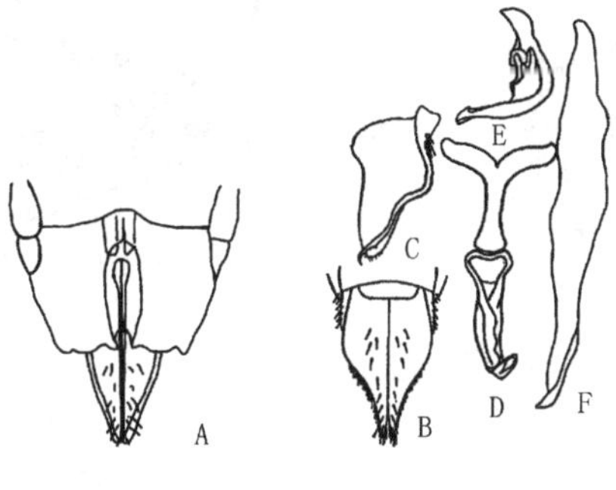

图 19-40　滇凹大叶蝉雌、雄外生殖器 (参考葛钟麟，1986 图重绘)

A. 雌虫生殖节腹视；B. 雄虫生殖节腹视；C. 雄虫尾节侧视；D. 阳茎背视；E. 阳茎端侧视；F. 阳基侧突背视

19.5.8　钩凹大叶蝉 *Bothrogonia* (*Obothrogonia*) *hamata* Yang *et* Li

雄性外生殖器：生殖板黑色，外缘弯突，宽为长之半，内缘近基部有小峰突。生殖囊突从生殖板外侧露出甚多，长达生殖板的 2/3，其全貌则相当复杂，基部内侧有连续的

突出部分，端部则左右相交，呈 1 对钩状，钩的中部还有三角形片折向下方。阳茎基部甚骨化，有皱纹，端部很小。阳基侧突两端略尖 (图 19-41 B～D)。

雌性外生殖器：第 7 腹节腹板深凹，2 叶狭长，端部斜截而内侧尖突，尾节的基部向内侧扩展成瘤突，左右交复。产卵器端部与尾节等长 (图 19-41 A)。

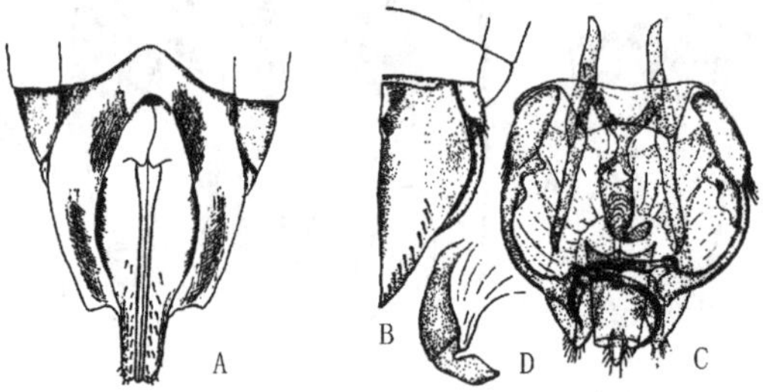

图 19-41　钩凹大叶蝉雌、雄外生殖器 (杨集昆和李法圣，1980)

A. 雌虫腹部末端腹视；B. 雄虫腹部末端右半腹视；C. 雄虫腹部末端腹视，去生殖板，示生殖铗突、阳基侧突及阳茎等；D. 阳茎侧视

19.5.9　*Carneocephala* sp.

雌性外生殖器：第 9 腹节背板发达，向两侧包裹形成管状的尾节，产卵器即隐藏在尾节腹面的纵沟内。第 7 腹节腹板形成近方形的下生殖板，其后方与尾节的腹侧及产卵器相连。第 1 载瓣片三角形，下角与腹瓣相连。腹瓣细长，末端针状。第 2 载瓣片近方形，一侧与背瓣关节，另侧发出内瓣。内瓣长条形，背瓣菜刀形，基半长条状，端半部加宽，顶端急尖 (图 19-42)。

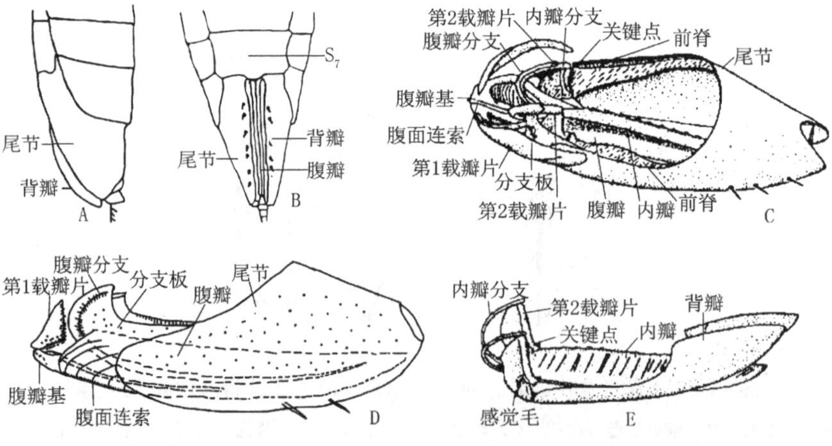

图 19-42　*Carneocephala* sp. 雌性外生殖器

A. 雌虫腹部末端侧视；B. 腹部末端腹视；C. 尾节背侧视；D. 尾节侧视；E. 内瓣、背瓣侧视；S_7 为第 7 腹节腹板(A～C、E. 郑乐怡和归鸿，1999；D. 参考郑乐怡和归鸿，1999 图重绘)

19.5.10　青叶跳蝉 *Cicadella viridis* (Linnaeus)

雄性内生殖器： 每精巢近球形，由数支球形精巢管组成，精巢管外无围鞘。每精巢管通过细的输出管顺序着生于输精管前段。精原细胞和精母细胞位于精巢管外侧，精子细胞和成熟精子位于精巢管中间和基部。精子尾部轴丝中微管为 9+9+2 模式。输精管直管状，后部渐粗，近末端处膨大形成梭状贮精囊，贮精囊后另有一小段细缩的输精管。发育成熟的成虫精巢退化，贮精囊膨大。附腺 1 对，粗短，每附腺前段膨大呈长囊状，其顶端有乳突。中段扭曲，后段略膨大，末端细缩，与输精管末端一起汇入同侧的复射精管。复射精管短直，后端接入单射精管前端膨大的球体内 (图 19-43)。

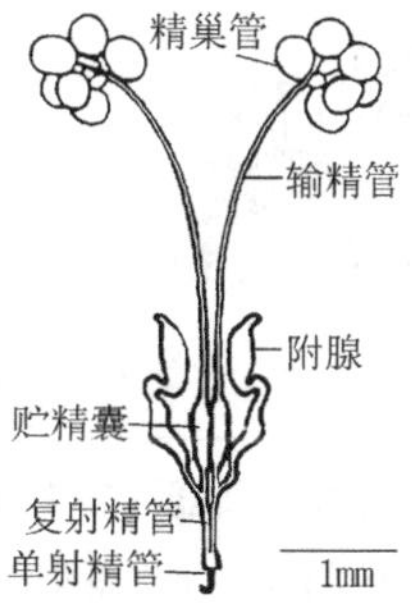

图 19-43　青叶跳蝉雄性内生殖器 (Tian 等，2006)

19.5.11　*Dalbulus maidis* (DeLong *et* Wolcott)

雄性内生殖器： 精巢位于胸、腹部交界处，常为脂肪体包被，每精巢有 6 支精巢管，精巢管通过基部的输出管集生于输精管膨大的端部，输精管末端膨大形成卵形贮精囊，两侧的贮精囊有公共被膜。附腺 1 对，粗长扭曲管状，基段略细缩，与贮精囊收缩的末端一起汇入复射精管略膨大的顶端。复射精管较细直，两侧的复射精管汇入单射精管膨大的前端 (图 19-44)。

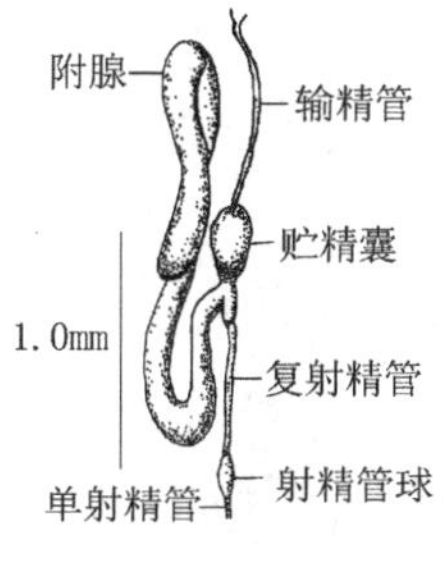

图 19-44　*Dalbulus maidis* 雄性内生殖器 (参考 Tsai and Perrier，1996 图重绘)

雌性内生殖器： 每卵巢有 6 支卵巢管，每卵巢卵巢管的端丝汇合成悬带，两侧卵巢的悬带结合形成中悬带，中悬带附着于第 2 胸节背板内侧。卵巢管自端丝向下依次为生殖区、发育中的卵母细胞、卵室内的成熟卵母细胞和卵巢管柄，各卵巢管的卵巢管柄分别集生于卵巢萼，卵巢萼下端接入较细的侧输卵管，两侧的侧输卵管汇入较粗长的中输卵管，中输卵管下端连接在生殖腔顶端，生殖腔较粗短，经产卵孔向外开口。受精囊体球形到水滴状，受精囊管细而短，着生在生殖腔顶端一侧，着生点与中输卵管的相对。附腺细长管状，透明，附腺管开口于生殖腔基部，附腺管前端分为 2 支。另 1 对附腺 (黏腺 colleterial gland) 单管状，粗长发达，可长达胸部，基部细缩，开口于产卵孔 (图 19-45)。

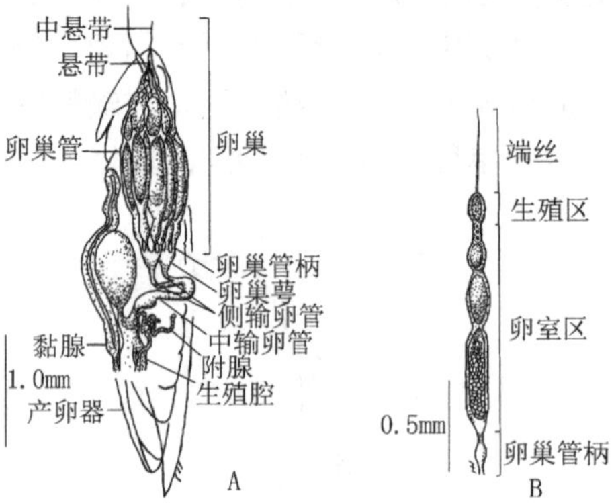

图 19-45　*Dalbulus maidis* 雌性内生殖器 (参考 Tsai and Perrier，1996 图重绘)

A. 整体；B. 单支卵巢管放大

19.5.12　*Graminella nigrifrons* (Forbes)

雄性内生殖器：精巢位于后胸和第 1 腹节，常有脂肪体包被，每精巢有 6 支球形精巢管，精巢管通过基部的输出管集生于输精管膨大的端部，输精管中段细管状，末端膨大形成椭球形贮精囊，两侧的贮精囊有公共膜被。附腺 1 对，粗长管状，整体两次扭曲呈 3 段折叠，基部略细缩，与贮精囊收缩的末端一起汇入复射精管略膨大的顶端。复射精管较粗直，两侧的复射精管汇入单射精管膨大的前端，单射精管后部细直，接入外生殖器 (图 19-46)。

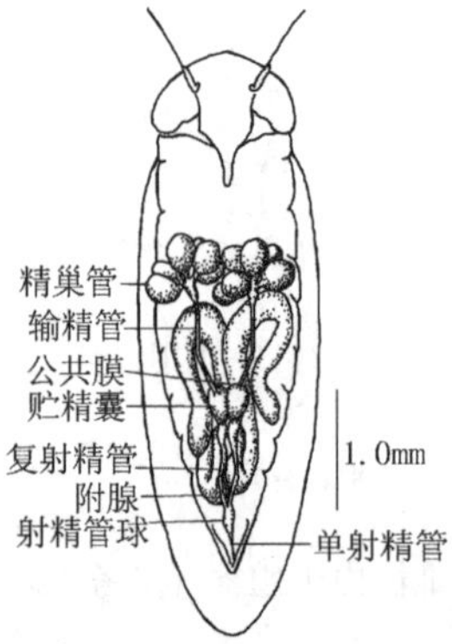

图 19-46　*Graminella nigrifrons* 雄性内生殖器 (参考 Tsai and Perrier，1996 图重绘)

雌性内生殖器：每卵巢有 6 支卵巢管，每卵巢卵巢管的端丝汇合成悬带，两侧卵巢的悬带结合形成中悬带，中悬带附着于第 2 胸节背板内侧。卵巢管自端丝向下依次为生殖区、发育中的卵母细胞、卵室内的成熟卵母细胞和卵巢管柄，各卵巢管的卵巢管柄分别集生于卵巢萼，卵巢萼下端接入侧输卵管，侧输卵管较细短，两侧的侧输卵管汇入中输卵管。中输卵管自前而后逐渐增粗，末端细缩接入生殖腔顶端，生殖腔前端细缩，其余部分较粗，经产卵孔向外开口。受精囊体椭球形，受精囊管细而短，着生在生殖腔顶端一侧，着生点与中输卵管的相对。附腺细长管状，透明，附腺管开口于生殖腔基部，附腺管前部分为 2 支。另 1 对附腺 (黏腺) 单管状，粗长发达，可长达胸部，基部细缩，开口于产卵孔 (图 19-47)。

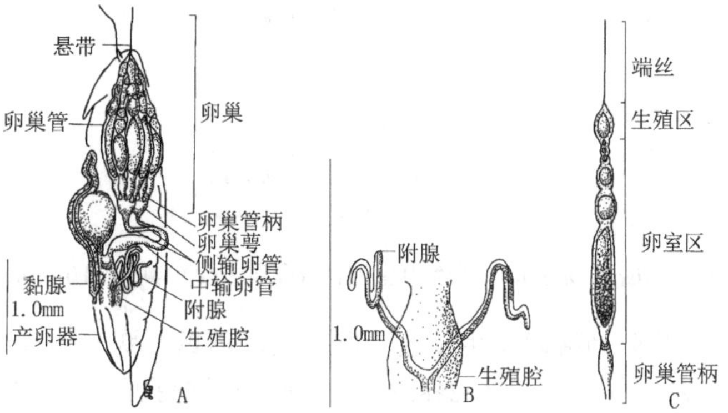

图 19-47　*Graminella nigrifrons* 雌性内生殖器 (参考 Tsai and Perrier，1996 图重绘)

A. 整体；B. 附腺与生殖腔贴合状况；C. 单支卵巢管放大

19.5.13　*Homalodisca coagulate* (Say)

雄性外生殖器：雄性外生殖器侧面被 1 对抱器 claspers 包裹，腹面为 2 个三角形生殖板包被。阳茎基部与阳基侧突结合。在阳茎末端，有 2 个角状的小抱器 harpagones 位于背面，2 个分开的顶端突起位于腹面。交配期间，雌虫尾节和雄虫外生殖器与虫体纵轴垂直。侧面，雄虫的抱器处于雌虫第 7 腹节腹板后部，第 7 腹节腹板腹面被雄性生殖板包被。以这种垂直的姿势，雌虫尾节向背面弯曲，引起生殖腔开放。一旦雌虫第 7 腹节腹板向腹面弯曲，尾节向背面弯曲，雄虫的抱器抓住雌虫的第 8 腹节侧背片 paratergite。然后，雄虫成对的端突前部插入雌虫第 7 腹节腹板侧角下方。成对的抱器处于后部，位于第 1 载瓣片和残存的第 8 腹节腹板前缘下方。交配期间，精包在交配囊内形成。精包梨形，狭窄的部分位于交配囊后段的颈部。有时精包呈双角梨形，1 个角伸入交配囊，另外 1 个角进入扩大的生殖道。精包的实际大小在不同雌虫间变化大，可能与交配持续时间及交配是否中断有关 (图 19-48)。

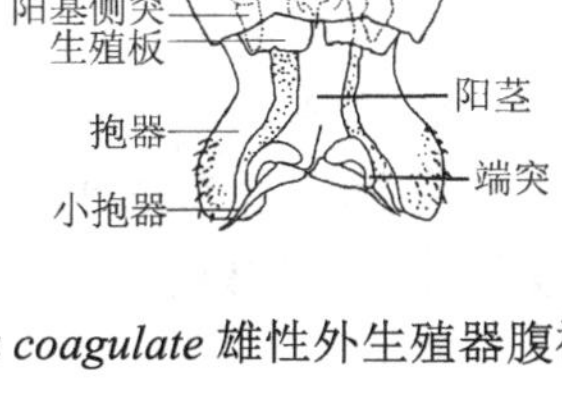

图 19-48　*Homalodisca coagulate* 雄性外生殖器腹视 (Hummel 等，2006b)

雌性内生殖器：每卵巢有 8～10 支端滋式卵巢管，卵巢管柄在基部结合形成卵巢萼，卵巢萼开口于侧输卵管。成对的侧输卵管汇入中输卵管。受精囊小球状，着生在生殖腔前端，受精囊后部有 1 个扩大的生殖腔。交配囊是 4 部分构成的复合囊，从扩大的生殖腔上分出。单一的中间附腺和 1 对小球状的腺体也开口于生殖腔，小球状腺体具有珍珠状外观。生殖腔由退化的第 8 腹节腹板前部内陷形成，其开口为交配产卵孔 (图 19-49)。

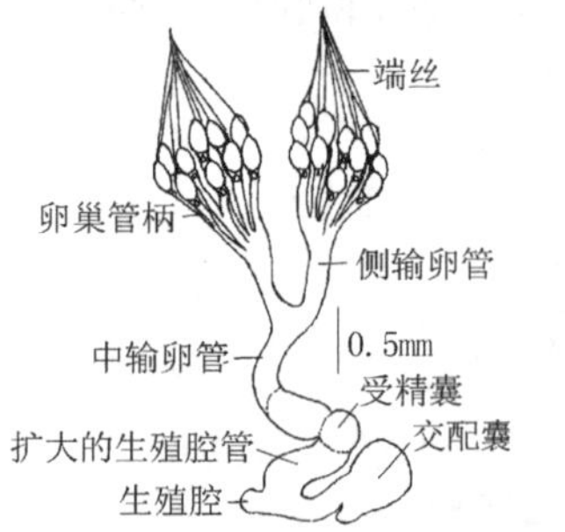

图 19-49　*Homalodisca coagulate* 雌性内生殖器 (卵黄发生前期)　(Hummel 等，2006b)

卵子发生：卵巢管分为端丝、生殖区、卵黄区、卵巢管柄。端丝与生殖区间有横隔 transverse septum 分开。生殖区含有滋养细胞、原始卵母细胞和 3 个细胞分裂区。第 1 细胞分裂区内滋养细胞小，含有单一的核，核边缘不清楚；2 区位于 1 区后部，细胞更大，滋养细胞进行有丝分裂；3 区位于生殖区后部，约占生殖区总长的 2/3，滋养细胞围绕中间的滋养芯呈聚集排列，滋养细胞核更大，细胞之间边界消失，形成 1 个大型的滋养芯。营养索起源于滋养芯的后部区域，与最初的卵原细胞联系。滋养细胞和滋养芯后部为前滤泡组织和最初的卵原细胞，当每个幼期卵母细胞通过生殖区后，即被前滤泡细胞包被，通过营养索与滋养细胞联系。前滤泡组织细胞之间界限不清，外观小环形。卵黄区位于生殖区后，生殖区从初生卵母细胞形成部位开始，内含有发育中的卵母细胞。在卵黄发生期间，随着卵黄的沉积，卵母细胞体积增加。营养索附着在每卵母细胞的前端，从前端的滋养细胞输送营养到每一个发育中的卵母细胞。不同卵巢管之间卵的成熟发育大致同步，如两卵巢中的每支卵巢管，同时发育成熟 1 个卵母细胞。有时同时成熟 2 个卵母细胞，分别为初生卵母细胞和成熟的卵母细胞。初生卵母细胞生长慢，成熟期的卵母细胞则快速生长。发育中的卵母细胞沿滤泡上皮排列，卵母细胞被滤泡间塞 interfollicular plug 分开，滤泡间塞很可能含有被包围的前滤泡细胞。在最大的卵母细胞后面有 1 个上皮塞，当第 1 粒卵产出后，上皮塞撕裂。产卵后，滤泡上皮萎缩形成黄体 corpus luteum。每卵巢管开口进入卵巢管柄，进而开口于侧输卵管。

雌性外生殖器：腹部 9 节，其中包括尾节。尾节是特化的第 9 腹节，其后部变窄，背面连续，但腹面中线处有缝分割。尾节的前端腹面与第 2 载瓣片的枝脊 ramus 关节。尾节的外表面从后部到枝脊有许多棘刺。肛上板、肛侧板和肛针突 anal stylus 位于尾节之上。第 7 腹节腹板细长，后缘有"V"形锯齿，隐藏在尾节、生殖腔和产卵器的基部。第 8 腹节腹板退化呈唇片状折叠，去除第 7 腹节腹板后，从腹面可见。腹部末端腹视可见背瓣被尾节包裹，位于腹面形成肛针突。生殖腔位于第 7、8 腹节之间，一般为膜质，折叠在体腔内。

产卵器杆由 2 对产卵瓣和相应的 2 对载瓣片组成，产卵器杆被背瓣包裹。每产卵瓣具有 1 个与载瓣片枝脊的关节点。每产卵瓣的单独活动是通过嵌在第 1 或第 2 载瓣片上的肌肉收缩控制的。全部 3 对产卵瓣外部进一步被尾节包裹。移除第 7 腹节腹板可见产卵瓣的基部。腹瓣和内瓣侧面通过榫-槽机构联系。产卵瓣之间从外到内的顺序：背瓣包裹腹瓣，腹瓣包裹内瓣。产卵器用作切割寄主叶表皮，形成 1 个卵室，卵通过产卵器之间的管道产在卵室内。成对的腹瓣基部通过膜联系，背视呈裂缝状，位于成对的内瓣外部。腹瓣以 2 个枝脊突起 (内部的枝脊 1 和外部的枝脊 2) 与第 1 载瓣片相关节。腹瓣桨状，端部渐尖，端缘具有许多小齿，齿边缘光滑。腹瓣的顶端有鳞片。许多方形鳞片在腹瓣的外缘形成梳状。在产卵期间，腹瓣最初与叶表面接触并固定产卵器在叶表面的位置。成对的内瓣侧面位于腹瓣的沟槽内，内瓣的背面与第 2 载瓣片以枝脊相关节。内瓣窄长，外观弯锯片形，末端约 1/4 长度加宽，其背缘具有 38 个锯齿状突起。在边缘锯齿开始处有 1 个明显刻痕。许多不同类型的具棘鳞片位于内瓣的内表面。这些具棘鳞片的形态和方向呈现纵向变化，横跨内瓣的内表面。内瓣的顶端圆形，前部有脊伸达圆形的顶端。脊的内表面含有许多薄片状的叶。内瓣具有锯的构造，用于切开叶的表皮。内瓣也用于和腹瓣构成导管，供卵的通过。背瓣包裹腹瓣和内瓣。背瓣通过枝脊与内瓣相关节。背瓣基部的外表面膜质并具有色素点。背瓣的外表面光滑，内表面有具棘鳞片，鳞片指向不同的方向 (图 19-50)。

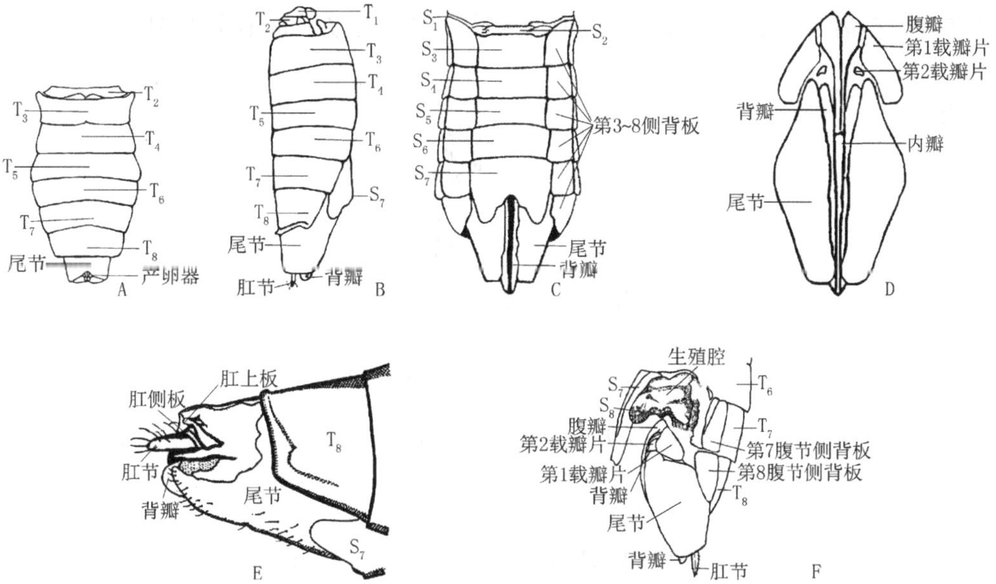

图 19-50　*Homalodisca coagulate* 叶蝉腹部和外生殖器 (Hummel 等，2006a)

A～C. 腹部背、侧、腹视；D. 腹部末端腹视，第 7 腹板已除去；E. 腹部末端侧视；F. 雌虫生殖腔侧视，第 7 腹节腹板部分除去，显示退化的第 8 腹节腹板；G. 雌虫生殖腔腹视，第 7 腹节腹板抬起展示第 8 腹节腹板；H. 腹瓣和第 1 载瓣片、第 2 载瓣片和内侧枝脊 1 (r_1) 和外侧枝脊 2 (r_2)；I. 内瓣和第 2 载瓣片，枝脊 3 (r_3) 和锯齿开始处不连续的凹痕；J. 背瓣上的刻点；K. 尾节和肛节；T_1～T_8 为第 1～8 腹节背板；S_1～S_8 为第 1～8 腹节腹板

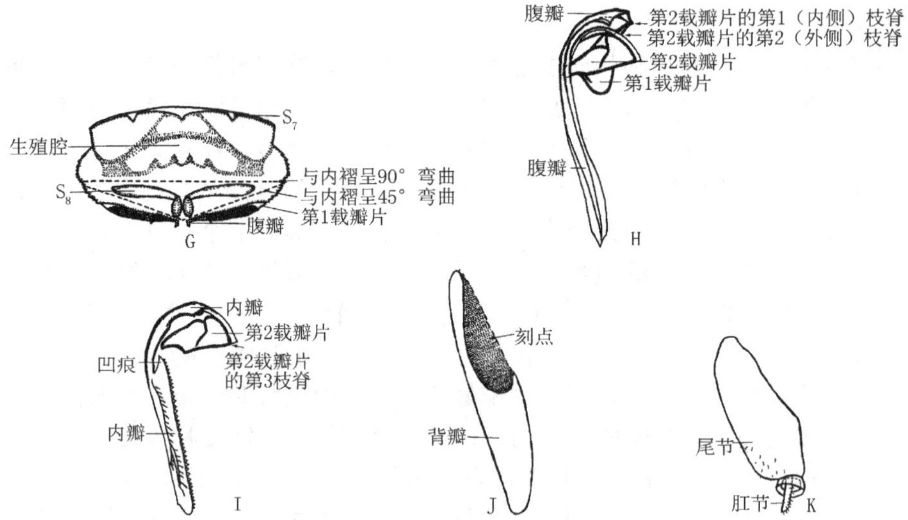

图 19-50 (续)

19.5.14　简头叶蝉 *Namsangia flavostriata* Kuoh

雄性外生殖器： 下生殖板狭长，中域具 1 列 8 支刺毛。尾节后端腹缘生有刺状突起，伸向后方。阳茎基宽“Y”形，较短。阳茎端长，基部宽扁，端部背面具中隆脊，隆脊的端区有若干小齿。阳基侧突长形但短小，末端尖圆向内方折曲 (图 19-51)。

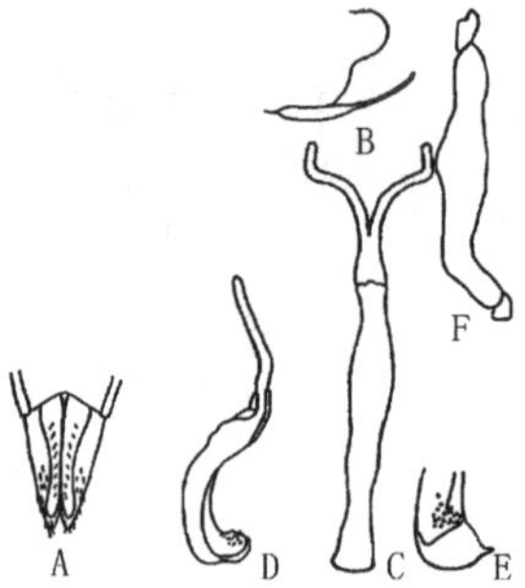

图 19-51　简头叶蝉雄性外生殖器 (葛钟麟，1986)

A. 雄虫生殖节腹视；B. 尾节侧视；C. 阳茎腹视；D. 阳茎端侧视；E. 阳茎端背面偏侧视；F. 阳茎侧突腹视

19.5.15　赤缘片头叶蝉 *Petalocephala rufa* Cen *et* Cai

雄性外生殖器： 第 8 腹节腹板中长为其前 1 节的 1.5 倍，后缘稍向后拱曲。尾节侧瓣端向渐窄近三角形，腹缘末端有 1 高度骨化的刺突伸出后缘外露。下生殖板近马刀形，连索腹视十字形，背面中央纵向片状突起甚高。阳基侧突片状较长大，末端向下方折曲。阳茎背向弯曲，阳茎干背面浅槽状，末端圆起如舌，近末端两侧各有 1 刺突指向背后方，阳茎背突叉状，阳茎口位于阳茎末端 (图 19-52)。

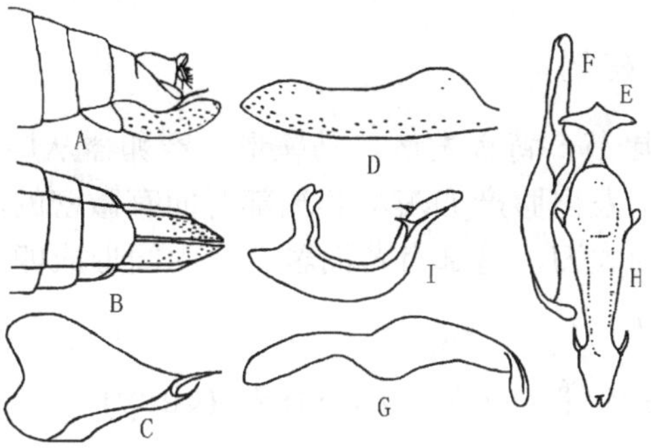

图 19-52　赤缘片头叶蝉雄性外生殖器 (岑业文和蔡平，2000)

A、B．雄虫腹部末端侧、腹视；C．尾节内侧视；D．下生殖板；E．连索；F、G．阳基侧突腹、侧视；H．阳茎腹视；I．阳茎侧视

19.6　角蝉总科 Membracoidea

19.6.1　雄性外生殖器

雄性第 9 腹节称尾节，背板发达，马鞍形，侧下方有侧板 (侧瓣)，有的种类侧板上有齿或瓣。尾节的腹面为下生殖板 subgenital plate。背板、侧板和下生殖板构成生殖囊。下生殖板上方有 1 对长刺突，为阳基侧突，顶端常扩张成不同形状，交配中起抱器的作用。阳基侧突的基部以连索和阳茎基部联系。阳茎呈“U”形，顶端多细尖，后臂 (后半部) 的前上方常有小齿 (图 19-53 A～C)。

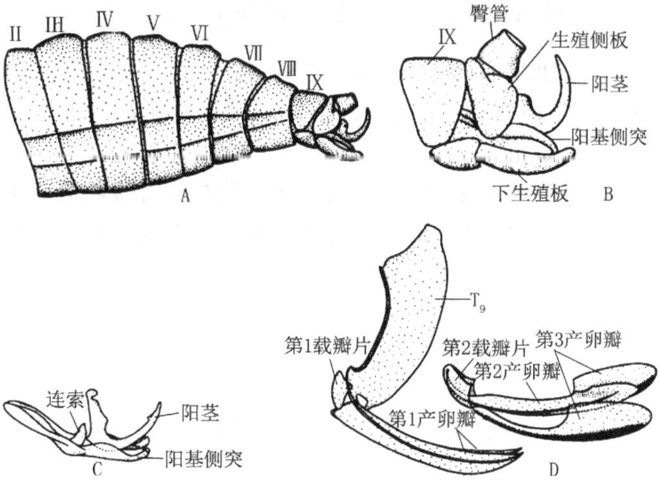

图 19-53　褐三刺角蝉腹部及外生殖器 (袁锋和周尧，2002)

A．雄虫腹部侧视；B．雄性外生殖器侧视；C．阳茎、连索和阳基侧突侧视；D．雌性外生殖器侧视；T_9 为第 9 腹节背板；Ⅱ～Ⅸ为第 2～9 腹节

19.6.2　雌性外生殖器

雌性第 9 腹节也称尾节，背板发达，马鞍形，产卵器从尾节下方伸出。产卵器由 3 对瓣组成，第 1 载瓣片上发出腹产卵瓣，其端部背面有微密的刻纹。第 2 载瓣片基前区发出的内瓣，状如有柄的大刀，基部有背面融合，中间形成卵的通道。第 2 载瓣片的后区发出背瓣 (图 19-53 D)。

19.6.3　云管尾梨胸蝉 *Darthula hardwickii* (Gray)

雄性外生殖器：阳茎侧突端部膨大，顶端圆钝。阳茎弯曲呈"C"形，端部稍粗，顶钝 (图 19-54 A、B)。

雌性外生殖器：尾节呈马鞍状，后端有 1 圆形开口，肛节缩在里面。上后角尖出，下方延伸出 1 对细长的突起，合成 1 圆柱形长管，称为尾管，该管基半部紫红色，逐渐变得带黑色，全长被黄褐色而浓密的长毛。产卵器很小。下生殖板端部尖 (图 19-54 C)。

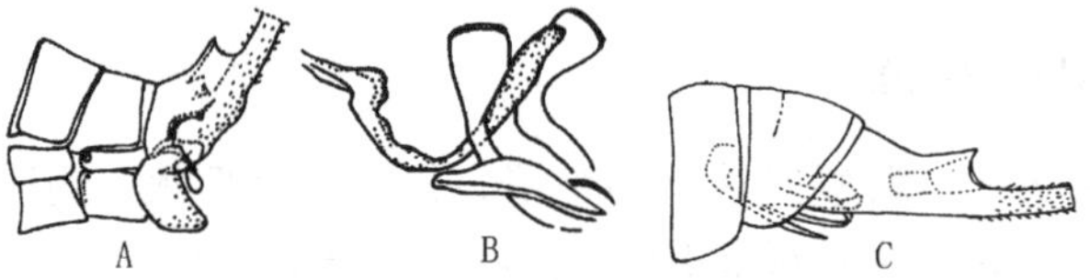

图 19-54　云管尾梨胸蝉外生殖器 (袁锋和周尧，2002)

A、B. 雄性外生殖器；C. 雌性外生殖器

19.6.4　黑圆角蝉 *Gargara genistae* (Fabricius)

雄性内生殖器：精巢椭球形，无围鞘，由 6～20 个球形精巢管组成。精原细胞和精母细胞位于精巢管外层，精子细胞和成熟精子位于精巢管中间和基部。精子尾部轴丝中微管排列为 9+9+2 式。每精巢管通过输出管着生于输精管前段。输精管前段细，后段膨大形成明显的贮精囊。附腺 1 对，膨胀弯曲长管状，其末端与输精管一起汇入复射精管。复射精管较粗直，前端与附腺、输精管结合部略膨大。两侧的复射精管末端汇入单射精管 (图 19-55)。

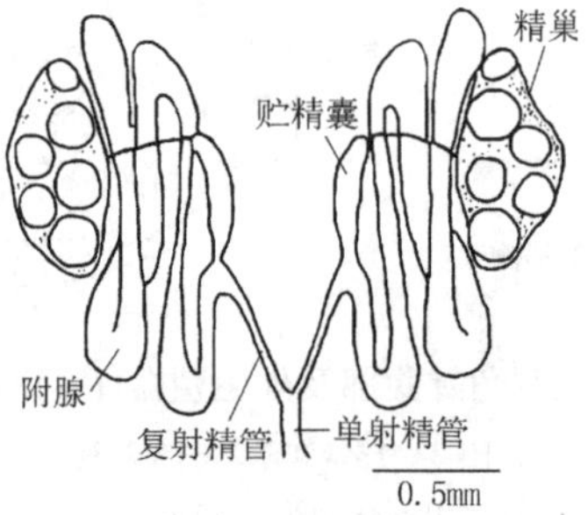

图 19-55　黑圆角蝉雄性内生殖器 (Tian 等，2006)

19.6.5　*Membracis foliata* (Linnaeus)

雄性外生殖器：腹部 11 节，略呈扁圆筒形。第 10、11 腹节形成肛管，常缩入尾节，因此腹部可见 7 节，即第 2～8 腹节。雄性第 9 腹节 (尾节、生殖节) 背板发达，马鞍状，侧下方有侧板 (侧瓣)。尾节的腹面为下生殖板。背板、侧板和下生殖板共同构成生殖囊。下生殖板的上方有 1 对长刺突 stylus、styli，为阳基侧突，顶端常扩张呈不同形状，在交配中起抱器的作用。阳茎侧突基部以连索和阳茎基部相连。阳茎为交配插入器官，弯曲呈“U”形，顶端多细尖，后臂 (后半部) 的前上方有细微小齿 (图 19-56 A～D)。

雌性外生殖器：产卵器从尾节的下方伸出，由 3 对产卵瓣组成，由第 1 载瓣上伸出的腹瓣，端部背面有微密的刻纹，由第 2 载瓣片基前区伸出内瓣，形状如有柄的刀状，基部和背面融合，中间形成卵的通道。由第 2 载瓣片的后区伸出背瓣。产卵时借助产卵瓣的滑动，产卵器渐次插入植物组织，将卵产入 (图 19-56 E)。

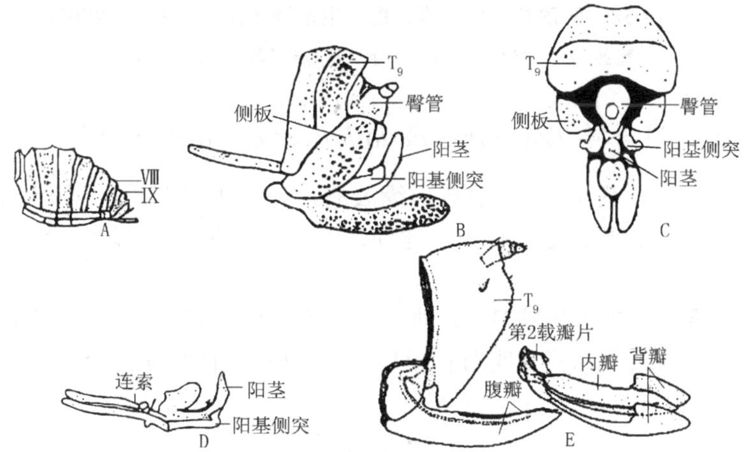

图 19-56　*Membracis foliata* 腹部及雌、雄外生殖器 (郑乐怡和归鸿，1999)

A. 雄虫腹部侧视；B. 雄虫外生殖器侧视；C. 雄虫外生殖器背后视；D. 雄虫阳茎、连索和阳基测突；E. 雌虫外生殖器侧视，内瓣、背瓣已拉出；T_9为第 9 腹节背板；Ⅷ、Ⅸ为第 8、9 腹节

19.6.6　吉隆无齿角蝉 *Nondenticentrus gyirongensis* (Yuan *et* Cui)

雄性外生殖器：阳茎向上弯曲，端半部粗，内缘具齿，外缘近顶端有 1 小突起，顶端稍尖锐。阳基侧突延长，弯曲部光滑，顶端突出，尖锐，有回弯小钩，顶端膨大，比弯曲部宽，中部膨大。生殖侧瓣端缘半圆形，基缘直，高宽比 2∶1 (图 19-57)。

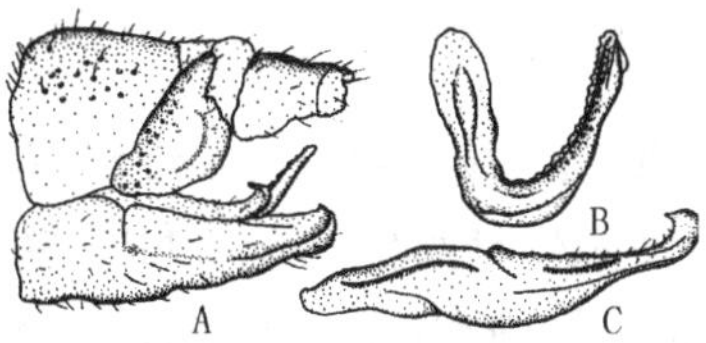

图 19-57　吉隆无齿角蝉雄性外生殖器 (袁锋和周尧，2002)

A. 雄虫腹部末节侧视；B. 阳茎；C. 阳基侧突

19.6.7　西藏基齿角蝉 *Thelicentrus xizangensis* Yuan *et* Cui

雄性外生殖器：阳茎极弯曲，基半部粗宽，上缘中间隆起，端部较长，顶端稍尖，上缘有小齿。阳基侧突弯曲部粗宽，顶端有向基部弯的小钩。生殖侧瓣内缘中部稍微内凹，波曲，外缘圆弧形，长宽比 2.3∶1 (图 19-58 C～E)。

雌性外生殖器：中产卵瓣粗宽，端半部上缘有 2 个明显的齿，其他小齿端钝，具齿部长宽比 2.7∶1 (图 19-58 A、B)。

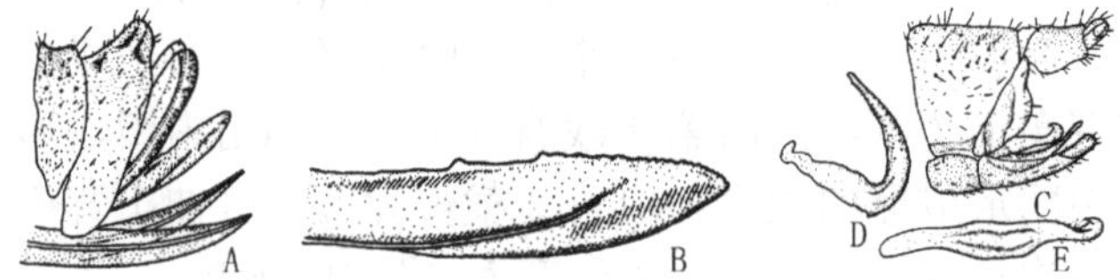

图 19-58　西藏基齿角蝉雌、雄外生殖器 (袁锋和周尧，2002)

A．雌性外生殖器；B．内瓣端半部；C．雄虫腹部末节侧视；D．阳茎；E．阳基侧突

19.6.8　壮三刺角蝉 *Tricentrus oedothorectus* Yuan *et* Cui

雄性外生殖器：阳茎"U"形，前臂内缘波曲，外缘中央凹陷，后臂内缘具有不规则小齿，顶端稍尖。阳基侧突主干膨大，弯曲部有小毛和齿，顶端有小钩 (图 19-59 C～E)。

雌性外生殖器：第 2 产卵瓣刀状，端半部具齿，其基部 1/4 有 1 大齿，端部 2/3 有数个不规则的小齿，顶端钝。第 9 腹节背板后上角短管状 (图 19-59 A、B)。

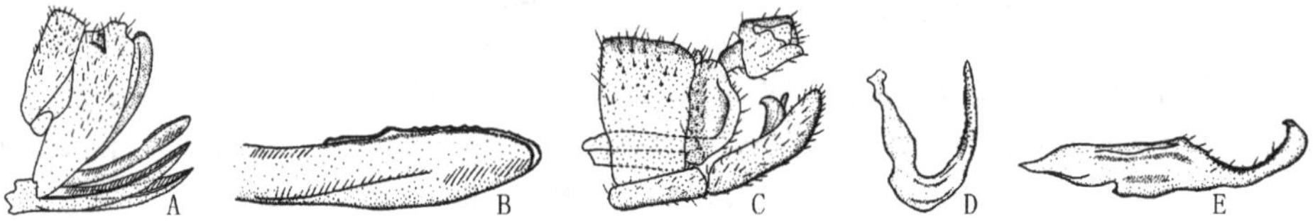

图 19-59　壮三刺角蝉雌、雄外生殖器 (袁锋和周尧，2002)

A．雌虫腹部末节侧视；B．内瓣端部；C．雄虫腹部末节侧视；D．阳茎；E．阳基侧突

19.7　木虱总科 Psylloidea

19.7.1　雄性内生殖器

雄性内生殖器具有 1 对精巢、1 对贮精囊、1 对附腺和 1 支射精管。雄性内生殖器的变化在于精巢管的数量和精巢管内生精囊的排列。每精巢有精巢管 1～5 支，以 2 支为常见，很可能属于祖先的状态。大多数种类，精巢管细长，有人认为这是高等类群的特征。有些种类，精巢管明显缩短，卵圆形，在幼期或成熟雄虫中都存在。精巢管内的生精囊主要为线形排列成 1～2 排或几排。有些种类生精囊随机排列，轮廓不清，这种排列似乎

是那些具有短的卵圆形精巢管种类的特征。幼期雄虫的精巢管约呈不很清晰的 3 个区域，即生殖区 (减数分裂前区)、生长区 (减数分裂区) 和精子形成区。在减数分裂区和精子形成区，生精囊排列不呈线形，正在成熟和已经成熟的精子随机分布。输精管较长，输精管上有界限明显的贮精囊，性成熟雄虫的贮精囊很大。在精泵的前部，输精管在成对附腺的基部通入射精管。附腺形态上与贮精囊类似，但稍长。

19.7.2　雄性外生殖器

第 9 腹节腹板多少呈盔形或缨帽状，向腹后方凸起，称为下生殖板。载肛突自下生殖板开口伸出，载肛突之后是阳茎和尾铗 forceps。载肛突 (肛瓣) 管状，形状多样，背、侧面骨化，腹面膜质，侧面有时尾向延伸成瓣片，形状和大小有变化。肛孔位于载肛突末端。阳茎长管状，2 节，基节近锥形，内面末端扩大且分支；端节加厚，一般短于基节，端部叶状。距端部一定距离处射精管终止于 1 管，该管的形状和位置因种而异。尾铗或阳基侧突起自下生殖板后部，其端部通常相对。基板或连索属于阳茎基。阳茎基部多少横宽，其侧端部先与下生殖板的基角相关节，再与叉骨连索的 1 对前臂端部相关节，而叉骨的后端则与尾铗基部相连接。射精管开口于阳茎腔内，并在阳茎腔内变成 1 个绕线筒状的精泵 (图 19-60 C、D)。

19.7.3　雌性外生殖器

产卵器包于第 9 腹节背、腹板之间，形似鸟喙。背、腹板即生殖板分别位于背、腹面。背板 (上板) 背面着生肛孔，肛孔周围环绕有腺孔，即围肛环 (孔) circumanal (pore) ring。产卵器腹瓣属于第 8 腹节腹板，内瓣和背瓣属于第 9 腹节腹板。腹瓣和内瓣一般完全或几乎完全隐藏在背瓣之间，也有许多种类，它们的末端伸出背瓣之后。腹瓣和内瓣基端深深地插入生殖腔内，并同 1 个复合内骨骼杆状系统，即产卵瓣基片和下瓣间片 inferior intervalvulae 连接。产卵器肌肉即着生于此 (图 19-60 A、B)。

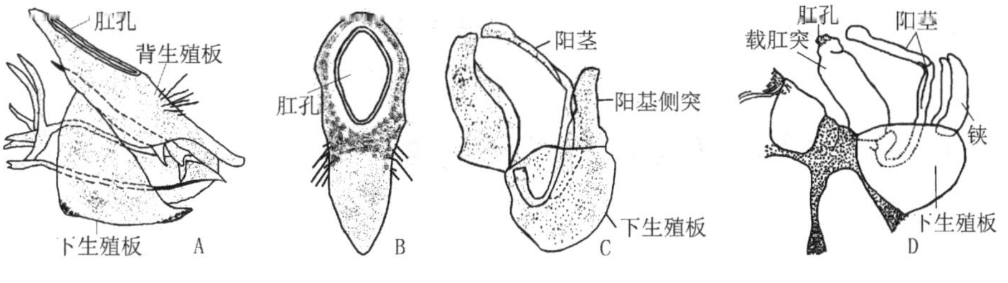

图 19-60　木虱雌、雄外生殖器

A. 雌虫腹部末节侧视；B. 雌虫第 10 腹节背视，示肛孔；C. 雄虫腹部末节侧视；D. 苹果木虱雄虫腹部末节侧视 (A～C. 参考郑乐怡和归鸿，1999 图重绘；D. 参考北京农业大学等，1980 图重绘)

19.7.4　花椒角木虱 *Cornopsylla zanthoxylae* Li

雄性外生殖器：雄性腹部末端侧视肛节筒状，端部后突。阳基侧突细直，基部扩大。阳茎细长，末端膨大小。阳基突后视近端膨大 (图 19-61 C、D)。

雌性外生殖器：腹端侧视背瓣肛孔下最宽，端尖、具粗颗粒。腹瓣三角形，末端细长呈长角突。背瓣背视楔状，肛孔长椭圆形，约为背瓣长的 2/5 倍，肛孔之下有缝（图 19-61 A、B）。

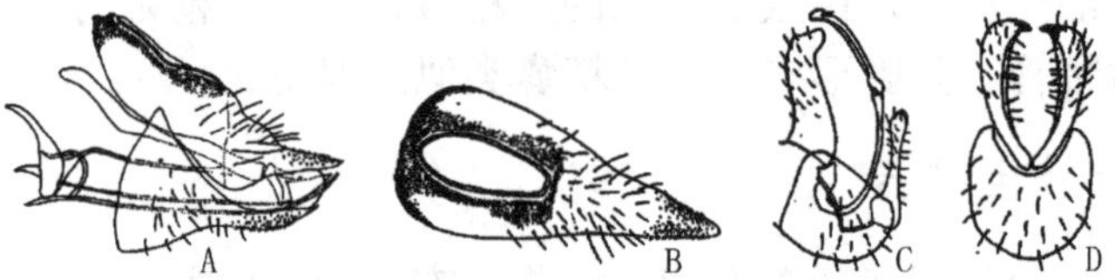

图 19-61　花椒角木虱雌、雄外生殖器（李法圣，1994）

A. 雌虫腹部末节侧视；B. 背瓣背视；C. 雄虫腹部末节侧视；D. 阳基侧突后视

19.7.5　海南长角木虱 *Epipsylla hainanana* Yang *et* Li

雄性外生殖器：肛节背缘弧形弯曲，腹缘近基部突出成角，顶端斜截。阳基侧突侧视其内叶从背缘露出，背视其端部钩弯、内叶尖突。阳茎侧视基节粗壮，端节基部向后弯并渐细，端部向前平突，1 对长刺突粗钝（图 19-62 D～F）。

雌性外生殖器：腹端侧视短粗，腹瓣基缘弧凸，近腹缘突出成角。背瓣基缘弧凹，背缘弧凸，末端仅略突出，背视背瓣宽大，上端尖突。肛环长三角形、底边凹入（图 19-62 A～C）。

图 19-62　海南长角木虱雌、雄外生殖器（杨集昆和李法圣，1983）

A. 雌虫腹部末端侧视；B. 雌虫背瓣背视，示肛环；C. 雌虫后基突；D. 雄虫腹部末端侧视；E. 雄虫阳基侧突背视，示内叶；F. 阳茎端的不同角度

19.7.6　苦楝后木虱 *Metapsylla meliae* Yang *et* Li

雄性外生殖器：腹端侧视肛节（第 10 腹节）粗壮，腹面中部凸，背缘较直。阳基侧

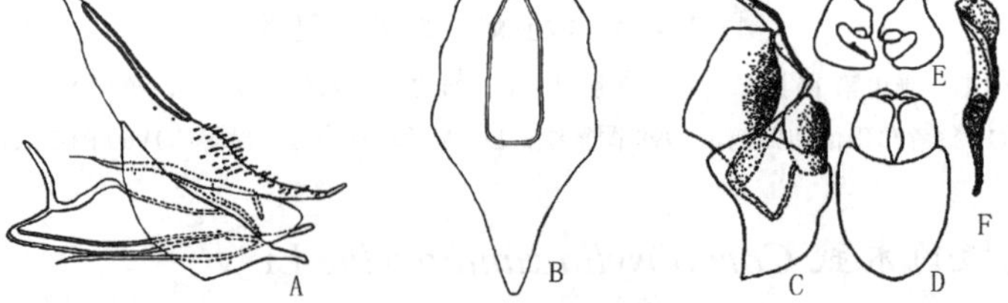

图 19-63　苦楝后木虱雌、雄外生殖器（杨集昆和李法圣，1982）

A. 雌虫腹部末端侧视；B. 雌虫背瓣背视，示肛孔；C、D. 雄虫腹部末端侧、后视；E. 阳基侧突顶视；F. 阳茎端侧视

突短粗，基部渐窄，顶端具 1 乳突 (图 19-63 C～F)。

雌性外生殖器：腹端腹瓣 (第 7 腹节腹板) 短于第 10 腹节，端部渐细而下弯。背瓣 (第 10 腹节) 狭长，端部尖锐上翘。背视肛孔大，长条形，基部渐尖 (图 19-63 A、B)。

19.7.7　*Platyobria lewisi* Taylor

雄性内生殖器：每精巢有 1 支精巢管，桃形，顶端稍尖突。输精管细长，从精巢下端发出，输精管末端通入球囊状的贮精囊。贮精囊下端细缩。附腺 1 对，香蕉形，下端细缩，与贮精囊下端一起汇入射精管。幼期雄虫的精巢管分化为不太明显的 3 个区域：生殖区 (减数分裂前的细胞分裂区)、生长区 (减数分裂区) 和精细胞变态区 (精子形成区) (图 19-64)。

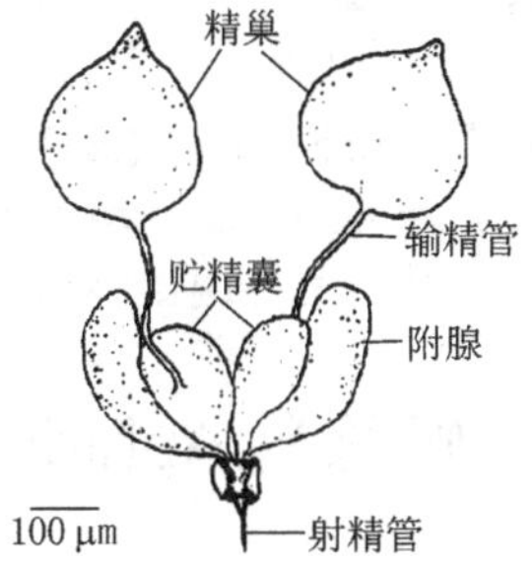

图 19-64　*Platyobria lewisi* 雄性内生殖器 (Maryańska-Nadachowska 等，2001)

19.7.8　国槐木虱 *Psylla willieti* Wu

雄性内生殖器：每精巢有 2 支精巢管，每精巢管前段游离，顶端二叉状，其余部分呈螺旋管状，基部着生于输精管顶端。输精管与精巢管结合处略膨大，近后端 1/3 处膨大形成肾形贮精囊，末端与附腺一起汇入同侧的复射精管。附腺 1 对，每侧附腺经粗短的附腺管着生于复射精管端部，附腺管顶端连接 2 支大致处于同一平面的附腺短管。内侧的复射精管后端汇入单射精管前端膨大的球状体上 (图 19-65)。

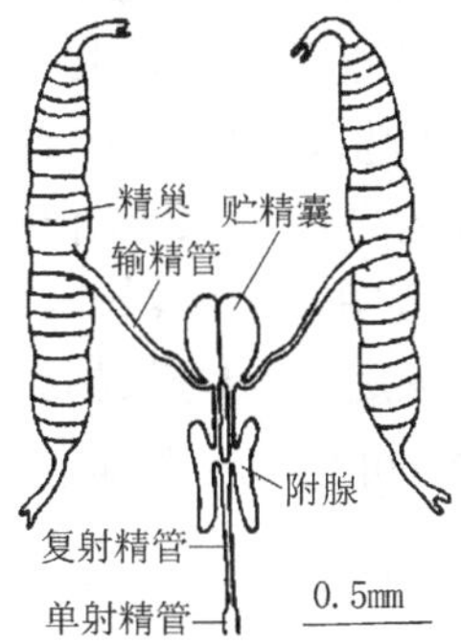

图 19-65　国槐木虱雄性内生殖器 (Tian 等，2006)

19.7.9 杜梨木虱 *Psylla betulaefoliae* Yang *et* Li

雄性外生殖器：第 9 腹节粗短，侧视高略大于长。第 10 腹节狭长而略弯，端部平截。阳茎端较直，端部膨大而下弯。阳基侧突粗壮，两侧略平行，基部皱缩，端部向腹面弯突成尖。腹视则 1 对弧弯，呈新月形。端视则略似三角瓶状 (图 19-66 C~E)。

雌性外生殖器：第 10 腹节背视呈多角形，下端尖突，肛孔很大，约占全长之半，六边形，围以单环。侧视第 10 腹节两端狭长，第 7 腹节腹板背缘甚弯曲，两角突出，内瓣端部略向下弯而尖，其背缘弧弯 (图 19-66 A、B)。

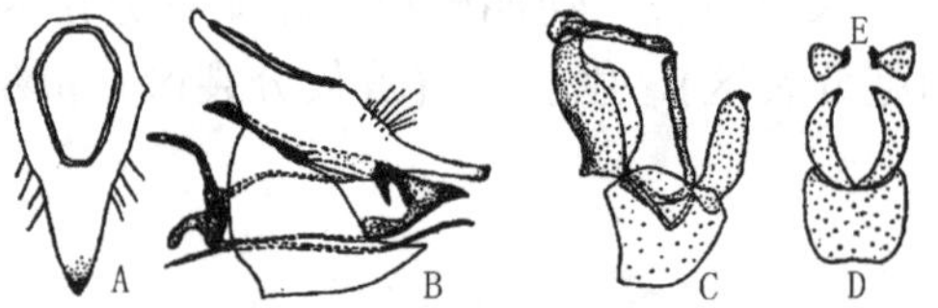

图 19-66 杜梨木虱雌、雄外生殖器 (杨集昆和李法圣，1981)

A. 雌虫第 10 腹节背视，示肛孔；B. 雌虫腹部末端侧视；C. 雄虫腹部末端侧视；D. 雄虫腹部末端腹视，示第 9 腹节及阳基侧突；E. 阳基侧突端视

19.8 蚜总科 Aphidoidea

19.8.1 雄性外生殖器

第 9 腹节腹板有管状阳茎，阳茎两侧有 1 对短的指状、锥状或瓣状的抱器 (阳基侧突) parameres、opercula。阳茎可伸展，端部柔软膜质，休止时缩入骨化的基部。骨化的阳茎基部略呈锥形，具毛被，由 1 对凸瓣 convex valve 组成。

19.8.2 雌性外生殖器

腹部 9 节，一般可见 8 节。雌蚜或无翅蚜的生殖孔 vulva 为 1 不明显的横裂，位于生殖板或下生殖板的后缘，生殖板是未特化的第 8 腹节。性蚜的雌性生殖板较孤雌蚜的发达。第 10 腹节腹板为略凸起的肛上板 anal plate (尾板)，其背板即为尾片。尾片是腹部末节 (第 10 腹节) 背片的延长，形状很不一致，其上有由微刺组成的瓦纹，常有数支到数十支长短不等的毛。肛孔位于尾片基部和肛上板 (尾板) 后缘之间。尾板多为半球形，也有的末端平直、凹入、深凹或分为 2 叶，其上有长短毛数支到数十支。雌性外生殖器不显著，位于尾板前方。除球蚜科有明显产卵器外，其他各科无产卵器。尾板前方有未发育的生殖突，通常为 1~4 个低的突起，每 1 突起上有生殖毛。第 9 腹节腹板非常退化，仅具有生殖突遗迹 rudimentary gonapophyses，为肛上板前缘的几个通常有毛被的小突起。

19.8.3 短痣蚜科 Anoeciidae

19.8.3.1 瑞木短痣蚜 *Anoecia corni* Fabricius

雄性内生殖器：每精巢有 1 支精巢管，两侧的精巢有共同被膜，整体呈球形。精巢管通过短的输出管与输精管联系。两侧输精管分别从球形被膜体下端发出，在与精巢管连接处，输精管单独延伸一段距离，随后管壁黏附在一起，此处的输精管直径最大，形成强烈膨大的贮精囊。在输精管、贮精囊腔内，具有成束的精子，精子的头部结合在一起，精子发生在此完成。输精管壁薄，附腺圆盘状，粗短，基部 (远离腺体) 相对细狭，向上近腺体部分膨胀。附腺管全长均有分泌功能，管壁厚，管腔内充满了无定形分泌物。输精管和附腺分别开口于强烈收缩的射精管 (图 19-67)。

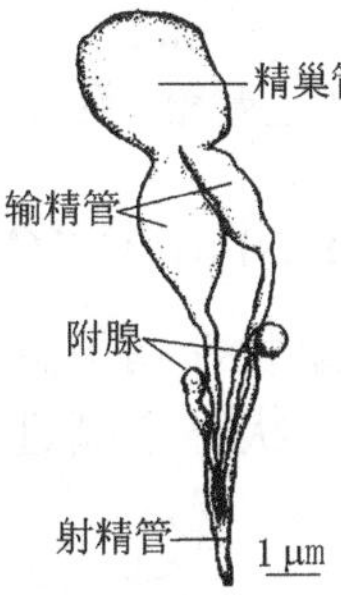

图 19-67　瑞木短痣蚜雄性内生殖器 (Wieczorek and Swiatek，2009)

19.8.4　斑蚜科 Drepanosiphidae

19.8.4.1　毛刻斑蚜 *Clethrobius comes* (Walker)

雄性内生殖器：每精巢有 4 支精巢管。精巢管细长，彼此并列与虫体长轴平行，内含生精囊。生精囊内精子成束状，精子的头部粘在一起。精子发生早期生精囊只存在于精巢管顶部。输出管长，下端与输精管连接。输精管端部较细，另外约 2/3 长度膨大。成对的附腺细长囊状，基部膨大。附腺全长都有分泌功能。射精管清晰，其端部有附腺通入，输精管的入口位于侧面 (图 19-68)。

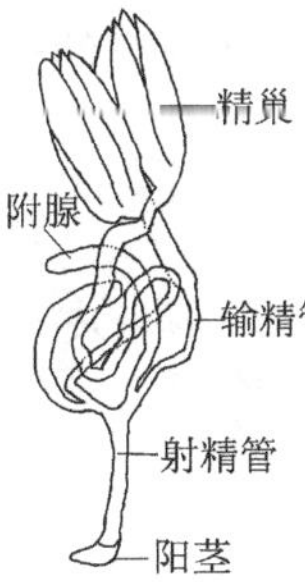

图 19-68　毛刻斑蚜雄性内生殖器 (参考 Wieczorek，2006 图重绘)

19.8.4.2　短绵斑蚜 *Euceraphis betulae* (Koch)

雄性内生殖器：每精巢具有 4 支精巢管，一般 6 支精巢管丛生排列位于胸部，另外 2 支精巢管细长，位于腹部背面。精巢管内充满成束的精子，生精囊的壁松弛或破裂。两侧输精管大部分开，仅基部管壁粘连。端部较细，其余 2/3 膨胀增粗。附腺囊状，细长盘绕，基部膨大增粗。两侧的附腺和输精管分别开口于射精管端部 (图 19-69)。

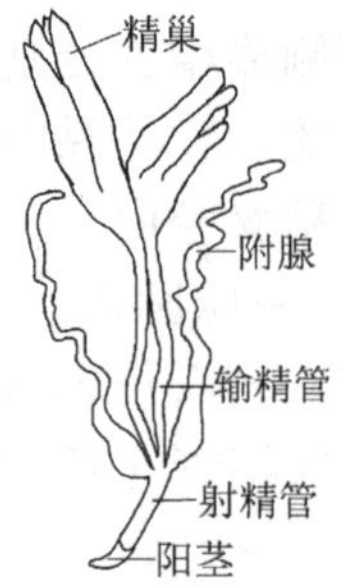

图 19-69 短绵斑蚜雄性内生殖器 (参考 Wieczorek，2006 图重绘)

19.8.4.3 *Myzocallis* (*Lineomyzocallis*) *walshii* (Monell)

雄性内生殖器：每精巢有 4 支精巢管，精巢管丛生，端部朝向腹部，重叠排列。输精管左右分开，仅基部粘连。附腺短棒状，末端进入射精管 (图 19-70)。

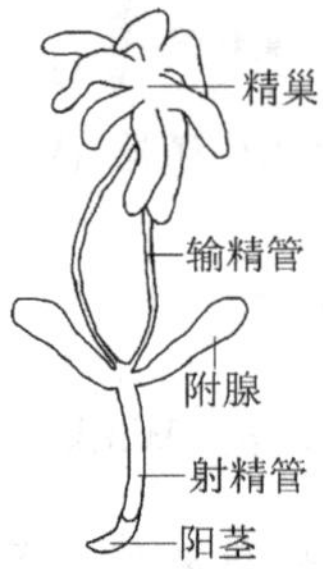

图 19-70 *Myzocallis* (*Lineomyzocallis*) *walshii* 雄性内生殖器 (参考 Wieczorek，2006 图重绘)

19.8.4.4 环肖棘斑蚜 *Tuberculatus* (*Tuberculoides*) *annulatus* (Hartig)

雄性内生殖器：每精巢有 3 支精巢管。输精管基部壁粘连。附腺细长、不对称，其中 1 支的长度约为另 1 支的 2 倍，超过精巢管伸达胸部。射精管明显退化 (图 19-71)。

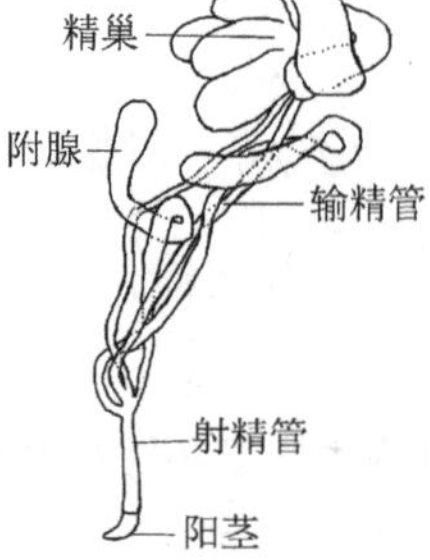

图 19-71 环肖棘斑蚜雄性内生殖器 (参考 Wieczorek，2006 图重绘)

19.8.5 蚜科 Aphididae

19.8.5.1 棉蚜 *Aphis gossypii* Glover

雄性内生殖器：每精巢有 3 支球形精巢管，每个精母细胞形成 2 个精子，没有 X 染色体的次级精母细胞退化。每精巢管通过输出管着生在输精管端部，输精管直管状，自前向后略增粗，但没有形成明显膨大的贮精囊区域。附腺管状，前半膨大，顶端钝圆。后半细管状，末端与输精管一起汇入同侧的复射精管。复射精管短，两侧的复射精管分别接入单射精管前端膨大的球状构造内（图 19-72）。

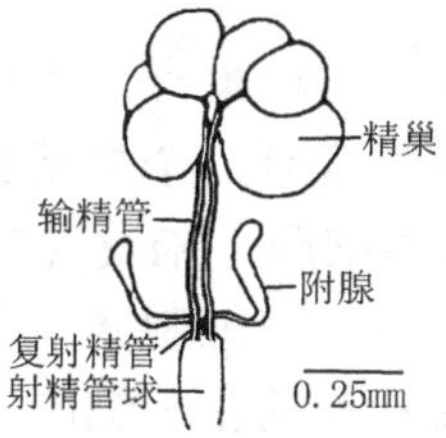

图 19-72　棉蚜雄性内生殖器（Tian 等，2006）

19.8.5.2　桦刻蚜 *Glyphina betulae* (Linnaeus)

雄性内生殖器：两侧精巢有共同被膜，整体蘑菇形。输精管粗直，全长均匀膨大，近精巢部分略粗。附腺 1 对，细长球杆状，近端部直径粗，其余部分较细；1 支较长，可伸达精巢被膜体；另 1 支较短。附腺和输精管分离，各自开口于短的射精管（图 19-73）。

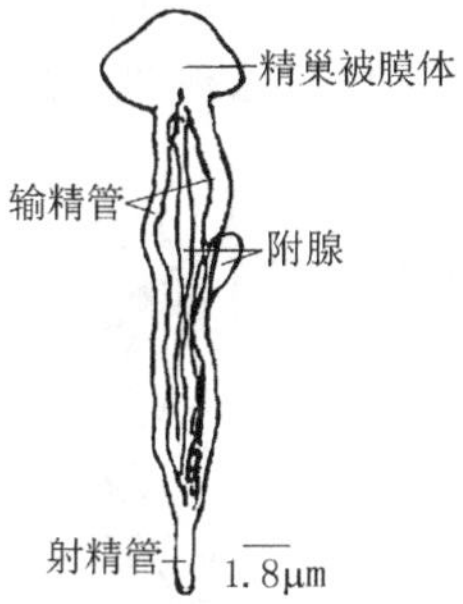

图 19-73　桦刻蚜雄性内生殖器（Wieczorek and Swiatek，2009）

19.8.5.3　马铃薯长管蚜 *Macrosiphum solanifolii* (Ashmead)

雌性内生殖器：孤雌生殖雌蚜的内生殖器主要为 1 对卵巢，没有受精囊和附腺，卵巢管的数目因个体而异。卵巢的生殖区很小，生长区内含有 6～9 个卵母细胞、成熟卵及

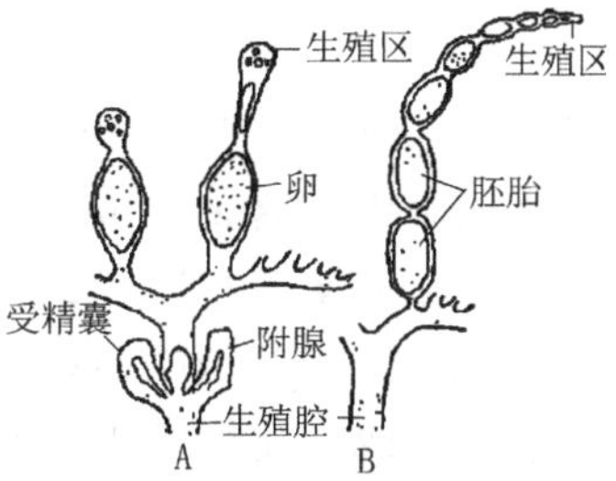

图 19-74　马铃薯长管蚜雌性内生殖器（北京农业大学等，1981）

A. 有性雌蚜；B. 孤雌生殖雌蚜

胚胎。两性生殖雌蚜的内生殖器，含有1对卵巢、1对附腺、1个受精囊和1个短的中输卵管和生殖腔。每卵巢有4支卵巢管，卵巢管的顶端具有1个球形的生殖区。生长区内的卵母细胞数目不超过2个，交配后产生少数受精卵越冬 (图 19-74)。

19.8.5.4　山毛榉叶蚜 *Phyllaphis fagi* (Linnaeus)

雄性内生殖器：两侧精巢合并，每精巢有3支精巢管，精巢管约呈宽纺锤形，两端尖缩，丛生于输精管端部。每精巢管含有几个生精囊，生精囊内只观察到处于精子发生高级阶段 (如精子形成阶段) 的生殖细胞，未发现精母细胞。似乎表明生殖细胞减数分裂在幼虫期已经完成。生精囊内所有生殖细胞同步发育，但不同的生精囊则处于不同的分化阶段，如某一生精囊可能含有幼期的精子细胞，而另一生精囊则为较后期的精子细胞形成阶段。通常，具有幼期发育阶段的生精囊位于精巢管顶部，而具有较成熟精子细胞和精子的生精囊则位于精巢管基部。两侧输精管分别向后延伸，在基部1/3处膨大形成贮精囊，向后渐细。输精管壁外层为薄的环肌细胞，内层为立方形上皮分泌细胞，上皮分泌细胞位于薄的基膜上。附腺棒状，顶端略膨大，其他部分不规则膨大。附腺壁也由薄层环肌细胞和立方形上皮细胞组成，上皮细胞位于薄的基膜上。组成附腺细胞壁的顶端细胞质膜形成微绒毛。两侧的输精管和附腺末端分别与射精管连接。射精管较退化，管壁由上皮细胞和其下面的基膜组成，上皮细胞内侧衬有表皮。管壁细胞的顶端质膜形成长的微绒毛。肌纤维沿射精管呈相对疏松排列 (图 19-75)。

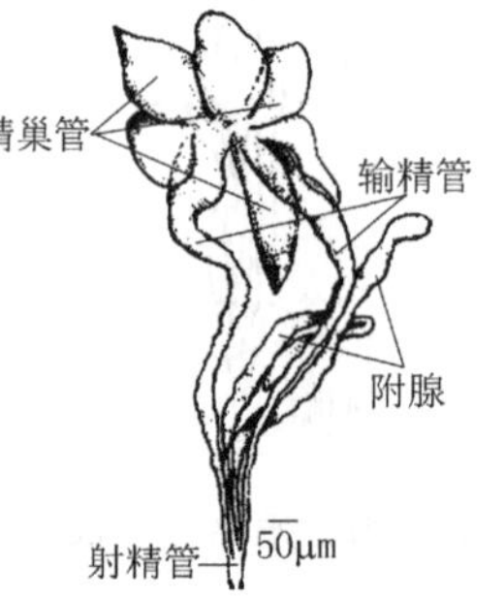

图 19-75　山毛榉叶蚜雄性内生殖器 (Wieczorek and Swiatek，2008)

19.9　粉虱总科 Aleyrodoidea

19.9.1　雄性外生殖器

雄性外生殖器由铗状的抱器或阳基侧突和简单的管状阳茎组成，两者均起自第9腹节或下生殖板。下生殖板背方凹入以着生肛器 anal apparatus。粉虱的肛器与交配功能无关。肛孔背面盖有1个近半圆形、三角形或四边形的瓣片，称为盖片 operculum，肛孔腹缘有1向后的突起，称为舌状突 lingula，指状或按钮状，上有许多微毛。盖片至少连同舌状突的基部在侧面和后面被1半圆形或三角形骨化脊所包围。前边以盖片的前缘为界，脊内所围区域即皿状孔 vasiform orifice (图 19-76)。

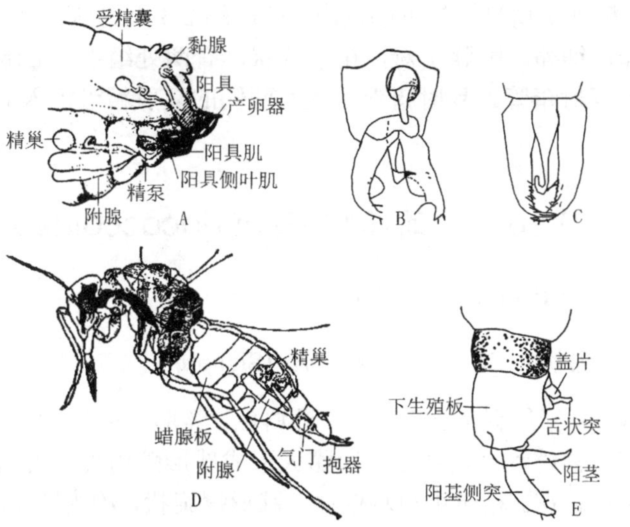

图 19-76　粉虱雄性外生殖器

A. *Trialeurodes* sp.交配时雌、雄虫腹部末端的位置；B. 甘蓝粉虱雄虫腹部末端；C. 柑橘粉虱雄性交配器；D. 1 种粉虱雄虫侧视；E. 1 种粉虱雄虫腹部末端侧视 (A. 施凡维奇，1958；B. 郑乐怡和归鸿，1999；C. 蔡邦华，1956；D. Weber and Weidner，1974；E. 北京农业大学等，1980)

19.9.2　雌性外生殖器

产卵器由 3 个产卵瓣或生殖突组成，即 1 对腹生殖突 ventral gonapophysis (腹瓣) 和 1 个不成对的背生殖突 (背瓣)。背生殖突 dorsal gonapophysis 略呈三角形，延长且有骨化边。在显微封片上可见 1 条很细的中纵沟终止于生殖突的端部，它是不成对的附腺导管 cement gland 的输出管。腹生殖突或前生殖突背缘和尖端均骨化，腹面膜质，顶端有时呈锯齿状。Quaintance 和 Baker 将这对瓣描述为由 2 对愈合的瓣组成。上述 3 个生殖突基部有一系列骨化杆 (内部几丁质突 inner chitinous process) 支持，产卵器前方背面有肛器和皿状孔，皿状孔内含舌状突和盖片等。

19.9.3　温室白粉虱 *Trialeurodes vaporariorum* Westwood

雄性内生殖器：每精巢有 1 支球形精巢管。雄性为单倍体，精母细胞通过有丝分裂形成 2 个精子。精子发生在若虫期完成，成虫精巢内充满精子和精子细胞。成熟精子尾

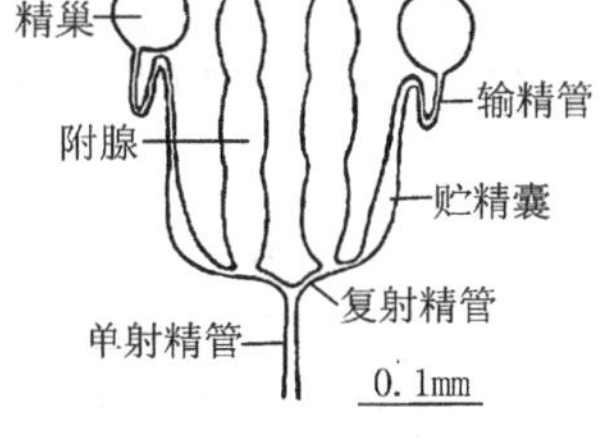

图 19-77　温室白粉虱雄性内生殖器 (Tian 等，2006)

部的轴丝退化。输精管从精巢管的下端发出，前部约 2/3 细管状，后部约 1/3 膨大形成贮精囊，贮精囊下端略细缩。附腺 1 对，粗短管状，有两处缢缩，后端细缩后与输精管末端一起汇入同侧的复射精管。复射精管粗短，两侧的复射精管汇入后端的单射精管（图 19-77）。

19.10 粉蚧总科 Pseudococcoidea

19.10.1 粉蚧科 Pseudococcidae

19.10.1.1 槭树绵粉蚧 *Phenacoccus aceris* (Signoret)

雄性内生殖器：每精巢有 1 支精巢管，乳白色，荚形，为 1 完整囊，内部充满精子。其基部相连的导管为输精管，输精管中段膨大形成球形贮精囊。射精管开口于阳茎。精子以可游动的精子束存在。精子束前端壁厚，锥形螺旋状，约为整个精子束长的 1/5；中段较粗，包膜壁薄，包膜内的精子透视可见；后段逐渐变细。精子束中段的包膜压破后，里面的精子即可散出，精子细长如丝，不能明显地分出头、中、尾部。每精子束内的精子数目为 13～18 支，平均约 16 支。精子在精子束内排列整齐（图 19-78）。

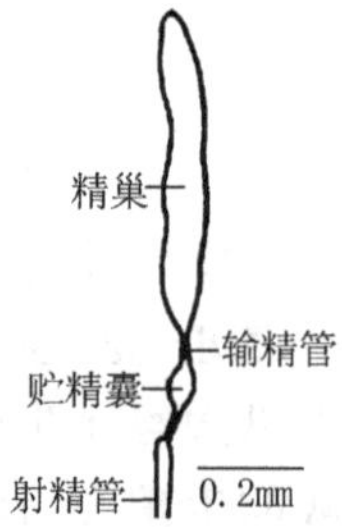

图 19-78 槭树绵粉蚧雄性内生殖器（Tian 等，2006）

19.10.1.2 甘蔗粉蚧 *Saccharicoccus sacchari* (Cockerell)

雌性内生殖器：每卵巢具有 1 支侧输卵管，两侧的侧输卵管汇入中输卵管，中输卵管终止于生殖腔，生殖腔开口于第 7 腹节腹板后方的生殖孔，内生殖器整体呈“Y”形。每卵巢有许多大小不一的卵巢管，每卵巢管通过 1 纤细的卵巢管柄与侧输卵管连接。卵巢管无端丝。较为发育的卵巢管可见基部的基室和端部的滋养室和原卵区，基室内含 1 粒较大的卵。随着发育进程，原卵区和生长区（卵黄发生区）之间出现明显缢缩。输卵管自内而外包括内膜、上皮细胞、基膜、环肌、纵肌、围膜。上皮细胞栅栏状或立方形，环肌和纵肌的活动能促进排卵。生殖腔的组织构造与输卵管相同，但管腔更小，管壁肌肉更加发达。受精囊附着于生殖腔背壁，两者之间通过短的受精囊管相连。受精囊体圆形，稍呈背侧扁，位于中输卵管下方。受精囊管由受精囊体中背面发出，沿后背向伸展，位于中输卵管和生殖腔上方，最后开口于生殖腔的背面，开口位于侧生附腺开口之后。有 3 支附腺 collateral gland 附着在生殖腔上，1 支位于腹面，2 支位于侧面。每附腺直接或独立开口于生殖腔 (图 19-79)。

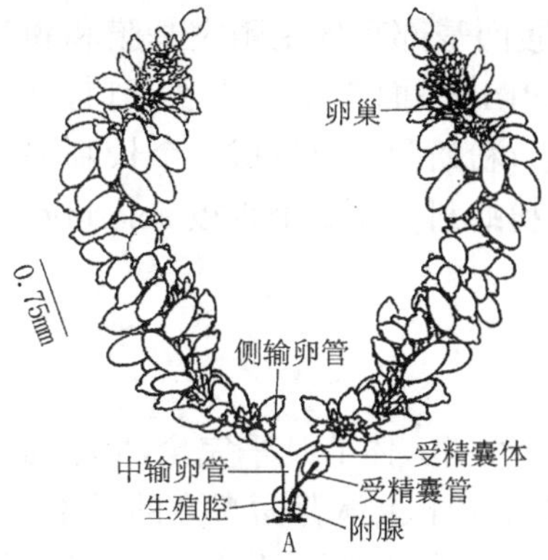

图 19-79　甘蔗粉蚧雌性内生殖器 (Yadava，1966)

19.10.2　胶蚧科 Lacciferidae

19.10.2.1　紫胶虫 *Laccifer lacca* Kerr

雄性内生殖器胚后发育：雄性幼虫有 2 龄，1 龄幼虫末期精巢，可观察到细胞分裂的各期，双倍体多且清晰。2 龄末期精巢较为粗壮，输精管由于精巢的增大已经被移向末端内侧。2 龄中期以后，生殖细胞全部转化为精子细胞。预蛹期 5～7 天，精巢内精子细胞开始转化为精子，有的生精囊已经开始扭转。蛹期 4～7 天，精巢为 1 大的棒状组织，末端内侧的输精管粗短，整个精巢内被精子束所充满。雄成虫精巢位于消化道及马氏管两侧的下面，为 1 对乳白色的棒状组织。输精管位于精巢的末端内侧。

雄性外生殖器：棒状，细长，末端细，略弯。阳茎被阳茎鞘包裹，交配时伸出(图 19-80)。

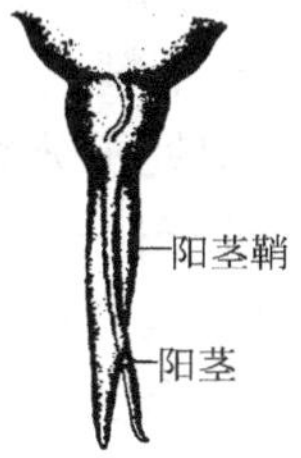

图 19-80　紫胶虫雄性外生殖器 (陈晓鸣等，1992)

19.11　蚧总科 Coccoidea

19.11.1　雄性外生殖器

腹部背视可见 8 节，但第 1 腹节背板常与后胸背板愈合而归入后胸，故腹部第 1 节实为第 2 节，腹部最末 1 节则为腹部的第 9 节。腹部第 8、9 节一般愈合为 1 节，所以腹部末端为第 8、9 两节的愈合体。外生殖突从腹部末端伸出。外生殖突由阳茎鞘包着阳茎基棒及棒端的阳茎。外生殖突腹面基部有外生殖突基膜和腹部相连，构成外生殖突整体。阳茎鞘一般鞘状，至少部分骨化，腹面有 1 个纵长开口，阳茎器由此口伸出。阳茎鞘近圆锥形或延伸成 1 个短的端突 (粉蚧科) 或形成 1 个长刺突 (盾蚧科)，阳茎鞘有 1 基脊，有时有 2 个中叶 median lobe (粉蚧科) 或 2 个骨板 sclerotic plate (盾蚧科)。肛孔位于阳茎鞘基部背面。

19.11.2 雌性外生殖器

雌成虫之头、胸、腹 3 部分合并，体节几乎完全消失，腹部的腹气门完全退化消失。腹部末端中央为臀裂所分。肛孔位于虫体背面臀裂的基部，肛孔开口处常有 2 块近三角形骨板（称为肛板）所掩护。有些种类臀裂两边缘十分靠近或彼此愈合而稍有细缝。肛孔周围被硬化的肛环所环绕，肛环面上具内缘和外缘 2 列不规则圆形孔，即肛环孔。生殖孔位于腹部腹面，和肛环孔常在 1 条水平线上，是 1 条简单的横裂，没有任何类型的附突，但其周围表皮常具明显的皱褶。生殖孔前有前阴毛。雌成虫常在产卵期间分泌白色絮状的卵囊，由虫体腹末端或腹部下面突出伸向后方。有的种类在产卵期不分泌卵囊，卵产在虫体腹面向背方收缩后的空腔内。

19.11.3 白蜡虫 *Ericerus pela* Chavannes

雄性内生殖器：精巢 1 对，位于消化道背侧。精巢细长形，囊状，不分精巢管，内有 2000～3000 个生精囊。基部与输精管连接，输精管末端汇合于射精管，射精管开口于阳茎基部。附腺 1 对。

雄性内生殖器胚后发育：若虫期精巢位于消化道两侧，为 1 对相互独立的乳白色棒状物。1 龄时精巢甚小，其内的精原细胞处于不断的分裂增殖之中；生殖细胞的发育主要在 2 龄期进行。2 龄初期，精巢内的精原细胞仍处于分裂增殖过程中。当细胞增殖达到一定的数目后，每精原细胞再分裂 4 次形成具有 16 个精原细胞的生精囊。生精囊内的各细胞在前期可见结构上的相互联系。一个精巢内有 2000～3000 个生精囊。不同的生精囊细胞分裂一般不同步，有的生精囊细胞处于分裂中期，有的已处于分裂末期。但同一生精囊中各细胞的分裂则高度同步，都处于同一分裂期。当生精囊内的 16 个精原细胞由典型的休止核进入前期时，精子发生的有丝分裂开始。精原细胞也变成了精母细胞，只是由于来自父本的 9 条异染色质化染色体全部消失，这些精母细胞不进行减数分裂，而只进行有丝分裂，染色体数目不再减半，只是核裂，细胞不分开，形成 1 个二核的精细胞。分裂后，每个生精囊内形成 16 个二核的精子细胞。此后，同一生精囊内生殖细胞发育逐渐一致。生精囊内的精原细胞经过 5 次分裂形成精细胞，几乎所有精原细胞最后都能发育成精细胞。刚分裂形成的二分核精细胞染色体浓缩成团而位于细胞的两极，不久 2 细胞核便开始膨大，染色体逐渐分散成小颗粒状。随后 2 个膨大的核分别向相反的方向凸出细而尖的精子尾部，形似蝌蚪。此时，1 个生精囊内可见 32 个精子。预蛹期，精巢略显粗短，每个生精囊中的 32 个精子向外凸出的尾部不断增长变细。其中 16 个精子的尾部沿球形的生精囊按顺时针方向缠绕，另 16 个精子的尾部按逆时针的方向缠绕，形成 1 个毛线团状的精子缠绕物。随后精子缠绕物渐移到 1 个平面上形成 1 个圆形的精子缠绕环。不久精子缠绕环沿精巢的纵轴方向延长，并扭曲为“8”字形，进一步拉长扭曲成麻花状。在扭曲的精子丛间包围有组成生精囊囊壁细胞的细胞质。随后扭曲为麻花状的精子丛延长，精子丛周围的细胞质开始降解。降解后的细胞质向精巢的中部移动，端部越来越少。在精子束形成后，这些细胞质遂消失。蛹期，精巢变长，精巢内侧的输精管及末端的附腺快速发育，精巢内麻花状精子丛沿精巢长轴方向继续延长，直至达到精巢全长。在延长的末期，精子丛从两端变直并显示出 2 个亚单位，每个亚单位有 16 个精子，2 个亚单位在其中部的大部分长度上相互交搭，两头伸展到精巢的两端。每个亚单位延长后形成 1 个精子束。每精子束的外面被精子束鞘包围。蛹末期，精巢内充满尚未成熟的精子束。从精巢底部内侧发出的左右输精管在中部汇合。成虫期，精巢进一步变长，端部较细且伸入胸部，精巢内全为精子束。1 个生精囊最终发育形成 2 个精子束，每精子束内具有 16 个细丝状的精子。成虫的精子均以精子束的方式存在于精巢中。由于精子束有时可动，以致误将精子束当做精子。成虫精子束数目约为 4800 个，每雄虫大约可产生 15.36×10^4 个精子。

雌性内生殖器：每卵巢有数千支卵巢管。成虫后期，卵巢管占据体腔大部分，并游离于体腔中，其间密布有大量气管。卵巢管下为一、二级分支的输卵管。卵巢管下的一、二级分支输卵管与同侧较长的侧输卵管相连通。2 条侧输卵管再与较短的中输卵管相汇。2 条侧输卵管汇合处，有 1 很短的受精囊管与受精囊相连接。在生殖腔基部有 2 对附腺通入。卵巢管端滋式，无悬带，游离于体腔中。成虫期，侧输卵管不断增长，分化出一、二级输卵管，卵巢管也不断形成。到雌虫体内出现成熟卵时，还有少量卵巢管分化出来。因此，在成虫体同一位置的横切面上，可以看到处于不同发育时期的卵巢管。刚分化出的卵巢管，具有 4 个较大的细胞，其中 3 个发育成滋养细胞，位于卵巢管顶端，构成营养腔，另外 1 个形成卵母细胞，位于滋养细胞之下，构成卵室。在卵巢管形成初期，滤泡细胞不发达。和其他端滋式卵巢管不同，白蜡虫的卵巢管在形成后，生殖细胞的分化已完成，滋养细胞不再分裂。卵巢管初形成时，呈梨形，随着营养物质在卵内的积累，卵巢管增大，滤泡细胞也不断进行有丝分裂，发育中期的卵巢管呈葫芦形，管外为 1 层固有膜所包围。发育后期，近成熟的卵占据了几乎整个卵巢管腔，滋养细胞逐渐萎缩，只剩下很小的一点突起，最终完全消失。营养腔内的 3 个滋养细胞成“品”字形排列在一平面上，位于卵巢管顶端，外被有 1 层固有膜。滋养细胞的核极大，占据细胞的极大部分，细胞质很少。由滋养细胞伸出若干条营养索，穿过营养腔的缢缩而达到卵室内的卵母细胞内。营养索为纤维状物质，由微管组成。卵室由卵母细胞和卵母细胞外包围的滤泡细胞组成，卵母细胞呈椭圆形，早期卵核位于中央。中后期，核内的染色体逐渐浓缩。末期，卵核由中央移至边缘，可明显地见到形状较规则的核仁。滤泡细胞在发育初期为柱状、单列，排列紧密。在卵室增大过程中，不断进行有丝分裂，成为方形。卵成熟时，滤泡细胞被拉成扁平上皮。

输卵管系统包括中输卵管、侧输卵管和一、二级分支输卵管，整个系统成为树枝状结构。中输卵管圆筒形，有较发达的结缔组织和肌肉层。管腔很狭，几乎被腺细胞所充满。管端部，即两输卵管和受精囊通入处，管腔较宽阔，上皮细胞排列较整齐。侧输卵管外层有较薄的肌肉，分支输卵管只有管壁细胞且排列不整齐。受精囊体球形，受精囊管短。产卵前，受精囊开始膨大，精子束亦开始活动，并逐渐游离出精子。在成熟的卵巢管柄中可见数目不等的精子。附腺由柄状部和腺体部组成，两部分连接处明显缢缩。柄状部为中空的管道，管壁为 1 层排列较整齐的柱状上皮。柄状部与中输卵管的基部相连通。腺体部全为腺细胞组成，在柄状部的顶端成总状排列 (图 19-81)。

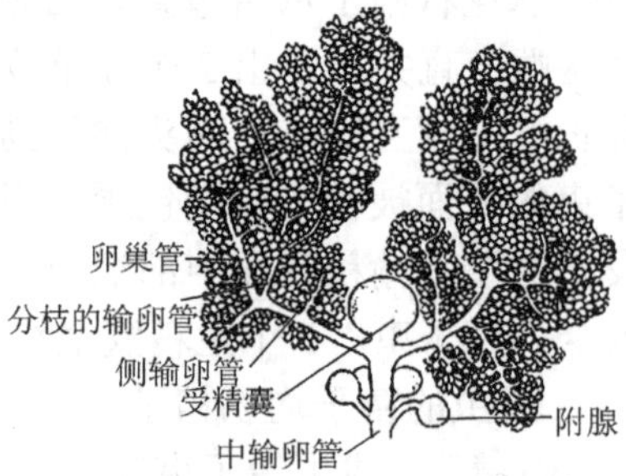

图 19-81　白蜡虫雌性内生殖器 (章念等，1992)

19.12　盾蚧总科 Diaspidoidea

19.12.1　桑盾蚧 *Pseudaulacaspis pentagona* Targioni

雄性内生殖器：每精巢有 1 支精巢管，精巢管梭形囊状，两端尖细，外部无被膜。精巢管下端发出 1 支短的输精管，两侧的输精管下端接入单射精管前端球形膨大的贮精囊区域 (图 19-82)。

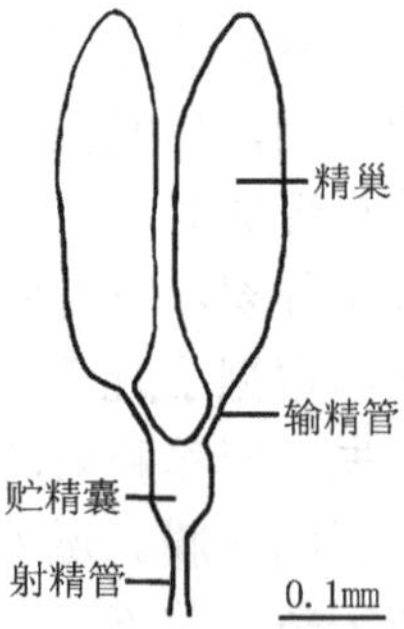

图 19-82　桑盾蚧雄性内生殖器 (参考 Tian 等，2006 图重绘)

第 20 章　鞘翅目 Coleoptera

20.1　概　　论

20.1.1　雄性内生殖器

雄性内生殖器形态多样，基本构造包括精巢、输精管、射精管和 1 至数对附腺。原鞘亚目长扁甲科，贮精囊位于射精管基部，精巢为 1 长管。肉食亚目的精巢小，只有 1 支精巢管 (单泡囊)，精巢简单而呈螺旋蜷曲，精巢管外有被膜。多食亚目精巢束状或葡萄状，由许多分离的精巢管 (泡囊) 组成，有时精巢管成组集合在一起形成几个分隔的叶。如天牛科锯天牛属每个精巢由 12～15 个叶组成，每个叶具有 15 支精巢管。精巢大致有 3 类。①简单管型：精巢管为简单管状，常蜷曲，位于末端，如步甲科、虎甲科、龙虱科等。②丛生型：精巢管为 1 丛短管，一起开口于输精管端部，如金龟子科 (蜉金龟亚科、粪金龟亚科、牧场金龟亚科、鳃角金龟亚科、丽金龟亚科、花金龟亚科) 、锹甲科、某些叶甲科等。③簇生型：1 组精巢管分别着生于输精管上，如隐翅虫科、拟步甲科、水龟虫科、埋葬甲科、瓢虫科、花萤科、郭公虫科、叩头虫科等。精巢下端连接输精管，有些甲虫，如叩甲属，输精管整体为中胚层起源。另一些类群，输精管可能部分外胚层起源、部分中胚层起源。输精管常有 1 膨大区，形成贮精囊。贮精囊是精子输送入雌体之前的贮存场所，鞘翅目昆虫的贮精囊可能不仅仅是输精管的简单膨大，还是两者分开的构造。膨大区可位于输精管不同部位，既可存在于输精管的中胚层部分，也可存在于输精管的外胚层部分，或者两部分同时存在，由此形成的贮精囊组织来源亦异。

附腺 1 至多对。肉食亚目的外胚层附腺只有 1 对，多食亚目可有 2 对或多对中胚层

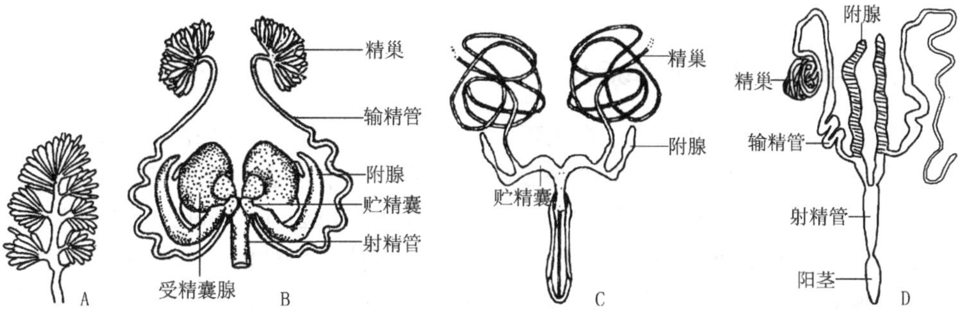

图 20-1　鞘翅目雄性内生殖器

A．精巢着生类型；B．*Ctenicera aeripennis destructor*；C．长扁甲；D．1 种肉食亚目；E．1 种多食亚目；F．拟步甲属；G．拟步甲属的肾形附腺，不同区域的细胞形成不同的分泌物；H．*Passalus cornutus* (A、B、H．Matsuda，1976；C．郑乐怡和归鸿，1999；D、E．参考 Weber and Weidner，1974 图重绘；F、G．Chapman，1998)

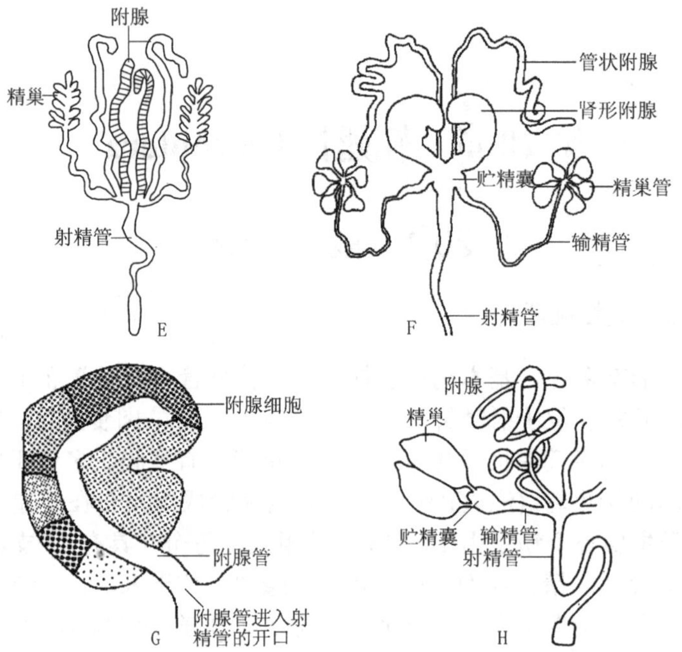

图 20-1 (续)

附腺。在许多甲虫中，附腺位于射精管与输精管结合部，向贮精囊开口。但附腺起源于不成对射精管前端也较常见，如 *Passalus*、*Sitodrepa* 等。有些类群的附腺分泌物用于形成精包。窃蠹科有 1 对位于后面的生殖腔囊，其中含共生酵母菌，酵母菌在产卵时涂在卵表，并在卵孵化后幼虫取食时传递给幼虫。附腺由单层上皮细胞组成，上皮细胞微细构造随不同发育阶段变化，其分泌物的性质也随之变化。附腺数目很少时，附腺的不同区域可能行使不同的分泌功能。如黄粉甲的管状腺产生 3 种化合物，肾状腺具有 8 种细胞形态，分泌多种产物。射精管末端开口于阳茎。单射精管在侧向扩展形成复射精管前常强烈前伸，射精管的后端成对或单管状进入内阳茎。如 *Hydroporus* 具有成对的射精管 (图 20-1)。

20.1.2　雄性内生殖器胚后发育

射精管原基通常在幼虫或预蛹期出现，位于第 9 腹节之后。但 *Hydroporus* 成对的原基位于低龄幼虫的第 8 腹节。夏鳃金龟属的幼虫输精管末端壶腹位于第 9 腹节腹部，受第 10 腹神经节支配。第 10 腹节体腔囊形成腹面盲囊 ventral diverticula，进而形成壶腹，这种情形与低等昆虫相似。壶腹的部分组织发育形成附腺，另外的部分膨大形成贮精囊。因此，附腺属于中胚层起源。射精管属于外胚层起源的内长物，位于初生阳茎叶中叶的基部，开口进入生殖孔，生殖孔由第 9 腹节腹板后方骨化的三角片发育而成。射精管前部分二叉，与末端壶腹 (贮精囊) 结合。

叩甲属 1 龄幼虫，精巢通过输精管原基 (生殖索) 与第 9 腹节腹板的壶腹联系。2 对附腺和后来发育形成末端壶腹的贮精囊可能为中胚层起源。射精管发育更迟，约在第 10 龄幼虫期，第 9 腹节两半腹片之间内陷形成生殖囊 genital capsule，生殖囊进而发育形成射精管。射精管前端简短分叉，通过贮精囊（或在贮精囊内）与输精管联系。因此，叩甲属雄性生殖道的发育模式与夏鳃金龟属的类似，属于鞘翅目中的原始类型。象甲 *Calandra* 的末端壶腹（囊）由输精管末端部分发育形成，在此它们与发育中的射精管相遇并结合。附腺起源于末端壶腹。因此，末端壶腹和附腺均为中胚层起源。但象甲 *Calandra* 的射精管十分细长，没有分叉。输精管原基加宽变短，以至于外胚层起源的射精管最终几乎伸达精巢。附腺紧邻射精管前部。在充分发育的粉甲属幼虫中，输精管向后伸达射精管，在此输精管开口于成对的囊状构造。这些构造后来形成外胚层附腺，因此属于外胚层起源。蛹的早期，射精管向前伸达第 4、5 腹节，同时输精管呈盘绕状。瘤背豆象属的射精管显著前伸，但 3 个外胚层附腺起源于射精管的每 1 短分叉，成对的中胚层附腺则起源于末端壶腹。*Sitodrepa* 的射精管分叉存在于管的两臂与输精管结合处，位于第 5 腹节。2 对附腺为外胚层起源。*Gastroidea* 和花象属的射精管伸达第 5 腹节后也分叉，附腺属于外胚层起源。

雄性内生殖器的发育方式有 2 种。第 1 种为射精管伸展很少，附腺中胚层起源，如叩甲属、夏鳃金龟属等。第 2 种为射精管显著前伸，伸展管道的前端在与输精管结合前有或无分叉：①附腺中胚层起源，如象甲 *Calandra*、小萤叶甲属等；②附腺外胚层起源，如 *Hydroporus*、*Sitodrepa*、*Gastroidea*、花象属、拟谷盗属、竹长蠹属等；③附腺由中胚层与外胚层起源两部分组成，如粉甲属、瘤背豆象属等。由于射精管前伸分叉及伴随的中胚层输精管在发育过程中的退化，许多甲虫成虫的输精管（由输精管与复射精管结合而成）前段为中胚层起源，后段为外胚层起源。如果射精管前伸不显著，则输精管为中胚层起源（图 20-2）。

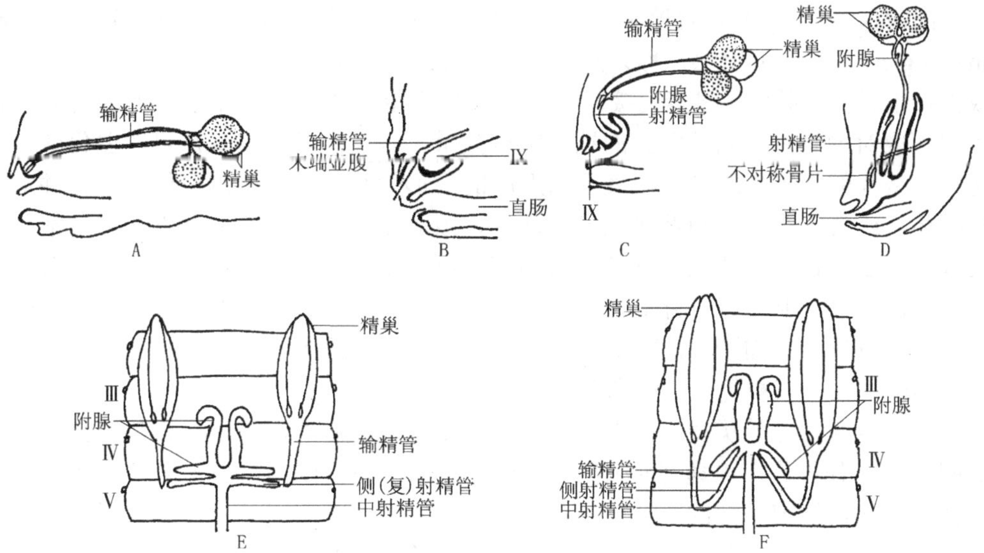

图 20-2　鞘翅目雄性内生殖器的幼期形态（Matsuda，1976）

A～D. *Calandra oryzae*（A. 幼虫；B. 发育中的预蛹；C. 预蛹；D. 7 日龄蛹）；E、F. 药材甲初期蛹和成熟蛹；Ⅲ～Ⅴ、Ⅸ为第 3～5、9 腹节

20.1.3　雄性外生殖器

雄虫交配器位于泄殖腔内，雄性外生殖器不直接来源于生殖肢，即基本构造只有阳茎而无生殖肢部分，实际上属于射精管端部构造，阳茎端由围绕射精管端部的骨片与膜形成。第 9 腹节为生殖节，常形成雄性外生殖器的部分构造，一般退化成为 1 框架，阳茎端静止时悬垂其中（多数肉食亚目），或退化成 1～2 个刺，极少数情况下呈环节状（花萤属、隐翅虫科、某些球蕈甲科）。总体上生殖节没有附属或外周的支撑构造 armature，不存在直接与生殖突有关的生殖复合结构，第 9 腹节的可动抱器也不存在。

阳茎也称生殖管，分为基部的阳茎基片（盖片）tegmen 和端部的阳茎两部分。阳茎基片由 1 不成对的基片 pars basalis 和成对的阳基侧突组成。阳茎为骨化而弯曲的管，端部有能翻出的内囊 internal sac。基部骨化的阳茎基片与射精管以膜相连，阳茎基片外侧为阳茎，它们之间亦为膜质。内囊藏于阳茎端之内，外侧常有骨片，内囊端部有 1 鞭状的囊体，平时缩于内囊之中，其端部有初生生殖孔。当内囊伸出阳茎时，鞭状囊体也同时伸出，在交尾时，它可伸进雌虫的受精囊。射精管（射精管在阳茎内的部分也称为精液导管）通过基孔进入阳茎。基孔位于腹面基端、基部或后生的腹面开口；阳茎前端内囊（如果存在）翻出的区域为端孔或中孔。除少数种类外，端孔或中孔位于阳茎的中背面近端部处。内囊的膜质壁常具小刺、齿、毛、鳞和乳突等附器，休止时，附器随内囊缩入腔内，翻出时则用以固定内囊在雌体内的位置。异跗类和鳃角类金龟子的阳茎退化，其功能多少由阳茎片所代替。阳茎上附生有成对或不成对的突起（支杆、骨突等），它们附着在阳茎上并伸向基方或端方。阳茎基片（阳茎盖片、阳茎盖）位于阳茎的基端部或基部，通常被分成 1 个不成对的基片和 1 对阳基侧突，向前延伸至阳茎两侧。在这些构造的基部，有时有 1 块孤立的骨片位于基片和第 9 腹节之间的管形膜（第 2 连接膜 second connecting membrane）壁上，称为阳茎小盖片 tegmenite。阳基侧突可以独立，同基片连接或直接由骨突（髁）与阳茎连接。阳基侧突也可退化成为固定在基片上的突起或合成为 1 块不成对的骨片。阳基侧突的端缘常有数量不等的感觉毛。基片可能退化或成为非骨化片。基片的原始形式是在阳茎基部形成的盾形骨片，骨片两侧可能扩大合并形成 1 完整的环，或者细小而在阳茎之间自由活动，或者增宽以致完全将阳茎隐蔽（某些金龟子的包膜 tambour）。基片也可增长，常同阳基侧突结合，形成开口的槽或封闭管，使阳茎在该管内滑动。基片上（特别是具环型外生殖器中）常着生有不成对的中腹突或成对的突起支杆或骨突等构造。在伪瓢虫科，阳茎盖片退化，而在埋葬甲科 *Aschaeonemadus*，整个阳茎端退化，其机能由生殖节代替。

雄性外生殖器原始类型为三叶型，阳茎（阳茎端）基中，两侧有阳基侧突。如花萤属的阳茎仅部分骨化，内囊（内阳茎）明显可外翻，阳基侧突前面与阳茎基连续，阳茎基可视为两阳基侧突基部的联合区域。阳茎基的每侧又与基片相关节。阳基侧突（包括阳茎基）和基片一起被称为顶盖 tegmen。花萤属的 2 个基片的背、腹片已通过膜质区结合。顶盖与阳茎的联合区域为第 1 连接膜，第 2 连接膜固定在基片联合区后点的节上，保证阳茎与第 9 腹节的联系。从原始的三叶型雄性外生殖器开始，鞘翅目昆虫雄性外生殖器进化路线之一是增加基片的骨化程度，如背、腹面分别或同时延伸。有些科（金龟子科)，骨化的基片形成完整的管供阳茎端穿过。另一个方向是基片退化消失。如隐翅甲总科，盖片已经退化，同时阳茎更加复杂。Jeannel 和 Paulian (1944) 将鞘翅目雄性外生殖器分为 4 类。①三叶型 type trilobe：主要由基片、侧叶和阳茎组成，侧叶可能来源于生殖突基节 gonocoxites，阳茎左右对称，基片发达，骨化。2 个侧生的阳基侧突环抱中间的阳茎端，阳茎和基片沿第 1 连接膜固定地接合在一起，2 个部分只能极少地独立活动。此即 Sharp 和 Muir (1912) 所谓的“丸甲型 byrrhoid type”，此类型在水生甲虫、一些低等甲虫中常见，如花萤总科、丸甲等。②关节型 type articule：阳茎端通常不对称，基片常不骨化，且退化，似缺。阳茎侧突由 1 骨突 (髁) 同阳茎关联。骨化的阳茎端含有内囊 (内阳茎)，交配期间内囊翻出。因此内囊是功能上的插入器官。内囊具有复杂的支撑构造，如小齿、鳞片、乳突等，这些骨片有助于固定外翻的内囊在雌体中的位置，如多数肉食亚目和隐翅甲总科等。③套管型 type vagine：基片同阳基侧突一起延长，形成管或 (背面或腹面的) 槽，阳茎可在其内活动。阳基侧突通常很少活动，主要见于金龟子一些类群。另一些金龟子的基片发达，成鞘状，侧叶及阳茎均退化，也称为基鞘状。④具环型或内腔型 type annulate、type encavalier：阳茎无侧叶，基片在阳茎周围形成 1 个完整的环，两者联系松散，使阳茎能伸缩。退化的阳基侧突通过延长的基片支持阳茎端两侧，近侧的基片延长成杆围绕阳茎端，形成腹部骨柄。主要见于植食性类群，如叶甲总科等。在以上 4 种主要类型间还有其他类型。阳茎的特殊形式，以拟天牛科和沼甲科为代表。

叶甲总科雄性外生殖器包括阳茎及阳茎基两部分，阳茎一般为略弯的筒形结构，有时稍扁，它的基部呈碗形，后端常分裂为 2 叶，腹面的开口为基口，端部开口于背面，为端口。阳基为 1 块“V”形骨片，它的 2 侧臂在背面相遇后，向后延伸，形成弧形或片状的骨片，盖在阳茎表面，端部有时形成 1 对突起，为阳基侧突。阳茎内有 1 膜囊，称为内囊 (内阳茎)，它的基端着生于阳茎端口内壁，有如倒翻的手指套，交配时内囊向外翻出，将射精管移到翻出的囊端。内囊表面常有各种骨片或针、刺等构造。阳基和阳茎之间有连接膜，将两者联系在一起。叶甲总科雄性外生殖器整体属于具环型，根据阳基环的包裹程度分为环式和叉式两类，阳基两侧在阳茎背面相连接，阳茎位于其中的为环式，如豆象科、负泥虫科 (负泥虫亚科除外)。阳基两侧臂仅位于阳茎的腹面或两侧，在阳茎背面并不相接的，为半环式，如肖叶甲科及负泥虫亚科。根据阳基和阳茎特征将叶甲总科雄性外生殖器分为 5 类。①距甲型 (天牛型) ：阳茎 (即中茎) 具中突 (中茎突或称阳茎内骨)，阳基环式，如天牛科和距甲科。②茎甲型：阳茎无中突，阳基环式，如茎甲科、豆象科和水叶甲亚科。③叶甲型：阳茎无中突，阳基叉式，基叉位于阳茎中部，如负泥虫亚科和叶甲科。④肖叶甲型：和叶甲型相似，但基叉处于阳茎基部的口沿 (基孔腹缘)，如肖叶甲科和铁甲科。⑤天牛叶甲型：形状介于天牛和叶甲之间，阳茎具中突，阳基叉式，如狭天牛属。

多数鞘翅目昆虫的阳茎体在发育期间围着它的体轴多少有些扭转，这从 2 条主要气管主干的走向可得到印证。许多肉食亚目，阳茎静止 (位于体一侧) 和活动时的位置可能有约 90°的差异。某些甲虫发育期间存在阳茎端的旋转现象，如 *Hydroporus*、光胸萤叶甲属、小萤叶甲属、叶甲科等。但虫体的其他部分并不随阳茎一起发生旋转。阳茎 (阳茎端) 交配时也是暂时性翘起伸出。腹针 spiculum、spiculum gastrale 为成对或不成对附着于生殖腔的突起，与阳基侧突之间有较大距离分开。腹针一般存在于杂食亚目，在整个鞘翅目中的同源关系似乎还不清楚。一般认为具有高度发达的鞭状插入器官的甲虫不形成精包，而那些具有发达内囊的则更可能具有精包。但也发现某些没有鞭状插入器官的种类输送游离的精液，可能属于产生精包和具备鞭状插入器官的中间类型。Khalifa (1949) 认为不同科之间存在形成精包和输送游离精子 2 个方向的分化，如拟步甲科、金龟子科、芫菁科产生精包。天牛科、象甲科等没有发现精包 (图 20-3)。

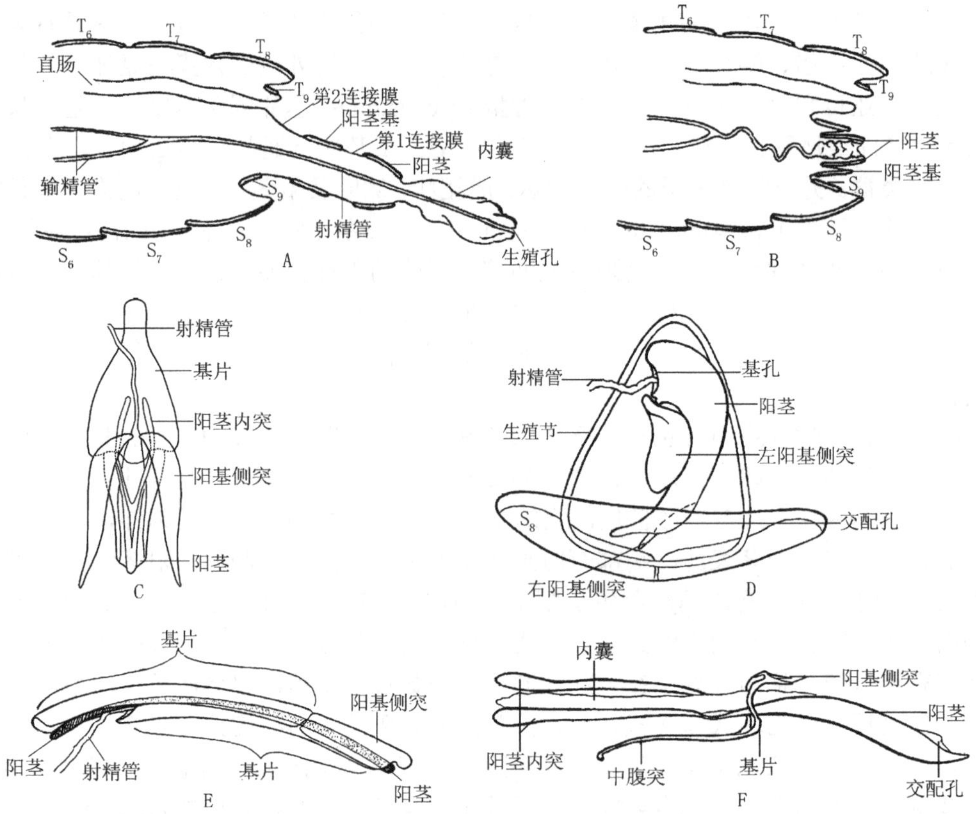

图 20-3 鞘翅目雄性外生殖器

A、B．雄性生殖管伸出、休止状态；C．*Hydrous piceus* 的阳茎 (三叶型)；D．步甲阳茎和周围结构 (关节型)；E．黄粉甲阳茎侧视 (套管型)；F．*Phyllobius glaucus* 阳茎侧视 (环型)；G～I．*Cantharis fusca* 雄性外生殖器侧、背、腹视；J～M．*Phyllophaga chiriquiana* 雄性外生殖器 (J．腹部侧视；K．生殖腔和第 9 腹节的阳茎原基；L．阳茎和射精管末端；M．阳茎、阳茎突和端囊)；N．叩甲的阳茎；O_1、O_2．*Ceruchus striatus* 阳茎背、腹视；P．*Ceratognathus niger* 阳茎背视；Q. *Stenotrachelus aeneus* 腹部末端和阳茎侧视；R、S. *Cerambycid* sp.阳茎基和阳基侧突背视、阳茎腹视；T. *Pseudolecanus capriolus* 阳茎 (伸出位置)；T_1、T_6～T_9 为第 1、6～9 腹节背板；S_2、S_6 ～S_9 为第 2、6～9 腹节腹板；X 为第 10 腹节 (A～F．Tuxen，1969；G～I．Matsuda，1976；J．参考 Snodgrass，1935 图重绘；K～M．Snodgrass，1935；N．Gullan and Cranston，2005；O_1～T．参考 Snodgrass，1957 图重绘)

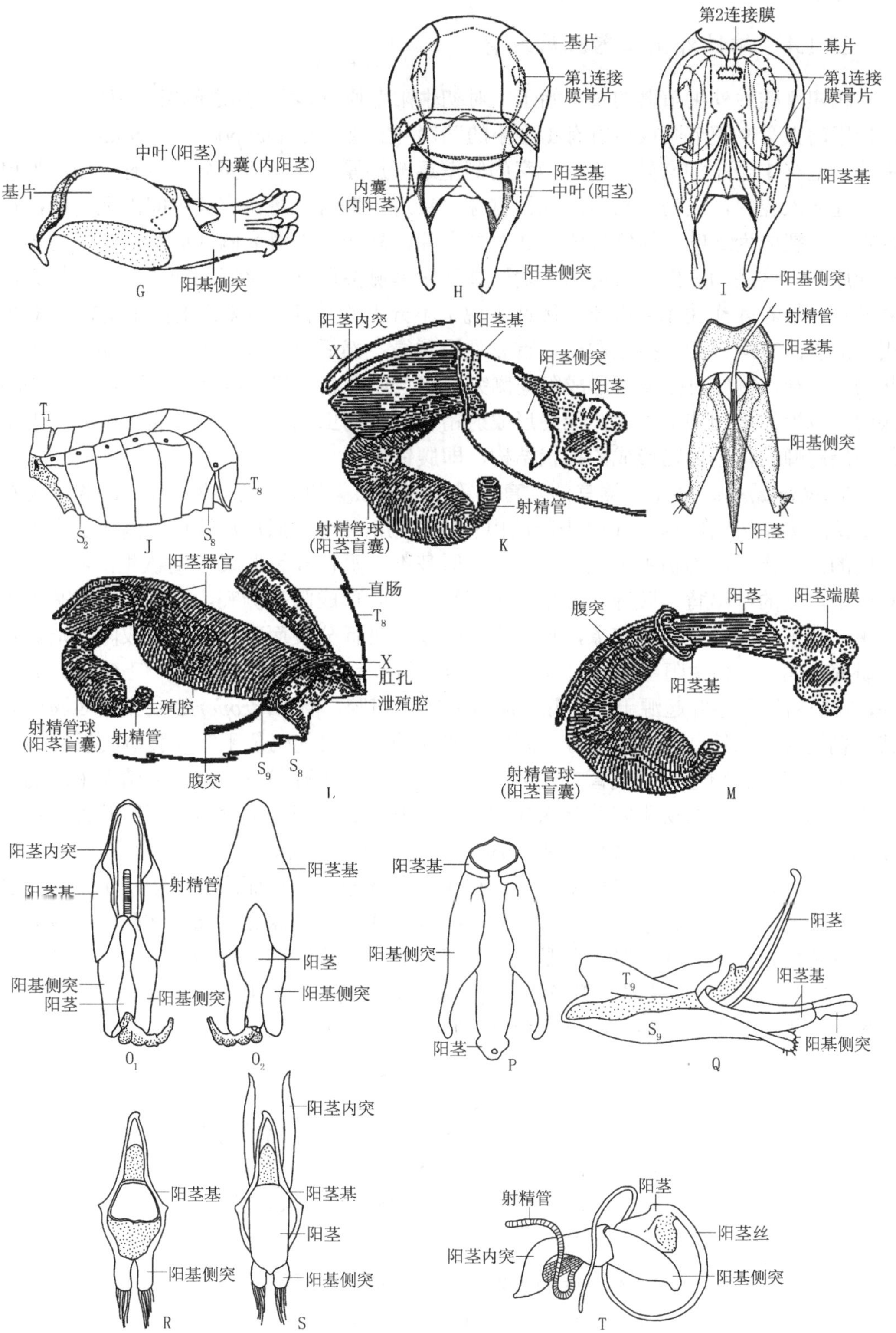
中叶(阳茎)
内囊(内阳茎)
基片
阳基侧突
G
基片
第1连接膜骨片
阳茎基
内囊(内阳茎)
中叶(阳茎)
阳基侧突
H
第2连接膜
基片
第1连接膜骨片
阳茎基
阳基侧突
I
阳茎内突
X
阳茎基
阳茎侧突
阳茎
射精管
射精管球(阳茎盲囊)
K
射精管
阳茎基
阳基侧突
阳茎
N
T_1
T_8
S_2
S_8
J
阳茎器官
直肠
T_8
X
肛孔
泄殖腔
生殖腔
射精管球(阳茎盲囊)
射精管
腹突
S_9
S_8
L
腹突
阳茎
阳茎端膜
阳茎基
射精管球(阳茎盲囊)
M
阳茎内突
阳茎基
射精管
阳基侧突
阳茎
阳基侧突
O_1
阳茎基
阳茎
阳基侧突
O_2
阳茎基
阳基侧突
阳茎
P
阳茎
T_9
阳茎基
S_9
阳基侧突
Q
阳茎基
阳基侧突
R
阳茎内突
阳茎基
阳茎
阳基侧突
S
射精管
阳茎
阳茎丝
阳茎内突
阳基侧突
T

图 20-3 (续)

20.1.4 雄性外生殖器胚后发育

鞘翅目雄性外生殖器的发育始于 1 对初生阳茎原基，不同属之间发育模式变化很大。黄粉甲幼虫第 9 腹节腹板后方有 1 个小的凹窝 (生殖窝 genital pocket、genital cavity)，凹窝体壁上有 1 个小的向外开口。凹窝的侧壁逐渐加厚，当幼虫充分发育时，侧壁加厚形成突起伸入腔内，成为 1 对显著的器官芽。接近蛹期时，每器官芽中间出现斜缝，每个器官芽分裂成为 2 叶，最终形成了 2 对器官芽，外侧的 1 对为侧叶原基，内侧的 1 对为中叶原基。这些为成熟器官的阳茎端原基和阳基侧突原基。化蛹期间，生殖窝扩大，内突外翻，带着 4 个生殖叶翻出，因此出现了不分支的基部杆 (未来的阳茎基)。1 对中叶相对的表面有沟，相互接近联合，首先是沿背缘，然后是腹缘，出现管状器官的模样，此为阳茎端。侧叶直接发育形成阳基侧突。在上述形态构建完成后，生殖窝底部 (前端) 保留，成为体内的狭窄管道，最终形成射精管。在幼虫期，第 9 腹节腹板后方产生 1 对外胚层起源的体壁内陷形成的针状结构，即腹针。

Sitodrepa panicea 生殖器官的发育与粉甲属的很类似。在幼虫期，体壁凹陷出现在第 9 腹节腹板后方。在蛹期，1 个中间的内长物成为射精管，然后从管口的侧面发生 1 对外胚层的外长物，此为初生生殖原基，每个原基不久垂直分裂形成 1 对次生的叶，然后 1 对处于内侧的叶沿背、腹缘愈合形成阳茎端，侧叶形成阳基侧突。那些没有阳基侧突的甲虫，如蓄齿胫叶甲和苹花象，初生生殖叶没有进行分裂而直接愈合形成阳茎端。在已经研究的属中，初生阳茎叶都起源于第 9 腹节腹板后方形成的生殖腔，但 *Hydroporus* 除外，它的初生阳茎叶起源于第 8 腹节腹板后的生殖腔，但 *Hydroporus* 幼虫第 8 腹节含有其他鞘翅目昆虫第 9 腹节的成分，因此生殖腔的位置可能仍位于第 9 腹节腹板后方。

上述阳茎和阳基侧突发育方式可归纳为 3 种。第 1 种是三叶型外生殖器中间的阳茎由中叶形成，中叶由初生阳茎叶纵向和斜向裂缝形成，阳基侧突是阳茎侧叶外长物，如 *Sitodrepa*、谷露尾甲属、拟谷盗属、*Hydroporus*、竹长蠹属等。第 2 种是在形成三叶型阳茎过程中，阳基侧突直接由未分裂的初生阳茎叶分化发育而成。位于初生阳茎叶之间的阳茎原基独立起源：①阳茎由不成对的中叶形成，如夏鳃金龟属；②阳茎由成对的中叶合并形成，如粉甲属。第 3 种是初生阳茎叶愈合形成阳茎，然后，从每叶端部分裂出小片，2 个小片愈合形成端位阳基侧突杆。阳基侧突杆很快退化，被不成对的附器替代，附器起源于阳基侧突杆后的阳茎端背壁，如小萤叶甲属。可见，阳茎 (阳茎端) 可通过 3

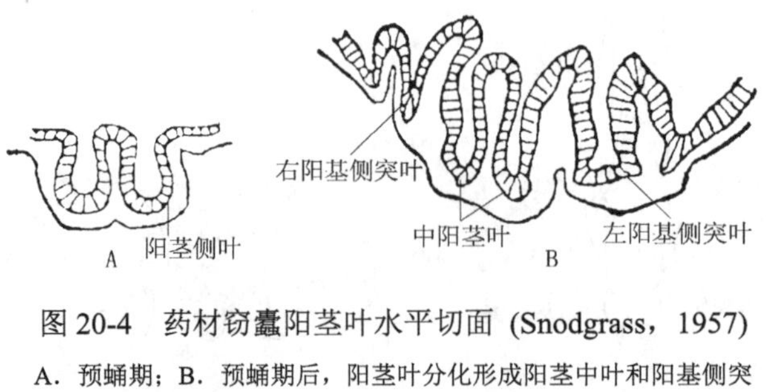

图 20-4　药材窃蠹阳茎叶水平切面 (Snodgrass，1957)

A．预蛹期；B．预蛹期后，阳茎叶分化形成阳茎中叶和阳基侧突

种不同发育途径形成，阳基侧突通过 2 个发育途径形成。背面的阳茎端附器明显与阳基侧突不同源，很可能它是某些鞘翅目类群，包括小萤叶甲属，新近起源的构造。鞘翅目的初生阳茎叶与其他完全变态类昆虫不同，没有形成生殖基肢节 gonocoxopodite 的形态发生能力。在胚后发育后期，腹针在生殖腔内形成，该构造在鞘翅目内的同源关系不清楚 (图 20-4)。

20.1.5 雌性内生殖器

雌性内生殖器包括卵巢、侧输卵管、中输卵管、生殖腔等，中输卵管末端与生殖腔连接，生殖腔经生殖孔开口于体外。生殖腔前部可能分化出交配囊，交配囊通常具有骨化的壁，作为交配时接受阳茎的内囊。交配囊也可开口在生殖腔顶端背面，与外部的次生生殖孔一起形成所谓的双生殖孔。受精囊管着生在交配囊或生殖腔上，在交配囊或生殖腔与受精囊之间的内壁上，有精液道 seminal canal (duct) 连接，以转送精液，但精液道也可能闭塞或缺。精液道是联系交配囊与受精囊的内生的导精管。受精囊大多有附腺，并通过受精囊管向生殖腔开口。雌性生殖孔与雄性生殖孔一样，位于第 9 腹节腹板后缘，静止时由于末节缩入而隐蔽在前部腹节内。输出系统的其他部分偶尔也有附腺。在生殖腔和交配囊的内壁，常有骨化板、齿等。卵巢栉齿状、葡萄状或束状，肉食亚目的卵巢管为多滋式，杂食亚目的为端滋式。端滋式卵巢管其端区具有滋养组织、卵原细胞和前滤泡组织存在。在半翅目，每支卵巢管通过 1 个干细胞，进而分裂形成一系列通过细胞质桥联系的细胞。最基部的细胞发育为卵母细胞的前体，而更端部的细胞发育为滋养细胞。这些滋养细胞与中心区域保持联系，中心区域称为滋养芯 trophic core。鞘翅目多食亚目的情况基本类似，但每支卵巢管具有几个干细胞，每个干细胞产生 1 列细胞，其中最基部的 1 个发育为卵母细胞。更高等的甲虫，滋养细胞的细胞间桥和细胞膜破碎，结果卵母细胞与共同的滋养芯联系。

一般每卵巢有 2～12 支或 20 支卵巢管，已知最少的卵巢管数目为 1 (金龟子科 Coprini 族)，这 1 支卵巢管代表不成对的卵巢。黑艳虫科、象虫科每卵巢有 2 支卵巢管，叩甲属每卵巢有 56 支。以第 1 阶段幼虫作为分散虫态的种类可能有大量的卵巢管，如短翅芫菁属的斑蝥甲，每卵巢有 1000 支卵巢管。按照卵巢管在卵巢萼上的着生方式，鞘翅目昆虫的卵巢可分为 3 类：①环型，卵巢管柄基本着生于同一水平上；②圆锥型，卵巢管具有 1 共同的中间柄；③梳齿状，卵巢管具有侧生的柄。①、②两种类型有时差别不太明显，第 3 种类型的卵巢管在输卵管上呈梳状排列，可能比其他类型更加原始，如虎隐翅虫亚科、颈隐翅甲亚科、Aleocharinae 一些种类、水牙甲亚科、花萤属等，每卵巢由许多卵巢管组成，卵巢管沿侧输卵管整个长度排列。卵巢管下端通入侧输卵管，2 条侧输卵管在生殖腔附近汇合。侧输卵管通常短阔，与中输卵管相连后再与长度不等的生殖腔相连。水龟虫科每个侧输卵管具有管状附腺，位于卵巢基部。附腺产生卵壳形成物质。由第 7、8 腹节节间区域内陷形成的中输卵管在鞘翅目不存在，但类似竹节虫目、蝗亚目等由中输卵管向后延伸形成的膨大部分 (子宫)，在鞘翅目中占据了中输卵管的位置。子宫 (中输卵管) 有时有腺体功能。某些金龟子科具有不成对的卵巢，输卵管也是不成对的。生殖腔紧邻子宫之后，两者之间有或无界限。生殖腔的形状取决于子宫和受精囊进入生殖腔的方式，也取决于产卵器发达的程度。Stein (1847) 曾将生殖腔分为 2 类：袋状生殖腔和管状生殖腔。那些具有发达产卵器的种类一般具有管状生殖腔。袋状生殖腔中，中输卵管末端通常开口于生殖腔的前背面；管状生殖腔中，中输卵管末端进入生殖腔的位置通常更加靠后。金龟子科生殖腔缺乏，交配囊与肛孔分开不明显，形成泄殖腔。大部分鞘翅目昆虫，其生殖腔经生殖孔向外开口于第 9 腹节腹板之后。某些水生鞘翅目，如 *Hydroporus*，受精囊和生殖腔开口分列。

交配囊位于或接近于生殖腔前端，形态变化很大，是由生殖腔壁外突形成的盲管。交配囊一般卵圆形或球形，但有些为管状，1 种隐翅虫属昆虫的交配囊还有分支。当缺乏发达的交配囊时，常产生 1 个小型几丁质囊，如 *Byrrhus*、*Brachyderes*。Heberdey (1931) 认为具有管状生殖腔时，一般就形成交配囊。具有袋状生殖腔的种类，一般不形成交配囊。受精囊常开口于生殖腔或交配囊前端，受精囊常有附腺。多数种类具有单一的受精囊，但 1 种琵琶甲属昆虫有 2 个。受精囊有或无受精囊腺。有受精囊腺者，受精囊一般由受精囊体和不同长度的受精囊腺组成。如虎甲的受精囊体包括内膜和柱状上皮细胞层，金龟子的受精囊体则再围以环肌，2 类昆虫均无受精囊腺，受精囊体兼有受精囊腺的功能，能为保持精子活力提供滋养物质。天牛受精囊体则不具有这一功能，由受精囊腺提供精子滋养物质。阎甲的受精囊具有短阔的囊体，琵琶甲属具有 2 个大小不同的囊体，囊体与 1 共同的受精囊腺相连。在没有受精囊腺的受精囊中，还不清楚是否是受精囊体的上皮组织行使受精囊腺的功能。卵胎生的种类，如叶甲 *Phytodecta fornicata*，甚至缺乏受精囊体。鞘翅目昆虫一般缺少第 9 腹节起源的附腺，但有些类群，卵巢管柄和侧输卵管内壁具有黏腺功能。在伪金花虫科、窃蠹科、天牛科和某些象甲科中，第 8、9 腹节之间的节间膜上存在成对的腺体囊，它们属于共生器官。在叩甲科等类群具有与交配囊相通的黏腺，夏鳃金龟属有精包囊附腺。步甲科等类群中存在的臀腺 pygidial gland，不与生殖系统输出管发生直接联系。

水生肉食亚目 Hydradephaga 雌性内生殖器输出管道可分为 6 种类型。①步甲型 Carabid-type：生殖腔与交配囊复合，中输卵管和交配囊位于生殖腔顶端两侧；受精囊管和导精管合一，从交配囊顶端发出。②小粒龙虱型 Noterid-type：生殖腔与交配囊复合，中输卵管和交配囊位于生殖腔顶端两侧；受精囊管和导精管独立，分别着生于交配囊顶端。③两栖龙虱型 Amphizoid-type：交配囊和中输卵管分别从生殖腔顶端发出，交配囊盲囊状，受精囊管和导精管从生殖腔顶端发出，位于中输卵管和交配囊之间，受精囊管和导精管分离但紧密贴合。④Hydroporine-type：交配囊从生殖腔基部发出，与生殖腔并行；受精囊管与导精管分离；受精囊管从交配囊顶端发出，导精管从受精囊体发出后，它端着生于生殖腔顶端、中输卵管基部。⑤Agaporomorphus-type：受精囊管从生殖腔基部发出，与导精管分离。导精管与中输卵管位于生殖腔顶端两侧。⑥Dytiscine-type：交配囊从生殖腔基部发出，盲囊状；生殖腔顶端发出受精囊管和中输卵管，受精囊管和导精管分离，着生于生殖腔顶端一侧 (图 20-5)。

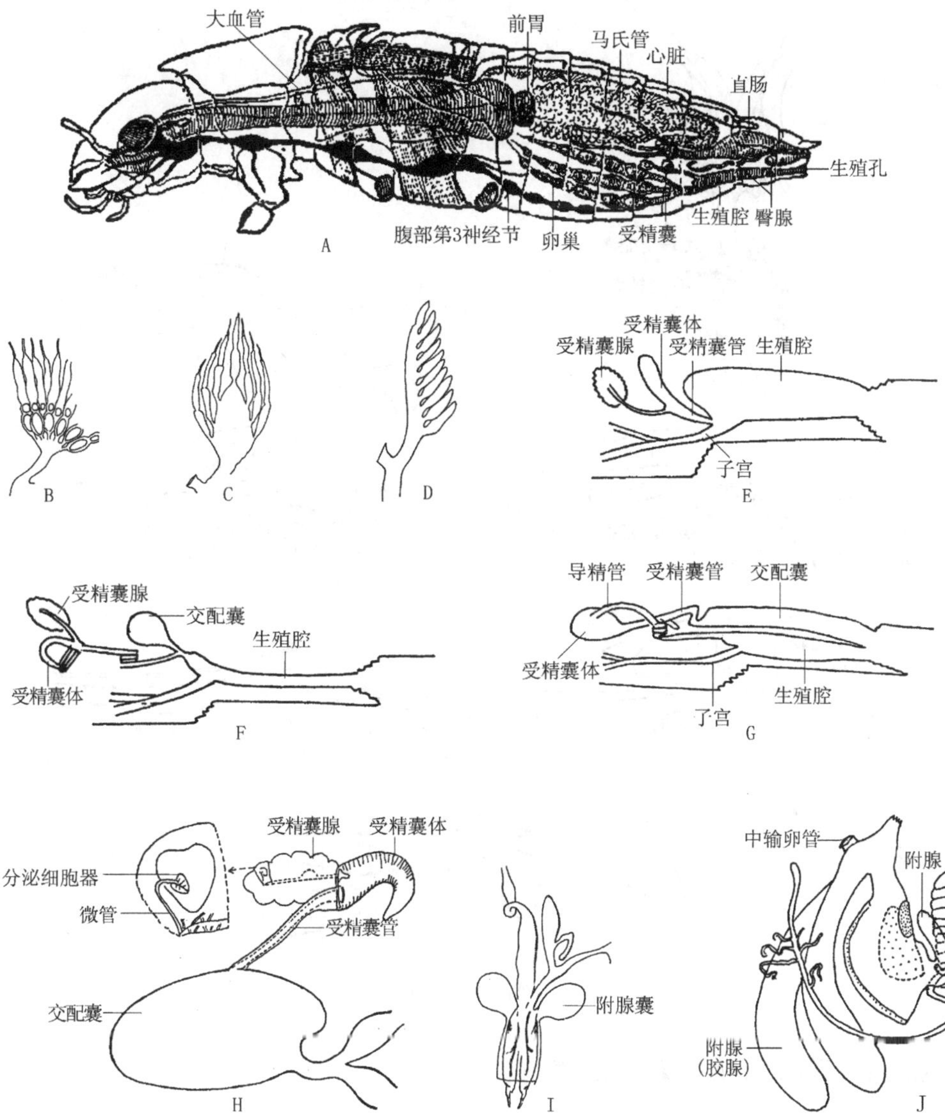

图 20-5 鞘翅目雌性内生殖器

A. 雌性内生殖器在体腔的位置；B～D. 卵巢管着生方式 (B. 环型，*Chilocorus quadripustulatus*；C. 圆锥型，*Oedemera virescens*；D. 梳齿状，*Oxytelus rugosus*)；E～G. 生殖腔的类型 (E. 袋囊型；F. 管型；G. 双管型)；H. *Sitophilus* sp.雌性内生殖器；I. 林氏伪叶甲雌性内生殖器输出系统；J. *Agriotes mancus* 的附腺；K. 梨花象雌性内生殖器；L～Q. 水生肉食亚目 Hydradephaga 雌性内生殖器类型 (L. 步甲型 Carabid-type；M. 小粒龙虱型 Noterid-type；N. 两栖龙虱型 Amphizoid-type；O. Hydroporine-type；P. Agaporomorphus-type；Q. Dytiscine-type) (A. Weber and Weidner，1974；B～J. Matsuda，1976；K. Richards 等，1978；L～Q. Miller，2001a)

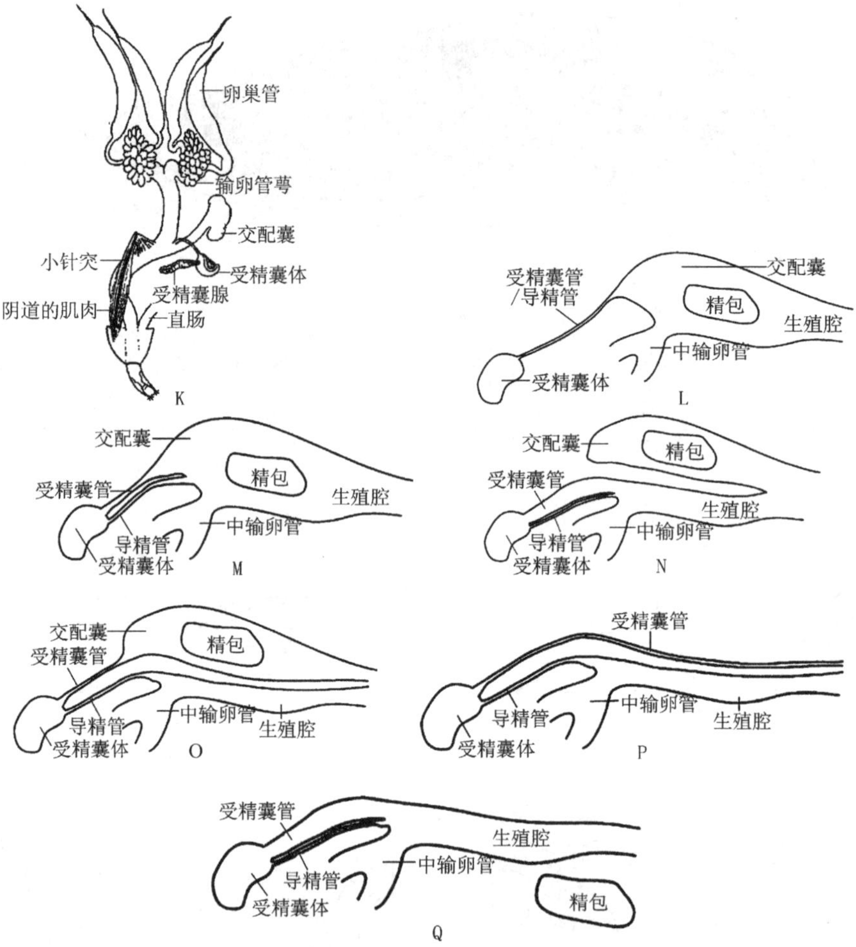

图 20-5 (续)

20.1.6　雌性内生殖器胚后发育

叩甲属的卵巢、末端壶腹、连接卵巢和壶腹的输卵管原基在 1 龄幼虫出现。整个幼虫期，末端壶腹均位于第 7 腹节腹板后缘。后来，它们的位置前移。在预蛹期，子宫起源于第 8 腹节腹板前缘表皮的中间内陷。然后前伸，位于第 7 腹节后部壶腹的后面内陷之间。2 个壶腹形成简单的短管，即中输卵管。生殖腔起源于第 8、9 腹节腹板表皮的中沟，该沟从子宫的内陷腔向第 9 腹节前部伸展。中输卵管的生殖孔、后部膨大部分、生殖腔沟最终连通。交配囊起源于预蛹期，最初为第 8 腹节腹板的内陷，位于子宫原基的后方，但与子宫原基同处内陷腔内。由此形成的囊位于尾部。交配囊体的附腺及附腺管起源于第 8 腹节腹板表皮内陷，位于腹板中部、交配囊内陷的尾部。受精囊起源于交配囊、子宫的内陷，位于交配囊背壁附近。预蛹期、蛹期这些器官的分化生长导致它们位置的移动。

Sitodrepa 的幼虫，只有卵巢属于中胚层构造。蛹期，输卵管开始发育，从卵巢的上

皮层到达第 4、5 腹节。没有末端壶腹。预蛹期，受精囊内陷出现于第 9 腹节腹板后方，其外部开口为功能性生殖孔，其前端为盲管，伸达第 8 腹节中部，形成受精囊原基。形成子宫的不成对内陷位于第 8、9 腹节腹板之间，也在预蛹期出现。蛹期，受精囊原基伸达第 7 腹节前沿，其前端分成背囊原基 (交配囊原基) 和受精囊与受精囊腺的共同原基。子宫失去向外的开口，后来彻底封闭。此时，它伸向第 6 腹节腹板前沿并分叉。化蛹初期，受精囊与生殖腔原基接近，受精囊腹壁与子宫背壁贴近。不久，弯曲的壁分裂，2 个管道腔在整个长度上建立联系，生殖腔形成。成对的子宫盲端与中胚层输卵管之间的联系到成虫后期建立。成虫侧输卵管后部起源于外胚层发生的子宫的前部分支。输卵管的前部为中胚层起源。*Gastroidea*、花象属、皮花天牛属的雌性生殖道胚后发育过程与 *Sitodrepa* 的类似。粉甲属的发育过程也与 *Sitodrepa* 的类似，Singh-Pruthi 描述子宫为发自第 8 腹节后缘的皮下管道。瘤背豆象属的输出管道由第 8、9 腹节后部 2 个内陷发育而成。它们可与 *Sitodrepa* 及粉甲属的构造比同。瘤背豆象属第 7、8 腹节节间膜的内陷形成内杆，这与 *Sitodrepa*、花象属的情况一样。但瘤背豆象属的内陷出现在 2 龄幼虫早期，而 *Sitodrepa* 的内陷出现在蛹后期。谷露尾甲属雌性输出系统的发育与 *Sitodrepa* 等的不同，生殖腔起源于第 8 腹节腹板中间的纵沟，成对的子宫由生殖腔前端发育而成。受精囊起源于生殖腔的水平分裂。早期，生殖孔位于第 8 腹节，但由于生殖腔向后生长而使生殖孔移到第 9 腹节。小萤叶甲属的生殖腔也起源于中间的纵沟，这与谷露尾甲属相同。但受精囊起源于第 9 腹节腹板的外胚层内陷。

象甲 *Calandra* 低龄幼虫，卵巢原基通过 2 条细丝 (侧输卵管原基、生殖索) 与第 9 腹节基部的成虫盘相连。预蛹期，第 9 腹节的成虫盘开始内陷形成生殖腔和中输卵管 (子宫)。受精囊起源于预蛹后期，是生殖腔背壁的外长物。侧输卵管的中胚层原基逐渐扩大、缩短、形成花萼状。化蛹后不久，侧输卵管即与中输卵管建立联系。因此，象甲 *Calandra* 的雌性输出系统仅由 1 个内陷发育而成。

Hydroporus 的幼虫有 8 个腹节，在第 7 腹节腹板区域，成对的囊 (末端壶腹) 由子宫管道的前端分化形成，子宫则由第 8 腹节腹板后成对的内陷发育而成。侧输卵管原基附着于第 7 腹节前缘，后来与囊 (末端壶腹) 合并。生殖腔 genital pocket 由成对的子宫原基发育形成。预蛹期，生殖腔基部形成 1 水平折叠。这个折叠 (后来形成第 9 腹节腹板) 将生殖腔分为背、腹瓣，生殖腔的开口移到第 9 腹节腹板后方。背面的一半居于受精囊原基之前，发育形成交配囊和受精囊管；腹面的一半发育形成生殖腔。因此，在蛹期发育过程中，有 2 个相互叠置的管道，这与其他甲虫一样。但与其他甲虫不同的是生殖腔开口并不封闭，因此具有 2 个开口。1 个连通生殖道，另 1 个连通受精囊管道。

不同鞘翅目类群中雌性生殖道发育高度变化，基本结论如下：①叩甲属的侧输卵管为中胚层起源，大多数鞘翅目昆虫，子宫原基前端分叉与不同发育程度的中胚层侧输卵管结合。因此，成虫的侧输卵管部分为外胚层起源。②有些鞘翅目昆虫 (*Sitodrepa*、瘤背豆象属) 第 7、8 腹节腹板节间膜存在内陷，内陷形成内杆，而不是像其他昆虫那样形成中输卵管。有些鞘翅目昆虫 (叩甲属)内陷不存在，末端壶腹与侧输卵管联合形成中输卵管。③第 9 腹节腹板上或第 9 腹节腹板后的内陷形成生殖孔，而不像其他目昆虫那样形成附腺。④交配囊、受精囊和受精囊附腺由第 9 腹节腹板后内陷的前部盲端发育而成，

如 *Sitodrepa* 及其他种类。但在叩甲属和其他目昆虫，相应构造一般起源于第 8 腹节腹板的内陷。⑤生殖腔一部分由 2 个内陷合并形成，这 2 个内陷位于第 8、9 腹节后方。另一部分 (后部) 由第 9 腹节腹板后的内陷形成，如 *Sitodrepa* 及其他种类。但一些其他种类，包括叩甲属，生殖腔仅由或大部分由第 8、9 腹节腹板上的中沟发育而成。⑥输出系统形成过程中涉及的内陷数目不同，最少为 1 个，如象甲 *Calandra*。其他种类全部为 2 个或 2 个以上 (图 20-6)。

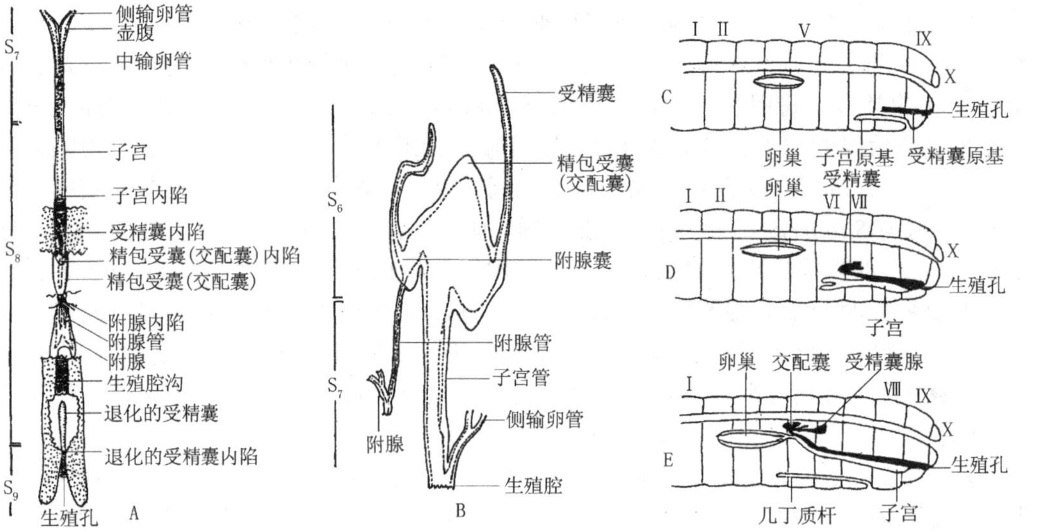

图 20-6　鞘翅目雌性内生殖器胚后发育 (Matsuda，1976)

A、B. *Ctenicera aeripennis destructor* 雌性内生殖器的发育 (A. 预蛹早期腹视；B. 6 日龄蛹侧视)；C～E. 药材甲雌性内生殖器的发育 (C. 预蛹；D. 初期蛹；E. 成熟蛹)；S_6～S_9 为第 6～9 腹节腹板；Ⅰ、Ⅱ、Ⅴ～Ⅹ为第 1、2、5～10 腹节

20.1.7　雌性外生殖器

鞘翅目生殖突起源的产卵器已彻底消失，个别种类 (如龙虱科) 虽有相似的产卵装置，但形态上和附肢类产卵器无关。为行使产卵功能，许多种类腹部后节 (第 7～9 腹节) 常延长形成可伸缩的产卵管。雌性第 9 腹节 (生殖节) 的骨片是形成外生殖器的重要成分，该节的背板通常没有很大变化，腹板一般被分成 1 对半瓣片 hemisternite，生殖瓣 (孔) 位于其间。半腹片多少延长，端部通常具有 1 关节的突起，即刺突 stylus。刺突一般具有感器 (如刚毛)。产卵器如果存在，则由 2 个半瓣片组成 (龙虱科)，该片延长，呈弓形且背面互相愈合或者第 7、8 腹节和第 8、9 腹节之间的节间膜使末端数节 (第 8、9 腹节) 能伸缩，以行使产卵器的功能。这样的伸缩机制存在于那些在植物组织内产卵的种类，如天牛科的一些种类，尤为发达。狭鞘天牛属的第 8 腹节附生有 1 内突，成对的缩肌和伸肌附着于内突上。Metcalfe (1932) 认为，在 *Sitodrepa* 和花象属蛹期，与产卵相关的内突起源于第 7、8 腹节的节间膜。

大多数鞘翅目昆虫的精子以精包的形式输送到位于邻近生殖孔或由生殖腔形成的交配囊内。根据交配囊的有无雌性外生殖器可大致能分成 2 类：①囊型 saccular type，没有分化出交配囊；②管型 tubular type，具有交配囊，通常同发达的产卵器相连。沼甲科中的沼甲属较为特殊，雌性在交配时担任动作的部分，有 1 特殊的交配器官，即握取器 prehensor，它是由生殖腔的腹壁发育而成 (图 20-7)。

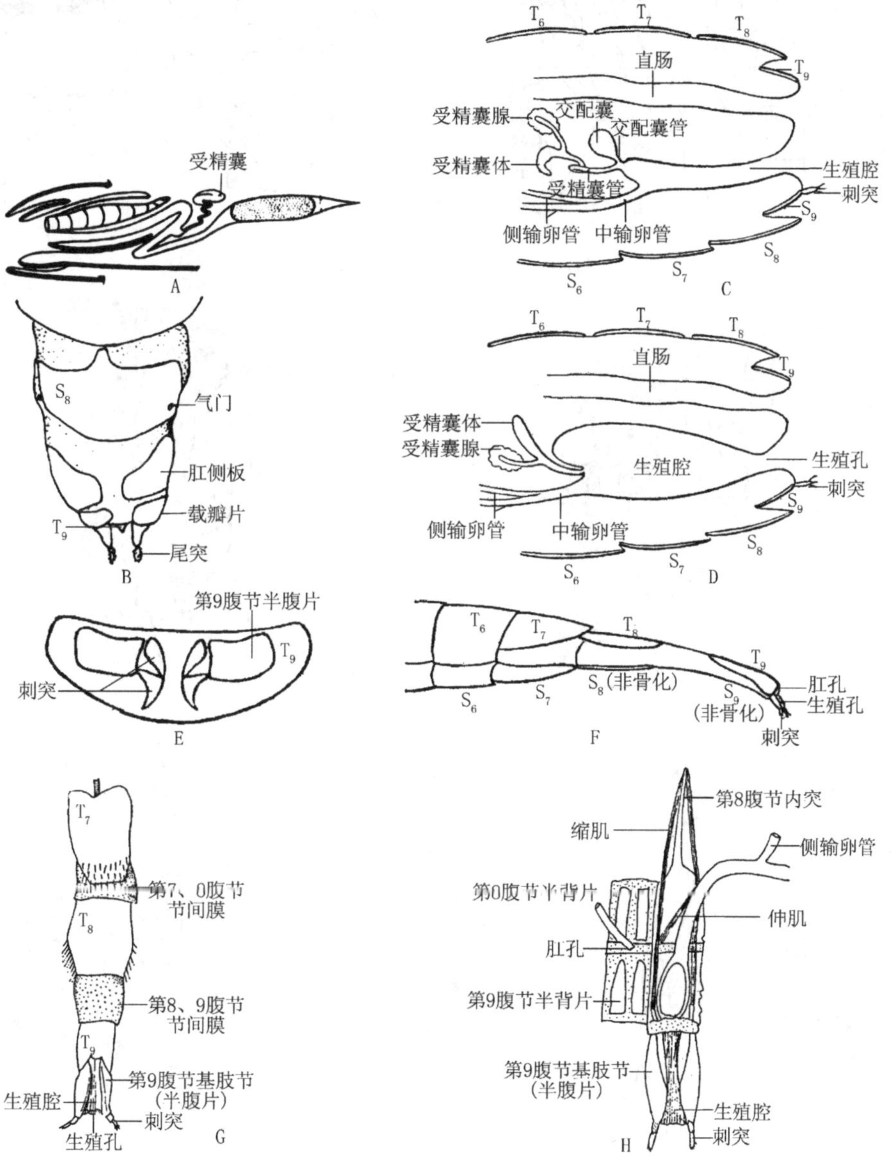

图 20-7 鞘翅目雌性外生殖器

A、B．雌虫腹端侧、背视；C、D．管型和囊型的雌性外生殖器；E．*Trechinae* sp.雌性外生殖器骨片；F．黄粉甲的产卵器伸出状态侧视；G、H．*Chlorophorus varius*、*Stenopterus flavicornis* 的产卵器；I_1、I_2．*Cicindela imperfecta* 腹部末端腹、侧视；J_1、J_2．*Scarites californicus* 腹部末端腹、侧视；K_1、K_2．*Canthon militaris* 腹部末端腹、侧视；；L_1、L_2．*Collops marginellus* 腹部末端腹、侧视；M_1、M_2．*Euthysanius pretiosus* 腹部末端腹、侧视；N_1、N_2．*Dromaeolus nitens* 腹部末端腹、侧视；O_1、O_2．*Dermestes vulpinus* 腹部末端腹、侧视；P_1、P_2．*Melandrya striata* 腹部末端腹、侧视；Q_1、Q_2．*Pelidnota punctata* 腹部末端腹、侧视；R_1、R_2．*Chrysoclus cobaltinus* 腹部末端腹、侧视；T_6～T_{10} 为第 6～10 腹节背板；S_6～S_{10} 为第 6～10 腹节腹板 (A、B．郑乐怡和归鸿，1999；C～F．Tuxen，1969；G、H．Matsuda，1976；I_1～R_2．Tanner，1927)

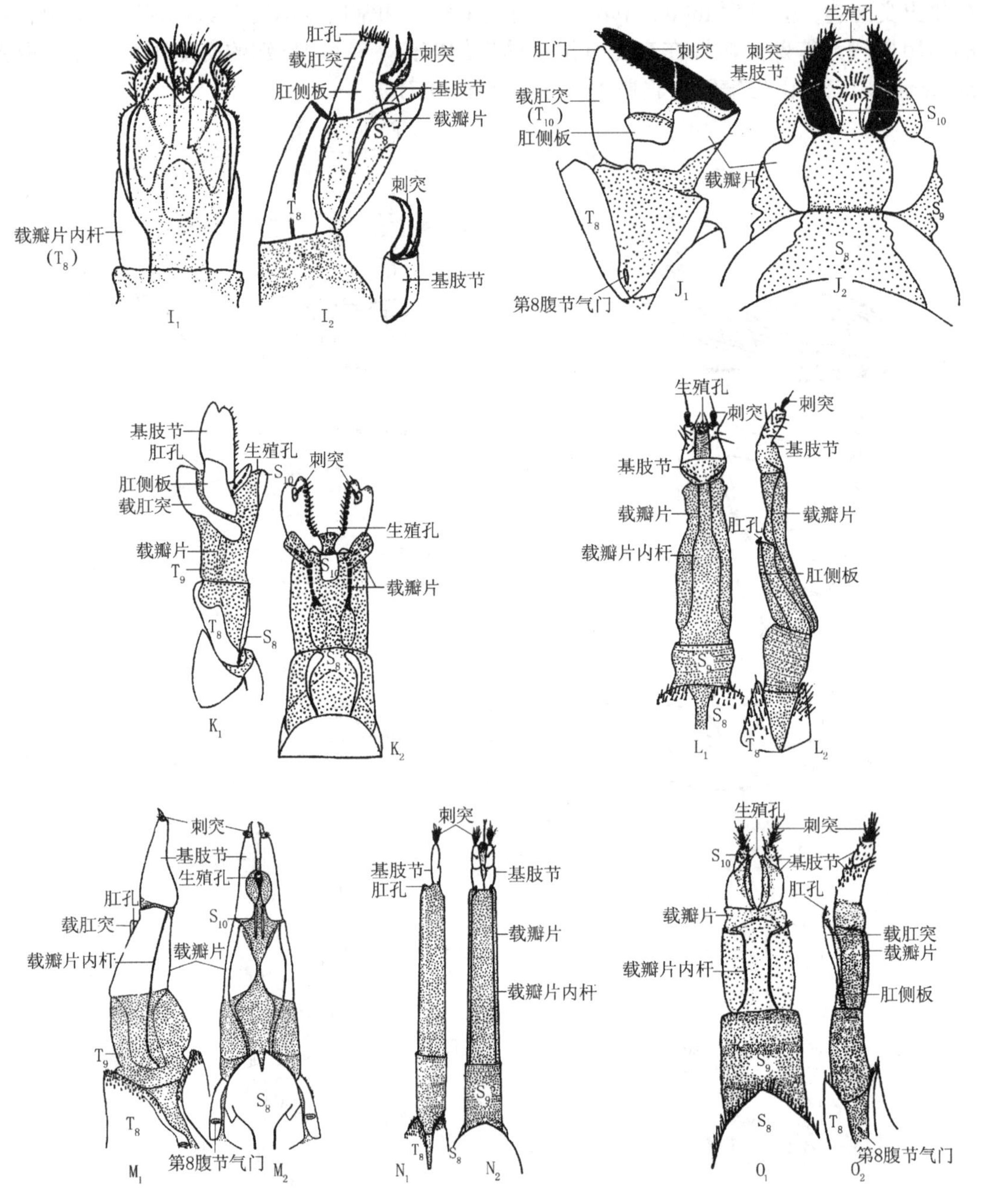
肛孔
载肛突
肛侧板
刺突
基肢节
载瓣片
载瓣片内杆
(T8)
S8
T8
I1
I2
肛门
载肛突
(T10)
生殖孔
S10
S9
第8腹节气门
J1
J2
K1
K2
S11
T9
L1
L2
M1
M2
N1
N2
O1
O2

图 20-7 (续)

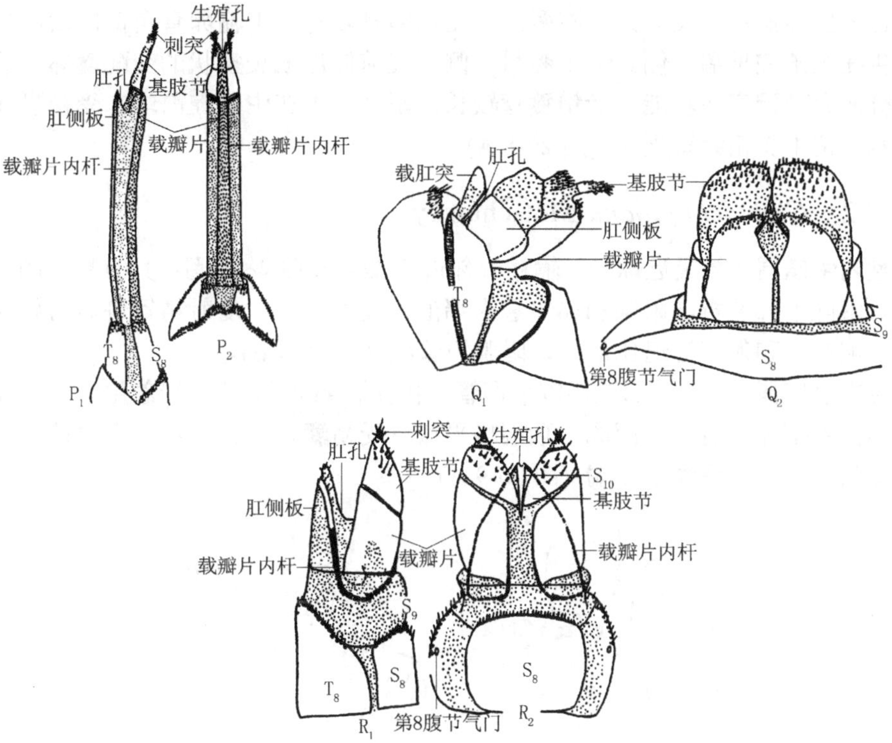

图 20-7 (续)

20.2　虎甲科 Cicindelidae

20.2.1　*Cicindela chinensis japonica* Thunberg

雄性内生殖器：精巢小，近球形。输精管短，微弯。附腺 1 对，膨胀，“S”形。输精管从每侧附腺下端接入，然后进入复射精管，两侧的复射精管汇入单射精管，复射精管和单射精管前段稍膨大，单射精管向后逐渐细缩 (图 20-8 B)。

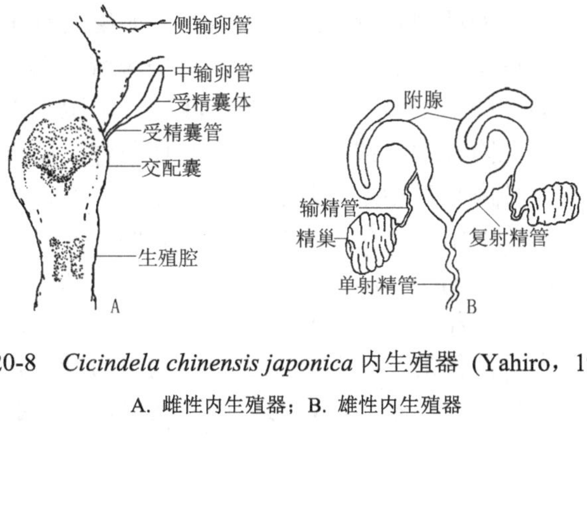

图 20-8　*Cicindela chinensis japonica* 内生殖器 (Yahiro，1996)

A. 雌性内生殖器；B. 雄性内生殖器

雌性内生殖器： 卵巢分列体腔两侧。侧输卵管较宽，中输卵管自前向后明显变细，后端着生在生殖腔顶端一侧。生殖腔另一侧扩展前伸形成袋囊状的交配囊体，后部的生殖腔部分兼有交配产卵功能。受精囊管较长，基部着生在生殖腔前端。受精囊体端部膨大呈棒状，位于受精囊管顶端 (图 20-8 A)。

20.2.2 *Cicindela japana* Motschulsky

雄性内生殖器： 精巢近球形。输精管邻近精巢处蜷曲 4～5 圈。具有精巢的一侧，附腺发达。附腺中部弯折，附腺和输精管末端汇入复射精管，复射精管进而与单射精管连接。另一侧精巢和射精管退化消失，附腺短管状 (图 20-9 B)。

雌性内生殖器： 卵巢后部连接侧输卵管，中输卵管细长，其后端着生于生殖腔前端。交配囊体由生殖腔向前延伸而成，顶端略平截。受精囊管细长，着生于生殖腔前端。受精囊体棒状，位于受精囊管顶端 (图 20-9 A)。

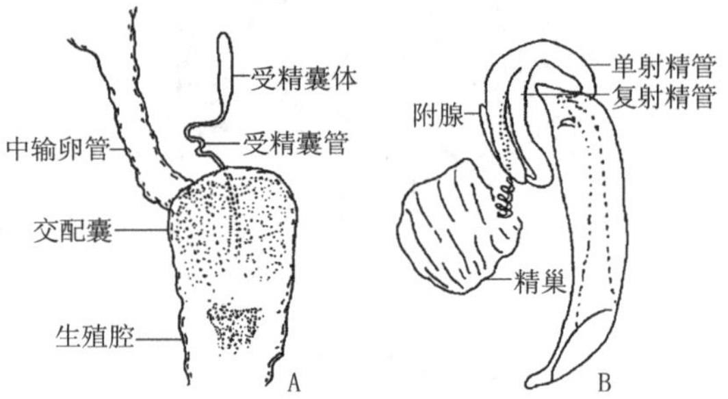

图 20-9 *Cicindela japana* 内生殖器 (Yahiro，1996)

A. 雌性内生殖器；B. 雄性内生殖器

20.3 步甲科 Carabidae

20.3.1 雄性内生殖器

每精巢有多支精巢管，精巢管通过输出管与输精管联系，输精管从精巢下端发出，细长，螺旋扭曲或直管状。输精管有时缠绕形成附睾。如果只有 1 支输精管存在，附睾可能疏松或紧密地扭曲。输精管可能具有稍膨大或缠绕区域，形成贮精囊。有的种类贮精囊细长，具有球状末端，球状末端内充满淡黄色液体。附腺 1 对，腺体形态从相对较小而简单到大而弯曲盘旋。附腺饱满或空乏取决于发育条件。附腺大小有变化，但长度和形态及在腹腔内位置在种内相对稳定。附腺按形态分为 4 类：对称弯曲型、弯曲型、简单型、顶端细长型。简单型由 2 个位于中部两侧的腊肠型腺体组成，见于许多种类；顶端细长型见于 Rhysodini、Loricerini；弯曲型广泛存在，虽然弯曲程度和腺体在体腔内的位置存在变化，但基本形式相同。附腺与输精管的下端一起汇入复射精管，复射精管与附腺之间分界常不清晰。两侧的复射精管汇于下端的单射精管，单射精管较长，由第 9 腹节腹面后端中间内陷形成，下端弯曲，与内阳茎连接，生殖孔位于内阳茎上，内阳茎折叠在阳茎端中叶内。有些类群雄性内生殖器构造一侧丧失，即一侧的精巢等内生殖器官退化或消失，一般为左侧的丧失，左侧输精管如存在，也仅为简单的盲管。左侧内生殖器官丧失的见于地甲族 Harpalini 和 Platynini 的许多属。右侧精巢丧失如 *Abacetus* (图 20-10 A～D)。

20.3.2　雌性内生殖器

每卵巢有多支卵巢管，侧输卵管成对，连接卵巢与中输卵管端部，中输卵管位于侧输卵管汇合点之后，末端连接多少扩大的生殖腔。受精囊管着生于生殖腔 (或交配囊体) 前端或侧面，着生部位常有不同形状的骨片。受精囊体袋囊状，受精囊腺从受精囊体一侧发出。有时受精囊体隐含包裹在着生部位，受精囊腺发达呈棒状。受精囊管是精子从生殖腔或交配囊进入受精囊的通道。受精囊腺管状、卵圆形或近圆锥形，开口进入受精囊管或开口于受精囊管在生殖腔上的开口附近。受精囊腺的长度、形状、开口位置在不同类群变化很大。交配囊位于生殖腔基部，与生殖腔有或宽或窄的联系。交配囊有时部分骨化。生殖腔是位于中输卵管末端的扩大部分，交配时接受雄虫的内囊。生殖腔有时有骨化部分，有时与中输卵管或交配囊分界不清晰 (图 20-10 E)。

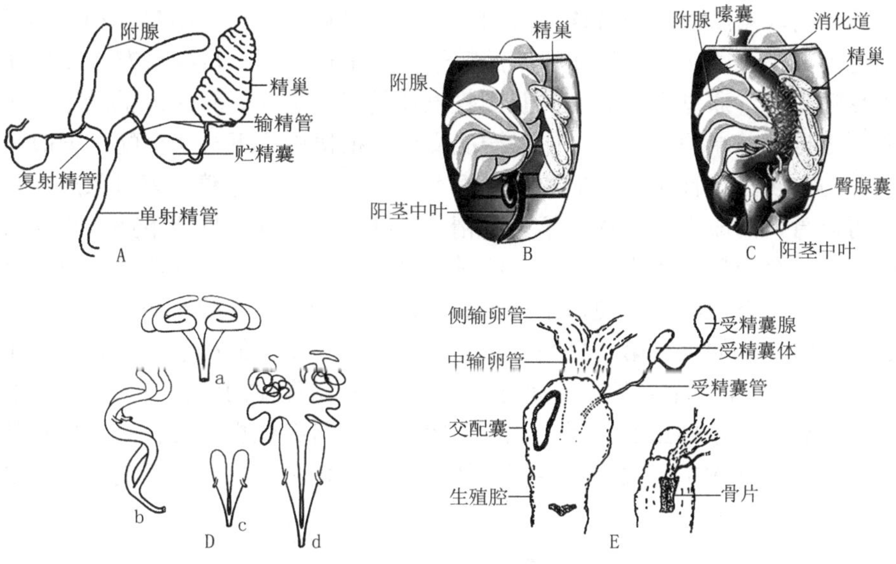

图 20-10　步甲雌、雄内生殖器

A. 陆生步甲雄性内生殖器；B. *Selenophorus* sp.雄性内生殖器位置，其他内部器官未绘；C. *Selenophorus* sp.内生殖器位置；D. 步甲雄性附腺的类型 (a. 对称弯曲型 mirror recurved type；b. 弯曲型 sinuate type；c. 简单型 simple type；d. 顶端细长型 elongate type)；E. 陆生步甲雌性内生殖器 (A、E. Yahiro，1996；B～D. Will 等，2005)

20.3.3　*Bembidion confusum* Hayward

雄性内生殖器：每精巢有 1 支螺旋状精巢管，精巢管顶端游离，螺旋 17～18 圈，圈内不同部分形成精子发生的不同区域，如精原细胞区、精母细胞区、精细胞区和精子区。

精巢管下端进入输精管。输精管前部 (邻近精巢管) 直管状，后部螺旋弹簧状，旋转 8～9 圈后进入下端的螺旋状贮精囊，贮精囊螺旋约 10 圈，其后端以直管与附腺汇接。附腺膨大发达，约呈"S"形，具有坚韧的肌肉壁。附腺和输精管汇入复射精管。复射精管和单射精管前部均膨大，单射精管自前而后逐渐细缩，末端进入阳茎囊 (图 20-11 B)。

新羽化雄虫的精巢管整体包裹在脂肪体内。几天后，精原细胞区占据精巢管游离端，紧接其后的为精母细胞区，精母细胞排成几排，该区域后面为精细胞区域，精细胞开始时短，但很快变得细长，具有渐尖的尾部。精细胞成束包被在 1 个透明囊内，彼此规则重叠地排列。在最基部，精子蜷曲排成 2 排，但并不游离，精子在输送到受精囊后依然成束。新羽化雄虫的附腺包裹在厚的脂肪中，腺体很小，不透明，细长。然后附腺下端出现白色物质，并逐渐充满腺体上部。在性成熟雄虫中，附腺整体白色。雄虫衰老时，上部的白色首先消失，然后下部的白色消失，整个附腺变得不透明，收缩到最初 1/3～1/2 大小。

雌性内生殖器：每卵巢有 9～12 支卵巢管，卵巢管着生在较发达的卵巢萼上。侧输卵管较短。中输卵管中段以后渐膨大，后端接入生殖腔。生殖腔膨大呈长的袋囊状，末端细缩。交配囊从生殖腔顶端一侧发出，半球形丘状突起，受精囊管粗直，从交配囊顶端发出，受精囊体短香蕉形，淡黄色，由薄的半透明几丁质组成，具有长圆锥形顶部。受精囊腺导管前段略膨大，顶端连接有粗壮发达的受精囊腺。受精囊体和受精囊腺导管均有肌肉包围。精子团块状，每团块中的精子伸直平行排列。每次只有 1 个精子束从交配囊进入受精囊体，通过受精囊管的肌肉收缩使精子束进入。新进入的精子位于受精囊体的内侧，占据其前端的一部分。如果一次交配后很快进行下一次交配，一般第 2 个精子束进入并与前 1 个平行排列，但两束之间有间隔。但第 3 个精子束进入后，第 1 束内的精子不再通直，而成为波浪状。第 2 束精子延续同样过程。只留下第 3 束保持通直。在一定时间后，全部精子变成波浪状。此时，来自 3 头不同雄虫的精子通过受精囊肌肉的强烈收缩而彼此自由混合，使每个精子离开最初的精子束，配对而蜷曲。此时受精囊内似乎已经充满，但如果有第 4 批精子进入，则充斥于蜷曲的精子之间。最后 1 批精子束明显可见，因为只有该束内的精子是通直的。因为受精囊体的壁具有很大的膨胀能力，因此来自第 4 或第 5 个雄虫的精子也能同时容纳。高日龄雌虫的受精囊长度可达新羽化雌虫的 2 倍。这种膨大主要发生在分节较弱的受精囊体后部。混合后的精子通过受精囊

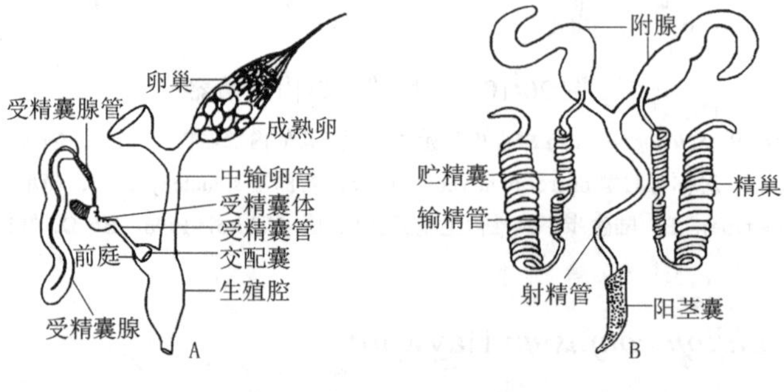

图 20-11　*Bembidion confusum* 内生殖器 (Kaufmann，1986)

A. 雌性内生殖器；B. 雄性内生殖器

体肌肉收缩经受精囊管排出。卵在生殖腔内受精。因此，所有交配的雄虫都有使卵受精的机会，不存在特定雄虫的精子优先权。初羽化成虫，受精囊腺小而中空。性成熟时，受精囊腺充满无色、大而圆形的分泌细胞。产卵后，分泌细胞开始合并，同时变为淡褐色。在后期，分泌细胞收缩，深褐色，腺体整体萎缩成小的不定形体 (图 20-11 A)。

20.3.4 *Bradycellus ruprestris* Say

雄性内生殖器：精巢 1 个，精巢外被膜，整体尖塔形。基部发出 1 支粗长的输精管，输精管中段扭曲形成附睾，自附睾发出的输精管逐渐膨大增粗，形成贮精囊，贮精囊后端与附腺汇合进入复射精管。附腺粗短扭曲，末端钝圆。复射精管粗长，两侧的复射精管后端汇合于单射精管。另一侧的精巢和输精管退化消失，粗短扭曲的附腺直接通入复射精管 (图 20-12)。

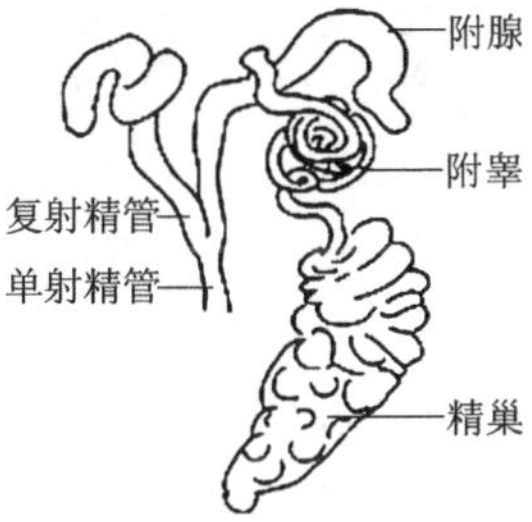

图 20-12 *Bradycellus ruprestris* 雄性内生殖器 (Will 等，2005)

20.3.5 *Eustra crucifera* Ueno

雄性内生殖器：精巢长椭球形，输精管从精巢下段腹面发出，细管状，螺旋形，末端连接于附腺下段。附腺 1 对，短棒状，两侧附腺互相贴合。附腺下段与输精管一起汇入复射精管。复射精管及其与单射精管汇合部及单射精管前段膨大，单射精管后端细缩进入阳茎囊 (图 20-13 B)。

雌性内生殖器：卵巢 1 对，经侧输卵管与中输卵管连接，中输卵管细长。生殖腔前端细缩形成交配囊，中输卵管下端与交配囊前端相连。受精囊管粗短，着生在生殖腔顶端一侧，生殖腔与受精囊管连接处有 1 长骨片。受精囊体腊肠形，基部弯曲 (图 20-13 A)。

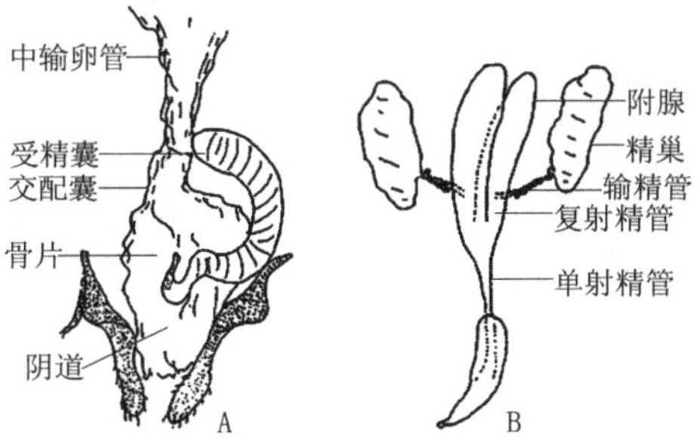

图 20-13 *Eustra crucifera* 内生殖器 (Yahiro，1996)

A. 雌性内生殖器；B. 雄性内生殖器

20.3.6　*Eustra japonica* Bates

雄性内生殖器：精巢分列体腔两侧，每精巢椭球形。输精管螺旋细管状，从精巢后方内侧发出。附腺 1 对，棒状，下端与输精管汇合进入复射精管，复射精管粗短，与附腺之间分界不清晰。两侧的复射精管下端汇合进入单射精管 (图 20-14 B)。

雌性内生殖器：卵巢经侧输卵管与中输卵管相连。生殖腔前部延长，形成前端逐渐收缩的交配囊体，中输卵管下端与交配囊体前端相连。生殖腔与受精囊管连接处有短小骨片，受精囊管粗短，着生在生殖腔前端，受精囊体腊肠形，中部弯曲 (图 20-14 A)。

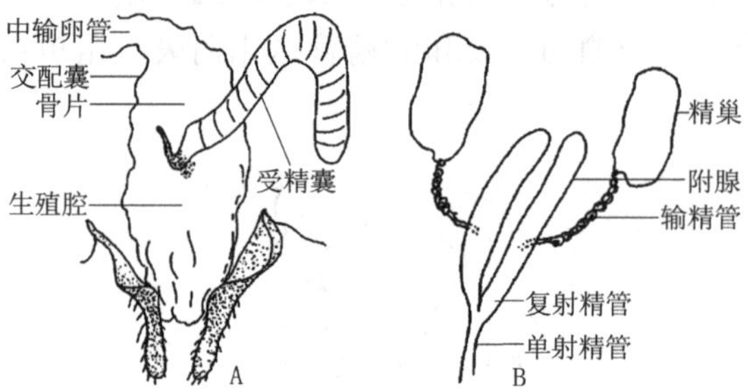

图 20-14　*Eustra japonica* 内生殖器 (Yahiro，1996)

A. 雌性内生殖器；B. 雄性内生殖器

20.3.7　盔步甲族 Galeritini

雌性生殖系统：包括卵巢、侧输卵管、中输卵管、有成对侧背片的产卵器、生殖基肢节、带有交配囊的生殖腔、受精囊。受精囊构造富有变化，有的为受精囊腺、受精囊体各 1 (主囊—囊腺型)，有的为 2 个受精囊体 (主囊—副囊型)，有的具有 2 个受精囊体和 1 个受精囊腺 (主囊—副囊—囊腺型)。受精主囊、受精副囊和受精囊腺的基部有总管，称为受精囊基管 basal spermathecal duct，开口于生殖腔前端。生殖腔前端还连接有中输

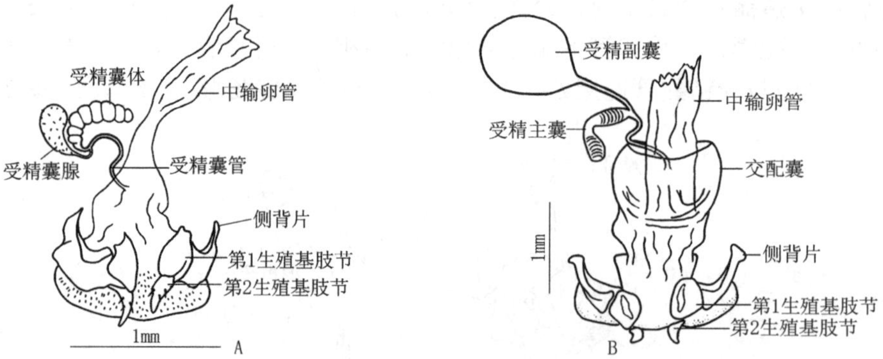

图 20-15　盔步甲族雌性生殖系统 (Hunting，2008)

A. *Planetes bipartitus*；B. *Planetes bimaculatus*；C. *Eunostus burgeoni*；D. *Galerita* (*Progaleritina*) *forreri*；E. *Galerita* (*Galerita*) *sulcipennis*；F. *Galerita* (*Galerita*) *boucardi*；G. *Galerita* (*Galerita*) *marginicollis*；H. *Drypta cyanea*

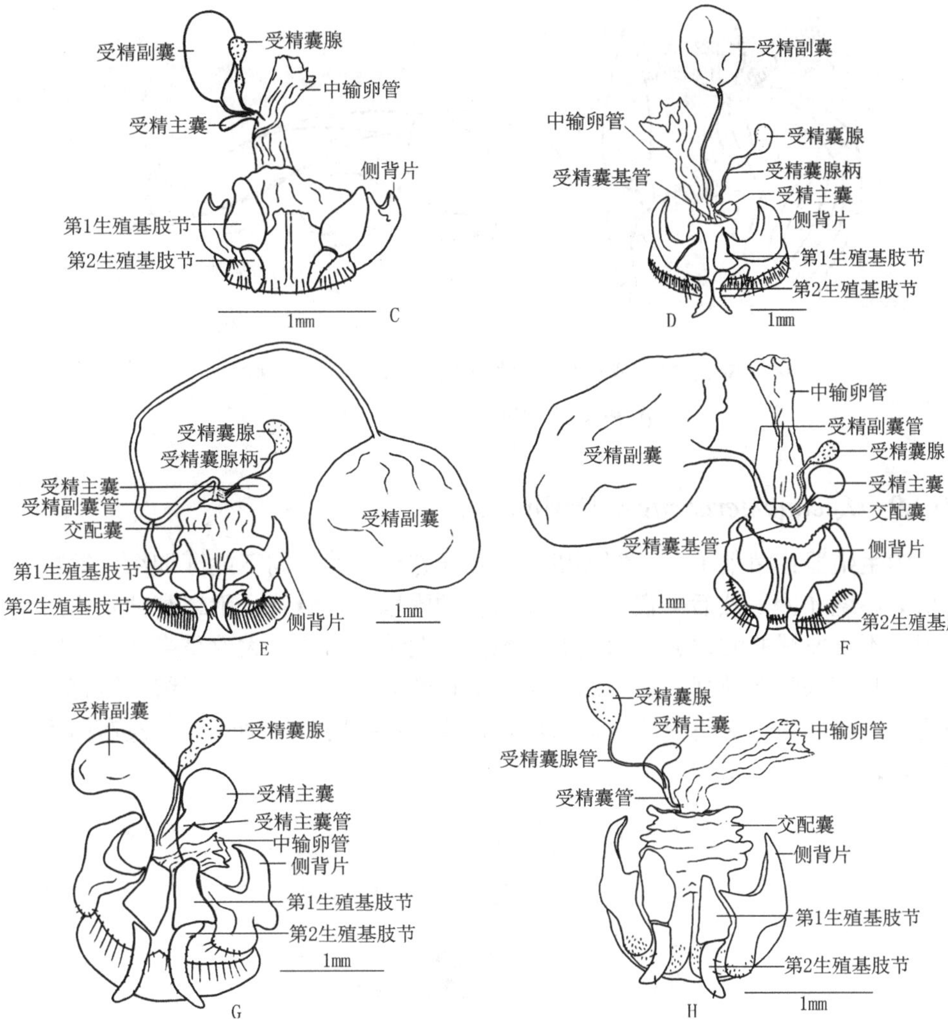

图 20-15 (续)

卵管，有时背面发出袋囊状的交配囊，有时生殖腔前端即为交配囊，外形上没有其他特化。生殖腔后端连接末端腹节形成的产卵器。产卵器背面有 3 对骨片，分别为三角形或弯弧形的侧背片 laterotergite，三角形的第 1 基肢节，月牙形的第 2 基肢节 (图 20-15)。

20.3.8　亚东婪步甲 *Harpalus* (*Zangoharpalus*) *yadongensis* Huang

雄性外生殖器：中茎弯曲，端孔开口在背面偏左，膜质区达到基球之前。端叶向顶端逐渐变窄，顶端圆形，无缘边，腹面有小齿。内囊在膜质部基区和中区各有 1 个骨刺。基球发达，侧叶正常 (图 20-16 B)。

雌性外生殖器：针突基节基区外缘有剑状毛 3 支。端节镰刀形，感觉沟内着生线状毛 2 支，在外缘的腹脊中部有 2 支长毛。交配囊膜质多皱，贮精囊袋状 (图 20-16 A)。

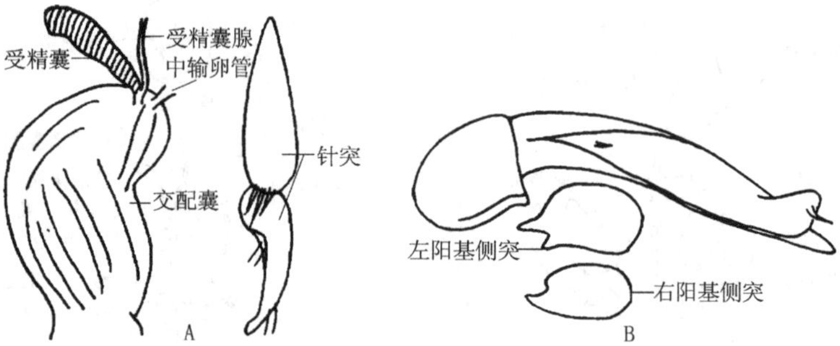

图 20-16 亚东婪步甲外生殖器 (黄同陵，1998)

A. 雌性外生殖器；B. 雄性外生殖器

20.3.9 *Lecanomerus niger* Darlington

雄性内生殖器：精巢 1 个，倒尖塔形，顶端宽阔平截，向下端渐细缩，输精管从细缩部发出即环绕 4 圈，然后平直，进入松塔状的附睾，输精管从附睾基部发出后略弯曲膨大，形成不太发达的贮精囊。两侧的附腺同样发达，粗短，大致呈半环形。附腺下端与贮精囊一起汇入复射精管。另一侧的精巢退化消失，输精管一段保留，短管状。复射精管较粗短，两侧的复射精管汇合进入单射精管，单射精管较细长，下段弯曲后进入阳茎中叶 (图 20-17)。

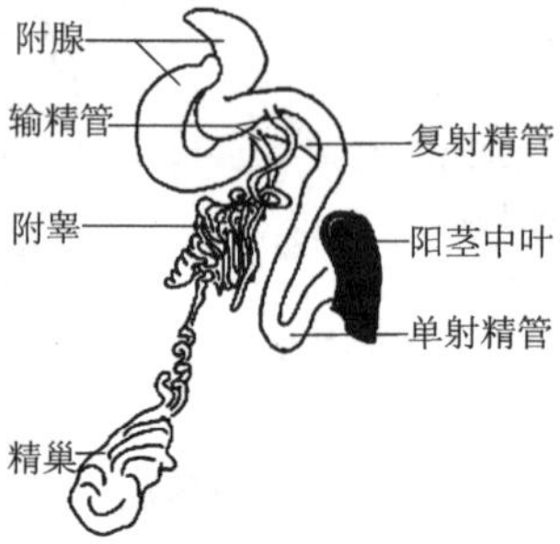

图 20-17 *Lecanomerus niger* 雄性内生殖器 (Will 等，2005)

20.3.10 *Omophron aequalis* Morawitz

雄性内生殖器：精巢 1 对，精巢松塔形，输精管从精巢底端发出，细长而螺旋盘曲，邻近后段膨大形成椭球形贮精囊，输精管从贮精囊发出后呈直管状，连接于附腺下端。附腺 1 对，粗长管状，中部弯曲，下端与贮精囊一起汇合于复射精管，复射精管粗短，与附腺之间分界不清晰，两侧的复射精管汇入单射精管 (图 20-18 B)。

雌性内生殖器：交配囊大型，由生殖腔前端伸出，顶端弯向一侧。中输卵管和受精囊管下端在交配囊基部侧面进入生殖腔。交配囊体上、受精囊管着生点附近有“L”形骨片 (图 20-18 A)。

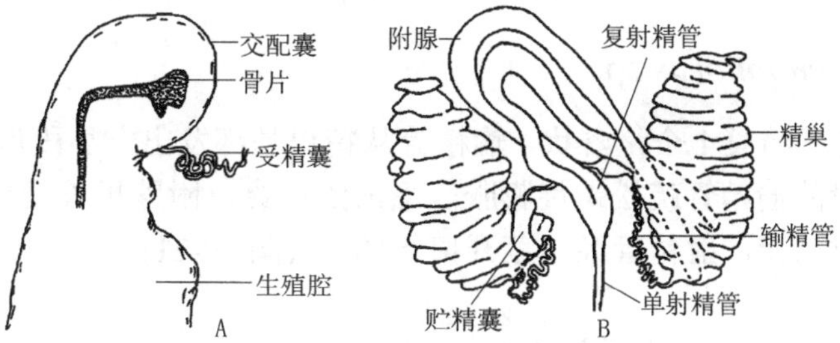

图 20-18　*Omophron aequalis* 内生殖器 (Yahiro，1996)

A. 雌性内生殖器；B. 雄性内生殖器

20.3.11　*Pasimachus californicus* Chaudoir

雄性内生殖器：精巢位于体腔两侧，每精巢管状扭曲，塔形，顶端有管状末端游离，贮精囊从精巢基端发出，环形膨大 3～4 圈后直管状膨大。输精管从贮精囊发出呈细管状。附腺 1 对，粗长发达，基部与输精管末端一起汇入复射精管，复射精管自前而后逐渐细缩，两侧的复射精管汇入单射精管 (图 20-19)。

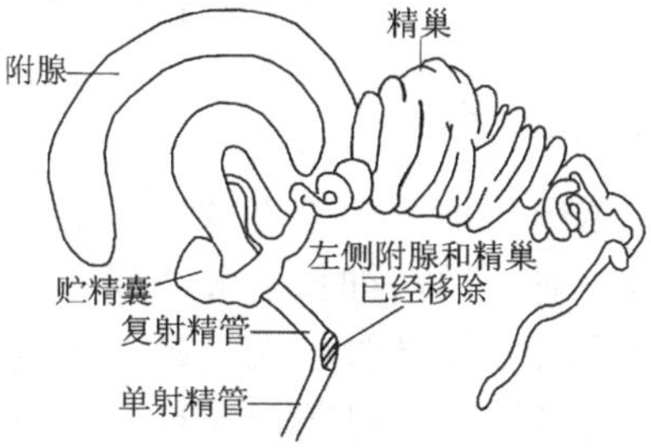

图 20-19　*Pasimachus californicus* 雄性内生殖器(参考 Will 等，2005 图重绘)

左侧附腺和精巢已经移除

20.3.12　*Scarites subterraneus* Fabricius

雄性内生殖器：精巢分列于体腔两侧，每精巢由长管盘曲形成，塔形，顶端为游离的管道，基部发出较为粗短的输精管，输精管螺旋膨大形成不甚发达的贮精囊。附腺 1 对，粗壮发达，弯曲盘旋，末端与贮精囊一起汇入复射精管。复射精管短，两复射精管汇合进入单射精管，单射精管经中茎开口于体外 (图 20-20)。

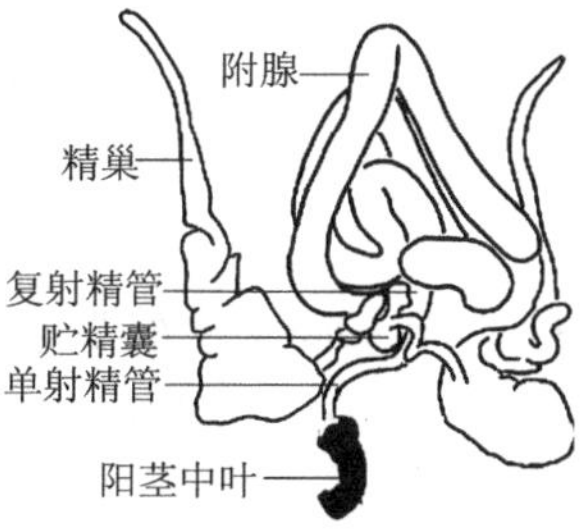

图 20-20　*Scarites subterraneus* 雄性内生殖器 (Will 等，2005)

20.3.13 *Selenophorus* sp.

雄性内生殖器：精巢 1 个，塔状，输精管从精巢基部发出一小段后，螺旋 6~7 圈形成附睾，附睾后段的输精管疏松螺旋膨胀，形成贮精囊。附腺粗长发达扭曲，末端和贮精囊一起汇合入射精管，射精管经中茎开口于体外 (图 20-21)。

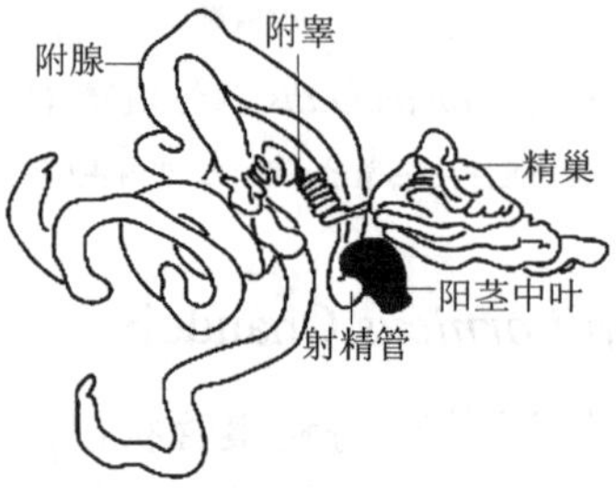

图 20-21 *Selenophorus* sp.雄性内生殖器 (Will 等，2005)

20.4 条脊甲科 Rhysodidae

20.4.1 *Rhysodes comes* (Lewis)

雄性内生殖器：精巢宽椭球形，顶端短管直伸出。输精管从精巢基部发出，细长螺旋盘曲，近末端直管状。附腺 1 对，顶端细长，缠绕成团，顶端下方有 1 段较粗弯曲短管。附腺管基部粗短棒状，其下端与输精管末端一起汇入复射精管，复射精管与附腺管分界不清晰。复射精管粗短，后方汇入单射精管 (图 20-22 B)。

雌性内生殖器：卵巢经侧输卵管与中输卵管相连，中输卵管后端与生殖腔顶端相通。生殖腔下端细管状，上部渐增粗，顶端向一侧扩展形成交配囊。受精囊管粗短，从交配囊顶端发出，受精囊管顶端一侧有 1 扁圆形骨片 (受精囊体)。受精囊腺棒状，着生于受精囊管顶端一侧 (图 20-22 A)。

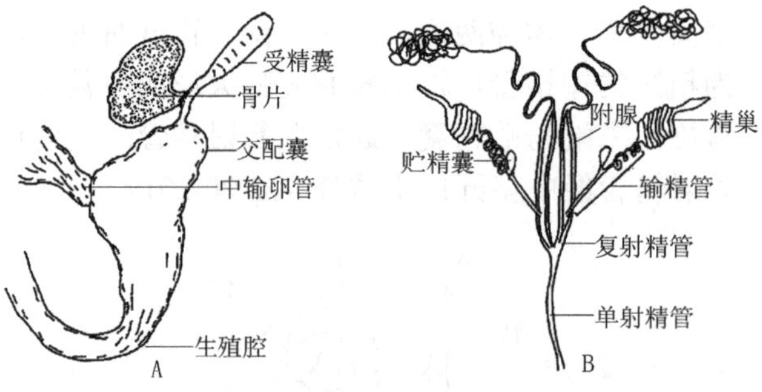

图 20-22 *Rhysodes comes* 内生殖器 (Yahiro，1996)

A. 雌性内生殖器；B. 雄性内生殖器

20.4.2　*Yamatosa nipponensis* (Lewis)

雄性内生殖器：每精巢约呈灯笼形，输精管从精巢下端发出，前段细长扭曲，末段膨大增粗且有 1 分支，形成"Y"形贮精囊。附腺 1 对，每附腺前端细长扭曲成团，中间一段弯曲增粗，基部一段棒状，末端与贮精囊一起汇入复射精管。复射精管粗长发达，与附腺之间分界不清晰，两复射精管下端汇入单射精管（图 20-23 B）。

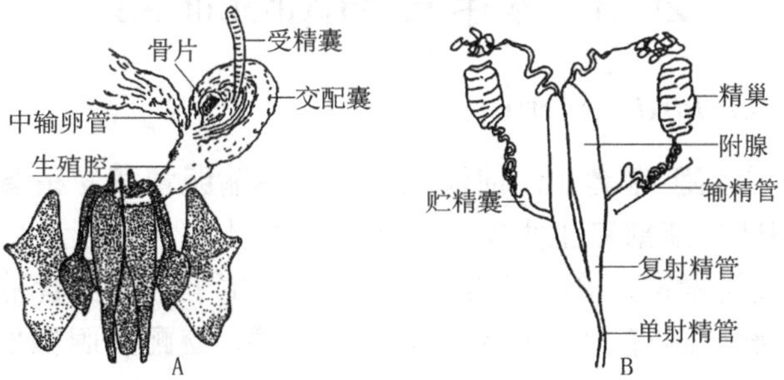

图 20-23　*Yamatosa nipponensis* 内生殖器（Yahiro，1996）
A. 雌性内生殖器；B. 雄性内生殖器

雌性内生殖器：卵巢经侧输卵管与中输卵管相连。中输卵管下部细缩，连接于生殖腔顶端一侧。生殖腔漏斗状，下部细缩，前端延伸形成大型球状交配囊。受精囊着生于交配囊上、邻近中输卵管与生殖腔结合点一侧。受精囊管短而不明显，受精囊腺棒状，基部有盘状骨片（受精囊体）(图 20-23 A)。

20.5　两栖甲科 Amphizoidae

20.5.1　*Amphizoa lecontei* Matthews

雌性外生殖器：生殖腔短阔，前端腹侧着生中输卵管和受精囊管，背侧通入交配囊。受精囊管基部囊状，端部粗短，顶端弯曲形成椭球形受精囊体。导精管（受精管 fertilization duct）从受精囊体中部一侧发出，细管状，它端着生于中输卵管基部的生殖腔

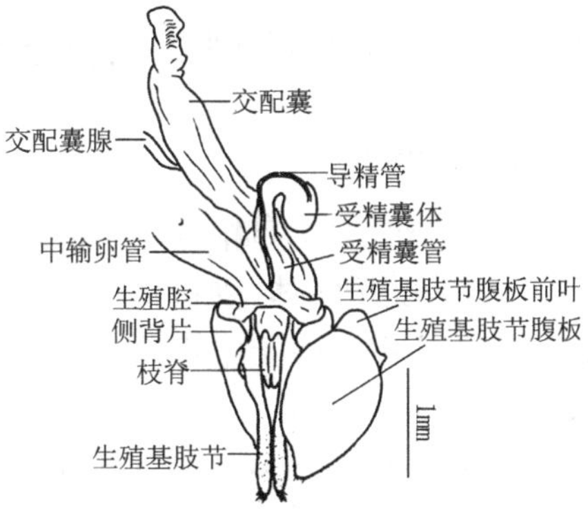

图 20-24　*Amphizoa lecontei* 雌性外生殖器腹视（Miller，2001a）

顶端。交配囊长管状，顶端细缩多皱褶，近中部有 1 香蕉形交配囊腺，交配囊腺基部细缩成管状柄，其余部分为粗壮略弯的交配囊腺体部。生殖腔后方腹视中间为 1 对长条状枝脊 ramus；枝脊两侧为发达的生殖基肢节 gonocoxa。部分侧背片和生殖基肢节腹板 gonocoxosternite 分别位于两侧，生殖基肢节腹板前方伸出腹视近舌状的前叶 anterior lobe of gonocoxosternite (图 20-24)。

20.6 水甲科 Hygrobiidae

20.6.1 *Hygrobia tarda* (Herbst)

雌性外生殖器： 生殖腔宽囊状，前端腹侧着生中输卵管和受精囊管，背侧通入交配囊。受精囊管粗长扭曲，端部着生大型纺锤状受精囊体。导精管从受精囊体基部一侧发出，细管状，与受精囊管紧密贴合，扭曲下延，它端着生于中输卵管基部的生殖腔顶端。交配囊宽囊形，近端部一侧有 1“U”形弯曲的交配囊腺，交配囊腺柄部细直管状，腺体部略膨大。生殖腔后方中间为 1 对腹视尖刺状、倒“八”形排列的枝脊，枝脊两侧为“V”形排列的 1 对生殖基肢节。腹视可见部分侧背片。生殖基肢节腹板发达，腹视近心形，前叶帚状 (图 20-25)。

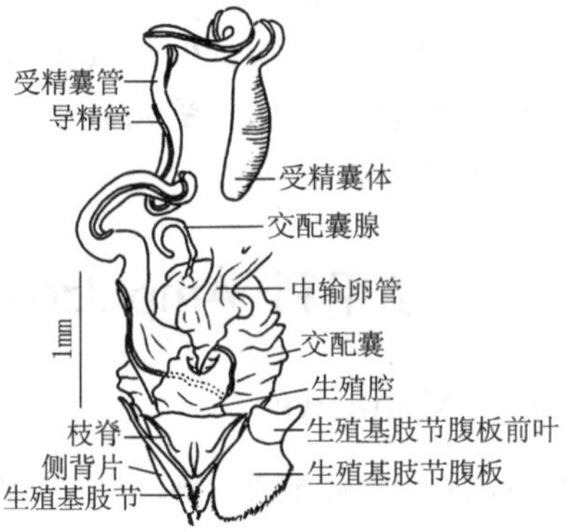

图 20-25 *Hygrobia tarda* 雌性外生殖器腹视 (Miller，2001a)

20.7 小粒龙虱科 Noteridae

20.7.1 *Suphis cimicoides* Aubé

雌性外生殖器： 生殖腔和交配囊复合，呈粗管状，前端分出中输卵管和受精囊管。受精囊管粗短，端部着生小型纺锤状受精囊体，受精囊体一端发出粗长弯曲的受精囊腺，另端发出细而短的导精管，导精管它端着生于中输卵管基部的生殖腔顶端。中输卵管宽阔，基部近腹面外侧有 1 腹片 ventral sclerite。侧背片发达，头向伸展，约为生殖腔长度的 2.5 倍。生殖腔后方中间为 1 对小杆状枝脊，1 对生殖基肢节较发达，末端尖锐，内侧有锯齿。生殖基肢节腹板发达，腹视近卵形，前叶长刺状 (图 20-26)。

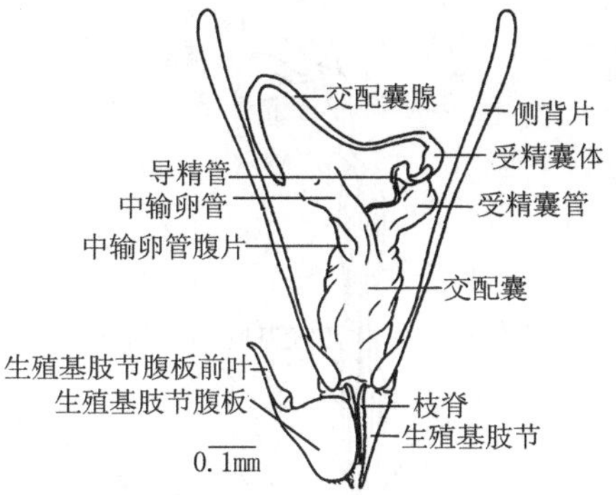

图 20-26　*Suphis cimicoides* 雌性外生殖器腹视 (Miller，2001a)

20.8　龙虱科 Dytiscidae

20.8.1　*Agabus biguttatus* (Olivier)

雌性内生殖器：卵巢位于消化道两侧，每卵巢有多支卵巢管，卵巢管分为端丝、生殖区、卵黄发生区和卵巢管柄，每卵巢卵巢管的端丝联合形成悬带，生殖区内含有卵原细胞、初生卵母细胞和前滤泡组织 prefollicular tissue。卵黄发生区内含有正在进行卵黄沉积的卵母细胞，滤泡上皮包被发育中的卵母细胞形成卵室 follicle。卵巢管通过卵巢管柄开口于很短的侧输卵管，侧输卵管汇入中输卵管，中输卵管短，后部连接生殖腔。生殖腔前端背中部扩展形成细长的交配囊。受精囊长管状，着生于生殖腔顶端另侧 (图 20-27)。

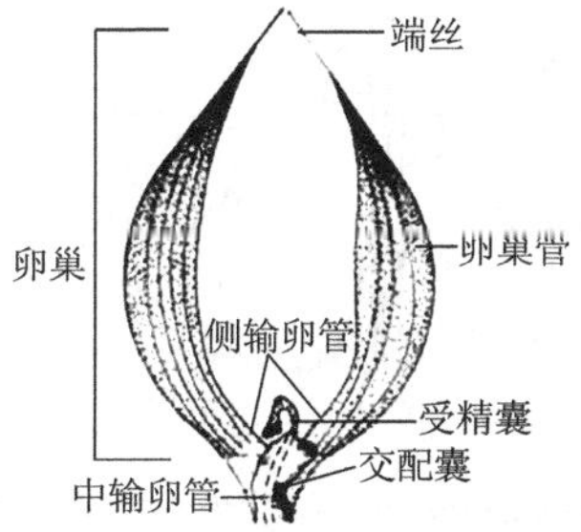

图 20-27　*Agabus biguttatus* 雌性内生殖器 (Malekpour and Shiva，2011)

20.8.2　*Acilius abbreviatus* Aubé

雌性外生殖器：生殖腔和交配囊复合，细长管状，前端发出中输卵管和受精囊管。受精囊管粗长，基部弯折，中上部约呈长茄状，顶端着生小球形受精囊体，受精囊腺缺。受精囊体下端一侧发出细长弯曲的导精管，导精管与受精囊管紧密贴合，它端着生于中输卵管基部的生殖腔顶端。生殖腔后端腹视中间为 1 对细长的枝脊，枝脊外侧为 1 对细长生殖基肢节，侧背片位于两边最外侧。生殖基肢节腹板近斧形，前叶近三角形 (图 20-28)。

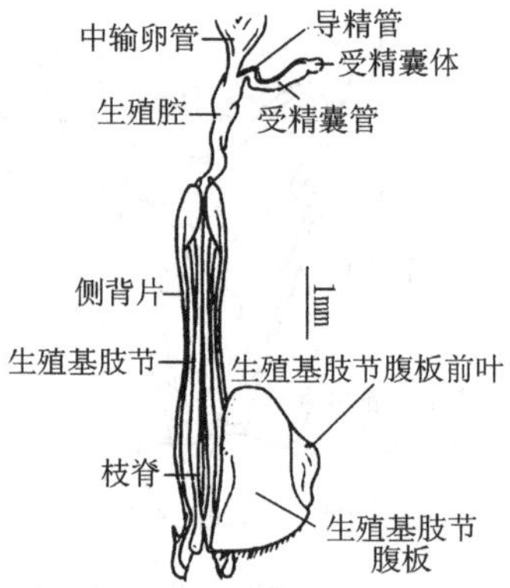

图 20-28　*Acilius abbreviatus* 雌性外生殖器腹视 (Miller，2001a)

20.8.3　*Copelatus distinctus* Aubé

雌性外生殖器：交配囊宽囊状，位于生殖腔背侧。生殖腔长管状，前端与中输卵管连接。受精囊管细长扭曲，从交配囊顶端发出，前段螺旋略增粗的部分为受精囊体，受精囊体进一步增粗，形成导精管。导精管它端着生于中输卵管基部侧面、生殖腔顶端。生殖腔后端腹视中间为 1 对短而尖的枝脊，枝脊外侧为 1 对细长杆状生殖基肢节，侧背片位于两边外侧。生殖基肢节腹板宽卵形，前叶长条状，近中部凹缺 (图 20-29)。

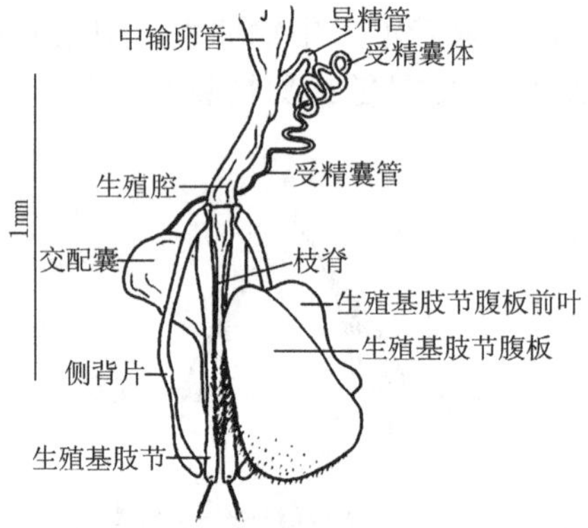

图 20-29　*Copelatus distinctus* 雌性外生殖器腹视 (Miller，2001b)

20.8.4　*Desmopachria convexa* (Aubé)

雌性外生殖器：交配囊与生殖腔复合，宽囊状，前端腹面一侧与中输卵管连接，另侧呈锥状突起，突起顶端发出受精囊管。受精囊管粗长，近顶端有喇叭形受精囊盘 spermathecal disc 环绕，顶端着生大型囊状受精囊体，受精囊体顶端有缢缩分隔形成的盖状区。导精管从受精囊体下端另角发出，粗壮蜷曲，下段囊状膨大，位于中输卵管基部侧面、生殖腔顶端。生殖腔后端腹视生殖基肢节长杆状，倒“八”形。生殖基肢节腹板约呈三角形，前叶短杆状，顶端圆钝 (图 20-30)。

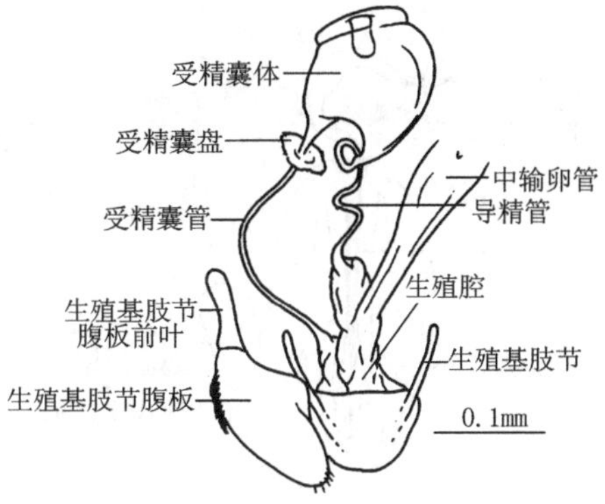

图 20-30 *Desmopachria convexa* 雌性外生殖器腹视 (Miller，2001a)

20.8.5 *Dytiscus verticalis* Say

雌性外生殖器：交配囊与生殖腔复合，粗管状，前端一侧发出较细的中输卵管，另侧发出较粗的受精囊管，受精囊管前段形成螺旋蜷曲的受精囊体，受精囊体顶端钝尖。导精管从受精囊体基部一侧发出，与受精囊管贴合，它端着生于中输卵管基部附近、生殖腔顶端。生殖腔后端腹视枝脊和生殖基肢节各 1 对，长杆状。侧背片位于两侧。生殖基肢节腹板约呈帚状，前叶近三角形 (图 20-31)。

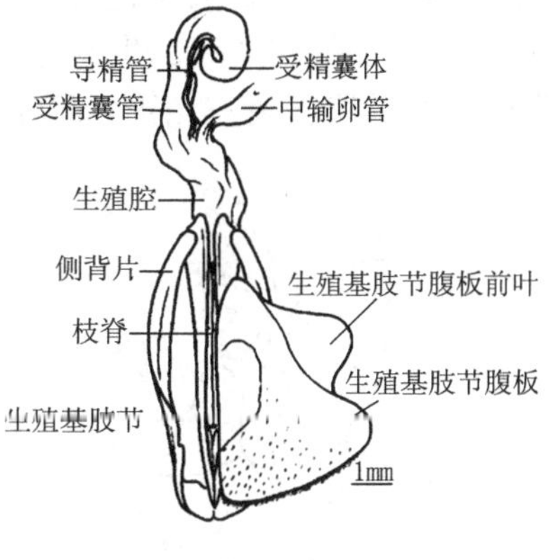

图 20-31 *Dytiscus verticalis* 雌性外生殖器腹视 (Miller，2001b)

20.8.6 *Graphoderus occidentalis* Horn

雌性外生殖器：交配囊与生殖腔复合，细长管状，前端一侧发出中输卵管，另侧发出受精囊管。受精囊管粗短，前段弯曲形成“U”形受精囊体，受精囊体顶端粗钝。导精管从受精囊体基部一侧发出，与受精囊管贴合，它端着生于中输卵管基部附近、生殖腔顶端。生殖腔后端腹视枝脊和生殖基肢节各 1 对，长杆状。侧背片基段宽，端段枝状，位于两侧。生殖基肢节腹板近斧形，前叶近三角形 (图 20-32)。

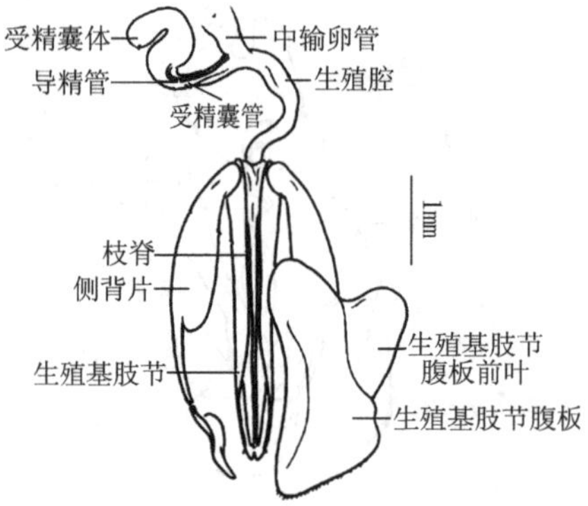

图 20-32　*Graphoderus occidentalis* 雌性外生殖器腹视 (Miller，2001a)

20.8.7　*Hydroporus incognitus* Sharp

雌性外生殖器：生殖腔较粗长，前端细缩，发出中输卵管、受精囊管和交配囊管，交配囊管开口于生殖腔背面近中部，较中输卵管和受精囊管的开口位置稍后。交配囊粗短管状，前端发出粗短的受精囊管，受精囊管顶端着生大型椭球形受精囊体，受精囊体表面具稀疏刺。受精囊体基部、受精囊管顶端一侧有 1 小型纽扣状突起，为受精囊受囊 receptacle。导精管从受精囊体另侧的顶端发出，腹视约位于受精囊体中部。导精管前部约 2/3 粗管状，表面具有较浓密的刺，后段膨大呈粗管状，末端着生于侧输卵管基部、生殖腔顶端，约处于中输卵管和交配囊基部之间。生殖腔后端腹视生殖基肢节 1 对，基部片状，端部窄卵形拱状。生殖基肢节腹板近三角形，前叶发达，钝三角形 (图 20-33)。

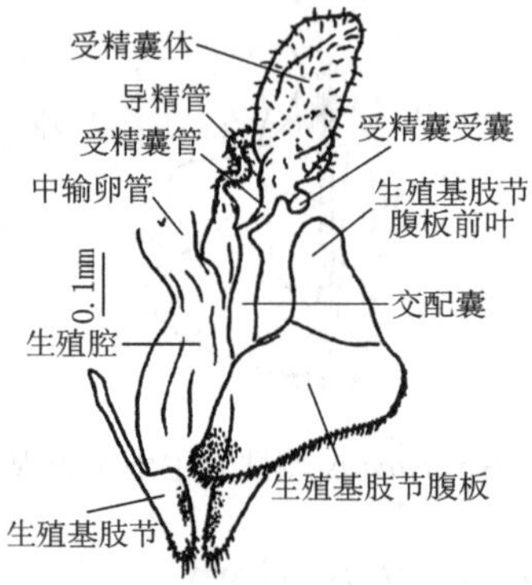

图 20-33　*Hydroporus incognitus* 雌性外生殖器腹视 (Miller，2001a)

20.8.8　*Hydroglyphus japonicus* (Sharp)

雌性外生殖器：生殖腔宽短，受精囊管从生殖腔基部发出，生殖腔前端一侧发出较细的中输卵管和较粗的导精管。受精囊管细长管状，顶端膨大扭曲，进入球形囊状的受精囊体，受精囊体顶端下侧有大型刺状受精囊棘。受精囊体侧下方发出粗短横管，其顶端着生肾形受精囊受囊，受囊中间缢缩，凹面中部发出粗短的导精管前部，导精管后部膨大，与生殖腔前端连接，位于中输卵管基部之侧。生殖腔后端腹视生殖基肢节 1 对，基段细杆状，端段棒状。生殖基肢节腹板近三角形，前叶发达，钝三角形 (图 20-34)。

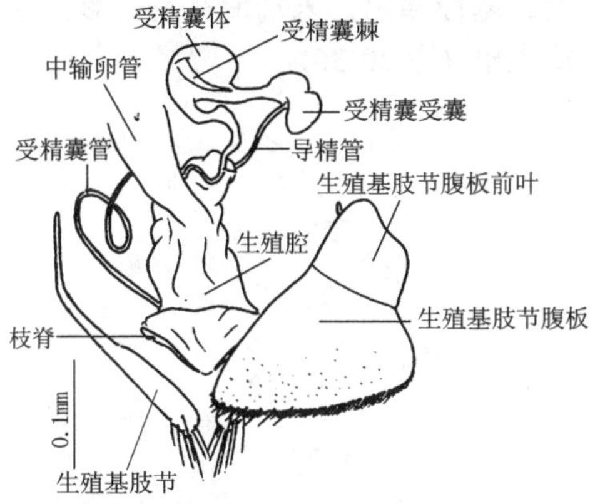

图 20-34 *Hydroglyphus japonicus* 雌性外生殖器腹视 (Miller，2001a)

20.8.9 *Hydrovatus pustulatus* Motschulsky

雌性外生殖器：生殖腔较细短，表面有皱褶，前端与中输卵管连接。交配囊大型袋囊状，位于生殖腔背面，受精囊管粗长，从生殖腔顶端发出，中部以后渐宽，进入兜形囊状的受精囊体。导精管从受精囊体顶端发出，基部粗，向下急细，末端着生于生殖腔前端、中输卵管基部内侧。生殖腔后端腹视枝脊 1 对，杆状；生殖基肢节 1 对，基段横出，端段刺状，末端尖锐，外缘有稀疏锯齿。生殖基肢节腹板四边形，前叶发达，近三角形 (图 20-35)。

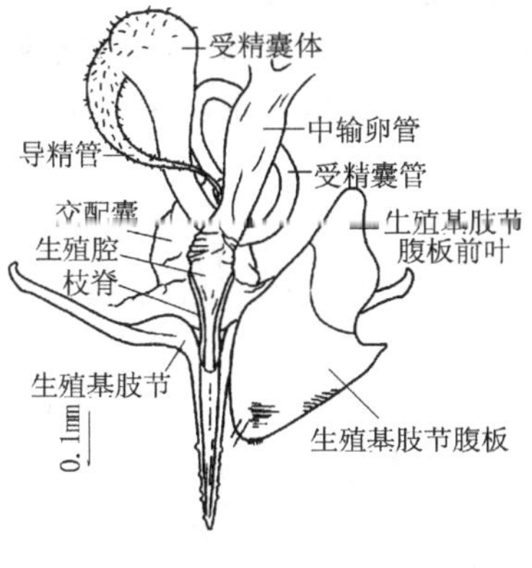

图 20-35 *Hydrovatus pustulatus* 雌性外生殖器腹视 (Miller，2001a)

20.8.10 *Hygrotus sayi* Balfour-Browne

雌性外生殖器：生殖腔粗短，表面有皱褶，前端背面发出交配囊，腹面发出中输卵管，导精管端部的囊形区域位于两者之间。交配囊大型长管状，顶端发出受精囊管，受精囊管与交配囊接触处缢缩，基半长囊状，中间缢缩；端半细管状，与球形受精囊体连接。导精管粗短，从受精囊体另侧顶端发出，基半细管状，细管状部分基部粗，向下渐细；端半粗囊管状，末端着生于生殖腔前端、中输卵管基部内侧。生殖腔后端腹视枝脊眉状横出，生殖基肢节 1 对，基段横出，末端增宽呈卵形。生殖基肢节腹板长卵形，前叶发达，基半矩形，端半略尖出 (图 20-36)。

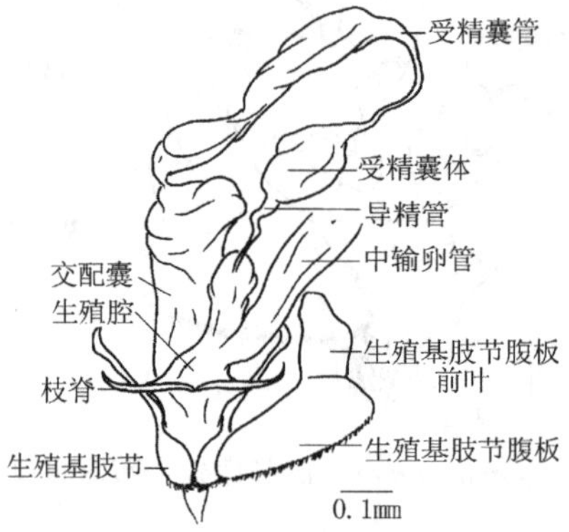

图 20-36 *Hygrotus sayi* 雌性外生殖器腹视 (Miller，2001a)

20.8.11 *Hyphydrus aubei* Ganglbauer

雌性外生殖器：生殖腔基部宽短，前部稍细长，与中输卵管连接，两者之间大致以导精管末端着生处囊形突起为界。交配囊大型长囊状，顶端发出受精囊管，受精囊管与交配囊接触处圆锥形，圆锥形顶端发出短管，短管连接纺锤形膨大部分。从纺锤形膨大下端开始，受精囊管逐渐细缩，末端扭曲，连接心形受精囊体。受精囊体一端缢缩，然后着生球状多毛的受精囊受囊。受精囊体另端发出导精管，导精管基段细管状，端段宽囊状，末端着生于生殖腔前端、中输卵管基部一侧。生殖腔后端腹视生殖基肢节 1 对，呈倒“八”字形，前段杆状，后段增宽呈卵形。生殖基肢节腹板长卵形，前叶发达，矩形 (图 20-37)。

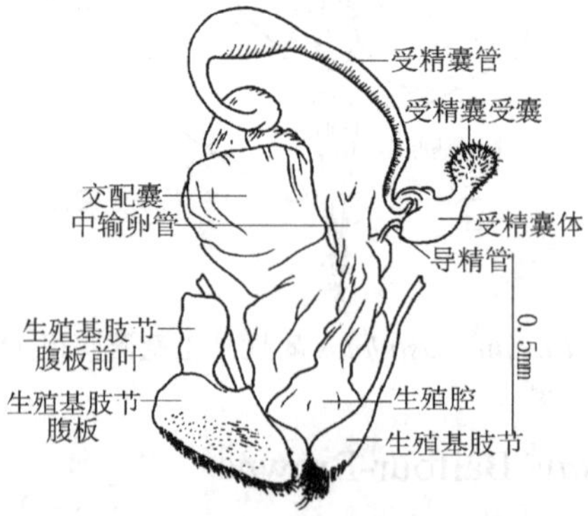

图 20-37 *Hyphydrus aubei* 雌性外生殖器腹视 (Miller，2001a)

20.8.12 *Ilybius subaeneus* Erichson

雌性外生殖器：生殖腔短阔，前部腹面与中输卵管连接，两者之间大致以导精管末端着生处为界。生殖腔前端腹面发出大型管状交配囊，其顶端发出交配囊腺。交配囊腺基半粗管状，中间弯折，端半细管状，末端扭曲；约在基半中部膨大形成囊状交配囊腺囊。受精囊管粗短，从交配囊前部 1/4 处发出，受精囊管顶端着生发达的棒状受精囊体，导精管从受精囊体基部一侧发出，细管状，基段光滑，端段有刺，末端着生于生殖腔前端、中输卵管基部一侧。生殖腔后端腹视枝脊长杆状，生殖基肢节 1 对，基段宽，向端段渐尖，外侧有锯齿。侧背片两端弧形内凹，位于两侧。生殖基肢节腹板斧状，略呈三角形，前叶发达，中间凹陷，整体双峰形 (图 20-38)。

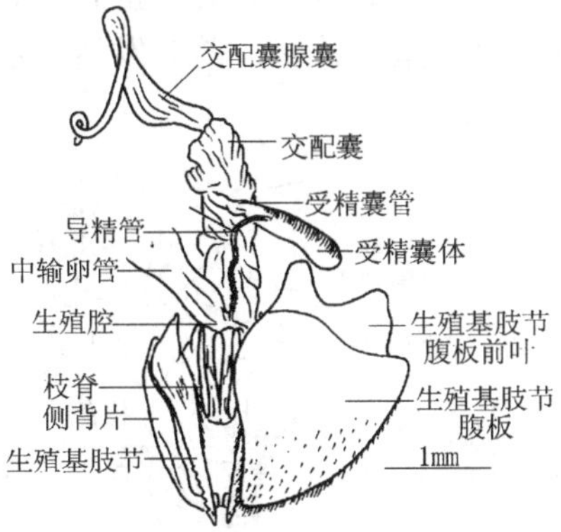

图 20-38 *Ilybius subaeneus* 雌性外生殖器腹视 (Miller，2001a)

20.8.13 *Laccophilus maculosus* (Germar)

雌性外生殖器：生殖腔基部短阔，前部细管状，与中输卵管连接，两者之间界限不清晰。中输卵管细管状。生殖腔前端背面发出大型弯囊状交配囊，其顶端发出弯折扭曲的受精囊管，受精囊管前部形成 2 个扭曲，第 1 个扭曲处着生放射状受精囊腺，第 2 个扭曲形成受精囊体，导精管从受精囊体顶端发出，粗长管状，基半多刺，端段光滑，末

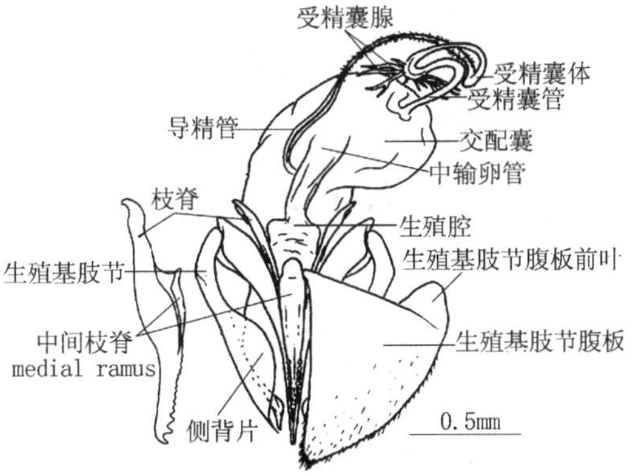

图 20-39 *Laccophilus maculosus* 雌性外生殖器腹视 (Miller，2001a)

端着生于生殖腔前端、中输卵管基部一侧。生殖腔后端腹视枝脊基半弧形，端半片状，内侧具齿。两枝脊中间有中间枝脊，略呈梭形。生殖基肢节 1 对，基段窄，端段增宽而内拱。侧背片两端部分露出，位于两侧。生殖基肢节腹板三角形，前叶发达，三角形 (图 20-39)。

20.8.14　*Matus ovatus* Leech

雌性外生殖器：生殖腔基部短阔，前部细管状，前端发出中输卵管与受精囊管。受精囊管基段粗短，前端分为受精囊腺管和受精囊体管 2 支，两者均较粗短。受精囊腺管顶端着生不规则囊状的受精囊腺，受精囊体管顶端为球形受精囊体。导精管从受精囊体基部一侧发出，粗长管状，末端着生于生殖腔前端、中输卵管基部一侧。生殖腔后端腹视枝脊长杆状，两枝脊略呈倒“八”字形。生殖基肢节 1 对，宽大多毛。侧背片部分露出，位于两侧。生殖基肢节腹板大型、斧状，前叶发达，前端三角形，后部长条状 (图 20-40)。

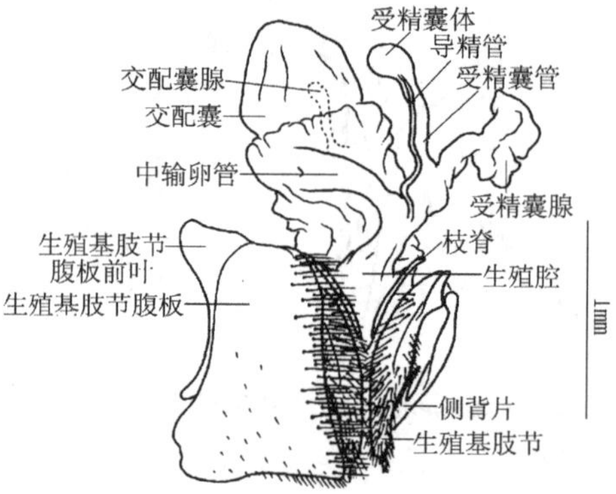

图 20-40　*Matus ovatus* 雌性外生殖器腹视 (Miller，2001a)

20.8.15　*Porhydrus lineatus* (Fabricius)

雌性外生殖器：生殖腔与交配囊复合，基部短阔，前部粗管状，前端发出中输卵管与导精管端段。受精囊管细长管状，从生殖腔基部一侧发出，顶端着生球形受精囊体，

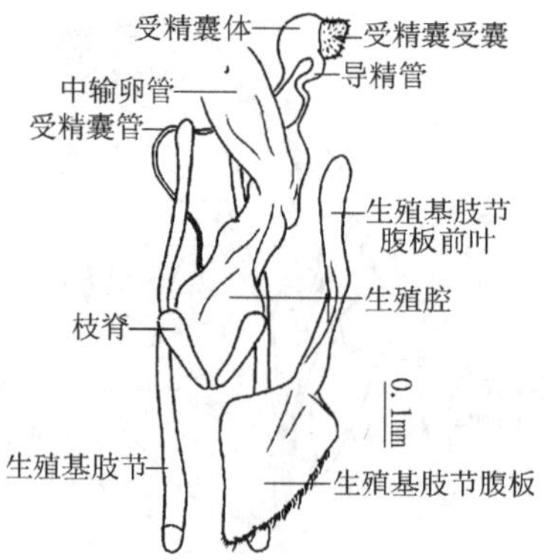

图 20-41　*Porhydrus lineatus* 雌性外生殖器腹视 (Miller，2001a)

受精囊体顶端有圆锥形多毛的受精囊受囊。导精管从受精囊体另侧发出，基部细管状，端段宽囊状，末端着生于生殖腔前端、中输卵管基部一侧。生殖腔后端腹视枝脊短棒状，两枝脊略呈倒“八”形。生殖基肢节 1 对，长杆状。生殖基肢节腹板心形，前叶发达，长杆状 (图 20-41)。

20.8.16　*Platambus maculatus* (Linnaeus)

雌性外生殖器：生殖腔宽短，前端腹面发出受精囊管和中输卵管，背面发出交配囊。受精囊管粗长弯曲，顶端着生肾形受精囊体。导精管从受精囊体基部发出，与受精囊管贴合，末端着生于生殖腔前端、中输卵管基部。生殖腔后端腹视枝脊短棒状，两枝脊略呈倒“八”形。生殖基肢节 1 对，棒状而多毛。生殖基肢节腹板基部矩形，末端三角形尖出；前叶发达，中间凹陷，双峰形。侧背片长杆状，末端略增宽，位于两侧 (图 20-42)。

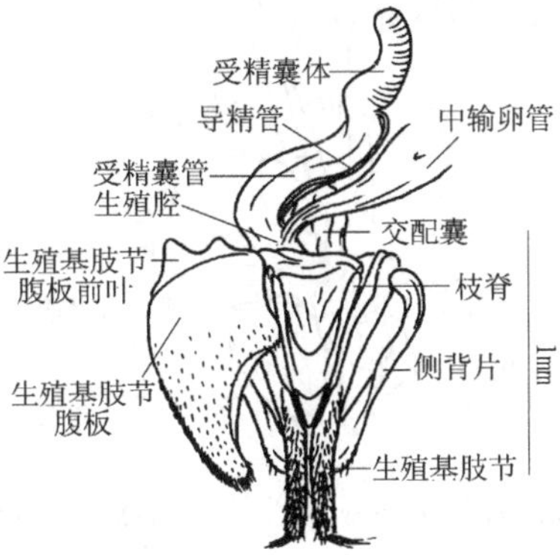

图 20-42　*Platambus* (*Platambus*) *maculatus* 雌性外生殖器腹视 (Miller，2001a)

20.8.17　*Queda youngi* Biström

雌性外生殖器：生殖腔宽短，前端腹面与中输卵管连接，背面发出大型宽囊状交配囊。受精囊管粗长弯曲，从交配囊顶端发出，顶端着生球形受精囊体。导精管粗长，从受精囊体基部另侧发出，末端着生于生殖腔前端、中输卵管基部。生殖腔后端腹视枝脊

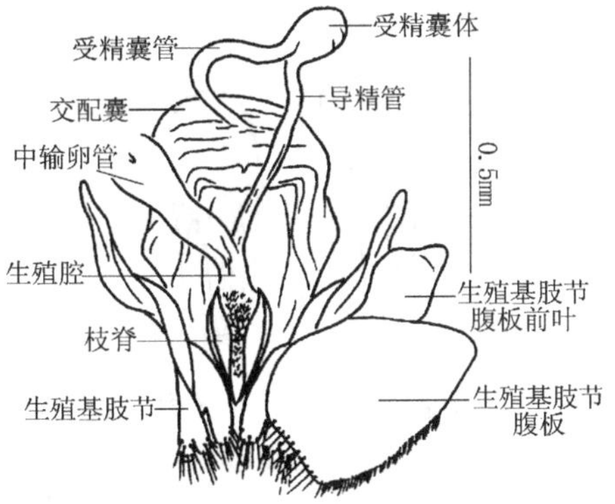

图 20-43　*Queda youngi* 雌性外生殖器腹视 (Miller，2001a)

梭形，两枝脊略并行。生殖基肢节 1 对，细长扭曲，末端宽扁多毛。生殖基肢节腹板心形，前叶发达，略呈矩形 (图 20-43)。

20.8.18　*Rhantus binotatus* (Harris)

雌性外生殖器： 生殖腔极宽短，前端腹面发出中输卵管和受精囊管，背面发出大型长囊状交配囊，交配囊基部一侧发出交配囊腺，交配囊腺柄部细管状，顶端着生管状腺体部。受精囊管粗短，从生殖腔顶端发出，顶端着生椭球形受精囊体。导精管粗长，从受精囊体基部发出，末端着生于生殖腔前端、中输卵管基部。生殖腔后端腹视枝脊短杆状，两枝脊略呈倒“八”字形。生殖基肢节 1 对，端段盾形，宽短多毛。生殖基肢节腹板心形，前叶发达，长条状，中间略凹 (图 20-44)。

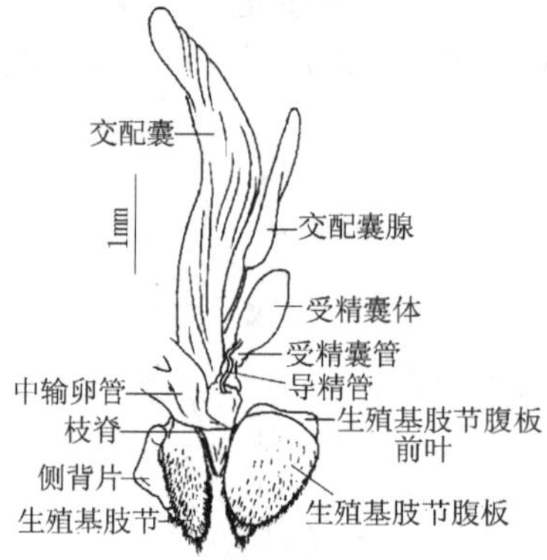

图 20-44　*Rhantus binotatus* 雌性外生殖器腹视 (Miller，2001b)

20.9　隐翅虫科 Staphylinidae

20.9.1　叶四齿隐翅虫 *Nazeris foliaceus* Zheng

雄性外生殖器： 左右对称，中叶腹面叶状，端部钝尖，末端具腹向小钩。背侧有 2 对突起，第 1 对末端分叉，第 2 对叶状。侧叶细长，端部匙状膨大，较中叶长，比第 1 对突起短 (图 20-45)。

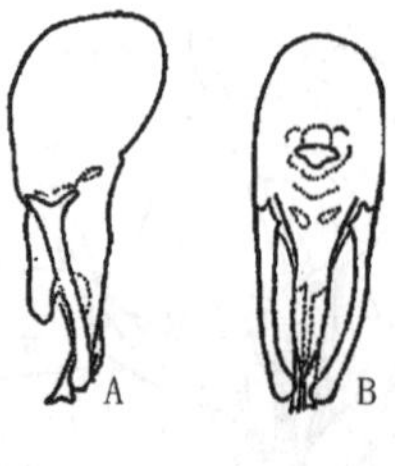

图 20-45　叶四齿隐翅虫雄性外生殖器 (郑发科，1992b)

A. 侧视；B. 腹视

20.9.2　西藏四眼隐翅虫 *Omalium xizangensis* Zheng *et* Pu

雄性外生殖器：三叶状，对称。中叶窄，腹视中部两侧弓形狭窄，端部膨大呈箭头状。侧叶比中叶宽短，弓状内弯，末端具毛 2 支 (图 20-46)。

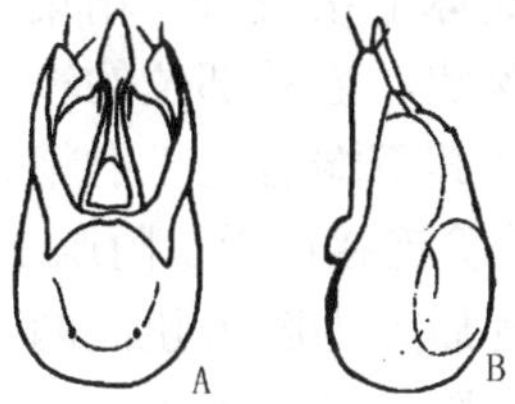

图 20-46　西藏四眼隐翅虫雄性外生殖器 (郑发科和蒲世华，2000)

A. 腹视；B. 侧视

20.9.3　棕色直缝隐翅虫 *Othius badius* Zheng

雄性外生殖器：中叶基部膨大，端部稍宽，末端钝圆。侧叶细，超过中叶长度 1/3，端部几乎不扩大，具细毛 4 支。内囊骨化部末端分 2 叉，钩状，其后各具 1 腹向刺突 (图 20-47)。

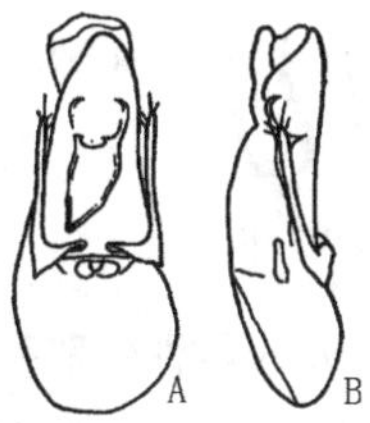

图 20-47　棕色直缝隐翅虫雄性外生殖器 (郑发科，1995)

A. 腹视；B. 侧视

20.9.4　重庆直缝隐翅虫 *Othius chongqingensis* Zheng

雄性外生殖器：中叶基部膨大，端部较宽，端末三角形。侧叶细，几为中叶长的 1/3，末端稍大，具细毛 4 支。内囊有对称分布的骨片 3 对 (图 20-48)。

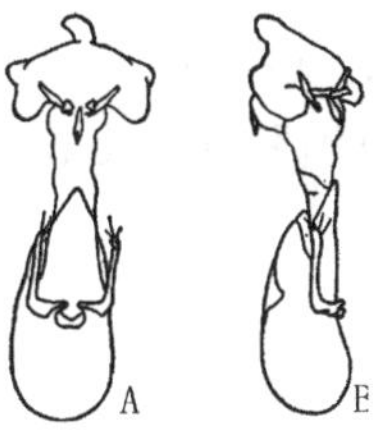

图 20-48　重庆直缝隐翅虫雄性外生殖器 (郑发科，1995)

A. 腹视；B. 侧视

20.10　粪金龟科 Geotrupidae

20.10.1　*Geotrupes* (*Onthotrupes*) *sobrinus* Jekel

雄性生殖系统：每精巢有 6 支球形精巢管，精巢管簇生于输精管前端，每侧的输精管在精巢下面反复盘卷，类似附睾状。盘卷部位的输精管略膨大形成贮精囊，贮精囊下端略收缩形成细长扭曲的输精管，其下端着生于射精管顶端膨大形成的射精管球上。射精管球下端细缩进入射精管，射精管连接阳茎。附腺 2 对，均为中胚层附腺，1 对发达，前段为长而扭曲的附腺管，附腺管后方为膨大扭曲的附腺囊，附腺囊后方为较粗短的附腺柄。另外 1 对附腺小杆状，没有附腺囊、附腺管和附腺柄的分化。附腺基部着生于射精球上。射精球具有厚的肌肉壁，前部宽，向后渐细进入射精管。阳基侧突较短，右侧的窄长，左侧的扁圆。阳茎基有 2 个大小不等的背叶和 2 个大小不等的腹叶。中叶位于阳茎端内，供内片和内阳茎的内囊附着 (图 20-49)。

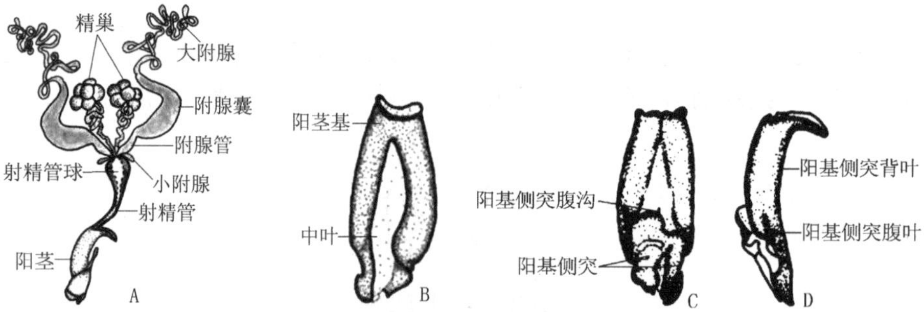

图 20-49　*Geotrupes* (*Onthotrupes*) *sobrinus* 雄性生殖系统 (Martínez and Trotta-Moreu，2010)

A. 雄性生殖系统；B、C、D. 阳茎的背、腹、侧视

雌性生殖系统：每卵巢有 6 支卵巢管，卵巢管基部有卵巢管柄，每卵巢的 6 支卵巢管柄汇入侧输卵管，两侧的侧输卵管汇入中输卵管，中输卵管后端连接生殖腔 genital chamber。受精囊包括受精囊体、受精囊管和受精囊腺，受精囊体 seminal receptacle 梨形，基部有横纹。受精囊管较细，着生于生殖腔前部，位于中输卵管开口的背面。受精囊腺大部为管状，顶端膨大、小球形，基部着生于受精囊管顶端一侧。生殖腔大型厚壁囊状，中部区域有大型肌肉质背褶，覆盖中输卵管和受精囊管的开口。在侧面和后缘，生殖片 genital plate 也覆盖生殖孔 genital orifice 的入口。生殖孔位于腹面，较大而明显，周围有表皮褶，无肌肉，开口内为大型的泄殖腔 anogenital chamber。生殖片对称地分布于生殖腔壁的侧面和后面 (图 20-50)。

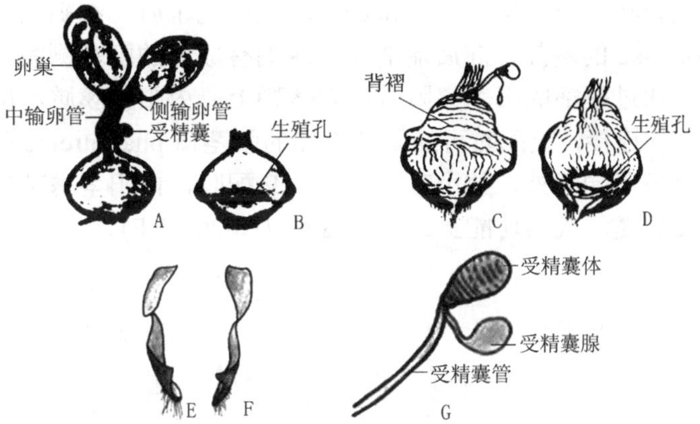

图 20-50 *Geotrupes* (*Onthotrupes*) *sobrinus* 雌性生殖系统 (Martínez and Trotta-Moreu，2010)

A. 背视；B. 腹视；C、D. 生殖腔、表皮内衬、中输卵管和受精囊背、腹视； E、F. 左、右生殖片侧视；G. 受精囊

20.11 犀金龟科 Dynastidae

20.11.1 椰子犀角金龟 *Oryctes rhinoceros* (Linnaeus)

雄性内生殖器及其胚后发育：1 龄、2 龄或 3 龄初期幼虫精巢 1 对，前端圆形，埋在薄层脂肪体内，位于第 7 腹节两侧。每精巢有 6 支圆形精巢管，每精巢管有鞘分开，并通过结缔组织连接在一起。输精管从精巢下部发出，向后腹面延伸，接入生殖盘 genital disc。生殖盘是内、外生殖器成虫器官芽的一部分，位于第 9 腹节腹板中部。输精管为纤细的组织带，外部有结缔组织鞘包被，末端形成膨大的壶腹 swollen ampullae，中间没有管腔。3 龄幼虫末期，上述构造更加明显。“V”形生殖盘前部为输精管膨大的端部，后部扁平，属于第 9 腹节腹板中部向体腔的内陷。后部向生殖孔方向渐窄，通过第 9 腹节腹板上的几丁质横痕可以识别。除输精管外，第 9 腹节上神经分支也进入壶腹。蛹期，精巢管呈玫瑰花形排列，外围 5 支精巢管围绕中间的 1 支。生殖系统分化在蛹 8 日龄之前完成。精巢管外部的公共结缔组织鞘退化，每精巢管独立。精巢管上皮延伸形成输出管，输出管与输精管连接。输精管粗短，内部出现管腔，精巢管圆盘状。壶腹顶端因外胚层细胞增生而扩大，增生部分出现 1 对外突，进而发育为附腺原基。附腺原基生长，弯曲于输精管下面，逐渐加长形成与输精管并行的管道。当管道长达 3mm 时，发出细管并折叠，这些折叠的细管后来发育为附腺的腺体管，其基部发育为成虫附腺的贮存器官。同时，在壶腹之间的部分逐渐细长形成圆柱形管，即射精管。壶腹失去球状形态。10 日龄蛹，射精管后部膨大形成肌肉质高度折叠的囊，即精包囊。成虫羽化时，精包囊下面覆盖的结缔组织折叠层发育出插入器官组织。新羽化成虫的生殖系统与蛹末期的相似，羽化 1 个月以后，输精管在输出管下部蜷曲形成附睾，输精管末端与射精管结合部由于精液的积累膨胀形成贮精囊外形。附腺蜷曲折叠的细管成为附腺管；附腺管邻近射精管结合部膨胀为附腺贮囊 (图 20-51)。

雄性外生殖器及其胚后发育：交配插入器官管状，包括阳茎基、阳茎端和内阳茎。

阳茎基发达，形成管状的阳茎鞘 phallotheca，阳茎鞘几丁质，红褐色，前部宽，覆盖精包囊 spermatophore sac 的端部，向后端渐尖，两侧有成对的阳基侧突。阳茎端是陷在阳茎鞘内的骨化管，通过基部的阳茎突附着在阳茎鞘上。内阳茎膜质，位于阳茎端管内，高度折叠，与射精管连接，交配时可经阳茎末端的阳茎口 phallotreme 外翻伸出。成虫羽化时，内阳茎伸在阳茎端管外，数小时后缩入。交配时，内阳茎携带精包外翻伸出阳茎口，进入雌虫的交配囊，成为功能上的插入器官 (图 20-51 E)。

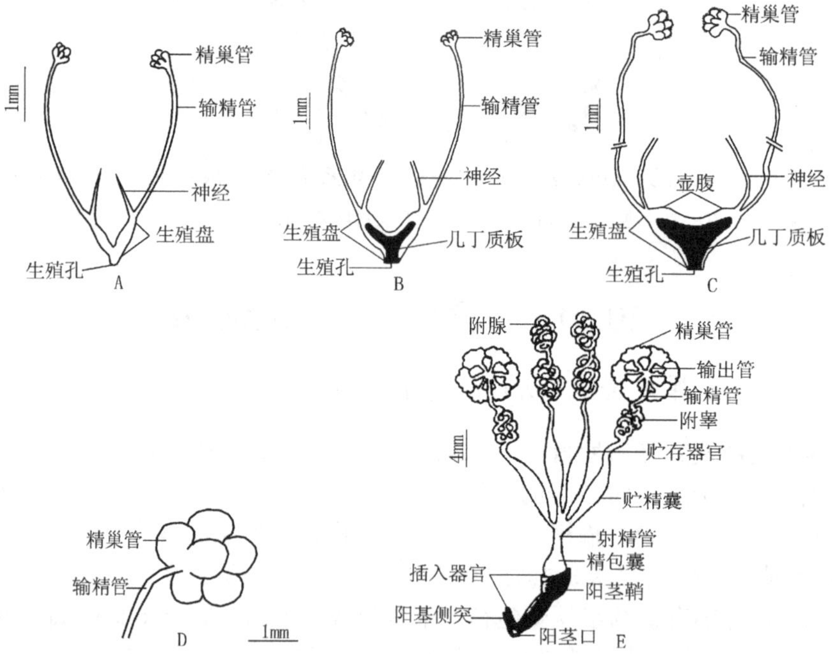

图 20-51　椰子犀角金龟不同发育阶段的雄性生殖系统

A. 1 龄幼虫；B. 3 龄初期幼虫；C. 3 龄末期幼虫；D. 1 日龄预蛹的精巢管，排列呈玫瑰花形；E. 羽化 1 个月成虫的雄性生殖系统，产生了贮精囊和附睾 (A～D. 参考 Jacob，1989 图重绘；E. Jacob，1989)

20.12　丽金龟科 Rutelidae

20.12.1　铜绿丽金龟 *Anomala corpulenta* Motschulsky

雄性内生殖器：每精巢有 6 支球形精巢管，精巢管基部有输出管，每侧精巢的 6 支输出管汇入基部的输精管，输精管萼不明显。输精管细长扭曲，后段膨大形成长梭形的贮精囊。附腺 1 对，细长，分列于两输精管内侧，前段大部分细管状，顶端略膨大。后段膨胀形成弯管形附腺囊。两侧的附腺囊和贮精囊汇合后细缩，然后接入射精管。射精管自与附腺囊和贮精囊结合部起膨胀增粗，前段约 3/4 呈长辣椒形，后段约 1/4 明显变小呈纺锤形，其末端接入外生殖器 (图 20-52)。

雌性内生殖器：卵巢位于消化道两侧，每卵巢有 6 支卵巢管，其外有被膜，顶端有端丝，每卵巢的卵巢管端丝汇合成悬带，连接于第 1 背板肌纤维上。卵巢管基部有较细

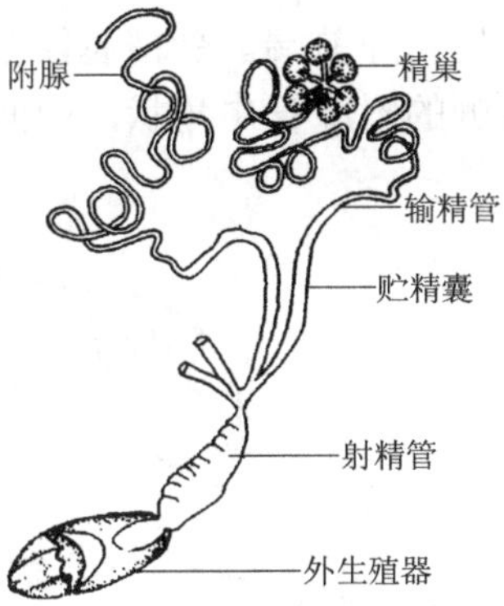

图 20-52 铜绿丽金龟雄性生殖系统 (罗益镇等，1987)

长卵巢管柄，每侧卵巢的卵巢管柄汇入较明显的卵巢萼。侧输卵管较长，中输卵管下段膨大接入膨大的生殖腔，生殖腔经生殖孔向外开口。生殖孔兼有交配和产卵功能，位于第 8 腹节内陷形成的泄殖腔内肛孔的下方。受精囊管粗短，着生于生殖腔顶端一侧，其着生点与中输卵管的着生点并列。受精囊管顶部着生受精囊体和受精囊腺，受精囊体短管状，膨大时枣核状。受精囊腺长而发达，顶部膨大呈棒状。附腺位于生殖腔基部邻近开口处，三叶状并生，中间的附腺囊约呈香蕉形，发达。两侧的附腺囊较小，球形或椭球形，均以短管开口于生殖腔，兼具分泌和贮存的功能。发达的附腺与分泌黏液制作卵室进而产卵其中的习性有关，附腺分泌活性与生殖活动关系密切，交配后的雌虫，两侧的附腺囊先行膨大，次日则 3 囊皆膨大，第 3 日，两侧的附腺囊先行收缩，雌虫开始产卵时，中间的附腺囊也渐萎缩。再次交配，则重复上述涨缩过程 (图 20-53)。

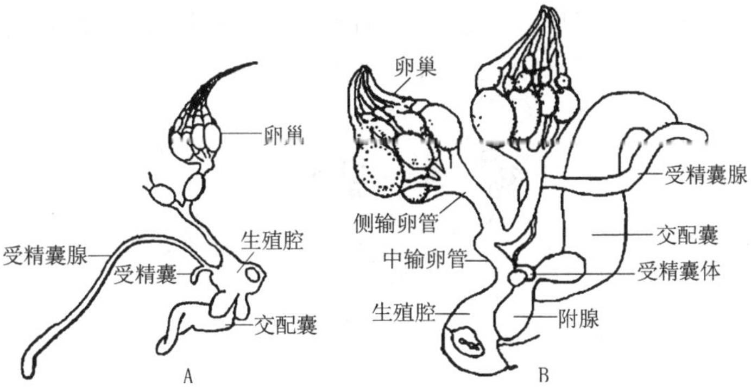

图 20-53 铜绿丽金龟雌性生殖系统

A. 发育近成熟的雌性生殖系统；B. 发育成熟的雌性生殖系统 (A. 罗益镇等，1987；B. 范永贵和郑方强，1988)

20.12.2 黄褐丽金龟 *Anomala exoleta* Faldermann

雌性内生殖器：每卵巢有 6 支卵巢管，每侧卵巢管基部汇合于卵巢萼。侧输卵管约与中输卵管等长。中输卵管中部开始膨大增粗，后端接入球囊状生殖腔，两者之间分界不清晰。受精囊管粗短，着生于生殖腔前端。受精囊体弯管状，受精囊腺基部较细，端部膨胀呈棒状。附腺三叶状，两侧的附腺管牛角状，中间的附腺管基部较细，其余部分香蕉状 (图 20-54)。

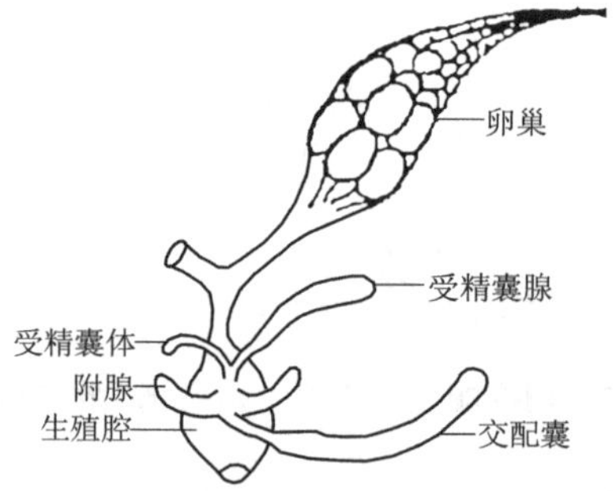

图 20-54　黄褐丽金龟雌性生殖系统 (近发育成熟) (罗益镇等，1987)

20.13　鳃金龟科 Melolonthidae

20.13.1　华北大黑鳃金龟 *Holotrichia oblita* (Faldermann)

雄性内生殖器：每精巢有 6 支精巢管。精巢管扁圆形，乳白色，表面附生许多微气管。精巢管中央凹陷处生有输出管，每侧卵巢的 6 支输出管汇合后与输精管相通。输精管半透明，弯曲，前段细长，中段缠绕在附腺中部，基段约 1/3 膨大形成管状贮精囊。贮精囊外部被膜。附腺 1 对，从贮精囊的基部内侧伸出，乳白色，基部膨大形成附腺囊，附腺囊与贮精囊紧贴。附腺囊前端渐细缩，形成细长弯曲的附腺管，附腺管缠绕在精巢腹面。贮精囊和附腺囊下端汇聚，通过 1 短细管与射精管相连。射精管粗短，长茄形，末端收缩后与阳茎连接，开口于阳茎端的生殖孔 (图 20-55)。

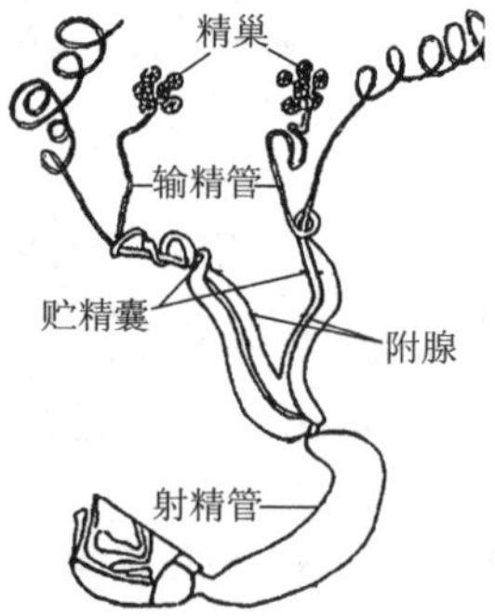

图 20-55　华北大黑鳃金龟雄性生殖系统 (范永贵，1987)

雌性内生殖器：卵巢并列于消化道两侧，每卵巢有 6 支卵巢管，卵巢管之间有微气管缠绕。卵巢管包括端丝、卵巢管本部和卵巢管柄 3 部分，早期呈尖辣椒形，末端的端丝汇合成悬带，连接于第 1 背板肌纤维上；基部集合通入侧输卵管。整个卵巢管有围膜。

未成熟卵粒乳白色，成熟待产卵堆积于卵巢管基部，使卵巢管膨大而突出。末端卵室下端的滤泡细胞集成卵管塞，将卵巢管封闭。当第 1 粒卵产下时，卵管塞膨裂而消解。两侧的侧输卵管基部汇入中输卵管，中输卵管后端开口于生殖腔。生殖腔粗长，中段略弯曲，其外部开口为生殖孔。生殖孔位于生殖腔内肛孔的下方，兼有交配和产卵的功能。受精囊管粗短，着生于生殖腔前端，受精囊体小，拇指状。受精囊腺发达，长管状。附腺发达，着生于生殖腔中部，基部膨大，中部细管状，前段膨大囊状。产卵期间附腺膨大，中段之前粗管状，末端球囊状 (图 20-56)。

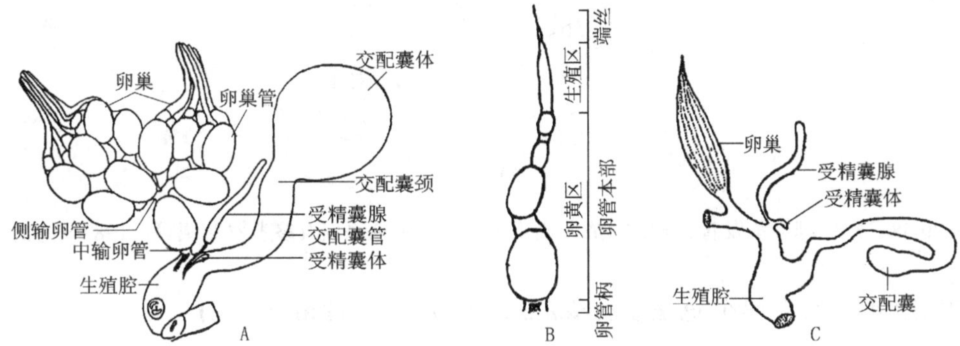

图 20-56 华北大黑鳃金龟雌性生殖系统

A. 发育成熟的雌性生殖系统；B. 卵巢管；C. 成虫出土前发育初期的雌性生殖系统 (A、B. 范永贵，1987；C. 罗益镇等，1987)

20.13.2 暗黑鳃金龟 *Holotrichia parallela* Motschulsky

雌性内生殖器：每卵巢有 6 支卵巢管，每侧卵巢管的端丝汇合形成悬带，基部汇于卵巢萼，进而与侧输卵管相连，侧输卵管较短，中输卵管细长，后端接入生殖腔。受精囊管短，着生于生殖腔顶端。受精囊体短小，拇指状。受精囊腺基部细管状，其余部分膨大呈棒状。生殖腔前端壶嘴状，后部膨大近梨形。附腺基部膨大扭曲，并逐渐形成细柄，细柄前端着生膨大的附腺弯管 (图 20-57)。

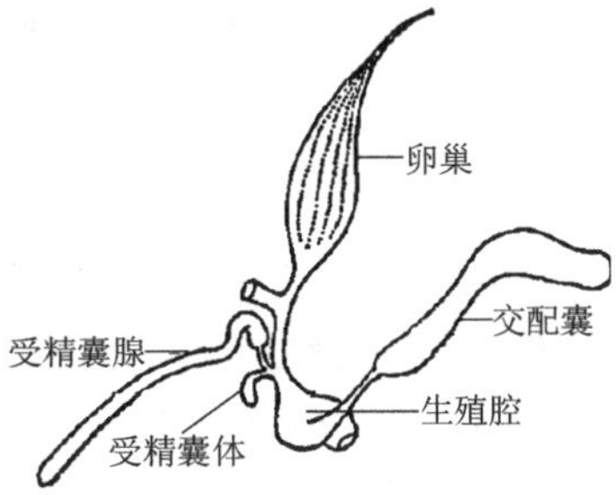

图 20-57 暗黑鳃金龟发育初期的 (成虫出土前) 雌性生殖系统 (罗益镇等，1987)

20.13.3　棕色鳃金龟 *Holotrichia titanis* Reitter

雌性内生殖器：每卵巢有 6 支卵巢管，每侧卵巢管的端丝汇合成悬带，基部汇于卵巢萼。侧输卵管短，中输卵管较粗长，与生殖腔呈扭曲连接。生殖腔发达，球囊状。受精囊管较细长，着生于生殖腔顶端一侧。受精囊体弯镰形，受精囊腺发达，粗长管状。附腺发达，基段和端段膨胀袋囊状，中间细缩扭曲 (图 20-58)。

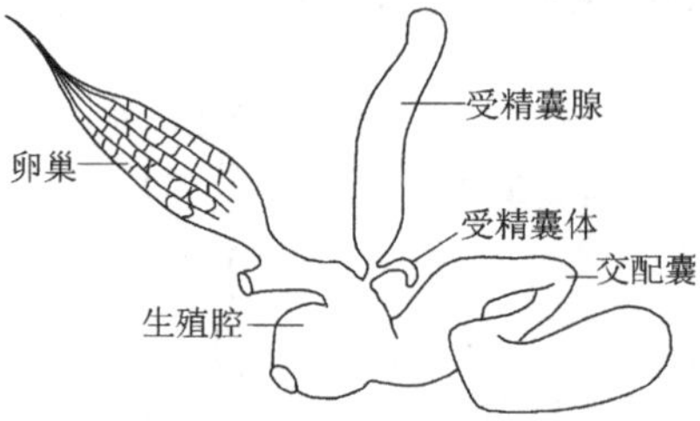

图 20-58　棕色鳃金龟发育初期的 (成虫出土前) 雌性生殖系统 (参考罗益镇等，1987 图重绘)

20.13.4　毛黄鳃金龟 *Holotrichia trichophora* (Fairmaire)

雌性内生殖器：每卵巢有 6 支卵巢管，每侧卵巢管的端丝汇合成悬带，基部汇于卵巢萼。侧输卵管较短。中输卵管中段之后略膨大。受精囊管粗短，受精囊体弯镰状，受精囊腺基部有细柄，细柄上着生香蕉状受精囊腺。生殖腔粗短，顶端一侧着生中输卵管，另一侧着生附腺。附腺发达，基部膨大，中段细管状，顶端心形 (图 20-59)。

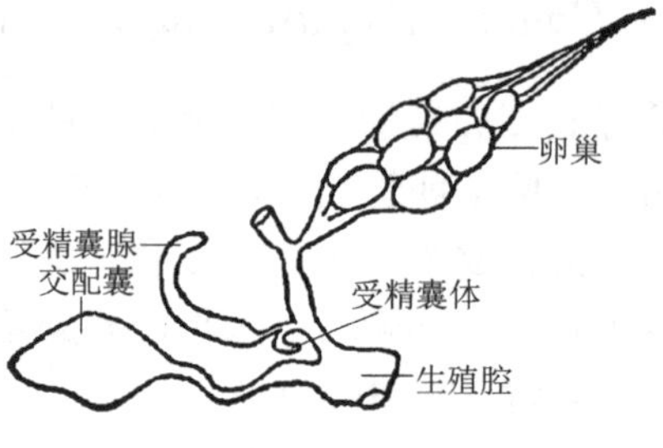

图 20-59　毛黄鳃金龟近发育成熟的雌性生殖系统 (参考罗益镇等，1987 图重绘)

20.13.5　*Hoplia subcostata* Bates

雄性生殖系统：每精巢有 6 支精巢管，精巢管大小相近，大致呈球形，外形凹凸不规则。精巢管下面有细短的输出管，输出管着生于输精管顶端。输精管细长扭曲，后部膨大形成贮精囊，贮精囊另侧稍细缩，着生在射精管顶端膨大的射精管球上。附腺 1 对，细长，基部膨大形成附腺贮囊，附腺贮囊也着生在射精管球上。射精管球宽短，壁有深褶，后端发出射精管。射精管有肌肉鞘包被，末端进入阳茎，与内囊连接。阳茎骨化管状，由基片 basal piece、盖片 tectum、阳基侧突组成，基部与腹针联系。基片和盖片愈合为管状，背侧有膜缝合。基片边缘不对称，右角有小尖钩。盖片后区前侧部有 2 个小凹陷。阳基侧突骨化，端部游离，中部有连接膜，形成圆柱体。背视宽而长，末端骨化弱。侧视直而末端圆。阳基侧突基区相当于阳茎基，有 1 个中孔。阳茎基与盖片通过连接膜结合。腹针骨化，三角形，边缘骨化程度比中部区域强，基部窄而圆，通过肌肉与盖片背面基区联系，端部宽而有许多细毛。腹针端部突起上着生许多肌肉，是交配期间内囊伸出的控制者。沿基片和盖片有 2 块骨片，基片和端片 distal plate，位于盖片后部和阳茎基之间，射精管球后部位于这两块骨片之间。内囊长而宽，多少波曲，壁薄而软，甚少折叠，没有骨化饰物。内囊位于腹针和阳基侧突之间 (图 20-60)。

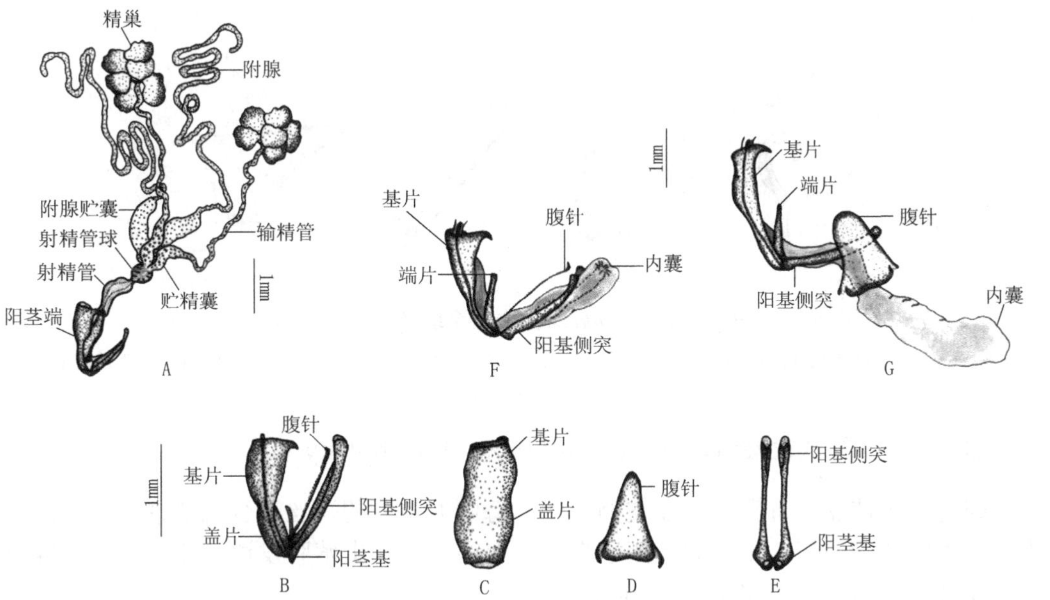

图 20-60　*Hoplia subcostata* 雄性生殖系统 (Carrillo-Ruiz 等，2008)

A. 雄性生殖系统；B. 阳茎侧视；C. 基片和盖片腹视；D. 腹针背视；E. 阳基侧突背视；F. 阳茎 (内囊缩入)；G. 阳茎 (内囊伸出)

雌性生殖系统： 每卵巢有 6 支卵巢管，卵巢管外无公共围膜。卵巢管有端丝、生殖区、卵黄发生区和卵巢管柄，卵黄发生区内含 3~4 粒不同发育阶段的卵母细胞，各卵巢管基部的卵母细胞同步成熟。卵巢管柄较粗长，连接下部的侧输卵管，侧输卵管汇入下面的中输卵管。中输卵管较细长，下端连接生殖腔。受精囊腺基部细窄，其余部分粗壮蜷曲，长度约为受精囊体的 2 倍，与受精囊体基部一起着生于受精囊管顶端。受精囊体弯囊形。受精囊管细直，着生于生殖腔顶端。交配囊发达，交配囊管粗短，着生在生殖腔基部，交配囊体袋囊状，是交配后精包的贮存场所。生殖腔宽大，内有许多连接膜，背、侧、腹区被 1 对附腺占据，末端区域有 3 对生殖板。3 对生殖板背、腹、侧片各 1 对，背片短、卵圆形、前部窄；侧片窄长、前后端平截；腹片近三角形，基部不对称，顶端尖而有细长毛。附腺卵圆形，新鲜时橘黄色，附腺下面有导管通入生殖腔后部 (图 20-61)。

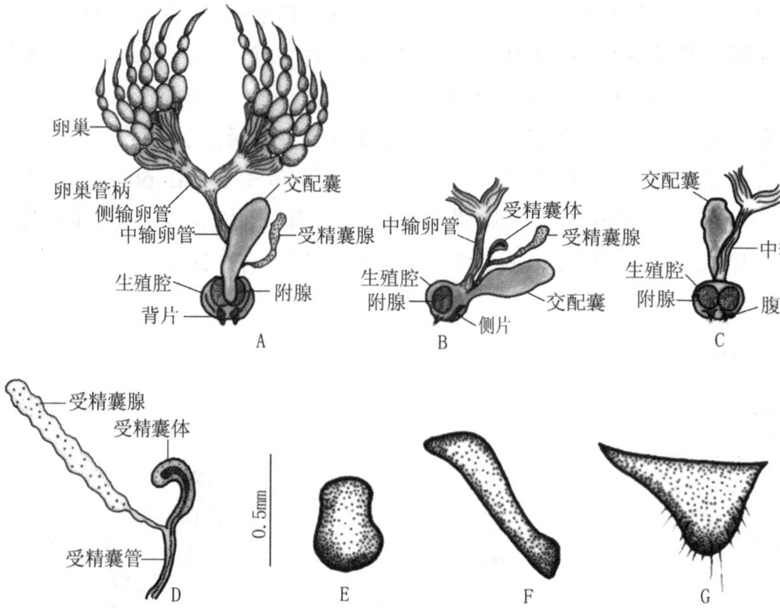

图 20-61　*Hoplia subcostata* 雌性生殖系统 (Carrillo-Ruiz 等，2008)

A、B、C. 雌性生殖系统背、侧、腹视；D. 受精囊；E. 生殖板背片背视；F. 生殖板侧片侧视；G. 生殖板腹片背视

20.13.6　黑绒鳃金龟 *Serica orientalis* Motschulsky

雌性内生殖器：每卵巢有 6 支卵巢管，每侧卵巢管的端丝汇合成悬带，基部汇于卵巢萼。侧输卵管较短。中输卵管两端膨大，中间细缩。生殖腔发达，宽囊状。附腺呈二次肘状弯曲，与生殖腔宽接 (图 20-62)。

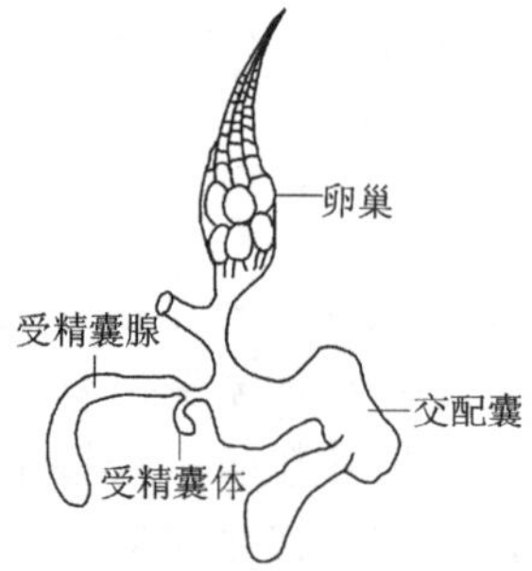

图 20-62　黑绒鳃金龟近发育成熟的雌性生殖系统 (参考罗益镇等，1987 图重绘)

20.13.7　黑皱鳃金龟 *Trematodes tenebrioides* Pallas

雌性内生殖器：每卵巢有 6 支卵巢管，每侧卵巢管的端丝汇合成悬带，基部汇于卵巢萼。侧输卵管长度约为中输卵管之半。生殖腔前端壶嘴状，后部粗短，与附腺宽接，两者之间界限不清晰。受精囊管较粗短，着生于生殖腔前端一侧。受精囊体较小，长茄形。受精囊腺发达，香蕉状 (图 20-63)。

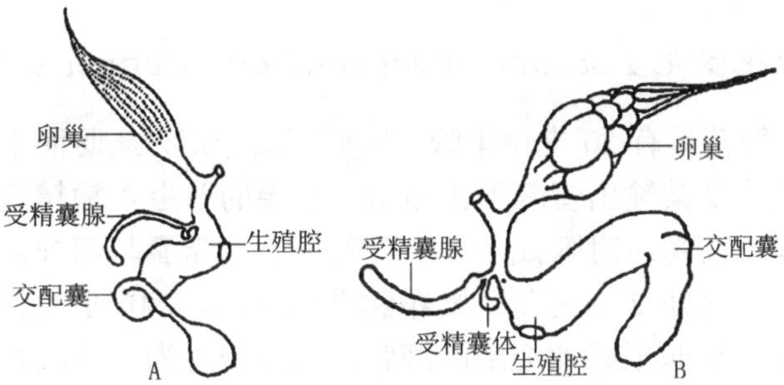

图 20-63　黑皱鳃金龟的雌性生殖系统 (罗益镇等，1987)

A. 发育初期；B. 近发育成熟

20.14　花金龟科 Cetoniidae

20.14.1　小青花金龟 *Oxycetonia jucunda* Faldermann

雄性内生殖器：每精巢有 12 支精巢管，精巢管扁圆形，腹面中部凹陷处发出细长的输出管，每侧卵巢的输出管簇生于输精管顶部。输精管前段细长扭曲，后段约 1/3 长度膨大形成长梭形贮精囊。附腺 3 对，2 对中胚层附腺着生贮精囊基部内侧，其中 1 对发达，形成基部的附腺囊和端部细长蜷曲的附腺管；外胚层附腺 1 对，短管状，位于贮精囊基部外侧。贮精囊和附腺的末端一起汇入射精管前端形成萼部，然后接入后方的射精管。射精管前段 (邻近萼部) 细管状；中段扭曲，逐渐膨胀；后段显著膨胀。射精管后端与阳茎相连 (图 20-64 B)。

雌性内生殖器：每卵巢有 12 支卵巢管，卵巢管基部汇于卵巢萼，卵巢萼下端与侧输卵管连接，侧输卵管较细长，后段略膨大，接入中输卵管。中输卵管较粗短，中部以后增粗，后端稍缢缩接入生殖腔。生殖腔粗长，由前向后渐增粗。交配囊管短，着生于生殖腔前端一侧，交配囊管顶端着生有受精囊体和受精囊腺，受精囊体豆芽状，较发达。受精囊基部约 1/3 细管状，其余部分膨胀增粗呈长梭形。附腺发达，着生于生殖腔中部一侧，基部粗管状，端部膨大呈球囊状 (图 20-64 A)。

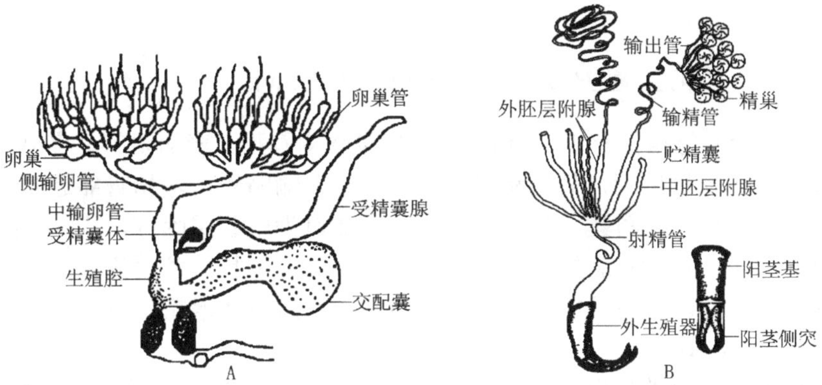

图 20-64　小青花金龟内生殖器 (范永贵和郑方强，1993)

A. 雌性内生殖器；B. 雄性内生殖器

20.14.2 褐锈花金龟 *Poecilophilides rusticola* (Burmeister)

雄性内生殖器：每精巢有 20 支精巢管，精巢管扁球形，从腹面中部凹陷处发出较为细长的输出管，精巢管及其输出管簇生在输精管顶端的萼上。输精管细长蜷曲，基部有一小段膨胀增粗形成贮精囊。附腺 3 对，1 对着生于贮精囊基部外侧，为外胚层附腺，呈两端细缩的长梭形。另外 2 对着生于贮精囊基部内侧，为中胚层附腺，其中外部的 1 对端部分叉，且有 1 叉延长成蜷曲缠绕的细管，另外 1 对为短的细盲管。附腺和贮精囊基部汇集于射精管前端的萼部，萼的下方与射精管连接。射精管前半细直管状，扭曲后急速增粗呈弯管状接入外生殖器 (图 20-65 B)。

雌性内生殖器：每卵巢有 20 支卵巢管，卵巢管集生在卵巢萼上，短小，近菊花形。侧输卵管较长。中输卵管前半较细，中部起渐增粗，后端接入生殖腔。生殖腔与中输卵管结合部最粗，向后渐细狭。受精囊管短，着生在生殖腔端部，受精囊体呈细长的倒置圆锥形，受精囊腺较短，长茄形。附腺发达，着生于生殖腔中部，粗壮长茄形 (图 20-65 A)。

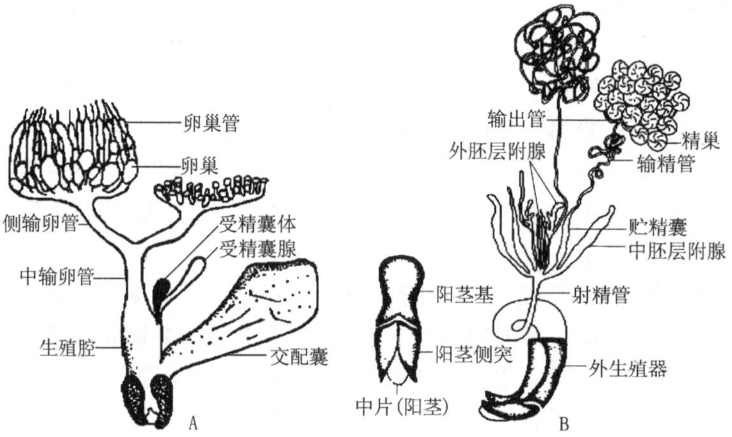

图 20-65 褐锈花金龟内生殖器 (范永贵和郑方强，1993)

A. 雌性内生殖器；B. 雄性内生殖器

20.14.3 白星花金龟 *Protaetia brevitarsis* Lewis

雄性内生殖器：每精巢有 12 支精巢管，精巢管扁圆形，表面附有许多微气管。腹面中央凹陷处发出 1 支输出管，每侧精巢的输出管汇入输精管。输精管靠近精巢的一端细而蜷曲，下段膨大形成贮精囊。附腺 3 对，其中 2 对为中胚层附腺，均端部细长而蜷曲缠绕在精巢的腹面，1 对外胚层附腺管状，顶端分叉似手状。贮精囊和附腺的基部汇合于射精管前端的萼部。射精管前半细管状，中间扭曲后迅速增粗呈弯笋状，其后端接入外生殖器 (图 20-66 B)。

雌性内生殖器：卵巢分列于消化道两侧，每卵巢有卵巢管 12 支，在卵巢发育早期，每 1 卵巢管外面包有 1 层围膜。卵巢管顶端延长成端丝，各卵巢管的端丝汇集成悬带，连接在第 1 背板的肌纤维上，卵巢管下端汇入侧输卵管。侧输卵管与中输卵管近等长，前者发生于中胚层，后者由外胚层内陷形成。中输卵管后端连接生殖腔。生殖腔粗短，向外的开口为生殖孔，兼有交配和产卵的功能。受精囊管短，着生于生殖腔前端一侧。受精囊体长椭球形，受精囊腺短管状。附腺发达，粗长茄形，着生于生殖腔前段一侧（图 20-66 A）。

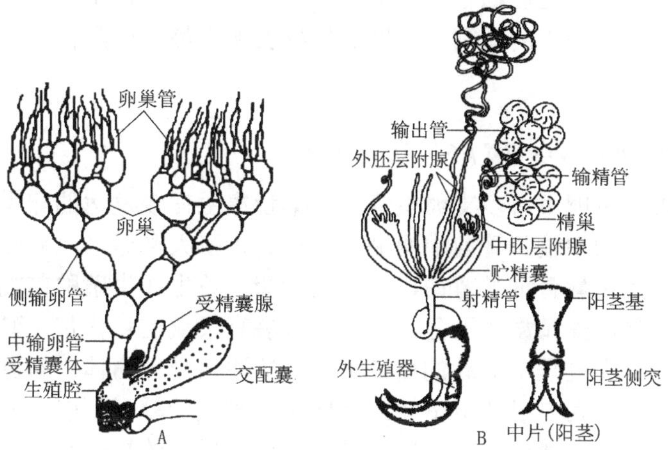

图 20-66　白星花金龟内生殖器（范永贵和郑方强，1993）

A. 雌性内生殖器；B. 雄性内生殖器

20.15　长泥甲科 Heteroceridae

20.15.1　*Centuriatus auromicans* (Kiesenwetter)

雌性内生殖器：每卵巢有多支卵巢管，卵巢管着生在发达的卵巢萼上。侧输卵管长度约为中输卵管的 2/3，中输卵管末端着生于生殖腔前端一侧，受精囊管着生于生殖腔前端另一侧，三者之间连接呈“Y”形。生殖腔粗管状，受精囊管短，受精囊体纺锤形，具有发达肌肉壁。从受精囊体中部一侧发出 1 支细长导管，导管中部弯曲，有肌纤维包被，顶端着生椭球形受精副囊 lagena receptaculi。受精副囊中空时小，壁薄、透明、缺乏肌纤维（图 20-67）。

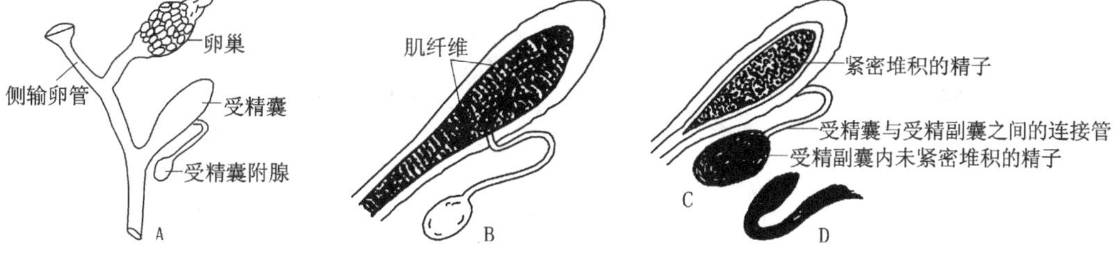

图 20-67　*Centuriatus auromicans* 雌性生殖系统（参考 Kaufmann，1988 图重绘）

A. 内生殖器整体；B. 含有精子的受精囊；C. 没有精子的受精囊；D. 精子束

精子呈不活动的毛发状，成束聚集。交配后直接以这种形式进入受精囊。第 1 批精子束可位于受精囊体的腔中部，随着更多精子束的到达，最初的精子束被挤进受精囊腔内最远的角落。连续的精子束充满受精囊剩余空间，最后到达的精子束位于囊口部，距离生殖腔最近。受精囊 1 次可持有 12～14 个精子束。如果接受的精子过多，超额的精子被转移到受精副囊，受精副囊一般含有 3～4 个精子束。精子不活动，寿命长，能长时间贮存。精子束紧密堆积在这些贮存器官中，并不发生混合，精子下行排放受受精囊肌肉收缩的影响，遵循后进先出的原则。雄性优先权表现为最后交配输入的精子能使更多的卵受精。

20.15.2 *Neoheterocerus pallidus* (Say)

雌性内生殖器：每卵巢有多支卵巢管，卵巢管集生在较发达的卵巢萼上。侧输卵管较细长，着生在膨大的中输卵管前端两侧。中输卵管膨大椭球形，后端接连漏斗状、末端细缩的生殖腔。受精囊管细长弯曲，无肌肉封套，着生在生殖腔前端。受精囊管顶端着生球形的受精囊体，受精囊体无色，球形，包裹有条纹的骨化带，囊体外有发达的受精囊腺组织包被。交配过程中活动的精子可能直接注入受精囊体，新进入的精子长尾激烈旋转，在受精囊体内为自己留下空间。来自 1 头雄虫的精子不能充满受精囊，更多的精子来源于后续交配者，通过同样的尾部旋转，这些后来的精子在先前的精子之间获得自己的空间。在 4～5 次交配后，受精囊被充满。此时，受精囊的机械膨胀挤压包围受精囊的受精囊腺，引起受精囊腺释放分泌物，分泌物通过骨化带边缘的毛进入受精囊，这些毛可能是中空的管，在受精囊体充满游离的精子时，毛长而直，当受精囊中空时，则变得短而蜷曲。受精囊体内的腺体分泌物激活精子使之离开精子束。由于受精囊体的颈区狭窄，长尾的精子自动分成几个一组（一般为 3 个）形成精子流。最初前面的精子移动快，但逐渐缓慢。腺体分泌物的化学刺激作用似乎随距离而减弱。然后，第 2 批精子赶上第 1 批精子，形成足够的压力，重新活化前 1 批精子，如此延续。因此，精子以快慢交替的方式沿管道行进。有些精子在途中死亡，那些遗留在受精囊体内不用于受精的精子，也将死亡，最终被雌虫消化吸收。上述过程中，来自几个雄虫的精子在受精前发

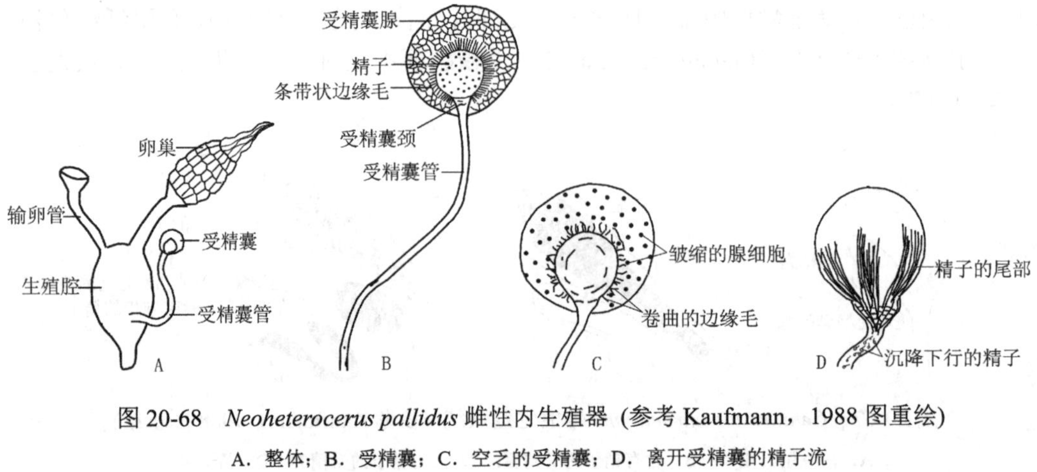

图 20-68　*Neoheterocerus pallidus* 雌性内生殖器（参考 Kaufmann，1988 图重绘）

A. 整体；B. 受精囊；C. 空乏的受精囊；D. 离开受精囊的精子流

生了混合，没有雄性优先权存在。游离精子的寿命平均为 3 天。精子活动性强，寿命短。这种情况与成虫简短而频繁的交配、精子混合、精子快速地释放相适应，给所有交配雄虫提供了均等的机会，防止受精垄断对遗传品质的损害 (图 20-68)。

20.16　吉丁虫科 Buprestidae

20.16.1　柑橘爆皮虫 *Agrilus auriventris* Saunders

雌性内生殖器：每卵巢有 5 支卵巢管。卵巢管分原卵区、生长区、成熟区 3 部分，顶端无端丝，基部有卵巢管柄，每侧卵巢的卵巢管柄汇入卵巢萼，进而与侧输卵管相接。两侧的侧输卵管汇入中输卵管，中输卵管后端连接生殖腔。受精囊弯曲管状，着生于生殖腔前端一侧，基部略膨大 (图 20-69)。

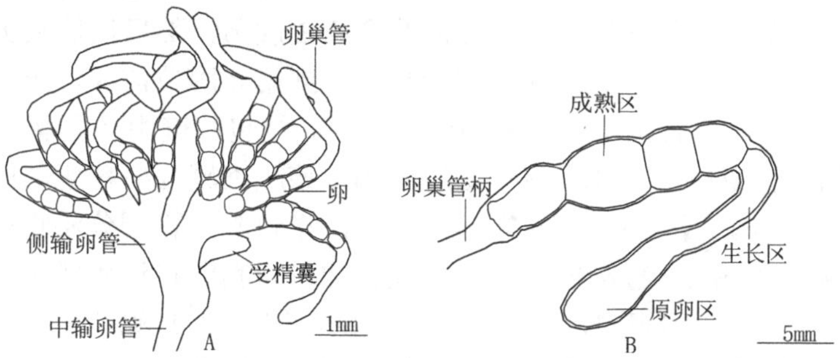

图 20-69　柑橘爆皮虫雌性内生殖器 (参考皇甫伟国等，2007 图重绘)

A. 整体；B. 单支卵巢管

雌性内生殖器胚后发育：蛹期卵巢的各部分已形成，整体均匀透明，卵巢管处于生长期，端部原卵区近筒状，中部略膨大，卵巢周围无微气管缠绕。成虫出孔后 0～3 天，卵巢无色透明，卵巢管和卵粒细小难辨，原卵区膨大呈纺锤形，大量微气管缠绕在卵巢管、侧输卵管和中输卵管周围，卵室不明显。成虫出孔后 4～7 天，卵巢管继续生长膨大，形成卵室，卵巢管端部隐约可见几粒未成熟卵，卵黄沉积开始，侧输卵管开始膨大，皱褶明显。成虫出孔后 8～10 天，卵巢管内卵量急速增加，卵粒清晰可见，近侧输卵管的位置可见成熟卵，卵巢管膨胀呈长筒状。成虫出孔后 11～24 天，卵巢萼内基部的卵粒成熟，成排的卵粒渐向体侧分开，贮存于卵巢管柄内，卵巢萼内有 1 至多粒卵。卵巢管壁薄，易破碎。成虫出孔后 25～32 天，体内的卵产出殆尽，仅部分卵巢管内残存几粒成熟卵，卵室之间缢缩呈念珠状，卵巢管中下部明显变细萎缩。

20.17　叩甲科 Elateridae

20.17.1　*Ctenicera aeripennis destructor* (Brown)

雄性内生殖器：精巢位于第 1～4 腹节消化道两侧，每精巢有 48 支精巢管，精巢管通过基部的输出管着生在输精管顶端，输精管前端回旋扭曲形成附睾 epididymus，附睾位于精巢管下方。精巢管没有公共被膜，相互之间通过微气管缠绕。输精管粗长扭曲，从第 3 腹节处精巢后端发出，向后延伸至第 5 腹节后部接入贮精囊。输精管管壁为单层上皮细胞层，细胞层外有薄的围膜。上皮细胞向管腔内伸出许多指状突起，有人认为这些突起形成的鞭毛运动可能帮助精液的移动，故输精管外没有肌肉层。贮精囊 1 对，位于精包腺折叠之间。贮精囊近前端缢缩，形成小的前腔和大的后腔，缢缩部分背面开口通入精包腺基部的射精管分叉的腹面。贮精囊壁由内侧的上皮细胞层和外部的围膜组成。性成熟未交配的雄虫，贮精囊内充满毛发状的精子，精子之间有无核的细胞质体，有人认为这些细胞质体具有滋养精子的功能。交配时精子进入射精管和精包内腔，与附腺分泌物混合形成精液。附腺附着（结合）在精包腺背壁基部，整体呈牛角状，从结合部斜向后伸至第 7 腹节前部，弯曲而前伸至第 3 腹节前部。附腺管包括内层的腺体上皮和外层围膜，交配前，附腺管腔内充满液体分泌物，这些分泌物交配时进入精包腔，与精子混合形成精液。成对的精包腺是腹腔内最大的器官，每侧的精包腺通入第 5 腹节后部射精管前端的分叉，从结合处开始，精包腺前伸到第 3 腹节，然后向腹后方弯折于贮精囊之下，并后伸至第 5 腹节，再次向侧前方折叠，达到第 4 腹节前缘，末端形成侧钩。肛门凹 proctodaeum 和马氏管位于精包腺的中间背面。精包腺壁由 1 层紧密排列的柱状上皮细胞和外部的围膜组成，整体具有单层肌肉鞘，该肌肉鞘与射精管的肌肉鞘连续。交配前，精包腺腔内充满了黏稠的分泌物，交配期间，精包腺的黏稠分泌物被排入射精管，进而被铸造成精包。射精管是厚壁的中间管，精包通过射精管输送到雌虫的生殖道 genital tract。射精管位于消化道的腹面，管的顶端二叉状，位于第 5 腹节后部。精包腺和贮精囊分别开口于同侧的射精管前部分支。射精管后端通过阳茎基孔 foramen of phallobase 到达阳茎基部，在此与一些细的肌纤维连接。射精管的末端开口，即生殖孔，开口于内阳茎端部，隐藏在内阳茎形成的内陷内。交配时内阳茎翻出，射精管随内阳茎管翻出，生殖孔被带到由此形成的双层管的端部，直接向外开口。射精管具有几丁质内衬，内衬表面具有许多小齿。内衬外有 1 层紧密排列的柱状上皮细胞，细胞外有基膜和环肌。射精管前、后端的肌肉鞘退化。从前端分叉处起，射精管背壁向管腔内形成内褶，内褶一直延伸到射精管末端，但前端最显著，横切面呈箭状，向后渐弱。射精管前端的腹壁也有弱的内褶。这些内褶似乎为管道不同成分结合的遗迹，表明祖先类型的射精管是成对的。射精管内褶的前部可能形成腔，当两侧射精管合并时，两腔合并形成了中空的精包腺（图 20-70 F、G）。

雄性外生殖器：阳茎三叶型，基片（阳茎基）前缘通过长的管状膜（第 2 连接膜）与体壁联系，基片后部有 1 短膜，称为第 2 连接膜，其后方着生 2 侧叶（阳基侧突）和 1 中叶（阳茎端）。阳茎基侧面和腹面前半高度骨化，环绕射精管末端，背面和腹面后半膜质，骨化部分形成“U”形带，“U”形带的双臂指向背面。该骨片的前缘内褶，内褶内表面用于肌肉附着。阳茎端为插入器官，高度骨化，管状，腹面前部 2/3 膜质。阳茎端向末端渐尖，末端圆，向腹面弯曲。阳茎端的基部背壁和腹侧壁头向伸展，背壁内突形成短片状前背突，成为阳基侧突的附着点，腹侧壁内突形成长的高度骨化的腹侧壁突起，称为阳茎内突 aedeagal apodemes，是阳茎肌肉的附着点。阳茎基部 2/3 呈槽形，形成阳茎中孔 median foramen。中孔为疏松的阳茎腹膜覆盖，生殖管可外翻的端部（内阳茎）即位于中孔内，内陷的内阳茎通过下巴状的孔口向外开口，该孔口称为阳茎口，位于阳茎端腹膜的后缘，属于内阳茎内陷形成的次生生殖孔。阳茎端腹膜的腹中线有扁平杆状、端部加宽的骨片，在肌肉作用下，该骨片保持阳茎口的关闭。交配时，内阳茎外翻处于阳茎端后部，成为功能性插入器官。内阳茎内壁有许多棘刺，翻出后到达外表，棘刺尖端指向虫体前方呈倒刺状，有助于交配时固定内阳茎在雌虫生殖道的位置。阳茎端的端部有许多微孔，微孔内含圆锥形钉突，称为阳茎端突 titillator，有人认为其属于化学感受器。阳基侧突位于阳茎端两侧，基部局部半环状，使其成为高度骨化的槽状构造，内表面开口，向端部渐尖，末端闭合。阳基侧突背面前部附着阳茎的前背突，并形成关节。腹面内缘游离，允许阳茎腹膜一定程度的膨大。阳基侧突侧壁前端通过第 1 连接膜与阳茎基侧壁的后缘连接，这些连接形成阳基侧突侧面的关节点。交配时，阳基侧突行使抱

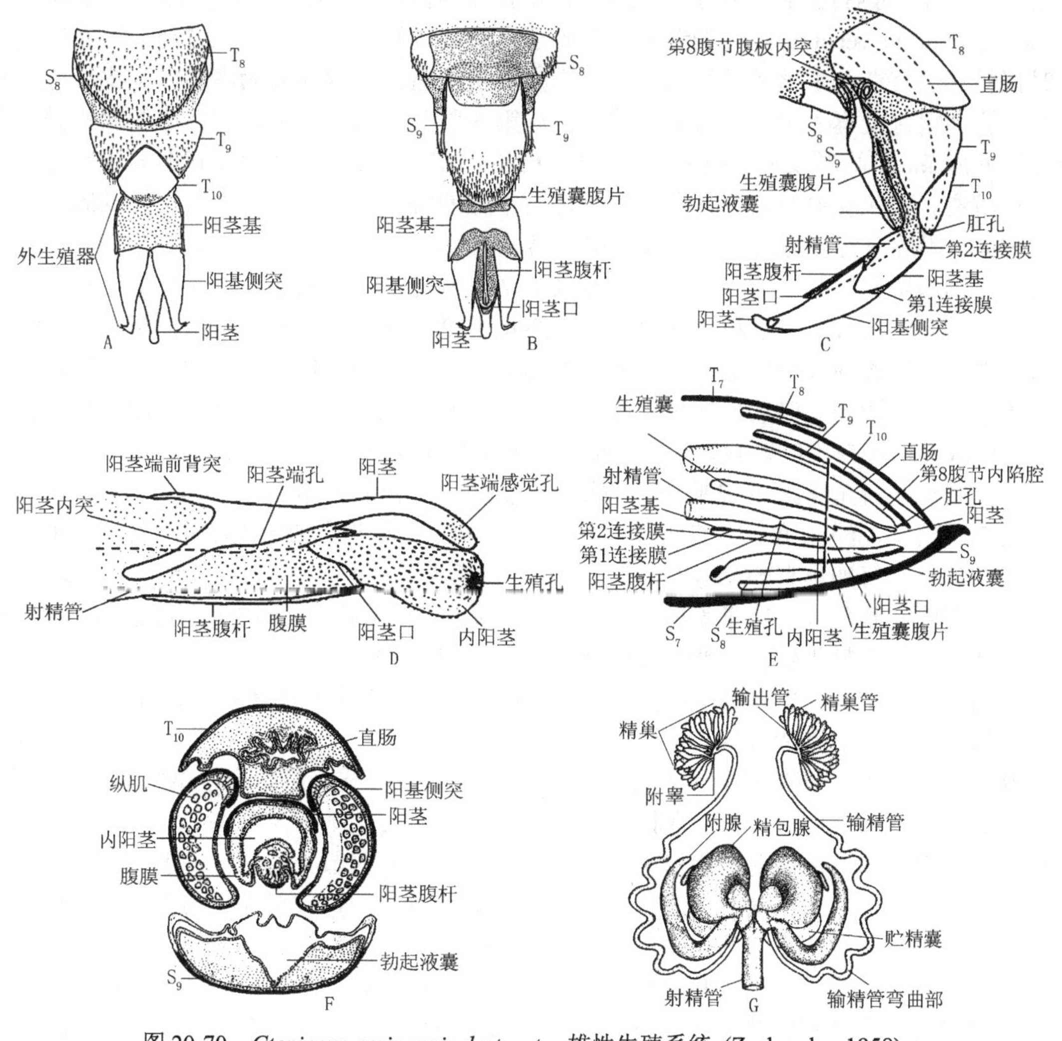

图 20-70　*Ctenicera aeripennis destructor* 雄性生殖系统 (Zacharuk，1958)

A～C. 伸展的腹部末节和外生殖器的背、腹、侧视；D. 阳茎端侧视（内阳茎翻出）；E. 雄虫收缩的腹部末节和外生殖器纵切；F. 雄虫腹部后端横切；G. 雄性内生殖器背视；T_7～T_{10} 为第 7～10 腹节背板；S_7～S_9 为第 7～9 腹节腹板

器功能，受附着于阳茎基前褶的纵肌的控制，也能做一定程度的侧向运动。第 2 连接膜联系很紧，当阳茎伸出时，腹部后面的体节被迫向腹面弯曲。交配初期，阳茎充分伸出时，第 7 腹节腹板下方的阳茎指向前方。阳茎沿纵轴旋转 180°以实施交配 (图 20-70 A～E)。

雌性内生殖器：生殖腔大型管状，位于直肠腹面，从第 6 腹节伸展到第 9 腹节，末端开口为生殖孔。生殖孔位于肛孔后方。生殖腔既是内部生殖系统的输出管，也用作交配室。交配室是生殖腔内扩大的部分，位于第 2 载瓣片突起之间。交配时，阳茎端和外翻的内阳茎进入雌虫的交配室。生殖腔前端扩大呈球形，称为子宫 uterus。子宫腹壁中间内陷形成中间子宫突 median uterine process，中输卵管从子宫的腹面跨越子宫突开口于子宫腔，生殖孔 (在子宫上的开口) 位于子宫突端部下方。子宫前部腹壁和腹侧壁形成 1 条沟，该沟向后延伸，处于子宫突背侧壁 1 对中向突起之间。该沟将精包受囊 spermatophoral receptacle 内的精液引导到子宫突的顶端，在生殖孔上方释放，在卵通过时授精。子宫壁与生殖腔壁结构类似，均为双层构造，自内而外为底膜、上皮细胞层和肌肉鞘。精包受囊为生殖腔前部的伸展，从第 6 腹节到第 4 腹节，然后腹侧面折叠后弯达第 6 腹节，因此形成了大型中位的"U"形构造，"U"形的臂指向后方。背臂与子宫连续，腹臂游离。精包受囊腔的内衬有许多骨化而中空的棘，内衬为上皮细胞层，细胞层外被肌肉鞘。附腺有许多分支的附腺管，位于第 4～6 腹节内脏之间。附腺管腔裂缝状，外部有上皮细胞层和围膜。附腺囊管状，连接于精包受囊背臂，从连接点向后延伸到第 6 腹节，然后向前折叠，位于精包受囊背面，终止于第 4 腹节。附腺管着生在折叠处内壁。成对的侧输卵管从卵巢后端发出，后伸到第 6 腹节，连接到短的中输卵管。中输卵管开口于子宫。侧输卵管前端分支 (卵巢管柄)，卵巢管着生在分支上。分支下面连接有卵巢萼，供成熟卵产前临时贮存之用。交配前，卵巢位于第 3～4 腹节背侧面，交配后卵发育加快，卵巢逐渐充满第 2～7 腹节，占据腹腔大部。卵巢管的端丝结合形成悬带，两侧卵巢的悬带结合，约在第 2 腹节处形成中悬带，中悬带前伸通过结缔组织附着在第 1 腹节的脂肪体上。每卵巢有 56 支卵巢管，卵巢管包括端丝、卵巢管本部、卵巢管柄 3 部分，卵巢管有固有膜包被。卵巢管柄有肌肉鞘，该肌肉鞘与侧输卵管的肌肉鞘连续。卵巢管端滋式，本部包括生殖区和卵黄发生区 (图 20-71 D～F)。

雌性外生殖器：产卵器为稍骨化的管状构造，由第 9 腹节及其附肢、第 10 腹节部分演化而成。产卵器骨片包括 1 对侧基片，每个侧基片有 1 个内突 (愈合的第 2 载瓣片和第 9 腹节半背片)；成对的背片和触须 (瓣) palpi (生殖基肢节)；1 个小型中间腹杆 (第 9 腹节腹板中间部分的遗迹) 和背肛片 (第 10 腹节背板)。侧基片及其突起是产卵器中最大的骨片，每侧基片由微凹的矩形骨片、后缘多毛的第 9 腹节半背片、高度骨化的腹杆、第 2 载瓣片组成，每半背片的腹缘与载瓣片的后缘愈合，每载瓣片的前部向前伸出铲状突起，这些突起使产卵器的大型膜质部分具有刚性，可作为控制产卵器肌肉的着生点。生殖基肢节与载瓣片后缘关联，与载瓣片一起形成第 9 腹节的生殖肢，该虫第 8、10 腹节没有附肢。生殖基肢节基部显著凹陷，端部为稍骨化而多毛的触须 (瓣)，基部 (腹面开裂) 表面多毛。触须 (瓣) 的后侧壁凹陷内有小型突起，为痕迹状的刺突。生殖孔位于生殖基肢节的触须 (瓣) 之间。产卵器腹面膜质，但中部有小型纺锤形骨片，为第 9 腹节腹板中部的遗迹。产卵器基部背面膜质，产卵器缩入时该膜折叠形成小的腔室，显然是第 9 腹节内陷腔的遗迹，与雄虫生殖囊同源。产卵器背面、第 9 腹节半背片后背缘之间有 1 个小骨片，为第 10 腹节背板。该骨片侧缘向后渐尖，末端圆钝，前缘中部深裂。第 10 腹节背板表面有柔毛，肛孔位于第 10 腹节背板后部的膜质区域 (图 20-71 A～C)。

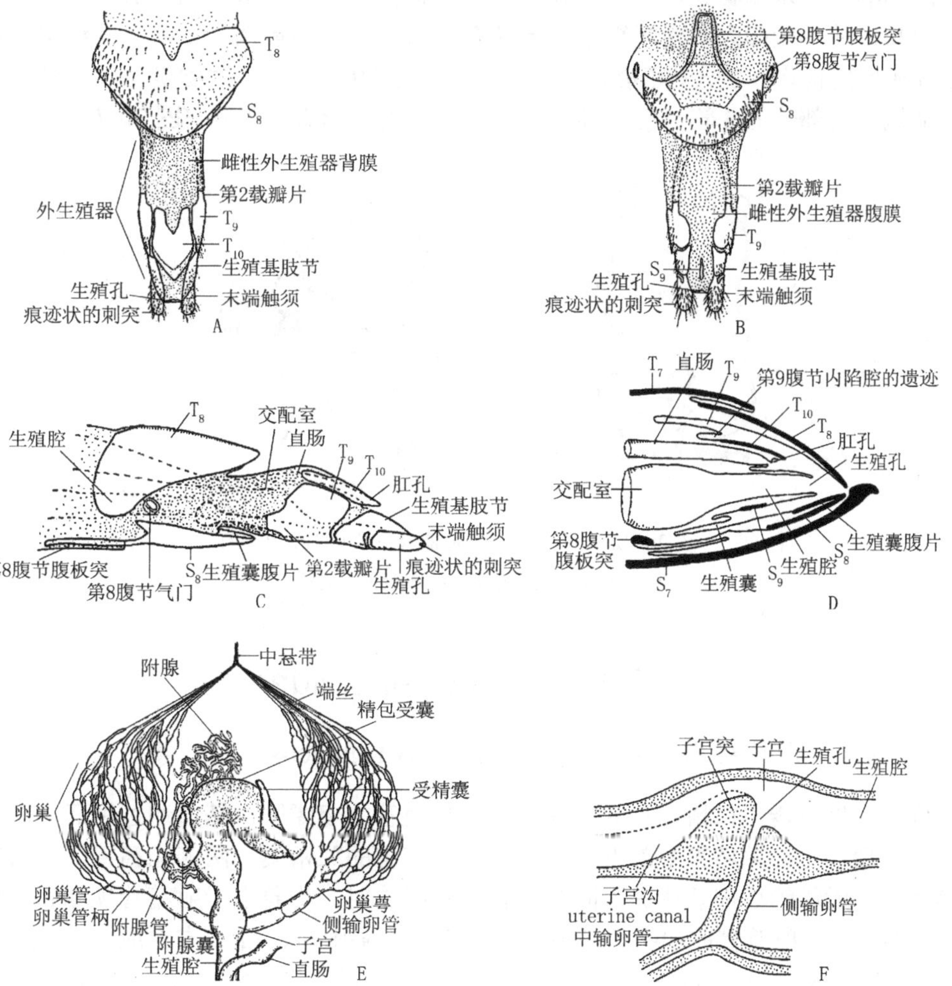

图 20-71　*Ctenicera aeripennis destructor* 雌性生殖系统 (Zacharuk，1958)

A～C. 伸展的后部腹节和雌性外生殖器背、腹、侧视；D. 收缩的后部腹节和雌性外生殖器纵切；E. 雌性内生殖器背视；F. 子宫和中输卵管纵切；T_7～T_{10} 为第 7～10 腹节背板；S_7～S_9 为第 7～9 腹节腹板

20.18　萤科 Lampyridae

20.18.1　胸窗萤 *Pyrocoelia pectoralis* Oliver

雄性内生殖器：精巢近球形，每精巢下端细缩，与输精管相接。输精管细长，基部

膨大，形成心形贮精囊，贮精囊基部以短管与复射精管相连，复射精管短，一端发出蚯蚓状短管附腺，另端两侧的复射精管汇合，与单射精管相接，单射精管末端与外生殖器连接 (图 20-72 A)。

雌性内生殖器：卵巢管成对排列于侧输卵管上，每卵巢管内含 3～6 粒大小不同的卵。两侧的侧输卵管末端膨大，汇入中输卵管。中输卵管粗短，末端细缩后进入生殖腔。生殖腔粗长，前中段膨大，两端细缩，末端有 1 对突起，具黄褐色细毛。受精囊管粗短，着生在生殖腔前端一侧，受精囊体球形，着生在受精囊管端部。附腺着生于生殖腔中部，附腺柄短，端部分成 2 管，管的顶端分叉，顶端着生球囊状附腺 (图 20-72 B)。

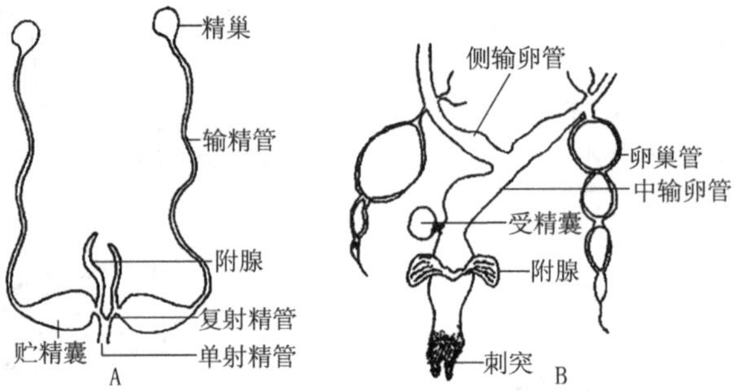

图 20-72　胸窗萤内生殖器 (王余勇等，2007)

A. 雄性内生殖器；B. 雌性内生殖器

20.19　窃蠹科 Anobiidae

20.19.1　栉角窃蠹 *Ptilinus pectinicornis* Linnaeus

雄性内生殖器：每精巢有 6 支精巢管，精巢管中部缢缩，基部通过细而短的输出管着生在输精管上，输精管中部形成向一侧角状突出的贮精囊，两侧输精管汇入射精管前端膨大部，射精管后部前弯进入阳茎中孔。附腺 3 对，均着生于射精管顶端膨大部。第 1 对附腺着生于射精管前端膨大部最前方，每侧附腺由前、后 2 支组成，前支小型弯囊状，后支发达长茄形。第 2 对附腺也由前、后 2 支组成，前支弯囊状，后支基段长管状，顶端球形；第 3 对附腺长管状，顶端略膨大 (图 20-73 A)。

雄性外生殖器：阳茎三叶型，从阳茎中叶上方发出阳茎中叶副臂，并行于中叶上方，长度超出阳茎中叶之外。阳茎中叶窄长，端部稍膨大。阳茎中孔背位，较宽。侧叶有支撑骨片，支撑骨片起源于第 2 连接膜，末端 2 分支，形成 2 个分开的臂，表面有微毛 (图 20-73 B)。

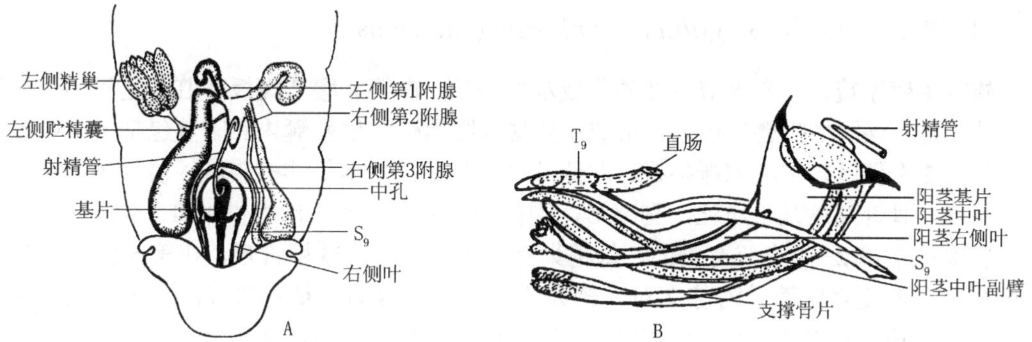

图 20-73 栉角窃蠹雄性生殖系统 (Gardiner，1958)

A. 雄性内生殖器背视；B. 雄性外生殖器右侧视；T_9为第 9 腹节背板；S_9为第 9 腹节腹板

雌性内生殖器：每卵巢有 16 支端滋式卵巢管，卵巢管端部的端丝可伸达胸部，基部通过狭窄的卵巢管柄着生在卵巢萼上，大致排成 2 排。卵巢萼向后稍细，约在第 6 腹节弯向前方进入输卵管，随着卵的发育，许多成熟卵进入卵巢萼，卵巢萼呈弧形，弯曲不明显。输卵管在第 4 腹节向腹中线弯曲接入生殖腔，在输卵管接入点后面的生殖腔端部发出较细长的交配囊颈，其端部着生大型球状的交配囊。受精囊体小，椭球形，着生在生殖腔顶端一侧，其后端发出球形受精囊腺。生殖腔向前伸达后胸，然后与消化道一起向后伸展，进入产卵器。腹针为长的几丁质杆，位于产卵器腹面并与之平行， 但长度远超产卵器，从肛节前伸达后胸前端，顶端着生的肌肉达产卵器基部，有人认为这些肌肉可使产卵结束后产卵器缩回体内。节间囊 intersegmental sac 基部细长管状，顶端膨大呈长茄形，基部管从生殖腔前方弯折处伸出后向后方延伸，达第 4 腹节后缘 (图 20-74)。

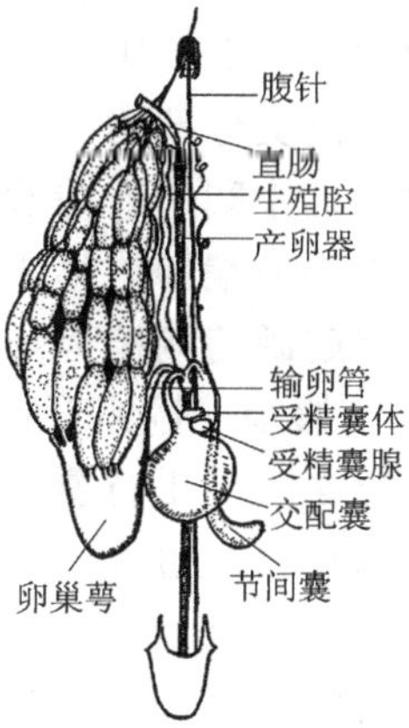

图 20-74 栉角窃蠹雌性内生殖器 (Gardiner，1958)

20.19.2　药材甲 *Stegobium paniceum* (Linnaeus)

雄性生殖系统：第 8 腹节后部的腹板难以辨认，在第 8 腹节腹板和肛孔之间为膜质区域，休止时，该区域折叠进体内，形成生殖囊，阳茎位于生殖囊内。阳茎包括 1 个中叶和不对称的 2 个侧叶，中叶末端尖锐，左侧叶位于其基部。第 1 连接膜缺，盖片环绕中叶和侧叶基部。骨针高度几丁质化，马蹄形，侧臂指向后方，为肌肉提供附着。

精巢位于第 2~4 腹节背侧面，每精巢有 6 支精巢管。输精管短，在第 5 腹节开口进入侧面成对的复射精管。附腺 2 对，较大的 1 对位于内侧。复射精管汇入短而直的单射精管，单射精管穿过生殖囊，开口于中茎的端部 (图 20-75 A、B)。

雄性生殖系统胚后发育：幼虫肛孔前方出现的腹面凹陷 (第 9 腹节腹板后部凹陷) 可能为最初的生殖原基内陷。预蛹期，该凹陷进一步加深，形成射精管原基。凹陷两侧形成生殖肢原基。每侧生殖肢通过纵裂分别形成 1 对原基，内侧的 1 对原基愈合成管状中叶，其基部与射精管联合，生殖孔开口于中叶顶端。中叶基部与侧叶没有完整分开，造成侧叶一定程度的不对称发育。蛹期，肛孔前部腹面出现中叶和左、右侧叶，随着蛹的成熟发育，在第 1 生殖内陷前方出现第 2 生殖内陷，此为生殖囊内陷。随着内陷的发育，生殖肢逐渐进入生殖囊的背壁。发育后期，生殖囊顶端开始外翻，带动生殖肢外翻。因此，形成了射精管穿过的双层生殖囊。在早期的腹板上，生殖囊外翻开始前，生殖囊侧壁出现 1 对侧沟，最初在生殖囊的端部出现，前部逐渐深陷，形成腹面的盲囊，最终与生殖囊完全分离，形成腹针。

幼虫精巢位于第 2、3 腹节背侧面，每精巢有 6 支精巢管，精巢管位于结缔组织内。蛹期精巢位于第 2~4 腹节，精巢管后部出现实心的输出管，输出管包埋在结缔组织内。每侧精巢的 6 支精巢管联合形成输精管，伸达第 5 腹节，末端出现管腔。蛹成熟时，输精管末端伸达第 5 腹节后缘，具有清晰的管腔。射精管起源于第 9 腹节腹板后部的外胚层内陷，内陷伸展到第 5 腹节，前部分成 2 个短侧支，每侧支发出 1 个向前的盲支，成为中间的 1 对附腺原基。最初形成的侧支分裂为 2 对，前部 1 对为侧附腺原基，后面的 1 对为侧射精管原基。在后续发育中，中间的射精管逐渐细长，使成对附腺和侧射精管的发出位置前伸达第 4 腹节，中间附腺前端伸达第 3 腹节前沿。成对的侧射精管也变得细长，达到第 5 腹节后沿，与中胚层起源的输精管开口结合 (图 20-75 C~K)。

雌性生殖系统：卵巢位于第 2~4 腹节，输卵管短，向中部横向伸展，中间 2 支侧输卵管联合形成生殖腔。生殖腔前端背面发出 1 背囊，背囊侧面发出管状的受精囊和二叶状的附腺。在第 7 腹节，生殖腔和直肠一起进入双壁的几丁质圆管，圆管由后部腹节套叠进体内形成。产卵时圆管外翻使产卵器伸出一段距离。生殖孔位于管状产卵器的顶端，位于第 9 腹节腹板后部。生殖孔被左侧的生殖须 (瓣) genital palp 覆盖，右侧的生殖须 (瓣) 缺。圆管腹面由体壁内陷形成伸达第 6、7 腹节的"Y"形几丁质杆，其分叉指向后方。杆为控制腹部后段和产卵器活动的肌肉提供附着点 (图 20-76 A)。

雌性生殖系统胚后发育：幼虫卵巢位于第 4~5 腹节背侧，每卵巢有 6 支卵巢管，每卵巢管有基膜包被，各卵巢管外有结缔组织膜包被。预蛹期，卵巢一定程度地细长，位于第 3 腹节中部到第 5 腹节中部。输卵管尚未出现。第 9 腹节腹板后部的外胚层凹陷，

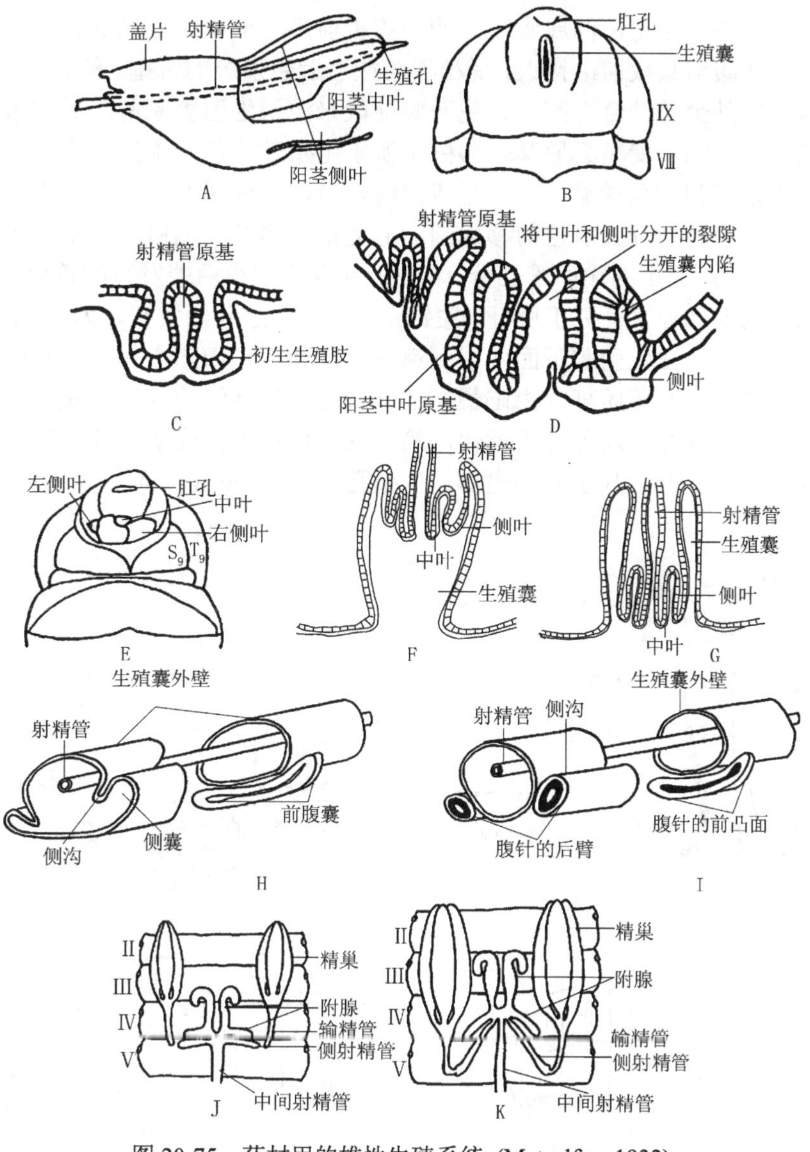

图 20-75　药材甲的雄性生殖系统 (Metcalfe，1932)

A. 雄性外生殖器；B. 幼虫末端腹节腹视；C. 预蛹期第 9 腹节腹板后缘纵（水平）切面；D. 预蛹后期第 9 腹节腹板后缘纵（水平）切面；E. 蛹末端腹视；F. 药材甲生殖囊内陷纵（水平）切面；G. 药材甲生殖囊外翻纵（水平）切面；H. 腹针初期发育的立体图；I. 腹针后期发育的立体图；J. 初期蛹雄性内生殖器；K. 成熟蛹雄性内生殖器；T_9为第 9 腹节背板；S_9第 9 腹节腹板；II～IV、VIII、IX为第 2～4、8、9 腹节

最初浅，随后逐渐深入体腔，以盲管方式伸达第 8 腹节中部，此为受精囊原基，它的外部开口，即未来的生殖孔，被生殖肢包围。生殖腔最初为第 8、9 腹节腹板间不成对的外胚层内陷，在受精囊原基下方伸展到第 7 腹节腹板前沿，形成盲端。蛹期，输卵管形成，成对的输卵管和生殖腔前端结合。受精囊原基增宽并伸达第 7 腹节腹板前沿，然后上弯，顶端指向后方，纵向分化为二，即成虫期的背囊原基和功能性的受精囊、附腺。生殖腔

外部开口丧失，内腔增宽，伸展到第 6 腹节腹板前沿，形成二分叉的盲端。受精囊原基和生殖腔在第 8 腹节腹板前沿接近，受精囊腹壁靠近生殖腔的背壁。稍后，中间壁破裂，2 个管腔除后端外全长结合。因此，生殖腔前段来源于生殖腔原基，后部来源于受精囊原基，中部背壁来源于受精囊原基，腹壁来源于生殖腔原基。生殖孔已经不是最初的生殖腔开口，而是最初的受精囊开口。蛹成熟时，后部不成对的生殖腔的生长导致受精囊和附腺前移，生殖腔的分叉点也前移成圈，伸达第 5 腹节。输精管与生殖腔分叉的前端到成虫后期才连通，成虫的输卵管部分（前部）起源于卵巢后端发育的管道，部分（后部）起源于生殖腔前端的分叉。几丁质杆（腹针）在蛹后期才开始发育，为第 7、8 腹节腹板之间的节间膜内陷，在生殖腔下面伸展到第 6 腹节腹板，内陷内衬的外胚层细胞分泌几丁质逐渐形成成虫的几丁质杆。内陷最初的开口也因为持续的几丁质化而封闭。在上述发育过程中，体壁发生不均匀几丁质化，第 8 腹节以后保持膜质，使后部各节能套叠伸出。肛孔和生殖孔靠近，几丁质杆也靠近生殖孔（图 20-76 B～G）。

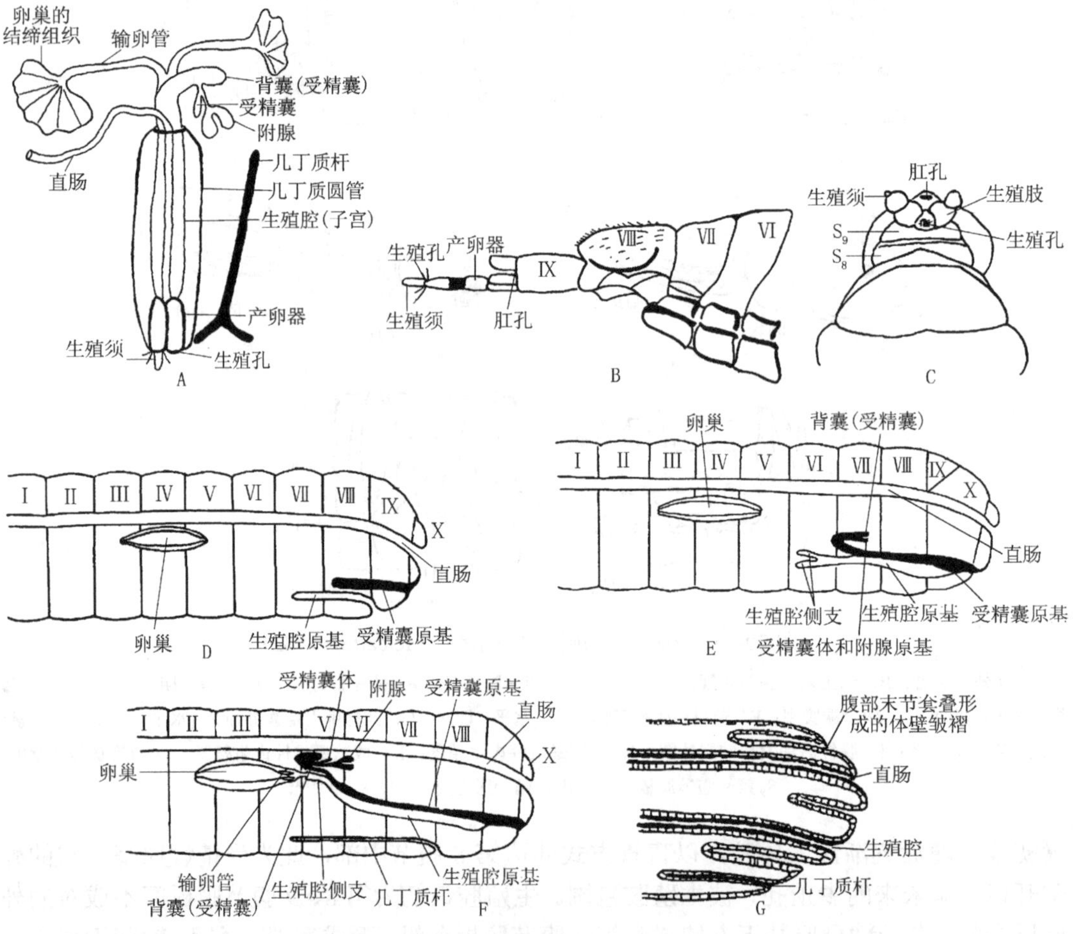

图 20-76　药材甲雌性生殖系统（Metcalfe，1932）

A．雌性生殖系统；B．雌虫腹部后端侧视（产卵器处于伸展状）；C．雌蛹腹部末端腹视；D～F．预蛹、初期蛹、成熟蛹腹部纵切；G．雌成虫腹部末端纵切；S_8、S_9 为第 8、9 腹节腹板；Ⅰ～Ⅹ为第 1～10 腹节

20.20　粉蠹科 Lyctidae

20.20.1　褐粉蠹 *Lyctus brunneus* (Stephens)

雄性内生殖器：每精巢有 6 支精巢管，精巢管白色，梨形，向端部渐尖。每精巢管基部发出输出管，每侧精巢的 6 支输出管集生于输精管顶端。输精管细长蜷曲，末端膨大形成近圆柱形贮精囊，两侧的贮精囊相互沿长轴贴合。2 贮精囊的内下侧各发出 1 短管，为复射精管。在复射精管的背面重叠或附着有附腺，附腺近圆柱形，蜷曲，基部

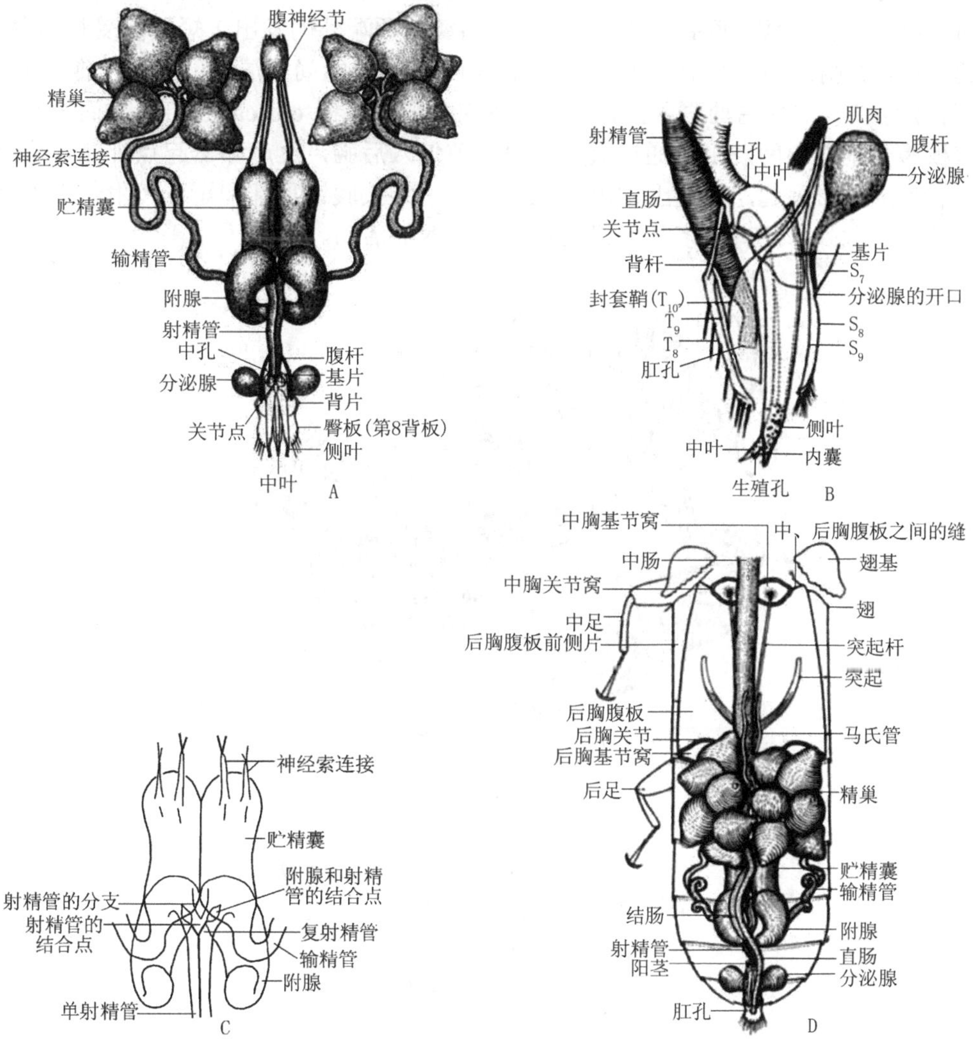

图 20-77　褐粉蠹雄性生殖系统

A．雄性生殖系统；B．雄性腹部右侧面；C．贮精囊、附腺相结合的分支的射精管（腹视）；D．生殖系统和消化道背视（原位）；T_8～T_{10}为第 8～10 腹节背板；S_7～S_9为第 7～9 腹节腹板（A、B、D．Altson，1924；C．参考 Altson 等，1924 图重绘）

宽，顶端圆。附腺开口于复射精管。2 复射精管汇入 2 支相互贴合的单射精管。单射精管渐细，通过中孔进入中茎，再与内囊连接而通入体外。阳茎基部有 1 对腺体或囊，腺体通过短管开口于第 7、8 腹节腹板之间。这些腺体可能是臀腺 (图 20-77)。

雌性内生殖器：每卵巢有 14 支卵巢管，卵巢管具有较发达的端丝、生殖区和生长区。每侧的卵巢管环生于卵巢萼上，卵巢萼下接侧输卵管，每侧的侧输卵管末端具有 1 个瓣室，瓣室内衬褐色几丁质微毛，微毛端部游离，端部的方向与卵排出的方向相同，这可能表明卵巢萼或侧输卵管具有分泌附腺的功能，分泌液经微毛涂抹在卵表面。两侧的瓣室汇合形成中输卵管的起点，中输卵管短，位于瓣室和受精囊管着生点之间。受精囊管短，着生于生殖腔端部一侧，受精囊体较大，前端稍窄呈颈状，整体海豹形，从颈部发出数束肌纤维将受精囊体与腹针中上部连接。受精囊体顶端外侧发出 1 短棒状受精囊腺。在受精囊体内，腹侧某部位变窄，有一系列几丁质毛，其功能尚不清楚。生殖腔前段 (邻近中输卵管) 游离，然后弯曲进入泄殖腔内。腹针 (泄殖腔柄 cloacal stalk) 长而柔韧，从邻近臀板腹面基部中间发出，通过腹部中央向前伸入后胸，达产卵器起点外侧，腹针的端部扩大形成球形突起，突起上发出 2 束肌纤维，连接腹针顶部和短杆，附着于外鞘或泄殖腔基部。此外，还有许多其他肌肉控制产卵器的活动。

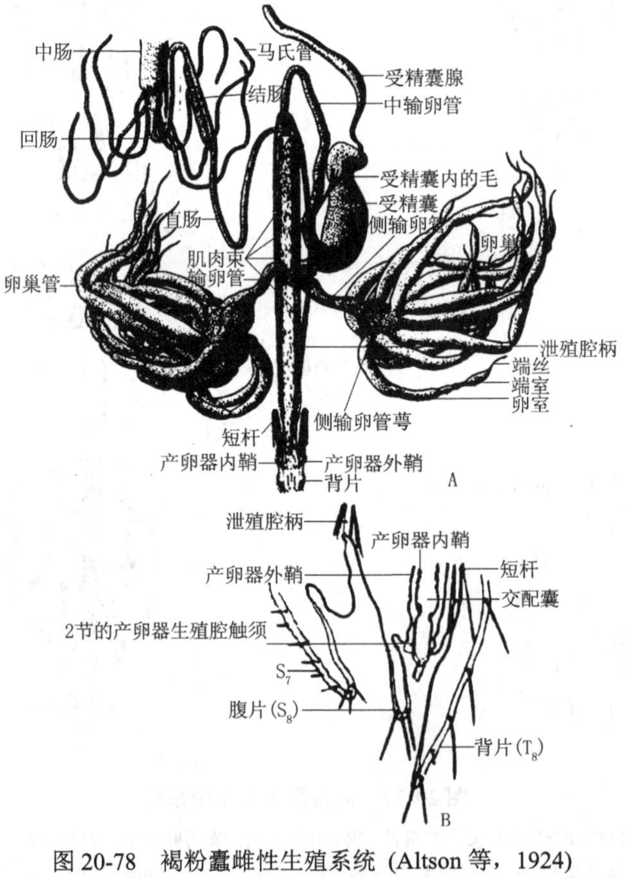

图 20-78　褐粉蠹雌性生殖系统 (Altson 等，1924)

A. 雌性生殖系统和部分消化道；B. 腹部末端纵切；T_8 为第 8 腹节背板；S_7、S_8 为第 7、8 腹节腹板

产卵器休止时，由 2 个鞘组成，外鞘或基部部分是稍几丁质化的透明管，内鞘或端部部分是外鞘的延续，缩在外鞘内部。产卵器端部表面覆盖有横卧的褐色几丁质感觉毛，其分布远达交配囊。产卵器的顶端强烈几丁质化，由成对的基片组成，基片之间有生殖腔开口。从每个基片发生出 1 双节阴道触须 vaginal palp，触须上有许多感觉窝 sensory pit，触须内侧呈凹面。每 1 基片中有 1 个短叉杆 short forked rod，与同侧的几丁质杆形成关节 (图 20-78)。

20.21　郭公虫科 Cleridae

20.21.1　*Aulicus edwardsii* (Horn)

雄性内生殖器：精巢分列于体腔两侧，扁球形，有许多精巢管叠合而成。输精管从精巢腹面中央发出，除末端一段外其余部分膨大形成较发达的贮精囊。附腺 3 对，2 对粗长管状，另 1 对为粗短厚壁的精包腺。每侧的精包腺分为内、外 2 室，内室更发达，棒状，顶端膨大增粗后略弯曲渐尖；外室稍短窄，棒状。每侧的 3 支附腺和贮精囊细缩的末端一起汇入复射精管，复射精管短，隐藏在附腺基部。两侧的复射精管汇合于单射精管，单射精管粗长弯曲，下端与阳茎连接 (图 20-79 C)。

雌性内生殖器：每卵巢有多支卵巢管，卵巢管集生在较发达的卵巢萼上。侧输卵管较细长，与卵巢萼结合部位略膨大。两侧的侧输卵管汇合于生殖腔前段一侧，中输卵管或隐藏于生殖腔形成的肌肉鞘内，其中中输卵管末端与交配囊体二歧式连接于生殖腔顶端。交配囊体鸭梨形，由生殖腔顶端伸展形成，交配囊管与生殖腔后部共用。受精囊管粗短，从交配囊体顶部发出。受精主囊和受精副囊呈并列的蝌蚪形，受精囊腺发达，从主囊球状部下部一侧发出，基段灯罩形，其前端连接粗长管状的受精囊腺。生殖腔前段粗，后段细而弯曲 (图 20-79 A、B)。

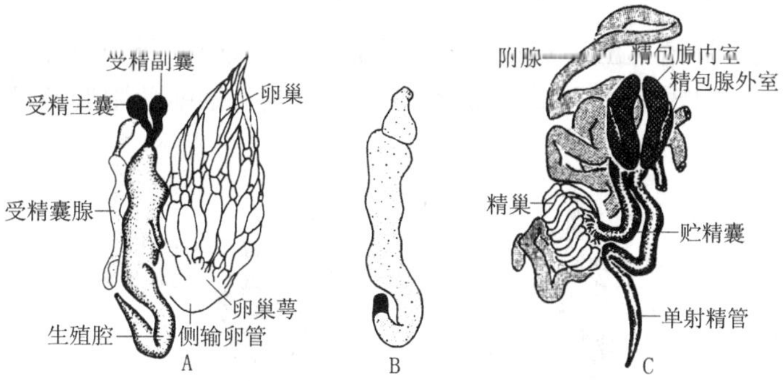

图 20-79　*Aulicus edwardsii* 雌、雄内生殖器和精包 (Opitz，2003)

A. 雌性内生殖器；B. 精包；C. 雄性内生殖器

20.21.2　*Opilo domesticus* (Sturm)

雄性内生殖器：每精巢由 2 组并列的精巢管构成，每组有 3 支长棒状精巢管，精巢整体呈梭形。精巢管的输出管不明显，精巢管集生于输精管端部。输精管前段（邻近精巢管）较细，然后渐粗形成较发达的贮精囊，贮精囊后段稍细。附腺 1 对，薄壁，长而弯曲。厚壁的精包腺较短，分化为内外 2 室，内室 1 对较短，棒状；外室 1 对较长，粗管状，顶端扭曲。附腺和贮精囊末端结合进入射精管，射精管前半较粗，后半细管状（图 20-80 B）。

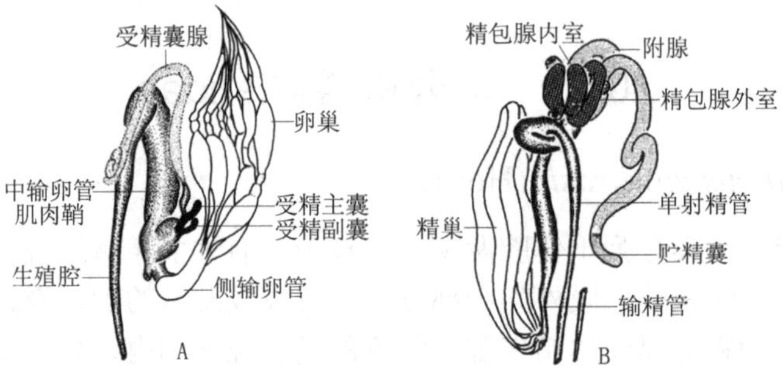

图 20-80　*Opilo domesticus* 内生殖器（Opitz，2003）

A. 雌性内生殖器；B. 雄性内生殖器

雌性内生殖器：每卵巢有 6 支卵巢管，每卵巢的卵巢管端丝汇合形成悬带，卵巢管基部集生在输精管前端的卵巢萼上。侧输卵管较粗长，基部略弯曲。两侧的侧输卵管汇入中输卵管，中输卵管大部分隐藏在肌肉鞘内，下端连接生殖腔。生殖腔顶端另一侧向前延伸形成囊状的交配囊体，受精囊管粗短，从交配囊体顶端发出，受精主囊棒状，中部一侧发出受精囊腺，受精囊腺基部一段略成纺锤形，前段大部分粗长管状，顶端蜷曲。包裹生殖腔的肌肉鞘前段粗壮，弯折后渐细缩（图 20-80 A）。

20.21.3　*Phlogistomorpha croesus* (Blackburn)

雄性内生殖器：每精巢由多支精巢管叠合而成，扁球形。精巢管集生于输精管端部，输精管前段细管状，中段膨大形成棒状贮精囊，后段又细缩。附腺 3 对，2 对薄壁长管

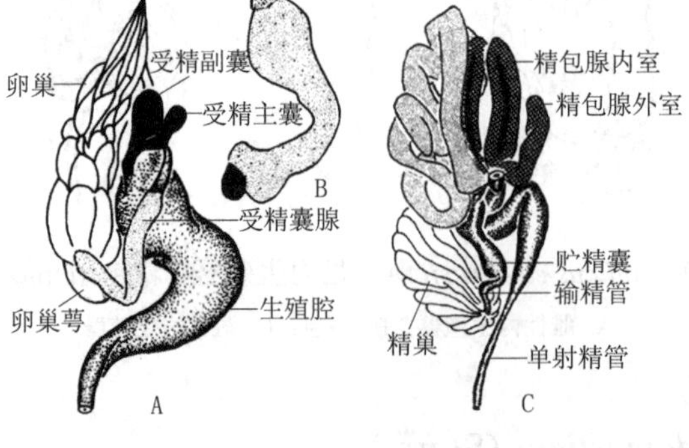

图 20-81　*Phlogistomorpha croesus* 雌、雄内生殖器和精包（Opitz，2003）

A. 雌性内生殖器；B. 精包；C. 雄性内生殖器

状，另 1 对为厚壁的精包腺，精包腺分化为内、外 2 室，内室长大，棒状；外室细短弯曲。贮精囊和附腺基部汇入射精管，射精管膨大弯折，末端细管状 (图 20-81 C)。

雌性内生殖器：每卵巢有多支卵巢管。卵巢管端丝汇合形成悬带，基部集生在卵巢萼上。侧输卵管粗短，基部通入肌肉鞘内。交配囊由生殖腔前端延伸形成，受精囊管粗短，着生在交配囊顶端一侧，受精主囊大，近球形。受精囊腺从主囊球形下部一侧发出，受精囊腺管基部一段细直骨化，端部粗长。包裹生殖腔的肌肉鞘扭曲，末端细缩 (图 20-81 A、B)。

20.21.4 *Scrobiger splendidus* (Newman)

雄性内生殖器：精巢扁球形，每精巢有多支精巢管，集生于输精管顶端。输精管前段 (邻近精巢管) 细管状，略膨大；后段膨大形成圆锥形贮精囊，贮精囊另端细缩。附腺 2 对，1 对为薄壁管状，粗长略弯曲；另 1 对为发达的精包腺。精包腺分化为内、外 2 室，外室简单，短棒状；内室发达，盘旋曲折。每侧的贮精囊、附腺基部汇入射精管，射精管前段膨大弯曲，后段细缩 (图 20-82 B、C)。

雌性内生殖器：每卵巢有多支卵巢管，卵巢管着生于卵巢萼上。侧输卵管较细长，末端通入生殖腔端部一侧。交配囊由生殖腔顶端延伸而成。受精囊粗短，着生于交配囊顶端，受精副囊弯钩形，受精主囊"S"形，顶部发出受精囊腺。受精囊腺基段骨化，棒状，其余部分细长管状。包裹生殖腔的肌肉鞘前段粗，"S"形扭曲，后段细长 (图 20-82 A)。

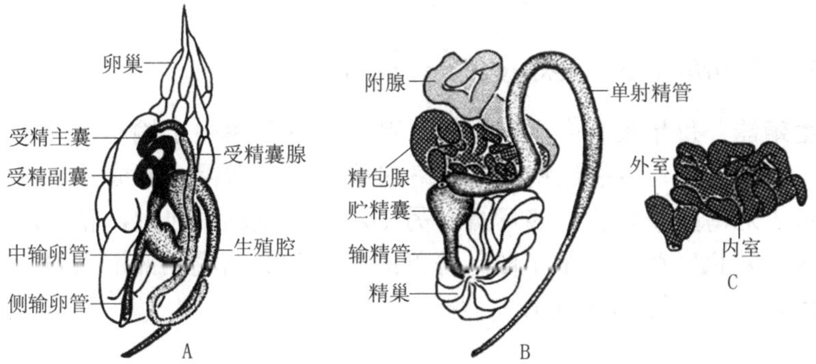

图 20-82 *Scrobiger splendidus* 雌、雄内生殖器和精包腺(Opitz，2003)

A. 雌性内生殖器；B. 雄性内生殖器；C. 精包腺

20.21.5 *Trichodes ornatus* Say

雄性内生殖器：每精巢扁球形，由精巢管叠合而成。输精管从精巢基部发出，前段 (邻近精巢管) 细管状，中段膨大呈纺锤形，后段再度细缩。附腺 3 对，其中 2 对为侧附腺，薄壁管状，粗长扭曲；另 1 对为厚壁的精包腺，精包腺分化为内、外 2 室，内室的 1 对呈分段缢缩的长囊状，顶端弯曲；外室的 1 对短棒状，稍弯曲。贮精囊和附腺基部汇入射精管，射精管前段膨大，后段细缩 (图 20-83 C~E)。

雌性内生殖器：每卵巢有多支卵巢管，卵巢管基部集生于卵巢萼上。侧输卵管短，两侧的侧输卵管汇入生殖腔前段、交配囊体基部一侧。交配囊体桃形，从生殖腔顶端延伸形成。受精囊管粗短，着生于交配囊体顶端，受精副囊基段弯曲管状，顶端膨大呈球形。受精主囊角状弯曲，弯折处背面下方发出受精囊腺。受精囊腺基段骨化，香蕉形，其余部分薄壁粗管状，顶端弯折。生殖腔肌肉鞘前段（包裹交配囊和中输卵管的肌肉鞘部分）膨大，其他部分细长弯曲（图 20-83 A、B）。

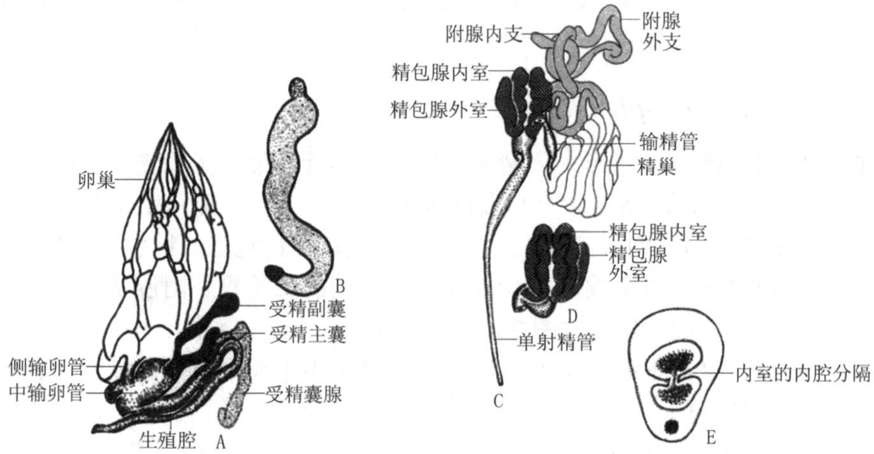

图 20-83　*Trichodes ornatus* 生殖系统（Opitz，2003）

A．雌性内生殖器；B．精包；C．雄性内生殖器；D．精包腺；E．精包腺内室横切

20.21.6　*Zenithicola funestus* (Chevrolat)

雄性内生殖器：每精巢有多支精巢管，精巢管基部集生于输精管顶端，精巢管的输出管不明显。输精管前端（邻近精巢管）略细缩，向后增粗，形成长杯状的贮精囊。附腺 2 对，其中 1 对薄壁长管状，多弯折；另 1 对为厚壁的精包腺，精包腺内室的 1 对短棒状，外室的 1 对极发达，膨胀扭曲。每侧的附腺和贮精囊基部汇入射精管，射精管前段膨大，向后渐细缩（图 20-84 B）。

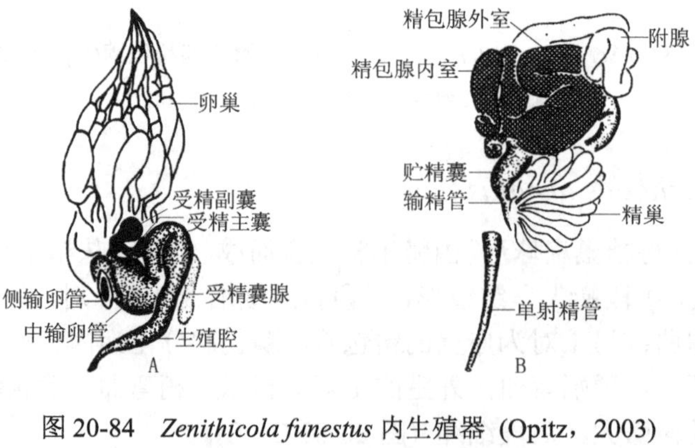

图 20-84　*Zenithicola funestus* 内生殖器（Opitz，2003）

A. 雌性内生殖器；B. 雄性内生殖器

雌性内生殖器： 每卵巢有多支卵巢管，卵巢管的端丝汇合形成悬带，基部集生于卵巢萼上。侧输卵管粗短，后端接入生殖腔前端、交配囊体的肌肉鞘一侧。包裹交配囊体的肌肉鞘强大，椭球形囊状，受精囊管粗短，从交配囊体的肌肉鞘前端发出。受精副囊发达，基部短管状，顶端球形。受精主囊细小，长茄形，主囊基部发出受精囊腺。受精囊腺基段骨化，梭形，其余部分薄壁粗管，略弯折 (图 20-84 A)。

20.22　瓢虫科 Coccinellidae

雄性外生殖器： 主要为弯管 (阳茎) 及阳基 (阳茎基) 两部分。阳茎弯曲管状，也称弯管，其基部常扩大为弯管囊。弯管囊向弧外突出的称外突，向弧内突出的称内突，弯管的末端部分称弯管端，通常相当尖锐，在其前的一边有椭圆形小孔以射出精液。一些种类的弯管端形成特殊的形态，甚至有特殊的附突，如端末凹入、平截、膨大，以致匙形且其上具有盖片形向上向后翻的薄叶。阳基可分为基片、中叶及两侧叶，常有强度骨化的基柱。背视，大多数种类的阳基在腹部的位置常偏于左方，侧置，侧叶向外。弯管弧形，端部插入基片和中叶之内，中叶的腹面为弯管的开口 (图 20-85)。

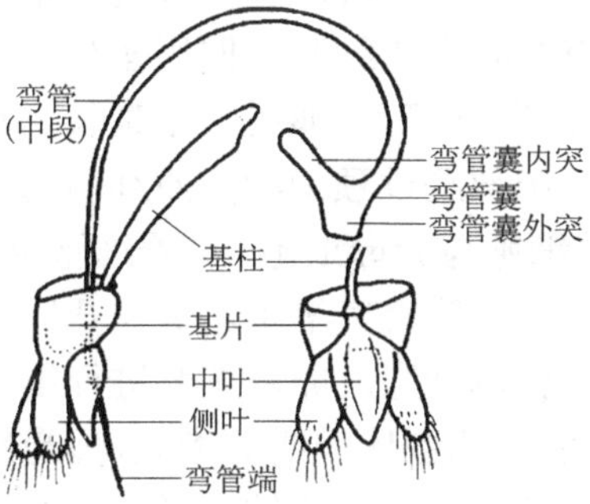

图 20-85　瓢虫科雄性外生殖器　(庞雄飞和毛金龙，1979)

20.22.1　七星瓢虫 *Coccinella septempunctata* Linnaeus

雄性内生殖器： 每精巢有 30～40 支精巢管，精巢外有被膜。精巢管长弧形，侧生于输精管前段，输精管离开精巢向后方延伸短距离即膨大形成梭形贮精囊，贮精囊下端连接细长扭曲的输精管。附腺 1 对，分列于输精管内侧，外侧的 1 对较粗长发达。每侧的 2 支附腺和 1 支输精管基部汇入复射精管前端的萼部，然后进入复射精管。复射精管短，两侧的复射精管汇于单射精管。单射精管前段细长扭曲，后段梭形膨大，连接外生殖器 (图 20-86 B)。

雌性内、外生殖器： 每卵巢有 50～60 支卵巢管，卵巢管通过卵巢管柄并列于侧输卵管前段，两侧的侧输卵管汇入中输卵管，中输卵管开口于生殖腔前部侧面。受精囊管粗短，着生于交配囊上方的漏斗体内，受精囊体弯角状，棕色，角质化。受精囊腺基部管状，端部乳白色囊状。生殖腔倒葫芦形，邻近生殖腔开口处，有 1 对黄色的附腺。交配囊粗大，肌肉较厚，上半部具有角质化的漏斗体，狭窄的导精管将交配囊和受精囊连接

起来 (图 20-86 A)。

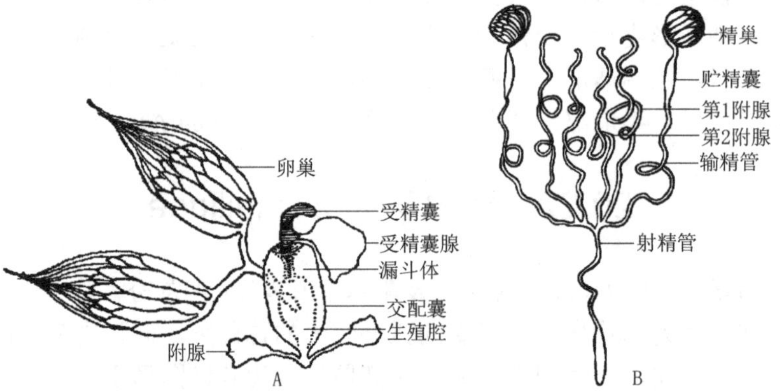

图 20-86　七星瓢虫内生殖器 (王宗舜等，1977)

A. 雌性生殖系统；B. 雄性内生殖器

卵巢的发育：幼虫卵巢位于第 4 腹节消化道两侧，肾形，包被在脂肪体中。在 4 龄幼虫卵巢的切片中可见 5～7 个整齐排列的卵巢管。幼虫末期及预蛹期可见卵原细胞旺盛的有丝分裂相。卵巢管基部有柱状上皮细胞沿四周排列，中央形成空腔，每个卵巢管外均有上皮鞘包围。蛹期卵巢逐渐呈圆形，卵巢管已延长，端部转向前方，端部细胞向前延伸与上皮鞘一起形成端丝。中部经过预蛹期卵原细胞的有丝分裂，细胞数量增多形成卵原区，卵原区内分化出滋养细胞与卵母细胞。滋养细胞位于前端，卵母细胞位于后端。基部也明显延长，其顶端的上皮细胞密集增生。蛹期开始到成虫羽化后 1 天内，卵原区的细胞已经分化为营养细胞与卵母细胞。卵母细胞进行第 1 次减数分裂，但细胞体积没有变化。成虫羽化后 4～5 天，滋养细胞体积明显增大，卵母细胞离开卵原区进入生长区，体积逐渐增大，逐渐进入卵母细胞卵黄形成期，滋养细胞的营养索消失，卵母细胞大量沉积卵黄，体积迅速增大直至发育为成熟卵。卵母细胞卵黄形成期需 2～3 天。

20.22.2　孟氏隐唇瓢虫 *Cryptolaemus montrouzieri* Mulsant

雄性内生殖器：两侧精巢有共同被膜，整体含有 18～26 支球状的精巢管，每精巢管通过输出管着生在输精管前段。输精管 1 对，细长蜷曲。附腺 2 对，其中 1 对粗长，位于外侧。输精管和 2 对附腺的末端着生于射精管前端膨大形成的球形贮精囊上。贮精囊下部细缩进入射精管，射精管整体包裹在射精管鞘内，射精管鞘为半环形的几丁质圈，末端固定在射精管凹陷内。射精管鞘半环形开口较宽，从口部附着或发出许多肌纤维，形成 1 个大型强有力的球形肌肉塞 muscle block。肌肉塞上附着有 2 个几丁质构造，即跨越肌肉塞表面的肌肉塞支撑 muscle block support 和肌肉塞活动控制机构。肌肉塞活动控制机构的上端被肌纤维固定在肌肉塞的下部，下端则被肌纤维固定在腹部末节上。肌肉塞的底部进入肌肉塞囊内。交配时，雄虫腹部末节弯向前下方，拉动肌肉塞活动控制机构，进而拉伸肌肉塞，使射精管鞘从凹陷内释出。然后雄虫将腹部调整到正常位置，肌肉塞收缩，肌肉塞活动控制机构将其拉回。肌肉塞的收缩推动精子进入精包，精包则被驱入雌虫的生殖腔内。雄虫羽化后，需要 3 周以上的发育才能形成具有功能的肌肉塞，虽然精巢在羽化后 1 周左右已经成熟，因为没有肌肉塞的作用，不能传送精子。因此，雄虫羽化后 20～30 天才开始交配。雄虫羽化时精巢也没有发育成熟，羽化后 7～10 天，精子束发育、扩大、分裂释放出精子 (图 20-87)。

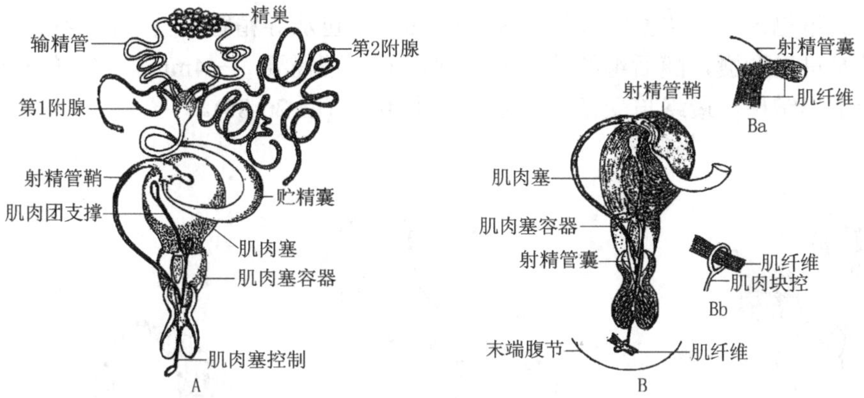

图 20-87 孟氏隐唇瓢虫雄性生殖系统 (Kaufmann，1996)

A. 雄性内生殖器整体；B. 肌肉塞放大，示射精管鞘开口处的肌纤维辐射 (Ba. 附着于射精管鞘的肌肉；Bb. 附着于肌肉塞控制体上端的肌肉)

雌性内生殖器：每卵巢具有 10～13 支卵巢管，卵巢管的端丝汇合形成悬带，卵巢管基部集生在卵巢萼上。侧输卵管粗长，中输卵管短阔，中输卵管末端开口于生殖腔顶端一侧。生殖腔前端的另一侧着生有钟形的交配囊，交配囊上端具有突起的壶嘴部，受精囊管即由壶嘴部顶端发出，受精囊管顶端着生香蕉形受精囊体，受精囊体小、金黄色、几丁质，由不分节的前腔和分节的后腔组成。生殖腔囊状，内部含有钟状的受孕囊 bell shaped fertilization sac。生殖腔前部包围导精管 seminal duct。中输卵管约在中部的另一侧开口进入生殖腔。在导精管和受孕囊结合部有小型几丁质片，即精子塞。精子塞具有控制授精时精液流向的作用。初羽化成虫的卵巢小，包被脂肪和微气管中，此时雌虫已开始交配，获得的精子束位于受精囊体分节部位的一侧，精子互相平行排列。第 2 次交配获得的精子位于第 1 批精子相对的一侧，第 3 批精子则位于受精囊体不分节的前部。雌虫体内一般同时具有来自不同雄虫 3 个精包的精子。受精囊气泵 spermathecal air pump 有厚的结缔组织包被，羽化时气囊已基本处于饱满状态，随着受精囊每次接受精液，气囊进一步饱满，当受精囊内充满精液时气囊已经处于工作状态。通过气囊排出空气启动受精囊内的精液前后环流，当气囊萎缩时精液流动则停止。授精前，来自不同雄虫的精子被充分混合。成虫羽化后 7～10 天，卵开始发育，约 3 周内成熟。成熟卵经侧输卵管、中输卵管下行至生殖腔前端的交配囊内。每次 1 粒，当卵停留在交配囊的前腔 anterior pocket 时，受精囊管内的空气压向受精囊，使受精囊管腔通畅，管腔紧贴在卵顶部的卵孔上方。精子在精子塞引导下沿一个方向流动，使卵受精。受精卵下行到生殖腔内待产。每次只有 1 粒卵受精，精子来源于 3～4 个雄虫精液的混合。雌虫一生产卵 40～50 粒，产卵期间需要频繁交配。

充满精子时，精包像 1 个游泳的海豹，由头部、躯干和尾部组成；是 1 个无色、细长、弱几丁质化的囊，具有 1 个开口的端部，精子通过此开口进入受精囊。当刚进入生殖腔时，精包内的精子活动形成旋涡，然后精子快速流向管口或生殖腔顶端区域，生殖腔顶端与导精管相连，精子流向交配囊端部区域。在出口附近，流动的速度进一步加快，然后流进导精管，形成另一个涡旋。正在使用的精包占有整个生殖腔的长度，从精包进入生殖腔到精包内精子传输完成约需要 30min。精包从导精管脱落后，少量残余在管口的精子被泵进受孕囊，随后继续流进受精囊，此过程需要 3～4min。空乏的精包两侧内陷形成无定形皱褶，最终与受精卵一起离开生殖腔 (图 20-88)。

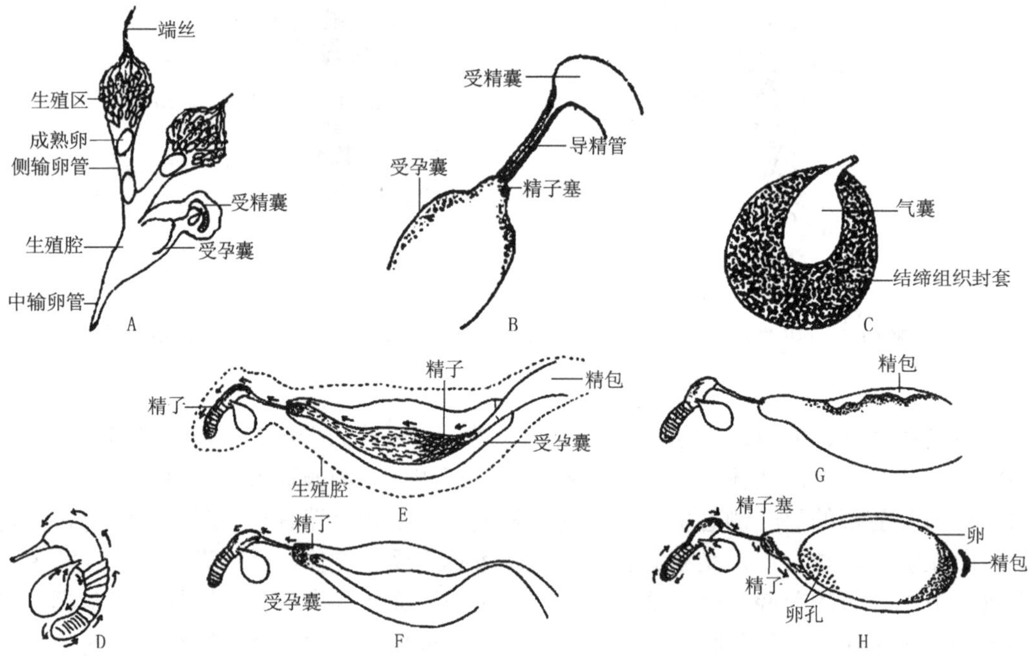

图 20-88　孟氏隐唇瓢虫雌性生殖系统 (Kaufmann，1996)

A. 雌性生殖系统整体；B. 导精管和受孕囊；C. 受精囊下方的气囊和结缔组织封套；D. 气囊活动造成受精囊内的精液移动，箭头表示精液移动的方向；E～H. 精子传输过程 (E. 精包内的精子进入受精囊；F. 剩余的精子进入受精囊；G. 排空的精包；H. 卵的受精过程)

20.22.3　戈特克食植瓢虫 *Epilachna gokteika* Kapur

雄性外生殖器：正面观，中叶两侧近平行，端部急剧收缩形成中突，中突的中央分裂。侧视，阳基中叶中部最厚，弧形外弯，端部急剧变薄，末端尖锐而外弯。侧叶棒状，弧形外弯，距基部 1/3 处后着生刚毛。侧叶长达中叶的 3/4。弯管弧形，端部稍膨大成球状，略向外弯 (图 20-89)。

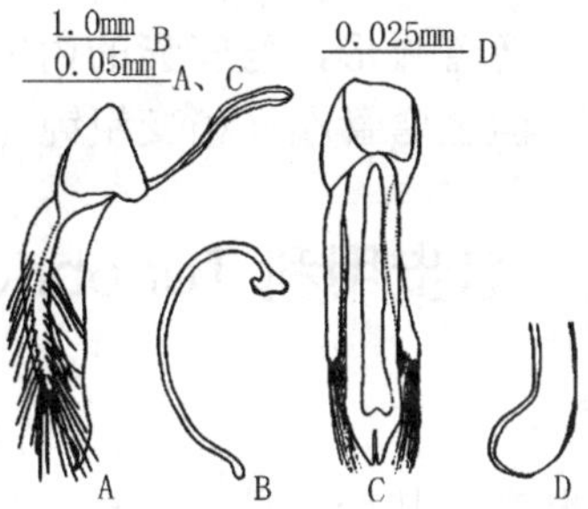

图 20-89　戈特克食植瓢虫雄性外生殖器 (彭正强等，2001)

A．阳基侧面；B．弯管；C．阳基正面；D．弯管端

20.22.4　龟纹瓢虫 *Propylea japonica* (Thunberg)

雌性内生殖器：每卵巢有 8～12 支卵巢管，成熟的卵巢菊花形，卵巢管由端丝、卵原区和生长区组成。端丝将卵巢管固定在体壁和脂肪体上，基部通过卵巢管柄着生在侧输卵管上段。侧输卵管约与中输卵管等长 (图 20-90)。

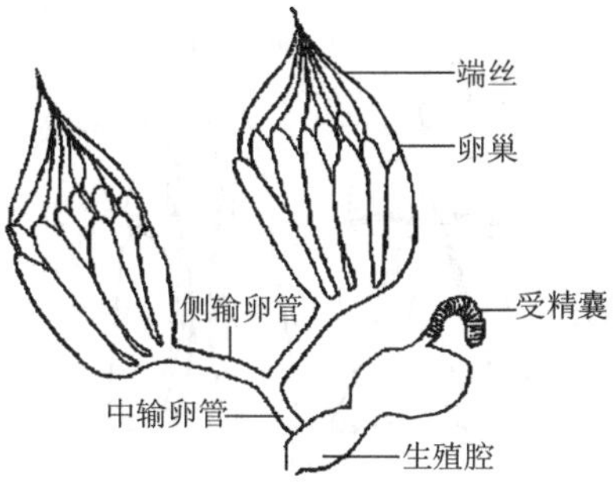

图 20-90　龟纹瓢虫雌性内生殖器 (张天澍等，2009)

20.22.5　红褐粒眼瓢虫 *Sumnius brunneus* Jing

雄性外生殖器：阳基中叶侧视外缘略呈弧形，近末端变细，至末端稍尖。内缘较平

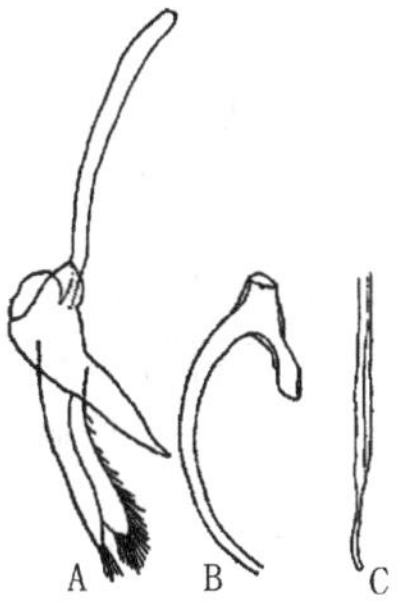

图 20-91　红褐粒眼瓢虫雄性外生殖器 (经希立，1983)

A．阳基侧面观；B．弯管；C．弯管端

直地伸出。侧叶显著长于中叶。弯管弧形，弯管囊的内突远长于外突，外突甚短，端部平截。弯管近端部处骤然收窄，但至弯管端又稍变粗钝 (图 20-91)。

20.23　拟步甲科 Tenebrionidae

20.23.1　雌性外生殖器

腹部末端的背面中部为载肛突，其后缘具有肛孔。载肛突为单一的中间骨片，侧缘一般有 1 对载肛突骨杆 proctigeral baculi。有些种类，具有细长的基肢片，基肢片上具有另 1 对骨杆，将肛侧板的骨杆 baculi 与载肛突骨杆相联系。产卵器后端具有产卵瓣，产卵管含有 2 对骨片，基部的肛侧板一般带有 1 对纵向杆状骨片，其功能为增加硬度。顶端的基肢片腹面通过浅的折叠又分成 4 个侧叶、沟或骨化区。第 1 叶 (载瓣片) 一般通过 1 对横向的杆状骨片而变硬，而顶端第 4 叶形成产卵器的顶部，着生有 1 对生殖刺突。基肢片的膜质背面和腹面中间区域，一般稍皱褶，卵通过时能膨胀。生殖孔一般位于第 3 或第 4 叶端部 (图 20-92)。

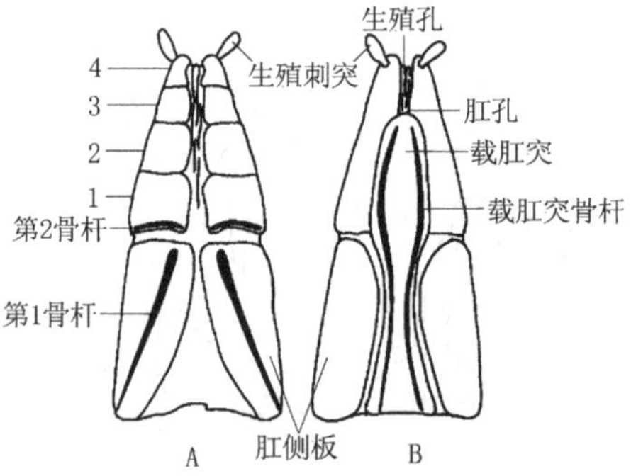

图 20-92　拟步甲的产卵器 (Tschinkel and Doyen，1980)

A. 腹视，示肛侧板上的骨杆、基肢节 coxite 的 4 个叶，基肢节的骨杆位于第 1 叶上，腹部中间表面为皱褶的膜，生殖孔位于后端，生殖刺突着生在基肢节的第 4 叶上；B. 背视，示载肛突及其骨杆，中腹部表面皱褶的膜质表面；1～4. 肛侧板的第 1～4 叶

20.23.2　雌性内生殖器

卵巢基部着生于侧输卵管。侧输卵管顶端为外胚层起源组织的边界，具有表皮质衬里。侧输卵管汇入中输卵管，中输卵管开口于生殖腔腹侧，生殖腔管状或袋状。从功能上受精囊可分为两类：一类构造简单，整体具有腺体功能；另一类具有分隔构造，分为受精囊管腺体部和非腺体部。腺体部表面具有微细管道，腺体细胞有末端构造。从构造上受精囊也可分为两类：一类具有细长缠绕的管状贮精构造，细长缠绕的管包被在膜内；另一类受精囊的贮精构造简单管状，多少几丁质化，为大多数种类所具有。细拟谷盗的交配囊短，向生殖腔一侧膨大，受精囊腺盘曲，受精囊体在雌虫未受精前透明，含有精子后呈暗褐色。受精囊管入口处扁平领状，相对的受精囊体结合处具有指状突起。拟步甲 *Alphitobius bifasciatus* 中，1 个宽短管直接从生殖腔通向几丁质化的受精囊体，在受精

囊管与中输卵管之间，有不规则形的囊状区，功能上相当于交配囊。

Tschinkel 和 Doyen (1980) 等认为受精囊腺是交配囊向体内的内陷物，其后又沿 4 个路线独立分化，其中由受精囊腺的再次特化形成的两种同源受精囊中，一由内陷的管状腺体的中部膨大而成，囊后的部分则为受精囊腺，囊前的部分为受精囊管；二由管状腺体的末端膨大而成，囊前部分兼具受精囊腺和受精囊管的功能。在天牛两种类型的受精囊中，再出式和前一种类型相当 (图 20-93)。

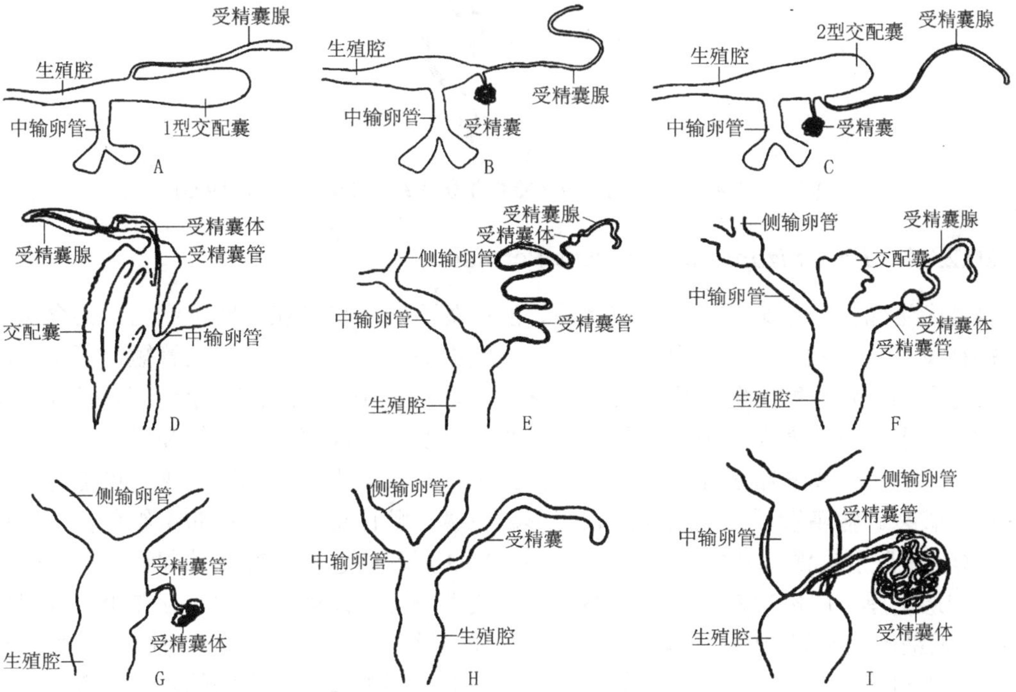

图 20-93　拟步甲的雌性内生殖器类型

A．具有独立的交配囊，受精囊单管型，组成细胞均有分泌功能；B．没有独立的交配囊，具有独立的受精囊和受精囊腺，受精囊壁细胞没有分泌功能；C．具有独立的交配囊、受精囊和受精囊腺；D～I．与受精囊相关的雌性内生殖器的主要变化 (D．谷斑皮蠹强化的交配囊；E．阔角谷盗退化的交配囊；F．二带黑菌虫的交配囊；G．谷象几丁质化的贮藏室；H．*Ptinus sexpunctatus* 管状的贮藏区域；I．*Oryzaephilus surinumensis* 由 1 组螺旋管构成的贮藏区域) (A～C．Tschinkel and Doyen，1980；D～I．Surtees，1961)

20.23.3　*Alphitobius diaperinus* (Panzer)

雄性内生殖器：精巢 1 对，白色球形，位于第 3～4 腹节腹面射精管两侧。每精巢有 6 支球形的精巢管，精巢管间有微气管缠绕，外面有公共围鞘。精巢管基部发出细而短的输出管，每精巢 6 个精巢管通过输出管集生于输精管顶段。输精管粗直，末端膨大形成贮精囊，从贮精囊发出的细直输精管与射精管连接。射精管具有肌肉鞘，末端与阳茎连接。输精管和贮精囊均有环肌包被，输出管、输精管、贮精囊腔内均有精子，以贮精囊内最多。附腺 2 对，分别为管状和肾形附腺。附腺基部与输精管末端一起着生于射精管顶端两侧。附腺腔内没有精子。附腺中胚层起源，没有表皮内衬 (图 20-94)。

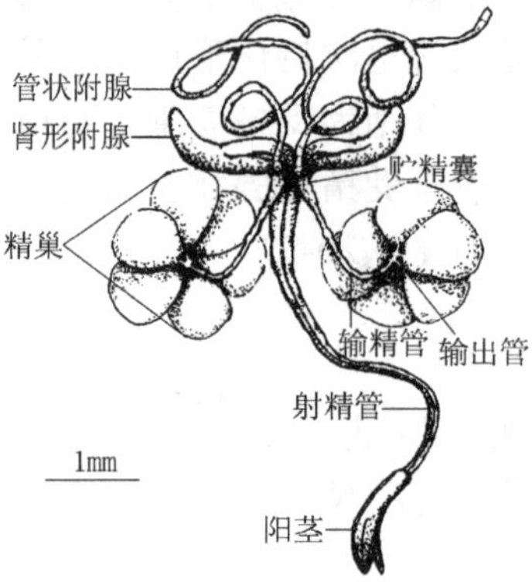

图 20-94 *Alphitobius diaperinus* 雄性生殖系统 (Hopkins 等，1993)

20.23.4 *Parastizopus armaticeps* Peringuey

雄性内生殖器：精巢位于消化道腹面、射精管两侧，包裹在脂肪组织内，富含微气管。每精巢有 5 支精巢管，精巢管扁球形，腹面中央发出输出管，输出管短，薄壁，连接精巢管和输精管。生精囊离开输出管时破裂，释放出精子。输精管倒“S”形，管腔内层为上皮层，上皮层附着在基膜上，然后是环肌和纵肌。肌肉层上有气管和微气管。上皮细胞的分泌物和游离的精子在输精管管腔内聚集，有人认为上皮细胞分泌物可能有助于生精囊的破裂。输精管后段膨大形成长梨形贮精囊，贮精囊外部有脂肪组织包被。附腺 2 对，均为中胚层起源，其中 1 对肾形，外被 2～3 层环肌包裹。在基端邻近射精管的部位，肌肉层更厚。肌肉层密布气管和微气管，气管分支穿过腺体组织，存在于上皮组织之间。根据细胞构造和分泌物性质，肾形附腺分成 4 个区域。附腺管内有附腺分泌物，无精子。另 1 对为管状附腺，与肾形腺体在背面结合。根据管腔内容物的染色反应、上皮细胞特征、管腔直径，将管状附腺分为 2 个库区和另外 4 个管状区域。附腺和贮精囊

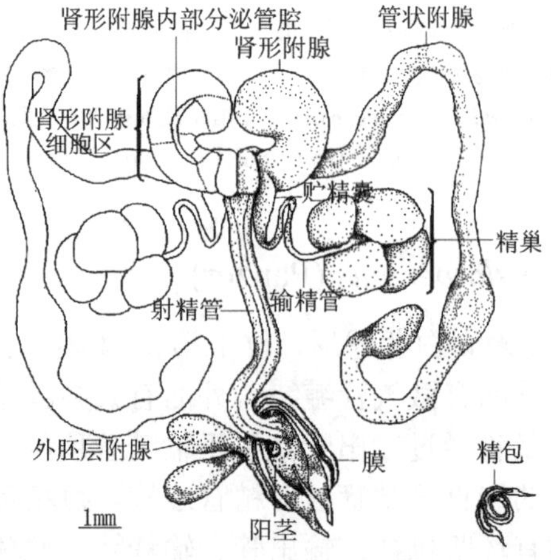

图 20-95 *Parastizopus armaticeps* 雄性内生殖器 (Brits，1982)

的末端一起汇入射精管，射精管粗直，末端稍弯曲。射精管在与肾形附腺结合处具有长的上皮细胞，每个上皮细胞有管腔，管腔内含的微细分泌物通过内膜进入射精管腔。上皮组织外为基膜，然后是环肌层。射精管端部肌肉层较薄，基部较厚。自前端一小段距离开始，射精管管腔狭窄，上皮细胞仍呈现分泌活性，管腔内膜明显加厚。接近射精管基部，肌肉层厚度明显增加，内膜进一步加厚。射精管内膜的背壁出现中空的棘 hollow spine，上皮细胞管通过棘将分泌物排入管腔。接近阳茎端，射精管内膜继续加厚，长的中空的棘位于管腔背面，管腔内壁其余部分有更小的棘。外胚层附腺椭球形，位于阳茎附近的膜质区域，内侧具有表皮衬里，衬里包裹有网状腺体组织，与阳茎结合。管腔内充满灰白色分泌物，据认为有交配时润滑和参与精液形成的功能 (图 20-95)。

20.23.5 *Platynotus punctatipennis* Mulsant *et* Rey

雌性内生殖器：每卵巢有多支卵巢管，占据腹腔大部。卵巢管端丝汇合形成悬带，卵巢管基部开口于袋状的卵巢萼上。侧输卵管粗短，中输卵管下段弯曲，开口于生殖腔腹面前端。生殖腔和交配囊复合形成海豹状肌肉鞘，以中输卵管着生处为界，后部为交配囊，前部为生殖腔，但在外部形态上两者分界不清晰。受精囊管粗短，着生于交配囊前端，受精囊体由 1 对紧密堆积盘旋的精子贮存管组成，贮存管包裹在 1 个薄的肌肉质套内。贮存管基部较宽，蚯蚓状扭曲。受精囊腺长而盘旋，基部通过杯状构造与受精囊管连接，连接点和受精囊腺基部具有环肌构成的厚套 (图 20-96)。

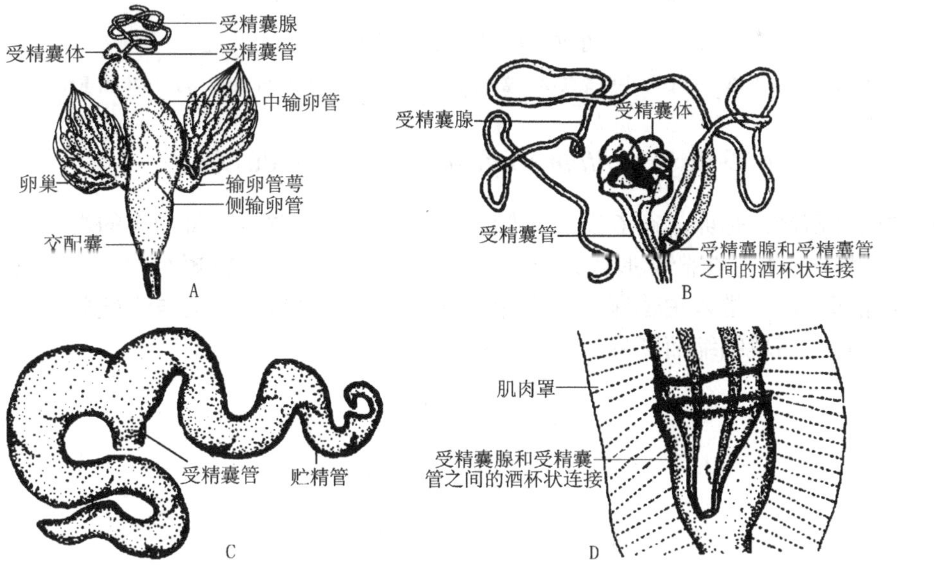

图 20-96 *Platynotus punctatipennis* 雌性内生殖器 (Inamdar and Joshi，1984)

A. 雌性内生殖器；B. 受精囊和受精囊腺；C. 受精囊管和贮精管；D. 受精囊腺和受精囊管间的酒杯状连接

20.23.6 黑粉虫 *Tenebrio obscurus* Fabricius

雄性内生殖器：每精巢有 6 枚梨形的精巢管，精巢管顶端平截，向基部急剧细缩，经输出管着生于输精管顶端。输精管顶段略膨大，整体较粗而扭曲，后段增粗形成贮精囊。附腺 2 对，其中 1 对中胚层附腺细长而扭曲，1 对外胚层附腺粗短膨大呈弯钩形。附腺和贮精囊末端着生于射精管膨大的前端。射精管自前端向后渐细，末端通入外生殖器 (图 20-97 B)。

雌性内生殖器：每卵巢有多支卵巢管，卵巢管端丝汇合成悬带，基部着生在发达的卵巢萼上。卵巢萼倒钟形，基部连接短小的侧输卵管，两侧的侧输卵管汇入中输卵管，中输卵管前端细缩，中后部增粗呈瓶状，后端与生殖腔连接。生殖腔前段膨大增粗，后段细缩呈管状。受精囊管短，着生在生殖腔顶端一侧，受精囊体发达，细腰葫芦形，受精囊腺发达，粗长管状，顶端球形膨大 (图 20-97 A)。

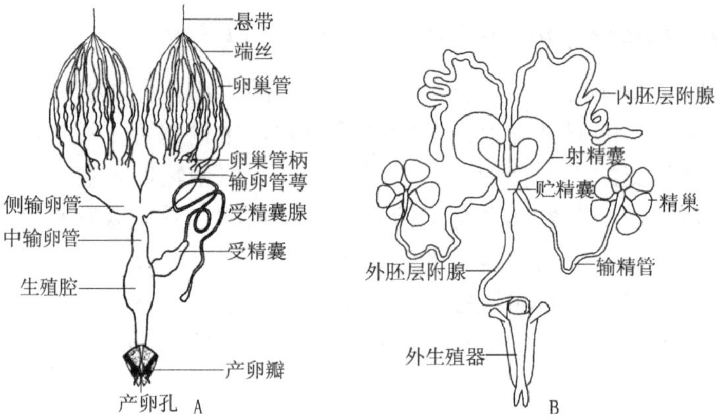

图 20-97　黑粉虫生殖系统

A. 雌性生殖系统；B. 雄性生殖系统(A. 姜永嘉等，1983；B. 参考 Richards 等，1978 图重绘)

20.23.7　杂拟谷盗 *Tribolium confusum* Jacquelin du Val

雌性内生殖器：每卵巢有 6 支卵巢管，卵巢管端丝较发达，每卵巢的端丝汇合形成悬带。卵巢管基部着生在椭球形卵巢萼上。卵巢萼发达，下部与较短小的侧输卵管连接，两侧的侧输卵管汇合进入中输卵管，中输卵管中间膨胀增粗，下端与生殖腔连接。生殖腔前段倒钟形，后段细缩而渐尖 (图 20-98)。

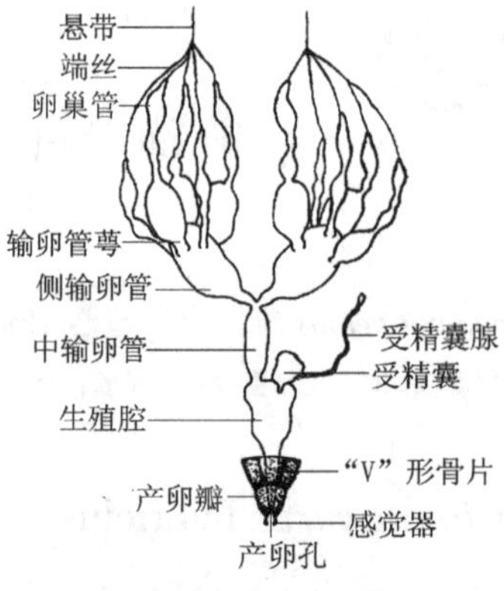

图 20-98　杂拟谷盗成虫雌性生殖系统 (姜永嘉等，1983)

20.24　芫菁科 Meloidae

20.24.1　雄性外生殖器

雄性外生殖器筒状，左右对称，略背弯，主要由阳茎基和中间的阳茎组成。阳茎基又分为基片和阳基侧突。基片多圆形，阳基侧突与基片紧密相连。阳基侧突背面分开，腹面愈合，端部呈叉状，基底有时弯向背面。阳茎为 1 弯曲的骨质管，被阳基侧突向背面所形成的鞘包围，基部沟鞘状，顶端浑圆，近顶端背腹两面常形成钩突，腹钩即为射精管柄，交配时，雄虫借此与雌虫相连。腹部第 9 腹节背板和紧贴于阳茎基腹面的腹板中部形成沟状内褶的小针突，与控制外生殖器运动的肌肉着生有关 (图 20-99)。

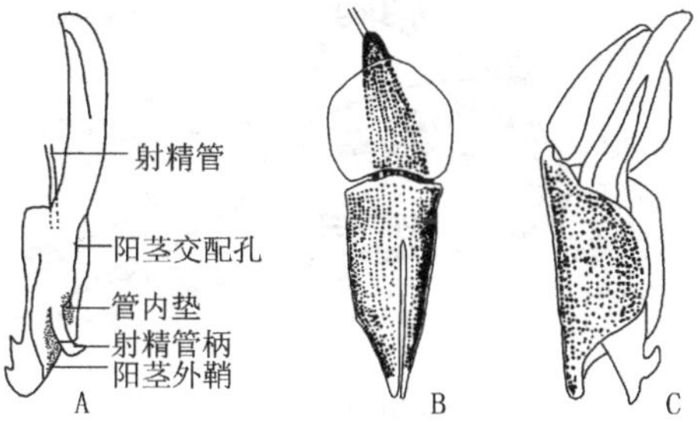

图 20-99　芫菁科雄性外生殖器 (参考邵红光等，1994 图重绘)

A. 阳茎；B. 阳茎基腹视；C. 阳茎侧视

20.24.2　*Lytta vulnerata* (LeConte)

雄性外生殖器：主要包括阳茎和 1 对阳基侧突，此外还有位于生殖腔下面的腹针。腹针虽然不属于雄性外生殖器的组成成分，但与某些生殖肌紧密相连。雄虫也具有类似于雌虫的肛背片 tergoanal sclerite。第 8 腹节背、腹板高度骨化，外表可见。与雌虫相似，第 8 腹节背、腹板闭合时，完全包被第 9、10 腹节。雄虫第 8 腹节背板后端渐尖而稍弯，第 8 腹节腹板后部深截状。节间鞘的存在类似雌虫。第 9 腹节背板部分膜质化，背面不骨化，部分或完全与节间鞘重叠。第 9 腹节腹板退化，后部形成腹针，或者仅存腹针。肛背片位于背侧面，其背侧缘光滑，中部不凹陷，末端阔，不渐尖，在后半部形成短的向腹面突出的骨片。第 10 腹节完全膜质化，这种情况类似于雌虫。但雄虫没有双壁的横隔膜，生殖腔发达。阳基侧突背面分开，腹面基部及阳茎基愈合，而阳茎基背面膜质，形成了部分膜质环环绕阳茎基部。阳茎基 phallobase 的端部通过内鞘 endotheca 与阳茎端的基部结合，内鞘膜质，缩在阳茎基内，交配时伸出。将阳茎端稍向后方拉出，内鞘明显可见。阳茎基有片状突起 spatulate apodeme，通过膜质区附着于阳茎基骨化的腹壁，阳茎基和阳基侧突能沿虫体纵轴做 180°旋转。阳茎除近基部背面外，均明显骨化，末端具有 3 支阳茎端棘，其中 2 支为背棘，1 支为腹棘。2 支背棘中，端部的 1 支稍小。腹棘比背棘更粗壮，位于阳茎开口的前缘，腹棘的基部与阳茎端的壁相愈合。阳茎开口位于

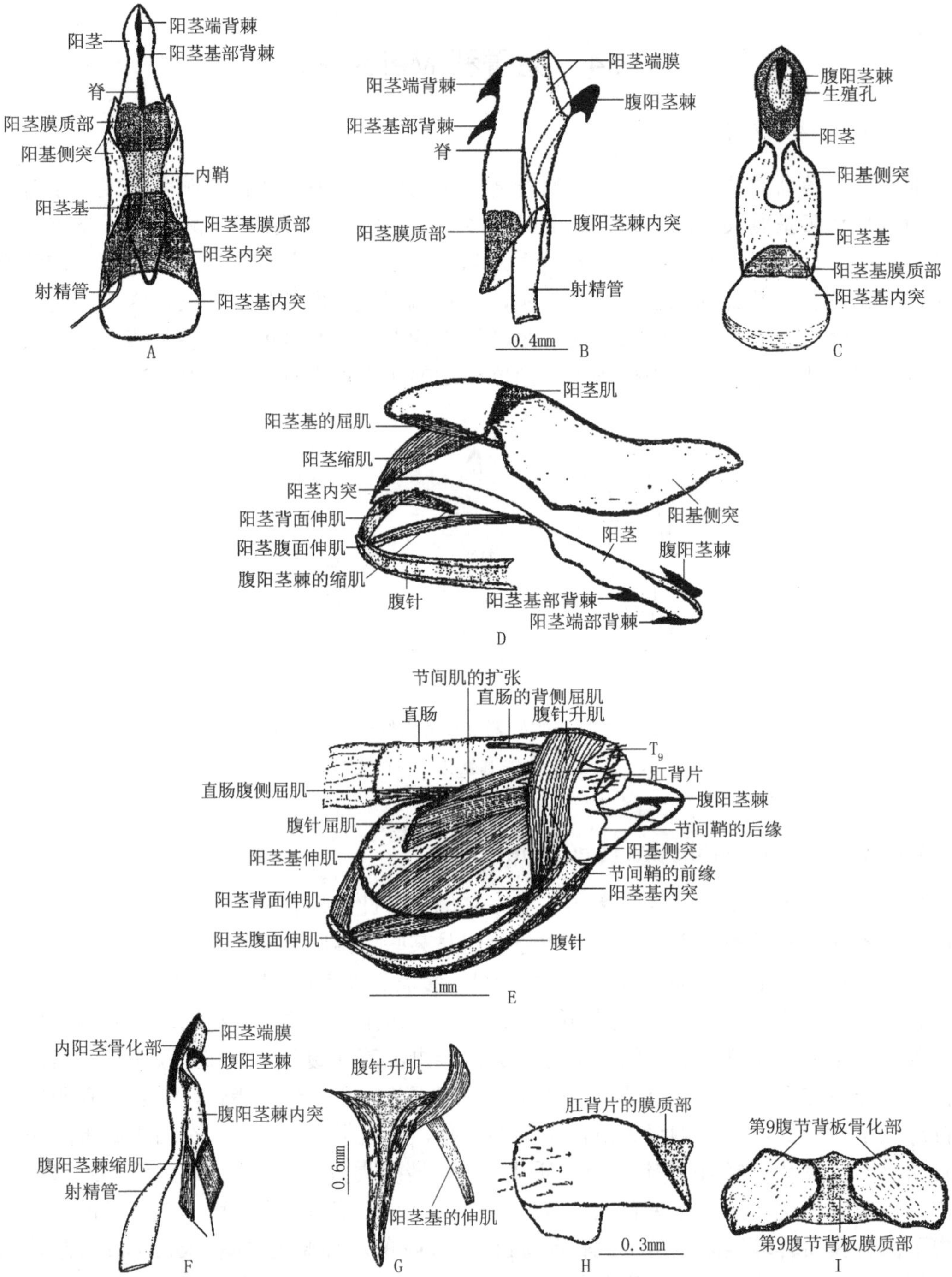

图 20-100　*Lytta vulnerata* 雄性外生殖器 (Gupta，1966)

A. 阳茎、阳基侧突、阳茎基、阳茎基内突背视；B. 阳茎稍拉出以展示内囊；C. 阳茎内突、阳基侧突、腹针、生殖肌肉组织腹视；D. 肌肉和阳茎分开以展示肌肉起源和连接点；E. 阳茎器官侧视，示肌肉组织和直肠；F. 内阳茎侧视，示骨化和膜质的阳茎端膜 vesica、腹面的阳茎棘、阳茎内突、腹面阳茎棘的缩肌；G. 腹针腹视，示伸肌的连接点；H. 背片侧视；I. 第 9 腹节背板背视；T_9 为第 9 腹节背板

阳茎端腹面。腹棘形成阳茎端突起。内阳茎是 1 根背壁骨化、腹壁膜质的短管，内阳茎的内壁具有微细的棘和锯齿形的骨片 (锯齿板)。内阳茎的末端形成 1 个很短的膜质泡囊 vesica (阳茎端膜)，这是交配期间，阳茎端固定在阴道腹壁上时，内阳茎唯一可以翻缩的部分。泡囊内壁也有棘刺和锯齿板。内阳茎的基部与射精管相连。在内阳茎基部，阳茎端腹壁形成 1 个狭窄稍凹的阳茎端突起。腹针位于生殖腔下方，基部与节间鞘前缘愈合，并向侧面伸展与节间鞘的背、腹壁接合，端部窄，向背面弯曲，向前突伸入腹腔，位于腹腔中阳茎基突的下方。它为生殖腔提供腹面支撑，并为阳茎的相关肌肉提供附着场所 (图 20-100)。

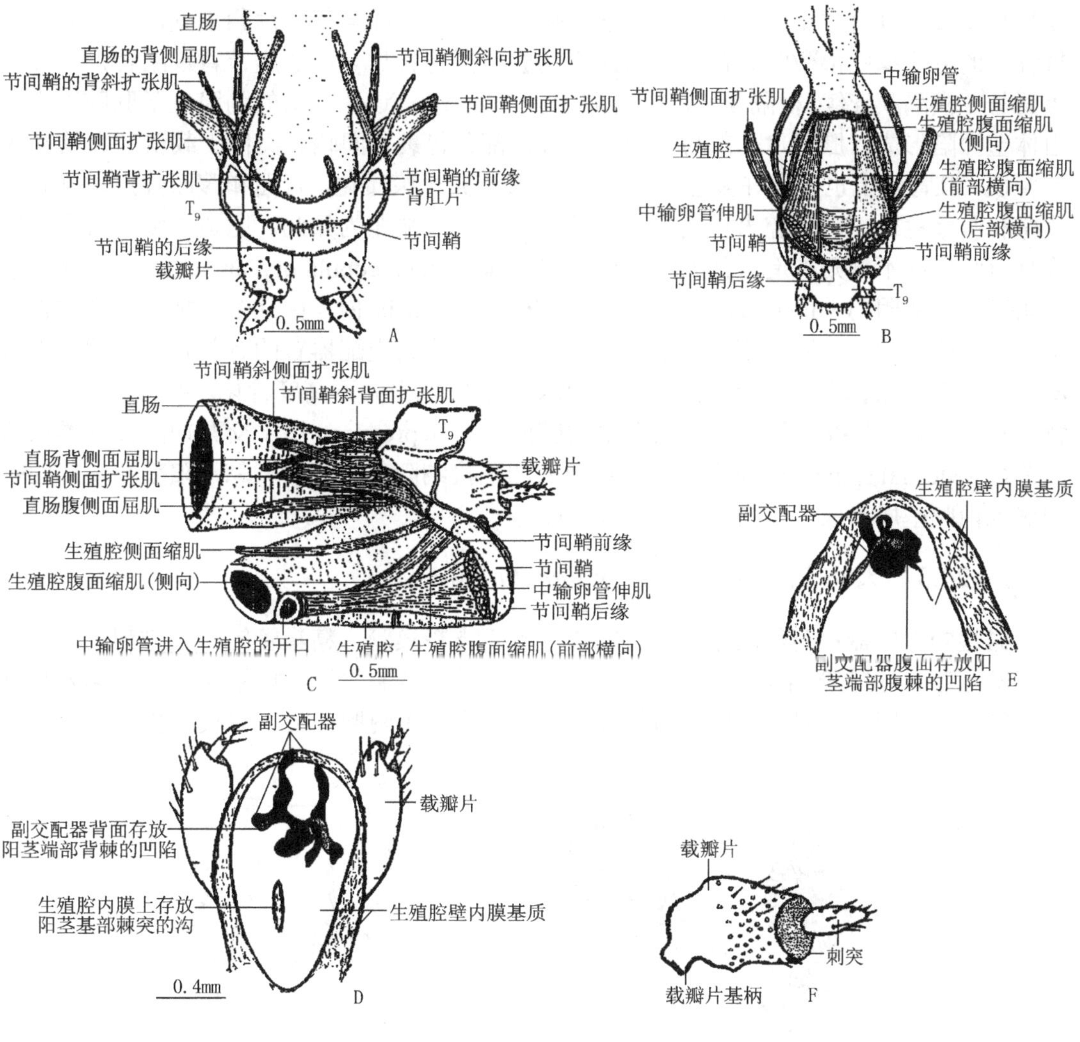

图 20-101　*Lytta vulnerata* 雌性外生殖器 (Gupta，1966)

A～C. 雌性外生殖器的背、腹、侧视； D、E. 生殖腔壁内部背、侧视，示附属交配构造；F. 载瓣片和刺突侧视；T_9 为第 9 腹节背板

雌性外生殖器：主要包括1对载瓣片，载瓣片与第9腹节相连，产卵器退化消失。除载瓣片外，还有1对肛背片位于第9腹节背板和肛孔的背侧面，它们与外生殖器的肌肉有联系。第8腹节背板和腹板外部可见，高度骨化。第8腹节背、腹板贴合时几乎完全包裹第9、10腹节，第8、9腹节的节间膜形成包裹第9、10腹节的膜质鞘（节间鞘）。生殖腔由第9、10腹节的节间膜形成，在雌虫不可辨。生殖腔背壁基部与第9腹节背板前缘结合，隐藏或部分隐藏在第9腹节背板下。鞘的腹壁伸出生殖腔后缘之外，部分覆盖载瓣片，鞘的侧面与肛背片部分重叠。第9腹节背板部分膜质，后部部分或全部与节间鞘重叠。第9腹节腹板发达而骨化，演化为腹侧面的2块载瓣片，载瓣片基部形成向腹侧面突出的骨片（基茎 basal stem），载瓣片末端近圆柱形，着生有不分节的刺突。载瓣片和刺突都具有感觉毛。肛背片高度骨化、黑色，侧面与载瓣片稍重叠，末端圆钝。每骨片的背侧缘中部微凹。背面有1狭窄的膜质区将骨片与第9腹节背板结合，骨片在腹面与1横隔膜连续，横隔膜将肛腔与阴道腔分割开来。这个双壁的隔膜位于肛腔下方，由体壁深陷形成。肛背片基部与节间鞘愈合，部分包裹节间鞘。类似于载瓣片和第9腹节背板，肛背片上也具有许多感觉毛。第10腹节完全膜质化，背面和腹面分别与肛腔的背壁和腹壁愈合。阴道腔内衬高度加厚的内膜，在后端尤为如此。阴道内膜的背、腹层均具有骨化的不规则构造，称为附属交配器官 accessory copulatory apparatus，该器官临近阴道开口或阴门 vulva，深埋于内膜基质 intimal matrix 内，由几个不规则排列的骨片组成。这些骨片从不同角度观察呈现不同的形态。附属交配器官的有些骨片透明或半透明，与内膜基质难以分辨。有些雌虫，附属交配器官似乎并不高度骨化，所以并不清晰。背面和腹面的附属交配器官分别具有窄的腔或凹陷 depression，用于交配期间接纳雄虫的阳茎棘 aedeagal spine。附属交配器官背面的凹陷接纳阳茎末端的背棘，阳茎端基部的棘则嵌入内膜基质形成的窄沟内（图 20-101）。

20.24.3 大斑芫菁 *Mylabris phalerata* Pallas

雄性内生殖器：精巢圆球形，每精巢有数百支精巢管。精巢管辐射状排列，基部开口于输精管。输精管细长扭曲，基段（邻近射精管）稍膨大形成贮精囊，贮精囊内具有大量精子束。附腺2对，其中1对粗壮棒状，称为第1附腺；另1对较细长，称为第2

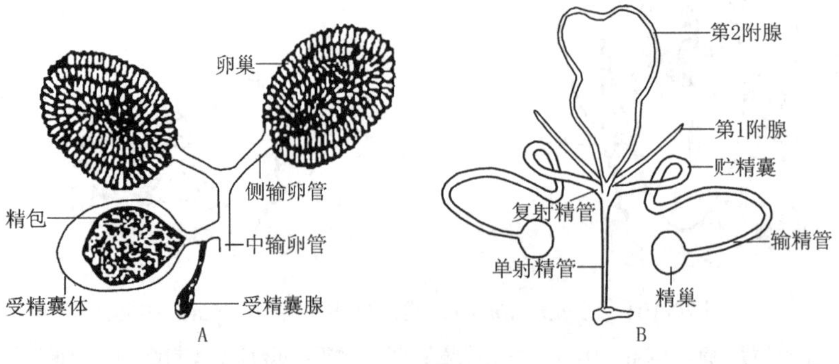

图 20-102 大斑芫菁内生殖器

A. 雌性内生殖器；B. 雄性内生殖器(A. 黄文华和杨兆芬，2001；B. 参考黄文华和杨兆芬，2001 图重绘)

附腺，两侧第 2 附腺前端连接呈环形。每侧的贮精囊、第 1 附腺、第 2 附腺基部汇合于短的复射精管，复射精管汇入单射精管。单射精管管壁内面为 1 层上皮细胞层，外围以 6～7 层肌肉层，环肌在内，纵肌在外 (图 20-102 B)。

雌性内生殖器：每卵巢有数百支卵巢管，卵巢管基部为多褶皱的卵巢管柄。侧输卵管端部膨大成囊状卵巢萼。中输卵管管状，外方有主要为环肌组成的肌肉鞘。受精囊囊壁较薄，已交配雌虫受精囊腔内有密集的精子束团块 (图 20-102 A)。

20.25　天牛科 Cerambycidae

20.25.1　雄性内生殖器

多数种类每精巢含 2 支精巢管 (叶)，同一精巢的精巢管相互游离或有 1 共同膜包被。每侧精巢的精巢管通过各自的输出管汇入侧输精管。精巢管 (叶) 扁球形，中央略凹入，输出管从中央凹处发出。精巢管表面膜有若干内陷，横切面呈放射状。关于扁球形构造与精巢管的关系主要有 3 种观点：①每 1 扁球体代表 1 个精巢，每 1 精巢又包含若干表面膜内陷划分的精巢管；②每 1 个扁球体为精巢的 1“叶”，每“叶”又含有若干表面膜内陷划分的精巢管；③每 1 扁球体即为 1 支精巢管，表面膜内陷形成精巢管的隔膜系统。沟胫天牛亚科除星天牛属和菊小筒天牛等外，每精巢均有 2 支精巢管 (叶)。小筒天牛属、脊筒天牛属、筒天牛属、瘤筒天牛属等，2 支精巢管 (叶) 有共同被膜。附腺在侧输精管上着生的位置多变，但同侧的 2 支附腺一般着生在侧输精管上的相同位置。附腺一般较发达。多数种类贮精囊并不明显膨大。沟胫天牛亚科有 2 支雄性附腺，2 支附腺在色泽、大小等方面有差异，存在功能分工。具有 1 支射精管在天牛科和鞘翅目其他类群较为普遍，另一些天牛有 2 支射精管，2 支射精管在环状器的下方交叉再伸向对侧，同侧的附腺、精巢也随之移向对侧。射精管由环状器的背方进入，在环状器中呈螺旋状盘曲，直至外生殖器的内囊 (内阳茎) 而通到体外。交配时，内囊翻出，盘曲的射精管随之拉直，而环状器外射精管的位置不变。沟胫天牛亚科射精管 1～2 支，2 支者如沟胫天牛族和白条天牛族，其两侧射精管在环状器中汇合，最终仍以 1 支的形式通入雄性生殖孔。射精管数量与射精管原基内陷分支时间有关，分支早的形成 2 支。附腺在输精管上的位置与射精管数量有关，一般射精管 2 支的其附腺远离精巢，射精管 1 支的则邻近精巢。有人认为这是生殖道形成过程中，射精管的延伸和侧输精管的发育程度不等而造成的，1 支射精管的射精管极度延长，而输精管缩短使附腺更接近精巢。

20.25.2　雄性外生殖器

雄性外生殖器由中茎、阳茎基、内囊 3 部分组成。阳茎基呈环状套住柱状的中茎管，故属于具环型。整个外生殖器通过阳茎基外侧的第 2 连续膜与体壁相连，阳茎基内侧有第 1 连续膜连接中茎。中茎能够在阳茎基内来回运动。阳茎基系基片和阳基侧突的总称。江原昭三 (1954) 将天牛科的阳茎基划分为 4 个部分：即 1 对阳基侧突，1 个盖 roof，1 个基片和由两侧臂围成的环状部。但并非所有种类都完整地具有上述 4 个部分。静止时，阳基侧突位于中茎端部的上方，是 1 对薄片状的扁圆柱形、圆锥形或端部近球形的立体结构，表面和端部有时具毛、齿等。阳基侧突基部左右分开称为无盖，盖的形状也因种而异。基片是指位于中茎背方的骨片。环是阳茎基围绕中茎两侧和腹面的部分，形状变化大。中茎也称阳茎，管状，通常弓形，体内端常分裂为 1 对薄片状的中茎突或阳茎内突。交配孔常位于端部的背面。基孔则位于腹面基部。两孔之间的中茎管即为交配时内囊翻出的通道。自交配孔两侧到中茎突基部的膜质环将中茎分割成上下 2 片，交配孔腹缘的形状系指下片端部的形状。中茎内有 1 膜囊，系射精管端部的特化部分，称为内囊(内阳茎、阳茎端膜)。内囊长袋状，膜质，静止时位于中茎突的下方，它的基部 (袋口) 着生于中茎端末内壁，如倒翻的手指套，端部连接射精管，射精管在内囊端部的着生位置有端生和侧生两类。交配时，内囊经交配孔外翻，射精管随之前移到翻出的囊端，插入雌虫生殖腔，为真正的插入器官。许多种类在囊内有各种形状的骨片，内囊壁上也着生有不同形状的骨化结构物 (图 20-103)。

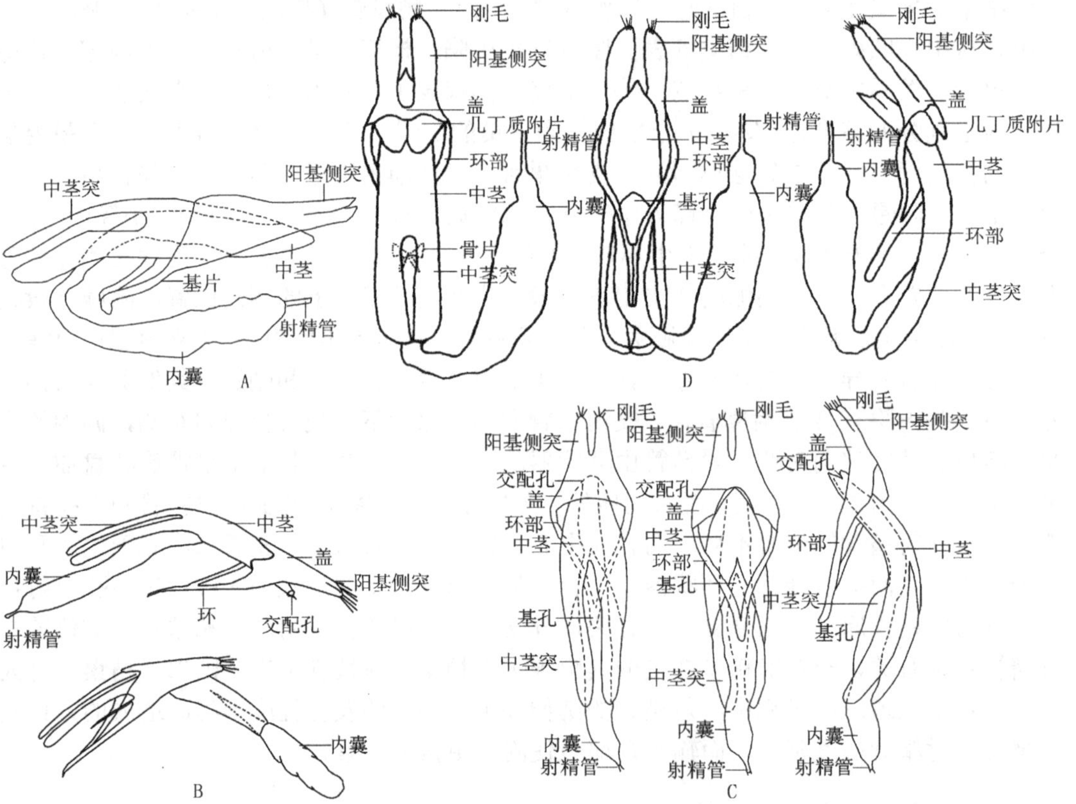

图 20-103　天牛雄性外生殖器

A、B. 天牛雄性外生殖器侧视；C. 天牛雄性外生殖器背、腹、侧视；D. 花天牛亚科雄性外生殖器背、腹、侧视 (A. 参考陈世骧等，1959 图重绘；B. 参考吴蔚文，1984 图重绘；C. 参考蒋书楠等，1985 图重绘；D. 蒋书楠等，1985)

20.25.3　雌性内生殖器

卵巢位于第 2~4 可见腹节的侧下方，悬带则伸入胸部，附着于中胸背肌上。鞘翅目昆虫卵巢管着生方式有 3 类：①卵巢管环生于卵巢萼顶部周围同一平面上；②卵巢管呈螺旋状着生于圆锥形卵巢萼上；③卵巢管顺次着生于输卵管的一侧。天牛卵巢管着生方式属于前两类，但两类之间仅在卵巢管发育幼期较易区别。鞘翅目多食亚目具有端滋式卵巢管，在端滋式卵巢管的基础上，根据原卵区中滋养细胞间细胞膜是否消失将卵巢管分成 3 种发育类型。①原始型：膜不消失，细胞明确可分。②过渡型：膜的消失仅发生在姐妹细胞间。③次生型：膜消失，全为合胞体。天牛卵巢管属于端滋式过渡型卵巢管，姐妹滋养细胞间形成合胞体。沟胫天牛亚科卵巢管数目可分为基数 5 或 3 两类。

侧输卵管位于卵巢萼下，从两侧汇入中输卵管，中输卵管经"U"形弯曲进入生殖腔，进而开口于生殖孔。交配囊在"U"形管的底部与中输卵管分开，交配囊一般形态简单，其末端不特别膨大，常为棒状，若膨大，也呈现渐变的形式。有的种类具有复杂的交配囊，如筒天牛属和瘤筒天牛属的头状交配囊，其末端极度膨大并有细柄。大多数种类的受精囊管侧生于交配囊上。受精囊管或者直接分出受精囊体与受精囊腺，这种受精囊称为二歧式，二歧式受精囊的受精囊腺具有灌丛状的分支，如楔天牛族。受精囊管仅直接连接受精囊体，受精囊体上再发出受精囊腺，此种受精囊称为再出式，再出式受精囊的受精囊腺简单不分支，如沟胫天牛族、白条天牛族。受精囊壁内层具有几丁质化的内膜，外层是结构疏松的结缔组织层，缺乏皮细胞层，因此受精囊仅有贮存而无滋养功能，而由受精囊腺这一专门构造提供精子滋养物质。有人认为甲虫的受精囊腺是交配囊壁向体腔外突形成的，由受精囊腺再次特化而成不同类型的受精囊。天牛的再出式受精囊为外突的管状腺体中部膨大而成，囊后的部分形成受精囊腺，囊前部分形成受精囊管。二歧式受精囊则由管状腺体的末端膨大形成，囊前部分兼具受精囊腺和受精囊管功能，由于囊前双重功能部分的进一步特化分工，在靠近受精囊处再次外突形成受精囊腺，原来的双重功能部分则简化为受精囊管。在二歧式受精囊中，小筒天牛属、脊天牛属、筒天牛属和瘤筒天牛属还具有发达程度不等的附囊，功能不明。楔天牛族中附囊则呈现从无到有、由小到大的发展序列。生殖腔是由第 9 腹节形成的套腔，内有产卵器，肛孔也开口于此，因此属于泄殖腔。产卵时整个生殖腔向外翻出，而消化道末端由于膜鞘的外翻而并不移动。静止时，产卵器则嵌入生殖腔的褶中。第 8 腹节腹板向体内生出 1 腹针，以提供控制产卵器伸缩活动的肌肉的着生点。腹末神经节位于侧输卵管与中输卵管的交汇处，发出神经纤维伸达侧、中输卵管及产卵管的伸缩肌，控制生殖活动。

20.25.4　雌性外生殖器

产卵器由肛侧板、载瓣片、基腹片、端突和载肛突组成。雌虫产卵管一般很长，平时不外露，也有一些种类的产卵管经常外露很长。除末端的端突外，都连有坚固的细长骨杆。肛侧片位于产卵器基部，其基部通过连续膜与内生殖器相连，一般为长形，其上有腹骨杆 (肛侧骨杆) 0～2 对，背骨杆 0～1 对。肛侧板骨杆多较直。载瓣片位于肛侧板的端部，左右合一，通常较短，其内一般各有 1 根载瓣片骨杆。基腹片位于载瓣片之下，通常在基部左右各有 1 根基腹片骨杆，端部不具骨杆的部分通常不同程度地骨化且略膨大，形成基腹叶，其外侧和末端常有刚毛。载瓣片和基腹片一般愈合无分界。基腹片后端常分离成 2 个近圆柱形部分，称为基腹片突，内侧骨化，着生感觉毛，基部的开口为生殖孔，在末端或端部侧角着生端突，常骨化，端部着生感觉毛。肛侧板背面骨杆较长，延伸至基腹片突的基部，前端远离或接近载肛突。载肛突位于产卵器背面节间膜和肛侧板的连接处，分成两半，形状各异，宽短或细长。外生殖器顶端有阴道片，其骨化程度、形状和长短可作为分类特征。尾片是产卵器最末端部分，多为圆柱形 (图 20-104)。

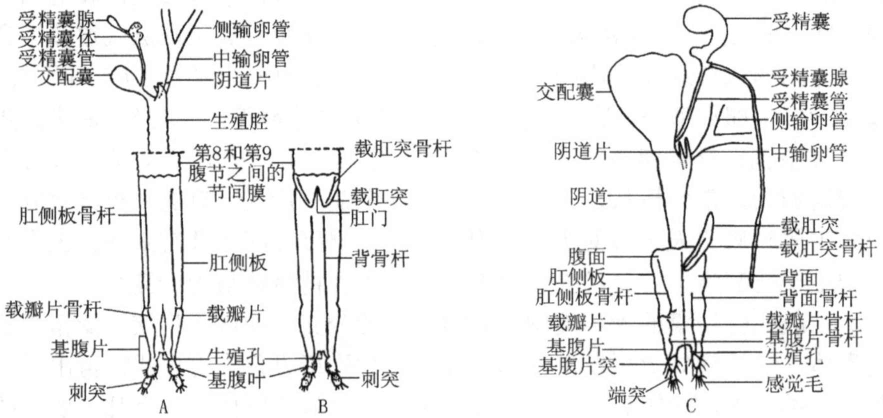

图 20-104　天牛科雌性生殖系统

A. 腹视；B. 背视；C. 花天牛亚科雌性生殖系统 (A、B 田立超和陈力，2009；C. 蒋书楠和陈力，2001)

20.25.5　星天牛 *Anoplophora chinensis* (Förster)

雄性内生殖器：每精巢有 12 支精巢管。精巢管扁球形，腹面中央发出 1 支输出管，各精巢管的输出管交互着生于输精管前段。输精管较短，前段扭曲，除前端精巢管着生部分外，其他部分稍膨大形成不很明显的贮精囊。附腺 2 对，1 对较粗长。每侧的大小 2 支附腺与贮精囊末端一起汇入射精管，射精管较粗短，后段进入环状器，其末端与内囊基部连接，位于内囊腔内，并经中茎孔与外部相通 (图 20-105 A、B)。

雄性外生殖器：中茎微弯，端半部侧缘平行，短阔，交配孔腹缘圆弧形，中段略扩张，中茎突较中茎短。阳茎基与中茎总体等长，无盖，具基片。阳基侧突狭长，近扁圆柱形，端部圆，被长刚毛，基部内侧各有 1 小突起使两侧分开较宽。内囊休止时为明显的套筒状结构，端部连着 1 对射精管，外翻时可明显分为基段、中段和端段。基段即休止状态下可见的内囊部分，骨化较弱，似膜质，较粗大，其内表面密生细长的绒毛状微毛，基半部绒毛较密。外翻后，基部两侧有 1 对微毛密集、分界不清的骨化区域，为休止状态下中茎中部能见到的 1 对褐色眉状纹外翻后扩展而成。中段即休止状态下能见到的内囊筒部分，骨化程度较基段强，细长圆柱形，端部前稍缢缩呈瓶口状，表面被有形状较稳定的骨化微刺。端段即休止状态下见到的内囊杆部分，实为 1 对两侧分界不清、硬性、长形骨片，经连续膜相连围成的细长骨化管道。其基部内侧连着 2 支射精管，端部开口于体外，表面密被刺状微毛，以近端部微毛较密。内囊 3 段结构中以中段和端段骨化程度较高，中段的微刺和基段两侧的骨化区域应为交配时插入雌虫生殖腔后的固着结构，有防止脱出的功能。端段的刺状微毛多为感觉毛 (图 20-105 C～G)。

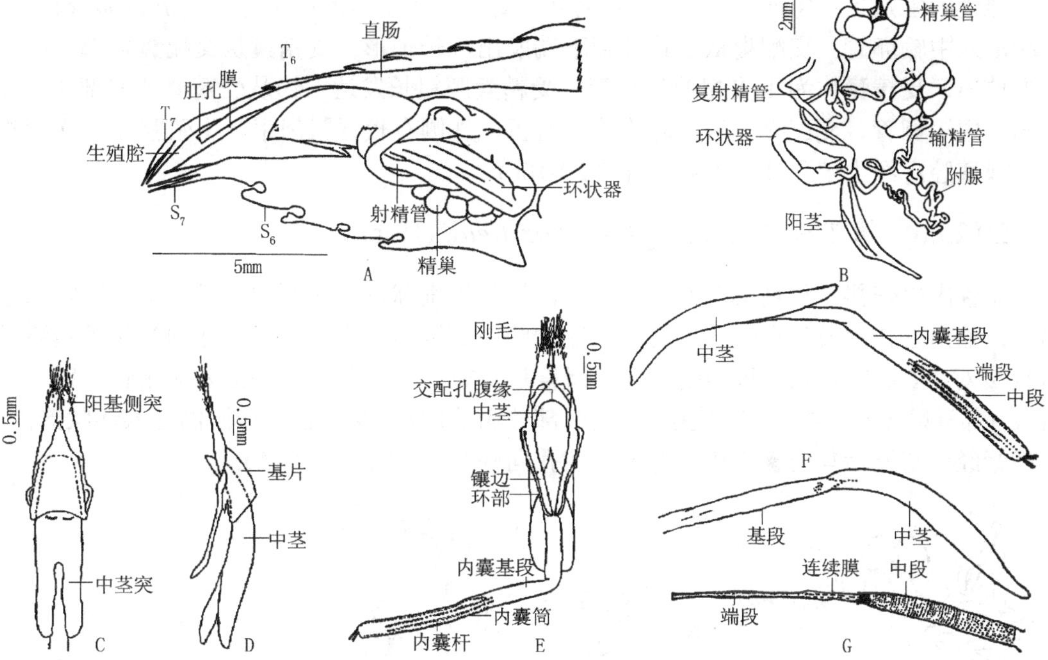

图 20-105　星天牛雄性生殖系统

A. 雄性生殖系统在体内的位置；B. 雄性内生殖器；C、D、E. 雄性外生殖器背、侧、腹视；F、G. 内囊静止和外翻状态；T_6、T_7为第 6、7 腹节背板；S_6、S_7为第 6、7 腹节腹板 (A、B. 李天安，1986b；C～G. 吴蔚文和蒋书楠，1989)

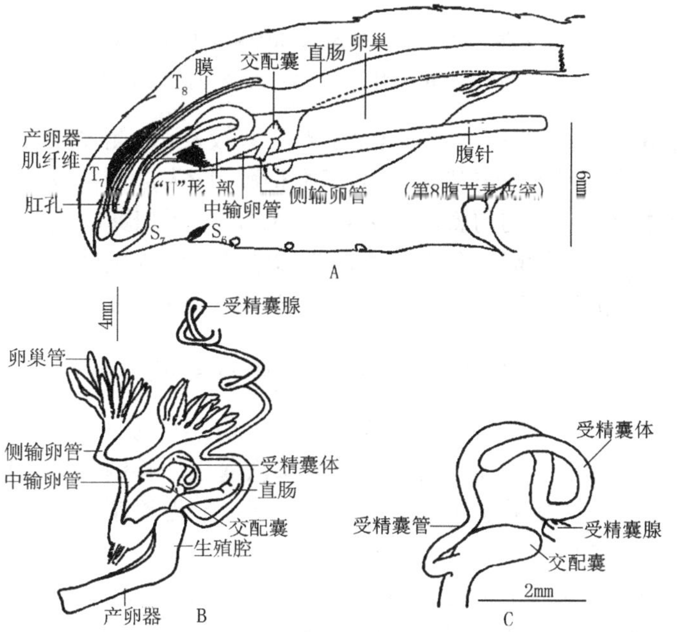

图 20-106　星天牛雌性生殖系统 (李天安，1986b)

A. 雌性生殖系统在体内的位置；B. 雌性内生殖器；C. 交配囊和受精囊的着生关系；T_7、T_8为第 7、8 腹节背板；S_6、S_7为第 6、7 腹节腹板

雌性内生殖器：每卵巢有 12 支卵巢管，着生在较发达的卵巢萼上。侧输卵管较长，下端汇入中输卵管。交配囊从中输卵管下端发出，长茄形。受精囊从交配囊顶部弯凸面下方伸出，受精囊体为 1 支扭曲的粗管。受精囊腺粗长发达，约从受精囊体前部 1/3 处发出。中输卵管、交配囊与生殖腔连接处弯折，外侧有较强肌肉束。生殖腔经 2 次弯折进入泄殖腔，经生殖孔开口于体外（图 20-106）。

20.25.6　楝星天牛 *Anoplophora horsfieldi* (Hope)

雄性内生殖器：每精巢有 6 支精巢管，精巢管扁球形，腹面中央发出 1 支很短的输出管，输出管依次着生在输精管前段。输精管中部以后膨大，形成发达的管状贮精囊。附腺 2 对，1 对较粗长。每侧精巢的贮精囊和长短 2 支附腺管共同汇入射精管。射精管前段（邻近贮精囊）约 1/3 细狭扭曲，其余部分由前而后渐粗，直至在同侧通入环状器内。射精管经环状器后与内囊连接，通过中茎孔向外开口（图 20-107 A）。

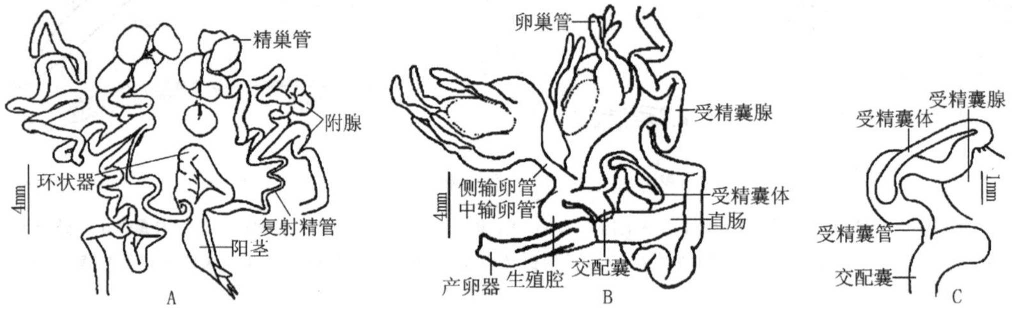

图 20-107　楝星天牛内生殖器，交配囊和受精囊的着生关系（李天安，1986b）

A. 雄性内生殖器；B. 雌性内生殖器；C. 交配囊和受精囊的着生关系

雌性内生殖器：每卵巢有 6 支卵巢管，卵巢萼较发达。侧输卵管约与中输卵管等长。交配囊从中输卵管下端肌球结节处发出，顶部肾形膨大。受精囊从交配囊顶部凸面下方发出，受精囊体管状，不均匀膨胀，大致呈“&”形。受精囊腺粗壮发达，与受精囊体结合部明显膨胀增粗。中输卵管和交配囊在肌球结节内汇入生殖腔，生殖腔较短，末端进入泄殖腔内，经产卵器基部的生殖孔向外开口（图 20-107 B、C）。

20.25.7　黄斑星天牛 *Anoplophora nobilis* Ganglbauer

雄性内生殖器：每精巢有 12 支精巢管，精巢管扁圆形，中央凹陷。每精巢管从腹面凹陷处发出 1 支输出管，各精巢管的输出管顺次着生于输精管上。输精管细长，贮精囊不明显。附腺 2 对，分别着生于两侧输精管下端，靠近输精管的 1 对附腺较短，位于中部的 1 对较长。每侧的长短 2 支附腺和输精管一起汇入下部的射精管，两侧射精管左右交叉后伸向对侧，并向前延伸进入环状器与射精管相连。环状器头向伸至第 3 腹节再折向后面。其前伸部分位于背面，乳白色且质地柔软；后折部分位于腹面，棕黄色骨化状。射精管在环状器中螺旋状盘曲后，连接在内囊基部腔内，经内囊管、中茎孔而通到体外。交配时盘曲的射精管随之拉直，内囊翻出（图 20-108 B）。

雌性内生殖器：卵巢 1 对，位于后胸至第 1 腹节消化道侧下方，每卵巢有 12 支卵巢管，卵巢管外面有透明被膜。卵巢管端丝汇集成的悬带附着于脂肪体上，端部插入后胸至中胸， 附着于中胸背肌上。卵巢管的基部以卵巢萼与侧输卵管相连，未产卵的卵巢管基部有卵巢管塞。侧输卵管乳白色，两侧的侧输卵管从侧下方与中输卵管相连。中输卵管短，棕黄色，位于直肠腹面，向下连接生殖腔，进而开口于生殖孔。交配囊位于直肠腹面，中输卵管背面。下部约 2/3 直管状，顶部椭球状，底部与中输卵管分开。受精囊从交配囊顶端中部一侧发出，受精囊管细直，受精囊体马蹄形弯曲囊状，其顶端一侧发出粗长受精囊腺 (图 20-108 A)。

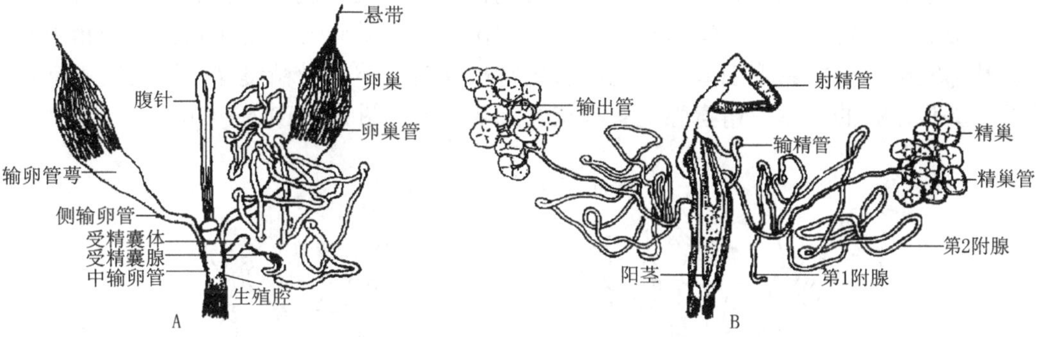

图 20-108 黄斑星天牛生殖系统 (刘惠霞等，1992)

A. 雌性生殖系统；B. 雄性生殖系统

20.25.8 紫绿柄天牛 *Aphrodisium cantori* (Hope)

雌性外生殖器：产卵器长宽比约为 4∶1；肛侧板约达产卵器长度之半，其骨杆较粗，不与载瓣片骨杆相连，端部横折向外形成较宽骨片且弯曲。载瓣片端部有横折，其骨杆与基腹片骨杆接近，基腹片骨杆较粗，端部呈三角形，末端分叉，横折向外。基腹片突粗大，腹面近端部着生较密感觉毛。肛侧板背面骨杆细长弯曲，基部延伸至基腹片基部，前端远离载肛突。端突中等大，端部着生长感觉毛。载肛突较粗长，载肛突骨杆细长，弯曲，基部较接近。阴道片较粗，具基柄。受精囊管较粗长，受精囊粗短，弯曲呈鱼钩形。基部背面着生较短受精囊腺 (图 20-109)。

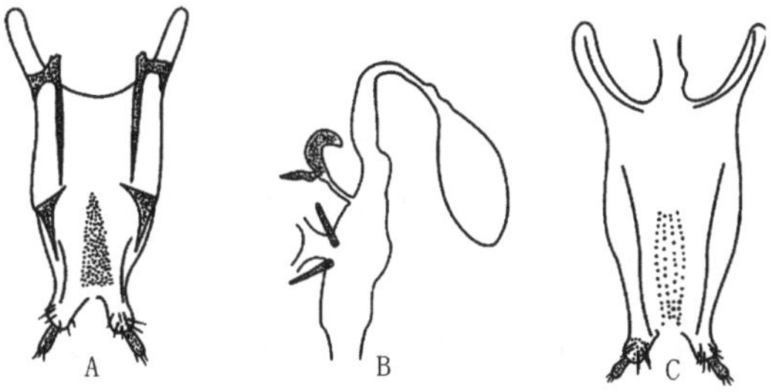

图 20-109 紫绿柄天牛雌性外生殖器 (田立超和陈力，2009)

A. 外生殖器腹视；B. 生殖腔、交配囊、受精囊、中输卵管的着生关系；C. 外生殖器背视

20.25.9　桑天牛 *Apriona germari* (Hope)

雄性内生殖器：每精巢有 2 支精巢叶。精巢叶扁圆形，腹面中央凹陷处发出 1 支输出管。两精巢叶的输出管顺次着生在输精管前段，输精管自中部开始逐步增粗，形成管状扭曲的贮精囊。附腺 2 对，1 对粗长发达。每侧的大小 2 支附腺和射精管集生于贮精囊中部，使贮精囊后段呈盲管状突出。每侧的射精管从贮精囊中间发出，细长扭曲，后段进入环状器内，进而与内囊基部连接 (图 20-110 D、E)。

雌性内生殖器：每卵巢有 6 支卵巢管，卵巢管的端丝汇集成悬带，其顶端直达中胸背肌。卵巢管基部着生于卵巢萼上，进而与侧输卵管相连。侧输卵管和中输卵管短，棕黄色。交配囊研锤状，自中输卵管基部一侧伸出，以膜质管与生殖腔连接。受精囊从交配囊基部发出，受精囊管细直，其端部着生肾形受精囊体，受精囊体顶端发出 1 支粗壮的受精囊腺，有的个体受精囊腺上有指状突起或分支 (图 20-110 A～C)。

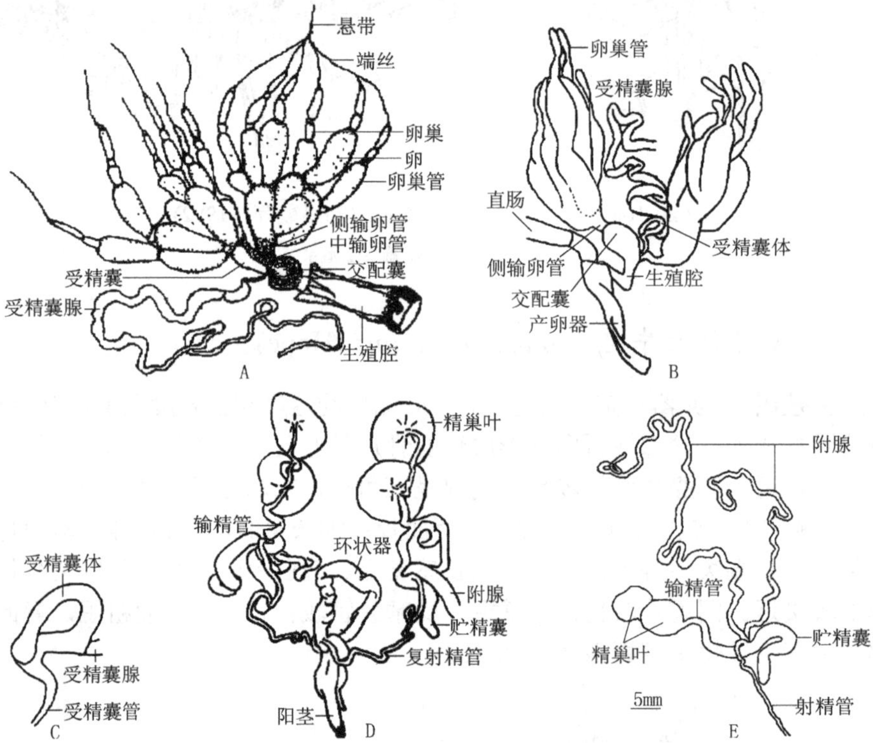

图 20-110　桑天牛生殖系统

A、B. 雌性内生殖器；C. 受精囊各部分的着生关系；D. 雄性内生殖器；E. 雄性内生殖器局部 (A. 秦旦仁等，1994；B～D. 李天安，1986b；E. 高洁等，2008)

雌性外生殖器：第 7 腹节是休止状态时腹末可见节，长约为其余体节的 2 倍，背、腹板末端渐窄并中裂呈双瓣状，背板背面弧形下弯，腹板末端也呈下弯状，背、腹板闭合后形成 1 近锥状的腔。第 8 腹节内陷于第 7 腹节的腔内，产卵时伸出体外。第 7 腹节末端、第 8 腹节、产卵瓣和尾片上均着生大量感觉毛。产卵器主要由第 8 腹节、第 8 腹节与第 9 腹节间的节间膜、第 9 腹节特化而成。第 8 腹节背板、腹板形成的管腔位于泄殖腔的端部，第 8、9 腹节节间膜形成泄殖腔，内陷入腹腔中，第 9 腹节特化为泄殖腔底部。泄殖腔内壁部分骨化，第 9 腹节背板基部膜质，端部骨化，骨片条状弧形；腹板膜质，其半腹片特化成 1 对产卵瓣，生殖孔开口于产卵瓣基部。每个产卵瓣中背腹各有 1 根细长骨片，端部有尾片相连。产卵时，产卵瓣伸出腹末，泄殖腔随之翻出体外形成产卵器。

20. 25.10　苹眼天牛 *Bacchisa dioica* (Fairmaire)

雄性内生殖器：每精巢有 2 支精巢叶，精巢叶椭球形，每精巢的 2 精巢叶贴合，每精巢叶的输出管隐藏，输精管后段略膨大，形成直管状贮精囊。附腺 2 对，1 对较粗短，前段膨胀扭曲呈蠕虫形；另 1 对较细长，蚯蚓状扭曲。每精巢的贮精囊和长、短 2 附腺一起接入射精管，两侧的射精管有共同鞘包被，形成射精管鞘，鞘前部一小段弯折，其余部分弧曲呈香蕉形，末端通入较疏松扁曲的环状器，射精管经环状器后，与内囊接合，经中茎孔开口于体外 (图 20-111 C)。

雌性内生殖器：每卵巢有 6 支卵巢管，卵巢萼较发达。侧输卵管长于中输卵管，中输卵管较粗短。交配囊基部管状，端部拇指状，从中输卵管下端肌肉结节内发出。受精囊从交配囊顶部凸面一侧发出，受精囊管较发达，前端弯曲折叠形成不规则膨胀的管状受精囊体，受精囊腺从受精囊体前部约 1/3 的管侧发出，粗壮发达，稍弯曲。中输卵管和交配囊管在中输卵管下端的肌肉结节内汇入生殖腔，生殖腔较粗短，弯折后进入泄殖腔 (图 20-111 A、B)。

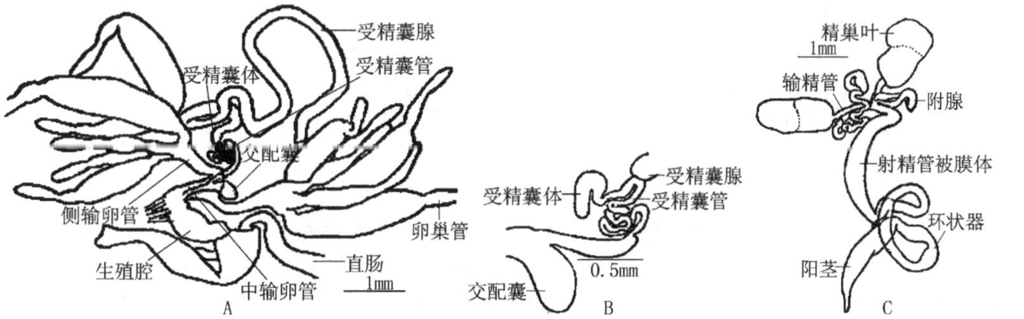

图 20-111　苹眼天牛内生殖器、交配囊和受精囊的着生关系 (李天安，1986b)

A. 雌性内生殖器；B. 交配囊和受精囊的着生关系；C. 雄性内生殖器

20. 25.11　云斑白条天牛 *Batocera lineolata* Chevrolat

雄性内生殖器：每精巢有 2 支精巢叶，精巢叶扁球形，2 精巢叶相互分离，精巢叶腹面发出短的输出管，输出管顺次着生在输精管前段。附腺每侧 2 支，其中 1 支较细长，有的个体附腺近基部有指状分支。输精管中后部在成虫发育成熟后，膨大形成长梭形乳白色贮精囊，贮精囊下端细缩后与同侧的 2 支附腺一起汇入同侧射精管前端的萼状部。

射精管细长，壁骨化，左右两侧的射精管前部游离，交叉后进入环状器。环状器外表为皱褶的肌纤维鞘，内部为螺旋盘曲的 2 支射精管。在与内囊连接处，2 射精管端部拼合，但仍各自独立开口。拼合后的射精管端部与内囊相连并套叠在内囊内，环状器外鞘的肌纤维层与内囊管壁紧密贴合但不结合。交配时，环状器内盘曲的射精管伸直，经过射精管端部与内囊的套叠，使内囊翻出体外，同时使射精管的开口移到套叠后内囊的端部 (图 20-112 A)。

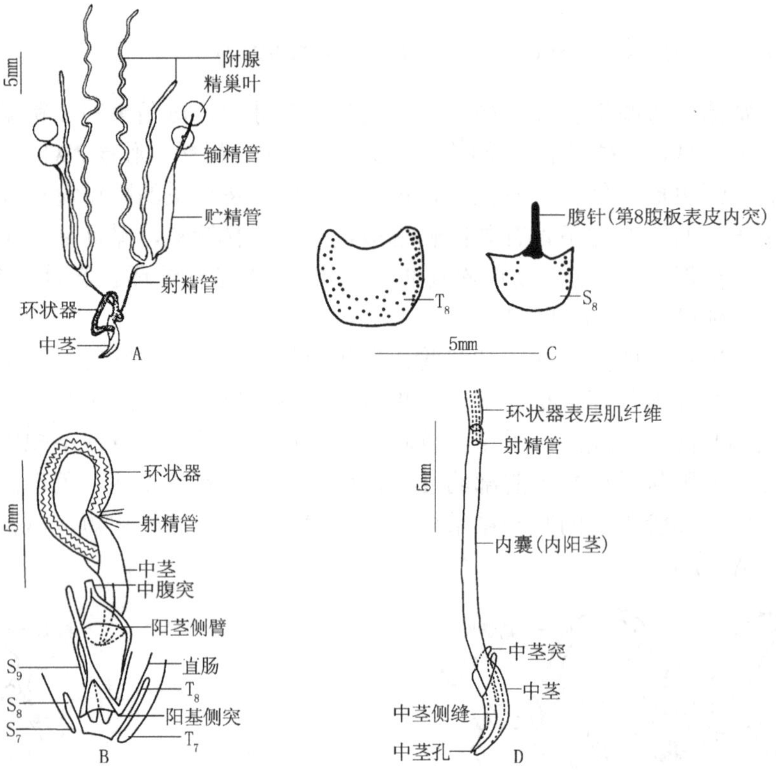

图 20-112　云斑白条天牛雄性生殖系统

A. 整体；B. 第 7～9 腹节与外生殖器的着生关系；C. 第 8 腹节背、腹板；D. 环器、射精管、内囊、中茎着生关系；T_7、T_8为第 7、8 腹节背板；S_7～S_9为第 7～9 腹节腹板 (A. 嵇保中和钱范俊，1995；B～D. 参考嵇保中和钱范俊，1995 图重绘)

雄性外生殖器：位于腹部末端数节形成的泄殖腔内。第 8 腹节背板较发达，腹板退化，腹板中部有表皮内突形成的腹针，但远不及雌虫的发达，呈刺状。泄殖腔甚浅，主要由第 8、9 腹节节间膜及第 9 腹节特化而成，直肠开口于泄殖腔的背面近端部。第 9 腹节大部分膜质，参与泄殖腔的构成，腹板部分特化成“Y”形骨片，骨片分叉的双臂支撑泄殖腔的开口。双臂汇合形成表皮内突伸向虫体前方，贴合于外生殖器的腹侧面，以肌纤维与外生殖器紧密相连。外生殖器从泄殖腔底部膜间伸出，外生殖器主要包括阳茎基、中茎、内囊 3 部分。阳茎基端部有 1 对薄片状阳基侧突，其上密布感觉毛。阳茎基背面有 1 革质、半透明的基片。阳茎基 2 个侧臂环抱中茎管，2 侧臂在中茎管腹面拼合，形成中腹突。中腹突是外生殖器肌肉着生和运动受力的支点。中茎骨化，弧形，端半部背腹扁平，两侧有膜质区带，使中茎管的粗细可以适度地改变。阳茎基与泄殖腔之间及中茎与阳茎基之间均有膜质相连，中茎可以前后滑动。中茎基部有 1 对较发达的中茎突，环状器的一端即固着于中茎突上，另一端经中茎腹面的基孔与内囊相连。内囊韧性膜质，平时皱缩于中茎管内。内囊内表面密生棘刺，在休止状态下，棘刺的端部指向腹末。交配时，由于内囊的外翻伸出，棘刺到达内囊外表面，端部则指向虫体前部，呈倒刺状，有助于交配时内囊在生殖腔和交配囊内的固定。休止时环状器内的 2 支射精管盘曲，其末端着生于内囊管端膜，膜质内囊也皱缩套叠在中茎内。交配时环状器内射精管伸直过程中，射精管前端带动内囊管前行，经中茎端孔伸出，直至内囊完全伸直。休止状态下处于中茎内的内囊管内壁，在伸出状态下翻到外表，套在伸直的复射精管及其环肌纤维表面。交配结束后，随着环器内射精管缩回，带动内囊管回到中茎腔内，伸出状态下的内囊管外壁又恢复为中茎管内内囊腔的内壁，内囊管的顶端回到中茎管深处，与射精管末端连接 (图 20-112 B～D)。

雌性内生殖器：每卵巢有 10 支卵巢管，不同个体间卵巢管数目有变化，有时一侧为 11 支，另一侧 10 支。初出孔的成虫卵巢幼小，位于第 2～4 可见腹节的侧下方。进入交配产卵期，腹腔内为卵粒所充满。每侧卵巢管的端丝汇成悬带，悬带附着于中胸背板的侧下方。卵巢管基部环生于圆柱形卵巢萼上，各卵巢管着生点的位置基本一致。在成虫出孔初期，上述着生关系较易观察。卵巢萼的下方为侧输卵管，侧输卵管后段肘状弯曲，首先自卵巢萼向腹末延伸，然后折向腹中部汇入中输卵管。在侧输卵管转折处发出 1 束肌肉伸达腹末，固着于第 7 腹节腹板两侧。中输卵管与生殖腔呈双层折叠状，腹面为第 8 腹节腹板内突形成的强大腹针，背面为第 8、9 腹节节间膜内陷而成的袋状泄殖腔。中输卵管和交配囊在折叠的转折处汇入生殖腔，在此中输卵管、生殖腔、交配囊接合部有 1 扁球形肌肉结节，结节向前后方发出数束肌纤维，分别固着于第 8 腹节形成的套腔内壁及第 8 腹节腹板形成的中突端部。结节内包裹有 2 枚骨片。交配囊圆柱形，基部经交配囊柄与生殖腔相连。受精囊管侧生于交配囊体上，受精囊管上连有细长管状的受精囊腺和“C”形的受精囊体。受精囊体外壁骨化，顶端指状膨大。受精囊体与受精囊管外部有共同膜包被，使受精囊外观呈肾形。生殖腔、交配囊、受精囊管内表面均衬有发达的几丁质内膜。生殖腔的开口 (生殖孔) 位于第 9 腹节腹板后缘，即位于第 9 腹节 1 对半腹片形成的产卵瓣的基部。而第 9 腹节又位于第 8、9 腹节节间膜形成的袋状泄殖腔的底部 (图 20-113 A～C)。

雌性外生殖器：产卵器由第 8 腹节、第 8、9 腹节节间膜、第 9 腹节特化而成。在休止状态，第 8 腹节背、腹板形成外管包裹泄殖腔的端部，第 8、9 腹节节间膜形成的泄殖腔深陷于腹腔内，第 9 腹节构成泄殖腔的底部。第 8 腹节背板向腹面延伸并形成侧面 1 对骨突，腹板向背面延伸出 2 叶骨片，骨片与骨突在两侧啮合。第 8 腹节腹板中部发出 1 强大腹针，腹针向前伸达胸部，顶端着生数束强大肌纤维，为控制中输卵管和生殖腔的曲直及泄殖腔翻缩的主要肌肉群。泄殖腔长袋状，背腹扁平，内壁骨化，腹壁内表面有 2 条纵向沟槽，沟槽内容纳第 9 腹节 1 对半腹片特化而成的产卵瓣，生殖腔开口于产卵瓣的基部。第 9 腹节背板基部韧性膜质，端部骨化，骨片条形，呈弧形弯曲。直肠经

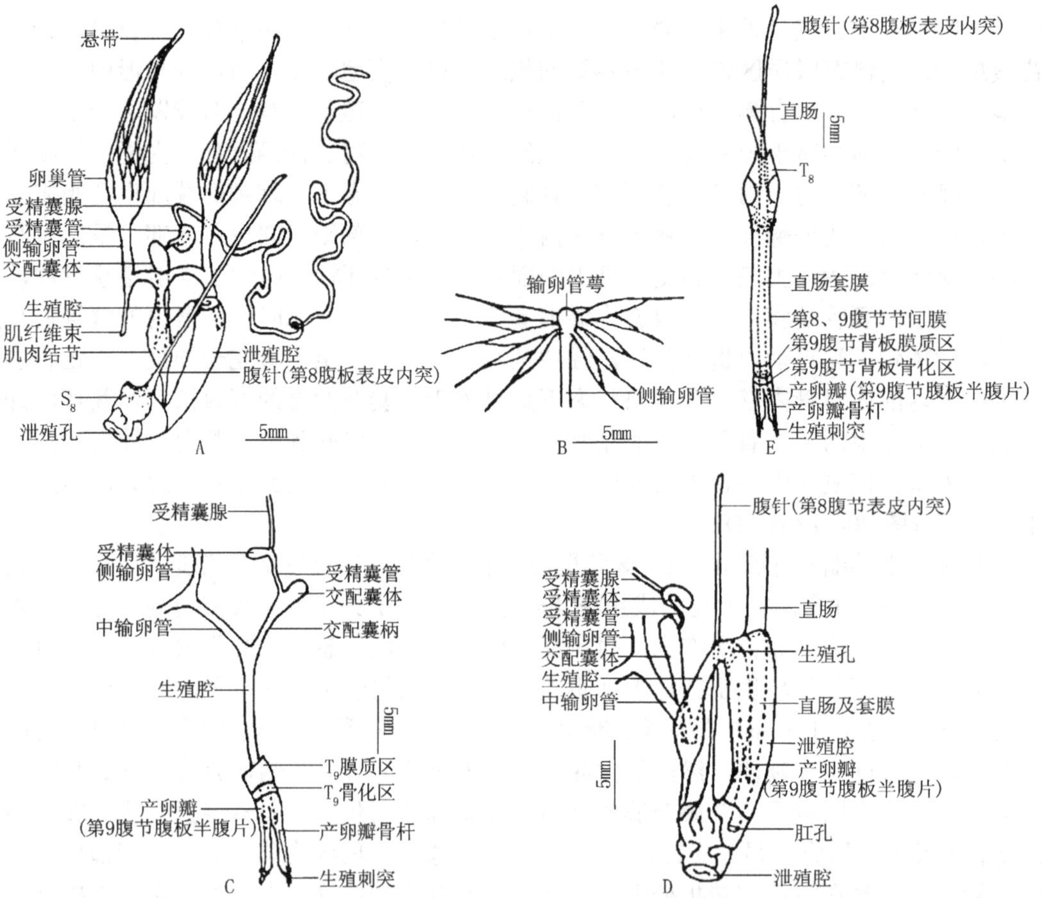

图 20-113　云斑白条天牛雌性生殖系统 (嵇保中和钱范俊，1995)

A. 整体；B. 卵巢管着生方式；C. 生殖腔、中输卵管、交配囊、受精囊的着生关系；D. 休止状态下的产卵器；E. 产卵器膨伸状态背视

泄殖腔底部伸入泄殖腔内，位于产卵瓣的上方。直肠端部开口 (肛孔) 于泄殖腔内邻近腹末泄殖腔开口处。在泄殖腔内的直肠表面套有韧性透明膜鞘，膜鞘端缘与直肠末端相连，基缘则与泄殖腔底部相连。与第 9 腹节一起封闭泄殖腔的底部。在交配时，泄殖腔部分外翻，泄殖腔底部第 9 腹节及生殖孔移向腹末，从而使生殖腔与交配囊之间的折叠平直，使雄虫内囊伸入交配囊。在泄殖腔翻缩过程中，第 9 腹节的产卵瓣沿泄殖腔腹壁内表面的沟槽滑行，直肠表面的膜鞘随泄殖腔一起外翻或复原，直肠本身并不移动。在产卵时，泄殖腔翻出体外，形成 1 个外壁骨化的产卵管，产卵管的基段为第 8 腹节背腹板形成的套管及腹板形成的腹针；中段为第 8、9 腹节节间膜，即泄殖腔外翻而成；端部为第 9 腹节特化而成，包括第 9 腹节背板的膜质部和骨化部，第 9 腹节腹板形成的 1 对产卵瓣。第 9 腹节背板构成产卵瓣与产卵管之间的关节，通过膜质部的伸缩及骨化部的滑动，可以较大幅度地调整产卵瓣与产卵管之间的弯曲角度。产卵瓣扁平管状，每个产卵瓣的背、腹面中部各有 1 纵向骨片，称为内杆。背面的内杆自中部伸达端部，腹面的内杆自基部伸达中部，2 内杆不仅构成产卵瓣的纵向支撑，而且由于背腹面内杆的交互

排列，产卵瓣可以进行背腹方向的曲直，从而精确调整产卵瓣与树干木质部之间的角度，使产卵瓣平行地插入树皮下方。生殖刺突位于产卵瓣的端部，与产卵瓣相关节。产卵瓣表面密布鳞片状感器，鳞片丛中分布有锥形感器和钟形感器，在产卵瓣和生殖刺突端部均有发达的感觉毛 (图 20-113 D、E)。

20. 25.12　深斑灰天牛 *Blepephaeus succinctor* Chevrolat

雄性内生殖器：每精巢有 2 支精巢叶，精巢叶扁球形，腹面中央发出 1 支很短的输出管，每侧精巢的 2 支精巢叶顺序排列在输精管前段。输精管前段约 2/3 曲折膨胀，形成较为明显的贮精囊，后段细缩。附腺 2 对，均粗壮发达，粗细长短略差异。每侧精巢的 2 支附腺和输精管末端汇入射精管，射精管细长扭曲。两侧的射精管交叉后进入环状器。经环状器后与内囊连接，通过中茎孔向外开口 (图 20-114 C)。

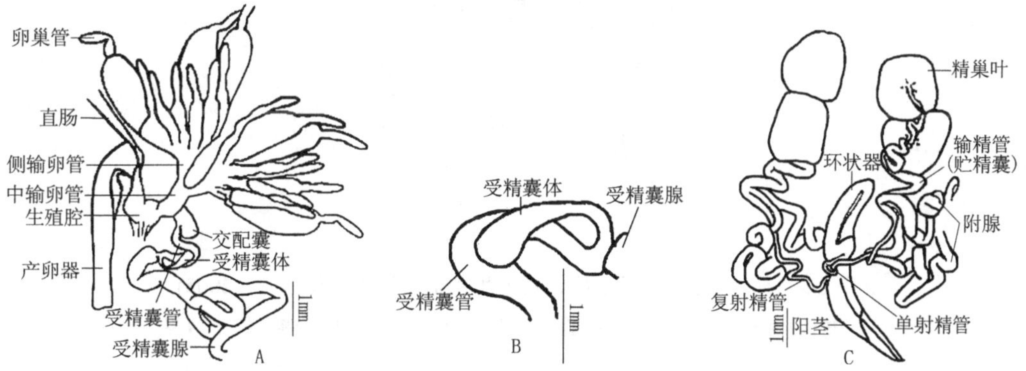

图 20-114　深斑灰天牛内生殖器，受精囊各部分的着生关系 (李天安，1986b)

A. 雌性内生殖器；B. 受精囊各部分的着生关系；C. 雄性内生殖器

雌性内生殖器：每卵巢有 9 支卵巢管，卵巢管集生于卵巢萼上。侧输卵管长度稍短于中输卵管。交配囊棒状，端段稍粗并略弯曲，顶端较平截。交配囊和中输卵管在中输卵管下端的肌肉结节内汇入生殖腔，生殖腔弯折后进入泄殖腔，经生殖孔开口于体外。受精囊从交配囊体近中部一侧发出，受精囊管扭曲膨大，受精副囊大致呈长水滴状，受精主囊很小，连接于受精囊管和受精囊腺之间。受精囊腺粗壮发达，盘旋曲折 (图 20-114 A、B)。

20. 25.13　赤红刺虎天牛 *Demonax rufus* Guo *et* Chen

雄性外生殖器：阳茎基与中茎约等长。阳茎基在环部向腹面弯曲。阳基侧突细长，圆柱形， 腹面基部有突起，刚毛着生在阳基侧突背面端部和大部分腹面区域，腹面刚毛细短。盖狭长，基部有 1 楔形骨化突出。环细，在端部合并。中茎略弯，肩部倾斜。交配孔腹缘尖锐，背缘弧形。中茎突几为中茎基长度的 2 倍，除端部骨化程度较弱外，其余部分骨化程度高，从基部到端部近等宽，末端分离。内囊长，约为中茎长的 2 倍，中部有膨大区域，近基部有 2 条骨化带，其后有 1 高度骨化区域，基部平截。射精管 1 支 (图

20-115 A~C)。

雌性外生殖器：产卵器细长，骨化程度弱，基部稍窄。肛侧板长，腹面骨杆稍弯曲，为产卵器长度的 2/3，载瓣片骨杆基部稍粗，向内倾斜，向端部渐细，并与基腹片骨杆的基部重叠。基腹片骨杆弯曲、较细，端部接近基腹片突基部。基腹片突近卵圆形，内侧稍骨化，刚毛集中着生在基腹片突外侧。端突圆柱形，黑褐色，端部着生刚毛 5 根。载肛突短，无载肛突骨杆，仅在端部有骨化区域。肛侧板背面中部 1 横折，背面骨杆较直而短，基部到达横折处，端部伸至基腹片突基部。生殖腔较长，阴道片细长，骨化成针状。交配囊骨化程度弱，基部略宽，端部膨大呈梨形。受精囊管极长，从交配囊近中部伸出。受精囊体细长，镰刀状。受精囊腺端末膨大，着生在受精囊体背面近弯凸处 (图 20-115 D、E)。

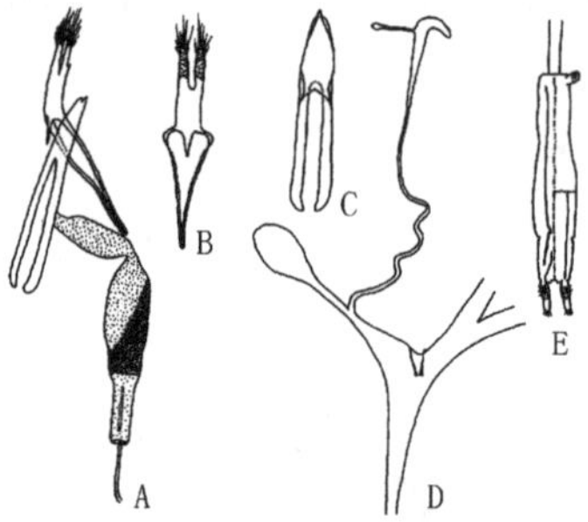

图 20-115　赤红刺虎天牛雌、雄外生殖器 (郭迪金和陈力，2005)

A. 雄性外生殖器整体；B. 阳茎基；C. 中茎；D. 交配囊和受精囊；E. 产卵器

20. 25.14　家天牛 *Hylotrupes bajulus* (Linnaeus)

雌性外生殖器：产卵器细长管状，由第 8、9 腹节演化而成，平时相互套叠，缩在第 7 腹节内。第 7 腹节背、腹板密布刚毛，特化成为收缩、套叠产卵器的保护性封套，腹部最末 1 个可见气门位于第 7 腹节侧区的基部。第 8 腹节特化为产卵器的基部，第 8 腹节背板中部区域膜质，侧面骨化，骨化区域的基段延伸至侧腹面。左右两侧的骨化区分列，使第 8 腹节腹板呈二叉状，两侧骨片仅在第 8 腹节腹板基部中央相接，由相接处发出 1 支内生的腹针，伸入腹腔前部。中突端部的肌肉与第 8 腹节背板的侧腹缘相连。中突与第 8 腹节腹板形成的单关节，以及中突顶部肌肉与背板侧腹缘的联系，使腹节及产卵器能自如地伸缩和进行不同方向的探测活动。第 8、9 腹节节间膜约占产卵器伸展总长之半，表面有成排的矢状突起。第 9 腹节背板大部分膜质化，表面有网纹，背板向侧腹面延展，形成 1 个包裹腹板的保护性鞘。在侧腹缘的下方有 1 对骨化的支持骨杆向前方延伸，该支持杆可能与第 9 腹节背板同源。支持骨杆为膜质的第 9 腹节提供了支撑。第 9 腹节背面近末端有 1 短的扁平管状载肛突，其上有肛孔。载肛突基部每侧有 1 小叶，称为肛侧板。载肛突可能是第 10 腹节背板的遗迹，被 1 对短的骨化内杆将其与肛侧板分开。第 9 腹节腹板从背板的保护性鞘向外伸展，露出背板之外的部分约达到腹节总长度的 1/3。腹板沿中线分开，形成 1 对半腹片，作为末端刺突的关节，每 1 半腹片成为着生刺突的臂。第 9 腹节末端的生殖刺突由基部的基腹片和刺突组成，基腹片上有感器分布，可能用于产卵场所的最终确定 (图 20-116)。

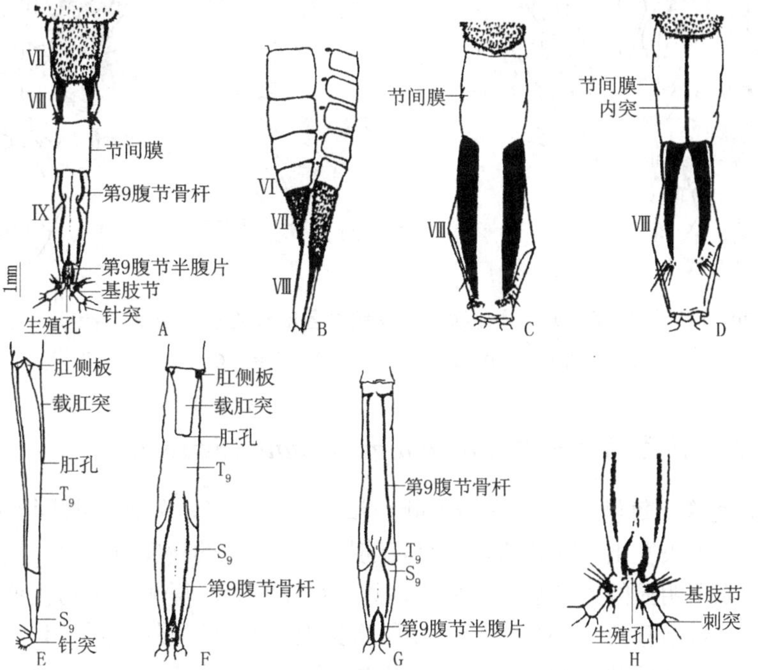

图 20-116　家天牛雌性外生殖器 (Mares and Robinson，1986)

A. 部分外伸的产卵器腹视；B. 产卵器基节侧视；C、D. 第 8 腹节背、腹视；E～G. 第 9 腹节侧、背、腹视；H. 第 9 腹节末端部分，示刺突的着生；T_9为第 9 腹节背板；S_9为第 9 腹节腹板；Ⅵ～Ⅸ为第 6～9 腹节

20.25.15　黑角瘤筒天牛 *Linda atricornis* Pic

雄性内生殖器：每精巢有 2 支精巢叶，精巢叶贴合，外有共同被膜。输精管从精巢腹面中央发出，精巢叶的输出管及连接 2 精巢的输精管隐藏。输精管显露段膨大形成扭曲的贮精囊。附腺 2 对，1 对粗壮有弯折；另 1 对稍细短，多扭曲。贮精囊和粗细 2 支附腺基部汇入复射精管。复射精管粗短，两侧的复射精管下端汇入单射精管 (内部是否愈合为一，尚待确认)，单射精管较细长，弯折，后端接入环状器 (图 20-117 C)。

雌性内生殖器：每卵巢有 5 支卵巢管，卵巢管不整齐地着生在卵巢萼上。侧输卵管较粗长，基部汇入中输卵管。中输卵管短，大部分包裹在下部的肌肉结节内。中输卵管和交配囊下端汇入肌肉结节内的生殖腔端部。由于肌肉结节包被，使交配囊管似从侧输卵管汇合点下侧发出。生殖腔粗短，弯折后进入泄殖腔，经生殖孔开口于体外。交配囊管细直，顶端膨大呈心形，心形囊基部一侧有 1 小的囊形突起。受精囊从心形囊基部一侧小的囊形突起上方发出，受精囊管“S”形膨胀弯曲，受精囊管向一侧弯曲，形成水滴状受精副囊。受精主囊小，果核状，顶端发出多分支的受精囊腺 (图 20-117 A、B)。

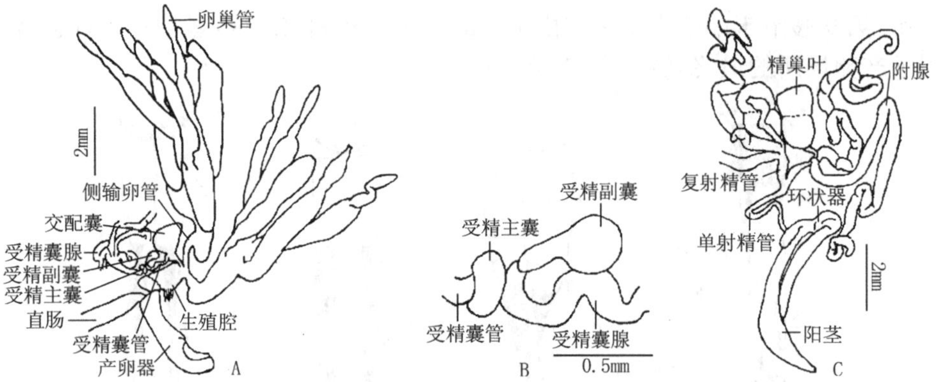

图 20-117　黑角瘤筒天牛内生殖器，受精囊各部分的着生关系 (李天安，1986)

A. 雌性内生殖器；B. 受精囊各部分的着生关系；C. 雄性内生殖器

20. 25.16　黑盾瘤筒天牛 *Linda nigroscutata* (Fairmaire)

雄性内生殖器：每精巢有 2 支精巢叶，精巢叶扁球形，外部有共同被膜。输精管从精巢叶下端腹面中央发出。精巢的输出管及连接 2 精巢叶的输精管隐藏。输精管显露段较短，稍膨大形成不明显的贮精囊。附腺 2 对，1 对较粗短。每侧精巢的粗细 2 支附腺和贮精囊末端汇入复射精管前端。复射精管较短，略膨大。两侧精巢的复射精管汇入单射精管。单射精管略弯曲，向后部渐细，进入环状器内，经内囊、中茎开口于体外 (图 20-118 C)。

雌性内生殖器：每卵巢有 5 支卵巢管，卵巢管依次着生在卵巢萼上。侧输卵管长，中输卵管短，包裹在肌肉结节内，两侧的侧输卵管在肌肉结节前汇入中输卵管。交配囊管和中输卵管下端在肌肉结节内汇入生殖腔，外观上交配囊从肌肉结节前端侧面发出，与 2 支侧输卵管呈三叉状。交配囊体球形，发达。受精囊管粗壮，略弯曲，基部略膨大，从交配囊体一侧中部发出，受精副囊发达，水滴状。受精主囊较小，果核状。受精囊腺发达，基部扭曲，端部分叉。生殖腔弯折后进入泄殖腔，经生殖孔向外开口 (图 20-118 A、B)。

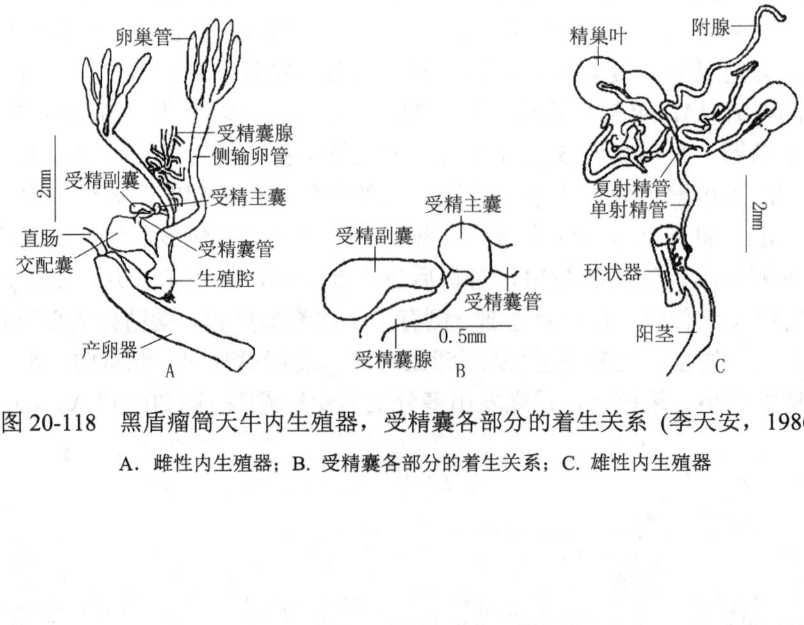

图 20-118　黑盾瘤筒天牛内生殖器，受精囊各部分的着生关系 (李天安，1986b)

A. 雌性内生殖器；B. 受精囊各部分的着生关系；C. 雄性内生殖器

20. 25.17　松墨天牛 *Monochamus alternatus* Hope

雌性内生殖器：每卵巢有 12 支卵巢管，少数 10 支或 11 支。每侧卵巢管集生于卵巢萼上，卵巢萼下部渐细进入侧输卵管，侧输卵管较细长，中输卵管较短，后端有 1 束肌纤维着生，形成中输卵管和生殖腔之间的弯折。在此弯折部位中输卵管和交配囊汇入生殖腔，生殖腔弯折后进入泄殖腔，与产卵器相连。交配囊粗长棒状。受精囊管着生于交配囊基端约 1/3 处，受精囊管细长，前端近受精囊体处“S”形扭曲。受精囊体“&”形，基段和顶端膨大。受精囊腺发达、扭曲，从受精囊体扭曲部位顶端一侧发出 (图 20-119 A～C)。

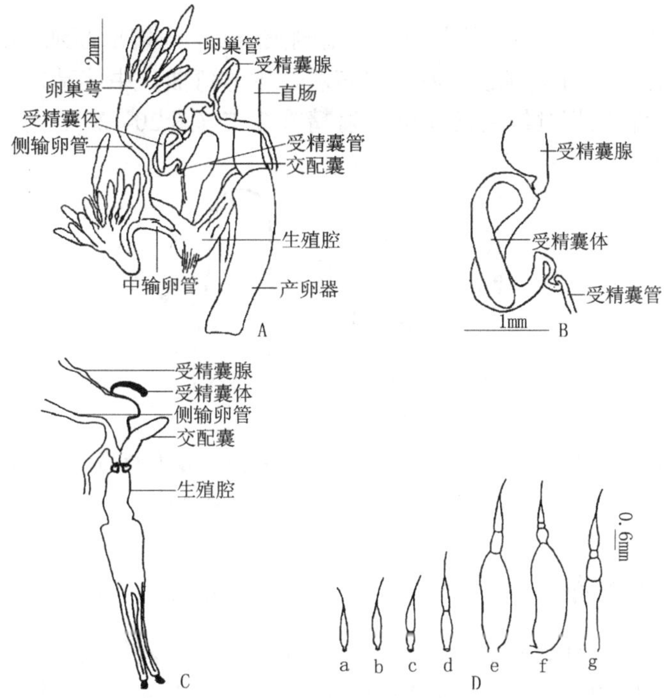

图 20-119　松墨天牛雌性生殖系统

A、C. 雌性生殖系统；B. 受精囊各部分的着生关系；D. 卵巢发育阶段 (a、b. 1 日龄；c. 3 日龄；d. 4 日龄；e. 8 日龄；f. 13 日龄；g. 15 日龄) (A、B. 李天安，1986b；C. 杨洪等，2006 ；D. 嵇保中等，1999)

成虫期的卵巢发育：出孔 1 日的成虫，部分卵巢管固定后半透明，卵黄蛋白沉积不明显。另一些卵巢管基部已形成第 1 卵室，卵黄蛋白沉积已开始，至出孔第 8 日达较高水平。产卵期体内卵成熟发育仍在进行，卵黄沉积维持在较高水平。左右两侧卵巢发育速度基本相近，但不同卵巢管之间发育速度差异明显，每侧卵巢内一般有 2 支卵巢管率先发育，与之相邻的另 2 支卵巢管(每侧各 1 支) 发育速度次之，与最发达卵巢管间隔愈远的卵巢管，其发育速度愈慢。随着日龄的增加，卵巢管之间发育速度差异更趋明显，有的卵巢管第 1 粒卵已成熟排出，并形成第 3 卵室，有的卵巢管才形成第 1 卵室。就每粒卵而言，自形成卵室，开始沉积卵黄，到卵成熟，历期 10 天左右。成虫羽化出孔至产卵前，卵巢发育经历 3 个阶段。出孔 1～6 日为卵黄沉积初期，卵巢比较幼小，卵巢发育速度较慢；各卵巢管相继形成基部第 1 卵室。出孔 7～9 日为卵黄沉积盛期，卵巢发育速度加快，在原卵区与第 1 卵室之间有第 2 卵室形成。出孔 10～13 日为卵巢成熟期，多数卵巢管基部已形成 2 个卵室，已有成熟卵排入卵巢萼内，卵巢发育速度快。13 日龄以后的雌成虫，卵巢萼和中输卵管内可见待产的成熟卵，随着第 1 卵室内卵的成熟，第 2 卵室与原卵区之间开始形成第 3 卵室，排卵后的卵巢管基部中空、萎缩，易于识别，此时雌成虫已进入产卵期 (图 20-119 D)。

20. 25.18 云南柄棱天牛 *Nanohammus yunnana* Wang *et* Jiang

雄性外生殖器：阳基与中茎约等长。阳基侧突较长，向端部渐细，顶端刚毛较细长，不密。具基片。肘状弯曲及镶边明显。中茎总体中等弯曲，中茎基短于中茎突。交配孔腹缘圆。内囊中段有较规则纵列的微刺。射精管 2 支 (图 20-120)。

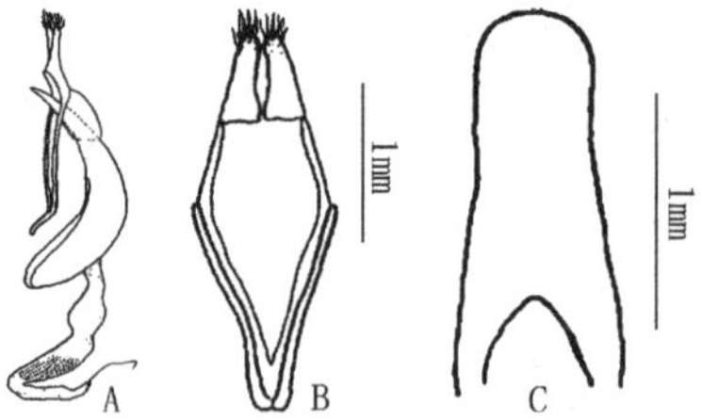

图 20-120 云南柄棱天牛雌性外生殖器 (王文凯和蒋书楠，2000)

A. 侧视；B. 阳基腹视；C. 中茎腹视

20. 25.19 黑翅脊筒天牛 A 型 *Nupserha infantula* Type A Ganglbauer

雄性内生殖器：每精巢有 2 支精巢叶，精巢叶扁球形，每侧精巢外有共同被膜。输精管从下端的精巢叶腹面中央发出，精巢叶的输出管及连接 2 叶的输精管隐藏。精巢管后半膨大形成不甚发达的贮精囊。附腺 2 对，2 对附腺粗细长短差别显著，1 对粗壮发达，弯折。每侧精巢的贮精囊、粗细 2 支附腺汇入复射精管。复射精管前段膨胀，后段细缩扭曲。两侧的复射精管进入粗壮弯折的单射精管 (内部管腔可能仍相互独立)，单射精管末端进入环状器，经内囊和中茎开口于体外 (图 20-121 C)。

雌性内生殖器：每卵巢有 5 支卵巢管，卵巢管环生于卵巢萼端部，卵巢萼渐细形成侧输卵管。侧输卵管长于中输卵管。中输卵管和交配囊下端汇入生殖腔，生殖腔粗短囊状，弯折后进入泄殖腔，经生殖孔向外开口。交配囊纺锤形，顶端发出粗壮略弯曲的受精囊管，受精副囊水滴状，受精主囊环形扭曲后发出较为粗壮的受精囊腺，受精囊腺基段直管状，前段有分叉 (图 20-121 A、B)。

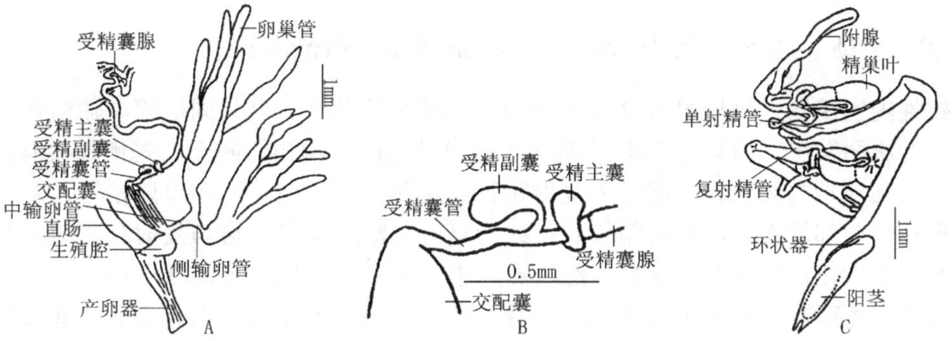

图 20-121　黑翅脊筒天牛 A 型内生殖器，交配囊和受精囊的着生关系 (李天安，1986b)

A. 雌性内生殖器；B. 交配囊和受精囊的着生关系；C. 雄性内生殖器

20. 25.20　纯黄南亚筒天牛 *Oberea consentenea unicolor* Breuning

雄性内生殖器：每精巢有 2 支精巢叶，2 精巢叶贴合，有共同被膜。输精管短，从下部精巢管腹面伸出。精巢的输出管及连接 2 叶的输精管部分隐藏。附腺 2 对，1 对较粗壮，另 1 对较短细。每侧精巢的粗细 2 支附腺和输精管末端接入复射精管，两侧的复射精管汇入单射精管，单射精管长度约为复射精管的 2 倍，中间扭曲 2 圈，前段略膨胀，后段细直，接入环状器，经内囊、中茎孔开口于体外 (图 20-122 C)。

雌性内生殖器：每卵巢有 5 支卵巢管，卵巢管集生于卵巢萼上。侧输卵管与中输卵管约等长，交配囊管和中输卵管末端在中输卵管端的肌肉结节内汇入生殖腔，生殖腔弯折后进入泄殖腔。交配囊体肾形，受精囊管从交配囊管和交配囊体结合处侧面发出，受精囊管粗壮，前端扭曲。受精副囊扭曲，水滴状。受精主囊小，果核形。受精囊腺发达，基段直管状，前段多次分支 (图 20-122 A、B)。

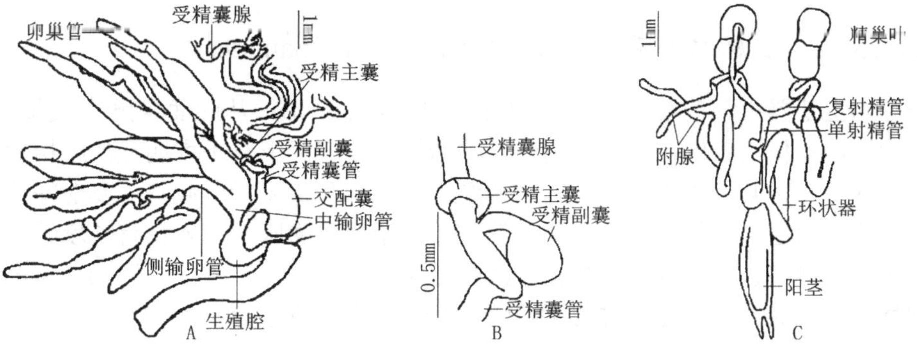

图 20-122　纯黄南亚筒天牛内生殖器，受精囊各部分的着生关系 (李天安，1986b)

A. 雌性内生殖器；B. 受精囊各部分的着生关系；C. 雄性内生殖器

20. 25.21　忍冬筒天牛 *Oberea iocompleta* Fairmaire

雄性内生殖器：每精巢有 2 支精巢叶，2 精巢叶贴合，有共同被膜。输精管从精巢叶下部的腹面发出，精巢叶的输出管及 2 精巢叶之间的输精管隐藏。每侧精巢有大小 2 支附腺，其末端与输精管一起进入复射精管，两侧的复射精管汇入单射精管，复射精管和单射精管前部均膨大，单射精管长度约为复射精管的 4 倍，自与复射精管结合部起渐细，后端 2 次扭曲后进入环状器，经内囊、中茎开口于体外 (图 20-123 C)。

雌性内生殖器：每卵巢有 5 支卵巢管，卵巢管集生于卵巢萼上。侧输卵管长度约为中输卵管的 1.5 倍。中输卵管下端和交配囊管一起汇入肌肉结节内的生殖腔，生殖腔弯折后进入泄殖腔，经生殖孔开口于体外。交配囊体袋囊状，受精囊管从交配囊体侧面发出，受精副囊弯茄形。受精主囊小，果核状。受精囊腺发达，从主囊上发出，基段短管状，其余部分丛生分支 (图 20-123 A、B)。

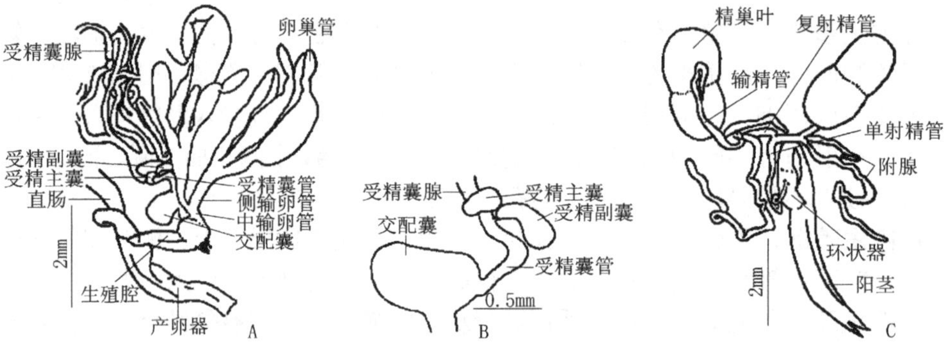

图 20-123　忍冬筒天牛内生殖器，交配囊和受精囊的着生关系 (李天安，1986b)

A. 雌性内生殖器；B. 交配囊和受精囊的着生关系；C. 雄性内生殖器

20. 25.22　苎麻双脊天牛 *Paraglenea fortunei* Saunders

雄性内生殖器：每精巢有 2 支精巢叶，精巢叶扁球形，从腹面发出 1 支输出管，2 精巢叶的输出管依次着生在输精管前段。输精管后段膨大形成不太明显的贮精囊。每侧精巢有附腺 2 支，其中 1 支粗长发达。粗细 2 支附腺和输精管一起汇入复射精管，两侧的复射精管进而汇入单射精管，复射精管和单射精管均膨胀，单射精管长度约为复射精管的 5 倍，单射精管末端进入环状器，经内囊和中茎孔开口于体外 (图 20-124 C)。

雌性内生殖器：每卵巢有 12 支卵巢管，卵巢管集生在发达的卵巢萼上。侧输卵管长度约为中输卵管的 2 倍。交配囊棒状，从中输卵管下端的肌肉结节中发出，交配囊和中输卵管下端在肌肉结节内汇入生殖腔，生殖腔弯折后进入泄殖腔。受精囊管粗壮，从交配囊体顶端发出，受精副囊基部弯管状，端部球状。受精主囊弯管状，环抱受精副囊。主囊顶端发出受精囊腺。受精囊腺基部粗管状，端部丛生分支 (图 20-124 A、B)。

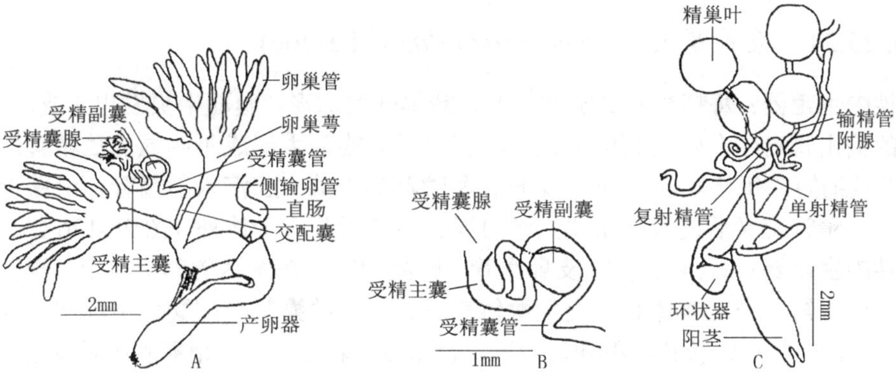

图 20-124　苎麻双脊天牛内生殖器，受精囊各部分的着生关系（李天安，1986b）

A. 雌性内生殖器；B. 受精囊各部分的着生关系；C. 雄性内生殖器

20.25.23　菊小筒天牛 *Phytoecia rufiventris* Gautier

雄性内生殖器：每精巢有 1 支精巢叶，精巢叶冬瓜形，输精管短。附腺 2 对，1 对稍细。每侧精巢叶的输精管、粗细 2 支附腺一起汇入稍膨大的复射精管，2 复射精管汇入单射精管，单射精管自与复射精管结合部起，逐渐增粗，中部最粗，邻近环状器时呈细管状。经环状器、内囊、中茎孔开口于体外 (图 20-125 C)。

雌性内生殖器：每卵巢有 6 支卵巢管，卵巢管集生于卵巢萼端部。侧输卵管粗短，约与中输卵管等长。交配囊管状，从侧输卵管下方一侧伸出，其末端与中输卵管末端一起在肌肉结节内汇入生殖腔，生殖腔弯折后进入泄殖腔。受精囊管短直，从交配囊体顶端伸出，与交配囊体之间分界不甚清晰。受精副囊基部管状，端部水滴状。受精主囊小，颗粒状，其前端连接发达受精囊腺，受精囊腺基部粗管状，略弯曲，前部丛生分支管 (图 20-125 A、B)。

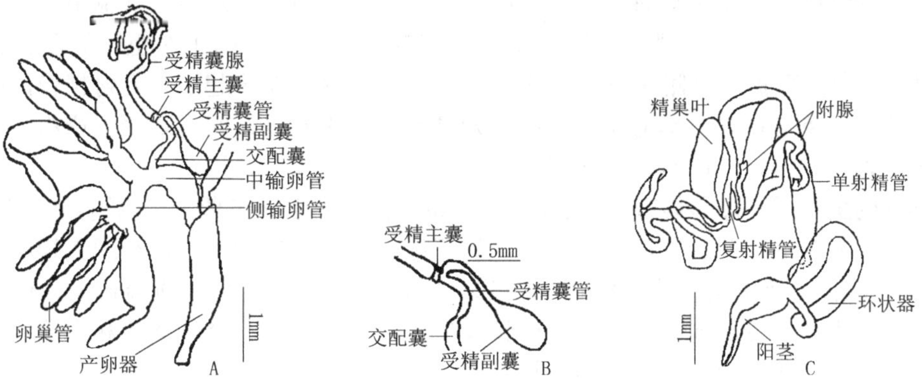

图 20-125　菊小筒天牛内生殖器，交配囊和受精囊的着生关系（李天安，1986b）

A. 雌性内生殖器；B. 交配囊和受精囊的着生关系；C. 雄性内生殖器

20. 25.24 桑黄星天牛 *Psacothea hilaris* (Pascoe)

雄性内生殖器：每精巢有 2 支精巢叶，精巢叶扁球形，腹面中央发出 1 支输出管，2 精巢叶的输出管着生在输精管的前段。输精管后段略膨大形成不明显的贮精囊。附腺 2 对，1 对较细短。每精巢的粗细 2 支附腺和贮精囊末端一起汇入射精管，射精管细长扭曲，两侧射精管交叉后进入环状器，经内囊、中茎后开口于体外 (图 20-126 C)。

雌性内生殖器：每卵巢有 12 支卵巢管，卵巢管着生在发达的卵巢萼上。侧输卵管较细，中输卵管短，交配囊棒状，交配囊体略膨大。受精囊从交配囊体中部侧面发出，受精囊管细直，受精囊体管状，不均匀膨大，整体扭曲麻花状。受精囊腺粗长发达，扭曲折叠，从受精囊体中段侧面发出。生殖腔短，折叠后进入泄殖腔 (图 20-126 A、B)。

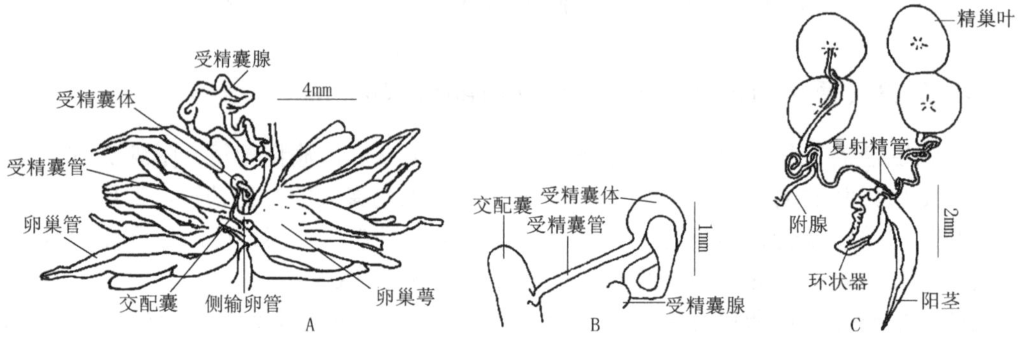

图 20-126　桑黄星天牛内生殖器，交配囊和受精囊的着生关系 (李天安，1986b)

A. 雌性内生殖器；B. 交配囊和受精囊的着生关系；C. 雄性内生殖器

20. 25.25 尾环坡天牛 *Pterolophia kaleea inflexa* Gressitt

雄性内生殖器：每精巢有 2 支精巢叶，每精巢叶腹面中央发出 1 支输出管，着生在输精管前段。输精管后段略膨大形成不发达的贮精囊。附腺 2 对，1 对粗短呈香蕉形， 另 1 对粗长，扭曲弯折。每侧精巢长短 2 支附腺和贮精囊末端一起汇入复射精管，两侧的复射精管汇入单射精管，单射精管长度约为复射精管的 6 倍，两者均膨大增粗。单射精管下端汇入环状器，经内囊、中茎开口于体外 (图 20-127 C)。

雌性内生殖器：每卵巢有 12 支卵巢管，卵巢管集生于卵巢萼上。侧输卵管粗长，长度约为中输卵管的 2 倍。交配囊从中输卵管下端的肌肉结节中发出，交配囊管粗直，交配囊体椭球形。受精囊管从交配囊体中部一侧发出，粗长扭曲，顶端膨大，形成膨大弯曲的受精囊体。受精囊腺粗长，从受精囊体基部侧面发出。交配囊管和中输卵管下端在肌肉结节内汇入生殖腔，生殖腔弯折后进入泄殖腔，经生殖孔开口于体外 (图 20-127 A、B)。

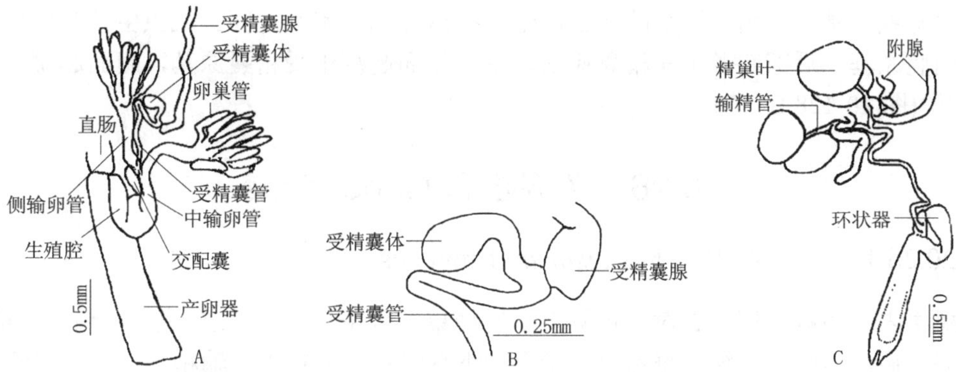

图 20-127　尾环坡天牛雌、雄内生殖器 (李天安，1986b)

A. 雌性内生殖器整体；B. 受精囊各部分的着生关系；C. 雄性内生殖器

20. 25.26　双带皮花天牛 *Rhagium bifasciatum* Fabricius

雌性生殖系统：卵巢大型，每卵巢有粗短的输卵管，输卵管汇入生殖腔。生殖腔与直肠一起进入双层几丁质圆管，该圆管由第 7 腹节以后各节套叠形成。附腺球形，附腺柄管状。背囊椭球形，基部扭曲渐细缩成管状。背囊和附腺基部着生于生殖腔前端。产卵器为粗壮的几丁质管，生殖孔位于 1 对杆状生殖须 (瓣) palp 之间。生殖腔腹面有 1“Y”形杆，通过强健的肌肉附着在几丁质圆管上 (图 20-128 A)。

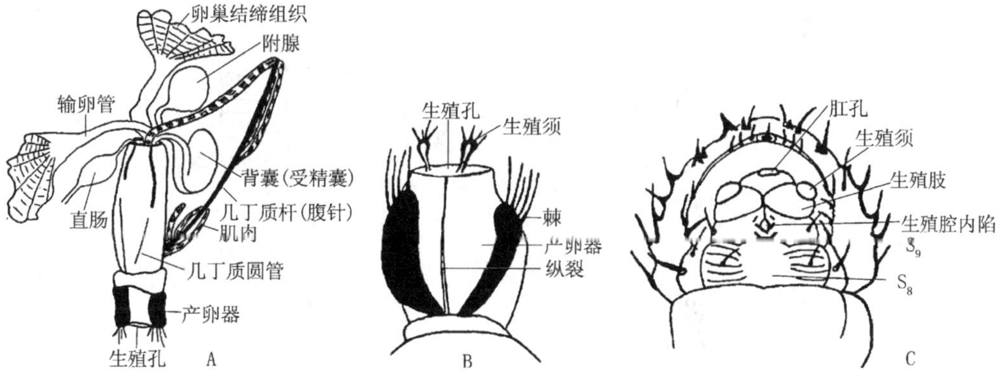

图 20-128　双带皮花天牛雌性生殖系统 (Metcalfe，1932)

A. 雌性生殖系统；B. 产卵器；C. 蛹腹部末端腹视；S_8、S_9 为第 8、9 腹节腹板

雌性生殖系统胚后发育：蛹期，第 9 腹节后部具有 1 对大的附肢，每附肢末端有尾须 (瓣)，附肢基部前面有纵凹陷，为生殖腔内陷的开口。成虫羽化时，腹节数目减少为 7 节，产卵器从第 7 腹节背、腹板之间伸出，第 9 腹节上的附肢已经愈合，但尾须依然分离。第 7 腹节以后各节已经缩入双层几丁质圆管内，几丁质圆管包裹直肠和生殖腔。蛹期，每卵巢分化出卵巢管，卵巢包被在结缔组织鞘内，幼期蛹的输卵管为实心管。成虫功能性生殖腔起源于 2 类外胚层内陷，最终愈合形成单管。幼期蛹的生殖腔开口位于第 8 腹节后部，成熟蛹该孔封闭，受精囊的开口位于第 9 腹节腹板后方生殖肢基部之间，

随着生殖腔原基和受精囊原基的愈合，生殖孔后移到生殖须之间。成虫生殖腔前部起源于生殖腔原基，后部起源于受精囊原基，中部背面起源于受精囊原基，腹面起源于生殖腔原基 (图 20-128 B、C)。

20.26 负泥虫科 Crioceridae

20.26.1 豌豆象 *Bruchus pisorum* Linnaeus

雄虫内生殖器：精巢 2 对，每侧有 1 对精巢。每精巢有 12 支精巢管，精巢管棒状，顶端略平截，基端略收缩。每精巢的精巢管下端汇集于输精管，输精管粗短，每侧 2 精巢的输精管下端汇入贮精囊。附腺 3 对，每侧 3 支，均从输精管下方的贮精囊上发出，其中 2 支较短，从侧面发出，1 支较长，从中间发出。贮精囊椭球形，下端细缩进入很短的复射精管，两侧的复射精管汇入单射精管，单射精管向后略增粗，后段略弯曲后进入阳茎球 (图 20-129 B)。

雌性内生殖器：卵巢位于消化道腹面两侧，每卵巢有 24 支卵巢管，各卵巢管长度近相等。卵巢管顶端有端丝，基部集生于卵巢萼上。卵巢管柄仅组织切片中可见。侧输卵管粗长，两侧的侧输卵管汇入中输卵管，中输卵管较侧输卵管略短，位于交配囊侧面，受精囊管位于交配囊另一侧，中输卵管、交配囊、受精囊管大致并列于生殖腔前端，生殖腔宽短，覆盆状。受精囊管粗短，受精主囊小，球形。受精副囊大，弯镰形，外膜包被呈球形。受精囊腺基段细管状，向端部逐渐膨大呈长茄形，着生于主囊顶端一侧 (图 20-129 A)。

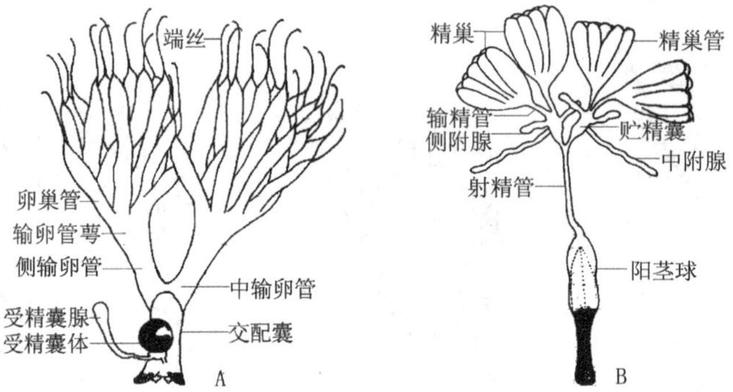

图 20-129 豌豆象内生殖器 (Pesho and van Houten，1982)

A. 雌性内生殖器；B. 雄性内生殖器

20.26.2 四纹豆象 *Bruchus quadrimaculatus* Fabricius

雄性内生殖器：精巢 1 对，位于第 3～6 腹节两侧。每侧精巢由 2 个椭球形精巢“叶”组成，每精巢“叶”含有 8 个放射状的精巢管，输精管从精巢“叶”腹面发出不久即膨大形成贮精囊，贮精囊后端细缩形成输精管，来自同侧 2 精巢“叶”的输精管分别开口于下端的中胚层附腺基部。附腺 3 对，每侧有 2 支中胚层附腺和 1 支外胚层附腺。中胚层附腺管长茄形，1 支较发达，输精管即着生于其基部。2 支中胚层附腺基部汇入公共管，再与外胚层附腺一起汇入复射精管端部，在附腺着生点两侧，复射精管端部略突出，有人认为属于前列腺。复射精管粗长扭曲，两侧的复射精管汇入单射精管，单射精管末端连接阳茎基部的内囊，内囊经外生殖器向外开口 (图 20-130 A)。

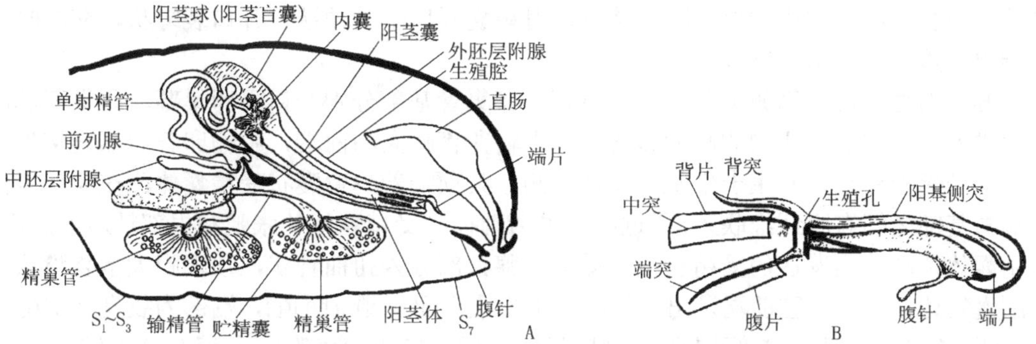

图 20-130　四纹豆象雄性生殖系统 (Mukerji and Bhuya，1937)

A. 雄性生殖系统腹视；B. 阳茎球、阳茎囊侧视；S_1～S_3、S_7 为第 1～3、7 腹节腹板

雄性外生殖器：单射精管前部较粗，环肌层更发达，环绕成圈，当阳茎端向外伸出时，单射精管的环圈伸直，保证阳茎端外伸而精巢和内生殖器其他部分并不移动。阳茎端休止时，单射精管后部盘绕在阳茎球的腔内，内囊外翻时则被拉出。休止时单射精管前部的弯曲可阻止精液的溢出。精液的移动受射精管的环肌控制。阳茎端分为阳茎球 phallic bulb、阳茎囊 phallic capsule 和插入器官本体 intromittent organ proper (阳茎端管) 3 部分，阳茎端管又分为阳茎体 phallosome 和内囊。阳茎球 (阳茎盲囊) 为大型肌肉质的空心器官，内部有射精管后端盘绕，后部有内囊套叠，阳茎球收缩可使内囊伸出，形成射精管内精液释放的压力。阳茎球心形，较宽的基部中间凹入，射精管从顶端进入阳茎囊。阳茎球背、腹面有几丁质骨片，分别形成球的顶部和底部，腹片内部有 1 对末端支杆 tegminal strut 支撑，末端支杆起源于盖片的腹侧角，与腹片内表面愈合。背片大小与腹片相近，但呈膜质，几丁质化程度弱。背片也有 1 对中间支杆支撑，该支杆来源于阳茎囊的侧壁。阳茎囊为坚硬的圆柱形管，外部具毛，末端开口也称为中孔 median orifice，接近中孔处有端板 end plate 附着，端板侧视镰形，末端有感觉毛，阳茎囊伸出时，端板位于阳茎囊末端，相当于阳茎端突 titillator。阳茎囊内部构造外翻伸展时，端板像阳茎上的钉突，阻止阳茎囊进入雌虫生殖孔。阳茎囊为内部构造的鞘，内部构造 (阳茎体) 弯折其中，阳茎囊不能缩入阳茎球，也不能插入雌虫生殖腔。盖片为半月形几丁质环片，从背面环抱阳茎球和阳茎囊的结合部。其背侧面着生 1 对阳基侧突，阳基侧突反向发出圆锥形突起，突起在阳茎球背板上伸展一段距离，通过肌纤维与阳茎球背板包裹在一起。阳茎球外部纵肌着生在该突起上。阳基侧突末端平截，有感觉毛，与阳茎囊并行，长度略超出，交配时用于探测雌性生殖孔的位置。生殖腔像可折叠的封套环绕阳茎端，其前端包裹阳茎球，后端终止于生殖孔。阳茎囊和阳基侧突也完全包裹在生殖腔内。雄虫的腹针为短的尖杆，位于生殖腔的外部腹面，尖端头向伸展，末端分叉，环抱生殖腔的后

端。腹针端部着生控制阳茎活动的肌肉。阳茎体端部密布大型棘刺，基部棘刺较稀少，具有柔韧被膜，使阳茎能进行不同方向扭曲。阳茎体缩在阳茎囊内时，基部皱缩在中孔内，感觉丝 sensory filament 随之进入，封盖阳茎囊末端开口，防止外部物体进入。当膜质的基部随阳茎体外翻时，感觉丝披散于外表。阳茎体的其余部分稍骨化，有一定的膨伸性。内囊膜质，休止时位于阳茎球内，射精囊开口于其顶端。开口裂缝状，交配时朝向雌虫生殖囊的背壁 (图 20-130 B)。

雌性内生殖器：每卵巢有 6 支卵巢管，卵巢管基部分别开口于卵巢萼，卵巢萼基部细缩进入侧输卵管，两侧的侧输卵管汇入中输卵管膨大的前端，中输卵管后端连接生殖腔。受精囊管粗直，着生于生殖腔顶端一侧，其顶端着生弯囊状受精囊体，在受精囊体顶端与基部之间有肌纤维联系，通过肌纤维活动控制受精囊体的张弛和内部精液的进出。受精囊体顶端发出发达的受精囊腺，受精囊腺大部分为扭曲管状，顶端膨大呈袋囊状。交配囊发达，从生殖腔前端发出，基段为粗管状交配囊颈 (阴道)，端部为袋囊状交配囊体，两者结合部内腔有瓣阀构造。腹针发达，位于中输卵管腹侧，与第 8、9 腹节腹板连续。生殖腔管状，经第 9 腹节背、腹板之间的生殖孔向外开口 (图 20-131)。

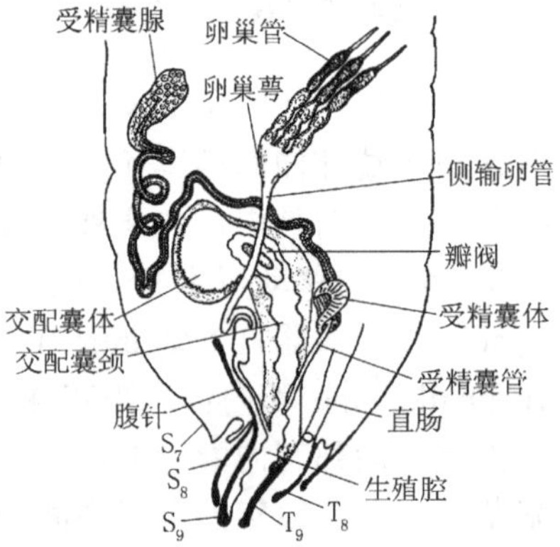

图 20-131　四纹豆象雌性生殖系统 (Mukerji and Bhuya，1937)

T_8、T_9 为第 8、9 腹节背板；S_7～S_9 为第 7～9 腹节腹板

20.26.3　黑角负泥虫 *Oulema melanopus* (Linnaeus)

雄性内生殖器：每精巢有 2 支精巢管，每精巢管因隔膜内陷外观上形成 6～8 个叶。精巢管扁球形，腹面中央发出输出管与输精管连接，输精管短，下端与附腺末端一起汇入球形的贮精囊。贮精囊可能具有将精子泵出，使之进入射精管的功能。贮精囊下端与复射精管连接。附腺 2 对，着生于贮精囊上端，自基部起逐渐增粗，整体长茄形。其中靠前的 1 支前伸并回旋，沿输精管呈“C”形；靠后的 1 支常为脂肪体包被。有些个体附腺管端部二叉状。两侧的复射精管汇合于单射精管，汇合处及单射精管前段膨大，单射精管后段细缩，然后进入包被阳茎基部的肌肉鞘 (图 20-132 C)。

雌性内生殖器：每卵巢具有 7 支卵巢管，偶见 6 或 8 支，同一个体两侧的卵巢管数量也可能有差异。卵巢管的端丝附着于胸部第 2 节的隔膜上，基部集生于卵巢萼上，卵巢萼下端与侧输卵管联系。生殖活跃期成虫，侧输卵管内表面有 1 层黏性物质，表明侧输卵管具有分泌功能，在卵经过时内壁分泌物即涂在卵表。两侧的侧输卵管汇入中输卵管，中输卵管较短阔，内壁衬有成群的棘刺，棘刺端部指向后方，有人认为这些棘刺可减少中输卵管与卵的接触面，也可避免卵表黏性物质脱落，以保证产卵时卵表面黏性物质的均匀覆盖。通过棘刺传递压力到肌肉，可保证肌肉的同步性。棘刺还可形成足够的障碍以防止肌肉收缩过程中卵的回缩，有助于卵的定向通过。中输卵管后部有膜与交配囊分开，膜上几个区域有棘刺，可能帮助引导阳茎端进入交配囊，从而将精液释放进受精囊或附近区域。中输卵管、受精囊管、交配囊管均着生于生殖腔的前端。受精囊管较细直，顶端着生有小的果核状受精主囊和大的角状受精副囊，受精副囊背侧发出 1 支粗短弯曲的受精囊腺 (图 20-132 A、B)。

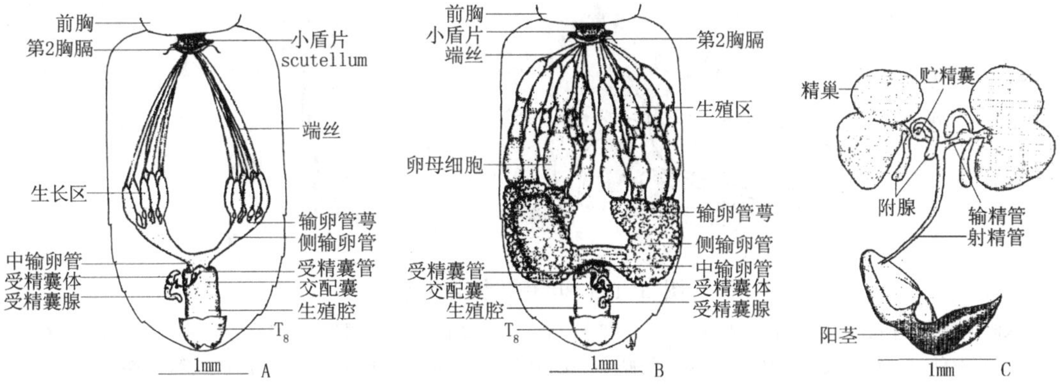

图 20-132　黑角负泥虫生殖系统 (Wellso，1972)

A、B. 雌性生殖系统 (A. 休眠期；B. 卵活跃发育期)；C. 雄性生殖系统；T_8为第 8 腹节背板

20.27　叶甲科 Chrysomelidae

20.27.1　雄性外生殖器

雄性外生殖器属于具环型，阳茎一般为 1 骨化较强的弯曲管状物，其端部背面开口为端孔，其基部腹面的开口为基孔。端口的形状 (背视) 、弯曲度 (侧视) 和基口的大小形状 (正面观) 因种类而有差异。阳茎盖为“V”形骨片，位于阳茎腹面，在各亚科中骨化程度不同。阳茎内部有内囊 (内阳茎)，交尾时，内囊伸出，内囊表面常有刺、钩等。有些种类内囊上着生有鞭状体 flagellum 或阳茎端刺 virga，鞭状体骨化而柔韧，长度变化大。有些种类鞭状体退化，交配时鞭状体不进入受精囊管；有的鞭状体直径太大，交配时鞭状体顶部处于受精囊管的入口处，受精囊管稍膨大；有的鞭状体细而渐尖，交配时深深地插入受精囊管。那些鞭状体顶端到达受精囊体内的种类，其精子可直接进入受精囊体。根据阳茎盖形状可将叶甲的雄性外生殖器分为环式和叉式，如芦小水叶甲阳茎盖由基叉和阳基侧突组成，阳茎盖两侧臂在阳茎背面相连接，阳茎位于其中，属环式。阳茎盖两侧臂仅位于阳茎的腹面或两侧，在阳茎背面并不相接，为叉式。阳茎叉可位于阳

茎的中部，如乌鲁木齐叶甲等；也可位于阳茎盖的后沿，如额斑锯角叶甲等 (图 20-133)。

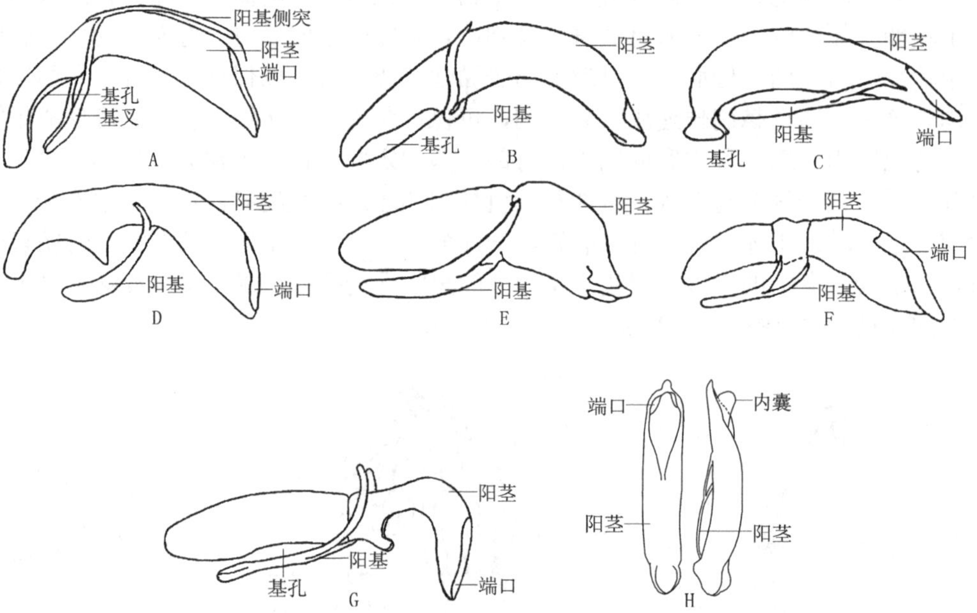

图 20-133　叶甲雄性外生殖器

A. 水叶甲亚科 (环式)；B. 叶甲亚科；C. 萤叶甲亚科；D. 负泥虫亚科；E. 锯角叶甲亚科；F. 隐头叶甲亚科；G. 肖叶甲亚科 (B～G 为叉式)；H. 阳茎背、侧视 (A～G. 张茂新和凌冰，1994；H. 参考汪家社等，1998 图重绘)

20.27.2　雌性内生殖器

精包授精的种类，交配后精包位于交配囊内腹面、受精囊管后方。受精地点一般位于受精囊管正下方。有些种类，精子贮存在卵巢管末端，在卵释放过程中即发生受精。如胎生和卵胎生的种类，精子贮存在卵巢管柄中，与受精囊的存在与否无关。因此胎生种类有受精囊退化现象。*Cherymorpha alternans* 的授精及受精囊腔和受精囊管内的精子比例都有控制，部分是由受精囊的肌肉控制的。受精囊肌肉在授精期间控制精子释放。受精囊体端部和基部之间的肌肉联系在多数叶甲中存在，在 *Chelymorpha alternans* 中受精囊肌肉不影响精子摄入和滞留，但控制卵的受精和精子的优先使用。

20.27.3　雌性外生殖器

隐头叶甲亚科雌性外生殖器位于腹部末端第 7 腹节骨片之间，呈套筒式构造。休止时，第 9 腹节隐藏在第 8 腹节之下，然后第 8、9 腹节组成的构造又隐藏在第 7 腹节内。肛孔被第 9 腹节背板、腹板和侧片包围，腹板的内膜层形成直肠的腹壁，其末端与外面的腹板骨化层连接，腹板骨化层基部膜质，形成生殖腔的背壁。生殖腔细长狭窄，位于第 8、9 腹节腹板之间，休止时生殖腔开口膜关闭。第 8 腹节腹板外部的后缘坚硬，有时轻微骨化，保持对生殖孔的压力。生殖孔的背壁由第 9 腹节腹板外层的膜质连续物构成，腹壁由第 8 腹节腹板的内膜层构成。受精囊管骨化程度、长度和形态在属间不同，基部直管状，接近受精囊时呈紧密蜷曲多次盘绕、不紧密盘绕、狭窄、螺旋等变化。受精囊体骨化，一般圆柱形，基部较宽。有些种类的雄虫形成精包，精包较小，一般没有营养功能，雌虫有时在精子排出一半前即将精包抛弃，这种情况与某些直翅目昆虫移除精包类似。*Chelymorpha alternans* 的雄虫既能形成精包，也能将鞭状体伸入受精囊管，是否存在直接授精有待证实 (图 20-134)。

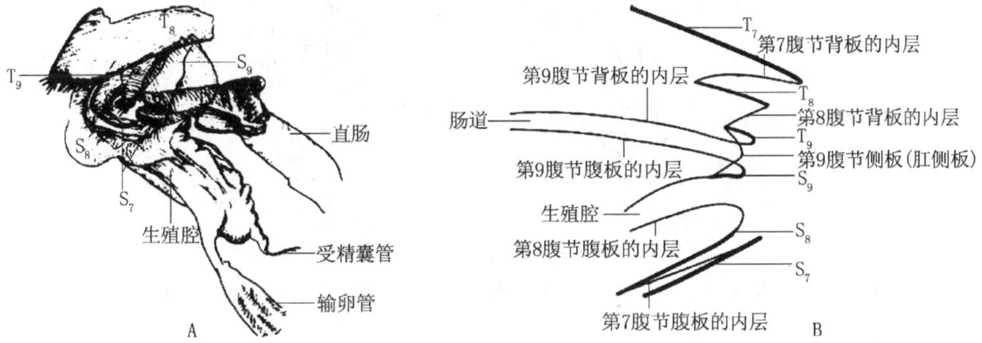

图 20-134　隐头叶甲亚科雌性外生殖器 (Chamorro-Lacayo 等，2006)

A. *Griburius equestris* 雌性外生殖器侧尾视；B. 1 种隐头叶甲亚科雌虫外生殖器侧视；T_7～T_9 为第 7～9 腹节背板；S_7～S_9 为第 7～9 腹节腹板

20.27.4　莲草直胸跳甲 *Agasicles hygrophila* Selman *et* Vogt

雄性内生殖器：两侧的精巢贴合，有共同被膜。被膜体下方发出 2 条细直的输精管。附腺 1 对，分列左右，细长管状，盘旋曲折，其下方与输精管末端一起汇入射精管，汇合部位膨大。射精巢经阳茎开口于体外 (图 20-135)。

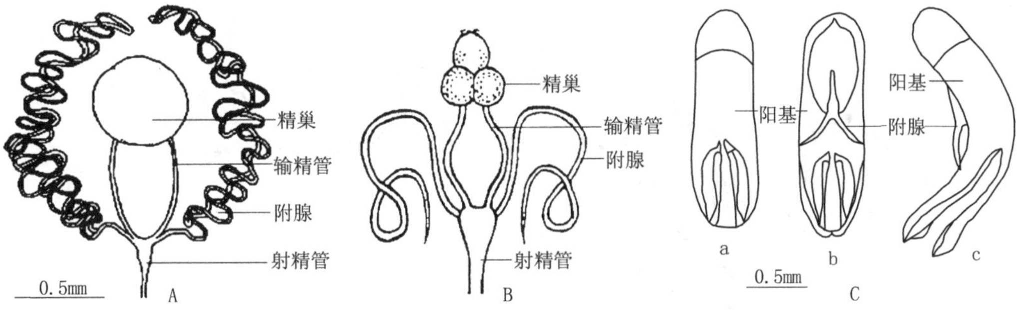

图 20-135　莲草直胸跳甲雄性生殖系统

A、B. 雄性内生殖器；C. 雄性外生殖器背、腹、侧视 (A. 陈磊等，2009；B. 付丽君等，1999；C. 参考陈磊等，2009 图重绘)

雌性内生殖器：卵巢乳白色，左右并列，消化道自两侧输卵管间穿过，末端位于卵巢基部上方，并与之汇合形成泄殖口。每卵巢有卵巢管 12～16 支，两侧卵巢管数目多不相等。卵巢管集生于卵巢萼上。侧输卵管长度为中输卵管的 2～3 倍。受精囊位于生殖腔前端，受精囊管细直，受精囊体圆球形，黄褐色 (图 20-136)。

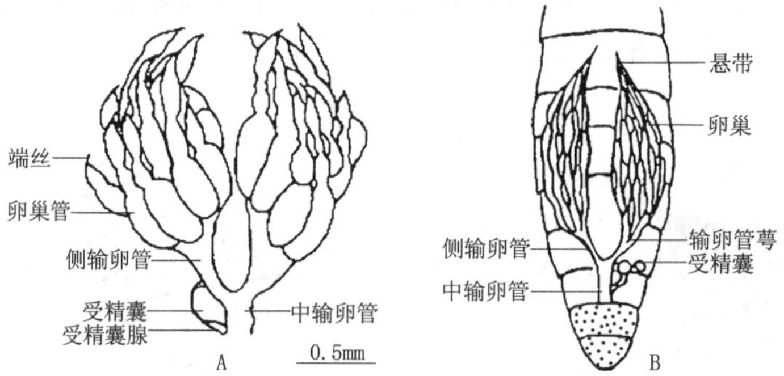

图 20-136　莲草直胸跳甲雌性内生殖器

A. 雌性内生殖器整体；B. 雌性内生殖器在体腔的位置 (A. 陈磊等，2009；B. 付丽君等，1999)

20.27.5　大猿叶虫 *Colaphellus bowringi* Baly

雄性内生殖器：精巢表面被膜的颜色随发育状态而变化，乳白至淡黄色。每精巢有多支精巢管，集生于精巢萼上。输精管细薄管状。附腺 1 对，粗短扭曲，与输精管基部一起汇入复射精管，交汇处略膨大呈球形，似为不发达的贮精囊。2 复射精管汇入单射精管。单射精管前段 (邻近复射精管) 稍膨大，中部膨大"S"形，末端细缩后进入阳茎 (图 20-137 B)。

雌性内生殖器：未成熟卵巢白色，成熟后淡橘黄色。每卵巢有 12～16 支卵巢管，集生于卵巢萼上。侧输卵管长度约为中输卵管 2 倍，中输卵管后端开口于生殖腔。受精囊管细长弯曲，顶端着生马蹄形受精囊体，受精囊体前端着生 1 较粗短的受精囊腺 (图 20-137 A)。

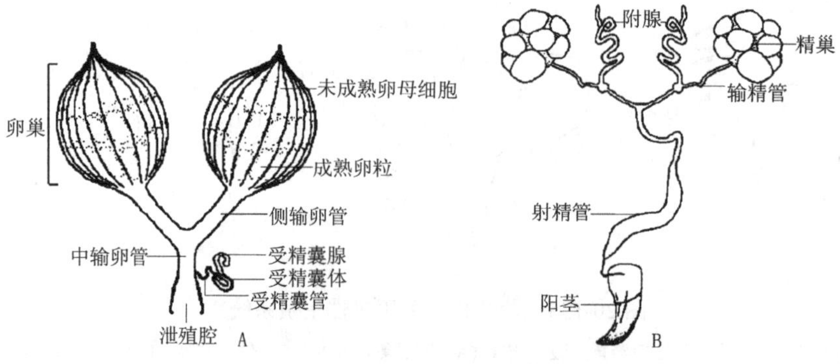

图 20-137　大猿叶虫内生殖器 (周兴苗等，2010)

A. 雌性内生殖器；B. 雄性内生殖器

20.27.6 天门冬叶甲 *Crioceris asparagi* (Linnaeus)

雌性内生殖器：每卵巢有 11～13 支卵巢管，卵巢管的端丝形成悬带，附着于后胸背板前缘内侧。卵巢管的下端集生在不发达的卵巢萼上，卵巢萼下端连接侧输卵管，侧输卵管短阔，约与中输卵管等长。中输卵管开口于生殖腔。生殖腔坛状，末端经外生殖器开口于体外。受精囊管直管状，着生于生殖腔顶端，受精囊管顶部连接有细管状扭曲的受精囊体，受精囊体顶端弯钩形膨大，在弯钩形端部和受精囊体管状部分之间有肌肉联系，弯钩形背侧发出粗短棒状的受精囊腺。生殖腔短阔、发达，兼有交配囊的作用(图 20-138)。

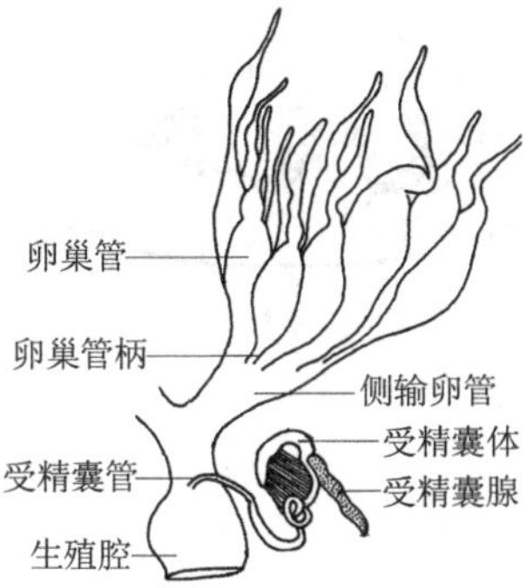

图 20-138 天门冬叶甲雌性内生殖器 (Gupta and Riley，1967)

20.27.7 菱角萤叶甲 *Galerucella birmanica* Jacoby

雌性内生殖器：每卵巢有 12 支卵巢管，每卵巢的卵巢管有被膜，基部集生在同侧的卵巢萼上。卵巢萼下端连接侧输卵管，两侧的侧输卵管向后延伸汇入中输卵管，中输卵管后端略弯曲，与生殖腔结合。受精囊管短，着生在生殖腔前端腹面。受精囊体为几丁质化的钩状构造，基部球形，向上渐窄，中部有短弯曲，向后终止于钝的末端。受精囊腺呈细长弯曲管状，从受精囊管结合点附近的受精囊体上发出。生殖腔宽囊状，与中输卵管、受精囊管结合点后有明显弯曲，使其整体呈“7”形 (图 20-139)。

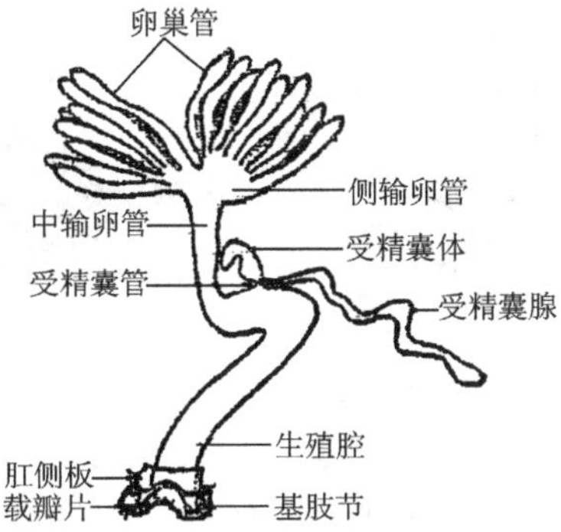

图 20-139 菱角萤叶甲雌性内生殖器 (Varma，1964)

雌性内生殖器胚后发育：3 龄幼虫期，第 5 腹节出现卵巢原基。末龄幼虫期，卵巢后方出现明显生殖索，生殖索延伸超过第 5 腹节，由包被卵巢管的膜质鞘延伸形成。此时，受精囊也开始发育，其器官芽位于第 9 腹节生殖腔内陷的前面。末龄幼虫第 9 腹节腹板上内陷沟的出现表明生殖腔发育的开始。低日龄蛹，第 7 腹节腹板上沟的前端没有几丁质化，进一步发育并愈合成管状后逐渐与腹板脱离，这个管状构造发育形成生殖腔，

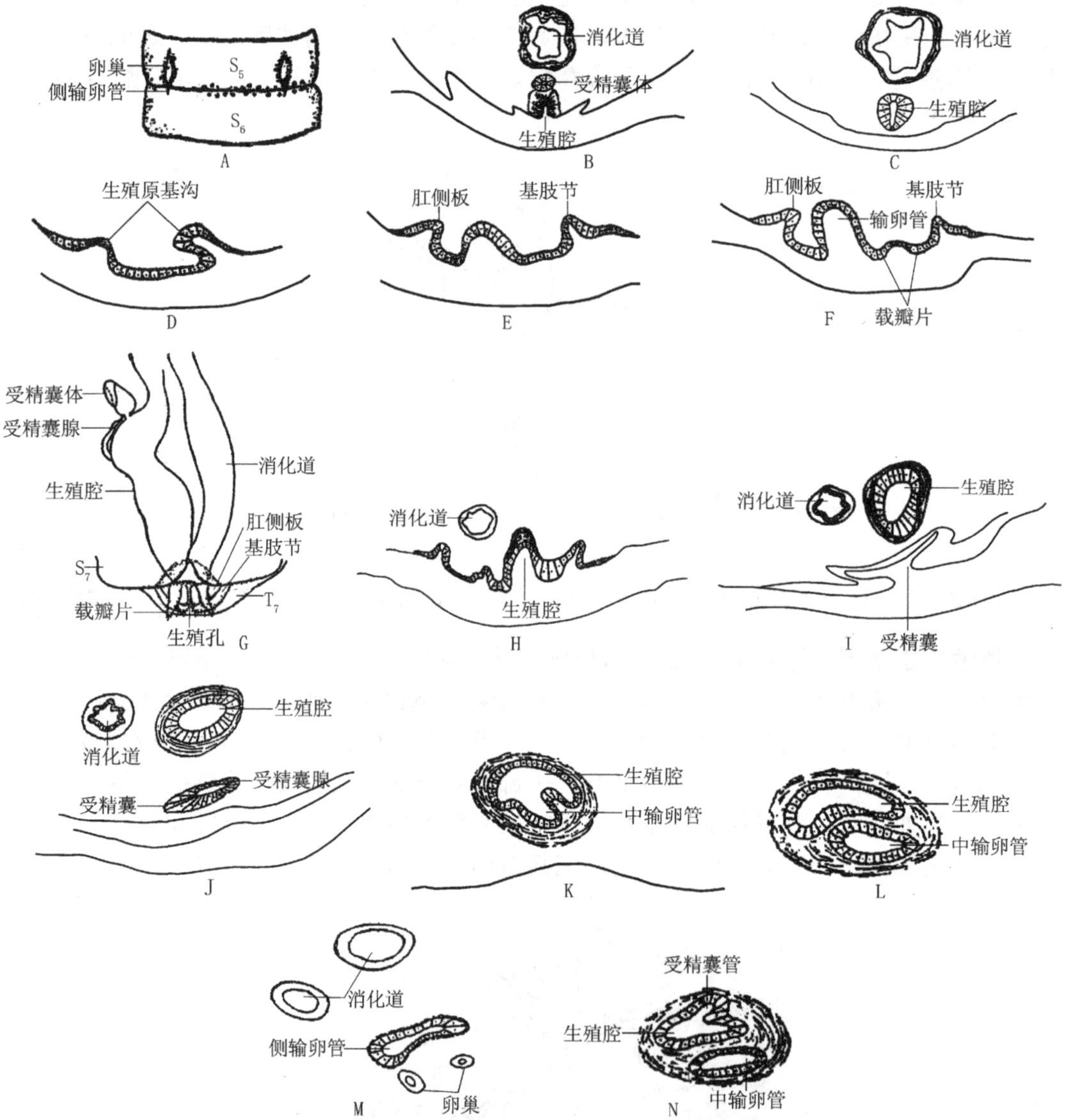

图 20-140　菱角萤叶甲雌性生殖系统胚后发育 (Varma，1964)

A. 3 龄幼虫，示卵巢出现；B、C. 末龄幼虫第 9 腹节横切 (B. 生殖腔沟和受精囊发育；C. 生殖腔形成)；D～I. 初期蛹第 7 腹节横切，示生殖节的发育 (D. 生殖原基沟 groove 的发育；E. 肛侧板和基肢节发育；F. 载瓣片发育；H. 生殖原基沟的形成；I. 受精囊的发育)；G. 蛹期的生殖节；J～N. 末期蛹腹部横切 (J. 受精囊腺的发育；K、L. 通过出芽形成中输卵管；M. 侧输卵管形成；N. 受精囊管形成)

在基腹片和载瓣片形成后，继续向后移动，最终位于基腹片和载瓣片之间。受精囊最初为来源于第 7 腹节腹板的外胚层体壁内陷，在蛹期，受精囊的背壁出芽形成受精囊腺，蛹羽化形成成虫期间，受精囊腺进一步盘旋增长。在蛹末期，生殖腔向前延伸到第 6 腹节腹板，其末端背壁生出管状构造，该构造将发育形成中输卵管，它向前生长到第 5 腹节腹板，与两侧的侧输卵管相遇。此时，生殖腔腹壁也出芽生出 1 短而窄的受精囊管，最终在第 5、6 腹节中部与受精囊结合。当即将羽化为成虫时，受精囊获得成虫期形态，同时受精囊与生殖节一起几丁质化 (图 20-140)。

雌性外生殖器：生殖节产卵时膨大，平时隐藏在第 7 腹节内。生殖节分化出背部的肛侧板及腹部的载瓣片和基腹片。肛侧板较宽，中间膜质，端部具有深而阔的槽，通过连接膜附着于第 7 腹节背板后腹壁。载瓣片二叶状，窄而呈楔形，2 叶明显分离，但基部通过膜质区与基腹片连接。基腹片侧面几丁质化，中间膜质，端部边缘深槽状。生殖节套叠导致生殖腔的形成，生殖腔在基腹片和载瓣片之间有生殖孔，肛孔位于肛侧板和载瓣片之间。

雌性外生殖器胚后发育：老熟幼虫肛孔稍上方、第 9 腹节腹板基部至第 8 腹节腹板，出现 1 内陷形成的沟。幼虫化蛹时，第 8、9 腹节消失，只有 7 个可见腹节，其中第 7 腹节最大，端部向腹面弯曲。第 7 腹节腹板上出现沟，沟的前部形成生殖腔，后部内壁稍几丁质化，形成 1 个囊，该囊将发育形成生殖节。首先是背腹面加厚并几丁质化形成肛侧板和基腹片。载瓣片起源于沟侧壁发出的器官芽。随着蛹的发育，生殖节套叠在第 7 腹节内，套叠情况与成虫相同 (图 20-140 G～I)。

20.27.8　*Gastroidea polygoni* (Linnaeus)

雄性生殖系统：精巢位于第 1～5 腹节背面消化道两侧，每精巢有 2 个精巢叶，每精巢叶后端发出 1 支细而短的输出管，每侧精巢 2 精巢叶的输出管在第 3 腹节汇入输精管。在第 4 腹节，输精管汇入复射精管，在两者结合部位形成贮精囊和细管状附腺。在第 5 腹节，两侧的复射精管汇入单射精管，单射精管前伸达第 4 腹节前沿，然后上弯进入粗大的射精管囊，射精管囊后伸达第 7 腹节前沿。射精管囊下端狭窄形成细管，细管上弯然后进入生殖囊。盖片环形，位于生殖囊的外壁，第 1、2 连接膜存在。腹针“V”形，紧密附着在生殖囊上 (图 20-141 A、G)。

雄性生殖系统胚后发育：预蛹期，第 9 腹节腹板后部出现宽口内陷，为生殖囊原基。这个内陷向前伸展达第 6 腹节中部，然后细缩成为射精管原基。后续发育中，生殖囊基部区域外翻，将射精管及开口带到端部，生殖囊成为双层壁的管，射精管从中穿过，生殖孔位于射精管顶端。生殖囊顶端外胚层组织分裂形成裂隙，使射精管与生殖囊壁完全分离。同时，射精管腔扩大，与背、腹面的裂隙汇合，促进围生殖孔骨片的形成。这些骨片内缘的外胚层组织与射精管的表皮质衬里连续。这些骨片属于没有末端刺突的附肢。蛹期，第 9 腹节背、腹板可见，代表第 10 腹节的骨片位于肛孔前方，为纵向凹孔，属于生殖囊的开口。随着生殖囊凹陷的外翻，其顶端位于第 7 腹节。同时，射精管变得细长。第 7、8 腹节之间，生殖囊壁内向生长形成 1 对侧腹褶，侧腹褶前段汇合，最终离开生殖囊。汇合的前段形成腹针的杆，未汇合的后部发育为腹针的叉。预蛹期，精巢位于第 2～

4 腹节背侧，同侧精巢“叶”发出的输出管汇入输精管，输精管细长，从第 3 腹节后部伸展到第 5 腹节中部。射精管短宽，在第 5 腹节中部分叉形成复射精管，复射精管弯向前方与两侧的输精管连接。射精管分叉的内侧发出 1 对短管状附腺。初期蛹，精巢扩展到第 1 腹节前沿。高日龄蛹，精巢向后伸达第 5 腹节。射精管细长，分成前、中、后不同的区域。蛹末期，内生殖器分化完成 (图 20-141 B~G)。

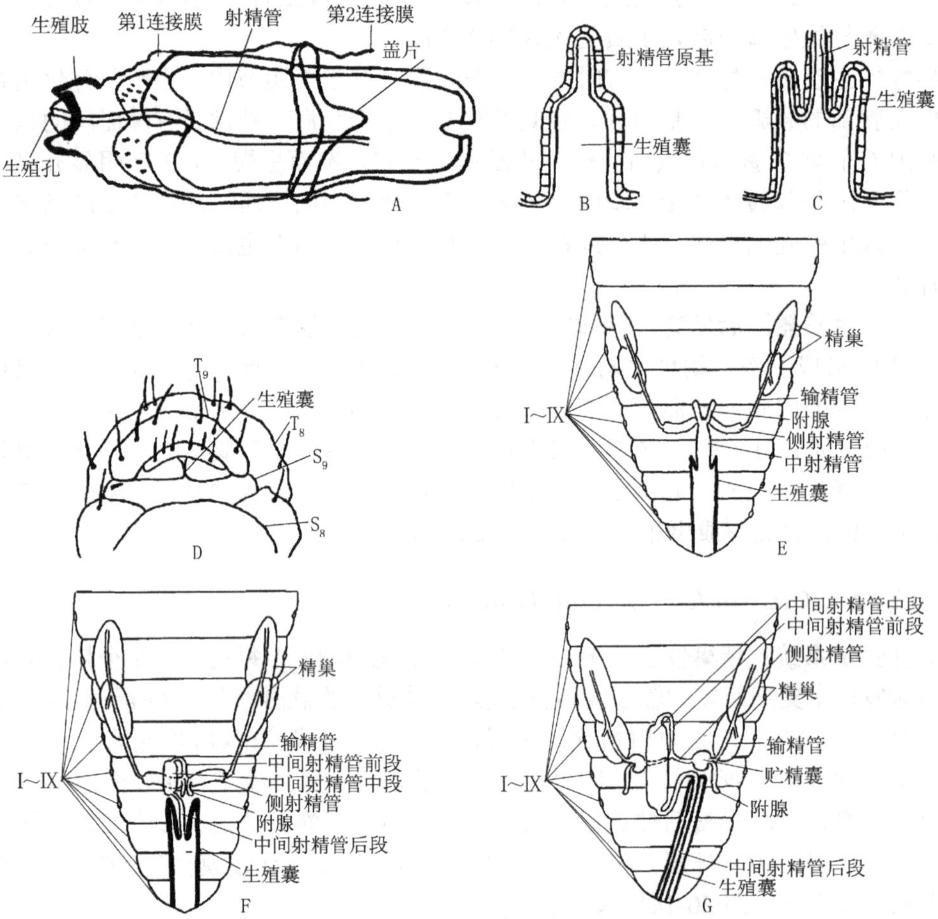

图 20-141　*Gastroidea polygoni* 雄性生殖系统 (Metcalfe，1932)

A. 雄性外生殖器；B. 预蛹第 9 腹节腹板后缘纵 (水平) 切；C. 即将化蛹前个体生殖囊纵 (水平) 切；D. 蛹的腹部末节腹视；E~G. 预蛹期、蛹初期、成熟蛹雄性生殖系统；T_8、T_9 为第 8、9 腹节背板；S_8、S_9 为第 8、9 腹节腹板；Ⅰ~Ⅸ为第 1~9 腹节

雌性生殖系统：成熟雌虫腹腔内充满卵使腹部膨胀，节间膜伸展使背、腹板成为孤立的骨片。生殖孔大型横裂状，位于第 9 腹节腹板后部，被 1 对生殖肢包围。卵巢位于第 1~3 腹节，输卵管短阔，两侧的输卵管在第 5 腹节汇入生殖腔，生殖腔前部背面发出受精囊管和附腺。

雌性生殖系统胚后发育：蛹期，第 9 腹节腹板后部出现宽口形生殖道 genital duct 内陷，内陷被 1 对分节、顶端有须状节的附肢包围。高日龄蛹的内陷很退化，仅分开的 1 对须状节可辨。初期蛹的卵巢位于第 3～5 腹节背侧面，每卵巢有多支卵巢管，输卵管尚不发达，但每个卵巢管的末端出现管状构造，上皮细胞围绕中心腔排列。生殖道的不成对区域在蛹的早期即已发育，为 2 个分隔的外胚层内陷，第 1 个内陷位于第 8 腹节腹板后部，为生殖腔原基，它前伸至第 7 腹节前沿，然后分叉形成 2 个侧支。第 2 个内陷位于第 9 腹节腹板后部，它向前伸展到第 8 腹节前沿，为受精囊原基。上述 2 个原基全长分开。蛹成熟时，卵巢前移，最终位于第 1 腹节中部到第 3 腹节之间，来自卵巢管的管道联合形成 1 对位于两侧的输卵管，从第 2 腹节中部伸展到第 4 腹节中部，为逐渐细缩的实心管。同时，生殖腔原基伸到第 6 腹节中部，形成分叉的前端，与输精管在第 4 腹节汇合。虽然已经结合，但管腔到蛹末期才连通。受精囊原基伸到第 7 腹节中部，形成纵沟，分化为 2 支，背支形成附腺原基，腹支形成管状的受精囊。附腺原基很快分化成袋状的腺体囊和细长的附腺管。在第 8 腹节，受精囊和生殖腔原基逐渐接近，在体节后部，两原基之间的壁破裂，管腔汇合。生殖腔在第 8 腹节腹板上的向外开口消失，受精囊在第 9 腹节腹板上的开口成为成虫功能上的生殖孔。因此生殖腔前部来源于生殖腔原基，后部来源于受精囊原基，中部背面源于受精囊原基，腹面来源于生殖腔原基(图 20-142)。

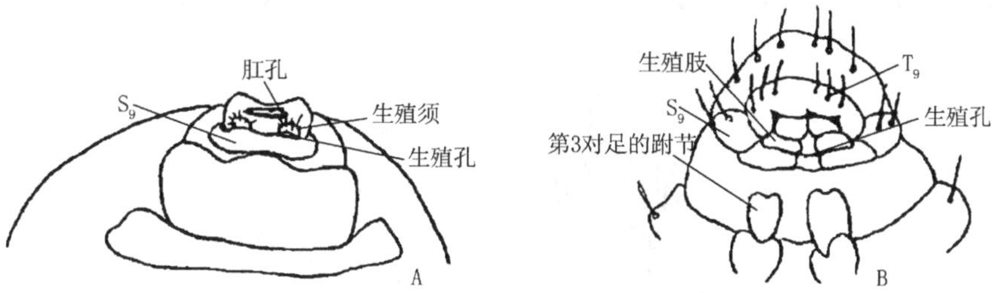

图 20-142 *Gastroidea polygoni* 雌成虫和雌蛹腹部末端腹视 (Metcalfe，1932)

A. 雌成虫；B. 雌蛹；T_9 为第 9 腹节背板；S_9 为第 9 腹节腹板

20.27.9 *Labidomera clivicollis* (Kirby)

雄性内生殖器： 每精巢有 2 支精巢管，每精巢管有数个隔膜内陷分隔区。精巢管着生在输精管顶段，输精管基段 (邻近精巢管) 、中段、端段分别膨大形成梭形或球形的贮精囊。附腺 1 对，粗长管状，膨胀弯折。附腺的分泌物似乎成为雌虫生殖腔中的不定形团块，有人认为这种团块可能有防止精子渗漏或减少精子取代的功能。每侧附腺与输精管末端一起汇入复射精管，复射精管细长，两侧的复射精管汇入单射精管。单射精管前后段细长，中段膨胀。精巢内的精子成束，贮精囊内含有单个成熟的精子。雄虫不形成精包 (图 20-143 A)。

雄性外生殖器： 中叶或阳茎端高度骨化，内囊膜质或部分骨化，鞭状体或阳茎端刺骨化而柔韧。中叶位于雄虫体腔的侧面，当翻出时向上旋转。鞭状体的直径似乎太大，交配时雄虫将鞭状体的顶部置于受精囊管入口处，受精囊管稍膨大 (图 20-143 B)。

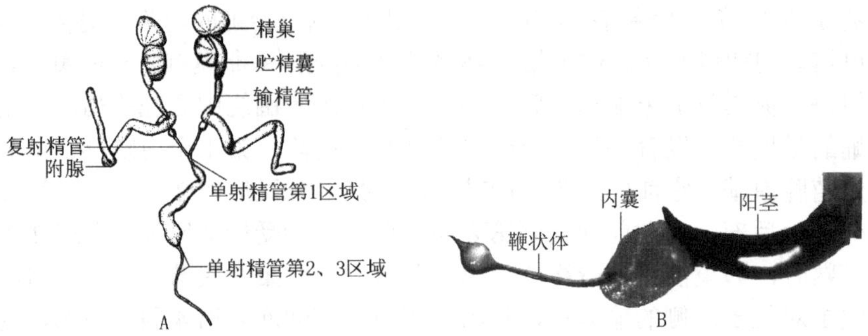

图 20-143　*Labidomera clivicollis* 雄性生殖系统 (Dickinson，1997)

A. 雄性内生殖器；B. 高度骨化的阳茎、稍硬化的鞭状体及膜质的内囊

雌性内生殖器：每卵巢有多支卵巢管，卵巢管端丝不发达，每卵巢的端丝联合形成不发达的悬带。卵巢管基部着生在发达的卵巢萼上。侧输卵管较细长，两侧的侧输卵管汇入中输卵管，中输卵管向后渐粗，后端通入生殖腔。交配囊从生殖腔前端一侧伸出，包裹在生殖腔外部的肌肉鞘内。受精囊管从交配囊顶端发出，细长管状，顶端二叉状，一侧为受精囊腺管状部，其顶端着生有囊状扭曲的受精囊腺；另一侧为弯管形的受精囊体，受精囊体前端弯曲，前端与基部之间有肌纤维联系 (图 20-144)。

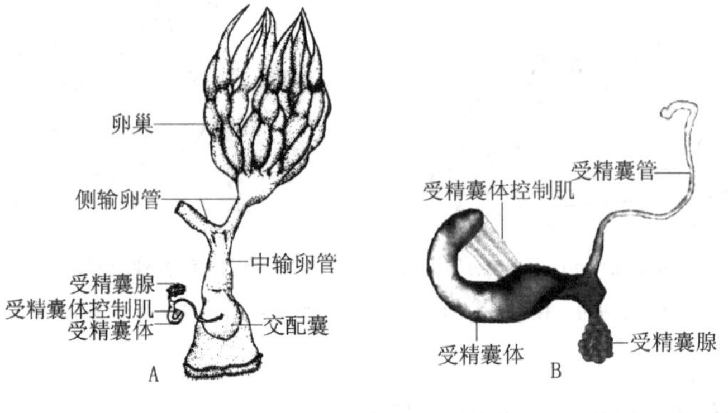

图 20-144　*Labidomera clivicollis* 雌性内生殖器 (Dickinson，1997)

A. 雌性内生殖器；B. 受精囊

20.27.10　小猿叶虫 *Phaedon brassicae* Baly

雄性内生殖器：每精巢有 2 支精巢管，精巢管贴合，有共同被膜，被膜因发育阶段不同而呈奶油色至淡黄色。精巢管下端汇入较粗短的输精管。附腺 1 对，细长盘绕。每侧附腺和输精管末端一起与复射精管联系，汇合点有小球形膨大的贮精囊。两侧的复射精管汇合于单射精管，单射精管下端膨大形成长茄形射精囊，射精囊下端的单射精管细管状，弯曲后与射精囊联系。射精囊壁有环肌包围，通过阳茎通向体外。单射精管前段膨大部分大致相当于鳞翅目昆虫单射精管的原节，后段细缩部分则相当于表皮节 (图 20-145 B)。

雌性内生殖器：每卵巢有 12 支卵巢管，卵巢管的端丝汇合形成悬带，基部集生在卵巢萼上。未成熟雌虫的卵巢白色，位于消化道的两侧，随着成熟逐渐由奶油色变为黄色。侧输卵管粗长，长度约为中输卵管的 2 倍。中输卵管后端连接生殖腔，两者之间分界不清晰。受精囊管细长扭曲，着生在生殖腔顶端一侧。受精囊体骨化，马蹄形。受精囊腺粗短，顶段膨大，整体略呈“？”形 (图 20-145 A)。

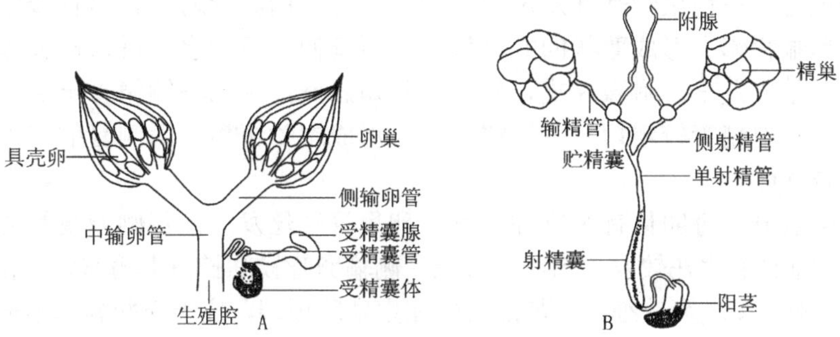

图 20-145　小猿叶虫内生殖器 (参考 Wang 等，2007 图重绘)

A. 雌性内生殖器；B. 雄性内生殖器

20.27.11　黄曲条跳甲 *Phyllotreta striolata* (Fabricius)

雄性内生殖器：两侧精巢贴合，有共同被膜，整体椭球形，鲜黄色，位于第 1、2 腹节。输精管细而短，呈半透明的白色，从被膜体下方两侧发出，末端与两侧附腺一起汇入单射精管前端。附腺 1 对，较发达。附腺管细长多曲，顶端着生有长形附腺囊。射精管细长，直而少弯，向阳茎方向渐细，末端与阳茎相连 (图 20-146 C、D)。

雌性内生殖器：卵巢位于第 1、2 腹节消化道两侧，扇形，乳白色。每卵巢有 10～12 支卵巢管。初羽化成虫卵巢管细长, 随着卵巢发育, 卵巢表面略呈波浪形。每卵巢的卵巢管下端汇合，与侧输卵管相连。侧输卵管和中输卵管长度相近。中输卵管与 2 支侧输卵管相连呈“Y”形。中输卵管下方为生殖腔，位于直肠下方。交配囊袋状，着生于生殖腔前端。受精囊管细长，从交配囊顶部发出。受精囊体球形，着生于受精囊管端部，深褐色，骨化坚硬。在该环状生殖腔末端内，套叠有管状的产卵器 (图 20-146 A、B)。

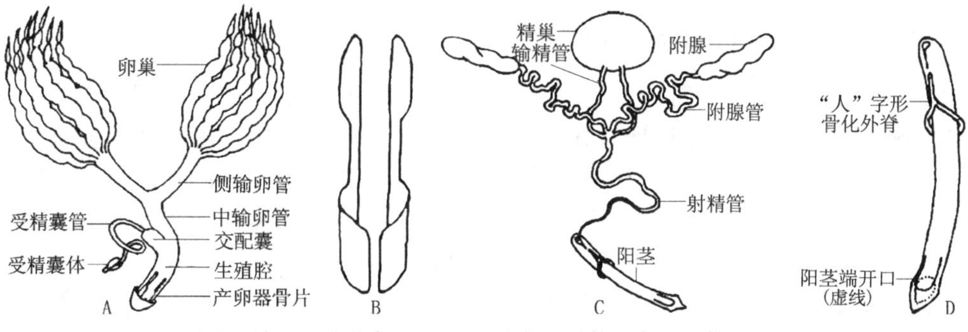

图 20-146　黄曲条跳甲雌、雄生殖系统 (韦秉兴等，2009)

A. 雌性内生殖器；B. 产卵器骨片放大；C. 雄性内生殖器；D. 阳茎放大

20.28　毛象科 Nemonychidae

20.28.1　Nemonychidae sp.(1)

雄性内生殖器：精巢 1 对，每精巢由 2 个扁球形的精巢叶组成。每精巢叶有 7~8 支宽卵圆形精巢管，每精巢管基部发出短小的输出管，精巢管通过输出管着生在输精管顶端。输精管顶端稍膨大形成萼状的贮精囊，向后延伸一段后愈合进入被膜体，输精管从被膜体下端以单支发出。附腺 3 支，管状，长短悬殊，基部与输精管末端一起着生于复射精管顶部。复射精管较粗短，下端略膨大，形成副贮精囊。两侧复射精管汇入单射精管 (图 20-147 A)。

雌性内生殖器：每卵巢有 8 支卵巢管，卵巢管端丝发达，每侧卵巢的端丝汇合形成悬带，卵巢管基部着生在较发达的卵巢萼上。侧输卵管较细长，中输卵管较粗短，下端连接于生殖腔一侧。受精囊管细长，基部着生在生殖腔顶端，位于交配囊和中输卵管基部之间。受精囊管端部着生近马蹄形弯囊状受精囊体和长茄形受精囊腺。交配囊短囊状，从生殖腔顶端另侧发出。生殖腔长囊形，向后逐渐细缩，经产卵孔向外开口 (图 20-147 B)。

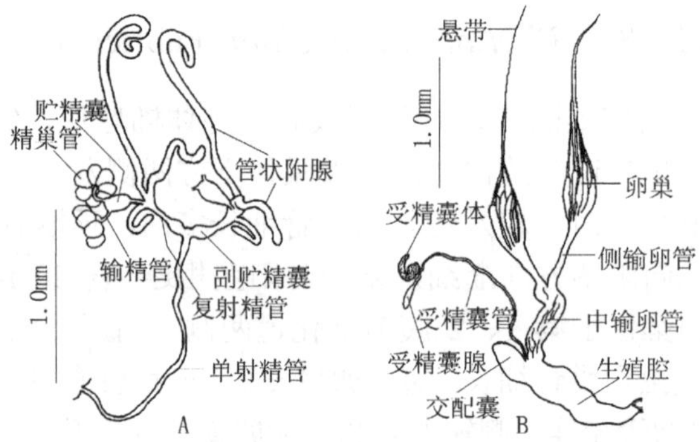

图 20-147　Nemonychidae sp.(1)内生殖器 (Calder，1990)

A. 雄性内生殖器；B. 雌性内生殖器

20.28.2　Nemonychidae sp.(2)

雄性内生殖器：精巢 1 对，每精巢有 6～10 支具长柄的椭球形精巢管，精巢管柄基部着生在输精管顶端膨大的椭球形贮精囊上，输精管下部直管状。附腺由 1 支长管和约 8 支短管组成，短管 2 次或 3 次分支。长管和短管基部着生在粗短的附腺柄上，附腺柄顶端最粗，向后渐细，与输精管下部一起着生在长囊状膨大的复射精管顶端。复射精管粗短，两侧的复射精管汇入粗长的单射精管 (图 20-148 A)。

雌性内生殖器：每卵巢有 8 支卵巢管，卵巢管端丝较发达，每侧卵巢的端丝汇合形成悬带，卵巢管基部着生在较发达的卵巢萼上。卵巢萼下方连接侧输卵管，进而通入中输卵管，中输卵管下端缢缩，连接于生殖腔一侧。受精囊管细长，基部着生在生殖腔顶端、交配囊和中输卵管基部之间。受精囊管端部着生近马蹄形受精囊体和长梭状受精囊腺。交配囊长囊状，中间弯曲，顶端尖削。生殖腔短囊状，后端细缩 (图 20-148 B)。

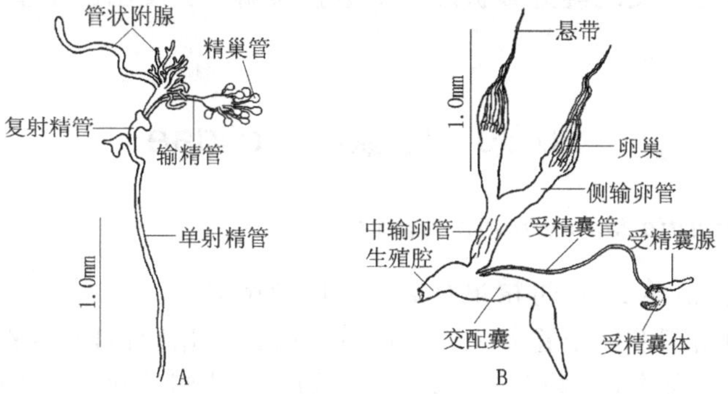

图 20-148　Nemonychidae sp.(2)内生殖器 (Calder，1990)

A. 雄性内生殖器；B. 雌性内生殖器

20.29　长角象科 Anthribidae

20.29.1　*Epargemus marmoratus* (Blackburn)

雄性内生殖器：精巢 1 对，每精巢有 2 个扁球形精巢叶，每精巢叶有 10 支辐射状排列的精巢管，两侧精巢共有约 40 支精巢管。精巢管基部发出细而短的输出管，每精巢叶各精巢管的输出管集生于射精管端部，两侧精巢叶的输精管汇入椭球形贮精囊，贮精囊下端发出单支输精管。附腺由 1 支长管和约 30 支小球形短管组成，长管发达，蚓状弯曲，基部细缩成短管。小球形短管集生呈花瓣状。附腺和射精管的基部汇入复射精管顶端。复射精管粗短，后端汇入较粗短平直的单射精管 (图 20-149 A)。

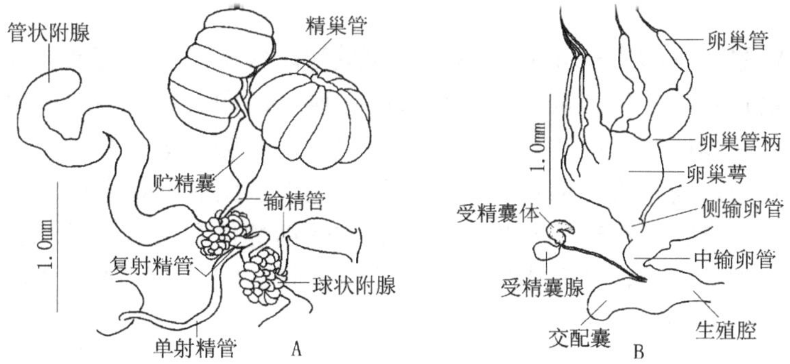

图 20-149　*Epargemus marmoratus* 内生殖器 (Calder，1990)

A. 雄性内生殖器；B. 雌性内生殖器

雌性内生殖器：每卵巢有 5 支卵巢管，卵巢管端丝不发达，每侧卵巢的端丝汇合形成短悬带。卵巢管基部着生在发达的球形卵巢萼上，卵巢萼下方细缩进入侧输卵管，两侧的侧输卵管汇入细而短的中输卵管，中输卵管连接于生殖腔一侧。受精囊管细长，基部着生在生殖腔顶端、交配囊和中输卵管基部之间。受精囊管端部着生有近马蹄形受精囊体和球形受精囊腺。交配囊宽囊状，从生殖腔顶端另侧发出。生殖腔短囊状，后端细缩 (图 20-149 B)。

20.30 矛象科 Belidae

20.30.1 *Rhinotia haemoptera* Kirby

雄性内生殖器：精巢 1 对，每精巢有 2 个扁球形精巢叶，每精巢叶约有 16 支精巢管，精巢管通过基部短而细的输出管着生在输精管顶端。输精管前段略细，中后段略膨大形成贮精囊，其后端汇为单支。附腺 2 对，1 对较短小，基部与输精管下端汇合形成短管，该短管再与另支附腺管的基部汇合进入复射精管。另 1 对附腺粗长发达，扭曲管状。复射精管很短，两侧的复射精管汇入较细长的单射精管(图 20-150 A)。

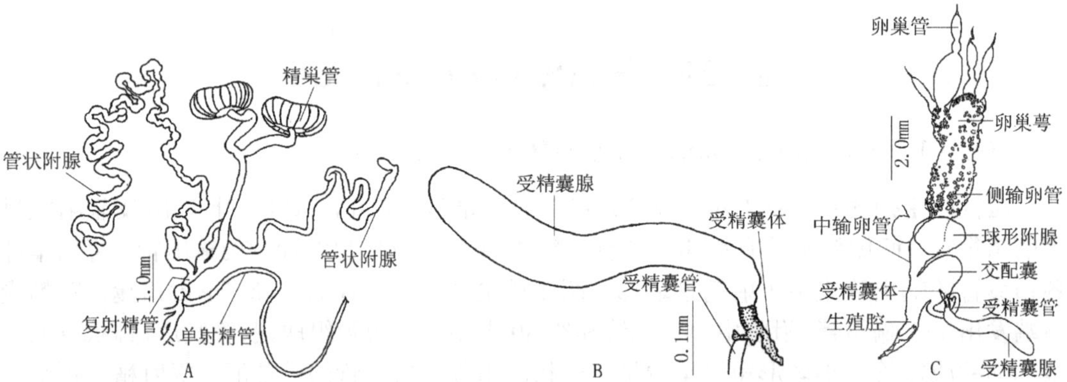

图 20-150 *Rhinotia haemoptera* 内生殖器，受精囊各部分的着生关系 (Calder，1990)

A. 雄性内生殖器；B. 受精囊各部分的着生关系；C. 雌性内生殖器

雌性内生殖器：每卵巢有 4 支卵巢管，卵巢管端丝不发达，每侧卵巢的端丝汇合形成短悬带。卵巢管基部着生在发达的长囊形卵巢萼上，卵巢萼下方汇入侧输卵管，两侧的侧输卵管汇入中输卵管，中输卵管短，前端宽大，两侧有球形附腺；向后急缩，着生于生殖腔前端腹面。受精囊管粗短扭曲，基部着生于生殖腔前端背侧，与中输卵管着生处大致相对。受精囊管端部着生不规则 3 分支的受精囊体和长茄形受精囊腺。交配囊宽囊状，从生殖腔顶端发出，位于中输卵管和受精囊管之间。生殖腔短囊状，后端连接外生殖器 (图 20-150 B、C)。

20.31 卷象科 Attelabidae

20.31.1 *Euops falcata* Voss

雄性内生殖器：精巢 1 对，每精巢有 4 支大型球状精巢管，精巢管通过基部细而短的输出管着生在输精管顶端膨大的贮精囊上，贮精囊向后细缩汇入较短直的输精管。附腺每侧 4 支，外侧的 2 支单管，较粗长弯曲；内侧的 2 支顶端有初生和次生分支。附腺和输精管基部汇入复射精管顶端膨大形成的球形副贮精囊上，复射精管后部粗短，两侧的复射精管汇入粗长的单射精管 (图 20-151)。

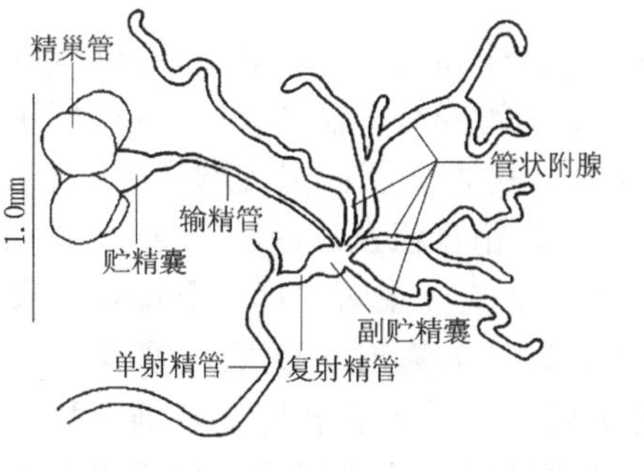

图 20-151　*Euops falcata* 雄性内生殖器 (Calder，1990)

20.32　三锥象鼻虫科 Brentidae

20.32.1　*Trachelizus bisulcatus* (Fabricius)

雄性内生殖器：每精巢有 2 个扁球形精巢叶，每精巢叶有近 30 支辐射状排列的精巢管，精巢管通过基部的输出管着生在细而短的输精管顶端。每精巢叶的输精管汇入袋囊状的贮精囊，贮精囊下端发出单支输精管。附腺由 10 支球形附腺管组成，围绕输精管末端呈辐射状排列，与输精管末端一起汇入复射精管前端。复射精管较粗短，两侧的复射精管汇入单射精管 (图 20-152 A)。

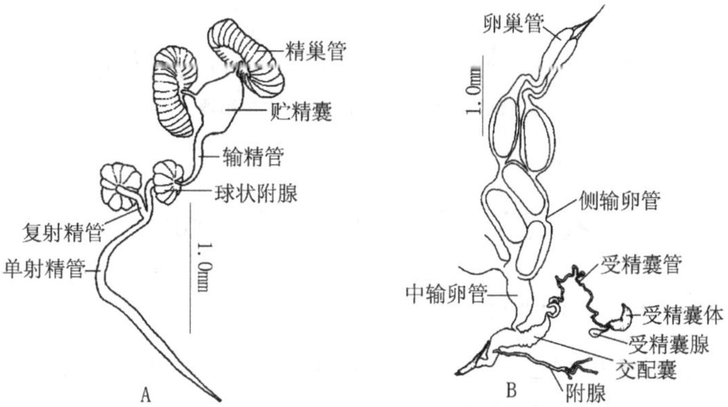

图 20-152　*Trachelizus bisulcatus* 内生殖器 (Calder，1990)

A. 雄性内生殖器；B. 雌性内生殖器

雌性内生殖器：每卵巢有 2 支卵巢管，卵巢管端丝不发达，每侧卵巢的端丝汇合形成短悬带。卵巢管基部着生在发达的囊形卵巢萼上，卵巢萼下方连接侧输卵管，两侧的侧输卵管汇入中输卵管，中输卵管较短，前端宽大，下端细缩接入生殖腔顶端一侧。受精囊管粗短扭曲，从交配囊顶端发出，端部着生肾形受精囊体和球状受精囊腺。交配囊尖角形，从生殖腔顶端发出。生殖腔短囊状，向后端渐细，邻近基部有管状附腺连接，附腺管顶端 3 分支 (图 20-152 B)。

20.32.2　甘薯蚁象甲 *Cylas formicarius elegantulus* (Summers)

雄性内生殖器：每精巢有 2 个精巢叶，精巢叶圆锥形囊状，缺乏明显可辨的精巢管。精巢叶下部与输精管贴合，输出管隐藏。输精管前端膨大形成贮精囊，向后渐细缩进入附腺。附腺每侧 2 支，1 支为粗短弯曲管状；另支球形，位于复射精管端部，输精管末端与球状附腺形成球形被膜体。复射精管粗直，两侧的复射精管汇入单射精管 (图 20-153 A)。

雌性内生殖器：每卵巢有 2 支卵巢管，卵巢管端丝不发达，每侧卵巢的端丝汇合形成短悬带。卵巢管基部着生在发达的囊形卵巢萼上，卵巢萼下方缢缩然后进入侧输卵管，两侧的侧输卵管汇入中输卵管，中输卵管较宽短，前端稍宽大，下端细缩接入生殖腔顶端。受精囊管细长扭曲，从生殖腔囊顶端发出，位于中输卵管基部和退化的交配囊顶端之间。受精囊管端部着生肾形受精囊体和球状受精囊腺。交配囊退化，呈指状从生殖腔顶端一侧发出。生殖腔短囊状，向后端渐细 (图 20-153 B)。

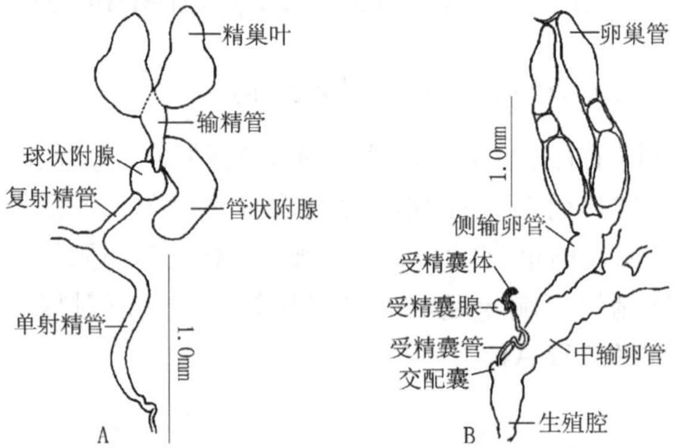

图 20-153　甘薯蚁象甲内生殖器 (Calder，1990)

A. 雄性内生殖器；B. 雌性内生殖器

20.33　梨象科 Apionidae

20.33.1　*Eurhynchus laevior* (Kirby)

雄性内生殖器：每精巢有 2 个精巢叶，每精巢叶有 10～12 支球形的精巢管，精巢管通过基部的输出管着生于粗短的输精管顶端，每精巢叶的输精管很短一段，分开后汇为单支。每侧附腺由蠕虫形粗短扭曲的单管和单管基部 10 支透明的椭球形管组成，附腺基部与输精管一起汇入复射精管顶端，两侧的复射精管汇入单射精管 (图 20-154)。

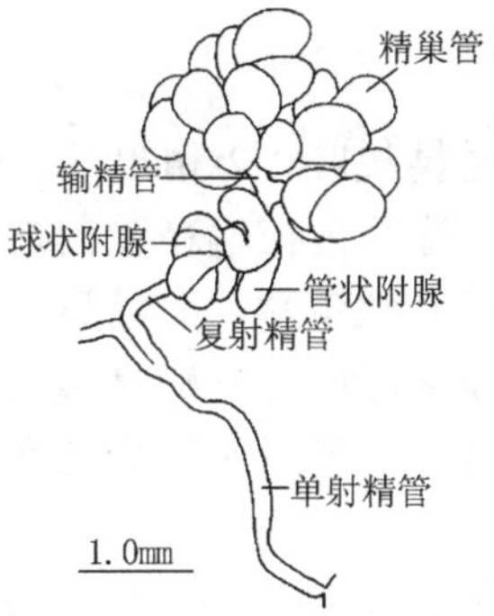

图 20-154　*Eurhynchus laevior* 雄性内生殖器（Calder，1990）

20.33.2　*Apion* sp.

雄性内生殖器：每精巢有 2 个扁球形精巢叶，2 精巢叶有公共膜包被，每精巢叶包含的精巢管数目不明。精巢叶通过输出管着生在各自的输精管顶端，2 精巢叶的输精管合为单支。输出管和精巢管均隐藏，2 精巢叶被膜体下面以单支输精管发出。附腺每侧 2 支，1 支发达，粗长扭曲，另支短棒状，2 支附腺基部形成公共的附腺柄，与输精管末端一起汇入复射精管，两侧的复射精管汇入单射精管。复射精管中部、单射精管前端略膨大，形成 3 个副贮精囊（图 20-155 A）。

雌性内生殖器：每卵巢有 2 支卵巢管，卵巢管端丝不发达。卵巢管基部着生在发达的囊形卵巢萼上，卵巢萼下方进入细短的侧输卵管，两侧的侧输卵管汇入中输卵管，中输卵管较细短，下端细缩接入生殖腔顶端一侧。受精囊管细长，从生殖腔囊顶端发出，位于中输卵管基部稍前方。受精囊管端部着生肾形受精囊体和粗长管状受精囊腺。交配囊发达，从生殖腔顶端一侧发出，大型长囊状，与后部的生殖腔分界不清晰。生殖腔短囊状，向后端渐细并弯折（图 20-155 B）。

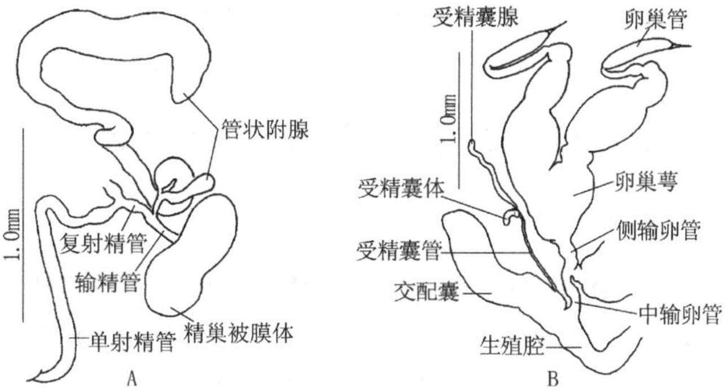

图 20-155　*Apion* sp.内生殖器（Calder，1990）

A. 雄性内生殖器；B. 雌性内生殖器

20.33.3 *Myrmacicelus* sp.

雄性内生殖器：每精巢有 1 对精巢叶，2 精巢叶有公共鞘包被。每精巢叶有 6 支椭球形精巢管，精巢管通过基部输出管着生在输精管前端，2 精巢叶的输精管汇合形成单支，单支输精管前端膨大形成椭球形贮精囊，贮精囊下部发出的单支输精管细短。附腺每侧 2 支，1 支较细长，另支较粗短扭曲，2 支贮精囊通过 1 短柄与输精管一起汇入复射精管，两侧的复射精管汇入单射精管。复射精管后部和单射精管前段膨大形成范围较广的副贮精囊 (图 20-156 A)。

雌性内生殖器：每卵巢有 2 支卵巢管，卵巢管端丝不发达，2 卵巢管的端丝汇合成悬带。卵巢管基部着生在发达的囊形卵巢萼上，卵巢萼下方进入粗短的侧输卵管，两者之间分界不清晰。两侧的侧输卵管汇入中输卵管，中输卵管较短，下端接入生殖腔顶端。受精囊管细长，从生殖腔囊顶端一侧发出，位于中输卵管基部外侧。受精囊管端部着生出芽形囊状受精囊体和椭球形受精囊腺。交配囊退化，从生殖腔顶端一侧发出，尖囊状，位于中输卵管基部另侧，与其后部的生殖腔分界不清晰。生殖腔短囊状，向后端渐细 (图 20-156 B)。

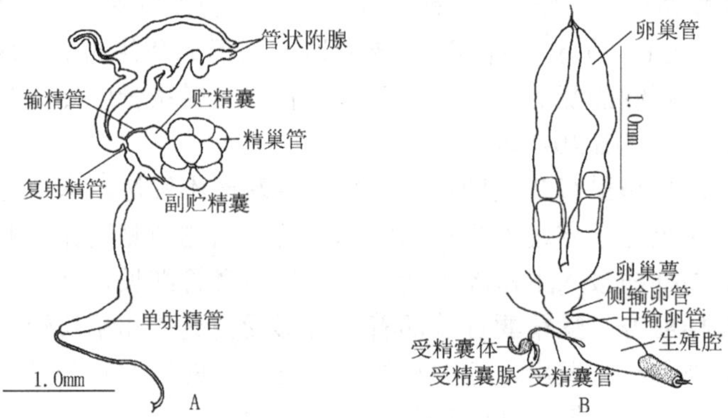

图 20-156 *Myrmacicelus* sp. 内生殖器 (Calder，1990)

A. 雄性内生殖器；B. 雌性内生殖器

20.34 象甲科 Curculionidae

20.34.1 雄性外生殖器

雄性外生殖器由第 9～10 腹节演变而成，主要包括阳茎和阳茎基，两者之间有膜质相连。阳茎呈弓形管状，前端有长柄 2 个，称为阳茎突。阳茎基包括基片、侧突和中叶。阳茎内有 1 膜质内囊 (内阳茎)。内囊内翻位于阳茎管深处，射精管着生内囊的端部。交配时，阳茎伸进雌虫生殖腔，通过阳茎端部的开口，内囊向外翻出伸进雌虫的生殖腔，同时射精管也移至内囊的顶端。阳茎端部有 1 骨化杆，起源于第 9 腹节腹板。杆的端部多呈叉状，叉的形状有变异。雄虫第 8 腹节腹板参与调节生殖器官的位置。休止时，第

8 腹节腹板缩在第 7 腹节腹板下面 (图 20-157)。

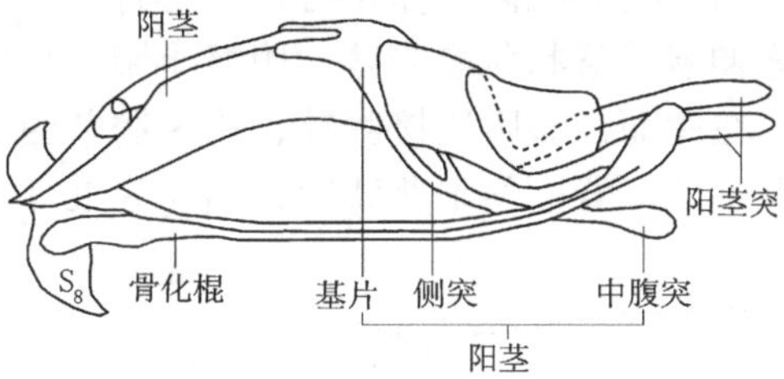

图 20-157 大灰象雄性外生殖器 (参考赵养昌和陈元清，1980 图重绘)

S_8 为第 8 腹节腹板

20.34.2 墨西哥棉铃象 *Anthonomus grandis* Boheman

雄性内生殖器：每精巢有 2 支精巢管，精巢管扁球形，自中心向边缘有放射状褶纹，将精巢分为 10~11 个楔形的叶，这种分隔在低日龄成虫中较为明显，高日龄成虫充满精液，膨胀时则难以分辨。精巢管腹面中心部位发出 1 支输出管，2 精巢管的输出管汇入同侧的输精管前端。输精管在与输出管汇合处下方附近，膨大形成棒状的贮精囊。附腺 2 对，长管状，不同个体之间附腺的长度和直径有较大变化，在活跃分泌期略膨胀。每侧的 2 支附腺和贮精囊末端一起汇入复射精管，两侧的复射精管汇入后方的单射精管。单射精管在进入包围生殖突的肌肉鞘之前陡然变细。进入肌肉鞘后，呈螺旋蜷曲状向虫体后方伸展，通过肌肉鞘后经阳茎开口于末端的生殖孔 (图 20-158 A)。

雄性外生殖器：阳茎为扁平管，休止时缩在腹部末端内。阳茎端部铲形，内含阳茎端膜 (内阳茎) 大部，末端具有阳茎端膜内折形成的开口。阳茎背侧缘和端部骨化强，背面膜质，腹面中间区域膜质，仅轻微骨化。上述构造整体形成 1 个包裹内阳茎的可适度膨大增粗的管状构造。阳茎基部向虫体前方伸出 1 对阳茎突起，抵达第 3 可见背板的后缘，控制阳茎伸缩的肌肉附着在阳茎突起的端部。两阳茎突起之间有肌肉鞘，肌肉鞘基部固定在阳茎突起上，作为受力的支点。肌肉鞘沿阳茎突之间向后伸展，其末端与阳茎端膜的端部相连，射精管蜷曲于肌肉鞘内，射精管末端开口于阳茎端膜的端部。阳茎端膜基部着生在阳茎管前缘，末端与肌肉鞘及其内部的射精管相连，休止时由于肌肉鞘的收缩，阳茎端膜内陷套叠在阳茎管内。膨伸时肌肉鞘伸直，带动射精管前伸，直至将套叠的阳茎端膜伸出阳茎管外。即在膨伸状态时，阳茎管包括基部的骨化管和端部的膜质管两部分，肌肉鞘包裹的射精管穿过阳茎管全长 (包括骨化和膜质部分)，射精管开口于膜质管前端。膨伸结束时，随着肌肉鞘的收缩，阳茎端膜又恢复到阳茎管内的套叠状态。阳茎端膜的内壁 (交配时膨伸翻出后成为外壁) 具有较为均匀的棘，当阳茎端膜缩在阳茎管内部时，棘的尖端指向虫体后方，当阳茎端膜向外翻出时，棘位于内阳茎的外表，尖刺的方向指向虫体前方呈倒刺状。阳茎外翻不仅可使阳茎端膜端部的生殖孔移向末端，便于射精管内的精液由雄虫移入雌虫体内，还可通过表面的倒刺加强雄性外生殖器在雌虫生殖道内的固定。阳茎基包括 1 个窄的骨化环，环的腹面有 1 前伸的骨化杆，环的背方有 1 对伸向虫体后方的阳基背突。环一般围绕阳茎基部约 1/3，控制阳茎伸缩的肌肉附着于阳茎基环和内突上。腹针长杆状，起源于阳茎下方第 8 腹节腹板，伸向虫体前方，杆端部着生有联系阳茎基的肌肉。休止时，阳茎有 2 个连接膜包被，第 1 连接膜起源于体壁，向虫体前方伸展呈管状包裹阳茎，附着于阳茎环的基部，直肠从该膜的背面、体壁下方开口伸出。在腹面，该膜连接腹针、第 8 腹节腹板直至体壁。第 2 连接膜从阳茎环基部前伸至阳茎基部，背面与阳茎背膜相连 (图 20-158 B、C)。

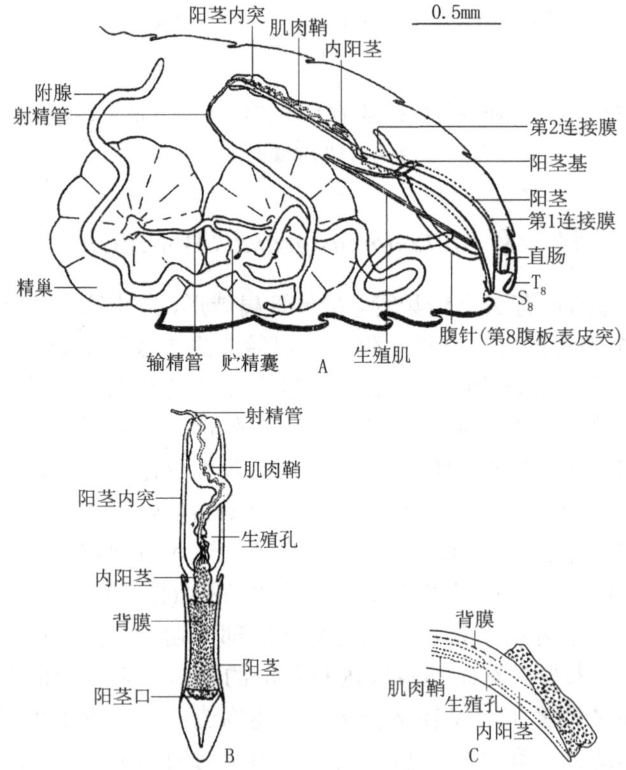

图 20-158　墨西哥棉铃象雄性生殖系统 (Burke，1959)

A. 雄性生殖系统侧视，右侧精巢从正常位置前移，左侧精巢、成对的附腺、输精管、肌肉省略；B. 阳茎及阳茎内突背视，示肌肉鞘和内阳茎；C. 阳茎顶端，示部分外翻的内阳茎；T_8 为第 8 腹节背板；S_8 为第 8 腹节腹板

雌性内生殖器：每卵巢有 1 对卵巢管。卵巢管的端丝汇合形成悬带，悬带附着于腹部前端背面。卵巢管基部开口于卵巢萼上，卵巢萼后部为侧输卵管，两侧输卵管汇入中输卵管。中输卵管前部短阔，后半细缩，与受精囊管、交配囊管一起汇入生殖腔。受精囊管紧贴中输卵管，着生于生殖腔前端一侧，交配囊管位于生殖腔前端另一侧。生殖腔为第 8 腹节背、腹板衍生而成的袋状肌肉鞘，自泄殖腔底部向虫体末端伸展。生殖腔顶端形成 1 个膨大的椭球形交配囊，交配囊管短颈状。交配囊和生殖腔外部包裹有肌肉鞘。受精囊管细长，包裹在肌肉鞘内，贴近中输卵管一侧。受精主囊小，半环形，其顶端一侧发出细长扭曲的受精囊腺。受精副囊较大，“C”形，从受精主囊下方发出 (图 20-159 A)。

雌性外生殖器：产卵器隐藏在第 8 腹节背、腹板形成的腔内，第 8 腹节背板稍呈马鞍形，边缘强骨化，中间部分骨化较弱。第 8 腹节腹板具有前伸的腹针，通过侧面的膜和肌肉与背板的侧缘相连并形成含有直肠和生殖腔开口的泄殖腔。泄殖腔平时收缩隐藏在腹部末节内，产卵时产卵器伸出，随第 8 腹节背、腹板伸展而稍张开，并突出腹末。当缩进泄殖腔时，产卵器形成 1 个双壁管状结构，管状的前端为膜质，环绕肛孔。来源于基腹片的 2 骨片位于产卵瓣端部两侧。正常产卵时，产卵器外伸，肛孔不外露。产卵器末端的产卵瓣具有部分骨化的基节，基节上着生有刺突。刺突端部有感器。生殖孔开口于 2 个产卵瓣的基部之间 (图 20-159 B～D)。

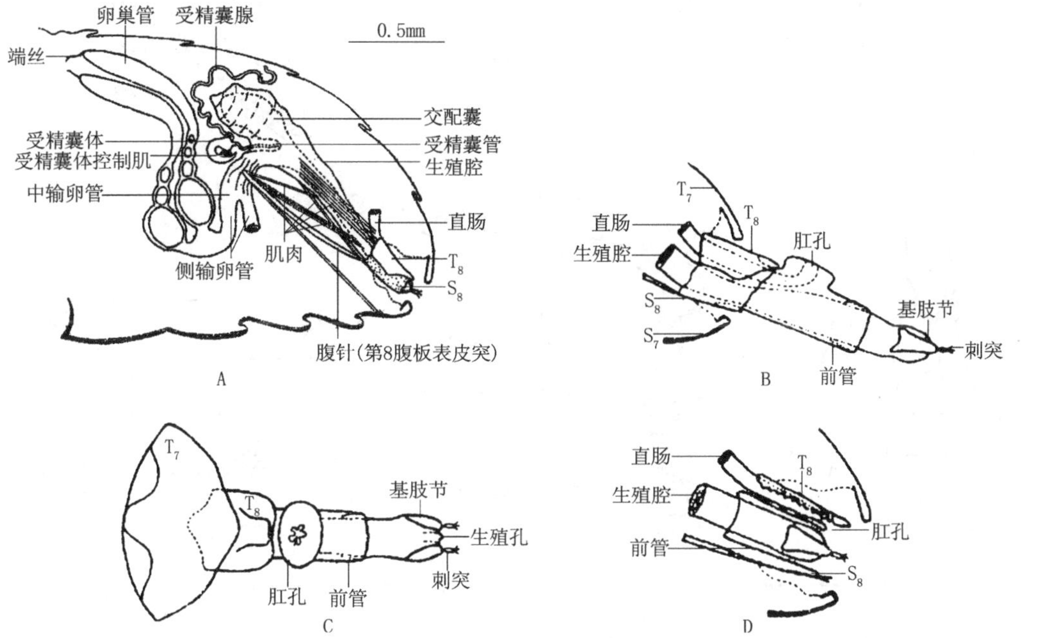

图 20-159　墨西哥棉铃象雌性生殖系统 (Burke，1959)

A. 雌性生殖系统侧视 (腹腔内原位)，左侧卵巢未绘；B、C. 伸出的产卵器侧、背视；D. 雌虫腹部末端侧视，示收缩的产卵器；T_7、T_8 为第 7、8 腹节背板；S_7、S_8 为第 7、8 腹节腹板

20.34.3　梨花象 *Anthonomus pomorum* (Linnaeus)

雄性生殖系统： 每精巢有 2 个精巢叶，每个精巢叶后部发出输出管，同侧精巢叶的输出管汇合为输精管，输精管和附腺汇入同侧的复射精管，结合处膨大形成贮精囊。两侧的复射精管汇入单射精管，单射精管进入阳茎。第 1、2 连接膜存在，盖片环状，有前伸的突起。中叶细而弯曲，叉状前伸。腹针直杆状 (图 20-160 A、I)。

雄性生殖系统胚后发育： 老熟幼虫和预蛹期，生殖囊为第 9 腹节腹板后方浅的表皮凹陷，凹陷腹壁发出 1 对增厚，为生殖肢原基。在生殖肢原基之间，生殖囊向体腔伸出短盲管，此为射精管原基。化蛹后，生殖囊开口位于第 9 腹节腹板后部，生殖囊进一步内陷，伸达第 6 腹节后沿。生殖囊基部开始外翻，生殖孔位于第 7 腹节后部，有小的附肢包围。蛹成熟时，生殖囊前伸达第 5 腹节中部。同时，进一步外翻，最终使生殖孔位于生殖囊的顶端。腹针在蛹期起源，为生殖囊腹部的折叠，从第 5 腹节伸达第 7 腹节。

折叠整体收缩，成为位于生殖囊下面的外胚层管，逐渐沉积几丁质。在体壁几丁质化完成前，第 7 腹节以后各节缩入体腔，使成虫只有 7 个可见腹节。

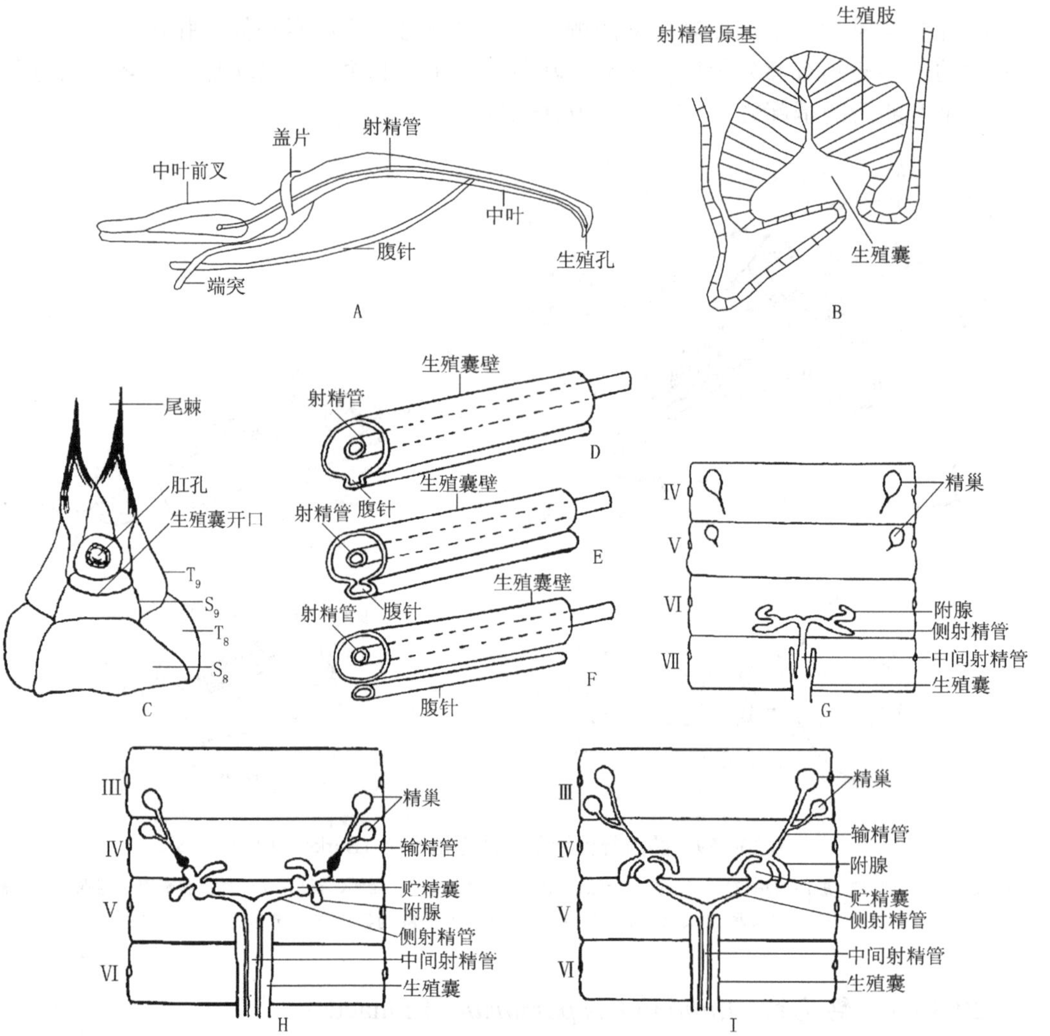

图 20-160　梨花象雄性生殖系统及胚后发育

A. 雄性外生殖器；B. 老熟幼虫第 9 腹节腹板后端纵（水平）切；C. 蛹腹部末节腹视；D～F. 腹针的发育过程（D. 生殖囊壁凹陷形成腹针的轮廓；E. 生殖囊壁凹陷处逐渐形成圆管；F. 腹针与生殖囊分离）；G～I. 幼期蛹、正在成熟蛹、成熟蛹雄性生殖系统；T_8、T_9为第 8、9 腹节背板；S_8、S_9为第 8、9 腹节腹板；Ⅲ～Ⅶ为第 3～7 腹板（A、B. 参考 Metcalfe，1932 图重绘；C～I. Metcalfe，1932）

初期蛹，精巢很少发育。前、后精巢叶分别位于第 4、5 腹节，每精巢叶后部有细而短的管。射精管为厚壁的宽管，伸到第 6 腹节后缘，分为 2 支，每支又分化为背、腹支，背面的为附腺原基，腹面的为射精管原基。蛹成熟时，生殖囊延长，射精管分叉点前移到第 5 腹节。附腺原基纵裂为二，附腺和复射精管后部立即膨大形成贮精囊。精巢前移，位于第 3 腹节，2 精巢叶的输出管在第 4 腹节结合，形成细长而有管腔的输精管。输精管后部膨大，管腔消失形成壶腹，膨大的壶腹逐渐接近射精管的盲端，此后，两者结合，管腔连通 (图 20-160 B~I)。

雌性生殖系统：每卵巢有 2 支卵巢管，卵巢管开口于后部的侧输卵管，两侧的侧输卵管汇入中间的中输卵管，中输卵管后部连接生殖腔。卵巢管前端有端丝附着在脂肪体上。交配囊开口于生殖腔，生殖腔上发出受精囊和附腺。生殖腔后端有 2 个心形几丁质片，后端形成 2 个圆形乳突。生殖腔中部向后有几丁质杆。几丁质片属于尚未愈合的生殖肢，具有引导卵进入产卵孔的功能 (图 20-161 A)。

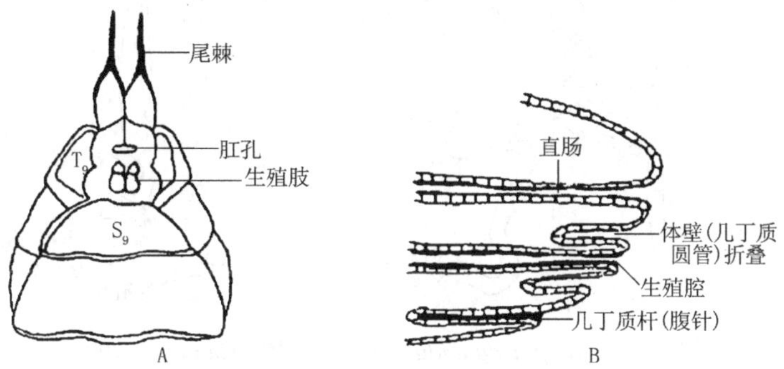

图 20-161 梨花象腹部末端 (Metcalfe，1932)

A. 雌蛹腹部末端腹视；B. 雌成虫腹部末端纵切；T_9 为第 9 腹节背板；S_9 为第 9 腹节腹板

雌性生殖系统胚后发育：化蛹后，第 9 腹节腹板后部出现表皮凹陷，凹陷周围有 1 对生殖肢，该凹陷属于受精囊凹陷的开口。生殖肢顶端具有尾须 (瓣)。蛹末期，卵巢和输卵管依然很少发育，初羽化成虫的卵巢管也很不发达。包含 1 对卵巢管的卵巢原基细线状，卵巢管包埋在结缔组织鞘内，位于第 1~2 腹节。其后部发出细的输卵管 (生殖索)。生殖腔原基在预蛹期出现，外胚层细胞形成厚的组织块扩展到第 8 腹节腹板中部。组织块上出现中沟 groove，并逐渐发育为向第 8 腹节后开口的管。第 9 腹节也出现类似的组织块，并形成受精囊原基，其开口周围有生殖肢。蛹期，生殖腔原基逐渐向前生长至第 4 腹节，然后分出 2 侧支，但侧支与输卵管的结合在蛹期不发生。受精囊原基也向前生长，前部盲端分为 2 管，分别形成成虫的受精囊和附腺。在发育过程中，生殖腔原基和受精囊原基相互接近，最终融合形成公共管，生殖腔最初的开口封闭丧失，受精囊最初的开口成为新形成的生殖腔的开口。几丁质杆作为生殖腔的支撑，由第 7、8 腹节腹板之间的节间膜内陷形成。内陷前伸达第 5 腹节，内壁细胞分泌沉积形成几丁质杆 (图 20-161)。

20.34.4 *Blepiarda undulata* Pascoe

雄性内生殖器：每精巢有 4 个精巢叶，每精巢叶约有 16 支辐射状排列的精巢管，精巢管通过基部输出管着生在输精管前端，4 个精巢叶的输精管汇合形成单支。管状附腺 3 支，1 支较粗长。球状附腺由 8 支以上大小较均匀的辐射状排列的附腺管组成。附腺、输精管汇入复射精管，两侧复射精管汇入单射精管，复射精管、单射精管较粗短 (图 20-162 A)。

雌性内生殖器：每卵巢有 4 支卵巢管，卵巢管端丝不发达，每侧卵巢卵巢管的端丝汇合成悬带。卵巢管基部着生在不甚发达的杯状卵巢萼上，卵巢萼下方进入较粗长的侧输卵管，两侧的侧输卵管汇入中输卵管，中输卵管较粗短，下端接入生殖腔顶端。受精囊管细而短，从生殖腔囊顶端发出，位于中输卵管基部和交配囊基部之间。受精囊管端部着生肾形受精囊体和球形受精囊腺。交配囊发达，从生殖腔顶端一侧突出，椭球形囊状。生殖腔前端囊状，后端管状 (图 20-162 B)。

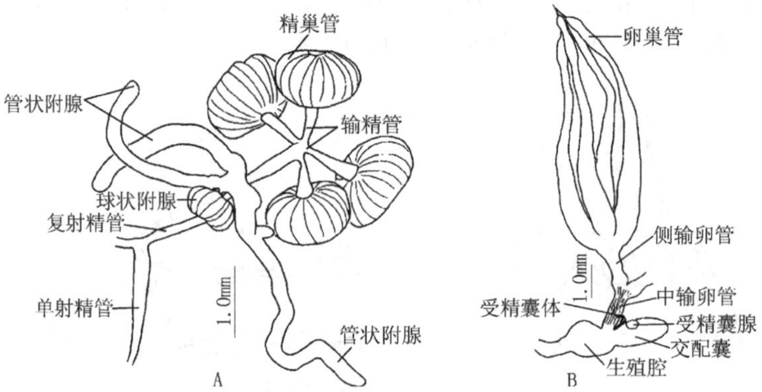

图 20-162　*Blepiarda undulata* 内生殖器 (Calder，1990)

A. 雄性内生殖器；B. 雌性内生殖器

20.34.5　*Curculio amoenus* Fabricius

雄性内生殖器：每精巢有 1 对精巢叶，2 精巢叶分开，无公共被膜。每精巢叶有 7～8 支椭球形精巢管，精巢管通过基部输出管着生在输精管前端，2 精巢叶的输精管汇合形成单支。输精管分支基段及输精管单支大部膨大形成“Y”形贮精囊，输精管单支下端细缩。管状附腺每侧 1 对，1 支较长而发达。球状附腺缺。附腺、输精管汇入复射精管，复射精管中部膨大形成球形副贮精囊。两侧的复射精管汇入单射精管，单射精管后段渐细缩 (图 20-163)。

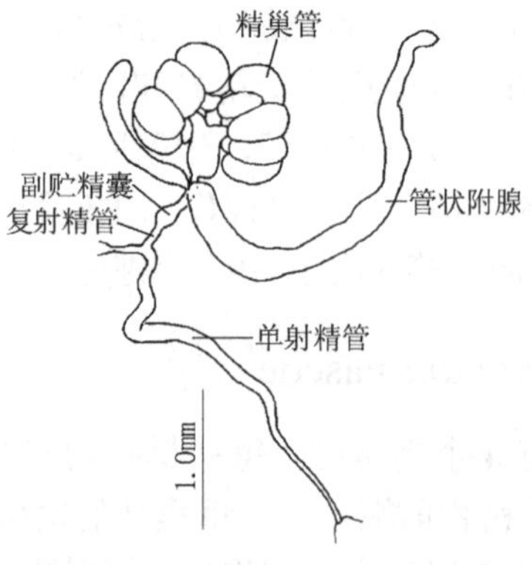

图 20-163　*Curculio amoenus* 雄性内生殖器 (Calder，1990)

20.34.6　*Cyrtobagous salviniae* Calder *et* Sands

雄性内生殖器： 每精巢有 1 对精巢叶，2 精巢叶分开，无公共被膜。每精巢叶有 4 支球形精巢管，精巢管通过基部输出管着生在输精管前端，2 精巢叶的输精管汇合形成单支。管状附腺 1 支，倒圆锥形；球状附腺单个，环绕复射精管端部。附腺、输精管汇入复射精管，两侧的复射精管汇入单射精管，单射精管末端细缩 (图 20-164)。

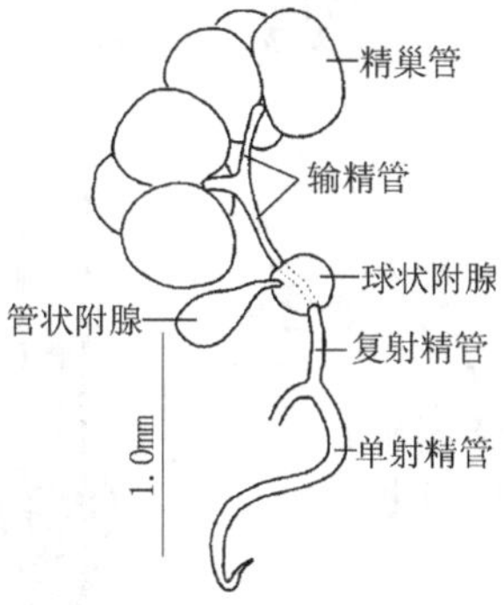

图 20-164　*Cyrtobagous salviniae* 雄性内生殖器 (Calder，1990)

20.34.7　长足大竹象 *Cyrtotrachelus bugueti* Guer

雄性内生殖器： 每精巢有 2 支精巢管，精巢管扁圆形，中央略凹入，输出管从精巢管腹面中央凹陷处发出，汇入下方的输精管。输精管细长，中后部无明显膨大的贮精囊。附腺较发达，每侧一支，与输精管一同汇入复射精管。复射精管略膨大，2 复射精管汇入单射精管，单射精管中后部有椭圆形的肌纤维鞘包被，肌纤维鞘内部为单射精管和 4 支骨化内脊，单射精管端部与内阳茎相连，并套叠在内阳茎内 (图 20-165 C)。

雄性外生殖器： 位于腹部末节内陷形成的泄殖腔内，阳茎基部较膨大，膜质球形，有 4 个明显的骨化内脊 (内骨)，左右骨化内脊较长，针状；腹面的骨化内脊较短，端部似瓢状；背面的更短，端部“Y”形。腹面的骨化内脊下端连有窄的骨化环将阳茎套住。阳茎为 1 骨化较强的黑褐色管状结构，弧形，腹弯，背面上半部骨化，下端为白色膜质区带，下缘略呈圆弧状。射精管即开口于内阳茎端的生殖孔。阳茎基与泄殖腔之间有膜质相连，从而使外生殖器可前后滑动 (图 20-165 C、D)。

雌性内生殖器： 卵巢乳白色，左右并列。每卵巢有 2 支卵巢管。初出土的成虫卵巢幼小，进入交配产卵期，腹腔为卵粒充满。每侧卵巢管的端丝汇成悬带，附着在后胸背板与第 1 腹节之间的脂肪体上。卵巢管的基部以卵巢萼与侧输卵管相连。侧输卵管较短，乳白色。2 支侧输卵管汇入中输卵管。中输卵管位于直肠腹面，中后部略膨大，后接生殖腔，两者呈双层折叠状，生殖腔开口于生殖孔。受精囊管较粗短，从交配囊上方发出，顶端着生小型红褐色弯月形受精囊体，囊体外壁有骨化环 (图 20-165 A)。

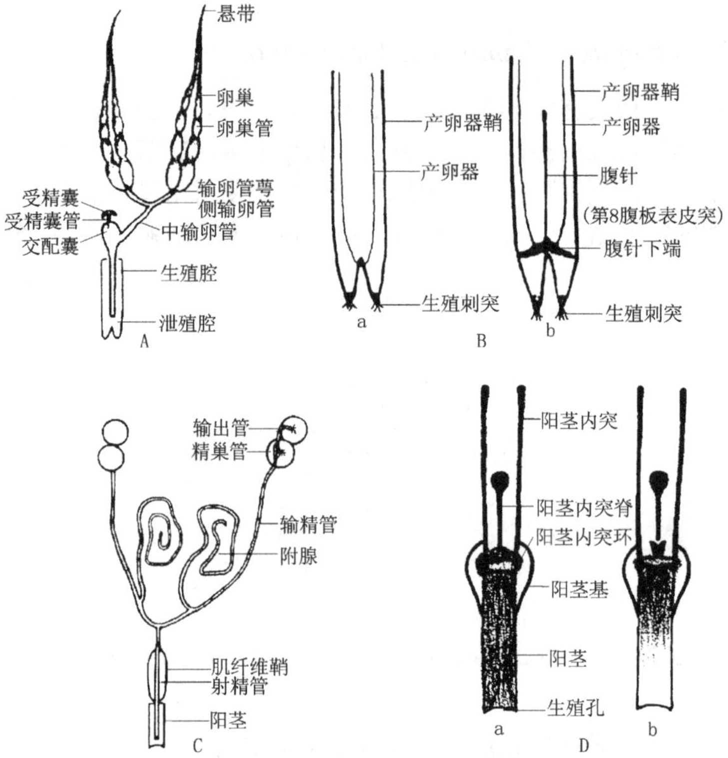

图 20-165　长足大竹象雌、雄生殖系统 (汪淑芳等，2009)

A. 雌性生殖系统；B. 雌性外生殖器 (a. 背视；b. 腹视)；C. 雄性生殖系统；D. 雄性外生殖器 (a. 背视；b. 腹视)

雌性外生殖器：交配囊位于直肠腹面、中输卵管背面。已交配雌虫，交配囊内含棕黄色精包，精包较硬，扁球形，富弹性。泄殖腔是腹部末节形成的套腔，连有伪产卵器，肛孔也开口于此。休止时，第 4 可见腹节背、腹板形成外管包裹泄殖腔端部，第 4、5 可见腹节节间膜形成的泄殖腔深陷于腹腔内，第 5 可见腹节构成泄殖腔的底部。外生殖器基部在生殖腔内着生处以腹针与泄殖腔相连，腹针下端“人”字形。腹针主要供肌肉附着，以控制中输卵管和生殖腔的曲直及泄殖腔翻缩。泄殖腔长袋状，背腹扁，内壁骨化。泄殖腔开口于产卵器的基部，直肠经泄殖腔底部伸入泄殖腔内，位于产卵器上方，直肠端部开口于泄殖腔内邻近腹末泄殖腔开口处。泄殖腔内的直肠表面有韧性透明膜鞘，膜鞘端缘与直肠末端相连，基缘与泄殖腔底部相连。产卵时，由于肌肉收缩，泄殖腔部分向外翻出，产卵器外露，而消化道末端由于膜鞘的外翻并不移动。休止时产卵器则缩入泄殖腔内 (图 20-165 A～C)。

20.34.8　芒果剪叶象 *Deporaus marginatus* Pascoe

雄性外生殖器：阳茎管状，端部铲形，基部有 2 条长柄状的阳茎突，隐藏于腹腔内。阳茎内部有 1 膜质内囊 (内阳茎)，交配时内囊通过阳茎端部的开口，向外翻出伸入雌虫的交配囊中。内囊的膜壁有 1 附属物，呈梨状位于基部，两侧骨化片可向外伸展，用于交配时内囊的固定。阳茎基与阳茎之间有膜质相连，基片形成 1 个围在阳茎上的完整环，阳茎可在环内进出活动。基片位于阳茎背面，基部棒状，前端膨大。阳基侧突位于阳茎两侧，连接基片与中叶。中叶位于阳茎腹面，喇叭形，端部膜质，上有若干感觉孔和毛。骨化棍 (腹针) 起源于原始第 9 腹节腹板，与第 8 腹节腹板相连。第 8 腹节隐藏于第 7 腹节内，其形态可区别雌雄，并参与生殖器官活动的调节 (图 20-166 A～D、G)。

雌性外生殖器：由第 9 腹节特化而成。背板宽舌状，端部中间弧形内凹。腹板分裂为 1 对半腹片，中间为生殖孔。半腹片端部形成 2 侧突，分为 2 节，端部有感觉器。第 8 腹节隐藏于第 7 腹节内，通过骨化棍 (腹针) 与腹板相连 (图 20-166 E、F)。

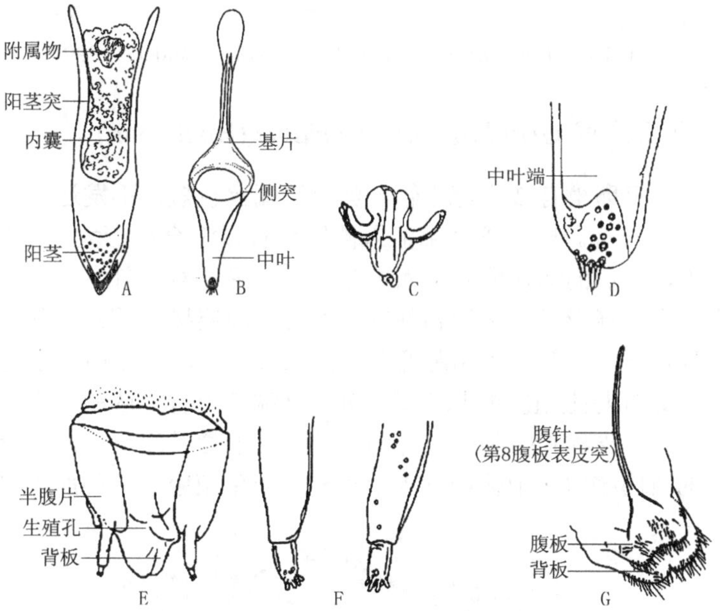

图 20-166　芒果剪叶象雌、雄外生殖器 (葡天胜，1991)

A. 阳茎；B. 阳茎基；C. 内囊附属物 (锚状)；D. 中叶端；E. 雌虫第 8 腹节；F. 半腹片突；G. 雄虫第 8 腹节

20.34.9　*Eurychirus alleni* Lea

雄性内生殖器：每精巢有 1 对精巢叶，2 精巢叶紧贴，有公共被膜。每精巢叶有 12～14 支辐射状排列的精巢管，精巢管通过基部输出管着生在输精管前端，2 精巢叶的输精管汇合形成单支。输精管分叉部粗短，单管部分细长。管状附腺 2 支，中等长，2 支近相等；球状附腺为 8 大小相近的椭球形囊，环绕复射精管端部，附腺、输精管汇入复射精管，两侧的复射精管汇入单射精管，单射精管后部细缩 (图 20-167)。

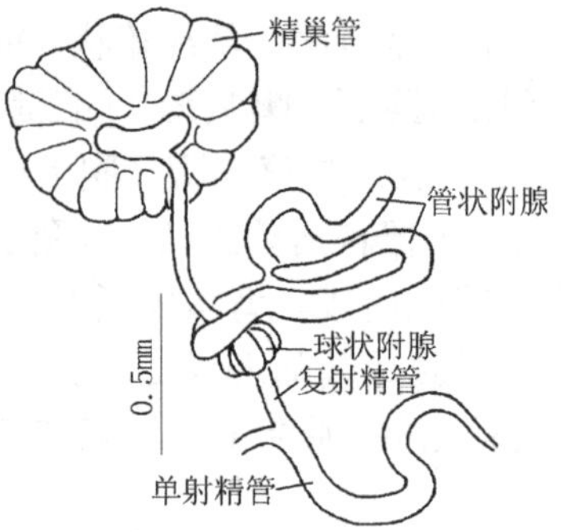

图 20-167　*Eurychirus alleni* 雄性内生殖器　(Calder，1990)

20.34.10　白缘象甲 *Graphognathus striatus* (Buchanan)

雌性内生殖器：每卵巢有 2 支卵巢管，卵巢管端丝较短，不发达，自前而后分成较为明显的生殖区、生长区。卵巢管基部汇入侧输卵管，汇合部膨大呈"Y"形囊，侧输卵管在膨胀区后变细，两侧的侧输卵管汇入中输卵管。受精囊管着生于生殖腔前端，受精囊体弓形，末端膨大近球形，在末端和基部之间有肌肉连接。受精囊腺发达，椭球形，着生于受精囊体顶端下方背侧。生殖腔弯曲后进入发达的肌肉鞘内。生殖系统后部有 1 几丁质杆 (腹针)，该杆与生殖腔的肌肉鞘并列，杆端部附有发达的肌肉，肌肉它端与外生殖器的肌肉鞘连接，支撑和控制生殖腔的活动。交配囊是位于生殖腔背面的盲管，隐藏在生殖腔前端的肌肉鞘内。中输卵管末端也着生于生殖腔前端的肌肉鞘 (图 20-168)。

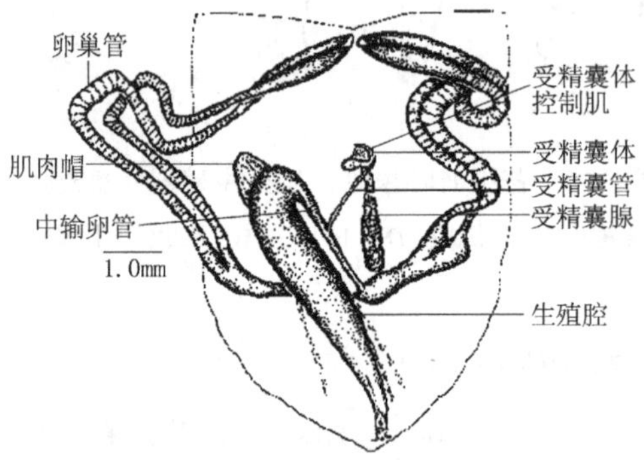

图 20-168　白缘象甲雌性内生殖器 (Stone 等，1971)

20.34.11　*Hylurgus ligniperda* (Fabricius)

雄性内生殖器：每精巢有 1 对精巢叶，每精巢叶有 4～5 支椭球形精巢管，精巢管通过基部输出管着生在输精管前端，2 精巢叶的输精管汇合为单支，输出管、输精管分支部均隐藏于精巢叶下面。输精管单支部分自前向后逐渐细缩。管状附腺 2 支，1 支发达有侧支。球状附腺为单个椭球形囊。附腺、输精管汇入复射精管，两侧的复射精管汇入单射精管 (图 20-169)。

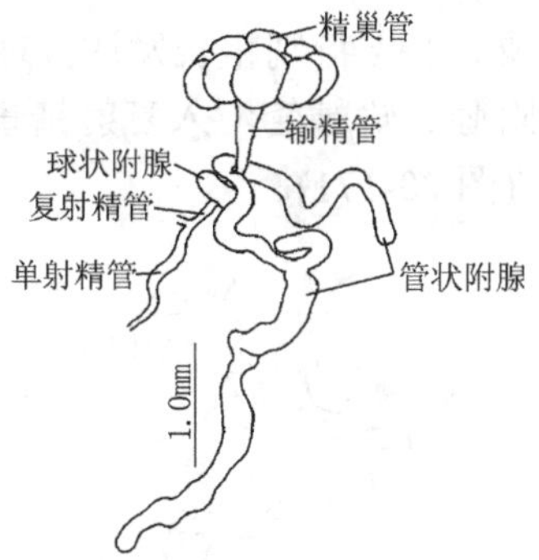

图 20-169　*Hylurgus ligniperda* 雄性内生殖器 (Calder，1990)

20.34.12　*Leptopius colossus* (Pascoe)

雄性内生殖器：每精巢有 6 支精巢叶，每精巢叶有多支辐射状排列的精巢管，精巢管通过基部输出管着生在输精管前端，两侧精巢叶的输精管汇合形成单支，输出管、输精管均隐藏于精巢叶下面。管状附腺 2 支，中等长；球状附腺有 8 个椭球形囊，环绕复射精管端部，附腺、输精管汇入复射精管。复射精管较短，两侧的复射精管汇入粗长的单射精管 (图 20-170 A)。

雌性内生殖器：每卵巢有 6 支卵巢管，卵巢管端丝不发达，每侧 3 支卵巢管的端丝汇合成悬带。卵巢管基部着生在发达的囊形卵巢萼上，卵巢萼下方进入细短的侧输卵管，两侧的侧输卵管汇入中输卵管，中输卵管较细短，下端接入生殖腔顶端。受精囊管细长，从生殖腔囊顶端一侧发出。受精囊管端部着生"U"形受精囊体和细腰葫芦形受精囊腺。交配囊退化，生殖腔顶端一侧略突出，可能为痕迹状的交配囊。生殖腔短囊状，向后端渐细 (图 20-170 B)。

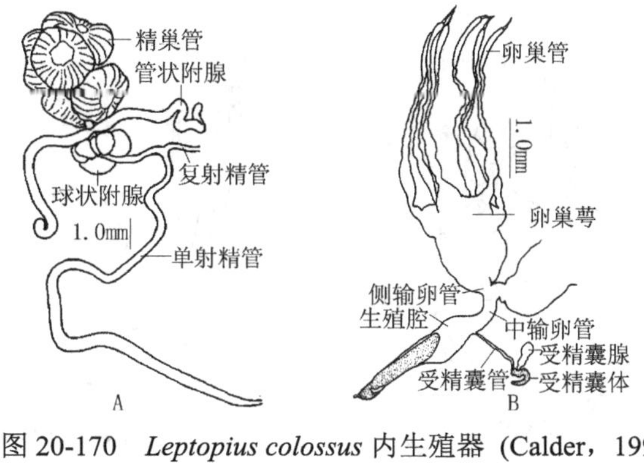

图 20-170　*Leptopius colossus* 内生殖器 (Calder，1990)

A. 雄性内生殖器；B. 雌性内生殖器

20.34.13　*Lixus mastersi* Pascoe

雄性内生殖器：每精巢有 1 对精巢叶，每精巢叶有 23～26 支辐射状排列的精巢管，精巢管通过基部输出管着生在输精管前端，2 精巢叶的输精管汇合形成单支，输出管隐藏于精巢叶下面。管状附腺 2 支，1 支特别粗长发达；球状附腺有 30 余个椭球形小囊，环绕复射精管端部呈桑葚状。附腺、输精管汇入复射精管。复射精管较细短，两侧的复射精管汇入细而短的单射精管 (图 20-171)。

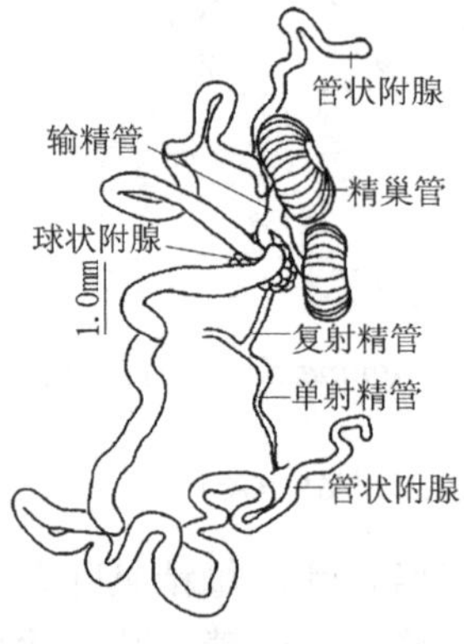

图 20-171　*Lixus mastersi* 雄性内生殖器 (Calder，1990)

20.34.14　*Mecysolobus bubo* (Fabricius)

雄性内生殖器：每精巢有 1 对精巢叶，每精巢的精巢叶有公共鞘包被。每精巢叶有 26～30 支辐射状排列的精巢管，精巢管通过基部输出管着生在输精管前端，2 精巢叶的输精管汇合形成单支，输出管、输精管分叉部均隐藏于精巢叶下面，输精管单支部分较粗长。管状附腺 2 支，中等长，2 支大小近相等，基部形成短而细的公共管；球状附腺有 8 个椭球形囊，环绕复射精管端部，附腺、输精管汇入复射精管。复射精管较短，两侧的复射精管汇入粗长的单射精管 (图 20-172 A)。

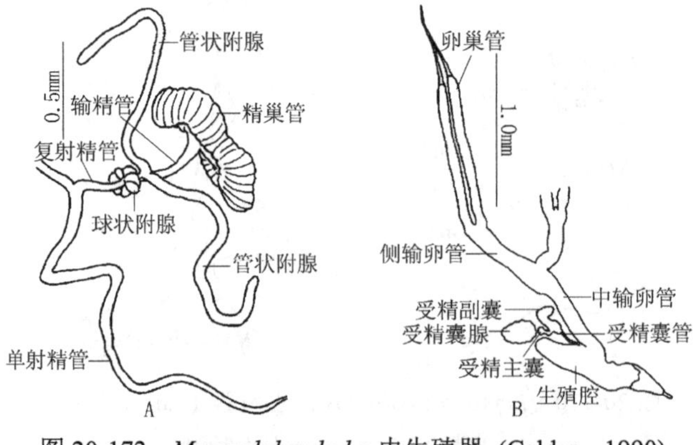

图 20-172　*Mecysolobus bubo* 内生殖器 (Calder，1990)

A. 雄性内生殖器；B. 雌性内生殖器

雌性内生殖器：每卵巢有 2 支卵巢管，卵巢管端丝较发达，每侧卵巢管的端丝汇合成悬带。卵巢管基部着生在略膨大的卵巢萼上，卵巢萼下方进入粗长的侧输卵管，两者之间分界不清晰。两侧的侧输卵管汇入中输卵管，中输卵管较粗长，下端接入生殖腔顶端一侧。受精囊管细短，从生殖腔囊顶端发出，位于中输卵管基部和交配囊基部之间。受精囊管端部着生肾形弯折的受精囊体，受精囊体基部一侧有细腰葫芦形侧支，其顶端发出细管，细管顶端着生大型球状受精囊腺。从受精囊腺和侧支的着生关系看，侧支相当于其他昆虫的受精主囊，似可表明受精囊体出现向受精主囊和受精副囊的分化。交配囊发达，袋囊状，从生殖腔顶端一侧发出，前端稍尖细，与生殖腔之间分界不清晰。生殖腔长囊状，向后端稍细 (图 20-172 B)。

20.34.15　*Melanterius ventralis* Lea

雄性内生殖器：每精巢有 1 对精巢叶，每精巢的精巢叶有公共鞘包被。每精巢叶有 4 支椭球形辐射状排列的精巢管，精巢管通过基部输出管着生在输精管前端，2 精巢叶的输精管汇合形成单支，输出管、输精管分叉部均隐藏于精巢叶下面，输精管单支部分前段显著膨大形成发达的贮精囊，后段细缩。管状附腺 2 支，大小相近。球状附腺为椭球形囊。附腺、输精管汇入复射精管，两侧复射精管汇入粗长单射精管 (图 20-173)。

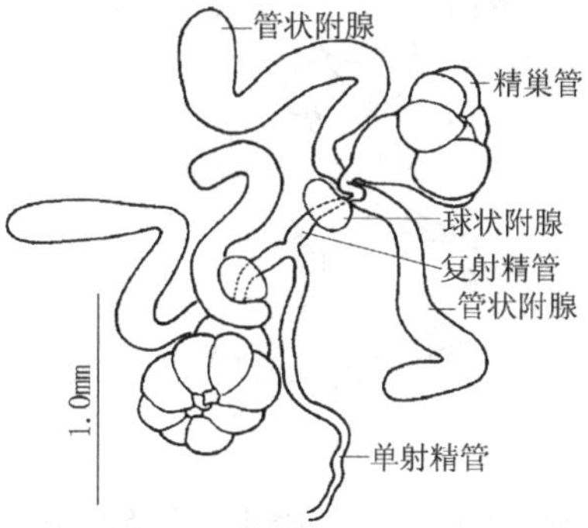

图 20-173　*Melanterius ventralis* 雄性内生殖器 (Calder，1990)

20.34.16　*Metialma australiae* Lea

雄性内生殖器：每精巢有 1 对精巢叶，精巢叶有公共鞘包被。每精巢叶有 20～22 支

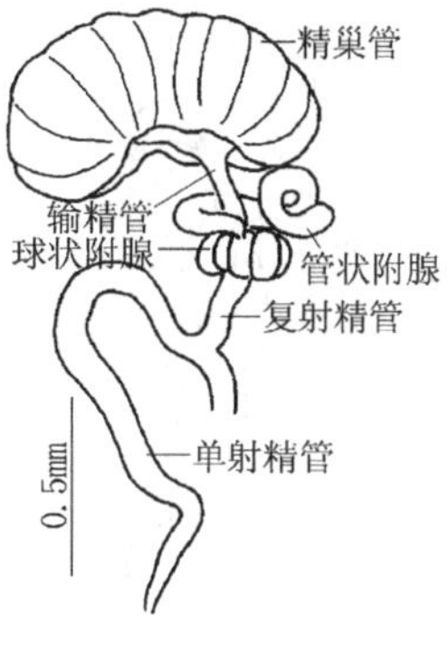

图 20-174　*Metialma australiae* 雄性内生殖器 (Calder，1990)

辐射状排列的精巢管，精巢管通过基部输出管着生在输精管前端，2 精巢叶的输精管分叉短，迅速汇合形成单支。管状附腺 1 支，中等长，扭曲。球状附腺有 10～12 个椭球形囊。附腺、输精管汇入复射精管。复射精管短，两侧复射精管汇入单射精管，单射精管后端细缩 (图 20-174)。

20.34.17 *Myctides imberbis* Lea

雄性内生殖器：每精巢有 1 对精巢叶，精巢叶有公共鞘包被。每精巢叶有 6～8 支辐射状排列的精巢管，精巢管通过基部输出管着生在输精管前端，2 精巢叶的输精管分叉短，迅速汇合形成单支，汇合部膨大形成贮精囊。管状附腺缺。球状附腺为单个小球形囊。附腺、输精管汇入复射精管，两侧复射精管汇入单射精管，单射精管后端细缩 (图 20-175)。

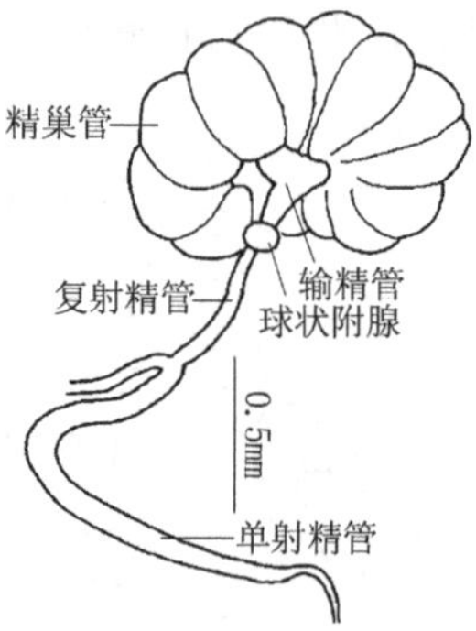

图 20-175 *Myctides imberbis* 雄性内生殖器 (Calder，1990)

20.34.18 *Orthorhinus cylindrirostris* (Fabricius)

雄性内生殖器：每精巢有 1 对精巢叶，精巢叶有公共鞘包被。每精巢叶有 18～22 支辐射状排列的精巢管，精巢管通过基部输出管着生在输精管前端，2 精巢叶的输精管

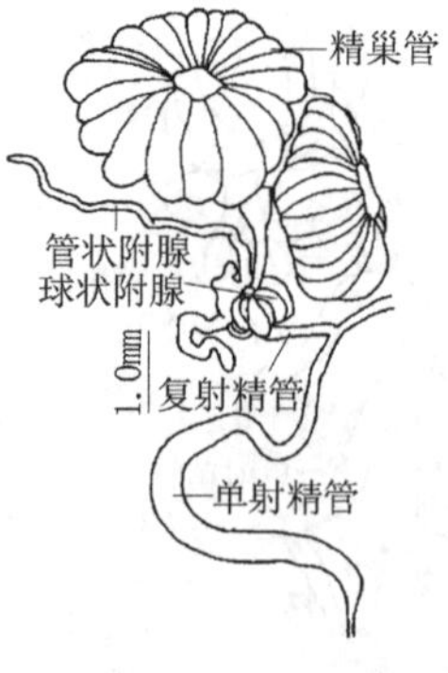

图 20-176 *Orthorhinus cylindrirostris* 雄性内生殖器 (Calder，1990)

分叉短，迅速汇合形成单支。单支前部膨大形成贮精囊。管状附腺 2 支，1 支较细长。球状附腺有 8 个大小不太均匀的椭球形管，环绕复射精管端部。附腺、输精管汇入复射精管。复射精管较细长，两侧的复射精管汇入单射精管，单射精管中段膨大，前、后端细缩 (图 20-176)。

20.34.19　葡萄黑耳喙象 *Otiorhynchus sulcatus* (Fabricius)

雌性内生殖器：每卵巢有 2 支卵巢管。每侧卵巢管的端丝联合形成悬带，悬带与起源于后肠前端的中间系带结合，后肠系带连接于胸部小盾片后缘下方的背血管腹壁。卵巢管后端的卵巢管柄在侧输卵管处联合。两侧的侧输卵管汇入中输卵管，中输卵管后端与生殖腔相接。生殖腔前端被许多肌肉包围，后部被产卵器鞘包裹。产卵器鞘为 1 窄长管，具有许多纵褶，便于产卵过程中膨胀。受精囊体强骨化，位于生殖腔右侧，包埋在脂肪组织内，具有发达的气管。受精主囊小，棒状，外被丰富的受精囊腺组织。受精副囊较发达，弯镰形，在弯镰形端部和基部之间有发达的肌肉连接。受精囊管着生于受精囊体柄的腹壁，向前环绕中输卵管前端进入包裹腹针的肌肉组织，进而开口于生殖腔前背面。受精囊管细长，在生殖腔上的开口位于交配囊开口的前方。Snodgrass (1935) 认为受精副囊端部和基部之间的肌肉具有压迫受精囊体、泵出精液、使之沿受精囊管流进生殖腔的功能。该种昆虫没有发现雄虫，行孤雌生殖，但仍然存在功能性的受精囊，表明孤雌生殖属于近期起源特征 (图 20-177 A)。

雌性外生殖器：交配囊着生于生殖腔背面，在生殖腔的开口，紧邻受精囊管开口之后。生殖腔在交配囊开口和产卵器骨片之间的部分稍盘旋扭曲，当产卵器伸展时，这些盘旋拉直。包裹生殖腔的肌肉包括外层纵肌和内层环肌，纵肌负责产卵器的伸缩，环肌的收缩可迫使卵经生殖腔排出。交配囊位于中输卵管之上，向前腹面弯曲。交配囊壁多折叠，在盲囊前端折叠更多。环形肌肉鞘包裹交配囊前端和中输卵管，将它们附着于腹针的前端。葡萄黑耳喙象营孤雌生殖，交配囊的功能不再用作交配期间接受雄性生殖器官，而是用于产卵前保存成熟卵。腹板可见 5 节，背板可见 7 节。第 6~7 腹节腹板未骨化，折叠入第 5 腹节腹板内。腹针位于第 7、8 腹节腹板之间。第 8、9 腹节腹板结合形成产卵器。腹针上方的腹板向前折叠进产卵器的基部，形成产卵器外鞘的腹壁，然后向后形成管状产卵器的骨片。产卵器的基部第 8 腹节腹板的基腹片，即第 1 载瓣片，在横截面上可见，为 1 骨化的侧腹片。第 1 载瓣片与骨化的主侧片、第 2 载瓣片愈合，第 2 载瓣片为第 9 腹节腹板的基腹片。一般骨化的第 2 载瓣片模糊了产卵器的背腹叶。第 2 载瓣片顶端着生有刺突，即生殖刺突 gonostylus。产卵器的骨化片很少有毛，但第 2 载瓣片和生殖刺突具有很多明显的毛。产卵器背壁向前伸展一小段，在骨化片之外，形成产卵器外鞘的背壁，靠近外鞘的顶部，再次向前折叠，形成 1 个臀瓣，覆盖于肛孔之上。第 8 腹节背板隐藏于第 7 和最末可见腹节背板之下，后部有 1 深的节间褶分开。第 8 腹节背板常被称为罩板 mantle，在产卵器翻出时可见。第 8 腹节背板上没有气门。腹针匙形，位于产卵器和生殖腔下方。腹针前部变窄，成为细长骨化的杆，沿生殖腔下方向腹腔前部延伸，可达第 2、3 腹节的节间膜。腹针的前端稍变阔，其上附着许多肌肉。腹针的主要功能不是作为附肢，而是形成肌肉附着的坚固基础，肌肉用于控制产卵器的伸缩

(图 20-177 B、C)。

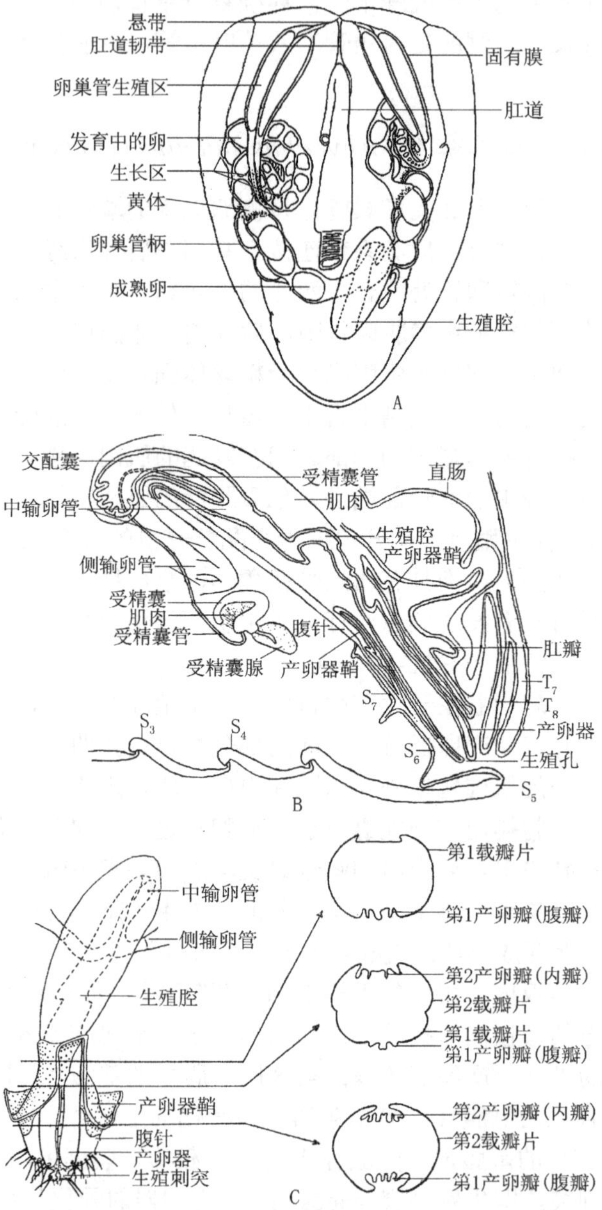

图 20-177　葡萄黑耳喙象雌性生殖系统 (Cram，1958)

A. 雌性内生殖器；B. 生殖腔、产卵器纵切；C. 产卵器背视和不同位置横切；T_7、T_8为第 7、8 腹节背板；S_3～S_7为第 3～7 腹节腹板

20.34.20　*Phlyctinus callosus* Boheman

雄性内生殖器：每精巢有 1 对精巢叶，2 精巢叶有公共鞘包被。每精巢叶有 20～22 支精巢管，精巢管通过基部输出管着生在输精管前端，2 精巢叶的输精管汇合形成单支。

管状附腺 2 支，1 支特别粗长发达，另支较粗短扭曲；球状附腺有 8 个椭球形囊，环绕复射精管端部，附腺、输精管汇入复射精管。两侧的复射精管汇入单射精管 (图 20-178)。

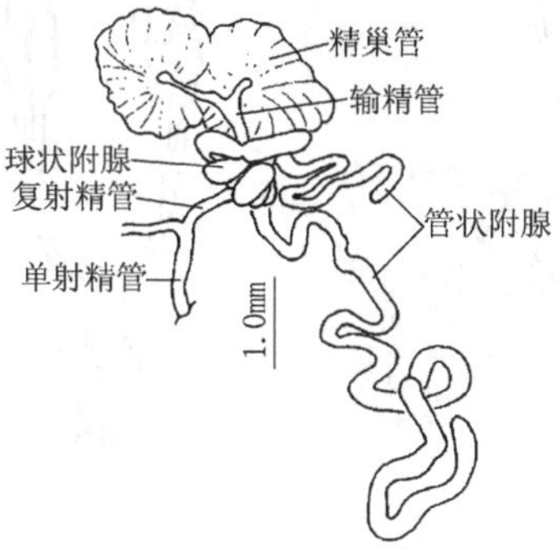

图 20-178　*Phlyctinus callosus* 雄性内生殖器 (Calder，1990)

20.34.21　*Rhynchaenus australiae* Lea

雄性内生殖器：每精巢有 1 支卵圆形精巢叶，精巢叶无被鞘。每精巢叶有 5 支精巢管，大致呈辐射状排列。精巢管通过基部输出管着生在输精管前端。管状附腺 2 支，1 支特别粗长发达，另支较粗短扭曲。球状附腺有 8 个椭球形囊，环绕复射精管端部。附腺、输精管汇入复射精管，两侧的复射精管汇入较粗短的单射精管，单射精管后端细缩 (图 20-179)。

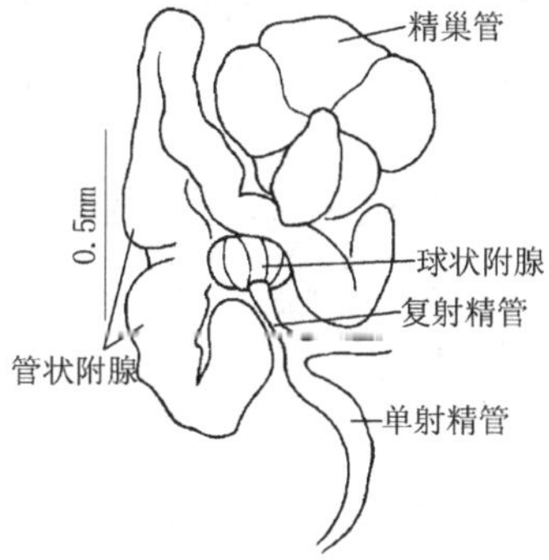

图 20-179　*Rhynchaenus australiae* 雄性内生殖器 (Calder，1990)

20.34.22　直条根瘤象甲 *Sitona cylindricollis* (Fahraeus)

雌性内生殖器：每卵巢有 2 支卵巢管。卵巢位于后胸和腹部，通过分支的端丝和短的悬带附着于后胸背板下。卵巢萼较发达，侧输卵管短，中输卵管更短，后端与生殖腔相接，生殖腔膨大，坛状。受精囊管粗壮扭曲，着生在生殖腔前端。受精囊体钩状、骨化，其上着生有球形受精囊腺 (图 20-180)。

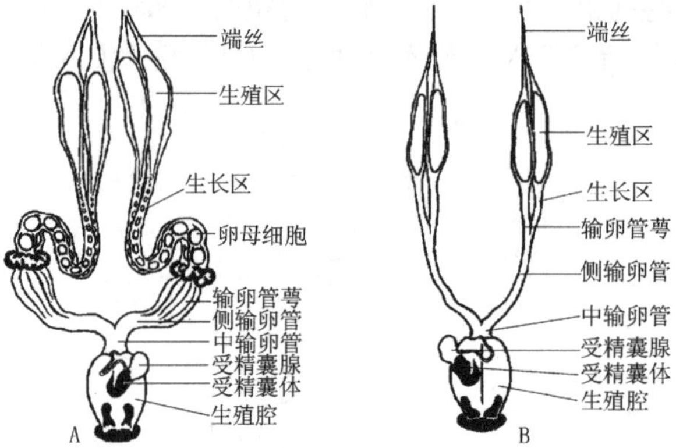

图 20-180　直条根瘤象雌性内生殖器 (Garthe，1970)

A. 成熟雌虫；B. 未成熟雌虫

20.34.23　*Sitophilus linearis* (Herbst)

雄性内生殖器：每精巢有 1 对精巢叶，2 精巢叶有公共鞘包被。每精巢叶精巢管数目不明，精巢管通过基部输出管着生在输精管前端，2 精巢叶的输精管汇合形成单支，单支精巢管前半膨大形成长茄形贮精囊，贮精囊后半细缩。管状附腺 1 支，长袋囊形，基半逐渐细缩成管。球状附腺有 8～10 个小型椭球囊。附腺、输精管汇入复射精管，两侧的复射精管汇入单射精管，复射精管短，单射精管较长，向后渐细缩 (图 20-181)。

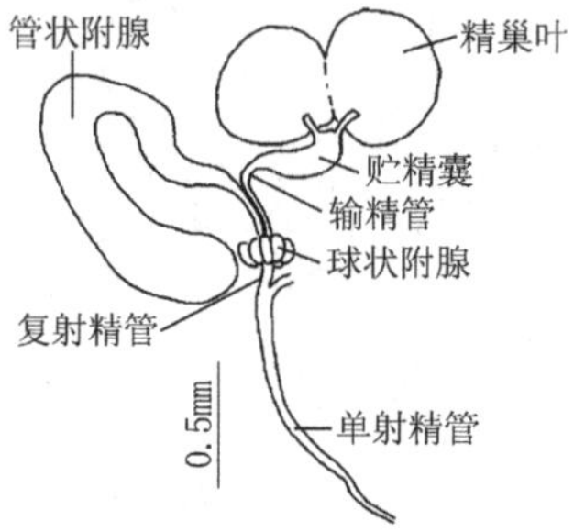

图 20-181　*Sitophilus linearis* 雄性内生殖器 (Calder，1990)

20.34.24　红色葵花籽象甲 *Smicronyx fulvus* LeConte

雌性内生殖器：每卵巢有 2 支端滋式卵巢管，卵巢管前端有不发达的端丝，基部略细缩形成球形卵巢管柄，卵巢管柄分别着生于侧输卵管。侧输卵管粗短囊状，两侧的侧输卵管汇入细长弯折的中输卵管，中输卵管后端连接生殖腔腹面的交配囊，生殖腔中后部细缩，末端经产卵孔向外开口。卵巢管的端丝和生殖区之间有横膈膜分隔，生殖区内没有明确的细胞界限，前部 1/3 含有少数小型不规则的细胞核，后部 2/3 含有大型紧密排列的细胞核。成虫羽化前，生殖细胞分化出滋养细胞和卵原细胞，初羽化成虫卵巢管的生殖区内未见细胞分裂活动。生殖室 genital chamber 特化为带有盲端的生殖腔，盲端成为生殖腔前端袋囊状的交配囊，为交配时接纳阳茎的场所。受精囊体为骨化的"C"形构造，位于交配囊的背面，受精囊管细长弯曲，着生于生殖腔前端。受精囊腺囊状，开口于受精囊体上受精囊管进入口的腹面。着生在受精囊体末端和基部的肌肉控制受精囊体内精液的释放。卵巢管有薄膜包被，薄膜为合胞体，含有椭圆形细胞核，每卵巢膜鞘前端延伸形成端丝，2 支卵巢管的端丝联合形成悬带，悬带附着在后胸前内脊上 (图 20-182)。

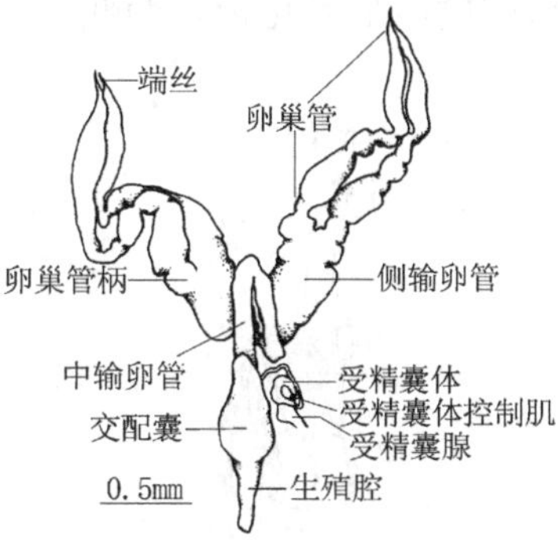

图 20-182　红色葵花籽象甲雌性内生殖器 (Korman and Oseto，1989)

20.34.25　*Tranes internatus* Pascoe

雄性内生殖器：每精巢有 1 对精巢叶，2 精巢叶分开，无公共鞘包被。每精巢叶有 18~20 支辐射状排列的精巢管，精巢管通过基部输出管着生在输精管前端，2 精巢叶的输精管汇合形成单支，分叉较细短，单支较粗长。管状附腺 2 支，大小近相等；球状附腺为 8 个大小均匀的椭球形囊，环绕复射精管前端。附腺、输精管汇入复射精管，两侧的复射精管汇入较短的单射精管 (图 20-183)。

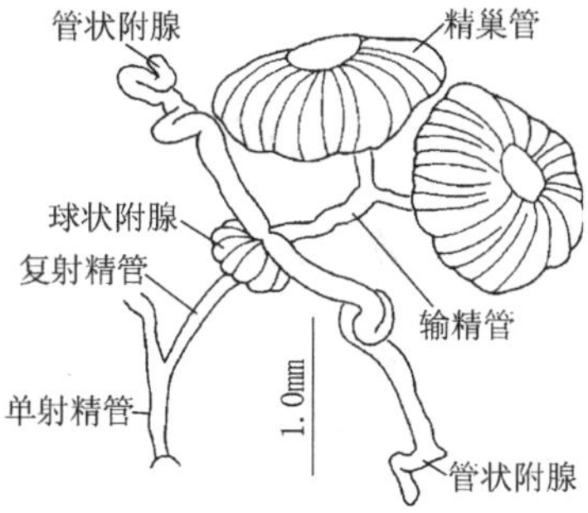

图 20-183　*Tranes internatus* 雄性内生殖器 (Calder，1990)

20.35　小蠹科 Scolytidae

20.35.1　雄性外生殖器

雄性外生殖器主要包括阳茎、中突 median struts、阳基 tegmen 和腹针 gastric spiculum。阳茎内部还包含有顶饰 headpiece、旋丝 channel、端片 end plate、内囊、射精管 ejaculatory duct 等结构。阳茎原是 1 前平后圆的盾形骨化板，两侧向背方蜷曲构成的圆筒结构，蜷

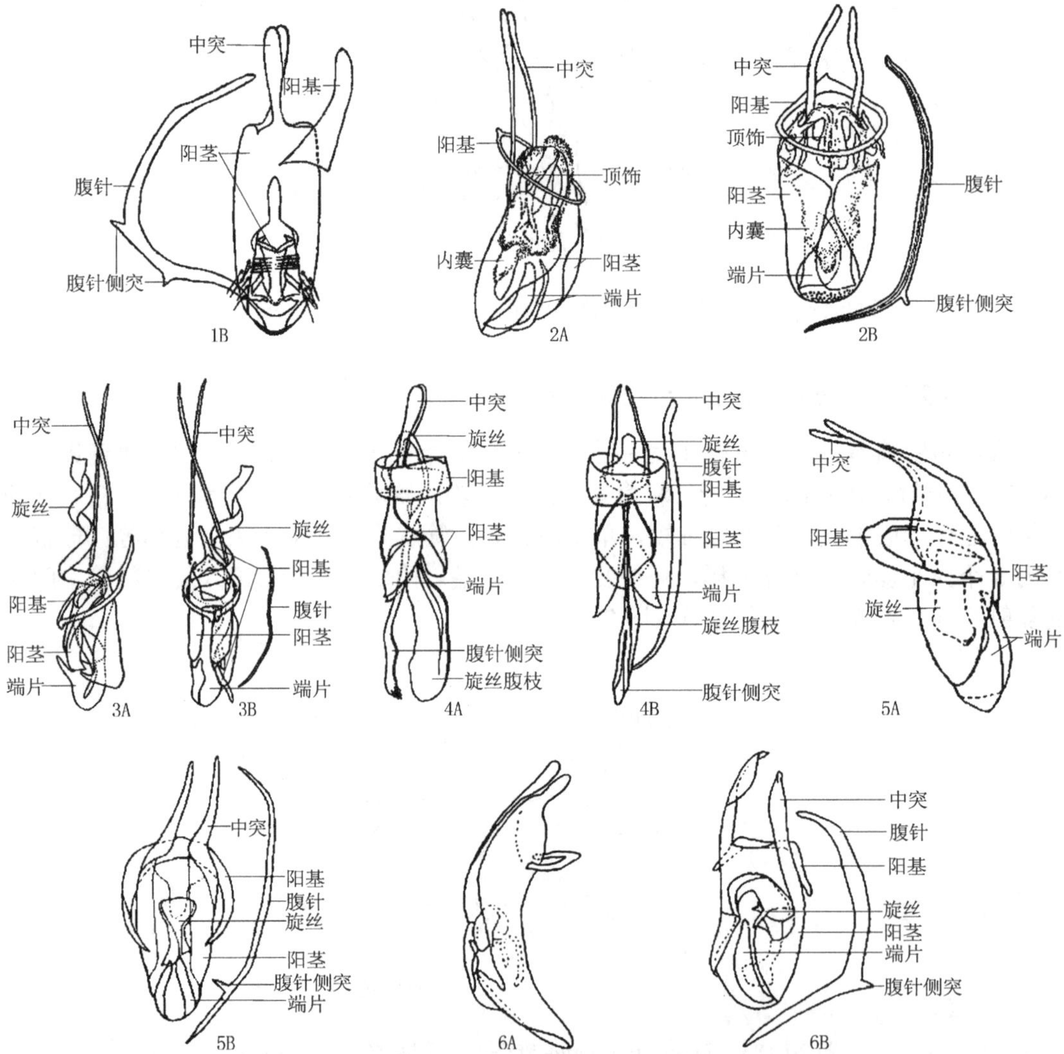

图 20-184　小蠹科雄性外生殖器 (殷蕙芬等，1984)

A. 侧视；B. 背视；1. 小蠹亚科小蠹属；2. 海小蠹亚科海小蠹属；3. 齿小蠹亚科星坑小蠹属；4. 齿小蠹亚科毛小蠹属；5. 海小蠹亚科四眼小蠹属；6. 锉小蠹亚科锉小蠹属

曲浅时呈沟状，深时则封闭呈管状。顶饰位于阳茎前部端口处，或稍突出于端口之外，仅存在于海小蠹亚科。旋丝一般位于阳茎内部，中部套在阳茎内，前后两端突出在阳茎外。端片是 1 对刀片状结构，位于阳茎后端。部分种类内囊骨化很深，上有小齿，十分显著。射精管膜质，细而长，回旋在阳茎内。阳茎前方是 1 对足状中突，有少数类群两中突的末端连接。阳基盾状、叉状、带状或环状，有时在阳基背方有阳基侧突 tegmen parameres，腹针在不同属中略有变化 (图 20-184)。

20.35.2　雌性外生殖器

第 8 腹节腹板为扇状，基部在前，骨片在后，骨化后缘上常有若干小毛。生殖须 gonopali 为 1 对小骨片，由第 9 腹节腹板演变而来，仅存在于小蠹亚科和海小蠹亚科的少数属。受精囊 receptaculum 为弯曲囊状物，囊的形状和表面花纹在不同属中有差异 (图 20-185)。

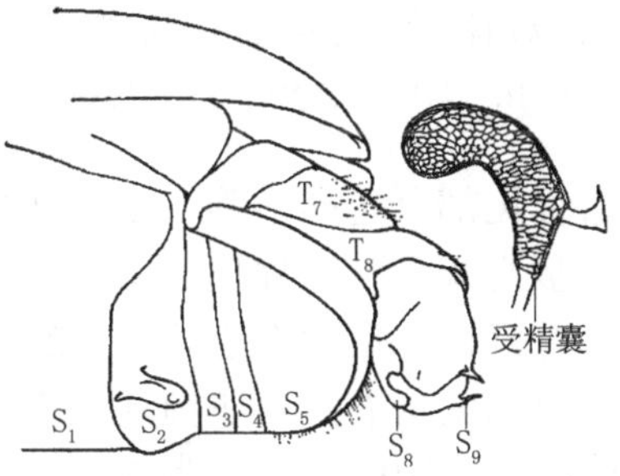

图 20-185　小蠹科雌虫腹部末端与受精囊 (殷蕙芬等，1984)

T_7、T_8 为第 7、8 腹节背板；S_1～S_5、S_8、S_9 为第 1～5、8、9 腹节腹板

20.35.3　中欧山松大小蠹 *Dendroctonus ponderosae* Hopkins

雄性内生殖器： 每精巢有 1 支精巢管，精巢管背腹扁平，肾形，分成 6 叶。精巢管腹面中部发出输精管，输精管邻近精巢部分膨胀加宽形成贮精囊，向后渐细。每输精管在精巢内分成 2 支输出管，每 3 个叶似乎与 1 支输出管相连，似乎说明精巢被膜下包被着 2 支精巢管，每精巢管分成 3 叶。附腺 3 对，其中 2 对产生腺体分泌物。第 3 对附腺的功能不清楚。第 1 对附腺为明显的管状构造，在腺体中间部位有 1 个具有肌肉的短管，附腺管向后延伸，作为漏斗状装置的连接管，该附腺的分泌物是精液的主要成分。第 2 对附腺环形，前后端扁平，具有 4～6 个叶。叶是包裹单一腔室的外壁突出物。该附腺位于射精管和输精管之间，也称为中间腺 middle gland，该附腺的另一个功能是握持第 1 对附腺、X-构造、输精管等管道的后端，使其对准漏斗状构造的方向。X-构造邻近第 1 对附腺，是 1 个小型球状构造，它通过短的肌肉管进入漏斗状构造。X-构造前段的壁薄、坚硬、有核，新鲜时呈黄色。输精管，第 1、2 对附腺，X-构造的末端汇入复射精管前端的漏斗状构造，复射精管短，两侧的复射精管后端汇入单射精管，单射精管较长而弯曲，后段进入外生殖器 (图 20-186)。

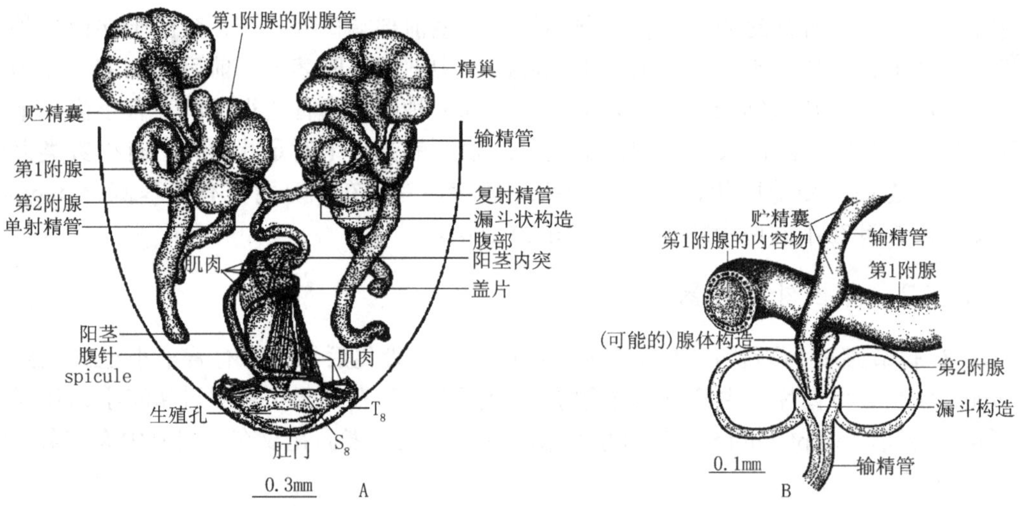

图 20-186　中欧山松大小蠹雄性内生殖器 (Cerezke，1964)

A．雄性内生殖器腹视 (原位)；B．雄性附腺及其管道；T_8 为第 8 腹节背板；S_8 为第 8 腹节腹板

雄性外生殖器：外生殖器骨化部分包括阳茎、由精杆和锚组成的附器、背板和针状体 spicule。附器位于阳茎和背板之间，针状体位于阳茎附近，但不通过肌肉或膜附着在阳茎上。阳茎管状，基部前缘有开口，后端有生殖孔。2 个强烈骨化的突起从阳茎侧壁向虫体前方伸展，这些突起是肌肉的附着点，肌肉联系阳茎有关骨片，但针状体除外。阳茎基部有 2 个明显的叶，Hopkins (1915) 称之为侧褶。背面的中间部分也为膜质，这个膜质部分可能与第 1 联系膜同源。该膜附着于基部开口边缘到腹部后面。第 2 联系膜位于阳茎和背板之间。当阳茎处于第 1 联系膜之内时，形成 1 个外部的鞘，但伸出时，阳茎的前部通过该膜滑行，将其由里向外翻出。阳茎内部附器固定在阳茎的内部背壁，以铰链方式活动。锚定附器的后缘与阳茎体末端 (Hopkins 等称为端片) 折叠部分相关节。内部附器似乎具有 3 种功能：为射精管提供后部支撑，给生殖孔定位；使阳茎延伸；交配期间引导精液。射精管不与内部附器的前端结合，但在更中部的背侧，射精管与锚状体及精杆联系。射精管的生殖孔位于锚状体的臂和精杆之间。内囊是阳茎重要的膜质组成部分，它与锚状体的臂联系，包裹内附器。射精管除末端外都处于内囊外，射精管末端固定于附器。内囊也与阳茎末端联系。当充分翻出进行交配时，内囊是 1 个薄的半透明膜质囊，具有大的中叶和 2 个明显的侧叶，中叶从背面部分地分成两半。叶的外表面存在 2 种多棘的骨片，侧叶具有均匀分布的锥形棘刺，棘单个排列；中叶具有更小的棘，棘分组排列。中叶后端有小的环形黄色构造，似乎具有感觉功能。外壁坚固，可部分骨化。背板窄，“U”形，位于阳茎腹面，末端向背面弯曲。背板接近突起的后端。在背板中间具有 2 个小的前突。背板提供肌肉附着点，在交配期间，背板被拉到腹部后端。针状体是月牙形、强烈骨化的杆，横切面呈圆形，中间有腔，腔贯穿针状体大部分长度。针状体前端稍扩大，位于突起的中部背面。针状体前端向侧面后方弯曲，分成 2 个后向的角状分支 prong。分支中较大者横向弯曲到阳茎后端腹面附近，较下者向背面弯曲到相对一侧。因此，2 个角状分支围绕阳茎形成 1 个半环。在针状体 3 个端点和较大分支

横向部分都有肌肉附着。针状体为阳茎提供了主要的支持。交配时，相关肌肉的活动使阳茎通过外生殖器开口向后伸出，突起的前端和背板被后拉至针状体的横向部分。阳茎伸展后，内囊外翻伸直。在内囊后缩时，包裹阳茎后部的骨片折向两侧，带动内囊和内附器一起向后。上述运动带动精杆和锚状体向后与阳茎形成直角。内囊最终伸直呈球状，带动生殖孔到中叶基部的背面中间 (图 20-187)。

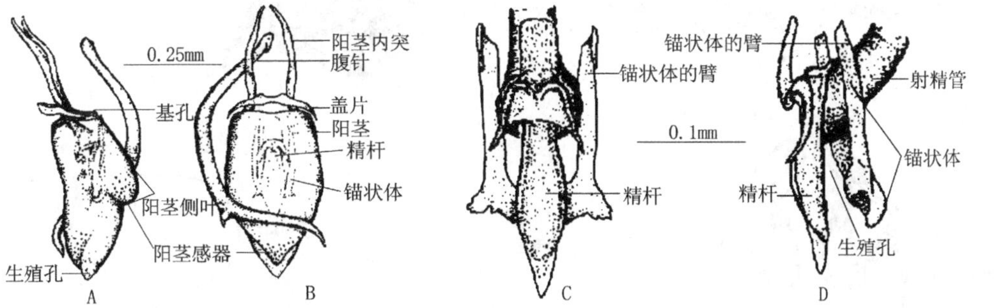

图 20-187 中欧山松大小蠹雄性外生殖器 (Cerezke，1964)

A、B. 雄性外生殖器侧、腹视；C、D. 阳茎内部构造侧、腹视

雌性内生殖器：每卵巢有 2 支卵巢管，卵巢管具有短的端丝、生殖区、生长区和基部的卵巢萼，但没有明显的卵巢管柄。端丝与生殖区有隔膜分开。每卵巢 2 支卵巢管发出的端丝结合形成悬带，卵巢管的固有膜与端丝和萼连续。侧输卵管很短，位于卵巢萼下方，两侧的侧输卵管汇合形成中输卵管。输卵管外包被有内层的纵肌及外部的几层环肌。松弛时管道内壁蜷曲，管道内壁衬有多核的上皮，上皮内表面有微小的棘，棘端部指向后方。中输卵管近尾端棘最多。包围输卵管后部开口的肌肉明显增厚，形成刮约肌机制，将输卵管与生殖孔和生殖腔封闭。中输卵管、交配囊、受精囊管一起汇入生殖腔，生殖腔自前向后逐渐膨大增粗呈吊钟形，经生殖孔开口于体外。受精囊由 1 具有压肌的泵器官和 1 个囊 (受精囊体) 组成。受精囊贮存精子，并将精子释出以完成卵的受精。泵器官“U”形，是 1 个骨化的荚，顶端有小突起，基端伸出 1 导管，整体弯钩状。荚基部和顶端骨化突起之间有压肌连接。荚后半部内表面骨化，呈不规则增厚以增加强度，这些是泵工作时引起囊弯曲变形的必要条件。囊沿泵外部的曲面伸展，在与泵接触面中央有 1 个小的瓣状开口。囊壁厚、有核、具有空泡，说明具有腺体功能。有人将泵称为受精囊，囊的部分称为受精囊腺。也有人将泵和囊合称为受精囊体，因为 2 个构造内同时具有精子贮存功能。囊可能提供营养物质维持精子活力，泵控制精子的进出。受精囊管圆柱形，从泵器官发出，管壁上没有发现肌纤维。附腺 1 对，位于生殖腔近后端一侧。中空时，附腺小而呈豆芽状；充盈时，顶端膨胀呈球形。幼期雌虫的附腺中空，产卵或越冬后的雌虫则部分充满。附腺宽阔地开口于生殖腔，开口处的内壁衬有长棘，长棘指向附腺腔内部。附腺衬有紧密的圆锥尖顶状细胞，每细胞尖顶上具有 1 支短棘，邻近开口处细胞更小，但它们的棘相应地更大。附腺的功能尚待确认 (图 20-188)。

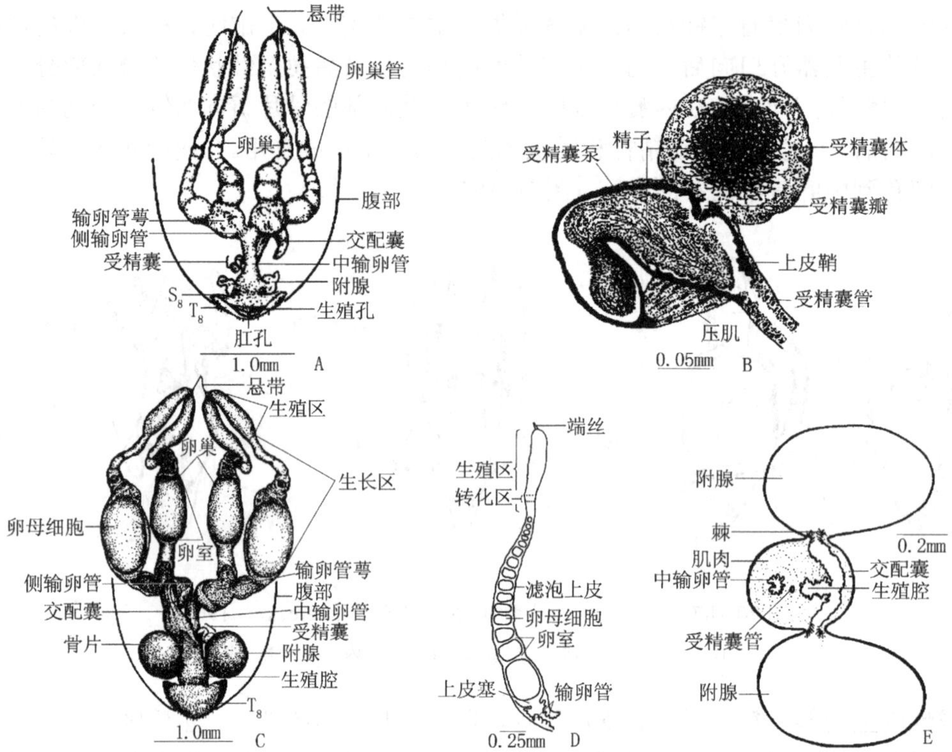

图 20-188　中欧山松大小蠹雌性内生殖器 (Cerezke，1964)

A. 低日龄雌成虫内生殖器；B. 受精囊纵切；C. 成熟雌成虫内生殖器；D. 生殖期的卵巢管；E. 雌性内生殖器后部横切；T_8第 8 腹节背板；S_8为第 8 腹节腹板

雌性外生殖器：广义的交配囊包括生殖腔及其突起部分 (交配盲囊)，生殖腔和中输卵管具有共同的外部开口，生殖腔道和中输卵管管壁的一部分通过肌肉组织联合，生殖腔区域的肌肉壁比输卵管区域的更薄，在背侧可能仅由 1 层环肌组成。生殖腔后端有增厚的肌肉包围。狭义的交配囊是 1 个与生殖腔相通的交配盲囊，背视向左侧弯曲。生殖腔和交配盲囊内壁有膜包被，膜上具有许多棘，这些棘比中输卵管的大，只位于生殖腔的背壁，棘的端部前伸。在接近交配盲囊基部，肌肉层稍收缩，收缩部后有 2 个具棘的骨片附着在内壁上。交配盲囊中空时，骨片处于侧位，它们的棘几乎接触；当交配盲囊充满时，骨片处于背面。骨片呈凸面形，在外部的曲面上约有 10 支微细的棘。这些棘在交配盲囊腔内呈后弯状。雄性外生殖器交配时并不伸进交配盲囊，内囊的末端只伸展到交配囊骨片上。内囊的充分外翻发生在雌虫的生殖腔内。生殖腔囊内有 1 个中间的凹陷，阳茎内囊的中叶嵌入其中，而内囊的侧叶伸向两侧以固定位置，直到雄虫精液传递完成。由于交配期间雄虫位置颠倒，位于背面的雄性生殖孔从雌虫的腹面射入精液，使精液输入生殖腔中间的沟内。这个位置距受精囊管开口很近。刚交配的雌虫，精包位于中间位置。雄虫射出的液体形成单个的球形块状精包 (图 20-189)。

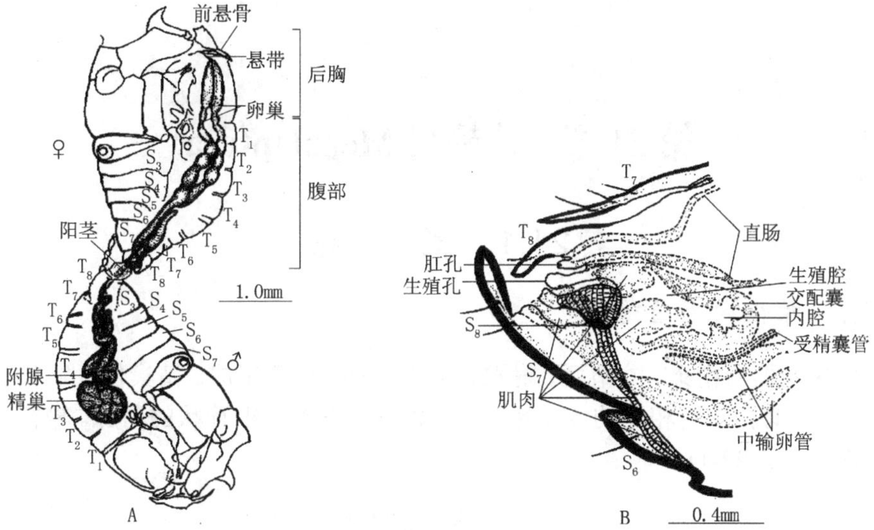

图 20-189　中欧山松大小蠹雌、雄生殖系统 (Cerezke，1964)

A．交配中雌、雄生殖器位置；B．腹部末端纵切侧视；T_1～T_8 为第 1～8 腹节背板；S_3～S_7 为第 3～7 腹节腹板

20.36　长小蠹科 Platypodidae

20.36.1　*Platypus subgranosus* Schedl

雄性内生殖器：每精巢有 1 对精巢叶，2 精巢叶有公共鞘包被。每精巢叶为 1 支精巢管，精巢管通过基部输出管着生在输精管前端。管状附腺每侧 1 支，弯曲袋囊状，发达。附腺、输精管汇入阳茎中叶基部的射精管，射精管隐藏在阳茎中叶内 (图 20-190 A)。

雌性内生殖器：每卵巢有 2 支卵巢管，卵巢管无端丝，基部着生在较发达的卵巢萼上。卵巢萼下方连接侧输卵管，进而通入中输卵管，侧输卵管和中输卵管均很短，中输卵管下端连接于生殖腔顶端一侧。受精囊管细短，基部着生在生殖腔顶端另侧。受精囊管端部着生大型马蹄状受精囊体，受精囊腺缺。交配囊退化，生殖腔顶端、受精囊管基部稍膨大区域可能为交配囊的痕迹。生殖腔宽囊状，后端急尖 (图 20-190 B)。

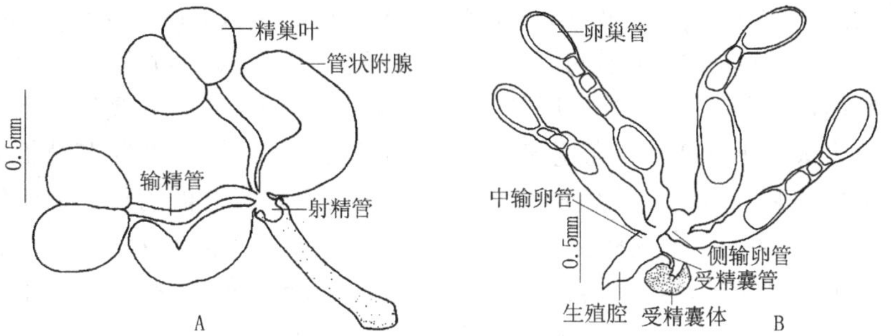

图 20-190　*Platypus subgranosus* 内生殖器 (Calder，1990)

A. 雄性内生殖器；B. 雌性内生殖器

第 21 章　广翅目 Megaloptera

21.1　概　　论

21.1.1　雄性内生殖器

雄性内生殖器由精巢、贮精囊、附腺、输精管和射精管组成。精巢位于贮精囊前方。贮精囊较大，具有由短管相连的 4 个室。贮精囊下方有 1 对细管状的附腺。输精管细长。射精管短而细 (图 22-1)。

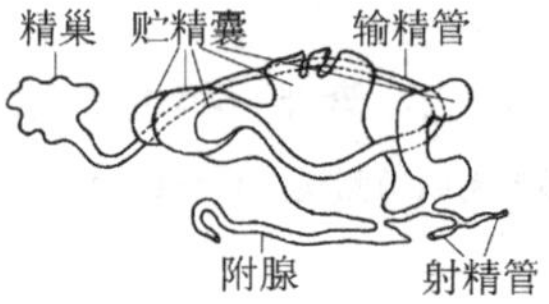

图 21-1　*Sialis lutaria* 雄性内生殖器 (杨定和刘星月，2010)

21.1.2　雄性外生殖器

腹部长筒状，第 9、10 腹节称为生殖节。第 9 腹节背板后缘有 2 对突起位于两侧，背生的为上肛突，腹生的为下肛突，中央有 1 短突称为载肛突，末端有肛孔的开口。臀胝位于上肛突基部外侧或上肛突上。第 9 腹节背板和腹板之间中央有阳基侧突。雄性外生殖器由第 9、10 腹节的背板和腹板、尾须、生殖刺突组成。第 9 腹节背板骨化较强，背视近方形，基缘多凹缺，端缘有时也凹缺，两侧向腹面延伸。齿蛉亚科的第 9 腹节背板常纵分为 2 片，但齿蛉属、脉齿蛉属、黑齿蛉属和星齿蛉属部分种类例外。齿蛉属第 9 腹节背板端部具 1 裂缝，被认为是背板与生殖基节之间原始的分界线。第 9 腹节腹板 (下生殖板 subgenital plate) 位于第 9 腹节背板下方，较第 9 腹节背板骨化弱，一般较扁平。第 10 腹节背板 (上肛突 supraanal process、臀板 anal plate、端板 terminal plate、抱器 clasper) 特化为 1 对在交配中具抱握作用的突起，骨化程度较第 9 腹节背板稍弱。泥蛉科第 10 腹节背板欠发达，多愈合为 1 围绕肛门的环状结构。齿蛉亚科第 10 腹节背板形状变化较大，呈短粗的柱状、细长带状、扁宽瓣状、二叉状等。鱼蛉的第 10 腹节背板末端缩尖或膨大，多具特化的刺状短毛。原始鱼蛉的肛节，在第 9 腹节背板的每 1 后侧缘接近肛孔侧面有 3 突起。最上面的 1 个突起称为上突 anoprocessus，最下面的为下突 catoprocessus，中间的突起是 1 节的尾须，其上具有一些感觉毛 trichobothria。有些鱼蛉的上突和尾须合并，包括在第 9 腹节背板内，而下突独立。生殖刺突 gonostylus (下肛突 subanal process) 1 对。在齿蛉亚科中，第 9 腹节生殖基节与第 9 腹节背板愈合，生殖刺突发达，多呈爪状，有时为棒状。鱼蛉亚科的生殖刺突多退化消失，一般认为它已与第 10 腹节背板愈合。泥蛉科生殖刺突也称为侧板 lateral plate，有人认为它属于阳基侧突 paramere，通常扁阔。第 10 腹节腹板是位于第 9 腹节背板与腹板之间的 1 块骨片，有人认为它是阳基侧突与第 10 腹节腹板愈合而成，在交配中可能对精包具有一定的导向作用。齿蛉亚科第 10 腹节腹板较小，中度骨化，一般不外露，多呈拱形，有时具细长的侧臂。其端缘两侧多具 1 对骨化较弱的侧突 lateral lobe，呈细长的指状或短粗的瘤突状，其上被短毛。鱼蛉亚科第 10 腹节腹板通常较大，强骨化，一般外露，由两侧向后突伸的侧臂和较长的中板 median plate 组成，中板多呈长方形、梯形或三角形，有些属的中板自近基部或中部向后分叉。泥蛉科第 10 腹节腹板又称生殖板 genital plate 或殖弧叶 gonarcus，通常较小，位于第 10 腹节背板下方并与之接近，外露；基部宽，端部又称殖弧中突 mediuncus，不同程度地缢缩，刺状或爪状，纵向分开。尾须多呈卵圆形，其上被较密毛点。齿蛉亚科尾须位于第 9 腹节背板与第 10 腹节背板之间，多呈球形。鱼蛉亚科尾须与第 10 腹节背板愈合，卵圆形，有时强烈隆突，有时则不明显突出。泥蛉科尾须退化消失 (图 21-2)。

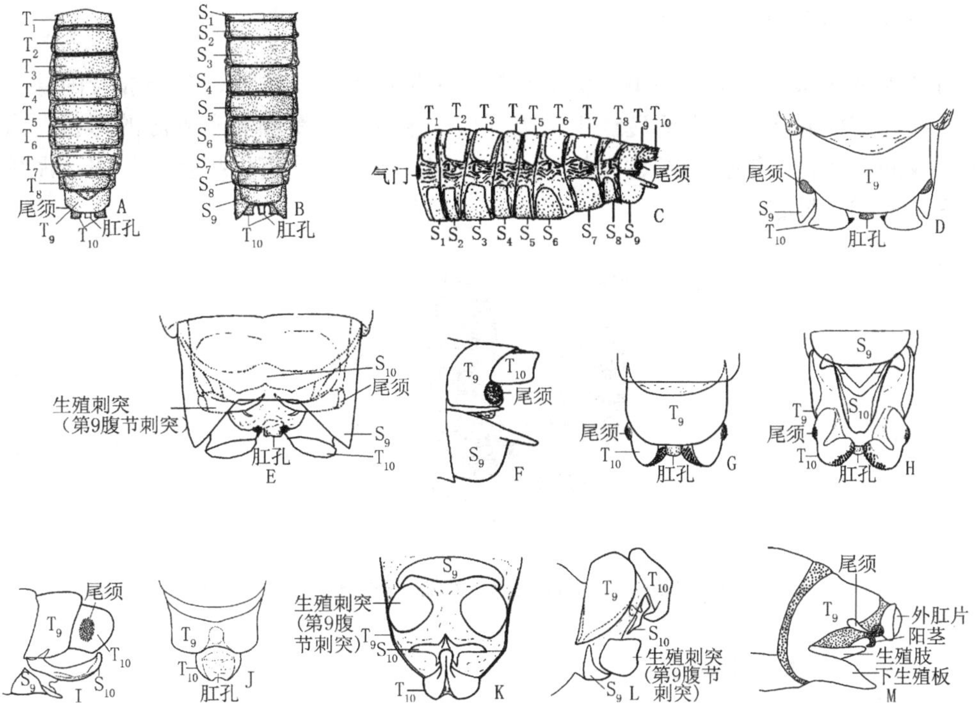

图 21-2　广翅目雄性外生殖器

A～C. 花边星齿蛉雄虫腹部背、腹、侧视；D～L. 雄虫腹部末端背、腹、侧视 (D～F. 花边星齿蛉；G～I. 中华斑鱼蛉；J～L. 中华泥蛉)；M、N. 泥蛉属腹部末端侧、后视；O. 鱼蛉属腹部末端腹视；P. 星齿蛉属腹部末端背视；Q、R. 1 种雄虫腹部末端背、腹视；S. 1 种雄虫阳基侧突腹视；T_1～T_{10}为第 1～10 腹节背板；S_1～S_{10}为第 1～10 腹节腹板 (A～C、E～L. 杨定和刘星月，2010；D. 参考杨定和刘星月，2010 图重绘；M～P. 参考 Steinmann and Zombori，1981 图重绘；Q～R. 郑乐怡和归鸿，1999；S. 参考郑乐怡和归鸿，1999 图重绘)

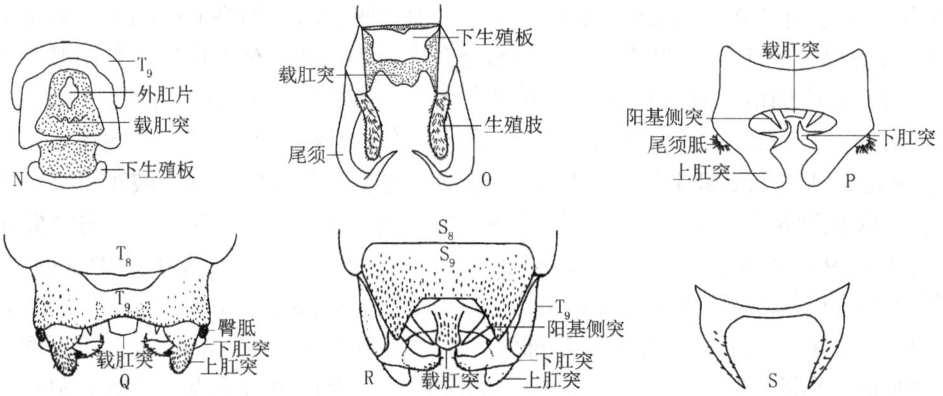

图 21-2 (续)

21.1.3　雌性内生殖器

雌性内生殖器包括 1 对卵巢、侧输卵管、中输卵管、交配囊、受精囊及附腺。中输卵管末端与交配囊连接，交配囊经生殖腔开口于生殖孔。受精囊和附腺的形状在齿蛉亚科不同属间有变化。附腺较发达，位于卵巢前端，分泌物具有保护卵的作用。泥蛉科卵巢管为端滋式 (图 21-3)。

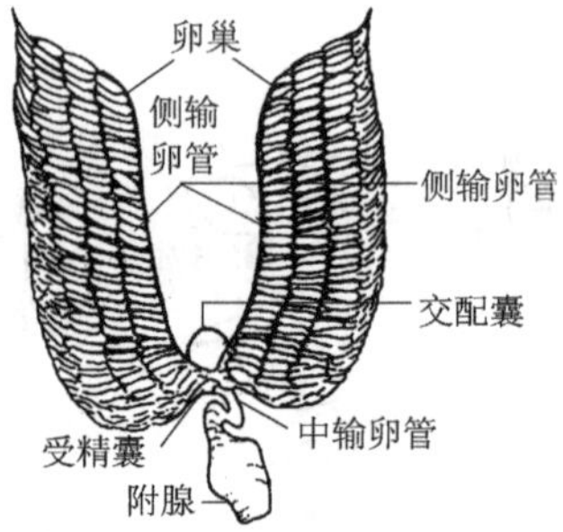

图 21-3　*Sialis lutaria* 雌性内生殖器 (杨定和刘星月，2010)

21.1.4　雌性外生殖器

腹部较柔软，筒状，10 节，末 2 节也称为生殖节。雌性外生殖器通常短缩，由第 9 腹节背板、第 10 腹节背板、尾须、生殖基节和生殖刺突等组成。第 9 腹节腹板缺如。第 8 腹节腹板常特化。第 9 腹节背板骨化较强，但中央骨化弱，两侧向腹面延伸，腹端角多缩尖。第 10 腹节背板多短粗，向端部渐细，两侧具尾须。齿蛉科第 10 腹节背板 1 对，齿蛉亚科第 10 腹节背板侧面被尾须分为背腹 2 叶，背叶多细长、腹叶较短圆。泥蛉科第 10 腹节背板短圆，骨化较弱，与肛孔两侧愈合，无明显尾须。生殖基节 gonocoxite 和生殖刺突 (产卵器) 1 对，肉质瓣状，基部与第 9 腹节背板端部相连，背缘相互连接，侧面各具 1 侧骨片。生殖刺突位于生殖基节末端，在齿蛉科中多为短细的指状，有些属中生殖刺突完全退化消失，在泥蛉科中生殖刺突则为扁阔形 (图 21-4)。

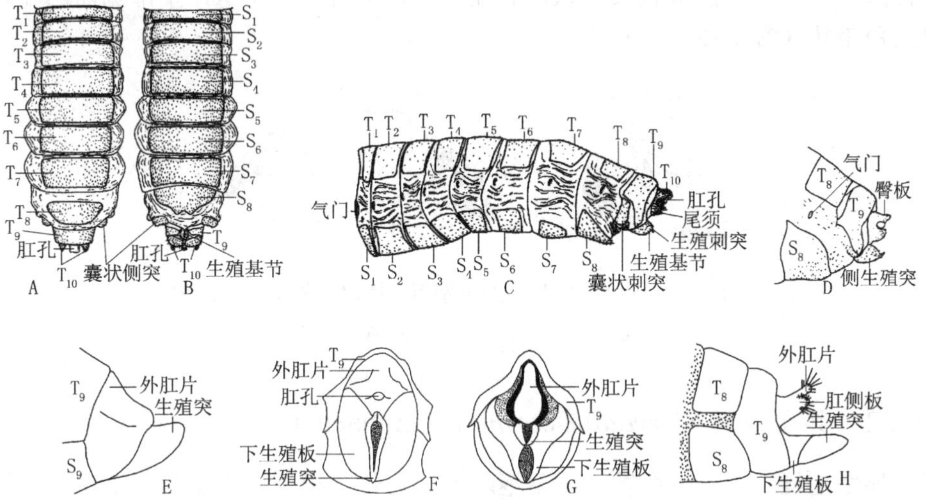

图 21-4　广翅目雌性外生殖器

A～C. 花边星齿蛉雌虫腹部背、腹、侧视；D. 雌虫腹部末端侧视；E、F. 泥蛉属侧、后视；G、H. 鱼蛉属后、侧视；T_1～T_{10}为第 1～10 腹节背板；S_1～S_9为第 1～9 腹节腹板 (A～C. 杨定和刘星月，2010；D. 郑乐怡和归鸿，1999；E～H. 参考 Steinmann and Zombori，1981 图重绘)

21.2　齿蛉科 Corydalidae

21.2.1　中华巨齿蛉 *Acanthacorydalis sinensis* Yang *et* Yang

雄性外生殖器：第 9 腹节背板完整，不分成左右两半，基缘略弧凹。第 9 腹节腹板横宽，其瓣状突端部钝圆。第 10 腹节背板 (上肛突) 棒状，较粗短，端半部明显外弯，末端内缘略凹，其腹内侧具长凹槽。生殖刺突 (下肛突) 短粗，中部不膨大，端部缩小并向内呈膝状弯曲，末端具 1 骨化小爪。第 10 腹节腹板 (阳基侧突) 基缘弧形凹缺，侧臂末端略缩小，端部略弧形凹缺，侧突长于侧臂之半 (图 21-5)。

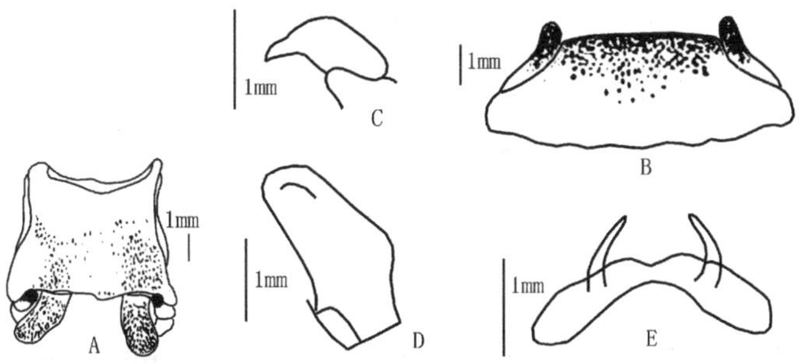

图 21-5　中华巨齿蛉雄性外生殖器 (参考杨定和刘星月，2010 图重绘)

A. 整体背视；B. 第 9 腹节腹板腹视；C. 生殖刺突腹视；D. 第 10 腹节背板腹视；E. 第 10 腹节腹板腹视

雌性外生殖器：第 10 腹节背板背面两侧向后突伸，端半部短粗，腹面半圆形，端部侧视较钝圆。第 9 生殖基节膜质瓣状，后端方形，侧骨片长条状，中部宽而两端较窄。生殖刺突粗指状 (图 21-6)。

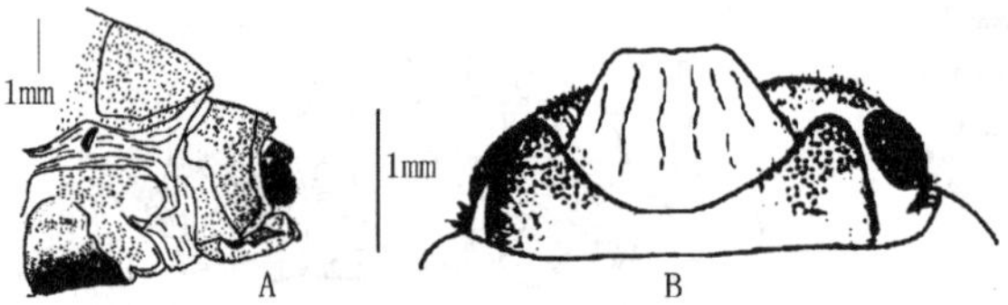

图 21-6　中华巨齿蛉雌性外生殖器 (杨定和刘星月，2010)

A. 腹部末端侧视；B. 外生殖器背视

21.2.2　具角鱼蛉 *Corydalus cornutus* (Linnaeus)

雄性外生殖器：阳基侧突发达，阳茎端显著退化，很难辨别出是一个明显的器官。阳基侧突的基节 basimere 大型，位于侧面，附着在狭窄的第 9 腹节后部背侧。第 9 腹节大部分隐藏于第 8 腹节内。第 10 腹节短管状，位于腹部末端中部。在背面，两侧的阳基侧突基节通过第 9 腹节背板中间后伸的舌状片 tongue 分隔；在腹面，则有 1 宽的第 9 腹节腹片插在阳基侧突基节之间。每阳基侧突基节具有 1 对臂，长的钳状背臂和较短的腹臂，背臂和腹臂均属于端节，起源于同一基节，2 端节基部有连接的骨片，骨片上有 2 束大的肌肉附着 (图 21-7)。

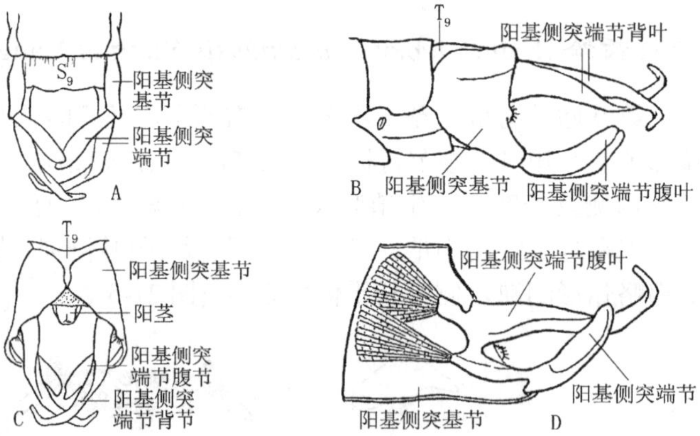

图 21-7　具角鱼蛉雄性外生殖器 (Snodgrass，1957)

A、B. 腹部末端腹、侧视；C. 第 9 腹节背板和阳基侧突背视；D. 第 9 腹节和阳基侧突，示右侧的阳基侧突端节 telomere 和来自阳基侧突基节和中叶 mesal 的肌肉；T_9 为第 9 腹节背板；S_9 为第 9 腹节腹板

21.2.3　异角星齿蛉 *Protohermes differentialis* (Yang *et* Yang)

雄性外生殖器：腹端第 9 腹节背板近梯形，两侧强骨化并向后强烈突伸，基缘略凹，

端缘深"V"形凹缺。第 9 腹节腹板基缘中央隆突，端缘中央"V"形凹缺。第 10 腹节背板短棒状，末端凹陷，外端角缩尖。生殖刺突极发达的爪状，长约为第 10 腹节背板的 3 倍，向内背侧弯曲。第 10 腹节腹板小，背中突舌形，侧突短粗并向腹面弯曲 (图 21-8)。

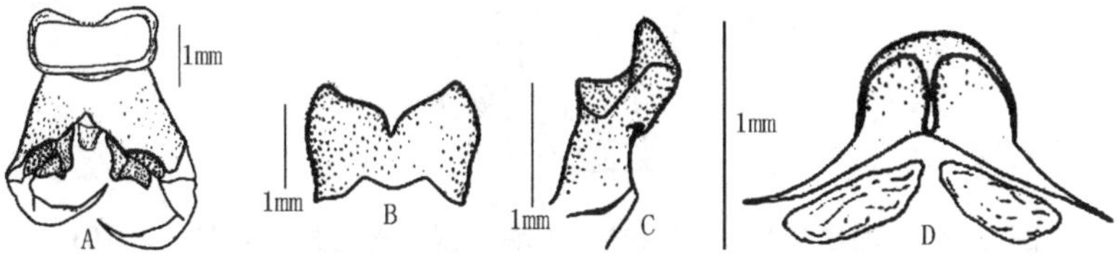

图 21-8　异角星齿蛉雄性外生殖器 (杨定和刘星月，2010)

A. 整体背视； B. 第 9 腹节腹板腹视；C. 第 10 腹节背板腹视；D. 第 10 腹节腹板腹视

雌性外生殖器：腹端第 8 腹节腹板前半部具有 1 对长棒状突起，向腹面突伸并向后面弯曲，后缘中央具有 1 向后突伸的短叉突。第 9 生殖基节短宽，背缘和腹缘均呈弧形，其末端的生殖刺突很小。第 10 腹节背板短，侧面被尾须分为背腹 2 叶，背叶近三角形，腹叶近半圆形 (图 21-9)。

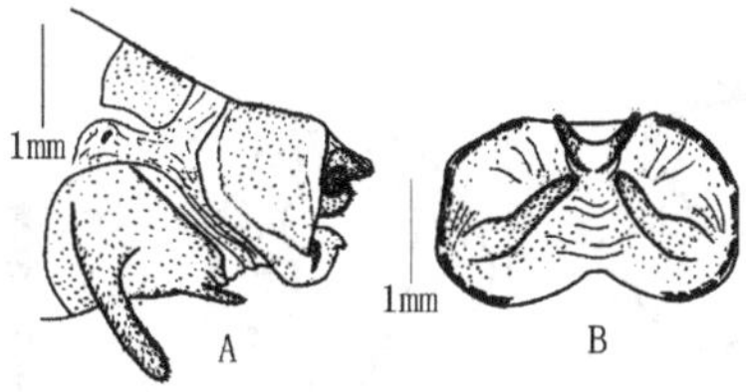

图 21-9　异角星齿蛉雌性外生殖器 (杨定和刘星月，2010)

A. 腹部末端侧视；B. 第 8 腹节腹板腹视

21.2.4　污翅华鱼蛉 *Sinochauliodes squalidus* Liu *et* Yang

雄性外生殖器：腹端第 9 腹节背板侧视近方形，背端角不向后突伸，腹端角钝圆且略向后突伸。第 9 腹节腹板近半圆形，端缘中央具有 1 小三角形膜质瓣。第 10 腹节背板侧扁，侧视基半部宽而端半部明显缢缩，端缘弧形，腹视中部内侧具有 1 极浅的横向凹槽，端半部呈球形膨大。第 10 腹节腹板强骨化，向背面弯曲，长约为第 9 腹节背板的 2/3，基缘宽且"V"形深凹，端半部略变细且末端钝圆 (图 21-10)。

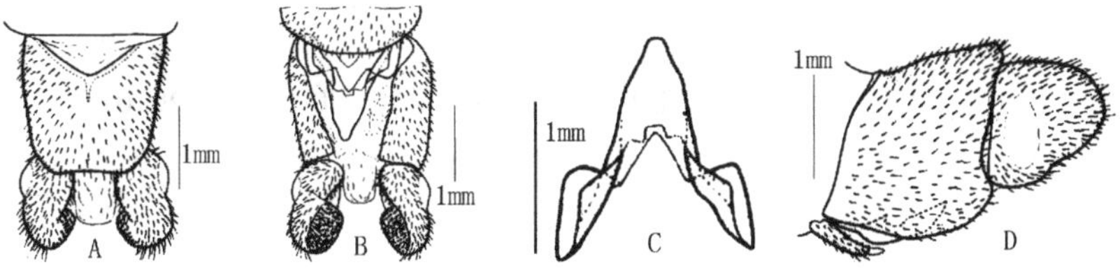

图 21-10　污翅华鱼蛉雄性外生殖器 (杨定和刘星月，2010)

A、B. 整体背、腹视；C. 第 10 腹节腹板腹视；D. 整体侧视

雌性外生殖器：腹端第 8 腹节腹板宽大，后端缘略向后突伸。第 10 腹节背板短棒状，端部缩尖。第 9 生殖基节膜质，近梯形 (图 21-11)。

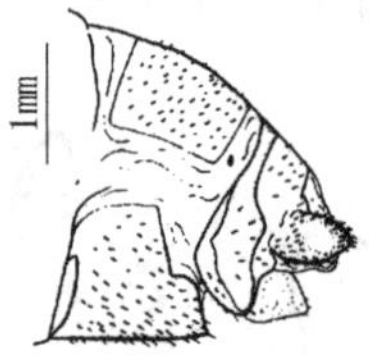

图 21-11　污翅华鱼蛉雌虫腹部末端侧视 (杨定和刘星月，2010)

21.3　泥蛉科 Sialidae

21.3.1　古北泥蛉 *Sialis sibirica* McLachlan

雄性外生殖器：腹端第 9 腹节腹板短，拱形，腹视两侧略缢缩。第 10 腹节背板窄，端半部向后突伸，末端略膨大。第 10 腹节腹板极小的爪状，分为左右两片。生殖刺突宽大，长于第 9 腹节背板，侧视近半圆形，末端强烈缢缩为近方形的小突 (图 21-12)。

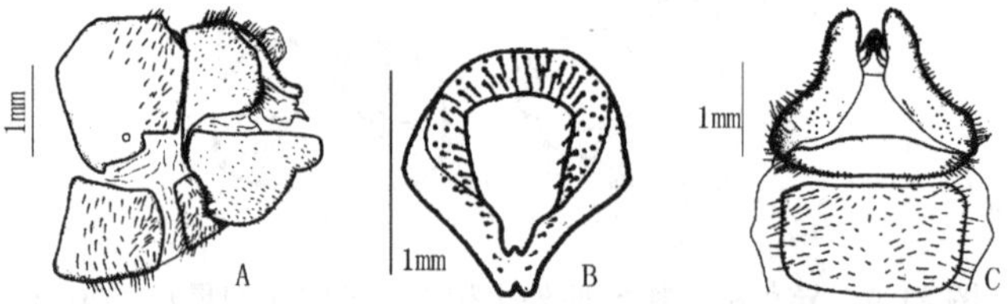

图 21-12　古北泥蛉雄性外生殖器 (杨定和刘星月，2010)

A．整体侧视；B．第 10 腹节背板后视；C．整体腹视

雌性外生殖器：腹端第 7 腹节腹板端缘中央具有“V”形的小缺刻。第 8 腹节腹板窄横带状，宽于第 7 腹节腹板，中部明显断开，仅在端缘中央略微连接 (图 21-13)。

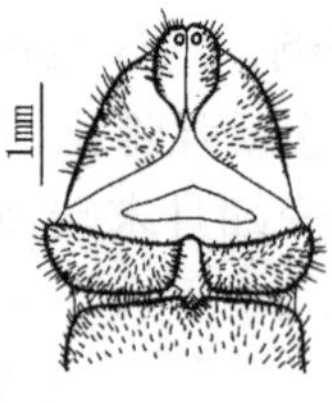

图 21-13　古北泥蛉雌性腹部末端腹视 (杨定和刘星月，2010)

第 22 章　蛇蛉目 Raphidioptera

22.1　概　　论

22.1.1　雄性生殖系统

腹部 11 节，第 10、11 腹节背板常愈合形成外肛片，因此具有 10 个可见腹节。外肛片通常具有毛点，第 9 腹节腹面下有时有 1 向后突出的下生殖板。大部分种类第 9 腹节背、腹板相接成环状。1 对生殖突基节 (阳基侧突基节) 各具有 1 支显著的刺突 (阳基侧突端节)。雄性第 6、7 腹节内有 1 对精巢，每精巢有 12 支精巢管 (图 22-1)。

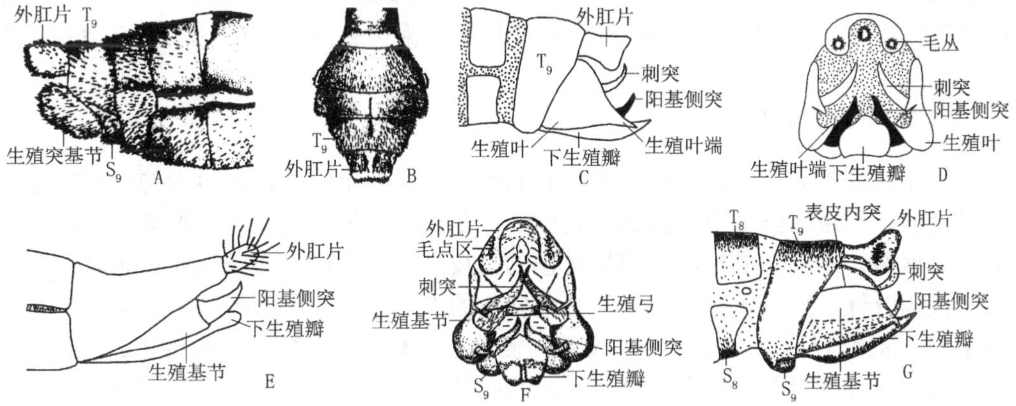

图 22-1　蛇蛉目雄性外生殖器

A、B. *Parainocellia ressli* 雄虫腹部末端侧、背视；C、D. 蛇蛉属雄虫腹部末端侧、后视；E. *Raphidilla* sp.雄虫腹部末端侧视；F. 1 种雄虫腹部末端后视，毛未绘；G. 1 种雄虫腹部末端侧视，毛未绘；T_8、T_9 为第 8、9 腹节背板；S_8、S_9 为第 8、9 腹节腹板 (A、B. 郑乐怡和归鸿，1999；C～E. 参考 Steinmann and Zombori，1981 图重绘；F. Tuxen，1969；G. 参考 Tuxen，1969 图重绘)

22.1.2　雌性生殖系统

产卵器细长针状，由第 9 腹节的 2 对生殖突，即侧生殖突和后生殖突 (背瓣和内瓣) 及第 8 腹节的腹瓣共同组成。卵巢葡萄状，每卵巢约有 40 支端滋式卵巢管。蛇蛉属的卵巢位于腹部消化道两侧。在幼虫期，每卵巢约呈球形，前端稍尖。后部呈凹面，附着于侧输卵管原基上。卵巢由数十个紧密堆积的细长卵巢管组成，整个卵巢被上皮细胞膜，上皮细胞进入卵巢管之间，将卵巢管彼此分开 (图 22-2)。

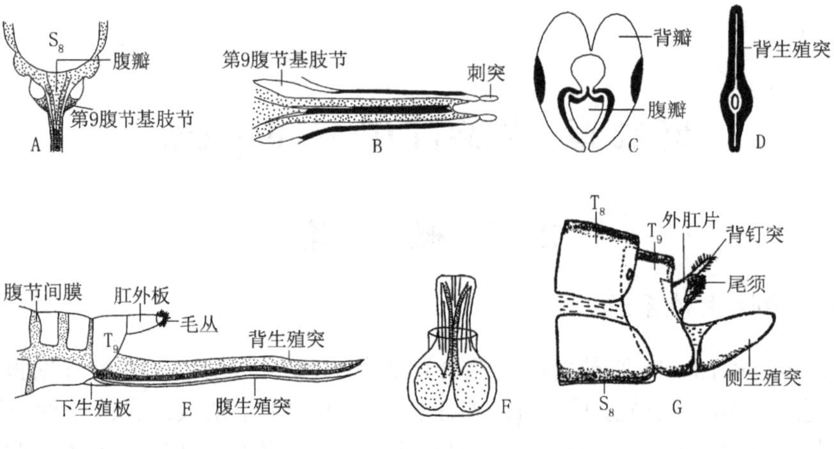

图 22-2　蛇蛉目雌性外生殖器

A～C. 蛇蛉属产卵器腹、侧、后视；D. 蛇蛉属产卵器横切；E. 盲蛇蛉属腹部末端及产卵器侧视；F. 1 种蛇蛉的精包；G. *Archichanuliodes* sp.雌虫腹部末端侧视，毛未绘；T_8、T_9为第 8、9 腹节背板；S_8为第 8 腹节腹板（A～C. 参考 Matsuda，1976 图重绘；D、E. 参考 Steinmann and Zombori，1981 图重绘；F. 参考南开大学等，1980 图重绘；G. Tuxen, 1969）

22.1.3　卵子发生

蛇蛉属从卵巢分化的早期阶段到随后的卵子发生各个阶段，卵巢内的全部卵巢管是同步发育的。幼虫的卵巢中，卵巢管圆柱形，包被在连续的基膜内，卵巢管形态上明显分成 3 个区域。最前部的端丝由扁平叠置的上皮细胞组成，上皮细胞与卵巢管的剩余部分没有横隔分开。卵巢管中部主要含有未分化的生殖细胞。后部区域可见紧密的 1 群前滤泡细胞。卵巢管柄短，实心，将卵巢管与侧输卵管相连。有丝分裂从高龄幼虫期开始，至少有些有丝分裂伴随不完全的细胞质分裂，结果生殖细胞保持细胞质的连续性，相互之间通过细胞间桥联系。开始，细胞间桥充满了成束的平行微管，这些微管代表有丝分裂纺锤体的残余。稍后，细胞间桥变得细长，微管被细的丝状物质（融合体）所替代。有丝分裂纺锤体的微管并不完全消失，许多纺锤体可在相联系细胞的细胞质中的融合体附近发现，而其他微管与融合体保持密切联系，或者包埋在融合体内。形成细胞间桥的膜稍折叠和增厚。在随后的卵巢管发育阶段，有丝分裂及不完整的细胞质分裂更为密集，结果在卵巢管内出现了几个姐妹生殖细胞系的多细胞克隆，在高龄幼虫和蛹初期，几乎很难发现单个生殖细胞，卵巢管几乎只含有生殖细胞束。构成每个克隆的生殖细胞发育同步，而不同克隆系列之间则处于形成和分化的不同阶段。有些生殖细胞仍然进行有丝分裂，另一些已经历第 1 次减数分裂。

生殖细胞束克隆发育经历特殊的空间排列，联系姐妹细胞的细胞间桥倾向于在中央区域集群而呈玫瑰花形。相邻的融合体融合形成多聚融合体 polyfusome，这是常见的细丝状构造，该构造似乎穿过束内所有的细胞质桥。在玫瑰花形构造形成的初期阶段，相邻的生殖细胞膜广泛地折叠纠结成迷宫状，在生殖细胞彼此融合过程中，这些折叠逐渐消解。这种消解伴随着电子致密体出现，电子致密体出现在最初的合胞体形成区域和生殖细胞核新融合区域。生殖细胞融合的初期阶段，生殖细胞束的多聚融合体一直存在，此后不久完全消失。生殖细胞融合一般从束的中心开始，向外围扩展。由于这些转变过程中形成的生殖细胞核并没有质膜分开，而是居于 1 个共同的细胞膜内，形成了 1 个合胞体。生殖细胞的融合不仅发生在束内，邻近束之间也发生融合。结果，卵巢管的这个区域充满了公共膜的多核合胞体。合胞体的形成由卵巢管后部基区定期启动，不断向前扩展，形成数量不断增加的生殖细胞束。最终，几乎卵巢管内的全部生殖细胞进行融合。唯一例外的是那些接触卵巢管内鞘和前滤泡组织的生殖细胞。在进一步分化中，生殖细胞的差别与生殖细胞在卵巢管中所处位置有关。那些黏附于内部卵巢管鞘的生殖细胞形成 1 个外部的单层生殖细胞层，称为绒毡层 tapetum 细胞，而位于更后部的接触前滤泡组织的生殖细胞为潜在的卵母细胞。最初，绒毡层细胞和卵母细胞在形态和大小上几乎一致。在随后的蛹发育阶段，早期的前卵黄期卵母细胞明显变得比绒毡层细胞更大。生长中的卵母细胞沉没入前滤泡组织，被单层滤泡上皮包埋。单个卵母细胞与相关的滤泡上皮一起形成卵室 ovarian follicle。最终，沿卵巢管出现 4 个易于辨别的区域，最前部的端丝后方是细长的圆柱形的滋养区 (滋养室 trophic chamber)，滋养区的核芯充满了多核的合胞体，而单细胞层构成的绒毡层形成了皮层 cortex。随着前卵黄发生和卵黄发生的进程，一些卵室排成 1 排构成卵黄区。细胞间桥连接卵母细胞和中心的滋养合胞体直到卵黄发生的最后阶段。在卵黄区，每个卵母细胞前部的细胞质伸展形成细胞质突起，称为营养索。卵黄区后部为短的卵巢管柄。

22.2　蛇蛉科 Raphidiidae

22.2.1　*Agulla adnixa* (Hagen)

雄性外生殖器：腹部 11 节，第 9 腹节背、腹板愈合形成 1 个完整环，第 9 腹节背板发达，第 9 腹节腹板细环状。第 10 和第 11 腹节明显位于背面。肛孔开口于第 11 腹节的顶端。基肢节与背腹板 tergosternum 的后缘关节。阳基侧突大型，2 节，为成对的黑色骨片，基节发达，与阳茎端在基部宽阔连接，每侧阳基侧突基节腹面有 1 三角形、末端尖角外弯的附属阳茎片，阳基侧突端节 (刺突) 约呈月牙形外弯。阳茎端锥形，起源于阳基侧突水平横线基缘，深深地包藏，末端短于阳基侧突 (图 22-3)。

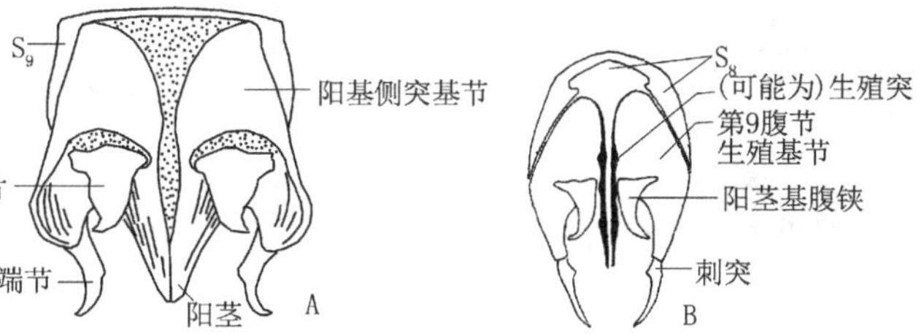

图 22-3　*Agulla adnixa* 雄性外生殖器

A、B. 雄性外生殖器腹视；C. 腹部侧视；T_{10}、T_{11} 为第 10、11 腹节背板；S_8、S_9 为第 8、9 腹节腹板 (A. 参考 Snodgrass，1957 图重绘；B. Matsuda，1976；C. Matsuda，1957)

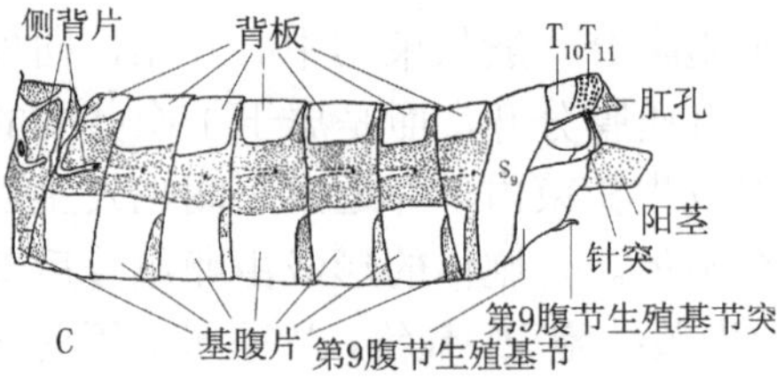

图 22-3 (续)

雌性外生殖器：腹部 11 节，第 1 腹节腹面稍退化，气门较大。第 1、2 腹节侧背片 paratergite 明显骨化。第 7 腹节腹板或基腹板 coxosternum 沿同节的前缘骨化，第 8 腹节腹部基区隐藏于第 7 腹节腹面的后区。第 8 腹节的生殖突 (腹瓣) 直接与第 8 腹节腹板联系。生殖孔开口于第 8 腹节腹板基缘前部。第 9 腹节有 1 个小的亚三角形区域，位于背板的基侧缘，称为载瓣片。第 9 腹节腹板为狭窄的膜质区域，端部发出杆状的生殖突 (背瓣)。另有 1 对源于第 9 腹节腹板的内瓣。第 10、11 腹节位于背面，第 10 腹节腹板为小型腹面突起。肛孔开口于第 11 腹节顶端 (图 22-4)。

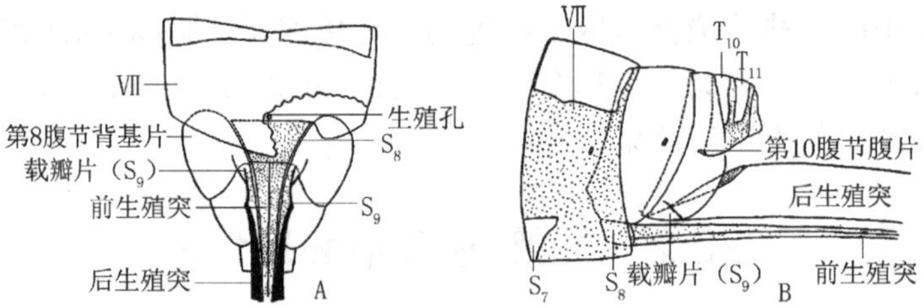

图 22-4　*Agulla adnixa* 雌性生殖节 (Matsuda，1957)

A. 腹视；B. 侧视；T_{10}、T_{11} 为第 10、11 腹节背板；S_7～S_9 为第 7～9 腹节腹板；Ⅶ为第 7 腹节

22.2.2　*Agulla arizonica* Banks

雄性外生殖器：第 9 腹节背板发达，宽带状。第 9 腹节腹板退化，细条状。阳基侧突基节发达，从两侧包裹达阳茎端中部。每侧阳基侧突的腹面有 1 瓣状的附属阳茎片。阳基侧突端节退化呈短管状，末端尖而内弯。阳茎端腹视瓶状，顶部细缩，末端平截 (图 22-5)。

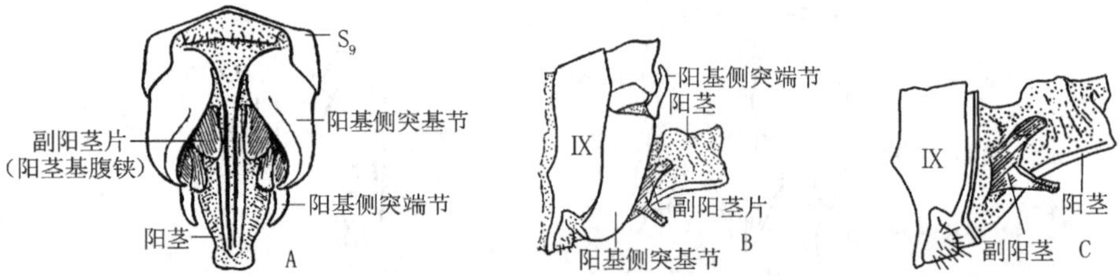

图 22-5　*Agulla arizonica* 雄性外生殖器 (Snodgrass，1957)

A. 阳茎腹视；B. 雄性腹部末端左侧视；C. 第 9 腹节背板和阳茎端左侧视，阳基侧突除去；S_9 为第 9 腹节腹板；Ⅸ为第 8 腹节

22.2.3　*Agulla* sp.

雄性外生殖器：第 9 腹节背板发达、腹板细环状。雄性外生殖器由 1 对大型 2 节的阳基侧突和 1 个大型瓶状的阳茎端组成，阳基侧突的基节 basimere 长，从两侧环抱阳茎端，并与阳茎端基部紧密相连，但侧面附着在第 9 腹节的边缘。阳基侧突的端节 telomere 可活动，与基节内脊的末端相关节，并有外展肌和内收肌控制。腹面，从阳基侧突的基部，有 2 个狭窄的骨片脊汇合于阳茎端壁下方。阳茎口 phallomere 为横裂缝，位于阳茎顶端，从 1 个大的可外翻的内阳茎囊上开口 (图 22-6)。

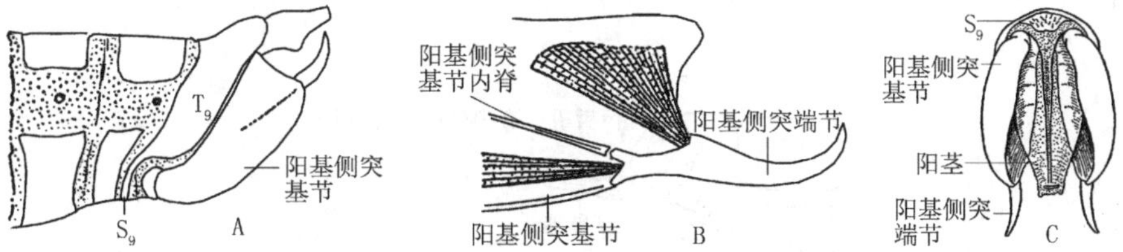

图 22-6　*Agulla* sp.雄性外生殖器 (Snodgrass，1957)

A．腹部末端左侧视；B．右侧的阳基侧突端节和来自阳基侧突基节的肌肉；C．阳茎腹视；T_9 为第 9 腹节背板；S_9 为第 9 腹节腹板

22.2.4　*Raphidia palaeformis* H. Aspöck *et* U. Aspöck

雄性外生殖器：第 9 腹节背、腹板相连成环形，第 9 腹节背板后部呈梯形，两侧着生阳基侧突基部，后缘与横条状梯形的外肛片相接。第 9 腹节腹板后延形成下生殖板，包裹于外生殖器的腹面。阳基侧突 (生殖突) 基节发达，包裹在阳茎端两侧。阳基侧突端节 (刺突) 退化，着生于阳基侧突基节端部 (图 22-7 A、B)。

雌性外生殖器：第 9 腹节背板向两侧下延呈环状，外肛片发达。产卵器发达，针状，由来自第 8 腹节的 1 对腹瓣和来自第 9 腹节的 1 对内瓣和 1 对背瓣组成 (图 22-7 C)。

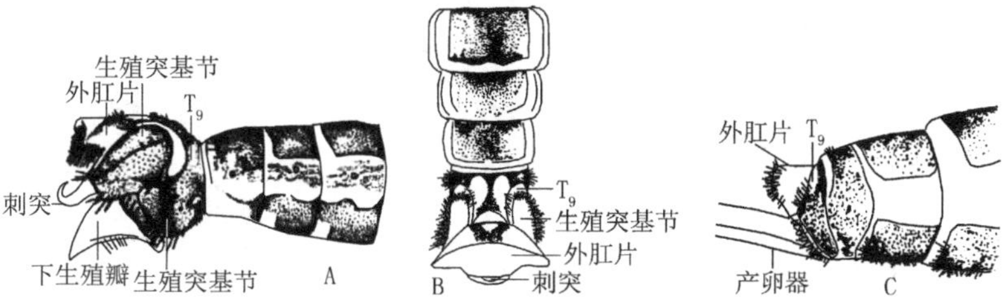

图 22-7　*Raphidia palaeformis* 雌、雄性外生殖器 (参考郑乐怡和归鸿，1999 图重绘)

A、B．雄性腹部末端侧、背视；C．雌虫腹部末端侧视；T_9 为第 9 腹节背板

22.3　盲蛇蛉科 Inocelliidae

22.3.1　硕华盲蛇蛉 *Sininocellia gigantos* Yang

雌性外生殖器：腹部黄褐色，背板尤其后缘色深。侧视，第 7 腹节腹板狭长，后突达产卵器基部。第 8 腹节背板向腹侧扩展，气门位于中部近后缘。第 9 腹节背板也向侧腹面扩展，但小于第 8 腹节。臀板 (第 10＋11 腹节) 短小，腹侧弧弯，后缘具有长条状臀胝，由紧密的陷毛组成。产卵器褐色，中部以后略向上弧弯，末端有 1 对很小刺突 (图 22-8)。

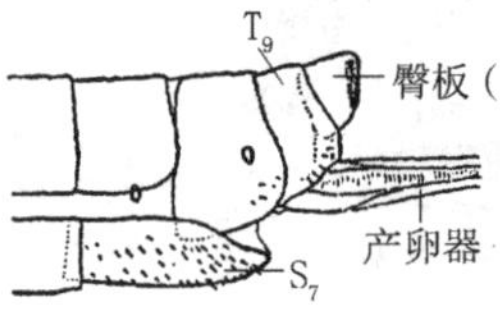

图 22-8　硕华盲蛇蛉雌性腹部末端侧视 (杨集昆，1985)

T_9 为第 9 腹节背板；S_7 为第 7 腹节腹板

第 23 章　脉翅目 Neuroptera

23.1　概　　论

23.1.1　雄性内生殖器

每精巢的精巢管数量：褐蛉属、蚁蛉属 5 支；长须蚁蛉 *Palpares*40 支；溪蛉属的 2 个精巢包被在共同的鞘内，鞘内含有约 20 支精巢管。草蛉属每精巢含 1 支精巢管，螺旋环绕，精巢后部连接输精管，输精管再通向贮精囊。附腺包括几个附腺叶，分泌物主要用于形成精包。草蛉属幼虫的输精管 (生殖索) 终止于膨胀的末端壶腹，附腺可能由输精管末端壶腹分化形成，属于中胚层起源。长须蚁蛉的附腺由许多叶组成。蚁蛉属成对的附腺长而蜷曲 (图 23-1)。

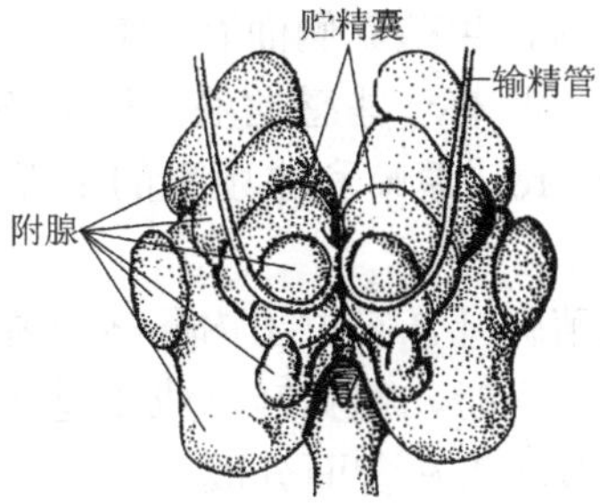

图 23-1　大草蛉雄性内生殖器 (精巢及输精管前部除去)　(Matsuda，1976)

23.1.2　雄性外生殖器

雄性第 8 腹节具有背板和腹板，通常与第 9 腹节分离，但草蛉科的第 8、9 腹节腹板合并。第 9 腹节腹板为完整骨片或背板、腹板分离。第 9 腹节背板常被中线分成 1 对侧板。草蛉科种类的第 8、9 腹节可能同前节一样，带有微钉突 microtholi。微钉突是 1 种小型圆钉状空心器官，位于体节表面的毛间。褐蛉科的蔷褐蛉属，第 9 腹节背板每侧有 1 指向后方的突起，称为侧突 lateroprocess，该突可能与背板有窄的间隔。有时为单一的中间向后突起，称为背突 dorsoprocessus。有时有 1 前内脊 antecosta，这是 1 个沿第 9 腹节背板基缘明显骨化的棒，有时甚至与背板本身分开。第 9 腹节背板和腹板内部常有 1 棒状表皮内突。在草蛉科，第 9 腹节腹板和这些棒状表皮内突可发育成很粗糙的结构，称为爪形突 solimeres。爪形突顶端突出并伸过腹板端部。

在多数脉翅目中，第 9 腹节背板的每 1 后侧缘的 3 个突起合并成为 1 个侧板，称为外肛片 ectoproct。尾须退化为尾瘤 callus cerci，其上具有感觉毛或缺。有些科的 2 块外肛片合并为 1 个背面的半环，盖在肛孔背面。外肛片常 2 个 (许多褐蛉科) 或呈 1 个尖突，相当于上突和下突或两者之一。肛孔下方常有稍骨化的着生毛的骨片称为肛下板 subanale。栉角蛉属的种类有 1 不同形状的肛节。第 9 腹节背板巨大，盖在肛节上，外生殖器从侧面伸出。无外肛片，肛节由非常骨化的肛上板 supraanale 和下部的骨化不强的载肛突组成，其间为肛孔。大多数脉翅目昆虫具单一板状或半环状、经常延长的第 9 腹节腹板，上面覆有腹板背膜，形成腹部末端的后体壁。许多草蛉科，腹板背膜有单一或成对的具有坚齿的骨化板，这个构造称为生殖脊 gonocristae。在有些种类中，有 1 内在的、通常拱形的结构，同膜的下面和生殖脊 (如果存在) 相愈合，其端部简单或分叉，突出于膜外，此结构被称为生殖腹突 gonapsis。

阳茎位于肛孔和第 9 腹节之间，根据 Tjeder (1970) 观点：骨化的插入器官 (阳茎端) 只存在于粉蛉科，其他脉翅目昆虫的阳茎部分仅为可外翻的内阳茎，内阳茎上着生有生殖孔。内阳茎背面有各种骨片，最常见的为背侧面狭窄的骨化环，称为殖弧叶 gonarcus。授精一般由精包通过稍宽而有弹性的生殖孔完成。生殖孔位于形成后体壁的膜上。膜上有时有小骨片。膜组织通常形成可翻缩的囊，即生殖囊。囊有时成对，交配时多少能够翻出，囊上常有一些大的毛片和粗毛，称为生殖毛 gonosetae。有些种类，生殖囊上具有一些微齿，称为小刺 spinellae。旌蛉科的生殖囊中部通常有界限清楚的黑色骨化区，称为生殖膜片 gonolatus。蝶角蛉科，生殖囊侧面有 1 对较大、多少骨化、圆形或指状的突出结构，称为垫突 pulvilli，其上具有一些感觉毛。每 1 垫突上，其中有 1 支毛可发育成长而硬的附器，称为毛体 setimere。草蛉科生殖囊的中部有 1 长管状不成对的顶端封闭器官，称为伪阳茎 pseudopenis。

阳茎复合体的主要结构为殖弧叶，它位于内阳茎背基部，由不同成分发育而成，向下或向内弯曲。当生殖囊向外翻出时，殖弧叶形成 1 基部的半环，支持内阳茎，类似于阳茎基 phallobase 的功能。殖弧叶可在背面分成 1 对板。当没有分开时，其中部常有直指后方呈齿状的突起，称殖弧叶中钩 mediuncus。细蛉属的殖弧叶中钩下面有 1 指向下方的双叉、不活动的突起，称为殖弧叶垂突 hypocuspis。殖弧叶的每 1 弓上可能有 1 侧面突起，称为殖弧叶内突 entoprocessus。在许多属中，还有 1 附属结构，着生在殖弧叶下方中部，它能垂直活动，称为殖弧叶下突 arcessus。殖弧叶中钩和殖弧叶下突可能存在于同一种类。在细蛉 *Nymphes* 中还有另 1 个附属的可动器官，附着在殖弧叶每 1 弓的最下方，起连接 2 弓的作用，称生殖下刺突 hypostylus。一些翼蛉科，在殖弧叶的每一侧有 1 附加的狭窄枝脊，称为殖弧叶杆 baculum。该杆上端正好接在各殖弧叶端部相对应的窝内。一些草蛉的殖弧叶背面有类似的弓形结构，称为殖弧叶背梗 tignum，该梗上常有 1 中齿 acumen。一些翼蛉中，殖弧叶腹面有 1 小的弓形结构，在上面接近阳基侧突，称为下殖弧叶 subarcus。

阳基侧突一般 1 对，位于殖弧叶之下或与之合并。在一些属中，当它们基部合并成共同的基端时，形成背腹扁平的基表皮突 apophysis proxima。也可能有侧表皮突 apophysis laterales，每个阳基侧突背面常有向后的上突 superprocessus。阳基侧突端部愈合的种类也可能有 1 共同的上突。一些粉蛉科，每个阳基侧突均有 1 不活动的端部向上的端突 processus apicalis，用骨化的膜与阳基侧突的主体相连接。一些重粉蛉属种类，每阳基侧突上有 1 钩状突 uncinus，以弱的膜组织将 1 硬齿附着在阳基侧突主体的近顶端处。广翅

蛉科 *Osmylops*，每个阳基侧突球形，其背面有 1 长的活动突起称为升棒 adscencio。多数蝶角蛉科和一些蚁蛉科，同殖弧叶端部一样，阳基侧突在很大程度上彼此愈合。阳基侧突端部有 1 盾状、卵形或延长的具有感觉毛的板，称为盾状板 pelta。一些鳞蛉科和螳蛉科有 1 对阳基腹突 hypomeres，该突位于阳茎结构的腹面，并向后突出，超过第 9 腹节后缘。这 2 科中还具有阳茎丝 penisfilum，阳茎丝是由单一的带状或线状或几根线组成的。

大多数科中存在一种茎状的器官，称为间下生殖板 hypandrium internum。一些草蛉科还附加 1 屋脊状器官称为并器 comes，由膜质部将它连于下生殖板的近基部。并器背视常为线形，可能与间下生殖板大小相近。间下生殖板 (和并器) 位于射精管的基部，2 个生殖管在此合并，似乎起支持射精管的作用 (图 23-2)。

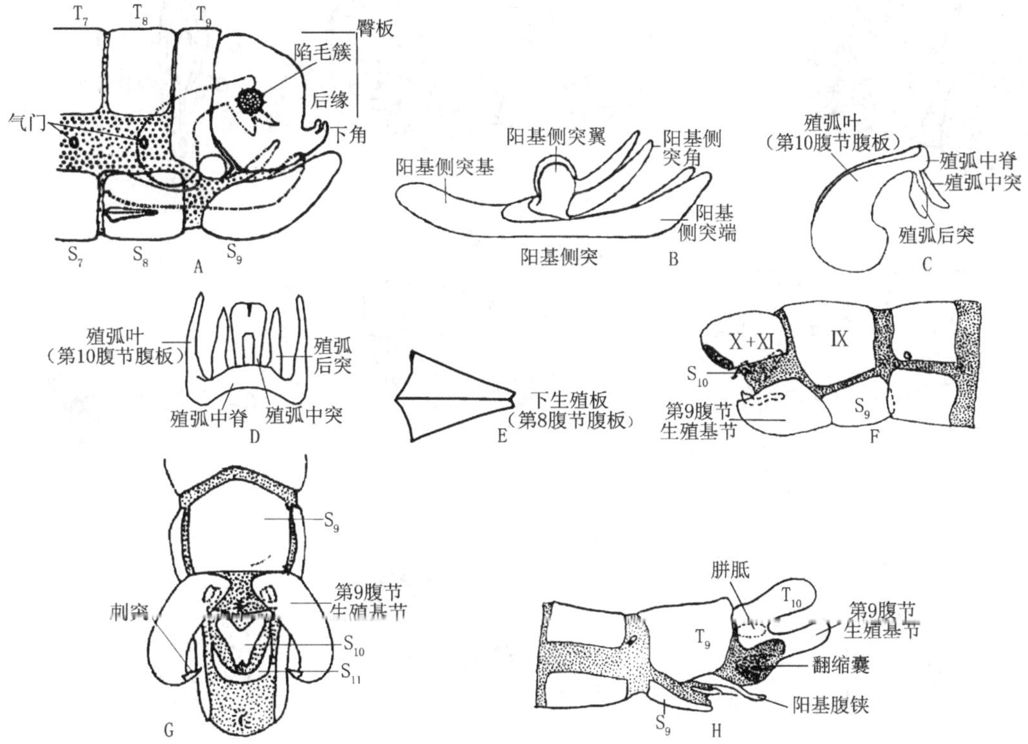

图 23-2　脉翅目雄性外生殖器

A. 雄虫腹部末端侧视；B. 阳基侧突；C、D. 殖弧叶侧、背视；E. 下生殖板；F、G. *Inocellia longicornis* 雄性外生殖器侧、腹视；H、I. 雄虫腹部末端侧视 (H. *Dysmicohermes ingens*；I. 齿蛉属)；J. *Chrysopa prasina* 雄性外生殖器侧视；K～M. 雄虫腹部末端侧视 (K. *Dilar burmanus*；L. *Coniopteryx borealis*；M. *Spermophorella maculatissima*)；N. *Neuronema sinensis* 阳基侧突背视；O. *Ankylopteryx palklida* 腹部末端和外翻的内阳茎；P、Q. 雄性外生殖器后视[P. *Nemopterella africana* (Leach)；*Chrysopa* (*Anisochrysa*) *pulchrina*]；R、S. 雄性外生殖器侧视 [R. *Chrysopa* (*Chrysoperla*) *pudica*；S. *Semidalis uncinata*]；T. *Micromus perelegans* 殖弓中突和下突侧视；U. *Italochrysa gigantea* 下生殖板和并器侧视；V. *Helcopteryx rhodiogramma* 阳茎结构背视；W. *Allocormodes junodi* 阳茎结构后视；X、Y. 腹部末端侧视 (X. *Osmylops pallidus*；Y. *Nymphes myrmeleonoides*)；T_7～T_{11} 为第 7～11 腹节背板；S_7～S_{11} 为第 7～11 腹节腹板；Ⅸ、Ⅹ为第 9、10 腹节 (A～E. 郑乐怡和归鸿，1999；F～J. Matsuda，1976；K～Y. Tuxen，1969)

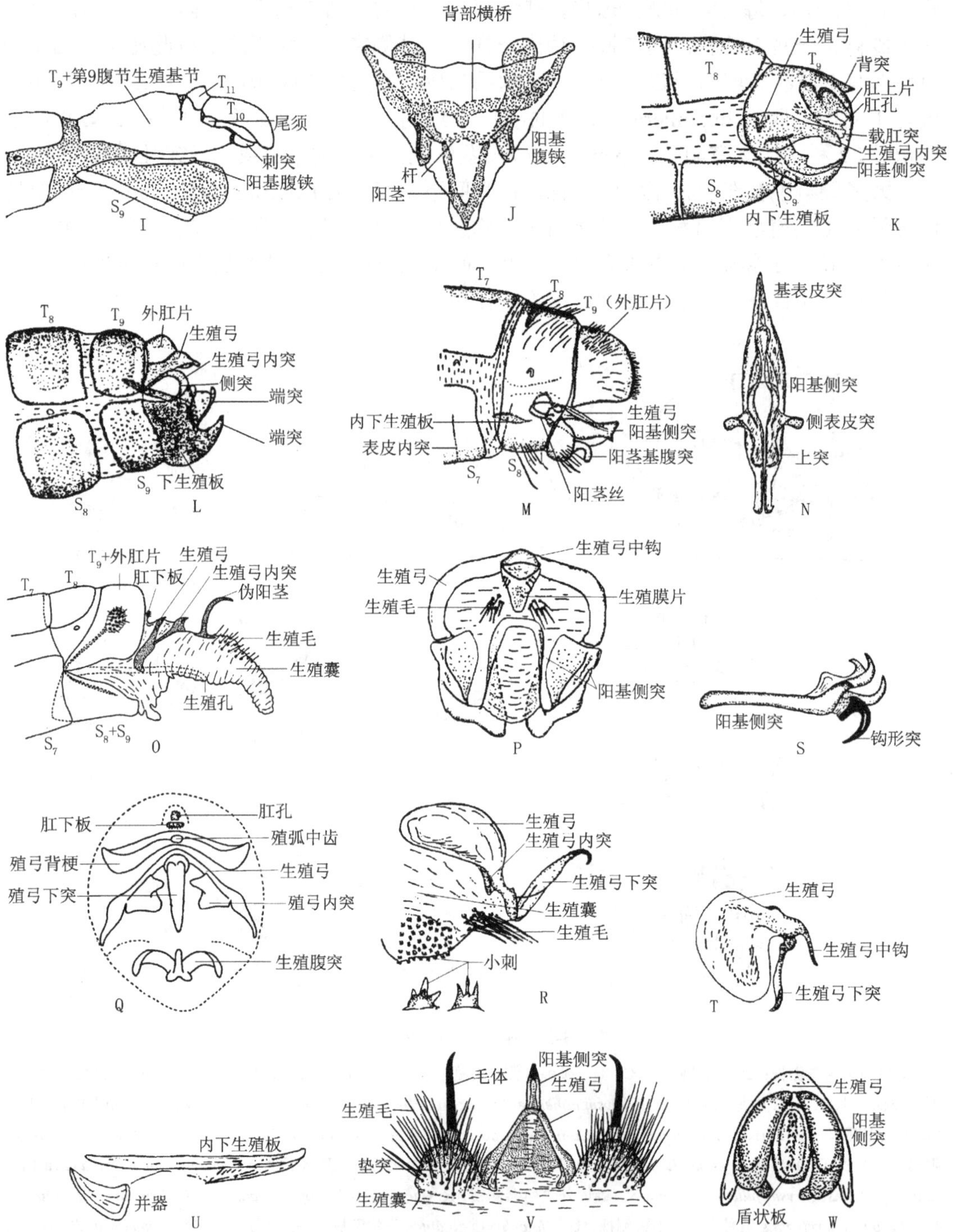
背部横桥
T_9+第9腹节生殖基节
T_{11}
T_{10}
尾须
刺突
阳基腹铗
S_9
I
杆
阳茎
阳基
腹铗
J
生殖弓
T_8
T_9
背突
肛上片
肛孔
载肛突
生殖弓内突
阳基侧突
S_8
S_9
内下生殖板
K
T_8
T_9
外肛片
生殖弓
生殖弓内突
侧突
端突
端突
S_9 下生殖板
S_8
L
T_7
T_8
T_9（外肛片）
内下生殖板
表皮内突
生殖弓
阳基侧突
阳茎基腹突
S_7
S_8
阳茎丝
M
基表皮突
阳基侧突
侧表皮突
上突
N
T_9+外肛片
生殖弓
T_7
T_8
肛下板
生殖弓内突
伪阳茎
生殖毛
生殖囊
生殖孔
S_7
S_8+S_9
O
生殖弓中钩
生殖弓
生殖毛
生殖膜片
阳基侧突
P
阳基侧突
钩形突
S
肛下板
肛孔
殖弧中齿
殖弓背梗
生殖弓
殖弓下突
殖弓内突
生殖腹突
Q
生殖弓
生殖弓内突
生殖弓下突
生殖囊
生殖毛
小刺
R
生殖弓
生殖弓中钩
生殖弓下突
T
内下生殖板
并器
U
阳基侧突
毛体
生殖弓
生殖毛
垫突
生殖囊
V
生殖弓
阳基
侧突
盾状板
W

图 23-2 (续)

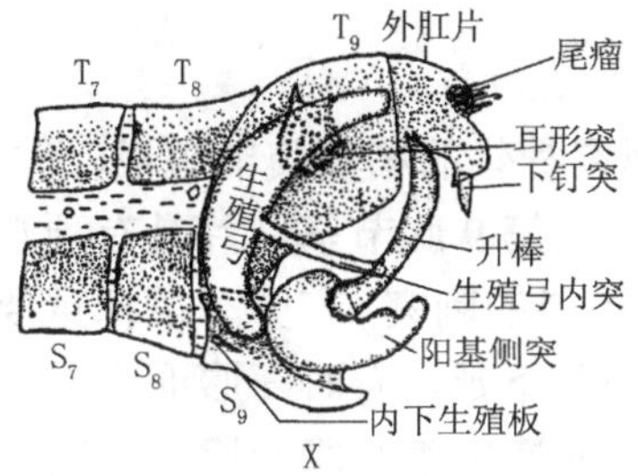

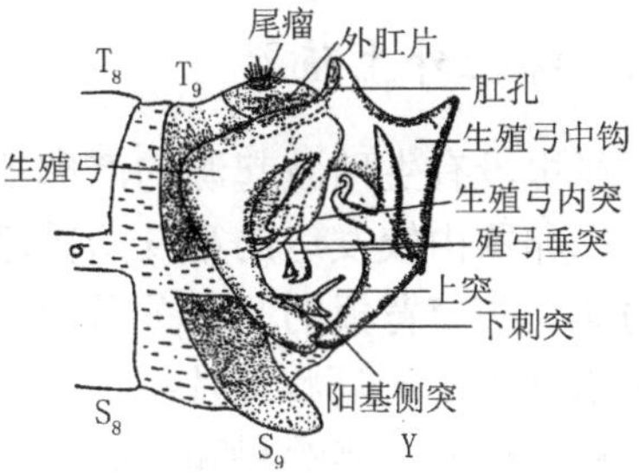

图 23-2 (续)

23.1.3　雌性内生殖器

草蛉属每侧卵巢的卵巢管从基部向端部分别组合为 4 组，每组有 3～11 支。卵巢管总数：大草蛉约 20 支；*Chrysopa vulgaris*12 支，其中 4 支明显较小；黑腹草蛉 *Chrysopa perla* 10～12 支。草蛉属的 4 组卵巢管基部明显分开，卵巢整体呈梳形。溪蛉属每卵巢有卵巢管 10 支。Hwang 和 Bickley (1961) 认为草蛉属的卵巢管属于无滋式。每侧卵巢 4 组卵巢管的端丝结合形成 1 条悬带，附着于后胸背板前缘。蝶角蛉、蚁蛉属、长须蚁蛉 *Palpares*、*Neuroleon* 的悬带附着于第 2 腹节体壁内侧。蝶角蛉产卵时，前部卵巢管会排出小的卵杆体 repagula。侧输卵管短，有肌肉鞘包被。两侧的侧输卵管汇入中输卵管，中输卵管后方与生殖腔相连。交配囊通常膜质，不同程度地骨化并有色素 (粉蛉和草蛉)。草蛉属的交配囊由生殖腔背面近生殖孔处分化形成，交配囊前侧角附近常有成对的附腺。受精囊通常强烈骨化且具有色素，在不同科中其形状差异较大，可能为长管状 (许多蚁蛉科) 、多少缠结的盘卷状管 (鳞蛉科) 、扭曲的囊状 (许多褐蛉科) 、扁球形等，其背面具有三角形突起，称为膜突 vela，或腹面有凹入 (许多草蛉科)。受精囊暗色扁平。附腺发达，附腺管上段膨大形成梭形附腺贮囊，中下段着生数目不等的香腺，香腺基部着生于生殖腔基部邻近产卵孔处。附腺贮囊用于贮存和调节黏性物质的释放，黏性物质主要用于形成卵柄 egg stalk。溪蛉属和鳞蛉科不成对的附腺开口于成对的交配囊的基部 (图 23-3)。

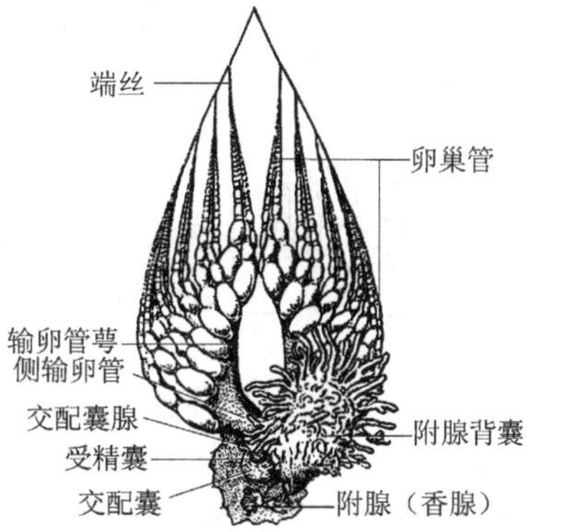

图 23-3　大草蛉雌性内生殖器 (Matsuda，1976)

23.1.4　雌性外生殖器

脉翅目昆虫没有生殖肢起源的产卵器。溪蛉属有骨化的第 8 腹节腹板，但前 (腹) 瓣缺。因此，产卵器由较发达的第 9 腹节基肢片形成。第 9 腹节基肢片具有顶端刺突，基肢片背面与第 9 腹节背板的侧突关节。溪蛉科、褐蛉科的刺突，产卵时发挥重要的功能。雌性第 8 腹节常由 1 半环状背片组成，它的侧面通常下延，有时在腹面合并。腹板一般缺失，但在栉角蛉科、旌蛉科和粉蛉科中，有发达的次生第 8 腹节腹板。在背板之下常

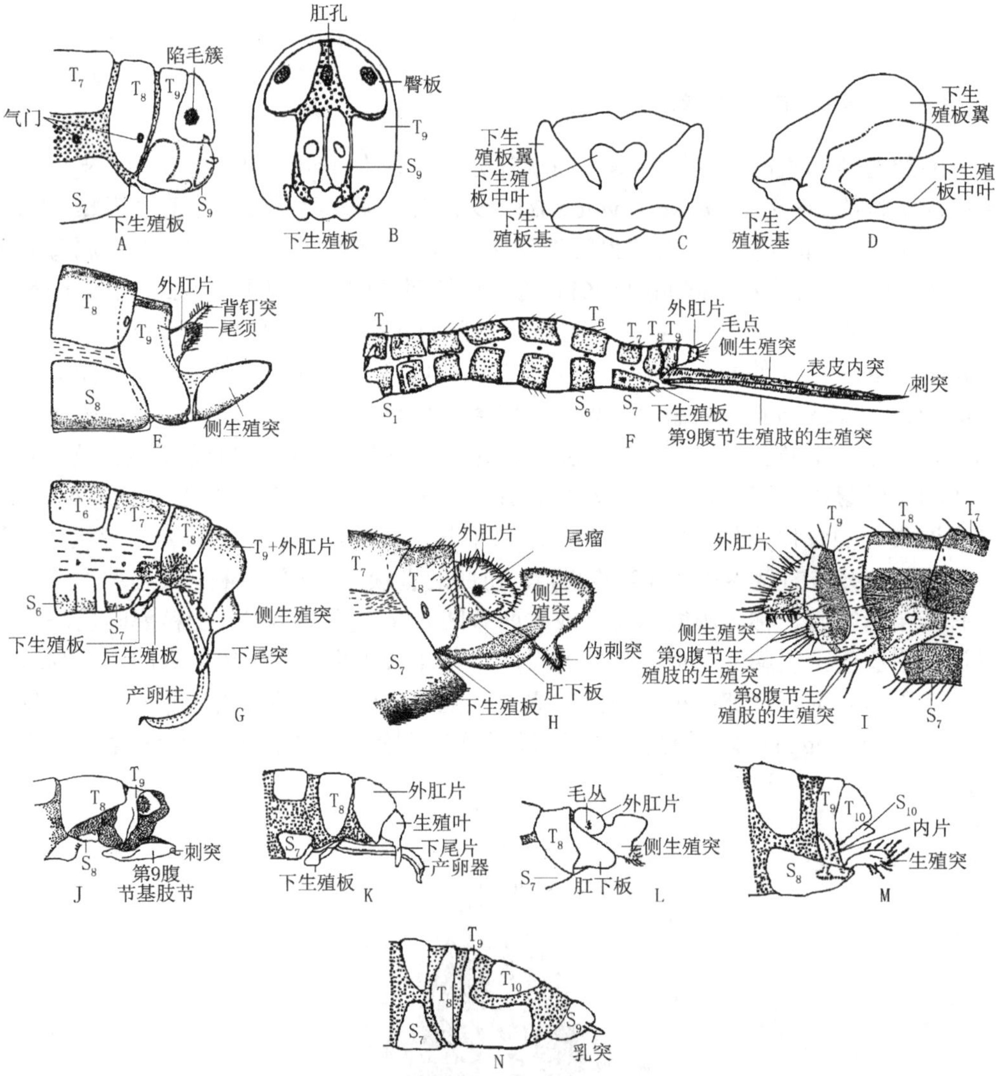

图 23-4　脉翅目雌性外生殖器

A、B. 雌性腹部末端侧、后视；C、D. 下生殖板腹、侧视；E～N. 雌性腹部末端侧视 (E. *Archichauliodes* sp.; F. *Inocellia crassicornis*; G. *Acroberotha xiphophora*; H. *Ithone fusca*; I. *Lopezus fedtschenkoi*; J. *Osmylus* sp.; K. *Acroberotha* sp.; L. 蛾蛉属; M. 粉蛉属; N. *Wesmaelius* sp.); T_1、T_6～T_{10} 为第 1、6～10 腹节背板; S_1、S_6～S_8 为第 1、6～8 腹节腹板 (A、B. 郑乐怡和归鸿，1999; C、D. 参考郑乐怡和归鸿，1999 图重绘; E～I. Tuxen，1969; J. Matsuda，1976; K～N. Steinmann and Zombori，1981)

有 1 块下生殖板代替腹板，下生殖板常纵裂为 1 对。许多蚁蛉科有 1 对长的指状侧附器，向后方明显突出，称为前生殖突 gonapophyses anteriores。偶有单一或成对的板或齿存在，位于下生殖板近基部，接近第 7 腹节腹板下端的端部之后，或当下生殖板纵裂时在板间形成 (蝶角蛉科)。

第 9 和第 10 腹节 (实际为第 12 腹节) 常愈合。第 9 腹节背板形成半环或纵裂，有时同外肛板愈合。在水蛉科和蛾蛉科中，半背板几乎总是呈腹板状。有时背板分成 1 个小背板和 1 对位于侧腹面的板。背板的侧面常抵达腹面的下表面。通常它们的下面部分向后扩大，也可能有 1 指状突起的侧板。一些粉蛉科有次生较发达的第 9 腹节背板。在某些科中，从第 9 腹节突出 2 对生殖突。侧生殖突 gonapophyses laterales 形成产卵器的侧面，它们的背面以膜质连接到近顶端，并有 1 纵的脊状内突，可增加产卵器的硬度；后生殖突 gonapophyses posteriores 由下生殖板末端上面的膜质结构伸出，在它们的基部愈合成 1 狭长突起，该突起通过侧生殖突之间抵达其末端。后生殖突的遗迹通常存在，或位于下生殖板顶端、上方或之后，或着生于侧生殖突基部之间，如许多褐蛉科。在翼蛉科中，它们可形成 1 板状或刀片状器官，常有长叉或突起。生殖突的遗迹位于下生殖板后面的称为后生殖板 postgenitale。上述成对的生殖突一般后生殖突消失，侧生殖突作为 1 对短的或延长的板存在，或由第 9 腹节下后缘突出。有些 Crocinae 的侧生殖突同第 8 腹节腹板的侧板愈合。蛾蛉科和一些蚁蛉科，在侧生殖突的下缘各有 1 强骨化的栓状突起称伪刺突 pseudostylus，有挖掘功用。一些鳞蛉科、褐蛉科和旌蛉科，每 1 侧生殖突下缘生出 1 细的指状器官，称为下尾片 hypocauda，每个下尾片通常能活动。每个生殖突在着生下尾片处很弱。具有下尾片的种类侧生殖突可能彼此部分愈合。一些粉蛉科的侧生殖突也愈合。第 9 腹节的下面部分及侧生殖突通常封闭在生殖腔内，中输卵管和交配囊即开口于其中。肛节的形状和雄性的相似。外肛片位于肛孔两侧，或 2 个外肛板在肛孔上方愈合甚至同背板愈合。肛下板常存在，通常为 1 块小型具毛、界限不明显的骨板。蛾蛉属和大多数粉蛉具有清晰的肛下板 (图 23-4)。

23.2　螳蛉科 Mantispidae

23.2.1　*Mantispa brunnea* Say

雄性外生殖器： 下生殖板发达，基部近方形，边缘蜷曲，端部三角形，顶端内侧有 1 柱状突起。阳茎钩指状，两阳茎钩之间有 1 较细长末端上翘的中钩。阳基侧突 1 对，

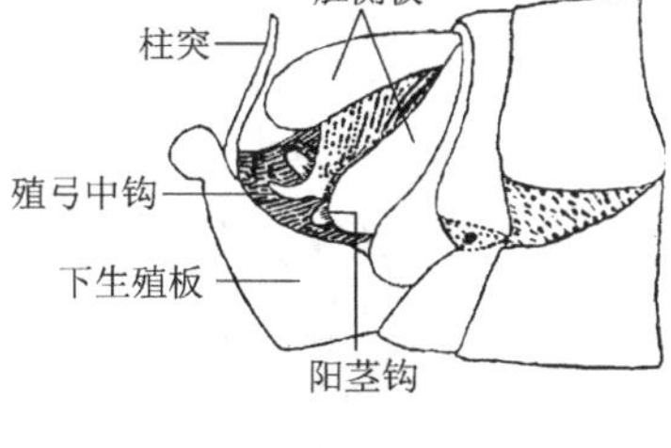

图 23-5　*Mantispa brunnea* 腹部末端侧视 (Crampton，1918)

发达，短棒状，位于第 9 腹节背板后缘背部两侧。第 9 腹节背板弧条状，两侧下端扩大，与下生殖板上缘相接。第 8 腹节背板弧条状，向两侧延伸。第 8 腹节腹板后缘略后沿，第 8 腹节气门位于背、腹板之间的节间膜上 (图 23-5)。

23.2.2 华瘤螳蛉 *Tuberonotha sinica* Yang *et* Liu

雄性外生殖器：腹端臀板尾突短，不超过腹板后缘，内侧刺瘤密生短粗黑刺。殖弧叶 2 臂向外伸展，腹视呈拱形。伪阳茎膜具 1 对对称的小骨片。中突中部细长，两侧具对称的骨化膜 (图 23-6 D～I)。

雌性外生殖器：腹部第 8 腹节腹板后侧具 1 对圆形骨片。受精囊弯曲复杂，受精囊管细短，末端密布短绒毛 (图 23-6 A～C)。

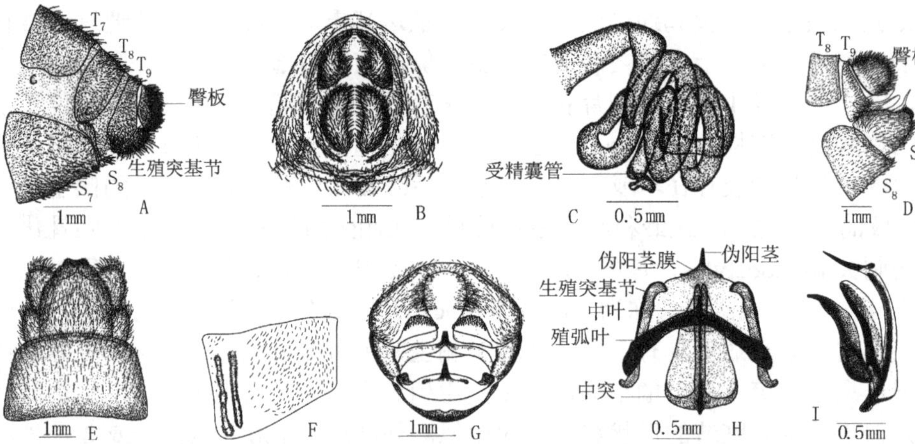

图 23-6 华瘤螳蛉雌、雄外生殖器 (杨秀帅和刘志琦，2011)

A、B. 雌虫腹端侧、后视；C. 受精囊；D. 雄性外生殖器侧视；E. 雄虫腹端腹视；F. 雄虫第 4 腹节背板侧视；G. 雄虫腹端后视；H. 雄性外生殖器腹视；I. 雄性外生殖器侧视；T_7～T_9 为第 7～9 腹节背板；S_7～S_9 为第 7～9 腹节腹板

23.3 褐蛉科 Hemerobiidae

23.3.1 *Polystoechotes punctatus* (Fabricius)

雄性外生殖器：第 8 腹节背板窄条状，向两侧扩展较少，腹板发达，气门位于背、

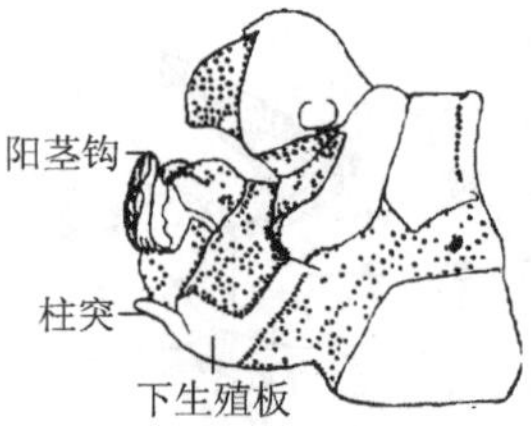

图 23-7 *Polystoechotes punctatus* 腹部末端侧视 (Crampton，1918)

腹板之间的膜质区。第 9 腹节背板窄条形，向侧面延伸。下生殖板发达，末端有 1 指状突。外肛片大，兜状。阳茎钩 1 对，末端尖锐 (图 23-7)。

23.4　草蛉科 Chrysopidae

23.4.1　雄性外生殖器

第 9、10 腹节背板合并形成臀板，臀板内常有较强的侧内板 apodemes，臀板两侧上方中央部位 (或偏中部) 各有 1 臀胝，臀胝上具毛。许多属的第 8、9 腹节腹板完全合并，其两侧也多有侧内板产生。腹部末端腹节合并情况有以下类型：①臀板延长，如尾草岭属、*Nineta*、璃草蛉属等；②臀板在背面分开，如边草蛉属的臀板分开，第 8+9 腹节腹板特化，边缘有 1 片状或棒状构造；③第 8+9 腹节腹板末端背面有瘤突、支突等构造，如通草蛉属、玛草蛉属、罗草蛉属等；④第 8+9 腹节腹板近三角形，如意草蛉属、幻草蛉属；⑤第 8+9 腹节腹板细长，超过臀板，如三阶草蛉属；⑥第 8+9 腹节腹板完全合并，基部宽，向端部渐窄，臀板正常，如叉草蛉属、俗草蛉属、线草蛉属等；⑦第 8+9 腹节腹板虽然完全合并，但是其上有 2 道齿，如黄草蛉；⑧第 8、9 腹节腹板未合并，如草蛉属、齿草岭属、波草蛉属、*Tumueochrysa*，其中草蛉属、齿草岭属、波草蛉属的第 8、9 腹节腹板都很发达；*Tumueochrysa* 第 8 腹节腹板发达，第 9 腹节腹板退化。

殖弧叶为弧状构造，其内侧有 1 对内突 entoprocesses，有时内突也在端部合并 (绢草蛉属)。如内突不与殖弧叶相连 (意草蛉属)，则称为阳基侧突。有的属 (玛草蛉属) 内突退化。殖弧叶的中部具有 1 个结构，它表面骨化成不同形态，如果它以膜质与殖弧叶相连，或与内突合并，则称为中突 arcessus；如果完全分离，则称为伪阳茎。有些属，殖弧叶背部还有 1 个弧状构造，称殖弧梁 tignum，其中部突起称为梁突 acumen。殖弧叶、殖弧梁、伪阳茎的结构都位于 1 膜质的囊状体上，这个囊状体称生殖囊 (内阳茎)。交配时，生殖囊进入雌虫体内，射精管的开口 (初生生殖孔) 位于囊状体上，囊体上常具毛，称为生殖毛。有些属在第 9 腹节腹板内还具有 1 个构造，称为殖下片 gonapsis。在离生殖孔不远处还有 1 个骨片，称间下生殖板，可能起源于第 10 腹节腹板。

雄性外生殖器可分为 11 个类型。①草蛉型：殖弧叶两端细窄，较长，具发达的伪阳茎及内突，如草蛉属、齿草岭属、三阶草蛉属。②通草蛉型：殖弧叶端部膨大，成叶状，中部发达，具中突，内突退化，殖弧梁发达，玛草蛉属中还有殖下片，如通草蛉属、玛草蛉属。③叉草蛉型：具发达的殖弧叶及分叉的中突，内突明显，如叉草蛉属、饰草蛉属、波草蛉属。④罗草蛉型：殖弧叶中部特化，二叉状，具伪阳茎及发达的阳基侧突，如罗草蛉属、波草蛉属。⑤意草蛉型：殖弧叶中部变宽，中突退化成板块状，阳基侧突发达，如意草蛉属、扇草蛉属。⑥线草蛉型：殖弧叶粗大，内突“T”形，中突扁宽，如线草蛉属、喜马草蛉属。⑦边草蛉型：内突细长，中突发达，如边草蛉属、*Nineta*。⑧绢草蛉型：内突细长，在端部合并，伪阳茎发达，如绢草蛉属。⑨璃草蛉型：殖弧叶、中突及内突皆细长，殖弧叶向上弯曲，如璃草蛉属。⑩黄草蛉型：内突与中突合并，具阳基侧突，殖弧叶特化，如黄草蛉属。⑪娜草蛉型：殖弧叶直，中部细，两端粗，中突扁宽，三角形，缺内突，如娜草蛉属 (图 23-8)。

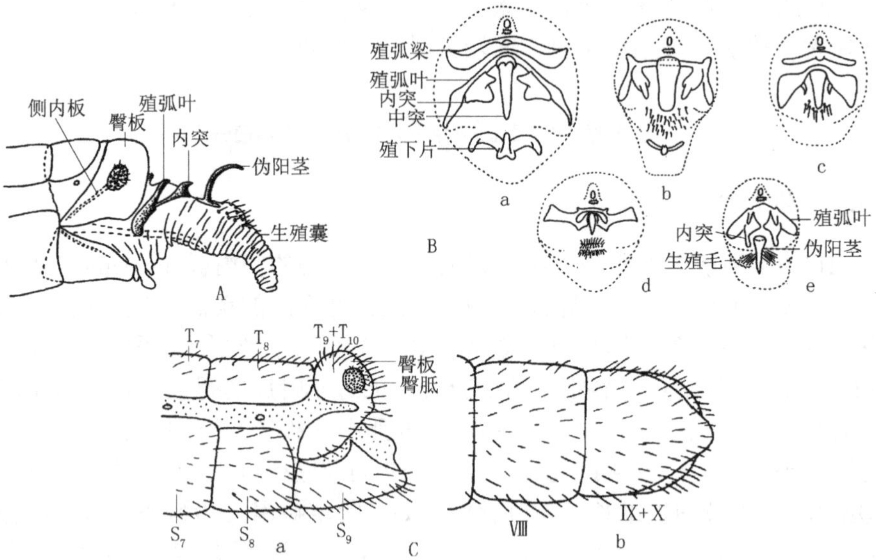

图 23-8　草蛉科雄性外生殖器 (杨星科等，2005)

A. 雄性生殖囊及外生殖器基本位置；B. 雄性外生殖器的基本类型[a、b. 叉草蛉（*Dichochrysa*）型；c. 通草蛉（*Chrysoperla*）型；d. 俗草蛉（*Suarius*）型；e. 草蛉（*Chrysopa*）型]；C. 雄虫腹端 (a. 侧视；b. 腹视)；T_7～T_{10} 为第 7～10 腹节背板；S_7～S_9 为第 7～9 腹节腹板；Ⅷ～X 为第 8～10 腹节

23.4.2　雌性外生殖器

下生殖板位于 1 膜质管的末端，伸出第 7 腹节腹板的后缘，下生殖板末端二叶状，中部有缺刻。侧生殖突位于腹部末端臀板之下，二瓣状，生殖腔的开口位于其间。受精囊体一般骨化，颜色较深。受精囊体扁宽，背部为 1 对合并的管状结构，称为膜突，有的种类在受精囊体下部有腹痕 ventral impression，受精囊管细长 (草蛉属等) 或强烈蜷曲 (*Anapochrysa*) 或基部极度膨大 (罗草蛉属)　(图 23-9)。

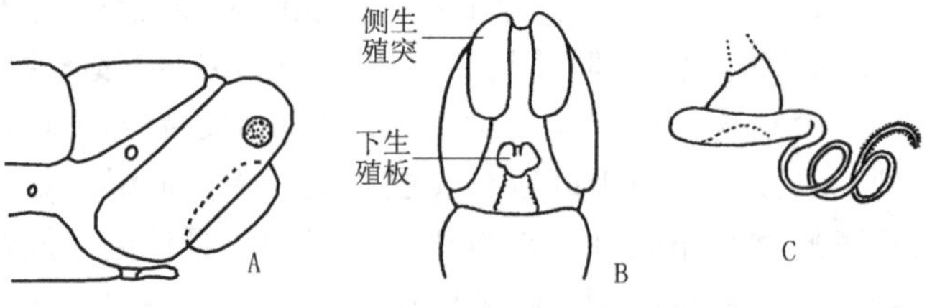

图 23-9　草蛉科雌性外生殖器 (杨星科等，2005)

A. 腹部末端；B. 侧生殖突和下生殖板；C. 贮精囊

23.4.3　金眼草蛉 *Chrysopa oculata* Say

雄性内生殖器：精巢位于第 7 腹节侧面，每精巢包被有膜质鞘，鞘内有囊状精巢管，

每精巢管通过基部的输出管与输精管连接，每侧精巢的精巢管并列于输精管前段。输精管后段裸露，发自精巢基部一侧，向侧后方延伸，末端与贮精囊结合。附腺由多个囊状腺体组成，包括侧囊、前囊、腹囊（腹面乳头状结节 papillalike protuberances）、腹面肾形囊、背囊（背面乳头状结节）及漏斗状壶腹等，壶腹背面有小型骨化的舌状构造。各组成部分的功能还不清楚。各附腺囊汇入附腺管后，与贮精囊末端的输精管一起开口于射精管前端。射精管前端宽大，向后渐细（图 23-10）。

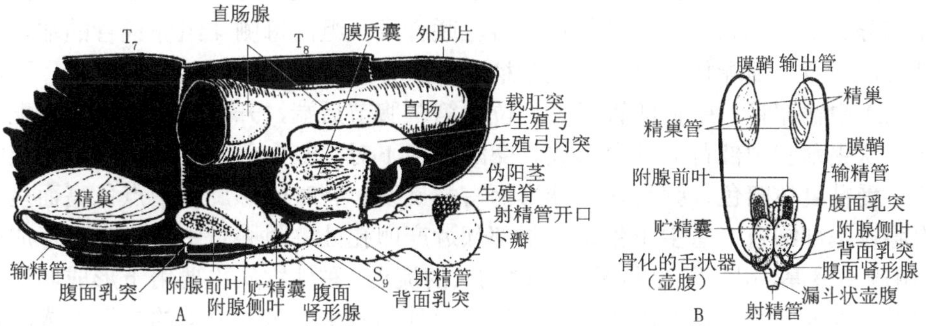

图 23-10　金眼草蛉雄性内生殖器（Hwang and Bickley，1961）

A．雄性内生殖器及相关构造侧视；B．雄性内生殖器背视；T_7、T_8为第 7、8 腹节背板；S_9为第 9 腹节腹板

雄性外生殖器：外肛片较发达，后缘微凹。尾须退化为尾瘤，尾瘤具毛。载肛突位于外肛片下方。外肛片的腹缘两侧各有 1 卵圆形骨片，骨片前端弯向第 8 腹节腹板，此骨片为第 9 腹节背板。第 9 腹节背板背缘附近有 1 条沟，沟和第 9 腹节背板内侧附着有控制殖弧叶活动的肌肉。殖弧叶的伪阳茎有 1 对膜质囊。第 9 腹节腹板大型，位于第 9

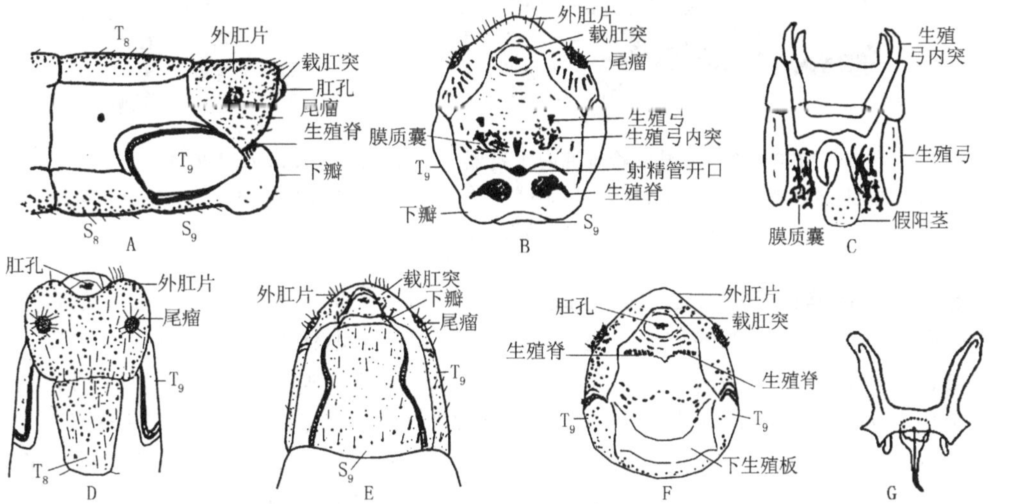

图 23-11　金眼草蛉雄性外生殖器（Hwang and Bickley，1961）

A．雄性腹部末端侧视；B．雄性腹部末端后视，外肛片和第 9 腹节腹板伸出以展示其他生殖构造；C．生殖弓、假阳茎和膜囊腹视；D、E、F．雄性腹部末端背、腹、后视；G．生殖弓；T_8、T_9为第 8、9 腹节背板；S_8、S_9为第 8、9 腹节腹板

腹节背板腹侧。下瓣 hypovalva 弱骨化，为第 9 腹节腹板扩大的末端部分。下瓣的背面有 1 对骨片，称为生殖脊。生殖脊上有重叠的鳞片状齿。生殖脊曲颈瓶状，颈部指向侧面。许多草蛉科种类具有生殖脊，有些种类 2 个生殖脊愈合为 1 个骨片。殖弧叶位于直肠下方，骨化，中背部与 1 对后伸的角状突起愈合。殖弧叶下面为 1 具毛的腔，称为膜囊。伪阳茎基部腹面有棘，向端部渐扁平，侧面有膜附着。没有明显的插入器官，射精管开口于第 9 腹节腹板肉质内壁的中部 (图 23-11)。

雌性内生殖器：卵巢管结合成 4 组，卵巢管无滋式，分成端丝、原卵区、生长区、卵巢管柄 4 部分。端丝线状，几支卵巢管的端丝联合成一组，每侧 4 组卵巢管的端丝复合后形成悬带，附着于前端体壁上。卵巢管柄为薄膜管，将成熟卵导入侧输卵管，两侧的侧输卵管汇入中输卵管。中输卵管粗短，位于第 7 腹节后端，开口于生殖腔。交配囊体扁平囊状，从生殖腔中部背面外突形成。交配囊腺 1 对，灰白色，细管状，位于交配囊前部两侧。受精囊体暗色，强骨化，球形而有螺旋纹，有时因螺旋纹中点色亮而呈面包圈状。附腺管基部细直，着生于生殖腔基部邻近产卵孔处。附腺管中上部膨大形成梭形附腺囊，附腺囊壁厚，用于贮存和调节黏性物质的流动，黏性物质主要用于形成卵柄。在附腺管邻近基部处向两侧各发出 1 支香腺管，管顶端着生由多次分支的短管组成的香腺，香腺部分腺体位于侧生殖突内，香腺管腔内不含黏性物质 (图 23-12)。

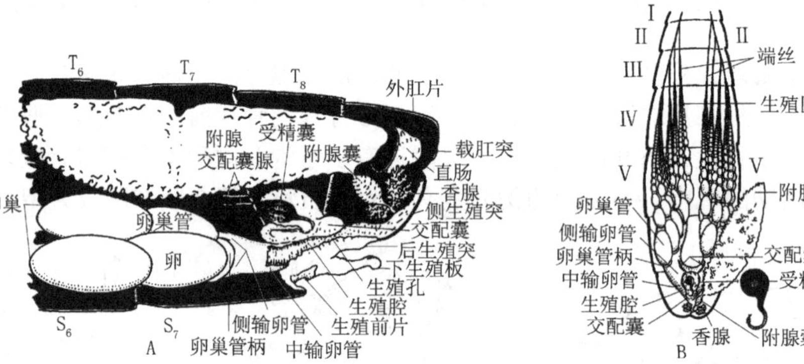

图 23-12　金眼草蛉雌性内生殖器 (Hwang and Bickley，1961)

A. 内生殖器及相关构造侧视；B. 内生殖器腹视，背面体壁除去，右侧放大图为受精囊；T_6～T_8 为第 6～8 腹节背板，S_6、S_7 为第 6、7 腹节腹板；Ⅰ～Ⅴ为第 1～5 腹节

雌性外生殖器：外肛片由上突 anoprocessus、尾须和下突 catoprocessus 愈合形成。上突是臀节每一半最上部的突起；尾须为中部突起，常退化为具有感觉毛的尾瘤，下突是臀节每一半最下部的突起。载肛突也称肛乳突，乳状的膜质构造与肛管开口有关，也可能突出于外肛片之外。生殖突是包围生殖孔的附肢 appendage，前生殖突与第 8 腹节有关，蚁蛉科的前生殖突为长形指状附肢，许多其他脉翅目昆虫，前生殖突以腹板形式存在。侧生殖突是第 9 腹节背板的突起，有时侧生殖突形成产卵器的侧面。金眼草蛉的侧生殖突弱骨化，位于腹部顶端、肛孔的腹面，背面愈合，腹面形成阴门瓣作为生殖器官的开口。将侧生殖突分开可见附腺的开口。Tuxen (1956) 称中输卵管的外部开口为初生生殖孔 primary gonopore，生殖腔 genital chamber 的开口为次生生殖孔 secondary gonopore、 gonotreme，次生生殖孔被侧生殖突和后生殖突隐盖 (图 23-13)。

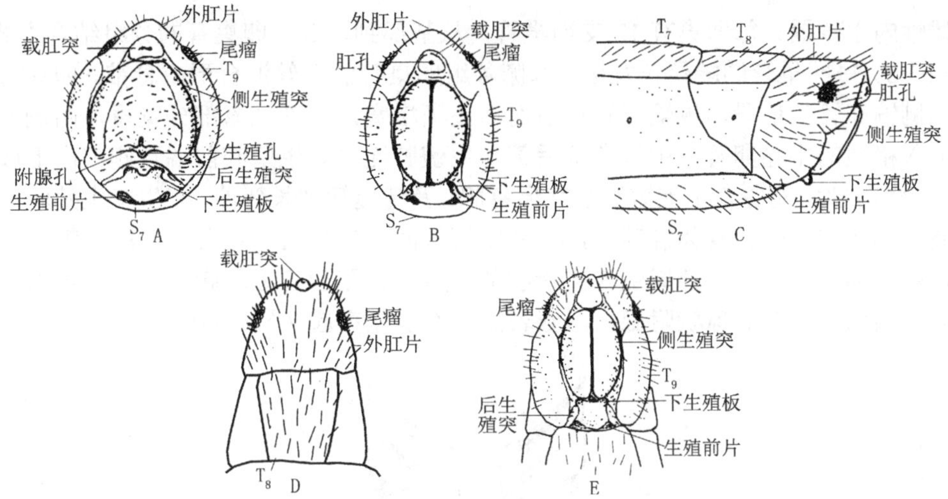

图 23-13　金眼草蛉雌性外生殖器

A．外生殖器和相关构造后视，侧生殖突伸展以展示其他生殖构造；B～E．腹部末端后、侧、背、腹视；T_7～T_9为第 7～9 腹节背板；S_7为第 7 腹节腹板(A、B、E. Hwang and Bickley，1961；C、D. 参考 Hwang and Bickley，1961 图重绘)

23.4.4　叶色草蛉 *Chrysopa phyllochroma* Wesmael

雌性内生殖器：每卵巢的卵巢管分为 4 组，每组卵巢管的端丝结合在一起，每卵巢的 4 组端丝集合形成悬带，前伸并附着于后胸体壁上。每卵巢有 12 支卵巢管，卵巢管分组结合的方式为 6＋2＋2＋2。卵巢管通过卵巢管柄并列于侧输卵管前段，侧输卵管后段裸露的部分粗短，两侧的侧输卵管后段汇入中输卵管，中输卵管宽短，后接粗短囊状的生殖腔，生殖腔通过 2 个肾形瓣之间的生殖孔向外开口。交配囊扁平，着生在生殖腔的背面，交配囊前端具有 1 对指状的交配囊腺。受精囊管细长蜷曲，基部着生于交配囊基部之前的生殖腔前端，受精囊体硬化，棕褐色，椭球形。附腺大型长囊状，表面生有许多短突起。附腺管短，着生在生殖腔近末端。附腺管上方连接 1 对香腺，球状，不分叉。香腺上方的附腺管膨大形成附腺贮囊，用于贮存和调节形成卵柄的黏性物质的外流量 (图 23-14)。

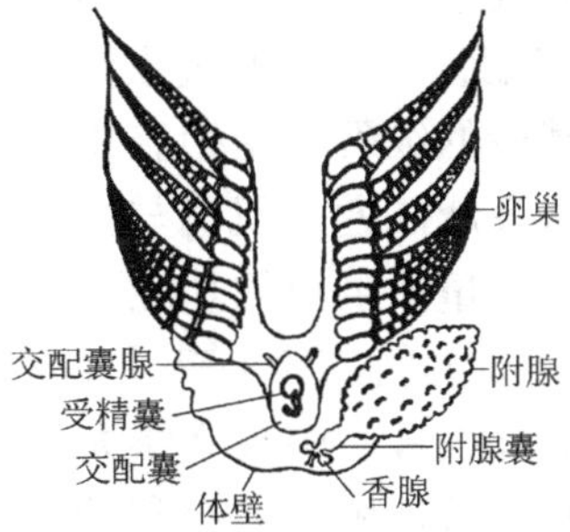

图 23-14　叶色草蛉雌性内生殖器 (陈天业和牟吉元，1995c)

23.4.5 丽草蛉 *Chrysopa formosa* Brauer

雌性内生殖器：每卵巢有 12 支卵巢管，从基部到端部，卵巢管的分组结合方式为 6＋2＋2＋2。每卵巢管的端丝较发达，每侧各组卵巢管的端丝汇合形成悬带。卵巢管着生于每侧侧输卵管的前段，侧输卵管自前而后逐渐增宽，后部裸露部分宽短，两侧的侧输卵管汇入粗短的中输卵管，中输卵管后部与生殖腔连接。生殖腔前端背侧突出形成交配囊，交配囊前部两侧各有 1 支短管状交配囊腺。受精囊管细长弯曲，着生于生殖腔前端、交配囊基部之前，受精囊体椭球形，与受精囊管间大致呈直角弯曲。附腺管细直，着生于生殖腔基部，附腺管中部周生 8 支指状的香腺管，附腺管上段膨大形成纺锤形附腺贮囊，贮囊端部着生有椭球状附腺，附腺表面有许多短突起 (图 23-15)。

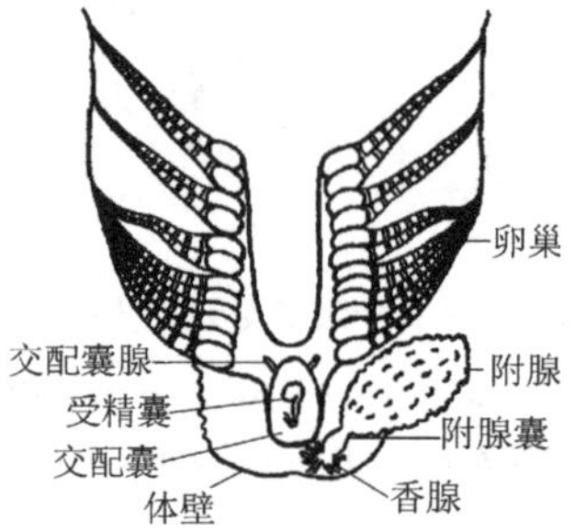

图 23-15 丽草蛉雌性内生殖器 (陈天业和牟吉元，1995c)

23.4.6 大草蛉 *Chrysopa septempunctata* Wesmael

雌性内生殖器：每卵巢的卵巢管分为 4 组，每组卵巢管的端丝结合在一起，每个卵巢的 4 组端丝集合成悬带，悬带前伸并附着于后胸体壁上。每个卵巢的卵巢管数目 17～19 支，多为 18 支。卵巢管分组从基部向端部以 9＋3＋3＋3 为主。卵巢管多滋式，分为端丝、生殖区、生长区和卵巢管柄 4 部分，基部通过卵巢管柄并列于侧输卵管前段，侧输卵管裸露的后段粗短。两侧的侧输卵管汇入中输卵管，中输卵管后接生殖腔，二者都较短，呈囊状，外形区分不清晰。生殖腔经位于 2 个肾形瓣 (侧生殖突) 之间的生殖孔向外开口。生殖腔前端背面前伸形成扁平的交配囊，交配囊的前部两侧具有短管状交配囊腺。受精囊管细长，中部扭曲，整体弯曲贴合于生殖腔前段和交配囊下侧构成夹角部位，受精囊管基段贴于生殖腔前段，端段贴于交配囊下侧面。受精囊管全长有 1 纵向裂缝 (沟)，受精囊管与生殖腔、交配囊紧贴，通过纵向裂缝相通，受精囊管端段上部的纵裂与交配囊相通，端段下部和基段的纵裂与生殖腔相通。受精囊管的顶端有扁球形受精囊体，受精囊体顶部一侧有头状突起，通过肌肉与交配囊前段一侧相连。受精囊体外侧附着较发达的肌肉，可能具有控制精液泵出的功能。

附腺位于第 6～8 腹节背面，长囊状，其上有几十条指状突起，突起再分叉。附腺管开口于生殖腔近基部，附腺管基段细直，中段略膨大，向每侧发出指状的香腺管 4 支。附腺上段膨大呈梭形，形成附腺贮囊，用于贮存和调节形成卵柄的黏性物质的外流量。

生殖孔 2 个，即交配孔和产卵孔。交配孔通常被 1 个“活塞”关闭。下生殖板的顶端部分状如小舌，生出 1 对相邻的硬化瓣，正好位于肾形瓣前面的小坑内。Philippe (1972) 认为这个接合系统在交配时松开，以便让雄虫的下瓣进入交配囊，释放精包。在产卵过程中，“活塞”关闭，卵则通过后面的两肾形瓣之间的通道产出 (图 23-16)。

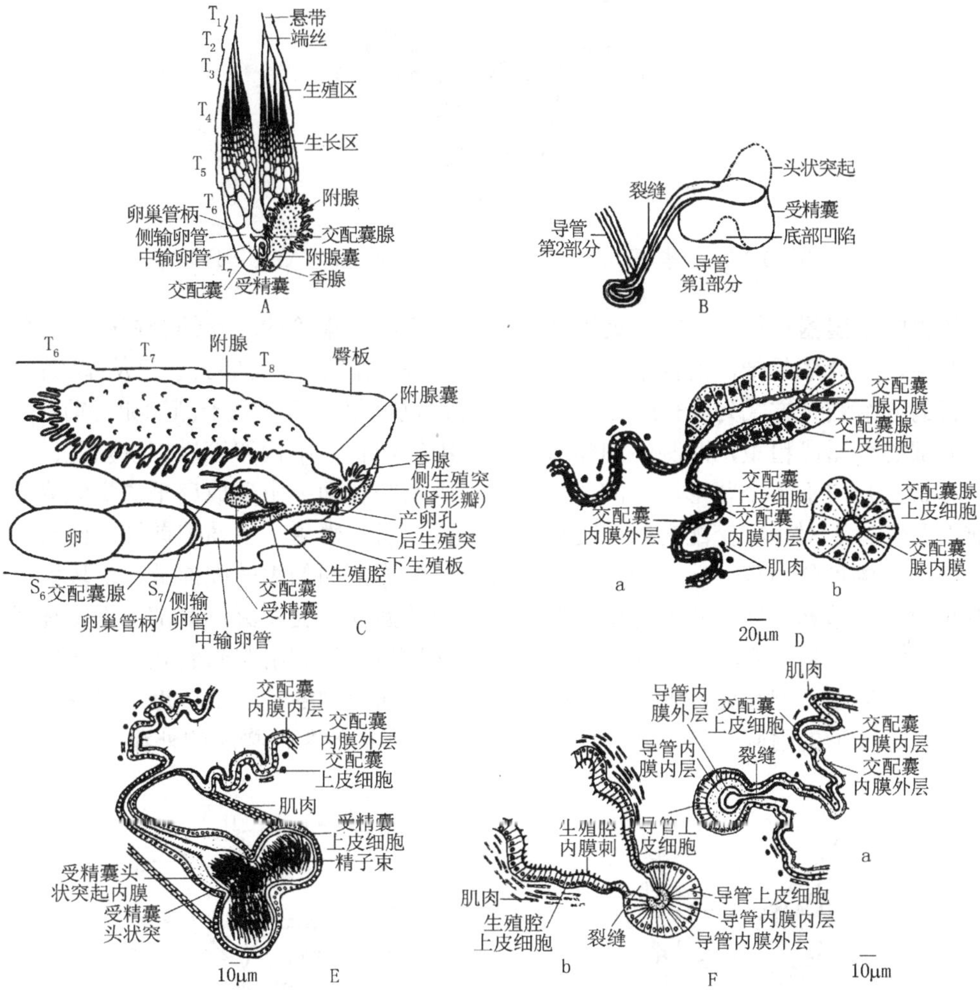

图 23-16　大草蛉雌性生殖系统 (陈天业等，1994a、1994b)

A. 雌性内生殖器背视；B. 受精囊外形侧视；C. 雌虫腹部末端侧面透视；D. 交配囊腺 (a. 纵切；b. 横切)；E. 受精囊纵切；F. 受精囊管横切 (a. 第 1 部分横切；b. 第 2 部分横切)；T_1～T_8 为第 1～8 腹节背板；S_6、S_7 为第 6、7 腹节腹板

23.4.7　中华通草蛉 *Chrysoperla sinica* (Tjeder)

雄性内生殖器：精巢金黄色，膨大管状螺旋，整体梭状，位于第 7 腹节。输精管乳白色，半透明，细长，从精巢基部发出后，折向后方，伸达后端膨大的球形贮精囊。贮精囊金黄色，表面有刺突。附腺发达，由 4 对囊突组成，包括 1 对无色透明的前背囊，1

对灰白色不透明的前腹囊，1 对乳白色半透明的侧囊，1 对浅黄色半透明的后囊。附腺囊突汇集于很短的附腺管，附腺管与贮精囊后端的输精管开口于射精管端部。射精管乳白色，半透明，前端膨大，向后渐细 (图 23-17)。

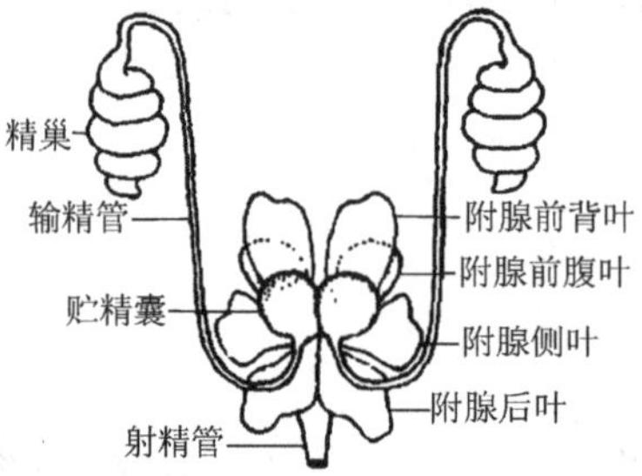

图 23-17　中华通草蛉雄性内生殖器 (陈天业和牟吉元，1995b)

雌性内生殖器：每卵巢的卵巢管分为 4 组，每组卵巢管的端丝结合在一起，每卵巢的 4 组端丝集合成悬带，前伸附着于后胸体壁。每卵巢有 12 支卵巢管，从基部向端部，卵巢管的分组结合方式为 6＋2＋2＋2。卵巢管通过卵巢管柄并列于侧输卵管前段，侧输卵管后部的裸露段粗短，两侧的侧输卵管汇入中输卵管，中输卵管后接生殖腔。生殖腔短，囊状，开口于 2 个肾形瓣之间的生殖孔。生殖腔背面突出形成扁平的交配囊，交配囊前部两侧有 1 对指状交配囊腺。受精囊管细长弯折，着生于生殖腔前端，约在中部弯折，将受精囊管分为基、端 2 段，基段贴合在交配囊下面的生殖腔前端，端段贴合在交配囊腹面。受精囊管顶端着生有扁球形棕褐色受精囊体，受精囊体前部邻近交配囊一侧发出丘状突起，称为头状突，通过肌肉附着于交配囊下侧。附腺长囊状，附腺管着生于生殖腔基部邻近产卵孔处，附腺管基段短直，中部向两侧各发出 1 个近球形香腺，端段膨大形成近球形的附腺贮囊，用于贮存和调节形成卵柄的黏性物质的外流量 (图 23-18)。

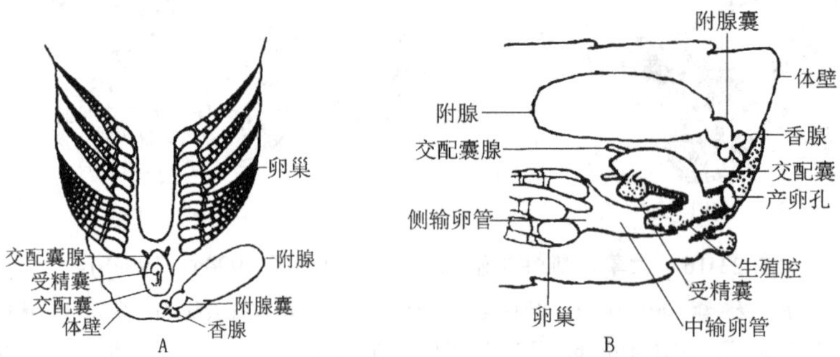

图 23-18　中华通草蛉雌性内生殖器 (陈天业和牟吉元，1995a)

A. 整体；B. 雌虫腹部末端侧面透视

23.4.8　盂县叉草蛉 *Dichochrysa yuxianensis* Bian *et* Li

雄性外生殖器：腹部末端第 8、9 腹节腹板愈合，基部宽大，端部细长，末端稍缢缩。

第 8 腹节背板长度约为第 8+9 腹节腹板长度的一半。臀板末端向斜后方延伸，殖弧叶"U"形，端部宽阔，外缘内折，中部细窄，内突方形。中突 (伪阳茎) 基部叉开，端部尖细。殖弧梁的中突钝圆，两端向下弯曲。殖下片中突与两侧叶的连接处"U"形弯折，2 侧叶向下弯曲 (图 23-19 D～H)。

雌性外生殖器：贮精囊囊盘中部缢缩，膜突较长，基部宽大，侧向弯曲。导卵管基部粗大，细长。下生殖板倒花瓣状 (图 23-19 A～C)。

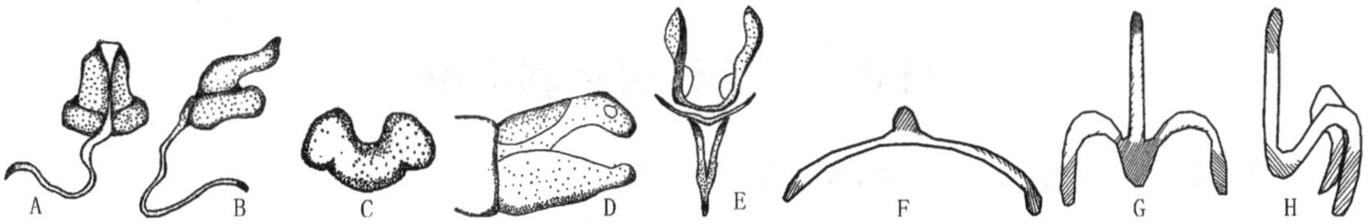

图 23-19　孟县叉草蛉生殖系统

A、B．受精囊背、侧视；C．雌虫下生殖板；D．雄虫腹部末端侧视；E．殖弧叶及伪阳茎；F．殖弧梁；G．殖下片正视；H．殖下片侧视(A～E．卞昭琪和李青森，1992；F～H．参考卞昭琪和李青森，1992 图重绘)

23.4.9　黄意草蛉 *Italochrysa xanthosoma* Li,Yang *et* Wang

雌性外生殖器：腹部浅黄色，雌虫第 8 腹节背板小，臀板 (第 9 腹节背板＋外肛片) 形状不规则，臀胝 callus cerci 位于臀板上半部中央，第 7 腹节腹板侧视近四边形，下生殖板 subgenitale 以膜质柄与之相连，在中部有 1 骨化突起，下生殖板腹脊中央突起不明显。贮精囊侧视内凹，膜突骨化，导卵管基部骨化，腹痕很深 (图 23-20)。

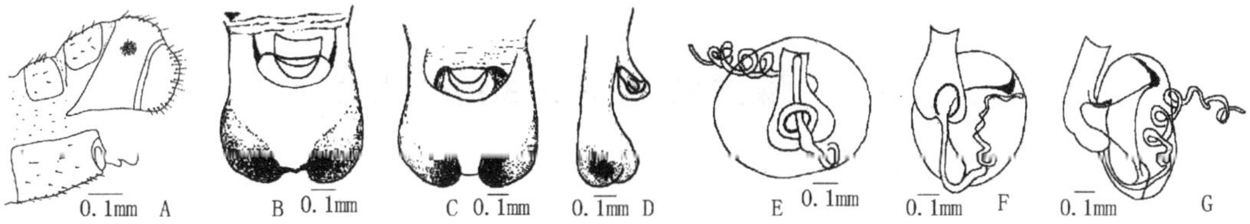

图 23-20　黄意草蛉雌性外生殖器 (李艳磊等，2008)

A．雌虫腹部末端；B～D．下生殖板背、腹、侧视；E～G．受精囊背、腹、侧视

23.5　蛾蛉科 Ithonidae

23.5.1　*Ithone* sp.

雄性外生殖器：第 8、9 腹节愈合成环，第 8 腹节的气门位于环的侧面。生殖肢 (抱器) 1 对，弯曲片状，位于第 8、9 复合体节背方两侧。生殖肢基部之间有 1 小型的载肛突。阳茎钩 1 对，发达指状，向下方弯曲。肛侧片发达近梯形，位于生殖肢下部的两侧。下生殖板基部方形，末端三角形上翘 (图 23-21)。

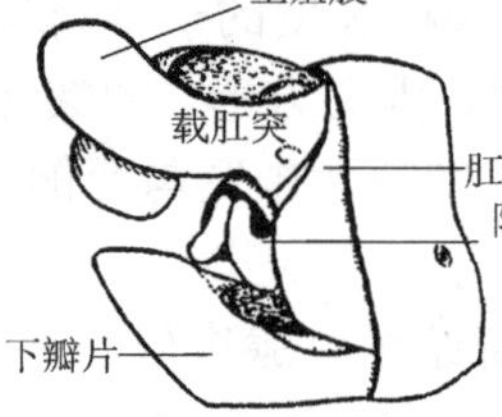

图 23-21 *Ithone* sp.雄性腹部末端侧视 (Crampton，1918)

23.6 细蛉科 Nymphidae

23.6.1 *Nymphes myrmeleonides* Leach

雄性外生殖器：第 8 腹节背板窄条形，气门位于背板侧下方。交配叶 (抱器) 1 对，短片状，位于第 8 腹节背板后部，其侧下方为大型弓形骨片，为第 9 腹节背板残余。第 9 腹节背板下缘与下生殖板连续，下生殖板锹形，后缘弧形弓出，两侧稍上翘。肛上板发达，不规则四角形。阳茎钩二支状，端支直而尖锐，侧支前部扭曲 (图 23-22)。

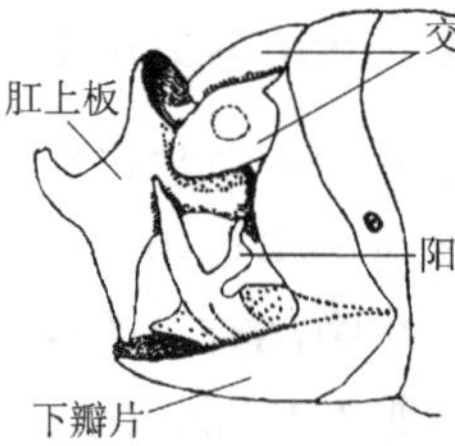

图 23-22 *Nymphes myrmeleonides* 雄性腹部末端侧视 (Crampton，1918)

23.7 蝶角蛉科 Ascalaphidae

23.7.1 Ascalaphidae sp.

雄性外生殖器：第 8 腹节背板不向两侧延伸，第 8 腹节腹板正常，气门着生于背、腹板之间的节间膜上。肛上片 (外肛片) 发达，后缘中间内凹，二叶状，位于第 8 腹节背板后部。第 9 腹节背板近长方形，位于肛上片下方两侧。肛侧片 1 对，长方形，位于第 9 腹节背板后部。生殖肢杆状，从每侧的肛侧片上发出，伸向后方。阳茎钩小型，末端尖锐上翘，位于两生殖肢之间 (图 23-23)。

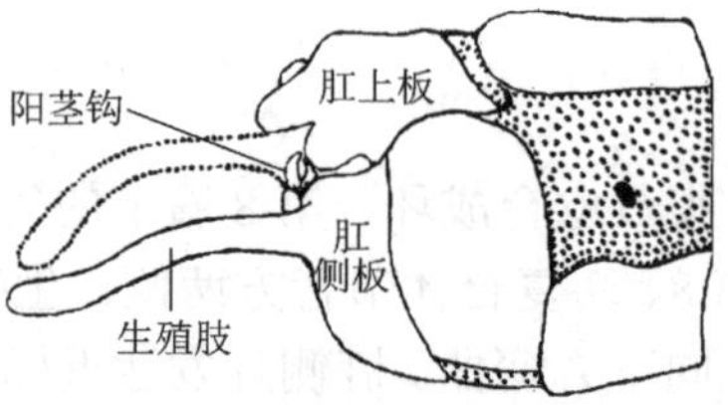

图 23-23 Ascalaphidae sp.雄性腹部末端侧视 (Crampton，1918)

23.8　蚁蛉科 Myrmeleontidae

23.8.1　*Brachynemurus longicaudus* Burmeister

雄性外生殖器：肛上片三角形，位于第 9 腹节背板后部。肛侧片三角形，位于第 9 腹节后部两侧。肛侧板内侧有 1 发达的生殖肢 (抱器)，其基部宽阔，中部以后呈杆状向后部平伸 (图 23-24)。

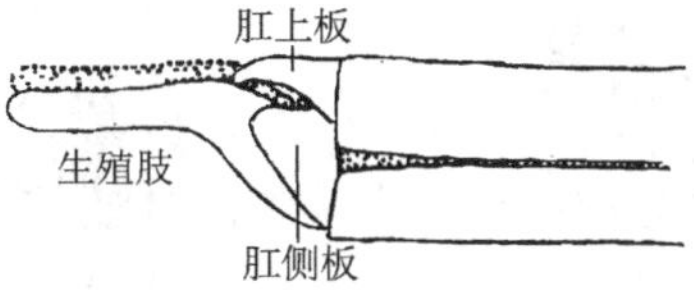

图 23-24　*Brachynemurus longicaudus* 雄性腹部末端侧视 (Crampton，1918)

23.8.2　朴平肘蚁蛉 *Creoleon plumbeus* (Olivier)

雄性外生殖器：第 8 腹节背、腹板发达，射精管末端在第 8 腹节内形成射精突，将精子泵进阳茎亚复合体。间下生殖板具有镰刀形骨片。前端经膜质部分与殖弧叶及阳基侧突联系，经过顶端的生殖孔开口于体外。直肠位于外生殖器上方，末端经肛孔开口于体外，直肠末端与生殖腔膜之间有肌肉联系。第 9 腹节背板较退化，窄条状；第 9 腹节腹板膜质，第 10 腹节背板 (外肛片) 较发达 (图 23-25)。

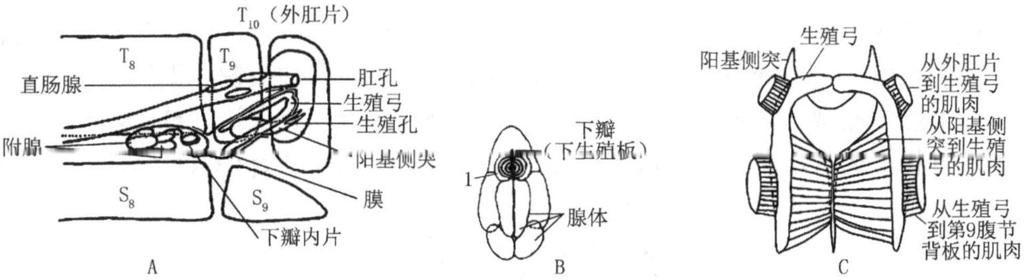

图 23-25　朴平肘蚁蛉雄性外生殖器 (Krivokhatsky，2002)

A. 腹部末端侧面透视；B. 射精复合体背视 (1.从下瓣内片到下瓣内片的肌肉)；C. 阳茎亚复合体背视；T_8～T_{10} 为第 8～10 腹节背板；S_8、S_9 为第 8、9 腹节腹板

23.8.3　*Myrmecaelurus trigrammus* (Pallas)

雄性外生殖器：腹部末端有 3 个明显的功能组合体：外生殖器前复合体、射精复合体和交配复合体。交配复合体又可分为阳茎和肛前亚复合体。射精复合体由具有强健肌肉的射精突 (间下生殖板或第 10 腹节腹板) 组成，射精突泵出精子到阳茎亚复合体。射精突没有与其他骨片相连接的肌肉，复合体包括 2～3 对不同的附腺。间下生殖板具有镰

刀形骨片。外生殖器前复合体通过联系第 8、9 腹节背板和腹板的成对肌肉，支持腹部内的外生殖器 (阳茎复合体)。交配复合体的功能是交配期间作为阳茎和排粪的控制机构 prohibitor。阳茎亚复合体由殖弧叶 (第 9 腹节基肢节 coxopodite) 和阳基侧突 (第 10 腹节基肢节) 组成。这些骨片彼此通过强健的肌肉连接。肛前亚复合体具有在交配期间堵塞肛孔的作用，当阳茎复合体伸长时，肛前亚复合体的肌肉压迫肛孔的体壁以封闭肛孔 (图 23-26)。

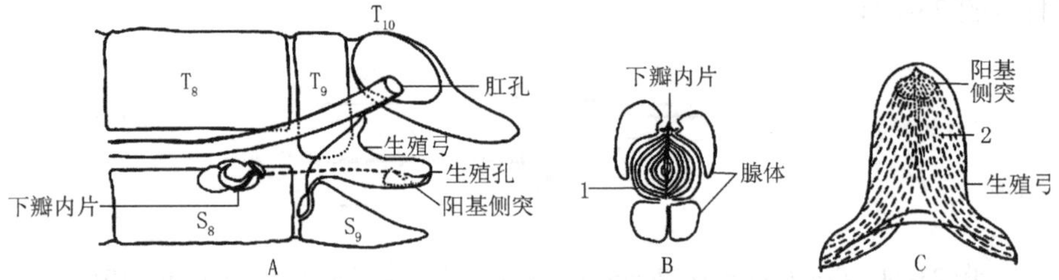

图 23-26 *Myrmecaelurus trigrammus* 雄性外生殖器 (Krivokhatsky，2002)

A. 腹部末端侧面透视；B. 射精复合体背视 (1. 从下瓣内片到下瓣内片的肌肉)；C. 阳茎亚复合体背视 (2. 从阳基侧突到生殖弓的肌肉)；T_8～T_{10} 为第 8～10 腹节背板；S_8、S_9 为第 8、9 腹节腹板

23.9 旌蛉科 Nemopteridae

23.9.1 *Nemoptera sinuata* Olivier

雄性外生殖器：第 8 腹节背、腹板较正常，气门位于背、腹板间的节间膜上。第 9 腹节背板窄条状，位于第 8 腹节背板后部。肛侧片发达，三角形，位于第 9 腹节背板后部两侧。生殖肢 1 对，着生于肛侧板后部，发达而下弯，末端尖锐。下生殖板发达，舟形，两侧上缘中段微凸，末端上弯。下生殖板内侧基部着生有发达的柱突，柱突弧形前弯，末端弯折呈兜状。在柱突的内侧分出 1 细长弯曲的上柱突 epicolumna (图 23-27)。

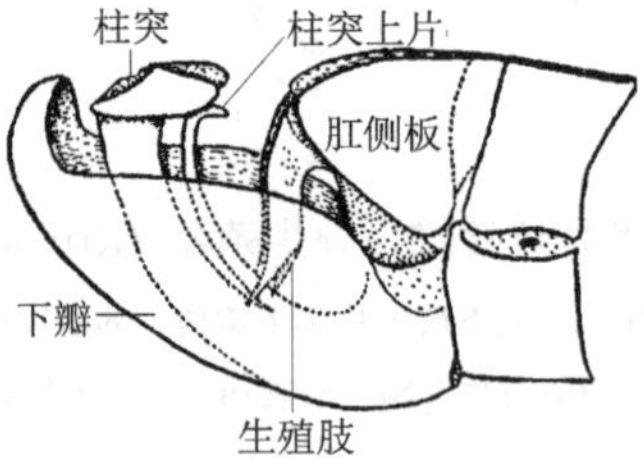

图 23-27 *Nemoptera sinuata* 雄性腹部末端侧面透视 (Crampton，1918)

23.9.2 *Palmipenna aeoleoptera* Picker

雄性内生殖器：精巢位于第 5～6 腹节之间，在精巢上方有翻缩囊，翻缩囊 eversible vesicle 不属于生殖系统，位于第 5 腹节背板下方，其开口位于第 5、6 腹节背板间。每精巢有 5 支精巢管，外被粉红色膜。输精管从精巢后端发出，向后方的生殖孔延伸，中部

膨大形成大型的贮精囊。附腺 3 对，管状，顶端球形，位于精巢和输精管背面，可能为外胚层附腺。其中有 2 对较短而半透明，长达输精管前部。另 1 对较长，向前上方伸展达翻缩囊和精巢之外，附腺管内部有圆柱形杆状的骨化构造。附腺和输精管下端共同汇入射精管(图 23-28)。

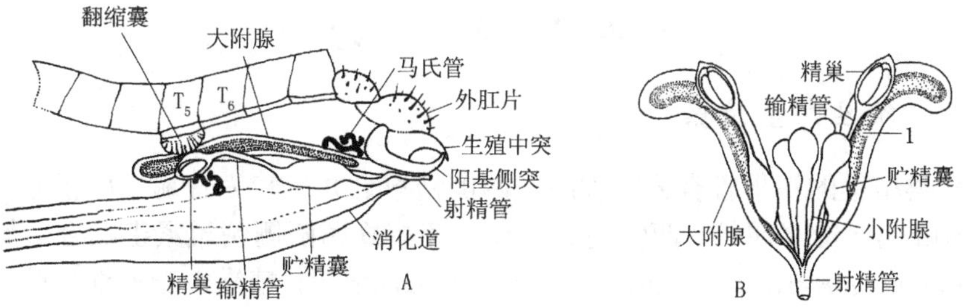

图 23-28　*Palmipenna aeoleoptera* 雄性内生殖器 (Walker 等，1994)

A．雄虫腹部纵切，示内生殖器和翻缩囊；B．雄性内生殖器背视 (1．附腺内的圆柱形杆状构造 cylindrical rod-like structures in accessory gland)；T_5、T_6 为第 5、6 腹节背板

第24章 膜翅目 Hymenoptera

24.1 概　　论

24.1.1 雄性内生殖器

许多种类精巢的精巢管有公共被膜，两侧精巢合并也较为普遍。广腰亚目和部分细腰亚目（蜜蜂属、熊蜂属等）两侧精巢分离，黄胡蜂属两侧精巢紧密贴合。熊蜂属的一些种类（*Bombus terrestis*、*B. hortorum*、*B. lapidarius* 等）精巢由若干细长精巢管组成，精巢管集合成小球并被膜，形成致密的卵形构造。有些种类，细长的输精管也相互集合且被膜，形成另1致密构造（附睾），并形成颈部与精巢构造相连接。大黄熊蜂集合成小球的精巢管和弯曲的输精管一起包裹在1个共同膜内，并形成共同的致密体构造，去除被膜后可见其中的精巢和输精管。

每精巢的精巢管数目：*Lymeon dieloceri* 1支；*Pegoscapus* spp. 1支；双色麦蜂4支；红火蚁4支；木蜂 *Xylocopa frontalis* 4支；费氏弓背蚁9支；*Camponotus sayi* 9支；拟黑多刺蚁9～12支；*Camponotus mina* 10～11支；宾夕法尼亚弓背蚁12～16支；行军蚁 *Eciton* sp.约20支；*Neivamyrmex harrisi* 22～25支；东方蜜蜂超过100支；卡尼鄂拉蜂182支；黄胡蜂 *Vespula* sp.、熊蜂 *Bombus* sp. 250～300支。输精管进入贮精囊前常发生

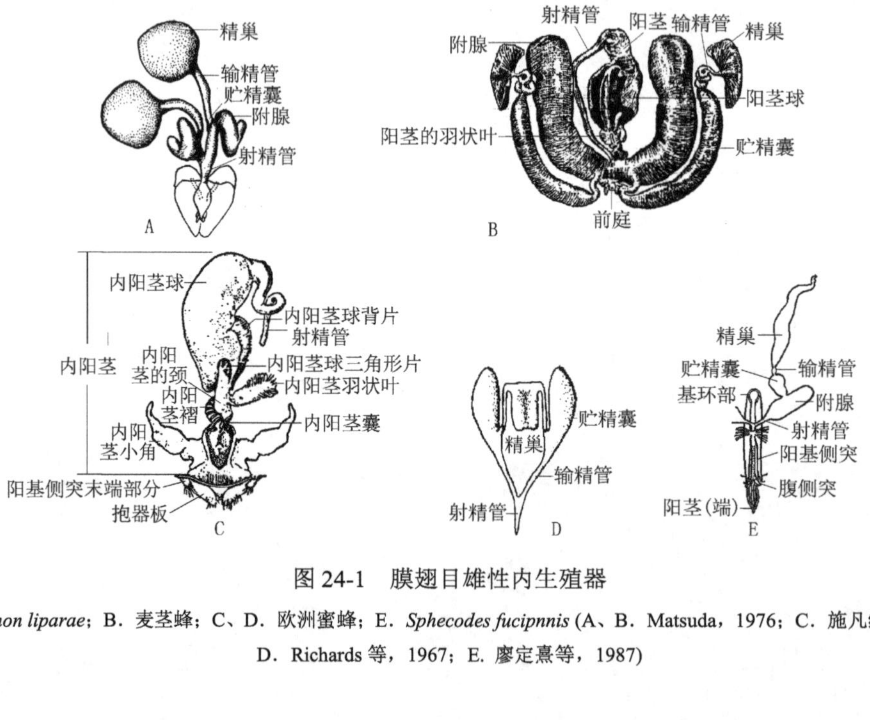

图 24-1 膜翅目雄性内生殖器

A. *Polemon liparae*；B. 麦茎蜂；C、D. 欧洲蜜蜂；E. *Sphecodes fucipnnis*（A、B. Matsuda，1976；C. 施凡维奇，1958；D. Richards 等，1967；E. 廖定熹等，1987）

扭曲、膨胀和变形。贮精囊末端常细缩形成管状的末端区，末端区与附腺末端一起汇入复射精管。附腺发达，回旋盘绕 (行军蚁 *Eciton* sp.) 或明显膨大或呈管状 (蜜蜂属)。广腰亚目有 6 种不同形态的附腺。复射精管中胚层或外胚层起源。不同类群，复射精管末端以不同方式联合形成单射精管。通常至少部分射精管管壁具有肌肉，但蜜蜂的射精管整体无肌肉。弓背蚁属的射精管内有骨化的楔形物，不同种类楔形物的位置有变化，楔形物具有调节精液流动的泵的功能 (图 24-1)。

24.1.2　雄性内生殖器胚后发育

茎蜂 *Cephus*、突瓣叶蜂 *Nematus* 的贮精囊和附腺起源于输精管末端壶腹，属于中胚层起源。射精管起源于初生阳茎叶 (第 9 腹节) 的中沟，前端稍分化形成二叉状短管，每短管与同侧的输精管 (贮精囊和附腺) 相连。因此，射精管前部分叉部分 (复射精管) 属于外胚层起源。蜜蜂的射精管原基前部有二叉分支，射精管与输精管在交配前完成连通。附腺和输精管为中胚层起源。啮小蜂 *Tetrastichus* 的射精管原基前端也形成管道，它们与输精管结合情况与蜜蜂 *Apis*、茎蜂、突瓣叶蜂相似。在上述膜翅目昆虫中，位于中胚层起源的贮精囊、附腺之后的输出管，属于外胚层起源。*Polemon*、金小蜂 *Pteromalus*、黄胡蜂 *Vespula*、*Prosopis* 的输出管和腺体发育过程类似于茎蜂和突瓣叶蜂。在这些属中，附腺和贮精囊为中胚层起源，射精管前端分叉 (复射精管) 并不存在，输精管末端直接与单射精管前端结合。这种输精管在贮精囊和附腺之外向后部延伸，形成射精管前部复射精管的情况，与鳞翅目类似，这类复射精管属于中胚层起源。而其他膜翅目昆虫，该区域为外胚层起源 (图 24-2)。

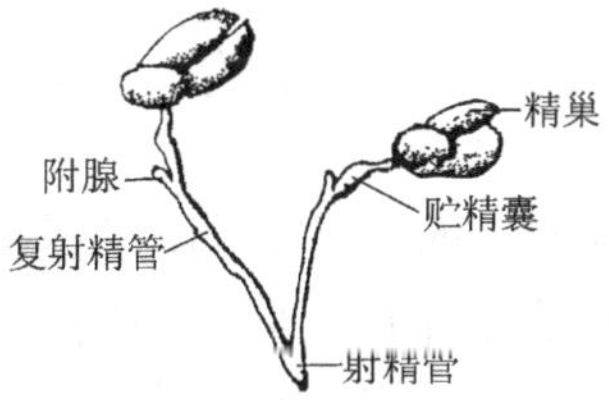

图 24-2　*Prosopis krieschbaumeri* 蛹期雄性内生殖器 (Matsuda，1976)

24.1.3　雄性外生殖器

雄性外生殖器连接于第 8 腹节的后缘，第 9 腹节背板可发生一系列改变，如内陷、分裂为 1 对侧背片 (半背片 hemitergite)，与第 10 腹节背板愈合形成复合背板 syntergum、syntergites，复合背板缩小，功能加强等。雄性下生殖板由第 9 腹板延长而成，其上方形成生殖腔，外生殖器即位于生殖腔内。下生殖板发达，广腰亚目的下生殖板每侧以膜与第 9 腹节背板相连。*Prosopis krieschbaumeri* 第 7 腹节腹板取代下生殖板，第 8 腹节腹板缩进第 7 腹节内，第 9 腹节腹板生于第 7、8 腹节腹板之上。

膜翅目雄性外生殖器一般只有阳茎构造，没有围阳茎附生器官。阳茎起源于第 9 腹板上的生殖腔壁，包括阳茎基和阳茎端两部分。阳茎基大，分为 2 节，基部 1 节形成基环 basal ring，即生殖基片 gonobase；第 2 节即生殖基节 gonocoxite，其上有 1～2 对叶状突起，即阳基侧突。阳基侧突与阳茎端具有共同的基部。许多广腰亚目的阳基侧突上具膜质杯状吸盘 membranous cupping discs。阳基侧突和阳茎端基部的每侧有 1 钳状器官，称为阳茎基腹铗 volsella。多数科的阳茎基腹铗发达，但蜜蜂总科阳茎基腹铗退化或缺乏。如蜜蜂属在发育过程中没有形成阳茎基腹铗，条蜂属可能具有退化的阳茎基腹铗，熊蜂属具有退化的四边形的阳茎基腹铗。有人认为阳茎基腹铗属于祖先构造，在蜜蜂总科低等类群 (条蜂属、熊蜂属) 中存在，但在蜜蜂属和其他类群中缺少。阳茎基腹铗一般由 1 个细长的骨片组成，骨片位于阳茎 (端) 腹面，紧邻相应的阳基侧突内缘。在阳茎基腹铗骨片游离的顶端具有 2 个小的突起，1 个固定的骨片突起称为尖突 cuspis，另 1 个为弯曲或钩状可活动的指状突起，指状突起与尖突相对，称为铗指或指突 digitus。尖突和指突具有强健的肌肉，交配时两者合拢固定雌体。有些针尾部 (如蛛蜂科) 的阳茎基腹铗缩小，但却具发达的副阳茎叶 parapenial lobe。

有些种类阳茎存在背、腹面反转现象，以便于进行尾对尾的交配。这种 180°的反转多发生在羽化前，极少发生在羽化后。根据阳茎背腹面反转情况，广腰亚目可分为不扭转的直雄类 orthandria 和扭转的扭雄类 strophandria。直雄类包括树蜂总科、茎蜂总科、锯蜂总科 (一些长节锯蜂科除外)，扭雄类包括一些长节锯蜂科和叶蜂总科。细腰亚目也属于直雄类。长节锯蜂科中，直雄类和扭雄类均有，并存在两种类型之间的中间特征。

阳茎构造整体支撑在一个骨化的基环上，典型的基环是 1 个环形骨片，有些类群可能由于背面、腹面或背腹面同时退化，形成不完整的开环。基环在发育过程中形成相对较晚，由初生阳茎叶基部表皮发育形成。阳基侧突一般细长、不分裂，具有不同形状，基部与阳茎 (端) 联合。多数广腰亚目的阳基侧突明显分成基片 basimeres 和端片 telomeres。有些细腰亚目，阳基侧突的顶端部分可弯曲，甚至与基部形成关节，但这种情况中只有少数其端片具有肌肉。

阳茎结构包括阳茎端及高度发达的可外翻的内阳茎。阳茎端位于雄性外生殖器中部，从阳基侧突基部之间突出，一般呈二叶状，但有不同的形态变化。阳茎端一般由中间的膜质部分和侧面骨化的杆状部分组成，没有形成背腹连续骨化的鞘状阳茎端。侧面骨化部分也称为阳茎瓣，其顶端一般突出成为游离的尖端，基部头向延伸形成内突。阳茎瓣为膜质部分提供侧面支撑。某些膜翅目昆虫，阳茎端腹面骨化，形成联系两侧阳茎瓣的腹桥。叶蜂 *Pteronida* 的阳茎端主要为膜质，但含有 2 块侧片，侧片基部延长形成内突，供阳茎端肌肉附着；中间的内沟通向基孔，膜质的内阳茎从基孔中外翻。蜜蜂属和熊蜂属外生殖器发育期间，阳茎瓣的分隔出现较迟，不形成功能性的阳茎基腹铗，使阳茎瓣更趋侧位，处于其他膜翅目昆虫阳茎基腹铗的位置。因此，蜜蜂总科阳茎瓣与膜质部分联系较为松散。蜜蜂的阳茎瓣也称为阳端矢形突 sagittae，常具有 1 个背叶，称为阳端剑形突 spatha。因为阳茎原基的初生中间叶没有联合，阳茎中叶 mesomere 和阳茎侧叶 paramere 保留不发达，在成虫期，只形成 1 对小的叶围绕阳茎孔 phallotreme。但蜜蜂的内阳茎特别发达，成为功能性插入器官。内阳茎静止时前伸至腹部前端，交配时经阳茎孔外翻。内阳茎分为内阳茎囊 (生殖腔) 、内阳茎颈和内阳茎球 (阳茎端膜)。射精管开口于内阳茎球前端。内阳茎囊背、腹面具有角状囊突，称为背角囊或腹角囊。内阳茎囊的其他区域具有棱形毛或细刺。内阳茎颈静止时皱缩，外翻时伸直成管状。内阳茎颈壁有不同形状的褶，其中长的羽叶状突起 (叶突) 最为显著。内阳茎球发达，构造复杂，表面有角状器 (背片和三角形片)。有人认为内阳茎囊的角状囊突在交配时伸入雌蜂生殖腔侧面的交配囊内，内阳茎颈孔向雌蜂生殖腔开口靠近，然后内阳茎球进一步经过颈孔翻出而进入雌蜂生殖腔。内阳茎球上的角状器紧压雌蜂生殖腔的壁并影响内阳茎由雌性生殖腔中抽出，使交配结束时雄蜂的内阳茎撕裂，导致交配后雄蜂的死亡 (图 24-3)。

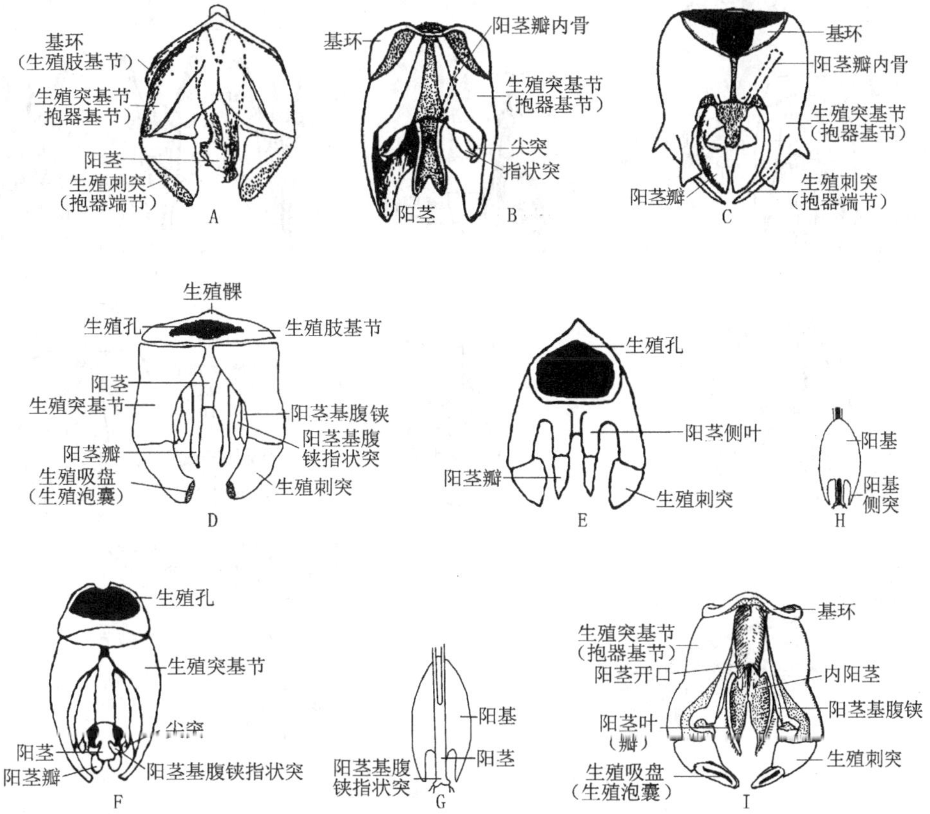

图 24-3　膜翅目雄性外生殖器

A. 菜叶蜂；B. 姬蜂；C. 蜜蜂；D、E. 长颈树蜂属、吉松叶蜂属背视；F. 砂泥蜂属腹视；G、H. 圆翅赤眼蜂属阳茎背、腹视；I、J. *Xyela minor*、条蜂属雄性外生殖器腹视；K. 条蜂属阳茎及相关构造背视；L. 欧洲蜜蜂外生殖器背视，阳茎球膨胀；M. 膜翅目阳茎器官模式图腹视；N. *Vespula maculata* 阳茎器官背视；O. 原始的膜翅目阳茎腹视；P. 阳茎沟封闭，阳茎开口移向端部；Q. 蜜蜂总科阳茎构造；R. *Xiphydria maculata* 阳茎腹视；S. *Anthophora abrupta* 阳茎和阳茎端矢形突 (阳茎瓣)腹视；T. *Bombus lapidarius* 阳茎背视；U. *Megaryssa lunator* 阳茎基腹铗和肌肉；V. 绿条无垫蜂 (A～C. 雷朝亮和荣秀兰，2003；D～H. Steinmann and Zombori，1981；I～L. Matsuda，1976；M～U. Snodgrass，1957；V. 吴燕如，2000)

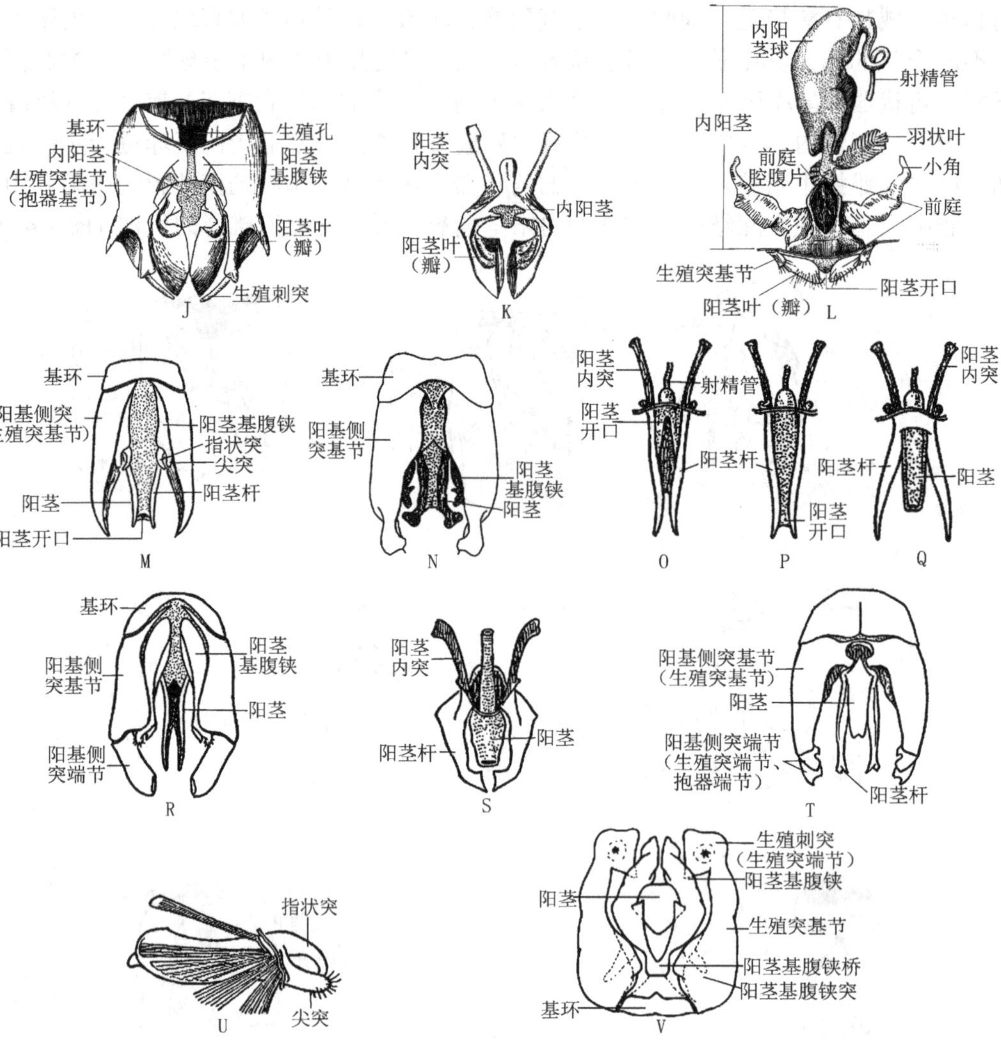

图 24-3 (续)

24.1.4 雄性外生殖器胚后发育

整个阳茎构造从生殖孔两侧的 2 对初生阳茎叶开始演化，首先每叶分化成 2 叶，然后 1 对中间叶联合形成阳茎端，外侧的 1 对形成阳茎基的侧叶。有人认为基环由生殖腔壁的环形褶分化而成。膜翅目只存在 1 个生殖后节，从幼虫特征判断，该节为第 10 腹节。有些低等的科，该节具有 1 对尾须状附器，由于其存在于第 10 腹节上，可认为类似于毛翅目和鳞翅目的背兜侧突 socci (尾突)。

膜翅目 (茎蜂 *Cephus*、金小蜂 *Pteromalus*、*Polemon*、黄胡蜂 *Vespula*、胡蜂 *Vespa*、*Prosopis*) 成对的成虫盘 (初生阳茎叶) 在生殖腔内发育，生殖腔位于第 9 腹板后缘。成对的内叶从初生阳茎叶基部外翻，通过联合形成阳茎，开始时的初生阳茎叶此时变为初生阳茎侧叶，每侧的侧叶扩大，形成生殖基肢节 gonocoxopodite。生殖基肢节又进一步分化为基部的基肢片和端部的针突。随后，从基肢片的内基角发育形成阳茎基腹铗。

黄胡蜂 *Vespula* 的外生殖器原基最初为 1 对小的增厚，呈小圆盘状，位于末龄幼虫第 9 腹节腹面后部，在器官盘下面，蜕变期幼虫封闭的体壁内陷里有 2 个小的初生阳茎叶。在蛹期，初生阳茎叶分裂形成 6 个次生叶，这些叶联合形成 1 个公共的基部。中间的背叶将形成阳茎端，侧面的叶形成阳基侧突，腹面的叶形成阳茎基腹铗。

蜜蜂属雄性外生殖器的形成较为独特，初生阳茎叶腹面形成封闭的纵沟，进而发育为 1 个管，内阳茎即由此管形成。管加深、分化为大的基部和窄的顶端部分，基部发育形成阳茎体 penis proper (内阳茎)，顶端发育形成射精管 (内阳茎球)。同时，从初生阳茎叶顶端内壁形成内叶，这些内叶与那些形成阳茎瓣的内叶等同，但它们在蜜蜂属中的形成较迟。外叶退化，阳茎基腹铗不从外叶分化形成。显然，蜜蜂属的初生阳茎叶只进行一次分裂，而不像其他膜翅目昆虫分裂 2 次。

熊蜂 *Bombus* 的发育过程类似于蜜蜂属，但生殖基肢节不退化，退化的阳茎基腹铗 (四边形增厚) 由生殖基肢节特定区域 (基内缘) 形成，在此区域阳茎基腹铗存在情况同胡蜂属。射精管在内叶 (初生阳茎叶) 之间形成，射精管原基保持分隔状态。因此，熊蜂属的发育过程代表 2 种极端类型之间的中间类型。2 种极端类型 1 种存在于茎蜂 *Cephus*、金小蜂 *Pteromalus*、*Polemon*、黄胡蜂 *Vespula*、*Prosopis*、胡蜂 *Vespa*；另 1 种存在于蜜蜂 *Apis*、啮小蜂 *Tetrastichus* (图 24-4)。

图 24-4 膜翅目阳茎和阳茎基腹铗胚后发育 (Matsuda，1976)

A．初生阳茎叶出现；B．初生阳茎叶分化形成生殖基肢节和内叶；C．2 内叶愈合形成阳茎，生殖基肢节分化形成阳茎基腹铗；横线代表第 9 腹节腹板后缘形成的生殖囊 genital cavity

24.1.5 雌性内生殖器

卵巢位于消化道的背面或侧面。每卵巢由若干卵巢管组成，卵巢管大多为多滋式，一般呈束状。部分种类每卵巢的卵巢管数目：*Probolomyrmex dammermani* 和 *Gnamptogenys costata* 蚁王 2 支、工蚁 1 支；双色门氏曲颊猛蚁和 *Gnamptogenys moelleri* 蚁王 5 支、工蚁 3 支；拟澳洲赤眼蜂 2 支；蜡螟绒茧蜂、矛茧蜂 *Doryctes* sp.、细胸蚁 *Leptothorax* sp.、小茧蜂 *Habrobracon* sp. 2 支；长尾小蜂 Torymidae、蝶蛹金小蜂、恩蚜小蜂 *Encarsia* sp.、食蚧蚜小蜂 *Coccophagus* sp. 3 支；*Myopias emeryi* 蚁王 3 支、工蚁 0 支；*Leptogenys parvula* 蚁王 3 支、工蚁 1～2 支；克氏细颚猛蚁、*Myopias maligna*、争吵大齿猛蚁、*Pachycondyla apicalis*、*Pachycondyla obscuricornis* 和伊藤卷尾猛蚁蚁王 3 支、工蚁 3 支；川硬皮肿腿蜂 3～5 支；印度跳蚁蚁王 4 支、工蚁 4 支；丽蝇蛹集金小蜂 4 支，有时两侧数目不同，两侧总和一般为 6～9 支；敏捷扁头猛蚁蚁王 4～6 支、工蚁 3～5 支；双色曲颊猛蚁蚁王 5～7 支、工蚁 3～6 支；野蚕黑卵蜂 4～6 支；蚜小蜂 *Aphelinus* sp. 5 支；毛缺沟姬蜂 5～10 支；丽蚜小蜂 6 支；白蛾周氏啮小蜂 6～10 支；窄茧蜂 *Stenobracon* sp. 7 支；*Odontomachus simillimus* 蚁王 8 支、工蚁 7 支；刺桐姬小蜂 9～13 支；长尾啮小蜂少于 10 支；腰带长体茧蜂 10 支；黑瘤姬蜂 *Coccygomimus* sp.10～15 支；巨型非洲腐臭蚁蚁王 14 支、工蚁 7 支；叶蜂 *Cimbex* sp. 20～30 支；拟黑多刺蚁 21～23 支；红火蚁 80～90 支；意大利蜜蜂蜂后 160～180 支、工蜂 4～8 支；东方蜜蜂蜂后 200～250 支、工蜂 2～12 支；纹钩腹蜂 *Poecilogonalos* sp.、切叶蚁 *Atta colombica* 数百支；布氏游蚁 1200～1300 支。

卵巢管基部与侧输卵管相连，侧输卵管的长度变化很大，姬蜂总科的许多抑性寄生种类的侧输卵管很短，生殖器官中只含有少数成熟卵；而容性寄生种类的侧输卵管常较长，含大量成熟卵。有些种类侧输卵管端部接近卵巢管开口处膨大形成卵巢萼。姬蜂和茧蜂的一些内拟寄生蜂，在卵巢萼壁细胞中复制病毒颗粒，产卵过程中将病毒颗粒注入寄主体内，以克服寄主的免疫反应，并造成受侵寄主的其他症状。两侧输卵管向后延伸到中输卵管，中输卵管后部通过生殖腔伸达产卵器基部或基部附近开口。

高等膜翅目的受精囊由受精囊体、受精囊腺、受精囊管组成，受精囊体位于生殖腔的背面，受精囊管着生于生殖腔前端。交配后精子贮存在受精囊体内，受精囊腺分泌某些物质进入受精囊管和受精囊体，使精子能较长时间存活，一些针尾部社会性蜂类，其精子可存活几年。Flanders (1939) 描述了膜翅目昆虫 2 种类型的受精囊构造：①以蜜蜂属和钩土蜂属为代表，受精囊腺直接开口于受精囊体，受精囊管相对较粗，一次进入精子 1 条以上，从受精囊体进入受精囊管的精子数量取决于受精囊腺分泌进入受精囊体的分泌物的质和量；②以姬蜂科、茧蜂科、小蜂总科等为代表，受精囊腺开口于受精囊管中部，腺体分泌物注入受精囊管，受精囊管邻近受精囊体处极狭窄，每次只容许 1 条精子进出。许多种类在邻近受精囊体的受精囊管中有精子阀门 sperm valve，这种阀门基本上是受精囊管管壁上的 1 个折叠或隆起。某些小蜂科种类没有阀门，代之以管道弯曲或管道内壁衬以表皮，通过管道的收缩功能行使阀门作用。

蚂蚁的受精囊体球形，发达。受精囊腺 1 对，开口于受精囊管的中前方。受精囊体在接近受精囊管开口部位由柱状上皮细胞组成，而受精囊体端部区域由扁平上皮细胞组成。受精囊腺细长，每支受精囊腺具有 1 个中心管，2 支受精囊腺的中心管在通入受精囊管前汇合。受精囊腺由第 3 类型分泌单元构成，即每个分泌单元由腺体细胞和伴生管道细胞组成，每个腺体细胞的分泌产物通过伴生管道细胞形成的小管释放于中心腺体管，中心腺体管衬有表皮和单层脂肪上皮细胞。神经和微气管包围腺体细胞，穿行其中。腺体细胞具有大型多角形核和显著的末端附器 end apparatus，末端附器由微绒毛包裹的表皮管道形成，构成管道细胞和导管之间的联系，末端附器的微绒毛常深度伸展进入细胞质。受精囊腺中间管道内壁衬有立方形具有密集顶端微绒毛的上皮细胞。受精囊管连接受精囊体和中输卵管 (生殖腔前端)，受精囊腺的中心腺体管开口于受精囊管，在受精囊管开口部位有强大的精子泵肌肉包围，某些肌纤维直接附着于受精囊管上，管腔有许多螺旋状表皮内衬，为保持管腔扩张提供支撑。

蝇蛹金小蜂属雌虫只有 1 个受精囊，受精囊腺开口于受精囊管。受精囊腺有许多小的细管，联合形成单一开口。但不像茧蜂，没有分泌物贮存库，一次不能分泌大量物质进入受精囊管。受精囊管的长度约为受精囊体直径的 5 倍，受精囊管除与受精囊体结合部较宽外，全长狭窄，在接近生殖腔开口处更窄。受精囊管内表面具有连续逆时针方向螺旋形硬质加厚，管道内没有瓣阀。受精囊管大部分长度为直形，但在受精囊体附近略弯曲，然后形成 1 个直角弯曲，此后受精囊管通直延伸。受精囊腺的开口位于弯曲部位内侧，受精囊管开口于生殖腔的后腹面区域。受精囊管弯曲处有肌肉环绕，肌肉的一端附着于管道弯曲部下方，另一端附着于受精囊体壁。肌肉收缩时，管道拉直。Flanders (1939) 认为受精囊体内精子的释放进入生殖腔是受到受精囊腺释放进入受精囊管内的分泌液的影响。这些分泌液为碱性，可活化已经在受精囊体内沉默的精子，被活化的精子开始流动并被受精囊管开口捕获。精子活化与茧蜂受精囊腺收缩与受精囊管阀瓣开启、姬蜂受精囊管膨大部位收缩等同步，这些动作可促进精子通过受精囊管，从受精囊体到达生殖腔。膜翅目雌性生殖孔由位于第 8 腹节的原基形成，位于第 8、9 腹节腹板之间，成对的产卵器从侧面遮盖生殖孔。

广腰亚目只有 1 种与上述生殖道相联系的成对附腺，它们的基部通入不成对的、中间的黏液囊 colleterial sac。锤角叶蜂属的附腺由 1 堆蜷曲管组成，背面的管道通向黏液囊，侧面的通向受精囊。广腰亚目附腺的黏液囊有不同形态，在产卵器基部以较粗的导管向外开口。细腰亚目针尾部有酸腺 (毒腺) 和碱腺 (Dufour 氏腺)。酸腺也称为黏腺 muscus gland，包括酸腺及相连的贮液囊。细腰亚目的贮液囊常较大，略呈圆形，具有肌肉质的囊壁，与之相连的酸腺则由 1 群卷绕的细小管道组成。有些类群酸腺简单，仅由少数几根粗丝状组织组成。早期的酸腺分泌物可能为黏液，涂于卵上起保护作用。但许多现存膜翅目中，酸腺能产生影响产卵场所物体表面或幼虫食物源的物质。树蜂总科的酸腺产生 1 种能使树木更易接受真菌共生物的化学物质，细腰亚目的酸腺能产生制伏或杀死寄主或猎物的毒液。碱腺通常呈管状或囊状，不分叉，基部较细，一般呈柄状，直接开口于螯针的基部、毒腺前面，外部有肌肉和微气管包围，并有神经纤维分布。内部为囊腔，有丰富的油状内含物。腔体由 1 层上皮细胞和外表皮包裹而成。腔体内侧有上皮细胞紧密排列，靠血淋巴一侧紧密黏附在基膜上。碱腺主要分泌物为碳氢化合物、酯类及挥发性含氧化合物。碱腺的功能在不同类群变化很大。蚂蚁的碱腺主要释放踪迹信息素、警戒信息素和召集信息素，同时也产生性信息素及蚁后控制信息素等。蜜蜂的碱腺能分泌非亲水性胶状物用于筑巢，同时还产生性引诱剂、巢穴标记物、卵识别物、踪迹信息素及卵包被物，甚至为幼蜂提供食物及作为食物源标记信息素。寄生蜂的碱腺分泌物能促进交配和抑制重寄生，同时含有性信息素、寄主标记物及其他一些寄主与寄生蜂之间的通信物质。火蚁的碱腺能产生抗体物质。小蜂科的碱腺分泌物可能与虫瘿形成有关。隧蜂亚科的碱腺分泌物用作巢室的内衬。除广腰亚目外，一些较为高等的膜翅目昆虫缺乏碱腺。如姬蜂科中，大多数 Tryponinae 缺碱腺，卵不经过产卵器产出。Carlet (1884) 认为，具有锯齿状产卵器的类群具有碱腺，不具备锯齿状产卵器的类群，其碱腺痕迹状或缺。Pawlowsky (1914) 将高等膜翅目的附腺 (包括广腰亚目的附腺、细腰亚目的酸腺和碱腺) 分为 3 类。①蜜蜂型：酸腺和碱腺大小相近，酸腺由 1 不分支的管组成，管上有扩大的部分 (贮液囊)，腺体细胞分泌形成毒液。②胡蜂型：酸腺由 2 支管组成，2 管结合形成贮液囊，贮液囊具有厚的肌肉壁但缺乏腺体分泌成分。③茧蜂型：酸腺由许多支管组成，管开口于贮液囊的基部，贮液囊壁有肌肉但没有分泌功能。蚂蚁用于合成和贮藏毒液的构造包括衬有几丁质被膜的贮液囊、蜷曲的腺体和端部游离的丝状管道。端丝游离，浸浴在血淋巴中，吸收血淋巴中的毒性前体物质并将其运输到盘曲的腺体内，毒性前体物质在腺体细胞内合成毒液并贮藏在贮液囊内，在螯刺时毒液通过主管注射入被螯物体内。小蜂总科有成对黏腺开口于中输卵管的背面和背侧面，蝇蛹金小蜂属、广肩小蜂科、长尾小蜂科的黏腺 2 对，位于酸腺和碱腺的前部，黏腺的功能尚不清晰，有人认为可能提供材料用于寄生蜂取食管道的形成，也可能与寄生行为有关。长尾小蜂科大痣小蜂属存在另 1 种成对的附腺，部分位于酸腺囊的下方、部分位于产卵器柄球形关节的顶部 (图 24-5)。

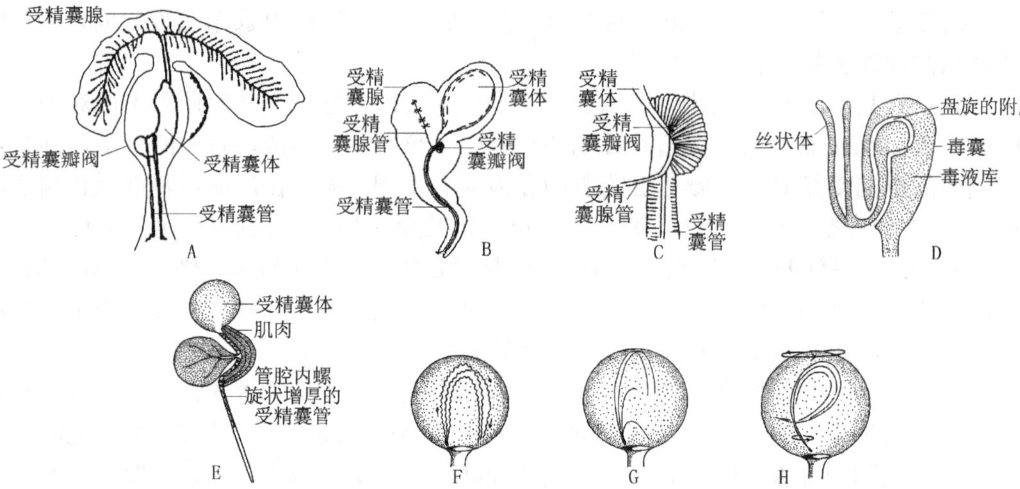

图 24-5　膜翅目的受精囊和毒液系统

A～C. 受精囊 (A. *Tiphia* sp.; B、C. *Scutellista* sp.); D. 有刺蜂毒液产生和贮存机构; E～H. 受精囊工作过程 (E. 受精囊管附着肌肉，受精囊腺开口于内壁螺旋形增厚的管道; F. 精子处于静止状态，从头至尾波曲; G. 精子运动时呈拉伸状态; H. 精子环绕管道轴向逆时针旋转) (A～D. Matsuda，1976; E～H. King，1962a)

24.1.6　雌性内生殖器胚后发育

有些膜翅目昆虫的中输卵管起源于第 7 腹板后缘的中间内陷，而不是起源于 Kraepelin (1873) 等所称的成虫盘。根据 D'Rozario 的研究，这些成虫盘已经在发育过程中融入下生殖板 (第 7 腹节)。D'Rozario 认为在所研究的瘿叶蜂属种类中，虽然在预蛹期出现了相应的成虫盘，但后来退化消失。中华蜜蜂和欧洲蜜蜂的中输卵管原基起源于单一的内陷，与成对的成虫盘无直接关系。麦蜂属的中输卵管原基起源于相应区域的单一中间内陷。*Polemon*、黄胡蜂属、*Prosopis* 在发育期间，末端壶腹直接开口入中输卵管前端，因而认为整个侧输卵管均属于中胚层起源。突瓣叶蜂属、姬蜂 *Nemeritis*、金小蜂属的中输卵管内陷前端分成 2 支短臂，每 1 臂分别与同侧的末端壶腹连接。麦蜂属的内陷也形成 2 个前端管道，前端管后来分别与侧输卵管愈合。在这些情况下，成虫侧输卵管的后部可能属于外胚层起源。欧洲蜜蜂的中输卵管原基有 2 个分支，在分支与侧输卵管愈合之前，每 1 分支将侧输卵管膨大的末端前推。欧洲蜜蜂蛹期中输卵管前端也存在二分叉现象。因此成虫侧输卵管后部属于外胚层起源。中华蜜蜂第 7 腹节后的中间内陷前端分为 2 支，每支与同侧的输卵管结合，但没有观察到联合时中胚层输卵管的退化，是否在联合以后存在外胚层组织向前扩展取代中胚层上皮细胞的情况，尚难定论。但侧输卵管后部属于外胚层起源似可肯定，这与欧洲蜜蜂、突瓣叶蜂属、姬蜂 *Nemeritis*、金小蜂属等相同。啮小蜂属第 7 或第 8 腹节腹板前部类似的内陷不存在，侧输卵管与生殖腔或受精囊的内陷联系。

受精囊起源于第 8 腹节腹板腹瓣基部之间的中间内陷，后来分化形成受精囊腺、受精囊体和受精囊管。随着生殖腔的加深，中输卵管和受精囊之间的表皮皱缩导致两者之间靠近。同时，后面体节的向内发展也帮助了上述靠近过程。伴随着生殖腔的形成，功能性生殖孔后移。突瓣叶蜂属单一的附腺起源于内瓣 (第 9 腹节) 的基部。细腰亚目的酸腺起源于 1 来自于内瓣的中间内陷，碱腺也起源于 1 中间内陷，位于酸腺内陷的稍前方 (图 24-6)。

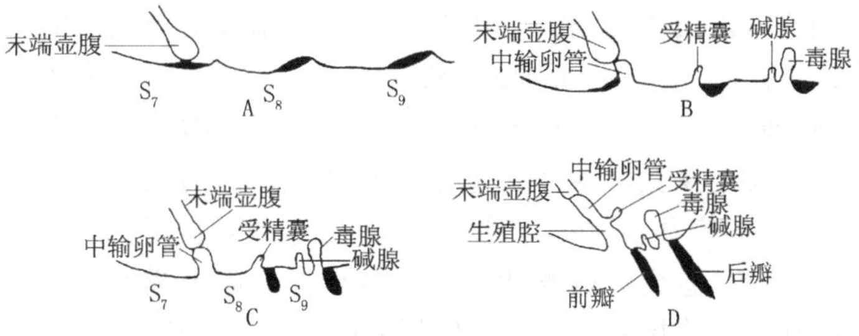

图 24-6　膜翅目昆虫中输卵管和受精囊胚后发育 (Matsuda，1976)

A. 末端壶腹出现；B. 中输卵管、受精囊、毒腺和碱腺原基出现；C. 末端壶腹和中输卵管原基结合；D. 生殖腔和外生殖器形成；S_7～S_9 分别为第 7～9 腹节腹板

24.1.7　雌性外生殖器

第 8 腹节常增大向后突出，形成生殖突基节，保护产卵器的下方。膜翅目雌性第 8 腹节生殖突基节三角形。第 9、10 腹节腹板退化成膜质，位置被产卵器的部分构造所取代。雌性下生殖板为第 7 腹节腹板，覆盖于产卵器的基部，通常很细长，在高等膜翅目中发育为侧突。低等膜翅目的第 8 腹节腹板为充分暴露的背片，其上具有腹部末端气门。腹瓣的腹部突起有时被描述为第 8 腹节腹板。第 1 载瓣片与第 8 腹节的其他部分分离，第 1 载瓣片成为小骨片，与腹瓣 (前瓣) 的分支在前端相连，与第 9 腹节背板形成关节，其腹角又与第 2 载瓣片形成关节。第 1、2 载瓣片紧密关节甚至愈合。第 9 腹节背板完整。叶蜂科第 8、9 腹节背板通常发达、完全暴露。但这些体节没有腹板。高等膜翅目昆虫的第 8、9 腹节缩入第 7 腹节，这些体节的腹板逐渐退化。蜜蜂属的第 9 腹节背板中部膜质，由此在每侧形成 1 方形骨片 (半背片)。第 2 载瓣片与第 9 腹节背板之间没有关节，两者之间有膜质区分开。第 2 载瓣片的侧背缘有感觉毛，第 2 载瓣片在此与第 1 载瓣片关节。在第 1 载瓣片内侧，有 1 关节部，第 2 载瓣片的关节突与关节部 pars articularis 形成可活

动的关节。有些类群，第 2 载瓣片基部强烈弯曲，关节部移向尾部。第 2 载瓣片的前侧缘也与内瓣的分支联合。背瓣由第 2 载瓣片端部分化而成。产卵器或螯针的柄由腹瓣（前瓣）和内瓣组成，背瓣（侧瓣）包裹产卵器的后端。广腰亚目和细腰亚目针尾部一些种类，腹瓣基部有成对的腹突，这些突起似乎属于腹瓣基部的分叉。有人认为这些突起属于原始特征，可能代表第 8 腹节腹板的遗迹。

产卵器有自腹末伸出的，如细蜂总科、蜜蜂总科、泥蜂总科、胡蜂总科、蚁总科等；也有自腹末前方腹面伸出的，如姬蜂总科、瘿蜂总科、小蜂总科。产卵器的形状富有变化，产卵器前端有的位于腹内基部，有的位于腹部的中后部。产卵器的功能多样，包括通过穿凿、锯切等动作营造产卵场所；刺螯捕获的猎物，将其麻痹以便保存新鲜状态作为食料；通过产卵瓣的拼合形成卵道供卵排出；刺伤猎物造成食管，以吸食寄主体液，以及行使保护和防御功能等。产卵器可能是第 7、8 腹节腹板基节的同源物衍生出第 1、2 生殖突基节 gonocoxae，它们腹面各具有 1 伸长构造，分别称为第 1、2 生殖突。在膜翅目中，第 1 生殖突基节消失，其内端与第 1 载瓣片（生殖棱 gonangulum、三角形片 triangular plate）相连接。第 1 载瓣片可能是从第 2 生殖突上分离出的 1 块构造，约呈三角形。腹瓣（第 1 生殖突、锯腹片 lancet）从它的 1 角生出，它的另 1 角与第 2 生殖突基节上的背中突 mediodorsal process 相连接，其上角与第 9 腹节背板内层的 1 个表皮内突相连。内瓣（螯针 stylet）从第 2 生殖突基节前端伸出，但与另一侧的第 2 生殖突完全愈合，从而形成倒“U”形的产卵器上瓣。愈合的内瓣下方两边各生 1 条脊，该脊可嵌入腹瓣背面边缘相应的沟中。愈合的内瓣和 1 对腹瓣合在一起形成产卵器。内瓣基节后背角常形成 1 内突，在其下方连接着背瓣（生殖板 gonoplac、背产卵瓣、产卵器鞘）。背瓣通常外方生有粗毛，内方凹陷。2 个背瓣向后伸出，合在一起形成产卵器鞘或套，成为产卵器的保护构造。

叶蜂的产卵器外形宽短，末端尖锐，侧缘有脊突，形似锯片，平时隐藏在背瓣形成的宽大鞘内。产卵器基部由第 1、2 载瓣片组成，载瓣片位于第 9 腹节背板下缘。第 1 载瓣片为小型三角形骨片，其背角与第 9 腹节背板关节，其后腹角与第 2 载瓣片相关节。第 1 载瓣片前面与腹瓣狭窄的分支连续。第 2 载瓣片是相对较大而细长的骨片，前端附有内瓣的细长分支，其后端有背瓣形成的阔叶。第 2 载瓣片与第 9 腹节无关节联系，其活动与第 2 载瓣片关节。2 个内瓣通过中间的膜彼此联合。产卵瓣前后滑动，以其侧面的脊突锯破植物组织以产卵。树蜂产卵于树木体内，其产卵瓣上的脊突更为发达，还具有锯木时清除木屑的功能。

某些姬蜂有极细长的产卵器，如长针姬蜂属的马尾姬蜂等。在产卵期间，腹部末端弯向下部，暴露出第 7、8 腹节背板之间宽的连接膜，产卵器的基部位于背面，被包含在 1 个大的袋囊中，袋囊由包括第 7 腹节腹板在内的体壁的膜质部分弯曲形成。产卵器杆从囊内经第 8 腹节右角伸出至整个腹面长度，末端隐藏于背瓣形成的细长鞘内。当产卵器刺入木质部时，鞘瓣与产卵器杆分开，分开的鞘上弯于体侧。卵经产卵器内的卵道产向木质部内的寄主。

许多膜翅目雌虫具有根据环境信息控制精子释放的能力。雄性膜翅目为单倍体，由未受精卵发育形成。雌蜂将雄性卵产在蜂房内较大的蜂室，将雌性卵产在较小的蜂室。

某些寄生性膜翅目雌虫，将单倍体雄性卵产在小的寄主体内，双倍体雌性卵产在较大的寄主体内。如黑瘤姬蜂属的一些种类在蜡螟蛹上产卵，雌蜂根据包裹寄主蛹的茧的大小，决定产未受精卵或受精卵。上述选择只是在特定群体范围内的相对比较，与寄主或环境的绝对大小无关。雌蜂测量寄主或环境大小的方法还不十分了解，蜜蜂蜂后用前足测量用于产卵蜂室的大小，微小赤眼蜂将卵产在寄主昆虫的卵上，通过确定寄主卵的表面积调节所产卵的数量，它通过测量寄主卵表面的弯曲程度确定面积，可能通过触角柄节和头部之间的角度及从一侧到另一侧步行所花费的时间 (渡越时间 transmit time) 确定弯曲程度。一些寄生同翅目昆虫的蚜小蜂科种类，雌性卵被产在未被寄生的寄主若虫上，如果产卵器进入 1 个已经有寄生蜂若虫生活的寄主，则产雄性卵。这个已经生活的寄生蜂幼虫可能与产卵雌虫同种，也可能属于不同种类。

胡蜂、蜜蜂等有螫刺种类的非生殖型个体，产卵器失去产卵功能，特化为注射毒液的螫刺。但除腹瓣上发育形成促使毒液流进杆内的瓣叶外，其他方面的构造没有变化。螫器不仅包括通常的产卵器构造，还包括第 9 腹节背板的侧片 (四方板) 和第 8 腹节背板的侧气门片。背瓣成为柔软须状的构造，螫针不使用时即隐藏其中。1 对内瓣愈合成倒槽状、腹面具沟的中针，两侧形成榫突，顶端形成 1 根螫刺。腹瓣形成 1 对顶端具倒刺的螫针，每螫针侧上缘形成与内瓣螫针侧下缘榫突啮合的槽，内瓣的中针与腹瓣的螫针拼合时形成中空的毒液道。当捕猎或防御进行螫刺时，腹瓣螫针可滑动以完成螫刺动作，开口于螫刺基部的毒囊排出毒液，并通过螫针拼合成的毒液道进入猎物体内。螫刺的伸出是前面腹部体节产生压力，导致整个器官在第 8、9 腹节背片连接处向后弯曲，同时产卵杆下压，第 9 腹节膜质腹部呈钩状突出于产卵器杆的球状膨大部之上。产卵器杆的下压和提升由 2 块肌肉控制，降肌从第 2 载瓣片发出，连接产卵器杆球状膨大部的基部，升肌连接于第 2 载瓣片分支的端部之间。

低等膜翅目，内瓣的基部有 2 束拮抗性肌肉着生在突起上。在许多针尾部中，相应的突起称为叉突 furcula，存在于邻近内瓣膨大的基部膜质区，与蜜蜂属的情况类似。蜜蜂属的“Y”形叉突的臂与内瓣膨大的基部相连，叉突上着生 1 对第 2 载瓣片发出的大型肌肉。螫刺的产卵器杆的主要运动元件是腹瓣，也称为锯腹片。第 2 载瓣片的肌肉带动第 1 载瓣片的运动，进而引起腹瓣的活动。第 1 载瓣片只有 1 小型肌肉，该肌肉起源于第 8 腹节背板。第 2 载瓣片一般具有起源于第 9 背板的拮抗肌，但由于所处背片中部的膜质化，使这些背片本身就有活动性，第 2 载瓣片肌肉的拉力使背片振动，背片振动又传递给第 1 载瓣片，第 1 载瓣片使螫刺的产卵器杆前后移动。位于产卵器杆基部的瓣叶驱使毒液通过内瓣合并形成的沟槽，在产卵器杆顶部腹面流出。螫针平时缩在第 7 腹节形成的针囊中，并纳于背瓣间。蜜蜂的职蜂螫人时，由于螫针端部具有倒刺，而将整个螫刺连带基部的腺体等一并留在皮肤内 (针在皮内) 外 (腺体等在皮外)，因而牺牲自己。

广腰亚目等较原始的膜翅目类群，雌性生殖孔位于第 1 生殖突 (腹瓣) 基部，产卵器用于产卵，腹瓣和内瓣联合形成卵道。一些寄生蜂的产卵器杆细长，卵通过狭窄管道时则被极度挤压、拉伸。但针尾部 (除寡毛土蜂科、青蜂科、螯蜂科) 的生殖孔前移，产卵器的功能成为 1 个螫针而不用于产卵，卵从产卵器 (螫针) 基部的生殖腔开口产出。有些种类的产卵器既可用于产卵，也可作为螫针。产卵瓣的内表面生有感觉毛和栉突

pectines。栉突迫使卵在产卵瓣间下行。产卵瓣上广泛分布有形状多样的钟形感器。针尾部和许多小型寄生蜂，产卵器变短、生殖突基节前移使整个产卵器缩进腹内。产卵（或刺螫）时，生殖突基节发生旋转，造成其前端向下向后运动，从而使产卵器伸出。在具有这种产卵器形式的类群，它们的产卵器外观上着生于腹部腹面前端。当停息时，产卵器盘卷在腹部内。有的种类，如 1 种角黑卵蜂 *Ceratobaeus*，产卵器比腹部还长，但缩入腹部内没有盘卷，而是伸到第 1 腹节背板上的 1 个角突中，该角突向前伸达并胸腹节和后胸的上方。蚁亚科和臭蚁亚科的螫刺发育不全，不具刺螫功能，其下生殖板特化成喷嘴 nozzle 和酸腺孔 acidopore，其外部具有与产卵器相连的毒液腺所喷出的分泌物（图 24-7）。

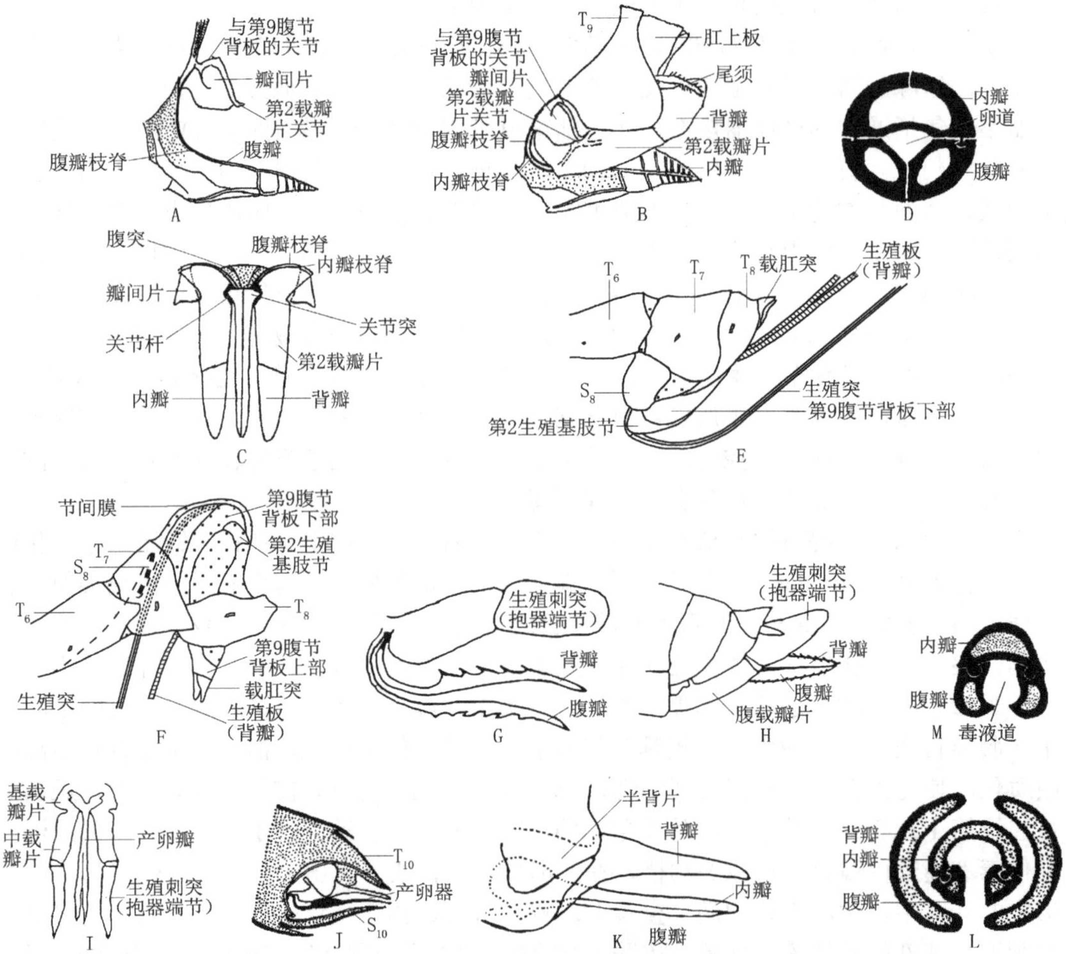

图 24-7　膜翅目雌性外生殖器

A、B. 醋栗叶蜂腹部末端和产卵器；C. 膜翅目产卵器平面图；D. 膜翅目产卵器横切；E、F. *Megarhyssa* sp.产卵期间产卵器基部和腹部末节位置的变化（E. 休止状态；F. 产卵状态）；G、H. 茎蜂属产卵器和腹部末端侧视；I～K、M. 蜜蜂属产卵器（I. 产卵器腹视；J. 腹部末端纵切；K. 产卵器侧视；M. 产卵器横切）；L. 树蜂属产卵器横切；T_6～T_{10} 为第 6～10 腹节背板；S_8、S_{10} 为第 8、10 腹节腹板（A～D. Matsuda，1976；E、F. Chapman，1998；G～M. Steinmann and Zombori，1981）

24.1.8　雌性外生殖器胚后发育

产卵瓣起源于第 8、9 腹节腹板两侧成对的成虫盘，第 8 腹节腹板的成虫盘彼此分离较远，而第 9 腹节腹板上的 2 个成虫盘更为接近。在后续发育中，第 9 腹节腹板上的每个原基分化成内外 2 个，第 8 腹节腹板上的原基形成腹瓣，第 9 腹节腹板上内侧的 1 对原基愈合、形成 1 鞘或内瓣，而外侧的 1 对原基发育成为侧瓣。广腰亚目 (茎蜂属、突瓣叶蜂属、等角叶蜂 *Phymatocera*、瘿叶蜂属) 第 8、9 腹节上的原基在 3 龄幼虫出现。*Polemon*、*Nemeritis*、金小蜂属可能在 2 龄幼虫期出现。高等膜翅目 (蜜蜂属、黄胡蜂属) 初龄幼虫出现原基。一般认为膜翅目昆虫产卵瓣的成虫盘起源越早，所属的类群越高等。但也有例外，如啮小蜂属的 2 对产卵器原基在末龄幼虫出现。产卵瓣发育的早期过程在不同属间有变化，在那些背瓣 (位于第 8 腹节) 原基距离比第 9 腹节原基之间距离更宽的属，如茎蜂属、突瓣叶蜂属、*Phymatocerus*、*Polemon*、黄胡蜂属、蜜蜂属，最先出现的构造为附腺 (叶蜂) 或酸腺 (*Polemon*、黄胡蜂属、蜜蜂属)，这些腺体起源于内瓣的基部，因此必须首先前移至中线。*Nemeritis* 和金小蜂属 2 个体节上的原基之间的距离相等，它们同时移动，受精囊和酸腺同时出现。Ivanova-Kazas and Ivanova (1964) 发现瘿叶蜂属的 2 对原基，即内瓣和侧瓣，在第 9 腹节腹板上独立出现。啮小蜂属也有类似情况。

24.2　叶蜂科 Tenthredinidae

24.2.1　*Nematus ribesii* (Scopoli)

雄性内生殖器：精巢卵圆形，位于消化道背侧。输精管较粗短，末端连接较发达的贮精囊。附腺 1 对，每侧附腺与输精管 (从贮精囊下端发出) 一起汇入射精管。附腺、贮精囊因消化道和外生殖器的内陷而呈扭曲状态 (图 24-8)。

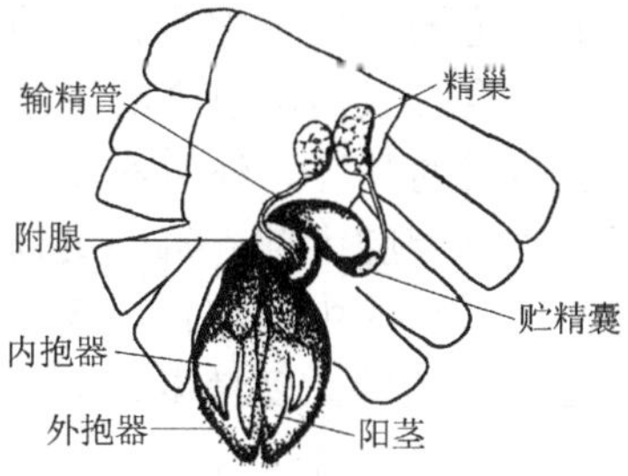

图 24-8　*Nematus ribesii* 雄性内生殖器背视 (D'Rozario，1942)

雄性内生殖器胚后发育：低龄幼虫的精巢位于第 5 腹节消化道背侧，精巢后端发出生殖索沿腹侧面后延，末端有中空的壶腹，壶腹与每侧外生殖器的内陷接触。在随后的发育中，壶腹不断增长，在老熟幼虫期，壶腹位于同侧的外生殖器成虫盘上。老熟幼虫末期，每壶腹出现前向的外长物，此为附腺原基。壶腹未分裂的膨胀的基端发育形成贮精囊。射精管起源于成虫器官芽之间的中间沟，在预蛹期，发生射精管的中间沟加深，背面端壁下陷，生殖索末端移动并与之建立联系。在蛹初期，射精管沟顶端的舌状下陷加深，将顶端分成 2 个侧臂；侧臂与同侧的输精管 (生殖索) 联系，通过进一步的生长和组织分化形成成虫期器官(图 24-9)。

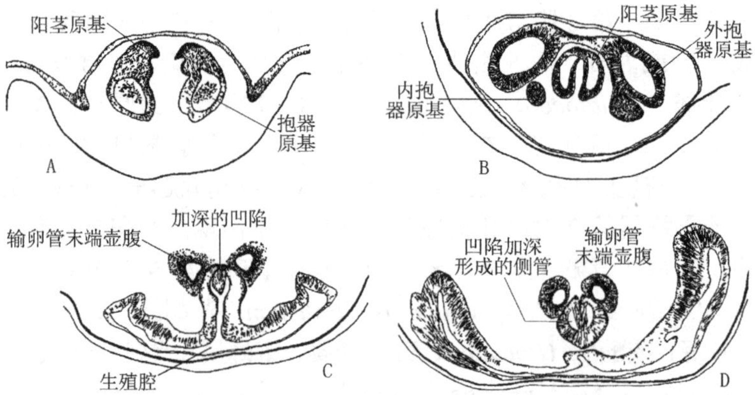

图 24-9　*Nematus ribesii* 雄性内生殖器胚后发育 (D'Rozario，1942)

A. 预蛹早期横切，示阳茎原基的发育；B. 预蛹后期横切，示抱器的发育；C. 预蛹横切，示凹陷随发育而加深；D. 预蛹横切，示加深的凹陷形成 2 支分别的管

雄性外生殖器：基环与下生殖板 (第 9 腹节腹板) 连接形成外生殖器的框架，外抱器 1 对，分别由 2 节组成；内抱器 1 对，也由 2 节组成，位于外抱器的背面。阳茎包含 2 个侧片，2 骨片间大部分区域有膜质相连。阳茎顶端呈二叉状，基部有突起供肌肉附着。

雄性外生殖器胚后发育：1 龄幼虫第 9、10 腹节之间的腹面中部出现囊状凹陷。倒数第 2 龄幼虫时，内陷的前侧壁出现 1 对成虫器官芽。老熟幼虫时，器官芽移向背面，器官芽之间出现沟陷。预蛹早期，每器官芽基部中背面出现突起，此为阳茎原基。预蛹后期，未分裂的器官芽茎部发出内抱器，位于阳茎原基的腹后方。蛹期，各部分构造进一步增长骨化。阳茎原基沿背缘愈合形成后部游离的阳茎。每个成虫器官芽的外胚层部分增长形成半环，进而形成外生殖器的基环。外抱器和内抱器分化出基部和端部。

雌性内生殖器：卵巢 1 对，占据腹腔大部，每卵巢顶端有端丝附着在体壁内侧。侧输卵管沿腹面后延，在第 7 腹节汇入短的中输卵管。受精囊体圆锥形，受精囊管着生于中输卵管后端 (生殖腔前端)，受精囊腺缺。受精囊管开口后部为生殖腔，生殖腔开口于腹瓣基部。附腺分支管状，通过 1 短管开口进入非肌肉质的囊，囊经短管开口于内瓣的基部。

雌性内生殖器胚后发育：1 龄幼虫的卵巢位于第 5 腹节消化道两侧，卵巢后端发出实心的生殖索向后延伸，终止于第 7 腹节腹面两侧的末端壶腹 (膨大部)。在末龄幼虫期，生殖索获得管腔。附腺原基在高龄幼虫期出现，是位于内瓣基部的中间凹陷，凹陷底部向两侧发出的侧臂即为附腺原基。在此阶段，腹瓣前移到腹中线，形成 1 个封闭的沟 (受精囊原基)。在预蛹期，附腺原基的侧臂生长，受精囊原基的沟加深，中输卵管原基的中间内陷出现。受精囊原基和中输卵管原基的腹壁开始收缩，中输卵管出现管腔。预蛹中期，附腺原基基部呈球形，其顶端狭窄成短管，侧臂开始分支。受精囊沟圆锥形，受精囊原基和中输卵管原基有沟连接，沟的上壁收缩。预蛹末期，附腺原基体积增加，受精囊和中输卵管原基通过它们之间体壁的进一步收缩加深而联系，中输卵管原基出现几丁质内衬。蛹期，附腺囊明显扩大，中输卵管和受精囊着生点后部的生殖腔均出现外部肌肉包被，中输卵管前端收缩分支，每分支与同侧的生殖索连接，内生殖器其他部分在蛹期也完成形态发生 (图 24-10)。

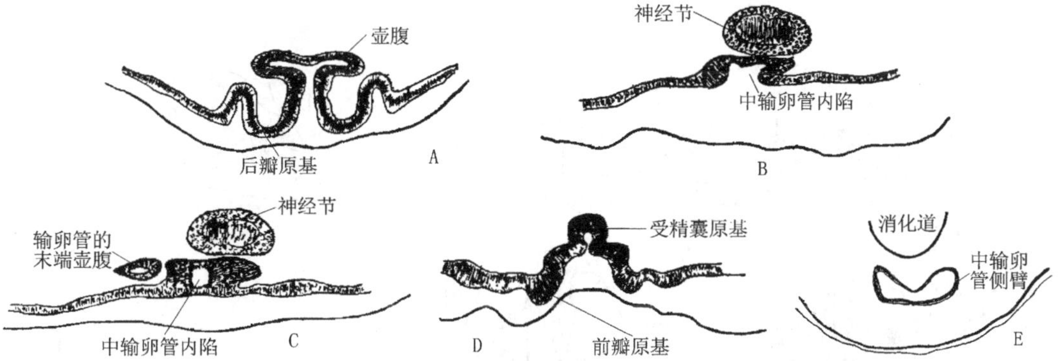

图 24-10　*Nematus ribesii* 雌性内生殖器胚后发育 (D'Rozario，1942)

A．末期成熟幼虫横切，示雌性附腺的发育；B、C．预蛹初期横切，示中输卵管的发育；D．预蛹横切，示受精囊的发育；E．蛹初期横切，示中输卵管前臂的发育

雌性外生殖器胚后发育：3 龄幼虫第 8、9 腹节腹面分别出现 1 对表皮增厚 (成虫器官芽)，第 8 腹节的 2 个器官芽分开更远。在末龄幼虫期，成虫器官芽周围出现围腔，幼虫吐丝结茧时，第 9 腹节的每器官芽出现分割沟，将原来的 1 对器官芽分割形成内侧、外侧各 1 对。在蛹初期，内侧的 1 对器官芽沿基背缘愈合。同侧的内、外器官芽因为第 9 腹节腹板的阻隔而分开更远；分割区进一步骨化形成矩形骨片。预蛹中、后期，内侧器官芽进一步向后发育。蛹初期，每内侧器官芽前、后端向腹面发出突起，逐渐发育形成成虫的产卵器 (图 24-11)。

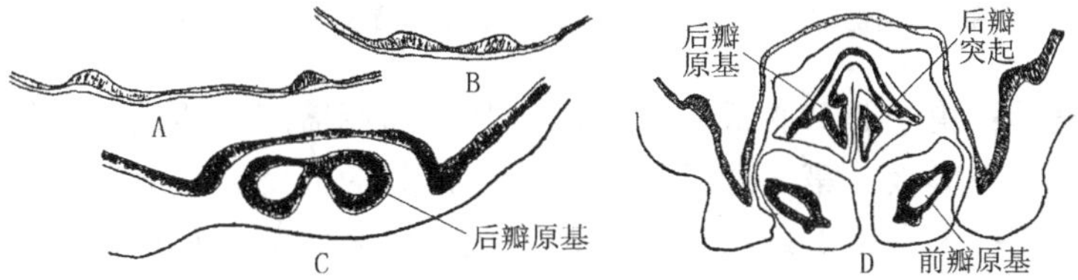

图 24-11　*Nematus ribesii* 雌性外生殖器胚后发育 (D'Rozario，1942)

A．3 龄幼虫第 9 腹节横切，示第 9 腹节上的器官芽；B．3 龄幼虫第 8 腹节横切，示第 8 腹节上腹瓣的器官芽；C．初期蛹横切，示后瓣基部的愈合；D．初期蛹横切，示后伸的后瓣突起的附着

24.2.2　醋栗叶蜂 *Pteronidea ribesii* (Scopoli)

雄性外生殖器：阳茎基发达，端部二叉状。阳茎基端部具有宽大的叶片状阳茎侧叶，在侧叶上面还有 1 对小叶。阳茎端位于阳茎侧叶之间，大部膜质，但两侧具 2 枚长骨片，骨片呈表皮内突状向前延伸，供肌肉着生。内阳茎经阳茎端口而外翻。第 9 腹节腹板形成的下生殖板显著扩大，第 9 腹节背片狭窄。第 10 腹节为生殖后节，有 2 个尾须状突起，尾须状突起应源于第 11 腹节，可能与鳞翅目的背兜侧突同源 (图 24-12)。

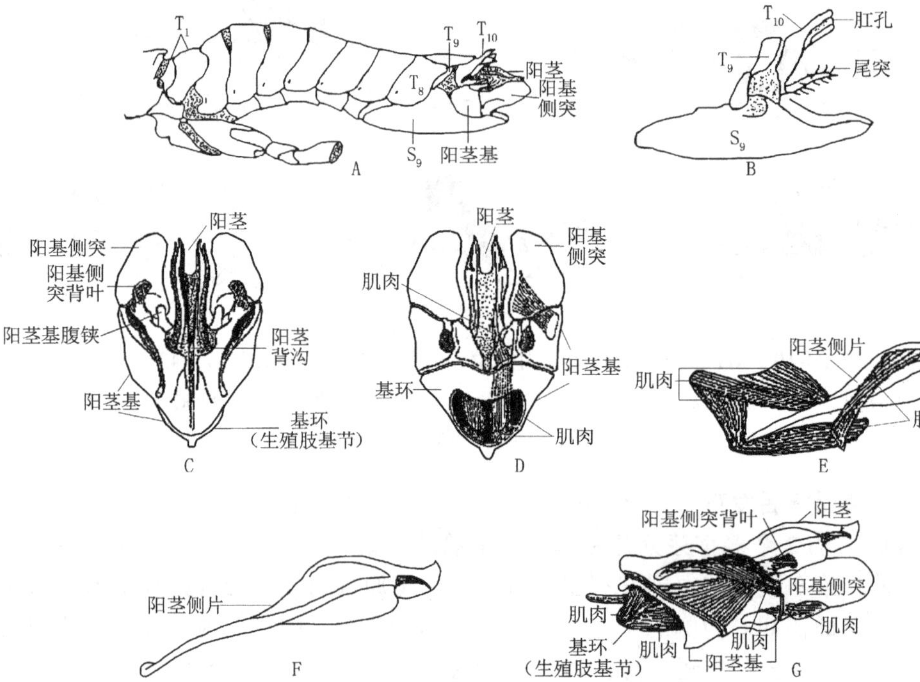

图 24-12　醋栗叶蜂雄性外生殖器 (Snodgrass，1935)

A. 胸部末端和腹部侧视；B. 第 9、10 腹节侧视；C、D. 阳茎背、腹视；E. 阳茎右侧片和肌肉；F. 阳茎左侧片；G. 阳茎和肌肉侧视；T_1、T_8～T_{10} 为第 1、8～10 腹节背板；S_9 为第 9 腹节腹板

雌性外生殖器：第 7 腹节腹板向后突出，从下面遮盖产卵器基部、第 8 腹节背板边缘和膜质的第 8 腹节腹板。第 8 腹节腹板形成生殖腔的前壁并具有生殖孔。第 9 腹节背板上面缩小，两侧扩大。第 1 载瓣片不大，隐藏在第 8 腹节背片边缘下面并具有 2 个关节突，上关节突与第 9 腹节背片相关节，下关节突与第 2 载瓣片相关节。与蟋蟀科和半翅目昆虫相似，叶蜂也具有第 1 载瓣片和第 9 腹节之间的次生联系，而与第 8 腹节的联系则已丧失。腹瓣外部有斜脊纹，并以弹性轴 (梃) 与第 1 载瓣片的前部相连接。第 2 载瓣片较第 1 载瓣片长而宽大。第 2 载瓣片借薄膜与第 9 腹节背片相连接，但并不与它相关节。第 2、3 产卵瓣着生在第 2 载瓣片上。内瓣也具有斜脊纹并与第 2 载瓣片以弹性轴 (梃) 连接。背瓣宽大，叶片状。腹瓣和内瓣借载瓣片的运动和相互间连接缝而前后

滑行 (图 24-13)。

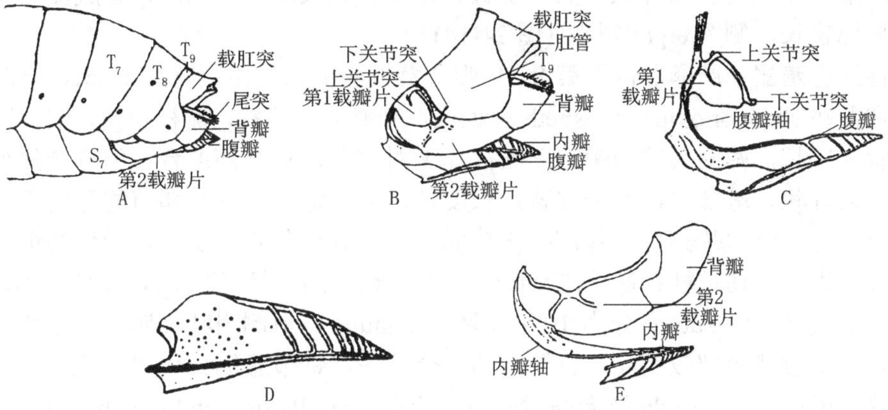

图 24-13 醋栗叶锋的产卵器 (施凡维奇, 1958)

A. 腹部侧视; B. 腹部末端侧视; C. 腹瓣和第 1 载瓣片; D. 内瓣末端; E. 第 2 载瓣片和内瓣; T_7～T_9为第 7～9 腹节背板; S_7为第 7 腹节腹板

24.2.3 左氏侧跗叶蜂 *Siobla zuoae* Wei

雄性外生殖器: 第 10 腹节背板被第 9 腹节背板覆盖，其两侧生有短小尾须。腹视第 8 腹节腹板位于第 7 腹节腹板两侧后缘，小三角形。第 9 腹节腹板大型，多少延长形成下生殖板，腹面稍凸，端缘呈钝弧形突出。雄性外生殖器属于扭茎型 strophandria，在虫体腹部背面向上时，外生殖器的腹面向上而背面向下。外生殖器由生殖轴节 gonocargo、生殖铗 gonoforcep 和阳茎瓣 penis valves 3 部分组成。生殖轴节简单闭环形。生殖铗由生殖茎节 gonostipe、抱器 harpe、阳茎基腹铗、阳茎基腹铗内叶 gonolacinia、副阳茎 parapenis 等组成。生殖茎节宽长片状，外侧凸出，内侧凹入，端部宽，尾部很窄，是抱器、副阳茎、阳茎基腹铗及其内叶的构架和载体。抱器与生殖茎节端部相关节，可以活动，通常为长椭圆形，端部渐窄，内侧腹角多少突出，背缘外侧常具密集长毛。副阳茎 1 对，近方形或亚三角形，内侧连接于生殖茎节。阳茎基腹铗狭长，头部尖出，尾部狭长，中部

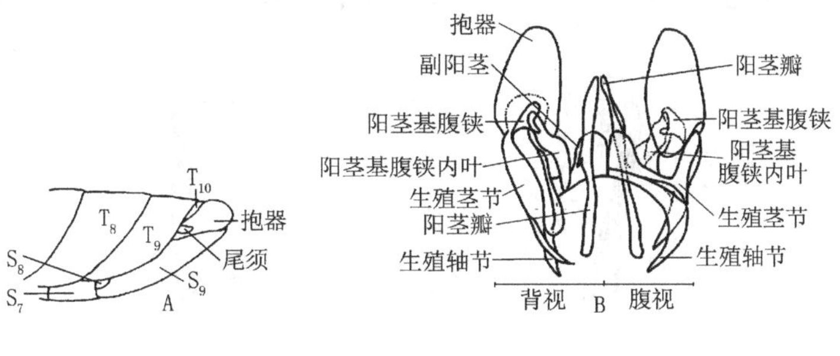

图 24-14 左氏侧跗叶蜂雄性外生殖器 (牛耕耘, 2012)

A. 腹部末端侧视; B. 雄性外生殖器背、腹视; T_8～T_{10}为第 8～10 腹节背板; S_7～S_9为第 7～9 腹节腹板

具突出部与阳茎基腹铗内叶关节。阳茎基腹铗的内叶长尾状，头部较尖，靠近阳茎基腹铗头部。阳茎瓣 1 对，长片状。头叶呈长三角形、长条形或椭圆形，背腹侧边缘常具小齿列。尾部狭长。侧突 ergot 短小 (图 24-14)。

雌性外生殖器：产卵器位于第 8、9 腹节背板腹侧面，由锯背片 lance、锯腹片、锯鞘或产卵器鞘 sheth or ovipositor sheth 等组成。产卵器刀片状，侧视较宽，端部圆钝或窄而尖，背视狭长，两侧具短弱鞘毛。锯背片 1 对，背侧亚基部愈合，但愈合处很短。锯背片狭长刀片状，端部尖，2 个锯背片长度稍差异。锯背片分节和节间缝均不明显，也无节间缝刺毛。锯腹片狭长，基部骨化较弱，端部骨化稍强。上缘具骨化的锯杆，左、右锯腹片和锯背片通过杆状连锁沟 virga 互相嵌合，可前后移动，用以支持产卵动作。锯腹片中端部被节间缝 suture 分为 10～20 环节 annulus，但侧跗叶蜂属的锯腹片节间缝显著退化，只有腹侧半部较明显，背侧半部完全消失。锯节腹侧分化成两部分：具细齿的齿节腹缘，或称锯刃 serrula 及无细齿的刃间膜段 cypsella or membrane between serrula。锯腹片近腹缘处有孔，称为纹孔 pore，相邻锯节的纹孔由纹孔线 marginal sensillum or pore line 连接。纹孔线围成的区域称为纹孔下域 sclerora area (图 24-15)。

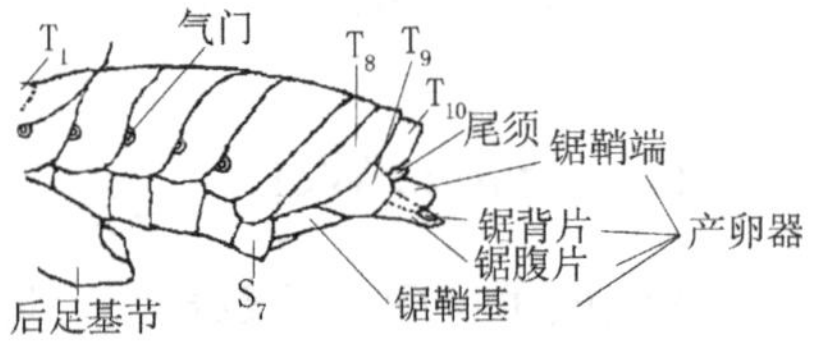

图 24-15　左氏侧跗叶锋雌虫侧视 (牛耕耘，2012)

T_1、T_8～T_{10}为第 1、8～10 腹节背板；S_7为第 7 腹节腹板

24.3　树蜂科 Siricidae

24.3.1　雌性外生殖器

腹瓣和内瓣很长，突出于腹部末端，腹瓣和内瓣之间以榫-槽机制相连，可相互滑行。两侧的内瓣愈合。背瓣很长并作为腹瓣和内瓣的外鞘。腹瓣和内瓣末端尖锐，具有复杂刻纹。内瓣上的刻纹为斜脊纹，腹瓣上的脊纹伸展方式与内瓣的略有不同，并且与小凹

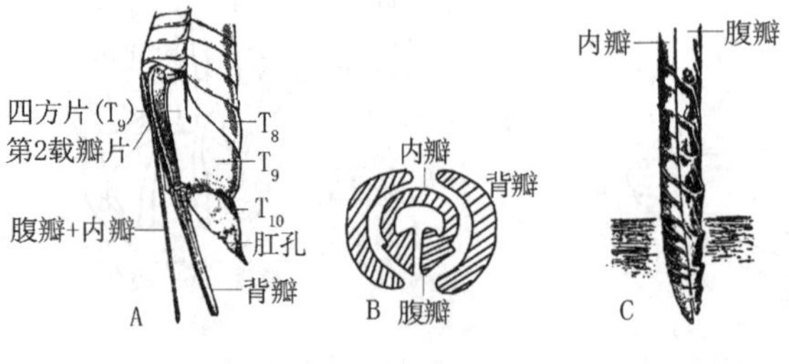

图 24-16　树蜂 *Sirex* sp.的产卵器 (施凡维奇，1958)

A. 腹部末端侧视；B. 产卵器横切；C. 内、腹瓣的末端；T_8～T_{10}为第 8～10 腹节背板

相连，这一构造可除去钻木时所产生的木屑，木屑先落入腹瓣末端小凹，再落到内瓣末端脊纹，再由内瓣脊纹落到腹瓣的小凹上，并由小凹向外抖落于树皮的表面。开始产卵之前，选择产卵场所后，将产卵器下弯并顶住树皮，形成坚固的支点后，将背瓣释放到水平位置，腹瓣和内瓣裸露，开始进行钻入工作 (图 24-16)。

24.4　茎蜂科 Cephidae

24.4.1　麦茎蜂 *Cephus pygmaeus* Linnaeus

雄性生殖系统：精巢葡萄状，位于第 5 腹节消化道背侧，两侧精巢内缘贴合。输精管从精巢后端沿腹面向后延伸一段后，膨大形成贮精囊，成虫期贮精囊充满精子。贮精囊和其下部的输精管与同侧的附腺贴合，附腺长形袋囊状。两侧的附腺和输精管末端交叉后与另侧的射精管连接。射精管开口于阳茎基部。雄性外生殖器位于第 9 腹节腹板 (下生殖板) 上方，主要构造包括基环、1 对外抱器、1 对内抱器和阳茎。抱器 2 节，外抱器端节末端有毛，内抱器基节和端节呈直角。阳茎叶细长，沿内侧中线愈合(图 24-17)。

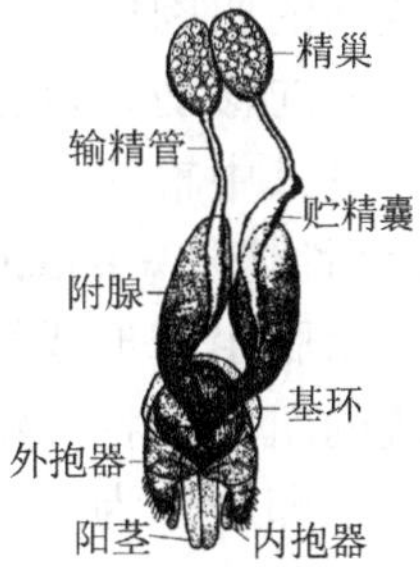

图 24-17　麦茎蜂雄性生殖系统背视 (D'Rozario，1942)

24.5　冠蜂科 Stephanidae

24.5.1　雄性外生殖器

雄性外生殖器基部具基环节。基环节末端两侧有 1 对甚大的生殖铗 gonoforcep，中央为阳茎。生殖铗的内侧有尖突和指状突，这 2 个突起的基部所着生的阳茎基腹铗与生殖铗密切愈合 (图 24-18)。

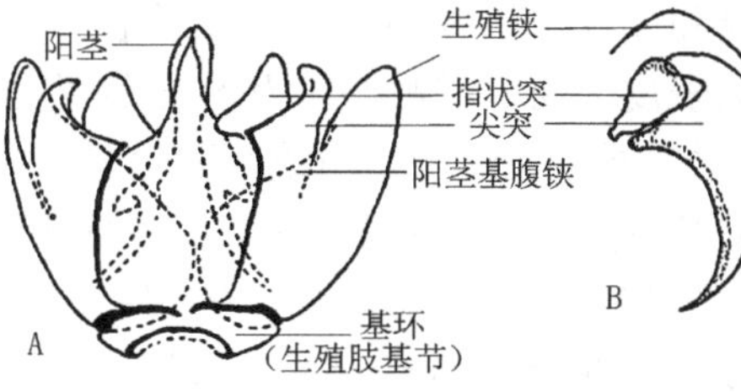

图 24-18　冠蜂雄性外生殖器 (赵修复，1964)

A. 腹视；B. 生殖铗内侧视，示尖突和指状突

24.6 长尾小蜂科 Torymidae

24.6.1 雌性内生殖器

每卵巢有 3 支多滋式卵巢管，卵巢管基部有纵肌和环肌带，通过肌肉收缩帮助卵排入侧输卵管。每卵母细胞有 15 个相关的滋养细胞，每卵巢管一般只有 1～2 粒具壳待产卵。大部分攻击虫瘿的种类，其卵为有柄卵，卵柄将卵锚定在寄主组织内。每侧卵巢开口于短的侧输卵管，侧输卵管区膨大成囊状，与卵巢萼分界不清晰。侧输卵管细胞内积累有白色分泌物，卵通过时，侧输卵管上放射状肌肉带将分泌物小滴挤出，释放并涂抹于卵的表面。内寄生种类，这种微量分泌物可能具有防御寄主反应的作用；外寄生种类，分泌物可能具有润滑作用。两侧的侧输卵管汇入中输卵管，中输卵管从侧输卵管联合处向后延伸直到与生殖腔汇合，汇合部“V”形骨化以供肌肉附着。中输卵管短阔，背壁具有柱形分泌细胞，细胞基部的质膜折叠，以增加从血淋巴内吸收物质的面积；腹壁增厚，具有鳞片状细胞；管腔具有厚的表皮内衬，内衬上有成排的棘 (梳状构造 pectines)。侧输卵管的分泌物帮助卵润滑下行，侧面的肌肉群可引起输卵管缩放以帮助卵的移动，棘则保证卵只沿一个方向，即向产卵器方向移动。附腺 2 对，位于中输卵管上方，在中输卵管背侧邻近卵巢萼的结合点处开口进入中输卵管。刚羽化的成蜂，附腺发育程度低，随着卵的发育，腺体体积增大，分泌活性增加。James 将附腺分别称为初生和次生腺体，初生腺体位于外侧，彼此紧密贴合。附腺由球形或柱状分泌细胞组成，具有表皮内衬。分泌物外观白色、不透明。外部环绕的肌肉带将分泌物挤进中输卵管。附腺分泌物可能用于形成成虫的取食管，也可能涂抹在卵表作为黏附或润滑剂。受精囊管通入生殖腔前端。受精囊体大型，表皮内衬具有黄色色素，受精囊体正下方的受精囊管“S”形急弯，急弯外部具有肌肉层包被。King (1962b) 认为肌肉层活动具有控制精子出入的瓣阀作用：肌肉层收缩使管道变直，容许精子的进出；肌肉层松弛时，管道堵塞。受精囊腺大型而无色，由大型分泌细胞组成，每细胞含有泡囊状细胞器 vesicular organelle，所产生的分泌物通过细胞间管道汇入靠近“S”形弯曲中部的主管。分泌物具有使精子镇静、活化精子或给精子提供营养等功能。受精囊邻近腹部末端神经节，精子释放可能受末端神经节控制。受精囊管进入部位的中输卵管管壁具有肌肉，交配后精子在此积聚，然后快速通过受精囊管进入受精囊体。

碱腺位于酸腺囊中部上方、中输卵管下方。在邻近酸腺输出管上方，碱腺通入生殖腔。碱腺腺体由基部贮液囊和端部输出管组成，输出管长。分泌部分由球形和鳞片状上皮细胞组成，管腔内有薄的表皮内衬。在贮液囊和输出管结合部位之间的肌肉似乎具有括约肌的作用。碱腺分泌物的功能可能包括：构成并强化毒液的毒性、作为产卵润滑剂、作为卵产出后粘在基质上的胶黏剂、导致虫瘿形成、具有抗菌活性、作为踪迹信息素等。酸腺发达，由长管状分泌部分和末端贮液囊构成。酸腺在产卵器杆的球形关节上方通入生殖腔。毒液由导管和贮液囊壁的分泌细胞产生，两部分组分在贮液囊内混合，贮液囊腔有厚的表皮内衬。酸腺管在柄腹节内稍蜷曲，以容纳其额外的长度。酸腺管管腔狭窄，管壁由楔形柱状分泌细胞和鳞片状细胞组成，前者分泌毒液，后者分泌形成管腔内衬。

每个分泌细胞具有大型的位于基部的核，基部原生质膜具有小的折叠，邻近鳞片状上皮细胞的端部膜陷入，形成泡囊状细胞器。泡囊状细胞器基部有管状排列、紧密堆积的短微绒毛，端部通向具有表皮衬里的细胞间管道，细胞间管道进一步汇合形成主管通入贮液囊。贮液囊壁具有两个功能区：酸腺进入部位的背区，该区域壁厚，具有分泌功能；单层鳞片状细胞组成的腹区，分泌形成贮液囊的表皮内衬。1 种大痣小蜂 *Megastigmus dorsalis* 的贮液囊二叶状，2 叶的前部结合在一起，酸腺直接通入贮液囊上部的叶，而不分裂形成管道。贮液囊的表皮内衬具有深褶，邻近这些褶的细胞具有毛状突起物边缘。环绕贮液囊的肌肉与半圆板基部的枝脊相联系，肌肉收缩挤压毒液流入下部的生殖腔，括约肌系统防止分泌物在其他时间的泄漏。1 种长尾小蜂 *Torymus nigricornis* 具有 1 对囊状附腺，位于酸腺贮液囊的下方、产卵器杆球形关节上方。每个腺体由 1 层柱状细胞围成具表皮衬里的腔。附腺可能具有润滑功能。长尾小蜂科附腺的存在可能与长的产卵器杆有关 (图 24-19)。

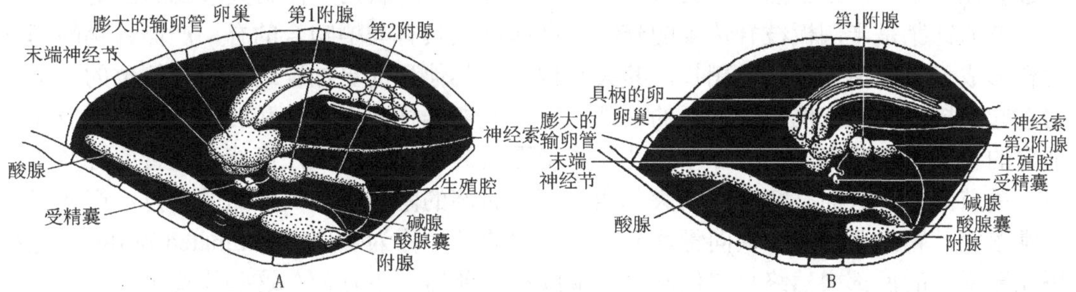

图 24-19　雌虫柄后腹部侧面透视 (示内生殖器) (Copland and King，1972b)

A . *Torymus* sp.；B . *Megastigmus* sp.

24.6.2　雌性外生殖器

第 3～7 腹节背板大，拱形，背板之间相互重叠，柄腹部可相当程度伸展。每背板后缘中部一般有凹陷。螳小蜂属 *Podagrion* sp.腹节侧面另有凹陷。腹面深陷，背板沿两侧向下扩展，腹板明显。第 8 腹节背板较小，矩形，具气门。第 9 腹节背板大，末端具有 1 对感觉片 (尾片 pygostyles)，背板的两侧向前伸展形成产卵器外板。第 8 腹节侧背片长，部分膜质，沿柄腹节与产卵器外板相向伸展，形成对其他暴露肌肉组织的覆盖。第 3～7 腹节腹板大、“V”形，基部向腹部下方伸展。第 6 腹节腹板每侧具有特征性的后背瓣。第 7 腹节腹板最大，沿生殖开口中线具有感觉毛。每腹板前缘增厚以供节间肌肉附着。

产卵器较发达，从腹部约 1/3 处伸出，弯刀形。产卵器杆和触须伸出柄腹部之外很远。产卵器由 3 部分组成：①产卵器前部的 1 对半圆板，该板向后伸展形成产卵器内板 (第 2 载瓣片、第 2 生殖突基节)，内板具有长的端须 (背瓣、生殖板)，半圆板增厚弯曲的枝脊边缘从前部剩余骨片分出，向后伸展成为针状的产卵针鞘 (内瓣，第 2 生殖突 gonapophysis)；②刺基板 (第 1 载瓣片、生殖突基片 gonangulum) 及其相关的产卵针 (腹瓣、第 1 生殖突)，产卵针与产卵鞘一起形成钻的器官或产卵器杆；③产卵器外板，由第

9 腹节背板两侧伸展形成，产卵器外板沿侧面前伸与刺基板形成关节。

半圆板 1 对，几乎垂直地竖立在柄腹部的前半部，达柄腹部高度之半。弯曲的枝脊边缘增厚供肌肉附着，具有与产卵针上沟槽啮合的脊。半圆板外面，沿枝脊有一系列枝脊刺，枝脊刺可能有监测产卵针活动状况或整个产卵器在腹部旋转情况的感觉功能。枝脊刺的数量在同种个体间基本稳定。半圆板前部相对宽厚，形成强健的球形关节，是生殖器杆旋转的枢轴。半圆板后伸达产卵器内板，与刺基板形成背面关节。在此关节点前面，有 1 个发达的后伸韧带，其上附着 2 条肌肉。在韧带和半圆板外侧关节点之间，有 1 组 4 个枝脊刺，可能用于监测刺基板的活动情况，大部分小蜂都具有这些枝脊刺，但枝脊刺的数量在不同科有变化。不同种类，半圆板的后缘、外侧突起的斜肋纹位置也有变化。斜肋纹供肌肉附着，供给半圆板活动的力。产卵器内板向后与半圆板连续，位于刺基板关节之后。产卵器内板的大部分具有内脊，供肌肉附着，其大小的增加与肌肉的发达程度相关，端部具有长的关节瓣，关节瓣超出腹部末端之外。产卵器内板和半圆板通过骨化带结合，结合点位于关节瓣前，也具有发达的肌肉以控制关节瓣的活动。

产卵针鞘是半圆板枝脊边缘的延续，产卵针上具有与槽啮合的脊。产卵针鞘的基部愈合形成关节构造。产卵针鞘长，其关节构造比其他科的更加发达，1 对侧位的关节窝与突起连接，连接点位于半圆板的基部，容许产卵器杆向下移动和旋转。肌肉附着在关节窝的背面，关节窝侧面有 2 个小孔，与半圆板的 2 小孔对应，可能为气管或神经的入口。关节窝的前背面有 2 个大的突起角，用于肌肉的附着。在关节窝的后方，产卵器鞘异常增宽，鞘的两半通过横向骨片愈合，横向的骨片称为叠片桥 laminated bridge。叠片桥在鞘增宽的后部突然终止，但斜横片继续在产卵器杆下延伸。这些构造可能用于增加强度。

产卵器杆的末端具有一系列切齿，不同属切齿的空间排列和数量有变化。刺基板强劲，这与长的产卵器杆相适应。在刺基板关节的部位，具有 1 个特征性的内榫或刺。产卵针横切面呈月牙形，2 针楔合形成中间的卵道。沿产卵针长度方向，每产卵针有 1 个背面的槽，与产卵器鞘上的榫啮合。产卵针约在叠片桥下方分开，向背面上升到枝脊附近，附着于刺基板的顶端。在此区域，产卵针通过薄膜系于生殖腔背壁。该区域具有成排的棘，棘具有帮助卵移动进入卵道的功能。产卵针末端有细微的横向刻纹和 3 个孔，有结节状构造陷在凹坑内，凹坑内有神经分布，因此该构造很可能为感觉器。齿排列异常，2 个齿位于末端，与第 3 个齿之间存在一系列孔。产卵针端部表面有感觉毛和孔，可能也具有感觉功能。

“U”形产卵器外板具有前伸的臂与刺基板关节，刺基板的臂宽，近垂直地竖立，仅在基部彼此弯曲，除端部外彼此平行延伸，在端部彼此结合。每刺基板的内侧有 2 个纵向的脊供肌肉附着，脊在从刺基板关节点向后延伸过程中彼此分离，末端较低的脊向上弯曲。末端的背板具有 1 对具柄的尾突 pygostyle，这在小蜂中较常见，但长尾小蜂的更长 (图 24-20)。

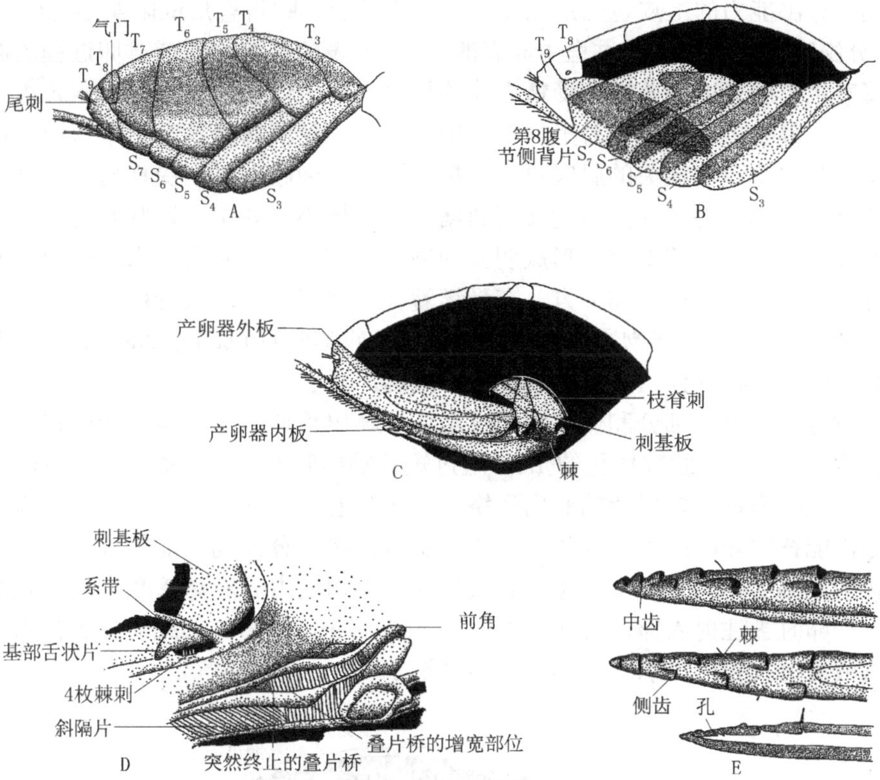

图 24-20　长尾小蜂 *Torymus* sp.雌性外生殖器 (Copland and King，1972b)

A．柄后腹部侧视；B．柄后腹部侧视，部分背板除去以展示腹板和第 8 腹节侧背片的位置；C．柄后腹部侧视，背、腹板除去以展示产卵构造；D．长尾小蜂产卵构造侧视，示刺基板和产卵杆基部的关节突起和叠片桥；E．产卵杆末端，示产卵鞘和产卵针上齿和孔的位置；T_3～T_9 为第 3～9 腹节背板；S_3～S_7 为第 3～7 腹节腹板

24.7　榕小蜂科 Agaonidae

24.7.1　雌性内生殖器

卵巢发达，卵巢管数目很多，每卵巢有数百粒成熟卵并列。卵母细胞在蛹期或成虫羽化前完成成熟发育。卵基部圆形，端部具长柄，柄末端稍宽。卵柄可能是产卵时卵从产卵针中排出后的遗留物。卵巢开口于狭窄的侧输卵管，侧输卵管较长，管腔狭窄。两侧的侧输卵管汇入中输卵管。中输卵管宽短扁平，位于“V”形刺基板的狭窄骨化臂之间。中输卵管管腔具有表皮衬里，背壁有成排的胶质细胞，腹壁有棘刺伸入腔内，以保证卵沿输卵管下行。中输卵管背壁具有肌肉带，联系刺基板和侧输卵管基部。肌肉带的张弛导致中输卵管缩放，促进卵的产出。中输卵管腹壁另有肌纤维附着，肌纤维的另端附着在腹板上，这些肌肉的缩放可调节生殖系统在腹腔内的位置，帮助产卵或形成 1 个前庭 vestibule 供交配后精子的临时贮存，然后再进入受精囊。

附腺 1 对，大型，从背侧面开口于中输卵管，开口部位邻近侧输卵管结合部位。每黏腺由具有分泌能力的上皮包围形成 1 个不规则的腔，腔折叠形成陷窝 crypt，以增加分泌面积。分泌物可能用于产卵过程中卵表的包被、卵表的黏胶物质或排卵过程的润滑剂。受精囊管着生于生殖腔的前端。受精囊体的衬里一般无色素，但 *Agaon paradoxum* 的受精囊体较大，具有黑色的表皮衬里。受精囊体下方，受精囊管具有 1 个弯曲，在多数其他小蜂中，与这个弯曲相关的肌肉可作为括约肌，肌肉收缩时，受精囊管拉直，可促进精子的通过；肌肉松弛时，受精囊管弯曲堵塞。在榕小蜂科中，这些肌肉不发达。在受精囊管基部进入生殖腔的部位，形成明显的突起，该突起与肌肉联系，行使瓣的功能。受精囊腺发达，位于受精囊体下方，在受精囊体下面弯曲区通入受精囊管。受精囊腺由大型分泌细胞组成，分泌产物通过细胞间微管进入收集管 collecting duct，然后进入主管。小蜂的收集管一般在腺体内加宽形成小的贮液囊，用于贮存分泌物。

碱腺发达，由分泌部分和微细输出管组成，输出管通入生殖腔。酸腺较小，酸腺的贮液囊发达，约占柄后腹部体积的 1/3，通过短的输出管通入生殖腔，进入点位于球形关节的上方。贮液囊壁有辐射状的肌肉环绕，使之附着于产卵器上，需要时肌肉收缩使内容物排出，能在很短时间内释放相当多的酸腺分泌物，分泌物可能在蛹期形成，到羽化时，腺体的分泌活性几乎完全停止。有人认为分泌物仅由贮液囊壁产生，Hill (1967) 认为毒液在产卵时被注射入卵，引起卵内胚乳 endosperm 增殖，形成幼虫的食物。广肩小蜂科的毒液可诱发植物组织增生形成虫瘿 (图 24-21)。

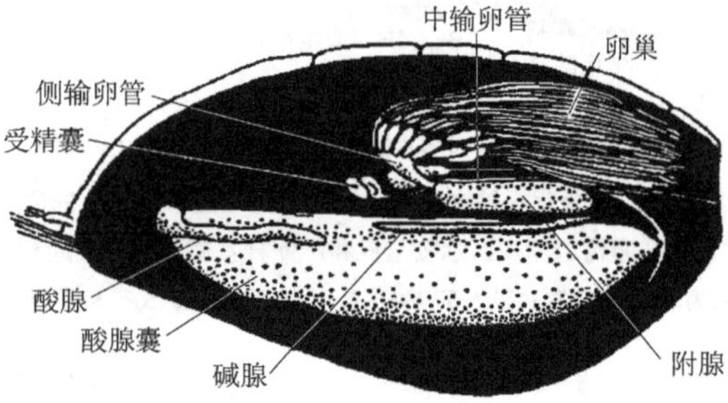

图 24-21 *Agaon* sp.柄后腹节侧面透视 (示雌性内生殖器) (Copland 等，1973)

24.7.2 雌性外生殖器

柄后腹部稍呈背腹扁平，第 8 腹节背板部分折叠在腹面之下。柄后腹部气门开口于背板，位于各腹节腹部折叠部分，气门有环形区域包围，环形区域上有刻纹，可能有助于防止水分进入。突出于末端的尾针 pygostyle 是第 9 腹节背板的唯一标志。产卵器杆和须状的背瓣突出于柄腹部末端之外。腹板骨化程度弱，第 3～6 腹节腹板横形，位于柄腹部前端。第 7 腹节腹板很大，形成腹面的大部，伸展到柄后腹节末端。第 8 腹节侧背板在大多数小蜂科中存在，在榕小蜂科缺乏，或只有 1 个膜质片，或与第 7 腹节腹板愈合。

产卵器由 3 部分组成：①前部的 1 对半圆板，半圆板向柄后腹部后下方伸展形成窄的产卵器内板，超过柄后腹部的端部成为须状的背瓣，半圆板增厚弯曲的枝脊前部分开，然后联合形成产卵针鞘 (内瓣)；②成对的刺基板 (第 1 载瓣片) 及其相关的产卵针 (腹瓣)，产卵针和鞘联合形成杆，在杆内两者能彼此滑动；③第 9 腹节背板，在大多数小蜂中为“U”形骨片，其前突的臂 (称为产卵器外板) 与刺基板关节。榕小蜂的产卵器外板棒状，游离于具有尾针的末端部分。

半圆板 (第 2 载瓣片) 为 1 对镰刀状大型骨片，近垂直地位于柄腹部前部。骨片前背面枝脊弯曲，边缘增厚，供肌肉附着。同时具有 1 个榫突供产卵针在其上滑行。枝脊外侧有一系列枝脊刺，枝脊刺的数目在同种个体间一般保持稳定，可能具有感觉功能，监测产卵针的活动。骨片的后缘增厚，圆形下凹形成肌肉附着点。有的种类，枝脊延续一段距离超出后缘呈杆状，具有支持产卵针的作用。许多科半圆板的枝脊有增长趋势，可能与产卵针活动范围扩大有关。榕小蜂的半圆板保留同样大小，仅枝脊伸展。枝脊上枝脊刺的数目与枝脊长度成反比。半圆板基部稍增厚，其前部形成球形关节，产卵器杆作为枢轴在该关节上活动。半圆板后缘后伸形成产卵器内板。在大多数小蜂中，有 1 个韧带供肌肉附着，韧带起源于半圆板后缘和产卵器内板之间的突出部分。榕小蜂缺乏韧带。此外，大多数小蜂中刺基板上用于监测的枝脊刺，在榕小蜂中缺乏。产卵器内板 (第 2 载瓣片和背瓣) 成对，是半圆板向后的延伸，向柄后腹端进一步变窄。前部用于肌肉附着和刺基板的关节。刺基板的大部分长度为供肌肉附着的表皮质杆，刺基板超出柄后腹部末端之外的部分成为须状的背瓣。背瓣末端稍宽而具有感觉毛。在柄后腹部末端之前，有 1 个肌肉复合体，控制须的活动。

产卵针鞘 (内瓣) 是半圆板枝脊边缘的延续物，有脊与针啮合。鞘基部愈合，形成关节。关节有 1 对侧位的球状关节窝，关节窝与半圆板基部形成枢轴关节构造。前部有 2 个角突供肌肉附着，产卵器杆的 2 个基本组成部分通过一系列垂直的骨片联合在一起，这些骨片一般称为叠片桥。榕小蜂只具有小型的侧面延伸的关节窝，说明产卵器杆的侧面旋转小于其他科的小蜂。前部的角突进一步前伸，叠片桥比其他科的长很多，是典型的与无花果相关的特殊类群。鞘的末端只有 2 个中间齿，这种构造说明产卵器杆钻的功能下降，但却有助于向下推开无花果的花瓣。刺基板 (第 1 载瓣片) 成对，长至少 5 倍于宽，骨片中部最宽，成为与外部骨片形成关节的区域。顶端和底部窄，背面前部弯曲伸向产卵针，基部与产卵器内板的关节位于半圆板的后缘。*Agaon paradoxum* 的刺基板垂直状，在另一些种类具有延伸的枝脊，刺基板位于后部，与半圆板后缘平行。刺基板基部有小的后部缺刻。产卵针 (腹瓣) 1 对，针状，通过与刺基板的联合，沿枝脊和鞘的表面形成榫-槽机制，容许它们相互滑动而不脱离关节。针末端有 3 个“孔”，但无切齿，说明针不用于钻孔。针端部的孔很可能具有感觉功能。大多数小蜂的产卵器外板 (第 9 腹节背板) 是 1 个简单的“U”形骨片，中间部分覆盖柄后腹端部，宽的前向的臂与刺基板相关节。在榕小蜂中，中间顶端部分具有大的尾针，与侧面的产卵器外板分开，仅有 1 膜质相连。产卵器外板很窄，只由 1 个增厚的肋组成，肋供肌肉附着，端部稍宽，与附着的肌肉形成复合体，使背瓣可活动 (图 24-22)。

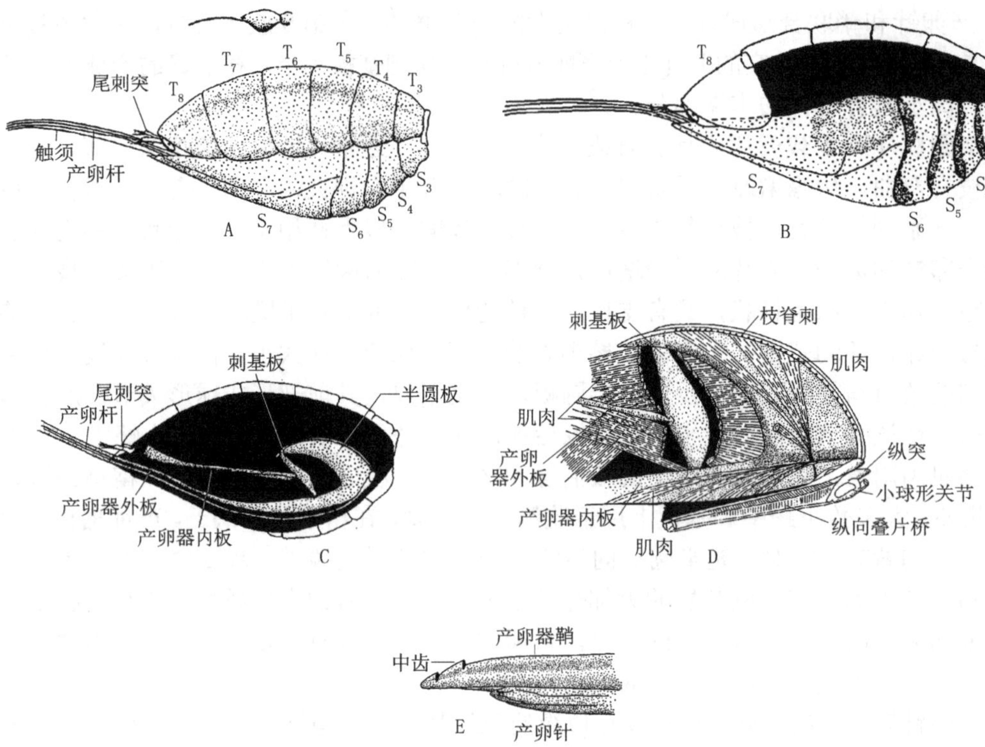

图 24-22　*Agaon* sp.雌性外生殖器 (Copland 等，1973)

A. 柄后腹节侧视；B. 柄后腹节侧视，部分骨片除去以展示腹板；C. 柄后腹节侧视，背、腹板除去以展示产卵构造；D. 产卵构造基部内视，示产卵杆基部的肌肉和关节；E. 产卵杆末端，示产卵鞘末端的齿；T_3～T_8为第 3～8 腹节背板；S_3～S_7为第 3～7 腹节腹板

24.8　金小蜂科 Pteromalidae

24.8.1　雄性外生殖器

第 7 腹节腹板不增大，第 8、9 腹节腹板正常。雄性外生殖器由阳茎和阳茎鞘组成。阳茎交配时伸出，平时缩入阳茎鞘。阳茎有阳茎内突 aedeagal apodeme 支持，阳茎内突为 2 条几丁质棒。阳茎端部向腹面弯曲，生殖孔位于阳茎端弯钩前面腹方。生殖孔前方是管状内阳茎，内阳茎基部与射精管相连。阳茎鞘背侧面具阳基侧突，阳基侧突占据阳茎鞘大部，末端尖，具 2 根端毛。阳茎鞘腹面中央有阳茎基腹铗，其两侧各有 1 突起，称为阳茎基腹铗尖突 cuspis volsella。在阳茎基腹铗尖突的内侧，着生 1 对拳状突起，能活动，在交配过程中起抱握雌体的定位作用，称为抱器 clasper。抱器端部有 1 排小齿，称为抱器突趾 digitus of clasper (图 24-23)。

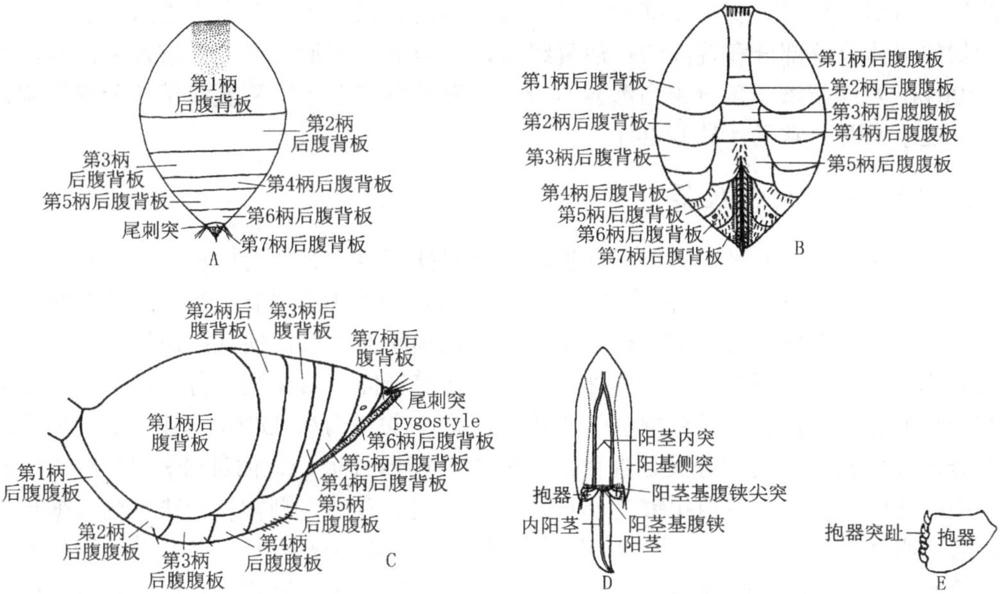

图 24-23　金小蜂雄性外生殖器 (黄大卫和肖晖，2005)

A～C. 柄后腹节背、腹、侧视；D. 雄性外生殖器；E. 抱器

24.8.2　雌性内生殖器

卵巢管多滋式，独栖性寄生蜂一般每卵巢有 3 支卵巢管，群居性种类，每卵巢的卵巢管数目增加。刚羽化的成蜂，体内一般没有成熟待产卵，但羽化后卵迅速成熟。有些种类卵壳有刺，可能有助于卵对寄主的附着。卵巢管开口于短的侧输卵管，侧输卵管一般稍膨大，两侧的侧输卵管汇入中输卵管。附腺 1 对，在背侧面开口进入中输卵管，开口部位为两侧输卵管愈合点前方。附腺分为主腺和较小的前部腺体 (第 2 腺体)，前部腺体的内容物注入主腺。有些种类的腺体分泌物用于形成取食管，使成虫能吸食寄主体液。大多数种类的分泌物可能用于在产卵过程中形成卵的封套，或具有黏结作用，或作为润滑剂，帮助卵通过产卵道。

受精囊体用于交配后贮存精子，受精囊管在受精囊体下方的部分“S”形弯曲，受精囊腺的分泌物输入“S”形弯曲的中部。有些种类，受精囊体的内衬无色、黄色或深褐色。碱

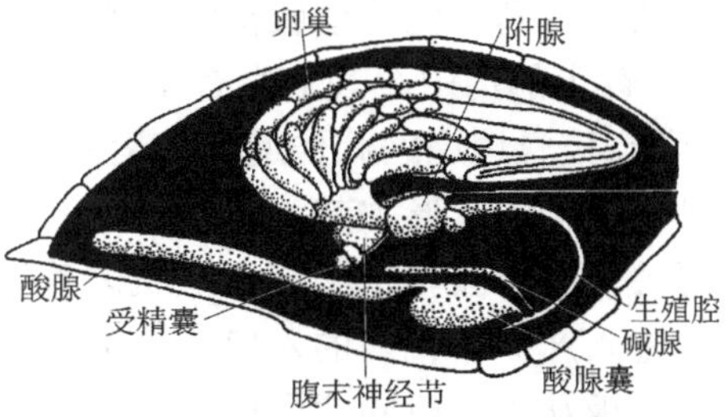

图 24-24　*Pteromalus* sp.雌虫柄后腹节侧面透视 (示内生殖器) (Copland and King，1972a)

腺发达，由基部囊状分泌区和细输出管组成，输出管在球形关节上方进入生殖腔。酸腺由管状的腺体分泌部分和端部的贮液囊组成，贮液囊在球形关节上方进入生殖腔。King 等 (1969a) 发现毒液一部分来自酸腺本身，另有部分来源于贮液囊背壁的分泌细胞，这种情况在小蜂总科常见 (图 24-24)。

24.8.3 雌性外生殖器

在基质深处生活的种类产卵器杆长，产卵器杆随整个腹部而加长。小蠹长尾金小蜂 *Roptrocerus* sp.的产卵瓣伸出柄后腹端部之外。骨片一般中度骨化。第 8 腹节背板一般较小，分为 3 叶，背面 1 叶生有气门，由于该叶也向腹面弯曲，使气门出现在侧腹面。侧面 2 叶为侧背片，侧背片沿产卵器外板在腹面向前延伸。第 9 腹节背板较大，中线部位具有一系列感觉毛，感觉毛包围生殖孔开口。第 9 腹节背板"U"形，侧面 2 支由背面中央部分向腹面折卷后向前分叉延伸而成，称为产卵器外板，背面部分是"U"形结构的底部，中间部分具有 1 对短柄状臀突 pygostyle，臀突上有毛。侧背片一般发达，细长具色彩，沿产卵器外板向前伸展，形成产卵器内板。柄后腹部只有第 3～7 腹节有腹板，平时被背板所包围。腹板一般为简单骨片，从第 3～7 腹节腹板不断增大。第 3 腹节腹板前缘生有纵脊，骨化强，可能与来自腹柄的肌肉着生有关。第 7 腹节腹板最大，中央后部向前深凹，包围生殖孔，凹入部分周围有长毛。第 8、9 腹节腹板消失。

产卵器的基部位于柄后腹第 1 节基部，因此纵贯整个柄后腹。产卵器基部 2 叶外侧背向翘起，腹面中部腹向突出。产卵器是由第 6、7 柄后腹节 (即第 8、9 腹节) 的附肢演化而来，包括属于第 6 柄后腹节的产卵针 (腹瓣) 和刺基板 (第 1 载瓣片)，属于第 7 柄后腹节的产卵针鞘 (内瓣) 、产卵器鞘 (背瓣) 、半圆板和产卵器内板 (第 2 载瓣片)。刺基板 fulcral plate 是 1 块近月牙形骨板，内侧和产卵器内板相关节，在产卵器内板前端形成枢轴，一般有一系列的枝脊刺，枝脊刺可能具有监测骨片活动的功能。在特定的小蜂类群中，枝脊刺的数量通常稳定，在金小蜂等亚科的不同属间有变化。从产卵器内板前端到刺基板关节之间，有供肌肉附着的韧带。刺基板形态在不同亚科间有变化。产卵针从刺基板外侧发出，围绕半圆板前缘的枝脊进入产卵针鞘。产卵针端部尖锐，针状，背面与枝脊连续，沿枝脊边缘和鞘伸展。产卵针可通过榫-槽机制附着于枝脊和鞘上。产卵针的末端具有 1 组感觉构造，也称为"孔"，一般有很细的横脊构成的齿。孔由结状构造组成，结状构造可能是某种类型的感觉器。齿的数目在不同类群中有变化。半圆板 semicircular sheet 及产卵器内板 inner ovipositor plate 相当于第 2 载瓣片。半圆板是 1 对背腹向着生的骨板，彼此垂直或呈锐角，位于柄腹部的前端。半圆板前缘骨化强，增粗形成枝脊 ramus，枝脊嵌入产卵针上的沟中，其上生有 1 行枝脊刺 ramus spine。枝脊刺可能具有监测产卵针活动的功能。枝脊边缘因此传递针的运动，也供产卵器杆的升肌附着。半圆板的前腹面增厚形成骨化很强的球形关节，球形关节上有 1 关节窝，产卵器杆以此关节形成枢轴并转动。球形关节的前面有 1 突起，供肌肉着生。半圆板在此区域上具有 2 个孔，可能是神经或气管进入产卵器鞘内的入口。半圆板内腹侧向后突起，形成窄长条状的产卵器内板。产卵器内板从半圆板向背面伸展，几乎达到柄腹部顶端。愈向腹部末端，产卵器内板愈窄。沿产卵器内板长度方向具有增厚形成的脊，供肌肉附着。产卵器内板和刺基板关节处有刺。产卵器内板外侧基部伸出 1 条韧带 ligament，在刺基板腹面与产卵器外板相连。产卵器内板末端有 1 个多毛的结构，与产卵器内板间有明显缢痕，称为产卵器鞘 ovipositor sheath (背瓣)。产卵器鞘略伸过柄后腹末端，左右产卵器鞘基部背面由 1 根膜质带连接，不能分开。产卵针鞘 (内瓣) 由枝脊边缘延续而成，继枝脊后从球形关节突的腹面沿产卵器内板伸向腹末。左右 2 根产卵针鞘在球形关节处合成一体，成为 1 个完整的鞘，产卵针从鞘内穿过。球形关节窝侧面扩展的程度一般表明产卵器杆在钻的过程中旋转的程度，金小蜂科关节窝侧面扩展很发达。关节窝的前面有 1 对前伸的角状突起供肌肉附着，肌肉控制产卵器杆的旋转，这些角状突起也很发达。产卵针鞘的主要部分通过垂直的横向几丁质骨片愈合在一起，这个骨片称为叠片桥。金小峰科的叠片桥一般较长。

在球形关节处后部有 1 丝桥，连接左右有关结构。产卵针鞘此后形如针状，其末端增粗背面具齿。端部 2 对齿左右愈合，基部 2 对齿左右分离，左、右齿之间有 1 凹槽可容纳产卵针。有些种类，侧齿之间有另 1 枚中齿。齿的数量和位置在同种个体间相对稳定。位于侧面的齿在中线上向末端呈斜坡状，可能当产卵器最初通过产卵器杆的旋转钻入基质时，齿作为 1 种正向和反向的镙牙，不论沿哪个方向都可进入深处。产卵器外板 (第 9 腹节背板) “U”形，前侧部与刺基板关节。在产卵器外板内部有 2 纵脊，脊在刺基板关节后分为 2 叉，用于肌肉的附着。产卵器外板末端有 1 对尾针，尾针具有短杆，可能具感觉功能 (图 24-25)。

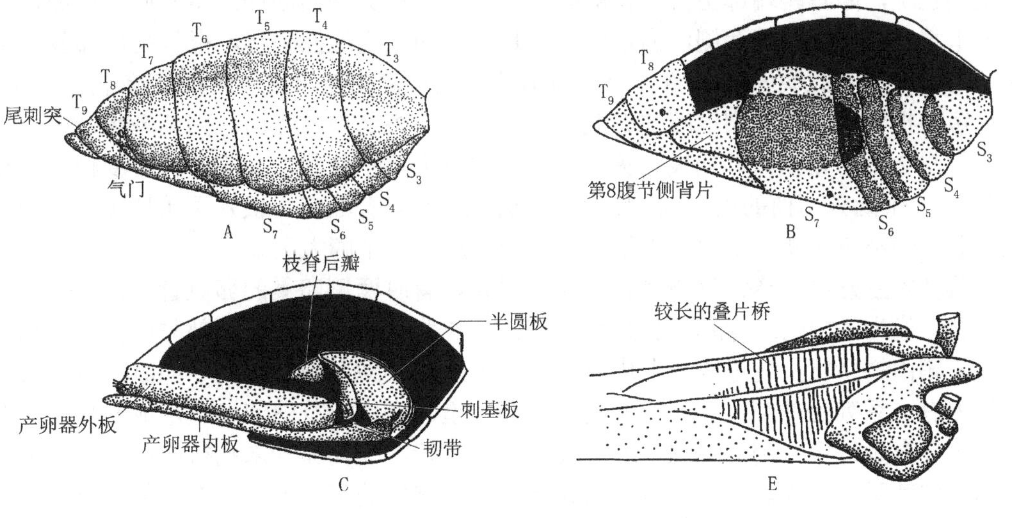

图 24-25　*Pteromalus* sp.雌性外生殖器

A. 柄后腹节侧视；B. 柄后腹节侧视，部分背板除去以展示腹板和第 8 腹节侧背片；C. 柄后腹节侧视，背、腹板除去以展示产卵构造；D. 产卵器基部，示刺基板、半圆板和棘；E. 产卵器基部，示叠片桥；F. 产卵杆末端的背侧视，示产卵鞘和产卵针上齿的位置；G～J. 金小蜂产卵器模式图 (G. 产卵器整体；H. 产卵器基部；I. 产卵器的球形关节；J. 产卵针和产卵针鞘的端部)；T_3～T_9 为第 3～9 腹节背板；S_3～S_7 为第 3～7 腹节腹板 (A～F. Copland and King，1972a；G～J. 黄大卫和肖晖，2005)

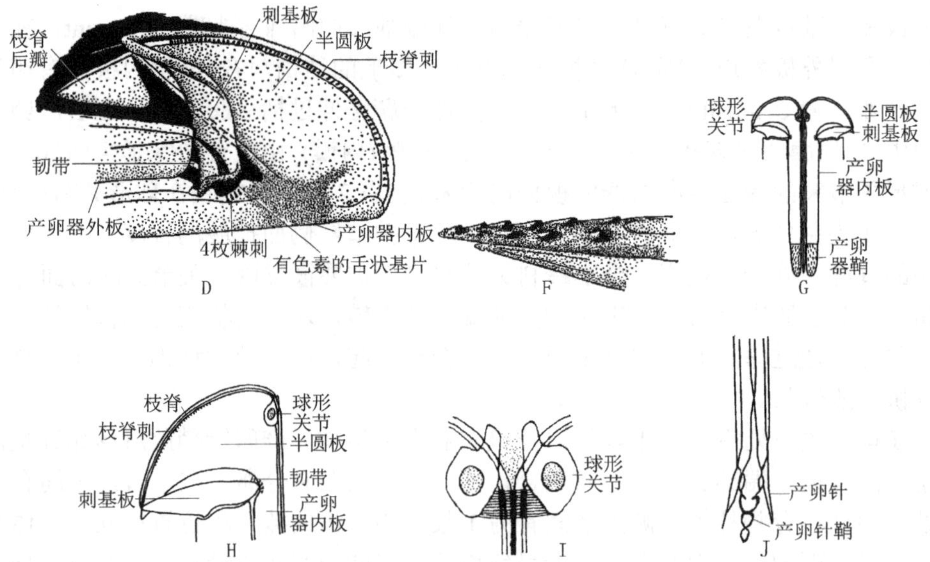

图 24-25 (续)

24.8.4　丽蝇蛹集金小蜂 *Nasonia vitripennis* (Walker)

雄性外生殖器：位于腹面第 8 腹节腹板 (第 6 柄后腹节腹板) 前缘至腹末，阳茎由阳茎鞘包绕，阳茎鞘端部由位于背侧面的 1 对阳基侧突和腹面的阳茎基腹铗构成，阳基侧突末端分别位于阳基两侧，为指状突，是雄性的主要抱握突起，指状突端部各有 1 毛状结构。阳茎基腹铗为 1 完整骨板，与阳基侧突紧密相连，其两侧直接延伸，各伸出 1 个粗短的指突，为不动突，端部有毛，位于阳基侧突之前内腹面。阳茎基腹铗中央部分加厚，与 2 个可动突，即钩突相关节。可动突宽大，呈掌状，几丁质化程度较强，端部生有 3~5 个向外弯曲的粗短刺。阳茎为 1 管状结构，背面有 2 根几丁质杆构成的阳基内突。阳茎端部有 1 槽，从中央将阳茎端分开，形成 2 个膨大区。

雌性内生殖器：通常每卵巢有 4 支卵巢管，有时两侧卵巢的卵巢管数目不同，但两侧之和一般为 6~9 支。卵巢端部附着于第 4、5 腹节背板下方，基部与侧输卵管相连。卵巢管鞘由鳞片状上皮组成，上皮内外表面有 1 层类似基膜的结构。卵巢管多滋式，卵巢管内有一系列滋养细胞和卵母细胞形成的卵室，卵室外有滤泡细胞形成的封套。在卵母细胞发育过程中，滋养细胞与卵母细胞一起下行，在输卵管末端待产前，卵母细胞表面形成卵黄膜和卵壳。卵巢管鞘肌肉蠕动加强了卵室的下行过程，在卵巢管末端接近输卵管部位，管鞘肌肉更发达，收缩作用更强大，迫使卵进入狭窄的输卵管腔。卵巢管末端的卵如不能及时排出 (24h 内)，则发生卵的再吸收过程 (卵吸)，卵的细胞质和卵黄破裂，其产物可能穿过卵巢管鞘进入血淋巴。中输卵管具有薄的表皮衬里和单层细胞，这些细胞呈鳞片状覆盖大部分构造，但在背面，尤其在接近产卵器部位，这些细胞为柱形，形成 1 个厚垫，厚垫可能具有肌肉瓣的功能。精子贮存于受精囊体内。受精囊腺具有很多小的细胞间管道，细胞间管道无表皮内衬，这些管道汇合形成单一的管道开口于受精囊体。受精囊腺内无贮存性腺体库，因此分泌物的单次释放量有限。较大的管道 (包括受精囊管) 内壁具有表皮衬里，衬里不均匀增厚形成逆时针螺旋状加厚。受精囊管狭长，开口于生殖腔的后侧。受精囊管内部无瓣状构造，而是在受精囊腺附近形成 2 个弯曲，弯曲处有肌肉环绕，肌肉收缩时，受精囊管伸直；松弛时，管道弯曲并堵塞，相当于瓣的关闭功能。受精囊体球形，囊壁由单层上皮细胞组成，上皮细胞并不呈现分泌功能，可能仅有形成光滑表皮内衬的作用。囊壁没有完整的肌肉层，表明精子释放过程中囊壁肌肉收缩的控制作用有限。

附腺 1 对，肾形，分别从背侧面开口于中输卵管。附腺分泌物可能有润滑或形成取食管的功能，每 1 腺体有 1 个小的前囊，前囊也称为第 2 附腺，它不直接开口进入中输卵管，而是开口于更大的第 1 附腺 (主附腺)。有的小蜂，第 2 附腺与第 1 附腺明显分开，各自通过导管通入生殖腔。第 1、2 附腺的腔均由单层细胞构成，腔内有薄的几丁质内衬。

碱腺较酸腺小，具有较大的腔，腔由立方形细胞围成。邻近腺体的部位狭窄形成排出管，排出管与生殖腔内的几丁质漏斗联系。碱腺腔衬有细微折叠的几丁质内衬，内容物高度黏稠，与酸腺分泌物分开，单独通过产卵器杆。许多膜翅目昆虫，只有碱腺和酸腺分泌物混合后才呈现毒性，蚂蚁的碱腺产生踪迹信息素，蜜蜂的碱腺在蜂室端部形成包被，保证卵安全到达蜂室壁。此外，碱腺还能形成虫瘿，产生抗体物质。酸腺管状，由具有表皮质内衬的中心管组成，中心管壁为薄层柱状分泌细胞。在腺体末端，中心管分成许多细小支管，支管开口于具有内表面衬里的贮液囊。支管与中心管一样，由能产生几丁质分泌物的细胞包围而成，开口于贮液囊的背区。细胞外有肌肉束。贮液囊的输出管开口于生殖腔产卵针鞘的远端，开口处接近产卵器杆和生殖孔基部。导管壁复杂，背面由肌肉层、肌肉附着的上皮、薄的无定形区组成，各部分均有几丁质内衬。背壁有许多横纹肌，横纹肌伸向库的背、腹、侧壁，控制库的收缩和毒液沿产卵器杆流下。腹面的管壁由外部分泌组织、中间韧带和几丁质内衬组成。上皮细胞之间通过接合复合体和隔膜桥粒连接，保证了库的上皮细胞之间的紧密连接，在肌肉收缩时整体构造能协调动作。表皮下方，内表皮局部增厚环绕输出管，形成薄的无定形区。腹壁有 1 层分泌细胞，分泌细胞的游离面有许多细长微绒毛，腹壁的韧带构造位于分泌细胞和输出管内衬之间，韧带的厚度因种类而异。韧带紧密固定在突起的端部，突起端部埋在背壁上皮的侧面延伸中。腹部韧带和它的侧面突起可能作为阀，在产卵和交配期间关闭毒液库，防止毒液漏进生殖腔。通常，输出管是被韧带关闭的，这拉动腔壁形成小的褶。韧带具有弹性，当毒液排放时，管腔伸展，韧带变得更薄。与库壁和生殖腔相关的肌肉收缩时，生殖腔内的漏斗被拉向库的输出管，毒液从库中压出。肌肉收缩导致库内压力增大，迫使“U”形韧带打开使输出管开通。酸腺管的细微分支阻止了毒液回流进入酸腺。肌肉松弛时，毒液不再压出输出管，韧带保持原初状态的同时，关闭管腔。亚底膜的无定形层协助韧带的作用，无定形层可能具有弹性，作为辅助的括约肌 (图 24-26)。

雌性外生殖器：腹部背面一般可见第 9 腹节背板 (第 7 柄后腹节背板)，腹面可见第 7 腹节腹板 (第 5 柄后腹节腹板)。第 9 腹节背板强烈变形，从两侧折至腹面，形成对称的 2 块条状结构，位于产卵针两侧，与之并行至第 7 腹节腹板前缘，止于产卵管的支撑板。第 9 腹节背板两侧各有 1 个感觉窝，窝内及周围骨板上生有形态各异的感觉毛。在正常收缩位置时，产卵杆位于狭窄的成对产卵器内板上。产卵杆是 1 对内瓣和 1 对腹瓣

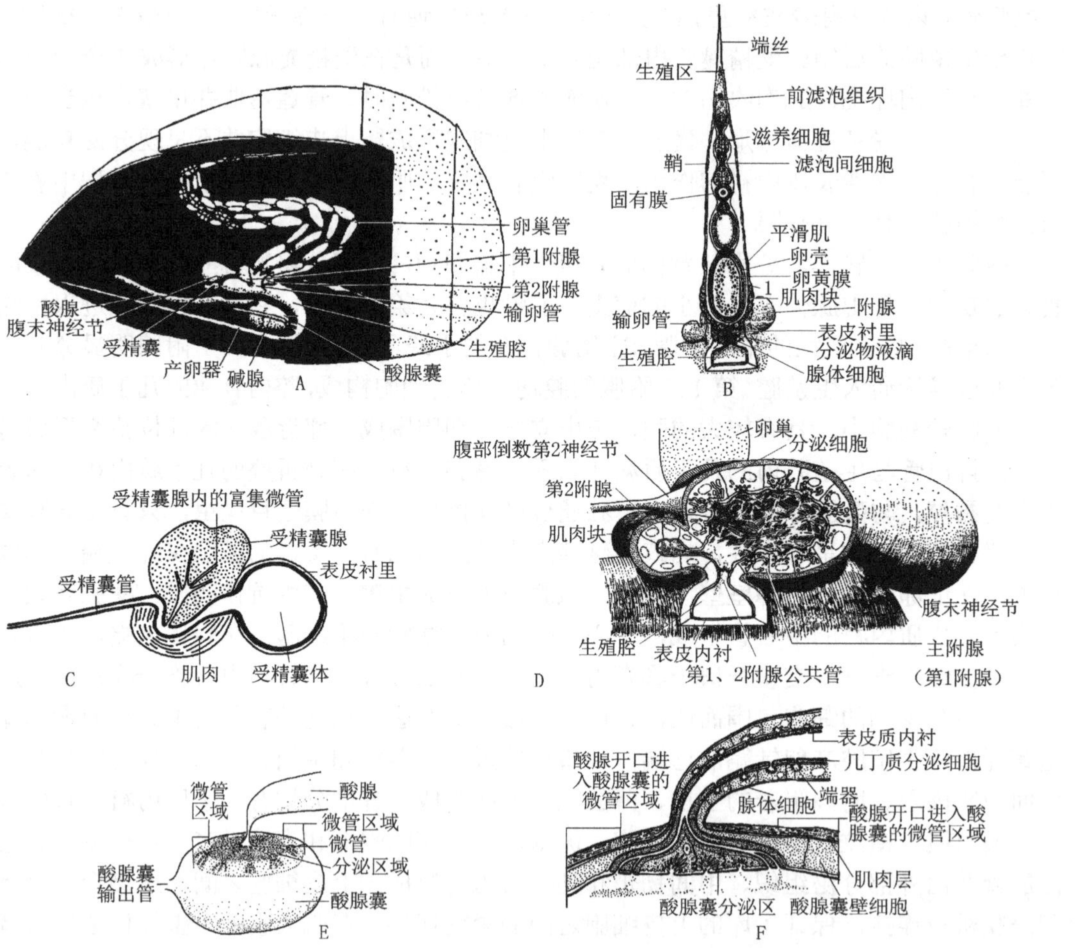

图 24-26　丽蝇蛹集金小蜂雌性内生殖器 (King 等，1969b)

A．雌虫腹部侧面透视，示内生殖器；B．卵巢管和输卵管 (1. 卵母细胞外围的滤泡细胞 oocyte follicle cell)；C．受精囊纵切面；D．附腺纵切；E．酸腺开口进入酸腺囊的构造；F．酸腺进入酸腺囊部位纵切

形成的针状鞘，接近产卵器的末端，产卵瓣之间互相嵌合形成产卵管道及毒液管道。产卵杆末端尖锐呈锯齿状。位于腹面下方，在第 7 腹节腹板处与两侧呈拱形的 1 对支撑板相连。在此连接处，尚有 1 对长形第 2 载瓣片，其末端连有 1 腹视呈刀片状的结构，为产卵器鞘。正常情况下，第 2 载瓣片与产卵器鞘包绕产卵针，使之不与外界接触。在两侧支撑板的远端尚连有略呈三角形的第 1 载瓣片，属于退化的第 8 腹节腹板遗迹。产卵器的鞘状瓣在中线相遇，最初右瓣重叠在左瓣上，然后愈合。因此，产卵器基部由 4 支组成，端部由 3 支组成。每支上具有脊和相应的沟槽进行啮合，相互之间通过榫-槽机制连锁。末端沟槽更明显，榫上的内脊膨大使连锁更牢固。一系列分离的直立骨片，即 Fulton (1933) 所称的叠片桥，将产卵器鞘状瓣的基部连接。这种连接适合于产卵器沿不同方向的伸展弯曲。产卵器每 1 内瓣基部与支撑面外侧的刺基板相关节。Fulton (1933) 所称的刺基板相当于 Snodgrass (1931) 的三角板或 Abbott (1934) 的肾形板，是小型、狭窄、扁平的骨片，每 1

骨片位于产卵器的一侧，与相应的侧面针突愈合，在另一端和中部分别与产卵器内板、产卵器外板的前端相关节，这 2 个关节点在产卵针伸缩产卵或穿刺猎物产卵等环节中特别重要。每 1 产卵器鞘状瓣的基端侧面具有球状的构造，分别具有 1 个来自产卵器内板前端的突起，一起构成 1 个球-窝关节构造。Snodgrass (1931) 认为这属于枢轴点，用于产卵器从腹面伸出。每 1 产卵瓣基端有粗的隆起，该隆起主要供相关肌肉附着。每产卵针和产卵针鞘均具有端生的倒刺，产卵针包围在它们之间，形成卵下行的通道。产卵道的直径比卵小，卵较难通过，有人认为卵通过产卵器内的管道下行主要依靠自身的变形，而不是依赖产卵器的扩张。

产卵器外板位于侧面和后面，包裹产卵器内板。它们实际上是 1 块板，因双向弯曲呈“U”形，底部在内，向末端开口。每 1 产卵器外板长约为宽的 5 倍，通过 2 个内侧面的纵脊加强其强度。外部 (端部) 的脊斜跨产卵器板，其前段处于板的腹面，后段处于板的背面。脊纵贯板的全长，在前端扩大形成中空与刺基板关节。其他的脊则小得多，也不太倾斜，紧密附着于产卵器内板的侧面，可能作为刺螯时针刺交替动作的方向引导。

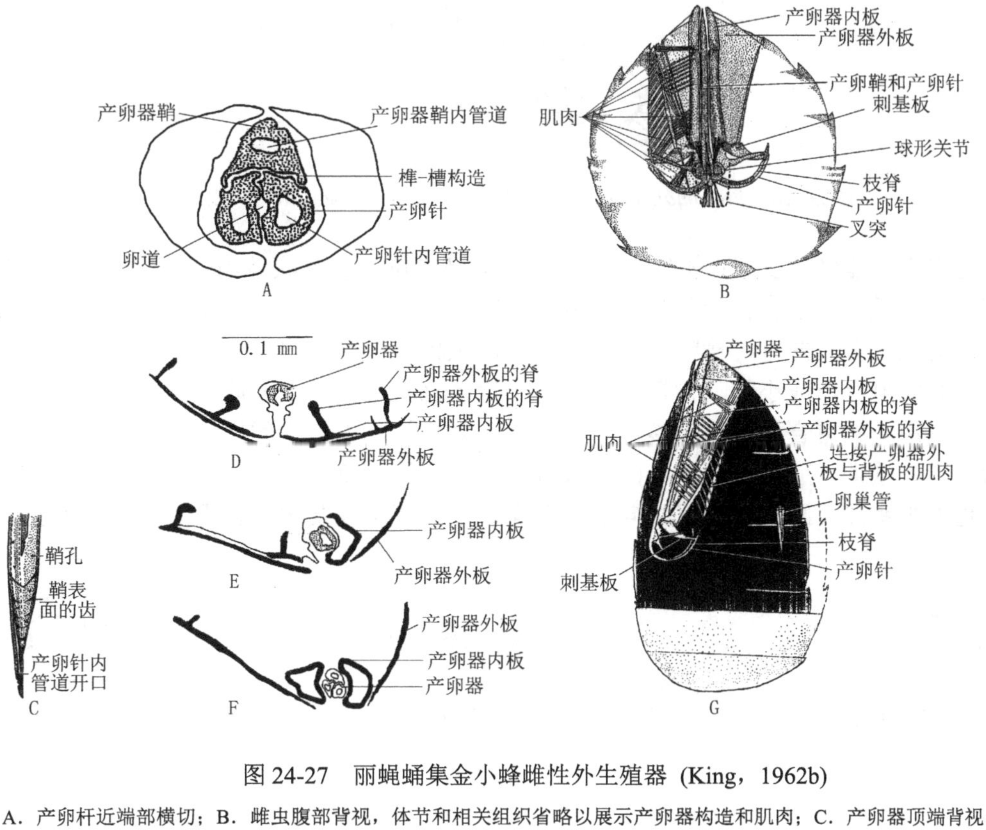

图 24-27 丽蝇蛹集金小蜂雌性外生殖器 (King，1962b)

A. 产卵杆近端部横切；B. 雌虫腹部背视，体节和相关组织省略以展示产卵器构造和肌肉；C. 产卵器顶端背视，产卵鞘上有交互排列的 2 排孔，右侧的产卵针稍伸出；D～F. 腹部横切示产卵器外板和产卵器内板之间的关系 (D. 产卵器前端；E. 产卵杆中段；F. 产卵杆后端)；G. 腹部侧面透视，示产卵构造

产卵器内板相当于 Snodgrass (1931) 的矩形板。产卵器内板成对，比产卵器外板更

薄，末端 1/5 似乎与产卵器内板剩余部分相关节，其内表面下方有 1 排棘刺。棘刺继续向下延伸达 3/4 长度。产卵器内板基部扁平，有 1 明显中脊。在接近端部位置，脊移至板的外缘并开始向内蜷曲。同时，内缘轻微上翘与脊蜷曲汇合，形成空管。板的亚基部形成外缘，进而形成侧面的支撑杆，与鞘的枝脊愈合。稍后方，外缘再次扩大形成关节窝，与刺基板相关节。刺螫时，刺基板在此窝内转动 (图 24-27)。

24.8.5 *Pteromalus liparae* Giraud

雄性内生殖器：精巢纺锤形，位于第 7 腹节消化道背侧。输精管粗短，约在中后部膨大形成贮精囊。附腺梨形，每侧附腺与贮精囊后端的输精管一起汇入同侧的 (复) 射精管，两侧的射精管汇合于很短的单射精管，单射精管经阳茎向外开口 (图 24-28)。

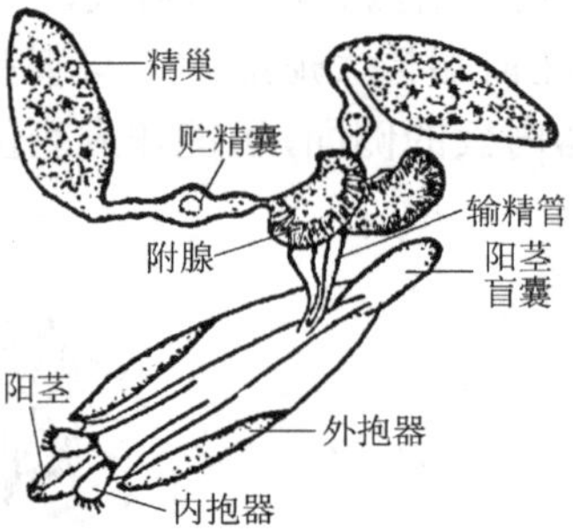

图 24-28　*Pteromalus liparae* 雄性内生殖器 (D'Rozario，1942)

雄性内生殖器胚后发育：体长 1mm 的幼虫，精巢位于第 8 腹节消化道腹侧。输精管 (生殖索) 粗短而无内腔，向后伸展达到外胚层表皮细胞增厚的前缘，末端呈相对发达的壶腹状。幼虫发育成熟时，输精管出现管腔，成虫器官芽基部出现沟陷。预蛹早期，沟陷前端的腹瓣愈合形成小管，输精管壶腹与小管建立联系。每个壶腹发出前伸的附腺。随后，阳茎原基的愈合导致沟陷转化为射精管，射精管端部和中间发出盲管，并逐渐与输精管连通。蛹期，成虫内生殖器的生长分化完成 (图 24-29)。

雄性外生殖器：阳茎圆管状，向端部渐尖，基端有 1 较发达的盲囊状构造，可能供

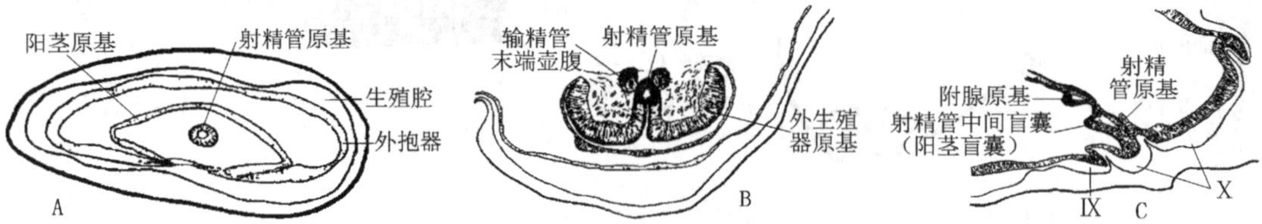

图 24-29　*Pteromalus liparae* 雄性生殖系统胚后发育 (D'Rozario，1942)

A. 初期蛹横切，示外生殖器；B. 预蛹横切，示射精管的发育；C. 预蛹后期纵切，示射精管中间盲囊 (阳茎盲囊) 的发育；Ⅸ、Ⅹ为第 9、10 腹节

控制阳茎活动的肌肉着生，也有人认为其属于射精管盲囊，供临时贮存精液之用。阳茎

基部包被有外抱器形成的阳茎鞘，休止时阳茎缩入鞘内。鞘壁上有骨化杆，骨化杆前伸与阳茎近等长。阳茎端部有 6 对生殖乳突 genital papillae。内抱器位于阳茎鞘腹面后缘，每内抱器顶端有 5 支外伸的毛 (图 24-30)。

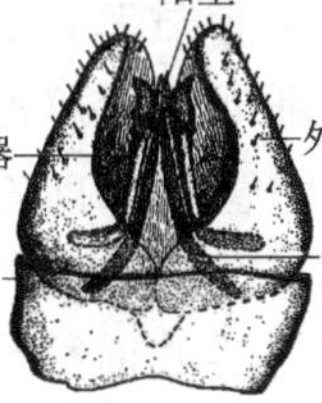

图 24-30 *Pteromalus liparae* 雄性外生殖器 (D'Rozario，1942)

雄性外生殖器胚后发育：体长 2mm 的幼虫，第 9 腹节腹板后部出现 1 对表皮细胞增厚，2 增厚较为接近。这些器官芽不断生长扩大，在幼虫发育成熟时，沿第 9 腹节腹板进入生殖腔。预蛹期，每器官芽基部向后方发出中胚层外突，此为阳茎原基。蛹期，外抱器逐渐包围阳茎原基，阳茎原基发育形成阳茎。在此过程中，外抱器逐渐发育形成阳茎鞘。

雌性内生殖器：卵巢 1 对，位于第 5~6 腹节消化道的背侧，每卵巢有 2 支卵巢管。侧输卵管短，接入中输卵管，中输卵管很短，与生殖腔呈融合状。另有 1 对椭球形囊状附腺，开口于生殖腔前端两侧。受精囊包括顶端的受精囊体和基部的受精囊管，受精囊管开口于中输卵管-生殖腔复合体前部中间。酸腺包括端段的酸腺体和基段的酸腺囊，酸腺囊通过酸腺管开口于后 (内) 瓣的基部。碱腺管状，顶端较厚，大小约为酸腺之半，开口位于酸腺开口之前 (图 24-31)。

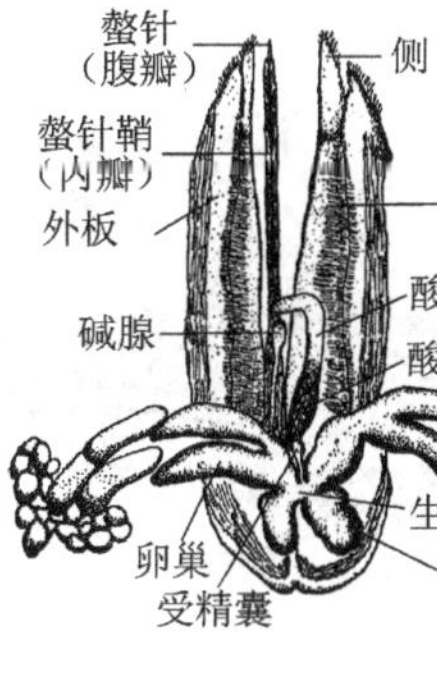

图 24-31 *Pteromalus liparae* 雌性生殖系统 (D'Rozario，1942)

雌性内生殖器胚后发育：体长不足 1mm 的幼虫，生殖腺位于第 7、8 腹节消化道背侧，卵圆形。根据生殖管的指向可判别雌、雄虫，雄虫输精管 (生殖索) 后伸至第 9 腹节腹壁内侧，雌虫的输卵管 (生殖索) 后伸、下弯、向背面弯曲，然后前伸到第 7 腹节腹壁内侧。1.4mm 体长的幼虫，输卵管末端壶腹位于第 7 腹节中部两侧。2.4mm 体长幼虫的输卵管末端壶腹出现外胚层增厚，这些器官芽比随后各节的器官芽分开更明显。壶腹成为单层细长细胞包围的内腔。老熟幼虫期，成虫器官芽扩大而突出，有围肢腔 peripodial cavity 包被。壶腹有明显的内腔。后瓣基部的中间沟内出现酸腺原基。受精囊则在前（腹）瓣基部的沟内出现。第 7 腹节成虫器官芽位于沟的下面，分割很开，器官芽的中间区域出现中输卵管原基。在酸腺原基内陷的稍前部出现碱腺原基的内陷。器官芽外胚层部分的中间壁收缩内陷，第 7 腹节器官芽明显突出，与下生殖板融合，中输卵管原基前移，与受精囊建立联系。预蛹期，酸腺原基分化出端部的酸腺体和基部的酸腺囊，受精囊也出现类似的分化，中输卵管基部前方出现 1 对囊，该囊将发育为附腺。中输卵管前端发生收缩，将中输卵管前端分为 2 支盲管，每盲管与生殖索的末端壶腹连接，这种情况一直保持到 1 日龄蛹期。产卵器的前移导致受精囊和中输卵管开口的后位。蛹期，已经形成的成虫期器官进行体积增长和组织分化。蛹后期，生殖索壶腹开口于中输卵管侧臂（图 24-32)。

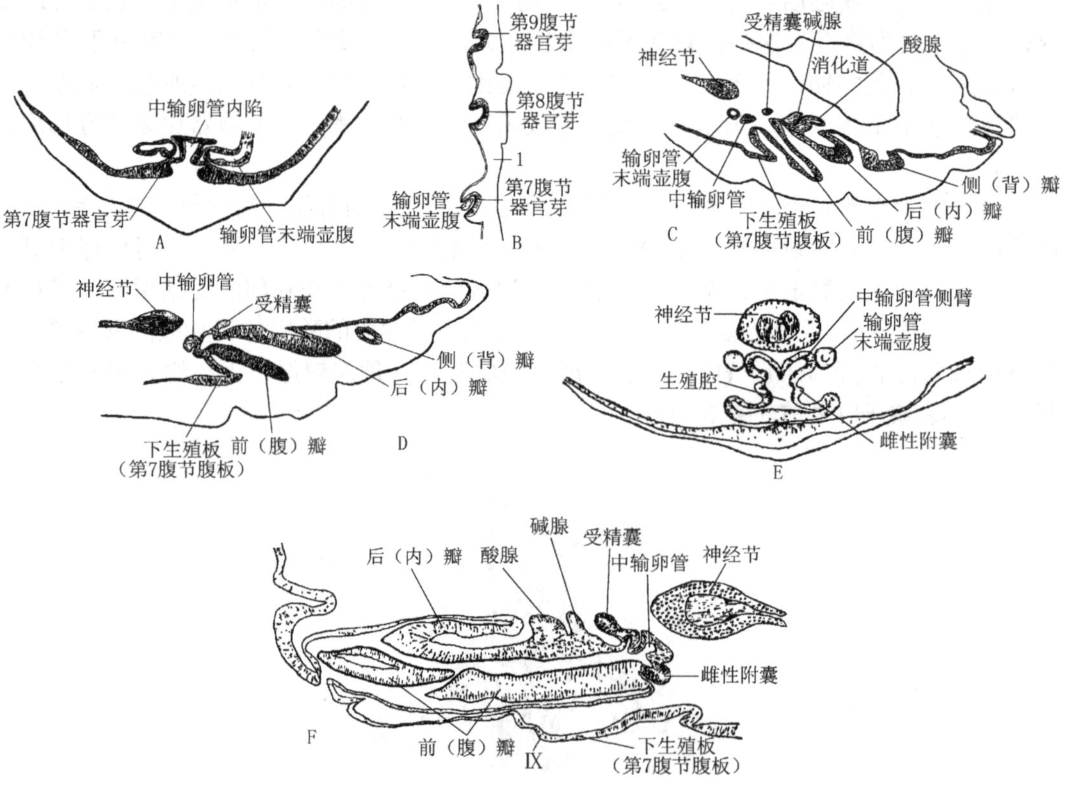

图 24-32　*Pteromalus liparae* 雌性内生殖器胚后发育（D'Rozario，1942）

A．充分发育的幼虫横切，示发育中的中输卵管；B．充分发育的幼虫纵切，示第 7～9 腹节腹板上器官芽的位置（1．中输卵管和受精囊之间的外胚层区域）；C、D．充分发育幼虫的后期纵切，示中输卵管原基和受精囊原基逐渐接近的过程；E．1 日龄蛹横切，示中输卵管侧臂的发育；F．预蛹纵切，示蛹期发育完成的成虫内生殖器；IX为第 9 腹节

雌性外生殖器胚后发育：体长 1.4mm 的幼虫，第 8、9 腹节腹板各出现 1 对表皮细

胞增厚。体长 2.4mm 的幼虫，成虫器官芽扩大。老熟幼虫期，成虫器官芽出现围肢腔。老熟幼虫后期，第 9 腹节上的成虫器官芽分化为内、外各 1 对；最终，第 8 腹节上的器官芽发育形成螯针 (腹瓣)；第 9 腹节上内侧的 1 对器官芽愈合，形成螯针鞘 (内瓣)，而外侧的 1 对器官芽形成触须样的侧瓣 (背瓣)。

24.9 蚜小蜂科 Aphelinidae

24.9.1 雄性外生殖器

雄性外生殖器一般由阳茎基、阳基侧突、指突 digiti 和阳茎组成。指突端部有的具小抱器，即钩爪。阳茎基部具有阳茎内突 aedeagus apodeme。具这种典型结构的有蚜小蜂属 *Aphelimus*、*Centrodora*、*Marietta* 等，而多数类群的雄性外生殖器结构则更简单。如蚜小蜂亚科的一些属，雄性外生殖器由船形阳茎基、2 个或 1 个抱握器的指突、阳茎及 2 个杆状阳茎内突组成，阳基侧突有或无。食蚧蚜小蜂亚科的一些属，阳茎基呈锥形长鼻状 trunk-conic 或匙状，指突有或无，如果有则不具有端抱握器。四节蚜小蜂亚科的一些属，阳茎基具有 2 个侧臂及 2 个很长的无端抱器的指突，杆状阳茎内突融合。Calesinae 亚科 *Cales* 的雄性外生殖器结构最简单，无阳茎基，仅有阳茎部分 (图 24-33)。

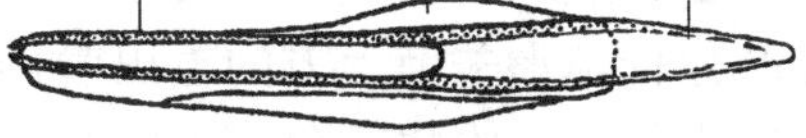

图 24-33 蚜小蜂雄性外生殖器 (黄健，1994)

24.9.2 雌性内生殖器

每卵巢有若干多滋式卵巢管，卵巢管开口于侧输卵管，侧输卵管汇入中输卵管，中输卵管末端开口于非腺体性表皮质生殖腔，生殖腔收窄进入产卵杆的产卵道。附腺 1 对，通常从背面开口进入中输卵管和受精囊。受精囊管由腹面侧输卵管合并形成中输卵管处进入生殖腔。酸腺及其贮液囊、碱腺开口于生殖腔球形关节上方。恩蚜小蜂属、蚜小蜂属、食蚧蚜小蜂属每卵巢有 3 支卵巢管。卵巢长，折叠在柄后腹部内。每卵巢管内成熟卵的数目较少，如蚜小蜂属每卵巢可达 4 粒。卵多为简单的卵圆形，但也有双体状、具柄卵的报道，柄可能有使卵固着在寄主体内或体表的功能。每个发育中的卵母细胞具有 15 个与之联系的滋养细胞，但成熟卵不是沿卵巢管纵轴方向产出，而是彼此并列处于 1 个囊内。卵巢开口于短的侧输卵管，两侧的侧输卵管汇入中输卵管。短的侧输卵管常被称为卵巢萼，大多数科中卵巢萼具有腺体性能，卵巢萼由大的圆柱形分泌细胞组成，细胞顶端充满大的液滴。Rotheram (1967) 发现 1 种姬蜂 *Nemeritis canescens* 的卵通过该区域时，这些液滴被挤出涂于卵的表面。Wilkes (1965) 认为在寡节小蜂 *Dahlbominus fuscipennis* 中，这类液滴仅具润滑作用，在其他类群中液滴可形成卵的保护性外套以抵抗寄主反应。对内寄生种类而言，卵不被寄主形成被囊进而杀灭至关重要，这种防御活性可保留至产卵后一段时间。也有许多种类，萼区没有腺体分泌功能。中输卵管部分区域具有肌肉，具有表皮和棘刺衬里帮助推进卵进入生殖腔和卵道。

恩蚜小蜂属和食蚧蚜小蜂属具有 1 对明显的附腺，蚜小蜂属缺乏附腺，附腺的位置被伸展的具有腺体功能的萼取代。除金小蜂科、广肩小蜂科和长尾小蜂科外，大多数小蜂只有 1 对附腺。蚜小蜂科的附腺球形、相对较大。丽蝇蛹集金小蜂的附腺分泌物为蛋白质和糖类的复合体，有认为分泌物用于形成取食管，使成蜂能够从寄主体内吸收液体食物。一般认为只有那些具有 2 对附腺的种类能形成取食管，而那些单一附腺的种类，其附腺则具有其他功能，如产生黏胶固定卵（内寄生种类无此必要）、形成卵柄等。受精囊体亮黄色，也称为端囊，用于贮存精子。受精囊管“S”形弯曲，位于受精囊体和肌肉环带之下，形如阀门。肌肉收缩使受精囊管伸直，使精子进出受精囊体。恩蚜小蜂属位于受精囊体下方的受精囊管加宽并具有色素，形成 1 种前庭构造，前庭内可见到精子。受精囊腺相对较小，开口于导管，开口部位为急弯的上方。腺体分泌物可能用于滋养或活化受精囊体内的精子。受精囊管分支形成细的细胞间小管，收集每个腺体细胞泡囊状细胞器 vesicular organelles 的分泌物。

蚜小蜂的碱腺较大，位于酸腺和酸腺贮液囊的侧面、输卵管下方，由柄腹部下方伸展相当距离。碱腺由管状的腺体和长的输出管组成，输出管将内容物排入生殖腔，开口位置在酸腺贮液囊开口之上。腺体部分由薄的鳞片状上皮分泌细胞组成，上皮细胞围成袋状的腔，腔内含有黏性的分泌物。蚜小蜂的碱腺分泌物可能具有标记寄主的外激素功能，有利于避免对寄主的重寄生。酸腺相对发达，由短管状腺体和 1 个端部贮存分泌物的贮液囊组成。分泌物通过产卵杆球形关节上方的输出管排入生殖腔。腺体由单层柱状分泌细胞组成，分泌细胞形成收集管，收集管分出细的细胞间管道进入每个分泌细胞的泡囊状细胞器（图 24-34）。

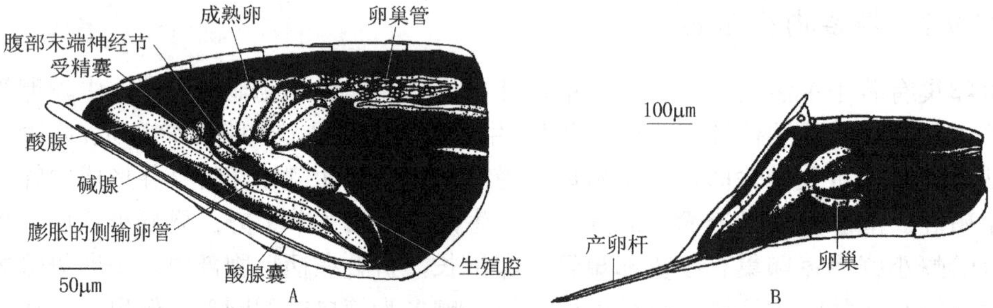

图 24-34 *Aphelinus* sp.雌性内生殖器（Copland，1976）

A. 柄后腹节侧面透视，示内生殖器；B. 产卵状态的柄后腹节侧面透视

24.9.3 雌性外生殖器

柄后腹节无柄，背面宽，顶端平，形成 1 个明显角度的斜坡，除突出的产卵器鞘外，柄后腹顶端呈圆形。各节背板长度类似，明显向侧面延伸，几乎在下方中线接触。第 8 腹节背板最小，具 1 对侧生气门。第 9 腹节背板最大，其侧面向前延伸，位于其他背板下方，作为产卵器外板。该背板末端有 1 对圆斑，其上有感觉毛。第 3～7 腹节腹板发达，

虽然大多被两侧下延的背板所覆盖，但完全伸展到柄腹节的侧面。第 7 腹节腹板稍大，中线上具有 1 小丛感觉毛，表明生殖孔的位置。第 8 腹节侧背板在大多数种类中为小的圆形骨片，覆盖产卵器的部分肌肉，但蚜小蜂属的第 8 腹节侧背板缺失或仅为膜质，可能与这类昆虫产卵器的异常运动有关。

产卵器较发达，长度比例在不同种类间差异较大，从腹基部、腹中部、近腹后端伸出，大多数种类的产卵器从柄后腹的腹面 1/3 处伸出，略伸出腹末。花角蚜小蜂产卵器大，前部伸达腹柄，产卵时需下弯以容许产卵杆弹出，产卵器的超出部分几乎达到产卵器的长度，这种类型一般与攻击深埋于基质内的寄主有关。肛下板 hypopygium 也称下生殖板 subgenital plate 或下阴片 hypogynium，一般不发达，仅在少数属 (*Aphelinus*、食蚧蜂属 *Coccophagoides*、*Lounsburyia*、*Protaphelinus* 等) 中突出，伸至或超过腹末。产卵器基本组成：①产卵器前部为 1 对半圆板，向后伸展作为产卵器内板 (第 2 载瓣片)，其末端具有感觉须 (背瓣)，半圆板增厚的枝脊边缘分开并向后延伸成为产卵针鞘 (内瓣)；②刺基板 (第 1 载瓣片) 和相关的产卵针 (腹瓣)；③产卵针鞘和 2 个产卵瓣一起形成钻刺器官或产卵杆；④内瓣，由第 9 腹节背板前伸的臂发育而成。

半圆板是 1 对骨化板，几乎垂直地位于柄腹节前部，约占整个高度的 1/3。半圆板弯曲的枝脊边缘增厚，既作为产卵杆的升肌，也使枝脊与产卵针边缘的沟啮合。这个弯曲的边缘通过一定角度将刺基板往复运动转化为产卵针的上下运动。沿枝脊边缘有一系列棘，称为枝脊刺，具有监控产卵针活动和产卵器在体内转动的功能。半圆板基部增厚形成小的球形关节，产卵杆以此为枢轴进行旋转。半圆板后底部向后进入内瓣。半圆板的后缘在不同种类中有类型变化。有些种类有 1 个长的后枝脊延伸，具有附着肌肉使刺基板获得更大活动弧度的功能。在半圆板的外后缘是 1 个垂直加厚的脊，供上部产卵针的伸肌附着。这个脊从半圆板后缘、后枝脊延伸处分叉。典型的系带供下部产卵针的伸肌附着，该系带也位于半圆板的后缘。支板在这个系带稍下方形成关节，与支板联系的是典型的监测功能的枝脊刺。产卵器内板由半圆板基部向后延伸形成，延伸区域相当宽。产卵器内板背面加厚，供产卵针的收缩肌附着。这些骨片回转进入须状的背瓣，背瓣多毛，一般具有感觉作用。背瓣的长度种间变化很大，通常可动，与内部骨片有精细的关节。在关节点，背瓣与骨片通过表皮桥和附属的小型姿势肌联系。

产卵针鞘是半圆板加厚的枝脊边缘的连续，具有 1 个脊沿产卵针的纵向与其表面的沟啮合，所以两者能彼此滑行而不易分开。产卵针鞘之间在基部球形关节处愈合，端部具有 1 列齿。球形关节有 1 对球形的关节窝，关节窝承接半圆板基部的球形关节突。产卵杆升肌附着在关节窝的背面，而前面 2 个短的突起形成产卵杆转动肌的附着点。产卵针鞘的 2 个侧面通过分层叠片桥紧密联合，叠片桥由垂直的表皮片层形成。产卵针鞘端部的齿在种间有变化。总体上，产卵器齿中位，用于刺；而具有钻的功能的齿为侧位，齿之间彼此交错，可用产卵针鞘齿的公式表示。

刺基板的形态种间有变化，一般三角形，但有不同程度地加厚和支撑。那些具有长的枝脊扩展的种类，刺基板加厚呈三方向放射形，使其有强度应对整个运动弧度内的应力。一般与外片之间的关节位于基部 1/3。刺基板向背面进入产卵针，虽然通过榫-槽机制附着于产卵针鞘，但产卵针和产卵针鞘较容易分开。产卵针的横切面呈新月形，在相邻产卵针之间形成 1 个宽的卵道。每个产卵针内部有小的管道，产卵针的端部有感觉器。大部分小蜂科产卵针鞘上具有发达的齿，但在蚜小蜂科中很少发育。产卵针沿球形关节下方向前、向上并达到枝脊，同时加宽形成圆形、漏斗状生殖腔，其顶端具有“V”形表皮叉突，输卵管肌肉附着于叉突上。产卵器外板由第 9 腹节背板前向的臂发育形成，形态上有变化，蚜小蜂属的产卵器外板长而窄，食蚧蚜小蜂属的短阔。产卵器外板的功能是推或拉表皮叉突，进而移动产卵针，因此它有脊供产卵针伸、缩肌的附着，这些肌肉精确的附着位置在不同种类中有变化，一般沿叉突纵向附着在脊上 (图 24-35)。

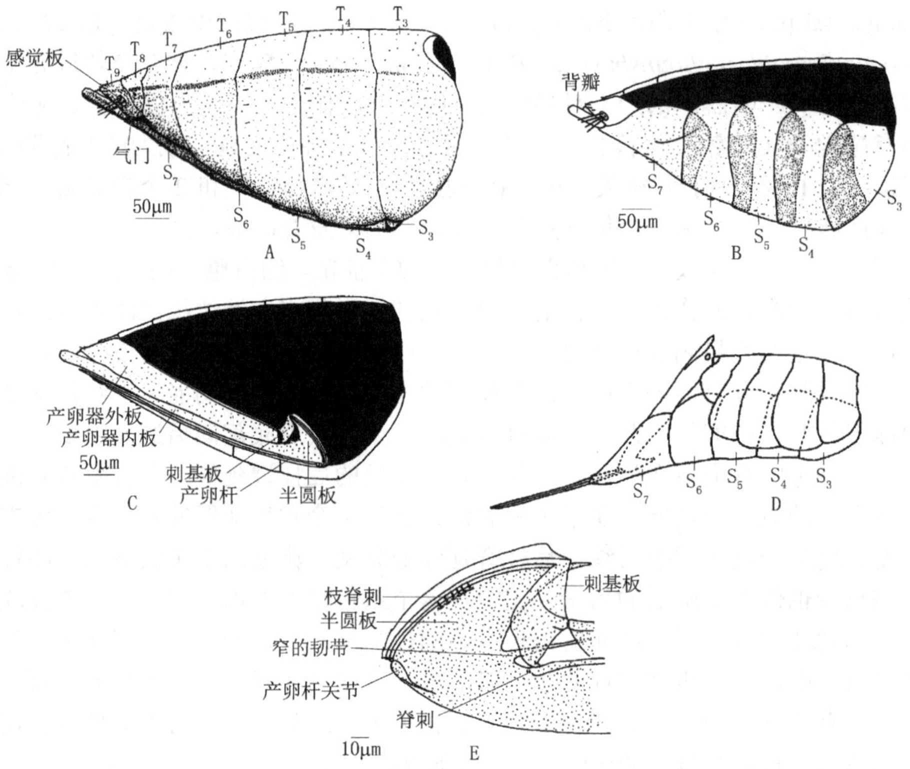

图 24-35　*Aphelinus* sp.雌性外生殖器 (Copland，1976)

A. 柄后腹节侧视；B. 柄后腹节侧视，部分背板除去以展示腹板；C. 柄后腹节侧视，背、腹板除去以展示产卵构造；D. 处于产卵状态的柄后腹节；E. 产卵器基部构造，示刺基板、半圆板、脊的位置；T_3～T_9 为第 3～9 腹节背板；S_3～S_7 为第 3～7 腹节腹板

24.9.4　丽蚜小蜂 *Encarsia formosa* Gahan

雌性内生殖器：每卵巢有 6 支卵巢管。卵巢管端丝细长，每侧卵巢的端丝扭卷成疏松的悬带，附着于背血管腹壁下方。卵巢管基部开口于较短的侧输卵管，两侧的侧输卵管顶端汇合呈环形。侧输卵管基部接入中输卵管。中输卵管-生殖腔结合成球形，大致前半球为中输卵管，后半球为生殖腔，两者之间以受精囊管着生处为界。在中输卵管的上

前方，有 1 个体积较大、膨大成球状的附腺，附腺有短柄与中输卵管相连。受精囊管着生于生殖腔前端侧面，前端呈"S"形状，弯曲在受精囊体的下方。受精囊体淡黄色，较发达，梨形。受精囊腺梨形，较小 (图 24-36)。

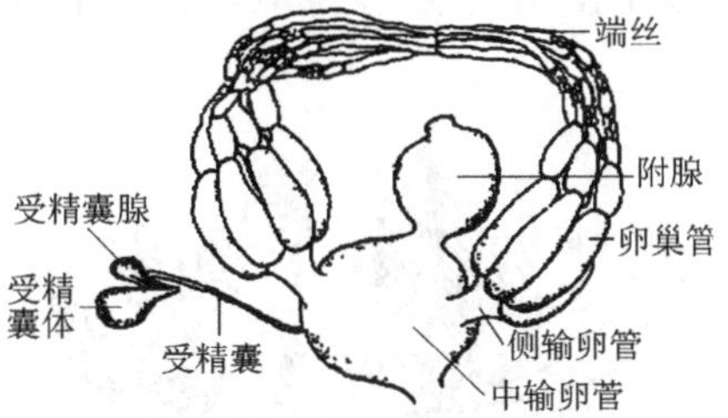

图 24-36　丽蚜小蜂的雌性内生殖器 (王青和严毓骅，1992)

24.10　姬小蜂科 Eulophidae

24.10.1　长尾啮小蜂 *Aprostocetus procerae* (Risbec)

雌性内生殖器：每卵巢有 10 支以下多滋式卵巢管。每卵巢管有 1～2 粒处于卵黄发生期的卵母细胞。每侧卵巢的卵巢管端丝汇合形成悬带，卵巢管的基部集生于卵巢萼上，卵巢萼下方为粗壮的侧输卵管，侧输卵管中部膨胀增粗。附腺 1 对，附腺的分泌细胞网状，有肌纤维包被。小型分泌管道在中部汇入附腺管。每侧附腺与侧输卵管一起通入中输卵管，中输卵管后端与产卵器连接 (图 24-37)。

雌性外生殖器：背瓣基部宽，端部渐尖，内表面有许多表皮棘。腹瓣和内瓣形成螯针，螯针包藏在背瓣内。成对的内瓣和腹瓣啮合，形成滑行机制，使内瓣形成的刺针能前后滑行。刺针外表有齿，基部的齿大，向端部渐细小。第 1、3 产卵瓣上感器较为丰富 (图 24-37)。

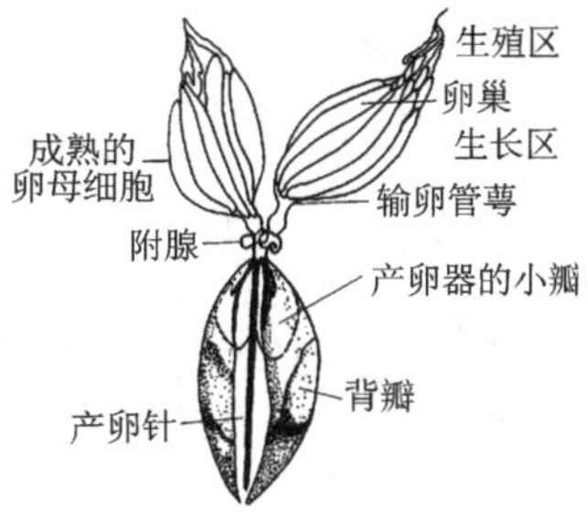

图 24-37　长尾啮小蜂雌性内生殖器 (Nacro and Nénon，2008)

24.10.2　白蛾周氏啮小蜂 *Chouioia cunea* Yang

雌性内生殖器：每卵巢有 6～10 支卵巢管，卵巢管粗短，下方与侧输卵管相连。侧输卵管很短，两侧的侧输卵管汇入极短的中输卵管，中输卵管下端与生殖腔连接。中输卵管背方生有 1 袋囊状受精囊体，受精囊体上连接有 1 支乳白色受精囊腺。在侧输卵管与中输卵管连接处的侧面，各生有 1 对双球状附腺，其分泌液可能有利于卵的下行与产出。与生殖腔相连的还有 2 个突出的腺体，1 个是无色蜷曲香肠状的毒腺 (酸腺)，它与球形膨大的毒囊相连。毒囊黄色，用于贮存毒液。杜氏腺 (碱腺) 长囊状，着生于生殖腔开口附近 (图 24-38)。

图 24-38　白蛾周氏啮小蜂雌性内生殖器 (杨忠歧，1995)

24.11　赤眼蜂科 Trichogrammatidae

24.11.1　雄性外生殖器

雄性外生殖器分为阳茎基及阳茎两部分，阳茎基为中空鞘，阳茎位于鞘的中央。阳茎基末端两侧有阳基侧瓣，背面有阳基背突，有些种类在阳基背突基部两侧有明显突出的侧叶。大多数种类腹面有腹中突，自腹中突的基部开始，常有骨化较明显而向基部延伸的中脊。中脊自腹中突的基部伸出，无腹中突的种类则自中部伸出，且有 1 对可以活动的具爪构造 (小抱器)，称为钩爪。以腹中突基部 (若无腹中突则以两钩爪之间的基部) 至阳基侧瓣末端的距离作为长度的标准 (D)，用来描述各部分长度比例。阳茎基包括阳茎与内突两部分，两部分的长度比，也用于辅助鉴别 (图 24-39)。

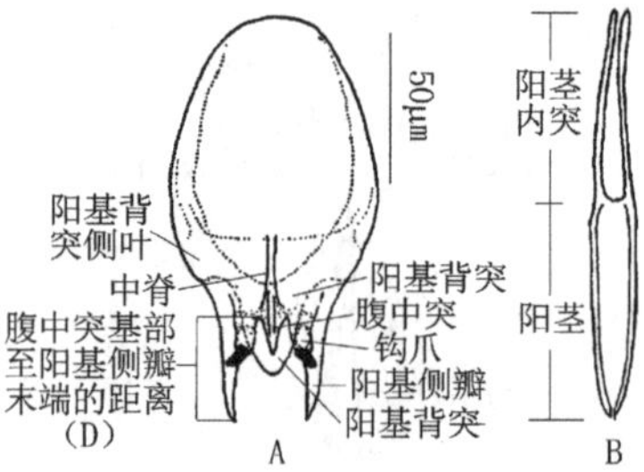

图 24-39　赤眼蜂雄性外生殖器 (庞雄飞和陈泰鲁，1978)

A. 阳基；B. 阳茎

24.11.2　跳甲异赤眼蜂 *Asynacta ophriolae* Lin

雄性外生殖器：外生殖器明显分为阳茎基和阳茎两部分；腹中突基部至阳基侧瓣末

端的距离约为阳茎基长度的 0.3，腹中突细长，末端与钩爪齐平，稍伸出阳基侧瓣端部以外。中脊骨化不明显，仅在其部位颜色稍深，向后达阳茎基的一半左右。阳茎细长，长度约为其内突的 2 倍，两者全长明显长于阳基，与后足胫节等长 (图 24-40 A、B)。

雌性外生殖器：腹部稍侧扁，大致光滑，但各节背板后缘有刚毛。产卵管发达，明显长于腹部，相当于后足胫节长的 2.2 倍，显著突出腹末以外。下生殖板较大，伸达产卵管之半 (图 24-40 C)。

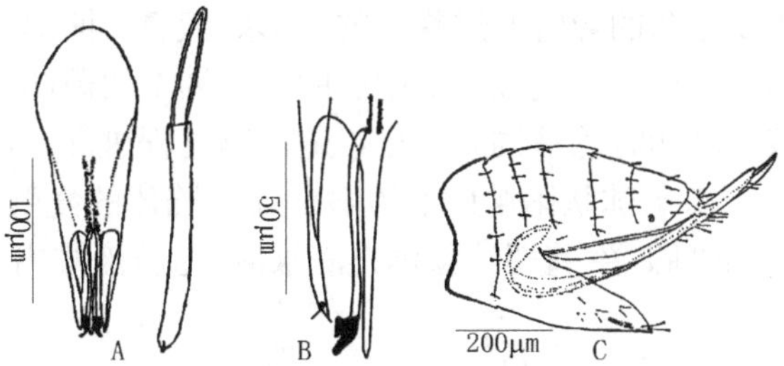

图 24-40　跳甲异赤眼蜂外生殖器 (林乃铨，1993)

A. 雄性外生殖器，阳基与阳茎；B. 阳基端部放大，示阳基侧瓣、钩爪和腹中突；C. 雌虫腹部侧视

24.11.3　斑蛾赤眼蜂 *Trichogramma artonae* Chen *et* Pang

雄性外生殖器：阳基背突不明显，三角形。腹中突强度骨化，特别长大，其长度相当于腹中突基部至阳基侧瓣末端距离的 0.9 倍。中脊单一，向前伸达阳茎基的基部，钩爪甚长，伸出于阳基侧瓣末端之外。阳茎长于其内突，两者全长短于阳茎基。阳茎基短于后足胫节 (图 24-41)。

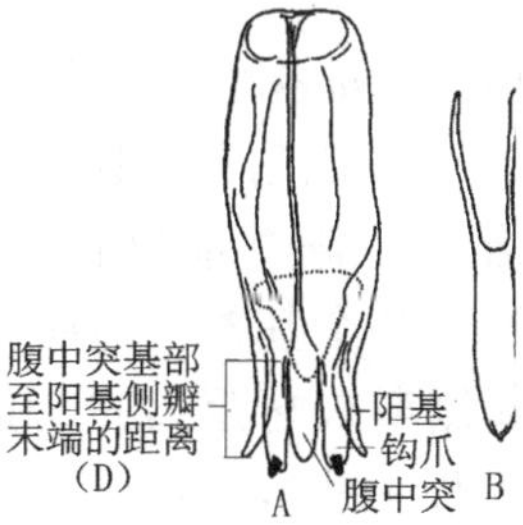

图 24-41　斑蛾赤眼蜂雄性外生殖器 (陈泰鲁和庞雄飞，1986)

A. 外生殖器整体；B. 阳茎

24.11.4　拟澳洲赤眼蜂 *Trichogramma confusum* Viggiani

雄性内生殖器：精巢白色，半透明。化蛹初期，精巢顶部较大，下端稍小，呈棒状。蛹后期，精巢变成下部膨大、上部稍小的塔形。成虫羽化后，精巢变小变扁，近菱形。输精管连接于精巢基部，输精管下部膨大成 1 黄色贮精囊。在化蛹早期，透过蛹壁可见贮精囊位于腹背近末端两侧处，借此可辨别雌雄。即将羽化的蛹，贮精囊内充满成熟精子。成对膨大的附腺宽椭球形，位于贮精囊末端背侧，腺体由单层细胞组成，整个腺体有肌肉层围裹。附腺下方两侧管相接射精管，射精管末端开口于生殖腔。

雌性内生殖器：卵巢有 2 支多滋式卵巢管，卵巢管的端段细长，扭卷成疏松索状。发育完成的卵堆积于膨大的卵巢管基部，每卵巢管约贮藏 150 粒。侧输卵管较短，分别开口于中输卵管两侧，中输卵管甚短，后端开口于生殖腔。生殖腔是薄层上皮细胞构成的近球形空腔，前方两侧连接附腺，后端通向产卵管。受精囊梨形，以狭窄的基段开口于生殖腔后部。附腺有 3 种：①开口于生殖腔前方两侧的锤状附腺，是单层方形细胞构成的囊状腺体，相当于其他膜翅目昆虫的附腺。②开口于产卵管基端的球形附腺，相当于其他膜翅目昆虫的酸腺。腺体以短曲的导管通进膨大的梨形贮液囊，柄部的导管开口于产卵管基部。贮液囊的囊壁由扁平上皮细胞构成，细胞层的内缘为 1 较薄的几丁质层。产卵前贮液囊膨大，囊内充满腺液。产卵时腺液同时排出，随产卵过程进展，贮液囊逐渐缩小。③附腺呈棒状，前段细长，开口于球状附腺的贮液囊前端。腺体的囊壁由单层上皮细胞构成，相当于其他膜翅目昆虫的碱腺。生殖期该腺体充满腺液，随腺液排出逐渐缩小 (图 24-42)。

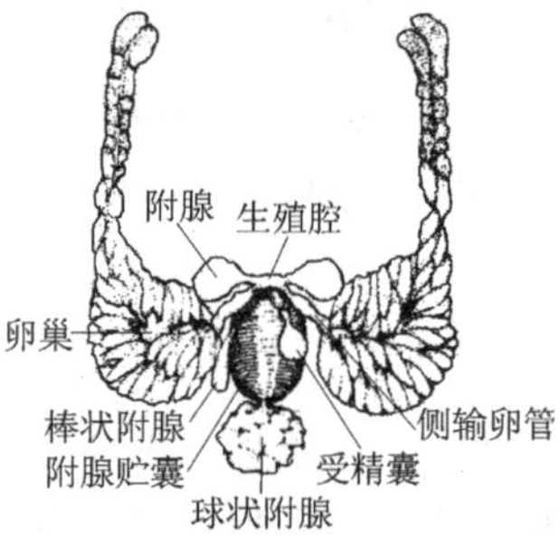

图 24-42　拟澳洲赤眼蜂雌性内生殖器 (利翠英和李顺珍，1988)

24.11.5　杉卷赤眼蜂 *Trichogramma polychrosis* Chen *et* Pang

雄性外生殖器：阳基背突末端钝圆如指状，伸达腹中突基部至阳基侧瓣末端距离的 3/5 处，不突出于侧瓣之外。腹中突小，锐角形，其长度相当于腹中突基部至阳基侧瓣末端距离的 2/5。中脊成对，向前伸至接近阳基基部的前缘，钩爪成 2 叶，钩状、弯曲弧度大，基部靠近腹中突两侧有小突起，整个基部不与腹中突靠齐，而延至中脊的基部，钩爪端部水平线达腹中突基部至阳基侧瓣末端距离的 7/10，阳基和其内突约等长，两者全长稍短于阳基的长度，短于后足胫节 (图 24-43)。

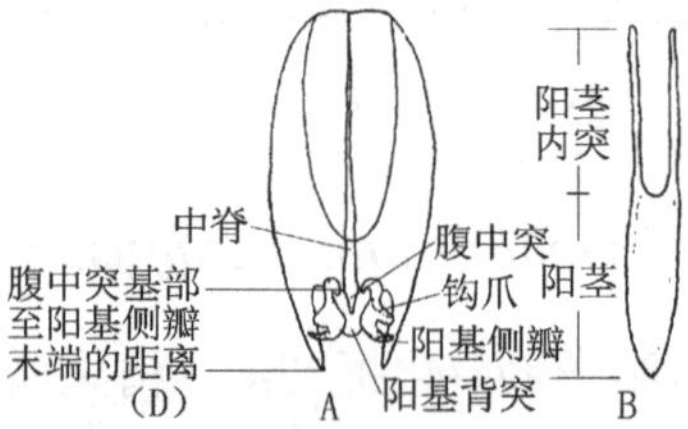

图 24-43　杉卷赤眼蜂雄性外生殖器 (陈泰鲁和庞雄飞，1981)

A. 外生殖器整体；B. 阳茎

24.12 缨小蜂科 Mymaridae

24.12.1 雌性内生殖器

每卵巢有多支卵巢管，卵巢管分别开口于侧输卵管，侧输卵管汇入中输卵管。附腺、受精囊管、碱腺、酸腺及贮液囊开口于生殖腔的前端。除卵巢管外，其他各部分都有不同厚度的表皮质内衬。缨小蜂的酸腺贮液囊开口位置距离产卵器杆较远。腹部末端神经节与受精囊和输卵管存在密切联系，受精囊和输卵管的活动可能受腹部末端神经节调节。另一神经节靠近产卵器基部，可能控制钻刺功能。卵巢管多滋式，卵巢管外有固有膜包被。卵巢的末端通过端丝附着在腹部前节内表面。新羽化成虫的卵巢内即具有 1 粒成熟卵和少量未成熟卵，这与多数缨小蜂成虫寿命相对较短相对应。卵巢管鞘由鳞片状上皮细胞构成，上皮细胞内、外表面与类似基膜的结构相联系。卵巢管鞘基部与成对的侧输卵管汇合，卵巢管具有表皮内衬和柱状细胞层，Wilkes (1965) 认为类似的细胞能产生润滑性分泌物，帮助卵通过狭窄的输卵管腔。King 和 Richards (1968) 描述在此区域具有酸性磷酸酶、亮氨酸蛋白酶、酯酶活性，酶活性与产卵过程有关，认为这些细胞可能具有卵吸作用。侧输卵管汇入中输卵管，中输卵管有发达表皮内衬，内衬上有许多小棘，有些棘可能在产卵时形成锚定装置。背壁有柱状细胞，有些柱状细胞呈钉状伸入管腔，这些伸入管腔的细胞可能作为感觉受体器官，监测产卵时卵在管腔内的位置。这些细胞附近的膜明显折叠，形成明显的连接复合结构。面向中输卵管管腔的细胞膜具有许多微绒毛。其中的柱形细胞可能形成润滑物，帮助排卵或覆盖于卵表。腹壁的细胞鳞片状，腹壁形成深的折叠，这部分可能扩大以便产卵期间卵的通过。

Caraphractus cinctus 酸腺的贮液囊开口于产卵器基部，其端部有腺体细胞与贮液囊交接。缨小蜂有 1 个大的贮液囊开口于生殖腔，开口部位距产卵器杆基部较远，这种构造容许产卵器杆的伸缩移动。在其他小蜂中，由于库占据了位置，刺的自由移动受到阻碍，只能采用其他的产卵器杆移动机制。Pawlowsky (1914) 将膜翅目的酸腺和贮液囊分为 3 类。①酸型：酸腺由 1 不分支的管组成，部分管道扩大形成贮液囊，腺体细胞帮助形成毒液。②胡蜂型：酸腺由 2 支管组成，2 管联合形成贮液囊，贮液囊具有厚的肌肉壁，但缺少腺体成分。③茧蜂型：酸腺由许多管组成，各管开口于贮液囊的基部，贮液囊肌肉质，缺少分泌成分。Ratcliffe 等对球绒茧蜂、意大利蜜蜂、*Vespa norvegia* 的研究表明：Pawlowsky 的划分并不恰当，因为在上述 3 种蜂中，酸腺贮液囊的壁上都观察到了分泌细胞。其他研究者也提出了 Pawlowsky 划分不当的证据。在贮液囊和酸腺之间似乎没有什么瓣存在，贮液囊壁肌肉收缩时，内容物排出。而管道内径较小，可能是阻止内容物向腺体回流的机制。这可能是具有许多小的管道，而不是 1 个集中管道的原因。有些膜翅目昆虫，碱腺或杜氏腺 Dufour's gland 与毒液系统相联系，Carlet (1890) 认为碱腺是具有带齿产卵器膜翅目昆虫的特征，那些产卵器退化或没有产卵器的膜翅目昆虫则不具碱腺。缨小蜂的碱腺小，构造难以定位。

Flanders (1939) 描述膜翅目具有两种类型的受精囊：①意大利蜜蜂和钩土蜂属等的受精囊腺开口于受精囊；②姬蜂、茧蜂、小蜂等的受精囊腺开口于受精囊管腔中部。缨小蜂具有第 2 种类型的受精囊。受精囊腺二叶状，在近生殖铗处开口于管道。管道有 1 个急弯，急弯附近有明显的肌肉群，可能具有控制释放的瓣阀功能。附腺 1 对，开口于生殖腔的背壁。附腺由单层细胞组成，包围腺体腔。腺体腔有薄的表皮内衬。小蜂类腺体的确切功能还不明确，不同种类之间腺体的功能也不一致。在缨小蜂中没有形成取食管的记载，其功能有待研究查明 (图 24-44)。

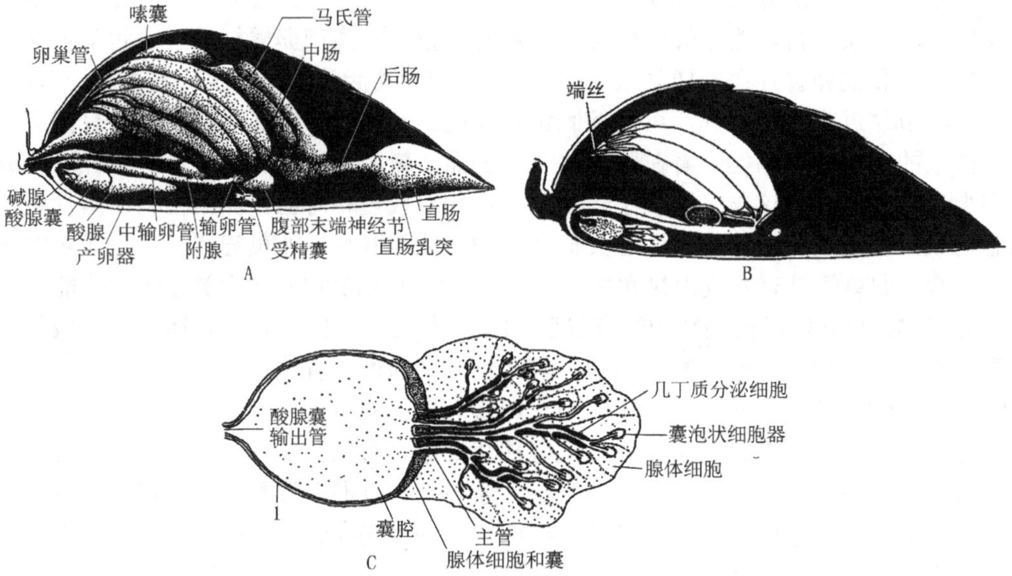

图 24-44　缨小蜂雌性内生殖器 (King 等，1969a)

A. 柄后腹部旁矢状 parasagittal 纵切，示内生殖器、神经索和消化道；B. 柄后腹部旁矢状切面，示卵巢、输卵管、左侧附腺、酸腺和碱腺；C. 酸腺和酸腺囊纵切 (1. 具有表皮衬里的囊和管道 cuticle lining reservoir and duct)

24.12.2　雌性外生殖器

产卵器杆位于成对的狭窄产卵器内板 (背瓣) 之间。产卵器杆由 1 个针状鞘和 1 对产卵针组成。针状鞘属于内瓣，鞘上有纵向的孔道和齿。产卵针属于腹瓣。产卵针鞘的基部延长形成成对的几丁质骨片。2 瓣的前沿增厚、向背面弯曲形成枝脊，枝脊与针状鞘连续。邻近两部分的分支点有连接桥，桥上有 1 个前弯的背棘。这种构造可能相当于其他小蜂的叠片桥和球形关节。几丁质骨片的后缘加厚支撑枝脊，这种加厚有 1 个中间位置的向后突起供肌肉附着。几丁质骨片与产卵器内板结合。因此，产卵鞘、几丁质骨片、枝脊和产卵器内板构成产卵机构联合体。有些部位的表皮变薄，使产卵时产卵器鞘和产卵器内板的相对位置发生变化，钻孔或产卵时产卵器从腹部伸出。

第 2 个产卵机构联合体也是成对的，每一半由刺基板 (第 1 载瓣片) 、产卵针 (腹瓣) 及生殖腔背面的具有增厚杆的骨片，即叉突组成。Fulton (1933) 所称的刺基板与 Snodgrass (1931) 所称的三角形骨片及 Abbott (1934) 的肾形骨片同源，是位于第 2 载瓣片外侧的小型骨片，背面内弯，与产卵针愈合，通过榫-槽机制将枝脊与产卵器鞘连接，相互之间可滑动。背面的生殖腔的骨片与每 1 个产卵针联系，当产卵针移动时，具有齿状衬里的该骨片也随之移动。刺基板腹面与内瓣外侧的突起相关节，产卵器内板内表面也有脊。刺基板的后背部分与产卵器外板 (特化的第 9 腹节背片) 相关节。两者之间广阔结合。该骨片“U”形，其开口端指向前方，并与 2 个刺基板关节。“U”形骨片的每端有 1 明显前伸的脊。

产卵器内板相当于 Snodgrass (1931) 的长方形骨片，它们比产卵器外板更窄。末端部分不与剩余部分关节。骨片末端管状，基部扁平，形成支持枝脊的骨片。在产卵器鞘和产卵器内板之间没有其他小蜂那样的球形关节。每 1 个产卵针具有 1 个中间管道，管道似乎具有一系列的孔开口于端部切齿之间，这些微孔结构属于感觉器官。控制产卵器的主要肌肉成对，与成对的功能性产卵器联系。每侧的肌肉与同侧产卵针的活动有关(图 24-45)。

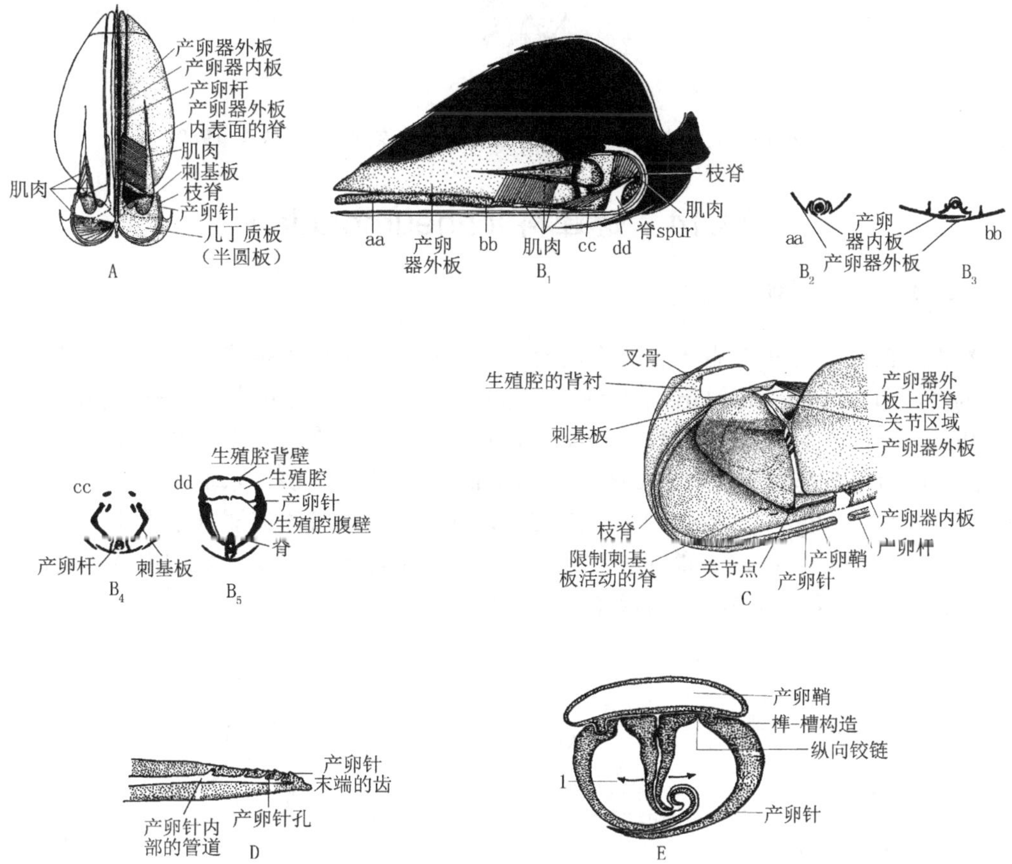

图 24-45　缨小蜂雌性外生殖器 (King 等，1969a)

A. 柄后腹节背视，示产卵构造；B_1～B_5. 柄后腹节侧面透视及不同部位横切，示产卵器与相关的肌肉，成对的字母表示横切面的部位 (B_1. 柄后腹节侧面透视；B_2. 柄后腹节 aa 部位横切；B_3. 柄后腹节 bb 部位横切；B_4. 柄后腹节 cc 部位横切；B_5. 柄后腹节 dd 部位横切)；C. 产卵器基部，示产卵器内板、产卵器外板、刺基板之间的关节方式；D. 产卵针末端构造；E. 产卵杆中部横切 (1. 卵下行通过产卵针内管道时该构造可能的运动方向)

24.13　缘腹细蜂科 Scelionidae

24.13.1　大竹岚黑卵蜂 *Telenomus dazhulanensis* Chen *et* Wu

雄性外生殖器：雄性外生殖器腹侧突倒“U”形，特宽大，内凹部分很深。阳基为基环的 4 倍，阳茎细管状，阳茎基为阳茎的 2.7 倍，抱器上具 4 细长爪 (图 24-46)。

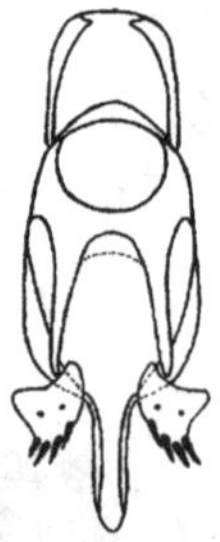

图 24-46　大竹岚黑卵蜂雄性外生殖器 (陈泰鲁和吴燕如，1980)

24.14　姬蜂科 Ichneumonidae

24.14.1　雄性外生殖器

雄性腹部末节 (第 7 腹节) 的腹板为下生殖板，位于外生殖器前方。外生殖器腹视基部为基环节 lamina annularis，基环节末端有 2 对骨片，内侧为阳茎基腹铗片 lamina volsellaris，外侧为阳茎基侧突片 lamina parameralis，也称抱器。阳茎基腹铗片的内方有 1 个脊，称为阳茎基腹铗片内脊 carina volsellaris。阳茎基腹铗片末端还有 2 个小瓣，内侧的称为指状突 digitus，外侧的称为尖突 cuspis。尖突多膜质或弱几丁质化。阳茎生在中央。阳茎基突 apodeme aedeagallis 甚长，可伸入基环节。阳茎一般被抱器包裹，外表不可见。也有阳茎外露的，呈钩状 (图 24-47)。

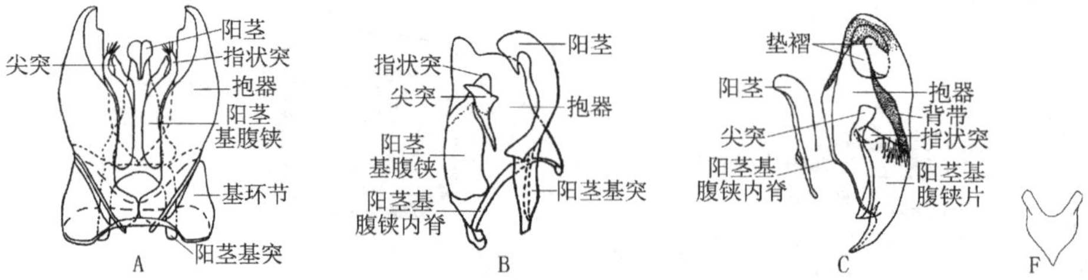

图 24-47　姬蜂雄性外生殖器

A、B. 雄性外生殖器腹、侧视；C. 拟瘦姬蜂 *Netelia* sp.抱器和阳茎 (部分) D. *Megarhyssa praecellens* 雄性外生殖器腹视；E. *Megarhyssa praecellens* 阳茎基侧突内视；F. *Megarhyssa praecellens* 下生殖板；G. *Megarhyssa praecellens* 阳茎腹视；H、I. *Stictopisthus* sp.、*Temelucha philippinensis* 雄性外生殖器腹视；J. *Vulgichneumon leucaniae* 雄性外生殖器侧视；K. *Temelucha philippinensis* 腹部末端侧视；T_6～T_8 为第 6～8 腹节背板 (A～C. 何俊华等，1996；D～K. 赵修复，1976)

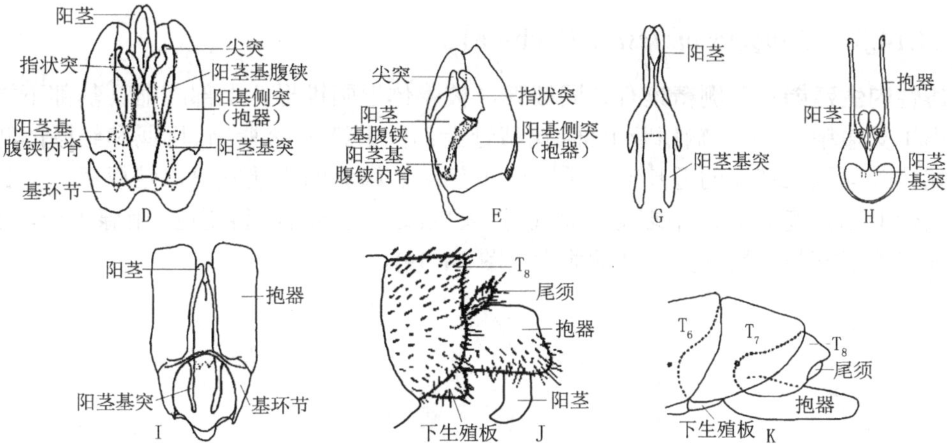

图 24-47 (续)

24.14.2　雌性外生殖器

雌性腹部末节为第 6 腹节，其腹板形成的下生殖板一般不太突出，位于产卵器前方。产卵器生在腹末，包含 3 条细针状构造，中央的 1 条称为产卵管，外侧的 1 对为产卵管鞘，常紧包产卵管。产卵管鞘属于背瓣，着生在第 2 载瓣片后端。中央的 1 条产卵管还可以分为背、腹两部分，属于内瓣和腹瓣。产卵时卵由内瓣和腹瓣之间的腔内通过。内瓣和腹瓣各由 2 个瓣组成。1 对内瓣着生在第 2 载瓣片前端。腹瓣基部有弯曲的弹性轴，着生在第 1 载瓣片上。内瓣的末端亚端部前方隆起部分称为背结 nodus，有时亚端部背方还有缺刻，称为端前背缺刻。腹瓣的末端有斜脊、齿或光滑 (图 24-48)。

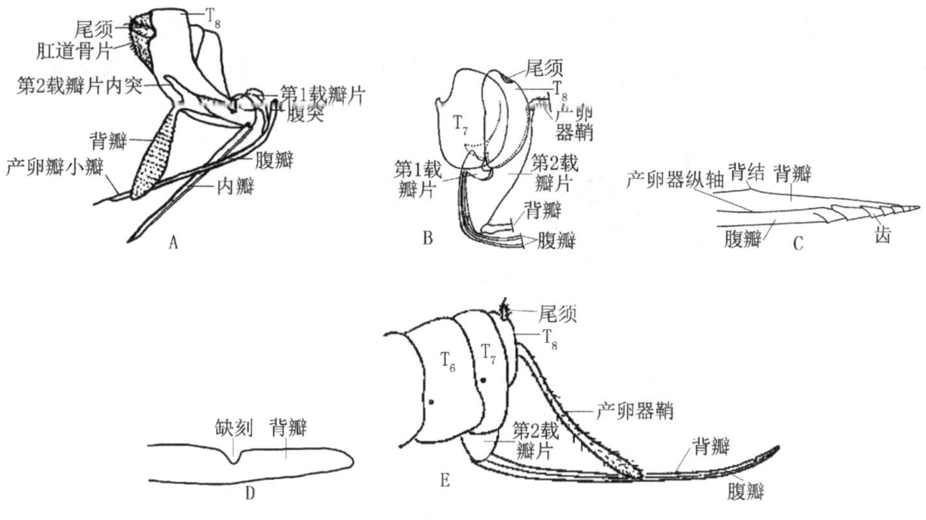

图 24-48　姬蜂雌性外生殖器

A. *Heteropelma calcator* 雌性外生殖器；B. *Temelucha philippinensis* 雌性外生殖器；C. *Gregopimpla* sp.产卵器末端侧视；D. *Temelucha philippinensis* 产卵器背瓣末端侧视；E. *Diadegma akoensis* 雌性腹部末部侧视；T_6～T_8 为第 6～8 腹节背板 (A. 何俊华等，1996；B～E. 赵修复，1976)

24.14.3　*Eriborus molestae* (Uchida)

雄性内生殖器：两侧精巢有共同被膜，被膜体近圆锥形，上部细缩，基部下端两侧各发出 1 支输精管，形成输精管上部。输精管上部位于第 7～8 腹节、回肠和结肠的侧面，其末端接入同侧贮精囊的近基部。输精管下部从贮精囊的末端发出，较粗短，其长度约为输精管上部长度的 1/3，下端汇入射精管。贮精囊近芒果形，斜侧位。附腺 1 个，球形，位于输精管下部与射精管交汇处的腹面 (图 24-49)。

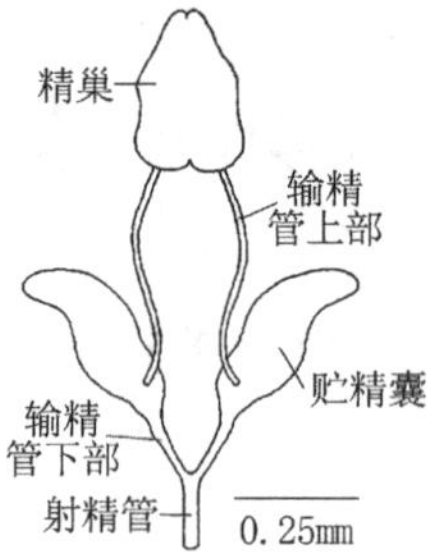

图 24-49　*Eriborus molestae* 雄性内生殖器 (附腺未绘出) (Benham 等，1972)

雌性内生殖器：卵巢位于回肠、中肠、嗉囊侧面，约占腹腔之半。每卵巢有 14 支多滋式卵巢管，每支卵巢管有 6～8 个卵室，每卵室含 1 个卵母细胞。卵巢管末端有端丝，每侧卵巢的端丝汇合形成悬带，两侧的悬带形成中间悬带，中间悬带附着于背板下方。卵巢管基部着生在发达的卵巢萼上，卵巢萼内一般有 30 多粒白色的香蕉形卵。在卵巢萼基部常含有乳白色水溶性液体，有人认为当卵下行通过时，表面包被 1 层水溶液后，可克服寄主血细胞的免疫反应。侧输卵管位于卵巢萼下部，两侧的侧输卵管汇入很短的中输卵管。中输卵管后部接入生殖腔，生殖腔前端膨大呈球形，其余部分管状，经产卵孔向体外开口。受精囊小，受精囊管着生于生殖腔前端一侧。受精囊管顶端着生球形受精

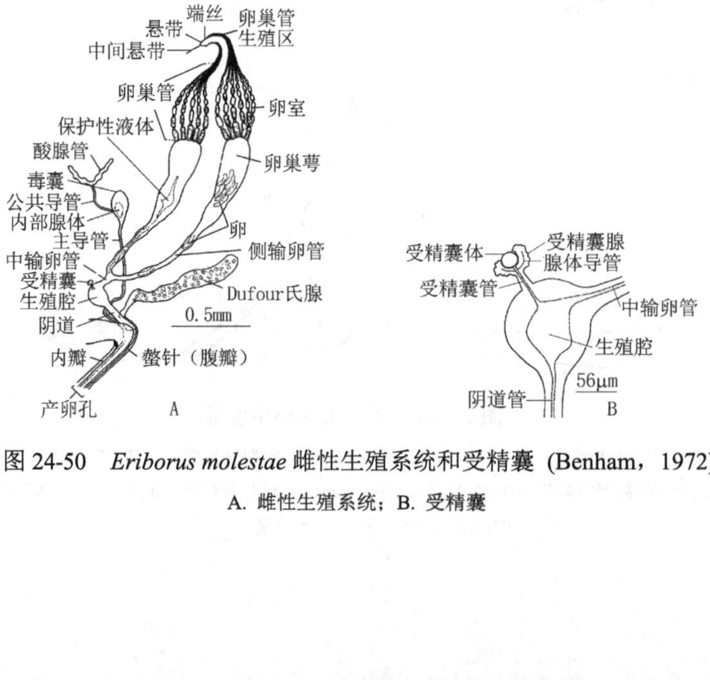

图 24-50　*Eriborus molestae* 雌性生殖系统和受精囊 (Benham，1972)

A. 雌性生殖系统；B. 受精囊

囊体 sperm capsule，受精囊腺包被在受精囊体外侧。Dufour 氏腺 (碱腺) 长囊状，基部细缩，着生于产卵器基部的生殖腔。有人认为其分泌物有润滑卵表、帮助卵通过的作用，也有人认为可作为防卫或标记信息素。酸 (毒) 腺前端为分支的腺体，腺体通过公共管开口于毒囊 (酸腺囊)，毒囊经长长的主导管开口于产卵器基部 (图 24-50)。

24.14.4 马尾姬蜂 *Megarhyssa atrata* (Fabricius)

雌性外生殖器： 产卵器很长，第 1 载瓣片短，有 2 个关节突，1 个与长的第 2 载瓣片连接，另 1 个与第 9 腹节背板连接。第 8、9 腹节背板向前下方倾斜延长，第 9 腹节背板几乎完全隐藏在第 8 腹节背板下方。产卵器活动时，腹部末端从第 8 腹节开始后仰，并在第 8 腹节背板下部的周围按弧线转动，第 7、8 腹节之间的节间膜明显拉长。第 1、2 产卵瓣呈弧形弯曲的基部在静止时朝向前下方，转动时向上，顶住第 7、8 腹节之间的节间膜，使节间膜伸长成泡状上弯。产卵于生活在木质部内天牛或树蜂幼虫体上时，先用触角敲打树干，定位木质部内幼虫场所。发现幼虫后，姬蜂将身体前端下屈，后端上升，触角弯曲成锐角，触角的末端一半贴在树皮上。然后把足集合在一起，虫体后端笔直上升，产卵器的末端向下并且垂直地顶住树皮。当钻孔点确定后，背瓣向上撤退，使第 1、2 产卵瓣裸露并开始钻孔，产卵器旋转 3～4min 后，达到产卵器基部 (图 24-51)。

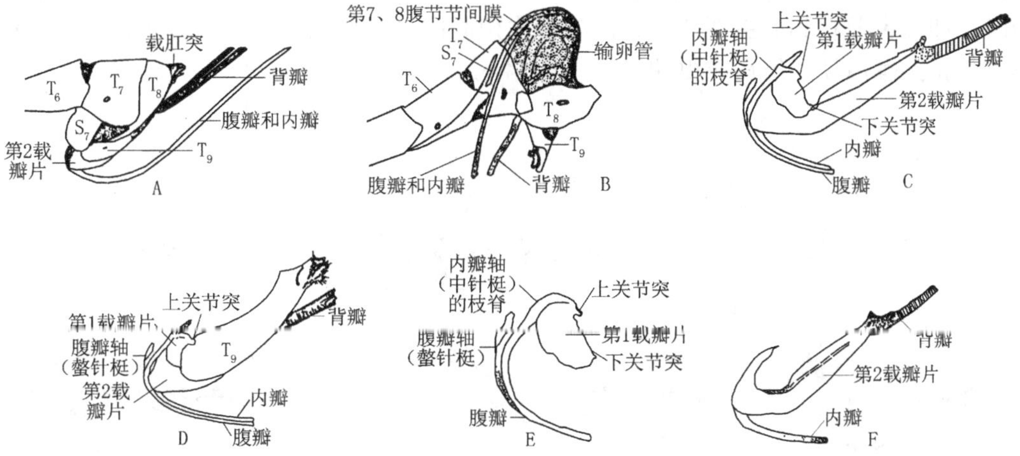

图 24-51 马尾姬蜂的产卵器 (施凡维奇，1958)

A. 腹部末端侧视；B. 产卵时的腹部末端侧视；C. 第 1、2 载瓣片；D. 第 9 腹节背板、载瓣片及产卵瓣；E、F. 第 1、2 载瓣片及相关构造；T_6～T_9 为第 6～9 腹节背板；S_7 为第 7 腹节腹板

24.14.5 *Nemeritis canescens* Gravenhorst

雌性内生殖器： 卵巢位于第 4～6 腹节，每卵巢有 10～12 支卵巢管。侧输卵管前端膨大，中输卵管后段膨大，然后进入生殖腔。生殖腔后端开口于螯针基部。受精囊缺。酸腺体双管状，基部连接酸腺囊，酸腺囊经酸腺管开口于产卵器后瓣 (内瓣) 的基部。碱腺管状，开口位于酸腺开口的稍前方。

雌性内生殖器胚后发育：1龄幼虫的卵巢位于第9腹节肛门凹 proctodaeum 的背侧面，输卵管（生殖索）很细，从卵巢后端后延，包藏在间叶细胞 mesenchyme 和脂肪细胞内。2龄幼虫在第7腹节腹面，未来成虫器官芽的位置出现表皮细胞增厚。卵巢位于第9腹节，两侧卵巢的端丝在肛门凹上方汇合。输卵管向腹部前方伸展到第7腹节腹面表皮细胞增厚部位。输卵管前端没有形成末端壶腹，而是隐藏在第7腹节腹面增厚部位的间叶细胞内。3～4龄幼虫，间叶细胞形成疏松的细胞群，输卵管末端更规则圆钝。早期的5龄幼虫，输精管末端出现壶腹，壶腹有内腔。成虫器官芽更发达，但相对地显得更小，同节的2器官芽分隔更开。后续发育中，后（内）瓣基部出现中间沟，此为酸腺原基。同时，前（腹）瓣基部出现中间沟，此为受精囊原基。随后，酸腺原基分化出囊状部分，囊状部分的前端发出1对相邻的乳突，乳突基部逐渐细缩形成管道，顶端形成管状的酸腺体，囊状部分形成酸腺（毒）囊。酸腺开口稍前方出现的中间凹陷为碱腺原基。受精囊原基此时为囊状。第7腹节成虫器官芽之间出现的中间凹陷为中输卵管原基，原基前端下陷形成2短臂，输精管的末端壶腹逐渐与2臂连接。在中输卵管和受精囊之间的体壁收缩，产卵器及输出系统前移。蛹初期，中输卵管内陷的下瓣结合，进入壶腹开口的侧臂，成虫器官芽从外观上消失。受精囊和中输卵管之间的体壁进一步下沉收缩，在蛹后期，受精囊和中输卵管连续。蛹初期，生殖孔位于螫针后部。蛹后期，随着产卵器快速前移，相关构造也移到受精囊和中输卵管开口之前，使生殖孔处于前（腹）瓣后部。同时，卵巢也前移到成虫期的位置。随着生殖腔的进一步加深，受精囊一直以器官芽的形式保持到蛹后期，但在成虫期消失（图24-52）。

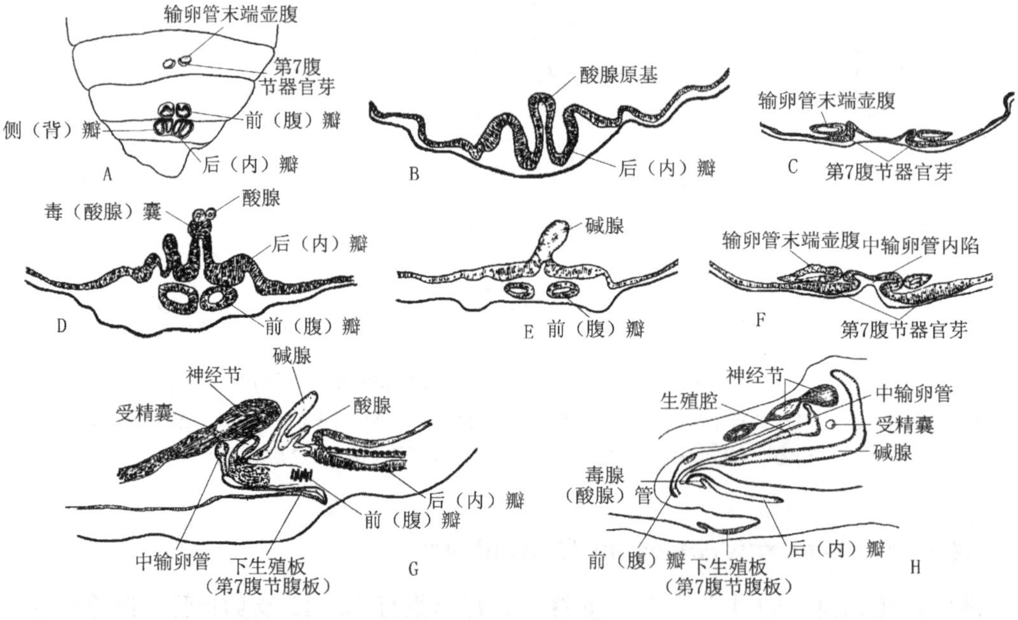

图24-52 *Nemeritis canescens* 雌性内生殖器胚后发育（D'Rozario，1942）

A～D. 充分发育幼虫腹部末端纵切（A. 示器官芽的位置；B. 示酸腺的发育；C. 示第7腹节腹板上器官芽之间的外胚层壁；D. 示发育中的酸腺）；E、F. 为充分发育幼虫后期腹部末端横切（E. 示碱腺的发育；F. 示中输卵管中间内陷与第7腹节腹板器官芽之间的关系）；G. 预蛹腹部末端纵切，示内生殖器各器官的位置；H. 蛹腹部末端纵切，示成虫内生殖器情况

雌性外生殖器胚后发育： 1 龄幼虫的外生殖器原基不可辨，2 龄幼虫第 8、9 腹节腹板各有 1 对外胚层增厚，这些器官芽彼此靠近。5 龄幼虫的器官芽下沉，陷入围肢腔内；第 9 腹节的器官芽通过纵裂形成内、外侧各 1 对，内侧的 1 对在幼虫末期愈合。预蛹期和蛹期，3 对器官芽进一步发育分化，第 8 腹节的 1 对形成螯针 (腹瓣)，第 9 腹节上愈合的 1 对形成螯针鞘 (内瓣)，第 9 腹节上外面的 1 对形成触须状侧瓣 (背瓣)。

24.15　茧蜂科 Braconidae

24.15.1　雄性外生殖器

雄性外生殖器近基部着生在第 9 腹节腹板上，近端部外露。基环也称生殖基片，骨化，中部突起或平截，可固定在第 8 腹节腹板上，下方和阳基侧突片 parameral plate 基部相连。阳基侧突基 parameral base 成对，端部称为阳基侧突 parameres，阳基侧突基和阳基侧突相连，构成外生殖器侧面部分，阳基侧突基的每一边内弯，其内面包含 2 片阳茎基腹铗，阳基侧突和阳基侧突基之间无缝，阳茎基腹铗和阳基侧突基连接。阳基侧突一般具多数长毛，集生在端部。阳基侧突一般长而宽大，不同类群间变化很大。成对的阳茎基腹铗位于阳基侧突基腹面间 (腹面之内)，构成外生殖器的中段，阳茎基腹铗长柱形，分为阳茎基腹铗基 basivolsella 及端部 1 对不对称的端叶，称为抱器背突，即指状突，另有尖突。阳茎基腹铗基和阳基侧突基的腹缘相连。阳茎基腹铗基的前侧面有 1 对长形突起，出自阳茎，称为阳茎内突，位于阳基侧突基的圆腔之内。许多亚科阳茎基腹铗也有内突 (ridge)。阳茎基腹铗端部的尖突小型，不能活动。在茧蜂科中，尖突和阳茎基腹铗端部相连，可以为叶状，相连处有关节而突出；也有直接和阳茎基腹铗端部相连，无关节；也有尖突有齿或尖突退化。抱器背突 (指状突) 为游离构造，以膜和阳茎基腹铗基端缘相连，有或无齿状突起。阳茎管状，基部宽而端部狭，通过阳基侧突基和阳茎基腹铗。阳茎内有 1 对长形骨化杆 rod 称为阳茎内突，经过阳茎基环及阳基侧突 (图 24-53)。

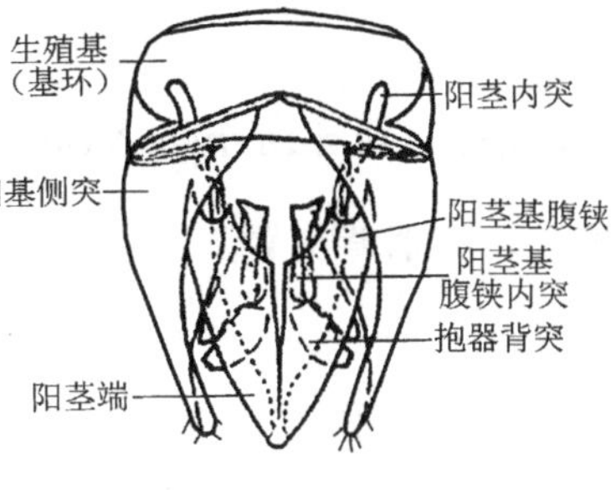

图 24-53　毛弗氏茧蜂雄性外生殖器 (曾爱平等，2010)

24.15.2　*Apanteles galleriae* Wilkinson

雄性内生殖器： 精巢球形，输精管从精巢下端发出，输精管离开精巢很短即与附腺结合，形成前粗后细圆锥形贮精囊-附腺复合体，复合体后部细缩。两侧的复合体后端汇入射精管，射精管前端与阳茎连接 (图 24-54 B)。

雄性外生殖器：阳基侧突 1 对，分节，发达。2 个阳茎中叶愈合形成阳茎，与射精管接合。阳茎末端内陷形成生殖孔，生殖孔也称为阳茎口。基片发达，位于阳茎两侧。阳基侧突、基片上有发达的感觉毛 (图 24-54 B)。

雌性内生殖器：每卵巢有 2 支卵巢管，卵巢管前部折叠，后部通过卵巢管柄集生于卵巢萼。卵巢管没有端丝，分为 5 个区域。①生殖区：是 1 个球形星状构造，充满了一群细胞，位于卵巢管前部，含有生殖细胞。②凝集区：长度约为生殖区的 2 倍，其中卵细胞开始生长。③细胞聚集区：较小，由 6～8 个生殖细胞组成。④密集区：其中生殖细胞完成发育，卵母细胞增大，卵巢管后端的卵母细胞长度明显增加。⑤成熟待产区：大部分卵母细胞积累在出口处待产。侧输卵管长度约为中输卵管长度之半，两侧输卵管下端汇入中输卵管。受精囊管粗长，基部与中输卵管下端一起开口于生殖腔，生殖腔经生殖孔开口于体外。受精囊管端部连接分叉的 2 条受精囊腺，受精囊腺分叉中部发出 1 支细管，管顶端连接椭球形受精囊体 (图 24-54 A)。

雌性外生殖器：腹瓣 1 对，针状，也称为刺针 lancet，位于侧面腔内，弓形，从内瓣基部伸出。内瓣 1 个，呈鞘状。载瓣片、受精囊腺和卵巢之间通过增厚的内瓣基部联系。背瓣棒状，与第 1、2 载瓣片联系。第 2 载瓣片尖刀形，第 1 载瓣片长椭圆形，两者之间分界不清晰。背瓣和第 1、2 载瓣片上有发达感觉毛 (图 24-54 A)。

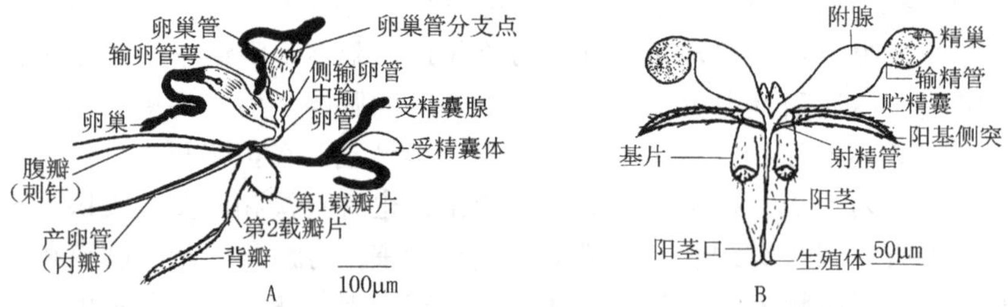

图 24-54　*Apanteles galleriae* 生殖系统 (Uckan 等，2003)

A. 雌性；B. 雄性

24.15.3　湖南螓茧蜂 *Aridelus hunanensis* You, Xiong *et* Zhou

雄性外生殖器：骨化程度深，抱器背突靴形，背突端部具 5 齿。阳基侧突毛着生在端部 1/5 处 (图 24-55)。

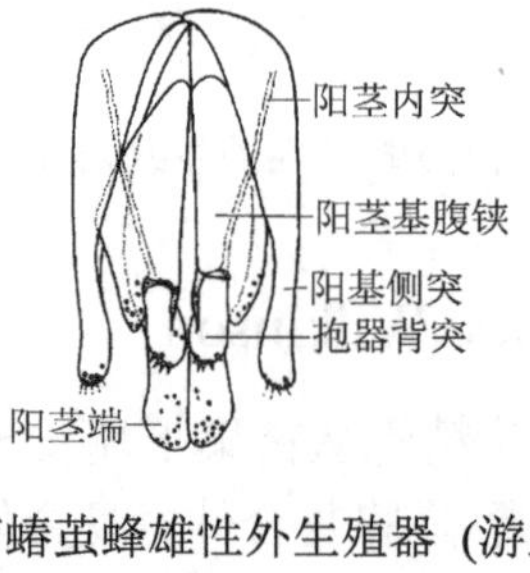

图 24-55　湖南螓茧蜂雄性外生殖器 (游兰韶等，1991)

24.15.4 *Atanycolus rugosiventris* (Ashmead)

雌性外生殖器： 第 7、8、9 腹节的背片缩短，第 7 腹节腹板遮盖第 8、9 腹节腹板下端和产卵器基部。第 1 载瓣片有 2 个关节突，1 个与第 9 腹节背板连接，另 1 个与第 2 载瓣片连接。腹瓣和螫针梃 (弹性轴) 始于第 1 载瓣片，螫针梃先向前再向后弯曲。腹瓣腹缘末端具齿。第 2 载瓣片大，与第 1 载瓣片的下关节突连接。内瓣自第 2 载瓣片前端发出，背瓣由第 2 载瓣片的后端分出。内瓣基部膨大，互相愈合形成不成对的产卵瓣。内瓣的螫针梃基部向两侧分出。背瓣呈螫刺状并形成外鞘 (图 24-56)。

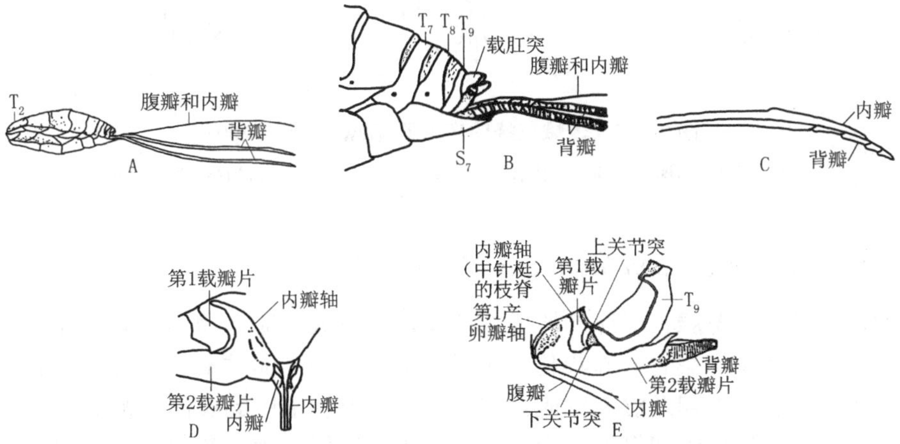

图 24-56 *Atanycolus rugosiventris* 雌性外生殖器 (施凡维奇，1958)

A. 腹部侧视；B. 腹部末端侧视；C. 腹瓣、内瓣末端；D. 内瓣基部及载瓣片腹视；E. 产卵瓣基部、载瓣片和第 9 腹节背板；T_2、T_7～T_9 为第 2、7～9 腹节背板；S_7 为第 7 腹节腹板

24.15.5 麦蛾茧蜂 *Habrobracon hebetor* (Say)

雌性外生殖器： 产卵杆坚硬，柔韧，末端尖，由腹瓣和内瓣组成，约为体长之半，啮合时形成 1 个内腔，用于卵或毒液的通道。成对的腹瓣 (下瓣) 大部分长度彼此分离，每腹瓣的后端侧面具倒刺或呈锯齿状，第 2 对产卵瓣 (内瓣、上瓣) 全长愈合，基部膨大呈球状，稍弯，有倒刺或锯齿状。腹瓣和内瓣通过榫-槽 rhachis-aulax 机制 olistheter 结合。每个榫垂直地位于内瓣腹壁，每个榫嵌入 1 个槽 aulax 内，槽位于腹瓣的背壁，这种连锁机制并不延伸到产卵器顶端，邻近产卵杆顶端，2 个腹瓣背面连锁，连锁方式类似于榫槽机制。每腹瓣末端 1/3 的内表面贴生有小骨片 valvillus。1 个薄的纵向表皮瓣从每腹瓣中腹面伸入卵道或毒液道形成封盖。卵道的表面具有复杂的微纹 microsculpture，构成梳齿状构造 ctenidia 和近梳齿状构造 subctenidia。内瓣基部的腹壁具有发达的微细突起，跨越榫之间的大部分表面。这些向后的梳齿状构造也位于腹瓣的内表面。背瓣 (产卵器鞘) 1 节，肥厚，基部 2/3 有脊或环，端部 1/3 光滑。腹瓣和内瓣休止时并不被背瓣包裹。背瓣的内表面几乎整个覆盖致密柔韧的表皮微刺 microtrichia (表皮棘)，微刺的密度随背瓣的长度而变化，顶部密度最大。产卵杆、背瓣和第 2 载瓣片上具有感器 (图 24-57)。

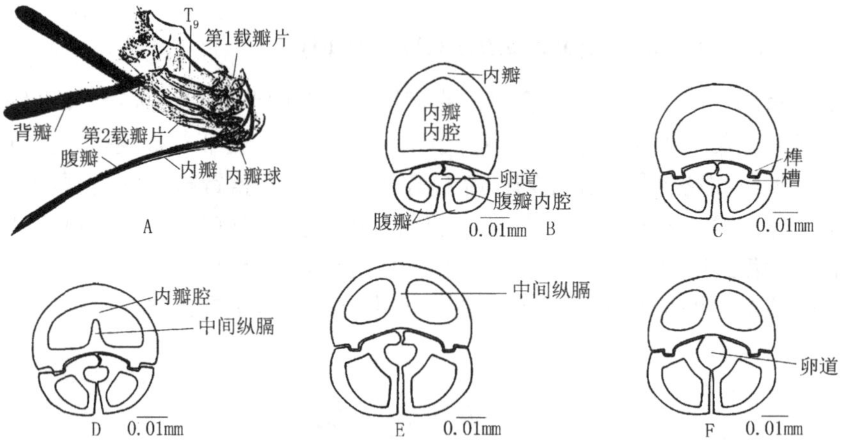

图 24-57　麦蛾茧蜂的产卵器 (Dweck 等，2008)

A．产卵器侧视；B～F．产卵器从顶端到基部的系列横切；T_9为第 9 腹节背板

24.15.6　*Habrobracon juglandis* (Ashmead)

雌性内生殖器与毒腺：成熟的雌成虫卵巢内含有成熟卵，卵巢占据腹腔大部。卵巢 1 对，每卵巢有 2 支卵巢管，卵巢位于中肠两侧。除成熟卵贮藏在袋囊状的后部外，沿卵巢管还可见发育中的卵及滋养细胞。左、右侧输卵管沿中肠腹面两侧后延，在腹部末端神经节下方左、右侧输卵管汇入中输卵管。中输卵管粗短，急弯后接入生殖腔。受精囊小，位于腹部末端神经节和生殖腔侧后方，受精囊管从生殖腔顶端一侧发出，受精囊管有上皮细胞包被，顶端分别连接受精囊腺和受精囊体。受精囊体球形，由单层上皮细胞组成，在与受精囊管连接部有球茎状突起，突起中央有细管连接受精囊体和受精囊管。受精囊腺内腔二叉状，内衬薄，腺体壁的细胞不规则。附腺管从生殖腔前段后侧发出，附腺 (润滑腺 lubricating gland) 略呈圆锥形，较发达。腺体壁由单层立方形细胞组成，内腔具有稍粗糙的内衬。由于附腺管开口于生殖腔临近产卵器基部，认为其分泌物对卵有润滑作用，可能有助于卵下行通过。生殖腔在附腺着生处下方近腹面处再次弯曲后伸向腹部后方，经产卵孔开口于体外。毒 (酸) 腺位于腹腔后部、后肠侧面，上部伸展达背壁下方；毒腺有 8～9 支管状毒腺体，毒腺体中间有 1 个毒腺囊，毒腺体和毒腺囊均开口于基部的毒腺管，毒腺管细长，有大量细胞包被，向下伸展并沿附腺下方头向伸展，开口于末端螫针基部的球内 (图 24-58)。

雌性外生殖器：雌虫柄后腹节可见 8 节背板和 5 节腹板，第 1 柄后腹节背板实际上为第 2 腹节背板，第 1 柄后腹节腹板由第 2、3 腹节腹板愈合而成。产卵器 (螫针) 位于载肛突和第 7 腹节腹板之间，从腹部末端伸出。第 7 腹节腹板也称为下生殖板，位于产卵器基部，稍向后方突出。产卵器有 3 对产卵瓣，腹瓣 1 对，也称为刺针。内瓣 1 对愈合形成中鞘 median sheath。背瓣 1 对，也称为触须 palpi。外观上仅 1 对背瓣可见，腹瓣和内瓣包裹在背瓣形成的鞘内。螫针由腹瓣和内瓣组成，腹瓣上有凹槽，与内瓣下面的榫突形成榫-槽连锁机构。腹瓣末端有倒刺，与内瓣间没有连锁机构，内瓣部分包裹腹瓣。

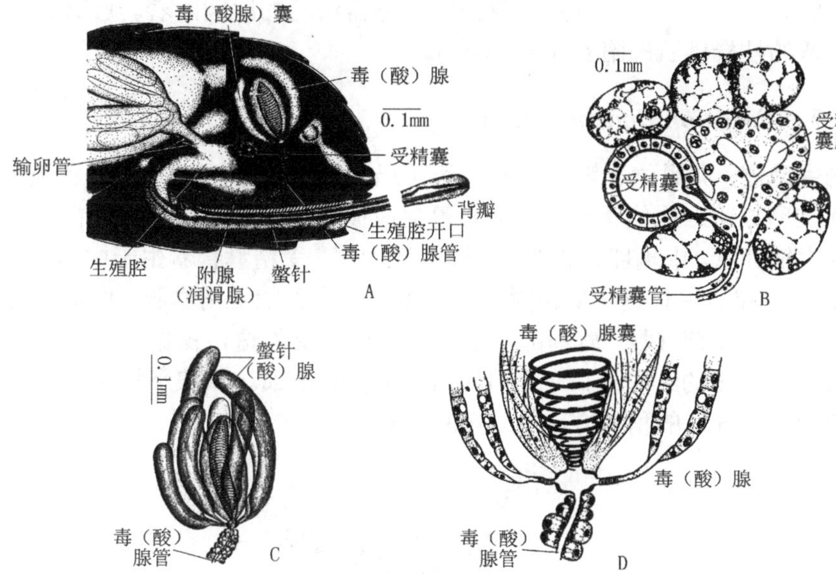

图 24-58　*Habrobracon juglandis* 雌性内生殖器与毒腺 (Bender，1943)

A．雌虫腹部末端矢切，示内生殖器与其他器官之间的关系；B．受精囊纵切；C．毒腺和毒囊；D．毒腺和毒囊纵切

内瓣愈合，末端稍扩大而下凹。腹瓣、内瓣拼合后形成中空的卵道 (毒液道)，产卵杆横切面上的其他孔道连通体腔，但不对外开口。第 2 载瓣片位于背瓣基部，第 2 载瓣片的后背面有 1 三角形骨片，骨片后缘连接窄条状的第 1 载瓣片。第 1 载瓣片背面与两侧大而薄的几丁质侧片相连。侧板是第 9 腹节背板前部的延伸，侧面覆盖第 2 载瓣片。内瓣基部扩大呈球形，每个内瓣基部有凹痕 notch，与第 2 载瓣片的侧基部连接。内瓣基部球

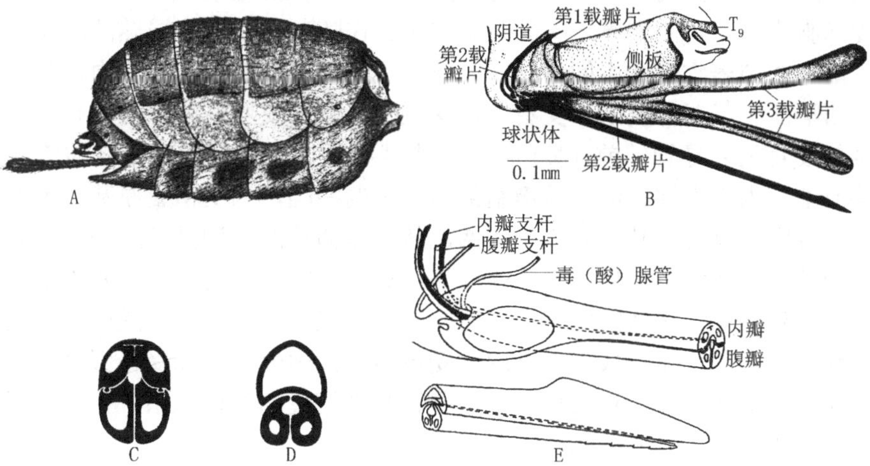

图 24-59　*Habrobracon juglandis* 腹部和雌性外生殖器 (Bender，1943)

A．柄后腹节侧视；B．腹部末节和产卵器侧视；C．第 1、2 产卵瓣中部横切；D．第 1、2 产卵瓣末端横切；E．第 1、2 产卵瓣的细微结构；T_9 为第 9 腹节背板

形构造的每侧有向背面弯曲的骨片，供控制产卵器活动的肌肉附着。腹瓣、内瓣末端也分别发出上弯的枝脊供肌肉附着 (图 24-59)。

24.15.7 *Polemon liparae* Giraud

雌性内生殖器：卵巢位于第 4～6 (柄后) 腹节消化道腹面两侧，占据腹腔大部。每卵巢有 7～10 支卵巢管。原位状态时，卵巢管前段彼此黏附。侧输卵管较粗短，两侧的侧输卵管汇入中输卵管。中输卵管粗短，管壁有肌肉层。受精囊管着生于中输卵管基部 (生殖腔顶端)，管顶端着生长囊状受精囊体，囊体上发出管状受精囊腺。中输卵管后部为生殖腔，生殖腔开口于前 (腹) 瓣基部。酸腺为大型分支构造，占据腹腔后部多数空间。酸腺囊锥形，通过短的细管开口于螯针鞘 (内瓣) 的基部。碱腺小杆状，位于酸腺分支下面，开口于酸腺开口的稍前方 (图 24-60)。

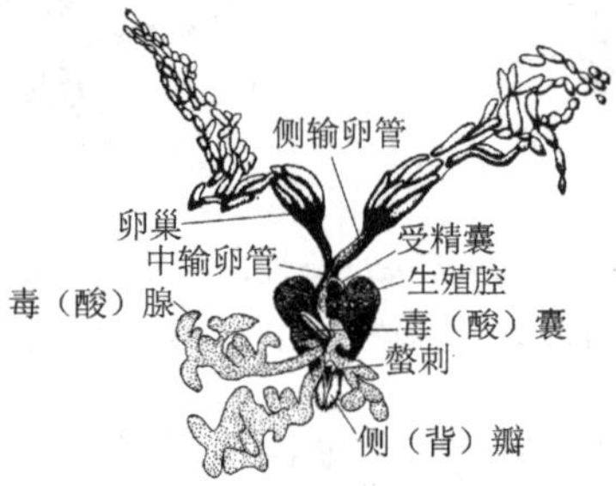

图 24-60　*Polemon liparae* 雌性内生殖器 (D'Rozario，1942)

雌性内生殖器胚后发育：体长不足 1mm 的幼虫，卵巢位于第 7 腹节消化道的两侧，卵巢管的端丝附着在对面的消化道上。输卵管短而细，末端壶腹下伸至第 7 腹节腹面两侧。壶腹壁由大型细胞组成，内部出现空腔。体长 2.4mm 的幼虫，壶腹所在位置的体壁出现表皮细胞增厚，两侧增厚之间的距离较大。在随后直至发育成熟的幼虫，输卵管不断增粗，第 7 腹节器官芽向中间移动。老熟幼虫，酸腺原基出现，为内瓣基部之间的圆形凹陷，凹陷前、后端各发出 2 支盲管，这些将形成分支腺体的主要枝脊。囊部发育为毒囊，基部发育为囊导管。前 (腹) 瓣向腹中线靠近。老熟幼虫期，在酸腺原基稍前方出现碱腺原基，为 1 中间凹陷。前瓣基部出现小的凹陷，为受精囊原基。第 7 腹节成虫器官芽上出现中输卵管原基凹陷。预蛹期，从中输卵管凹陷到受精囊凹陷之间的区域整体凹陷，带动中输卵管和受精囊原基的内陷。这些内陷之间的体壁开始收缩。在预蛹后期和蛹初期，随着外生殖器的发育，生殖腔腹壁出现前瓣的关节。酸腺分支加大，碱腺更发达，受精囊原基分化形成受精囊腺、受精囊体，中输卵管和受精囊之间的体壁进一步收缩，侧输卵管和中输卵管连接，中输卵管和受精囊的开口联系，生殖腔不断加深，各部分构造分化完成 (图 24-61)。

雌性外生殖器胚后发育：体长 1.6mm 的幼虫，雌性外生殖器原基可见，分别位于第 8、9 腹节的 1 对内陷。老熟幼虫，第 9 腹节的 1 对内陷纵向分裂，形成内、外各 1 对原基。预蛹期，内侧的 1 对出现愈合。在后续发育中，第 8 腹节的 1 对原基形成螯针 (腹瓣)，第 9 腹节的 1 对内侧原基形成螯针鞘 (内瓣)，1 对外侧原基形成触须状侧瓣 (背瓣)。

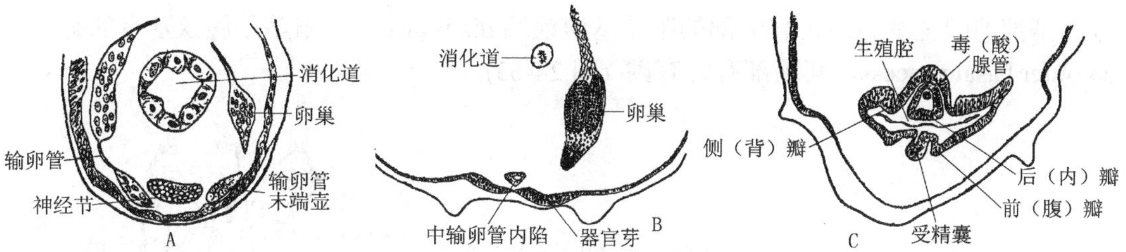

图 24-61　*Polemon liparae* 雌性内生殖器胚后发育 (D'Rozario，1942)

A. 体长不足 1mm 的幼虫横切，示卵巢及相关管道的位置；B. 充分发育幼虫横切，示中输卵管原基；C. 早期蛹横切，示产卵瓣的位置

24.16　蚜茧蜂科 Aphidiidae

24.16.1　雄性外生殖器

雄性外生殖器由第 9 生殖肢和阳茎组成，大部分骨化的组织称为生殖突基节，与其后侧缘的生殖基片相连接，生殖基片由生殖突基肢节的基部愈合而成。生殖突基节腹部之间的边缘骨化，阳茎基腹铗是连接的，其外伸的顶端为尖突，呈椭圆状。每个生殖基突抱器 harpagones 的末端连接，进而形成抱器。阳茎具鞘，阳茎瓣源于生殖突基肢节基部突起，在发育期间各自分开。

24.16.2　雌性外生殖器

产卵器鞘由第 8、9 腹节组成，较短，多为戈、刀状，有时产卵器鞘末端扩大呈三角形或犁铧形，有时表面具齿突。产卵器鞘基部由腹瓣和内瓣组成，腹瓣和内瓣分别与第 1、2 载瓣片连接。第 1 载瓣片虽属第 8 腹节腹板的基部成分，然而与第 9 腹节背板连接，第 1、2 载瓣片间也有关节相连。背瓣形成产卵器鞘，表面着生感觉毛。鞘的大小和形状在不同的属、种间变化较大 (图 24-62)。

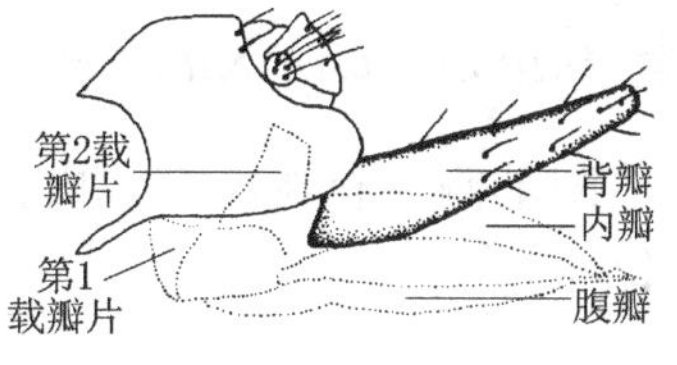

图 24-62　蚜茧蜂雌性外生殖器 (陈家骅和石全秀，2001)

24.17　螯蜂科 Dryinidae

24.17.1　雄性外生殖器

雄性外生殖器包括中央的阳茎、两侧的阳基侧突、腹面的阳茎基腹铗。有些类群，阳基侧突有背突 dorsal process，有的具有基膜突 proximal membranous process、端内突 apical inner process、亚端内突 subapical inner process、端叉 apical branch 等。阳茎基腹铗

分为基部的阳茎基腹铗基和端部的阳茎基腹铗端 distivolsella，阳茎基腹铗基有的有叉突 an outer basal process，其顶部有时有鬃（图 24-63）。

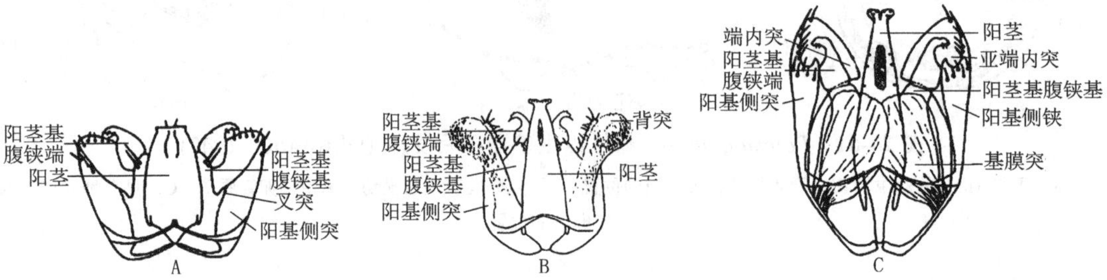

图 24-63　螯蜂科雄性外生殖器（何俊华和许再福，2002）

A. 斑唇常足螯蜂；B. 稻虱红单节螯蜂；C. 黄黑单爪螯蜂

24.17.2　双突单爪螯蜂 *Anteon biprocessum* Xu *et* He

雄性外生殖器：无基膜突。阳基侧突有端内突，内突较尖，中部偏上位置还有 1 个小的亚端突。阳基侧突约与阳茎和阳茎基腹铗等长。阳茎基腹铗基的顶部无鬃（图 24-64）。

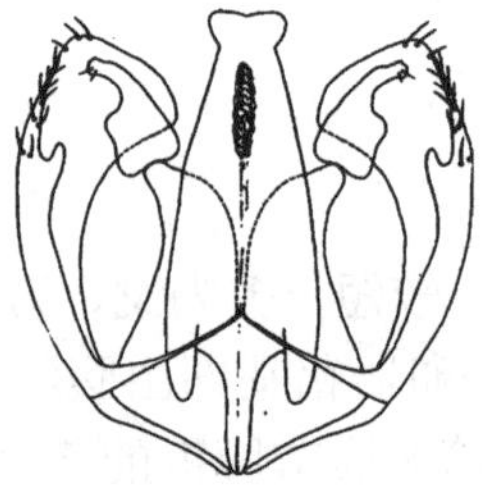

图 24-64　双突单爪螯蜂雄性外生殖器（许再福等，1997a）

24.17.3　赵氏单爪螯蜂 *Anteon chaoi* Xu *et* He

雄性外生殖器：有基膜突。阳基侧突有端内突，内突较尖。阳基侧突与阳茎等长。阳茎基腹铗基的顶部无鬃（图 24-65）。

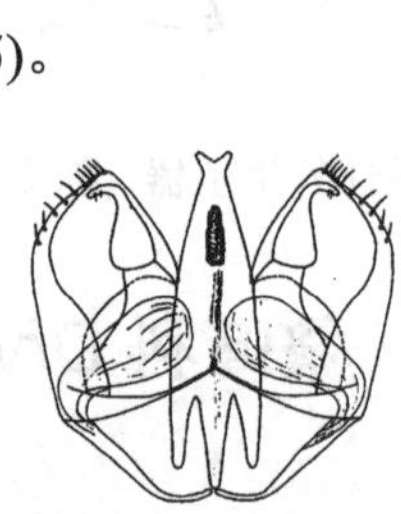

图 24-65　赵氏单爪螯蜂雄性外生殖器（许再福等，1997a）

24.17.4　扁腹常足螯蜂 *Aphelopus compressus* Xu *et* He

雄性外生殖器：阳基侧突比阳茎基腹铗略长，比阳茎稍短。阳茎基腹铗基的顶部不分叉，有 2 根鬃。阳茎基腹铗端向外弯。阳茎顶缘较平坦，有 6 根鬃 (图 24-66)。

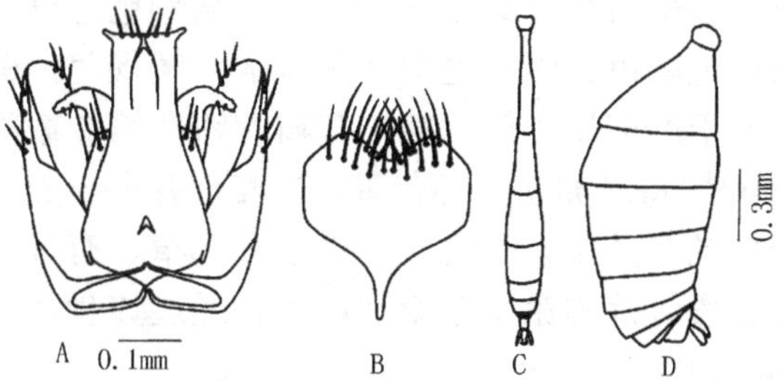

图 24-66　扁腹常足螯蜂雄性外生殖器 (许再福等，1997b)

A. 雄性外生殖器；B. 第 9 腹节腹片；C. 腹部背视；D. 腹部侧视

24.17.5　海岛双距螯蜂 *Gonatopus insulanus* He, Xu *et* Ma

雄性外生殖器：阳基侧突的背突宽大，端部钝圆，长约为阳基侧突长的 2/3。2 背突的端部相互平行。阳茎基腹铗基的顶部有 4 根鬃 (图 24-67)。

图 24-67　海岛双距螯蜂雄性外生殖器 (何俊华等，1998)

24.18　肿腿蜂科 Bethylidae

24.18.1　川硬皮肿腿蜂 *Scleroderma sichuanensis* Xiao

雌性内生殖器：卵巢乳白色，每卵巢的卵巢管数个体间有变异，多为 6 支，少数 7 支，偶见 8~9 支。同一个体两侧卵巢的卵巢管数目也可差异，变幅为 3~5 支。卵巢管近端部微缢缩后与端丝相接，每侧卵巢的卵巢管端丝合并为悬带，两侧悬带汇合为中间悬带。中间悬带端部固定在中胸背板的肌肉上。端丝和悬带均乳白色丝状。卵巢管基部与侧输卵管相接，侧输卵管乳白色，细长，下端与中输卵管相接。中输卵管乳白色，基部位于第 5、6 腹板节间膜上方，基部生有肌肉，肌肉固定在产卵器基部的弓形骨片，即第 1 载瓣片 (第 8 腹节载瓣片) 上。附腺球形，细小透明，以透明的附腺管与中输卵管相连。受精囊研锤状，无色透明，经受精囊管连接在中输卵管的左下方，并通过受精囊管基部的肌肉固定在产卵管基部的第 1 载瓣片上。毒囊 (酸腺囊) 无色透明，葫芦状，扁平，端部直径较大，一侧内陷，另一侧有小面积腺细胞。基部直径稍小，开口于产卵管内，2 根毒腺的基部位于毒囊中间缢缩部分。毒腺弯管状，乳白色，管上有分支，分支数目 1～8 个，同一个体 2 个腺体的分支数量和腺体长度不同 (图 24-68 A)。

雌性外生殖器：由毒针 (内瓣) 、产卵瓣 (腹瓣) 、产卵瓣鞘 (背瓣) 和载瓣片组成。产卵瓣是大小、形状相同的 2 个半管组成的弯管状结构，末端尖，接近端部的地方未封闭，有 1 个向下的开口，基部着生在第 1 载瓣片上。从颜色上分为 3 节，前、后节短，淡黄色，中间节长，深褐至黑色。毒针也由 2 瓣合成，黄褐色，藏于产卵瓣内，基部与第 1 载瓣片内侧相连，位于产卵瓣内侧。第 1 载瓣片镶在第 2 载瓣片的弓形骨片内。产卵瓣末端外有 2 片产卵瓣鞘将产卵瓣端部包裹，2 瓣合并在一起呈椭圆形。产卵瓣鞘着生于第 1 载瓣片外侧延伸的骨片上，黑色，末端较基部窄、有纤毛。产卵瓣鞘背面为腹端背拱，腹端背拱通过 1 段骨片与第 1 载瓣片相连且通过该骨片上的钩勾住第 1 载瓣片外侧延伸的骨片 (图 24-68 B)。

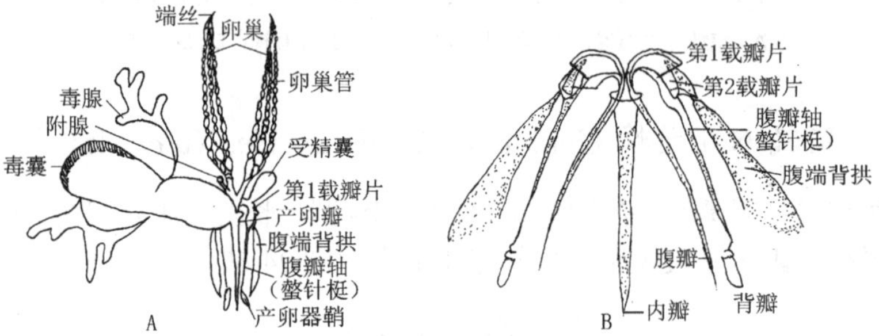

图 24-68　川硬皮肿腿蜂雌性生殖器 (参考蒋学建和周祖基，2006 图重绘)

A. 雌性内生殖器；B. 雌性外生殖器

24.19　蚁科 Formicidae

24.19.1　双节行军蚁 *Aenictus* sp.、*Alaopone* sp.

雄性内生殖器：精巢不明显。贮精囊 1 对，较细长，4～5 次弯曲。贮精囊前端指状，向后稍增粗，近后端直管状。两侧的贮精囊有共同膜包被，整体形成圆锥形贮精囊被膜体。附腺短，指状，前端和中部弯曲，紧密附着于生殖囊前端。附腺和贮精囊末端汇入短的射精管，射精管进入生殖囊 (图 24-69)。

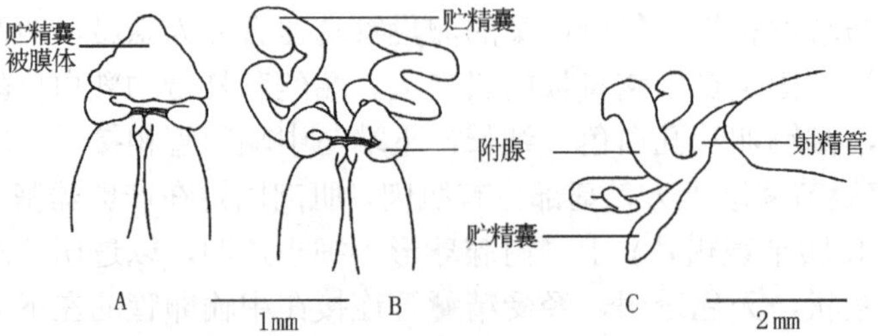

图 24-69　行军蚁雄性内生殖器 (Gotwald，1981)

A、B. 双节行军蚁雄性内生殖器 (A. 原位背视；B. 生殖囊移去，背视)；C. *Alaopone* sp.雄性内生殖器侧视

24.19.2 *Anomma* sp.、*Rhogmus* sp.

雄性内生殖器：蛹期精巢发达，等于或大于生殖囊。每精巢有多支精巢管，精巢管连接于贮精囊顶端。成虫精巢退化，贮精囊管状呈肘状弯曲，位于附腺腹面，末端指向背后方。附腺细长弯曲管状，顶端尖细，末端较粗，与贮精囊末端一起汇入短的复射精管，2 复射精管汇入较粗短的单射精管，单射精管后端接入生殖囊 (图 24-70)。

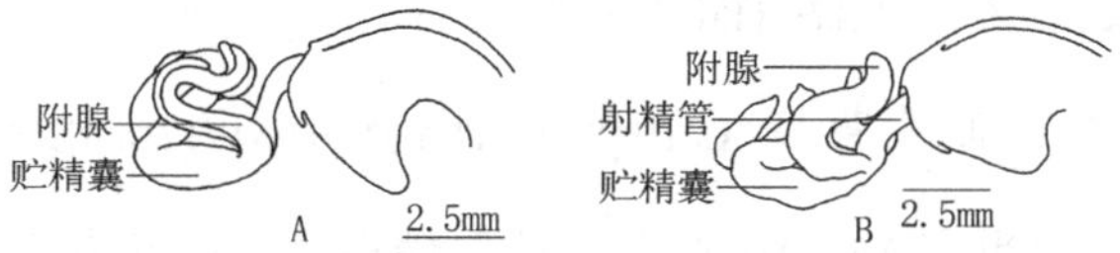

图 24-70 *Anomma* sp.、*Rhogmus* sp.雄性内生殖器 (Gotwald，1981)

A. *Anomma* sp. 内生殖器侧视，左侧附腺的外部被膜除去；B. *Rhogmus* sp.内生殖器侧视

24.19.3 *Atta colombica* Guérin-Méneville

雄性内生殖器：每精巢有多支精巢管，精巢管通过输出管集生于输精管前端。婚飞前未发育成熟的雄蚁精巢发达，贮精囊中无精子。婚飞期雄虫有大型的贮精囊，其中堆满精子，退化的精巢不再含有精子，表明雄虫在性成熟以后不再产生精子。输精管前部一小段细短，其余部分膨胀，中部弯折，形成前段"U"形贮精囊和后段梭状的副贮精囊。"U"形部分为主要的精子库，梭形副贮精囊具有协助射精的作用。副贮精囊后段细缩。附腺较小，长茄形，中后部与输精管末端一起汇入复射精管，复射精管与附腺间分界不清晰。复射精管粗短，向后渐细缩，两侧的复射精管汇入单射精管，单射精管通过外生殖器开口于体外 (图 24-71)。

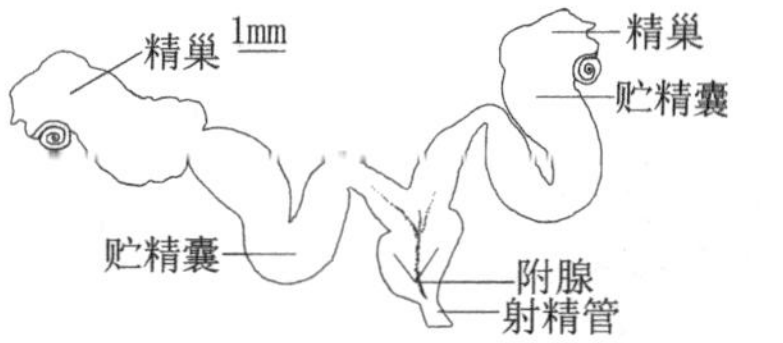

图 24-71 *Atta colombica* 婚飞前的雄性内生殖器 (参考 Baer and Boomsma，2006 图重绘)

雄性外生殖器：具有 2 排显著的骨化而后弯的齿，交配时通过外生殖器的伸入，2 排骨化齿开始彼此独立地啮合运动，当第 1 排齿钩住雌虫贝壳器官 mussel organ 的薄片构造时，第 2 排齿作为联系构造促使其向前，防止其向后运动。啮合运动的结果是雌雄双方的联系紧密，体现了贝壳器官与骨化的雄性外生殖器的匹配。已经交配的蚁后，贝壳器官薄片的中心部分有受损痕迹，贝壳器官的受损线与雄性外生殖器齿的排列位置匹配。交配后大量精子位于受精囊内，交配囊和受精囊管有精子痕迹，侧输卵管不含有精子。不同雄虫的精子长度及不同蚁后受精囊内精子长度明显差异，来自同一受精囊的精子，其长度也有显著差异，说明来自不同雄虫的精子在交配后短期贮存期间没有完全混合。

雌性内生殖器：每卵巢有数百支卵巢管，卵巢管端丝较发达，基部通过略收缩的卵巢管柄集生在发达的卵巢萼上，卵巢萼内常贮存有成熟卵。卵巢萼下方与侧输卵管连接，侧输卵管细长弯曲，下端与生殖腔前端一侧相连。生殖腔有肌肉封套，腔中部有肌肉瓣将其分成几部分。受精囊管从生殖腔前端一侧发出，与生殖腔结合部略膨大。受精囊管顶端连接 2 个很大的球状受精囊体。受精囊管上没有像蜜蜂那样的具有受精囊泵功能的组织。但在生殖腔背面末端有贝壳器官，贝壳器官是 1 个具有骨化薄片的囊，在生殖腔囊和螯刺腔之间开口进入外生殖器 (图 24-71)。

24.19.4 宾夕法尼亚弓背蚁 *Camponotus pennsylvanicus* (De Geer)

雄性内生殖器：每精巢有 12～16 支小的球形精巢管，每精巢管开口于 1 个短的输出管，输出管着生于短窄的输精管前端，输精管其余部分膨胀，形成发达的贮精囊，贮精囊前段螺旋形扭曲，后段略弯曲，末端稍收缩，开口于附腺腹面中下部。精巢、输精管、贮精囊前面盘曲的部分有简单的纤维状精巢鞘 fiber-like capsule 包被，精巢鞘有微气管缠绕。精巢鞘通常在精巢之间的中线附近收缩。附腺 1 对，长卵形袋囊状，发达。附腺中下部与输精管开口一起汇入复射精管，复射精管与附腺之间分界不清晰。两侧复射精管

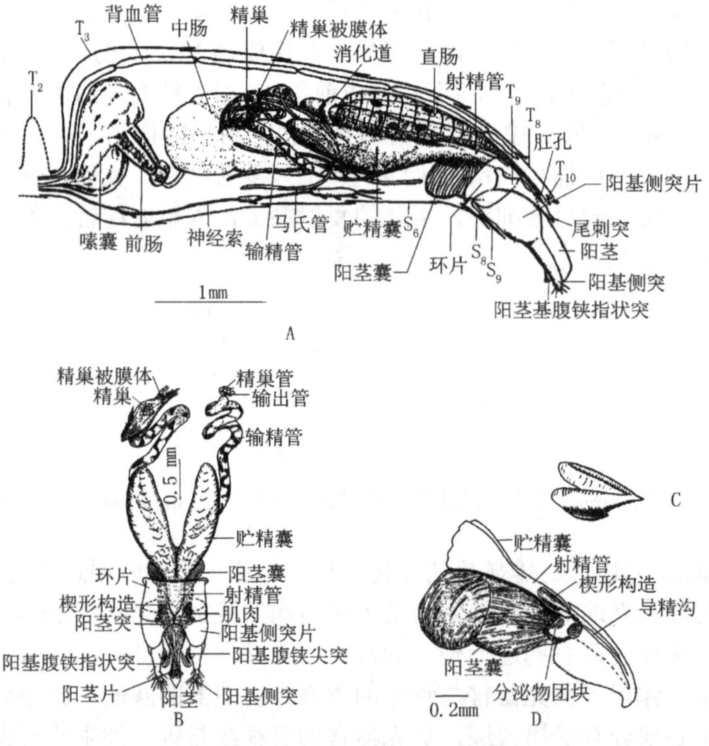

图 24-72 宾夕法尼亚弓背蚁雄性内生殖器 (Forbes，1954)

A. 柄后腹部纵切侧视，示内部器官的位置，第 9、10 腹节背板和左侧生殖瓣处于原位；B. 雄性内、外生殖器背视，右侧的精巢囊已移除；C. 从射精管内移出的楔形构造背侧视；D. 生殖系统后端侧面，右侧的外生殖器瓣、阳茎片已移除，射精管中楔形构造的位置已标明；T_2、T_3、T_8～T_{10}为第 2、3、8～10 腹节背板；S_6、S_8、S_9为第 6、8、9 腹节腹板

的中间表面靠近并接触，复射精管渐细，后部联合汇入单射精管，单射精管开口于阳茎囊 aedeagal bladder 背后部。单射精管前段稍膨大，向后渐尖。射精管内侧褶增厚形成楔形突，在横切面上，楔形突大致呈三角形，三角形的基部位于管道背壁下方，端部指向腹面。在楔形突末端之外射精管伸展一短距离。它的后端高度降低，逐渐合并入阳茎囊背后壁。阳茎囊为大型肌肉壁囊，位于第 7、8 腹节腹面。阳茎囊具有几丁质内衬的部分，内衬皱褶，向后背面开口于精子沟 sperm gutter，阳茎囊的内衬与精子沟的内衬及内瓣的中间表面连续。具有发达肌肉层覆盖的上皮，形成阳茎囊的外罩。但囊的后部中腹面和中背面缺少肌纤维，在含有楔形内陷的射精管部分，阳茎囊开始与射精管腹面接触。阳茎囊背壁的肌肉，其肌纤维来自于射精管复合体后端，附着于精子沟的背侧。侧肌附着于精子沟的外壁，而每侧的腹肌和腹侧肌则附着于生殖瓣内部阳茎突起的顶端。在精子沟壁的背面和背侧面、阳茎囊肌纤维末端的后方，排列着 18～20 个近球形细胞，这些细胞构成阳茎腺。每个腺体细胞有短的细管，细管进入每侧的 2～3 支公共管，公共管从背侧面开口进入精子沟 (图 24-72)。

24.19.5 *Cheliomyrmex morosus* (F. Smith)

雄性内生殖器：精巢不显著，内生殖器顶端部分为较发达的贮精囊。贮精囊膨胀棒状，折叠 2 次，后段细管状。附腺细长，围绕输精管基部扭曲，顶端弯折，末端与射精管一起汇入复射精管。复射精管较粗短，两侧的复射精管汇合形成单射精管，单射精管内的 2 支射精管贴合，外部有围鞘包裹，内部管腔相互独立。单射精管通入下部的生殖囊 genital capsule (图 24-73)。

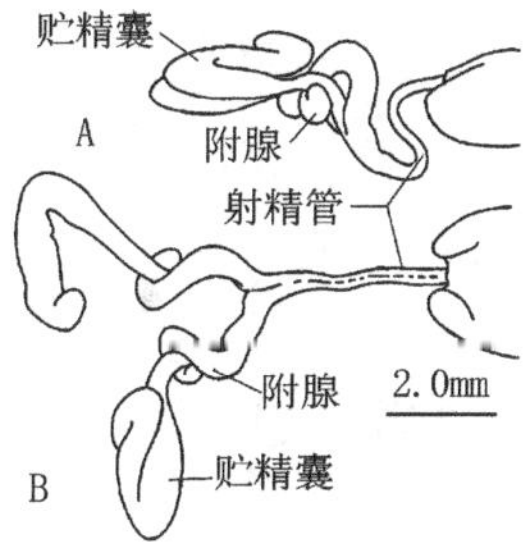

图 24-73 *Cheliomyrmex morosus* 雄性内生殖器 (Gotwald，1981)

A. 侧视；B. 背视

24.19.6 *Dorylus* sp.

雄性内生殖器：蛹期精巢大型，等于或大于生殖囊。两侧精巢有共同被膜，每精巢有多支精巢管，精巢管基部汇于狭窄的贮精囊的顶端。输精管从精巢下端发出，整体膨胀形成贮精囊，近中部弯折，弯折后膨大更明显。贮精囊肘状，位于附腺腹面。贮精囊壁由薄的肌肉层、结缔组织、内层圆柱形上皮细胞形成的管腔衬里组成。两侧的贮精囊分别与同侧的附腺在基部末端结合进入复射精管。附腺 1 对，粗短，前端弯折，中部弯曲。复射精管粗短，后端进入较细长的单射精管。

成虫精巢退化。贮精囊香蕉形，顶段弯折。附腺 1 对，弯管状，顶端和中部弯折。贮精囊和附腺下端汇入复射精管，两侧的复射精管下端汇入单射精管。复射精管和单射精管均较粗短，整体约呈“T”形。单射精管下端接入生殖囊 (图 24-74)。

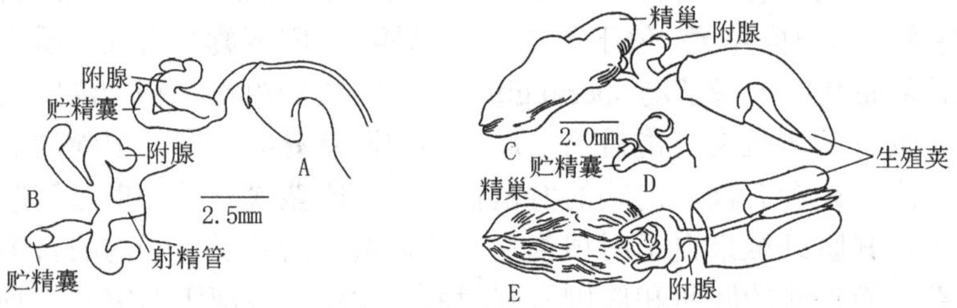

图 24-74　*Dorylus* sp.雄性内生殖器 (Gotwald，1981)

A、B. 成虫雄性内生殖器侧、背视；C、E. 蛹期雄性内生殖器侧、腹视；D. 蛹期构造侧视，精巢已移除

24.19.7　*Eciton hamatum* (Fabricius)

雄性内生殖器：精巢缺，贮精囊背、腹扁，有被膜。贮精囊管状，前段细，肘状弯折，向后渐粗，在近后端与附腺结合汇入复射精管。附腺细长蜷曲管状，向后渐增粗，蜷曲成钟表发条状，与生殖囊前端并列。复射精管较短，两侧的复射精管汇入单射精管。单射精管细长，蜷曲于消化道腹面。单射精管内部的管腔全长分开，前段环绕，沿腹面向后端伸展进入生殖囊 (图 24-75)。

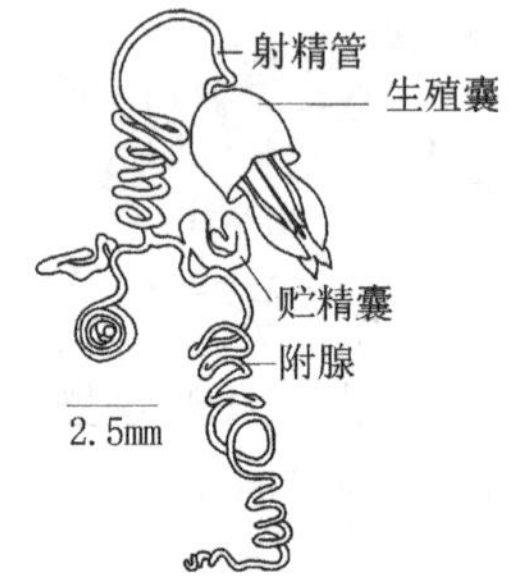

图 24-75　*Eciton hamatum* 雄性内生殖器背视 (左侧附腺被拉伸)　(Gotwald，1981)

24.19.8　*Labidus praedator* (F. Smith)

雄性内生殖器：精巢不明显，贮精囊膨胀管状，前端及中、后部多次折叠，向后渐细缩，后段直管状。附腺 1 对，蜷曲管状，向后渐粗，后端与贮精囊一起汇入复射精管，复射精管较粗短，两侧复射精管汇入单射精管，单射精管较细长，后端通入生殖囊 (图 24-76)。

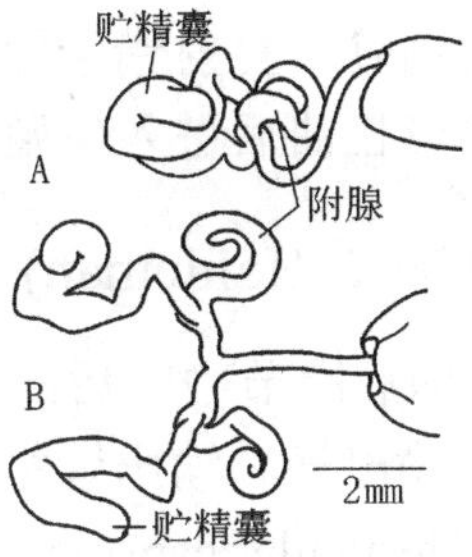

图 24-76　*Labidus praedator* 雄性内生殖器 (Gotwald，1981)

A. 侧视；B. 背视

24.19.9　*Nomamyrmex esenbecki wilsoni* (Santschi)

雄性内生殖器： 1 小群萎缩的精巢管附着在贮精囊顶端，贮精囊扁平囊状，向后上方折叠，后段细直。附腺 1 对，呈紧密蜷曲的细长管状，前端细，向后渐增粗，后端与贮精囊一起汇入复射精管，两侧复射精管汇入单射精管。单射精管细长管状，前段 (邻近复射精管) 盘绕 5~6 圈，缠绕在消化道腹面；后段直管状，略弯曲；末端接入生殖囊 (图 24-77)。

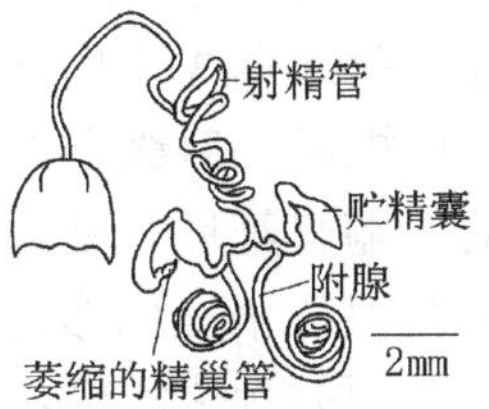

图 24-77　*Nomamyrmex esenbecki wilsoni* 雄性内生殖器背视 (Gotwald，1981)

24.19.10　*Neivamyrmex* sp

雄性内生殖器： 贮精囊顶部附着有薄管状构造，可能是萎缩的精巢。贮精囊膨胀管状，顶端和中部弯折，前段较粗，向基部稍细缩。贮精囊管弯折后包被于膜质鞘内，外观球形。附腺紧密蜷曲细长管状，邻近生殖囊前端。附腺前端指状，整体粗细较均匀。

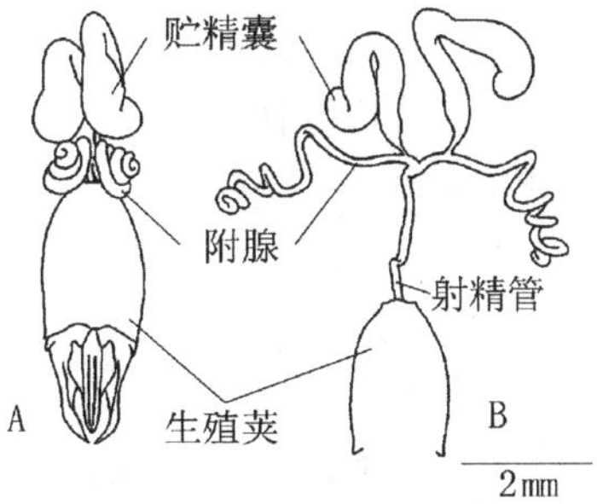

图 24-78　*Neivamyrmex* sp.雄性内生殖器 (Gotwald，1981)

A. 原位背视；B. 背视

贮精囊与附腺的末端一起汇入复射精管，复射精管短，两侧的复射精管汇入单射精管。单射精管内部的管腔相互独立，环形扭曲后进入生殖囊 (图 24-78)。

24.19.11 *Neivamyrmex harrisi* (Haldeman)

雄性内生殖器：精巢位于第 3 柄后腹节中间后部，每精巢有 22～25 支细长薄壁的精巢管，精巢管末端形成短而收缩的输出管。输出管集生于输精管前端。精巢、输出管、输精管前端包被在 1 简单的精巢鞘 testicular capsule 内，精巢鞘富含气管。输精管其他大部分膨胀形成"U"形贮精囊，贮精囊后方的输精管短管状，与附腺末端一起开口于复射精管。附腺 1 对，呈紧密盘曲的管状，两侧的复射精管通过环肌形成的围鞘，形成外表单一的单射精管，从拼合直到近末端，外观上为单管，内部仍保留独立的 2 个管腔。单射精管下行至外生殖器基环的前端开口，终止于阳茎囊的背后端。在即将进入阳茎囊前，单射精管内部的 2 管腔结合为一，形成真正意义上的单射精管。单射精管后部的管腔位于细长骨化的楔上。阳茎囊为厚壁的船形囊，背面宽而腹面收缩，位于单射精管和阳茎端环内射精管后端下方，阳茎囊前端肌肉壁比后端厚，囊后方开口于内瓣和外生殖器之间 (图 24-79)。

雄性外生殖器：缩入腹部末节体腔内，位于直肠和肛孔下方。通常只有第 9 腹节腹板 (下生殖板) 后端从腹部末端突出。下生殖板前半部宽，后半部为窄而腹面扁平的匙形，后部强骨化，前部骨化程度弱；前缘有 3 个向前的伸展物，中部的比侧面的短小，后端有短毛。第 8 腹节腹板宽，稍呈矩形，后缘有 1 个"Y"形裂隙。

外生殖器由 3 对瓣构成，瓣的前端有基环。基环节为细长的杯状或管状节，整体骨化。外瓣分为 2 个区：基区或阳基侧突片稍呈球形，端区或阳基侧突桨状。阳基侧突的后缘斜向截形。外瓣中度骨化，阳基侧突骨化稍轻，覆盖有许多细长毛。中瓣或阳茎基腹铗 laminae volsellare 细管状，分节，轻微"S"形弯曲。中瓣的小型球状基端附着于外瓣的阳茎基侧突的后背中表面，末端急尖，指向背面。内瓣由 1 对侧扁的骨片，即阳茎侧片 laminae aedeagales 组成，骨化程度比外瓣和中瓣低，2 内瓣沿背缘通过膜 spathe 结合。内瓣前部较窄，在后端，瓣分成为背叶和腹叶，背叶圆钝，腹叶伸展出侧面突起的钩。沿内瓣上面和内表面，有 1 条浅沟，即精子沟，精子沟几乎从前端一直伸到后端。阳茎突 aedeagal apodeme 位于外壁，比内瓣片更加骨化。阳茎突由两部分组成：1 个斜伸的外突以支持瓣；1 个较低的前部，供肌肉附着 (图 24-79)。

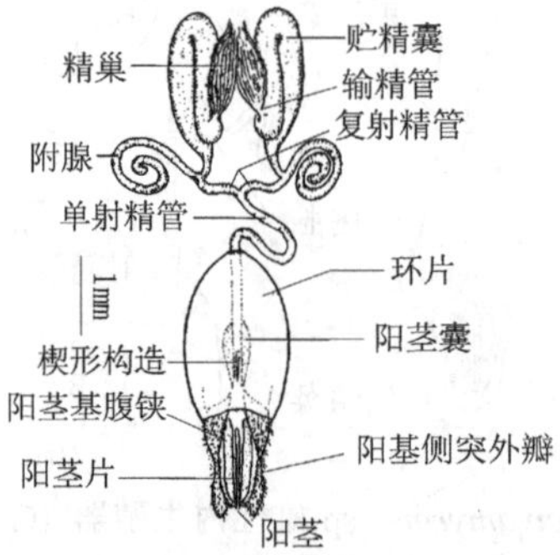

图 24-79 *Neivamyrmex harrisi* 雄性生殖系统 (Forbes and Do-Van-Quy，1965)

24.19.12 *Plectroctena lygaria* Bolton, Gotwald *et* Leroux

雄性内生殖器：精巢呈心形，每精巢有多支精巢管。精巢下端发出 1 支输精管，输精管前段盘旋，后段直管状，末端连接于附腺中部。附腺 1 对，长茄形，顶端尖，基部膨胀增粗。每侧附腺下端发出 1 支射精管，两侧的射精管紧密贴合但不合并，管腔仍然分别保留，即使在射精管进入生殖囊后，2 管腔仍单独开口 (图 24-80)。

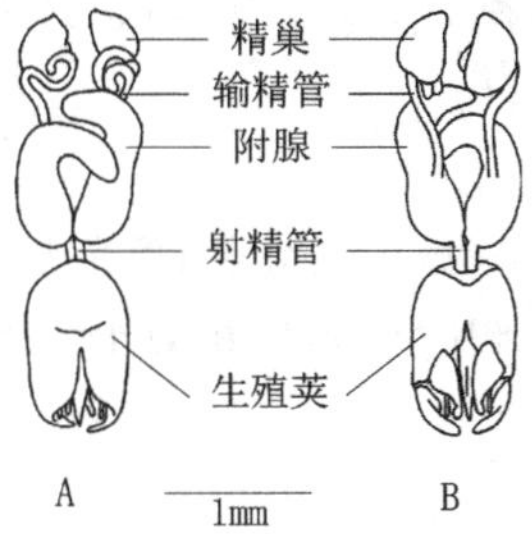

图 24-80 *Plectroctena lygaria* 雄性内生殖器 (Gotwald，1981)

A. 背视；B. 侧视

24.19.13 拟黑多刺蚁 *Polyrhachis vicina* Roger

雄性内生殖器：精巢乳白色，成熟的精巢饱满球状。每精巢有 9～12 支椭圆形精巢管，精巢管基部汇入输精管。成虫羽化时间越长，精巢管界限越不明显，临近婚飞的雄蚁精巢管趋于退化，几乎不可见。精巢管基部连接 1 短柄状的输出管，输出管连接下端的输精管。精巢及输出管覆盖白色纤维状微气管，悬挂于腹中线背部的体壁上。输精管起始端环状扭曲，整体膨大形成贮精囊，临近婚飞的雄蚁贮精囊内有大量白色的精液。附腺 1 对，发达，膨大呈肾形。临近婚飞的雄蚁附腺突出，白色或淡黄色。连接雄性附腺后端的贮精囊左右汇合后与射精管相通，呈“Y”形。射精管较粗，壁厚，下端与阳茎基部相连 (图 24-81 B)。

雌性内生殖器：整体乳白色半透明，处于产卵旺盛期的多为淡黄色，卵巢周围有大量脂肪体。每卵巢有 21～23 支卵巢管，卵巢管多滋式，分为端丝、卵巢管本部和卵巢管柄 3 部分。每卵巢的卵巢管端丝汇合形成悬带，附着在后腹背板与第 1 腹节之间的脂肪体上。卵巢基部卵巢管柄汇合于较宽的卵巢萼，卵巢萼后端与侧输卵管连接。两侧输卵管后端彼此相连，并与中输卵管呈“Y”形连接。中输卵管位于第 7、8 腹节，前端较粗，末端稍细，与生殖腔连接，由产卵孔通向体外。受精囊管着生于生殖腔前端 (交配囊体前端) 一侧，顶端连接有白色肾形囊状受精囊体，连接点位于囊体凹面一侧的中央。附腺管粗短，着生于生殖腔近开口处。附腺管上连接 2 支细长弯曲的管状附腺 (图 24-81 A)。

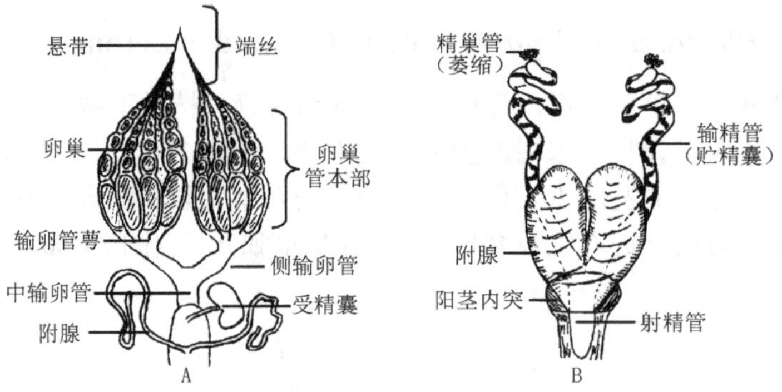

图 24-81　拟黑多刺蚁内生殖器 (詹光杰和奚耕思，2009b)

A. 雌性内生殖器；B. 雄性内生殖器

24.19.14　*Rhogmus* sp.

雄性内生殖器：精巢缺，贮精囊 1 对，弯曲管状，前端尖狭，向后渐增粗，中部弯折，末端细缩。附腺 1 对，长茄状弯曲，端部指向背方或后方，末端与贮精囊一起汇入复射精管，两侧的复射精管汇入单射精管，单射精管粗短，内部管腔相互独立，通入后方的生殖囊 (图 24-82)。

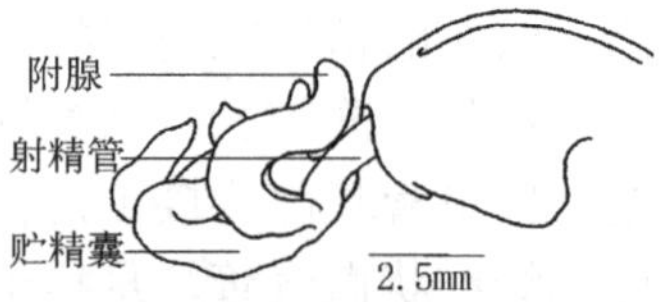

图 24-82　*Rhogmus* sp.雄性内生殖器侧视 (Gotwald，1981)

24.19.15　红火蚁 *Solenopsis invicta* Buren

雄性内生殖器：预蛹期未成熟的精巢具有 4 支精巢管，精巢管白色叶片状，精巢基部渐细缩形成输出管，输出管汇入输精管，输精管连接于贮精囊前端。精巢、输出管和输精管包裹在 1 个薄的精巢鞘内，在生殖期雄虫中可见。蛹后期精巢仍较发达，此后逐渐退化形成 4 个黄褐色的泡囊。精巢通过短管 (输精管) 与充满精子的贮精囊联系。有些分飞前的雄蚁附腺中也发现有少量精子。没有生殖能力的雄虫没有精巢。

黑色蛹期和新羽化成虫期，每精巢管内的精子排列成卵圆形精子束，每精子束有数百个精子，精子的头部朝向同一个方向，精子束外围可见 1 层薄膜及 1 到多个细胞核。精子束集中于精巢管中部，沿精巢壁内周可见疏松的成熟精子。羽化后第 7 天，精子束逐渐不明显。羽化后约 10 天，精巢退化，形成 4 个黄褐色残体，残体通过明显的输精管残体附着在贮精囊顶部。虽然位于贮精囊和退化精巢管之间的管道从部位上可能属于退化的输精管，但输出管和输精管之间的分界已不明显，4 支输出管退化不可见。残余的精巢鞘依然可见，成为包围输精管和精巢的薄膜构造。性未成熟的雄虫，输出管和输精管均衬有短的圆柱形上皮细胞，上皮细胞附着于基底膜上，然后有几层肌纤维包裹。输精管的柱状上皮延续至贮精囊。贮精囊膨胀扭曲，下端通入花生果状的附腺内。贮精囊是成熟精子交配前的贮存场所，在雄性成熟时，贮精囊内充满了精子。在贮精囊与附腺的连接处，上皮细胞细长，似乎形成明显的瓣以防止精子进入附腺。附腺发达，有肌肉。附腺的上皮由单层柱状细胞组成，基底膜明显，被 2～3 层肌纤维层包被。含有分泌物的泡囊似乎通过破裂释放进入腺体腔，分飞前的雄虫，腺体腔内充满泡囊，大部分泡囊在分飞期间消耗。附腺后部渐尖，在骨化的"V"形楔区域联合形成射精管，在与附腺结合部，射精管具有圆柱形上皮衬里，似乎表明附腺上皮向射精管上皮的逐渐转化。射精管中部，细胞逐渐缩短形成立方形上皮。"V"形骨化楔的臂起源于射精管腹侧面上皮，楔的后端似乎游离在管腔内。楔可能是用于联系附腺和射精管的构造，Hagopian (1963) 认为其具有对精子和附腺分泌物导向的机制。在楔的下端，射精管开口进入阳茎囊。阳茎囊卵形，位于外生殖器的前部区域，表面覆盖有厚的肌肉层。阳茎囊被外生殖器环抱，具有单层鳞片状上皮细胞，上皮细胞外有厚的肌纤维包裹。第 9 腹板内表面有大量的腺体细胞，Holldobler 和 Engel-Siegel (1982) 将其定义为亚生殖板腺 subgenital plate gland，腺体细胞具有细长的管道。射精管继续下行与阳茎连接，上皮附着在基底膜上，基底膜外有 2 层肌纤维包被，内层为纵肌，外层为环肌 (图 24-83 B、C)。

雄性外生殖器：外生殖器由外瓣 (阳基侧突 laminae paramerales) 、中瓣 (阳茎基腹铗) 和内瓣 (阳茎侧突 laminae aedeagals) 组成，3 对瓣前部被基环 lamima annularis 包裹。外瓣包围阳茎囊、楔、射精管、阳茎端、中瓣和内瓣。1 个小的端叶，即阳基侧突，位于外瓣的侧面。成对的中瓣由基骨片、阳茎基腹铗片、2 个背面成分、侧面的阳茎基腹铗尖突 cuspis volsellaris、中间的阳茎基腹铗指形突 digitus vosellaris 组成。内瓣为薄的桨状 paddle-shaped 骨片，位于射精管和阳茎端两侧。基环分成 1 个背面的卵形骨片和 1 个腹面的带 (图 24-83 B、C)。

雌性内生殖器：每卵巢有 80～90 支卵巢管，卵巢管端丝汇合成悬带，悬带附着于柄后腹节前部背板区域围心膜上。卵巢管着生在卵巢萼上，卵巢萼卵圆形，由圆柱形细胞构成，细胞形成许多突起伸进卵巢萼的腔内，突起端部常有许多长鞭毛构造。卵巢萼连接的侧输卵管向后延伸，与另侧的侧输卵管汇入很短的中输卵管。中输卵管后端进入生殖腔。受精囊管从生殖腔前侧上方发出，顶端连接受精囊体。受精囊体卵圆形或肾形，未交配蚁后的受精囊内充满颗粒物质，刚交配蚁后的受精囊内有精子。受精囊腺 1 对，管状，环绕成圈。子宫位于中输卵管后端和生殖腔前端之间，子宫沿受精囊前壁伸展，终止于较宽的末端较钝的子宫囊。生殖腔位于受精囊体的腹面，有很厚的衬里，衬里形成不规则波状突起伸入生殖腔内。交配囊位于受精囊之后，生殖腔和生殖孔结合部，交配囊向背面延伸，管腔表面有短的波状突起，刚交配的蚁后，在临近波状突起区域和内衬皱褶之间精子含量丰富。生殖孔向外开口在螯刺的腹面，前面接近生殖腔部位加宽 (图 24-83 A)。

雌性内生殖器胚后发育：化蛹当天，卵巢呈白色、蟠桃形、长短于宽，位于第 2 腹节。此时，中输卵管、侧输卵管也明显可见，侧输卵管呈"Y"形无色透明状，基部粗大，向端部渐细。其他结构一般在化蛹后第 2～4 天才明显可见。受精囊于化蛹后第 2 天明显可见，呈无色透明、膨胀薄膜状。从蛹到脱翅前卵巢长度增加快于宽度，而脱翅后宽度的增加略大于长度。在蛹期，卵巢管数量随蛹日龄的增长而增加。化蛹后 12 天，卵巢管数量增加 1 倍。羽化后有翅雌蚁的卵巢管数量随日龄的增长继续增加。羽化当天的卵巢管数量约为 63 支，羽化后 10 天为 81 支。脱翅后雌蚁的卵巢管数量仍有一定增加。

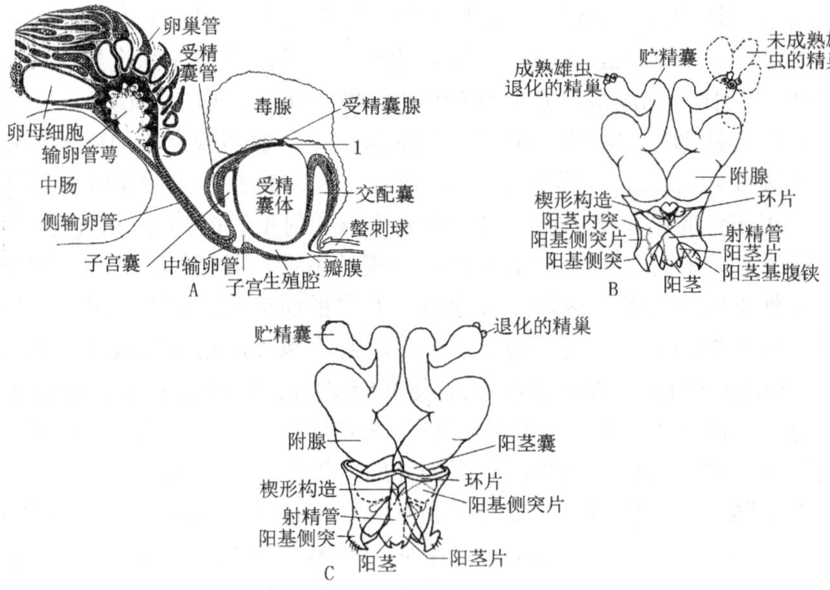

图 24-83　红火蚁生殖系统

A. 雌性内生殖器纵切 (1. 受精囊腺和受精囊管进入受精囊体的开口)；B、C. 雄性内生殖器背、腹视 (A. Hermann and Blum，1965；B、C. 参考 Ball and Vinson，1984 图重绘)

24.20　胡蜂科 Vespidae

24.20.1　雄性外生殖器

第 7 腹节背、腹板近三角形，末端为雄性外生殖器。雄性外生殖器基部为 1 对粗壮的生殖突基节，端部为第 9 腹节特化的较尖而突出的生殖刺突，有抱握作用。阳茎位于 2 生殖刺突之间，阳茎腹侧之突起为阳茎基腹铗。生殖刺突上有很多硬鬃，有加强抱握的作用。有时阳茎基腹铗端部分叉形成指状突和尖突 (图 24-84 B)。

24.20.2　雌性外生殖器

第 6 腹节背、腹板近三角形，末端背、腹板之间可见 1 由产卵管特化的能伸缩的螫针，螫针为雌蜂产卵管形成，可排出毒液，故雌蜂能螫人。螫刺的腹瓣具齿，但螫人时并不丧失螫刺。螫针端部极尖，向基部渐粗，基部由 1 导管通入椭圆形的毒囊 (酸腺囊)，另 1 导管通向碱腺。毒囊的另一端连有 2 条细长的酸腺。碱腺通至螫针基部，平时酸碱液不相遇，螫刺时毒液因毒囊收缩，同时进入螫刺目标，互相作用引起产生毒性 (图 24-84 A)。

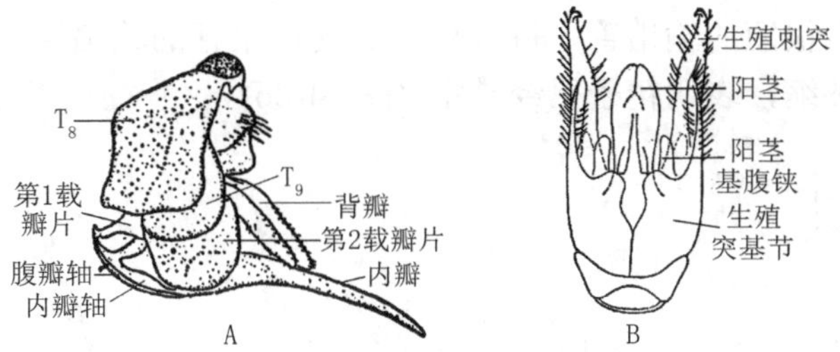

图 24-84　胡蜂科外生殖器

A. 雌性外生殖器；B. 雄性外生殖器；T_8、T_9为第 8、9 腹节背板 (A. 施凡维奇，1958；B. 李铁生，1985)

24.20.3　*Ancistrocerus antilope* (Panzer)

雄性内生殖器： 两侧精巢及精巢上方的贮精囊有共同被膜，整体呈圆锥形。每精巢有多支精巢管，精巢管有薄层的鳞片状上皮细胞内衬。成熟的精子从精巢管进入贮精囊，贮精囊壁由假复层 pseudostratified 圆柱形上皮细胞组成，内衬纤毛。每侧精巢通过输出管与贮精囊连接，输精管末端伸出精巢、贮精囊被膜体外，短管状，沿附腺的边缘伸展。附腺心形，附腺壁由单层立方形上皮细胞组成，顶端表面具有微绒毛，外被 1 层结缔组织。输精管下端与附腺一起汇入复射精管，两侧的复射精管下段汇合形成 2 支紧密贴合的单射精管，单射精管后端与外生殖器连接 (图 24-85)。

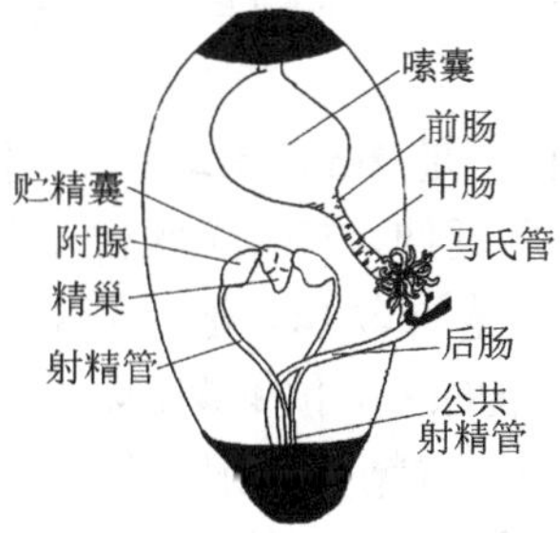

图 24-85　*Ancistrocerus antilope* 雄性内生殖器腹视 (消化道向一侧拉开)　(Bushrow 等，2006)

24.20.4　马蜂 *Polistes* spp.

雄性内生殖器： 长足胡蜂 *Polistes metricus* 两侧精巢具有公共被膜，输精管从被膜下端两侧发出，贮精囊和附腺形成细腰葫芦形被膜复合体，复射精管从复合体下端两侧发出，后部汇入单射精管。单射精管前端膨大呈椭球形，后部直管状，与阳茎连接。柞蚕马蜂 *Polistes gallicus* 的两侧精巢形成大型球状的公共被膜体，输精管从被膜体后端两侧发出，下端接入纺锤形贮精囊，贮精囊外侧分别着生肾形附腺，贮精囊与附腺一起开口于复射精管，复射精管下端汇入单射精管球状的前端。*Polistes exclamens* 的雄性内生殖器基本构造与 *Polistes metricus* 的类似，贮精囊和附腺形成细腰葫芦形被膜复合体，复合体下端通入复射精管。*Polistes annularis* 每侧精巢有 3 支精巢管，两侧精巢包被在公共膜内，每精巢管基部有很短的输出管，每侧精巢 3 支精巢管的输出管汇入下部的输精管。有的个体精巢已经萎缩，表明精子已经排空 (图 24-86)。

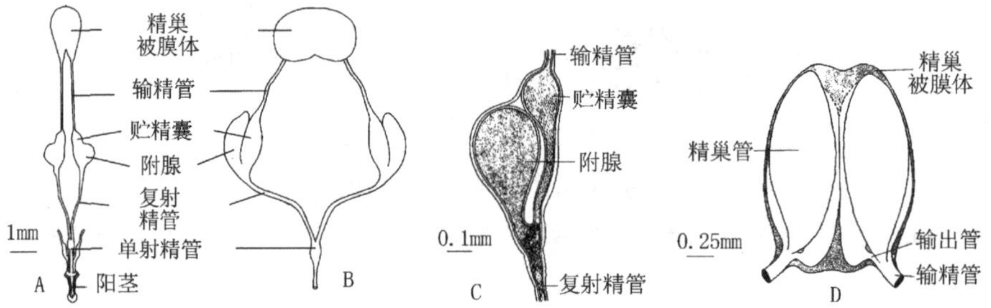

图 24-86 马蜂 *Polistes* spp. 雄性内生殖器 (Dirks and Sternburg，1972)

A. *Polistes metricus* 雄性内生殖器腹视；B. *Polistes gallicus* 雄性内生殖器；C. *Polistes exclamens* 贮精囊、附腺被膜体；D. *Polistes annularis* 精巢被膜体腹视

24.20.5 德国黄胡蜂 *Vespula germanica* (Fabricius)

雄性内生殖器：两侧精巢有公共膜包被，被膜体位于第 5～6 腹节背面消化道上方。输精管短，沿腹中线后延。在第 7 腹节两侧输精管膨大形成贮精囊。在第 8 腹节，每侧输精管与附腺结合。附腺管状，粗细与贮精囊相近。输精管与附腺结合后接入同侧的复射精管，复射精管短，接入单射精管。单射精管在阳茎中部接入，阳茎顶端匙状，生殖孔位于匙状的基部。

雄性内生殖器胚后发育：体长不足 2mm 的幼虫，精巢位于第 4～5 腹节消化道的背侧。输精管为实心管，沿腹中线向后延伸，末端壶腹位于外生殖器成虫原基前缘的一侧。体长 5mm 的幼虫，壶腹出现内腔。老熟幼虫，输精管获得管腔，每壶腹外侧壁发出前向的附腺原基，壶腹内侧则形成贮精囊原基。预蛹期，阳茎原基的下瓣自前而后出现缝合，形成管状的射精管原基。预蛹后期，输精管和射精管连通。

雄性外生殖器胚后发育：体长不足 2mm 的幼虫，第 9 腹节腹板后缘中部出现厚壁的内陷，在后续发育中，内陷发育成囊状，此为生殖腔原基。生殖腔原基前背壁有 1 对并列的增厚，增厚逐步发育，在老熟幼虫期形成 1 对悬垂的成虫器官芽。器官芽进一步分化出 2 对构造，内侧的 1 对为阳茎原基，外侧的 1 对为未分化的抱器。内抱器的分化发生在预蛹期，位于阳茎原基的后腹面。阳茎原基前部 2/3 愈合。同期，每器官芽的腹侧壁增厚形成半环形，此为基环的前体。蛹初期，基环进一步发育，阳茎向前方伸出 1 对杆状突起。蛹后期，上述构造骨化完成 (图 24-87)。

雌性内生殖器：工蜂和蜂后的内生殖器构造类似，但工蜂的卵巢和受精囊较退化，卵巢管细丝状。卵巢位于第 4～6 腹节消化道两侧，每卵巢有 4～6 支细薄的卵巢管，卵巢管的端丝附着在对侧的消化道上方。输卵管从卵巢后端发出后延，在第 6 腹节后缘向中下部弯曲，汇入中输卵管。中输卵管后端开口于生殖腔。受精囊体球形，受精囊腺 1 对，管状；受精囊管开口于中输卵管和生殖腔结合部。酸腺为 1 对蜷曲管，分别开口于酸腺囊。酸腺囊有肌肉包被，通过导管开口于针鞘 (内瓣) 的基部。碱腺较小，开口位于酸腺开口稍前方。

雌性内生殖器胚后发育：体长 2mm 的幼虫，卵巢位于第 4～5 腹节消化道背侧，

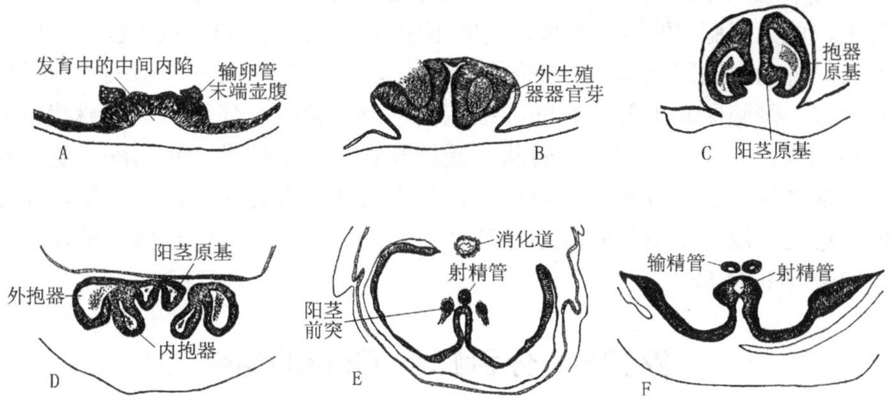

图 24-87　德国黄胡蜂雄性外生殖器胚后发育 (D'Rozario，1942)

A. 体长不足 2mm 的幼虫横切，示发育中的中间凹陷；B. 充分发育幼虫横切，示充分发育的外生殖器器官芽；C. 高龄幼虫横切，示阳茎的发育；D. 预蛹横切，示内、外抱器的发育；E. 早期蛹横切，示阳茎前突的发育；F. 预蛹横切，示射精管的发育

每卵巢向后发出 1 支线状无管腔的输卵管 (生殖索)。在第 7 腹板区域，输卵管下弯，其末端的中空壶腹位于第 7 腹节腹板内侧的疏松细胞群中。壶腹位于第 7 腹节成虫器官芽上，但没有被围肢腔包围。老熟幼虫，酸腺原基出现，为内瓣基部之间的中间内陷。第 8 腹节的成虫器官芽向腹中线迁移。预蛹初期，酸腺原基分化形成端部的腺体部和基部的囊状部，囊状部为酸腺囊的前体。在输卵管末端壶腹和成虫器官芽之间出现深的内陷，

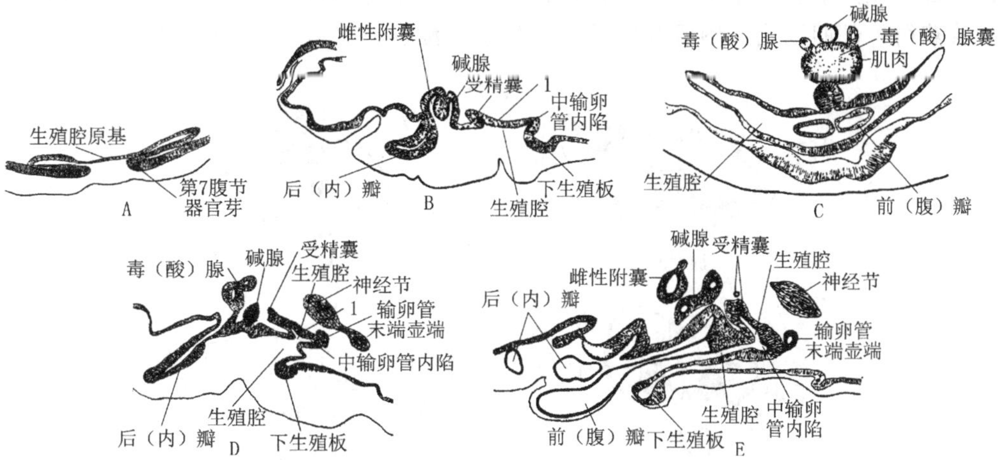

图 24-88　德国黄胡蜂雌性内生殖器胚后发育 (D'Rozario，1942)

A. 预蛹横切，示生殖腔内陷；B. 早期预蛹纵切，示酸腺、碱腺、受精囊、中输卵管内陷；C. 预蛹横切，示发育中的酸腺；D. 预蛹横切，示中输卵管和受精囊之间的外胚层组织收缩和生殖腔的形成；E. 预蛹后期纵切，示受精囊和中输卵管的接近；1. 输卵管和受精囊之间的外胚层区域

此为生殖腔原基。稍后，该内陷前部的下瓣结合，形成中输卵管原基；壶腹迁移并与中输卵管结合，中输卵管和受精囊原基之间的体壁下陷，第 7 腹节成虫器官芽的细胞向后生长扩展，与下生殖板愈合。预蛹中期，输卵管获得管腔，球形毒囊 (酸腺囊) 前端发出 1 对乳突，此为毒腺 (酸腺) 原基。间叶细胞 mesenchymatous cell 包围具鞘的毒囊，毒囊鞘后来发育为囊的肌肉包被。碱腺原基位于酸腺原基稍前方，顶端弯曲于酸腺囊之上，指向后方。碱腺原基也覆盖有间叶细胞鞘。受精囊原基分化出顶部囊状部分，囊顶端发出 1 对乳突，乳突最终发育为管状的受精囊腺。生殖腔进一步加深，受精囊原基和中输卵管原基之间的表皮收缩使两者接近，在蛹后期两者之间连续。同期，输卵管壶腹与中输卵管连通，没有出现外胚层成分替代中输卵管的情况。中输卵管前端也没有分化形成侧输卵管 (图 24-88)。

24.21　分舌蜂科 Colletidae

24.21.1　*Prosopis krieschbaumeri*

雄性内生殖器：精巢位于第 5 腹节消化道背侧，每精巢有 3 支精巢管，包被在公共围鞘内，两侧精巢在中线部位紧密贴合。输精管在精巢后部膨大形成贮精囊，贮精囊后缘外侧有 1 个芽状的附腺，附腺和贮精囊末端一起汇入同侧的复射精管。两侧的复射精管下行穿过基环，汇入短的单射精管，单射精管后端开口于阳茎腹面内陷的基部。

雄性内生殖器胚后发育：体长不足 2mm 的幼虫，精巢位于第 4 腹节消化道背侧，输精管为细的实心管，从每侧的精巢后端后延，末端壶腹位于每侧的成虫器官芽上。成熟幼虫的输精管自后而前获得管腔。预蛹期，输精管末端位于阳茎腹面凹陷的基部。蛹初期，输精管开口于阳茎腹面凹陷形成的沟的前端。随后，腹面凹陷前部腹瓣缝合形成射精管。蛹中期，壶腹外壁发出附腺，而内侧膨大的部分形成贮精囊。蛹末期，输精管和射精管获得外部肌肉层。附腺和贮精囊的位置逐渐前移接近精巢 (图 24-89)。

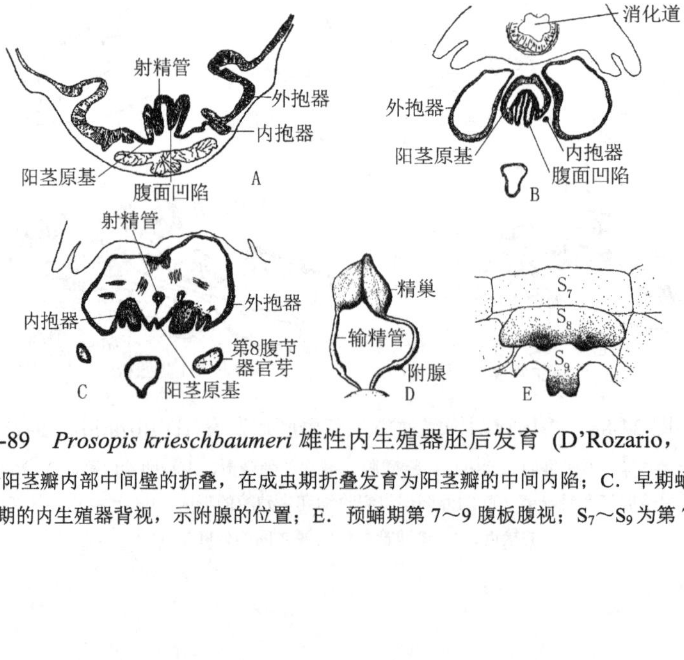

图 24-89　*Prosopis krieschbaumeri* 雄性内生殖器胚后发育 (D'Rozario，1942)

A、B. 预蛹横切，示阳茎瓣内部中间壁的折叠，在成虫期折叠发育为阳茎瓣的中间内陷；C. 早期蛹横切，示射精管的发育；D. 蛹中期的内生殖器背视，示附腺的位置；E. 预蛹期第 7～9 腹板腹视；S_7～S_9 为第 7～9 腹节腹板

雄性外生殖器：下生殖板为后部中间凹缺的半月形构造，属于第 7 腹节腹板。第 8 腹节腹板叉状，缩在第 7 腹节腹板内。第 9 腹节腹板为尖端前伸的盾形，叠合在第 7、8 腹节腹板下面。其后缘有具毛的杆状突起，可能具有感觉功能。雄性外生殖器包括宽而半环状的基环，基环后端外侧着生强骨化而具毛的外抱器，内侧为蜗牛状内抱器。阳茎位于抱器中间，舌状，基部一小段愈合，中后部二瓣状，顶端下弯。基部形成 1 对内突头向伸展，供肌肉附着。阳茎每侧瓣的腹中部骨化并与阳茎基部接合，射精管开口于结合点附近 (图 24-90)。

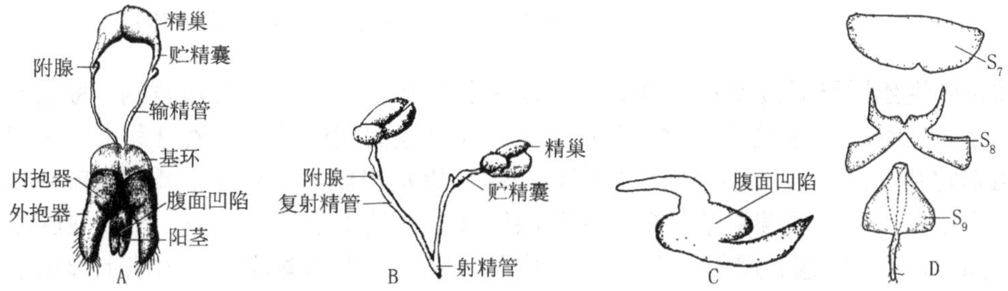

图 24-90　*Prosopis krieschbaumeri* 雄性生殖系统

A. 成虫雄性生殖系统背视；B. 后期蛹的内生殖器，示附腺和贮精囊的前移；C. 成虫阳茎侧视，示腹面内陷；D. 成虫第 7、8、9 腹节腹板腹视；S_8、S_9 为第 8、9 腹节腹板(A～C. D'Rozario，1942；D. 参考 D'Rozario，1942 图重绘)

雄性外生殖器胚后发育：体长不足 2mm 的幼虫，第 9 腹节腹板后缘中部有 1 对表皮增厚，后续发育中，这些器官芽扩大，前端陷入生殖腔内。老熟幼虫期，器官芽成为悬垂在生殖腔前部背缘的 1 对囊状突起。幼虫后期，每器官芽分化成二叶状，内叶为阳茎原基，较小，附着在外叶的内侧背壁。外叶为未分化的抱器原基。预蛹期，外叶分化出内抱器，位于阳茎原基茎部腹面后方。每侧阳茎原基内腹壁出现基部折叠，这些区域骨化后成为成虫的阳茎基部凹陷。两侧的阳茎原基开始愈合。每成虫器官芽腹侧面基部的外胚层成分生长骨化形成半圆形环状脊，此为基环的原基。蛹期，每阳茎叶基部发出头向突起。

雌性内生殖器：卵巢位于第 5 腹节，每卵巢有 3 支卵巢管。每卵巢的端丝附着于对侧消化道上方。两侧的侧输卵管在第 6 腹节腹面汇入中输卵管。中输卵管粗短，后端接入生殖腔，生殖腔开口于前 (腹) 瓣基部。受精囊包括管状的受精囊腺、球状的受精囊体和狭窄的受精囊管，受精囊管开口于中输卵管与生殖腔交界处。酸腺端部为 1 对短管状酸腺体，基部为非肌肉质的酸腺囊，酸腺囊通过酸腺管开口于螯针鞘 (内瓣) 的基部。碱腺是稍发达的管状构造，基部的开口位于酸腺开口的稍前方 (图 24-91)。

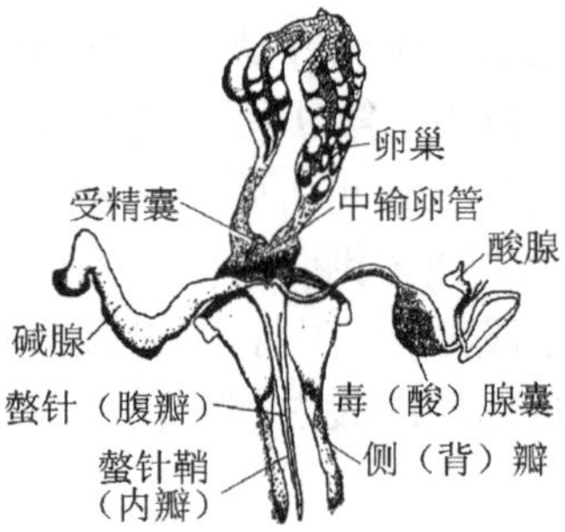

图 24-91　*Prosopis krieschbaumeri* 雌性生殖系统背视 (D'Rozario，1942)

雌性内生殖器胚后发育： 老熟幼虫的卵巢位于第 4～5 腹节消化道背侧，每侧输卵管 (生殖索) 向后延伸，末端的中空壶腹位于第 7 腹节腹面同侧的成虫器官芽上。后续发育中成虫器官芽逐渐扩展而不突出。预蛹期，酸腺原基出现，为位于后瓣 (内瓣) 基部之间的 1 个中间内陷。酸腺原基稍前方为碱腺原基，也是 1 个中间内陷，但较酸腺原基形成的内陷小。在前 (腹) 瓣基部出现 1 个中间内陷，为受精囊原基。内陷上部球形，顶部发出 1 对彼此接近的乳突。中输卵管原基为位于第 7 腹节腹板后缘的内陷，与前部的受精囊原基一起下陷形成生殖腔原基。生殖索的末端壶腹逐渐接近并与中输卵管原基建立联系。后续发育中，受精囊原基和中输卵管原基之间的外胚层壁进一步收缩，生殖腔进一步加深，输卵管获得管腔。蛹期，酸腺原基的球状部分发育为酸腺囊，酸腺囊顶端发出 1 对基部联合的乳突。基部联合的部分发育为酸腺导管，端部的 1 对管发育为蜷曲管状的酸腺体。球状的受精囊原基端部的乳突发育为受精囊腺，基部球状部分发育为受精囊体。碱腺快速增长。受精囊与中输卵管之间的体壁成分进一步收缩使两者更加接近。进一步发育，获得成虫期器官形态。

24.22　蜜蜂科 Apidae

24.22.1　黑小蜜蜂 *Apis andreniformis* Smith

雄性外生殖器： 包括阳茎腔、阳茎颈和阳茎端膜 (阳茎球) 3 部分，阳茎腔相当于其他昆虫的阳茎端，较膨大，形成容纳阳茎端膜的短腔。阳茎腔膨伸后背弯，其背面和腹侧面有背角囊和腹角囊各 1 对，背角囊较小，圆锥形；腹角囊长管状，向端部渐细缩，中部有弯折。阳茎腔腹面有毛片。阳茎颈属于阳茎端膜的基段，直管状，位于阳茎腔角囊和腹毛区的后面，其后部连接有阳茎端膜。阳茎颈背面有 1 长方形大型毛片，腹面有倒“V”形大型毛片 1 枚，横斑状小型毛片 4 枚；叶突 1 支，带有 1 对长而薄的附肢和 3 对短附肢。阳茎端膜薄壁管状，基段较细，端段较粗，端部与射精管的结合处分界不清晰。休止时阳茎端膜和阳茎颈套叠在阳茎腔内，与阳茎腔一起隐藏于腹部末端的腹腔内 (图 24-92)。

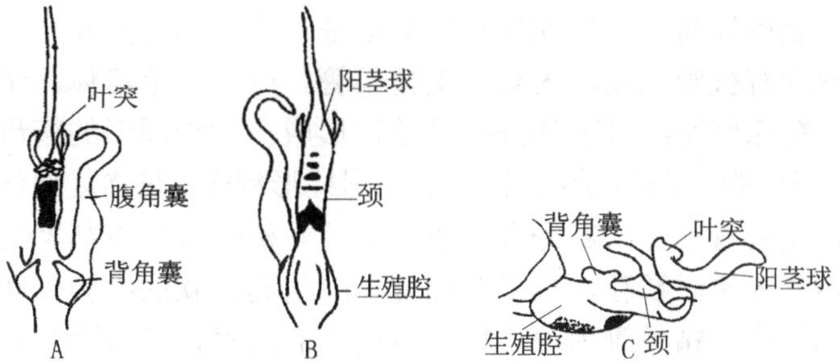

图 24-92 黑小蜜蜂的内阳茎 (黄文诚，1997)

A. 内阳茎原位背视；B. 未外翻的内阳茎腹视；C. 外翻的内阳茎侧视

24.22.2 东方蜜蜂 *Apis cerana* Fabricius

雄性内生殖器：精巢扁平肾形。新羽化雄蜂，精巢位于消化道侧背面。随着雄蜂日龄的增加，精巢逐渐萎缩，衰老雄蜂的精巢大幅度后移，处于附腺顶端。每精巢有 100 余支精巢管，精巢管包被在白色不透明的鞘内。蛹初期，鞘上覆盖有分支的脂肪体。鞘壁分为 2 层，东方蜜蜂的气管和微气管不仅穿过精巢的外鞘，在精巢管之间分支，还深陷入精巢管腔内精子束之间，表明精子发生过程中代谢十分活跃。输精管从贮精囊下端发出后细管状扭曲，下段再次膨大形成梭形的贮精囊副囊，副囊下方渐细，形成输精管末端。附腺 1 对，椭球形，位于贮精囊内侧，下端一侧与输精管末端一起汇入复射精管。复射精管粗短，杯状，两侧的复射精管汇入单射精管，单射精管细长，中部扭曲，末端通入阳茎囊顶部。阳茎囊后端具有 1 个内伸突起，突起壁中部有 1 个开口，这个突起壁可能用于射精前精液的控制 (图 24-93)。

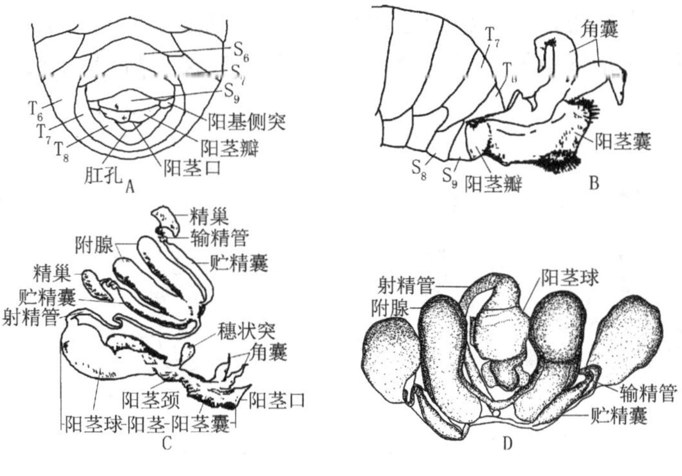

图 24-93 东方蜜蜂生殖系统

A. 腹部末端腹视；B. 腹部末端及部分外翻的阳茎 (侧视)；C. 雄性内生殖器；D. 初羽化成蜂雄性内生殖器背视；T_6～T_8 为第 6～8 腹节背板；S_6～S_9 为第 6～9 腹节腹板 (A～C. 杨朝环，1997；D. Kapil，1962a)

雄性内生殖器胚后发育：幼虫期只有精巢原基，到蛹期充分发育，位于蛹腹面的中部，成对的精巢分别有被膜包裹，内有多支精巢管。雄蜂为单倍体，精子在发育过程中不进行减数分裂。精原细胞经过多次分裂繁殖，形成一大群圆形的精母细胞，再发育出尾部，形成初级精子细胞，最后成为具长尾的细圆柱形精子。在临近羽化的 4 日龄蛹期，精巢管充满精子，精巢管前部大部分区域成为空腔。雄蜂发育成熟羽化出房时，精子通过输精管进入贮精囊内暂时贮存，精子头部埋在贮精囊柔软的细胞壁间。衰老雄蜂的精巢管细胞质内出现液泡，精巢管内缺乏精子或精子的发育，12 日龄时，精巢失去功能，精子排入贮精囊，贮精囊是 1 个狭窄的腔，位于精巢内缘后侧。精巢管在内壁开口进入腔内。衰老雄蜂贮精囊萎缩，外观上输精管似与精巢后部直接相接。雄蜂染色体数目为雌蜂之半，精原细胞进行假减数分裂，第 1 次分裂时只出现单极纺锤体，仅在细胞的一极挤出 1 个无核的细胞质芽体，不发生染色体减数。第 2 次分裂时按正常的方式进行，这次分裂实质上相当于 1 次有丝分裂，所以每个精原细胞仅形成 2 个精细胞，各保留雄蜂原来的染色体数目。

雄性外生殖器：由生殖基节、生殖突基节、生殖刺突 gonostyli、阳茎 penis、阳茎瓣、阳茎瓣内突 apodeme of penis valve 及阳茎基腹铗组成。交配器官包括阳茎腔、阳茎颈和阳茎端膜 3 部分。阳茎腔上具角囊和棱形毛片，背角囊 2 对，位于生殖腔背面，1 对较长，弯折呈角状；另 1 对较短呈指状。腹角囊 1 对，位于阳茎腔背侧面，基段粗短呈瓶状，端段细缩呈指状。中部为阳茎颈，有毛带和叶突。阳茎颈盘绕呈螺旋形，邻近阳茎腔最粗，向端部渐细，末端邻近叶突着生处最细。叶突顶端缺刻深，两侧各有 13~15 条穗缘。阳茎颈的腹面有 6 条皮梗。远端是阳茎端膜，射精管末端通过阳茎端膜向外开口。阳茎端膜囊状，向背面弯曲呈"C"形，基部和端部粗细相近。休止时阳茎颈和阳茎端膜套叠在阳茎腔形成的外管内，与阳茎腔一起收缩在腹腔内。阳茎端膜表面有几丁质化的板片，休止时处于阳茎端膜套叠形成的腔内（内阳茎腔内），交配时借肌肉的收缩和空气压力将阳茎端膜从体内翻出，即从棱形毛片开始将其里面翻到外面，阳茎端膜表面的几丁质板片翻到外面。射精管前伸，射精管端部（生殖孔）移到前端（图 24-94）。

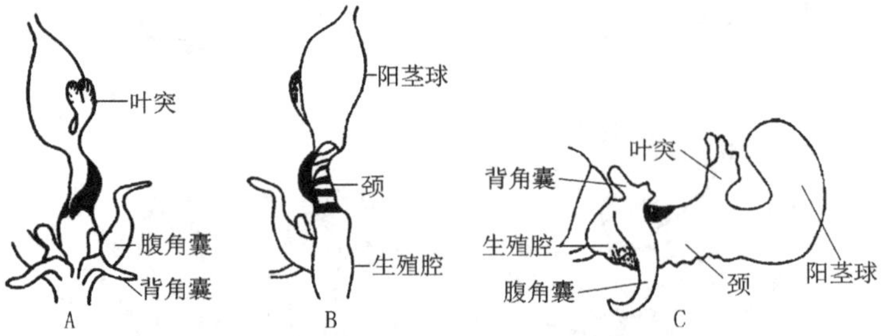

图 24-94　东方蜜蜂的内阳茎（黄文诚，1997）

A. 内阳茎原位背视；B. 未外翻的内阳茎腹视；C. 外翻的内阳茎侧视

雌性内生殖器：蜂后具有 1 对体积巨大的梨形卵巢，位于第 2~5 腹节消化道两侧，每卵巢有 200~250 支卵巢管，卵巢管前端向内窄弯，彼此附着。每卵巢管有成串的卵室和滋养细胞室相间。卵巢管基部不规则增厚，相当于卵巢萼。卵巢萼开口于侧输卵管。工蜂也具有厚壁的卵巢萼，前段为实心管，具有不规则内衬的开口。侧输卵管下端连接中输卵管，中输卵管前壁基部开始发出瓣褶，瓣褶是 1 个脊状的双壁构造，前壁从中输卵管的基部开始，向上与后壁汇合。瓣褶向前方倾斜，受精囊管的开口稍前位，表明瓣褶控制中输卵管开口、精子的流动、贮存及返回。另有人认为瓣褶具有握持卵的受精孔端部，使之正对受精囊管的开口，以确保受精的功能。从前壁附着的肌肉看，前、后壁是可活动的，也能被拉开形成卵下行的通道。在半环肌和扇形肌的帮助下，中输卵管管壁收缩并靠近交配囊。交配时，瓣褶可能位于受精囊开口之前，容许精子通过受精囊管进入受精囊，而不是进入中输精管。当卵下行时，瓣正好处于相反的位置，意味着在卵被容许通过之前，瓣褶后部靠近开口，握持卵的受精孔端使之靠近受精囊管的开口以便受精。

中输卵管的后端为膨大的生殖腔，生殖腔开口位于螯针基部下方，两侧另有 1 对交配囊的开口。生殖腔背面有球状受精囊体，受精囊体与生殖腔之间有受精囊管相通，受精囊体上还有 1 对受精囊腺，2 受精囊腺汇合后与受精囊管的顶端相连。受精囊管的开口通过肌肉收缩控制精液的排放。受精囊体由具有腺体分泌功能的柱状上皮细胞组成，上皮细胞位于基膜上。腺体腔衬有厚的内膜。每腺体细胞有 1 小管终止于腺体腔，嵌入腺体的神经通过结缔组织附着于基膜上。工蜂的生殖器官显著退化，卵巢位于第 3~6 腹节，每卵巢有 3~8 支卵巢管，受精囊成为退化的痕迹构造，基部比端部更宽，开口于生殖腔中部。其他附属器官也已退化，失去正常的交配和生殖机能。但在某些特殊情况下，工蜂会恢复产卵，卵巢也会发育 (图 24-95)。

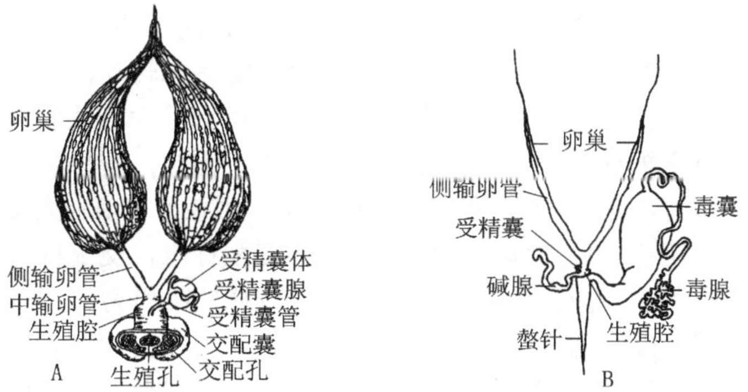

图 24-95　东方蜜蜂雌性生殖系统 (参考杨朝环，1997 图重绘)

A. 蜂后雌性生殖系统；B. 工蜂雌性生殖系统

卵子发生：卵巢管的端丝明显延长，甚至可占据处女蜂后卵巢管总长的 1/3。蜂后卵巢管中有 14~17 个胞囊细胞菊花团，工蜂有 10~12 个。一般认为，蜜蜂卵子发生是从卵巢管上游的卵原区开始的，但也有人认为蜜蜂卵子发生的起始区很可能开始于端丝区域。卵起源于卵巢内的生殖干细胞，每生殖干细胞分裂 1 次产生 1 个子代干细胞和 1 个成胞囊细胞 cystoblast。1 个成胞囊细胞经过 4 次不完全的有丝分裂形成含 16 个细胞的胞囊，其中只有位于胞囊后端的那个细胞发育成卵母细胞，其余 15 个细胞则形成滋养细胞。胞囊连同包围着它的滤泡细胞称为卵室。处女蜂后和有后工蜂卵子发生的起始期并无明显差异，但工蜂在卵原区下游的胞囊细胞菊花团没有正常发育成卵泡而进入退化。卵室之间串状相连，呈出芽状的卵巢管结构。在卵巢管下端，成熟卵将全部滋养细胞吸收，卵室壁（卵泡囊）分泌形成卵壳将卵包裹，形成具壳卵。具壳卵通过侧输卵管、中输卵管到达生殖腔。生殖腔与受精囊相连，受精囊体内贮存与雄蜂交配获得的精子。

交配受精：处女蜂后一般 7 日龄后进入性成熟，会选择晴朗少风的午后出巢婚飞。交配通常在空中特定的雄蜂聚集区进行，当处女蜂后飞临聚集区后，雄蜂受蜂后性信息素的吸引，会成群地追逐蜂后以求交配，因此蜜蜂的交配为典型的“雄蜂聚集”型，每雄蜂聚集区的雄蜂可逾万头。追上蜂后的雄蜂从蜂后的背面抓住蜂后，用前足和中足抓住蜂后背面，用后足抱住它的腹部，借肌肉的收缩和空气压力将内阳茎从体内翻出，伸入蜂后的螯针腔。随后雄蜂向后方摆动，立刻麻痹，由于内阳茎翻出一半时直径最大，螯针腔被强力扩张，使得它与蜂后紧密结合在一起。交配的雄蜂腹面朝上，蜂后的背面朝上。翻出的阳茎颈，其上的三角形毛片处于雄蜂的背面。透过生殖腔的薄膜可见具几丁质的阳茎端膜已伸入生殖腔，其中充满精液和黏液。几丁质片和黏液随后构成交配标志。这时角囊仅部分翻出。阳茎颈的三角形毛片似乎靠在蜂后腹面尾端的毛缘，它使螯针腔扩宽。角囊处于螯针腔的背面，棱形毛片在螯针装置的斜下方。麻痹的雄蜂在瞬间停顿后，其内阳茎继续伸入蜂后生殖腔内。同时蜂后也加以配合，使射精管内的精液射入生殖腔和 1 对侧输卵管内。雄蜂内阳茎大部翻出时从基部的外口处撕断，雄蜂和蜂后分离。蜂后带着留在螯针腔内的交配标志飞走。这时交配标志的几丁质片处于蜂后的腹面。蜂后在进行第 2 次交配和随后的多次交配之前，其螯针腔带着与其交配雄蜂留下的交配标志。尽管如此，以后的雄蜂还能将其内阳茎插入蜂后螯针腔。随着内阳茎的伸入，原有交配标志背面的黏液粘在它上面，其棱形毛片拉动交配标志转动，原来位于蜂后腹面的几丁质片向里滑动，压到螯针装置上。交配标志粘在棱形毛片上从螯针腔里被拉出，所以蜂后螯针腔上原有交配标志对再次交配不造成障碍。因此，蜜蜂普遍实行多雄交配，每次交配过程非常短暂，但一次交配结束后，蜂后可以很快又和其他雄蜂交配。交配后，雄蜂内阳茎的一部分留在蜂后的体外，成为蜂后的交配标志，交配标志使蜂后呈现出橘黄色的黏膜并折射出紫色光泽，增加了蜂后对其他雄蜂的吸引力。

蜂后的螯针弯曲弧度，与螯针腔的形状相适应，避免在交配时刺伤雄蜂。平时螯针装置的各骨片位于螯针腔内中部，刺针尖端处于腹部末端腹板的缺刻处，螯针鞘位于螯针各背板之间。交配时，受雄蜂内阳茎的挤压而分开，几乎与原来的位置呈直角。由于骨片的位移，螯针腔内两侧的蜂后交配囊的皮膜被拉伸，使张开的生殖腔口扩大。这时螯针靠近背板盖住肛孔，形成与背板同样的曲度，同时螯针鞘下移到腹面。这样移动的结果使螯针保持在不使内阳茎受到刺伤的位置。交配囊与腹板之间的肌肉可使生殖腔口张开。交配后遗留的交配标志能使蜂后螯针腔保持张开以避免螯刺，并促进再次交配。蜂后在 1 次婚飞不到 30min 内可先后与 7～17 只雄蜂交配。交配成功的蜂后可以传递每个交配雄蜂的遗传物质。交配完毕，蜂后带着最后 1 只与其交配雄蜂留下的交配标志返回蜂巢，巢内的工蜂帮助蜂后除掉交配标志。交配标志的另一个作用是使充满侧输卵管和生殖腔内的精液不致外溢。约经 2 天时间，精子转移到与生殖腔相连通的受精囊内，多余的精子随精液排出体外。蜂后一次婚飞如果受精不足，当天或随后几天内将再次进行婚飞。

蜂后和雄蜂交配后，大部分精液被蜂后排出体外，仅有约 10% (或更少) 的精子通过侧输卵管转移到受精囊中。受精充足的蜂后 2～5 天开始产卵。蜂后产卵后，终生不再交配。当成熟卵排出到达生殖腔时，如从受精囊排出精子，则使卵受精，否则为未受精卵。受精卵将来发育成雌蜂 (工蜂或蜂后)，未受精卵发育成雄蜂。贮存在受精囊中的百万个精子用于蜂后一生的产卵受精。这些精子在 5～6 年甚至更长时间贮存后，依然保持着高度的活力。蜂后受精囊体球形，囊壁由 1 层上皮细胞组成，表面粗糙，外围包裹着密集的气管网。受精囊体内腔充满了透明液体，并与 1 对管状受精囊腺相连。精子在受精囊体内呈静息状态，新陈代谢很低，微气管网膜和受精囊腺分别提供氧气和营养物质。受精囊体中的精子排列与贮存部位的上皮细胞间存在空间联系，受精囊体内有秩序地充满成束的精子。交配后，精子需要 2 天由输卵管移入受精囊。蜂后交配返巢在巢脾上爬行时，一些工蜂尾随其后，饲喂蜂后，帮助其去掉交配标志。受精囊内腔与输卵管之间由受精囊管相连。受精囊管肌肉具有泵的功能，可使受精囊管闭合，形成密闭的精子保存室。而当蜂后排卵需要精子受精时，受精囊管肌肉收缩，释放出 10～100 个精子，其中 1～10 个进入卵子参与受精。对那些不需要受精的卵，则不排放精子。不论受精与否，所产卵都能发育成长。未受精卵发育形成雄蜂，受精卵发育形成雌蜂。当部分精子排出后，蜂后会用体液补充因精子排出而损失的体积。因此，受精囊中精子的浓度会随着液体的重新分配而不断下降。

受精囊体有无色泽与所贮存的精子数量有关，未交配蜂后的受精囊体半透明，交配成功的蜂后的受精囊体类似雄蜂精液，呈奶油咖啡色，并有或明或暗的大理石花纹，若精子呈堆状而且结合得很实时，便形成旋涡状。受精囊体呈雾状或奶白色时，表明精子供给不足，或交配不成功，或精子将用完。通常受精囊体若不呈大理石色泽，便为精子供给不足，这样的蜂后即将产雄性卵。

精子竞争和隐秘雌性选择：雌性个体与 1 个以上的雄性交配，并且精子数量超过卵子受精所需，则可能存在精子竞争。蜜蜂行一雌多雄交配，交配时精液先射入蜂后的交配囊。由于精液体积远大于交配囊的体积，因此蜂后收缩交配囊壁将精液挤入侧输卵管中，在此过程中大多数精子将回流到交配囊，最后通过生殖腔排出体外。雄蜂精子为争取进入受精囊而产生竞争，称为贮存竞争。贮存竞争一般不如卵子受精时的竞争激烈。蜂后受精囊内的精子是充分混合的，精子的竞争最有可能发生在给卵受精的过程中。

蜂后的隐秘选择也发生在精子贮存过程中，蜂后具有完全或部分排出特定雄蜂精液的能力。在交配过程中，它会主动关闭交配囊的褶瓣，使雄蜂射出的精液无法进入交配囊。如果精液已经进入侧输卵管，蜂后也能通过肌肉收缩而将精子回推，达到全部或部分排出这些精子的目的。蜂后能够控制精子的整个转移过程，避免死亡的或没有活力的精子进入受精囊。少数受精不足的蜂后再次婚飞的现象表明，蜂后有能力控制侧输卵管中精子的数量，甚至受精囊的充实程度。蜂后利用一雌多雄交配快速地在侧输卵管积聚不同雄蜂的精液，然后按照需要处理这些精液，以确保转移足够数量的精子进入受精囊和选择尽可能多的雄蜂基因型，这可能是蜂后获取远超过本身需要的精子数量和在精子转移过程中大量排出精子的原因。

24.22.3　大蜜蜂 *Apis dorsata* Fabricius

雄性外生殖器：背角囊 2 对，位于阳茎腔背面，其中 1 对背角囊较发达，基部粗壮，向端部急尖呈牛角形；另 1 对较细长，顶端二分支，1 支的长度约为另 1 支的 5 倍。腹角囊 2 对，位于阳茎腔背侧面，每侧的 2 支腹角囊基部联合，每腹角囊细长管状，自基部向端部渐细缩，中后段有不定形增粗。阳茎颈细长管状，腹面有 9～11 条毛片。叶突顶端有 3 个深缺刻，外观似并拢的手指。阳茎端膜粗短囊状，略向腹面弯曲 (图 24-96)。

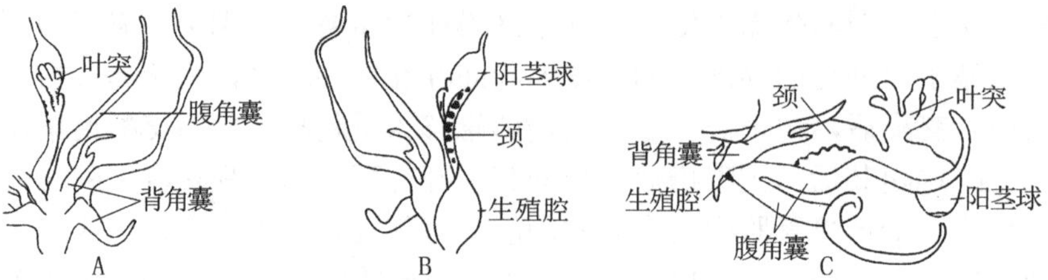

图 24-96　大蜜蜂的内阳茎 (黄文诚，1997)

A. 内阳茎原位背视；B. 未外翻的内阳茎腹视；C. 外翻的内阳茎侧视

24.22.4　小蜜蜂 *Apis florae* Fabricius

雄性外生殖器：背角囊 1 对，位于阳茎腔背面，呈不尖锐的圆锥形。腹角囊 1 对，位于阳茎腔背侧面，每腹角囊细长管状，向端部渐细，末端弯曲。阳茎颈粗直，背面有 1 近三角形毛片，腹面基段和阳茎腔上有连片的梯形毛带。叶突拇指状，分 3 节，顶端微缺刻。阳茎端膜薄膜细长管状，其端部与射精管的结合处分界不清晰 (图 24-97)。

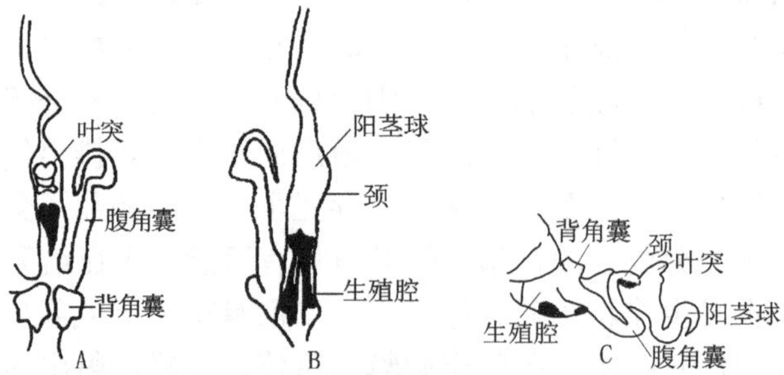

图 24-97　小蜜蜂的内阳茎 (黄文诚，1997)

A. 内阳茎原位背视；B. 未外翻的内阳茎腹视；C. 外翻的内阳茎侧视

24.22.5 沙巴蜂 *Apis koschevnikovi* Buttel-Reepen

雄性外生殖器：背角囊 2 对，指状，位于阳茎腔背面；腹角囊管状，端部尖细，位

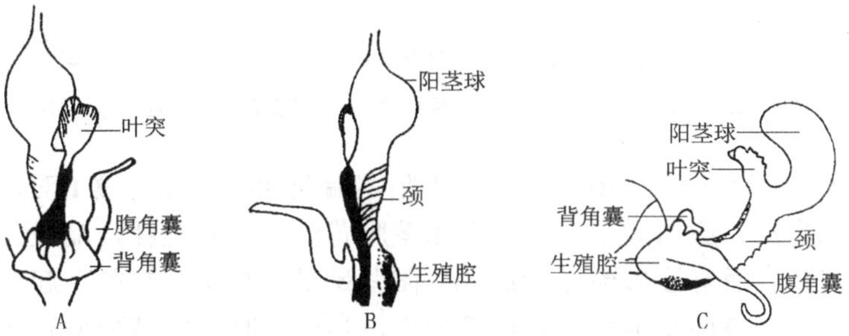

图 24-98 沙巴蜂的内阳茎 (黄文诚，1997)

A. 内阳茎原位背视；B. 未外翻的内阳茎腹视；C. 外翻的内阳茎侧视

于阳茎腔背侧面。阳茎颈端部较粗，背面自基部沿侧面有 1 大型琵琶形毛片；腹面有 10～12 条皮梗。叶突扇形囊状，中间有 1 缺刻，两侧各有 13～15 条穗缘。阳茎端膜短囊状，向背面弯曲，端部稍增粗 (图 24-98)。

24.22.6 欧洲蜜蜂 *Apis mellifera* Linnaeus

雄性内生殖器：精巢小，淡黄色，三角形，每精巢有多支精巢管。输精管短而蜷曲，中部膨大形成贮精囊，贮精囊后部的输精管短而窄，与囊状的附腺结合后开口于中间的射精管，射精管细长无肌肉，伸达阳茎前端。第 9 腹节腹板形成雄性下生殖板，每侧具有 1 对抱器，外侧的 1 对抱器骨化而多毛，内侧的 1 对大而细弱，位于外侧抱器的腹面。阳茎位于抱器之间，呈反转状。阳茎基部球形，球的背面有 2 块大型骨片，基部有羽状叶，腹面有一系列横形骨片，该区域后部大型骨化。阳茎基部薄壁，背侧有 2 个大型膜质囊。

雄性内生殖器胚后发育：1 日龄幼虫，精巢位于第 4～6 腹节消化道的背侧，输精管为细丝状实心管，后伸达生殖腔原基的前缘，终止于末端壶腹。成熟幼虫，每壶腹发出 1 支前向的突起，为附腺原基。壶腹中部发育为贮精囊。阳茎管前端狭窄部形成射精管。成熟幼虫后期，输精管从后而前获得管腔。预蛹期，阳茎和射精管体积增加，输精管、附腺和贮精囊出现肌肉层，附腺和输精管结合部扩大形成小室，射精管顶端分化成 1 对侧支，每侧支的盲端与同侧的小室接合。蛹期，射精管和阳茎出现几丁质内衬，但与输精管、附腺、贮精囊不同，射精管和阳茎的管壁没有肌肉。直到蛹后期，输精管的末端小室和射精管侧支也没有连通，有报道认为连通发生在交配之前 (图 24-99)。

雄性外生殖器：交配器外部构造显著退化，包括 2 对小型骨片：1 对相当于阳茎基侧片的外骨片和 1 对具有抱器功能的内骨片 (抱器板、阳茎瓣)。生殖孔开口于肛孔之下、两阳茎瓣之间。阳茎基侧片更小，位于阳茎瓣的基部。生殖孔与内阳茎腔相通。内阳茎发达，静息时藏于腹腔内，交配时经阳茎孔外翻。内阳茎分为 3 个部分：阳茎腔 (囊) 、

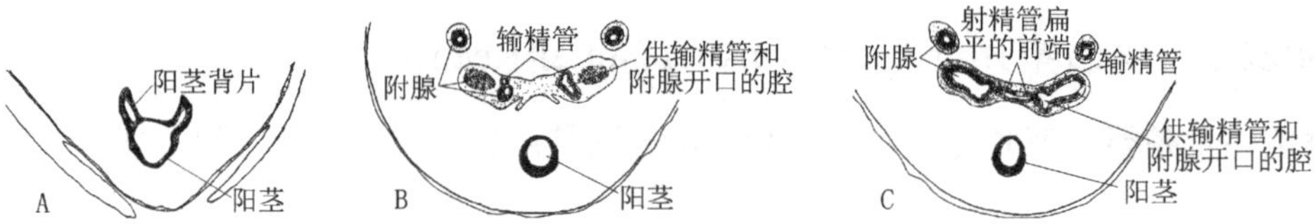

图 24-99　欧洲蜜蜂雄性内生殖器胚后发育 (D'Rozario，1942)

A. 预蛹横切，示阳茎背片的发育；B. 预蛹后期横切，示输精管和附腺的关系；C. 预蛹后期横切，示射精管扁平的前端

阳茎颈和阳茎球 (阳茎端膜)。射精管开口于阳茎端膜顶端。背角囊 1 对，位于阳茎腔背面，粗短，顶端弯折；腹角囊 1 对，位于阳茎腔背侧，基段粗壮，端段急尖，整体牛角状。阳茎腔的其余表面有棱形毛片 (细刺)。阳茎颈平时与阳茎端膜一起套叠在阳茎腔形成的阳茎端管内，内表面有毛片、褶缩等构造，当外翻时，阳茎颈伸直成小管状，内表面的毛片、皱缩到达外表。阳茎颈端部粗，基部细缩，基部背面及其向上侧螺旋状延伸部位有大型毛片。阳茎颈的腹面有 9 条皮梗，有些梗上有毛。叶突位于阳茎颈前端一侧，其顶端有 1 缺刻，两侧各有 13～15 条穗缘。阳茎端膜大型囊状，向背面呈指状弯曲，阳茎端膜的一侧具有 2～3 枚几丁质板片 (角状器)。内阳茎的壁没有肌肉，其翻出需要借助于腹部肌肉的活动。人工挤压雄蜂腹部，也可将内阳茎的腔和角囊翻出，但颈依旧留在体内，并向外开口于小角之间。这说明内阳茎皱缩部分的伸出需要腹部肌肉的作用，但套叠部分 (颈和阳茎端膜) 的翻出，很可能由于射精管顶端与阳茎端膜端部的结合，通过包裹射精管的肌纤维的伸缩实现阳茎端膜的翻出与套叠，同时使生殖孔的真正开口 (射精管的开口) 在休止时位于阳茎管深处，而在交配时翻出到阳茎端膜的前端 (图 24-100)。

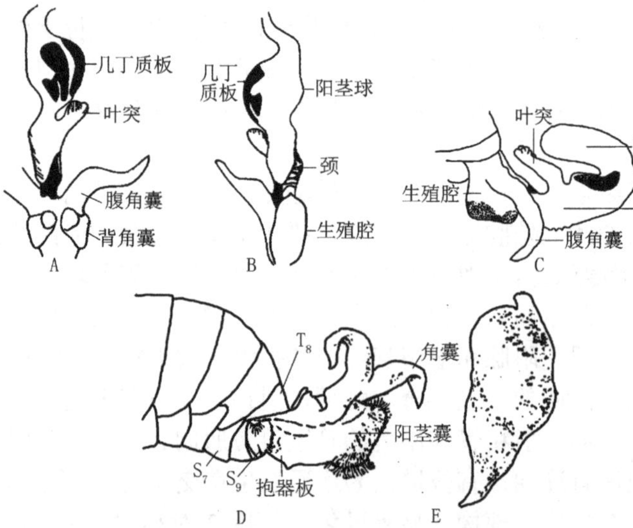

图 24-100　欧洲蜜蜂雄性外生殖器

A. 内阳茎原位背视；B. 未外翻的内阳茎腹视；C. 外翻的内阳茎侧视；D. 雄虫腹部末端和部分翻出的内阳茎；E. 雄虫的精托 (包)；T_8为第 8 腹节背板；S_7、S_9为第 7、9 腹节腹板 (A～C. 黄文诚，1997；D、E. 施凡维奇，1958)

雄性外生殖器胚后发育：1 日龄幼虫，第 9 腹节腹板后部中间出现凹陷，后续发育中，凹陷逐渐增大加深成囊状，此为生殖腔原基。生殖腔前壁逐渐增厚，到幼虫成熟时，成为生殖腔的悬垂叶。此后，成虫器官芽基区沟的腹瓣缝合呈管状，管逐渐分化出狭窄的前段和宽的后段，进而发育为射精管和阳茎。预蛹期，在管的后部腹面，发出内抱器原基，成虫器官芽的剩余部分形成外抱器。后续发育中，外抱器逐渐向前背面移动，到蛹后期，外抱器位于内抱器的背面前方。预蛹后期，阳茎基部扩大成球，球背面发出 1 对中空的外长物，为阳茎球背片原基。球后部背面发出圆锥形外长物，为羽状叶原基。羽状叶腹面出现横褶，横褶发育为横向骨片。蛹初期，阳茎基部背侧面出现乳突，为阳茎囊原基。蛹后期，各构造逐步完成发育 (图 24-101)。

雌性内生殖器胚后发育：体长 2.5mm 的幼虫，卵巢位于第 5 腹节消化道背侧，每卵巢向后发出 1 支实心的细丝状输卵管，输卵管末端为中空的壶腹。每壶腹位于第 7 腹节腹板上的成虫器官芽上。充分发育的幼虫，后 (内) 瓣基部之间出现酸腺原基的内陷。封盖幼虫 capped larva 酸腺原基分化形成端部管状部分和基部球状部分。前瓣 (腹瓣)

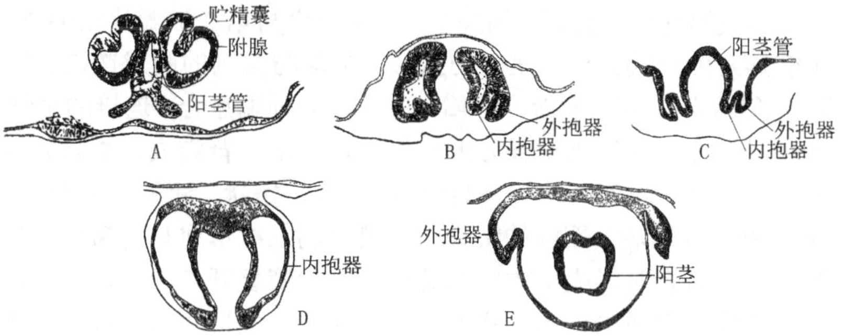

图 24-101　欧洲蜜蜂雄性外生殖器胚后发育 (D'Rozario，1942)

A. 幼虫横切，示阳茎管的发育、附腺和贮精囊的分化；B. 早期预蛹横切，示抱器的分化；C. 早期预蛹横切，示抱器的进一步分化；D. 预蛹后期横切，示内抱器；E. 预蛹后期横切，示外抱器的位置

基部之间出现第 2 个中间内陷，内陷顶端出现 1 对乳突，乳突将发育为管状受精囊腺，而球形囊发育为受精囊体。中输卵管起源于第 7 腹节成虫器官芽后部较宽的中间沟。输精管末端壶腹依然位于同侧成虫器官芽上，器官芽的细胞向后扩展。蛹初期，碱腺原基的内陷出现在酸腺原基内陷的稍前方，受精囊与中输卵管之间的体壁开始下陷，为生殖腔发育的开始。中输卵管沟的下瓣前部开始缝合，输卵管末端壶腹开始位于这个中输卵管原基的顶端，同时开始出现几丁质内衬。随着该器官与下生殖板结合，第 7 腹节的成虫器官芽逐渐淡化。受精囊原基和中输卵管原基更接近，酸腺更发达，输卵管获得管腔。预蛹后期，受精囊和中输卵管之间的外胚层成分进一步收缩，生殖腔进一步加深。这个过程到蛹初期仍在进行，直到受精囊和中输卵管管原基接近为止。预蛹后期，酸腺端部分叉，这些分叉发育为成虫的酸腺体。酸腺囊和中输卵管获得几丁质内衬。卵巢和受精囊发育停滞。蛹初期，中输卵管发生较大变化，从背、腹面出现纵向收缩，将前端分成 2 个前端为盲端的分支，每侧的输卵管壶腹与同侧的分支联系。后续发育中，盲端消失，

管腔连通。没有发生外胚层成分对中胚层成分的取代。通过进一步的生长和组织分化，成虫期构造在蛹期完成发育 (图 24-102)。

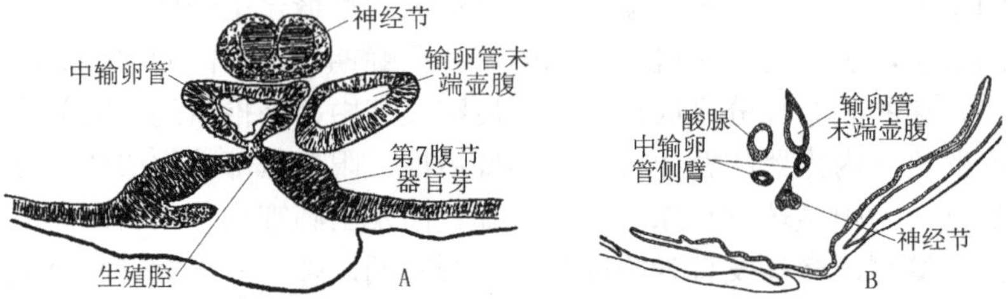

图 24-102　欧洲蜜蜂雌性内生殖器胚后发育 (D'Rozario，1942)

A. 预蛹横切，示发育中的中输卵管；B. 预蛹横切，示中输卵管的侧臂

雌性外生殖器：螯刺是膜翅目针尾部的共同特征，这些种类非生殖型个体的产卵器失去产卵的功能，特化为注射毒液的螯刺，作为保护和攻击之用，其构造与蜂类产卵器类似。第 1 载瓣片不大，三角形，也称三角形片。三角形片的后端有上、下关节突，上关节突与正方形片 (第 9 腹节背板) 相关节，下关节突与第 2 载瓣片相关节。螯针梃 (弹性轴) 由第 1 载瓣片的前端分出，呈大的弧形，另端与螯刺的腹瓣连接。第 2 载瓣片很长，也称为长方形片，与螯刺的愈合产卵瓣 (内瓣两瓣顶端愈合) 连接的中针梃 (弹性轴) 由长方形片的前端分出，背瓣则由长方形片的后端分出。背瓣成为柔软的刺状构造，成为外鞘，螯针不使用时即隐藏其中。1 对内瓣愈合成倒槽状，两侧形成榫突，顶端形成 1 根螯针。腹瓣形成 1 对顶端具倒刺的螯针，每螯针侧上缘形成与内瓣螯针侧下缘榫突啮合的槽，腹瓣和内瓣拼合时形成 1 中空的毒液道。毒液囊开口于内瓣球基部，在愈合内瓣基部内毒液道扩大，形成内瓣球。腹瓣基段有横突，尖端边缘有倒齿。腹瓣基段位于内瓣球腔内，当腹瓣和内瓣相对移动时，它在球腔内也进行移动，将毒液由球腔内向毒液道端部挤压。横突时而顶住球腔的前壁，时而顶住后壁，以防止产卵瓣的移动过于激烈而损伤螯刺。另一方面，横突的存在也使卵不可能通过毒液道，使螯刺丧失了产卵的功能。

静止状态下，螯器位于第 7 腹节内。当螯器工作时，腹部末端下降，螯器由第 7 腹节腔内拉出，进而使螯器裸露并发出螯刺动作。腹部末端下降和螯器拉出是腹部肌肉作用的结果，在静止情况下，螯器囊在第 7 腹节腔内是舒展的。螯器的前部 (产卵瓣的螯针梃、载瓣片的前端) 位于囊的深处，距入口很远。当血淋巴液的压力增加时，囊开始向外翻出，整个螯器复合体的后部向出口靠近，同时正方形片环绕自己的后角向后移动，正方形片的前缘由气门片的下面拉出。三角形片和产卵瓣的基部与正方形片一起移动，划 1 个弧线。正方形片和三角形片由气门片像打开圆规那样进行移动，而圆规的 1 足已经固定。静止时，螯刺埋藏在背瓣之间。在上述运动过程中，背瓣与整个螯器一起移动，背瓣的末端沿弧线上升。但螯器的本身不跟随背瓣一起运动。相反，它的末端却向下划 1 条弧线，这样，外鞘和螯刺像圆规的足一样拨开，并形成 90°以上的角。螯刺几乎在其整个长度上都裸露，螯刺的末端由于螯器的运动而由腹部拉出。螫人时，内瓣首先进入皮肤，以后，一侧的腹瓣沿着内瓣深入，该腹瓣通过末端的倒刺固定在伤口内，随之另一侧的腹瓣进入，内瓣又进一步深入，使螯刺越来越深进。因为位于内瓣球腔内的横突着生在腹瓣上，所以这些瓣每移动 1 次，引起新的 1 份毒液由球腔内向螯刺的毒液道挤压。因此，刺入动作是多次连续性的，同时伴随毒液的不断注入。

大多数昆虫的第 9 腹节背板不活动，与它关节的第 2 载瓣片在第 9 腹节背板上简单摆动。有腹柄的膜翅目昆虫中，第 1 载瓣片插入第 9 腹节背板和第 2 载瓣片之间，因此，关节的性质发生了变化。蜜蜂的第 9 腹节背板不再是一块不活动的构造，而是变为左右两块本身还能活动的正方形片。同时还发育了特别的辅助器官，即腹柄节。这些均极大地增加了腹部和螯刺的活动范围，提高了攻击效能。当捕猎或防御进行螯刺时，腹瓣螯针可灵活地滑动以完成螯刺动作，开口于螯刺基部的毒囊排出毒液，毒液经由毒液道至螯针端部注入猎物体内。蜜蜂的职蜂螯人时，由于螯针端部具有逆齿，而将整个螯刺连带基部的腺体等一并留在皮肤内 (针在皮内) 外 (腺体等在皮外)，因而自己也要牺牲。因为整个螯器及分布在螯器中的腹神经节与螯刺一起撕下，所以螯刺与昆虫身体分离后，还继续深入人的皮肤内并注入新的 1 份毒液。有认为，当蜜蜂螯其他昆虫时，并不丧失螯刺，在出现了具有弹性皮肤的哺乳类动物之后，才产生了上述螯刺撕裂的情况。多数膜翅目产卵时，卵经产卵器产出，但针尾类的卵不经过转变为螯针的产卵器产出，而直接从基部的生殖孔排出 (图 24-103)。

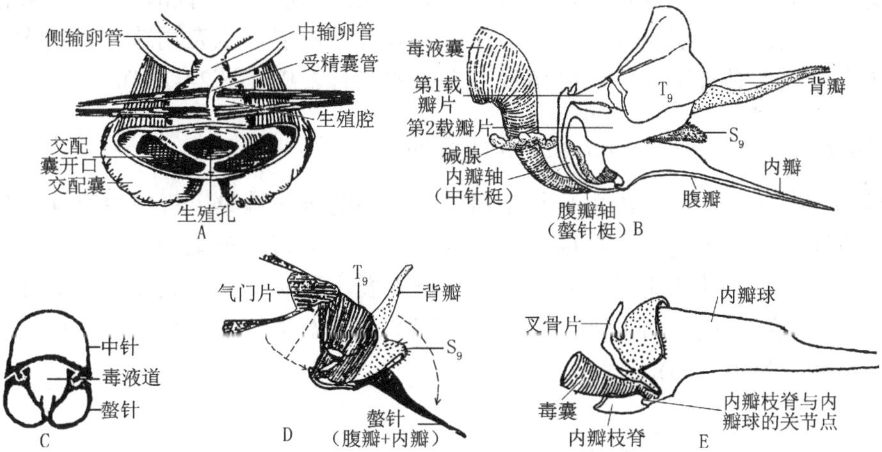

图 24-103　欧洲蜜蜂雌性外生殖器

A. 生殖孔与生殖管道；B. 螯针侧视；C. 螯针横切；D. 螯针伸出时，各部分的相互位置，箭头标志运动的方向；E. 螯针杆与叉骨片的联系；T_9 为第 9 腹节背板；S_9 为第 9 腹节腹板 (A、E. Matsuda，1976；B、C. 管致和等，1956；D. Snodgrass，1935)

雌性外生殖器胚后发育： 体长 2.5mm 的幼虫，第 8、9 腹节腹板各有 1 对表皮增厚，第 8 腹节的 1 对分开更宽。这些成虫器官芽被围肢腔包围。体长 1cm 的幼虫，成虫器官芽增长而外伸。成熟幼虫，第 9 腹节上的成虫器官芽纵向分裂，形成内、外侧各 1 对，成熟幼虫到预蛹期，上述 3 对器官芽出现附肢特征。蛹期，第 8 腹节的成虫器官芽发育为螯针 (腹瓣)，第 9 腹节内侧的 1 对器官芽发育为螯针鞘 (内瓣)；外侧的 1 对发育为触

须状的侧瓣 (背瓣)。三角形和矩形骨片分别属于第 8、9 腹节腹板。

24.22.7 *Melipona bicolor bicolor* Lepeletier

雄性内生殖器： 精巢心形，每精巢有 4 支精巢管，精巢管外有被膜。每精巢的精巢管集生在输精管顶端。输精管粗管状，中部球形膨大，形成贮精囊。两侧的输精管末端

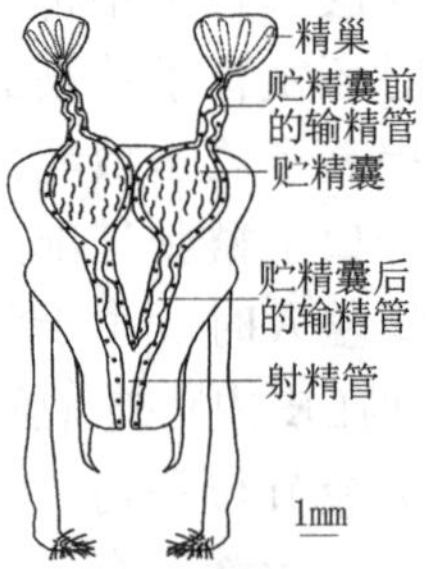

图 24-104 *Melipona bicolor bicolor* 雄性内生殖器 (Dallacqua and Cruz-Landim，2003)

精巢内的虚线表示成虫期退化的精巢管

汇入射精管。成虫羽化初期，精子从精巢转移到贮精囊内，精巢退化。成熟的雄虫，甚至贮精囊前部的输精管也退化，仅保留贮精囊及其后部的输精管和射精管。输精管和贮精囊由内层的上皮和外层肌肉鞘组成。射精管只有上皮层，肌肉鞘缺。贮精囊和输精管上皮细胞内腔表面具有微绒毛，射精管内表面覆盖有表皮 (图 24-104)。

24.22.8 *Melitoma segmentaria* (Fabricius)

雄性内生殖器： 性成熟雄虫具有 1 对体积较小的退化精巢，每精巢有 4 支精巢管，精巢和贮精囊有公共膜包被，形成公共被膜体。去除被膜，精巢管、输精管和输精管后部膨大形成的贮精囊清晰可见。被膜公共体下侧发出附腺短管，其顶端有椭球形附腺。附腺和精巢-贮精囊被膜体的下端 (贮精囊下端) 汇入发达的复射精管，两侧的复射精管汇入单射精管 (图 24-105)。

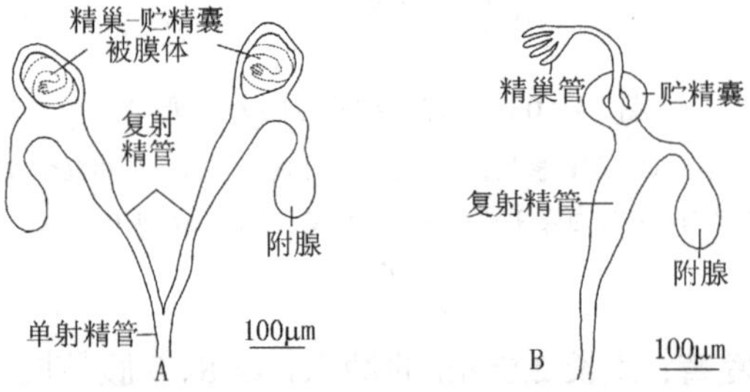

图 24-105 *Melitoma segmentaria* 雄性内生殖器 (Araújo 等，2010)

A．雄性内生殖器整体；B．雄性内生殖器一侧，精巢贮精囊被膜体的被膜已去除

24.22.9　*Thygater analis* (Lepeletier)

雄性内生殖器：精巢、贮精囊、附腺有公共被膜，两侧的被膜体前部连接成环。去除被膜可见每精巢有 4 支精巢管，精巢管指状，顶端尖削，基部汇入输精管，输精管后段膨大形成贮精囊，贮精囊从侧面接入下部的附腺，复射精管从精巢、贮精囊、附腺形成的被膜体下部发出，其下端汇入单射精管 (图 24-106)。

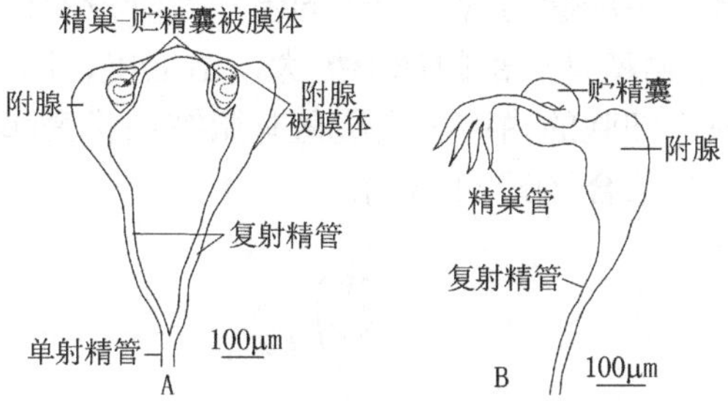

图 24-106　*Thygater analis* 雄性内生殖器 (Araújo 等，2010)

A. 雄性内生殖器整体；B. 雄性内生殖器一侧，精巢贮精囊附腺被膜体的被膜已去除

24.23　准蜂科 Melittidae

24.23.1　斑宽痣蜂 *Macropis hedini* Alfken

雄性外生殖器：第 7 腹节背板两侧凹入，中央为三角形隆起。第 6 腹节腹板前缘中央向后延长，顶端圆。第 7 腹节腹板具长而窄的基叶，顶端宽，两侧各有 1 圆形骨片，其上着生毛刷状排列的毛。第 8 腹节腹板长，基部宽，中部向两侧伸出角状骨片，末端椭圆形，上覆有短毛。生殖节宽，生殖基节宽扁，生殖突长为宽的 1.5 倍，生殖刺突大，中部细，两侧着生长的羽状毛，顶端分为 2 叶，内叶大，外叶较小。尖形突细长，顶端尖，“S”形，其下着生短而稀的毛，中部内侧凹入。阳茎基腹铗顶端分叉，基部合并，强几丁质化 (图 24-107)。

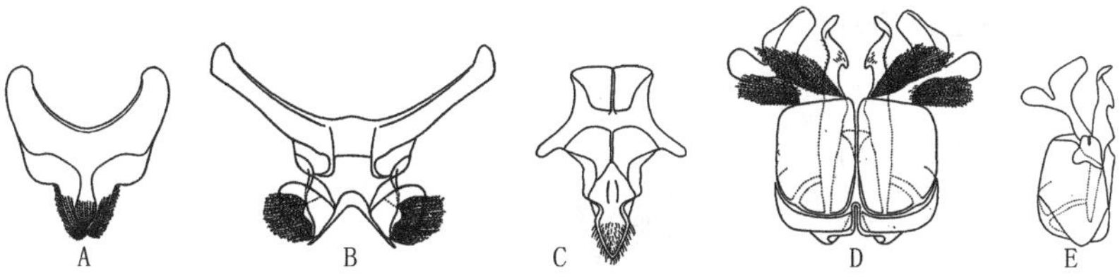

图 24-107　斑宽痣蜂雄性外生殖器 (吴燕如，1965)

A～C. 第 6～8 腹节腹板；D. 生殖节腹视；E. 生殖节侧视，示阳茎基腹铗

24.24　木蜂科 Xylocopidae

24.24.1　*Xylocopa frontalis* (Olivier)

雄性内生殖器：每精巢有 4 支精巢管，精巢管末端形成输出管，每精巢的输出管复合后汇入输精管。精巢管最前端为生殖区，形成最初的生精囊，生精囊内含有初生精原细胞。精巢管的其他区域，生精囊内含有处于同步成熟阶段的精原细胞，每生精囊约含有 64 个精细胞。贮精囊是输精管后部的球形扩大，由上皮、厚的基膜和肌肉外鞘组成。上皮由单层柱状细胞组成，细胞的内腔表面覆盖有微绒毛状突起。细胞的基部附在基膜上，邻近细胞之间存在隔膜结合 (图 24-108)。

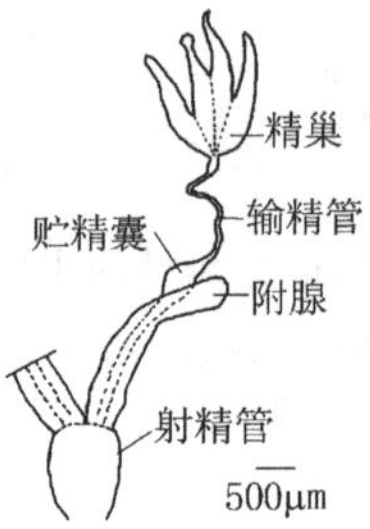

图 24-108　*Xylocopa frontalis* 雄性内生殖器 (左侧未绘)　(参考 Fiorillo 等，2010 图重绘)

24.25　泥蜂科 Sphecidae

24.25.1　雄性外生殖器

雄虫腹部可见 7 节，第 1 腹节窄或柄状，腹柄一般由背板及腹板组成，但泥蜂族腹柄仅由腹板组成。第 2～6 腹节背板一般简单，第 6 腹节背板上有臀板 pygidial plate，“U”形、“V”形或三角形，泥蜂亚科无臀板。雄性外生殖器包括阳茎瓣、生殖刺突、抱器 (阳茎基腹铗) 的指状突及尖突等。可大致分为 2 类：①抱器具有尖突与背突，如泥蜂亚科、异色泥蜂亚科、短柄泥蜂亚科及大头泥蜂亚科；②抱器的背突及尖突合并或一方消失，如节腹泥蜂族等 (图 24-109)。

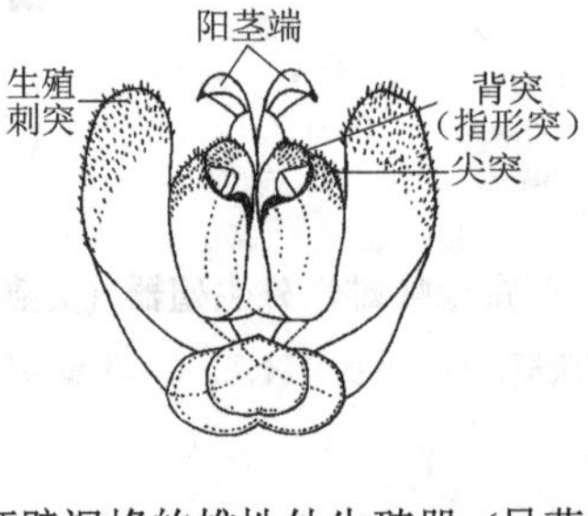

图 24-109　黄柄壁泥蜂的雄性外生殖器 (吴燕如和周勤，1996)

第25章 毛翅目 Trichoptera

25.1 概　　论

25.1.1 雄性内生殖器

每精巢的精巢管数目：石蛾属和细石蛾属4支；*Limnophilus* 5支；纹石蛾属8支；*Rhyacophila* 4～5支；*Adela*、*Nemotois*、*Butallis* 等多支。*Limnophilus sparsus* 两侧的精巢在中线处贴合，有公共被膜。*Limnophilus rhombicus* 和另一些种类，两侧精巢并不贴合。精巢管的输出管联合形成共同的输出管连接于输精管。输精管上部透明，内含物微细颗粒状；下部含乳白色分泌物。末端壶腹没有形成功能性贮精囊。精子束一般仅在交配时离开精巢。附腺较大，末端壶腹可能整体转化成附腺，而没有转化为贮精囊。每附腺可再分为两部分，端部主要含蛋白类分泌物，基部含有暗红色凝胶状分泌物。由蛋白质组成的精包和精囊 sperm sac 在毛石蛾科、细翅石蛾科、沼石蛾科已有报道 (图 25-1)。

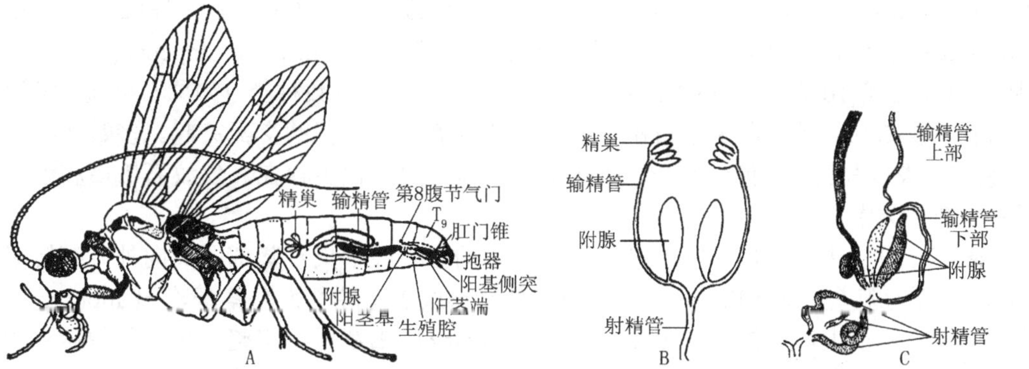

图 25-1　毛翅目雄性内生殖器

A. 雄虫侧视，示生殖器官在体腔的位置；B. 雄性内生殖器模式；C. 生殖器官的形态变化方式；T_9 为第9腹节背板 (A. Weber and Weidner，1974；B、C. Matsuda，1976)

25.1.2 雄性生殖道胚后发育

内生殖器发育了解甚少，*Limnophilus* 幼虫末期，附腺的厚壁原基部分充满了阳茎基的管腔，输精管从附腺原基处向前伸展。蛹期，附腺向前生长，已经缩入阳茎内的射精管也向前生长。附腺和输精管可能均为中胚层起源。

25.1.3 雄性外生殖器

雄性生殖节一般包括第9、10腹节，有时亦包括第11腹节的遗留部分。雄性外生殖器一般包括完整的第 9 腹节、变化很大的第 10 腹节、上附肢 superior appendage、下附肢 inferior appendage 和阳茎 phallus。第 9 腹节侧膜消失，背、腹板连续骨化，形成 1 个环状物 annulus。雄性外生殖器着生于第 9 腹节侧腹面。第 9 腹节的基肢节 coxopodite 也称为下附肢，基肢节的末端常被 1 缝分成端肢节 (抱器 harpago)，它代表刺突。抱器或下附肢 1 对，位于第 9 腹节骨化环的腹面。原始型抱器分为基肢节和端肢节，多数情况下由于端肢节消失或 2 节愈合，或基肢节与第 9 腹节愈合，抱器仅为 1 节。基肢节常可活动，与第 9 腹节腹板后缘关节。由于刺突或抱器的退化、基节或端节的愈合或基肢节与第 9 腹节腹板的愈合，常造成基肢节不再分割。许多毛翅目昆虫，2 个基肢节基部联合，至少有膜质联系，但原石蛾科和沼石蛾科的 2 个基肢节基部分离。基肢节也通过肌腱与阳茎鞘 phallotheca 联系，肌腱或杆与鳞翅目的接搭 juxta 同源，用于阳茎运动的支点。*Sericostoma* 等类群有另 1 种附器 appendage，称为腹下附器 ventral inferior appendage，起源于生殖基肢节 gonocoxopodite 内腹面基部。另一些毛翅目昆虫，如 *Tinodes*，从第 9 腹节腹板生殖基肢节附着点背面发生另 1 种附器，称为上附器 superior appendage，可能与脉翅目的抱器 claspette 同源。第 9 腹节后端形成生殖腔。多距石蛾科、管石蛾科第 9 腹节背面可能膜质化并与第 10 腹节相连，似乎第 9 腹节背面消失。在径石蛾科、纹石蛾科及 *Wormaldia* 背面缩小呈窄“桥”与侧面相连。第 10 腹节有时退化为生殖腔中的几块骨片，多数情况下仅剩背板并与第 9 腹节背板相连，常称为背片 dorsal plate、阳茎盖 penis cover 或上阳茎盖 upper penis-cover 等。第 10 腹节背板具可活动或固定的尾须状突起，称肛上突 preanal appendage 或上附肢，形状多变，多极小或消失。中附肢 intermediate appendage 在沼石蛾科较常见，是第 10 腹节侧面的 1 对突起。第 11 腹节仅在少数种类 (如原石蛾属) 发达，包括肛上板和肛侧板。在多距石蛾中，发达的肛侧板成为辅助交配突起。多数情况下第 11 腹节消失或与第 10 腹节愈合。真正的尾须在雄虫中很少存在。仅纹石蛾属和细石蛾属等少数种类中出现。

阳茎一般骨化长管状，位于第 9 腹节后端的生殖腔中央，基部四周向外方翻转形成 1 骨环，称为阳茎盾 phallic shield；与阳茎外壁形成 1 空腔称为阳茎基陷 phallocrypt。阳茎盾大小差异很大，大的如 *Ecclisopteryx quttutata* 的阳茎盾，将整个阳茎包围；小的仅为阳茎基部的管环。阳茎盾基端的壁常与阳茎基部贴合在一起而使其空腔变小，贴合部分称为阳茎内突 phallic apodeme。有时极度扩大，伸入腹腔中。阳茎盾常与抱器基片关联。阳茎盾后段包括阳茎基 phallobase 和阳茎端 aedeagus、phallicata。阳茎基与阳茎端之间的膜质部分称内鞘膜 endothecal membrane，其上着生的骨化突起，称为阳基侧突。阳基侧突 (抱器) 与第 9 腹节后缘相关节，具有来自腹板的肌肉。有些科，阳基侧突是不分开的叶；也有的科，阳基侧突 (抱器) 明显 2 节，端节 telomere 具有来自基节 basimere 的拮抗肌。某些毛翅目昆虫，如原石蛾属，成对的阳基侧突起源于阳茎端两侧的内阳茎基鞘基部，它们常被称为阳茎端突 titillator。抱器和阳茎端一起起源于 1 对初生阳茎原基，它们随后向侧面迁移，到达第 9 腹节的侧面。内鞘膜可以翻出阳茎基之外，这种原始的情况存在于原石蛾科、舌石蛾科、沼石蛾科等，而 *Holocentropus dubins* 的内鞘膜不能缩入阳茎基中。阳茎端大型骨化，起源于生殖腔壁的囊或阳茎基陷，位于内鞘膜的端部，上有射精孔，其结构和大小差异悬殊。发达的如原石蛾，分为背、腹 2 支，背支着生射精孔，腹支可再分为 2～4 小支，背支（如小石蛾）、腹支（如 *Holocentropus*）均可能退化，甚至整个阳茎端也可能退化消失，如齿角小石蛾 *Odontocerus*、多距石蛾 *Polycetropus*、纹石蛾 *Hydropsyche* 等。射精孔周围常有 1 对小骨片称为射精孔片，射精孔有时并非直接开口于阳茎端顶部，而是开口于阳茎端的 1 个凹陷，即射精孔陷中。Nielsen (1970) 认为，在多数情况下，阳茎并不分成阳茎基和阳茎端，主要因为阳茎端退化（阳茎基大小增加）、内阳茎基鞘消失、阳茎端与骨化的阳茎基愈合及阳茎基的退化（罕见）(图 25-2)。

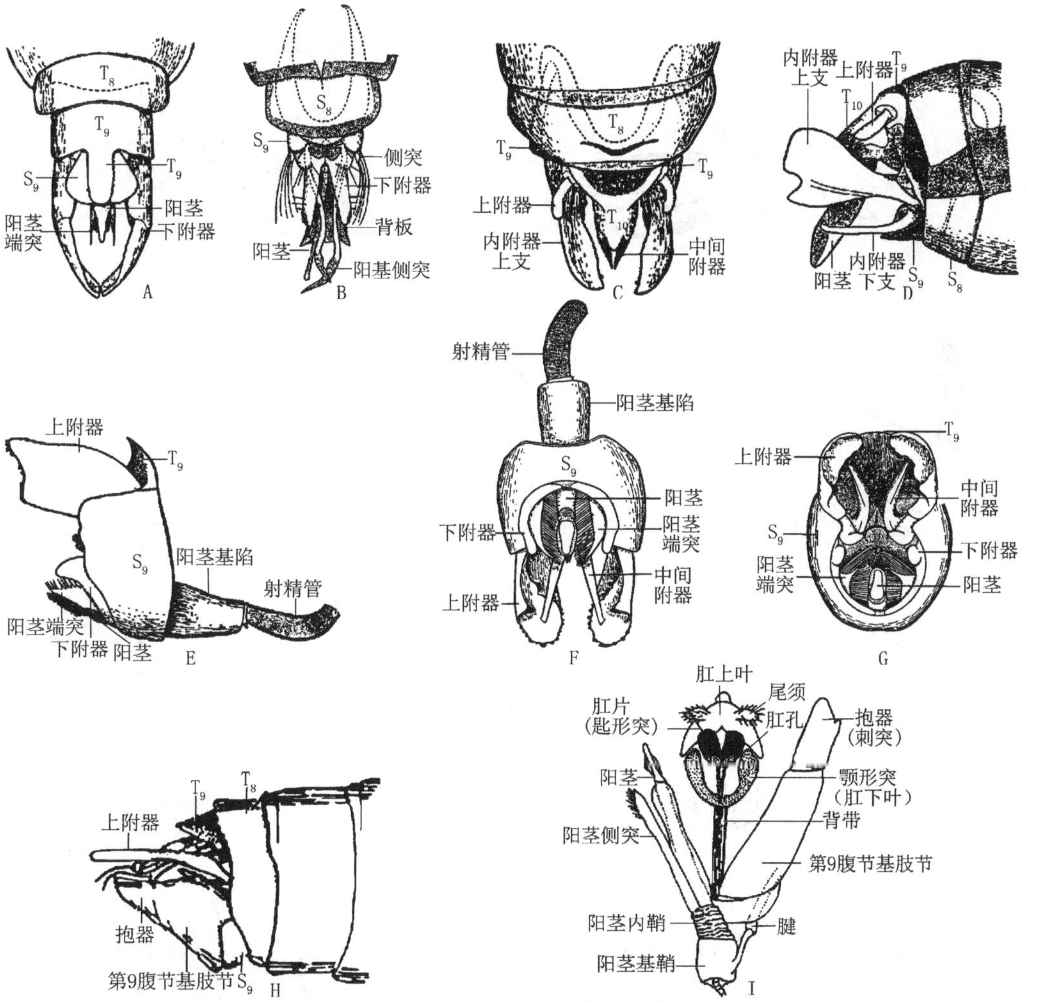

图 25-2　毛翅目雄性外生殖器

A. *Rhyacophila nubile* 雄虫腹部末端背视；B. *Hydroptila occulta* 雄虫腹部末端腹视；C、D. *Sericostoma pedemontanum* 雄虫腹部末端背、侧视；E、F、G. *Limnophilus flavicornis* 雄虫第 9、10 腹节分解图侧、腹、后视；H. *Tinodes waeneri* 雄虫腹部末端侧视；I、J. *Rhyacophila* sp.雄虫腹部末端腹、侧视；K. 角突石蛾属腹部末端左侧视；L. 角突石蛾属阳茎；M、N. 原石蛾属腹部末端背、侧视；O. 沼石蛾属腹部末端腹视；P. 纹石蛾属腹部末端腹视；Q、R. *Sericostoma* sp.腹部末端侧、背视；S_1～S_4. *Neuronia semifasciata* (S_1、S_2. 腹部末端侧、后视；S_3. 阳基侧突中部纵切侧视；S_4. 阳茎和阳茎基部凹陷侧视)；T. *Platycentropus maculipennis* 腹部末端侧视；U. *Hydromanicus fissus* 雄性外生殖器侧视；V. 阳茎模式图；T_8～T_{10} 为第 8～10 腹节背板；S_8、S_9 为第 8、9 腹节腹板；Ⅷ～Ⅹ为第 8～10 腹节（A～G. Tuxen，1969；H～J. Matsuda，1976；K、L. 郑乐怡和归鸿，1999；M～R. 参考 Steinmann and Zombori，1981 图重绘；S_1、S_4. 参考 Snodgrass，1957 图重绘；S_2、S_3、T. Snodgrass，1957；U、V. 田立新等，1996)

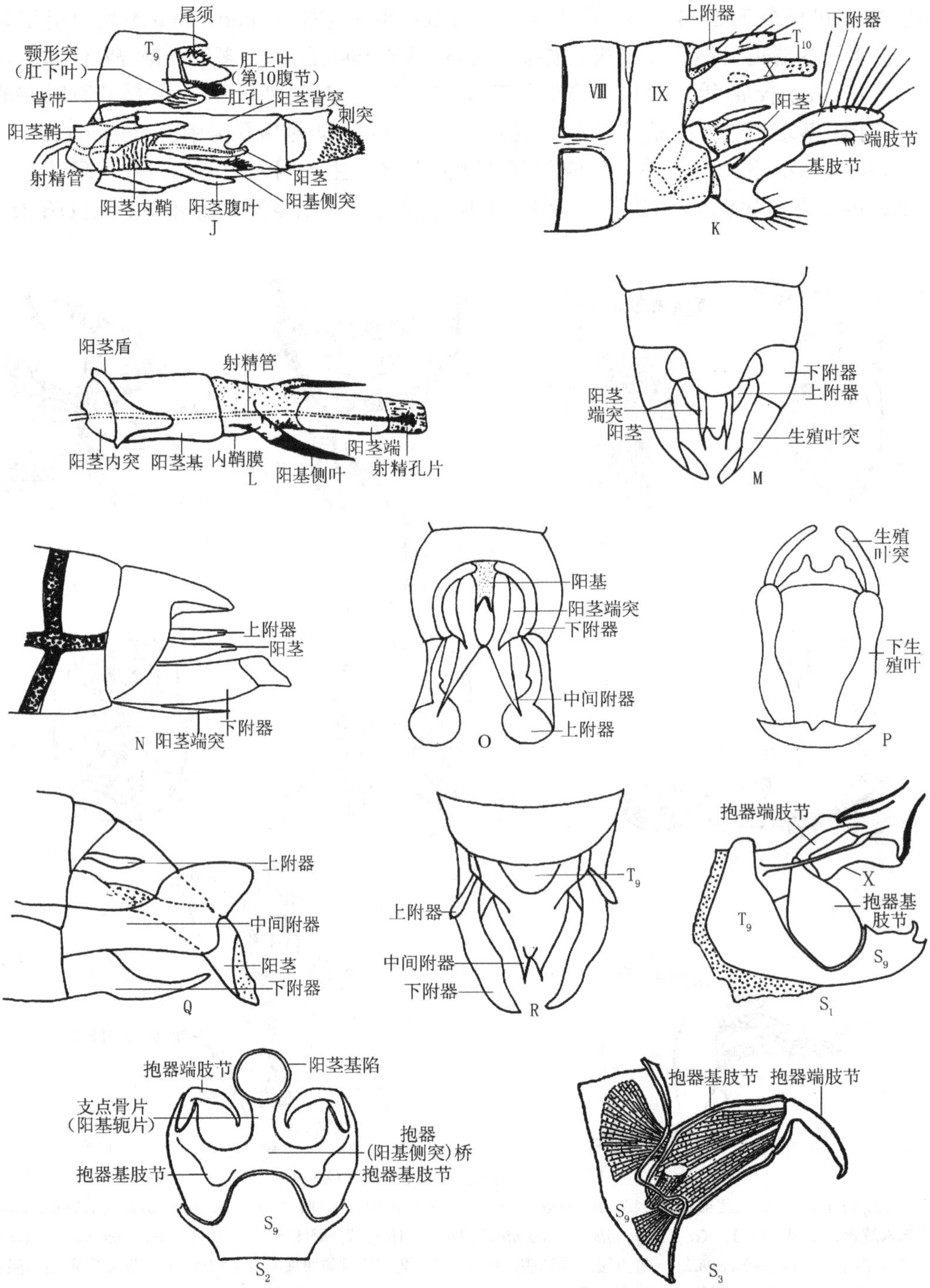
尾须
T_9
颚形突
（肛下叶）
肛上叶
（第10腹节）
背带
肛孔
阳茎背突
刺突
阳茎鞘
射精管
阳茎
阳基侧突
阳茎内鞘
阳茎腹叶
J
上附器
下附器
T_{10}
Ⅷ
Ⅸ
X
阳茎
端肢节
基肢节
K
阳茎盾
射精管
阳茎内突
阳茎基
内鞘膜
阳基侧叶
阳茎端
射精孔片
L
下附器
上附器
阳茎
端突
阳茎
生殖叶突
M
上附器
阳茎
下附器
N
阳茎端突
阳基
阳茎端突
下附器
中间附器
上附器
O
生殖
叶突
下生
殖叶
P
上附器
中间附器
阳茎
下附器
Q
T_9
上附器
中间附器
下附器
R
抱器端肢节
X
抱器基
肢节
T_9
S_9
S_1
抱器端肢节
阳茎基陷
支点骨片
（阳基轭片）
抱器
（阳基侧突）桥
抱器基肢节
抱器基肢节
S_9
S_2
抱器基肢节
抱器端肢节
S_9
S_3

图 25-2 (续)

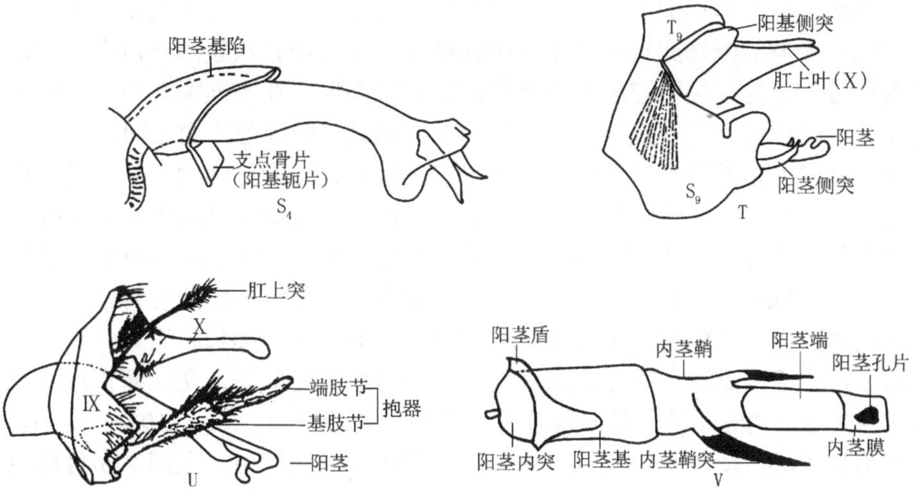

图 25-2 (续)

25.1.4　雄性外生殖器胚后发育

沼石蛾 *Limnophilus* 的生殖腔 (Herold 氏器) 在幼虫末期出现，位于第 9 腹节腹面边缘之后，是 1 个小型烧瓶状的囊，囊的内壁生出成对的小叶，即初生阳茎叶。然后，在每叶的中背壁形成 1 个垂直的裂缝，通过裂缝，初生阳茎叶分化形成 2 个次生阳茎叶。裂缝逐步加深，直到每个初生阳茎叶完全分裂，而囊变得更宽。2 个位于中间的阳茎叶迅速联合形成阳茎端。但侧叶 (阳基侧突) 缓慢地向囊壁的侧面移动，变成更宽扁的附肢 (Zander 所称的瓣)，突出于囊之外。幼虫开始化蛹时，生殖囊变平，将阳基侧突和阳茎端带到虫体外表面。但阳茎端的基部被环状的向内生长的体壁包围，形成成虫的阳茎端囊 (窝) aedeagal pocket。上述解释说明毛翅目昆虫的抱器属于阳基侧突，与阳茎端一起起源于 1 对初生阳茎叶，在成虫期它们位于侧面是 1 种次生现象 (图 25-3)。

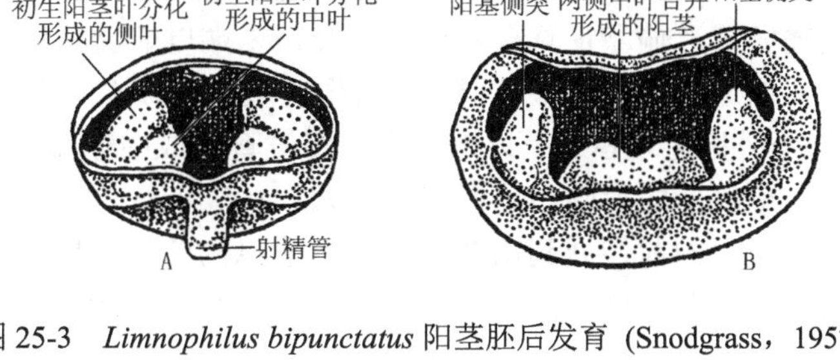

图 25-3　*Limnophilus bipunctatus* 阳茎胚后发育 (Snodgrass，1957)

A．阳茎囊 (基部凹陷) 内初生阳茎叶分化形成中叶和侧叶；B．中叶联合形成阳茎，侧叶形成阳基侧突

25.1.5　雌性内生殖器

大多数种类的卵巢有许多多滋式卵巢管，畸肢石蛾属为端滋式卵巢管。卵巢管常单

独与输卵管相连，整个卵巢的卵巢管并列呈梳状。有些种类，如角石蛾属，全部卵巢管形成 1 个总柄。两侧的侧输卵管向后接入中输卵管，中输卵管从腹面开口进入生殖腔。约在受精囊管进入部位，生殖腔呈细长囊状，具有肌肉壁。在不同类群中，生殖腔开口于后部腹板的不同位置。受精囊位于生殖腔上方，卵巢与附腺前腹面之间，是 1 个逐渐细长的膜囊，通过受精囊管开口于生殖腔前端。受精囊体或为二叶状，常有受精囊腺。有些科，受精囊管可分化形成分支，称为前受精囊盲管 prespermathecal diverticulum。完须亚目中除 2 科外均有前受精囊盲管，环须亚目中则不存在。Khalifa (1949) 称这种盲管为纳精囊 receptaculum seminis，精子贮存其中直至受精。没有前受精囊盲管的种类，精液贮存在受精囊体内。交配囊位于受精囊的腹面，一般为单一细长膜质囊。有些科，交配囊上又形成次生囊或副囊。交配囊通过交配囊管与生殖腔联系，交配囊管从背面插入生殖腔。附腺 1 对，通过 1 共同的附腺管开口于生殖腔后背面。Ross (1944) 认为，附腺分泌物为卵提供了凝胶质外套，在水中这种凝胶膨胀形成保护层。全部毛翅目昆虫，包括原石蛾属，其生殖腔基部都有“U”形环，环伸进侧叶和中间的端叶，被称为生殖腔附器 vaginal apparatus，用于交配期间支撑阳茎基的端部 (图 25-4)。

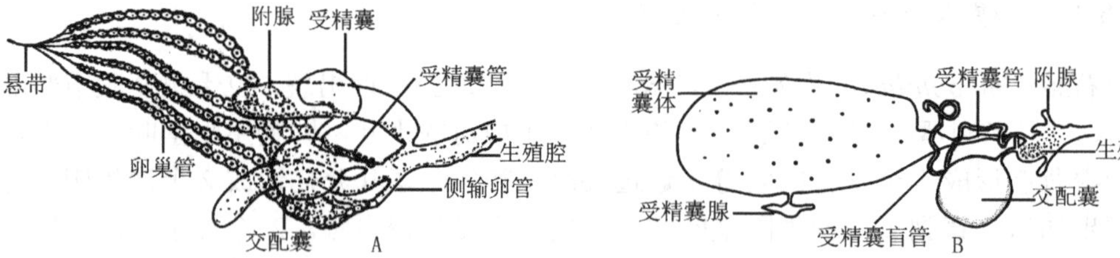

图 25-4　毛翅目雌性内生殖器

A. *Stenopsyche* sp.；B. *Olinga feredayi* (A. Matsuda，1976；B. 参考 Matsuda，1976 图重绘)

25.1.6　雌性内生殖器胚后发育

Phryganeah 和 *Brachycentrus* 的雌性高龄幼虫，卵巢位于第 5 腹节前端背面，卵巢上发出成对的中胚层输卵管，输卵管具有明显的管腔，末端以壶腹状埋在第 7 腹节腹板外胚层增厚的组织中，增厚带是成对外胚层管道 (生殖道) 的前体。第 8 腹节腹板后缘向前伸展 3/4，为第 2 个外胚层增厚带，该增厚带最终发育形成中输卵管。第 9 腹节前缘有成对的外胚层内陷，最终形成附腺。蛹期第 1 阶段，中输卵管原基以纵沟形式存在于充分发育的第 8 腹节腹板，向前伸展到第 7 腹节。形成纵沟的外胚层组织内陷向前生长带动其背面成对的附腺向上前方移动，使之位于第 8 腹节腹板后缘，整个蛹期和成虫期保持在该位置。第 7 腹节后端有 2 个背管从该纵沟突出，为交配囊和受精囊的原基。蛹期第 2 阶段，2 个初生的外胚层侧腹管伸到第 8 腹节，并在此与扁平的单管，即中输卵管结合。外胚层起源的侧腹管上具有 2 个壶腹。成虫的中间生殖道起源于 2 个外胚层原基，前、后各 1 对，2 对原基的结合部在第 8 腹节中部，结合部前面分化形成中输卵管，后面形成生殖腔。蛹期第 4 阶段，中胚层起源的侧输卵管不再终止于壶腹，而是与外胚层

管道在第 7 腹节结合。中胚层和外胚层之间没有留下外部形态上的区别。上述发育情况表明：侧输卵管前部为中胚层起源，后部为外胚层起源。附腺、受精囊、交配囊属于外胚层起源。交配囊和受精囊由第 2 增厚带分化形成，位于成虫中间生殖道前、后之间的结合部。

25.1.7　雌性外生殖器

第 8 腹节稍特化，形成各种突起或凹缺，其腹板一般形成较发达的下生殖板，背、腹板有时愈合成简单的完整骨化环。第 9 腹节完整，背板两侧常延伸出 1 对叶状突起，其功能可能类似于抱器；腹板较小，甚至消失，也可与第 8 腹节的下生殖板愈合。第 10 腹节较小，一般仅存背板，常与第 9 腹节背板愈合，其两侧常具 1 对尾须状小突起 superior appendage (上附器)。第 11 腹节存在时仅有背板和 1 对短小的尾须。有些类群，第 8～10 腹节延长呈管状，平时缩入第 8 腹节，形成 1 个可伸缩的管状的功能产卵器 (原石蛾科、舌石蛾科、小石蛾科、蝶石蛾科等)。流石蛾属后节具有 2 对与鳞翅目相应构造类似的内突，前突插在第 8 腹节前缘，后突插在第 9 腹节后缘。第 10 腹节侧壁有几丁质带，在产卵期间几丁质带可能用于传递后部腹节 (产卵器) 的伸缩力。环须亚目尾须小，其中 Glossosomatinae 和弓石蛾科的尾须为 2 节。在环须亚目中，具有尾须的第 11 腹节保存完好，第 12 腹节可能缺失，输卵管开口于直肠上，产卵孔与肛孔合一，开口于第 10 腹节之后。流石蛾属的雌性生殖孔开口于第 10 腹节的顶端和第 11 腹节下方，肛孔恰在生殖腔端部之前开口进入，因此雌性生殖孔属于泄殖腔开口。但完须亚目肛孔和生殖腔的开口是分开的，在完须亚目不同种类之间，生殖腔开口的位置变化很大，Dicosmoecinae 开口于第 9 腹节腹板末端，Limnophilinae 开口于第 8、9 腹节之间 (图 25-5)。

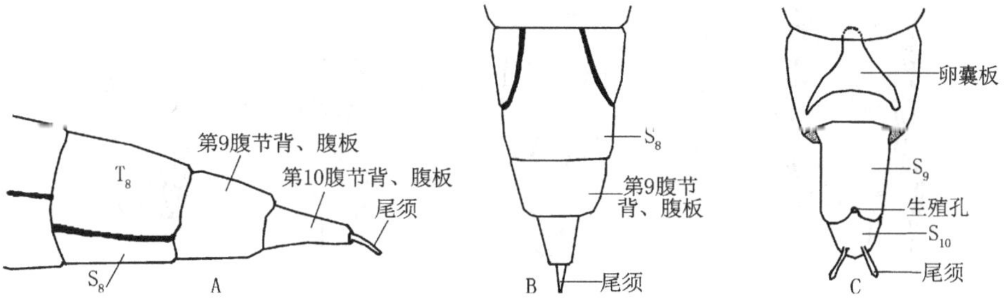

图 25-5　毛翅目雌性外生殖器

A、B. 原石蛾属腹部末端侧、腹视；C～E. 小石蛾属、*Sericostoma*、沼石蛾属腹视；F. *Allotricha* sp.腹部末端侧视；G、H. *Setodes* sp.雌性外生殖器侧、腹视；I. *Hydroptila occulata* 雌虫腹部末端背视；J. *Polycentropus flavomaculatus* 雌虫腹部末端侧视；K. *Sericostoma pedemontanum* 雌虫腹部末端腹视；L. *Limnophilus rhombicus* 雌虫腹部末端侧视；M. *Apatania arctica* 雌性内附器背视，黏腺和生殖囊背壁已除去；N. *Apatania arctica* 舌状瓣腹视；O. *Hydroptila occulata* 雌虫三齿状结构腹视；P. 毛翅目精包；T_7～T_{10} 为第 7～10 腹节背板；S_8～S_{10} 第 8～10 腹节腹板；Ⅶ～Ⅹ为第 7～10 腹节 (A～F. 参考 Steinmann and Zombori，1981 图重绘；G、H. 郑乐怡和归鸿，1999；I～O. Tuxen，1969；P. 南开大学等，1980)

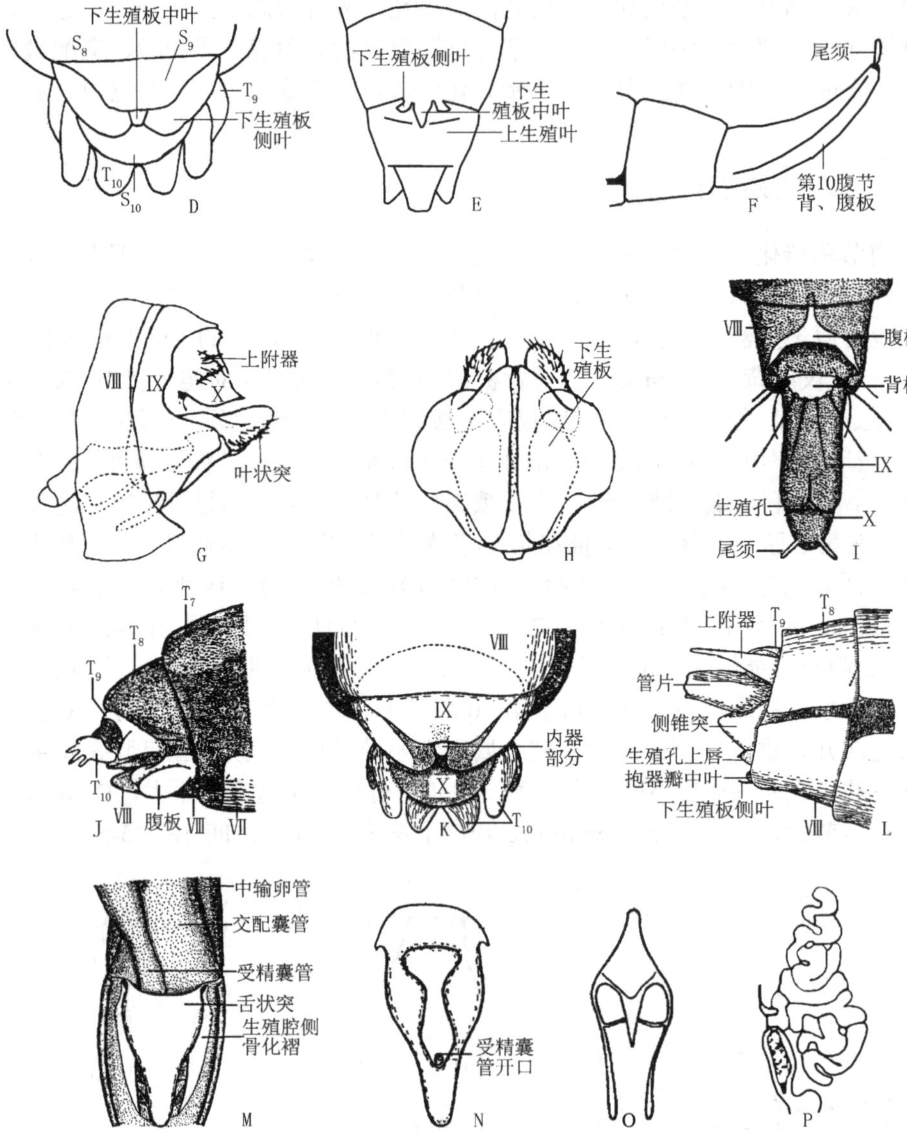

图 25-5 (续)

25.2 纹石蛾科 Hydropsychidae

25.2.1 显尾纹石蛾 *Hydatopsyche plana* Forsslund

雄性外生殖器：第 9 腹节侧后突宽大，三角形。第 10 腹节背板长度为第 10 腹节长度之半。尾突较长，指状。尾突基部前方有 1 宽大毛瘤，后缘中央凹入成槽，槽两侧纵向隆起。抱器基肢节长为端肢节的 2 倍，中段略粗。端肢节中部内弯。阳茎基部较粗，中部细，端部 1/4 两侧略隆起，后端均匀渐增粗 (图 25-6)。

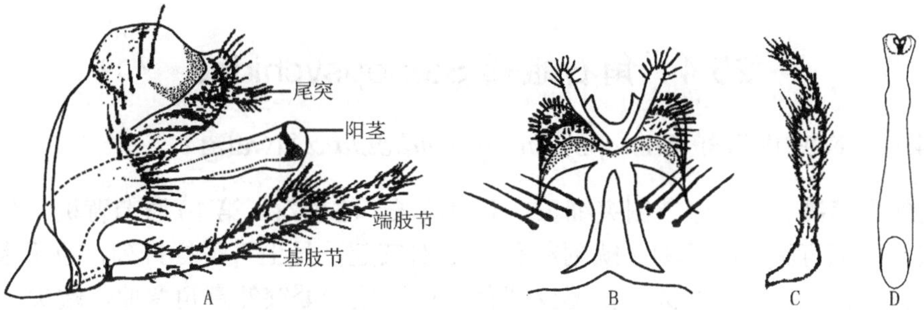

图 25-6　显尾纹石蛾雄性外生殖器 (田立新等，1996)

A. 侧视；B. 第 9、10 腹节背板背视；C. 抱器后视；D. 阳茎腹视

25.3　多距石蛾科 Polycentropodidae

25.3.1　端截缺叉多距石蛾 *Polyplectropus truncatulus* Zhong, Yang *et* Morse

雄性外生殖器：第 9 腹节腹板后缘广弧形凹缺，中央具三角形突出。上附肢亚卵圆形，基部窄，仅为端宽的 2/3，末端达下附肢亚端部。上附肢的针状背基突基部不扩大成板块状，于近基部 1/3 处折向尾方，末端直。下附肢侧视长约为基宽的 2 倍，侧缘厚并略向外延伸，末端鹅头状，腹侧片基部半圆形，具毛，端部呈短柱形小叶突，腹视附肢顶端平截，内侧缘中央半圆形凹缺。阳茎下片两侧壁强烈向背方扩展，侧视末端明显宽于基部，后视笔架状 (图 25-7)。

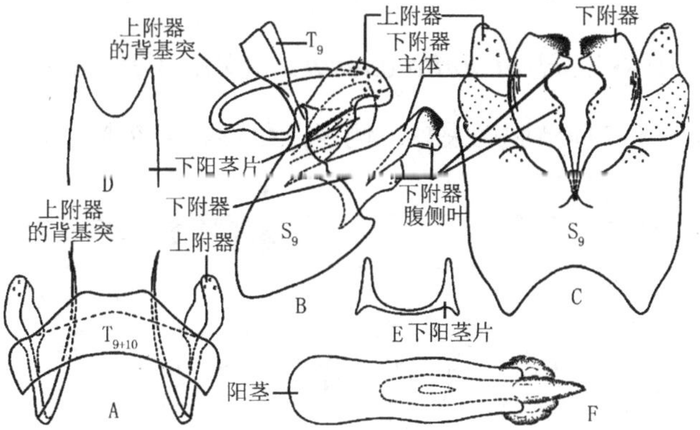

图 25-7　端截缺叉多距石蛾雄性外生殖器 (Zhong 等，2006)

A、B、C. 雄性外生殖器背、侧、腹视；D、E. 下阳茎片腹、尾视；F. 阳茎背视；T_9、T_{10} 为第 9、10 腹节背板；S_9、S_{10} 为第 9、10 腹节腹板

25.4 角石蛾科 Stenopsychidae

25.4.1 双突角石蛾 *Stenopsyche appendiculata* Hwang

雄性外生殖器：第 9 腹节侧突细长。上附肢长，略内弯。第 10 腹节背板三角形，向顶端渐狭，中部有深凹的缺刻，缺刻左右有 2 对突起，呈上下平行排列，位于上方的 1 对突起较长，棒状，尖端胀大。抱器亚端背叶在近顶端处突然直角弯曲，端尖分叉，略呈鸟喙状 (图 25-8)。

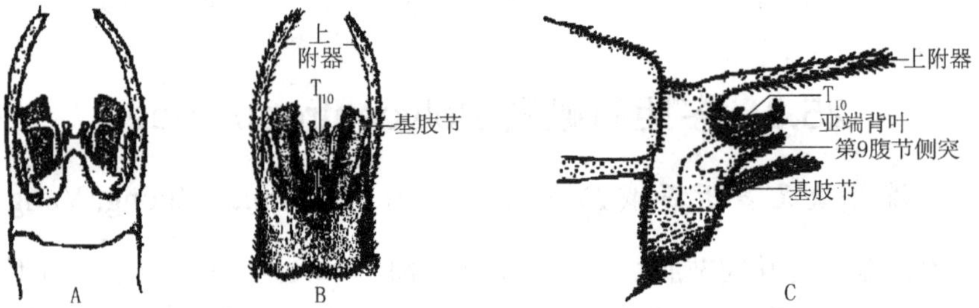

图 25-8 双突角石蛾雄性外生殖器 (田立新等，1996)

A、B、C. 雄性外生殖器背、腹、侧视；T_{10}为第 10 腹节背板

25.5 小石蛾科 Hydroptilidae

25.5.1 长毛小石蛾 *Hydroptila caesariata* Zhou *et* Yang

雄性外生殖器：第 7 腹节腹刺突短，侧视三角形。第 9 腹节后缘两侧突宽大，末端

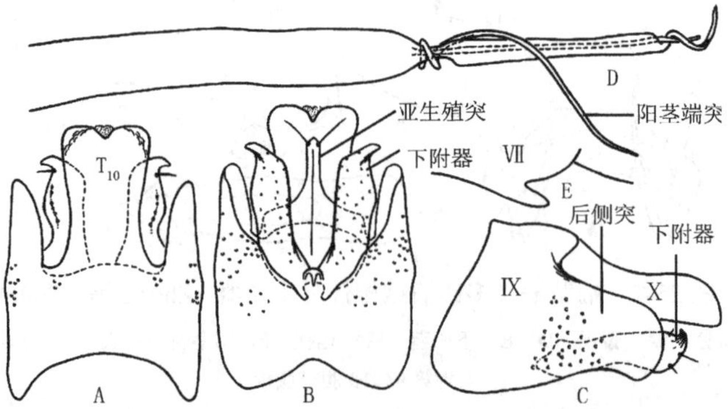

图 25-9 长毛小石蛾雄性外生殖器 (周蕾等，2009)

A、B、C. 雄性外生殖器背、腹、侧视；D. 阳茎背视；E. 第 7 腹节刺突腹视 (刺突侧面观)；T_{10}为第 10 腹节背板；Ⅶ、Ⅸ、Ⅹ为第 7、9、10 腹节

宽圆。背视约为第 10 腹节背板长的 2/3。第 10 腹节背板槽状，背视长约为宽的 2 倍，末端宽，近平截，中央浅凹。下附肢粗壮，侧视长约为宽的 6 倍，端部形成 1 指向背侧方的尖钩。背视外侧缘弧形突出。下生殖突骨化强烈，骨化部分呈倒“T”形，基部 1/4 宽带状，至 1/2 处缢缩为细棒状，末端钝，稍收窄，其上着生 1 对长刚毛。阳茎细长，基部长至少约为端部的 3 倍，顶端形成螺旋状细弯钩，阳茎端突缠绕阳茎 1.5 周后指向末端 (图 25-9)。

25.5.2　牛角直毛小石蛾 *Orthotrichia bucera* Yang *et* Xue

雄性外生殖器：第 6 腹节腹板突尖刺状，第 7 腹节腹板突缺如。第 8 腹节背板矩形，腹板长于背板，后缘具刚毛。第 9、10 腹节附肢不对称。第 9、10 腹节背板愈合成 1 长宽条形骨板，基部宽，端半部收窄，末端平截。左侧亚端刺长，侧视牛角状，位于背板端部 1/3 处的外侧方，末端指向后背方。右侧亚端刺小，三角形。右背刺极长，着生于右侧基角的末端，绕至背板上方，末端伸达第 10 腹节背板后缘。第 9 腹节两侧后伸，形成 2 个后侧叶，左侧叶较短，顶端钝圆，着生数根长刚毛，基部具短柄与背板相连；右侧叶端部尖刺状，下缘及末端有毛，基部通过骨片与背板相连。抱器腹视基部 3/4 愈合，端部 1/4 分成 2 个指状突起，顶端各具有 1 支刚毛，基部愈合并与基内突相连。背板下阳茎旁有 1 细长骨化刺。阳茎细长，顶端膨大，双叶状；在基部和端部分界处伸出细长的阳茎端突，向基部方向缠绕阳茎 (图 25-10)。

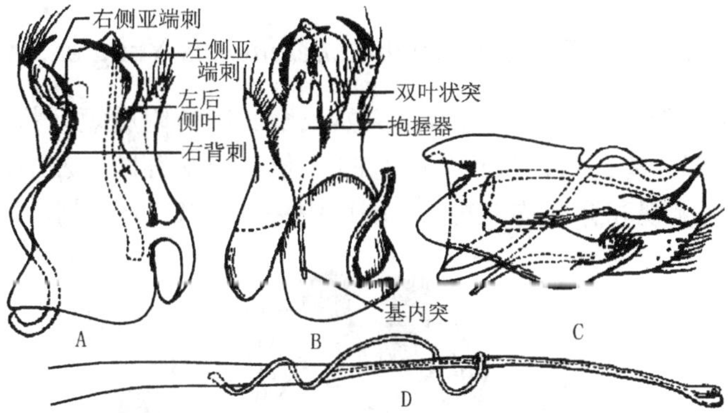

图 25-10　牛角直毛小石蛾雄性外生殖器 (田立新等，1996)

A、B、C. 雄性外生殖器背、腹、侧视；D. 阳茎

25.6　幻沼石蛾科 Apataniidae

25.6.1　多刺闭室沼石蛾 *Apataniana spinosa* Yang *et* Tao

雄性外生殖器：第 9 腹节短，背区狭窄带状。肛前附肢背腹扁，侧视长棒状，长约为第 10 腹节背板的 2 倍，近基部 1/3 处最宽，向端部渐窄，末端扁平圆形；背视附肢弯曲成广弧形，末端相互交叉。第 10 腹节背板纵扁，背视基部宽，端部 2/3 收窄呈花瓶形，

亚端部具瓶颈状缢缩。下附肢 2 节，基节圆柱形，端节深裂成背、腹 2 肢，背视呈相向的弧状弯曲。腹肢简单，顶端具尖刺，指向内侧；背肢略细，顶端尖细，基部具 2~3 个黑色尖刺。阳茎侧视拱桥形，阳基侧突 1 对，基部 2/3 粗壮，沿阳茎鞘下曲，端部 1/3 向上翘起，末端尖 (图 25-11)。

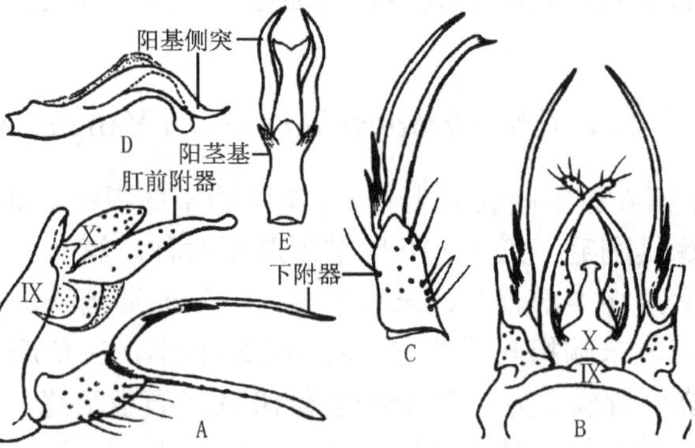

图 25-11　多刺闭室沼石蛾雄性外生殖器 (杨莲芳等，2011)

A、B. 雄性外生殖器侧、背视；C. 左下附器腹视；D、E. 阳茎侧、腹视；IX、X为第 9、10 腹节

25.7　沼石蛾科 Limnephilidae

25.7.1　贺兰光突沼石蛾 *Astratodina helanensis* Yang *et* Jia

雄性外生殖器：第 9 腹节侧视近背区突然收窄。肛前附肢短叶状，侧视大部分与第 9 腹节愈合，近端部分离；背视长约为中宽的 2 倍，末端钝圆，左右肢分歧，指向外侧方。第 10 腹节背板侧视和背视均亚矩形，端缘中央具广“U”形缺刻，其深达中长的 1/3。

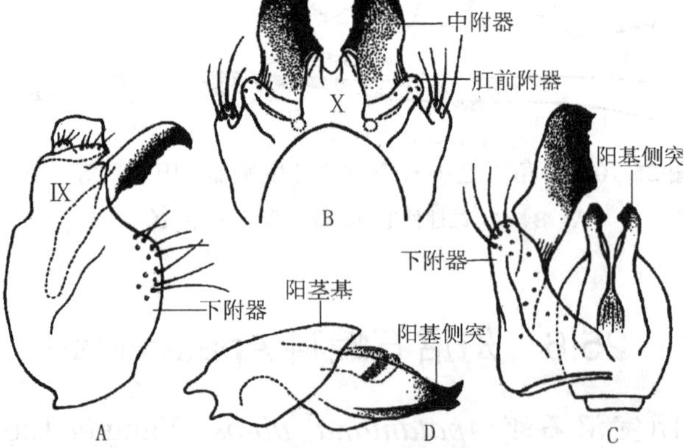

图 25-12　贺兰光突沼石蛾雄性外生殖器 (杨莲芳等，2011)

A、B. 雄性外生殖器侧、背视；C. 雄性外生殖器腹视，右中附器和右下附器已移去；D. 阳茎侧视；IX、X为第 9、10 腹节

中附肢粗壮，大颚状，高度骨化，顶端钝圆，端区密生长刚毛。阳茎粗壮，阳茎基圆桶形，侧视背缘长约为腹缘的 2.5 倍。阳基侧突骨化，高度纵扁；侧视基部宽，向端部收窄且色变深，末端具短分叉；腹缘狭窄，腹视中部相互贴近，末端指向内侧 (图 25-12)。

25.7.2　挪氏长须沼石蛾 *Nothopsyche nozakii* Yang *et* Leng

雄性外生殖器：第 9 腹节侧视腹半部宽，背半部狭带状。上附肢宽大薄片状，侧视端半部收窄，末端平截，其背端角圆钝，腹端角尖。中附肢侧视指状，背视为亚圆形叶突，具毛。下附肢侧扁，1 节，侧视长约等于基宽，被 1 凹槽分为两部，基部粗大，腹侧方密生长毛；腹视整体近方形，可见基部与端部的分界。阳茎具透明、微骨化阳茎基，侧视其背缘明显长于腹缘。阳茎端浅槽形，背视其两侧缘内凹，顶端两侧角延伸，形成弧形深凹。阳基侧突光滑无毛，基部 1/3 粗壮，其余部分狭长臂状，顶端平截 (图 25-13)。

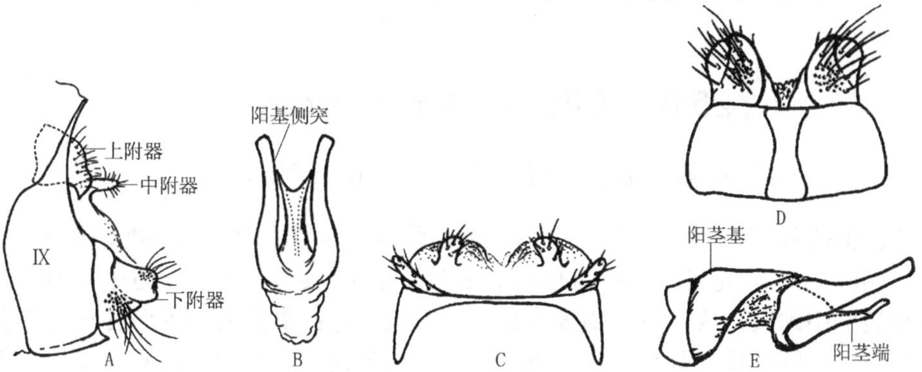

图 25-13　挪氏长须沼石蛾雄性外生殖器 (冷科明和杨莲芳，2004)

A、C、D. 雄性外生殖器侧、背、腹视；B. 阳茎端与阳基侧突背视；E. 阳茎侧视；IX为第 9 腹节

25.7.3　钝角似突沼石蛾 *Pseudostenophylax macrogonus* Leng *et* Yang

雄性外生殖器：第 8 腹节背板毛区背视呈倒置的头盔状，长约为宽的 1.2 倍，端缘略呈弧形拱起。第 9 腹节侧视最宽处位于近背方 1/3 处，腹区狭，约为最宽处的 1/2。上附肢侧视粗短，长约为宽的 2 倍。中附肢末端高度骨化，黑褐色，扩大呈双叉状，侧视其内突 internal process 长而尖，垂直上翘；外突 external process 略向侧后方伸出，叉突间夹角 150°；后视中附肢背基方具 1 对乳头状小突起，其上着生小毛。下附肢腹视外侧角尖，外侧缘长约为内侧缘的 4 倍，约与基部宽相等。阳茎基短柱状，阳茎的基茎略长于端茎，侧视其背方膜区端部形成 1 叶状突；端茎背视两侧中央明显扩张，长约为最宽处的 1.5 倍。阳基侧突端部骨化支直，仅基部弯成肘状，长约为宽的 3 倍，末端具粗毛 (图 25-14)。

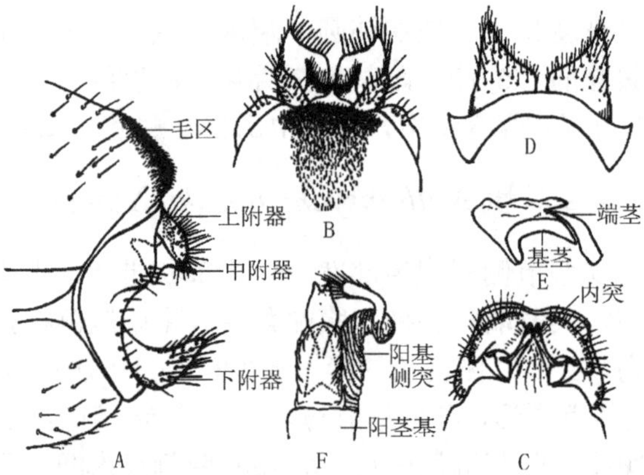

图 25-14　钝角伪突沼石蛾雄性外生殖器 (冷科明和杨莲芳，2003)

A～D. 雄性外生殖器侧、背、后、腹视；E. 阳茎侧视；F. 阳茎和阳基侧突背视

25.8　弓石蛾科 Arctopsychidae

25.8.1　二叉弓石蛾 *Arctopsyche bicruris* Gui *et* Yang

雄性外生殖器：第 9 腹节侧视近腹端 1/4 处最宽。上附肢亦称尾须-肛前附器 appendix preanale，粗大，末端钝圆，长约为宽的 5. 5 倍。第 10 腹节由位于背方中央的背片和两侧 1 对分裂的中附肢构成。背片高度骨化，背视尖角形；每侧的中附肢各分裂为背、腹 2 肢，约与上附肢等长，背肢粗壮，单个，腹肢深裂为细刺状的上肢和二叉状的下肢。下附肢亦称抱握器，2 节，侧视基节高明显大于长，基部具亚矩形内凹使基节背半部呈鸭头状，端节细长，长约为其高的 2.5 倍；腹视基节末端中部深凹，内缘侧角呈较骨化的角状突，其末端仅伸至端节中央，故侧视此角状突不可见，端节着生于基节的凹陷处，约为基节的 1/2 宽，末端钝圆。阳茎骨化，细长筒状，呈弓形下曲 (图 25-15)。

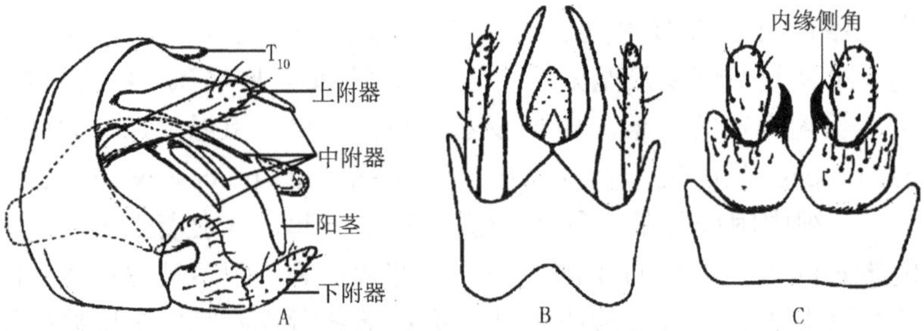

图 25-15　二叉弓石蛾雄性外生殖器 (桂富荣和杨莲芳，2000)

A、B. 雄性外生殖器侧、背视；C. 下附器腹视；T_{10} 为第 10 腹节背板

25.9　齿角石蛾科 Odontoceridae

25.9.1　粗裸齿角石蛾 *Psilotreta grossa* Yuan *et* Yang

雄性外生殖器：第 9、10 腹节背板愈合呈长兜状，背视长为中宽的 3 倍，中央宽，端半部略收窄，端缘凹入呈广"U"形；侧前突位于侧区上半部，长略短于腹缘，侧区背半部向前方强烈倾斜，侧、腹毛瘤圆形。第 10 腹节主体基部 1/3 与中背突愈合，侧突发自主体端部，长棒状，向腹后方延伸至中背突端部外侧，侧视端部膨大，下弯。中附肢小，半圆形。上附肢椭圆形，长约为中宽的 2 倍，端部伸至第 9+10 腹节背板中央。下附肢基节侧视二叉状，长约等于中宽，后缘内凹呈广弧形，背叶丘形隆起，腹叶短三角形，端缘内侧着生粗扁刚毛，腹视腹内侧片较发达，狭长，光滑无毛；端节侧视三角形，从基部向端部收窄，腹视柱形，长为宽的 2 倍，端部密生小黑齿。阳茎基侧视管状，弧形弯曲，长约为中宽的 8 倍，端半部略膨大，端宽约为中宽的 2 倍。阳基侧突 1 对，宽短，后缘略内凹，背、腹叶不发达，阳茎孔片勺状 (图 25-16)。

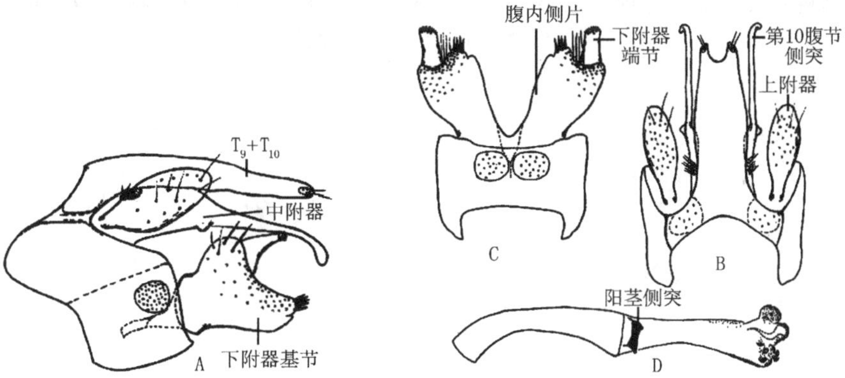

图 25-16　粗裸齿角石蛾雄性外生殖器 (袁红银和杨莲芳，2010)

A、B、C. 雄性外生殖器侧、背、腹视；D. 阳茎侧视；T_9、T_{10} 为第 9、10 腹节背板

25.10　长角石蛾科 Leptoceridae

25.10.1　刺茎突长角石蛾 *Ceraclea* (*Ceraclea*) *spinulicolis* Yang *et* Morse

雄性外生殖器：上附肢宽，末端平截。第 10 腹节背板端半部上曲，末端钝圆，背视其后缘分裂成 2 瓣，抱器无基腹叶，基肢节亚端背叶中等发达，具长毛；端肢节具亚端刺。阳茎基后腹缘中央刺突不明显，阳茎侧叶短，微弯，约与阳茎基等长，阳茎口围片上、下方常有 1 至数支刚毛 (图 25-17)。

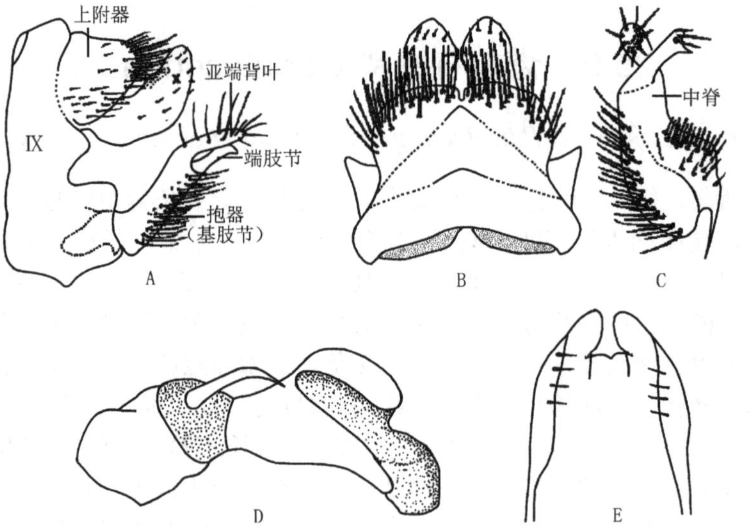

图 25-17　刺茎突长角石蛾雄性外生殖器

A、B. 雄性外生殖器侧、背视；C. 抱器腹视；D. 阳茎；E. 第 10 腹节背板腹视；IX为第 9 腹节（A~C. 田立新等，1996；D、E. 参考田立新等，1996 图重绘）

第 26 章　鳞翅目 Lepidoptera

26.1　概　　论

26.1.1　雄性内生殖器

每精巢的精巢管数目一般为 4 支，但 *Nemotois* 为 20 支。大多数种类在蛹期，2 精巢合并形成 8 支精巢管组成的圆球形公共被膜体。被膜内的精巢管轴向扭转，精巢管之间的隔膜相应扭曲。有些种类，如天蛾 *Smerinthus*，被膜中精巢管之间隔膜萎缩，精巢管发生不同程度地融合。根据精巢合并、是否具有公共被膜、精巢管与输出管连接情况等，鳞翅目成虫的精巢可划分为以下类型。

1 精巢成对，两侧精巢分离。

1.1 全部单个精巢管分离，精巢管的输出管游离：蝙蝠蛾科等。

1.1.1 精巢完全分开，四叶状：蝠蛾属等。

1.1.2 精巢完全分开，圆形，三叶状：天蚕蛾属等。

1.2 精巢管及其输出管联合在一起。

1.2.1 精巢管并列：樗蚕蛾等。

1.2.2 精巢管贴合成球形：*Micropteryx*、*Talaeporia* 等。

2 两侧精巢合并，具有公共被膜。

2.1 两精巢轻度合并，精巢管短，输精管从基部分叉。

2.1.1 每精巢具有 4 支精巢管，精巢管并列成排：*Thais*、山杨麦蛾等。

2.1.2 两精巢的精巢管排列成环 (橘形) ：穿孔蛾属等。

2.2 两精巢紧密愈合，从被膜中间收缩情形依稀可辨最初成对精巢的情形。两精巢并不旋转扭曲：长角蛾 *Nemophora*、*Adela*、*Phylloporia* 等。

3 两精巢完全愈合，被膜体没有收缩痕迹。

3.1 精巢管短，不扭曲：金凤蝶、珍眼蝶属等。

3.2 精巢管细长，螺旋扭曲。

3.2.1 输精管分支或平行：锤角亚目、谷蛾 *Tineina*、*Geometrae* 等。

3.2.2 输精管基部扭曲伴随精巢管扭转：*Noctuae*、天蛾科等。

每个精巢的 4 支精巢管有被膜包裹，膜鞘有 2 层，内膜向内折叠形成 3 个隔膜，每个隔膜由 2 个相邻的对称层组成，2 层膜反向靠背排列，位于 2 个邻近精巢管之间。外膜覆盖精巢外表面，有人认为其渗透性对精子发生具有调节作用。无论是成对分离的精巢，还是形成公共被膜体，每精巢管都具有 1 个大的游离的顶部盲端，位于精巢的凸面；1 个小的开口的基端，位于精巢的凹面。基端延长形成相互分开的输出管，每精巢的 4 支输出管汇入输精管。在形成公共被膜体的过程中，两侧的输精管并不发生合并，但精巢贴合时的扭曲造成被膜体下端 2 支输精管的交叉，交叉一般发生在邻近被膜体的输精管基部。贮精囊由输精管膨大形成，膨大可发生在输精管的任何部位，以前半部为常见。贮精囊位于被膜体基部时，常呈中间缢缩的串珠状。贮精囊同时存在于基部和端部时，位于基部的称为贮精囊，端部（输精管下端邻近复射精管）的称为副贮精囊。输精管一般保持成对，其下端分别接入复射精管中的 1 支。潜蛾科的输精管下段合并，与 1 对附腺汇合后直接连接于单一的射精管。

复射精管是附腺分泌物和精液的贮存场所，呈膨胀的双管状，一端与成对的附腺相连。复射精管与附腺管之间的形态分界大致有 4 种情况：①两者都有一定程度的膨胀，之间有缢缩分隔；②复射精管明显膨胀，附腺管膨胀程度低，两者之间粗细差异明显；③两者之间粗细相近，没有缢缩，外形上没有明显分界，在此情况下则以输精管在复射精管上的连接点作为分界依据，连接点一侧为附腺，另侧为复射精管；④复射精管缺，1 对附腺与输精管共同汇入单射精管。附腺多为 1 对，但谷蛾为 2 对。附腺自复射精管一端发出后，除基部一段分离外，大多数长度 2 附腺管紧密贴合而彼此独立。附腺管基部有时膨大，端部等部位偶见膨大，未见侧生的分支管。复射精管另一端汇合进入单射精管，接合部有时缢缩或膨大。单射精管较为细长的前段（邻近复射精管）称为原节，主要具有分泌功能，分泌产物主要用于形成精包；后段较粗短，称为表皮节，是形成精包前体的场所。从分泌物性质、微细构造等方面看，原节和表皮节还可细分为若干区域，大致体现了不同分泌物产生、精包形成和精液输送的顺序。不同区域间常有缢缩分隔，每部分细胞结构和功能不同，分泌物亦异。缢缩可以使不同部分的分泌物按一定序列分别使用。不同种类中，内生殖器不同部分均程度不同地参与分泌活动，总体上复射精管之前部分，即精巢、输精管、贮精囊、附腺、复射精管，其分泌物主要与精子束内精子释放、活化、营养及交配后雌虫生殖行为调节等有关。单射精管分泌物主要用于精包形

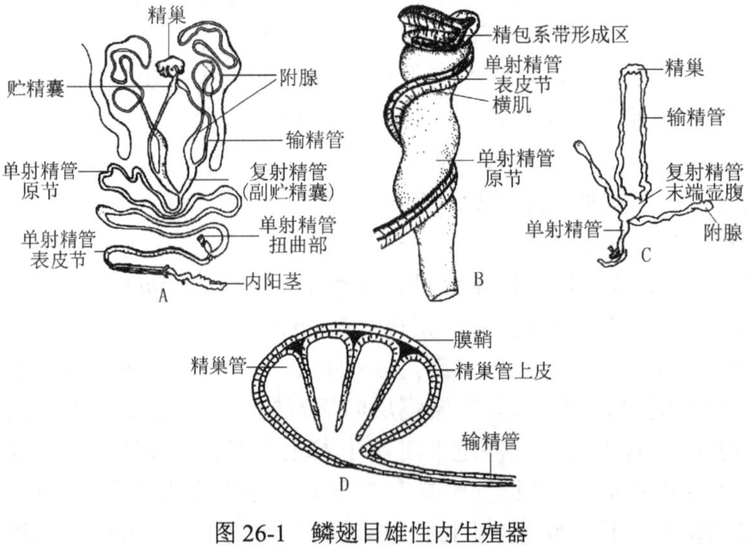

图 26-1　鳞翅目雄性内生殖器

A、B. 美洲棉铃虫雄性内生殖器、单射精管扭曲部；C. *Solenobia walshella* 雄性内生殖器；D. 1 种鳞翅目昆虫精巢纵切，示精巢管彼此分开，通过公共开口进入输精管（A~C. Matsuda，1976；D. Chapman 等，1998）

成，其中原节是主要分泌场所，表皮节是精包前体 (或部分前体) 形态形成场所。单射精管后端与阳茎连接，阳茎基段骨化形成坚硬阳茎管，端段形成膜质的阳茎端膜，初生生殖孔开口于阳茎端膜顶端 (图 26-1)。

26.1.2 雄性内生殖器胚后发育

粉蝶属幼虫，输精管终止于第 8 腹节两侧，具有明显的管腔。生殖腔基部的表皮细胞分化形成 1 对梨形、具有窄的侧面扩展的管道。4 龄幼虫期，管道侧面的扩展通过收缩形成 2 对，背面外部的 1 对发育形成附腺，内部的 1 对发育形成复射精管。化蛹后，管道的管腔与输精管管腔结合，结合区膨大形成贮精囊。末龄幼虫期，第 9 腹节腹板上充分发育的成对阳茎叶之间的表皮内陷形成生殖孔。内陷不断加深，向前发育，与复射精管末端接合。当阳茎叶合并形成阳茎时，它们合并形成管状内陷，代表成虫的单射精管，即射精管和附腺属于外胚层起源，贮精囊可能部分中胚层、部分外胚层起源，输精管为中胚层起源。蜡螟属和小蜡螟属的附腺由复射精管前端形成，属于外胚层起源。复射精管前端部分由单射精管延伸和分叉形成，单射精管起源于阳茎底部的沟。输精管中部膨大形成贮精囊，即贮精囊为中胚层起源。斑螟 *Leucinodes*、黄枯叶蛾属的附腺和复射精管为外胚层起源。这些构造的原基起源于生殖腔前端的皮下组织。蚕蛾属幼虫输精管末端与生殖腔 (赫氏器 Herold’s organ) 基部的每侧相联系。每个末端壶腹分化形成 2 个中空而分叉的臂，2 臂分别形成附腺和射精管。两侧的射精管后方愈合。贮精囊在 2 个末端壶腹之间形成。阳茎形成时即为空管，因此阳茎管内的输出管为外胚层起源。*Solenobia* 雄性输出管的发育过程基本与蚕蛾属相同。除那些发育形成附腺的部分外，每末端壶腹分化形成臂，进而发育为射精管。射精管的 2 个原基愈合形成单一管道。色卷蛾属雄性输出道发育过程与 *Solenobia* 的几乎一致。上述情况表明复射精管与附腺的来源多样，外胚层或中胚层起源。

家蚕雄性幼虫的精巢位于第 5 腹节的背线两侧，肾形，分为几个囊片 (精巢胞)，精巢下连着 1 条细长生殖索 (输精管原基)，生殖索后伸至第 6、7 腹节，然后沿消化道两侧转向腹面，在第 9 腹节，2 条生殖索汇合在附腺原基上。家蚕、柞蚕等的幼虫在第 9 腹节外表可见 1 灰色圆点，为雄性附腺原基在外表形成的斑点。棉铃虫的雄性幼虫腹部第 5 节的背面可见有 2 个肾形精巢，隐约在体壁下方。上述外部特征可用于幼虫性别的判断。赤松毛虫雄性幼虫第 5 腹节背血管两侧有 1 对精巢，淡黄色，肾形，凹面向内，外面包裹 1 层薄膜，从表面可看到 3 条凹沟，将精巢分为 4 个精巢胞。精巢凹面中央伸出 1 支细长生殖索，其后端连接在第 9 腹节处的生殖腔上。雄性幼虫第 9 腹节的腹中线上有 1 圆孔状生殖器官芽，半透明，可作为外部识别特征。油松毛虫雄性幼虫精巢位于第 5 腹节背面背血管两侧，浅黄色，肾形，凹侧朝向背中线。精巢外面包有精巢膜，内含 4 个精巢胞，横向排列。每个精巢的凹侧中央各伸出 1 条生殖索，生殖索向后伸展，于第 8 腹节气门后转向腹面，连接在赫氏腺前端两侧。赫氏腺为乳白色囊状体，其后端附于第 9 腹节后缘中央的体壁内侧。在外部形态上，第 9 腹节后缘的腹中线上显现 1 橘黄色圆斑，此为赫氏腺形成的斑点，幼虫 4 龄后斑点逐步明显。棉铃虫雄性幼虫精巢为黄色半透明橘瓣状，位于第 6 腹节背血管两侧，以凹面相对，表面可见到有 3 片内膜将其分为 4 个精巢胞。随着幼虫生长，左右精巢逐渐靠拢。预蛹期左右精巢开始合并，蛹期合并为 1 圆球形精巢公共被膜体。

云杉色卷蛾 1 龄幼虫精巢尚不明显。2 龄幼虫出现 2 个分离的精巢，但没有形成分离的精巢胞。精巢内充满早期阶段的精原细胞，但没有形成生精囊。3 龄幼虫精巢更大，每精巢分化形成精巢胞。精原细胞成群进入生精囊。4 龄幼虫每精巢具有 4 支明显的精巢胞，精巢胞之间有横隔膜分开，横隔膜称为小叶被膜 capsula lobuli。生精囊有 2 类，幼期的生精囊比较紧密，后期的生精囊较为中空。5 龄幼虫的精巢肾形，精巢壁含有褐色颗粒。精子出现异步分化，精巢管中含有从精原细胞到精子的不同分化阶段的生精囊。生精囊大而空。大多数生精囊处于次生精母细胞阶段，已经历减数分裂。两端的精巢胞分化较慢，中部的精巢胞分化较快，端部的精巢胞内主要含有精原细胞和初生精母细胞。6 龄幼虫精巢呈卵形，内含所有发育阶段的生精囊，但主要为含精子的生精囊。预蛹期最大的变化是两侧精巢的合并，精巢胞和小叶被膜保持完整，生精囊包含的精子数量增加，精子细胞转化为长的精子并充满内腔。精子小但具有发育完好的头部。蛹期精巢包被在 1 个球形精巢复合体内，壁色深，具有发育完好的外膜和内膜。生殖管道出现。输出管很短，在成虫期通入球状的贮精囊。云杉卷蛾雄性生殖管道在幼虫期并不发育。蛹期精巢被小叶被膜分成多个精巢胞，精巢胞内主要为含有精子的生精囊。成虫期的精巢与蛹期的类似，但输精管更加发达。贮精囊中含有游离的及包含在生精囊中的精子。精巢内主要充满含有精子的生精囊。云杉卷蛾具有真核精子和无核精子，真核精子属于功能精子，由幼虫期精母细胞发育而成，无核精子起源于蛹期的精母细胞，最终退化 (图 26-2)。

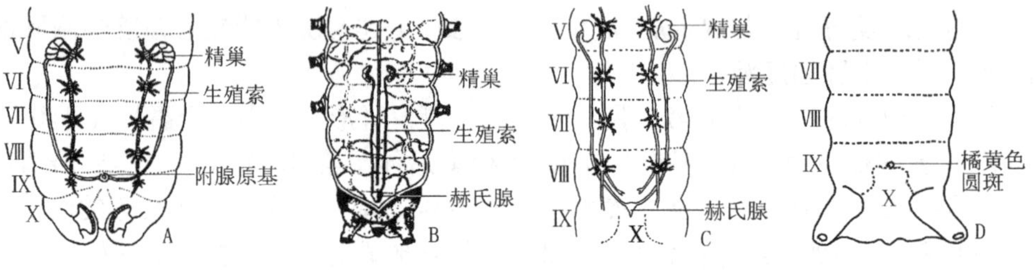

图 26-2 鳞翅目雄性内生殖器的幼期形态

A. 家蚕雄性幼虫；B. 赤松毛虫大龄雄性幼虫；C. 油松毛虫雄性幼虫；D. 油松毛虫雄性幼虫腹部后段腹视；Ⅴ～Ⅹ为第 5～10 腹节 (A. 朱弘复等，1979；B. 田淑贞，1985；C、D. 参考周维民等，1990 图重绘)

26.1.3 雄性外生殖器

雄性外生殖器由第 8、9、10 腹节形成。第 8 腹节形成突出的基部供交配器官着生，有时具有附属生殖叶。背兜主要由第 9 腹节背板组成，它的后端部分由第 10 腹节背板的前部构成。背兜通常大而骨化，形成屋脊状或头巾状构造。第 9 腹节腹板形成“U”形基腹弧，其背端通常在侧面同背兜的柄突相关联。中腹面通常有 1 盲管状或槽形的突起，头向伸入体内，称为囊形突。基腹弧两侧可向上扩展到背中线，形成 1 完整的环。来源于第 10 腹节的构造包括爪形突、颚形突和背兜侧突 (尾突)，爪形突由第 10 腹节背板后端形成，为背兜后伸的中背突起。爪形突位于肛孔之上，也称为肛上突。爪形突或简单而向腹面弯曲，或有刺、刚毛、锯齿或 1 对侧瓣，呈 2 裂、3 裂或 3 分叉状，或宽扁的刀片状。有时很大，有时退化或消失。颚形突通常是背兜后缘、爪形突腹面两侧的 1 对突起。颚形突可合并成单一的中突，也可独自存在，有时完全消失。颚形突起源于第 10 腹节腹板。背兜侧突位于爪形突两侧，通常是 1 对柔软多毛的叶状构造，显著或很短。它们被认为是第 9、10 腹节的节间膜或背兜的第 10 腹节背板部分，或者尾须的衍生物。Kristensen (1984) 认为背兜侧突可能源于第 10 腹节腹面。肛管位于背兜与爪形突腹面，肛管的骨化部分在背面的称为匙形突，在腹面的称为下匙形突。当爪形突不明显或不存在时，会将匙形突误作爪形突。抱器 1 对，位于阳茎两侧，一般为匙形，来源于第 9 腹节附肢 (可能来源于刺突，基肢片已与腹板合并)，纽结于第 9 腹节下方两侧部分。抱器腹面的骨化部分称抱器腹，背面的骨化边缘称抱器背，抱器背的末端还有具多枚棘突的抱器端。不同种类中，还常有抱器背突、抱器腹突、抱器内突、抱器腹背叶等次生构造。Snodgrass 认为从来源上抱器可分为 2 类：①着生于基腹弧的基肢节上，这类抱器相当于其他昆虫的端肢节 (小抱器 harpago、刺突的衍生物)；②起源于阳茎鞘骨化区中部，抱器腹面与支撑阳茎鞘的中间三角板形成关节，这类抱器属于阳基侧突，见于某些小鳞翅亚目 Microlepidoptera。

阳茎是在第 9 腹节后面中间的连接膜上由亚中瓣愈合发育形成，可能属于第 9 腹节生殖肢上的生殖突。阳茎包括阳茎管、阳茎端膜和支持机构，阳茎端膜可外翻，平时套叠在阳茎管内，交配时伸出，因此也称为内阳茎。初生生殖孔开口于阳茎端膜的末端，休止状态时阳茎端膜缩回形成的阳茎管开口属于次生生殖孔，并非真正意义上的生殖孔开口。阳茎端膜表面常有刺、骨片等构造，称为角状器。休止状态时，这些构造一般呈不同角度指向虫体后方，当阳茎端膜处于膨伸状态时，因端膜翻出而使棘刺指向虫体前方呈倒刺状，有助于固定阳茎端膜在雌虫生殖器内的位置。在阳茎端膜套叠腔内有时充满针状物，称为阳茎针，交配时阳茎针随阳茎端膜的翻出，注入雌性生殖系统内。以精包授精的种类，交配后阳茎针位于交配囊体内壁和精包之间，可能具有刺激交配囊体收缩，促进精包内容物排放的功能。阳茎管和阳茎端膜是质地不同的连续管，阳茎管位于基部，阳茎端膜位于端部。推测在形态发生过程中，两部分都经历了膜质管形成阶段，但在随后的骨化过程中发生分化，基段阳茎管各部分骨化大致均匀，形成硬质的阳茎管，端段阳茎端膜则局部骨化，主要体现在角状器和阳茎针的骨化。隔膜为 1 块横向的膜质片，封闭腹部末端，从背面的背兜和肛管到腹面的抱器瓣和基腹弧基部。隔膜的大部分可能来自第 9～10 腹节的节间膜，也可能包括第 11 腹节的成分。阳茎发生于背兜和基腹弧之间的隔膜上，位于颚形突下方。中间阳茎穿过的地方，隔膜围绕阳茎双褶，形成 1 个能翻出的锥体，即阳茎端环。隔膜的不同区域有许多骨片，其中背部的 1 横带状结构称为横带片 (抱器背基突)，腹面的 1 块盾状构造称为阳基轭片 (阳茎基环、阳茎漏斗、接塔)。阳茎基是重要的阳茎支持结构，最简单的阳茎基仅为生殖腔壁弯曲形成包含阳茎端基部的凹陷，但凹陷的开口可形成管状鞘，鞘或多或少包裹阳茎管。鞘的内壁常有许多骨片，有时形成骨化环或管，阳茎管从环内伸出。环的腹缘可与生殖腔腹壁上支持的

基片联合 (图 26-3)。

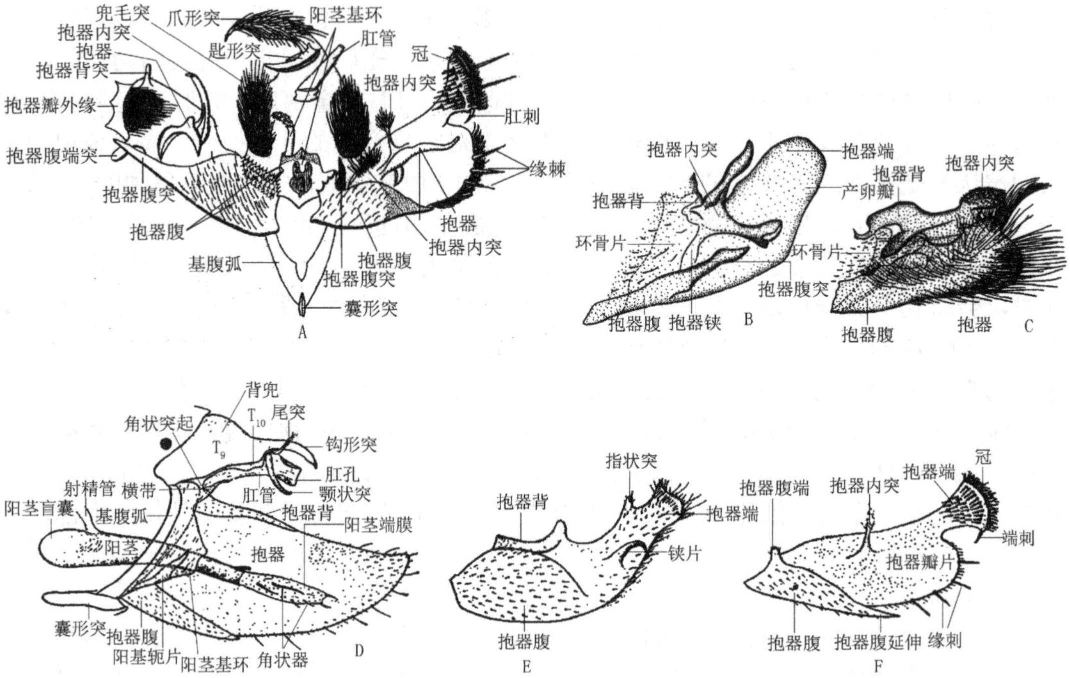

图 26-3 鳞翅目雄性外生殖器

A. 雄性外生殖器模式图；B. 石榴巾夜蛾右抱器瓣内视；C. 绿豹蛱蝶左抱器瓣内视；D. 雄性外生殖器侧视；E、F. 抱器的变化 (A～C. Tuxen，1969；D～F. 北京农业大学等，1981)

Snodgrass (1935) 将阳茎基 phallobase 和阳茎端 aedeagus 形成的外管称为外阳茎 ectophallus，将外阳茎内的膜质管称为内阳茎 endophallus，内阳茎、外阳茎和阳茎基之间的着生关系在不同昆虫中有诸多变化，可分以下类型：①固定 1 式：阳茎端与阳茎基之间不形成阳茎端陷 phallocrypt，内阳茎管短，在阳茎端前端形成凹陷，凹陷在阳茎端前部形成固定的次生生殖孔，即阳茎口 phallotreme，射精管顶端开口 (初生生殖孔) 位于内阳茎内陷的基部，交配时内阳茎不翻出。②固定 2 式：阳茎端与阳茎基之间不形成阳茎端陷，内阳茎为膜质短管，休止时套叠在阳茎端前部形成凹陷，凹陷口成为临时性的次生生殖孔 (阳茎口)，交配时随着内阳茎翻出阳茎口消失，交配结束后内阳茎回缩，阳茎口复位。射精管顶端开口 (初生生殖孔) 于内阳茎的顶端。③端陷 1 式：阳茎端位于阳茎基形成的阳茎端陷内，内阳茎管在阳茎端前段形成内陷，阳茎端形成固定的阳茎口，射精管开口于内阳茎管内陷的底部，交配时内阳茎不翻出。④端陷 2 式：阳茎端外部有阳茎鞘包被，阳茎端管与阳茎鞘之间有阳茎内鞘连接，内阳茎位于阳茎管腔前部，射精管开口于内阳茎管的底部。阳茎鞘、阳茎内鞘、阳茎端呈二重套叠状，交配时阳茎内鞘翻出带动阳茎端前伸，内阳茎不翻出。⑤三重套叠式：阳茎鞘、阳茎内鞘、阳茎端、内阳茎呈三重套叠状，交配时内阳茎、阳茎端、阳茎内鞘顺次从管腔内翻出，射精管开

口 (初生生殖孔) 位于内阳茎端部，阳茎口为临时性构造 (图 26-4)。

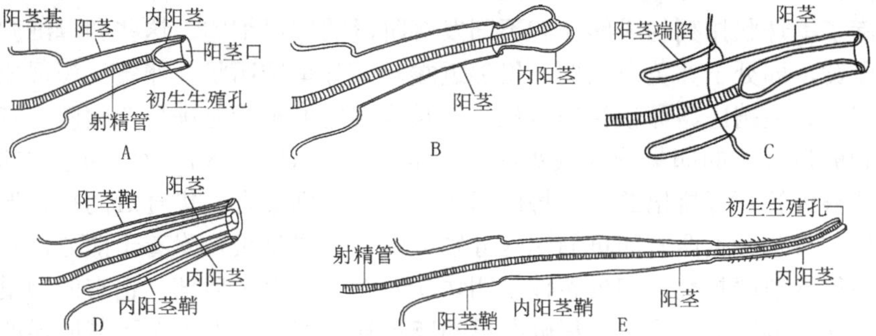

图 26-4　阳茎基、阳茎端、内阳茎之间的着生关系 (参考 Snodgrass，1935 图重绘)

A. 固定 1 式；B. 固定 2 式；C. 端陷 1 式；D. 端陷 2 式；E. 三重套叠式

26.1.4　雄性外生殖器胚后发育

生殖腔 (赫氏器) 是初生阳茎叶的发源地，生殖腔沿第 9 腹节腹板后缘中部形成，微凹，在低龄幼虫期可辨。大多数鳞翅目昆虫，初生阳茎叶在末龄幼虫期出现，有些种类在蛹初期出现。筒水螟属、蚕蛾属、蜡螟属、小蜡螟属、*Solenobia*、色卷蛾属、毒蛾属、黄枯叶蛾属等的初生阳茎叶出现在生殖腔基部，每叶裂成 2 叶，外侧的 1 对叶后来发育成为瓣 (基肢节 coxopodite)，内侧的 1 对叶通过愈合和环抱射精管形成阳茎端。*Leucinodes* 的初生阳茎叶分裂成为背、腹 2 叶，背叶 (内叶) 通过联合形成阳茎，腹叶 (外侧叶) 形成 1 对瓣。但蚕蛾属、毒蛾属、粉蝶属等，1 对内叶首先出现，外侧的 1 对形成瓣 (基肢节) 的叶后来才出现，由生殖腔侧壁发育而成。因此，这些种类中形成阳茎的叶和形成瓣的叶是在不同时间独立起源的。毒蛾属、蚕蛾属雄性幼虫成虫盘位于肛孔 (幼虫第 10 腹节) 两侧，蛹期成虫盘迁移到背面愈合为一，最终产生爪形突。爪形突完全取代了幼虫期的第 10 腹节 (胚胎时期的第 11＋12 腹节)，代表了肛上叶 (第 12 腹节)。颚形突起源于蛹期第 10 腹节腹板基部，是肛下叶的代表。肛区有时背、腹面骨化，形成匙形突 scaphium 和下匙形突 subscapium，仅是次生骨化区域，与腹节无关。存在于爪形突基部的背兜侧突 (尾突) 可能与毛翅目中来源于第 11 腹节的尾须同源，是唯一位于侧面的第 11 腹节元素。肛上叶位于第 9 腹节 (背板) 后面，第 9 腹节是胚胎期间第 9、10 腹节的愈合产物或者是真正的第 9 腹节。

26.1.5　雌性内生殖器

每卵巢一般有 4 支多滋式卵巢管，但多于 4 支的也不罕见，甚至同一个体两侧卵巢的卵巢管数目也有差异。如 *Nemotois metallicus* 每卵巢卵巢管数目为 12～20 支；长角蛾 *Nemophora swammerdamella* 11～12 支；*Adela* 10～12 支；白蝙蝠蛾 5～6 支；*Micropteryx* 4～5 支；穿孔蛾属 3 支。Petersen (1900) 认为同种间卵巢管与精巢管数目具有一致性。卵巢管的形态与卵子发生的时期有关，寿命长、有补充营养习性的成虫，羽化初期卵巢管细小，补充营养后快速发育。处于发育初期的卵巢管，端丝、生殖区、生长区、卵巢管柄的特征较为明显。寿命短、不补充营养的种类，成虫羽化后卵子发生已经完成，卵巢管内充满了串珠状排列的成熟卵和不同发育阶段的卵母细胞，这些卵母细胞大多数具有可见的卵黄，即处于卵黄发生期，仅邻近端丝部分呈透明状，卵黄沉积现象不明显。卵巢管的端丝、生殖区、卵巢管柄退化，细长饱满的卵巢管充满整个腹腔。有人认为这种充满卵和卵母细胞的卵巢管区域实际上不是生长区 (卵黄区)，而是扩大的卵巢管柄，其中充满从卵巢管下行排出的卵。每侧卵巢的端丝分别集合，集合后的折叠形式和附着方式有变化。有些种类两侧卵巢的端丝分别或汇合形成悬带，附着于前方器官或体壁内侧。有的卵巢管前端折叠，卵巢整体呈团块状蜷缩于卵巢中后部。也有的卵巢管缺少端丝，卵巢管末端为圆形尖顶状。每侧卵巢的卵巢管基部汇合于 1 个不甚明显的卵巢萼，卵巢萼位于侧输卵管顶端。两侧的侧输卵管汇入中输卵管，中输卵管后方与生殖腔相连。在不同类群中，这部分输出管的发育过程有差异。有些种类生殖腔明显膨大，有的中输卵管与生殖腔粗细相同，两者在外部形态上分界不清晰，但受精囊管和导精管的着生位置可作为生殖腔前端的指标。生殖腔末端的开口为 (次生) 生殖孔，单孔类的生殖孔用于交配和产卵，双孔类的生殖孔中一个仅用于产卵，也称为产卵孔，另 1 个生殖孔用于交配，称为交配孔。生殖孔或产卵孔末端逐渐收缩形成“产卵器”或由 1 对肉质的肛乳突所包围。

受精囊主要包括受精囊管、受精囊体、受精囊腺，受精囊管着生于生殖腔端部，直管状或有膨大、螺旋等变化。受精囊管下部分成 2 条并行的管道，将进出受精囊体的精子分成不同路径。供精子进入的 1 条管道较粗，为受精囊管螺旋部；供精子输出的 1 条较细，为受精囊管输出部。两部分约在受精囊管中部合并。受精囊管输出部始终为螺旋状绕曲，受精管螺旋部有时呈螺旋状。精子从受精囊管螺旋部进入受精囊体内，卵的受精在生殖腔内完成，受精囊体由于囊壁肌肉的收缩，通过狭窄的受精囊管输出部将精子排到卵上，受精囊管输出部通过受精囊管乳突紧贴在卵的微孔上，精子经卵孔进入使卵受精。受精囊管顶端着生有双叶或单叶的受精囊体，双叶状受精囊体由受精主囊和受精副囊组成，2 囊的基部并生于受精囊管顶部。受精主囊一般细长，向一侧弯曲；受精副囊长梨形或棒状，位于主囊凹面一侧。单叶状受精囊体只有 1 个受精囊，一般认为由 2 叶合并形成。受精囊腺管状，从受精 (主) 囊顶端发出，有时顶端分叉或形成侧支。

附腺着生于生殖腔后部，原始类群的附腺开口于第 9 腹节中央，即在生殖孔和交配孔的后面。随着生殖腔延长，生殖腔的开口移到第 9 腹节后缘时，附腺成为内孔，开口于生殖腔的后部。多数情况下，附腺分泌物用于卵在基质上的固着，那些产卵时无须在卵面涂胶的种类，如蝠蛾属，则没有附腺。附腺由附腺柄、附腺囊、附腺管等组成，附腺柄一般直管状，着生于生殖腔下部。附腺柄顶端或连接 1 对膨大的附腺囊，或延伸膨大形成附腺主囊，在主囊的中、前方两侧分别发出细管，管顶端分别着生附腺囊。附腺管 1 对，分别由附腺囊前端发出，一般细长发达，前段有增粗、侧支、分叉等变化 (图 26-5)。

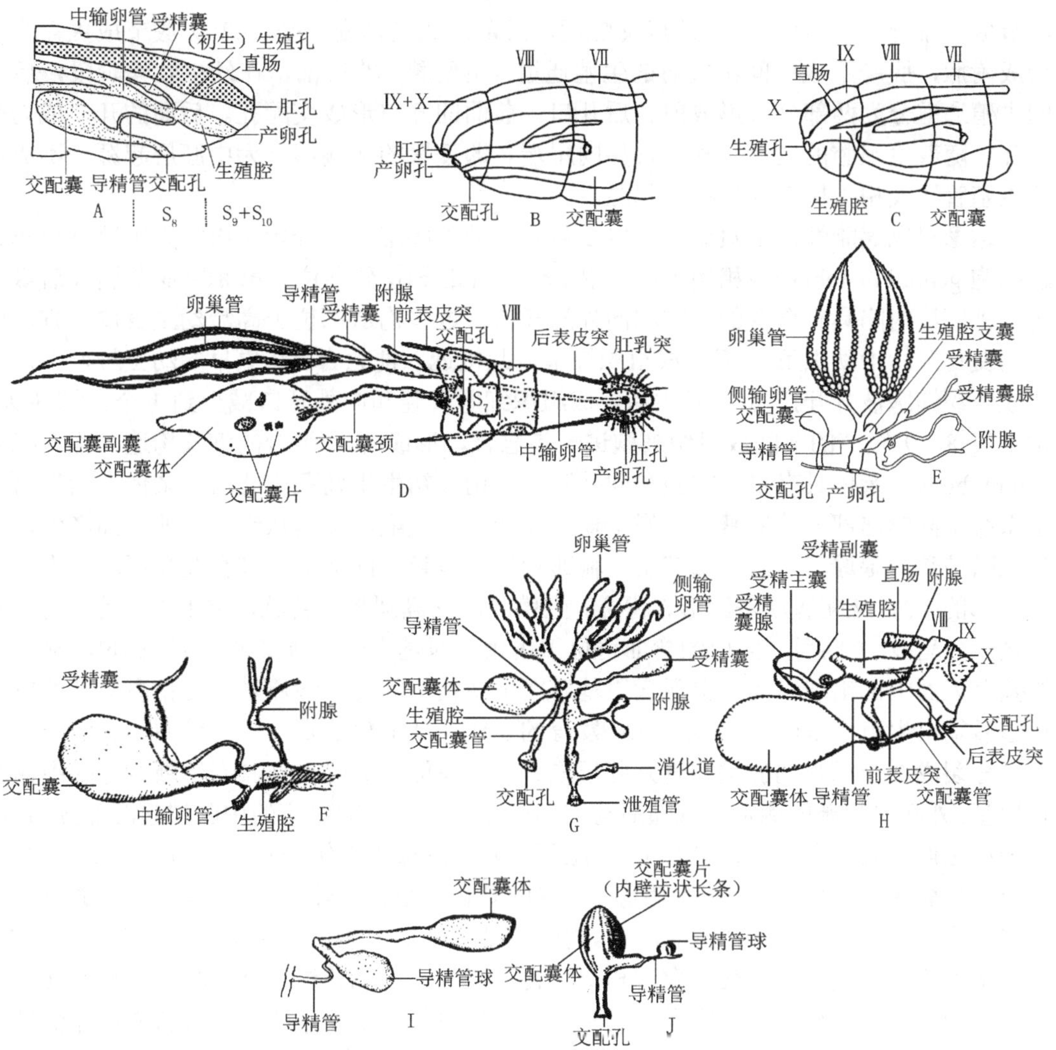

图 26-5 鳞翅目雌性内生殖器

A、B. 外孔类雌虫生殖管道的联系；C. 单孔类雌虫生殖管道的联系；D. 雌性内生殖器整体；E. 雌性内、外生殖器的关系；F～I. 毛顶蛾属、*Solenobia walshella*、*Sphinx pinastri*、*Tortrix rusticana* 雌性内生殖器；J. 高度特化的交配囊；S_8～S_{10} 为第 8～10 腹节腹板；Ⅶ～Ⅹ为第 7～10 腹节（A. Chapman，1998；B、C. 参考袁锋，1996 图重绘；D. 北京农业大学等，1981；E. 参考北京农业大学等，1981 图重绘；F～J. Matsuda，1976）

26.1.6 雌性内生殖器胚后发育

蓑蛾 *Solenobia* 新孵化幼虫，第 7 腹节后部有中胚层起源的侧输卵管原基。14～17 周后，第 7～9 腹节出现成对的表皮细胞增厚（成虫盘），成虫盘相互接近，直至合并为一。高龄幼虫，第 7 腹节上的成虫盘形成 1 中间内陷，成为不成对生殖通道（中输卵管）的后端外胚层起源部分的原基，每侧中胚层起源的侧输卵管原基与中输卵管原基相对。第 8、9 腹节上的成虫盘中间内陷形成 2 层的、背腹叠置的腔，腔之间发生局部联系。第 8

腹节成虫盘背 (上) 腔的前部形成交配囊，后部形成受精囊原基。第 9 腹节成虫盘背腔形成附腺，腹腔形成中间不成对的生殖通道 (生殖腔) 的后部。在幼虫吐丝阶段，后面的生殖通道分为两部分，形成前、后开口。前面的开口形成交配孔。后面的开口成为产卵孔，随着生殖腔的发育，其位置移向尾端。即蓑蛾的侧输卵管为中胚层起源，不成对的生殖管道及相关构造为外胚层起源。

达摩翠凤蝶雌性内生殖器发育自 2 对圆形的外胚层内陷开始，内陷为生殖系统成组织细胞 genital histoblasts (相当于成虫盘 imaginal discs)，分别位于第 8、9 腹节腹板后缘，每个外胚层内陷具有自身的管腔和向外的开口，这些构造都位于高龄幼虫表皮下方。构造的变化开始于幼虫第 4 天，成组织细胞彼此接近以便愈合 (在更早的幼虫龄期中，这些成组织细胞被分开)。愈合发生后，成组织细胞管腔和向外开口减少到 1 个。第 5 天，位于第 8、9 腹节的节间成组织细胞进一步愈合，形成 1 个混合的细长构造，称为亲体 parent body。亲体具有单一的腔和向外开口，构成初生生殖孔。此后，亲体开始生出生殖系统不同输出部分的原基。预蛹中期，输卵管和交配囊原基从亲体的前半部产生，而外生殖腔和附腺原基从后半部产生。输卵管原基呈管状向前突起到交配囊原基，占据亲体前部的 1/3，交配囊原基圆形、背位。生殖腔原基椭圆形长管状，位于输卵管、附腺原基之后，呈 2 个向后、向内的弯曲臂位于生殖腔原基末端。预蛹期后期 (24h)，输卵管原基背表面中部出现纵沟，交配囊原基后面出现指状的受精囊原基。受精囊原基的出现标志着输出生殖系统前体 precursors 发育的完成。新羽化的蛹，输卵管原基表面的沟深陷，分裂成 2 个明显的侧输卵管外胚层成分，以及侧输卵管后部具有清晰分界的中输卵管原基。外胚层起源的侧输卵管随后与它们前面已经存在的对应的中胚层起源部分结合，形成成虫期的侧输卵管。蛹期 12h，附腺原基基部形成 1 个短的管道。蛹期 25h，这个构造分化形成 3 个明显的部分，即附腺柄、附腺囊和附腺管。同期，在第 8 腹节形成内陷，内陷向上生长与中输卵管在背面汇合。内陷的外部开口成为次生生殖孔和其上部的管道，即交配囊管。蛹期 36h，交配囊体和交配囊管汇合，可能通过彼此的相向生长实现。同时，保留它们与中输卵管的联系。同时，受精囊原基上出现小的基部外长物，即受精副囊和受精主囊。受精主囊前端继续生长，发育成为长而盘绕的成虫受精囊腺。蛹期 48h，交配囊及其管道开始从亲体的中输卵管上脱离，离开亲体的中输卵管以后，继续与之保持联系。这种联系的部分代表将来的导精管。此后，原基生长和分化迅速向成虫形式和大小转变，到蛹期第 4 天，成虫的输出生殖系统已经充分发育。

在发育后期许多鳞翅目昆虫形成双生殖孔，蚕蛾属和毒蛾属成对的位于第 8、9 腹节的成虫盘向中线靠近，这与蓑蛾的情况相同，但与蓑蛾不同之处在于第 7 腹节上没有成对的成虫盘。蚕蛾属的第 7 腹节上侧输卵管的中胚层原基保留。第 8 腹节前部的成虫盘前伸达到中胚层起源的生殖索 (侧输卵管) 远端，进而形成生殖腔的腹面。因此，中输卵管纯由外胚层起源。毒蛾属，中胚层起源的侧输卵管原基远端伸达第 8 腹节，与同侧体节的成虫盘相联系。中输卵管由前面的成虫盘 (位于第 8 腹节) 延长形成。斑螟 *Leucinodes* 外胚层起源的生殖道由第 8、9 腹节的中间内陷发育而成，但第 8、9 腹节上的所谓外胚层纵沟，很可能是成对的成虫盘。赤松毛虫大龄雌性幼虫第 8、9 腹节腹面，各有 1 对生殖器官芽痕迹。第 8 腹节的 1 对位于腹中线两侧，该节 2/3 处，为 1 唇状裂缝，唇片深褐色，周围表皮灰白色，有的 8 龄幼虫可见 1 灰白色圆形斑点。第 9 腹节的 1 对位于"人"字形纹的两侧，形状、大小与第 8 腹节的相似。雌性幼虫第 5 腹节背血管两侧有 1 对近似倒梨形卵巢。卵巢淡黄色，上有白色微气管附着。卵巢尾部伸出 1 支细长生殖索，生殖索沿体壁与消化管之间后延，并转向腹面，达第 7、8 腹节。油松毛虫雌性幼虫内生殖器包括 1 对卵巢和 2 条生殖索。卵巢位于第 5 腹节背面背血管两侧，略呈

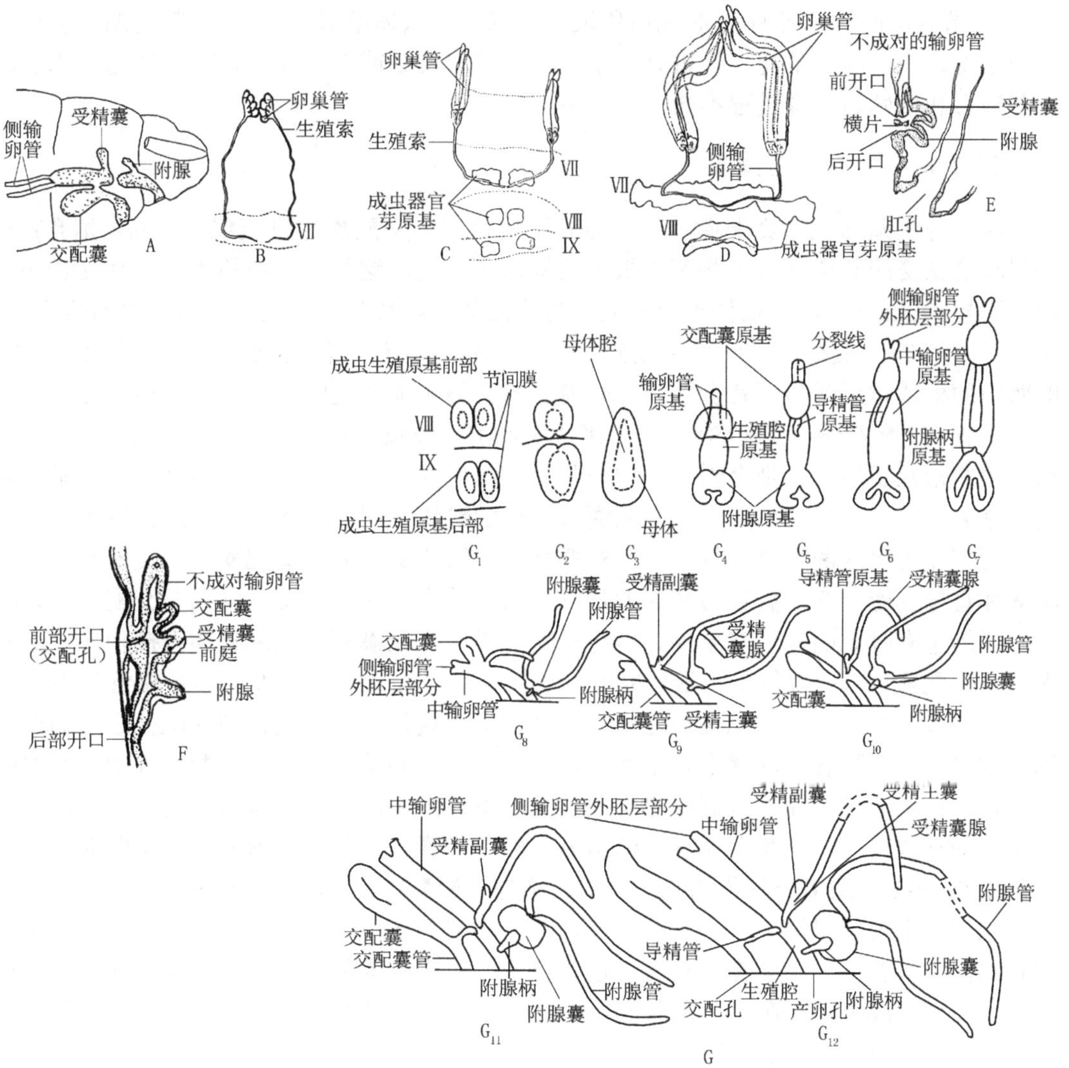

图 26-6 鳞翅目雌性内生殖器的幼期形态

A. 高等鳞翅目昆虫蛹雌性内生殖管道发生；B～F. *Solenobia triquetrella* 不同日龄幼虫和蛹的雌性内生殖器（B. 6 周幼虫；C. 17 周幼虫；D. 22 周幼虫；E. 预蛹期雌性内生殖器矢状切面；F. 蛹期雌性内生殖器矢状切面）；G. 达摩凤蝶雌性内生殖器幼期形态（G_1. 5 龄幼虫 2 日龄；G_2. 5 龄幼虫 4 日龄；G_3. 预蛹初期；G_4. 预蛹中期；G_5. 预蛹末期；G_6. 0h 龄蛹；G_7. 2h 龄蛹；G_8. 24h 龄蛹；G_9. 36h 龄蛹；G_{10}. 48h 龄蛹；G_{11}. 60h 龄蛹；G_{12}. 4 日龄蛹）；Ⅶ～Ⅸ为第 7～9 腹节（A. 参考 Richards 等，1978 图重绘；B～F. Matsuda，1976；G. 参考 Sendi 等，1993 图重绘）

倒三角形或纺锤形，乳白或淡黄色。卵巢外面被膜，内含 4 支卵巢胞，纵向排列。每个卵巢后部各伸出 1 条生殖索。生殖索沿体壁与消化道之间后延，在第 7 腹节气门后转向腹面，附着在第 7 腹节后缘腹中线两侧的体壁上。2 条生殖索未汇合，与体壁连接处没有明显分化。家蚕幼虫的卵巢豆形，分布在第 5 腹节内背线两侧，各有 1 条生殖索后延，在第 6、7 腹节后沿转向腹面，与附腺原基汇合。附腺原基共有 4 个结状物，分布在第 8、9 腹节内。雌性幼虫第 8、9 腹节外表可透视到 4 个白色圆点。棉铃虫 3 龄雌性幼虫的第 8、9 腹节腹面两侧，各有 1 对乳白色眼点状腺体，从体壁透视以 5~6 龄初期最清晰。上面情况说明，高等鳞翅目昆虫雌性生殖道形成涉及 2 或 3 对原基，不同鳞翅目类群，原基数目和生殖道发育过程不同 (图 26-6)。

26.1.7 雌性外生殖器

雌性外生殖器包括交配囊、产卵器和附属构造。交配囊通过交配孔 (或生殖孔) 与外界相通。交配孔通常有一些变异很大的构造所环绕，这些构造统称为阴道片 sterigma 或生殖板 genital plate，包括位于交配囊孔前腹面的前阴片和位于交配孔后背面的后阴片。阴道片是第 7、8 腹节的节间骨化成分，但前阴片常与第 7 腹节腹板合并，后阴片则与第 8 腹节腹板或背板或与两者合并。有时前表皮突与阴道片之间有骨化带连接。交配囊由交配囊管、交配囊颈、交配囊体、交配囊片等组成。交配囊管末端与交配孔 (生殖孔) 连通，内壁常几丁质化，是交配过程中与阳茎接触的部分。交配囊管后端常骨化而呈漏斗状，称为导管端片。交配囊管与交配囊颈、交配囊体之间的连接关系复杂，基本类型包括直管式和再出式两大类，每类中又有变化。直管式交配囊的交配囊管、交配囊颈、交配囊体直接相连，交配囊管与交配囊颈以导精管着生点为界，交配囊颈与交配囊体之间有时缢缩，有时无明显形态分界。再出式交配囊的交配囊管与交配囊体直接相连，交配囊颈从交配囊体 (一般位于下端) 另出，导精管从交配囊颈端部发出。导精管着生于交配囊颈末端，导精管与交配囊体之间的部分为交配囊颈，交配囊体与交配孔之间的部分为交配囊管。交配囊颈内壁常有不均匀几丁质骨片、刺等构造，与交配过程中阳茎端膜的固定、精包的形成和位置调整等有关。交配囊体为不同形状的袋囊构造，是交配过程中精包的存放场所，交配囊体有时分出另 1 较小的囊，称为交配囊副囊。交配囊体内壁经常生有 1~2 个或多个具齿的几丁质板，称为交配囊片。交配囊片呈带状、斑状、刺状或板状，板上可能平滑、具小刺或有齿，这些构造与精包体的破碎和内容物释放及精包位置的固定等有关。交配囊体具有发达的壁肌，肌肉收缩是精包破碎、精子转移的主要动力。阳茎端膜内具有阳茎针的种类，首次交配时随阳茎端膜的外翻伸直，阳茎针注入交配囊体内，位于交配囊体壁和精包体之间。阳茎针可能具有刺激交配囊体收缩，促进精包体破碎的功能。根据阳茎端膜内阳茎针是否存在，可判断雄蛾是否已经交配。交配囊与其他器官的联系方式有 3 类：①单孔类，交配囊直接与生殖腔结合；②双孔类，交配囊通过导精管与生殖腔联系；③禾螟属 *Schoenobius forcixeluls* 的交配囊与受精囊、中输卵管结合。导精管从交配囊颈末端发出，直管或弯曲，有时中部膨大成球囊，称为导精管球，导精管球两边的导精管在长短、粗细、扭曲等方面有多种变化。位于两侧的导精管与导精管球的连接方式也有变化，有的导精管球位于侧面，导精管进入段和发出段沿同侧切面方向分别与导精管球连接；有的导精管球位于导精管进入段顶端，导精管发出段从导精管球下方、导精管进入段一侧发出。导精管末端着生于生殖腔顶端，与受精囊管着生部位邻近或相对。

第 8 腹节及第 9+10 腹节的前缘通常分别扩展形成 1 对头向的内表皮突。内表皮突的功能是提供肌肉着生的场所。第 8 腹节背板的突起为前表皮突，第 9+10 腹节背板的突起为后表皮突。小翅蛾科无内表皮突。与产卵方式相关的后部腹节的变化可分为 4 类。①蝙蝠蛾型：卵散产于食物附近。腹部后面体节不延长，腹腔内没有内突，交配孔位于第 8 腹节腹板后，产卵孔位于第 9 腹节腹板后。②普通型：卵产在寄主植物表面，腹部后面体节延长，后部的产卵孔与前面的交配孔之间的距离加大，交配孔一般位于第 8 腹节，但尖蛾科 *Euclemensia* 的交配孔位于第 7 腹节。潜叶蛾 *Tischeria* 的 2 个开孔彼此十分接近，代表形成 2 个生殖孔的初始状态。前、后表皮突常较发达，其中 1 个突起与腹部末节的骨化区联系，另 1 个突起与第 8 腹节联系。③毛顶蛾型：卵产在寄主植物组织内，单一的生殖孔位于第 8 腹节端部，第 8~10 腹节呈套筒式，后面腹节套叠在前面体节形成的腔内。前、后表皮突发达，后端愈合形成切割器官。④谷蛾型：卵产在食物缝隙内。属于普通型和毛顶蛾型的中间型，它像普通型那样具有带刚毛的产卵器及 2 个生殖孔，但第 8~10 腹节可伸缩及产卵方式类似于毛顶蛾型。许多鳞翅目昆虫的产卵器常较短，由 1 对宽而多毛的肛乳突组成，而各腹节能够伸缩以适于产卵。在有些类群中，产卵器可能覆盖有许多头部宽片状的长毛，在产卵后即黏附在卵上。

精包一般由单射精管原节的分泌物形成，分泌物在单射精管表皮节内和 (或) 雌性生殖道内形成精包前体，交配开始以后精包整体在雌性生殖道 (交配囊) 内形成，来自内生殖器不同部分或同一部分不同部位的分泌物，在精包形成过程中，顺序形成精包的不同部分。开始为最靠近阳茎的单射精管分泌物，单射精管下部的分泌物形成梨状体和精包壁。此后，贮精囊的内容物，即精子和精液，部分与单射精管下部的分泌物混合，形成精包的内部基质。最后，来自腺体末端的分泌物形成交配障隔 spermatophragma 堵住雌虫交配囊的管道。交配障隔也称为封瓣 sphragis，能防止雌虫的进一步交配，也可确保交配囊内的精子被输送到受精囊而不是向生殖腔返流。交配囊和精包的关系可分为 3 类：①精包导管与导精管直接联系。大部分种类的雌虫属于这种类型。交配囊中可能有多个残留精包，但 1 次交配中只有 1 个精包导管与导精管联系。②精包导管与导精管不直接联系，精包内容物进入分泌物库，库上发出导精管与生殖腔联系，如卷蛾 *Pandemis limitata*、灯蛾 *Halisidota tessellaris*。③没有导精管，精包开口于交配囊管，交配囊管伸展进入生殖腔，如丝兰蛾 *Tegeticula alba*。

雌性外生殖器的 3 种基本类型如下：①轭翅亚目、毛顶亚目和单孔亚目类：通常在第 9 和第 10 愈合腹节腹板上有 1 泄殖孔，供授精、产卵和排粪。中输卵管从腹面进入生殖腔。交配囊位于输卵管的背面。交配囊导管直接进入生殖腔，无导精管，但精液在进入生殖腔前可暂存于受精囊内。②外孔亚目类：有 2 个单独的生殖孔，1 个为产卵孔，另 1 为交配孔，这种情形类似于双孔类，但它们都位于愈合的第 9~10 腹节，且二者以 1 沟相连。中输卵管从背面进入生殖道而位于交配囊的背面。外孔类与双孔类的区别为外孔类无导精管，精液由外部从交配囊传送到生殖腔内。Bourgogne 认为精液是从交配孔沿 1 浅腹沟传递到产卵孔的，这条沟实际上被一些成对的端叶紧盖其上而形成封闭通道，但这种封闭并不构成严格的内通道，即不等同于导精管。外孔类的产卵孔与交配孔位于同一体节（第 9~10 腹节）上，而双孔类的产卵孔位于腹部末端，但交配孔则位于第 8 或第 7 腹节的腹中央。外孔类普遍缺乏附腺，而双孔类通常有。③双孔亚目类：有 2 个单独的生殖孔，分别用于受精（第 8 腹节腹板）和产卵（第 9~10 腹节腹板）。精液沿独立的导精管流入生殖腔。交配囊导管可能扩大出 1 个临时贮存精子的囊。中输卵管位于交配囊背面。大多数鳞翅目昆虫属于此类（图 26-7）。

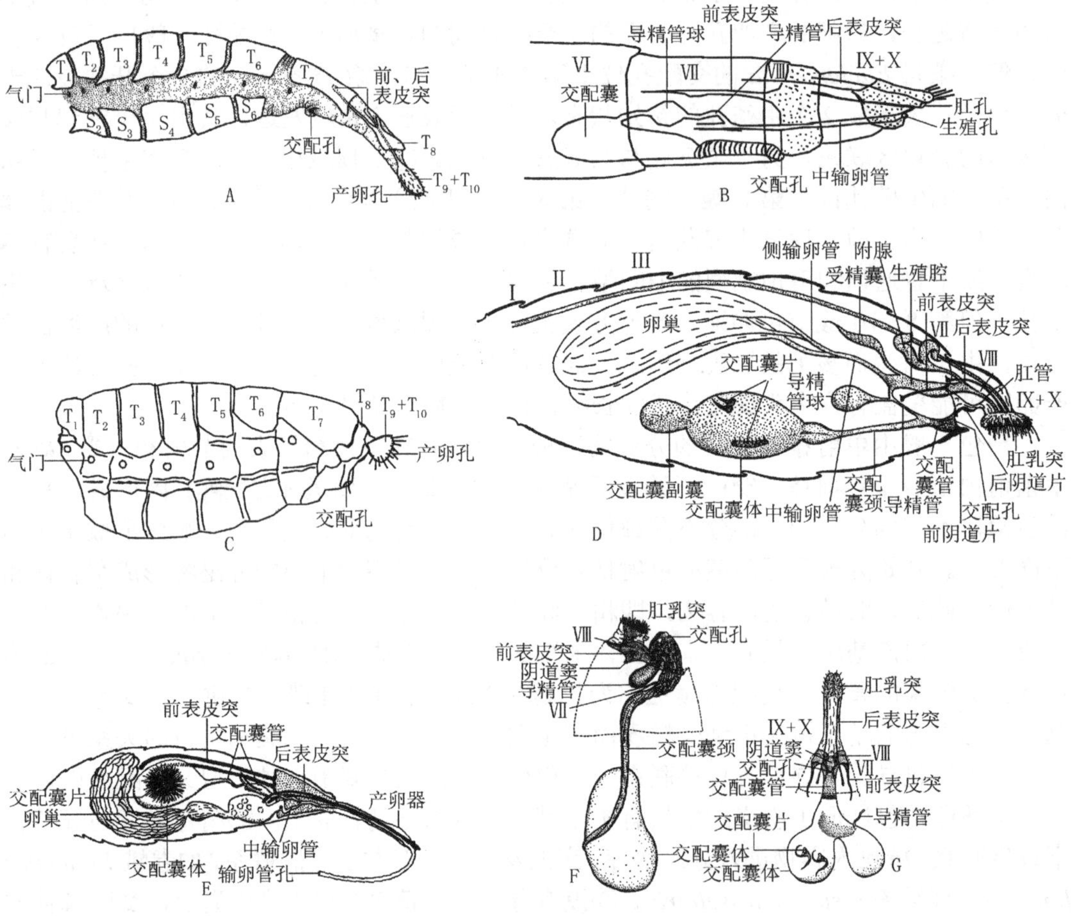

图 26-7　鳞翅目雌性外生殖器

A~C. 毒蛾雌虫、1 种雌蛾、松夜蛾雌虫腹部侧视；D. 双孔类雌性内、外生殖器；E. *Tegeticula alba* 雌性内、外生殖器（单孔类）；F、G. *Fissicrambus detomatellus*、*Stegasta bosquella* 雌性外生殖器侧、腹视；T_1~T_{10} 为第 1~10 腹节背板；Ⅰ~Ⅲ、Ⅶ~Ⅹ为第 1~3、7~10 腹节（A. Gullan and Cranston，2005；B、C. 参考蔡邦华，1973 图重绘；D~G. Tuxen，1969）

26.2　蝙蝠蛾科 Hepialidae

26.2.1　概述

腹部 10 节，常见 9 节，第 10 腹节常隐于第 9 腹节背板下方。雌性外生殖器由产卵瓣，前、后表皮突及交配孔、交配囊管、交配囊体、导精管等组成。雄性外生殖器主要由钩形突、背兜、颚形突、抱器、阳茎基环、阳茎、囊形突等组成 (图 26-8)。

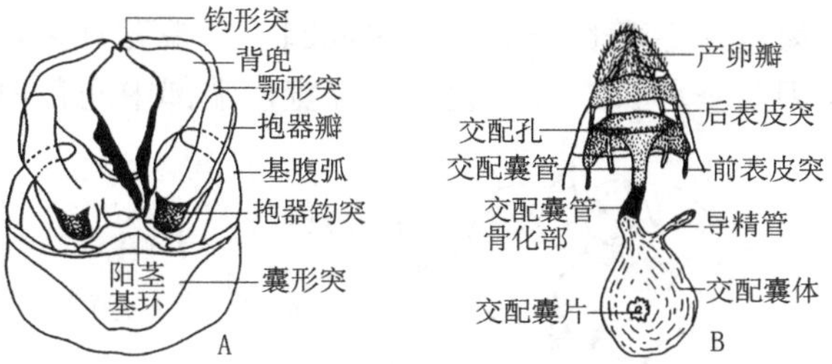

图 26-8　蝙蝠蛾外生殖器 (朱弘复等，2004)

A. 雄性外生殖器；B. 雌性外生殖器

26.2.2　白马蝠蛾 *Hepialus baimaensis* Liang

雄性内生殖器：每精巢有 4 支泡囊状精巢管，精巢管环状排列，基部通过输出管与输精管连接，输精管后段约 1/3 膨大形成贮精囊。附腺 1 对，位于输精管内侧。附腺端部二叉状，附腺管下端略膨大后汇入贮精囊。左右两侧的贮精囊汇合后通入射精管，射精管上部邻近贮精囊的部分参与精包形成物质的分泌，也称为精包腺。射精管下端通入外生殖器 (图 26-9 A)。

雌性内生殖器：每卵巢有 4 支卵巢管，卵巢管端丝不发达，下端汇合于较短的侧输卵管，2 输卵管汇合进入中输卵管，中输卵管后方为生殖腔，生殖腔经产卵孔向外开口。受精囊管基部略膨大，着生在生殖腔前端，约位于侧输卵管分叉与产卵孔之间近基部 2/5 处。

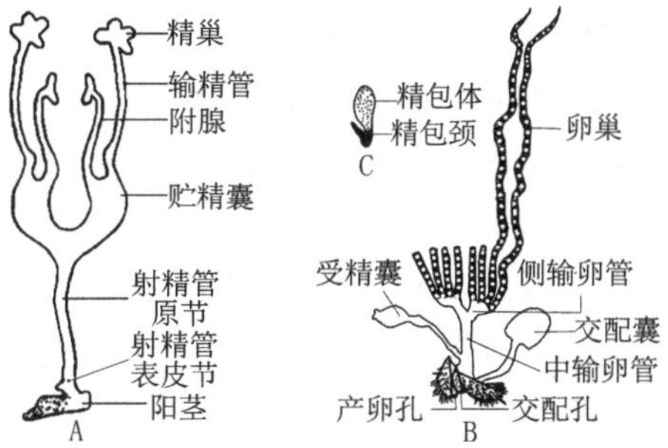

图 26-9　白马蝠蛾雌性生殖系统和雄性内生殖器

A. 雄性内生殖器；B. 雌性生殖系统；C. 精包 (A. 杨大荣等，1991；B、C. 参考杨大荣等，1991 图重绘)

受精囊体为串联的 2 个球形囊，2 囊之间有缢缩，顶端的球囊大，其端部有 2 个指状突起 (图 26-9 B)。

雌性外生殖器：交配囊管较粗长，略弯曲，其外部的开口为交配孔。交配囊体椭圆形，基端稍平截，顶端圆凸。精包体长椭圆形，精包管短，中部锐角扭曲，端部渐尖 (图 26-9 B、C)。

26.2.3 黑龙江蝠蛾 *Hepialus humuli* (Linnaeus)

雄性外生殖器: 背兜宽大，上方近长方形，中部内侧有 2 个长齿形突；下端尖，骨化强，外侧有许多小齿。抱器瓣长条状，顶端钝圆，末端有骨化较强尖齿，齿尖水平相向伸出。基腹弧宽，阳茎基环长方形，囊形突扁宽，端部中间稍内陷 (图 26-10)。

图 26-10　黑龙江蝠蛾雄性外生殖器 (朱弘复等，2004)

26.2.4 湖南棒蝠蛾 *Napialus hunanensis* Chu *et* Wang

雄性内生殖器：精巢外有丰富的银白色微气管、脂肪体及结缔组织缠绕，左右 2 精巢紧密贴合，整体近球形，位于第 3 腹节腹面。每精巢有 4 支泡囊状精巢管。精巢管之间有微气管、脂肪体缠绕，精巢管环列于精巢萼上，进而通向输精管。输精管细长，下端通至贮精囊。贮精囊肾形，淡红色，中间略弯，输精管即连接于凹陷处。贮精囊顶端发出 1 支细长附腺，附腺长约 2 倍于输精管，弯曲盘绕，端部白色。贮精囊下端与复射精管连接，两侧的复射精管汇入单射精管。单射精管盘绕弯曲，近透明，可见成段的乳白色内含物 (图 26-11 A)。

雌性内生殖器：每卵巢有 4 支卵巢管，卵巢管间有微气管及脂肪体缠绕，顶端可达第 2 腹节。卵巢管基部汇合于侧输卵管。侧输卵管短，两侧的输卵管汇合于短的中输卵管。受精囊着生于生殖腔顶部，受精囊管和受精囊体呈"S"形扭曲，受精囊体肾形，端部发出 1 细长受精囊腺，受精囊腺中部分叉，腺管前段有指状突 (图 26-11 C)。

雌性外生殖器：交配囊位于腹面中央，自第 8 腹节前伸，长袋形，基部缢缩，前部宽。已交配雌虫的交配囊膨胀，其中的精包隐约可见。精包淡黄色，骨化而有弹性，呈扭曲的棒状，尾部渐细小，精包体与精包管分界不清晰。产卵器位于第 8、9 腹节。尾部正面观：上部为第 9、10 腹节背板相互接合形成的肛乳突，为圆弧形横片，肛孔隐藏在其下方。肛孔下方有 1 突起盖在 1 横缝上，该横缝为产卵孔。下部第 8 腹节腹板为元宝形，正面呈"山"形，中间 1 峰突，两侧有拇指状骨片指向中间峰突。峰突着生在 1 骨板上，构成 1 整体扣在漏斗状的交配孔上，若将上述整体向腹面拉开则露出 1 凹陷，即交配囊导管的开口，即交配孔。交配孔与产卵孔之间，可见由第 7 腹节体腔膜形成的 3 块略骨化的皱起，皱起下面有 1 横的唇形膜，该膜下为 1 特殊通道，该通道为导精沟，交配囊中的精子可沿该沟转移入受精囊内 (图 26-11 B、D)。

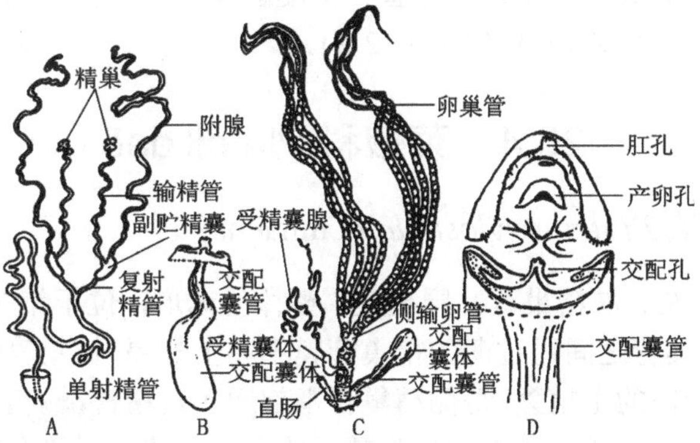

图 26-11　湖南棒蝠蛾生殖系统 (王建国等，1997)

A. 雄虫内生殖器；B. 交配囊；C. 雌虫内生殖器；D. 雌虫腹部末端正视

26.3　蓑蛾科 Psychidae

26.3.1　大袋蛾 *Clania variegata* Snellen

雄性内生殖器： 左、右精巢有白色半透明的共同被膜，整体呈圆球形，乳白色，位于腹部背面近末端 2/3 处。贮精囊 1 对，从精巢下方伸出，两侧的贮精囊不交叉，贮精囊末端渐细汇入输精管。输精管末端连接于复射精管中部，复射精管呈膨大管状，乳白色，其前端发出乳白色弯曲的附腺，后端汇入单射精管，进而与阳茎连接 (图 26-12 A)。

雌性内生殖器： 卵巢分列于体腔两侧，黄白色，每卵巢有 4 支卵巢管，卵巢管端丝较发达。每侧卵巢管的基部进入短的侧输卵管，两侧输卵管末端汇入中输卵管。中输卵管下方通入膨大的生殖腔。受精囊管由生殖腔前端发出，其顶端有长弯囊形受精囊体，

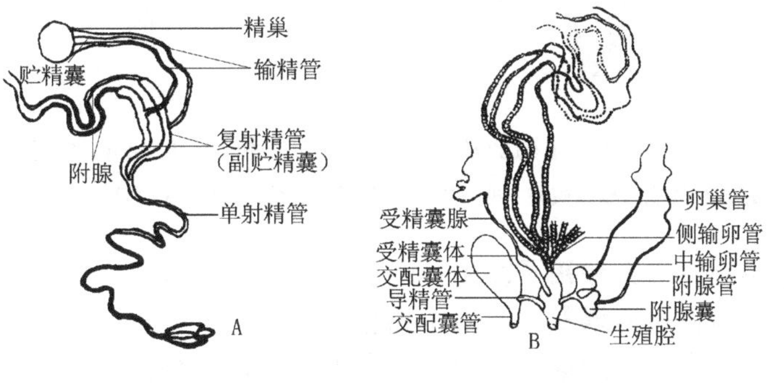

图 26-12　大袋蛾雌性生殖系统和雄性内生殖器 (田淑贞等，1994)

A. 雄性内生殖器；B. 雌性生殖系统

受精囊体顶端伸出细长弯曲的受精囊腺。附腺柄着生在生殖腔基部，端部分叉，每分叉连接 1 肾形、乳白色附腺囊，附腺囊前端凹陷处发出 1 支细长附腺管 (图 26-12 B)。

雌性外生殖器：交配囊长袋状，交配囊管短，经交配孔向外部开口。交配囊颈细缩漏斗形，与交配囊体分界不清晰。导精管在交配囊颈上端一侧发出，它端着生在生殖腔近中部，与黏腺着生点大致相对 (图 26-12 B)。

26.4　菜蛾科 Plutellidae

26.4.1　小菜蛾 *Plutella xylostella* (Linnaeus)

雄性内生殖器: 左、右精巢有共同被膜，整体呈球形，位于第 3、4 腹节背面。每精巢有 4 支精巢管，精巢管之间通过薄的精巢管膜不完全分隔，精巢管内含处于精母细胞、精细胞和成熟精子阶段的生精囊。每侧精巢管基部通入输精管，输精管呈“S”形弯曲，前、后端膨大形成贮精囊的前、后段，贮精囊前段约呈漏斗状，紧接在精巢被膜体下部，两侧精巢的输精管不交叉。贮精囊后段与前段之间有缢缩，贮精囊后段的下部与复射精管相接。复射精管前半段梭形膨大 (副贮精囊)，前端发出 1 支附腺，复射精管与附腺之间有缢缩。附腺管近末端收缩，然后膨胀成球形，两侧附腺端部膨大部接合。2 复射精管在第 5 腹节中部汇入单射精管。复射精管和单射精管有内层环肌 (薄) 和外层纵肌 。在单、复射精管接合处，上皮细胞出现退化，环肌和纵肌明显。由此向后延伸一段距离，环肌逐渐增厚，外部管径加宽而侧扁，管腔直径不变。接近阳茎时，管道变细，环肌变少。阳茎几丁质化，针状。阳茎基部有 2 侧突，供肌肉着生。阳茎针 cornuti 缺 (图 26-13)。

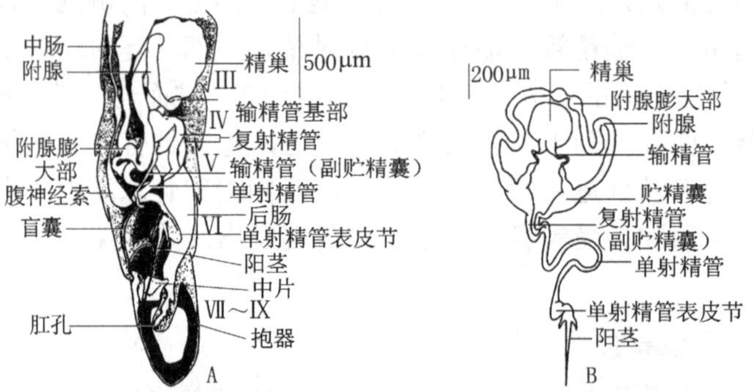

图 26-13　小菜蛾雄性内生殖器及其在腹腔中的位置 (Justus and Mitchell，1999)

A. 雄性内生殖器在腹腔中的位置；B. 雄性内生殖器；III～IX为第 3～9 腹节

雄性内生殖器胚后发育和精子发生：幼虫精巢 1 对，肾形，初为乳白色半透明状，随精巢的发育，其体积迅速增长，4 龄中期精巢体积急剧膨胀，精巢逐渐变为黄色。左右精巢在预蛹期开始合并，蛹期、成虫期贴合为 1 个球形整体。合并前每侧精巢有 4 支精巢管，每精巢管自上而下分为精原区、生长区、成熟区和转化区。无核和有核二型精子发生从初级精母细胞期开始分化，以生精囊为单位，分别形成无核精子束和有核精子束。无核精子主要在幼虫期出现，有核精子主要在成虫期出现。3 龄幼虫前，精巢管含有精原细胞和精母细胞；4 龄初期，含有精原细胞、精母细胞和精细胞，开始出现成熟精子；4 龄中期，精细胞伸长，出现成熟精子，精子束初见；4 龄末精子束的数量增加，多为无核精子束；预蛹期，成对精巢开始愈合，生精囊和精子束的数量明显增多；蛹期，生精囊伸长形成大量精子束；成虫期，形成大量有核精子束。精子占据精巢大部分体积，且多为有核精子。贮精囊着生在精巢与输精管的连接处，贮精囊中有许多精子。

雌性内生殖器：每卵巢有 4 支卵巢管，卵巢管外没有共同的围鞘。成虫羽化时卵母细胞处于卵黄发生前期和卵黄发生期，卵巢管占据腹腔大部。卵巢管在第 2 腹节回折，每卵巢的端丝相互缠绕形成悬带，附着于腹部背面下方。卵巢管柄、侧输卵管、中输卵管的上皮内衬形成丰富折叠，越向后折叠越多。侧输卵管较长，中输卵管较短。生殖道和消化道汇合形成不完全的泄殖腔，生殖道开口位于泄殖腔外部开口稍内侧。受精囊着生于生殖腔前端一侧，整体呈管状，没有分化出膨大的受精囊体区域，其前端有宽椭圆形受精囊腺。附腺柄着生于生殖腔中下部，附腺囊二叶状，位于第 6 腹节，整体呈梨形，有薄层纵肌包被 (图 26-14)。

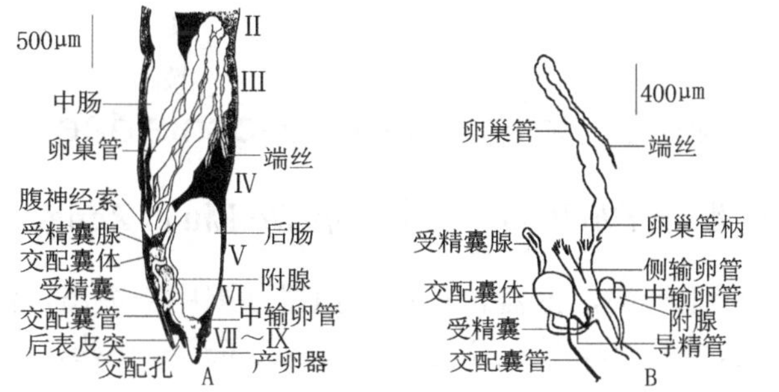

图 26-14　小菜蛾雌性内生殖器及其在腹腔中的位置 (Justus and Mitchell，1999)

A. 雌性内生殖器在腹腔中的位置；B. 雌性内生殖器；II～IX为第 2～9 腹节

26.5　潜蛾科 Lyonetiidae

26.5.1　棉潜蛾 *Bucculatrix thurberiella* Busck

雌性内生殖器：每卵巢有 4 支卵巢管，卵巢管较粗短，端丝不发达。卵巢萼不显著。侧输卵管约与中输卵管等长。中输卵管短，后端的生殖腔长，生殖腔经产卵孔后端向外开口。受精囊管长，着生于生殖腔前端一侧，顶端与受精囊体连接，受精囊体经 2 次肘状弯曲后在端部发出粗短的二分叉受精囊腺，分叉下部的受精囊体有缢缩。附腺柄细长，着生于生殖腔下部邻近产卵孔处。附腺前段二叉状，似为附腺囊和附腺管的复合体 (图 26-15 A)。

雌性外生殖器：交配囊管细长，连接于交配囊体下端的一侧。交配囊体发达，椭球形。交配囊颈不显著。导精管细长，从囊管和囊体结合部附近发出，它端连接于生殖腔背面，着生点与受精囊管的着生点邻近。交配囊体内表面有许多钩、棘，称为交配囊片 signa 或交配囊齿 signum dentatum，这些构造主要位于交配囊体前部临近交配囊管开口处的内表面。交配后，雌虫交配囊内有薄膜囊状的精包，精包内含物乳白色，在导精管开口附近延伸成小管 (精包颈)。精包内似乎含有 2 个球形团块，后面的团块大而致密，2 团块间有缢缩 (图 26-15 B)。

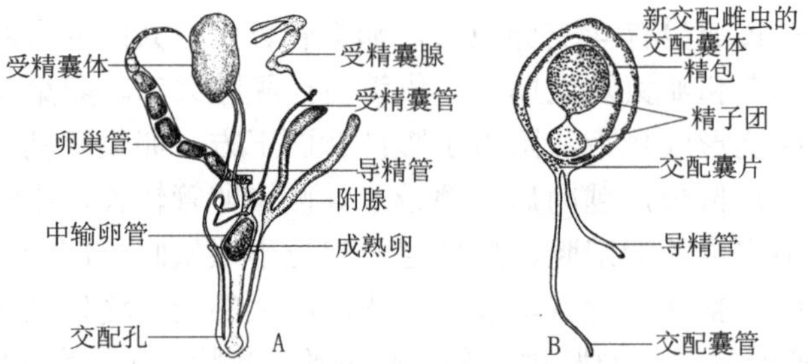

图 26-15　棉潜蛾雌性内生殖器和含有精包的交配囊 (Lingren 等，1987)

A. 雌性内生殖器；B. 含有精包的交配囊

26.6　叶潜蛾科 Phyllocnisidae

26.6.1　黄皮叶潜蛾 *Phyllocnistis wampella* Liu *et* Zeng

雄性外生殖器：无爪形突，抱器长条形，抱器顶端中部突出，沿着抱器顶端有 6 小齿。囊形突不发达，基腹弧长环形。阳茎长筒形，长条形骨化棒，其长度超过阳茎的 1/2 (图 26-16 A)。

雌性外生殖器：交配囊管膜质，细长，在交配囊体侧后方 1/3 处发出。交配囊体长椭圆形，膜质，布满许多小刺，并有 2 个角状囊片，位于交配囊体后方，囊片近中部有刺。导精管在交配囊体前端伸出 (图 26-16 B)。

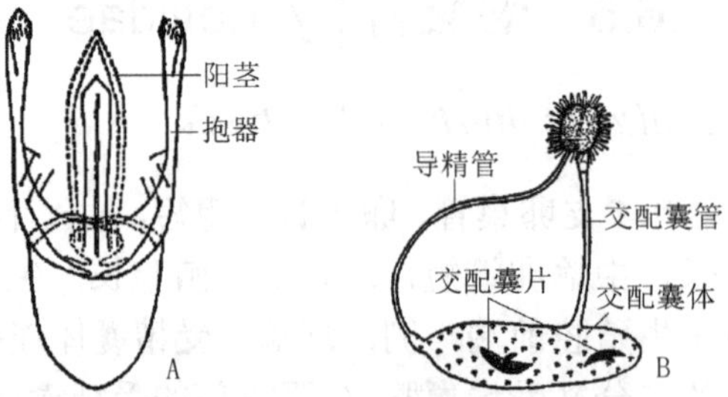

图 26-16　黄皮叶潜蛾雌、雄外生殖器 (刘秀琼和曾仁光，1985)

A. 雄性外生殖器；B. 雌性外生殖器

26.7　祝蛾科 Lecithoceridae

26.7.1　雄性外生殖器

背兜宽短，背后方渐尖，生有爪形突或爪突垫，侧腹面连接颚形突基部。背兜腹缘中央有时连接 1 对角突，为抱器背钩 costal bar，起着与抱器瓣连接的作用。爪形突 uncus 圆瓣状或角形，着生于背兜后端。颚形突 gnathos 位于肛管之上，向端部渐细，鸟喙状，末端向腹面弯曲，大部分强骨化，常从呈折合状态的抱器瓣中向外伸出。基腹弧 vinculum 为较宽而骨化的开环，其背端一般稍加宽，有的为铲形，腹中央也常加宽。抱器瓣 valve 通常呈指状向背后方弯曲，前缘无翻卷或其他构造。抱器背钩如存在，约终止于抱器瓣中部，但它的曲线可延伸至抱器瓣末端，在抱器瓣中部出现 1 条似缝的曲线 (横褶或瓣间缝)。抱器瓣的基半光滑，端半有毛、鬃或刺。抱器腹通常发育良好，直而渐收缩，或者形成 2 个褶，近末端常有 1 刺丛。有时抱器腹只露出基部或完全消失。抱器瓣内缘可能生有可翻卷的叶瓣 (靠近抱器腹末端)、齿、一系列粗壮的刺、棘或小的锥状突。肛管是背兜后缘斜伸的骨化环，其腹面有颚形突，背面有爪形突或爪突垫。

阳端环 (anellus、juxta) 透明，软而膜质，起固定阳茎的作用。一般为半圆柱体，腹视板状或盾状，常向下尖突，且向后突出 2 个尾角，呈角状或垫状包被在阳茎外。阳茎管状，通常向腹面弯曲，无阳茎盲囊。生殖孔常位于阳茎亚端，所以阳茎末端有 2 条裂缝。阳茎上有时具箭状的生殖孔背齿，有些种类生殖孔附近的阳茎鞘上有微小的刺或锯齿形的长波浪形突起。阳茎端膜上常生有各种鳞片状、刺状构造。在许多种类中，还具有各种阳茎针 (角状器)，阳茎针呈刺状、针状、细带状、图钉状、角状、三角形或多角形的板状等。交配时，长而尖的阳茎针常折断，进入交配囊或其导管中，根据阳茎端膜或内阳茎中阳茎针的有无可判断雄虫是否交配，进入交配囊内的阳茎针可能有刺激交配囊壁收缩，挤压精包，促进精液排放的作用 (图 26-17 A～C)。

26.7.2　雌性外生殖器

产卵器一般较短，由第 9、10 腹节形成。肛乳突宽而长，边缘稍弯曲，有多数鬃毛。后表皮突较短。第 8 腹节背、腹板由 1 狭窄的侧膜相连。背板高、宽相等，后缘具粗鬃。腹板通常高大于宽，向后缩小，通常变圆或凹入。腹中部凹入部分 (阴道窦的后背壁) 通常呈皮革质而具刻点。腹板有强状的鬃。前表皮突与腹板等长或更长。交配孔位于第 8 腹节腹板中央，通常简单，边缘极少强骨化，有时很软，呈卵形，无鬃。导管端片 antrum 一般杯状或漏斗状，通常发育良好，有的高度骨化。平均高等于或大于宽，腹壁上有时生有微刺或小鬃。导精管通常从交配囊管 1/3 或 1/2 处发出。交配囊管通常简单管状，不强度骨化，有时弯曲。有些种类交配囊管在与导精管交接处有形态各异的刺。交配囊体球形或袋状，通常较大，囊壁光滑，稀有细皱纹或刻点，也很少有副囊。交配囊片 (囊突 signum) 或者为长卵形而强度骨化的片状构造，上有集中或平行排列的刺或齿，或者为与囊体纵轴垂直的狭长骨板或狭带，上面完全或仅边缘具齿。有些种类的交配囊片完全无齿，少数种类齿突直接着生于囊壁而不形成骨化的囊片板 (图 26-17 D、E)。

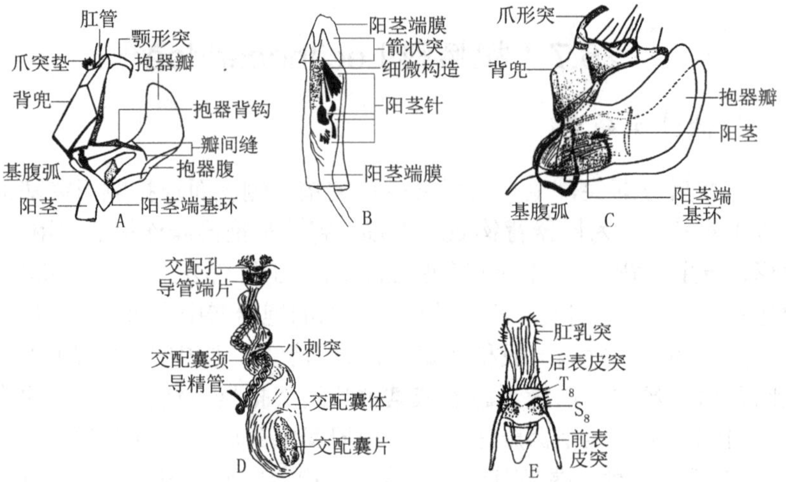

图 26-17　祝蛾科雌、雄外生殖器 (武春生，1997)

A、C. 雄性外生殖器；B. 阳茎；D. 雌性交配囊及相关构造；E. 雌性腹部末节；T_8 为第 8 腹节背板；S_8 为第 8 腹节腹板

26.7.3　黄褐顶祝蛾 *Carodista flavicana* Wu

雄性外生殖器：爪形突宽，颚形突细小。抱器背钩短小而直，抱器瓣狭长，略呈靴形，端部外缘有 2 列小锥突，抱器腹短宽。阳茎端基环发达，长马蹄形。阳茎粗大，长于抱器瓣，端部 3/4 处的侧面有 1 枚大齿突，内阳茎腔内有许多齿状的阳茎针 (图 26-18)。

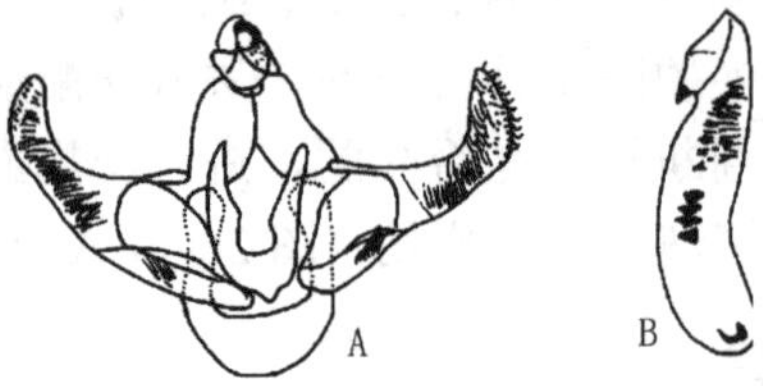

图 26-18　黄褐顶祝蛾雄性外生殖器和阳茎 (武春生，2003)

A. 雄性外生殖器 (阳茎未绘)；B. 阳茎

26.7.4　网板平祝蛾 *Lecithocera* (*Patouissa*) *lacunara* Wu *et* Liu

雄性外生殖器：爪突垫长而较宽，呈音叉状。颚形突窄而短。抱器背钩窄，末端尖。抱器瓣狭长，向上弯曲，末端圆，内缘具有 1 列下锥突。抱器腹狭长，末端具有典型的鬃丛。基腹弧宽。阳茎端基环典型。阳茎长度是抱器瓣长度的 4/5，宽度比之稍宽，生殖孔背面具有 1 枚齿突，阳茎端膜前端和基部有成列的小刺突，中部有 2 块片状突，还有一些鳞片状的细微构造 (图 26-19 A、B)。

雌性外生殖器：第 8 腹节腹板布满了密集的透明小坑，形似网络。导管端片杯状，具有刻点。交配囊导管简单，管壁具有轻微的骨化区。交配囊体近圆形，交配囊突板近圆形，具有齿突 (图 26-19 C)。

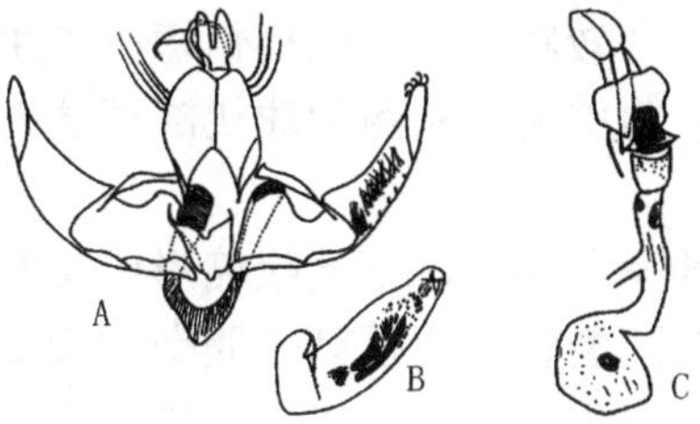

图 26-19　网板平祝蛾雌、雄外生殖器 (武春生，1997)

A. 雄性外生殖器整体腹视 (阳茎未绘)；B. 阳茎；C. 交配囊

26.8　木蠹蛾科 Cossidae

26.8.1　江西木蠹蛾 *Bifiduncus longispinalis* Zhou *et* Hua

雄性外生殖器：钩形突末端分叉，中央深凹。颚形突短，颚泡极大，骨化明显。抱器基半部宽，端半部急窄，末端尖，抱器背无指形突，基刺突发达，其末端伸达抱器端部 1/4 处，长度为抱器长的 1/2 强。囊形突短，末端不上卷。阳茎细，端部下方尖，几呈针状，无角状器 (图 26-20)。

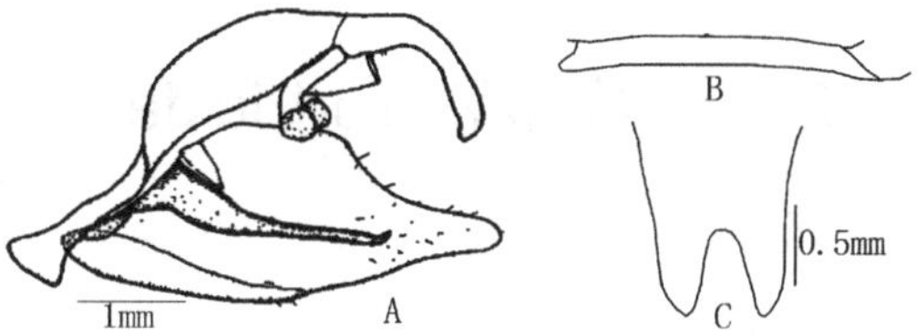

图 26-20　江西木蠹蛾雄性外生殖器 (周尧等，1988b)

A. 整体侧视；B. 阳茎；　C. 爪形突背视

26.8.2　芦苇豹蠹蛾 *Phragmataecia castaneae* (Hübner)

雄性外生殖器：第 9 腹节背板和腹板分别形成背兜和基腹弧，钩形突基部与背兜中部相连，末端钩状，向腹面弯曲。肛管位于钩形突的腹面。抱器由第 9 腹节附肢及有关突起演化形成，位于背兜两侧，为 1 对指状双壁构造。阳茎从背兜和基腹弧之间的隔膜中央伸出，射精管开口于阳茎基部 (图 26-21 B)。

雌性内生殖器：每卵巢有 4 支卵巢管，卵巢管基部汇入侧输卵管，两侧的侧输卵管再汇入中输卵管，侧输卵管约与中输卵管等长，中输卵管后部的生殖腔长而扭曲，生殖腔经位于第 9 腹节的产卵孔向外开口。卵巢管间有微气管缠绕，卵巢管的端丝极短，卵巢管本部长，卵巢管柄较短。每卵巢的 4 支端丝汇合形成悬带，借以附着在脂肪体上。

未产卵前，卵巢管柄被卵巢管塞封闭，产卵后卵巢管塞分解消失。受精囊管自生殖腔前端一侧发出，前段有长囊状的受精主囊，在受精主囊弯曲的内侧有 1 指状的受精副囊。受精囊腺从受精主囊顶端发出，较粗长。附腺柄粗短，着生于生殖腔前部，端部着生近哑铃形、无色半透明的泡囊状附腺囊，从两侧球状部顶端内侧各发出 1 支细长而缠绕的附腺管 (图 26-21 A)。

雌性外生殖器：交配囊约呈芒果形，下端收缩形成交配囊颈和交配囊管，交配囊颈与交配囊体的分界不清晰。交配囊管经位于第 8 腹节的交配孔向外开口。交配囊上端发出导精管与生殖腔前端相连，在生殖腔上的着生点与受精囊管的邻近 (图 26-21 A)。

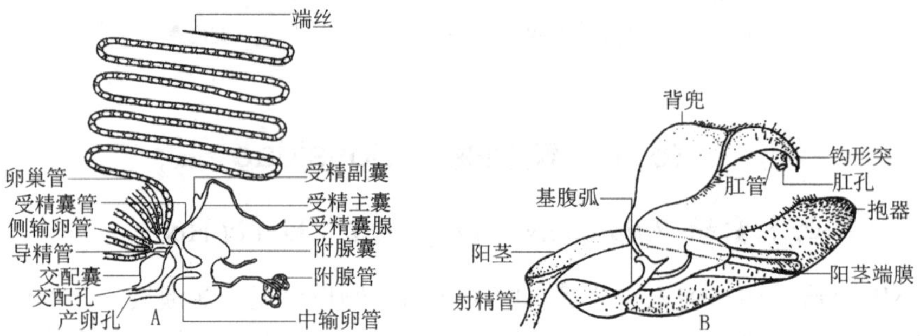

图 26-21　芦苇豹蠹蛾雌性生殖系统和雄性外生殖器侧视 (熊漱琳等，1991)

A. 雄性外生殖器侧视；B. 雌性生殖系统

26.9　卷蛾科 Tortricidae

26.9.1　雄性外生殖器

雄虫腹部 9～11 节，第 9 腹节背板形成背兜，第 9 腹节腹板形成基腹弧，背兜和基腹弧连接成环，腹面囊形突常在中央凸出，两侧基腹弧与背兜界限不清晰。爪形突位于背兜背面，凸出而弯曲，有的种类发达，顶端有齿，下面具刚毛。尾突 socius 位于爪形突两侧的基部，一般大而明显，下垂、前伸或上举。颚形突 1 对，在尾突之下，连接背兜后缘，往往形成 2 个弯曲的臂，下垂，然后在末端合并而上举。抱器瓣长形、卵圆形、三角形或半圆形等。抱器腹、抱器背、抱器腹突和抱器端有时相互愈合，彼此界限不明显。抱器基部中央瓣状多毛的凸出为毛垫。端部腹面有时有刺状的抱器腹端突。有的种类抱器腹上有刺丛。抱器背基突在抱器背基部向中央凸出，有时两边相遇，形成带状。膈 diaphragma 是位于背兜和基腹弧之间的膜，封闭腹部末端，阳茎从膈的中间穿过，膈上围绕阳茎上下的骨化部分有抱器背基突 fultura superior、transtilla，阳端基环 fultura inferior 和阳端环 anellus。阳端环背面有叉状器 caulix，有支持阳茎的作用。阳茎有的弯曲，一般光滑，少数呈齿状甚至分支状。阳茎端部下陷的膜可向外翻出的内管称为阳茎端膜 vesica (内阳茎)，内管内常有阳茎针，阳茎针交配时常进入交配囊内 (图 26-22 B～D)。

26.9.2　雌性外生殖器

产卵孔和肛孔位于第 9～11 愈合腹节，其侧面有 1 对三角形、长条弧形、上粗下细并弯曲等形状的毛瓣，称为产卵瓣 (肛乳突 papillae anales)。腹节末端骨化前及前、后表皮突上有肌肉着生。交配孔位于第 8 腹节，孔周围的骨化区称为阴片 sterigma，可分为前阴片 lamella antevaginalis 与后阴片 lamella postvaginalis。交配囊管狭窄，末端接近交配孔处有几丁质化的囊管端片 antrum。有时交配囊管上有部分骨化的管带 cestum、colliculum。交配囊体球状，囊体上常有 1～2 个骨化的交配囊片。生殖腔和交配囊体之间有导精管膨大形成的导精管球 (图 26-22 A)。

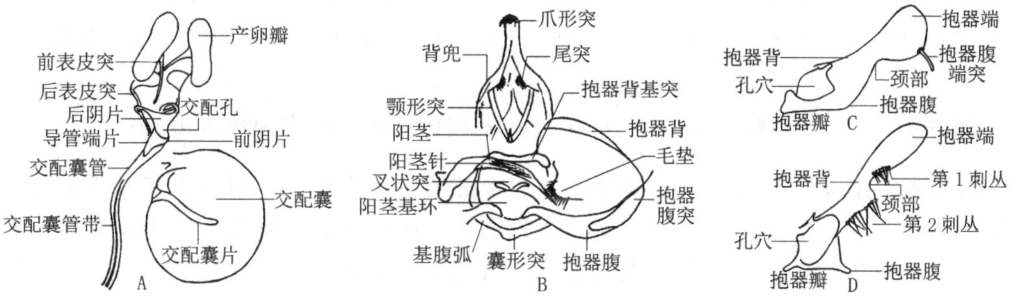

图 26-22　卷蛾科雌、雄外生殖器 (刘友樵等，1977)

A．雌性外生殖器；B．卷蛾亚科雄性外生殖器；C、D．小卷蛾亚科抱器瓣

26.9.3　黄斑长翅卷蛾 *Acleris fimbriana* Thunberg *et* Becklin

雌性内生殖器：卵巢基半部淡黄色，端半部黄色。每卵巢有 4 支卵巢管，卵巢管端丝发达，卵巢管柄不发达，侧输卵管短，中输卵管较长。受精囊管半透明，内膜骨化有弹性，着生于生殖腔顶部。在前端约 2/5 处，受精囊管环状扭曲，侧面膨大形成球状受精副囊。沿受精副囊切线方向发出“U”形管状弯曲的受精主囊。受精囊腺粗短，从受精主囊端部发出，两者之间有缢缩。附腺柄细长，着生于生殖腔近中部。附腺柄前端连接有 1 对短香蕉状附腺囊，2 个附腺囊基部紧连，半透明。附腺囊端部各发出 1 支附腺管，附腺管无色透明，基部曲折，向端部稍粗，乳白色 (图 26-23 A)。

雌性外生殖器：交配孔位于第 8 腹节腹板后方，交配囊管扁形，半透明，内壁骨化程度高，黄褐色。交配囊管前端与交配囊颈相连，连接处交配囊颈略膨大。交配囊颈较粗，半透明，在近交配囊体处环状扭曲。交配囊体长球形，半透明，底部附近内膜上有仙人掌状略内陷的黄褐色交配囊片。导精管自交配囊颈近底部一侧生出，中段 2 环螺旋，半透明，它端着生于生殖腔顶部一侧，与受精囊管着生点邻近。精包体卵圆形，残留精包顶部开裂。精包管从精包体一端直出 (图 26-23)。

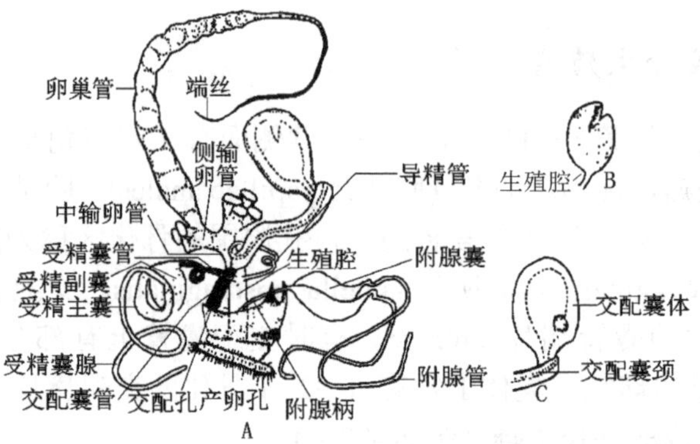

图 26-23　黄斑长翅卷蛾雌性生殖系统 (石毓亮和吕士恩，1985)

A．交配产卵期正视，第 8、9、10 腹节向右侧倾斜，留 1 条完整的卵巢管；B．残留精包 (部分)；C．交配囊背视

26.9.4　棉褐带卷蛾 *Adoxophyes orana* (Fisher von Roslerstamm)

雌性内生殖器：卵巢基半部淡黄色，端半部黄色至乳白色；每卵巢有 4 支卵巢管，卵巢管端丝发达，基段明显粗大。侧输卵管粗短。中输卵管较细长，与生殖腔之间分界不清晰。受精囊管直，着生于生殖腔顶端，有的中间膨大成球，无色透明，连接于受精囊体基部侧面。受精囊体香蕉形，淡黄色，顶端发出 1 支灰白色受精囊腺，受精囊腺基段略膨大。附腺柄着生于生殖腔上部，上端略膨大形成附腺主囊，其前端着生 1 对附腺副囊，附腺副囊内缘平直，外侧隆起呈新月形，顶端各发出 1 支细长的附腺管 (图 26-24 A)。

雌性外生殖器：交配囊管短，骨化，黄褐色。交配囊颈细长管状，透明，内膜轻度骨化。交配囊体圆锥状或长椭圆形，乳白色，在与交配囊颈连接处的内膜上有 1 个棘状交配囊片。导精管透明，从交配囊颈底端一侧生出，与交配囊管、交配囊颈约呈“μ”形连接，导精管中部膨大形成近无色的导精管球，从导精管球另侧发出导精管的另 1 段，其端部与生殖腔连接，着生点与受精囊管邻近。残留精包乳白色，精包下半球膜质内陷后则呈扁球状。精包管细长，末端弯曲成小钩 (图 26-24)。

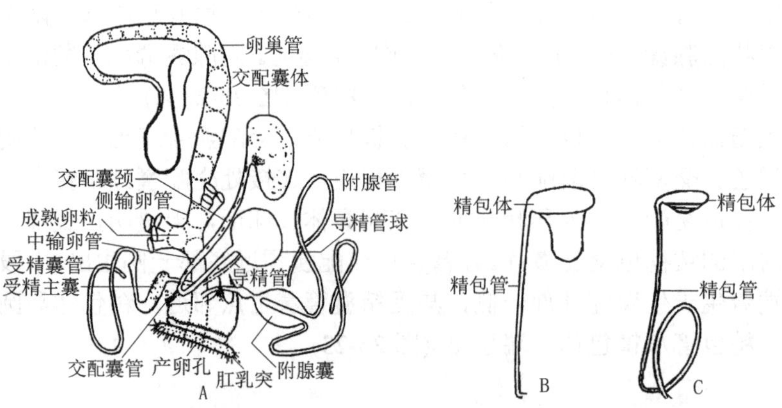

图 26-24　棉褐带卷蛾雌性生殖系统 (石毓亮和吕士恩，1985)

A．交配产卵期正面全图，第 8、9、10 腹节向右侧倾斜，留 1 条完整的卵巢管；B．残留精包 (新接纳)；C．残留精包

26.9.5　枣镰翅小卷蛾 *Ancylis sativa* Liu

雄性内生殖器：左右 2 精巢有白色半透明的共同被膜，黄色，整体近球形，位于第 3 腹节，外膜由银白色微气管附着于腹腔右侧。贮精囊 1 对，葫芦形，连接在精巢被膜基部，中央缢缩将贮精囊分为上下两部。左右两侧的贮精囊“X”形交叉。从贮精囊末端发出的输精管乳白色，伸达复射精管。复射精管乳白色，其腹侧近中部与输精管连接。2 个复射精管的一端与单射精管连接，另端发出附腺，2 附腺管紧密贴合，为末端封闭的浅蓝色透明细管。单射精管连接复射精管与阳茎囊，分为前段与后段两部分，前段乳白色，透明；后段稍细，白色，半透明，与乳白色阳茎囊相连 (图 26-25 B)。

雌性内生殖器：卵巢分列体腔两侧，从腹末伸达第 2 腹节。每卵巢有 4 支卵巢管，其 4 支端丝汇合成悬带附着于第 4 腹节腹板处的脂肪体上。侧输卵管短，两侧的侧输卵管汇入中输卵管，中输卵管后端与生殖腔连接。生殖腔前部较细，向后渐粗，末端开口于产卵孔。受精囊管着生于生殖腔前端，多次弯曲后上方连接串珠状的受精副囊和受精主囊，受精副囊较小，位于基部，与受精主囊之间有缢缩。受精主囊前端发出较粗长的受精囊腺。附腺柄“Y”形，着生于生殖腔中上部，前端二分叉上分别连接 1 球形附腺囊，附腺囊顶端分别发出 1 支细长附腺管 (图 26-25 A)。

雌性外生殖器：交配囊管较粗短，其上连接细短交配囊颈，交配囊体包括交配主囊和交配副囊，主囊梨形，乳白色，内壁有紫红色、三角形的交配囊片 2 枚。副囊位于主囊下方，小球形，无色透明。导精管自交配囊颈下端一侧发出，中段有 1 个梨形导精管球，从导精管球发出的另一段导精管，它端着生于生殖腔顶端、受精囊管着生点相对一侧。导精管在交配囊颈与导精管球之间的部分细而多弯曲，而导精管球与生殖腔之间的部分较粗直 (图 26-25 A)。

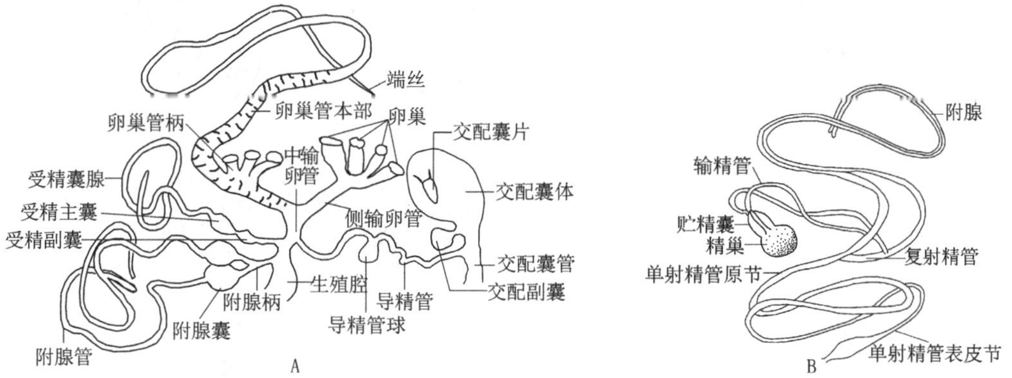

图 26-25　枣镰翅小卷蛾雌性生殖系统和雄性内生殖器 (参考樊永亮等，1993 图重绘)

A. 雌性生殖系统；B. 雄性内生殖器

26.9.6　云杉芽卷蛾 *Choristoneura fumiferana* (Clemens)

雌性内生殖器：卵巢折叠成 4 段，几乎充满整个腹腔。每卵巢有 4 支多滋式卵巢管，每卵巢卵巢管的端丝有结缔组织联系在一起，末端形成 1 支公共端丝。但两侧卵巢的端丝没有结合形成中间悬带，每卵巢的公共端丝游离在血腔内。卵巢管后部汇集在卵巢萼上，卵巢萼后部为侧输卵管，两侧的侧输卵管汇入中输卵管。中输卵管前部较粗，向后急剧细缩接入生殖腔。生殖腔经第 9 腹节腹板上的产卵孔向外开口。受精囊管着生于生殖腔前端一侧，受精囊管近中部扭曲，顶端着生纺锤形受精囊体，受精囊腺粗长扭曲，从受精囊体顶端发出。附腺管细短，着生在生殖腔中前部，其顶端有 1 对分支的长袋囊状附腺囊，每附腺囊顶端发出 1 支细长扭曲的附腺管。交配孔位于第 8 腹节腹板，交配孔内方为粗短骨化的交配囊管，交配囊管上方为粗长扭曲的交配囊颈，交配囊颈内侧有椭圆形增厚的骨化带支撑，骨化带相对的管腔多棘而折叠，棘刺布满管腔全长，尖端指向交配囊体方向，可能有助于保持交配后精包在交配囊内的位置。交配囊体椭球形，位于交配囊颈顶端，交配囊体内侧有 1 枚扇形交配囊片。导精管较粗壮，从交配囊颈下端一侧发出，中间有大型侧位的导精管球 bulla seminalis，导精管的它端着生在生殖腔顶端与受精囊管着生点相对的一侧。导精管和导精管球都有表皮内衬。导精管的表皮内衬纵褶，具有细长的棘，棘指向导精管球，功能不明。导精管、受精囊管、附腺管着生点之间的区域，也称为生殖腔的前庭。精包由交配期间雄虫分泌，在雌虫交配囊内成型。精包白色坚硬，精包体球形，精包管细长，下部环绕，交配后精包管开口处于导精管开口处。如果多次交配，只有最近交配形成的精包，其精包管处于导精管开口位置 (图 26-26)。

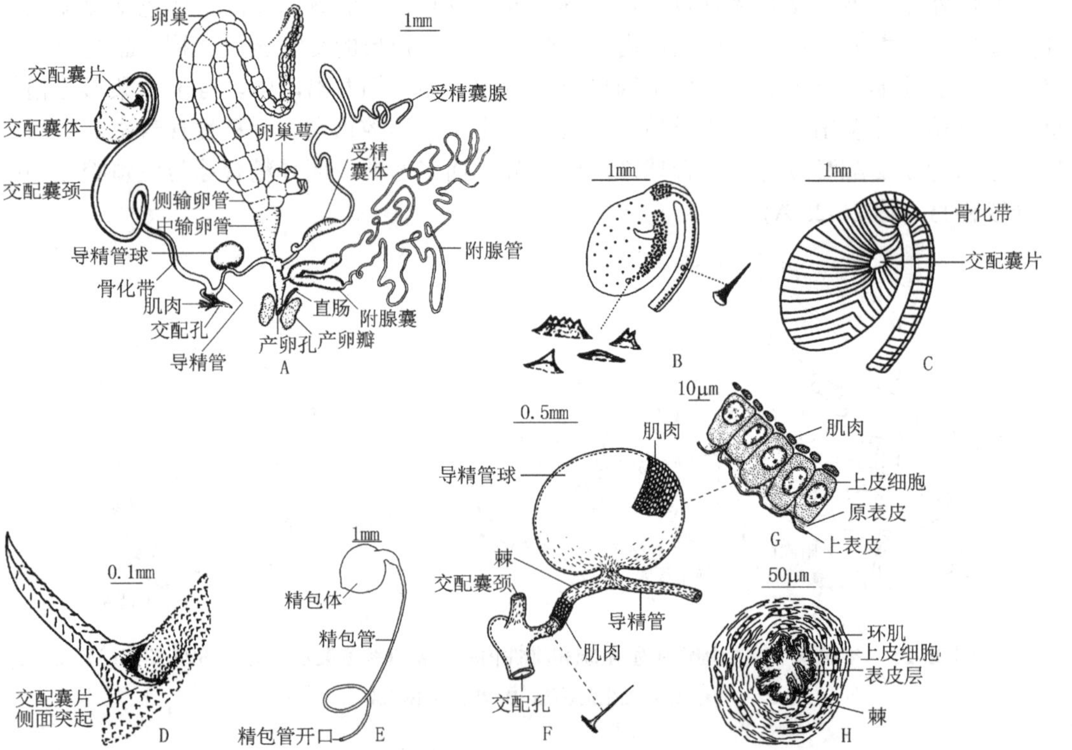

图 26-26　云杉芽卷蛾雌性内生殖器

A. 整体；B. 交配囊体和交配囊颈 (部分)，示棘和齿的排列；C. 交配囊体和交配囊颈 (部分)，示肌肉排列；D. 交配囊片；E. 精包；F. 导精管和导精管球；G. 导精管球壁横切；H. 导精管壁横切 (A、D、F～H. Outram，1971；B、C、E. 参考 Outram，1971 图重绘)

26.9.7 南川卷蛾 *Hoshinoa longicellana* (Walsingham)

雌性内生殖器：卵巢基部黄色，端部灰白色。每卵巢有 4 支卵巢管，卵巢管细长盘曲，端丝发达，基段粗大。侧输卵管较短，中输卵管较长。生殖腔细长，约与中输卵管等长，两者之间的分界不清晰。受精囊管较细长，基部着生于生殖腔前端。在近受精囊体处，受精囊管环状扭曲。受精囊体近香蕉形，中部乳白色，其余白色。受精囊腺从受精囊体前端发出，细长，灰白色。附腺柄短，着生于生殖腔中部。附腺囊 1 对，纺锤形，附腺囊顶端发出 1 支细长、灰白色附腺管 (图 26-27 A)。

雌性外生殖器：交配囊管为骨化程度较高的褐色扁管。交配囊颈褐色，细长扭曲，内膜骨化具韧性。交配囊体长圆锥形，上端大部白色，与交配囊颈相接处的内膜上有 1 较长黄褐色棘状交配囊片，内膜表面具纵纹。导精管自交配囊颈底部一侧生出，中段膨大形成心形白色的导精管球，背视中央有 1 纵纹。导精管的另一段较细，从位于导精管球下方的输入导精管的基部发出，通向生殖腔顶端，着生部位与受精囊管着生点邻近。残留精包一端弯钩状，精包体淡黄色，不规则钟罩形，质地坚韧，与精包管部呈锐角弧形连接 (图 26-27)。

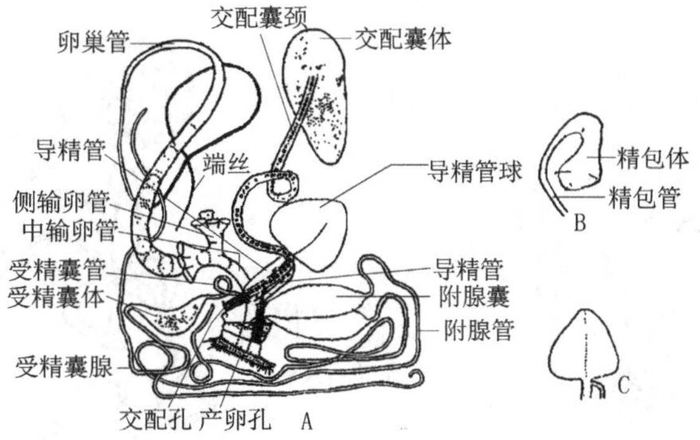

图 26-27 南川卷蛾雌性生殖系统 (石毓亮和吕上恩，1985)

A. 交配、产卵期正面全图，第 8、9、10 腹节向右侧倾斜，留 1 条完整的卵管；B. 残留精包 (部分)；C. 导精管球，示其与导精管的连接方式

26.9.8 *Gretchena bolliana* (Slingerland)

雄性内生殖器：精巢淡红色，2 精巢有共同膜包被，整体位于第 3 腹节背面。贮精囊自精巢被膜下方伸出，两侧的贮精囊基部交叉，贮精囊前端 1/4 处缢缩。输精管从贮精囊下端发出，伸达复射精管，在与复射精管结合处膨大形成副贮精囊 accessory seminal vesicle。复射精管膨大，前端有缢缩，缢缩前形成的纺锤形膨大部分连接副贮精囊，前端与附腺连接。附腺细长，2 附腺管紧密贴合，仅邻近复射精管结合部有 1 段分开。复射精管后端合并接入单射精管。单射精管邻近复射精管的 1 段为原节或分泌节，细长扭曲；其后为表皮节，明显增粗，接近内阳茎处膨大形成射精管球，其后为内阳茎和骨化的阳茎端 (图 26-28 B)。

雌性内生殖器：成虫羽化时卵巢未发育成熟，低日龄雌蛾卵巢小而不发达。每卵巢有 4 支卵巢管，卵巢管端丝发达；卵巢管有结缔组织包被，基部汇入较长的侧输卵管，中输卵管较短。受精囊管着生于生殖腔前端，结合处受精囊管略膨大，其上部的受精囊管扭曲 2~3 次。受精囊体约呈棒状，前端发出 1 支细长受精囊腺。附腺柄着生于生殖腔中部，在与附腺囊结合处膨大；附腺囊 2 臂分开宽。附腺柄顶端和附腺囊 2 臂膨大形成三叉状附腺囊，每附腺囊顶端发出 1 支细长附腺管 (图 26-28 A)。

雌性外生殖器：交配囊管强骨化，暗褐色，有 1 条斜脊纵贯。交配囊颈骨化程度低，带白色，近交配囊体处扭曲。未交配雌蛾的交配囊扁平，每侧有 1 中位的纵折。已交配雌蛾的交配囊近球形，具有前叶状构造 (交配囊副囊)。多次交配时，由于多个精包的膨胀拉伸，前叶状构造变得不明显。交配囊侧面内壁具有 2 个大型交配囊片，常在精包上刺出 2 孔，可能有助于精液释放和保持精包的位置。导精管由交配囊颈下端一侧发出，通向椭球形的导精管球，从导精管球基端发出另一段导精管，该段的另一端通入生殖腔顶端，着生点贴近受精囊管着生点上侧。导精管位于交配囊和导精管球之间的一段较细短，位于导精管球和生殖腔的一段粗长弯曲。精包约呈梨形，精包管蜷曲，从精包体近细端的中部发出 (图 26-28 A)。

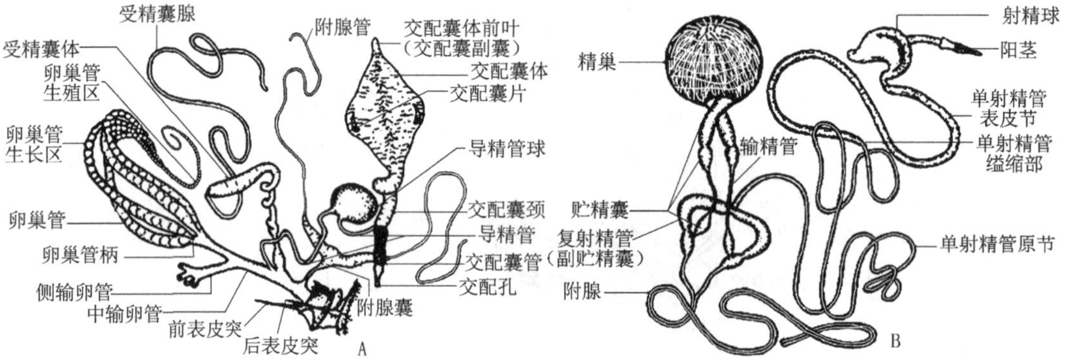

图 26-28 *Gretchena bolliana* 雌性生殖系统和雄性内生殖器 (Tedders and Osburn，1970)

A. 雌性生殖系统；B. 雄性内生殖器

26.9.9 *Laspeyresia caryana* (Fitch)

雄性内生殖器：精巢 1 对，包被在共同的膜鞘内。精巢浅蓝色，在幼虫和蛹期透过腹部体壁隐约可见。贮精囊 1 对，从精巢基部发出，每侧的贮精囊中间缢缩分为前后两段，后段倒圆锥形，下部细缩进入后方的输精管，输精管末端膨大形成副贮精囊，副贮精囊下端发出一小段输精管接入复射精管，复射精管与输精管结合部膨大，成为副贮精囊的一部分。附腺发达，除基部分离外，大部分长度贴合。单射精管原节前段粗壮，与复射精管之间有缢缩分隔，后段细长，其末端与单射精管表皮节连接。单射精管表皮节较粗短，有发达的肌肉鞘，其后端连接外生殖器 (图 26-29 B)。

雌性内生殖器：每卵巢有 4 支卵巢管，每侧卵巢管的 4 支端丝汇合成悬带，悬带和卵巢的前部蜷曲于卵巢的中部。受精囊管基部膨大，受精囊体 4~5 次螺旋，前端发出的受精囊腺较粗短，多次弯折。附腺柄着生于生殖腔上部，附腺囊约呈肾形，其上发出 2 支附腺管，附腺管基部纤细 (图 26-29 A)。

雌性外生殖器：交配囊发达，交配囊体螺蛳状，内侧有 1 枚交配囊片，一侧渐细缩形成不明显的交配囊颈。交配囊管短直。导精管邻近交配囊颈的一段直，顶端连接导精管球，在导精管球下方的导精管上，发出另一段导精管，其末端着生于生殖腔顶端，着生点与受精囊管邻近 (图 26-29 A)。

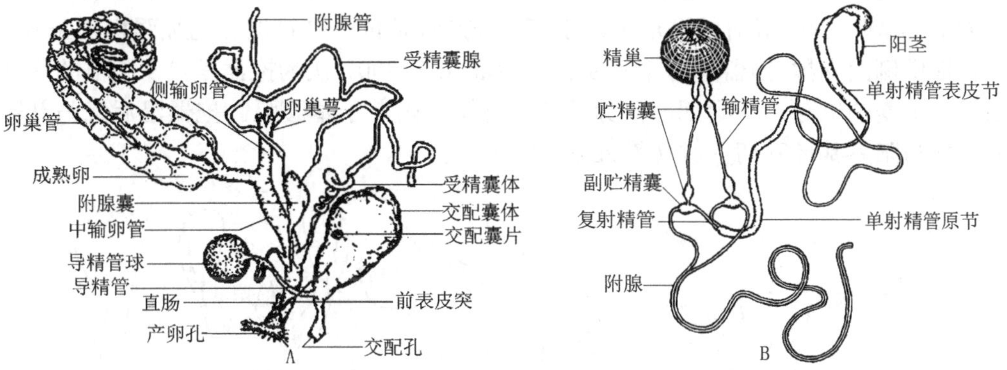

图 26-29　*Laspeyresia caryana* 雌性生殖系统和雄性内生殖器 (Tedders and Calcote，1967)

A. 雌性生殖系统；B. 雄性内生殖器

26.9.10　苹果蠹蛾 *Laspeyresia pomonella* (Linnaeus)

雄性内生殖器：4 龄幼虫可见分开的精巢，每精巢有 4 支精巢管。5 龄幼虫，两侧精巢仍分开。预蛹期，两侧的精巢开始合并成球形，内含 8 支精巢管，但仍可分辨 2 个精巢的轮廓。成虫期，2 精巢合并呈球形，下方发出 1 对贮精囊，贮精囊下端收缩，将贮精囊分成前、后两段。输精管纤细，从贮精囊下端发出，邻近复射精管处膨大形成贮精囊最基部的一段，此膨大的下端细缩接入复射精管中部。复射精管整体膨大，形成副贮精囊。雄蛾羽化后，复射精管内即充满精子束及其内容物。复射精管一端渐细形成附腺，与附腺之间界限不明显；另端汇合接入单射精管，与单射精管之间有缢缩分界。附腺 1 对，除与复射精管邻近部分 2 支分开外，其余大部分长度 2 附腺管紧密贴合，有微气管及结缔组织缠绕。单射精管分为原节和表皮节，自与复射精管结合部起到单射精管后部收缩区为原节，原节外被 1 层纵肌和 1 薄层环肌。收缩区以后的部分为单射精管表皮节，表皮节膨大，末端细缩后进入阳茎囊，进而与阳茎相通 (图 26-30 F)。

雄性外生殖器：阳茎端通过阳茎基环着生于抱器基部，阳茎基环骨化，但仍具一定弹性，容许交配期间的形状变化。交配时，内阳茎从阳茎端翻出，插入交配囊颈内，内阳茎端部有 6 支大型棘刺呈放射状前伸，与囊颈内壁的骨化片相互作用，保持精包形成过程中内阳茎的位置，而交配过程中阳茎端的位置则主要通过抱器等外生殖器部分加以固定。在内阳茎插入囊颈后不久，雄虫开始将梨形的精包前体移入交配囊，随着分泌物增加和精包形成，交配囊片被推向后方。精包的最终形态由交配囊决定，Gerber (1970) 称为雌虫决定法。

第 9 腹节腹板基腹弧和背板沿侧缘分开，第 8 腹节背板形成背兜，位于外生殖器上方。第 8 腹节腹板形成 1 个单独骨片紧靠外生殖器前端。外生殖器由高度特化的第 9、10 腹节组成，第 9 腹节背板形成外生殖器的背拱 dorsal arch，位于肛管上方，背面通过膜、侧面通过骨化的颚形突与肛管相连；背拱的侧面与基腹弧关节。上述关节构造容许第 9 腹节腹板在交配期间向后折叠。基腹弧的基部向前方突出为中腹片，形成囊形突；向后方则与抱器连接。爪形突源于第 10 腹节，形成肛管的背面支撑。苹果蠹蛾的爪形突主要为 1 个厚壁的膜。成对的颚形突源于第 10 腹节，是位于肛管侧面的加强机构 armature，为肛管提供侧面支撑。抱器起源于第 9 腹节。Zander (1900) 认为抱器是第 9 腹节的附肢，起源于生殖囊的侧芽。在蛹期，侧芽迁移到外围并附着于基腹弧。抱器沿后缘与基腹弧关节，并与阳茎基环密切关联 (图 26-30 A～E)。

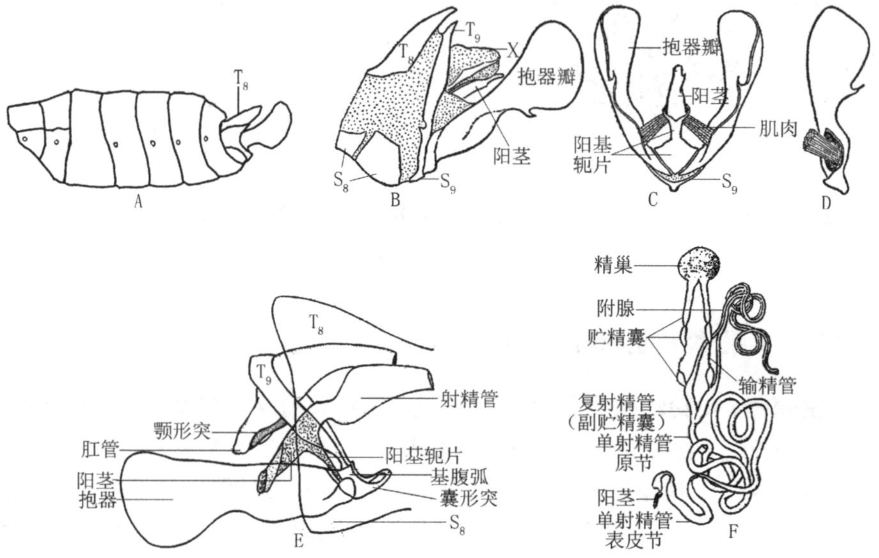

图 26-30　苹果蠹蛾雄性生殖系统

A. 雄虫腹部侧视；B、C. 雄虫腹部末端及外生殖器侧、腹视；D. 抱器；E. 雄性外生殖器侧视；F. 雄性内生殖器；T_8～T_{10}为第 8～10 腹节背板；S_8、S_9为第 8、9 腹节腹板；X 为第 10 腹节 (A. 施凡维奇，1958；B～D. Snodgrass，1957；E、F. Ferro and Akre，1975)

雌性内生殖器：卵巢位于腹腔背侧，前伸达第 2、3 腹节。每卵巢有 4 支卵巢管，每侧卵巢的卵巢管紧密贴合，端部一半蜷曲，微气管和脂肪体缠绕固定卵巢在体内的位置。卵巢管基部有较明显的卵巢萼，萼下方为较长的侧输卵管，两侧的侧输卵管通入中输卵管。中输卵管较长。受精囊管短，紧贴在受精囊体下面，着生于生殖腔顶端。受精副囊球状，紧贴生殖腔，顶端发出膨大管状的受精主囊。受精主囊基段 (邻近生殖腔) 较平直，端段扭曲膨胀，发出粗长受精囊腺，受精主囊与受精囊腺之间缢缩。附腺连接在生殖腔基部，附腺柄短而膨大，与附腺囊之间界限不清晰。附腺囊折叠呈梨形，顶端发出

2 支长短不同的附腺管，似乎表明 1 对附腺囊已经合并。生殖腔开口于第 9、10 腹节上两产卵瓣 ovipositor lobe 之间，产卵瓣形成可外翻的产卵器 (图 26-31)。

雌性外生殖器：交配孔位于第 7、8 腹节腹板之间。交配囊管短，交配囊颈膨大渐粗呈广口杯状，交配囊体球形、发达，其内壁有 2 枚强骨化的交配囊片，交配囊片尖端指向内腔。交配囊体有发达肌肉鞘。在交配囊体与交配囊茎结合部内侧，有强骨化的骨片，骨片上有内伸的刺。交配时，雄性内阳茎上的角状器与该骨片互相连锁。导精管从交配囊茎基部一侧发出，另端与导精管球相连，在邻近导精管球下方的导精管上，发出另一段导精管，其末端着生在生殖腔顶端，着生点与受精囊管的着生点邻近。导精管位于交配囊和导精管球之间的部分较粗壮发达 (图 26-31)。

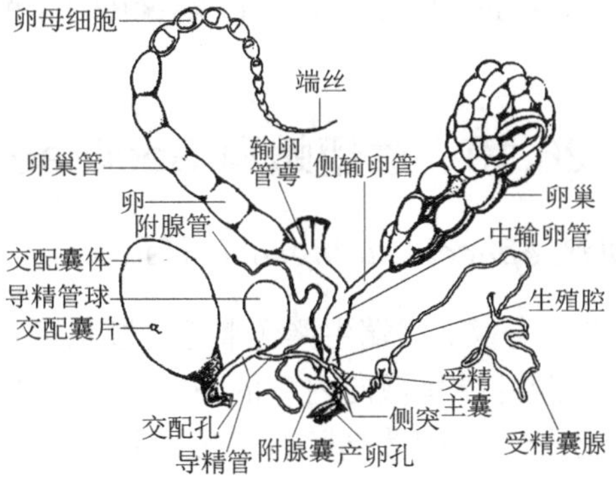

图 26-31　苹果蠹蛾雌性生殖系统 (Ferro and Akre，1975)

26.9.11　芽白小卷蛾 *Spilonota lechriaspis* Meyrick

雌性内生殖器：每卵巢有 4 支卵巢管，卵巢管粗短，基半部淡黄色，端半部暗白色，端丝较发达。侧输卵管短，中输卵管较细长。受精囊管基段直，着生于生殖腔顶部一侧，受精囊管近受精囊体处"S"形回曲。受精囊体腊肠状，2 环螺旋状扭曲，白色，其顶端发出灰白色细长管状受精囊腺。附腺灰白色，半透明。附腺柄从生殖腔中部发出，柄端邻近附腺囊的部分，膨大呈葫芦形，中间缢缩形成附腺主囊。附腺副囊 1 对，从附腺主囊顶端球状体的侧后方生出，香蕉形。每附腺副囊顶端发出 1 支细长附腺管，管基部"S"形扭曲 (图 26-32 A)。

雌性外生殖器：交配囊管端半部骨化，褐色。交配囊颈白色，与交配囊体间分界不清晰。交配囊体扁球形，白色，底部细瘦形成交配囊颈。交配囊体内膜的交配囊片包括 2 个短的棘状突起和 1 个骨化斑。导精管自交配囊颈底部一侧生出，中部膨大形成肾形乳白色导精管球，导精管球下部发出另段导精管，其末端着生于生殖腔顶端，着生点与受精囊管邻近。残留精包伞形，萎缩的精包体形成伞部，精包管构成伞柄。精包无色透明，质地坚韧，一侧有 3 组 6 条黄褐色刺。精包管末端有小段弯曲近直角 (图 26-32)。

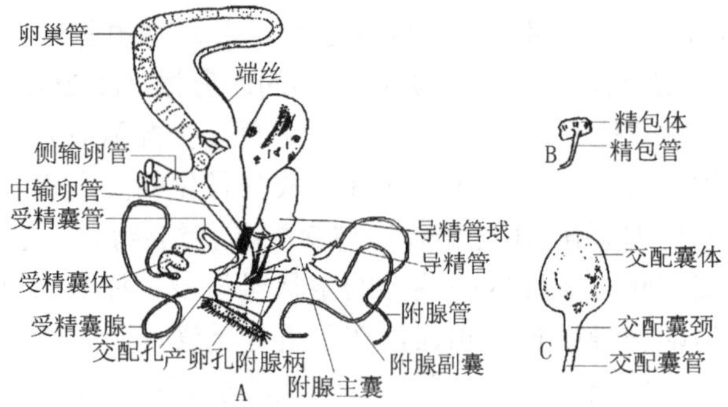

图 26-32　芽白小卷蛾雌性生殖系统 (石毓亮和吕士恩，1985)

A. 交配产卵期正面全图，第 8、9、10 腹节向右侧倾斜, 留 1 条完整的卵管；B. 残留精包；C. 交配囊腹视

26.10　透翅蛾科 Sesiidae

26.10.1　杨干透翅蛾 *Sphecia siningensis* Hsu

雄性外生殖器：钩状突二分叉，叉端生黑色刺毛，颚状突舌形。抱器端具黑色刺毛，有宽大的方形突出部。抱器腹外端呈微向内弯的角突。抱器中部具 1 枚三角骨片，生细长毛，近基部另有 1 束黑色长毛。阳茎端膜有半环外翻的角状器，膜质部分着生较粗大的阳端刺，阳端鞘散生小刺。阳茎末端略凹入，2 角钝圆稍扩伸 (图 26-33 A、B)。

雌性外生殖器：肛突尖卵形，交配囊孔漏斗状，有轮绉，交配囊上部有长椭圆形交配囊片，其周围散生小刺粒 (图 26-33 C)。

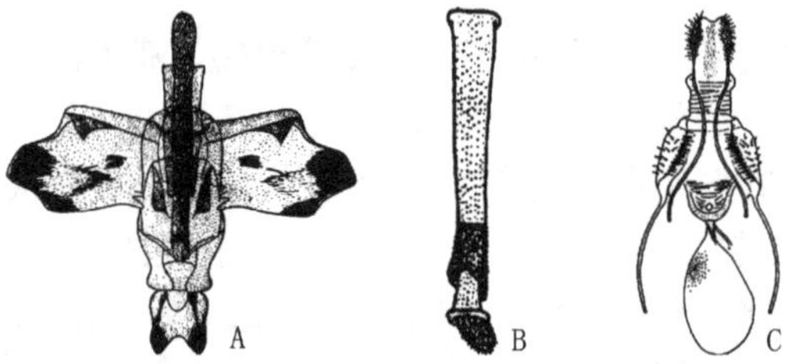

图 26-33　杨干透翅蛾雌、雄外生殖器 (徐振国，1981)

A. 雄性外生殖器；B. 阳茎；C. 雌性外生殖器

26.10.2　红花土蜂透翅蛾 *Trilochana caseariae* Yang *et* Wang

雄性外生殖器：钩状突延伸，端部膨大，顶端具刚毛。颚形突发达，末端分为两部分。基腹弧窄。囊形突短。抱器瓣近长方形，端部、中部及上部有鳞毛 (图 26-34 A～C)。

雌性外生殖器：交配囊导管短，膜质，仅交配孔附近有 1 骨化环。导精管出自交配孔附近，交配囊梨形，有 1 纵向色素带 (图 26-34 D)。

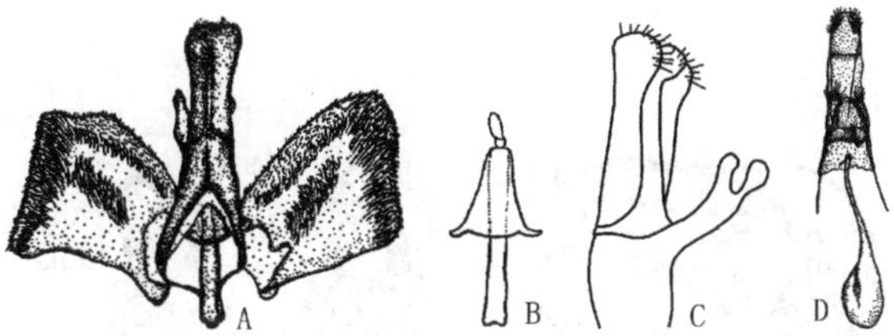

图 26-34　红花土蜂透翅蛾 (杨集昆和王音，1989)

A. 雄性外生殖器；B. 阳茎及阳茎基；C. 钩形突、颚形突侧视；D. 雌性外生殖器腹视

26.11　刺蛾科 Limacodidae

26.11.1　滇斜纹刺蛾 *Oxyplax yunnanensis* Cai

雄性外生殖器： 上颚形突 2 叶，末端钝，长椭圆形，其上密被短刺。下颚形突弯钩形，端部狭长。背兜宽。抱器瓣中等宽，抱器背波曲，端部内弯，抱器端稍尖，在抱器背基部 1/3 下方有 1 近指形抱器内突，横伸稍过抱器腹。阳茎直，中等粗，约为抱器背长度的 2/3，端部稍细。阳端基环简单，仅在腹面呈 1 板形 (图 26-35 A)。

雌性外生殖器： 后表皮突细长，前表皮突短，长度仅为后表皮突之半。后阴片大，向后延伸呈 1 钝角形板。交配囊颈粗，几丁化。交配囊导管中等粗长，在与交配囊颈相接处直角形弯曲，稍前方有 1 由几丁化小点组成的钝三角形斑。交配囊体大，椭圆形，中央有 2 个近三角形小型交配囊片 (图 26-35 B)。

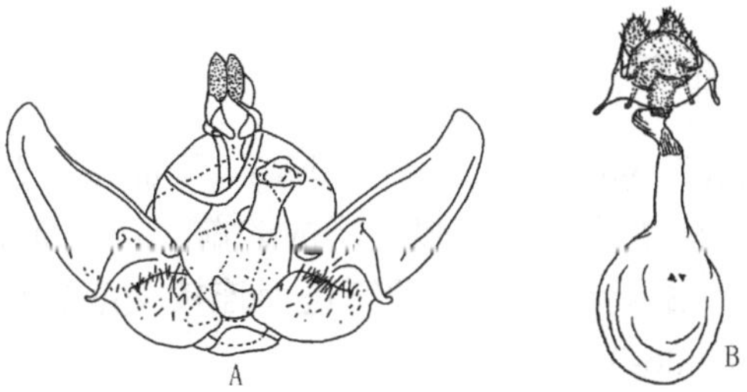

图 26-35　滇斜纹刺蛾雌、雄外生殖器

A. 雄性外生殖器；B. 雌性外生殖器(A. 参考蔡荣权，1984 图重绘；B. 蔡荣权，1984)

26.11.2　建宁杉奕刺蛾 *Phlossa jianningana* Yang *et* Jiang

雄性外生殖器： 背兜基部“V”形深凹，钩形突楔形，末端下突黑色喙状尖。颚形突长，基半弯折。抱器狭长，背脊明显。基腹弧带状，囊形突 2 次弯折。阳茎细长，背中至端部有骨化带，末端分叉而尖突，内刺长针状 (图 26-36 A)。

雌性外生殖器： 产卵瓣宽大平展，后内骨与产卵瓣垂直着生，交配孔宽大呈漏斗状，交配囊管粗直。导精管自交配囊颈近基部发出。交配囊颈极细长，端半渐扁呈螺旋状盘曲，交配囊体亦盘折皱缩，交配囊片位于其顶端，为 1 大型纵凹的新月形褐色骨片，缘

生细齿 (图 26-36 B)。

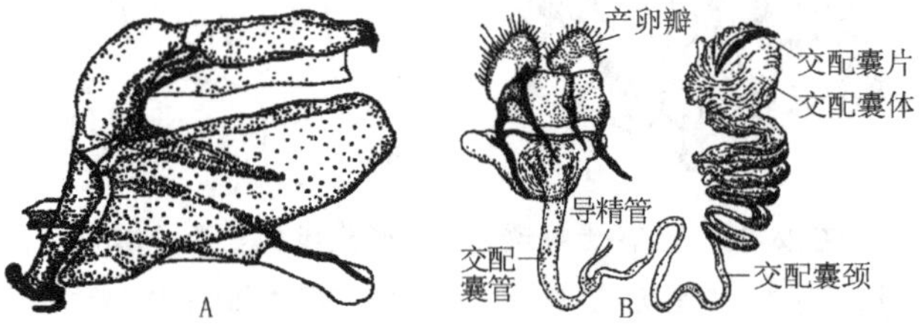

图 26-36　建宁杉突刺蛾雌、雄外生殖器 (杨集昆和杨定，1992a)

A. 雄性外生殖器；B. 雌性外生殖器

26.12　螟蛾科 Pyralididae

26.12.1　雄性外生殖器

第 9 腹节背板与第 10 腹节部分骨化形成宽阔的盖状横环，称为背兜。从背兜背面末端伸出爪形突，腹面两侧合拢成颚形突。背兜向下开展，有 1 横环称为抱器背基突，它的两侧各伸出宽阔的抱器，其末端有环状囊形突 saccus。抱器两侧基腹弧上面形成空腔，中间有盾形阳茎端基环。抱器上侧为抱器背 costa，下侧为抱器腹 sacculus。抱器上有刺、棘、爪状突或毛丛。阳茎从抱器背基突及基腹弧中间空腔伸出，具有骨化的小刺或棘 (图 26-37 A)。

26.12.2　雌性外生殖器

第 9、10 腹节形成肛乳突 anal papillae (产卵瓣)，下面接连第 8 腹节腹片形成的骨质后表皮突 posterior apophyses 及第 7 腹节腹片形成的前表皮突 anterior apophyses，两者组成坚硬支架。肛乳突连接交配囊管，交配囊管进而连接交配囊体，交配囊体壁有刺或透明，内壁常有交配囊片 (图 26-37 B)。

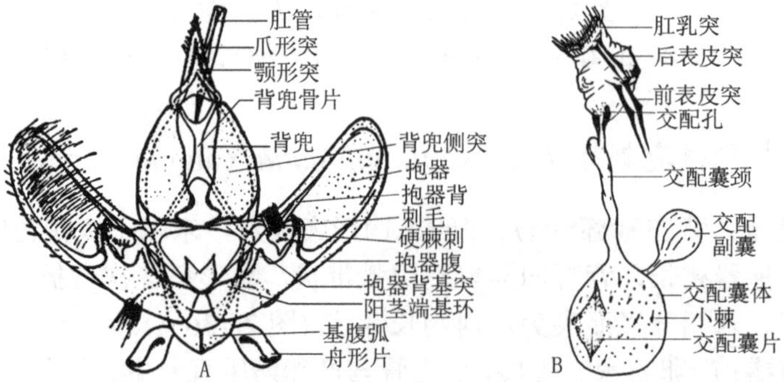

图 26-37　螟蛾科雌、雄外生殖器 (王平远，1980)

A. 雄性外生殖器；B. 雌性外生殖器

26.12.3　二化螟 *Chilo suppressalis* (Walker)

雄性内生殖器：两侧精巢有共同被膜，被膜体近球形，基部发出 2 支输精管，输精管中部膨大形成贮精囊，末端与复射精管连接。复射精管整体膨大，形成副贮精囊，一端与附腺连接，另端汇入单射精管，与附腺连接处有缢缩。附腺除基部一段 (与复射精管邻接的部分) 分开外，其他大部分 2 附腺管紧密贴合。单射精管原节粗长扭曲，根据内容物色泽可分为 8 个部分。单射精管表皮节短，末端扭曲成环，进而与外生殖器连接 (图 26-38 E)。

雌性内生殖器：每卵巢 4 支卵巢管的端丝汇合形成悬带，基部经卵巢管柄与侧输卵管相通，卵巢萼不明显。两侧的侧输卵管汇入中输卵管，中输卵管的下端连接于生殖腔顶端。受精囊管自生殖腔顶端一侧发出，细长扭曲。受精副囊椭球形，受精主囊近肾形，顶端发出 1 支细长弯曲、端部略膨大的受精囊腺。附腺柄短，着生在生殖腔中下部。附腺柄上着生有 1 对腊肠状弯曲的附腺囊，附腺囊顶端内侧各发出 1 支多次弯曲的细长附腺管。生殖腔下半部较粗，末端开孔于第 9 腹节腹板后缘中央的产卵孔 (图 26-38 A)。

雌性外生殖器：交配孔位于第 8 腹节腹板后缘中央，交配囊管短，交配囊颈粗直略弯，邻近导精管的部分外侧弧形微凸。交配囊体空乏时侧视拇指状，一侧平直或微凹，另侧微凸。导精管自交配囊颈基部一侧发出，另端着生在生殖腔顶端一侧，与受精囊管的着生点邻近。导精管靠近生殖腔的半部膨大，呈纺锤形。精包体椭球形，精包管由精包体的中部凹处发出，末端扭曲 (图 26-38 A～D)。

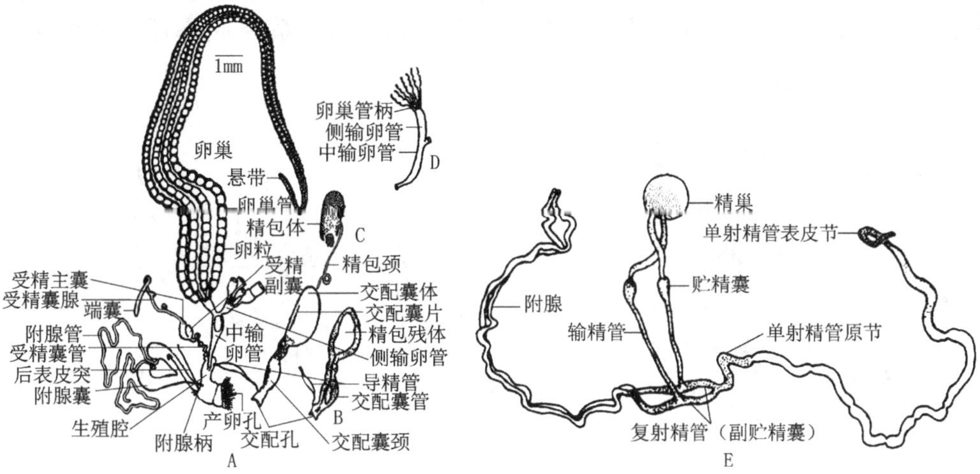

图 26-38　二化螟生殖系统

A. 雌性生殖系统整体构造；B. 交配囊，内有残留精包；C. 精包；D. 老熟蛹的卵巢 (部分)；E. 雄性内生殖器 (A～D. 廖顺源，1988；E. 宋俊元等，2012)

26.12.4　西南玉米螟 *Diatraea grandiosella* Dyar

雄性内生殖器：精巢 1 对，两侧精巢有公共膜包被，形成球形淡黄色的精巢复合体，约位于第 3 腹节。成对的输精管从复合体基部发出，前段膨大形成棒状的贮精囊，贮精囊中下部略缢缩。贮精囊下部的输精管细直，末端连接于复射精管。附腺自连接点一侧发出，2 支附腺管基部有一小段分开，其余部分紧密贴合。复射精管粗短，下端汇入单射精管。单射精管分为原节 primary segment 和表皮节 cuticular segment 两部分，前者粗长，为主要分泌部位；后者较粗短，据认为是交配期间精包柄和精包系带 frenum 的形成场所，两者之间有较明显的缢缩部分分隔。表皮节的末端与内阳茎相连 (图 26-39 C)。

雌性内生殖器：卵巢 1 对，每卵巢有 4 支卵巢管。卵巢管多滋式，每侧卵巢管顶端的端丝汇合形成短的悬带，悬带附着在背膈下方。卵巢管下方经卵巢管柄着生在卵巢萼上，卵巢萼位于侧输卵管顶端。侧输卵管粗短，两侧的侧输卵管汇入中输卵管。中输卵下端与生殖腔相接，两者之间界限不明显。导精管粗直，着生于中输卵管下端一侧，它端与交配囊柄相连。受精囊管中部弯曲，着生于生殖腔前部一侧，与导精管大致相对。顶端有较发达肾形的受精副囊，在受精副囊一侧有一小型受精主囊，主囊顶端发出粗管状受精囊腺。附腺约着生于生殖腔中部，附腺管细短，顶端着生大型横囊状附腺囊，每侧附腺囊的顶端发出细长扭曲的附腺管。生殖腔经产卵孔向外开口，产卵孔位于第 9 和第 10 腹节之间、肛管下方 (图 26-39 A)。

雌性外生殖器：交配孔位于第 7～8 腹节节间膜上。交配囊管短，顶端一侧着生导精管。交配囊颈短阔，与交配囊体连接处明显膨大，两者分界不明显。交配囊颈上有马蹄形骨片，交配时可能对阳茎有握持作用。交配囊体大型，椭球状，交配囊片未见。精包体球形，灰白色。精包柄管状，中部弯曲，末端有匙状的精包系带，精包柄的开口位于系带基部。刚形成的精包，精包柄的开口 aperture 与系带被精包柄末端白色的精包帽 spermatophore cap 遮盖，但精包帽很快分解，使精包柄开口和系带显露 (图 26-39 A、B)。

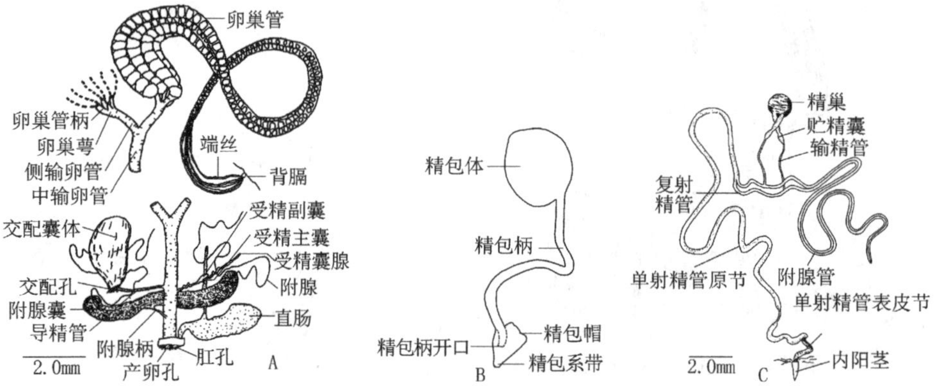

图 26-39　西南玉米螟生殖系统 (Davis，1968)

A. 雌性生殖系统；B. 精包；C. 雄性生殖系统

26.12.5　小蔗螟 *Diatraea saccharalis* Fabricius

雌性内生殖器：每卵巢有 4 支卵巢管，卵巢管在腹腔内 2 次盘旋呈 4 次折叠。每侧卵巢的端丝形成的悬带附着于第 2 腹节背壁。卵巢管柄延伸汇合进入侧输卵管，卵巢萼不显著。侧输卵管短，中输卵管较长。生殖腔前部弯折，弯折后部膨大增粗。受精囊管着生于生殖腔前端，基部略膨大，中段螺旋蜷曲 2 圈后与受精囊体连接。受精囊体双叶状，受精囊副囊指状弯曲，位于受精主囊凹面一侧。受精主囊月牙形弯曲，顶端发出 1 较短的受精囊腺。附腺柄细管状，着生于生殖腔中上部，前端连接 1 对弯钩状附腺囊，附腺囊顶端各发出细长管状的附腺管 (图 26-40 A)。

雌性外生殖器：交配孔位于第 7 腹节腹板后缘，交配囊自第 7 腹节中部伸展到第 6 腹节后缘。交配囊管背腹扁，有骨化的几丁质内衬，在交配囊体入口处，腹面几丁质化加厚，形成圆锥形交配囊片，成为交配囊管和交配囊体的分界。精包体位于交配囊底部，精包颈作 3 次弯曲，使精包系带端部处于受精囊管开口附近 (图 26-40 B)。

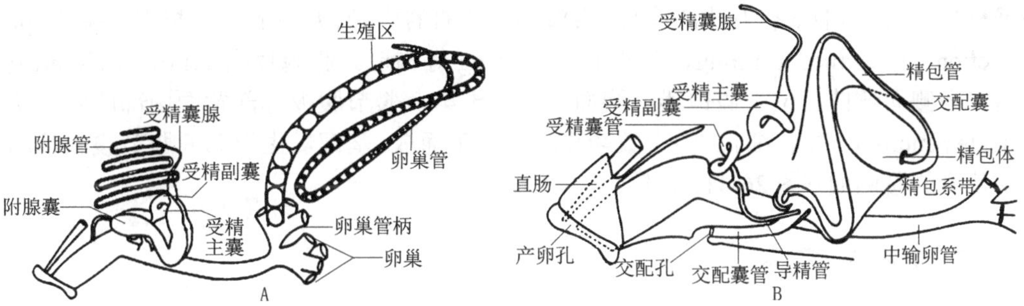

图 26-40 小蔗螟雌性内生殖器 (Miskmen 等，1983)

A. 内生殖器整体；B. 输出管道与交配囊

26.12.6 微红梢斑螟 *Dioryctria rubella* Hampson

雄性内生殖器：两侧精巢有共同膜包被，整体呈亮红色球形，位于第 3～4 腹节的腹腔内。成对的贮精囊从精巢被膜下方发出，前、后部膨大形成贮精囊的前、后段，两侧的贮精囊呈“X”形交叉。贮精囊下端的输精管连接于复射精管，自连接点起向一侧发出 1 对附腺，附腺近基部一小段分开，其余大部分长度两附腺管紧密贴合。复射精管较粗短，末端汇入单射精管。单射精管分为前部较长的原节和后部很短的表皮节，原节为薄壁膜质管，表皮节具有肌肉质厚壁，近原节处增粗，表皮节厚壁肌之后的部分具有角状侧突，质地较硬，可能为精包系带的形成场所。单射精管表皮节的末端与内阳茎相连 (图 26-41 A)。

雄性外生殖器：由第 9、10 腹节特化形成，其背、腹面的相关构造分别起源于第 9 腹节的背、腹板。爪形突顶端圆形，两侧平行，边缘向内凹陷。颚形突细小梨形，伸出尖突，左右两侧有硬化弓状的宽臂与背兜连接。背兜硬化形状如盾。基腹弧两臂与背兜相连，腹面内陷呈“V”形。阳茎端环薄，骨质化，位于基腹弧中央，呈圆形。顶端伸出细长指状 2 臂，末端有细毛。抱器背基突 1 对，细长位于阳茎端环两侧。抱器背坚硬，末端粗壮，伸出镰钩形长尖突。抱器背以下有 3～4 条纵端脊。抱器瓣膜质被细毛，从纵端脊基部向后伸出与抱器腹接连。阳茎端细长筒状，端部通过背兜和基腹弧间的膈膜与抱器背基突相连，膈膜环绕阳茎端的部分形成双褶，可以翻出。内阳茎管与阳茎端外壁之间为可以相互滑行的套筒式构造，连接内阳茎的单射精管具有伴生的肌纤维束，借助于肌纤维束的伸曲，带动内阳茎的前后滑行，使其呈现内缩或外翻状态。单射精管开口于内阳茎的顶端。内阳茎端部有 1 枚粗大的针刺，近基部有 1～3 丛簇生的短针刺。在内阳茎静止时，上述针刺顶端指向阳茎端部；当内阳茎外翻伸出后，针刺指向阳茎基部呈倒刺状，可能有助于加强交配期间雌雄外生殖器的联系 (图 26-41 B、C)。

味刷 (鳞片刷 scale brushes) 着生于雄虫第 8 腹节腹板基脊 basal ridge，由 6 对形态不同的部分组成。最背面的 1 对是鳞片毛丛 scale tufts，这些毛丛由许多细长的毛状鳞片组成，位于第 8 腹节腹板的两侧。第 8 腹节腹板基部两侧发出 2 对长而弯曲的侧杆，位于背面的背侧杆 dorsal lateral rod 较为宽厚；位于腹面的腹侧杆 ventral lateral rod 则很细长。假抱器 pseudoclaspers 起源于第 8 腹节腹板的基部侧面，位于 2 对侧杆的中后方。假抱器杆粗壮，杆的端部有发达的头部，头部具有蜷曲的内缘、大型下弯的腹钩及尖突 apical projection、中齿 medial prong、侧齿 lateral prong 等构造。腹鳞片刷 ventral scale brushes 大型，向侧面弯曲，位于假抱器的腹面，起源于第 8 腹节腹板基部背面中部两侧。鳞片束 scale pencils 1 对，较细长，由少数鳞片疏松集束而成，基部着生于第 8 腹节腹板基部、腹鳞片刷的腹侧面 (图 26-41D、E)。

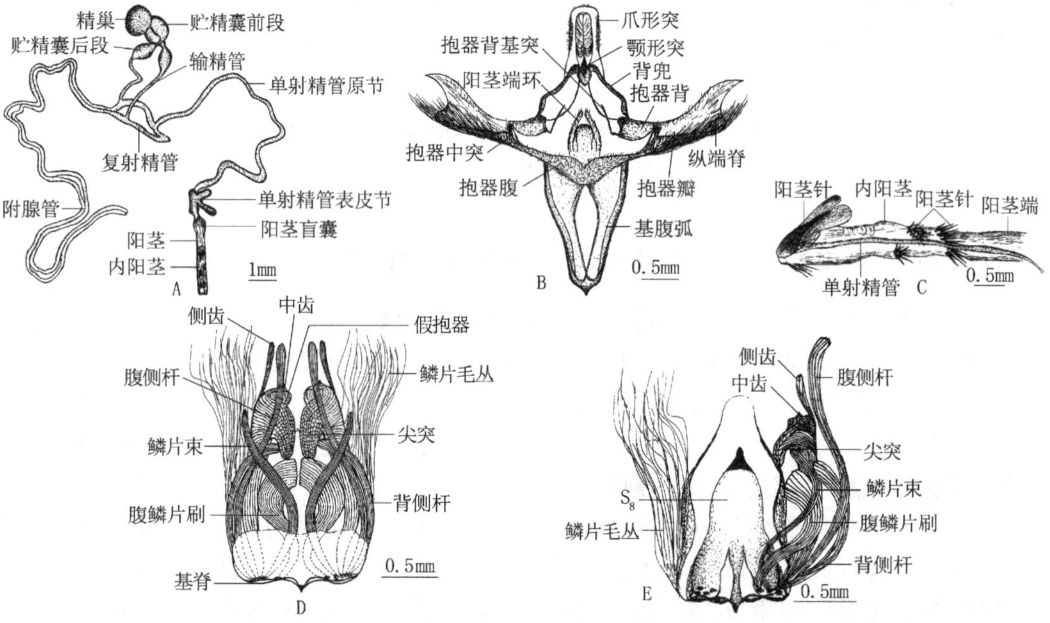

图 26-41　微红梢斑螟雄性生殖系统（王丽平等，2014）

A. 雄性内生殖器；B. 雄性外生殖器；C. 内阳茎的伸出状态；D. 味刷腹视；E. 味刷腹视，一侧仅保留鳞片毛丛，另一侧鳞片毛丛除去；S_8 为第 8 腹节腹板

雌性内生殖器：每卵巢有 4 支卵巢管，每侧卵巢的卵巢管紧密贴合，端部有 2～3 次折叠。卵巢通过微气管和脂肪体缠绕固定其在体内的位置。卵巢管柄短，经卵巢萼汇入侧输卵管，两侧的侧输卵管通入中输卵管，中输卵管略长于侧输卵管。导精管和受精

囊管开口于生殖腔前端。受精囊管中下部螺旋状盘曲，共 10 个螺旋，分为 2 组，5 个螺旋 1 组。受精囊体棒状，前端发出 1 支较为粗短的受精囊腺，受精囊腺末端偶有 2 分支。附腺柄直管状，着生于生殖腔近中部，前端两侧发出 2 支附腺管，每附腺管近下部膨大形成肾形附腺囊，附腺囊前端发出细长扭曲的附腺管（图 26-42 A)。

雌性外生殖器：肛乳突末端尖，弱骨质化，表面被细毛。前表皮突和后表皮突弱骨化。交配囊大型，约呈火炬形。交配囊管骨化，其末端通过第 7、8 腹节节间膜上的交配孔开口于体外，交配囊管两侧向内蜷曲有细皱褶。交配囊体约呈马蹄形，交配囊颈短，从交配囊体下侧伸出与交配囊管相连。交配囊片发达，大致位于交配囊体中心部位内壁，为密生细长棘刺的环形骨片。导精管从交配囊体顶端一侧发出，前段约 1/3 长度盘旋 3 圈，其余部分略膨大，它端连接于生殖腔顶端，着生点位于受精囊管着生点的稍上方（图 26-42 A、B)。

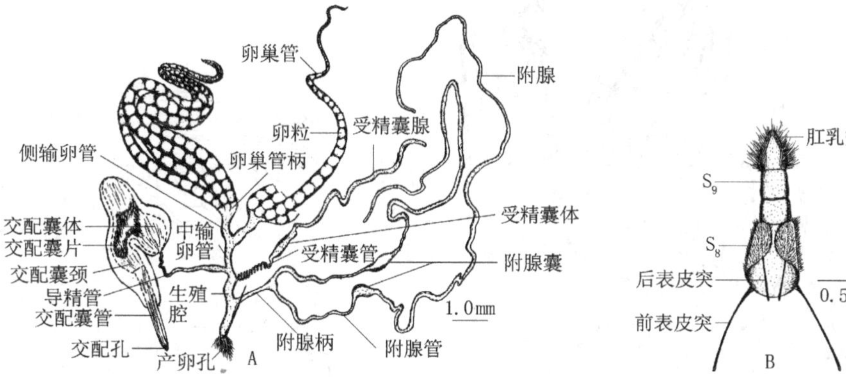

图 26-42　微红梢斑螟雌性生殖系统和外生殖器（王丽平等，2014）

A. 雌性生殖系统；B. 雌性外生殖器；S_8 为第 8 腹节腹板；S_9 为第 9 腹节腹板

26.12.7　冷杉梢斑螟 *Dioryctria abietella* (Denis *et* Schiffermüller)

雄性内生殖器：两侧精巢有薄壁、半透明共同膜包被，整体球形，亮红色，位于第 3～4 腹节的腹腔内。贮精囊 1 对，从精巢被膜下方发出。贮精囊前、后部膨大形成贮精囊的前、后段，两侧的贮精囊呈“X”形交叉。贮精囊后段下端的输精管连接于复射精管中部。复射精管发出 1 对附腺，2 附腺管前部贴合，末端略膨大呈球杆状。附腺与复射精管结合处有缢缩。复射精管另端汇入单射精管，单射精管分为前部较长的原节和后部很短的表皮节，原节为薄壁膜质管，是合成和分泌精包原料的场所，表皮节为调制精包前体的部位，表皮节基部分化出形成射精球及用于形成精包末端开口的侧生盲管。单射精管末端与阳茎端、内阳茎连接。精包体为葫芦形膜质囊，精包管近开口处“N”形弯曲，端部有小的角状突起和细锯齿，开口紧邻角状突起后（图 26-43 B)。

雌性内生殖器：每卵巢有 4 支卵巢管，卵巢管之间有微气管缠绕。卵巢管端丝较发达，每卵巢的卵巢管端丝合并，但似乎不以悬带方式与体壁联系。卵巢管柄较发达。侧输卵管长于中输卵管，中输卵管短，与生殖腔之间稍收缩。导精管和受精囊管开口于生殖腔前端。附腺开口于生殖腔中下部。受精囊管中下部盘旋 8 小圈，8 个螺旋 4 个 1 组，

2 组之间呈反向盘旋，然后在受精囊体附近盘旋 1 大圈。受精囊体单叶状，约呈烟斗形，前端发出 1 支较为粗短的受精囊腺，受精囊腺末端 2 分支。附腺柄直管状，着生于生殖腔近中部，前端连接有膨大的香蕉形横管状附腺主囊，主囊两侧的前侧角分别发出 1 支细管，细管顶端各发出 1 支细长附腺管，附腺管顶端略膨大（图 26-43 A）。

雌性外生殖器：交配囊大，膜质，整体呈火炬形。交配囊管骨化，其末端通过第 7、8 腹节节间膜上的交配孔开口于体外，邻近交配囊体方向渐增粗。交配囊体长颈花瓶形，交配囊颈从交配囊体下侧横向伸出并上弯。导精管从交配囊颈顶端发出，在邻近生殖腔处膨大形成导精管球，从导精管球上发出另一段导精管，该段导精管短，它端连接于生殖腔顶端，着生点位于受精囊管着生点的稍上方（图 26-43 A、C、D）。

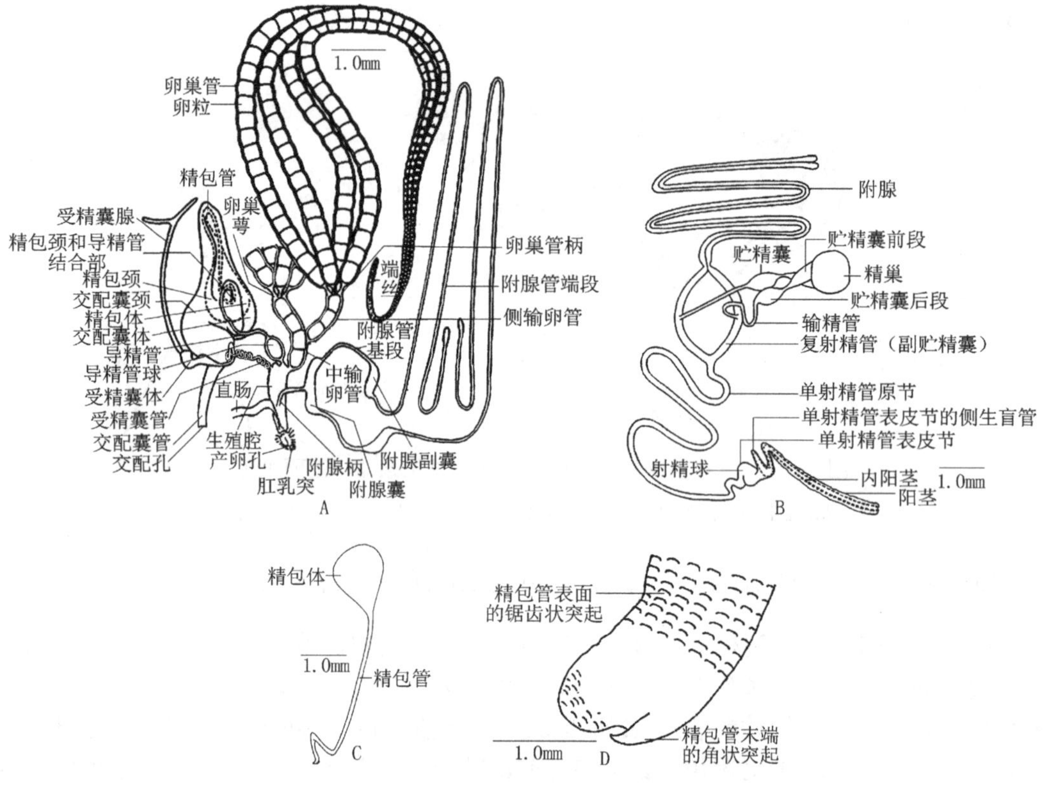

图 26-43　冷杉梢斑螟生殖系统

A. 雌性生殖系统；B. 雄性生殖系统；C. 精包；D. 精包柄末端构造（A、B. Fatzinger，1970；C、D 参考 Fatzinger，1970 图重绘）

26.12.8　南美玉米苗斑螟 *Elasmopalpus lignosellus* (Zeller)

雄性内生殖器：精巢 1 对，两侧精巢有公共膜包被，形成球形精巢复合体。输精管从复合体下部发出后即膨大形成椭球形贮精囊，贮精囊下方再次膨大形成副贮精囊，其下部的输精管细管状，末端与复射精管连接，连接点将复射精管与附腺分隔。自连接点向端部为发达的 1 对附腺，2 支附腺除基部一段分开外，其余部分均紧密贴合。复射精管粗短，2 复射精管汇入单射精管。单射精管可分为 4 部分，邻近复射精管的第 1、2 部分是主要的分泌部位，其中第 1 部分可能含有精子束和分泌液的混合物；第 3 部分具有肌肉质内壁，第 4 部分末端连接射精管球 ejaculatory bulb，射精管球可能具有泵出精液的功能 (图 26-44 B)。

雌性内生殖器：卵巢 1 对，每卵巢有 4 支卵巢管，卵巢管多滋式，滋养细胞群与卵母细胞交替排列。卵巢管基部有较明显的卵巢管柄，卵巢管柄开口于卵巢萼上。卵巢萼位于侧输卵管顶端，两侧的侧输卵管汇入中输卵管，中输卵管较细短，位于第 7 腹节，其后端与生殖腔顶端一侧相连。生殖腔顶端另侧发出导精管和受精囊管，受精囊管基部扭曲后连入棒状的受精囊，受精囊体不明显。附腺发达，附腺管粗直，着生于生殖腔前中部，附腺管顶端分为 2 支，每支近中部膨大形成附腺囊，附腺囊端部的附腺管较粗长扭曲，其顶端略增粗形成端囊 terminal vesical。生殖腔较发达，向后略增粗，末端经产卵孔向外开口 (图 26-44 A)。

雌性外生殖器：交配囊管发达，粗长管状，顶部略膨大，与交配囊体连接。交配囊体大型，椭球状，下端一侧发出较为粗壮的导精管，导精管它端与生殖腔顶端一侧相连 (图 26-44 A)。

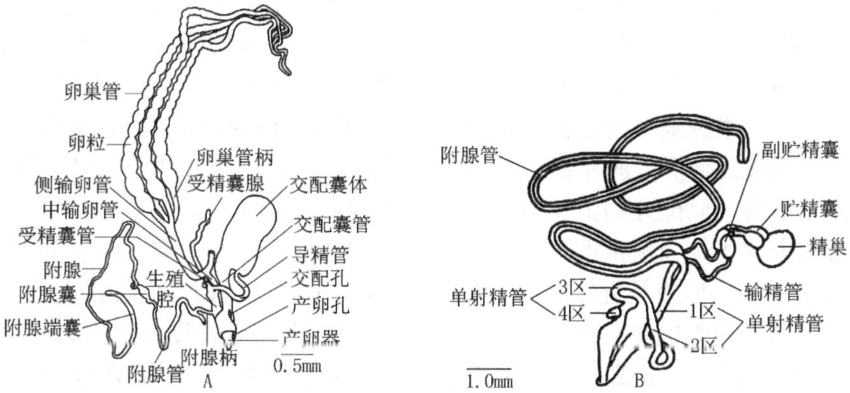

图 26-44　南美玉米苗斑螟生殖系统 (Beals and Berberet，1976)

A. 雌性生殖系统 (附腺管另一侧未绘)；B. 雄性内生殖器

26.12.9　香梨优斑螟 *Euzophera pyriella* Yang

雄性外生殖器：爪形突粗大而顶圆，颚形突狭长而端尖。抱器背基突 “V”形，其两侧向后突伸 1 渐宽长臂。抱器瓣狭长，抱器背的末端较细而顶圆，抱器腹较长。基腹弧宽大，末端具凹缘。阳茎基环较小，阳茎狭长而基部略膨大，端部斜截 (图 26-45 A、B)。

雌性外生殖器：产卵瓣狭长，渐细，后内骨极细长。第 8 腹节的 1 对前内骨较粗，基部略膨大，前阴板为 1 长条形片。交配囊管细长，与交配囊约等长，交配囊刺为 2 排各 5 个小锥突着生于 1 长形骨片上，交配囊副囊的位置靠上 (图 26-45 C)。

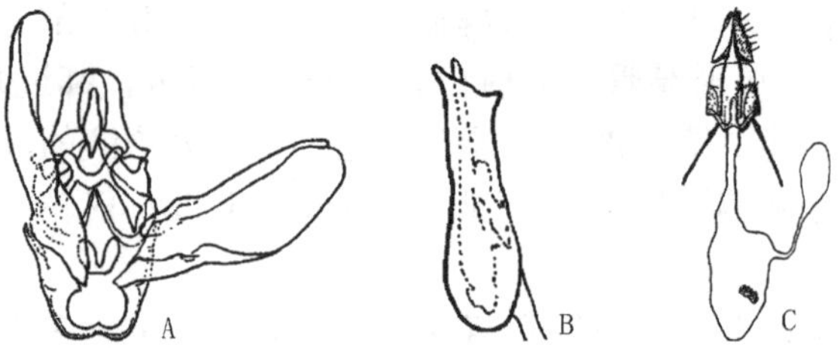

图 26-45　香梨优斑螟雌、雄外生殖器和阳茎 (杨集昆，1994)

A. 雄性外生殖器；B. 阳茎；C. 雌性外生殖器

26.12.10　茄黄斑螟 *Leucinodes orbonalis* Guenée

雄性内生殖器：两侧精巢有共同被膜，整体呈梨形，位于第 3~4 腹节。每精巢有 4 支精巢管，精巢管沿精巢的长轴螺旋盘绕。输精管从精巢发出，短距离后，输精管变窄，进入同侧的贮精囊，两侧的输精管及贮精囊不交叉，贮精囊呈下端尖细的鸭梨形，下部开口于复射精管。复射精管一端形成 1 对发达、白色的附腺，2 支附腺管有微气管缠绕，另端汇入单射精管。单射精管末端连接几丁质化的阳茎，单射精管可分为无肌肉腺体区 (原节) 和肌肉几丁质区 (表皮节)。大部分长度为腺体区，近末端为几丁质区，该区具厚壁肌肉层，管腔窄，后端与阳茎连接。阳茎休止时，缩在膜质鞘内 (图 26-46 A)。

雄性外生殖器：第 8 腹节骨片发达，背板后缘骨化程度高。腹板强烈骨化，尾端缘骨化更强，其上形成圆锥形突起称为枝脊 ramus。腹板近前缘有 2 个显著骨化区域，细长卵圆形，内侧彼此伸展近腹中线。第 9 腹节背板发达，形成 1 大型骨片，称为背兜。背兜覆盖外生殖器其他部分和第 9 腹节腹板。背兜后下方变窄，多少向后腹面弯曲。背兜两侧在后部中背线结合呈拱形。肛管和阳茎端均从这个拱形内穿出。背兜的尾端附着有 1 球形爪形突。爪形突是特化的第 10 腹节背板。1 对叶状瓣与背兜的前腹面相关节，背兜的前侧缘与基腹弧侧缘愈合。基腹弧高度几丁质化，形成腹面"V"形骨化带，其侧缘与背兜的前侧缘愈合。基腹弧与背兜愈合形成雄性外生殖器主要部分附着的骨架。"V"形骨片的基部前伸，而它的臂后伸，形成袋状构造。抱器也称为瓣，其基部与基腹弧相关节。抱器多少呈扁平三角形，表面覆盖许多毛和鳞片。抱器可分为抱器背、抱器瓣、抱器腹，三者常多少愈合。抱器边缘常有长的缘棘，中部区域有 1 对适于抓握的器官 prehensile organ，即抱器 harpe。阳茎形成高度几丁质化的管状插入器官，即阳茎端。阳茎端通过管状可外翻的膜质囊保持其位置，Pierce (1909) 将该膜质囊称为阳茎鞘 manica，而与雌虫交配囊接触的可外翻的部分称为阳茎端膜。阳茎无角状器或棘刺。第 10 腹节残余成分为特化的背板或爪形突。爪形突球形，与背兜尾端愈合，有许多鬃毛。肛管位于爪形突下方。颚形突缺 (图 26-46 B)。

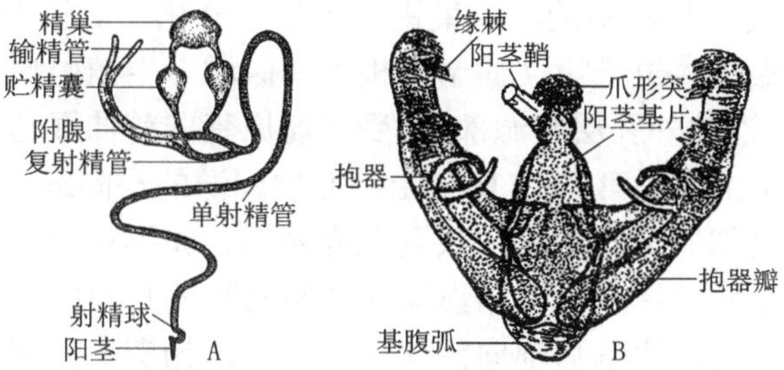

图 26-46　茄黄斑螟雄性内、外生殖器 (Srivastava，1960)

A. 雄性内生殖器；B. 雄性外生殖器

雌性内生殖器：每卵巢有 4 支卵巢管，卵巢管基部开口于侧输卵管，两侧的侧输卵管汇入中输卵管，中输卵管后端接入生殖腔，生殖腔经第 9 腹节腹板上的产卵孔开口于体外。受精囊管着生于生殖腔前端一侧，中间扭曲，顶端着生椭球形受精囊体，受精囊体顶端发出粗短的受精囊腺。附腺柄较粗短，着生于生殖腔中部，顶端着生 2 个球状的附腺囊，每附腺囊顶端发出 1 支细长扭曲的附腺管。交配孔位于第 8 腹节腹板，交配囊管粗短，交配囊颈粗长，交配囊体椭球形。导精管粗直，从交配囊颈基部一侧发出，它端开口于生殖腔前端与受精囊管基部相对的一侧 (图 26-47)。

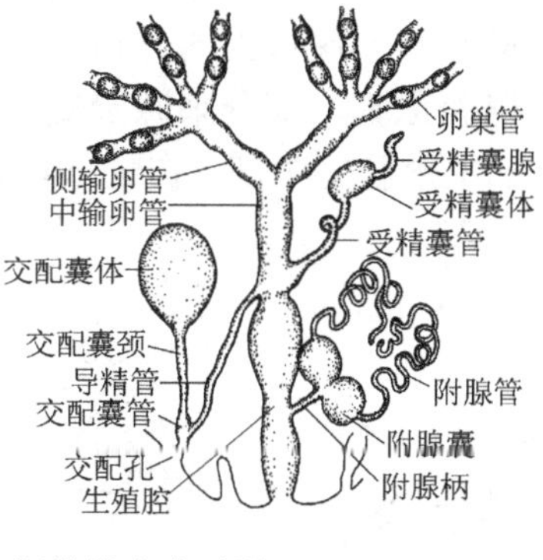

图 26-47　茄黄斑螟雌性内生殖器 (Srivastava and Srivastava，1959)

雌性内生殖器胚后发育：低龄幼虫，卵巢为 1 对表皮增厚，位于第 5 腹节消化道背侧。每卵巢有薄的基膜和结缔组织包被，没有分化出卵巢管和输卵管。4 龄幼虫初期，卵巢增大呈圆柱形，分化出 4 支卵巢管，卵巢管内的生殖细胞出现明显的细胞核。每卵巢的卵巢管后端汇合，卵巢管外具有公共被膜，被膜后端延伸形成细而实心的输卵管 (生殖索)；输卵管向后延伸达第 7 腹节内弯，末端达第 7 腹节腹板中部。生殖索为中胚层起源的侧输卵管前体。同时，第 8、9 腹节腹板后缘分别出现 1 对表皮内突，此为外胚层起源的器官芽表皮细胞分裂的结果。内突长度逐渐增加，表面出现沟陷，沟陷伸达腹节前缘。此时，第 8、9 腹节腹板后缘出现中间内陷，前面的第 8 腹节腹板上的中间内陷为生殖腔原基，后部第 9 腹节腹板上的中间内陷为受精囊原基。发育成熟的幼虫，卵巢已经分化出卵巢管，中胚层起源的侧输卵管前体、生殖腔和受精囊原基、第 8、9 腹节上外胚层起源的沟陷均已出现。预蛹初期，卵巢进一步生长分化，侧输卵管（生殖索）增粗，但仍然没有管腔。末端依然位于第 7 腹节腹板中间区域。生殖腔原基前伸、加宽、前端分叉。分叉属于侧输卵管的外胚层起源部分。受精囊原基向前伸展达第 8 腹节腹板中部，前部位于生殖腔原基的上方。第 8、9 腹节上外胚层起源的沟陷缩小。预蛹后期，卵巢管之间稍分开，但前端仍然联合，包裹在共同上皮鞘内。卵巢管后端开口于侧输卵管，侧输卵管已获得管腔。生殖腔原基和受精囊原基之间的腹板开始内陷，上述原基的 2 个外部开口于同一内陷。生殖腔原基后部向前伸出 1 个囊，为交配囊原基。同时，受精囊原基继续向前生长，其中部与生殖腔原基的中部结合，但受精囊原基的前部保持游离，2 个原基的后部也保持分开。受精囊原基游离的前部将发育为受精囊。生殖腔原基和受精囊原基之间的腹板内陷更加明显，2 个原基的开口虽依然清晰，但似乎位于同一大型腹面中间沟内。受精囊原基背壁向后发出突起，突起很快分叉，形成附腺囊原基。到预蛹末期，卵巢管明显分化，第 8、9 腹节上成对的沟陷消失，生殖腔原基前部发出 1 对侧输卵管，腹面发出 1 对交配囊。受精囊原基与生殖腔原基结合，受精囊原基背壁发出 1 对突起，最终发育形成附腺管和附腺囊。蛹期，卵巢管的分化完成，每侧卵巢的卵巢管汇入侧输卵管。侧输卵管的外胚层起源部分继续向前生长，在第 7 腹节与侧输卵管的中胚层起源部分结合。受精囊原基与生殖腔原基之间的距离更近，使受精囊外观上似生殖腔背面的盲管。生殖腔后部的开口向前上方移动，使交配囊开口与生殖腔原基接近，两者之间出现窄管联系，生殖腔原基最初的开口成为交配囊的开口，而交配囊原基与受精囊原基连接，受精囊原基最初在第 9 腹节腹板上的开口，与长的中输卵管连接，使中输卵管后部的生殖腔部分来源于生殖腔原基，部分来源于受精囊原基。附腺分化出附腺管、附腺囊和附腺柄，附腺柄着生于生殖腔的中部。在蛹末期，内生殖器分化完成（图 26-48 A～C）。

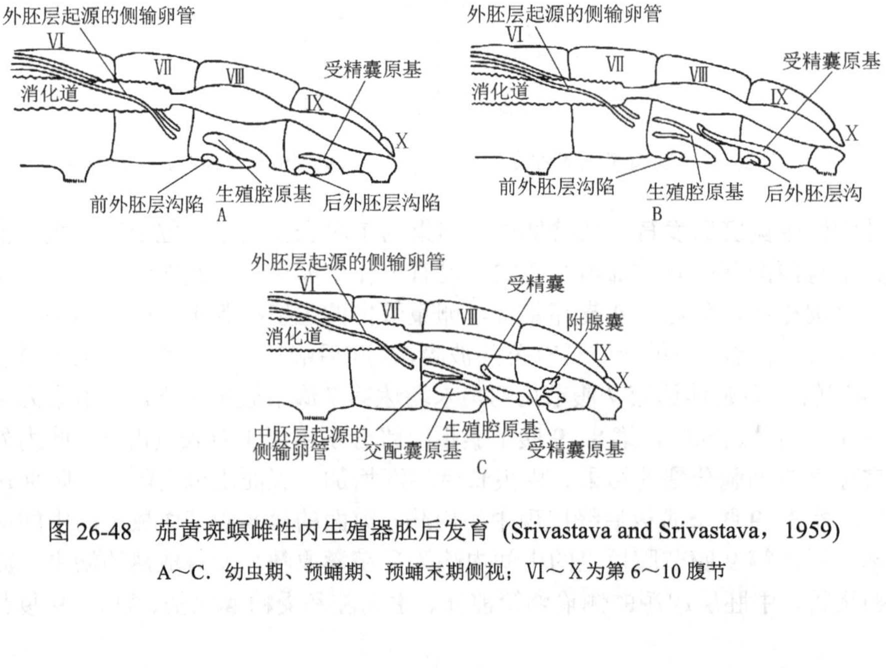

图 26-48　茄黄斑螟雌性内生殖器胚后发育（Srivastava and Srivastava，1959）

A～C. 幼虫期、预蛹期、预蛹末期侧视；Ⅵ～Ⅹ为第 6～10 腹节

26.12.11 欧洲玉米螟 *Ostrinia nubilalis* (Hübner)

雄性内生殖器：两侧精巢有共同被膜，整体球形，位于第 5 腹节背面。精巢下部各发出 1 支输精管，输精管发出后即膨大形成被膜外侧下方的贮精囊，两侧贮精囊交叉。贮精囊渐细进入下部的输精管，输精管它端与复射精管连接。复射精管一端发出附腺，附腺与复射精管之间有缢缩，2 附腺管邻近复射精管的部分分离，其他部分紧密贴合，但内部管道仍分离，顶端交叉形成 1 对端囊。复射精管另端接入单射精管，单射精管经原节、表皮节与端圈 distal loop 连接，经过基圈 proximal loop 与阳茎连接。阳茎为骨化管，腹面有"Y"形骨片支撑。内阳茎腹面有角状器 connutus，交配时内阳茎翻出阳茎管外(图 26-49)。

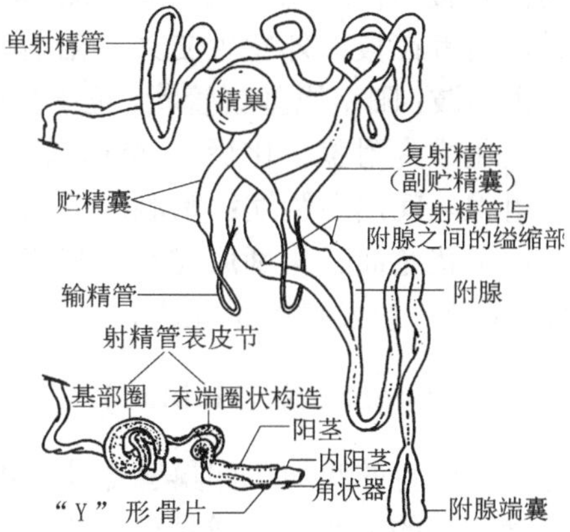

图 26-49 欧洲玉米螟雄性内生殖器 (Jones 等，1984)

雄性内外生殖器胚后发育：1 龄幼虫的生殖腺位于第 5 腹节背血管的腹侧，是 1 对由微膜包被的细胞群。在第 9 腹节腹部后缘近中部有凹陷称为赫氏腺。赫氏腺上附有输精管原基，在大部分幼虫期，输精管原基没有管腔，称为生殖索 genital cord。1 龄幼虫的生殖索直径为 2～3μm，难以分辨。2 龄幼虫初期，精巢内出现 4 束生殖细胞，标志着生殖细胞分化的开始；精巢管顶端出现端细胞；除体积生长外，生殖索在 2 龄幼虫期间变化很小；赫氏腺增大。3 龄幼虫精巢内、外表皮细胞层增厚，细胞间出现网状纤维组织，生精囊内出现成群精原细胞，生殖索横切面由 5～8 个细胞组成。3 龄末期，生殖索内出现管腔，赫氏腺增大。4 龄幼虫的精巢开始快速发育，精原细胞和生精囊充满精巢管，精巢管塞加厚。4 龄中期，赫氏腺顶端和侧壁细胞分化形成的原始生殖叶，基部出现纵向裂隙，产生突起进入管腔；生殖索壶腹部扩大。5 龄幼虫的生殖索两端向中部逐渐转化形成中空的输精管，这种转化直到化蛹后 6h 才完成；两侧精巢逐渐贴合；同时，赫氏腺开始分化形成生殖系统外胚层起源的部分。5 龄中期，可见 4 枚分化的叶，外侧较大的叶分化形成生殖瓣，内侧较小的叶形成阳茎；随着阳茎叶的分化，基部出现次生的内陷，并逐渐形成生殖孔；内陷进一步加深形成表皮质射精管的原基，此后不久，阳茎叶在中线、背面、腹面愈合，形成管状的阳茎；同时将生殖孔和表皮质射精管原基包裹其中；在阳茎和生殖瓣原基形成的同时，生殖索近中部开始分化，单射精管原基从接近输精管的壶腹部后端开始分化，附腺则从壶腹部前端开始分化，两者在前部中线处汇合；复射精管自壶腹部中部临近生殖索处分化。5 龄末期，第 8～10 腹节缩进第 7 腹节内，生殖瓣离开赫氏腺。化蛹后 24h，它们位于第 9 腹节腹板。蛹期成对的幼虫期精巢合并，外胚层和中胚层起源的生殖道相互连通，阳茎与单射精管连通，射精管 3 个不同部分开始愈合，约一半发育为表皮质单射精管，其他非表皮质单射精管外观为 1 对平行管，其末端发育为复射精管。接近复射精管中部，生出 1 对较细的输精管，输精管离开复射精管向后转向背面，向前通入第 5 腹节的两侧精巢复合体。输精管背面骨化部位较粗，约为其他部分的 2 倍，贮精囊由此分化形成。蛹期的贮精囊位于第 8 腹节，随着射精管的延长，前移至第 6 腹节。化蛹后 6h，精巢复合体沿长轴旋转，左侧精巢的精巢管扭向复合体的背面，右侧的扭向腹面，因此，成虫期右侧的输精管来自于左侧的精巢，左侧的则来源于右侧的精巢，两者在被膜外发生交叉。化蛹后 24h，生殖瓣原基由生殖器腔转化为第 9 腹节腹侧的生殖肢；阳茎原基直管状，位于生殖瓣之间，与射精管相连；复射精管远端合并，进一步演化成为附腺。化蛹后 48h，输精管上段、贮精囊、输精管下段出现分化，复射精管与附腺之间出现缢缩；附腺末端二叉囊状；单射精管包裹薄层肌肉鞘，表皮质单射精管呈螺旋状蜷曲。化蛹后 72h，阳茎腹面出现局部增厚，形成成虫期阳茎腹面的“Y”形骨片，生殖系统发育基本完成。

26.12.12　玉米螟 *Pyrausta nubilalis* (Hübner)

雌性内生殖器：卵巢并列于腹腔的腹面。卵巢管弯曲，由微气管联系成团，前伸至第 2 腹节。每卵巢 4 支卵巢管顶部的端丝汇合成悬带，卵巢管基部通入侧输卵管，两侧的侧输卵管汇入中输卵管，中输卵管后端与生殖腔连接。生殖腔经位于第 9 腹节的产卵孔向外开口。受精囊管细长，着生于在生殖腔前端。受精囊体长茄形，其前端发出管状受精囊腺，受精囊腺基部较细。附腺柄短，着生在生殖腔前段。附腺囊 1 对，梨形，以微气管附着于直肠后端。附腺囊前端侧面发出 1 支细长附腺管 (图 26-50)。

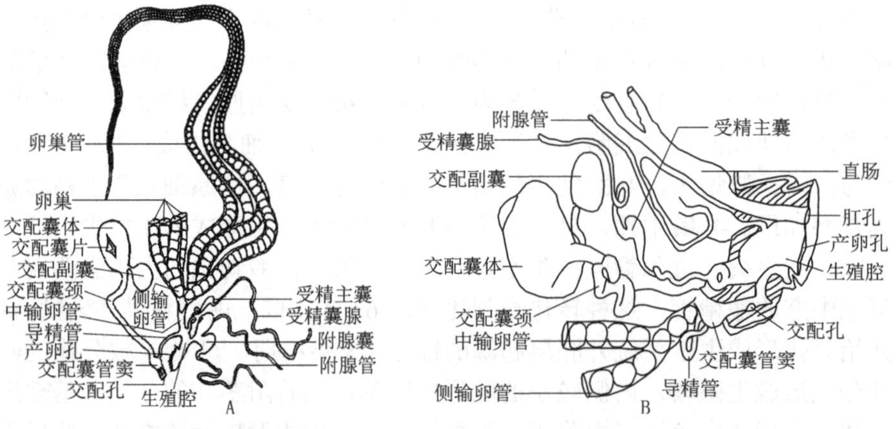

图 26-50　玉米螟雌性生殖系统和生殖管道

A. 雌性生殖系统；B. 生殖管道(A. 叶艳玲和陆近仁，1964；B. 参考叶艳玲和陆近仁，1964 图重绘)

雌性外生殖器：交配囊位于腹腔背面，交配囊管开口于第 8 腹节的交配孔，较粗短，其上部邻近导精管的部分略扩大，形成小腔，称交配囊管窦，交配囊管窦的背面有 1 对细短并列骨片。交配囊管窦前端略细缩，与交配囊颈相连。交配囊颈粗长，在邻近囊体的部分弯曲 2～3 次。交配囊体膜质，囊体内壁有 1 较大菱形交配囊片，交配囊体下端一侧有椭圆形交配副囊。交配副囊壁膜质透明，由 1 条短管与交配囊体连接。导精管细直，自交配囊管窦一侧通入生殖腔前端，在生殖腔前端的着生点与受精囊管相对。精包体椭球形，精包颈长漏斗状，与精包体之间有膜相隔，另端延伸细缩成精包管。交配后，精包管端部与导精管开口相对 (图 26-50)。

26.12.13　三化螟 *Tryporyza incertulas* (Walker)

雄性内生殖器：两侧精巢有共同被膜，整体球形，位于第 5～6 腹节交界处，紧邻背血管两侧。贮精囊 1 对，紧接在精巢被膜下方，两侧的贮精囊不交叉。贮精囊下段渐细形成 2 条白色输精管，输精管下端连接复射精管。复射精管较短，一端发出细长附腺，2 支附腺基部分离，其后大部分长度贴合，末端盲管状。复射精管另端与单射精管接合，接合部位略膨大。单射精管细长，其末端连接外生殖器基部，外生殖器经生殖孔向外开口 (图 26-51)。

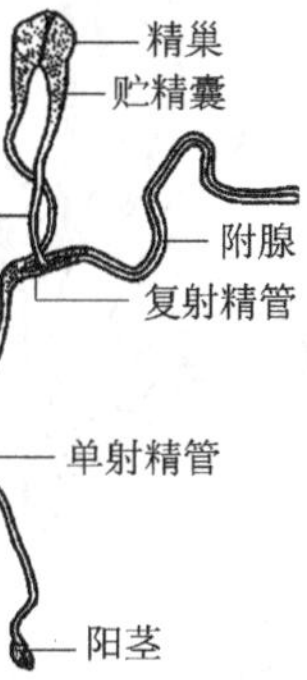

图 26-51　三化螟雄性内生殖器 (宋慧英等，1965)

雄性内生殖器胚后发育：幼虫精巢 1 对，位于第 5 腹节背面背血管两侧。精巢肾形，凹侧向内，凹侧中央发出 1 条生殖索。2 龄幼虫精巢表面平滑，3 龄以后精巢凹侧中央发出放射状 3 条浅沟，精巢上有微气管和结缔组织形成的韧带缠绕，使其附着于脂肪组织上。4 龄幼虫的精巢内侧中央下方，伸出 1 支生殖索。各龄幼虫精巢有白色脂肪体包被。2～3 龄幼虫，脂肪体几乎完全包被精巢，从体外透视，腹部第 5 节的背面体壁下，仅隐约可见到由精巢形成的耳形水浸状精巢斑。4～6 龄幼虫，体壁下耳形水浸状斑更为明显。化蛹第 1 天，左右精巢仍然分开；第 1.5 天，左右精巢紧密靠近；第 3 天，左右精巢开始合并；第 4 天，左右精巢合并完成；第 5 天以后，内生殖器分化完成，形成类似成虫的生殖系统 (图 26-52)。

雌性内生殖器：每卵巢一般有 4 支卵巢管，偶见 3 或 5 支，卵巢管间有微气管缠绕。卵巢管自上而下分端丝、生殖区、生长区和卵巢管柄。卵巢管柄下端汇入卵巢萼，继而

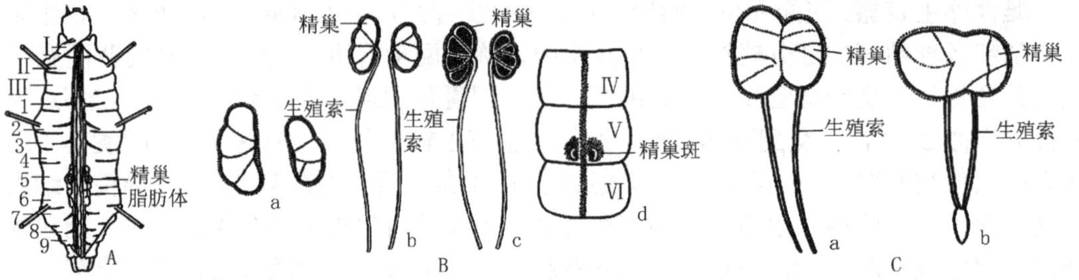

图 26-52　三化螟雄性内生殖器的幼期形态 (宋慧英等，1965)

A. 精巢在幼虫体内的位置；B. 幼虫期精巢 (a. 3 龄幼虫；b. 4 龄幼虫；c. 5～6 龄幼虫；d. 第 5 腹节背面精巢斑)；C. 蛹期精巢 (a. 初期蛹；b. 中期蛹)；图 A 中Ⅰ～Ⅲ为第 1～3 胸节，1～9 为第 1～9 腹节；图 B (d) 中Ⅳ～Ⅵ为第 4～6 腹节

进入侧输卵管，两侧的侧输卵管汇入中输卵管。中输卵管的下端为生殖腔，开口于产卵孔，产卵孔位于第 9 腹节末端、紧贴肛门的下方。受精囊管着生于生殖腔前端，受精囊管前部有稍膨大的受精囊体，其端部发出 1 支受精囊腺。附腺柄着生于生殖腔中下部。附腺囊为膨胀的"U"形管，其两端角各发出白色附腺管 1 支 (图 26-53)。

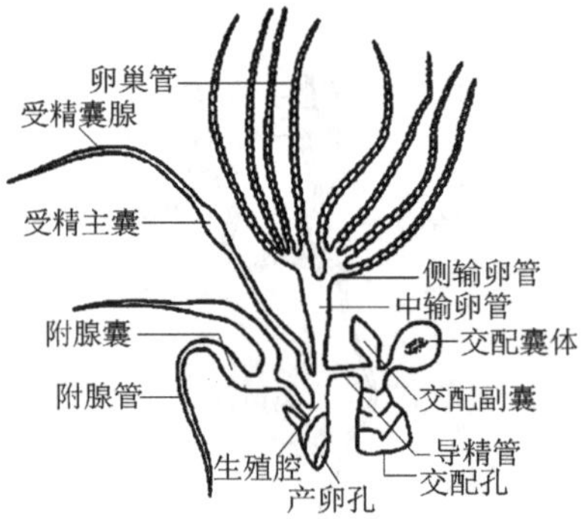

图 26-53　三化螟雌性内生殖器 (宋慧英等，1965)

雌性内生殖器胚后发育：幼虫卵巢 1 对，分列于第 5 腹节背面背血管两侧，白色透明，其周围散布脂肪体。卵巢一般比同期的精巢小。卵巢外被膜，自膜外隐约可见 4 支卵巢管分割痕迹。卵巢下部伸出 1 支生殖索。生长季节的 5～6 龄幼虫，有时在第 5 腹节背面透过体壁隐约可见不定形的卵巢斑，越冬幼虫则不可见。化蛹初期，卵巢膜下的卵巢管分割更清楚，化蛹 2～3 天卵巢管显著伸长使卵巢膜破裂，卵巢管脱出游离于体腔，但 4 支卵巢管末端仍聚在 1 膜质囊内。至化蛹末期膜质囊消失，每支卵巢管顶端的端丝生出，卵巢管下端出现成熟卵。输卵管、受精囊、交配囊也都已发育完全 (图 26-54)。

雌性外生殖器：在中输卵管末端附近的腹面，有白色交配囊管，其顶端连以 2 个囊状构造，即白色的交配副囊和淡黄色的交配主囊。交配囊管的开口即交配孔，位于第 8 腹节腹面。导精管由交配囊颈一侧生出，另端着生于生殖腔前端，与受精囊管着生点邻近。

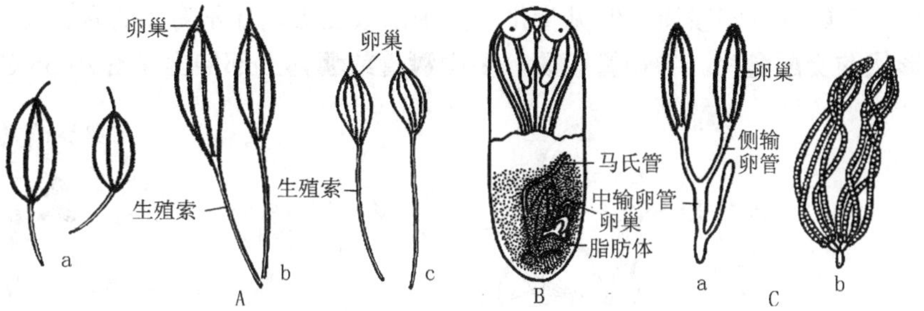

图 26-54　三化螟雌性内生殖器的幼期形态 (宋慧英等，1965)

A. 三化螟幼虫卵巢 (a. 4 龄幼虫；b. 5 龄幼虫；c. 6 龄幼虫)；B. 三化螟雌蛹体内卵巢分布情况；C. 三化螟蛹期卵巢 (a. 蛹初期；b. 蛹末期)

26.13　尺蛾科 Geometridae

26.13.1　雄性外生殖器

第 9 腹节背板和第 10 腹节背板的一部分形成背兜 tegumen，背兜通常大而强骨化，屋脊状或帽盖状。第 9 腹节腹板形成基腹弧。基腹弧与背兜连接成 1 骨环，形成支撑外生殖器其他部分的支架。第 10 腹节末端延伸形成 1 个略下弯的爪形突。基腹弧的腹面中央膨大形成 1 个头向伸出的囊形突。肛管自背兜中下部的隔膜中伸出，其腹面的下匙形片 subscaphium 常发达 (第 10 腹节遗迹)。在花尺蛾亚科中，颚形突 gnathous 通常消失。偶见背兜侧突 socci (尾突)。肛管背面膜质，无匙形突。腹部末端有 1 膜质的隔膜，自背兜、肛管到基腹弧将腹部末端封闭。阳茎由隔膜中央伸出。隔膜在阳茎周围形成双褶，里面 1 层为阳茎鞘，一般简单；外面 1 层为阳茎基环 anellus，常具骨化区域和突起，其中位于腹面的骨化区称为阳端基环，支持阳茎并与抱器腹相连接，其中央有时发生各种形状的突起或缺刻。阳茎基环背面的骨化带为抱器背基突 (横带片) transtilla，两端与抱器背相连接。横带片中部常消失。阳茎基环侧面常具侧突，一般由阳端基环发出，中部与抱器背基部和横带片端部联合，端部头状或杆状，多具细毛，两侧突有时在阳茎基环背面中央联合。阳茎发达，阳茎盲囊通常膨大，少数种类具阳茎脊 carina pennis。阳茎端膜 vesica 简单或具有发达的角状器 (刺)，有时散布小片骨化区。外生殖器两侧有 1 对由第 9 腹节生殖肢演化形成的抱器瓣 valvae，抱器瓣基部背腹角分别与背兜和基腹弧相连接，有时与横带片和阳端基环相连接；抱器瓣为 1 扁平囊，基部开口，有肌肉操纵其做相应的钳状活动 (图 26-55 A、B)。

26.13.2　雌性外生殖器

腹部末端为 1 对囊状的肛乳突，由第 9、10 腹节形成，表面多毛，产卵孔和肛孔开口其间。第 8 腹节背板 (有时包括侧板) 骨化较强，其前侧缘生 1 对前表皮突，肛瓣前侧缘生 1 对后表皮突。表皮突为 2 对头向伸出的内骨，用于附着肌肉。第 8 腹节腹板前半部形成前阴片，后半部形成后阴片。交配孔位于两阴片之间，交配孔经交配囊管、交配囊颈通入交配囊体。交配囊管多膜质，偶见骨化，其中部或在近两端常有 1 骨环。交配囊体内壁常具多种形状的交配囊片。导精管膜质，多由囊管或囊体上部伸出 (图 26-55 C)。

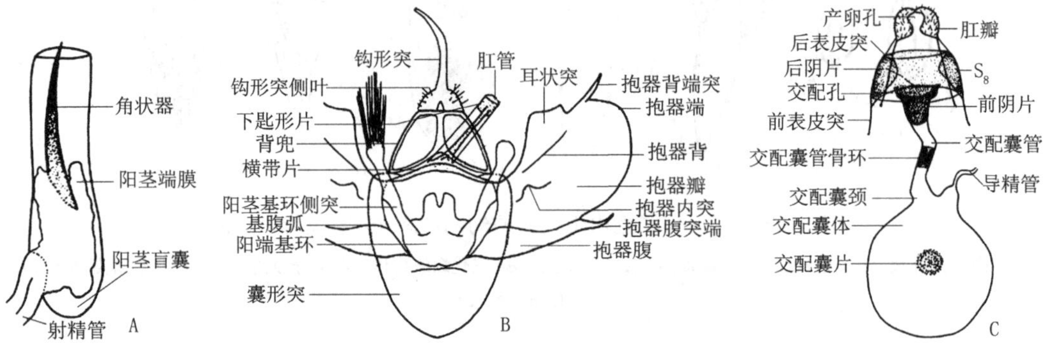

图 26-55　尺蛾科雌、雄外生殖器和阳茎 (薛大勇和朱弘复，1999)

A. 阳茎；B. 雄性外生殖器；C. 雌性外生殖器；S_8 为第 8 腹节腹板

26.13.3　*Boarmia selenaria* (Schiffermüller)

雄性内生殖器：精巢白色，两侧精巢有公共被膜，形成球形被膜体。输精管从被膜体基部发出，前段膨大形成哑铃形贮精囊，贮精囊后端的输精管细丝状，接入复射精管。每支复射精管的前端发出附腺，后端汇入单射精管，单射精管细长，形态可分为 2~3 个区域：前段称为原节，前端与复射精管相接；中部管道较扁平，盘绕成圈状部 looped section；后部为表皮节，为扁平管。单射精管后端与内阳茎连接 (图 26-56)。

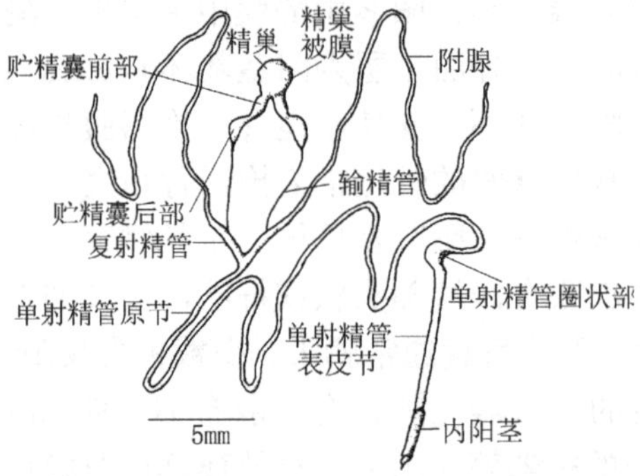

图 26-56　*Boarmia selenaria* 雄性内生殖器 (Scheepens，1986)

雌性内生殖器：每卵巢有 4 支多滋式卵巢管，发育初期的卵白色半透明，近成熟的卵淡绿色。卵巢管顶端有端丝，基部着生在卵巢萼上。侧输卵管粗短，后端汇入中输卵管。中输卵管后端缢缩然后接入生殖腔。受精囊管粗短，着生于生殖腔前部，受精囊管顶端着生双叶状受精囊体，其中受精副囊 lagena 较小，卵形，位于受精主囊 utriculus 凹面一侧。受精主囊顶端外侧发出粗壮的受精囊腺，受精囊腺前部分叉。附腺柄短，着生于生殖腔中下部，附腺柄前端膨大形成附腺主囊，主囊两侧各发出 1 梭形的附腺囊，每附腺囊顶端发出 1 支粗长的附腺管。交配囊管较粗长，前端与交配囊颈连接处缢缩。交配囊颈与交配囊体间分界不明显，整体呈弯管形，顶端弯折处为交配囊体，其内侧有圆形交配囊片。导精管从交配囊颈下端一侧发出，另端着生于生殖腔顶端，着生点位于受精囊管着生点上方。精包包括精包体 corpus、capsule，精包颈 neck，精包管 collum、stem，精包系带、hook 和精包帽，精包孔开口于精包管顶端 (图 26-57)。

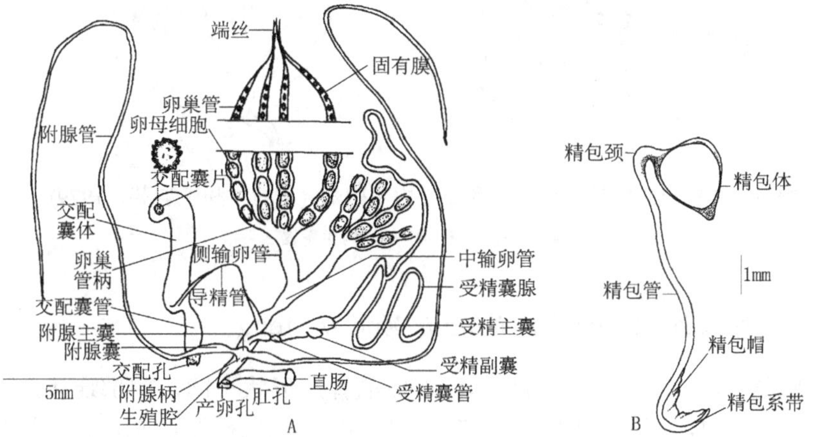

图 26-57　*Boarmia selenaria* 雌性内生殖器和精包 (Scheepens，1986)

A. 雌性内生殖器；B. 精包

26.13.4　油桐尺蠖 *Buzura suppressaria* Guenee

雄性内生殖器：两侧精巢有共同被膜，整体椭圆形，乳白色，位于第 2～3 腹节，被膜上有脂肪体和微气管附着。精巢被膜体下方发出 1 对贮精囊，贮精囊乳白色，下半部为肾形。贮精囊下端发出的输精管伸达复射精管中部。复射精管膨大粗管状，一端弯曲后发出细长的附腺管，另端汇入单射精管。单射精管与复射精管相邻的部分细长，后段较粗短，外形扭曲，管壁较厚 (图 26-58 B)。

雌性内生殖器：每卵巢 4 支卵巢管的端丝汇合成悬带，卵巢管的基部汇入侧输卵管，两侧的侧输卵管又汇入中输卵管，经生殖腔和产卵孔开口于体外。受精囊体肾形、乳白色、半透明，上端发出受精囊腺，下端与受精囊管相连，受精囊管着生于生殖腔顶部。2 附腺的附腺柄分别着生于生殖腔前部，附腺囊香蕉形，附腺囊前端的附腺管细长扭曲 (图 26-58 A)。

雌性外生殖器：交配囊体长袋形，壁厚而有弹性，交配囊体下端依次连接交配囊颈和交配囊管，交配囊管经第 8 腹节的交配孔向外开口。导精管自交配囊颈下端一侧发出，它端着生于生殖腔顶部，着生位置与受精囊管的邻近。精包整体蝌蚪状，精包体近球形，精包管细长扭曲 (图 26-58 A)。

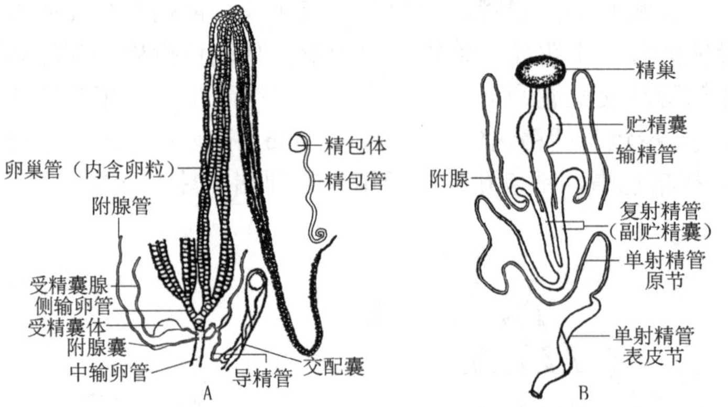

图 26-58 油桐尺蛾雌性生殖系统和雄性内生殖器 (王问学和王淑芬，1979)

A. 雌性生殖系统；B. 雄性内生殖器

26.13.5　邻库尺蛾 *Kuldscha vicinalis* Xue *et* Meng

雄性外生殖器：钩形突尖细。阳端基环形成的骨片形状不同，中部连接，不分裂为 2 片。囊形突狭小。抱器端略延伸。抱器瓣中部脊状骨化带末端延伸出 1 指状突。抱器瓣端部的头状抱器内突距离抱器端较近 (图 26-59 A、B)。

雌性外生殖器：前表皮突短粗，后表皮突细长。前阴片骨化成 1 对发达骨片，其两侧有 1 对宽大骨片。交配囊导管几乎完全骨化形成细长骨环。交配囊体袋状，中上部有 1 微刺组成的交配囊片 (图 26-59 C)。

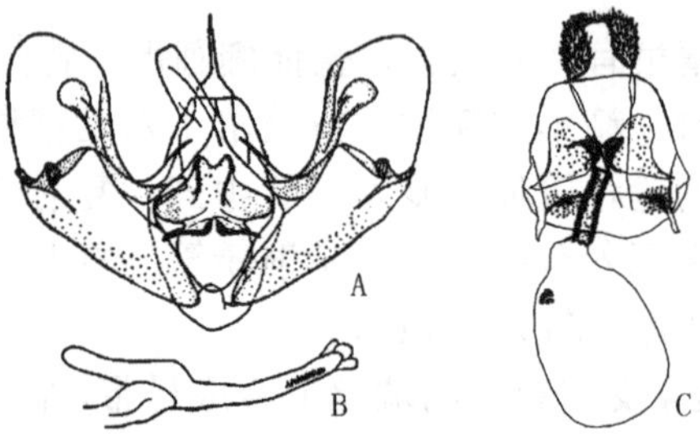

图 26-59　邻库尺蛾雌、雄外生殖器和阳茎 (薛大勇和孟锋，1995)

A. 雄性外生殖器；B. 阳茎；C. 雌性外生殖器

26.13.6　绿盘尺蛾 *Syzeuxis tessellifimbria* Prout

雄性外生殖器：钩形突板状，宽阔，末端微凹，其基部下方有 2 条带沿背兜侧缘下行至近背兜基部附近，然后在背兜腹面相向弯曲，至中部联合后形成 1 粗大尖突，其尖端伸达钩形突基部之上。囊形突扁宽。抱器瓣中等宽，端部钝圆。抱器背端部有短钝凸起。阳茎大，阳茎端膜无刺 (图 26-60 A、B)。

雌性外生殖器：前表皮突很短小，后表皮突细长。交配囊导管特细长，上端骨化部分略膨大。交配囊体袋状，膜质，无交配囊片 (图 26-60 C)。

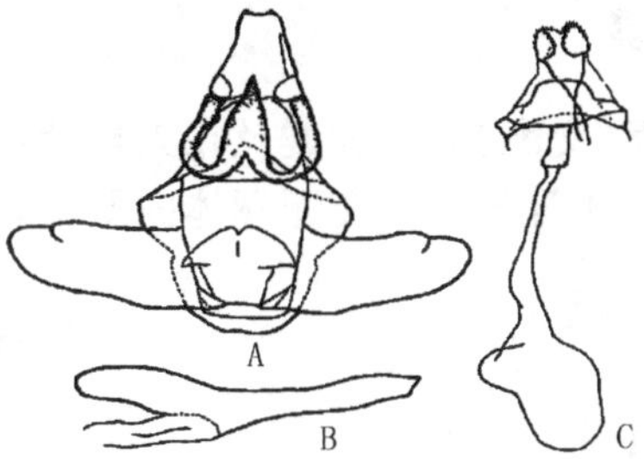

图 26-60　绿盘尺蛾雌、雄外生殖器和阳茎 (薛大勇，2000)

A. 雄性外生殖器；B. 阳茎；C. 雌性外生殖器

26.14　钩蛾科 Drepanidae

26.14.1　雄性外生殖器

第 9 腹节与第 10 腹节的一部分形成 1 横环，环的背面为背兜，背兜一般较大，骨化较强，脊状或兜状。背兜周围着生许多构造，如背兜柄与基腹弧相连，抱器瓣与附角相连。第 9 腹节腹板形成基腹弧，一般呈马蹄状，其背面与背兜连接。囊形突位于腹板腹面下部，囊状或筒状。第 10 腹节背板末端形成爪形突，基部着生于背兜上，形状与构造多变异，上有刚毛、刺、齿等构造，爪形突有时呈膜质或缺。颚形突为第 10 腹节的衍生物，着生于第 10 腹节腹面，位于背兜末端和爪形突的下方腹面，分开或连接成环。背兜侧突 socii、socius 位于爪形突基部两侧的腹面，为多毛的垫，发达时可微弱骨化而多毛。颚形突从爪形突基部伸出，为环形构造，围绕在肛孔周围，可以有中部的弯曲唇状构造，上有刺、小齿或鳞状物。有时除弯曲的唇状构造外，全部与背兜愈合。肛孔位于爪形突基部及背兜的腹面，有些种类肛孔很长，上有刺。肛孔的下方有 1 骨化很强的突起形成钩或片状构造。横臂 transtilla 即抱器瓣基部的横棍有时不完整，其 2 臂不连在一起；有时很发达，偶尔可见离体的 2 臂。背兜的基部着生在第 9 腹节腹面，其上端向尾方弯曲，可达第 9 腹节背面；整体为 1 环形骨化构造，背面宽，腹面窄，边缘厚，两侧中部相关联，使上半部向头部兜去。阳具及其附属结构在此关联处相接。囊形突是背兜基部的袋形构造，有些种类囊形突发育不全，背兜的两侧未能连接到一起。抱器瓣 harpe、pinces 为背兜下方两侧的侧突缘，一般可分为抱器背、抱器小瓣 valvula、抱器腹，也可愈合为一。抱器背居于抱器瓣的上缘，一般稍厚，可以成为臂状或匙状，也有中部分出 1 臂称为抱器背臂 costal arm。小瓣即抱器瓣的中间部分，多半透明，具若干细毛。一般与抱器背及抱器腹愈合为一，有少数为抱器小瓣独自伸出，其外缘可转化为平曲或深陷。抱器腹是抱器瓣的内下部分，其外缘往往延伸成独立的臂。2 片抱器腹可以从抱器瓣中部突出后又愈合在一起，称为叉骨 furca。阳茎包括阳茎端、阳茎鞘、阳茎端环、阳茎端膜等部分，阳茎端管状，位于背兜内中部。阳茎鞘是套在阳茎外的 1 个膜质套。阳茎端环漏斗状，阳茎端从此伸出。阳茎端膜上有刺称为角状器，交配时伸进雌虫的交配囊内 (图

26-61 A～C)。

26.14.2 雌性外生殖器

雌性外生殖器包括产卵管、交配孔、交配囊及相关构造，交配孔上可有盖片 operculum，交配囊包括交配囊管、交配囊体等部分，交配囊体内壁常有交配囊片 (图 26-61 D)。

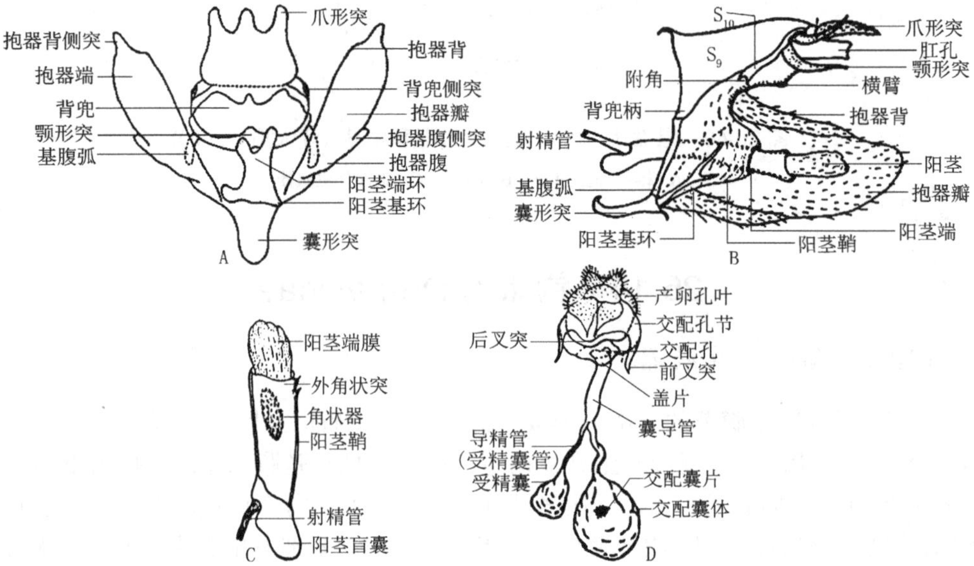

图 26-61 钩蛾科雌、雄外生殖器 (朱弘复和王林瑶，1991)

A、B. 雄性外生殖器正、侧视；C. 阳茎；D. 交配囊；S_9、S_{10}为第 9、10 腹节腹板

26.14.3 双臂黄钩蛾 *Tridrepana bifurcata* Chen

雄性外生殖器：爪形突呈 2 对长而渐尖的分叉臂，腹面 1 对臂短、粗壮，尾突小，近基部有小突起。颚形突中央骨片密被短毛，2 翼突起较宽阔、圆钝，骨片中央及 2 翼各有斑纹，骨片前端中间有分支伸出。分支前端有 1 小三角形齿突垂直伸出，近阳端基环处圆锥形，末端不分叉。抱器狭长，弓形。囊形突中间前伸。阳茎外角状器近膝状，阳端膜多刺 (图 26-62)。

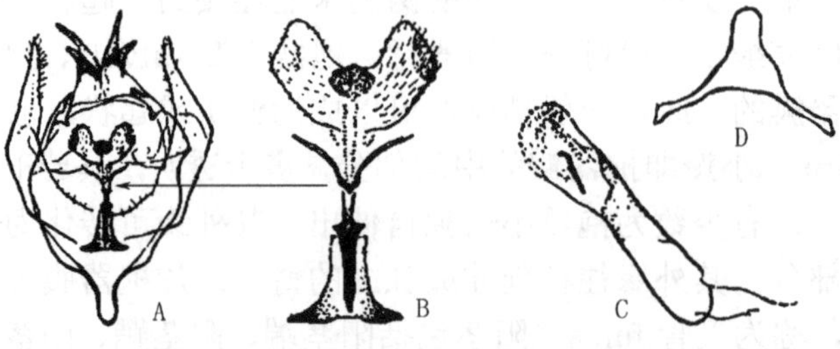

图 26-62 双臂黄钩蛾雄性外生殖器 (陈小钰，1985)

A. 整体；B. 颚形突放大；C. 阳茎；D. 第 8 腹节腹板

雌性外生殖器：产卵瓣密被细毛，交配孔两侧有扁平瓣 flattened lobe，弯钩状，交配囊导管粗壮，有皱纹，近中部一侧分出具放射状花纹的受精囊，交配囊长圆形，交配囊片 2 枚 (图 26-63)。

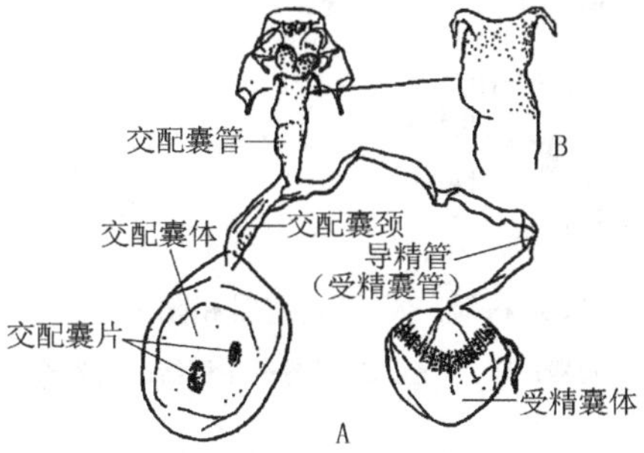

图 26-63 双臂黄钩蛾雌性外生殖器 (陈小钰，1985)

A. 整体；B. 交配孔及两侧瓣放大

26.15 波纹蛾科 Thyatiridae

26.15.1 雄性外生殖器

背兜由第 9 腹节背板形成，通常较大而强骨化，有的种类具背兜侧突。基腹弧由第 9 腹节腹板形成，舌形、带状，较薄，背面与背兜柄相连。囊形突为基腹弧向后延伸而成。钩形突由第 10 腹节背板特化而成，其末端形成钩形突起，钩形突起或呈简单的突起、二叉、三叉形，或呈不规则形。末端中央的突起称为钩形突，两侧的突起通常称为亚钩形突。颚形突 scaphium 位于钩形突下面，由第 10 腹节腹板特化而成，几丁质化，波纹蛾通常无颚形突。抱器瓣位于背兜侧下方，两边呈翅状结构。抱器瓣的前缘为抱器背，强几丁质化；抱器瓣末端称为兜 cucullus (抱器端)；抱器瓣的内下区为抱器腹，通常强几丁质化，常有凸出部分，形成前抱器腹 presacculus。基腹弧和背兜大多无毛。阳茎端管状，近基部形成阳茎盲囊，其末端膜质称为阳茎端膜，通常在膜上有一定数目的短刺或针组成的角状器。阳茎鞘末端常有尖或钝的钩状物，称为阳茎端钩 haken。阳茎端基环或阳茎基环强骨化 (图 26-64 A、B)。

26.15.2 雌性外生殖器

第 9、10 腹节合并形成肛乳突 (产卵瓣)，其上被浓毛，呈骨化叶片状。肛乳突的前侧方各有 1 个骨化棒状物，称为后表皮突。产卵孔位于肛乳突 (肛门叶突) 之间。第 8 腹节前侧方有 1 对骨化的棒状物，称为前表皮突，其基部常强烈骨化并加宽。第 8 腹节腹板内有交配孔，其周围常强骨化，其上方与交配囊管相连。交配囊管常强骨化，交配囊体内侧常有交配囊片 (图 26-64 C)。

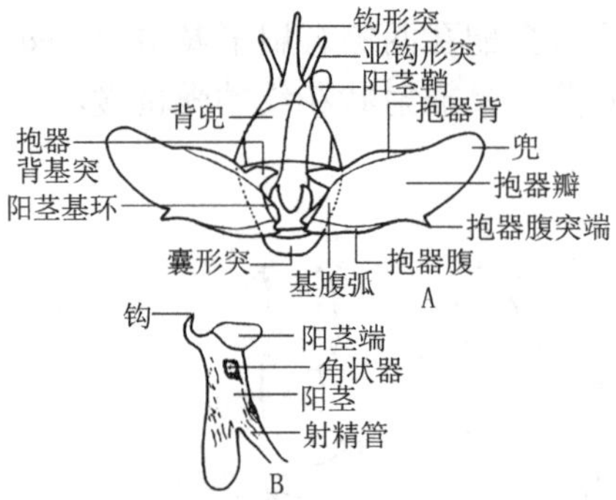

图 26-64　波纹蛾科雌、雄外生殖器和阳茎 (赵仲苓，2004)

A. 雄性外生殖器；B. 阳茎；C. 雌性外生殖器；S_8 为第 8 腹节腹板

26.15.3　足华波纹蛾 *Habrosyne fratena* Moore

雄性外生殖器：背兜较宽。钩形突较粗，明显宽于亚钩形突。基腹弧呈长带状。囊形突发育正常。抱器瓣叶片状，背缘较平直，呈宽的抹刀状，较长，沿背缘骨质化，其基部内面有 1 小三角形骨质突起，抱器腹缘明显弧形扩展，抱器瓣端半部显得十分宽阔，抱器瓣内面具有许多平行的纵向皱纹。阳茎基环杯状，端半部强烈骨化。阳茎长圆筒形，阳茎端部变细长，末端微加粗，顶端有 1 骨化很强的尖钩，在骨化钩的对面有 1 较窄的半月形骨化裂片，边缘有 1 列齿。阳茎端膜上有 1 发达的圆形角状器，上密生小刺 (图 26-65 A、C)。

雌性外生殖器：肛乳突较宽，上被许多刚毛。表皮突较纤细，前表皮突与后表皮突几乎等长，前表皮突只在第 8 腹节处略微加宽，在前表皮突基部突出、弯曲，其末端宽而短。囊导管粗而长，骨质化强烈。交配囊较大，长圆形，在中部有 1 狭长具齿的交配囊片 (图 26-65 B)。

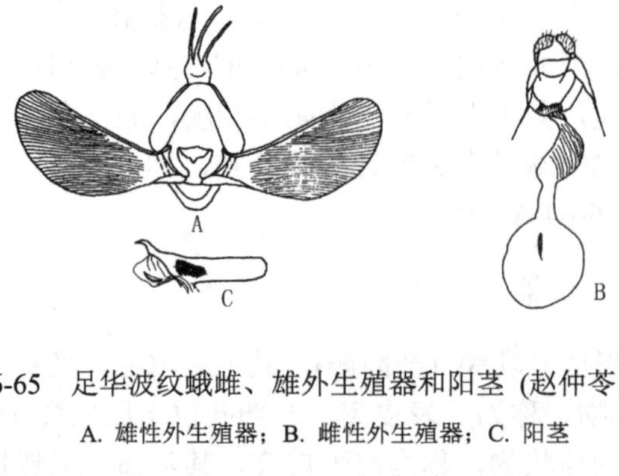

图 26-65　足华波纹蛾雌、雄外生殖器和阳茎 (赵仲苓，2004)

A. 雄性外生殖器；B. 雌性外生殖器；C. 阳茎

26.15.4　红波纹蛾 *Thyatira rubrescens* Werny

雄性外生殖器：钩形突粗壮，明显大于两侧的亚钩形突。基腹弧宽带形。囊形突较宽，在后缘中间微凹陷。抱器瓣甚宽，在前缘有 1 线形折痕，抱器瓣的末端较圆阔，抱器腹微骨化，窄带状，在其末端前抱器腹呈齿形，阳茎基环十分宽阔，其裂片端半部有许多颗粒状结构。阳茎基半部变粗，端半部渐窄，在末端形成 1 尖锐的钩。阳茎端膜具 1 群颗粒状结构 (图 26-66 A、C)。

雌性外生殖器：肛乳突较窄，被浓毛。前表皮突短，基部骨化。后表皮突细长，基部微骨化。囊导管长而粗，在交配孔周围强烈骨化。交配囊大，倒梨形，中部有 1 长形交配囊片 (图 26-66 B)。

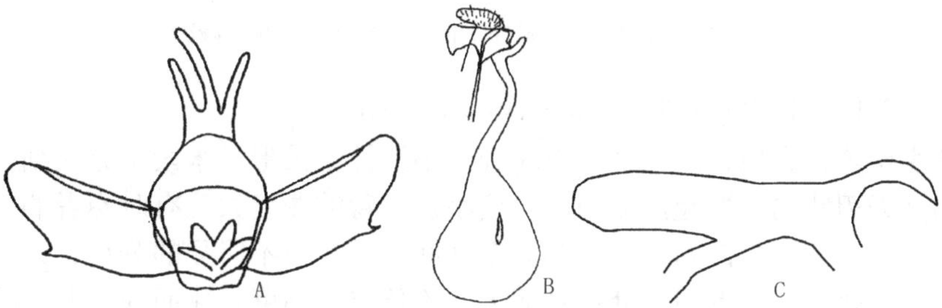

图 26-66　红波纹蛾雌、雄外生殖器和阳茎 (赵仲苓，2004)

A. 雄性外生殖器；B. 雌性外生殖器；C. 阳茎

26.16　枯叶蛾科 Lasiocampidae

26.16.1　雄性外生殖器

爪形突一般不发达，颚形突消失，背兜常较发达，有 1 对弱的背兜侧突 (尾突)。抱器瓣通常膜质退化，仅余 1~2 个抱器瓣突起，上方 1 枚较大，称为抱器瓣上叶或大抱针 major harpe，下方 1 枚较小或消失，称为抱器瓣下叶或小抱针 minor harpe。囊形突 saccus 常与 1 复杂的骨片或 2 个长臂相关联，该构造执行退化的抱器瓣的功能，称为前臂；在松毛虫中被称为抱足 tarsus，也称为基腹弧端突 distal processes of vinculum。阳茎一般短，有时有 1 个腹刺突，阳茎端膜内常有小刺 (图 26-67 B)。

26.16.2　雌性外生殖器

雌性外生殖器主要由前、后表皮突，前、后阴片，交配囊管端片，交配囊管和交配囊体等组成，有的种类有交配囊片。前、后表皮突一般中等大，少数短小。前、后阴片通常发达 (图 26-67 A)。

26.16.3　马尾松毛虫 *Dendrolimus punctatus* Walker

雄性内生殖器：两侧精巢有共同被膜。贮精囊 1 对，从精巢被膜体下面发出，中段缢缩，下端渐细进入输精管，输精管下端与复射精管相连。复射精管略膨大，前端各发出 1 支细长附腺，2 附腺基段 (邻近与输精管结合点) 分开，端段贴合。复射精管后端汇

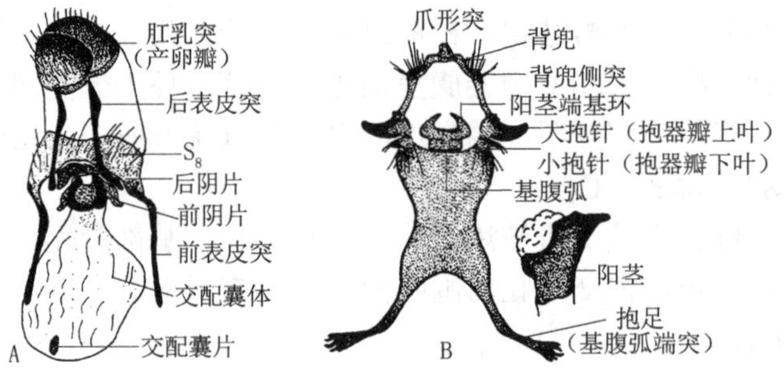

图 26-67　枯叶蛾科雌、雄外生殖器 (刘友樵和李广武，2006)

A. 雌性外生殖器；B. 雄性外生殖器；S_8 为第 8 腹节腹板

入单射精管。单射精管末端与阳茎相接 (图 26-68 B)。

雄性外生殖器：大抱针圆锥形，末端钝。小抱针圆锥形，末段十分尖细，其长度变化较大。阳茎刀刃状向上弯起，刀刃的曲度小，刀背的曲度大，有时两者的弧度都不明显，形成短箭状。刀背中部向里凹进部分个体间有明显与不明显的分化。刀尖略下曲，前半部表面有骨化小齿，近刀刃处更密而大。抱器末端高度骨化而向上曲，除外缘有 1 列齿突外，还向内侧伸展一些弧形脊 (图 26-68 C)。

雌性内生殖器：每卵巢有 4 支卵巢管，每卵巢的卵巢管端丝黏结，其余部分盘曲于腹腔内，卵巢管之间有白色微气管缠绕。卵巢管柄的下端合并进入侧输卵管，两侧的侧输卵管汇入中输卵管。中输卵管较短，生殖腔的开口 (产卵孔) 位于第 9 腹节末端、肛孔下方。受精囊管着生于生殖腔顶部一侧。受精主囊倒“U”形，环抱椭球形受精副囊。受精主囊前端发出较短而顶端分叉的受精囊腺。附腺发达，附腺柄着生于生殖腔前部，附腺柄顶端二叉状，每分叉顶部分别着生 1 附腺囊，附腺囊纺锤形，前端各发出 1 支细长扭曲的附腺管 (图 26-68 A)。

雌性外生殖器：交配囊鸭梨形，乳白色。交配囊管短，开口于第 8 腹节腹面，平时为第 7 腹节遮盖。交配囊颈与交配囊体分界不清晰 (图 26-68 A)。

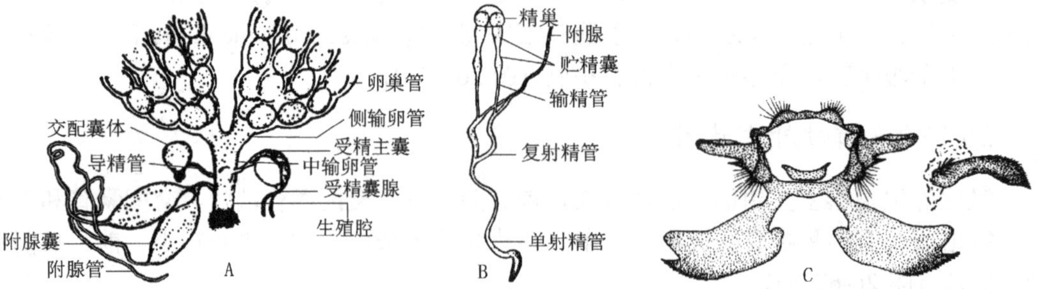

图 26-68　马尾松毛虫生殖系统

A. 雌性生殖系统；B. 雄性内生殖器；C. 雄性外生殖器 (A、B. 卢川川，1977；C. 刘友樵和李广武，2006)

26.16.4　黄斑杂枯叶蛾 *Kunugia gilirmaculata* (Hou)

雄性外生殖器：阳茎尖角状，端部稍紧缩，抱囊椭圆形，密生长刚毛，其上部有角状突起，刚毛较短。大抱针拇指状，其基部侧缘骨化较强，并着生数枚小齿。抱足端部稍膨大，一侧着生 4～5 枚钉状大齿 (图 26-69)。

图 26-69　黄斑杂枯叶蛾雄性外生殖器和阳茎 (侯陶谦，1984)

A. 雄性外生殖器；B. 阳茎

26.17　大蚕蛾科 Saturniidae

26.17.1　雄性外生殖器

爪形突大致可分为 3 类：①单爪形，自背兜上方伸出较长，顶端尖，向内侧弯曲似爪；②双爪形，基部宽大，顶端二叉状；③棒状，顶端较钝，有不同形状的皱褶或刺形突，下方变细。抱器宽大，板块状，抱器叶多变化，有的种类有不同形状的抱器腹突。囊形突一般较宽大。阳茎基环变化较复杂。阳茎一般粗壮，也有些种类的阳茎呈弯曲条状，阳茎上有不同形状的角状突或小棘 (图 26-70 A)。

26.17.2　雌性外生殖器

肛瓣长三角形，产卵孔位于肛瓣中央。第 8 腹节腹板宽大，前表皮突较短，棒状。

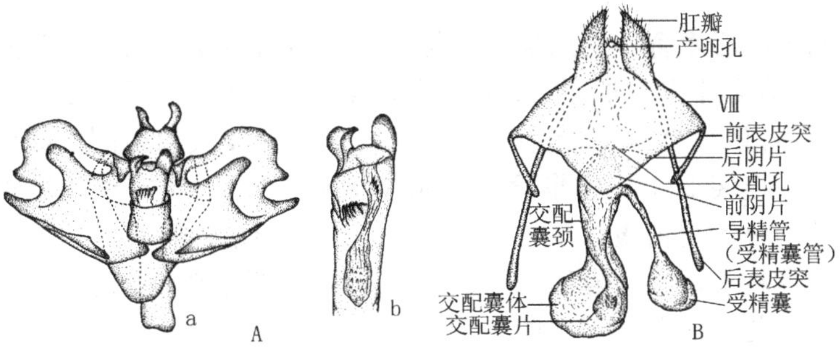

图 26-70　大蚕蛾雌、雄外生殖器 (朱弘复和王林瑶，1996)

A. 雄性外生殖器 (a. 整体；b. 阳茎)；B. 银杏大蚕蛾雌性外生殖器；Ⅷ为第 8 腹节

后表皮突长，棍形，约长于前表皮突的 3 倍。前阴片及后阴片近三角形。交配囊颈粗大，在其上方一侧有 1 导精管，端部膨大。交配囊体近球形，内侧有不同形状的交配囊片 (图 26-70 B)。

26.17.3 半目大蚕蛾 *Antheraea yamamai* Guerin-Meneville

雄性内生殖器：精巢分列于腹腔两侧。每精巢约呈球形，其下方发出较为细长的贮精囊，贮精囊中间缢缩。贮精囊下方连接输精管，输精管的下端着生在复射精管中部。复射精管膨大，前端发出细长附腺管，后端与单射精管相接。单射精管细长扭曲，末端通入外生殖器 (图 26-71 A)。

雄性内生殖器胚后发育：幼虫精巢近肾形，位于第 5 腹节背血管两侧，凹侧相对，自凹陷处发出 3 条呈放射状排列的浅沟。精巢增大以 5 龄取食期幼虫为快，结茧期减缓。蛹期精巢形状同幼虫期，但明显增大。化蛹第 4 天，输精管呈长管状，前端出自精巢基室，后端略粗，与贮精囊相连。输精管后端膨大形成贮精囊。复射精管表面有纵沟，一端连接附腺，另端连接单射精管。单射精管细长管状，后端连接阳茎。附腺细长管状，基部与复射精管相连，末端为盲管。

雄性外生殖器：爪形突分为长指形的 2 叉。背兜不明显。颚形突为 2 叉多角形。抱器分为两半，前半长指形，顶端有长毛丛，下半宽，顶端尖，密布短毛，内侧有基部宽大的指形突。阳茎基环宽大，两侧有长三角形齿。囊形突大，中间变细，端部膨大，末端钝圆。阳茎条形，顶端果刀形，边缘及内侧有排齿 (图 26-71 B、C)。

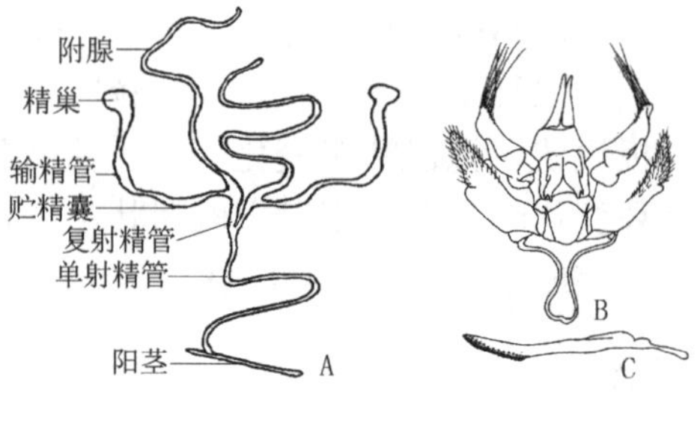

图 26-71 半目大蚕蛾雄性内、外生殖器及阳茎

A. 雄性内生殖器；B. 雄性外生殖器；C. 阳茎 (A. 叶恭银等，1996；B、C. 朱弘复和王林瑶，1996)

雌性内生殖器胚后发育：幼虫期卵巢位于第 5 腹节背血管两侧，略呈三角形，表面有微气管分布。蛹期卵巢左右成对，每卵巢出现 4 支卵巢管。化蛹第 1 天卵巢开始分化，卵巢管连有球状体，化蛹第 6 天球状体开始消失。化蛹第 4 天出现侧输卵管和中输卵管。侧输卵管乳白色，连接于 4 支卵巢管汇合成的卵巢萼下方，2 支侧输卵管开口于中输卵管，中输卵管乳白色。受精囊管着生于生殖腔，位于导精管开口的后方。受精囊管它端膨大，与受精囊体相连，受精囊体分为受精主囊和受精副囊，受精主囊较大，其后端发出 1 支受精囊腺。化蛹后第 4 天附腺管线状，顶端偶见分支。附腺囊较粗，近羽化时深褐色。交配囊在化蛹第 4 天明显可见，交配囊体和交配囊颈间略凹陷，交配囊颈处有导精管发出，导精管另端开口于生殖腔。

26.17.4　蓖麻蚕 *Samia cynthia ricina* (Donovon)

雄性内生殖器：精巢 1 对，分列于体腔两侧。精巢约呈肾形，外凸的一面隐约可见 4 支精巢管形成的凹凸轮廓，贮精囊从精巢凹面中央发出，基段圆管状，中段增粗并渐细，下端缢缩形成 2 小球，其下方与输精管连接。输精管平直，下端膨大形成哑铃状贮精囊下段，其下端细缩后与复射精管前部连接。复射精管 1 对，弯月形膨大，形成副贮精囊。每复射精管前端发出 1 支粗短的附腺管，后端缢缩汇入单射精管。单射精管粗长扭曲，末端接入外生殖器 (图 26-72)。

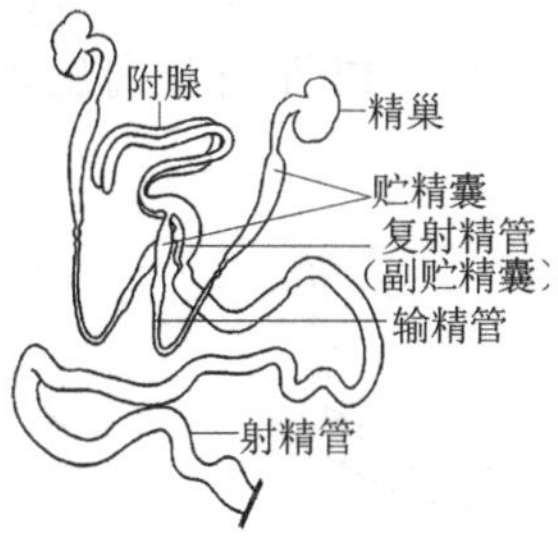

图 26-72　蓖麻蚕雄性内生殖器 (郭郛和潘承湘，1964)

雄性外生殖器：爪形突分为 2 叉，呈角形，顶端尖并向内方弯曲。背兜宽。抱器宽板状，端部钝圆，外侧中部稍内陷，内突乳头状，并有 1 皱褶向外接近外缘时又向下方迂回。抱器腹板状，腹端突指形有密集毛。阳茎基环长筒形，阳茎粗壮，长条形，盲囊外突顶端尖。阳茎端呈钝形角突，另侧有 1 块顶端有齿的板，外侧有乳状突 (图 26-73)。

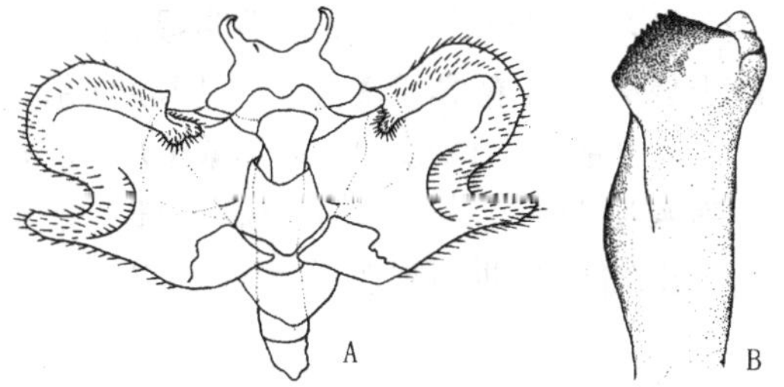

图 26-73　蓖麻蚕雄性外生殖器 (朱弘复和王林瑶，1996)

A. 整体；B. 阳茎端

雄性生殖系统胚后发育：精巢 1 对，在 5 龄幼虫化蛹时已逐渐长大，蛹期精巢肾形，位于第 5 腹节背血管两侧。精巢上端无悬带，借脂肪体和气管维持其在体腔内的位置。每精巢内分 4 格，亦即由 4 个精巢胞集合而成。生殖索连接于精巢胞内方凹陷处，化蛹时生殖索细长，粗细均匀。生殖索逐渐向后、向中央集合，在第 9 腹节上缘，2 生殖索分别通入贮精囊，此处即雄性生殖器原基 (赫氏器) 的所在部位，在体表有 1 小突起。原基能隐约地区分为下列部分：①贮精囊上方的附腺，其前端折叠，似弯曲的 2 个手指，已伸展到第 8 腹节；②贮精囊下方的射精管，此时与附腺并列；③射精管下端连接的一段单管，成虫的阳茎由这部分发育形成。在成虫体内，阳茎通常平行地位于背、腹体壁之间，但在蜕皮第 1、2 天的新蛹上，阳茎原基几乎是垂直地位于第 9 腹节上，与蚕蛾将来的肛孔还存在距离。蛹期精巢体积先是逐渐长大，10 天后又逐渐减缩。输精管的两端不断膨大。折叠的附腺逐步伸展。阳茎原基起初细小，后来伸向尾方。在 6、7 日龄蛹内，阳茎原基便在第 9 腹节上占有显著位置，其末端与肛孔已很接近。射精管与附腺的长度虽增加，但总体呈蜷曲状。射精管原为双管并列，单管的形式属于次生的情况。6 日龄蛹，2 支射精管的下半部已经接合成为 1 支单管；7 日龄蛹，双管的部分仅存在于紧接贮精囊处，其长度不及全长 1/10，此后，双管的形态不复见，可见双管的接合是自下而上、逐步进行的；9 日龄蛹，管状的阳茎开始几丁质化，膜质、3 瓣的内阳茎已伸出管外，生殖孔位于这些小瓣的中央；14 日龄蛹，雄性附腺内出现乳白色分泌物，贮精囊和输精管基部，也呈现类似颜色 (图 26-74)。

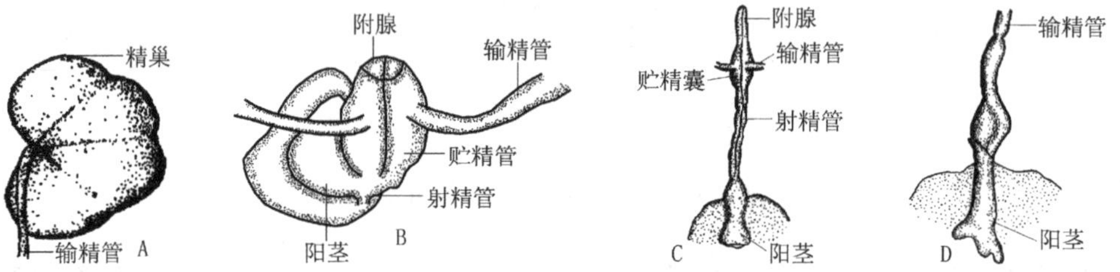

图 26-74　蓖麻蚕雄性生殖系统的幼期形态

A. 化蛹时的精巢；B～D. 雄性生殖管道胚后发育 (B. 刚化蛹后；C. 化蛹 3 天；D. 化蛹 6 天) (A、C、D. 王幽兰，1957；B. 参考王幽兰，1957 图重绘)

雌性内生殖器：每卵巢有 4 支卵巢管，卵巢萼不明显，侧输卵管较长，中输卵管短。生殖腔长，经产卵孔开口于体外。受精囊管着生于生殖腔顶部一侧，基部略膨大，前端着生受精主囊和受精副囊，受精副囊椭球形，受精主囊梭形，前端发出粗短的受精囊腺，受精囊腺管顶端二分叉。附腺柄粗短，着生于生殖腔中部。附腺囊 1 对，膨胀而发达，蠕虫形，顶部弯折，顶端发出细长弯曲的附腺管 (图 26-75)。

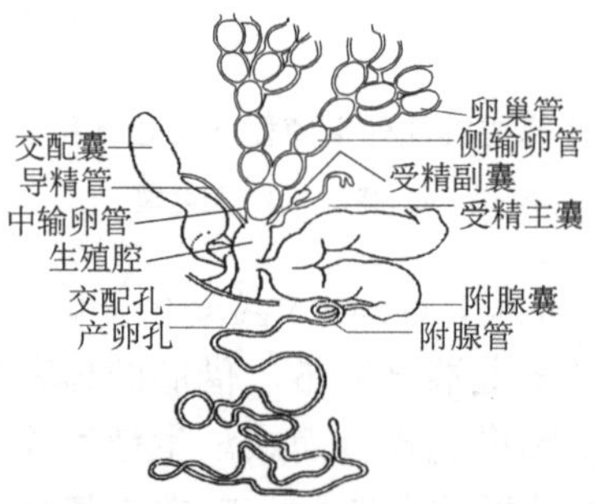

图 26-75　蓖麻蚕雌性内生殖器 (郭郛和潘承湘，1964)

雌性生殖系统胚后发育：5 龄幼虫卵巢斜三角形，卵巢管尚不可见。蛹期的卵巢斜三角形，比较尖细的一端倾向中央和下方。化蛹时，卵巢膜已经破裂，短的卵巢管露出膜外。每卵巢 4 支卵巢管的端丝，各自集合成悬带，包裹于卵巢膜内。卵巢膜退化后，卵巢借悬带附于附近的气管和脂肪体上。蛹期，卵母细胞已经明显可见。卵巢管末端的卵巢管柄汇入侧输卵管，两侧的侧输卵管汇入中输卵管。刚化蛹时，侧输卵管细长，向中央倾斜，在第 7 腹节下缘近腹壁处，两侧输卵管通至中输卵管。生殖器官的原基微小，葫芦形，位于第 8、9 腹节之间，紧贴蛹体腹壁，去除腹神经索可见。刚化蛹时，原基尚未分化，仅为葫芦形小体。4 天后，各生殖器官的雏形显露。①前部原基分化为交配囊和受精囊，前者的位置靠近侧输卵管，后者则位于它的正下方。1 日龄蛹已可见受精囊腺的分叉，3 日龄蛹能根据形态和位置不同，分辨受精主囊与受精副囊。外生殖器部分，自交配囊通向生殖腔前端的导精管，在 4 日龄蛹期隐约可见。②后部原基形成生殖腔和附腺。化蛹后，生殖腔逐渐向尾部延伸；再经 6~7 天，生殖腔后端的产卵孔才接近肛孔下方，即将来的出口处。附腺发育很快，左、右附腺借 1 支短管通入生殖腔背部，附腺的基部在 3 日龄蛹期，便扩大为附腺囊。雌蛾的附腺管顶部圆棒形，不分叉、分叉或二分叉。附腺管有时会产生不规则的短管状突起。9 日龄蛹的附腺囊庞大而瘪缩、无色半透明状。13 日龄蛹，附腺囊内含绿色液体而充盈。成虫附腺囊膨胀，内含物转为棕绿色。蛹期中输卵管增粗，侧输卵管除略增粗外，长度明显减缩 (图 26-76)。

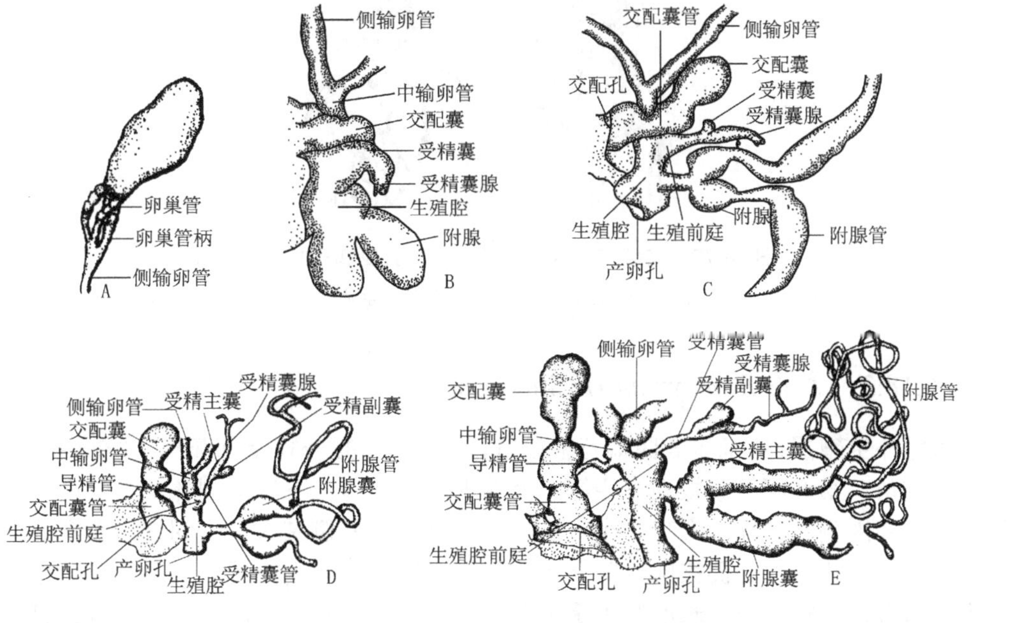

图 26-76　蓖麻蚕雌性内、外生殖器的幼期形态

A. 化蛹时的卵巢；B~E. 雌性生殖管道胚后发育 (B. 1 日龄蛹；C. 3 日龄蛹；D. 5 日龄蛹；E. 9 日龄蛹) (A、D、E. 王幽兰，1957；B、C. 参考王幽兰，1957 图重绘)

雌性外生殖器：交配囊管粗短，邻近交配孔一端略扩大，中部扭曲后与交配囊颈连接。交配囊颈膨大扭曲。交配囊体卵形，与交配囊颈接触处略凹，两者之间界限不清晰。导精

管从交配囊颈上端一侧凹陷内发出，它端连接于外生殖腔顶部，与受精囊管着生点相对。

26.18　蚕蛾科 Bombycidae

26.18.1　雄性外生殖器

抱器大致可分为 3 类：①长条型（蚕蛾属、野蚕蛾属、桑螨属）；②长三角或有齿型（白蚕蛾属）；③宽板型（钩翅蚕蛾属、齿翅蚕蛾属、透点蚕蛾属、垂耳蚕蛾属、茶蚕蛾属）。其中齿蚕蛾属、透点蚕蛾属、茶蚕蛾属的抱器腹突明显而多度。爪形突一般可分为单爪型和双爪型。阳茎可分为长条型（家蚕蛾属、野蚕蛾属、白蚕蛾属、桑螨蚕蛾属、垂耳蚕蛾属、钩翅蚕蛾属个别种类）和粗短的肘型（钩翅蚕蛾属、透点蚕蛾属、茶蚕蛾属）(图 26-77 A)。

26.18.2　雌性外生殖器

一般粗短，肛瓣长圆形，密集被毛。前表皮突大于后表皮突，交配囊管粗短，交配囊体肥大，有些种类交配囊体内壁有不同形状的交配囊片（图 26-77 B)。

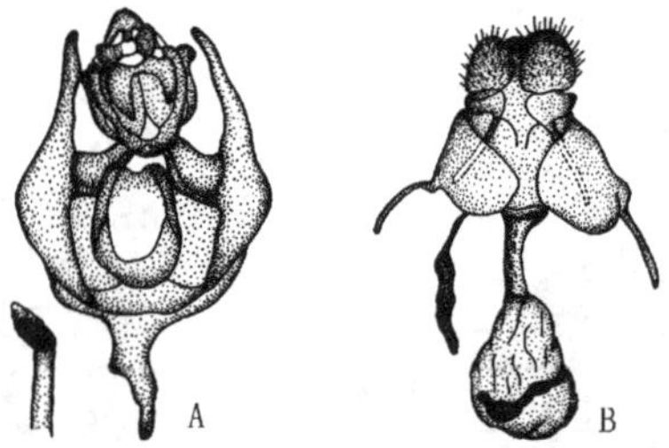

图 26-77　蚕蛾雌、雄外生殖器（朱弘复和王林瑶，1996）

A. 雄性外生殖器；B. 雌性外生殖器

26.18.3　家蚕 *Bombyx mori* Linnaeus

雄性外生殖器：腹部第 8 腹节背板扁宽，宽大于高的 1/3，上部弧形，中部中间内陷，两侧呈钝角。第 8 腹节腹板高宽相等，上端中间凹陷深，下端两侧各有 1 向内弯曲的钝形钩，中部内侧有尖峰状突起 2 个。爪形突蝶结形，两侧突大，中间细，有横皱褶。背兜隆起呈平锥状，背兜侧突向两侧伸展。颚形突铲形，向上方翘起，顶端钝。抱器后部宽大，顶端细，略弯曲，长度略短于爪形突。阳茎基环宽条状。基腹弧较宽。囊形突基部细，端部钝，中间有乳形突 1 个。阳茎条形较直，端膜外露，内有棘状刺 1 排，盲囊端部弯曲而细（图 26-78)。

雄性内生殖器：蛹期精巢 1 对，位于第 5 腹节背面的背血管两侧。精巢外形上比幼虫期的略短而近球形，精巢管内充满已经发育完成的生精囊，精巢胞与基室已相通，生殖导管发育形成输精管，生殖原基发育形成附腺、贮精囊、射精管等附属器官，完成了向成虫生殖系统的转化（图 26-79)。

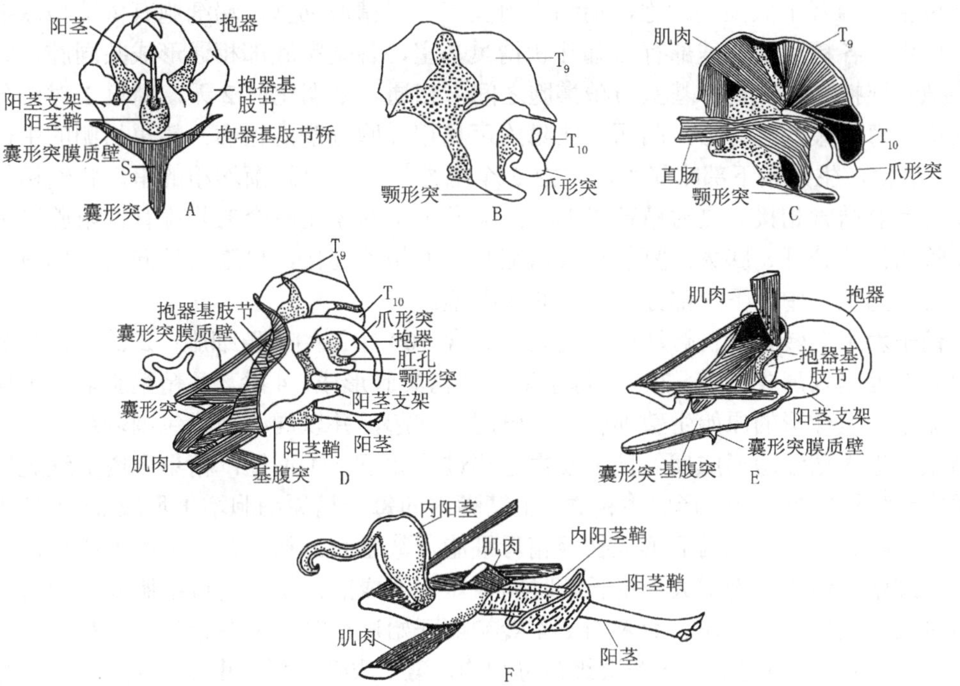

图 26-78　家蚕雄性外生殖器 (参考 Snodgrass，1935 图重绘)

A．生殖节腹视；B．第 9、10 腹节；C．右半侧内视；D．第 10 腹节及外生殖器；E．右抱器的第 9 腹板之半；F．生殖节和阳茎腹视；T_9、T_{10}为第 9、10 腹节背板；S_9为第 9 腹节腹板

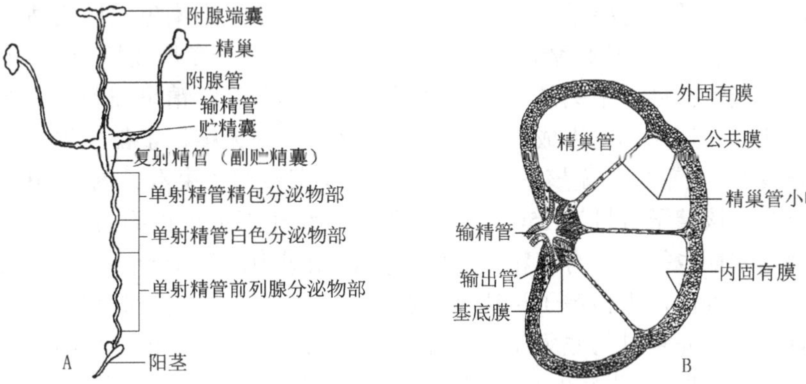

图 26-79　家蚕雄性内生殖器 (Friedländer 等，2005)

A. 1～2 日龄蛹；B. 高龄幼虫的精巢结构

雄性内生殖器胚后发育：幼虫精巢 1 对，位于第 5 腹节背血管两侧，肾形，凹面朝向背血管，凹面中央伸出 1 条生殖索，生殖索向腹后方延伸，至末端气管丛穿入腹面中央，附着于第 8、9 腹节节间中央囊状生殖原基的前端两侧。精巢最外层为精巢外膜，外膜内面有扁平细胞组成的内膜，内膜向内延伸形成 3 片隔膜，将精巢分为 4 支精巢胞。

每精巢胞顶端有 1 大型端细胞，端细胞周围有许多精原细胞，端细胞有供给精原细胞营养的作用。各精巢胞的基部有 1 漏斗状精巢基室，各基室底部相通形成共同腔，共同腔与生殖索连接。幼虫期，基室与精巢胞之间未相通。蛹羽化前 2 天，精巢 1 对，分列腹腔两侧。每精巢约呈肾形，凸面一侧隐约可见精巢胞分割的轮廓。精巢另侧的中部发出 1 支生殖索，生殖索下部略膨大，并由 2 个缢缩形成 3 个逐渐增粗的串珠状输精管，输精管与复射精管相接。复射精管梭形，前端发出 1 对紧密贴合的附腺管，附腺管邻近复射精管的部分分开、膨大。复射精管后端与单射精管连接，自连接处向后，单射精管外形上可分为上、中、下 3 部分，末端通入阳茎。

精子发生与转移：初孵幼虫，精巢内约含 100 个原始生殖细胞；2 龄，精巢被膜内侧膜有 3 处陷入形成隔膜；3 龄，每精巢 4 个精巢胞形成；4 龄，各精巢胞端部出现端细胞，原来约呈球形的原始生殖细胞，生出尾状突起，并以同心圆状包围端细胞，急速分裂增殖并进入精细胞形成期。精子发生主要过程如下。①增殖：精巢胞内端细胞发出原生质突起包围精原细胞，形成生精囊。生精囊内的每个精原细胞增生形成 64 个初级精母细胞。一般在 4 龄幼虫前后形成初级精母细胞。②生长：初级精母细胞形成后，进入生长期，细胞的体积略为增大。生长期时间很短。③成熟：初级精母细胞经过短暂的生长期后进入成熟期。一般在 3 龄末期至 4 龄初期开始进行第 1 成熟分裂，经第 1 成熟分裂后，1 个初级精母细胞生成 2 个次级精母细胞。第 1 成熟分裂结束后，经过极短的时间，又开始第 2 成熟分裂，2 个次级精母细胞同时进行，获得 4 个精细胞。④变态：精原细胞在生精囊内经过增殖、生长、成熟而形成精细胞，精细胞发育形成精子。精细胞发育成精子后仍被生精囊被膜所包围而成精子囊，囊内精子成束，每束精子理论上含有 64 个精细胞所生成的 256 个精子，实际为 210～256 个，精子束顶端有 1 滋养细胞。

精子包括有核精子和无核精子，有核精子细长，丝状，由染色质构成精子的头部，前端接顶体，后端有由轴丝和鞘套构成的精子尾部。无核精子在形成精子时，核不伸长，仍以原来的球状残留在精子中央部。在幼虫期结束成熟分裂的精母细胞，全部成为有核精子，在预蛹期及化蛹初期结束成熟分裂者，有核精子与无核精子都发生，在蛹中期以后完成成熟分裂者，全部成为无核精子。1 个精巢内，有核精子束数目为 3000～4000 个，每雄蛾所生成的有核精子数目为 150 万～200 万条，精子形成过程约需 20 天。无核精子的数目，到蛹的末期也接近于有核精子。蛹末期，精巢内的精子一旦成熟，就穿过精巢基底膜移出至输出管内，无核精子虽比有核精子形成晚，但从精巢胞端部沿着精巢胞内壁下降，比有核精子先穿过基底膜脱出到输出管。无核精子在脱出精巢的同时，精子束被解离，分散的无核精子和束状的有核精子一起从输出管通过输精管而被贮藏在贮精囊，精子随后进入射精管囊内，由于交配而被射入雌虫的交配囊中。交配囊内混合存在着 2 种精子，即极其活泼运动的小型无核精子和运动缓慢的长丝状有核精子。进入交配囊的精子，由于受精囊分泌物的诱导和管壁肌肉的蠕动，以及精子本身的运动等，经导精管转移至生殖腔，再通过螺旋形导管进入受精囊。

雌性内生殖器：每卵巢有卵巢管 2~7 支，常见为 4 支。每侧卵巢的 4 支端丝结合，附着于体壁上。卵巢管基部汇入侧输卵管，两侧输卵管汇入中输卵管，中输卵管下端与生殖腔相接，经产卵孔开口于体外。受精囊管着生于生殖腔端部一侧，顶端有受精囊体。

受精囊管管状，有侧支。附腺柄短，着生于生殖腔顶端一侧，附腺柄上着生 1 对发达的附腺囊，每附腺囊基部小段细缩，其余大部分膨胀呈腊肠形，顶端发出 1 支细长附腺管(图 26-80)。

雌性内生殖器胚后发育：幼虫卵巢 1 对，位于第 5 腹节背面、星状纹的表皮下面、背血管两侧，卵巢略呈三角形，外侧连接生殖索。卵巢外层有卵巢膜包被。2 龄幼虫，卵巢被膜内侧膜从 3 处向内方陷入形成隔膜，形成 4 个卵巢小室。2 龄以后随卵巢发育而分裂增殖，至 3 龄初期，卵巢小室已伸长为卵巢管。从每卵巢外侧顶点，各伸出 1 条生殖索，由腹面向后延伸到第 7 腹节，从气管丛弯入，对称地附着在第 7 腹节后缘的体壁上。4 龄后期及 5 龄幼虫，在第 8、9 腹节腹面，各有 1 对乳白色囊状小体附着于体壁，即前、后生殖芽。化蛹后第 2~3 天，卵巢管显著伸长，卵巢膜破裂，卵巢管脱出，游离于体腔内。蛹末期，8 条卵巢管充满了腹腔。生殖索明显缩短变成输卵管，前生殖芽发育形成产卵管前部、交配囊、受精囊，后生殖芽发育形成产卵管后部和 1 对附腺。经过蛹期的发育，4 条卵巢管伸长而挤破外膜，游离在体腔内，但它们仍由端丝连接在一起。羽化前卵巢管内排列有开始成熟的卵。

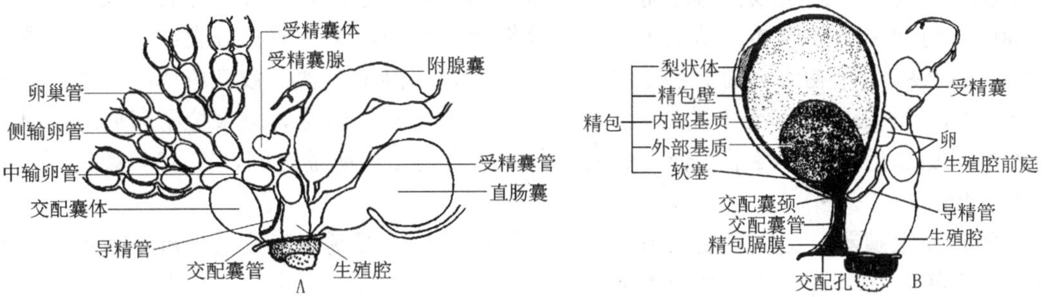

图 26-80　家蚕雌性内生殖器

A. 雌性内生殖器；B. 交配后雌虫的交配囊 (A. 钱惠田，1987；B. Friedländer 等，2005)

卵子发生与转移：卵的形成经过增殖、生长、成熟 3 个阶段。①增殖：刚孵化的幼虫卵巢内，含有 100 个左右原始生殖细胞；4 日龄幼虫的卵巢小室内出现卵原细胞；2～3 龄，卵原细胞随着卵巢的发育而增殖，卵巢小室不断伸长而形成卵巢管。卵巢管的端部有 1 个端细胞，其下方有许多卵原细胞，进行旺盛的分裂增殖，并逐渐在卵巢管内下行，每卵原细胞经过 3 次有丝分裂成为 8 个细胞，形成 1 个细胞群，这些细胞群逐渐移向下方的卵黄区而进入生长期。②生长：4 龄幼虫，进入生长期的细胞群，经过 3 次分裂而形成的 8 个细胞彼此集合成团，其中 1 个分化成卵母细胞，位于下方，其他 7 个分化为滋养细胞，位于上方。卵母细胞及滋养细胞周围的上皮细胞分化生成卵泡细胞，将滋养细胞和卵母细胞包围起来，构成上方的滋养室 (含 7 个滋养细胞) 和下方的卵室 (含 1 个卵母细胞)，滋养细胞依靠细胞质丝形成的滋养丝与初级卵母细胞相连而供给营养，在卵巢管中滋养室和卵室间隔排列。此后初级卵母细胞受滋养细胞及随后的卵泡细胞供给营养而不断生长，蛹期滋养细胞因消耗而逐渐缩小以致完全消失。与精子不同，卵的生长期很长。滋养细胞不断给初级卵母细胞供给营养，而本身不断退化，到蛹期消失，初级卵母细胞不断长大并完成生长。在此期间，卵母细胞内活跃地进行卵黄沉积。蛹末期，初级卵母细胞完成生长，卵泡细胞在其周围分泌形成分层构造的卵壳。卵壳上的斑纹是卵泡细胞的印痕。卵先端有 1 个卵孔，为原来滋养细胞通向卵母细胞的滋养丝的遗迹所形成。卵内充满细胞质和卵黄粒，在卵孔下面集积大量细胞质呈漏斗状，称为漏斗区。以后，核的成熟分裂在此进行。随着生长的结束，在羽化前 1～2 天，卵向下移动接近输卵管时，进入成熟分裂。③成熟：卵在蛹体内只进行第 1 成熟分裂，到分裂中期停止。成虫交配后，卵巢管加快蠕动，在卵离开母体前的几秒钟，雌蛾排卵经过生殖腔前端受精囊管附近时，卵发生很短暂的停留，精子由卵孔进入卵内，精子入卵后，同化周围的卵质，头部膨大成小球状而形成以精子为中心的雄岛，在雄岛内精子头部核化为雄核，停留在卵前端附近，等待卵结束成熟分裂。进入卵内的精子数目多为 2～3 条，个别可达 11 条。但只有 1 条精子的雄核能与雌核结合形成合子，其余的精子虽也能形成雄岛，但经分裂后逐渐退化，失去生命力。另外，产下前的卵核在第 1 成熟分裂中期停止发育，但由于精子的进入卵受到强烈刺激，使停止的第 1 成熟分裂继续进行。精子入卵后，卵很快就被产出体外。卵产下后 40min，完成第 1 成熟分裂，分裂出 1 个含半数染色体的第 1 极体，另 1 个为次级卵母细胞。次级卵母细胞立即进行第 2 成熟分裂，大致在卵产下 60min 时放出第 2 极体，结束第 2 成熟分裂形成雌岛，第 2 成熟分裂结束约在产卵后 80min。最终，1 个初级卵母细胞成熟分裂的结果，获得 1 个含半数染色体的成熟卵核和 3 个极体，3 个极体在卵壳下的卵孔附近消失。成熟分裂一结束，原来位于卵周缘的雌岛开始向雄岛靠近，两者终于融合而受精。卵产下后到受精所需时间，在 25℃条件下，为 120～140min。

雌性外生殖器：交配囊倒梨形，交配囊颈短，与交配囊体连接处分辨不清晰。交配囊管较粗短。导精管细直，从交配囊颈一侧发出，另端着生于生殖腔前端一侧，与受精囊管着生点相对 (图 26-80 B)。

26.18.4　波纹钩蚕蛾 *Mustilia undulosa* Yang *et* Mao

雄性外生殖器：背兜侧突粗大而上弯，钩形突为 1 对锥形片，其顶端色黑且略下弯。抱器两侧略平行、顶端狭突并密生刺毛，抱器背端略膨胀成长瘤，边缘具微刺，抱器基部的叉突密生黑粗刺。基腹弧宽阔，无明显囊形突。阳茎基环端部二叉状，阳茎极短粗，阳茎内膜突伸呈大囊，其上密布小刺 (图 26-81)。

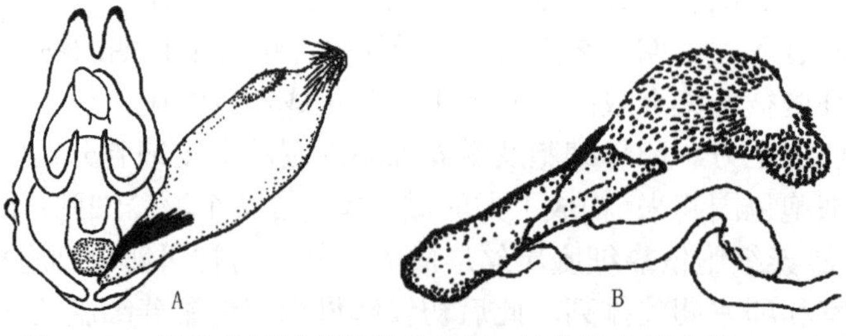

图 26-81　波纹钩蚕蛾雄性外生殖器 (杨集昆和茅晓渊，1995)

A. 整体；B. 阳茎

26.19　网蛾科 Thyrididae

26.19.1　小星网蛾 *Banisia iota* Chu *et* Wang

雌性外生殖器：肛乳突发达，前表皮突及后表皮突细长，长度约相等。交配孔近长方形。交配囊导管直而较短，交配囊体较大，内有 2 块肾形交配囊片，边缘有瘤状突，中间扁平有皱褶 (图 26-82)。

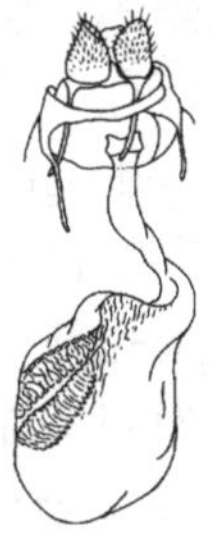

图 26-82　小星网蛾交配囊 (朱弘复和王林瑶，1996)

26.19.2　海南斜线网蛾 *Striglina mimica* Chu *et* Wang

雄性外生殖器：爪形突分为 3 叉，中叉短，顶端又分为 3 小叉，上有成丛的毛；两侧叉近三角形，外侧顶上有小齿。背兜侧突条形，背兜盾形，上有刻点，端部有毛丛。颚形突带形，前上方有梳状齿，约 27 个。抱器狭长，抱器背基突钩镰形。囊形突锥形。阳茎基环长条状，分为 2 根。阳茎端膜不外露，下部有 1 角状器，一侧有小齿 (图 26-83)。

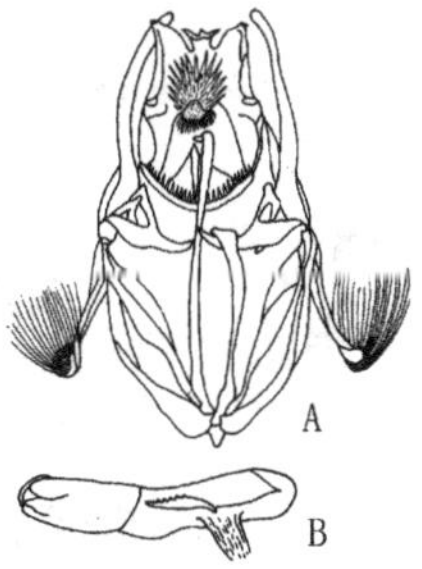

图 26-83　海南斜线网蛾雄性外生殖器 (朱弘复和王林瑶，1996)

A. 整体；B. 阳茎

26.20　天蛾科 Sphingidae

26.20.1　雄性外生殖器

雄性外生殖器主要由第 9、10 腹节及其附器演变而成。背兜一般马鞍形，基腹弧倒马鞍形，两者之间的界限不清晰。囊形突常呈“V”形，也有圆球形或棒形。多数种类钩形突楔形，基部较宽，端部尖锐，少数平钝或分叉，也有完全分裂为 2 瓣的。颚形突由 1 个狭长或宽短的主突 cochlear 和 1 对条状的臂突 brachia 所组成，主突完全分为 2 叶或仅端部分为 2 叶，有时主突缺。肛管一般位于钩形突和颚形突之间，背壁的基部与钩形突的腹面相连，腹壁则与颚形突相接。抱器位于背兜下端两侧，包括以下组成部分。①抱器端：抱器的顶端部分，常为宽卵圆形，少数种类尖锐。②抱器腹：着生于抱器的腹面部分，常较骨化，其尖端常延伸成抱器腹突，抱器腹突有多种形状和附属物。③抱器背：为抱器的上缘部分，常呈弧形，少数种类在中部稍内陷具有抱器背突。④抱器桥：隔膜背面的骨化部分，具有联系 2 个抱器的桥梁作用，形状多变，一般左右对称。⑤抱器鳞：有些种类在抱器外方近抱器背处具有 1 丛特殊的鳞片，称为抱器鳞 friction scale。

阳茎一般管状，由基部的阳茎盲囊 aedeagel caeccum 和端部的阳茎端组成。大多数种类在阳茎端上具有各种形状的突起。有些种类，阳茎端部分或全部骨化。阳茎端的前方，内阳茎可外翻形成 1 膜质球泡，生殖孔开口在其前端。自背兜腹缘向下至基腹弧之间覆有 1 片薄膜称为膈膜，膈膜的中部为阳茎端所穿透，下层连于阳茎端上，称为阳茎包膜 (阳茎鞘)。膈膜在阳茎端的背面形成 1 倒“V”形骨片，称为阳茎端环，腹面有 1 块骨片称为阳茎基环，阳茎基环一般为三角形或圆弧形，也有不规则形 (图 26-84 B、C)。

26.20.2　雌性外生殖器

产卵器由第 8、9 腹节形成，除个别种类第 8 腹节分裂为 2 叶外，多数种类第 8 腹节完整，端部在中央处稍凹陷，从两侧发出 1 对细长棒状突起，称为前表皮 (棒) 突；第 9 腹节呈管状，背面的中部膜质，两侧和腹面部分骨化称为肛乳突。第 9 腹节内壁两侧也

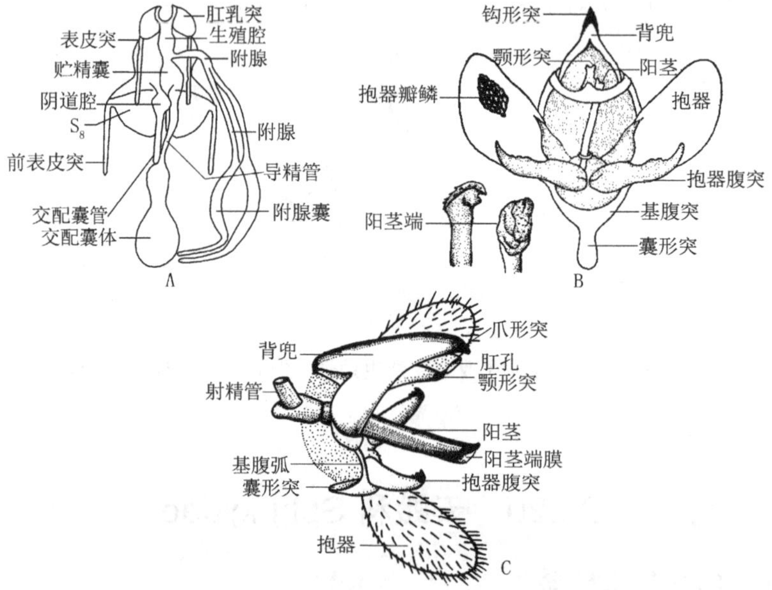

图 26-84　天蛾雌、雄外生殖器

A. 芝麻天蛾雌性外生殖器背视；B. 芝麻天蛾雄性外生殖器正视；C. 锯线天蛾雄性外生殖器侧视；S_8 为第 8 腹节腹板 (A. 参考田立新和杜金荣，1965 图重绘；B. 朱弘复和王林瑶，1980；C. 雷朝亮和荣秀兰，2003)

各有 1 根棒状突起，称为后表皮 (棒) 突。交配囊一般较长，有时可从第 8 腹节前伸至第 3 腹节。交配孔位于第 8 腹节腹面中央后方，其下方常形成较骨化的漏斗状构造。围绕在交配孔和生殖腔腹面的 1 块骨片称为前阴片。前阴片一般膜质，有的具皱纹，有的骨化具隆起。在生殖腔背壁上的 1 块骨片称为后阴片，与第 8 腹节愈合，常呈现各种形状。交配囊管连接交配孔下方生殖漏斗与交配囊体，交配囊体橄榄球形或梨形，其内壁常有交配囊片 (图 26-84 A)。

26.20.3　葡萄天蛾 *Ampelophaga rubiginosa* Bremer *et* Grey

雄性外生殖器： 钩形突长指形。背兜筒形。颚形突指状，向上方突出。阳茎基环圆，两侧骨片厚。囊形突很小。抱器平掌状，端部钝圆，布满密集毛，在中部上方有刺形抱器鳞 3～4 排。抱器腹突臂状，末端膨大，向上方略弯曲，上面有钝、锐交杂的小齿；阳茎端柱形，顶端有分叉的倒挂齿 (图 26-85 C、D)。

雌性内生殖器： 每卵巢有 4 支卵巢管。侧输卵管较长。受精囊管着生于生殖腔端部。受精囊体不发达，受精副囊椭球形，受精主囊梭形，主囊末端发出 1 支较发达受精囊腺，受精囊腺约在端部 1/3 处分为 2 支。附腺柄着生于生殖腔中部，中下部管状，直出，前端膨大形成附腺主囊，从主囊前端两侧分别发出 1 肾形膨大的附腺囊，附腺囊端部发出 1 支细长扭曲的附腺管，有时附腺管中段具 2～3 个短管状突起 (图 26-85 A、B)。

雌性外生殖器： 交配囊暗白色，交配囊体球形，囊体内壁的交配囊片长条形，褐色，两端有微小刺突，中间色浅。交配囊颈长管状，交配囊管短，骨化。导精管自交配囊颈基部内侧生出，约在中部膨大形成导精管球，导精管球的另侧发出另一段导精管，其末端着生于生殖腔端部，着生点与受精囊管相近。精包乳白色，精包体球形，精包管邻近精包体的 1/3 膨大较粗，中段略呈弧形弯曲，末端两侧开口三角形 (图 26-85 A、B)。

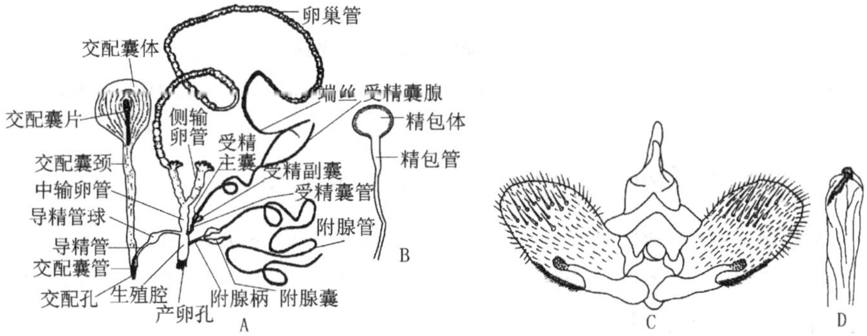

图 26-85　葡萄天蛾生殖系统

A. 雌性生殖系统；B. 精包；C. 雄性外生殖器；D. 阳茎 (A. 李照会等，1993；B. 参考李照会等，1993 图重绘；C、D. 朱弘复和王林瑶，1997)

26.20.4　榆绿天蛾 *Callambulyx tatarinovi* Bremer *et* Grey

雄性外生殖器： 钩形突长，似筒形，顶端有 1 圆孔。背兜不明显。颚形突宽带状，前方中间呈回形向上伸出。阳茎基环管状。囊形突细长。基腹弧半月形。抱器长条状，前端稍细并向内方弯曲，上面有密集的小刺。抱器略长于抱器腹端突 1/3，抱器腹突平掌状，端部呈向内弯曲的钩齿，上有成列的尖齿，中上部有 1 球棒状骨化片，边缘有尖齿，中间有钝齿。阳茎端骨化强，顶端平，一侧有倒挂式舌状突及小齿 (图 26-86 C、D)。

雌性内生殖器：每卵巢有 4 支卵巢管，卵巢管端丝发达。侧输卵管长，中输卵管与生殖腔约等长。受精囊管短，着生于生殖腔顶端一侧。受精囊体不发达，受精副囊长梨形，受精主囊梭形，主囊顶端发出 1 支较为细短的受精囊腺。附腺柄粗直，着生于生殖腔中部，顶端略膨大，形成不甚显著的附腺主囊。主囊两侧各发出 1 管，管端部着生膨大扭曲波浪形附腺囊。附腺囊顶端发出 1 支较粗长的附腺管 (图 26-86 A、B)。

雌性外生殖器：交配囊管短，上部膨大增粗。交配囊颈粗壮。交配囊体椭球形，下端渐细与交配囊颈连接，两者间分界不清晰。导精管从交配囊颈下端一侧生出，直管状，它端连接在生殖腔端部，与受精囊管着生点相近。精包乳白色，精包体椭球形，下端渐细接入精包管，精包管在邻近精包体处弯曲，末端一侧开口呈宽三角形 (图 26-86 A、B)。

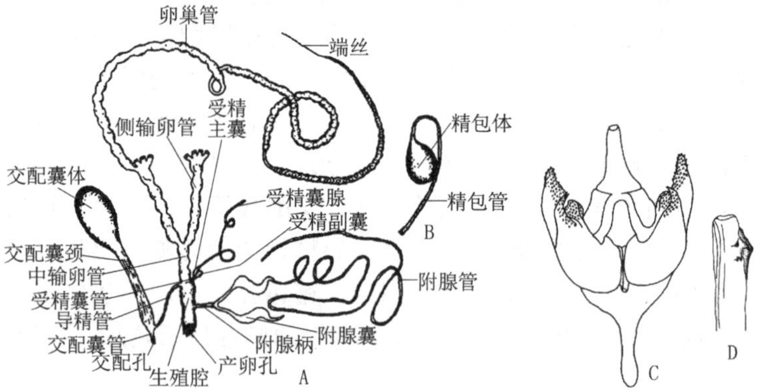

图 26-86　榆绿天蛾生殖系统

A. 雌性生殖系统；B. 精包；C. 雄性外生殖器；D. 阳茎 (A、B. 李照会等，1993；C、D. 朱弘复和王林瑶，1997)

26.20.5　豆天蛾 *Clanis bilineata tsingtauica* Mell

雄性外生殖器：钩形突粗壮，顶端尖，呈鸟喙形向内下方弯曲。背兜骨化强，边缘有微刺。颚形突自中央分为 2 个指形叉，向上方伸出。阳茎基环环形，两侧骨片叉状。囊形突长三角形，顶端钝。抱器平板状，上有密集的小皱褶及浅色毯状纤毛。抱器腹突掌状，前端有峰状突 2 个，上面及外侧有钝齿，齿端骨化强。阳茎端不完整，分为数块骨片，中部两侧及中央有骨化板，上面有成列的齿及刻点 (图 26-87 C、D)。

雌性内生殖器：每卵巢有 4 支卵巢管，卵巢萼较明显。卵巢管细长，端丝发达。侧输卵管较长。受精囊管较粗短，着生于生殖腔顶端一侧。受精囊体不发达，受精副囊椭球形，受精主囊梭形，主囊端部发出细长弯曲的受精囊腺，受精囊腺末端分出短而弯曲的叉管。附腺柄直管状，着生于生殖腔中部一侧，顶端略膨大形成不发达的附腺主囊，主囊前端两侧分出 2 管，端部连接纺锤形膨大的附腺囊，附腺囊顶端发出细长发达的附腺管，附腺管中段有 2~3 个短管状突起 (图 26-87 A、B)。

雌性外生殖器：交配囊暗白色，交配囊体球形，交配囊体内侧下部具瓜子形交配囊片。交配囊颈长管状，与交配囊体接合处扭曲，两者分界不清晰。交配囊管短，骨化，位于交配囊颈下端。导精管自交配囊颈基部一侧生出，直管状，它端连接在生殖腔端部，与受精囊管着生点相近。精包污白色，蝌蚪形。精包体椭球形，一侧渐细接入精包管，精包管端部一侧开口匙形 (图 26-87 A、B)。

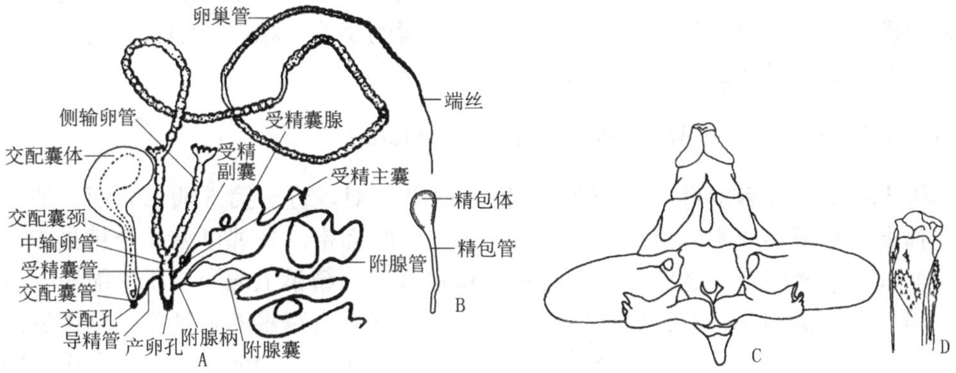

图 26-87　豆天蛾生殖系统

A. 雌性生殖系统；B. 精包；C. 雄性外生殖器；D. 阳茎 (A、B. 李照会等，1993；C、D. 朱弘复和王林瑶，1997)

26.20.6　白薯天蛾 *Herse convolvuli* Linnaeus

雄性外生殖器：钩形突端部分为 2 叉，各叉顶端尖。背兜下部宽大，骨化强。颚形突不明显。抱器长条状，前缘基部有乳突形隆起。基腹弧窄。囊形突短小，长与宽近相等，内方薄膜骨化弱。抱器腹突末端分叉，内侧 1 个呈齿状向内方弯曲，外侧 1 个端部钝。阳茎端骨化强，表面光滑，前方平整 (图 26-88 C、D)。

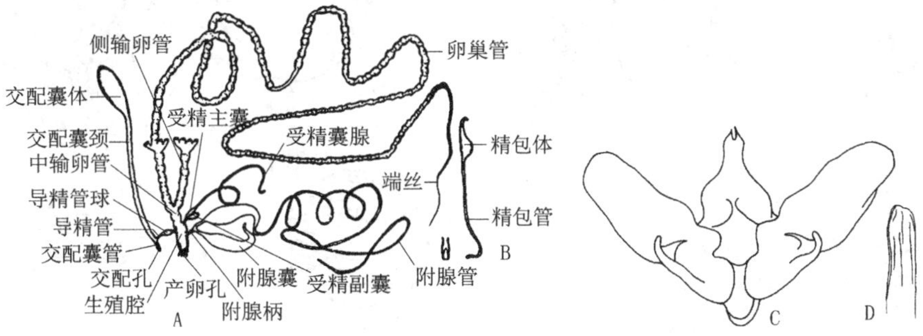

图 26-88　白薯天蛾生殖系统

A. 雌性生殖系统；B. 精包；C. 雄性外生殖器；D. 阳茎 (A、B. 李照会等，1993；C、D. 朱弘复和王林瑶，1997)

雌性内生殖器：每卵巢有 4 支卵巢管，偶见一侧 5 支。卵巢管细长，端丝发达。卵巢萼较显著。侧输卵管长。受精囊管短，着生在生殖腔顶端一侧。受精囊体较发达，受精副囊长茄形，受精主囊梭状，顶端发出较为细短的受精囊腺。附腺柄短，着生于生殖腔中部，顶端略膨大形成附腺主囊，主囊向两侧各发出短管，管顶端连接长辣椒形附腺囊，附腺囊顶端发出 1 支细长扭曲的附腺管 (图 26-88 A、B)。

雌性外生殖器：交配囊乳白色，交配囊体长椭球形，交配囊颈长，与交配囊体之间分界不清晰。交配囊管短，骨化明显。导精管自交配囊颈下端一侧生出，约在中部膨大形成导精管球，导精管另段从导精管球发出，连接在生殖腔端部，着生点与受精囊管相近。精包乳白色，精包体约呈辣椒形，顶端具下弯的小钩。精包管细长，近末端弯曲，端部一侧开口长楔形 (图 26-88 A、B)。

26.20.7　烟草天蛾 *Manduca sexta* (Linnaeus)

雄性内生殖器胚后发育：5 龄幼虫后期，精巢 1 对，位于第 5 腹节背面、消化道上方脂肪体上，扁平半透明、新月形。精巢上有白色肌肉带。外观可见 4 个精巢胞，精巢胞上有微气管附着固定。老熟漫游期幼虫的精巢肾形，精巢上的上皮肌带缩短，最终在预蛹期消失。预蛹期左、右精巢开始合并，最初为左、右精巢的输精管一侧接近愈合，开始时左右精巢结合较为疏松，易于拉开。化蛹前，大多数个体完成左、右精巢的紧密结合。沿左、右精巢愈合线有 1 条白带。精巢合并后的外壁幼嫩易破，其上缺少微气管分布，内含 8 支精巢管，每侧的 4 支来自于同一精巢。蛹期，精巢复合体扁平圆盘形，有许多气管盘绕其上。白色愈合带进入精巢复合体的中部，来自左、右气门的气管并不交叉进入对侧的精巢。预成虫的精巢球形，白色或奶油色，白色的结合带消失。能够表明精巢复合体起源于 1 对精巢的唯一外部特征，就是其发出的成对输精管。来自左、右两侧的气管分支跨越精巢分布于对侧，这种气管分布方式导致精巢复合体内 8 支精巢管的扭力，使之沿复合体中轴右旋。羽化初期成虫的精巢球形、奶油色、体积变小、表面有疏松气管附着。成虫的精巢复合体围膜更坚韧，成虫期的精巢体积比蛹期的小 (图 26-89)。

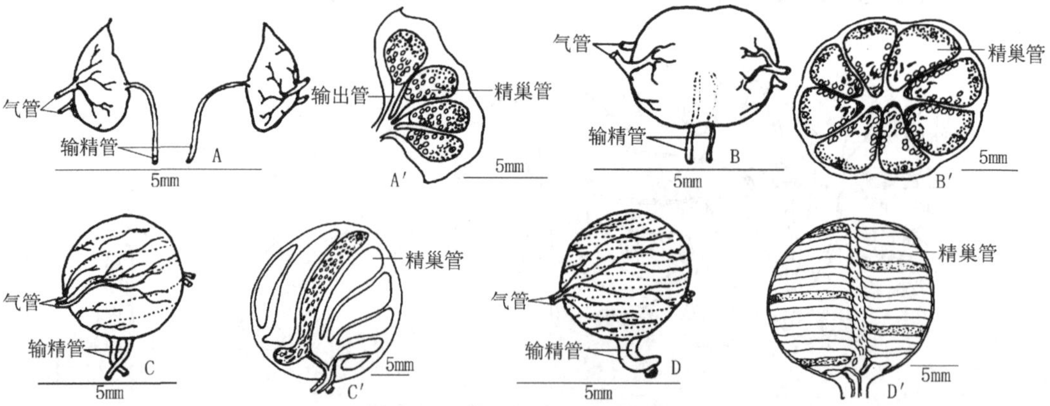

图 26-89　烟草天蛾精巢胚后发育 (Reinecke 等，1983)

A～D. 精巢外部形态背视；A′～D′. 2 等分切面内视； A. 取食幼虫期；B. 预蛹期，精巢已愈合；C. 蛹前期，精巢管开始扭转；D. 蛹后期，精巢管扭转愈合完成处于取食阶段的末龄幼虫 (5 龄幼虫) 具有成对的生殖索，生殖索起源于每侧精巢内侧中部，生殖索纤弱、平直、细狭、半透明，没有可见的内腔。生殖索自精巢发出沿体侧后延，在第 7~8 腹节处转向腹部，最终结合在第 8~9 腹节之间的生殖原基前沿。低龄幼虫的生殖索为前宽后窄的扁平构造，位于第 8~9 腹节之间的腹中线、腹部体壁肌肉上方、直肠下方，生殖索有脂肪体包被。漫游期幼虫的生殖索依然纤细，保持扁平状。预蛹期的生殖索起自精巢复合体的腹面，自腹面后延。生殖索下端接近生殖原基的部分开始膨大，生殖原基发育膨胀呈圆形，附腺原基出现。由于生殖原基的生长，使生殖索连接点由生殖原基前部移向中部。蛹期的生殖索增粗，生殖原基更加延长，附腺原基更显著。预成虫期，上述各部分原基已经清晰可辨。约在预成虫前中期，生殖索已完成向成虫期输精管的形态转化，但较成虫期的细小。预成虫末期，输精管和其他生殖管道已经充满第 3~9 腹节腹腔大部。输精管从精巢延伸向复射精管中部，出现可见的管腔，但其中没有分泌液。预成虫期不久，因为精巢管的扭转，输精管在临近精巢基部发生交叉。随蛹期发育和扭转的进行，使上部的输精管呈盘绕状。贮精囊在预成虫期出现，到预成虫末期呈卵形，并出现蠕动性收缩。同时，由于精子的进入而膨胀。预成虫期附腺原基出现，其后不久，原基分化出 2 个腺体，但 2 原基的大部分长度被气管和结缔组织缠绕在一起，仅末端分开。复射精管起源于蛹末期和预成虫初期的生殖原基，预成虫末期内部出现精子和分泌物。单射精管大部分柔软 (原节)，但近基部一段较硬 (表皮节)。单射精管起源于预成虫期，最初为 1 双管结构，2 支管包被在 1 个共同的鞘内。之后不久，2 支管的中间部分开始消失，这种消失从双管的远端开始。然后双管合一，形成单射精管。预成虫末期，单射精管内出现白色分泌液。成虫期，单射精管明显加宽，原节和表皮节

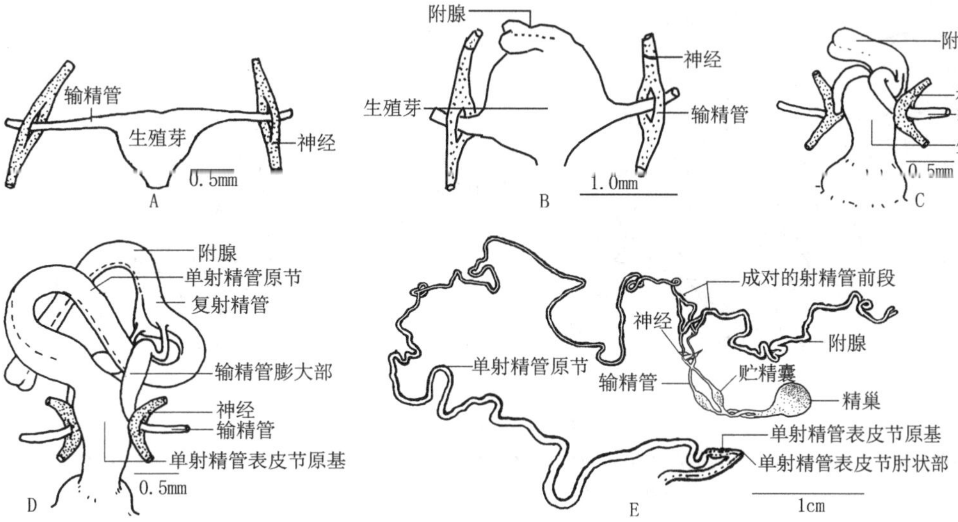

图 26-90 烟草天蛾雄性内生殖器管道胚后发育 (Reinecke 等，1983)

A. 取食幼虫 (第 3 阶段) 的生殖原基，来自每个幼虫精巢的输精管通过腹末神经节与生殖原基结合；B. 预蛹 (第 7~9 阶段) 的生殖原基，生殖原基圆形，附腺原基出现；C. 蛹期 (第 10~12 阶段) 的生殖原基，细长的生殖原基上出现附腺原基；D. 蛹期 (第 13~14 阶段) 的生殖道原基，输精管通向复射精管，成对的单射精管原节和附腺出现；E. 蛹期 (第 25 阶段) 的生殖道原基，成对的附腺和成对的输精管通向复射精管，单射精管原节从复射精管通向单射精管表皮节

交界处有结构标记，表皮节为双层管复合结构，硬化而呈肘状弯曲。肘状弯曲在预成虫期开始分化，最初为球根状结构，约在预成虫中期，外表面形成透明鞘，使球根状结构呈肘状。成虫期单射精管表皮节略呈白色，气管较发达，柔韧、半透明 (图 26-90)。

26.20.8 霜天蛾 *Psilogramma menephron* (Cramer)

雄性外生殖器：钩形突分为 2 叉，各叉顶端呈角形。背兜宽大。颚形突宽，呈片状向上方伸出。抱器端部宽，基部窄，后缘向内蜷曲。囊形突呈长三角形，顶端钝。阳茎基环圆形，周围无明显骨化片。抱器腹突匙状，中间细，两侧光滑、末端钝。阳茎端柱形，顶端有皱褶的薄膜，近端缘有倒挂齿 1 个，齿端部分叉 (图 26-91 D、E)。

雌性内生殖器：每卵巢有 4 支卵巢管，卵巢萼较明显。卵巢管较细长，端丝较发达。侧输卵管长。中输卵管后段逐渐膨大，进入膨大增粗的生殖腔。受精囊管粗短，中部有弯折，受精囊体不太发达，受精副囊长茄形，受精主囊梭形，顶端发出较短的受精囊腺，受精囊腺末端为略膨大的短支叉管。附腺柄粗直，从生殖腔中部一侧发出，顶端着生 2 管，每管顶端分别连接 1 梭形膨大的附腺囊，附腺囊顶端扭曲，发出长而发达的附腺管，有时附腺管中部略膨大，并向两侧分出多个短管状突起，有时仅有 2 个短管状突起 (图 26-91 A～C)。

雌性外生殖器：交配囊体椭球形，下端细缩与交配囊颈相连，交配囊颈中部膨大。交配囊管短。导精管交配囊颈下端一侧生出，绕基部 1 圈后连接在生殖腔端部。精包乳白色，蝌蚪形。精包体近球形，精包管较长，近末端"S"形，端部一侧开口长楔形，另一侧有 3 个小楔形开口 (图 26-91 A～C)。

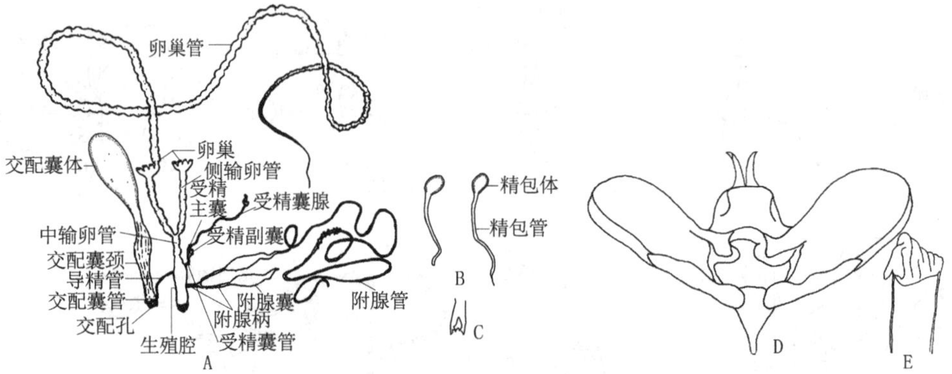

图 26-91 霜天蛾生殖系统

A. 雌性生殖系统；B. 精包；C. 精包柄端部开口；D. 雄性外生殖器；E. 阳茎 (A. 李照会等，1993；B、C. 参考李照会等，1993 图重绘；D、E. 朱弘复和王林瑶，1997)

26.20.9 雀纹天蛾 *Theretra japonica* (Boisduval)

雄性外生殖器：钩形突锥形，两侧有逆行长毛。背兜长大于宽。颚形突粗指形，顶端有向外翻折的钝形钩。囊形突长宽相等。抱器阔叶片形，抱器背部位达顶端，有成排的钉形抱器鳞及遍布密毛。抱器腹突臂状，近前方外侧收缩，末端向内上方弯曲成钩，内侧有凹槽，两旁有峰状齿。阳茎端扁平，末端稍尖，上有倒挂式钩状突，钩突上有小齿 (图 26-92 E、F)。

雌性内生殖器：每卵巢有 4 支卵巢管，卵巢萼较明显。卵巢管较长，端丝发达。侧输卵管较长。受精囊管着生于生殖腔端部，基部略膨大然后弯折。受精囊体较发达，受精副囊椭球形，受精主囊梭形，前端发出粗长受精囊腺，受精囊腺末端 2 分叉。附腺柄粗直，从生殖腔中部发出，顶端着生长梭形附腺囊，附腺囊顶端略扭曲，发出长而发达的附腺管，有时附腺管中、后部有不均匀分布的短管状突起 (图 26-92 A～D)。

雌性外生殖器：交配囊浅黄白色，交配囊体长球形，内侧具长条形褐色交配囊片，交配囊片两侧微刺，中央色浅。交配囊颈粗长，内侧刺突与交配囊体类似。导精管从交配囊颈下端一侧生出，绕半圈后连接在生殖腔端部，连接点与受精囊管相近。精包乳白色，精包体椭球形。精包管长，近末端略折，端部开口长三角形 (图 26-92 A～D)。

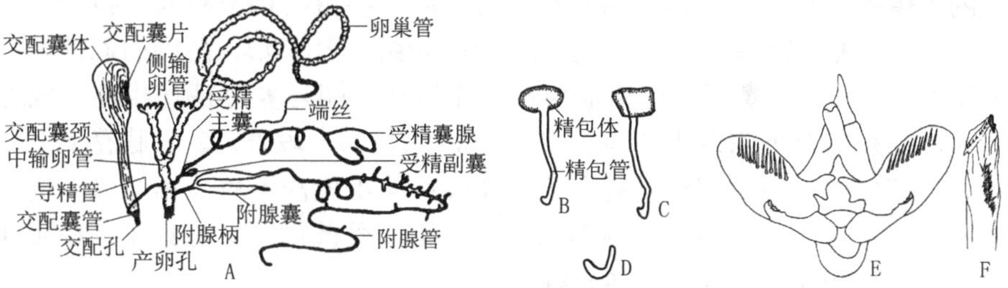

图 26-92　雀纹天蛾生殖系统

A. 雌性生殖系统；B. 精包；C. 残留精包；D. 精包管端部开口；E. 雄性外生殖器；F. 阳茎 (A. 李照会等，1993；B～D. 参考李照会等，1993 图重绘；E、F. 朱弘复和王林瑶，1997)

26.21　舟蛾科 Notodontidae

26.21.1　雄性外生殖器

爪形突通常发达，形状多样，端部分叉或缺刻，有时延长或膨大成多种形状，少数具上或下爪形突。颚形突 (尾突) 形状多简单而上弯，少数端部膨大成多种形状，有的无颚形突。抱器瓣整片，较长大，少数短小、狭窄或分叶，边缘骨化，中央多膜质，各种突起较少而简单，无刺。阳茎发达，直、弯曲甚至螺旋扭曲，可生有各种突起。阳茎端膜很少具角状器 (阳茎刺)。囊形突除少数属较明显延长成三角形外，一般不发达 (图 26-93 A、B)。

26.21.2　雌性外生殖器

前、后表皮突一般中等大，少数短小。前、后阴片通常发达。交配囊管多膜质，中等长，少数部分骨质或较短，直或扭曲。极少具交配副囊，大多具各种形状的交配囊片 (图 26-93 C)。

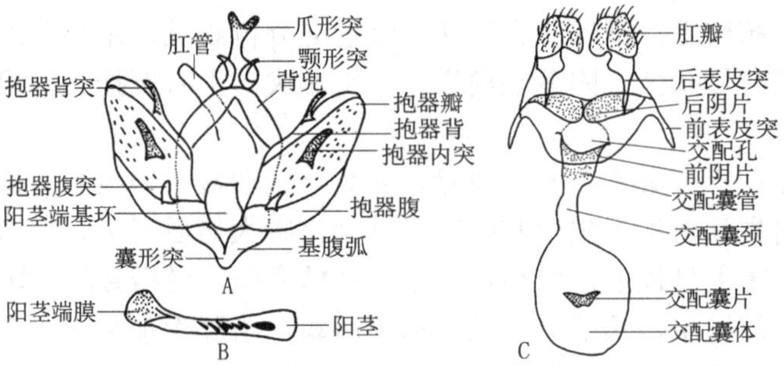

图 26-93　舟蛾科雌、雄外生殖器 (武春生和方承莱，2003)

A. 雄性外生殖器；B. 阳茎；C. 雌性外生殖器

26.21.3　黄二星舟蛾 *Euhampsonia cristata* (Butler)

雄性内生殖器：精巢浅黄色，两侧精巢有共同的半透明精巢被膜，被膜上有密集的微气管分布。贮精囊从精巢被膜体下端发出，中部缢缩呈“S”形，两侧的贮精囊在缢缩部相互扭曲呈“X”形。贮精囊下方连接输精管，输精管它端与复射精管相连。成对的复射精管略膨大，复射精管顶部发出 1 对细长附腺，除基部一段外，2 附腺管紧密贴合。自与复射精管汇接处始，单射精管外观上分为 4 段：第 1 段浅黄色；第 2 段半透明，内容物无色透明胶状；第 3 段乳白色，内容物白色；第 4 段壁鞘质，与第 3 段相接处缢缩，与阳茎相连处有 1 明显扭曲 (图 26-94 A)。

雄性外生殖器：背兜源于第 9 腹节背板，基腹弧源于第 9 腹节腹板，两者在抱器的侧基部相关节，形成骨环。囊形突窄条形，甚短。爪形突和颚形突源于第 10 腹节的背板及其附肢。爪形突基部近方形，端部扁平弯曲。颚形突 1 对，生于爪形突下方两侧，呈细长弯曲的新月形，与爪形突相向弯曲，呈楔合状。肛管生于颚形突下方，呈指状伸出。抱器由第 9 腹节的附肢演化而成，为 1 对大型双壁的翼状构造，基部包有肌肉部分，可作相向的钳状运动。其上端为膨大鸡头状的抱器端，其下为弧形弯曲的抱器背，抱器背近中部有 1 长形突起。抱器腹膜质，其上密被黄色长毛。阳茎从背兜和基腹弧间的膈膜中部伸出，膈膜环绕阳茎的部分形成双褶，可以翻出，双褶的外层形成阳茎基环，内层形成套膜，阳茎可以借此伸缩。阳茎的外壁由阳茎端、内阳茎鞘及鞘内突组成。阳茎端和内阳茎鞘分别包裹内阳茎管的前后段，阳茎端管状，而内阳茎鞘的一侧有 1 剑状突起伸向虫体前方，即为鞘内突。阳茎囊缺。内阳茎基部与单射精管相连，它端则形成可翻缩的阳茎端膜。内阳茎鞘与鞘内突均着生有发达的肌肉。在阳茎端管的基部，内阳茎作多次皱褶。内阳茎管与阳茎端外壁之间为可以相互滑行的套筒式构造，借内阳茎皱褶的伸缩可使内阳茎前后滑行，进而使阳茎端膜膨伸或收缩。内阳茎大部分为韧性膜质，至阳茎端包被部位，内阳茎管发生不对称骨化，其一侧形成 1 长弧条形骨片，成为内阳茎伸缩的受力支持机构。在内阳茎管的不对称骨化区，管腔内充满许多黑色刺状物，是为阳茎针。不对称骨化区前端与阳茎端膜相连，阳茎端膜另一端外翻与阳茎端壁相接 (图 26-94 B、C)。

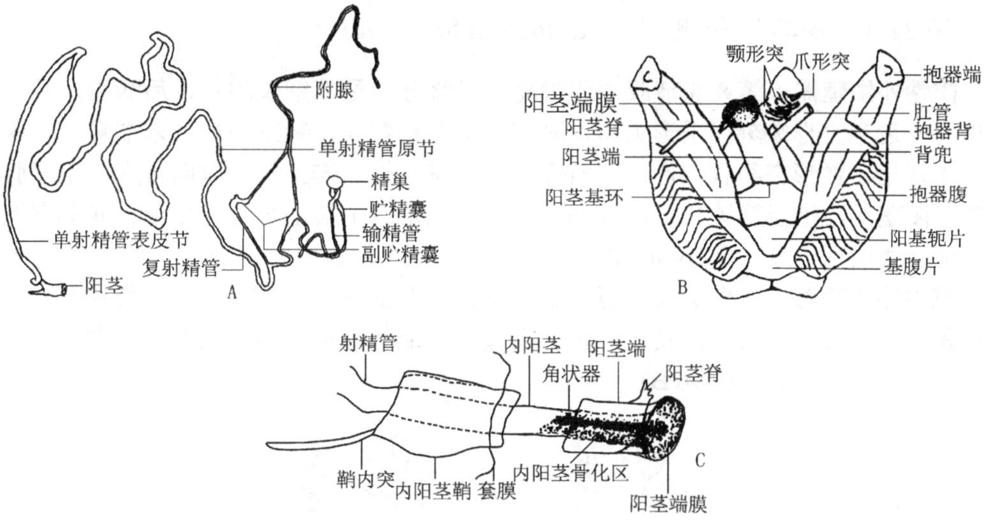

图 26-94　黄二星舟蛾雄性生殖系统 (嵇保中，1993)

A．雄性内生殖器；B．雄性外生殖器；C．阳茎

雌性内生殖器：每卵巢有 4 支卵巢管，卵巢管基部汇合开口于侧输卵管，两侧的侧输卵管汇入中输卵管。中输卵管它端与生殖腔相连，生殖腔中后部膨大，经产卵孔向外开口。受精主囊小，略呈锥形，其端部发出 1 条长管状受精囊腺，末端二叉状。受精副囊肾形，其基部与受精主囊汇合于受精囊管，受精囊管有 1 扭曲，它端开口于生殖腔顶部一侧。附腺囊 1 对，各呈新月形，无色透明，其顶端发出细长的附腺管，其上不规则地生有数个短管状突起。2 附腺囊基部汇合于附腺柄，附腺柄着生于生殖腔近中部 (图 26-95 A)。

雌性外生殖器：交配囊管短阔，隐藏在交配孔内，交配囊颈粗壮发达，在近交配囊体处扭曲，交配囊片外观为 1 近长方形阴影状斑纹，围绕囊片有数条同心纹。导精管着生在交配囊颈端部一侧，较粗直，它端连接于生殖腔顶端侧面，与受精囊基部的着生点邻近 (图 26-95 B)。

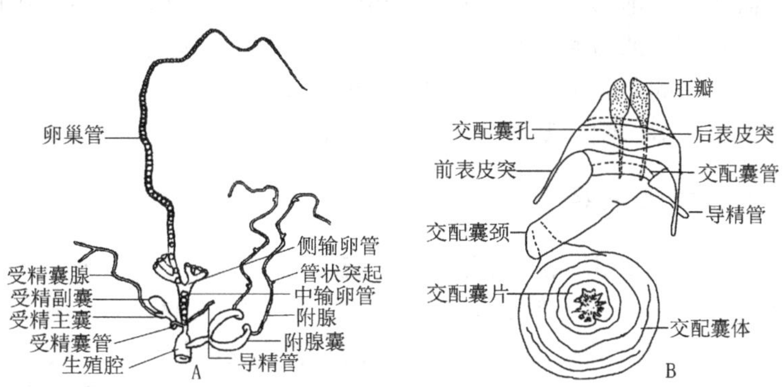

图 26-95　黄二星舟蛾雌性生殖系统

A．雌性内生殖器；B．交配囊 (A．嵇保中，1993；B．参考嵇保中，1993 图重绘)

26.21.4　杨二尾舟蛾 *Cerura menciana* Moore

雄性外生殖器：第 8 腹节腹片强骨化，前缘分叉呈 2 细长的角，后缘直，具小齿，中央有 1 近半月形缺刻。爪形突短，稍粗，端部稍弯曲，钝三角形，末端膨肿，腹面中央有 1 浅槽。颚形突稍长，弯曲。背兜大，较宽。抱器瓣狭长，弯向背兜。抱器腹基突稍圆。阳茎约与抱器瓣等长，端部稍弯曲，鸟喙形。阳端基环近半月形。囊形突短、稍大，前缘微曲近于直 (图 26-96 A)。

雌性外生殖器：前表皮突宽短，三角形。后表皮突细长。第 8 腹节背片两侧渐尖、中央稍宽，下唇形。后阴片发达，舌形隆起。交配囊管不明显。交配囊体大，近囊孔有 1 大骨板，近心形 (图 26-96 B)。

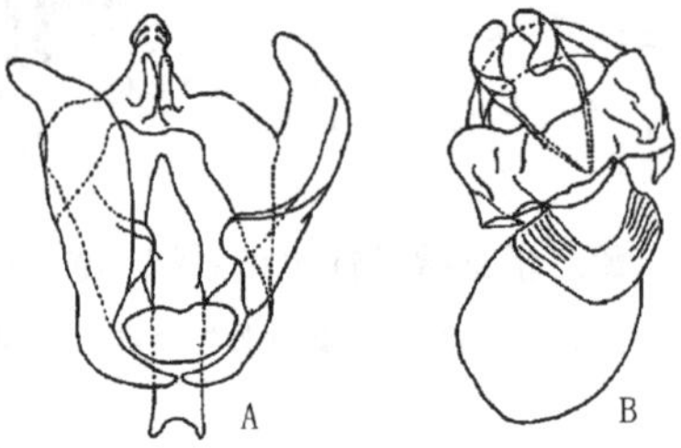

图 26-96　杨二尾舟蛾雌、雄外生殖器 (蔡荣权，1979)

A. 雄性外生殖器；B. 雌性外生殖器

26.22　毒蛾科 Lymantridae

26.22.1　雄性外生殖器

第 9 腹节背板形成背兜，腹板形成基腹弧，其后方中央向第 8 腹节伸出 1 囊形骨片，称为囊形突，有的种类囊形突退化。第 9 腹节腹侧有 1 对抱器瓣，抱器瓣形状不一，其上光滑或有毛、刺、瘤状、齿状、剑状突起。抱器瓣可分为以下几部分：抱器背位于抱器瓣的背缘区；抱器腹位于抱器瓣的腹缘区；抱器端位于抱器瓣端区。第 10 腹节背板特化成钩形突，又称爪形突，腹板特化成颚形突。肛孔位于钩形突与颚形突之间。阳茎管状，位于背兜与基腹弧之间的薄膜上。阳茎端膜位于阳茎末端，有的能伸缩，有的种类上面有小刺或突起，称为角状器。阳茎基环位于阳茎基部腹面，为 1 弧形骨片 (图 26-97 B)。

26.22.2　雌性外生殖器

第 9、10 腹节背板合并形成肛乳突，其上被细毛。肛乳突腹面膜质，侧面有 1 对角质化棒，称为内棒或后表皮突，伸到第 8 腹节内。肛乳突腹面膜质，其上有肛孔和产卵孔。第 8 腹节侧面有 1 对骨质化棒，称为外棒或前表皮突，伸到第 7 腹节内，在第 7、8 腹节腹面节间膜上有交配孔开口，其周围骨质化，交配孔连接交配囊管和交配囊体，交配囊体上常有骨质化交配囊片，其上有花纹或小刺等构造 (图 26-97 A、C)。

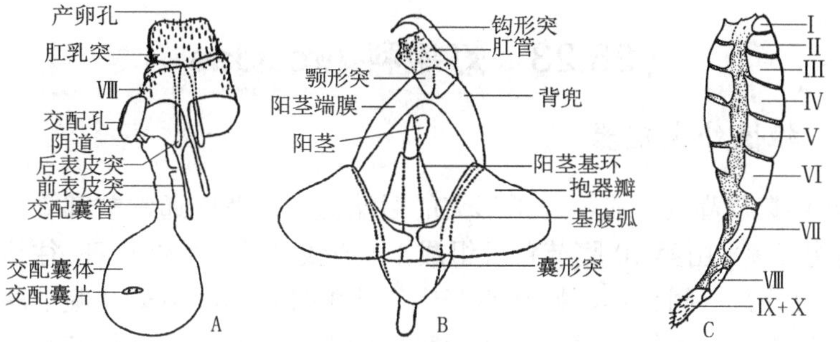

图 26-97　毒蛾科雌、雄外生殖器

A、B. 雌、雄外生殖器模式；C. 模毒蛾的伪产卵器；Ⅰ～Ⅹ为第 1～10 腹节 (A、B. 赵仲苓，2003；C. 雷朝亮和荣秀兰，2003)

26.22.3　肾毒蛾 *Cifuna locuples* Walker

雄性外生殖器：背兜宽。钩形突向腹面弯曲呈钩状，背面有毛。颚形突发达。囊形突三角形。抱器瓣长且宽，端半分成两半，背面一半窄，腹面一半宽，上有细毛，抱器瓣腹缘基部有 1 梯形突 (图 26-98)。

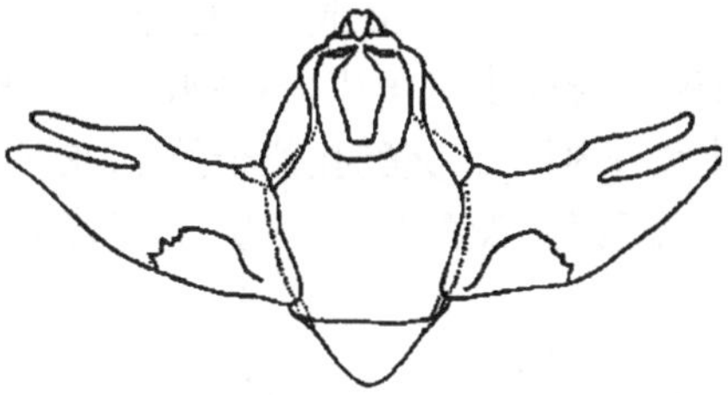

图 26-98　肾毒蛾雄性外生殖器 (赵仲苓，1978)

26.22.4　侧柏毒蛾 *Parocneria furva* (Leech)

雄性外生殖器：钩形突圆锥形，末端弯钩状。囊形突大而宽，三角形。阳茎基片末端有 1 切口。抱器瓣宽大，腹面有 1 个钝齿状突起，背面有 1 个弯突及 1 个长方形硬化叶片，其末端稍圆有齿。阳茎细长，背面有小齿 (图 26-99)。

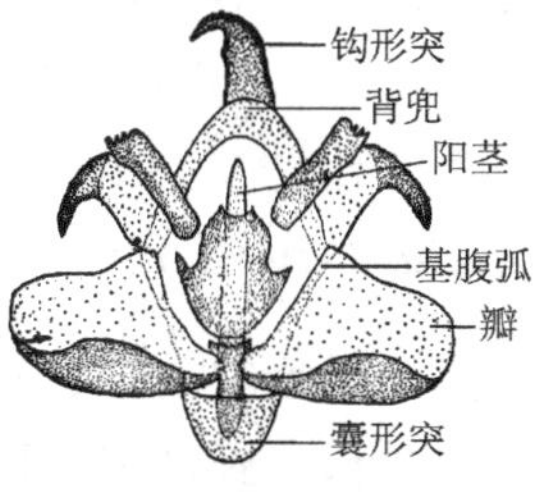

图 26-99　侧柏毒蛾雄性外生殖器 (赵仲苓，1978)

26.23　灯蛾科 Arctiidae

26.23.1　雄性外生殖器

背兜由第 9 腹节背板形成，与爪形突的后端融合，背兜通常前部骨化强，后部骨化弱。爪形突（钩形突）由第 10 腹节背板组成，一般较瘦长，顶端尖细，往往有 1 小弯钩，但有的有较宽或分叉、圆头形、帽状等变化。基腹弧环形，由第 9 腹节腹板形成。囊形突位于基腹弧的末端，一般不发达。颚形突位于爪形突基部下方与肛孔之间，较细长而上弯，一般不发达。肛孔开口于爪形突的下方。抱器背位于抱器瓣的背基区；抱器内突 ampulla 位于抱器瓣的背端区；抱器腹位于抱器瓣的腹基区（腹下缘），其端部往往延长；抱器背基突由抱器背的背基部突出而成。阳茎着生于背兜和基腹弧之间的隔膜上，其基部有 1 骨化片，称为阳端基环。阳端基环位于左右抱器瓣之间用以固着阳茎，多为短梯形或长形。阳茎通常直，但有时向背面弯曲，端部侧面有时有 1 角突。阳茎端膜位于阳茎端部，通常发达，其上着生各种形状的角状器、棘刺或突起。阳茎鞘为 1 膜质套，有时侧面骨化。射精管从阳茎后部背侧面进入（图 26-100 B）。

26.23.2　雌性外生殖器

休止时缩在第 7 腹节体腔内，第 9、10 腹节相互接合形成肛乳突，其腹面膜质，上有产卵孔和肛孔。第 8 腹节侧面形成 1 对角质棒状物，头向伸入腹腔，称为前表皮突（外棒）。肛乳突下面接连后表皮突（内棒）。交配孔位于第 7、8 腹节腹面节间膜上，其上方连接生殖漏斗腔、交配囊管和交配囊体，交配囊体上着生多种形状的交配囊片（图 26-100 A）。

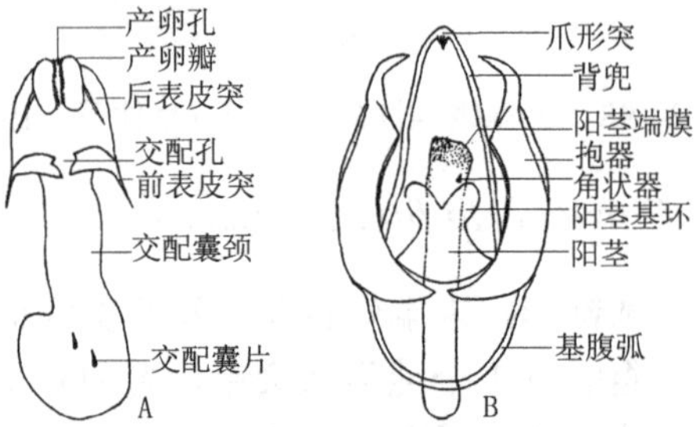

图 26-100　灯蛾雌、雄外生殖器

A. 雌性外生殖器；B. 人纹污灯蛾雄性外生殖器（A. 方承莱，2000；B. 方承莱，1985）

26.23.3　黄角苔蛾 *Disasuridia flava* Fang

雄性外生殖器：背兜侧缘有锯齿。爪形突前端较宽，背向有 1 纵脊，顶端稍内凹。抱器背基突向内成尖角状。抱器瓣宽而长、基部窄，前端有 1 膜质长圆形片，其上着生刚毛，顶端弯钩状。基腹弧后端稍突出，阳茎上部角状器粗短，背缘角状器上的刺突较粗（图 26-101）。

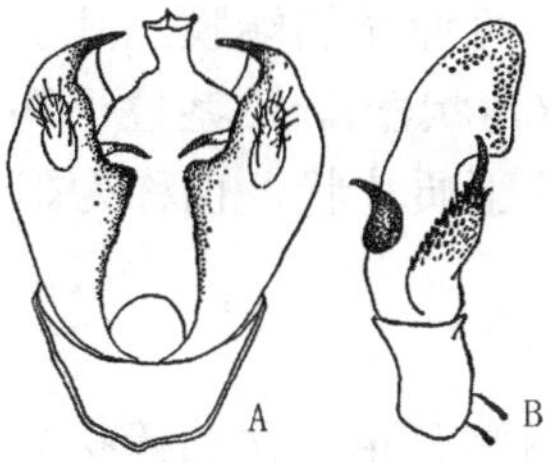

图 26-101　黄角苔蛾雄性外生殖器及阳茎 (方承莱，1991)
A. 雄性外生殖器 (阳茎未绘)；B. 阳茎

26.23.4　点阳苔蛾 *Heliosia punctata* Fang

雄性外生殖器：爪形突细长，顶端尖细。抱器长形，顶端宽扁，其上着生刚毛。抱器背膜质。囊形突后端平宽。阳茎端基环梯形，其端部弧形。阳茎端有 1 强骨化的角状器，中下部有数个小刺突 (图 26-102)。

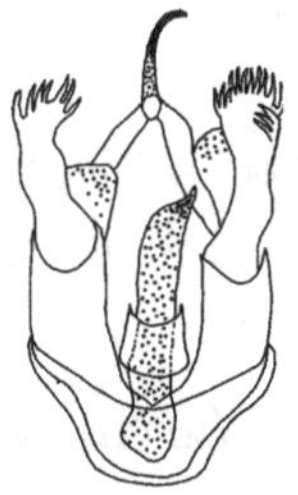

图 26-102　点阳苔蛾雄性外生殖器 (参考方承莱，1992 图重绘)

26.24　夜蛾科 Noctuidae

26.24.1　雄性外生殖器

第 9 腹节腹板形成背兜，背兜后端与第 10 腹节背板形成的钩形突连接，钩形突多呈钩状，端部尖，连同背兜在内，其长度一般与抱器瓣相当或稍超过。后翅翅脉属四叉型的种类，钩形突变异较多。后翅翅脉属三叉型的种类，钩形突多较简单。第 9 腹节的腹板形成基腹弧，其背端与背兜连接，后端向第 8 腹节伸出 1 囊形突，第 9 腹节的腹侧有 1 对抱器瓣。抱器瓣的形状多样，基部常强角化，肥厚，有立体感，称为抱器腹。抱器瓣体多呈片状，其腹缘近端部或凹，使抱器瓣端与抱器瓣体有 1 明显分界，此类抱器瓣端称为冠 cucullus，其上常有成列的刺，称为冠刺 corona。抱器腹背侧基部的突起称为抱器腹突 clavus。抱器瓣腹缘近端部的突起称为抱器腹端突 pollex。抱器瓣的中部多有强角化的突起，称为抱钩 clasper，其基部多与抱器腹相连，端部常游离。在抱钩附近或有另一角化稍弱的突起，称为抱器内突，多位于抱钩的背侧。抱器瓣背侧的近端部或有突起称为抱器背突 digitus，常呈指状。抱器瓣的近基部或有突起，称为抱器里突 editum，常呈丘形。阳茎多呈管状，其末端有可伸缩的端膜，其上有角质突起、脊形或齿突，阳茎内囊常有几丁质物，称为阳茎针 (角状器)。阳茎位于钩形突下方，由 1 几丁质化的阳茎端环支撑，阳茎端环的腹面常呈几丁质片状，也称为阳茎端基环 (图 26-103 B)。

26.24.2　雌性外生殖器

第 9、10 腹节形成肛上板，两侧有角质化的棒状突起物，肛上板的背端常凹陷，腹面膜质。第 8 腹节有 1 对角质化的棒状突起物，第 7、8 腹节腹面有 1 交配孔，向内通入交配漏斗腔、交配囊管和交配囊体 (图 26-103 A)。

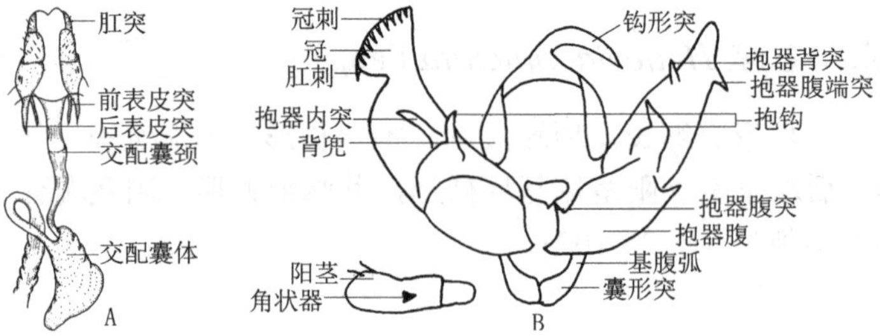

图 26-103　夜蛾科雌、雄外生殖器 (陈一心，1999)

A. 雌性外生殖器；B. 雄性外生殖器

26.24.3　三叉地夜蛾 *Agrotis trifurca* Eversmann

雌性内生殖器： 卵巢黄白色，卵巢管端丝发达。侧输卵管短，中输卵管较长。受精囊管细长弯曲，从生殖腔端部一侧发出，另端与受精囊体相接。受精囊体灰白色，受精主囊环抱受精副囊。受精主囊顶端发出细长受精囊腺。附腺柄着生在生殖腔中上部，直管状，顶端膨大形成梨形附腺主囊，主囊前部两侧各发出 1 支细管，细管顶端膨大形成

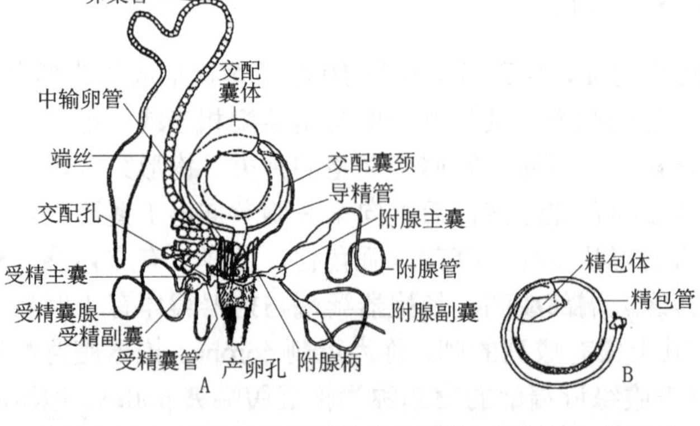

图 26-104　三叉地夜蛾雌性生殖系统 (石毓亮，1980a)

A. 交配、产卵期正面全图 (第 9、10 腹节向右侧倾斜，留 1 条完整的卵巢管)；B. 残留精包

梭形附腺囊，附腺囊基半部透明，端半部灰白色，前部发出 1 支灰白色略粗的附腺管(图 26-104)。

雌性外生殖器： 交配囊体长管形，向内方环曲，末端略粗。交配囊管长管状，与环形的囊体下端相接。交配囊颈由交配囊体下部另侧发出，反时针方向环转 1.5 圈。导精管自交配囊颈端部一侧生出，细长，另端伸达生殖腔顶部。残留精包整体呈环圈状，无色透明。精包体表面膜软薄，淡灰褐色，精液排出后呈扁帽状。精包管从精包体底部一侧伸出，末端呈根颈样膨大，下方有 1 角突伸出 (图 26-104)。

26.24.4 小地老虎 *Agrotis ipsilon* (Hufnagel)

雄性内生殖器： 左右精巢有共同被膜，整体扁圆形，橘黄色，位于第 5 腹节的背膈之下，被膜上有白色微气管分布。贮精囊 1 对，乳白色，连接在精巢被膜体的腹面，“S”形，中央细，两端粗，在中央交叉成“X”形。输精管细长，白色，从贮精囊末端伸达复射精管。复射精管 1 对，乳白色，其腹侧近中部与输精管连接。2 个复射精管的一端汇入单射精管，另端连接附腺。单射精管前端与复射精管连接，末端开口于阳茎盲囊。单射精管形态上可分为前段和后段两部分，前段乳白色，半透明，盘绕在精巢腹面。后段与前段相连者为厚壁肌管，质硬，褐色。厚壁肌管之后为角状管，二者相连处为 1 硬结，并伸出角状侧突，精包系带即成于其中。角状管无色半透明，管内包藏精包柄。附腺从复射精管另端伸出，乳白色或粉红色，2 附腺贴合，附腺管末端封闭 (图 26-105 A)。

雄性外生殖器： 阳茎是第 9、10 腹节节间膜的突出物，抱器由第 9 腹节生殖肢的基节和刺突形成。第 9、10 腹节的一部分形成完整的骨环，其上附着外生殖器其他部分。背兜位于骨环的背面，由第 9、10 腹节的背板形成，屋脊状。基腹弧位于骨环的腹面，帽状，由第 9 腹节的腹板形成，其上端伸过背兜的内缘，与背兜基腹部的柄状突相关节，它的末端有 1 尖形的囊形突。背兜的侧腹缘与抱器背的突出部分相关节。钩形突细长，向腹面弯曲，末端钩状，背缘有长毛，基部与背兜中背部连接。颚形突来源于第 10 腹节的腹板，贴在肛管的腹面，在肛管的腹面分开为 2 条平行的骨片。背兜侧突缺。肛管在钩形突的腹面，白色柔软，肛孔开口于肛管末端。抱器是位于背兜两侧面的 1 对钳状双壁构造，末端封闭，基部向体腔开口，为交配时握持雌体的器官。它们的基背角和背兜侧腹缘相关节，基腹角和阳茎轭片相关节。阳茎轭片正面观呈倒“W”形，侧面呈三角形。抱器端尖，其上着生 1 列整齐的冠刺。抱器瓣片突出。抱器背弯曲。抱器腹弧形。抱器铗片基部膨大，末端尖，弯向腹面，内侧有镰刀形的内突。抱器腹突小，馒头形，其上有几支短毛。抱器背缘近端部凹入较深，抱器腹缘在前端 1/3 处外突。阳茎从背兜到基腹弧之间的膈膜中央伸出，膈膜围绕阳茎的部分形成双褶，可以翻出，阳茎借以伸缩，双层的外面 1 层为阳茎基环，里面 1 层附着在阳茎周围的为套膜。阳茎包括基部的阳茎囊和阳茎囊之前的阳茎。阳茎囊盲肠状，单射精管在它的背面开口，并伸入阳茎内与蠕虫状弯曲的内阳茎相连接。阳茎前端有端膜，顶端有凹陷，阳茎端膜上有 1 小块角状器，其上有许多鳞片状突起 (图 26-105 B)。

雌性内生殖器： 卵巢乳白色，每卵巢具有 4 支细长的卵巢管，卵巢管基部汇入侧输卵管，两侧输卵管在中央汇合与中输卵管相接，中输卵管后端与生殖腔连接，生殖腔瓶状，较长，其外部开口即为产卵孔。卵巢管分为端丝、卵巢管本部、卵巢管柄。每卵巢的 4 支端丝集合成悬带附着在第 3 腹板处的脂肪体上。卵巢管柄上端被卵巢管塞封闭，产卵后卵管塞被溶解消失。卵巢管多滋式，滋养细胞和卵母细胞位于同一室，成 5∶1 比例。受精囊梨形，受精主囊镰刀形，乳白带黄绿色，基部连接受精囊管，端部伸出细长受精囊腺。受精副囊瓜子形，嵌在镰刀形主囊的弯钩中央，其基部与主囊基部汇合。受精囊管细长，基部扭曲，着生在生殖腔顶端。附腺灰白色，半透明，末端封闭。附腺柄着生于生殖腔中上部，基部管状，中部以上稍膨大形成棒状附腺主囊，附腺主囊前部两侧各发出 1 支细管，细管前部膨大形成梭形附腺囊，每附腺囊前端发出 1 支细长附腺管 (图 26-106 A)。

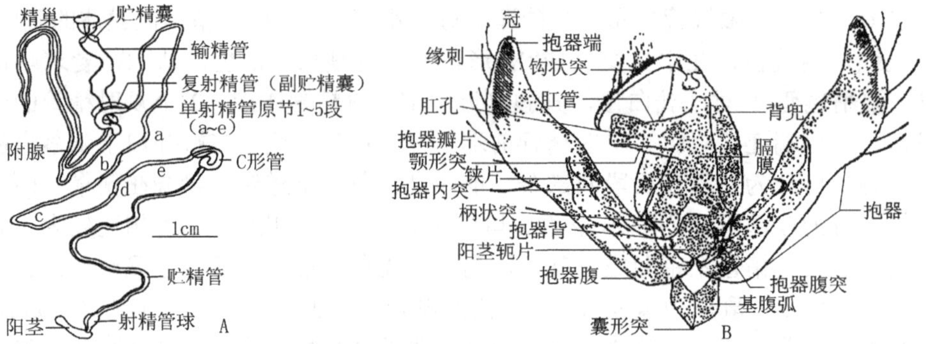

图 26-105　小地老虎雄性内、外生殖器

A. 雄性内生殖器；B. 雄性外生殖器 (A. 陈长琨等，1998a；B. 卢筝，1982)

雌性外生殖器：第 8 腹节背面和两侧面骨化，腹面膜质，侧后缘突出形成棒状的前生殖突。第 9、10 腹节愈合，两侧骨化，形成 1 对骨片，称为肛乳突，中等大小，端部尖，其上着生刚毛，两侧骨化部分在背中央接近，由膜质相连，腹面膜质，在中央皱褶形成 1 对小圆突，侧后缘突出形成细长的后生殖突。产卵孔包被于第 9、10 腹节形成的筒中。交配囊整体呈叉形而环绕成圈，灰白色，位于腹腔中央，前缘达腹部第 2 节。交配囊孔开口在第 7 腹节腹板后缘中部与第 8 腹节腹板之间膜区，开裂短，"U"字形，向内凹成漏斗状的腔，与交配囊导管连通，交配孔下漏斗状的腔称为阴道窦，阴道窦的腹壁为前阴片，背壁为后阴片。交配囊管细长，基部 1/3 处扭曲，其上具有 1 条皱褶，扭曲之后的一段皱褶较多。交配囊管前端二叉状，1 支为长茄状交配囊体，另 1 支为长管形、反时针方向环转 1 圈多的交配囊颈。交配囊体端部黄白色，内侧淡红褐色。基部具长柄，弯曲形成半环形，其内侧有黄色交配囊片。导精管细长，一端连接于交配囊颈末端，另一端开口在生殖腔顶部，与受精囊管着生处邻近。精包体椭圆形，和精包管相接处呈豆芽状，其周缘扁框状，色深，末端有较宽的片状膜突，两侧面为表面膜。精包管邻近精包体部一段圆形，其他部分甚扁，末端作钩状，有上卷的边及 1 角状突 (图 26-106)。

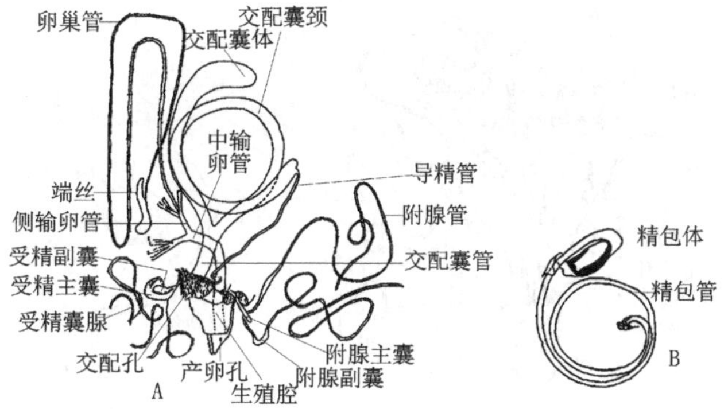

图 26-106　小地老虎雌性生殖系统 (石毓亮，1980a)

A．滞育期正面全图，第 8、9、10 腹节向左侧倾斜，留 1 条完整的卵巢管；B．交配后的残留精包

26.24.5　阴朽木夜蛾 *Axylia opacata* Chen

雄性外生殖器：钩形突细长，端部尖。抱器瓣长宽形，端部钝，有细密的冠刺。抱器瓣腹缘近端部凹缩，使其下方成 1 钝角突。抱器钩指状，中部微弯，端部尖，伸出抱器瓣腹缘。抱器内突弯指状，端部尖。抱器里突较大，铲形。抱器腹突小，丘形。阳茎端基环宽，约呈铲形。阳茎粗，约与抱器瓣等长，内囊无角状器 (图 26-107)。

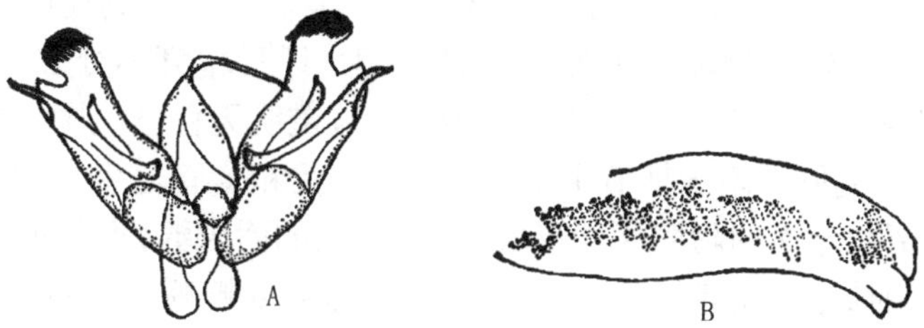

图 26-107　阴朽木夜蛾雄性外生殖器 (陈　心，1993)

A．围阳茎构造；B．阳茎

26.24.6　豆卜馒夜蛾 *Bomolocha tristalis* Lederer

雌性内生殖器：卵巢乳白色，每卵巢有 4 支卵巢管。卵巢管端丝发达。侧输卵管、中输卵管细长。受精囊管细长，2～3 环螺旋状扭曲后直伸，着生于生殖腔前端。受精囊体双叶状，受精副囊较小，水滴状；受精主囊膨大呈纺锤形，前端发出粗短扭曲的受精囊腺。附腺柄着生于生殖腔中部，基部管状，端部膨大形成梨形的附腺主囊。附腺主囊顶端发出 1 对细管，细管顶端连接梭形的附腺囊，附腺囊前端发出 1 支较粗的附腺管 (图 26-108 A)。

雌性外生殖器：交配囊管较细长，其内壁稍几丁质化，呈淡褐色；基半较细，端半扩大呈杯状。交配囊体暗白色，倒细腰葫芦状，壁薄，上部中央可透视到 1 块由褐色几丁质小点组成的交配囊片。交配囊颈较短，位于交配囊体中下部。导精管从交配囊颈下

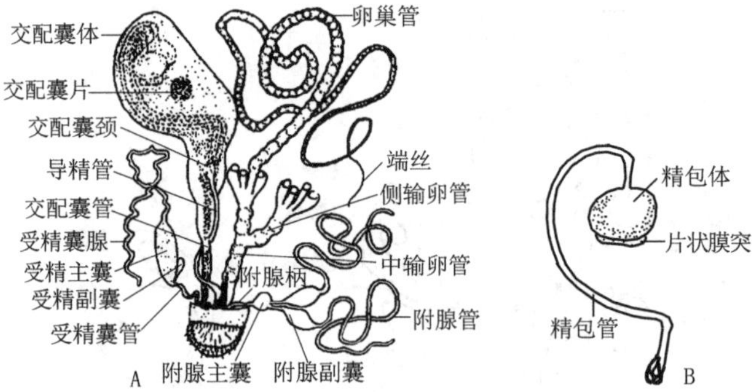

图 26-108　豆卜馒夜蛾雌性生殖系统

A. 交配、产卵期正面全图 (第 8、9、10 腹节略向右倾斜，留 1 条完整的卵巢管)；B. 残留精包 (A. 石毓亮和于建垒，1988；B. 参考石毓亮和于建垒，1988 图重绘)

端伸出后呈弯管状，它端着生于生殖腔顶部，位于受精囊管着生点上方。导精管与生殖腔接合处膨大。精包体圆球形，下半球质地坚韧，上半球似薄膜状，上表面有 1 片状膜突。后期上半球凹入下半球内。精包管基部一段粗扁，向球部下方弯折，近端处从侧面裂成 1 狭长"V"形开口，开口处有向后回折的片状突盖住"V"形开口的一部分 (图 26-108)。

26.24.7　旋夜蛾 *Eligma narcissus* (Cramer)

雌性内生殖器：卵巢乳白色，每卵巢有细长卵巢管 4 支。侧输卵管短，中输卵管细长。受精囊管着生于生殖腔顶端稍下方，基部稍膨大，近受精囊体处 2～3 环螺旋状扭曲。受精主囊、受精副囊长纺锤形，内含乳白色物质，被透明无色球包围。受精主囊前端发出短小、灰白色的受精囊腺。附腺柄着生于生殖腔上、受精囊管着生点的下方。基部很短一段管状，附腺柄大部和分叉的附腺囊体形成"Y"形膨大的附腺囊，两侧的分叉膨大呈梭形，前端发出乳白色、细长扭曲的附腺管，附腺管近附腺囊处蚯蚓状扭曲 (图 26-109 A)。

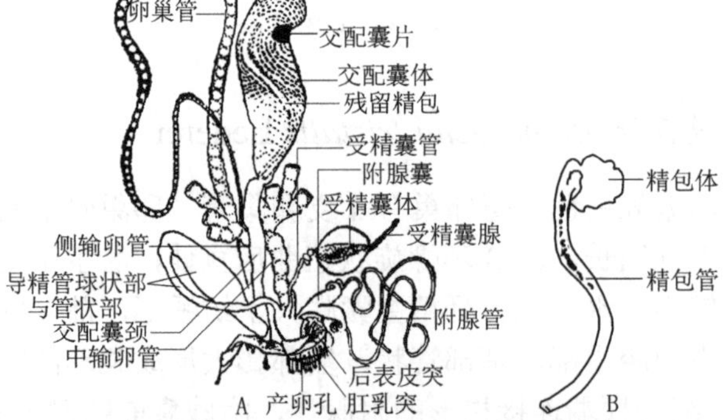

图 26-109　旋夜蛾雌性生殖系统

A. 交配、产卵期正面全图 (第 8、9、10 腹节向左倾斜，留 1 条完整的卵巢管)；B. 残留精包 (A. 石毓亮，1984a；B. 参考石毓亮，1984a 图重绘)

雌性外生殖器：交配囊狭长，灰白色，交配囊管 (导精管着生点以下部分) 甚短，外观不明显。交配囊体长肾形，近顶端处略向一侧歪斜并形成 1 缢凹。交配囊体内壁具有淡紫色指纹状微纹。交配囊片位于缢凹处的内壁，黑紫色，蚌状，外观似种脐。交配囊颈与交配囊体交接处略收缩，外端似直接与交配孔连接。导精管自交配囊颈近外端处生出，无色透明，基半段膨大成长腰鼓状，端半段粗管状，接于生殖腔顶端受精囊管结合点上方。精包无色透明，精包体硬膜质。精包管壁厚韧，略作"S"形歪曲，末端开口的边缘光滑，无齿。新形成精包，在交配囊体内处于一定位置，球部夹在交配囊片内，精包管末端的开口对准交配囊颈 (图 26-109)。

26.24.8　棉铃虫 *Helicoverpa armigera* (Hübner)

雌性内生殖器：卵巢乳白色，每卵巢有 4 条细长卵巢管。每卵巢管有细短的端丝，同一卵巢的 4 支端丝结合成悬带。卵巢管柄较短，卵巢萼较宽短，其下连接颇短的侧输卵管，两侧的侧输卵管汇入中输卵管前端，中输卵管后方为略粗的生殖腔前庭，生殖腔向体外开口为产卵孔。受精囊管较细，前端开口于生殖腔 (导精管开口的后方)，近受精囊体处 2 环螺旋状扭曲。受精副囊长茄状，透明。受精主囊形状同副囊类似，但更大，淡灰白色。受精囊管连接于主囊的末端。附腺透明状。附腺柄着生于生殖腔前庭末端一侧，附腺柄顶端略膨大呈棒状，形成附腺主囊，附腺主囊端部下方两侧分别发出 1 梭形膨大的附腺囊，附囊柄和附腺囊约呈"T"形连接。附腺囊顶端发出 1 支细长的附腺管 (图 26-110 A)。

雌性外生殖器：交配囊管细直，黄褐色，骨化程度强，内膜腹壁褐色几丁质化。交配囊体呈倒茄样泡囊，黄白色，位于交配囊颈的内侧，内膜有规则的纵向微纹和纵列的 2 条黄褐色几丁质化长刺。交配囊颈麻花状，有 8～9 个缢痕，位于交配囊体左方，略向右弯成弧形，骨化程度强，黄褐色，但颜面色淡。交配后多呈淡黄色，有细条状的黄褐色骨化部分。导精管自交配囊颈端部底面生出，然后 10 多环螺旋状扭曲，它端着生于生殖腔顶端。残留精包整体呈吊蛇状伸曲，无色透明，质地软韧。精包体球形，精液释出

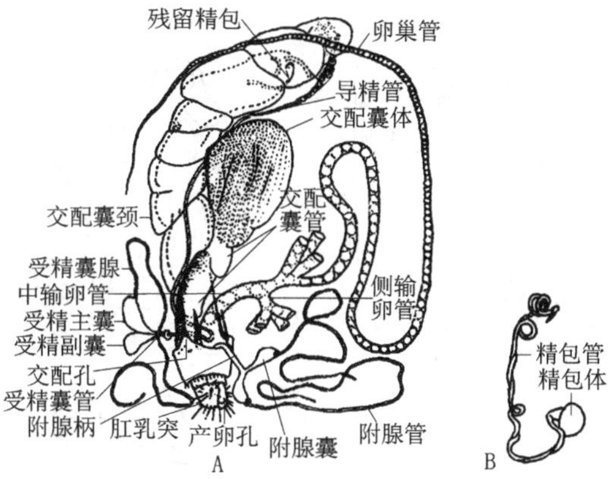

图 26-110　棉铃虫雌性生殖系统 (石毓亮，1984a)

A. 交配、产卵期正面全图 (第 8、9、10 腹节向左倾斜，留 1 条完整的卵巢管)；B. 残留精包

后下半球向上半球内陷而形成蘑菇状，淡黄白色。精包管细长，与精包体相连处略粗曲，与精包管直形相连或呈"S"形弯曲。精包管因质地软韧，排出精液后多变扁，并随交配囊颈内膜的通道形状形成若干度绳状扭曲和少数环状、弹簧状扭曲，末端有 1 长角状突，直伸 (图 26-110)。

26.24.9 美洲棉铃虫 *Heliothis zea* (Boddie)

雄性内生殖器：两侧精巢有共同被膜，整体橘黄色，位于第 3 腹节背面，精巢被膜体下方发出 1 对输精管，两侧的输精管交叉后膨大形成梭形贮精囊，贮精囊下方的输精管与复射精管相连。复射精管膨大，一端渐细形成细长附腺，另端则接入单射精管。单射精管从复射精管联合处起，向后延伸的简单肌肉管称为单射精管原节，提供精包形成的原料。其后为单射精管表皮节，属于精包形成的模具。单射精管末端与阳茎连接 (图 26-111 B)。

雌性内生殖器：每卵巢有 4 支卵巢管，没有形成常见的悬带。从卵巢萼到具有卵壳的成熟卵部分为卵巢管的成熟卵区；待成熟区内的卵母细胞卵黄发生已经完成，卵壳没有形成，滋养细胞很小，逐渐萎缩消失；待成熟区内前端为卵原细胞区。侧输卵管较短，中输卵管较长。产卵孔位于肛孔腹面。肛孔和产卵孔都开口于第 9、10 腹节肛乳突间，肛乳突形成可外翻的产卵器。受精囊管着生于生殖腔中部，受精囊管在着生处略膨大，前端临近受精囊体处形成 2~3 圈螺旋。受精主囊长茄形，受精副囊水滴状，贴于主囊弯曲面一侧。附腺柄着生于生殖腔基部，中下段管状，前段呈串珠状膨大，形成附腺主囊。受精主囊前端发出 1 对很短的细管，细管顶端连接发达弯镰状附腺囊，附腺囊顶端发出 1 支较为粗长的附腺管 (图 26-111 A)。

雌性外生殖器：交配囊位于腹腔背侧，交配囊颈侧壁较厚，扭曲。交配囊体肾形囊状，其内壁四周具有交配囊片和长棘刺组成的长带，有时交配囊体基部有短的骨化区。交配囊管基部稍膨大，交配孔位于第 7、8 腹节节间膜上。导精管从交配囊颈前端伸出，它端与生殖腔端部联系。精包体圆球形，精包管螺旋式上升，端部有 1 钩状突起，称为精包系带 (图 26-111 A)。

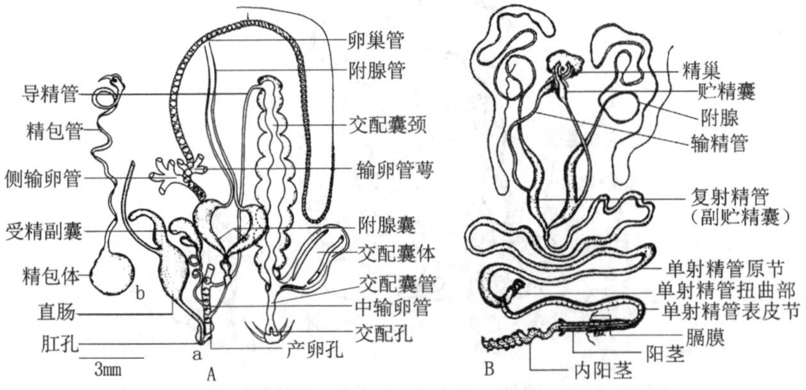

图 26-111 美洲棉铃虫雌、雄生殖系统 (Callahan, 1958)

A. 雌性生殖系统 (a. 受精囊腺未绘) 和残留精包 (b)；B. 雄性生殖系统

26.24.10　豆长须夜蛾 *Hypena rostralis* (Linnaeus)

雌性内生殖器：卵巢乳白色，每卵巢有 4 支卵巢管，卵巢管端丝发达，基部汇入侧输卵管。中输卵管较细长。生殖腔膨大增粗。受精囊管暗白色，细长，着生于生殖腔顶部，中段螺旋状扭曲。受精囊体双叶，受精副囊小，椭球形，无色透明。受精主囊乳白色，长辣椒形，顶端发出灰白色细长弯曲的受精囊腺。附腺柄中下部管状，着生于生殖腔中部，端部膨大形成环形附腺主囊，主囊 2 顶角各发出 1 细管，细管端部着生 1 对半球形附腺囊，每附腺囊顶端发出 1 支暗白色细长附腺管 (图 26-112 A)。

雌性外生殖器：交配囊整体呈倒细腰葫芦形，淡灰白色。交配囊管内壁稍几丁质化，淡褐色。交配囊体袋囊状，质地柔软，中间有 1 泡状物。交配囊颈短，与交配囊体分界不明显。导精管从交配囊颈下端一侧生出后螺旋状扭曲或不扭曲，它端连接于生殖腔端部，与受精囊管着生点相近。残留精包"S"形，无色透明，质地坚韧。精包体下半球体积大，质地较硬，与表面膜间有明显折痕；上半球质地薄软。后期形成 1 个不太大的圆孔。精包管"S"形弯曲 (图 26-112)。

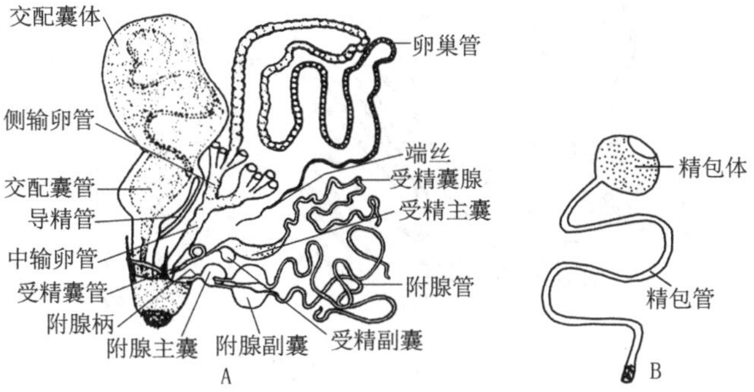

图 26-112　豆长须夜蛾雌性生殖系统

A. 交配、产卵期正面全图 (第 8、9、10 腹节向右倾斜，留 1 条完整的卵巢管)；B. 残留精包 (A. 石毓亮，1984a；B. 参考石毓亮，1984a 图重绘)

26.24.11　甜菜夜蛾 *Spodoptera exigua* (Hübner)

雌性内生殖器：每卵巢有 4 支卵巢管，整体乳白微带灰色，每卵巢的 4 支端丝结合成悬带，附着在第 3 腹节腹板处的脂肪体上。卵巢管分为端丝、卵巢管本部和卵巢管柄 3 部分。卵巢管柄汇合于较宽的卵巢萼，其下连接短小的侧输卵管。中输卵管也较短，中部开始粗大，接入后面粗大的生殖腔，生殖腔经产卵孔向外开口。受精囊管略粗短，着生于生殖腔顶部，基半段略膨大，近中部螺旋状扭曲，端段较细，与受精囊体相连。受精囊体单叶型，缺受精副囊，受精主囊长纺锤形，略呈"S"形扭曲，未交配时乳白色，较小；交配后淡黄色，膨大。受精主囊前端扭曲后，其上发出 1 支较长的受精囊腺，末端或有 2 分叉。附腺柄管状，细长，无色透明，着生于生殖腔基部。附腺柄端部膨大形成长梨形附腺主囊。附腺主囊前部侧面各发出 1 支细管，细管端部有梭形膨大的附腺囊，附腺囊前端发出 1 支细长、略弯的附腺管（图 26-113 A）。

雌性外生殖器：交配囊位于腹部腹面中央，起于第 8 节腹板，头向延至第 3 腹节，粗大坚硬。交配囊整体似顶端回折的长袋。交配囊管较粗长，内膜下段腹壁褐色几丁质化。交配囊体略呈元宝形，位于顶端，略偏向右侧方突出并回折。未交配时乳白色，交配后淡黄色，有细条状黄褐色骨化部分。交配囊颈位于交配囊管的正面和交配囊体的左侧方，呈底部椭圆形的袋囊状，与交配囊体的分界不清晰。在交配囊颈与交配囊管切接处，另具有盲管状突出物。导精管自交配囊颈底部生出，另一端开口在生殖腔顶端，与受精囊管开口处相近。近导精管 1/3 部位的内膜具有几丁质化皱褶。残留精包呈半框样弯曲，无色透明，质地坚韧。精包体下半球硬壳状，呈半个中部略收缢的椭圆形；上半球膜质，下陷后底边缘处有 1 大型片状膜突，向腹面弧形折弯。精包管上口及其附近圆形，以后变扁。精包管与精包体部直角连接，往下 1/3 处直角弯折，形成半方框形，末端斜切，并具有尖脚样角状突（图 26-113）。

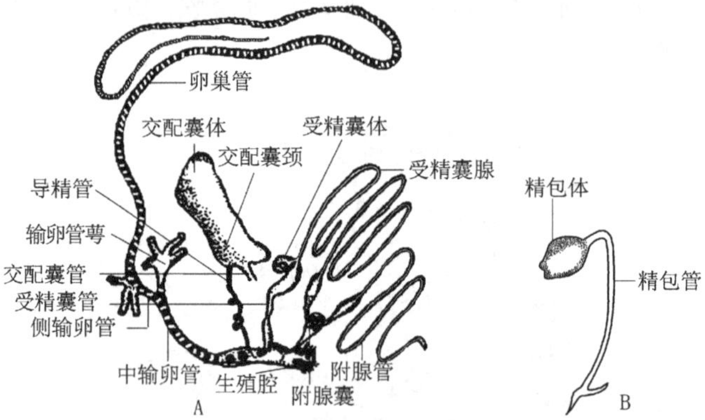

图 26-113 甜菜夜蛾雌性生殖系统

A. 整体，部分卵巢管未绘；B. 残留精包（A. 王宪辉等，2003；B. 参考王宪辉等，2003 图重绘）

26.24.12 白点粘夜蛾 *Leucania loreyi* (Duponchel)

雌性内生殖器：卵巢黄白色，每卵巢有 4 支细长卵巢管。侧输卵管和中输卵管较长。中输卵管下接较长的生殖腔，两者之间分界不清晰。受精囊管着生于生殖腔顶部。受精囊管接近受精囊体处略呈 1～2 环螺旋状扭曲。受精主囊和受精副囊均长葫芦形，灰白色。受精主囊顶端发出中等长度的半透明受精囊腺。附腺柄管状，着生于生殖腔近顶部受精囊管着生点下方，顶端膨大形成棒状的附腺主囊。附腺主囊中下部有横隔分开，基部两侧各发出 1 细管，细管顶端连接 1 近椭球形附腺囊，附腺囊向一侧齿状突出。附腺囊底部一侧发出 1 灰白色细长附腺管（图 26-114 A）。

雌性外生殖器：交配囊体舌囊状，连生于交配囊管顶端，大部分长度伸出交配囊颈，膜质，淡黄白色，内膜密布线条状纵纹。交配囊颈球形，胶质半透明，与交配囊管呈二歧分支。交配囊颈以交配囊管和交配囊体接合处为圆心迭生在上层，正面观中央透出的淡黄白色区域为交配囊颈端部。导精管自淡黄白色区的下方右侧直生出并穿出球体表位，

4 环螺旋状扭曲后直伸，连接于生殖腔顶部受精囊管着生点上侧。残留精包的精包体球形，明显较大，无色半透明，质地坚韧。精液排出后精包体下半球圆盘状，表面膜覆盖其上。精包管扁圆形，扭曲，末端有凹陷和 3 个角状突 (图 26-114)。

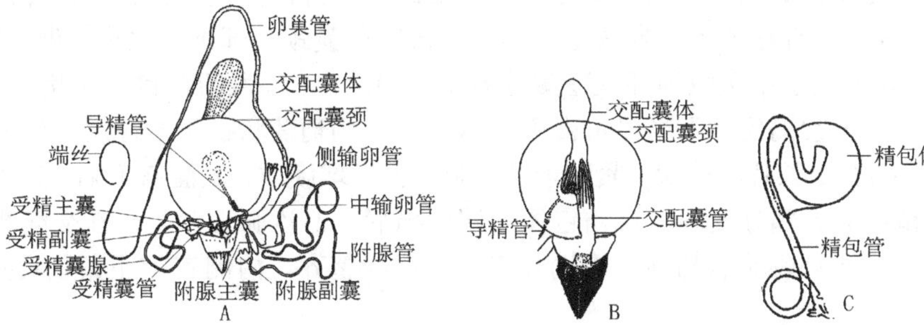

图 26-114 白点粘夜蛾雌性生殖系统 (石毓亮，1980b)

A. 卵巢发育初期 (尚未交配) 正面全图 (第 8、9、10 腹节向右侧倾斜，留 1 条完整的卵巢管)；B. 卵巢发育初期 (尚未交配) 腹视，去卵巢；C. 残留精包

26.24.13 宽胫夜蛾 *Protoschinia scutosa* (Denis *et* Schiffermüller)

雌性内生殖器： 卵巢淡黄白色，每卵巢有 4 支卵巢管，卵巢管细长，端丝发达。侧输卵管较短。中输卵管较长，中段膨大略呈“S”形弯曲，然后显著膨大呈吊钟形与生殖腔相接。生殖腔宽短。受精囊管无色透明，着生于生殖腔顶部，中段 2~3 环螺旋状扭曲。受精副囊近圆球形，无色透明。受精主囊长胃形膨大，乳白色，其端部发出细长的受精囊腺。附腺柄中下部管状，着生于生殖腔中部，顶端膨大形成球形附腺主囊。附腺主囊顶端两侧分别发出 1 细管，细管前端连接弯管状膨大的附腺囊，附腺囊前端内侧分别发出 1 支细长暗白色附腺管 (图 26-115 A)。

雌性外生殖器： 交配囊形似倒置的萌芽杏仁，芽基横置一小段螺旋状物。交配囊管

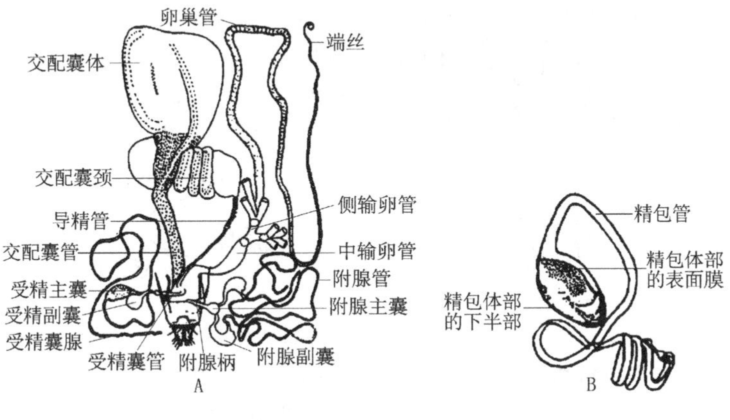

图 26-115 宽胫夜蛾雌性生殖系统 (石毓亮，1984a)

A. 交配、产卵期正面全图 (第 8、9、10 腹节背面向上，留 1 条完整的卵巢管)；B. 残留精包

类似长柄漏斗，漏斗口柄交接处略偏折，管形部分的内膜具淡褐色几丁质化皱褶，斗形部分的内膜也具皱褶，但几丁化程度稍低。交配囊体位于交配囊管顶端，内膜具有规则的纵向褐色微纹和并列的 2 条褐色几丁质化短刺。交配囊颈螺旋状，外膜灰白色，内膜具褐色几丁质化纵行皱褶，连生于交配囊管斗形部分下方，先向左方突出，然后向右方 4 环螺旋状扭曲，端部略膨大。导精管较细长，自交配囊颈端部下侧生出，做 10 多环螺旋状扭曲，它端着生于生殖腔顶部受精囊管着生点附近上方。残留精包盘蛇状，半透明，质地坚韧。上半段紫褐色，下半段黄褐色。精包体羊奶葡萄状，下半球质地较硬，一端连接管部，另端有 1 长片状膜突，紧贴于精包体。上半球膜质，表面略下陷，整体匙状。精包管排出精液后大部分变扁，自精包体一端生出后，2 次弧形弯折，在交配囊颈基部圈形回折，然后 4 环螺旋状扭曲，末端开口处的边缘整齐，内侧有 1 小角状突直伸 (图 26-115)。

26.24.14　毛胫夜蛾 *Mocis undata* (Fabricius)

雌性内生殖器： 卵巢乳白色，每卵巢有 4 支卵巢管。卵巢萼较明显，侧输卵管短，中输卵管甚长。生殖腔较短阔。受精囊管暗白色，较细，中段有螺旋状扭曲，着生于生殖腔端部。受精囊体无色透明，双叶。受精副囊较小，泡状。受精主囊长弯囊状，顶端发出细长弯曲暗白色的受精囊腺。附腺暗白色，附腺柄顶端泡状，形成附腺主囊，从主囊两侧发出 2 支细管，管端部膨大呈肾形，为附腺囊；每附腺囊顶端发出 1 支附腺管，附腺管中段或顶端有时发出一些短管分支 (图 26-116 A)。

雌性外生殖器： 交配囊暗白色，交配囊管较长，内壁高度几丁质化，呈深褐色纵纹。交配囊体倒茄状，壁薄。交配囊颈从交配囊体的底部伸出，外露部分很短。导精管从交配囊颈生出后做 10～20 环螺旋状扭曲后直伸。残留精包“S”形，无色透明。精包体球形，上、下半球均薄膜状。精包管末端向下方弯折成锥形，尖削有凹螺纹，且有一段长的舌状突 (图 26-116)。

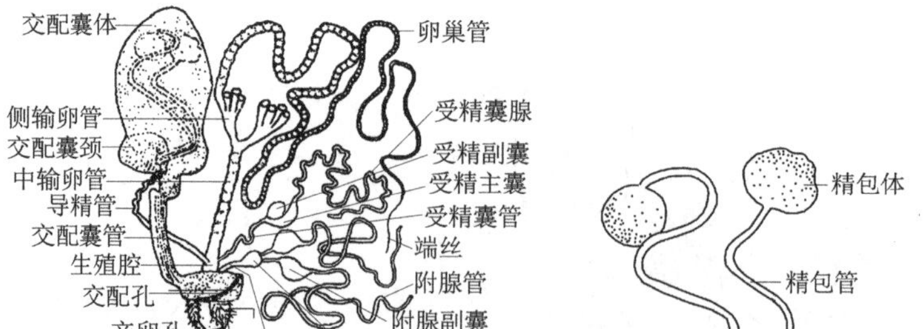

图 26-116　毛胫夜蛾雌性生殖系统

A. 交配、产卵期正面全图 (第 8 腹节腹板翻转到背面，留 1 条完整的卵巢管)；B. 残留精包 (A. 石毓亮和玉建垒，1988；B. 参考石毓亮和于建垒，1988 图重绘)

26.24.15　斑色地老虎 *Peridroma margaritosa* (Haworth)

雄性内生殖器：两侧精巢有共同被膜，整体扁球形。贮精囊 1 对，从精巢被膜体下方发出，在与被膜体结合处细缩。贮精囊中部细缩，两侧的贮精囊在细缩部位交叉呈"X"形。贮精囊后端渐细进入输精管，输精管它端着生在复射精管中部。复射精管一端发出 1 对附腺，2 附腺管细长，紧密贴合。复射精管的另端汇入单射精管，单射精管前段大部分长度粗细均匀，为原节；原节后部为表皮节，两者之间有缢缩分隔。表皮节是精包前体形成部位，包括厚壁肌区、精包系带形成区、精包管形成区等。表皮节后端细缩通入阳茎 (图 26-117 B、C)。

雌性内生殖器：每卵巢有 4 支细长卵巢管，卵巢萼较明显。侧输卵管较长。中输卵管长，后段膨大增粗。受精囊管着生于生殖腔前端，中段膨大呈梭形囊，梭形囊前端为扭曲的细管，细管与受精囊体连接。受精囊体二叶状，受精副囊梨形，较小，位于受精主囊凹侧。受精主囊弯镰形，前端扭曲后发出细长的受精囊腺。附腺柄着生于生殖腔中部，中后部管状，前段膨大形成梨形附腺主囊。附腺主囊中部发出 1 对细管，细管分别连接 1 支梭形膨大的附腺囊。附腺囊前端发出 1 支细长附腺管 (图 26-117 A、D、E)。

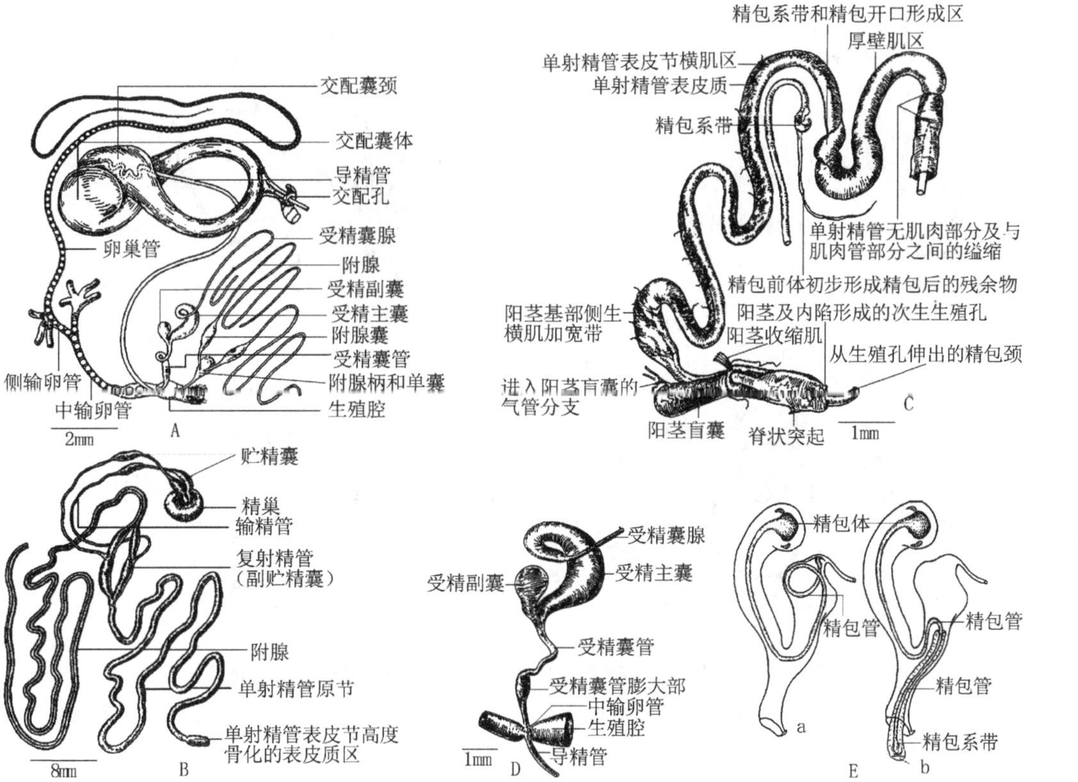

图 26-117　斑色地老虎生殖系统 (Callahan and Chapin，1960)

A. 雌性生殖系统；B. 雄性生殖系统；C. 阳茎和单射精管表皮节；D. 受精囊及相关构造；E. 精包在交配囊中的位置 (a. 精包在交配囊内的最终位置；b. 精包从内阳茎中翻出)

雌性外生殖器：交配囊管基部粗短，与交配囊颈间分界不清晰。交配囊体细腰葫芦形，顶端回折，内膜两侧有 1 对交配囊片。交配囊颈管状扭曲，顶端鸟头状膨大，与交配囊体回折部交叠。导精管细长，从交配囊颈端部发出后数度弯曲，它端着生于外生殖腔顶端、邻近受精囊管着生处。精包体球形，精包管细长，其端部有弯钩状精包系带 (图 26-117 A、E)。

26.24.16　苜蓿绿夜蛾 *Plathypena scabra* (Fabricius)

雄性内生殖器：精巢乳白色，两侧精巢有共同膜包被。输精管 1 对，从精巢下部伸出后即膨大形成贮精囊，贮精囊一小段细缩后再次膨大形成副贮精囊，副贮精囊下段的输精管末端连接复射精管。连接点一侧的 1 对附腺管，除基部一段分开外，其余大部分长度贴合。复射精管 1 对，位于输精管末端连接点的另一侧，较粗短，汇入单射精管。单射精管被两处缢缩分成 3 部分，前段两部分粗长，为单射精管的腺体部，两段之间有缢缩分隔，意味着腺体部不同的分别区域，形成各自的分泌物。腺体部下端经缢缩与单射精管表皮节区 cuticular simplex 相连，单射精管表皮节区基段 (与腺体部相邻) 粗短棒状，扭曲后细长骨化，末端接入内阳茎基部 (图 26-118 A)。

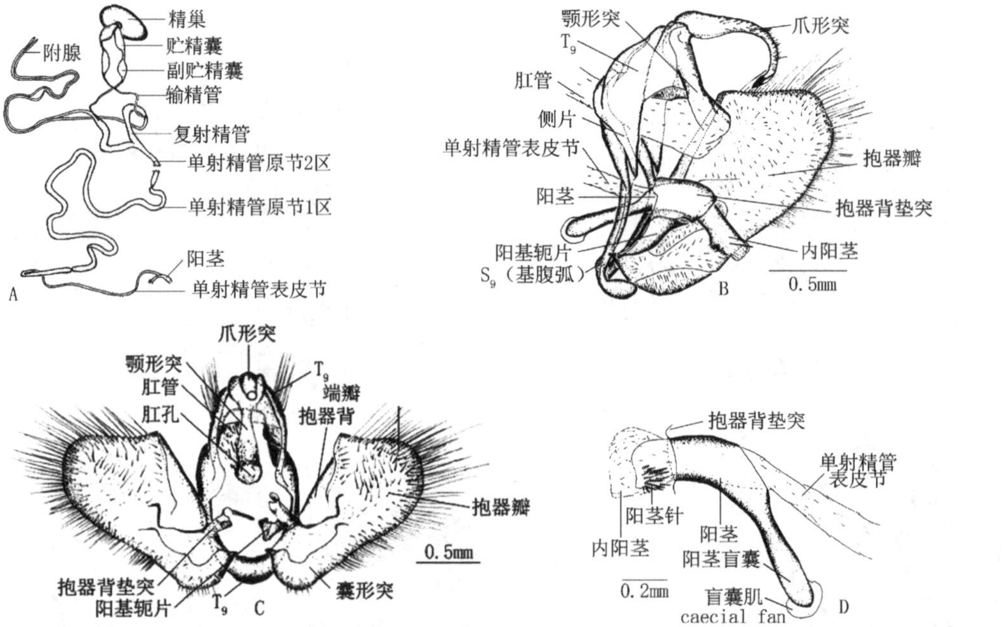

图 26-118 苜蓿绿夜蛾雄性生殖系统 (Buntin and Pedigo，1983)

A. 雄性内生殖器；B. 雄性外生殖器侧视；C. 雄性外生殖器正视；D. 阳茎 (内阳茎部分翻出) ；S_9为第 9 腹节腹板；T_9为第 9 腹节背板

雄性外生殖器：由高度特化的第 9、10 腹节组成，其背、腹面的相关构造分别起源于第 9 腹节的背、腹板。第 9 腹节腹板形成基腹弧，其两侧与第 9 腹节背板两侧向下延伸的侧柄 pedunculus 愈合。肛管从第 9 腹节背板的下方伸出，在与第 9 腹节背板腹缘结合部骨化形成显著的颚形突。爪形突位于第 9 腹节背板末端中部，细钩状，向腹面中央弯曲，末端尖细。一般认为爪形突属于第 10 腹节。阳茎及其附属机构位于肛管下方，阳茎背侧面有抱器背垫突、腹面有盾形的阳基轭片 juxta 支撑。抱器背垫突与抱器瓣的边缘连续，阳基轭片腹面与抱器瓣的囊形突 saccular angles 相关节。抱器瓣简单，分为背缘 dorsal costa、腹基部的囊形突 sacculus、端瓣 distal valvula。端瓣具长毛，抱器瓣中部、囊形突和缘脊之间透明，薄而无毛，抱器瓣其他部位具短毛。阳茎端管粗短骨化，单射精管末端从基部一侧进入，在进入点侧下方，阳茎端管基部延伸形成发达的阳茎盲囊 caecum，有人认为阳茎盲囊是内阳茎收缩时的贮存部位。阳茎盲囊的位置通过连接顶端的扇形盲囊肌 caecial fan 固定。内阳茎是位于阳茎端管腔内的可翻缩管状构造，翻出时表面有 14 对骨化的针刺 (阳茎针) (图 26-118 B～D)。

雌性内生殖器：卵巢 1 对，位于腹部背侧面，通过气管和脂肪体固着在腹腔内。成虫羽化时，卵巢不发达，卵母细胞处于卵黄发生前期。随着卵巢的成熟发育，卵巢明显增大，扩展到第 2、3 腹节处。每卵巢有 4 支卵巢管，卵巢管在腹腔内做 3～4 次折叠。卵巢管多滋式，成熟卵巢的卵巢管可分为 4 部分：基部为成熟区，含有 15～20 粒成熟卵；中部的卵黄发生区，卵母细胞和滋养细胞群交替排列，卵母细胞则处于卵黄发生的不同阶段；前部的原卵区 germarium 含有生殖细胞分化形成的卵原细胞 oogonia；原卵区前端为端丝。每侧的卵巢管基部着生在卵巢萼上，卵巢萼下部连接粗短的侧输卵管，两侧的侧输卵管汇入中输卵管。中输卵管短圆锥形，前部短阔，后部急缩形成初生生殖孔 primary gonopore，初生生殖孔开口于生殖腔 vagina。受精囊管较细长，基部着生于生殖腔顶端一侧，前段近受精囊体处有 2 个弯曲螺旋。受精囊体长茄形，顶端着生较粗短受精囊腺。导精管 seminal duct 较粗短，在生殖腔上的着生位置临近受精囊管基部。生殖腔粗短，末端经产卵孔向外开口。附腺约着生于生殖腔中部，附腺管较粗短，其顶端着生附腺囊，在附腺囊的侧面发出 2 支附腺管，每侧附腺管下部膨大形成附腺副囊，其余部分管状 (图 26-119 A)。

雌性外生殖器：肛乳突 papilla anales 较发达，前、后表皮突发达程度中等。交配孔 ostium bursae 中等骨化，开口于第 8 腹节腹板节间膜中部，交配孔内为管状的交配囊管 (前腔 antrum)，其后方与较粗壮的交配囊颈连接。导精管从交配囊颈基段一侧发出，交

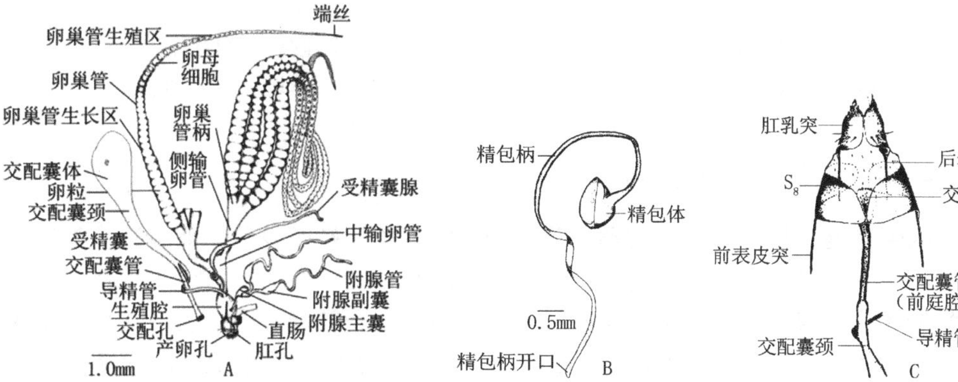

图 26-119 苜蓿绿夜蛾雌性生殖系统、精包和产卵器 (Buntin and Pedigo，1983)

A. 雌性生殖系统；B. 精包；C. 产卵器；S_8 为第 8 腹节腹板

配囊颈基部管状，向交配囊体方向逐渐增粗，与交配囊体间分界不明显。交配囊体椭球形，内表面有微刺。交配囊片圆斑形，不明显，表面隐约可见。精包体球形，灰白色。精包柄长管状，末端开口斜切、简单 (图 26-119 A～C)。

26.24.17　银纹夜蛾 *Plusia agnata* Staudinger

雌性内生殖器：卵巢乳白色，每卵巢有 4 支卵巢管。卵巢管端丝发达。侧输卵管和中输卵管较长。受精囊管细长，中段 2 环螺旋状扭曲，着生于生殖腔顶端。受精主囊长囊状，受精副囊梨形。受精囊腺从受精主囊前端发出，细长弯曲。附腺柄着生于生殖腔顶部，着生点与受精囊管的着生点接近。附腺柄中下部管状，顶端膨大形成球状的附腺主囊。附腺主囊前端发出 2 支细管，细管顶端膨大形成 1 对肾形附腺囊。附腺管细长弯曲，从附腺囊顶端一侧发出 (图 26-120 A)。

雌性外生殖器：交配囊呈反“S”形，暗白色。交配囊管烟斗状，内壁几丁质化，呈深褐色纵纹。交配囊体泡囊状，壁较薄。交配囊颈位于交配囊体下方，与交配囊体分界不清晰。导精管从交配囊颈底部生出，做 6～17 环螺旋状扭曲后直伸，它端着生于生殖腔顶部、受精囊管着生点附近上方。残留精包“C”形，色透明，质地坚韧。精包体圆形，下半球较厚韧，上半球薄膜状，顶端有 1 片状膜突。精包管端部膨大呈蛇头形，从一侧开口，其内有螺纹状凹陷 (图 26-120)。

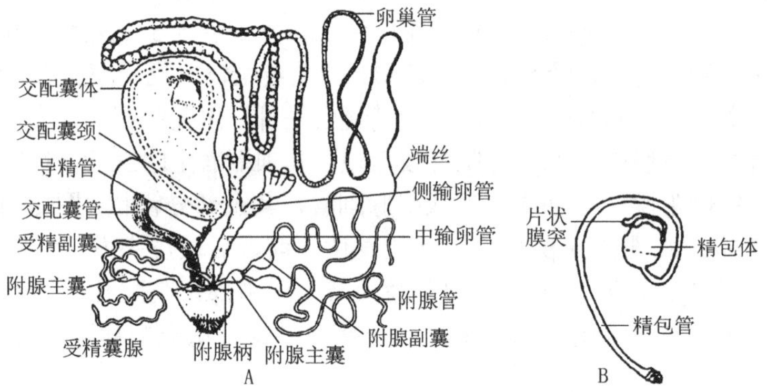

图 26-120　银纹夜蛾雌性生殖系统 (石毓亮和于建垒，1988)

A. 交配、产卵期正面全图 (第 8、9、10 腹节向右倾斜，留 1 条完整的卵巢管)；B. 残留精包

26.24.18　斜纹夜蛾 *Prodenia litura* (Fabricius)

雌性内生殖器：每卵巢有 4 支卵巢管。卵巢管细长，端丝发达。卵巢管基部汇入短小的侧输卵管。中输卵管较长。受精囊管细长，略呈螺旋状扭曲，着生于生殖腔顶端。受精主囊腊肠形，灰白色；受精副囊肾形，无色透明。受精囊腺中等长，从受精主囊顶端发出。附腺整体“Y”形。附囊柄灰白色，细直，着生于生殖腔中上部。附囊柄顶端着生 1 对长梭形淡橘红色附腺囊。附囊管细长，灰白色半透明 (图 26-121 A)。

雌性外生殖器：交配囊呈偏长的倒梨状。交配囊管较长，上端达交配囊体 1/3 处，内膜大部分褐色几丁质化，几丁质部分的上端长叉状。交配囊体泡囊状，底部细瘦与交配囊管相接，另一侧的 1/4 处有 1 明显缢痕。交配囊颈自交配囊体缢痕处起渐细，整体漏斗状，长略大于宽，内膜具褐色几丁质化皱折。导精管自交配囊颈底部生出，立即做 3 环螺旋状扭曲，以下的部分虽不甚长，但中部渐膨大形成导精管球，导精管球中部周围具有不对称的 2 条缢痕。残留精包整体像初脱卵壳的仔鱼样。精包体荸荠状，顶端有丘突，边缘不明显。精包管质地坚韧，上粗下细，整体呈弓形，末端箭头状，黄褐色至黑褐色，箭头的臂部有 1 长角状突，直伸，透明 (图 26-121)。

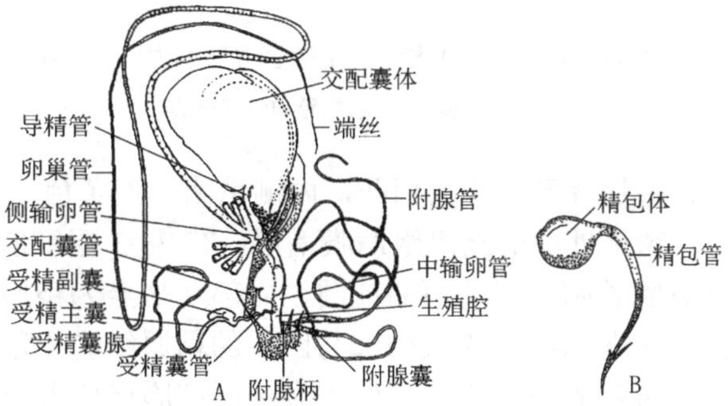

图 26-121　斜纹夜蛾雌性生殖系统 (石毓亮，1984a)

A. 交配、产卵期正面全图 (第 8、9、10 腹节向左侧倾斜，留 1 条完整的卵巢管)；B. 残留精包

26.24.19　粘虫 *Pseudaletia separata* (Walker)

雄性内生殖器：两侧精巢有共同被膜，整体扁椭圆形，深红色，外表另被白色薄膜，位于第 3～4 腹节。贮精囊 1 对，紧接在精巢被膜体腹面，中部有缢缩，两侧贮精囊彼此交叉呈“X”状。输精管从贮精囊下端发出，细管状，它端开口于复射精管的外侧近上端处。复射精管上端与附腺相连，下端 2 管汇合成单射精管。复射精管中部较粗，两端渐细。细长的附腺从复射精管顶端发出，薄壁，它端封闭。2 附腺管贴合，初羽化时颇细，无色透明，羽化 4～5 天交尾前则十分充满，色泽不甚透明，经数次交尾的衰老雄虫，副腺又细而透明。单射精管原节占长度的大部，是邻近复射精管的部分，外观白色薄壁，柔软透明；表皮节由两部分构成，紧接单射精管原节之后为呈“S”形具有厚壁肌的部分，近原节处增粗。表皮节厚壁肌之后的部分具有角状侧突，质地较硬，它端开口于阳茎囊 (图 26-122)。

雄性内生殖器胚后发育：幼虫初孵化时，精巢原基肾形，位于腹部第 5 节背血管两侧，消化道上方，紧贴在体壁下面，此位置一直保持到 5 龄幼虫。自第 6 龄起，精巢原基开始向背中线迁移而互相接近。精巢原基的外面为 1 层结缔组织，原基前后两端的结缔组织较厚。1 龄幼虫时，精巢原基内部的原始生殖细胞，已分列为 4 群，细胞的界限不清，似无一定排列，核圆形，未见端细胞。1 龄幼虫末期，精巢原基延长，结缔组织细胞与原始生殖细胞均已增大增多，但仍无端细胞可见。结缔组织膜仍为 2 层细胞，但有部分细胞伸入精巢内部，包于 4 群原始生殖细胞的外面，表明此时 4 条精巢胞已初步

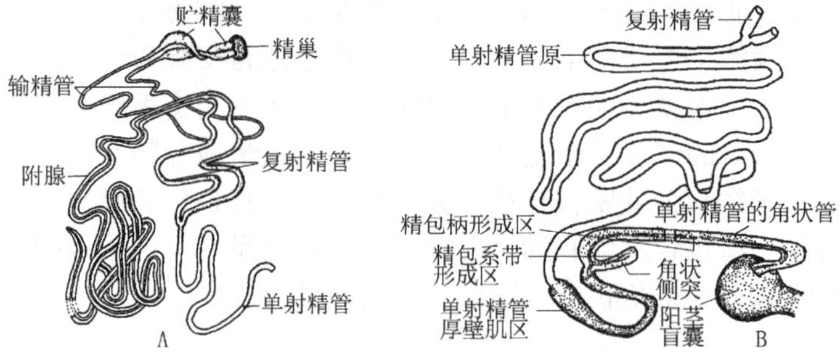

图 26-122　粘虫雄性内生殖器 (何继龙，1963)

A. 整体；B. 射精管和阳茎局部

分化。2 龄幼虫的精巢原基肾形，外侧稍凸，内侧稍凹，淡黄色，内侧中央有 1 条甚细的生殖索伸向后下方。精巢外面的结缔组织膜增厚，有 2～3 层细胞，且伸入精巢内部成为精巢胞的分隔。精巢胞长圆筒形，两端钝圆，内部几乎全为精原细胞。每精巢胞的端部各有 1 个端细胞，以星芒状的原生质突起与四周的精原细胞相连，距离端细胞较远的精原细胞排列较松，与端细胞不相连，再向下方精原细胞已成群包于生精囊内。生殖索管壁薄，内部已有细小的管腔出现。3 龄幼虫的精巢原基椭圆形，端细胞及精原细胞约占精巢胞端部 1/8，其下方 3/8 为含有第 1 精母细胞的生精囊，基部的一半为含有第 2 精母细胞的生精囊，囊的中心有小空腔。生殖索更为发达，其先端伸入被膜内分支形成输出管，输出管的管腔十分细小。4 龄幼虫的精巢原基较大。精巢胞基部的生精囊内出现精细胞。5 龄幼虫的精巢原基椭圆形，淡橙色，在外侧有 3 个凹入，表示内部精巢胞的分界，生殖索较粗长。精巢胞间的隔膜加厚，有 4～5 层细胞。精巢胞内，端细胞、精原细胞与第 1 精母细胞仅占端部的小部分，精巢胞的大部分均充满含有第 2 精母细胞与精子细胞的生精囊。5 龄幼虫末期，精巢胞基部已有成熟的精子出现，生精囊消失，精子仍成束排列，方向不一，偶见退化中的生精囊细胞。6 龄幼虫，精巢原基外侧的凹入消失，精巢胞已可明显透视，精巢原基表面的气管分支较多，两侧精巢开始向背中线迁移，生殖索更长。精巢原基被膜内层细胞排列疏松，外层的细胞排列紧密，基本上与成虫时的构造相似。精巢胞端部尚有少数精原细胞，端细胞已消失，成熟的精子较多。输出管与输精管的管腔继续增大。预蛹期精巢原基的主要变化为位置的移动，至预蛹中期左右 2 个精巢原基已几乎接触，预蛹末期则完全贴合，但其被膜尚未形成，解剖时仍可分开。精巢原基本身除体积稍有增大外，内部组织构造无大的变化。生殖索更为延长。1 日龄蛹期，2 个肾形的精巢原基合并为球形，透过背膜 8 支精巢管清晰可见。2 条生殖索的基部着生在射精管与附腺的原基上。2 日龄蛹精巢原基体积缩小，输精管、射精管、附腺的原基增长，具肌肉层的射精管开始分化。3 日龄蛹精巢体积稍缩小，生殖索明显缩短，附腺、贮精囊、射精管 (呈双股状) 分化，具肌肉层射精管增大。4 日龄蛹精巢除因合并作用体积再度缩小外，其他部分只是增长，没有分化。5 日龄蛹生殖索邻近精巢原基部分呈囊状，附腺延长分开为 2 条单管，贮精囊显著增大，射精管双股合一，与肌肉层射精管一样明显延长。此时，雄性内生殖器的各部分向成虫期形态的转变基本完成。

雄性外生殖器：背兜及基腹弧分别由第 9 腹节的背、腹板形成，均呈狭长马鞍形，相向而生，在抱器的基部相关节。背兜的下端稍膨大形成兜毛突，生有毛丛，可作为清刷阳茎之用。钩形突与背兜的中背面连接形如瓶状，先端尖长，基部粗肥，背面生有长毛，中央凹陷成槽，侧缘卷入。在钩形突两侧，有 1 对叶状背兜侧突。颚形突的主体狭长板状，基部有 2 个侧臂，Ogato 等分别称之为主突和侧臂突。肛管位于钩形突和颚形突之间，白色，柔软，其背壁基部与钩形突的腹面相连，腹壁与颚形突密切接合。肛孔开口在该管的尾端。抱器由第 9 腹节附肢及有关突起演化形成，作为交尾时握持雌体的器官，为 1 对大型、双壁的翼形构造，占外生殖器的大部，位于背兜下端的两侧，并与之关节。抱器的上部称为抱器端，是抱器顶端的部分，该部呈三角形，近外缘处有十数行冠刺，排列不太规则。抱器端的顶上角，具 1 长的刺，称为端刺，是粘虫雄性外生殖器的特征之一。抱器的下部称为抱器腹，是近基腹弧下端的部分，其背缘游离，与抱器背分离，此处极骨化，在外缘的上部向外突出成耳状，几与抱器端的外缘相齐。抱器腹的背缘中央有 1 小型峰突，生有疏毛，称为抱器腹突。抱器背位于抱器腹背缘的腹方，常被抱器腹的背缘遮盖，抱器背处常有三角形突起，为抱器背突。抱器的中央部分生有 2 个突起，其向外方生长者为抱器中突，向内方生长者为抱器内突。

阳茎及其支持机构由基部球状的阳茎盲囊和端部管状的阳茎端组成，外被骨化壁。阳茎盲囊是用来贮放大部分内阳茎 (内部) 及作为肌肉的附着点 (外壁)。阳茎端的前端可翻缩的膜质部分，称阳茎端膜，其前端的开口是为生殖孔。阳茎的内部藏有内阳茎，“S”形弯曲，壁皱缩，极具韧性，外被纵行薄肌。内部具多枚小刺构成条形的角状器 (阳茎针)。射精管的末端有一小段进入阳茎盲囊内，与内阳茎相连接。从背兜腹缘向下至基腹

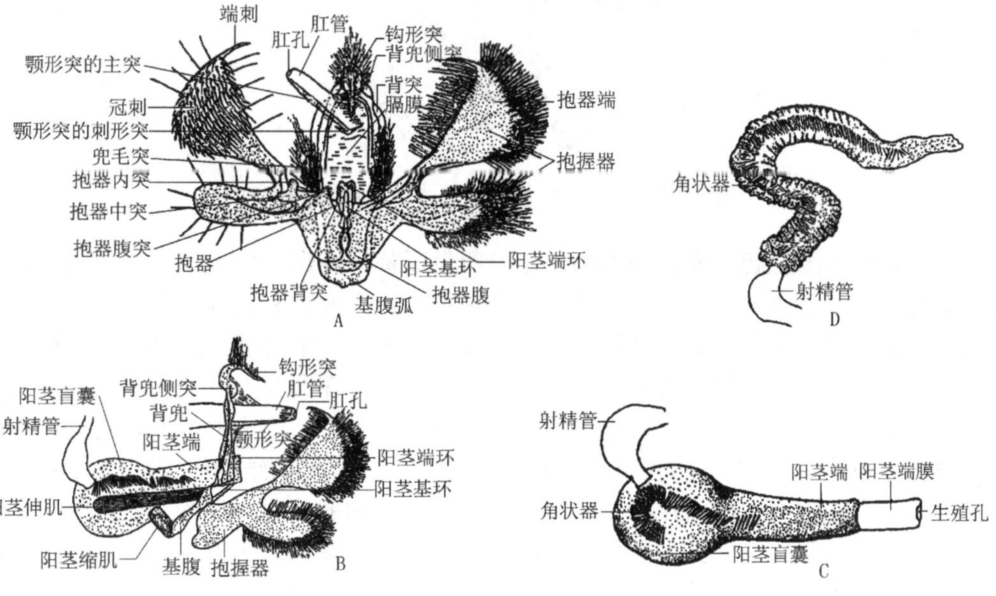

图 26-123 粘虫雄性外生殖器 (何继龙，1963)

A. 正视；B. 侧视；C. 阳茎侧视；D. 内阳茎

弧之间的空间为 1 大片薄膜状的膈膜。此膜由第 9～10 腹节的节间膜演变形成，其中央部分有阳茎端穿过，在阳茎端的背方形成倒“U”形的骨化构造，名为阳茎端环。膈膜两侧与基腹弧的上端部分相连，腹面形成 1 中板，称为阳茎基环。阳茎基环及阳茎端环均为支持与固定阳茎端的构造 (图 26-123)。

雌性内生殖器：卵巢全体乳白色，每卵巢有 4 支卵巢管，卵巢管由微气管缠绕成团，卵巢管顶端有细短的端丝，每卵巢的 4 支端丝结合成 1 条颇长的悬带。初羽化时卵粒尚小，卵巢管直，仅顶端稍向下折叠，卵巢管柄短。即将产卵时，卵巢管明显延伸折叠，卵管柄占其全长的 1/2～2/3。卵巢管基部汇入较短的侧输卵管，两侧的侧输卵管汇入中输卵管，中输卵管后端接入稍粗的生殖腔，相接处有缢缩。生殖腔经第 9 腹节的产卵孔向外开口。受精主囊和受精副囊在基部愈合，与受精囊管相通。受精囊管弯曲，它端开口于生殖腔前端背面。管状的受精囊腺从受精主囊的前端发出。附腺囊位于第 6～7 腹节，以微气管附于直肠后端，为 2 个长形囊状物，附腺管由附腺囊外侧上方发出。初羽化时附腺囊较小，即将产卵时膨大，以后每产 1 批卵即缩小 1 次，不久又再次膨大。充满腺液时，饱满呈水泡状。附腺囊内侧各有 1 管与附腺主囊相连，连接点在附腺主囊的基部，2 管基部紧邻。附腺主囊为长形囊状物，经基部的附腺柄开口于生殖腔中部 (图 26-124)。

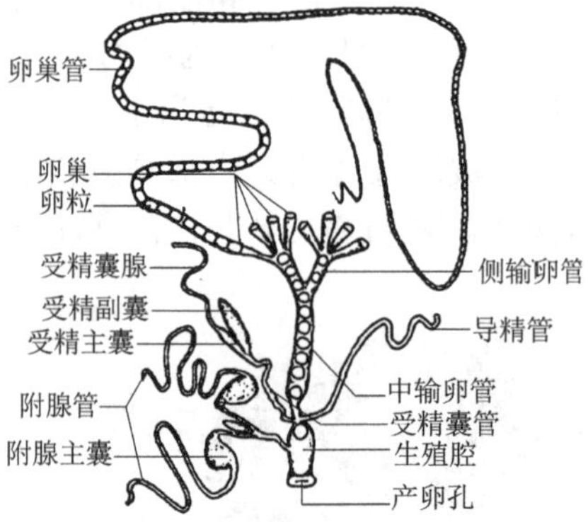

图 26-124　粘虫雌性内生殖器 (何继龙，1963)

雌性内生殖器胚后发育：幼虫初孵化时卵巢原基呈棱形，位于第 5 腹节内、消化管的背面两侧、中后肠交界处，体积甚小。卵巢原基的外面被有结缔组织，卵巢原基前、后端结缔组织较厚，前端细尖，后端较粗钝。原基内部为一群细胞核，细胞的界限不清，含染色质较少，四周的原生质较多，为原始生殖细胞。在卵巢原基的内侧近后端处还有若干较小的核，排列较紧密，四周的原生质较少，此为中胚层索的原基，将来发育成卵管柄与侧输卵管。2 龄幼虫的卵巢原基的形状无变化，外面的结缔组织加厚成 3～4 层细胞，内部大小 2 种细胞核均较第 1 龄时增多，此时细胞的界限虽然尚未出现，但中胚层索与原始生殖细胞的区分更为明显。3 龄幼虫的卵巢原基长椭圆形，外表的结缔组织更厚，有 5～6 层细胞，前端的结缔组织且向内伸入，卵巢管开始分化，分成 4 条卵巢管，分隔于卵巢管间的结缔组织由 2 层细胞而成，甚为扁薄，核小而长扁。卵巢的后端仍为一群中胚层索的细胞。4 龄幼虫卵巢外面依然有结缔组织膜包被，内部 4 支卵巢管已完全分化，内含生殖细胞明显增加，卵巢后端的中胚层索细胞群更大，且向后方延伸达卵巢之外，但仍为实心管。5 龄幼虫卵巢管的构造与 4 龄时变化不大，卵巢管柄完全分化，中间发生 1 小腔，四周为圆柱形的上皮细胞，卵巢管柄外的结缔组织特别厚。6 龄幼虫的卵巢管明显增长，内部构造与 5 龄时类似。预蛹的卵巢仍然十分细小，乳白色，深埋于消化道两侧脂肪体中，每卵巢的 4 支卵巢管清晰可辨，卵巢上端为结缔组织，下端连接 1 极细的输卵管。预蛹末期，卵巢管内部原始生殖细胞继续增多，卵巢管柄增粗，中间的腔扩大，卵巢端部的结缔组织细胞向前延伸，将来成为端丝。1 日龄蛹，可见 1 对细小的卵巢和输卵管，卵巢管已可区分出卵巢管本部和卵巢管柄。细长的侧输卵管直接与未完全分化的生殖腔相连，交配囊、受精囊、附腺初步分化。2 日龄蛹，卵巢管延长，卵巢管柄增大，输卵管分化为侧输卵管与中输卵管两部分。交配囊囊泡、交配囊侧臂、受精囊腺分化，受精囊、附腺进一步分化。3 日龄蛹，卵巢管、卵巢管柄增长，受精囊增大，受精囊腺、附腺明显分化。4 日龄蛹，内生殖器各部分体积增长而没有分化。5 日龄蛹，卵巢管中开始出现透明的卵粒。交配囊管、导精管分化，交配囊侧臂开始骨化。交配囊侧臂在蛹期第 10 天，即成虫羽化前才完成骨化。成虫羽化前，雌性内生殖器基本完成发育，但卵巢中的卵粒透明，卵黄未沉积。

雌性外生殖器：交配囊起于第 8 腹节腹板，头向延至第 3 腹节。交配囊孔开口第 8 腹节腹板后缘，此孔平时叠合，孔下形成漏斗状的腔，称为阴道窦，由此导入交配囊管。交配囊管黑褐色，骨化，前端的骨化部分称管基片。交配囊前端极扁，上、下壁紧贴，深褐色，近腹板的一面，具骨化纵脊，另一面则柔软。交配囊颈围绕交配囊体呈“U”形弯曲，从交配囊管的后端一侧发出后，即呈直角形弯曲，沿交配囊体头向延伸而后内弯，再朝交配囊体方肘状弯曲。交配囊颈端半白色，基半腹面大部有骨化纵脊，黄褐色。交配囊体约呈梨形，交配囊体上无交配囊片。导精管一端与交配囊颈的后端相连，另端开口于生殖腔前端、邻近受精囊的开口处。导精管与交配囊颈连接的一段，常有 8～10 个弯曲。产卵器由第 8、9 腹节组成，褐色，背壁多毛。第 8 腹节骨化，外缘的两侧延伸成棒状的前表皮（棒）突。第 9 腹节形成管状，包围在生殖腔四周，背壁中央柔软，背壁两侧及腹壁骨化，其顶端较细，多毛，称为肛乳突，由此内壁发出另一棒状的后表皮（棒）

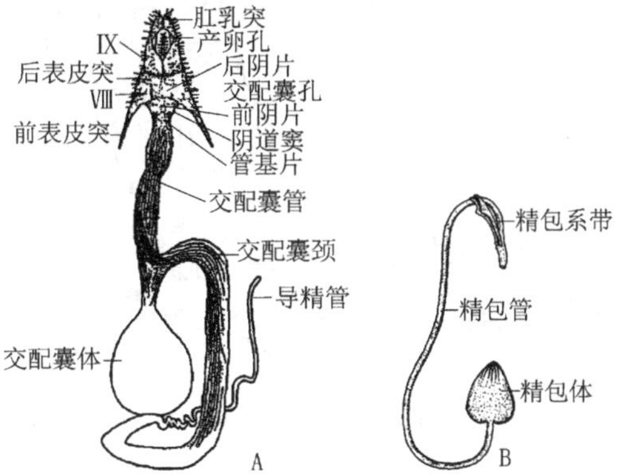

图 26-125　粘虫雌性外生殖器（何继龙，1963）

A. 产卵器与交配囊；B. 精包；VIII、IX为第 8、9 腹节

突，朝头向延伸达第 7 腹节前缘。前、后表皮突均为肌肉着生点，用以控制有关部分的活动。围绕交配孔与阴道窦尚有 2 块骨片，统称腹骨片或称生殖板，在交配孔腹面的，为 1 三角形的骨化板，称前阴片，此片起源于第 7～8 腹节间的节间膜，构成阴道窦的腹壁，其后端与管基片连接；另 1 骨片构成阴道窦的背壁，称后阴片，此片与第 8 腹板愈合。精包淡黄色，透明，稍骨化，有弹性。精包体心形，基部骨化，顶端膜质，易破裂，新鲜时顶端有淡红色斑纹。精包管由基部中央伸出，一端接于球体，它端顶侧缘生出系带。精包系带角状，强骨化，两侧卷起。当精包处于雌性交配囊时，球体及部分球柄位于交配囊体内，其余部分位于交配囊颈内，系带位于交配囊颈与导精管的相连处(图 26-125)。

26.24.20　美洲粘虫 *Pseudaletia unipuncta* (Haworth)

雄性内生殖器：两侧精巢有共同被膜，整体球形，深红色，位于第 3 腹节背面。贮精囊紧接精巢被膜体下方，贮精囊前部稍缢缩，并有 1 明确的狭窄区将贮精囊分为前、后两部分，两侧的贮精囊通过狭窄区交叉。贮精囊下端渐细接入细长的输精管，输精管它端连接在复射精管中部，复射精管具有很强的膨胀能力，精子束通过时可膨胀达 6 倍以上，切片表明精子束在通过贮精囊、输精管的过程中没有分散。复射精管中充满不透明的腺体分泌物和离开输精管的精子束。复射精管与附腺结合处有 1 明显的“S”形弯曲，这是复射精管的头向延伸。2 支附腺管分开。交配前附腺饱满，交配后空乏，前端细缩如线。复射精管的另端细缩汇入单射精管，汇合处的单射精管球形膨大，其后方细长的管道部分为单射精管原节，原节后端增粗膨大为单射精管表皮节。表皮节分成前端明显增粗的厚壁肌区，以及中部表皮节前端角状突起，此为精包系带形成区，管道具有厚的横纹肌。表皮节后段为管状的精包颈形成区。表皮节后方通入球形阳茎盲囊。阳茎盲囊主要为内阳茎收缩后的贮藏场所，具有肌肉和分支的气管，以帮助内阳茎的外翻。内阳茎和气管合股蜷曲成圈，隐藏于球形阳茎盲囊内。阳茎端骨化不完整，没有隆脊 carina，而是圆柱形管，但反转的内阳茎结构极其复杂 (图 26-126)。

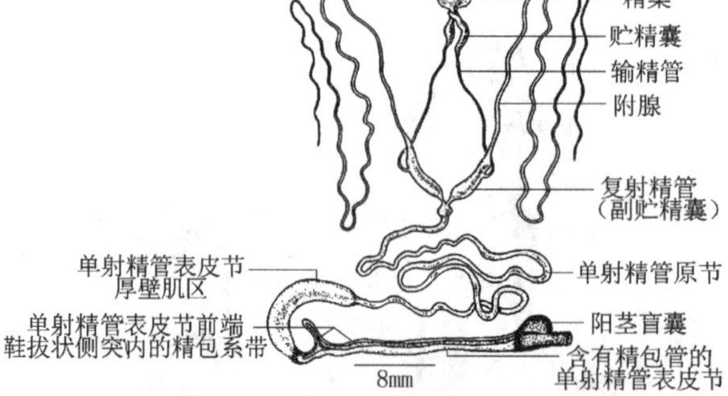

图 26-126　美洲粘虫雄性生殖系统 (Callahan and Chapin，1960)

雌性内生殖器：每卵巢有 4 支卵巢管，卵巢萼较明显。卵巢管细长，端丝发达。侧输卵管较长，中输卵管约与生殖腔等长。受精囊管着生在生殖腔近前端，中部扭曲螺旋状膨大，扭曲部前方的细管顶端连接有二叶状受精囊体，受精主囊长茄形，受精副囊椭球形，位于主囊弯曲的一侧。受精主囊顶端外侧发出 1 支较粗长的受精囊腺。附腺柄短，着生于生殖腔近中部，前端膨大形成球形的附腺主囊，附腺主囊前端两侧发出 2 支粗长管，管的端部分别着生袋囊状附腺囊，附腺囊顶端外侧发出 1 支细长附腺管 (图 26-127 A、B)。

雌性外生殖器：交配囊骨化强，交配囊管有纵脊，向内伸达交配囊体之半。交配囊体后端为膜质囊，没有交配囊片。交配囊颈从左侧向侧面延伸，跨过腹面交配囊体主要骨化区域，直角弯曲，沿交配囊体侧面头向伸展，前延的上部形成另一个直角弯曲，弯曲处呈“U”形，围绕交配囊体。交配囊颈强骨化，具有深的褶皱的骨化脊，边缘区域尤为显著。交配囊颈后部膜质。导精管从交配囊颈前端发出，另端着生于生殖腔前端，在与交配囊颈结合处扭曲。导精管与生殖腔前端的结合点位于受精囊管的结合点前。产卵孔周围有腺体组织环绕，腺体组织位于 2 个扁平、三角形肛乳突之间，是围绕产卵孔的扇形垫状细胞突起。后表皮突来源于第 9、10 腹节，从肛乳突的亚背缘头向伸展，作为肌肉的附着点。交配孔由第 8 腹节形成的骨化带环绕，骨化带的亚背缘与前表皮突结合。第 8 腹节下方、交配孔腹面的骨化片称为前阴片，它起源于第 7~8 腹节节间膜。前阴片与第 7 腹节腹板紧密愈合。生殖孔的背面有后阴片，它与第 8 腹节腹板、背板紧密愈合。腹末收缩时，后阴片位于背面，形成交配室的顶部。阴道窦的腹面以前阴片为界，包围

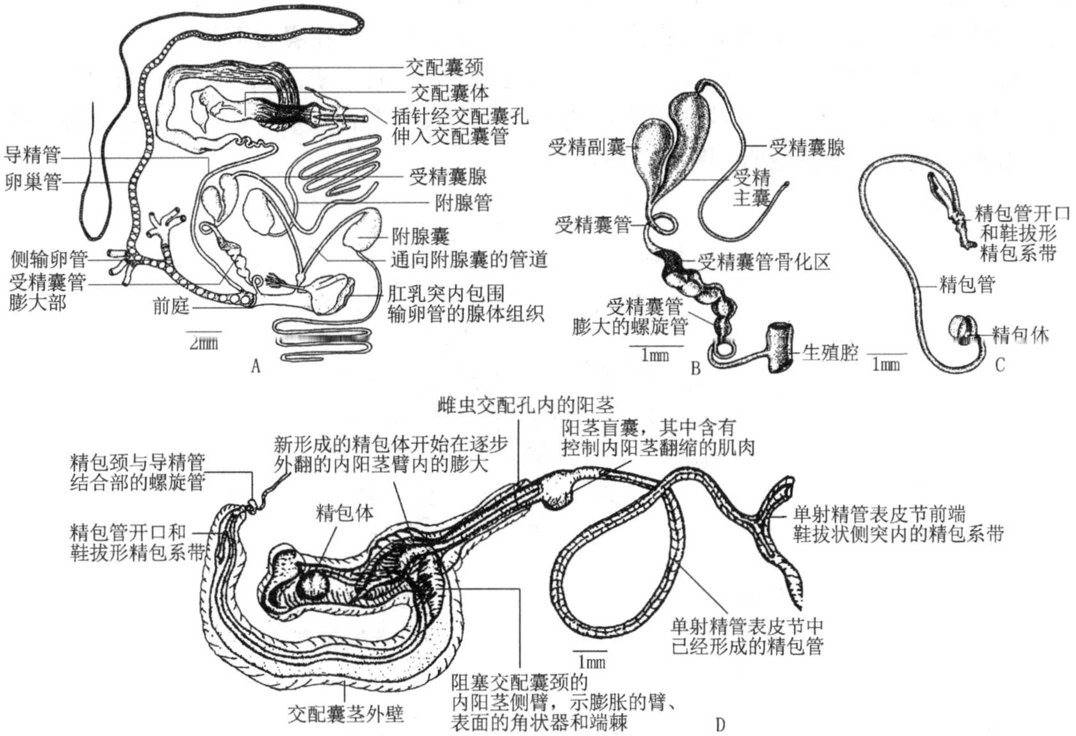

图 26-127 美洲粘虫雌性生殖系统 (Callahan and Chapin，1960)

A. 整体；B. 受精囊；C. 精包；D. 内阳茎与交配囊结合状

第 7 腹节腹板。精包体球形，一侧壁薄，泡囊状。精包管细长，顶端具有鞋状的精包系带 (图 26-127)。

26.24.21　寡粘虫 *Sideridis velutina* (Eversmann)

雌性内生殖器：卵巢乳白色，每卵巢有 4 支卵巢管，卵巢管细长弯曲，端丝发达。侧输卵管短，中输卵管较长，中部以后逐渐增粗，后端与生殖腔接合。受精囊管着生于生殖腔顶端，中等长，在生殖腔附近做 3 环螺旋状扭曲，然后弯曲伸达受精囊体，受精囊体中受精副囊葫芦形，位于受精主囊的弯曲部。受精主囊长茄形，顶端发出较为粗短的受精囊腺。附腺柄着生于外生殖腔近中部，与受精囊管的着生点大致相对。附腺柄上半段长椭圆形，肥大，灰白色，略透明，形成附腺主囊。主囊前段两侧分别发出 1 附腺囊。附腺囊猪胃形，透明，其顶端下方分别发出 1 支粗曲灰白色附腺管，附腺管邻近附腺囊处做几次扭曲 (图 26-128 A)。

雌性外生殖器：交配囊管上段长度为下段的 2～3 倍，交配囊管内壁几丁质化呈褐色纵纹。交配囊体卵圆形，连于交配囊管顶端，淡黄白色，表面膜薄，内膜有纵纹。交配囊颈呈反“8”字形，位于交配囊体下方，与交配囊体接连处粗大，下行后向上方弯折至交配囊体下缘，然后又弯向左方，末端钝圆，表面膜薄，内膜有几丁质化纵纹，端部的纵纹灰白色，其余淡褐色。导精管自交配囊颈端上方偏旁生出，做 10 环螺旋状扭曲后伸直，近生殖腔着生点的一段略粗大，在生殖腔上的着生点位于受精囊管着生点的偏上方。残留精包反“8”字形扭曲，透明，质地坚韧。精包体淡灰褐色，表面膜下陷后呈漏斗形，偏旁有 1 短舌状膜突。精包管淡灰黄色，透明，上半段圆管状，下半段扁条带状，末端有 1 较长的角状突，无色透明 (图 26-128)。

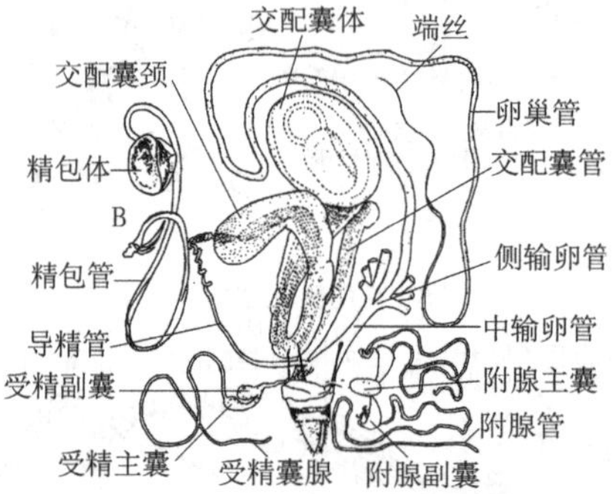

图 26-128　寡粘虫雌性生殖系统 (石毓亮，1980b)

A. 交配、产卵期正面全图 (第 8、9、10 腹节向右侧倾斜，留 1 条完整的卵巢管)；B. 残留精包

26.24.22　山东八字地老虎 *Spaelotis valida* Walker

雌性内生殖器：卵巢暗白色，每卵巢有 4 支卵巢管，卵巢管较细长，端丝发达。侧输卵管较短阔，中输卵管较细长。受精囊管较长，从生殖腔前端一侧直出，在近受精囊体处做 4～5 环螺旋状扭曲。受精主囊弯黄瓜形，乳白色，较粗长，顶端发出中等长较粗

的附腺管。受精副囊梨形，位于受精主囊弯曲部。附腺柄着生于生殖腔上部，端部膨大呈梨形，形成附腺主囊。主囊中部两侧各发出 1 细管，细管上着生肾形附腺囊。较为粗长的附腺管从附腺囊前端的侧角发出 (图 26-129 A)。

雌性外生殖器：交配囊管较短，上端宽，与交配囊颈末端的一侧相连，交配囊管内壁骨化呈褐色。交配囊体葫芦形，与交配囊颈界线不清晰，顶端球状部内充满橙褐色液体 (已交配个体)，下端管状部灰白色不透明。交配囊颈弧形，灰白色不透明。导精管自交配囊颈末端底面直出，中段膨大形成肾形的导精管球。残留精包无色透明，质地坚韧，外形似直立的“如意”。精包体表面膜薄，以底面外端和精包管相接。精包管近端部弓形扭曲，末端较钝 (图 26-129)。

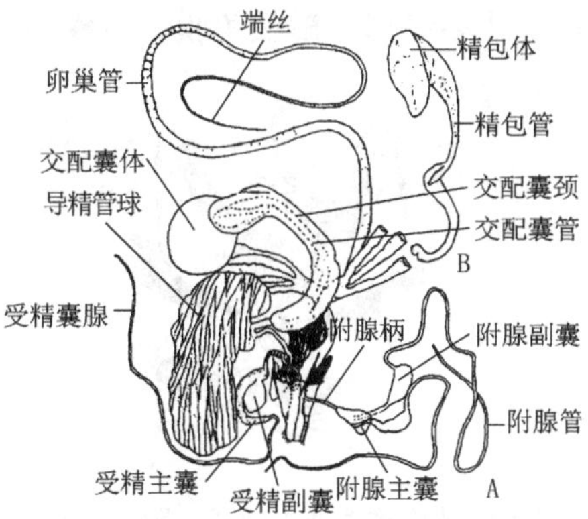

图 26-129　山东八字地老虎雌性生殖系统 (石毓亮，1980a)

A. 交配、产卵期正面全图 (第 8、9、10 腹节略向右侧倾斜，留 1 条完整的卵巢管)；B. 残留精包

26.25　蛱蛾科 Epiplemidae

26.25.1　雄性外生殖器

雄性外生殖器由爪形突、背兜、颚形突、抱器瓣、基腹弧、囊形突、阳茎基环及阳茎组成。有时抱器上的不同部位有革质化软垫，上有成丛的长毛，也有的成箭状刺。阳茎端前方，阳茎端膜可外翻，成为不同形状的角、端膜或球状泡 (图 26-130 B)。

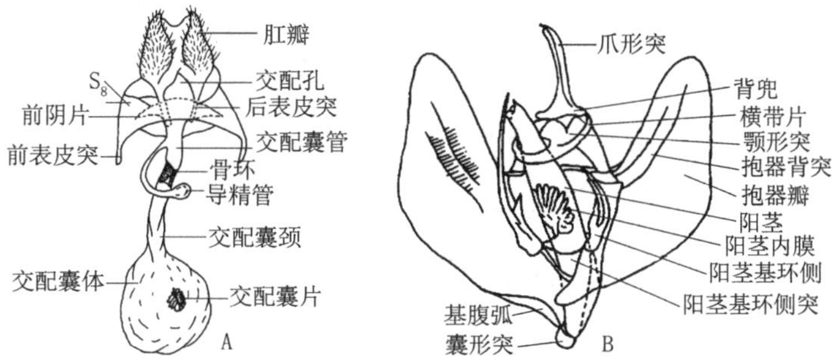

图 26-130　蛱蛾科雌、雄外生殖器 (朱弘复等，2004)

A. 四线白蛱蛾雌性外生殖器；B. 单斜线蛱蛾雄性外生殖器；S_8 为第 8 腹节腹板

26.25.2　雌性外生殖器

雌性外生殖器由肛乳突，前、后表皮突，前、后阴片，交配孔，交配囊，骨状环等组成。有时交配囊体内壁有多种形状的交配囊片。肛乳突（肛瓣）多毛（图 26-130 A）。

26.25.3　单斜线蛱蛾 *Auzea arenosa* (Butler)

雄性外生殖器：爪形突细长，顶端尖，背兜宽，颚形突呈钩状。抱器瓣扁，两端尖，中间宽大，外侧边缘不整齐，抱器基背有长毛丛，抱器基腹呈钝锥形。阳茎基环两侧有很长的侧突，各侧突又分为 2 个长短不等的尖齿。阳茎长筒形，顶端稍细，端部有 1 齿形角突，中部偏上方内侧有 1 块多齿形的瓣状角膜。盲囊钝圆稍弯曲（图 26-131）。

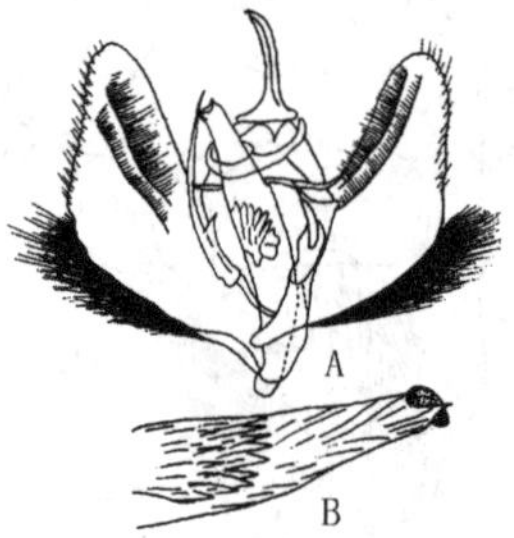

图 26-131　单斜线蛱蛾雄性外生殖器及阳茎（朱弘复等，2004）

A. 雄性外生殖器；B. 阳茎

26.25.4　斜线尖翅蛱蛾 *Decetia rufustriata* (Chu *et* Wang)

雌性外生殖器：肛瓣长圆形，后表皮突较短，约为肛瓣的 1/3，前表皮突稍长，顶端尖，交配孔宽大，其中间有 2 个对称的毛垫，上有成丛的箭状毛。前阴片漏斗形，与交配囊体接触处有较窄骨环，交配囊体长条形，近上部有 1 导精管，下部钝圆有皱褶纹（图 26-132）。

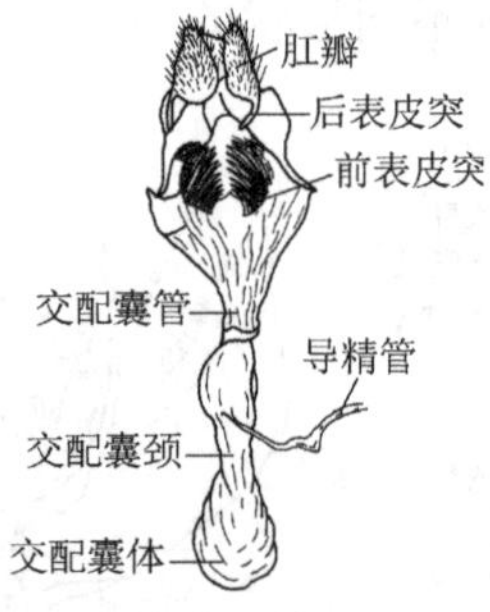

图 26-132　斜线尖翅蛱蛾雌性外生殖器（朱弘复等，2004）

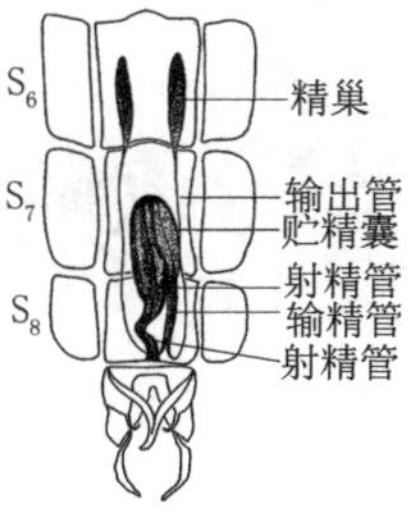

图 29-39　背生摇蚊雄性内生殖器 (Abul-Nasr，1950)

S_6～S_8 为第 6～8 腹节腹板

雄性内生殖器胚后发育：低龄幼虫的精巢纺锤形，端丝短，位于第 6 腹节。精巢内具有未分化的小型圆形精原细胞。不久，精原细胞稍增大，呈莓果样集群。随着幼虫的发育，精原细胞转化为精母细胞；在充分发育的幼虫期，进一步形成精子。精子成束排列，头部朝向中心，尾部向外。不久，这些精子束 spermatodesms 分散，精子混合存在于精巢内。在幼期精巢内，有些生殖细胞排列在膜质封套内，封套外观上为膜质上皮，前端有端丝，后端有中胚层起源的生殖索。在精巢发育期间，上皮的细胞特征逐渐消失，厚度减少。成熟幼虫期，膜质上皮薄膜状，具有细小分散的核。精巢后端具有中胚层起源的分支的索，其中 1 个长索伸达第 9 腹节腹板前沿，另 1 短索伸到第 7 腹节腹板中部。短索比长索细，在预蛹期消失。雌、雄虫精、卵巢后端分支情况相同，但在哪一支保留上存在差别。雄虫为长索保留，进而发育为输出管，整个幼虫期均为实心管。实心管端部是否在蛹期与次生的输精管结合，依然存疑 (图 29-40)。

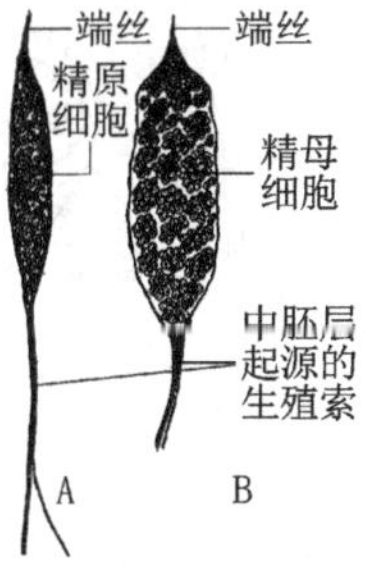

图 29-40　背生摇蚊精巢纵切 (Abul-Nasr，1950)

A. 幼期幼虫；B. 充分发育幼虫

雄性外生殖器：第 9 腹节背板为三角形骨片，侧角向腹面弯曲，尖端指向后方。第 10 腹节背板鸟喙状，与第 9 腹节背板紧密结合。第 9 腹节腹板窄带状，两侧与第 9 腹节背板结合形成 1 个完整环。第 10 腹节腹板框架形，有 3 个表皮质的边和 1 个膜质中区。生殖突基节有 2 个较大的弯镰形刺突，每生殖突基节的内侧有 1 个显著的杆状的阳基侧突类器官 paramerophore，其端部有 1 丛浓毛。除了这些侧生的附肢外，还有 1 对小型的钩状突起 (小抱器) 位于生殖突基节、阳基侧突类器官、第 10 腹节腹板结合点。插入器官 (阳茎) intromittent organ 由短管、阳茎腔、阳茎腔内折叠的膜质内套组成。内套的侧

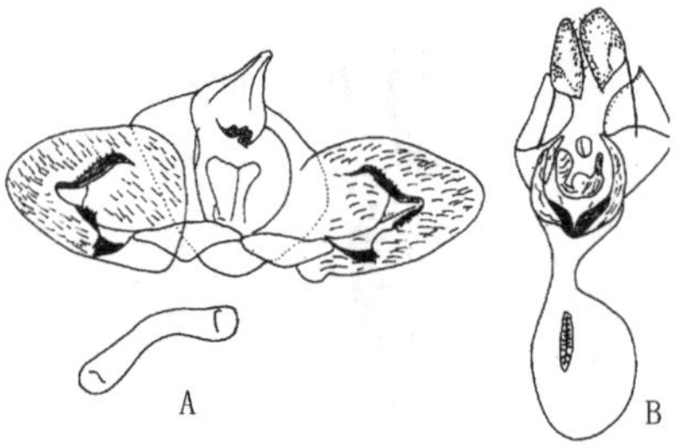

图 26-134　斑凤蝶雌、雄外生殖器 (武春生，2001)

A. 雄性外生殖器；B. 雌性外生殖器

26.26.4　柑橘凤蝶 *Papilio xuthus* Linnaeus

雄性内生殖器：两侧精巢有共同被膜，整体扁球形，紫红色，外表另有白色半透明膜，膜上有微气管分布，位于第 5 腹节背膈之下。贮精囊连接在精巢被膜体下面，中央缢缩。输精管从贮精囊末端发出，伸达复射精管。复射精管 1 对，其腹侧近中部与输精管连接。2 复射精管的一端弯曲汇入单射精管，另端连接附腺。单射精管末端开口于阳茎盲囊。单射精管分为前、中、后 3 段，前、后段半透明，中段角质化程度相对较高，称为单射精管厚壁区。附腺为 1 对半透明细管 (图 26-135 A)。

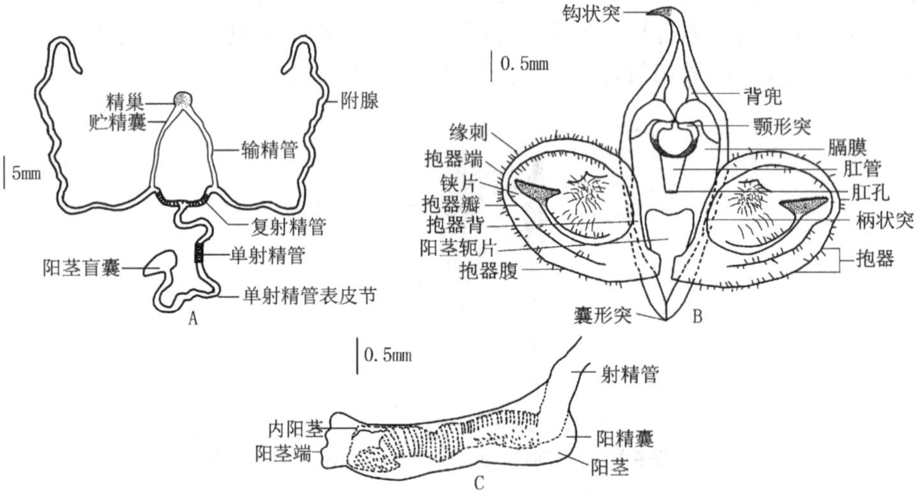

图 26-135　柑橘凤蝶雄性生殖系统

A. 雄性内生殖器；B. 雄性外生殖器；C. 阳茎 (A. 孔海龙等，2006；B、C. 参考孔海龙等，2006 图重绘)

雄性外生殖器：第 9、10 腹节的一部分形成完整的骨环，其上附着外生殖器的其他部分。背兜位于骨环的背面，由第 9、10 腹节的背板形成。骨环的腹面部分为基腹弧，由第 9 腹节的腹板形成，其上端伸过背兜内缘，与背兜基腹部的柄状突相关节，它的末端有 1 尖形的囊形突。钩形突细长，向腹面弯曲，末端钩状，基部与背兜中背部连接。颚形突源于第 10 腹板，贴在肛管腹面。肛管穿过钩形突与颚形突之间，肛孔开口在肛管末端。抱器是位于背兜两侧面的囊状双壁构造，末端封闭，基部向体腔开口，为交配时握持雌体的器官，其上着生许多缘刺。它们的基背角和背兜侧腹缘相关节，基腹角和阳茎轭片相关节。阳茎轭片正面观呈"V"形。抱器端圆弧形。抱器瓣片突出，抱器背弯曲，抱器腹略弯曲，抱器铗片基部膨大，末端尖锯刺状，弯向腹面。阳茎从背兜到基腹弧之间的膈膜中央伸出，膈膜围绕阳茎的部分形成双褶，可以翻出，阳茎借以伸缩。阳茎包括基部的阳茎盲囊和端部的阳茎端。阳茎盲囊盲肠状，单射精管在它的背面开口，并深入阳茎内与蠕虫状弯曲的内阳茎相接。阳茎前端具有端膜，顶端有凹陷 (图 26-135 B、C)。

雌性内生殖器：每卵巢有 4 支卵巢管，卵巢管之间有微气管缠绕。卵巢管基部汇入较短的侧输卵管，两侧的侧输卵管再汇入中输卵管，中输卵管后端与生殖腔连接。生殖腔瓶状，末端开口即产卵孔。卵巢管分为端丝、卵巢管本部和卵管柄。每卵巢的 4 支端丝汇合成悬带，借以附着在第 4 腹节腹板处的脂肪体上，由微气管固着。卵巢管本部是卵子发生的主要区域。卵巢管柄着生于侧输卵管端部。受精主囊略呈锥形，基部连接受精囊管，端部伸出细长受精囊腺。受精副囊肾形，与受精主囊在基部汇合。受精囊管开口在生殖腔前端。受精囊腺细长弯曲，其上生有数个不规则的管状突起。附腺柄粗直，着生在生殖腔中部，其前端着生 1 对球形附腺囊，附腺囊顶端分别发出 1 粗长的附腺管，附腺管上有数个不规则的管状突起 (图 26-136 A)。

雌性外生殖器：交配囊孔开口在第 7 腹节腹板后缘与第 8 腹节腹板之间的膜质区，"U"形，向内凹成漏斗状的腔，即阴道窦。阴道窦腹壁为前阴片，背壁为后阴片。交配囊体纺锤形，其上有平行的 2 排刺。产卵器由第 8～10 腹节组成。第 8 腹节背面和两侧面骨化，腹面膜质，侧后缘突出形成棒状的前表皮突。第 9、10 腹节愈合，两侧骨化，形成 1 对骨片，为肛乳突。肛乳突中等大，端部尖，其上有刚毛，两侧骨化部分在背中央接近，由膜质相连，腹面膜质，在中央皱褶形成 1 对小圆突，侧后缘突出形成粗短的后表皮突。产卵孔包被于第 9、10 腹节形成的筒中。导精管一端连接于交配囊颈末端，另一端开口在生殖腔一侧，与受精管开口处相接近 (图 26-136 B)。

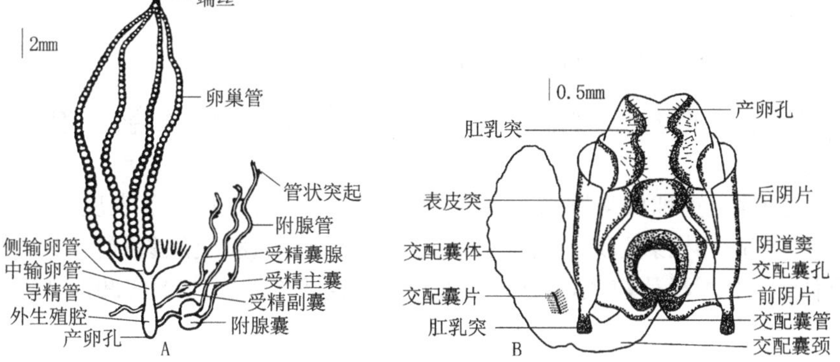

图 26-136　柑橘凤蝶雌性生殖系统

A. 雌性内生殖器；B. 雌性外生殖器 (A. 孔海龙等，2006；B. 参考孔海龙等，2006 图重绘)

26.27 粉蝶科 Pieridae

26.27.1 雄性外生殖器

第 9 腹节形成的背兜弧形，腹面有囊形突，两侧为弧状的基腹弧，与背兜相连。抱器形状各异，抱器的腹侧称抱器腹，背侧称抱器背。在背兜中后方有爪形突，基腹弧中央有阳茎，长短粗细不一，稍弯，基部通常有指状的基侧突。阳茎基部有阳茎端基环，起固定和支撑阳茎的作用 (图 26-137 B)。

26.27.2 雌性外生殖器

肛乳突也称产卵瓣，长圆或半圆形。交配孔裸露或隐藏，周围有前阴片和后阴片，前阴片常有很多皱褶和鬃毛。交配囊管长短粗细不一，有的种在交配孔附近有骨化部分，称为交配囊管端片。交配囊体膜质，一般长圆形，交配囊体上有形状大小不同的交配囊片 (图 26-137 A)。

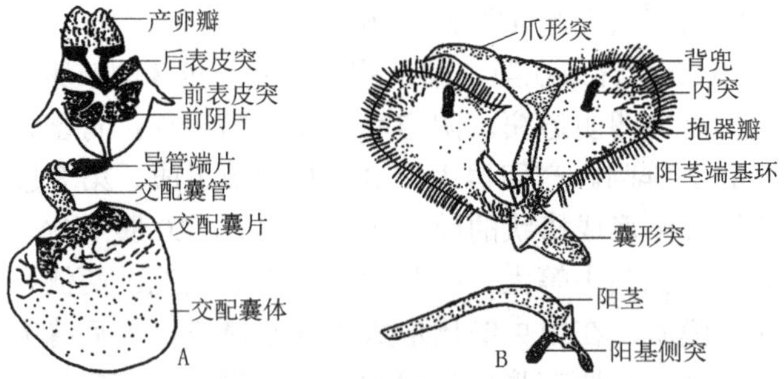

图 26-137 粉蝶科雌、雄外生殖器 (武春生，2010)

A. 雌性外生殖器；B. 雄性外生殖器

26.27.3 暗色绢粉蝶 *Aporia bieti* Oberthür

雄性外生殖器： 爪形突背视末端尖。抱器瓣宽，背缘外突，末端尖。囊形突粗壮 (图 26-138 A、B)。

雌性外生殖器： 产卵瓣半圆形，后表皮突较粗长，明显长于前表皮突。前表皮突较细长。前阴片较窄，内缘波状，上有小刺毛。交配囊管 (和交配囊颈) 细，稍长于交配囊。交配囊体大，交配囊片较大，长形，中部上缘三角形突出，下缘内凹，刺突较密集 (图 26-138 C)。

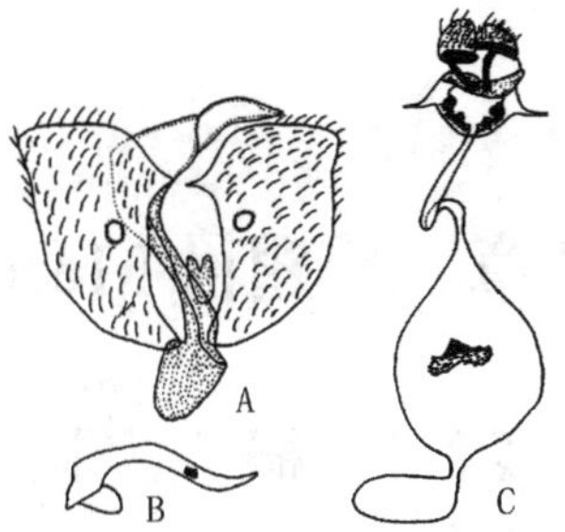

图 26-138　暗色绢粉蝶雌、雄外生殖器 (武春生，2010)

A．雄性外生殖器整体；B．阳茎；C．雌性外生殖器

第 27 章　长翅目 Mecoptera

27.1　概　　论

27.1.1　雄性内生殖器

每精巢多有 3~4 支精巢管，精巢管纵长，相互纵向贴合整体呈梭形。精巢管基部有短的输出管与输精管相通。精巢表面包被 1 层上皮细胞，上皮细胞内方为基膜，外方为结缔组织围膜。雪蝎蛉属两侧的精巢有共同被膜，整体呈重叠的 2 个球形，位于中间。*Merope* 的两侧精巢也有共同被膜。精巢管从端部至基部可依次分为精原区、生长区、成熟区和转化区。精原区位于精巢管端部，含有原始生殖细胞有丝分裂形成的精原细胞，精原细胞被 1 群细胞包围形成 1 个生精囊，并在其中进行分裂、生长。成熟区内次级精母细胞进行减数分裂形成精细胞。转化区位于精巢管末端，生精囊内的精细胞转化为具有鞭毛的精子，精子成熟后突破生精囊而出。精细胞转化过程的形态学变化一般为生精囊伸长，核向精细胞头部移动，鞭毛部分急剧伸长，然后核随着伸长，精细胞囊由长菱形发育成纤维状精子束。细胞学变化在第 2 次减数分裂后，精细胞核进入典型的间期，产生分散的染色质，然后细胞质减少，细胞核浓缩。输精管从精巢基部发出，前段一般较粗，弯折形成附睾。附睾是精子贮存场所，与精巢有公共被膜包被，与精巢管一起形成精巢附睾被膜体。输精管从附睾发出后穿过公共被膜下行，然后向中部弯曲，两侧输精管膨大形成贮精囊，两贮精囊并列贴合，其末端与附腺一起汇入射精管。贮精囊与附腺有公共膜包被，形成囊状器，即附腺贮精囊被膜体。囊状器前部或侧面可发出大小不等的指状构造，称为附腺盲管 accessory gland appendice。附腺分泌物除形成精液外，还可促进精子成熟，提供精子所需能量，减少雌虫进一步交配的接受性和刺激雌虫产卵。囊状器后段细缩进入同侧射精管，射精管是第 9 腹节后端内陷而成的管道，管壁外面有强劲的肌肉层，一般纵肌在内，环肌在外，肌肉控制射精管的运动。两侧射精管并列贴合，后端止于成对的射精囊。大多数类群有精泵 (以射精突为代表)，但雪蝎蛉科和小蝎

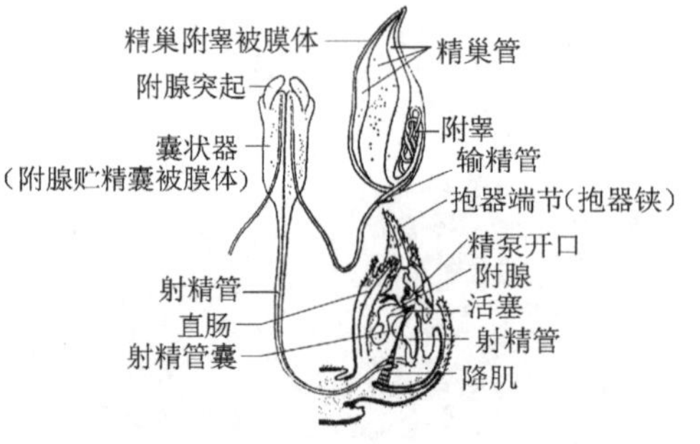

图 27-1　斑翅蝎蛉雄性生殖系统 (Matsuda，1976)

蛉科例外。雪蝎蛉科的生殖管道改变，预先形成 1 个 2 室的精包。阳茎位于生殖腔内，生殖腔具有 1 对侧片，侧片中间联合形成骨化的中片。精泵的开口狭窄，位于中片的末端。蝎蛉属输精管末端有大型圆管状成对的附腺，两侧附腺纵向贴合。该附腺曾被称为贮精囊，而将附腺顶端或侧面发出的指状突起称为附腺。有研究发现该构造壁厚且具有分泌细胞，内部没有贮存精子。精子贮存在附睾内。小蝎蛉科的附腺在中部结合，形成 1 个心形腺体。雪蝎蛉属的附腺与其他长翅目昆虫的不同，由 3 个位置紧密的前叶和 1 个更加远离的后叶组成 (图 27-1)。

27.1.2　雄性生殖道胚后发育

斑翅蝎蛉的滞育幼虫，中间不成对的管道开口于第 9 腹节腹板后面，管道向前连通初生阳茎叶之间的囊。每个输精管的末端壶腹位于初生阳茎叶对面。末端壶腹为贮精囊原基。第 1 预蛹期，2 个末端壶腹彼此接近，输精管发育形成管腔。第 3 预蛹期，环绕初生阳茎叶的上皮发育形成射精管前部，初生阳茎叶中壁之间通过背腹联合的方式形成射精管后部。第 4 预蛹期，每贮精囊发出侧突 (附腺)。上述情况表明，射精管的前、后部是分别发育形成的，均属于外胚层起源，而雄性生殖道的其他部分为中胚层起源。

27.1.3　雄性外生殖器

第 9 腹节多完整骨化，背板和腹板愈合形成 1 个完整的环，但少数属为分别骨化，背板和腹板明显分开，它的背区常向后延伸形成单一或成对突起，即雄性上生殖板 epiandrium。*Notiothauma* 和其他一些属的前生殖节上有不成对的变形器官，称为背器 notal organ。腹区也常向后突出。有些属，第 9 腹节腹板常有二叶或三叶状外突，称为下瓣 hypovalvae。下瓣在长翅目昆虫中较为普遍。雄性交配器官主要由第 9 腹节的基肢节 coxopodite 和中间的阳茎组成，第 9 腹节的基肢节由基部的基腹片 coxite 和端部的刺突 harpagon、stylus 组成，位于两侧的生殖突基节 gonocoxite 背腹愈合。美蝎蛉科的生殖突基节长而纤细，略呈球形。小蝎蛉科和蚊蝎蛉科的生殖突基节愈合紧密，无缝痕。每个生殖突基节有 1 刺突，但蚊蝎蛉科的一些种类，刺突小而不明显。刺突一般 1 节，但小蝎蛉科的刺突 2 节，刺突内缘有 2 个凸起，即基齿 (基瘤 basituberculus) 和中齿 (中瘤 medituberculus)。一些蚊蝎蛉科的刺突下面近基部有 1 小而圆的凹陷，其上有很密的刷状毛，毛的顶端高出刺突水平面，称为突穴器 stylocavernula。中间的交配器官 (阳茎) 位于生殖腔内，阳茎的两侧为第 9 腹节基肢节，前缘是第 9 腹节腹板。蝎蛉属生殖腔每侧有 1 纵褶片向中间延伸，2 片汇合紧密结合。纵褶片称为生殖褶 genital fold。精泵构造和射精管开口位于未合并的生殖褶下面。生殖褶合并的背缝呈脊状，称为中片。腹阳基侧突基部通过弧形骨片联合，附着在基部的肌肉控制腹阳基侧突的活动，另一肌肉负责生殖孔的开放。背阳基侧突形态简单，为生殖褶中片的外凸物。蝎蛉属的背、腹阳基侧突可与低等不完全变态昆虫，如蜚蠊、螳螂等，组成阳茎的 4 片阳茎叶比同。*Notiothauma* 的 2 个阳茎褶全长分开，射精管位于两片之间。生殖褶结构复杂，部分膜质，部分骨化。构成阳茎褶的主要骨片为泵体骨片，其上发出 2 对端突。*Notiothauma* 不成对的棒与泵体骨片的基部相关节，抵达泵体骨片内壁形成的沟槽。射精管向尾部开口于沟槽的末端，精子通过沟槽离开。蝎蛉属精子转移的泵出机构位于生殖褶下方，活塞位于生殖褶腹面后端，生殖褶的末端形成精泵的开口。有 1 个突起供肌肉附着，进而控制活塞的活动，这些肌肉 (提肌和降肌) 调节射精管内精液的流动。阳茎呈不同程度的二分瓣状，常在生殖突基节间愈合而不能活动，有时还有 1 对阳基侧突。澳蝎蛉 *Chorista* 和蚊蝎蛉属等的阳茎有 1 线状的阳茎丝 pennisfilum，从阳茎瓣上产生 1 对突起，这类突起也称为阳茎侧突 penunci。

雄虫生殖后节一般远较雌虫退化，肛节位于第 9 腹节背板末端的下方或后方，它由第 10、11 腹节的残留部分和尾须组成。第 10 腹节完全骨化，缺背板或腹板。第 11 腹节背板成为肛上板 supra-anal plate。斑翅蝎蛉的末节为第 10 腹节，尾须起源于该节侧缘中部，尾须属于第 11 腹节。一些蚊蝎蛉科具有大型向上的突起称为背附器 appendix dorsal，第 11 腹节腹板成为肛下板 subanale plate，有些蚊蝎蛉沿这一节的基侧呈骨化的脊。尾须

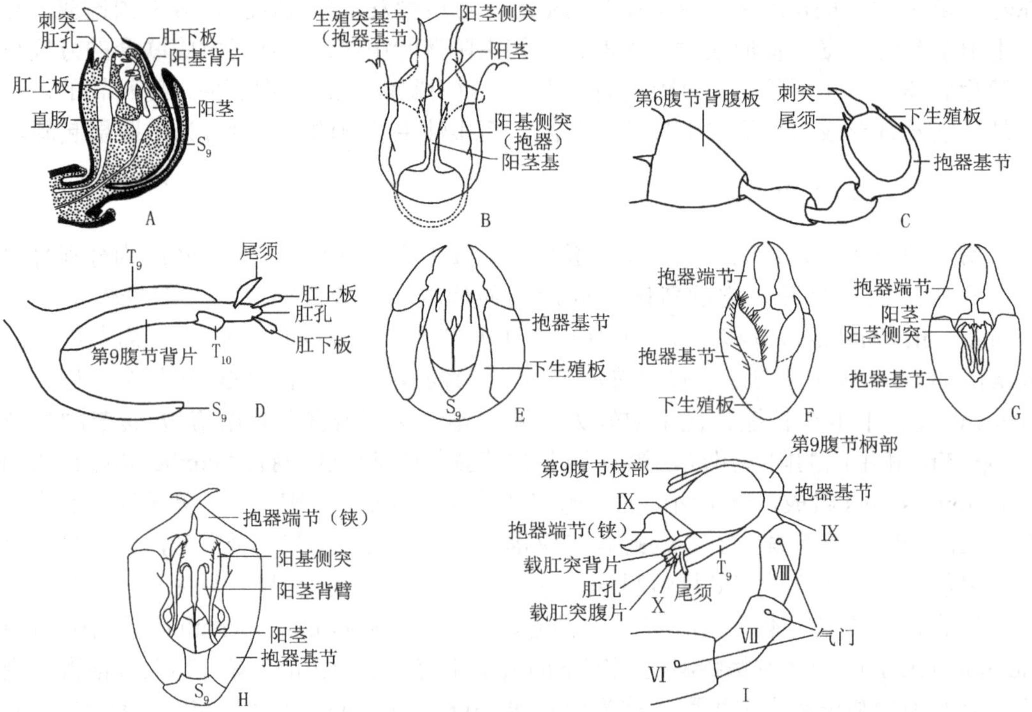

图 27-2　长翅目雄性外生殖器

A. 蝎蛉属雄性交配器官纵切；B. 阳茎腹视；C. 腹部末端侧视；D. 第 9、10 腹节侧视；E. 腹部末端腹视；F、G. 周氏新蝎蛉雄性生殖节腹、背视；H、I. 蝎蛉 *Panorpa* 雄性第 9 腹节腹视、腹部末端侧视；J～L. *Panorpa consuetudinis* (J. 腹部末端侧视；K. 生殖节和载肛突侧视，示 2 节的生殖肢和第 9 腹板附叶；L. 生殖节背视)；M～O. 斑翅蝎蛉腹部末端侧视、肛节 (生殖基肢节和阳茎体除去)、中间的交配器；P. *Bittacus burmanus* 腹部末端侧视，雄性上生殖节左半除去以展示肛节；Q、R. *Notiothauma reedi* 腹部末端侧、腹视；S、T. *Panorpa hybrida* 腹部末端侧视、阳茎体腹视；U~W. *Merope tuber* (U. 腹部末端、阳基侧突背视；V. 阳基侧突基部和阳茎背视；W. 阳茎背视)；T_1～T_3、T_6～T_{11} 为第 1～3、6～11 腹节背板；S_1～S_{11} 为第 1～11 腹节腹板；Ⅵ～Ⅹ为第 6～10 腹节 (A～E. 参考 Steinmann and Zombori，1981 图重绘；F、G. 参考北京农业大学等，1981 图重绘；H、I. 参考蔡邦华，1973 图重绘；J～L. 参考 Snodgrass，1935 图重绘；M、N. 参考 Tuxen，1969 图重绘；P、S、T. Tuxen，1969；O、Q. Matsuda，1976；R. 参考 Matsuda，1976 图重绘；U～W. Snodgrass，1957)

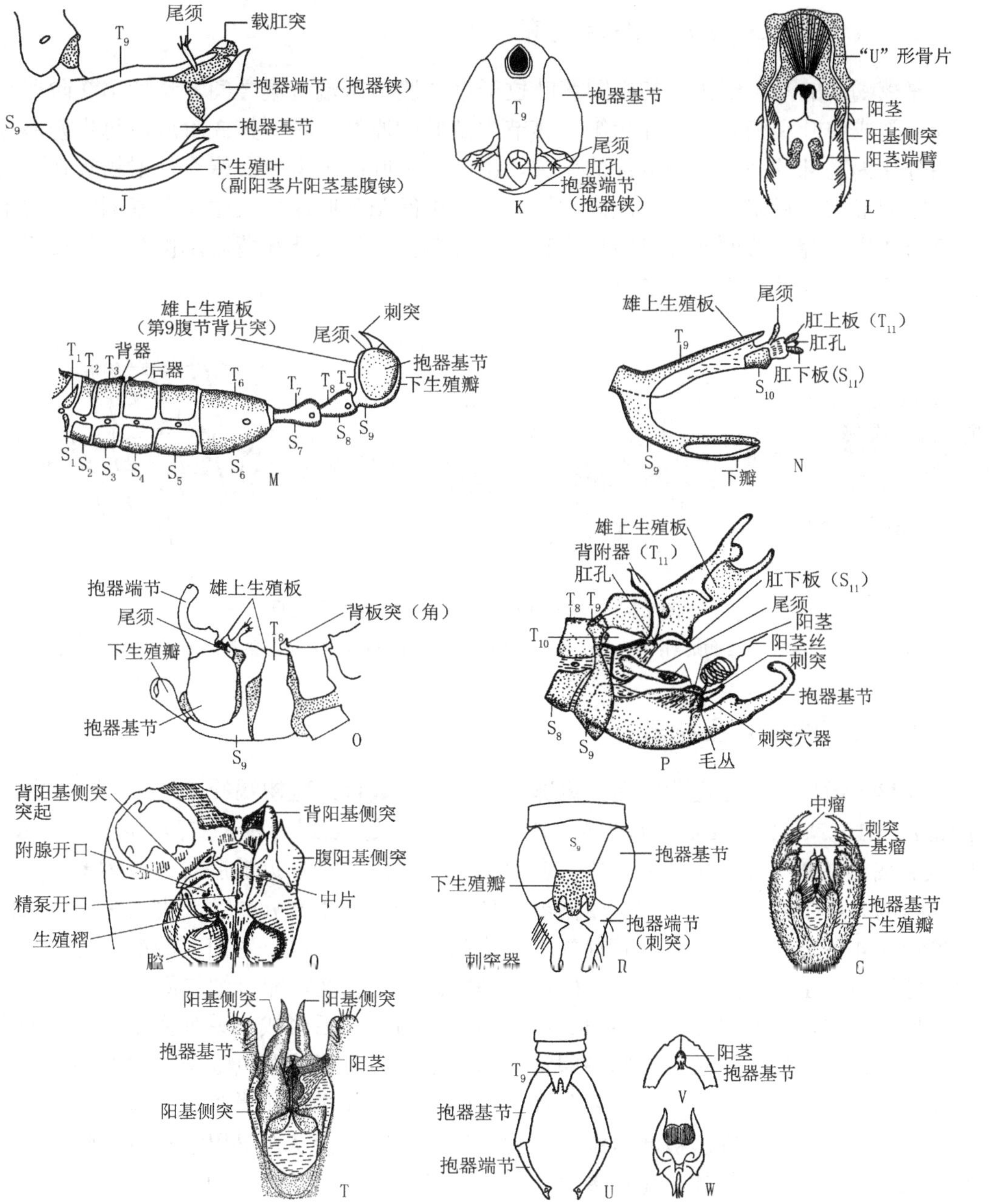

图 27-2 (续)

位于第 11 腹节近基部的每侧，通常为 1 节，偶或具有 1 簇感觉毛。雪蝎蛉科没有第 10 腹节腹板和尾须。*Notiothauma* 骨化的生殖后节为成对的尾须。*Merope* 的末端节 (第 10 腹节) 为长的半膜质管，尾须位于雄性上生殖板下方 (图 27-2)。

27.1.4　雄性外生殖器胚后发育

斑翅蝎蛉的滞育幼虫，初生阳茎叶位于第 9 腹节末端壶腹之间。预蛹第 2 阶段，阳茎叶分裂成中叶和侧叶。侧叶为第 9 腹节生殖肢的原基。预蛹第 3 阶段，每生殖肢原基开始分化为基部的肢基节和端部的刺突。中间阳茎叶的内壁背腹联合，射精管在叶的中表面之间形成。后来，中叶再次向尾端分裂。中间阳茎叶腹面发生腹阳基侧突，可能还发育形成生殖腔。背面部分可能形成精泵的一部分、生殖褶和背阳基侧突。下瓣只是幼虫第 9 腹节腹板的外突 (图 27-3)。

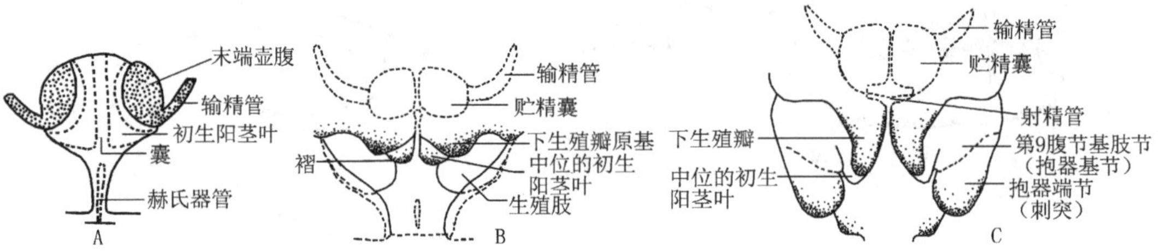

图 27-3　斑翅蝎蛉雄性外生殖器胚后发育

A．滞育幼虫；B．第 2 预蛹期；C．第 3 预蛹期 (A．Matsuda，1976；B、C．参考 Matsuda，1976 图重绘)

27.1.5　雌性内生殖器

卵巢一般位于消化道背侧面，每卵巢的卵巢管数目：斑翅蝎蛉 10～12 支；*Panorpa germanica*10 或 11 支；*Chorista* 7 支；*Merope* 8 或 9 支；蚊蝎蛉属 8 支；*Apterobittacus*14～19 支；雪蝎蛉属 8 支。卵巢管的端丝集合成悬带，附着于邻近的脂肪体或体壁上，有些蝎蛉两侧的悬带联合成 1 条中悬带附着于体壁内侧。卵巢管分端丝、生殖区、生长区和卵巢管柄 4 部分，端丝是卵巢管前端的围鞘延伸而成的细丝；生殖区的前端含有分裂期的生殖细胞，生殖细胞发育形成原始卵母细胞；在生长区，卵母细胞周围包围 1 层滤泡细胞形成卵室，随着卵母细胞的生长发育，生长区自前而后形成一系列由小到大的卵室；卵巢管柄为薄壁管道，着生在侧输卵管前端。整个卵巢管外面包围着 1 层非细胞的管壁膜 (固有膜 tunica propria)。雪蝎蛉科和小蝎蛉科具有无滋式卵巢管，卵原细胞最终都转化成卵母细胞，卵母细胞被滤泡细胞包围，滤泡细胞直接从血淋巴液里吸取营养物质供卵的成熟发育。其他长翅目昆虫多具有多滋式卵巢管，卵巢管中的卵母细胞与滋养细胞在生长区内交替排列。卵母细胞成熟时，滋养细胞内的营养物质也消耗殆尽。蝎蛉属的卵巢管多滋式，生殖区内卵原细胞分裂形成卵母细胞，在卵室内分裂形成的 4 个细胞中只有 1 个分化形成卵母细胞，其余 3 个发育成为滋养细胞。在生长区，卵母细胞随着成熟而逐渐增大，营养室逐渐减小，直至滋养细胞消失。

侧输卵管为中胚层起源，其前端与卵巢管连接处常膨大形成卵巢萼。有些蝎蛉的卵巢管与侧输卵管连接处不膨大，卵巢管成排着生侧输卵管前段。中输卵管属于外胚层起源，后端开口于生殖腔前端，生殖腔延伸到第 9 腹节，开口于下生殖板和内骨骼形成的生殖囊。附腺 1 对，在消化道腹面汇入附腺管，附腺管位于第 6、7 腹节。受精囊由第 8 腹节腹板后缘的体壁内陷形成，一般受精囊管细长，受精囊体囊状。蝎蛉科缺受精囊腺。

受精囊管、附腺、生殖腔分别终止于第 9 腹节，各自独立开口于第 9 腹节后端的生殖囊。附腺管位于背面，中输卵管位于腹面，受精囊管位于两者之间。蝎蛉属的受精囊体位于第 6 腹节前部、侧输卵管之间，有脂肪体缠绕。剥除脂肪体后，受精囊体大而薄壁，卵圆形，顶部后弯，顶端和后部 2/3 部位均有肌肉附着。受精囊体基部为不透明的厚壁管，管上有横皱褶。厚壁管逐渐狭窄形成很细的受精囊管，受精囊管后沿并进入受精囊杆 spermathecal rod，该杆也称为内骨骼，位于第 9、10 腹节节间膜形成的腔内。受精囊管显著长于中输卵管，多次蜷曲后进入受精囊杆前端，通过受精囊杆，开口于受精囊腔球状的顶部。受精囊杆臂发出的肌肉附着于受精囊腔开口后部的节间膜上。受精囊腔前部包围受精囊杆。受精囊杆的后端与受精囊的膜愈合，受精囊管开口其上。受精囊腔附近和后方，节间膜再次后弯，在弯曲处中线上有中间附腺的开口，然后膜向后延伸，与第 9 腹节腹板结合。在受精囊杆末端下方，生殖腔开口于节间膜上，开口一侧的膜陷入保护性的褶中。开口的前面是 1 个腔，球状的受精囊室嵌入腔内，能有效地封闭生殖腔的开口，控制卵的受精。受精囊室一侧的膜形成生殖囊的后部和侧面，也有肌肉附着在膜上以控制第 9 腹节背板的套叠 (图 27-4)。

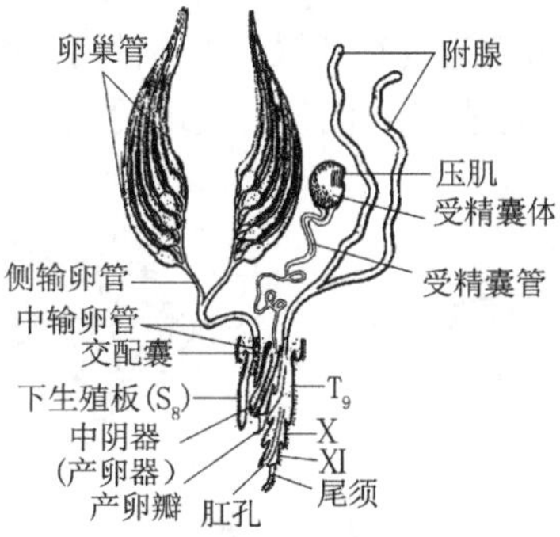

图 27-4　斑翅蝎蛉雌性生殖系统 (Matsuda，1976)

T_9为第 9 腹节背板；S_8为第 8 腹节腹板；X、XI为第 10、11 腹节

27.1.6　雌性内生殖器胚后发育

滞育期雌性幼虫，第 7 腹节腹板后缘出现中胚层起源的生殖索，生殖索大致相当于此阶段的侧输卵管。预蛹期，生殖索尾端发育形成末端壶腹。第 7 腹节不成对的成虫原基产生伸向侧面的横管，并与两侧的末端壶腹联合。成虫期侧输卵管的尾部可能属于外胚层起源。第 7、8 腹节成虫原基之间形成纵沟，中间输卵管的头盖状部分开始发育。第 4 预蛹期，第 8 腹节的纵沟向背部发育，形成受精囊原基与管道、中输卵管的末端部分。中输卵管向尾部开口于第 8、9 腹节之间。中输卵管头盖部和尾部的管腔在预蛹期保持分离。在中输卵管开口和受精囊管之间，出现 1 个短褶，标志着交配囊开始发育。附腺起源于第 9 腹节成对的成虫原基，成虫原基开始时成对，后来愈合形成“Y”形。随着幼虫

第 8 腹节下生殖板的发育，腹面中输卵管、交配囊、附腺的开口由直接向外转为内在隐蔽。生殖开口位于幼虫第 8、9 腹节之间。第 7 腹节的原基形成侧输卵管尾部，而在低等不完全变态昆虫中则形成中输卵管 (图 27-5)。

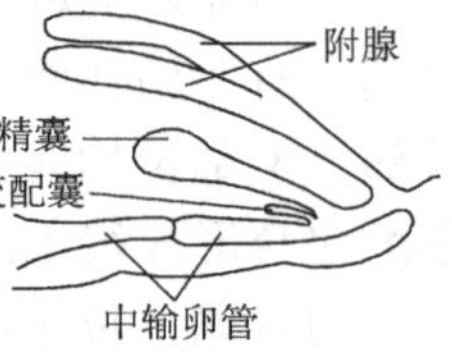

图 27-5　斑翅蝎蛉第 5 预蛹期雌性生殖管道 (参考 Matsuda，1976 图重绘)

27.1.7　雌性外生殖器

第 8 腹节一般正常，但雪蝎蛉科的第 8 腹节向下延伸，几乎在腹面下方接触。蝎蛉科有次生发达的第 8 腹节腹板，可能来自前生殖突。在小蝎蛉科中，该次生腹板组成 1 对狭窄的棒。有些蝎蛉科第 7、8 腹节有 1 对侧背片，位于气门后的侧面。第 9 腹节背板为正常的半环，在蚊蝎蛉科有明显骨化的前内脊 antecosta，1 块下生殖板盖在下面，下生殖板或由 1 对棒 (小蝎蛉 *Nannochorista*) 组成，或 1 对紧密连接的宽板 (美蝎蛉等)，或单一的宽板在中线有 1 缝的痕迹 (有些蚊蝎蛉科等)，或仅为简单的宽板无任何痕迹。雪蝎蛉下生殖板被 1 对长的侧生殖突所代替。蚊蝎蛉科的下生殖板盖在第 8、9 腹节的下

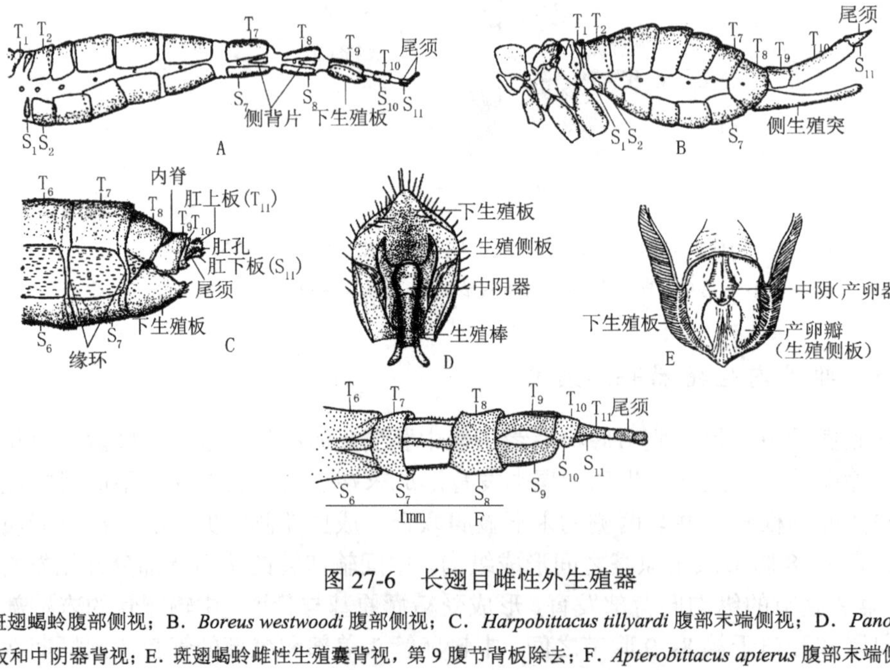

图 27-6　长翅目雌性外生殖器

A. 斑翅蝎蛉腹部侧视；B. *Boreus westwoodi* 腹部侧视；C. *Harpobittacus tillyardi* 腹部末端侧视；D. *Panorpa hybrida* 下生殖板和中阴器背视；E. 斑翅蝎蛉雌性生殖囊背视，第 9 腹节背板除去；F. *Apterobittacus apterus* 腹部末端侧视；T_1～T_3、T_6～T_{11} 为第 1～3、6～11 腹节背板；S_1～S_3、S_6～S_{11} 为第 1～3、6～11 腹节腹板 (A～D. Tuxen，1969；E. Matsuda，1976；F. Potter，1938)

面。有些科，如小蝎蛉科、美蝎蛉科、蝎蛉科，有 1 内附器，称为中阴器 medigynium，位于下生殖板上方，其末端突出于下生殖板顶端的上方。蝎蛉属的中阴器由 2 个成对的部分组成：中央 1 对生殖棒 gonoclavi 和侧面 1 对生殖侧板。生殖侧板的端叶称为匙突 spatulae。雪蝎蛉科没有内附器。肛节位于第 9 腹节背板后的背面，由第 10、11 腹节和尾须组成。第 10 腹节完全骨化 (小蝎蛉科)、半骨化 (美蝎蛉科) 或无腹板 (蚊蝎蛉科、雪蝎蛉科)。第 11 腹节背板在肛门上方形成肛上板，第 11 腹节腹板形成肛下板。尾须 1～3 节，第 1 节可能具有感觉毛。

雌性外生殖器主要包括下生殖板 subgenital plate、生殖板 genital plate 和中轴 axis 3 部分，生殖板和中轴合称为内骨 internal skeleton。下生殖板即第 9 腹节腹板，生殖板位于下生殖板与第 9 腹节背板之间，中轴是生殖板中间的骨化结构，从前方伸出生殖板，向腹面隆起，中间形成凹槽，受精囊管、中输卵管即从中穿过，生殖孔开口于生殖板末端中央 (图 27-6)。

27.2　美蝎蛉科 Meropeidae

27.2.1　*Merope tuber* Newman

雄性内生殖器： 两侧精巢有公共被膜，整体位于第 8、9 腹节后肠背面。含有精巢的被膜约呈三角形，基部每角发出 1 支输精管。剖开被膜，可见到紧密贴合的 2 个锥形精巢，每精巢有 4 支精巢管，每精巢管开口于短的输出管，4 支输出管着生于输精管顶端，输精管蜷曲形成附睾，附睾位于被膜内精巢的基部，精囊管与附睾一起形成精巢附睾被

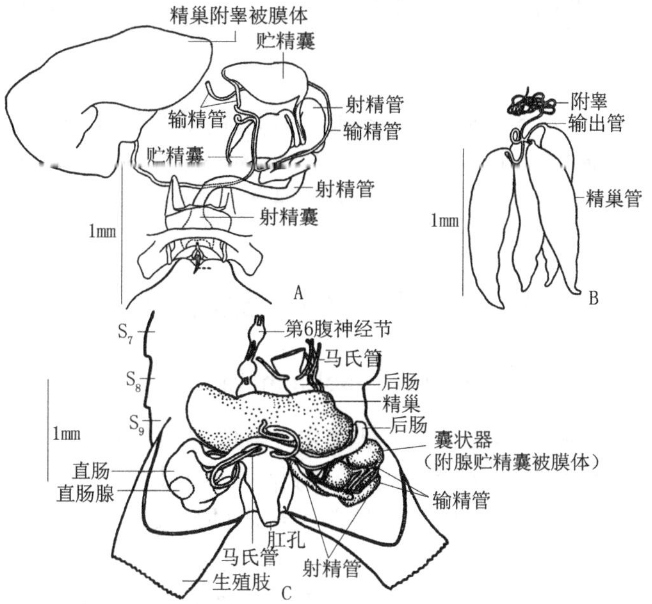

图 27-7　*Merope tuber* 雄性内生殖器 (Potter，1938)

A. 整体；B. 精巢管及相关构造；C. 雄性内生殖器在体腔的位置；S_7～S_9 为第 7～9 腹节腹板

膜体。每精巢的输精管离开附睾后从被膜基部一角发出。两侧输精管下行并弯向中部，贴合一段距离后分开，下端膨大形成贮精囊，贮精囊与附腺形成囊状器，即附腺贮精囊被膜体。输精管自梨形囊状器基部发出时粗而不透明，稍蜷曲后开口于厚壁膨大的射精管。射精管环绕 2 次，弯向腹中部，开口于生殖突基节之间含有骨化构造的射精囊内，射精管的开口处有 1 向上突起的骨片包被 (图 27-7)。

雌性内生殖器：卵巢位于第 5、6 腹节。每卵巢有 8~9 支卵巢管，卵巢管基部开口于侧输卵管前段，两侧的侧输卵管在第 6 腹节后部汇入中输卵管。中输卵管较粗长，开口于生殖腔顶端。受精囊体位于两侧侧输卵管结合点上方，冬瓜状、大型，基部弯曲后逐渐细缩进入受精囊管，受精囊管向后伸展并逐渐变窄，中段极细小。这种细小的受精囊管反复蜷曲，形成受精囊体的外罩。受精囊管后段较粗直，在中输卵管开口的背面进入生殖腔。2 支蜷曲的附腺在后段联合形成附腺管，附腺管沿中输卵管和受精囊管上方向后伸展，通过 2 个肉质的唇瓣开口于生殖囊，开口位置处于受精囊管开口后方。附腺管基部两侧有 1 对长袋囊状侧附腺，其表面具网纹，开口于附腺管开口两侧的阴道囊 (图 27-8)。

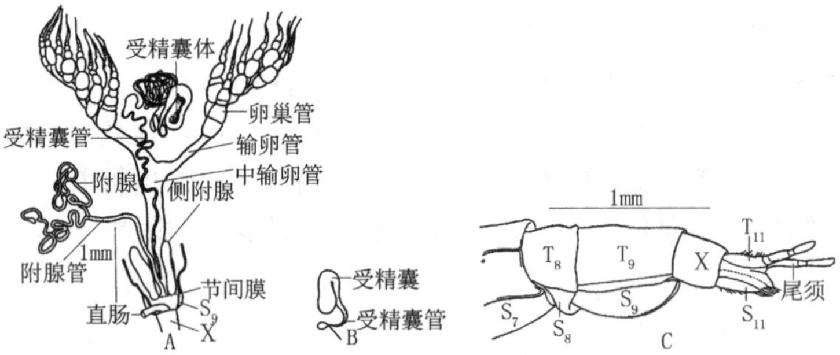

图 27-8　*Merope tuber* 雌性内生殖器 (Potter，1938)

A. 整体；B. 受精囊；C. 腹部末端；T_8～T_{11} 为第 8～11 腹节背板；S_1～S_3、S_7～S_9、S_{11} 为第 1～3、7～9、11 腹节腹板；X 为第 10 腹节

27.3　蚊蝎蛉科 Bittacidae

27.3.1　*Apterobittacus apterus* MacLachlan

雄性内生殖器：两侧精巢位于公共被膜内，整体位于第 6 腹节后部、后肠"S"形弯曲前部的肠道背面。被膜内 2 精巢紧密压缩，每精巢有 4 支精巢管。输精管短，每输精管蜷曲形成附睾，附睾位于公共被膜内，挤压于精巢的后端，与精巢一起形成精巢附睾被膜体。输精管离开公共被膜后沿虫体两侧向后伸达第 8 腹节，然后 2 输精管在中线汇合，相互贴合并向前伸达第 7 腹节前部，然后分开，弯折膨大形成贮精囊。贮精囊与附腺有公共被膜，形成囊状器，即附腺贮精囊被膜体。囊状器向后伸展进入第 8 腹节后部，发出成对的附腺盲管，附腺盲管与囊状器并行，但更长。囊状器两侧继续后延并弯向腹面，

在进入膨大的射精囊前联合。另有 1 对短而弯曲的附腺起源于射精囊前端的背壁。

雌性内生殖器：每卵巢有 14～16 支卵巢管，少数 19 支。两侧的侧输卵管在第 7 腹节后部中线处汇入中输卵管。附腺粗长，前部达第 2 腹节，约在第 8 腹节后缘汇入附腺管，附腺管前段细，后段纺锤形膨大，形成小型中间囊状腺体，末端连接生殖腔。受精囊体梨形，向基部逐渐细缩进入较粗的受精囊管，受精囊管前部粗管部分扭曲成团，贴合在受精囊体下部。受精囊管从扭曲部发出后，形成细狭的短管进入生殖腔 (图 27-9)。

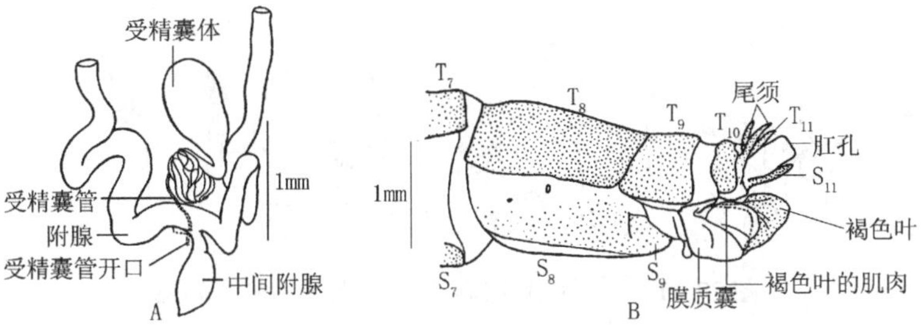

图 27-9　*Apterobittacus apterus* 雌虫内生殖器和雌虫腹部末端 (Potter，1938)

A. 雌虫内生殖器；B. 雌虫腹部末端；T_7～T_{11} 为第 7～11 腹节背板；S_7～S_9、S_{11} 为第 7～9、11 腹节腹板

27.3.2　周氏蚊蝎蛉 *Bittacus choui* Hua *et* Tan

雄性外生殖器：上生殖瓣远长于生殖肢，淡黄色，半透明；生殖肢黑褐色，形状不规则，上、下缘均内弯，端部密被细长毛，下缘在中央形成 1 近圆形指状短突起，突起上密被长毛。载肛突上瓣两侧骨化，中间膜质；骨片基部宽大，向两侧外翻，内侧着生细长毛，端部窄长，末端钝圆，有 1 簇细长毛；下瓣短，基部稍粗，末端尖细。尾须较短，仅为生殖肢基节长度的 1/3。生殖肢基节半球形，后视末端中央凹陷成"V"形缺刻；生殖肢端节很短，密被细毛，基部阔，顶端钝圆，内缘中间有 1 突起。阳茎基部宽，亚基部有圆形阳茎叶突，阳茎丝基部两侧的叶突较短阔，内凹，末端钝圆，向内或向外折卷，阳茎丝细长，缠绕成环 (图 27-10)。

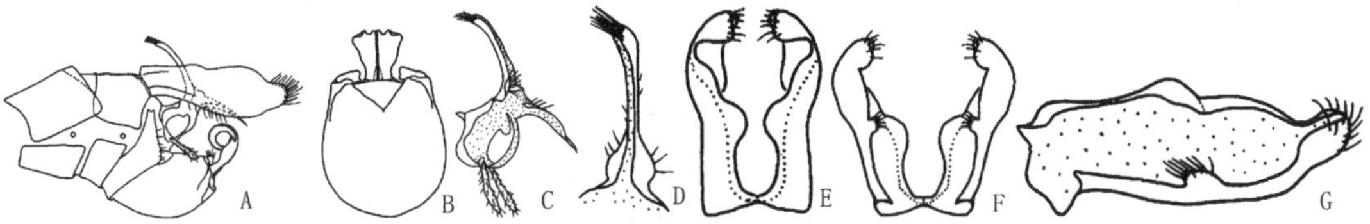

图 27-10　周氏蚊蝎蛉雄虫腹部末节和外生殖器 (花保祯和谭江丽，2007)

A. 雄虫腹部末端侧视；B. 雄性外生殖器腹视；C. 载肛突；D. 载肛突上瓣前视；E、F. 上生殖瓣 epiandrial appendages 背、腹视；G. 右上生殖瓣内视

雌性外生殖器：第 8 腹节背板黑色，短阔，两边延长与下生殖板相接，前缘无明显的前脊沟黑纹痕，中部浅凹；下生殖板为左右 2 瓣，亚端部具黑色粗毛；下生殖板侧视

短阔，向背部延伸，与第 8、9 腹节背板侧缘相接处颜色加深为黑色，其他部位深褐色，气门着生在凹陷的膜质区内；第 9 腹节背板中部黑色，前缘中部有 1 浅色圆点，两侧逐渐变浅，褐色，两侧前缘与下生殖板背后缘相接；第 10 腹节背板窄，深褐色，前缘有极窄的 1 条黑纹，两侧刚盖住尾须基部，未向腹部延伸；肛上板、肛下板和尾须均深褐色，肛上板短于肛下板，末端圆，尾须细；受精丝明显呈管状，色淡，开口于中输卵管，向后延伸变细，呈浅褐色细丝状，盘绕在受精囊表面，末端与之相连，剥去盘绕着受精丝的膜，可见梨形受精囊，顶端细长弯曲 (图 27-11)。

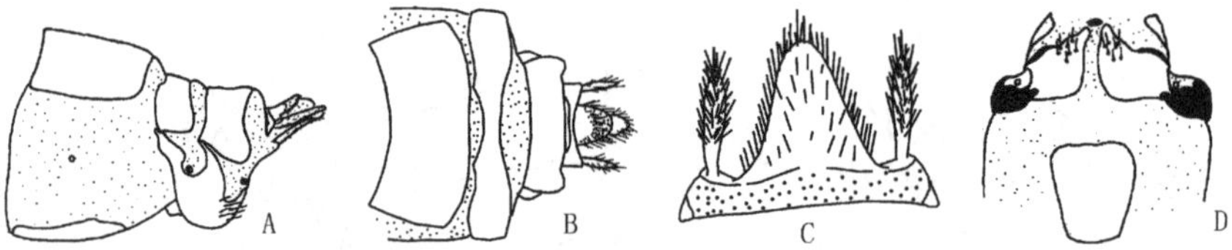

图 27-11　周氏蚊蝎蛉雌虫腹部末节和外生殖器

A、B. 雌虫腹部末端侧、背视；C. 第 10 腹节腹视；D. 腹部末端腹视 (第 10 腹节腹板除去)　(A、D. 花保祯等，2007；B、C. 参考花保祯和谭江丽，2007 图重绘)

27.3.3　*Bittacus pilicornis* Westwood

雄性内生殖器：两侧精巢有公共被膜，整体位于第 7、8 腹节背中线、后肠“S”形弯曲和前肠基部上方。被膜内 2 精巢彼此紧密贴附，每精巢有 4 支粉红色精巢管。精巢管的后端有小型白色的罩，罩上发出很短的输出管，4 支精巢的输出管结合着生于输精管顶端。输精管蜷曲形成密实的附睾，附睾附着于精巢后端，形成公共被膜的可见突起。输精管离开附睾后分别从公共被膜两侧的基部伸出，每侧输精管向后延伸一小段，前弯伸达中线，其下段膨大形成棒状贮精囊。2 支贮精囊紧密贴合，末端与附腺一起汇入射精囊。每侧附腺有 1 较长的附腺盲管，从附腺外侧的中部发出，顶端稍超出附腺长度。附腺长管状，两侧附腺贴合，后端渐细进入同侧射精管，附腺与射精管之间外部分界不清晰。射精管后段弯曲后分别进入同侧的射精囊，射精囊后部的射精管开口于阳茎；阳茎鞭状，从表皮质舌状骨片下方进入腔内，呈发条状蜷曲，伸展时长度超过虫体体长 (图 27-12)。

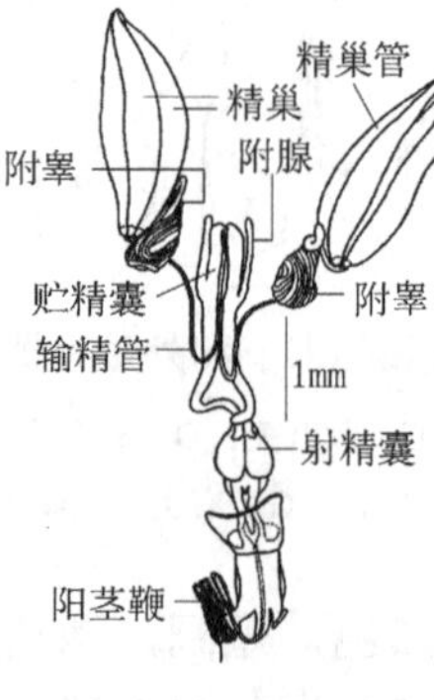

图 27-12　*Bittacus pilicornis* 雄性内生殖器 (Potter，1938)

雌性内生殖器：每卵巢有 8 支卵巢管，卵巢管通过基部的卵巢管柄分别着生于侧输卵管前段。侧输卵管后段向腹中线伸展，在第 7 腹节后部两侧的侧输卵管汇入中输卵管。中输卵管宽阔而富肌肉，末端开口于生殖腔的内陷或折叠中。生殖腔壁厚而有肌肉，背面有裂口，形成两侧肉质的唇瓣。裂口前端稍宽，形成中输卵管末端的入口。在此入口上方，受精囊管开口于生殖腔的背壁。受精囊管形成 1 个腹管 cornicle，与中输卵管开口匹配。每侧中输卵管内陷的腹面，生殖腔膨胀形成侧囊。侧附腺 1 对，小型，开口于侧囊，开口位于中输卵管内陷上方的侧面。受精囊体位于第 7～8 腹节两侧输卵管结合点上方，顶部弯曲呈球形。受精囊管极细长，形成受精囊体表面密集交错的封套。受精囊管后部增粗，向后方伸展达生殖腔背面，末端开口于生殖腔背壁。附腺 1 对，较粗长，末端开口于生殖腔前端 (图 27-13)。

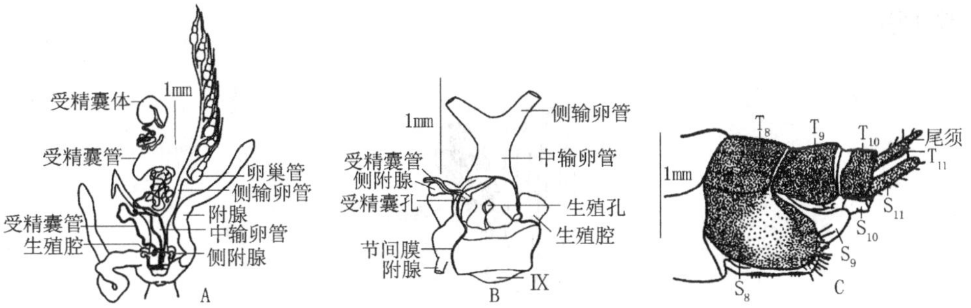

图 27-13　*Bittacus pilicornis* 雌性生殖系统 (Potter，1938)

A．雌性内生殖器；B．从生殖囊处剖开，示中输卵管、受精囊、附腺的开口；C．雌性腹部末端侧视；T_8～T_{11} 为第 8～11 腹节背板；S_8～S_{11} 为第 8～11 腹节腹板；Ⅸ为第 9 腹节

27.3.4　净翅蚊蝎蛉 *Bittacus puripennatus* Cai *et* Hua

雄性外生殖器：上生殖瓣淡黄色，侧视略呈长方形，端部 1/4 逐渐变窄，末端钝圆，边缘有多数小黑刺毛。载肛突上瓣从 2 生殖瓣之间伸出，两边向内侧折，其上具有许多褐色细毛，末端变细，呈指状突起，有 1 丛褐色细长毛；下瓣较长，约为上瓣的 2/3，向下弯曲，基部较宽扁，末端尖锐。尾须较长，伸达生殖肢基节的 2/3，末端尖细。生殖肢基节末端较平截；端节较大，基部阔，逐渐变窄，末端平截。阳茎叶突较阔，末端钝圆，阳茎基部宽，逐渐变细成阳茎丝，较短 (图 27-14)。

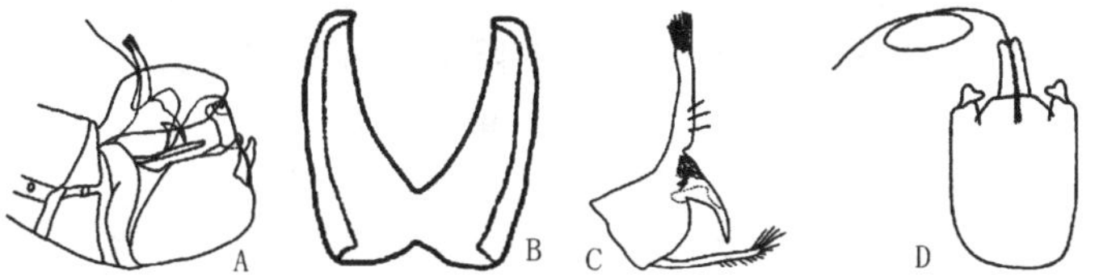

图 27-14　净翅蚊蝎蛉雄性外生殖器 (蔡立君等，2006)

A．雄性腹部末端侧视；B．上生殖瓣背视；C．载肛突上瓣和下瓣；D．外生殖器后腹视

27.3.5　*Harpobittacus tillyardi* Esben-Petersen

雄性内生殖器：两侧精巢挤压贴合在一起，位于消化道上方中线处，但两侧精巢似乎没有公共被膜。每精巢有 4 支精巢管，精巢管前部 3/4 暗紫色，其余白色。精巢管开口于输精管端部，输精管自精巢基部发出后向腹面弯曲，位于精巢之下，然后向后延伸形成蜷曲的扁球形囊状附睾。输精管自附睾发出后变得更细，向后延伸内弯接近中线；在第 8 腹节，两侧输精管贴合并列，头向伸达第 6 腹节基缘，在此两侧的输精管膨大形成并列贴合的贮精囊，位于附腺内侧，末端与附腺一起汇入射精管，附腺约呈长管状，前段稍尖细，向后伸达第 8 腹节。1 对大型贮精囊盲管位于每 1 贮精囊的外侧，与贮精囊平行前伸，前端长度超过贮精囊。在第 8 腹节后缘，附腺收缩并向中部弯折，2 狭窄的管道在腹部并行一段，然后向后进入膨大的射精囊，射精管背面有深沟，形成膜质的瓣 (图 27-15)。

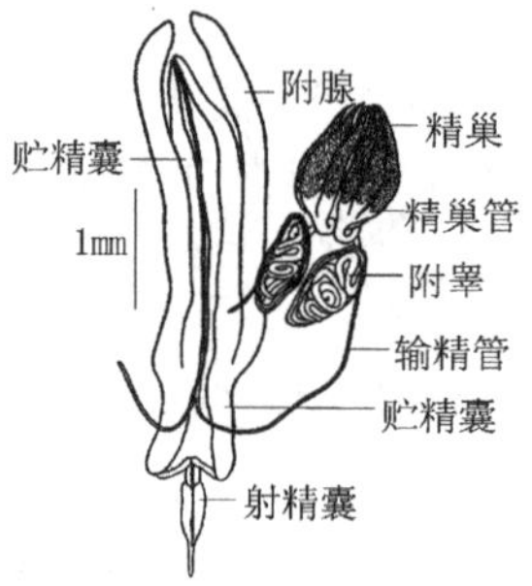

图 27-15　*Harpobittacus tillyardi* 雄性内生殖器 (Potter，1938)

27.4　雪蝎蛉科 Boreidae

27.4.1　*Boreus hyemalis* Linnaeus

雄性内生殖器：两侧精巢愈合形成单一的中间构造，构造中间收缩形成 2 个大型的球状叶，2 叶彼此叠置。输精管 1 对，起源于 2 叶之间收缩区的侧面；输精管前段粗壮，向后延伸然后突然变窄，在附腺基部形成近球形的贮精囊。附腺为大型白色，腺体的管腔由于很深的管壁内褶形成 3 个分隔或室。输精管进入点之后，附腺收缩，然后膨大进入 1 个大型基室，即贮精囊，贮精囊后狭窄形成 1 个短管 (输精管)，短管进入厚壁蜷曲的射精管。射精管位于生殖肢中间的腔内。该腔背、腹面有膜为界。交配期间，射精管能通过生殖肢之间的生殖孔外翻。没有真正的阳茎端 (图 27-16)。

雌性内生殖器：每卵巢有 8 支卵巢管，卵巢管基部分别开口于侧输卵管前段，每侧卵巢管的端丝联合形成系带，两侧卵巢的系带形成中间系带。每侧卵巢的输卵管在第 6 腹节汇入粗短的中输卵管，中输卵管后端连接宽大的生殖腔，中输卵管与生殖腔分界不清晰。生殖腔侧面有强健肌肉。图 27-17 中为受精囊管蜷曲被打开舒展后的情形，自然情况下，受精囊管蜷曲如钟表发条形，相对于生殖腔背面压缩呈扁平状。受精囊管道的

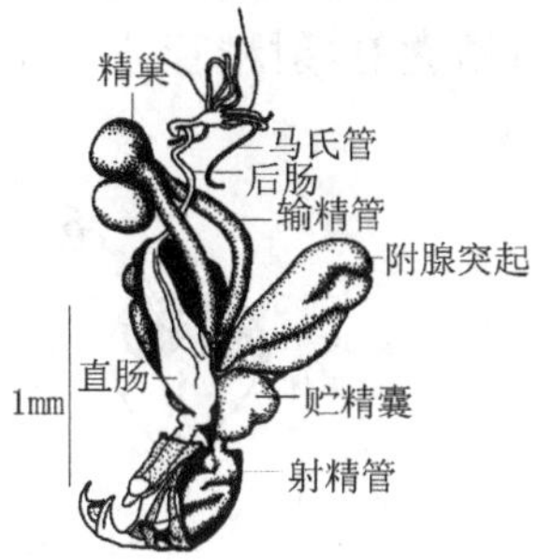

图 27-16　*Boreus hyemalis* 雄性内生殖器 (Potter，1938)

腺体部分也紧密蜷曲附着于受精囊体上，折叠、挤压于受精囊腺体与自身蜷曲管之间。受精囊体由 1 个中叶、2 个侧叶和大型中间、腹面的膜质囊组成，侧叶经中叶向外开口。受精囊管大型、厚壁、贴近受精囊体，但管道窄，在几次紧密蜷曲以后，管壁失去腺体功能。受精囊管的其余部分很细小，相当长。附腺由 2 个大型囊状腺体组成，开口于短的附腺管。附腺立于生殖腔之侧，附腺管在生殖腔上的开口位于受精囊管的开口之后 (图 27-17)。

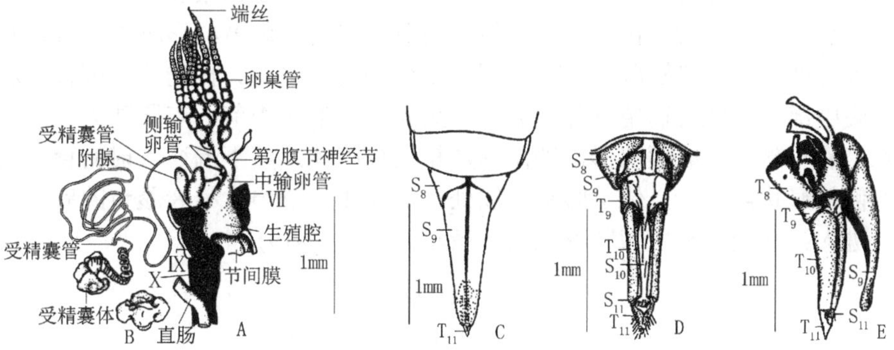

图 27-17　*Boreus hyemalis* 雌性生殖系统 (Potter，1938)

A. 雌性内生殖器背视；B. 受精囊体背视；C. 腹部末端腹视；D. 腹部末端腹视，第 9 腹节腹板除去；E. 侧视，示外生殖器与腹部末节的关系；T_8～T_{11} 为第 8～11 腹节背板；S_8～S_{11} 为第 8～11 腹节腹板；Ⅷ～Ⅹ为第 8～10 腹节

27.5　小蝎蛉科 Nannochoristidae

27.5.1　*Nannochorista* sp.

雄性内生殖器：精巢纺锤形，输精管从精巢下端发出后即弯曲折叠形成扁平囊形附睾，从附睾发出的输精管前段较细，后段略粗，末端向中部弯曲后两侧的输精管有小段并列，其下端膨大形成贮精囊（图 27-18 中的黑色部分），贮精囊与附腺一起构成心形囊状器，即附腺贮精囊被膜体。囊状器下端急剧收缩，末端进入射精管。射精管 1 对，分别起源于同侧的附腺后端，两侧的射精管中部贴合但全长分开，外部有膜包被。射精管终止于成对的射精囊,在进入射精囊前,射精管被中间瓣 piston 的降肌分开 (图 27-18)。

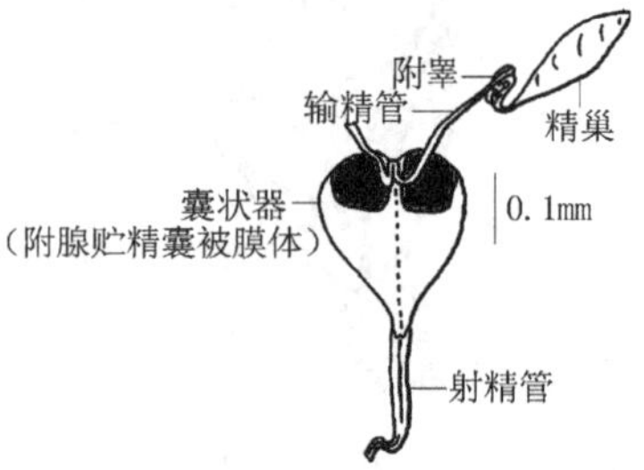

图 27-18　*Nannochorista* sp.雄性内生殖器背视图注　(Sinclair 等，2007)

左侧精巢已除去，阴影部分表示变色区域

27.6　异蝎蛉科 Choristidae

27.6.1　*Chorista australis* Klug

雄性内生殖器：精巢圆锥形，位于第 4、5 腹节两侧，每精巢有 3 支紧密贴合的小型精巢管。输精管前段黏附于精巢基部，然后向后延伸一段距离，形成 1 个紧密蜷曲的附睾，附睾外有被膜。附睾松散后，为 1 根逐渐变细的厚壁管。输精管呈细管状从附睾伸出，弯向腹中部，两侧的输精管并列贴合，头向伸达第 2 腹节，末段膨大形成并列的贮精囊，贮精囊与附腺形成囊状器，即附腺贮精囊被膜体，其下端通入射精管。囊状器长管状，两侧的囊状器贴合，位于腹部中线处，从第 2 腹节伸达第 8 腹节的后缘，末端细缩弯曲，进入第 9 腹节和生殖肢形成的射精球内 (图 27-19)。

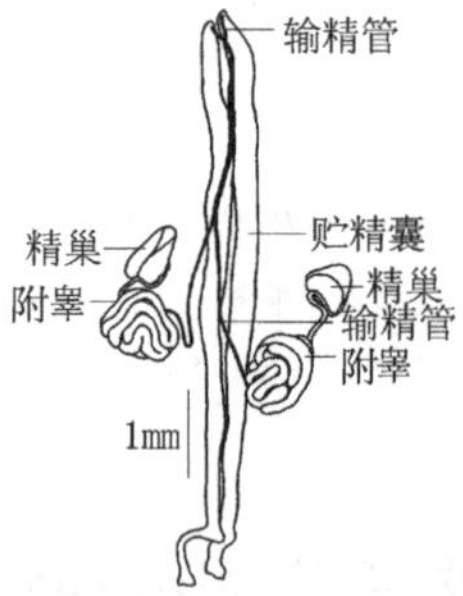

图 27-19　*Chorista australis* 雄性内生殖器 (Potter，1938)

雌性内生殖器：每卵巢有 7 支卵巢管，约在第 7 腹节两侧卵巢汇入中输卵管。中输卵管粗壮、稍折叠，开口于生殖腔。受精囊体卵圆形，白色，位于侧输卵管结合处。受精囊管相对较厚，蜷曲程度高，位于中输卵管上方，末端开口于生殖腔背壁的乳突上，开口位置位于生殖孔之后。附腺管 1 对，厚壁、白色、高度蜷曲，位于腹面接近卵巢的位置。在第 8 腹节，附腺联合形成公共管，公共管与受精囊管一起开口于生殖腔背壁

(图 27-20)。

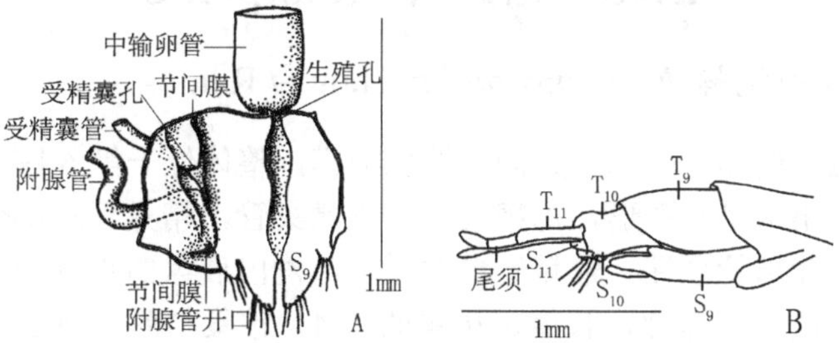

图 27-20　*Chorista australis* 雌性生殖系统

A. 雌性内生殖器；B. 雌性腹部末端侧视；T_9～T_{11} 为第 9～11 腹节背板；S_9～S_{11} 为第 9～11 腹节腹板 (A. Potter，1938；B. 参考 Potter，1938 图重绘)

27.7　拟蝎蛉科 Panorpodidae

27.7.1　*Brachypanorpa carolinensis* (Banks)

雄性内生殖器：精巢位于第 6 腹节前部，有膜包被。每精巢有 3 支精巢管。每精巢管除基部外，均呈暗紫色。每精巢管的端部窄颈状，终止于圆形的小叶，即精巢管突起 follicular process。精巢管基部输出管很短，壁厚，开口于输精管端部。输精管自精巢基部发出后蜷曲形成附睾，附睾位于第 7 腹节前部，也包被在精巢被膜内，形成精巢附睾被膜体。离开附睾的输精管弯向后中线，两侧的输精管在中线并列贴合，头向延伸到附腺顶端，约在第 6 腹节中部输精管膨大形成贮精囊，贮精囊与附腺一起形成附腺贮精囊被膜体（囊状器）。囊状器约呈管状，后部细缩。每侧囊状器有 2 支指状的附腺盲管，盲管起源于每侧囊状器的背面，与附腺的连接点位于输精管进入点后部附近，前端明显超过附腺端部。两侧囊状器并列向后延伸进入第 8 腹节，突然变窄，进入第 9 腹节分叉的射精囊的基部。射精囊长而厚壁，具有 2 个背叶 (图 27-21)。

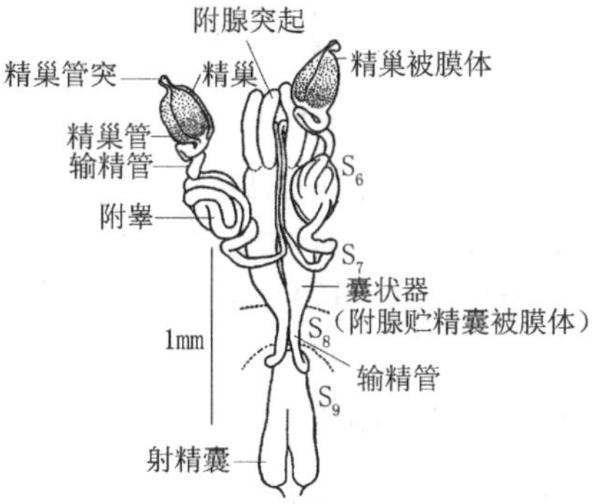

图 27-21　*Brachypanorpa carolinensis* 雄性内生殖器 (Potter，1938)

S_6～S_9 为第 6～9 腹节腹板

27.8　蝎蛉科 Panorpidae

27.8.1　路氏新蝎蛉 *Neopanorpa lui* Chou *et* Ran

雄性内生殖器： 精巢、附睾有共同的棕色被膜，整体位于第 6 腹节，被膜端部有短而透明的悬带。精巢略呈纺锤形，每精巢有 3 支精巢管，精巢管端部分开呈三叶状，基部紧密贴合着生于输精管顶端。输精管自精巢基部发出后盘曲折叠形成球形附睾，附睾位于精巢的近体中线一侧基部，长度达精巢的 1/4。精巢与附睾有公共被膜，形成精巢附睾被膜体。输精管自附睾发出后弯向体中部，两侧的输精管贴合一段后膨大形成并列的贮精囊，贮精囊与附腺形成囊状器（附腺贮精囊被膜体）。囊状器顶端具有 3 分叉的附腺盲管。射精管 1 对，相互贴合，粗长，进入尾节后形成射精囊，射精囊倒“Y”形 (图 27-22 D)。

雄性外生殖器： 长椭圆形；抱器基节长，端节末端细而尖锐，近基部内缘有三角形突起及 1 片状突起，无阳基侧突；阳茎短而尖，并有 2 尖状的侧齿。前肛上板狭长，末端无凹陷，第 9 腹节腹板凹陷浅，下片短而宽，内缘凸出，左右有一部分相重叠 (图 27-22 A～图 27-22 C)。

雌性内生殖器： 卵巢位于第 3～5 腹节，每卵巢有 10 支卵巢管，卵巢管依次着生于侧输卵管前段，侧输卵管后段粗直，约在第 6 腹节两侧，侧输卵管汇入中输卵管。中输卵管较粗短，后端与生殖腔相接。附腺 1 对，粗长扭曲管状，前端可达第 3 腹节，后端在第 6 腹节合并入附腺管。受精囊管细长扭曲，顶端着生弯折膨大的受精囊体，受精囊体外被透明薄膜。受精囊管和附腺管末端着生于生殖腔端部 (图 27-22 E)。

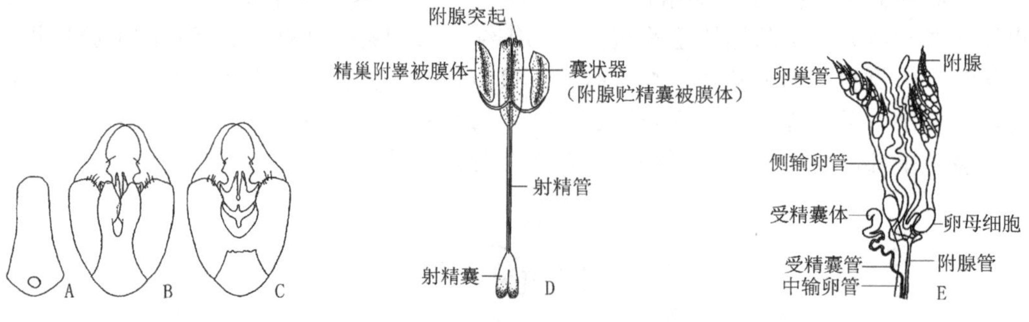

图 27-22　路氏新蝎蛉生殖系统

A. 雄虫前肛上板；B. 雄性外生殖器；C. 雄性外生殖器 (剪去下片，示阳茎)；D. 雄性内生殖器；E. 雌性内生殖器 (A～C. 周尧等，1981；D. 参考彭韬，2005 图重绘；E. 侯小燕，2007)

27.8.2　双带蝎蛉 *Panorpa bifasciata* Chou *et* Wang

雄性内生殖器： 精巢、附睾位于第 6 腹节腹面，橄榄形，外被赭色膜，形成精巢附睾被膜体，被膜顶端有纤细透明的悬带；除去包膜，可见灰色的精巢和附睾，两者以斜面贴合。每精巢有 3 支梭形精巢管，3 支精巢管端部分离，基部着生于输精管顶端。输精管从精巢基部发出后扭曲形成椭圆形、半透明的附睾，从附睾发出的输精管折向体中部，两侧的输精管贴合，头向延伸弯折膨大形成贮精囊，贮精囊并列于附腺内侧，与附腺一起形成囊状器，即附腺贮精囊被膜体。囊状器棒状，顶端略平截，有芽状附腺盲管突出，中间盲管最长，左右 2 盲管相向生长。射精管 1 对，乳白色，半透明，分别从同侧精巢被膜的末端发出，在尾节中部形成白色厚壁的射精囊，射精囊倒“Y”形，两侧有不规则生长的白色附腺 (图 27-23 A)。

雄性外生殖器：长椭圆形，抱器基节长，内缘中部有成束的长刚毛；抱器端节长，端部尖锐，内缘除有三角形突起外，其基部 1/3 处有三角形距状突起；阳基侧突细长而尖锐，阳茎宽，端部凹陷，有 1 对角状的端突。第 9 腹节下片细长，前肛上板狭长，末端有凹陷 (图 27-23 B、C)。

雌性外生殖器：下生殖板阔，端部有浅的凹陷，内骨板复杂，后端凹陷呈长圆形，两侧瓣极细长，端部极尖，有 1 对基侧片，基侧片端部阔而折叠，基部呈柄状，内骨板前端中央突出呈短柄，无中轴 (图 27-23 D、E)。

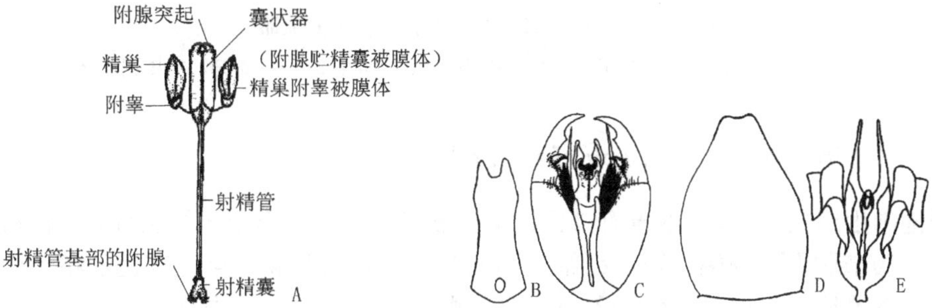

图 27-23　双带蝎蛉生殖系统

A. 雄性内生殖器；B. 雄虫前肛上板；C. 雄性外生殖器；D. 雌性下生殖板；E. 雌性内骨 (A. 彭韬，2005；B～E. 周尧等，1981)

27.8.3　长白山蝎蛉 *Panorpa changbaishana* Hua

雄性内生殖器：精巢与附睾位于第 6 腹节腹面，有共同的赭色膜包被形成精巢附睾被膜体，被膜体整体呈纺锤形；被膜内精巢与附睾并列，精巢位于外侧。每精巢有 3 支精巢管，精巢管并列，乳白色，端部较尖，基部钝圆。精巢管基部着生在输精管顶端，输精管自精巢发出后沿虫体纵轴方向盘曲形成长条状附睾，附睾紧贴于精巢的内侧，扁平，白色透明。输精管自附睾发出后弯向中部，两侧的输精管贴合，头向伸展，后段膨大形成并列的贮精囊。两贮精囊紧密贴合，位于附腺内侧，与附腺一起形成附腺贮精囊被膜体（囊状器）。两侧的囊状器贴合，乳白色，端部宽大，向腹末逐渐缢缩。每侧囊状器前端有 3 个芽状的附腺盲管，乳白色。射精管 1 对，透明，分别从同侧的精巢附睾被膜体末端发出，在尾节形成膨大的射精囊；射精囊三角形，端部有 2 个椭球形囊 (图 27-24 B)。

雌性内生殖器：卵巢位于第 1～6 腹节背面，两侧卵巢的卵巢管数目常不对称，具有 11＋9、8＋10、10＋10 组合，以 8＋10 组合最常见。卵巢管长，端丝很短或缺，生长区占有卵巢管的大部分长度。卵巢管基部着生于侧输卵管前段，侧输卵管后段以邻近卵巢管着生处最粗，向基部逐渐细缩。两侧的侧输卵管在第 6 腹节后部汇入中输卵管，中输卵管后端与生殖腔连接。附腺 1 对，粗长多弯折，约在第 6 腹节，两侧的附腺汇入附腺管。受精囊管细长弯曲，顶端着生膨大弯折的受精囊体，受精囊体外有红色被膜，被膜易碎。附腺管和受精囊管基部着生于生殖腔顶部 (图 27-24 A)。

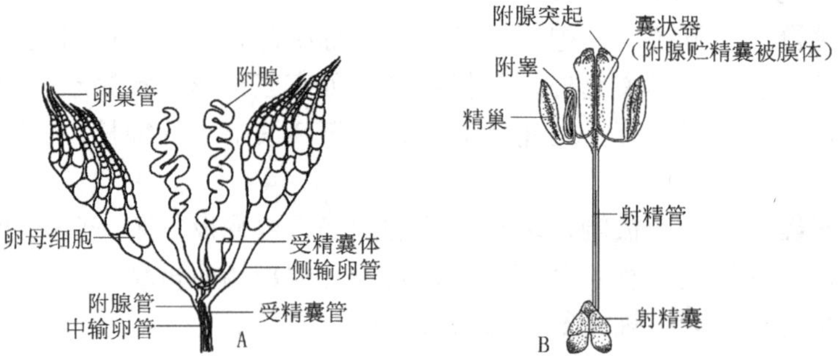

图 27-24　长白山蝎蛉雌、雄内生殖器

A. 雌性内生殖器；B. 雄性内生殖器 (A. 侯小燕，2007；B. 参考彭韬，2005 图重绘)

27.8.4　郑氏蝎蛉 *Panorpa chengi* Chou

雄性内生殖器：精巢、附睾有共同的赭色被膜，形成精巢附睾被膜体，整体橄榄形，位于第 6 腹节腹面，顶端有短而纤细透明的悬带。除去外膜，可见棕色的精巢附睾。每精巢有 3 支紧密贴合的精巢管，附睾扁平，贴在精巢基部近体中线一侧。输精管从附睾发出后，弯向体中部，约在第 6 腹节弯折膨大形成贮精囊。贮精囊与附腺具有公共被膜，形成囊状器，即附腺贮精囊被膜体。贮精囊下端与附腺一起汇入（同侧的）射精管。囊状器棒状，端部有指状的附腺盲管，每侧囊状器端部有 3 支附腺盲管，相互紧贴。两侧的囊状器向体后方逐渐收缩，在第 7 腹节中部进入同侧的射精管，两侧的射精管并列贴合至尾节后形成倒“Y”形射精囊，射精囊端部分开，每侧具有 1 个半球形囊。射精囊两侧有少许不规则生长的附腺 (图 27-25 C)。

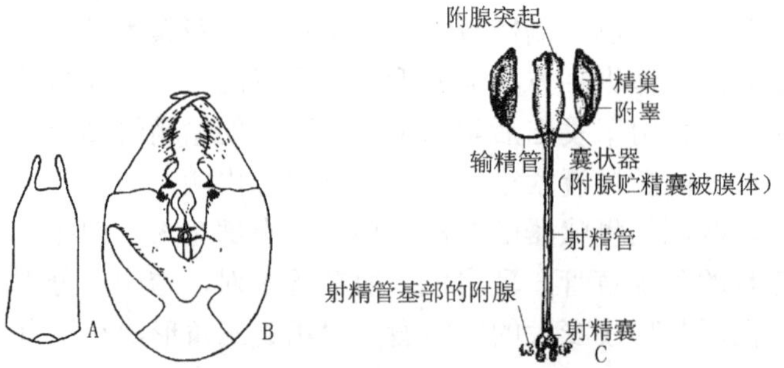

图 27-25　郑氏蝎蛉雄性生殖系统

A. 雄虫前肛上板；B. 雄性外生殖器；C. 雄性内生殖器 (A、B. 周尧等，1981；C. 彭韬，2005)

雄性外生殖器：圆球形，抱器基节短阔，内端角有 1 列短的刺毛；端节较长，生有长毛，内缘有凹陷，除三角形中齿外，基部有 1 凸起的构造，上长 1 撮较粗的毛；阳茎端瓣端部膨大，呈方片状，阳基侧突线状，细而弯曲。前肛上板末端凹陷很深，略呈方形 (图 27-25 A、B)。

27.8.5　斑翅蝎蛉 *Panorpa communis* Linnaeus

雄性内生殖器：精巢位于第 5~6 腹节，每精巢有 3 支精巢管，精巢管大致呈梭形，前端细窄稍弯曲。精巢管着生于输精管端部，输精管自精巢下端发出后即蜷曲形成长囊状的附睾，附睾位于精巢基部外侧，与精巢管包被在共同的被膜内，形成精巢附睾被膜体，被膜红褐色。输精管从被膜伸出后，后延至第 7 腹节，然后弯向中部，两侧输精管膨大形成贮精囊。两侧贮精囊并列贴合，位于附腺内侧，与附腺一起形成附腺贮精囊被膜体（囊状器）。囊状器位于第 6 腹节、精巢的腹面，白色棒状，两侧的囊状器并列贴合，每侧囊状器前端有 2 支指状附腺盲管，中间的 1 对更长，向内弯曲。囊状器后部彼此稍分开，收缩进入同侧的射精管。两侧的射精管并列下行，末端进入生殖肢 gonopod 愈合形成的腔室，在腔室内彼此分开，然后转向腹面，在进入大型射精囊之前稍膨大。射精囊壁厚，管腔小。射精囊后部膨大进入 1 对大的背叶，背叶也具有厚壁和小的管腔。射精囊两侧另有 2 支侧附腺 (图 27-26)。

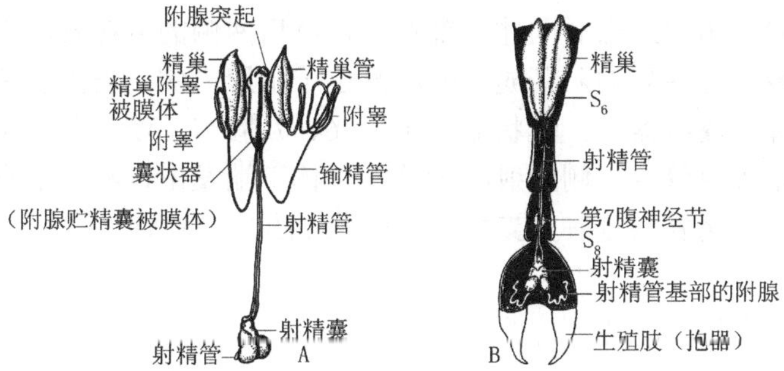

图 27-26　斑翅蝎蛉雄性内生殖器 (Potter，1938)

A. 解剖取出；B. 原位状态；S_6、S_8 为第 6、8 腹节腹板

雌性内生殖器：每卵巢有 6 支卵巢管，卵巢管通过基部的卵巢管柄并列于侧输卵管前段，卵巢管端丝汇合形成悬带。侧输卵管后段裸露，两侧的侧输卵管汇入中输卵管。中输卵管粗长略弯曲，后端开口于生殖腔前端。交配囊从生殖腔背侧中部发出，棒状，前段略膨大。受精囊管基段约 2/3 长度线状，端段邻近受精囊体的部分因肌肉鞘包裹而逐渐增粗，肌肉鞘向前延伸包裹整体受精囊体。受精囊体肾形，外部有肌纤维构成的泵压机制，控制精液的进出。附腺端部为双管，基部为单管。生殖腔后端、受精囊管和附腺分别开口于第 9 腹节背板后端的生殖囊内，附腺开口位于背方，生殖腔开口 (次生生殖孔) 位于腹方，受精囊管的开口位于两者之间。交配囊与受精囊管之间似有导精管相连。尾须短棒状，着生于第 11 腹节末端 (图 27-27)。

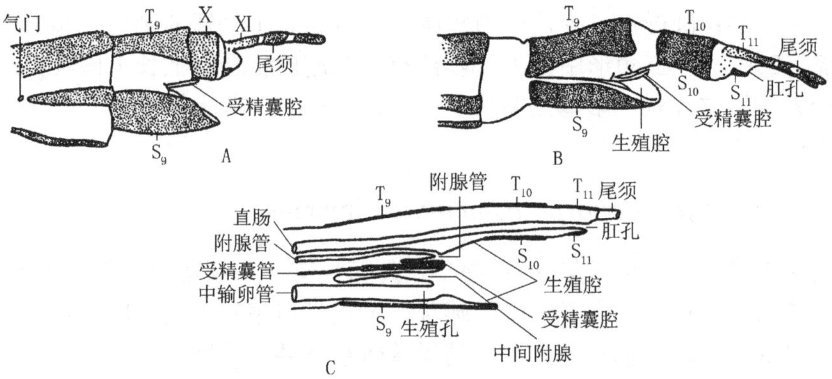

图 27-27　斑翅蝎蛉雌性腹部末端及内生殖器输出管道 (Potter，1938)

A．雌虫腹部末端侧视；B．腹部末端侧视，膨伸状；C．腹部末端纵切，示内生殖器输出管道位置；T_9～T_{11}为第 9～11 腹节背板；S_9～S_{11}为第 9～11 腹节腹板；X、XI为第 10、11 腹节

27.8.6　华山蝎蛉 *Panorpa emarginata* Cheng

雄性内生殖器：精巢粗短，淡黄色，位于第 6 腹节背面，有薄质近透明膜包被。每精巢有 3 支精巢管，精巢管端段为管状，基段为致密结构。输精管自精巢基部发出后很短即弯曲折叠形成附睾，附睾扁平，贴于精巢基部内侧，与精巢有公共被膜，形成附腺附睾被膜体。输精管自附睾发出后向体中部弯折，然后两侧的输精管贴合，向虫体前方伸展，下端膨大形成一对并列的贮精囊。贮精囊位于附腺内侧，与附腺有公共被膜，形成附腺贮精囊被膜体（囊状器）。囊状器位于第 6、7 腹节，淡黄色，基部逐渐缢缩；端部有指状突起的附腺盲管。每侧的射精管从复合体下端发出，相互贴合向后延伸至尾节形成厚壁射精囊，射精囊两侧有多支乳白色附腺 (图 27-28 A)。

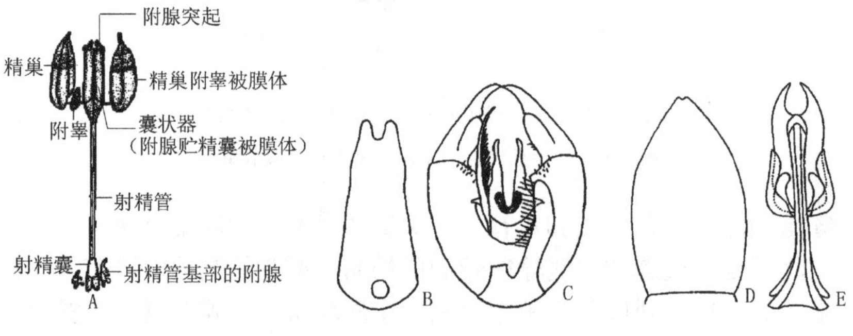

图 27-28　华山蝎蛉生殖系统

A．雄性内生殖器，左侧附睾与精巢分离；B．雄性前肛上板；C．雄性外生殖器；D．雌性下生殖板；E．雌性外生殖器内骨 (A．彭韬，2005；B～E．周尧等，1981)

雄性外生殖器：圆球形，抱器基节长，端部稍加阔，端节短，内缘有三角形齿，其基部有凹陷；阳基侧突简单，细长，伸达抱器端节近端部，其基部呈柄状，中部宽，末

端尖细，内缘有 1 列粗长的梳齿状刺毛。阳茎有细长指状的端突及明显的侧突。第 9 腹节腹板有 2 弯曲的下瓣未到达抱器基节的端部，瓣的内侧有整齐的长毛 1 列。前肛上板略呈长方形，端部有“U”形缺刻（图 27-28 B、C）。

雌性外生殖器：下生殖板略呈卵形，后方稍狭，末端有 1 微小缺刻。内骨长，内骨板后方中央凹陷呈圆形，两侧尖齿状，基部有 2 对基侧片，轴直，端部加宽，其长度的 1/2 超出内骨板（图 27-28 D、E）。

27.8.7　淡黄蝎蛉 *Panorpa fulvastra* Chou

雄性内生殖器：精巢、附睾有褐色被膜，形成精巢附睾被膜体，整体呈梭形，位于第 6 腹节近腹面，端部有细长透明的悬带；除去被膜可见淡黄色的精巢和附睾。每精巢有 3 支精巢管，精巢管着生于输精管端部，输精管经一小段伸展后即弯曲折叠形成附睾，附睾贴合在精巢内侧下缘，近椭圆形，半透明。输精管从附睾发出后弯向中部，两侧的输精管贴合向虫体前方并行，下段弯折膨大形成贮精囊，贮精囊与附腺一起形成囊状器（附腺贮精囊被膜体），囊状器淡黄色，端部略膨大；每侧附腺端部有 3 个附腺盲管突出，淡黄色，中间突起显著长于两边；射精管 1 对，分别从同侧的复合体下部发出，两侧射精管并列贴合下行至尾节中央形成三角形射精囊，射精囊厚壁，乳白色，基部愈合，端部形成 2 个左右对称的球囊（图 27-29 A）。

雄性外生殖器：较小；抱器基节长过端节，端内角有几根粗毛，端节内缘的中齿不很突出，阳基侧突较短而弯曲，互相交叉，端部有毛；阳茎端部膨大，略呈踵形；前肛上板狭长，端部深凹陷，略呈方形（图 27-29 B、C）。

雌性外生殖器：下生殖板狭长，卵形，末端较尖，无缺刻，内骨后端凹陷呈圆形；中轴直，有 1/3 超出内骨板（图 27-29 D、E）。

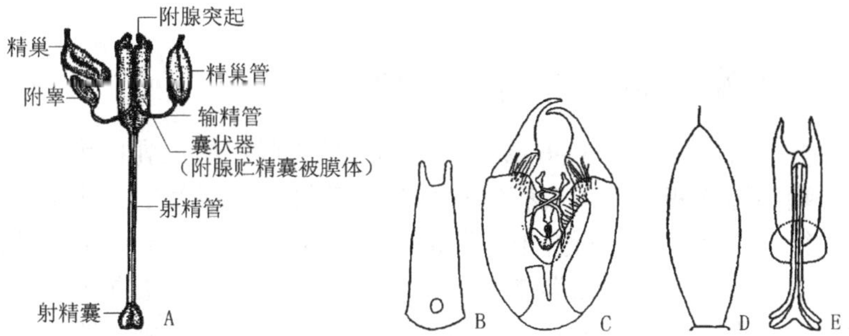

图 27-29　淡黄蝎蛉生殖系统

A. 雄性内生殖器，左侧附睾与精巢分离；B. 雄性前肛上板；C. 雄性外生殖器；D. 雌性下生殖板；E. 雌性外生殖器内骨（A. 彭韬，2005；B～E. 周尧等，1981）

27.8.8　*Panorpa germanica* Linnaeus

雌性内生殖器：每卵巢有 10～11 支卵巢管，卵巢管多滋式，着生于侧输卵管前段，侧输卵管位于卵巢的外侧。每卵巢的卵巢管端丝联合形成悬带。两侧的侧输卵管后端汇入中输卵管，中输卵管末端与生殖腔连接。附腺 1 对，粗长蜷曲管状，位于消化道两侧，前端可伸达第 1 腹节。在第 6 腹节中部，2 支附腺汇入附腺管，附腺管较细，沿中输卵管上方后延。受精囊体位于第 6 腹节前部、两侧的侧输卵管之间，具有脂肪体包裹，剥除脂肪体后，受精囊体大而薄壁，卵圆形，顶部向后微弯曲，前部 2/3 部位有肌肉附着。受精囊体的基部为不透明的厚壁管，管上有横皱褶，厚壁管逐渐狭窄形成很细的受精囊管，受精囊管沿第 6 腹节神经节上方延伸，然后沿附腺管到达并进入受精囊杆。该杆也称为内骨骼，位于第 9、10 腹节节间膜形成的腔内。受精囊杆在近顶端部位稍加宽，其臂几乎完全不分叉，受精囊管在腹面距前端一段距离处进入杆内。受精囊杆的腹表面几丁质化程度较背面轻，因此从杆的末端透过覆盖膜可以看见内部的管道。受精囊杆末端腹面具有肌肉球，受精囊管开口于肌肉球的顶端。中输卵管、受精囊管和 2 支附腺管分别向外开口于多褶的膜上，膜形成生殖腔的壁，属于第 9、10 腹节的节间膜 (图 27-30)。

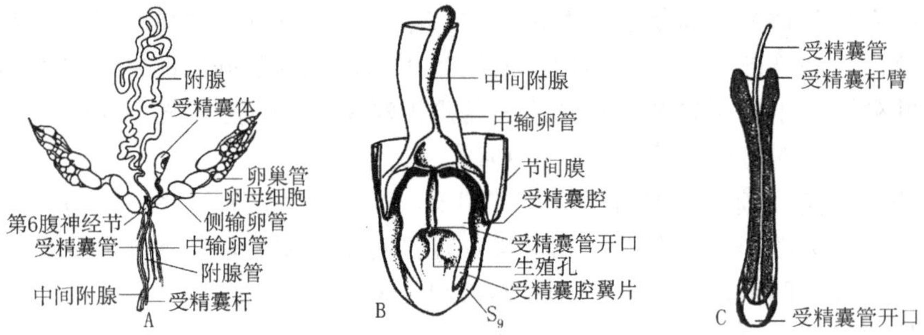

图 27-30　*Panorpa germanica* 雌性内生殖器 (Potter，1938)

A. 整体；B. 生殖腔剖开展示受精囊和中输卵管的开口，受精囊杆已除去；C. 从受精囊中解剖出的受精囊杆

27.8.9　刘氏蝎蛉 *Panorpa liui* Hua *et* Chou

雄性内生殖器：精巢位于第 3～6 腹节，有橘红色被膜；精巢乳白色，细长，由 3 支精巢管组成，向端部逐渐变细，顶端有细长悬带。精巢管基部着生于输精管顶端，输精管自精巢发出下行一段后即弯曲折叠形成附睾，附睾位于第 6 腹节中部，乳白色，椭圆形。输精管从附睾发出后下行，在第 7 腹节中部内弯，沿体中线头向伸展，下段膨大形成贮精囊。贮精囊与附腺有公共被膜，形成附腺贮精囊被膜体（囊状器）。囊状器乳白色，位于第 6～7 腹节，端部有乳白色 6 分叉的附腺盲管突起，其中 4 分叉并列，近等长；附腺末端渐细进入同侧射精管，射精管较短，两侧的射精管并列贴合，下行至第 9 腹节后回折进入膨大的射精囊，射精囊倒“Y”形，近端部表面有瘤突。尾节中可见乳白色附腺，分布在射精囊两侧 (图 27-31 C)。

雌性内生殖器：卵巢位于第 3～6 腹节背面，每卵巢有 10～13 支卵巢管，以 12 支常见。卵巢管多滋式，端丝和生殖区较短，生长区占卵巢管大部。卵巢管基部顺次着生在侧输卵管前段，侧输卵管后段较粗短。两侧的侧输卵管约在第 6 腹节后方汇入中输卵管，中输卵管粗短，末端与生殖腔连接。附腺 1 对，粗壮弯折，前端可达腹部第 3 节，2 条附腺在第 6 腹节汇入附腺管，附腺管细长扭曲。受精囊体位于第 6 腹节腹面，约呈火炬形，顶端尖出并弯曲，外被膜。受精囊管细长弯曲，与附腺管的末端着生于生殖腔顶端 (图 27-31 A、B)。

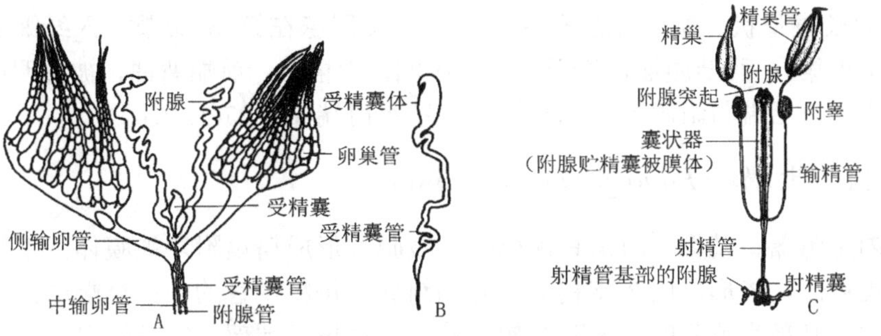

图 27-31　刘氏蝎蛉雌、雄内生殖器

A. 雌性内生殖器腹视；B. 受精囊；C. 雄性内生殖器 (A、B. 侯小燕，2007；C. 彭韬，2005)

27.8.10　长瓣蝎蛉 *Panorpa longihypovalva* Hua *et* Cai

雄性内生殖器：精巢长囊状，位于第 5~6 腹节，有褐色被膜，端部稍尖，有细而透明的悬带。每精巢有 3 支精巢管，精巢管之间呈螺旋状贴合。精巢管中段至端部为横向管状环绕结构，至基部为致密结构，基部着生在输精管顶端。输精管细长，约在基部 1/4 处形成附睾，附睾球形，由棕色膜包被。输精管自附睾发出后下行，然后向中部弯折，两侧的输精管并列头向延伸，下段膨大形成贮精囊。贮精囊与附腺形成囊状器，即附腺贮精囊被膜体。贮精囊下端与附腺一起汇入射精管。囊状器略呈纺锤形，每侧端部有 3 分支的附腺盲管，近体中线的 1 对分支较长，相互贴合，其余 2 对相向而生。囊状器基部渐细进入同侧的射精管，两侧的射精管并列贴合下行，进入尾节后形成椭球形射精囊，射精囊背面有沟，端部表面有瘤状突，末端连接阳茎 (图 27-32 B)。

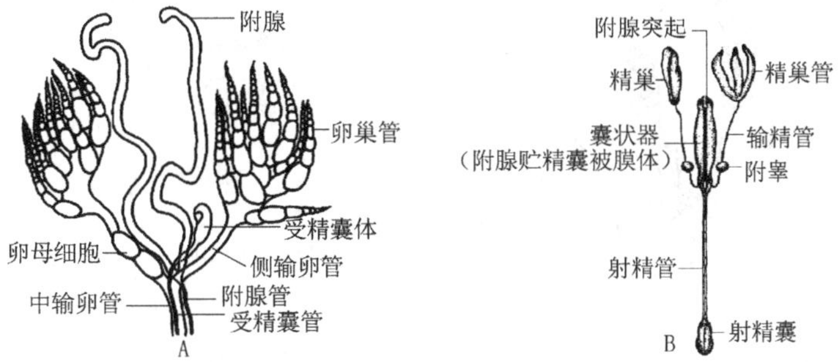

图 27-32　长瓣蝎蛉雌、雄内生殖器

A. 雌性内生殖器；B. 雄性内生殖器 (A. 侯小燕，2007；B. 彭韬，2005)

雌性内生殖器：卵巢位于第 3～6 腹节背面，每卵巢有 10 支卵巢管，偶有 9 或 11 支。卵巢管长，端丝较短，成熟的卵巢一般无端丝；生殖区短，其中的卵室较清晰。生长区占据卵巢管大部，一般有 10 个卵室，靠近生殖区的卵室内卵母细胞小，在滋养细胞下形成三角形区域，其他部分的卵母细胞明显增大，形状呈方形。卵巢管基部沿侧输卵管前段依次排列，侧输卵管后段较细长，两侧的侧输卵管在第 6 腹节汇入中输卵管。附腺 1 对，粗长直管状，端部可达第 3 腹节。2 支附腺在第 6 腹节汇入纤细的附腺管。受精囊体位于第 6 腹节腹面，位于 2 附腺中间，尖椒形，前端弯曲，被透明膜。受精囊管前段略膨大，后端与附腺管一起着生于生殖腔前端 (图 27-32 A)。

27.8.11　大蝎蛉 *Panorpa magna* Chou

雄性内生殖器：精巢、附睾有褐色公共被膜，形成精巢附睾被膜体，整体位于第 6 腹节。精巢粗短，梭形，由 3 支精巢管并列组成，每精巢管的中段至端部由透明细管横向盘绕而成，基部为致密的半透明结构，着生在输精管端部。输精管自精巢基部发出后即弯曲形成半透明的附睾，自附睾发出后，下行然后并列头向延伸，弯折后膨大形成贮精囊。贮精囊与附腺一起形成囊状器，即附腺贮精囊被膜体。贮精囊下端与附腺一起汇入射精管。囊状器位于第 6～7 腹节，淡黄色，两侧的囊状器明显分开，每侧端部有 3 个芽状的附腺盲管，近体中线的 2 对发达，相互接近。射精管细长，半透明，厚壁，从同侧的精巢、附睾被膜下方发出后并行至尾节，膨大形成射精囊。射精囊厚壁，略呈倒“Y”形，端部 2 分叉，射精囊两侧有不规则分布的乳白色附腺 (图 27-33 B)。

雌性内生殖器：卵巢位于第 1～5 腹节，每卵巢有 16～18 支卵巢管，以 16 支常见。卵巢管短，着生于侧输卵管前段，向内聚合。侧输卵管后段较粗长，在第 6 腹节汇入中输卵管。附腺 1 对，发达，扭曲管状，端部可达第 1 腹节前端。两侧附腺在第 7 腹节汇入附腺管，附腺管前部略膨大，向后渐细缩。受精囊体位于第 6 腹节腹面，前端膨胀弯曲，有透明被膜，尖端发出的肌肉组织连接在受精囊体后 1/3 处；被膜不均匀，后部 1/3 的被膜色深且厚，前 2/3 处膜薄。受精囊管前端也包在膜内，形成受精囊管较粗的部分。受精囊管和附腺管末端着生于生殖腔前端 (图 27-33 A)。

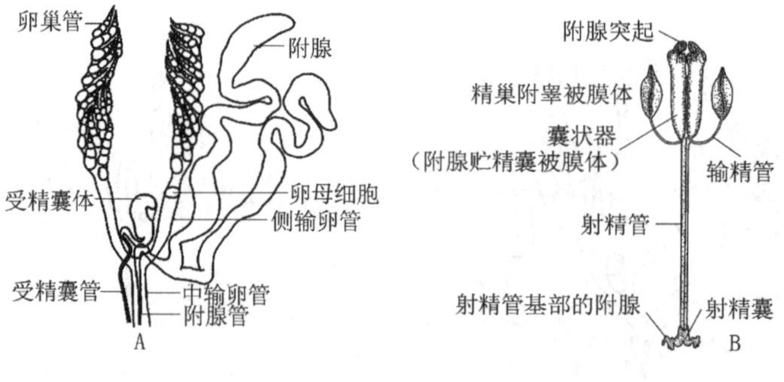

图 27-33　大蝎蛉雌、雄内生殖器

A. 雌性内生殖器；B. 雄性内生殖器 (A. 侯小燕，2007；B. 参考彭韬，2005 图重绘)

27.8.12　南五台蝎蛉 *Panorpa nanwutaina* Chou

雄性内生殖器：精巢、附睾有深棕色共同被膜，形成精巢附睾被膜体，整体呈梭形，位于第 6 腹节，顶端有较为粗短的悬带。精巢乳白色，从中段起至端部为横向细管状结构，至基部为致密结构。每精巢有 3 支梭形精巢管，输精管自精巢下端发出后即弯曲形成附睾，附睾位于精巢下方内侧。输精管自附睾发出后内弯，两侧输精管并列头向伸展，弯折后膨大形成贮精囊。贮精囊与附腺一起形成囊状器（附腺贮精囊被膜体）。每侧囊状器顶端有 3 个指状的附腺盲管，后端细缩进入同侧的射精管。射精管下行至尾节膨大形成射精囊，射精囊呈"Y"形，端部钝圆，两侧有较发达的附腺，附腺为空的小室状结构，疏松，不规则盘曲 (图 27-34 C)。

雄性外生殖器：抱器基节长，端节短，内缘有三角形突起，基部有凹陷区；阳基侧突细长，膝状弯曲，端部周围有短毛，末端尖爪状；阳茎端突简单。前肛上板末端凹陷深 (图 27-34 A、B)。

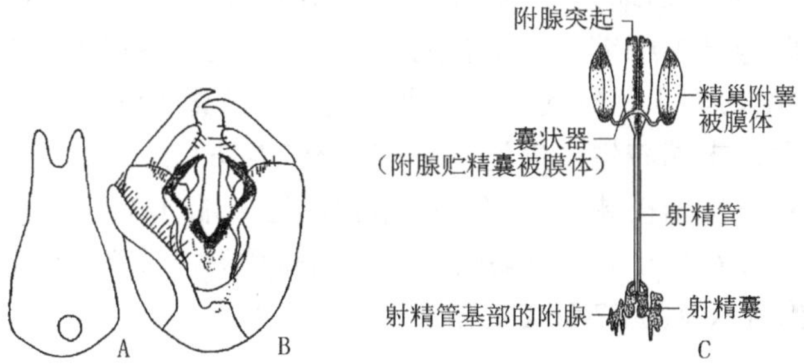

图 27-34　南五台蝎蛉雄性生殖系统

A. 雄性前肛上板；B. 雄性外生殖器；C. 雄性内生殖器 (A、B. 周尧等，1981；C. 参考彭韬，2005 图重绘)

雌性内生殖器：卵巢位于第 2～6 腹节背面，每卵巢有 13 支卵巢管。卵巢管着生于侧输卵管前段，侧输卵管后段细长扭曲，末端在第 6 腹节汇入中输卵管。附腺 1 对，粗长扭曲管状，2 附腺在第 6 腹节汇入附腺管，附腺管前段略膨大，后段纤细。受精囊体约呈肾形，顶端与基部之间有肌纤维联系，尖端发出肌肉组织的部位褐色；受精囊体被

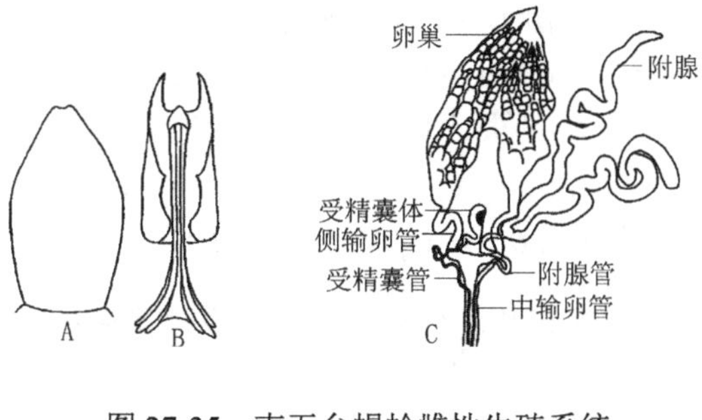

图 27-35　南五台蝎蛉雌性生殖系统

A. 雌性下生殖板；B. 雌性外生殖器内骨；C. 雌性内生殖器 (A、B. 周尧等，1981；C. 侯小燕，2007)

膜半透明，淡黄色，后 1/3 被膜颜色变化不大，但明显加厚。受精囊管细长扭曲，后段与附腺管一起贴合在中输卵管表面，末端着生于生殖腔前端 (图 27-35 C)。

雌性外生殖器：下生殖板略呈卵形，端部有小凹陷；内骨后臂凹陷呈方形，前端有 1 对基侧片；中轴两侧各 3 支，中轴伸出内骨板的长度为全长的 2/5 (图 27-35 A、B)。

27.8.13 太白蝎蛉 *Panorpa obtusa* Cheng

雄性外生殖器：球形，抱器基节长；端节粗短，内缘有中齿，基部有较大的凹陷；阳基侧突细长，波状弯曲，基部有柄，端半部内缘密生梳齿状长刺毛，阳基侧突长度一般不超过抱器端节基部；前肛上板长，梯形，端部"U"形凹陷较宽。第 9 腹节腹板下瓣直，几达抱器基节端部 (图 27-36 A、B)。

雌性内生殖器：卵巢位于第 2~5 腹节背面，每卵巢有 18 支卵巢管，卵巢管较短，端丝较长，占卵巢管全长 1/4～1/3。卵巢管基部顺次排列在侧输卵管前段，沿侧输卵管纵轴螺旋状蜷曲上升。侧输卵管后段粗直，邻近卵巢管着生处较粗，向基部稍细缩。两侧的侧输卵管在第 7 腹节后端至第 8 腹节汇入中输卵管。附腺 1 对，粗长弯曲，前端可伸达第 1 腹节，附腺基部细缩，在第 7 腹节汇入细长的附腺管。受精囊体位于第 5 腹节末或第 6 腹节前端腹面，豆瓣状，有透明被膜。受精囊管细长直管状，与附腺管一起贴合于中输卵管表面，末端着生于生殖腔顶端 (图 27-36 C)。

雌性外生殖器：下生殖板狭长，略呈倒卵状，近末端 1/3 处最宽，末端缺刻小；内骨大骨板后端凹陷明显宽大于长，前端两侧有 1 对基侧片，轴直，端部加宽，每侧 2 个，其长度的 1/2 超过内骨板 (图 27-36 D、E)。

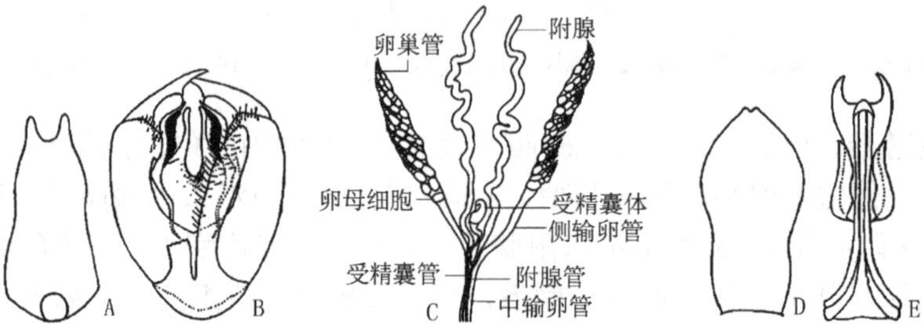

图 27-36 太白蝎蛉生殖系统

A. 雄性前肛上板；B. 雄性外生殖器；C. 雌性内生殖器；D. 雌性下生殖板；E. 雌性外生殖器内骨 (A、B、D、E. 周尧等，1981；C. 侯小燕，2007)

27.8.14 六刺蝎蛉 *Panorpa sexspinosa* Cheng

雄性内生殖器：精巢、附睾有共同棕色被膜，形成精巢附睾被膜体，整体位于第 6 腹节，被膜端部有长的悬带。精巢乳白色，每精巢有 3 支精巢管，精巢管从中段至端部为管状结构，至基部为致密结构。精巢管基部愈合，着生于输精管顶端。输精管自精巢基部发出后即弯曲折叠形成长扁形囊状附睾，附睾贴于精巢内侧基部。输精管自附睾发出后向体中部延伸，两侧的输精管并列头向伸展，弯折后膨大形成贮精囊。贮精囊与附腺一起形成囊状器，即附腺贮精囊被膜体。贮精囊下端与附腺一起汇入射精管。囊状器位于第 6 腹节，紧贴于虫体腹面，两侧的复合体并列贴合，每侧囊状器端部有 3 支指状的附腺盲管，居中者最发达。囊状器下端细缩进入同侧射精管，两侧的射精管并列下行，在尾节中形成厚壁的射精囊，射精囊端部有 2 个乳白色小球，两侧有乳白色不规则盘曲的附腺 (图 27-37 A)。

雄性外生殖器：抱器基节长，端部内缘有 5~8 个长刺，通常 6 个；端节较细长，内缘有三角形突起，其基部有凹陷区。阳基侧突细长，弯曲，内缘有短毛。阳茎端突外缘向外侧突出呈三角形瓣。前肛上板狭，两侧不平行，端部凹陷呈正方形。第 9 腹节腹板下瓣短直，不达抱器基节端部 (图 27-37 B、C)。

雌性外生殖器：下生殖板长，端部凹陷小，内骨大，骨板后端凹陷，其两侧齿长度大于凹陷宽度，前端有 1 对基侧片；轴直，每侧 2 个，其长度的 1/3 超出内骨板 (图 27-37 D、E)。

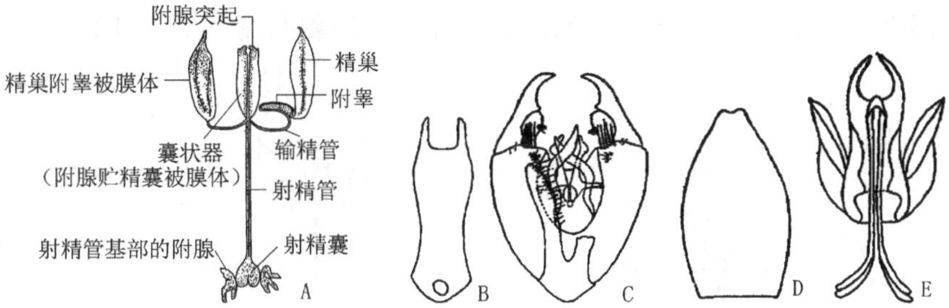

图 27-37 六刺蝎蛉生殖系统

A. 雄性内生殖器，右侧附睾与精巢分离；B. 雄性前肛上板；C. 雄性外生殖器；D. 雌性下生殖板；E. 雌性外生殖器内骨 (A. 参考彭韬，2005 图重绘；B~E. 周尧等，1981)

27.8.15 *Panorpa* sp.

雄性内生殖器：精巢约呈锥形，上端尖出；每精巢有 3 支紧密贴合的尖椒形精巢管。输精管自精巢基部发出后即弯曲折叠形成扁囊形附睾，附睾贴合于精巢下端外侧，精巢和附睾有公共被膜，形成精巢附睾被膜体。输精管从附睾发出后向体中部弯曲，两侧的

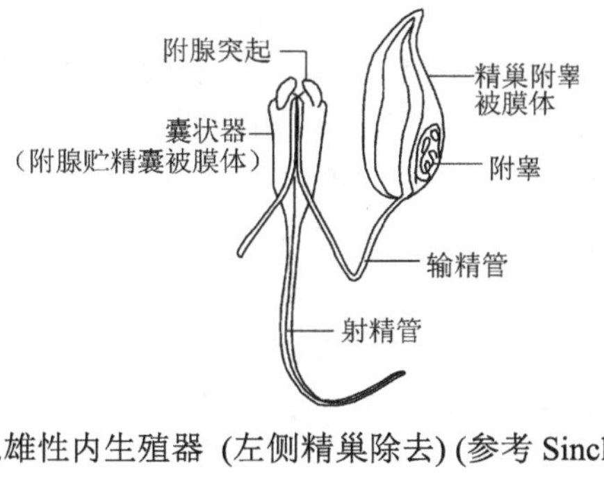

图 27-38 *Panorpa* sp.雄性内生殖器 (左侧精巢除去) (参考 Sinclair 等，2007 图重绘)

输精管并列头向伸展，弯折后膨大形成贮精囊，贮精囊与附腺有公共被膜，形成附腺贮精囊被膜体（囊状器）。每侧囊状器的顶端有指状的附腺盲管 accessory gland appendice，囊状器下端渐细进入同侧的射精管，两侧射精管全长贴合而各自独立，终止于成对的射精囊 (图 27-38)。

27.8.16　染翅蝎蛉 *Panorpa tincta* Navas

雄性内生殖器：精巢、附睾有共同的赭红色被膜，形成精巢附睾被膜体，整体呈梭形，位于第 6 腹节内，端部有 1 条细长透明的悬带。除去包膜可见精巢、附睾呈沙黄色，附睾贴在复合体下部内侧。每精巢有 3 支精巢管，精巢管基部形成输出管，各精巢的输出管着生在输精管端部。输精管自精巢基部发出后即弯折盘曲形成附睾，自附睾伸出的输精管弯向体中部后，两侧的输精管并列头向延伸，下段膨大形成贮精囊。贮精囊与附腺形成囊状器，即附腺贮精囊被膜体。囊状器位于第 6 腹节近腹面的脂肪体组织中，乳白色；囊状器端部略膨大，有 3 支指状的附腺盲管，乳白色，中间者发达；基部下行渐缩进入射精管，两侧的射精管并列贴合下行，在第 9 腹节中央形成射精囊。射精囊乳白色，狭长，厚壁，基部愈合，端部分叉形成 2 叶，射精囊两侧有不规则乳白色附腺 (图 27-39 C)。

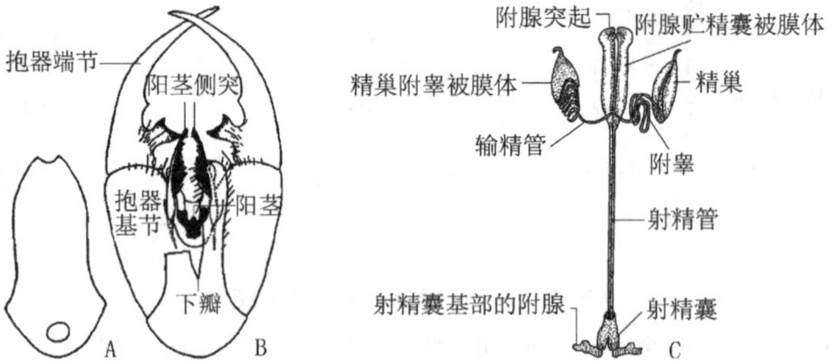

图 27-39　染翅蝎蛉雄性生殖系统

A. 雄性前肛上板；B. 雄性外生殖器；C. 雄性内生殖器，右侧附睾与精巢分离 (A、B. 周尧等，1981；C. 参考彭韬，2005 图重绘)

雄性外生殖器：较大，椭圆形，抱器基节短于端节，端节细而长，爪状，内缘有 2 齿，即中齿和基齿，基齿坚硬，呈片状，两端尖。阳基侧突细而尖，伸达抱器基节的基齿，其内缘有 1 列梳齿状突起和毛，阳基端支简单。第 9 腹节腹板下片伸达抱器基节端部。前肛上板略呈梯形，末端较圆，伸达抱器基节端部，有小缺刻 (图 27-39 A、B)。

雌性内生殖器：卵巢位于第 3～6 腹节背面，每卵巢有 26～28 支卵巢管，以 28 支常见，也有 28＋26 组合。卵巢管依次着生在侧输卵管前段，侧输卵管后段短，在第 6 腹节汇入中输卵管。附腺 1 对，粗长弯折，伸达第 3 腹节前端，在第 6 腹节汇入附腺管，附腺管前段较粗，向后逐渐细缩，贴合在中输卵管表面。受精囊体位于第 6 腹节，乳白色，受精囊体顶部弯曲膨大，整体被膜，后部 1/3 被膜加厚。受精囊管细长扭曲，末端与附腺管一起着生于生殖腔顶端 (图 27-40 D)。

雌性外生殖器：下生殖板末端有小缺刻，内骨大，后端凹陷近长方形，中轴直而长，其长度超出内骨板的 1/2 (图 27-40 A～C)。

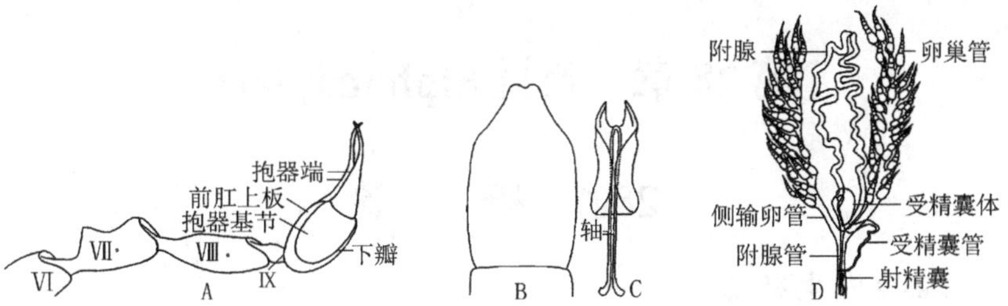

图 27-40　染翅蝎蛉雌性生殖系统

A. 腹部末端；B. 雌性下生殖板；C. 雌性外生殖器内骨；D. 雌性内生殖器；VI～IX为第 6～9 腹节 (A～C. 周尧等，1981；D. 侯小燕，2007)

第28章　蚤目 Siphonaptera

28.1　概　　论

28.1.1　雄性内生殖器

精巢椭圆形，顶端稍尖，成虫精巢一般不再进一步分成精巢管，但含有精子束。病蚤属和客蚤属幼虫，每精巢有4支精巢管。客蚤属的精子发生在蛹期开始时即停止，精巢管退化，成虫期的精巢不再分成精巢管，而仅用作贮精囊。精巢基部发出细长弯曲的输精管，输精管前段曲折盘桓，形成帽状的附睾 epididymis 紧贴在精巢基部下面，附睾可能具有贮精囊的功能。*Spillopsyllus* 精巢之后的附睾与精巢包被在共同的鞘内，但一些其他蚤目昆虫的附睾位于精巢之外。输精管的后段从附睾发出，直管状，略弯曲。连接左右精巢的输精管在端部贴合构成共同的管道接到小型的贮精囊上，或左右输精管在中央相遇后并不贴合而各自通入贮精囊中，但后段常形成输精管不成对的部分，该部分与射精管输入段略膨大的顶端连接。附腺2对，棒状，1对较细长，另对较粗短，均着生于射精管输入段顶端，着生部位位于输精管基部之前。至少在某些蚤类中，附腺可能为中胚层起源，但有人认为客蚤属的附腺为外胚层起源。内侧的1对附腺可能为幼虫期输精管的末端壶腹，外侧的1对可能为壶腹的外长物。射精管输入段的后端接入精泵，蚤目昆虫有2个精泵机构，基部的泵也称为射精球 (有时壁具有射精管骨片)，从内阳茎的基部分开。第2个精泵位于端部生殖孔外，是1个肌肉质的腔室，可将精子压出。第2个精泵下端发出射精管输出段，其末端与阳茎相连。阳茎为1窄管，内阳茎内有1对阳茎杆，交配时至少有1支阳茎杆可从阳茎端伸出进入雌虫的交配囊 (图28-1)。

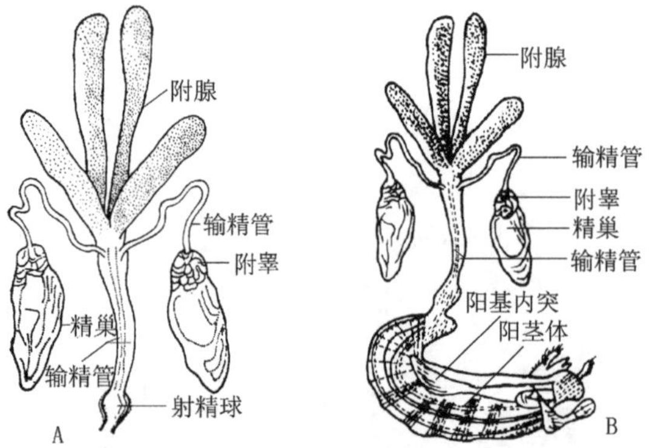

图28-1　蚤目雄性内生殖器 (A. 吴厚永，2007；B. 郑乐怡和归鸿，1999)

28.1.2　雄性内生殖器胚后发育

病蚤属第 3 阶段幼虫期，中胚层输精管线状、无管腔，每 1 输精管 (生殖索) 继续向后延伸，这种延伸通过 1 小群细胞增殖形成的梨形壶腹而实现。壶腹可能为外胚层起源，2 壶腹最终发育形成成对的射精管和附腺。末端壶腹是成对的射精管原基。在 3 阶段幼虫早期，这对原基的每个均位于侧面内生殖附器 (中间的初生阳茎叶) 原基的腔内。3 阶段幼虫后期和预蛹早期，每原基通过 1 窄的管道向外开口，管道内壁具有表皮衬里。预蛹阶段，阳茎叶内壁愈合形成公共射精管。蛹初期，生殖管的开口端呈蘑菇形。中胚层输精管的末端壶腹腔位于外胚层管道的开口端腹面。2 个中空的突起起源于外胚层管开口端 (头罩 hood)，不久通过 2 个突起出口处细胞的增生形成不成对的管，这个区域在交配器官形成后，与中胚层输精管末端相联系。输精管的外胚层部分相当于病蚤属起源于端壶腹的成对射精管 (图 28-2)。

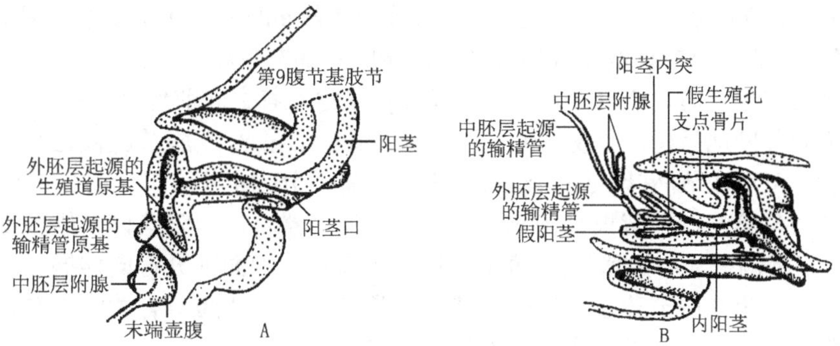

图 28-2　*Ceratophyllus gallinae* 雄性内生殖器的幼期形态 (Matsuda，1976)

A．幼虫期；B．蛹蜕皮进入成虫阶段

28.1.3　雄性外生殖器

腹部 10 节，前 7 节称为生殖前节 pregenital segment。第 8、9 腹节为生殖节 genital segment，第 10 腹节为肛节 anal segment，也称为生殖后节。第 8 腹节以后统称为变形节 modified segments 或端节 terminaria。第 9 腹节又称抱器，与阳茎体合称为外生殖器。第 8 腹节背板和腹板一般位于腹部末端两侧，覆盖和保护腹部尾端的其他部分，在不同科、属中其发育情况不一，可分为 4 类：①第 8 腹节背板和腹板无显著变化，与前几节基本相同，如蠕形蚤科等；②第 8 腹节背板和腹板均向后方延伸，末缘有很多强壮的鬃，包围在外生殖器之外，两者共同保护尾端其他部分，如蝠蚤科和细蚤科的某些属；③第 8 腹节背板退化，腹板发达并向后背方延伸，将部分甚至将全部外生殖器包住，如蚤科、多毛蚤科的许多属；④第 8 腹节背板十分发达，有的种向下延伸至腹缘，而腹板退化或呈细棍形，如角叶蚤科。第 9 腹节背板和腹板明显变形，分别成为上抱器 upper clasper 和下抱器 lower clasper，交配时有扣抱雌蚤腹部末端的作用。第 9 腹节背板的前缘向前延伸形成背板内突 tergal apodeme，又称第 9 背板前内突（背叶）。内突的形状大小变化很大，大者为 1 长三角形板伸向前方，小者仅为 1 狭带。内突的外层起源于第 9 腹节背板，内层则起源于第 10 腹节背板。内突的两侧在背方相愈合。第 9 腹节背板的主要部分为抱器体 clasper。从抱器体向前腹方伸出的为柄突 manubrium，其形状和大小常因属种而异；向背方伸出的是抱器突 process of clasper，又称不动突 immovable process。有些蚤类的不动突被背方的 1 或 2 个凹陷分成相应的 2 个或 3 个小叶，分别称为前叶和后叶或第 3 小叶等。抱器体的后方有可动突 movable process，也称可动指。如有前后 2 个可动突（如蚤科某些属种），则称不动突为第 1 突起，顺序称这 2 个可动突为第 2 和第 3 突起。可动突的形状大小常随属种不同而异，并生有大小、形状、数目和位置不同的鬃或刺鬃。可动突的外侧，恰与抱器突的背后角相对处有 1 个圆形或椭圆形的浅凹，称为指窝 fovea。可动突与抱器体相关节处为髁部，关节处于抱器体的基节臼 acetabulum 中。抱器体后腹角有时有不同程度的突出，形成腹突。

第 9 腹节腹板为下抱器，也称为生殖基肢节 gonocoxopodite，一般为弓形，分为 2 节，与第 9 腹节背板紧密相连。自基部起，前节为前臂 anterior arm，后节为后臂 posterior arm。前臂形状多样，亦有退化或消失者。后臂的基部左右相合，向后则分为左右 2 支。前臂与后臂相连处为肘。有几个科（如细蚤科）在肘处着生向前伸展的腱 tendon。第 9 腹节腹板不同程度地后延，形成下生殖板 hypandrium。第 8、9 腹节腹板之间的节间膜，有的很发达，可形成节间叶 intersegmental lobe，有的分为上下 2 叶，并常具浓密成丛的小棘。下抱器与第 9 腹节背板紧密相连，中间的插入器官，即阳茎体。雄蚤没有阳茎附属构造（如阳基侧突、小抱器等）。每 1 个第 9 腹节基部侧面部分背向伸展，在第 9 腹节背板下侧重叠。第 9 腹节背板有退化和特化。常见的与第 9 腹节有关的构造为背突，背突是第 9 腹节背板及其悬骨形成的伸入体腔的突臂，以及来源于生殖基肢节基部的内突。Snodgrass (1946) 指出生殖基肢节与第 9 腹节背突的关系有 3 种：①基腹片 coxite 不与第 9 腹节背板密切结合，与背突悬骨形成或不形成联合，如栉首蚤属、蚤属、食猬蚤属；②基腹片与第 9 腹节背板形成连续的骨化体，如多毛蚤属；③第 9 腹节背板退化近消失，伴随着背部的前内脊显著扩大，形成 1 个大型的悬骨状内突，内突与柄状突起中腹柄联合。

阳茎体（或插入器官）由阳茎端 aedeagus、阳茎内突 aedeagal apodeme 和内阳茎组成。阳茎端位于第 9 腹节腹板后臂的前方，由第 9、10 腹节基部之间膜质的阳茎囊发育而成。阳茎端的顶部内陷形成 1 个大的向后开口的端室，端室含有内管和 1 对可活动的钩或钩针 crochets，内管起源于腔的内壁，钩或钩针一般起源于侧壁。阳茎端突三叶状，中间不成对的叶延续到阳茎端基部，形成枝脊。端室周围的边缘可分成一系列的阳茎端叶 lobe of aedeagus 和附骨片。自背而腹包括下列各部分：①背中叶 median dorsal lobe 是背方正中的 1 片，有时末端分叉，有时有较小的 1 块端骨片，端骨片的前背方另有 1 对端中骨片 apicemedian sclerite 或 Ford's sclerite，常呈钩状，可分为背方的甲片 alpha portion 和腹方的乙片 securifer 两部分；②端侧叶 distc-lateral lobe 1 对，保护在背中叶末端或端中骨片两侧；③侧叶位于端室的两侧，常较大而明显；④阳茎钩突位于侧叶的内壁腹侧，可活动，常为钩突，在交配时，钩突以旋转的动作插入雌蚤第 9 腹节腹板下方，起固定

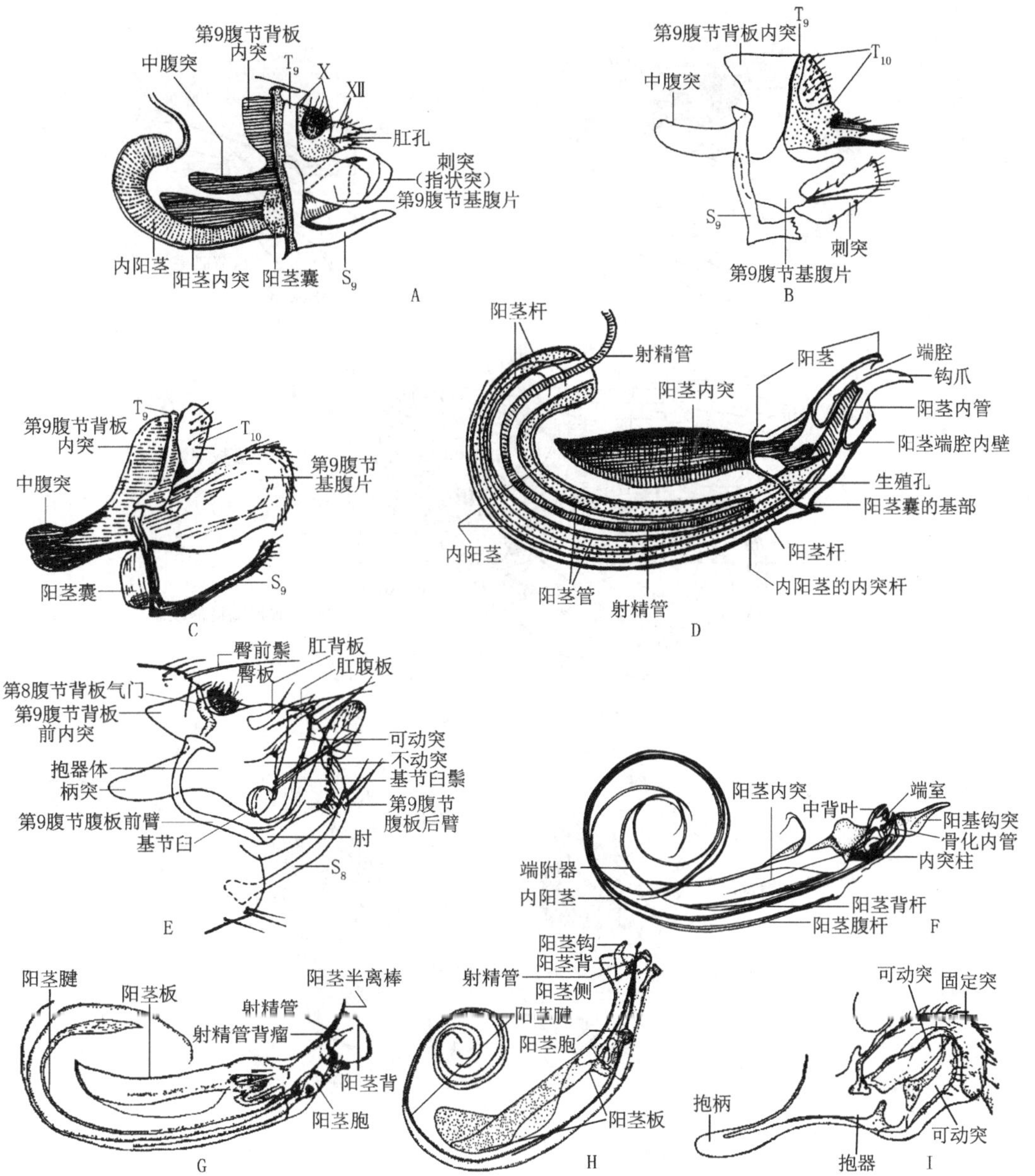

图 28-3　蚤目雄性外生殖器

A. 雄性外生殖器与第 9 腹节的关系；B. *Trichopsylla vison*；C. 人蚤；D. 蚤的交配插入器官；E. 不等单蚤变形节；F～H. 禽角叶蚤欧亚亚种、印度鼠蚤、人蚤阳茎体 (插入器官)；I. 人蚤的抱器；J. 印度鼠蚤的变形节；K. 鸟蚤腹部末端侧视；L. 人蚤阳基侧突和第 9 腹节腹板；M～P. 燕角叶蚤端突亚种、*Ctenophthalmus cophorus*、*Ctenophthalmus proximus*、*Ctenophthalmus apertus* 基体和抱器突；Q、R. *Ctenoparia jordani*、*Ctenophthalmus luberensis* 阳茎体；S. 人蚤阳茎器；T. 方形黄鼠蚤松花江亚种阳茎器支柱和囊体；U_1～U_4. *Epitedia stanfordi* 阳茎构造 (U_1. 阳茎器支柱、囊体和毗邻结构；U_2. 阳茎器支柱、囊体和内管背视；U_3. 囊体背视；U_4. 阳茎器支柱、囊体和内管腹视)；V. *Epitedia scapani* 阳茎器支柱、囊体和毗邻结构；W. *Amphipsylla montium* 阳茎器；X. *Chaetopsylla rothschildi* 第 9 腹节腹板和阳茎器；Y. *Callopsylla semenovi* 内管具有的瘘管；T_5～T_{10} 为第 5～10 腹节背板；S_5～S_9 为第 5～9 腹节腹板；Ⅹ、Ⅻ为第 10、12 腹节 (A～D. Matsuda，1976；E、F. 郑乐怡和归鸿，1999；G～J. 蔡邦华，1985；K～Y. Tuxen，1969)

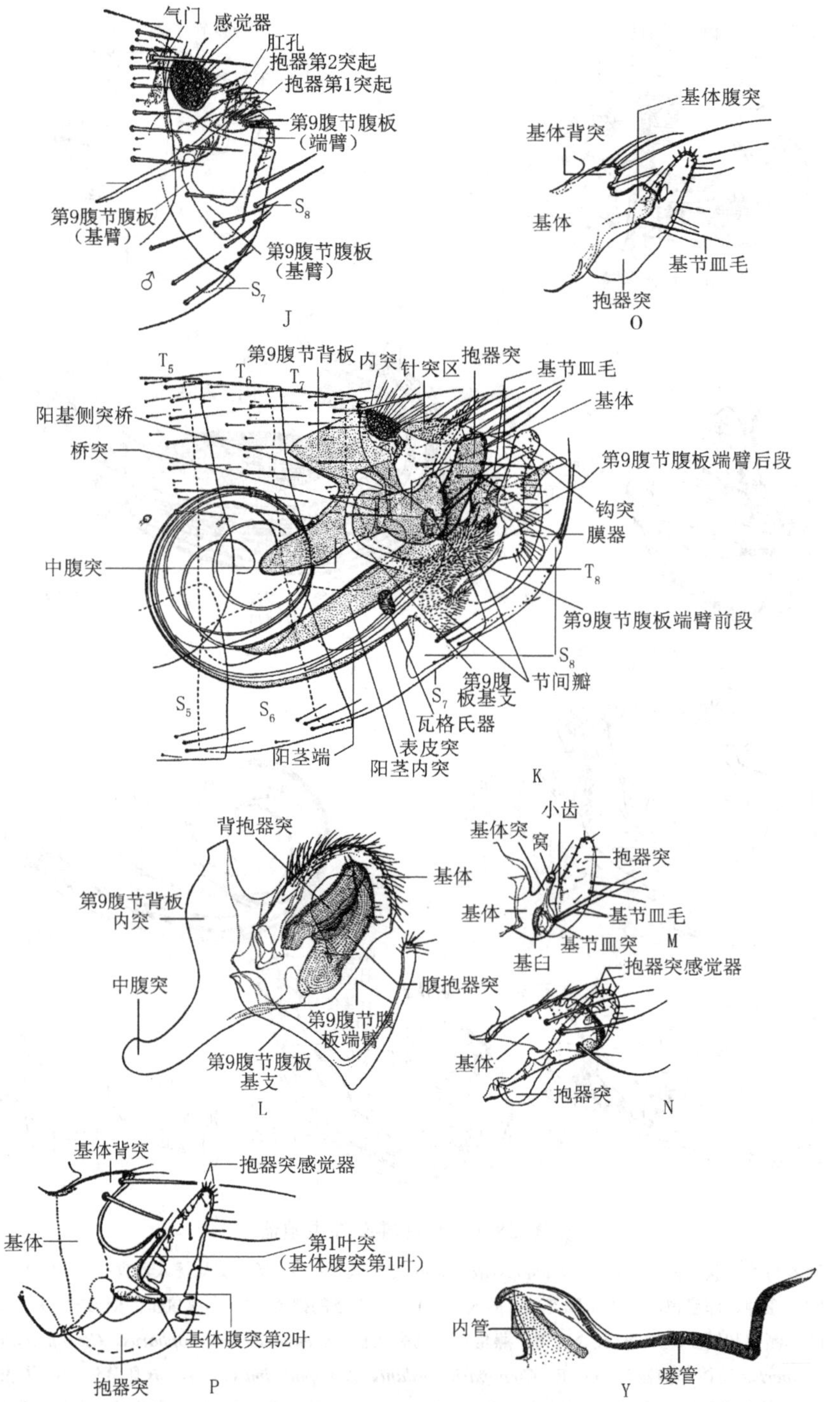
气门
感觉器
肛孔
抱器第2突起
抱器第1突起
第9腹节腹板
（端臂）
第9腹节腹板
（基臂）
S_8
第9腹节腹板
（基臂）
♂
S_7
J
基体腹突
基体背突
基体
基节皿毛
抱器突
O
T_5
T_6
T_7
第9腹节背板
内突
针突区
抱器突
基节皿毛
基体
阳基侧突桥
桥突
第9腹节腹板端臂后段
钩突
膜器
中腹突
T_8
第9腹节腹板端臂前段
S_8
第9腹
板基支
节间瓣
S_7
瓦格氏器
S_5
S_6
表皮突
阳茎端
阳茎内突
K
背抱器突
基体
第9腹节背板
内突
中腹突
腹抱器突
第9腹节腹
板端臂
第9腹节腹板
基支
L
小齿
基体突
窝
抱器突
基体
基节皿毛
基节皿突
M
基臼
抱器突感觉器
基体
抱器突
N
基体背突
抱器突感觉器
基体
第1叶突
（基体腹突第1叶）
基体腹突第2叶
抱器突
P
内管
瘘管
Y

图 28-3 (续)

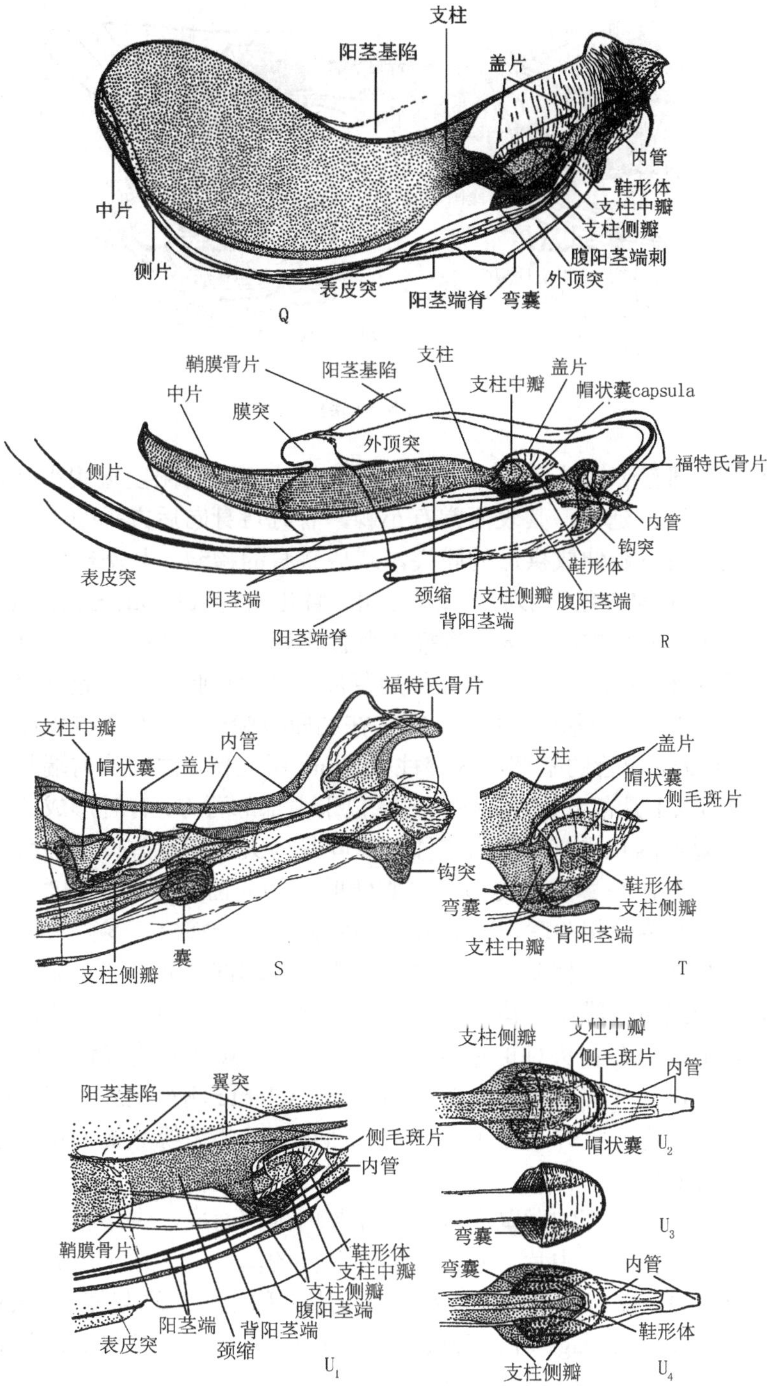
支柱
阳茎基陷
盖片
内管
鞋形体
支柱中瓣
支柱侧瓣
腹阳茎端刺
外顶突
中片
侧片
表皮突
阳茎端脊
弯囊
Q
鞘膜骨片
阳茎基陷
支柱
盖片
支柱中瓣
帽状囊capsula
中片
膜突
外顶突
福特氏骨片
侧片
内管
钩突
鞋形体
表皮突
阳茎端
颈缩
支柱侧瓣
腹阳茎端
背阳茎端
阳茎端脊
R
福特氏骨片
支柱中瓣
内管
帽状囊
盖片
钩突
囊
支柱侧瓣
S
支柱
盖片
帽状囊
侧毛斑片
鞋形体
弯囊
支柱侧瓣
背阳茎端
支柱中瓣
T
支柱侧瓣
支柱中瓣
侧毛斑片
内管
帽状囊
U_2
阳茎基陷
翼突
侧毛斑片
内管
鞘膜骨片
鞋形体
支柱中瓣
支柱侧瓣
腹阳茎端
阳茎端
背阳茎端
表皮突
颈缩
U_1
弯囊
U_3
弯囊
内管
鞋形体
支柱侧瓣
U_4

图 28-3 (续)

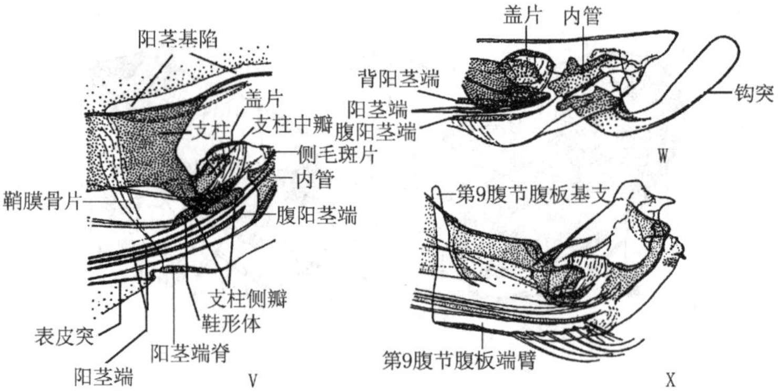

图 28-3 (续)

作用，在钩突近基部有 1 木桩形骨片，名钩突桩 paxillus；⑤阳茎端腹小叶，是从侧叶分出的 1 对小叶，向腹方延伸，其表面常有小棘，有时自身向后方折叠。此外阳茎端的背壁有时向背方或前背方延伸成拱形的膜突，或成狭窄的褶皱。从基部向背方延伸的为基距 basal spur，基距的前方还可形成 1 个帆 sail。骨化内管 sclerotic inner tube 位于端室纵轴中央处，是内阳茎向后方的延伸，有插入雌性生殖器官的功用，并可上下移动。内管上常有发达的骨片 (装甲)，依其位置可称为背片、侧片和腹片等，起固定内管于雌性生殖腔内的作用。内管又分为基段和端段。有些在端段有膜质褶，并可伸出成 1 外部构造，称为内管端管 fistula。内管的基部由内突柱 fulcrum 所支持。内突柱前端起自阳茎内突的中片，后端可分为以下几部分：①内突柱中叶位于中部靠背方，有时形成背突或分叉等。中叶一般形成泵囊 capsule 的底。②内突柱侧腹叶是内突柱向后方伸出的腹缘和外缘部分，也是延伸最大的部分，泵囊的侧支即穿过腹侧叶之间向前方延伸。同时高度骨化的“Y”形骨片也在此处与腹侧叶相关联，外观似乎为内突柱的一部分。③内突柱沿底缘 fulcral brim 是 1 个脊形结构，形如巨刺，其前方连于内突柱基部，后方连于泵囊的顶盖的膜质部分。泵囊为瓶形或囊状膜质结构，由内管基部向背方扩延而成。泵囊向后通于内管，向前形成侧支。其底部是内突柱的中叶和“Y”形骨片，其背方覆有弹性的膜质顶盖，泵囊借此可以伸缩。新月片 lunular sclerite、crescent sclerite 侧视呈新月形，外观似为泵囊背方的强骨化结构，实际上并不是单独结构，而是顶盖的边缘从侧面所显示出的厚化的部分。顶盖向后方延伸有附骨片。

阳茎内突由阳茎端基部的背壁和侧壁向体腔内延伸而成，占阳茎体背方的大部分，由 3 片组成。位于中央者为中片，其后端即内突柱的基部，并连于所分的各叶，支持着内管的基部。中片的前端有时形成不同程度的延长，称为中片端附器 median lamina 或阳茎内突端附器 apical appendage of aedeagal apodeme，有的很长并可蜷曲数圈。中叶的两侧为侧片，3 片在背缘相连成为拱形。由于三者相重叠，故侧视不易分辨。内阳茎 endophallus 与内管壁的基端相连，其中有射精管通过。阳茎的末端终止于 1 个很小的生殖孔。内阳茎的腹方有阳茎背杆 dorsal penis rod 和阳茎腹杆 ventral penis rod (阳茎弹丝)，两者的前端向背方弯成半圈至数圈，起着弹簧的作用，在交配时，它们的后段进入雌性的交配囊内，同时导入射精管由此向内插入。另外内阳茎的壁内有杆状的增厚，其在背方者为阳茎内壁背杆，腹方者为阳茎内壁腹杆；前者起自“Y”形骨片，后者起自内管基部腹方的阳茎囊。第 10 腹节背板及腹板为很小的节片，覆盖在肛孔的背面和腹面 (图 28-3)。

28.1.4 雄性外生殖器胚后发育

角叶蚤属的生殖囊 genital pocket (cavity) 在蜕皮进入第 3 幼虫期 (末幼虫期) 时出现，位于第 10 腹节腹板，距第 9 腹节腹板甚近。生殖囊基部有 1 对初生阳茎叶。输精管末端壶腹附着于叶的基部。临近第 3 阶段幼虫末期，即化蛹之前，在叶的顶部出现刻痕。蛹期，每个叶分裂成为内叶和外叶，外叶稍向背面移动，中间的 2 内叶愈合形成阳茎骨化的壁，即阳茎鞘。蛹期，外叶体积增长很快，每 1 外叶位于第 9 腹节腹板侧面。后来，外叶顶部的沟压缩了顶部，使外叶分成基部的生殖突基节和端部的针突。在阳茎和所联系的 2 个外叶间形成 1 个桥。与此同时，2 个中间连续的叶出现在第 9 腹节腹板。在蛹期，这些叶发育形成下生殖板。多毛蚤属的第 10 腹节腹板也有原始的阳茎叶，每叶分化成为外叶和内 (中间) 叶。

28.1.5 雌性内生殖器

卵巢位于中肠背面两侧，每卵巢有 4～8 支卵巢管，同种个体间卵巢管数目也有差异。如兔蚤 *Spilopsyllus cuniculi* 两侧卵巢中的卵巢管数目组合典型为 6+6 支，但也有 4+4 支、6+8 支的个体。细蚤 *Ctenopsyllus canis* 每卵巢有 5 支卵巢管，但也有 6 支的。细蚤属常见为每卵巢 4 支，但偶见一侧 5 支的情况。*Leptophylla* 每卵巢有卵巢管 4 支，客蚤属有 5 支。营寄生和半寄生生活的种类，卵巢管可多达几十支。卵巢管有两类，一类为多滋式，即 Rothschild (1976)、King 和 Teasley (1980) 所谓的假或次生多滋式 pseudo or secondarily polytrophic ovaries，见于切唇蚤属、多毛蚤属和栉眼蚤属；另一类为无滋式，不存在滋养细胞，营养物质的供给靠血淋巴内摄取及滤泡上皮细胞合成，见于大多数属，其内膜为滤泡上皮。每卵巢由端丝、原卵区、卵黄区和卵巢管柄组成。端丝由结实的细胞索构成，纵切面上可见每排有 2～3 个扁圆形的细胞密集排列。客蚤属的每卵巢管通过端丝附着于体腔的内脏壁上。原卵区位于卵巢管腔端部，腔内充满了卵原细胞、初级卵母细胞和前卵泡组织。卵黄区位于原卵区下，原卵区形成的初级卵母细胞依发育先后进入卵黄区。在卵黄区，前卵泡组织发育为单层的卵泡上皮，Vashchenok (1966) 认为，不分化的前卵泡组织形成卵泡间组织。卵母细胞生长，直至发育成熟，卵巢管自前至后形成一系列成熟阶段不同的卵。卵巢管经基部的卵巢管柄与侧输卵管相连。如兔蚤 *Spilopsyllus* sp.的每卵巢管通过卵巢管柄与侧输卵管结合，卵巢管基部明显彼此分开。卵巢管柄内腔被柱状上皮细胞组成的卵巢管塞封闭。卵巢管塞仅在未产卵前可见，已产卵的雌蚤，卵巢管塞破裂，与萎缩退化的卵泡上皮形成“黄体”。卵巢管柄与侧输卵管相连，侧输卵管粗短，左、右两侧输卵管在中肠后端汇入中输卵管，中输卵管前端宽，向后逐渐细缩并发生弯折，末端通入生殖腔顶端一侧，进而与生殖腔连接，开口于第 8、9 腹节腹板之间的交配孔。潜蚤中输卵管内壁有 1 层纤毛状细胞，从中输卵管内壁到生殖腔有发达肌肉，这些纤毛状细胞和肌肉质的输卵管不但可将卵挤出蚤体，也可将其挤出宿主体外。

交配囊分为交配囊体和交配囊管，交配囊管从生殖腔顶端另侧发出，交配囊管稍弯曲和骨化，中段的下方有 1 膨突部。交配囊体骨化，具有一定的形状，并通连 2 条管：1 条为受精囊管，通于受精囊；另外 1 条为盲管，盲管较细短，末端封闭。阴道夹位于最内侧，是 1 个肌肉结构，由生殖腔顶端向背方凸出，恰好镶嵌在生殖腔顶端的凹槽中。阴道夹将生殖腔分为基段和端段。从阴道夹至输卵管口 (初生生殖孔) 为基段，管壁有上皮细胞覆盖。从阴道夹至次生生殖孔为端段，没有上皮细胞覆盖。阴道夹的作用在于使发育正常的卵通过，保证它们通过交配囊管开口时进行受精。有些种类有 2 个受精囊，一般认为属于原始类型，如多毛蚤属和切唇蚤属等。多数种类只有 1 个受精囊，但仍残存着另外 1 个受精囊退化的遗迹，即盲管 ductus obturatus。盲管经常出现程度不同的退化和丢失。少数种类具有 2 个受精囊，分别具有各自的导管。有的种类 2 个受精囊发育不平衡，一大一小，代表退化的过渡阶段。在具有 1 个受精囊的种类中偶有 2 个受精囊出现。有的盲管不是发自交配囊体，而是经过一段受精囊管才分出，这段受精囊管称为公共管。*Pulex* 有 1 阴道腺位于受精囊孔开口的后方，可能用于分泌胶质物。受精囊体位于第 7、8 腹节背板之下，分为头部和尾部。头部 (膨部 bulga) 一般较大，直接连于受精囊管。尾部 (丘部 hilla) 一般较狭小，长短不一，连于头部。尾部末端有时有骨化的端栓 (乳突)。头部内有刷状条纹，其中贮存受精囊的分泌物。交配后，很长的精子位于受精囊的膨部和丘部内，筛板区行使过滤器的功能。精子进入后即排列于刷峰之间。头与尾之间有隔膜，其间的小孔可容精子通过，进入尾部贮存。有的蚤类缺少隔膜，有的蚤类头尾之间分界不明显，或呈现过渡状况。头部与受精囊管相连处为受精囊管孔，孔的周围有许多细孔，腺细胞的分泌物由此通入头部，此处称为筛形区。受精囊管孔的位置不一，位于后方、近背方、后腹方，有的位于后方的 1 个锥形突上。尾端有时有骨化乳突。在交配囊孔内侧，生殖腔发出阴道支管 duplicatura vaginalis 或阴道附腺。雌性生殖系统一般没有附腺，所产的卵散开而不粘在物体上。少数卵产出后粘在宿主毛发上的

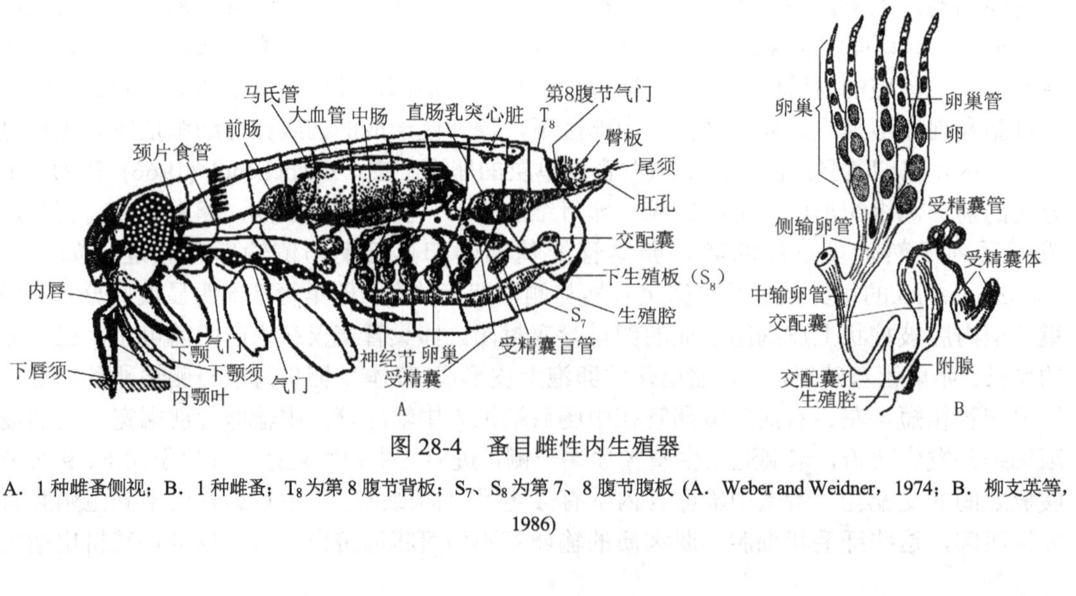

图 28-4　蚤目雌性内生殖器

A. 1 种雌蚤侧视；B. 1 种雌蚤；T_8 为第 8 腹节背板；S_7、S_8 为第 7、8 腹节腹板 (A. Weber and Weidner，1974；B. 柳支英等，1986)

种类例外。生殖腔较粗短，末端经第 7～8 腹节之间的生殖孔向外开口 (图 28-4 A、B)。

28.1.6　雌性内生殖器胚后发育

低龄幼虫的卵巢原基具有 3 条短沟槽，分为 4 支卵巢管胞。病蚤属 3 龄幼虫，卵巢原基为 1 对梨形体，比精巢原基小。在此阶段，侧输卵管为很细的无管腔的生殖索，伸达第 7 腹节后缘。预蛹期，中胚层侧输卵管与 2 个密切贴合 (虽然仍有分隔) 的梨形外胚层囊 (末端壶腹) 连接，该囊开口于第 7 腹节腹板。中间输卵管的形成在 3 龄幼虫末期开始，为 1 外胚层起源的增厚，紧接在侧输卵管的外胚层囊之后。通过侧输卵管与中间输卵管的联合，生殖孔移向第 8 腹节后半部。中间输卵管的前面部分则通过侧输卵管的外胚层囊后部分的愈合形成。病蚤属的受精囊原基由靠近第 8 腹节后缘的内陷形成，位于中间输卵管末端开孔后一定距离。预蛹末期，第 8、9 腹节之间体壁的腹面弯曲导致成虫生殖腔的形成。受精囊原基的开口与中间输卵管原基的开口转入内部，受精囊原基的开口位于生殖腔的背面，生殖腔又与前方的中间输卵管连接。成虫期情况与预蛹末期的大致相同。

28.1.7　雌性外生殖器

第 7～9 腹节为生殖节。第 7 腹节腹板较发达，其背缘遮盖第 6～8 腹节背板的腹缘，其后缘向后凸出形成后突，或凹入形成凹陷，并被 1 或 2 个凹陷分成背叶、腹叶或中叶。第 8 腹节背板一般发达，向后方或腹方延伸，遮盖第 8 腹节腹板的大部或全部及第 9 腹节腹板退化的痕迹，后缘有后突或凹陷。有些种类在第 8 腹节背板近前部，即相当于第 7 腹节腹板后缘附近，有 1 骨化褶称为钩形骨片 unciform sclerite。第 8 腹节腹板一般狭长而色淡，仅在基部和腹缘略骨化。第 9 腹节背板一般较小，位于臀板的前方、下方或后方。第 9 腹节背板的大部及第 9 腹节腹板退化为残余的膜质部分。第 9 腹节腹板亦称阴道瓣，位于第 8 腹节腹板的背方，为淡色薄膜状。生殖腔位于第 8、9 两腹节腹板间。生殖腔外部的开口为次生生殖孔，卵经此产出。生殖腔的内端与中输卵管连接，中输卵管在生殖腔上的开口为初生生殖孔。生殖腔具有一系列的重要构造，自外向内依次为夹持器 (Hopkin's organ)，夹持器为阴道背壁上的小块骨片，由肌肉与交配囊的袋状部 perula 相连。在生殖腔的腹壁恰与夹持器相对处有较厚的肌肉，夹持器在受精过程中起重要作用，也有关闭生殖腔外口的作用。由此向内有阴道腺 vaginal gland 的开口和交配囊孔 aperture of bursa copulatrix。肛节由第 10 腹节演化形成，由背方的肛背叶和腹方的肛腹叶组成，2 叶之间有肛孔。肛背叶和肛腹叶都有明显骨化的边缘和较浓密的鬃，肛腹节腹缘的鬃毛常发达而粗壮。大多数蚤类，雌性肛背叶的外侧有 1 个小棒形构造，称为肛锥 stylet (图 28-5)。

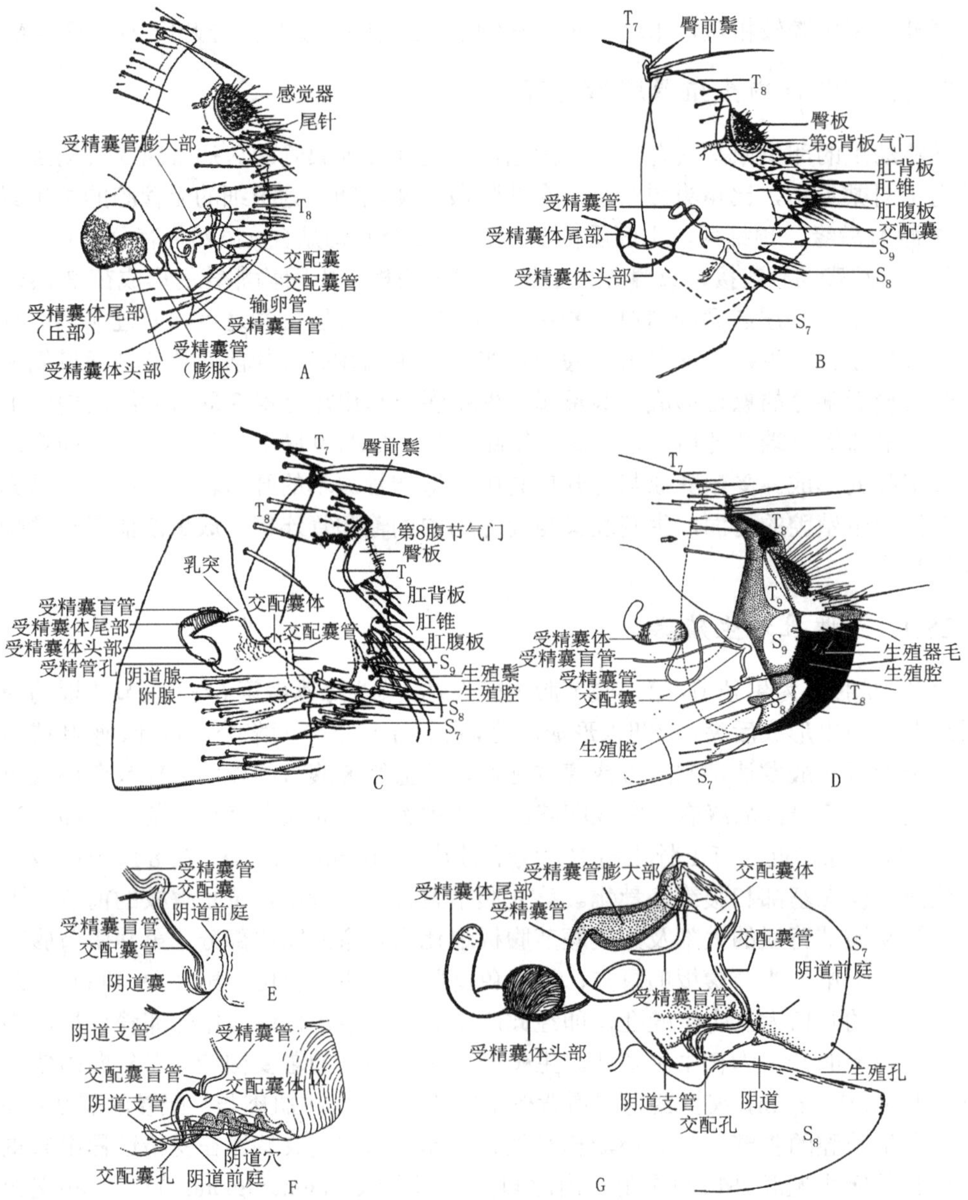

图 28-5　蚤目雌性外生殖器

A. 印度鼠蚤雌虫腹部末端；B. 不等单蚤雌虫变形节；C. 方形黄鼠蚤蒙古亚种雌虫变形节；D. *Ctenophthalmus solutus solutus* 腹部末端左侧视，第 8 背板除去；E. *Malaraeus arvicolae* 阴道囊和交配囊；F. *Delostichus coxalis* (除去藏精囊)；G. *Kohlsia felteni*；H. *Xiphiopsylla daemonicola*；I. *Stivalius alienus*；J、K. *Plocopsylla enderleini*、*Hystrichopsylla gigas dippiei* 腹部末端背、后视；T_7～T_9 为第 7～9 腹节背板；S_7～S_9 为第 7～9 腹节腹板；Ⅸ、Ⅹ为第 9、10 腹节 (A. 蔡邦华，1985；B. 郑乐怡和归鸿，1999；C. 柳支英等，1986；D～I. Tuxen，1969；J～K. Matsuda，1976)

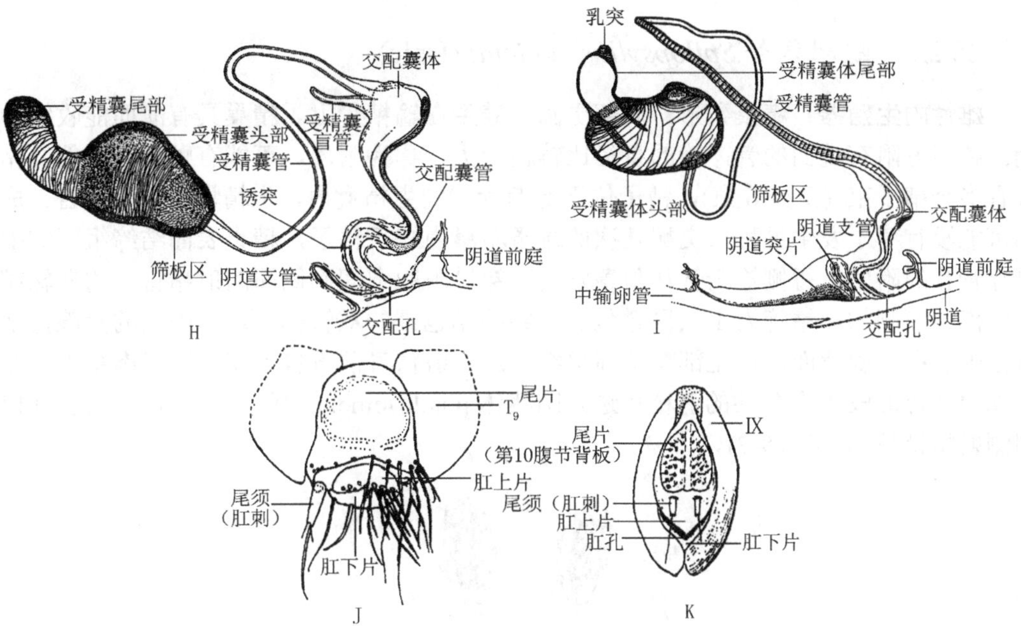

图 28-5 (续)

28.2　蚤科 Pulicidae

28.2.1　鼠兔食猬蚤 *Echidnophaga ochotona* Li

雄性外生殖器：抱器突宽而长，其前缘、外侧和末端有很多鬃，后缘亚末端的长鬃伸向后下方，略成弧形。抱器突基部有 1 个后伸的水平突起，其末端后上角有 1 个小鬃。可动指 2 个：第 1 可动指短小，约为抱器突长度的一半，后缘中部向后方突出，三角齿形；第 2 可动指末端稍前倾，与第 1 可动指重叠，略高于第 1 可动指，其后缘下延成为突起。抱器前叶前伸，基部狭窄，末端膨大。前叶基部与柄状突相连处圆弧形，但不成角。柄状突细长，末端尖。第 9 腹板前臂末端略为膨大，后臂狭长，末端和亚末端有小鬃 3～4 个(图 28-6)。

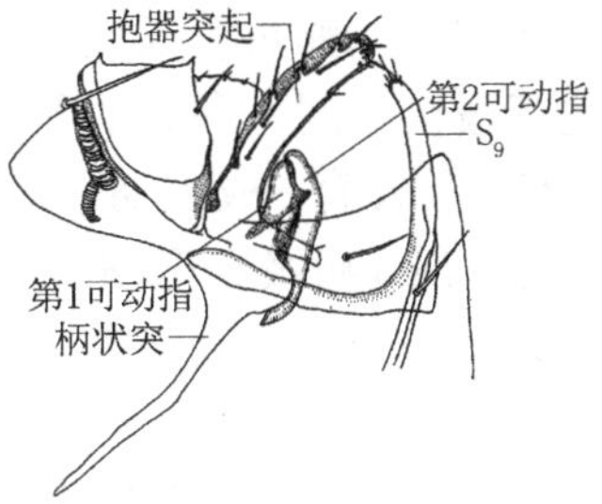

图 28-6　鼠兔食猬蚤抱握器 (李贵真，1957)

S_9 为第 9 腹节腹板

28.2.2　欧洲兔蚤 *Spilopsyllus cuniculi* (Dale)

雄性内生殖器：精巢梨形，后部更圆，着生在输精管上。精巢具有薄而能收缩的外鞘。鞘后方附有蜷曲的管，管的直径比输精管大，称为附睾，可能有贮精囊功能。精巢含有多个精子束 (至少 6 束)，精子位于薄壁管状的生精囊内，生精囊常 2 个叠合。成虫期可能没有精子发生过程，交配几次的雄蚤精巢内缺乏精子，精巢表面结缔组织皱缩，仅存管状的附睾。每侧输精管从附睾发出，穿过附腺中间到侧面的射精管。约在输精管的中部，两侧的输精管为 1 共同鞘包裹。共同鞘包裹的双管部分常沿中间的附腺盘绕，疏松附着在附腺背面，近尾部有结缔组织。2 支射精管前方包裹在共同肌肉鞘内，在射精球内联合形成 1 个公共的射精管进入阳茎体 phallosome。附腺 1 对，每侧附腺开口于同侧射精管基部 (图 28-7)。

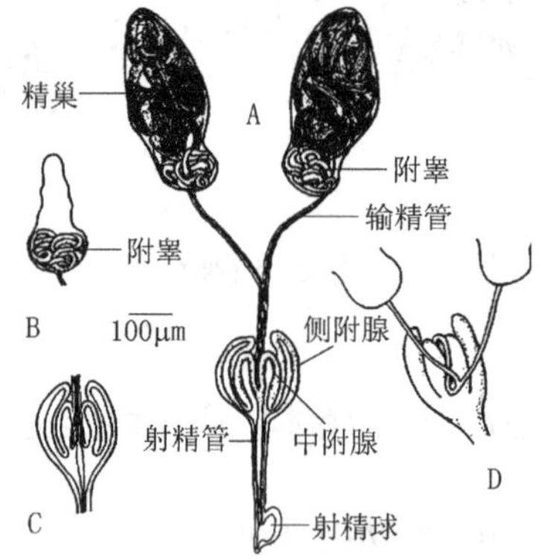

图 28-7　欧洲兔蚤雄性内生殖器 (Mead-Briggs，1962)

A．雄性内生殖器纵切；B．交配后的精巢 (缺乏精子)；C．输精管、附腺进入射精管的开口；D．射精管、附腺的原位状态

雄性外生殖器：阳茎体或插入器官包括阳茎端、阳茎内突。阳茎端高度骨化，向外突出于第 9 腹节腹板之上。阳茎内突水平状向前伸展。2 阳茎内突之间有指向腹部的内突，内突向上弯向射精球。阳茎基部宽、端部窄，呈半箭头状，包围生殖孔。

雌性内生殖器：卵巢管无滋式，具有明显的端丝、原卵区、卵黄区、卵巢管柄。每卵巢有卵巢管 4～8 支，以 5～6 支常见。同一个体两侧卵巢的卵巢管数量有时不同。成虫初羽化时，卵巢管很短。开始产卵时，卵巢管长度明显增加。在卵巢管成熟发育过程中，最接近输卵管的卵母细胞发育最快。同一卵巢的卵巢常分为 2 组，1 组发育较快。在每卵巢的 6 支卵巢管中，有 3 支提前发育。成虫羽化后尚未取食时，第 1 卵母细胞 (最接近输卵管的卵母细胞) 无色，生发泡 (初级卵母细胞的细胞核) germinal vesicle 明显可见。随着卵母细胞的成熟发育，第 1 卵母细胞呈淡黄色，逐步出现卵黄沉积，体积增加迅速，卵壳出现，即将排卵。卵巢管柄短，外凸。在初次产卵前，卵管柄下端有表皮隔膜封闭。在隔膜和卵母细胞的滤泡细胞之间，有 1 个细胞组织形成的塞，称为上皮塞 epithelial plug。第 1 粒卵产出后，卵巢管后端滤泡细胞消失，滤泡上皮的无色残余物迅速转化为散乱的组织塞，将卵巢管柄腔与上方的生长区分隔开。一定时候，卵巢管的这一区域出现显著的黄色，即形成所谓黄体。侧输卵管较短，其背侧面排列卵巢管柄。产卵期，侧输卵管内可发现 1～2 粒卵。在开始产卵前几天，在卵巢管柄和侧输卵管腔内出现颗粒状、不透明白色分泌物。分泌物可能由卵巢管柄和输卵管的上皮细胞分泌。成对的侧输卵管汇入短的中输卵管，中输卵管向后连入生殖腔。生殖腔向前方扩展达腹部 1/4，后端开口于第 8 腹节腹板。交配囊管开口于生殖腔背壁，交配囊管通向交配囊。交配囊管短，厚壁，前端的壁尤厚。管道横向膨胀形成交配囊体，交配囊体沿前表面内陷使横切面呈"C"形缺环。交配囊上发出受精囊盲管和受精囊管，盲管和受精囊管均与周围腺体的细胞间管联系。交配后，精子位于受精囊体膨大部和尾部之间。生殖腔壁前端到交配孔之间有 1 狭窄骨片，称为阴道夹 fibula vaginalis，它向背侧弯曲，与内膜的褶相连。内膜的褶称为阴道支管。后方有 2 个骨化区，具有 2 个特殊的纵向丝状的脊。没有附腺开口于生殖腔，但交配囊管增厚的前壁具有分泌功能（图 28-8）。

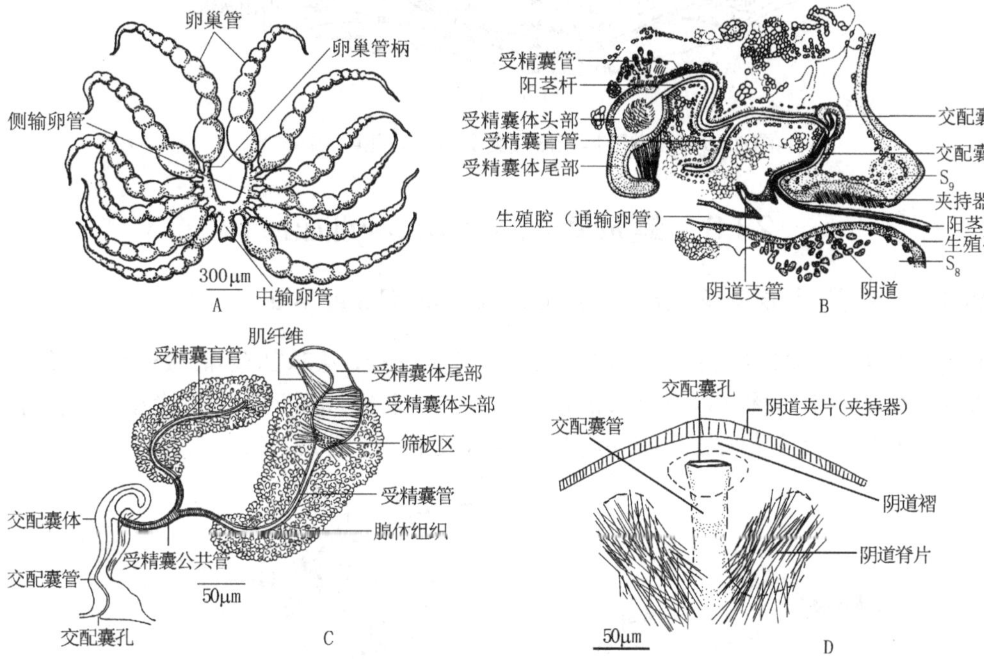

图 28-8　欧洲兔蚤雌性内生殖器

A. 内生殖器整体；B. 雌性外生殖器输出管道；C. 交配囊、受精囊及相关构造；D. 阴道背壁部分，示交配囊开口；S_8、S_9 为第 8、9 腹节腹板（A、C. Mead-Briggs，1962；B. 吴厚永，2007；D. 参考 Mead-Briggs，1962 图重绘）

28.2.3　俊潜蚤 *Tunga* (*Brevidigita*) *callida* Li *et* Chin

雄性外生殖器： 抱器突与可动指均后伸，蟹钳形。抱器突三角形，基部很宽，末端尖而后弯，亚末端及后缘有细长鬃 2 列，共 11～12 支。可动指基部较宽，末端不甚尖，末端及亚末端有细小鬃 5～6 支。柄突简单而直，似为蟹钳的臂，其长度为可动指之倍。交配器（阳茎体）发达，长而骨化，中段曲折，肘状，由关节相连，可分为两部分。

①阳茎内突向前延伸，左右 2 个侧叶略成三角形，罩于两侧，中叶骨化，成为脊板的形状，在中间支持。阳茎内突的颈部棍形，连于关节。阳茎的后部为端室 end-chamber，端室的壁又分为背叶、侧叶、腹叶等部分，合称为阳茎侧突。俊潜蚤的各叶都很长，自基部至末端同宽。②内阳茎是较薄而透明的膜质袋，自前而后，呈漏斗形，中间包有射精管，射精管经关节部，向后延伸，其长度超出阳茎侧突。第 9 腹节腹板前臂向背面弯曲，顶端膨大，为中段的 2 倍。后臂长形，略短于阳茎侧突，末端刃形，后缘稍厚化，有微小鬃数支 (图 28-9)。

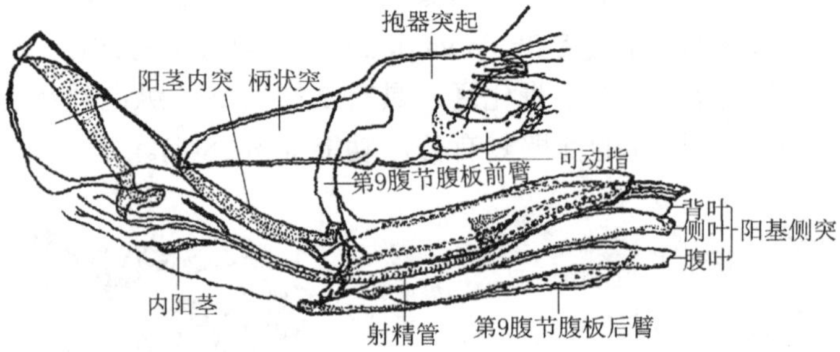

图 28-9　俊潜蚤抱握器及交配器 (李贵真，1957)

28.3　蠕形蚤科 Vermipsyllidae

28.3.1　新月蠕形蚤 *Vermipsylla lunata* Liu, Cai *et* Wu

雄性外生殖器：可动突新月形，前后缘弯度几乎平行，从基部至 4/5 处宽度较均匀。抱器的不动突左右不对称，以不动突的顶端为分界，前缘逐渐下倾，后缘急陡。抱器本体加上不动突的形状较狭长。后腹突明显，腹缘较平直 (图 28-10)。

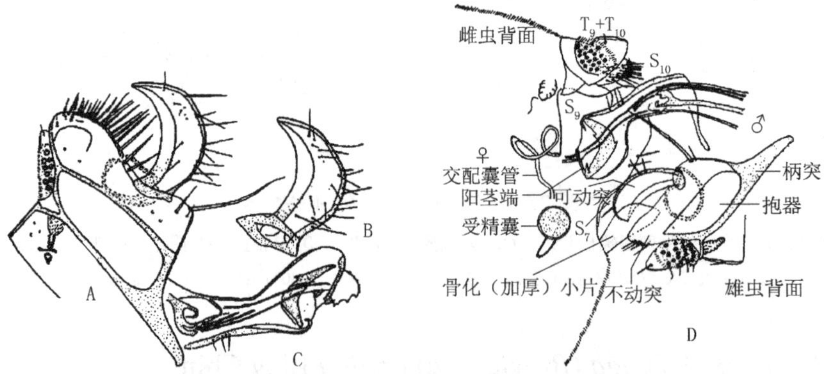

图 28-10　新月蠕形蚤雄性外生殖器 (柳支英等，1974)

A. 抱器；B. 可动突的变异；C. 阳茎端部及第 9 腹节腹板后臂；D. 雌、雄蚤交配时的体位；T_9、T_{10} 为第 9、10 腹节背板；S_7～S_{10} 为第 7～10 腹节腹板

28.4　栉眼蚤科 Ctenophthalmidae

28.4.1　方叶栉眼蚤 *Ctenophthalmus quadratus* Liu *et* Wu

雄性外生殖器：第 7 腹节背板每侧有臀前鬃 3 支，以中间 1 支最长。抱器的不动突大，有 4 支粗鬃，3 支在背侧，1 支在后侧，其后缘中央有 1 方形的后叶 (突起)。可动指宽大而近于长方形，后缘微向后凸出，亚后缘有 2 个小的指状突，其上各有 2 支小鬃。上缘稍向内凹入，两侧各形成 1 突起，前面 1 突起 (前角) 粗短而钝圆，其上有 4 支较粗的鬃，后面 1 个突起较细长。柄状突较粗短，尖锐的末端稍上弯。第 9 腹节腹板前臂细长，末端较锐。后臂粗短，末端渐锐，其上有 11 支鬃 (图 28-11 A)。

雌性外生殖器：第 7 腹节背板每侧有 3 支臀前鬃，中间 1 支最长。第 7 腹节腹板后缘有 2 个凹陷，上面 1 个宽而浅，下面 1 个小而深，并形成 3 个后突的叶，上叶长且大，中叶与下叶相似，短而较小。尾锥细长，其长度较最宽处达 4 倍余，其上有 1 支长鬃及 2 支小鬃(图 28-11 B)。

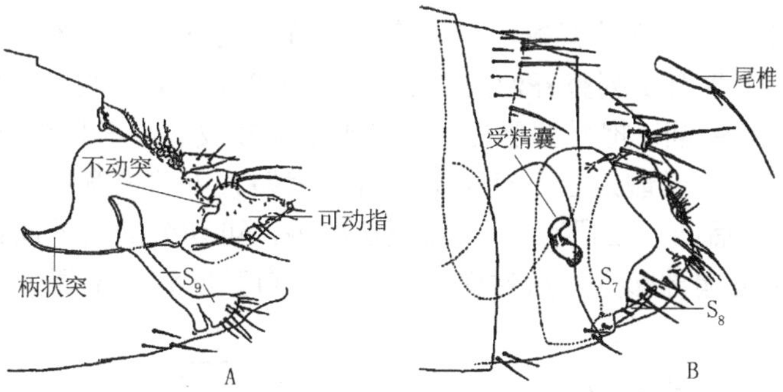

图 28-11　方叶栉眼蚤雌、雄外生殖器 (柳支英和吴厚永，1960)

A. 雄性外生殖器；B. 雌性外生殖器；S_7～S_9 为第 7～9 腹节腹板

28.4.2　长鬃继新蚤 *Genoneopsylla longisetosa* Wu, Wu *et* Liu

雄性外生殖器：第 8 腹节背板甚小，其气门端部的直径约为臀板之半。第 8 腹节腹板大，略呈心形，其后缘近中部着生 2 支缘鬃。抱器第 9 腹节背板前内突呈长方形，与抱器本部和柄突均有明显界线，柄突细长。不动突顶端前后具 5 支粗缘鬃，另 3 支稍细的亚后缘鬃，背、后两缘着生密鬃，顶下外侧疏布 10 支左右小鬃。可动突菱形，端部尖，其后缘中央外凸部分有棘丛区，其下密布细长鬃。第 9 腹节腹板前臂基端上前角不向前凸，后臂形状较特殊，端部有 5 支刺形鬃，另有 1 支爪状刺形鬃。臀板后的竖立骨化刺可能结合臀前鬃有保护臀板作用。骨化的肛背板遍体生鬃。其端部成 1 针状骨化杆，肛腹板突出其后，端部附近密生多鬃。阳茎端室有膜质的帽、小型的钩突、大的内管装甲、内管端骨片和骨化内管。阳茎内突宽大，具细小端附器。阳茎丝不成圈。阳茎内突杆生自阳茎囊而不是第 9 腹节腹板肘部 (图 28-12)。

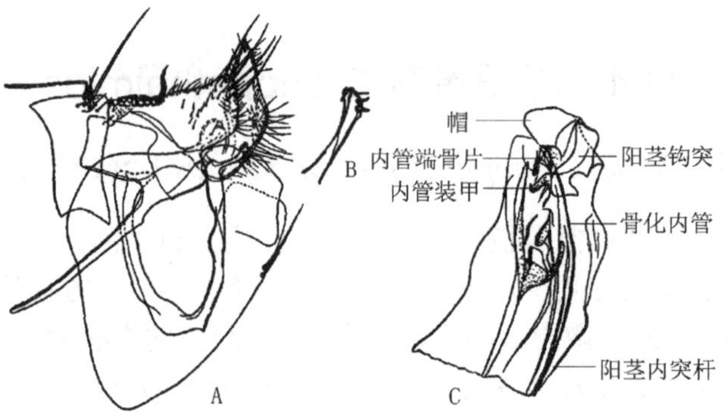

图 28-12　长鬃继新蚤雄性外生殖器、第 9 腹节腹板后臂端部和阳茎端部 (吴福林等，1966)

A. 雄性外生殖器；B. 第 9 腹节腹板后臂端部；C. 阳茎端部

28.4.3　短指新北蚤 *Nearctopsylla* (*Neochinopsylla*) *brevidigita* Wu, Wang *et* Liu

雄性外生殖器：第 8 腹节背板较小，第 8 腹节腹板发达略呈盾形，其亚后缘处有骨化加深的纵脊，其上生有 1 列整齐而发达的长鬃 7～8 支。第 9 腹节背板内突，前缘近垂直，柄突较短，末端尖细。抱器体明显后伸，不动突较发达，其顶缘有小鬃 8～9 支，小鬃之下还有 1 支长鬃，于髋臼之下有 1 支中等长度鬃。可动突宽短，微高于不动突，其后缘 (尤其是下段) 后凸，上段有 1 支较发达的鬃，可动突的内外面都有零星的小鬃。第 9 腹节腹板前臂近端部膨大，后臂前后缘很直，自基部到端部逐渐变韧，其上有很细

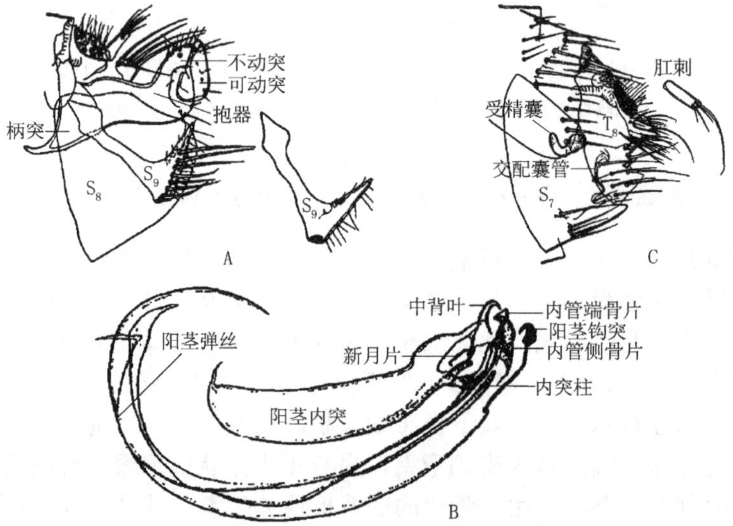

图 28-13　短指新北蚤雌、雄外生殖器

A. 雄虫变形腹节；B. 阳茎；C. 雌虫变形腹节；T_8为第 8 腹节背板；S_7～S_9为第 7～9 腹节腹板(A、C、D. 吴厚永等，1965；B. 参考吴厚永等，1965 图重绘)

的小毛，肘部下缘有骨化增厚。肛孔背板明显长于腹板，腹板上缘有 5～6 支发达长鬃。外阳茎的中背叶钩状。阳茎钩突小，内管侧骨片发达，并有 1 个细而弯的内管端骨片，新月片细长 (图 28-13 A、B)。

雌性外生殖器：第 7 腹节腹板近腹缘处有 1 列长鬃 (5 支)，其后缘除上段有 1 处稍后突外，整个后缘则微内凹。第 8 腹节背板气门大，稍大于其后臀板。臀板每侧的有 17～18 个窝孔。肛刺较长，长为宽的 3.0～3.5 倍，其上有长的端鬃及短的亚端鬃 2 支。受精囊头部略呈球状，尾部较头部长，头尾界线不很清晰。交接囊管明显角化 (图 28-13 C)。

28.4.4　狭窦新蚤 *Neopsylla stenosinuata* Wang

雄性外生殖器：第 8 腹节腹板后缘较平直，上具 12～14 支鬃。抱器不动突分为前、后 2 叶，前叶和后叶紧靠在一起，中间的凹窦成为 1 狭隙。抱器体内侧近腹缘处丛生极小刺。可动突顶端比基部略尖，从亚基部至亚端部的宽度近相等，其长度约为宽度的 4 倍。基节臼位于不动突后缘中部处。可动突后缘具有 2 根短鬃和约 15 支小鬃。第 9 腹节腹板前臂宽，最宽处约为后臂的 5.5 倍。阳茎内突中部略宽，中板端附器 apical appendage of median lamella 末端尖细，不呈杆状。第 9 腹节腹板后臂形状不规则，顶端尖锐。后缘亚端部具 6 支鬃和 11 支短鬃。顶部的 2 支短鬃较粗壮，亚刺形 (图 28-14)。

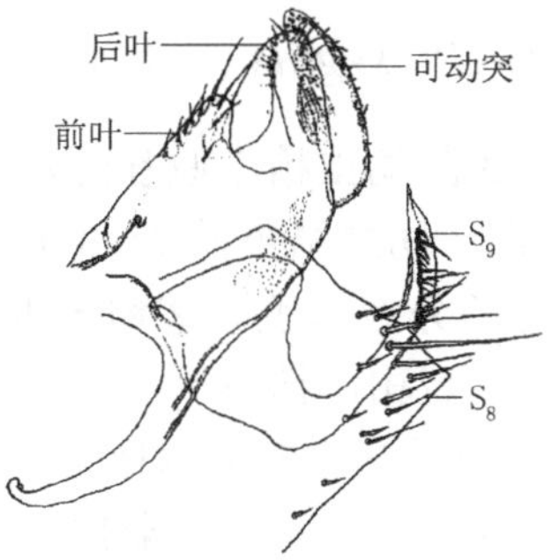

图 28-14　狭窦新蚤雄性变形节 (王敦清，1974)

S_8、S_9 为第 8、9 腹节腹板

28.5　细蚤科 Leptophalidae

28.5.1　无棘鬃额蚤 *Frontopsylla aspiniformis* Liu *et* Wu

雄性外生殖器：第 7 腹节背板后缘每侧有臀前鬃 2 支，一长一短。第 8 腹节腹板宽大，前下缘有“V”形骨盾增厚，后缘有 1 深大的凹陷，其上段 (叶) 向后伸延呈长鼓槌状，末端生有长的丛毛；下段 (叶) 细支状，末端钝圆。第 8 腹节背板在臀板后方有 1 向后上方的突起，上有许多丛状长鬃。可动指形如髋骨，其上无棘鬃，仅于端缘有 4～5 支长而粗的鬃及下方 1/3 处密布棘样短毛，除上后边缘部分外还有许多麻点。不动突细长如指，明显地低于可动指上缘。髋臼稍后突，其上有 2 支长的臼鬃。柄状突长大，舌状，

与本体略成直角。第 9 腹节腹板前臂前端近三角形，颈部很细，后臂似成 3 段，中段变粗后缘突出，其上有 3 支直的及 1 支弯向腹侧的棘鬃（图 28-15 A)。

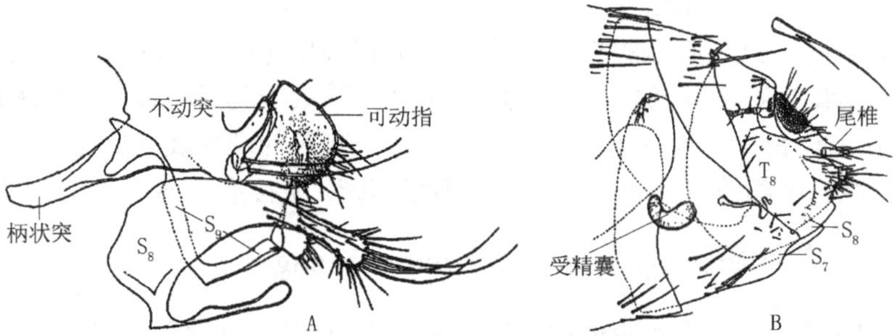

图 28-15　无棘鬃额蚤雌、雄外生殖器（柳支英和吴厚永，1960）

A. 雄虫抱器及第 8 腹节腹板；B. 雌性腹部末端；T_8 为第 8 腹节背板；S_7～S_9 为第 7～9 腹节腹板

雌性外生殖器：第 7 腹节背板每侧有 3 支长的臀前鬃，但以中间 1 支最长。第 7 腹节腹板后上缘向后突出，往下有稍宽的凹陷。第 10 腹节背、腹板等长，尾锥的端鬃很长，其长度为尾锥长度的 2 倍，两侧各有 1 支细鬃。受精囊两端钝圆，头尾境界不清，头部较尾部稍粗（图 28-15 B)。

28.5.2　缓慢细蚤 *Leptopsylla segnis* (Schönheer)

雄性内生殖器胚后发育：从 3 龄幼虫精巢原基的发育至雄性内生殖器的成熟，分为 5 个发育时期。①精巢原基发育期：幼虫结茧前 2～3 天至早期预蛹。精巢原基长卵圆形并增大呈卵圆形，精原细胞以有丝分裂增殖。②精子细胞生成期：化蛹前，茧期 2～4 天。生精囊内可见精母细胞成熟分裂相，精巢后部生精囊内精子细胞生成。③精子细胞变形期：化蛹后，茧期 4～7 天，精子细胞变形为精子。④精子束发育期：化蛹后，茧期 6 天至成熟。精子束摆动尾部形成同步波动，逐渐振幅减小，频率加快，转弯，扭曲，进行迁移。⑤成熟期：新羽化蚤吸血 4～12h，吸血 1～4h 精巢管塞被吸收，4～12h 雌蚤受精囊内可见精子。

雄性外生殖器：抱器分为上抱器和下抱器，上抱器的主要部分为抱器体，抱器体前背方为向前延伸的第 9 腹节背板前内突，前内突的两侧在背方愈合。抱器体的前腹方为向前下延伸的柄状突。抱器体的背方有不动突，其后方有可动突，可动突与不动突之间有关节相连。下抱器或称第 9 腹节腹板，较为简单，一般呈弓形，前部为前臂，后部为后臂，后臂的基部左右两侧相合，向后又分为左、右 2 支。前、后臂相连处为肘。阳茎端基部被阳茎囊包绕，阳茎囊壁的基缘与阳茎端的基距处于同一水平。基距与第 10 腹节腹板相连有支持阳茎体的作用。阳茎端末端腔背部正中为单一的背中叶，为阳茎内突中片向背端的延伸。在背中叶的内下方可见 1 对背中叶端骨片。末端腔的两侧为 1 对阳茎侧叶，侧叶的腹内壁有 1 对可活动的大型阳茎钩突。末端腔的中部有骨化内管，内管鞘上有很多骨片，一般分为背片、腹片和侧骨片。骨化内管由其基背方的阳茎内突柱所支持，内突柱有 1 对向后腹侧方伸出的侧腹叶、1 对中叶和由中叶分叉出来的中央骨片，最背方为 1 对新月片。泵囊是 1 囊状的膜质结构，开口与骨化内管相通，其底由内突柱的中叶和"Y"骨片构成，其顶由膜质的顶盖和紧接其背上方的新月片构成。阳茎内突占阳茎体背方的大部分，由 3 块骨片组成。中央为中片，两侧为 1 对弓形的侧片，3 块骨片在背方连接，横切面呈"M"形或锚形。中片的后端延为内突柱。内阳茎为长圆形肌肉囊，与骨化内管的基部相通连，背壁为阳茎内壁背杆，起自"Y"骨片，腹壁是阳茎内壁腹杆，起自骨化内管基腹方的阳茎端基囊，其中间包绕着阳茎。阳茎的外壁和内壁上均有细鬃毛覆盖。阳茎内有射精管通过，其末端为生殖孔。射精管的前端为肌肉质的射精球，有输精管通入。阳茎的腹方是杆状的阳茎背杆和阳茎腹杆。一般腹杆较背杆长，背杆的端部较尖，亚端段较宽。在内阳茎的腹下方是阳茎内突杆或称腱。缓慢细蚤的阳茎内突杆起自第 9 腹节腹板后臂基部，经肘向前延伸 (图 28-16)。

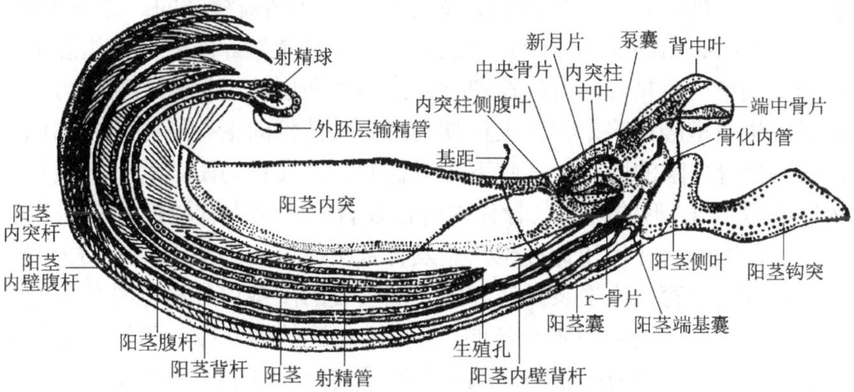

图 28-16　缓慢细蚤雄性外生殖器 (漆一鸣，1990b)

雄性外生殖器胚后发育：2 龄幼虫第 10 腹节前缘腹壁中部出现圆形的细胞团。在早期 3 龄幼虫，由第 10 腹节前缘腹壁内陷形成 1 对梨形的外生殖器官芽 (原始阳茎叶)，原始阳茎叶由梨形小细胞组成，由有稀疏细胞核的固有膜包裹，通过瓶颈状通道开口于第 10 腹节前缘。原始阳茎叶前端包裹 1 对泡状突起，Snodgrass (1957) 称为输精管芽。在晚期 3 龄幼虫中，原始阳茎叶迅速长大，横切面上，每 1 个原始阳茎叶前端从上下和内侧面包裹着 1 个泡状的输精管芽。泡状的输精管芽中间有腔道，前端出现线状细管发育。在早期预蛹，每 1 个原始阳茎叶分裂成 1 个阳茎中叶和 1 个阳茎副叶，中叶和副叶在基部相连。在 2 天茧期的预蛹，副叶的生长约快于中叶。早期预蛹，泡状的输精管芽向前生长，而阳茎中叶和副叶向后开始突出。在输精管芽和阳茎中叶之间出现由左右阳茎中叶联合形成的腔，称为内阳茎腔。向前生长的左右输精管芽的后段并拢，其内侧面的背、腹壁开始融合形成单一的射精管，开口在内阳茎腔前中部，开口称为生殖孔。内阳茎腔的后部出口，由左右阳茎中叶联合形成，称为阳茎口。左右阳茎中叶联合形成阳茎叶。早期预蛹，在第 9 腹节前缘出现 1 对由腹壁折叠形成的突起，Sharif (1937) 称为下生殖扳，它将发育为成蚤的第 9 腹节腹板即下抱器。在晚期预蛹，阳茎叶的生长快于阳茎副叶，阳茎叶背侧亚端部的背壁和侧壁向前折叠生长，标志着阳茎内突芽发育的开始。在 4 天茧期正在化蛹的标本，在内阳茎腔的上部后端，出现明显的向阳茎内突芽下方的突起，为泵囊芽。由泡状输精管芽后段联合形成的射精管和生殖孔明显可见，输精管芽发育的其余部分呈帽状或蘑菇盖状，紧接在内阳茎腔的前方。化蛹后阳茎叶逐渐向体腔内陷。在5天茧期已化蛹的标本，可见阳茎内突背方连着第10腹节腹板，腹方连着阳茎叶背端的折叠组织。在阳茎叶腹面内侧，内阳茎腔下后方，有1纵切面呈三角形的阳茎叶组织，其背方与折叠的阳茎腹侧组织相连，腹方与第9腹节腹板相连，此三角形的组织为阳茎内突杆芽。化蛹后，阳茎副叶位于蛹尾端的两侧，呈三角形，前内侧与第9腹节背板相接，其下方为第9腹节腹板的突起，中间为阳茎叶向体外突出的部分，即阳茎端的部分。化蛹后，成虫的器官就开始在蛹表皮内发育，阳茎副叶逐渐形成基段和端段。在7天茧期蛹的标本中，可见整个阳茎叶向体腔内陷拉长，阳茎内突杆芽从内阳茎的腹下方拉出，将其相连的折叠组织拉出，同时阳茎内突也把阳茎叶背部折叠组织拉出，这样内阳茎腔的后口，即阳茎口被外翻到泵囊底部与阳茎端基囊之间。随着阳茎口的外翻，内阳茎腔与拉出的折叠组织成为1个连续的外胚层生殖道腔。随着生殖道腔的形成，由泡状输精管芽形成的单一射精管，射精球和相并行的外胚层输精管都已明显可辨，并且射精管开始向其后的生殖道腔内陷。在8天茧期的蛹，射精管向生殖道腔的内陷已完成，阳茎已经形成。在射精管内陷的同时，其腹下方折叠的组织发育为阳茎背杆和腹杆，泵囊由圆形突起的内陷形成倒“L”形的内陷，骨化内管已发育。骨化内管端部周围组织向前内陷形成末端腔，末端腔周围的叶片和骨片也开始发育且明显可见阳茎端侧叶的大型钩突。随着骨化内管和末端腔的发育，位于泵囊底和阳茎端基囊的阳茎口外移至骨化内管端部。阳茎内突杆已紧贴内阳茎腹下壁向前生长延伸，其后端相连的第9腹节腹板已发育为弓形并可见前后壁。由阳茎副叶发育成的基段和端段分别具有抱器体和可动突的雏形，并可见到抱器体的前缘伸出背突和腹突。后期蛹，雄性外生殖器在形态上没有大的改变，抱器、阳茎端、阳茎内突和内阳茎的各骨化部分都相继几丁质化 (图 28-17)。

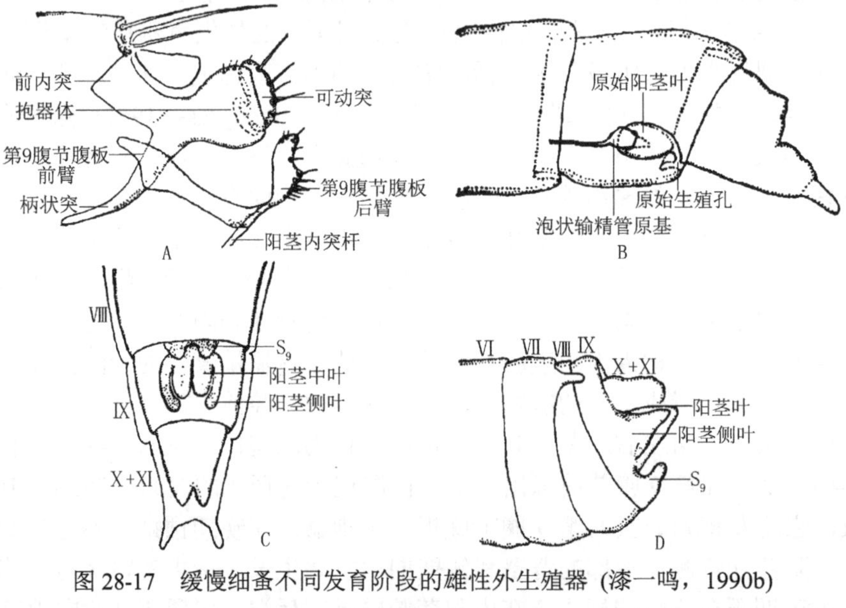

图 28-17　缓慢细蚤不同发育阶段的雄性外生殖器 (漆一鸣，1990b)

A. 成蚤抱器；B. 3龄幼虫晚期腹部末端侧视；C. 预蛹早期腹部末端腹视；D. 蛹期腹部末端侧视；S_9为第9腹节腹板；Ⅵ～Ⅺ为第6～11腹节

雌性内生殖器胚后发育： 3 龄幼虫的卵巢原基成对，三角形或梨形，包于脂肪体中，位于中肠背方两侧第 5～6 腹节内。两侧卵巢原基一般一前一后。卵巢原基在化蛹前分化出卵巢管，每卵巢有 4 支。卵巢管无滋式，管状，端部细，管壁有 2 层膜：外膜为固有膜，可见有很少稀疏的核，内膜为滤泡上皮。每支卵巢管由端丝、原卵区、卵黄区和卵巢管柄组成。端丝由结实的细胞索构成，纵切面上可见每排有 2～3 个扁圆形细胞密集排列。原卵区位于卵巢管腔的端部，腔内充满卵原细胞、初级卵母细胞和前滤泡组织。卵黄区位于原卵区下方，原卵区的初级卵母细胞依次发育进入卵黄区。前滤泡组织发育为单层的滤泡上皮。卵巢管柄位于卵巢管的基部，连接卵巢管与侧输卵管，其上端被柱状上皮细胞组成的卵巢管塞封闭。卵巢管塞在未产卵前可见。左、右 2 个侧输卵管在中肠后端汇入中输卵管，开口于第 8、9 腹节腹板之间的交配孔。在卵巢管柄、侧输卵管和中输卵管壁上有大量柱状腺细胞。

雌性外生殖器： 生殖腔较长，一般为均质狭窄袋状，被肌肉质的阴道夹分成前后 2 腔。阴道夹在不同种类中发育程度有差异，多毛蚤属中发育很好，栉眼蚤属缺，其位置可以在生殖腔底部，有时也可在顶部。大多数种类生殖腔的前、后腔为均质的几丁质衬里，而多毛蚤属生殖腔前腔为状柱上皮细胞衬里。阴道夹对于确保成熟的卵在通过交配囊管口时进行受精可能具有重要作用。缓慢细蚤的阴道夹位于生殖腔底部近中段，生殖腔前腔没有上皮细胞衬里，前腔背、腹壁含有丰富的肌肉组织。后腔背壁有一系列重要构造，从后向前依次为夹持器、阴道腺、交配囊管开口、阴道支管和阴道轭。夹持器是增厚的柔韧几丁质结构，有肌肉与交配囊袋部相连，缓慢细蚤的夹持器上有小刺。与夹持器相对的生殖腔腹壁有较厚肌肉，并向背方突起，二者有关闭生殖腔外口的作用。阴道腺是较深而狭长的凹陷，顶端有少许腺细胞。交配囊管开孔是交配囊在生殖腔的开口，交配囊分为交配囊体 (袋部) 和交配囊管 (管部)，从交配囊体顶端通连 1 条共管，再由共管发出 2 条管：1 条为受精囊管，连于受精囊体，另外 1 条为较短的受精囊盲管。在受精囊管和受精囊盲管的管壁周围围绕着许多受精囊腺组织，受精囊腺由腺细胞和管细胞组成。受精囊体分头部和尾部，在受精囊体内壁有很多环行的脊，精子贮存在脊内，受精囊的头尾之间有肌肉组织相连，具有泵压精子的作用。阴道支管呈指状凹陷，有很多横行分支，其周围也有少许腺细胞。阴道腺和阴道支管在交配时是雄蚤阳茎端插入并固着的场所。阴道轭位于生殖腔后腔背壁的顶端，纵切面似锯齿形，横切面为鱼鳞状排列的柔韧几丁质结构，每片鱼鳞形的几丁质上还有一些细小的刺毛。

雌性外生生殖器胚后发育： 外生殖器原基在 1、2 龄和早期 3 龄幼虫都未发现，在晚期 3 龄幼虫的第 7 腹节腹板后部腹壁有 2 团小梨形细胞，纵切面呈三角形，与其相连的第 7 腹节腹板后缘，有带状增厚的小梨形细胞群，纵切面呈粗线状，内无沟缝，并延续至第 8 腹节腹板，与第 8 腹节腹板后部腹壁出现的受精囊芽的细胞团相连。受精囊原基纵切面约呈三角形，可见 1 小内陷口，开口在第 8 腹节腹板上。在 2 天茧期的预蛹，第 7 腹节腹板腹壁后部的 2 团细胞已形成 1 对梨形的外胚层囊，其囊腔开口在第 7 腹节腹板上。其后的带状增厚腹壁向前向下呈“之” 字形的折叠内陷，形成带状增厚的腹壁和背壁，腹壁与第 7 腹节腹板相连，背壁与第 8 腹节腹板相连。纵切面观，内陷形成的管腔与腹壁近平行，腔的前端封闭紧接于 1 对外胚层囊，腔的后端开口于第 8 腹节腹板前缘。第 8 腹节腹板后部的受精囊原基已呈卵圆形，内陷口明显，其前侧面的腹壁向两侧折叠内陷形成 1 对燕尾形的产卵器原基 rudiments of the ovipositors。在晚期预蛹和正在化蛹的标本中，1 对外胚层囊的前端可见与起源于中胚层的侧输卵管相连。此时的卵巢已分化出卵巢管，可见索状的侧输卵管延伸到第 7 腹节。在这一阶段可见外胚层增厚的腹壁延长至第 8 腹节腹板后部，与两侧的产卵器原基相连，其内腔的开口移至第 8 腹节腹板后部。刚化蛹的标本，可见整个外生殖原基除了 1 对产卵器原基外均向腹壁背方内陷，以受精囊原基内陷为最深。而受精囊后缘的第 8 腹节腹板腹壁随着受精囊原基向背上方内陷，第 9 腹节腹板的前缘也随第 8 腹节腹板后缘而移入，受精囊的内陷外口与外胚层增厚开口接近。外胚层增厚的腹壁与 1 对燕尾形的产卵器原基相连，随着化蛹，1 对产卵器原基移向蛹尾的腹下端，形成蛹尾端的 1 对腹部突起，这对突起仅在蛹期可见。化蛹后，很快在蛹表皮内开始形成成蚤的尾端，在第 5 天茧期的蛹，可见由产卵器原基形成的这 1 对腹部突起已融合为第 8 腹节腹板的一部分，并且随着外生殖器原基的进一步内陷而消失。在第 5 天半茧期的蛹，外生殖器原基迅速地向前背方内陷，1 对外胚层囊已明显与侧输卵管相连，外胚层增厚拉长，变细，其前端已与外胚层囊的后端融合，第 8、9 腹节腹板的腹壁随着外胚层增厚和受精囊原基一道内陷。受精囊原基已内陷至外胚层增厚的背方，并已具备成蚤受精囊的形态，其头尾及其间相连的肌肉和内腔均能分辨。受精囊原基周围邻近的第 8、9 腹节腹板的腹壁，随其内陷形成的内陷道发育为交配囊及其管道。随着外生殖器原基的内陷，阴道背壁的一系列附属结构已具雏形。在第 6 天茧期的蛹，1 对外胚层囊的内腔明显，在腔的内壁及与外胚层增厚前端的融合处有柱状上皮细胞发育，形成中输卵管的柱状上皮细胞衬里。即由 1 对外胚层囊和外胚层增厚的前端一小部分形成中输卵管，而外胚层增厚的大部分和内陷的第 8、9 腹节腹板的腹壁形成生殖腔。在第 8 天茧期蛹的纵切面上，已见 1 对外胚层囊的内壁融合为 1 完整的中输卵管。后期蛹，受精囊、交配囊、阴道背壁的附属结构及生殖腔、中输卵管等也相继几丁质化 (图 28-18)。

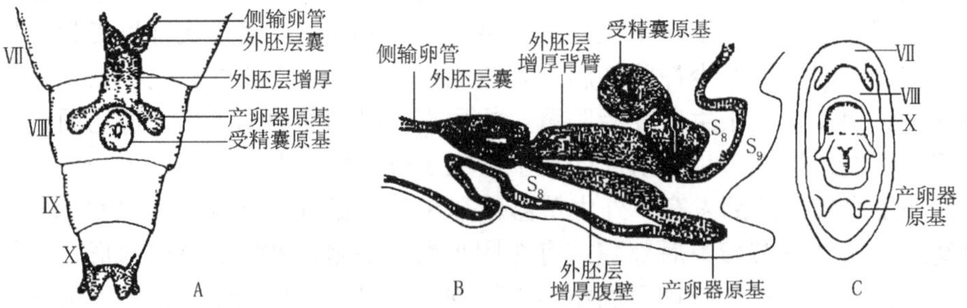

图 28-18　缓慢细蚤雌性外生殖器发育 (漆一鸣，1990a)

A. 预蛹后期腹视；B. 初化蛹纵切；C. 蛹末端；S_8、S_9为第 8、9 腹节腹板；Ⅶ～Ⅹ为第 7～10 腹节

28.6 角叶蚤科 Ceratophyllidae

28.6.1 崔氏大锥蚤 *Macrostylophora cuii* Liu, Wu *et* Yu

雄性外生殖器：第 8 腹节背板大而近圆形，上缘有长鬃 5 支，外侧有鬃 8～10 支，主要分布在前上部。第 8 腹节腹板前端有 1 向上的指状突起，突起后方的上缘有 7 个小刺突，后端呈毛刷状细长分支。上抱器 (第 9 腹节背板) 本体略呈圆形，已与背板内突合为 1 片，该内突颇大，前端略圆钝，虽稍向下，但下垂不多。柄突粗大，基部与本体和背板内突成 1 狭小角度，近中部上突，端略圆，几与背板在同一垂直线上。不动突的长度约为其最窄处宽度的 5 倍，端部略后弯，近顶部具细鬃 2 支，不动突的端部与可动指的端部约等高。本体后缘圆凸，有臼鬃 2 支。可动指稍呈长三角形，其前缘近端部有 1 尖突，前缘上半段略凹圆，下半段接髋臼较直。后缘除下段外几乎呈一直线。腹缘稍带波浪形。沿后缘端部稍下有 3 鬃，中间 1 鬃基部粗而端部细长，远较上下 2 鬃粗长。后下角具 2 支刺形鬃，下者稍长，上者稍短，稍向上于后缘有 1 支鬃，再向上于内侧亚后缘处有 1 支粗大刺形鬃。可动指上半部前后缘间有几支小毛。下抱器 (第 9 腹节腹板) 的前臂稍长于后臂，前臂中段略宽，向前端渐细，接近于肘部的上缘有 6 个小刺突。后

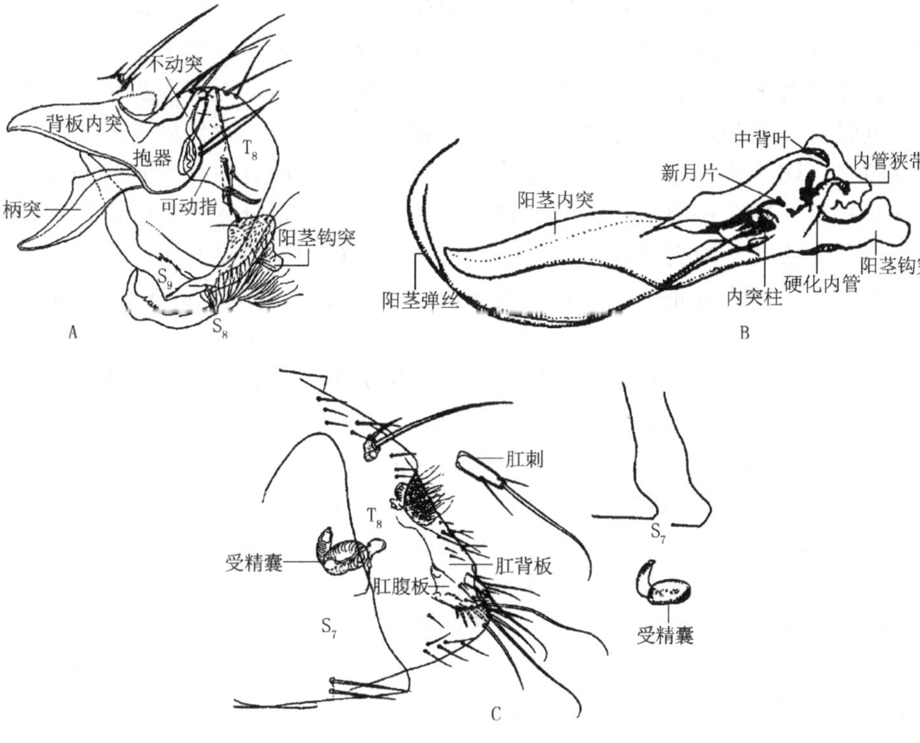

图 28-19 崔氏大锥蚤雌、雄外生殖器 (柳支英等，1964)

A. 雄蚤变形腹节；B. 阳茎；C. 雌蚤变形腹节；T_8 为第 8 腹节背板；S_7～S_9 为第 7～9 腹节腹板

臂末端宽大，略呈方形，但前后端角钝圆。后臂外侧自后上角至肘部的亚后缘有 1 列细长鬃，其前面具许多细毛，前端角有 1 支长鬃，稍后另有 1 支粗大而末端尖锐的刺形鬃，近后端角处也有 1 支长鬃。阳茎的中背叶略呈三角状，阳茎钩突发达，其端部分为 2 个圆形叶，叶间有 1 凹陷。内管有骨化鞘称硬化内管，内管端部弯成内管狭带。新月片明显而细长 (图 28-19 A、B)。

雌性外生殖器：第 7 腹节腹板后缘下段向后凸出，外侧近腹缘处有 4 支长鬃，呈 1 纵列，分成上下 2 组。第 8 腹节背板后上缘向后凸出，具鬃 3 支。臀板每侧约有窝孔 19 个。肛刺的长度为其基部宽度的 2.0～2.5 倍，末端有长鬃 1 支，上缘有亚端鬃 1 支，下缘的 1 支鬃靠近中部。肛腹板下缘有粗鬃 6 支，其中前方 2 鬃较细小，末端 2 支鬃特长，端鬃之间有 1 细鬃，端鬃之上具细鬃 2 支。受精囊头部和尾部界限清楚，尾部较细，其端部有骨化小栓 (图 28-19 C)。

28.6.2　鞋形共系蚤 *Syngenopsyllus calceatus* (Rothschild)

雄性外生殖器：阳茎体平时位于蚤腹部后面的生殖腔内，生殖腔口的背前方为臀板。阳茎体包括阳茎端、阳茎内突和内阳茎。阳茎端是阳茎体中最后的部分。阳茎钩突 1 对，其末端在阳茎端的最后面，圆弧形，较宽，不分叶。基部位于骨化内管两侧侧叶的内壁，并与侧叶相关节，可以活动。钩突体的背缘平直，腹缘略呈“∽”形。在左、右阳茎钩突近基部处各有 1 个钩突桩，侧视呈楔形，背腹视略呈牛角形，由后弯向前。钩突桩骨化程度中等，大而明显。侧叶大而明显，其后部位于内突柱和阳茎钩突基部两侧。骨化内管 1 只，位于泵囊之后、左右阳茎钩突之间。骨化内管较短，近似垂直位。骨化内管鞘上有一系列骨片，侧视可分为骨化内管背片和骨化内管腹片。骨化内管的两端相通，前口宽、后口窄，阳茎背杆和阳茎腹杆通过管腔内。骨化内管后端有 1 延长的管状结构称为骨化内管端管。内突柱前端起自阳茎内突的中片，后端则分为许多叶，下列结构较为明显：内突柱侧腹叶是内突柱向后延伸的最大部分，背腹视可见其位于内突柱各叶的最外侧，左右各一，两者在前方向中间的内突柱基部愈合，三者形成“Y”状，侧视内突柱侧腹叶延伸到内突柱各叶的最腹侧，呈半“C”形；内突柱中叶位于内突柱侧腹叶之间靠背方，其分支形成位于新月片腹面的中央骨片。泵囊是 1 个囊状的膜质结构，由内管基部向背方扩延而成。泵囊向后通入内管，向前形成泵囊侧支。泵囊底部是内突柱中叶和“Y”形骨片，其背方覆以有弹性的膜质顶盖。泵囊的侧支左右各一，穿过内突柱侧腹叶之间向前延伸。泵囊侧支后部较粗，向前渐细。“Y”形骨片位于左右泵囊侧支之间。新月片和附骨片侧视均为 1 片，背腹面则可观察到左右各有 1 片。附骨片在新月片的后方，二者通过泵囊的膜质结构相连并参与构成顶盖。

阳茎内突位于阳茎端的前方，是由阳茎端基部的背臂向体腔内延伸而成，占阳茎体全长的 2/3 左右，由 1 个中片和 2 个侧片组成，3 片在背缘相连呈拱形，中片直立于 2 侧片中间。中片后端即为内突柱。阳茎内突背面有 1 个叶状的前距，它与阳茎内突相垂直，其基部与阳茎内突相连，前距可向前后弯曲。前距位于阳茎内突的中部，较短，其背缘平直。内阳茎与骨化内管壁的基段直接相连。阳茎杆包括阳茎腹杆和阳茎背杆，前者比后者长，均为有孔的管状结构。内突杆起自第 9 腹节腹板肘处，不与阳茎体直接连

接 (图 28-20)。

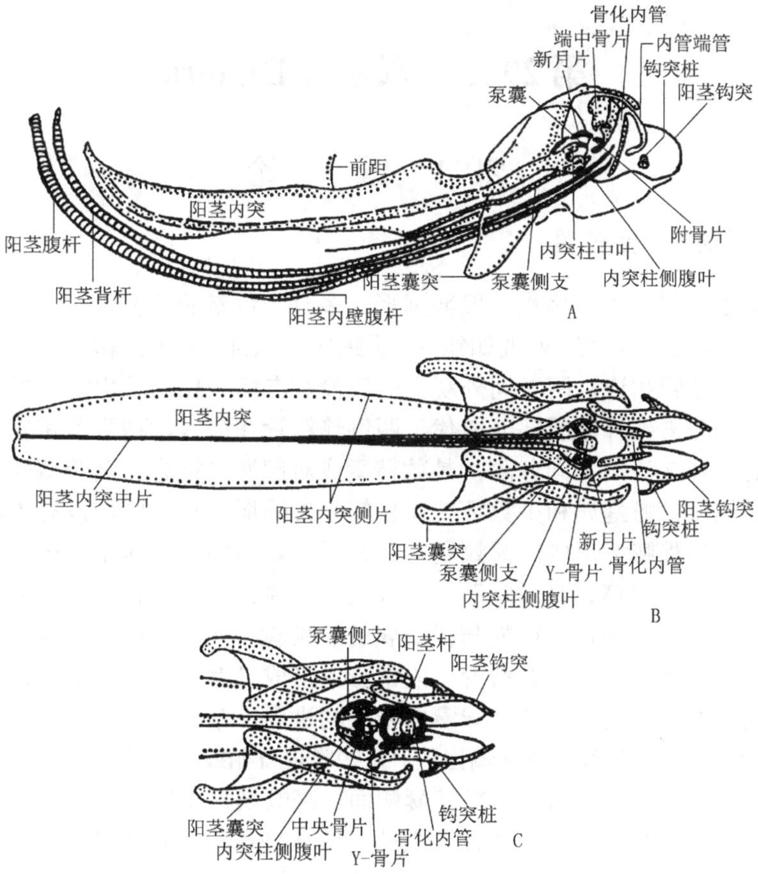

图 28-20　鞋形共系蚤阳茎体 (潘小军，1993)

A. 侧视；B. 腹视；C. 背视

第29章　双翅目 Diptera

29.1　概　　论

29.1.1　雄性内生殖器

每精巢有 1 支精巢管，精巢一般卵圆形，多有带色素的外鞘包被。虱蝇科及其近缘类群的精巢呈管状紧密盘绕，外观如线球。舌蝇属与虱蝇科类似，精巢也管状密集盘绕。精巢或直接与输精管相连，两者间外观上一般没有专门分化的输出管。发育过程中，输精管的中胚层部分常被外胚层部分取代，两侧输精管在进入贮精囊前常发生贴合，贮精囊上有明显的分开 2 囊的纵向分隔，是贮精囊成对起源的标志。高等双翅目的贮精囊常不成对，如虻属、管蚜蝇属和少数环裂亚目等。果蝇属在相应区域没有贮精囊，功能性贮精囊由输精管另外膨大形成。摇蚊属、白蛉属和虻属的贮精囊由生殖道前半部延长形成，贮精囊有 1 狭窄射精管直通阳茎。库蚊属每侧输精管末端膨大形成贮精囊。毫蚊属精液囊 semenblase 2 室中每室可能与伊蚊属的贮精囊相当。附腺一般成对，附腺多与贮精囊一起开口于射精管前端。射精管下段常膨大形成具有突起的球形囊，称为精泵，突起上着生肌肉，通过肌肉收缩调节球囊内精液的进出。精泵之前的射精管部分称为射精管输入段，之后的部分称为射精管输出段。有些类群 (如蚊类) 的精泵可能次生性退化。蚊虫及其他双翅目昆虫的附腺位于贮精囊侧面，毫蚊属每 1 附腺显然是通过与贮精囊联合形成 2 室的球形结构。高等双翅目昆虫的附腺常呈管状。粪蝇科、蝇科附腺缺；丽蝇科、麻蝇科、突额蝇科、长足寄蝇科、寄蝇科附腺发达。摇蚊属、白蛉属、虻属、家蝇属无附腺。寡毛实蝇属附腺由 16 支盲管组成，牛蝇属的附腺为不成对的小球状腺体。射精管一般长而扭曲，位于贮精囊之后。射精管基部常膨大形成精泵，精泵有供肌肉附着的突起。蠓科、摇蚊科、蚋科产生精包 (图 29-1)。

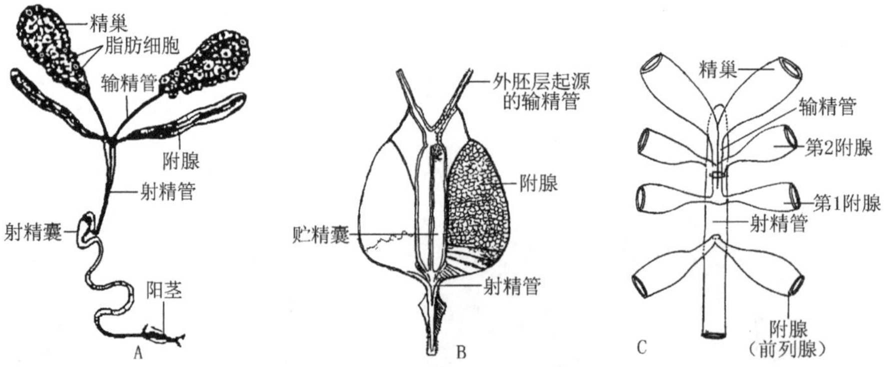

图 29-1　双翅目雄性内生殖器

A. 1 种丽蝇；B. 埃及伊蚊初羽化雄虫内生殖器后段腹视；C. 星斑蛾蚋幼龄雄虫；D. 管蚜蝇属；E. 果蝇属 (A. Richards 等，1978；B～E. Matsuda，1976)

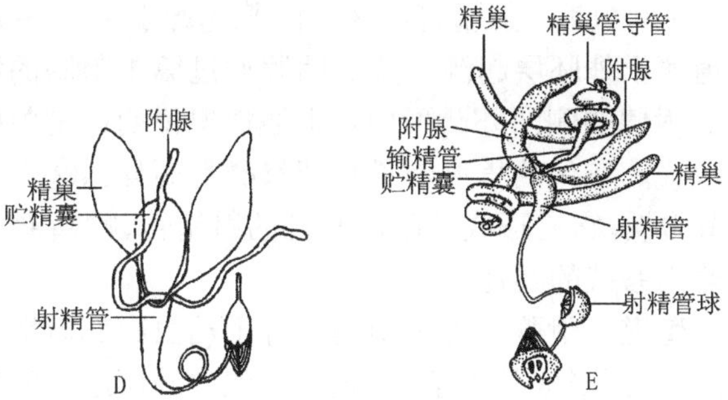

图 29-1 (续)

29.1.2 雄性内生殖器胚后发育

长柄伊蚊的初孵幼虫，中胚层起源的输精管原基呈细丝状 (生殖索)，从精巢伸达第 9 腹节腹板 (初生阳茎叶) 的成虫盘内表面，外胚层起源的输精管、贮精囊、附腺原基以 2 束细胞群的形式存在于第 9 腹节腹板成虫盘的内表面，每束开始为 3～4 个细胞，最后发育形成 1 个梨形的囊。化蛹初期，每囊的输精管、贮精囊、附腺原基渐趋清晰，随着中胚层起源的输精管退缩入第 7 腹节，外胚层起源的输精管前伸，与中胚层起源的输精管相连。在此阶段，贮精囊原基位于前侧面，它们为管状原基。附腺原基位于腹侧面，为囊状原基。在初生阳茎叶之间的生殖板上出现中间内陷，即射精管原基。埃及伊蚊具有类似的发育过程。伊蚊属输精管的尾端部分、贮精囊、附腺、射精管属于外胚层起源。

摇蚊属中胚层起源的输精管原基 (生殖索) 呈 2 条线状分叉，1 支长达第 9 腹节腹板前沿，另外 1 支较短，终止于第 7 腹节中部。在 2 支之间，较长的 1 支在幼虫期保持实心，较短的 1 支退化。成对的射精管原基彼此独立，出现在生殖突基节基部。更高龄的幼虫，阳茎腔的原基呈浅凹位于射精管原基后方。随着发育进程，射精管特化形成基部的腺性部分和中部的非腺性部分，摇蚊属蛹期，由输精管后端外胚层起源部分和射精管前端腺体部分形成贮精囊。因此，摇蚊属的输精管外胚层起源部分、射精管、贮精囊由成对的射精管内陷形成。没有形成附腺。

Anisopus 幼虫，输精管中胚层起源部分的原基达到第 7 腹节腹板后沿。射精管起源于 2 个皮下折叠的实心膨胀物，皮下折叠位于第 7 腹节后沿和臀板之间，与生殖突基节的原基十分接近，生殖突基节原基也是由同一个皮下折叠分化形成的。阳茎腔原基位于射精管的 2 个内陷之后，在新的第 9 腹节腹板和生殖突基节原基之间。射精管前部保持分离，蛹期形成贮精囊。贮精囊与中胚层起源的输精管建立联系。成对射精管的后部愈合。*Anisopus* 的贮精囊代表了外胚层起源输出管的前端。

菌蚊 *Mycetophila cingulum* 的射精管最初也是 1 对凹陷，位于初生阳茎叶基部。管道迅速加长，前段弯曲，后段在弯曲分支部位形成贮精囊。管道前面的部分管壁薄、管腔窄、具有 1 薄层环肌。这些窄管区域直接与 2 生殖腺接合。中胚层起源的线状管作为输精管原基在菌蚊 *Mycetophila cingulum* 中并不存在。预蛹期，阳茎腔 (管) 内陷出现在双射精管内陷的末端。蛾蚋属的中胚层输精管在幼虫和蛹前期存在，后来强烈萎缩，不参与成虫输精管的形成。在幼虫期，射精管和 3 对附腺起源于第 8、9 腹节腹板之间的节间褶，因此整个输出管道属于外胚层起源。第 2 附腺通过第 1 附腺的背面外凸形成。高龄蛹期，输精管通过第 2 附腺的侧面外凸形成。上述情况说明：①中胚层输精管在发育过程中被外胚层输精管取代，取代的程度因长角亚目类群而异；②大部分输出系统的成对原基一般位于第 9 腹节腹板，它们形成外胚层起源的射精管、贮精囊、附腺；③阳茎腔（管）独立起源，与外胚层输出系统的其他部分无关。

黑腹果蝇蛹期，生殖道、附腺和外生殖器起源于幼虫腹部后端腹面中部的成虫盘。成虫盘前区形成生殖道，后区形成外生殖器。发育中的外胚层起源的输精管与精巢连接，精巢不形成输出管。丽蝇属幼虫生殖索（中胚层起源的输精管）在蛹期形成原基，成对的外胚层生殖道及附腺起源于幼虫第 8 腹节不成对的成虫盘。整个内生殖器官，除精巢外，均由幼虫第 8 腹节不成对的成虫盘形成。伏蝇属和家蝇属整个雄性内生殖器也由幼虫第 8 腹节中间的成虫盘形成。可见环裂亚目的雄性生殖道起源于单一的成虫盘，长角亚目的相应部分由第 9 腹节腹板成对的原基发育而成。环裂亚目的成虫盘还发育形成一些其他构造。

29.1.3 雄性外生殖器

低等双翅目，尾器指腹部后端的生殖节（第 9 腹节）及其以后区域。高等双翅目，尾器也包括部分生殖前节（第 6～8 腹节），这些体节与生殖节有密切的功能联系，常被称为后腹部 postabdomen，以有别于广义的前腹部 preabdomen。第 9 腹节背板也称为生殖背板 epandrium，尾须不存在时，它代表腹部背板的末端。有些长角亚目，如大蚊属和毫蚊属，生殖背板与未特化的第 9 腹节腹板连续骨化，第 9 腹节的基肢节 coxopodite 明显位于第 9 腹节腹板的后缘。一些高等双翅目，如舞虻科，第 9 腹节腹板后沿端部常呈二叶状。McAlpine (1967) 认为至少在 *Gloma* 中，第 9 腹节腹板后沿实际上是成对的生殖基肢节 gonocoxopodite，但已经与第 9 腹节腹板彻底愈合。

长角亚目和短角亚目的生殖基肢节由基部的生殖突基节 gonocoxite（第 9 腹节的基腹片）和端部的刺突（生殖刺突 gonostylus）组成。毫蚊属的单节刺突约与基腹片等长，基腹片与第 9 腹节腹板只有 1 简单的基部关节，刺突与基腹片外部通过 1 膜质区连接，内部通过简单的关节机制联系，这可能属于双翅目中原始的生殖基肢节情况。其他长角亚目，如摇蚊科，生殖突基节有内部弹性的骨架支撑。许多鹬虻科、一些食虫虻科和拟食虫虻科的第 9 基肢节基腹片与第 9 腹节腹板愈合。蜂额食虫虻属、*Proctacanthus*、食虫虻 *Asilus* 的刺突常退化或向头部方向移动。大多数环裂亚目的第 9 腹节基肢节彻底或近乎彻底消失。

雄性外生殖器由阳基侧突（生殖突 gonapophyses）和阳体 phallosome 组成。阳基侧突左右各 1 对，又分为前阳基侧突 anterior gonapophyses、pregonites 和后阳基侧突 posterior gonapophyses、postgonites。阳体由阳基内骨 phallodema、基阳体 basiphallus、theca 和阳茎 aedeagus、distiphallus 等部分组成，很多种类在基阳体的后上端有阳基后突 epiphallus，又称勃起突 titillatory spine，而阳茎主要由侧阳体 paraphallus、下阳体 hypophallus 和端阳体 acrophallus、praeputium 3 部分构成。有瓣类的交配器官有基部与端部之分，基部通常称为阳茎鞘 theca，Snodgrass 称为阳茎基 phallubase，Crampton 称为 phallophore 或 basiphallus；端部 Crampton 称为 phallus，Snodgrass 称为阳茎端 aedeagus，也称为端阳茎

distiphallus。阳茎基背面常可见刺状突起，称为阳茎刺 spinus、勃起突 spinus titillatorius、生殖棘 gonacanthus、阳茎背片 epiphallus 等。在有瓣类中，各种不同的端阳茎壁均有名称。阳茎内骨 phallapodeme 为骨质棒，基部连接在阳茎基的基腹缘。环裂类，特别是有瓣类，在阳茎端的两侧常见 2 对附器，Crampton 等称为前生殖突和后生殖突 anterior and posterior gonapophyses。前附器称为前阳茎侧突 hakenfortsatze、palpi genitalium，后 1 对命名为阳基侧突 parameres、harpes。蚊科的交配器常称为阳茎体，但大蚊科的阳茎体指的是 Snodgrass 称为阳茎基的部分。大蚊科交配器的末端部分，称为阳茎端。许多长角亚目和短角亚目直裂类交配器的基部有 1 个膀胱状结构，有时称为囊 vesica，常称为精泵 sperm pump 或射精囊 ejaculatory sac，其基部通常连有 1 个不成对的射精管内突 ejaculatory apodeme，其上着生肌肉，并可能有不成对的突出物。阳基侧突位于阳茎端两侧，双翅目不同类群的阳基侧突不同源，在个体发育中，阳基侧突由阳基侧突瓣发生，阳基侧突或分开，在某些类群中除阳基侧突外，也可能连接阳茎瓣，后者参加交配器的构成。阳基侧突的基部通常突出在生殖节内，呈杆状的肌内骨 myapophyses (阳基侧突内骨 parameral apodemes)。毫蚊属的翼板 flugelplatte 位于阳基侧突的两侧和背面，翼板的侧面与生殖突基节的内基部相连。2 个翼板通过 1 个窄的桥相连。翼板及阳基侧突在位置上与长翅目的背、腹阳基侧突一致，因此，它们之间可能具有同源关系。在另一些长角亚目昆虫，如摇蚊属和伊蚊属也有 2 类附器，即小抱器，与阳基侧突位于相似的位置。但腹面的阳基侧突可能与毫蚊属的阳茎基腹铗 volsella 同源。因此，小抱器 claspette 和阳茎基腹铗与毫蚊属中围绕阳茎的背、腹附器及蝎蛉属的背、腹阳基侧突可能同源。在短角亚目中，食虫虻科阳基侧突缺，这与刺突占据了较多的前部位置有关，可能刺突替代了阳基侧突的功能。虻属也没有阳基侧突。舞虻科的阳基侧突附着于阳茎端，刺突缺。在环裂亚目，尤其是有翅瓣类中，常存在 2 对阳基侧突状突起，Salzer (1968) 称之为副阳基侧突 proparamere 或后阳基侧突 opistoparamere。这些结构可能与小抱器和阳基侧突同源。

中间的阳茎在组成成分和程度上都有很大变化，摇蚊属的阳茎最简单，只有内阳茎。摇蚊属的阳茎与小抱器联系，但与阳基侧突无直接联系。蚊虫的阳茎可能骨化，小抱器和阳基侧突不参与阳茎的形成。毫蚊属的阳基侧突紧密附着在内阳茎的基部，但阳基侧突没有参与阳茎端的形成。网蚊 *Blepharocera* 的阳茎三叶状，射精管跨 3 个阳茎叶。3 叶中的侧叶很可能是与阳茎结合的阳基侧突，也存在小抱器。虻属中 Bonhag (1951) 所称的阳茎瓣环绕内阳茎，阳茎瓣显然属于阳基侧突，它们附着于内阳茎的端部，形成阳茎端。一些环裂亚目，如麻蝇属、丽蝇属等，阳茎大部膜质，2 对所谓的阳基侧突独立于阳茎而存在。绿蝇属的内阳茎内射精管分支形成 3 个外管，阳基侧突没有参与。上述情况说明：阳茎可能由自身组成元件分化形成，整个双翅目昆虫的阳茎并不存在完全的同源关系。低等的长角亚目只具有发育完整的 9 个腹节，摇蚊属的第 10 腹节为 1 狭窄突起，蚊虫的第 10 腹节为成对的突起，这些很可能是围绕肛门形成的次生构造。雄性长角亚目一般无尾须，但蠓科、蛾蠓科等存在尾须。高等双翅目昆虫的尾须代表第 11 腹节，一般存在。Karl (1959) 认为鹬虻属属于短角亚目中的原始类群，其尾须附着于第 10 腹节。食虫虻科和舞虻科在生殖背板 (第 9 腹节背板) 中间开裂区域的膜质部分也有“尾须”

存在，在环裂亚目中也有尾须存在。环裂亚目有另 1 对叶位于尾须的侧面，称为侧尾叶(上刺突) surstyli，意为迁移到背部的刺突。但 Van Emden 和 Hening (1970) 认为食虫虻科 *Heptogaster* 的侧尾叶刺突 gonopodial styli 共同存在，因此，他们同意 Crampton (1942) 的观点，认为侧尾叶属于生殖背板的次生构造。

双翅目雄性原有的生殖节第 9 腹节，也称为膨腹端 hypopygium，膨腹端上着生有不同形状的构造。一些环裂部的第 8、9 腹节紧密相连，形成固定的复合体，这种形式的膨腹端，常被描述为 2 节。通常第 7 腹节的一部分，甚至第 6 腹节 (第 6、7 腹节背板) 同第 8 腹节合并，构成膨腹端。第 9 腹节以后的部分常退化，同生殖节接触也不很紧密。第 9 腹节以后形成的复合体包括第 10～12 腹节的成分，同第 9 腹节的界限很明显，常称为负肛节 (载肛突)。长角亚目和短角亚目的直裂类，膨腹端以前的腹节同原始类型很少区别。但在环裂类，如长足虻科中，前腹部的正常腹节同那些紧接生殖节的后腹部几节有明显区别，这些节有退化和位置与形态不对称的特征。通常在环裂类中，后腹部前面的界限在第 5 腹节的后缘 (按气门计，因第 1、2 节愈合，呈现为第 4 腹节)。第 5 腹节腹板的形状通常与前面各节的不同，可能为简单的马蹄状瓣，突出于腹面的平面，在交配时起辅助作用 (腹板侧瓣 bauchlamellen、kopulationsgabel、kopulationszange)。有些类群 (食蚜蝇科)，第 5 腹节有时甚至第 4 腹节也并入后腹部。环裂类后腹部的不对称是由于膨腹端的扭转造成的。环裂类膨腹端的扭转 hypopygium circumversum 从输精管绕后肠扭曲成环可得到证明。一些环裂类后腹部的膨腹前节高度对称，而在另一些种类中则极不对称。一些长角亚目和短角亚目直裂类的膨腹端转位 hypopygium inversum (暂时或永久) 可认为是环裂部膨腹节扭转的第 1 步。有些科 (冬大蚊科)，背板和腹板两者合并为封闭的基环 basal ring (在蚋科称为生殖基 gonobasis)，位于生殖肢基部的前面。在许多短角亚目直裂类中，第 9 腹节背板后面有发达的载肛突，并形成尾铗 (食虫虻中称为上尾铗 forceps superior)，类似于生殖肢 (食虫虻科的下尾铗 forceps inferior)。该铗可动的端节 (一般基节为上生殖板) 可能形成上生殖板的第 2 节，Crampton 称之为上刺突、尾突 cerci、端尾突 acrocerci。毛蠓科尾突顶端的钝刺被称为握弹器 tenacula 或抱刺钩 retinacula。在长角亚目和短角亚目直裂部中，端尾突常有 2 节。有些科 (如毛蚊类) 的第 9 腹节腹板 (下生殖板 hypandrium) 同生殖肢的基节愈合。生殖肢的基节代表基肢片、coxopodite，其端节可能是典型的生殖肢的刺突 stylus，基节也被称为生殖突基节或生殖突主节 gonostipes 或抱握突 harpagoger，其端节也称生殖刺突或抱器 harpago。有时 (如大蚊科) 该基节有 2 个分开的附器，可能是由刺突芽体分裂的结果，可能分为背面 (内面) 及腹面 (外面) 2 个刺突。一些长角亚目 (蚊科、摇蚊) 的基节 (基肢片、基刺突 basistylus) 上常有 1 爪状结构，称为小抱器。生殖肢不同部位，特别是蚊科中使用的一些术语：抱器顶瓣 apical lobe、抱器亚端瓣 subapical lobe、抱器基瓣 basal lobe、内刺 internal spine、侧基刺 parabasal spine 等均为基肢片的组成部分，而爪则表示刺突 (端刺突)具有关节的端部。

交配器 (插入器官) 本身和阳基侧突形成膨腹节上 1 个特殊复合体。同时，还包括下生殖板 (第 9 腹节腹板)。这个复合体的腹面连接下生殖板，它的两侧是生殖肢，其背面被第 9 腹节背板 (上生殖板) 与载肛节所包住。Abul-Nasr 将阳茎限于射精管端部能外翻的膜鞘。在几个科中，这个雄性导管端部的结构是盘卷成 2～3 圈的细管，称为阳茎丝 penis filaments。

环裂类的第 9 腹节背板 (上生殖板) 槽状，在上生殖板的后缘常有 2 对附器。在有瓣类 (如丽蝇科) 中这些附器称为中瓣 valvulae mediales 和侧瓣 valvulae laterales。中瓣大致与尾突同源。当它们合并成不对称的结构时，常被称为中叶 mesolobus。有人认为侧瓣属于刺突 styli (或端刺突 dististyli)，他们假设环裂类中生殖肢通常多少与上生殖板分离，在那些较分化的类型中 (即环裂部)，其基节退化，仅余端部的 1 节 (刺突) 附着在上生殖板上。Crampton 认为环裂类的生殖肢完全消失，而这些类群的侧瓣代表上生殖板 (第 9 腹节背板) 的某种次生附器，这在一些原始双翅目中也有发现，Crampton 将其称为上刺突。环裂类的侧瓣有时也称为抱器内突 edita，在某些叶蝇科中，它们深深地分成 2 对附器，代表了简单的侧瓣。在上生殖板 (第 9 腹节背板) 的内壁，有 1 杆状骨片 rod-shaped sclerite 将侧瓣与下生殖板连接起来，Crampton 称为连接杆 connecting rod 或杆状片 bacilliform sclerite。Graham-Smith 称为上侧杆 epipleural rod (图 29-2)。

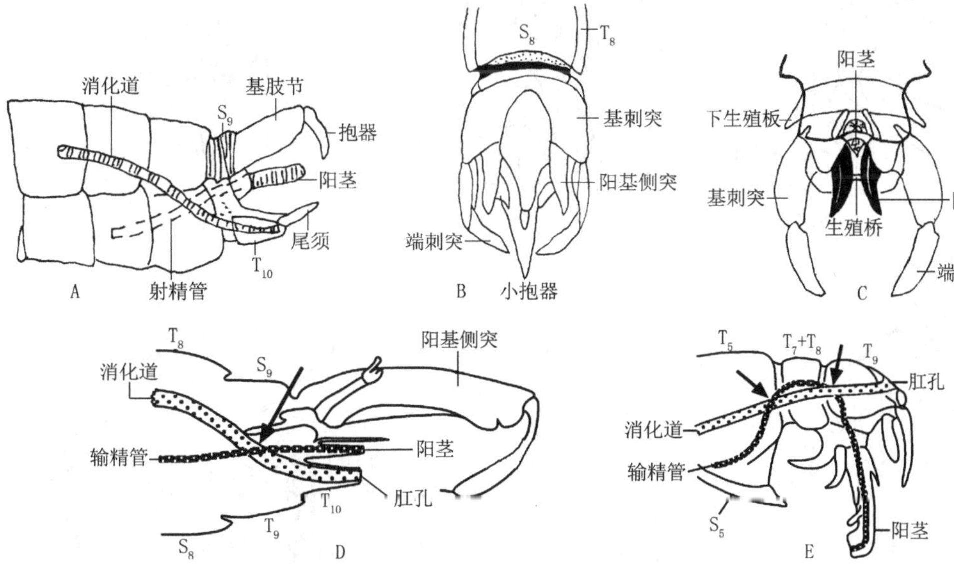

图 29-2　双翅目雄性外生殖器

A、B. 摇蚊腹部末端侧、腹视；C. 毫蚊属背视；D、E. 双翅目腹部末端的旋转，图中箭头指向表示生殖、消化系统因旋转产生的环绕 (D. 伊蚊属，180°；E. 蝇类，360°)；F. 蝇类雄性生殖节侧视；G_1～G_{10}. 蝇类雄性外生殖器 (G_1. 胃蝇科；G_2. 厕蝇科；G_3. 粪蝇科；G_4. 花蝇科；G_5. 丽蝇科；G_6. 麻蝇科；G_7. 皮蝇科；G_8. 狂蝇科；G_9. 寄蝇科；G_{10}. 家蝇科)；H_1～H_3. 阳基侧突、阳茎和小抱器 (H_1. *Aedes pullatus* 背视；H_2. *Forcipomyia cilipes* 腹视；H_3. *Forcipomyia specularis* 腹视；1. 小抱器的基臂 basal arms of claspettes)；I. *Blepharocera tenuipes* 阳茎和副突；J_1、J_2. *Tabanus sulcifrons* (J_1. 阳茎和阳茎囊基部的副突；J_2. 阳基侧突和阳茎囊外端)；K. *Bibio longipes* 第 9 腹节和阳基侧突侧视；L. *Tipula triplax* 阳基侧突和阳茎腹褶 (支撑) 后视；M_1、M_2. *Trichocera annulata* 雄性外生殖器腹、背视；N、O. 羽摇蚊雄性外生殖器背、腹视；P. 长柄伊蚊雄性外生殖器腹视；Q. *Calobata cibaria* 雄虫腹部末端，具有第 5 腹板侧叶和 2 节的膨腹端；R～T. *Trichocera regelationis* 雄性外生殖器及相关构造[R. 腹部末端侧视；S. 腹部末端背视，除去上生殖板 (第 9 腹节背板)；T. 腹部末端纵切，平行线区域示肌肉]；U. 环丝伊蚊腹部末端背视；V. *Tabanus bromius* 腹部末端侧视；W. *Dioctria cothurnata* 腹部末端侧视；X、Y. 丽蝇腹部末端侧视、阳茎端和交配器相关构造；T_4～T_{10} 为第 4~10 腹节背板；S_4～S_6、S_8、S_9 为第 4～6、8、9 腹节腹板 (A. 参考 Weber and Weidner，1974 图重绘；B、C. 参考 Steinmann and Zombori，1981 图重绘；D、E. Chapman，1998；F~G. 郑乐怡和归鸿，1999；H_1～ L. Snodgrass，1957；M_1、M_2、N、P. Matsuda，1976；O、Q～Y. Tuxen，1969)

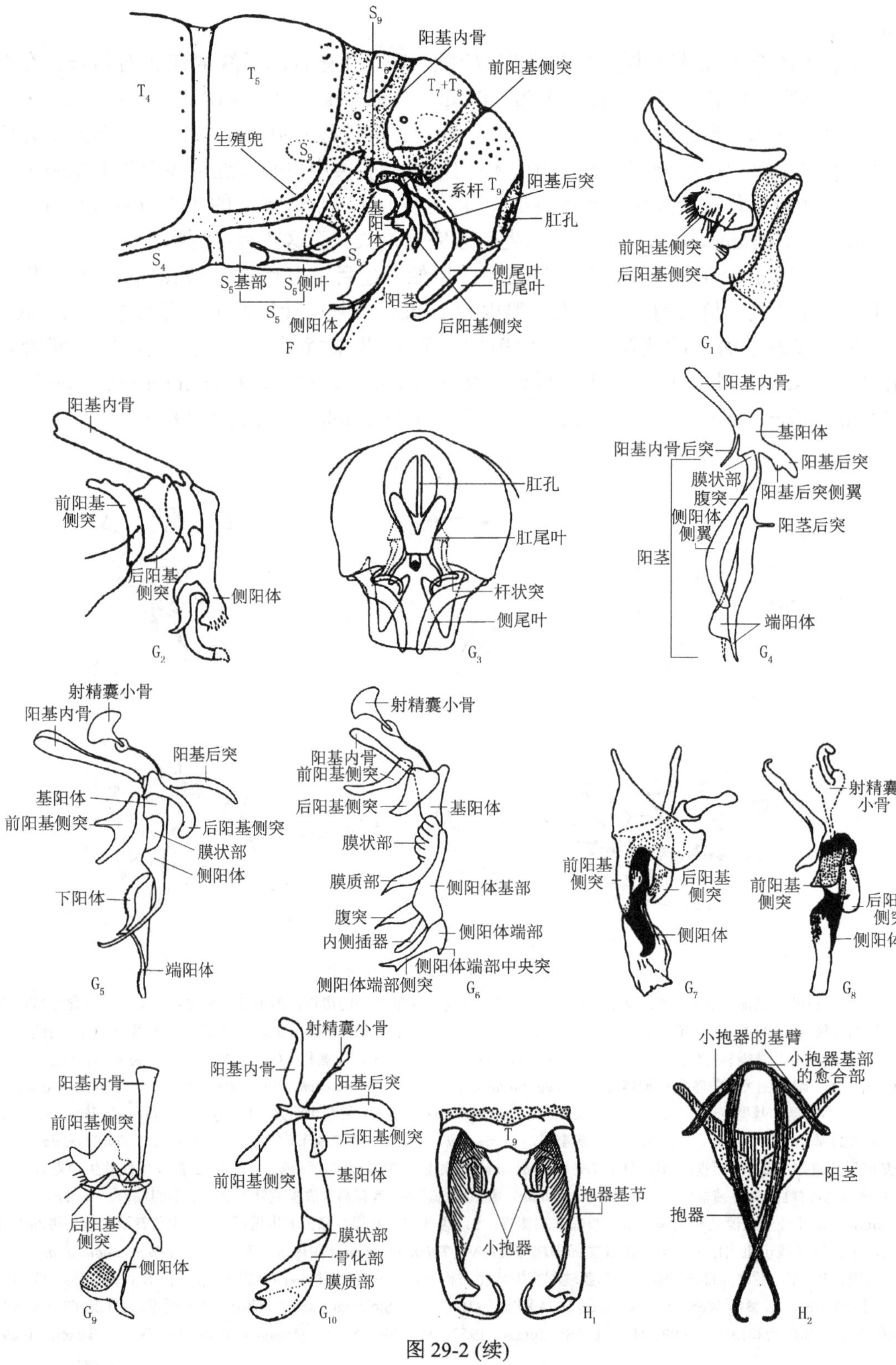
S9
阳基内骨
T6
前阳基侧突
T5
T4
T7+T8
生殖兜
S9
系杆 T9
阳基后突
基阳体
肛孔
S4
S6
侧尾叶
肛尾叶
S5基部
S5侧叶
阳茎
S5
侧阳体
后阳基侧突
F
前阳基侧突
后阳基侧突
G1
阳基内骨
前阳基侧突
后阳基侧突
侧阳体
G2
肛孔
肛尾叶
杆状突
侧尾叶
G3
阳基内骨
基阳体
阳基内骨后突
阳基后突
膜状部
腹突
阳基后突侧翼
侧阳体侧翼
阳茎后突
阳茎
端阳体
G4
射精囊小骨
阳基内骨
阳基后突
基阳体
前阳基侧突
后阳基侧突
膜状部
侧阳体
下阳体
端阳体
G5
射精囊小骨
阳基内骨
前阳基侧突
后阳基侧突
基阳体
膜状部
膜质部
侧阳体基部
腹突
内侧插器
侧阳体端部
侧阳体端部中央突
侧阳体端部侧突
G6
前阳基侧突
后阳基侧突
侧阳体
G7
射精囊小骨
前阳基侧突
后阳基侧突
侧阳体
G8
阳基内骨
前阳基侧突
后阳基侧突
侧阳体
G9
射精囊小骨
阳基内骨
阳基后突
后阳基侧突
前阳基侧突
基阳体
膜状部
骨化部
膜质部
G10
T9
抱器基节
小抱器
H1
小抱器的基臂
小抱器基部的愈合部
阳茎
抱器
H2

图 29-2 (续)

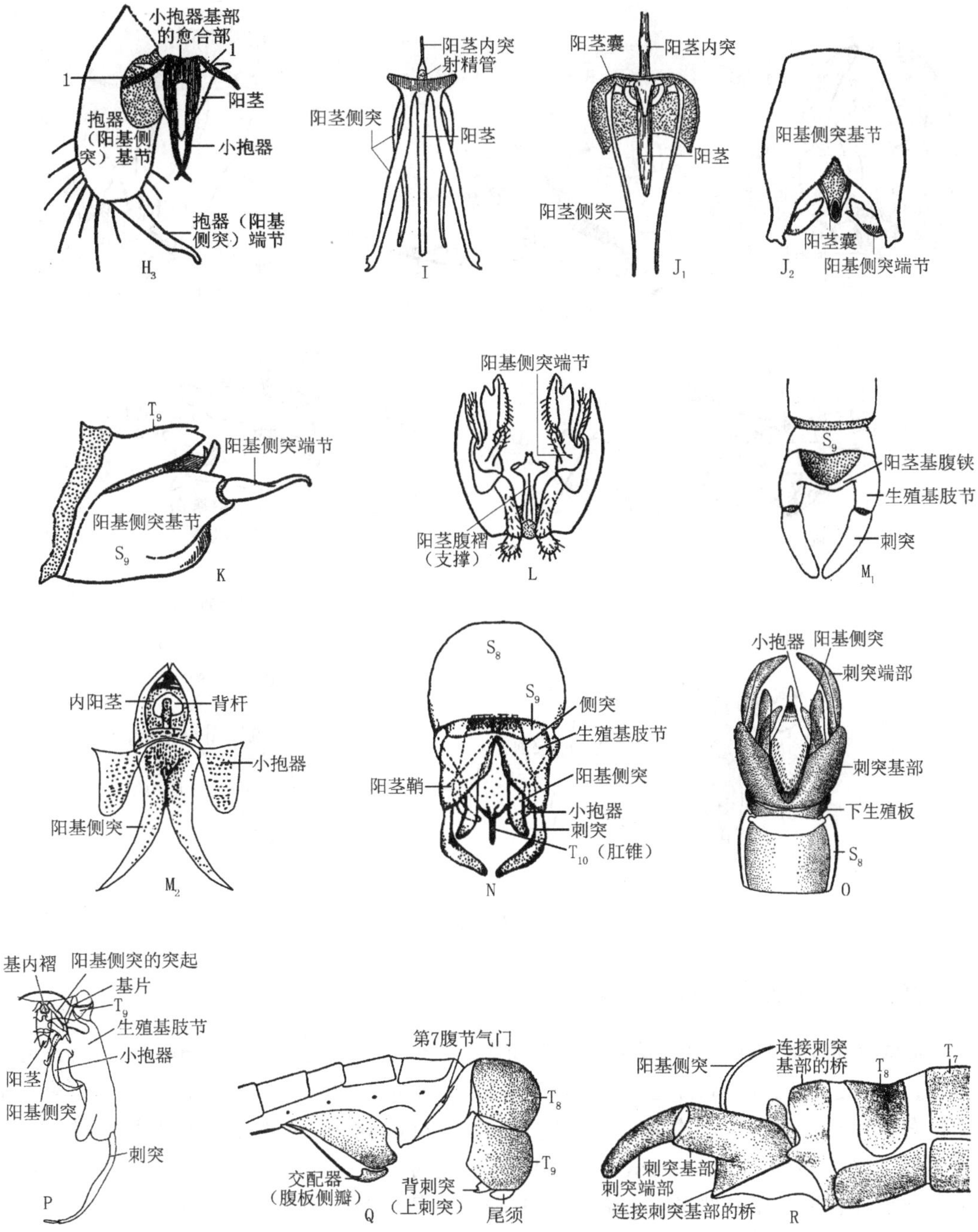
小抱器基部
的愈合部
1
1
阳茎
抱器
（阳基侧
突）基节
小抱器
抱器（阳基
侧突）端节
H3
阳茎内突
射精管
阳茎侧突
阳茎
I
阳茎囊
阳茎内突
阳茎
阳茎侧突
J1
阳基侧突基节
阳茎囊
阳基侧突端节
J2
T9
阳基侧突端节
阳基侧突基节
S9
K
阳基侧突端节
阳茎腹褶
（支撑）
L
S9
阳茎基腹铗
生殖基肢节
刺突
M1
内阳茎
背杆
小抱器
阳基侧突
M2
S8
S9
侧突
生殖基肢节
阳茎鞘
阳基侧突
小抱器
刺突
T10（肛锥）
N
小抱器
阳基侧突
刺突端部
刺突基部
下生殖板
S8
O
基内褶
阳基侧突的突起
基片
T9
生殖基肢节
小抱器
阳茎
阳基侧突
刺突
P
第7腹节气门
T8
T9
交配器
（腹板侧瓣）
背刺突
（上刺突）
尾须
Q
阳基侧突
连接刺突
基部的桥
T8
T7
刺突基部
刺突端部
连接刺突基部的桥
R

图 29-2 (续)

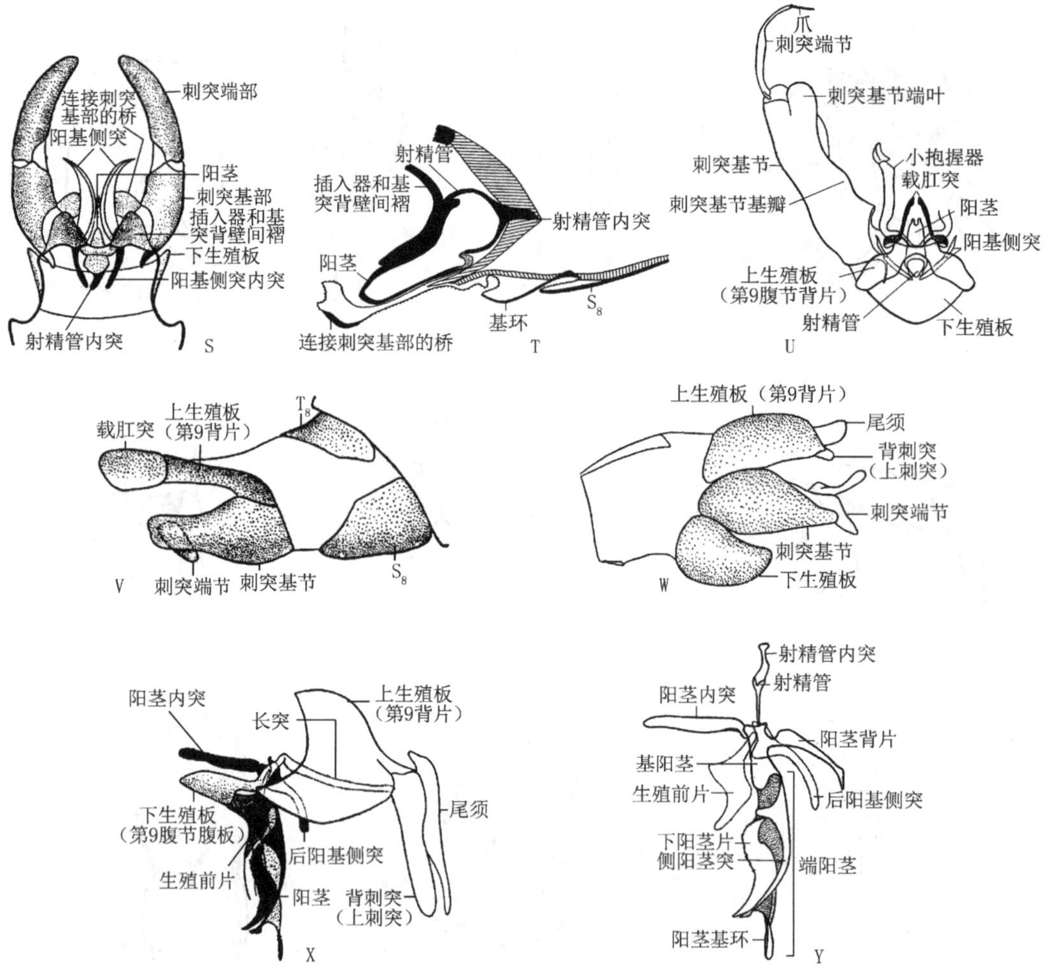

图 29-2 (续)

29.1.4　雄性外生殖器胚后发育

摇蚊属的低龄雄性幼虫，第9腹节腹面出现2个皮下器官芽 hypodermal buds、imaginal disks、primary phallic lobe，2 芽相互接近，内壁形成 1 个薄的膈膜。此时，每器官芽的背壁发育为叶片状构造，进而形成生殖基肢节 gonocoxite。不久，生殖基肢节的端部收缩形成刺突、dististylus、harpagon，保留的基部为生殖肢的生殖突基节。生殖基肢节内侧进一步分裂形成阳基侧突叶 paramere lobe，阳基侧突叶并不进一步分裂，而是保留作为阳基侧突。摇蚊属没有骨化的阳茎。骚扰蚊亚属的插入器官 (阳茎) 由初生阳茎叶背面产生裂缝，分裂出的组织发育而成。后来，每初生阳茎叶内侧基部产生裂缝，去除了阳基侧突。阳茎叶上部形成另 1 个裂缝，发育形成小抱器。上述 2 个裂缝是相互独立形成的。伊蚊属幼虫，在第 9 腹节前腹缘出现二叶状皮下增厚的成虫盘，即外生殖器原基 (初生阳茎叶)。蛹期，每叶的腹面开始出现横沟，进一步形成生殖肢的生殖突基节、basimere 和端刺突。在发育的生殖突基节之间，每侧形成 1 小抱器，该小抱器的位置与摇蚊属的相当。同时，中间的阳茎形成不成对的中部生殖骨片的中间外翻，包围中间射精孔道的边缘，这些形态发生在幼虫化蛹蜕皮后 5h 完成。形成阳茎的中间成虫盘与初生阳茎叶相互独立起源。

Anisopus 成虫盘形成的初生阳茎叶 (生殖叶) 最初出现在皮下褶上层，位于第 7 腹节后缘和肛板 anal shield 之间。成虫盘后来分化出 2 个内叶和 2 个外叶，2 个内叶为生殖基肢节原基，2 个外叶为射精管原基。后来，发育中的生殖基肢节原基之间出现了第 9 腹节腹板。然后，1 个新的内陷带有明显的腔出现在射精管的 1 对内陷之后与新的第 9 腹节腹板与生殖基肢节基部之间，这个内陷为阳茎囊内陷。阳茎囊伸向深处，位于射精管之间。在此阶段，生殖基肢节原基内侧分化出 1 对小的分隔体 (Abul-Nasr 称为阳基侧突叶)。此后，这对叶再次分成中间的 1 对阳茎瓣和外部的阳基侧突。阳茎瓣位于阳基侧突上方。它们似乎相当于蚊虫的小抱器和阳基侧突。

菌蚊 *Mycetophila* 的生殖芽不仅形成外生殖器和管道，其主要部分还发育形成成虫的第 9 腹节。预蛹期，第 9 腹节腹板原基的端部内侧出现基叶 coxal lobe (初生阳茎叶)。在轴状 podial 突起的基部出现成对的射精管内陷。预蛹期后，在基叶之间出现浅的节间曲折变化，为鞘内陷。蛹期，每基叶分成基部的生殖突基节和端部的刺突。鞘弯曲的中间部分开始突出，形成 1 宽短隆起，其上有阳茎管向外的开口。在鞘隆起上阳茎管开口处，出现 2 对原基 (阳基侧突叶)，阳基侧突叶又分成 2 个阳基侧突小叶和形成阳茎端的中叶。高龄蛹期，鞘隆起上覆盖 1 层圆筒形表皮层，圆筒形表皮层形成成虫的阳茎鞘。

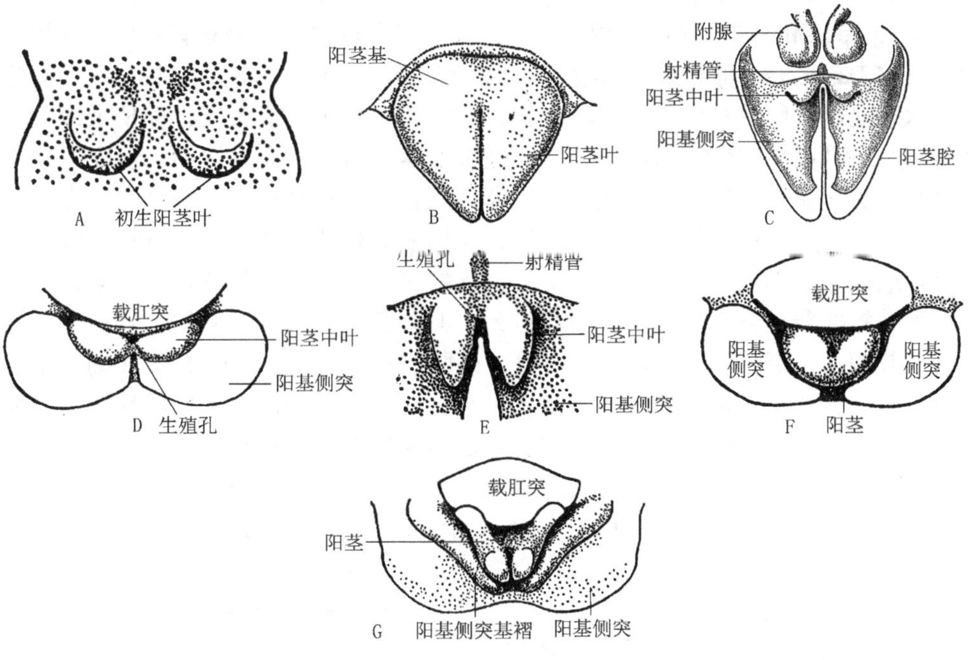

图 29-3 蚊科阳茎胚后发育 (Snodgrass，1957)

A. 末龄幼虫第 9 腹节后出现初生阳茎叶；B. 阳茎叶发育增大；C. 蛹期，初生阳茎叶分化形成阳茎中叶和阳基侧突；D. 阳茎中叶围绕生殖孔联合；E. 阳茎中叶增大；F. 阳茎中叶联合形成阳茎；G. 阳基侧突基部形成折叠，可能为小抱器的原基

腹部后端的扭转以气门的异常位置为标志。Gleichauf (1936) 将扭转分为 2 类：尾器反转 hypopygium retroversun 和尾器旋转 hypopygium circumversum。扭转 180°形成尾器反转，尾器的背、腹面完全易位；扭转 360°则形成旋转。Abul-Nasr (1950) 在 *Anisopus* 中发现 180°反转的现象发生在羽化后 24h，Dordel (1973) 也观察到滨海摇蚊的 180°反转。长角亚目和短角亚目的许多种类存在尾器反转。胚后发育过程中发生 360°旋转现象最初由 Bruel (1897) 在丽蝇属中确认，最初产生这样的假设是基于内生殖管道环绕后肠这一异常形象，Schrader (1927) 和 Emmert (1972) 观察证实了丽蝇属的尾器旋转现象。果蝇属、家蝇属、皮蝇属、扁足蝇科等也存在尾器旋转。尾器旋转可能存在于全部环裂亚目。旋转一般为沿顺时针方向 (右旋)，逆时针方向旋转很少发现。360°顺时针旋转导致内部构造的变化主要为：气管系统的高度扭曲，射精管在直肠端部沿顺时针方向环绕成圈，肌肉沿顺时针方向扭曲，神经索后部分支的左支环绕右支 (图 29-3)。

29.1.5　雌性内生殖器

卵巢管为多滋式，Hennig (1973) 按照卵巢管在侧输卵管上的附着方式，将卵巢分为 2 类：①卵巢具有多数卵巢管，卵巢管在侧输卵管上着生如一串葡萄，如长角亚目、短角亚目直裂部、食蚜蝇科、无瓣类等；②卵巢管附着于侧输卵管杯状前端，呈丛生状，如环裂亚目等。每卵巢的卵巢管数量变化很大，低等双翅目昆虫每卵巢的卵巢管数量更多，如淡色库蚊每卵巢的卵巢管为 400 支以上，五斑按蚊达 500 支。摇蚊科许多卵巢管分别附着于中间的卵通道上，所有卵巢管包裹在 1 纤细薄膜内。在没有侧输卵管的情况下，卵道 egg passage 与中输卵管相连。长大蚊属卵巢也由许多卵巢管组成，其他长角亚目中，瘿蚊 *Dasyneura* 每卵巢有卵巢管 6～8 支，菌蚊 *Mycetophila* 12 支。高等双翅目昆虫，如秋家蝇，每卵巢有卵巢管 5～15 支；丽蝇属每卵巢一般 2 支。即使亲缘关系相近的种类，卵巢管数量变化也很大，如有些丽蝇每卵巢的卵巢管数量达 50 支，秆蝇 *Oscinella* 每卵巢有 6 支卵巢管。寄生性双翅目，每卵巢的卵巢管数量较少，虱蝇科 1 支，且外面有鞘包被。一些产幼虫的种类，如舌蝇属、北栖家蝇和蚤蝇 *Termitoxenia* 每卵巢有 1 支卵巢管，蝠蝇科、蜱蝇属和虱蝇属有 2 支。摇蚊属卵巢的形态独特，每卵巢有 1 个中心轴，大量的短的卵巢管在轴上呈放射状排列，其外有精致被膜。侧输卵管短，可以一部分中胚层起源，一部分外胚层起源或者整个外胚层起源 (虱蝇科)。摇蚊属的卵巢直接与中间不成对的输卵管连接，侧输卵管事实上缺失。但多数为两侧的侧输卵管与中输卵管连接，长角亚目的中输卵管常向尾部伸展超过第 8 腹节，受精囊常开口于中输卵管末端或近末端 (生殖腔前端)，生殖腔缩短或缺失。高等双翅目生殖腔发达，常膨胀，有时成为子宫。拟舌蝇和虱蝇科的子宫背壁上含有 1 个称为脱卵壳器 choriothete 的构造，Roberts (1973) 认为该构造是发育中胚胎的支持器官。

受精囊常为深褐色或黑色球形囊状物，由受精囊体和受精囊管组成，受精囊管通常进入生殖腔前端。受精囊 1～4 枚，毛蠓属缺。低等双翅目昆虫受精囊常为 3 枚，在没有形成生殖腔时，受精囊直接向外开口。3 枚受精囊中位于左侧的 2 枚可能愈合，如埃及伊蚊，或者有些种类中 3 枚都发生愈合。果蝇属、虱蝇科中有的受精囊数量减少到 2 枚，粪蝇 *Helomyza*、*Seioptera*、狂蝇 *Gedoelstia* 有 4 枚受精囊。按蚊属、蚋属只有 1 枚受精囊，曼蚊属、白蛉属和寡毛实蝇属具有 2 枚，库蚊属、埃及伊蚊、虻科和大多数有瓣类有 3 枚。受精囊数量和相应的阳茎生殖孔数量之间存在相互适应关系，*Protoplasa* 有 3 枚带有细管的受精囊，相继开口。同种雄虫的 3 支阳茎管道在交配期间依次并列。网蚊科的 3 支受精囊管道也依次对应于 3 个阳茎开口。Downes (1968) 认为雌雄虫受精囊和阳茎开口共适应的数量分别为 3、2、1。Cylindromidae 的阳茎只有 2 个开口，雌虫只有 2 枚受精囊。3 枚受精囊的情况广泛存在于低等双翅目和短角亚目，似乎代表一种原始特征。

附腺也称为副卵巢 parovaria，常为梨形。一般起源于生殖腔背壁，处于受精囊腺后方。长大蚊属没有生殖腔，附腺直接与交配囊连接。附腺通常成对，但也可次生地不成对，形态和大小均有变化：按蚊属附腺很小且不成对；虻科的很大；蝇属、牛蝇属和大多数有瓣类的为细长丝状；双翅目昆虫附腺的功能尚未完全明晰，在舌蝇属及其近缘种多为“胎生”，附腺有分泌某种乳液，为子宫内幼虫提供营养的作用 (图 29-4)。

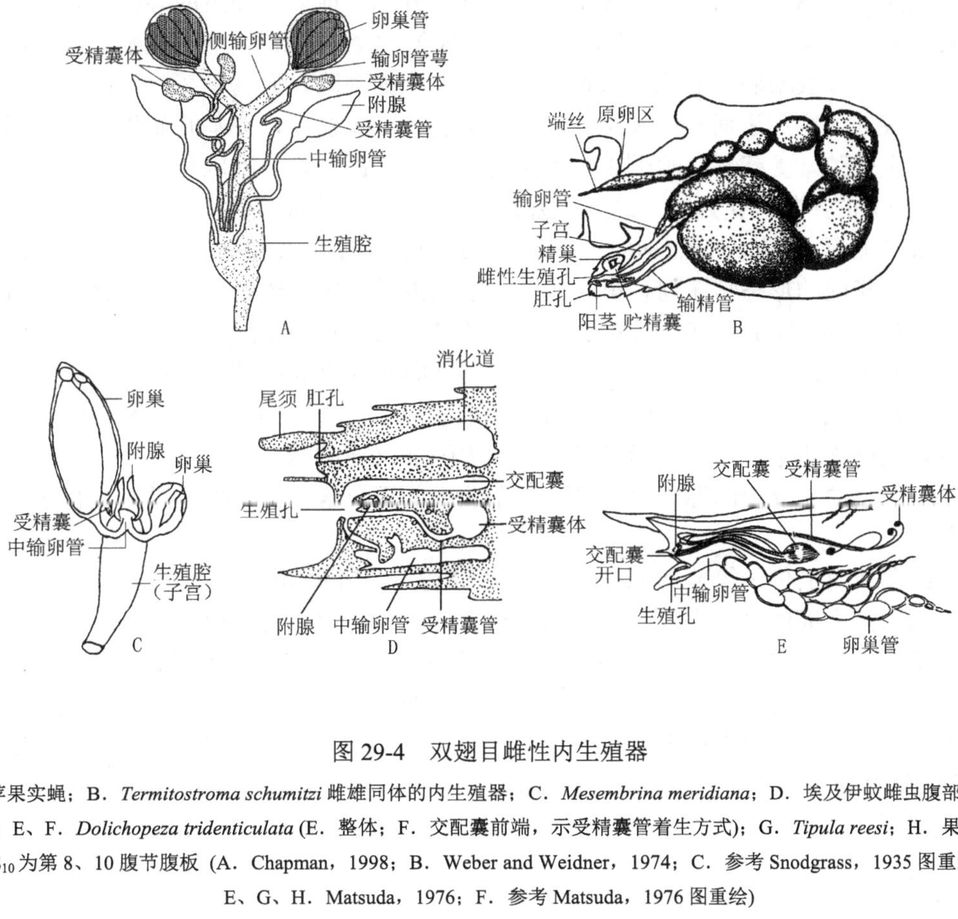

图 29-4　双翅目雌性内生殖器

A. 苹果实蝇；B. *Termitostroma schumitzi* 雌雄同体的内生殖器；C. *Mesembrina meridiana*；D. 埃及伊蚊雌虫腹部末端矢切面；E、F. *Dolichopeza tridenticulata* (E. 整体；F. 交配囊前端，示受精囊管着生方式)；G. *Tipula reesi*；H. 果蝇属；S_8、S_{10}为第 8、10 腹节腹板 (A. Chapman，1998；B. Weber and Weidner，1974；C. 参考 Snodgrass，1935 图重绘；D、E、G、H. Matsuda，1976；F. 参考 Matsuda，1976 图重绘)

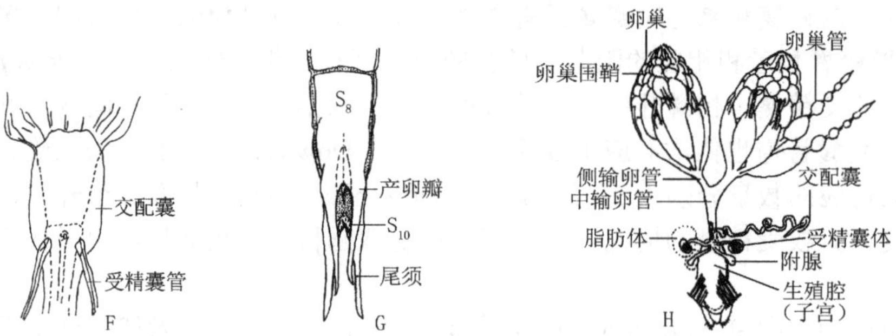

图 29-4 (续)

29.1.6　雌性内生殖器胚后发育

伊蚊属每侧输卵管的发育从 2 个明显的部分开始，前部与卵巢的萼腔融合；后部缩短，从第 7 腹节腹面分离，与中输卵管的前角结合。4 龄幼虫时，中间生殖道原基出现，是 1 个位于第 8 腹节腹部后缘成虫盘中间生殖片上的内陷。原基不久就在前端的一侧形成 1 角状突起，突起进而与中胚层侧输卵管愈合。在蛹初期，原基开始生长分化形成中输卵管和生殖腔。受精囊起源于 2 个侧生殖片上的侧面内陷。附腺和交配囊是中间生殖片 (成虫盘) 的产物。化蛹时，这个生殖片有 1 个 2 分叉的内陷，内陷前部形成附腺，后部形成交配囊。Anderson (1967) 观察了伊蚊雌性生殖道及相关器官的原基发育过程，发现了基本相同的形态学序列。第 8 腹节的前部原基是中间输卵管、受精囊、生殖开口的下沿、岛片 insula 的原基。成对的发育中的第 9 腹节形成交配囊、附腺、后生殖叶、生殖开口的上沿。白蛉属的输卵管原基最初是朝向幼虫第 8 腹节腹板后缘的中线处的增厚，由原基形成的内陷向前伸展。在第 7 腹节腹板后缘，输卵管内陷与来自卵巢的生殖索连接。输卵管原基背壁内陷形成受精囊，内陷 2 叉分裂状，形成 2 个受精囊。2 个叶状原基中较小的 1 叶内陷源于幼虫第 9 腹节腹板的表皮增厚，在蛹期迅速发育成为 2 个大的附腺。

摇蚊属成对的位于第 8、9 腹节的表皮芽分别为受精囊和附腺原基。中输卵管起源于两受精囊内陷之间的中间内陷，位于已经愈合的受精囊内陷的稍前部。交配囊起源于生殖腔背壁后端的表皮增厚。菌蚊 *Mycetophila* 的生殖芽位于第 8、9 腹节，相应于其他腹节的腹部器官芽和胸部的足器官芽。位于第 8 腹节的器官芽发育形成受精囊、中输卵管和生殖腔，位于第 9 腹节的器官芽形成附腺。*Anisopus* 的成虫盘位于第 7 腹节腹板和肛板 (盾) 结合处、后向伸展的表皮褶的顶部中点，成虫盘进一步发育形成次生 (外胚层的) 的生殖器原基。表皮褶中的 2 对原基形成的构造，与其他长角亚目第 8、9 腹节 2 对成虫盘形成的同源。蛾蚋属外胚层生殖道起源于 1 中间原基，该原基位于第 8 腹节腹板前缘，没有产生受精囊原基，因此蛾蚋属成虫无受精囊。幼虫期，中输卵管原基后方出现 1 个内陷，该原基发育形成附腺。瘿蚊 *Dasyneura* 的 1 个后部内陷位于第 9 腹节腹板之后，该内陷向前伸展，约在第 8 腹节的半途，发出背向的 1 对盲管状突起。随后，突起重新沿水平方向分割，背面的 1 对形成受精囊，腹面的 1 对形成附腺。同时，第 8 腹节腹板后部发出第 2 个内陷，为中间生殖道原基。中间生殖道原基是 1 个很短的管道，很快分化形成 2 个侧臂，侧臂与成对的中胚层输卵管盲端结合。因此，在瘿蚊 *Dasyneura* 中，原基的起源部位及形态发生潜力与其他长角亚目的明显不同。摇蚊属每个侧输卵管的中胚层原基 (生殖索) 分成长短 2 支，短的 1 支实心管伸达第 7 腹节腹板中部，长的 1 支细丝状伸达第 9 腹节腹板前沿。这种分支可与某些不完全变态昆虫胚胎时期侧输卵管原基比同，在那些昆虫的胚胎后期，侧输卵管原基终止于第 2 或者更后腹节的末端壶腹。摇蚊属的蛹期，中胚层起源的生殖索缩短，直至卵巢后端与外胚层起源的中输卵管前端愈合。因此摇蚊属成虫无侧输卵管存在，中输卵管直接与卵巢联系。*Anisopus* 初期成虫，侧输卵管从卵巢后方向第 7 腹节中腹线聚集，并在第 7 腹节中腹线处与中输卵管的前端结合；幼期成虫的管道由 2 层组成，外层似乎为外胚层扩展，内层为中胚层起源；较成熟成虫管道的腔扩大，主要由外部的外胚层组成，表明在发育过程中，中胚层管道成分已经被外胚层成分替代。菌蚊 *Mycetophila* 也存在通过外胚层侧输卵管的伸展替代中胚层管道的情况。Koch (1929) 认为蛾蚋属中可能存在部分外胚层组织迁移进入中胚层组织，形成侧输卵管的情况。

上述情况表明长角亚目发育过程主要特点：①幼虫期中胚层侧输卵管有被相应外胚层侧输卵管替代的现象，替代的程度在不同长角亚目类群中存在差异；②后部不成对的输出管及其相关结构起源于 2 个分离的原基，前面的原基位于第 8 腹节，后面的位于第 9 腹节；③中输卵管、短的生殖腔 (当形成时)、受精囊起源于前面的原基，但通过分别的内陷形成；④附腺和交配囊起源于后面的原基；⑤中输卵管向后伸展，将受精囊带向尾部，因此在受精囊后方形成的生殖腔短或不形成生殖腔。

丽蝇属由成对的前侧面成虫盘形成除卵巢和附腺之外的全部内生殖器，中间不成对的生殖盘形成生殖腔和附腺的后部。家蝇属成对的成虫盘和中间生殖盘具有类似的形态发生潜力。伏蝇属也有类似的情况。这些环裂亚目，雌性输出管道及相关构造是由两套原基发育形成的，情况与长角亚目相同。但环裂亚目的原基还形成一些其他附属构造，如第 8 和第 9 腹节、尾须等。果蝇属整个内生殖器输出系统起源于不成对的成虫盘，成虫盘可能也包含有家蝇属、丽蝇属中存在的侧成虫盘的成分。在各个发育阶段都没有发现中胚层原基，成虫的侧输卵管整体由成虫盘形成。从长翅目到果蝇属，形成雌性输出系统的原基数量逐渐减少，同时少量的原基具有的形态发生潜能增大，导致形成内生殖器输出系统同源部分的发育过程上的差别。

29.1.7　雌性外生殖器

双翅目雌虫末端腹节多少延长，形成 1 个功能上的产卵器。尾须保留，常成为产卵器的一部分。低等双翅目昆虫尾须常为 2 节，而高等类群为 1 节。这种产卵器与直翅目等的产卵器不同，Crampton 为避免使用相同的产卵器 ovipositor 术语，而代之以产卵管 oviscapt 或产卵尾 ovicauda，由于这类产卵器的非生殖肢起源，也称为伪产卵器 pseudovipositor，而将由腹节附肢起源的直翅目型产卵器称为真产卵器或产卵器。伪产卵器由腹部末端可以伸缩的几节变细形成，平时腹末数节 (一般为第 6 腹节以后) 互相套叠成管状，收缩藏于体内，产卵时伸出形成产卵管，将卵产在缝隙或其他物体表面。实蝇类的伪产卵器末端尖锐可刺入果实内产卵。

雌性尾器包括伪产卵器与相关的腹节构造，由第 6、7、8 腹节和载肛节组成，一般呈长管状，收缩时呈套筒状；部分种类不呈管状，常从第 7 腹节之后退化变形，缢缩在腹部末端。有些长角亚目，如大蚊属，第 8 腹节延伸出二叶状的瓣，有人认为二叶状的瓣与不完全变态类的前生殖突 (腹瓣) 同源。在成对的情况下，大蚊属的构造似乎属于腹瓣，可与蝎蛉属的腹 (前) 瓣比同。但与蝎蛉属不同的是，大蚊属并不同时存在下生殖板。因此，该构造可能属于侧瓣 (背瓣)，其功能作为导卵器。有的类群 (多数为寄生性种类) 第 7、8 腹节特化为产卵瓣，它们有时被称为背板瓣 tergal valves，互相合并，或部分与前面的部分愈合形成 1 个尖锐或切边。这个尖管的顶端扁平 (无瓣类的斑蝇) 或侧扁 (一些茎蝇科和花蝇科)。有些类型，第 8 腹节腹板 (下阴片 hypogynium) 可能具有相当长的腹附器，称为下阴片瓣 hypogynal valves、下产卵瓣 valvulae inferiores 或者导卵器 egg-guides，与直翅类产卵器的腹瓣同源。第 9 腹节腹板上的短突和直翅类产卵器的内瓣相似。按照 Abul-Nasr 的见解，蚊科和其他长角亚目的岛片代表第 9 腹节腹板，生殖腔内突着生其上，这个内突在有些长角亚目和短角亚目直裂类中位于生殖腔壁上。许多长角亚目和短角亚目直裂类的叉骨 furca 大概与这个突起同源。一些高等的双翅目，第 7 腹节已经变成 1 封闭的产卵器鞘 ovipositor sheath。高等双翅目，如果蝇属、丽蝇属等，生殖孔开口于第 8 腹节后方。瘿蚊 *Dasyneura* 的生殖孔开口于第 9 腹节后方，可能是由于具有特别延长的后腹部而形成的特殊情况 (图 29-5)。

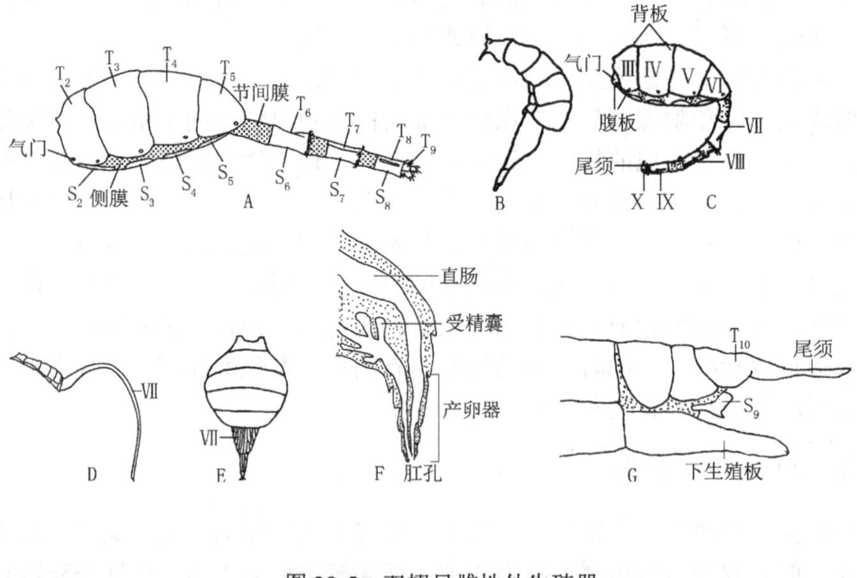

图 29-5　双翅目雌性外生殖器

A～D. 雌虫腹部侧视 (A. 蝇类；B. 桔实蝇；C. 家蝇；D. *Toxotrypania curvicauda*)；E. *Paracantha culta* 雌虫腹部背视；F. 家蝇雌虫腹部末端纵切；G～I. 雌虫腹部末端侧视 (G. 大蚊属；H. 蚊科 1 种；I. *Tipula lunata*)；T_2～T_{10} 为第 2～10 腹节背板；S_2~S_9 为第 2~9 腹节腹板；Ⅲ～Ⅹ为第 3～10 腹节 (A. Chapman，1998；B～E. 嵇保中等，2011；F、G. 参考 Steinmann and Zombori，1981 图重绘；H. 参考 Tuxen，1969 图重绘；I. Tuxen，1969)

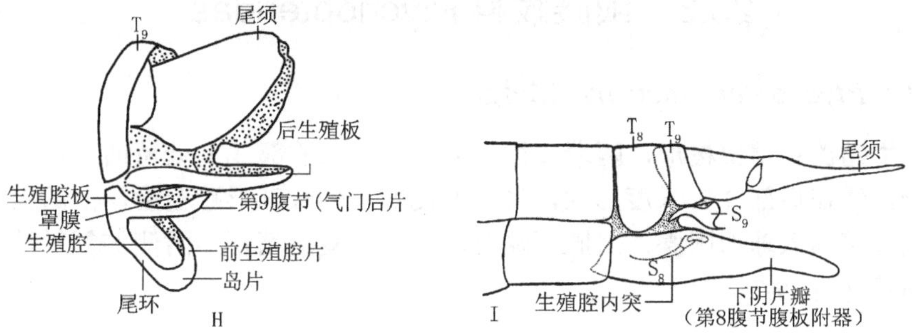

图 29-5 (续)

29.2　毫蚊科 Trichoceridae

29.2.1　雄性内生殖器

精巢卵圆形或梨形，围膜薄，与输精管连续。输精管向后伸展到附腺基部，中部拱起。附腺 1 对，球形，内部分成 2 个功能不同的腔。腔壁有柱状细胞，其分泌物进入分隔精囊和射精管的管道。附腺腔内未发现精子。贮精囊位于每输精管顶部，并与附腺愈合。1 个狭窄的管道将贮精囊与射精管前叉分开。贮精囊和附腺包裹在连续的环形肌肉鞘内。射精管成对，前段短距离分开后，愈合形成单一的管。环肌很薄，不具有泵的功能。有 1 个小的形状不定的射精突位于狭窄而骨化的阳茎端基部。射精突旋转、挤压精泵，迫使精子经狭窄的阳茎口 phallotreme 流出。

29.2.2　*Trichocera annulata* Meigen

雄性内生殖器：精巢椭球形，后部渐细进入输精管。输精管前段细直，后段向内侧弯曲，略膨大后进入贮精囊。附腺与贮精囊形成球形复合体，复合体中部发出粗短的复射精管，两侧的复射精管汇入粗短的单射精管 (图 29-6)。

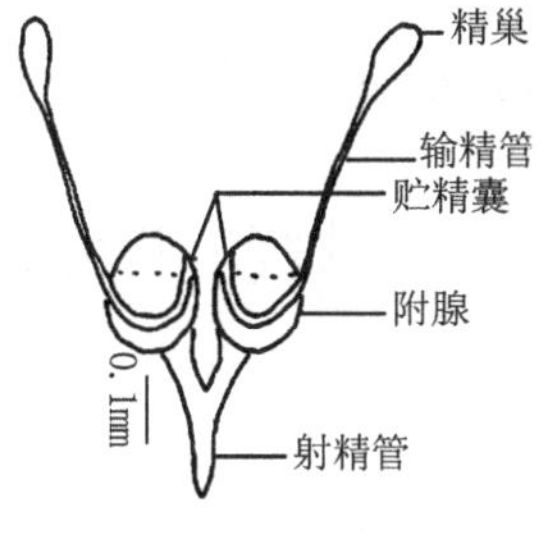

图 29-6　*Trichocera annulata* 雄性内生殖器背视 (Sinclair 等，2007)

29.3　细腰蚊科 Ptychopteridae

29.3.1　*Ptychoptera lacustris* Meigen

雄性内生殖器：精巢梭形，两端尖细。输精管约在前部 1/3 处弯曲，弯曲后两侧的输精管贴合，约在后部 1/3 长度膨大，形成两侧贴合的长茄形贮精囊，上部尖细，下端发出一段输精管通入球形附腺，附腺下端发出粗短的复射精管，两侧的复射精管汇入粗短的单射精管 (图 29-7)。

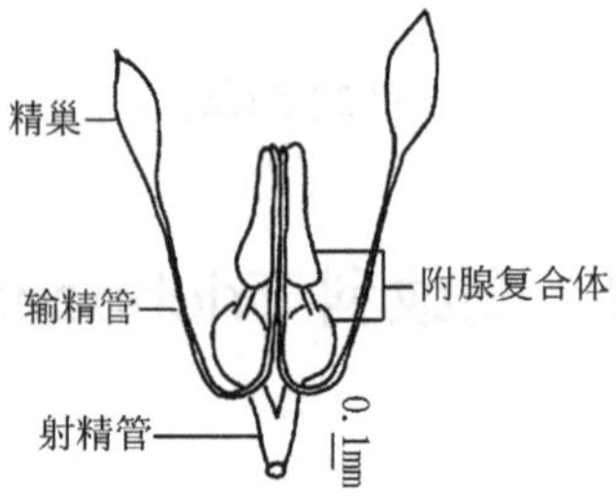

图 29-7　*Ptychoptera lacustris* 雄性内生殖器背视 (Sinclair 等，2007)

29.3.2　*Ptychoptera* nr *japonica* Alexander

雄性内生殖器：精巢梭形，两端尖细，下端汇入输精管。输精管粗直，左右 2 输精管贴合。下段膨大形成 2 支贴合的贮精囊，贮精囊与下部长囊状附腺汇合后通入射精管，附腺发达，覆盖射精管大部，仅末段露出 (图 29-8)。

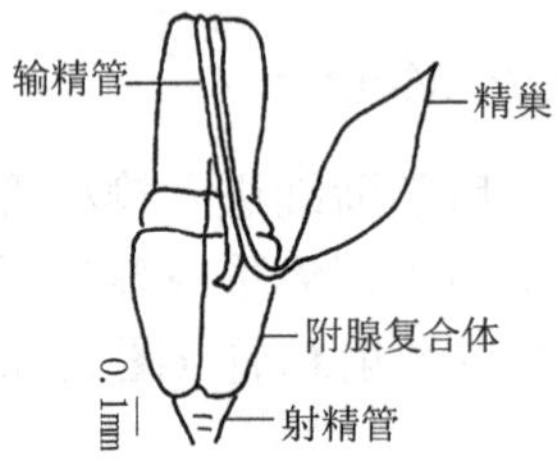

图 29-8　*Ptychoptera* nr *japonica* 雄性内生殖器背视 (Sinclair 等，2007)

29.4　大蚊科 Tipulidae

29.4.1　雄性内生殖器

精巢薄壁小型，前部圆而后部渐尖。输精管最初细长而薄壁，逐渐饱满，合并为厚壁的联合管。在大蚊属、双盔亮大蚊亚属和 *Thaumastoptera* 中，输精管愈合前，有 1 个小的桨状膨大，其中充满精子。输精管中间保持分开直到通入射精管前端袋囊状膨大部。无翅雪大蚊属的输精管基半部很薄，中断向前急弯，明显膨大，可能是功能上的贮精囊。

在大蚊属中，输精管向后伸展，愈合前呈拱形；而在双盔亮大蚊亚属和 *Thaumastoptera* 中，输精管直管状向后延伸。中输精管终止于环状或球形腺体壁的射精管膨大部，这个部分由于具有较大的腔，其中有大量的精子，被称为贮精囊。由于此构造具有厚的腺体功能的壁，也有人认为其具有某种腺体功能。附腺也通入这个扩大的腔内。附腺常为细长蜷曲管或扁平细长囊，每附腺具有大的腔和柱状细胞构成的壁。射精管相当长，从扩大的腔或精囊伸展到精泵。精泵的射精突一般通过 1 个坚韧的膜与阳茎端基部联系，射精突以杠杆运动的方式转动。

29.4.2　膝突短柄大蚊 *Nephrotoma geniculata* Yang *et* Yang

雄性外生殖器：第 9 腹节背板端缘中部隆起，两侧各有 1 长而略弯的突起。外生殖突基部宽大，端部极细长。内生殖突略内弯，背缘还具 1 钝圆的突起。第 8 腹节腹板端缘具 1 膝突，且向下缩尖 (图 29-9)。

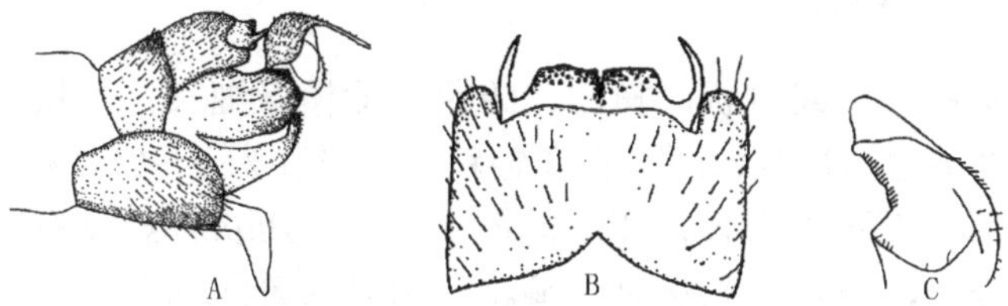

图 29-9　膝突短柄大蚊雄性外生殖器 (杨集昆和杨定，1987)

A. 雄虫腹部末端侧视；B. 第 9 腹节背板背视；C. 内生殖突侧视

29.4.3　暗缘尖大蚊 *Tipula* (*Acutipula*) *furvimarginata* Yang *et* Yang

雄性外生殖器：第 9 腹节背板末端中突的两侧平行，中间深凹分叉。第 8 腹节腹板特化，端缘中央呈梯形凹缺，两侧有毛簇。外生殖突宽大呈瓣状，内生殖突前部有 1 宽大具 2 尖齿的板状突，后部有 2 个向前弯的长刺突 (图 29-10)。

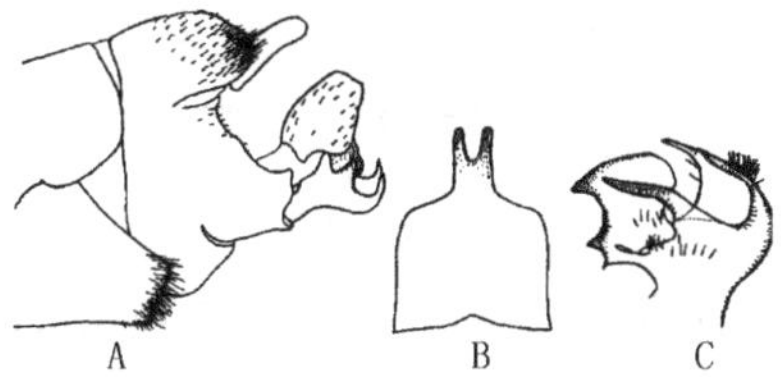

图 29-10　暗缘尖大蚊雄性外生殖器 (杨集昆和杨定，1992c)

A. 雄虫腹部末端侧视；B. 第 9 腹节背板背视；C. 内生殖突侧视

29.4.4　*Tipula oleracea* Linnaeus

雄性内生殖器：精巢倒茄形，下端细缩进入输精管。输精管前段细，略弯曲。后段略膨大形成贮精囊。附腺 1 对，弯曲管状，末端与输精管一起汇入射精管前端球形囊内。

球囊的同侧发出较粗长弯曲的射精管，射精管末端略膨大，通入半球形射精泵内。弯管状的阳茎从射精泵侧面发出 (图 29-11)。

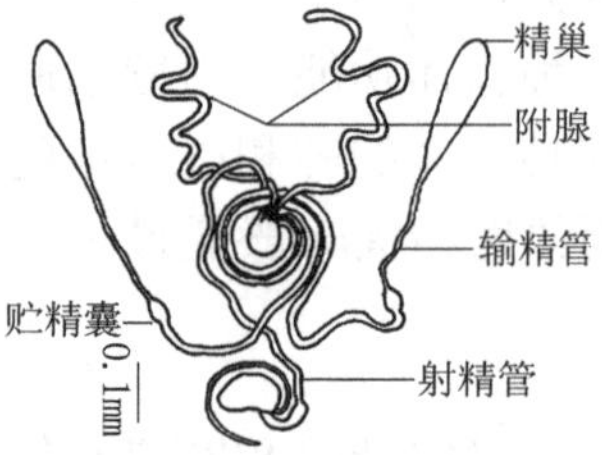

图 29-11　*Tipula oleracea* 雄性内生殖器背视 (Sinclair 等，2007)

29.5　网蚊科 Blephariceridae

29.5.1　雄性内生殖器

精巢卵圆形，灰白色，或棒状，扭曲，暗色。输精管细长，直接伸展进入精泵，或者精巢相当细长，直接通入精泵，而不存在输精管。附腺为 1～2 对灰白色腺体，分别通入细长的精巢的基部。附腺的内容物和功能还不清楚。*Philorus* 没有观察到附腺，从精巢发出的管道全长分开，分别通入精泵。输精管和射精管之间分界不清晰。阳茎端基部有 1 个扩大的射精突，射精突挤压精泵。阳茎端后部分成 3 支狭窄管，每 1 个管独立开口。

29.5.2　*Philorus vividis* Kitakami

雄性内生殖器：精巢近球形，较大。输精管粗长，弯曲，直接通向精泵。精泵椭球形，阳茎三管状，从精泵下端发出 3 管分别开口 (图 29-12)。

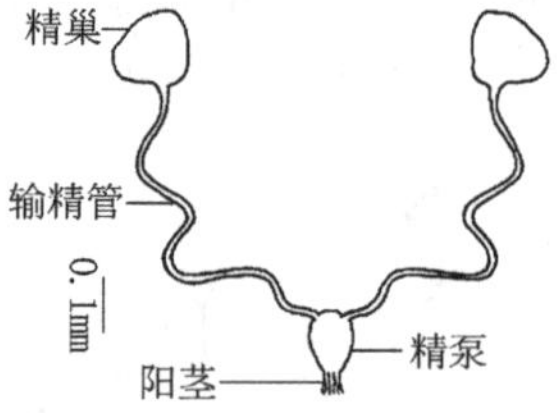

图 29-12　*Philorus vividis* 雄性内生殖器背视 (Sinclair 等，2007)

29.6　毛蠓科 Psychodidae

29.6.1　雄性内生殖器

精巢卵圆形或圆形，前部渐尖。精子紧密堆积在后部腔内。白蛉属附腺心形，二叶状，表明是由成对的附腺愈合形成的。输精管短而狭窄，分别进入附腺的每侧，并被包裹，形成 1 对小的内腔，内腔具有宽的腺体细胞和窄的出口，出口通入附腺 1 个大的内室，这个大型内室的细胞具有分泌功能。其他毛蠓的整个生殖管道改变，输精管稍宽，与附腺分化不大。白蛉属的射精管是从附腺发出的单一的狭窄渐尖管道，然后进入精泵。*Satchelliella* 的射精管是 1 个宽的肌肉质的、与阳茎端基部直接相关的管道，紧邻于长的射精突的腹面，与阳茎端相关节。射精管的内腔由细微折叠的上皮构成，上皮有助于形状变化和管道的收缩。射精管末端进入精泵，白蛉属的精泵具有杆状的射精突，射精突以活塞的方式挤压腔室，使精液通过成对的长管经阳茎口射出。*Satchelliella* 的精泵明显不同，精液可能被阳茎顶端压出，是射精突前后移动和射精管肌肉收缩复合作用的结果。

29.6.2 *Phlebotomus* sp.

雄性内生殖器：精巢梭形，输精管粗短，后部与附腺结合形成心形复合体，复合体前部略呈二叶状，下端细缩。每侧输精管下部膨大形成的球形贮精囊隐藏在复合体内部前段，复合体下端连接粗短的射精管，射精管末端连接于梭形的精泵中部，精泵下端发出 1 对管状的阳茎 (图 29-13)。

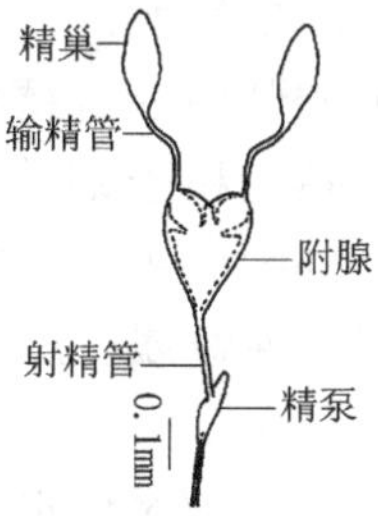

图 29-13 *Phlebotomus* sp.雄性内生殖器背视 (Sinclair 等，2007)

29.6.3 泉州司蛉 *Sergentomyia* (*Neophlebotomus*) *quanzhouensis* Leng *et* Zhang

雄性外生殖器：上尾铗基节较细长，腹侧面中段有不脱落毛分散存在。上尾铗端节长约为基节之半，具 4 支长毛，2 支位于顶端，2 支位于亚尖端的突出结节上，另有 1 支细刺位于近端部。阳基侧突端部鸭嘴状，近中部内侧有 1 突出结节，由此到近端部间有 1 长椭圆形的凹面，其上生有粗毛 4～6 支。阳茎顶端圆钝，两侧平滑。生殖丝为生殖泵的 3.2 倍。下尾铗结构简单，约为上尾铗基节的 0.9 倍 (图 29-14)。

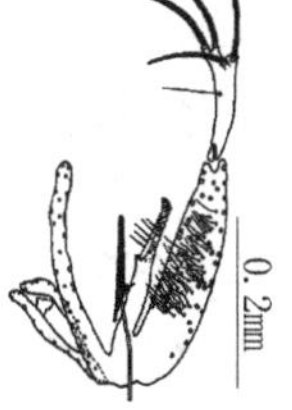

图 29-14 泉州司蛉雄性外生殖器 (冷延家等，1987)

29.7 蚊科 Culicidae

29.7.1 雄性内生殖器

由于腹部末节的反转，内生殖器与消化道的关系变化，即射精管、贮精囊和附腺位于消化道上面。精巢不受腹部反转影响，输精管较长的种类，如库蚊属的输精管，彼此出现交叉。如果管道联合为一，如伊蚊属，则在管道结合部出现简单的扭曲。每精巢有1 支精巢管，精巢外有被膜。精巢梨形或细长形，常部分有厚而有色素的脂肪体包被，位于第 5、6 腹节，通过端丝与心脏和翼肌连接。史帝芬塞疟蚊的精巢壁由坚韧的外鞘和鳞片状的上皮层包被，外鞘为多核合胞体，其细胞质含有致密聚集的黄色或黑色色素颗粒。精巢内部被不透明的隔膜分成许多生精囊区域，隔膜由上皮内陷形成，隔膜有 2 层，含有少数薄壁细胞。生精囊含有精原细胞和精母细胞，在同一生精囊内的生殖细胞大致处在相同发育阶段。较成熟的精母细胞和分化中的精子细胞游离于精巢腔的后部，此处无隔膜。黑小按蚊精巢内不形成分隔的生精囊，在精巢的前部形成 1 个生殖区，生殖区含有精原细胞，生殖区通过 1 个狭窄的开口通进精巢内的 1 个大的腔，在腔内，处于相同成熟发育阶段的细胞聚集成束。成熟的精子细长线状。当精子从精巢内释放后，呈现波纹状运动。精巢包被较厚的外膜，外膜无色、暗褐色、淡红色或含有眼黄素和眼胺。外膜暗褐色的类群如伊蚊属、鳞蚊属、库蚊属、*Deinocerites*、蓝带蚊属、按蚊属等，淡红色的如脉毛蚊属。

精巢输出管起源于精巢原基，原基后部区域形成输精管、贮精囊、射精管、附腺，精巢原基是位于第 9 腹节的成虫盘。输出管一般为狭窄的薄壁管，输精管壁稍厚，输精管起点处为薄壁管，末端具有环肌鞘。在附腺附近，输精管扩大，分化形成贮精囊。有些种类，如四斑按蚊、埃及伊蚊、*Aedes stimulans*、鳞蚊 *Psorophora howardii* 等，其输精管具有肌肉。输精管可独立开口进入一侧的贮精囊，如 *Aedes stimulans*；也可首先愈合形成 1 个短的公共管，公共管也用作贮精囊，如埃及伊蚊。在埃及伊蚊中，来自末端神经节的神经支配贮精囊、附腺、射精管的活动。

贮精囊 seminal vesicles 是生殖管道的膨大区域，许多种类的贮精囊外表愈合，内部的管腔仍然分开。埃及伊蚊羽化后最初的 24h，贮精囊的上皮细胞似乎具有分泌功能。有些种类的新羽化雄虫，输精管和贮精囊充满了小颗粒的无色液体，液体随贮精囊和输精管的收缩而上下移动，为精子离开精巢后进入贮精囊提供了 1 种介质。随着精子进入和充满管腔，液体中的颗粒状物质逐渐消失，贮精囊变得膨胀，曾经的厚壁转化为薄膜。交配前，精子不仅贮存在贮精囊内，也贮存在贮精囊前部的管道和精巢后部。两侧的贮精囊可以全长贴合或部分贴合，也可大部分长度分开，仅在进入附腺或进入射精管的入口前贴合。贮精囊末端为很短的单射精管，邻近贮精囊有 2 个大型附腺，附腺球形或者梨形，全长分开，基部联合，开口进入射精管。精囊和附腺的内容物分别通入射精管。埃及伊蚊的附腺分开，分别进入不同分泌细胞构成的前区和后区。附腺的形态在属间和同属种间有变化。蓝带蚊 *Uranotaenia lowii*、鳞蚊 *Psorophora howardii*、致倦库蚊、带喙伊蚊的附腺为梨形；灾难按蚊的为卵圆形；库蚊 *Culex inornata* 的为细长管状；脉毛蚊

Deinocerites cancer 的为细管状中间缢缩。附腺前端一般有丝与输精管联系，附腺内一般无精子。射精管短，具有环肌鞘，不同种类射精管形态差别不大，肌肉鞘一般不显著。射精突和精泵缺 (图 29-15)。

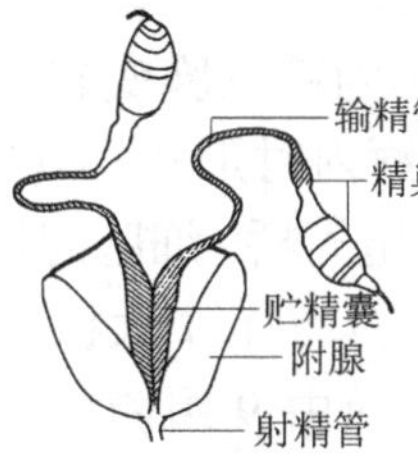

图 29-15　*Acdes infirmatus* 雄性内生殖器 (Lum，1961)

29.7.2　精子发生

典型的昆虫精子头部最大的部分为高度浓缩的单倍体核，头部顶端具有顶体泡 apical acrosomal vesicle，顶体泡内含有水解酶类，帮助精子穿过卵母细胞。鞭状体延伸至尾部大部分长度，为精子提供活动性。线粒体衍生物 mitochondrial derivatives 内充满结晶的蛋白状物质，为精子活动提供能量。鞭状体前端大部分区域与核并列，包埋在中心粒附属物内。成熟的昆虫精子中没有中心粒存在。在胚胎发育期间，成群的极细胞向前移动被中胚层鞘包被时，精巢原基形成。极细胞也称为原始生殖细胞。在骚扰伊蚊胚胎发育期间，极细胞数量有少量增加。精子发生在生精囊内进行，生精囊由单层的中胚层细胞构成，囊内有 1 个精原细胞，随后精原细胞分裂和增殖。蚊虫的精子发生主要在幼虫期和蛹期进行，但精子发生的时间因种类而异。*Aedes stimulans* 精巢有 3 个主要生长时期。1 龄幼虫后期，精巢长度稍有增加，生殖细胞呈球形。在 2 龄和 3 龄前半段，前部形成新的生殖细胞，精巢长度加倍，生殖细胞包被在生精囊内。4 龄幼虫中期到蛹中期，前部出现新的生殖组织，新的生精囊出现，生殖细胞中出现不间断的有丝分裂。在末龄幼虫到化蛹后 5h，末端的生精囊内可能出现精子，蜕皮后 95h 精巢大部分出现精子。精巢后端的一些生精囊壁开始解体，精子游离于精巢腔和输出管基部。黑小按蚊 4 龄幼虫初期，最先出现初生和次生精原细胞。72h 后，出现精母细胞。96h 后，出现精子细胞和精子，生殖细胞不再包被在生精囊内，但同期发育的生殖细胞聚集成束。精巢内含有所有分化阶段的精细胞，每 1 个生精囊内的精细胞发育阶段相同，更后部的生精囊内含有更加成熟的生殖细胞。发育中的精子细胞并行排列。

埃及伊蚊每精巢的平均生精囊数量在 1～4 日龄幼虫分别为 4 个、7 个、14 个、20 个，平均数目保持 20 个直至 1 日龄成虫，此后数目下降。精子细胞有时在隐现蛹期 pharate pupae 出现，但大多数个体直到蛹中期才出现。精子细胞有时先在一侧精巢出现。约在隐现成虫中期，雄虫大部分精巢顶端的生精囊内含有精子。成虫羽化后 1 天，末端的生殖囊内精子活化移动，常形成密集的涡漩状 spinning whorls。成熟的生精囊平均含 700 个精子，这不是生殖细胞重复分裂的理论值，可能是部分精细胞死亡后的结果。埃及伊蚊未交配雄虫的贮精囊内精子数量平均为 5130 个，更多的精子存在于生殖管道内。成虫期可继续进行精子发生，但比例下降。埃及伊蚊的雄成虫性成熟后还可形成新的生殖细胞，有些个体成虫期精子发生可持续 10 天以上，但与成虫前形成的数目比较，成虫期新形成的数量可忽略不计。致倦库蚊成虫期新形成的生殖细胞比埃及伊蚊的稍高，但精子发生到雄虫具备交配能力时完全停止。

精子细胞分化形成精子的过程称为精细胞变态 (精子形成) spermiogenesis。幼期的精子细胞分开后呈球形，堆积在生精囊内时形状不规则。精子细胞经常或总是结合成对，或者结合成大群，结合方式是通过细胞间桥，细胞间桥由不完全的细胞质分裂 cytokinesis 形成。精细胞变态的早期，精子细胞具有 1 个大核，细胞质含有成群的线粒体、高尔基复合体、中心粒和其他细胞器。中心粒由 9 组微管组成，每组有 3 支微管，愈合形成 3 个 1 组。2 个中心粒彼此接近。线粒体很快愈合成一，成同心轮状 nebenkem，但保持它们的结晶 crystalline 构造。核上具有小的指状内陷，中心粒逐渐位于内陷的出口处。横切面上，中心粒由 9 个 3 联微管组成，通过辐射环与中间微管或杆联系。中心粒被认为是形成 1 个基体，从基体上发育形成轴丝。但中心粒也可能在精细胞变态完成前消失。9 对微管是轴丝的最初部分，然后发育形成副管，副管作为弯曲的外长物从每对的亚纤维发出，单个的中心纤维出现最迟。小的电子致密体，中心粒的附属物，在中心粒附近出现。同心轮状线粒体愈合体位于轴丝的基部。细胞从核开始延长，形成精子细胞的前后轴。线粒体愈合体分成两部分，随着细胞生长，线粒体愈合体和微管长度增加。线粒体愈合体伸展离开了其与核之间的所谓线粒体衍生物。细胞核变成卵圆形，围绕核的细胞质含有微管。在横切面上，线粒体衍生物呈环形、棒状。随后，细胞核变长变窄，呈纺锤形，围绕核的细胞质的量变少，微管消失。中心粒附属物变得显著，发育成为 1 个鞘包围细胞核后部的线粒体衍生物和鞭状微管。

29.7.3 雄性尾器

雄蚊羽化后，腹部从第 8 腹节起做 180°扭转，然后固定在此位置不再改变，反转从蛹羽化后 24～48h 内缓慢发生。反转后尾器 (第 8 腹节以后) 各节的部位与第 1～7 腹节的相反，即背板腹位，而腹板背位。为避免混淆，仍按它们形态学部位 (扭转前的位置) 描述。雄蚊尾器主要包括第 8 腹节、第 9 腹节、抱肢、载肛片、阳茎及其支持物、小抱器。第 8 腹节的构造一般与以前各节类似，第 9 腹节背板及有些种类的腹板不同程度退化，背、腹板通常直接连接而无侧膜。在许多种类中，第 9 腹节背板通常带状，中央具有 1 对背叶或 1 对不同形状的侧叶，通常收缩隐藏于第 8 腹节内，当从腹部末端拉出后，第 9 腹节是 1 个小的骨化环，其上有抱肢。第 9 腹节腹板构造比较简单。抱肢是第 9 腹节的 1 对铗状构造，也称为抱器或阳基侧突，从腹部末端伸出。抱肢分为抱肢基节和抱肢端节，抱肢基节的表面通常有鳞片、鬃、刚毛等，并可具有不同瘤状突起，有些种类形成背基内叶 (基叶)、端叶和亚端叶。如不少伊蚊有较发达的背基内叶或 (和) 端叶。背基内叶位于抱肢基节的基部内侧，端叶位于基节背内侧的端部。这类瘤叶通常生有粗刺或刚毛。按蚊的抱肢无端叶，背基内叶则为大型的亚基刺所代替。库蚊无背基内叶而有亚端叶，形状变化较大。抱肢端节与基节末端关联，多为臂状。抱肢端节末端或近末端通常有 1 支或 1 列特殊的刺状刚毛，称指爪。第 10 腹节具有肛孔，也称载肛突，大部分隐藏在抱肢基部之间，位于腹面。它在按蚊中是 1 膜质叶板，但在多数种类中，膜质部分两侧或侧腹面有 1 对骨化构造，即肛侧片（第 10 腹节腹板）做支持。肛侧片的末端简单，形成尖刺或具齿突。库蚊肛侧片的末端形成刺冠，有的并在基部有侧突，成为第 10 腹节腹板的基臂。肛侧板上的微毛称为肛毛 cercal setae。

雄蚊的外生殖器主要包括位于第 9 腹节的成对侧面抱器和 1 个中间插入器官。阳茎是位于抱肢基节之间、载肛突腹面、包围生殖孔的复杂构造，由阳茎基内突 basal piece 和阳基侧突做支撑。按蚊的阳茎简单管状，弯向背面，末端通常有叶片，生殖孔就开口在它的末端。库蚊阳茎两侧骨化，形成阳茎侧板。有些库蚊的阳茎侧板分成内支（腹臂）和外支，外支又有背臂和侧臂之分。在有些库蚊的鉴别中采用阳茎的 DV/D 比，是指一侧内支（腹臂）侧尖角和外支背臂的距离（DV）与两侧外支背臂末端间距（D）之比。小抱器是位于 2 抱肢基节之间、阳茎腹面的 1 对凸叶或抱臂。按蚊的小抱器为 1 对双叶，不完全地分为 1 对背叶（外叶）和 1 对腹叶（内叶），各叶都有特殊的粗刺。多数伊蚊的小抱器呈臂状，由杆柄及其末端的刀叶所组成。领蚊的小抱器特别复杂，具有明显的特征，而库蚊则无小抱器。四斑按蚊的每个抱肢分成大的抱肢基节和细长的抱肢端节。抱肢端节可在抱肢基节上活动，通过起源于抱肢基节的拮抗肌控制。细长的阳茎端位于抱肢基部之间，通过 1 对小的基片与抱肢基节联系。抱肢基节有长棘，每个基部具有膜质的中间叶，两侧相对的中间叶联合。每个叶有强壮的棘，称为小抱器或小抱器叶 claspette lobe。但在其他属（如伊蚊属）中，小抱器更多为抱器的独立附肢（图 29-16）。

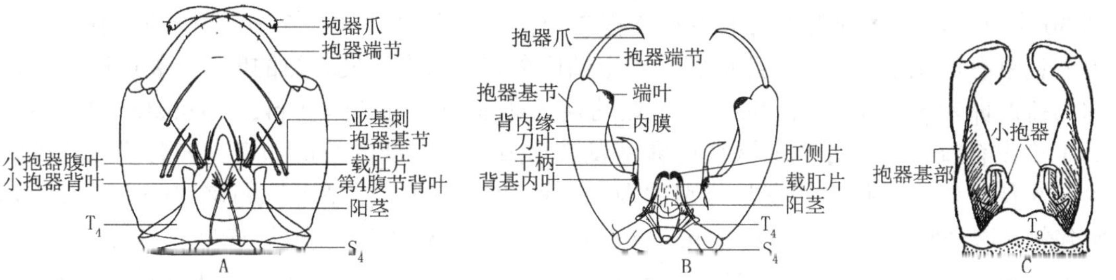

图 29-16　雄蚊尾器

A．按蚊；B．伊蚊；C．黑头伊蚊；T_4、T_9 为第 4、9 腹节背板；S_4 为第 4 腹节腹板（A、B．陆宝麟等，2003；C．Snodgrass，1959）

29.7.4　雄性外生殖器胚后发育

4 龄幼虫早期，第 9 腹节腹板后部出现成对的表皮增厚，这些生殖斑 plaques 不久呈芽状外长物，此为初生阳茎叶。随着进一步的发育，叶变长，基部联合，在蛹期出现生殖肢，为简单发育的阳茎叶，在阳茎叶中间形成成虫雄性外生殖器。从每个叶的基部，分化出 1 个小的中间叶和侧面部分，侧面部分发育成为抱器原基。最后，2 个中间的叶在生殖孔周围联合，形成阳茎端，而侧面的阳基侧突叶变得细长，形成 2 节的成虫抱器（图 29-3 A、D、F）。

29.7.5　雌性内生殖器

卵巢管较短，沿卵巢腔的轴向排列成排，整个卵巢包被在 1 层薄的膜质鞘内，鞘末端形成端丝，端丝附着在心脏侧面。卵巢位于腹部后区的背侧面，通过侧输卵管与中输卵管连接。每卵巢有贯穿的中间室 central chamber (卵巢腔)，中间室的上皮内衬与侧输卵管的内衬连续。卵巢管在卵巢萼上呈辐射状排列。每卵巢分别有气管进入，气管反复分支，以微气管终止于卵巢管之间。从末端神经节发出的神经到达侧输卵管、卵巢基部和中输卵管。卵巢管前部为生殖区，生殖区内发生生殖细胞的有丝分裂。卵巢管的剩余部分为卵黄区，卵黄区含有 1～2 个卵室。蚊虫的卵巢管为滋养型中的多滋式，每卵室具有 1 个卵母细胞、7 个滋养细胞和外部的上皮组织 (滤泡细胞)。滋养细胞的功能是供给卵母细胞母体核糖体 maternal ribosome 和信使核糖核酸等物质。卵母细胞和 7 个滋养细胞为合胞体，彼此通过细胞间桥联系。每细胞间桥有 1 个具有质膜的高电子密度流体 electron dense confluent 及核糖体、线粒体和其他颗粒体。卵母细胞通过细胞间桥直接与 3 个滋养细胞相连，有些卵母细胞伸出指状突起与滋养细胞之间，细胞间桥位于突起的顶端。在生殖营养循环中，处于卵室最末端的卵母细胞变化最显著，卵质内沉积卵黄和核糖体，卵母细胞体积稳定增加，卵壳沉积形成。相邻卵室的茎部彼此联系，末端卵室的茎部与卵巢萼相连。上皮细胞之间的细胞间桥呈琵琶桶 barrel 形，突入 2 个相连的细胞。桥的细胞质内含有核糖体、微管和内质网。致倦库蚊上皮细胞之间桥的数量在细胞分裂活跃期明显增加，这个活跃期通常为吸血后的第 1 天，滤泡上皮中 1 组相连细胞达到 30 个以上，这些细胞中的大多数具有 2 个桥，也曾见到具有 5～6 个桥的细胞。卵巢管外包裹有卵巢管鞘，卵巢管鞘延伸到生殖区外形成端丝。最成熟的卵室，邻近卵巢萼，称为待产卵室 proximate follicles，更加幼期的卵室为次待产卵室 preproximate follicles。每 1 个发育周期后，原先的次待产卵室发育形成一系列新的待产卵室。未曾产过卵的雌虫，次待产卵室和待产卵室常分别称为次生和初生卵室。生殖区、卵室和卵室茎部有基膜包被，这个膜也被称为固有膜 tunica propria。最基部卵室的茎或柄连接卵巢萼。Lehane 和 Laurence (1978) 发现卵室的茎是棒状的，除卵发育后期外，萼壁是无孔的实心构造。卵巢管鞘是具有外部肌肉层的薄膜，由肌纤维联系的孤立细胞体组成。肌肉细胞与卵巢萼的肌肉细胞连续。近端部的卵巢管鞘延伸成为端丝，与卵巢鞘连接。卵巢管鞘附着于生殖区，与卵室紧密并列，但不附着于卵室上。在最终的卵室和卵巢萼之间有 1 个宽的套管 wide sleeve。整个卵巢有卵巢鞘包围，鞘的构造也是膜上具有肌肉的细胞网，但肌肉细胞与侧输卵管的环肌层连续。卵巢鞘的末端形成长的悬带，悬带嵌入第 4 背板下方。卵巢管的数目因种类而变化，也受到雌虫个体大小的影响，从少于 50 支到 500 支不等。

卵巢萼贯穿卵巢纵轴，然后与侧输卵管连续。未产卵雌虫的卵巢萼为扁平管，没有发达的腔。卵巢萼的肌肉层含有网状的纵肌纤维，其细胞与卵巢管鞘的肌肉细胞联系。埃及伊蚊的未吸血雌虫，侧输卵管是具有不完整管腔的扁平管，上皮细胞鳞片状，含有许多微管，上皮细胞之间通过大量的顶端桥粒相互联系。密拉斯疟蚊侧输卵管由立方体细胞上皮构成，上皮外包被 1 薄层纵肌和强壮的外层环肌。在卵巢基部，环肌层分成 2 层同心的鞘或领，内领在卵巢萼基部伸展出 3～4 束环形肌肉，然后终止；外领形成卵巢鞘的肌质网。卵巢和卵巢管鞘是具有条纹的网状肌纤维合胞体，在非细胞的膜上散布着星状细胞体。按蚊属的中输卵管是 1 个大型的中间管，通过生殖孔向外开口于前庭，在此区域，前庭的环肌增厚，形成强健的括约肌。输卵管壁有 3 层构造：内层为具有分泌活性的柱状上皮；中间薄的网状纵肌纤维层；外部的环肌纤维层。中输卵管后端，环肌纤维集中形成间隔很小的环，但前部为网状构造。中输卵管前端分开、膨大形成成对的壶腹，从壶腹上发出侧输卵管，进而连接卵巢。壶腹外部环肌少而细长，但纵肌更加广泛而发达。壶腹具有分泌活性的衬里上皮，在连续的卵成熟循环中不断增加并形成折叠。中输卵管通过初生生殖孔开口进入 1 个小的腔内，该腔位于第 8 腹节腹板末端上方，称为生殖腔前庭，是第 8、9 腹节体壁次生弯曲形成的。前庭向外部的开口为生殖孔 gonotreme。前庭背壁生殖孔的后方有受精囊管的开口，受精囊一般有 3 个，但按蚊属只有 1 个。在受精囊开口的后方发出 1 对附腺。交配时，前庭作为交配囊，来自于雄虫的精子则贮存在受精囊内。当卵离开输卵管后，在前庭与来自受精囊内的精子相遇并完成受精，最后通过生殖孔产出。许多雌蚊需要吸 1 餐血以启动卵的发育。有人认为，在全部卵巢管下端的滤泡室内的卵在血餐后同时成熟，所以卵巢管数量和待产卵的数量相同。当 1 批卵产出后，位于成熟卵上方的次下端滤泡室内的卵进入待产。

29.7.6　雌性尾器

第 8 腹节背、腹板一般变化较小，第 9 腹节背板横向基弧形，一般含有 1 小的背片。第 9 腹节背板之后为 1 对尾突，它下面的小板片为后生殖板 postgenital plate。在第 8 腹节腹板后缘的腹面和后生殖板基缘之间有 1 生殖腔 atrium，中输卵管、贮精囊管和黏腺开口于此。生殖腔有 2 骨片环绕，在第 8 腹节腹板之后形成腔前环的是下阴唇 sigma、lower vaginal lip，它的中央通常有 1 相连或分开的舌状骨片，称岛片。形成腔后环的是上阴唇 cowl、upper vaginal lip。2 阴唇在侧面关联。生殖腔顶穹还可有上阴片等 (图 29-17)。

29.7.7　埃及伊蚊 *Aedes aegypti* (Linnaeus)

雄性内生殖器：精巢纺锤形，有横纹分隔，顶端向外侧扭曲，一般位于第 5～6 腹节背侧。精巢除前端外，其余部分均有厚密的红褐色脂肪体包被。输精管自精巢后部发出，前段分离，后段贴合，然后膨大形成梭形的贮精囊。尾器扭转过程中，输精管发生交叉，带动一侧精巢后移而变小。贮精囊两侧分列纺锤形附腺，附腺前端有端丝附着于输精管上，后端与贮精囊末端一起进入射精管，射精管经外生殖器开口于体外。射精管管壁自内而外分别为薄的表皮内层、下部表皮层、薄的横纹肌合胞体覆盖层。静止时，射精管收缩，实际上处于封闭状态 (图 29-18)。

雄性外生殖器：包括阳茎端、肛侧板和抱器。阳茎端无附肢，肛侧板侧面分节，抱器基部和端部分节。雄性外生殖器的开口深陷于阳茎端内，组成阳茎的表皮折叠形成 2 个月牙形叶，叶顶部结合。凸缘顶端具齿，但齿并不伸展形成铰链状结合。薄的表皮桥连接每个叶的基部。静止时，阳茎端与腹部长轴平行，其顶缘伸向背面。顶部表面近全程开放，反面为射精管相关组织封闭。射精管开口在这个区域的中部，形成雄性生殖孔。支持阳茎端的突起是细长的杆状构造，后缘右角折叠增加强度。每个突起的一端将阳茎

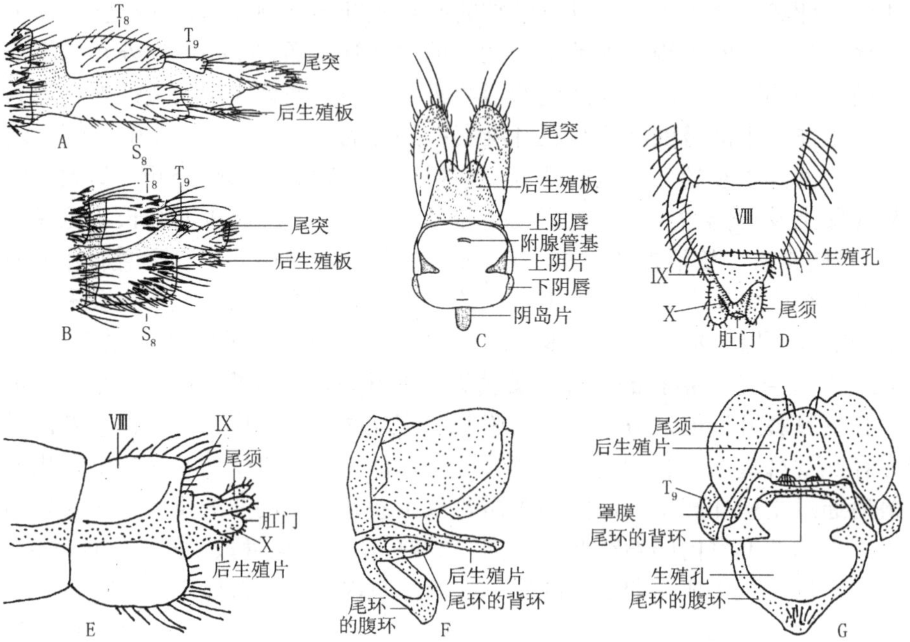

图 29-17　雌蚊腹部末端及尾器

A．伊蚊；B．库蚊；C．雌蚊尾器模式图；D、E．库蚊属雌虫腹部末端腹、侧视；F、G．库蚊属雌虫腹部端节侧、腹视；T_8、T_9为第 8、9 腹节背板；S_8为第 8 腹节腹板；Ⅷ～Ⅹ为第 8～10 腹节（A～C．陆宝麟等，1997；D～G．参考 Snodgrass，1959 图重绘）

端相应部分置于杯状构造中，形成坚固的结合，这些突起与抱握器的突起相关节。成对的肛侧板位于阳茎端两侧。肛侧板的表皮形成折叠，约呈三角形。顶端细长、微弯曲，形成钩状突起。另 1 个角折叠形成凸轮状突起，位于阳茎后端。第 3 角形成铰链，与肛侧板的突起关节。肛侧板的侧节是 1 个小型三角形骨片，与肛侧板的 1 个边缘连续，并形成关节。发生抱器的表皮部分卷成圆筒形，它的突起与抱器体连续，但因为旋转使背、

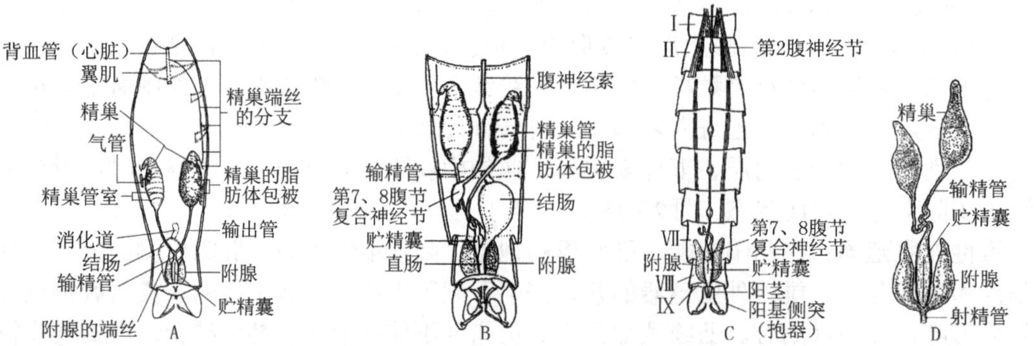

图 29-18　埃及伊蚊雄性内生殖器

A．腹视，腹部末端扭转前；B．腹视，腹部末端扭转后；C．腹神经索和内生殖器背视；D．雄性内生殖器腹视；Ⅰ、Ⅱ、Ⅶ～Ⅸ为第 1、2、7～9 腹节（A、B．Hodapp and Jones，1961；C、D．Snodgrass，1959）

腹面反向。突起背面基部有 1 个厚脊，位于腹面之上，阳茎突起与该厚脊相关节。基节插入膜质区域，膜质区域封闭每个抱器圆柱的壁。基节与桥连续，桥联系相对的抱器的基节。基节具有浓密的刚毛，刚毛端部渐尖而弯曲。端叶杆状，末端具有 1 个有窝的爪。

雄性交配器有基环支持，基环起源于第 9 腹节的复合骨片。环的腹面与背面关节，关节点为突出的腹叶的顶端。这些大型的杯状叶遮盖了位于其腹面的肛门。2 个膜质构造起源于基环，形成阳茎端和肛侧板的封套。腹面，肛锥 anal cone (载肛突) 与基环叶的内缘、肛孔背面连续。这个突出的锥形构造的背面与阳茎端、抱器的腹缘连续。腹视，肛锥易与阳茎端混淆，但肛侧板具有钩状突起。肛侧板的侧叶插在它的背表面。阳茎囊背面起源于连接抱器基叶的桥，其腹缘与阳茎端的基部连续。这个膜质桥遮盖了阳茎端和肛侧板的背面。

交配期间抱器突起的屈肌 flexor 收缩时，将抱器突起的腹面部分旋转至背面、后面部分，使抱器体到达相反位置。因此，雄虫静止时处于扭曲位置的突起，在交配时变得伸直，向后折叠在抱器中间的表面。这个过程导致抱器突的极度伸展，结果阳茎突易位至所附着的位置。阳茎突的伸展将阳茎带到尾部腹面，达到肛锥之外，导致阳茎囊的外翻。阳茎突端部肌肉的收缩，使与抱器突相对的骨片收缩。同时，阳茎突屈肌的收缩握持住这个突起，使之处于抱器突起的相对位置，将突起紧固地锚定在伸展位置。由此，阳茎端及其具齿的背面向侧面伸展。同时，阳茎端的长轴移位到雄虫腹部的垂直位置。交配中的雄虫，阳茎端伸展的背面面向雌虫，它的叶分开暴露出生殖孔。外形上，直立的阳茎端大致呈心形，沿端缘有成排强壮的齿。阳茎端的外翻和伸展导致肛侧板位置的变化，侧面紧贴阳茎端基部的凸轮状突起，是 1 个杠杆，肛侧板借此运动。肛侧板与它的突起形成铰链，因为阳茎端对凸轮施加的压力，导致肛侧板向腹侧方向伸展。肛侧板的钩状伸展由此伸出于基环叶之外，而肛侧板的突起实际上保持静止。侧节被它的屈肌拉向抱器突，用于平衡伸展的肛侧板，将肛锥拉向直立阳茎端的腹面 (图 29-19)。

雌性外生殖器：生殖孔周围有生殖唇瓣 genital lip，生殖唇瓣为环形带状骨片，骨片折叠并形成关节。下唇瓣具有 1 个向外伸展的骨片，称为岛片。内部的毛丛，即腹面的毛丛，从唇瓣的背缘突出。1 个透明膜，即生殖腔 atrial 膜，与唇瓣的内缘连续，包括 1 对骨化片，即生殖腔片。静止时，生殖唇瓣形成一个整体，上唇瓣稍伸出下唇瓣之外，生殖腔膜折叠。生殖唇瓣与生殖后片的后部突起连续，被隔板状的腹板隐盖。后生殖片 post-genital plate 将生殖孔和肛孔分开，其腹部表面具有 1 个锯齿状、细长的沟。上生殖唇瓣上的凹痕 notch 与这个沟形成 1 个连续的渠道。沟的内部作为插入点供一系列辐射肌着生，这些肌肉控制后生殖片、尾须和上生殖唇瓣的活动。雌性生殖开口通过复杂折叠的前庭，前庭具有 4 个开口，分别为：背面与交配囊连通、腹面与中输卵管连通、前中部与受精囊管连通、后-中部与生殖唇瓣连通的开口。前庭上部内衬的表皮层薄而裸露，“S”形的前庭下部内衬相对厚的表皮，在受精囊管结合点下方，内衬表皮具有许多精致的毛丛。内衬下有 1 层短的表皮细胞形成的上皮，覆盖整个前庭。1 列 3 个瓣状突起封闭下面的前庭，似乎保护了中输卵管的开口。背、腹瓣彼此相对，形成下面前庭的前界。后部的瓣用于关闭下面的前庭，背、腹瓣保护输卵管腔。

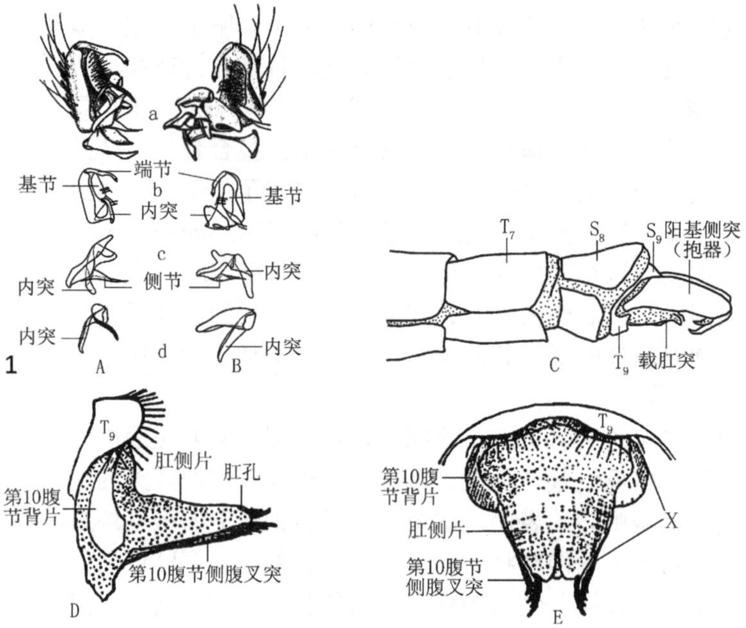

图 29-19　埃及伊蚊雄性外生殖器

A、B. 雄性外生殖器分解图（A. 腹视；B. 中外侧视 mediolateral；a. 整体；b. 抱器；c. 肛侧板；d. 阳茎）；C. 腹部末端侧视，腹节拉伸示第 8、9 腹节套叠情况；D、E. 第 10 腹节侧、背视；T_7、T_9 为第 7、9 腹节背板；S_8、S_9 为第 8、9 腹节腹板（A、B. Spielman，1964；C. 参考 Snodgrass，1957 图重绘；D、E. Snodgrass，1959）

交配囊盲囊状，起源于上生殖唇瓣内，由薄层鳞片状上皮组成，具有浅色表皮衬里。交配囊向前伸展达受精囊之外，在此，交配囊呈背腹扁平，折叠。受精囊隆起由纤维状结缔组织和横纹肌纤维构成，位于交配囊和中输卵管之间。它的上表面有 1 条浅的直立

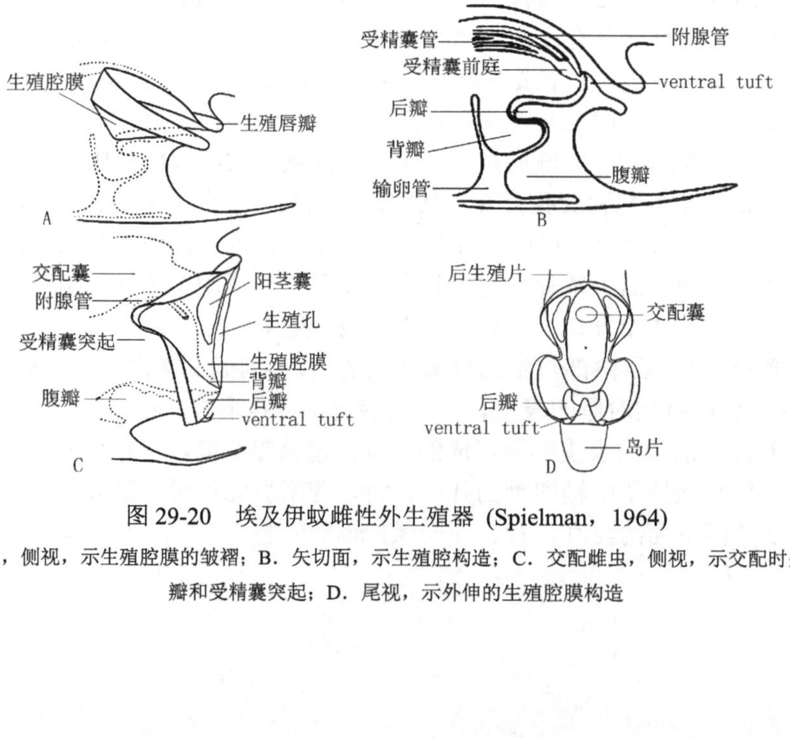

图 29-20　埃及伊蚊雌性外生殖器（Spielman，1964）

A. 未交配雌虫，侧视，示生殖腔膜的皱褶；B. 矢切面，示生殖腔构造；C. 交配雌虫，侧视，示交配时生殖孔、生殖唇瓣和受精囊突起；D. 尾视，示外伸的生殖腔膜构造

沟，该沟终止于 1 个明显的腔，即受精囊前庭腔 spermathecal vestibule。附腺管、3 支受精囊管与生殖腔前庭通入该腔。2 个侧生的受精囊管首先结合，中间受精囊管和侧生受精囊管的公共管再分别与生殖腔前庭的前壁愈合，附腺管与生殖腔前庭的中背面壁结合。生殖腔前庭没有明显的内衬，也没有肌肉或相关的瓣，它的开口位于受精囊突起后端，似乎有腹面毛丛保护。3 个球形的受精囊体位于第 8 腹节前端、中输卵管和交配囊之间，部分包埋在脂肪中。中间的受精囊体更大，位置更靠前。受精囊体均为暗黑色，表皮厚，内腔表面裸露。在近出口处有一系列小孔，但不超过后部 1/3。外观上，每个孔具有 1 个相联系的分泌细胞和包围着烧瓶状孔缘的突起（图 29-20）。

29.7.8　类异形伊蚊 *Aedes* (*Kenknightia*) *dissimilierodes* Dong, Zhou *et* Dong

雄性外生殖器：抱肢基节较细长，腹内缘有多数弯刚毛，第 9 腹节背板分离，两侧各有 2～3 支粗鬃。抱肢端节较细。背外缘有许多小刺毛，指爪发达，长约为抱肢端节之半。小抱器具 3 支刺毛，其中顶毛和腹毛较细，亚顶毛较粗长。阳茎基宽端窄，两侧板的端外侧有 1 倒钩的刺（图 29-21）。

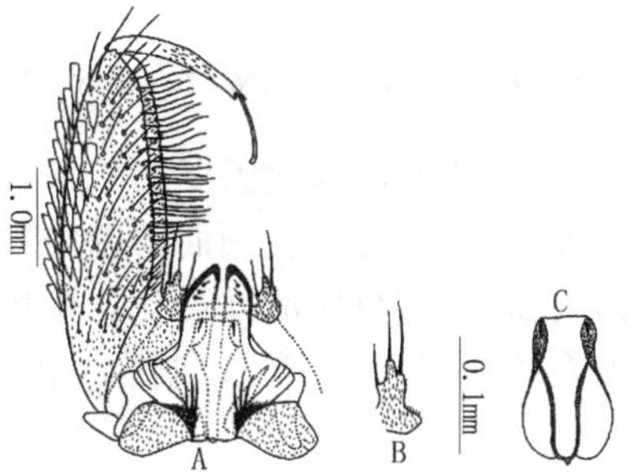

图 29-21　类异形伊蚊雄性外生殖器（董学书等，2002）

A. 雄蚊尾器；B. 小抱器；C. 阳茎（B 和 C 为同一比例尺）

29.7.9　长柄伊蚊 *Aedes stimulans* (Walker)

雄性内生殖器：精巢纺锤形，前端有细长端丝，外被厚密脂肪层。两侧输精管交叉，前段分离，后段贴合，贴合的输精管部分中后部约 2/3 膨大形成梭形贮精囊。附腺 1 对，大型弯曲囊状，前端有短的端丝附着在同侧输精管中部。每附腺在前部约 1/3 处深陷入，将附腺腔分成 2 室。附腺后端与贮精囊一起汇入射精管（图 29-22）。

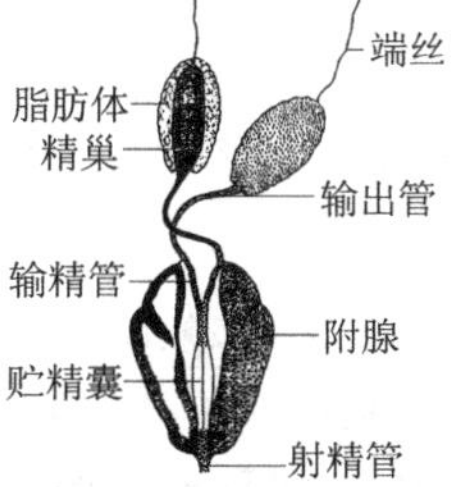

图 29-22　长柄伊蚊雄性内生殖器（Clements，1992）

29.7.10 冈比亚按蚊 *Anopheles gambiae* Giles

雄性内生殖器： 精巢约呈纺锤形，精巢鞘暗褐色，中部缢缩将精巢分成前后 2 段，前段有脂肪体包被。精巢下端连接较为粗直的输出管，输出管下端连接同侧的输精管。输精管粗直，后段膨胀形成贮精囊，两侧的贮精囊紧密贴合。附腺 1 对，椭球形，有明显边缘，充满灰白色至柠檬黄色颗粒物，位于输精管下端贮精囊上部两侧 (图 29-23)。

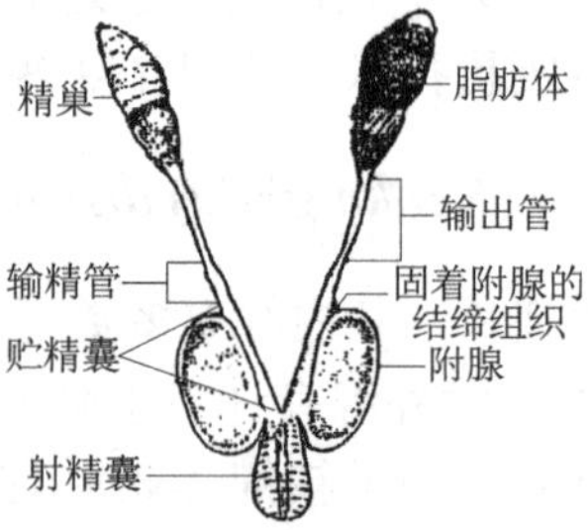

图 29-23 冈比亚按蚊雄性内生殖器 (Hodapp and Jones，1961)

29.7.11 四斑按蚊 *Anopheles quadrimaculatus* Say

雄性内生殖器： 精巢卵圆或近圆形，顶端因脂肪包被而尖出。精巢前端区域无色，后部区域透视内含物黄褐色。输精管粗短，有细而薄壁皱褶，后段膨大形成贮精囊。附腺 1 对，球形，附腺和贮精囊之间结缔组织清晰可见。附腺与贮精囊一起汇入射精管杯状的膨大顶端，膨大顶端被众多环肌及微气管包围，膨大部下端发出细管状射精管 (图 29-24 A)。

雄性外生殖器： 每阳基侧突分为大型基片 basimere 和细长端片 telomere，基片上发出肌肉控制端片活动。阳茎细长管状，位于阳基侧突基部之间。通过 1 对小型的基部骨片 basal plate 与阳基侧突的基片联系。基片基部和前部内侧有长刚毛，基部内侧有膜质中叶，两侧的中叶联合，中叶端部发出粗壮棘刺，称为小抱器或小抱器叶 (图 29-24 B～D)。

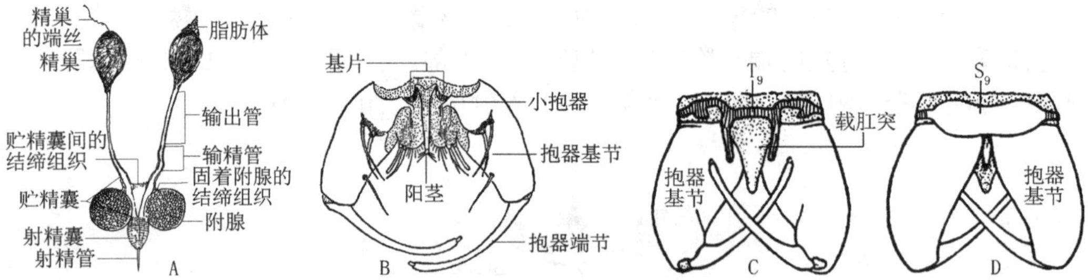

图 29-24 四斑按蚊雄性生殖系统

A. 雄性内生殖器；B. 雄性外生殖器背视；C. 第 9 腹节背板和阳基侧突 (抱器)；D. 第 9 腹节腹板和阳基侧突 (抱器)；T_9 为第 9 腹节背板；S_9 为第 9 腹节腹板 (A. Hodapp and Jones，1961；B. Snodgrass，1959；C、D. Snodgrass，1957)

29.7.12　白胸阿蚊 *Armigeres* (*Armigeres*) *pallithorax* Dong, Zhou *et* Dong

雄性外生殖器：第 9 腹节背板发达，前缘有增厚区，中央下凹，分为 2 侧叶，各具细刚毛 12～14 支。第 9 腹节腹板中央膜质，两侧三角形突出，后缘弧形，亚端中央处有 2～4 支细毛。抱肢基节粗壮，背内缘密生短刚毛，长刚毛仅限于端外缘。小抱器形状特殊，有端刺 15～18 支，生在 1 扇形片上，背侧的刺端圆而较直，呈鼓锤状；腹侧的刺端尖而较细短，有的呈钩状。阳茎较简单，端部略膨大，仅有 6～7 个端背齿和若干细小端腹齿，无侧齿。肛侧片发达。抱肢端节亚端部膨大，有指爪 22～26 个，列为整齐 1 排，末 1 指爪较尖长 (图 29-25)。

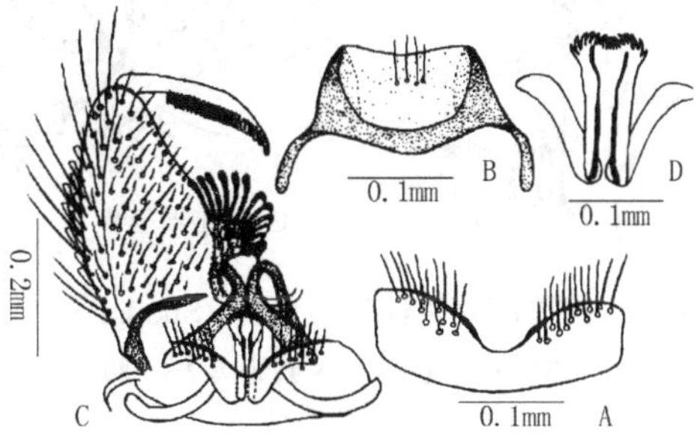

图 29-25　白胸阿蚊雄性外生殖器 (董学书等，2004)

A、B. 第 9 腹节背、腹板；C. 雄蚊尾器；D. 阳茎

29.7.13　尖音库蚊 *Culex pipiens* Linnaeus

雄性内生殖器：精巢椭球形，一侧的略小，精巢下端发出细长的输出管，输出管后端连接同侧的输精管，两侧的输精管前段分离，细管状；后段贴合，膨大形成梭形贮精囊。附腺 1 对，心形，顶端有端丝附着在每侧的输精管上。末端与贮精囊一起汇入射精管 (图 29-26)。

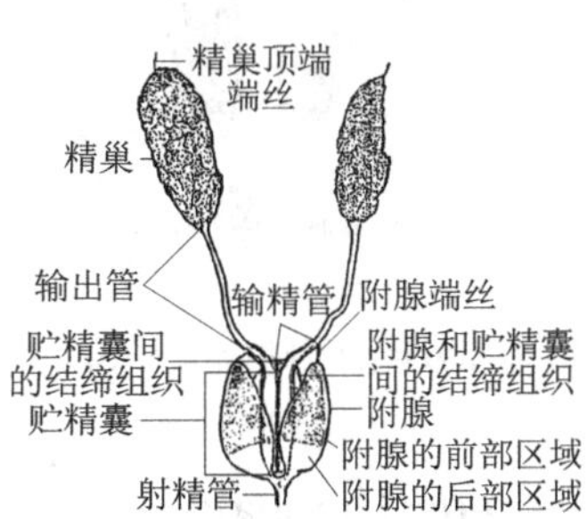

图 29-26　尖音库蚊雄性内生殖器 (Hodapp and Jones，1961)

29.7.14　致倦库蚊 *Culex quinquefasciatus* Say

雄性内生殖器：精巢尖椒形，顶端尖细，有端丝，基部宽大。输精管从基部发出，

前段约 2/3 细管状，基部膨大形成长梭形贮精囊。附腺 1 对，长圆锥形，基部宽大，与贮精囊一起着生于粗短的射精管顶端，射精管下端与阳茎相连 (图 29-27 A、B)。

雄性外生殖器：第 8 腹节背、腹板发达，形成隐藏外生殖器和载肛突的腔。第 9 腹节腹板退化，片状，隐藏于第 8 腹节腹板之下。第 9 腹节背板短片状，隐藏于第 8 腹节背板和载肛突基部之间。阳基侧突发达，基片大型多毛，弧形弯曲，顶端内侧缘有 2 个齿状突起，突起上分别丛生刚毛。端片从基片顶端发出，细长爪状。阳茎发达，钟罩形，生有许多骨片。阳茎下方有发达的载肛突，载肛突端部丛生刚毛 (图 29-27 C)。

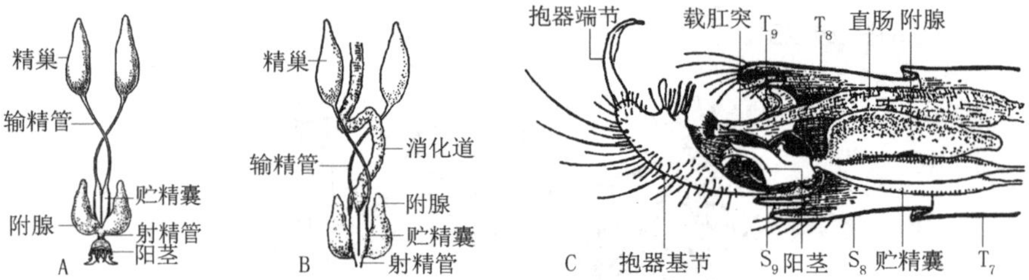

图 29-27　致倦库蚊雄性生殖系统 (Snodgrass，1959)

A、B. 雄性内生殖器背、腹视；C. 腹部末端侧视；T_7～T_9 为第 7～9 腹节背板；S_8、S_9 为第 8、9 腹节腹板

雌性内生殖器：每卵巢有多支卵巢管，卵巢管集生于卵巢表面，外部有共同鞘包被，鞘的顶端延续形成端丝，鞘基部与侧输卵管延续。每卵巢管通过基部的输出管汇合于卵巢中部的公共输出管，其下端汇入粗短的侧输卵管，两侧的侧输卵管汇入粗短的中输卵管，中输卵管后端与生殖腔连接。受精囊 3 枚，每受精囊由顶端球形的受精囊体和细长管状的受精囊管组成，3 支受精囊管基部集生于生殖腔前端。附腺椭球形，附腺管短，着生于生殖腔前部受精囊管着生处后方 (图 29-28)。

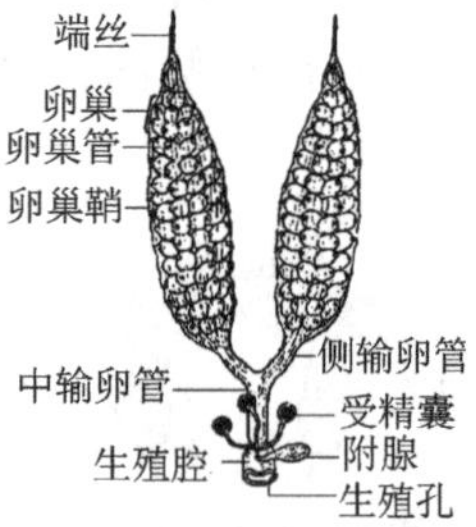

图 29-28　致倦库蚊雌性内生殖器 (Snodgrass，1959)

29.7.15　*Haemogogus equinus* Theobald

雄性内生殖器：精巢约呈纺锤形，中间有细缩将精巢分成前后 2 段，前段有横纹分隔，顶端有端丝。精巢整体包被脂肪体后呈圆锥形。精巢下方发出较为粗长的输出管，输出管下端连接粗短的输精管。两侧输精管前段分离，直管状；后段膨胀形成贮精囊，两侧的贮精囊贴合。附腺 1 对，白色至无色，包被在环肌形成的鞘内，前段棒状，后段

椭球形，基部与贮精囊一起汇入粗短的射精管 (图 29-29)。

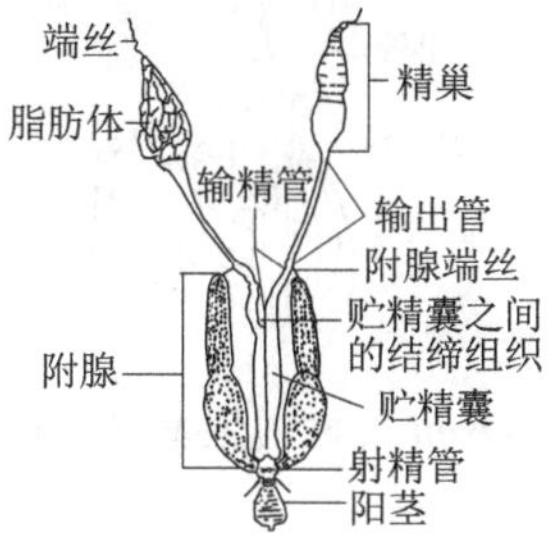

图 29-29　*Haemogogus equinus* 雄性内生殖器 (Hodapp and Jones，1961)

29.7.16　巨鳞领蚊 *Heizmannia* (*Heizmannia*) *maximalepido* Dong, Zhou *et* Dong

雄性外生殖器：第 9 腹节背板 2 侧叶分离，各具 2 支细刚毛。第 9 腹节腹板两侧有增厚区，中舌叶短，弧形凸起，其后缘有 1 排刚毛，刚毛后有 2 排宽鳞。抱肢基节背缘密覆众多褐色宽鳞，端内缘有 1 群巨大长鳞，亚端叶有 1 支长而端部向上的端刺，末端钝圆。基抱器为扇形毛簇，其长毛不超过抱肢基节端部；端抱器为 1 弯臂状构造。阳茎较简单，仅有 4 个短的腹中齿。肛侧片末端具 1 齿突。抱肢端节末端膨大，内侧缘有 1 纵列细毛贯穿全长，指爪粗壮而尖锐 (图 29-30)。

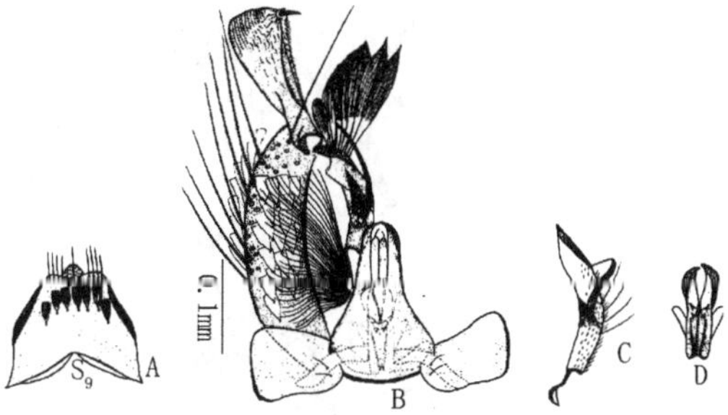

图 29-30　巨鳞领蚊雄性外生殖器 (董学书等，2005)

A. 第 9 腹节腹板；B. 雄蚊尾器；C. 端抱器 distal claspette；D. 阳茎 (A、B、C 为同一比例尺)

29.7.17　*Psorophora howardii* Coquillett

雄性内生殖器：精巢整体有厚密的脂肪体包被，长椭球形。精巢下端发出较粗长的输出管，输出管下端与输精管连接。输精管粗短，两侧输精管前段细管状，交叉；后段膨大形成梭形贮精囊，2 贮精囊贴合。附腺 1 对，长心形，顶端尖，有端丝附着在输精管基段。附腺末端与贮精囊一起汇入射精管 (图 29-31)。

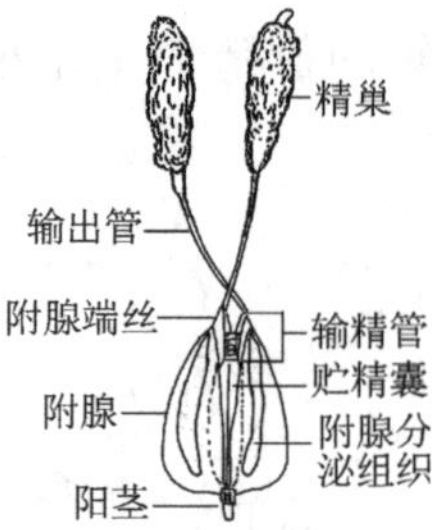

图 29-31 *Psorophora howardii* 雄性内生殖器 (Hodapp and Jones，1961)

29.7.18 冬季局限蚊 *Topomyia* (*Topomyia*) *winter* Dong, Wu *et* Mao

雄性外生殖器：第 9 腹节背板发达，端缘及两侧有增厚区，前端有 1 对刀状刺，刺的外侧有 2 支细毛。第 9 腹节腹板发达，密生羽鳞和细毛，前端中央凸出，其上有众多的细刺。抱肢基节细长，具明显的端叶和亚端叶。端叶顶端有 5 支粗长而略弯的长毛，亚端叶上密生长短不一的细毛。小抱器长臂状，基节粗壮，有众多刺毛，端节细而光滑。抱肢端节细长，由基至端逐渐变细，长为基节的 3/4，基段 1/3 粗壮，基端膨大；中段腹面有 1 突起，其上密生细毛，背面有 3 支弯的短毛，末端细削，腹面有 1 长毛，末端尖锐，腹面有 1 小排倒钩的细毛，指爪位于末端，色深尖锐。阳茎颇复杂，具发达的基侧臂和端部附肢。肛侧片具发达的基侧突，中部外凸呈三角形，端 1/2 细长而端圆，高度角化 (图 29-32)。

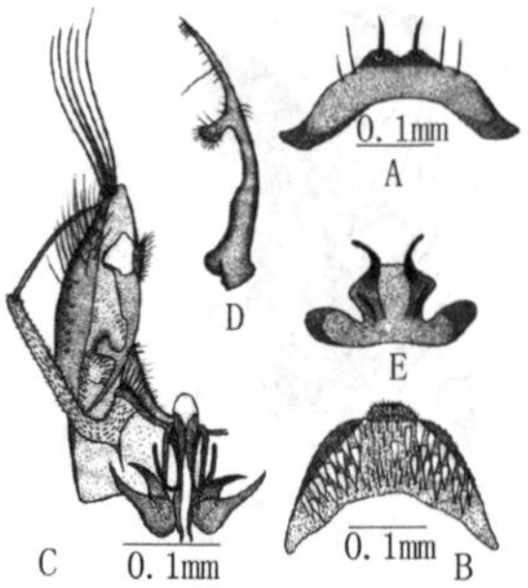

图 29-32 冬季局限蚊雄性外生殖器 (董学书等，2006)

A、B. 第 9 腹节背、腹板；C. 抱器；D. 抱器端节；E. 肛侧片

29.7.19 白胸杵蚊 *Tripteroides* (*Rachionotomyia*) *pallidothorax* Dong, Dong *et* Wu

雄性外生殖器：第 9 腹节背板发达，两侧叶各具 4～5 支粗刺，其中腹面 1 支较短，端缘平齐，亚腹面 2～3 支端尖，矛状；端背面 1～2 支细长，刺状。第 9 腹节腹板带状。抱肢基节短宽，粗壮。背基内叶发达，端部具 8～10 支刚毛。抱肢端节细长，长为基节的 1.3 倍，端 1/2 具若干细毛，指爪较小，端位。肛侧片发达，具端齿 3 个，肛毛 4～5 支。阳茎正视基宽端窄，侧视腹突较小，无齿，亚端部有 3 个端背齿 (图 29-33)。

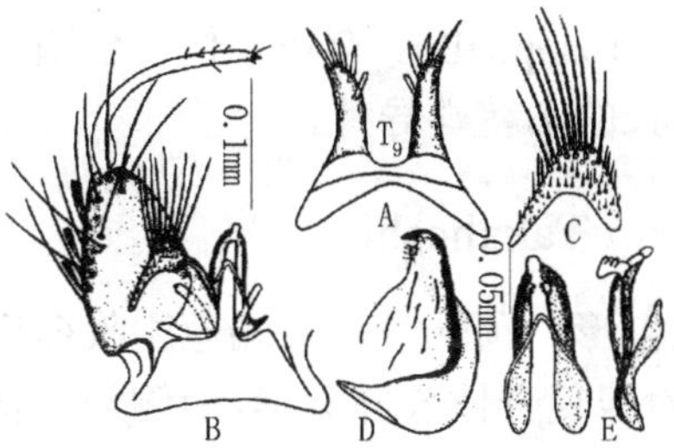

图 29-33 白胸杵蚊雄性外生殖器 (董学书等，2008)

A. 第 9 腹节背板；B. 抱器；C. 基内叶；D. 肛侧片；E. 阳茎；T_9 为第 9 腹节背板

29.7.20 景洪蓝带蚊 *Uranotaenia* (*P.*) *jinhongensis* Dong, Dong *et* Zhou

雄性外生殖器：第 9 腹节背板端缘宽阔，弧形，后缘中央内凹，后外侧有细刺区。第 10 腹节背板端缘中央下凹，侧背缘呈三角形突出于第 9 腹节端缘线之前。抱肢基节粗壮，背内基叶有 1 支相当长的端毛和 2 支亚端毛及 1 支亚基毛，端腹缘有 1 支长毛和若干短毛。抱肢端节粗壮，中部略细，端尖，末段 1/3 处有众多细刺毛，端部有 1 不显著的小爪。阳茎较发达，两侧板由很窄的背桥和宽的腹桥相连，每侧有 1 背中齿和 2 个腹端齿，其中外侧的腹端齿粗壮并呈钩状 (图 29-34)。

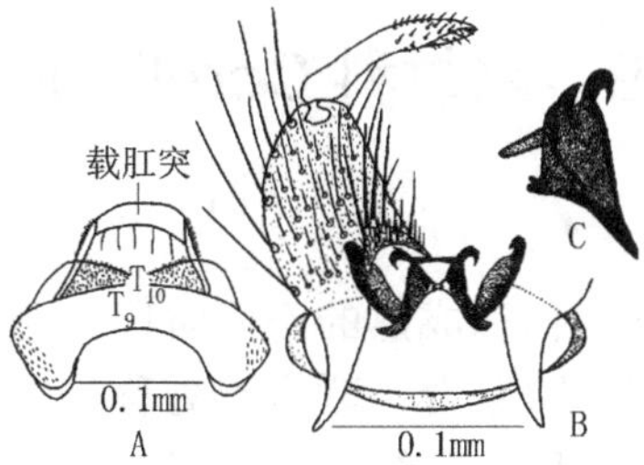

图 29-34 景洪蓝带蚊雄性外生殖器 (董学书等，2003)

A. 第 9 腹节背板；B. 雄蚊尾器；C. 阳茎；T_9 为第 9 腹节背板

29.8 细蚊科 Dixidae

29.8.1 雄性内生殖器

精巢纺锤形，部分具有色素，前端渐尖。婚飞雄虫精巢内部分区明显，相当于精子的生殖区和成熟区。输精管细长，伸展到联合的附腺后缘，然后输精管在中部贴合，沿腺体中线前行，在前缘进入附腺复合体。附腺复合体由 3 对腔室组成，两侧附腺复合体沿中线贴合。*Austrothaumalea* 的附腺复合体前室圆，输精管进入该室的中部；背腹视，中室近方形。第 3 室近圆柱形，狭窄，前端具有小的卵圆形囊，囊似乎与室的其他部分分开。前 2 个室的壁厚。附腺复合体向后通入短而成对的射精管，射精管在进入外生殖器前中间愈合，形成 1 个大的生殖腔前庭。射精管在附腺的基部强烈弯曲，急弯后进入外生殖器。射精突缺，腹片 prosophallus 存在，位于生殖突基节之间。阳茎端膜质，阳基侧突为复合构造，常有细长的阳茎端导片。

29.8.2　*Dixa yamatoma* Takahashi

雄性内生殖器：精巢长椒形，顶端尖，后端急剧收缩后进入粗壮的输精管。输精管中部弯曲进入附腺复合体，附腺复合体长椭圆形，两侧输精管自下端进入后并列至顶端，进入膨大的球形贮精囊，贮精囊与下部囊状的附腺复合体结合后经复射精管进入单射精管 (图 29-35)。

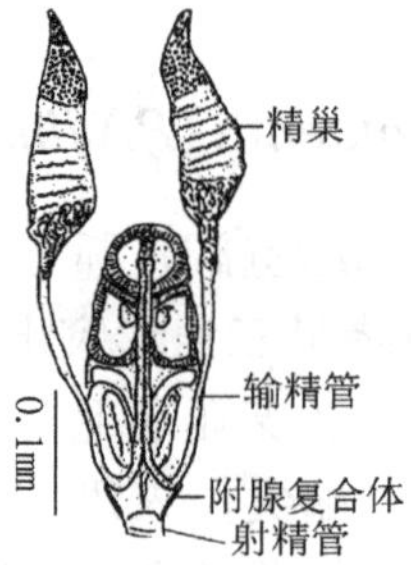

图 29-35　*Dixa yamatoma* 雄性内生殖器 (Sinclair 等，2007)

29.9　幽蚊科 Corethrellidae

29.9.1　雄性内生殖器

精巢细长纺锤形，在精子生长和成熟的不同阶段，分化为不同的内部区域。输精管是精巢外壁的连续，输精管和附腺联合，联合点处称为贮精囊，其内部具有密集堆积的精子，但该处的管道并不扩大。每个贮精囊终止于 1 个瓣，在此管道继续伸展，开口进入分叉的射精管。成对的附腺球形，也开口于输精管-射精管结合点。腺体壁具有分泌细胞。射精管开始时为 1 对与输精管连续的管道，末端联合。管道有环肌鞘，该鞘继续向后与阳茎端鞘连续。射精突缺，阳茎端膜质，渐尖到狭窄的开口处。阳基侧突 (阳茎瓣) 愈合，形成“V”形或管状构造。

29.9.2　*Corethrella* sp.

雄性内生殖器：精巢短梭形，顶端急尖。输精管直管状，下段略膨大形成贮精囊，部分为球形附腺覆盖。每侧的附腺与贮精囊一起汇入粗短的复射精管，两侧的复射精管汇合后进入单射精管 (图 29-36)。

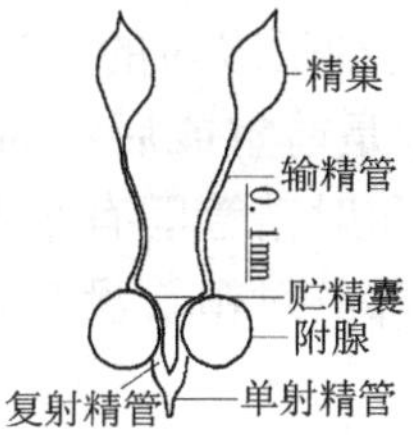

图 29-36　*Corethrella* sp.雄性内生殖器 (Sinclair 等，2007)

29.10　长角蚊科 Hesperinidae

29.10.1　雄性内生殖器

Hesperinus 的精巢卵圆形袋囊状，输精管细长稍弯曲，向后延伸到大型愈合的附腺复合体基部。在延伸的最后部，输精管伸入肾形未知功能的腔室内 (也许类似于大蚊的扁平囊)。附腺复合体至少具有 2 个明显的腔室，腺体复合体中部全长分开。没有明显的贮精囊，肾形的输精管膨大可能具有贮藏的功能。附腺复合体后端，有 1 对中间贴合的射精管，具有很厚的壁，伸展进入精泵。射精突"T"形，具有宽的翼状侧臂，射精突向后伸展到阳茎端顶部附近。阳茎端大部分骨化，具有狭窄的顶端阳茎孔 phallotreme (阳茎端上的次生生殖孔)。

29.10.2　*Hesperinus rohdendorfi* Krivosheina *et* Mamajev

雄性内生殖器：精巢不规则囊状，输精管粗长，约在近下部 1/3 处有 1 肾形囊，可能为贮精囊。每侧输精管下段自肾形囊内侧下端发出后很短即相互贴合，直至通入圆锥形附腺复合体内，复合体下端接入射精管 (图 29-37)。

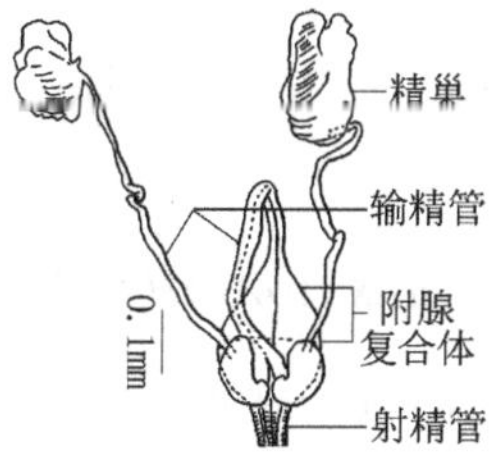

图 29-37　*Hesperinus rohdendorfi* 雄性内生殖器 (Sinclair 等，2007)

29.11　摇蚊科 Chironomidae

29.11.1　雄性内生殖器

精巢狭窄，纺锤形。输精管线状，位于精巢的基部，近前端急弯时膨大，其中堆满精子，两输精管平行，位于附腺复合体的一侧，终止于附腺复合体的前端。输精管壁薄，常具有外层脂肪细胞。附腺复合体为细长成对的 3 室构造，每室有塞分开，前、后室短，上皮细胞中具有大的液泡，中室长度是前室或后室的 2 倍，上皮细胞中有六边形的液泡。每室的功能还不清楚。附腺复合体和射精管间有小瓣分开。成对的射精管有环肌包裹，但保持成对，分别通入阳茎端的基部。射精管没有腺体分泌能力，射精突缺，阳茎端膜质，阳茎端腹片的同源关系不确定。

29.11.2　雄性尾器

腹部狭长，第 9、10 腹节形成尾器 hypopygium，第 9 腹节背板端部中央常向后伸出成肛尖 anal point，第 10 腹节具 1 对 2 节的抱器，分别称为抱器基节 gonocoxite 和抱器端节 gonostylus。摇蚊亚科抱器两节间不能关节，其余亚科抱器端节可不同程度地向内弯折。抱器基节生有 2 对附器，即上附器 superior volsella 和下附器 inferior volsella。长跗摇蚊族还有 1 对中附器 median volsella。

29.11.3　六附器毛突摇蚊 *Chaetocladius sexpapilosus* Yan *et* Ye

雄性外生殖器：有 3 对深褐色附器：背附器远端 1/3 无毛；腹附器长而宽，有许多弯曲长毛；加补附器小，末端内缘有小毛。抱器 3 分叶，每叶游离端有 3 个棘状刺，在下分叶的基部有 1 叶片状突起，具长毛。肛尖显现（图 29-38）。

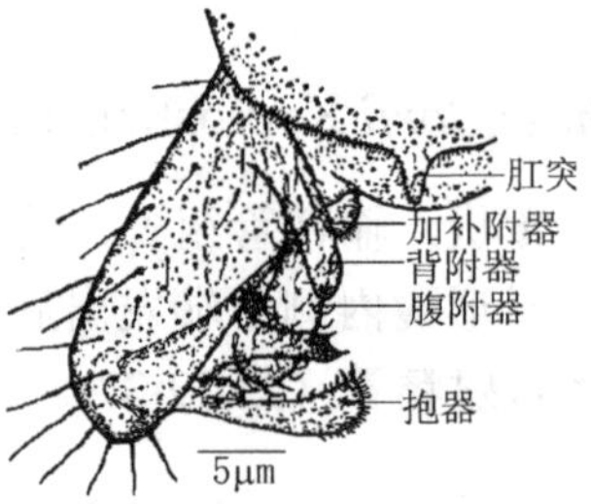

图 29-38　六附器毛突摇蚊雄性外生殖器背面（颜京松和叶沧江，1977）

29.11.4　背生摇蚊 *Chironomus dorsalis* Meigen

雄性内生殖器：初羽化成虫的精巢纺锤形，位于第 6 腹节。幼期成虫精巢后端伸出 2 个线状的输出管，达到第 8 腹节的后沿与 2 输精管接合。这些输出管逐渐缩短，带动 2 个精巢后移，高龄成虫时，精巢可移到第 8 腹节。这种中胚层起源的输出管的缩短，提高了高龄成虫中、外胚层起源的输精管取代的效率。高日龄成虫精巢内充满随机分散的精子，精子之间充满分解形成的小型圆形细胞。输精管前段约 2/3 细长，两侧输精管分离；在第 8 腹节后缘，两侧输精管弯曲、相互贴合，近弯曲的半段略膨大，其余半段明显膨大形成梭形贮精囊，囊壁薄，没有肌肉层，但覆盖有脂肪层。囊内充满精子和腺体化射精管的分泌物。贮精囊末端弯折，通过狭窄的管与同侧的射精管连接。两侧射精管紧密贴合，前段膨大呈棒状，后段渐细而弯曲，膨大部分可能具有腺体分泌功能，取代雄性附腺的作用。射精管末端进入生殖腔（图 29-39）。

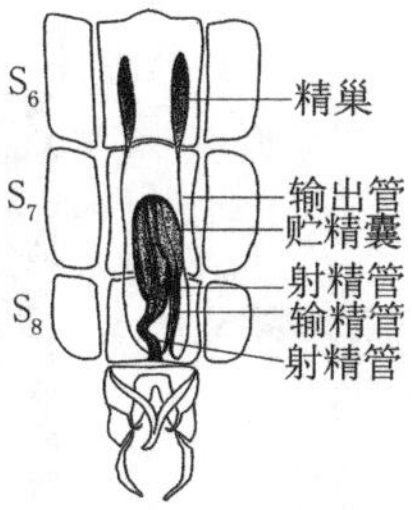

图 29-39　背生摇蚊雄性内生殖器 (Abul-Nasr，1950)

S_6～S_8 为第 6～8 腹节腹板

雄性内生殖器胚后发育：低龄幼虫的精巢纺锤形，端丝短，位于第 6 腹节。精巢内具有未分化的小型圆形精原细胞。不久，精原细胞稍增大，呈莓果样集群。随着幼虫的发育，精原细胞转化为精母细胞；在充分发育的幼虫期，进一步形成精子。精子成束排列，头部朝向中心，尾部向外。不久，这些精子束 spermatodesms 分散，精子混合存在于精巢内。在幼期精巢内，有些生殖细胞排列在膜质封套内，封套外观上为膜质上皮，前端有端丝，后端有中胚层起源的生殖索。在精巢发育期间，上皮的细胞特征逐渐消失，厚度减少。成熟幼虫期，膜质上皮薄膜状，具有细小分散的核。精巢后端具有中胚层起源的分支的索，其中 1 个长索伸达第 9 腹节腹板前沿，另 1 短索伸到第 7 腹节腹板中部。短索比长索细，在预蛹期消失。雌、雄虫精、卵巢后端分支情况相同，但在哪一支保留上存在差别。雄虫为长索保留，进而发育为输出管，整个幼虫期均为实心管。实心管端部是否在蛹期与次生的输精管结合，依然存疑 (图 29-40)。

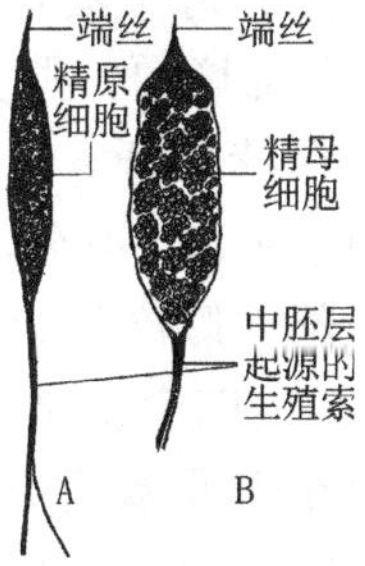

图 29-40　背生摇蚊精巢纵切 (Abul-Nasr，1950)

A. 幼期幼虫；B. 充分发育幼虫

雄性外生殖器：第 9 腹节背板为三角形骨片，侧角向腹面弯曲，尖端指向后方。第 10 腹节背板鸟喙状，与第 9 腹节背板紧密结合。第 9 腹节腹板窄带状，两侧与第 9 腹节背板结合形成 1 个完整环。第 10 腹节腹板框架形，有 3 个表皮质的边和 1 个膜质中区。生殖突基节有 2 个较大的弯镰形刺突，每生殖突基节的内侧有 1 个显著的杆状的阳基侧突类器官 paramerophore，其端部有 1 丛浓毛。除了这些侧生的附肢外，还有 1 对小型的钩状突起 (小抱器) 位于生殖突基节、阳基侧突类器官、第 10 腹节腹板结合点。插入器官 (阳茎) intromittent organ 由短管、阳茎腔、阳茎腔内折叠的膜质内套组成。内套的侧

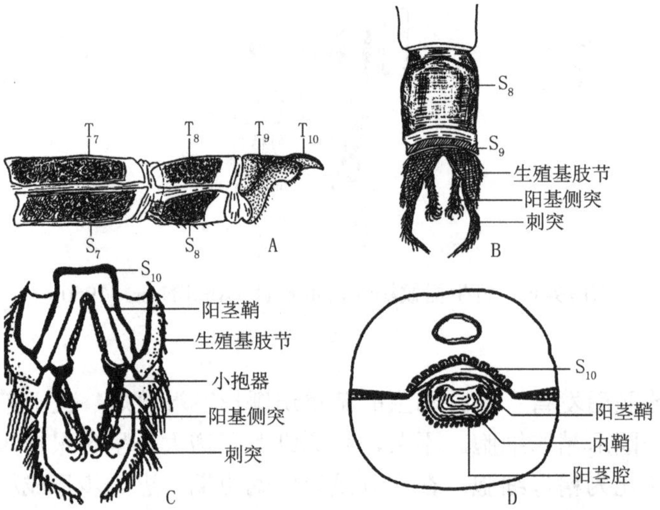

图 29-41　背生摇蚊的腹部末端构造 (Abul-Nasr，1950)

A、B. 第 9、10 腹节和生殖肢侧、腹视；C. 生殖基肢节和第 10 腹节腹板内视；D. 第 9 腹节横切，示第 10 腹节腹片、阳茎腔 penis cavity、内鞘 endotheca、阳茎鞘 penis sheath 的位置；T_7～T_{10} 为第 7～10 腹节背板；S_7～S_{10} 为第 7～10 腹节腹板

面有 2 条弹性的表皮带，阳茎休止时，表皮带指向前方，后方与生殖突基节的小抱器相关节。上述表皮质带和阳茎鞘，在受到基部关节肌肉松紧度影响时，能引起阳茎套的折叠和翻出 (图 29-41)。

雄性外生殖器胚后发育：在低龄幼虫期，次生的生殖系统原基以 2 个皮下器官芽的形式出现，位于第 9 腹节腹部中部表面。每个器官芽形成 1 个围腔，当 2 个围腔接近第 9 腹板腹中线时，每个器官芽围腔的背部增厚，腹壁变薄。当 2 芽结合时，它们的内壁形成 1 个中间的薄隔膜，使 2 个围腔保持分开。此时，每个芽的背壁形成叶状伸进一侧的围腔。2 个叶状构造为生殖突基节的原基，不久，顶端收缩产生出端肢节 telopodite 部分，此为刺突的原基。生殖突基节基部内侧产生分隔，这导致肢节内叶 endite 或真正的生殖突 (阳基侧突叶的原基) 的出现。生殖突基节的基部出现 2 个分开的内陷，为成对的射精管原基。在随后的幼虫期，射精管原基后方出现新的浅凹，为阳茎腔原基。成熟幼虫的 2 支射精管在很长的范围内紧密并行，弯曲成“U”形。随着发育的进程，管道的不同部分发生特化，基部变成厚壁但不具有腺体分泌功能；中段管壁具有腺体功能，管腔内有分泌物出现；末端部分细而实心。近端的细管形成输精管。这些分叉和侧面延伸使其与第 9 腹节腹板前缘的 2 支中胚层索接近。

生殖突基节在蛹期快速增大。刺突延长，在羽化前分化出成虫期形态。阳茎侧突叶不再分裂，而是保持为 1 对阳基侧突类器官，这解释了阳茎的成因。幼虫期存在的第 9、10 腹节腹板间的节间膜折叠于阳茎腔内，形成具有 2 条表皮带的内鞘。蛹期，精巢向后伸展到第 7 腹节腹板前沿。除某些生殖细胞携带到成虫精巢作为小的圆形降解细胞外，精巢的全部内容物已经转化为精子。精巢的围鞘封套除基部与中胚层输出管结合处外，已经变得很薄。输出管保留实心状态直到羽化前，当获得管腔后，精巢内的精子即通过输出管进入贮精囊。蛹期阳茎腔浅的皮下凹陷缓慢加深形成 1 个短管，短管被 1 层纵肌覆盖。横切面表明肌肉层和节间褶 (内鞘) 一起折叠于阳茎腔内。而成对的射精管的基部不断深入体腔，1 层环肌将 2 个管道包裹在一起，所以外观上似为 1 根。管壁变薄，演化成简单的非腺体射精管，管的末端开口于阳茎腔的前壁。腺体化的射精管的基部由于腺体壁的增厚而变厚，管腔内充满分泌物。腺体细胞通过内端形成泡囊进行分泌活动。

直到羽化以后贮精囊内才出现精子。当精子开始流过输出管，流到输精管后，由于腺体化射精管内的分泌物的阻碍而停滞，在输精管前端聚集，随着精液的积累，管壁扩展变薄，这部分管道转化成为贮精囊，贮精囊外有脂肪体包被。幼虫期射精管内陷的末端分叉部分是早期分化的输精管，在输出管两部分接合前，这个原基一直存在。在蛹期，输精管是位于贮精囊和中胚层输出管之间的外胚层管道，事实上，输精管部分为外胚层起源，部分为中胚层起源 (图 29-42)。

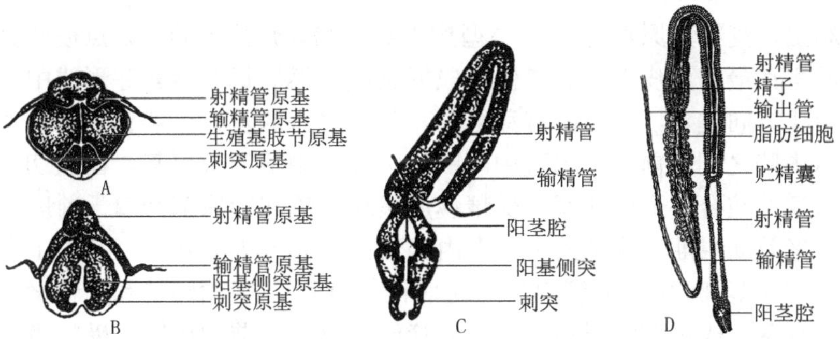

图 29-42　背生摇蚊雄性生殖系统胚后发育 (Abul-Nasr，1950)

A、B、C. 初龄幼虫、高龄幼虫、预蛹期雄性外生殖器皮下原基切面；D. 蛹期雄性内生殖器输出系统

雌性内生殖器：卵巢雪茄形，较成熟的卵巢薄膜囊状，囊内卵并行排列，滤泡细胞的分隔痕迹很浅。幼期卵巢中部有 1 个狭窄的腔，该腔由滤泡细胞围成。刚羽化的雌虫，卵巢中部的腔明显，在卵巢管之间及卵巢管与中心腔之间，均有滤泡细胞形成的隔膜分开。输卵管柄很短或不明显，卵巢管似直接着生在输卵管顶端两侧。未交配雌虫卵巢管与输卵管腔之间有中胚层起源的细胞聚集，将卵巢管与输卵管腔分隔，到产卵时才开通。输卵管后延，与第 8 腹节腹板后缘的生殖腔前端结合。受精囊 2 个，彼此分开，2 受精囊管末端汇合后开口于生殖腔背壁乳头状突起上，位于产卵瓣开口的后方，与产卵瓣开口之间有生殖腔突起分隔。受精囊管细长，中部有许多腺体细胞环绕呈桑葚状，这些细胞可能有分泌功能。受精囊体椭球形，囊壁有 2 层，内层厚，表层较薄、退化 (图 29-43)。

雌性内生殖器胚后发育：低龄幼虫的卵巢细香蕉形，位于第 6 腹节消化道两侧，端丝长，末端附着于第 3 腹节后缘。幼虫期卵子发生开始于 2 个圆形未分化的生殖细胞。在随后的发育期间，卵巢中部充满小型细胞，边缘区域则为圆形的卵原细胞。老熟幼虫期，可看到小型细胞转化为滤泡细胞，排列形成中心腔。真正的卵母细胞还不可辨。从卵巢的后端发出中胚层起源的实心索，每侧的索终止于第 7 腹节腹板的中部、腹纵肌的侧面。另分出 1 支长的细丝伸达第 9 腹节腹板前沿。低龄雌性幼虫第 8、9 腹节腹面中部具有皮下器官芽，第 8 腹节的器官芽为受精囊原基，位于第 9 腹节的为盲肠 caecus 原基。

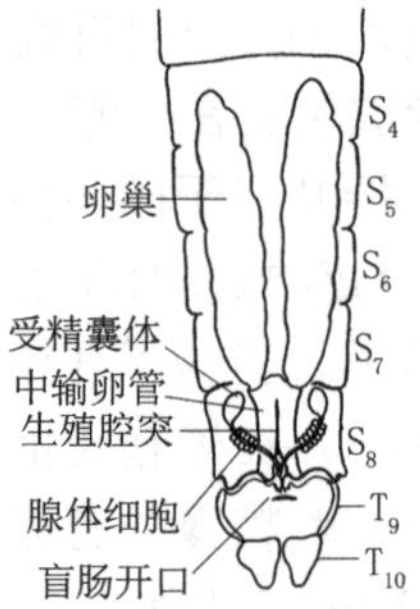

图 29-43　背生摇蚊雌性内生殖器 (Abul-Nasr，1950)

T_9、T_{10}为第 9、10 腹节背板；S_4～S_8为第 4～8 腹节腹板

发育早期的幼虫，受精囊原基为 2 个小型皮下细胞增厚形成的点，2 点彼此分离。在组织切片上，器官芽最初为皮下细胞增生形成的突起，然后每个器官芽形成中空的腔，两侧的腔向腹中线方向发育，左右器官芽合并，随着幼虫的发育，器官芽合并痕迹消失。在 2 个受精囊内陷之间稍前方，出现中间凹陷，此为中输卵管原基。在纵切面上，可以看到受精囊原基的腔合并形成前庭，受精囊原基和中输卵管原基开口于前庭，前庭为生殖腔的原基。老熟幼虫期，分别的受精囊内陷开口合并为 1 个开口，其中 1 个原基分化出稍膨大的头部和茎部。中输卵管内陷明显增长。预蛹期，中输卵管和受精囊已经形成，一定程度上已具备了成虫期的形态。中输卵管已达第 7 腹节的边缘，受精囊已分化出受精囊体和受精囊管。围腔已变成管状的生殖腔，围腔形态上的这种变化使生殖腔的开口后移，接近盲肠的开口。生殖腔的背壁增厚，表明生殖腔突开始形成。

与受精囊原基相比，第 2 对成虫器官芽 (盲肠原基) 彼此更接近，即更靠近腹中线。当受精囊原基为实心的皮下细胞群时，盲肠原基已经形成围腔。说明盲肠原基出现更早。在低龄幼虫第 9 腹节腹板上出现盲肠原基时，第 8 腹节腹板还没有受精囊原基的迹象。2 个盲肠原基在腹中线合并为一，但仍有垂直的分隔。随着幼虫的发育，2 个原基的特征消失，仅内陷开口处依然保留 2 个腔的分隔。在后续发育中没有发生大的变化，只是盲肠长度和壁厚度的增加。预蛹期，盲肠原基的围腔变成前庭的盲肠部分，盲肠部分与生殖腔部分由围腔壁结合形成的皮下折叠分隔。幼虫期第 9 腹节腹板完全消失，由前庭两部分之间的皮下折叠重新发育形成的“岛片”在幼虫期不明显。预蛹期，直肠上出现 1 对皮下增生点发育形成第 10 腹节背板。在盲肠内陷的后面出现新的皮下增生区域，表明肛下板 hypoproct 开始发育。

在高龄蛹期，卵巢位于第 5 腹节前端到第 7 腹节中部。分散的滤泡细胞紧密排列形成中部的管，卵细胞围着中心管排列。滤泡细胞逐渐停止分散在卵细胞间，而是围绕中心管集中。围绕卵原细胞 oogonium 形成清晰的滤泡细胞层，卵原细胞继续与中心管保持联系一段时间，在蛹中后期分离。卵原细胞群基部出现特殊的细胞，即卵母细胞。开始时卵母细胞具有清楚的圆形核和暗色的中部核仁，不久细胞核消失，卵黄发生开始，卵母细胞体积增大。败育的卵原细胞集中于卵的动物极，转变为营养物质。蛹期，随着卵巢向后延伸，输卵管继续缩短，一直到卵巢与外胚层起源的中输卵管愈合为止。此时，中胚层起源的输卵管已经变成了位于卵巢和中输卵管之间的上皮塞。蛹期生殖系统发育的主要内容是完成生殖系统幼虫态向成虫态的转化，中输卵管沿第 8 腹节腹板向第 7 腹节腹板延伸，第 8 腹节上的管道侧面窄而背腹宽；在第 7 腹节腹板基部的管道则相反，背腹窄而两侧宽，以便接受来自卵巢的卵。

生殖孔开口的后部有 1 个短的生殖腔前庭，前庭的腹壁出现 2 个具毛的突起，即导卵器。在受精囊和生殖孔开口之间生殖腔壁折叠形成副室，副室位于中输卵管背壁上方。副室的壁隐藏生殖腔突起。“岛片”褶的插入构成了前庭生殖腔部分的后缘。“岛片”褶附着于生殖腔突起的后沿，中间有翼片悬挂于前庭腔内。蛹期受精囊的变化是出现肌肉和环绕受精囊管的腺细胞，成肌细胞沿受精囊管排列形成明显的纵肌层，但在受精囊管中部则附着有大型腺体细胞。腺体细胞是大型上皮细胞，穿过肌肉层形成分泌管道(图 29-44)。

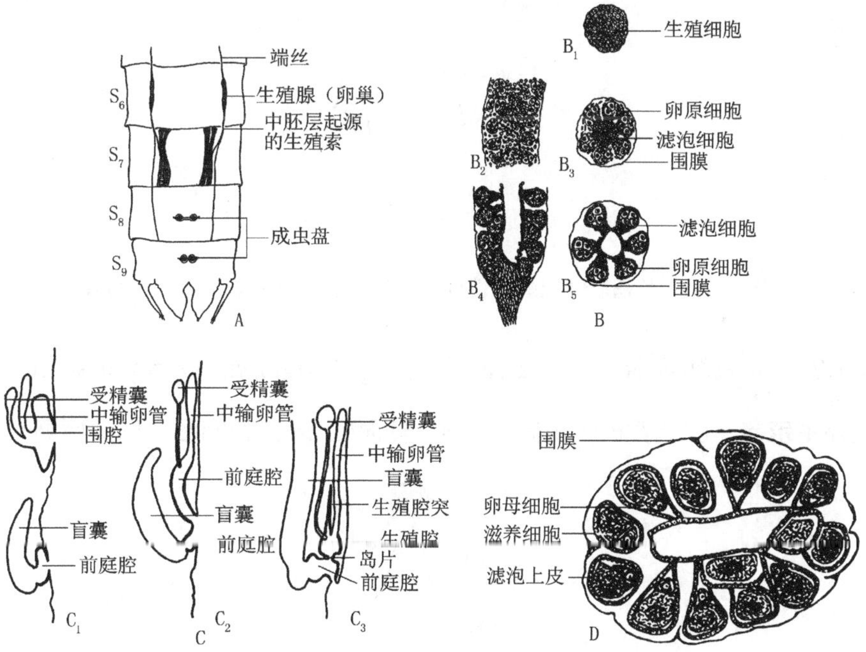

图 29-44 背生摇蚊雌性内生殖器胚后发育 (Abul-Nasr，1950)

A. 雌性幼虫纵切；B. 雌性幼虫生殖腺切面 (B_1. 幼龄幼虫生殖腺横切；B_2、B_3. 高龄幼虫生殖腺纵、横切；B_4、B_5. 老熟幼虫生殖腺纵、横切)；C. 不同发育阶段雌性生殖道皮下原基纵切 (C_1. 幼虫；C_2. 预蛹；C_3. 蛹)；D. 蛹期卵巢横切；S_6～S_9 为第 6～9 腹节腹板

29.11.5 羽摇蚊 *Chironomus plumosus* (Linnaeus)

雄性内生殖器：精巢长梭形，输精管细长，中部弯曲后两侧输精管贴合，基部 1/3 膨大形成贮精囊，贮精囊下端接入附腺复合体，两侧附腺复合体中部贴合呈梭形，附腺复合体下端进入射精管，2 射精管贴合，下端进入精泵 (图 29-45)。

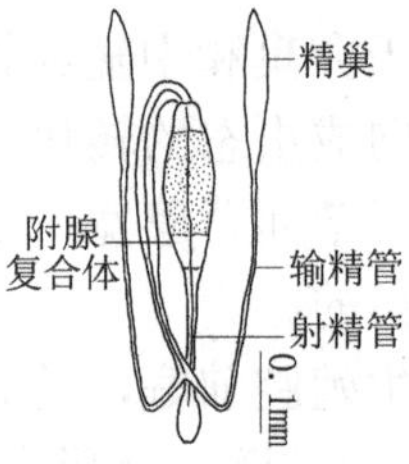

图 29-45　羽摇蚊雄性内生殖器 (Sinclair 等，2007)

29.11.6　长翅肛脊摇蚊 *Mesosmittia dolichoptera* Wang *et* Zheng

雄性外生殖器：肛节背中央隆起成 1 长脊，端部向外突出，其两侧生有多数长短不等的刚毛，下方还有 1 亚隆起。抱器基节下附器生有 1 骨化结节状突起，抱器端节背脊发达，低而长，约占抱器端节全长的 2/3，端刺小，阳茎端刺呈长刺状 (图 29-46)。

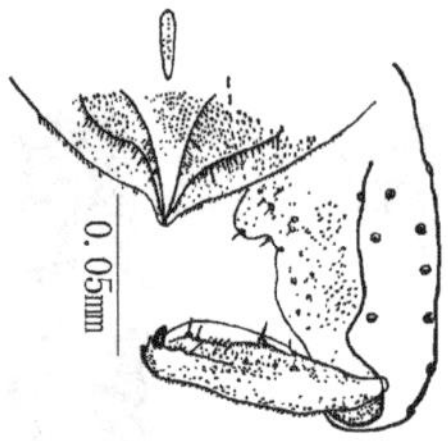

图 29-46　长翅肛脊摇蚊雄性外生殖器 (王新华和郑乐怡，1990b)

29.11.7　凤城肛齿摇蚊 *Neozavrelia fengchengensis* Wang *et* Wang

雄性外生殖器：肛节背板带呈阔“V”形，背面生 26 支长刚毛。肛尖两侧平行，端部

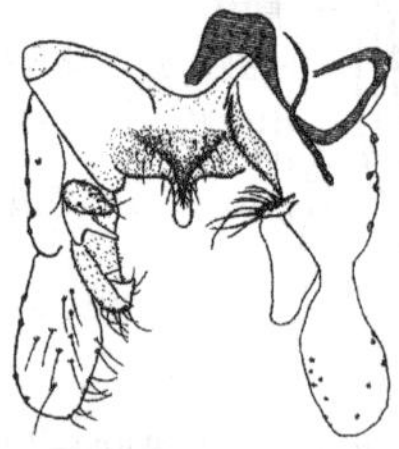

图 29-47　凤城肛齿摇蚊雄性外生殖器 (王俊才和王新华，1996)

光裸，半透明，不具栉齿及棘刺，肛尖中部具 1 显著的具分支的中隆。肛尖基部及中部生有侧毛 8 支。抱器基节宽短，抱器端节短于基节。上附器卵形，前缘生 2 支强壮端毛，背面密被细毛并生有 6～7 支长刚毛。指突长指状，末端圆钝，端部超出上附器。下附器端区生有 20 余支弯曲长毛。中附器柄短，端部着生有 10 支长叶状刚毛 (图 29-47)。

29.11.8　喙施密摇蚊 *Smittia rostrata* Wang *et* Wang

雄性外生殖器：肛节背板密被细毛并生有 12 支长刚毛，肛尖长，其中一半以上长度伸出肛节背板以外，基半部伸达肛节背板中部并生有细毛，端部光裸，末端钝。抱器基节与端节约等长，抱器端节端部延长呈鸟喙状，内缘中部显著外凸，形成 1 近三角形的突起。阳茎端刺由 2 支端部钝圆的端刺组成。下附器呈不明显的二叶状，基叶为 1 宽而短的隆起，端叶长指状，表面生有 8～10 支小刚毛 (图 29-48)。

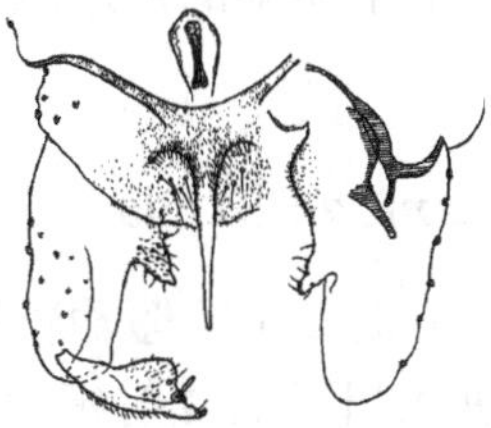

图 29-48　喙施密摇蚊雄性外生殖器 (王俊才和王新华，1996)

29.11.9　毛尾长跗摇蚊 *Tanytarsus trichoproctos* Wang

雄性外生殖器：第 9 腹节背板端部中央常向后伸出形成肛尖，肛尖啤酒瓶状，基部约 2/3 长度较粗，端部渐细缩，整体密生细毛，顶端开口处具稀疏长刚毛。第 10 腹节具 1 对 2 节的抱器，分别称为抱器基节和抱器端节。抱器基节生有 3 对附器，分别称为上附器、中附器和下附器。上附器最发达，近菱形；中附器细管状；下附器长三棱状。各附器内缘、顶端等处具稀疏刚毛 (图 29-49)。

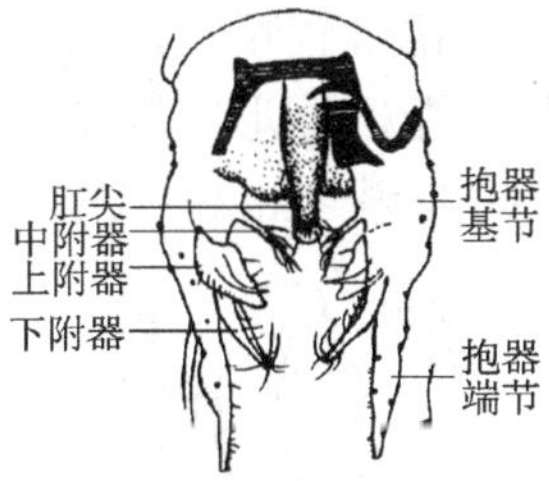

图 29-49　毛尾长跗摇蚊雄虫尾器 (郑乐怡和归鸿，1999)

29.12　山蚋科 Thaumaleidae

29.12.1　雄性内生殖器

精巢圆形或卵形，常有深色素颗粒 (脂肪细胞)，位于附腺复合体侧缘或游离。*Androprosopa japonica* 的输精管顶端 1/3 扩大，充满精子。输精管终止于附腺复合体第 1 室的前缘附近。在进入附腺复合体前，输精管中部一小段愈合。其他种类的输精管沿中部联合，位于愈合的附腺复合体背面。输精管在小的端叶基部前缘之后进入附腺复合体 (*Austrothaumalea zentae*)，或者在前段中点附近进入附腺复合体 (*Androprosopa americana*)。附腺复合体为大型的椭圆形囊，中间联合，内部分成 3～4 对腔室，各腔室的形状和发达程度在不同种类中有变化。附腺复合体向后通入成对的射精管。在进入外生殖器前，射精管愈合形成 1 个宽管。管道似乎被环肌环绕，近中部有深的“Z”形弯曲。阳茎端为不定形膜质管，精泵和射精突缺。背面，阳茎端和不定形的阳茎口有阳基侧突支撑，其腹面则有腹片或生殖基突 gonocoxal 骨片支撑，阳基侧突一般成对，与生殖基突相关节。腹片 gonocoxal plate 为 1 个简单的矩形弱骨化骨片，其侧面与生殖突基节广泛愈合。

29.12.2 *Androprosopa japonica* (Okada)

雄性内生殖器：精巢椭球形，下端发出粗短输精管，输精管下段膨大弯曲后分别进入同侧的附腺，附腺椭球形，下端进入粗短的复射精管，接入囊状的单射精管 (图 29-50)。

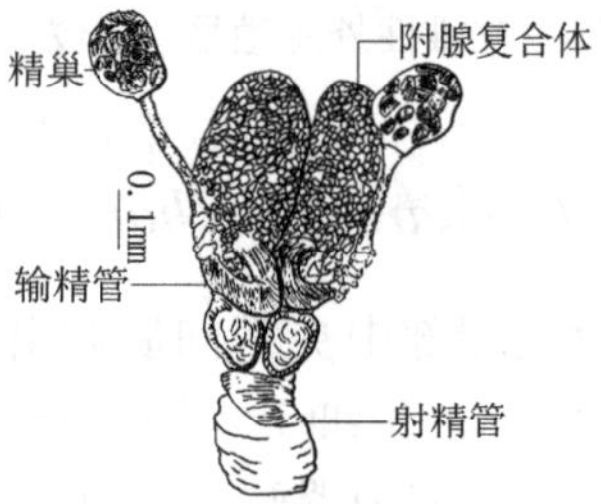

图 29- 50　*Androprosopa japonica* 雄性内生殖器 (Sinclair 等，2007)

29.12.3 *Austrothaumalea zentae* Theischinger

雄性内生殖器：精巢椭球形，输精管较粗短，前段略弯曲，后段两侧输精管贴合，进入囊状的贮精囊。贮精囊下端与大型椭球形附腺结合。两侧附腺贴合，每附腺下端通入各自的射精管，2 射精管外部有共同鞘 (图 29-51)。

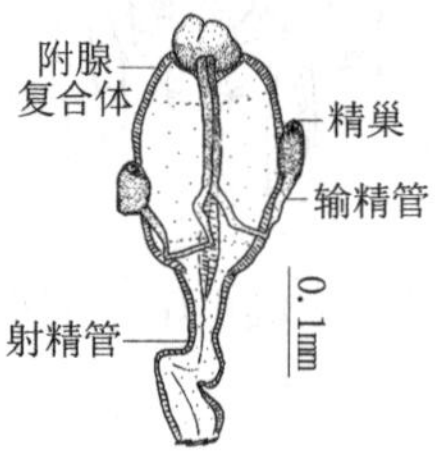

图 29- 51　*Austrothaumalea zentae* 雄性内生殖器 (Sinclair 等，2007)

29.13　蚋科 Simuliidae

29.13.1　雄性内生殖器

精巢卵圆形、梨形或细长渐尖，包被色素颗粒和脂肪体。输精管较精巢稍长，前部弯曲，并列于附腺复合体背面。精子一般充满输精管的顶端部分。输精管也常覆盖带有色素的脂肪细胞。附腺复合体每侧有 2 室，前面的腔室卵圆形，具有颗粒状分泌物，腔室壁富含腺体细胞。第 2 对腔室细长，长度约为前室的 2 倍，前部有肌肉环绕。从第 2 对腔室收缩的末端发出 1 对射精管，2 射精管保持分开直到阳茎端的基部。射精管粗壮，含有环肌。射精突和精泵缺，阳茎端大部膜质，背壁上偶有背片存在。中片可视为腹片向背面的伸展。腹片 (腹阳茎导片) 与生殖突基节相关节，通过提升肛叶，帮助打开雌性生殖腔。

29.13.2　雄性尾器

腹部 10 节，第 9 腹节背板较大，腹板细而骨化程度较高。雄性尾器不扭转。雄性外生殖器由第 9 腹节以后部分组成，腹视外面有 1 对 2 节的生殖突，基部的 1 节称为生殖突基节 (基腹片)，端部 1 节称为生殖刺突 (刺突)。生殖突基节圆形、长圆形或圆锥形，不与生殖刺突融合。生殖刺突圆形或扁平、圆锥等形状，顶端或亚顶端，具有 1 至多个刺。生殖腹板 ventral plate 位于生殖突基节之间，矩形或三角形，骨化程度较高。生殖腹板前侧角，生出 1 对臂状结构，2 臂或长或短，平行或亚平行，或斜向外伸呈“Y”形，每臂与生殖突基节和阳基侧突接触或结合。在侧突下面，通常具有阳基侧突刺钩 parameral hook。阳基侧突刺钩数目、大小有变化。阳基侧突多呈三角形或四边形，骨化程度较高，基部通常与生殖突基节的前背角和腹板壁的顶端相结合。生殖腹板背面有 1 个与其相连的生殖叉骨 median sclerite，该骨片为叉形、棒状等 (图 29-52)。

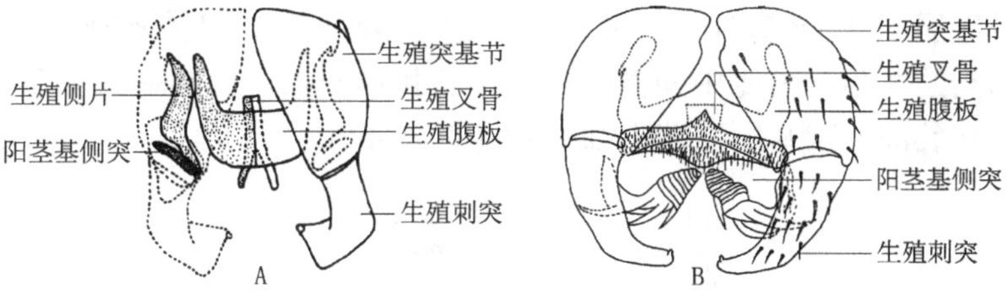

图 29-52　蚋科雄性尾器 (A. 郑乐怡和归鸿，1999；B. 陆宝麟和吴厚永，2003)

29.13.3　雌性尾器

第 8 腹节腹板盾形，下面端部延伸成三角形、方形或舌形的生殖板，分左右 2 片。生殖板活门称产卵孔。第 9 腹节腹板发育完整，腹部侧臂与生殖叉突 genital fork 相连。第 10 腹节背板为极小骨片，下面是 1 对肛侧板 paraproct 和 1 对尾须，肛门开口于尾须之间。受精囊形态各异，有的具纹饰 (图 29-53)。

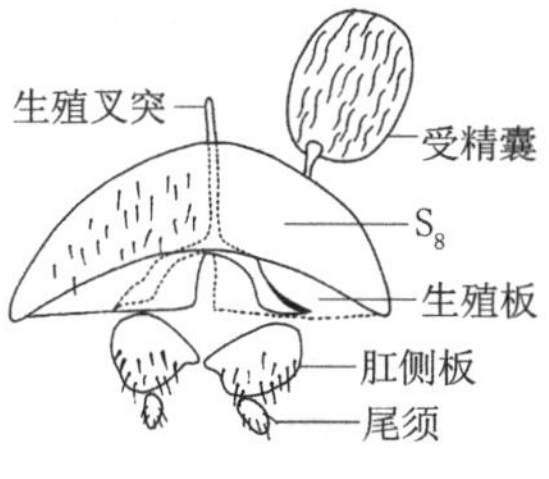

图 29-53　蚋科雌性尾器 (陆宝麟和吴厚永，2003)

S_8为第 8 腹节腹板

29.13.4　*Austrosimulium furiosum* Skuse

雄性内生殖器：精巢长梨形，包被有脂肪体组织。输精管前端球状，其余部分弯管状，整体膨大，两侧输精管的后半部贴合，末端进入附腺复合体。附腺复合体二室状，与输精管连接的贮精囊室半球形，该室与输精管其他部分一起组成贮精囊。贮精囊室下接长椭圆形的附腺室，该室下端接入射精管。附腺复合体的贮精囊室、附腺室及下端的射精管均为两侧分离的贴合状，内部管道分开 (图 29-54)。

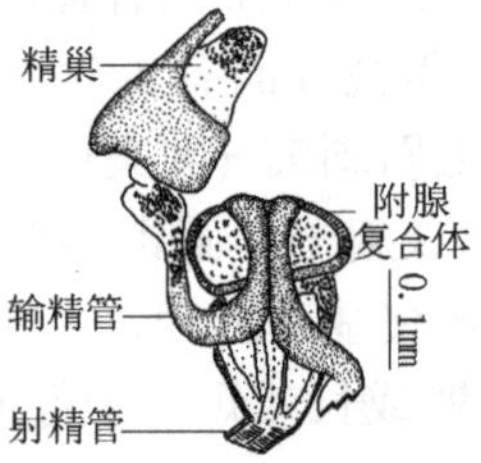

图 29-54　*Austrosimulium furiosum* 雄性内生殖器 (Sinclair 等，2007)

29.13.5　林栖赫蚋 *Prosimulium* (*Helodon*) *lochmocola* Sun

雄性外生殖器：生殖突基节长于生殖刺突，生殖刺突具 3～4 支端刺，以 3 小刺多见。生殖腹板宽为高的 3 倍，前缘中间微凸，底缘有弧形凹入，板体端面观三角形。生殖叉骨基部宽大，端裂深。阳基侧突端尖细无刺 (图 29-55)。

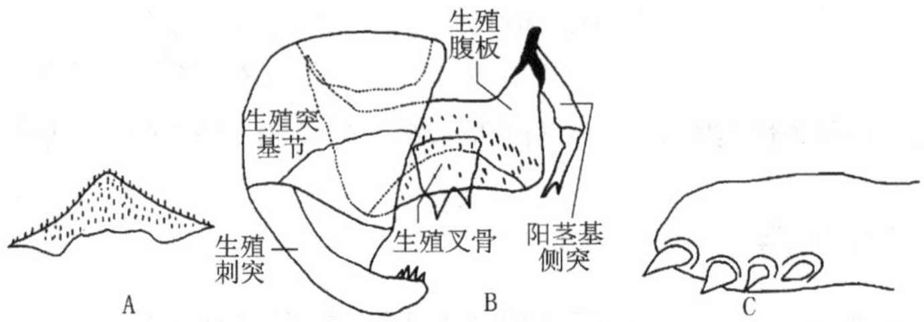

图 29-55　林栖赫蚋 (孙悦欣，2008)

A. 雄性生殖腹板端面观；B. 雄性生殖器背面；C. 雄性生殖刺突亚端刺

雌性外生殖器：生殖板宽舌形、内侧缘稍弯、具微小毛。生殖叉突倒"Y"形，2 臂端内凸三角形。受精囊卵形、具网纹。肛侧板长钩状，尾须不规则 (图 29-56)。

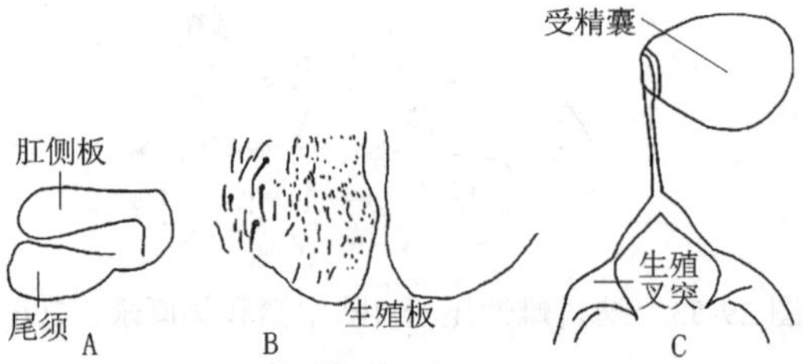

图 29-56　林栖赫蚋雌性外生殖器 (孙悦欣，2008)

29.13.6　威宁真蚋 *Simulium* (*Eusimulium*) *weiningense* Chen *et* Zhang

雄性外生殖器：生殖突基节粗壮，圆锥形，背内区具细毛丛。生殖刺突弯刀状，长约为生殖突基节之半，具亚端指突。生殖腹板“Y”形，板体与 2 基柄约等长，端圆，密生长毛，基柄粗壮，呈 150°外展，鸟喙状。生殖叉骨长棒状，向端部渐窄，端部扩大，端缘平截。阳基侧突具 1 个粗刺 (图 29-57)。

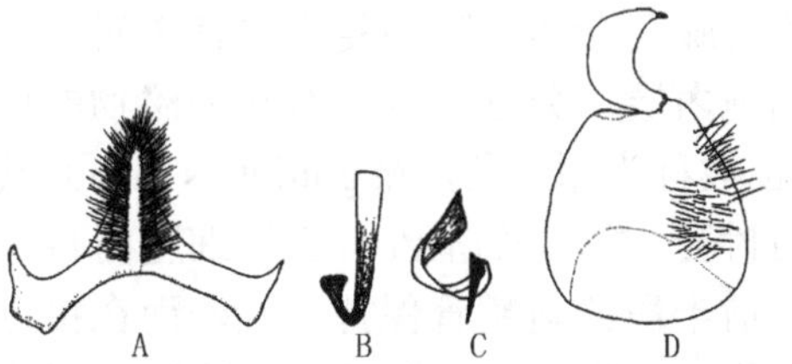

图 29-57　威宁真蚋雄性外生殖器 (陈汉彬和张春林，1997)

A. 生殖腹板；B. 生殖叉突；C. 阳基侧突；D. 生殖突基节和生殖刺突

29.13.7　清西陵维蚋 *Simulium* (*Wilhelmia*) *qingxilingense* Cai *et* An

雄性外生殖器：生殖突基节宽大，近长方形。生殖刺突细小，近中部弯曲呈钩形。生殖腹板腹视，板体呈三角形，2 臂粗壮斜向外伸，末端高度骨化。生殖叉骨上部亚圆形，生有许多短刺毛。下部具倒“八”形的条状脊，由许多粗长刺毛组成。阳基侧突每侧具 7 支粗刺 (图 29-58)。

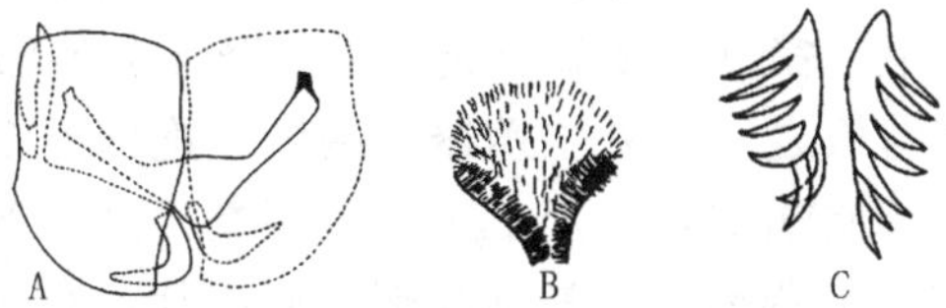

图 29-58　清西陵维蚋雄性外生殖器 (蔡茹和安继尧，2005)

A. 尾器 genitalia 腹视；B. 生殖叉骨；C. 阳基侧突 parameral hook

雌性外生殖器：生殖叉突柄 2 臂基段和末段外缘高度骨化，2 臂末段膨大具内突。生殖板长条形，2 板内缘形成略呈长方形的空间，末端具细长蜷曲的突起。受精囊椭圆形。肛上板略呈长方形。尾须略呈三角形，具许多刚毛 (图 29-59)。

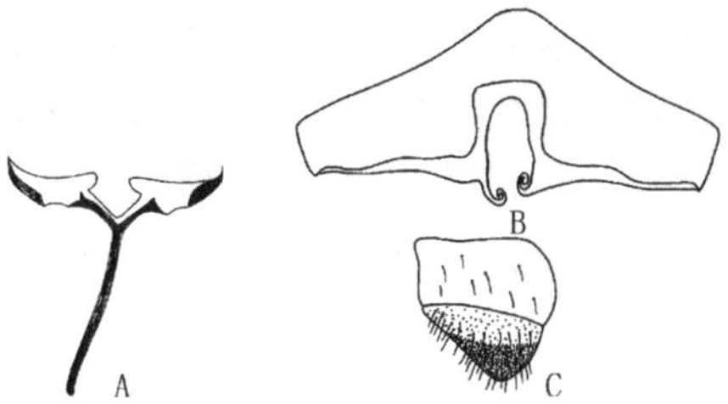

图 29-59　清西陵维蚋 (蔡茹和安继尧，2005)

A. 生殖叉突；B. 生殖板和第 8 腹节腹板；C. 肛上板 paraproct 和尾须；D. 受精囊

29.14　蠓科 Ceratopogonidae

29.14.1　雄性内生殖器

精巢狭窄纺锤形，前段渐尖。输精管内部在羽化时就已经充满成熟精子。输精管向后延伸到邻近第 9 腹节，然后向背面急弯，与附腺复合体在中线愈合，并行到附腺复合体前端，分别进入各自的附腺复合体。附腺复合体有 3 对室，沿中线贴合。最前端的室称为贮精囊，衬有分泌细胞内层，分泌细胞具有含分泌物的球形液泡。1 个狭窄的缝将贮精囊与中室分开，中室也被称为附（黏）腺 glutinous gland，其分泌细胞产生黏性物质，黏性物质用于形成精包的封套。第 3 个室没有腺体细胞内衬。上述构造整体覆盖 1 层环肌。射精管由 2 段组成，前半段的射精管保持分开，而在接近外生殖器基部，射精管联合，这段射精管衬有柱形腺体细胞。射精管具有 1 层环肌组成的鞘。射精突缺，真正的阳茎端为膜质。整个科的种类都存在腹片（也称为阳茎端），大多数种类阳茎端的腹片具有向后弯曲的顶部，压进雌性受精囊管背壁的开口，可能有助于开口的伸展。

29.14.2　雄性外生殖器

腹部 9 节，较细削，尾器由腹部第 9、10 腹节特化而成，并可与腹轴做 90°左旋。各腹节有骨化程度不等的背板与腹板，无侧板。第 9 腹节背板向端部延伸，覆盖于外生殖器背面，其后缘中央可有凹陷，两侧有或无侧突，后缘有时有长毛，后缘常可见 1 对尾须。第 9 腹节腹板位于整个外生殖器的基部，形成抱器的基座，其后缘中央可有不同形状的凹陷，膜上可有微毛。第 10 腹节形成外生殖器其余各部，抱器 1 对，位于第 9 腹节腹板之后、第 9 腹节背板之下、外生殖器的两侧。抱器分 2 节，基部 1 节称为抱器基节，较粗壮，一般由基部向端部收缩，上生毛或粗鬃，其基部有发育程度不同的腹髁和背髁。抱器端部 1 节称为抱器端节，基部较端部略粗壮，有时末端略膨大，抱器端节一般略向内侧弯曲。在两抱器基节中间，第 9 腹节背板之下有阳茎和阳基侧突。阳茎有不同程度的骨化和形状，大都近三角形，其端部可呈圆锥形或圆柱形，末端尖或钝形，此部分称为阳茎中叶，向基部分成 2 叶，称为阳茎侧叶，其长短及分开角度，各种不同，两侧叶间形成不同高度的阳茎拱。阳茎和第 9 腹节背板之间为阳基侧突，有一定程度骨化，常分为左右各 1 叶，基部多向两侧分开，中部常相靠拢，甚或连接、愈合在一起，在基部、中部有不同程度的扩展及弯曲，向端部常渐变细，末端可具有毛。库蠓的阳茎中叶通常呈三角形或盾形，是 1 居中完整的角片。阳基侧突为 1 对窄骨片。西蠛蠓的阳茎中叶分化成 1 对侧片，阳基侧突愈合成 1 带状窄片，呈弓状内陷于第 9 腹节内。细蠓的阳茎中叶弱化成 2 个小的角质片，但阳基侧突比其他属发达，每侧各有 2 片组成，尤以端部 1 片形态多变，此片称为阳茎膨端体（图 29-60）。

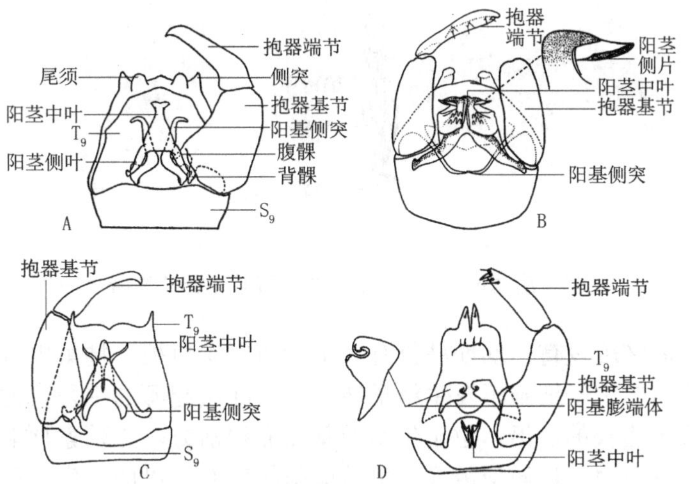

图 29-60　蠓科雄性外生殖器

A. 库蠓雄性外生殖器；B. 蠛蠓；C. 库蠓雄性尾器；D. 细蠓；T_9为第 9 腹节背板；S_9为第 9 腹节腹板 (A. 李铁生，1978；B～D. 陆宝麟和吴厚永，2003)

29.14.3　雌性外生殖器

腹部 10 节，第 9 腹节特化为下生殖板，第 10 腹节背板退化，膜质，腹板为 1 条角化很弱的骨片，尾端膜质部着生 1 对半圆形的尾叶。在第 6、7 腹节，可见 1 或 2 或 3 个骨化的受精囊，另可见 1 骨化环 (图 29-61)。

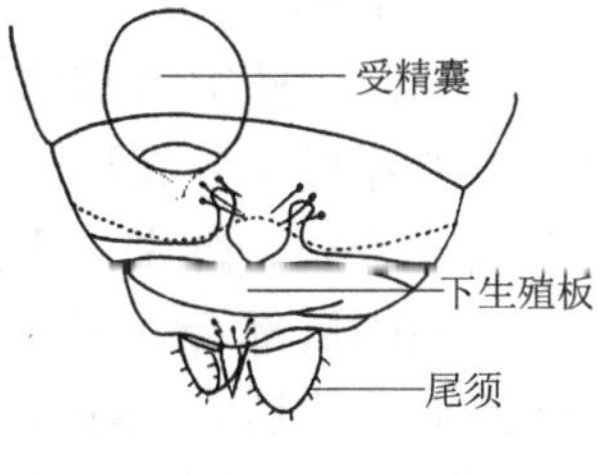

图 29-61　蛾蠓雌虫尾端 (陆宝麟和吴厚永，2003)

29.14.4　滴滤地 (苍) 蝇 *Anisopus fenestralis* (Scopoli)

雄性内生殖器：精巢纺锤形，位于第 6 腹节，端丝短，附着于第 6 腹节前沿。精巢内含许多生精囊。精巢因有含色素的脂肪组织覆盖而呈褐色。输精管前段直管状，中间扭曲后形成膨大的贮精囊，贮精囊大致纺锤形，两侧贮精囊中后段略贴合，后端分别与同侧的射精管输入段连接，两侧的射精管输入段紧密贴合，自前而后逐渐细缩，后端连接于精泵 (活塞球囊 pompetta)，输精管输出段从精泵下端发出，其末端连接外生殖器 (图 29-62)。

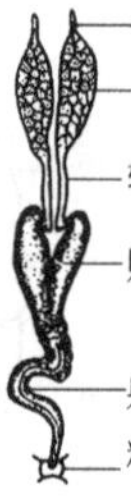

图 29-62　滴滤地（苍）蝇雄性内生殖器（Abul-Nasr，1950）

雄性内生殖器胚后发育：幼期精巢有大量脂肪组织包被，精巢内有许多生精囊，除基部外，生精囊内的精子细胞不发生精子转化。中胚层起源的生殖索为实心合胞体，向后延伸到第 7 腹节腹板的后沿，位于生殖原基侧面稍前方。生殖索顶端可视为成肌组织的继续，成肌组织向中部延伸覆盖成虫生殖原基的表面。以成虫生殖原基为中心，大量从幼虫肌肉分离的成肌细胞向成虫生殖原基迁移。这些成肌细胞群是肌肉组织的原基，形成成虫肛下肌肉组织。

低龄雄性幼虫的成虫生殖器官芽外观与雌性幼虫的相似。起初为后向的皮下增厚，皮下折叠位于第 7 腹节后沿和肛板之间。这个增厚的皮下区域随后成为 2 个外层稍隆起、内层实心的膨胀体。外层为生殖突基节最初的原基，内层为射精管最初的原基。早期，有 1 成肌组织的薄层覆盖射精管原基，成肌组织延伸与中胚层生殖索联系。后来，生殖突原基的分化更为清晰，在生殖突原基之间出现第 9 腹板原基。2 个射精管内陷进一步加深，但仍为实心结构。在 2 个射精管内陷后方、新的第 9 腹板和生殖突基节原基基部之间，出现 1 个新的内陷，内陷具有明显的腔。这个单一的内陷是阳茎管原基的内陷，是 1 个分隔构造。随后，阳茎管原基内陷不断加深，位于两射精管原基之间，仍然保持与皮下组织的联系。在此幼虫发育时期，生殖突基节原基的内侧分化产生 1 对小的分离芽体，即阳基侧突叶。随后，阳基侧突叶再次分裂形成中间的 1 对阳茎瓣和外部的 1 对阳基侧突。围绕阳茎内陷出现 1 对皮下分裂，分别位于内陷的上下方，这是生殖腔的开始。2 个射精管原基获得中心腔，它们的后部合并形成单一管道，该管道与阳茎管内陷的前端接合。而 2 个射精管前部保持双管构造。在第 7 腹节和肛板之间的后向皮下折叠的上层分化形成成虫第 8、9 腹节腹板的皮下组织。2 个肛板边缘的皮下脊包围肛部开口形成肛孔和第 10 腹节。2 个皮下开裂，在幼虫期作为阳茎管的背面和腹面，蛹期逐渐交会形成 1 个生殖囊 genital pouch。

蛹期，精巢逐渐发育达到成虫期规模。随着精子发生的进行，精巢内大部分分隔区域 loculi 含有充分发育的精子，精巢出现色素包被。蛹期的输出管起源于幼虫期的中胚层生殖索，其中的一端保持一段时间实心状态，形成基端，以防止来自精巢内的精子流失；而另一端则促进输出管和外胚层贮精囊前端的接合。同时，输出管的中段形成狭窄的管腔。在高龄蛹期，输出管全长成为管状，精子通过输出管流动。在顶端，输出管与贮精囊接合。输出管的中胚层上皮获得 1 个来自于贮精囊上皮的外套（图 29-63）。

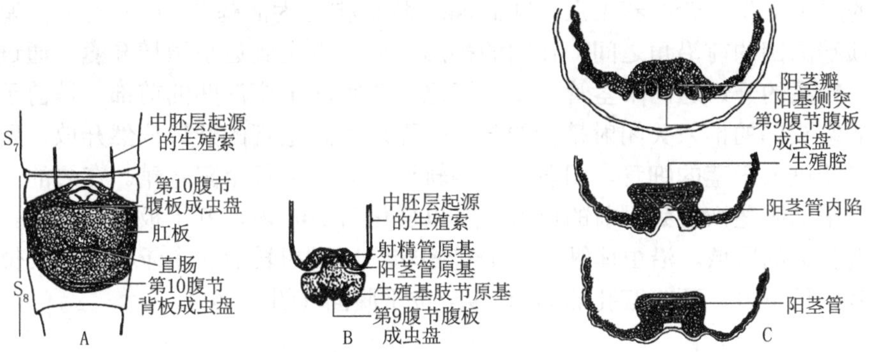

图 29-63　滴滤地（苍）蝇雄性内生殖器胚后发育（Abul-Nasr，1950）

A．雄性幼虫纵切，示含有 2 个皮下增生的肛板；B．皮下生殖原基与中胚层起源的生殖索结合；C．皮下原基不同部位横切；S_7、S_8 为第 7、8 腹节腹板

雄性外生殖器：第 9 腹节为高度骨化环状，背面窄而侧面宽，侧面与第 9 腹节腹板的三角形腹片结合成为下生殖板。在第 9、10 腹节腹板间有长的生殖腔，生殖腔在蛹期的发育首先是出现特殊的节间褶，进而形成 1 个大型的腔，通过水平构造将腔分为背、腹室，背室形成 1 钩状突起，而腹室形成 1 窄而长的膜质腔，即阳茎囊。在阳茎囊里，螺旋状盘绕着 1 个长的鞭状阳茎管（阳茎）。阳茎囊入口处壁骨化，形成 1 个半管状的通道，即阳茎鞘。在阳茎囊的外部开口部位是附生的阳茎瓣（阳茎端），长丝状阳茎在阳茎瓣和阳茎鞘之间滑行，伸出或缩回。除基部外，生殖突基节与第 9 腹节腹板两侧接合，生殖突基节带有矛状的刺突。真正的生殖突由 2 对突起组成，位于阳茎囊开口下方、生殖突基节内侧。第 1 对突起无定形、高度骨化、外观黑色，点缀以短棘。这对突起貌似 1 个，轻压可发现有中缝将其分为两部分。这些突起相当于其他昆虫的阳基侧突。第 2 对生殖突为 2 个狭窄的表皮构造，位于第 1 对生殖突上方，附着于阳茎囊开口之下。第 2 对生殖突相当于其他昆虫的阳茎瓣，代表不完整的阳茎端，其大部分功能已经为突起构造（即阳茎鞘）代替。

交配插入器官不是阳茎端，而是中空的阳茎管。这个表皮质鞭状构造起源于射精管末端，包含在阳茎囊内，先向前伸达第 7 腹节前沿，再折向后形成螺旋圈状，抵达阳茎囊的开口。阳茎下方有 1 个线状突起，形成阳茎鞘尾状的延续，称为阳茎突。阳茎突与阳茎紧密贴合、相伴而行，直到阳茎改变方向（如折向后方）为止。阳茎突实质上是其他薄壁阳茎囊固化的栅栏状加厚的脊。阳茎囊包被阳茎及其螺旋圈。阳茎囊是简单的袋状构造，壁光滑，阳茎在囊内形成简单的圈。在阳茎囊的顶部，圈的上面（背部）与射精管的末端连续。圈的下面沿阳茎囊底壁伸展并终止于阳茎鞘。然后圈的两部分接近、弯曲成闭合螺旋圈。阳茎囊壁折叠于这些螺旋之间，使构造整体呈手风琴状。在阳茎和射精管的结合点有 1 个器官，称为精泵。精泵的压力缸是 1 个小型表皮质腔，具有 2 个侧翼突起。活塞杆是 1 个具有圆形头部的杆状片，圆形头部与腔一侧的孔精确密合。这个孔被封闭在薄的弹性组织内，弹性组织允许活塞头部做一定程度的运动。活塞杆从 1 大型表皮结构中弹出，该表皮结构呈无龙骨鸟胸形。该构造盖住活塞球囊，同时为控制活塞运动的肌肉提供适合的着生点。Abul-Nasr 称该构造为活塞罩，射精管从活塞罩下通过，经过顶端深凹的前沿角之间，在它的拱形下面，直至到达小型精泵囊，通过顶端 1 个孔进入。精泵的开口通向阳茎管，阳茎管位于盒底部 1 个深凹的前部，稍前于射精管的开口。活塞头部的推入关闭射精管的开口，而通往阳茎管的开口依然开放，所以精泵中的精液只能进入阳茎的细管。阳茎突作为轨道供阳茎滑行至阳茎鞘。在泵的压力停止后，阳茎鞘帮助阳茎恢复到以前的位置。成虫羽化后 24h 内，肛下板逐渐扭曲。扭曲包括 3 个末端腹节的区域，沿虫体纵轴做 180°扭转，所以扭转后 2 个矛状的刺突位于背面突出的阳茎鞘稍下方。环绕肛孔的第 10 腹节位于腹面 (图 29-64)。

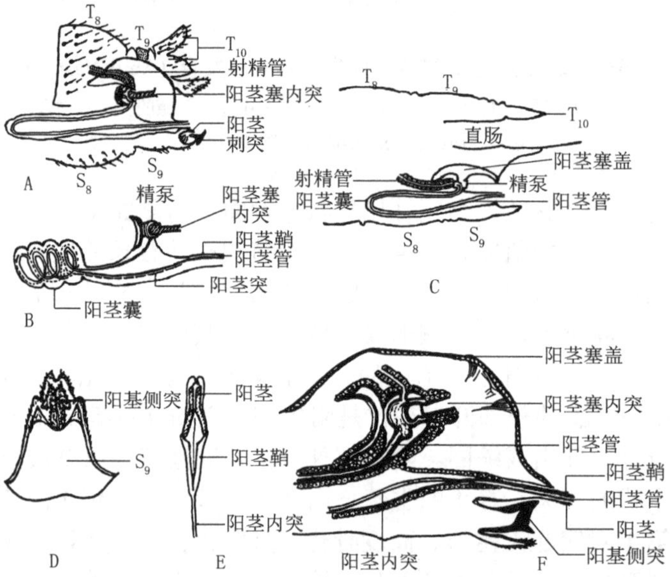

图 29-64　滴滤地 (苍) 蝇雄性外生殖器 (Abul-Nasr，1950)

A. 腹部末端侧视，部分骨片除去以展示内部构造；B. 阳茎管在精泵和阳茎鞘之间的排列；C. 腹部末端纵切侧视；D. 第 9 腹节及阳基侧突内视；E. 阳茎鞘和阳茎腹视；F. 阳茎塞罩和精泵纵切；T_8～T_{10}为第 8～10 腹节背板；S_8、S_9为第 8、9 腹节腹板

雄性外生殖器胚后发育：低日龄蛹，2 对生殖突明显分开，中间的 1 对紧邻阳茎管开口的下方。在蛹期生殖突基节进一步发育，与第 9 腹节腹板附着更紧密。在生殖突基节末端，刺突呈收缩的爪状。蛹期的生殖囊进一步扩大，结构与成虫期的进一步接近。开始环绕阳茎管内陷开口的皮下组织分裂通过向前延伸形成生殖囊原基，围绕阳茎管的部分通过中间孔穴化将阳茎管原基转化为管状的突起，即阳茎原基。生殖囊通过水平收缩将上部与下部分开，上部产生的分泌物发育形成活塞罩 piston hood，下部继续形成阳茎囊，除形成厚脊的部位外，壁变薄而膜质化，厚脊部位将发育形成阳茎突 penis apodeme。阳茎囊骨化的入口壁发育形成阳茎鞘，具有中空组织包围的阳茎管厚度明显减少，变成内部疏松的阳茎囊。随着进一步加长，阳茎囊内形成前向的圈和螺旋状排列。在阳茎管形成部位，位于活塞罩和阳茎囊之间的壁增厚骨化形成精泵。由 2 个射精管末端愈合形成的单射精管长度明显增加，分化形成端部的薄壁非腺体化部分和基部具有厚脊和中心

管腔的宽腺体化管。两部分管道都有 1 层环肌包被，基部管的环肌更明显。复射精管或者前部未联合的部分，发育成为 1 个厚的腺体化壁，外观囊状，似已转化为贮精囊 vesiculae seminales。它们被有内层的肌肉层和外层的色素脂肪细胞。

高龄蛹期，生殖突基节大多与第 9 腹节腹板侧面接合，刺突具有厚的表皮层，成为弯镰形。阳茎瓣固定在阳茎鞘下方，阳基侧突具有短棘，位于第 9 腹节腹板内侧附近。阳茎囊伸展到第 7 腹节前沿，在它的端部保持原有的圆柱形，但前部的壁深皱褶，以与长的螺旋状阳茎相匹配。阳茎鞘管状，背面有沟供阳茎管末端在休止状态存放。阳茎相当长，由丝状表皮质管组成，除最基部之外，阳茎缺乏细胞上皮包被。在最基部，阳茎管为精泵包被。在硬丝质阳茎盘绕处，两部分会靠得很近，一起盘绕在阳茎囊内。贮精囊在蛹期不含有精子，但含有微细颗粒状分泌物。单射精管扭曲，前面腺体部分的管腔内充满分泌物，而末端非腺体部分形成内部狭窄的表皮质管 (图 29-65)。

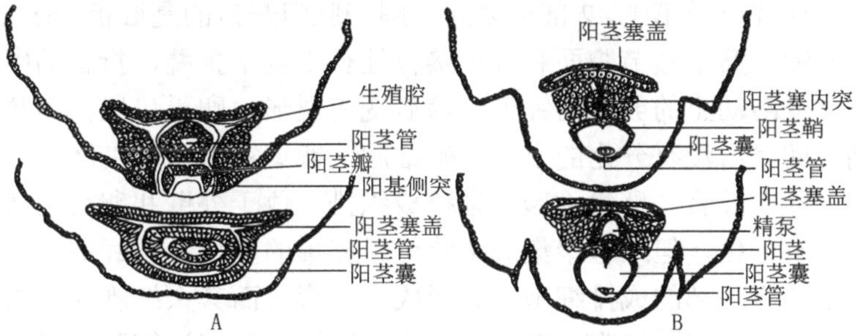

图 29-65　滴滤地 (苍) 蝇蛹期生殖原基横切 (示生殖腔、阳茎囊和精泵的形成) (Abul-Nasr，1950)
A. 幼龄蛹；B. 高龄蛹

雌性内生殖器：第 9 腹节背板大部膜质化，第 10 腹节背板基部二叶状 (尾须)，第 10 腹节腹板更显著。此外，有 1 个盾形板折叠在第 8 腹节腹板后缘，作为下生殖板的部分，供肛下板的肌肉附着。卵巢 1 对，纺锤形，位于第 6 腹节，每卵巢的顶端有端丝附着于第 6 腹节前沿。生殖区小，位于卵巢顶端，内含不同发育阶段的卵原细胞，外观上没有卵巢管分化的迹象，仅为 1 个充满卵原细胞的袋囊状构造。低日龄成虫卵巢的围鞘具有细胞结构，随着发育的进程，细胞结构逐渐丧失。低日龄成虫卵巢内的卵包埋在滤泡上皮中，滤泡上皮以分隔的卵室的形式包围卵。卵巢前部渐尖，卵巢基部由滤泡上皮形成 1 个上皮塞。两侧的侧输卵管从卵巢后端发出，在第 7 腹节腹中线处汇入中输卵管。低日龄成虫，输卵管壁由 2 层明显的细胞组成：外层来源于中输卵管外胚层的延伸，内层为原生的中胚层输卵管。内层与卵巢基部的滤泡上皮塞连续。高日龄成虫的输卵管腔扩大，壁由单层细胞组成，属于外胚层部分。但卵巢管的基部依然存在部分退化的内层。输卵管有 1 层纵肌包裹。中输卵管宽扁，开始于第 7 腹节中部，终止于第 8 腹节腹板后沿。中输卵管壁很大程度上类似于输卵管的外层壁，也有纵肌层包被。受精囊具有长的受精囊管，受精囊管一侧分支，形成 2 个受精囊体，1 个是位于末端的功能性受精囊体，另 1 个是位于侧面的膜质非功能性受精囊体。受精囊管的中间部分及功能性受精囊体的表皮质囊包被有 1 层腺体细胞，腺体细胞成为上皮外的 1 个附加层。受精囊管包裹 1 层纵肌，其开口位于生殖腔突起远端 2 个高度几丁质化的小杆之间 (图 29-66)。

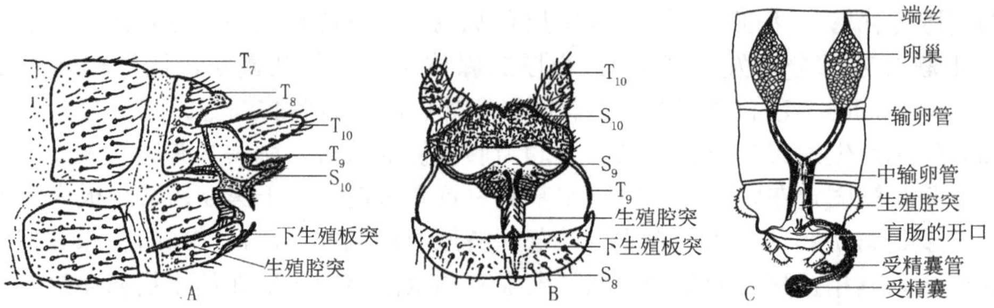

图 29-66　滴滤地（苍）蝇雌虫腹部末端和内生殖器（Abul-Nasr，1950）

A、B. 腹部末端侧、后视；C. 内生殖器；T_7～T_{10}为第 7～10 腹节背板；S_8～S_{10}为第 8～10 腹节腹板

雌性内生殖器胚后发育：幼虫腹部管状，8 节。第 8 腹节被分成 4 部分。肛门开口于腹面横片上，横片位于第 1、2 部分之间。围绕肛门开口的是肛板 anal shield，肛板与直肠皮下组织连续。第 7 腹节腹面和肛板接合处有 1 皮下折叠，折叠的中部发出次生生殖系统的原基。低龄幼虫的卵巢纺锤形，随后变为梨形。卵巢包埋在脂肪体内，位于第 6 腹节。早期，卵巢内没有分化的小型生殖细胞，卵巢实心，无细胞间空隙，卵巢外覆盖 1 薄层围膜。随着发育，卵巢细胞逐渐排成纵排，位于外壁和卵巢基部之间。这些成排的细胞依然没有分化，但细胞聚集成塞状位于卵巢的基部。预蛹期，卵细胞开始最初的分化。位于围鞘下基部的成排细胞增大形成小球形，而其余细胞转化为更小的滤泡细胞。球形细胞为分化的卵原细胞，每 1 个卵原细胞被 1 层滤泡细胞构成的上皮包围。除成排排列的卵原细胞外，某些滤泡细胞形成中间隔膜，将成排细胞分隔。即早期发育阶段的卵巢呈现卵巢管样的排列，每 1 排有 1 个末端的卵原细胞，其余细胞成为滤泡细胞。中胚层生殖索向后伸展达到第 7 腹板后缘，生殖索的基端在皮下成虫芽处出现汇合区，汇合区由邻近肌肉组织的成肌细胞形成的结缔组织构成。在第 7 腹节腹板与肛板结合处，有 1 个后向的皮下折叠。折叠的上层最终形成第 8、9 腹节的腹板，而下层形成节间膜。低龄幼虫的成虫盘以皮下增厚的方式出现，皮下增厚部位覆盖 1 层灰白色成肌细胞，成肌细胞来源于邻近肌肉的延伸。增厚部位形成 2 个小的头部，代表最初的肠道原基。不久，2 个头部向中间靠近、愈合、形成单个内陷，即肠道原基内陷。受精囊内陷出现，完全独立于中输卵管内陷，中输卵管内陷随之出现，位置稍靠前。肠道原基的成对特征完全消失，除前面的凹痕外没有留下任何痕迹来表明这个构造具有双叶的特征。

充分发育的幼虫，不同的生殖原基内陷变得很清晰，肠道成为 1 个小的尖端微凹的囊，受精囊成为 1 个狭窄的管，中输卵管成为浅凹。外胚层起源的中输卵管和中胚层起源的生殖索之间的联系开始建立。这种联系存在于第 7 腹节腹板后沿，通过 2 个中胚层索与扩展的外胚层中输卵管基端的结合实现。后向的皮下折叠下层薄，最终形成第 9、10 腹节腹板之间的节间膜。在折叠的下层和肛板之间，有 1 个皮下增生形成的脊，发育成为第 10 腹节背板。在预蛹期，肛板开始通过肛孔开口缩回体腔内部，形成直肠下方分隔的囊。幼虫期存在于第 7 腹节腹板和肛板之间的皮下折叠，在肛板通过肛孔内吞进入体腔后呈现不同的位置。上表面加宽，发育成为第 8 腹节腹板。在与各自的后沿发生联系后，2 个皮下折叠变得更加显著。第 1 个皮下折叠具有突起的特征，最终发育形成下生殖突 subgenital apodeme；另 1 个呈岛状褶叠 insular fold 位于肠道和生殖腔开口之间，岛状折叠的中间部分成为岛片。幼虫皮下折叠的下表面形成肠道开口和第 10 腹节腹板之间的膜质区，第 10 腹节腹板形成前庭的肠道部分。肛节包围肛孔开口，它的骨片起源于包围肛板前后缘的皮下脊。幼虫期浅而折叠的前庭形成短的生殖腔管，生殖腔管伸展于岛片和瓣开口之间。

卵巢在蛹期发生的主要变化：①脂肪细胞在幼虫期已经在围膜外形成次生的封套，在蛹期与围膜完全结合，形成围鞘上皮；②卵原细胞易于从滤泡上皮细胞中辨别，每 1 个卵原细胞构成 1 群大的细胞；③蛹期不发生卵黄沉积，卵母细胞没有进入分化活动状态。每 1 个卵原细胞群被 1 层滤泡细胞包围；④排列在卵原细胞和基部上皮塞之间的滤泡细胞已经混合，中心塞以短杆的形式保持与卵原细胞的联系；⑤在较成熟的蛹，滤泡上皮形成前先进行组织分解。这一过程两卵巢不同步。在同一蛹内，一侧卵巢在基部塞的部位可含有 2 个巨大的类细胞体，另一侧卵巢的滤泡上皮形成 1 个连续的中心塞。在低日龄蛹，中胚层起源的输卵管仍然是实心的合胞体，随后获得中心管腔，管腔的形成从后向前依次进行。蛹期输卵管的壁仅由中胚层起源的壁组成，但在 2 个结合部位可发现外胚层侵入的痕迹。即中输卵管的外胚层管壁包裹中胚层管壁的端部并开始形成外层。蛹期，中输卵管延伸到第 7 腹节，随着中输卵管蔓延到肌肉组织，输卵管的基部形成肌肉质的封套。蛹期的受精囊内陷，在明显延长以后，分化形成受精囊管和 2 个囊状构造。第 1 个囊位于末端，是功能受精囊体。第 2 个囊位于次末端。2 个受精囊起初外观相同，

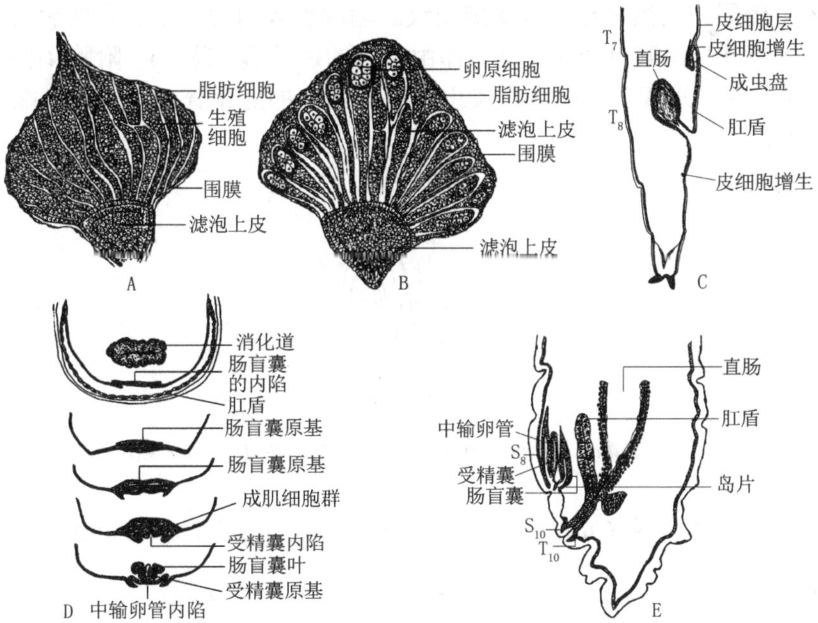

图 29-67 滴滤地（苍）蝇雌性内生殖器胚后发育（Abul-Nasr，1950）

A、B. 幼虫、预蛹卵巢纵切；C. 幼虫皮下生殖原基纵切，经过幼虫腹部末端；D. 生殖原基不同部位横切；E. 蛹腹部纵切；T_7～T_{10} 为第 7～10 腹节背板；S_8、S_{10} 为第 8、10 腹节腹板

但不久末端受精囊的壁变厚，在出口周围出现腺细胞，而次末端受精囊的壁变薄，其细胞恢复原状。功能受精囊的腺体细胞分泌液体进入腔内，其他的上皮细胞成为内层表皮衬里。在受精囊管中部出现与受精囊体类似的腺体细胞。由于受精囊管被 1 层纵肌包围，这些腺体细胞与衬里细胞分开呈现与成虫期类似的桑葚状构造 (图 29-67)。

29.14.5　淡尾裸蠓 *Atrichopogon* (*Psilokempia*) *pallidicillus* Yu *et* Zou

雄性外生殖器：第 9 腹节背板后缘圆突，其腹板后缘中央呈明显凹缘，两侧各有短鬃 2 支，中部有长鬃 6 支。抱器窄长，其端节端部稍细，镰状弯曲。尾器黄白色，阳茎中叶类梯形，两侧缘角化较深，后缘中央具圆钝小凸 (图 29-68)。

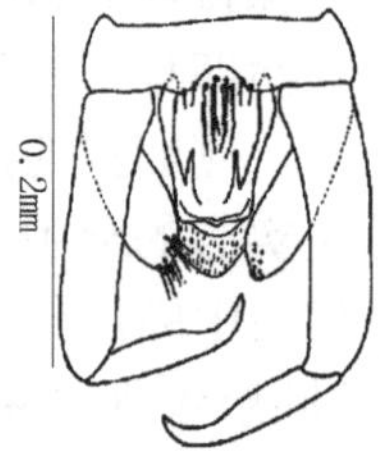

图 29-68　淡尾裸蠓雄性尾器 (虞以新和邹民吉，1988)

29.14.6　*Culicoides nubeculosus* (Meigen)

雄性内生殖器：精巢梭形，有螺旋横纹。输精管较粗短，中部弯曲后两侧输精管贴合，后端进入椭球形附腺复合体。复合体由两侧的贮精囊 (前端)、附腺 (中段)、复射精管 (后端) 成分贴合形成，末端各自发出具有共同鞘的射精管，射精管后端进入球形精泵 (图 29-69)。

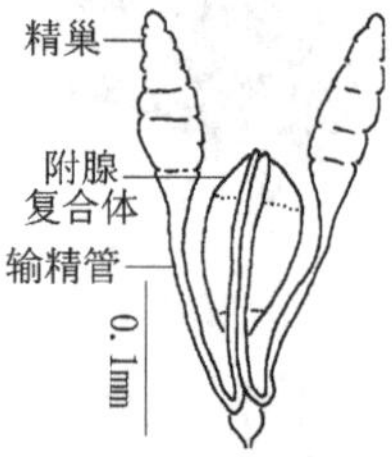

图 29-69　*Culicoides nubeculosus* 雄性内生殖器 (Sinclair 等，2007)

29.14.7　延边库蠓 *Culicoides yanbianensis* Liu, Wu *et* Wang

雄性外生殖器：第 9 腹节腹板后缘中部凹陷宽，第 9 腹节背板长，自基部向端部渐变窄，后缘中央“V”形凹陷，两侧突发达。抱器基节粗壮，背髁发达，指状，腹髁短刺状。抱器端节由基部向端部渐变窄，末端呈浅钩状向内侧弯曲。阳茎中叶短而宽，基部向两侧分开，阳茎拱低，其顶部中央有 1 弧形突起，端部短，末端折褶。阳基侧突基部分开，基部外缘突起，中部靠拢，亚端部向两侧分开，末端变细并曲 (图 29-70)。

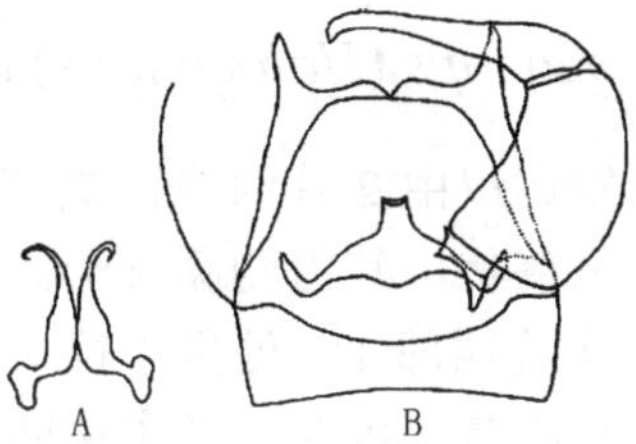

图 29-70　延边库蠓雄性外生殖器 (刘国平等，2006)

A. 阳基侧突；B. 尾器

29.14.8　长毛铗蠓 *Forcypomyia* (*Forcipomyia*) *longiseta* Yu *et* Liu

雄性外生殖器：抱器端节细长，基节较粗长有许多特长的长鬃。第 9 腹节腹板后缘中部凸出，背板短于抱器基节之半。阳茎中叶笔架状，2 肩突钝圆，中突矛状。阳基侧突基部 1/3 愈合，而后分成 2 细支 (图 29-71)。

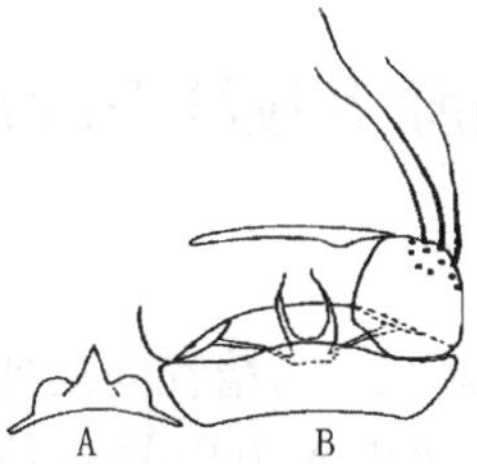

图 29-71　长毛铗蠓雄性外生殖器 (虞以新和刘金华，1999)

A. 阳茎中叶 (阳茎)；B. 尾器

29.14.9　趋光蠛蠓 *Lasiohelea phototropia* Yu *et* Zhang

雄性外生殖器：阳茎中叶由 1 对端部短钩状的骨片组成，在短钩下方外侧有 1 不明显的小突，并有角化杆状突 (图 29-72 C、D)。

雌性外生殖器：受精囊近似圆形，全部角化，基底孔较小。生殖孔侧鬃 3～4 支，尾鬃 6 支，生殖下板孔近乎卵圆形 (图 29-72 A、B)。

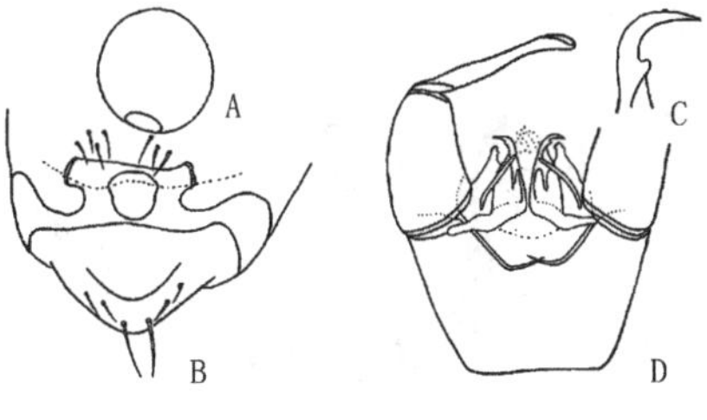

图 29-72　趋光蠛蠓雌、雄外生殖器 (虞以新和张祖昌，1982)

A. 受精囊；B. 雌性下生殖板；C. 阳茎中叶 (阳茎)；D. 阳基侧突

29.14.10　圆锥细蠓 *Leptoconops* (*Holoconops*) *conulus* Yu *et* Liu

雄性外生殖器：阳茎中叶较发达，由 2 片组成，端部外侧各具较窄突起，内侧突起钝圆。阳基侧突端体角化很深，呈镐状，其内侧圆锥形。第 9 腹节背板基部很宽，向端部明显变窄，第 9 腹节背板两侧缘近端部 1/3 处呈平行，后端缘中部有 1 对耳状突。抱器粗壮，端节端部有指状突。第 9 腹节腹板窄，其中央凹陷深，膜有微毛 (图 29-73)。

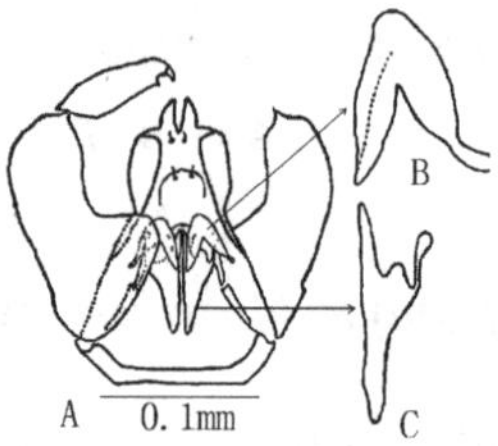

图 29-73　圆锥细蠓雄性外生殖器 (刘增加等，1990)

A．尾器；B．阳基侧突端体 apical dialtion of parameres；C．阳茎中叶 (阳茎)

29.15　粗脉毛蚊科 Pachyneuridae

29.15.1　雄性内生殖器

精巢细长囊状，前部圆，后部渐尖。输精管向后伸展到附腺复合体基部，然后拱起，中间弱联合。输精管向前伸展，在进入附腺复合体顶端前，2 管道彼此紧密缠绕。*Pachyneura fasciata* 的附腺复合体为大型圆管状，附腺中部保持分开，每侧具有可见的腔室。没有贮精囊分化。射精管从附腺复合体发出时保持成对，射精管相对较短，稍长于附腺复合体之半。*Pachyneura fasciata* 的射精突为小的凹面体，与大部分骨化的阳茎端前端愈合，精泵退化。阳茎端的顶端 phallotreme“U”形，相当窄。

29.15.2　*Pachyneura fasciata* Zetterstedt

雄性内生殖器：精巢长囊状，前端头状弯曲，后端逐渐细缩形成粗壮的输精管，输精管中部弯曲后，两侧输精管贴合，末端接入附腺复合体前端的贮精囊部分，该部分进而与下部的大型附腺部分相接，复合体由两侧部分贴合形成，下端分别发出 1 支射精管，两侧射精管有共同鞘包被 (图 29-74)。

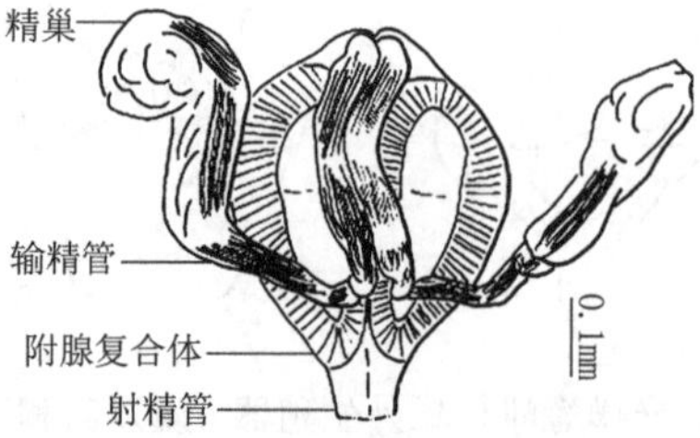

图 29-74　*Pachyneura fasciata* 雄性内生殖器 (Sinclair 等，2007)

29.16 瘿蚊科 Cecidomyiidae

29.16.1 *Dasyneura leguminicola* Lintner

雌性外生殖器： 腹部 10 节，前 6 节正常，末端 4 节特化为可收缩的产卵器。第 7 腹节与前部腹节长度相近，但更狭窄，长宽近相等。第 8、9 腹节节间膜长，可部分或完全缩入体内。未交配雌虫在雄虫存在时产卵器充分伸出，交配后产卵器缩入体内，腹部外观为 7 节。生殖孔位于第 9 腹节腹板后缘，为较大的可外翻的开口，平时隐藏，仅产卵时伸出。第 10 腹节背板长而显著，腹板小而不显著，肛孔开口于与背、腹板之间 (图 29-75)。

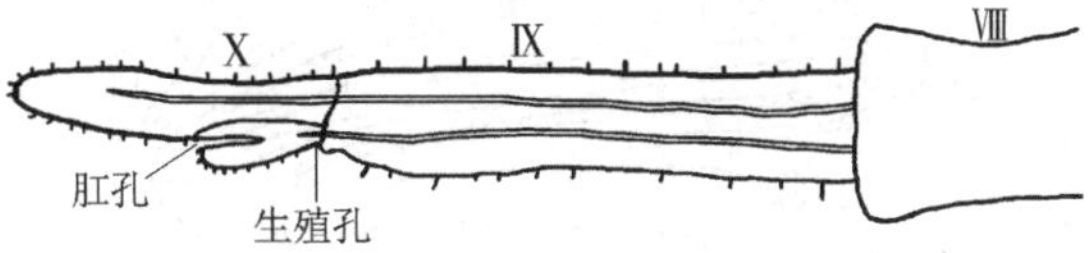

图 29-75 *Dasyneura leguminicola* 伸出的产卵器端部 (Metcalfe，1933)
VIII、IX、X 为第 8、9、10 腹节

雌性外生殖器胚后发育： 附肢意义上的产卵器不存在，由腹部末节伸缩构成的产卵器在化蛹后开始发育，幼期蛹腹部末端各节发育正常，不久，第 9 腹节出现外胚层增厚，肛孔和生殖孔原基周围形成沟，沟不断加深，带动第 8、9 腹节内陷，最终形成 2 个体节缩入的圆管，圆管可伸达第 2 腹节。

雌性内生殖器： 卵巢位于第 3～5 腹节两侧，每卵巢有 6～8 支卵巢管，每侧的输卵管起自第 4 腹节卵巢后端，在第 5 腹节后部，两侧的输卵管汇入中输卵管，中输卵管后部形成窄长的生殖腔，产卵器缩入体腔时，生殖腔前移蜷曲到第 2 腹节。1 对管状的受精囊起自生殖腔顶端，其后部有 1 对附腺。产卵器缩入时，受精囊位于生殖腔腹面双壁的圆管内，附腺游离于体腔中。

雌性内生殖器胚后发育： 幼虫卵巢椭球形，位于第 6 腹节背侧，每卵巢向后伸出 1 支中胚层起源的实心的输卵管 (生殖索)。蛹期，卵巢位于第 4 腹节，输卵管细，实心，后端伸达第 7 腹节后缘。腹部末端形成的外胚层增厚中，第 9 腹节腹板内陷形成的受精囊原基前伸达第 7 腹节，约在原基的中部发出 1 对背面盲管，为受精囊体原基和附腺原基。同时，第 8 腹节腹板内陷形成生殖腔原基，原基前端分支，分别与输卵管末端结合。随着蛹的发育，卵巢体积增加，位于第 3～5 腹节间，输卵管出现管腔，输卵管后端与生殖腔分支结合的外部痕迹消失。后部腹节的套叠产生，带动了受精囊和生殖腔原基前移。生殖腔整体前移，在第 8 腹节腹板上的外部开口消失，但各个组成部分的相对位置没有改变，前部分支点移到第 6 腹节，封闭的后端位于第 7 腹节。受精囊原基前移、折叠成圈状，使受精囊体原基和附腺原基位于第 7 腹节前缘，而前端的盲管位于第 7 腹节中部、生殖腔后端的上方。相对的原基末端相向生长，中间壁连通，在生殖腔和受精囊、卵巢与生殖孔之间建立联系。生殖腔与腹部末端各节同步生长，最终受精囊和附腺前移到第

2 腹节，后部的弯曲位于第 7 腹节前缘 (图 29-76)。

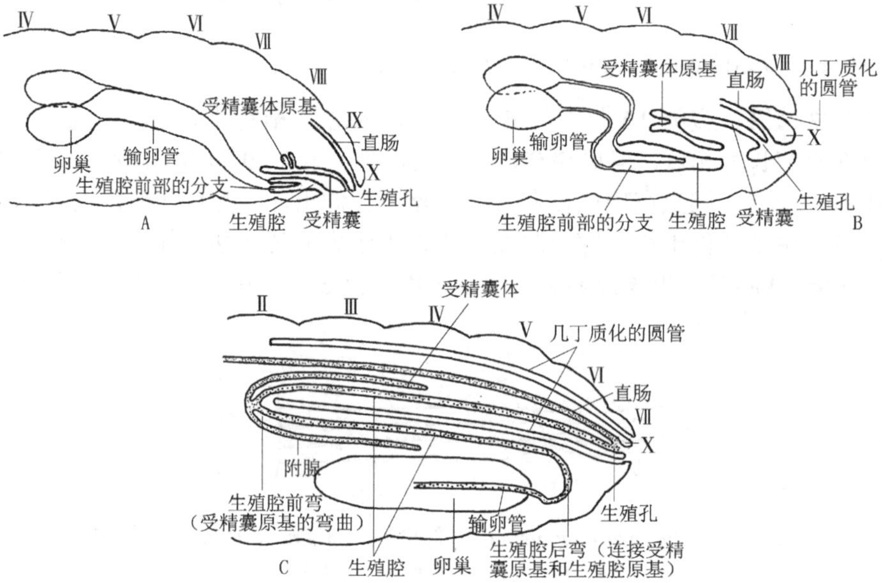

图 29-76　*Dasyneura leguminicola* 雌性内生殖器胚后发育 (Metcalfe，1933)

A．幼期蛹腹部纵切；B．高日龄蛹腹部纵切；C．发育成熟蛹腹部纵切；Ⅱ～X 为第 2～10 腹节

29.17　菌蚊科 Mycetophilidae

29.17.1　*Mycetophila cingulum* Meigen

雄性内生殖器：精巢椭球形，位于第 5、6 腹节之间。输精管外被环肌，两侧的输精管前段分开，后段膨大形成贮精囊，2 贮精囊相互贴合。贮精囊长形，向前伸展与射精管顶端的 2 个球形膨大结合。贮精囊具有厚的腺体壁，随着贮精囊的伸展，囊壁厚度逐渐减少，而内腔逐渐加大。射精管自与贮精囊结合处起向后伸展，末端与阳茎接合。阳茎外面包裹 1 层环肌，阳茎穿过阳茎鞘，开口于阳茎端与阳基侧突之间。在大部分长度，射精管呈双管状，外部有厚的环肌包裹。在端部，2 个内部射精管合并为 1 支 (图 29-77)。

雄性内生殖器胚后发育：在幼虫期，2 个椭球形精巢位于第 6 腹节，每精巢覆盖 1 薄层围膜，围膜终止于精巢两端，外面包裹有脂肪体，表明精巢没有端丝，也无中胚层生殖索。生殖细胞为具有明显核的小圆形细胞，在幼虫期没有任何分化。在预蛹期，生殖细胞增大，细胞核分裂成许多核粒。围膜内可见 1 层均匀的生殖细胞，生殖细胞与外膜很近。

雄性尾器：雄性末节套叠在第 6 腹节内。除 2 个狭窄的半环形骨片外，第 7、8 腹节背板大部为膜质。第 9 腹节背板小，稍呈拱形，后缘顶端稍凹。第 9 腹节腹板强烈骨化，顶部深凹，侧面弯曲达第 9 腹节背板，第 9 腹节背板形成完整环形的顶。第 10 腹节由肛

图 29-77　*Mycetophila cingulum* 雄性内生殖器 (Abul-Nasr，1950)

S_9为第 9 腹节腹板

侧板和肛下板组成，这些构造的前部可能代表第 10 腹节背板和尾须。生殖突基节为 2 块小的矩形骨片，内侧有成排的刚毛。每 1 个生殖突基节通过两点与第 9 腹节腹板接合，使生殖突基节能做水平方向活动。刺突镰刀状，末端有 2 个长爪，基部内侧具有成排的刚毛。每 1 个刺突通过小的可动接合附着在生殖突基节上，这种接合允许较大范围活动。休止状态时，刺突指向前方，所以尖端与生殖孔很近。

有 2 类突起位于交配插入器官附近，在肛下板的肌肉着生方面具有重要作用。这些突起使第 9 腹节腹板后沿与插入器官之间的节间膜骨化。第 1 类突起为基突，位于插入器官下方，末端与生殖突基节前端的固定点接合；第 2 类突起为肛下突，由 2 个大的三角形骨片组成，位于第 9 腹节腹板内侧，前部终止于 2 个窄条形骨片，窄条形骨片沿中部与插入器鞘接合，称为鞘突。节间区剩余部分膜质，位于基突和插入器官之间的区域，向外隆起形成 2 个圆形突起，圆形突起的表皮有细纹。这些突起含有大的脂肪细胞，使突起呈软垫状。插入器官的突出体由 4 部分组成，即阳茎鞘、腹板、阳茎端、阳基内突。阳茎鞘是 1 个中空的骨化鞘，来源于节间膜。阳茎鞘由 2 瓣组成，2 瓣在中部结合形成圆柱形，包裹阳茎管，为肛下肌提供附着点。基端有 1 个大孔，阳茎管通过这个孔与射精管结合。内突片 apodemal plate 为小型三角形骨片，位于阳茎鞘腹壁内、2 瓣腹中结合点正上方。通过膜的折叠将这个骨片与阳茎鞘腹壁联系，使这个骨片能够来回移动。该骨片末端宽，位于生殖孔的下方，引起阳茎管行动路径的弯曲。阳茎端为很小的表皮拱，悬挂在生殖孔的上方。只有在蛹期发育以后，才能辨别真正的阳茎端形态。阳基侧突也是小的不断形成的拱突，但比阳茎端的拱突更大，位于生殖孔下方，表现出成对构造的特征 (图 29-78)。

雄性外生殖器胚后发育：幼虫第 9 腹节有 3 对皮下器官芽，背面的 1 对为第 10 腹节背板原基，侧面的 1 对为第 10 腹节腹板原基，腹面的 1 对为生殖器官芽。生殖器官芽后来不仅发育形成生殖附肢和生殖管道，还发育成为成虫第 9 腹节腹板。生殖器官芽获得围腔，逐渐接近中线直到围壁结合形成 1 个隔膜。后来隔膜迅速变薄，留下 2 个侧面的轴突伸进腔内。轴突为第 9 腹节腹板原基，在幼虫皮下有限的空间内继续生长，到预蛹期，表面形成小的折叠。预蛹期，第 9 腹节腹板原基端部内侧出现基叶的最初特征。在轴突的基部出现 2 个凹陷，这些是生殖管原基。此时，还没有阳茎鞘或阳茎内陷的迹象。预蛹期时，在基叶之间出现浅的节间褶，称为鞘内陷。同时，在 2 射精管内陷末端新出

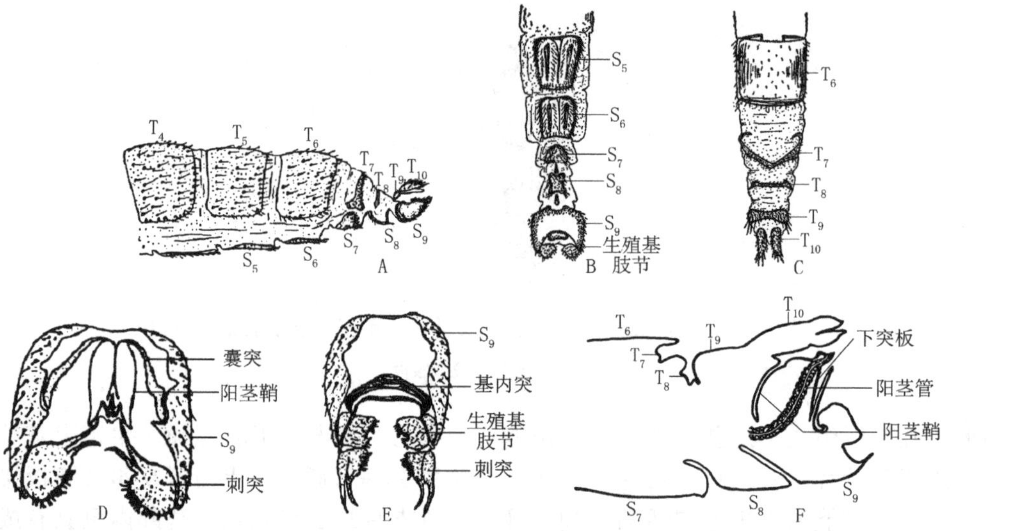

图 29-78　*Mycetophila cingulum* 雄性外生殖器 (Abul-Nasr，1950)

A～C. 雄虫腹部侧、腹、背视；D. 第 9 腹节腹板内视，交配插入器官和刺突处于休止状态；E. 第 9 腹节腹板内视，刺突处于伸展状态；F. 腹部末端纵切，示下突板 apodemal plate 与生殖孔的关系；T_4～T_{10} 为第 4～10 腹节背板；S_5～S_9 为第 5～9 腹节腹板

现 1 个皮下内陷，该内陷带动射精管内陷的开口一起加深，此为阳茎管内陷。在此阶段，射精管内陷发育成为 2 个管，2 管变细，分开，每管有成肌细胞包围。

蛹期紧邻围膜的生殖细胞层随后结合，生殖围膜成为围膜上皮。在发育成熟的蛹中，精巢内容物进入精子阶段。精子以波动的精子束方式与分泌物混合。蛹期，第 9 腹节腹板原基的 2 瓣生长，前段结合，而远端部分带有生殖突基节，向上弯曲。最终，每基叶分裂成基部的生殖突基节和端部的刺突。节间鞘弯曲的中间部分开始突出，形成宽短的突起，牵动阳茎管的开口向外，在鞘壁和阳茎管之间最终充满成肌细胞，成肌细胞逐渐发育形成肌肉带。鞘突上的阳茎管开口出现第 2 对生殖附肢原基，即阳基侧突叶。阳基侧突叶分裂成 2 个阳基侧突小叶和中叶，中叶形成阳茎端。在成熟蛹，鞘突的外表皮层形成圆柱体，其侧面与剩余的节间体连续。这种表皮圆柱体形成成虫的阳茎鞘。

阳茎管延长，双射精管的末端融合形成 1 支短的单管，单管位于阳茎管前方。输出管中部壁增厚，其细胞的发育具有腺体特征。管道迅速加长并出现弯曲。后指的管道弯曲部逐渐出现囊的形态。管腔出现腺体壁的分泌物。2 个管道平行伸展，最终通过厚的肌肉组织鞘包裹在一起，肌肉组织鞘后来转化为环肌带。射精管的基端依然分开成为 2 细管，具有窄的管腔和 1 层薄的环肌。高龄蛹期，这些狭窄的末端部分与精巢基部的围鞘上皮相联系；在成虫期，末端部分起部分输精管的作用。

雌性内生殖器：第 8 腹节腹板大型，顶端微凹，行使下生殖板的作用。第 9 腹节背板为凸起的狭窄骨片，每侧与 1 角突相连，角突通过第 10 腹节腹板与生殖腔突的臂结合形成。生殖腔突细长，位于中输卵管上方，后端的 2 臂上举与第 10 腹节腹板接合，第 9 腹节背板为接合在两侧的三角形片。第 9 腹节腹板为小的岛片，位于生殖腔突末端之后，通过薄的节间膜与第 10 腹节腹板联系。第 10 腹节背板由 2 个叶状的肛侧板组成，每个肛侧板端部收缩形成端节和基节的形态，这种分隔在蛹后期出现，但雄蛹没有这种分隔。第 10 腹节腹板是“V”形框架构造，尖端指向后方，臂与生殖腔突联系。岛片与第 8 腹节腹板、第 8 腹节腹板与第 10 腹节腹板之间的节间膜均很短，使这些部分聚集在一起，使前庭腔难以辨别。

每卵巢有 12 支卵巢管，卵巢管最初包裹在 1 个薄的围膜内，不久围膜消失，卵巢管游离于血腔内。卵巢管通过短的输出管顺次着生在侧输卵管前段，输出管排成 2 排，每排约 6 支。形成卵巢管壁的固有膜也很薄。卵巢管顶端形成端丝，固着在体壁上，卵巢管内的卵细胞按成熟程度向基性排列。侧输卵管较宽，沿 2 个卵巢的内侧延伸，向后伸展。在第 7 腹节中部，两侧的侧输卵管汇入中输卵管。生殖腔宽短而折叠，位于第 8 腹节腹板后端。生殖腔壁膜质，除入口处外，其他部分有纵肌纤维包被。中输卵管宽短，末端的壁有厚层纵肌包裹，前段的管壁除纵肌外另有 1 层环肌包裹。受精囊 2 个，其开口邻近岛片前沿，发出 2 支直的受精囊管，受精囊管大部分长度前伸，然后突然后弯 1 短距离，终止于受精囊体囊状部，从囊状部中间发出受精囊体棒状部分 (图 29-79)。

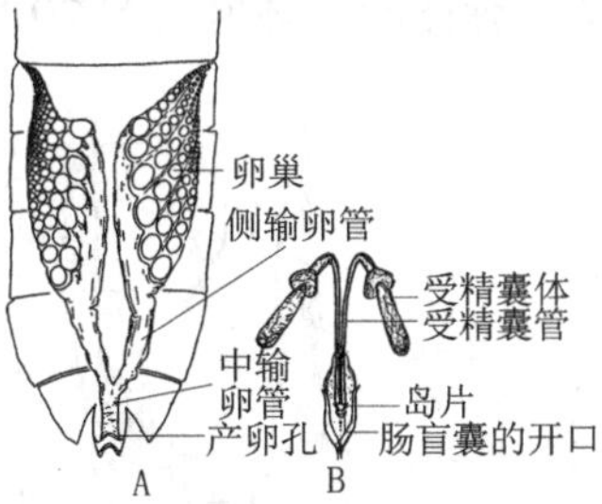

图 29-79　*Mycetophila cingulum* 雌性内生殖器 (Abul-Nasr，1950)

A．卵巢及输出系统；B．受精囊

雌性内生殖器胚后发育： 幼虫的卵巢纺锤形，位于第 6 腹节。卵巢端丝长，前伸至第 3 腹节。卵巢由类似的小圆形细胞组成，覆盖有很薄的非细胞性围膜。不久，有些内部细胞在围膜内侧排成 1 层，这是围膜上皮形成的开始。预蛹期围膜上皮在卵巢一侧迅速增厚，在内面增厚一侧的上皮与卵巢的中胚层生殖索连续。休止状态的生殖细胞被围膜上皮形成的隔膜分成几群。在预蛹期，几群生殖细胞明显被管包被，管壁来源于围膜上皮，这是卵巢管固有膜的来源。中胚层生殖索为合胞体，从卵巢发出向后延伸到第 7 腹节中部。

第 8 腹节腹板的 1 对腹器官芽形成受精囊和中输卵管原基，第 9 腹节的腹器官芽则发育形成肠道原基 rudiment of caecus。第 9 腹节的肠道原基发育比第 8 腹节的器官芽更早。同 1 对芽中的每 1 个都向中部移动，2 个芽最终在腹中线处结合。幼虫老熟时，肠道器官芽的合并已经完成。第 8 腹节的器官芽保持分开直到蛹期。说明肠道和受精囊-中输卵管是独立起源的。充分发育的幼虫，受精囊内陷出现在第 8 腹节腹板每个腹器官芽围腔的背壁，在 2 器官芽仍然分开时受精囊内陷就已出现。稍后，另 1 内陷在围腔的前壁出现，表明中输卵管芽的内陷出现。位于第 8 和第 9 腹节的皮下原基被成肌细胞覆盖，成肌细胞来源于邻近的肌肉组织。在预蛹期，幼虫第 9 腹节的 2 个背芽发育成为成虫背板原基。幼虫第 9 腹节的 2 侧芽移向腹面，位于直肠下方，发育形成成虫的第 10 腹节腹板。肠道的 2 个原基在腹中线结合，它们的围腔形成 1 个短的端管和前部的 2 个小叶。第 8 腹节腹面的 1 对受精囊和中输卵管原基在腹中线非常靠近，围腔已经合并成为生殖腔原基。在这个腔的背壁生出 2 个分离的受精囊内陷，在受精囊内陷稍前方是 2 个中输卵管内陷。

幼龄蛹，每卵巢已经分化形成最终的卵巢管数目，每 1 个卵巢管有固有膜的上皮包裹，固有膜上皮与输卵管上皮连续，这个上皮在所包含的卵细胞成长过程中变薄，直到几乎与外部围膜厚度近等。生殖腔在第 8 腹节腹板后沿形成短的前庭，第 8 腹节腹板前端包围瓣的开口，背面包围受精囊开口。不久，在受精囊与瓣开口之间的生殖腔壁以突陷的方式向前折叠，形成生殖腔突起的原基。2 个中输卵管内陷在端部愈合形成 1 支中输卵管，而它们的前部保留分开的管道。这些管道的后部迅速延伸，不久就与中胚层管道的末端接合。包围生长中管道的成肌组织转化为这些管道的肌肉封套。独立起源的受精囊内陷保持独立状态直到成虫期。在蛹期，内陷的末端加长，壁变成非腺体化，有 1 层纵肌包裹。在老熟的蛹，受精囊的不同部分变得可辨。厚壁部分已经发育成为附加的外层腺体细胞。基部已经成为受精囊体的腺体叶 (图 29-80)。

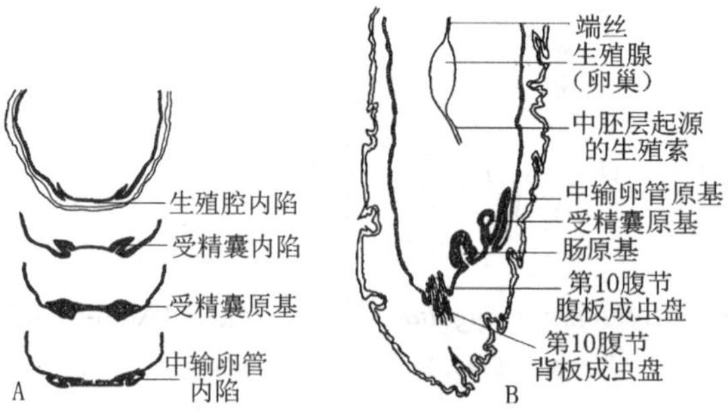

图 29-80　*Mycetophila cingulum* 雌性内生殖器 (Abul-Nasr，1950)

A．雌幼虫皮下生殖原基系列横切；B．预蛹皮下生殖原基纵切

29.17.2　三枝真菌蚊 *Mycompa tricamata* Wu *et* Yang

雄性外生殖器：淡黄褐色，侧背肢细长，端宽而平截，有多数弯毛，第 9 腹节背板

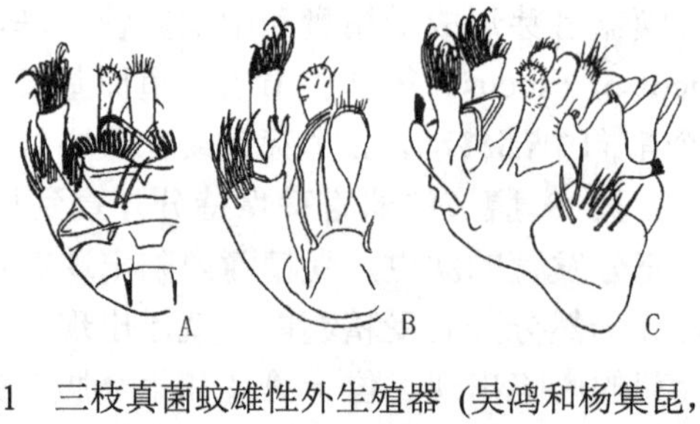

图 29-81　三枝真菌蚊雄性外生殖器 (吴鸿和杨集昆，1996)

A. 背视；B. 腹视；C. 侧视

每侧栉状结构外方有 2 刚毛。亚中腹丝中等长，弯曲。生殖刺突分 3 支，中支有 2 端齿，腹支有 5 端齿，背支有 2 宽毛 (图 29-81)。

29.18　毛蚊科 Bibionidae

29.18.1　雄性内生殖器

精巢细长、袋囊状，有时有暗色的脂肪体包被。输精管细长，向后伸展到附腺复合体的基部。*Bibio* 和 *Dilophus* 的输精管前部拱形，为粗壮而显著膨大的管，前端膨大，后端在进入附腺复合体前端之前再次膨大。这些膨大的区域中部紧密贴合，但不愈合。*Plecia* 缺乏这些膨大区域，输精管保持细长，端部愈合。叉毛蚊属的输精管前端稍扩大，中部愈合，前段拱形，伸展进入附腺复合体顶端。*Bibio* 和叉毛蚊属的附腺复合体卵形，*Plecia* 的很细长，近平行。*Bibio flavihalter* 和 *Penthetria fenebris* 的附腺复合体至少有 2 个腔室。射精管粗壮，明显有肌肉。叉毛蚊属的射精管中部似乎分开；*Bibio* 的射精管至少前部分开；*Plecia* 的射精管覆盖 1 层暗色的脂肪体。射精突为凹面骨片，*Bibio* 的射精突支架内阳茎，有 2 对肌肉控制射精突运动。射精突在阳茎端基部滑行，挤压精泵腔。

29.18.2　*Bibio flavihalter* Hardy *et* Takahashi

雄性内生殖器：精巢长囊状，有不规则皱褶。输精管前段细管状，中部弯曲后方约占中段 1/3 长度膨大形成不规则长囊状的贮精囊，贮精囊后方细缩，两侧输精管贴合、弯折，接入椭球形附腺复合体前部，射精管粗短，略扭曲，由复合体下端发出 (图 29-82)。

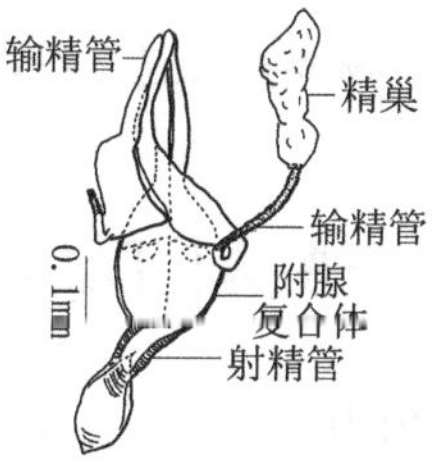

图 29-82　*Bibio flavihalter* 雄性内生殖器 (Sinclair 等，2007)

29.18.3　*Plecia membranifera* Hardy *et* Takahashi

雄性内生殖器：精巢长椭球形，输精管粗长，中部弯曲后两侧的输精管贴合，末端接入附腺复合体顶端，复合体长椭球形，分为 3 室 (分别代表贮精囊、附腺、复射精管成分)，末端汇入粗短具有发达肌肉的射精管 (图 29-83)。

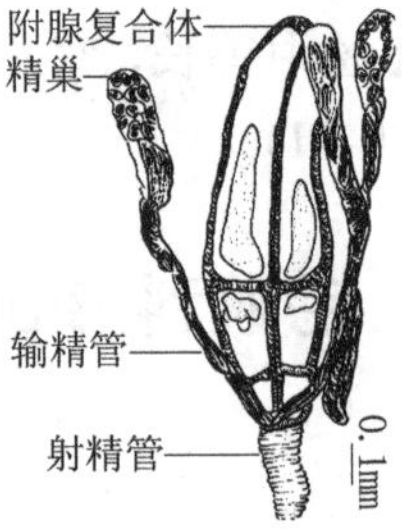

图 29-83　*Plecia membranifera* 雄性内生殖器 (Sinclair 等，2007)

29.18.4　*Plecia nearctica* Hardy

雌性内生殖器：卵巢经侧输卵管、中输卵管着生于生殖腔顶部一侧，交配囊管自生殖腔顶部另侧发出。附腺 1 对，粗长弯折管状，基部与受精囊管一起着生在交配囊管中部。生殖腔蜷曲在第 9 腹节内，被基部的骨化突起所包围。受精囊 1 对，受精囊管细长，基部位于交配囊管顶端，顶端着生圆球形受精囊体。受精囊管与受精囊体结合处有腺体质的扩大，渐宽达坚硬的受精囊体 (图 29-84)。

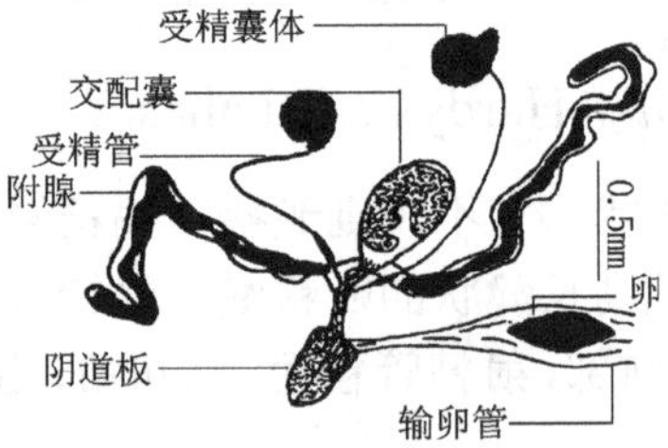

图 29-84　*Plecia nearctica* 雌性生殖系统背视 (Leppla 等，1975)

29.19　虻科 Tabanidae

29.19.1　*Tabanus abactor* Philip

雌性内生殖器：卵未成熟时卵巢位于第 4～6 腹节两侧，每卵巢的悬带附着于第 2 腹节背板下方。每卵巢有卵巢管 91～127 支，平均 107 支。卵巢管多滋式，每卵室内卵母细胞和滋养细胞比例为 1∶8。卵巢管有 2 层膜包被，内层为固有膜，外层为卵巢管膜。侧输卵管自卵巢后端发出后，向后伸展到第 7 腹节汇入中输卵管。中输卵管袋囊状，位于生殖腔 genital chamber 前背面。中输卵管在第 7 腹节向腹面弯曲与生殖腔结合，生殖腔进一步伸展到第 8 腹节。受精囊管从生殖腔近中部发出，生殖腔上有生殖叉突，受精囊管基部位于叉突之间。受精囊公共管很短，然后分为 3 支，每支顶端稍膨大形成小球形受精囊体 (端囊)。受精囊自内而外有骨化的衬里、细胞鞘和薄肌肉鞘。分支基部的骨片区域高度骨化，形成受精囊管基部的杯状凹陷 spermathecal cupule。凹陷的基部，骨片区域包被有披针形上皮细胞和外部肌肉层。杯状凹陷也有大型柱状上皮细胞和肌肉层包被。附腺 1 对，粗长，前伸达第 3 腹节，分别开口于生殖腔后部、受精囊管和生殖叉突

的后方 (图 29-85)。

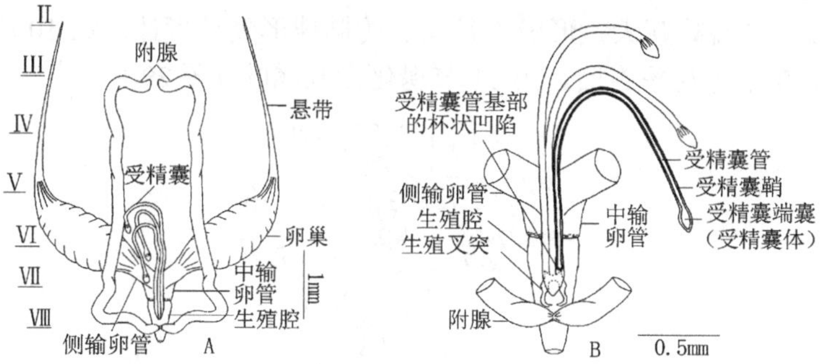

图 29-85　*Tabanus abactor* 雌性内生殖器背视 (Perich 等，1985)

A. 雌性内生殖器背视；B. 雌性内生殖器生殖腔背视；Ⅱ～Ⅷ为第 2～8 腹节

29.19.2　*Tabanus* sp.

雄性外生殖器：腹部外表可见 7 节，第 8 腹节明显退化，并形成窄的横板，第 8 腹节以后缩在体内，但尾须外露。第 9 腹节以后称为尾器，背方有 1 对由第 9、10 腹节背板愈合而成的合背板及 1 对尾须，腹方可见生殖突基节、生殖端节 (刺突) 和阳茎。第 9 腹节变异大，由与第 10 腹节邻接的 2 个短板组成，尾部具有肛尾叶。肛下板由第 9 腹板变异而成，在明显缩小的骨化的第 8 腹节下生殖板后侧，有 1 对指状抱器，其后全为腹板。每抱器端又分为 2 节，基部较粗壮的称为基节，端部较细的称为端节，交配时夹住雌虫腹部末端。背部生殖节中央有形同匕首的骨化阳茎，阳茎侧面有 1 对长而末端交叉的粗壮刚毛，阳茎和它的附器具有圆锥形骨化的外壳 (图 29-86)。

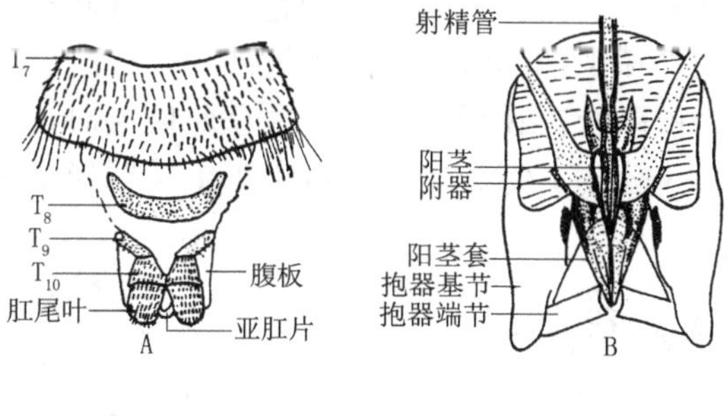

图 29-86　*Tabanus* sp. 雄虫腹部末端和外生殖器 (王遵明，1983)

A. 雄虫腹部末端；B. 雄性外生殖器；T_7～T_{10} 为第 7～10 腹节背板

雌性外生殖器：第 9、10 腹节背板及尾须成对，第 8 腹节腹板以后合为 1 块，盾形，称为下生殖板。第 9、10 腹节背板和尾须及下生殖板统称为尾器 terminalia，第 8 腹节背、腹板 (下生殖板) 同属第 8 生殖节。第 9 腹节背、腹板组成第 9 生殖节，位于生殖孔顶端附近，并带有有刺的叉骨。在叉骨顶端、生殖孔附近带有刚毛和圆锥形的棘，或有特别弯曲的小钩。这些器官在交配时与雄虫生殖器官连在一起。在叉骨背侧附着 3 个长形受精囊，它们明显地向腹部末端弯曲。受精囊管基部骨化，自交配囊顶端发出。受精囊管其余部分粗长，顶端略膨大，形成不甚发达的椭球形受精囊体。第 10 腹节背板形成 2 块横向盾片，而在中部几乎连接。第 11 节退化为肛尾叶 (图 29-87)。

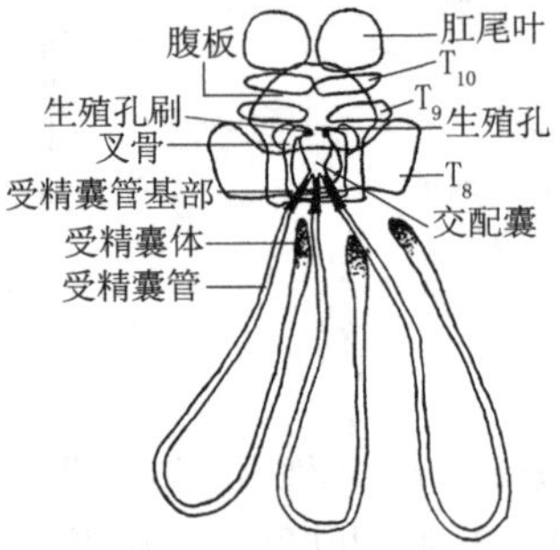

图 29-87　*Tabanus* sp.雌性外生殖器 (王遵明，1983)

T_8～T_{10}为第 8～10 腹节背板

29.20　剑虻科 Therevidae

29.20.1　雌性内生殖器

具有成对的卵巢和侧输卵管，侧输卵管汇合形成中输卵管，中输卵管在进入膨大的肌肉质的生殖腔前端 (交配囊) 之前，做"S"形弯曲。交配囊位于第 9 腹节腹板之上，侧面被薄的叉骨片包裹。典型情况是侧面叉骨片内弯，中间愈合。成对的附腺接入交配囊背部，进入点位于交配囊和受精囊管结合点稍后方。*Agapophytus albobasalis* 的 2 支附腺管分别开口进入交配囊，受精囊管粗长扭曲，末端为长椭球形的受精囊体。受精囊腺 3 支，集生于受精囊管近基部 1/3 处。每受精囊腺包括基部管状部分和顶端的球状部分，管状部分又分为两端的细管和中部膨胀扭曲的粗管部分。*Ectinorhynchus variabilis* 的成对附腺管在与交配囊结合前联合，在通过交配囊厚壁肌肉层时，管腔常因挤压而狭窄。受精囊管粗长弯曲，顶端 3 分支，每分支前端着生 1 个椭球形受精囊体。3 个受精囊体

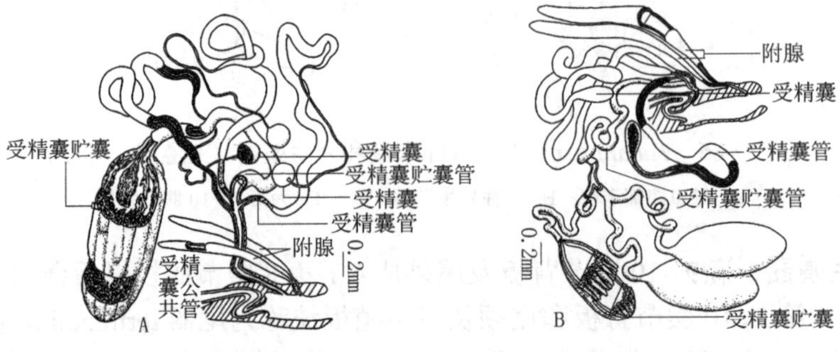

图 29-88　剑虻科生殖系统 (切面展示内部构造)　(Winterton 等，1999)

A. *Agapophytus albobasalis*；B. *Ectinorhynchus variabilis*

大小基本一致。受精囊腺 3 支，集生于受精囊管基部。每受精囊腺包括管状部分和顶端的椭球形部分，管状部分基段最细，顶端 (邻近球体) 较粗，中段最粗 (图 29-88)。

29.20.2　受精囊类型

剑虻科有些种类 (Phycinae) 没有受精囊体分化，有的 (Therevinae) 受精囊体不发达。受精囊体形态、大小及受精囊腺的着生方式种间变化大，但种内较稳定。根据受精囊体数量和受精囊腺的着生方式，受精囊可分为 3 类。①单一型：具有 1 个细长或圆形的受精囊体，受精囊腺集生在受精囊管上，如 *Agapophytus albobasalis*、*Breviperna placida*、*Acupalpa divisa*、*Nanexila danielsi* 等。②三叶 1 型：有 1 个大型中位的受精囊体和 2 个较小侧位的受精囊体，受精囊腺集生于受精囊管基部，如 *Agapophyrus* 的某些种类、*Nanexila vittata* 等。③三叶 2 型：3 个受精囊体大小相等或相近，受精囊腺或集生于基部，如 *Johnmannia*、*Ectinorhynchus*，或分别着生于受精囊体下部，与受精囊体呈一一对应关系，如 *Nanexila aureilineata*，或者着生于受精囊体导管下部，与受精囊体呈交互轮生状，如 *Nanexila intermedia* (图 29-89)。

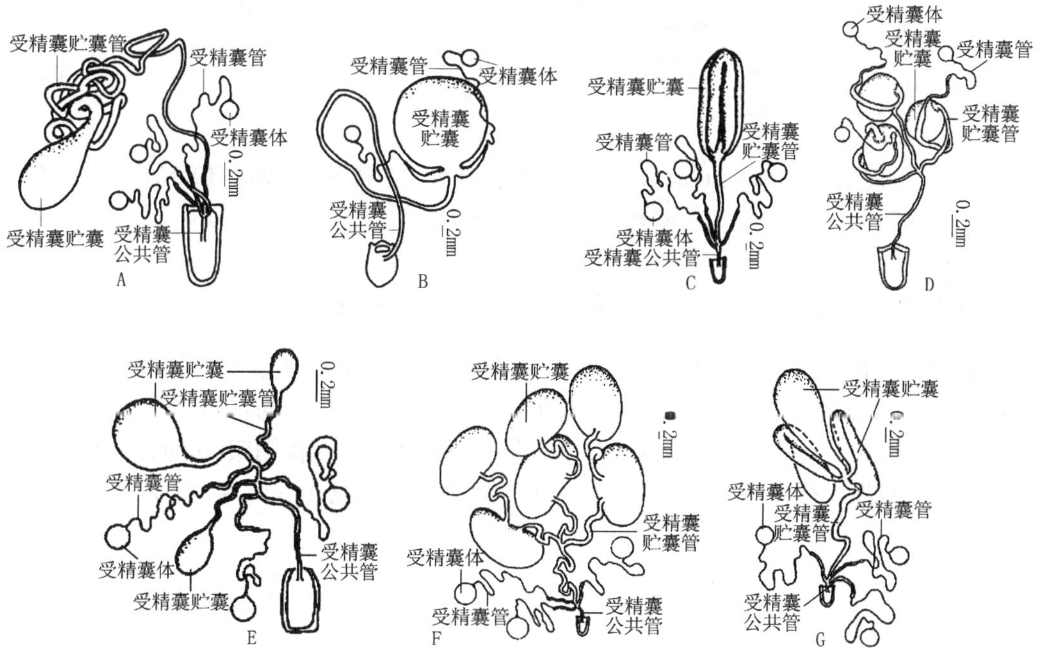

图 29-89　剑虻受精囊类型 (Winterton 等，1999)

A～C. 单一型 (A. *Nanexila danielsi*; B. *Breviperna placida*; C. *Acupalpa divisa*); D～F. 三叶 2 型 (D. *Nanexila aureilineata*; E. *Nanexila intermedia*; F. *Johnmannia tasmanica*); G.　三叶 1 型 (*Agapophytus* sp.)

29.21　舞虻科 Empididae

29.21.1　*Empis tessellata* Fabricius

雄性内生殖器：精巢芒果形，前端钝圆，后端细缩接入输精管。输精管短，接入射精管前端。附腺 2 对，着生于射精管略膨大的前段，前对基部和端部细管状，中段向两侧分别发出 8～9 支短管；后对细长管状。射精管后段粗直，接入外生殖器（图 29-90 A）。

雌性内生殖器：卵巢椭球形，外部附着有微气管网，前端钝圆，后端略细缩接入粗短的侧输卵管，两侧的侧输卵管汇入很粗短的中输卵管，中输卵管末端接入生殖腔的前端。受精囊管细长，从生殖腔的顶端发出，受精囊体肾形，中部着生在受精囊管顶端。附腺发达，长管状，着生在生殖腔后段两侧。生殖腔粗管状（图 29-90 B）。

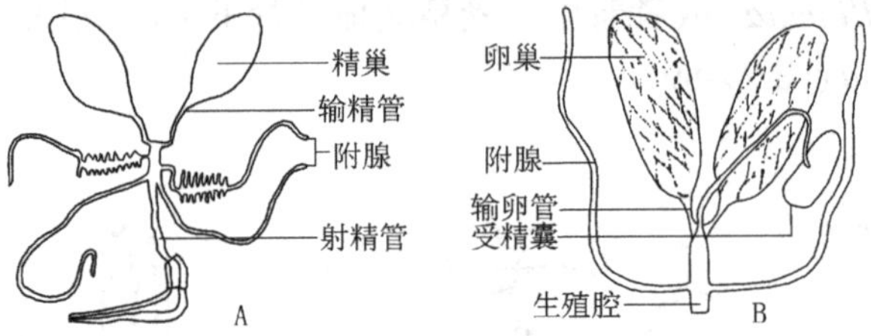

图 29-90　*Empis tessellata* 内生殖器（参考杨定和杨集昆，2004 图重绘）

A. 雄性内生殖器；B. 雌性内生殖器

29.21.2　湖北驼舞虻 *Hybos hubeiensis* Yang *et* Yang

雄性外生殖器：腹部 11 节，腹末 3 节为生殖节。雄性外生殖器左右不对称，与第 7、8 腹节一起向右旋转。第 9 腹节背板（雄性生殖背板）发达，分为左右 2 个半背片 tergial lobe、hemitergite，基部有窄的连接部，背片端部的突起称为背侧突 surstylus（背刺突、侧尾叶），与半背片有明显分界线。背侧突端部两侧有不规则指状突起。尾须 1 对，锥形，

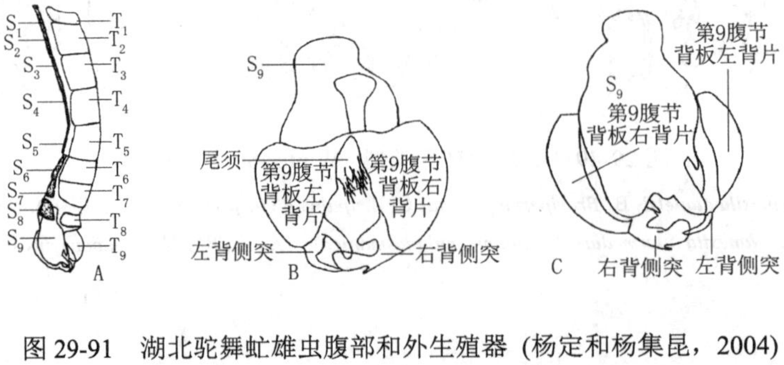

图 29-91　湖北驼舞虻雄虫腹部和外生殖器（杨定和杨集昆，2004）

A. 雄虫腹部侧视；B、C. 雄性外生殖器背、腹视；T_1～T_9 为第 1～9 腹节背板；S_1～S_9 为第 1～9 腹节腹板

位于左右背片之间，两侧的尾须大小略有不同。生殖突基节较退化。生殖刺突消失。阳茎较紧密地附着在第 9 腹节腹板内，通常其端部自第 9 腹节腹板后端露出，有时阳茎端部明显延长而弯曲。第 9 腹节腹板（下生殖板）较发达，与第 9 腹节背板分开（图 29-91）。

29.21.3　长板驼舞虻 *Hybos longus* Yang *et* Yang

雌性外生殖器：分为细长型和短截型，前者见于大多数种类，后者见于长足舞虻亚科、短吻舞虻亚科和指角舞虻亚科等。长板驼舞虻的雌性外生殖器属于细长型，雌性腹部向后逐渐缩小变尖，具有 9 个可见腹节，第 10 腹节退化近膜质，末端有 1 对细长且向后水平伸出的尾须（图 29-92）。

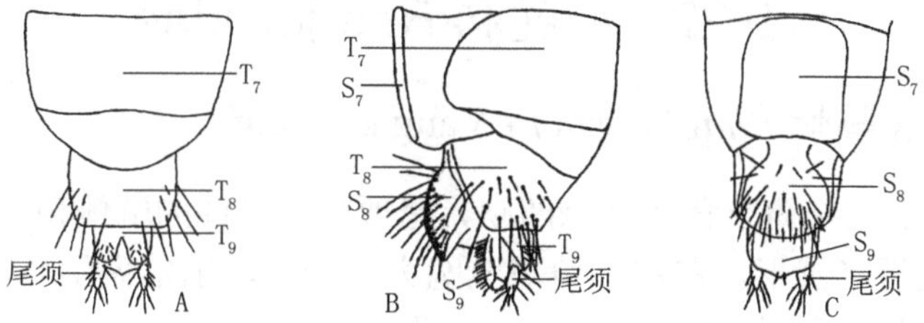

图 29-92　长板驼舞虻雌虫腹部末端（杨定和杨集昆，2004）

A. 背视；B. 侧视；C. 腹视；T_7～T_9 为第 7～9 腹节背板；S_7～S_9 为第 7～9 腹节腹板

29.21.4　钩突柄驼舞虻 *Syneches ancistroides* Li, Zhang *et* Yang

雄性外生殖器：第 9 腹节背板半背片侧视有明显的腹端凹缺，有弱的背端角。下生殖板端缘中间有 1 大的半圆形凹缺，有钩状的侧突。阳茎有明显的端侧突（图 29-93）。

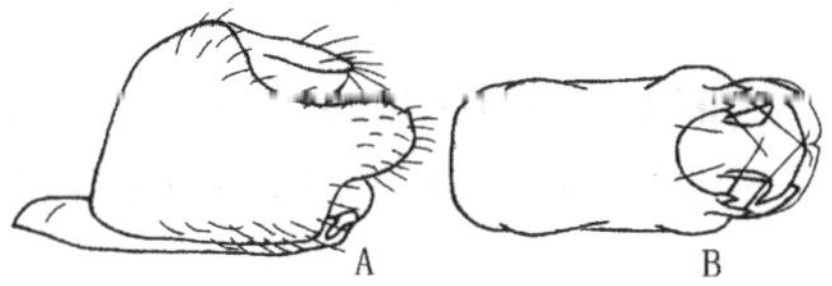

图 29-93　钩突柄驼舞虻雄性外生殖器（李文亮等，2007）

A. 雄性外生殖器侧视；B. 下生殖板和阳茎（腹视）

29.21.5　*Syneches* sp.

雄性外生殖器：属于左右对称型。第 9 腹节背板（雄性生殖背板）发达，分为左右 2 个半背片，半背片基部有较宽的区域连接。左右背片顶端内侧分别突起形成左右背侧突。尾须大，圆锥形，位于阳茎基部背方两侧。阳茎粗管状，顶端尖出（图 29-94）。

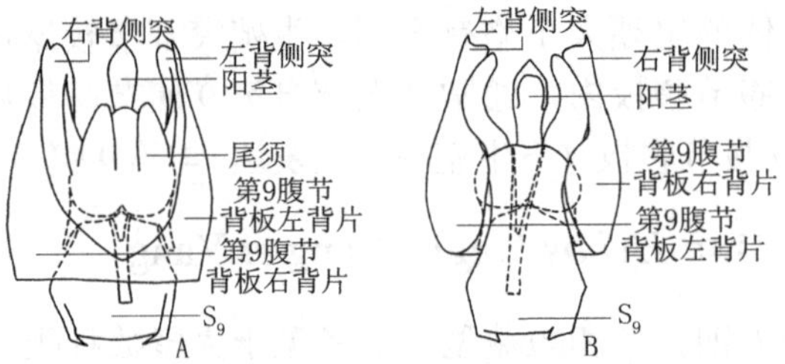

图 29-94　*Syneches* sp.雄性外生殖器 (杨定和杨集昆，2004)

A. 背视；B. 腹视；S_9 为第 9 腹节腹板

29.22　鹬虻科 Rhagionidae

29.22.1　无痣鹬虻 *Rhagio asticta* Yang *et* Yang

雄性外生殖器：第 9 腹节背板基缘凹缺，尾须有明显钝的端侧角，第 10 腹节腹端宽圆。第 9 腹节腹板近半圆形。左右生殖基节宽大且分开，生殖突呈略弯的棒状且末端较钝，生殖基节把细长近平行。阳茎把很细长 (图 29-95)。

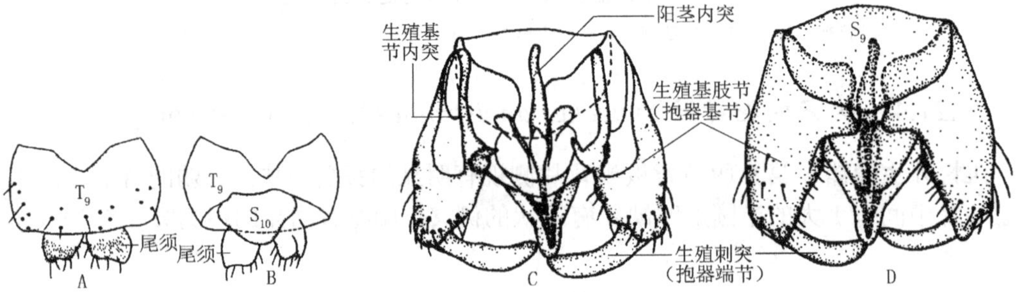

图 29-95　无痣鹬虻雄性外生殖器 (杨定和杨集昆，1994)

A. 第 9 腹节背板和尾须背视；B. 第 9、10 背板和尾须腹视；C、D. 生殖囊背、腹视；T_9 为第 9 腹节背板；S_{10} 为第 10 腹节腹板

29.23　穴虻科 Vermilionidae

29.23.1　甘泉潜穴虻 *Vermiophis ganquanensis* Yang

雄性外生殖器：腹端膨大，第 9 腹节背板端部向下弯折，中央凹缺而呈 2 个突角，凹缺中央有 1 钩状内突，尾须 1 对，不分节，右内突的两侧半露于外面。第 9 腹节腹板大，两侧包向背面，并由“背桥”在背面连接起来，端部有角突，腹面末端呈三角形凹缺，并边缘密生长毛。端刺宽大而端部弯。阳茎甚骨化，端部向上弯突，基部宽大呈喇叭口状，背面与背桥关联。阳茎基部有 1 很大的棒状内骨，内骨末端竖扁呈圆片，其前端则略膨大并由 1 对细长的骨片与阳茎端关联；背桥的基部有 1 对狭长的棒伸向前方 (图

29-96 B～D)。

雌性外生殖器： 腹端简单，自第 7 腹节以后渐窄，第 9 腹节背板很小，末端略凹入，1 对尾须骨化且分为 2 节，基节宽大而略扁，端节短小。腹板第 7 节为 1 横条，第 8 节末端尖，第 9 腹节腹板则分为 2 小片，生殖腔有 1 对弯的骨片，由膜质相连，其端部呈爪状(图 29-96 A)。

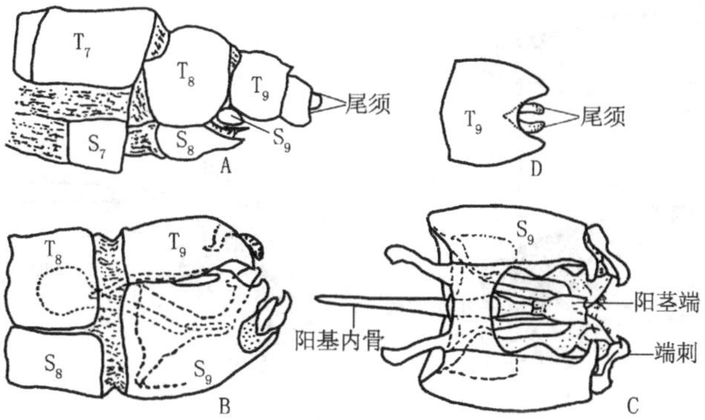

图 29-96　甘泉潜穴虻雌、雄外生殖器 (参考杨集昆，1979 图重绘)

A. 雌虫腹部末端侧视；B. 雄虫腹部末端侧视；C. 雄虫腹部末端背视，去除第 9 腹节背板；D. 雄虫第 9 背板背视；T_7～T_9 为第 7～9 腹节背板；S_7～S_9 为第 7～9 腹节腹板

29.24　长足虻科 Dolichopodidae

29.24.1　雄性外生殖器

雄虫第 6 腹节背板常稍退化，第 6 腹节腹板退化，侧视不可见。第 7 腹节有 2 类：①侧视可见，背、腹板组成较短或细长的生殖柄 pedunculate，雄性外生殖器完全游离，向腹部 180°扭曲；②侧视不可见，雄性外生殖器部分或大部分被生殖前节所覆盖，部分游离或盖帽状。第 8 腹节多可见，心形或三角形，有鬃。雄性外生殖器发生不同程度的扭曲，第 8 腹节发生特化，只有近三角形的骨片与第 9 腹节背板相连。大部分类群第 8 腹节和第 9 腹节连接的生殖接口 genital foramen 侧生。雄性外生殖器做 90°～180°扭转，向下或腹前方钩弯，大致可分为 2 类：①完全游离，向腹部 180°扭曲，末端伸达第 3、4 腹节，有时达腹基部，腹面向上而背面向下；②部分或大部分被生殖前节所覆盖，部分游离或盖帽状，向腹部一定程度 (大于 90°小于 180°) 扭曲。

第 9 腹节背板 (生殖背板) 发达，端半部一般左右对称，长通常明显大于宽，端部平截或中央弱凹。第 9 腹节背板左侧近基部有 1 大而圆的孔，称为生殖接口，是与生殖前节相连的通道。第 9 腹节背板腹缘两侧通常各有 1～2 个侧叶 (生殖背板叶 epandrial lobe)，侧叶端部常有长毛或鬃，左右侧叶有时不对称。背侧突 surstylus1 对，位于第 9 腹节背板端部两侧，有时分成背突和腹突。亚生殖背板突 subepandrial process 和后突 postgonite 位于第 9 腹节背板端部内。亚生殖背板突 1 对，位于两侧；后突单一，位于中央。尾须 1 对，位于第 9 腹节背板末端背中央。第 9 腹节腹板 (下生殖板) 短小，简单的条状或不规则分叉状，有时完全退化而不明显，附着在第 9 腹节背板上，基部与第 9 腹节背板部分或完全愈合，有或无明显的分界线。阳茎复合体 aedeagal complex 由射精突 ejaculatory apodeme、射精管、精泵 sperm pumb 和阳茎组成。阳茎细长弯曲，端部嵌合在下生殖板内 (图 29-97)。

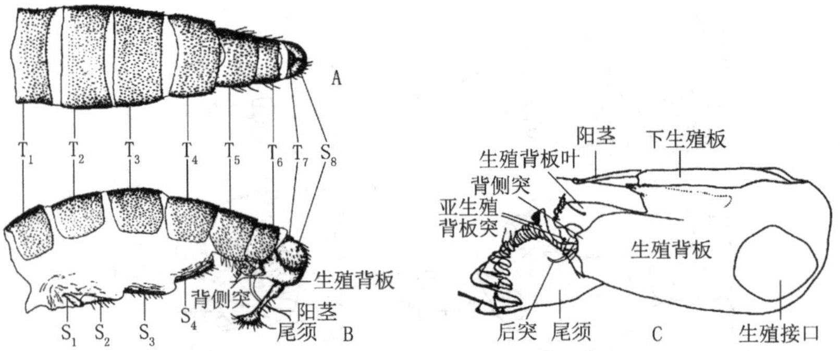

图 29-97　长足虻雄性外生殖器 (杨定等，2011)

A、B. 直长喙长足虻雄虫腹部背、侧视；C. 基黄长足虻雄性生殖器侧视；T_1～T_7 为第 1～7 腹节背板；S_1～S_4、S_8 为第 1～4、8 腹节腹板

29.24.2　雌性外生殖器

雌虫腹部向后渐细变尖，多数类群第 1～5 腹节背板和第 2～5 腹节腹板发达，第 6~10 腹节骨化较弱，套叠在第 5 腹节内，端部可见第 9＋10 腹节背板的端部和尾须。雌性外生殖器根据第 6、7 腹节形态分为细长型和短截型 2 类，多数类群属于细长型，第 6、7 腹节背、腹板完整，梯形或矩形，长大于宽，端缘平直，后侧角各有 1 支鬃。骨片基部有 1“U”形或“V”形凹缺，腹板通常小于背板。短截型的体节骨化较强，通常宽大于长，

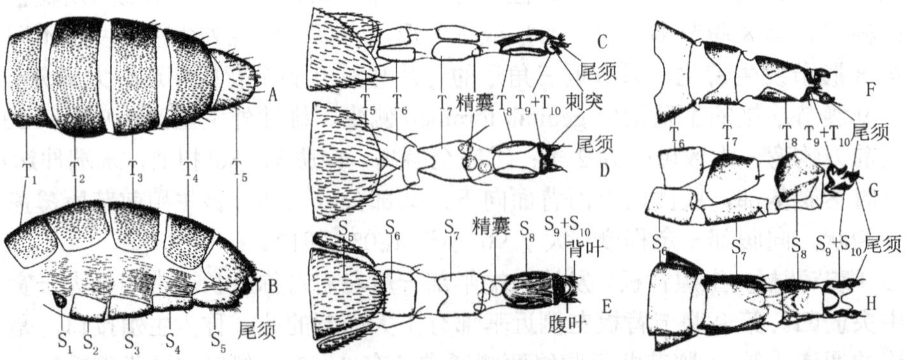

图 29-98　长足虻雌性外生殖器 (杨定等，2011)

A、B. 直长喙长足虻雌虫腹部背、侧视；C～E. 基黄长足虻雄虫腹部末端侧、背、腹视；F～H. 直长喙长足虻雌虫腹部末端背、侧、腹视；T_1～T_{10} 为第 1～10 腹节背板；S_1～S_{10} 为第 1～10 腹节腹板

第 6、7 腹节略呈方形，端缘的鬃较短，基部的凹缺较大，两端略呈截形。第 6、7 腹节背板 2 裂形成 1 对半背片，端部有细长毛；第 6、7 腹节腹板完整，不 2 裂。多数类群第 8 腹节背板从中间分为 1 对半背片，半背片的内缘通常弧形，两侧的骨片骨化强，呈长杆状。第 8 腹节腹板一般骨化弱，后侧有透明膜质区，膜端缘通常半圆形，具有各种纹理及针状突。第 9＋10 腹节合背板也称为肛上板，中间开裂形成 1 对半背片，多数类群的半背片宽短，每半背片端缘有 1～2 排短刺或鬃毛。肛下板半圆形，端缘略凹或圆形 (图 29-98)。

29.24.3　大黄鬃长足虻 *Chrysotimus grandis* Wang *et* Yang

雄性外生殖器：第 9 腹节背板明显长大于宽，近方形，有长的钩状侧突；背侧突背叶大，基部粗，端部明显膨大，腹叶长而弯曲。尾须长，2 裂，外叶端部宽于基部，端部有一些 (7～8 支) 浅黄色长而柔的毛。内叶长而尖。下生殖板细而短，腹视对称 (图 29-99)。

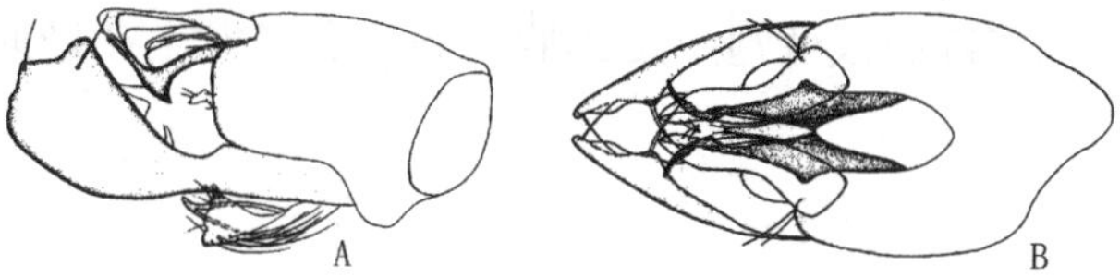

图 29-99　大黄鬃长足虻雄性外生殖器 (杨定等，2011)

A. 侧视；B. 腹视

29.25　蚤蝇科 Phoridae

29.25.1　蛆症异蚤蝇 *Megaselia scalaris* Loew

雌性内生殖器：每卵巢下方连接粗短的侧输卵管，两侧的侧输卵管汇入细长的中输卵管，中输卵管由上皮细胞组成，上皮外包被有条纹肌和薄层结缔组织。肌肉形成厚的

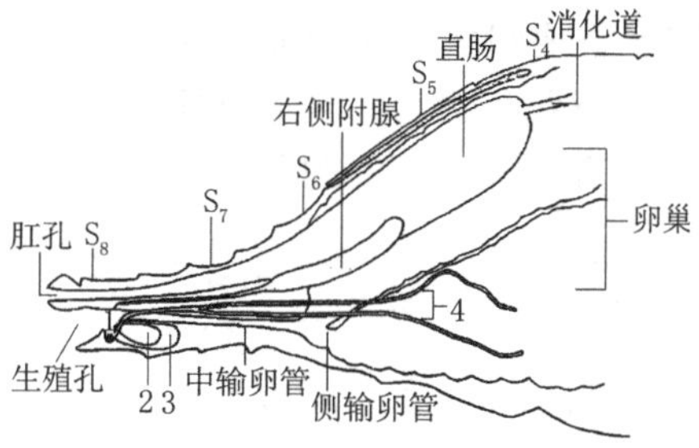

图 29-100　蛆症异蚤蝇雌性内生殖器 (Benner and Curtis，1988)

1．生殖腔后部；2．生殖腔侧壁的圈状骨片 loop-shaped plate in lateral wall of genital chamber；3．生殖腔前部；4．受精囊侧臂 spermathecal arm；S_4～S_8 为第 4～8 腹节腹板

刮约肌，刮约肌位于中输卵管与生殖腔结合点前。中输卵管末端开口于生殖腔后段，生殖腔的开口位于肛门的前腹面。附腺1对，附腺体香蕉形，位于第4～5腹节的直肠两侧。附腺管细直，着生于生殖腔的中背面，由鳞片状上皮组成，上皮外围以单层环肌或螺旋状排列的条纹肌，肌肉外包裹有结缔组织。受精囊管较粗短，着生于生殖腔右侧的后腹面，紧邻受精囊管起点前部，结合处形成囊状膨大。受精囊管端部着生1对细长管状的受精囊腺。生殖腔右侧壁增厚形成小的圈形骨片，骨片尖端指向后部中间。生殖腔自与中输卵管结合点向前后伸展形成前部与后部。前部为大型交配囊，交配囊经腹面连通输卵管，圈形骨片位于生殖腔前、后部连接点的腹侧壁，大部分位于前部，尖端伸进后部(图29-100)。

29.25.2　*Pseudacteon wasmanni* Schmitz

雌性内生殖器：卵巢圆球形，每卵巢包被在1个厚的肌肉鞘内，肌肉鞘下面的围鞘似为1薄的上皮层，包被每卵巢的肌肉鞘连续到侧输卵管和中输卵管。中输卵管前部的管腔扩大形成卵的贮藏库。从此区域开始，中输卵管直径随接近生殖腔而逐渐减小。卵巢管内，没有观察到滋养细胞或滤泡上皮细胞，表明卵子发生在蛹期之前已经完成 (图29-101)。

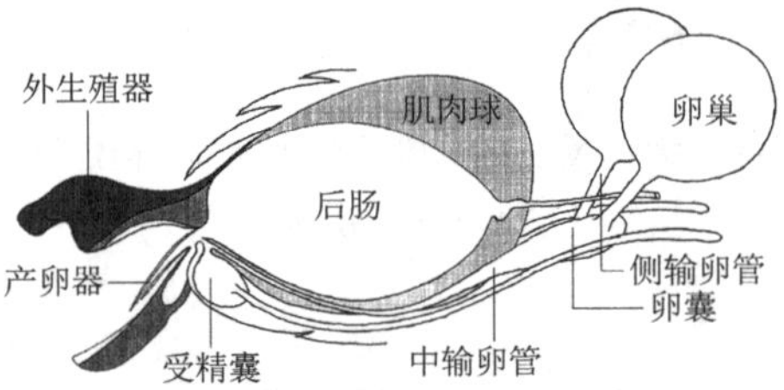

图 29-101　*Pseudacteon wasmanni* 雌性内生殖器 (Zacaro and Porter，2003)

29.26　食蚜蝇科 Syrphidae

29.26.1　雄性外生殖器

墨蚜蝇族的雄性外生殖器主要组成：第9腹节背板 (生殖背板) 与第9腹节腹板相连。尾须 (肛尾叶) 为第10腹节残存器官，与第9腹节背板以膜相连。背刺突 (侧尾叶) 位于第9腹节背板端侧缘，为第9腹节背板的附器。2背刺突多少平行，形状在不同种

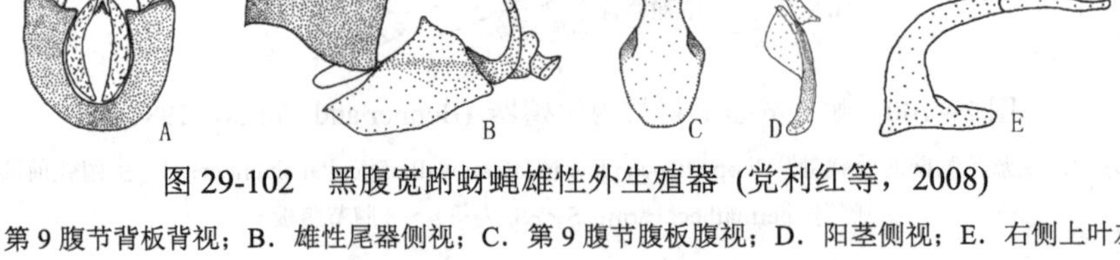

图 29-102　黑腹宽跗蚜蝇雄性外生殖器 (党利红等，2008)

A. 第9腹节背板背视；B. 雄性尾器侧视；C. 第9腹节腹板腹视；D. 阳茎侧视；E. 右侧上叶左面观

属之间变化大。第 9 腹节腹板 (生殖腹板、下生殖板) 包括：阳茎鞘，即生殖腹板鞘，一般为高度骨化的圆筒形构造；上叶，位于阳茎鞘侧臂端部或近端部，常为尾向或近尾向突出的近圆筒状或扁平构造；阳茎，位于阳茎鞘内的轴心系统，包括阳茎端、阳茎基、阳茎表皮内突等 (图 29-102)。

29.26.2　雌性外生殖器

雌性外生殖器通常由第 6 腹节以后的腹节组成，各节由很长的节间膜连接，形成可伸缩的管状构造，即产卵管。生殖腔由第 8 腹节腹板后缘内陷而成，用于交配，也称交配囊 bursa copulatrix、copulatory pocket，其后端的开口称生殖口 genital opening、genital aporture、gonotreme，其前端有中输卵管在其背壁的开口，称生殖孔 gonopore 或原始 (初生) 生殖孔 primary gonopore，生殖腔的前背壁和前侧壁还分别着生受精囊管和附腺。根据第 6 腹节宽度与整个外生殖器的长度之比 (从第 6 腹节基部到肛尾叶末端的长度) 可将外生殖器分为 2 类：比例在 1∶(2.0～2.5)的称为短产卵管型；比例在 1∶(3～7)的称为长产卵管型。第 8 腹节背、腹板的形状在各类群间变化较大，长短不一，完全骨化或亚膜质。第 9 腹节强烈变形，在多数亚科中，第 9 腹节背板缺如，而腹板变成二弓形骨片或亚膜质毛斑。第 10 腹节的背、腹板分别形成肛上板和肛下板。第 11 腹节通常以成对肛尾叶的形式存在。交配囊大致可分为 2 类。①膜质型：由许多皱褶厚薄不一的膜构成，但在附腺孔和靠近中线处多少有一点骨化或深色部分。②骨化型：常具有不同形状的大型高度硬化骨片，有时可发现一些中间类型。受精囊圆形或椭圆形，常高度骨化，有 2～3 枚，常位于第 6 腹节内。

29.26.3　黑腹短角木蚜蝇 *Brachypalpoides nigrabdomenis* Huo, Zhang *et* Zheng

雄性外生殖器：黄褐色，左右不对称。第 9 腹节背板背面黑褐色，左侧视近四边形，右侧视近不规则的五边形。尾须暗黄色，被黄褐色长毛，左、右尾须向右侧倾斜，形状不对称。背刺突不对称，腹视向右侧倾斜。右侧背刺突端部向左扭曲，左侧背刺突上半部向右扭曲，端部腹向弯曲，左、右背刺突表面密被黄褐色短刺。侧视左侧背刺突背叶后腹缘近中部形成凹口，腹叶近四边形，内侧表面被黄褐色短刺。右侧背刺突近直，端部宽圆，腹叶端部略扩宽。第 9 腹节腹板基部膨大，后腹缘中央缺舌状突。上叶舟状，边缘具短刺毛，骨化不均匀。阳茎具方盘状具柄的骨片，射精突极延长，向上弯曲 (图 29-103)。

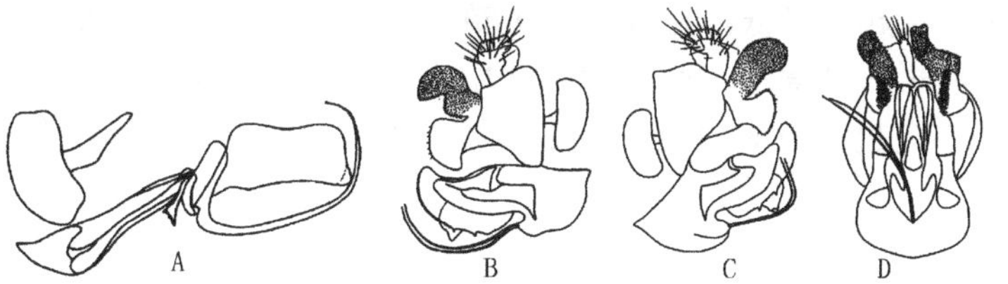

图 29-103　黑腹短角木蚜蝇雄性外生殖器 (霍科科等，2004)

A. 阳茎；B. 雄性尾器左侧视；C. 雄性尾器右侧视；D. 雄性尾器腹视

29.26.4　瘤颜长角蚜蝇 *Chrysotoxum faciotuberculatum* Zhang, Huo *et* Ren

雄性外生殖器：第 9 腹节背板黑褐色。尾须黄褐色，被同色长毛。背刺突狭长，基半部扩宽，侧视顶端钝圆，背部被稀疏黄褐色长毛，内侧表面具黑色短刺。上叶黑色，近椭圆形。阳茎端部扩大。第 9 腹节腹板舌状突略低于侧臂 (图 29-104)。

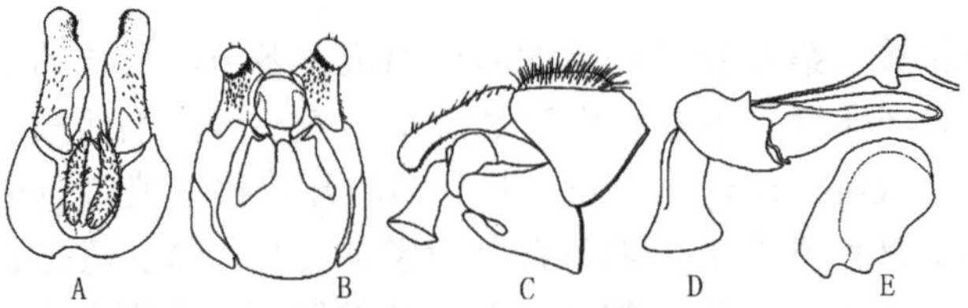

图 29-104　瘤颜长角蚜蝇雄性外生殖器 (张宏杰等，2010)

A. 雄性第 9 腹节背板及附器；B. 雄性尾器腹视；C. 雄性尾器侧视；D. 阳茎；E. 上叶侧视

29.26.5　曲毛食蚜蝇 *Dasysyrphus licinus* He

雄性外生殖器：第 9 腹节背板长于侧尾叶，侧尾叶末端尖，从侧面覆盖部分上叶，后缘向外侧卷成锐边，内侧端部具很多粗刺。第 9 腹节腹板的端侧突长过舌状突，后者宽短，端腹面具许多横皱纹。阳茎基端背面每侧各具小齿数枚。阳茎端发达，靴形，侧扁，端腹面无小刺，上叶略呈“T”形 (图 29-105)。

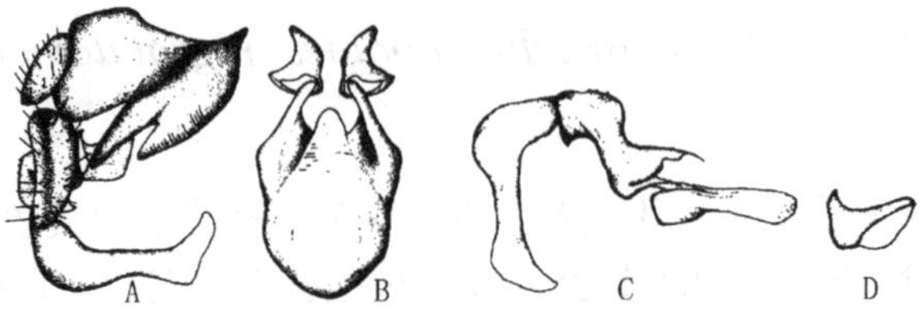

图 29-105　曲毛食蚜蝇雄性外生殖器 (何继龙，1991)

A. 外生殖器侧视；B. 第 9 腹节腹板及上叶腹视；C. 阳茎侧视；D. 上叶右侧视

29.26.6　东方墨蚜蝇 *Melanostoma orientale* Dang, Huo *et* Zheng

雄性外生殖器：尾器整体色浅，第 9 腹节背板侧视呈不规则梯形，腹视阳茎端部末端比上叶内侧小，突起明显低。尾须色浅被黄毛。背刺突侧视细长如指状，背视基部略膨大。第 9 腹节腹板长圆筒形，腹面后腹缘中央凹入，具有小刺突起，无舌状突。上叶腹侧视可见 2 个小突起。阳茎侧视内突接近基部的部分膨大成薄片，腹视内突基部扩开 (图 29-106)。

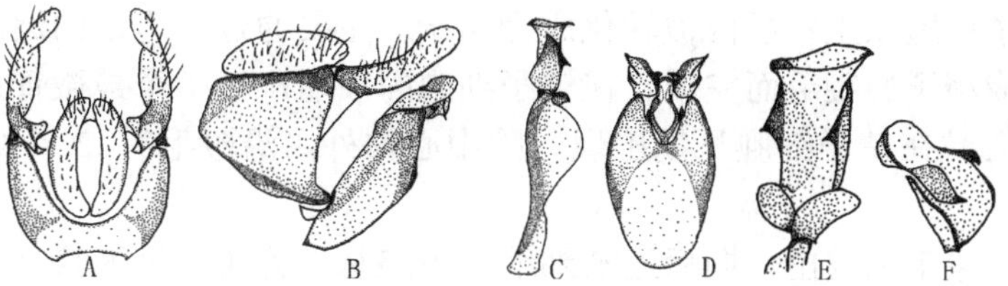

图 29-106　东方墨蚜蝇雄性外生殖器 (党利红等，2008)

A. 第 9 腹节背板背视；B. 雄性尾器侧视；C. 阳茎；D. 第 9 腹节腹板腹视；E. 阳茎显基部 aedeagus base；F. 上叶 superior lobe 背视

29.26.7　紫色木蚜蝇 *Xylota cupripurpura* Huo, Zhang *et* Zheng

雄性外生殖器：尾器黑褐色，左右不对称。左侧视第 9 腹节背板四边形，右侧视近三角形。尾须向右侧倾斜，暗黄色，具黄色长毛，左、右尾须之间具膜状囊。背刺突分背、腹叶，背叶较细，端部圆，被黑褐色刺毛。腹视右侧背刺突直，左侧背刺突背叶向腹中线倾斜，腹叶近矩形，后下角突出，后缘具黄褐色短毛。第 9 腹节腹板基部膨大，两侧鼓胀，舌状突发达。上叶骨化，黑色，端部宽，后背角基部具齿突，右侧 2 个，左侧 1 个，基部收缩呈柄状，背缘凹口内具 3 根黄色刺毛。射精管末端与 1 大型的伞形骨板相连 (图 29-107)。

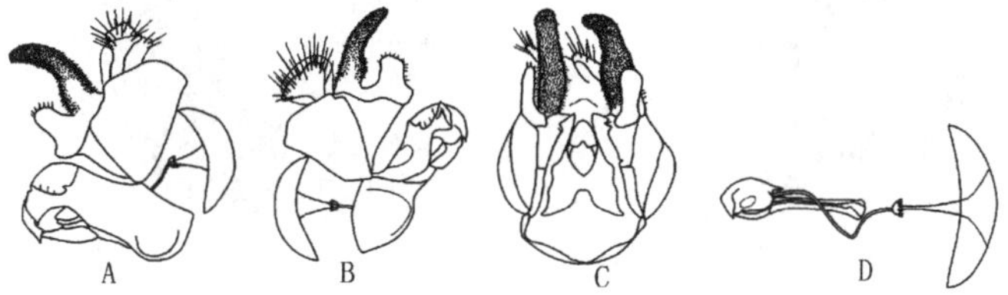

图 29-107　紫色木蚜蝇雄性外生殖器 (霍科科等，2004)

A. 雄性尾器左侧视；B. 雄性尾器右侧视；C. 雄性尾器腹视；D. 阳茎

29.27　实蝇科 Tephritidae

29.27.1　*Anastrepha ludens* (Loew)

雄性内生殖器：精巢位于第 5 腹节侧面，长囊状，中部粗。精巢鲜黄色，透过背板可见。末日龄蛹期出现色彩，初羽化的雄成虫色彩较鲜艳。精巢表面有气管包围，精巢壁包括围鞘、肌肉、基膜、滤泡上皮等成分，并有微气管网分布。精巢管内充满不同发育阶段的精子细胞，生殖区位于精巢管顶端，游离的精原细胞在此进行持续分裂；生殖区下部为生长区，细胞分化为精原细胞和生精囊细胞，精原细胞被生精囊细胞包围构成生精囊。被包被的精原细胞继续进行有丝分裂，形成精母细胞。精母细胞为双倍体，在生精囊内增殖，到达成熟区，每精母细胞通过 2 次减数分裂，产生 4 个单倍体精子细胞。

在转化区，精子细胞在生精囊内被转化成为精子，主要通过细胞核的逐渐收缩、精子细胞逐渐扩大形成精子的鞭毛而完成。在精子细胞的顶端，有 1 个被微管包围的圆锥形的精子顶体。中心粒在精子细胞早期出现。除中心粒外，沿鞭毛有 2 个螺旋形线粒体衍生物。

输精管从精巢下端发出，向后逐渐细缩。附腺丛生管状，每附腺有 2 支长管 (其中 1 支二叉管) 和约 5 支短管，全部附腺管和输精管末端着生于射精管输入段 afferent ejaculatory duct 顶端的膨大部。射精管输入段膨大部球形，向后渐细缩，末端接入射精泵。射精泵由射精管演变而成，包括 1 个球形泵体和 1 个大的突起，突起上有强健肌肉。肌肉收缩推动突起和球，使贮存在射精球内的精液排出，射精球基部与粗短的射精管输出段 dfferent ejaculatory duct 连接，后者经阳茎开口于体外。射精管输出段中部一侧有盲管状的附腺，称为后附腺 posterior gland (图 29-108)。

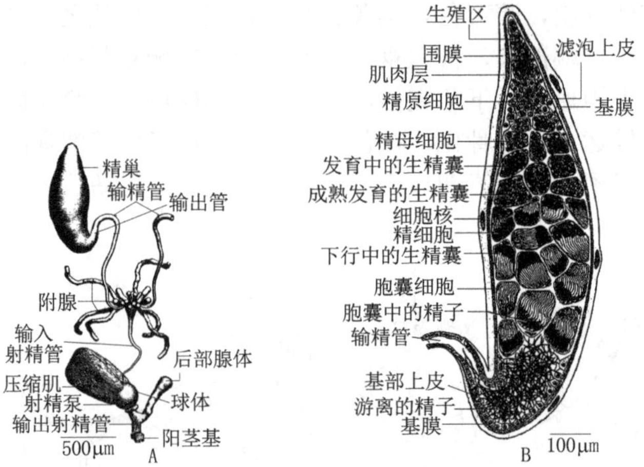

图 29-108　*Anastrepha ludens* 雄性内生殖器 (Valdez，2001)

A. 内生殖器背视，右侧精巢未绘；B. 精巢纵切面

29.27.2　加勒比按实蝇 *Anastrepha suspense* (Loew)

雄性内生殖器：精巢黄色，尖椒形，基部收缩后横向扭曲，输精管即由扭曲的末端发出。输精管细长，两侧的输精管汇入射精管输入段前端杯状膨大部分，射精管输入段较粗直，其后端略细缩通入精泵。附腺由多支管状或分支管组成，着生于射精管输入段前端杯状膨大部分，其中 3～4 支短管环绕前缘排列，每侧另有 2 支长的腺管 (1 个分支，另 1 不分支) 着生于稍后方。精泵由杯状的泵体和略呈圆柱形的肌肉囊组成，肌肉囊端部最宽，基部嵌在相对较硬的半球形腔内。输精管输出段从精泵下端发出，较细直，末端与阳茎相连 (图 29-109)。

雌性内生殖器：成熟雌虫的卵巢占据腹腔大部，位于消化道背面，没有端丝形成的悬带附着，通过卵巢上缠绕的气管固定位置。卵巢倒圆锥形，下部细缩。每卵巢有多支卵巢管，卵巢管外被薄膜包裹。卵巢管多滋式，相邻的卵巢管渐尖并汇合，所有卵巢管

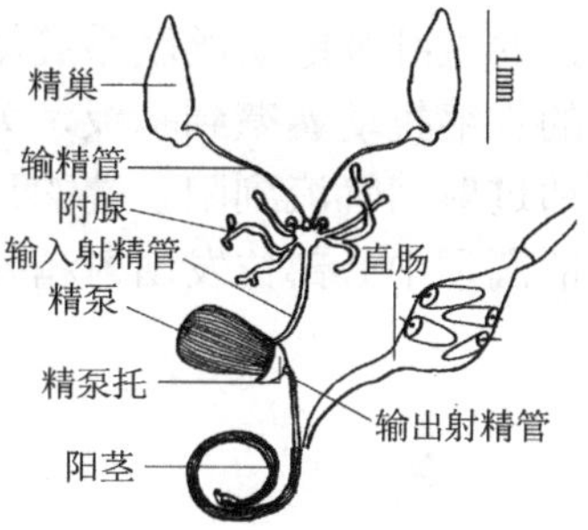

图 29-109　加勒比桉实蝇雄性内生殖器 (Dodson，1978)

的端丝在顶部中间汇合。每卵巢管常同时含有 1 批以上的成熟卵。侧输卵管短，起源于卵巢下端，两侧的侧输卵管汇入中输卵管，中输卵管后端与生殖腔相连。生殖腔管状，前部略粗，中间弯折，后端接入阳茎。受精囊 3 枚，受精囊体为小型表皮质囊，由蜷曲透明的组织包被。受精囊管粗长弯曲。附腺 1 对，附腺囊近球形，附腺管粗长，近附腺囊的部分略膨大，与囊体之间形成缢缩。受精囊管和附腺管开口于生殖腔前段约 1/3 处，受精囊管着生部位靠前 (图 29-110)。

雌性外生殖器：产卵器位于生殖腔最后方，为坚硬骨化的矛状物，使雌蝇在产卵前能刺破外层果皮。产卵器由第 9 腹节演变而成。第 7 腹节演变为长的包藏产卵器的管。第 8 腹节演变为膜质的铰链，用于产卵器的伸缩。第 8 腹节后背面有几排弯曲骨化齿 (图 29-110)。

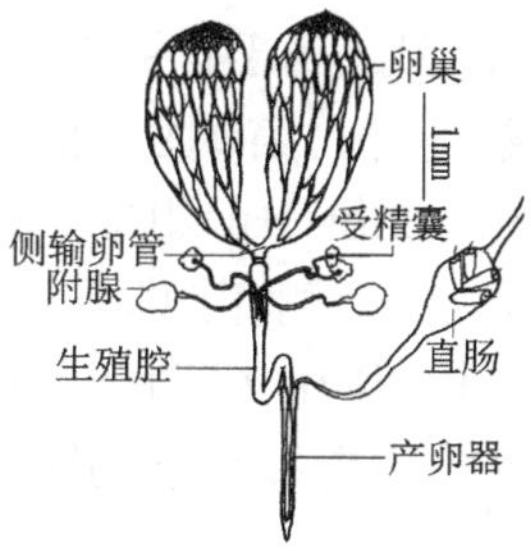

图 29-110　加勒比桉实蝇雌性生殖系统 (Dodson，1978)

29.27.3　*Strumeta tryoni* (Froggatt)

雄性内生殖器：精巢黄色，大致呈长梨形，外被 1 层脂肪体，顶端指状弯曲，基部弯角状扭曲后通入输精管顶端。输精管细长，其末端着生在射精管输入段头状膨大的前端。附腺 4 对，最大的 1 对细长香蕉形，其余的几对附腺较细短，二叉状分支或 2～3 重分支，均通过细而短的附腺管着生于射精管输入段头状膨大的端部，着生部位位于输精管着生点稍后方。射精管输入段有腺体组织包裹，整体粗壮，前端略呈头状膨大，后端进入杯状的精泵 (勃起和泵出器官 erecting and pumping organ)，精泵由骨化环，即射精管突起，以及圆顶状射精管囊组成，射精管囊具有稍骨化的壁，附着于突起的基部。在突起和囊的结合部，突起扩展形成骨化的基板。精泵上方有 1 长条形射精囊内骨，内骨上着生发达的射精管囊肌肉，通过纤细的肌丝联系囊侧壁的肌肉伸达突起的顶端，并紧密附着在突起上。这些肌肉的收缩拉动囊壁到基板，关闭射精管的入口，减少囊的体积。所产生的压力，迫使精液通过射精管流到阳茎端的顶部。射精管通过囊和突起基板结合部上的孔进入囊内，从囊的圆顶中心部位发出射精管输出段，该段细而直，末端延伸至阳茎端 (图 29-111)。

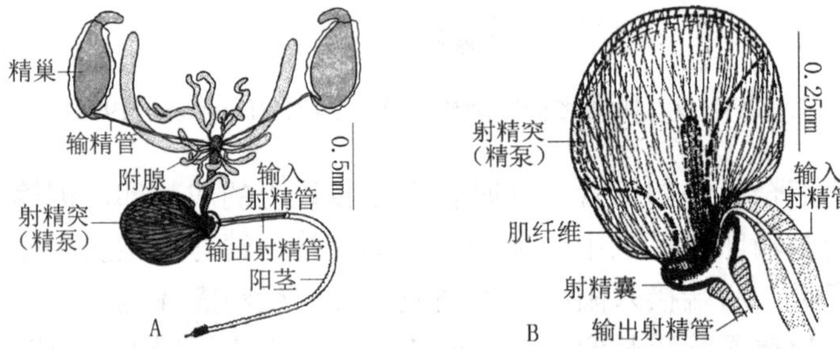

图 29-111　*Strumeta tryoni* 雄性内生殖器 (Drew，1969)

A．内生殖器整体；B．射精突 (精泵)

雄性外生殖器：腹部 1～5 节发达，6～8 节缺，第 9 腹节形成生殖节。背面产生侧腹片，形成侧尾叶。侧尾叶是不可动无肌肉的抱器样器官。第 10 腹节膜质，内陷在第 9 腹节内，有 2 个活动的、具肌肉的抱器悬于腹面。每抱器具有 2 个小的黑色的端齿状构造，侧尾叶和抱器具有感觉毛，交配期间具有握持阳茎端的功能。外生殖器的内骨骼 endoskeleton 悬挂于第 9 腹节前壁，因此属于该腹节的表皮内陷。生殖环 genital ring 由前部的腹突和 2 个外弯的侧臂组成，侧臂与第 9 腹节前壁的杆 bar 相联系。阳茎内突 fultella 位于生殖环上方，由中间的后杆 posterior bar 组成，后杆向前膨大成为侧扁的阳茎突。在后杆和阳茎突的结合点，腹面形成 2 个侧臂，即翼片 vane，与生殖环匹配。翼片稍弯，在腹端与骨化的臂联系，骨化臂又与相应的生殖环臂后端联系。阳茎内突中间后部的杆二叉状，阳茎端基部附着其上。内骨骼支撑复杂的肌肉，肌肉行使交配期间控制阳茎端的功能。

阳茎端是 1 个长而弯曲的管，基部附着于内骨骼上，端部在第 9 腹节腹面抱器之间离开腹部。休止时，阳茎端蜷曲，内缘皱褶，外缘有细的骨化带。阳茎端的头部是 1 个具有骨化带和附着肌肉的复杂构造，可作为 1 个瓣用于保持阳茎端内的液体，当勃起时允许压力增加，泵出器官打开，进而使阳茎端勃起。阳茎端头部的基部有 1 个膜质囊 (图 29-112)。

雌性内生殖器：卵巢倒梨形，外部有透明薄膜包被。刚羽化的雌虫卵巢小，随着每个卵巢管基部形成成熟卵，卵巢膨大充满整个体腔。卵巢管无滋式，各卵巢顶端在中心部位汇合。卵巢基部逐渐细缩进入侧输卵管。侧输卵管短，连接于中输卵管，中输卵后部稍增粗，与生殖腔连接。生殖腔通到第 9 腹节，即产卵器的端节。生殖腔背面的前中部有 2 个骨片，称为生殖腔片 signa。生殖腔前端有 1 个球杆状的桑葚腺 morula gland，腺体端半部有众多颗粒状骨化突起。受精囊 1 对，受精囊管粗长，管外包裹有脂肪体，

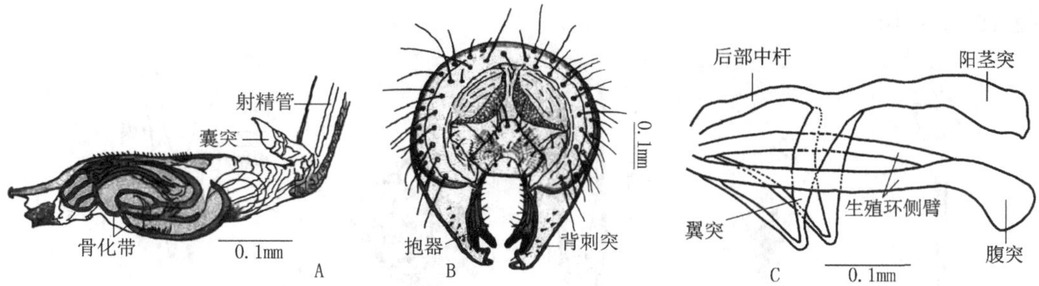

图 29-112　*Strumeta tryoni* 雄性外生殖器 (Drew，1969)

A. 阳茎的顶端 head of aedeagus；B. 第 9 腹节后视；C. 5 日龄雄虫的生殖环和阳茎内突

在桑葚腺基部的对面进入生殖腔。受精囊体圆球形。附腺 1 对，附腺管细长，着生于生殖腔前端，进入点紧邻受精囊管进入点后方。附腺囊弯曲膨大，分为 3 段：邻近附腺管段小型圆管状，与中段之间有缢缩分隔；中段较基段粗，稍弯曲；顶段椭球形，顶端尖(图 29-113)。

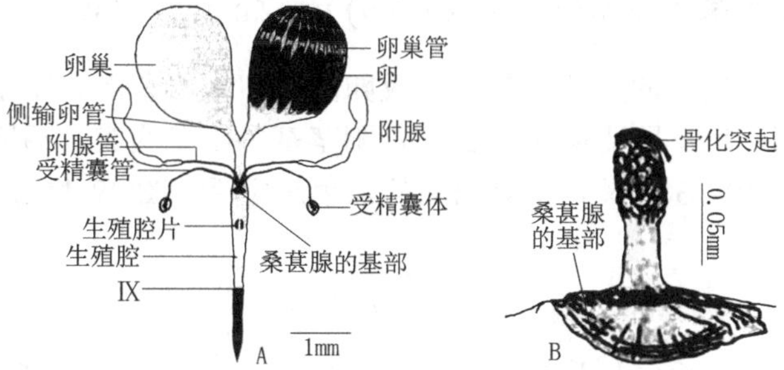

图 29-113　*Strumeta tryoni* 雌性内生殖器 (Drew，1969)

A. 整体；B. 桑葚腺侧视；IX为第 9 腹节

雌性外生殖器：第 7、8、9 腹节演变形成产卵器。第 7 腹节，即产卵管基节 oviscape，圆锥形，具刚毛，背腹扁，背板和腹板在侧面愈合。腹板前部有三角区，三角区前部表皮薄，形成卵圆形膜。第 8 腹节长管状，前部有 2 个宽的侧生骨化带，向后该骨化带渐细直至消失。体节表面后部 2/3 区域有三角形的骨化齿，齿呈阶段性变化，前、后端小，中部区域发达。齿是前方翘起的方形骨片，后缘埋在腹节表面。第 9 腹节刺状，是 1 个长的背腹扁的管，向后渐尖，适于刺穿果皮。第 9 腹节背板高度骨化，横切面椭圆形，向后渐尖形成穿刺器官的本体。腹板以腹瓣的形式存在，由 2 个骨化带组成，骨化带之间有沿中线的膜相连，对穿刺器官本体而言，则是沿侧缘连接。生殖孔位于瓣后端腹面。在刺的亚端侧缘，有 4 支小刚毛，2 长 2 短。刺的骨化区域有细小的不规则分布的沟纹，沟纹开口于表面。休止时，第 9 腹节缩在第 7 腹节内，同时包含第 8 腹节的折叠，因此形成第 7、8、9 腹节的套叠。产卵时，产卵器外伸形成管，管上具有第 8 腹节的骨化齿，向前端渐尖。交配时，产卵器部分伸出，阳茎端进入腹面的生殖孔，横跨过刺的长度进入生殖腔。交配和产卵期间，瓣的侧膜容许瓣上举，以允许比刺腔直径更大的物体通过

刺腔 (图 29-114)。

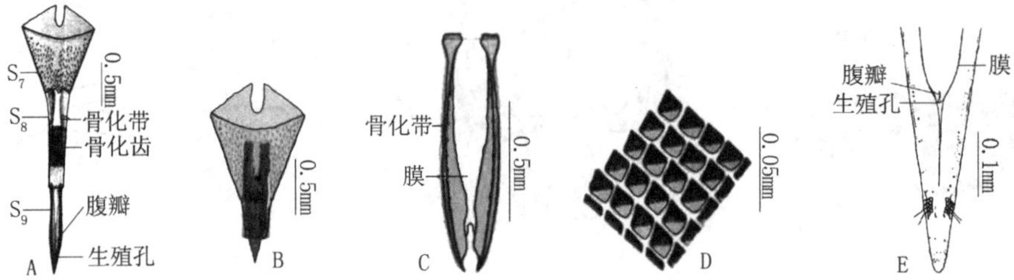

图 29-114　*Strumeta tryoni* 雌性外生殖器 (Drew，1969)

A、B．处于伸展、收缩状态的产卵器；C．第 9 腹节腹瓣；D．第 8 腹节的骨化齿；E．第 9 腹节端部；S_7～S_9为第 7～9 腹节腹板

29.28　果蝇科 Drosophilidae

29.28.1　三叉阿果蝇 *Amiota* (*Phortica*) *psi* Zhang *et* Gan

雄性外生殖器：生殖弓的后角突起，肛板卵圆形，抱器长形。阳茎端近中部具二叶状分叉，呈"Ψ"形，每 1 分叉又复分呈 2 叉，阳茎基具阳茎腹突，后阳基侧突扩大呈不规则的片状，前阳基侧突 3 分叉，上具明显的黑色感觉毛 (图 29-115)。

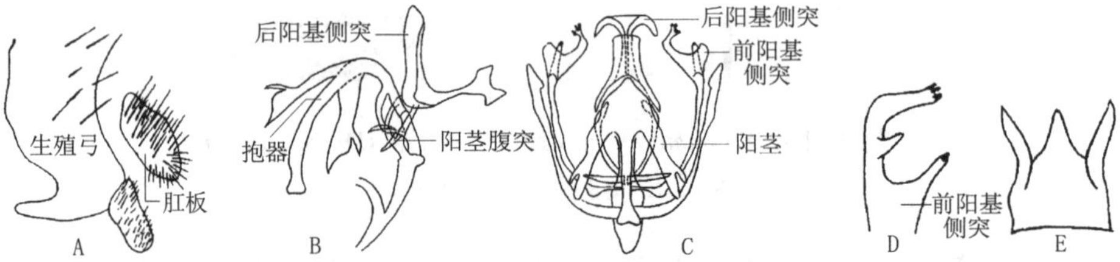

图 29-115　三叉阿果蝇雄性外生殖器 (张文霞和甘运兴，1986)

A．围阳体；B、C．阳体侧视、正视；D．前阳基侧突；E．第 10 腹节腹板

29.28.2　端刺果蝇 *Drosophila* (*Sophophora*) *apicespinata* Zhang *et* Gan

雄性外生殖器：生殖弓下端渐变窄，其上具许多长鬃，约 16 或 15 支，上部具 4 或 5 支鬃。仅具初抱器，抱器上具 2 列黑梳齿，上列 4 齿，下列 5 或 6 齿，其间着生 2 鬃及 1 粗齿。抱器端具几根鬃。肛板长椭圆形，下端尖，具 2 黑鬃，2 大 1 小。阳茎浅黄色，2 分叉，端部及内侧呈穗状分支。前阳基侧突灰黄色，不规则三角形，端部具感觉毛，后阳基侧突向内弯曲，与阳茎等长。阳茎的两侧有 1 对钩状的突起，其基部与阳茎基相连，阳茎与阳基内骨近等长 (图 29-116)。

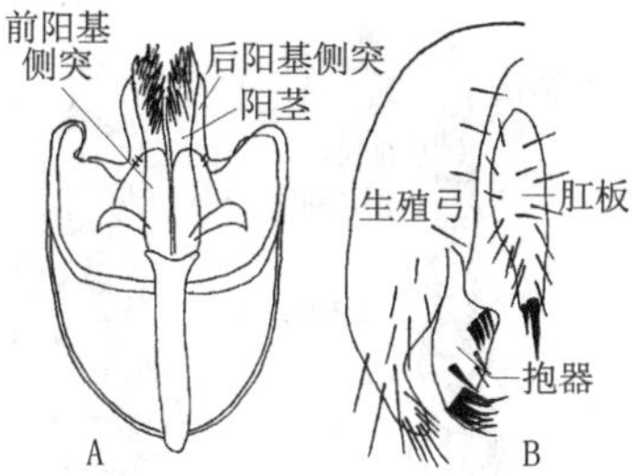

图 29-116　端刺果蝇雄性外生殖器 (张文霞和甘运兴，1986)

A. 阳体；B. 围阳体

29.28.3　果蝇 *Drosophila* sp.

雌性内生殖器：卵巢椭球形，每卵巢有 10～20 支卵巢管，卵巢管顶部具细小端丝，基部通过卵巢管柄顺次着生在侧输卵管前段。侧输卵管粗短，两侧的侧输卵管汇入后部的中输卵管。卵巢管大致分为原卵区和生长区两部分，原卵区的顶端含有 2～3 个生殖干细胞，生殖干细胞与端丝及基部帽细胞 cap cell 等体细胞紧密相连。生殖干细胞通过不对称有丝分裂产生 1 新的子干细胞和 1 包囊干细胞，包囊干细胞又进行连续 4 次胞质不完全分裂的有丝分裂，产生 16 个相互连通的包囊细胞，形成包囊，并被体细胞来源的滤泡细胞所包围，形成卵室。其中 1 个包囊细胞被决定为卵母细胞，另外 15 个包囊细胞则成为滋养细胞。滋养细胞进行高度多倍体化，大量合成核糖核酸、蛋白质、核糖体等营养物质，并运输到卵母细胞，卵母细胞最后发育为成熟的卵细胞。而近端子干细胞则继续与帽细胞紧密相连而维持干细胞特性。帽细胞及更顶端的端丝细胞被视为“干细胞微生境”以调控生殖干细胞的自我更新。“干细胞微生境”的功能则受许多内、外因子所控制。卵子发生作为个体发育的准备阶段，不仅积累了胚胎发育所需的营养物质，而且形成了呈区域分布的卵质。指导胚胎体节基本图式形成的形态发生原物质在卵母细胞内进行区域定位。在卵后区形成具有特征性的颗粒结构　极小囊(即生殖质)，决定胚胎发育过程中生殖细胞的形成。

果蝇的卵子发生在蛹中被启动，在成虫体内完成，卵子发生历时约 12 天。卵子发生启动后，包囊干细胞连续分裂形成包囊。包囊形成以后，16 个来源于同一包囊干细胞、并通过胞质桥相互连通的包囊细胞产生了差异，导致卵母细胞进入不同于滋养细胞的分化途径。卵母细胞决定发生在原卵区，原卵区又可分为 3 个区。①有丝分裂活跃区：包含干细胞、干细胞分裂的产物，即包囊干细胞，以及包囊干细胞连续分裂产生的 2-细胞、4-细胞、8-细胞包囊。②中胚层体细胞内陷包围 1 个个 16 细胞群的区域，包含 8～10 个 16 细胞包囊。③完全为滤泡细胞包围的 16 细胞包囊区域，16 细胞包囊形成时，16 个包囊细胞间通过 1～4 个胞质桥相连通，中间的 2 个包囊细胞具有 4 个胞质桥，称为原卵细胞，都具有联会复合体，处在减数分裂状态。但其中 1 个原卵细胞继续保留联会复合体，保持双倍体状态，并被决定为卵母细胞，迁移到卵室的后端。另 1 个原卵细胞的联会复合体消失，和其他 14 个包囊细胞一起高度多倍体化，成为滋养细胞 (图 29-117)。

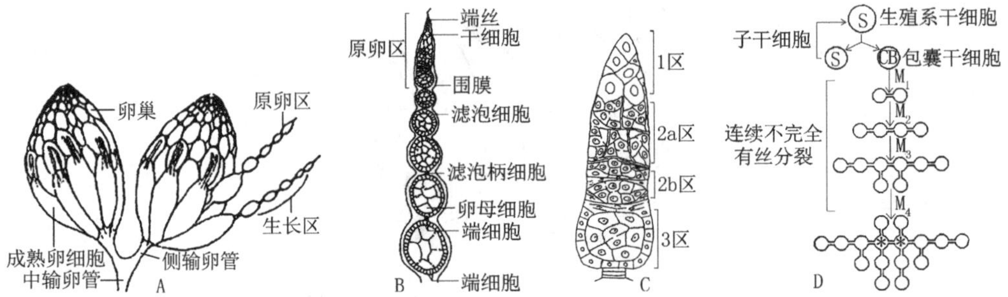

图 29-117　果蝇 *Drosophila* sp. 雌性内生殖器和卵子发生 (张宜茂和赵德标，1997)

A. 卵巢及 2 个分开的卵巢管；B. 卵巢管及卵室；C. 原卵区内亚区划分；D. 卵室形成过程中细胞分裂示意图，星号标记的细胞具有 4 个环形通道

29.28.4　毛突拱背果蝇 *Lordiphosa pilosella* Ma *et* Zhang

雄性外生殖器：生殖背板浅黄色，腹缘中部呈指状突起，末端臀向弯曲。前缘中部外表面均被微毛，臀腹缘微毛长而密。侧面和背部约具 17 支长刚毛，指状突上约具 8 支长刚毛。肛尾叶浅黄色，卵圆形，被微毛和短刚毛，腹缘突出，具约 7 支长刚毛。抱器浅黄色，由背腹 2 骨片组成，背骨片抱器齿约 15 个，线形排列。腹骨片折叠成内外 2 层套在背骨片的腹方，构成抱器的臀腹角，臀腹角处稍宽，内外侧都分布有数支向内、向背弯曲的长刚毛。生殖板骨化较深，棕色，左右融合，包围阳茎和阳基侧突。生殖腹板浅黄色，近似三角形，不具侧中刺。阳基侧突浅黄色。阳茎浅黄色。阳基内骨侧扁，淡黄色，约与阳茎等长 (图 29-118)。

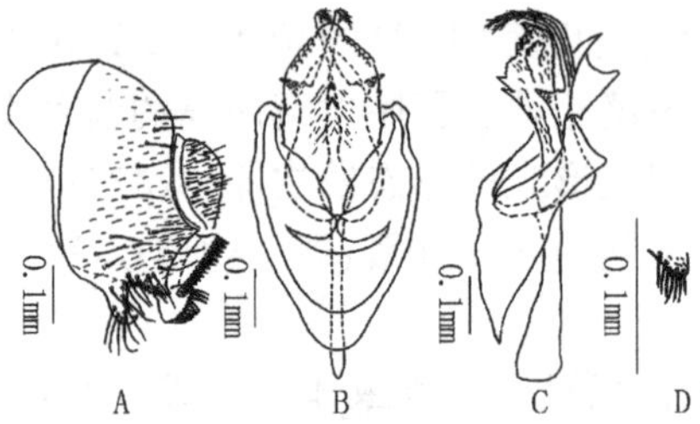

图 29-118　毛突拱背果蝇雄性外生殖器 (马沛勤和张文霞，2009)

A. 生殖背板、肛尾叶和抱器 (侧视)；B、C. 生殖腹板、阳茎和阳基侧突腹、侧视；D. 肛尾叶的腹部 (臀面观)

29.29　秆蝇科 Chloropidae

29.29.1　*Hippelates collusor* (Townsend)

雄性内生殖器：精巢卵圆形，有褐色膜鞘包被。精巢端部球状突出，其中含有精原细胞。突出区域后方含有精母细胞，精子细胞位于精巢后部 1/3 部位，精子则位于精巢基部。输出管 (每精巢只有 1 支精巢管，称为输出管而不称为输精管) 从精巢后部发出，

其下端连接于射精管球前部。射精管球连接后部的射精管，射精管自前而后逐渐细缩，后端接入外生殖器。附腺 1 对，粗长管状，基部着生于射精管球中后部 (图 29-119)。

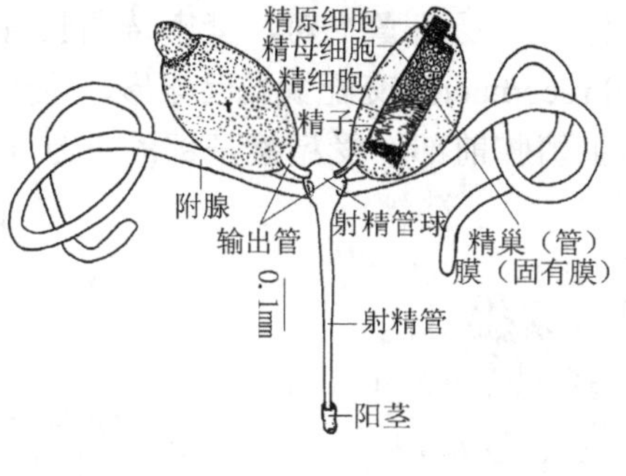

图 29-119　*Hippelates collusor* 雄性内生殖器 (Adams and Mulla，1967)

右侧精巢膜部分除去以展示内部精子发育区域

雄性外生殖器：生殖囊 (第 9 腹节背板) 与第 8 腹节关节，背腹位，与腹部纵轴约呈 135°。肛孔开口于生殖囊的背面，第 9 腹节背板附肢 (侧尾叶) 指向腹前方，侧尾叶 2 对，第 1 对与第 9 腹节形成活动关节，来自第 9 腹节背板侧壁肌肉着生在侧尾叶基突上，控制其活动，侧尾叶的内表面有 2 种类型的感器。第 2 对侧尾叶与背板形成固定连接，位于第 9 腹节背板中部区域，内表面具有 3 种类型的感器。阳茎从第 2 对侧尾叶中间伸出，阳茎两侧有阳基侧突。阳茎和阳基侧突基部着生在第 9 腹节形成的环形阳茎基环上，射精管突为头向伸展的"Y"形骨片，在骨片分叉点背面有短棒状骨突，"Y"形骨片为控制阳茎伸缩的肌肉提供附着 (图 29-120)。

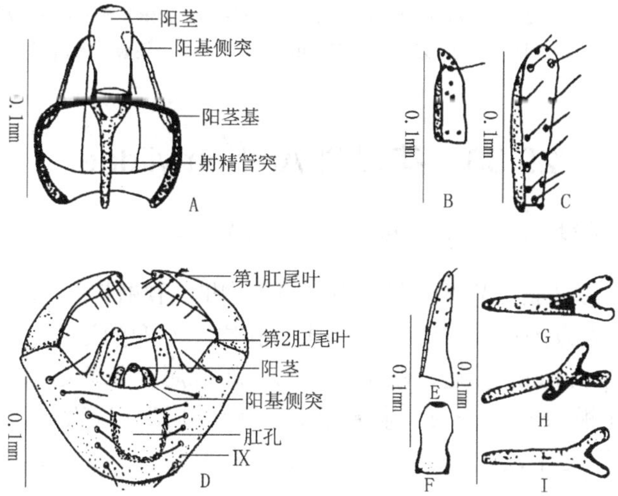

图 29-120　*Hippelates collusor* 雄性外生殖器 (Adams and Mulla，1967)

A. 起源于第 9 腹节腹板的主要生殖构造；B. 第 2 肛尾叶；C. 第 1 肛尾叶；D. 生殖囊；E. 阳基侧突；F. 阳茎；G、H、I. 射精管突背、侧、腹视；IX为第 9 腹节

雌性内生殖器：每卵巢有10～20支卵巢管，外部有被膜，膜外有脂肪体和微气管包裹。卵巢管顶端有端丝，但各端丝未汇合成悬带。卵巢管基部汇集于卵巢萼，进而通入粗短的侧输卵管。两侧的侧输卵管汇入中输卵管，中输卵管后端进入略膨大增粗的生殖腔，生殖腔经生殖孔开口于体外。受精囊1对，紧密蜷曲长管状，基部依次着生于生殖腔前端一侧。纳精囊 seminal receptacle (交配囊) 近球形，位于生殖腔前端另侧，与受精囊相对。附腺1对，着生于生殖腔前部、受精囊基部的下方 (图 29-121)。

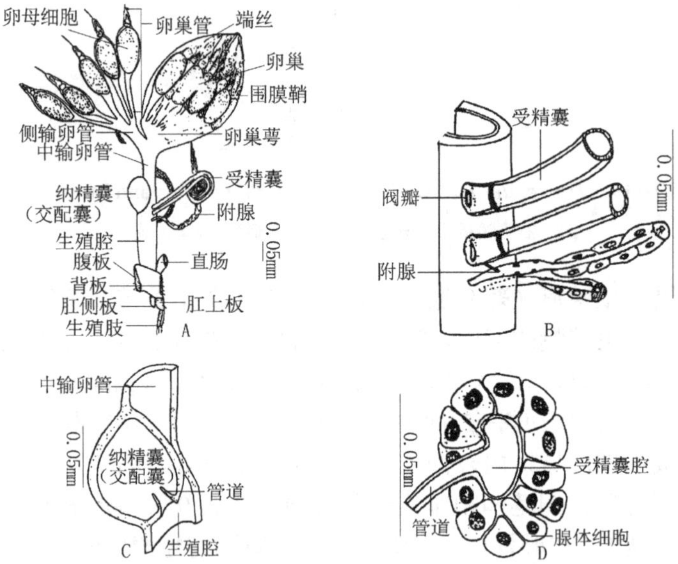

图 29-121　*Hippelates collusor* 雌性内生殖器 (Adams and Mulla，1967)

A. 雌性内生殖器，左侧卵巢管部分去除并拉开以展示卵巢管着生方式；B. 生殖腔壁，示受精囊管和附腺管的着生方式；C. 纳精囊横切，示后部具有阀瓣的管道；D. 受精囊腺横切

29.30　花蝇科 Anthomyiidae

29.30.1　灰地种蝇 *Delia platura* (Meigen)

雄性外生殖器：腹部狭长扁平，第5腹节腹板侧叶后端钝平。第6、7腹节腹板合成1隐于第5腹节腹板内方的狭带状骨片，构成了膜质生殖兜的边框。第7、8腹节背板愈合。第9腹节背板 epandrium 发达，略呈半球形。雄肛尾叶长略超过侧尾叶长的1/2，愈合为近长椭圆形肛尾板 cercal plate，末端无毛。侧尾叶侧视近直形，向端部渐细，但末端不尖；中部微内弯，之后均匀地向端部弯曲，微微抱合。后面端部1/3具有淡色纤毛，密如绒毡。前阳基侧突 pregonite (前生殖突) 三角形，后阳基侧突 (后生殖突) 短，末端钝平。阳体基本构造包括阳基内骨、基阳体阳茎。阳基内骨与基阳体以关节相连，下端并与介于阳基侧突之间第9腹节腹板的中间板 middle plate of hypandrium 相连 (阳茎内骨同第9腹节腹板前端的内骨均随蝇的日龄而增长，可用于雄蝇生理龄期鉴别)。基阳体

的后方为阳基后突，为背腹扁平的片状。侧阳体自阳茎的基部分出，阳茎侧阳体侧视骨化部分宽约为长的 1/6 弱 (图 29-122 A～C)。

雌性外生殖器：各背板宽阔，正中缘不骨化或骨化不全，第 6 腹节背板前狭后宽，第 6、7 腹节腹板狭长，第 8 腹节腹板为 1 对短的骨片。肛上板小，半圆形。肛下板大，略呈心形。后腹部，即产卵器，平时缩入腹内，仅露出末端，产卵时伸出，呈或长或短的管状，由第 6、7、8 各腹节及肛上板 epiproct、肛下板和肛尾叶组成 (图 29-122 D)。

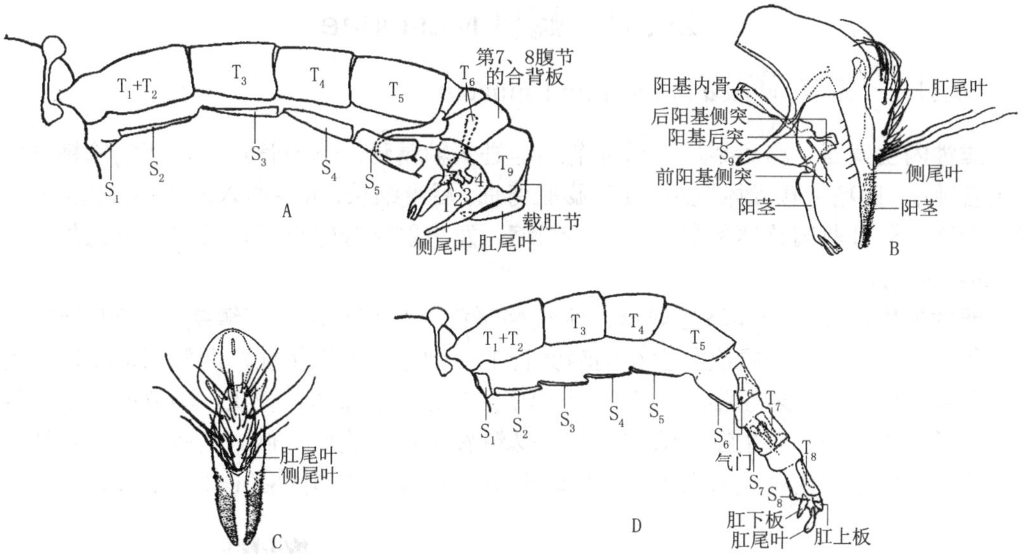

图 29-122 灰地种蝇雌、雄外生殖器 (范滋德等，1988)

A. 雄性腹部侧视，后腹部已拉出 (1. 阳茎；2. 前阳基侧突；3. 后阳基侧突；4. 阳基后突)；B、C. 雄性尾器侧、后视；D. 雌虫腹部侧视，产卵器已拉出；T_1～T_9 为第 1～9 腹节背板；S_1～S_9 为第 1～9 腹节腹板

29.30.2 棕黄原泉蝇 *Nupedia fulva* (Malloch) Hennig

雄性外生殖器：阳茎粗壮，骨化，末端宽，多皱褶。前阳基侧突前缘直，后缘端部弧形，仅近基部稍扩展，末端具 3 个鬃。后阳基侧突前、后缘平行，末端略向前钩曲，

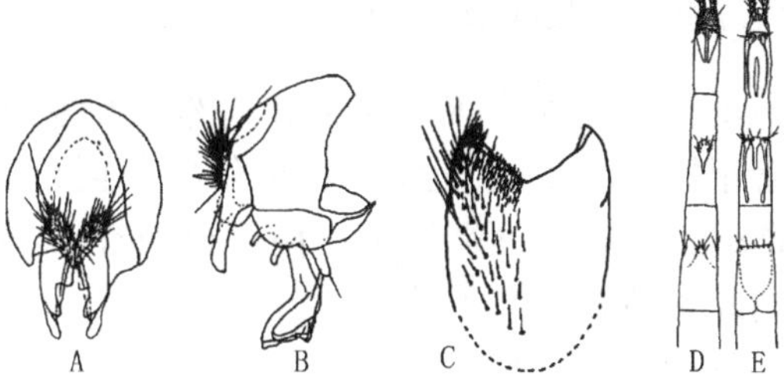

图 29-123 棕黄原泉蝇雌、雄外生殖器 (魏濂艨，1992)

A. 雄虫肛尾叶和侧尾叶后视；B. 雄虫尾器侧视；C. 雄虫第 5 腹节腹板；D、E. 雌虫产卵管腹、背视

无毛。阳茎背片曲棒状，突立于腹下侧。尾叶近端部分叉，末端圆钝，侧视内支末端尖。肛尾叶上部远离，末端具 2 对长鬃。第 5 腹板多少呈心脏形，端部侧缘毛略长，内缘密具短刚毛 (图 29-123 A～C)。

雌性外生殖器：产卵管细长，第 6 背板骨化弱。第 7 背板分成 3 条，中央条短，骨化弱，末端呈球状扩展，有愈合趋势。第 8 背板骨化较强。肛上板三角形。肛下板半圆形，密布感觉毛。受精囊 3 个 (图 29-123 D、E)。

29.31　蝇科 Muscidae

29.31.1　家蝇 *Musca domestica* Linnaeus

雄性内生殖器：精巢梨形，后部渐细缩进入输精管，输精管短直，两侧输精管汇入射精管前端。射精管输入段发达，前半膨胀弯曲，后半细长，末端通入射精囊 (精泵) 内，射精囊连同外部肌肉整体呈梨形，下端细缩，发出射精管输出段，其末端进入外生殖器 (图 29-124 A)。

雌性内生殖器：卵巢略呈球形，两端略平截，外部有微气管缠绕。每卵巢约有 20 支卵巢管，卵巢管基部顺次着生在侧输卵管上。侧输卵管较粗壮，两侧的侧输卵管汇入中输卵管，中输卵管末端膨胀呈椭球形。附腺 1 对，附腺囊长管状，略弯曲；附腺管细长，与受精囊管一起着生在生殖腔前端。受精囊 3 枚，受精囊体略呈梭形，不发达；受精囊管粗长发达。生殖腔膨大增粗，前端两侧分别有 1 球形侧囊 (图 29-124 B)。

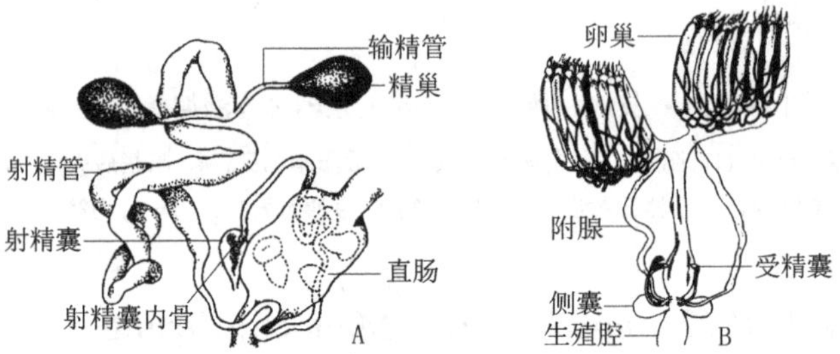

图 29-124　家蝇内生殖器 (范滋德，2008)

A. 雄性内生殖器；B. 雌性内生殖器

29.31.2　孕幼家蝇 *Musca larvipara* Portschinsky

雌性内生殖器：每卵巢有 2 支卵巢管，卵巢管基部汇入侧输卵管，两侧的侧输卵管汇入中输卵管，中输卵管粗短，与生殖腔膨大形成的子宫连接。附腺长管状，与受精囊基部一起着生于生殖腔顶端。生殖腔顶端细缩，两侧分别有 1 梨形侧囊，其余部分膨大形成长椭圆形子宫，后端经生殖孔开口于体外 (图 29-125)。

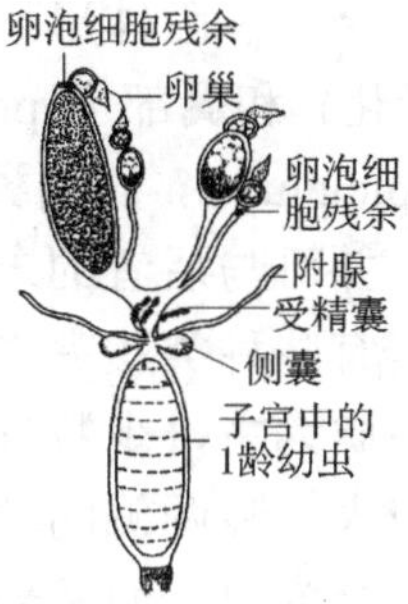

图 29-125　孕幼家蝇雌性内生殖器 (范滋德，2008)

29.31.3　斑蹠黑蝇 *Ophyra chalcogaster* (Wiedemann)

雄性内生殖器：精巢香蕉形至梨形，末端细缩进入输精管，两侧输精管汇入射精管。射精管前端细缩，然后膨大呈棒状，向后渐细，接入外生殖器 (图 29-126)。

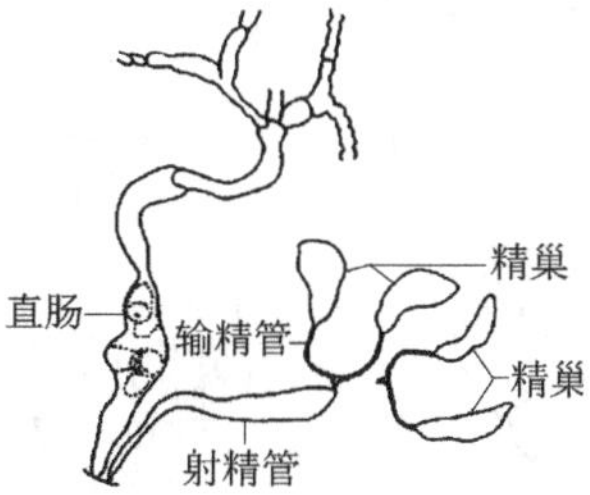

图 29-126　斑蹠黑蝇雄性内生殖器 (范滋德，2008)

29.32　丽蝇科 Calliphoridae

29.32.1　雄性外生殖器

第 6 腹节背板狭小，通常位于第 5 腹节腹板的节间膜内，其腹缘附近有气门。第 6 腹节腹板为 1 块狭窄的弓形骨片，常隐藏在第 5 腹节腹板内面。第 7、8 腹节愈合成为合腹节，也称为第 1 生殖背板或第 1 生殖节，其腹缘有气门。第 9 腹节背板后方有肛孔开口，该背板也称为肛背板或第 2 生殖节。第 9 腹节腹板称为生殖腹板，位于第 9 腹节背板的前腹面，雄性外生殖器即位于其下方，两者之间有关节相连。在第 9 腹节背板后方中部有 1 对肛尾叶，为退化的第 10、11 腹节构成，肛尾叶可愈合为 1 片，也可有其他变形。雄性外生殖器包括阳基侧突和阳体，阳体分为基阳体和阳茎，阳茎又分为侧阳体、下阳体和端阳体。阳茎骨化较强，侧阳体尤甚，成对，有细长的端部，称为端突 distal process。下阳体亦成对，前下方有或长或短的突起，称为腹突 ventral process。侧阳体基部较宽、骨化，左右两侧壁在后部相连，向前伸展为基部前突。端部也骨化，常为成对细长扁薄向前弯曲的突出物，位于阳茎两侧，夹着下阳体。端部又可分为垂直部和钩状部，有时端部大部退化，呈宽的片状或左右愈合。下阳体形态因种类而异，大多骨化弱，主要分中条 hypophallic middle piece (较骨化) 和翼部 hypophallic lobe，翼部分为成对的基翼 basialulae、侧翼 laterialulae 和端翼 apicialulae，而端翼已属端阳体范围。不少种类具有下阳体腹突，位于侧阳体钩状部水平，并可与后者的末端勾配并赖以支撑，在这种情况下则下阳体侧翼、端翼往往不很发达。有些种类腹突也不发达，端阳体宽短，相应地侧阳体却增宽甚至很宽。下阳体通常以膜质为主，少数种类部分骨化，个别种类全部骨化，翼部表面多逆棘，尤其在边缘的棘较大。除两侧的翼部外，下阳体主要由下阳体中条支持，后者是成对的骨化纵条，往往愈合为单一而基部宽扁的长形骨片，位于下阳体的前壁，末端伸展到端阳体，起支撑作用。端阳体位于下阳体的端方，其末端为射精管的开口，除有中条支持外，其两侧往往有 1 对与下阳体腹突相连的侧条，有时侧条明显骨化。丽蝇科一些进化类群，如孟蝇属或鼻蝇属，阳茎结构趋于复杂，侧阳部愈合为一，有时有附突，下阳体亦多宽大或变形，端阳体易位而附生于侧阳体的前壁 (图 29-127)。

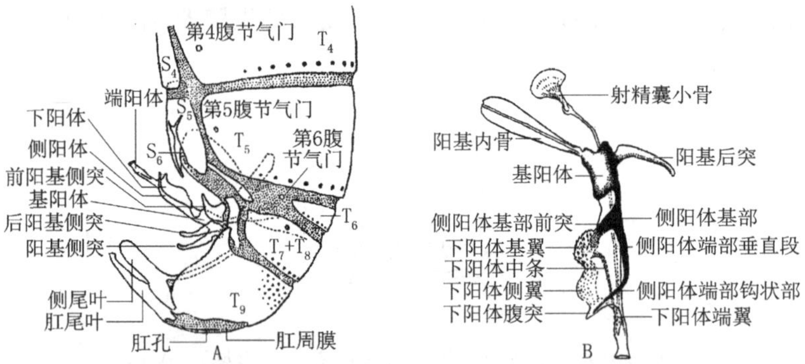

图 29-127　丽蝇雄性尾器 (范滋德等，1997)

A. 雄性后腹部侧视；B. 雄性阳体；T_4～T_9 为第 4～9 腹节背板；S_4～S_6 为第 4～6 腹节腹板

29.32.2　雌性外生殖器

雌性外生殖器由腹部第 6、7、8 腹节和载肛节组成，每节之间的节间膜很长，可做

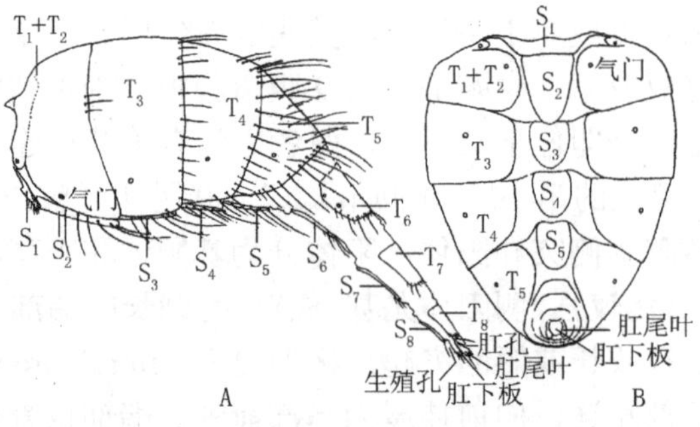

图 29-128　丽蝇雌性外生殖器 (范滋德等，1997)

A. 雌虫腹部侧视，尾节已拉伸；B. 腹部腹视，尾节套叠；T_1～T_8 为第 1～8 腹节背板；S_1～S_8 为第 1～8 腹节腹板

套筒状伸缩。一般每节的背板很宽，常因骨化不全而分为左右 2 片。腹板较狭，一般不裂成左右 2 片。第 8 腹节因雌性生殖孔开口于腹面后方，也称为雌生殖节 gynium，第 8 腹节背板也称为雌生殖背板 epigynium，第 8 腹节腹板称为雌生殖腹板 hypogynium。载肛节理论上由第 9～11 腹节愈合形成，实际上由肛上板和肛下板构成，肛门开口于其后方，在其两侧有 1 对单节的肛尾叶 (图 29-128)。

29.32.3　朝鲜陪丽蝇 *Bellardia chosenensis* Chen

雄性外生殖器：后视侧尾叶端部呈略向内倾的头状，肛尾叶游离部约占后缘长的 1/3 弱，下阳体侧翼发达，前下缘略呈弧形，下阳体中条弯且偏向前，侧阳体端部最宽处约为垂直部上方宽的 3 倍，后面分叉部瘦且离得较开 (图 29-129)。

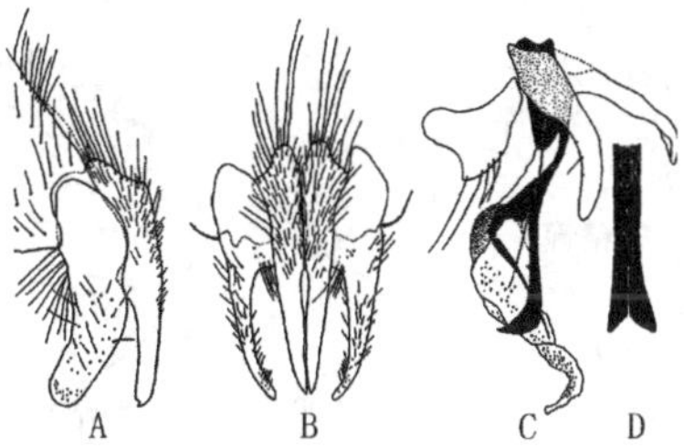

图 29-129　朝鲜陪丽蝇雄性外生殖器 (陈之梓，1979)

A、B. 尾叶侧、后视；C. 外生殖器侧视；D. 侧阳体后视

29.32.4　蛆症金蝇 *Chrysomya bezziana* Villeneuve

雄性内生殖器：精巢椭球形，基部花萼状弯曲。输精管自前向后渐细缩。附腺弯曲腰果状，末端与输精管一起着生在射精管输入段头状膨大的前端。射精管输入段自前端向后渐细，中间扭曲增粗后再度细缩，直至接入球形精泵，精泵上表面着生有长条形弯曲的射精囊小骨，小骨外着生发达肌肉，通过肌肉收缩控制精泵内精液的进出。精泵下端发出粗短的射精管输出部分，其下端连接阳茎 (图 29-130 B、C)。

雌性内生殖器：卵巢椭球形，多支卵巢管集生于卵巢萼顶端。侧输卵管短，中输卵管

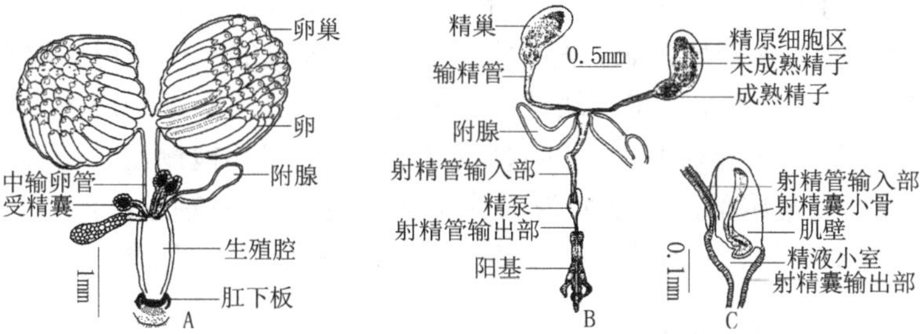

图 29-130　蛆症金蝇雌、雄内生殖器 (范滋德等，1997)

A、B. 雌、雄性内生殖器；C. 精泵系统

粗长，末端与生殖腔顶端连接。受精囊 3 个，受精囊体椭球形，受精囊管较粗壮。附腺 1 对，附腺体长茄形，附腺柄短管状，与受精囊管一起着生在粗长的生殖腔顶端 (图 29-130 A)。

29.32.5　大头金蝇 *Chrysomya megacephala* (Fabricius)

雄性内生殖器： 精巢橘红色，略呈长椭球形，顶端圆钝，向后渐细，与输精管结合处有不甚明显的缢缩。输精管自前而后渐细缩。附腺 1 对，白色，腊肠形，有时附腺管近端部有轻微收缩。附腺末端与输精管一起着生在射精管输入段前端的头状膨大上。输精管输入段除前端呈头状膨大外，其余部分粗细较一致，末端接入精泵。精泵球形，附着的肌肉呈块状突出。射精管输出段自精泵下端发出，末端接入外生殖器 (图 29-131)。

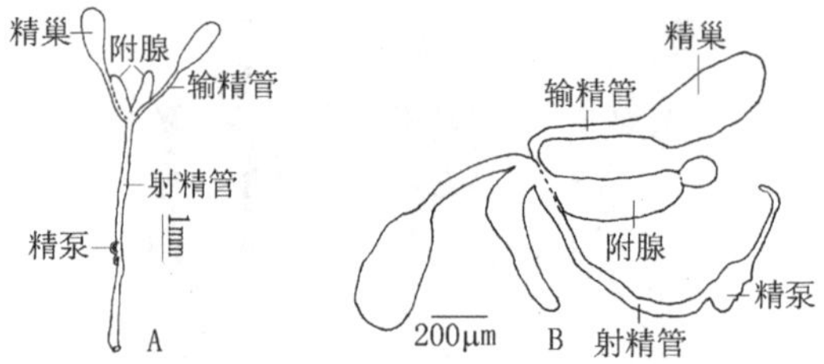

图 29-131　大头金蝇雄性内生殖器

A. 整体；B. 内部生殖道 (A. 参考 Sukontason 等，2009 图重绘；B. 参考 Sukontason 等，2009 电镜图片重绘)

精子发生： 精巢前端充满精原细胞、精母细胞和早期精细胞，中部排列着精子束，不同精子束内的精细胞处于不同发育阶段，精巢边缘精子束内的精细胞处于发育较早期，越向中央越趋成熟，中央部分精子束内全为成熟精子。精巢后端含有散乱的成熟精子束，在进入输精管前，精子束解体，释放出游离的成熟精子。从精原细胞发育形成精子细胞，经过减数分裂和有丝分裂，形成含有 128 个精细胞的精子束。然后拉长，精细胞核的位置朝向末端；在拉长过程中，精子束向精巢后端移动，精细胞从充满细胞质的球形，演变为几乎不含细胞质的线形精子。精细胞向精子的转化过程可分为球核期、棒核期、染色体凝聚期和成熟期。球核期的精细胞及核均呈球形，由精母细胞完成最后一次有丝分裂所形成，细胞质内无微管存在。棒核期的细胞核两端分别与顶体和尾轴丝相接，细胞质中出现纵走的微管，核开始拉长，核的染色质向无核膜的一侧浓缩。染色质凝聚期浓缩的染色质变为纤维状，继而变粗成块浓缩，核直径明显缩小，细胞质内微管数量减少。成熟期细胞质内微管、导管均消失，细胞质移向精子尾端并被抛出，只保留顶体 (来自高尔基体)、腊肠形核及尾部。细胞质形成的尾部鞭毛由 1 对轴丝纤维、9 个内纤维、9 个外纤维及周缘成对纤维，以辐射状纵走薄片和 2 个轴丝连接而成。

29.32.6　狭额绿蝇 *Lucilia* (*Phaenicia*) *angustifrons* Ye

雄性外生殖器： 第 9 腹节背板亮绿色，不特别大，亦无发达的"腹叶"，但腹缘密生缨毛。肛尾叶侧视平直而长，末端圆钝，端部的后缘有 1 簇稍长而孤立的纤毛。侧尾叶基部较端部为宽，末端圆钝，较肛尾叶稍短。阳体较粗壮，侧视下阳体的前缘有宽而浅的锯齿，下阳体腹突很小。侧阳体端突短，末端不超过下阳体腹突的前缘。端阳体粗短(图 29-132)。

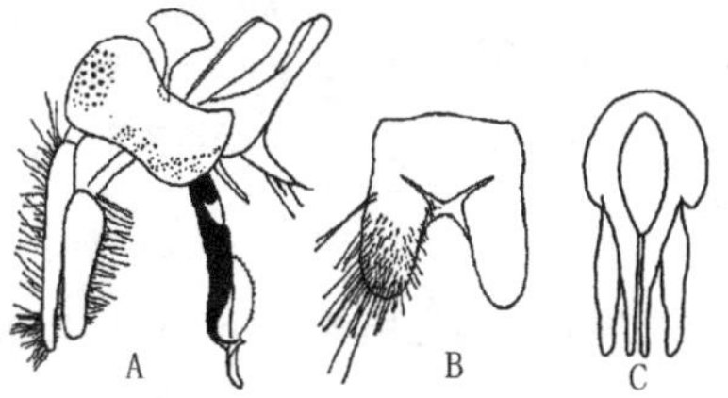

图 29-132　狭额绿蝇雄性外生殖器 (叶宗茂，1983)

A．雄虫尾器侧视；B．雄虫第 5 腹板腹视；C．雄虫肛尾叶和侧尾叶后视

29.32.7　铜绿蝇 *Lucilia cuprina* (Wiedemann)

雄性内生殖器：精巢 1 对，每精巢有 1 支橘黄色的精巢管，输精 (出) 管从精巢管下端发出，两侧的输精管汇入射精管前端。附腺 1 对，棒状，基部汇入射精管前端。射精管前端有发达的肌肉鞘包被，后端一侧有射精管球，为精液的泵器官。射精管球外部有肌肉鞘包被，肌肉活动为精液泵提供动力。射精管球内有 1 骨片，称为射精管突，为射精管球提供肌肉着生点和形态支撑。球内有瓣阀系统，控制精液的进出。精液从射精管球上方的输精管通入，从下方的射精管输出，接入外生殖器 (图 29-133)。

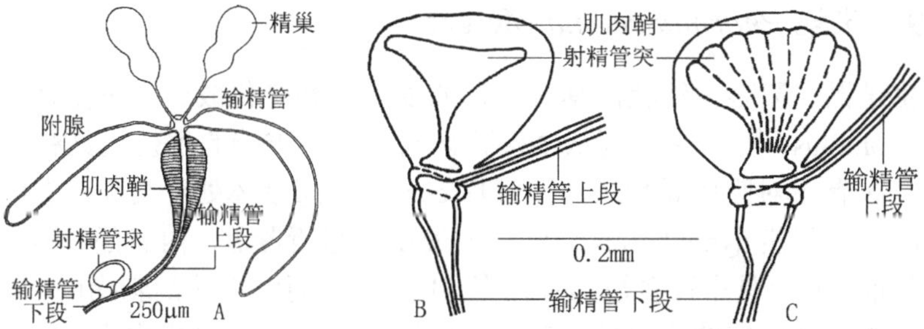

图 29-133　铜绿蝇雄性内生殖器 (Clift and McDonald，1973)

A．整体；B、C．射精管球的日龄变化 (B．初羽化雄虫的射精管球；C．2 日龄性成熟雄虫的射精管球)

雌性内生殖器：每卵巢有 100 多支多滋式卵巢管，侧输卵管较粗短，中输卵管较粗长，其后端进入球形膨大的生殖腔。附腺 1 对，棒状，顶端膨大，基部细管状，着生于生殖腔前端两侧。受精囊 3 枚，由受精囊管和球状的顶端组成，球状的顶端为受精囊腺和受精囊体的复合体，内部为骨化的受精囊体，外面包裹腺体组织 (图 29-134)。

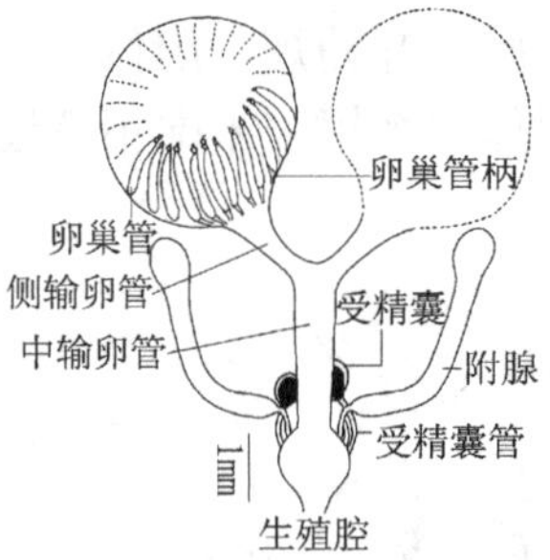

图 29-134　铜绿蝇雌性内生殖器 (Clift and McDonald，1973)

29.32.8　*Lucilia* sp.

雄性内生殖器：精巢梭形，后段较细缩。输精管直管状，较短。附腺 1 对，椭球形。附腺管短，末端与输精管一起开口于射精管球形膨大的前端 (精泵) (图 29-135)。

图 29-135　*Lucilia* sp.雄性内生殖器 (Sinclair 等，2007)

29.32.9　伏蝇 *Phormia regina* Meigen

雄性外生殖器：阳茎体管状，具有复杂的表皮褶和骨化成分。阳茎体的末端部分，即端阳茎 acrophallus，有许多倒刺从生殖孔指向后方。末端的生殖孔具有 1 个带沟槽的开口。末端前区有 1 对膜质翼状片，即冠片 cornua。阳茎体处于交配位置时，冠片向上翘起，与基部的下阳茎 hypophallus 连续，被表皮突起所覆盖。内表面具有扁平鳞片，边缘具齿。外表面和脊上具有许多短的骨化脊。1 对骨化而侧生的倒刺指向端部，稍上弯。阳茎体大部分被冠片所在的膜质表皮包裹，仅端部露出。下阳茎的背表面密集覆盖短而上竖的毛状棘。阳茎体上似乎没有受神经支配的表皮棘或齿。射精管通过生殖孔向外开口，表皮形成的 1 对不折叠的附腺管开口于生殖孔附近的端阳茎末端，通入冠片包裹阳茎体侧的倒刺形成的窦。阳基侧突前后部具有一些具孔的类似有触觉功能的毛，它们在交配期间所处的位置还不清楚。

雌性内生殖器：包括 1 对卵巢、1 对侧输卵管、中输卵管、交配囊、生殖腔、1 对附腺和 3 个开口于交配囊的受精囊。在包围交配囊的肌肉鞘内，3 个受精囊管结合形成公共管道，公共管道在背中线处开口于交配管腔。附腺管在每侧进入交配囊。交配囊由生殖腔前端演化而成，前部与中输卵管连接，后部通入生殖腔 (图 29-136)。

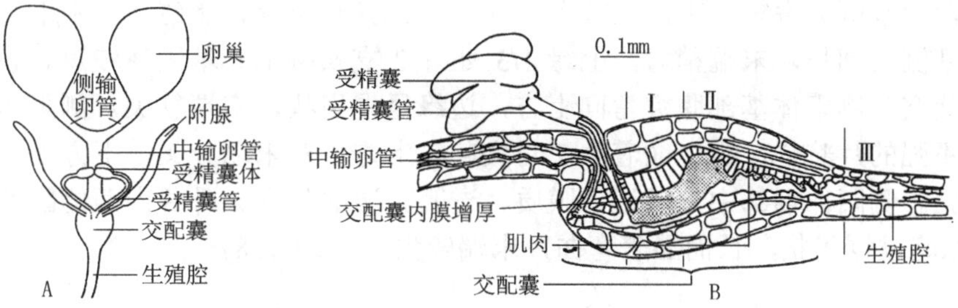

图 29-136　伏蝇雌性内生殖器 (Merritt 等，1994)

A. 整体背视；B. 交配囊区域矢切面；Ⅰ～Ⅲ为第 1～3 腹节

29.33　麻蝇科 Sarcophagidae

29.33.1　雄性外生殖器

膜状部位于阳茎的基部，基阳体与阳茎之间关节的前方，一般不骨化，容许阳茎向前活动，在它的下方具有成对或不成对的膜状突，膜状突形态多样。侧阳体又分侧阳体基部和端部，侧阳体基部的主要骨片呈“个”字形，即由后方正中的中臂和自上端分出的 2 个侧臂组成，在中臂和 2 个侧臂之间为膜状的侧壁，也有不同程度的骨化，在侧臂的前下端常着生 1 对向前方突出的腹突，呈片状，有时在其侧面尚有 1 个须状突。在中臂下端的两侧，在着生腹突的水平上，有时有 1 对耳状突 auricula。侧阳体端部，上方与侧阳体基部以关节相连，一般骨化，基本构造分中央突与侧突，在中央突发达的类型中，尚有侧支 lateral banches 和次生中央突。侧阳体内部，主要为 1～3 对成对或不成对的骨化长形物组成，呈半管状、杆状、丝状，少数呈锯条状、漏斗状、涡卷状，可分为侧插器 lateral stylets、中插器 median stylets 等 (图 29-137)。

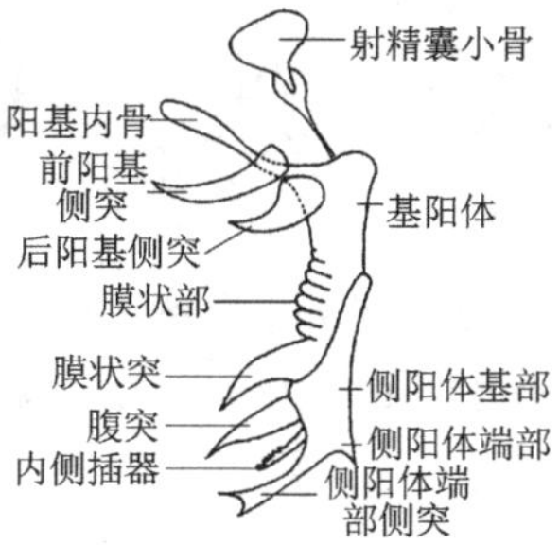

图 29-137　亚麻蝇属雄性阳体构造 (陆宝麟和吴厚永，2003)

29.33.2　密刺伊麻蝇 *Iranihindia spinosa* Li, Ye *et* Liu

雄性外生殖器：肛尾叶侧视中部明显内凹，端部后缘有发达的刺状鬃，一侧 3 行共 13 支，一侧 2 行共 9 支，排列不整齐，整个肛尾叶和侧尾叶都有发达的长毛，多数毛末端卷曲。前阳基侧突宽短，中部上方有 1 个较大的角形突起，下缘有 1 列长刚毛，共 9 支。后阳基侧突细长，末端稍弯，上缘 1/3 处有 2 支长刚毛。基阳体较短。膜状部不发达，无膜状突。侧阳体基部腹突弯向上方，边缘呈棍齿状，末端软尖。侧阳体端部侧突为 1 骨化不强的片状物，它上面着生 2 对突起，上方 1 对末端分叉，下方 1 对呈须状，骨化均较强。侧阳体端部中突发达，膜质、透明。端部分为 2 叶并向两侧翻卷。侧插器 1 对，边缘略呈锯齿状，长而显著弯曲，末端较尖 (图 29-138)。

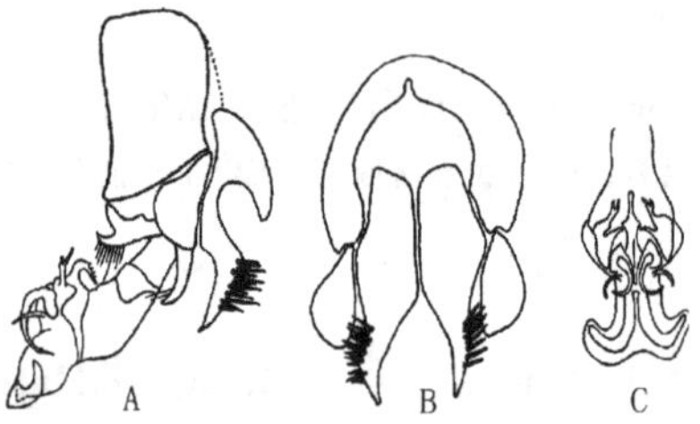

图 29-138　密刺伊麻蝇雄性外生殖器 (李富华等，1985)

A. 雄性尾器侧视；B. 雄性肛尾叶和侧尾叶后视；C. 雄性阳体腹视

29.33.3　柳氏亚麻蝇 *Parasarcophaga liui* Ye *et* Zhang

雄性外生殖器：尾叶后缘直，端部略向前弯，末端尖，侧尾叶宽。前阳基侧突比后阳基侧突稍瘦短，后者末端钩状。阳茎膜状突 1 对，下半部骨化极强，有 1 朝上的尖角状突起，上半部骨化弱，端部圆钝。侧阳体基部骨化强，腹突非常发达，为 1 不规则的片状物，骨化较弱，下缘骨化较强，并有 1 突出部，左右合抱。侧阳体端部不发达，侧突非常短小，侧插器细长，端部分出 1 支弯向上方 (图 29-139)。

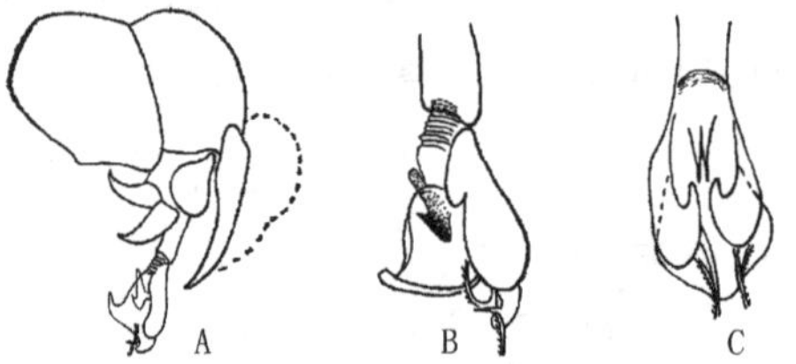

图 29-139　柳氏亚麻蝇雄性外生殖器 (叶宗茂和张冰华，1989)

A. 尾器侧视；B. 阳体侧视；C. 侧阳体腹视

29.33.4　球膜细麻蝇 *Pierretia globovesica* Ye

雄性外生殖器：侧视肛尾叶后缘平直，前缘微内凹，游离段的端部稍宽于基部，末端爪明显。阳体膜状突异常巨大，呈扁而不规则的球形，后下方有 3 对突起，最下方 1 对骨化较甚，上方 1 对较大，呈翼状，中间 1 对较小，大部分被包在较大的 1 对之内。侧阳体端部有钝圆的中突和形状不规则的侧突，两者长度相等。在 1 对细长弯向后方的侧插器之间有 1 宽扁的中插器伸向前方。前阳基侧突扁而略蜷曲，末端钝圆。后阳基侧

突末端尖 (图 29-140)。

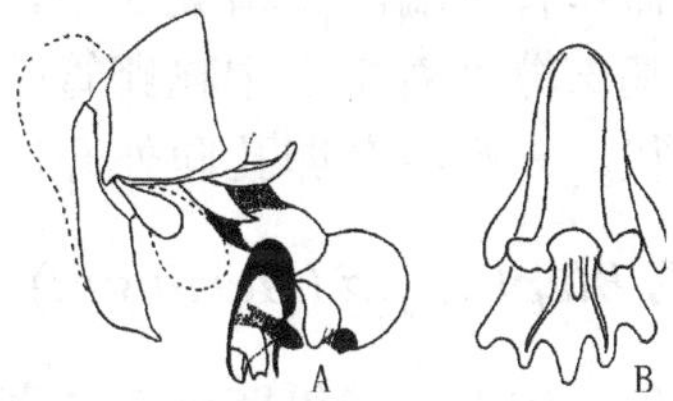

图 29-140　球膜细麻蝇雄性外生殖器 (叶宗茂，1980)

A. 尾器侧视；B. 阳体腹视

29.34　寄蝇科 Tachinidae

29.34.1　*Athrycia cinerea* (Coquillette)

雄性生殖系统：精巢长袋囊状，基部接入输精 (出) 管，输精管自前而后逐渐细缩。附腺 1 对，棒状，基部与输精管一起汇入射精管，射精管近末端一侧有球状的精泵 (射精管球)，射精管末端接入阳茎盲囊。阳茎螺旋形，从阳茎盲囊发出，末端楔形 (图 29-141)。

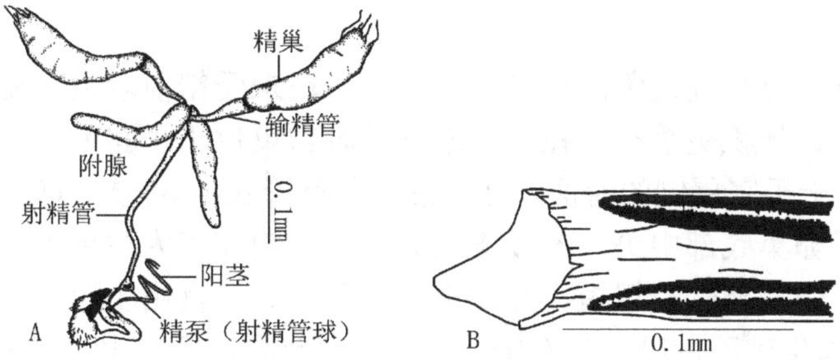

图 29-141　*Athrycia cinerea* 雄性生殖系统 (Arthur and Powell，1989)

A. 整体；B. 阳茎末端

雌性内生殖器：每卵巢有 13～18 支卵巢管，卵巢有被膜，被膜前端细缩形成悬带。

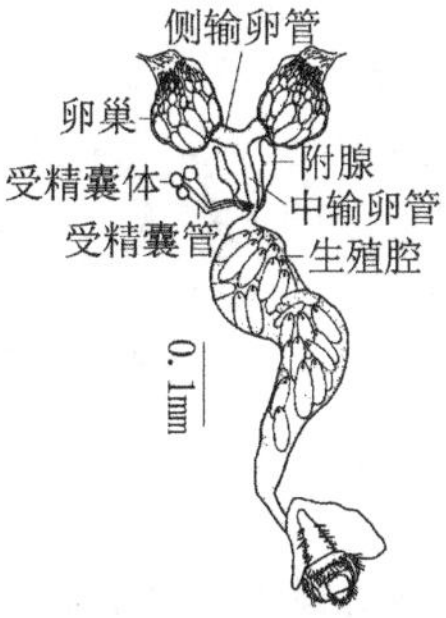

图 29-142　*Athrycia cinerea* 雌性内生殖器 (Arthur and Powell，1989)

卵巢管基部集生于侧输卵管端部，两侧的侧输卵管基部汇入中输卵管。附腺 1 对，前部棒状，后部细管状，着生于中输卵管下端。受精囊 3 个，基部为细管状的受精囊管，顶端为球状受精囊体，受精囊管基部分别着生于中输卵管下端。生殖腔前端细管状，其余大部分因卵的充塞膨胀呈袋囊状，末端经产卵孔向外开口 (图 29-142)。

29.34.2　柞蚕饰腹寄蝇 *Blepharipa* (*Hertingia*) *tibialis* (Chao)

雄性内生殖器：精巢乳白色，梭形。精巢壁由 2 层薄膜构成，表层为结缔组织形成的围脏膜，内层为扁平细胞构成的上皮层。精巢内部充满不同排列方向的生精囊，每生精囊内的精子以同一方向排列。精巢末端连接有输精管。输精管为乳白色短管，起于精巢后端，开口于射精管顶端两侧。附腺乳白色圆球形，并列于射精管顶端。射精管前半显著膨大，向后渐细经生殖孔开口于体外 (图 29-143)。

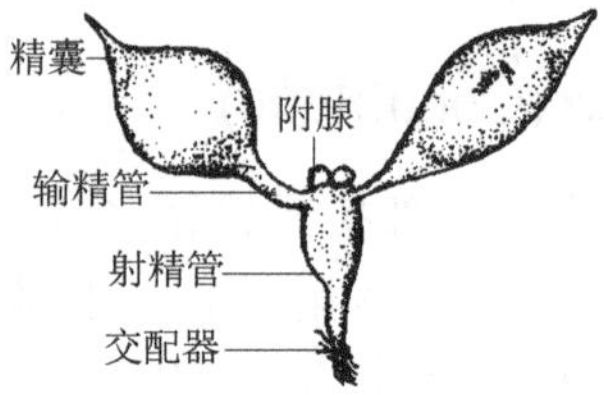

图 29-143　柞蚕饰腹寄蝇雄性内生殖器 (赵建铭等，2001)

雌性内生殖器：卵巢乳白色，近半球形，卵巢在未受精前较大，受精后子宫膨胀时较小，排卵晚期时，体积更缩小。在子宫未充满时卵巢位于子宫前侧，当子宫充满卵时产生盘曲，卵巢位于子宫尾侧的背面。每卵巢有卵巢管 66～68 支，卵巢管顶端汇合形成尖端，基部汇集于卵巢底部中央，连接侧输卵管。侧输卵管为白色细管，两侧的侧输卵管汇入中输卵管，中输卵管较粗短，开口于子宫顶端。子宫由生殖腔膨大形成，约占生殖腔全长的 4/5，与生殖腔后段之间有缢缩分隔。生殖腔后段经生殖孔开口于体外。受精囊 3 个，受精囊体圆锥形，通过细长的受精囊管着生于子宫前端。附腺 1 对，附腺囊乳白色长杆形，附腺管较细，着生在子宫前部受精囊管着生点下方。

卵胎生。子宫壁较厚，无卵时为乳白色圆管，充满卵时膨胀盘曲。子宫中的卵在向尾端下行过程中逐渐发育，卵的颜色也随之产生变化，由乳白色、浅灰色而至深灰色。

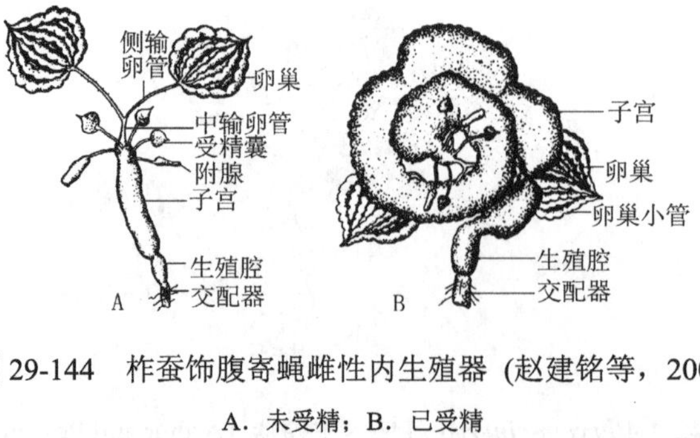

图 29-144　柞蚕饰腹寄蝇雌性内生殖器 (赵建铭等，2001)

A. 未受精；B. 已受精

通过子宫壁可透视这些变化。子宫壁内面有 1 层透明而无结构的内膜，内膜上有许多散生的小刺。内膜外面为 1 层立方形上皮细胞，有时上皮向内腔突出形成皱壁。上皮外面为薄层基膜，基膜外面有较发达的肌肉层，内层为环肌，外层为不发达的纵肌。子宫最外面包被薄层围膜。子宫前段受精囊与附腺的开口部位为卵受精的场所，在子宫未充满卵时并不明显膨胀 (图 29-144)。

29.34.3　格纳狭颊寄蝇 *Carcelia gnava* (Meigen)

雄性外生殖器：肛尾叶位于第 9 腹节背板末端中央，长条形多毛。侧尾叶位于肛尾叶侧面，较肛尾叶略短而少毛。阳基侧突 2 对，前后排列，位于阳体基部两侧，前面的为前阳基侧突，后面的称为后阳基侧突。肛尾叶、侧尾叶和阳基侧突一起，在交配时起抱握和固定作用。阳体由位于基部的基阳体、位于顶端两侧的侧阳体和位于顶端中间的端阳体组成 (图 29-145)。

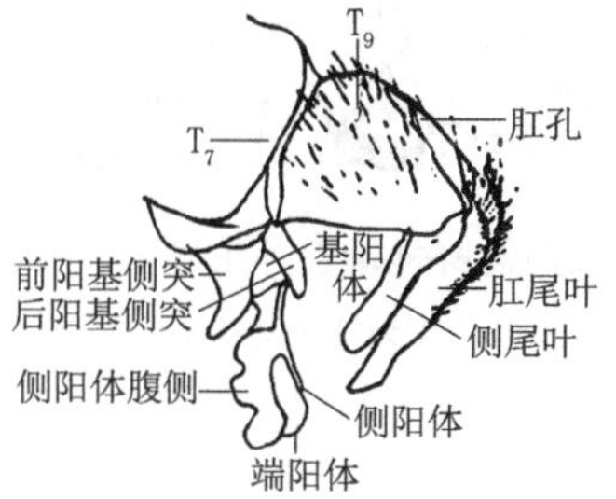

图 29-145　格纳狭颊寄蝇雄性外生殖器 (中国科学院动物研究所和浙江农业大学，1978)

T_7、T_9 为第 7、9 腹节背板

29.34.4　伞裙追寄蝇 *Exorista civilis* Rondani

雌性外生殖器：由第 6、7、8 腹节组成，各腹节由很长的节间膜连接，形成可以伸缩的套筒状产卵器，生殖孔开口于第 8 腹节腹面。第 9 腹节以后各节特化为肛上板、肛下板和肛尾叶 (图 29-146)。

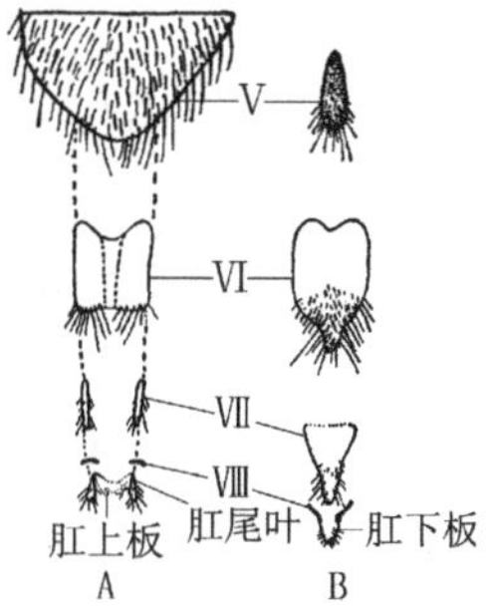

图 29-146　伞裙追寄蝇雌虫腹部第 5～8 腹节 (中国科学院动物研究所和浙江农业大学，1978)

A. 背视；B. 腹视；Ⅴ～Ⅷ为第 5～8 腹节

29.34.5 长角髭寄蝇 *Vibrissina turrita* (Meigen)

雄性外生殖器：肛尾叶位于第 9 背板末端中央，侧尾叶位于肛尾叶的两侧，均长条形棒状，密生刚毛。阳基侧突有 2 对，前后排列，位于阳体基部两侧，前面的为前阳基侧突，后面的为后阳基侧突。前阳基侧突较粗大，略呈尖椒形；后阳基侧突稍小，略呈香蕉形。肛尾叶、侧尾叶和阳基侧突一起，在交配时起抱握和固定作用。阳体由基阳体、侧阳体和端阳体组成，基阳体长管状，基部后上端具有上举的勃起突或称阳基后突。侧阳体位于阳体端部两侧，端阳体位于阳体端部中间，粗管状，末端斜切 (图 29-147)。

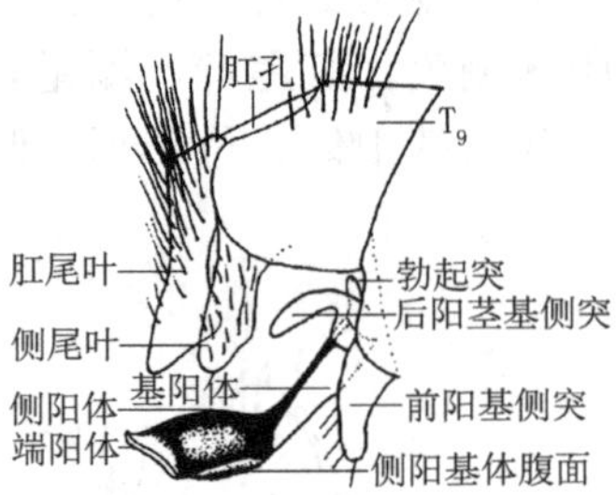

图 29-147 长角髭寄蝇雄性外生殖器 (赵建铭等，1984)

T_9 为第 9 腹节背板

29.35 狂蝇科 Oestridae

29.35.1 羊狂蝇 *Oestrus ovis* Linnaeus

雄性内生殖器：精巢球形，包裹在气管网中，精巢外包有 1 层腺体细胞。每侧精巢与输精管连接，输精管前段膨大形成贮精囊，后段细缩连接于射精管前端。附腺 1 对，倒梨形扁囊状，附腺管粗短，末端与输精管一起汇入射精管前端。射精管前段膨胀，后段细缩，与阳茎相通 (图 29-148 B)。

雌性内生殖器：卵巢圆锥形，基部宽，外表有微气管、脂肪体等包被，每卵巢有 264～

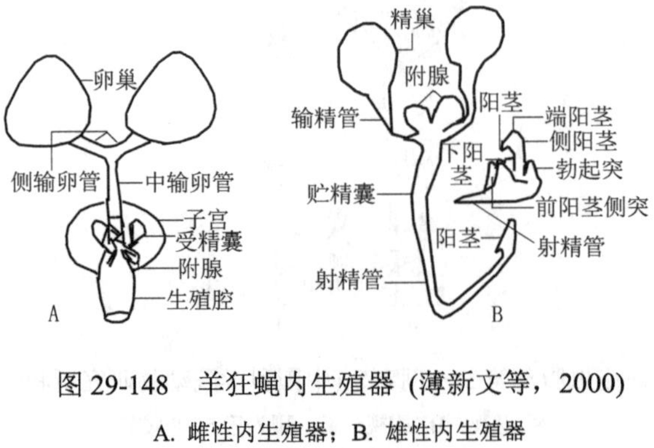

图 29-148 羊狂蝇内生殖器 (薄新文等，2000)

A. 雌性内生殖器；B. 雄性内生殖器

331 支卵巢管，卵巢管香蕉状，集生于表面，基部开口于中间公共的输出管。输出管与卵巢基部中间发出的侧输卵管前端连接，侧输卵管较粗短，两侧的输卵管汇入中输卵管，中输卵管下端与灰色的球形子宫相连。子宫外被有黑色的微气管网，内膜白色。受精囊 3 枚并列，中囊有时分叉状。受精囊体椭圆形扁球状，通过细的受精囊管着生于生殖腔前端。附腺 1 对，白色，卵圆形，由单层腺细胞组成，通过细长的附腺管着生于生殖腔前端。生殖腔粗短，青白色 (图 29-148 A)。

第 30 章　捻翅目 Strepsiptera

30.1　概　　述

30.1.1　雄性内生殖器

精巢由前部的精巢管和后部的贮精囊组成，输精管显著退化，射精管前端形成精泵，没有附腺。*Corioxenos* 的 2 个精巢愈合，*Xenos* 细长的精巢似乎直接与精泵相连。每精巢的顶端精巢管部分和后部贮精囊部分外形上的分化不明显 (图 30-1)。

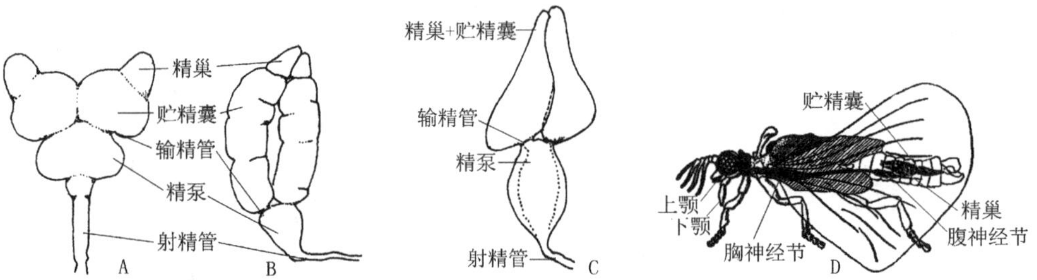

图 30-1 捻翅目雄性内生殖器

A. *Corioxenos antestiae*；B. *Stylops muelleri*；C. *Xenos vesparum*；D. 眼蝙科雄虫侧视 (A～C. Matsuda，1976；D. Weber and Weidner，1974)

30.1.2　雄性内生殖器胚后发育

Xenos 初龄幼虫期，中胚层起源的输精管后端位于第 9 腹节体壁内侧。它们扩大，然后在 2 输精管融合处形成内陷，内陷形成 1 梨形的盲囊，最终形成精泵和射精管。随着内陷的扩大，输精管逐渐缩短。蛹期，随着精子发生的进程，通过精巢腔的自身再吸收，分离形成输出管漏斗形腔。输精管缩短为 1 个具有短管的漏斗。幼虫期精巢具有多支精巢管，后来每个精巢管的壁明显退化而融合。捻翅目雄性内生殖器在幼虫期首次形成以后，经历了泛化，即失去特征的过程。但随后发育发生的变化，包括精巢管壁的退化，形成了成虫期的特征。

30.1.3　雄性外生殖器

雄性外生殖器只有阳茎。发达的第 9 腹节腹板延长成小而上弯的突起，即阳茎基。阳茎基顶端与阳茎端相关联。阳茎端为 1 弯曲骨化管，其末端钩状。交配期间，阳茎端上部的钩刺穿雌性头胸部的体壁。阳茎口是位于阳茎端腹面的细长裂缝，阳茎端通过钩的凹陷开口伸出。休止时，阳茎端隐藏在第 9 腹节腹板的沟槽内，整个的复合体被屋脊状的第 10 腹节，即载肛突所保护。栉扇亚科第 8 腹节腹板的端部延长成为第 9 腹节腹板下面的槽，该构造在 *Myrmecolax* 或 *Xenos* 中没有发现 (图 30-2)。

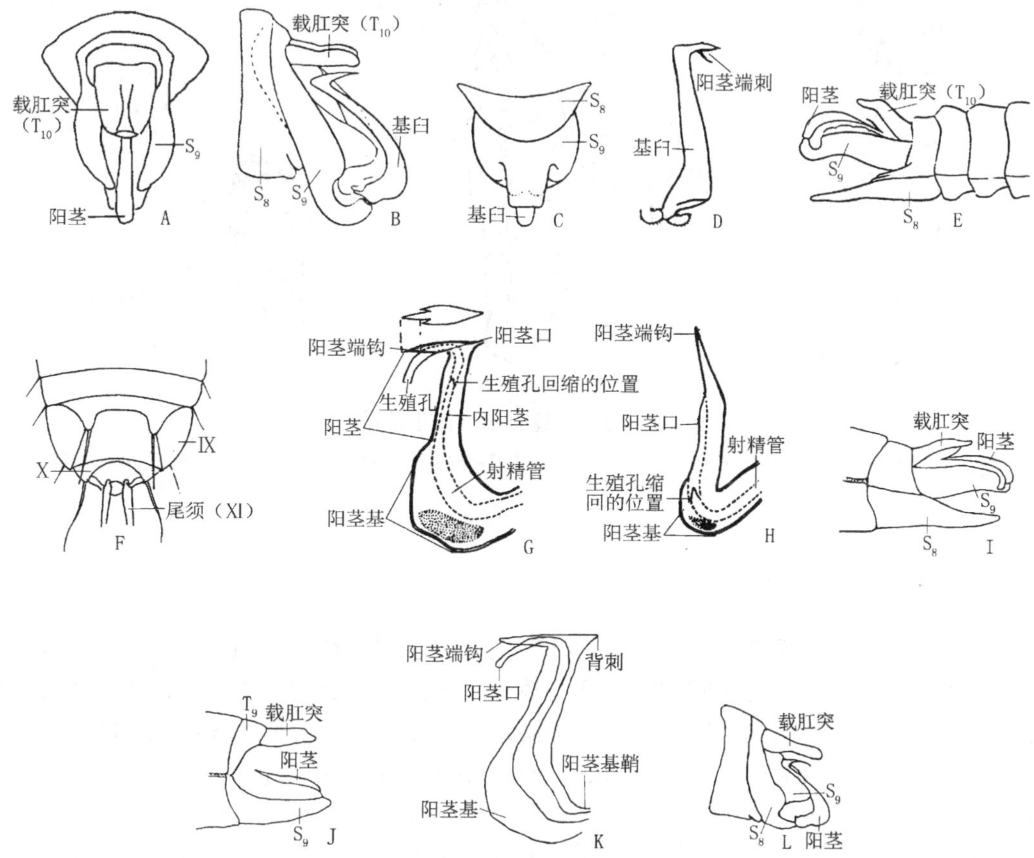

图 30-2　捻翅目雄性外生殖器

A～C. *Myrmecolax congonensis* 腹部末端、侧、腹视；D. *Xenos bruesi* 阳茎端和阳茎侧视；E. *Tettigoxenos cladocera* 腹部末端侧视；F. 1 种捻翅目昆虫腹部末端；G、H. *Styliformia* sp.、*Mengenilliformia* sp.阳茎；I～L. 腹部末端侧视 (I. 栉蝙属；J. *Stenocranophilus* sp.；K. *Xenos* sp.阳茎；L. 钩蝙属雄虫腹部末端侧视)；T_9、T_{10} 为第 9、10 腹节背板；S_8、S_9 为第 8、9 腹节腹板；Ⅸ～Ⅺ为第 9～11 腹节 (A～E. Tuxen，1969；F～H. Matsuda，1976；I~L. Steinmann and Zombori，1981)

30.1.4　雌性内生殖器

爪蝙科的雌性不营内寄生生活，雌性内生殖器开口于第 7 腹节腹板后缘中部。一些终生寄生的类群，体内没有典型的卵巢，卵母细胞在老熟幼虫 (第 4 龄雌幼虫) 体内开始发育但未形成卵，卵母细胞在雌虫体腔内同步发育而不是在卵巢管中陆续发育，雌虫体内往往充满卵粒。交配时，雄性外生殖器刺破腹部体壁，精子通过血腔到达卵，受精卵的胚胎发育也在母体内完成并孵化成 1 龄幼虫，通过生殖孔进入育儿腔 (图 30-3)。

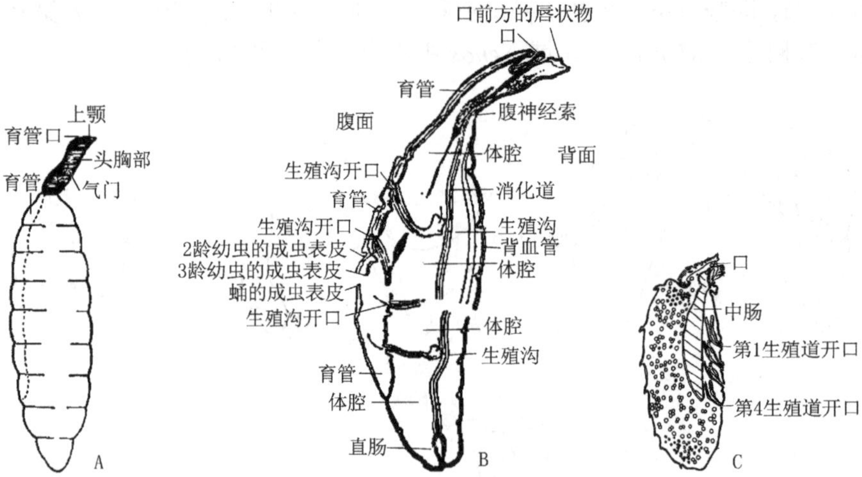

图 30-3　捻翅目雌性内生殖器

A、B. *Stylops* sp.眼蝙雌虫侧视、纵切；C. *Corioxenos antestiae* 未受精雌虫纵切（A、B. Weber and Weidner，1974；C. Matsuda，1976）

30.1.5　雌性外生殖器

爪蝙科雌虫内生殖器开口于第 7 腹节后缘。其他科的雌性为内寄生，终身不离开寄主，且不离开蛹壳，只将头胸部钻出寄主体外。腹部为膜质的大型囊，在寄主体内扩展而形状不定，分节不明显。第 1 腹节与头胸部连接形成骨化区称为腹基领。雌虫腹部腹面中间有一系列不成对的生殖孔 genital pores，由纤毛管生殖道 genital canal 向内引入血腔中，纤毛管生殖道有纤毛漏斗开口于血腔。生殖孔向外通向育儿腔，育儿腔由雌性的表皮和围蛹周围表皮间的间隙形成。孵化的幼虫进入育腔，再向上从育腔口溢出，育儿腔由头和胸部间 1 横向生殖裂 transverse genital split、fente incubatrice 开口于体外。飞行的雄虫找到雌虫后，通过头胸部间的育腔口交配授精。雌性没有交配器和外生殖器。两

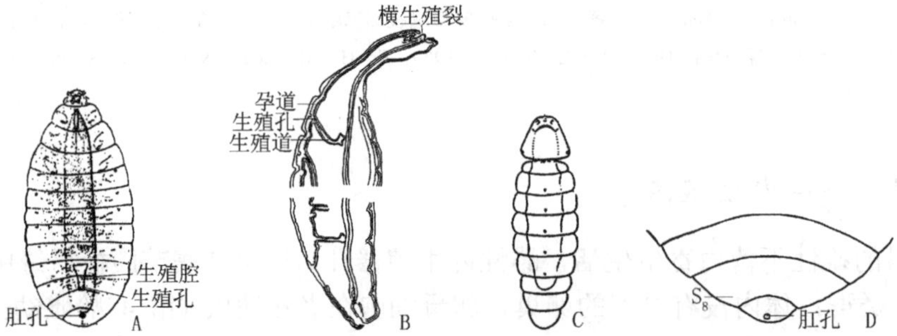

图 30-4　捻翅目雌性外生殖器

A. *Eoxenos laboulbenei* 雌虫腹视；B、C. *Stylops mellitae* 雌虫纵切、腹视；D. *Eoxenos* sp.雌虫腹视；S_8 为第 8 腹节腹板（A～C. Tuxen，1969；D. 参考 Steinmann and Zombori，1981 图重绘）

性生殖，部分种类有孤雌生殖和多胚生殖现象。个体发育为卵胎生。成熟的雌虫腹腔充满卵粒，受精后卵在母体内陆续孵化，1 龄幼虫在育儿腔中暂时停留后，从育儿腔口离开母体 (图 30-4)。

30.2　栉蝙科 Halictophagidae

30.2.1　二点栉蝙 *Halictophagus bipunctatus* Yang

雄性外生殖器：腹部背板可见 10 节。第 3 腹节背板最宽，以后渐窄。腹板中央有 1 列褐斑，第 2～4 腹节腹板每节有 3 个褐斑，2 大 1 小。第 6～8 腹节腹板每节则具 1 大褐斑。第 9 腹节较骨化，端部上弯，背面有槽。第 10 腹节背板盖于槽上。阳茎端钩状，基部膨大，位于第 9 腹节腹板端部 (图 30-5)。

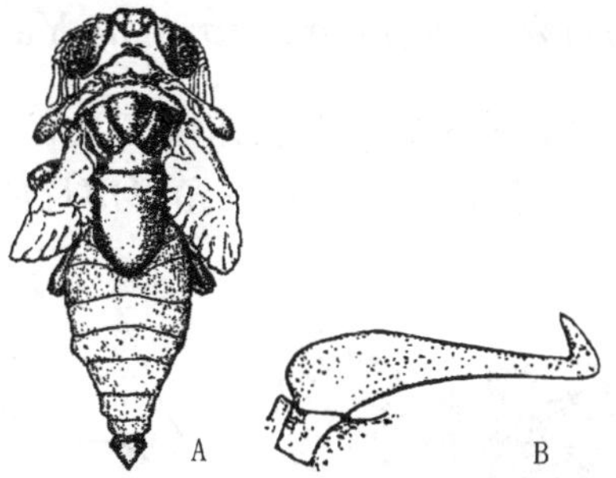

图 30-5　二点栉蝙雄性外生殖器 (杨集昆，1955)

A. 雄虫背视；B. 雄性外生殖器 (阳茎端) 侧视

30.2.2　拟蚤蝼蝙*Tridactyloxenos coniferus* Yang

雄性外生殖器：腹部 10 节，背板具微毛，中央有 1 条淡色纵线。第 8 腹节腹板内侧及中央的角突均尖锐。阳茎端基部宽大，中部向腹面弯突，背面弯折近直角，端部细长尖锐，大钩状，弯曲处背面有三角形薄片（图 30-6）。

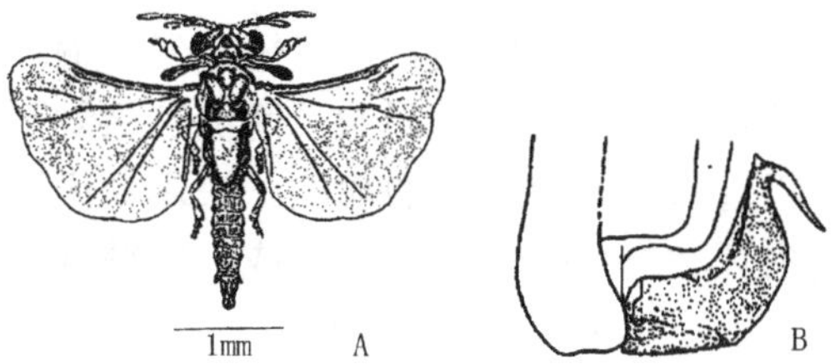

图 30-6　拟蚤蝼蝙雄性外生殖器 (杨集昆，1964)

A. 雄成虫；B. 阳茎端

雌性外生殖器：育腔长而宽大，约为头胸部的 4 倍，分节极明显，并较骨化。第 2～

4 腹节横矩形，第 5 腹节末端浑圆。生殖孔 4 个，位于第 2～5 腹节中央，为横向裂口，后缘具边 (图 30-7)。

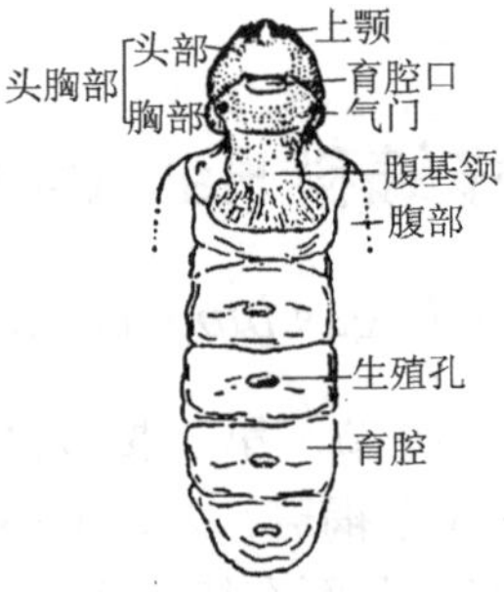

图 30-7　拟蚤蝼蝙雌虫头胸部 (至第 5 腹节，示育腔及生殖孔) (郑乐怡和归鸿，1999)

30.2.3　中华蚤蝼蝙*Tridactylophagus sinensis* Yang

雄性外生殖器：腹部 10 节，第 8 腹节腹板末端三叉状突伸。阳茎端鸟形，腹面突出呈弧形，背面平直，端部细而弯折，背面有小三角形薄片如鸟冠 (图 30-8)。

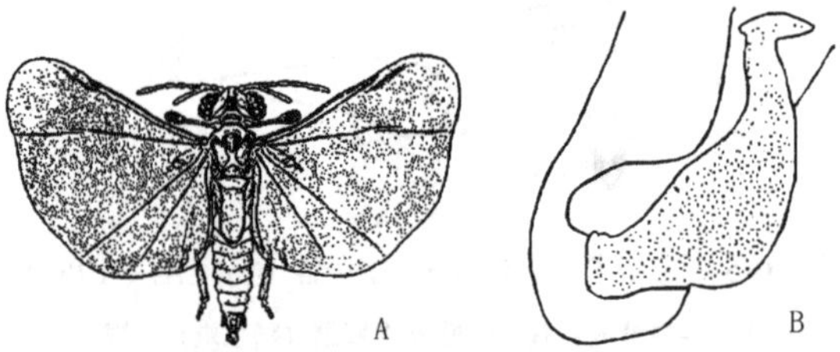

图 30-8　中华蚤蝼蝙雄性外生殖器 (杨集昆，1964)

A. 雄蝙整体；B. 阳茎端

30.3　蜂蝙科 Stylopidae

30.3.1　*Xenos* sp.

雄性内生殖器：精巢顶端圆，前段指状，后段短柱形。输精管退化，精巢管直接与输精管后段膨大增粗形成的贮精囊连接。无附腺。两侧贮精囊下段的输精管汇入射精管前端。射精管前段膨大，粗管状，具有精泵的功能。缺乏骨化的射精突，精泵仅为 1 个肌肉质腔，由环肌构成的内环和纵肌形成的外环组成。射精管后段急剧变细呈尾状。精子经狭窄的阳茎端泵出，可能不形成精包 (图 30-9)。

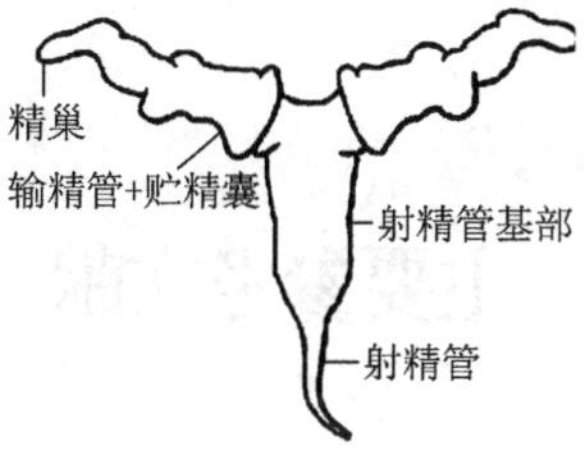

图 30-9　*Xenos* sp.雄性内生殖器背视 (Sinclair 等，2007)

主要参考文献

白九维. 1992. 中国斑卷蛾属研究及新种记述 (鳞翅目: 卷蛾科). 昆虫学报, 35 (3): 339-344.

薄新文, 陈志蓉, 郑经鸿, 等. 2000. 羊狂蝇 (*Oestrus ovis* L.) 成虫的生殖与消化器官的研究. 寄生虫与医学昆虫学报, 7 (3): 155-161.

北京农业大学. 1980. 昆虫学通论. 上册. 北京: 农业出版社.

北京农业大学. 1981. 昆虫学通论. 下册. 北京: 农业出版社.

卞昭琪, 李青森. 1992. 山西省草蛉一新种 (脉翅目: 草蛉科). 昆虫学报, 35 (2): 213-214.

卜文俊, 郑乐怡. 2001. 中国动物志 昆虫纲 第二十四卷 半翅目 毛唇花蝽科 细角花蝽科 花蝽科. 北京: 科学出版社.

蔡邦华. 1956. 昆虫分类学. 上册. 北京: 财政经济出版社.

蔡邦华. 1973. 昆虫分类学. 中册. 北京: 科学出版社.

蔡邦华. 1985. 昆虫分类学. 下册. 北京: 科学出版社.

蔡邦华, 陈宁生. 1964. 中国经济昆虫志 第八册 等翅目 白蚁. 北京: 科学出版社.

蔡保灵. 1989. 中国竹节虫一新种及一新记录种 (竹节虫目: 异修科). 昆虫学报, 32(3): 322-324.

蔡东章, 白素芬, 李欣, 等. 2008. 小菜蛾精子发生的形态学观察. 河南农业大学学报, 42 (2): 210-215.

蔡立君, 黄蓬英, 花保祯. 2006. 米仓山蚊蝎蛉二新种记述 (长翅目: 蚊蝎蛉科). 昆虫分类学报, 28 (2): 127-130.

蔡荣权. 1979. 中国经济昆虫志 第十六册 鳞翅目 舟蛾科. 北京: 科学出版社.

蔡荣权. 1984. 云南斜纹刺蛾属新种记述 (鳞翅目: 刺蛾科). 昆虫分类学报, 6 (2-3): 171-174.

蔡茹, 安继尧. 2005. 河北蚋科一新种 (双翅目: 蚋科). 动物分类学报, 30 (3): 628-630.

岑业文, 蔡平. 2000. 中国片头叶蝉属二新种 (同翅目: 叶蝉科: 耳叶蝉亚科). 昆虫分类学报, 22 (4): 247-250.

陈阿兰. 2004. 雏蝗属五种蝗虫雄性外生殖器的比较 (直翅目: 网翅蝗科). 青海大学学报 (自然科学版), 22 (3): 47-51.

陈宝瑄. 1986. 蝗虫生殖细胞减数分裂及精子形成标本的制作与辨认方法. 河北医学院学报, 7 (1): 47-48.

陈斌, 杨本立, 陈国华, 等. 2001. 码绢金龟雌性生殖系统发育级别在测报上的应用. 西南农业大学学报, 23 (6): 518-521.

陈镈尧, 陈越, 王可华, 等. 1989a. 囱土白蚁内部器官解剖研究. 白蚁科技, 6 (1): 14-17.

陈镈尧, 丁邦焰, 王可华, 等. 1989b. 普见家白蚁生殖特点和巢内各蚁型数量变动的初步研究. 白蚁科技, 6 (3): 1-6.

陈镈尧, 王可华. 1990. 五种白蚁生殖系统解剖比较研究. 白蚁科技, 7 (3): 5-11.

陈镈尧, 杨润卿, 邵士英. 1992. 囱土白蚁蚁后卵巢管数量、蚁巢体积与蚁群中各蚁型数量的相关性. 昆虫学报, 35 (4): 438-442.

陈镈尧, 朱光宇. 1991. 黄翅大白蚁生物学特性和防治方法的研究. 白蚁科技, 8 (1): 1-13.
陈大福, 牛宝龙, 翁宏飚, 等. 2004. 棉铃虫 (*Helicoverpa armigera*) 幼虫性特征和精子的发生. 浙江农业学报, 16 (6): 354-357.
陈大华. 2009. 核膜蛋白决定果蝇生殖干细胞命运的作用机制. 中国基础科学, (1): 21-24.
陈汉彬, 张春林. 1997. 贵州蚋属真蚋亚属二新种记述 (双翅目: 蚋科). 动物分类学报, 22 (3): 301-306.
陈宏, 周永淑. 1992. 谷象内生殖器官形态及辐照对其的影响 (简报). 北京农业大学学报, 18 (3): 238.
陈家骅, 石全秀. 2001. 中国蚜茧蜂 (膜翅目: 蚜茧蜂科). 福州: 福建科学技术出版社.
陈家骅, 杨建全. 2006. 中国动物志 昆虫纲 第四十六卷 膜翅目 茧蜂科 窄径茧蜂亚科 (四). 北京: 科学出版社.
陈磊, 蔡笃程, 陈青, 等. 2009. 莲草直胸跳甲生殖系统与繁殖特性研究. 昆虫学报, 52 (11): 1255 -1260.
陈若篪, 程遐年, 杨联民, 等. 1979. 褐飞虱卵巢发育及其与迁飞的关系. 昆虫学报, 22 (3): 280-288.
陈世骧, 等. 1986. 中国动物志 昆虫纲 第二卷 鞘翅目 铁甲科. 北京: 科学出版社.
陈世骧, 谢蕴贞, 邓国藩, 等. 1959. 中国经济昆虫志 第一册 鞘翅目 天牛科. 北京: 科学出版社.
陈树椿. 1986a. 长肛棒䗛属一新种 (竹节虫目: 䗛科). 昆虫学报, 29 (4): 401-404.
陈树椿. 1986b. 中国华枝䗛属一新种记述 (竹节虫目: 枝䗛科, 长角枝䗛亚科). 昆虫学报, 29 (1): 85-88.
陈树椿. 1992. 瘦枝䗛属一新种记述 (竹节虫目: 枝䗛科, 短角枝䗛亚科). 昆虫学报, 35 (1): 72-74.
陈树椿. 1999. 竹节虫的生物学和生态学特性. 生物学通报, 34 (9): 11-13.
陈树椿, 何允恒. 1991a. 危害我国林木的短肛棒䗛属三新种 (竹节虫目: 䗛科). 林业科学, 27 (3): 229-233.
陈树椿, 何允恒. 1991b. 中国皮䗛属四新种记述 (竹节虫目: 枝䗛科). 北京林业大学学报, 13 (1): 18-23.
陈树椿, 何允恒. 1992. 英德跳䗛——广东林木害虫一新种 (竹节虫目: 枝䗛科). 林业科学研究, 5 (2): 207-209.
陈树椿, 何允恒. 2008. 中国䗛目昆虫. 北京: 中国林业出版社.
陈泰鲁, 庞雄飞. 1981. 杉卷赤眼蜂新种记述 (膜翅目: 赤眼蜂科). 动物学研究, 2 (4): 333-335.
陈泰鲁, 庞雄飞. 1986. 赤眼蜂属新种记述 (膜翅目: 赤眼蜂科). 昆虫学报, 29 (1): 89-90.
陈泰鲁, 吴燕如. 1980. 黑卵蜂属三新种 (膜翅目: 缘腹细蜂科). 动物分类学报, 5 (4): 427-429.
陈天业, 牟吉元. 1995a. 中华通草蛉雌性生殖系统的解剖学研究. 昆虫天敌, 17 (3): 109-110.
陈天业, 牟吉元. 1995b. 中华通草蛉雄性生殖系统的解剖学研究. 昆虫天敌, 17 (4): 165-166.
陈天业, 牟吉元. 1995c. 叶色草蛉和丽草蛉的雌性生殖系统的解剖学. 昆虫知识, 32 (4): 240-241.
陈天业, 牟吉元, 徐玉芳, 等. 1994a. 大草蛉雌性生殖系统组织学研究. 山东农业大学学报, 25 (1): 87-99.
陈天业, 牟吉元, 张韵梅. 1994b. 大草蛉雌性生殖系统发育分级的解剖学、组织学及生物化学研究. 山东农业大学学报, 25 (4): 387-393.
陈铁梅, 宋士美, 袁德成. 2002. 中国细草螟属 *Roxita* 的研究及二新种记述 (鳞翅目: 螟蛾科, 草螟亚科). 昆虫学报, 45 (1): 109-114.
陈伟, 陈伟洲, 吴伟坚. 2005. 越北腹露蝗卵巢发育程度的分级研究. 中国植保导刊, 25 (5): 5-6.
陈文武, 宋凯, 张明. 2007. 鳞翅目昆虫精子的发生和形成. 黑龙江农业科学, (2): 52-54.
陈小钰. 1985. 钩蛾科二新种记述. 昆虫分类学报, 7(4): 277-280.

陈晓鸣, 王绍云, 毛玉芬, 等. 1992. 四种紫胶虫雄性外生殖器观察及初步杂交试验. 林业科学研究, 5 (2): 236-239.
陈一心. 1993. 朽木夜蛾属一新种 (鳞翅目: 夜蛾科). 昆虫学报, 36 (1): 88-89.
陈一心. 1999. 中国动物志 昆虫纲 第十六卷 鳞翅目 夜蛾科. 北京: 科学出版社.
陈一心, 马文珍. 2004. 中国动物志 昆虫纲 第三十五卷 革翅目. 北京: 科学出版社.
陈瑜洁, 沃尔夫冈·亨尼格, 吴世福. 2005. 果蝇精子发生中 CG15899 的基因表达. 上海师范大学学报 (自然科学版), 34 (1): 81-86.
陈长琨, 李国清, 王荫长, 等. 1998a. 小地老虎雄蛾中胚层生殖道和附腺的细胞结构和分泌功能. 昆虫学报, 41 (3): 263-268.
陈长琨, 李国清, 王荫长, 等. 1998b. 小地老虎雄蛾中胚层生殖腺缢缩瓣膜结构和功能. 昆虫学报, 41 (3): 269-274.
陈振宁, 曾阳, 张廷舜. 2000. 青海蛱蝶科外生殖器研究. 青海师范大学学报 (自然科学版), (4): 28-35.
陈之梓. 1979. 陪丽蝇属五新种 (双翅目: 丽蝇科). 动物分类学报, 4 (4): 385-391.
崔峰, 徐洪富, 王竑晟, 等. 2004. 甜菜夜蛾胚胎发育的研究 (Ⅲ) ——呼吸、消化、神经、生殖系统的发育. 西北农业学报, 13 (2): 64-66.
代方银, 王先燕, 谭端, 等. 2006. 家蚕不同品系卵巢管数目变异及其与造卵数的关系. 昆虫学报, 49 (6): 903-907.
党利红. 2010. 中国花蓟马属 *Franklilniella* 和齿蓟马属 *Odontothrips* 分类研究 (缨翅目: 锯尾亚目: 蓟马科). 陕西师范大学硕士学位论文.
党利红, 霍科科, 郑哲民. 2008. 墨蚜蝇 (双翅目, 食蚜蝇科, 食蚜蝇亚科) 八种雄性外生殖器比较. 动物分类学报, 33 (3): 558-565.
邓国藩. 1980. 中国的甲胁虱属吸虱 (虱目: 甲胁虱科). 动物分类学报, 5 (1): 71-74.
丁锦华. 2006. 中国动物志 昆虫纲 第四十五卷 同翅目 飞虱科. 北京: 科学出版社.
董胜张, 郭建洋, 叶恭银, 等. 2008. 成虫营养和交配对蝶蛹金小蜂卵巢发育与卵黄发生的影响. 植物保护学报, 35 (3): 193-198.
董学书, 董利民, 吴超. 2008. 杵蚊属一新种 (双翅目: 蚊科). 动物分类学报, 33 (1): 187-190.
董学书, 董利民, 周红宁. 2003. 蓝带蚊属一新种 (双翅目: 蚊科). 昆虫分类学报, 25 (3): 204-208.
董学书, 吴超, 毛详华. 2006. 局限蚊属一新种 (双翅目: 蚊科). 昆虫分类学报, 28 (3): 217-221.
董学书, 周红宁, 董利民. 2002. 云南伊蚊属奈蚊亚属一新种及二新记录种记述 (双翅目: 蚊科). 昆虫学报, 45 (4): 516- 521.
董学书, 周红宁, 董利民. 2004. 阿蚊属一新种 (双翅目: 蚊科). 昆虫分类学报, 26 (2): 123-125.
董学书, 周红宁, 董利民. 2005. 领蚊属一新种 (双翅目: 蚊科). 昆虫分类学报, 27 (3): 209-211.
杜承. 1986a. 简天牛属 *Oberea* 的外生殖器特征在分类学和系统演化上的应用. 西南农业大学学报, 3 (3): 76-83.
杜承. 1986b. 简天牛属 *Oberea* 外生殖器的比较解剖研究. 西南农业大学学报, 3 (3): 122-137.
杜予州. 2000. 贵州新襀属二新种记述 (襀翅目: 襀科: 襀亚科). 昆虫分类学报, 22 (1): 1-5.
段半锁, 李明照, 杨蕊枝. 1998. 中国简管蓟马属一新种记述 (缨翅目: 管蓟马科). 动物分类学报, 23(1):48-51.

樊永亮，师光禄，李连昌. 1993. 枣镰翅小卷蛾内生殖系统的研究. 山西农业大学学报, 13 (4): 321-323.
范永贵，郑方强. 1988. 铜绿丽金龟生殖系统及其在测报上的应用. 山东农业大学学报, 19 (1): 53-57.
范永贵，郑方强. 1993. 3 种常见花金龟生殖系统与生殖活动的研究. 山东农业大学学报, 24 (2): 211-216.
范永贵. 1987. 大黑鳃金龟生殖系统的解剖观察. 山东农业大学学报, 18 (2): 71-74.
范滋德. 2008. 中国动物志 昆虫纲 第四十九卷 双翅目 蝇科. 北京：科学出版社.
范滋德，陈之梓，方建明，等. 1997. 中国动物志 昆虫纲 第六卷 双翅目 丽蝇科. 北京：科学出版社.
范滋德，孙彩虹，陈之梓，等. 1988. 中国经济昆虫志 第三十七册 双翅目 花蝇科. 北京：科学出版社.
方承莱. 1985. 中国经济昆虫志 第三十三册 鳞翅目 灯蛾科. 北京：科学出版社.
方承莱. 1991. 苔蛾亚科一新属五新种 (鳞翅目：灯蛾科). 昆虫学报, 34 (3): 356-361.
方承莱. 1992. 中国阳苔蛾属的研究及新种记述 (鳞翅目：灯蛾科，苔蛾亚科). 昆虫学报, 35(2): 227-229.
方承莱. 2000. 中国动物志 昆虫纲 第十九卷 鳞翅目 灯蛾科. 北京：科学出版社.
房丽君. 2011. 中国尾蛱蝶属雄性外生殖器比较形态学研究 (鳞翅目：蛱蝶科，螯蛱蝶亚科). 动物分类学报, 36 (2): 368-376.
费守华. 1998a. 蜚蠊的鉴别诊断. 中国媒介生物学及控制杂志, 9 (3): 228-231.
费守华. 1998b. 蜚蠊的鉴别诊断 (续). 中国媒介生物学及控制杂志, 9 (6): 485-489.
费守华，樊志，嵇永安. 1997. 我国室内常见 6 种蜚蠊雄性外生殖器的研究. 中国媒介生物学及控制杂志, 8 (4): 2-4.
冯波. 2007. 中国锯天牛亚科分类与区系研究. 西南大学硕士学位论文.
冯纪年，赵小蓉. 1994. 中国齿蓟马属一新种记述 (缨翅目：蓟马科). 昆虫分类学报, 16 (1): 1-3.
冯晓丽，常岩林，王莉，等. 2009. 优雅蝈螽雄性附腺结构与分泌蛋白特性. 昆虫知识, 46 (5): 761-764.
付丽君，吴珍泉，付志坚. 1999. 条纹叶甲羽化节律与卵巢发育进度的研究. 武夷科学, 15: 74-78.
付利娟. 2006. 中国绿天牛族昆虫分类与区系的研究. 西南大学硕士学位论文.
付锡三. 1984. 蚕的生殖生理 (一). 陕西蚕业, (4): 69-71.
付锡三. 1985. 蚕的生殖生理 (二). 陕西蚕业, (1): 43-44.
付新华，王俊刚, Ohba Nobuyoushi, 等. 2005. 萤火虫 (鞘翅目：萤科) 两性交流中的闪光信号. 生态学报, 25 (6): 1439-1444.
高斌，吴次彬. 1992. 白蜡虫雄性生殖细胞发育的研究. 西南农业学报, 5 (4): 55-60.
高洁，嵇保中，刘曙雯，等. 2008. 桑天牛雄性附腺内容物组分分析. 昆虫知识, 45 (4): 580-584.
葛德燕. 2006. 贵州螳螂资源调查、广斧螳的人工饲养及其营养组成研究. 贵州大学硕士学位论文.
葛德燕，陈祥盛. 2006. 螳螂种群增长制约因素分析. 昆虫知识, 43 (1): 22-27.
葛钟麟. 1966. 中国经济昆虫志 第十册 同翅目 叶蝉科. 北京：科学出版社.
葛钟麟. 1981. 中国的纹翅飞虱属五新种. 昆虫学报, 24 (4): 419-425.
葛钟麟. 1982. 额叉飞虱类一新属二新种 (同翅目：飞虱科). 动物分类学报, 7 (1): 78-82.
葛钟麟. 1986. 云南森林叶蝉九新种 (同翅目：叶蝉总科). 昆虫分类学报, 8 (3): 195-207.
葛钟麟，丁锦华，田立新，等. 1984. 中国经济昆虫志 第二十七册 同翅目 飞虱科. 北京：科学出版社.
管维，王章根，陈定虎，等. 2006. 瘤背豆象属 4 个种雌性外生殖器的区别. 植物检疫, 20 (6): 345-346.
管致和，吴维均，陆近仁. 1956. 普通昆虫学. 上卷. 2 版. 北京：科学技术出版社.

桂富荣, 杨莲芳. 2000. 中国弓石蛾科四新种和两新纪录种 (昆虫纲: 毛翅目). 动物分类学报, 25 (4): 419- 425.
郭迪金, 陈力. 2005. 中国刺虎天牛属二新种 (鞘翅目: 天牛科, 天牛亚科). 动物分类学报, 30 (2): 407-411.
郭郛. 1956. 东亚飞蝗 (*Locusta migratoria manilensis* Meyen) 的生殖. 昆虫学报, 6 (2): 145-167.
郭郛, 潘承湘. 1964. 脑及前胸腺对蓖麻蚕成虫特征与生殖腺发育的作用. 动物学报, 16 (2): 175-186.
韩凤英, 李江颂, 张莜秀. 1997. 二十二种蜻蜓副外生殖器 (阳茎) 的扫描电镜观察. 动物学报, 43 (增刊): 26-33.
韩运发. 1997. 中国经济昆虫志 第五十五册 缨翅目. 北京: 科学出版社.
何璠, 白素芬, 李欣, 等. 2009. 二种寄生蜂寄生抑制小菜蛾精巢生长和精子束形成的比较研究. 昆虫学报, 52 (11): 1183-1190.
何继龙. 1963. 粘虫 (*Pseudaletia separate* (Walker)) 生殖系统的解剖. 昆虫学报, 12 (3): 282-291.
何继龙. 1991. 毛食蚜蝇属二新种 (双翅目: 食蚜蝇科). 昆虫分类学报, 8 (4): 303-306.
何继龙, 李智华. 1992. 食蚜蝇雌性外生殖器的研究. 上海农学院学报, 10 (1): 23-34.
何建平, 奚耕思. 2003. 黄胫小车蝗卵子发生及卵母细胞凋亡的显微观察. 动物学杂志, 38 (6): 2-7.
何静, 刘增加, 刘荣堂, 等. 2011. 虻科成虫雌性尾器亚生殖板的研究. 动物分类学报, 36 (1): 144-150.
何俊华, 陈学新, 马云. 1996. 中国经济昆虫志 第五十一册 膜翅目 姬蜂科. 北京: 科学出版社.
何俊华, 许再福. 2002. 中国动物志 昆虫纲 第二十九卷 膜翅目 螯蜂科. 北京: 科学出版社.
何俊华, 许再福, 马云. 1998. 海南双距螯蜂属二新种 (膜翅目: 螯蜂科). 浙江农业大学学报, 24 (2): 171-173.
贺艳, 季相华, 蒋明星, 等. 2008. 稻水象甲精子尾部的超微结构. 浙江大学学报 (农业与生命科学版), 34 (4): 355-360.
侯陶谦. 1984. 云南枯叶蛾科二新种. 昆虫分类学报, 6 (2-3): 179-181.
侯陶谦. 1987. 中国松毛虫. 北京: 科学出版社.
侯小燕. 2007. 蝎蛉科昆虫雌性生殖系统比较研究. 西北农林科技大学硕士学位论文.
侯小燕, 花保祯. 2007. 刘氏蝎蛉雌性生殖系统的构造. 昆虫知识, 44 (2): 237-240.
花保祯, 谭江丽. 2007. 中国大巴山蚊蝎蛉属一新种 (长翅目, 蚊蝎蛉科). 动物分类学报, 2 (2): 455-458.
皇甫伟国, 魏书军, 郑宏海, 等. 2007. 柑桔爆皮虫卵巢发育动态. 昆虫学报, 50 (7): 682-688.
黄大卫. 1993. 中国经济昆虫志 第四十一册 膜翅目 金小蜂科 (一). 北京: 科学出版社.
黄大卫, 肖晖. 2005. 中国动物志 昆虫纲 第四十二卷 膜翅目 金小蜂科. 北京: 科学出版社.
黄复生. 1974. 中国缺翅目昆虫. 昆虫学报, 17 (4): 423-427.
黄复生. 1976. 缺翅目昆虫一新种. 昆虫学报, 19 (2): 225-226.
黄复生, 朱世模, 平正明, 等. 2000. 中国动物志 昆虫纲 第十七卷 等翅目. 北京: 科学出版社.
黄健. 1994. 中国蚜小蜂科分类 (膜翅目: 小蜂总科). 重庆: 重庆出版社.
黄丽娜. 2011. 北京及其周边地区缨翅目昆虫 (Thysanoptera) 物种多样性研究. 陕西师范大学硕士学位论文.
黄亮文. 1987. 家白蚁群体数增长的生殖生理特点. 昆虫学报, 30 (4): 393-396.
黄山春, 覃伟权, 李朝绪, 等. 2009. 红棕象甲外形态特征及生殖器官结构观察. 西南农业学报, 22 (5):

1345-1348.
黄同陵. 1998. 中国婪步甲属一新亚属一新种（鞘翅目：步甲科）. 昆虫分类学报, 20 (3): 201-204.
黄文诚. 1995. 蜜蜂的交配行为. 生物学通报, 30 (4): 15-17.
黄文诚. 1997. 蜜蜂属雄蜂生殖器官的比较解剖. 养蜂科技, 6: 17-21.
黄文华, 杨兆芬. 2001. 两种芫菁生殖系统比较解剖及大斑芫菁生殖腺组织学探究. 福建师范大学学报（自然科学版), 17 (1): 87-90.
霍科科, 张宏杰, 郑哲民. 2004. 中国木蚜蝇族三新种记述（食蚜蝇科, 木蚜蝇族). 动物分类学报, 29(4):797-802.
嵇保中. 1993. 黄二星舟蛾生殖系统的研究. 南京林业大学学报, 17 (3): 60-66.
嵇保中, 钱范俊. 1995. 云斑天牛生殖系统的研究. 南京林业大学学报, 19 (4): 14-20.
嵇保中, 易双军, 刘曙雯, 等. 1999. 松墨天牛卵巢发育特点和灭幼脲对其不育效应的影响. 植物保护, 25 (5): 4-8.
嵇保中, 刘曙雯, 张凯. 2011. 昆虫学基础与常见种类识别. 北京. 科学出版社.
姜永嘉, 杨胜伦, 林虹, 等. 1983. 玉米象等成虫消化道和雌虫生殖器官组织学的探讨. 郑州工程学院学报, (3): 31-43.
蒋国芳, 郑哲民. 1998. 广西蝗虫. 广西: 广西师范大学出版社.
蒋书楠, 陈力. 2001. 中国动物志 昆虫纲 第二十一卷 鞘翅目 天牛科 花天牛亚科. 北京: 科学出版社.
蒋书楠, 蒲富基, 华立中. 1985. 中国经济昆虫志 第三十五册 鞘翅目 天牛科（三). 北京: 科学出版社.
蒋学建, 周祖基. 2006. 川硬皮肿腿蜂雌性生殖系统的解剖结构. 南京林业大学学报（自然科学版), 30 (5): 95-97.
金大雄. 1975. 我国吸虱一新属新种（虱目: 鼠虱科). 昆虫学报, 18 (3): 341-346.
金大雄. 1981. 我国吸虱研究Ⅲ. 马虱科一新种（虱目). 动物分类学报, 6 (2): 199-201.
金大雄. 1985. 我国吸虱研究Ⅷ. 多板虱科拟颚虱属及新血虱属（虱目: 多板虱科). 昆虫分类学报, 7 (1): 39-46.
金大雄. 1999. 中国吸虱的分类和检索. 北京: 科学出版社.
金凤, 嵇保中, 刘曙雯, 等. 2007. 桑天牛雌成虫产卵器解剖和刻槽及产卵习性研究. 林业科学研究, 20 (3): 394-398.
金凤, 嵇保中, 刘曙雯, 等. 2011. 桑天牛产卵分泌物与雌虫内生殖器官内容物组分的比较. 应用昆虫学报, 48 (1): 104-108.
金涛, 吴振廷, 童振峰, 等. 2006. 中华真地鳖的生殖系统. 昆虫知识, 43 (4): 553-557.
经希立. 1983. 粒眼瓢虫属 *Sumnius* 三新种记述（鞘翅目: 瓢虫科). 动物分类学报, 8 (4): 403-406.
孔海龙, 梁醒财, 罗佑珍. 2006. 柑橘凤蝶生殖系统解剖学研究. 云南农业大学学报, 21 (4): 459-462.
雷朝亮, 荣秀兰. 2003. 普通昆虫学. 北京: 中国农业出版社.
冷科明, 杨莲芳. 2003. 中国伪突沼石蛾属四新种记述（毛翅目: 沼石蛾科). 动物分类学报, 28 (3): 510-515.
冷科明, 杨莲芳. 2004. 中国沼石蛾科五新种记述（昆虫纲: 毛翅目). 动物分类学报, 29 (3): 516-522.
冷延家, 张玲敏. 1987. 福建司蛉属二新种（双翅目: 毛蠓科). 动物分类学报, 12 (2): 192-199.
李宝娟. 1997. 二种芒果象甲的外生殖器. 植物检疫, 11 (5): 298-305.

李参, 平正明. 1988. 中国原白蚁属及两新种记述 (等翅目: 原白蚁科). 昆虫学报, 31 (3): 300-305.
李法圣. 1989. 陕西啮虫十八新种 (啮目: 狭啮科, 啮科). 昆虫分类学报, 11 (1-2): 31-55.
李法圣. 1990. 贵州啮虫十一新种 (Ⅰ). 贵州科学, 8 (3): 4-11.
李法圣. 1991a. 广东啮虫五新种 (啮目: 单啮科, 叉啮科). 北京农业大学学报, 17 (1): 95-101.
李法圣. 1991b. 贵州的啮虫——冠啮属四新种 (啮目: 双啮科). 贵州科学, 9 (4): 292-297.
李法圣. 1992. 莫干山啮虫二新种 (啮目: 啮亚目). 浙江林学院学报, 9 (4): 405-408.
李法圣. 1993. 山东的啮虫 (Ⅱ) (啮目: 围啮科, 外啮科, 叉啮科). 莱阳农学院学报, 10 (2): 133-141.
李法圣. 1994. 为害花椒树的木虱一新属二新种 (同翅目: 木虱总科, 木虱科). 昆虫分类学报, 16 (3): 177-183.
李富华, 叶宗茂, 刘文华. 1985. 云南麻蝇族两新种记述 (双翅目: 麻蝇科). 动物分类学报, 10 (3): 294-298.
李贵真. 1957. 食猬蚤属的一个新种——鼠兔食猬蚤 (*Echidnophaga ochotona* sp. nov.). 昆虫学报, 7 (1): 121-124.
李贵真. 1980. 蚤类学研究进展——分类区系、形态学和寄生物研究. 贵阳医学院学报, 5 (1): 1-7.
李贵真, 金大雄. 1957. 云南的新种鼠蚤——俊潜蚤 (*Tunga callida* sp. nov.). 昆虫学报, 7 (1): 113-119.
李桂祥, 戴自荣, 李栋. 1989. 中国白蚁与防治方法. 北京: 科学出版社.
李鸿昌, 夏凯龄. 2006. 中国动物志昆虫纲(第 43 卷) (直翅目 蝗总科 斑腿蝗科). 北京. 科学出版社.
李天安. 1986a. 生殖系统解剖性状在天牛系统学中的意义. 西南农业大学学报, (3): 66-75.
李天安. 1986b. 沟胫天牛生殖系统的形态解剖. 西南农业大学学报, (3): 84-100.
李铁生. 1978. 中国经济昆虫志 第十三册 双翅目 蠓科. 北京: 科学出版社.
李铁生. 1982. 中国农区胡蜂. 北京: 农业出版社.
李铁生. 1985. 中国经济昆虫志 第三十册 膜翅目 胡蜂总科. 北京: 科学出版社.
李文亮, 张魁艳, 杨定. 2007. 广东柄驼舞虻属新种记述 (双翅目, 舞虻科). 动物分类学报, 32 (2): 482-485.
李晓明, 刘国卿. 2007. 中国杂盲蝽属二新种记述 (半翅目: 盲蝽科, 叶盲蝽亚科). 动物分类学报, 32 (3): 674-679.
李艳磊, 杨星科, 王心丽. 2008. 中国意草蛉属二新种 (脉翅目, 草蛉科, 草蛉亚科). 动物分类学报, 33 (2): 376-379.
李照会, 郑方强, 宋东苓. 1993. 天蛾科雌性生殖系统形态解剖研究. 山东农业大学学报 (自然科学版), 24 (2): 160-168.
利翠英, 李顺珍. 1988. 拟澳洲赤眼蜂生殖系统的研究. 昆虫学报, 31 (4): 346-349.
利翠英, 李文盛. 1964. 食物中几种氨基酸对家蝇卵巢发育的影响. 昆虫学报, 13 (6): 803-814.
梁铬球, 郑哲民. 1998. 中国动物志 昆虫纲 第十二卷 直翅目 蚱总科. 北京: 科学出版社.
廖定熹, 李学骝, 庞雄飞, 等. 1987. 中国经济昆虫志 第三十四册 膜翅目 小蜂总科 (一). 北京: 科学出版社.
廖顺源. 1988. 二化螟雌蛾生殖系统和卵巢发育观察. 昆虫知识, 25 (6): 363-365.
林江, 张雅林, 王应伦. 2011a. 3 种蜡蝉雄性生殖系统形态比较 (半翅目: 蜡蝉总科). 西北农林科技大学学报 (自然科学版), 39 (8): 125-130.

林江，张雅林，王应伦. 2011b. 四种蜡蝉雌性生殖系统比较研究（半翅目：蜡蝉总科）. 动物分类学报，36 (3): 689-701.
林乃铨. 1993. 赤眼蜂科四新种记述（膜翅目：小蜂总科）. 昆虫学报, 36 (2): 207-215.
刘崇乐. 1963. 中国经济昆虫志 第五册 鞘翅目 瓢虫科. 北京：科学出版社.
刘国平，武春光，王兴亚. 2006. 吉林省吸血蠓类名录及一新种描述（双翅目：蠓科）. 中国媒介生物学及控制杂志, 17 (4): 318-321.
刘国卿，丁丹. 2008. 板同蝽属新种及剪同蝽在中国分布记述（半翅目：同蝽科）. 动物分类学报，33 (4): 768-774.
刘浩宇，石福明. 2007. 维蟋属分类研究及两新种记述（直翅目：蟋蟀科，距蟋亚科）. 昆虫学报，50 (3): 281-285.
刘惠霞，张克斌，黄刚，等. 1992. 黄斑星天牛生殖系统的形态解剖. 西北林学院学报, 7 (3): 80-84.
刘其全，孙莉，徐桂萍，等. 2010. 小黑瓢虫生殖系统的解剖观察. 福建农林大学学报（自然科学版），39 (5): 460-464.
刘胜利. 1993. 中国叶蛸属记述（竹节虫目：叶蛸科）. 动物分类学报, 18 (2): 201-212.
刘胜利，蔡保灵. 1994. 中国小异蛸属三新种记述（竹节虫目：异蛸科）. 昆虫学报, 37 (1): 87-90.
刘思孔. 1989. 雷鸟虱属四新种（食毛目：长角鸟虱科）. 昆虫分类学报, 11 (4): 261-268.
刘嗣伟. 1983. 郑州郊区菜粉蝶第一代卵量消长及其雌雄幼虫主要生殖器官比较解剖初探. 河南农学院学报, (4): 65-72.
刘限，李健男，王世富，等. 2001. 柞蚕变态期雌体生殖系统发育的组织结构观察. 沈阳农业大学学报，32 (6): 439-441.
刘秀琼，曾仁光. 1985. 叶潜蛾科一个新种——黄皮叶潜蛾（鳞翅目：叶潜蛾科）. 昆虫学报，28 (4): 412-416.
刘绪生，李国清，陈长琨. 2001. 棉铃虫精子在雌蛾生殖道内的转移动态. 南京农业大学学报，24 (2): 45-48.
刘绪生，李国清，陈长琨. 2003a. 棉铃虫交配过程中精子的转移. 动物学杂志, 38 (3): 26-28.
刘绪生，李国清，陈长琨. 2003b. 棉铃虫真核精子束解散的时间和场所. 昆虫知识, 40 (3): 232-233.
刘永华，李鲜花，阎雄飞. 2011. 毛缺沟姬蜂雌性内生殖器官的结构及其发育. 环境昆虫学报，33 (2): 261-264.
刘永华，阎雄飞，叶恭银，等. 2007. 野蚕黑卵蜂雌性内生殖器官的结构及其发育. 昆虫天敌, 29 (1): 1-5.
刘永平，张生芳. 1988. 中国仓储品皮蠹害虫. 北京：农业出版社.
刘友樵，白九维. 1977. 中国经济昆虫志 第十一册 鳞翅目 卷蛾科. 北京：科学出版社.
刘友樵，李广武. 2002. 中国动物志 昆虫纲 第二十七卷 鳞翅目 卷蛾科. 北京：科学出版社.
刘友樵，武春生. 2006. 中国动物志 昆虫纲 第四十七卷 鳞翅目 枯叶蛾科. 北京：科学出版社.
刘雨芳，古德祥. 1998. 荔枝蝽雌性生殖系统的解剖及其在测报上的应用. 湘潭师范学院学报，19 (3): 55-59.
刘玉素，卢宝廉. 1959. 东亚飞蝗 (*Locusta migratoria manilensis* Meyen) 生殖系统的解剖和组织构造. 昆虫学报, 9 (1): 1-20.
刘增加，齐福祥，虞以新. 1990. 甘肃宁夏蠓类二新种描述（双翅目：蠓科）. 动物分类学报，15 (2):

218-221.
刘政. 1982. 广腹螳螂初步研究. 昆虫知识, (4): 20-22.
柳支英, 蔡理云, 吴文贞. 1974. 我国青海省蚤目新属和新种的记述. 昆虫学报, 17 (1): 103-111.
柳支英. 1986. 中国动物志 昆虫纲 第一卷 蚤目. 北京: 科学出版社.
柳支英, 吴厚永, 王敦清. 1965. 蚤目细蚤科一新属新种——具钩靴片蚤. 动物分类学报, 2 (1): 57-62.
柳支英, 吴厚永, 俞九飞. 1964. 大锥蚤属 (*Macrostylophora*) 一新种记述 (蚤目: 角叶蚤科). 动物分类学报, 1 (1): 163-166.
柳支英, 吴厚永. 1960. 中国蚤类研究之三-西北额蚤属 (*Frontopsylla*) 一新种, 西南栉眼蚤属 (*Ctenophthalmus*) 一新种及华东狭蚤属 (*Stenoponia*) 一新种. 昆虫学报, 10(2): 171-175.
卢爱平, 刘克. 1984. 金边土鳖生殖系统的解剖. 昆虫知识, (3): 127-129.
卢川川. 1977. 松毛虫内生殖器简介. 昆虫知识, (5): 155.
卢川川. 1990. 海南蛛目昆虫一新种及一新纪录(蛛目: 等尾蛛科).动物分类学报,15(3): 323-326.
卢筝. 1982. 小地老虎生殖系统的研究. 昆虫学报, 25 (3): 268-275.
卢中建, 王荫长, 尤子平. 1992. 小地老虎的真核和无核精子在生殖道中的后期变化. 南京农业大学学报, 15 (4): 45-49.
陆宝麟, 李蓓思, 姬淑红, 等. 1997. 中国动物志 昆虫纲 第八卷 双翅目 蚊科 (上). 北京: 科学出版社.
陆宝麟, 吴厚永. 2003. 中国重要医学昆虫分类与鉴别. 河南: 河南科学技术出版社.
陆剑锋, 李永, 陈学新, 等. 2006. 腰带长体茧蜂毒液器官和卵巢的形态学及其超微结构. 昆虫知识, 43 (6): 818-821.
路进生, 彩万志. 1989. 中国土猎蝽属的地理分布及一新种记述. 昆虫分类学报, 11 (3): 191-196.
路顺奎. 1959. 实用昆虫学. 北京: 高等教育出版社.
罗益镇, 林莲欣, 孙延杰. 1987. 几种植食性金龟生殖特征及其在防治上的应用. 昆虫学报, 30 (2): 152-159.
吕楠, 王洪建. 1996. 甘肃省丽盲蝽属二新种 (半翅目: 盲蝽科). 动物分类学报, 21 (2): 205-209.
吕淑敏, 唐超智, 奚耕思. 2007. 短额负蝗卵子发生及卵母细胞凋亡的组织学观察. 陕西师范大学学报 (自然科学版), 35 (3): 83-86.
吕淑敏, 赵卓, 李建锋, 等. 2009. 短额负蝗精子发生过程中 SBA 受体的动态分布. 昆虫知识, 46 (6): 874-878.
吕万明. 1980. 白背飞虱雌性生殖系统的构造和卵巢发育分级的初步观察. 昆虫知识, (4): 182-183.
吕效吾译. 2003. 蜂王交配及蜂王贮精囊的简要剖视 第一部分 交配行为. 中国养蜂, 54 (5): 40-41.
吕效吾译. 2004. 蜂王交配及蜂王受精囊的简明剖视 第三部分 受精囊. 中国养蜂, 55 (1): 37.
马德风, 黄文诚. 1993. 中国农业百科全书. 养蜂卷. 北京: 中国农业出版社.
马沛勤, 张文霞. 2009. 拱背果蝇属二新种记述 (双翅目, 果蝇科). 动物分类学报, 34 (3): 616-619.
马文珍. 1995. 中国经济昆虫志 第四十六册 鞘翅目 花金龟科 斑金龟科 弯腿金龟科. 北京: 科学出版社.
孟瑞, 车艳丽, 闫家河, 等. 2010. 恶性席瓢蜡蝉生殖系统研究 (半翅目: 瓢蜡蝉科). 昆虫分类学报, 33 (1): 12-22.

孟正平. 2007. 草地螟雌蛾卵巢解剖技术. 中国植保导刊, 27 (12): 28-29.
米红艳, 刘荣堂, 刘增加. 2005. 古塞细蠓复合组雄性成虫阳基侧突膨端体及阳茎中叶的研究. 中华卫生杀虫药械, 11 (6): 407-412.
牟吉元. 1993. 昆虫学研究论文集. 北京: 中国农业科技出版社.
南开大学, 中山大学, 北京大学, 等. 1980. 昆虫学. 北京: 人民教育出版社.
牛耕耘. 2012. 世界侧跗叶蜂属系统分类研究. 中南林业科技大学博士学位论文.
欧阳霞辉, 奚耕思, 王智峰. 2007. 中华蚱蜢雄性附腺及储精囊的结构研究. 陕西师范大学学报 (自然科学版), 35(4): 80-82.
潘建梅, 奚耕思. 2004. 中华稻蝗雄性附腺和储精囊的组织学研究. 陕西师范大学学报 (自然科学版), 32(1): 95-97.
潘小军. 1993. 雄蚤阳茎体的研究: 角叶蚤科三种雄蚤阳茎体的观察. 昆虫学报, 36 (3): 347-353.
庞雄飞, 陈泰鲁. 1978. 膜翅目 纹翅小蜂科 (赤眼蜂科). 100-107. 见:中国科学院动物研究所, 浙江农业大学, 等编. 天敌昆虫图册.北京: 科学出版社.
庞雄飞, 毛金龙. 1979. 中国经济昆虫志 第十四册 鞘翅目 瓢虫科 (二). 北京: 科学出版社.
彭韬. 2005. 蝎蛉科昆虫生殖生物学与细胞遗传学研究. 西北农林科技大学硕士学位论文.
彭正强, 庞虹, 庞雄飞. 2001. 海南岛食植瓢虫属一新种和二种新记录 (鞘翅目: 瓢虫科). 昆虫学报, 44 (1): 88-91.
蒲天胜. 1989. 瓢虫及其雄性外生殖器. 广西植保, (2): 46-48.
蒲天胜. 1991. 芒果剪叶象外生殖器. 广西植保, (4): 16-18.
漆一鸣. 1984a. 三种蚤生殖系统的细微结构: 雄性生殖腺的发育. 昆虫学报, 27 (1): 57-64.
漆一鸣. 1984b. 三种蚤生殖系统发育的细微结构: 雌性生殖腺的发育. 昆虫学报, 27 (2): 152-160.
漆一鸣. 1990a. 三种蚤生殖系统的细微结构: 雌性外生殖器的发育. 昆虫学报, 33 (2): 182-189.
漆一鸣. 1990b. 三种蚤生殖系统的细微结构: 雄性外生殖器的发育. 昆虫学报, 33 (4): 403-412.
漆一鸣, 李贵真. 1982. 三种蚤生殖腺发育和成熟的组织学研究. 贵阳医学院学报, 7 (2): 17-38.
钱惠田. 1987. 蚕的生殖. 35-37.见:中国农业百科全书编辑委员会编.中国农业百科全书 蚕业卷.北京: 中国农业出版社.
乔格侠, 张广学, 钟铁森. 2005. 中国动物志 昆虫纲 第四十一卷 同翅目 斑蚜科. 北京: 科学出版社.
秦旦仁, 郭同斌, 蒋富荣, 等. 1994. 桑天牛卵巢发育与补充营养关系的研究. 南京林业大学学报, 18 (3): 46-50.
任东. 2003. 中国东北侏罗纪蛇蛉目和脉翅目昆虫化石研究. 北京林业大学博士学位论文.
任淑仙, 李燕婷, 徐筠. 1981. 七星瓢虫卵子发生的观察. 昆虫学报, 24 (3): 268-273.
任树芝. 1998. 中国动物志 昆虫纲 第十三卷 半翅目 异翅亚目 姬蝽科. 北京: 科学出版社.
任树芝, 杨集昆. 1991. 中国毛角蝽科新属与新种 (半翅目: 异翅亚目). 昆虫学报, 34 (1): 68-73.
荣秀兰, 李琦, 赵华. 1992. 棉蝗的形态研究 Ⅳ. 腹部. 华中农业大学学报, 11 (4): 333-338.
邵红光, 侯艳君, 张桂玲, 等. 1994. 新疆芫菁雄性外生殖器的研究. 昆虫学报, 7 (3): 323-330.
施凡维奇 B H. 1958. 普通昆虫学教程. 方三阳译. 北京: 高等教育出版社.
石福明, 刘缠民. 2002. 中华寰螽生殖行为和鸣声特征研究. 西北农业学报, 11 (2): 111-114.
石旺鹏, 王振平. 1998. 天牛族 CERAMBYCINI 三种天牛阳茎内囊形态结构. 中国农业大学学报, 3 (增刊): 78-81.
石毓亮. 1980a. 夜蛾雌成虫生殖系统研究 (一) ——七种地老虎雌成虫生殖系杭构造. 山东农学院学报, (1): 147-154.
石毓亮. 1980b. 夜蛾雌成虫生殖系统研究 (二) ——六种粘虫雌成虫生殖系统构造. 山东农学院学报, (2): 81-88.
石毓亮. 1984a. 夜蛾雌成虫生殖系统研究 (三) ——六种杂食性夜蛾雌成虫生殖系统构造. 山东农业大学学报, (1-2): 83-92.
石毓亮. 1984b. 臭椿皮蛾雌成虫生殖系统研究. 山东林业科技, (4): 40-43.
石毓亮, 吕士恩. 1985. 四种果树卷叶蛾雌成虫生殖系统研究. 山东农业大学学报, (1-2): 83-88.
石毓亮, 于建垒. 1988. 夜蛾雌成虫生殖系统研究 (四) ——五种大豆造桥虫及*Plusia*属五个种雌成虫生殖系统构造. 山东农业大学学报, (4): 35-45.
石毓亮, 张之光, 李玉椿. 1964. 粘虫*Pseudaletia separata* (Walker) 生殖系统解剖与自然交配及其在实践中的应用. 山东农学院学报, (9): 45-56.
宋慧英, 周玲茜, 游兰韶. 1965. 三化螟*Tryporyza incertulas* (Walker) 内部生殖系统的初步研究. 昆虫学报, 14 (3): 285-296.
宋俊元, 胡阳, 傅强, 等. 2012. 二化螟雄虫内生殖系统结构的解剖. 浙江农业科学, (5): 686-688.
宋协松, 宋文武. 1992. 利用雌性生殖系统中受精囊鉴别金龟种类的研究. 莱阳农学院学报, 9 (4): 302-307.
宋雅琴. 2008. 中国沟胫天牛亚科楔天牛族分类与区系的研究. 西南大学硕士学位论文.
苏翠荣, 尤大寿. 1988. 小蜉属小蜉亚属二新种 (蜉蝣目: 小蜉科). 南京师大学报 (自然科学版), (3): 63-67.
苏丽娟, 陈明, 刘国举, 等. 2011. 扩头蔡白蚁消化与生殖系统解剖及其与黑翅土白蚁的比较研究. 应用昆虫学报, 48 (4): 1024-1032.
苏晓红, 奚耕思. 2004. 尖唇散白蚁卵子发生的研究. 西北大学学报 (自然科学版), 34 (3): 317-319.
隋敬之, 孙洪国. 1986. 中国习见蜻蜓. 北京: 农业出版社.
孙建华, 刘素兰, 韩美贞, 等. 1998. 短角鸟虱属一新种 (食毛目: 短角鸟虱科). 中国兽医寄生虫病, 6 (1): 8-10.
孙少轩. 1965. 田鳖生殖系统的解剖与组织的研究. 动物学报, 17 (1): 12-22.
孙少轩. 1966. 斑蜡蝉生殖系统的解剖与组织学. 昆虫学报, 15 (4): 303-319.
孙少轩, 牟吉元. 1963a. 粘虫*Pseudaletia separata* (Walker) 雄性生殖系统的组织学及精巢的后胚发育. 山东农学院学报, (8): 35-51.
孙少轩, 牟吉元. 1963b. 粘虫*Pseudaletia separata* (Walker) 雌性生殖系统的组织学及卵巢的后胚发育. 山东农学院学报, (8): 53-68.
孙雅杰, 陈瑞鹿, 王素云, 等. 1991. 草地螟雌蛾生殖系统发育的形态变化. 昆虫学报, 34 (2): 248-250.
孙悦欣. 2008. 辽宁原蚋属二新种 (双翅目: 蚋科). 寄生虫与医学昆虫学报, 15 (4): 247-250.
覃连红, 陆温, 檀志全, 等. 2010. 红棕象甲的生殖行为研究. 广西植保, 23 (1): 4-6.
谭娟杰, 王书永, 周红章. 2005. 中国动物志 昆虫纲 第四十卷 鞘翅目 肖叶甲科 肖叶甲亚科. 北京: 科学出版社.

谭娟杰, 虞佩玉, 李鸿兴, 等. 1980. 中国经济昆虫志 第十八册 鞘翅目 叶甲总科 (一). 北京: 科学出版社.
汤军芝, 刘玉东, 刘苗, 等. 2010. 黄粉虫雄性生殖系统研究. 安徽农业科学, 38 (6): 2886-2887, 2907.
唐觉, 李参, 黄恩友, 等. 1995. 中国经济昆虫志 第四十七册 膜翅目 蚁科 (一). 北京: 科学出版社.
唐昭华, 王保海, 王成明. 1993. 西藏飞蝗成虫生殖的生物生态学研究. 西藏农业科技, 15 (1): 23-30.
田岛. 1981a. 蚕的配偶子的形成、生殖和发生 (上). 徐俊良译. 蚕桑通报, (1): 57-60.
田岛. 1981b. 蚕的配偶子的形成、生殖和发生 (下). 徐俊良译. 蚕桑通报, (2): 53-56.
田立超, 陈力. 2009. 柄天牛属八种 (亚种) 雌性生殖器的比较研究 (鞘翅目, 天牛科, 天牛亚科). 动物分类学报, 34 (4): 823-829.
田立新, 杜金荣. 1965. 天蛾科外生殖器的初步研究. 昆虫学报, 14 (3): 297-303.
田立新, 杨莲芳, 李佑文. 1996. 中国经济昆虫志 第四十九册 毛翅目 (一) 小石蛾科 角石蛾科 纹石蛾科 长角石蛾科. 北京: 科学出版社.
田淑贞. 1985. 赤松毛虫幼虫外性征及生殖系统的形态. 山东林业科技, (3): 50-52.
田淑贞, 王西南, 范迪, 等. 1994. 大袋蛾生殖系统及性行为的研究. 山东林业科技, (5): 37-39.
田素珍, 夏绍蓉. 1986. 小绿叶蝉雌性生殖系统构造及卵巢分级的初步观察. 中国茶叶, (1): 31.
万先萌, 刘伟, 魏洪义, 等. 2010. 蛾类昆虫的生殖行为. 江西植保, 33 (1): 3-7, 11.
汪家社, 杨星科, 王书永, 等. 1998. 武夷山保护区叶甲科昆虫志. 北京: 中国林业出版社.
汪淑芳, 杨瑶君, 刘超, 等. 2009. 长足大竹象生殖系统的形态解剖研究. 四川动物, 28 (1): 79-84.
王敦清. 1974. 新蚤属 *Neopsylla* Wagner 一新种记述 (Siphonaptera: Hystrichopsyllidae). 昆虫学报, 17 (1): 117-119.
王广利, 迟德富, 王跃进. 2008. 青杨脊虎天牛精子超微结构及其辐照后的变化. 核农学报, 22 (4): 533-538.
王国利. 2002. 两种油菜露尾甲外生殖器结构的观察. 植物保护, 28 (6): 16-19.
王建国, 魏洪义, 沈荣武, 等. 1997. 湖南棒蝠蛾成虫生殖系统的解剖. 江西农业大学学报, 19 (2): 9-12.
王俊才, 王新华. 1996. 辽宁省摇蚊科二新种 (双翅目: 摇蚊科). 动物学研究, 17 (2): 121-124.
王林瑶. 1979. 有育儿习性的大蠼螋生活习性研究. 昆虫知识, (5): 211-215.
王平远. 1980. 中国经济昆虫志 第二十一册 鳞翅目 螟蛾科. 北京: 科学出版社.
王青, 严毓骅. 1992. 丽蚜小蜂雌性生殖系统的形态研究. 北京农业大学学报, 18 (2): 207-209.
王善青, 肖蔼祥. 1990. 雄蚤生殖节的扫描电镜观察. 昆虫学报, 33 (4): 412-417.
王书永. 1987. 蛩蠊目昆虫在中国的发现及一新种记述. 昆虫学报, 30 (4): 423-429.
王淑芳. 1976. 紫胶虫精子形成的研究. 昆虫学报, 19 (2): 194-200.
王天齐. 1993. 中国螳螂目分类概要. 上海: 上海科学技术文献出版社.
王维平, 黄求应, 雷朝亮. 2008. 黑翅土白蚁分飞蚁及蚁王、蚁后生殖系统结构观察. 昆虫知识, 45 (6): 936-939.
王文凯. 1998. 污天牛属雌性生殖器分类研究 (鞘翅目: 天牛科). 西南农业大学学报, 20 (3): 249-252.
王文凯. 1999. 天牛总科雌性生殖器解剖结构及标本制作方法. 森林病虫通讯, (5): 2-3, 8.
王文凯, 蒋书楠. 2000. 沟胫天牛族三新种记述 (鞘翅目: 天牛科, 沟胫天牛亚科). 动物分类学报, 25 (1): 76-80.

王问学, 王淑芬. 1979. 油桐尺蠖内生殖系统的解剖. 应用昆虫学报, (3): 43-44.
王宪辉, 徐洪富, 许永玉, 等. 2003. 甜菜夜蛾雌性生殖系统结构、发育分级及在测报上的应用. 植物保护学报, 30 (3): 261-266.
王晓芳, 尚素琴, 张雅林. 2010. 迁粉蝶雌性生殖系统结构研究. 昆虫知识, 47 (6): 1170-1173.
王新华, 郑乐怡. 1990a. 肛齿摇蚊属一新种记述 (双翅目: 摇蚊科). 动物分类学报, 15 (3): 355-357.
王新华, 郑乐怡. 1990b. 肛脊摇蚊属二新种 (双翅目: 摇蚊科). 昆虫学报, 33 (4): 486-489.
王义平, 陈学新, 何俊华. 2002. 膜翅目精子结构研究新进展. 昆虫分类学报, 24 (4): 301-307.
王荫长. 2004. 昆虫生理学. 北京: 中国农业出版社.
王幽兰. 1957. 分析高温对蓖麻蚕蛹内生殖器发育的影响. 实验生物学报, 5 (3): 417-444.
王余勇, 郑霞林, 付新华, 等. 2007. 胸窗萤的生殖习性. 昆虫知识, 44 (3): 415-419.
王竹红, 陈颖, 黄建. 2010. 刺桐姬小蜂生殖系统解剖研究及产卵行为观察. 福建农业学报, 25 (3): 260-263.
王子清. 1994. 中国经济昆虫志 第四十三册 同翅目 蚧总科 蜡蚧科 链蚧科 盘蚧科 壶蚧科 仁蚧科. 北京: 科学出版社.
王宗庆. 2006. 中国姬蠊科分类与系统发育研究. 中国农业科学院博士学位论文.
王宗舜, 钟香臣, 仇序佳, 等. 1977. 七星瓢虫生殖的观察. 昆虫学报, 20 (4): 397-404.
王遵明. 1983. 中国经济昆虫志 第二十六册 双翅目 虻科. 北京: 科学出版社.
韦秉兴, 韩世健, 吕鸣群, 等. 2009. 黄曲条跳甲成虫生殖系统的解剖学观察. 河北农业科学, 13 (7): 27-29.
魏濂朦. 1992. 花蝇科三种雌性的记述 (双翅目). 动物分类学报, 17 (2): 253-256.
吴必强, 张寿琦. 1964. 柞蚕饰腹寄蝇 (*Crossocosmia tibialis* Chao) 胚胎发育的研究 I. 柞蚕饰腹寄蝇生殖系统的解剖和组织构造的研究. 蚕业科学, 2 (1): 43-52.
吴次彬, 高斌. 1990. 白蜡虫雄性生殖系统的构造及其发育的初步研究. 四川大学学报 (自然科学版), 27 (4): 495-497.
吴钿, 尤大寿. 1986. 似动蜉属一新种记述 (蜉蝣目: 扁蚴蜉科). 动物分类学报, 11 (3): 280-282.
吴福林, 吴厚永, 柳支英. 1966. 西藏狷形蚤科一新属新种记述. 动物分类学报, 3 (1): 46-50.
吴刚, 荣秀兰, 雷朝亮, 等. 2002. 棉蝗雄性生殖器的解剖观察研究. 湖北植保, (3): 4-6.
吴鸿, 杨集昆. 1996. 北京真菌蚊属一新种记述 (双翅目: 菌蚊科). 昆虫学报, 39 (3): 310-311.
吴厚永. 2007. 中国动物志 昆虫纲 蚤目 (第二版) (上卷). 北京: 科学出版社.
吴厚永, 王敦清, 柳支英. 1965. 青海新北蚤属一新亚属新种的记述. 动物分类学报, 2 (3): 201-205.
吴坚, 王常禄. 1995. 中国蚂蚁. 北京: 中国林业出版社.
吴黎明, 彭文君, 胡福良. 2008. 蜂王体内的精子贮存. 昆虫知识, 45 (2): 323-327.
吴秋雁, 郭郛. 1964. 粘虫生殖的研究 III. 生殖系统的发育. 昆虫学报, 13 (6): 795-802.
吴畏, 赵云龙. 2001. 蟋蟀 (*Scapsipedus micado* Saussure) 雌性生殖系统结构和卵子发生. 上海师范大学学报 (自然科学版), 30 (3): 67-71.
吴畏, 赵云龙. 2002. 蟋蟀雄性生殖系统的结构和精子发生. 上海师范大学学报 (自然科学版), 31 (2): 74-78.
吴蔚文. 1984. 天牛科雄性外生殖器基本结构及标本制作. 森林病虫通讯, (4): 33-35.

吴蔚文. 1985. 天牛科雄性外生殖器的亚科分类. 森林病虫通讯, (4): 43-47.
吴蔚文. 1986. 星天牛雄性外生殖器阳茎内囊的显微结构. 西南农业大学学报, (3): 101-103
吴蔚文, 蒋书楠. 1989. 星天牛属雄性外生殖器的分类研究 (鞘翅目: 天牛科). 昆虫学报, 32 (2): 211-221.
吴蔚文, 蒋书楠. 1993. 天牛科雄性外生殖器的新类型——狭天牛属雄性外生殖器的研究. 昆虫学报, 36 (1): 81-84.
吴蔚文, 石旺鹏. 1999. 锦天牛属阳茎内囊结构. 昆虫学报, 42 (2): 172-175.
吴燕如. 1965. 中国宽痣蜂属 (*Macropis*) 的研究及两新种记述 (蜜蜂总科, 准蜜蜂科 Melittidae). 昆虫学报, 14 (6): 591-599.
吴燕如. 2000. 中国动物志 昆虫纲 第二十卷 膜翅目 准蜂科 蜜蜂科. 北京: 科学出版社.
吴燕如. 2006. 中国动物志 昆虫纲 第四十四卷 膜翅目 切叶蜂科. 北京: 科学出版社.
吴燕如, 周勤. 1996. 中国经济昆虫志 第五十二册 膜翅目 泥蜂科. 北京: 科学出版社.
伍杏芳. 1981. 足丝蚁. 昆虫知识, (3): 123-125, 128.
武春生. 1997. 中国动物志 昆虫纲 第七卷 鳞翅目 祝蛾科. 北京: 科学出版社.
武春生. 2001. 中国动物志 昆虫纲 第二十五卷 鳞翅目 凤蝶科 凤蝶亚科 锯凤蝶亚科 绢蝶亚科. 北京: 科学出版社.
武春生. 2003. 贵州梵净山祝蛾科二新种记述 (鳞翅目: 祝蛾科). 昆虫分类学报, 25 (3): 209-211.
武春生. 2010. 中国动物志 昆虫纲 第五十二卷 鳞翅目 粉蝶科. 北京: 科学出版社.
武春生, 方承莱. 2003. 中国动物志 昆虫纲 第三十一卷 鳞翅目 舟蛾科. 北京: 科学出版社.
武三安, 张换娣. 1998. 槭树绵粉蚧雄性生殖器官和精子超微结构观察. 山西农业大学学报, 18 (4): 299-301, 304.
奚耕思, 贺丽清, 王俊丽. 2005. 中华蚱蜢卵子发生的观察. 陕西师范大学学报 (自然科学版), 33 (1): 95-98.
奚耕思, 郑哲民. 1997. 蝗总科精子超微形态比较及其在系统分类上的意义 (直翅目). 昆虫分类学报, 19 (1): 1-9.
夏凯龄, 毕道英, 金杏宝, 等. 1994. 中国动物志 昆虫纲 第四卷 直翅目 蝗总科 癞蝗科 瘤锥蝗科 锥头蝗科. 北京: 科学出版社.
谢令德, 郑哲民. 2003. 中国亮蟋属1新种记述 (直翅目: 蟋蟀总科, 蛣蟋科). 华中农业大学学报, 22 (6): 538-540.
谢令德, 郑哲民, 李文柱. 2004. 中国亮蟋亚科一新属新种 (直翅目, 蛣蟋科). 动物分类学报, 29 (4): 721-724.
谢宪兵, 曾志将. 2007. 中华蜜蜂群内工蜂卵巢发育研究. 海峡两岸第六届蜜蜂与蜂产品研讨会论文, 61-63.
熊江, 刘强. 1995. 云南阔头蝽属二新种 (半翅目: 蝽科). 昆虫分类学报, 17 (4): 263-266.
熊漱琳, 黄安坤, 黄亚坤, 等. 1991. 芦苇豹蠹蛾生殖系统的研究. 湖南农学院学报, 17 (4): 686-689.
熊忠华, 曾鑫年, 马伏宁. 2008. 红火蚁雌蚁生殖发育的研究. 环境昆虫学报, 30 (4): 305-309.
须贝, 悦治, 徐俊良. 1984. 蚕的生殖生理. 蚕桑茶叶通讯, (4): 35-38.
徐秀媛, 丁锦华. 1990. 灰飞虱雌性生殖系统的构造和卵巢发育分级. 昆虫知识, 27 (6): 365-366.

徐振国. 1981. 蜂形透翅蛾属一新种 (鳞翅目: 透翅蛾科). 林业科学, (2): 181-183.
徐振国. 1997. 青海小蛾类图鉴. 北京: 中国农业科技出版社.
许静杨, 马成俊, 刘国卿. 2005. 齿爪盲蝽属新种及新名记述 (半翅目, 盲蝽科, 齿爪盲蝽亚科). 动物分类学报, 30 (4): 768-772.
许升全, 郑哲民. 1999. 蝗总科雌性下生殖板的比较研究及分类价值 (Ⅰ: 形态学研究). 陕西师范大学学报 (自然科学版), 27 (2): 67-74.
许永玉, 胡萃, 牟吉元. 2000. 中华通草蛉雌性生殖系统发育分级及在测报上的应用. 浙江大学学报 (农业与生命科学版), 26 (6): 597-600.
许永玉, 徐洪富, 牟吉元, 等. 2001. 叶色草蛉雌性生殖系统发育级别及在测报上的应用. 植物保护学报, 28 (2): 146-150.
许再福, 何俊华. 1997. 贵州省单爪螯蜂属四新种 (膜翅目: 螯蜂科: 单爪螯蜂亚科). 武夷科学, 13: 106-110.
许再福, 何俊华, 姚松林. 1997. 梵净山常足螯蜂属三新种 (膜翅目: 螯蜂科: 常足螯蜂亚科). 动物学研究, 18 (1): 7-11.
薛大勇. 2000. 盘尺蛾属研究及中国四新种 (鳞翅目: 尺蛾科). 动物分类学报, 25 (1): 81-89.
薛大勇, 孟锋. 1995. 甘肃、青海花尺蛾亚科新种记述 (鳞翅目: 尺蛾科). 昆虫学报, 38 (2): 222-228.
薛大勇, 朱弘复. 1999. 中国动物志 昆虫纲 第十五卷 鳞翅目 尺蛾科 花尺蛾亚科. 北京: 科学出版社.
薛运波, 李志勇, 王志. 2006. 雄蜂生殖系统胚后生长发育的形态学研究. 中国蜂业, 57 (4): 13-15.
严林. 2000. 青海蝙蝠蛾科一新属二新种记述 (鳞翅目). 青海大学学报 (自然科学版), 18 (5): 1-7.
颜京松, 叶沧江. 1977. 白洋淀的摇蚊幼虫及二新种记述. 昆虫学报, 20 (2): 183-198.
杨朝环. 1997. 中蜂的形态解剖基础知识 (二) ——蜜蜂的消化、生殖系统及其螫针、蜡腺、臭腺. 蜜蜂杂志, (11): 17-18.
杨大荣. 1994. 云南西藏蝠蛾属四新种 (鳞翅目: 蝙蝠蛾科). 动物学研究, 15 (3): 5-11.
杨大荣, 李朝达, 沈发荣, 等. 1991. 白马蝠蛾生殖习性的研究. 动物学研究, 12 (4): 361-366.
杨定, 刘星月. 2010. 中国动物志 昆虫纲 第五十一卷 广翅目. 北京: 科学出版社.
杨定, 杨集昆. 1994. 广西猫儿山鹬虻属二新种 (双翅目: 鹬虻科). 广西科学, 1 (3): 32-34.
杨定, 杨集昆. 2004. 中国动物志 昆虫纲 第三十四卷 双翅目 舞虻科 螳舞虻亚科 驼舞虻亚科. 北京: 科学出版社.
杨定, 张莉莉, 王孟卿, 等. 2011. 中国动物志 昆虫纲 第五十三卷 双翅目 长足虻科 (上下卷). 北京: 科学出版社.
杨国辉, 毛本勇. 2003. 滇西地区三种蝗虫雄性外生殖器形态解剖. 大理学院学报, 2 (5): 34-35, 38.
杨洪, 王进军, 赵志模, 等. 2006. 多次交配对松褐天牛精子数量消耗、产卵量和孵化率的影响. 动物学研究, 27 (3): 286-290.
杨集昆. 1955. 寄生于黑尾浮尘子的捻翅目昆虫——二点栉蝙*Halictophagus bipunctatus*新种记述. 昆虫学报, 5 (3): 327-333.
杨集昆. 1964. 蚤蝼虫扇新亚科记述 (捻翅目: 栉蝙科). 昆虫学报, 13 (4): 606-613.
杨集昆. 1979. 甘泉潜穴虻新属新种记述 (双翅目: 穴虻亚科). 昆虫分类学报, 1 (2): 83-89.
杨集昆. 1985. 武夷山蛇蛉一新属新种 (蛇蛉目: 盲蛇蛉科). 武夷科学, (5): 25-28.

杨集昆. 1994. 库尔勒香梨优斑螟新种记述 (鳞翅目: 螟蛾科). 华中农业大学学报, 13 (6): 560-562.
杨集昆, 蒋捷. 1992. 建宁杉奕刺蛾新种记述. 福建林学院学报, 12 (1): 26-28.
杨集昆, 李法圣. 1980. 黑尾大叶蝉考订——凹大叶蝉属二十二新种记述 (同翅目: 大叶蝉科). 昆虫分类学报, 2 (3): 191-210.
杨集昆, 李法圣. 1981. 梨木虱考——记七新种 (同翅目: 木虱科). 昆虫分类学报, 3 (1): 35-47.
杨集昆, 李法圣. 1982. 后木虱属二新种 (同翅目: 木虱科). 动物分类学报, 7 (4): 405-409.
杨集昆, 李法圣. 1983. 长角木虱属六新种 (同翅目: 木虱科). 昆虫分类学报, 5 (4): 307-320.
杨集昆, 茅晓渊. 1995. 神农架蚕蛾科 (鳞翅目) 二新种. 湖北大学学报 (自然科学版), 17 (4): 427-431.
杨集昆, 王音. 1989. 六种危害林、果的透翅蛾新种及一新属记述. 林业科学研究, 2 (3): 229-238.
杨集昆, 杨定. 1986. 广西齿蛉九新种及我国新记录的属种 (广翅目: 齿蛉科) . 昆虫分类学报, 8 (1-2): 85-93.
杨集昆, 杨定. 1987. 湖北省短柄大蚊属新种及新记录 (双翅目: 大蚊科). 华中农业大学学报, 6 (2): 130-137.
杨集昆, 杨定. 1989. 陕西的齿蛉 (广翅目: 齿蛉科). 昆虫分类学报, 11 (1-2): 9-11.
杨集昆, 杨定. 1992a. 华东地区鱼蛉二新种 (广翅目: 齿蛉科). 华东昆虫学报, 1 (1): 1-3.
杨集昆, 杨定. 1992b. 湖北省大蚊新记录属种及 5 新种 (双翅目: 大蚊科). 湖北大学学报 (自然科学版), 14 (3): 263-269.
杨集昆, 杨定. 1992c. 莫干山广翅目昆虫及一新种记述. 浙江林学院学报, 9 (4): 414-417.
杨莲芳, 陶苏门高, 贾金山. 2011. 贺兰山毛翅目两新种记述 (毛翅目, 幻沼石蛾科, 沼石蛾科). 动物分类学报, 36 (2): 404-407.
杨茂发, 孟泽洪, 李子忠. 2011. 条大叶蝉属三新种记述 (半翅目, 叶蝉科, 大叶蝉亚科). 动物分类学报, 36 (3): 765-771.
杨美红, 张金桐, 刘金龙, 等. 2010. 榆木蠹蛾生殖行为及性信息素产生与释放节律. 昆虫学报, 53 (11): 1273-1280.
杨荣新, 张严峻, 夏大荣, 等. 1999. 棉铃虫精子的超微结构及对其辐照后变化的初步观察. 核农学报, 13 (4): 219-222.
杨星科, 杨集昆, 李文柱. 2005. 中国动物志 昆虫纲 第三十九卷 脉翅目 草蛉科. 北京: 科学出版社.
杨秀帅, 刘志琦. 2011. 中国新纪录属——瘤螳蛉属一新组合和澳蜂螳蛉属中国三新纪录种 (脉翅目, 螳蛉科). 动物分类学报, 36 (1): 170-178.
杨忠歧. 1995. 白蛾周氏啮小蜂雌性成虫内部生殖系统的解剖研究. 林业科学, 31 (1): 23-26.
姚世鸿. 1994. 云斑车蝗精母细胞减数分裂过程的观察与分析. 贵州师范大学学报 (自然科学版), 12 (1): 27-32.
叶恭银, 胡萃, 洪健, 等. 1999. 珍贵绢丝昆虫——天蚕精子的超微结构及其在生殖管道中的变化. 电子显微学报, 18 (2): 169-176.
叶恭银, 胡萃, 吴生泉. 1996. 天蚕雄性内生殖器官的结构及其发育观察. 浙江农业学报, 8 (6): 368- 371.
叶恭银, 胡萃, 张志钰. 1997. 珍贵绢丝昆虫天蚕雌性内生殖器官的结构及其发育. 浙江农业大学学报, 23 (4): 369-374.
叶艳玲, 陆近仁. 1964. 玉米螟 (*Pyrausta nubilalis* Hübner) 雌蛾的内部生殖器官和精珠的构造. 昆虫知识, (4): 152-154.
叶宗茂. 1980. 细麻蝇属二新种记述 (双翅目: 麻蝇科). 动物分类学报, 5 (4): 411-413.
叶宗茂. 1983. 绿蝇属一新种记述 (双翅目: 丽蝇科). 动物分类学报, 8 (2): 181-182.
叶宗茂, 张冰华. 1989. 湖南亚麻蝇属一新种记述 (双翅目: 麻蝇科). 动物分类学报, 14 (3): 355-357.
殷蕙芬, 黄复生, 李兆麟. 1984. 中国经济昆虫志 第二十九册 鞘翅目 小蠹科. 北京: 科学出版社.
尹文英. 1992. 中国亚热带土壤动物. 北京: 科学出版社.
尹新明. 1996. 狭胸天牛生殖行为的研究. 河南农业大学学报, 30 (4): 347-349, 372.
印象初. 1984. 青藏高原的蝗虫. 北京: 科学出版社.
尤大寿, 归鸿. 1995. 中国经济昆虫志 第四十八册 蜉蝣目. 北京: 科学出版社.
尤大寿, 吴钿, 归鸿, 等. 1981. 似动蜉属 (*Cinygmina*) 两新种和属的特征 (蜉蝣目: 扁蚴蜉科). 南京师院学报 (自然科学版), (3): 26-32.
尤大寿, 吴钿, 归鸿, 等. 1982. 似溪蜉属的分类和两新种 (蜉蝣目: 溪蜉科). 动物分类学报, 7 (4): 410-414.
游兰韶, 罗庆怀, 周至宏. 1991. 两种蛴茧蜂外生殖器比较 (膜翅目: 茧蜂科: 优茧蜂亚科). 湖南农学院学报, 17 (1): 23-25.
于宁, 张迎军, 齐鹏, 等. 1998. 德国小蠊雌虫卵及卵巢的动态变化. 中国媒介生物学及控制杂志, 9 (5): 338-340.
虞佩玉, 王书永, 杨星科. 1996. 中国经济昆虫志 第五十四册 鞘翅目 叶甲总科 (二). 北京: 科学出版社.
虞以新, 刘金华. 1999. 长毛铗蠓和满载铗蠓二新种描述 (双翅目: 蠓科). 中国媒介生物学及控制杂志, 10 (4): 246-247.
虞以新, 张祖昌. 1982. 岷江流域蠛蠓三新种 (双翅目: 蠓科). 动物分类学报, 7(2): 187-192.
虞以新, 邹民吉. 1988. 淡尾裸蠓新种及其间性体的描述 (双翅目: 蠓科). 动物分类学报, 13 (1): 85-87.
袁锋. 1996. 昆虫分类学. 北京: 中国农业出版社.
袁锋, 周尧. 2002. 中国动物志 昆虫纲 第二十八卷 同翅目 角蝉总科 犁胸蝉科 角蝉科. 北京: 科学出版社.
袁红银, 杨莲芳. 2010. 中国裸齿角石蛾属四新种 (毛翅目, 齿角石蛾科). 动物分类学报, 35 (3): 613-618.
袁红银, 杨莲芳, 孙长海. 2008. 中国裸齿角石蛾属三新种 (毛翅目, 齿角石蛾科). 动物分类学报, 33 (2): 380-384.
曾爱平, 游兰韶, 柏连阳, 等. 2010. 茧蜂雄性外生殖器研究进展. 湖南农业大学学报(自然科学版), 36(2): 196-202.
翟保平, 商晗武, 程家安. 1999. 稻水象甲卵巢发育程度的分级及其应用. 中国水稻科学, 13 (2): 109-113.
詹光杰. 2009. 拟黑多刺蚁雌性生殖系统的比较观察. 安徽农业科学, 37 (4): 1578-1579, 1620.
詹光杰, 奚耕思. 2009a. 拟黑多刺蚁精子发生观察. 湖北农业科学, 48 (1): 139-141.
詹光杰, 奚耕思. 2009b. 拟黑多刺蚁内生殖系统的观察. 安徽农业科学, 37 (12): 5518-5520.
张波, 王林美, 叶博, 等. 2008. 柞蚕精子形态的显微观察. 北方蚕业, 29 (2): 7-8, 19.

张传溪, 唐觉. 1987. 角倍蚜 *Schlechtendalia chinensis* (Bell) 性蚜生物学的研究Ⅱ、胚后发育和生殖方式. 浙江农业大学学报, 13 (3): 267-273.

张广学, 乔格侠, 钟铁森, 等. 1999. 中国动物志 昆虫纲 第十四卷 同翅目 纩蚜科 瘿绵蚜科. 北京: 科学出版社.

张广学, 钟铁森. 1983. 中国经济昆虫志 第二十五册 同翅目 蚜虫类 (一). 北京: 科学出版社.

张桂筠, 肖蔼祥. 1990a. 两种蝇蛹寄生蜂外生殖器及其感器的扫描电镜观察. 医学动物防制, 6 (4): 22-24.

张桂筠, 肖蔼祥. 1990b. 丽蝇蛹集金小蜂雌性生殖系统的结构与功能. 医学动物防制, 6 (4): 37-38.

张国忠. 1988. 屏顶螳螂属二新种及一雄性记述 (螳螂目: 螳螂科). 昆虫分类学报, 10 (3-4): 301-304.

张含藻, 胡周强, 薛震夷. 1989. 大斑芫菁生殖习性的初步研究. 中国中药杂志, 14 (5): 18-19.

张宏杰, 霍科科, 任国栋. 2010. 宁夏长角蚜蝇属二新种记述 (双翅目: 食蚜蝇科). 动物分类学报, 35 (3): 649-654.

张加勇. 2005. 中国石蛃目昆虫的分类研究. 南京师范大学硕士学位论文.

张加勇. 2010. 石蛃亚科——中国新纪录属和新纪录种 (石蛃目: 石蛃科). 江西植保, 33 (2): 57-63.

张加勇, 宋大祥, 周开亚. 2005. 中国跃蛃属一新种 (石蛃目: 石蛃科). 动物分类学报, 30 (3): 549-554.

张建新, 顾忠盈, 罗卫华, 等. 1990. 白背飞虱生殖行为的研究. 昆虫知识, 27 (5): 260-263.

张荆, 王金玲. 1982. 赤眼蜂属两新种 (膜翅目: 赤眼蜂科). 昆虫分类学报, 4 (1-2): 49-52.

张茂新, 凌冰. 1994. 新疆叶甲科雄性外生殖器分类的研究. 八一农学院学报, 17 (3): 14-19.

张天澍, 李恺, 张丽莉, 等. 2009. 龟纹瓢虫 *Propylea japonica* (Thunberg) 卵子发生的组织学研究. 西北农林科技大学学报 (自然科学版), 37 (3): 175-180.

张维球, 童晓立. 1997. 中国剪管蓟马属种类及一新种记述 (缨翅目: 管蓟马科). 昆虫分类学报, 19 (2): 86-90.

张文霞, 甘运兴. 1986. 昆明果蝇八新种描述 (双翅目: 果蝇科). 动物学研究, 7 (4): 351-362.

张晓春, 杨集昆. 1994. 中国张球螋属的研究及一新种记述 (革翅目: 球螋科). 昆虫学报, 37 (3): 331-333.

张宜茂, 赵德标. 1997. 果蝇卵子发生的分子生物学. 细胞生物学杂志, 19 (1): 9-18.

张韵梅, 牟吉元. 1994. 棉铃虫卵巢发育的组织化学及测报分级的研究. 山东农业科学, (3): 7-9.

张泽华, 苏红田, 杨集昆. 2003a. 狭溪泥甲属四新种 (鞘翅目: 泥甲总科, 溪泥甲科). 中国农业大学学报, 8 (1): 106-108.

张泽华, 苏红田, 杨集昆. 2003b. 缢溪泥甲属三新种及一新记录种 (鞘翅目: 泥甲总科: 溪泥甲科). 昆虫分类学报, 25 (3): 189-194.

张忠和, 卢振龙, 秦志虹. 2008. 胭脂虫的行为及生殖特性. 昆虫知识, 45 (4): 611-615.

章念, 钟远辉, 吴次彬. 1992. 白蜡虫雌性生殖系统的形态和结构的研究. 四川大学学报 (自然科学版), 29 (3): 416-422.

章士美, 等. 1985. 中国经济昆虫志 第三十一册 半翅目 (一). 北京: 科学出版社.

赵国秀, 奚耕思. 2005. 疣蝗受精囊的显微结构观察. 陕西师范大学学报 (自然科学版), 33 (2): 91-93.

赵建铭, 梁恩义. 1984. 中国主要害虫寄蝇. 北京: 科学出版社.

赵建铭, 梁恩义, 史永善, 等. 2001. 中国动物志 昆虫纲 第二十三卷 双翅目 寄蝇科 (一). 北京: 科学出版社.
赵万源. 1977. 粘虫生殖与迁飞. 昆虫知识, (1): 12-13.
赵万源. 1981. 粘虫精液在雌体生殖系统中的分布转移及其作用. 昆虫学报, 24 (2): 135-141.
赵万源, 杨大荣, 沈发荣, 等. 1989. 玉龙蝠蛾生殖的观察. 昆虫学报, 32 (3): 382-384.
赵修复. 1964. 中国南部冠蜂新种记述 (膜翅目,姬蜂总科). 昆虫学报, 13(3): 376-390.
赵修复. 1976. 中国姬蜂分类纲要. 北京: 科学出版社.
赵修复. 1990. 中国春蜓分类. 福建: 福建科学技术出版社.
赵修复, 许建飞. 1987. 福建省由稚虫养得的春蜓新属新种描述, 附对近缘种的讨论 (春蜓科, 钩尾春蜓亚科). 福建农学院学报, 16 (4): 259-266.
赵养昌, 陈元清. 1980. 中国经济昆虫志 第二十册 鞘翅目 象虫科 (一). 北京: 科学出版社.
赵仲苓. 1978. 中国经济昆虫志 第十二册 鳞翅目 毒蛾科. 北京: 科学出版社.
赵仲苓. 2003. 中国动物志 昆虫纲 第三十卷 鳞翅目 毒蛾科. 北京: 科学出版社.
赵仲苓. 2004. 中国动物志 昆虫纲 第三十六卷 鳞翅目 波纹蛾科. 北京: 科学出版社.
赵卓, 奚耕思. 2007. 异翅负蝗卵子发生观察. 吉林师范大学学报 (自然科学版), (1): 31-33.
郑发科. 1992a. 隐翅虫形态分类学纲要. 成都: 四川大学出版社.
郑发科. 1992b. 中国四齿隐翅虫属四新种 (鞘翅目: 隐翅虫科, 毒隐翅虫亚科). 昆虫学报, 35 (1): 87-91.
郑发科. 1995. 中国直缝隐翅虫属的新种与新纪录 (鞘翅目: 隐翅虫科, 胸片隐翅虫亚科). 昆虫学报, 38 (3): 340-346.
郑发科, 蒲世华. 2000. 中国西藏四眼隐翅虫属一新种 (鞘翅目: 隐翅虫科, 四眼隐翅虫亚科). 四川师范学院学报 (自然科学版), 21 (3): 235-237.
郑火青, 胡福良. 2005. 不同级型蜜蜂早期卵子发生及其与产卵力的关系. 中国养蜂, 56 (6): 46.
郑火青, 赵慧霞, 胡福良. 2010. 蜜蜂群内生殖分工体系的形成及其维持. 昆虫知识, 47 (6): 1066-1071.
郑建武. 2010. 中国蓟马族的分类研究 (缨翅目: 蓟马科). 西北农林科技大学硕士学位论文.
郑乐怡, 归鸿. 1999. 昆虫分类 (上下册). 南京: 南京师范大学出版社.
郑乐怡, 吕楠, 刘国卿, 等. 2004. 中国动物志 昆虫纲 第三十三卷 半翅目 盲蝽科 盲蝽亚科. 北京: 科学出版社.
中国科学院动物研究所. 1981. 中国蛾类图鉴Ⅰ. 北京: 科学出版社.
中国科学院动物研究所. 1986. 中国农业昆虫. 上册. 北京: 农业出版社.
中国科学院动物研究所. 1987. 中国农业昆虫. 下册. 北京: 农业出版社.
中国科学院动物研究所, 浙江农业大学, 等. 1978. 天敌昆虫图册. 北京: 科学出版社.
周蕾, 孙长海, 杨莲芳. 2009. 中国小石蛾属研究及二新种二新纪录种记述 (毛翅目: 小石蛾科). 动物分类学报, 34 (2): 353-359.
周崧. 1983. 蜜蜂的生殖. 生物学通报, (5): 13-15.
周维民, 王立忠, 蔡永茂, 等. 1990. 油松毛虫幼虫生殖系统的解剖及其性别区分. 昆虫知识, 27 (4): 222-224.
周文豹, 胡永旭, 吴小平, 等. 1993. 中国长翅目新种新记录种. 浙江林学院学报, 10 (2): 189-196.
周兴苗, 丁楠, 雷朝亮, 等. 2010. 大猿叶虫滞育进程中成虫内生殖系统的形态特征. 昆虫知识, 47 (5): 927-932.

周尧, 花保祯. 1988. 木蠹蛾一新属一新种 (鳞翅目: 木蠹蛾科). 昆虫分类学报, 10 (3-4): 225-228.

周尧, 路进生, 黄桔, 等. 1985. 中国经济昆虫志 第三十六册 同翅目 蜡蝉总科. 北京: 科学出版社.

周尧, 冉瑞碧, 王素梅. 1981. 长翅目昆虫的分类研究（Ⅰ、Ⅱ). 昆虫分类学报, 3 (1): 1-18.

周尧, 王素梅, 李中定, 等. 1987. 湖南长翅目新种志 (一) ——长翅目昆虫的分类研究 (Ⅲ). 昆虫分类学报, 9 (3): 201-212.

周尧, 王素梅, 李中定, 等. 1988. 湖南长翅目新种志 (二) ——长翅目昆虫的分类研究 (Ⅳ). 昆虫分类学报, 10 (1-2): 31-42.

周长发, 郑乐怡. 2003a. 拟细裳蜉属在我国大陆的首次发现及一新种记述 (蜉蝣目, 细裳蜉科). 动物分类学报, 28 (1): 84-87.

周长发, 郑乐怡. 2003b. 现存蜉蝣目昆虫的原始特征和独特性状. 昆虫知识, 40 (4): 294-298.

朱弘复, 陈一心. 1963. 中国经济昆虫志 第三册 鳞翅目 夜蛾科. 北京: 科学出版社.

朱弘复, 王林瑶. 1980. 中国经济昆虫志 第二十二册 鳞翅目 天蛾科. 北京: 科学出版社.

朱弘复, 王林瑶. 1991. 中国动物志 昆虫纲 第三卷 鳞翅目 圆钩蛾科 钩蛾科. 北京: 科学出版社.

朱弘复, 王林瑶. 1996. 中国动物志 昆虫纲 第五卷 鳞翅目 蚕蛾科 大蚕蛾科 网蛾科. 北京: 科学出版社.

朱弘复, 王林瑶. 1997. 中国动物志 昆虫纲 第十一卷 鳞翅目 天蛾科. 北京: 科学出版社.

朱弘复, 王林瑶, 方承莱. 1979. 蛾类幼虫图册 (一). 北京: 科学出版社.

朱弘复, 王林瑶, 韩红香. 2004. 中国动物志 昆虫纲 第三十八卷 鳞翅目 蝙蝠蛾科 蛱蝶科. 北京: 科学出版社.

朱家颖, 叶恭银, 胡萃. 2007. 膜翅目昆虫杜氏腺形态结构、内分泌物与功能的研究进展. 昆虫学报, 50(6):616-620.

朱蓉, 苏晓红, 王云霞. 2009. 尖唇散白蚁工蚁和繁殖蚁卵子发生比较. 昆虫知识, 46 (5): 732-735.

祝芳, 杨定. 2002. 中国倍叉䗛属三新种 (䗛翅目: 叉䗛科). 动物分类学报, 27 (4): 745-749.

邹志文, 刘昕, 张古忍. 2010. 中国蝠蛾属 (鳞翅目, 蝙蝠蛾科) 现行分类系统的修订. 湖南科技大学学报 (自然科学版), 25 (1): 114-120.

Abbott C E. 1934. How *Megarhyssa* deposits her eggs. Journal of the New York Entomological Society, 42: 127-133.

Abul-Nasr S E. 1950. Structure and development of the reproductive system of some species of Nematocera (Order Diptera: Suborder Nematocera). Philosophical Transactions of the Royal Society of London, 234 (614): 339-396.

Adams T S, Mulla M S. 1967. The reproductive biology of *Hippelates collusor* (Diptera: Chloropidae). Ⅰ. Morphology of the reproductive systems, with notes on physiological aging. Annals of the Entomological Society of America, 60 (6): 1170-1176.

Adams T S. 2001. Morphology of the internal reproductive system of the male and female two-spotted stink bug, *Perillus bioculatus* (F.) (Heteroptera: Pentatomidae) and the transfer of products during mating. Invertebrate Reproduction and Development, 39 (1): 45-53.

Adamski D, Peters T M. 1982. External morphology of *Apotomis albeolana* (Lepidoptera: Tortricidae: Olethreutini). Annals of the Entomological Society of America, 75 (4): 366-375.

Ahmad I, McPherson J E. 1990. Male genitalia of the type species of *Corimelaena* White, *Galgupha* Amyot and Serville, and *Cydnoides* Malloch (Hemiptera: Cydnidae: Corimelaeninae) and their bearing on classification. Annals of the Entomological Society of America, 83 (2): 162-170.

Alexander R D, Otte D. 1967. The evolution of genitalia and mating behavior in crickets (Gryllidae) and other Orthoptera. Miscellaneous Publicantions Museum of Zoology, University of Michigan, 133: 5-61.

Altson A M. 1924. On the Genital System of *Lyctus brunneus* Steph., with a Note on *Lyctus linearis* Goeze (Coleoptera). Journal of the Linnean Society of London, Zoology, 35 (238): 581-597.

Alves L, Mancini K, Lino-Neto J, et al. 2006. Morphology of the male reproductive system and sperm ultrastructure of *Leucoptera coffeella* (Lepidoptera: Lyonetiidae). Acta Zoologica, 87 (2): 131-139.

Ambrose D P, Vennison S J. 1990. Impact of mating on oviposition pattern and hatchability *Acanthaspis Acanthaspis-quinquespinosa* Fabricius (Insect,Heteroptera,Reduviidae). Journal of Advanced Zoology, 11(1): 1-4.

Ander K. 1939. Vergleichend-anatomische und phylogenetische Studien über die Ensifera. (Saltatoria). Opuscula Entomologica, Suppl. 2: 306.

Anderson E. 1964. Oocyte differentiation and vitellogenesis in the roach *Periplaneta americana*. The Journal of Cell Biology, 20 (1): 131-155.

Anderson J F. 1967. Histopathology of intersexuality in mosquitoes. Journal of Experimental Zoology, 165: 475-496.

Araújo V A, Freitas F V, Moreira J, et al. 2010. Morphology of male reproductive system of two solitary bee species (Hymenoptera: Apidae). Neotropical Entomology, 39 (4): 595-600.

Arthur A P, Powell Y M. 1989. Descriptions of the immature stages and adult reproductive systems of *Athrycia cinerea* (Coq.) (Diptera: Tachinidae), a native parasitoid of *Mamestra configurata* (Walk) (Lepidoptera: Noctuidae). The Canadian Entomologist, 121 (12): 1117-1123.

Ashlock P D. 1957. An investigation of the taxonomic value of the phallus in the Lygaeidae (Hemiptera-Heteroptera). Annals of the Entomological Society of America, 50(4): 407-426.

Austin A D. 1983. Morphology and mechanics of the ovipositor system of *Ceratobaeus ashmed* (Heminoptera: Scelionidae) and related genera. International Journal of Insect Morphology and Embryology, 12 (2-3): 139-155.

Baccetti B. 1960. Ⅱ problema della secrezione della ooteca negli Ortotteroidei alla luce delle piu recenti acquisizioni. Atti della Accademia Nazionale Italiana di Entomologia, 8: 112-136,tables 1-3.

Baccetti B. 1966. Ultrastruttura e specializzazione cellulare in organi di insetti: Ⅰ.Un epithelio secretare non specializzatto: le ghiandole pseudocolletteriche di Acrida.Bollettino di Societa Italino de Biologia Sperimentale,42(13): 794-796.

Baccetti B. 1967. L'ultrastruttura della ghiandole della ooteca in Ortotteri Acridoidei, Blattodei e Mantodei. Zeitschrift für Zellforschung und Mikroskopische Anatomie, 77: 64-79.

Baccrtti B, Dallair R. 1978. The spermatozoon of arthropoda. ⅩⅩⅩ. The multiflagellate spermatozoon in the termite Mastotermes darwiniensis. The Journal of Cell Biology, 76(3): 569-576.

Badonnel A. 1934. Recherche sur l'anatomie des psoques. Bulletin Biologique de la France et Belgique,

Suppl.18:241.

Baer B, Boomsma J J. 2006. Mating biology of the leaf-cutting ants *Atta colombica* and *A. cephalotes*. Journal of Morphology, 267 (10): 1165-1171.

Baer B. 2003. Bumblebees as model organisms to study male sexual selection in social insects. Behavioral Ecology and Sociobiology, 54 (6): 521-533.

Ball D E, Vinson S B. 1984. Anatomy and histology of the male reproductive system of the fire ant, *Solenopsis invicta* Buren (Hymenoptera: Formicidae). International Journal of Insect Morphology and Embryology, 13 (4): 283-294.

Bao N, Robinson W H. 1990. Morphology and mating configuration of genitalia of the oriental cockroach, *Blatta orientalis* L. (Blattodea: Blattidae). Proceedings of the Entomological Society of Washington, 92 (3): 416-421.

Barnhart C S. 1961. The internal anatomy of the silverfish *Ctenolepisma campbelli* and *Lepisma saccharinum* (Thysanura: Lepismatidae). Annals of the Entomological Society of America, 54 (2): 177-196.

Beals G R, Berberet R C. 1976. Anatomy and histology of selected systems in larval and adult *Elasmopalpus lignosellus* (Lepidoptera: Pyralidae). Annals of the Entomological Society of America, 69(6): 1105-1119.

Bender J C. 1943. Anatomy and histology of the female reproductive organs of *Habrobracon juglandis* (Ashmead) (Hymenoptera, Braconidae). Annals of the Entomological Society of America, 36 (3): 537-545.

Benham G S. 1972. Digestive and reproductive systems *Eriborus molestae* Uchida (Hymenoptera: Ichneumonidae) . International Journal of Insect Morphology and Embryology, 1 (2): 153-161.

Benner D B, Curtis S K. 1988. Internal reproductive organs of the female humpbacked fly, *Megaselia scalaris* Loew (Diptera: Phoridae). International Journal of Insect Morphology and Embryology, 17 (3): 197-205.

Betz B W. 1983. The biology of *Trichadenotecnum alexanderae* Sommerman (Psocoptera: Psocidae). Ⅲ. Analysis of mating behavior. Psyche, 90: 97-118.

Birket-Smith J. 1971. The abdominal morphology of *Povilla adusta* Navas (Polymitarcidae) and of Ephemeroptera in general. Insect Systematics & Evolution, 2 (2): 139-160.

Boleli I C, Paulino-Simões Z L, Bitondi M M G. 2000. Regression of the lateral oviducts during the larval-adult transformation of the reproductive system of *Melipona quadrifasciata* and *Frieseomelitta varia*. Journal of Morphology, 243 (2): 141-151.

Bonhag P F, Wick J R. 1953. The functional anatomy of the male and female reproductive systems of the milkweed bug, *Oncopeltus fasciatus* (Dallas) (Heteroptera: Lygaeidae). Journal of Morphology, 93 (2): 177-283.

Bonhag P F. 1951. The skeleto-muscular mechanism of the head and abdomen of the adult horsefly(Diptera: Tabanidae). Transactions of the American Entmological Society, 77: 131-202.

Bourgoin T, Huang J. 1991. Comparative morphology of female genitalia and copulatory mechanism in Trypetimorphini (Hemiptera, Fulgoromorpha, Tropiduchidae). Journal of Morphology, 207 (2): 149-155.

Briceno R D, Eberhard W G, Robinson A S. 2007. Copulation behaviour of *Glossina pallidipes* (Diptera: Muscidae) outside and inside the female, with a discussion of genitalic evolution. Bulletin of

Entomological Research, 97 (5): 471-488.

Brinck P. 1956. Reproductive system and mating in Plecoptera. Opuscula Entomologia, 21 (2): 97-128.

Brinck P. 1957. Reproductive system and mating in Ephemeroptera. Opuscula Entomologia, 22 (1): 1-37.

Brits J A. 1982. The anatomy, histology and physiology of the internal adult male reproductive system of *Parastizopus armaticeps* Péringuey (Coleoptera: Tenebrionidae). Journal of the Entomological Society of Southern Africa, 45 (2): 239-260.

Bruel L. 1897. Anatomie und Entwicklungsgeschichte der Geschlechtsausführwege samt Annexen von Calliphora erythrocephala. Zoologische Jahrbücher Anat,10: 511-618.

Bryan K, Cox M D. 1968. A nonlinear model of an ocean driven by wind and differential heating. Part Ⅰ: Description of the three-dimensional velocity and density fields. Journal of the Atmospheric Sciences, 25 (6): 945-967.

Büning J. 2006. Ovariole structure supports sister group relationship of Neuropterida and Coleoptera. Arthropod Systematics & Phylogeny, 64 (2): 115-126.

Buntin G D, Pedigo L P. 1983. Morphology of the male and female reproductive systems of *Plathypena scabra* (F.)　(Lepidoptera: Noctuidae). Journal of the Kansas Entomological Society, 56(3): 377-386.

Burke H R. 1959. Morphology of the reproductive systems of the Cotton boll Weevil (Coleoptera, Curculionidae). Annals of the Entomological Society of America, 52 (3): 287-294.

Bushrow E S, Fuller C L, Cowan D P, et al. 2006. Anatomy of the male reproductive system and spermmorphology in the caterpillar-hunting wasp *Ancistrocerus antilope* (Hymenoptera, Vespidae). Invertebrate Biology, 125 (4): 354-362.

Calder A A. 1990. Gross morphology of the soft parts of the male and female reproductive systems of Curculionoidea (Coleoptera). Journal of Natural History, 24 (2): 453-505.

Callahan P S, Chapin J B. 1960. Morphology of the reproductive systems and mating in two representative members of the family Noctuidae, *Pseudaletia unipuncta* and *Peridroma margaritosa*, with comparison to *Heliothis zea*. Annals of the Entomological Society of America, 53 (6): 763-782.

Callahan P S. 1958. Serial morphology as a technique for determanation of reproductive patterns in the corn earworm, *Heliothis zea* (Boddie). Annals of the Entomological Society of America, 51 (5): 413-428.

Carayon J. 1954. Organes assumant les functions de la spermathéque chez divers Hétéroptères. Bulletin de la Société Zoologique de France, 79: 189-197.

Carlet G. 1884. Surle venom et aiguillon de l'abeille. Annales des Sciences Naturelles, Zoologie, Ser. 7,9: 1-17.

Carlet G. 1890. Venin et l'aiguillon de l'abeille, Annales des Sciences Naturelles, Zoologie, Ser.9: 1-17.

Carrillo-Ruiz H, Martínez M I, Morón M A. 2008. Comparative Study of the reproductive system of two species of *Hoplia* (Coleoptera: Scarabaeidae: Hopliinae). Proceedings of the Entomological Society of Washington, 110 (3): 778-788.

Cavallin M. 1970. Développement embryonnaire de l'appareil génital chez le phasme *Carausius morosus*. Br. Revue. et Bulletin Biologique, 104(3): 343-366.

Cerezke H F. 1964. The morphology and functions of the reproductive systems of *Dendroctonus monticolae*

Hopk (Coleoptera: Scolytidae). The Canadian Entomologist, 96 (3): 477-500.

Chamorro-Lacayo M L, Konstantinov A S, Moseyko A G. 2006. Comparative morphology of the female genitalia and some abdominal structure of Neotropical Cryptocephalini (Coleoptera: Chrysomelidae: Cryptocephalinae). The Coleopterists Bulletin, 60 (2): 113-134.

Chapman R F. 1998. The Insects: Struction and Function 4th edition. London:Cambridge University Press.

Clements A N. 1992. The Biology of Mosquitoes, Vol.1: Development, Nutrition and Reproduction. London: Chapman & Hall.

Clift A D, McDonald F J D. 1973. Morphology of the internal reproductive system of *Lucilia cuprina* (Wied.) (Diptera: Calliphoridae) and a method of determining the age of both sexes. International Journal of Insect Morphology and Embryology, 2 (4): 327-333.

Cooper K W. 1974. Sexual biology, chromosomes, development, life histories and parasites of *Boreus*, especially of *B. notoperates*. a southern california Boreus. Ⅱ. (Mecoptera: Boreidae). Psyche, 81: 84-120.

Copland M J W, King P E, Hill D S. 1973. The structure of the female reproductive system in the Agaonidae (Chalcidoidea, Hymenoptera). Journal of Entomology Series A, General Entomology, 48 (1): 25-35.

Copland M J W, King P E. 1972. The structure of the female reproductive system in the Pteromalidae (Chalcidoidea: Hymenoptera). The Entomologist, 105: 77-96.

Copland M J W, King P E. 1972. The structure of the female reproductive system in the Torymidae (Hymenoptera: Chalcidoidea). Transactions of the Royal Entomological Society of London, 124 (2): 191-212.

Copland M J W. 1976. Female reproductive system of the Aphelinidae (Hemenoptera: Chalcidoidea). International Journal of Insect Morphology and Embryology, 5 (3): 151-166.

Cordero A. 1989. Reproductive behaviour of *Ischnura graellsii* (Rambur) (Zygoptera: Coenagrionidae). Odonatologica, 18 (3): 237-244.

Córdoba-Aguilar A, Uhia E, Rivera A C. 2003. Sperm competition in Odonata (Insecta): the evolution of female sperm storage and rivals' sperm displacement. Journal of Zoology, 261 (4): 381-398.

Cram W T. 1958. Gross anatomy and the reproductive system of the black vine weevil, *Brachyrhinus sulcatus* (F.) (Coleoptera: Curculionidae). The Canadian Entomologist, 90 (10): 569-579.

Crampton G C. 1918. The genitalia and terminal abdominal structures of male Neuroptera and Mecoptera with notes on the Psocidae, Diptera and Trichoptera. Psyche, 25: 47-58.

Crampton G C. 1931. The genitalia and terminal structures of the male of Archaic Mecopteron, *Notiothauma reedi*, compared with related holometabola from the standpoint of phylogeny. Psyche, 38: 1-21.

Crampton G C. 1942. The external morphology of the Diptera. Bull. Connecticut Geological and Natural History Survey Bulletin, 64: 10-165.

Cummings B F. 1916. Studies on the Anoplura and Mallophaga. Ⅰand Ⅱ.Proceedings of the Zoological Society of London, 253-295, 643-693.

Dallacqua R P, Cruz-Landim C D. 2003. Ultrastructure of the ducts of the reproductive tract of males of *Melipona bicolor bicolor* Lepeletier (Hymenoptera, Apinae, Meliponini). Anatomia, Histologia,

Embryologia, 32 (5): 276-281.

Dallai R, Mercati D, Gottardo M, et al. 2011. The male reproductive system of *Zorotypus caudelli* Karny (Zoraptera): Sperm structure and spermiogenesis. Arthropod Structure & Development, 40 (6): 531-547.

Dallai R, Mercati D, Gottardo M, et al. 2012. The fine structure of the female reproductive system of *Zorotypus caudelli* Karny (Zoraptera). Arthropod Structure & Development, 41 (1): 51-63.

Davey K G. 1960. The evolution of spermatophores in insects. Proceedings of the Royal Entomological Society of London. Series A, General Entomology, 35 (7-9): 107-113.

Davies R G. 1961. The postembryonic development of the female reproductive system in *Limothrips cerealium* Haliday (Thysanoptera: Thripidae). Proceedings of the Zoological Society of London, 136 (3): 411-437.

Davis F M. 1968. Morphology of the reproductive systems of the southwestern corn borer, *Diatraea grandiosella*. Annals of the Entomological Society of America, 61(5): 1143-1147.

Davis N T. 1955. Morphology of the female organs of reproduction in the Miridae(Hemiptera). Annals of the Entomological Society of America, 48: 132-150.

Davis N T. 1956. The morphology and functional anatomy of the male and female reproductive systems of *Cimex lectularius* L. (Heteroptera, Cimididae). Annals of the Entomological Society of America, 49 (5): 466-493.

Degrugillier M E, Leopold R A. 1973. Internal genitalia of the female house fly, *Musca domestica* L. (Diptera: Muscidae): analysis of copulation and oviposition. International Journal of Insect Morphology and Embryology, 2 (4): 313-325.

Dickinson J L. 1997. Multiple mating, sperm competition, and cryptic female choice in the leaf beetles (Coleoptera: Chrysomelidae). 164-183. In Choe J C, Crespi B J. The evolution of mating systems in insects and arachnids. 4th edition. London:Cambridge University Press.

Dirks T F, Sternburg J G. 1972. Male reproductive system of three species of *Polistes* (Hymenoptera: Vespidae). International Journal of Insect Morphology and Embryology, 1 (4): 315-320.

Dodson G. 1978. Morphology of the reproductive system in *Anastrepha suspensa* (Loew) and notes on related species. The Florida Entomologist, 61 (4): 231-239.

Dordel H I. 1973. Funktionsanatomische untersuchungen über die abdomentorsion bei der männlichen Imago von *Clunio marinus* Haliday (Diptera: Chironomidae). Zeitschrift für Morphologie der Tiere, 75: 165-221.

Downes J A. 1968. Notes on the organs and processes of sperm-transfer in the lower Diptera. Canadian Entomologist, 100: 608-617.

Drake C J, Davis N T. 1960. Morphology, phylogeny and higher classification of the family Tingidae, including the description of new genus and species of subfamily Vianaidinae(Hemiptera: Heteroptera). Entomologica Americana N. S, 38: 1-100.

Drew R A I. 1969. Morphology of the reproductive system of *Strumeta tryoni* (Froggatt) (Diptera: Trypetidae) with a method of distinguishing sexually mature adult males. Australian Journal of Entomology, 8 (1): 21-32.

D'Rozario A M. 1942. On the development and homologies of the genitalia and their ducts in Hymenoptera. Transactions of the Royal Entomological Society of London, 92 (2): 363-415.

Dupuis C. 1963. Progrès récentes de l'étude des génitalia des Hétéroptères (Etude bibliographique critique). Paris: Muséum national d'Histoire naturelle.

Dupuis C. 1970. Heteroptera. 190-209.In: Tuxen. Taxonomist's glossary of genitalia in insects.

Dweck H K M, Gadallah N S, Darwish E. 2008. Structure and sensory equipment of the ovipositor of *Habrobracon hebetor* (Say) (Hymenoptera: Braconidae). Micron, 39 (8): 1255-1261.

Ehara S. 1954. Comparative anatomy of male genitalia in some cerambycid beetles. Journal of the Faculty of Science, Hokkaido University: Zoology, Ser.(12): 61-115.

Emmert W. 1972. Entwicklungsleistungen abdomonaler Imaginalscheiben von *Calliphora erythrocephala* (Insecta: Diptera). Experimentelle Untersuchungen zur Morphologie des Abdomens. Wilhelm Roux Archiv für Entwicklungsmechanik der Organismen,169: 87-133.

Emsley M G. 1969. The Schizopteridae (Hemiptera: Heteroptera) with the description of new species from Trinidad. Memoirs of The American Entomological Society, 25: 1-154.

Erbry M, Candan S, Kocak E. 2010. External morphology of the female genitalia of *Lixus nordmanni* Hochhuth, 1847 (Coleoptera: Curculionidae, Lixinae): A scanning electron microscope study. Gazi University Journal of Science, 23 (4): 385-391.

Evans A R. 1988. Mating systems and reproductive strategies in three Australian gryllid crickets: *Bobilla victoriae* Otte, *Balamara gidya* Otte and *Teleogryllus commodus* (Walker) (Orthoptera: Gryllidae: Nemobiinae; Trigonidiinae; Gryllinae). Ethology, 78 (1): 21-52.

Fatzinger C W. 1970. Morphology of reproductive organs of *Dioryctria abietella* (Lepidoptera: Pyralidae (Phycitinae) . Annals of the Entomological Society of America, 63 (5): 1256-1261.

Feldman A E, Bailey N S. 1952. The taxonomic value of the ovipositor in the New England species of the genus *Corythucha* Stal (Hemiptera: Tingidae). Psyche, 59: 96-103.

Fernandez C G, Black L M. 1965. Some aspects of the internal anatomy of the leafhopper *Agallia constricta* (Homoptera: Cicadellidae). Annals of the Entomological Society of America, 58 (3): 275-284.

Ferro D N, Akre R D. 1975. Reproductive morphology and mechanics of mating of the coding moth, *Laspeyresia pomonella*. Annals of the Entomological Society of America, 68 (3): 417-424.

Fiorillo B S, Lino-Neto J, Báo S N. 2008. Structural and ultrastructural characterization of male reproductive tracts and spermatozoa in fig wasps of the genus *Pegoscapus* (Hymenoptera, Chalcidoidea). Micron, 39 (8): 1271-1280.

Fiorillo B S, Zama U, Lino-Neto J, et al. 2010. Structural and ultrastructural studies of male reproductive tract and spermatozoa in *Xylocopa frontalis* (Hymenoptera, Apidae). Acta Zoologica, 91 (2): 176-183.

Flanders S E. 1939. Environmental control of sex in hymenopterous insects. Annals of Entomological Society of America, 32: 11-26.

Forbes J, Do-Van-Quy D. 1965. The anatomy and histology of the male reproductive system of the legionary ant, *Neivamyrmex harrisi* (Haldeman) (Hymenoptera: Formicidae). Journal of the New York Entomological Society, 73 (2): 95-111.

Forbes J. 1954. The anatomy and histology of the male reproductive system of *Camponotus pennsylvanicus* De Geer (Formicidae, Hymennoptera). Journal of Morphology, 95 (3): 523-555.

Fraser F C. 1940. A comparative study of the penes of the Family Gomphidae (Order: Odonata). Transactions of the Royal Entomological Society of London, 90 (20): 541-550.

Freitas S P, Goncalves T C, Serrão J E, et al. 2010. Male reproductive system structure and accessory glands ultrastructure of two species of Triatoma (Hemiptera, Reduviidae, Triatominae). Micron, 41 (5): 518-525.

Friedländer M, Seth R K, Reynoldsc S E. 2005. Eupyrene and apyrene sperm: Dichotomous spermatogenesis in Lepidoptera. Advance in Insect Physiology, 32: 206-308.

Fulton B B.1933. Notes on Habrocytus cerealellae,parasite of Angoumois grain moth. Annals of the Entomological Society of America,26: 536-553.

Gaino E, Rebora M. 1995. Comparative study of the mating apparatus of three species of Leptyophlebiidae (Ephemeroptera). Aquatic Insects, 17 (2): 95-104.

Gamboa G, Alcock J. 1973. The mating behavior of *Brochymena quadrapustulata* (Fabricius). Psyche, 80: 265-269.

Gardiner P C. 1958. The morphology of the reproductive system of *Ptilinus pectinicornis* L. with a note on the *terminalia* of the pupal abdomen (Coleoptera: Anobiidae). Proceedings of the Royal Entomological Society. Series A, General Entomology, 33 (4-6): 56-64.

Garthe W A. 1970. Development of the female reproduction system and effect of male on oocyte production in *Sitona cylindricollis* (Coleoptera: Curculionidae). Annals of the Entomological Society of America, 63 (2): 367-370.

Gemeno C, Anton S, Zhu J W, et al. 1998. Morphology of the reproductive system and antennal lobes of gynandromorphic and normal black cutworm moths, *Agrotis ipsolon* (Hufnagel) (Lepidoptera: Noctuidae). International Journal of Insect Morphology and Embryology, 27 (3): 185-191.

George C T. 1929. The morphology and development of the genitalia and genital ducts of Homoptera and Zygoptera as shown in the life histories of *Philaenus* and *Agrion*. Quarterly Journal of Microscopical Science, 72: 447-485, pls. 27-29.

Gerber G H, Church N S, Rempel J G. 1971. The anatomy, histology and physiology of the reproductive system of *Lytta nuttalli* Say(Colleoptera: Meloidae): Ⅰ. The internal genitalia. Canadian Journal of Zoology, 49: 523-533.

Gerber G H. 1970. Evolution of the methods of spermatophore formation in pterygotan insects. The Canadian Entomologist, 102(3): 358-362.

Gerling D, Quicke D L J, Orion T. 1998. Oviposition mechanisms in the whitefly parasitoids *Encarsia transvena* and *Eretmocerus mundus*. BioControl, 43 (3): 289-297.

Ghanim M, Rosell R C, Campbell L R, et al. 2001. Digestive, salivary, and reproductive organs of *Bemisia tabaci* (Gennadius) (Hemiptera: Aleyrodidae) B type. Journal of Morphology, 248 (1): 22-40.

Gleichauf R. 1936. Anatomie und Variabilität des Geschlechtsapparates von *Drosophila melanogaster* (Meigen). Zeitschrift für Wissenschaftliche Zoologie, 148: 1-66.

Gobin B, Ito F, Billen J, et al. 2008. Degeneration of sperm reservoir and the loss of mating ability in worker ants. Naturwissenschaften, 95 (11): 1041-1048.

Gobin B, Ito F, Peeters C, et al. 2006. Queen-worker differences in spermatheca reservoir of phylogenetically basal ants. Cell and Tissue Research, 326 (1): 169-178.

Gotwald W H. 1981. Morphology of the male internal reproductive system in army ants: Phylogenetic implications (Hymenoptera: Formicidae). Proceedings of the Entomological Society of Washington, 83 (1): 72-92.

Gregory G E. 1965. The formation and fate of the spermatophore in the African migratory locust, *Locusta migratoria migratorioides* Reiche and Fairmaire. Journal of Experimental Biology, 42: 423-435.

Groot A T, Smid H M. 2000. Polyandry in the mind bug *Lygocoris pabulinus* (L.) —effects on sexual communication and fecundity. Invertebrate Reproduction and Development, 38 (2): 143-155.

Grozeva S M. 1995. Karyotypes, male reproductive system, and abdominal trichobothria of the Berytidae (Heteroptera) with phylogenetic considerations. Systematic Entomology, 20 (3): 207-216.

Gullan P J, Cranston P S. 2005. The Insects: An Outline of Entomology. (Third edition). Oxford. Blackwell Publishing Ltd. 彩万志， 花保祯， 宋敦伦，等译. 2010. 北京：中国农业大学出版社.

Gupta A P, Riley R C. 1967. Female reproductive system and histology of the ovariole of the *Asparagus beetle*, *Crioceris asparagi* (Coleoptera: Chrysomelidae). Annals of the Entomological Society of America, 60 (5): 980-988.

Gupta A P. 1966. External genitalia of Meloidae (Coleoptera). Ⅰ. The genitalia and their musculature in *Lytta vulnerata*. Annals of the Entomological Society of America, 59 (4): 736-746.

Gupta P D. 1948. On the structure, development and homology of the female reproductive organs in orthopteroid insects. Indian Journal of Entomology, 11: 131-142.

Hagan H R. 1941. The general morphology of the female reproductive system of a viviparous roach, *Diploptera dytiscoides* (Serville). Psyche, 48 (1): 1-9.

Hagopian M. 1963. An anatomical and histological study of the male ponerine ant, *Rhytidoponera metallica* F.Smith (Formicidae, Hymenoptera). Dissertation, Fordham University.

Hakim Z M. 1964. Skeletomusculature of the female genitalia in the Odonata. Annals of the Entomological Society of America, 57 (5): 578-581.

Hartke T R, Baer B. 2011. The mating biology of termites: A comparative review. Animal Behaviour, 82 (5): 927-936.

Heberdey R F. 1931. Zur Entwicklungsgeschichte, vergleichende Anatomie und Physiologie der weiblichen geschlechtsausführwege der insekten. Zeitschrift für Mophologie und Ökologie der Tiere, 22: 416-586.

Heming B S. 1970a. Postembryonic development of the female reproductive system in *Frankliniella fusca* (Thripidae) and *Haplothrips verbasci* (Phloeothripidae: Thysanoptera). Miscellaneous Publications of the Entomological Society of America, 7: 199-234.

Heming B S. 1970b. Postembryonic development of the male reproductive system in *Frankliniella fusca* (Thripidae) and *Haplothrips verbasci* (Phloeothripidae: Thysanoptera). Miscellaneous Publications of the Entomological Society of America, 7: 235-272.

Heming-van Battum K E, Heming B S. 1986. Structure, function and evolution of the reproductive system in females of *Hebrus pusillus* and *H. ruficeps* (Hemiptera, Gerromorpha, Hebridae). Journal of Morphology, 190 (2): 121-167.

Heming-van Battum K E, Heming B S. 1989. Structure, function and evolutionary significance of the reproductive system in males of *Hebrus ruficeps* and *H. pusillus* (Heteroptera, Gerromorpha, Hebridae). Journal of Morphology, 202 (3): 281-323.

Hennig W. 1973. Ordnung Diptera (Zweiflugler). In: Handbuch der Zoologie. 4(2): 1-337.

Hermann H R, Blum M S. 1965. Morphology and histology of the reproductive system of the imported fire ant queen, *Solenopsis saevissima richteri*. Annals of the Entomological Society of America, 58 (1): 81-89.

Hermann H R, Blum M S. 1968. The hymenopterous poison apparatus. Ⅵ. *Camponotus pennsylvanicus* (Hymenoptera: Formicidae). Psyche, 75: 216-227.

Hill D S. 1967. Figs(*Ficus* spp.) and fig-wasps(Chalcidoidea). Journal of Natural History,1: 413-434.

Hodapp C J, Jones J C. 1961. The anatomy of the adult male reproduction system of *Aedes aegypti* (Linnaeus) (Diptera, Culieidae). Annals of the Entomological Society of America, 54 (6): 832-844.

Holldobler B, Engel-Siegel H.1982. Tergal and Sternal Glands in Male Ants (Hymenoptera: Formicidae). Psyche 89: 113-132.

Holt G G, North D T. 1970. Spermatogenesis in the cabbage looper, *Trichoplusia ni* (Lepidoptera: Noctuidae). Annals of the Entomological Society of America, 63 (2): 501-507.

Holwell G I, Winnick C, Tregenza T, et al. 2010. Genital shape correlates with sperm transfer success in the praying mantis *Ciulfina klassi* (Insecta: Mantodea). Behavioral Ecology and Sociobiology, 64 (4): 617-625.

Hopkins J D, Steelman C D, Carlton C E. 1993. Internal reproductive system of the adult male lesser mealworm *Alphitobius diaperinus* (Coleoptera: Tenebrionidae). Journal of the Kansas Entomological Society, 66 (4): 446-450.

Hou X Y, Hua B Z. 2008. Structures of the female reproductive systems in Panorpidae (Mecoptera) with remarks on their taxonomic significance. Acta Zootaxonomica Sinica, 33 (3): 427-434.

Hummel N A, Zalom F G, Peng C Y S. 2006a. Structure of female genitalia of glassy-winged sharpshooter, *Homalodisca coagulata* (Say) (Hemiptera: Cicadellidae). Arthropod Structure & Development, 35 (2): 111-125.

Hummel N A, Zalom F G, Peng C Y S. 2006b. Anatomy and histology of reproductive organs of female *Homalodisca coagulata* (Hemiptera: Cicadellidae: Proconiini), with special emphasis on categorization of vitellogenic oocytes. Annals of the Entomological Society of America, 99 (5): 920-932.

Hunting W. 2008. Female reproductive system of the tribe *Galeritini* (Coleoptera: Carabidae): Structural features and evolution. Annals of Carnegie Museum: 77 (1), 229-242.

Hwang J C, Bickley W E. 1961. The reproductive system of *Chrysopa oculata* (Neuroptera: Chrysopidae). Annals of the Entomological Society of America, 54 (3): 422-429.

Imms A D. 1976. 伊姆斯普通昆虫学教程第一卷 构造、生理和发育. 10 版. 忻介六, 苏德明, 杨庆爽, 等译. 北京: 高等教育出版社.

Inamdar R R, Joshi P V. 1984. Histomorophological studies of the female reproductive system of *Platynotus punctatipennis* (Coleoptera: Tenebrionidae). Journal of Morphology, 181 (1): 1-8.

Ivanova-Kazas O M, Ivanova N A. 1964. Metamorfoz ivovogo pililishtchika *Pontania capreae* L.(Hymenoptera: Tenthredinidae): Ⅰ. Hypoderma. Entomologicheskoe Obozrenie, 43: 309-326.

Jacob M. 1989. Differentiation of male reproductive system in *Oryctes rhinoceros* (Coleoptera: Scarabaeidae). Proceedings: Animal Sciences, 98 (4): 233-242.

Jeannel R, Paulian R. 1944. Morphologie abdominale des Coléoptères et systématique de l'ordre. Revue Francaisl' Entomologie, 11 (2): 66-110.

Jedrzejowska I, Kubrakiewicz J. 2004. Ovariole development in telotrophic ovaries of snake flies (Raphidioptera). Folia Biologica, 52 (3-4): 175-184.

Johnson V, Morrison W P. 1979. Mating behavior of three species of Coniopterygidae (Neuroptera). Psyche, 86: 395-398.

Jones J A, Guthrie W D, Brindley T A. 1984. Postembryonic development of the reproductive system of male European corn borers, *Ostrinia nubilalis* (Lepidoptera: Pyralidae). Annals of the Entomological Society of America, 77 (2): 155-164.

Justus K A, Mitchell B K. 1999. Reproductive morphology, copulation, and inter-populational variation in the diamondback moth, *Plutella xylostella* (L.) (Lepidoptera: Plutellidae). International Journal of Insect Morphology and Embryology, 28 (3): 233-246.

Kalusche D. 1972. Wirkungen der Exstirpation und Transplantation der Corpora allata auf die Entwicklung des Geschlechtsapparates der Stabheuschrecke *Carausius morosus*. Br. et Redt. Zoologische Jahrbücher, Anat, 89: 117-165.

Kapil R P. 1962a. Anatomy and histology of the male reproductive system of *Apis indica* Fab. (Apidae, Hymenoptera). Insectes Sociaux, 9 (1): 73-90.

Kapil R P. 1962b. Anatomy and histology of the female reproductive system of *Apis indica* Fab. (Hymenoptera, Apidae). Insectes Sociaux, 9 (2): 145-163.

Karl E. 1959. Vergleichend-morphologische Untersuchungen der männlichen Kopulationsorgane bei Asiliden. Beiträge zur Entomologie, 9: 619-680.

Kaufmann T. 1986. Bionomics of *Bembidion confusum* (Coleoptera: Carabidae) with special reference to its reproductive adaptation to the stream-margin habitat. Annals of the Entomological Society of America, 79 (6): 975-984.

Kaufmann T. 1988. Factors contributing to priority or nonpriority of male of two heterocerids (Coleoptera) sharing the same habit. Annals of the Entomological Society of America, 81 (1): 71-75.

Kaufmann T. 1996. Dynamics of sperm transfer, mixing, and fertilization in *Cryptolaemus montrouzieri* (Coleoptera: Coccinellidae) in Kenya. Annals of the Entomological Society of America, 89 (2): 238-242.

Kershaw J C. 1910. The formation of the Ootheca of a Chinese mantis, *Hierodula saussurii*. Psyche, 17: 136-141.

Khalifa A. 1949. Spermatophore production in Trichoptera and some other insects. Transactions of the Royal Entomological Society of London, 100: 449-471.

King P E, Copland M J W. 1969. The structure of the female reproductive system in the Mymaridae

(Chalcidoidea: Hymenoptera). Journal of Natural History, 3 (3): 349-365.

King P E, Ratcliffe N A. 1969. The structure and possible mode of functioning of female reproductive system in *Nasonia vitripennis* (Hymenoptera: Pteromalidae). Journal of Zoology, 157 (3): 319-344.

King P E, Richards J G. 1968. Oosorption in *Nasonia vitripennis*(Hymenoptera: Pteromalidae). Journal of Zoology, 154: 495-516.

King P E. 1962a. The structure and action of the spermatheca in *Nasonia vitripennis* (Walker) (Hymenoptera: Pteromalidae). Proceedings of the Royal Entomological Society of London. Series A, General Entomology, 37(7-9): 73-75.

King P E. 1962b. The muscular structure of the ovipositor and its mode of function in *Nasonia vitripennis* (Walker) (Hymenoptera: Pteromalidae). Proceedings of the Entomological Society of London. Series A, General Entomology, 37 (10-12): 121-128.

King R C, Teasley M. 1980. Insect oogenesis: some generalites and their bearing on the ovarin development of fleas.In Traub R, Starcke H. Fleas.Proc.Intern.conf.Fleas Ashton Wold/Peterborough/UK, 21-25, June, 1977, 337-340.

Kirti J S, Singh A. 2004. Studies on secondary male genitalia of the type species of some dragonflies (Odonata: Anisoptera: Libellulidae). Zoos′ Print Journal, 19 (6): 1505-1511.

Klier E. 1956. Zur Konstruktionsmorphologie des männlichen Geschlechtsapparates der Psocopteren. Zoologische Jahrbücher, Anat.,75: 207-286.

Koch M. 1929. Die postembryonale Entwicklung der weiblichen Genitaldrüsen und ihrer Ausführgänge von *Psychoda alternata* Say. Zeitschrift für Morphologie und Ökologie der Tiere, 14: 1-35.

Korman A K, Oseto C Y. 1989. Structure of the female reproductive system and maturation of oocytes in *Smicronyx fulvus* (Coleoptera: Curculionidae). Annals of the Entomological Society of America, 82 (1): 94-100.

Kraepelin C. 1873. Untersuchungen über den bau, machanismus und entwicklungsgeschichte der satchels der bienenartigen Tiere. Zeitschrift für Wissenschaftliche Zoologie, 23: 289-330.

Kristensen N P. 1984. Studies on the morphology and systematics of primitive Lepidoptera (Insecta). Zoological Museum.

Krivokhatsky V A. 2002. Musculature of male genitalia of antlions (Neuroptera, Myrmeleontidae): first result of study. Acta Zoologica Academiae Scientiarum Hungaricae, 48 (2): 141-147.

Kuang X Q, Calvin D D, Knapp M C, et al. 2004. Female European corn borer (Lepidoptera: Crambidae) ovarian developmental stages: Their association with oviposition and use in a classification system. Journal of Economic Entomology, 97 (3): 828-835.

Kumar R. 1967. Morphology of the reproductive and alimentary system of the Aradoidea (Hemioptera), with comments on relationships within the superfamily. Annals of the Entomological Society of America, 60 (1): 17-25.

Kunze L. 1959. Die funktionsanatomische Grundlagen der Kopulation der Zwergzikaden, untersucht an *Euscelis plebejus* (Fall.) und einigen Typhlocybinen (Homoptera: Auchenorrhyncha). Deutsche Entomologische Zeitschrift, N. S.,6: 322-387.

Kuznetsova V G, Maryañska-Nadachowska A, Кузнецова В R, et al. 2006. The male reproductive organs and karyotype of *Oeclidius* pr. *nanus* Van Duzee: First record for the family Kinnaridae (Homoptera: Fulgoroidea). Russian Entomology Journal, 15 (3): 281-286.

Kuznetsova V G, Nokkala S, Shcherbakov D E. 2002. Karyotype, reproductive organs, and pattern of gametogenesis in *Zorotypus hubbardi* Caudell (Insecta: Zoraptera, Zorotypidae), with discussion on relationships of the order. Canadian Journal of Zoology, 80 (6): 1047-1054.

La Greca M. (1953-1954). Sulla struttura morfologica dell'apparato copulatore dei Mantoidei. Annali dell'Istituto Superiore di Scienze e Lettere S. Chiara di Napoli.

Lai-Fook J. 1982. Structure of the accessory glands and duplex of the internal male reproductive system of *Calpodes ethlius* (Hesperiidae, Lepidoptera). Canadian Journal of Zoology, 60 (6): 1202-1215.

Lamunyon C W. 2000. Sperm storage by females of the polyandrous noctuid moth *Heliothis virescens*. Animal Behaviour, 59 (2): 395-402.

Lanigan P J, Barrows E M. 1977. Sexual behavior of *Murgantia histrionica* (Hemiptera: Pentatomidae). Psyche, 84: 191-197.

Lehane M J, Laurence B R. 1978. Development of the calyx and lateral oviduct during oogenesis in *Aedes aegypti*. Cell and Tissue Research, 193 (1): 125-137.

Lemos W P, Ramalho F S, Serrão J E, et al. 2005. Morphology of female reproductive tract of the predator *Podisus nigrispinus* (Dallas) (Heteroptera: Pentatomidae) fed on different diets. Brazilian Archives of Biology and Technology, 48 (1): 129-138.

Leppla N C, Carlysle T C, Guy R H. 1975. Reproductive systems and the mechanics of copulation in *Plecia nearctica* Hardy (Diptera: Bibionidae). International Journal of Insect Morphology and Embryology, 4 (4): 299-305.

Leuthold R H, Bruinsma O. 1977. Pairing behavior in *Hodotermes mossambicus* (Isoptera). Psyche, 84: 109-119.

Lingren P D, Henneberry T J, Nelson R. 1987. Cotton leafperforator (Lepidoptera: Lyonetiidae): Female reproductive system, male spermatophore, and notes on reproductive biology. Annals of the Entomological Society of America, 80 (3): 406-410.

Livingstone D. 1967. On the morphology and biology of *Tingis buddleiae* Drake (Heteroptera: Tingidae): Ⅶ,The functional anatomy of the male and female internal organs of reproduction. Bulletin of Entomology, 8(2): 1-16.

Louis D, Kumar R. 1971. Morphology and histology of the mushroom-shaped gland in some Dictyoptera. Annals of the Entomological Society of America, 64 (5): 977-982.

Louis D, Kumar R. 1973. Morphology of the alimentary and reproductive organ in Reduviidae (Hemiptera: Heteroptera) with comments on interrelationships within the family. Annals of the Entomological Society of America, 66 (3): 635-639.

Lowson F A, Thomas J C. 1970. Ultrastructural comparison of the spermatheca in *Periplaneta americana* (Blattaria: Blattidae). Journal of the Kansas Entomological Society. 43 (4): 418-434.

Lum P T M. 1961. The reproductive system of some Florida mosquitoes. Ⅰ. The male reproductive tract.

Annals of the Entomological Society of America, 54 (3), 397-401.

Maillet P. 1959. Sur la reproduction des Homoptères Auchenorrhynques. Compte Rendus des Séances de l' Académie des Sciences, Paris,D, 249: 1945-1947.

Malekpour R, Shiva A H. 2011. A Comparison of female reproductive system in *Agabus Biguttatus* Olivier, 1795 and *Agabus Conspersus* Marsham, 1802 (Coleoptera, Dytiscidae) in different seasons from Southern Iran. International Journal of Animal and Veterinary Advances, 3 (5): 397-401.

Marchini D, Bene G D, Cappelli L, et al. 2003. Ultrastructure of the male reproductive accessory glands in the medfly *Ceratitis capitata* (Diptera: Tephritidae) and preliminary characterization of their secretions. Arthropod Structure & Development, 31 (4): 313-327.

Marchini D, Brundo M V, Sottile L, et al. 2009. Structure of male accessory glands of *Bolivarius siculus* (Fischer) (Orthoptera, Tettigoniidae) and protein analysis of their secretions. Journal of Morphology, 270 (7): 880-891.

Mares J T, Robinson W H. 1986. Structure of the ovipositor of *Hylotrupes bajulus* (Coleoptera: Cerambycidae). Annals of the Entomological Society of America, 79 (2): 344-349.

Marks E P, Lawson F A. 1962. A comparative study of the Dictyopteran ovipositor. Journal of Morphology, 111 (2): 139-171.

Martínez M I, Trotta-Moreu N. 2010. Comparative study of Mexican Geotrupini (Coleoptera: Scarabaeoidea: Geotrupidae) reproductive systems, with taxonomic commentaries. The Coleopterists Bulletin, 64 (2): 129-140.

Martins G F, Zanuncio J C, Serrão J E. 2008. Spermatheca morphology of the social wasp *Polistes erythrocephalus*. Bulletin of Insectology, 61 (1): 37-41.

Maryańska-Nadachowska A, Taylor G S, Kuznetsova V G. 2001. Meiotic karyotypes and structure of testes in males of 17 species of Psyllidae: Spondyliaspidinae (Hemiptera: Psylloidea) from Australia. Australian Journal of Entomology, 40 (4): 349-356.

Matsuda R. 1957. Comparative morphology of the abdomen of a Machilid and a Rhaphidiid. Transactions of the American Entomological Society, 83 (1): 39-63.

Matsuda R. 1976. Morphology and Evolution of the Insect Abdomen. New York: Pergamon Press.

Matushkina N A. 2008. Skeletomuscular development of genital segments in the dragonfly *Anax imperator* (Odonata, Aeshnidae) during metamorphosis and its implications for the evolutionary morphology of the insect ovipositor. Arthropod Structure & Development, 37 (4): 321-332.

Matushkina N A. 2011. Ovipositor internal microsculpture in the relic silverfish *Tricholepidion gertschi* (Insecta: Zygentoma). Psyche, 2011: 1-8.

Matzke D, Klass K D. 2005. Reproductive biology and nymphal development in the basal earwig *Tagalina papua* (Insecta: Dermaptera: Pygidicranidae), with a comparision of brood care in Dermaptera and Embioptera. Entomologische Abhandlungen, 62 (2): 99-116.

McAlpine J F. 1967. A detailed study of Ironomyiidae (Diptera: Phoroidea). The Canadian Entomologist. 99: 225-235.

McMillian W W. 1963. Reproductive system and behavior of *Sogata orizicola* (Homoptera: Delphacidae).

Annals of the Entomological Society of America, 56 (3): 330-334.

Mcpherson J E, Ahmad I. 2005. Further information on male genitalia of *Parabrochymena* Larivière and *Brochymena* Amyot & Serville (Hemiptera: Pentatomidae). Annals of the Entomological Society of America, 98 (3): 282-290.

Mead-Briggs A R. 1962. The structure of the reproductive organs of the European rabbit flea, *Spilopsyllus cuniculi* (Dale) (Siphonaptera). Proceedings of the Royal Entomological Society of London, Series A, General Entomology, 37 (7-9): 79-88.

Mead-Briggs A R. 1964. The reproductive biology of the rabbit flea *Spilopsyllus cuniculi* (Dale) and the dependence of this species upon the breeding of its host. Journal of Experimental Biology, 41: 371-402.

Merritt D J, Yin C M, Stoffolano J G. 1994. Copulatory apparatus and deposition of male accessory secretion in *Phormia regina* (Diptera: Calliphoridae). Annals of the Entomological Society of America, 87 (1): 97-103.

Metcalfe M E. 1932. The structure and development of the reproductive system in the Coleoptera with notes on its homologies. Quarterly Journal of Microscopical Science, 75: 49-130.

Metcalfe M E. 1933. Notes on the structure and development of the female genital system in *Dasyneura leguminicola* Lint. (Cecidomyidae-Diptera). Quarterly Journal of Microscopical Science, 2-76: 89-105.

Miller J S. 1988. External genitalic morphology and copulatory mechanism of *Cyanotricha necyria* (Felder) (Dioptidae). Journal of the Lepidopterists' Society, 42 (2): 103-115.

Miller K B. 2001a. On the phylogeny of the Dytiscidae (Insecta: Coleoptera) with emphasis on the morphology of the female reproductive system. Insect Systematics & Evolution, 32 (1): 45-89.

Miller K B. 2001b. Errata: 'On the phylogeny of the Dytiscidae (Insecta: Coleoptera) with emphasis on the morphology of the female reproductive system'. Insect Systematics & Evolution, 32 (3): 359-360.

Miller S E. 1993. Unique secondary'accessory glands in the female genitalia of Dalceridae (Lepidoptera). Annals of the Entomological Society of America, 86 (2): 179-181.

Miskmen G W, Rodriguez N L, Nazario M L. 1983. Reproductive morphology and sperm transport facilitation and regulation in the female *Sugarcane* Borer, *Diatraea saccharalis* (F.) (Lepidoptera: Crambidae). Annals of the Entomological Society of America, 76 (2): 248-252.

Moawad S S, Al-Barty A M F. 2009. Male genitalial morphology of the Carob Moth, *Ectomyelois ceratoniae* (Zeller)(Lepidoptera: Pyralidae) with reference to their chemoreceptor. Australian Journal of Basic and Applied Sciences, 3 (1): 89-95.

Moreira J, Araújo V A, Báo S N, et al. 2010. Structural and ultrastructural characteristics of male reproductive tract and spermatozoa in two Cryptinae species (Hymenoptera: Ichneumonidae). Micron, 41 (3): 187-192.

Mróz E, Wojciechowski W. 2011. The systematic position of the tribe Stenodemini (Heteroptera: Cimicomorpha: Miridae: Mirinae) in the light of the male internal reproductive system. Journal of Natural History, 45 (25-26): 1563-1588.

Mróz E. 2012. The structure of the male reproductive system of the genus *Psallus* Fieber (Hemiptera: Heteroptera: Miridae). Polish Journal of Entomology / Polskie Pismo Entomologiczne, 81 (2): 107-118.

Mukerji D, Bhuya M A H, 1937. Reproductive system of the bruchid beetles *Bruchus quadrimaculatus* Fabr.,

Bruchus (Callosobruchus) *chinensis* L. (Bruchidae—Coleoptera). Journal of Morphology, 61(1): 175-221.

Muse W A. 2002. Morphology of the male reproductive system and the nature of secretions of the accessory glands and seminal vesicles of adult *Atractomorpha lata* Motschulsky (Orthoptera: Acrididae). Formosan Entomology, 22: 249-294.

Nacro S, Nénon J P. 2008. Female reproductive biology of *Platygaster diplosisae* (Hymenoptera: Platygastridae) and *Aprostocetus procerae* (Hymenoptera: Eulophidae), two parasitoids associated with the African Rice Gall Midge, *Orseolia oryzivora* (Diptera: Cecidomyiidae). Entomological Science, 11 (2): 231-237.

Nacro S, Nénon J P. 2009. Comparative study of the morphology of the ovipositor of *Platygaster diplosisae* (Hymenoptera: Platygasteridae) and *Aprostocetus procerae* (Hymenoptera: Eulophidae) two parasitoids associated with the African Rice Gall Midge, *Orseolia oryzivora* (Diptera: Cecidomyiidae). Psyche, 2009: 1-7.

Nielsen A. 1970. Trichoptera. 104-115.In: Tuxen. Taxonomist's glossary of genitalia in insects.

Nutting W L. 1953. Observations on the reproduction of the giant cockroach, *Blaberus craniifera* Burm. Psyche, 60 (1): 6-14.

Onesto E. 1962. Osservazioni sulle ghiandole annesse dell'apparato reproduttore maschile negli Ortotteri Ensiferi. Annuario dell'Instituto e Museo di Zoologia della Università di Napoli, 14(5): 1-15.

Opitz W. 2003. Spermatophores and spermatophore producing internal organs of Cleridae (Coleoptera: Clerinae): Their biological and phylogenetic implications. The Coleopterists Bulletin, 57 (2): 167-190.

Oseto C Y, Helms T J. 1971. Embryonic and postparturienic reproductive-system development in *Schizaphis graminum* (Hemiptera (Homoptera): Aphididae). Annals of the Entomological Society of America, 64 (3): 603-608.

Outram I. 1971. Morphology and histology of the reproductive system of the female spruce budworm, *Choristoneura fumiferana* (Lepidoptera: Tortricidae) . The Canadian Entomologist, 103 (1): 32-43.

Pawlowsky G E. 1914. Des types principaux de glandes venimeuses chez les Hyménoptères. Compte Rendus de la Société de Biologie,76: 351-354.

Pellegrini A, Bigliardi E, Bechi N, et al. 2011. Fine structure of the female reproductive system in a viviparous insect, *Glossina morsitans morsitans* (Diptera, Glossinidae). Tissue and Cell, 43 (1): 1-7.

Pendergrast J G. 1957. Studies on the reproductive organs of the Heteroptera with a consideration of their bearing on classfication. Transactions of the Royal Entomological Society of London, 109 (1): 1-63.

Pendergrast J G. 1962. The internal anatomy of the Peloridiidae (Homoptera: Coleorrhyncha). Transactions of the Royal Entomological Society of London, 114 (2): 49-65.

Perich M J, Berberet R C, Wright R E. 1985. Anatomical and histological description of the female reproductive system of *Tabanus abactor* Philip (Diptera: Tabanidae). Journal of the Kansas Entomological Society, 58 (2): 195-201.

Pesho G R, van Houten R J. 1982. Pollen and sexual maturation of the pea weevil (Coleoptera: Bruchidae). Annals of the Entomological Society of America, 75 (4): 439-443.

Petersen W. 1900. Beiträge zur morphologie der Lepidopteren. Mémoires De l'Académie Impériale dès Sciences de St. Petersbourg, Ser.8,9(6): 1-144,tables1-4.

Pfau H K. 1971. Struktur und Funktion des sekundären Kopulations-apparates der Odonaten(Insecta: Palaeoptera), ihre Wandlung in der Stammesgeschichte und Bedeutung. Zeitschrift für Morphologie der Tiere, 70: 281-371.

Philippe M R. 1972. Les appareils génitaux mâle et femelle de *Chrysopa perla* (Neuroptera). Etude anatomique, histologique et fonctionnelle. Annales de la Société Entomologique de France, N. S., 8: 693-705.

Pierce F N. 1909. The genitalia of the group Noctuidae of the Lepidoptera of the British Islands. Livepool, XXIX+88pp,32pl.

Piotrowski F. 1961. On the morphogenesis of the genital efferent system in *Pediculus humanus* L.(Anoplura). Acta Zoologica Cracovensia,5: 583-659.

Pitnick S, Markow T, Spicer G S. 1999. Evolution of multiple kinds of female sperm-storage organs in *Drosophila*. Evolution, 53 (6): 1804-1822.

Postle A C, Woodward T E. 1988. The digestive and male internal reproductive system of some Australian Anthocoridae (Hemiptera). Australian Journal of Entomology, 27 (2): 117-129.

Potter E. 1938. The internal anatomy of the order Mecoptera. Transactions of the Royal Entomological Society of London, 87 (20): 467-501.

Presgraves D C, Baker R H, Wilkinson G S. 1999. Coevolution of sperm and female reproductive tract morphology in stalk-eyed flies. Proceedings of the Royal Society B: Biological Sciences, 266 (1423): 1041-1047.

Qadri M A H. 1940. On the development of the genitalia and their ducts of Orthopteroid insects. Transactions of the Royal Entomological Society of London, 90 (6): 121-175.

Qi Y. 1996. The development of the sensilium of three flea species. Insect Science, 3 (1): 90-94.

Quicke D L J, Fitton M G, Harris J. 1995. Ovipositor steering mechanisms in braconid wasps. Journal of Hymenoptera Research, 4: 110-120.

Quicke D L J, Fitton M G, Tunstead J R, et al. 1994. Ovipositor structure and relationships within the Hymenoptera, with special reference to the Ichneumonoidea. Journal of Natural History, 28 (3): 635-682.

Radhakrishnan P, Marchini D, Taylor P W. 2009. Ultrastructure of male reproductive accessory glands and ejaculatory duct in the Queensland fruit fly, *Bactrocera tryoni* (Diptera: Tephritidae). Arthropod Structure & Development, 38 (3): 216-226.

Raina A, Murphy C, Florane C, Williams K, et al. 2007. Structure of spermatheca, sperm dynamics, and associated bacteria in Formosan subterranean termite (Isoptera: Rhinotermitidae). Annals of the Entomological Society of America ,100(3): 418-424.

Ramamurthi B N. 1958. Studies of the male genital tube in the Dermaptera. Proceedings of the Royal Entomological Society of London, A, 33(10-12): 186-190.

Ramsay G W. 1965. Development of the ovipositor of *Deinacrida rugosa* Buller (Orthoptera: Gryllacridoidea: Henicidae), and a brief review of the ontogeny and homology of the ovipositor with particular reference to the Orthoptera. Proceedings of the Royal Entomological Society of London, Series A, General Entomology, 40 (4-6): 41-50.

Ratcliffe N A, King P E. 1967. The ‘venom’ system of *Nasonia vitripennis* (Walker)(Hymenoptera: Pteromalidae). Proceedings of the Royal Entomological Society of London, A, 42(4-6): 49-61.

Rawat B L. 1939. On the habits, metamorphosis and reproductive organs of *Naucoris cimicoides* L.(Hemiptera: Heteroptera). Transactions of the Royal Entomological Society of London, 88(4): 118-138.

Reinecke L H, Reinecke J P, Adams T S. 1983. Morphology of the male reproductive tract of mature larval, pupal, and adult tobacco hornworms (Lepidoptera: Sphingidae), *Manduca sexta*. Annals of the Entomological Society of America, 76 (3): 365-375.

Retnakaran A. 1970. The male reproductive system of the spruce budworm, *Choristoneura fumiferana* (Lepidoptera: Tortricidae). Ⅰ. spermatogenesis. Annals of the Entomological Society of America, 63 (3): 851-859.

Richards O W, Davies R G. 1976. Imms' Outlines of Entomology. 苏德明，杨庆爽，忻介六，等译. 1987.伊姆斯普通昆虫学教程 (第 10 版) 第一卷 构造、生理和发育. 北京：高等教育出版社.

Richards O W, Imms A D, Davies R G. 1978. Imms Outline of Entomology.管致和，常玉珍译. 1982. 依姆斯昆虫学纲要. 北京. 科学出版社.

Roberts M J. 1973. Observations on the function of the choriothete and on egg hatching in *Glossina* spp.(Dipt. : Glossinidae).Bulletin of Entomological Research, 62: 371-374.

Roonwal M L. 1962. Structure and postembryonic development of female reproductive organs in the desert locust, *Schistocera gregaria*. Records of the Indian Museum, 60 (1-2): 95-120,2pls.

Rościszewska E, Soldán T. 1999. Morphology of accessory ovaries in adult males of *Perla marginata* (Plecoptera: Perlidae). European Journal of Entomology, 96: 45-51.

Rościszewska E. 1995. Development of the follicular epithelium and formation of the eggshell in ovaries of *Perla marginata* (Panzer) and *Perla pallida* Guérin (Plecoptera: Perlidae). International Journal of Insect Morphology and Embryology, 24 (3): 253-271.

Ross H H. 1944. The caddisflies of Trichoptera of Illinois. Bulletin of the Illinois Natural History Survey, 23(1): 1-326.

Rotheram S. 1967. Immune surface of eggs of a parasitic insect. Nature, 214: 700.

Rothschild M. 1976. Notes on fleas (partⅡ): the internal organs : can they throw any light on relationships within the order. Proceedings and Transactions of the British Entomological Csf Natural History Society, 9: 97-110.

Rutowski R L, Dickenson J L, Terkanian B. 1989. The structure of the mating plug in the checkerspot butterfly *Euphydryas chacedona*. Psyche, 96: 279-286.

Salzer R. 1968. Konstruktionsanatomische Untersuchungen des männlichen Postabdomens von *Calliphora erythrocephala* Meigen (Insecta, Diptera). Zeitschrift für Mophologie der Tiere,63: 155-238.

Scheepens M H M. 1986. Reproductive organs of the giant looper, *Boarmia selenaria* Schiffermüller (Leopidotera: Geometridae) . International Journal of Insect Morphology and Embryology, 15 (1-2): 73-81.

Schräder T. 1927. Das 'Hypopygium circumversum' von *Calliphora erythrocephala*. Zeitschrift für Mophologie und Ökologie der Tiere,8: 1-44.

Schwartz P H. 1965. Reproductive System of the eye gnat *Hippelates pusio* (Diptera: Chloropidae). Annals of the Entomological Society of America, 58 (3): 298-303.

Scudder G G E. 1959. The female genitalia of the Heteroptera: morphology and bearing on classification. Transactions of the Royal Entomological Society of London, 111 (14): 405-467.

Scudder G G E. 1961. The functional morphology and interpretation of the insect ovipositor. The Canadian Entomologist, 93 (4): 267-272.

Seinosuke Ô. 1938. Studies on the reproductive system of the male of *Bombyx mori* Ⅱ. Post-testicular organs and post-testicular behaviour of spermatozoa. Journal of the Faculty of Agriculture, Hokkaido Imperial University, 40 (3): 129-170.

Sendi J J, Srivastava K P, Singh M R K. 1993. Postembryonic study on the development of the female efferent genital system in the lemon-butterfly, *Papilio demoleus* L. (Lepidoptera). Journal of Research on the Lepidoptera, 32: 162-169.

Sforza R, Bourgoin T. 1998. Female genitalia and copulation of the planthopper *Hyalesthes obsoletus* Signoret (Hemiptera: Fulgoromorpha: Cixiidae). Annales de la Société Entomologique de France (Nouvelle Série), 34: 63-70.

Sharif M. 1937.On the internal anatomy of the larvae of the ratflea, *Nosopsyllus fasciatus* (Bosc.). Philosophical Transactions of the Royal Society of London, B,227: 465-538.

Sharov A G. 1966. Basic arthropodan stock. Pergamon Press.

Sharp D, Muir F. 1912. Ⅺ. The comparative anatomy of the male genital tube in Coleoptera. Transactions of the Royal Entomological Society of London, 60 (3): 477-642.

Shen S K, Berryman A A. 1967. The male reproductive system and spermatogenesis of the European pine shoot moth, *Rhyacionia buoliana* (Lepidoptera: Olethreutidae), with observations on the effects of gamma irradiation. Annals of the Entomological Society of America, 60 (4): 767-774.

Sihvonen P. 2007. Mating behaviour and copulation mechanisms in the genus *Scopula* (Geometridae: Sterrhinae). Nota Lepidopterologica, 30 (2): 299-313.

Simiczyjew B, Margas W. 2001. Ovary structure in the bat flea *Ischnopsyllus* spp. (Siphonaptera: Ischnopsyllidae). Phylogenetic implications. Zoologica Poloniae, 46 (1-4): 5-14.

Simiczyjew B. 2003. Germ cell cluster differentiation in polytrophic ovarioles of hanging-flies (Mecoptera: Bittacidae). Zoologica Poloniae, 48 (1-4): 71-79.

Simonsen T J, Roe A D. 2009. Phylogenetic utility and comparative morphology of the composite scale brushes in male phycitine moths (Lepidoptera, Pyralidae). Zoologischer Anzeiger, 248: 119-136.

Simonsen T J. 2006. The male genitalia segments in fritillary butterflies: Comparative morphology with special reference to the'rectal plate'in *Issoria* (Lepidoptera: Nymphalidae). European Journal of Entomology, 103: 425-432.

Sinclair B J, Borkent A, Wood D M. 2007. The male genital tract and aedeagal components of the Diptera with a discussion of their phylogenetic significance. Zoological Journal of the Linnean Society, 150 (4):

711-742.

Singh-Pruthi H. 1925. The development of the male genitalia of Homoptera, with preliminary remarks on the nature of these organs in other Insects. Quarterly Journal of Microscopical Science, 69: 59-96.

Sivinski J. 1978. Intrasexual aggression in the stick insects *Diapheromera velzei* and *D. covilleae* and sexual dimorphism in the Phasmatodea. Psyche, 85: 395-406.

Smith E L. 1969. Evolutionary morphology of the external insect genitalia. 2. Hymenoptera. Annals of the Entomological Society of America, 63 (1): 1-27.

Snodgrass R E. 1931. Morphology of the insect abdomen: Ⅰ, General structure of the abdomen and its appendages.Smithsonian Miscellaneous Collections, 85 (6): 1-128.

Snodgrass R E. 1933. Morphology of the indect abdomen: Ⅱ, The genital ducts and the ovipositor. Smithsonian Miscellaneous Collections, 89 (8): 1-148.

Snodgrass R E. 1935. Principles of Insect Morphology. New York & London: Cornell University Press.

Snodgrass R E. 1937. The male genitalia of Orthopteroid Insects. Smithsonian Miscellaneous Collections, 96(5): 1-107.

Snodgrass R E. 1946. The skeletal anatomy of fleas (Siphonaptera). Smithsonian Miscellaneous Collections, 104 (18): 1-89, figs. 1-8, pls. 1-21.

Snodgrass R E. 1957. A revised interpretation of the external reproductive organs of male insects. Smithsonian Miscellaneous Collections, 135 (6): 1-60.

Snodgrass R E. 1959. The anatomical life of the mosquito. Smithsonian Miscellaneous Collections, 139 (8): 1-87.

Soldán T. 1979a. A comparative study of spermatozoa of some Central European Ephemeroptera. Acta Entomologica Bohemoslovaca, 76: 223-230.

Soldán T. 1979b. The structure and development of the male internal reproductive organ in six European species of Ephemeroptera. Acta Entomologica Bohemoslovaca, 76: 22-33.

Souza H V, Itoyama M M. 2010. Comparative study of spermatogenesis and nucleolar behavior in testicular lobes of *Euschistus heros* (Heteroptera: Pentatomidae). Psyche, 2010: 1-10.

Spielman A. 1964. The mechanics of copulation in *Aedes aegypti*. The Biological Bulletin, 127 (2): 324-344.

Spurgeon D W, Sappington T W, Suh C P C. 2003. A system for characterizing reproductive and diapause morphology in the boll weevil (Coleoptera: Curculionidae). Annals of the Entomological Society of America, 96 (1): 1-11.

Srivastava B P. 1960. Morphology of the reproductive organs of *Leucinodes orbonalis* Guen (Lepidoptera, Pyraustidae) part Ⅱ the male organs. Indian Journal of Entomology, 22: 160-171.

Srivastava U S, Srivastava B P. 1959. Observations on the post-embryonic development of the female reproductive organs in *Leucinodes orbonalis* Guen. (Lepidoptera: Pyraustidae) with notes on the homology in the two sexes. Journal of the Linnean Society of London, Zoology, 44 (296): 203-211.

Stein F. 1847. Vergleichende anatomie und physiologie der Insekten. Berlin: Die weibliche Geschlechtsorgane der Käfer.

Steinmann H, Zombori L. 1981. An Atlas of Insect Morphology. Budapesto. Li Kexi 译. 1987. 昆虫形态图解.

北京. 中国世界语出版社.

Stewart K W, Atmar G L, Solon B M. 1969. Reproductive morphology and mating behavior of *Perlesta placida* (Plecoptera: Perlidae). Annals of the Entomological Society of America, 62 (6): 1433-1438.

Stone M J, Hermann H R, Brady U E. 1971. A comparative study of the reproductive system of three species of *Graphognathus* (Coleoptera: Curculionidae). Annals of the Entomological Society of America, 64 (3): 708-718.

Stys P. 1970. On the morphology and classification of the family Dipsocoridae. s. lat., with peticular reference to the genus *Hypsipteryx* Drake (Heteroptera). Acta Entomol. Bohemoslav., 67: 21-46.

Sukontason K L, Chaiwong T, Chaisri U, et al. 2009. Ultrastructure of male accessory glands of *Chrysomya megacephala* (Fabricius) (Diptera: Calliphoridae). Journal of Vector Ecology, 34 (2): 294-303.

Surtees G. 1961. Spermathecal structure in some Coleoptera associated with stored products. Proceedings of the Royal Entomological Society of London, Series A, General Entomology, 36 (10-12): 144-152.

Takemon Y. 1990. Functional morphology of the genitalia in *Epeorus ikanonis* (Ephemeroptera, Heptageniidae). Japanese Journal of Entomology, 58 (1): 115-124.

Takemon Y. 2000. Reproductive behavior and morphology of *Paraleptophlebia spinosa* (Ephemeroptera: Leptophlebiidae): Implications of variation in copula duration. Limnology, 1 (1): 47-56.

Tanner V M. 1927. A preliminary study of the genitalia of female Coleoptera. Transactions of the American Entomological Society, 53 (1): 5-50.

Tedders W L, Calcote V R. 1967. Male and female reproductive system of *Laspeyresia caryana*, the Hickory Shuckworm Moth (Lepidoptera: Olethreutidae). Annals of the Entomological Society of America, 60 (1): 280-282.

Tedders W L, Osburn M. 1970. Morphology of the reproductive system of *Gretchena bolliana* the pecan bud moth. Annals of the Entomological Society of America, 63 (3): 786-789.

Thornhill R, Alcock J. 1983. The evolution of insect mating systems. Cambridge: Harvard University Press.

Thouvenin M. 1965. Etude préliminaire des 'uradenies' chez certains Hétéroptères Pentatomorphes. Annales de la Société Entomologique de France, 1: 973-988.

Tian R G, Yuan F, Zhang Y L. 2006. Male reproductive system and spermatogenesis in Homoptera (Insecta: Hemiptera). Entomotaxonomia, 28 (4): 241-253.

Tillyard, R J. 1917, The biology of dragonflies. Cambridge.

Tjeder B. 1970. Neuroptera. 89-99.In: Tuxen. Taxonomist's glossary of genitalia in insects.

Tsai J H, Perrier J L. 1993. Morphology of the digestive and reproductive systems of *Peregrinus maidis* (Homoptera: Delphacidae). The Florida Entomologist, 76 (3): 428-436.

Tsai J H, Perrier J L. 1996. Morphology of the digestive and reproductive systems of *Dalbulus maidis* and *Graminella nigrifrons* (Homoptera: Cicadellidae). The Florida Entomologist, 79 (4): 563-578.

Tschinkel W R, Doyen J T. 1980. Comparative anatomy of the defensive glands, ovipositors and female genital tubes of tenebrionid beetles (Coleoptera). International Journal of Insect Morphology and Embryology, 9 (5-6): 321-368.

Tschudi-Rein K, Benz G. 1990. Mechanisms of sperm transfer in female *Pieris brassicae* (Lepidoptera:

Pieridae). Annals of the Entomological Society of America, 83 (6): 1158-1164.

Tuxen S L. 1969. Taxonomist's Glossary of Genitalia in insects. (2th Edition). 周尧, 刘思孔, 谢卫平译. 1993.昆虫外生殖器在分类上的应用.香港: 天则出版社.

Uckan F, Ergin E, Siman S, et al. 2003. Morphology of the reproductive tract and ovariole histology of *Apanteles galleriae* (Hymenoptera: Braconidae) reared on two host species. Pakistan Journal of Biological Science, 6 (16): 1389-1395.

Valdez J M. 2001. Ultrastructure of the testis of the Mexican fruit fly (Diptera: Tephritidae). Annals of the Entomological Society of America, 94 (2): 251-256.

Van Emden F, Hennig W. 1970.Diptera. 130-141.In: Tuxen. Taxonomist's glossary of genitalia in insects.

Van Wyk L E. 1952. The morphology and histology of the genital organs of *Leucophaea maderae*.Journal of the Entomological Society of South Africa, 15: 3-62.

Varma B K. 1964. A study on the development and structure of the female genitalia and reproductive organs of *Galerucella birmanica* Jac. (Coleoptera: Chrysomelidae). Indian Journal of Entomology, 25: 224-232.

Vashchenok V S. 1966. Histologicheskaia charakteristika oogeneze u blox *Echidnophaga oshánini* Wagn(Pulicidae: Aphaniptera). Zoologicheskii Zhurnal,45: 1815-1825.

Viscuso R, Narcisi L, Sottile L. 1999. Structure and function of seminal vesicles of Orthoptera Tettigonioidea. International Journal of Insect Morphology and Embryology, 28 (3): 169-178.

Waage J K. 1984. Female and male interactions during courtship in *Calopteryx maculata* and *C. dimidiata* (Odonata: Calopterygidae): influence of oviposition behaviour. Animal Behaviour, 32 (2): 400-404.

Waage J K. 1986. Sperm displacement by two libellulid dragonflies with disparate copulation durations (Anisoptera). Odonatologica, 15: 429-444.

Walker E M. 1919. The terminal abdominal structures of orthopteroid insects: A phylogenetic study. Annals of the Entomological Society of America, 12 (4): 267-316.

Walker E M. 1922. The terminal structure of Orthopteroid insects: A phylogenetic study. Annals of the Entomological Society of America, 15 (1): 1-87.

Walker M H, Picker M D, Leon B. 1994. Eversible abdominal vesicles and some observations of the male reproductive system of the spoon wing Lacewing *Palmipenna* (Neuroptera: Nemopteridae). Journal of Morphology, 219 (1): 47-58.

Wang R R, Liang A P. 2006. Descriptions of the female genitalia of *Cixiopsis punctatus* and *Tambinia debilis* (Hemiptera, Fulgoromorpha, Tropiduchidae). Acta Zootaxonomica Sinica, 31 (3): 509-512.

Wang X P, Zhou X M, Wang Y Y, et al. 2007. Internal reproductive system and diapausing morphology of the brassica leaf beetle *Phaedon brassicae* Baly (Coleoptera: Chrysomelidae: Chrysomelinae). The Coleopterists Bulletin, 61 (3): 457-462.

Weber H, Weidner H. 1974. Grundriss der Insektenkunde. G. Fischer, edit., Stuttgart. 忻介六, 刘钟钰译. 昆虫学纲要. 1982. 北京: 高等教育出版社.

Weesner F M. 1955. The reproductive system of young primary reproductives of *Tenuirostritermes tenuirostris* (Desneux). Insectes Sociaux, 2 (4): 323-345.

Wellso S G. 1972. Reproductive system of the cereal leaf beetle. Comparison of morphology during seasonal development. Annals of the Entomological Society of America, 65 (4): 945-949.

Wheeler D E, Krutzsch P H. 1992. Internal reproductive system in adult males of the genus *Camponotus* (Hymenoptera: Formicidae: Formicinae). Journal of Morphology, 211 (3): 307-317.

Wieczorek K, Swiatek P. 2008. Morphology and ultrastructure of the male reproductive system of the woolly beech aphid *Phyllaphis fagi* (Hemiptera: Aphididae: Phyllaphidinae). European Journal of Entomology, 105 (4): 707-712.

Wieczorek K, Swiatek P. 2009. Comparative study of the structure of the reproductive system of dwarfish males of *Glyphina betulae* (Linnaeus, 1758) and *Anoecia* (*Anoecia*) *corni* (Fabricius, 1775) (Hemiptera, Aphididae). Zoologischer Anzeiger, 248 (3): 153-159.

Wieczorek K. 2006. Anatomical investigation of the male reproductive system of five species of Calaphidinae (Hemiptera, Aphidoidea). Insect Systematics & Evolution, 37 (4): 457-465.

Wieczorek K. 2008. Structure of the male reproductive system of *Anoecia* (*Anoecia*) *corni* Fabricius, 1775 (Hemiptera, Aphidoidea), a representative of the family Anoeciidae. Acta Zoologica, 89 (2): 163-167.

Wilkes A. 1965. Sperm transfer and utilization by the arrhenotokous wasp *Dahlbominus fuscipennis* (Zett.)(Hymenoptera: Eulophidae). Canadian Entomologist, 97: 647-657.

Will K W, Liebherr J K, Maddison D R, et al. 2005. Absence asymmetry: The evolution of monorchid beetles (Insecta: Coleoptera: Carabidae). Journal of Morphology, 264 (1): 75-93.

Williams J L. 1941. The relation of the spermatophore to the female reproductive ducts in Lepidoptera. Entomological News, 52 (3): 61-65.

Winnick C G, Holwell G I, Herberstein M E. 2009. Internal reproductive anatomy of the praying mantid *Ciulfina klassi* (Mantodea: Liturgusidae). Arthropod Structure & Development, 38 (1): 60-69.

Winterton S L, Merritt D J, O'Toole A, et al. 1999. Morphology and histology of the spermathecal sac, a novel structure in the female reproductive system of Therevidae (Diptera: Asiloidea). International Journal of Insect Morphology and Embryology, 28 (4): 273-279.

Wong Siu Kai, Thornton I W B. 1968. The internal morphology of the reproductive system of some psocid species. Proceedings of the Royal Entomological Society of London, A, 43: 1-12.

Woodward T E. 1950. Ovariole and testis follicle numbers in the Heteroptera. Entomologist's Monthly Magazine, 86: 82-84.

Wu G Y, Chen L. 2012. Comparative morphological study on the female genitalia of species in the subfamily Prioninae (Coleoptera, Cerambycidae). Acta Zootaxonomica Sinica, 37 (1): 44-53.

Yadava R L. 1966. The reproductive system of the female pink sugarcane mealybug, *Saccharicoccus sacchari* Cockerel (Homoptera: Pseudococcidae). Indian Journal of Entomology, 28: 351-357.

Yahiro K. 1996. Comparative morphology of the alimentary canal and reproductive organs of the terrestrial Caraboidea (Coleoptera: Adephaga) part Ⅰ. Japanese Journal of Entomology, 64 (3): 536-550.

Yoshizawa K, Johnson K P. 2006. Morphology of male genitalia in lice and their relatives and phylogenetic implications. Systematic Entomology, 31 (2): 350-361.

Yue B S, Zou F D, Sun Q Z, et al. 2002. Mating behavior of the cat flea, *Ctenoceohalides felis* Bouche (Siphonaptera: Pulicidae) and male response to female extract on an artificial feeding system.

Entomologia Sinica, 9 (2): 29-34.

Zacaro A A, Porter S D. 2003. Female reproductive system of the decapitating fly *Pseudacteon wasmanni* Schmitz (Diptera: Phoridae). Arthopod Structure & Development, 31 (4): 329-337.

Zacharuk R Y. 1958. Structures and fuctions of the reproductive systems of the prairie grain wireworm, *Ctenicera aeipennis destructor* (Brown) (Coleoptera: Elateridae). Canadian Journal of Zoology, 36(5): 725-751.

Zander E. 1900. Beiträge zur Mophologie der männlichen Geschlechtsanhänge der Hymenopteren. Zeitschrift für Wissenschaftliche Zoologie, 67: 461-489,table 27.

Zhong H, Yang L F, Morse J C. 2006. Six new species of the genus *Polyplectropus* (Insecta, Trichoptera, Polycentropodidae) from China. Acta Zootaxonomica Sinica, 31 (4): 859- 866.